확률변수와 확률과정

송익호 · 박철훈 · 김광순 · 박소령 지음

자유아카데미

학문,
그 외롭고 처연한 아름다움을
즐기는 사람들
모두에게

머리말

확률, 확률변수, 확률과정을 배우고 익히려는 사람이 읽을 만한 책이 우리나라에도 적지 않습니다. 이것은 매우 기쁜 일입니다. 다만, 여러 가지 많은 내용을 좀 더 포괄적이고 종합적으로 담고 있는 책을 찾기는 그리 쉽지 않은 듯합니다. 이 책은 확률, 확률변수, 확률과정과 그 응용을 배우고 익히는 과정에서 마주칠 수 있는 내용을 되도록 많이 담아 자체적으로 모자람이 없도록 꾸몄습니다. 특히 확률과정의 기초와 확률변수에 대한 어떤 내용이더라도 누구나 자신의 수준에 맞게 모자람이 없이 볼 수 있는 책이 되도록, 또 늘 곁에 두고 확률, 확률변수, 확률과정에 대한 문제를 마주칠 때 참고할 만한 책으로 삼을 수 있도록 쉬운 내용부터 어려운 내용까지 많은 주제를 포괄적으로 다루었습니다.

이 책에서는 집합, 확률, 확률변수, 확률벡터, 순서 통계량, 순위 통계량, 확률변수의 수렴, 확률과정의 기본 개념, 전력 밀도와 선형 시스템, 확률과정의 보기 몇 가지를 주요 내용으로 다룹니다. 먼저, 제1장에서는 집합과 함수에서 기초라고 할 수 있는 내용인 집합과 그 연산, 함수, 집합의 극한, 집합의 대수와 시그마 대수를 다룹니다. 이어, 제2장은 확률의 기본 개념과 확률공간, 조건부 확률, 여러 가지 확률 모형들을 다루며, 제3장에서는 확률변수라는 개념을 들여오고, 확률변수의 분포, 확률변수의 함수의 확률적 특성을 살펴본 다음, 기댓값과 특성함수를 다룹니다. 특히 확률변수의 함수에 대한 내용은 여러 가지 뜻에서 매우 중요한 부분이라고 할 수 있습니다. 제4장에서는 확률변수를 여러 차원으로 넓힌 확률벡터라는 개념을 생각하여 이것을 바탕으로 확률벡터의 확률 특성, 확률벡터의 함수의 확률적 특성, 확률벡터의 기댓값, 조건부 분포를 살펴봅니다.

한편, 제5장에서는 순서 통계량의 결합 분포, 한계 분포, 상대 분포를 살펴보고, 제6장에서는 순위 통계량과 크기 순위 통계량을 주로 생각합니다. 이 두 장은 확률을 다루는 다른 책에서는 쉽게 찾아보기 어려운 내용입니다. 그 뒤, 제7장에서는 표본평균, 표본분산, 확률변수의 수렴, 큰 수의 법칙을 다룹니다. 특히, 공학적 응용을 포함하여 여러 학문 영역에서 매우 중요한 자리를 차지하는 중심 극한 정리를 다룹니다. 제8장에서는 확률과정[1]을 뜻매김하고, 확률과정의 특성을 살펴보며, 상관함수를 다룹니다. 또, 극한과 평균이라는 개념을 바탕으로 확률 미적분도 간단히 소개합니다. 이어서, 제9장에서는 확률과정의 전력을 생각하고, 선형 시스템을 거칠 때 확률과정의 특성이 어떻게 바뀌는지를 살펴봅니

1 넓은 뜻으로 보면 확률변수는 1차원 확률과정, 확률벡터는 유한 차원 확률과정이라고 할 수 있다.

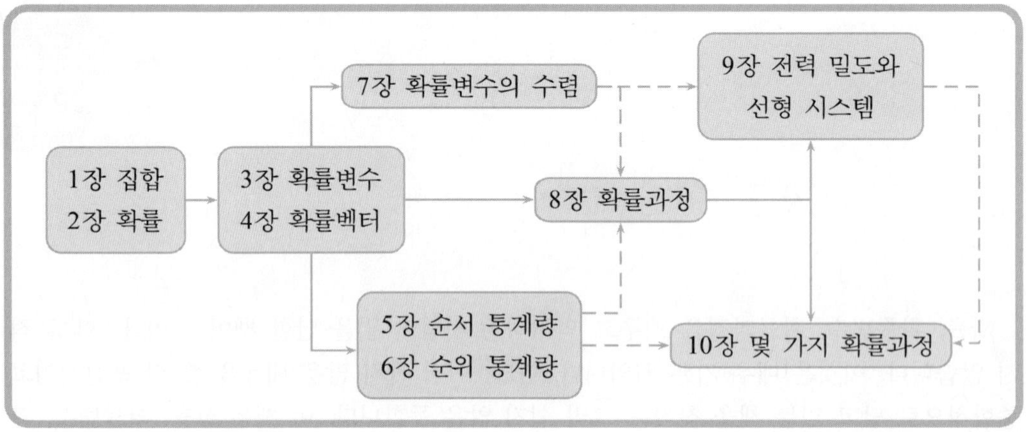

그림 1 이 책의 내용 흐름 그림 (화살 머리 쪽 내용을 공부할 때 화살 꼬리 쪽 내용이 '필요함'/'도움이 됨'을 이어진 줄/끊어진 줄로 나타냈음.)

다. 끝으로, 제10장에서는 확률과정의 대표적인 보기인 정규 확률과정, 위너 과정, 포아송 과정을 조금 더 깊이 있게 다룹니다. 기초적인 수준에서는 어려울 듯한 내용에는 책 전체적으로 *을 달아 알아보기 쉽도록 하였습니다.

한편, 부록에는 본문을 더 깊이 있게 공부하는 데에 필요한 것과 본문에 나온 내용을 더 자세히 설명한 것을 되도록 알기 쉽게 넣어 두었습니다. 특히 공부하며 그 깊이를 더 하고자 하는 사람에게는 읽어 볼만한 것이라고 생각합니다. 연습 문제에는 매우 쉬운 문제부터 꽤 어려운 문제까지 골고루 섞어 두었으므로, 읽는 이들이 스스로 수준에 맞추어 알맞은 문제를 골라 풀어 보면[2] 좋을 것입니다.

저희들이 이 책을 쓰며 바르지 않은 것, 알맞지 아니한 것, 모자란 것이 없도록 꽤 힘썼습니다만, 저희가 미처 깨닫거나 생각하지 못한 여러 까닭으로 말미암아 고쳐야 할 것 또는 고치면 더 좋을 것이 읽는 이들 눈에 뜨일 것입니다. 읽는 이들께서 저희에게 그와 같은 것들을 일깨워[3] 주신다면, 바로 잡아 다듬고 고쳐, 다음에 이 책을 더 나은 책으로 만들도록 하겠습니다.

이 책이 나올 수 있도록 참으로 여러 사람들이 정성과 시간을 아끼지 않고 도와주었다는 것은 새삼 말할 나위조차 없습니다. 한국과학기술원 통계학적 신호 처리 연구실의 민황기, 안태훈, 이승원, 또 연세대학교 디지털 통신 연구실의 강민규, 명세창, 이 다섯 사람이 원고 정리를 도와주지 않았더라면, 꽤 오랜 시간을 더 기다려야 이 책이 빛을 볼 수 있

---

2 연습 문제를 풀어 둔 풀이 모음이 필요하면 i.song@ieee.org로 알려 주시기 바랍니다.

3 전자 주소 i.song@ieee.org로 보내시기 바랍니다. 이 책의 고침표는 bungae.kaist.ac.kr/books/2014/corr/Page1.htm에 올려놓겠습니다.

었을 것임을 밝혀 둡니다. 한편, 이 책을 내는 데에 한국연구재단 도약연구 사업의(2010-0015175) 지원이 또한 크나큰 역할을 하였다는 것도 적어 둡니다. 말할 것도 없이, 자유아카데미의 여러분이 이 책이 나오는 데에 여러모로 신경 써 주셨습니다.

읽는 이들 누구라도 모두 시간과 노력을 넉넉히 들여 이 책에 담긴 내용을 하나하나 모두 살펴보고, 이 책을 늘 곁에 두고 길잡이로 삼는다면 지은이들이 더 없는 보람을 느낄 것이라는 말로 머리말을 맺습니다.

단기 사천삼백사십육년 (서기 2013년) 섣달
송익호, 박철훈, 김광순, 박소령

차례

제1장

집합

1.1 집합과 함수

확률과정론은 확률론[1]의 한 갈래이고, 확률론은 측도론[2]이라 부르는 수학의 한 가지이다. 확률론에서는 확률성을 띠는 현상들을 수학적으로 다룬다. 한편, 확률론과 가까운 학문 영역인 통계학에서는 확률론을 바탕으로 확률적인 자료를 처리하는 방법, 기준, 원리를 다룬다.

측도론에서는 – 그러므로, 확률론에서도 – 추상 공간의 집합에 실수를 배정하는 집합 함수를 주로 다루는바, 그 값이 0보다 작지 않은 실수 집합 함수만 다룬다. 다만, 확률론에서는 집합 함수의 값이 0과 1 사이에 들어가도록 정규화하여 다룬다는 점이 측도론의 나머지 영역들과 조금 다를 뿐이다. 이때, 집합에 배정한 함수 값을 그 집합의 확률이나 잣대[3]라고 부른다. 이 확률이라는 집합 함수는 집합의 '무게'나 '크기'를 나타낸다고 볼 수 있다. 이와 비슷한 잣대의 보기 가운데에는 질량, 무게, 넓이, 부피와 같이 우리에게 더 낯익은 것이 있다. 여기서, 질량 밀도를 적분하거나 점 질량을 더하여 질량을 얻을 수 있는 것처럼, 집합 함수인 확률도 확률 밀도를 적분하거나 확률 질량을 더하여 얻을 수 있다는 것을 알게 될 것이다.

1.1.1 집합 연산

뜻매김 1.1 추상 공간, 공간, 전체집합[4]

다루고자 하는 것들을 모두 모은 것을 추상 공간, 공간, 또는 전체집합이라고 부른다.

좁은 뜻에서는 '명확히' 구분할 수 있는 것들을 모았을 때에만 집합으로 본다. 보기를 들면, '키가 1.5 m보다 큰 사람들의 모임'은 집합이다. 그러나, '키 큰 사람들의 모임'은, "크다."의 뜻이 수학적으로 분명하지 않으므로, 집합이 아니다. 다만, 모호 집합론[5]에서는 회원 함수[6]라는

[1]probability theory
[2]measure theory
[3]measure
[4]abstract space, space, 또는 universal set
[5]fuzzy set theory
[6]membership function

개념을 써서 분명하지 않은 모임도 집합으로 다룬다.

뜻매김 1.2 원소, 구성원, 점[7]

추상 공간을 이루는 가장 작은 단위를 원소, 구성원, 또는 점이라고 한다.

뜻매김 1.3 모임, 집합[8]

추상 공간의 원소를 몇 개 모은 것을 집합이라고 한다.

추상 공간은 자주 Ω나 S로 쓴다. 추상 공간이나 집합을 나타낼 때에는 중괄호 '{ }'를 쓰는데, $\{1,2,3\}$과 같이 원소를 모두 쓰거나, $\{a_i\}$ 또는 $\{a_i\}_{i=1}^n$처럼 쓰기도 하고, $\{\omega : 10 < \omega < 20\pi\}$처럼 '$\{\omega :$ 원소의 성질$\}$'과 같은 꼴로도 쓴다.

보기 1.1 이진 디지털 통신에서 신호를 받아 처리한 결과는 추상 공간 $\Omega = \{0,1\}$로 나타낼 수 있고, 한글의 기본 홀소리와 기본 닿소리를 써서 만들 수 있는 받침 없는 한 글자의 모음은 추상 공간 $\Omega = \{$가, 나, $\cdots$, 히$\}$로 쓸 수 있다. 또한, 9차원 2진 벡터 512개를 모두 모은 $S = \{(0,0,\ \cdots,0),(0,0,\ \cdots,1),\ \cdots,(1,1,\ \cdots,1)\}$도 추상 공간이고, 한글의 홀소리와 닿소리로 만들 수 있는 무한 수열을 모두 모은 것 또한 추상 공간이다. ◇

보기 1.2 보기 1.1에서 다룬 추상 공간 $\Omega = \{0,1\}$에서 0과 1은 원소이다. 한편, 추상 공간 $\Omega = \{$가, 나, $\cdots$, 히$\}$에서 '다'는 원소 가운데 하나이고, 7차원 2진 벡터를 모두 모은 추상 공간 $S = \{(0,0,\ \cdots,0),(0,0,\ \cdots,0,1),\ \cdots,(1,1,\ \cdots,1)\}$에는 원소가 $2^7 = 128$개 있다. ◇

보기 1.3 추상 공간이 $\Omega = \{0,1\}$일 때 $\{0\}$도 집합이고 $\{1\}$도 집합이다. ◇

보기 1.4 집합 $A = \{1,2,3,4\}$는 $A = \{\omega : \omega$는 5보다 작은 자연수$\}$라고 쓸 수도 있다. ◇

뜻매김 1.4 홑원소 집합, 점 집합[9]

추상 공간의 점 하나가 이루는 집합을 점 집합이라고 한다.

보기 1.5 추상 공간이 $\Omega = \{0,1,2\}$일 때 $\{0\}$, $\{1\}$, $\{2\}$, $\{0,1\}$, $\{0,2\}$, $\{1,2\}$, $\{0,1,2\}$는 집합이다. 이 가운데 $\{0\}$, $\{1\}$, $\{2\}$는 점 집합이다. ◇

추상 공간 Ω와 그 원소의 집합 F를 생각하자. 이때, ω가 F에 들어 있으면

$$\omega \in F \tag{1.1}$$

과 같이, ω가 F에 들어 있지 않으면

$$\omega \notin F \tag{1.2}$$

[7] element, component, 또는 point

[8] set

[9] point set 또는 singleton set

처럼 쓴다. 또한, $\omega \in F$는 $F \ni \omega$처럼 쓰기도 하고, $\omega \notin F$는 $F \not\ni \omega$처럼 쓰기도 한다.

보기 1.6 집합 $A = \{0, 1\}$이면 $0 \in A$이고 $2 \notin A$이다. ◇

뜻매김 1.5 부분집합[10]

집합 B의 원소가 모두 집합 A에 들어 있으면 B를 A의 부분집합이라고 하고, 이것을 $B \subseteq A$ 또는 $A \supseteq B$처럼 쓴다. 한편, B가 A의 부분집합이 아니면 $B \not\subseteq A$ 또는 $A \not\supseteq B$처럼 쓴다.

보기 1.7 집합 $A = \{0, 1, 2, 3\}$이고 $B = \{0, 1\}$이며 $C = \{2, 3\}$이면, B와 C는 A의 부분집합이고 $B \subseteq A$와 $A \supseteq C$로 쓸 수 있다. 또, $B \not\supseteq C$이고 $B \not\subseteq C$이며 $\{1, 5\} \not\subseteq A$이고 $B \not\supseteq \{1, 2\}$이다. ◇

보기 1.8 어느 집합도 자신의 부분집합이다. 곧, A가 어떤 집합이더라도 $A \subseteq A$이다. ◇

뜻매김 1.6 진부분집합[11]

두 집합 A와 B를 생각할 때, $B \subseteq A$이고 $A \neq B$이면 B를 A의 진부분집합이라고 하고, 이것을 $B \subset A$ 또는 $A \supset B$처럼 쓴다.

보기 1.9 집합 $A = \{0, 1, 2, 3\}$이고 $B = \{0, 1\}$이면, B는 A의 진부분집합이고 $B \subset A$로 쓸 수 있다. ◇

다만, 부분집합 기호 $\subseteq$ 또는 $\supseteq$를 꼭 써야 하는 때가 아니면, 진부분집합과 부분집합을 굳이 나누지 않고 $\subseteq$과 $\subset$를 – 곧, $\supseteq$과 $\supset$를 – 섞어 쓰기도 한다.

뜻매김 1.7 빈 집합, 공집합[12]

원소가 하나도 없는 집합을 빈 집합 또는 공집합이라고 하고 $\emptyset$ 또는 $\{\ \}$로 쓴다.

빈 집합 $\emptyset$과 – 곧, $\{\ \}$과 – 0이라는 원소 하나만 가진 집합 $\{0\}$은 다른 것이다. 빈 집합의 성질 가운데 아래 정리를 새겨 둘 만하다.

정리 1.1 빈 집합은 모든 집합의 부분집합이다. ■■

뜻매김 1.8 같음

집합 A의 원소가 모두 집합 B에 들어 있고, 또 집합 B의 원소가 모두 집합 A에 들어 있으면, "두 집합 A와 B는 같다."라고 하고 $A = B$로 쓴다.

보기 1.10 집합 $A = \{\omega : \omega$는 15보다 크고 99보다 작은 25의 배수$\}$는 $B = \{25, 50, 75\}$와 같고, 집합 $C = \{1, 2, 3\}$과 $D = \{3, 1, 2\}$는 같다. 곧, $A = B$이고 $C = D$이다. ◇

[10] subset
[11] proper subset
[12] empty set 또는 null set

정리 1.2 두 집합 A와 B가 같으면 $A \subseteq B$이고 $B \subseteq A$이며, 그 역도 성립한다. 곧,

$$A = B \quad \rightleftarrows \quad A \subseteq B,\ B \subseteq A \tag{1.3}$$

이다. ■■

뜻매김 1.9 유한 집합, 무한 집합[13]

원소 수가 유한한 집합을 유한 집합이라고 하고, 원소가 끝없이 많은 집합을 무한 집합이라고 한다.

보기 1.11 집합 $\{1,2,3\}$은 유한 집합이고, 빈 집합 $\{\ \} = \emptyset$도 유한 집합이다. 한편, $\{\omega :$ ω는 자연수, $0<\omega<10\}$은 유한 집합이고, $\{\omega : \omega$는 실수, $0<\omega<10\}$은 무한 집합이다. ♢

뜻매김 1.10

정수의 집합을

$$\mathbb{J} = \{\cdots, -1, 0, 1, \cdots\} \tag{1.4}$$

처럼, 실수의 집합을

$$\mathbb{R} = \{x : x\text{는 실수}\} \tag{1.5}$$

처럼 쓰자.

보기 1.12 집합 $\mathbb{J}$와 $\mathbb{R}$은 무한 집합이다. ♢

뜻매김 1.11 구간, 구간 집합[14]

실수의 집합 $\mathbb{R}$과 $\mathbb{R}$의 두 원소 a와 b를 생각할 때, a와 b 사이의 모든 실수를 모은 무한 집합을 구간 또는 구간 집합이라고 한다.

뜻매김 1.12

구간 집합은 닫힌 구간, 열린 구간, 반 열린 – 또는 반 닫힌 – 구간으로 나눌 수 있다. 먼저, $a < b$라고 하자. 그러면 무한 집합 $\{\omega : \omega \in \mathbb{R},\ a \leq \omega \leq b\}$는 $[a,b]$처럼 쓰고 닫힌 구간이라고 부르며, 무한 집합 $\{\omega : \omega \in \mathbb{R},\ a < \omega < b\}$는 (a,b)처럼 쓰고 열린 구간이라고 부른다. 또, 무한 집합 $\{\omega : \omega \in \mathbb{R},\ a \leq \omega < b\}$는 $[a,b)$처럼 쓰고, 무한 집합 $\{\omega : \omega \in \mathbb{R},\ a < \omega \leq b\}$는 $(a,b]$처럼 쓰며, 이 둘을 반 열린 구간 또는 반 닫힌 구간이라고 부른다.

보기 1.13 무한 집합 $[3,4] = \{\omega : \omega \in \mathbb{R},\ 3 \leq \omega \leq 4\}$는 닫힌 구간이다. 무한 집합 $(2,5) = \{\omega : \omega \in \mathbb{R},\ 2 < \omega < 5\}$는 열린 구간이다. 무한 집합 $(4,5] = \{\omega : \omega \in \mathbb{R},\ 4 < \omega \leq 5\}$는 반 닫힌 구간이고 또 반 열린 구간이다. 무한 집합 $[1,5) = \{\omega : \omega \in \mathbb{R},\ 1 \leq \omega < 5\}$는 반 닫힌 구간이고 또 반 열린 구간이다. ♢

[13] finite set, infinite set
[14] interval, interval set

뜻매김 1.13 집합 묶음, 집합 뭉치[15]

원소가 집합인 집합을 집합의 집합, 집합 묶음, 또는 집합 뭉치라고 부른다.

보기 1.14 집합 $A = \{1,2\}$, $B = \{2,3\}$, $C = \{4,5\}$, $D = \{\ \}$를 생각하자. 그러면

$$E = \{\{1,2\},\{4,5\},\{\ \}\} \tag{1.6}$$

은 집합 묶음이다. ◇

보기 1.15 집합 $(1,2]$와 $[3,4)$를 생각하자. 그러면 $E = \{(1,2],[3,4)\}$는 집합 묶음이다. ◇

보기 1.16 집합 $A = \{1,2\}$, $B = \{2,3\}$, $C = \{4,5\}$와 묶음 $E = \{\{1,2\},\{4,5\},1,2,3\}$를[16] 생각하자. 이때, $A \subseteq E$이고 $A \in E$이며, $B \subseteq E$이고 $B \notin E$이며, $C \not\subseteq E$이고 $C \in E$이다. ◇

뜻매김 1.14 거듭제곱 집합[17]

집합 Ω의 부분집합을 모두 모은 집합 묶음을 Ω의 거듭제곱 집합이라 하고, 자주 2^Ω로 쓴다.

보기 1.17 집합 $\Omega = \{3\}$의 거듭제곱 집합은 $2^\Omega = \{\emptyset,\{3\}\}$이다. ◇

보기 1.18 집합 $\Omega = \{4,5\}$의 거듭제곱 집합은 $2^\Omega = \{\emptyset,\{4\},\{5\},\{4,5\}\}$이다. ◇

뜻매김 1.15 보집합, 여집합[18]

추상 공간 Ω의 원소 가운데 어떤 집합의 원소가 아닌 것들의 모음을 그 집합의 보집합 또는 여집합이라고 하고, 윗 첨자 c나 윗 줄을 써서 이것을 나타낸다. 곧, 추상 공간이 Ω일 때 집합 $A \subseteq \Omega$의 여집합은

$$\begin{aligned} A^c &= \overline{A} \\ &= \{\omega : \omega \notin A, \omega \in \Omega\} \end{aligned} \tag{1.7}$$

이다.

그림 1.1에 집합과 그 여집합을 벤 그림[19]으로 보였다.

보기 1.19 추상 공간이 실수의 집합 $\mathbb{R}$일 때, 구간 $A = (-\infty,1]$의 여집합은 $A^c = (1,\infty)$이다[20]. ◇

[15] set of sets, family of sets, 또는 class of sets

[16] 여기서, 집합이 아닌 원소가 들어 있기 때문에 묶음 E는 집합이기는 하지만 집합 묶음은 아니다.

[17] power set

[18] complement

[19] Venn diagram

[20] 이 보기에서, 구간은 그 뜻매김에서 실수의 집합을 바탕으로 하기 때문에, 구간의 여집합을 말하려고 할 때 굳이 추상 공간이 무엇인지를 밝히지 않아도 문제가 없을 것이다.

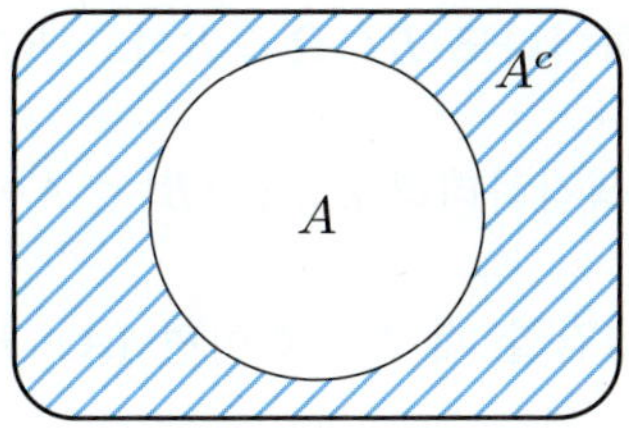

그림 1.1 집합 A와 그 여집합 A^c

보기 1.20 추상 공간이 $\Omega = \{0, 1, 2, 3\}$이고 $B = \{0, 1\}$이면 $B^c = \{2, 3\}$이다. ◇

보기 1.21 추상 공간 Ω의 여집합은 $\Omega^c = \emptyset$이다. ◇

보기 1.22 어떤 집합 B를 생각하더라도 늘 $(B^c)^c = B$이다. ◇

뜻매김 1.16 곱, 교집합, 공통 집합[21]

두 집합 모두에 들어 있는 원소를 모은 것을 그 두 집합의 곱, 교집합, 또는 공통 집합이라고 하고, $\cap$ 또는 곱의 꼴로 나타낸다. 곧, 두 집합 A와 B의 교집합은

$$\begin{aligned} A \cap B &= AB \\ &= \{\omega : \omega \in A,\ \omega \in B\} \end{aligned} \tag{1.8}$$

이다.

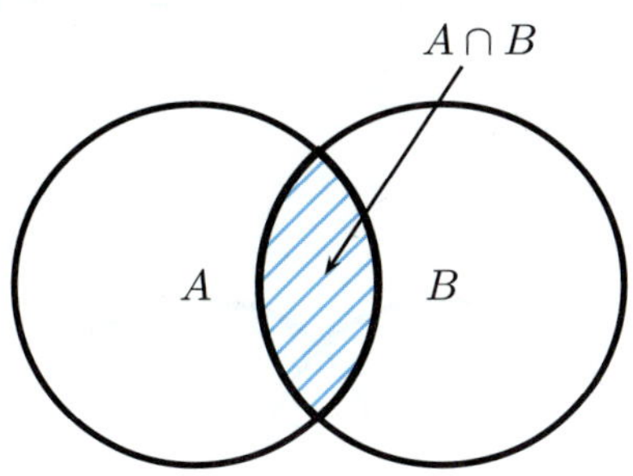

그림 1.2 집합 A와 B의 교집합 $A \cap B$

그림 1.2에 집합 A와 B의 교집합을 벤 그림으로 보였다.

보기 1.23 집합 $A = \{1, 2, 3\}$이고 $B = \{0, 1\}$이면 $A \cap B = AB = \{1\}$이다. ◇

보기 1.24 구간 $[1, 3)$과 $(2, 5]$의 교집합은 $[1, 3) \cap (2, 5] = (2, 3)$이다. ◇

보기 1.25 어떤 집합 B를 생각하더라도 $B \cap B = B$이고 $B \cap B^c = \emptyset$이다. ◇

[21]product, intersection, 또는 common set

보기 1.26 어떤 집합 B를 생각하더라도 $B \cap \Omega = B$이고 $B \cap \emptyset = \emptyset$이다. ◇

보기 1.27 어떤 집합 A와 B를 생각하더라도 $(A \cap B) \subset A$이고 $(A \cap B) \subset B$이다. ◇

보기 1.28 세 집합 A, B, C를 생각할 때 $B \subset C$이면 $(A \cap B) \subset (A \cap C)$이다. ◇

뜻매김 1.17 서로소, 서로 배반[22]

두 집합의 곱이 빈 집합이면 – 곧, 두 집합 A와 B가 $A \cap B = AB = \emptyset$을 만족시키면 – 이 두 집합을 서로소 또는 서로 배반이라고 한다.

보기 1.29 집합 $C = \{1, 2, 3\}$과 $D = \{4, 5, 6\}$은 서로 배반이다. ◇

보기 1.30 구간 $[1, 3)$과 $[3, 5]$는 서로 배반이다. 구간 $[3, 4]$와 $[4, 5]$는 서로 배반이 아니다. ◇

보기 1.31 집합 $A = \{1, 2, 3, 4\}$와 $B = \{4, 5, 6\}$을 생각하면, $A \cap B = \{4\}$이므로 A와 B는 서로 배반이 아니다. ◇

뜻매김 1.18 합, 합집합[23]

두 집합을 생각하자. 이때, 어느 한 집합에라도 들어 있는 원소를 모두 모은 것을 그 두 집합의 합 또는 합집합이라고 하고, $\cup$ 또는 $+$로 나타낸다. 곧, 두 집합 A와 B의 합집합은

$$\begin{aligned} A \cup B &= A + B \\ &= \{\omega : \omega \in A \text{ 또는 } \omega \in B\} \end{aligned} \tag{1.9}$$

이다.

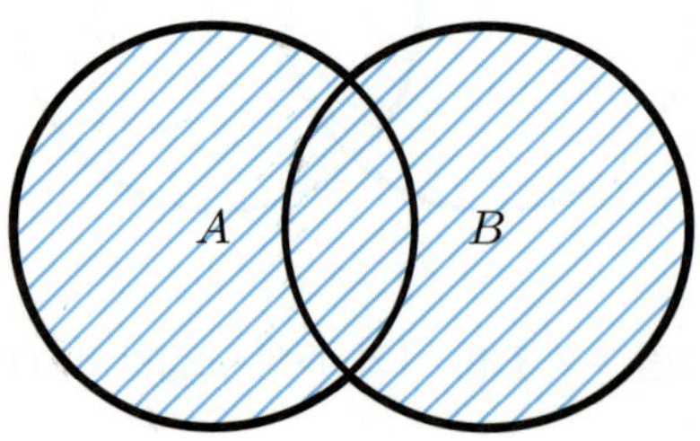

그림 1.3 집합 A와 B의 합집합 $A \cup B$

그림 1.3에 집합 A와 B의 합집합을 벤 그림으로 보였다.

보기 1.32 집합 $A = \{1, 2, 3\}$이고 $B = \{0, 1\}$이면 $A \cup B = \{0, 1, 2, 3\}$이다. ◇

[22] mutually exclusive 또는 disjoint

[23] sum 또는 union

보기 1.33 어떤 집합 B를 생각하더라도 $B \cup B = B$이고 $B \cup B^c = \Omega$이다. ◇

보기 1.34 어떤 집합 B를 생각하더라도 $B \cup \Omega = \Omega$이고 $B \cup \emptyset = B$이다. ◇

보기 1.35 어떤 집합 A와 B를 생각하더라도 $A \subset (A \cup B)$이고 $B \subset (A \cup B)$이다. ◇

보기 1.36 두 집합 A와 B를 생각할 때 $A \subset B$이면 $A \cup B = B$이고 $A \cap B = A$이다. ◇

보기 1.37 세 집합 A, B, C를 생각할 때 $A \subset C$이고 $B \subset C$이면 $(A \cup B) \subset C$이다. ◇

보기 1.38 네 집합 A, B, C, D를 생각하자. 이때, $A \subset C$이고 $B \subset D$이면 $(A \cup B) \subset (C \cup D)$이다. ◇

보기 1.39 함수 $f_1(x) = \frac{1}{x}$과 $f_2(x) = 2\ln x$을 생각하자. 이제, $A = \left\{f_1(x) : x \geq \frac{1}{4}\right\}$이고 $B = \{f_2(x) : x \leq \sqrt{e}\}$일 때 $A \cup B$와 $A \cap B$를 얻어 보자.
풀이 먼저, $A = (0, 4]$이고 $B = (-\infty, 1]$이라는 것을 쉽게 알 수 있다. 따라서, $A \cap B = (0, 1]$이고 $A \cup B = (-\infty, 4]$이다. ◇

합집합과 교집합은 아래 법칙을 따른다.

1. 교환 법칙[24]

$$A \cup B = B \cup A. \tag{1.10}$$
$$A \cap B = B \cap A. \tag{1.11}$$

2. 결합 법칙[25]

$$(A \cup B) \cup C = A \cup (B \cup C). \tag{1.12}$$
$$(A \cap B) \cap C = A \cap (B \cap C). \tag{1.13}$$

3. 분배 법칙 (배분 법칙)[26]

$$(A \cup B) \cap C = (A \cap C) \cup (B \cap C). \tag{1.14}$$
$$(A \cap B) \cup C = (A \cup C) \cap (B \cup C). \tag{1.15}$$

보기 1.40 집합 $A = \{0, 1, 2, 6\}$, $B = \{0, 2, 3, 4\}$, $C = \{0, 1, 3, 5\}$를 생각하자. 먼저, 교환 법칙과 결합 법칙이 성립함은 쉽게 알 수 있다. 이제, $(A \cup B) \cap C = \{0, 1, 2, 3, 4, 6\} \cap \{0, 1, 3, 5\} = \{0, 1, 3\}$이고 $(A \cap C) \cup (B \cap C) = \{0, 1\} \cup \{0, 3\} = \{0, 1, 3\}$이므로 (1.14)가 성립함을 볼 수 있다. 다음에, $(A \cap B) \cup C = \{0, 2\} \cup \{0, 1, 3, 5\} = \{0, 1, 2, 3, 5\}$이고 $(A \cup C) \cap (B \cup C) = \{0, 1, 2, 3, 5, 6\} \cap \{0, 1, 2, 3, 4, 5\} = \{0, 1, 2, 3, 5\}$이므로 (1.15)가 성립함을 볼 수 있다. ◇

[24] commutative law
[25] associative law
[26] distributive law

한편, (1.14)와 (1.15)를 확장하면

$$B \cap \left(\bigcup_{i=1}^{n} A_i \right) = \bigcup_{i=1}^{n} (B \cap A_i) \tag{1.16}$$

과

$$B \cup \left(\bigcap_{i=1}^{n} A_i \right) = \bigcap_{i=1}^{n} (B \cup A_i) \tag{1.17}$$

을 얻는다. 여기서,

$$\bigcup_{i=1}^{n} A_i = A_1 \cup A_2 \cup \cdots \cup A_n \tag{1.18}$$

이고

$$\bigcap_{i=1}^{n} A_i = A_1 \cap A_2 \cap \cdots \cap A_n \tag{1.19}$$

이다.

뜻매김 1.19 차, 차집합[27]

두 집합을 생각할 때, 한 집합의 원소 가운데 다른 집합에도 들어 있는 것들을 뺀 나머지의 모음을 두 집합의 차 또는 차집합이라고 하고, $-$로 나타낸다. 곧, 두 집합 A와 B의 차집합은

$$A - B = \{\omega : \omega \in A,\ \omega \notin B\} \tag{1.20}$$

과

$$B - A = \{\omega : \omega \in B,\ \omega \notin A\} \tag{1.21}$$

이다.

그림 1.4에 차집합 $A - B$를 벤 그림으로 보였다. 여기서,

$$\begin{aligned} A - B &= A \cap B^c \\ &= (A^c \cup B)^c \\ &= A - AB \end{aligned} \tag{1.22}$$

임을 새겨 둘 만하다.

보기 1.41 집합 $A = \{1, 2, 3\}$이고 $B = \{0, 1\}$이면 $A - B = \{2, 3\}$이고 $B - A = \{0\}$이다. 구간 $[1, 3)$과 $(2, 5]$의 차를 생각하면 $[1, 3) - (2, 5] = [1, 2]$이고 $(2, 5] - [1, 3) = [3, 5]$이다. ◇

보기 1.42 어떤 집합 A를 생각하더라도 $\Omega - A = A^c$, $A - A = \emptyset$, $A - \emptyset = A$, $A - \Omega = \emptyset$, $A - A^c = A$, $(A + A) - A = \emptyset$, $A + (A - A) = A$이다. ◇

[27] difference. A와 B의 차집합 $A - B$를 $A \setminus B$처럼 쓰기도 한다.

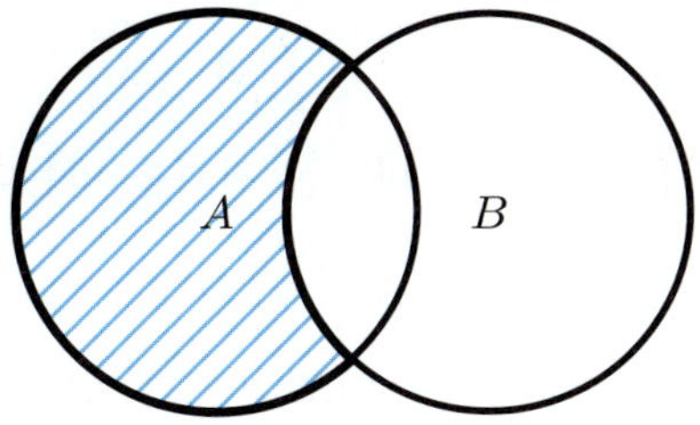

그림 1.4 차집합 $A-B$

정리 1.3 **드모르간의 법칙**[28] 전체집합 S의 부분집합 A_1, A_2, $\cdots$, A_n을 생각하자. 그러면 A_i들의 합집합의 여집합은 A_i의 여집합 A_i^c들의 교집합과 같고, A_i들의 교집합의 여집합은 A_i의 여집합 A_i^c들의 합집합과 같다. 곧,

$$\begin{aligned}\left(\bigcup_{i=1}^{n} A_i\right)^c &= S-\left(\bigcup_{i=1}^{n} A_i\right)\\ &= \bigcap_{i=1}^{n}(S-A_i)\\ &= \bigcap_{i=1}^{n} A_i^c \qquad (1.23)\end{aligned}$$

이고

$$\left(\bigcap_{i=1}^{n} A_i\right)^c = \bigcup_{i=1}^{n} A_i^c \qquad (1.24)$$

이다. ■■

증명 앞에서 다룬 정리 1.2를 – 곧, (1.3)을 – 바탕으로 이 정리를 보이도록 하자.
(가) (1.23)의 증명: 먼저, x가 $\left(\bigcup_{i=1}^{n} A_i\right)^c$의 원소라고 하자. 그러면 x는 $\bigcup_{i=1}^{n} A_i$의 원소가 아니므로 어느 A_i의 원소도 아니다. 곧, x는 모든 A_i^c의 원소이며, 이것은 x가 $\bigcap_{i=1}^{n} A_i^c$의 원소라는 것을 뜻한다. 그러므로,

$$\left(\bigcup_{i=1}^{n} A_i\right)^c \subset \bigcap_{i=1}^{n} A_i^c \qquad (1.25)$$

이다. 다음에, x가 $\bigcap_{i=1}^{n} A_i^c$의 원소라고 하자. 그러면 x는 모든 A_i^c의 원소이므로 어느 A_i의 원소도 아니다. 곧, x는 $\bigcup_{i=1}^{n} A_i$의 원소가 아니므로 $\left(\bigcup_{i=1}^{n} A_i\right)^c$의 원소이다. 곧,

$$\bigcap_{i=1}^{n} A_i^c \subset \left(\bigcup_{i=1}^{n} A_i\right)^c \qquad (1.26)$$

이다. 식 (1.3), (1.25), (1.26)에서 바라는 결과를 얻는다.
(나) (1.24)의 증명: 먼저, (1.23)에서 A_i를 A_i^c로 바꾸어 넣으면

[28] de Morgan's law

$$\left(\bigcup_{i=1}^{n} A_i^c\right)^c = \bigcap_{i=1}^{n} (A_i^c)^c$$
$$= \bigcap_{i=1}^{n} A_i \quad (1.27)$$

이다. 이 식에서 두 변의 보집합을 생각하면 바라는 결과를 얻는다. □

보기 1.43 집합 $S = \{1,2,3,4\}$와 그 부분집합 $A_1 = \{1\}$, $A_2 = \{2,3\}$, $A_3 = \{1,3,4\}$를 생각하자. 그러면 $(A_1 + A_2)^c = \{1,2,3\}^c = \{4\}$이고, 이것은 $A_1^c A_2^c = \{2,3,4\} \cap \{1,4\} = \{4\}$와 같다. 마찬가지로, $(A_1 A_2)^c = \emptyset^c = S$인데, 이것은 $A_1^c + A_2^c = \{2,3,4\} \cup \{1,4\} = S$와 같다. 또, $(A_2 + A_3)^c = S^c = \emptyset$인데, 이것은 $A_2^c A_3^c = \{1,4\} \cap \{2\} = \emptyset$과 같다. 끝으로, $(A_1 A_3)^c = \{1\}^c = \{2,3,4\}$인데, 이것은 $A_1^c + A_3^c = \{2,3,4\} \cup \{2\} = \{2,3,4\}$와 같다. ◇

보기 1.44 세 집합 A, B, C에서, $A \subseteq B$이고 $C = B - A$이면 $A = B - C$라는 것을 보이자.
풀이 먼저, $A = B$이면 $C = B - A = \emptyset$이므로 $B - C = B - \emptyset = A$이다. 다음에, $A \subset B$이면 (1.22)에서 $C = B \cap A^c$이라는 것을 알 수 있고, (1.24)에서 $C^c = (B \cap A^c)^c = B^c \cup A$라는 것을 알 수 있다. 그러므로, (1.14)를 쓰면 $B \cap C^c = B \cap (B^c \cup A) = (B \cap B^c) \cup (B \cap A) = \emptyset \cup A = A$이다. 따라서, 다시 (1.22)를 쓰면 $B - C = B \cap C^c = A$이다. ◇

뜻매김 1.20 대칭 차[29]

두 집합의 모든 원소 가운데에서 한 집합에만 들어 있는 원소들을 모은 것을 그 두 집합의 대칭 차 또는 대칭 차집합이라고 하고 △를 써서 나타낸다.

위 뜻매김을 바탕으로 두 집합 A와 B의 대칭 차를 식으로 나타내면

$$A \triangle B = (A - B) \cup (B - A)$$
$$= (A \cap B^c) \cup (A^c \cap B)$$
$$= A \cup B - A \cap B \quad (1.28)$$

임을 쉽게 알 수 있다. 그림 1.5에 집합 A와 B의 대칭 차 $A \triangle B$을 벤 그림으로 보였다.

보기 1.45 집합 $A = \{1,2,3,4\}$와 $B = \{4,5,6\}$을 생각하자. 그러면 $A \triangle B = \{1,2,3\} \cup \{5,6\} = \{1,2,3,4,5,6\} - \{4\} = \{1,2,3,5,6\}$이다. ◇

보기 1.46 구간 $[1,3)$과 $(2,5]$의 대칭차는 $[1,3) \triangle (2,5] = ([1,3) - (2,5]) \cup ((2,5] - [1,3)) = [1,2] \cup [3,5]$이다. ◇

보기 1.47 어떤 집합 A를 생각하더라도 $A \triangle A = \emptyset$, $A \triangle \emptyset = \emptyset \triangle A = A$, $A \triangle \Omega = \Omega \triangle A = A^c$, $A \triangle A^c = A^c \triangle A = \Omega$이다. ◇

보기 1.48 차집합과 대칭 차집합의 뜻매김에서 $A - B \neq B - A$이고 $A \triangle B = B \triangle A$라는 것을 쉽게 알 수 있다. 또한, $B \subset A$이면 $A \triangle B = A - B$라는 것을 새겨 둘 만하다. ◇

[29] symmetric difference

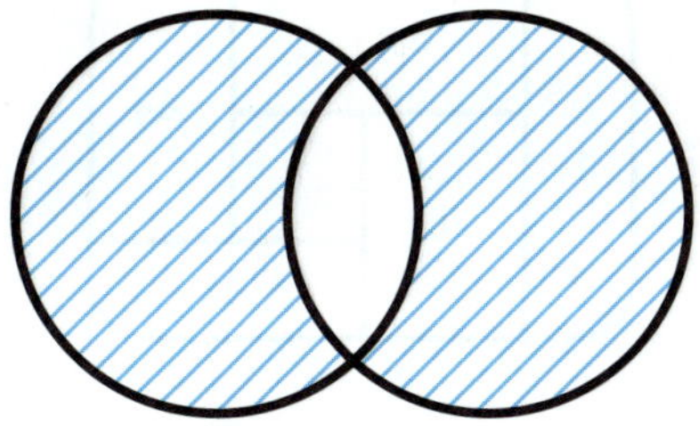

그림 1.5 집합 A와 B의 대칭 차 $A \triangle B$

보기 1.49 집합 $A_1 \Delta A_2 \Delta \cdots \Delta A_n$의 원소는 어느 것이나 $\{A_i\}_{i=1}^{n}$ 가운데 홀수 개에만 들어 있다는 것을 보이자.

풀이 수학적 귀납법을 쓰자. 먼저, $n = 1$일 때에는 자명하다. 또, 집합 $A_1 \Delta A_2$의 원소는 A_1 또는 A_2 가운데 하나에만 들어 있다는 것을 바로 알 수 있다. 다음에, 집합 $C = A_1 \Delta A_2 \Delta \cdots \Delta A_n$의 원소가 어느 것이나 $\{A_i\}_{i=1}^{n}$ 가운데 홀수 개에만 들어 있다고 하고, 집합

$$
\begin{aligned}
B &= A_1 \Delta A_2 \Delta \cdots \Delta A_n \Delta A_{n+1} \\
&= C \Delta A_{n+1}
\end{aligned}
\tag{1.29}
$$

를 생각하자. 그러면 B의 어떤 원소도 A_{n+1}에 들어 있고 C에는 들어 있지 않거나, C에 들어 있고 A_{n+1}에는 들어 있지 않다. 곧, B에 들어 있는 원소는 어느 것이나 A_{n+1} 하나에만 들어 있거나, A_{n+1}에는 들어 있지 않고 $\{A_i\}_{i=1}^{n}$ 가운데 홀수 개에만 들어 있다. 바꾸어 말하면, B에 들어 있는 원소는 어느 것이나 $\{A_i\}_{i=1}^{n+1}$ 가운데 홀수 개에만 들어 있다. ◇

수의 연산 가운데 하나인 곱하기와 비슷한 것은 집합의 연산 가운데에서 곱집합이다. 그런데, 수의 연산 가운데에서 더하기와 비슷한 것은 합집합이 아니라, 오히려, 대칭 차라는 것을 알 수 있다. 보기를 들면, 수의 연산인 더하기에는 빼기라는 역 연산이 있는데, 합집합의 역 연산은 없으나 대칭 차에는 대칭 차라는 역 연산이 있다. 좀 더 구체적으로는 집합 A와 B가 어떤 집합이더라도 $A \triangle C = B$인 집합 C는 오직 하나 있으며 $C = A \triangle B$이다. 이것은 $A \triangle (A \triangle B) = B$라는 것을 $A \triangle C = B$와 견주어 보면 바로 알 수 있다.

뜻매김 1.21 쪼갬, 분할[30]

서로 배반이고 합이 그 집합인 부분집합들의 묶음을 한 집합의 쪼갬 또는 분할이라고 한다. 곧,

$$
\bigcup_{i=1}^{n} A_i = S \tag{1.30}
$$

이고, $i \neq j$일 때

$$
A_i \cap A_j = \emptyset \tag{1.31}
$$

인 묶음 $\{A_i\}$를 집합 S의 쪼갬이라고 한다.

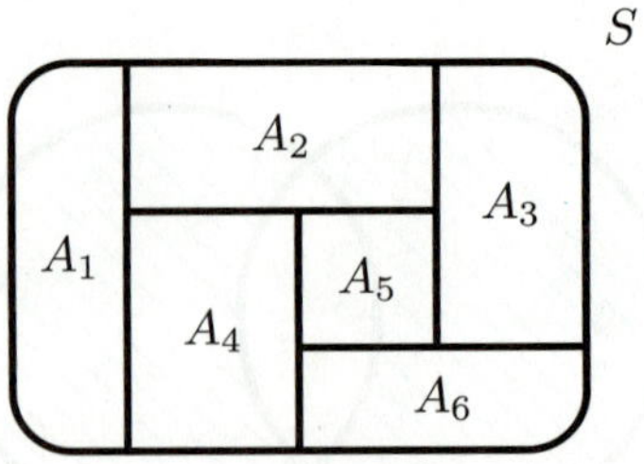

그림 1.6 집합 S의 쪼갬 $\{A_1, A_2, \cdots, A_6\}$

그림 1.6에 집합 S의 쪼갬 가운데 하나인 $\{A_1, A_2, \cdots, A_6\}$을 보였다. 한편, 집합 S만으로 이루어진 묶음은 집합 S의 분할로 생각하지 않는다.

보기 1.50 집합 $A = \{1, 2\}$와 집합 $B = \{1, 2, 3, 4\}$를 생각하자. 그러면 $\{\{1\}, \{2\}\}$는 A의 쪼갬이다. 한편, 묶음 $\{\{1\}, \{2\}, \{3\}, \{4\}\}$도 B의 분할이고, 묶음 $\{\{1\}, \{2\}, \{3, 4\}\}$도 B의 조갬이며, 묶음 $\{\{1\}, \{2, 3\}, \{4\}\}$도 B의 분할이고, 묶음 $\{\{1, 2\}, \{3\}, \{4\}\}$도 B의 쪼갬이며, 묶음 $\{\{1, 2\}, \{3, 4\}\}$도 B의 분할이다. ◇

보기 1.51 집합 묶음 $\{A, \emptyset\}$은 집합 A의 분할이다. ◇

보기 1.52 집합 묶음 $\{[3, 3.3), [3.3, 3.4], (3.4, 3.6], (3.6, 4)\}$는 구간 $[3, 4)$의 쪼갬이다. ◇

보기 1.53 집합 $A = \{1, 2, 3\}$의 분할 가운데 빈 집합이 원소가 아닌 것을 모두 얻어 보자.

풀이 먼저, 집합 A에 원소가 셋 있으므로, 집합 A의 쪼갬 가운데 빈 집합이 원소가 아닌 분할은 원소가 하나인 집합과 원소가 둘인 집합으로 이루어지거나, 원소가 하나인 집합 셋으로 이루어질 것이다. 따라서, 묶음 $\{\{1\}, \{2, 3\}\}$, 묶음 $\{\{2\}, \{1, 3\}\}$, 묶음 $\{\{3\}, \{1, 2\}\}$, 묶음 $\{\{1\}, \{2\}, \{3\}\}$이 바라는 쪼갬들이다. ◇

1.1.2 사상과 함수

뜻매김 1.22 사상, 함수[31]

한 추상 공간의 점마다 다른 추상 공간의 점을 오직 하나씩만 이어 주는 관계를 함수 또는 사상이라고 한다.

두 추상 공간 Ω와 A에서 $\omega \in \Omega$일 때 $f(\omega)$가 A의 점이면, 이 함수 f를 $f : \Omega \to A$로 나타

[30]partition. 유한 집합 A에 원소가 n개 있을 때, A나 빈 집합이 들어 있는 쪼갬을 빼면, A의 두 조각짜리 쪼갬의 수는 ${}_{n-1}\mathrm{C}_1 + {}_{n-1}\mathrm{C}_2 + \cdots + {}_{n-1}\mathrm{C}_{n-1} = 2^{n-1} - 1$이다. 여기서, ${}_n\mathrm{C}_r = \frac{n!}{(n-r)!r!}$는 이항 계수이다. 한편, 쪼갬의 수를 모두 얻으려면 원소 n개를 두 뭉치로 나누는 방법의 가지 수, 원소 n개를 세 뭉치로 나누는 방법의 가지 수, $\cdots$, 원소 n개를 $n-1$ 뭉치로 나누는 방법의 가지 수를 모두 얻어 더해야 한다. 이와 같은 집합의 쪼갬은 수의 쪼갬과 매우 비슷한데, 부록 1.1에서 수의 쪼갬을 간단히 다루어 보았다.

[31]mapping, function

내기도 한다. 이때, Ω를 정의역[32], A를 공역 또는 공변역[33]이라고 한다.

보기 1.54 정의역 $\Omega = [-1,1]$과 공변역 $A = [-2,1]$을 생각하자. 이때, $[-1,0) \subset \Omega$를 공변역의 -1과 이어 주고 $[0,1] \subset \Omega$를 공변역의 1과 이어 주는 관계는 함수이다. ◇

보기 1.55 정의역 $\Omega = [-1,1]$과 공변역 $A = [-2,1]$을 생각하자. 이때, $[-1,0) \subset \Omega$를 공변역의 -1과 이어 주고 $(0,1] \subset \Omega$를 공변역의 1과 이어 주는 관계를 생각하면, 정의역의 원소 0이 공변역의 어느 원소와도 이어지지 않으므로, 이 관계는 함수가 아니다. ◇

보기 1.56 정의역 $\Omega = [-1,1]$과 공변역 $A = [-2,1]$을 생각하자. 이때, $[-1,0] \subset \Omega$를 공변역의 -1과 이어 주고 $[0,1] \subset \Omega$를 공변역의 1과 이어 주는 관계를 생각하면, 정의역의 원소 0에 공변역의 원소가 하나보다 많이 이어지므로, 이 관계는 함수가 아니다. ◇

뜻매김 1.23 집합 함수[34]

정의역이 집합 묶음인 함수를 집합 함수라고 한다.

보기 1.57 집합 $A = \{3,4,5\}$의 부분집합을 모두 모은 묶음

$$2^A = \{\emptyset, \{3\}, \{4\}, \{5\}, \{3,4\}, \{3,5\}, \{4,5\}, \{3,4,5\}\} \tag{1.32}$$

를 정의역이라고 하자. 이제, $B \in 2^A$일 때 B에 들어 있는 원소의 수를 나타내는 함수 $f(B)$는 집합 함수이다. 보기를 들면, $f(\{3\}) = 1$, $f(\{3,4\}) = 2$, $f(\{3,4,5\}) = 3$이다. ◇

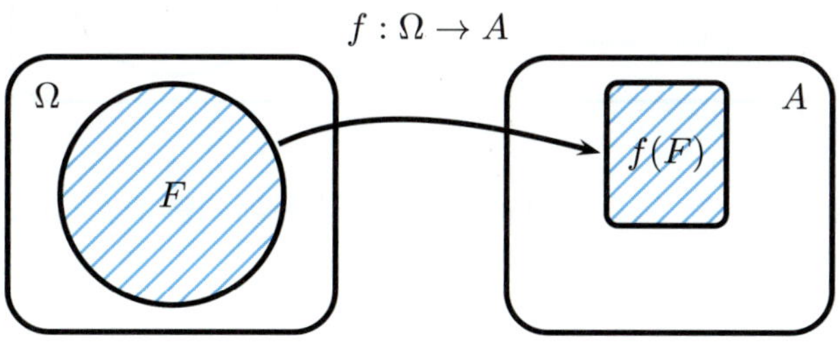

그림 1.7 함수 $f : \Omega \to A$에서 $F \subset \Omega$의 그림자 $f(F) \subset A$

뜻매김 1.24 그림자[35]

함수 $f : \Omega \to A$를 생각할 때, Ω의 부분집합인 F의 점들에 대응하는 A의 점들의 집합을 F의 그림자 또는 상이라고 한다.

[32] domain
[33] codomain
[34] set function
[35] image

곧, 집합 F의 그림자는

$$f(F) \;=\; \{a : a = f(\omega), \omega \in F\} \tag{1.33}$$

이다.

보기 1.58 정의역이 $\Omega = [-1, 1]$이고 공변역이 $A = [-10, 10]$인 함수 $f(\omega) = \omega^2$을 생각하자. 그러면 정의역 Ω의 부분집합인 $F_1 = (-0.5, 0.5)$의 그림자는

$$f(F_1) \;=\; [0, 0.25) \tag{1.34}$$

이고, $F_2 = (0.1, 0.2)$의 그림자는 $f(F_2) = (0.01, 0.04)$이다. ◇

뜻매김 1.25 본디 그림자, 역상[36]

함수 $f : \Omega \to A$를 생각할 때, A의 부분집합인 G의 점들에 대응하는 Ω의 점들의 집합을 G의 본디 그림자 또는 역상이라고 한다. 곧, 집합 G의 본디 그림자는

$$f^{-1}(G) \;=\; \{\omega : f(\omega) \in G\} \tag{1.35}$$

이다.

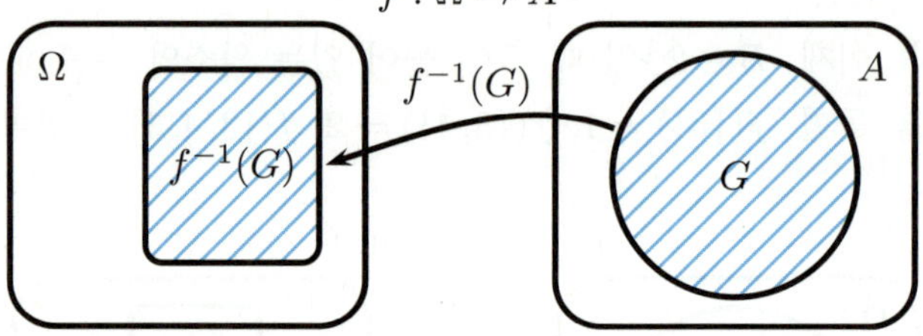

그림 1.8 함수 $f : \Omega \to A$에서 $G \subset A$의 본디 그림자 $f^{-1}(G) \subset \Omega$

보기 1.59 정의역이 $\Omega = [-1, 1]$이고 공변역이 $A = [-10, 10]$인 함수 $f(\omega) = \omega^2$을 생각하자. 그러면 공변역 A의 부분집합인 $G_1 = (-0.25, 1)$의 본디 그림자는

$$f^{-1}(G_1) \;=\; (-1, 1) \tag{1.36}$$

이고, $G_2 = (-0.25, 0)$의 본디 그림자는 $f^{-1}(G_2) = f^{-1}((-0.25, 0)) = \emptyset$이다. ◇

뜻매김 1.26 치역[37]

추상 공간 Ω의 그림자 $f(\Omega)$를 함수 f의 치역이라고 한다.

[36] pre–image, inverse image
[37] range

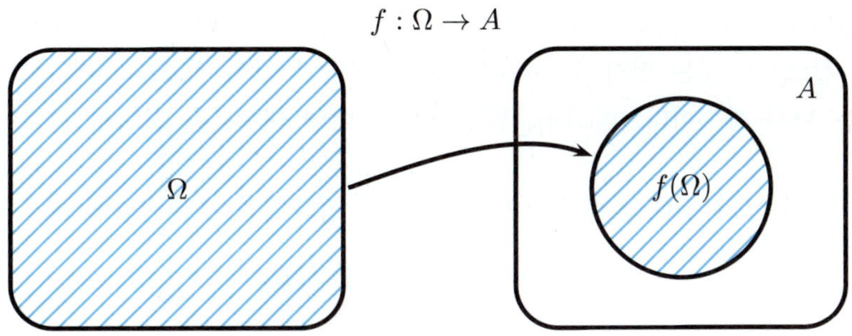

그림 1.9 함수 $f : \Omega \to A$의 치역 $f(\Omega) \subset A$

보기 1.60 정의역 $\Omega = [-1, 1]$과 공변역 $A = [-2, 1]$을 생각하자. 이때, $[-1, 0) \subset \Omega$를 공변역의 -1과 이어 주고 $[0, 1] \subset \Omega$를 공변역의 1과 이어 주는 함수의 치역 $f(\Omega) = f([-1, 1])$은 $\{-1, 1\}$이다. ◇

보기 1.60에서 볼 수 있듯이 치역과 공변역은 다를 수도 있다. 치역이 공변역과 같은 함수를 위로 함수 또는 전사 함수[38]라고 하고, 전사 함수가 아닌 함수를 – 치역이 공변역의 진부분집합인 함수를 – 안으로 함수[39]라고 부르기도 한다. 한편, 공변역의 어느 점에도 본디 그림자가 많아야 하나씩이면 – 치역의 어느 점에도 본디 그림자가 오직 하나씩이면 – 그 함수를 단사 함수[40]라고 한다. 단사 함수는 일대일 사상[41]이라고 부르기도 한다.

보기 1.61 정의역이 $\Omega = [-1, 1]$이고 공변역이 $A = [0, 1]$일 때 함수 $f(\omega) = \omega^2$을 생각하면 치역과 공변역이 같으므로 f는 전사 함수이다. 또한, 치역의 0을 뺀 나머지 점의 본디 그림자는 모두 원소가 둘인 집합이므로 f는 단사 함수가 아니다. ◇

보기 1.62 정의역이 $\Omega = [-1, 1]$이고 공변역이 $A = [-2, 2]$일 때 함수를 $f(\omega) = \omega$라고 하면 치역은 $[-1, 1]$인데 이것은 공변역과 다르므로 f는 전사 함수가 아니다. 또한, 치역의 어느 점도 그 본디 그림자가 홑원소 집합이므로 f는 단사 함수이다. ◇

뜻매김 1.27 일대일 대응[42]

공변역의 어떤 점 집합의 본디 그림자도 점 집합인 대응 관계를 일대일 대응이라고 한다.

일대일 대응을 전단사 함수[43]라고 부르기도 한다. 말할 것도 없이, 전단사 함수는 전사 함수이자 단사 함수이다.

---

[38] onto function, surjective function, 또는 surjection
[39] into function
[40] injective function, one-to-one function, 또는 injection
[41] one-to-one mapping
[42] one-to-one correspondence
[43] bijective function 또는 bijective mapping

보기 1.63 정의역이 $\Omega = [-1, 1]$이고 공변역이 $A = [-1, 1]$일 때 함수 $f(\omega) = \omega$라고 하면 치역과 공변역이 같으므로 f는 전사 함수이다. 또한, 치역의 어떤 점도 그 본디 그림자가 홑원소 집합이므로 f는 단사 함수이다. 따라서, 함수 f는 일대일 대응, 곧 전단사 함수이다. ◇

정리 1.4 함수 f가 일대일 대응이면, A와 B가 정의역의 부분집합일 때

$$f(A \cup B) = f(A) \cup f(B) \tag{1.37}$$

이고

$$f(A \cap B) = f(A) \cap f(B) \tag{1.38}$$

이며, C와 D가 치역의 부분집합일 때

$$f^{-1}(C \cup D) = f^{-1}(C) \cup f^{-1}(D) \tag{1.39}$$

이고

$$f^{-1}(C \cap D) = f^{-1}(C) \cap f^{-1}(D) \tag{1.40}$$

이다. ■■

증명 위 (1.37)–(1.40) 가운데 (1.39)만 보이자. 먼저, $x \in f^{-1}(A \cup B)$이면, $f(x) \in A \cup B$이므로 $f(x) \in A$ 또는 $f(x) \in B$이다. 그러면 $x \in f^{-1}(A)$ 또는 $x \in f^{-1}(B)$이므로

$$x \in f^{-1}(A) \cup f^{-1}(B) \tag{1.41}$$

이다. 다음에, $x \in f^{-1}(A) \cup f^{-1}(B)$이면, $x \in f^{-1}(A)$ 또는 $x \in f^{-1}(B)$이므로 $f(x) \in A$ 또는 $f(x) \in B$이다. 그러므로, $f(x) \in A \cup B$이고, 따라서

$$x \in f^{-1}(A \cup B) \tag{1.42}$$

임을 알 수 있다. □

정리 1.4가 뜻하는 바는 함수 f가 일대일 대응일 때 그림자 $f(A \cup B)$와 $f(A \cap B)$를 그림자 $f(A)$와 $f(B)$로 나타낼 수 있을 뿐만 아니라, 본디 그림자 $f^{-1}(C \cup D)$와 $f^{-1}(C \cap D)$도 본디 그림자 $f^{-1}(C)$와 $f^{-1}(D)$로 나타낼 수 있다는 것이다.

위 성질 (1.37)–(1.40)을 일반화하면, 함수 f가 일대일 대응이고, $A_1, A_2, \cdots, A_n$이 모두 정의역의 부분집합이며, $C_1, C_2, \cdots, C_n$이 모두 치역의 부분집합일 때, 아래를 얻을 수 있다.

$$f\left(\bigcup_{i=1}^{n} A_i\right) = \bigcup_{i=1}^{n} f(A_i). \tag{1.43}$$

$$f\left(\bigcap_{i=1}^{n} A_i\right) = \bigcap_{i=1}^{n} f(A_i). \tag{1.44}$$

$$f^{-1}\left(\bigcup_{i=1}^{n} C_i\right) = \bigcup_{i=1}^{n} f^{-1}(C_i). \tag{1.45}$$

$$f^{-1}\left(\bigcap_{i=1}^{n} C_i\right) = \bigcap_{i=1}^{n} f^{-1}(C_i). \tag{1.46}$$

뜻매김 1.28 거리 함수[44]

세 점 p, q, r을 어떻게 잡더라도 아래 셋을 만족시키는 함수 d를 거리 함수라고 한다.

(가) $d(p,q) = d(q,p)$

(나) $p \neq q$이면 $d(p,q) > 0$이고, $p = q$이면 $d(p,q) = 0$

(다) $d(p,q) \leq d(p,r) + d(r,q)$

이때, $d(\omega_1, \omega_2)$를 ω_1과 ω_2 사이의 거리라고 한다.

뜻매김 1.29 거리 공간[45]

집합 안의 어떤 두 점을 잡더라도 거리를 생각할 수 있을 때 그 집합을 거리 공간이라고 한다.

보기 1.64 실수 집합 D의 두 점을 a와 b라고 하고, 함수

$$d(a,b) = (a-b)^2 \tag{1.47}$$

을 생각하자. 그러면 $(a-b)^2 = (b-a)^2$이고, $a \neq b$일 때 $(a-b)^2 > 0$이며, $a = b$일 때 $(a-b)^2 = 0$이다. 그렇지만, $(a-c)^2 + (c-b)^2 = (a-b)^2 + 2(c-a)(c-b)$는 $a < c < b$일 때 $(a-b)^2$보다 작으므로 함수 $d(a,b) = (a-b)^2$은 거리 함수가 아니다. ◇

보기 1.65 실수 집합 D의 두 점을 a와 b라고 하고, 함수

$$d(a,b) = |a-b| \tag{1.48}$$

을 생각하자. 그러면 $|a-b| = |b-a|$이고, $a \neq b$일 때 $|a-b| > 0$이며, $a = b$일 때 $|a-b| = 0$이다. 또한, α와 β가 실수일 때 $(|\alpha| + |\beta|)^2 - |\alpha+\beta|^2 = 2(|\alpha||\beta| - \alpha\beta) \geq 0$이므로, $|a-c| + |c-b| \geq |a-b|$이다. 따라서, 함수 $d(a,b) = |a-b|$은 거리 함수이다. ◇

뜻매김 1.30 이웃[46]

거리 함수가 d인 거리 공간 X를 생각할 때, $q \in X$이고 $d(p,q) < r$인 점 q를 모두 모은 집합을 p의 이웃이라고 하고 이것을 $N_r(p)$라고 쓴다. 이때, r을 $N_r(p)$의 반지름이라고 한다.

보기 1.66 거리 함수가

$$d(a,b) = |a-b| \tag{1.49}$$

인 공간 $X = \{x : -2 \leq x \leq 5\}$를 생각하자. 그러면 반지름이 1인 0의 이웃은 $N_1(0) = (-1, 1)$이다. ◇

---

[44] distance function 또는 metric
[45] metric space
[46] neighborhood

보기 1.67 거리 함수가 $d(a,b) = |a-b|$인 공간 $X = \{x : -2 \le x \le 5\}$를 생각하자. 그러면 반지름이 3인 0의 이웃은 $N_3(0) = [-2, 3)$이다. ◇

뜻매김 1.31 극한점[47]

거리 공간의 부분집합 E를 생각할 때, 점 p의 어떤 이웃에도 p가 아닌 점이 적어도 하나 E에 들어 있으면, p를 집합 E의 극한점이라고 한다.

뜻매김 1.32 닫힘[48]

거리 공간 X의 부분집합 E와 E의 극한점을 모두 모은 집합 E'의 합집합을 – 곧, 집합 $\bar{E} = E \cup E'$을 – E의 닫힘이라고 한다.

보기 1.68 공간 $X = \{x : -2 \le x \le 5\}$에서 거리 함수 $d(a,b) = |a-b|$과 X의 부분집합 $Y = (-1, 2]$를 생각하자. 그러면 Y의 극한점을 모두 모으면 $[-1, 2]$이므로 Y의 닫힘은 $(-1, 2] \cup [-1, 2] = [-1, 2]$이다. ◇

뜻매김 1.33 받침[49]

집합 $\{x : f(x) \neq 0\}$의 닫힘을 함수 $f(x)$의 받침이라고 한다.

보기 1.69 함수

$$f(x) = \begin{cases} 1-|x|, & |x| \le 1, \\ 0, & \text{그 밖에는} \end{cases} \tag{1.50}$$

의 받침은 그림 1.10에서도 볼 수 있듯이 $[-1, 1]$이다. ◇

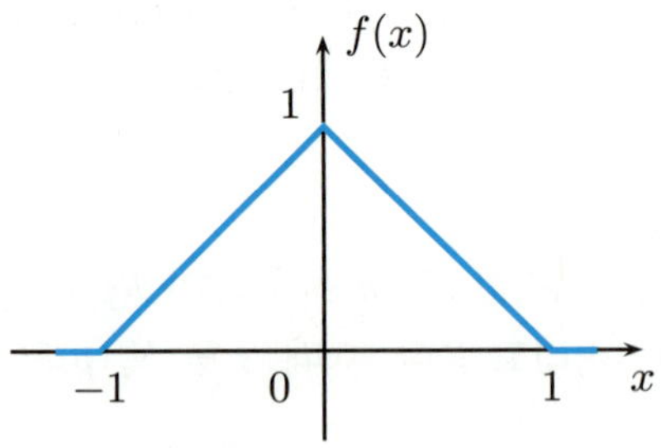

그림 1.10 받침이 $[-1, 1]$인 함수 하나

보기 1.70 함수 $f(x) = \sin x$는 n이 정수이고 $x = n\pi$일 때 그 값이 0이다. 그렇지만, 함수 $f(x)$의 받침은 실수 모두의 집합이다. ◇

---

[47] limit point

[48] enclosure

[49] support

1.1.3 셀 수 있는 집합과 셀 수 없는 집합*

이제, 자연수의 집합을 – 곧, 자연수를 모두 모은 집합을 –

$$\mathbb{J}_+ = \{1, 2, \cdots\} \tag{1.51}$$

로 쓰고, 이것을 바탕으로 셀 수 있는 집합이 무엇인지 뜻매김하자.

뜻매김 1.34 셀 수 있는 집합[50]

어떤 집합과 $\mathbb{J}_+$의 부분집합을 일대일 대응으로 이을 수 있으면, 그 집합을 셀 수 있다고 한다.

셀 수 있는 집합의 원소들은 $a_1, a_2, \cdots, a_n, \cdots$ 처럼 번호를 붙여 쓸 수 있다. 유한 집합은 어느 것이나 셀 수 있다는 것을 뜻매김 1.34에서 쉽게 알 수 있다.

보기 1.71 집합 $\{1,2,3\}$도 셀 수 있고 집합 $\{1,10,100,1000\}$은 셀 수 있다. 이것은 $\mathbb{J}_+$의 부분집합인 $\{1,2,3\}$과 $\{1,2,3,4\}$가 각각 이 두 집합과 일대일 대응하기 때문이다. ◇

보기 1.72 정수의 집합 $\mathbb{J}$는 셀 수 있다. 이것은

$$\begin{array}{ccccccccc} 0 & -1 & 1 & -2 & 2 & \cdots & -n & n & \cdots \\ \updownarrow & \updownarrow & \updownarrow & \updownarrow & \updownarrow & \cdots & \updownarrow & \updownarrow & \cdots \\ 1 & 2 & 3 & 4 & 5 & \cdots & 2n & 2n+1 & \cdots \end{array} \tag{1.52}$$

처럼 생각하면, $\mathbb{J}_+$와 $\mathbb{J}$를 일대일 대응으로 이을 수 있기 때문이다. ◇

보기 1.73 위와 비슷하게 $n \leftrightarrow 2n$처럼 이어 주면 집합 {0보다 큰 짝수}가 셀 수 있는 집합이라는 것을 알 수 있고, $n \leftrightarrow 2^n$처럼 이어 주면 집합 $\{2, 4, \cdots, 2^n, \cdots\}$도 셀 수 있는 집합이라는 것을 알 수 있다. ◇

정리 1.5 유리수의 집합

$$\mathbb{Q} = \{q : q\text{는 유리수}\} \tag{1.53}$$

은 셀 수 있다. ■■

증명

(방법 1) y가 정수이고 x가 0이 아닌 정수일 때, 2차원 평면에서 좌표가 (x, y)인 점이 유리수 $\frac{y}{x}$를 나타낸다고 생각하자. 그러면 $(1,0) \to (1,1) \to (-1,1) \to (-1,-1) \to (2,-1) \to (2,2) \to \cdots$과 같이 정수 좌표를 나사꼴로 읽어가되 거듭 나오는 유리수를 빼면, 유리수 집합과 자연수 집합 사이의 일대일 대응을 얻는다.

(방법 2) 유리수는

[50] countable set, denumerable set, 또는 enumerable set

$$\frac{p}{q},\ q \in \mathbb{J}_+,\ p \in \mathbb{J} \tag{1.54}$$

꼴로 나타낼 수 있다는 것을 바탕으로

$$a_{00} = \frac{0}{1} = 0, \tag{1.55}$$

$$a_{ij} = -\frac{i-j+1}{j}, \quad i = 1, 2, \cdots, j = 1, 2, \cdots, i, \tag{1.56}$$

$$a_{ij} = \frac{j-i}{2i-j+1}, \quad i = 1, 2, \cdots, j = i+1, i+2, \cdots, 2i \tag{1.57}$$

과 같은 수열을 생각하자. 곧,

$$\begin{array}{llllllll} \frac{0}{1} \\ -\frac{1}{1}, & \frac{1}{1} \\ -\frac{2}{1}, & -\frac{1}{2}, & \frac{1}{2}, & \frac{2}{1} \\ -\frac{3}{1}, & -\frac{2}{2}, & -\frac{1}{3}, & \frac{1}{3}, & \frac{2}{2}, & \frac{3}{1} \\ -\frac{4}{1}, & -\frac{3}{2}, & -\frac{2}{3}, & -\frac{1}{4}, & \frac{1}{4}, & \frac{2}{3}, & \frac{3}{2}, & \frac{4}{1} \\ & & & \vdots \end{array} \tag{1.58}$$

을 생각하자. 이 수열을 첫 줄부터 차례로 한 줄씩 읽어 내려오되 거듭 나오는 것을 빼면, 유리수 집합과 자연수 집합 사이의 일대일 대응을 얻을 수 있다. □

정리 1.6 셀 수 있는 집합에는 아래와 같은 성질이 있다.

(가) 셀 수 있는 집합의 부분집합은 셀 수 있다.

(나) 어떤 무한 집합에도 셀 수 있는 부분집합이 있다.

(다) 집합 A_1, A_2, $\cdots$이 모두 셀 수 있는 집합이면,

$$\bigcup_{i=1}^{\infty} A_i = \lim_{n\to\infty} \bigcup_{i=1}^{n} A_i \tag{1.59}$$

도 셀 수 있다.

■■

증명

(가) 셀 수 있는 집합을 $A = \{a_1, a_2, \cdots\}$이라고 하면, 그 부분집합을 $B = \{a_{n_1}, a_{n_2}, \cdots\}$으로 쓸 수 있으며 $\mathbb{J}_+$와 B 사이에 $i \leftrightarrow a_{n_i}$라는 일대일 대응 관계를 찾을 수 있다.

(나) 무한 집합에서 아무렇게나 셀 수 있는 부분집합 $\{a_1, a_2, \cdots\}$을 고르면 바로 알 수 있다.
(다) 먼저,

$$B_1 = A_1 = \{a_{1j}\}, \tag{1.60}$$
$$B_2 = A_2 - A_1 = \{a_{2j}\}, \tag{1.61}$$
$$B_3 = A_3 - (A_1 \cup A_2) = \{a_{3j}\}, \tag{1.62}$$
$$B_4 = A_4 - (A_1 \cup A_2 \cup A_3) = \{a_{4j}\}, \tag{1.63}$$
$$\vdots$$

와 같은 집합 열[51] $\{B_i\}$를 생각하자. 그러면 집합 B_i들은 서로 배반이고, $\bigcup_{i=1}^{\infty} A_i = \bigcup_{i=1}^{\infty} B_i$라는 것을 쉽게 알 수 있다. 한편, $B_i \subset A_i$이므로 (가)로 말미암아 집합 B_i들은 모두 셀 수 있는 집합이다. 이제, 집합 B_i들의 원소들을

$$\begin{array}{ccccccccc}
a_{11} & \rightarrow & a_{12} & & a_{13} & \rightarrow & a_{14} & & \cdots \\
& \swarrow & & \nearrow & & \swarrow & & \nearrow & \\
a_{21} & & a_{22} & & a_{23} & & a_{24} & & \cdots \\
\downarrow & \nearrow & & \swarrow & & \nearrow & & & \\
a_{31} & & a_{32} & & a_{33} & & a_{34} & & \cdots \\
& \swarrow & & \nearrow & & & & & \\
a_{41} & & a_{42} & & a_{43} & & a_{44} & & \cdots \\
\downarrow & \nearrow & & & & & & & \\
a_{51} & & a_{52} & & a_{53} & & a_{54} & & \cdots \\
\vdots & & \vdots & & \vdots & & \vdots & & \vdots
\end{array} \tag{1.64}$$

처럼 늘어놓고 화살표대로 차례로 읽어가면, $\bigcup_{i=1}^{\infty} B_i = \bigcup_{i=1}^{\infty} A_i$와 $\mathbb{J}_+$ 사이의 일대일 대응을 얻을 수 있다. □

위에서, (다)가 말하는 바는 셀 수 있는 집합들을 셀 수 있게 끝없이 많이 합집합한 집합은 셀 수 있다는 것이다.

보기 1.74 (데카르트 곱)* 유한히 많은 셀 수 있는 집합들의 데카르트 곱[52]을 셀 수 있는지 살펴보자.

풀이 셀 수 있는 두 집합 A와 B의 데카르트 곱 $A \times B$를 셀 수 있다는 것을 보이면 충분하다. 두 집합 $A = \{a_1, a_2, \cdots\}$과 $B = \{b_1, b_2, \cdots\}$을 셀 수 있다고 할 때, 이 두 집합의 데카르트 곱 D의 원소들을

[51] set sequence

[52] Cartesian product. 두 집합 A와 B의 원소를 하나씩 골라 만든 2차원 벡터 – 또는 길이가 2인 수열 – 모두가 이루는 모임을 A와 B의 데카르트 곱이라고 하고 $A \times B$라고 쓴다. 곧, $A = \{a_1, a_2, \cdots\}$와 $B = \{b_1, b_2, \cdots\}$의 데카르트 곱은 $A \times B = \{(a_i, b_j)\}$이다.

$$(a_1,b_1),(a_1,b_2),(a_2,b_1),(a_1,b_3),(a_2,b_2),(a_3,b_1),\ \cdots \tag{1.65}$$

처럼 늘어 놓으면, D도 셀 수 있다는 것을 알 수 있다. ◇

보기 1.75 (유한 수열의 집합)* 셀 수 있는 집합에서 얻은 유한 수열들의 집합은 셀 수 있는지 살펴보자.

풀이 먼저, 셀 수 있는 집합 A에서 얻은, 길이가 k인 유한 수열의 집합 B_k는 A의 k겹 데카르트 곱[53]과 같은 것이다. 그러므로, B_k는 셀 수 있다는 것을 보기 1.74에서 쉽게 알 수 있다. 한편, 유한 수열들의 집합은 길이가 $k=1,2,\ \cdots$ 인 수열의 집합을 셀 수 있을 만큼 합집합한 $\bigcup\limits_{k=1}^{\infty} B_k$이다. 따라서, 정리 1.6의 (다)를 새기면 유한 수열들의 집합 또한 셀 수 있다. ◇

보기 1.76 (끝점이 유리수인 구간)* 실수 공간 $\mathbb{R}$에서 끝점이 유리수인 구간들의 집합은 셀 수 있다. 이것은 구간 (a,b)를 $(a,b)\in\mathbb{Q}\times\mathbb{Q}$처럼 생각하면 바로 알 수 있다. ◇

보기 1.77 (셀 수 있는 집합)* 유리수의 집합을 Q라고 하고 $Q_1=Q-\{0\}$이라고 두자. 이때, $A=\{a^b : a,b\in Q_1\}$이 셀 수 있는 집합이라는 것을 쉽게 보일 수 있다. ◇

보기 1.78 (괴델 짝잇기)* 정수 가운데에서 0보다 작지 않은 것을 모두 모은 집합

$$\begin{aligned}\mathbb{J}_0 &= \mathbb{J}_+\cup\{0\}\\ &= \{0,1,\ \cdots\}\end{aligned} \tag{1.66}$$

을 생각하여, $A=\mathbb{J}_0$과 $B=\mathbb{J}_0\times\mathbb{J}_0$ 사이의 일대일 대응을 얻어 보자.

풀이 여러 방법으로 바라는 일대일 대응을 얻을 수 있으나, 여기서는 괴델 짝잇기 함수[54]라고 부르는 전단사 함수를 다루어 보자.

먼저, $\mathbb{J}_0$ 안에서 k를 어떻게 고르더라도

$$a(a+1)\ \le\ 2k\ <\ (a+1)(a+2) \tag{1.67}$$

인 수 a는 $\mathbb{J}_0$ 안에 하나뿐이라는 것을 보이자. 식 (1.67)의 두 부등식을 풀면 $a(a+1)-2k\le 0$에서 $0\le a\le \frac{1}{2}\left(-1+\sqrt{1+8k}\right)$를 얻고, $(a+1)(a+2)-2k>0$에서 $a>\frac{1}{2}\left(-3+\sqrt{1+8k}\right)$를 얻으므로,

$$\frac{-3+\sqrt{1+8k}}{2}\ <\ a\ \le \frac{-1+\sqrt{1+8k}}{2} \tag{1.68}$$

이다. 여기서,

$$\frac{-1+\sqrt{1+8k}}{2}-\frac{-3+\sqrt{1+8k}}{2}\ =\ 1 \tag{1.69}$$

이므로 (1.68)을 만족시키는 수 a는 $\mathbb{J}_0$ 안에 하나뿐이라는 것을 알 수 있다.

---

[53] 어떤 집합 A의 원소 가운데, 거듭 고를 수도 있을 때, k개를 골라 만든 벡터 – 또는 수열 – 모두가 이루는 모임을 그 집합의 k겹 데카르트 곱이라고 하고 A^k처럼 쓴다. 곧, $A=\{a_1,a_2,\ \cdots\}$의 k겹 데카르트 곱은 $A^k=\{(b_1,b_2,\ \cdots,b_k) : b_j\in A\}$를 일컫는 것이다.

[54] Gödel pairing function

표 1.1 괴델 짝잇기 함수 $g(m,n) = m + \frac{1}{2}(m+n)(m+n+1)$의 값

$n \downarrow m \rightarrow$	0	1	2	3	4	5	$\cdots$
0	0	2	5	9	14	20	$\cdots$
1	1	4	8	13	19	26	$\cdots$
2	3	7	12	18	25	33	$\cdots$
3	6	11	17	24	32	41	$\cdots$
$\vdots$	$\vdots$	$\vdots$	$\vdots$	$\vdots$	$\vdots$	$\vdots$	$\ddots$

이제, 괴델 짝잇기 함수

$$g(m,n) = m + \frac{1}{2}(m+n)(m+n+1) \tag{1.70}$$

를 생각하자. 먼저, 말할 것도 없이, $\mathbb{J}_0$ 안에서 m과 n을 고르면 $k = g(m,n)$은 유일하게 정해진다. 한편, $\mathbb{J}_0$ 안에서 k를 고른 다음, (1.67)에서 얻은 a를 바탕으로

$$m = k - \frac{1}{2}a(a+1) \tag{1.71}$$

과

$$\begin{aligned} n &= a - m \\ &= a - k + \frac{1}{2}a(a+1) \end{aligned} \tag{1.72}$$

처럼 두면 k에서 m과 n을 유일하게 얻을 수 있다. 이제, (1.67)에서

$$\begin{aligned} 0 &\le 2k - a(a+1) \\ &< 2(a+1) \end{aligned} \tag{1.73}$$

이므로,

$$\begin{aligned} m &= \frac{1}{2}\{2k - a(a+1)\} \\ &\ge 0 \end{aligned} \tag{1.74}$$

이다. 또한, (1.73)에서 $-1 < a-k+\frac{1}{2}a(a+1) \le a$라는 것을 알 수 있으므로, $a-k+\frac{1}{2}a(a+1)$이 정수라는 것을 새기어 이것을 $0 \le a-k+\frac{1}{2}a(a+1) \le a$처럼 쓸 수 있다. 곧,

$$n \ge 0 \tag{1.75}$$

이다. 바꾸어 말하면, m과 n은 모두 $\mathbb{J}_0$ 안에 들어 있고, 따라서 g는 $\mathbb{J}_0 \times \mathbb{J}_0$과 $\mathbb{J}_0$을 잇는 일대일 대응이다. 표 1.1에 $g(m,n)$의 값을 몇 개 보였다. ◇

뜻매김 1.35 셀 수 없는 집합[55]

어떤 집합과 $\mathbb{J}_+$의 부분집합 사이에서 일대일 대응을 찾을 수 없으면, 그 집합을 셀 수 없다고 한다.

앞에서도 말한 바와 같이 유한 집합은 어느 것이나 다 셀 수 있다. 한편, 무한 집합 가운데 어떤 것은 셀 수 있으나, 어떤 것은 셀 수 없다.

정리 1.7 구간 $[0,1]$에 있는 실수들의 집합

$$\mathbb{R}_{[0,1]} = \{x : 0 \leq x \leq 1\} \tag{1.76}$$

은 셀 수 없다. ■■

증명 귀류법을 써 보자. 먼저, $a_{ij} \in \{0,1, \cdots, 9\}$처럼 두면 집합 $\mathbb{R}_{[0,1]}$의 원소들을 $0.a_{11}a_{12}\cdots a_{1n}\cdots$ 꼴로 쓸 수 있다. 이제, 집합 $\mathbb{R}_{[0,1]}$을 셀 수 있다고 두고, 그 원소들을

$$\alpha_1 = 0.a_{11}a_{12}\cdots a_{1n}\cdots \tag{1.77}$$

$$\alpha_2 = 0.a_{21}a_{22}\cdots a_{2n}\cdots \tag{1.78}$$

$$\vdots$$

$$\alpha_n = 0.a_{n1}a_{n2}\cdots a_{nn}\cdots \tag{1.79}$$

$$\vdots$$

와 같이 모두 줄 세웠다고 하자. 다음에, $b_i \neq a_{ii}$, $b_i \in \{0,1, \cdots, 9\}$인 수 $\beta = 0.b_1b_2\cdots b_n\cdots$을 생각하자. 그러면, β는 틀림 없이 0과 1 사이의 수이고, $b_1 \neq a_{11}$이므로 α_1과 같지 않고, $b_2 \neq a_{22}$이므로 α_2과 같지 않고, $\cdots$. 곧, β는 어느 α_i와도 같지 않으나 0과 1 사이의 수이다. 곧, 집합 $\mathbb{R}_{[0,1]}$의 원소들을 자연수와 일대일 대응을 이루도록 줄 세울 수 없다. □

보기 1.79 한쪽 2진 무한 수열을 모두 모은 집합 $\Upsilon = \{\alpha = (a_1\ a_2\ \cdots) : a_i \in \{0,1\}\}$은 셀 수 없다. 이것은 정리 1.7을 보인 것과 비슷한 방법으로 보일 수 있다. 곧, 집합 Υ을 셀 수 있다고 두고, 그 원소들 α_i를 모두 다음과 같이 줄 세웠다고 하자.

$$\alpha_1 = a_{11}a_{12}\cdots a_{1n}\cdots \tag{1.80}$$

$$\alpha_2 = a_{21}a_{22}\cdots a_{2n}\cdots \tag{1.81}$$

$$\vdots$$

$$\alpha_n = a_{n1}a_{n2}\cdots a_{nn}\cdots \tag{1.82}$$

$$\vdots$$

이제, 2진수 x의 2의 보수를 $\overline{x}$처럼 쓸 때, 수열 $\overline{a_{11}}\ \overline{a_{22}}\cdots\overline{a_{nn}}\cdots$을 생각하면, 집합 Υ을 셀 수 있다는 것이 모순임을 알 수 있다. 곧, 집합 Υ은 셀 수 없다. ◇

보기 1.80 (주기 무한 수열)* 2진 무한 수열 가운데에서 주기를 지닌 것들을 모두 모은 집합 Υ_T는 셀 수 있다. 이것은 주기가 1인 수열이 둘, 주기가 2인 수열이 둘, 주기가 3인 수열이 여

[55] uncountable set 또는 nondenumerable set

섯, $\cdots$, 주기가 k인 수열이 $2^k - 2$개, $\cdots$ 있다는 것을[56] 바탕으로, 주기가 짧은 것부터 생각하면 주기를 지닌 2진 무한 수열과 자연수 사이에서 일대일 대응을

$$\cdots 00 \cdots \to 1, \quad \cdots 11 \cdots \to 2, \quad \cdots 0101 \cdots \to 3, \quad \cdots 1010 \cdots \to 4,$$
$$\cdots 001001 \cdots \to 5, \quad \cdots 010010 \cdots \to 6, \quad \cdots 100100 \cdots \to 7, \quad \cdots 011011 \cdots \to 8,$$
$$\cdots 101101 \cdots \to 9, \quad \cdots 110110 \cdots \to 10, \quad \cdots .$$

처럼 찾을 수 있기 때문이다. ◇

보기 1.81 (칸토르 집합)* 유한한 닫힌 영역에서 시작하여, 남은 영역의 한가운데 $\frac{1}{3}$을 열린 구간 꼴로 끝없이 뺄 때, 마지막으로 남은 영역을 칸토르 집합[57]이라고 한다. 보기를 들어 보자. 닫힌 구간 $[0,1]$을 생각하여, 첫 단계에서는 열린 구간 $D_{11} = \left(\frac{1}{3}, \frac{2}{3}\right)$를 뺀다. 둘째 단계에서는, 남은 영역 $\left[0, \frac{1}{3}\right] \cup \left[\frac{2}{3}, 1\right]$에서 열린 구간 $D_{21} = \left(\frac{1}{9}, \frac{2}{9}\right)$와 $D_{22} = \left(\frac{7}{9}, \frac{8}{9}\right)$을 빼고, $\cdots$, k째 단계에서는 길이가 3^{-k}인 구간 2^{k-1}개를 뺀다. $\cdots$. 이와 같이 열린 구간을 끝없이 빼고 남은 영역 $\mathbb{C}$는 칸토르 집합이다. 이것은 $c_0 = 0$과 값이 0 또는 1인 수 $\{c_j\}_{j=1}^{k-1}$을 생각하여, 시작점이

$$\frac{1}{3^k} + \sum_{j=0}^{k-1} \frac{2}{3^j} c_j \tag{1.83}$$

이고 끝점이

$$\frac{2}{3^k} + \sum_{j=0}^{k-1} \frac{2}{3^j} c_j \tag{1.84}$$

인 열린 구간을 $A_{2c_0, 2c_1, 2c_2, \cdots, 2c_{k-1}}$처럼 쓰면, 칸토르 집합 $\mathbb{C}$를 얻는 과정의 k째 단계에서는 길이가 3^{-k}인 열린 구간 2^{k-1}개 $\{A_{2c_0, 2c_1, 2c_2, \cdots, 2c_{k-1}}\}$을 없애는 것이라고 생각할 수 있다. 보기를 들면, $k=1$일 때 $A_0 = \left(\frac{1}{3}, \frac{2}{3}\right)$이고, $k=2$일 때 $A_{0,0} = \left(\frac{1}{9}, \frac{2}{9}\right)$이고 $A_{0,2} = \left(\frac{7}{9}, \frac{8}{9}\right)$이며, $k=3$일 때 $A_{0,0,0} = \left(\frac{1}{27}, \frac{2}{27}\right)$이고 $A_{0,0,2} = \left(\frac{7}{27}, \frac{8}{27}\right)$이며 $A_{0,2,0} = \left(\frac{19}{27}, \frac{20}{27}\right)$이고 $A_{0,2,2} = \left(\frac{25}{27}, \frac{26}{27}\right)$이며, $\cdots$ 이다. ◇

한편, 칸토르 집합 $\mathbb{C}$는 아래와 같은 성질을 지닌다.

(가) $E_1 = [0,1]$, $E_2 = \left[0, \frac{1}{3}\right] \cup \left[\frac{2}{3}, 1\right]$, $E_3 = \left[0, \frac{1}{9}\right] \cup \left[\frac{2}{9}, \frac{3}{9}\right] \cup \left[\frac{6}{9}, \frac{7}{9}\right] \cup \left[\frac{8}{9}, 1\right]$, $\cdots$ 일 때, 집합 $\mathbb{C}$는 $\mathbb{C} = \bigcap_{i=1}^{\infty} E_i$로 나타낼 수 있다.

(나) 집합 $\mathbb{C}$는 셀 수 없는 집합이고 닫힌 집합이다.

(다) 집합 $\mathbb{C}$를 얻을 때 뺀 것은 열린 구간의 합집합이므로 열린 집합이고, 그 길이는 $\frac{1}{3} + \frac{2}{3^2} + \frac{4}{3^3} + \cdots = \frac{\frac{1}{3}}{1-\frac{2}{3}} = 1$이다. 따라서, $\mathbb{C}$의 길이는 0이다.

(라) 집합 $\mathbb{C}$는 0과 1 사이의 실수 가운데에서 1을 쓰지 않고 나타낼 수 있는 3진수의 집합이다. 곧, $\mathbb{C}$의 어떤 원소도 $\sum_{n=1}^{\infty} \frac{x_n}{3^n}$, $x_n \in \{0, 2\}$와 같은 꼴로 쓸 수 있다.

[56] 여기서, 보기를 들면, $\cdots 1010 \cdots$과 $\cdots 0101 \cdots$은 다른 것이라고 본다.
[57] Cantor set

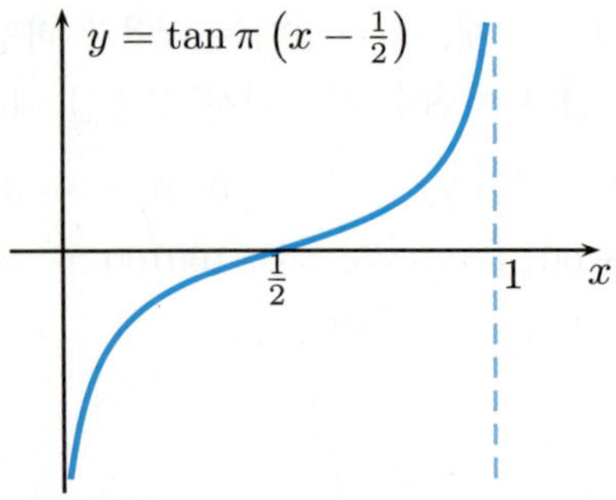

그림 1.11 구간 $(0,1)$과 실수 집합이 동등함을 – 곧, $(0,1) \sim \mathbb{R}$이라는 것을 – 보여주는 함수 $y = \tan\pi\left(x - \frac{1}{2}\right)$

칸토르 집합은 1.1.5.4절에서 특이 함수를 뜻매김하는 바탕으로 쓰인다.

보기 1.82 (칸토르 집합)* 보기 1.81에서 다룬 칸토르 집합 $\mathbb{C}$는 길이가 0이다. 비슷한 방법으로 길이가 0보다 긴 칸토르 집합을 얻을 수 있다. 보기를 들면, 구간 $[0,1]$을 생각하여, 첫 단계로 길이가 $\frac{\alpha}{2}$인 열린 구간 $\left(\frac{1}{2} - \frac{\alpha}{4}, \frac{1}{2} + \frac{\alpha}{4}\right)$를 빼고, 둘째 단계로 남은 두 닫힌 구간마다 한가운데에서 길이가 $\frac{\alpha}{8}$인 열린 구간을 빼고, 셋째 단계로 남은 네 닫힌 구간마다 한가운데에서 길이가 $\frac{\alpha}{32}$인 열린 구간을 빼고, $\cdots$. 이와 같이 끝없이 빼면, 뺀 영역의 길이의 합이 $\frac{\alpha}{2} + \frac{\alpha}{4} + \frac{\alpha}{8} + \cdots = \alpha$이므로 남은 집합은 길이가 $1 - \alpha$인 칸토르 집합이다. ◇

뜻매김 1.36 동등[58]

두 집합의 원소들이 일대일 대응하면 그 두 집합을 동등하다고 한다. 두 집합 M과 N이 동등하면 $M \sim N$으로 쓴다.

보기 1.83 집합 $A = \{4, 2, 1, 8\}$과 집합 $B = \{8, 0, 4, 5\}$를 생각하면 $A \sim B$이다. ◇

보기 1.84 그림 1.11에서 볼 수 있는 것과 같이 대응 관계

$$y = \tan\pi\left(x - \frac{1}{2}\right), \quad x \in (0,1) \tag{1.85}$$

를 생각하면 $(0,1) \sim \mathbb{R}$이라는 것을 알 수 있다. 한편, $a < b$이고 $c < d$일 때, a와 b 사이의 점 x는 c와 d 사이의 점 $y = \frac{(d-c)}{(b-a)}(x-a) + c$와 일대일 대응하므로 $[a,b] \sim [c,d]$이다. ◇

보기 1.85 집합 $\mathbb{R}$은 셀 수 없다. 실수 a와 그보다 큰 수 b로 얻을 수 있는 집합 $[a,b]$, 집합 $[a,b)$, 집합 $(a,b]$, 집합 (a,b)는 어느 것도 셀 수 없다. 이것은 정리 1.7과 보기 1.84를 새기면 바로 알 수 있다. ◇

보기 1.86 집합 A가 집합 B와 동등하면 A의 거듭제곱 집합 2^A은 B의 거듭제곱 집합 2^B과 동등하다. ◇

[58]equivalence. 두 집합이 "동등하다."를 두 집합의 "바탕 수가 cardinality 같다."라고 바꾸어서 말하기도 한다.

보기 1.87 집합 A는 무한 집합이고 집합 B는 셀 수 있는 집합일 때, $A \cup B \sim A$라는 것을 보이자.

풀이 먼저, 셀 수 있는 집합

$$A_0 = \{a_0, a_1, \cdots\} \tag{1.86}$$

을 A에서 아무렇게나 고르자. 그러면 $A_0 \cup B$는 셀 수 있는 집합이므로, $A_0 \cup B$와 A_0은 일대일 대응한다. 그 일대일 대응을 $g(x)$라고 두자. 그러면

$$h(x) = \begin{cases} g(x), & x \in A_0 \cup B, \\ x, & \text{그 밖에는} \end{cases} \tag{1.87}$$

은 $A \cup B$와 A를 잇는 일대일 대응이라는 것을 알 수 있다. 곧, $A \cup B \sim A$이다. ◇

보기 1.88 집합 U는 셀 수 없는 집합이고 집합 C는 셀 수 있는 집합이면, $U - C \sim U$이다. 이것은 A를 $U - C$로 B를 $C - (C - U)$로 둔 다음, $A \cup B = (U - C) \cup (C - (C - U)) = U$라는 것을 생각하면 보기 1.87에서 바로 알 수 있다. ◇

보기 1.89 자연수 집합과 정수 집합은 동등하다. ◇

보기 1.90 무리수 집합과 실수 집합은 동등하다. 이것은 보기 1.88에서 바로 알 수 있다. ◇

보기 1.91 보기 1.81에서 다룬 칸토르 집합 $\mathbb{C}$는 실수 집합 $\mathbb{R}$과 동등하다. ◇

정리 1.8 **동등 정리**[59] 집합 A가 집합 B의 부분집합과 동등하고 집합 B가 집합 A의 부분집합과 동등하면, 집합 A와 집합 B는 동등하다. ■■

보기 1.92 정리 1.5에서 본 것처럼 자연수의 집합 $\mathbb{J}_+$와 유리수의 집합 $\mathbb{Q}$는 동등하다. 한편, $\mathbb{Q}$의 부분집합 $\mathbb{Q}_3 = \{t : t = \frac{q}{3}, q \in \mathbb{J}\}$는 정수의 집합 $\mathbb{J}$와 동등함을 쉽게 알 수 있다. 그러므로, $\mathbb{J}_+$는 $\mathbb{J}$의 부분집합이고 $\mathbb{Q}_3$은 $\mathbb{Q}$의 부분집합이라는 것을 새기면, 정리 1.8에서 정수의 집합 $\mathbb{J}$와 유리수의 집합 $\mathbb{Q}$는 동등함을 알 수 있다. ◇

1.1.4 극한 집합*

이제, 끝없이 많은 집합이 이루는 수열을 – 곧, 끝없이 긴 집합 열을 – 생각하고, 그 성질을 살펴보자. 여기서 다루는 내용은 1.2.2절에서 시그마 대수를 다룰 때와 2.3절에서 확률의 연속성을 다룰 때 중요한 역할을 할 것이다.

1.1.4.1 단조 열의 극한

먼저, $\{E_1, E_2, \cdots, E_n\}$을 $\{E_k\}_{k=1}^{n}$처럼, 또 $\{E_1, E_2, \cdots\}$을 $\{E_k\}_{k=1}^{\infty}$처럼 쓰기도 한다는 것을 새겨 두자.

[59] equivalence theorem

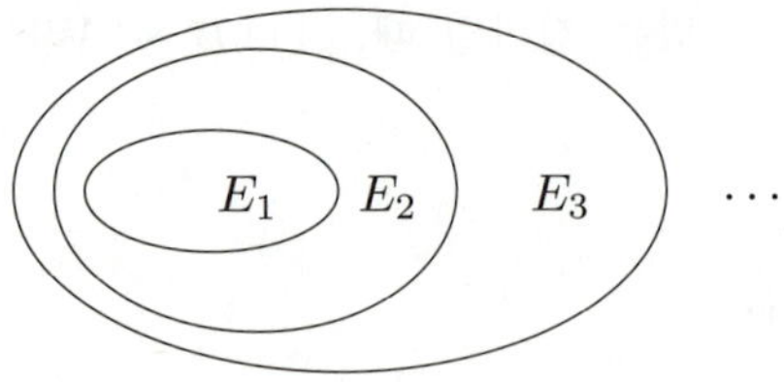

그림 1.12 느는 열 $\{E_n\}_{n=1}^{\infty}$: $E_n \subset E_{n+1}$

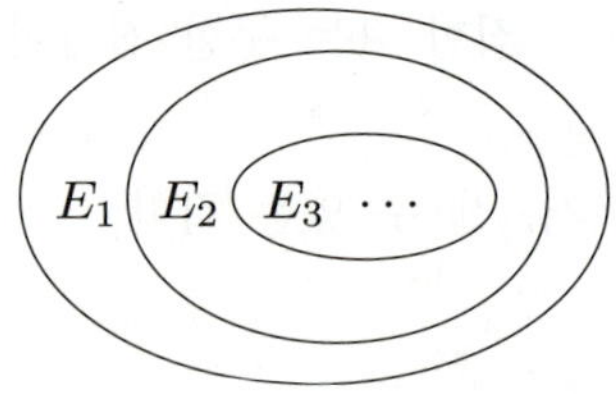

그림 1.13 주는 열 $\{E_n\}_{n=1}^{\infty}$: $E_n \supset E_{n+1}$

뜻매김 1.37 늘지 않는 열, 줄지 않는 열[60]

자연수 n이 어떤 값이더라도 $E_n \subseteqq E_{n+1}$이면 집합 열 $\{E_n\}_{n=1}^{\infty}$를 줄지 않는 열, $E_n \supseteqq E_{n+1}$이면 집합 열 $\{E_n\}_{n=1}^{\infty}$를 늘지 않는 열이라고 한다.

뜻매김 1.38 느는 열, 주는 열[61]

자연수 n이 어떤 값이더라도 $E_n \subset E_{n+1}$이면 집합 열 $\{E_n\}_{n=1}^{\infty}$를 느는 열 또는 증가 열, $E_n \supset E_{n+1}$이면 집합 열 $\{E_n\}_{n=1}^{\infty}$를 주는 열 또는 감소 열이라고 한다.

그림 1.12와 1.13에 느는 열과 주는 열을 나타내 보였다.

보기 1.93 집합 열 $\left\{\left[1, 2-\frac{1}{n}\right)\right\}_{n=1}^{\infty}$와 집합 열 $\{(-n, a)\}_{n=1}^{\infty}$는 느는 열이다. ◇

보기 1.94 집합 열 $\left\{\left[1, 1+\frac{1}{n}\right)\right\}_{n=1}^{\infty}$와 $\left\{\left(1-\frac{1}{n}, 1+\frac{1}{n}\right)\right\}_{n=1}^{\infty}$는 주는 열이다. ◇

느는 열과 줄지 않는 열은 조금 다른 것이지만, 그리 크게 문제가 일어나지 않을 때에는 이 둘을 나누어 부르지 않기로 하자[62]. 마찬가지로, 주는 열과 늘지 않는 열도 나누어 부르지 않기로 하자. 한편, 줄지 않는 열 또는 늘지 않는 열을 단조 열[63]이라 한다.

뜻매김 1.39 단조 열의 극한 집합[64]

집합 열 $\{E_n\}_{n=1}^{\infty}$가 줄지 않는 열일 때

$$\lim_{n\to\infty} E_n = \bigcup_{i=1}^{\infty} E_i \tag{1.88}$$

을, 집합 열 $\{E_n\}_{n=1}^{\infty}$가 늘지 않는 열일 때

$$\lim_{n\to\infty} E_n = \bigcap_{i=1}^{\infty} E_i \tag{1.89}$$

를 $\{E_n\}_{n=1}^{\infty}$의 극한 집합 또는 극한이라고 한다.

[60] non-increasing sequence, non-decreasing sequence
[61] increasing sequence, decreasing sequence
[62] 느는 열은 엄격히 느는 열이라고 부르기도 하고, 주는 열은 엄격히 주는 열이라고 부르기도 한다.
[63] monotone sequence 또는 monotonic sequence
[64] limit event 또는 limit

곧, $\{E_n\}_{n=1}^{\infty}$가 줄지 않는 열일 때 극한 $\lim_{n\to\infty} E_n$은 $\{E_n\}_{n=1}^{\infty}$ 가운데 적어도 하나에 들어 있는 점들을 모두 모은 집합을 가리키고, $\{E_n\}_{n=1}^{\infty}$가 늘지 않는 열일 때 극한 $\lim_{n\to\infty} E_n$은 $\{E_n\}_{n=1}^{\infty}$에 늘 들어 있는 점들만을 모은 집합을 가리킨다.

보기 1.95 보기 1.93에서 다룬 집합 열 $\left\{\left[1, 2-\frac{1}{n}\right)\right\}_{n=1}^{\infty}$은 줄지 않는 열이므로 그 극한은

$$\begin{aligned}\lim_{n\to\infty} E_n &= \bigcup_{n=1}^{\infty} \left[1, 2-\frac{1}{n}\right) \\ &= [1,1) \cup \left[1, \frac{3}{2}\right) \cup \cdots \\ &= [1,2) \end{aligned} \tag{1.90}$$

이다. 마찬가지로, 줄지 않는 집합 열 $\{(-n, a)\}_{n=1}^{\infty}$의 극한은

$$\begin{aligned}\lim_{n\to\infty} E_n &= \bigcup_{n=1}^{\infty} (-n, a) \\ &= (-\infty, a) \end{aligned} \tag{1.91}$$

이다. ◇

보기 1.96 집합 열 $\left\{\left[a, a+\frac{1}{n}\right)\right\}_{n=1}^{\infty}$은 늘지 않는 열이고, 그 극한

$$\begin{aligned}\lim_{n\to\infty} E_n &= \bigcap_{n=1}^{\infty} \left[a, a+\frac{1}{n}\right) \\ &= [a,a] \end{aligned} \tag{1.92}$$

는 점 집합 $\{a\}$이다. 또, 늘지 않는 집합 열 $\left\{\left(1-\frac{1}{n}, 1+\frac{1}{n}\right)\right\}_{n=1}^{\infty}$의 극한

$$\begin{aligned}\lim_{n\to\infty} E_n &= \bigcap_{n=1}^{\infty} \left(1-\frac{1}{n}, 1+\frac{1}{n}\right) \\ &= (0,2) \cap \left(\frac{1}{2}, \frac{3}{2}\right) \cap \cdots \\ &= [1,1] \end{aligned} \tag{1.93}$$

도 점 집합이다. 위 (1.92)에서

$$\begin{aligned}\lim_{n\to\infty} \left[0, \frac{1}{n}\right) &= \{0\} \\ &\neq \left[0, \lim_{n\to\infty} \frac{1}{n}\right) \\ &= \emptyset \end{aligned} \tag{1.94}$$

임을 새겨 두자. ◇

보기 1.97 집합 $S = \{x : 0 \le x \le 1\}$, 집합 $A_i = \left\{x : \frac{1}{i+1} < x \le 1\right\}$이 이루는 집합 열 $\{A_i\}_{i=1}^{\infty}$, 또 집합 $B_i = \left\{x : 0 < x < \frac{1}{i}\right\}$이 이루는 집합 열 $\{B_i\}_{i=1}^{\infty}$를 생각하자. 그러면 $\{A_i\}_{i=1}^{\infty}$는 줄지 않는 열이므로

$$\begin{aligned}\lim_{n\to\infty} A_n &= \left\{x : \frac{1}{2} < x \le 1\right\} \cup \left\{x : \frac{1}{3} < x \le 1\right\} \cup \cdots \\ &= \{x : 0 < x \le 1\} \end{aligned} \tag{1.95}$$

이고 $S = \{0\} \cup \lim\limits_{n\to\infty} A_n$이다. 또한, $\{B_i\}_{i=1}^{\infty}$는 늘지 않는 열이므로

$$\begin{aligned}\lim_{n\to\infty} B_n &= \{x : 0 < x < 1\} \cap \left\{x : 0 < x < \frac{1}{2}\right\} \cap \cdots \\ &= \{x : 0 < x \le 0\} \\ &= \emptyset \end{aligned} \tag{1.96}$$

이다. ◇

보기 1.98 구간 집합 열 $\left\{\left(1+\frac{1}{n}, 2\right)\right\}_{n=1}^{\infty}$와 $\left\{\left[1+\frac{1}{n}, 2\right)\right\}_{n=1}^{\infty}$는 줄지 않는 열이고, 그 극한은 둘 다 $(1,2)$이다. 또, 구간 집합 열 $\left\{\left(1+\frac{1}{n}, 2\right]\right\}_{n=1}^{\infty}$와 $\left\{\left[1+\frac{1}{n}, 2\right]\right\}_{n=1}^{\infty}$는 줄지 않는 열이고, 그 극한은 둘 다 $(1,2]$이다. ◇

보기 1.99 구간 집합 열 $\left\{\left(1, 1+\frac{1}{n}\right)\right\}_{n=1}^{\infty}$와 $\left\{\left(1, 1+\frac{1}{n}\right]\right\}_{n=1}^{\infty}$는 늘지 않는 열이고, 그 극한은 둘 다 $(1,1] = \emptyset$이다. 또, 구간 집합 열 $\left\{\left[1, 1+\frac{1}{n}\right)\right\}_{n=1}^{\infty}$와 $\left\{\left[1, 1+\frac{1}{n}\right]\right\}_{n=1}^{\infty}$는 늘지 않는 열이고, 그 극한은 둘 다 $[1,1] = \{1\}$이다. ◇

보기 1.100 구간 집합 열 $\left\{\left(1-\frac{1}{n}, 2\right)\right\}_{n=1}^{\infty}$와 $\left\{\left[1-\frac{1}{n}, 2\right)\right\}_{n=1}^{\infty}$는 늘지 않는 열이고, 그 극한은 둘 다 $[1,2)$이다. 또, 구간 집합 열 $\left\{\left(1-\frac{1}{n}, 2\right]\right\}_{n=1}^{\infty}$와 $\left\{\left[1-\frac{1}{n}, 2\right]\right\}_{n=1}^{\infty}$는 늘지 않는 열이고, 그 극한은 둘 다 $[1,2]$이다. ◇

보기 1.101 구간 집합 열 $\left\{\left(1, 2-\frac{1}{n}\right)\right\}_{n=1}^{\infty}$와 $\left\{\left(1, 2-\frac{1}{n}\right]\right\}_{n=1}^{\infty}$는 줄지 않는 열이고, 그 극한은 둘 다 $(1,2)$이다. 또, 구간 집합 열 $\left\{\left[1, 2-\frac{1}{n}\right)\right\}_{n=1}^{\infty}$와 $\left\{\left[1, 2-\frac{1}{n}\right]\right\}_{n=1}^{\infty}$는 줄지 않는 열이고, 그 극한은 둘 다 $[1,2)$이다. ◇

보기 1.102 구간 집합 열 $\left\{\left[1+\frac{1}{n}, 3-\frac{1}{n}\right]\right\}_{n=1}^{\infty}$, $\left\{\left[1+\frac{1}{n}, 3-\frac{1}{n}\right)\right\}_{n=1}^{\infty}$, $\left\{\left(1+\frac{1}{n}, 3-\frac{1}{n}\right]\right\}_{n=1}^{\infty}$, $\left\{\left(1+\frac{1}{n}, 3-\frac{1}{n}\right)\right\}_{n=1}^{\infty}$는 모두 줄지 않는 열이고, 그 극한은 모두 $(1,3)$이다[65]. ◇

보기 1.103 구간 집합 열 $\left\{\left[1-\frac{1}{n}, 3+\frac{1}{n}\right]\right\}_{n=1}^{\infty}$, $\left\{\left[1-\frac{1}{n}, 3+\frac{1}{n}\right)\right\}_{n=1}^{\infty}$, $\left\{\left(1-\frac{1}{n}, 3+\frac{1}{n}\right]\right\}_{n=1}^{\infty}$, $\left\{\left(1-\frac{1}{n}, 3+\frac{1}{n}\right)\right\}_{n=1}^{\infty}$는 모두 늘지 않는 열이고, 그 극한은 모두 $[1,3]$이다[66]. ◇

1.1.4.2 일반 집합 열의 극한

앞 1.1.4.1절에서는 단조 열의 극한 집합을 다루었다. 이제, 이것을 확장하여 일반적인 집합 열

[65] 곧, 구간의 왼쪽에 $a+\frac{1}{n}$꼴이 있을 때에는 여는 괄호가 무엇이든 극한은 $(a, \cdots$꼴이고, 구간의 오른쪽에 $b-\frac{1}{n}$꼴이 있을 때에는 닫는 괄호가 무엇이든 극한은 $\cdots, b)$꼴이다.

[66] 곧, 구간의 왼쪽에 $a-\frac{1}{n}$꼴이 있을 때에는 여는 괄호가 무엇이든 극한은 $[a, \cdots$꼴이고, 구간의 오른쪽에 $b+\frac{1}{n}$꼴이 있을 때에는 닫는 괄호가 무엇이든 극한은 $\cdots, b]$꼴이다.

에서 생각해 보자. 먼저, 끝없이 긴 집합 열의 집합에 들어 있는 어떤 원소도
(가) 모든 집합에 들어 있든지,
(나) 유한한 수의 집합을 뺀 나머지 집합에 모두 들어 있든지,
(다) 끝없이 많은 집합에 들어 있지 않지만 나머지 끝없이 많은 집합에는 들어 있든지, 또는
(라) 유한한 수의 집합에만 들어 있을
것이다. 이것을 바탕으로 하한 집합과 상한 집합을 먼저 뜻매김하자.

뜻매김 1.40 거의 어디서나[67]

실수 영역에서 셀 수 있는 만큼 많은 구간들을 합집합한 것의 길이를 얼마든지 작게[68] 만들 수 있을 때, 그 구간들 안에 다 넣을 수 있는 점들의 집합을 길이가 0인 집합[69]이라고 한다. 또, '길이가 0인 집합을 뺀 나머지 모든 점에서'를 '거의 어디서나', '거의 언제나', '거의 틀림 없이', '확률 1로', '거의 확실히', 또는 '거의 모든 점에서'라고 말한다.

한편, 정수 영역에서는 '유한한 집합을 뺀 나머지 모두에서'를 '거의 어디서나', '거의 언제나', '거의 틀림 없이', '확률 1로', '거의 확실히', 또는 '거의 모든 점에서'라고 말한다.

뜻매김 1.41 하한 집합[70]

어떤 집합 열에서, 적어도 거의 모든 – 곧, 유한한 수를 뺀 나머지 모든 – 집합에 들어 있는 원소들의 모임을 이 집합 열의 하한 또는 하한 집합이라고 하고, 이것을 $\liminf\limits_{n\to\infty}$ 처럼 쓰거나 아랫줄을 써서 $\underline{\lim}_{n\to\infty}$ 처럼 나타낸다.

이제, 집합 열 $\{E_n\}_{n=1}^{\infty}$의 하한 집합 $\liminf\limits_{n\to\infty} E_n = \underline{E_n}$을 식으로 나타내 보자. 먼저,

$$F_i = \bigcap_{k=i}^{\infty} E_k \tag{1.97}$$

은, 처음 $(i-1)$개 집합 E_1, E_2, $\cdots$, E_{i-1}에는 들어 있을지 어떨지 모르지만 그 나머지 집합 E_i, E_{i+1}, $\cdots$에는 – 곧, 많아야 $(i-1)$개를 빼고는 모든 집합에 – 늘 들어 있는 원소들의 모임을 나타낸다. 구체적으로는 F_1은 모든 집합에 늘 들어 있는 원소들의 모임을, F_2는 첫 집합에는 들어 있을지 어떨지 모르지만 그 나머지 모든 집합에 늘 들어 있는 원소들의 모임을, F_3은 처음 두 집합에는 들어 있을지 어떨지 모르지만 그 나머지 모든 집합에 늘 들어 있는 원소들의 모임을, $\cdots$ 나타낸다. 이것은 $\{F_i\}_{i=1}^{\infty}$ 가운데 어느 하나에라도 들어 있는 원소는 거의 모든 집합에 들어 있는 원소라는 뜻이다. 그러므로, $\{F_i\}_{i=1}^{\infty}$ 가운데 적어도 하나에 들어 있는 원소를 모두 모으면 – 곧, $\{F_i\}_{i=1}^{\infty}$를 모두 합집합하면 – 그것이 바로 유한한 수를 뺀 나머지 모든 집합에 들어 있는 원소들을 모두 모은 것이다. 바꾸어 말하면, 적어도 거의 모든 집합에 들어 있는 원소들의 모임인 하한 집합 $\liminf\limits_{n\to\infty} E_n$을

[67] almost everywhere (a.e.)
[68] arbitrarily small
[69] a set of measure zero
[70] lower limit. inf는 infimum 또는 inferior를 줄인 것이다.

$$\liminf_{n\to\infty} E_n = \bigcup_{i=1}^{\infty}\bigcap_{k=i}^{\infty} E_k = \left\{\text{마침내}^{71}\ E_n\right\} \tag{1.98}$$

처럼 쓸 수 있다.

보기 1.104 유한 집합이 이루는 집합 열

$$\{E_n\}_{n=1}^{\infty} = \{0,1,3\},\{0,2\},\{0,1,2\},\{0,1\},\{0,1,2\},\{0,1\},\{0,1,2\},\{0,1\},\ \cdots \tag{1.99}$$

에서 하한 집합을 얻어 보자.

풀이 먼저, 0은 모든 집합에 들어 있고, 1은 둘째 집합을 빼고는 모든 집합에 들어 있으며, 2와 3은 끝없이 많은 집합에 들어 있지 않으므로, 이 집합 열의 하한 집합이 $\{0,1\}$이라는 것을 쉽게 알 수 있다. 이것은 $F_1 = \bigcap_{k=1}^{\infty} E_k = \{0\}$, $F_2 = \bigcap_{k=2}^{\infty} E_k = \{0\}$, $F_3 = \bigcap_{k=3}^{\infty} E_k = \{0,1\}$, $F_4 = \bigcap_{k=4}^{\infty} E_k = \{0,1\}$, $\cdots$ 이라는 것을 써서

$$\liminf_{n\to\infty} E_n = \bigcup_{i=1}^{\infty}\bigcap_{k=i}^{\infty} E_k = \bigcup_{i=1}^{\infty} F_i = \{0,1\} \tag{1.100}$$

처럼 얻을 수도 있다. ◇

뜻매김 1.42 상한 집합[72]

어떤 집합 열이 있을 때, 그 가운데 끝없이 많은 집합에 들어 있는 원소들의 모임을 이 집합 열의 상한 또는 상한 집합이라고 하고, 이것을 $\limsup_{n\to\infty}$처럼 쓰거나 윗줄을 써서 $\overline{\lim_{n\to\infty}}$ 처럼 나타낸다.

곧, 집합 열 $\{E_n\}_{n=1}^{\infty}$의 상한 집합 $\limsup_{n\to\infty} E_n = \overline{E_n}$은 끝없이 많은 E_n에 들어 있는 원소들의 집합을 – 곧, 끝없이 많은 E_n이 일어나는 집합을, 또는 E_n이 끝없이 많이 일어남을 – 가리킨다. 그런데, 거의 모든 E_n^c에 들어 있는 원소는 유한한 수의 E_n에만 들어 있고, 그 역도 성립하므로

$$\limsup_{n\to\infty} E_n = \left(\bigcup_{i=1}^{\infty}\bigcap_{k=i}^{\infty} E_k^c\right)^c = \bigcap_{i=1}^{\infty}\bigcup_{k=i}^{\infty} E_k = \left\{\text{끝없이 자주}^{73}\ E_n\right\} \tag{1.101}$$

을 얻는다. 한편,

$$\left\{\text{유한히 자주}^{74}\ E_n\right\} = \left\{\text{끝없이 자주}\ E_n\right\}^c = \bigcup_{i=1}^{\infty}\bigcap_{k=i}^{\infty} E_k^c \tag{1.102}$$

---

[71] eventually. 줄여서 ev.이라고 쓰기도 한다.

[72] upper limit. sup는 supremum 또는 superior를 줄인 것이다.

[73] infinitely often. 줄여서 i.o.라고 쓰기도 한다.

를 새겨 둘 만하다.

보기 1.105 보기 1.104에서 다룬 집합 열 $\{E_n\} = \{0,1,3\}$, $\{0,2\}$, $\{0,1,2\}$, $\{0,1\}$, $\{0,1,2\}$, $\{0,1\}$, $\{0,1,2\}$, $\{0,1\}$, $\cdots$을 다시 생각하여, 상한 집합을 얻어 보자.

풀이 먼저, $0,1,2$는 끝없이 많은 집합에 들어 있고, 3은 한 집합에만 들어 있으므로, 이 집합 열의 상한 집합은 $\{0,1,2\}$이다. 이것은 $G_1 = \bigcup_{k=1}^{\infty} E_k = \{0,1,2,3\}$, $G_2 = \bigcup_{k=2}^{\infty} E_k = \{0,1,2\}$, $G_3 = \bigcup_{k=3}^{\infty} E_k = \{0,1,2\}$, $G_4 = \bigcup_{k=4}^{\infty} E_k = \{0,1,2\}$, $\cdots$ 이라는 것을 써서

$$\begin{aligned} \limsup_{n\to\infty} E_n &= \bigcap_{i=1}^{\infty} \bigcup_{k=i}^{\infty} E_k \\ &= \bigcap_{i=1}^{\infty} G_i \\ &= \{0,1,2\} \end{aligned} \tag{1.103}$$

처럼 얻을 수도 있다. 한편, 보기를 들어 $\Omega = \{0,1,2,3,4\}$라고 하면, $E_1^c = \{2,4\}$, $E_2^c = \{1,3,4\}$, $E_3^c = \{3,4\}$, $E_4^c = \{2,3,4\}$, $E_5^c = \{3,4\}$, $E_6^c = \{2,3,4\}$, $\cdots$ 이므로

$$\begin{aligned} \limsup_{n\to\infty} E_n &= \left(\bigcup_{i=1}^{\infty} \bigcap_{k=i}^{\infty} E_k^c \right)^c \\ &= (\{4\} \cup \{3,4\} \cup \{3,4\} \cup \cdots)^c \\ &= \{3,4\}^c \\ &= \{0,1,2\} \end{aligned} \tag{1.104}$$

처럼 얻을 수도 있다. ◇

여기서, 한 가지 짚고 넘어 가자. 먼저, 끝없는 집합 열에서 거의 모든 집합에 들어 있는 원소는 어느 것이나 끝없이 많은 집합에 들어 있으므로 늘

$$\liminf_{n\to\infty} E_n \subset \limsup_{n\to\infty} E_n \tag{1.105}$$

이다. 한편, 앞에서 말한 바와 같이, 끝없이 많은 집합에 들어 있는 원소가 나머지 끝없이 많은 집합에는 들어 있지 않을 수도 있다. 보기를 들면, 홀수째 집합에는 늘 들어 있지만 짝수째 집합에는 어디에도 없는 원소를 생각할 수 있다. 그러므로, 어떤 원소가 끝없이 많은 집합에 들어 있다고 하여도 그 원소가 반드시 거의 모든 집합에 들어 있는 것은 아니다. 다시 말해,

$$\limsup_{n\to\infty} E_n \not\subset \liminf_{n\to\infty} E_n \tag{1.106}$$

일 때도 있다.

뜻매김 1.39에서는 단조 열의 극한 집합을 생각하였다. 이제, 일반적인 집합 열의 극한 집합을 생각해 보자.

[74]finitely often. 줄여서 f.o.로 쓰기도 한다.

뜻매김 1.43 집합의 수렴, 극한 집합

집합 열 $\{E_n\}_{n=1}^{\infty}$에서

$$\limsup_{n\to\infty} E_n \subset \liminf_{n\to\infty} E_n \tag{1.107}$$

이라고 하자. 그러면 (1.105)와 (1.107)을 새겨 (1.3)을 바탕으로

$$\begin{aligned}\limsup_{n\to\infty} E_n &= \liminf_{n\to\infty} E_n \\ &= E \end{aligned}\tag{1.108}$$

임을 알 수 있다. 이때, $\{E_n\}_{n=1}^{\infty}$은 E에 수렴한다고 하고, $E_n \to E$ 또는 $\lim_{n\to\infty} E_n = E$로 쓰며, 집합 E를 $\{E_n\}_{n=1}^{\infty}$의 극한 집합 또는 극한이라고 한다.

한편, 뜻매김 1.39에서 다룬 단조 열의 극한 집합은 – 마땅히 – 뜻매김 1.43과 어긋나지 않는다는 것을 알 수 있다. 이것을 자세히 살펴보자. 먼저, $\{E_n\}_{n=1}^{\infty}$가 줄지 않는 열이면 $\bigcap_{k=i}^{n} E_k = E_i$이므로

$$\begin{aligned}\bigcap_{k=i}^{\infty} E_k &= \lim_{n\to\infty} \bigcap_{k=i}^{n} E_k \\ &= \lim_{n\to\infty} E_i \\ &= E_i \end{aligned}\tag{1.109}$$

이다. 또, i가 어떤 값이더라도 $\bigcup_{k=i}^{\infty} E_k = \lim_{n\to\infty} \bigcup_{k=i}^{n} E_k = \lim_{n\to\infty} E_n$이므로 $\bigcup_{k=1}^{\infty} E_k = \lim_{n\to\infty} E_n$이다. 이들을 쓰면

$$\begin{aligned}\liminf_{n\to\infty} E_n &= \bigcup_{i=1}^{\infty} \bigcap_{k=i}^{\infty} E_k \\ &= \bigcup_{i=1}^{\infty} E_i \\ &= \lim_{n\to\infty} E_n \end{aligned}\tag{1.110}$$

과

$$\begin{aligned}\limsup_{n\to\infty} E_n &= \bigcap_{i=1}^{\infty} \bigcup_{k=i}^{\infty} E_k \\ &= \bigcap_{i=1}^{\infty} \lim_{n\to\infty} E_n \\ &= \lim_{n\to\infty} E_n \\ &= \liminf_{n\to\infty} E_n \end{aligned}\tag{1.111}$$

을 얻는다. 마찬가지로, $\{E_n\}_{n=1}^{\infty}$가 늘지 않는 열이면, i가 어떤 값이더라도 $\bigcup_{k=i}^{n} E_k = E_i$이므로 $\bigcup_{k=i}^{\infty} E_k = E_i$이고, $\bigcap_{k=i}^{\infty} E_k = \lim_{n\to\infty} E_n$이므로 $\bigcap_{k=1}^{\infty} E_k = \lim_{n\to\infty} E_n$이다. 이것을 바탕으로 바라는 결과를 보일 수 있다.

보기 1.106 구간 집합 열 $\{E_n\}_{n=1}^{\infty} = \left\{\left(1-\frac{1}{n}, 3-\frac{1}{n}\right)\right\}_{n=1}^{\infty}$의 극한을 얻어 보자. 먼저, $E_1 = (0,2)$, $E_2 = \left(\frac{1}{2}, \frac{5}{2}\right)$, $E_3 = \left(\frac{2}{3}, \frac{8}{3}\right)$, $E_4 = \left(\frac{3}{4}, \frac{11}{4}\right)$, $\cdots$ 이므로 $F_1 = \bigcap_{k=1}^{\infty} E_k = [1,2)$, $F_2 =$

$\bigcap_{k=2}^{\infty} E_k = \left[1, \frac{5}{2}\right)$, $\cdots$ 이고, $G_1 = \bigcup_{k=1}^{\infty} E_k = (0,3)$, $G_2 = \bigcup_{k=2}^{\infty} E_k = \left(\frac{1}{2}, 3\right)$, $\cdots$ 이다. 따라서, 하한 집합은

$$\begin{aligned} \liminf_{n\to\infty} E_n &= \bigcup_{i=1}^{\infty} F_i \\ &= [1,3) \end{aligned} \tag{1.112}$$

이고, 상한 집합은

$$\begin{aligned} \limsup_{n\to\infty} E_n &= \bigcap_{i=1}^{\infty} G_i \\ &= [1,3) \end{aligned} \tag{1.113}$$

이다. 그러므로, 극한 집합은

$$\lim_{n\to\infty} E_n = [1,3) \tag{1.114}$$

이다. 구간 집합 열 $\left\{\left(1-\frac{1}{n}, 3-\frac{1}{n}\right]\right\}_{n=1}^{\infty}$, $\left\{\left[1-\frac{1}{n}, 3-\frac{1}{n}\right)\right\}_{n=1}^{\infty}$, $\left\{\left[1-\frac{1}{n}, 3-\frac{1}{n}\right]\right\}_{n=1}^{\infty}$의 극한이 모두 $[1,3)$이라는 것을[75] 위와 비슷하게 보일 수 있다. ♢

보기 1.107 구간 집합 열 $\left\{\left(1+\frac{1}{n}, 3+\frac{1}{n}\right)\right\}_{n=1}^{\infty}$의 극한을 얻어 보자. 먼저, $E_1 = (2,4)$, $E_2 = \left(\frac{3}{2}, \frac{7}{2}\right)$, $E_3 = \left(\frac{4}{3}, \frac{10}{3}\right)$, $E_4 = \left(\frac{5}{4}, \frac{13}{4}\right)$, $\cdots$ 이므로 $F_1 = \bigcap_{k=1}^{\infty} E_k = (2,3]$, $F_2 = \bigcap_{k=2}^{\infty} E_k = \left(\frac{3}{2}, 3\right]$, $\cdots$ 이고, $G_1 = \bigcup_{k=1}^{\infty} E_k = (1,4)$, $G_2 = \bigcup_{k=2}^{\infty} E_k = \left(1, \frac{7}{2}\right)$, $\cdots$ 이다. 따라서, 하한 집합은

$$\begin{aligned} \liminf_{n\to\infty} E_n &= \bigcup_{i=1}^{\infty} F_i \\ &= (1,3] \end{aligned} \tag{1.115}$$

이고, 상한 집합은

$$\begin{aligned} \limsup_{n\to\infty} E_n &= \bigcap_{i=1}^{\infty} G_i \\ &= (1,3] \end{aligned} \tag{1.116}$$

이다. 그러므로, 극한 집합은

$$\lim_{n\to\infty} E_n = (1,3] \tag{1.117}$$

이다. 또, 구간 집합 열 $\left\{\left(1+\frac{1}{n}, 3+\frac{1}{n}\right]\right\}_{n=1}^{\infty}$, $\left\{\left[1+\frac{1}{n}, 3+\frac{1}{n}\right)\right\}_{n=1}^{\infty}$, $\left\{\left[1+\frac{1}{n}, 3+\frac{1}{n}\right]\right\}_{n=1}^{\infty}$의 극한이 모두 $(1,3]$이라는 것을 이와 비슷하게 보일 수 있다. ♢

---

[75] 보기 1.102와 1.103의 꼬리말에서 말한 것처럼 구간의 왼쪽에 $a - \frac{1}{n}$꼴이 있을 때에는 여는 괄호가 무엇이든 극한은 '$[a, \cdots$'꼴이고, 구간의 왼쪽에 $a + \frac{1}{n}$꼴이 있을 때에는 여는 괄호가 무엇이든 극한은 '$(a, \cdots$'꼴이며, 구간의 오른쪽에 $b + \frac{1}{n}$꼴이 있을 때에는 닫는 괄호가 무엇이든 극한은 '$\cdots, b]$'꼴이고, 구간의 오른쪽에 $b - \frac{1}{n}$꼴이 있을 때에는 닫는 괄호가 무엇이든 극한은 '$\cdots, b)$'꼴이라는 것을 다시 새겨 두면 좋다.

1.1.5 함수의 연속성*

구간 $[a, b]$ 안의 점 x_0을 어떻게 잡더라도 $x \to x_0$일 때 $f(x) \to f(x_0)$이면 함수 f는 이 구간에서 연속이라고 한다. 이제, 연속이라는 개념을 조금 더 깊이 다루어 보자.

1.1.5.1 고르게 연속인 함수

뜻매김 1.44 고른 연속[76]

두 수 $x, y \in [a, b]$와 0보다 큰 수 ε을 어떻게 두어도, $|x-y| < \delta$일 때 $|f(x) - f(y)| < \varepsilon$인 0보다 큰 수 δ가 존재하면, 함수 f는 구간 $[a, b]$에서 고르게 연속이라고 한다.

위에서, δ의 값이 x나 y에는 의존하지 않고 ε에만 의존한다는 것이 고른 연속이 연속과 다른 점이다. 고르게 연속인 함수는 연속 함수이나, 연속 함수가 늘 고르게 연속인 것은 아니다. 바꾸어 말하면, 고른 연속은 연속보다 더 센 – 더 좁은 – 개념이다. 고른 연속성은 x_1과 x_2를 어떻게 두어도 이 두 점을 함께 움직여 $f(x_1)$을 $f(x_2)$에 끝없이 가깝게 만들 수 있다는 것을 뜻한다.

보기 1.108 (고르게 연속인 함수) 함수 $f(x) = x$를 생각하자. 이제, 0보다 큰 실수 ε을 어떻게 잡더라도 $\delta = \varepsilon$이라고 두자. 그러면 $|x-y| < \delta$일 때

$$\begin{aligned} |f(x) - f(y)| &= |x - y| \\ &< \delta \\ &= \varepsilon \end{aligned} \tag{1.118}$$

이다. 그러므로, 함수 $f(x) = x$는 고르게 연속이다. ◇

보기 1.109 (고르게 연속이 아닌 함수) 함수 $f(x) = x^2$을 생각하자. 먼저,

$$n \geq \frac{\varepsilon}{\delta} - \frac{\delta}{4} \tag{1.119}$$

인 자연수 n을 생각하자. 이제,

$$x = n + \frac{\delta}{2} \tag{1.120}$$

이라고 하고 $y = n$이라고 하면, $|x - y| = \frac{\delta}{2} < \delta$이지만

$$\begin{aligned} |f(x) - f(y)| &= |(x-y)(x+y)| \\ &= \frac{\delta}{2}\left(2n + \frac{\delta}{2}\right) \\ &\geq \frac{\delta}{2} \cdot \frac{2\varepsilon}{\delta} \\ &= \varepsilon \end{aligned} \tag{1.121}$$

[76] uniform continuity

이다. 곧, δ를 어떻게 두어도

$$\left|f\left(n+\frac{\delta}{2}\right)-f(n)\right| \geq \varepsilon \tag{1.122}$$

이므로 함수 $f(x) = x^2$은 고르게 연속이 아니다. 이와 비슷하게 함수 $f(x) = \tan x$는 구간 $\left(-\frac{\pi}{2}, \frac{\pi}{2}\right)$에서 연속이지만 고르게 연속은 아니다. 또, 함수 $f(x) = e^x$도 어느 실수에서도 연속이지만 고르게 연속은 아니다. ◇

보기 1.110 어떤 함수가 고르게 연속인지 보이는 것은 때로는 꽤 시간이 걸리는 일이다. 다만, 미분할 수 있고 도함수가 유한한 함수는 고르게 연속인 함수임이[77] 알려져 있다. ◇

1.1.5.2 불연속 점

수열 $\{x_n\}$이 주는 수열이고 $x_n > x$일 때 이것을 $x_n \downarrow x$로 쓰고, 수열 $\{x_n\}$이 느는 수열이고 $x_n < x$일 때 이것을 $x_n \uparrow x$로 쓴다. 이제, $x^- = \lim_{\varepsilon \downarrow 0}(x-\varepsilon) = \lim_{\varepsilon \uparrow 0}(x+\varepsilon)$처럼, 또, $x^+ = \lim_{\varepsilon \downarrow 0}(x+\varepsilon) = \lim_{\varepsilon \uparrow 0}(x-\varepsilon)$처럼 쓰자. 곧, x^-는 x보다 작고 x에 끝없이 가까운 수를, 또 x^+는 x보다 크고 x에 끝없이 가까운 수를 나타낸다.

뜻매김 1.45 제1종 불연속[78]

세 값 $f(x^+)$, $f(x^-)$, $f(x)$가 모두 존재하되, $f(x^+)$와 $f(x^-)$ 가운데 적어도 하나가 $f(x)$와 다를 때, x를 제1종 불연속 점 또는 뜀[79] 불연속점이라 하고, f는 x에서 제1종 불연속이라고 한다.

보기 1.111 그림 1.14에 보인 함수

$$f(x) = \begin{cases} x+1, & x>0, \\ 0, & x=0, \\ x-1, & x<0 \end{cases} \tag{1.123}$$

은 $x = 0$에서 1종 불연속이다. ◇

뜻매김 1.46 제2종 불연속[80]

두 값 $f(x^+)$와 $f(x^-)$ 가운데 적어도 하나가 없을 때, x를 제2종 불연속 점이라 하고, f는 x에서 제2종 불연속이라고 한다.

보기 1.112 그림 1.15에 보인 함수

$$f(x) = \begin{cases} \cos\frac{1}{x}, & x \neq 0, \\ 0, & x=0 \end{cases} \tag{1.124}$$

---

[77] 하이네-칸토르 Heine-Cantor 정리의 특별한 때이다.

[78] type 1 discontinuity

[79] 이때, 차 $g(x^+) - g(x^-)$를 x에서 함수 g의 뜀이라고 jump, saltus 한다.

[80] type 2 discontinuity

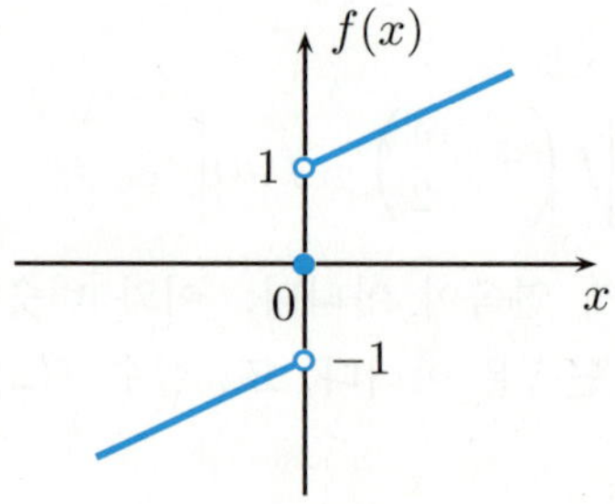

그림 1.14 보기: $x = 0$에서 1종 불연속인 함수

는 $x = 0$에서 2종 불연속이다. ◇

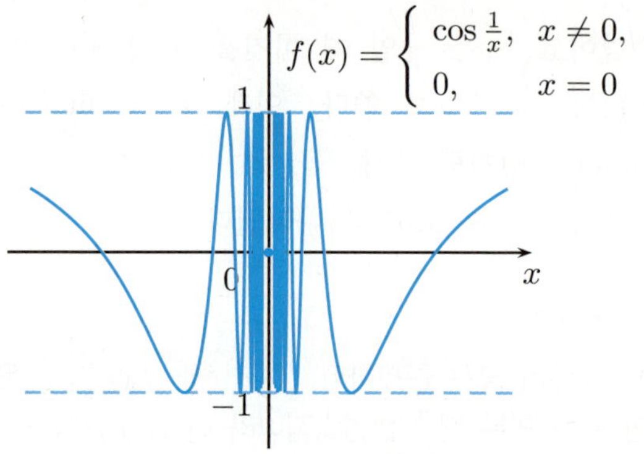

그림 1.15 보기: $x = 0$에서 2종 불연속인 함수

보기 1.113 함수

$$f(x) = \begin{cases} 1, & x = \text{유리수}, \\ 0, & x = \text{무리수} \end{cases} \tag{1.125}$$

는 어느 x에서도 2종 불연속이고, 함수

$$f(x) = \begin{cases} x, & x = \text{유리수}, \\ 0, & x = \text{무리수} \end{cases} \tag{1.126}$$

은 거의 어디서나 – 곧, $x = 0$일 때를 빼고 – 2종 불연속이다. ◇

보기 1.114 함수

$$f(x) = \begin{cases} 1, & x = [0,1]\text{안에 있는 유리수}, \\ 0, & x = \text{그 밖에는} \end{cases} \tag{1.127}$$

은 거의 어디서나 – 곧, x가 $[0,1]$안에 있는 유리수일 때를 빼고 – 연속이고, 불연속 점은 다 2종 불연속 점이다. ◇

정리 1.9 함수 f는 $x_p \in E$에서 연속이고, g는 $f(x_p)$에서 연속이며, $x \in E$일 때 $h(x) = g(f(x))$이면, h는 x_p에서 연속이다. ■■

증명 함수 g가 $f(x_p)$에서 연속이므로, 0보다 큰 수 ϵ을 어떻게 고르더라도 $y \in f(E)$일 때 $|y - f(x_p)| < \eta$이면 $|g(y) - g(f(x_p))| < \epsilon$인 수 η가 존재한다. 또한, f가 x_p에서 연속이므로, $x \in E$일 때 $|x - x_p| < \delta$이면 $|f(x) - f(x_p)| < \eta$인 수 δ가 존재한다. 곧, $\epsilon > 0$을 어떻게 고르더라도 $x \in E$일 때 $|x - x_p| < \delta$이면 $|h(x) - h(x_p)| = |g(y) - g(f(x_p))| < \epsilon$인 수 δ가 존재하는 것이므로 h는 x_p에서 연속이다. □

보기 1.115 함수

$$f(x) = \begin{cases} \sin\frac{1}{x}, & x \neq 0, \\ 0, & x = 0 \end{cases} \tag{1.128}$$

을 생각하자. 이 함수가 $x = 0$에서 2종 불연속이고 $x \neq 0$일 때 연속이라는 것을 보이자. 또, 이 함수가 $x \neq 0$일 때 고르게 연속인지 아닌지 밝혀 보자.

풀이 먼저, $f(0^+)$와 $f(0^-)$가 존재하지 않으므로 $f(x)$가 $x = 0$일 때 2종 불연속임은 쉽게 알 수 있다. 이제, $|\sin x - \sin y| = \left|2\sin\frac{x-y}{2}\cos\frac{x+y}{2}\right|$이므로

$$\begin{aligned} |\sin x - \sin y| &\leq 2\left|\sin\frac{x-y}{2}\right| \\ &\leq |x-y| \end{aligned} \tag{1.129}$$

임을 새기면, $|x-y| < \delta = \epsilon$이면 $|\sin x - \sin y| < \epsilon$이므로 $\sin x$는 고르게 연속이다. 또, $x > 0$일 때 $0 < \delta \leq 2x$이고 $x < 0$일 때 $\delta \geq -2x$인 δ를 생각하여

$$g_\delta(x) = \inf|\{v\,|x - \delta < v < x + \delta\}| \tag{1.130}$$

처럼[81] 두면, $g_\delta(x) \neq 0$일 때 $|x| \geq g_\delta(x)$이므로

$$\begin{aligned} \left|\frac{1}{x} - \frac{1}{y}\right| &= \left|\frac{x-y}{xy}\right| \\ &\leq \frac{|x-y|}{g_\delta(x)g_\delta(y)} \end{aligned} \tag{1.131}$$

이다. 그러면 0이 아닌 수 x, y와 0보다 큰 수 ϵ을 어떻게 고르더라도

$$\delta = \min\left(g_\delta(x)g_\delta(y)\epsilon, \frac{|xy|}{2}\right) \tag{1.132}$$

와 같이 두면, $g_\delta(x)g_\delta(y) \neq 0$일 때 $|x-y| < \delta$이면 $\left|\frac{1}{x} - \frac{1}{y}\right| < \epsilon$이므로[82] $\frac{1}{x}$은 0 아닌 모든 점 x에서 연속이다. 곧, $\sin x$와 $\frac{1}{x}$이 $x \neq 0$에서 연속이므로 $f(x)$도 $x \neq 0$에서 연속이라는 것을 정리 1.9에서 알 수 있다.

---

[81] 이때, $g_\delta(x) = 0$, $|x - \delta|$, 또는 $|x + \delta|$이다. 또, $|x|^2 \geq |x \pm \delta|^2$이다.

[82] 먼저, $g_\delta(x)g_\delta(y)\epsilon \geq \frac{|xy|}{2}$이면 $\frac{1}{g_\delta(x)g_\delta(y)} \leq \frac{2\epsilon}{|xy|}$이고 $\delta = \frac{|xy|}{2}$이다. 그러면 $|x-y| < \delta = \frac{|xy|}{2}$이면, (1.131)에서 $\left|\frac{1}{x} - \frac{1}{y}\right| \leq \frac{|x-y|}{g_\delta(x)g_\delta(y)} \leq \frac{|xy|}{2}\frac{2\epsilon}{|xy|} = \epsilon$이다. 다음으로, $g_\delta(x)g_\delta(y)\epsilon \leq \frac{|x|}{2}$이면 $\delta = g_\delta(x)g_\delta(y)\epsilon$이다. 그러면 (1.131)에서 $\left|\frac{1}{x} - \frac{1}{y}\right| \leq \frac{|x-y|}{g_\delta(x)g_\delta(y)} \leq \frac{g_\delta(x)g_\delta(y)\epsilon}{g_\delta(x)g_\delta(y)} = \epsilon$이다.

한편, x가 0에 가까워지면 $g_\delta(x)$가 작아지므로 x에 상관 없이 $\left|\frac{1}{x}-\frac{1}{y}\right|<\epsilon$인 일정한 수 δ를 찾을 수는 없다. 따라서, $\frac{1}{x}$은 고르게 연속은 아니다. 이제, $x\neq 0$에서 $\sin\frac{1}{x}$이 연속이므로 주어진 수 u가 0이 아닐 때 0보다 큰 수 ϵ을 어떻게 고르더라도 $|x-u|<\delta$이면 $\left|\frac{1}{x}-\frac{1}{u}\right|<\mu$이고

$$\left|\sin\frac{1}{x}-\sin\frac{1}{u}\right|<\epsilon \tag{1.133}$$

인 δ와 μ를 찾을 수 있다. 하지만, $\frac{1}{x}$이 고르게 연속이 아니므로 u'을 0에 충분히 가깝게 고르면 $|x-u'|<\delta$이더라도 $\left|\frac{1}{x}-\frac{1}{u}\right|>\mu$이고

$$\left|\sin\frac{1}{x}-\sin\frac{1}{u'}\right|>\epsilon \tag{1.134}$$

이도록 만들 수 있으므로 $\sin\frac{1}{x}$은 고르게 연속이 아니다. ◇

1.1.5.3 절대 연속 함수

뜻매김 1.47 절대 연속[83]

실수 C가 0보다 클 때, $-C<a_k, b_k<C$인 겹치지 않는 구간의 유한 모음 $\{(a_k,b_k)\}_{k=1}^{n}$을 생각하자. 이제, 0보다 큰 두 수 C와 ε을 어떻게 두어도 $\sum_{k=1}^{n}|b_k-a_k|<\delta$일 때

$$\sum_{k=1}^{n}|f(b_k)-f(a_k)| \;<\; \varepsilon \tag{1.135}$$

인 수 $\delta=\delta(\varepsilon,C)$가 존재하면, 함수 f를 절대 연속 함수라고 한다.

보기 1.116 (절대 연속 함수) 함수 $f_1(x)=x^2$은 절대 연속 함수이다. ◇

보기 1.117 (절대 연속 함수) 함수 $f_2(x)=\sin x$는 절대 연속 함수이다. ◇

보기 1.118 (절대 연속 함수) 함수 $f_3(x)=\frac{1}{x}$, $x>0$은 절대 연속 함수이다. ◇

함수 $f(x)$가 유한 구간 (a,b)에서 절대 연속이면, $-\infty<a<b<\infty$일 때

$$f(b)-f(a) \;=\; \int_a^b f'(x)dx \tag{1.136}$$

을 만족시키고 적분할 수 있는 함수 $f'(x)$가 존재하고, 그 역도 성립한다. 이때, $f'(x)$는 거의 모든 점에서 $f(x)$의 도함수이다. 그러나, $f(x)$가 절대 연속이 아니면, $f(x)$의 도함수가 거의 모든 점에서 존재하더라도 그 도함수가 (1.136)을 만족시키지는 않는다.

정리 1.10 거의 모든 점에서 도함수가 유한하고, 나머지 점에서는 왼 도함수와 오른 도함수가 존재하며, 유한 구간에서 적분할 수 있는 함수는 절대 연속이다. ■■

[83] absolute continuity

1.1.5.4 특이 함수

연속 함수 가운데에서 절대 연속이 아닌 함수를 특이 함수[84]라 부른다. 곧, 연속 함수는 절대 연속 함수이거나 특이 함수이다.

보기 1.119 (특이 함수: 칸토르 함수, 르벡 함수) 보기 1.81에서 칸토르 집합 $\mathbb{C}$를 얻을 때 i 단계에서 j째로 빼는 영역을 D_{ij}라고 하자. 여기서, $i = 1, 2, \cdots$, $j = 1, 2, \cdots, 2^{i-1}$이다. 이제, (x, y) 좌표 평면에 x축과 평행인 선분 $2^n - 1$개

$$\left\{ y = \frac{2j-1}{2^i} : x \in D_{ij};\ j = 1, 2, \cdots, 2^{i-1};\ i = 1, 2, \cdots, n \right\} \tag{1.137}$$

을 그린다. 다음에, 점 $(0, 0)$을 가장 가까운 선분의 왼쪽 끝과 곧게 잇고, 점 $(1, 1)$을 가장 가까운 선분의 오른쪽 끝과 곧게 잇는다. 마지막으로, 모든 선분의 오른쪽 끝을 다음 – 곧, 그 오른쪽에 있는 – 선분의 왼쪽 끝과 곧게 잇는다. 이와 같이 그려 얻은 것이 나타내는 함수를 $\phi_n(x)$라고 하자. 그러면 $\phi_n(x)$는 구간 $(0, 1)$에서 연속이고, 높이는 2^{-n}이고 기울기가 $\left(\frac{3}{2}\right)^n$인 선분 2^n개와 그들을 잇는 수평 선분 $2^n - 1$개가 이루는 함수이다. 그림 1.16에 $\phi_1(x)$와 $\phi_2(x)$를 보였다. 이때, 함수 열 $\{\phi_n(x)\}$의 극한

$$\phi_C(x) = \lim_{n \to \infty} \phi_n(x) \tag{1.138}$$

을 칸토르 함수 또는 르벡 함수[85]라고 부른다. ◇

칸토르 집합 $\mathbb{C}$의 점 x를 3진수로

$$x = 0.c_1 c_2 \cdots \tag{1.139}$$

처럼 썼을 때 칸토르 함수 $\phi_C(x)$는

$$\phi_C(x) = \begin{cases} 0.\frac{c_1}{2}\frac{c_2}{2}\cdots, & x \in \mathbb{C}, \\ (1.137)\text{에 보인 } y, & x \in [0, 1] - \mathbb{C} \end{cases} \tag{1.140}$$

과 같이 쓸 수 있다. 곧, $\phi_C(x)$의 그림자는 $[0, 1]$의 부분집합이다. 게다가, $y \in [0, 1]$을 2진법으로

$$y = 0.b_1 b_2 \cdots \tag{1.141}$$

처럼 쓰면

$$x = 0.(2b_1)(2b_2)\cdots \tag{1.142}$$

는 $\phi_C(x) = y$인 $\mathbb{C}$의 점이므로 $[0, 1] \subset \phi_C(\mathbb{C})$이다. 따라서, $\phi_C(x)$의 치역은 $[0, 1]$이다.

칸토르 함수 $\phi_C(x)$의 성질을 몇 가지 살펴보면 아래와 같다.

---

[84] singular function

[85] Cantor function 또는 Lebesgue function

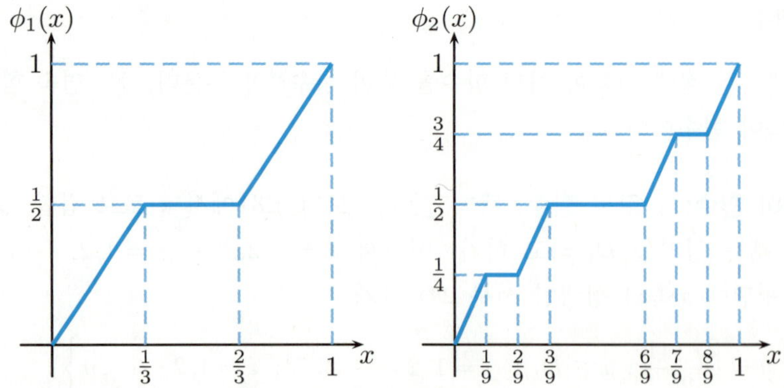

그림 1.16 칸토르 함수 $\phi_C(x)$로 수렴하는 함수 열 $\{\phi_n(x)\}$의 첫 두 함수 $\phi_1(x)$와 $\phi_2(x)$

(가) 칸토르 함수 $\phi_C(x)$는 줄지 않는 함수이고, 그 치역은 $[0,1]$이므로 $\phi_C(x)$에는 뜀 불연속 점이 없다. 그리고, 늘지 않는 함수와 줄지 않는 함수에는 뜀 불연속 점을 빼고는 불연속 점이 없으므로, $\phi_C(x)$는 연속 함수이다.

(나) 칸토르 집합 $\mathbb{C}$를 만들 때 빼는 열린 구간들을 닫힌 구간으로 만드는 끝 점들의 – 곧, (1.83)과 (1.84)이 나타내는 점들의 – 집합을 E라고 할 때, 칸토르 함수 $\phi_C(x)$는 $x \in \mathbb{C} - E$이면 느는 함수이고, $x \in [0,1] - \mathbb{C}$인 모든 점의 어떤 이웃에서 상수이다.

(다) 보기 1.81에서 보았듯이 $[0,1] - \mathbb{C}$의 길이는 1이고 칸토르 함수 $\phi_C(x)$는 $x \in [0,1] - \mathbb{C}$일 때 상수이다. 그러므로, $\phi_C(x)$의 미분은 거의 어디서나 0이다.

보기 1.120 (특이 함수: 느는 특이 함수) 보기 1.119에서 다룬 칸토르 함수 $\phi_C(x)$는 줄지 않는 특이 함수이다. 이제, 느는 특이 함수를 하나 얻어 보자.

풀이 먼저, $\Delta_x > 0$이고 $\Delta_y > 0$이라고 두자. 그 뒤, 2차원 평면에서 좌표가 (x, y)인 점 P와 좌표가 $(x + \Delta_x, y + \Delta_y)$인 점 Q를 잇는 선분 PQ를 생각하자. 이제, $\lambda_0 > 0$이고 $\lambda_1 > 0$이며 $\lambda_0 + \lambda_1 = 1$일 때, 좌표가

$$\left(x + \frac{\Delta_x}{2},\ y + \lambda_0 \Delta_y\right) \tag{1.143}$$

인 점 R을 생각하여 선분 PQ를 두 선분 PR과 RQ로 바꾸는 것을 "PQ를 $T(\lambda_0, \lambda_1)$로 변환한다."라고 말하자. 그 다음, 원점 O와 좌표가 $(1,1)$인 점 A를 잇는 선분 OA에서 시작하는 아래와 같은 수열 $\{f_n(x)\}_{n=0}^{\infty}$를 생각하자.

$$\begin{aligned} f_0(x) &= \text{선분 } OA, \\ f_1(x) &= f_0(x)\text{를 } T(\lambda_0, \lambda_1)\text{로 변환한 것}, \\ f_2(x) &= f_1(x)\text{를 이루는 두 선분을 선분마다 } T(\lambda_0, \lambda_1)\text{로 변환한 것}, \\ f_3(x) &= f_2(x)\text{를 이루는 네 선분을 선분마다 } T(\lambda_0, \lambda_1)\text{로 변환한 것}, \\ &\ \vdots \end{aligned} \tag{1.144}$$

곧, $f_p(x)$는 $f_p(0)=0$에서 $f_p(1)=1$까지 느는 함수이고, 선분 2^p개가 이루는 함수이며, 꺾임 점의 x 좌표는

$$\left\{\frac{k}{2^p}\right\}_{k=1}^{2^p-1} \tag{1.145}$$

이다. 그림 1.17에 $\{f_n(x)\}_{n=0}^{3}$을 보였다. 이때, 함수 $f_p(x)$의 꺾임 점의 x 좌표를 2진수로 나타내어

$$\begin{aligned} x &= \sum_{j=1}^{p} \frac{\theta_j}{2^j} \\ &= 0.\theta_1\theta_2\cdots\theta_p, \quad \theta_j \in \{0,1\} \end{aligned} \tag{1.146}$$

처럼 쓰면, 그 y 좌표는

$$y = \sum_{k=1}^{p} \theta_k \prod_{j=1}^{k-1} \lambda_{\theta_j} \tag{1.147}$$

이다[86]. 그러면 함수 열 $\{f_n(x)\}_{n=1}^{\infty}$의 극한

$$f(x) = \lim_{n\to\infty} f_n(x) \tag{1.148}$$

은 느는 특이 함수이다. ◇

끝으로, 절대 연속 함수 둘을 길쌈[87]하면 늘 절대 연속 함수를 얻지만, 특이 함수 둘을 길쌈하면 절대 연속 함수를 얻을 때도 있다는 것을 새겨 둘 만하다.

1.1.6 계단 함수

뜻매김 1.48 단위 계단 함수, 헤비사이드 함수[88]

함수

$$u(x) = \begin{cases} 0, & x<0, \\ 1, & x>0 \end{cases} \tag{1.149}$$

를 단위 계단 함수 또는 헤비사이드 함수라 부르고 $H(x)$로 쓰기도 한다.

식 (1.149)에서 $u(0)$은 뜻매김하지 않았다. 다만, 때에 따라서, $u(0)$을 0, $\frac{1}{2}$, 1, 또는 0과 1 사이의 수인 u_0으로 두기도 하는데, $u(0)=\frac{1}{2}$이라고 두면 쓸모 있을 때가 많다. 그림 1.18에 $u(0)=\frac{1}{2}$이라고 둔 단위 계단 함수를 보였다.

---

[86] 여기서, $k=1$일 때 $\prod_{j=1}^{k-1} \lambda_{\theta_j}=1$이라고 둔다.

[87] convolution. 연산 $\int_{-\infty}^{\infty} g(x-v)f(v)dv = \int_{-\infty}^{\infty} g(v)f(x-v)dv$를 두 함수 f와 g의 길쌈 또는 중첩이라고 하고 이것을 $f*g$ 또는 $g*f$ 처럼 나타낸다.

[88] unit step function 또는 Heaviside function

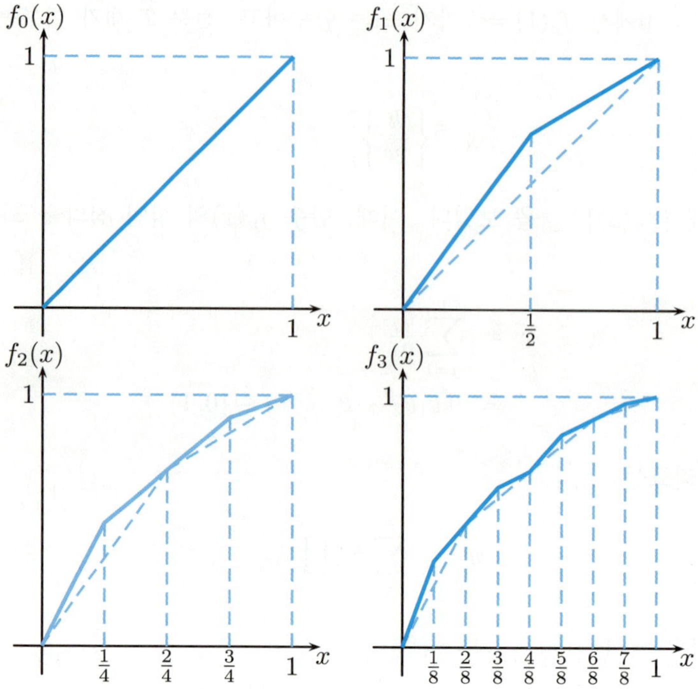

그림 1.17 느는 특이 함수 $f(x)$로 수렴하는 함수 열 $\{f_n(x)\}$의 첫 네 함수 $(\lambda_0 = 0.7 = 1 - \lambda_1)$

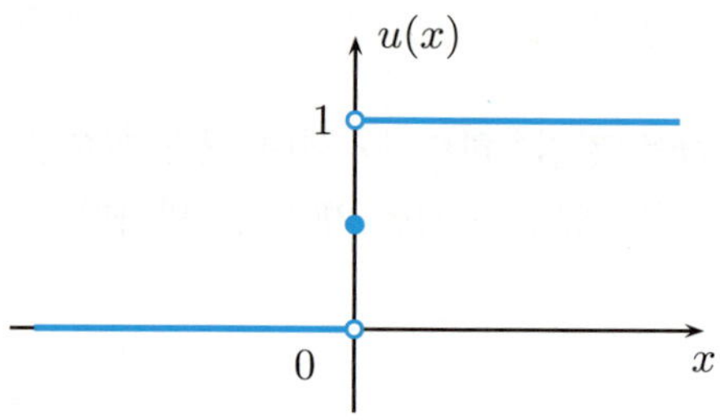

그림 1.18 단위 계단 함수: $u(0) = \frac{1}{2}$이라고 둘 때

보기 1.121 단위 계단함수를 0일 때 값으로 구별하여

$$u_\alpha(x) = \begin{cases} 0, & x < 0, \\ \alpha, & x = 0, \\ 1, & x > 0 \end{cases} \tag{1.150}$$

처럼 쓸 때도 있다. 또한,

$$u_-(x) = \begin{cases} 0, & x < 0, \\ 1, & x \geq 0, \end{cases} \tag{1.151}$$

$$u_+(x) = \begin{cases} 0, & x \leq 0, \\ 1, & x > 0, \end{cases} \tag{1.152}$$

$$u(x) = \begin{cases} 0, & x < 0, \\ \frac{1}{2}, & x = 0, \\ 1, & x > 0 \end{cases} \tag{1.153}$$

처럼 나누어 쓰기도 한다. 이때, (1.153)에 보인 $u(x)$를

$$u(x) = \lim_{\alpha\to\infty} \left\{ \frac{1}{2} + \frac{1}{\pi} \tan^{-1}(\alpha x) \right\} \tag{1.154}$$

또는

$$u(x) = \lim_{\alpha\to\infty} \frac{1}{1+e^{-\alpha x}} \tag{1.155}$$

처럼 연속 함수의 극한으로 나타낼 수 있으며

$$u(x) = \frac{1}{2} + \frac{1}{2\pi} \int_{-\infty}^{\infty} \frac{\sin(\omega x)}{\omega} d\omega \tag{1.156}$$

이다. ◇

보기 1.122 단위 계단 함수에서 $u(0) = \frac{1}{2}$로 두면

$$u(x) = 1 - u(-x) \tag{1.157}$$

이고

$$u(a-x) = 1 - u(x-a) \tag{1.158}$$

이다. ◇

보기 1.123 단위 계단 함수의 뜻매김에서, 보기를 들면,

$$\begin{aligned} u(x-|a|) &= u(x+a)u(x-a) \\ &= u\left(x^2-a^2\right)u(x) \end{aligned} \tag{1.159}$$

이고,

$$u((x-a)(x-b)) = \begin{cases} 0, & \min(a,b) < x < \max(a,b), \\ 1, & x < \min(a,b) \text{ 또는 } x > \max(a,b) \end{cases} \tag{1.160}$$

이며,

$$u\left(x^2\right) = \begin{cases} u(0), & x = 0, \\ 1, & x \neq 0 \end{cases} \tag{1.161}$$

임을[89] 쉽게 알 수 있다. ◇

[89] 여기서, (1.159)에서는 $u(0) = 0$ 또는 1로 둔 셈이다.

보기 1.124 한편, 단위 계단 함수를 쓰면 조각 연속[90] 함수를 식 하나로 나타낼 수 있다. 보기를 들면, 함수

$$F(x) = \begin{cases} x^2, & 0 < x < 1, \\ 3, & 1 < x < 2, \\ 0, & \text{그 밖에는} \end{cases} \tag{1.162}$$

을

$$F(x) = x^2 u(x) - \left(x^2 - 3\right) u(x-1) - 3u(x-2) \tag{1.163}$$

처럼 쓸 수 있다. ◇

보기 1.125 (최대 함수, 최소 함수[91]) 단위 계단 함수를 바탕으로, 최소 함수

$$\min(t,s) = \begin{cases} t, & t \leq s, \\ s, & t \geq s \end{cases} \tag{1.164}$$

를

$$\min(t,s) = t\,u(s-t) + s\,u(t-s) \tag{1.165}$$

처럼 쓸 수 있다. 또, $t \geq 0$이고 $s \geq 0$일 때

$$\min(t,s) = \int_0^t u(s-y)dy \tag{1.166}$$

처럼 쓸 수도 있다. 한편, (1.165)와 비슷하게 최대 함수

$$\max(t,s) = \begin{cases} t, & t \geq s, \\ s, & t \leq s \end{cases} \tag{1.167}$$

을

$$\max(t,s) = t\,u(t-s) + s\,u(s-t) \tag{1.168}$$

처럼 쓸 수 있다. 또, (1.166)을 새겨, $t \geq 0$이고 $s \geq 0$일 때

$$\max(t,s) = t + s - \int_0^t u(s-y)dy \tag{1.169}$$

처럼 쓸 수도 있다. ◇

단위 계단 함수는 부록 1.2에서 다룬 충격 함수[92]를 적분한 것이라고 생각할 수도 있다. 좀 더 명확히 말하자면, 뜻매김 1.48에서 다룬 단위 계단 함수는 연속 공간 단위 계단 함수이다. 이와 비슷하게 이산 공간에서도 단위 계단 함수를 뜻매김할 수 있다.

[90]piecewise continuous
[91]max, min
[92]impulse function, delta function

뜻매김 1.49 이산 공간 단위 계단 함수

함수

$$\tilde{u}(x) = \begin{cases} 1, & x = 0, 1, \cdots, \\ 0, & \text{그 밖에는} \end{cases} \tag{1.170}$$

을 이산 공간 단위 계단 함수라고 부른다.

여기서, $x = 0$일 때 값이 정해지지 않은 연속 공간 단위 계단 함수 $u(x)$와 달리 이산 공간 단위 계단 함수[93] $\tilde{u}(x)$는 $x = 0$일 때 값이 1이라는 것을 눈여겨볼 만하다. 또한, a가 0이 아닌 어떤 실수이더라도 $u(|a|x)$는 $u(x)$와 $x = 0$일 때를 빼고는 늘 같지만, a가 ± 1이 아니면 $\tilde{u}(|a|x)$는 $\tilde{u}(x)$와 끝없이 많은 점에서 다르다.

1.2 대수와 시그마 대수

1.2.1 대수

뜻매김 1.50 대수, 마당[94]

집합 S의 부분집합의 묶음 $\mathcal{A}$가 두 조건

$$A \in \mathcal{A}\text{이고 } B \in \mathcal{A}\text{이면,} \quad A \cup B \in \mathcal{A}, \tag{1.171}$$

$$A \in \mathcal{A}\text{이면,} \quad A^c \in \mathcal{A} \tag{1.172}$$

를 만족시키면 이 묶음 $\mathcal{A}$를 S의 마당 또는 S의 대수라고 한다.

보기 1.126 묶음 $\mathcal{A}_1 = \{\{1\}, \{2\}, S_1, \emptyset\}$은 집합 $S_1 = \{1, 2\}$의 대수이다. 또, 묶음 $\mathcal{A}_2 = \{\{1\}, \{2, 3\}, S_2, \emptyset\}$은 집합 $S_2 = \{1, 2, 3\}$의 마당이다. ◇

보기 1.127 드모르간의 법칙을 쓰면 (1.171)과 (1.172)에서

$$A \cap B \in \mathcal{A} \tag{1.173}$$

임을 알 수 있다. 그러므로, $\{A_i\}_{i=1}^{n}$이 모두 마당 $\mathcal{A}$의 원소이면

$$\bigcup_{i=1}^{n} A_i \in \mathcal{A} \tag{1.174}$$

이고

$$\bigcap_{i=1}^{n} A_i \in \mathcal{A} \tag{1.175}$$

[93] 연속 공간 단위 계단 함수는 연속 단위 계단 함수, 이산 공간 단위 계단 함수는 이산 단위 계단 함수라고 부르기도 한다. 다만, 앞뒤 문맥으로 보아 문제가 없을 때에는 이 둘을 모두 단위 계단 함수 또는 계단 함수로 부르도록 하자.

[94] algebra, field

이다. 일반적으로, 묶음 $\mathcal{A}$가 마당이면 $\mathcal{A}$의 원소들을 어떻게 유한 번 집합 연산하더라도 그 결과는 $\mathcal{A}$ 안에 들어 있다. ◇

보기 1.128 집합 묶음 $\mathcal{A}$가 S의 대수일 때 언제나 $S \in \mathcal{A}$이고 $\emptyset \in \mathcal{A}$이다. 이것은

$$A_i \cap A_i^c = \emptyset \ \in \ \mathcal{A} \tag{1.176}$$

과

$$A_i \cup A_i^c = S \ \in \ \mathcal{A} \tag{1.177}$$

에서 알 수 있다. ◇

보기 1.129 집합 $S = \{1, 2, 3\}$의 대수를 모두 얻어 보자.

풀이 집합 S의 대수에는 S와 $\emptyset$이 둘 다 들어 있다는 것을 새겨 S의 대수를 모두 얻으면 $\mathcal{A}_1 = \{S, \emptyset\}$, $\mathcal{A}_2 = \{S, \{1\}, \{2,3\}, \emptyset\}$, $\mathcal{A}_3 = \{S, \{2\}, \{1,3\}, \emptyset\}$, $\mathcal{A}_4 = \{S, \{3\}, \{1,2\}, \emptyset\}$, $\mathcal{A}_5 = \{S, \{1\}, \{2\}, \{3\}, \{1,2\}, \{2,3\}, \{1,3\}, \emptyset\}$이다. ◇

보기 1.130 집합 S가 자연수의 집합 $\mathbb{J}_+ = \{1, 2, \cdots\}$일 때, 자연수 하나가 원소인 집합들 $\{1\}$, $\{2\}$, $\cdots$을 유한 번 합집합하여 얻은 집합들을 모두 모은 묶음 $\mathcal{A}_1$을 생각하자. 그러면 자연수가 하나씩만 들어 있는 집합들을 어떻게 유한 번 합집합하더라도 '자연수를 모두 모은 집합' $\mathbb{J}_+$를 얻을 수 없으므로, '자연수를 모두 모은 집합'은 $\mathcal{A}_1$의 원소가 아니다. 따라서, $\mathcal{A}_1$은 S의 대수가 아니다. ◇

뜻매김 1.51

어떤 집합에서 부분집합의 묶음 $\mathcal{C}$에 들어 있는 집합을 모두 품는 가장 작은 마당 $\mathcal{A}(\mathcal{C})$를 $\mathcal{C}$로 만든 마당이라고 부른다. 여기서, '대수 $\mathcal{A}(\mathcal{C})$가 가장 작음'은 '$\mathcal{C}$를 품는 다른 어떤 마당도 $\mathcal{A}(\mathcal{C})$를 품음'을 뜻한다.

보기 1.131 집합 $S = \{1, 2, 3\}$을 생각하여 $\mathcal{C} = \{\{1\}\}$이라고 두자. 그러면 보기 1.129에서 본 바와 같이 $\mathcal{C}$를 품는 대수는 $\mathcal{A}_2 = \mathcal{A}(\mathcal{C}) = \{S, \{1\}, \{2,3\}, \emptyset\}$과 $\mathcal{A}_5 = \{S, \{1\}, \{2\}, \{3\}, \{1,2\}, \{2,3\}, \{1,3\}, \emptyset\}$인데, $\mathcal{A}_5$는 $\mathcal{A}_2$를 품는다. 곧, $\mathcal{C}$로 만든 – $\mathcal{C}$를 품는 가장 작은 – 대수는

$$\mathcal{A}(\mathcal{C}) \ = \ \{S, \{1\}, \{2,3\}, \emptyset\} \tag{1.178}$$

이다. ◇

보기 1.132 집합 $S = \{a, b, c, d\}$와 S의 부분집합의 묶음 $\mathcal{C} = \{\{a\}\}$를 생각하자. 이때, $\mathcal{C}$를 품는 가장 작은 – 곧, $\mathcal{C}$로 만든 – 마당은 $\mathcal{A}(\mathcal{C}) = \{\emptyset, \ \{a\}, \ \{b, c, d\}, \ S\}$이다. ◇

보기 1.133 집합 $S = \{a, b, c, d\}$와 S의 부분집합의 묶음 $\mathcal{C} = \{\{a\}, \ \{b\}\}$를 생각하자. 이때, $\mathcal{C}$를 품는 가장 작은 – 곧, $\mathcal{C}$로 만든 – 대수는

$$\mathcal{A}(\mathcal{C}) = \{\emptyset, \{a\}, \{b\}, \{a,b\}, \{c,d\}, \{b,c,d\}, \{a,c,d\}, S\} \tag{1.179}$$

이다. ◇

정리 1.11 집합 S의 대수를 $\mathcal{A}$라고 하자. 이제, $\{A_i\}$를 $\mathcal{A}$에 들어 있는 집합 열이라고 하면, 두 조건

$$B_n \cap B_m = \emptyset, \qquad n \neq m \tag{1.180}$$

과

$$\bigcup_{i=1}^{\infty} B_i = \bigcup_{i=1}^{\infty} A_i \tag{1.181}$$

을 만족시키는 집합 열 $\{B_i\}$가 $\mathcal{A}$에 들어 있다. ■■

위 정리는 (1.60)–(1.63)처럼 두어 보일 수 있다.

보기 1.134 집합 $S = \{1,2,3\}$에서 대수 $\mathcal{A} = \{\{1\}, \{2,3\}, S, \emptyset\}$을 생각하자. 이때, $A_1 = \{1\}$, $A_2 = \{2,3\}$, $A_3 = S$라고 하면, $B_1 = \{1\}$이고 $B_2 = \{2,3\}$이다. ◇

보기 1.135 집합 $S = \{a,b,c,d\}$에서 $\mathcal{C} = \{\{a\}, \{b\}\}$를 품는 가장 작은 대수 $\{\emptyset, \{a\}, \{b\}, \{a,b\}, \{c,d\}, \{b,c,d\}, \{a,c,d\}, S\}$를 생각하자. 이때, $A_1 = \{a,b\}$이고 $A_2 = \{b,c,d\}$라고 하면 $B_1 = \{a,b\}$이고 $B_2 = \{c,d\}$라고 할 수 있다. 또, $B_1 = \{a\}$이고 $B_2 = \{b,c,d\}$라고 할 수도 있다. ◇

보기 1.136 집합 $S = \{a,b,c,d\}$에서 $\mathcal{C} = \{\{a\}, \{b\}\}$를 품는 가장 작은 대수 $\{\emptyset, \{a\}, \{b\}, \{a,b\}, \{c,d\}, \{b,c,d\}, \{a,c,d\}, S\}$를 생각할 때, $A_1 = \{a,b\}$, $A_2 = \{b,c,d\}$, $A_3 = \{a,c,d\}$라고 하면 $B_1 = \{a\}$, $B_2 = \{b\}$, $B_3 = \{c,d\}$를 얻을 수 있다. ◇

보기 1.137 마당 $\mathcal{A} = \mathcal{A}(\{\{1\}, \{2\}, \cdots\})$을 생각하여 $A_i = \{2, 4, \cdots, 2i\}$라고 하자. 그러면 $B_1 = \{2\}$, $B_2 = \{4\}$, $B_3 = \{6\}$, $\cdots$, 곧 $B_i = \{2i\}$처럼 둘 수 있으며, $\bigcup_{i=1}^{\infty} B_i = \bigcup_{i=1}^{\infty} A_i$라는 것을 알 수 있다. ◇

1.2.2 시그마 대수

잘 알려진 바와 같이, '유한' 영역에서 들어맞는 일이 '무한' 영역에서도 반드시 들어맞는 것은 아니다.

보기 1.138 자연수의 집합 $S = \{1, 2, \cdots\}$, S의 유한 부분집합의 묶음 $\mathcal{C}$, $\mathcal{C}$로 만든 S의 대수 $\mathcal{A}(\mathcal{C})$를 생각하자. 그러면 S는 $\mathcal{A}(\mathcal{C})$ 안의 집합을 끝없이 많이 집합 연산해야 얻을 수 있지만 $\mathcal{A}(\mathcal{C})$의 원소이다. 그러나, $\mathcal{A}(\mathcal{C})$ 안의 집합을 끝없이 많이 집합 연산하여야 얻을 수 있는 또 다른 집합 $\{2, 4, \cdots\}$은 $\mathcal{A}(\mathcal{C})$의 원소가 아니다. 곧, $\mathcal{A}(\mathcal{C})$의 원소를 유한 번 합집합한 것은 늘

$\mathcal{A}(\mathcal{C})$ 안에 들어 있으나, $\mathcal{A}(\mathcal{C})$의 원소를 끝없이 합집합한 것이 늘 $\mathcal{A}(\mathcal{C})$ 안에 들어 있는 것은 아니다. ◇

위 보기에서 알 수 있듯이, 대수의 원소인 집합들을 유한 번 집합 연산한 결과는 그 대수의 원소라는 것을 뜻매김 1.50에서 알 수 있지만, 대수의 원소인 집합들을 끝없이 많이 집합 연산하면 그 결과가 반드시 그 대수의 원소인 것은 아니다. 이것은 마치 유리수들을 유한 번 더하면 – 곧, 유리수를 유한 개 더하면 – 유리수이지만, 유리수를 끝없이 더하면 유리수가 아닐 수도 있음과 비슷한 것이다. 이와 같은 상황은, 우리가 바라는 성질을 – 곧, 어떤 묶음의 원소인 집합들을 셀 수 있을 만큼 끝없이 많이 집합 연산하더라도 다시 그 묶음에 들어간다는 성질을 – 대수가 지니고 있지 않는다는 것을 뜻한다. 이에, 쓸모 있는 성질을 대수에 하나 더 넣어 아래와 같이 새로운 개념을 생각한다.

뜻매김 1.52 시그마 마당, 시그마 대수[95]

마당의 원소를 셀 수 있을 만큼 많이 어떻게 고르더라도 그 합집합이 이 마당에 들어 있으면, 이 대수를 시그마 마당 또는 시그마 대수라고 부른다.

곧, 집합 A_1, A_2, $\cdots$이 대수 $\mathcal{F}$의 원소일 때

$$\bigcup_{i=1}^{\infty} A_i \in \mathcal{F} \tag{1.182}$$

이면 $\mathcal{F}$는 시그마 대수이다. 쉽게 알 수 있듯이, 시그마 마당은 늘 마당이지만, 마당이 늘 시그마 마당인 것은 아니다. 대수는 덧셈꼴 집합 묶음[96]이라고도 부르고 시그마 대수는 완전 덧셈꼴 집합 묶음[97]이라고도 부른다.

보기 1.139 집합 S에서 얻은 집합 묶음 $\mathcal{F}$가 시그마 대수이면 늘

$$S \in \mathcal{F} \tag{1.183}$$

이고

$$\emptyset \in \mathcal{F} \tag{1.184}$$

이다. ◇

보기 1.140 유한 집합에서 얻은 대수는 시그마 대수이다. ◇

보기 1.141 집합 $S = \{a, b, c, d\}$에서 얻은 집합 묶음

$$\begin{aligned} \mathcal{F} = \; & \{\emptyset, \{a\}, \{b\}, \{c\}, \{d\}, \{a,b\}, \{a,c\}, \{a,d\}, \{b,c\}, \{b,d\}, \{c,d\}, \\ & \{a,b,c\}, \{a,b,d\}, \{a,c,d\}, \{b,c,d\}, S\} \end{aligned} \tag{1.185}$$

는 시그마 대수이다. ◇

[95] sigma algebra, sigma field, σ algebra, 또는 σ field

[96] additive class of sets

[97] completely additive class of sets

동전을 한 번 던질 때나 주사위를 한 번 굴릴 때와 같이 전체 집합이 유한할 때에는 극한이라는 – 곧, (1.182)에서 '끝없이' 합집합하는 – 것이 크게 뜻이 없고, 대수가 곧 시그마 대수이다. 그러나, 동전을 끝없이 던질 때 나오는 결과를 모두 모은 집합, 주사위를 끝없이 굴릴 때 나오는 결과를 모두 모은 집합, 또는 자연수의 집합에는 원소가 끝없이 많은데, 이와 같이 원소 집합이 끝없이 많이 들어 있는 대수를 생각하여 끝없이 집합 연산을 한다면 그 결과는 그 대수에 다시 들어 있지 않을 수도 있다. 이것은 '대수'가 끝없이 많은 집합 연산에 대해 닫혀 있다는 것을 보장하는 것이 아니기 때문이다.

보기 1.142 보기 1.79에서 다룬 바와 같이, 한쪽 2진 수열을 모두 모은 공간

$$\Upsilon = \{\mathbf{a} = (a_1, a_2, \cdots) : a_i \in \{0,1\}\} \tag{1.186}$$

은 셀 수 없는 집합이다. 이제, Υ에 들어 있는 모든 점 집합들 $\{\mathbf{a}_i\}$을 품는 가장 작은 – 곧, $\{\{\mathbf{a}_i\} : \mathbf{a}_i \in \Upsilon\}$로 만든 – 대수

$$\mathcal{A}_\Upsilon = \mathcal{A}(\{\{\mathbf{a}_i\} : \mathbf{a}_i \in \Upsilon\}) \tag{1.187}$$

을 생각하자. 이때, 한 점을 원소로 하는 집합을 어떻게 유한 번 집합 연산하더라도, 어떤 쓸모 있고 셀 수 있는 무한 집합은 얻을 수 없다. 보기를 들면, 보기 1.80에서 다룬 집합

$$\Upsilon_T = \{\text{2진 주기 수열을 모두 모은 것}\} \tag{1.188}$$

은 대수 $\mathcal{A}_\Upsilon$의 원소가 아니다. ◇

보기 1.143 집합 S가 자연수의 집합 $\mathbb{J}_+$일 때, 자연수 하나가 원소인 집합들의 묶음 $\mathcal{G} = \{\{1\}, \{2\}, \cdots\}$으로 만든 – 곧, $\mathcal{G}$를 품는 가장 작은 – 대수

$$\mathcal{F}_N = \mathcal{A}(\mathcal{G}) \tag{1.189}$$

를 생각하자. 그러면 $\mathbb{J}_+ \in \mathcal{F}_N$이고 $\emptyset \in \mathcal{F}_N$이다. 그러나, $\mathcal{G}$에 들어 있는 집합들을 어떻게 유한 번 집합 연산하더라도 짝수를 모두 모은 집합 $\{2, 4, \cdots\}$을 얻을 수 없으므로 짝수를 모두 모은 집합은 $\mathcal{F}_N$의 원소가 아니다. 따라서, $\mathcal{F}_N$은 S의 대수이지만 시그마 대수는 아니다. ◇

보기 1.144 집합 S가 유리수의 집합 $\mathbb{Q}$일 때, 자연수 하나가 원소인 집합들의 묶음 $\mathcal{G} = \{\{1\}, \{2\}, \cdots\}$을 품는 가장 작은 – 곧, $\mathcal{G}$로 만든 – 마당을

$$\mathcal{F}_N = \mathcal{A}(\mathcal{G}) \tag{1.190}$$

처럼 두자. 이때, 자연수가 하나씩만 들어 있는 집합들을 어떻게 유한 번 집합 연산하더라도 자연수를 모두 모은 집합 $\mathbb{J}_+ = \{1, 2, \cdots\}$을 얻을 수 없으므로 $\mathbb{J}_+$는 $\mathcal{F}_N$의 원소가 아니다. 또한, 쉽게 알 수 있듯이 $\mathcal{F}_N$은 S의 시그마 대수가 아니다. ◇

보기 1.145 집합 $\Omega = [0, \infty)$에서 $0 \le a < b < \infty$일 때 $[a, b)$ 또는 $[a, \infty)$ 꼴인 구간들을 모두 모은 묶음

$$\mathcal{F}_1 = \{[a,b) \text{ 또는 } [a,\infty) : 0 \le a < b < \infty\} \tag{1.191}$$

과 $\mathcal{F}_1$에 들어 있는 구간들을 유한 번 합집합한 것들을 모두 모은 묶음 $\mathcal{F}_2$를 생각해 보자. 그러면

$$[a,b) \in \mathcal{F}_1 \tag{1.192}$$

이지만

$$\begin{aligned}[a,b)^c &= [0,a) \cup [b,\infty) \\ &\notin \mathcal{F}_1\end{aligned} \tag{1.193}$$

이므로 $\mathcal{F}_1$은 Ω의 대수가 아니다. 한편, $\mathcal{F}_1$ 안에 들어 있는 구간을 유한 번 합집합한 것들을 어떻게 골라 유한 번 합집합하더라도 다시 구간의 합이고, 구간의 유한 합의 여집합은 다시 구간의 합이므로 $\mathcal{F}_2$는 Ω의 대수이다. 그러나, 보기를 들면, $n = 1, 2, \cdots$ 일 때

$$\begin{aligned}A_n &= \left[0, \frac{1}{n}\right) \\ &\in \mathcal{F}_2\end{aligned} \tag{1.194}$$

인데 $\bigcap_{n=1}^{\infty} A_n = \{0\}$은[98] $\mathcal{F}_2$에 들어 있지 않으므로 $\mathcal{F}_2$는 Ω의 시그마 대수가 아니다. ◇

보기 1.146 추상 공간을 $\Omega = \mathbb{R}$처럼 두고, $(-\infty, a]$, $(b, c]$, 또는 (d, ∞) 꼴인 구간을 유한 번 합집합한 것들을 모두 모은 묶음 $\mathcal{F}$를 생각하자. 그러면 $\mathcal{F}$는 $\mathbb{R}$의 대수이지만,

$$\bigcap_{n=1}^{\infty} \left(b - \frac{1}{n}, c\right] = [b, c] \tag{1.195}$$

는 $\mathcal{F}$에 들어 있지 않으므로 $\mathcal{F}$는 $\mathbb{R}$의 시그마 대수가 아니다. ◇

보기 1.147 집합 Ω의 시그마 대수들 $\{\mathcal{F}_i\}_{i=1}^{\infty}$를 생각하자. 그러면

$$\bigcap_{n=1}^{\infty} \mathcal{F}_n \tag{1.196}$$

은 늘 시그마 대수이다. 그러나, $\bigcup_{n=1}^{\infty} \mathcal{F}_n$은 시그마 대수가 아닐 때도 있다. 보기를 들면, $\Omega = \{\omega_1, \omega_2, \omega_3\}$이라고 하고 두 시그마 대수

$$\mathcal{F}_1 = \{\emptyset, \{\omega_1\}, \{\omega_2, \omega_3\}, \Omega\} \tag{1.197}$$

과

$$\mathcal{F}_2 = \{\emptyset, \{\omega_2\}, \{\omega_1, \omega_3\}, \Omega\} \tag{1.198}$$

을 생각하자. 그러면 $\mathcal{F}_1 \cap \mathcal{F}_2 = \{\emptyset, \Omega\}$는 시그마 대수이지만,

[98] 보기 1.96의 (1.92)에서 알 수 있다.

$$\mathcal{F}_1 \cup \mathcal{F}_2 = \{\emptyset, \{\omega_1\}, \{\omega_2\}, \{\omega_2, \omega_3\}, \{\omega_1, \omega_3\}, \Omega\} \tag{1.199}$$

는 시그마 대수가 아닐 뿐더러 대수조차도 아니다. 또 다른 보기로는 $\Omega = \{\omega_1, \omega_2, \cdots\}$일 때

$$\begin{aligned} \mathcal{F}_1 &= \{\emptyset, \Omega, \{\omega_1\}, \Omega - \{\omega_1\}\}, &(1.200)\\ \mathcal{F}_2 &= \{\emptyset, \Omega, \{\omega_2\}, \Omega - \{\omega_2\}\}, &(1.201)\\ &\vdots \\ \mathcal{F}_n &= \{\emptyset, \Omega, \{\omega_n\}, \Omega - \{\omega_n\}\}, &(1.202)\\ &\vdots \end{aligned}$$

처럼 두면

$$\bigcup_{n=1}^{\infty} \mathcal{F}_n = \{\emptyset, \Omega, \{\omega_1\}, \{\omega_2\}, \cdots, \Omega - \{\omega_1\}, \Omega - \{\omega_2\}, \cdots\} \tag{1.203}$$

인데, 이것은 대수조차 아니라는 것을 알 수 있다. ◇

뜻매김 1.53

집합 Ω의 부분집합의 묶음 $\mathcal{G}$를 생각하자. 묶음 $\mathcal{G}$에 들어 있는 집합을 모두 품는 가장 작은 시그마 마당을 $\mathcal{G}$로 만든 시그마 마당이라고 하고 $\sigma(\mathcal{G})$로 쓴다. 여기서, '시그마 마당 $\sigma(\mathcal{G})$가 가장 작음'은 '묶음 $\mathcal{G}$에 들어 있는 집합을 모두 품는 어떤 시그마 마당도 $\sigma(\mathcal{G})$를 품음'을 뜻한다.

보기 1.148 집합 $S = \{a, b, c, d\}$와 S의 부분집합의 묶음 $\mathcal{C} = \{\{a\}\}$를 생각하자. 이때, $\mathcal{C}$를 품는 가장 작은 – 곧, $\mathcal{C}$로 만든 – 시그마 마당은

$$\sigma(\mathcal{C}) = \{\emptyset, \ \{a\}, \ \{b, c, d\}, \ S\} \tag{1.204}$$

이다. ◇

보기 1.149 집합 $S = \{a, b, c, d\}$와 S의 부분집합의 묶음 $\mathcal{C} = \{\{a\}, \ \{b\}\}$를 생각하자. 이때, $\mathcal{C}$를 품는 가장 작은 – 곧, $\mathcal{C}$로 만든 – 시그마 마당은

$$\sigma(\mathcal{C}) = \{\emptyset, \{a\}, \{b\}, \{a, b\}, \{c, d\}, \{b, c, d\}, \{a, c, d\}, S\} \tag{1.205}$$

이다. ◇

보기 1.150 셀 수 없는 집합인 한쪽 2진 수열을 모두 모은 공간

$$\Upsilon = \{\mathbf{a} = (a_1, a_2, \cdots) : a_i \in \{0, 1\}\} \tag{1.206}$$

을 전체 집합으로 둘 때, $\{\{\mathbf{a}_i\} : \mathbf{a}_i \in \Upsilon\}$로 만든 마당

$$\mathcal{A}_\Upsilon = \mathcal{A}(\{\{\mathbf{a}_i\} : \mathbf{a}_i \in \Upsilon\}) \tag{1.207}$$

을 생각하자. 그러면 보기 1.80에서 다룬 집합

$$\Upsilon_T = \{2\text{진 주기 수열을 모두 모은 것}\} \tag{1.208}$$

을 생각하면

$$\Upsilon_T \notin \mathcal{A}_\Upsilon \tag{1.209}$$

이다. 이때, Υ로 만든 시그마 마당 $\mathcal{F}(\Upsilon)$를 생각하면

$$\Upsilon_T \in \mathcal{F}(\Upsilon) \tag{1.210}$$

이다. ◇

이제까지 다룬 집합과 시그마 마당을 바탕으로, 제2장에서는 확률 공간이라는 개념을 다룰 것이다. 특히, 뜻매김 1.53은 실수 공간에서 확률 공간을 다루고자 할 때 중요한 역할을 할 것이다.

부록

부록 1.1 쪼갬

집합의 분할과 비슷하게, 자연수를 여러 자연수의 합으로 나타내는 것을 쪼갬 또는 분할이라고 한다. 자연수를 k개 더한 것으로 자연수 n을 나타내는 쪼갬의 수를 $M(n,k)$라고 하면, 자연수 n의 쪼갬의 가지 수 $N(n)$은

$$N(n) = \sum_{k=1}^{n} M(n,k) \tag{1.211}$$

처럼 쓸 수 있다. 보기들 들면,

$$\begin{aligned} &1: \{1\} \\ &2: \{2\}, \{1,1\} \\ &3: \{3\}, \{2,1\}, \{1,1,1\} \\ &4: \{4\}, \{3,1\}, \{2,2\}, \{2,1,1\}, \{1,1,1,1\} \\ &5: \{5\}, \{4,1\}, \{3,2\}, \{3,1,1\}, \{2,2,1\}, \{2,1,1,1\}, \{1,1,1,1,1\} \end{aligned} \tag{1.212}$$

를 바탕으로 $N(1) = M(1,1) = 1$, $N(2) = M(2,1) + M(2,2) = 2$, $N(3) = M(3,1) + M(3,2) + M(3,3) = 3$이라는 것을 알 수 있다. 또한, $M(4,1) = 1$, $M(4,2) = 2$, $M(4,3) = 1$, $M(4,4) = 1$, $M(5,1) = 1$, $M(5,2) = 2$, $M(5,3) = 2$, $M(5,4) = 1$, $M(5,5) = 1$임도 알 수 있다.

한편, 일반적으로 $M(n,k)$는

$$M(n,k) = M(n-1,k-1) + M(n-k,k) \tag{1.213}$$

을 만족시킨다.

보기 1.151 식 (1.212)에 보인 것을 바탕으로 $M(5,3) = M(5-1,3-1) + M(5-3,3) = M(4,2) + M(2,3) = 2 + 0 = 2$라는 것을 알 수 있다. ◇

정리 1.12 **쪼갬의 수** 이어지는 k 자연수 $1, 2, \cdots, k$의 최소 공배수를 $\tilde{k}$이라고 쓰자. 또, n을 k로 나눌 때 몫을 Q_k라고 하고 나머지를 R_k라고 하자. 이제,

$$n = \tilde{k} Q_{\tilde{k}} + R_{\tilde{k}} \tag{1.214}$$

처럼 쓰면, 자연수 n을 자연수를 k개 더한 것으로 나타내는 쪼갬의 수 $M(n,k)$는 $Q_{\tilde{k}}$의 $k-1$차 다항식 $\tilde{k}$개로

$$M(n,k) = \sum_{i=0}^{k-1} c_{i,k}\left(R_{\tilde{k}}\right) Q_{\tilde{k}}^{i}, \quad R_{\tilde{k}} = 0, 1, \cdots, \tilde{k}-1 \tag{1.215}$$

처럼 나타낼 수 있다. ■■

이 정리를 바탕으로, 보기를 들면,

$$M(n,1) = 1 \tag{1.216}$$

이고,

$$\begin{aligned} M(n,2) &= Q_2 \\ &= \begin{cases} \frac{n}{2}, & n\text{이 짝수일 때,} \\ \frac{n-1}{2}, & n\text{이 홀수일 때} \end{cases} \end{aligned} \tag{1.217}$$

이며,

$$12\,M(n,3) = \begin{cases} n^2, & R_6 = 0, \\ n^2-1, & R_6 = 1,5, \\ n^2-4, & R_6 = 2,4, \\ n^2+3, & R_6 = 3 \end{cases} \tag{1.218}$$

이고,

$$144\,M(n,4) = \begin{cases} n^3+3n^2, & R_{12} = 0, \\ n^3+3n^2-20, & R_{12} = 2, \\ n^3+3n^2+32, & R_{12} = 4, \\ n^3+3n^2-36, & R_{12} = 6, \\ n^3+3n^2+16, & R_{12} = 8, \\ n^3+3n^2-4, & R_{12} = 10, \\ n^3+3n^2-9n+5, & R_{12} = 1,7, \\ n^3+3n^2-9n-27, & R_{12} = 3,9, \\ n^3+3n^2-9n-11, & R_{12} = 5,11 \end{cases} \tag{1.219}$$

임을 알 수 있다. 한편, $k=5$일 때 $M(n,5)$를 나타내는 Q_{60}의 4차 다항식 예순 개를 표 1.2에 보였다.

부록 1.2 충격 함수

충격 함수는 일반화된 함수 또는 분포[99]라고도 부르는데, 이 책에서는 충격 함수와 일반화된 함수라는 두 낱말만 쓰기로 하고, 분포라는 낱말은 제2장에서 다루는 다른 개념을 일컬을 때 쓰도록 한다. 충격 함수는 여러 가지 방법으로 다룰 수 있다. 여기서는 세 가지 방법으로 다루어 본다. 첫째는 계단 함수의 상징적 미분 또는 상징적 도함수[100]로 충격 함수를 생각하는 것이고, 둘째는 기본 성질을 바탕으로 충격 함수를 뜻매김하는 것이며, 셋째는 충격 수렴 수열을 먼저 생각하여 그 극한으로 충격 함수를 다루는 것이다.

[99] generalized function 또는 distribution
[100] symbolic differentiation 또는 symbolic derivative

표 1.2 $M(n,5) = c_{4,5}(R_{60})Q_{60}^4 + c_{3,5}(R_{60})Q_{60}^3 + c_{2,5}(R_{60})Q_{60}^2 + c_{1,5}(R_{60})Q_{60} + c_{0,5}(R_{60})$의 계수 $\{c_{j,5}(r)\}_{j=4}^{0}$

r	$c_{4,5}(r), c_{3,5}(r), c_{2,5}(r), c_{1,5}(r), c_{0,5}(r)$	r	$c_{4,5}(r), c_{3,5}(r), c_{2,5}(r), c_{1,5}(r), c_{0,5}(r)$
0	4500, 750, 25/2, −5/2, 0	1	4500, 1050, 115/2, 1/2, 0
2	4500, 1350, 235/2, 3/2, 0	3	4500, 1650, 385/2, 17/2, 0
4	4500, 1950, 565/2, 29/2, 0	5	4500, 2250, 775/2, 55/2, 1
6	4500, 2550, 1015/2, 81/2, 1	7	4500, 2850, 1285/2, 123/2, 2
8	4500, 3150, 1585/2, 167/2, 3	9	4500, 3450, 1915/2, 229/2, 5
10	4500, 3750, 2275/2, 295/2, 7	11	4500, 4050, 2665/2, 381/2, 10
12	4500, 4350, 3085/2, 473/2, 13	13	4500, 4650, 3535/2, 587/2, 18
14	4500, 4950, 4015/2, 709/2, 23	15	4500, 5250, 4525/2, 855/2, 30
16	4500, 5550, 5065/2, 1011/2, 37	17	4500, 5850, 5635/2, 1193/2, 47
18	4500, 6150, 6235/2, 1387/2, 57	19	4500, 6450, 6865/2, 1609/2, 70
20	4500, 6750, 7525/2, 1845/2, 84	21	4500, 7050, 8215/2, 2111/2, 101
22	4500, 7350, 8935/2, 2393/2, 119	23	4500, 7650, 9685/2, 2707/2, 141
24	4500, 7950, 10465/2, 3039/2, 164	25	4500, 8250, 11275/2, 3405/2, 192
26	4500, 8550, 12115/2, 3791/2, 221	27	4500, 8850, 12985/2, 4213/2, 255
28	4500, 9150, 13885/2, 4657/2, 291	29	4500, 9450, 14815/2, 5139/2, 333
30	4500, 9750, 15775/2, 5645/2, 377	31	4500, 10050, 16765/2, 6191/2, 427
32	4500, 10350, 17785/2, 6763/2, 480	33	4500, 10650, 18835/2, 7377/2, 540
34	4500, 10950, 19915/2, 8019/2, 603	35	4500, 11250, 21025/2, 8705/2, 674
36	4500, 11550, 22165/2, 9421/2, 748	37	4500, 11850, 23335/2, 10183/2, 831
38	4500, 12150, 24535/2, 10977/2, 918	39	4500, 12450, 25765/2, 11819/2, 1014
40	4500, 12750, 27025/2, 12695/2, 1115	41	4500, 13050, 28315/2, 13621/2, 1226
42	4500, 13350, 29635/2, 14583/2, 1342	43	4500, 13650, 30985/2, 15597/2, 1469
44	4500, 13950, 32365/2, 16649/2, 1602	45	4500, 14250, 33775/2, 17755/2, 1747
46	4500, 14550, 35215/2, 18901/2, 1898	47	4500, 14850, 36685/2, 20103/2, 2062
48	4500, 15150, 38185/2, 21347/2, 2233	49	4500, 15450, 39715/2, 22649/2, 2418
50	4500, 15750, 41275/2, 23995/2, 2611	51	4500, 16050, 42865/2, 25401/2, 2818
52	4500, 16350, 44485/2, 26853/2, 3034	53	4500, 16650, 46135/2, 28367/2, 3266
54	4500, 16950, 47815/2, 29929/2, 3507	55	4500, 17250, 49525/2, 31555/2, 3765
56	4500, 17550, 51265/2, 33231/2, 4033	57	4500, 17850, 53035/2, 34973/2, 4319
58	4500, 18150, 54835/2, 36767/2, 4616	59	4500, 18450, 56665/2, 38629/2, 4932

뜻매김 1.54 충격 함수, 일반화된 함수

단위 계단 함수 $u(x)$를 미분한

$$\delta(x) = \frac{du(x)}{dx} \tag{1.220}$$

을 충격 함수라고 한다.

그런데, (1.149)에서 알 수 있듯이 단위 계단 함수 $u(x)$는 $x=0$에서 연속이 아니고, 따라서 $x=0$에서 미분할 수 없다. 곧, (1.220)은 좁게 보면 $x=0$에서는 뜻이 없는 것이다. 그러나, (1.220)에 나온 미분을 $-\infty < x < \infty$에서 뜻이 있는 것으로 보면, (1.220)이 뜻하는 바를 "단위 계단 함수를 '상징적으로' 미분한 것을 $\delta(x)$라고 두자."라고 할 수 있을 것이다. 계단 함수 $u(x)$와 마찬가지로 충격 함수 $\delta(x)$도 $x=0$일 때 뜻매김하지 않으나 $\delta(0) \to \infty$로 보기도 한다. 다만, 뒤에 나오겠지만, $\delta(0) \to -\infty$인[101] 때도 있다.

이제, 충격 함수를 뜻매김하는 둘째 방법으로 – 곧, 기본 성질을 바탕으로 – 충격 함수를 뜻매김해 보자.

뜻매김 1.55 충격 함수, 일반화된 함수

두 조건

$$\delta(x-c) = 0, \quad x \neq c\text{일 때}, \tag{1.221}$$

$$\int_{\alpha}^{\beta} \delta(x-c)dx = \begin{cases} 1, & \alpha < c < \beta\text{일 때}, \\ 0, & \alpha = \beta,\ c < \alpha < \beta,\ \text{또는}\ \alpha < \beta < c\text{일 때} \end{cases} \tag{1.222}$$

를 만족시키는 함수 $\delta(x)$를 충격 함수 또는 일반화된 함수라고 한다.

한편, $c = \alpha < \beta$ 또는 $\alpha < \beta = c$이면 $\int_{\alpha}^{\beta} \delta(x-c)dx$의 값을 정할 수 없으나, 어떨 때[102]에는 그 값을 $\frac{1}{2}$로 두어야 함이 알려져 있다. 또, 위 둘째 조건 (1.222)는, f가 충분히 부드러운 함수일 때,

$$\int_{-\infty}^{\infty} \delta(x-c)f(x)dx = f(c) \tag{1.223}$$

처럼 나타낼 수도 있으며, 이것을 충격 함수의 체침 성질[103] 또는 베낌 성질[104]이라고 한다.

끝으로, 충격 함수를 뜻매김하는 셋째 방법을 생각해 보자. 먼저, 둘째 방법에 나온 두 조건을 모두 만족시키는 함수를 수학적으로 다루기는 쉽지 않다. 보기를 들면, 한 점을 뺀 나머지 점에서 늘 0인 함수는 어느 구간에서 적분하더라도 0이므로 위 두 조건은 좁은 뜻의 함수만 생각하면 서로 모순이다. 그런데,

$$\lim_{m\to\infty} \int_{-\infty}^{\infty} f(x)\frac{\sin mx}{\pi x}dx = f(0) \tag{1.224}$$

---

[101] 식 (1.227)에 보임.

[102] 보기 8.58에서 다루는 (8.262)와 같은 때이다.

[103] sifting property

[104] reproducing property

에서[105] 볼 수 있는 것처럼 어떤 함수 열은 (1.223)을 만족시킨다. 따라서, 이것을 바탕으로 알맞은 함수 열의 극한으로 충격 함수를 뜻매김할 수 있다. 먼저, 아래와 같이 충격 수렴 수열을 생각해 보자.

뜻매김 1.56 충격 수렴 수열[106]

구간 $-\infty < x < \infty$에서 충분히 부드러운 함수 $f(x)$를 어떻게 고르더라도

$$\lim_{m\to\infty}\int_{-\infty}^{\infty} f(x)s_m(x)dx \;=\; f(0) \tag{1.225}$$

를 만족시키는 함수 열 $\{s_m(x)\}$를 충격 수렴 수열 또는 충격 수열이라고 한다.

보기 1.152 함수 열 $\{s_m(x)\} = \left\{\frac{\sin mx}{\pi x}\right\}$와 $\{s_m(x)\} = \left\{\frac{1}{\pi}\frac{m}{1+m^2x^2}\right\}$은 둘 다 충격 수렴 수열이다. ◇

보기 1.153 함수 열 $\{s_m(x)\} = \left\{\frac{m}{2}\exp(-m|x|)\right\}$, $\{s_m(x)\} = \left\{\frac{m}{\pi(e^{mx}+e^{-mx})}\right\}$, $\{s_m(x)\} = \left\{\sqrt{\frac{m}{\pi}}\exp\left(-mx^2\right)\right\}$은 모두 충격 수렴 수열이다. ◇

보기 1.154 함수

$$s_m(x) \;=\; \begin{cases} m, & |x| < \frac{1}{2m}, \\ 0, & |x| > \frac{1}{2m}, \end{cases} \tag{1.226}$$

$$s_m(x) \;=\; \begin{cases} -m, & |x| < \frac{1}{2m}, \\ 2m, & \frac{1}{2m} \le |x| \le \frac{1}{m}, \\ 0, & \text{그 밖에는}, \end{cases} \tag{1.227}$$

그리고

$$s_m(x) \;=\; \begin{cases} \frac{(2m+1)!}{2^{2m+1}(m!)^2}\left(1-x^2\right)^m, & |x| \le 1, \\ 0, & |x| > 1 \end{cases} \tag{1.228}$$

이 뜻매김하는 함수 열 $\{s_m(x)\}$는 모두 충격 수렴 수열이다. 식 (1.227)에서 $\delta(0) \to -\infty$일 때도 있다는 것을 알 수 있다. ◇

보기 1.155 함수

$$s_m(x) \;=\; \begin{cases} 4m^2x + 2m, & -\frac{1}{2m} \le x \le 0, \\ -4m^2x + 2m, & 0 < x \le \frac{1}{2m}, \\ 0, & |x| > \frac{1}{2m} \end{cases} \tag{1.229}$$

와

[105] 문제 1.20에서 다룬다.

[106] delta-convergent sequence 또는 impulse-convergent sequence

$$s_m(x) = \begin{cases} m^2x + m, & -\frac{1}{m} \le x \le 0, \\ -m^2x + m, & 0 \le x \le \frac{1}{m}, \\ 0, & |x| > \frac{1}{m} \end{cases} \tag{1.230}$$

이 뜻매김하는 함수 열 $\{s_m(x)\}$는 둘 다 충격 수렴 수열이다. ◇

보기 1.156 함수 $f(x)$가 0보다 작지 않고 $\int_{-\infty}^{\infty} f(x)dx = 1$이면 함수 열 $\{mf(mx)\}$는 충격 수열이다. ◇

이제, 충격 수렴 수열을 바탕으로 충격 함수를 뜻매김해 보자.

뜻매김 1.57 충격 함수

충격 수렴 수열 $\{s_m(x)\}$의 극한

$$\lim_{m\to\infty} s_m(x) = \delta(x) \tag{1.231}$$

을 충격 함수라고 한다.

이제,

$$\langle \phi(x), \psi(x) \rangle = \int_{-\infty}^{\infty} \phi(x)\psi(x)dx \tag{1.232}$$

처럼 쓰자. 그러면 δ가 충격 함수이고 ϕ와 f가 '보통' 함수이면

$$\langle \delta(x), \phi(x) \rangle = \phi(0), \tag{1.233}$$

$$\left\langle \delta^{(k)}(x), \phi(x) \right\rangle = (-1)^k \left\langle \delta(x), \phi^{(k)}(x) \right\rangle, \tag{1.234}$$

$$\langle f(x)\delta(x), \phi(x) \rangle = \langle \delta(x), f(x)\phi(x) \rangle \tag{1.235}$$

이고,

$$\langle \delta(ax), \phi(x) \rangle = \left\langle \delta(x), \frac{1}{|a|}\phi\left(\frac{x}{a}\right) \right\rangle \tag{1.236}$$

임을 쉽게 보일 수 있다.

보기 1.157 위 (1.236)에서 $a = -1$로 두면 $\langle \delta(-x), \phi(x) \rangle = \langle \delta(x), \phi(-x) \rangle = \phi(0)$이다. 그러므로, (1.233)을 새기면

$$\delta(-x) = \delta(x) \tag{1.237}$$

임을 알 수 있다. 곧, $\delta(x)$는 짝함수[107]이다. ◇

보기 1.158 (최대 함수와 최소 함수의 상징적 도함수) 이제,

[107] even function

$$\begin{aligned} t\delta(s-t) - s\delta(t-s) &= t\delta(s-t) - t\delta(s-t) \\ &= 0 \end{aligned} \tag{1.238}$$

임을 새겨, (1.165)에서 본 $\min(t,s) = t\,u(s-t) + s\,u(t-s)$를 편미분하면

$$\frac{\partial}{\partial t}\min(t,s) = u(s-t) \tag{1.239}$$

이고

$$\begin{aligned} \frac{\partial^2}{\partial s \partial t}\min(t,s) &= \delta(s-t) \\ &= \delta(t-s) \end{aligned} \tag{1.240}$$

임을 알 수 있다. 이와 마찬가지로, $t\delta(s-t) - s\delta(t-s) = t\delta(s-t) - t\delta(s-t) = 0$이라는 것을 새겨 두고, (1.168)에서 본 $\max(t,s) = t\,u(t-s) + s\,u(s-t)$를 편미분하면

$$\frac{\partial}{\partial t}\max(t,s) = u(t-s) \tag{1.241}$$

이고

$$\begin{aligned} \frac{\partial^2}{\partial s \partial t}\max(t,s) &= -\delta(s-t) \\ &= -\delta(t-s) \end{aligned} \tag{1.242}$$

임을 알 수 있다. ◇

조금 되돌아가면, 뜻매김 1.56과 비슷하게 먼저 계단 수렴 수열[108]을 – 곧, 헤비사이드 수렴 수열 또는 헤비사이드 수열[109]을 – 뜻매김한 뒤, 이것을 바탕으로 단위 계단 함수 $u(x)$를 뜻매김할 수도 있다. 곧, 구간 $-\infty < x < \infty$에서 충분히 부드러운 함수 $f(x)$를 어떻게 고르더라도

$$\begin{aligned} \lim_{m\to\infty} \langle f(x), h_m(x) \rangle &= \int_0^\infty f(x)dx \\ &= \langle f(x), u(x) \rangle \end{aligned} \tag{1.243}$$

을 만족시키는 수열 $\{h_m(x)\}$를 계단 수렴 수열 또는 계단 수열이라고 하고, 그 극한

$$\lim_{m\to\infty} h_m(x) \tag{1.244}$$

를 단위 계단 함수라고 부를 수 있다.

보기 1.159 (계단 수렴 수열) 그림 1.19에 보인 함수

$$h_m(x) = \begin{cases} 1, & x > \frac{1}{2m}, \\ mx + \frac{1}{2}, & -\frac{1}{2m} \le x \le \frac{1}{2m}, \\ 0, & x < -\frac{1}{2m} \end{cases} \tag{1.245}$$

[108] step-convergent sequence

[109] Heaviside-convergent sequence 또는 Heaviside sequence

를 생각하자. 그러면 $m \to \infty$일 때

$$m \int_{-\frac{1}{2m}}^{\frac{1}{2m}} x f(x) dx \ \to \ 0 \tag{1.246}$$

이고

$$\int_{-\frac{1}{2m}}^{\frac{1}{2m}} f(x) dx \ \to \ 0 \tag{1.247}$$

이므로[110]

$$\begin{aligned} \lim_{m\to\infty} \int_{-\infty}^{\infty} f(x) h_m(x) dx &= \lim_{m\to\infty} \left\{ \int_{-\frac{1}{2m}}^{\frac{1}{2m}} \left(mx + \frac{1}{2} \right) f(x) dx + \int_{\frac{1}{2m}}^{\infty} f(x) dx \right\} \\ &= \int_0^{\infty} f(x) dx \\ &= \langle f(x), u(x) \rangle \end{aligned} \tag{1.248}$$

이다. 따라서, 수열 $\{h_m(x)\}$는 계단 수렴 수열이고,

$$\lim_{m\to\infty} h_m(x) \ = \ u(x) \tag{1.249}$$

이다. ◇

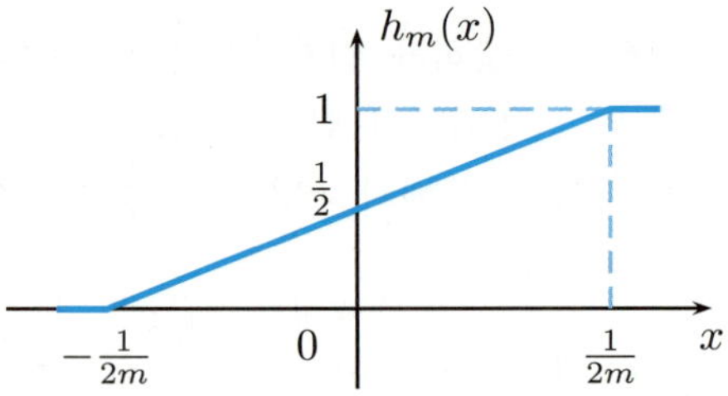

그림 1.19 계단 수렴 수열

다음으로, $n = 1, 2, \cdots$ 일 때 충격 함수의 n계 도함수 – 곧, 상징적 n계 도함수 – $\delta^{(n)}(x)$와 함수의 곱을 살펴보자. 이것을 살펴보려면 검사 함수를 먼저 뜻매김하는 것이 좋다.

뜻매김 1.58 검사 함수[111]

아래 두 조건을 만족시키는 실수 함수 ϕ를 검사 함수라고 한다.

(가) 함수 $\phi(\underline{x})$는 어느 점 $\underline{x} = (x_1, x_2, \cdots, x_n)$에서도 끝없이 미분할 수 있다.

(나) 원점까지의 거리가 A보다 큰 – 곧, $\sqrt{x_1^2 + x_2^2 + \cdots + x_n^2} > A$인 – 어느 점 $\underline{x} = (x_1, x_2, \cdots, x_n)$에 대해서도 $\phi(\underline{x}) = 0$인 유한한 수 A가 있다.

[110] 여기서, $f(0) < \infty$라고 본다.

위 조건 (가)를 만족시키는 함수를 C^∞ 함수라고도 부른다. 이 뜻매김에서 볼 수 있는 것처럼 일반적으로 n차원 공간에서 검사 함수를 뜻매김할 수 있으나, 이 책에서는 1차원 검사 함수만 다루자.

보기 1.160 그림 1.20에 보인 함수

$$\phi(x) = \begin{cases} \exp\left(-\frac{a^2}{a^2-x^2}\right), & |x| < a, \\ 0, & |x| \geq a \end{cases} \tag{1.250}$$

은 검사 함수이다. ◇

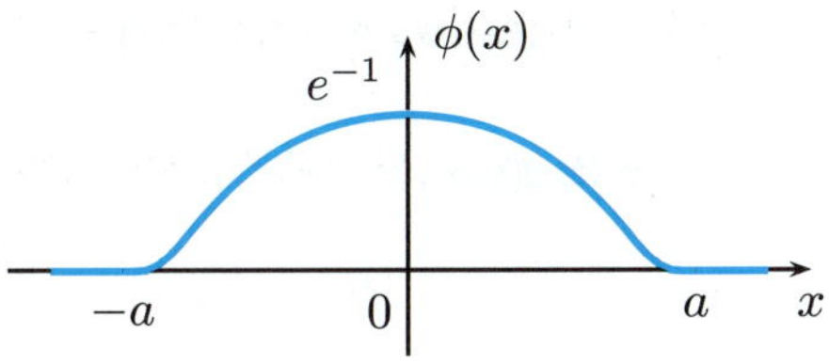

그림 1.20 검사 함수 $\phi(x) = \exp\left(-\frac{a^2}{a^2-x^2}\right) u(a-|x|)$

이제, 아래 정리를 살펴보자.

정리 1.13 **충격 함수의 도함수와 함수의 곱** 함수 $f(x)$를 이어서 n번 미분할 수 있다면

$$\begin{aligned} f(x)\delta^{(n)}(x-b) &= (-1)^n f^{(n)}(b)\delta(x-b) + (-1)^{n-1} n f^{(n-1)}(b)\delta'(x-b) \\ &\quad + \cdots + f(b)\delta^{(n)}(x-b) \\ &= (-1)^n \sum_{k=0}^{n} (-1)^k {}_n\mathrm{C}_k f^{(n-k)}(b)\delta^{(k)}(x-b) \end{aligned} \tag{1.251}$$

이다. ■■

증명 알기 쉽도록 $b=0$이라고 두자. 검사 함수를 $\phi(x)$라고 하면, $x \to \pm\infty$일 때 $\phi(x)=0$이므로

$$\begin{aligned} \int_{-\infty}^{\infty} f(x)\delta^{(n)}(x)\phi(x)dx &= \int_{-\infty}^{\infty} \{f(x)\phi(x)\}\delta^{(n)}(x)dx \\ &= \left[\{f(x)\phi(x)\}\,\delta^{(n-1)}(x)\right]_{-\infty}^{\infty} - \int_{-\infty}^{\infty} \{f(x)\phi(x)\}'\delta^{(n-1)}(x)dx \\ &\ \ \vdots \\ &= (-1)^n \int_{-\infty}^{\infty} \{f(x)\phi(x)\}^{(n)}\delta(x)dx \end{aligned} \tag{1.252}$$

[111]test function

이다. 여기서, $\{f(x)\phi(x)\}^{(n)} = f^{(n)}(x)\phi(x) + nf^{(n-1)}(x)\phi^{(1)}(x) + \cdots + f(x)\phi^{(n)}(x)$이므로, (1.252)는

$$\begin{aligned}\left\langle f(x)\delta^{(n)}(x), \phi(x)\right\rangle &= (-1)^n \Big\{ f^{(n)}(0)\left\langle \delta(x), \phi(x)\right\rangle \\ &\quad + (-1)^{-1} n f^{(n-1)}(0)\left\langle \delta^{(1)}(x), \phi(x)\right\rangle \\ &\quad + (-1)^{-2}\frac{n(n-1)}{2!} f^{(n-2)}(0)\left\langle \delta^{(2)}(x), \phi(x)\right\rangle \\ &\quad \vdots \\ &\quad + (-1)^{-n} f(0)\left\langle \delta^{(n)}(x), \phi(x)\right\rangle \Big\}\end{aligned} \tag{1.253}$$

처럼 쓸 수 있다. 식 (1.253)은 상징적 표현인 (1.251)과 같다. □

보기 1.161 식 (1.251)에서 $n = 0$으로 두면

$$f(x)\delta(x-b) = f(b)\delta(x-b) \tag{1.254}$$

이다. 이 식은 눈여겨보아 둘 만한 것이다. ◇

보기 1.162 식 (1.251)을 $n = 1, 2, 3$일 때 좀 더 보기 쉽도록 구체적으로 적으면

$$f(x)\delta'(x-b) = -f'(b)\delta(x-b) + f(b)\delta'(x-b) \tag{1.255}$$

이고

$$f(x)\delta''(x-b) = f''(b)\delta(x-b) - 2f'(b)\delta'(x-b) + f(b)\delta''(x-b) \tag{1.256}$$

이며

$$\begin{aligned}f(x)\delta'''(x-b) &= -f'''(b)\delta(x-b) + 3f''(b)\delta'(x-b) \\ &\quad -3f'(b)\delta''(x-b) + f(b)\delta'''(x-b)\end{aligned} \tag{1.257}$$

이다. ◇

보기 1.163 위 (1.255)를 바탕으로 $\delta'(x)\sin x = -(\cos 0)\delta(x) + (\sin 0)\delta'(x) = -\delta(x)$라는 것을 알 수 있다. ◇

정리 1.14 **함수의 충격 함수** 함수 f의 단순 영[112]을 $\{x_m\}_{m=1}^{n}$이라고 하면

$$\delta\{f(x)\} = \sum_{m=1}^{n} \frac{\delta(x-x_m)}{|f'(x_m)|} \tag{1.258}$$

이다. ■■

[112]simple zero

증명 함수 f의 단순 영이 x_1뿐이라고 하고, $\alpha < x_1 < \beta$라고 할 때 좁은 구간 $I_{x_1} = (\alpha, \beta)$를 생각하자. 먼저, x_1이 단순 영이므로 $f'(x_1) \neq 0$이다. 이제, $f'(x_1) > 0$이라고 두자. 그러면 x가 α에서 β까지 갈 때 $f(x)$는 $f(\alpha)$에서 $f(\beta)$까지 늘어난다. 따라서, I_{x_1}에서 $H(f(x)) = H(x - x_1)$이고

$$\frac{d}{dx}H(f(x)) = \delta(x - x_1) \tag{1.259}$$

이다. 그런데, $\frac{d}{dx}H(f(x)) = \frac{dH(f)}{df}\frac{df}{dx}$이므로

$$\delta(f) = \frac{\delta(x - x_1)}{f'(x_1)} \tag{1.260}$$

이다. 마찬가지로, $f'(x_1) < 0$이면 I_{x_1}에서 $H(f(x)) = H(x_1 - x)$이므로 $\delta(f) = -\frac{\delta(x-x_1)}{f'(x_1)}$이다. 곧,

$$\delta(f(x)) = \frac{\delta(x - x_1)}{|f'(x_1)|} \tag{1.261}$$

이다. 이것을 확장하여 f의 단순 영 모두에 대해 생각하면 바라는 결과를 얻을 수 있다. □

보기 1.164 정리 1.14에 보인 (1.258)을 바탕으로

$$\delta(ax + b) = \frac{1}{|a|}\delta\left(x + \frac{b}{a}\right) \tag{1.262}$$

와

$$\delta(x^3 + 3x) = \frac{1}{3}\delta(x) \tag{1.263}$$

임을 보일 수 있다. ◇

보기 1.165 정리 1.14에 보인 (1.258)을 바탕으로, $b > a$일 때

$$\delta((x-a)(x-b)) = \frac{1}{b-a}\{\delta(x-a) + \delta(x-b)\}, \tag{1.264}$$

$-\frac{\pi}{2} < x < \frac{\pi}{2}$일 때

$$\delta(\tan x) = \delta(x), \tag{1.265}$$

그리고, $0 < x < \pi$일 때

$$\delta(\cos x) = \delta\left(x - \frac{\pi}{2}\right) \tag{1.266}$$

을 보일 수 있다. ◇

한편,

$$\begin{aligned}\delta'\{f(x)\} &= \left.\frac{d\delta(u)}{du}\right|_{u=f(x)} \\ &= \frac{d\delta(f(x))}{df(x)} \end{aligned} \tag{1.267}$$

을[113] 생각하면 정리 1.14와 비슷하게 아래를 얻는다.

정리 1.15 함수 f의 단순 영을 $\{x_m\}_{m=1}^{n}$이라고 하면

$$\delta'\{f(x)\} = \sum_{m=1}^{n} \frac{1}{|f'(x_m)|}\left[\frac{\delta'(x-x_m)}{f'(x_m)} + \frac{f''(x_m)}{\{f'(x_m)\}^2}\delta(x-x_m)\right] \tag{1.268}$$

이다. ■■

증명 먼저, (1.255)에서

$$\frac{\delta'(x-x_m)}{f'(x)} = \frac{f''(x_m)}{\{f'(x_m)\}^2}\delta(x-x_m) + \frac{1}{f'(x_m)}\delta'(x-x_m) \tag{1.269}$$

이고, (1.258)에서

$$\frac{d}{dx}\delta\{f(x)\} = \sum_{m=1}^{n} \frac{\delta'(x-x_m)}{|f'(x_m)|} \tag{1.270}$$

임을 새겨 두자. 그러면 (1.270)을 바탕으로

$$\begin{aligned}\delta'(f) &= \frac{d\delta(f)}{df} \\ &= \frac{dx}{df}\frac{d\delta(f)}{dx} \\ &= \frac{1}{f'(x)}\sum_{m=1}^{n}\frac{\delta'(x-x_m)}{|f'(x_m)|} \\ &= \sum_{m=1}^{n}\frac{1}{|f'(x_m)|}\frac{\delta'(x-x_m)}{f'(x)}\end{aligned} \tag{1.271}$$

처럼 쓸 수 있다. 이제, (1.269)를 (1.271)에 쓰면

$$\delta'(f(x)) = \sum_{m=1}^{n} \frac{1}{|f'(x_m)|}\left[\frac{f''(x_m)}{\{f'(x_m)\}^2}\delta(x-x_m) + \frac{1}{f'(x_m)}\delta'(x-x_m)\right] \tag{1.272}$$

처럼 바라는 결과를 얻는다. □

보기 1.166 함수 $f(x) = \sinh 2x$의 단순 영은 $x = 0$이다. 따라서, $f'(0) = 2\cosh 0 = 2$이고 $f''(0) = 4\sinh 0 = 0$이므로

$$\begin{aligned}\delta'(\sinh 2x) &= \frac{1}{2}\left\{\frac{\delta'(x)}{2} + 0\right\} \\ &= \frac{1}{4}\delta'(x)\end{aligned} \tag{1.273}$$

을 얻는다. ◇

---

113 여기서, $g'\{f(x)\} = \left[\frac{dg(y)}{dy}\right]_{y=f(x)} \neq \frac{d}{dx}g(f(x))$라는 것을 새겨야 한다. 곧, $g'\{f(x)\}$는 $\left[\frac{dg(y)}{dy}\right]_{y=f(x)}$ 또는 $\frac{dg(f)}{df}$를 가리키는 것이지, $\frac{d}{dx}g(f(x))$를 나타내는 것이 아니다.

정리 1.16 유한한 수 k에서 $\left(1+x^2\right)^{-\frac{k}{2}} f(x)$가 유한한 연속 함수 f를 생각하자. 그러면 $g(x) = f^{(r)}(x)$처럼 f의 일반화된 도함수 꼴로 나타낼 수 있는 함수 g는 일반화된 함수이다. 또, 그 역도 성립한다. ■■

부록 1.3 연산의 순서

극한, 적분, 미분과 같은 여러 가지를 이어서 연산할 때 보통 그 순서를 바꾸어도 값이 바뀌지 않으나 어떤 때에는 그렇지 않다. 여기서 순서가 바뀌면 그 결과가 바뀌는 보기를 몇 개 살펴보자.

보기 1.167 (적분의 순서) 함수

$$f(x,y) = \begin{cases} y^{-2}, & 0<x<y<1, \\ -x^{-2}, & 0<y<x<1, \\ 0, & \text{그 밖에는} \end{cases} \tag{1.274}$$

를 생각하면

$$\begin{aligned} \int_0^1 f(x,y)\,dx &= \int_0^y \frac{dx}{y^2} - \int_y^1 \frac{dx}{x^2} \\ &= \frac{1}{y} + \left(1-\frac{1}{y}\right) \\ &= 1 \end{aligned} \tag{1.275}$$

이므로

$$\begin{aligned} \int_0^1 \int_0^1 f(x,y)\,dx\,dy &= \int_0^1 dy \\ &= 1 \end{aligned} \tag{1.276}$$

이다. 한편,

$$\begin{aligned} \int_0^1 f(x,y)\,dy &= -\int_0^x \frac{dy}{x^2} + \int_x^1 \frac{dy}{y^2} \\ &= -\frac{1}{x} - \left(1-\frac{1}{x}\right) \\ &= -1 \end{aligned} \tag{1.277}$$

이므로

$$\begin{aligned} \int_0^1 \int_0^1 f(x,y)\,dy\,dx &= \int_0^1 (-1)\,dx \\ &= -1 \end{aligned} \tag{1.278}$$

이다. 곧,

$$\int_0^1 \int_0^1 f(x,y)\,dx\,dy \neq \int_0^1 \int_0^1 f(x,y)\,dy\,dx \tag{1.279}$$

이다. ◇

보기 1.168 (적분과 극한의 순서) 함수 열 $\{f_n(x)\}_{n=1}^{\infty}$에서 $0 \le x \le 1$일 때

$$f_n(x) = n^2 x e^{-nx} \tag{1.280}$$

처럼 두자. 그러면

$$\begin{aligned} \lim_{n\to\infty}\int_0^1 f_n(x)\ dx &= \lim_{n\to\infty}\Big[-\Big(nx+1\Big)\ e^{-nx}\Big]_0^1 \\ &= -\lim_{n\to\infty}\{(n+1)e^{-n}-1\} \\ &= 1 \end{aligned} \tag{1.281}$$

이다. 한편, $x=0$일 때에는 $f_n(x)=0$이고 $0<x\le 1$일 때에는

$$\begin{aligned} \lim_{n\to\infty} f_n(x) &= \frac{1}{x}\lim_{n\to\infty}\frac{(nx)^2}{e^{nx}} \\ &= 0 \end{aligned} \tag{1.282}$$

이므로, $0 \le x \le 1$일 때 $\lim_{n\to\infty} f_n(x)$는 늘 0이다. 곧,

$$\begin{aligned} \int_0^1 \lim_{n\to\infty} f_n(x)\ dx &= \int_0^1 0\ dx \\ &= 0 \end{aligned} \tag{1.283}$$

이므로, (1.281)과 (1.283)에서

$$\int_0^1 \lim_{n\to\infty} f_n(x)\ dx \ne \lim_{n\to\infty}\int_0^1 f_n(x)\ dx \tag{1.284}$$

임을 알 수 있다. ◊

보기 1.169 (적분과 극한의 순서) 함수 열 $\{f_n(x)\}_{n=1}^{\infty}$를

$$f_n(x) = \begin{cases} 2n^2x, & 0 \le x \le \frac{1}{2n}, \\ 2n-2n^2x, & \frac{1}{2n} \le x \le \frac{1}{n}, \\ 0, & \frac{1}{n} \le x \le 1 \end{cases} \tag{1.285}$$

처럼 두자. 그러면 $\lim_{n\to\infty} f_n(x)=0$이므로

$$\begin{aligned} \int_0^1 \lim_{n\to\infty} f_n(x)\ dx &= \int_0^1 0\ dx \\ &= 0 \end{aligned} \tag{1.286}$$

이지만

$$\begin{aligned} \lim_{n\to\infty}\int_0^1 f_n(x)\ dx &= \lim_{n\to\infty}\left\{\left[n^2x^2\right]_0^{\frac{1}{2n}} + \left[nx(2-nx)\right]_{\frac{1}{2n}}^{\frac{1}{n}}\right\} \\ &= \lim_{n\to\infty}\left(\frac{1}{4}+\frac{1}{4}\right) \\ &= \frac{1}{2} \end{aligned} \tag{1.287}$$

이다. ◊

보기 1.170 (적분과 극한의 순서) 함수

$$f_n(x) = \begin{cases} 2n^3x, & 0 \le x \le \frac{1}{2n}, \\ 2n^2 - 2n^3x, & \frac{1}{2n} \le x \le \frac{1}{n}, \\ 0, & \frac{1}{n} \le x \le 1 \end{cases} \tag{1.288}$$

을 생각하면 $\lim_{n\to\infty} f_n(x) = 0$이다. 따라서, $b \in (0, 1]$일 때

$$\int_0^b \lim_{n\to\infty} f_n(x)\, dx = 0 \tag{1.289}$$

이지만

$$\begin{aligned} \lim_{n\to\infty} \int_0^b f_n(x)\, dx &= \lim_{n\to\infty} \frac{n}{2} \\ &= \infty \end{aligned} \tag{1.290}$$

이다. ◇

보기 1.171 (극한의 순서) 함수

$$f(x, y) = \begin{cases} \frac{x^2 - y^2}{x^2 + y^2}, & x^2 + y^2 \ne 0, \\ 0, & x = y = 0 \end{cases} \tag{1.291}$$

을 생각하면

$$\begin{aligned} \lim_{x\to 0} \lim_{y\to 0} f(x, y) &= \lim_{x\to 0} \frac{x^2}{x^2} \\ &= 1 \end{aligned} \tag{1.292}$$

이고

$$\begin{aligned} \lim_{y\to 0} \lim_{x\to 0} f(x, y) &= \lim_{y\to 0} \frac{-y^2}{y^2} \\ &= -1 \end{aligned} \tag{1.293}$$

이므로

$$\lim_{x\to 0} \lim_{y\to 0} f(x, y) \ne \lim_{y\to 0} \lim_{x\to 0} f(x, y) \tag{1.294}$$

이다. ◇

보기 1.172 (적분과 미분의 순서) 함수

$$f(x, y) = \begin{cases} \frac{x^3}{y^2} \exp\left(-\frac{x^2}{y}\right), & y > 0, \\ 0, & y = 0 \end{cases} \tag{1.295}$$

를 생각하자. 먼저, x가 어떤 값이더라도

$$\int_0^1 f(x,y)\ dy = x\exp\left(-x^2\right) \tag{1.296}$$

이다. 이제, $g(x) = x\exp\left(-x^2\right)$이라고 두면, x가 어떤 값이더라도

$$\begin{aligned}\frac{d}{dx}\int_0^1 f(x,y)\ dy &= g'(x) \\ &= \left(1-2x^2\right)\exp\left(-x^2\right)\end{aligned} \tag{1.297}$$

이다. 한편,

$$\frac{\partial}{\partial x}f(x,y) = \begin{cases}\left(\frac{3x^2}{y^2}-\frac{2x^4}{y^3}\right)\exp\left(-\frac{x^2}{y}\right), & y>0, \\ 0, & y=0\end{cases} \tag{1.298}$$

인데, $x \neq 0$이면

$$\frac{\partial}{\partial x}f(x,y) = \left(\frac{3x^2}{y^2}-\frac{2x^4}{y^3}\right)\exp\left(-\frac{x^2}{y}\right) \tag{1.299}$$

이지만, $x=0$이면 y가 어떤 값이더라도 $\frac{\partial}{\partial x}f(x,y)=0$이다. 곧,

$$\begin{aligned}\int_0^1 \frac{\partial}{\partial x}f(x,y)\ dy &= \begin{cases}\int_0^1\left(\frac{3x^2}{y^2}-\frac{2x^4}{y^3}\right)\exp\left(-\frac{x^2}{y}\right)dy, & x\neq 0, \\ \int_0^1 0\ dy, & x=0\end{cases} \\ &= \begin{cases}\left(1-2x^2\right)\exp\left(-x^2\right), & x\neq 0, \\ 0, & x=0\end{cases}\end{aligned} \tag{1.300}$$

이다. 따라서,

$$\frac{d}{dx}\int_0^1 f(x,y)\ dy \neq \int_0^1 \frac{\partial}{\partial x}f(x,y)\ dy \tag{1.301}$$

이다. ◇

보기 1.173 (미분과 극한의 순서) 함수 열 $\{f_n(x)\}_{n=1}^{\infty}$에서 $|x|\leq 1$일 때 $f_n(x)=\frac{x}{1+n^2x^2}$이라고 하자. 그러면

$$\frac{d}{dx}\left\{\lim_{n\to\infty}f_n(x)\right\} = 0 \tag{1.302}$$

이지만

$$\begin{aligned}\lim_{n\to\infty}\left\{\frac{d}{dx}f_n(x)\right\} &= \lim_{n\to\infty}\frac{1-n^2x^2}{\left(1+n^2x^2\right)^2} \\ &= \begin{cases}1, & x=0 \\ 0, & 0<|x|\leq 1\end{cases}\end{aligned} \tag{1.303}$$

이다. 곧,

$$\frac{d}{dx}\left\{\lim_{n\to\infty}f_n(x)\right\} \neq \lim_{n\to\infty}\left\{\frac{d}{dx}f_n(x)\right\} \tag{1.304}$$

이다. ◇

보기 1.174 보기 1.119에서 다룬 칸토르 함수 $\phi_C(x)$와 $x \in [0,1]$일 때 함수 $f(x) = 1$을 생각하자. 그러면 리만-스틸체즈[114] 또는 르벡-스틸체즈[115] 적분 모두

$$\begin{aligned} \int_0^1 f(x)\ d\phi_C(x) &= [f(x)\phi_C(x)]_0^1 - \int_0^1 \phi_C(x)\ df(x) \\ &= \phi_C(1) - \phi_C(0) - 0 \\ &= 1 \end{aligned} \tag{1.305}$$

이지만, 르벡 적분은 $\int_0^1 f(x)\phi_C'(x)\ dx = \int_0^1 0\ dx = 0$이므로

$$\int_0^1 f(x)\ d\phi_C(x) \neq \int_0^1 f(x)\phi_C'(x)\ dx \tag{1.306}$$

이다. ♢

부록 1.4 상한과 하한

실수 집합 A의 원소 a_i를 어떻게 고르더라도 $a_i \le u$이면 u를 A의 상한, $a_i \ge v$이면 v를 A의 하한이라고 한다.

뜻매김 1.59 최소 상한, 최대 하한[116]

실수 $\mathbb{R}$의 부분집합 A를 생각할 때, A의 상한 가운데 가장 작은 것을 A의 최소 상한이라고 하고 $\sup A$로 쓰며, A의 하한 가운데 가장 큰 것을 A의 최대 하한이라고 하고 $\inf A$로 쓴다. 또한, 수열 $\{x_n\}_{n=1}^{\infty}$에서는 최소 상한을

$$\sup_{n\ge1} x_n = \sup\{x_n : n \ge 1\} \tag{1.307}$$

처럼, 최대 하한을

$$\inf_{n\ge1} x_n = \inf\{x_n : n \ge 1\} \tag{1.308}$$

처럼 쓴다.

한편, A의 상한이 없으면 $\sup A = \infty$로 쓰고, A의 하한이 없으면 $\inf A = -\infty$로 쓴다.

보기 1.175 집합 $\mathbf{가} = \{1,2,3\}$의 최소 상한은 $\sup \mathbf{가} = 3$이고, 최대 하한은 $\inf \mathbf{가} = 1$이다. 수열 $\{a_n\} = \{0,1,0,1,\ \cdots\}$의 최소 상한은

$$\sup a_n = 1 \tag{1.309}$$

이고, 최대 하한은

$$\inf a_n = 0 \tag{1.310}$$

[114] Riemann-Stieltjes
[115] Lebesgue-Stieltjes
[116] least upper bound, greatest lower bound

이다. ◇

뜻매김 1.60 위 극한[117]

수열 $\{x_n\}_{n=1}^{\infty}$에서

$$\limsup_{n\to\infty} x_n = \overline{x_n} = \inf_{n\geq 1} \sup_{k\geq n} x_k \tag{1.311}$$

을 위 극한이라고 한다.

뜻매김 1.61 아래 극한[118]

$$\liminf_{n\to\infty} x_n = \underline{x_n} = \sup_{n\geq 1} \inf_{k\geq n} x_k \tag{1.312}$$

를 아래 극한이라고 한다.

뜻매김 1.62 극한

수열 $\{x_n\}_{n=1}^{\infty}$에서

$$\lim_{n\to\infty} x_n = y \tag{1.313}$$

과

$$\limsup_{n\to\infty} x_n = \liminf_{n\to\infty} x_n = y \tag{1.314}$$

는 서로 필요충분조건이다.

보기 1.176 (위 극한과 아래 극한이 다른 수열) 세 수열

$$x_n = \frac{1}{\sqrt{n}}\left\{\sqrt{4n+3}+(-1)^n\sqrt{4n-5}\right\}, \tag{1.315}$$

$$y_n = \frac{5}{\sqrt{n}}+(-1)^n, \tag{1.316}$$

$$z_n = 3\sin\left(\frac{n\pi}{2}\right) \tag{1.317}$$

을 생각하면 $\overline{x_n}=4$이고 $\underline{x_n}=0$이므로 $\lim_{n\to\infty} x_n$은 없고, $\overline{y_n}=1$이고 $\underline{y_n}=-1$이므로 $\lim_{n\to\infty} y_n$은 없으며, $\overline{z_n}=3$이고 $\underline{z_n}=-3$이므로 $\lim_{n\to\infty} z_n$은 없다. ◇

[117]limit superior
[118]limit inferior

보기 1.177 (위 극한과 아래 극한이 같은 수열) 세 수열

$$x_n = \frac{1}{2n}\left\{\sqrt{4n+3}+(-1)^n\sqrt{4n-5}\right\}, \tag{1.318}$$

$$y_n = \begin{cases} \sqrt{n}, & 1 \le n \le 9, \\ 3, & 10 \le n \le 100, \\ \frac{3n}{5n+4}, & n \ge 101, \end{cases} \tag{1.319}$$

$$z_n = \begin{cases} \sqrt{2}, & n = 1, \\ \sqrt{2+z_{n-1}}, & n \ge 2 \end{cases} \tag{1.320}$$

을 생각하면 $\overline{x_n} = \underline{x_n} = \lim_{n\to\infty} x_n = 0$이고, $\overline{y_n} = \underline{y_n} = \lim_{n\to\infty} y_n = \frac{3}{5}$이며, $\overline{z_n} = \underline{z_n} = \lim_{n\to\infty} z_n = \frac{1}{2}\left(1+\sqrt{1+8}\right) = 2$이다[119]. ◇

부록 1.5 측도와 르벡 적분

일상생활에서 자주 마주치는 길이, 넓이, 부피, 무게는 잣대의 – 곧, 측도의 – 하나라고 할 수 있다. 막대기의 길이, 집의 넓이, 공의 부피, 짐의 무게를 잘 살펴보면, 길이, 넓이, 부피, 무게는 어느 것이나 주어진 대상을 숫자 하나와 이어 주는 것임을 알 수 있으며, 대상이 하나일 때뿐 아니라 일반적으로 여럿을 묶은 것에도 마찬가지로 숫자 하나를 이어 준다는 것을 쉽게 알 수 있다.

측도란 주어진 집합에 숫자를 이어 주는 집합 함수이다. 하지만, 집합 함수가 모두 다 측도인 것은 아니고, 어떤 조건을 만족시키는 것만 측도이다. 보기를 들어, 무게라는 측도를 살펴보면, 물이 가득 들어 있는 병의 무게는 빈 병의 무게와 병에 든 물의 무게를 더한 것과 같다. 곧, 서로 배반인 두 집합의 측도의 합은 두 집합의 합집합의 측도와 같다는 뜻이다.

뜻매김 1.63 잣대, 측도[120]

정의역이 시그마 마당 $\mathcal{F}$이고 0보다 작지 않은 덧셈꼴 함수[121] μ를 측도라고 한다.

여기서, 덧셈꼴 함수란 서로 배반인 집합의 유한한 합집합의 함수값이 그 집합들의 함수값을 더한 것과 같은 함수를 뜻한다. 곧, 시그마 마당 $\mathcal{F}$ 안에 있는 서로 배반인 집합들을 셀 수 있을 만큼 잡아 $A_1, A_2, \cdots$ 이라고 하면 언제나

$$\mu\left(\bigcup_{i=1}^{n} A_i\right) = \sum_i \mu(A_i) \tag{1.321}$$

을 만족시키는 함수를 말한다.

보기 1.178 유한 집합 Ω의 모든 부분집합의 묶음을 $\mathcal{F}$라고 하고 $A \in \mathcal{F}$일 때 A의 원소의 수를 집합 함수 $\mu(A)$로 두면 μ는 측도이다. ◇

[119] 여기서, z_n은 $z_n = \sqrt{2+z_n}$을 풀어 얻을 수 있다.
[120] measure
[121] additive function

정리 1.17 시그마 마당 $\mathcal{F}$에서의 측도가 μ일 때, $A_n \in \mathcal{F}$이고 $A_1 \subset A_2 \subset \cdots$이라고 하자. 그러면 $A = \bigcup_{n=1}^{\infty} A_n \in \mathcal{F}$이고[122] $\lim_{n\to\infty} \mu(A_n) = \mu(A)$이다. ■■

증명 먼저, $\mathcal{F}$가 시그마 마당이므로 $A = \bigcup_{n=1}^{\infty} A_n$이 $\mathcal{F}$에 들어 있음은 바로 알 수 있다. 이제, $B_1 = A_1$이라고 하고, $n = 2, 3, \cdots$일 때 $B_n = A_n - A_{n-1}$이라고 두면, $\{B_n\}_{n=1}^{\infty}$는 서로 배반이고, $A_n = \bigcup_{i=1}^{n} B_i$이며, $A = \bigcup_{n=1}^{\infty} B_n$이다. 따라서, (1.321)에서 $\mu(A_n) = \mu\left(\bigcup_{i=1}^{n} B_i\right) = \sum_{i=1}^{n} \mu(B_i)$이고 $\mu(A) = \mu\left(\bigcup_{i=1}^{\infty} B_i\right) = \sum_{i=1}^{\infty} \mu(B_i)$이므로 $\lim_{n\to\infty} \mu(A_n) = \mu(A)$이다. □

이제, 추상 공간 Ω에서 측도를 만드는 방법을 생각해 보자. 먼저, Ω가 셀 수 있는 집합이라면 $\omega \in \Omega$일 때 음수가 아닌 수 μ_ω를 마음대로 골라 Ω의 부분집합 A를 어떻게 잡더라도 그 측도를 $\mu(A) = \sum_{\omega \in A} \mu_\omega$로 둘 수 있다.

보기 1.179 추상 공간 $\Omega = \{3, 4, 5\}$에서 $\omega \in \Omega$일 때

$$\mu_\omega = 5 - \omega \tag{1.322}$$

를 생각하자. 그러면

$$\mu(A) = \sum_{\omega \in A} \mu_\omega \tag{1.323}$$

은 측도이고, $\mu(\{3\}) = 2$, $\mu(\{4\}) = 1$, $\mu(\{5\}) = 0$, $\mu(\{3,4\}) = \mu(\{3\}) + \mu(\{4\}) = 3$, $\mu(\{3,5\}) = \mu(\{3\}) + \mu(\{5\}) = 2$, $\mu(\{4,5\}) = \mu(\{4\}) + \mu(\{5\}) = 1$, $\mu(\{3,4,5\}) = \mu(\{3\}) + \mu(\{4\}) + \mu(\{5\}) = \mu(\{3,4\}) + \mu(\{5\}) = \mu(\{4,5\}) + \mu(\{3\}) = \mu(\{3,5\}) + \mu(\{4\}) = 3$이다. ◇

위에서 본 바와 같이 셀 수 있는 집합에서는 쉽게 측도를 생각할 수 있었지만, 셀 수 없는 집합에서 측도를 생각하려면, 기본 집합이라는 개념을 먼저 뜻매김하고, 이들에서 측도를 생각한 다음, 이것을 확장하여야 한다.

뜻매김 1.64 네모, 구간, 상자[123]

차원이 p인 유클리드 공간 $\mathbb{R}^p$에서 $\{\boldsymbol{x} = (x_1, x_2, \cdots, x_p) : a_i \le x_i \le b_i, i = 1, 2, \cdots, p\}$처럼 나타낼 수 있는 집합을 네모, 구간, 또는 상자라고 한다.

위 뜻매김에서, $a_i \le x_i \le b_i$를 $a_i < x_i < b_i$나 $a_i < x_i \le b_i$와 같은 꼴로 바꿀 수도 있으며, $-\infty < a_i \le b_i \le \infty$이다[124]. 특히, 빈 집합도 구간이라는 것을 새겨 두자.

뜻매김 1.65 기본 집합[125]

구간을 유한 개 합집합하여 나타낼 수 있는 집합을 기본 집합이라고 한다.

---

[122] 여기서, $A_1 \subset A_2 \subset \cdots$이면 $\lim_{n\to\infty} A_n = \bigcup_{n=1}^{\infty} A_n$이고, $A_1 \supset A_2 \supset \cdots$이면 $\lim_{n\to\infty} A_n = \bigcap_{n=1}^{\infty} A_n$임은 (1.88)과 (1.89)에서 이미 다루었다.

[123] interval, rectangle, 또는 box

[124] 다만, $b_i = \infty$일 때에는 $\le b_i$를 $< b_i$로 바꾼다고 하자

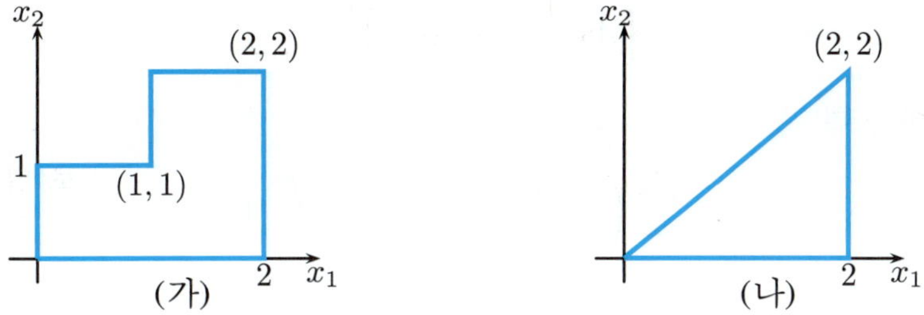

그림 1.21 2차원 공간에서 (가) 기본 집합인 보기와 (나) 기본 집합이 아닌 보기

보기 1.180 2차원 공간에서 기본 집합인 보기 하나와 기본 집합이 아닌 보기 하나를 그림 1.21에 보였다. ◇

뜻매김 1.66 바깥 잣대, 바깥 측도[126]

기본 집합을 모두 모은 집합 묶음 $\mathcal{E}$에서 뜻매김한 집합 함수 μ가 0보다 작지 않고 덧셈꼴이며 유한하다고 두자. 이제, $E \subset \mathbb{R}^p$일 때 $E \subset \bigcup_{i=1}^{\infty} A_i$를 만족시키는 기본 집합 묶음 $\{A_i\}_{i=1}^{\infty}$를 E의 덮개[127]라고 하고, E의 모든 덮개에 대해서 얻은 하한

$$\mu^*(E) \;=\; \inf \sum_{i=1}^{\infty} \mu(A_i) \tag{1.324}$$

를 E의 바깥 잣대 또는 바깥 측도라고 한다.

일반적으로, $E = \bigcup_{i=1}^{\infty} E_i$이면

$$\mu^*(E) \;\leq\; \sum_{i=1}^{\infty} \mu^*(E_i) \tag{1.325}$$

이고, A가 기본 집합이면

$$\mu^*(A) \;=\; \mu(A) \tag{1.326}$$

이다.

보기 1.181 그림 1.21에 보인 집합을 생각하고, 2차원 구간 $A_{a,b,c,d} = \{(x_1, x_2) : a \leq x_1 \leq b,\ c \leq x_2 \leq d\}$의 측도를 $\mu(A_{a,b,c,d}) = (b-a)(d-c)$라고 하자. 그러면 그림 1.21의 (가)에 보인 집합을 E_1이라고 하면, $E_1 \subset A_{0,2,0,2}$, $E_1 \subset A_{0,2,0,1} \cup A_{1,2,0,2}$, 또는 $E_1 \subset A_{0,2,0,1} \cup A_{1,2,1,2}$처럼 나타낼 수 있는데, 그 가운데에서 측도가 가장 작은 덮개는 $\{A_{0,1,0,2}, A_{1,2,1,2}\}$이므로 E_1의 바깥 측도는 $2+1=3$이다. 한편, 그림 1.21의 (나)에 보인 집합을 E_2라고 하면, $E_2 \subset A_{0,2,0,2}$, $E_2 \subset A_{0,2,0,1} \cup A_{0,2,1,2}$, $E_2 \subset A_{0,1,0,2} \cup A_{1,2,1,2}$, $\cdots$ 처럼 나타낼 수 있는데, 그 가운데에서 측도가 가장 작은 덮개는 $n \to \infty$일 때

[125] elementary set
[126] outer measure
[127] covering

$$\left\{A_{\frac{2(i-1)}{n},2,\frac{2(i-1)}{n},\frac{2i}{n}}\right\}_{i=1}^{n} \tag{1.327}$$

이므로 E_2의 바깥 측도는

$$\begin{aligned} 4\lim_{n\to\infty}\sum_{i=1}^{n}\left(1-\frac{i-1}{n}\right)\frac{1}{n} &= 4\int_0^1 (1-x)dx \\ &= 2 \end{aligned} \tag{1.328}$$

이다. ◇

뜻매김 1.67 유한하게 μ로 잴 수 있는 집합, μ로 잴 수 있는 집합[128]

어떤 기본 집합 열 $\{A_n\}_{n=1}^{\infty}$를 생각할 때 $\lim\limits_{n\to\infty}\mu^*(A_n\triangle A)=0$을 만족시키는 집합 A를 유한하게 μ로 잴 수 있는 집합이라고 하고, 유한하게 μ로 잴 수 있는 집합을 셀 수 있을 만큼 합집합하여 얻을 수 있는 집합을 μ로 잴 수 있는 집합이라고 한다.

유한하게 μ로 잴 수 있는 집합을 모두 모은 묶음을 $\mathfrak{M}_F(\mu)$로 나타내고, μ로 잴 수 있는 집합을 모두 모은 묶음을 $\mathfrak{M}(\mu)$로 나타낸다.

정리 1.18 묶음 $\mathfrak{M}(\mu)$는 시그마 마당이고 μ^*는 $\mathfrak{M}(\mu)$에서의 덧셈꼴 집합 함수이다. ■■

증명 증명의 대략적인 내용만 살펴보자. 먼저, A와 B가 $\mathfrak{M}_F(\mu)$에 들어 있으면 A와 B에 각각 수렴하는 기본 집합 열 $\{A_i\}$와 $\{B_i\}$가 존재한다. 그러면 $d(A,B)=\mu^*(A\triangle B)$라고 둘 때, $d(A_i\cup A_j, B_i\cup B_j)\le d(A_i,B_i)+d(A_j,B_j)$이고, $d(A_i\cap A_j, B_i\cap B_j)\le d(A_i,B_i)+d(A_j,B_j)$이며 $|\mu^*(A)-\mu^*(B)|\le d(A,B)$라는 것을 바탕으로 $A\cup B$와 $A\cap B$가 $\mathfrak{M}_F(\mu)$에 들어 있다는 것을 보여 $\mathfrak{M}_F(\mu)$가 마당이라는 것을 보일 수 있다. 한편, $\mu^*(A)+\mu^*(B)=\mu^*(A\cup B)+\mu^*(A\cap B)$임과 $A\cap B=\emptyset$이면 $\mu^*(A\cap B)=0$이라는 것을 쓰면 μ^*가 $\mathfrak{M}_F(\mu)$에서 유한 덧셈꼴이라는 것을 보일 수 있다.

이제, $A\in\mathfrak{M}(\mu)$이면 $A'_n\in\mathfrak{M}_F(\mu)$일 때 $A=\bigcup\limits_{n=1}^{\infty}A'_n$으로 나타낼 수 있고, $A_1=A'_1$, $n=2,3,\cdots$일 때 $A_n=\bigcup\limits_{i=1}^{n}A'_i-\bigcup\limits_{i=1}^{n-1}A'_i$이라고 놓으면, $A=\bigcup\limits_{n=1}^{\infty}A_n$이다. 이것을 바탕으로 $\mu^*(A)=\sum\limits_{i=1}^{\infty}\mu^*(A_i)$라는 것을 보여 μ^*가 $\mathfrak{M}(\mu)$에서 덧셈꼴이라는 것을 보일 수 있다. 마지막으로, $\mathfrak{M}(\mu)$ 안의 집합을 셀 수 있을 만큼 연산한 집합은 $\mathfrak{M}_F(\mu)$ 안의 집합을 셀 수 있는 만큼 합집합하여 얻을 수 있다는 것을 보여 $\mathfrak{M}(\mu)$가 시그마 마당이라는 것을 보일 수 있다. □

위 정리를 바탕으로 μ로 잴 수 있는 집합 A을 다룰 때에는 $\mu(A)$ 대신에 $\mu^*(A)$를 쓰도록 하자. 다시 말하면, 처음에 기본 집합에 대해서 μ를 뜻매김하였고, 다시 μ를 시그마 마당인 $\mathfrak{M}(\mu)$에서의 덧셈꼴 집합 함수인 μ^*로 확장하여 측도로 쓰는 것이다.

이제, 유클리드 공간 $\mathbb{R}^p$의 구간

$$I = \{\boldsymbol{x}=(x_1,x_2,\cdots,x_p): a_i\le x_i\le b_i,\ i=1,2,\cdots,p\} \tag{1.329}$$

[128] finitely μ-measurable set, μ-measurable set

를 생각하면, 어떤 기본 집합도 서로 겹치치 않는 구간 $\{I_i\}_{i=1}^n$을 합집합하여 얻을 수 있다.

뜻매김 1.68 르벡 잣대, 르벡 측도[129]

유클리드 공간 $\mathbb{R}^p$의 구간 I를 생각하여

$$m(I) = \prod_{i=1}^{p}(b_i - a_i) \tag{1.330}$$

이라고 하자. 그러면 $\{I_i\}_{i=1}^n$이 서로 겹치치 않는 구간이고, $A = \bigcup_{i=1}^{n} I_i$일 때

$$\mu(A) = \sum_{i=1}^{n} m(I_i) \tag{1.331}$$

을 $\mathbb{R}^p$에서의 르벡 측도라고 한다.

열린 집합[130]은 열린 구간을 셀 수 있는 만큼 합집합하여 얻을 수 있다. 또한, 열린 집합은 μ로 잴 수 있는 집합이다. 한편, 닫힌 집합[131]은 열린 집합의 여집합으로 얻을 수 있는데 $\mathfrak{M}(\mu)$는 시그마 마당이므로 닫힌 집합도 모두 μ로 잴 수 있는 집합이다. 여기서, 열린 집합들을 셀 수 있는 만큼 집합 연산하여 얻을 수 있는 집합을 보렐 집합[132]이라고 하고, 보렐 집합을 모두 모은 것은 시그마 마당인데, 이것을 보렐 마당, 보렐 체, 또는 보렐 시그마 마당[133]이라고 한다. 한편, μ로 잴 수 있는 집합은 늘 보렐 집합과 배반이며 측도가 0인 집합과 보렐 집합의 합집합으로 나타낼 수 있다. 또한, 르벡 측도를 쓰면, 셀 수 있는 집합은 측도가 모두 0이고, 셀 수 없는 집합 가운데 어떤 것[134]은 측도가 0이다.

보기 1.182 공간이 1차원일 때 구간 $[a, b]$의 르벡 측도는 그 구간의 길이인 $\mu([a, b]) = b - a$이다. 한편, 유리수의 집합을 Q라고 할 때, Q의 르벡 측도는

$$\mu(Q) = 0 \tag{1.332}$$

이다. ◇

뜻매김 1.69 측도 공간, 잴 수 있는 공간[135]

거리 공간 X에서 X의 부분집합으로 이루어진 잴 수 있는 집합들의 시그마 마당 $\mathfrak{M}$이 있고 0보다 작지 않은 덧셈꼴 집합 함수 μ가 있으면 X를 측도 공간이라고 한다. 이때, $X \in \mathfrak{M}$이면 X를 잴 수 있는 공간이라고 한다.

[129]Lebesgue measure

[130]open set

[131]closed set

[132]Borel set. 바꾸어 말하면, 열린 구간들이 이루는 가장 작은 – 곧, 열린 구간들로 만든 – 시그마 마당의 원소를 보렐 집합이라고 한다.

[133]Borel field 또는 Borel σ algebra. 보렐 마당은 뒤에 나오는 뜻매김 2.5에서 또 다시 다룬다.

[134]보기 1.81에서 다룬 칸토르 집합이 그런 보기이다.

[135]metric space, measurable space

보기 1.183 공간 $X = \mathbb{R}^p$에서 르벡 측도 μ를 생각하여 르벡 측도로 잴 수 있는 집합을 모두 모은 묶음을 $\mathfrak{M}$이라고 하면, X는 측도 공간이다. ◇

보기 1.184 공간 $X = \mathbb{J}_+$에서 집합의 원소의 수를 측도 μ라고 하고 X의 모든 부분집합의 묶음을 $\mathfrak{M}$이라고 하면, X는 잴 수 있는 공간이다. ◇

뜻매김 1.70 잴 수 있는 함수[136]

집합 $\{x : f(x) > a\}$이 언제나 잴 수 있는 집합일 때 잴 수 있는 공간 X에서 뜻매김한 실수 함수 f를 잴 수 있는 함수라고 한다.

보기 1.185 공간 $\mathbb{R}^p$에서 연속인 함수는 모두 잴 수 있는 함수이다. ◇

보기 1.186 잴 수 있는 함수의 극한이나 잴 수 있는 함수를 연산하여 얻은 함수는 대부분 잴 수 있는 함수이다. ◇

보기 1.187 함수 f가 잴 수 있는 함수이면 $|f|$도 잴 수 있다. ◇

보기 1.188 함수 f와 g가 잴 수 있는 함수이면 $\max(f, g)$와 $\min(f, g)$도 잴 수 있다. ◇

보기 1.189 함수 열 $\{f_n\}$이 잴 수 있는 함수의 수열이면 $\sup f_n(x)$와 $\limsup_{n\to\infty} f_n(x)$도 잴 수 있다. ◇

뜻매김 1.71 단순 함수[137]

잴 수 있는 공간에서 뜻매김한 함수 f의 치역이 유한하면 f를 단순 함수라고 부른다.

보기 1.190 단순 함수 f의 치역을 $\{c_1, c_2, \cdots, c_n\}$이라고 하고 $E_i = \{x : f(x) = c_i\}$라고 하면

$$f(x) = \sum_{i=1}^{n} c_i K_{E_i}(x) \tag{1.333}$$

처럼 나타낼 수 있다. 여기서, $K_E(x)$는 $x \in E$이면 1이고 $x \notin E$이면 0인 함수이다. ◇

정리 1.19 잴 수 있는 공간에서 뜻매김한 실수 함수 f를 어떻게 고르더라도 $\lim_{n\to\infty} f_n(x) = f(x)$인 단순 함수 열 $\{f_n\}$이 존재한다. 이때, f가 잴 수 있는 함수이면 $\{f_n\}$도 잴 수 있는 함수의 수열로 잡을 수 있고, $f \geq 0$이면 $\{f_n\}$을 단조 증가하도록 잡을 수 있다. ■■

증명 먼저, $f \geq 0$이면

[136] measurable function
[137] simple function

$$E_{n,i} = \left\{x : \frac{i-1}{2^n} \le f(x) \le \frac{i}{2^n}\right\}, \tag{1.334}$$

처럼 두고, $F_n = \{x : f(x) \ge n\}$으로 두며,

$$f_n(x) = \sum_{i=1}^{n2^n} \frac{i-1}{2^n} K_{E_{n,i}}(x) + nK_{F_n}(x) \tag{1.335}$$

처럼 잡으면 된다. 좀 더 일반적으로는, $f^+ = \max(f, 0)$, $f^- = -\min(f, 0)$, $f = f^+ - f^-$로 놓으면 쉽게 보일 수 있다. □

뜻매김 1.72 르벡 적분

잴 수 있는 공간 $(X, \mathfrak{M}, \mu)$에서 $c_i > 0$이고 $x \in X$일 때 $s(x) = \sum_{i=1}^{n} c_i K_{E_i}(x)$가 잴 수 있는 함수라고 하자. 또, $E \in \mathfrak{M}$이고 $I_E(s) = \sum_{i=1}^{n} c_i \mu(E \cap E_i)$라고 두자. 이제, 함수 f가 0보다 작지 않고 잴 수 있을 때

$$\int_E f d\mu = \sup I_E(s) \tag{1.336}$$

을 르벡 적분이라고 한다.

위 뜻매김에서, 상한은 $0 \le s \le f$인 잴 수 있는 단순 함수 s 모두에 대해 얻음을 뜻한다.

한편, 함수 f가 늘 0보다 크지는 않다면, $f^+ = \max(f, 0), f^- = -\min(f, 0), f = f^+ - f^-$로 놓으면 f^+와 f^-도 잴 수 있는 함수이다. 이때, $\int_E f^+ d\mu$와 $\int_E f^- d\mu$ 가운데 적어도 하나가 유한하면 르벡 적분을

$$\int_E f d\mu = \int_E f^+ d\mu - \int_E f^- d\mu \tag{1.337}$$

처럼 뜻매김할 수 있다. 한편, $\int_E f^+ d\mu$와 $\int_E f^- d\mu$가 모두 유한하면 $\int_E f d\mu$가 유한하며, 함수 f가 E에서 μ에 대해 르벡 적분할 수 있다고 하고 E에서 $f \in \mathfrak{L}(\mu)$라고 쓴다.

구분구적법을 바탕으로 뜻매김하는 리만 적분[138]은 함수의 정의역을 잘게 나누어서 구간의 길이와 그 구간에서의 함수값을 곱하여 모두 더한 것이고, 르벡 적분은 함수의 치역을 잘게 나누어서 함수값을 그에 해당하는 정의역 구간의 측도와 곱하여 모두 더한 것이라고 볼 수 있다. 이때, 함수가 적어도 조각 연속이어야 리만 적분이 존재하지만, 르벡 적분은 리만 적분할 수 있는 함수에서는 말할 것도 없거니와 그보다 더 많은 함수에서도 존재한다.

르벡 적분은 다음과 같은 성질을 지니고 있다.

(가) 함수 f가 E에서 잴 수 있고 값이 제한되어 있으며 $\mu(E)$가 유한하면 E에서 $f \in \mathfrak{L}(\mu)$이다.

(나) 측도 $\mu(E)$가 유한하고 $a \le f \le b$이면 $a\mu(E) \le \int_E f d\mu \le b\mu(E)$이다.

[138] Riemann integral

(다) 집합 E에서 $f, g \in \mathfrak{L}(\mu)$이고 $x \in E$일 때 $f(x) \le g(x)$이면 $\int_E f d\mu \le \int_E g d\mu$이다.

(라) 집합 E에서 $f \in \mathfrak{L}(\mu)$이고 c가 유한한 상수이면 $\int_E cf d\mu \le c \int_E f d\mu$이고 $cf \in \mathfrak{L}(\mu)$이다.

(마) 집합 E에서 $f \in \mathfrak{L}(\mu)$이면 $|f| \in \mathfrak{L}(\mu)$이고 $\left|\int_E f d\mu\right| \le \int_E |f| d\mu$이다.

(바) 함수 f가 E에서 잴 수 있고 $\mu(E) = 0$이면 $\int_E f d\mu = 0$이다.

(사) 함수 f가 X에서 르벡 적분할 수 있고 $A \in \mathfrak{M}$에서 $\phi(A) = \int_A f d\mu$이면 ϕ는 $\mathfrak{M}$에서 덧셈꼴이다.

(아) 먼저, $A \in \mathfrak{M}$, $B \subset A$, $\mu(A - B) = 0$이라고 하자. 그러면 $\int_A f d\mu = \int_B f d\mu$이다.

(자) 먼저, $E \in \mathfrak{M}$이고 $x \in E$일 때 $\lim\limits_{n \to \infty} f_n(x) = f(x)$인 잴 수 있는 함수 열 $\{f_n\}$을 생각하자. 이제, $|f_n(x)| \le g(x)$인 $g \in \mathfrak{L}(\mu)$가 있으면 $\lim\limits_{n \to \infty} \int_E f_n d\mu = \int_E f d\mu$이다.

(차) 함수 f를 $[a, b]$에서 리만 적분할 수 있으면 f는 르벡 적분할 수 있고 르벡 측도를 쓰는 르벡 적분 값과 리만 적분 값은 같다.

부록 1.6 잴 수 없는 집합

열린 단위 구간을 $J = (0, 1)$이라고 하고, 실수 공간 $\mathbb{R}$에서 유리수의 집합을 $\mathbb{Q} = \{q\}$라고 두며, $x \in \mathbb{R}$일 때 $T_t(x) = x + t$인 옮김 연산자 $T_t : \mathbb{R} \to \mathbb{R}$을 생각하자. 이제, 셀 수 있는 집합

$$\begin{aligned} \Gamma_t &= T_t\mathbb{Q} \\ &= \{t + q : q \in \mathbb{Q}\} \end{aligned} \tag{1.338}$$

을 생각하자. 보기를 들면, $t = 5445$일 때에는 $\Gamma_{5445} = \{q + 5445\} = \mathbb{Q}$이고 $t = \pi$일 때에는 $\Gamma_\pi = \{q + \pi\}$이다. 그러면 실수 t를 어떻게 골라도 $0 < t + q < 1$인 유리수 q를 찾을 수 있으므로

$$\Gamma_t \cap J \neq \emptyset \tag{1.339}$$

이다. 한편, $t - s$가 유리수이면 $\Gamma_t = \{t + q\} = \{s + (t - s) + q\} = \{s + q'\} = \Gamma_s$이고, $t - s$가 무리수이면 $\Gamma_t \cap \Gamma_s = \emptyset$이라는 것을 쉽게 알 수 있다. 이것을 바탕으로 집합 묶음

$$\mathbb{K} = \{\Gamma_t : t \in \mathbb{R}, \text{ 서로 다른 } \Gamma_t\text{만}\} \tag{1.340}$$

을 생각하자. 그러면 아래를 알 수 있다.

(가) 집합 묶음 $\mathbb{K}$는 $\mathbb{R}$의 분할이다.

(나) $\Gamma_t \in \mathbb{K}$인 유리수 t는 하나뿐이다.

(다) $\mathbb{K}$ 안에는 셀 수 없이 많은 집합이 들어 있다.

(라) $\mathbb{K}$ 안에서 서로 다른 두 집합 Γ_t와 Γ_s를 어떻게 고르더라도 $t - s$는 유리수가 아니다.

뜻매김 1.73 비탈리 집합[139]

고르기 공리[140]와 (1.339)를 바탕으로, $\mathbb{K}$ 안에 있는 Γ_t마다 그 원소 가운데에서 구간 $(0,1)$ 안에 있는 점을 하나씩 모으면 셀 수 없는 집합

$$\mathbb{V}_0 \;=\; \{x : x \in \Gamma_t \cap J,\ \Gamma_t \in \mathbb{K}\} \tag{1.341}$$

을 얻는다. 이 집합 $\mathbb{V}_0$을 비탈리 집합이라 한다.

비탈리 집합 $\mathbb{V}_0$ 안에 있는 점 x는 모두 구간 $(0,1)$ 안에 있고 $\mathbb{K}$ 안에 있는 집합과 일대일 대응한다는 것을 새겨 두자.

이제, 구간 $(-1,1)$ 안에 있는 유리수를 모두 늘어 놓은 것[141]을 $\{\alpha_i\}_{i=1}^{\infty}$라고 하자.

정리 1.20 비탈리 집합 $\mathbb{V}_0$은

$$(0,1) \;\subset\; \bigcup_{i=1}^{\infty} T_{\alpha_i}\mathbb{V}_0 \;\subset\; (-1,2) \tag{1.342}$$

를 만족시킨다. ■■

증명 먼저, $\mathbb{V}_0$ 안에 있는 점 x를 어떻게 고르더라도 $0 < x < 1$인데, $-1 < \alpha_i < 1$이므로, $-1 < \alpha_i + x < 2$이다. 곧, $T_{\alpha_i}x \in (-1,2)$이고, 따라서

$$\bigcup_{i=1}^{\infty} T_{\alpha_i}\mathbb{V}_0 \;\subset\; (-1,2) \tag{1.343}$$

이다. 다음에, $(0,1)$ 안에 있는 점 x를 어떻게 고르더라도, (1.339)에서 보았듯이 t를 알맞게 잡으면 $x \in \Gamma_t = \{t+q\}$이다. 그러면 $x-t$는 유리수이므로 앞에서 이미 본 것처럼

$$\Gamma_t \;=\; \Gamma_x \tag{1.344}$$

이고, $x \in \Gamma_t = \Gamma_x$이다. 이제,

$$\Gamma_x \cap \mathbb{V}_0 \;\neq\; \emptyset \tag{1.345}$$

이므로 $\Gamma_x \cap \mathbb{V}_0$ 안에 있는 점을 하나 잡아 y라고 하면 $y = x + q$이고, 따라서 $y - x \in \mathbb{Q}$이다. 이때, $0 < x, y < 1$이므로 $y-x$는 $(-1,1)$ 안에 있는 유리수이고 $y - x = \alpha_i$라고 둘 수 있다. 곧, $x = y - \alpha_i = T_{-\alpha_i}y \in T_{-\alpha_i}\mathbb{V}_0$이다. 따라서,

$$J \;\subset\; \bigcup_{i=1}^{\infty} T_{\alpha_i}\mathbb{V}_0 \tag{1.346}$$

이다. 끝으로, (1.343)과 (1.346)에서 $(0,1) \subset \bigcup_{i=1}^{\infty} T_{\alpha_i}\mathbb{V}_0 \subset (-1,2)$이다. □

[139] Vitali set

[140] axiom of choice. 고르기 공리는 "비지 않은 집합 $B \subset A$를 어떻게 고르더라도 $f(B) \in B$인 고르기 함수 $f : 2^A \to A$가 어떤 집합 A에도 존재한다."라고 쓸 수 있다. 여기서, 2^A는 A의 부분집합을 모두 모은 것으로 A의 거듭제곱 집합이라고 부름을 뜻매김 1.14에서 말한 바 있다. 고르기 공리는 여러 가지 다른 꼴로 쓸 수 있으며, 뜻매김 1.73은 "집합의 S의 분할 가운데 비지 않은 집합으로만 이루어진 것을 $\mathbb{P}_S$라고 하면, $\mathbb{P}_S$ 안의 어떤 집합과 교집합하여도 그 결과가 점 집합인 집합 B가 존재한다."라는 꼴을 바탕으로 한 것이다.

[141] enumeration

정리 1.21 집합 $\{T_{\alpha_i}\mathbb{V}_0\}_{i=1}^{\infty}$는 모두 서로 배반이다. 곧, $i \neq j$이면

$$(T_{\alpha_i}\mathbb{V}_0) \cap \left(T_{\alpha_j}\mathbb{V}_0\right) \;=\; \emptyset \tag{1.347}$$

이다.

증명 귀류법으로 보이자. 먼저, $i \neq j$일 때, 곧 $\alpha_i \neq \alpha_j$일 때, 교집합 $(T_{\alpha_i}\mathbb{V}_0) \cap \left(T_{\alpha_j}\mathbb{V}_0\right)$이 빈 집합이 아니라고 하자. 이제, 이 교집합의 원소 하나를 y라고 하면, $x, x' \in \mathbb{V}_0$일 때 $y = x + \alpha_i = x' + \alpha_j$일 것이다. 여기서, $x - x' = \alpha_j - \alpha_i$는 유리수이므로 $\Gamma_x = \Gamma_{x'}$이다. 그러므로, $\mathbb{K}$의 뜻매김에서 $x = x'$이고, 따라서 $\alpha_i = \alpha_j$인데, 이것은 $\alpha_i \neq \alpha_j$라는 것과 모순이다. 그러므로, $(T_{\alpha_i}\mathbb{V}_0) \cap \left(T_{\alpha_j}\mathbb{V}_0\right) = \emptyset$이다. □

정리 1.22 집합 $\{T_{\alpha_i}\mathbb{V}_0\}_{i=1}^{\infty}$는 어느 것도 르벡 측도로 잴 수 없는 집합이다. 곧, i를 어떻게 고르더라도 $T_{\alpha_i}\mathbb{V}_0 \notin \mathfrak{M}(\mu)$이다.

증명 다시, 귀류법을 쓰자. 집합 $\{T_{\alpha_i}\mathbb{V}_0\}_{i=1}^{\infty}$를 잴 수 있다고 하면, 측도의 성질로[142] 말미암아 그 측도는 다 같다. 그러므로, $T_{\alpha_i}\mathbb{V}_0$의 르벡 측도를 $\mu(T_{\alpha_i}\mathbb{V}_0) = \beta$라고 하면, (1.342)에서

$$\mu((0,1)) \;\leq\; \mu\left(\bigcup_{i=1}^{\infty} T_{\alpha_i}\mathbb{V}_0\right) \;\leq\; \mu((-1,2)) \tag{1.348}$$

이다. 여기서, $\mu((0,1)) = 1$이고, $\mu((-1,2)) = 3$이며, (1.347)에서 본 바와 같이 $\{T_{\alpha_i}\mathbb{V}_0\}_{i=1}^{\infty}$는 서로 배반인 집합들이므로

$$\begin{aligned} \mu\left(\bigcup_{i=1}^{\infty} T_{\alpha_i}\mathbb{V}_0\right) \;&=\; \sum_{i=1}^{\infty} \mu\left(T_{\alpha_i}\mathbb{V}_0\right) \\ &=\; \sum_{i=1}^{\infty} \beta \end{aligned} \tag{1.349}$$

이다. 그러므로, (1.348)에서

$$1 \;\leq\; \sum_{i=1}^{\infty} \beta \;\leq\; 3 \tag{1.350}$$

이다. 그런데, (1.350)은 $\beta = 0$이라고 해도 모순이고, $\beta > 0$이라고 해도 모순이다. 따라서, $\{T_{\alpha_i}\mathbb{V}_0\}_{i=1}^{\infty}$는 어느 것도 – 곧, $\mathbb{V}_0$도 – 르벡 측도로 잴 수 없다. □

[142] 측도는 옮김 불변이다. 곧, 실수 x를 어떻게 잡아도 집합 $A = \{a\}$의 측도와 집합 $A + x = \{a + x\}$의 측도는 같다.

연습 문제

문제 1.1 두 집합 A와 B를 생각할 때, $A \subseteq B$이면 $B^c \subseteq A^c$이라는 것을 보이시오.

문제 1.2 집합 열 $\{A_i\}_{i=1}^{\infty}$를 생각할 때, $\bigcap_{i=1}^{\infty} A_i = \left(\bigcup_{i=1}^{\infty} A_i^c\right)^c$이라는 것을 보이시오.

문제 1.3 두 집합 A와 B를 생각하여, 차집합 $A-B$를 곱집합과 대칭 차로만, 또 합집합 $A \cup B$를 곱집합과 대칭 차로만 나타내 보시오.

문제 1.4 유한 집합열 $\{A_i\}_{i=1}^{n}$을 생각하자. 이제, A_i 안에 있는 원소 수를 $|A_i|$라고 쓸 때

$$\begin{aligned}|A_1 \cup A_2 \cup \cdots \cup A_n| &= \sum_i |A_i| - \sum_{i<j} |A_i \cap A_j| + \sum_{i<j<k} |A_i \cap A_j \cap A_k| - \cdots \\ &\quad +(-1)^{n-1} |A_1 \cap A_2 \cap \cdots \cap A_n| \end{aligned} \tag{1.351}$$

이고

$$\begin{aligned}|A_1 \cap A_2 \cap \cdots \cap A_n| &= \sum_i |A_i| - \sum_{i<j} |A_i \cup A_j| + \sum_{i<j<k} |A_i \cup A_j \cup A_k| - \cdots \\ &\quad +(-1)^{n-1} |A_1 \cup A_2 \cup \cdots \cup A_n| \end{aligned} \tag{1.352}$$

임을 보이시오.

문제 1.5 유한 집합 $\{A_i\}_{i=1}^{n}$을 생각하자. 이제, A_i 안에 있는 원소 수를 $|A_i|$라고 쓸 때

$$\begin{aligned}|A_1 \triangle A_2 \triangle \cdots \triangle A_n| &= \sum_i |A_i| \; - \; 2\sum_{i<j} |A_i \cap A_j| \; + \; 4 \sum_{i<j<k} |A_i \cap A_j \cap A_k| \\ &\quad - \; \cdots \; + (-2)^{n-1} |A_1 \cap A_2 \cap \cdots \cap A_n| \end{aligned} \tag{1.353}$$

임을 보이시오. (귀띔: 보기 1.49에서 말한 바를 – 곧, 집합 $A_1 \Delta A_2 \Delta \cdots \Delta A_n$의 원소는 어느 것이나 $\{A_i\}_{i=1}^{n}$ 가운데 홀수 개에만 들어 있다는 것을 – 새겨 보시오.)

문제 1.6 계수가 정수인 다항식들의 집합이 셀 수 있는 집합인지 알아보시오.

문제 1.7 대수적 수[143]들의 집합을 셀 수 있는지 밝히시오.

문제 1.8 다음 집합들은 셀 수 있다는 것을 보이시오.
(가) 셀 수 있는 집합 A의 유한 부분집합을 셀 수 있는 집합 B로 사상하는 함수들의 집합
(나) 수렴하는 자연수 열들의 집합

문제 1.9 끝점이 둘 다 실수이고 서로 겹치지 않는 열린 구간들을 모두 모은 집합이 셀 수 있는 집합인지 셀 수 없는 집합인지 밝히시오.

문제 1.10 아래 첫째 집합 A에서 둘째 집합 B로의 단사 함수를 하나씩 얻으시오. 여기서, (1.66)에서 뜻매김한 바와 같이 $\mathbb{J}_0 = \{0, 1, 2, \cdots\}$이다.

---

[143] algebraic number. 계수 a_i가 모두 정수이고, $a_n \neq 0$이며, $n > 0$일 때, 방정식 $a_n z^n + a_{n-1} z^{n-1} + \cdots a_0 = 0$을 만족시키는 수 z를 대수적 수라고 부른다. 한편, 대수적 수가 아닌 수를 초월수라고 transcendental number 부른다.

(가) $A = \mathbb{J}_0 \times \mathbb{J}_0$. $B = \mathbb{J}_0$.

(나) $A = (-\infty, \infty)$. $B = (0, 1)$.

(다) $A = \mathbb{R}$. $B =$ 0과 1이 이루는 무한 수열들의 집합.

(라) $A =$ 0과 1이 이루는 무한 수열들의 집합. $B = [0, 1]$.

(마) $A =$자연수가 이루는 무한 수열들의 집합. $B =$ 0과 1이 이루는 무한 수열들의 집합.

(바) $A =$실수가 이루는 무한 수열들의 집합. $B =$ 0과 1이 이루는 무한 수열들의 집합.

문제 1.11 아래 첫째 집합 A에서 둘째 집합 B로의 함수를 하나씩 얻으시오.

(가) $A = \mathbb{J}_0$. $B = \mathbb{J}_0 \times \mathbb{J}_0$.

(나) $A = \mathbb{J}_0$. $B = \mathbb{Q}$.

(다) $A =$칸토르 집합. $B = [0, 1]$.

(라) $A =$ 0과 1이 이루는 무한 수열들의 집합. $B = [0, 1]$.

문제 1.12 아래 첫째 집합 A와 둘째 집합 B 사이의 일대일 대응을 찾아보시오.

(가) $-\infty \le a < b \le \infty$이고 $-\infty \le c < d \le \infty$일 때, $A = (a, b)$. $B = (c, d)$.

(나) $A = \mathbb{J}_0$. $B = \mathbb{J}_0 \times \mathbb{J}_0$.

(다) $A = 0, 1, 2$가 이루는 무한 수열들의 집합. $B =$ 0과 1이 이루는 무한 수열들의 집합.

(라) $A = [0, 1)$. $B = [0, 1) \times [0, 1)$.

문제 1.13 함수 $f_1 : A \to B$와 $f_2 : C \to D$가 둘 다 일대일 대응이고, $A \cap C = \emptyset$이며, $B \cap D = \emptyset$이라고 하자. 이제, $f = f_1 \cup f_2$가 – 곧, $f : A \cup C \to B \cup D$가 – 일대일 대응이라는 것을 보이시오.

문제 1.14 유리수에 유리수를 더한 것은 유리수인가? 그 결과에 유리수를 또 더하면 유리수인가? 유리수에 유리수를 끝없이 더한 것은 유리수인가?

문제 1.15 두 유리수 사이에 늘 유리수가 있는지 말해 보시오.

문제 1.16 두 무리수 사이에 늘 무리수가 있는지 말해 보시오.

문제 1.17 갑과 을이 다음과 같은 놀이를 한다: 구간 $[0, 1]$의 부분집합 A를 정한다. 갑과 을은 번갈아 $\{0, 1, \cdots, 9\}$에서 숫자를 하나씩 고른다. 갑이 고른 숫자들을 x_0, x_1, $\cdots$이라고 하고 을이 고른 숫자들을 y_0, y_1, $\cdots$이라고 할 때, 수 $0.x_1y_1x_2y_2\cdots$이 A에 들어 있으면 갑이 이기고 그렇지 않으면 을이 이긴다. 여기서, A가 셀 수 있는 집합일 때, 을이 갑을 이길 수 있는 방법을 찾아 보시오.

문제 1.18 집합 함수 $f : \Omega \to \mathbb{R}$을 생각하여, $A, B \subset \mathbb{R}$일 때

$$f^{-1}(A^c) = \left(f^{-1}(A)\right)^c \tag{1.354}$$

이고,

$$f^{-1}(A \cup B) = f^{-1}(A) \cup f^{-1}(B) \tag{1.355}$$

이며,

$$f^{-1}(A \cap B) \;=\; f^{-1}(A) \cap f^{-1}(B) \tag{1.356}$$

임을 보이시오.

문제 1.19 두 수 α와 β가 어느 것도 0보다 작지 않고 $\alpha + \beta \neq 0$일 때

$$\min(\alpha, \beta) \;\leq\; \frac{2\alpha\beta}{\alpha+\beta} \;\leq\; \sqrt{\alpha\beta} \;\leq\; \frac{\alpha+\beta}{2} \;\leq\; \max(\alpha, \beta) \tag{1.357}$$

이고

$$\frac{\alpha\beta}{\alpha+\beta} \;\leq\; \min(\alpha, \beta) \tag{1.358}$$

임을 보이시오.

문제 1.20 식 (1.224)에 보인

$$\lim_{m\to\infty} \int_{-\infty}^{\infty} f(x) \frac{\sin mx}{\pi x} dx \;=\; f(0) \tag{1.359}$$

를 확인해 보시오. (귀띔: 곱의 역 푸리에 변환[144]을 생각해 보시오.)

문제 1.21 단위 계단 함수의 뜻매김을 바탕으로

(가) 함수 $u(ax+b)$, $u(\sin x)$, $u\left(e^x - \pi\right)$를 다른 꼴로 나타내시오.

(나) 적분 $\int_{-\infty}^{x} u(t-y)dt$를 얻으시오.

문제 1.22 함수 $\delta'(x)\cos x$를 다른 꼴로 나타내시오. (귀띔: (1.255)를 써 보시오.)

문제 1.23 적분 $\int_{-2\pi}^{2\pi} e^{\pi x}\delta\left(x^2 - \pi^2\right) dx$를 얻으시오. 또, $0 \leq x < 2\pi$일 때 $\delta(\sin x)$를 다른 꼴로 나타내시오. (귀띔: (1.258)을 써 보시오.)

문제 1.24 적분

$$\int_{-\infty}^{\infty} (\cos x + \sin x)\, \delta'\left(x^3 + x^2 + x\right) dx \tag{1.360}$$

을 얻으시오. (귀띔: (1.268)을 써 보시오.)

[144] inverse Fourier transform

참고 문헌

1. B. R. Gelbaum and J. M. H. Olmsted, *Counterexamples in Analysis*, Holden-Day, San Francisco, 1964.
2. I. M. Gelfand and I. Moiseevich, *Generalized Functions*, Academic, New York, 1964.
3. P. R. Halmos, *Measure Theory*, Van Nostrand Reinhold, New York, 1950.
4. R. F. Hoskins, *Generalised Functions*, Ellis Horwood, Chichester, 1979.
5. R. F. Hoskins and J. S. Pinto, *Theories of Generalised Functions*, Horwood, Chichester, 2005.
6. D. S. Jones, *The Theory of Generalised Functions*, Second Ed., Cambridge University, Cambridge, 1982.
7. R. P. Kanwal, *Generalized Functions: Theory and Applications*, Birkhauser, Boston, 2004.
8. K. Karatowski and A. Mostowski, *Set Theory*, North-Holland, Amsterdam, 1976.
9. S. M. Khaleelulla, *Counterexamples in Topological Vector Spaces*, Springer, Berlin, 1982.
10. A. B. Kharazishvili, *Nonmeasurable Sets and Functions*, Elsevier, Amsterdam, 2004.
11. A. I. Khuri, *Advanced Calculus with Applications in Statistics*, Wiley, New York, 2003.
12. P. Komjath and V. Totik, *Problems and Theorems in Classical Set Theory*, Springer, New York, 2006.
13. M. J. Lighthill, *Introduction to Fourier Analysis and Generalised Functions*, Cambridge University, Cambridge, 1958.
14. M. Loeve, *Probability Theory*, Fourth Ed., Springer-Verlag, New York, 1977.
15. M. E. Munroe, *Measure and Integration*, Second Ed., Addison-Wesley, Reading, 1971.
16. J. M. H. Olmsted, *Advanced Calculus*, Appleton-Century-Crofts, New York, 1961.
17. S. R. Park, J. Bae, H. Kang, and I. Song, "On the polynomial representation for the number of partitions with fixed length," *Math. Comp.*, vol. 77, no. 262, pp. 1135-1151, Apr. 2008.
18. M. M. Rao, *Measure Theory and Integration*, Second Ed., Marcel Dekker, New York, 2004.

19. J. P. Romano and A. F. Siegel, *Counterexamples in Probability and Statistics*, Chapman and Hall, New York, 1986.

20. W. Rudin, *Principles of Mathematical Analysis*, Third Ed., McGraw-Hill, New York, 1976.

21. R. Salem, "On some singular monotonic functions which are strictly increasing," *Trans. American Math. Soc.*, vol. 53, no. 3, pp. 427-439, May 1943.

22. A. N. Shiryaev, *Probability*, Second Ed., Springer-Verlag, New York, 1996.

23. D. M. Y. Sommerville, *An Introduction to the Geometry of N Dimensions*, Dover, New York, 1958.

24. L. A. Steen and J. A. Seebach, Jr., *Counterexamples in Topology*, Holt, Rinehart and Winston, New York, 1970.

25. J. M. Stoyanov, *Counterexamples in Probability*, Second Ed., Wiley, Chichester, 1997.

26. N. Y. Vilenkin, *Combinatorics*, Academic, New York, 1971.

27. G. L. Wies and E. B. Hall, *Counterexamples in Probability and Real Analysis*, Oxford University, New York, 1993.

28. A. I. Zayed, *Handbook of Function and Generalized Function Transformations*, CRC, Boca Raton, 1996.

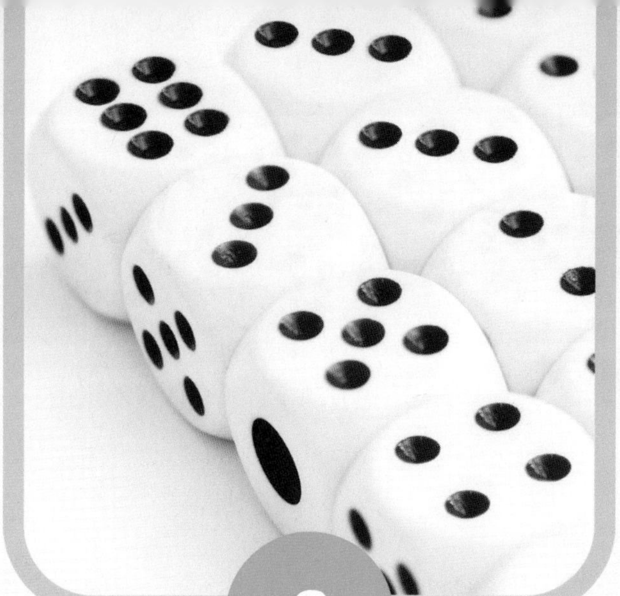

제2장

확률

2.1 확률공간

때로는 앞으로 일어날 일을 미리 정확히 알 수 없고, 또 때로는 어떤 시스템이 매우 복잡하여 완벽히 분석하고 기술하거나 제어할 수 없다. 그럴 때에는 확률성이라는 개념이 매우 쓸모 있고 또 중요한 역할을 한다. 확률성을 띠는 구체적인 보기로 잡음, 동전 던지기, 주사위 굴리기, 확산[1], 산란[2]과 같은 것을 들 수 있다. 이미 1.1절에서도 말했듯이, 확률론은 확률성을 지닌 이러한 현상을 수학적으로 모형화하여 해석하는 것인데, 이때 필요한 원소나 연산과 같은 것을 뜻매김하고 모아 놓은 수학적 공간을 확률공간이라고 한다. 좀 더 구체적으로는, 표본공간이라고 부르는 추상 공간, 사건공간이라고 부르는 표본공간의 시그마 마당, 그리고 사건이라고 부르는 사건공간의 원소 – 곧, 집합 – 하나하나에 구간 $[0,1]$에 있는 값을 – 곧, 확률을 – 배정하는 확률측도, 이 세 가지를 모아 확률공간이라고 일컫는다. 이 확률공간이라는 개념은 앞으로 제3장, 제4장, 제8장에서 각각 다룰 확률변수, 확률벡터, 확률과정을 뜻매김하는 바탕이다.

뜻매김 2.1 확률 실험[3]

몇 번이고 거듭할 수 있고, 실험 상황을 완벽히 제어할 수 있다 하더라도 결과를 미리 정확히 알 수 없는 실험을 확률 실험이라고 한다.

보기 2.1 (품질 제어) 어떤 상품을 만들 때 기계를 아무리 잘 만들고 설치하여 쓰더라도 만든 상품들이 똑같지 않을 수 있다. 곧, 상품 만드는 일을 확률 실험으로 모형화할 수 있다. ◇

보기 2.2 (유전) 유전 법칙이 알려져 있기는 하지만, 태어날 아이의 성별이나 눈 색깔을 미리 확실히 알 수 없고, 확률론을 써서 다룰 수 있다. ◇

보기 2.3 동전 던지기는 확률 실험이다. 이것은 실험 상황을 완벽히 제어하더라도, 곧 동전이

[1] diffusion
[2] dispersion 또는 scattering
[3] random experiment

어떻게 만들어졌는지 완벽히 알더라도 – 보기를 들어, 동전이 대칭이라는 것을 알더라도 – 결과를 미리 알 수 없기 때문이다. ◇

보기 2.4 (절차, 관측, 모형) 확률 실험에서는 절차, 관측, 모형[4]을 명확하게 설정하여야 한다. 보기를 들면, 동전 던지기에서 이 세 가지를 다음과 같이 설정할 수 있다.

- 절차: 동전 하나를 위로 던져서 바닥에 떨어뜨린다.
- 관측: 떨어진 동전이 움직임을 멈추었을 때, 보이는 쪽을 살펴본다.
- 모형: 동전은 대칭이고, 이전 결과가 현재 결과에 영향을 미치지 않는다. ◇

2.1.1 표본공간

뜻매김 2.2 표본공간[5]

확률 실험에서 나올 수 있는 결과를 모두 모은 집합을 표본공간이라고 부른다.

표본공간은 확률 실험에서 나올 수 있는 결과를 모두 모은 집합, 곧 집합에서 다룬 추상 공간 또는 전체집합을 일컫는 것이다. 추상 공간과 마찬가지로, 표본공간은 자주 S나 Ω로 쓴다. 표본공간의 원소를 표본점, 기초 결과, 또는 기초 사건[6]이라고 부른다.

보기 2.5 동전 던지기에서 표본공간은 $S = \{$**앞**,**뒤**$\}$이고 표본점은 **앞**과 **뒤**이다. 주사위 굴리기에서 표본공간은 $S = \{1, 2, 3, 4, 5, 6\}$이고 표본점은 $1, 2, \cdots, 6$이다. 어떤 수가 처음 나올 때까지 주사위를 굴린 횟수의 표본공간은 $S = \{1, 2, \cdots\}$이고 표본점은 $1, 2, \cdots$이다. ◇

보기 2.6 실수 a와 b 사이의 값을 하나 마음대로 고르는 확률 실험에서 표본공간은 $\Omega = (a, b)$이다. ◇

보기 2.5에서 다룬 표본공간들은 원소들을 셀 수 있는 만큼 모은 집합이다. 이와 같이, 셀 수 있는 표본공간을 이산 표본공간 또는 이산 공간[7]이라고 부른다. 한편, 표본점들이 연속인 표본공간을 연속 표본공간[8]이라 한다. 보기 2.6에서 다룬 표본공간 $\Omega = (a, b)$는 연속 표본공간의 하나이며 셀 수 없는 공간이다.

이산 공간에서 얻는 유한 차원 벡터 공간은 이산 공간이지만, 이산 공간에서 얻는 무한 차원 벡터 공간은 – 이것을 수열 공간이라고도 부른다 – 연속 공간임은 새겨 둘 만하다. 끝으로, 이산 공간과 연속 공간이 섞인 공간을 혼합 표본공간[9]이라고 부른다.

보기 2.7 실수의 집합 $\mathbb{R}$, 0보다 작지 않은 실수의 집합

[4] procedure, observation, model
[5] sample space
[6] sample point, elementary outcome, 또는 elementary event
[7] discrete sample space 또는 discrete space
[8] continuous sample space. 연속 표본공간은 연속 공간이라고 부르기도 한다.
[9] mixed sample space 또는 hybrid sample space

$$\mathbb{R}_0 = \{x : x \geq 0\}, \tag{2.1}$$

0부터 $k-1$까지의 정수 집합

$$\mathbb{J}_k = \{0, 1, \cdots, k-1\}, \tag{2.2}$$

자연수의 집합

$$\mathbb{J}_+ = \{1, 2, \cdots\}, \tag{2.3}$$

또, 정수의 집합

$$\mathbb{J} = \{\cdots, -1, 0, 1, \cdots\} \tag{2.4}$$

와 같은 가리킴 수 집합[10]들을 $\mathbb{I}$라고 쓰면, 일반적으로 표본공간들 $\{\Omega_t, t \in \mathbb{I}\}$의 곱 공간[11]을 다음과 같이 뜻매김할 수 있다.

$$\prod_{t \in \mathbb{I}} \Omega_t = \{\text{모든 } \{a_t, t \in \mathbb{I}\} : a_t \in \Omega_t\}. \tag{2.5}$$

이때, 혼동이 일어날 걱정이 없거나 $\Omega_t = \Omega$일 때에는 $\prod_{t \in \mathbb{I}} \Omega_t$ 대신 $\Omega^{\mathbb{I}}$를 쓰기도 한다. ◇

보기 2.8 이산 공간 $\Omega = \{a_1, a_2, \cdots, a_m\}$을 생각하자. 이 이산 공간에서 얻은 k차원 벡터 공간

$$\Omega^k = \{\text{모든 벡터 } \mathbf{b} = (b_1, b_2, \cdots, b_k) : b_i \in \Omega\} \tag{2.6}$$

은 – 곧, Ω의 k겹 데카르트 공간은 – 보기 1.74와 1.75에서도 이미 간접적으로 보았던 것처럼 이산 공간이다. 그러나, 이산 공간인 Ω에서 얻은 수열 공간

$$\Omega^{\mathbb{J}} = \{\text{모든 무한 수열 } \{\cdots, c_{-1}, c_0, c_1, \cdots\} : c_i \in \Omega\} \tag{2.7}$$

과

$$\Omega^{\mathbb{J}_+} = \{\text{모든 무한 수열 } \{d_1, d_2, \cdots\} : d_i \in \Omega\} \tag{2.8}$$

은 연속 공간이다. ◇

보기 2.9 표본공간 $\Omega = \{0, 1\}$을 생각하고 $\Omega_0 = \Omega_1 = \cdots = \Omega_{k-1} = \Omega$라고 하자. 그러면 공간

$$\begin{aligned}\prod_{i \in \mathbb{J}_k} \Omega_i &= \prod_{i=0}^{k-1} \Omega_i \\ &= \Omega^k \\ &= \{(a_0, a_1, \cdots, a_{k-1}) : a_i \in \{0, 1\}\}\end{aligned} \tag{2.9}$$

는 Ω의 k겹 데카르트 공간이고, 길이가 k인 2진 벡터들의 공간이며 곱 공간의 보기이다. ◇

[10] index set

[11] product space

2.1.2 사건공간

뜻매김 2.3 사건공간[12]

표본공간에서 얻은 시그마 대수를 사건공간이라고 부른다.

뜻매김 2.4 사건[13]

사건공간의 원소를 사건이라고 부르고, 표본공간의 한 점만으로 이루어진 사건을 기초 사건이라고 한다.

확률론에서 말하는 사건은 집합론에서 다룬 집합을 다른 이름으로 부르는 것이라고 볼 수 있으며, 잴 수 있는 집합[14]이라고 부르기도 한다. 다만, 부록 1.6에 다룬 바 있는 잴 수 없는 집합은 사건으로 삼을 수 없다.

한편, 사건공간의 원소는 모두 표본공간의 부분집합이지만, 표본공간의 부분집합이 늘 사건공간의 원소인 것은 아니다.

보기 2.10 동전 던지기를 생각하자. 그러면 표본공간은 $S = \{\text{앞}, \text{뒤}\}$이다. 이때, 사건공간 $\mathcal{F} = \{S, \emptyset, \{\text{앞}\}, \{\text{뒤}\}\}$를 생각하면, S, $\{\text{앞}\}$, $\{\text{뒤}\}$, $\emptyset$은 모두 사건이다. 또, $\{\text{앞}\}$과 $\{\text{뒤}\}$는 기초 사건이다. ◇

보기 2.11 표본공간이 $S = \{ㄱ, ㄴ, ㄷ, ㄹ\}$일 때, S의 부분집합의 묶음인 사건공간

$$\mathcal{C} = \{\{ㄱ\}, \{ㄴ, ㄷ, ㄹ\}, S, \emptyset\} \tag{2.10}$$

을 생각하자. 이때, S의 부분집합 $\{ㄱ\}$은 사건이다. 그러나, $\{ㄴ\}$은 S의 부분집합이지만 사건이 아니다. ◇

사건공간의 원소는 – 곧, 사건은 – 집합이라는 것을 새겨 두어야 한다. 그러므로, 표본공간의 원소는 사건공간의 원소일 수 없으며, 표본공간의 부분집합만이 사건공간의 원소일 수 있다.

보기 2.12 주사위 굴리기를 생각하면 표본공간은 $S = \{1, 2, 3, 4, 5, 6\}$이다. 이때, 표본공간 S의 원소 1은 어떤 때에도 사건공간의 원소일 수 없다. 한편, 표본공간 S의 부분집합 $\{1, 2, 3\}$은 때에 따라서 사건공간의 원소일 수 있다. 이것은 사건공간이 $\mathcal{F} = \{\{1, 2, 3\}, \{4, 5, 6\}, S, \emptyset\}$일 때와 $\mathcal{F} = \{\{1, 2\}, \{3, 4, 5, 6\}, S, \emptyset\}$일 때를 생각하면 쉽게 알 수 있다. ◇

한편, 어떤 집합이 사건공간의 원소이면 그 여집합은 – 그것이 일어날 수 없더라도 – 사건공간의 원소라는 것을 새겨 둘 만하다.

보기 2.13 어떤 회로에서 전류를 재는 실험을 생각하자. 실수 $\mathbb{R}$을 표본공간으로 삼아 $\{a :$

---

[12] event space
[13] event
[14] measurable set

$a \leq 1000mA\}$가 사건 가운데 하나라면, 그 회로에 흐르는 전류가 $1000mA$를 넘을 수 없다고 하더라도, $\{a : a > 1000mA\}$는 사건공간의 원소일 – 곧, 사건일 – 것이다. ◇

표본공간이 정해져 있어도, 일반적으로, 사건공간을 여럿 만들 수 있다. 이것은 전체집합에서 얻을 수 있는 시그마 대수가 하나가 아니라는 것을 되새겨 보면 절로 나오는 것이다.

보기 2.14 (가장 작은 사건공간, 가장 큰 사건공간)* 표본공간이 Ω일 때 $\{\emptyset, \Omega\}$는 가장 작은 시그마 마당, 곧 가장 작은 사건공간이다. 뜻매김 1.14에서 다룬 바 있듯이, 표본공간 Ω의 부분집합을 모두 모은 것을 거듭제곱 집합이라고 하고 2^{Ω}로 쓰는데, 이것은 표본공간 Ω의 가장 큰 사건공간이다. ◇

보기 2.15 (가위바위보) 가위바위보의 표본공간은 $\Omega = \{\text{이김}, \text{비김}, \text{짐}\}$이다. 이 표본공간의 가장 작은 사건공간은 $\mathcal{F}_S = \{\emptyset, \Omega\}$이고, 가장 큰 사건공간은

$$\mathcal{F}_L = \{\emptyset, \{\text{이김}\}, \{\text{비김}\}, \{\text{짐}\}, \{\text{이김}, \text{비김}\}, \{\text{이김}, \text{짐}\}, \{\text{비김}, \text{짐}\}, \Omega\} \quad (2.11)$$

이다. 곧, $\mathcal{F}_L = 2^{\Omega}$이다. ◇

이제, 대수를 바탕으로 확률론을 이야기하지 않고 시그마 대수를 바탕으로 확률론을 이야기해야하는 까닭을 살펴보자. 먼저, 표본공간이 유한 집합이면 대수는 곧 시그마 마당이므로 대수를 바탕으로 확률론을 이야기해도 아무 문제가 없다. 그러나, 표본공간이 무한 집합일 때 대수를 바탕으로 확률론을 이야기하려하면 아래 보기에서 다룬 것처럼 쓸모 있는[15] 어떤 집합을 사건으로 삼을 수 없을 뿐 아니라, 사건의 극한을 다룰 수 없다. 이와 같은 까닭으로 말미암아 대수가 아니라 시그마 대수를 바탕으로 확률론을 말하는 것이다.

보기 2.16 (극한 집합과 마당)* 사건공간을 시그마 대수가 아니고 대수로 뜻매김한다고 하자. 그러면 대수 안에서 어떤 집합 열을 생각할 때 그 극한이 그 대수의 원소일 때도 있겠지만, 그 극한이 그 대수의 원소가 아닐 때도 있을 것이다. 보기를 들면, 유한 구간 (a, b)가 모두 사건이더라도 점 집합은 – 꼴이 (a, b)인 구간을 유한 번 집합 연산하여 점 집합을 얻을 수 없기 때문에 – 사건이 아닐 수 있다. 그러므로, 대수를 바탕으로 확률론을 이야기한다면 "측정전압이 a와 b 사이이다."라는 사건을 – 따라서, 이 사건의 확률을 – 뜻매김할 수 있다고 하더라도, "측정전압이 a이다."라는 것은 – 따라서, 이것의 확률은 – 뜻매김할 수 없다. 이때, 시그마 대수를 사건공간으로 두면 이와 같은 모자라는 점을 없앨 수 있다. 곧, 대수는 극한에 대해 닫혀 있지 않기 때문에 대수를 바탕으로는 확률론을 이야기하기가 알맞지 않은 것이다. ◇

다시 말하자면, 1.2.2에서 이미 이야기한 것처럼 전체 집합이 유한할 때에는 극한이라는 것이 크게 뜻이 없고 대수가 곧 시그마 대수이므로 대수를 바탕으로 확률론을 이야기하든 시그마 대수를 바탕으로 확률론을 이야기하든 그리 다를 바가 없다. 그러나, 표본 공간이 무한 집합일 때에는, 대수는 끝없이 많은 집합 연산에 대해 닫혀 있다는 것을 보장하지 않기 때문에, 원소 집

[15] 보기 1.142에서 말한 바와 같이 $\Upsilon_T = \{$2진 주기 수열을 모두 모은 것$\}$도 쓸모 있는 집합 가운데 하나이다.

합이 끝없이 많은 대수를 생각하여 끝없이 집합 연산을 한다면 – 곧, 극한을 생각한다면 – 그 결과가 그 대수에 다시 들어 있지 않을 수도 있다. 이와 같은 까닭으로, 표본 공간이 무한 집합일 때에는, 더 일반적인 – 더 넓은 – 개념이지만 유한 번 집합 연산할 때에만 닫혀 있다는 것을 보장해주는 대수가 아니라, 덜 일반적이지만 '셀 수 있을 만큼 끝없이 많이 집합 연산할 때에도 닫혀 있음'을 보장해 주는 시그마 대수를 사건공간으로 삼아 확률론을 생각하는 것이다.

사건공간이란 느슨하게 말하자면 표본공간의 부분집합을 모은 것 또는 단위사건을 묶은 것이고, 좀 더 엄밀하게 말하자면 집합 연산에 대해 닫혀 있는 부분집합의 묶음이다. 사건공간은 셀 수 있을 만큼의 합집합, 차집합, 여집합, 곱집합에 대해서 닫혀 있다. 이것을 바탕으로 드모르간의 법칙을 쓰면, 사건공간은 셀 수 있을 만큼의 다른 집합 연산에 대해서도 닫혀 있다는 것을 알 수 있다. 다만, 사건공간은 셀 수 있을 만큼의 집합 연산에 대해 닫혀 있지만, 셀 수 없을 만큼의 집합 연산에 대해서는 닫혀 있지 않다. 보기를 들면, $\{F_r : r \in \{1, 2, \cdots\}\}$이 모두 사건이면

$$\bigcup_{r=1}^{\infty} F_r \tag{2.12}$$

는 사건이지만 $\{E_r : r \in [0, 1]\}$이 모두 사건들이더라도

$$\bigcup_{r\in[0,1]} E_r \tag{2.13}$$

은 사건이 아닐 수 있다는 것을 새겨 두어야 한다.

여기서, 사건공간을 뜻매김하는 조건 가운데 하나인 '셀 수 있는 만큼 많은 합집합 연산에 대해 닫혀 있음'을 – 곧, (1.182)에서 본 바와 같이, 집합 $\{E_n\}_{n=1}^{\infty}$가 모두 사건공간 $\mathcal{F}$의 원소이면

$$\bigcup_{i=1}^{\infty} E_i \ \in \ \mathcal{F} \tag{2.14}$$

임을 – 좀 더 다루어 보자. 먼저, (1.88)과 (1.89)에서 $\{E_n\}_{n=1}^{\infty}$의 극한 $\lim\limits_{n\to\infty} E_n$을

$$\lim_{n\to\infty} E_n \ = \ \begin{cases} \bigcup\limits_{i=1}^{\infty} E_i, & \{E_n\}_{n=1}^{\infty}\text{가 줄지 않는 열일 때,} \\ \bigcap\limits_{i=1}^{\infty} E_i, & \{E_n\}_{n=1}^{\infty}\text{가 늘지 않는 열일 때} \end{cases} \tag{2.15}$$

처럼 뜻매김했음을 새기자. 그러면 $\mathcal{F}$ 안에서 잡은 집합 열 $\{E_n\}_{n=1}^{\infty}$가 (2.14)를 만족시키면, 이 집합 열 $\{E_n\}_{n=1}^{\infty}$는

$$\lim_{n\to\infty} E_n \ \in \ \mathcal{F}, \quad \{E_n\}_{n=1}^{\infty}\text{가 줄지 않는 열일 때} \tag{2.16}$$

도 만족시킨다는 것을 – 곧, (2.14)이면 (2.16)임을 – 알 수 있다.

보기 2.17 (극한 집합과 사건공간)* 사건공간 $\mathcal{F}$ 안에 있는 사건 열 $\{F_n\}_{n=1}^{\infty}$가 줄지 않는 열이라고 하자. 식 (1.88)과 (2.15)에서 보았듯이 이 집합 열의 극한은 $\lim\limits_{n\to\infty} F_n = \bigcup\limits_{n=1}^{\infty} F_n$처럼 셀 수 있는 합집합으로 뜻매김할 수 있다. 그런데, 사건을 셀 수 있을 만큼 합집합한 것은 사건이므로 극한 $\lim\limits_{n\to\infty} F_n$도 사건이다. 보기를 들어, $\left\{\left[1, 2-\frac{1}{n}\right)\right\}_{n=1}^{\infty}$가 모두 사건이라면 이 줄지 않는 열의 극

한 $[1,2)$도 사건이다. 또한, 꼴이 (a,b)인 유한 구간이 모두 사건이라면 $\{(-n,b)\}_{n=1}^{\infty}$의 극한인 $(-\infty,b)$도 마땅히 사건일 것이다. 이와 비슷하게 사건공간 $\mathcal{F}$에 들어 있는 사건 열 $\{E_n\}_{n=1}^{\infty}$가 늘지 않는 열이라고 하자. 그러면 이 사건 열의 극한은 사건을 셀 수 있을 만큼 교집합한 것이므로 – 곧, (1.89)이나 (2.15)에서 보았듯이 $\lim\limits_{n\to\infty} E_n = \bigcap\limits_{n=1}^{\infty} E_n$이므로 – 사건일 것이다. 따라서, 꼴이 (a,b)인 유한 구간이 모두 사건이라면 $\left\{\left(a-\frac{1}{n}, a+\frac{1}{n}\right)\right\}_{n=1}^{\infty}$의 극한인 점 집합 $\{a\}$ 또한 사건이다. ◇

보기 2.18 (무한 합집합과 극한의 동등)* 위에 보인 (2.14)와 (2.16)은 서로 동등함을 보이자. 먼저, (2.14)인 집합 묶음에서는 (2.16)임은 이미 보았다. 다음에, (2.16)인 집합 묶음 $\mathcal{F}$에서 (2.14)임을 보이자. 집합 묶음 $\mathcal{F}$에서 아무렇게나 잡은 집합 열 $\{G_i\}_{i=1}^{\infty}$를 생각하여

$$F_n = \bigcup_{i=1}^{n} G_i \tag{2.17}$$

처럼 두자. 그러면 $\bigcup\limits_{n=1}^{\infty} G_n = \bigcup\limits_{n=1}^{\infty} F_n$임과 $\{F_n\}_{n=1}^{\infty}$는 줄지 않는 열이라는 것을 쉽게 알 수 있다. 또한, $\{F_n\}_{n=1}^{\infty}$가 줄지 않는 열이라는 것을 새기면 (2.15)에서 $\bigcup\limits_{i=1}^{\infty} F_i = \lim\limits_{n\to\infty} F_n$이다. 따라서,

$$\begin{aligned} \bigcup_{n=1}^{\infty} G_n &= \bigcup_{n=1}^{\infty} F_n \\ &= \lim_{n\to\infty} F_n \\ &\in \mathcal{F} \end{aligned} \tag{2.18}$$

이다. 곧, (2.16)인 집합 묶음 $\mathcal{F}$ 안의 집합 열 $\{G_i\}_{i=1}^{\infty}$를 어떻게 고르더라도 늘

$$\bigcup_{n=1}^{\infty} G_n \in \mathcal{F} \tag{2.19}$$

임을 – 곧, (2.14)임을 – 알 수 있다. 따라서, 두 조건 (2.14)와 (2.16)은 서로 동등하다. 이것은 (2.14) 대신 (2.16)을 사건공간이 만족시켜야할 조건으로 삼을 수 있다는 것을[16] 뜻한다. ◇

이제, 뜻매김 1.53에서 다룬 가장 작은 시그마 대수라는 개념을 바탕으로, 연속 공간의 대표라고 할 수 있는 실수 공간이 표본공간일 때 쓸모 있는 사건공간을 생각해 보자.

뜻매김 2.5 보렐 마당[17]

표본공간이 실수 집합 $\mathbb{R}$일 때 열린 구간 (a,b)를 모두 모은 묶음으로 만든 – 곧, 열린 구간을 모두 품는 가장 작은 – 시그마 대수

$$\mathcal{B}(\mathbb{R}) = \sigma(\text{모든 열린 구간}) \tag{2.20}$$

을 보렐 마당, 보렐 체, 보렐 시그마 마당, 보렐 시그마 체, 또는 보렐 시그마 대수라고 하고, 그 원소를 – 곧, 열린 구간들을 셀 수 있을 만큼 집합 연산하여 얻은 집합들을 – 보렐 집합이라고 한다.

---

[16] 마찬가지로, (2.14) 대신

$$\lim_{n\to\infty} E_n \in \mathcal{F}, \quad \{E_n\}_{n=1}^{\infty}\text{가 늘지 않는 열일 때}$$

를 사건공간이 만족시켜야할 조건으로 삼을 수 있다.

보기 2.19 몇 가지 집합 연산을 거치면

$$\{x\} = \bigcap_{n=1}^{\infty}\left(x-\frac{1}{n}, x+\frac{1}{n}\right), \tag{2.21}$$

$$[x,y) = (x,y)+\{x\}, \tag{2.22}$$

$$(x,y] = (x,y)+\{y\}, \tag{2.23}$$

$$[x,y] = (x,y)+\{x\}+\{y\}, \tag{2.24}$$

$$[x,y) = (x,y)+\{x\} \tag{2.25}$$

는 모두 보렐 집합이라는 것을 알 수 있다. ◇

보기 2.20 위 보기와 비슷하게

$$[x,+\infty) = (-\infty,x)^c, \tag{2.26}$$

$$(-\infty,x] = (-\infty,x)+\{x\}, \tag{2.27}$$

$$(x,\infty) = (-\infty,x]^c \tag{2.28}$$

은 모두 보렐 집합이라는 것을 알 수 있다. ◇

시그마 대수인 보렐 마당 $\mathcal{B}(\mathbb{R})$은 실수 집합에서 뜻매김할 수 있는 시그마 대수 가운데 가장 쓸모 있고 널리 쓰이는 것이다. 이 시그마 대수에는 유한 또는 무한 열린 구간 (a,b), 유한 또는 무한 닫힌 구간 $[a,b]$, 유한 또는 무한 반 열린 구간 $[a,b)$와 $(a,b]$, 점 집합, 그리고 이들을 집합 연산한 결과가 모두 들어 있다. 한편, 보렐 마당 $\mathcal{B}(\mathbb{R})$은 $\mathbb{R}$의 부분집합을 모두 모은 것과 다르다. 곧, 보렐 시그마 대수에 들어 있지 않는 실수의 부분집합이 있는데, 그런 잴 수 없는 집합의 보기로 부록 1.6에서 다룬 비탈리 집합을 들 수 있다.

한편, 실수의 부분집합 Ω'이 표본공간일 때에는 Ω'의 보렐 시그마 대수

$$\mathcal{B}(\Omega') = \{E: E=F\cap\Omega',\ F\in\mathcal{B}(\mathbb{R})\} \tag{2.29}$$

를 사건공간으로 삼을 수 있다. 특히, 표본공간 Ω가 실수 집합의 이산 부분집합 A라면 A의 보렐 마당 $\mathcal{B}(A)$는 A의 거듭제곱 집합 2^A와 같다.

2.1.3 확률측도

이제, 잴 수 있는 공간에서 확률측도를 생각해 보자.

뜻매김 2.6 잴 수 있는 공간[18]

표본공간 Ω와 사건공간 $\mathcal{F}$의 짝 $(\Omega,\mathcal{F})$를 잴 수 있는 공간이라고 한다.

[17]Borel field, Borel σ field, 또는 Borel σ algebra

[18]measurable space

뜻매김 2.7 확률측도[19]

잴 수 있는 공간 $(\Omega, \mathcal{F})$에서 사건 F_i마다 아래 네 공리를 만족시키며 실수 $P(F_i)$를 배정하는 집합 함수 P를 확률측도 또는 확률이라고 한다.

공리 1.

$$P(F_i) \geq 0. \tag{2.30}$$

공리 2.

$$P(\Omega) = 1. \tag{2.31}$$

공리 3. 유한 개의 사건 $\{F_i\}_{i=1}^{n}$이 서로 배반이면

$$P\left(\bigcup_{i=1}^{n} F_i\right) = \sum_{i=1}^{n} P(F_i). \tag{2.32}$$

공리 4. 셀 수 있을 만큼 많은 사건 $\{F_i\}_{i=1}^{\infty}$가 서로 배반이면

$$P\left(\bigcup_{i=1}^{\infty} F_i\right) = \sum_{i=1}^{\infty} P(F_i). \tag{2.33}$$

확률측도 P는 사건에 확률을 배정하는 함수이며, 이것을 확률 함수, 확률 분포, 또는 분포[20]라고 부르기도 한다. 이때, 함수값 $P(E)$는 사건 E가 일어날 확률을 뜻하며, $\Pr\{E\}$로 쓰기도 한다.

확률측도를 뜻매김하는 공리 1–4는 직관적으로도 그럴듯한 것이다. 확률은 0보다 작지 않아야 한다는 첫째 공리는, 넓이, 부피, 무게와 같은 다른 잣대와 마찬가지로, 어떻게 보면 마음대로 고른 것이다. 둘째 공리는 "무언가는 일어난다."는 또는 "실험을 하면 얻을 수 있는 결과 가운데 어느 것이든 하나는 얻는다."는 것이다. 셋째 공리는 덧셈성 또는 유한 덧셈성[21]이라고 불리는 것인바, 서로 공통점이 없는 사건을 유한 묶음한 것의 확률은 사건마다의 확률을 더한 것과 같다는 것이다. 이것은 좀 더 근본적으로 부피, 무게, 넓이, 질량과 같은 다른 잣대와 마찬가지로 확률도 덧셈성을 지녀야 한다는 것이다. 보기를 들면, 서로 겹치지 않는 영역을 더했을 때 그 넓이는 더하는 영역의 넓이를 더한 것과 같아야 함이다.

공리 4는 셀 수 있는 덧셈성[22]이라고 불리는 것인데, 이것은 공리 3을 끝없이, 점근적으로, 또는 극한으로 확장한 것이다. 바로 이 공리 4가 고전적인 – 초보적인 – 확률론과 콜모고로프[23]가 발전시킨 현대 확률론을 나누는 것이다. 공리 4는, 사건들의 극한으로밖에 나타낼 수 없는 복잡한 사건의 확률을 계산하고자 점근 결과나 극한 결과들을 다룰 때, 필요한 것이다. 이것은 마치 유한 급수의 극한으로 적분을 얻는 것과 비슷한 것이다. 한편, 공리 3을 공리 4의 특별한 것으로 보아, 공리 3과 공리 4를 묶어 하나로 쓸 때도 있다.

[19]probability measure

[20]probability function, probability distribution, 또는 distribution

[21]additivity 또는 finite additivity

[22]countable additivity

[23]Kolmogorov

보기 2.21 위 공리에서

$$P(\emptyset) \;=\; 0 \tag{2.34}$$

이고, F가 사건 공간의 원소일 때

$$P\left(F^c\right) \;=\; 1 - P(F) \tag{2.35}$$

이며,

$$P(F) \;\leq\; 1 \tag{2.36}$$

임을 쉽게 알 수 있다. ◇

보기 2.22 사건공간을 $\mathcal{F} = \{\Omega, \emptyset\}$이라고 하자. 그러면 잴 수 있는 공간 $(\Omega, \mathcal{F})$에서 생각할 수 있는 확률측도는 $P(\Omega) = 1$, $P(\emptyset) = 0$뿐이다. ◇

보기 2.23 표본공간 $\Omega = \{0, 1\}$과 사건공간 $\mathcal{F} = \{\{0\}, \{1\}, \Omega, \emptyset\}$을 생각하자. 그러면 잴 수 있는 공간 $(\Omega, \mathcal{F})$에서 확률측도의 보기를 하나 들면

$$P(F) \;=\; \begin{cases} \frac{3}{10}, & F = \{0\}\text{일 때}, \\ \frac{7}{10}, & F = \{1\}\text{일 때}, \\ 0, & F = \emptyset\text{일 때}, \\ 1, & F = \Omega\text{일 때} \end{cases} \tag{2.37}$$

이다. ◇

보기 2.24 제대로 만든[24] 동전을 한 번 던지는 실험에서, 표본공간 $\Omega = \{$**앞**, **뒤**$\}$와 사건공간 $\mathcal{F} = 2^{\Omega}$를 생각하자. 그러면

$$P(F) \;=\; \begin{cases} \frac{1}{2}, & F = \textbf{앞}\text{ 또는 }\textbf{뒤}\text{일 때}, \\ 0, & F = \emptyset\text{일 때}, \\ 1, & F = \Omega\text{일 때} \end{cases} \tag{2.38}$$

처럼 둘 수 있다. ◇

이산 표본공간에서는 늘 거듭제곱 집합을 사건공간으로 삼는다. 곧, 이산 공간에서는 표본공간에서 만들 수 있는 부분집합을 모두 사건으로 보아도 쓸모 있는 이론을 얻을 수 있다. 그러나, 실수 공간과 같은 연속 공간에서는 만들 수 있는 부분집합을 모두 사건으로 두면 모순이 일어날 뿐만 아니라[25] 사건집합이 너무 커서 쓸모 없다. 따라서, 연속 공간에서는 사건공간에 들어갈 알

[24] '던졌을 때 **앞**이 나오는 만큼 **뒤**가 나오는'이라는 뜻이다.

[25] 뜻매김 1.73에서 다룬 비탈리 집합 $\mathbb{V}_0$은 실수 공간의 부분집합이다. 이때, 구간 $(-1, 1)$ 안에 있는 서로 다른 유리수를 모두 늘어 놓은 것을 $\{\alpha_i\}_{i=1}^{\infty}$라고 하고 옮김 연산자를 $T_t(x) = x + t$라고 두어 $\{T_{\alpha_i}\mathbb{V}_0\}_{i=1}^{\infty}$를 사건으로 두면 모순이 일어남을 쉽게 알 수 있다.

맞은 집합들을 – 사건들을 – 고르고 그 사건들에만 확률을 배정하고 그 사건공간에 들어 있지 않는 사건은 다루지 않는다. 곧, 사건공간에 들어 있지 않은 사건의 확률은 뜻매김하지 않는다.

그뿐만 아니라, 표본공간이 이산일 때에는 점 집합에 확률을 배정하여도 그 결과를 쓸모 있게 다룰 수 있다. 그러나, 표본공간이 연속일 때에는 점 집합에 확률을 배정하는 방식은 그다지 쓸모 있는 것이 아니다.

보기 2.25 두 수 0과 1 사이의 실수를 치우침 없이 고르는 확률 실험을 생각하자. 그러면 0과 1 사이에는 실수가 셀 수 없을 만큼 많으므로 그 값이 어떠하든, 실수 하나를 고를 확률은 0이라고 할 수 있다. 그런데, 이와 같이 어떤 수를 하나 고를 확률이 0이라는 것으로는 '고른 수가 0.1과 0.5 사이에 있을 확률'과 같은 것의 확률을 얻을 수는 없다. 따라서, 연속 공간에서는 점 집합이 아닌 구간 집합에 확률을 배정해야 쓸모 있는 사건을 얻을 수 있다. ◇

뜻매김 2.8 확률공간[26]

표본공간 S, S의 사건공간 $\mathcal{F}$, 그리고 확률측도 P가 이루는 공간을 확률공간 $(S, \mathcal{F}, P)$라고 한다.

이 뜻매김에서, 표본공간 S가 유한하다면 사건공간 $\mathcal{F}$는 시그마 대수가 아니라 대수이어도 좋음을 알 수 있다. 이것은 표본공간이 유한하면 시그마 대수와 대수가 같기 때문이다.

2.1.4 확률의 성질

한편, 확률공간 $(\Omega, \mathcal{F}, P)$에서 $E, F, G \in \mathcal{F}$이고, $i = 1, 2, \cdots$일 때 $F_i \in \mathcal{F}$이면, 공리 1–4에 보인 (2.30)–(2.33)에서 다음과 같은 성질[27]을 얻을 수 있다.

성질 1.

$$E \subset F\text{이면} \quad P(E) \;\le\; P(F). \tag{2.39}$$

$$P\left(\bigcup_{i=1}^{\infty} F_i\right) \;\le\; \sum_{i=1}^{\infty} P(F_i). \tag{2.40}$$

성질 2. 묶음 $\{F_i\}_{i=1}^{\infty}$가 표본공간 Ω의 셀 수 있는 분할이라고 하자. 그러면

$$P(G) \;=\; \sum_{i=1}^{\infty} P(G \cap F_i) \tag{2.41}$$

이다.

성질 3. 사건 $\{F_i\}_{i=1}^{n}$ 가운데 r개를 골라 곱사건을 만드는

$${}_n\mathrm{C}_r \;=\; \frac{n!}{r!(n-r)!} \tag{2.42}$$

가지 방법[28]에 대하여 그 곱사건의 확률을 더한 것을 $\sum\limits_{i_1<i_2<\cdots<i_r} P\left(F_{i_1} F_{i_2} \cdots F_{i_r}\right)$로 쓰면,

[26] probability space

[27] 이 성질들 가운데에서 (2.40)을 부울 부등식이라고 Boole inequality 한다. 부울 부등식 (2.40)도, 뜻매김 2.7에서 공리 3과 공리 4를 나누어 쓴 것처럼, 둘로 나누어 쓸 수 있다.

[28] 부록 2.1에 좀 더 자세히 다루었다.

$$P\left(\bigcup_{i=1}^{n} F_i\right) = (-1)^2 \sum_{i=1}^{n} P(F_i) + (-1)^3 \sum_{i_1<i_2} P(F_{i_1}F_{i_2}) + \cdots$$
$$+(-1)^{r+1} \sum_{i_1<i_2<\cdots<i_r} P(F_{i_1}F_{i_2}\cdots F_{i_r}) + \cdots + (-1)^{n+1} P(F_1F_2\cdots F_n) \quad (2.43)$$

이다.

위 (2.43)은 $n=2$일 때

$$P(E_1 \cup E_2) = P(E_1) + P(E_2) - P(E_1 \cap E_2) \quad (2.44)$$

처럼, $n=3$일 때

$$P(E_1 \cup E_2 \cup E_3) = P(E_1) + P(E_2) + P(E_3) - P(E_1 \cap E_2) - P(E_2 \cap E_3)$$
$$-P(E_3 \cap E_1) + P(E_1 \cap E_2 \cap E_3) \quad (2.45)$$

처럼 쓸 수 있다.

보기 2.26 어떤 확률공간에서 $P(\text{가}\cup\text{나}) = 0.7$, $P(\text{가}) = 0.5$, $P(\text{나}) = 0.3$일 때 $P(\text{가}\cap\text{나})$를 얻어 보자.

풀이 식 (2.44)를 쓰면 $P(\text{가}\cap\text{나}) = P(\text{가}) + P(\text{나}) - P(\text{가}\cup\text{나}) = 0.1$을 쉽게 얻을 수 있다. ◇

보기 2.27 제대로 만든 동전을 이어서 세 번 던지는 확률 실험을 생각하자. 그러면 표본공간 Ω에는 기초 사건이 $2^3 = 8$개 있고 이들의 확률은 모두 같을 것이다. 이때, **앞**이 적어도 한 번 나올 확률을 얻어 보자.

풀이 표본공간 Ω 안에 들어 있는 기초 사건 여덟 가운데 어느 사건이 일어날 확률도 $\frac{1}{8}$이다. 그러므로,

$$P(\text{적어도 한 번은 동전 앞면이 나옴}) = P(\{\text{앞, 앞, 앞}\}) + P(\{\text{앞, 앞, 뒤}\})$$
$$+P(\{\text{앞, 뒤, 앞}\}) + P(\{\text{뒤, 앞, 앞}\}) + P(\{\text{앞, 뒤, 뒤}\})$$
$$+P(\{\text{뒤, 앞, 뒤}\}) + P(\{\text{뒤, 뒤, 앞}\})$$
$$= \frac{7}{8} \quad (2.46)$$

처럼 직접 얻을 수도 있고,

$$P(\text{적어도 한 번은 동전 앞면이 나옴}) = 1 - P(\text{세 번 모두 동전 뒷면이 나옴})$$
$$= 1 - \frac{1}{8}$$
$$= \frac{7}{8} \quad (2.47)$$

처럼 얻을 수도 있다. ◇

사건의 확률이 0이라는 것이 그 사건이 일어나지 않는다는 것은 – 곧, 그 사건이 일어나지 않는 사건 $\emptyset$이라는 것은 – 아니다. 보기를 들면, 실수 공간에서 a가 어떤 값이더라도 $P(\{a\}) = 0$이지만 사건 $\{a\}$는 일어나지 않는 사건 $\emptyset$과 다르다. 일반적으로, $P(\textbf{가}) = P(\textbf{나})$이면 "**가**와 **나**는 확률에서 같다."라고 하고,

$$\begin{aligned} P(\textbf{가}) &= P(\textbf{나}) \\ &= P(\textbf{가나}) \end{aligned} \tag{2.48}$$

또는

$$\begin{aligned} P((\textbf{가}+\textbf{나}) - \textbf{가나}) &= P\left(\textbf{가나}^c + \textbf{가}^c\textbf{나}\right) \\ &= 0 \end{aligned} \tag{2.49}$$

이면 "**가**와 **나**는 확률 1로 – 또는 거의 어디서나, 거의 언제나, 거의 틀림 없이, 거의 확실히, 거의 모든 점에서 – 같다."라고[29] 한다. 보기를 들면, $P(\textbf{가}) = 0$이면 **가**는 $\emptyset$과 거의 틀림 없이 같고, $P(\textbf{가}) = 1$이면 **가**는 Ω와 거의 틀림 없이 같다. 이때, **가**와 **나**가 거의 틀림 없이 같다는 – 곧, $P(\textbf{가}) = P(\textbf{나}) = P(\textbf{가나})$이라는 – 것이 반드시 $\textbf{가} = \textbf{나}$를 뜻하지는 않는다.

보기 2.28 표본공간 $\Omega = [0, 1]$에서 구간의 길이를 그 구간의 확률이라고 할 때, 네 구간 $A_1 = [0.1, 0.2]$, $A_2 = [0.1, 0.2)$, $A_3 = (0.1, 0.2]$, $A_4 = (0.1, 0.2)$를 생각하자. 그러면 $P(A_i) = P(A_j) = P(A_iA_j) = 0.1$이지만 $i \neq j$일 때 $A_i \neq A_j$이다. 곧, $i \neq j$일 때 A_i와 A_j는 확률에서 같고 또 확률 1로 같지만 같은 집합은 아니다. 한편, $B = [0.3, 0.4]$를 생각하면 $P(A_1) = P(B) = 0.1$이므로 A_1과 B는 확률에서 같지만 같은 집합은 아니다. ◇

정리 2.1 한 표본공간에서 사건 $\{A_i\}_{i=1}^n$을 생각하면

$$\sum_{i=1}^n P\{A_i\} - \sum_{i=1}^n \sum_{k=i+1}^n P\{A_i \cap A_k\} \leq P\left\{\bigcup_{i=1}^n A_i\right\} \leq \sum_{i=1}^n P\{A_i\} \tag{2.50}$$

이다[30]. ■■

증명 먼저,

$$B_i = A_i - \bigcup_{k=i+1}^n A_k \tag{2.51}$$

처럼 두자. 그러면 $\bigcup_{i=1}^n B_i = \bigcup_{i=1}^n A_i$이고, $i \neq k$일 때 $B_i \cap B_k = \emptyset$이므로,

$$\begin{aligned} P\left(\bigcup_{i=1}^n A_i\right) &= P\left(\bigcup_{i=1}^n B_i\right) \\ &= \sum_{i=1}^n P(B_i) \end{aligned} \tag{2.52}$$

[29] 뜻매김 1.40에서도 다룬 바 있다.

[30] 이것을 본페로니 Bonferroni 부등식이라고 한다.

임을 알 수 있다. 한편,

$$B_i \subset A_i \tag{2.53}$$

이므로, i를 어떻게 고르더라도

$$\begin{aligned} P(B_i) &= P\left(A_i - \bigcup_{k=i+1}^{n} A_k\right) \\ &\leq P(A_i) \end{aligned} \tag{2.54}$$

이다. 이제, (2.52)와 (2.54)에서

$$P\left(\bigcup_{i=1}^{n} A_i\right) \leq \sum_{i=1}^{n} P(A_i) \tag{2.55}$$

를 얻는다. 다음에, (1.22)에서 보았듯이 $A-B = A-AB$이므로 $P(A-B) = P(A-AB)$라는 것과, (1.16)에서 알 수 있듯이 $A_i \cap \left(\bigcup_{k=i+1}^{n} A_k\right) = \bigcup_{k=i+1}^{n} (A_i \cap A_k)$이므로 $P\left\{A_i \cap \left(\bigcup_{k=i+1}^{n} A_k\right)\right\} = P\left\{\bigcup_{k=i+1}^{n} (A_i \cap A_k)\right\}$라는 것을 새기면, (2.51)을 바탕으로 $P(B_i)$를

$$\begin{aligned} P(B_i) &= P\left(A_i - \bigcup_{k=i+1}^{n} A_k\right) \\ &= P(A_i) - P\left\{A_i \cap \left(\bigcup_{k=i+1}^{n} A_k\right)\right\} \\ &= P(A_i) - P\left\{\bigcup_{k=i+1}^{n} (A_i \cap A_k)\right\} \end{aligned} \tag{2.56}$$

처럼 쓸 수 있다. 한편, (2.55)를 쓰면 $P\left\{\bigcup_{k=i+1}^{n} (A_i \cap A_k)\right\} \leq \sum_{k=i+1}^{n} P(A_i \cap A_k)$이므로, 이것을 (2.56)에 쓰면

$$\begin{aligned} P(A_i) - \sum_{k=i+1}^{n} P(A_i \cap A_k) &\leq P(A_i) - P\left\{\bigcup_{k=i+1}^{n} (A_i \cap A_k)\right\} \\ &= P(B_i) \end{aligned} \tag{2.57}$$

임을 알 수 있다. 이제, (2.52)와 (2.57)에서

$$\begin{aligned} \sum_{i=1}^{n} P(A_i) - \sum_{i=1}^{n} \sum_{k=i+1}^{n} P(A_i \cap A_k) &\leq \sum_{i=1}^{n} P(B_i) \\ &= P\left(\bigcup_{i=1}^{n} A_i\right) \end{aligned} \tag{2.58}$$

을 얻는다. 끝으로, (2.55)와 (2.58)에서 (2.50)을 얻을 수 있다. □

보기 2.29 표본공간 $S = \{1, 2, \cdots, 10\}$과 사건공간 2^S을 생각하자. 이제, 확률측도를 $k = 1, 2, \cdots, 10$일 때 $P(k) = \frac{k}{55}$라고 하고, 세 사건 $A_1 = \{1, 2, 3\}$, $A_2 = \{3, 4, 5, 6\}$, $A_3 = \{5, 6, 7,$

8}을 생각하자. 그러면 $P\left(\overset{n}{\underset{i=1}{\cup}} A_i\right) = \left(\overset{3}{\underset{i=1}{\cup}} A_i\right) = \frac{36}{55}$이다. 또, $P(A_1) = \frac{6}{55}$이고, $P(A_2) = \frac{18}{55}$이며, $P(A_3) = \frac{26}{55}$이므로 $\sum_{i=1}^{n} P(A_i) = \frac{50}{55}$이다. 끝으로, $P(A_1 \cap A_2) = \frac{3}{55}$이고, $P(A_2 \cap A_3) = \frac{11}{55}$이며, $P(A_3 \cap A_1) = 0$이므로

$$\begin{aligned} \sum_{i=1}^{3} P(A_i) - \sum_{i=1}^{3} \sum_{k=i+1}^{3} P(A_i \cap A_k) &= \frac{50}{55} - \left(\frac{3}{55} + \frac{11}{55}\right) \\ &= \frac{36}{55} \end{aligned} \tag{2.59}$$

이다. 곧, (2.50)이 성립함을 볼 수 있다. ◇

2.1.5 확률의 다른 뜻매김

확률은 여러 가지 방식으로 뜻매김할 수 있다. 현대 확률론에서는, 이제까지 2.1.1–2.1.3절에서 다룬 것처럼, 확률공간을 뜻매김하여 네 공리를 바탕으로 확률을 뜻매김한다. 한편, 확률을 다른 바탕에서 뜻매김할 수도 있는데, 확률을 뜻매김하는 그 밖의 방법으로 잘 알려진 두 가지를 살펴보면 다음과 같다.

2.1.5.1 고전적 뜻매김

확률 실험에서 일어날 수 있는 결과들의 확률이 모두 같을 때, 일어날 수 있는 결과의 가지 수와 바라는 결과의 가지 수의 비율로 확률을 뜻매김할 수 있다. 곧, 나올 수 있는 모든 결과의 가지 수를 N, 바라는 결과 A의 가지 수를 N_A라[31] 할 때 A의 확률은

$$P(A) = \frac{N_A}{N} \tag{2.60}$$

이다.

보기 2.30 제대로 만든 동전을 던져 **앞**이 나올 확률을 얻어 보자.
풀이 일어날 수 있고 확률이 같은 결과가 **앞**과 **뒤** 두 가지이고 바라는 결과는 그 가운데 한 가지 **앞**이므로, 얻으려는 확률은 – 곧, **앞**이 나올 확률은 – $\frac{1}{2}$이다. ◇

보기 2.31 길이가 1인 줄을 아무렇게나 셋으로 나눌 때 세 도막이 모두 $\frac{1}{4}$보다 길 확률 P_3을 얻어 보자.
풀이 길이가 1인 줄을 수 직선 위의 구간 $[0, 1]$이라고 생각하고, 자르는 곳을 x와 y라고 두면, $0 < x < 1$이고 $0 < y < 1$이다. 이제, $x < y$이고 $\frac{1}{4} < x < \frac{1}{2}$이며 $x + \frac{1}{4} < y < \frac{3}{4}$이거나, $x > y$이고 $y + \frac{1}{4} < x < \frac{3}{4}$이며 $\frac{1}{4} < y < \frac{1}{2}$이면 세 도막이 모두 $\frac{1}{4}$보다 길 것이다. 따라서,

$$P_3 = \frac{\text{바라는 것이 일어나는 영역 } (x, y)\text{의 넓이}}{\text{전체 영역 } (x, y)\text{의 넓이}} \tag{2.61}$$

[31] 모든 결과의 '가지 수' N과 바라는 결과 A의 '가지 수' N_A에서, '가지 수'는 보기 2.31에 다룬 것처럼 넓이, 부피, 길이 같은 것일 때도 있다.

을 바탕으로 바라는 확률을 얻으면

$$\begin{aligned} P_3 &= \frac{x<y,\ \frac{1}{4}<x<\frac{1}{2},\ x+\frac{1}{4}<y<\frac{3}{4}\text{인 영역의 넓이}}{0<x<1\text{이고 } 0<y<1\text{인 영역의 넓이}} \\ &\quad + \frac{x>y,\ y+\frac{1}{4}<x<\frac{3}{4},\ \frac{1}{4}<y<\frac{1}{2}\text{인 영역의 넓이}}{0<x<1\text{이고 } 0<y<1\text{인 영역의 넓이}} \\ &= \int_{\frac{1}{4}}^{\frac{1}{2}} \int_{x+\frac{1}{4}}^{\frac{3}{4}} 1\,dy\,dx + \int_{\frac{1}{4}}^{\frac{1}{2}} \int_{y+\frac{1}{4}}^{\frac{3}{4}} 1\,dx\,dy \\ &= \frac{1}{16} \end{aligned} \tag{2.62}$$

이다. ◇

보기 2.32 굵기를 0으로 볼 수 있는 막대기에서 두 곳을 아무렇게나 골라 자른 세 도막이 세모를 이룰 확률 P_T을 얻어 보자.

풀이 막대기의 길이를 1로 보자. 보기 2.31에서 다룬 것과 비슷하게 생각하여 자르는 곳을 x와 y라고 두면 $0<x<1$이고 $0<y<1$이다. 또, $x<y$이면 세 도막의 길이는 x, $y-x$, $1-y$이고, $x>y$이면 세 도막의 길이는 y, $x-y$, $1-x$이다. 이제, 두 도막의 길이를 더한 것이 나머지 도막의 길이보다 커야 세모를 이룰 수 있으므로, $\{0<x<1, 0<y<1, x<y, y>\frac{1}{2}, y<x+\frac{1}{2}, x<\frac{1}{2}\}$이거나 $\{0<x<1, 0<y<1, x>y, x>\frac{1}{2}, x<y+\frac{1}{2}, y<\frac{1}{2}\}$이면 세 도막으로 세모를 이룰 수 있을 것이다. 따라서,

$$P_T = \frac{\text{바라는 것이 일어나는 영역 } (x,y)\text{의 넓이}}{\text{전체 영역 } (x,y)\text{의 넓이}} \tag{2.63}$$

을 바탕으로 바라는 확률을 얻으면

$$\begin{aligned} P_T &= \frac{\{0<x<1, 0<y<1, x<y, y>\frac{1}{2}, y<x+\frac{1}{2}, x<\frac{1}{2}\}\text{인 영역의 넓이}}{0<x<1\text{이고 } 0<y<1\text{인 영역의 넓이}} \\ &\quad + \frac{\{0<x<1, 0<y<1, x>y, x>\frac{1}{2}, x<y+\frac{1}{2}, y<\frac{1}{2}\}\text{인 영역의 넓이}}{0<x<1\text{이고 } 0<y<1\text{인 영역의 넓이}} \\ &= \frac{1}{4} \end{aligned} \tag{2.64}$$

이다[32]. ◇

보기 2.33 집적회로 n개 가운데 m개가 불량일 때, 이 집적회로 n개 가운데 아무렇게나 집은 하나가 불량일 확률 α_1을 얻어 보자.

풀이 집적회로 n개 가운데 아무렇게나 하나 집는 방법의 가지수는 ${}_n\mathrm{C}_1$이고 불량인 집적회로 m개 가운데 아무렇게나 하나 집는 방법의 가지수는 ${}_m\mathrm{C}_1$이므로, 집적회로 n개 가운데 하나를 아무렇게나 집을 때 집은 것이 불량일 확률은

$$\begin{aligned} \alpha_1 &= \frac{{}_m\mathrm{C}_1}{{}_n\mathrm{C}_1} \\ &= \frac{m}{n} \end{aligned} \tag{2.65}$$

[32] 보기 3.100에서 이와 비슷한 문제를 다시 다룬다.

이다. ◇

보기 2.34 (구슬과 학번)* 똑같은 구슬 N개에 숫자 $1, 2, \cdots, N$ 가운데 하나씩을 겹치지 않도록 적은 뒤 속이 보이지 않는 주머니에 넣어 두었다. 학번이 $1, 2, \cdots, N$인 학생들이 이 주머니에서 구슬을 하나씩 꺼낸다. 이때, 꺼낸 구슬 번호가 학번과 같으면 제대로 꺼냈다고 하자.
(가) 아무도 구슬을 제대로 꺼내지 못할 확률을 얻으시오.
(나) 구슬을 제대로 꺼낸 학생 수가 k일 확률을 얻어 보자.
풀이
(가) 적어도 한 사람이 구슬을 제대로 꺼낼 확률을 P_{1+}라고 하고, i째 사람이 구슬을 제대로 꺼내는 사건을 E_i라고 하며, 아무도 구슬을 제대로 꺼내지 못할 확률을 $P_{\bar{N}}$라고 하자. 그러면 $P_{1+} = P\left(\bigcup_{i=1}^{N} E_i\right)$이므로

$$
\begin{aligned}
P_{\bar{N}} &= 1 - P_{1+} \\
&= 1 - P\left(\bigcup_{i=1}^{N} E_i\right)
\end{aligned}
\tag{2.66}
$$

이다. 이제, 일어날 수 있는 기초 사건은 모두 $N!$가지이고, $i_1, i_2, \cdots, i_n$이라는 n 사람이 모두 구슬을 제대로 꺼낼 – 그리고, 나머지 사람들은 구슬을 제대로 꺼낼 수도 있고 그렇지 않을 수도 있을 – 사건 $E_{i_1}E_{i_2}\cdots E_{i_n}$은 $(N-n)!$가지이므로

$$
P\left(E_{i_1}E_{i_2}\cdots E_{i_n}\right) = \frac{(N-n)!}{N!} \tag{2.67}
$$

이다. 또한, $\sum_{i_1<i_2<\cdots<i_n} P\left(E_{i_1}E_{i_2}\cdots E_{i_n}\right)$에는 ${}_N\mathrm{C}_n$항이 있고 그 값은 어느 것이나 (2.67)과 같으므로

$$
\begin{aligned}
\sum_{i_1<i_2<\cdots<i_n} P\left(E_{i_1}E_{i_2}\cdots E_{i_n}\right) &= {}_N\mathrm{C}_n \frac{(N-n)!}{N!} \\
&= \frac{1}{n!}
\end{aligned}
\tag{2.68}
$$

이다. 따라서, (2.43)을 쓰면 $N = 1, 2, \cdots$ 일 때

$$
\begin{aligned}
P_{1+} &= P\left(\bigcup_{i=1}^{N} E_i\right) \\
&= \frac{1}{1!} - \frac{1}{2!} + \frac{1}{3!} - \cdots + \frac{(-1)^{N+1}}{N!}
\end{aligned}
\tag{2.69}
$$

를 얻고, 아무도 구슬을 제대로 꺼내지 못할 확률은 (2.66)과 (2.69)에서

$$
\begin{aligned}
P_{\bar{N}} &= 1 - P\left(\bigcup_{i=1}^{N} E_i\right) \\
&= \begin{cases} 0, & N = 1, \\ \frac{1}{2!} - \frac{1}{3!} + \cdots + \frac{(-1)^N}{N!}, & N = 2, 3, \cdots \end{cases}
\end{aligned}
\tag{2.70}
$$

임을 알 수 있다. 여기서, $N \to \infty$이면 확률 (2.70)의 값은 $e^{-1} \approx 0.3679$이다. 곧, $N \to \infty$이더라도, 학번과 꺼낸 구슬 번호가 같은 사람이 한 사람도 없을 확률은, 얼핏 생각할 수 있는 1이

표 2.1 사람 수가 N일 때 아무도 구슬을 제대로 꺼내지 못할 확률 $P_{\bar{N}}$

N	1	2	3	4
$P_{\bar{N}}$	0	$\frac{1}{2}=0.5$	$\frac{1}{3}\approx 0.3333$	$\frac{3}{8}=0.3750$
N	5	6	7	8
$P_{\bar{N}}$	$\frac{11}{30}\approx 0.3667$	$\frac{53}{144}\approx 0.3681$	$\frac{103}{280}\approx 0.3679$	$\frac{2119}{5760}\approx 0.3679$

아니라, 0.37쯤이라는 것이다. 표 2.1에 아무도 구슬을 제대로 꺼내지 못할 확률 $P_{\bar{N}}$를 $N=1,2,\cdots,8$일 때 보였다.

(나) 구슬을 제대로 꺼낸 학생이 k 사람일 확률을 P_k라고 쓰자. 그러면 $k=N$일 때

$$P_N = \frac{1}{N!} \tag{2.71}$$

임을 쉽게 알 수 있다. 다음에, $k=0,1,\cdots,N-1$일 때를 생각하자. 먼저, N 사람 가운데에서 k 사람을 뽑는 가지 수는 $M_1 = {}_N\mathrm{C}_k$라는 것을 새겨 두자. 한편, k 사람이 정해졌다고 두었을 때, 이 k 사람만이 구슬을 제대로 꺼내는 사건의 가지 수는 나머지 $N-k$ 사람이 누구도 구슬을 제대로 꺼내지 못하는 사건 F_k의 가지 수 M_2와 같은바, 이 수 M_2는 $N-k$ 사람이 구슬을 꺼낼 때 일어날 수 있는 모든 사건의 가지 수 $(N-k)!$와 사건 F_k의 확률 $P(F_k)$를 곱하여 $M_2=(N-k)!P(F_k)$처럼 얻을 수 있다. 그러므로, (가)에서 얻은 결과에서

$$P(F_k) = \begin{cases} 0, & k=N-1, \\ \frac{1}{2!}-\frac{1}{3!}+\cdots+\frac{(-1)^{N-k}}{(N-k)!}, & k=0,1,\cdots,N-2 \end{cases} \tag{2.72}$$

임을 새기면, $k=0,1,\cdots,N-1$일 때 구슬을 제대로 꺼낸 학생 수가 k일 확률은

$$\begin{aligned} P_k &= M_1\frac{M_2}{N!} \\ &= \begin{cases} 0, & k=N-1, \\ \frac{{}_N\mathrm{C}_k}{N!}(N-k)!\left\{\frac{1}{2!}-\frac{1}{3!}+\cdots+\frac{(-1)^{N-k}}{(N-k)!}\right\}, & k=0,1,\cdots,N-2 \end{cases} \\ &= \begin{cases} 0, & k=N-1, \\ \frac{1}{k!}\left\{\frac{1}{2!}-\frac{1}{3!}+\cdots+\frac{(-1)^{N-k}}{(N-k)!}\right\}, & k=0,1,\cdots,N-2 \end{cases} \end{aligned} \tag{2.73}$$

이다. 식 (2.71)과 (2.73)을 묶어 쓰면 바라는 답을 – $N=1,2,\cdots$이고 $k=0,1,\cdots,N$일 때 – 얻는다. 표 2.2에 N 사람 가운데 k 사람이 구슬을 제대로 꺼낼 확률 P_k를 $N=1,2,\cdots,8$이고 $k=0,1,\cdots,N$일 때 보였다. ◇

고전적 뜻매김으로 어떠한 사건의 확률을 얻고자 할 때는 그 사건에 알맞은 결과의 가지 수를 – 곧, 경우의 수를 – 잘 세어야 하는데, 이것은 보통 순열조합론[33]의 문제이기도 하다. 이 장의 부록 2.1에 경우의 수를 세는 몇 가지 방법을 보였다. 한편, 고전적 뜻매김에서 새겨 두어야 할 것은 "일어날 확률이 모두 같다."는 조건이다.

[33] combinatorics

표 2.2 사람 수가 N일 때 k 사람이 구슬을 제대로 꺼낼 확률 P_k

$k \downarrow N \rightarrow$	1	2	3	4	5	6	7	8
0	0	$\frac{1}{2}$	$\frac{1}{3}$	$\frac{3}{8}$	$\frac{11}{30}$	$\frac{53}{144}$	$\frac{103}{280}$	$\frac{2119}{5760}$
1	1	0	$\frac{1}{2}$	$\frac{1}{3}$	$\frac{3}{8}$	$\frac{11}{30}$	$\frac{53}{144}$	$\frac{103}{280}$
2	*	$\frac{1}{2}$	0	$\frac{1}{4}$	$\frac{1}{6}$	$\frac{3}{16}$	$\frac{11}{60}$	$\frac{53}{288}$
3	*	*	$\frac{1}{6}$	0	$\frac{1}{12}$	$\frac{1}{18}$	$\frac{3}{48}$	$\frac{11}{180}$
4	*	*	*	$\frac{1}{24}$	0	$\frac{1}{48}$	$\frac{1}{72}$	$\frac{3}{192}$
5	*	*	*	*	$\frac{1}{120}$	0	$\frac{1}{240}$	$\frac{1}{360}$
6	*	*	*	*	*	$\frac{1}{720}$	0	$\frac{1}{1440}$
7	*	*	*	*	*	*	$\frac{1}{5040}$	0
8	*	*	*	*	*	*	*	$\frac{1}{40320}$

보기 2.35 주사위 둘을 굴려서 나오는 수를 더한 것이 7일 확률을 얻어 보자.

풀이

(풀이 1) 먼저, "주사위 둘을 굴려서 나오는 수를 더하면 열한 가지 결과 $(2, 3, \cdots, 12)$를 얻을 수 있으므로 확률은 $\frac{1}{11}$이다."라고 말할 수 있다.

(풀이 2) 한편, "주사위를 구별하지 않고 나오는 수를 (x, y), $x \geq y$ 꼴로 쓰면 스물한 가지 $(1, 1)$, $(2, 1)$, $(2, 2)$, $(3, 1)$, $\cdots$, $(6, 6)$이고, 바라는 결과는 그 가운데 세 가지 $(3, 4)$, $(5, 2)$, $(6, 1)$이므로 확률은 $\frac{3}{21} = \frac{1}{7}$이다."라고 말할 수 있다.

(풀이 3) 끝으로, "일어날 수 있고 확률이 같은 결과가 서른 여섯 가지 (x, y), $1 \leq x, y \leq 6$이고, 바라는 결과는 그 가운데 여섯 가지 (x, y), $x + y = 7$, $1 \leq x, y \leq 6$이다. 그러므로, 얻으려는 확률은 $\frac{6}{36} = \frac{1}{6}$이다."라고 말할 수 있다.

위 가운데 풀이 1과 풀이 2는 어느 것도 바른 풀이가 아니다. 이것은 모두 그 대상 결과가 '일어날 확률이 같은' 것이 아니기 때문이다. 보기를 들면, 첫째 풀이에서는 두 수를 더한 것이 2인 것과 3인 것이 같은 확률로 일어나지 않는다. 마찬가지로, 둘째 풀이에서는 $(1, 1)$과 $(2, 1)$이 같은 확률로 일어나지 않는다. 곧, 풀이 3만이 바른 것이다. ◇

보기 2.35에서 본 바와 같이, 확률을 바르게 얻으려면 같은 확률로 일어날 수 있는 결과의 집합을 제대로 명확하게 뜻매김해야 한다. 그뿐만 아니라, 실험에서 나올 수 있는 결과가 끝없이 많을 때에는 보기 2.4에서 말한 바와 같이 실험의 절차, 관측, 모형을 더욱 명확히 뜻매김해야 한다. 이제, 아래 보기를 살펴보자.

보기 2.36 반지름이 r인 동그라미 C에 '아무렇게나' 현 AB를 그릴 때, 현의 길이 l이 $\sqrt{3}r$보다 작지 않을 확률 p를 얻어 보자. 이 문제는 버트란드 역설[34]이라고 부른다.

풀이

(풀이 1) 현의 중점 M을 아무렇게나 고른다고 하자. 그러면 그림 2.1에 보였듯이 동그라미 C와

[34]Bertrand's paradox

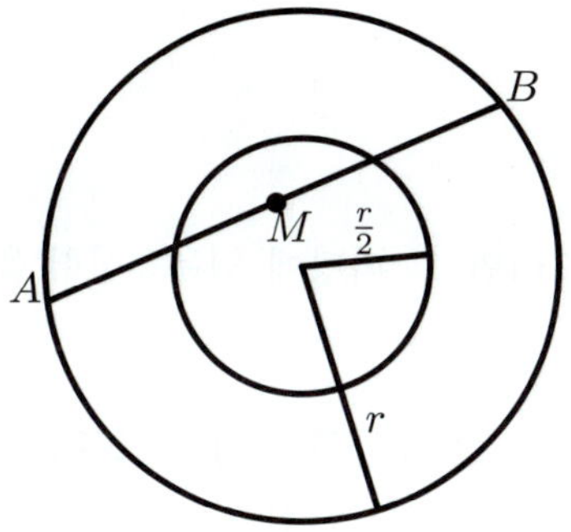

그림 2.1 버트란드 역설: 풀이 1

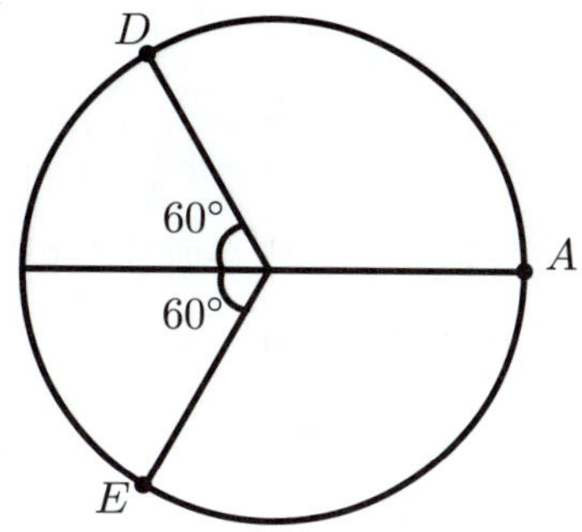

그림 2.2 버트란드 역설: 풀이 2

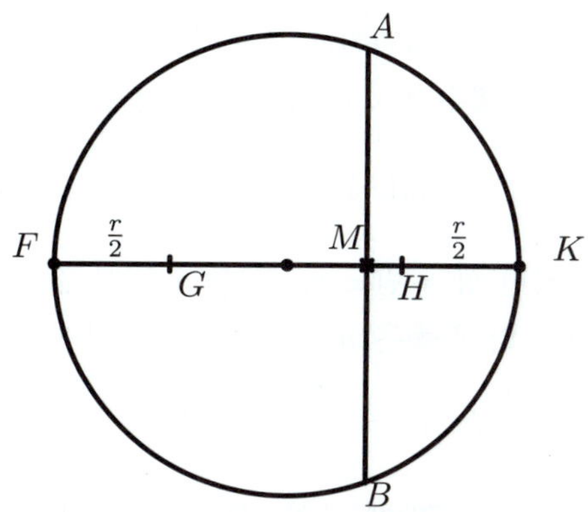

그림 2.3 버트란드 역설: 풀이 3

중심이 같고 반지름이 $\frac{r}{2}$인 동그라미 C_1 위 또는 안에 M이 있으면 $l \geq \sqrt{3}r$이다. 따라서,

$$\begin{aligned} p &= \frac{\frac{\pi r^2}{4}}{\pi r^2} \\ &= \frac{1}{4} \end{aligned} \tag{2.74}$$

이다.

(풀이 2) 점 A를 정해두고 C 위의 점을 아무렇게나 B로 고른다고 하자. 그러면 그림 2.2에서 볼 수 있는 바와 같이 A에서 동그라미를 따라 $\frac{2\pi r}{3}$ 떨어져 있는 두 점을 D와 E라고 할 때, 짧은 호 DE 위에 B를 두면 $l \geq \sqrt{3}r$이다. 따라서, 짧은 호 DE의 길이는 $\frac{2\pi r}{3}$이므로

$$\begin{aligned} p &= \frac{\frac{2}{3}\pi r}{2\pi r} \\ &= \frac{1}{3} \end{aligned} \tag{2.75}$$

이다.

(풀이 3) 동그라미 C의 지름 FK에 직교하도록 현 AB를 그린다고 하자. 그러면 그림 2.3에서 볼 수 있는 것처럼 F에서 K쪽으로 $\frac{r}{2}$만큼 간 점 G와, K에서 F쪽으로 $\frac{r}{2}$만큼 간 점 H 사이에 AB의 중점 M을 잡으면 $l \geq \sqrt{3}r$이다. 따라서,

$$p = \frac{r}{2r} = \frac{1}{2} \tag{2.76}$$

이다. 이 보기는, 고전적 뜻매김을 따라 확률을 바르게 얻으려면 그 바탕에 있는 '실험'을 명확히 정해야 함을 보여준다. ◇

고전적 뜻매김을 적용할 수 있는 실험은 – 일어날 확률이 같은 것들의 집합이 표본공간인 때는 – 그리 많지 않다. 이제, 확률의 또 다른 뜻매김 방법인 상대 빈도를 살펴보자.

2.1.5.2 상대 빈도 뜻매김

확률 실험을 여러 번 시행하여 바라는 결과가 나오는 상대 빈도[35]로 확률을 정할 수 있다. 실험 횟수를 n, 바라는 결과 A가 나온 횟수를 n_A라고 하면, 바라는 결과 A의 상대 빈도는

$$q_n(A) = \frac{n_A}{n} \tag{2.77}$$

이다. 이때, 실험 횟수 n이 커지면 상대 빈도 $q_n(A)$는 일정한 값으로 자리를 잡아 가는 때가 자주 일어난다. 곧, 바라는 결과 A의 확률은 $n \to \infty$일 때의 상대 빈도로

$$P(A) = \lim_{n\to\infty} q_n(A) \tag{2.78}$$

처럼 나타낼 수 있다. 이 뜻매김은 (2.78)에 보인 극한값을 실제로 얻을 수 없고 다만 어림 셈으로밖에 얻을 수 없다는 단점을 지니고 있다.

보기 2.37 (보험회사) 보험회사에서 어떤 나이의 사람들을 대상으로 생명보험 상품을 만들고자 한다. 그런데, 그 나이의 사람이 한 해 동안 살아 있을 확률은 해마다 바뀌므로 고전적 뜻매김은 쓰기 어렵다. 이런 때에는, 앞으로도 이제까지와 같은 경향을 보일 것이라고 추정하여 오랫동안 쌓아둔 그 나이 사람들의 기록을 바탕으로 상대 빈도를 얻어 한 해 동안 살아 있을 확률로 둔 다음, 이것을 바탕으로 보험료를 정할 수 있다. ◇

2.2 조건부 확률

확률론에서 가장 쓸모 있는 개념 가운데 하나가 조건부 확률이다. 조건부 확률이 쓸모 있고 중요한 까닭은 다음과 같다. 첫째, 여러 가지 실제 상황에서 우리가 얻으려고 하는 것이 부분 정보가 있을 때의 확률, 곧 조건부 확률이기 때문이다. 둘째, 바라는 확률을 바로 얻을 수 있더라도, 알맞게 조건화하여 조건부 확률을 먼저 얻으면, 바라는 확률을 종종 더 쉽게 얻을 수 있기 때문이다.

[35] relative frequency

2.2.1 조건부 확률

뜻매김 2.9 조건부 확률[36]

한 사건이 일어났다고 둘 때 다른 사건이 일어날 확률을 조건부 확률이라고 한다. 좀 더 구체적으로, 사건 B가 일어났을 때 사건 A의 조건부 확률을 $P(A|B)$로 쓰며,

$$P(A|B) = \frac{P(A \cap B)}{P(B)}, \quad P(B) > 0\text{일 때} \tag{2.79}$$

이다.

곧, 사건 B가 일어났을 때 사건 A의 조건부 확률이란, 처음 표본공간 Ω 대신 조건 사건 B를 새 표본공간으로 둔 A의 확률을 일컫는다. 이때, B를 새 표본공간으로 둔 사건 A를 $A|B$처럼 쓰기도 한다. 한편, 뜻매김 2.9에서 쉽게

$$A \subset B\text{이면} \quad P(A|B) = \frac{P(A)}{P(B)} \tag{2.80}$$

과

$$B \subset A\text{이면} \quad P(A|B) = 1 \tag{2.81}$$

임을 알 수 있다.

보기 2.38 조건 사건 B가 표본공간 Ω이면 $A \cap B = A \cap \Omega = A$이고 $P(B) = P(\Omega) = 1$이므로

$$P(A|\Omega) = P(A) \tag{2.82}$$

이다. ◇

보기 2.39 제대로 만든[37] 주사위를 한 번 굴려 나온 수를 살펴본다고 하자. 나온 수가 짝수라는 것을 알았을 때 그 수가 2일 확률을 얻어 보자.

풀이 먼저, **가** $= \{2\}$라고 두고 **나** $= \{2,4,6\}$이라고 두면 바라는 확률은 $P(\text{가}|\text{나})$이다. 이제, **가** $\cap$ **나** $=$ **가**, $P(\text{가} \cap \text{나}) = P(\text{가}) = \frac{1}{6}$, $P(\text{나}) = \frac{1}{2} \neq 0$이다. 따라서, $P(\text{가}|\text{나}) = \frac{1}{6}\left(\frac{1}{2}\right)^{-1} = \frac{1}{3}$이다. 이 결과는 **나** $= \{\text{짝수}\} = \{2,4,6\}$을 새로운 표본공간으로 보았을 때 $P(\text{가}|\text{나})$가 **가** $= \{2\}$의 확률이라는 것을 뜻하는 것이다. ◇

보기 2.40 어떤 주머니에 노란 공이 셋, 파란 공이 둘 들어 있다. 이 주머니에서 공을 하나 꺼낸 뒤, 그 공을 주머니에 다시 넣지 않고 공을 하나 더 꺼낸다. 이때, 처음 공은 노란 공이고 둘째 공은 파란 공일 확률은 얼마인가?

풀이

(방법 1) 나올 수 있는 결과는 모두 ${}_5\mathrm{P}_2$가지이고, 바라는 결과, 곧 '처음 공은 노란 공이고 둘

[36] conditional probability

[37] '굴렸을 때 1, 2, 3, 4, 5, 6 가운데 어느 것도 다른 것만큼 나오는'이라는 뜻이다.

째 공은 파란 공'은 ${}_3\mathrm{P}_1 \cdot {}_2\mathrm{P}_1$가지이다. 따라서, 바라는 확률은

$$ {}_3\mathrm{P}_1 \cdot \frac{{}_2\mathrm{P}_1}{{}_5\mathrm{P}_2} = \frac{3}{10} \tag{2.83} $$

이다.

(방법 2) 먼저, **가** $= \{$처음 공은 노란 공$\}$과 **나** $= \{$둘째 공은 파란 공$\}$이라고 둘 수 있다. 그러면 $P($**가**$)$는 이 주머니에서 노란 공을 꺼낼 확률이므로 $P($**가**$) = \frac{3}{5}$이다. 한편, $P($**나**$|$**가**$)$는 처음 공이 노란 공일 때 둘째 공이 파란 공일 확률이고, 이것은 노란 공 하나를 꺼낸 뒤, 주머니에 남아 있는 노란 공 둘, 파란 공 둘 가운데에서 파란 공을 꺼낼 확률이다. 곧, $P($**나**$|$**가**$) = \frac{2}{4}$이다. 따라서,

$$ \begin{aligned} P(\text{가나}) &= P(\text{나}|\text{가})P(\text{가}) \\ &= \frac{3}{10} \end{aligned} \tag{2.84} $$

이다. ◇

보기 2.41 사람이 여자일 확률이 α라고 하자. 김아무개에게는 아이가 둘 있다. 이때, 김아무개가 "큰 아이는 딸입니다."라고 말했을 때 둘째가 딸일 확률 p_1을 얻어 보자. 또, 김아무개가 "하나는 딸입니다."라고 말했을 때 나머지 아이가 딸일 확률 p_2를 얻어 보자.

풀이 "큰 아이는 딸입니다."라고 말했다면 (첫째, 둘째)=(딸, 딸) 또는 (딸, 아들)이다. 따라서, $\Pr\{$딸, 딸$\} = \alpha^2$이고 $\Pr\{$딸, 아들$\} = (1-\alpha)\alpha$이므로 둘째가 딸일 확률 p_1은 $\frac{\alpha^2}{\alpha^2+(1-\alpha)\alpha} = \alpha$이다. 한편, "하나는 딸입니다."라고 말했다면 (첫째, 둘째)=(딸, 아들), (아들, 딸), 또는 (딸, 딸)이다. 따라서, 나머지 아이가 딸일 확률 p_2는 $\frac{\alpha^2}{\alpha^2+2(1-\alpha)\alpha} = \frac{\alpha}{2-\alpha}$이다. ◇

2.2.1.1 곱셈 정리와 덧셈 정리

정리 2.2 **곱셈 정리, 덧셈 정리**[38] 사건 $\{E_i\}_{i=1}^n$의 공통사건 $\bigcap_{i=1}^n E_i = \prod_{i=1}^n E_i = E_1E_2\cdots E_n$의 확률은, $i = 2, 3, \cdots, n$일 때 $P(E_i|\,E_1E_2\cdots E_{i-1}) > 0$이면,

$$ P\left(\bigcap_{i=1}^n E_i\right) = P(E_1)P(E_2|\,E_1)P(E_3|\,E_1E_2)\cdots P(E_n|\,E_1E_2\cdots E_{n-1}) \tag{2.85} $$

처럼 쓸 수 있으며, 이것을 곱셈 정리라고 한다. 이와 비슷하게

$$ P\left(\bigcup_{i=1}^n E_i\right) = P(E_1) + P(E_1^cE_2) + P(E_1^cE_2^cE_3) + \cdots + P\left(E_1^cE_2^c\cdots E_{n-1}^cE_n\right) \tag{2.86} $$

을 덧셈 정리라고 한다. ■■

위 (2.85)에서 $n = 2$일 때를 생각하면

$$ \begin{aligned} P(E_1 \cap E_2) &= P(E_1)P(E_2|\,E_1) \\ &= P(E_2)P(E_1|\,E_2) \end{aligned} \tag{2.87} $$

[38] multiplication theorem, addition theorem

이다. 이제, $1 = P(\Omega|E_2) = P(E_1^c \cup E_1|E_2) = P(E_1^c|E_2) + P(E_1|E_2)$에서 $P(E_1^c|E_2) = 1 - P(E_1|E_2)$라는 것을 새기고 (2.87)을 쓰면, $n = 2$일 때 (2.86)에서

$$\begin{aligned} P(E_1 \cup E_2) &= P(E_1) + P(E_1^c E_2) \\ &= P(E_1) + P(E_2)P(E_1^c|E_2) \\ &= P(E_1) + P(E_2)\{1 - P(E_1|E_2)\} \\ &= P(E_1) + P(E_2) - P(E_2)P(E_1|E_2) \\ &= P(E_1) + P(E_2) - P(E_1 \cap E_2) \end{aligned} \tag{2.88}$$

를 얻는데 이것은 (2.44)와 같은 것이다.

다시, 두 사건 E와 F를 생각하자. 먼저, 사건 E를

$$E = EF \cup EF^c \tag{2.89}$$

처럼 바꾸어 쓸 수 있다. 그런데, EF와 EF^c는 서로 배반이므로, (2.32)에서

$$\begin{aligned} P(E) &= P(EF) + P(EF^c) \\ &= P(E|F)P(F) + P(E|F^c)P(F^c) \\ &= P(E|F)P(F) + P(E|F^c)\{1 - P(F)\} \end{aligned} \tag{2.90}$$

을 얻는다. 식 (2.90)이 뜻하는 바는 사건 F가 일어났을 때 사건 E의 조건부 확률과 사건 F가 일어나지 않았을 때 사건 E의 조건부 확률을 각각 조건 사건 F와 F^c의 확률을 가중값으로 하여 더하면 사건 E의 확률을 얻을 수 있다는 것이다. 식 (2.90)을 바탕으로 하면 직접 얻기 어려운 확률을 조건부 확률을 써서 쉽게 얻을 수 있다.

보기 2.42 주머니 1에는 흰 공이 둘, 검은 공이 넷, 주머니 2에는 흰 공이 하나, 검은 공이 하나 들어 있다. 주머니 1에서 아무렇게나 공을 하나 꺼내 주머니 2에 넣은 뒤, 주머니 2에서 아무렇게나 공을 하나 꺼낸다. 주머니 2에서 꺼낸 공이 흴 확률을 얻어 보자. 또, 주머니 2에서 꺼낸 공이 희다고 했을 때, 주머니 1에서 꺼낸 공이 흰 공일 확률을 얻어 보자.

풀이 주머니 1에서 꺼낸 공이 흰 공일 사건을 **첫**, 주머니 2에서 꺼낸 공이 흰 공일 사건을 **둘**이라고 하자. 그러면 $P(\text{첫}) = \frac{2}{6}$, $P(\text{둘}|\text{첫}) = \frac{2}{3}$, $P(\text{둘}|\text{첫}^c) = \frac{1}{3}$, $P(\text{첫}^c) = \frac{4}{6}$이므로

$$\begin{aligned} P(\text{둘}) &= P(\text{둘}|\text{첫})P(\text{첫}) + P(\text{둘}|\text{첫}^c)P(\text{첫}^c) \\ &= \frac{4}{9} \end{aligned} \tag{2.91}$$

이고, 이것을 새기면

$$\begin{aligned} P(\text{첫}|\text{둘}) &= \frac{P(\text{첫둘})}{P(\text{둘})} \\ &= \frac{P(\text{둘}|\text{첫})P(\text{첫})}{P(\text{둘})} \\ &= \frac{1}{2} \end{aligned} \tag{2.92}$$

이다. ◇

보기 2.43 (구슬과 학번)* 똑같은 구슬 N개에 숫자 $1, 2, \cdots, N$ 가운데 하나씩을 겹치지 않도록 적은 뒤 속이 보이지 않는 주머니에 넣어 두었다. 학번이 $1, 2, \cdots, N$인 학생들이 이 주머니에서 구슬을 하나씩 꺼낸다. 이때, 꺼낸 구슬 번호가 학번과 같으면 "제대로 꺼냈다."라고 할 때, 아무도 구슬을 제대로 꺼내지 못할 확률을 얻어 보자.

풀이 이 문제는 보기 2.34에서도 다룬 바 있다. 여기서는 조건부 확률을 써서 이 문제를 풀어보자. 사람 수가 n일 때 아무도 구슬을 제대로 꺼내지 못한 사건을 E_n이라고 하고, 그 확률을 $P(E_n) = P_{\overline{n}}$라고 하자. 이제, 학번 i인 사람이 구슬을 제대로 꺼낼 사건을 M_i라고 하면

$$P_{\overline{n}} = P(E_n|M_1)\,P(M_1) + P(E_n|M_1^c)\,P(M_1^c) \tag{2.93}$$

을 얻는다. 그런데, $P(E_n|M_1) = 0$, $P(M_1) = \frac{1}{n}$, $P(M_1^c) = 1 - P(M_1) = \frac{n-1}{n}$이므로 (2.93)에서

$$P_{\overline{n}} = \frac{n-1}{n} P(E_n|M_1^c) \tag{2.94}$$

를 얻는다. 여기서, $P(E_n|M_1^c)$는 학번 1인 사람이 구슬을 제대로 꺼내지 못했을 때 아무도 구슬을 제대로 꺼내지 못한 사건 $E_n|M_1^c$의 확률이다.

이제, 학번 1인 사람이 꺼낸 구슬 번호를 k라고 두면, $E_n|M_1^c$는 서로 배반인 두 사건을 더한 것이다. 그 하나는 학번이 k인 사람이 구슬 1을 꺼내고[39] 나머지 사람들이 아무도 구슬을 제대로 꺼내지 못한 사건이다. 여기서, '나머지 사람들이 아무도 구슬을 제대로 꺼내지 못한 사건'은 사람 수가 $n-2$일 때 아무도 구슬을 제대로 꺼내지 못할 사건 E_{n-2}라는 것을 쉽게 알 수 있다. 둘째는 학번 k인 사람이 구슬 1이 아닌 구슬을 꺼내고 나머지 사람들 아무도 구슬을 제대로 꺼내지 못할 사건이다. 이 둘째 사건은 남아 있는 구슬 1을 구슬 k라고 생각하면 사람 수가 $n-1$일 때 아무도 구슬을 제대로 꺼내지 못할 사건 E_{n-1}과 다를 바 없다. 따라서,

$$P(E_n|M_1^c) = \frac{1}{n-1} P_{\overline{n-2}} + P_{\overline{n-1}} \tag{2.95}$$

이다. 이제, (2.94)와 (2.95)에서

$$P_{\overline{n}} = \frac{n-1}{n} P_{\overline{n-1}} + \frac{1}{n} P_{\overline{n-2}} \tag{2.96}$$

을 얻는다. 여기에 $P_{\overline{1}} = 0$이고 $P_{\overline{2}} = \frac{1}{2}$을 새기면

$$P_{\overline{3}} = \frac{1}{2!} - \frac{1}{3!}, \tag{2.97}$$

$$P_{\overline{4}} = \frac{1}{2!} - \frac{1}{3!} + \frac{1}{4!}, \tag{2.98}$$

$$\vdots$$

$$P_{\overline{N}} = \frac{1}{2!} - \frac{1}{3!} + \frac{1}{4!} - \cdots + \frac{(-1)^N}{N!} \tag{2.99}$$

를 얻는다. ◇

[39] 이 확률은 $\frac{1}{n-1}$이다.

보기 2.44 (주사위 둘)* 제대로 만든 주사위 둘을 한꺼번에 굴려 나오는 수를 더한다고 하자. 더한 값이 5나 7일 때까지 주사위 둘을 거듭 굴린다고 할 때, 5가 7보다 먼저 나올 확률은 얼마인가?

풀이 처음 $n-1$번 굴릴 동안 5나 7이 나오지 않고 n째 시행에서 5가 나오는 사건을 E_n이라고 하면 $\{E_n\}_{n=1}^{\infty}$은 서로 배반이므로 (2.86)을 새기면, 바라는 확률은

$$P\left(\bigcup_{n=1}^{\infty} E_n\right) = \sum_{n=1}^{\infty} P(E_n) \tag{2.100}$$

이다. 그런데, $P(5) = \frac{4}{36}$이고[40] $P(7) = \frac{6}{36}$이고 5가 나오는 사건은 7이 나오는 사건과 서로 배반이므로

$$\begin{aligned} P(E_n) &= \text{Pr}\{\text{처음 } n-1\text{번 굴릴 동안 5나 7이 나오지 않음}\} \cdot \text{Pr}\{\text{5가 나옴}\} \\ &= [1 - \{P(5) + P(7)\}]^{n-1} P(5) \\ &= \left(\frac{13}{18}\right)^{n-1} \frac{1}{9} \end{aligned} \tag{2.101}$$

이다. 따라서, 바라는 확률은

$$\begin{aligned} P\left(\bigcup_{n=1}^{\infty} E_n\right) &= \frac{1}{9} \sum_{n=1}^{\infty} \left(\frac{13}{18}\right)^{n-1} \\ &= \frac{2}{5} \end{aligned} \tag{2.102}$$

이다. ◇

보기 2.45 보기 2.44를 다음과 같이 조금 다른 방향에서 직관적으로 살펴볼 수 있다. 확률 실험에서 서로 배반인 두 사건 E와 F를 생각하고, 이 확률 실험을 거듭한다고 하자. 그러면 사건 E가 사건 F보다 먼저 일어날 확률은

$$\frac{E\text{가 일어날 확률}}{E\text{나 } F\text{가 일어날 확률}} = \frac{P(E)}{P(E) + P(F)} \tag{2.103}$$

이다. 이제, 이것을 바탕으로 보기 2.44를 풀면

$$\begin{aligned} \text{Pr}\{\text{5가 7보다 먼저 일어남}\} &= \frac{\frac{4}{36}}{\frac{4}{36} + \frac{6}{36}} \\ &= \frac{2}{5} \end{aligned} \tag{2.104}$$

임을 알 수 있다. ◇

보기 2.46 (내기꾼 파산 문제)* 어떤 사람이 N원짜리 새 자동차를 사려고 돈을 모으고 있다. 이 사람이 가지고 있는 돈은 k원이며, 자동차를 사는 데 모자라는 나머지 돈을 내기로 따려고

[40]확률측도 P는 집합 함수이므로 $P(\{5\})$가 바른 꼴이다. 하지만, 그리 큰 문제가 없으면 그냥 $P(5)$처럼 쓰기도 한다.

한다. 내기에서는 앞이 나올 확률이 p이고 뒤가 나올 확률이 $q = 1 - p$인 동전을 던져 앞이 나오면 1원을 따고, 뒤가 나오면 1원을 잃는 것이다. 이제, $0 < k < N$이고 이 사람이 새 차를 살 만큼 돈을 벌 때까지, 또는 가지고 있는 돈을 모두 다 잃을 때까지 이 내기를 이어 할 때, 이 사람이 가지고 있는 돈을 다 잃을 확률은 얼마일까? 이것을 내기꾼 파산 문제[41]라 부른다.

풀이 이 사람의 재산이 N원이 되기 전에 0이 될 확률이 바라는 답이다. 이 사람이 k원으로 시작하여 가지고 있는 돈을 다 잃을 사건을 A_k라고 하고, 이 사람이 첫 내기에서 돈을 따는 사건을 B라고 하자. 그러면 (2.90)에서 보았듯이

$$P(A_k) = P(A_k|B)P(B) + P(A_k|B^c)P(B^c) \tag{2.105}$$

를 얻는다. 이 사람의 돈은 동전을 던져 앞이 나오면 $k+1$원으로 늘고, 뒤가 나오면 $k-1$원으로 주는데, 그런 상태에서 내기를 다시 시작하므로

$$P(A_k|B) = P(A_{k+1}) \tag{2.106}$$

이고

$$P(A_k|B^c) = P(A_{k-1}) \tag{2.107}$$

임을 알 수 있다. 여기서, $p_k = P(A_k)$라고 쓰면, $p_0 = 1$이고, $p_N = 0$이며, (2.105)–(2.107)에서

$$p_k = pp_{k+1} + qp_{k-1}, \quad 1 \le k \le N-1 \tag{2.108}$$

을 얻는다. 이제, $p_k = \theta^k$라고 두고 이것을 (2.108)에 넣어 θ^{k-1}로 나누면

$$p\theta^2 - \theta + q = 0 \tag{2.109}$$

를 얻는다. 이 식을 풀면 $\theta = \theta_1 = 1$과 $\theta = \theta_2 = \frac{q}{p}$를 얻는다.

먼저, $p \neq 0.5$이면 (2.108)의 일반 풀이는 $p_k = c_1\theta_1^k + c_2\theta_2^k$이다. 따라서, 경계 조건 $p_0 = 1$과 $p_N = 0$을 쓰면

$$p_k = \frac{\left(\frac{q}{p}\right)^k - \left(\frac{q}{p}\right)^N}{1 - \left(\frac{q}{p}\right)^N} \tag{2.110}$$

을 얻는다. 어느 내기든 p가 0.5보다 클 까닭이 없으므로 $p < 0.5$일 때를 생각하자. 그러면, $\frac{q}{p} > 1$이므로 $N \to \infty$일 때

$$p_k \to 1 \tag{2.111}$$

이다. 곧, 새 차가 비싸면 비쌀수록 이 사람이 가지고 있는 돈을 다 잃을 것이 더 뚜렷해진다.

[41] gambler's ruin problem

한편, $p = 0.5$이면 $\frac{q}{p} = 1$이므로 (2.108)의 일반 풀이는 $p_k = (A_1 + A_2 k)\theta_1^k$이다. 따라서, 경계 조건 $p_0 = 1$과 $p_N = 0$을 쓰면

$$p_k = 1 - \frac{k}{N} \tag{2.112}$$

를 얻는다. 따라서, $p = 0.5$이더라도 – 곧, 내기가 공평하더라도 – 새 차 값이 비싸면 비쌀수록 이 사람이 가지고 있는 돈을 다 잃을 것이 더 뚜렷해진다. ◇

2.2.1.2 전체확률 정리

식 (2.90)에서 조건 사건 수를 둘에서 여럿으로 확장하면 아래 전체확률 정리를 얻는다.

정리 2.3 전체확률 정리[42] 묶음 $\{B_1, B_2, \cdots, B_n\}$이 표본공간 S의 쪼갬이면

$$P(A) = \sum_{i=1}^{n} P(A|B_i)P(B_i) \tag{2.113}$$

이다. ■■

정리 2.3에서 다룬 전체확률 정리는 조건부 확률을 바탕으로 바라는 확률을 얻을 때 매우 쓸모 있다. 아래 보기들을 살펴보자.

보기 2.47 어떤 모임의 60%가 여자이고 40%가 남자이다. 여자 가운데 45%가 안경을 썼고, 남자 가운데 25%가 안경을 썼다. 이 모임에서 한 사람을 고르니 안경을 쓴 사람이었다. 이때, 그 사람이 남자일 확률을 얻어 보자.

풀이 먼저, **남** = {남자}, **여** = {여자}, **안** = {안경 씀}이라고 하면, $\textbf{남}^c$ = **여**이고, $P(\textbf{여}) = 0.6$이며, $P(\textbf{남}) = 0.4$이고, $P(\textbf{안}|\textbf{여}) = 0.45$이며, $P(\textbf{안}|\textbf{남}) = 0.25$이므로, (2.79)와 (2.113)을 쓰면

$$\begin{aligned} P(\textbf{남}|\textbf{안}) &= \frac{P(\textbf{남}, \textbf{안})}{P(\textbf{안})} \\ &= \frac{P(\textbf{안}|\textbf{남})P(\textbf{남})}{P(\textbf{안}|\textbf{남})P(\textbf{남}) + P(\textbf{안}|\textbf{여})P(\textbf{여})} \\ &= \frac{10}{37} \end{aligned} \tag{2.114}$$

임을 알 수 있다. ◇

보기 2.48 속이 보이지 않는 주머니가 둘 있다. 주머니 하나에는 노란 공이 둘, 파란 공이 셋 들어 있고, 다른 주머니에는 노란 공이 하나, 파란 공이 넷 들어 있다. 이제, 이 두 주머니 가운데 하나를 아무렇게나 고른 다음, 그 주머니에서 공을 하나 꺼낼 때, 꺼낸 공이 노란 공일 확률을 얻어 보자.

풀이 전체확률 정리를 쓰면

[42] total probability theorem

$$P(\text{꺼낸 공이 노란 공}) = \sum_{i=1}^{2} P(\text{꺼낸 공이 노란 공}|i\text{째 주머니에서 꺼냄}) \cdot P(i\text{째 주머니에서 꺼냄}) \quad (2.115)$$

처럼 쓸 수 있다. 여기서, 주머니를 아무렇게나 고른다고 했으므로

$$P(\text{첫째 주머니에서 꺼냄}) = P(\text{둘째 주머니에서 꺼냄}) = \frac{1}{2} \quad (2.116)$$

이고, 첫째 주머니에는 노란 공 둘과 파란 공 셋이 들어 있으므로

$$P(\text{꺼낸 공이 노란 공}|\text{첫째 주머니에서 꺼냄}) = \frac{2}{5} \quad (2.117)$$

이며, 둘째 주머니에는 노란 공 하나와 파란 공 넷이 들어 있으므로

$$P(\text{꺼낸 공이 노란 공}|\text{둘째 주머니에서 꺼냄}) = \frac{1}{5} \quad (2.118)$$

임을 쉽게 알 수 있다. 그러므로, $P(\text{꺼낸 공이 노란 공}) = \frac{2}{5} \cdot \frac{1}{2} + \frac{1}{5} \cdot \frac{1}{2} = \frac{3}{10}$이다. ◇

위 보기에서는 주머니를 아무렇게나 고른다는 이야기가 두 주머니 가운데 어느 주머니를 고를 확률도 다 $\frac{1}{2}$로 같다는 말이다. 이제, 이 문제를 조금 바꾸어 생각해 보자.

보기 2.49 (속이 보이지 않는 주머니)* 속이 보이지 않는 주머니 $1, 2, \cdots, n$을 생각하자. 주머니 i에는 노란 공이 i개, 파란 공이 $n-i$개 들어 있다. 이제, 주머니 i를 고를 확률이 $\frac{2i}{n(n+1)}$라고 하고, 주머니를 하나 골라 그 주머니에서 공을 하나 꺼낼 때, 꺼낸 공이 노란 공일 확률을 얻어 보자.

풀이 보기 2.48과 비슷하게, 전체확률 정리를 쓰면

$$P(\text{꺼낸 공이 노란 공}) = \sum_{i=1}^{n} P(\text{꺼낸 공이 노란 공}|\text{주머니 } i\text{에서 꺼냄}) \cdot P(\text{주머니 } i\text{에서 꺼냄}) \quad (2.119)$$

로 쓸 수 있는데, i째 주머니에는 노란 공이 i개, 파란 공이 $n-i$개 들어 있으므로

$$P(\text{꺼낸 공이 노란 공}|\text{주머니 } i\text{에서 꺼냄}) = \frac{i}{n} \quad (2.120)$$

이다. 따라서,

$$\begin{aligned} P(\text{꺼낸 공이 노란 공}) &= \sum_{i=1}^{n} \frac{i}{n} \frac{2i}{n(n+1)} \\ &= \frac{2}{n^2(n+1)} \frac{n(n+1)(2n+1)}{6} \\ &= \frac{2n+1}{3n} \end{aligned} \quad (2.121)$$

이다. ◇

보기 2.50 (투표 정리[43])* 어느 선거에서 후보 **가**는 n표를, 후보 **나**는 m표를 얻는다. 이제, $n > m$일 때 후보 **가**가 개표하는 동안 줄곧 앞설 확률을 얻어 보자.

풀이 먼저, 바라는 확률을 $P_{n,m}$이라고 하면

$$\begin{aligned} P_{n,m} &= P\{\text{가가 늘 앞섬}|\text{마지막 표가 가의 표}\}P\{\text{마지막 표가 가의 표}\} \\ &\quad + P\{\text{가가 늘 앞섬}|\text{마지막 표가 나의 표}\}P\{\text{마지막 표가 나의 표}\} \end{aligned} \tag{2.122}$$

처럼 쓸 수 있다. 여기서, 어느 표든지 **가**의 표일 확률은 $\frac{n}{m+n}$이고 **나**의 표일 확률은 $\frac{m}{m+n}$이므로

$$P\{\text{마지막 표가 가의 표}\} = \frac{n}{n+m} \tag{2.123}$$

이고

$$P\{\text{마지막 표가 나의 표}\} = \frac{m}{n+m} \tag{2.124}$$

이다. 한편, 마지막 표가 **가**의 표일 때 **가**가 늘 앞설 확률은 **가**가 $n-1$표를 얻고 **나**가 m표를 얻을 때 **가**가 늘 앞설 확률과 같다. 곧,

$$P\{\text{가가 늘 앞섬}|\text{마지막 표가 가의 표}\} = P_{n-1,m} \tag{2.125}$$

이다. 또한, $P\{\text{가가 늘 앞섬}|\text{마지막 표가 나의 표}\}$도 (2.125)와 비슷하게 생각하여 바꾼 다음, (2.122)를 다시 쓰면

$$P_{n,m} = P_{n-1,m} \cdot \frac{n}{n+m} + P_{n,m-1} \cdot \frac{m}{n+m} \tag{2.126}$$

이다. 이것을 풀면[44]

$$P_{n,m} = \frac{n-m}{n+m} \tag{2.127}$$

을 얻는다. ◇

보기 2.51 (가위바위보로 한 사람 뽑기)* 여러 사람이 한 자리에 모여 가위바위보로 한 사람을 뽑는다. 이긴 사람이 한 사람이면 그 사람이 뽑히는 것이고, 그렇지 않으면 모두 다시 가위바위보한다고 하자. 여기서, 누구나 가위, 바위, 또는 보를 낼 확률은 $\frac{1}{3}$씩이고, 다른 사람의 영향을 받지 않는다고 두자. 이제, n 사람이 모여 가위바위보를 시작하여 k번 만에 한 사람을 뽑을 확률을 $P_{n,k}$라고 할 때 이것을 얻어 보자.

풀이 먼저, 한 번에 끝날 확률은

$$P(\text{끝남}) = \sum_{i=1}^{n} P(i\text{째 사람이 이김}) \tag{2.128}$$

[43] ballot theorem

[44] 식 (2.127)을 (2.126)에 넣어보면 (2.127)이 (2.126)의 풀이라는 것을 알 수 있다.

표 2.3 n 사람이 모여 가위바위보를 시작하여 k번 만에 한 사람을 뽑을 확률을 $P_{n,k}$

$n \downarrow k \rightarrow$	1	2	3	4	$\cdots$
2	$\frac{2}{3} \approx 0.667$	$\frac{2}{9} \approx 0.222$	$\frac{2}{27} \approx 0.074$	$\frac{2}{81} \approx 0.025$	$\cdots$
3	$\frac{1}{3} \approx 0.333$	$\frac{2}{9} \approx 0.222$	$\frac{4}{27} \approx 0.124$	$\frac{8}{81} \approx 0.099$	$\cdots$
4	$\frac{4}{27} \approx 0.148$	$\frac{92}{729} \approx 0.126$	$\frac{2116}{19683} \approx 0.108$	$\frac{48668}{531441} \approx 0.092$	$\cdots$
5	$\frac{5}{81} \approx 0.062$	$\frac{380}{6561} \approx 0.058$	$\frac{28880}{531441} \approx 0.054$	$\frac{2194880}{43046721} \approx 0.051$	$\cdots$

이다. 여기서, (2.113)을 바탕으로

$$\begin{aligned} P(i\text{째 사람이 이김}) &= P(i\text{째 사람이 이김}|i\text{째 사람이 가위})P(i\text{째 사람이 가위}) \\ &\quad + P(i\text{째 사람이 이김}|i\text{째 사람이 바위})P(i\text{째 사람이 바위}) \\ &\quad + P(i\text{째 사람이 이김}|i\text{째 사람이 보})P(i\text{째 사람이 보}) \end{aligned} \tag{2.129}$$

처럼 쓸 수 있다. 그런데, $P(i\text{째 사람이 이김}|i\text{째 사람이 가위}) = P(\text{나머지 사람은 모두 보}|i\text{째 사람이 가위}) = \left(\frac{1}{3}\right)^{n-1}$이고 $P(i\text{째 사람이 가위}) = \frac{1}{3}$이며, i째 사람이 바위나 보를 낼 때도 마찬가지이므로,

$$\begin{aligned} P(i\text{째 사람이 이김}) &= \left(\frac{1}{3}\right)^{n-1}\frac{1}{3} + \left(\frac{1}{3}\right)^{n-1}\frac{1}{3} + \left(\frac{1}{3}\right)^{n-1}\frac{1}{3} \\ &= \frac{1}{3^{n-1}} \end{aligned} \tag{2.130}$$

이다. 따라서,

$$\begin{aligned} P(\text{끝남}) &= \sum_{i=1}^{n} \frac{1}{3^{n-1}} \\ &= \frac{n}{3^{n-1}} \end{aligned} \tag{2.131}$$

이다. 이제, k째 가위바위보에서 끝난다는 것은 $k-1$째까지 줄곧 끝나지 않다가 k째에 끝나는 것인데, 어느 때이든지 끝나지 않을 확률은 $1 - P(\text{끝남})$이므로,

$$\begin{aligned} P_{n,k} &= P(k\text{째에 끝남}) \\ &= \{1 - P(\text{끝남})\}^{k-1} P(\text{끝남}) \\ &= \left(1 - \frac{n}{3^{n-1}}\right)^{k-1} \frac{n}{3^{n-1}} \end{aligned} \tag{2.132}$$

이다. 한편,

$$\begin{aligned} \sum_{k=1}^{\infty} P_{n,k} &= \frac{1}{1 - \left(1 - \frac{n}{3^{n-1}}\right)} \frac{n}{3^{n-1}} \\ &= 1 \end{aligned} \tag{2.133}$$

임을 쉽게 알 수 있다. 표 2.3에 확률 $P_{n,k}$을 몇 개 얻어 보였다. ◇

2.2.1.3 베이스의 정리

전체확률 정리를 조건부 확률의 뜻매김 식과 알맞게 엮으면 여러 모로 쓸모 있는 베이스의 정리를 얻는다.

정리 2.4 베이스의 정리[45] 묶음 $\{B_i\}_{i=1}^{n}$가 서로 배반인 사건들이고 $A \subset \bigcup_{i=1}^{n} B_i$이면

$$P(B_k|A) = \frac{P(A|B_k)\,P(B_k)}{\sum_{j=1}^{n} P(A|B_j)\,P(B_j)} \tag{2.134}$$

이다. ■■

위 (2.134)의 오른쪽 항에서 분모는 $P(A)$라는 것을 – 곧, $\sum_{j=1}^{n} P(A|B_j)\,P(B_j) = P(A)$라는 것을 – 눈여겨볼 만하다.

보기 2.52 주머니 넷에 어떤 부품이 각각 2000, 500, 1000, 1000개 담겨 있다. 주머니에 들어 있는 부품이 잘못 만든 부품일 확률은 주머니마다 각각 0.05, 0.4, 0.1, 0.1이다.

(가) 주머니를 마음대로 골라 그 안에서 부품을 하나 꺼냈을 때 그 부품이 잘못 만든 부품일 확률은 얼마인가?

(나) 꺼낸 부품이 잘못 만든 부품이라고 했을 때 그 부품이 둘째 주머니에서 나온 것일 확률은 얼마인가?

(다) 꺼낸 부품이 잘못 만든 부품이라고 했을 때 그 부품이 셋째 주머니에서 나온 것일 확률은 얼마인가?

풀이

(가) 먼저, $A = \{$꺼낸 부품이 잘못 만든 부품임$\}$과 $B_i = \{i$째 주머니에서 부품을 꺼냄$\}$이라고 두면, $i = 1, 2, 3, 4$일 때 $P(B_i) = \frac{1}{4}$이다. 보기를 들면, $P(A|B_2)$는 고른 주머니가 둘째 주머니라고 했을 때 꺼낸 부품이 잘못 만든 부품일 확률을 나타내므로 그 값은 0.4이다. 이제, $\{B_i\}$는 전체집합의 분할이므로 전체확률 정리를 쓰면

$$\begin{aligned} P(A) &= \sum_{i=1}^{4} P(A|B_i)\,P(B_i) \\ &= \frac{1}{4}\cdot 0.05 + \frac{1}{4}\cdot 0.4 + \frac{1}{4}\cdot 0.1 + \frac{1}{4}\cdot 0.1 \\ &= \frac{13}{80} \end{aligned} \tag{2.135}$$

를[46] 얻는다.

(나) 얻어야 할 확률은 $P(B_2|A)$이다. 따라서, $P(B_2) = \frac{1}{4}$, $P(A|B_2) = 0.4$, (2.135)에서 얻은 $P(A) = \frac{13}{80}$를 새겨 베이스의 정리를 쓰면 $P(B_2|A) = \frac{P(A|B_2)P(B_2)}{P(A)}$에서

[45] Bayes' theorem

[46] 여기서, $\frac{13}{80} = 0.1625$이다.

$$P(B_2|A) = \frac{8}{13} \tag{2.136}$$

을[47] 얻는다.

(다) 위 (나)에서와 비슷하게, 베이스의 정리를 쓰면 $P(B_3|A) = \frac{P(A|B_3)P(B_3)}{P(A)}$ 처럼 나타낼 수 있으므로, $P(B_3) = \frac{1}{4}$, $P(A|B_3) = 0.1$, (2.135)에서 얻은 $P(A) = \frac{13}{80}$를 새기면

$$\begin{aligned} P(B_3|A) &= \frac{0.1 \cdot \frac{1}{4}}{\frac{13}{80}} \\ &= \frac{2}{13} \end{aligned} \tag{2.137}$$

을[48] 얻는다.

덧붙이자면, 꺼낸 부품이 잘못 만든 부품이라고 했을 때, 그 부품이 첫째 주머니에서 나온 것일 확률과 그 부품이 넷째 주머니에서 나온 것일 확률을 위 (나) 또는 (다)와 비슷하게 얻어 이것을 다 더하면 1일 것이다. 바꾸어 말하면,

$$\begin{aligned} \sum_{i=1}^{4} P(B_i|A) &= P(\Omega|A) \\ &= 1 \end{aligned} \tag{2.138}$$

이다. ◇

보기 2.53 부호 0과 1이 이루는 수열 신호를 보내는 이진 통신[49] 전송로[50]를 생각하자. 이 신호의 부호들은 잡음의 영향을 받아 '잘못'이 일어날 수 있다. 곧, 그림 2.4에서 볼 수 있는 것처럼 0을 보내도 1로 받을 수 있고, 1을 보내도 0으로 받을 수 있다. 또, 어떤 부호에 미치는 잡음의 영향은 다른 부호에 미치는 잡음의 영향과 아무 관련이 없다. 보낸 부호가 1인 사건을 B_1이라고 하고, 보낸 부호가 0인 사건을 B_0이라고 하자. 그리고, 받은 부호가 1인 사건을 A_1이라고 하고, 받은 부호가 0인 사건을 A_0이라고 하자. 한편, 부호 i를 보냈는데 부호 j를 받을 확률을 p_{ij}로 쓰자. 그러면 두 가지 '잘못' 확률은

$$\begin{aligned} P(A_0|B_1) &= P\{1\text{을 보냈는데 } 0\text{을 받음}\} \\ &= p_{10} \\ &= 1 - p_{11} \end{aligned} \tag{2.139}$$

와

$$\begin{aligned} P(A_1|B_0) &= P\{0\text{을 보냈는데 } 1\text{을 받음}\} \\ &= p_{01} \\ &= 1 - p_{00} \end{aligned} \tag{2.140}$$

[47] 여기서, $\frac{8}{13} \approx 0.6154$이다.
[48] 여기서, $\frac{2}{13} \approx 0.1538$이다.
[49] binary communication
[50] channel 또는 communication channel

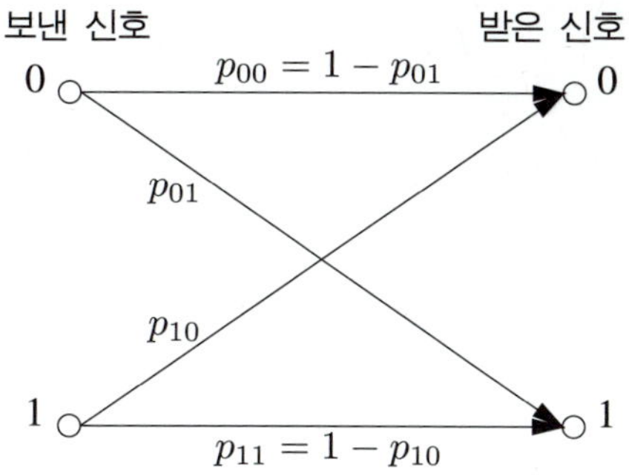

그림 2.4 이진 통신 전송로

이다. 이제, 1과 0을 보낼 사전 확률[51]을 $P(B_1) = p$와 $P(B_0) = q = 1 - p$라고 두고, $j, k = 0, 1$일 때 사후 확률[52] $P(B_j|A_k)$를 얻어 보자.

풀이 베이스의 정리를 쓰면 $j, k = 0, 1$일 때

$$P(B_j|A_k) = \frac{P(B_j)\,P(A_k|B_j)}{P(B_1)\,P(A_k|B_1) + P(B_0)\,P(A_k|B_0)} \tag{2.141}$$

을 얻는다. 곧, 사후 확률은

$$P(B_j|A_k) = \begin{cases} \frac{pp_{11}}{pp_{11}+(1-p)(1-p_{00})}, & j=1, k=1, \\ \frac{p(1-p_{11})}{p(1-p_{11})+(1-p)p_{00}}, & j=1, k=0, \\ \frac{(1-p)(1-p_{00})}{pp_{11}+(1-p)(1-p_{00})}, & j=0, k=1, \\ \frac{(1-p)p_{00}}{p(1-p_{11})+(1-p)p_{00}}, & j=0, k=0 \end{cases} \tag{2.142}$$

처럼 쓸 수 있다. 여기서,

$$\begin{aligned} P(A_1) &= P(B_1)\,P(A_1|B_1) + P(B_0)\,P(A_1|B_0) \\ &= pp_{11} + (1-p)(1-p_{00}) \end{aligned} \tag{2.143}$$

이고

$$\begin{aligned} P(A_0) &= P(B_1)\,P(A_0|B_1) + P(B_0)\,P(A_0|B_0) \\ &= p(1-p_{11}) + (1-p)\,p_{00} \\ &= 1 - P(A_1) \end{aligned} \tag{2.144}$$

임을 새겨 둘 만하다. 또, $P(B_0) = P(A_1)\,P(B_0|A_1) + P(A_0)\,P(B_0|A_0) = (1-p)(1-p_{00}) + (1-p)p_{00} = 1-p$이고 $P(B_1) = P(A_1)\,P(B_1|A_1) + P(A_0)\,P(B_1|A_0) = pp_{11} + p(1-p_{11}) = p$라는 것을 확인할 수 있다. 이제, 두 잘못 확률이 같은 – 곧, $p_{01} = p_{10}$인 – 대칭 전송로를 생각해 보자. 그리고, 사전 확률도 같다고 – 곧, $p = q = 0.5$라고 – 두자. 그러면 쉽게 미리 알 수 있듯이 (2.143)과 (2.144)에서

[51] *a priori* probability 또는 prior probability
[52] *a posteriori* probability 또는 posterior probability

$$\begin{aligned} P(A_1) &= P(A_0) \\ &= \frac{1}{2} \end{aligned} \tag{2.145}$$

를, (2.142)에서

$$\begin{aligned} P(B_1|A_0) &= P(B_0|A_1) \\ &= 1-p_{11} \end{aligned} \tag{2.146}$$

과

$$\begin{aligned} P(B_1|A_1) &= P(B_0|A_0) \\ &= p_{11} \end{aligned} \tag{2.147}$$

을 얻는다. ◇

보기 2.54 서로 관련이 없는 두 전송로 C_1과 C_2로 N 부호 정보를 받는다고 하자. 이때, 전송로 잡음으로 말미암아 전송로 C_1을 거친 N 부호 정보 A에는 잘못된 부호가 w_A개, 전송로 C_2를 거친 N 부호 정보 B에는 잘못된 부호가 w_B개 있다고 하자. 또, 어떤 부호에 미치는 잡음의 영향은 다른 부호에 미치는 잡음의 영향과 아무 관련이 없다고 하자.
(가) 잘못된 부호 가운데 A와 B에 공통인 것이 d개일 확률을 얻어 보자.
(나) 확률 p로 A에서 또는 확률 $1-p$로 B에서 자리마다 한 부호씩 골라 새로운 N 부호 정보를 만든다고 하자. 이 새로운 N 부호 정보에 잘못된 부호가 k개 있을 확률을 얻어 보자.

풀이
(가) 먼저, A의 N 부호 가운데 잘못된 부호가 w_A개인 방법의 가지 수는 $\binom{N}{w_A}$이고, B의 N 부호 가운데 잘못된 부호가 w_B개인 방법의 가지 수는 $\binom{N}{w_B}$이다. 한편, 잘못된 부호 가운데 A와 B에 공통인 것이 d개인 방법의 가지 수는

$${}_N\mathrm{C}_d \binom{N-d}{w_A-d}\binom{N-w_A}{w_B-d} \tag{2.148}$$

이다. 따라서, 그림 2.5에서 알 수 있듯이 잘못된 부호 가운데 A와 B에 공통인 부호 수는 적어도

$$\begin{aligned} L_1 &= \max\{0, w_A-(N-w_B)\} \\ &= \max\{0, w_B-(N-w_A)\} \\ &= \max(0, w_A+w_B-N) \end{aligned} \tag{2.149}$$

이고, 많아야

$$U_1 = \min(w_A, w_B) \tag{2.150}$$

이다. 이것을 새기면 잘못된 부호 가운데 A와 B에 공통인 부호의 수 D가 d일 확률은 $L_1 \le d \le U_1$일 때

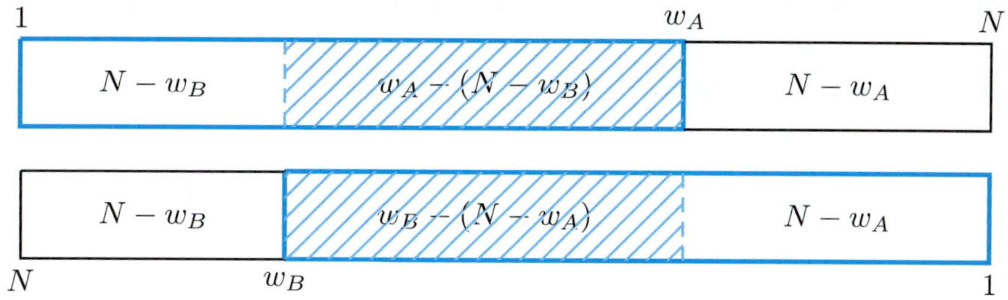

그림 2.5 잘못된 부호가 가장 적을 때

$$P\{D = d\} = \frac{\binom{N}{d}\binom{N-d}{w_A-d}\binom{N-w_A}{w_B-d}}{\binom{N}{w_A}\binom{N}{w_B}} \quad (2.151)$$

이다.

(나) 이제, 새로 만든 부호 벡터를 V라고 하고, $D = d$일 때 부호 벡터 V에 있는 잘못된 부호 수 K가 k일 조건부 확률 $P_1(K = k|D = d)$를 먼저 얻어 보자. 이때, A에서도 B에서도 잘못된 부호는 V에서도 잘못된 부호이고, A에서도 바르고 B에서도 바른 부호는 V에서도 바른 부호이다. 따라서, 잘못된 부호 가운데 A와 B에 공통인 부호가 d개일 때 V에 잘못된 부호가 k개일 사건은 B에서는 바르고 A에서는 잘못된 부호 $w_A - d$개와 A에서는 바르고 B에서는 잘못된 부호 $w_B - d$개에서 $k - d$개를 고르는 사건과 같다. 또, 이 사건은 B에서는 바르고 A에서는 잘못된 부호 $w_A - d$개에서 i개를 고르고 A에서는 바르고 B에서는 잘못된 부호 $w_B - d$개에서 $k - d - i$개를 고르는 모든 사건을 합집합한 것이다. 곧,

$$\begin{aligned} P_1\{K = k|D = d\} &= \sum_{i=L_2}^{U_2} \text{Pr}\{B\text{에서는 바르고 } A\text{에서는 잘못된 부호 } (w_A - d)\text{개에서} \\ &\quad i\text{개를 고름, } A\text{에서는 바르고 } B\text{에서는 잘못된 부호 } (w_B - d)\text{개에서} \\ &\quad (k - d - i)\text{개를 고름}\} \\ &= \sum_{i=L_2}^{U_2} \binom{w_A - d}{i} p^i (1-p)^{w_A - d - i} \binom{w_B - d}{k - d - i} (1-p)^{k-d-i} p^{w_B - d - (k-d-i)} \\ &= \sum_{i=L_2}^{U_2} \binom{w_A - d}{i} \binom{w_B - d}{k - d - i} p^{w_B - k + 2i} (1-p)^{k + w_A - 2d - 2i} \end{aligned} \quad (2.152)$$

이다. 여기서, $\{0 \le i \le w_A - d\} \cap \{0 \le k - d - i \le w_B - d\}$는 $\{0 \le i \le w_A - d\} \cap \{k - w_B \le i \le k - d\}$처럼 쓸 수 있으므로

$$L_2 = \max(0, k - w_B) \quad (2.153)$$

이고

$$U_2 = \min(w_A - d, k - d) \quad (2.154)$$

이다. 따라서, 부호 벡터 V에 잘못된 부호가 k개 있을 확률은 $L_3 \le k \le U_3$일 때

$$
\begin{aligned}
P\{K=k\} &= \sum_{d=L_1}^{U_1} P_1\{K=k|D=d\}P\{D=d\} \\
&= \frac{1}{\binom{N}{w_A}\binom{N}{w_B}} \sum_{d=L_1}^{U_1}\sum_{i=L_2}^{U_2} \binom{N}{d}\binom{N-d}{w_A-d}\binom{N-w_A}{w_B-d}\binom{w_A-d}{i}\binom{w_B-d}{k-d-i} \\
&\quad \cdot p^{w_B-k+2i}(1-p)^{k+w_A-2d-2i}
\end{aligned}
\tag{2.155}
$$

이다. 여기서, 잘못된 부호 가운데 A와 B에 공통인 것은 적어도 $\max(0, w_A + w_B - N)$개라는 것을 앞에서 보았는데, 이 식에서 w_A를 $N - w_A$로, 또 w_B를 $N - w_B$로 바꾸어 넣으면 바른 부호 가운데 A와 B에 공통인 것은 적어도

$$
\max\{0, (N-w_A)+(N-w_B)-N\} = \max(0, N-w_A-w_B) \tag{2.156}
$$

개라는 것을 알 수 있다. 이것은 V의 부호 N개 가운데 잘못된 것은 많아야 $N - \max(0, N-w_A -w_B) = \min(w_A+w_B, N)$개라는 것을 뜻하는 것이다. 곧,

$$
\begin{aligned}
L_3 &= \max(0, w_A+w_B-N) \\
&= L_1
\end{aligned}
\tag{2.157}
$$

이고

$$
U_3 = \min(w_A+w_B, N) \tag{2.158}
$$

이다. ◇

보기 2.55 보기 2.54에서 $N=3$이고 $w_A = w_B = 1$일 때, $P\{D=d\}$와 $P\{K=k\}$를 얻어 보자. 먼저, $L_1 = \max(0, w_A+w_B-N) = 0$이고 $U_1 = \min(w_A, w_B) = 1$이므로 (2.151)에서

$$
\begin{aligned}
P\{D=d\} &= \frac{{}_3\mathrm{C}_d \cdot {}_{3-d}\mathrm{C}_{1-d} \cdot {}_2\mathrm{C}_{1-d}}{{}_3\mathrm{C}_1 \cdot {}_3\mathrm{C}_1} \\
&= \begin{cases} \frac{2}{3}, & d=0, \\ \frac{1}{3}, & d=1 \end{cases}
\end{aligned}
\tag{2.159}
$$

이다. 다음에, $L_2 = \max(0, k-1)$이고, $U_2 = \min(1-d, k-d)$이며, (2.155)에서

$$
\begin{aligned}
P\{K=k\} &= \sum_{i=\max(0,k-1)}^{\min(1,k)} {}_1\mathrm{C}_i \cdot {}_1\mathrm{C}_{k-i} \cdot \frac{1}{4}\cdot\frac{2}{3} \\
&\quad + \sum_{i=\max(0,k-1)}^{\min(0,k-1)} {}_0\mathrm{C}_i \cdot {}_0\mathrm{C}_{k-1-i} \cdot \frac{1}{3}
\end{aligned}
\tag{2.160}
$$

인데, $k=0$이면

$$P\{K=0\} = \sum_{i=0}^{0} {}_1\mathrm{C}_i \cdot {}_1\mathrm{C}_{0-i}\frac{1}{4}\cdot\frac{2}{3} + \sum_{i=0}^{-1} {}_0\mathrm{C}_i \cdot {}_0\mathrm{C}_{-1-i}\frac{1}{3} = \frac{1}{6} \quad (2.161)$$

이고, $k=1$이면

$$P\{K=1\} = \sum_{i=0}^{1} {}_1\mathrm{C}_i \cdot {}_1\mathrm{C}_{1-i}\frac{1}{4}\cdot\frac{2}{3} + \sum_{i=0}^{0} {}_0\mathrm{C}_i \cdot {}_0\mathrm{C}_{0-i}\frac{1}{3} = \frac{2}{3} \quad (2.162)$$

이며, $k=2$이면

$$P\{K=2\} = \sum_{i=1}^{1} {}_1\mathrm{C}_i \cdot {}_1\mathrm{C}_{2-i}\frac{1}{4}\cdot\frac{2}{3} + \sum_{i=1}^{0} {}_0\mathrm{C}_i \cdot {}_0\mathrm{C}_{-1-i}\frac{1}{3} = \frac{1}{6} \quad (2.163)$$

이므로

$$P\{K=k\} = \begin{cases} \frac{1}{6}, & k=0, \\ \frac{2}{3}, & k=1, \\ \frac{1}{3}, & k=2 \end{cases} \quad (2.164)$$

이다. 여기서, $L_3 = L_1 = 0$이고 $U_3 = \min(w_A + w_B, N) = 2$라는 것을 확인할 수 있다. ◇

보기 2.56 집적회로 n개 가운데 m개가 불량이다. 이 집적회로 n개 가운데 하나를 아무렇게나 집을 때, 집은 것이 불량일 확률이 $\alpha_1 = \frac{m}{n}$이라는 것을 보기 2.33에서 보았다.

(가) 처음 아무렇게나 집은 집적회로가 불량이고 이 집적회로를 버릴 때 다음에 아무렇게나 집은 집적회로가 불량일 확률 $\alpha_{1,1}$, 처음 아무렇게나 집은 집적회로가 불량이 아니고 이 집적회로를 버릴 때 다음에 아무렇게나 집은 집적회로가 불량일 확률 $\alpha_{0,1}$, 처음 아무렇게나 집은 집적회로가 불량이고 이 집적회로를 버릴 때 다음에 아무렇게나 집은 집적회로가 불량이 아닐 확률 $\alpha_{1,0}$, 처음 아무렇게나 집은 집적회로가 불량이 아니고 이 집적회로를 버릴 때 다음에 아무렇게나 집은 집적회로가 불량이 아닐 확률 $\alpha_{0,0}$을 얻어 보자.

(나) 위 (가)에서 처음 집은 것을 버리지 않을 때 그 확률 $\{\tilde{\alpha}_{i,j}\}_{i,j=0}^{1}$을 얻어 보자.

(다) 집적회로 n개 가운데 둘을 아무렇게나 집을 때, 어느 것도 불량이 아닐 확률 β_0, 하나만 불량일 확률 β_1, 둘 다 불량일 확률 β_2를 얻어 보자.

풀이

(가) 처음 아무렇게나 집은 집적회로가 불량이고 이 집적회로를 버렸을 때 다음에 아무렇게나 집은 집적회로가 불량일 확률은

$$\begin{aligned}\alpha_{1,1} &= P\,(\text{둘째=불량}|\text{처음=불량})\,P\,(\text{처음=불량}) \\ &= \frac{m-1}{n-1}\times\frac{m}{n} \\ &= \frac{m(m-1)}{n(n-1)}\end{aligned} \quad (2.165)$$

이다. 이와 비슷하게 생각하여 $\alpha_{0,1} = \frac{m(n-m)}{n(n-1)}$, $\alpha_{1,0} = \frac{m(n-m)}{n(n-1)}$, $\alpha_{0,0} = \frac{(n-m)(n-m-1)}{n(n-1)}$을 얻을 수 있다.

(나) 처음 아무렇게나 집은 집적회로가 불량이고 이 집적회로를 버리지 않을 때 다음에 아무렇게나 집은 집적회로가 불량일 확률은

$$\begin{aligned} \tilde{\alpha}_{1,1} &= P(\text{둘째=불량}|\text{처음=불량})\,P(\text{처음=불량}) \\ &= P(\text{둘째=불량})\,P(\text{처음=불량}) \\ &= \frac{m}{n} \times \frac{m}{n} \\ &= \frac{m^2}{n^2} \end{aligned} \tag{2.166}$$

이다. 이와 비슷하게 생각하여 $\tilde{\alpha}_{0,1} = \frac{m(n-m)}{n^2}$, $\tilde{\alpha}_{1,0} = \frac{m(n-m)}{n^2}$, $\tilde{\alpha}_{0,0} = \frac{(n-m)^2}{n^2}$을 얻을 수 있다.

(다) 집적회로 n개 가운데 둘을 아무렇게나 집을 때 어느 것도 불량이 아닐 확률은

$$\begin{aligned} \beta_0 &= \frac{{}_{n-m}\mathrm{C}_2}{{}_n\mathrm{C}_2} \\ &= \frac{(n-m)(n-m-1)}{n(n-1)} \end{aligned} \tag{2.167}$$

이고, 집적회로 n개 가운데 둘을 아무렇게나 집을 때 하나만 불량일 확률은

$$\begin{aligned} \beta_1 &= \frac{{}_m\mathrm{C}_1\,{}_{n-m}\mathrm{C}_1}{{}_n\mathrm{C}_2} \\ &= \frac{2m(n-m)}{n(n-1)} \end{aligned} \tag{2.168}$$

이며, 집적회로 n개 가운데 둘을 아무렇게나 집을 때 둘 다 불량일 확률은

$$\begin{aligned} \beta_2 &= \frac{{}_m\mathrm{C}_2}{{}_n\mathrm{C}_2} \\ &= \frac{m(m-1)}{n(n-1)} \end{aligned} \tag{2.169}$$

이다. 쉽게 알 수 있듯이, $\beta_0 = \alpha_{0,0}$이고, $\beta_1 = \alpha_{0,1} + \alpha_{1,0}$이며, $\beta_2 = \alpha_{1,1}$이다. ◇

보기 2.57 상자 1에는 낡은 지우개 둘과 새 지우개 셋이, 상자 2에는 낡은 지우개 하나와 새 지우개 여섯이 들어 있다. 이제, "아무렇게나 상자를 하나 골라 그 상자에서 지우개를 하나 아무렇게나 꺼낸다."는 확률실험을 두 번 시행하되, 처음 꺼낸 것은 버린다고 하자. 이때,

(가) 꺼낸 지우개 둘이 모두 낡은 것일 확률 P_2, 하나는 낡은 것이고 하나는 새 것일 확률 P_1, 꺼낸 지우개 둘이 모두 새 것일 확률 P_0을 얻어 보자.

(나) 꺼낸 지우개 둘이 모두 낡은 것이라고 할 때, 하나는 상자 1에서, 다른 하나는 상자 2에서 나왔을 확률을 얻어 보자.

풀이

(가) 먼저,

$$P(\text{처음에 상자 } i\text{에서 낡은 것}) = P(\text{낡은 것}|\text{상자 } i)\,P(\text{상자 } i) = \begin{cases} \frac{2}{5}\cdot\frac{1}{2}, & i=1, \\ \frac{1}{7}\cdot\frac{1}{2}, & i=2 \end{cases} \tag{2.170}$$

이고

$$P(\text{두 번째에 상자 } j\text{에서 낡은 것}|\text{처음에 상자 } i\text{에서 낡은 것}) = \begin{cases} \frac{1}{4}\cdot\frac{1}{2}, & i=1, j=1 \\ \frac{1}{7}\cdot\frac{1}{2}, & i=1, j=2 \\ \frac{2}{5}\cdot\frac{1}{2}, & i=2, j=1 \\ \frac{0}{6}\cdot\frac{1}{2}, & i=2, j=2 \end{cases} \tag{2.171}$$

이다. 그러므로,

$$\begin{aligned} P_2 &= \sum_{i=1}^{2}\sum_{j=1}^{2} P(\text{두 번째에 상자 } j\text{에서 낡은 것}|\text{처음에 상자 } i\text{에서 낡은 것}) \\ &\quad \cdot P(\text{처음에 상자 } i\text{에서 낡은 것}) \\ &= \left(\frac{1}{2}\cdot\frac{1}{4}\right)\cdot\frac{1}{5} + \left(\frac{1}{2}\cdot\frac{1}{7}\right)\cdot\frac{1}{5} + \left(\frac{1}{2}\cdot\frac{2}{5}\right)\cdot\frac{1}{14} + \left(\frac{1}{2}\cdot\frac{0}{6}\right)\cdot\frac{1}{14} \\ &= \frac{15}{280} \end{aligned} \tag{2.172}$$

를 얻는다. 이와 비슷하게

$$\begin{aligned} P_0 &= \left(\frac{1}{2}\cdot\frac{2}{4}\right)\cdot\left(\frac{1}{2}\cdot\frac{3}{5}\right) + \left(\frac{1}{2}\cdot\frac{6}{7}\right)\cdot\left(\frac{1}{2}\cdot\frac{3}{5}\right) + \left(\frac{1}{2}\cdot\frac{3}{5}\right)\cdot\left(\frac{1}{2}\cdot\frac{6}{7}\right) \\ &\quad + \left(\frac{1}{2}\cdot\frac{5}{6}\right)\cdot\left(\frac{1}{2}\cdot\frac{6}{7}\right) \\ &= \frac{143}{280} \end{aligned} \tag{2.173}$$

이다. 한편,

$$P_1 = P(\text{처음에 새 것, 두 번째에 낡은 것}) + P(\text{처음에 낡은 것, 두 번째에 새 것}) \tag{2.174}$$

이다. 이제,

$$\begin{aligned} P(\text{처음에 새 것, 두 번째에 낡은 것}) &= \left(\frac{1}{2}\cdot\frac{2}{4}\right)\cdot\left(\frac{1}{2}\cdot\frac{3}{5}\right) + \left(\frac{1}{2}\cdot\frac{1}{7}\right)\cdot\left(\frac{1}{2}\cdot\frac{3}{5}\right) \\ &\quad + \left(\frac{1}{2}\cdot\frac{2}{5}\right)\cdot\left(\frac{1}{2}\cdot\frac{6}{7}\right) + \left(\frac{1}{2}\cdot\frac{1}{6}\right)\cdot\left(\frac{1}{2}\cdot\frac{6}{7}\right) \\ &= \frac{61}{280} \end{aligned} \tag{2.175}$$

이고, 이와 비슷하게 $P(\text{처음에 낡은 것, 두 번째에 새 것}) = \frac{61}{280}$이므로 $P_1 = \frac{61}{280} + \frac{61}{280} = \frac{122}{280}$이다. 이때, P_1은 $P_1 = 1 - P_0 - P_2 = \frac{122}{280}$처럼 얻을 수도 있다.

(나) 다음에, 꺼낸 지우개 둘이 모두 낡은 것이라고 할 때, 하나는 상자 1에서, 다른 하나는 상자 2에서 나왔을 확률 P_3은

$$\begin{aligned} P_3 &= P(\text{낡은 것 하나는 상자 1에서, 낡은 것 하나는 상자 2에서}|\text{낡은 것 둘}) \\ &= \frac{P(\text{낡은 것 하나는 상자 1에서, 낡은 것 하나는 상자 2에서, 낡은 것 둘})}{P(\text{낡은 것 둘})} \end{aligned} \tag{2.176}$$

이다. 여기서, $P(\text{낡은 것 둘}) = P_2 = \frac{15}{280}$이고,

$$\begin{aligned} & P(\text{낡은 것 하나는 상자 1에서, 낡은 것 하나는 상자 2에서, 낡은 것 둘}) \\ &= P(\text{낡은 것 하나는 상자 1에서, 낡은 것 하나는 상자 2에서}) \\ &= \left(\frac{1}{2}\cdot\frac{1}{7}\right)\cdot\left(\frac{1}{2}\cdot\frac{2}{5}\right)+\left(\frac{1}{2}\cdot\frac{2}{5}\right)\cdot\left(\frac{1}{2}\cdot\frac{1}{7}\right) \\ &= \frac{1}{35} \end{aligned} \tag{2.177}$$

이므로 $P_3 = \frac{1}{35}\cdot\frac{280}{15} = \frac{8}{15}$이다. ◇

2.2.2 독립 사건

뜻매김 2.10 두 독립[53]사건

두 사건 A와 B의 공통사건의 확률이 두 사건의 확률의 곱과 같으면, 곧

$$P(A\cap B) = P(A)P(B) \tag{2.178}$$

이면, 사건 A와 B는 서로 독립이라고 한다.

보기 2.58 동전을 여러 번 던지는 실험에서, 던질 때마다 나오는 결과가 그 앞 또는 뒤의 결과에 어떤 영향을 주는가?

풀이 동전 하나를 두 번 던지는 확률 실험을 생각하자. 이때, 나올 수 있는 결과는 (앞, 앞), (앞, 뒤), (뒤, 앞), (뒤, 뒤)이다. 이제, $a, b > 0$, $P(\text{앞}) = a$, $P(\text{뒤}) = b$, $a + b = 1$이라고 하고, $P(\text{앞, 앞}) = a^2$, $P(\text{앞, 뒤}) = P(\text{뒤, 앞}) = ab$, $P(\text{뒤, 뒤}) = b^2$이라고 두자.

이제, 두 사건 **가** $= \{$처음 결과가 앞임$\} = \{$(앞, 앞), (앞, 뒤)$\}$와 **나** $= \{$둘째 결과가 앞임$\} = \{$(앞, 앞), (뒤, 앞)$\}$을 생각해 보자. 그러면 $P(\text{가}) = P(\text{앞, 앞}) + P(\text{앞, 뒤}) = a$이고, 이와 비슷하게 $P(\text{나}) = P(\text{앞, 앞}) + P(\text{뒤, 앞}) = a$이며,

$$\begin{aligned} P(\text{가}\cap\text{나}) &= P(\text{앞, 앞}) \\ &= a^2 \end{aligned} \tag{2.179}$$

이다. 따라서, **가**와 **나**는 독립이다. 곧, 동전을 던질 때마다 나오는 결과는 그 앞 또는 뒤의 결과에 아무 영향을 미치지 않는다는 뜻이다. ◇

[53]independent. '독립임'을 때로는 '영향을 받지 않음'이라고 쓰기도 한다.

정리 2.5 사건 A와 B가 독립이라고 하자. 그러면 A와 B^c도 독립이고, $P(A|B) = P(A)$이며, $P(B|A) = P(B)$이다. ■■

뜻매김 2.11 여러 독립 사건

집합 $\{1, 2, \cdots, n\}$의 유한 부분집합 J를 어떻게 두더라도

$$P\left(\bigcap_{i \in J} A_i\right) = \prod_{i \in J} P(A_i) \tag{2.180}$$

이면, 사건 $A_1, A_2, \cdots, A_n$을 서로 독립이라고 한다.

보기 2.59 사건 **가**, **나**, **다**가 서로 독립이고, $P(\text{가나}) = \frac{1}{3}$, $P(\text{나다}) = \frac{1}{6}$, $P(\text{가다}) = \frac{2}{9}$일 때, 사건 **다**의 확률을 얻어 보자.

풀이 먼저, $P(\text{가}) = a$, $P(\text{나}) = b$, $P(\text{다}) = c$라고 두면, $ab = \frac{1}{3}$이고 $ca = \frac{2}{9}$이므로, $bc = \frac{2}{27a^2} = \frac{1}{6}$이다. 따라서 $a = \frac{2}{3}$이다. 그러면 $ca = \frac{2}{9}$이므로, 사건 **다**의 확률은 $P(\text{다}) = c = \frac{1}{3}$이라는 것을 알 수 있다. ◇

보기 2.60 표본공간이 $\Omega = \{1, 2, 3, 4\}$이고 결과가 나올 확률이 모두 같은 확률실험에서, 세 사건 $A_1 = \{1, 3, 4\}$, $A_2 = \{2, 3, 4\}$, $A_3 = \{3\}$를 생각하자. 이때, $P(A_1) = \frac{3}{4}$, $P(A_2) = \frac{3}{4}$, $P(A_3) = \frac{1}{4}$이고

$$\begin{aligned} P(A_1 A_2 A_3) &= \Pr\{3\} \\ &= \frac{1}{4} \end{aligned} \tag{2.181}$$

이므로

$$\begin{aligned} P(A_1) P(A_2) P(A_3) &= \frac{9}{64} \\ &\neq P(A_1 A_2 A_3) \end{aligned} \tag{2.182}$$

이다. 따라서, 세 사건 A_1, A_2, A_3는 서로 독립이 아니다. ◇

보기 2.61 (독립 시행) 주사위를 n번 굴릴 때 5 또는 6이 k번 나오는 사건 **가**의 확률을 얻어 보자.

풀이 먼저, 주사위를 한 번 던져서 5 또는 6이 나올 확률은 $\frac{1}{3}$이고, n번 가운데 바라는 사건이 k번 일어나는 경우의 수는 ${}_n\mathrm{C}_k$이다. 따라서, 사건 **가**의 확률은

$$\begin{aligned} P(\text{가}) &= {}_n\mathrm{C}_k \left(\frac{1}{3}\right)^k \left(1 - \frac{1}{3}\right)^{n-k} \\ &= {}_n\mathrm{C}_k \frac{2^{n-k}}{3^n} \end{aligned} \tag{2.183}$$

이다. ◇

보기 2.62 (직렬 연결과 병렬 연결[54]) 어떤 회로가 동작하는지는 다른 회로의 영향을 받지 않는다고 하자. 또, 회로 하나가 제대로 동작할 확률은 p라고 하자. 이제, 회로 n개가 모두 직렬로 이어져 있을 때 전체 회로가 제대로 동작하는 사건 W_1의 확률과 회로 n개가 모두 병렬로 이어져 있을 때 전체 회로가 제대로 동작하는 사건 W_2의 확률을 얻어 보자.

풀이 회로 n개가 모두 직렬로 이어져 있을 때는 모든 회로가 제대로 동작해야만 전체 회로가 제대로 동작하므로

$$P(W_1) = p^n \tag{2.184}$$

이다. 한편, 회로 n개가 모두 병렬로 이어져 있을 때는 회로 n개 가운데 적어도 하나가 제대로 동작하면 전체 회로가 제대로 동작한다. 여기서, 적어도 하나가 제대로 동작하는 사건은 어느 회로도 제대로 동작하지 않는 사건의 보집합이고, 어느 회로도 제대로 동작하지 않는 확률은 $(1-p)^n$이다. 그러므로, 전체 확률 1에서 어느 회로도 제대로 동작하지 않는 확률을 빼면 바라는 확률

$$P(W_2) = 1-(1-p)^n \tag{2.185}$$

를 얻는다. 여기서, $p \in (0,1)$이고 $n = 1,2,\cdots$일 때 $1-(1-p)^n > p^n$이라는 것을 눈여겨볼 만하다. 곧, 회로를 병렬로 잇는 것이 더 안정적이다. 이것은 예비 자원이 많을수록 더 안정적이라는 말과 같은 것이다. ◇

2.3 극한 사건의 확률과 확률의 연속성*

정리 2.6 극한 사건의 확률 1 사건 열 $\{E_n\}_{n=1}^{\infty}$가 줄지 않는 열 또는 늘지 않는 열이면

$$\lim_{n\to\infty} \Pr(E_n) = \Pr\left(\lim_{n\to\infty} E_n\right) \tag{2.186}$$

이다. ■■

곧, 줄지 않는 열이나 늘지 않는 열의 극한 사건의 확률은 그 열을 이루는 사건의 확률의 극한과 같다.

증명 먼저, $\{E_n\}_{n=1}^{\infty}$가 줄지 않는 열이면, $\bigcup\limits_{i=1}^{n-1} E_i = E_{n-1}$이다. 이제, $F_1 = E_1$이고, $n = 2,3,\cdots$일 때

$$\begin{aligned} F_n &= E_n - \bigcup_{i=1}^{n-1} E_i \\ &= E_n \cap E_{n-1}^c \end{aligned} \tag{2.187}$$

인 사건 열 $\{F_i\}_{i=1}^{\infty}$를 생각하자. 곧, F_n은 E_n의 원소 가운데 $E_1, E_2, \cdots, E_{n-1}$의 원소를 뺀 나머지가 모인 사건이다. 이때, $\{F_n\}_{n=1}^{\infty}$는 서로 배반이고,

[54] series connection, parallel connection

$$\begin{aligned}\bigcup_{i=1}^{\infty} F_i &= \bigcup_{i=1}^{\infty} E_i \\ &= \lim_{n\to\infty} E_n \end{aligned} \tag{2.188}$$

이며, 자연수 n이 어떤 값이더라도 $\bigcup_{i=1}^{n} F_i = \bigcup_{i=1}^{n} E_i$라는 것을 쉽게 알 수 있다. 따라서,

$$\begin{aligned}\Pr\left(\lim_{n\to\infty} E_n\right) &= \Pr\left(\bigcup_{i=1}^{\infty} E_i\right) \\ &= \Pr\left(\bigcup_{i=1}^{\infty} F_i\right) \\ &= \sum_{i=1}^{\infty} \Pr(F_i) \\ &= \lim_{n\to\infty} \sum_{i=1}^{n} \Pr(F_i) \\ &= \lim_{n\to\infty} \Pr\left(\bigcup_{i=1}^{n} F_i\right) \\ &= \lim_{n\to\infty} \Pr(E_n) \end{aligned} \tag{2.189}$$

이다. 위에서, 셋째줄은 (2.33)을 새긴 것이다. 곧, $\{E_n\}_{n=1}^{\infty}$가 줄지 않는 열이면

$$\Pr\left(\lim_{n\to\infty} E_n\right) = \lim_{n\to\infty} \Pr(E_n) \tag{2.190}$$

이다. 다음으로, $\{E_n\}_{n=1}^{\infty}$가 늘지 않는 열이면 $\{E_n^c\}_{n=1}^{\infty}$는 줄지 않는 열이다. 따라서, (2.190)에서

$$\begin{aligned}\Pr\left(\lim_{n\to\infty} E_n^c\right) &= \Pr\left(\bigcup_{i=1}^{\infty} E_i^c\right) \\ &= \lim_{n\to\infty} \Pr(E_n^c) \end{aligned} \tag{2.191}$$

이다. 그런데, $\bigcup_{i=1}^{\infty} E_i^c = \left(\bigcap_{i=1}^{\infty} E_i\right)^c$이므로

$$\Pr\left\{\left(\bigcap_{i=1}^{\infty} E_i\right)^c\right\} = \lim_{n\to\infty} \Pr(E_n^c) \tag{2.192}$$

를 얻는다. 이것을 바꾸어 쓰면

$$\begin{aligned}1 - \Pr\left(\bigcap_{i=1}^{\infty} E_i\right) &= \lim_{n\to\infty} \{1 - \Pr(E_n)\} \\ &= 1 - \lim_{n\to\infty} \Pr(E_n) \end{aligned} \tag{2.193}$$

을 얻는다. 곧, $\{E_n\}_{n=1}^{\infty}$가 늘지 않는 열이면

$$\Pr\left(\lim_{n\to\infty} E_n\right) = \lim_{n\to\infty} \Pr(E_n) \tag{2.194}$$

이다. □

위 결과 (2.190)과 (2.194)에서

$$\Pr\left(\bigcup_{i=1}^{\infty} E_i\right) = \lim_{n\to\infty} \Pr(E_n) \tag{2.195}$$

와

$$\Pr\left(\bigcap_{i=1}^{\infty} E_i\right) = \lim_{n\to\infty} \Pr(E_n) \tag{2.196}$$

을 각각 확률의 아래에서의 연속성과 위에서의 연속성[55]이라고 부른다.

정리 2.6에서는 줄지 않는 열 또는 늘지 않는 열만 생각하였다. 그런데, 이것을 넓혀 단조 열이 아닌 일반적인 사건 열을 생각하더라도, 아래에 보이는 것처럼, 정리 2.6에서 얻은 결과와 마찬가지 결과를 얻을 수 있다.

정리 2.7 **극한 사건의 확률 2** 사건 열 $\{E_n\}_{n=1}^{\infty}$의 극한 사건 $\lim\limits_{n\to\infty} E_n$이 존재하면, 그 극한 사건의 확률은 확률 열의 극한과 같다. 곧,

$$\lim_{n\to\infty} \Pr(E_n) = \Pr\left(\lim_{n\to\infty} E_n\right) \tag{2.197}$$

이다. ■■

증명 먼저, 실수 열 $\{a_n\}_{n=1}^{\infty}$의 극한점 가운데 가장 큰 것을 $\overline{a_n}$, 가장 작은 것을 $\underline{a_n}$이라고 하면, $\underline{a_n} = \overline{a_n}$일 때 이 값을 이 수열의 극한값이라고 하고 $\lim\limits_{n\to\infty} a_n$으로 쓴다는 것을 생각하자. 이제, $\left\{\bigcup\limits_{k=n}^{\infty} E_k\right\}_{n=1}^{\infty}$는 늘지 않는 열이므로 뜻매김 1.39에서 다룬 늘지 않는 열의 극한 확률에서

$$\begin{aligned}\Pr\left(\limsup_{n\to\infty} E_n\right) &= \Pr\left(\bigcap_{n=1}^{\infty}\bigcup_{k=n}^{\infty} E_k\right)\\ &= \lim_{n\to\infty} \Pr\left(\bigcup_{k=n}^{\infty} E_k\right)\end{aligned} \tag{2.198}$$

을 얻는다. 그런데, $E_n \subset \bigcup\limits_{k=n}^{\infty} E_k$이므로

$$\Pr(E_n) \le \Pr\left(\bigcup_{k=n}^{\infty} E_k\right) \tag{2.199}$$

이고, 따라서

$$\overline{\Pr(E_n)} \le \lim_{n\to\infty} \Pr\left(\bigcup_{k=n}^{\infty} E_k\right) \tag{2.200}$$

이다. 위 두 식 (2.198)과 (2.200)에서

$$\overline{\Pr(E_n)} \le \Pr\left(\limsup_{n\to\infty} E_n\right) \tag{2.201}$$

을 알 수 있다. 이와 비슷하게 $\left\{\bigcap\limits_{k=n}^{\infty} E_k\right\}_{n=1}^{\infty}$는 줄지 않는 열이므로 뜻매김 1.39에서 다룬 줄지 않는 열의 극한 확률에서

$$\begin{aligned}\Pr\left(\liminf_{n\to\infty} E_n\right) &= \Pr\left(\bigcup_{n=1}^{\infty}\bigcap_{k=n}^{\infty} E_k\right)\\ &= \lim_{n\to\infty} \Pr\left(\bigcap_{k=n}^{\infty} E_k\right)\\ &\le \underline{\Pr(E_n)}\end{aligned} \tag{2.202}$$

[55]continuity from below, continuity from above

를 얻는다. 위에서, $\bigcap_{k=n}^{\infty} E_k \subset E_n$ 이므로 $\Pr\left(\bigcap_{k=n}^{\infty} E_k\right) \leq \Pr(E_n)$ 이고, 따라서 $\lim_{n\to\infty} \Pr\left(\bigcap_{k=n}^{\infty} E_k\right) \leq \underline{\Pr(E_n)}$ 이라는 것을 (2.202)의 마지막 줄에 썼다. 이제, $\lim_{n\to\infty} E_n$ 이 존재하면 (2.201)과 (2.202)에서

$$\begin{aligned}\overline{\Pr(E_n)} &\leq \Pr\left(\limsup_{n\to\infty} E_n\right)\\ &= \Pr\left(\lim_{n\to\infty} E_n\right)\\ &= \Pr\left(\liminf_{n\to\infty} E_n\right)\\ &\leq \underline{\Pr(E_n)}\end{aligned} \tag{2.203}$$

을 얻는다. 그러므로, $\overline{\Pr(E_n)} \geq \underline{\Pr(E_n)}$ 이라는 것을 (2.203)과 묶으면 바라는 결과

$$\begin{aligned}\Pr\left(\lim_{n\to\infty} E_n\right) &= \overline{\Pr(E_n)}\\ &= \underline{\Pr(E_n)}\\ &= \lim_{n\to\infty} \Pr(E_n)\end{aligned} \tag{2.204}$$

를 얻는다. □

이제, 상한 사건의 확률을 다룬 보렐-캔텔리 정리를 살펴보자.

정리 2.8 **보렐-캔텔리[56] 정리 1** 사건 열 $\{E_n\}$의 확률들 $\{\Pr(E_n)\}_{n=1}^{\infty}$를 모두 더한 값이 수렴하면 – 곧, $\sum_{n=1}^{\infty} \Pr(E_n) < \infty$ 이면 – $\{E_n\}$의 상한 사건의 확률 $\Pr\left(\overline{E_n}\right)$는 0이다. ■■

증명 먼저, $\sum_{n=1}^{\infty} \Pr(E_n) = V < \infty$ 이라고 두자. 이것을

$$\begin{aligned}V &= \sum_{k=1}^{\infty} \Pr(E_k)\\ &= \sum_{k=1}^{n-1} \Pr(E_k) + \sum_{k=n}^{\infty} \Pr(E_k)\end{aligned} \tag{2.205}$$

처럼 쓴 뒤 $n \to \infty$ 일 때를 생각하면

$$\begin{aligned}\sum_{k=1}^{\infty} \Pr(E_k) &= \lim_{n\to\infty} \left\{\sum_{k=1}^{n-1} \Pr(E_k) + \sum_{k=n}^{\infty} \Pr(E_k)\right\}\\ &= \sum_{k=1}^{\infty} \Pr(E_k) + \lim_{n\to\infty} \sum_{k=n}^{\infty} \Pr(E_k)\end{aligned} \tag{2.206}$$

이므로

[56] Borel-Cantelli

$$\lim_{n\to\infty}\sum_{k=n}^{\infty}\Pr(E_k) = 0 \tag{2.207}$$

이다. 이제, (2.207)을 새겨 두고 (2.198)과 부울 부등식 (2.40)을 쓰면

$$\begin{aligned}\Pr\left\{\limsup_{n\to\infty} E_n\right\} &= \lim_{n\to\infty}\Pr\left(\bigcup_{k=n}^{\infty} E_k\right)\\ &\le \lim_{n\to\infty}\sum_{k=n}^{\infty}\Pr(E_k)\\ &= 0 \end{aligned}\tag{2.208}$$

이다. □

정리 2.9 **보렐-캔텔리 정리 2** 사건 열 $\{E_n\}_{n=1}^{\infty}$가 독립이고 확률 $\{\Pr(E_n)\}_{i=1}^{\infty}$를 모두 더한 값이 발산하면 – 곧, $\sum_{n=1}^{\infty}\Pr(E_n)\to\infty$이면 – 사건 열 $\{E_n\}_{n=1}^{\infty}$의 상한 사건의 확률 $\Pr\left(\overline{E_n}\right)$는 1이다.

증명 정리 2.8의 증명에서와 마찬가지로

$$\begin{aligned}\Pr\left\{\limsup_{n\to\infty} E_n\right\} &= \lim_{n\to\infty}\Pr\left(\bigcup_{i=n}^{\infty} E_i\right)\\ &= \lim_{n\to\infty}\left\{1-\Pr\left(\bigcap_{i=n}^{\infty} E_i^c\right)\right\}\end{aligned}\tag{2.209}$$

이다. 이제, $\sum_{k=1}^{\infty}\Pr(E_k) = \sum_{k=1}^{n-1}\Pr(E_k) + \sum_{k=n}^{\infty}\Pr(E_k)$이고 n이 어떤 수이더라도 $\sum_{k=1}^{n-1}\Pr(E_k)\le n-1$이므로, $\sum_{k=1}^{\infty}\Pr(E_k)\to\infty$이면 $\sum_{k=n}^{\infty}\Pr(E_k)\to\infty$이다. 그러므로, $\{E_i\}_{i=1}^{\infty}$가 서로 독립이고, 따라서 $\{E_i^c\}_{i=1}^{\infty}$가 서로 독립이라는 것을 새기면

$$\begin{aligned}\Pr\left(\bigcap_{i=n}^{\infty} E_i^c\right) &= \prod_{i=n}^{\infty}\Pr(E_i^c)\\ &= \prod_{i=n}^{\infty}\{1-\Pr(E_i)\}\end{aligned}\tag{2.210}$$

이다. 이제, $x\ge 0$일 때 $1-x\le e^{-x}$라는 것을 새기면

$$\begin{aligned}\Pr\left(\bigcap_{i=n}^{\infty} E_i^c\right) &\le \prod_{i=n}^{\infty}\exp\{-\Pr(E_i)\}\\ &= \exp\left\{-\sum_{i=n}^{\infty}\Pr(E_i)\right\}\\ &= 0\end{aligned}\tag{2.211}$$

을 얻는데, 이것을 (2.209)에 쓰면 바라는 결과를 얻는다. □

보렐-캔텔리 정리를 쓰면, $\{E_n\}$이 독립 사건 열일 때 – 무한 급수 $\sum_{n=1}^{\infty} \Pr(E_n)$은 수렴하거나 발산하므로 – 상한 사건의 확률 $\Pr\left(\overline{E_n}\right)$는 0 또는 1이라는 것을 쉽게 알 수 있다. 보렐-캔텔리 정리는 7.4.2에서 큰 수의 센 법칙을 다룰 때에도 꽤 쓸모 있다.

보기 2.63 확률이 $\Pr\{X_n = 0\} = \frac{1}{n^2} = 1 - \Pr\{X_n = 1\}$이고 서로 독립인 수열 $\{X_n\}_{n=1}^{\infty}$를 생각하여, $E_n = \{X_n = 0\}$이라고 하자. 그러면 $\sum_{n=1}^{\infty} \Pr(E_n) = \frac{\pi^2}{6} < \infty$이므로 정리 2.8에서

$$\begin{aligned}\Pr\left\{\limsup_{n\to\infty} E_n\right\} &= \Pr\{E_n\text{이 끝없이 자주 일어남}\} \\ &= 0 \end{aligned} \tag{2.212}$$

임을 알 수 있다. 따라서, n이 충분히 큰 수이면, X_n이 0일 확률은 0이고, X_n이 1일 확률은 1이다. 곧, 거의 틀림 없이 $\lim_{n\to\infty} X_n = 1$이다. ♢

보기 2.64 확률이 $\Pr\{X_n = 0\} = \frac{1}{n} = 1 - \Pr\{X_n = 1\}$이고 서로 독립인 수열 $\{X_n\}_{n=1}^{\infty}$를 생각하여, $E_n = \{X_n = 0\}$이라고 하자. 그러면

$$\sum_{n=1}^{\infty} \Pr(E_n) \to \infty \tag{2.213}$$

이다. 그러므로, 정리 2.8에서 $\Pr\{E_n\text{이 끝없이 자주 일어남}\} = 1$이라는 것을 – 곧, 거의 확실히 $X_n = 0$이라는 것을 – 알 수 있다. 한편,

$$\sum_{n=1}^{\infty} \Pr(E_n^c) \to \infty \tag{2.214}$$

이므로 정리 2.8에서 $\Pr\{E_n^c\text{이 끝없이 자주 일어남}\} = 1$이라는 것을 – 곧, 거의 확실히 $X_n = 1$이라는 것을 – 알 수 있다. 바꾸어 말하면, 거의 틀림 없이 X_n은 끝없이 자주 0이고, 또 끝없이 자주 1이다. 따라서, 극한값 $\lim_{n\to\infty} X_n$이 없을 – 곧, X_n이 수렴하지 않을 – 확률은 1이다. ♢

뜻매김 2.12 확률의 연속성[57]

사건 열 $\{E_n\}_{n=1}^{\infty}$의 극한 사건이 E일 때, Pr(E_n)도 Pr(E)에 수렴함이 직관적으로 타당할 것인바, (2.186)과 (2.197)에서 보인

$$\lim_{n\to\infty} \Pr(E_n) = \Pr\left(\lim_{n\to\infty} E_n\right) \tag{2.215}$$

를 확률의 연속성이라고 한다.

곧, 확률의 연속성이란 사건 열의 극한의 확률은 그 사건 열이 나타내는 확률 열의 극한과 같다는 것을 뜻하는 것이다.

[57] continuity of probability

2.4 여러 가지 확률공간

이미 살펴본 바와 같이 확률측도는 집합을 바탕으로 뜻매김하는 함수이므로 미분이나 적분과 같은 수학적인 연산을 함께 다루기가 그리 편하지 않다. 이제, 확률측도와 동등하고 수학적으로 다루기 조금 더 편한 함수를 살펴보자.

2.4.1 이산 공간과 확률질량함수

표본공간 Ω가 셀 수 있는 집합[58]이고, 사건공간 $\mathcal{F}$가 표본공간의 거듭제곱 집합이라고 하자.

뜻매김 2.13 확률질량함수[59]

표본공간 Ω가 셀 수 있는 집합일 때 두 조건

$$p(\omega) \ \geq \ 0, \quad \omega \in \Omega \tag{2.216}$$

과

$$\sum_{\omega \in \Omega} p(\omega) \ = \ 1 \tag{2.217}$$

을 만족시키며 표본점 ω마다 실수를 하나 이어 주는 함수 $p(\omega)$를 확률질량함수 또는 질량함수라고 한다.

위 (2.216)과 (2.217)에서

$$p(\omega) \ \leq \ 1, \quad \omega \in \Omega \tag{2.218}$$

임을 알 수 있다.

보기 2.65 표본공간이 $\Omega = \mathbb{J}_0 = \{0, 1, \cdots\}$인 확률공간에서 확률질량함수가

$$p(x) \ = \ \begin{cases} \frac{1}{3}, & x = 0; \quad c, \ x = 1; \\ 2c, & x = 2; \quad 0, \ \text{그 밖에는} \end{cases} \tag{2.219}$$

일 때, 상수 c를 정하시오.

풀이 식 (2.217)에서

$$\begin{aligned} \sum_{\omega \in \Omega} p(x) \ &= \ \frac{1}{3} + 3c \\ &= \ 1 \end{aligned} \tag{2.220}$$

이어야 하므로 $c = \frac{2}{9}$이다. ◇

[58] 이산 공간에서 확률질량함수를 다룰 때에는 자주 $\{0, 1, \cdots\}$나 $\{1, 2, \cdots\}$을 표본공간으로 삼는다.

[59] probability mass function (pmf) 또는 mass function

보기 2.66 표본공간이 $\Omega = \mathbb{J}_0 = \{0, 1, \cdots\}$인 확률공간에서 확률질량함수가

$$p(x) = \begin{cases} 5c^2 + c, & x = 0; \quad 3 - 13c, \quad x = 1; \\ c, & x = 2; \quad 0, \quad \text{그 밖에는} \end{cases} \tag{2.221}$$

일 때, 상수 c를 정하시오.

풀이 앞 보기와 비슷하게 풀어 (2.216)과 (2.218)을 새기면 $c = \frac{1}{5}$을 얻는다. ◇

확률질량함수를 바탕으로 집합 함수

$$P(F) = \sum_{\omega \in F} p(\omega), \qquad F \in \mathcal{F} \tag{2.222}$$

를 생각해 보자. 그러면 이 집합 함수 P는 확률측도라는 것을 쉽게 알 수 있다. 거꾸로, 확률측도 P를 써서 확률질량함수를 나타내면

$$p(\omega) = P(\{\omega\}) \tag{2.223}$$

과 같다. 확률질량함수는 표본점을 바탕으로 뜻매김하는 것이고, 확률측도는 집합을 – 사건을 – 바탕으로 뜻매김한다는 것을 새겨 두어야 한다. 보통, 이산 공간에서는 확률질량함수를 다루는 것이 확률측도를 다루는 것보다 쉽다.

널리 쓰이는 확률질량함수 가운데 몇 개를 간추려보면 아래에 적어 둔 바와 같다.

보기 2.67 (두 점 확률질량함수) 표본공간이 $\Omega = \{x_1, x_2\}$이고 $\alpha \in (0, 1)$일 때 함수

$$p(x) = \begin{cases} 1 - \alpha, & x = x_1, \\ \alpha, & x = x_2 \end{cases} \tag{2.224}$$

를 두 점 확률질량함수[60]라고 한다. ◇

보기 2.68 (베르누이 확률질량함수) 보기 2.67에서 다룬 두 점 확률질량함수에서 $x_1 = 0$이고 $x_2 = 1$이라고 하면 함수

$$p(x) = \begin{cases} 1 - \alpha, & x = 0, \\ \alpha, & x = 1 \end{cases} \tag{2.225}$$

를 얻는다. 이 함수를 베르누이 확률질량함수[61]라고 하고 그 분포를 $b(1, \alpha)$로 쓴다. ◇

보기 2.69 (고른 확률질량함수) 표본공간이 $\Omega = \mathbb{J}_n = \{0, 1, \cdots, n-1\}$일 때 함수

$$p(k) = \frac{1}{n}, \quad k \in \mathbb{J}_n \tag{2.226}$$

을 고른 확률질량함수[62]라고 한다. ◇

---

[60] two-point pmf
[61] Bernoulli pmf. 이진 binary 확률질량함수라고 부르기도 한다.
[62] uniform pmf
[63] envelope. 포락선이라고 부르기도 한다.

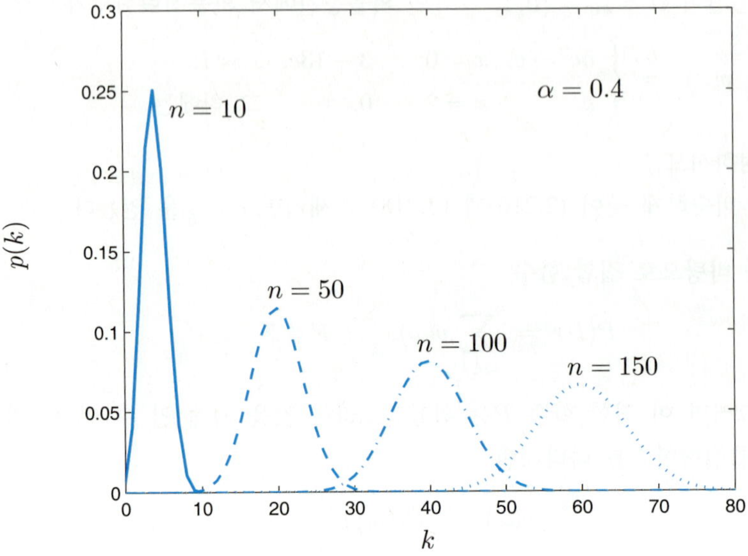

그림 2.6 이항 확률질량함수의 덮개[63]

보기 2.70 (이항 확률질량함수) 보기 2.68에서 다룬 이진 확률질량함수를 바탕으로 다음과 같이 이항 확률질량함수를 뜻매김할 수 있다. 표본공간이 $\Omega = \mathbb{J}_{n+1} = \{0, 1, \cdots, n\}$이고 $\alpha \in (0,1)$일 때 함수

$$p(k) \;=\; {}_n\mathrm{C}_k \alpha^k (1-\alpha)^{n-k}, \quad k \in \mathbb{J}_{n+1} \tag{2.227}$$

을 이항 확률질량함수[64]라고 하고, 그 분포를 $b(n, \alpha)$로 쓴다. 여기서,

$${}_n\mathrm{C}_r \;=\; \frac{n!}{(n-r)!r!} \tag{2.228}$$

은 이항 식 $(x+y)^n$을 전개하였을 때 $x^r y^{n-r}$ 항의 계수와 같아서 이항 계수[65]라고 불리고

$$\binom{n}{r} \tag{2.229}$$

처럼 쓰기도 한다. ◇

보기 2.71 (기하 확률질량함수) 표본공간이 $\Omega = \mathbb{J}_+ = \{1, 2, \cdots\}$이고 $\alpha \in (0,1)$일 때 함수

$$p(k) \;=\; (1-\alpha)^{k-1}\alpha, \quad k \in \Omega \tag{2.230}$$

을 기하 확률질량함수[66]라고 한다. ◇

---

[64] binomial pmf
[65] binomial coefficient
[66] geometric pmf

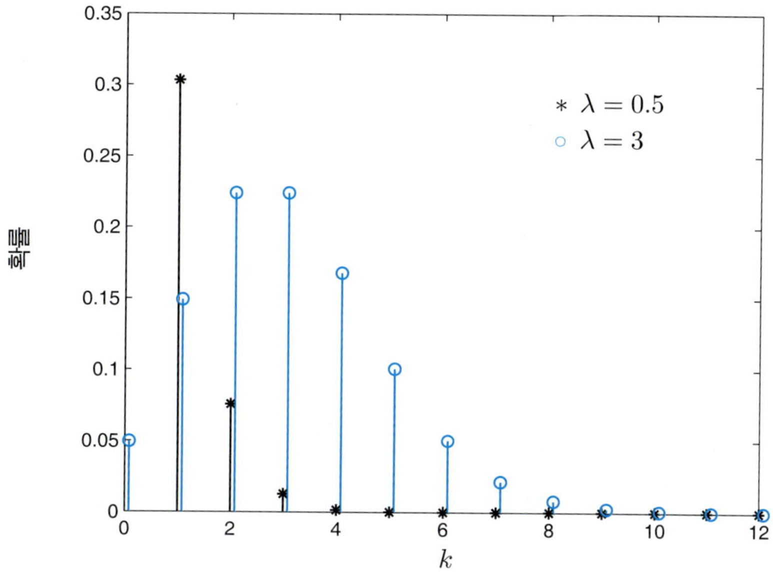

그림 2.7 포아송 확률질량함수 ($\lambda = 0.5$일 때 $p(0) = \frac{1}{\sqrt{e}} \approx 0.61$)

보기 2.72 (포아송 확률질량함수) 표본공간이 $\Omega = \mathbb{J}_0 = \{0, 1, \cdots\}$이고 $\lambda \in (0, \infty)$일 때 함수

$$p(k) = e^{-\lambda}\frac{\lambda^k}{k!}, \quad k \in \mathbb{J}_0 \tag{2.231}$$

를 포아송 확률질량함수[67]라고 하고, 그 분포를 $P(\lambda)$로 쓴다. 여기서, $\frac{p(k+1)}{p(k)} = \frac{\lambda}{k+1}$이므로, λ가 정수이면 $p(0) \le p(1) \le \cdots \le p(\lambda - 1) = p(\lambda) \ge p(\lambda + 1) \ge p(\lambda + 2) \ge \cdots$이고, λ가 정수가 아니면 $p(0) \le p(1) \le \cdots \le p(\lfloor\lambda\rfloor - 1) \le p(\lfloor\lambda\rfloor)$이고 $p(\lfloor\lambda\rfloor) \ge p(\lfloor\lambda\rfloor + 1) \ge \cdots$이다. 여기서, $\lfloor x \rfloor$는 x보다 크지 않은 정수 가운데 가장 큰 정수를 나타내며 바닥 함수 또는 내림 함수라[68] 부르고, $[x]$처럼 쓰기도 한다. $\diamondsuit$

보기 2.73 (음이항 확률질량함수) 표본공간이 $\Omega = \mathbb{J}_0 = \{0, 1, \cdots\}$이고 $\alpha \in (0, 1)$이며 r이 0보다 큰 실수일 때 함수

$$p(x) = {}_{-r}\mathrm{C}_x \alpha^r (\alpha - 1)^x, \quad x \in \mathbb{J}_0 \tag{2.232}$$

를 음이항 확률질량함수[69]라고 하고, 그 분포를 $NB(r, \alpha)$처럼 쓴다. 이제,

$$\begin{aligned} {}_{-r}\mathrm{C}_x &= \frac{(-r)(-r-1)\cdots(-r-x+1)}{x!} \\ &= (-1)^x \, {}_{r+x-1}\mathrm{C}_x \end{aligned} \tag{2.233}$$

[67] Poisson pmf
[68] floor function
[69] negative binomial pmf

을[70] 바탕으로 (2.232)를 다시 쓰면

$$p(x) = {}_{r+x-1}\mathrm{C}_x \alpha^r (1-\alpha)^x, \quad x \in \mathbb{J}_0 \tag{2.234}$$

와 같다. 여기서, $\sum_{x=0}^{\infty} p(x) = 1$이므로

$$\begin{aligned}\sum_{x=0}^{\infty} {}_{r+x-1}\mathrm{C}_x \ (1-\alpha)^x &= \sum_{x=0}^{\infty} \frac{(r+x-1)!}{(r-1)!x!} \ (1-\alpha)^x \\ &= \sum_{x=0}^{\infty} {}_{r+x-1}\mathrm{C}_{r-1} \ (1-\alpha)^x \\ &= \alpha^{-r} \end{aligned} \tag{2.235}$$

임을 눈여겨볼 만하다. 한편, r이 자연수이면 음이항 확률질량함수를 파스칼 확률질량함수[71]라고도 부르고, $r=1$이면 음이항 확률질량함수는 보기 2.71에서 다룬 기하 확률질량함수이다. ◇

2.4.2 연속 공간과 확률밀도함수

표본공간이 실수 집합이고 사건공간이 보렐 마당일 때를 생각해 보자.

뜻매김 2.14 확률밀도함수[72]

잴 수 있는 공간 $(\Omega, \mathcal{F}) = (\mathbb{R}, \mathcal{B}(\mathbb{R}))$에서

$$f(r) \ \geq \ 0, \qquad r \in \Omega \tag{2.236}$$

과

$$\int_{\Omega} f(r)dr \ = \ 1 \tag{2.237}$$

을 만족시키는 실수 함수 f를 확률밀도함수 또는 밀도함수라고 부른다.

보기 2.74 확률밀도함수가

$$f(x) = \begin{cases} \frac{1}{4}, & 0 \le x < 1, \\ c, & 1 \le x < 2, \\ 0, & \text{그 밖에는} \end{cases} \tag{2.238}$$

일 때, 상수 c를 정하시오.

풀이 식 (2.237)에서

$$\int_{-\infty}^{\infty} f(r)dr \ = \ \int_0^1 \frac{1}{4}\,dr + \int_1^2 c\,dr$$

[70] 여기서, $(-r)(-r-1)\cdots(-r-x+1) = (-1)^x r(r+1)\cdots(r+x-1)$이다. 식 (2.233)은 (2.389)를 바탕으로 얻을 수도 있다.

[71] Pascal pmf

[72] probability density function (pdf) 또는 density function

$$= \frac{1}{4} + c$$
$$= 1 \tag{2.239}$$

이어야 하므로 $c = \frac{3}{4}$이다. ◇

이제, 확률밀도함수 f를 바탕으로 집합 함수

$$P(F) = \int_F f(r)dr, \qquad F \in \mathcal{B}(\mathbb{R}) \tag{2.240}$$

을 뜻매김하면 이 집합 함수 P는 확률측도이다. 여기서, 한 가지 짚어 보자. 위 두 식 (2.237)과 (2.240)에 나오는 적분들은 뜻이 있는가? 우리가 자주 쓰는 리만 적분을 생각한다면 구간이나 구간들의 유한 합집합인 사건에서 리만 적분할 수 있다. 그러나, 어떨 때에는 리만 적분을 뜻매김할 – 얻을 – 수 없다. 보기를 들면,

$$f(r) = \begin{cases} 1, & r \in [0,1], \\ 0, & \text{그 밖에는} \end{cases} \tag{2.241}$$

처럼 둘 때 집합 $F = \{r : r\text{은 무리수}, r \in [0,1]\}$에서 $f(r)$을 리만 적분할 수 없다. 이와 같이, 리만 적분은 일반적으로 대부분의 공학 문제나 계산에서 이해하고 쓸 만하지만, 몇 가지 알맞지 않은 점이 있다. 특히, 수렴하는 함수의 적분 열의 극한과 극한 함수의 적분이 다를 수도 있기 때문에 극한과 적분의 순서를 바꿀 수 없다는 단점이 있다. 이런 단점은 리만 적분 대신 르벡 적분을 써서 없앨 수 있다. 리만 적분과 견주었을 때, 르벡 적분이 지니고 있는 두 가지 중요한 성질은 아래와 같다.

(가) 르벡 적분은 보렐 집합에서 언제나 뜻매김할 수 있다.

(나) 르벡 적분을 쓰면 적분과 극한의 순서를 – 거의 언제나 – 바꿀 수 있다.

더구나, 리만 적분할 수 있다면 르벡 적분할 수도 있고, 이때, 그 둘은 같다는 것이[73] 알려져 있다. 곧, '계산할 때는 리만 적분, 이론적 원리는 르벡 적분'이라고 할 수 있다.

확률밀도함수는 확률질량함수와 마찬가지로 – 사건이 아니라 – 표본공간의 점에서 뜻매김하는 것이다. 그러나, 확률질량함수와 달리, 확률밀도함수는 그 값이 확률을 나타내는 것이 아니므로 1보다 클 때도 있다. 한편, 연속 공간에서, 셀 수 있는 집합의 확률은 0이고, 확률밀도함수의 값이 0이 아니더라도 한 점의 확률은 0이다. 보기로, 확률밀도함수

$$f(x) = \begin{cases} 2, & x \in [0,0.5], \\ 0, & \text{그 밖에는} \end{cases} \tag{2.242}$$

를 생각하자. 이때, 구간 $[0,0.5]$에서 어떤 수 a를 생각하더라도 $P(\{a\}) = 0$이다. 다만, 한 점에서 확률밀도함수의 값을 그 점을 품는 아주 작은 구간과 곱한 것은 그 구간의 확률을 나타낸다. 보기를 들면, $f(x)$가 확률밀도함수이고 $f(3) = 4$이면, 3 근처의 매우 작은 구간 $[3, 3+dx)$의 확률은

[73] 부록 1.5에서도 말한 바 있다.

$$f(3)dx = 4dx \tag{2.243}$$

이다. 이것을 바탕으로 하면, 사건 안에 있는 모든 점들에서 확률질량함수를 더하여 그 사건의 확률을 계산할 수 있는 것처럼, 어떤 사건 안에 있는 모든 점들에서 확률밀도함수를 적분하여 그 사건의 확률을 얻을 수 있다.

자주 쓰는 확률밀도함수의 보기를 몇 가지 들면 아래와 같다.

보기 2.75 (고른 확률밀도함수) 함수

$$f(r) = \begin{cases} \frac{1}{b-a}, & r \in [a,b] \\ 0, & \text{그 밖에는} \end{cases} \tag{2.244}$$

를 고른 확률밀도함수 또는 네모 확률밀도함수[74]라고 하고, 그 분포를 $U[a,b]$로 쓴다. ◇

식 (2.244)에 들어 있는 $r \in [a,b]$를 $r \in [a,b)$, $r \in (a,b]$, 또는 $r \in (a,b)$로 바꾼 확률밀도함수가 나타내는 분포를 각각 $U[a,b)$, $U(a,b]$, 또는 $U(a,b)$로 쓰는데, 매우 특별한 때가 아니면 이 네 분포는 모두 같은 것이라고 볼 수 있으므로 서로 바꾸어[75] 쓰기도 한다. 한편, 구간 $[0,1]$에서의 고른 확률밀도함수가 나타내는 확률측도를 르벡 측도[76] 또는 르벡 길이라고 부른다.

보기 2.76 셀 수 있는 부분집합들은 어떻게 고르더라도 그 르벡 길이가 모두 0이다. 한편, 보기 1.81에서 다룬 칸토르 집합 $\mathbb{C}$는 셀 수 없는 집합이지만 르벡 길이가 0이다. ◇

보기 2.77 (지수 확률밀도함수) 실수 λ가 0보다 클 때

$$f(r) = \lambda e^{-\lambda r} u(r) \tag{2.245}$$

를 지수 확률밀도함수[77]라고 하고, $\lambda = 1$인 지수 확률밀도함수를 표준 지수 확률밀도함수라고 부른다. 여기서, λ를 비율[78]이라 부른다. ◇

보기 2.78 (라플라스 확률밀도함수) 실수 λ가 0보다 클 때

$$f(r) = \frac{\lambda}{2} e^{-\lambda |r|} \tag{2.246}$$

을 라플라스 확률밀도함수 또는 겹지수 확률밀도함수[79]라고 하고, 그 분포를 $L(\lambda)$로 쓴다. ◇

---

[74] uniform pdf 또는 rectangular pdf

[75] 이때, 두 끝 점 $r = a$와 $r = b$에서는 확률밀도함수 $f(r)$의 값이 분포가 $U[a,b]$, $U[a,b)$, $U(a,b]$, $U(a,b)$ 가운데 어느 것인지에 따라 다르다. 그러나, 그 밖의 점에서는, 분포가 이 넷 가운데 어느 것이더라도, 확률밀도함수의 값이 같다.

[76] Lebesgue measure

[77] exponential pdf

[78] rate

[79] Laplace pdf 또는 double exponential pdf

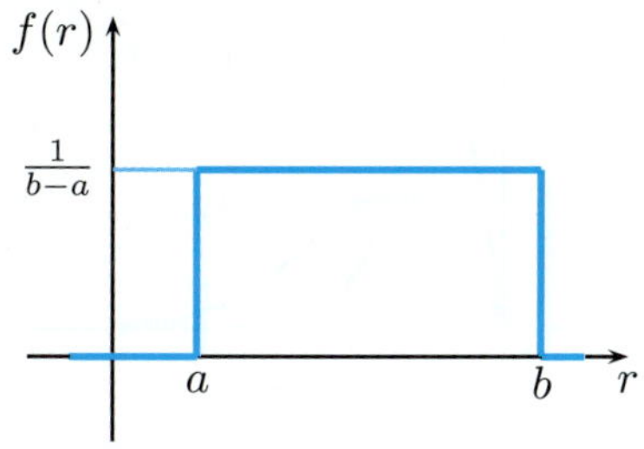

그림 2.8 고른 확률밀도함수

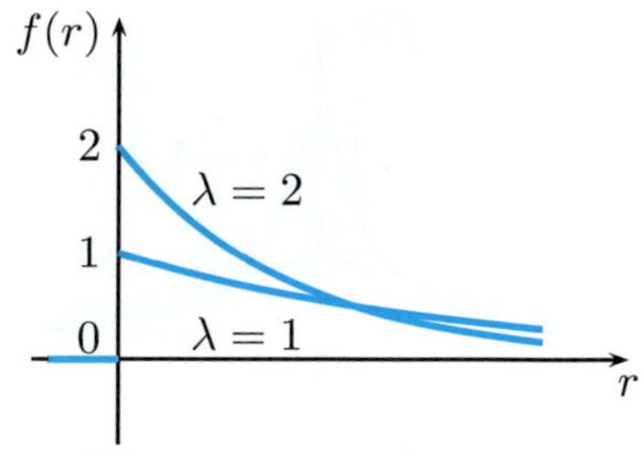

그림 2.9 지수 확률밀도함수

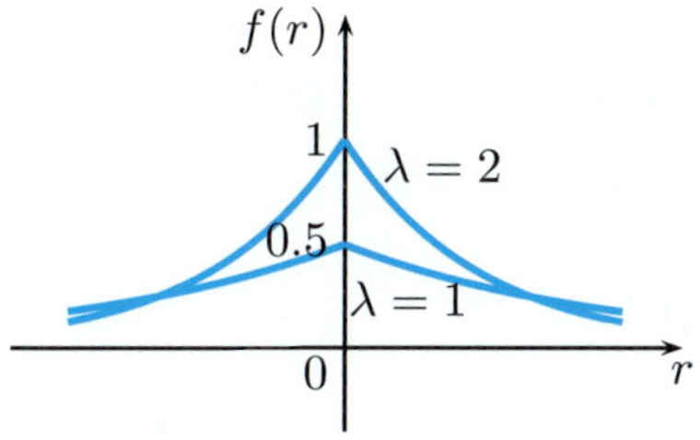

그림 2.10 라플라스 확률밀도함수

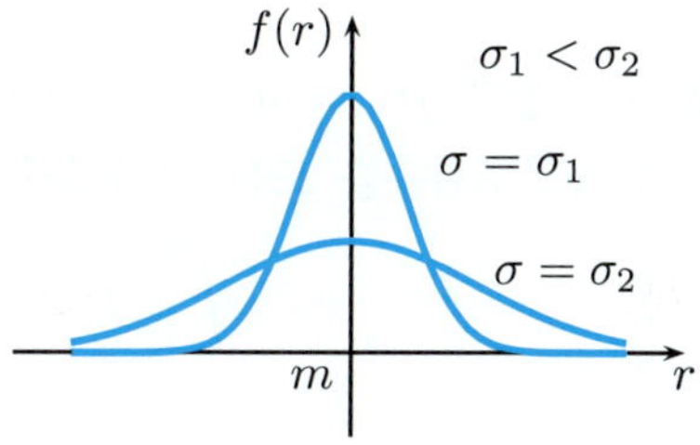

그림 2.11 정규 확률밀도함수

보기 2.79 (정규 확률밀도함수) 확률밀도함수

$$f(r) = \frac{1}{\sqrt{2\pi\sigma^2}} \exp\left\{-\frac{(r-m)^2}{2\sigma^2}\right\} \tag{2.247}$$

을 정규 확률밀도함수[80]라고 하고, 그 분포를 $N\left(m, \sigma^2\right)$으로 쓴다. 특히, $m = 0$이고 $\sigma^2 = 1$인 정규 확률밀도함수를 표준 정규 확률밀도함수[81]라고 한다. 정규 분포는 가우스 분포, 가우스-라플라스 분포, 드무아브르-라플라스[82] 분포, 또는 제2 라플라스 분포라고 부를 때도 있다. ◇

보기 2.80 (코쉬 확률밀도함수) 실수 α가 0보다 클 때

$$f(r) = \frac{\alpha}{\pi} \frac{1}{r^2 + \alpha^2} \tag{2.248}$$

을 코쉬[83] 확률밀도함수라고 하고, 그 분포를 $C(\alpha)$로 쓴다. ◇

보기 2.81 (레일리 확률밀도함수) 확률밀도함수

$$f(r) = \frac{r}{\alpha^2} \exp\left(-\frac{r^2}{2\alpha^2}\right) u(r) \tag{2.249}$$

[80] Gaussian pdf 또는 normal pdf
[81] standard normal pdf
[82] de Moivre-Laplace
[83] Cauchy

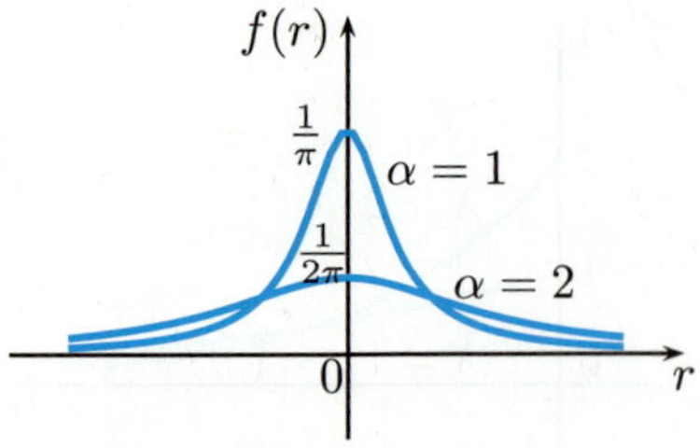

그림 2.12 코쉬 확률밀도함수

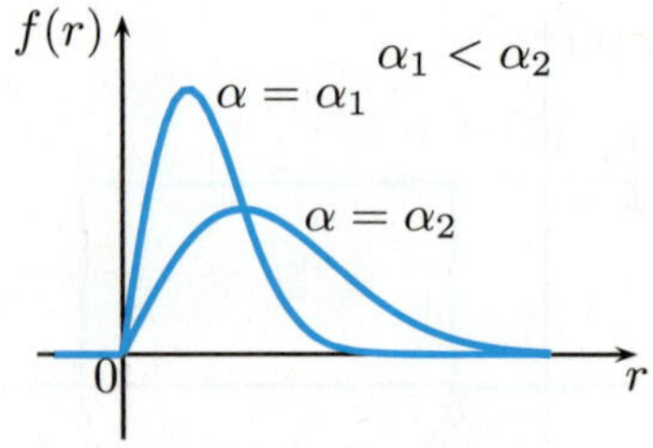

그림 2.13 레일리 확률밀도함수

를 레일리 확률밀도함수[84]라고 한다. ◇

보기 2.82 함수 $f(v) = av\exp\left(-v^2\right)u(v)$가 확률밀도함수일 때, a의 값을 얻어 보자.

풀이 확률밀도함수를 모든 영역에서 적분하면 그 값이 1이다. 그런데,

$$\begin{aligned} \int_{-\infty}^{\infty} f(v)dv &= a\int_0^{\infty} v\exp\left(-v^2\right)dv \\ &= \frac{a}{2} \end{aligned} \tag{2.250}$$

이므로 $a = 2$라는 것을 알 수 있다. ◇

보기 2.83 (로지스틱 확률밀도함수) 실수 k가 0보다 클 때

$$f(r) = \frac{ke^{-kr}}{(1+e^{-kr})^2} \tag{2.251}$$

을 로지스틱 확률밀도함수[85]라고 한다. ◇

보기 2.84 (감마 확률밀도함수) 두 실수 α와 β가 모두 0보다 클 때

$$f(r) = \frac{1}{\beta^\alpha\Gamma(\alpha)}r^{\alpha-1}\exp\left(-\frac{r}{\beta}\right)u(r) \tag{2.252}$$

를 감마 확률밀도함수[86]라고 하고, 그 분포를 $G(\alpha,\beta)$로 쓴다. 식 (2.252)에서 바로 알 수 있듯이, $\alpha = 1$일 때 감마 확률밀도함수는 보기 2.77에서 다룬 지수 확률밀도함수와 같다.

한편,

$$\Gamma(\alpha) = \int_0^{\infty} x^{\alpha-1}e^{-x}dx \tag{2.253}$$

은[87] 감마 함수인데, 이 함수는

---

[84]Rayleigh pdf

[85]logistic pdf

[86]gamma pdf

[87]식 (2.253)은 $\alpha > 0$일 때에만 뜻이 있다. 다만, $\alpha < 0$이고 $\alpha \neq 0, -1, -2, \cdots$일 때, $\alpha + k + 1 > 0$인 가장 작은 정수를 k라고 하면

$$\Gamma(\alpha) = (\alpha-1)\Gamma(\alpha-1) \tag{2.254}$$

를 만족시키고, n이 자연수일 때

$$\Gamma(n) = (n-1)! \tag{2.255}$$

이다. 곧, 감마 함수는 이어 곱하기를 – 계승을 – 일반화한 것이라고 볼 수 있다. 또한, 부록 2.2에 보인 (2.333)–(2.337)을 바탕으로

$$\Gamma\left(\frac{1}{2}\right) = \sqrt{\pi} \tag{2.256}$$

이고,

$$\Gamma\left(\frac{1}{3}\right)\Gamma\left(\frac{2}{3}\right) = \frac{2\pi}{\sqrt{3}} \tag{2.257}$$

이며,

$$\Gamma\left(\frac{1}{4}\right)\Gamma\left(\frac{3}{4}\right) = \sqrt{2}\pi \tag{2.258}$$

이고,

$$\Gamma\left(\frac{1}{6}\right)\Gamma\left(\frac{5}{6}\right) = 2\pi \tag{2.259}$$

임을[88] 알 수 있다. 한편, $\beta > 0$일 때 $v = t^{\beta}$라고 두면

$$\begin{aligned}\int_0^{\infty} t^{\alpha}\exp\left(-t^{\beta}\right)dt &= \int_0^{\infty} v^{\frac{\alpha}{\beta}}e^{-v}\frac{1}{\beta}v^{\frac{1}{\beta}-1}dv \\ &= \frac{1}{\beta}\int_0^{\infty} v^{\frac{\alpha+1}{\beta}-1}e^{-v}dv \\ &= \frac{1}{\beta}\Gamma\left(\frac{\alpha+1}{\beta}\right)\end{aligned} \tag{2.260}$$

이고, 이와 비슷하게 $\beta < 0$일 때 $v = t^{\beta}$라고 두면 $\int_0^{\infty} t^{\alpha}\exp\left(-t^{\beta}\right)dt = \int_{\infty}^{0} v^{\frac{\alpha}{\beta}}e^{-v}\frac{1}{\beta}v^{\frac{1}{\beta}-1}dv = -\frac{1}{\beta}\Gamma\left(\frac{\alpha+1}{\beta}\right)$이므로

$$\int_0^{\infty} t^{\alpha}\exp\left(-t^{\beta}\right)dt = \frac{1}{|\beta|}\Gamma\left(\frac{\alpha+1}{\beta}\right) \tag{2.261}$$

임을 새겨 둘 만하다. ◇

$$\Gamma(\alpha) = \frac{\Gamma(\alpha+k+1)}{\alpha(\alpha+1)(\alpha+2)\cdots(\alpha+k)}$$

처럼 α가 음수일 때의 감마 함수를 뜻매김할 수 있다. 부록 2.2에서 좀 더 일반적으로 복소수 영역에서 감마 함수를 다루었다.

[88] 여기서, $\sqrt{\pi} \approx 1.7725$이고, $\frac{2\pi}{\sqrt{3}} \approx 3.6276$이며, $\sqrt{2}\pi \approx 4.4429$이다. 한편, $\Gamma\left(\frac{1}{8}\right) \approx 7.5339$, $\Gamma\left(\frac{1}{7}\right) \approx 6.5481$, $\Gamma\left(\frac{1}{6}\right) \approx 5.5663$, $\Gamma\left(\frac{1}{5}\right) \approx 4.5908$, $\Gamma\left(\frac{1}{4}\right) \approx 3.6256$, $\Gamma\left(\frac{1}{3}\right) \approx 2.6789$, $\Gamma\left(\frac{2}{3}\right) \approx 1.3541$, $\Gamma\left(\frac{3}{4}\right) \approx 1.2254$, $\Gamma\left(\frac{4}{5}\right) \approx 0.4022$, $\Gamma\left(\frac{5}{6}\right) \approx 0.2822$, $\Gamma\left(\frac{6}{7}\right) \approx 0.2082$, $\Gamma\left(\frac{7}{8}\right) \approx 0.1596$이다.

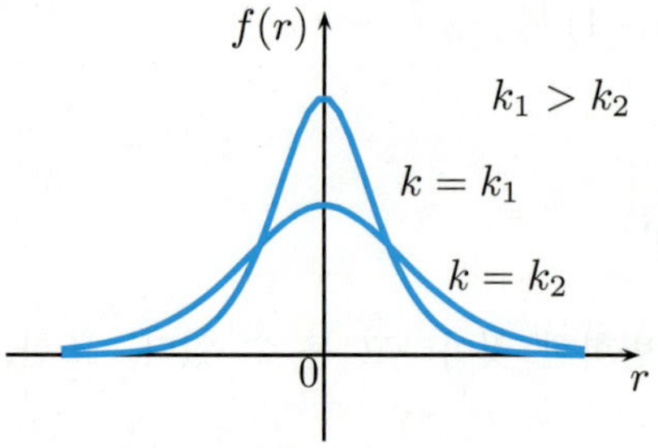

그림 2.14 로지스틱 확률밀도함수

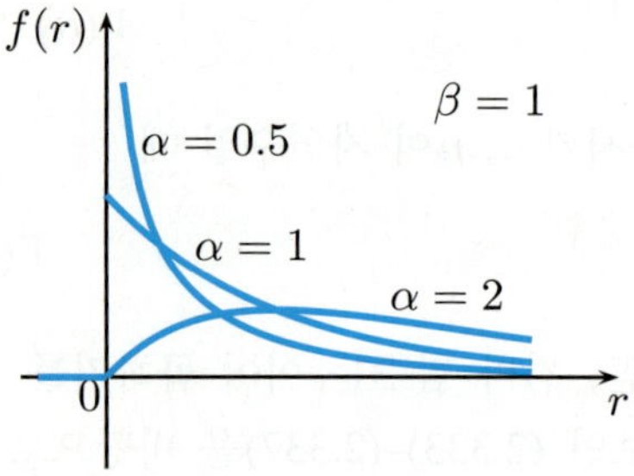

그림 2.15 감마 확률밀도함수

보기 2.85 (중심 카이 제곱 확률밀도함수) 감마 확률밀도함수에서 n이 자연수이고, $\alpha = \frac{n}{2}$이며, $\beta = 2$이면,

$$f(r) = \frac{1}{2^{\frac{n}{2}}\Gamma\left(\frac{n}{2}\right)} r^{\frac{n}{2}-1} \exp\left(-\frac{r}{2}\right) u(r) \tag{2.262}$$

인데, 이 함수를 중심 카이 제곱 확률밀도함수[89]라고 하고, 그 분포를 $\chi^2(n)$으로 쓴다. 여기서, n을 자유도[90]라고 부른다. ♢

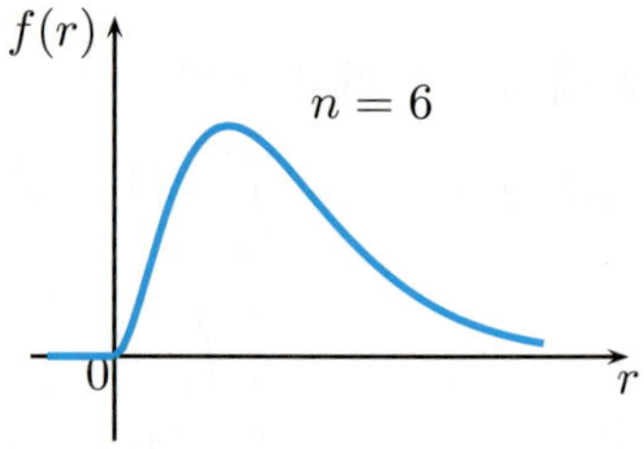

그림 2.16 중심 카이 제곱 확률밀도함수

보기 2.86 (베타 확률밀도함수) 두 실수 α와 β가 모두 0보다 클 때

$$f(r) = \frac{r^{\alpha-1}(1-r)^{\beta-1}}{\tilde{B}(\alpha,\beta)} u(r)u(1-r) \tag{2.263}$$

을 베타 확률밀도함수[91]라고 하고, 그 분포를 $B(\alpha,\beta)$로 쓴다. 여기서,

$$\tilde{B}(\alpha,\beta) = \int_{0^+}^{1^-} x^{\alpha-1}(1-x)^{\beta-1} dx \tag{2.264}$$

는 베타 함수이고

[89] central chi square pdf
[90] degree of freedom
[91] beta pdf

표 2.4 베타 확률밀도함수 $f(r)$, $0 < r < 1$

	$0 < \alpha < 1$	$\alpha = 1$	$\alpha > 1$
$0 < \beta < 1$	줄다가 느는 함수	느는 함수: $f(0) = \beta$.	느는 함수
$\beta = 1$	주는 함수: $f(1) = \alpha$.	$f(r) = 1$	느는 함수: $f(0) = 0, f(1) = \alpha$.
$\beta > 1$	주는 함수	주는 함수: $f(0) = \beta, f(1) = 0$.	늘다가 주는 함수: $f(0) = 0, f(1) = 0$.

$$\tilde{B}(\alpha, \beta) = \frac{\Gamma(\alpha)\Gamma(\beta)}{\Gamma(\alpha+\beta)} \tag{2.265}$$

를[92] 만족시킨다. 다만, 베타 함수 $\tilde{B}(\alpha,\beta)$를 분포 $B(\alpha,\beta)$로 잘못 볼 수 있을 때를 빼고는 베타 함수를 $B(\alpha,\beta)$로도 쓰기로 하자. ◇

표 2.4에 좀 더 자세히 정리해 둔 바와 같이, $\alpha = 1$이고 $\beta > 1$이면 (2.263)에 보인 베타 확률밀도함수 $f(r)$은 $(0,1)$에서 주는 함수이고, $f(0) = \beta$이며, $f(1) = 0$이다. 또, $\alpha > 1$이고 $\beta = 1$이면, 베타 확률밀도함수 $f(r)$은 $(0,1)$에서 느는 함수이고, $f(0) = 0$이며, $f(1) = \alpha$이다. 한편,

$$f'(r) = r^{\alpha-2}(1-r)^{\beta-2}\{\alpha - 1 - (\alpha+\beta-2)r\} \tag{2.266}$$

이므로 베타 확률밀도함수 $f(r)$은 $\alpha > 1$이고 $\beta > 1$이면 $\left(0, \frac{\alpha-1}{\alpha+\beta-2}\right)$에서는 느는 함수이고, $\left(\frac{\alpha-1}{\alpha+\beta-2}, 1\right)$에서는 주는 함수이며, $f(0) = f(1) = 0$이다. 곧, $\alpha > 1$이고 $\beta > 1$일 때 $f(r)$은 꼭짓점이 하나인 함수로서, α가 1에 가깝거나 β가 클수록 0에 더 가까운 곳에서, α가 크거나 β가 1에 가까울수록 1에 더 가까운 곳에서, $\alpha > \beta$이면 $\frac{1}{2}$과 1 사이에서, $\alpha = \beta$이면 $\frac{1}{2}$에서, $\alpha < \beta$이면 0과 $\frac{1}{2}$ 사이에서 가장 크다. 베타 확률밀도함수의 이런 특성은 5.6절에서 이산분포의 순서 통계량을 다룰 때 쓰인다.

보기 2.87 분포 $B\left(\frac{1}{2}, \frac{1}{2}\right)$의 확률밀도함수는

$$f(r) = \frac{1}{\pi\sqrt{r(1-r)}} u(r)u(1-r) \tag{2.267}$$

인데, $r = \cos^2 v$로 치환하면

$$\begin{aligned} \int_0^1 f(r)\,dr &= \int_{\frac{\pi}{2}}^0 \frac{-2\cos v \sin v}{\pi \cos v \sin v} dv \\ &= 1 \end{aligned} \tag{2.268}$$

임을 쉽게 알 수 있다. 확률밀도함수 (2.267)을 역 정현[93] 확률밀도함수라고 부른다. ◇

[92] 부록 2.2에 이것을 보였다.

[93] arc sine 또는 inverse sine

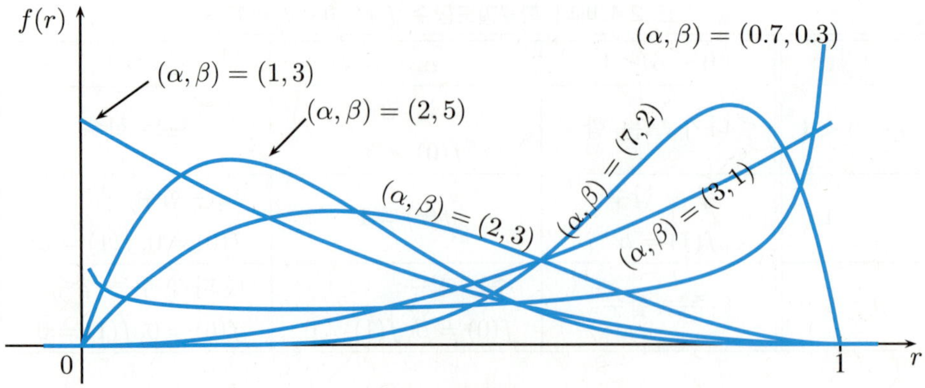

그림 2.17 베타 확률밀도함수

보기 2.88 (중심 t 확률밀도함수) 확률밀도함수

$$f(r) = \frac{\Gamma\left(\frac{n+1}{2}\right)}{\Gamma\left(\frac{n}{2}\right)\sqrt{n\pi}}\left(1+\frac{r^2}{n}\right)^{-\frac{n+1}{2}} \tag{2.269}$$

를 중심 t 확률밀도함수[94]라고 하고, 그 분포를 $t(n)$으로 쓴다. 여기서, 자연수 n은 자유도이다. 자유도가 1인 중심 t 확률밀도함수는 코쉬 확률밀도함수라는 것을 쉽게 알 수 있다.

보기 2.89 함수 $f(v) = 5^3 a\left(5+v^2\right)^{-3}$가 확률밀도함수일 때, a의 값을 얻어 보자.

풀이 보기 2.82에서 본 바와 같이, 확률밀도함수를 모든 영역에서 적분하면 그 값이 1이라는 것을 바탕으로 $\int_{-\infty}^{\infty} f(v)dv = 5^3 a\int_{-\infty}^{\infty}\left(5+v^2\right)^{-3}dv = 1$에서 a의 값을 얻을 수 있다. 한편, 위 (2.269)와 $f(v) = 5^3 a\left(5+v^2\right)^{-3}$을 견주어 보면 $5^3 a = \frac{5^3\Gamma(3)}{\Gamma\left(\frac{5}{2}\right)\sqrt{5\pi}}$이라는 것을, 곧 $a = \frac{2}{\frac{3}{4}\sqrt{\pi}\sqrt{5\pi}} = \frac{8}{3\sqrt{5}\pi}$이라는 것을 알 수 있다. ◇

한편,

$$\lim_{n\to\infty} n^{b-a}\frac{\Gamma(n+a)}{\Gamma(n+b)} = 1 \tag{2.270}$$

이므로

$$\begin{aligned}\lim_{n\to\infty}\frac{\Gamma\left(\frac{n+1}{2}\right)}{\sqrt{n\pi}\Gamma\left(\frac{n}{2}\right)} &= \lim_{n\to\infty}\sqrt{\frac{n}{2}}\frac{1}{\sqrt{n\pi}} \\ &= \frac{1}{\sqrt{2\pi}}\end{aligned} \tag{2.271}$$

이다. 따라서,

$$\begin{aligned}\lim_{n\to\infty}\left(1+\frac{x^2}{n}\right)^{-\frac{n+1}{2}} &= \lim_{n\to\infty}\left(1+\frac{x^2}{n}\right)^{\frac{n}{x^2}\left(-\frac{x^2}{2}\right)} \\ &= \exp\left(-\frac{x^2}{2}\right)\end{aligned} \tag{2.272}$$

[94] central t pdf

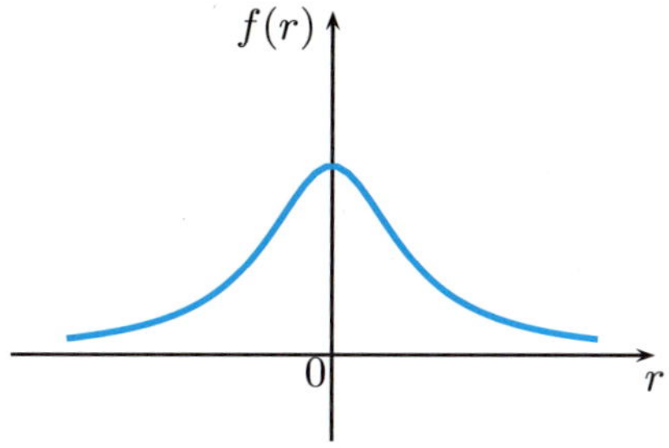

그림 2.18 중심 t 확률밀도함수

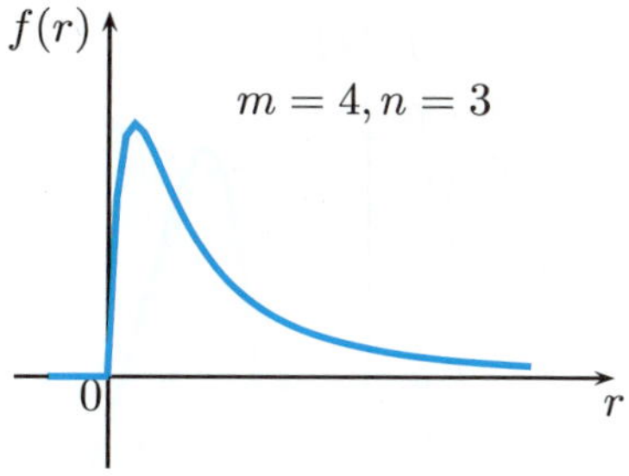

그림 2.19 중심 F 확률밀도함수

임을 새기면, $n \to \infty$일 때 중심 t 확률밀도함수의 극한이 정규 확률밀도함수라는 것을 쉽게 알 수 있다. ♢

보기 2.90 (중심 F 확률밀도함수) 확률밀도함수

$$f(r) = \frac{\Gamma\left(\frac{m+n}{2}\right)}{\Gamma\left(\frac{m}{2}\right)\Gamma\left(\frac{n}{2}\right)} \frac{m}{n} \left(\frac{m}{n}r\right)^{\frac{m}{2}-1} \left(1+\frac{m}{n}r\right)^{-\frac{m+n}{2}} u(r) \tag{2.273}$$

을 중심 F 확률밀도함수[95]라고 하고, 그 분포를 $F(m,n)$으로 쓴다. 여기서, 자연수 짝 (m,n)은 자유도이다. ♢

보기 2.91 (중심 F 확률밀도함수의 극한)* 중심 F 확률밀도함수의 극한을 얻어 보자. 먼저, 중심 F 확률밀도함수 $f_F(x)$를

$$f_F(x) = \frac{1}{\Gamma\left(\frac{m}{2}\right)} \frac{1}{x} \underbrace{\frac{\Gamma\left(\frac{m+n}{2}\right)}{\Gamma\left(\frac{n}{2}\right)} \left(\frac{mx}{n}\right)^{\frac{m}{2}}}_{A} \left(1+\frac{mx}{n}\right)^{-\frac{m+n}{2}} u(x) \tag{2.274}$$

꼴로 바꾸어 쓰자. 이제, (2.270)을 쓰면

$$\begin{aligned} \lim_{n\to\infty} A &= \lim_{n\to\infty} \left(\frac{n}{2}\right)^{\frac{m}{2}} \left(\frac{mx}{n}\right)^{\frac{m}{2}} \\ &= \left(\frac{mx}{2}\right)^{\frac{m}{2}} \end{aligned} \tag{2.275}$$

이고,

$$\begin{aligned} \lim_{n\to\infty} \left(1+\frac{m}{n}x\right)^{-\frac{(m+n)}{2}} &= \lim_{n\to\infty} \left(1+\frac{m}{n}x\right)^{-\frac{n}{2}} \left(1+\frac{m}{n}x\right)^{-\frac{m}{2}} \\ &= \exp\left(-\frac{m}{2}x\right) \end{aligned} \tag{2.276}$$

이므로, $a = \frac{m}{2}$이라고 두면

[95]central F pdf

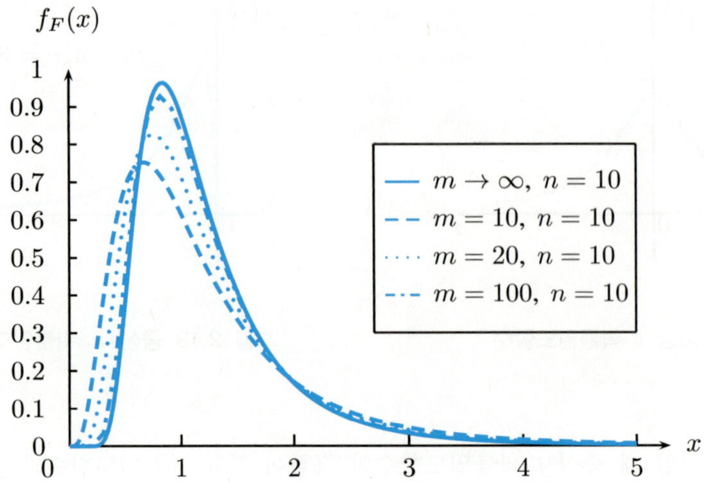

그림 2.20 자유도 m이 바뀔 때 중심 $F(m,10)$ 확률밀도함수 $f_{F(m,10)}(x)$의 변화

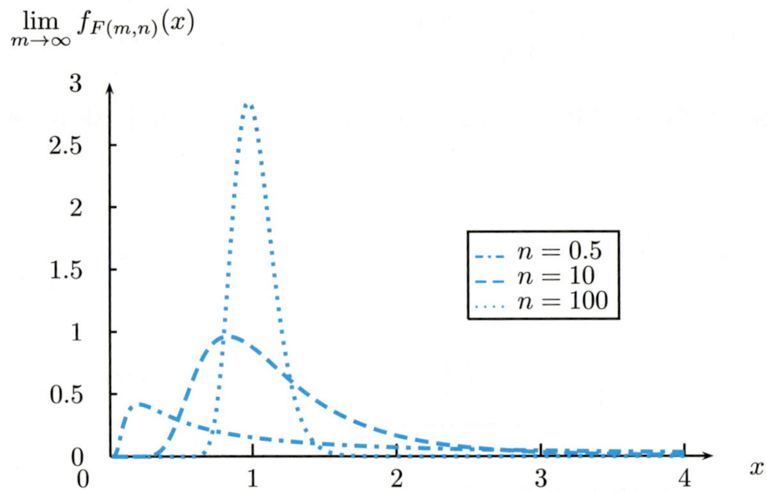

그림 2.21 자유도 $m \to \infty$일 때 중심 $F(m,n)$ 확률밀도함수의 극한 $\lim_{m\to\infty} f_{F(m,n)}(x)$

$$\lim_{n\to\infty} f_F(x) \;=\; \frac{a}{\Gamma(a)}(ax)^{a-1}\exp(-ax)u(x) \tag{2.277}$$

이다. 곧, $n \to \infty$이면

$$F(m,n) \;\to\; G\left(\frac{m}{2}, \frac{2}{m}\right) \tag{2.278}$$

이다.

다음에, 확률밀도함수 $f_F(x)$를

$$f_F(x) = \frac{1}{\Gamma\left(\frac{n}{2}\right)}\frac{1}{x}\underbrace{\frac{\Gamma\left(\frac{m+n}{2}\right)}{\Gamma\left(\frac{m}{2}\right)}\left(\frac{n}{n+mx}\right)^{\frac{n}{2}}}_{B}\underbrace{\left(\frac{mx}{n+mx}\right)^{\frac{m}{2}}}_{C}u(x) \tag{2.279}$$

처럼 바꾸어 써 보자. 그러면

$$\begin{aligned}\lim_{m\to\infty} C &= \lim_{m\to\infty}\left(1+\frac{n}{mx}\right)^{-\frac{m}{2}} \\ &= \exp\left(-\frac{n}{2x}\right)\end{aligned} \tag{2.280}$$

이고, (2.270)을 쓰면

$$\begin{aligned}\lim_{m\to\infty} B &= \lim_{m\to\infty}\frac{\left(\frac{m}{2}\right)^{\frac{n}{2}}\Gamma\left(\frac{m}{2}\right)}{\Gamma\left(\frac{m}{2}\right)}\cdot\left(\frac{n}{mx}\right)^{\frac{n}{2}} \\ &= \left(\frac{n}{2x}\right)^{\frac{n}{2}}\end{aligned} \tag{2.281}$$

이므로, $b = \frac{n}{2}$이라고 두면

$$\lim_{m\to\infty} f_F(x) = \frac{1}{b\Gamma(b)}\left(\frac{b}{x}\right)^{b+1}\exp\left(-\frac{b}{x}\right)u(x) \tag{2.282}$$

를[96] 얻는다. 그림 2.20에 $n = 10$일 때 m이 커지면 분포 $F(m, 10)$의 확률밀도함수가 어떻게 바뀌는지 보였고, 그림 2.21에는 $m \to \infty$일 때 분포 $F(m, n)$의 확률밀도함수를 셋 보여[97] 두었다. 중심 F 분포는 앞에서 다룬 중심 카이 제곱 분포나 중심 t 분포와 더불어 수리 통계학에서 매우 중요한 분포이다. ◇

2.4.3 혼합 공간*

잴 수 있는 공간 $(\Omega, \mathcal{A})$에서 뜻매김한 확률측도들 $\{P_i\}_{i=1}^{\infty}$와 0보다 작지 않고 다 더하면 1인 수들 $\{a_i\}_{i=1}^{\infty}$를 생각할 때, 집합 함수

$$P(A) = \sum_{i=1}^{\infty} a_i P_i(A) \tag{2.283}$$

도 $(\Omega, \mathcal{A})$에서의 확률측도인데, 이런 확률측도를 혼합 확률측도[98]라고 한다. 혼합 확률측도의 중요한 보기는, f가 확률밀도함수이고 p가 확률질량함수일 때,

$$P(A) = \lambda\sum_{x\in A_d} p(x) + (1-\lambda)\int_{x\in A_c} f(x)dx, \quad 0<\lambda<1 \tag{2.284}$$

와 같이 연속 확률측도와 이산 확률측도를 더한 것이다. 여기서, A_d는 이산 영역이고 A_c는 연속 영역이며 $A = A_d \cup A_c$이다.

[96] 이 결과가 뜻하는 바는 보기 3.39에서 다시 새겨본다.
[97] 그림 2.20에서는 $x = \frac{a-1}{a} = \frac{m-2}{m}$일 때, 그림 2.21에서는 $x = \frac{b}{b+1} = \frac{n}{n+2}$일 때 확률밀도함수가 가장 크다.
[98] mixed probability measure

보기 2.92 두 점 0과 1에서 확률이 각각 $\frac{1}{4}$과 $\frac{1}{2}$이고, 그 사이에서는 고르게 퍼져 있는 분포의 확률밀도함수는

$$f(r) = \frac{1}{4}\delta(r) + \frac{1}{2}\delta(r-1) + \frac{1}{4}, \quad r \in [0,1] \tag{2.285}$$

이다. ◇

보기 2.93 확률질량함수

$$p(r) = \begin{cases} \frac{1}{2}, & r=0; \quad \frac{1}{3}, \ r=1; \\ \frac{1}{6}, & r=2; \quad 0, \ r\text{이 그 밖의 정수일 때} \end{cases} \tag{2.286}$$

이 가리키는 확률공간을 확률밀도함수를 써서 나타낼 수도 있는데, 이때, 확률밀도함수는

$$f(r) = \frac{1}{2}\delta(r) + \frac{1}{3}\delta(r-1) + \frac{1}{6}\delta(r-2) \tag{2.287}$$

과 같다. 여기서, 보기를 들면, $p(0) = \int_{0^-}^{0^+} f(x)dx = \frac{1}{2}$이다. ◇

위 두 보기는 충격 함수를 쓰면 이산 또는 혼합 분포에서도 확률밀도함수를 쓸 수 있다는 것을 말해 준다. 다만, 보기 2.93에서 말하고자 하는 것은 "식 (2.286)에 보인 확률질량함수와 (2.287)에 보인 확률밀도함수가 같다."가 아니라, "이산 확률공간을 확률질량함수로 나타낼 수도 있고 확률밀도함수로 나타낼 수도 있다."라는 것을 새겨 두어야 한다. 이때, 정수 a를 어떻게 두더라도

$$\int_{a^-}^{a^+} f(x)dx = p(a) \tag{2.288}$$

처럼 본다고 하면, 충격 함수를 써서 나타낸 확률밀도함수 $f(r)$은 확률질량함수 $p(r)$과 같은 확률공간을 가리킨다고 말할 수 있다. 곧, 어떤 확률질량함수 $p(r)$과 확률밀도함수 $f(r)$이 같은 확률공간을 나타내는지를 알아보려면 확률질량함수 $p(r)$과 확률밀도함수 $f(r)$이 (2.288)을 만족시키는지를 살펴보아야 한다는 것이다.

2.4.4 곱 공간

이제까지는 1차원에서 확률밀도함수나 확률질량함수를 다루었다. 이것을 다차원으로 확장하면 곱 공간에서의 확률밀도함수나 확률질량함수를 얻는다.

뜻매김 2.15 결합 확률질량함수[99]

잴 수 있는 이산 공간 $(\Omega^k, \mathcal{F}^k)$에서 $\underline{x} = (x_0, x_1, \cdots, x_{k-1}) \in \Omega^k$일 때

$$p(\underline{x}) \geq 0, \tag{2.289}$$

$$\sum_{\underline{x}\in\Omega^k} p(\underline{x}) = 1 \tag{2.290}$$

을 만족시키는 실수 함수 p를 k차원 확률질량함수 또는 결합 확률질량함수라고 부른다.

결합 확률질량함수 p를 바탕으로 사건 $F \in \mathcal{F}^k$에서 집합 함수

$$P(F) = \sum_{\underline{x} \in F} p(\underline{x}) \tag{2.291}$$

을 생각하면, 이 집합 함수 P는 확률측도이다. 이 식은 1차원 공간에서 확률질량함수와 확률측도 사이의 관계를 알려주는 (2.222)를 여러 차원으로 넓힌 것인 셈이다.

보기 2.94 (다항 확률질량함수) 표본공간 $\Omega^k = \mathbb{J}_{n+1}^k = \{0, 1, \cdots, n\}^k$를 생각하자. 이제, $j = 0, 1, \cdots, k-1$일 때 $\alpha_j \in (0,1)$이면

$$p(\underline{x}) = \begin{cases} \binom{n}{x_0, x_1, \cdots, x_{k-1}} \alpha_0^{x_0} \alpha_1^{x_1} \cdots \alpha_{k-1}^{x_{k-1}}, & \sum_{i=0}^{k-1} x_i = n, \quad x_i \in \mathbb{J}_{n+1}, \\ 0, & \text{그 밖에는} \end{cases} \tag{2.292}$$

를 k차 다항 확률질량함수[100]라고 한다. 다항 확률질량함수는 이항 확률질량함수를 여러 차원으로 넓힌 것이라고 할 수 있다. 여기서,

$$\binom{n}{n_0, n_1, \cdots, n_{m-1}} = \begin{cases} \frac{n!}{n_0! n_1! \cdots n_{m-1}!}, & \sum_{k=0}^{m-1} n_k = n\text{일 때}, \\ 0, & \text{그 밖에는} \end{cases} \tag{2.293}$$

은 다항 계수[101]인데 부록 2.1에 좀 더 자세히 다룬다. 다항 계수는 여러 차원에서 쓰기에 알맞도록 이항 계수를 확장한 것이라고 할 수 있다. ◇

뜻매김 2.16 결합 확률밀도함수[102]

잴 수 있는 공간 $(\Omega, \mathcal{F}) = \left(\mathbb{R}^k, \mathcal{B}(\mathbb{R})^k\right)$에서

$$f(\underline{x}) \geq 0, \quad \underline{x} \in \mathbb{R}^k \tag{2.294}$$

와

$$\int_{\mathbb{R}^k} f(\underline{x})\, d\underline{x} = 1 \tag{2.295}$$

를 만족시키는 실수 함수 f를 k차원 확률밀도함수 또는 결합 확률밀도함수라고 부른다. 여기서, $d\underline{x} = dx_0 dx_1 \cdots dx_{k-1}$이다.

결합 확률밀도함수 f를 바탕으로 사건 $F \in \mathcal{B}(\mathbb{R})^k$에서 집합 함수

$$P(F) = \int_{\underline{x} \in F} f(\underline{x})\ d\underline{x} \tag{2.296}$$

을 생각하면, 이 집합 함수 P는 확률측도이다. 이 식은 1차원 공간에서 확률밀도함수와 확률측도 사이의 관계를 알려주는 (2.240)을 여러 차원으로 넓힌 것인 셈이다.

---

[99] joint pmf
[100] multinomial pmf
[101] multinomial coefficient
[102] joint pdf

보기 2.95 (곱 확률밀도함수) 함수들 $\{f_i\}_{i=0}^{k-1}$이 1차원 확률밀도함수일 때

$$f(\underline{x}) = \prod_{i=0}^{k-1} f_i(x_i) \tag{2.297}$$

처럼 쓸 수 있는 확률밀도함수 $f(\underline{x})$를 곱 확률밀도함수[103]라고 부른다. ◇

[103] product pdf

부록

부록 2.1 경우의 수 세는 방법

뜻매김 2.17 이산 결합 공간[104]

크기가 m인 – 곧, 원소를 m개 품은 – 이산 표본공간 Ω_1에서의 확률 실험과 크기가 n인 이산 표본공간 Ω_2에서의 확률 실험을 함께 시행할 때, 전체 표본공간 Ω는 결합 공간 $\Omega_1 \times \Omega_2$이고, 그 크기는 mn이다.

보기 2.96 동전 하나 던지기와 주사위 하나 굴리기를 한꺼번에 시행하면 표본공간은 $S = \{(\text{앞}, 1), (\text{앞}, 2), \cdots, (\text{앞}, 6), (\text{뒤}, 1), (\text{뒤}, 2), \cdots, (\text{뒤}, 6)\}$이고, 그 크기는 $2 \times 6 = 12$이다. ♢

보기 2.97 동전 둘을 한 번 던지면 – 또는 동전 하나를 두 번 던지면 – 표본공간은 $S = \{(\text{앞}, \text{앞}), (\text{앞}, \text{뒤}), (\text{뒤}, \text{앞}), (\text{뒤}, \text{뒤})\}$이고, 그 크기는 $2 \times 2 = 4$이다. ♢

뜻매김 2.18 순차 곱[105]

서로 다른 n개를 늘어 놓는 방법은, $n = 1, 2, \cdots$일 때

$$n! = n(n-1) \cdots 1 \tag{2.298}$$

가지이다. 여기서, !를 이어 곱하기, 순차 곱, 순차 곱셈, 또는 계승이라고 부른다.

한편,

$$0! = 1 \tag{2.299}$$

처럼 둔다.

보기 2.98 다섯 숫자 $\{1, 2, 3, 4, 5\}$를 한 번씩 쓰면 다섯 자리 수를 $5! = 5 \cdot 4 \cdot 3 \cdot 2 \cdot 1 = 120$개 만들 수 있다. ♢

뜻매김 2.19 내림 곱[106]

$$\begin{aligned} [m]_k &= m(m-1) \cdots (m-k+1) \\ &= \frac{m!}{(m-k)!} \end{aligned} \tag{2.300}$$

을 m의 k 내림 곱이라고 한다.

한편, 내림 곱에서

[104] discrete combined space
[105] factorial
[106] falling factorial

$$[0]_k = \delta_{k0} = \begin{cases} 1, & k = 0\text{일 때}, \\ 0, & k = 1, 2, \cdots \text{일 때} \end{cases} \tag{2.301}$$

처럼 둔다.

뜻매김 2.20 순열[107]

서로 다른 n개에서 k개를 골라 늘어 놓는 방법은 모두

$$_n\mathsf{P}_k = n(n-1)\cdots(n-k+1) = \frac{n!}{(n-k)!}, \quad k = 0, 1, \cdots, n \tag{2.302}$$

가지이다. 여기서, $_n\mathsf{P}_k$를 (n, k) 순열 또는 n 순열 k라고 부른다.

보기 2.99 뜻매김 2.19와 2.20에서 $_n\mathrm{P}_k = [n]_k$라는 것을 알 수 있다. ◇

보기 2.100 다섯 숫자 $\{2, 3, 4, 5, 6\}$ 가운데 숫자를 둘 골라, 고른 숫자를 한 번씩 쓰면 두 자리 수를 $_5\mathrm{P}_2 = 20$개 만들 수 있다. ◇

보기 2.101 서양 놀이 딱지[108] 52장에서 다섯 장을 골라 늘어 놓을 때, 모두 같은 무늬가 나오는 경우는 $4 \times {}_{13}\mathrm{P}_5 = 617760$가지이다. ◇

정리 2.10 **중복 순열** 같은 것을 다시 고를 수도 있을 때, 서로 다른 n개에서 k개를 골라 늘어 놓는 방법은 모두 n^k가지이다. ■■

보기 2.102 숫자 넷을 써서 만들 수 있는 비밀 번호는 10^4가지이다. 한편, 세 숫자 $\{3, 4, 5\}$를 거듭 쓰면 네 자리 수를 $3^4 = 81$개 만들 수 있다. ◇

보기 2.103 동전 셋을 한 번 – 또는 동전 하나를 세 번 – 던질 때 생기는 표본점은 $2^3 = 8$개이다. ◇

뜻매김 2.21 조합[109]

서로 다른 n개에서 k개를 고르는 방법은, $k = 0, 1, \cdots, n$일 때

$$_n\mathsf{C}_k = \frac{n!}{(n-k)!k!} \tag{2.303}$$

가지이고, 이것을 (n, k) 조합이라고 부른다.

[107] permutation

[108] 서양 놀이 딱지 한 묶음은 52장인데, 마름모, 삽, 토끼풀 잎, 하트 네 무늬마다 열세 장이고, 그 열세 장에는 $2, 3, \cdots, 10$과 J, Q, K, A가 하나씩 적혀 있다. 앞으로는 서양 놀이 딱지를 '서양 딱지'라고도 부르자.

위에 보인 수 ${}_n\mathrm{C}_k$는 (2.228)에서 다룬 이항 계수인데, 이 수는

$$ {}_n\mathrm{C}_k = {}_n\mathrm{C}_{n-k} \tag{2.304} $$

와 같은 대칭성을 지니고 있다. 한편, (2.302)와 (2.303)에서

$$ {}_n\mathrm{C}_k = \frac{{}_n\mathrm{P}_k}{k!} \tag{2.305} $$

임을 알 수 있다.

보기 2.104 집합 $\{0,1,2,\cdots,9\}$에서 두 수를 고르는 방법은 ${}_{10}\mathrm{C}_2 = 45$가지이다. ◇

보기 2.105 서양 딱지 52장에서 다섯 장을 고를 때, 두 장에 적힌 숫자 또는 문자가 같고 나머지 석 장에 적힌 숫자 또는 문자가 같은 경우는 ${}_{13}\mathrm{P}_2 \times {}_4\mathrm{C}_3 \times {}_4\mathrm{C}_2 = 3744$가지이다. ◇

정리 2.11 **다항 계수** 표본공간 $\Omega = \{\omega_0, \omega_1, \cdots, \omega_{m-1}\}$에서 실험을 n번 거듭할 때, ω_i가 n_i번 나타나는 경우의 가지 수는, $i = 0, 1, \cdots, m-1$이고 $n_i \in \{0, 1, \cdots, n\}$일 때

$$ \binom{n}{n_0, n_1, \cdots, n_{m-1}} = \begin{cases} \frac{n!}{n_0!n_1!\cdots n_{m-1}!}, & \sum_{k=0}^{m-1} n_k = n\text{일 때}, \\ 0, & \text{그 밖에는} \end{cases} \tag{2.306} $$

이고, 이것을 다항 계수[110]라고 부른다. ■■

증명 바라는 가지 수는 n번 가운데 ω_0이 n_0번 일어나고, 남은 $n-n_0$번 가운데 ω_1이 n_1번 일어나며, $\cdots$, 남은 $n - n_0 - \cdots - n_{m-2}$번 가운데 ω_{m-1}이 n_{m-1}번 일어나는 경우의 가지 수이므로

$$ \begin{aligned} &\binom{n}{n_0}\binom{n-n_0}{n_1}\cdots\binom{n-n_0-\cdots-n_{m-2}}{n_{m-1}} \\ &= \frac{n!}{n_0!(n-n_0)!}\frac{(n-n_0)!}{n_1!(n-n_0-n_1)!}\cdots\frac{(n-n_0-\cdots-n_{m-2})!}{n_{m-1}!} \\ &= \frac{n!}{n_0!n_1!\cdots n_{m-1}!} \end{aligned} \tag{2.307} $$

이다. □

보기 2.106 제대로 만든 주사위를 굴려 나온 눈을 생각하고, **가** $= \{1,2,3\}$, **나** $= \{4,5\}$, **다** $= \{6\}$이라고 두자. 이제, 이 주사위를 10번 던질 때 **가**가 네 번, **나**가 다섯 번, **다**가 한 번 나오는 가지 수는 $\binom{10}{4,5,1} = 1260$이고, 그 확률은

$$ \begin{aligned} \binom{10}{4,5,1}\left(\frac{1}{2}\right)^4\left(\frac{1}{3}\right)^5\left(\frac{1}{6}\right)^1 &= \frac{35}{648} \\ &\approx 0.054 \end{aligned} \tag{2.308} $$

이다. ◇

---

[109] combination

[110] multinomial coefficient

보기 2.107 고속도로 요금 내는 곳을 지나는 자동차가 승용차일 확률은 0.5, 트럭일 확률은 0.3, 버스일 확률은 0.2라고 한다. 자동차가 모두 50대 지나갔을 때, 승용차가 30대, 트럭이 15대, 버스가 5대일 확률은

$$\begin{aligned}\binom{50}{30,15,5}0.5^{30}0.3^{15}0.2^{5} &= \frac{50!}{30!15!5!}\frac{1}{2^{30}}\frac{3^{15}}{10^{15}}\frac{1}{5^5} \\ &\approx 3.125\times 10^{-4} \end{aligned} \tag{2.309}$$

이다. ◇

보기 2.108 (징검다리) 어느 시냇물에 디딤돌 $n-1$개로 징검다리를 만들었다. 이제, 한 쪽 냇가를 디딤돌 0, 다른 쪽 냇가를 디딤돌 n이라고 하자. 한 걸음 옮길 때 바로 다음 디딤돌로 가거나 하나 건너 뛰어 그 다음 디딤돌로 갈 수 있다고 두자.
(가) 시냇물을 k 걸음에 건너는 방법이 몇 가지인지 얻어 보자.
(나) 시냇물을 건너는 방법이 모두 몇 가지인지 얻어 보자.
풀이
(가) 시냇물을 k 걸음에 건너는 방법의 수를 $a(n,k)$라고 쓰자. 또, n이 홀수이면 $n_2 = \frac{n+1}{2}$, n이 짝수이면 $n_2 = \frac{n}{2}$처럼 – 곧,

$$n_2 = \left\lceil \frac{n}{2} \right\rceil \tag{2.310}$$

처럼 – 두자. 여기서, $\lceil x \rceil$는 x보다 작지 않은 정수 가운데 가장 작은 정수를 나타내는데, 이것을 천장 함수 또는 올림 함수라[111] 부른다. 한편, 한 걸음 옮길 때 바로 다음 디딤돌로 가는 횟수를 k_1이라고 하고, 하나 건너 뛰어 그 다음 디딤돌로 가는 횟수를 k_2라고 하면, $k_1+k_2=k$이고 $k_1+2k_2=n$이다. 그러므로, $k_1=2k-n$이고 $k_2=n-k$이다. 이제, k 걸음에 건너는 방법의 수는 1이 k_1개 있고 2가 k_2개 있을 때 이들을 늘어 놓는 방법의 수 $\frac{k!}{k_1!k_2!}$와 같다. 따라서, $k=n_2, n_2+1, \cdots, n$일 때

$$\begin{aligned} a(n,k) &= \frac{k!}{(2k-n)!(n-k)!} \\ &= {}_k\mathrm{C}_{n-k} \end{aligned} \tag{2.311}$$

이다. 표 2.5에 $n=1,2,\cdots,11$일 때 k 걸음에 시냇물을 건너는 방법의 수 $a(n,k)$를 보였다.
(나) 시냇물을 건너는 방법의 수를 $a(n)$이라[112] 쓰면

$$\begin{aligned} a(n) &= \sum_{k=1}^{n} a(n,k) \\ &= \sum_{k=n_2}^{n} {}_k\mathrm{C}_{n-k} \end{aligned} \tag{2.312}$$

임을 쉽게 알 수 있다. 또, $a(1)=1$이고, $a(2)=2$라는 것을 바로 알 수 있다. 한편, $a(n)$은 디딤돌 $n-1$에서 n으로 가거나 디딤돌 $n-2$에서 바로 n으로 가는 방법의 수을 더한 것인데,

---
[111] ceiling function
[112] 이 수는 순서를 생각하여 1 또는 2를 여러 번 더해 n을 얻는 방법의 수를 나타내기도 한다.

표 2.5 한 걸음 옮길 때 바로 다음 디딤돌로 가거나 하나 건너 뛰어 그 다음 디딤돌로 갈 수 있을 때 디딤돌 $n-1$개로 만든 징검다리를 k 걸음에 건너는 방법의 수 $a(n,k) = {}_k\mathrm{C}_{n-k}$

$k \downarrow n \rightarrow$	1	2	3	4	5	6	7	8	9	10	11
1	1	1	0	0	0	0	0	0	0	0	0
2	0	1	2	1	0	0	0	0	0	0	0
3	0	0	1	3	3	1	0	0	0	0	0
4	0	0	0	1	4	6	4	1	0	0	0
5	0	0	0	0	1	5	10	10	5	1	0
6	0	0	0	0	0	1	6	15	20	15	6
7	0	0	0	0	0	0	1	7	21	35	35
8	0	0	0	0	0	0	0	1	8	28	56
9	0	0	0	0	0	0	0	0	1	9	36
10	0	0	0	0	0	0	0	0	0	1	10
11	0	0	0	0	0	0	0	0	0	0	1

이때, 디딤돌 $n-1$까지 가는 방법의 수는 $a(n-1)$이고 디딤돌 $n-2$까지 가는 방법의 수는 $a(n-2)$이므로, $n = 3, 4, \cdots$ 일 때

$$a(n) \;=\; a(n-1) + a(n-2) \tag{2.313}$$

임을 알 수 있다. 이것을 풀면[113],

$$a(n) \;=\; \frac{1}{\sqrt{5}}\left\{\left(\frac{1+\sqrt{5}}{2}\right)^{n+1} - \left(\frac{1-\sqrt{5}}{2}\right)^{n+1}\right\} \tag{2.314}$$

를 얻을 수 있으며, n이 정수일 때 이 수 $a(n)$은 정수라는 것을 부록 2.4에 보인 (2.434)에서 알 수 있다. 표 2.6에 $n = 1, 2, \cdots, 20$일 때 시냇물을 건너는 방법의 수 $a(n)$을 보였다. 참고로, $k = 0, 1, \cdots, n_2 - 1$일 때 ${}_k\mathrm{C}_{n-k} = 0$이라는 것을 새기면 (2.312)와 (2.314)에서

$$\sum_{k=0}^{n} {}_k\mathrm{C}_{n-k} \;=\; \frac{1}{\sqrt{5}}\left\{\left(\frac{1+\sqrt{5}}{2}\right)^{n+1} - \left(\frac{1-\sqrt{5}}{2}\right)^{n+1}\right\} \tag{2.315}$$

임을 알 수 있다. 이 식은, 피보나치[114] 수를 $\{F_n\}_{n=0,1,\ldots}$처럼 쓸 때, 잘 알려진 결과

$$F_{n+1} \;=\; \sum_{k=0}^{\lfloor \frac{n}{2} \rfloor} {}_{n-k}\mathrm{C}_k \tag{2.316}$$

과 같은 것이다. 여기서, 바닥 함수 $\lfloor x \rfloor$는 보기 2.72에서 다룬 바 있다. 실수 x가 정수이면 $\lfloor x \rfloor = \lceil x \rceil = x$이고, x가 정수가 아니면 $\lfloor x \rfloor = \lceil x \rceil - 1$이다. ◇

[113] 한 가지 풀이법은 다음과 같다. 먼저, $a(n) = \theta^n$이라고 두면 (2.312)에서 $\theta^2 - \theta - 1 = 0$이므로 $\theta = \frac{1\pm\sqrt{5}}{2}$이다. 이제, $a(n) = c_1\left(\frac{1+\sqrt{5}}{2}\right)^n + c_2\left(\frac{1-\sqrt{5}}{2}\right)^n$이라고 두고 $a(1) = 1$과 $a(2) = 2$를 새기면 $c_1 = \frac{1+\sqrt{5}}{2\sqrt{5}}$와 $c_2 = -\frac{1-\sqrt{5}}{2\sqrt{5}}$를 얻는다.

[114] Fibonacci

표 2.6 한 걸음 옮길 때 바로 다음 디딤돌로 가거나 하나 건너 뛰어 그 다음 디딤돌로 갈 수 있을 때 디딤돌 $(n-1)$개로 만든 징검다리를 건너는 방법의 수 $a(n) = \frac{1}{\sqrt{5}}\left\{\left(\frac{1+\sqrt{5}}{2}\right)^{n+1} - \left(\frac{1-\sqrt{5}}{2}\right)^{n+1}\right\}$

n	1	2	3	4	5	6	7	8	9	10
$a(n)$	1	2	3	5	8	13	21	34	55	89
n	11	12	13	14	15	16	17	18	19	20
$a(n)$	144	233	377	610	987	1597	2584	4181	6765	10946

보기 2.108에서 "한 걸음 옮길 때 바로 다음 디딤돌로 가거나 하나 건너 뛰어 그 다음 디딤돌로 갈 수 있다."는 조건을 "한 걸음 옮길 때 바로 다음 디딤돌로 가거나 둘 건너 뛸 수 있다."는 조건으로 바꾸면 $n = 0, 1, \cdots$ 일 때

$$\sum_{m=n_3, n_3+2, \cdots}^{n} {}_m\mathrm{C}_{\frac{n-m}{2}} = a_{13} r_{13}^n + 2\mathrm{Re}\left\{c_{13} z_{13}^n\right\} \tag{2.317}$$

을 얻을 수 있다. 여기서, $n_3 = n - 2\left\lfloor \frac{n}{3} \right\rfloor$이고, 단위 허수를 $i = \sqrt{-1}$이라고 쓸 때, 세 수 $r_{13} = \frac{1}{3}(1+2\epsilon_{13})$, $z_{13} = \frac{1}{3}\left\{1 - \epsilon_{13} - \sqrt{3\left(\epsilon_{13}^2 - 1\right)}i\right\}$, z_{13}^*은 초기 조건이 $a(1) = 1$, $a(2) = 1$, $a(3) = 2$인 차분 방정식 $a(n) = a(n-1) + a(n-3)$, $n \geq 4$의 풀이이자 $\theta^3 - \theta^2 - 1 = 0$의 세 풀이이고, $\epsilon_{13} = \frac{1}{2}\left\{\left(\frac{29-3\sqrt{93}}{2}\right)^{\frac{1}{3}} + \left(\frac{29+3\sqrt{93}}{2}\right)^{\frac{1}{3}}\right\}$이며, $a_{13} = \frac{(z_{13}-1)(z_{13}^*-1)+1}{r_{13}(r_{13}-z_{13})(r_{13}-z_{13}^*)} = \frac{|z_{13}-1|^2+1}{r_{13}|r_{13}-z_{13}|^2}$이고, $c_{13} = \frac{(r_{13}-1)(z_{13}^*-1)+1}{z_{13}(z_{13}-r_{13})(z_{13}-z_{13}^*)}$이다.

또, 보기 2.108에서 ''한 걸음 옮길 때 바로 다음 디딤돌로 가거나 하나 건너 뛰어 그 다음 디딤돌로 갈 수 있다."는 조건을 "한 걸음 옮길 때 하나 또는 둘 건너 뛸 수 있다."는 조건으로 바꾸면, $n = 2, 3, \cdots$ 일 때 $m = 0, 1, \cdots, \left\lceil \frac{n}{3} \right\rceil - 1$ 또는 $m = \left\lfloor \frac{n}{2} \right\rfloor + 1, \left\lfloor \frac{n}{2} \right\rfloor + 2, \cdots, n$이면 ${}_m\mathrm{C}_{n-2m} = \frac{m!}{(3m-n)!(n-2m)!} = 0$이라는 것을 새겨,

$$\sum_{m=0}^{n} {}_m\mathrm{C}_{n-2m} = a_{23} r_{23}^n + 2\mathrm{Re}\left\{c_{23} z_{23}^n\right\} \tag{2.318}$$

을 얻을 수 있다. 여기서, 세 수 $r_{23} = 2\epsilon_{23}$, $z_{23} = -\epsilon_{23} - \sqrt{3\epsilon_{23}^2 - 1}i$, z_{23}^*은 초기 조건이 $a(2) = 1$, $a(3) = 1$, $a(4) = 1$인 차분 방정식 $a(n) = a(n-2) + a(n-3)$, $n \geq 5$의 풀이이자 $\theta^3 - \theta - 1 = 0$의 세 풀이이며, $\epsilon_{23} = \left(\frac{9-\sqrt{69}}{144}\right)^{\frac{1}{3}} + \left(\frac{9+\sqrt{69}}{144}\right)^{\frac{1}{3}}$이고, $a_{23} = \frac{(z_{23}-1)(z_{23}^*-1)}{r_{23}^2(r_{23}-z_{23})(r_{23}-z_{23}^*)} = \frac{|z_{23}-1|^2}{r_{23}^2|r_{23}-z_{23}|^2}$이며, $c_{23} = \frac{(r_{23}-1)(z_{23}^*-1)}{z_{23}^2(z_{23}-r_{23})(z_{23}-z_{23}^*)}$이다.

식 (2.314), (2.317), (2.318)을 계산하여 얻는 수열을

$$\left\{\sum_{m=0}^{n} {}_m\mathrm{C}_{n-m}\right\}_{n=0}^{\infty} = \{1, 1, 2, 3, 5, 8, \cdots\}, \tag{2.319}$$

$$\left\{\sum_{m=n_3, n_3+2, \cdots}^{n} {}_m\mathrm{C}_{\frac{n-m}{2}}\right\}_{n=0}^{\infty} = \{1, 1, 1, 2, 3, 4, 6, 9, \cdots\}, \tag{2.320}$$

$$\left\{\sum_{m=0}^{n} {}_m\mathrm{C}_{n-2m}\right\}_{n=2}^{\infty} = \{1,1,1,2,2,3,4,5,7,9,12,\ \cdots\}, \tag{2.321}$$

처럼 쓸 수 있다.

부록 2.2 감마 함수와 베타 함수

(가) 감마 함수

감마 함수는 이어 곱하기를 일반화한 것임을 (2.255)에서 알 수 있다. 이제 이것을 좀 더 자세히 살펴보자. 먼저, z가 복소수일 때

$$(z)_n = \begin{cases} z(z+1)\cdots(z+n-1), & n=1,2,\ \cdots, \\ 1, & n=0 \end{cases} \tag{2.322}$$

처럼[115] 뜻매김하자. 그러면 α와 n이 0보다 작지 않은 정수일 때, 순차 곱을

$$\begin{aligned} \alpha! &= \frac{(\alpha+n)(\alpha+n-1)\cdots(\alpha+1)\alpha(\alpha-1)\cdots 1}{(\alpha+1)(\alpha+2)\cdots(\alpha+n)} \\ &= \frac{(\alpha+n)!}{(\alpha+1)_n} \end{aligned} \tag{2.323}$$

처럼 쓸 수 있다. 여기서, (2.323)을

$$\begin{aligned} \alpha! &= \frac{(n+1)_\alpha\, n!}{(\alpha+1)_n} \\ &= \frac{n^\alpha\, n!}{(\alpha+1)_n}\frac{(n+1)_\alpha}{n^\alpha} \end{aligned} \tag{2.324}$$

처럼 바꾸어 쓴 다음,

$$\begin{aligned} \lim_{n\to\infty}\frac{(n+1)_\alpha}{n^\alpha} &= \left(1+\frac{1}{n}\right)\left(1+\frac{2}{n}\right)\cdots\left(1+\frac{\alpha}{n}\right) \\ &= 1 \end{aligned} \tag{2.325}$$

를 새기면

$$\alpha! = \lim_{n\to\infty}\frac{n^\alpha\, n!}{(\alpha+1)_n} \tag{2.326}$$

임을 알 수 있다. 이것을 바탕으로, 복소수 α가 $\alpha \neq 0,-1,-2,\ \cdots$ 일 때 감마 함수를

$$\Gamma(\alpha) = \lim_{n\to\infty}\frac{n^{\alpha-1}\, n!}{(\alpha)_n} \tag{2.327}$$

$$\begin{aligned} &= \lim_{n\to\infty}\frac{(\alpha+n)n^{\alpha-1}n!}{(\alpha)_{n+1}} \\ &= \lim_{n\to\infty}\frac{n^\alpha n!}{(\alpha)_{n+1}}\left(1+\frac{\alpha}{n}\right) \\ &= \lim_{n\to\infty}\frac{n^\alpha n!}{(\alpha)_{n+1}} \end{aligned} \tag{2.328}$$

[115] 여기서, $(z)_n$은 포크해머의 기호라고 Pochhammer's symbol 부르는데, 아펠의 기호 Appell's symbol (z,n)과 같은 것이고 오름 곱 rising factorial, ascending factorial, rising sequential product, upper factorial, 포크해머 함수 Pochhammer function, 또는 포크해머 다항식이라고 Pochhammer polynomial 부르기도 한다.

처럼 뜻매김할 수 있다.

보기 2.109 복소수 α가 단위 허수 $i=\sqrt{-1}$일 때 $\Gamma(i) \approx -0.1550 - j0.4980$임이 알려져 있다. 또, $|\Gamma(i)|^2 \approx 0.1550^2 + 0.4980^2 \approx 0.2720$이다. ◇

이제,

$$\begin{aligned} \Gamma(1) &= \lim_{n\to\infty} \frac{n^0 n!}{(1)_n} \\ &= \lim_{n\to\infty} \frac{n!}{n!} \\ &= 1 \end{aligned} \tag{2.329}$$

이고, $(\alpha+1)_n = (\alpha)_n \frac{\alpha+n}{\alpha}$을 새기면

$$\begin{aligned} \Gamma(\alpha+1) &= \lim_{n\to\infty} \frac{n^\alpha n!}{(\alpha+1)_n} \\ &= \lim_{n\to\infty} \frac{\alpha n}{\alpha+n} \lim_{n\to\infty} \frac{n^{\alpha-1} n!}{(\alpha)_n} \\ &= \alpha\Gamma(\alpha) \end{aligned} \tag{2.330}$$

임을 알 수 있다.

감마 함수 $\Gamma(\alpha)$는 $\alpha \notin \{0,-1,-2,\cdots\}$일 때 해석적이다. 또한, $k=0,1,\cdots$일 때

$$\begin{aligned} \lim_{\alpha\to -k} (\alpha+k)\Gamma(\alpha) &= \lim_{\alpha\to -k} \lim_{n\to\infty} \frac{(\alpha+k) n^{\alpha-1} n!}{(\alpha)_n} \\ &= \lim_{n\to\infty} \frac{n^{-k-1} n!}{(-k)(-k+1)\cdots(-k+k-1)(-k+k+1)\cdots(-k+n-1)} \\ &= \frac{(-1)^k}{k!} \lim_{n\to\infty} \frac{n!}{n^{k+1}(n-k-1)!} \\ &= \frac{(-1)^k}{k!} \lim_{n\to\infty} \frac{(n-k)(n-k+1)\cdots n}{n^{k+1}} \\ &= \frac{(-1)^k}{k!} \lim_{n\to\infty} \left(1-\frac{k}{n}\right)\left(1-\frac{k-1}{n}\right)\cdots\left(1-\frac{1}{n}\right)\left(1-\frac{0}{n}\right) \\ &= \frac{(-1)^k}{k!} \end{aligned} \tag{2.331}$$

이므로, 감마 함수 $\Gamma(\alpha)$는 단순 영[116] $\alpha \in \{0,-1,-2,\cdots\}$에서 나머지[117]가

$$\frac{(-1)^{-\alpha}}{(-\alpha)!} \tag{2.332}$$

이다.

보기 2.110 영역 $\alpha > 0$에서만 보면 감마 함수 $\Gamma(\alpha)$는 $\alpha = \alpha_0 \approx 1.4616$일 때 가장 작고 그 값은 $\Gamma(\alpha_0) \approx 0.8856$이며, $\Gamma''(\alpha) > 0$이므로 아래로 볼록하다. ◇

---

[116]simple pole
[117]residue

한편, 부록 2.2.3의 (2.367)–(2.378)에서 보인 것처럼, $0 < x < 1$일 때

$$\Gamma(1-x)\Gamma(x) = \frac{\pi}{\sin \pi x} \tag{2.333}$$

이다[118]. 식 (2.333)을 새기면 n이 정수일 때

$$\Gamma(\epsilon - n) = (-1)^{n-1}\frac{\Gamma(-\epsilon)\Gamma(1+\epsilon)}{\Gamma(n+1-\epsilon)} \tag{2.334}$$

임을 알 수 있다. 한편, (2.333)의 x 자리에 $\frac{1}{2}+x$를 넣으면

$$\Gamma\left(\frac{1}{2}-x\right)\Gamma\left(\frac{1}{2}+x\right) = \frac{\pi}{\cos \pi x} \tag{2.335}$$

를 얻고, $\frac{3}{4}+x$를 넣으면

$$\Gamma\left(\frac{1}{4}-x\right)\Gamma\left(\frac{3}{4}+x\right) = \frac{\sqrt{2}\pi}{\cos \pi x - \sin \pi x} \tag{2.336}$$

을 얻는다. 또한, (2.330)에 보인 $\Gamma(x+1) = x\Gamma(x)$를 새겨 (2.333)을 바꾸어 쓰면

$$\Gamma(1-x)\Gamma(1+x) = \frac{\pi x}{\sin \pi x} \tag{2.337}$$

임을 알 수 있다.

보기 2.111 자연수 k를 생각하면, $\Gamma\left(\frac{1}{2}\right) = \sqrt{\pi}$이므로, (2.330)에 보인 $\Gamma(x+1) = x\Gamma(x)$를 새기면

$$\begin{aligned}\Gamma\left(\frac{1}{2}+k\right) &= \left(\frac{1}{2}+k-1\right)\left(\frac{1}{2}+k-2\right)\cdots\left(\frac{1}{2}\right)\Gamma\left(\frac{1}{2}\right)\\ &= \frac{1\cdot 3\cdots(2k-1)}{2^k}\sqrt{\pi}\\ &= \frac{(2k)!}{2^{2k}k!}\sqrt{\pi}\end{aligned} \tag{2.338}$$

임을 알 수 있다. 이와 비슷하게 $k = 1, 2, \cdots$일 때

$$\begin{aligned}\Gamma\left(\frac{1}{2}\right) &= \left(\frac{1}{2}-1\right)\left(\frac{1}{2}-2\right)\cdots\left(\frac{1}{2}-k\right)\Gamma\left(\frac{1}{2}-k\right)\\ &= (-1)^k\frac{1\cdot 3\cdots(2k-1)}{2^k}\Gamma\left(\frac{1}{2}-k\right)\\ &= (-1)^k\frac{(2k)!}{2^{2k}k!}\Gamma\left(\frac{1}{2}-k\right)\end{aligned} \tag{2.339}$$

이므로

$$\Gamma\left(\frac{1}{2}-k\right) = (-1)^k\frac{2^{2k}k!}{(2k)!}\sqrt{\pi} \tag{2.340}$$

이다. 따라서, (2.338)과 (2.340)에서 $\Gamma\left(\frac{1}{2}-k\right)\Gamma\left(\frac{1}{2}+k\right) = (-1)^k\pi$라는 것을 알 수 있는데, 이것은 (2.335)에서 x를 정수 k로 둔 것이다. 여기서, (2.338)과 (2.340)은 – 마땅히 – (2.335)를 만족시킨다는 것을 알 수 있다. ◇

[118] 식 (2.333)을 오일러 반사 식이라고 Euler reflection formula 부른다.

표 2.7 $z=-\frac{9}{2},-\frac{7}{2},\cdots,\frac{9}{2}$일 때 $\Gamma(z)$의 값

z	$-\frac{9}{2}$	$-\frac{7}{2}$	$-\frac{5}{2}$	$-\frac{3}{2}$	$-\frac{1}{2}$	$\frac{1}{2}$	$\frac{3}{2}$	$\frac{5}{2}$	$\frac{7}{2}$	$\frac{9}{2}$
$\Gamma(z)$	$-\frac{32\sqrt{\pi}}{945}$	$\frac{16\sqrt{\pi}}{105}$	$-\frac{8\sqrt{\pi}}{15}$	$\frac{4\sqrt{\pi}}{3}$	$-2\sqrt{\pi}$	$\sqrt{\pi}$	$\frac{\sqrt{\pi}}{2}$	$\frac{3\sqrt{\pi}}{4}$	$\frac{15\sqrt{\pi}}{8}$	$\frac{105\sqrt{\pi}}{16}$

보기 2.112 보기 2.111에서 얻은 (2.338)에서 $\Gamma\left(\frac{3}{2}\right)=0.5\Gamma(0.5)=\frac{\sqrt{\pi}}{2}$, $\Gamma(2.5)=1.5\Gamma\left(\frac{3}{2}\right)=\frac{3\sqrt{\pi}}{4}$, $\Gamma(3.5)=2.5\Gamma(2.5)=\frac{15\sqrt{\pi}}{8}$, $\cdots$을 알 수 있고, (2.340)에서 $\Gamma(-0.5)=\frac{\Gamma(0.5)}{-0.5}=-2\sqrt{\pi}$, $\Gamma(-1.5)=\frac{\Gamma(-0.5)}{-1.5}=\frac{4\sqrt{\pi}}{3}$, $\Gamma(-2.5)=\frac{\Gamma(-1.5)}{-2.5}=-\frac{8\sqrt{\pi}}{15}$, $\cdots$을 알 수 있다. 표 2.7에 이와 같이 얻은 값을 몇 개 보였다. ◇

이제, $\alpha\to$ 음 정수일 때

$$\Gamma(\alpha+1) \ \to\ \pm\infty \tag{2.341}$$

인데, 이것을 좀 더 자세히 쓰면

$$\begin{aligned}\Gamma\left(\alpha+1^{\pm}\right) &= \alpha^{\pm}! \\ &\to \pm(-1)^{\alpha+1}\infty \end{aligned} \tag{2.342}$$

이다. 보기를 들면,

$$\lim_{\alpha\downarrow-1}\Gamma(\alpha+1) = +\infty \tag{2.343}$$

이고,

$$\lim_{\alpha\uparrow-1}\Gamma(\alpha+1) = -\infty \tag{2.344}$$

이며,

$$\lim_{\alpha\downarrow-2}\Gamma(\alpha+1) = -\infty \tag{2.345}$$

이고,

$$\lim_{\alpha\uparrow-2}\Gamma(\alpha+1) = +\infty, \tag{2.346}$$

$$\vdots$$

이다.

끝으로, $\alpha<0$이고 $\beta<0$이며 $\alpha-\beta$가 정수일 때, $\alpha-v$도 자연수이고 $\beta-v$도 자연수인 수 v를 – 곧, $k=1,2,\cdots$ 일 때 $v=\min(\alpha,\beta)-k$를 – 생각하자. 보기를 들어, $\alpha=-\pi$이고 $\beta=1-\pi$이면 v는 $\{-\pi-1,-\pi-2,\cdots\}$ 가운데 하나이고, $\alpha=-3.4$이고 $\beta=-5.4$이면 v는 $\{-6.4,-7.4,\cdots\}$ 가운데 하나이다. 이제,

$$\begin{aligned}\frac{\Gamma(\alpha+1)}{\Gamma(\beta+1)} &= \frac{\Gamma(\alpha+1)}{\Gamma(v)}\frac{\Gamma(v)}{\Gamma(\beta+1)} \\ &= \frac{\alpha(\alpha-1)\cdots v}{\beta(\beta-1)\cdots v}\end{aligned} \tag{2.347}$$

인데, 이것을 바꾸어 쓰면

$$\begin{aligned}\frac{\Gamma(\alpha+1)}{\Gamma(\beta+1)} &= \frac{(-1)^{\alpha-v+1}(-v)(-v-1)\cdots(-\alpha+1)(-\alpha)}{(-1)^{\beta-v+1}(-v)(-v-1)\cdots(-\beta+1)(-\beta)} \\ &= (-1)^{\alpha-\beta}\frac{\Gamma(-v+1)}{\Gamma(-\alpha)}\frac{\Gamma(-\beta)}{\Gamma(-v+1)} \\ &= (-1)^{\alpha-\beta}\frac{\Gamma(-\beta)}{\Gamma(-\alpha)} \qquad (2.348)\end{aligned}$$

이다. 이것을 바탕으로, α와 β가 음 정수일 때에는

$$\begin{aligned}\lim_{x\downarrow\beta,\, y\downarrow\alpha}\frac{\Gamma(y+1)}{\Gamma(x+1)} &= \lim_{x\uparrow\beta,\, y\uparrow\alpha}\frac{\Gamma(y+1)}{\Gamma(x+1)} \\ &= (-1)^{\alpha-\beta}\frac{\Gamma(-\beta)}{\Gamma(-\alpha)} \qquad (2.349)\end{aligned}$$

처럼[119] 볼 수 있다.

보기 2.113 식 (2.348)에서

$$\frac{\Gamma(1-\pi)}{\Gamma(2-\pi)} = (-1)^{-1}\frac{\Gamma(\pi-1)}{\Gamma(\pi)} \qquad (2.350)$$

임을 알 수 있고, (2.348)이나 (2.349)에서

$$\begin{aligned}\frac{\Gamma(-5)}{\Gamma(-4)} &= -\frac{\Gamma(3)}{\Gamma(4)} \\ &= -\frac{2}{3} \qquad (2.351)\end{aligned}$$

을 얻을 수 있다. ◇

보기 2.114 먼저, $\Gamma(1-z) = -z\Gamma(-z)$에서 $\Gamma(-z) = -\frac{\Gamma(1-z)}{z}$라는 것을 새기자. 그 다음, 오일러 반사 식을 – 곧, (2.333)을 – 쓰면, $z \neq 0, \pm1, \pm2, \cdots$ 일 때

$$\begin{aligned}\Gamma(z)\Gamma(-z) &= -\frac{\Gamma(z)\Gamma(1-z)}{z} \\ &= -\frac{\pi}{z\sin\pi z} \qquad (2.352)\end{aligned}$$

이다. 이제, $e^{ix} = \cos x + i\sin x$이고 $e^{-ix} = \cos x - i\sin x$이므로 $\sin x = \frac{1}{2i}\left(e^{ix} - e^{-ix}\right)$라는 것과 $\Gamma(\bar{z}) = \overline{\Gamma(z)}$이고 $\Gamma(1-i) = -i\Gamma(-i)$라는 것을 새기면

$$\begin{aligned}\Gamma(i)\Gamma(-i) &= |\Gamma(i)|^2 \\ &= -\frac{\pi}{i\sin\pi i} \\ &= \frac{2\pi}{e^{\pi}-e^{-\pi}} \\ &\approx 0.2720 \qquad (2.353)\end{aligned}$$

이다. ◇

---

[119] 이때, $\lim_{x\downarrow\beta,\, y\uparrow\alpha}\frac{\Gamma(y+1)}{\Gamma(x+1)} = \lim_{x\uparrow\beta,\, y\downarrow\alpha}\frac{\Gamma(y+1)}{\Gamma(x+1)} = (-1)^{\alpha-\beta+1}\frac{\Gamma(-\beta)}{\Gamma(-\alpha)}$처럼 볼 수도 있다.

(나) 베타 함수

복소수 영역에서 베타 함수

$$\tilde{B}(\alpha,\beta) = \int_0^1 x^{\alpha-1}(1-x)^{\beta-1}dx, \quad \mathrm{Re}(\alpha)>0,\ \mathrm{Re}(\beta)>0, \tag{2.354}$$

를[120] 생각하고, (2.327)을 새겨 (2.265)에 적어 둔

$$\tilde{B}(\alpha,\beta) = \frac{\Gamma(\alpha)\Gamma(\beta)}{\Gamma(\alpha+\beta)} \tag{2.355}$$

를 보이자. 먼저,

$$\begin{aligned}\tilde{B}(\alpha,\beta+1) &= \int_0^1 x^{\alpha-1}(1-x)(1-x)^{\beta-1}dx \\ &= \tilde{B}(\alpha,\beta)-\tilde{B}(\alpha+1,\beta)\end{aligned} \tag{2.356}$$

이고, 또 다른 한편으로는

$$\begin{aligned}\tilde{B}(\alpha,\beta+1) &= \frac{1}{\alpha}x^{\alpha}(1-x)^{\beta}\Big|_{x=0}^{1} + \frac{\beta}{\alpha}\int_0^1 x^{\alpha-1}(1-x)^{\beta-1}dx \\ &= \frac{\beta}{\alpha}\tilde{B}(\alpha+1,\beta)\end{aligned} \tag{2.357}$$

이므로

$$\tilde{B}(\alpha,\beta) = \frac{\alpha+\beta}{\beta}\tilde{B}(\alpha,\beta+1) \tag{2.358}$$

이다. 여기서, (2.358)은

$$\begin{aligned}\tilde{B}(\alpha,\beta+1) &= \int_0^1 x^{\alpha+\beta-1}\left(\frac{1-x}{x}\right)^{\beta}dx \\ &= \frac{1}{\alpha+\beta}x^{\alpha+\beta}\left(\frac{1-x}{x}\right)^{\beta}\Big|_{x=0}^{1} + \frac{\beta}{\alpha+\beta}\int_0^1 x^{\alpha+\beta}\left(\frac{1-x}{x}\right)^{\beta-1}dx \\ &= \frac{\beta}{\alpha+\beta}\int_0^1 x^{\alpha-1}(1-x)^{\beta-1}dx \\ &= \frac{\beta}{\alpha+\beta}\tilde{B}(\alpha,\beta)\end{aligned} \tag{2.359}$$

처럼 보일 수도 있다.

이제, (2.358)을 거듭 쓰면

$$\begin{aligned}\tilde{B}(\alpha,\beta) &= \frac{(\alpha+\beta)(\alpha+\beta+1)}{\beta(\beta+1)}\tilde{B}(\alpha,\beta+2) \\ &= \frac{(\alpha+\beta)(\alpha+\beta+1)(\alpha+\beta+2)}{\beta(\beta+1)(\beta+2)}\tilde{B}(\alpha,\beta+3) \\ &\ \ \vdots \\ &= \frac{(\alpha+\beta)_n}{(\beta)_n}\tilde{B}(\alpha,\beta+n)\end{aligned} \tag{2.360}$$

[120] 이 식의 오른쪽을 제1종 오일러 적분이라고 Eulerian integral of the first kind 부르기도 한다.

이고, 이것을 조금 바꾸어 쓰면

$$\begin{aligned}\tilde{B}(\alpha,\beta) &= \frac{(\alpha+\beta)_n}{n!}\frac{n!}{(\beta)_n}\int_0^n \left(\frac{t}{n}\right)^{\alpha-1}\left(1-\frac{t}{n}\right)^{\beta+n-1}\frac{dt}{n} \\ &= \frac{(\alpha+\beta)_n}{n^{\alpha+\beta-1}n!}\frac{n^{\beta-1}n!}{(\beta)_n}\int_0^n t^{\alpha-1}\left(1-\frac{t}{n}\right)^{\beta+n-1}dt \end{aligned} \tag{2.361}$$

이다. 그런데,

$$\begin{aligned}\lim_{n\to\infty}\left(1-\frac{t}{n}\right)^{\beta+n-1} &= \lim_{n\to\infty}\left(1+\frac{-t}{n}\right)^{n}\left(1-\frac{t}{n}\right)^{\beta-1} \\ &= e^{-t}\end{aligned} \tag{2.362}$$

이므로, (2.361)에서 $n\to\infty$라고 하고 (2.327)을 새기면

$$\tilde{B}(\alpha,\beta) = \frac{\Gamma(\beta)}{\Gamma(\alpha+\beta)}\int_0^\infty t^{\alpha-1}e^{-t}dt \tag{2.363}$$

을 얻는다. 이 식과 베타 함수를 뜻매김하는 (2.354)에서 $\beta=1$이라고 두면

$$\begin{aligned}\tilde{B}(\alpha,1) &= \int_0^1 t^{\alpha-1}dt \\ &= \frac{1}{\alpha} \\ &= \frac{\Gamma(1)}{\Gamma(\alpha+1)}\int_0^\infty t^{\alpha-1}e^{-t}dt\end{aligned} \tag{2.364}$$

를 얻는다. 그러므로, $\Gamma(\alpha+1)=\alpha\Gamma(\alpha)$이고 $\Gamma(1)=1$이라는 것을 새기면,

$$\int_0^\infty t^{\alpha-1}e^{-t}dt = \Gamma(\alpha) \tag{2.365}$$

임을[121] 알 수 있다. 따라서, (2.363)과 (2.365)에서

$$\tilde{B}(\alpha,\beta) = \frac{\Gamma(\alpha)\Gamma(\beta)}{\Gamma(\alpha+\beta)} \tag{2.366}$$

이다[122].

(다) 오일러 반사 식

다음에, (2.333)에 적어 둔 오일러 반사 식, 곧 $0<x<1$일 때

$$\Gamma(1-x)\Gamma(x) = \frac{\pi}{\sin\pi x} \tag{2.367}$$

을 보이자. 먼저, (2.354)에서 $x=\frac{s}{s+1}$라고 두면

$$\tilde{B}(\alpha,\beta) = \int_0^\infty \frac{s^{\alpha-1}}{(1+s)^{\alpha+\beta}}ds \tag{2.368}$$

[121] 이 식의 왼쪽을 제2종 오일러 적분이라고 Eulerian integral of the second kind 부르기도 한다.
[122] 문제 2.29에서는 (2.366)을 보이는 다른 방법을 생각한다.

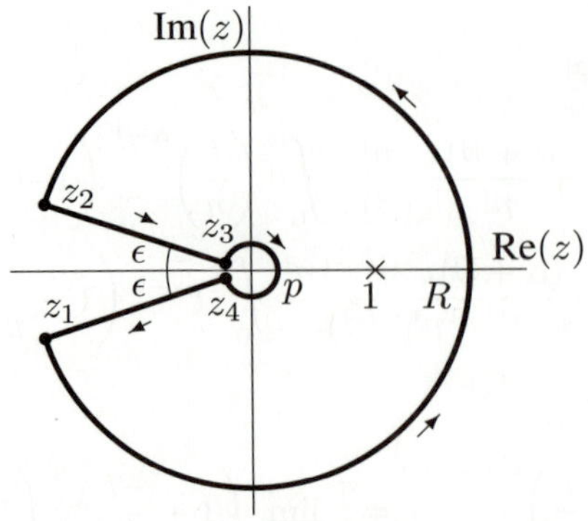

그림 2.22 적분 $\int_C \frac{z^{x-1}}{z-1}dz$의 적분 길 C $(0<p<1<R)$

이다. 다음에, (2.366)에서 $\Gamma(\alpha)\Gamma(\beta)=\Gamma(\alpha+\beta)\tilde{B}(\alpha,\beta)$이므로 (2.368)을 새기어 $\alpha=x$이고 $\beta=1-x$라고 두면

$$\Gamma(1-x)\Gamma(x) = \int_0^\infty \frac{s^{x-1}}{1+s}ds \tag{2.369}$$

이다. 이제, 복소 영역에서

$$\int_C \frac{z^{x-1}}{z-1}dz \tag{2.370}$$

을 생각하여 (2.369)의 오른쪽에 나온 적분을 얻어 보자. 식 (2.370)에서 적분 길 C는 그림 2.22에 보인 바와 같으며, 바깥쪽 동그라미에서 반시계 방향으로 도는 것이다. 그러면 적분 길 C 안에 있는 극은 $z=1$뿐이므로 나머지 정리[123]에서

$$\begin{aligned}\int_C \frac{z^{x-1}}{z-1}dz &= 2\pi j \operatorname*{Res}_{z=1}\frac{z^{x-1}}{z-1}\\ &= 2\pi j\end{aligned} \tag{2.371}$$

이다. 이제, 적분 길 C를 따라 가며 적분한다고 하자. 그러면 반지름이 R인 동그라미를 따라 $z_1=Re^{j(-\pi+\epsilon)}$에서 $z_2=Re^{j(\pi-\epsilon)}$까지 가는 길에서는 $z=Re^{j\theta}$이고 $dz=jRe^{j\theta}d\theta$이며, 원점으로 가는 방사선을 따라 $z_2=Re^{j(\pi-\epsilon)}$에서 $z_3=pe^{j(\pi-\epsilon)}$까지 가는 길에서는 $z=re^{j(\pi-\epsilon)}$이고 $dz=e^{j(\pi-\epsilon)}dr$이다. 또한, 반지름이 p인 동그라미를 따라 $z_3=pe^{j(\pi-\epsilon)}$에서 $z_4=pe^{j(-\pi+\epsilon)}$까지 가는 길에서는 $z=pe^{j\theta}$이고 $dz=jpe^{j\theta}d\theta$이며, 원점에서 뻗는 방사선을 따라 $z_4=pe^{j(-\pi+\epsilon)}$에서 $z_1=Re^{j(-\pi+\epsilon)}$까지 가는 길에서는 $z=re^{j(-\pi+\epsilon)}$이고 $dz=e^{j(-\pi+\epsilon)}dr$이다. 그러므로,

$$\begin{aligned}\int_C \frac{z^{x-1}}{z-1}dz &= \int_{-\pi+\epsilon}^{\pi-\epsilon}\frac{\left(Re^{j\theta}\right)^{x-1}}{Re^{j\theta}-1}jRe^{j\theta}d\theta + \int_R^p \frac{\left\{re^{j(\pi-\epsilon)}\right\}^{x-1}}{re^{j(\pi-\epsilon)}-1}e^{j(\pi-\epsilon)}dr\\ &\quad + \int_{\pi-\epsilon}^{-\pi+\epsilon}\frac{\left(pe^{j\theta}\right)^{x-1}}{pe^{j\theta}-1}jpe^{j\theta}d\theta + \int_p^R \frac{\left\{re^{j(-\pi+\epsilon)}\right\}^{x-1}}{re^{j(-\pi+\epsilon)}-1}e^{j(-\pi+\epsilon)}dr\end{aligned} \tag{2.372}$$

이고, 이것을 정리하면

[123]residue theorem. 나머지 정리는 코쉬의 적분 정리에서 Cauchy's integral theorem 얻을 수 있다.

$$\int_C \frac{z^{x-1}}{z-1}dz = \int_{-\pi+\epsilon}^{\pi-\epsilon} \frac{jR^x e^{j\theta x}}{Re^{j\theta}-1}d\theta + \int_R^p \frac{r^{x-1}e^{j(\pi-\epsilon)x}}{re^{j(\pi-\epsilon)}-1}dr + \int_{\pi-\epsilon}^{-\pi+\epsilon} \frac{jp^x e^{j\theta x}}{pe^{j\theta}-1}d\theta + \int_p^R \frac{r^{x-1}e^{j(-\pi+\epsilon)x}}{re^{j(-\pi+\epsilon)}-1}dr \tag{2.373}$$

이다. 이제, $x>0$이면 $p\to 0$일 때 (2.373)의 셋째 항은

$$\lim_{p\to 0}\int_{\pi-\epsilon}^{-\pi+\epsilon} \frac{jp^x e^{j\theta x}}{pe^{j\theta}-1}d\theta = 0 \tag{2.374}$$

이고, $x<1$이면 $R\to\infty$일 때 (2.373)의 첫째 항에서

$$\begin{aligned}\left|\frac{jR^x e^{j\theta x}}{Re^{j\theta}-1}\right| &= \frac{R^x}{\sqrt{R^2-2R\cos\theta+1}}\\ &\le \frac{R^x}{R-1}\\ &\to 0\end{aligned} \tag{2.375}$$

이다. 이 둘을 새겨, $R\to\infty$, $p\to 0$, $\epsilon\to 0$일 때 (2.373)을 다시 쓰면, $0<x<1$일 때

$$\begin{aligned}\int_C \frac{z^{x-1}}{z-1}dz &= 0 + \int_\infty^0 \frac{r^{x-1}e^{j\pi x}}{-r-1}dr + 0 + \int_0^\infty \frac{r^{x-1}e^{-j\pi x}}{-r-1}dr\\ &= \left(e^{j\pi x}-e^{-j\pi x}\right)\int_0^\infty \frac{r^{x-1}}{r+1}dr\\ &= 2j\sin\pi x\int_0^\infty \frac{r^{x-1}}{r+1}dr\end{aligned} \tag{2.376}$$

이다. 그러므로, $0<x<1$일 때

$$\int_0^\infty \frac{r^{x-1}}{1+r}dr = \frac{\pi}{\sin\pi x} \tag{2.377}$$

임을 (2.371)과 (2.376)에서 알 수 있다. 따라서, $0<x<1$일 때

$$\Gamma(1-x)\Gamma(x) = \frac{\pi}{\sin\pi x} \tag{2.378}$$

임을 (2.369)와 (2.377)에서 알 수 있다.

부록 2.3 복소 공간에서의 이어 곱하기, 순열, 이항 계수

이어 곱하기를 뜻매김한 (2.298)에서는 n이 자연수이다. 이제, 부록 2.2에 보인 감마 함수를 바탕으로 하여 복소 공간에서 이어 곱하기를 생각해 보자. 그 다음 이것을 바탕으로 복소 공간에서 순열과 이항 계수를 다루어 보자.

(가) 이어 곱하기

먼저, (2.330)에 보인 $\Gamma(\alpha+1)=\alpha\Gamma(\alpha)$에서

$$\alpha! = \Gamma(\alpha+1) \tag{2.379}$$

임을 생각하면, p가 복소수일 때 이어 곱하기 $p!$를

$$p! = \begin{cases} \pm\infty, & p\text{가 음 정수일 때,} \\ \Gamma(p+1), & \text{그 밖에는} \end{cases} \tag{2.380}$$

처럼 쓸 수 있다. 그러므로, $p=0$일 때에는 $0! = \Gamma(1) = 1$이다.

보기 2.115 위 (2.380)을 바탕으로 $(-2)! = \pm\infty$와

$$\begin{aligned} \left(-\frac{1}{2}\right)! &= \Gamma\left(\frac{1}{2}\right) \\ &= \sqrt{\pi} \end{aligned} \tag{2.381}$$

을 얻는다. ◇

(나) 순열

순열을 뜻매김한 (2.302)에서는 n과 k가 0이거나 자연수이고 $n \geq k$이다. 좀 더 일반적으로, p와 q가 복소수이면 (2.348)과 (2.380)을 바탕으로

$$\begin{aligned} {}_p\mathrm{P}_q &= \frac{\Gamma(p+1)}{\Gamma(p-q+1)} \\ &= \begin{cases} \frac{\Gamma(p+1)}{\Gamma(p-q+1)}, & p\text{도 } p-q\text{도 음 정수가 아닐 때,} \\ (-1)^q \frac{\Gamma(-p+q)}{\Gamma(-p)} & \\ \quad = (-1)^q {}_{-p+q-1}\mathrm{P}_q, & p\text{도 } p-q\text{도 음 정수일 때,} \\ 0, & p\text{는 음 정수가 아니고 } p-q\text{는 음 정수일 때,} \\ \pm\infty, & p\text{는 음 정수이고 } p-q\text{는 음 정수가 아닐 때} \end{cases} \end{aligned} \tag{2.382}$$

처럼 쓸 수 있다.

보기 2.116 위 (2.382)를 바탕으로 z가 어떤 수이더라도

$${}_z\mathrm{P}_0 = 1 \tag{2.383}$$

이고

$${}_z\mathrm{P}_1 = z \tag{2.384}$$

임을 알 수 있다. ◇

보기 2.117 한편, ${}_0\mathrm{P}_z = \frac{1}{\Gamma(1-z)}$이고, ${}_1\mathrm{P}_z = \frac{1}{\Gamma(2-z)}$이며, ${}_z\mathrm{P}_z = \Gamma(z+1)$이므로,

$${}_0\mathrm{P}_z = \begin{cases} 0, & z\text{가 자연수일 때,} \\ \frac{1}{\Gamma(1-z)}, & \text{그 밖에는} \end{cases} \tag{2.385}$$

이고,

표 2.8 순열 ${}_p\mathrm{P}_q$의 값 ($*$는 $\pm\infty$를 뜻함)

$p\downarrow\ \ q\rightarrow$	-2	$-\frac{3}{2}$	-1	$-\frac{1}{2}$	0	$\frac{1}{2}$	1	$\frac{3}{2}$	2
-2	$*$	$*$	-1	$*$	1	$*$	-2	$*$	6
$-\frac{3}{2}$	-4	$-2\sqrt{\pi}$	-2	0	1	0	$-\frac{3}{2}$	0	$\frac{15}{4}$
-1	$*$	$*$	$*$	$*$	1	$*$	-1	$*$	2
$-\frac{1}{2}$	$\frac{4}{3}$	$\sqrt{\pi}$	2	$\sqrt{\pi}$	1	0	$-\frac{1}{2}$	0	$\frac{3}{4}$
0	$\frac{1}{2}$	$\frac{4}{3\sqrt{\pi}}$	1	$\frac{2}{\sqrt{\pi}}$	1	$\frac{1}{\sqrt{\pi}}$	0	$-\frac{1}{2\sqrt{\pi}}$	0
$\frac{1}{2}$	$\frac{4}{15}$	$\frac{\sqrt{\pi}}{4}$	$\frac{2}{3}$	$\frac{\sqrt{\pi}}{2}$	1	$\frac{\sqrt{\pi}}{2}$	$\frac{1}{2}$	0	$-\frac{1}{4}$
1	$\frac{1}{6}$	$\frac{8}{15\sqrt{\pi}}$	$\frac{1}{2}$	$\frac{4}{3\sqrt{\pi}}$	1	$\frac{2}{\sqrt{\pi}}$	1	$\frac{1}{\sqrt{\pi}}$	0
$\frac{3}{2}$	$\frac{4}{35}$	$\frac{\sqrt{\pi}}{8}$	$\frac{2}{5}$	$\frac{3\sqrt{\pi}}{8}$	1	$\frac{3\sqrt{\pi}}{4}$	$\frac{3}{2}$	$\frac{3\sqrt{\pi}}{4}$	$\frac{3}{4}$
2	$\frac{1}{12}$	$\frac{32}{105\sqrt{\pi}}$	$\frac{1}{3}$	$\frac{16}{15\sqrt{\pi}}$	1	$\frac{8}{3\sqrt{\pi}}$	2	$\frac{4}{\sqrt{\pi}}$	2

$$
{}_1\mathrm{P}_z = \begin{cases} 0, & z = 2, 3, \cdots \text{일 때}, \\ \frac{1}{\Gamma(2-z)}, & \text{그 밖에는} \end{cases} \tag{2.386}
$$

이며,

$$
{}_z\mathrm{P}_z = \begin{cases} \pm\infty, & z\text{가 음 정수일 때}, \\ \Gamma(z+1), & \text{그 밖에는} \end{cases} \tag{2.387}
$$

이다. ◇

보기 2.118 또한,

$$
\begin{aligned}
{}_{-1}\mathrm{P}_z &= \begin{cases} (-1)^z {}_z\mathrm{P}_z, & z = 0, 1\ \cdots \text{일 때}, \\ \pm\infty, & \text{그 밖에는} \end{cases} \\
&= \begin{cases} (-1)^z \Gamma(z+1), & z = 0, 1\ \cdots \text{일 때}, \\ \pm\infty, & \text{그 밖에는} \end{cases}
\end{aligned} \tag{2.388}
$$

임을 알 수 있다. ◇

보기 2.119 위 (2.382)를 쓰면 ${}_{-2}\mathrm{P}_{-0.3} = \pm\infty$, ${}_{-0.1}\mathrm{P}_{1.9} = 0$, ${}_0\mathrm{P}_3 = \frac{\Gamma(1)}{\Gamma(-2)} = 0$, ${}_{\frac{1}{2}}\mathrm{P}_3 = \frac{\Gamma\left(\frac{3}{2}\right)}{\Gamma\left(-\frac{3}{2}\right)} = \frac{3}{8}$, ${}_{\frac{1}{2}}\mathrm{P}_{0.8} = \frac{\Gamma\left(\frac{3}{2}\right)}{\Gamma(0.7)} = \frac{\sqrt{\pi}}{2\Gamma(0.7)}$, ${}_{\frac{1}{2}}\mathrm{P}_3 = \frac{\Gamma\left(\frac{3}{2}\right)}{\Gamma\left(-\frac{3}{2}\right)} = \frac{3}{8}$, ${}_3\mathrm{P}_{\frac{1}{2}} = \frac{\Gamma(4)}{\Gamma\left(\frac{7}{2}\right)} = \frac{16}{5\sqrt{\pi}}$, ${}_3\mathrm{P}_{-\frac{1}{2}} = \frac{\Gamma(4)}{\Gamma\left(\frac{9}{2}\right)} = \frac{32}{35\sqrt{\pi}}$, ${}_3\mathrm{P}_{-2} = \frac{\Gamma(4)}{\Gamma(6)} = \frac{1}{20}$, ${}_{-\frac{1}{2}}\mathrm{P}_3 = \frac{\Gamma\left(\frac{1}{2}\right)}{\Gamma\left(-\frac{5}{2}\right)} = -\frac{8}{15}$, ${}_{-2}\mathrm{P}_3 = \frac{\Gamma(-1)}{\Gamma(-4)} = (-1)\frac{\Gamma(5)}{\Gamma(2)} = -24$임을 알 수 있다. 표 2.8에 순열 ${}_p\mathrm{P}_q$의 값을 몇 개 더 보였다. ◇

(다) 이항 계수

이항 계수를 뜻매김한 (2.303)에서는 n과 k가 0이거나 자연수이고 $n \geq k$이다. 이제, 부록 2.2에 보인 감마 함수를 바탕으로 두면 이것을 좀 더 넓혀서 복소수 공간에서의 이항 계수를 생각할 수 있다. 곧, (2.349)를 새겨 p와 q가 복소수일 때 이항 계수 ${}_p\mathrm{C}_q$를

$$
\begin{aligned}
{}_p\mathrm{C}_q &= \frac{\Gamma(p+1)}{\Gamma(p-q+1)\Gamma(q+1)} \\
&= \begin{cases}
\frac{\Gamma(p+1)}{\Gamma(p-q+1)\Gamma(q+1)}, & p,q,p-q \text{ 어느 것도 음 정수가 아닐 때}, \\
(-1)^{p-q}\frac{\Gamma(-q)}{\Gamma(p-q+1)\Gamma(-p)} & \\
\quad = (-1)^{p-q}\ {}_{-q-1}\mathrm{C}_{p-q}, & p\text{와 } q\text{는 음 정수이고} \\
& p-q\text{는 음 정수가 아닐 때}, \\
(-1)^{q}\frac{\Gamma(-p+q)}{\Gamma(-p)\Gamma(q+1)} & \\
\quad = (-1)^{q}\ {}_{-p+q-1}\mathrm{C}_{q}, & p\text{와 } p-q\text{는 음 정수이고} \\
& q\text{는 음 정수가 아닐 때}, \\
0, & p,q,p-q \text{ 모두 음 정수, 또는 } q\text{만 음 정수}, \\
& \quad \text{또는 } p-q\text{만 음 정수일 때}, \\
\pm\infty, & p,q,p-q \text{ 가운데 } p\text{만 음 정수일 때}
\end{cases}
\end{aligned}
\tag{2.389}
$$

처럼[124] 쓸 수 있다.

보기 2.120 위 (2.389)에서, p와 $p-q$는 음 정수이고 q는 음 정수가 아닐 때의 식은

$$
\begin{aligned}
{}_p\mathrm{C}_q &= (-1)^q\ {}_{-p+q-1}\mathrm{C}_q \\
&= (-1)^q\ {}_{-p+q-1}\mathrm{C}_{-p-1}
\end{aligned}
\tag{2.390}
$$

처럼 쓸 수 있다. 또, p는 0보다 작은 실수로서 정수가 아니고 q는 음 정수가 아닐 때의 식을, $\alpha < 0$이고 $\beta < 0$이며 $\alpha-\beta$가 정수일 때 (2.348)에서 보인

$$
\frac{\Gamma(\alpha+1)}{\Gamma(\beta+1)} = (-1)^{\alpha-\beta}\frac{\Gamma(-\beta)}{\Gamma(-\alpha)}
\tag{2.391}
$$

을 바탕으로, 바꾸어 쓰면

$$
\begin{aligned}
{}_p\mathrm{C}_q &= \frac{\Gamma(p+1)}{\Gamma(p-q+1)}\frac{1}{\Gamma(q+1)} \\
&= (-1)^{p-p+q}\frac{\Gamma(q-p)}{\Gamma(-p)}\frac{1}{\Gamma(q+1)} \\
&= (-1)^q\frac{(q-p-1)!}{(-p-1)!q!} \\
&= (-1)^q\ {}_{-p+q-1}\mathrm{C}_q
\end{aligned}
\tag{2.392}
$$

이다. 위 두 식 (2.390)과 (2.392)는 $-r$이 0보다 작은 실수이고 x가 음이 아닌 정수일 때 (2.233)에서 다룬 뜻매김 ${}_{-r}\mathrm{C}_x = (-1)^x\ {}_{r+x-1}\mathrm{C}_x$와 같은 것이다. ◇

보기 2.121 위 (2.389)를 바탕으로 ${}_z\mathrm{C}_0 = {}_z\mathrm{C}_z = 1$이고 ${}_z\mathrm{C}_1 = {}_z\mathrm{C}_{z-1} = z$라는 것을 쉽게 알 수 있다. 또한,

---

[124]세 수 $p,q,p-q$ 가운데 q만 음 정수가 아니거나 (보기: $p=-3,\ q=2,\ p-q=-5$), $p-q$만 음 정수가 아닐 때는 (보기: $p=-2,\ q=-3,\ p-q=1$) 있으나, p만 음 정수가 아닐 때는 없다. 곧, q와 $p-q$가 음 정수이면 p는 늘 음 정수이다.

$$
\begin{aligned}
{}_0\mathrm{C}_z &= {}_0\mathrm{C}_{-z} \\
&= \frac{1}{\Gamma(1-z)\Gamma(1+z)} \\
&= \begin{cases} 1, & z=0, \\ 0, & z=\pm 1, \pm 2, \cdots, \\ \frac{1}{\Gamma(1-z)\Gamma(1+z)}, & \text{그 밖에는} \end{cases}
\end{aligned} \tag{2.393}
$$

이고

$$
\begin{aligned}
{}_1\mathrm{C}_z &= {}_1\mathrm{C}_{1-z} \\
&= \frac{1}{\Gamma(2-z)\Gamma(1+z)} \\
&= \begin{cases} 1, & z=0,1, \\ 0, & z=-1, \pm 2, \pm 3, \cdots, \\ \frac{1}{\Gamma(2-z)\Gamma(1+z)}, & \text{그 밖에는} \end{cases}
\end{aligned} \tag{2.394}
$$

임을 알 수 있다. ◇

보기 2.122 식 (2.389)를 쓰면

$$
\begin{aligned}
{}_{-1}\mathrm{C}_z &= \frac{\Gamma(0)}{\Gamma(-z)\Gamma(z+1)} \\
&= \begin{cases} (-1)^z \frac{\Gamma(z+1)}{\Gamma(1)\Gamma(z+1)}, & z=0,1, \cdots, \\ (-1)^{z+1} \frac{\Gamma(-z)}{\Gamma(1)\Gamma(-z)}, & z=-1,-2, \cdots, \\ \pm\infty, & \text{그 밖에는} \end{cases} \\
&= \begin{cases} (-1)^z, & z=0,1, \cdots, \\ (-1)^{z+1}, & z=-1,-2, \cdots, \\ \pm\infty, & \text{그 밖에는} \end{cases}
\end{aligned} \tag{2.395}
$$

이고, 이와 비슷하게

$$
\begin{aligned}
{}_{-2}\mathrm{C}_z &= \frac{\Gamma(-1)}{\Gamma(-z-1)\Gamma(z+1)} \\
&= \begin{cases} (-1)^z \frac{\Gamma(z+2)}{\Gamma(2)\Gamma(z+1)}, & z=-1,0, \cdots, \\ (-1)^{-z-2} \frac{\Gamma(-z)}{\Gamma(2)\Gamma(-z-1)}, & z=-2,-3, \cdots, \\ \pm\infty, & \text{그 밖에는} \end{cases} \\
&= \begin{cases} (-1)^z (z+1), & z=-1,0, \cdots, \\ (-1)^{-z+1}(z+1), & z=-2,-3, \cdots, \\ \pm\infty, & \text{그 밖에는} \end{cases}
\end{aligned} \tag{2.396}
$$

이다. 말할 것도 없이, ${}_p\mathrm{C}_q = {}_p\mathrm{C}_{p-q}$이므로, $a+b=-1$이면 ${}_{-1}\mathrm{C}_a = {}_{-1}\mathrm{C}_b$이고, $a+b=-2$이면 ${}_{-2}\mathrm{C}_a = {}_{-2}\mathrm{C}_b$라는 것을 볼 수 있다. ◇

표 2.9 이항 계수 ${}_p\mathrm{C}_q$의 값 (∗는 ±∞를 뜻함)

$p\downarrow\ q\rightarrow$	-2	$-\frac{3}{2}$	-1	$-\frac{1}{2}$	0	$\frac{1}{2}$	1	$\frac{3}{2}$	2
-2	1	∗	0	∗	1	∗	-2	∗	3
$-\frac{3}{2}$	0	1	0	0	1	0	$-\frac{3}{2}$	0	$\frac{15}{8}$
-1	-1	∗	1	∗	1	∗	-1	∗	1
$-\frac{1}{2}$	0	$-\frac{1}{2}$	0	1	1	0	$-\frac{1}{2}$	0	$\frac{3}{8}$
0	0	$-\frac{2}{3\pi}$	0	$\frac{2}{\pi}$	1	$\frac{2}{\pi}$	0	$-\frac{2}{3\pi}$	0
$\frac{1}{2}$	0	$-\frac{1}{8}$	0	$\frac{1}{2}$	1	1	$\frac{1}{2}$	0	$-\frac{1}{8}$
1	0	$-\frac{4}{15\pi}$	0	$\frac{4}{3\pi}$	1	$\frac{4}{\pi}$	1	$\frac{4}{3\pi}$	0
$\frac{3}{2}$	0	$-\frac{1}{16}$	0	$\frac{3}{8}$	1	$\frac{3}{2}$	$\frac{3}{2}$	1	$\frac{3}{8}$
2	0	$-\frac{16}{105\pi}$	0	$\frac{16}{15\pi}$	1	$\frac{16}{3\pi}$	2	$\frac{16}{3\pi}$	1

보기 2.123 위 보기와 비슷하게 ${}_{-3}\mathrm{C}_{-2} = {}_{-3}\mathrm{C}_{-1} = \frac{(-3)!}{(-2)!(-1)!} = 0$, ${}_{-3}\mathrm{C}_2 = {}_{-3}\mathrm{C}_{-5} = \frac{(-3)!}{(-5)!2!} = (-1)^2\frac{4!}{2!2!} = {}_4\mathrm{C}_2$, ${}_{-7}\mathrm{C}_3 = {}_{-7}\mathrm{C}_{-10} = \frac{(-7)!}{(-10)!3!} = (-1)\frac{9!}{6!3!} = -{}_9\mathrm{C}_3$, ${}_{\frac{5}{2}}\mathrm{C}_2 = {}_{\frac{5}{2}}\mathrm{C}_{\frac{1}{2}} = \frac{\Gamma\left(\frac{7}{2}\right)}{\Gamma(2)\Gamma\left(\frac{3}{2}\right)} = \frac{15}{8}$을 얻을 수 있다. 표 2.9에 이항 계수의 값을 몇 개 더 보였다. ◇

보기 2.124 식 (2.340)을 쓰면

$$\begin{aligned}\Gamma\left(\frac{3}{2}-k\right) &= \left(\frac{1}{2}-k\right)\Gamma\left(\frac{1}{2}-k\right)\\ &= \left(\frac{1}{2}-k\right)(-1)^k\frac{2^{2k}k!}{(2k)!}\sqrt{\pi} \qquad (2.397)\end{aligned}$$

이다. 이 식에서 $k=0$이라고 두면, 표 2.7에서도 보았듯이,

$$\Gamma\left(\frac{3}{2}\right) = \frac{\sqrt{\pi}}{2} \qquad (2.398)$$

이다. 그러므로, $k=0,1,2,\cdots$일 때

$$\begin{aligned}{}_{\frac{1}{2}}\mathrm{C}_k &= \frac{\Gamma\left(\frac{3}{2}\right)}{\Gamma\left(\frac{3}{2}-k\right)\Gamma(k+1)}\\ &= \frac{(-1)^{k-1}}{2k-1}\frac{(2k)!}{2^{2k}(k!)^2} \qquad (2.399)\end{aligned}$$

이고

$$\begin{aligned}{}_{-\frac{1}{2}}\mathrm{C}_k &= \frac{\Gamma\left(\frac{1}{2}\right)}{\Gamma\left(\frac{1}{2}-k\right)\Gamma(k+1)}\\ &= (-1)^k\frac{(2k)!}{2^{2k}(k!)^2}\\ &= -(2k-1)\ {}_{\frac{1}{2}}\mathrm{C}_k \qquad (2.400)\end{aligned}$$

임을 (2.389)에서 알 수 있다. 식 (2.400)은 (2.399)와 $(p+1-q)_{p+1}\mathrm{C}_q = (p+1)_p\mathrm{C}_q$에서도 얻을 수 있다. 이와 비슷하게 $k=0,1,2,\cdots$이고 $m=0,1,2,\cdots$일 때

$$
\begin{aligned}
{}_{-2k-1}\mathrm{C}_m &= (-1)^m \frac{\Gamma(2k+m+1)}{\Gamma(2k+1)\Gamma(m+1)} \\
&= (-1)^m \frac{(2k+m)!}{(2k)!m!}
\end{aligned}
\tag{2.401}
$$

이다. ◇

보기 2.125 이제 위에서 다룬 이항 계수를 바탕으로, p가 실수일 때 $h(z) = (1+z)^p$을 급수 전개하면 어떤 식을 얻을 수 있는지 살펴보자.

풀이 먼저, $p \geq 0$일 때, 또는 $p < 0$이고 $|z| < 1$일 때에는

$$
\begin{aligned}
(1+z)^p &= \sum_{k=0}^{\infty} \frac{h^{(k)}(0)}{k!} z^k \\
&= \sum_{k=0}^{\infty} \frac{p(p-1)\cdots(p-k+1)}{k!} z^k \\
&= \sum_{k=0}^{\infty} {}_p\mathrm{C}_k z^k
\end{aligned}
\tag{2.402}
$$

이다. 여기서, p가 0이거나 자연수이면 $k = p+1, p+2, \cdots$일 때 ${}_p\mathrm{C}_k = 0$이므로 (2.402)는 $(1+z)^p$의 이항 전개식

$$
(1+z)^p = \sum_{k=0}^{p} {}_p\mathrm{C}_k z^k \tag{2.403}
$$

과 같다. 다음에, (2.402)를 새기면, $p < 0$이고 $|z| > 1$일 때에는

$$
\begin{aligned}
(1+z)^p &= z^p \left(1 + \frac{1}{z}\right)^p \\
&= \sum_{k=0}^{\infty} {}_p\mathrm{C}_k z^{p-k}
\end{aligned}
\tag{2.404}
$$

를 얻는다. 따라서, (2.402)와 (2.404)를 묶어

$$
(1+z)^p = \begin{cases} \sum\limits_{k=0}^{\infty} {}_p\mathrm{C}_k z^k, & p \geq 0\text{일 때, 또는 } p < 0\text{이고 } |z| < 1\text{일 때,} \\ \sum\limits_{k=0}^{\infty} {}_p\mathrm{C}_k z^{p-k}, & p < 0\text{이고 } |z| > 1\text{일 때} \end{cases} \tag{2.405}
$$

처럼 쓸 수 있다. 여기서, k가 정수이므로, p, k, $p-k$ 가운데 p만 음 정수일 때는 없고, 따라서 (2.405) 안에 들어 있는 ${}_p\mathrm{C}_k$는 늘 유한하다. ◇

보기 2.126 식 (2.405)에서 $p > 0$이고 $z = -1$일 때를 생각하면

$$
0 = {}_p\mathrm{C}_0 - {}_p\mathrm{C}_1 + {}_p\mathrm{C}_2 - {}_p\mathrm{C}_3 + \cdots \tag{2.406}
$$

이고, $p > 0$이고 $z = 1$일 때를 생각하면

$$2^p = {}_p\mathrm{C}_0 + {}_p\mathrm{C}_1 + {}_p\mathrm{C}_2 + {}_p\mathrm{C}_3 + \cdots \tag{2.407}$$

이므로, $p > 0$일 때

$$\begin{aligned}\sum_{k=0}^{\infty} {}_p\mathrm{C}_{2k+1} &= \sum_{k=0}^{\infty} {}_p\mathrm{C}_{2k} \\ &= 2^{p-1}\end{aligned} \tag{2.408}$$

임을 알 수 있다. ◇

보기 2.127 식 (2.395)에서 본 것처럼 $k = 0, 1, \cdots$ 일 때 ${}_{-1}\mathrm{C}_k = (-1)^k$이므로 (2.405)에서 $p = -1$일 때를 생각하면

$$\begin{aligned}\frac{1}{1+z} &= \begin{cases} \sum\limits_{k=0}^{\infty}(-1)^k z^k, & |z| < 1, \\ \sum\limits_{k=0}^{\infty}(-1)^k z^{-1-k}, & |z| > 1 \end{cases} \\ &= \begin{cases} 1 - z + z^2 - z^3 + \cdots, & |z| < 1, \\ \frac{1}{z} - \frac{1}{z^2} + \frac{1}{z^3} - \cdots, & |z| > 1 \end{cases}\end{aligned} \tag{2.409}$$

임을 알 수 있다. ◇

보기 2.128 위 (2.396)을 새겨 (2.405)를 쓰면,

$$\begin{aligned}\frac{1}{(1+z)^2} &= \begin{cases} \sum\limits_{k=0}^{\infty}(-1)^k (k+1) z^k, & |z| < 1, \\ \sum\limits_{k=0}^{\infty}(-1)^k (k+1) z^{-2-k}, & |z| > 1 \end{cases} \\ &= \begin{cases} 1 - 2z + 3z^2 - 4z^3 + \cdots, & |z| < 1, \\ \frac{1}{z^2} - \frac{2}{z^3} + \frac{3}{z^4} - \cdots, & |z| > 1 \end{cases}\end{aligned} \tag{2.410}$$

이다. 여기서, $\left|-2z - z^2\right| < 1$일 때 $\frac{1}{(1+z)^2} = \frac{1}{1-(-2z-z^2)} = \sum\limits_{k=0}^{\infty}\left(-2z - z^2\right)^k$이므로

$$\frac{1}{(1+z)^2} = 1 + \left(-2z - z^2\right) + \left(4z^2 + 4z^3 + z^4\right) + \left(-8z^3 + \cdots\right) + \cdots \tag{2.411}$$

이다. 이 식은 $|z| < 1$이면 더하는 순서를 바꾸어

$$1 - 2z + \left(-z^2 + 4z^2\right) + \left(4z^3 - 8z^3\right) + \cdots = 1 - 2z + 3z^2 - 4z^3 + \cdots \tag{2.412}$$

처럼 쓸 수 있다. ◇

보기 2.129 위 (2.405)와 (2.399)를 쓰면

$$\begin{aligned}(1+z)^{\frac{1}{2}} &= \sum_{k=0}^{\infty} {}_{\frac{1}{2}}\mathrm{C}_k z^k \\ &= \sum_{k=0}^{\infty} \frac{(-1)^{k-1}}{2k-1} \frac{(2k)!}{2^{2k}(k!)^2} z^k \\ &= 1 + \frac{z}{2} - \frac{z^2}{8} + \frac{z^3}{16} - \cdots\end{aligned} \tag{2.413}$$

이고, (2.405)와 (2.400)을 쓰면

$$(1+z)^{-\frac{1}{2}} = \begin{cases} \sum_{k=0}^{\infty}(-1)^k \frac{(2k)!}{2^{2k}(k!)^2} z^k, & |z|<1, \\ \sum_{k=0}^{\infty}(-1)^k \frac{(2k)!}{2^{2k}(k!)^2} z^{-\frac{1}{2}-k}, & |z|>1 \end{cases}$$
$$= \begin{cases} 1-\frac{1}{2}z+\frac{3}{8}z^2-\frac{5}{16}z^3+\frac{35}{128}z^4-\cdots, & |z|<1, \\ z^{-\frac{1}{2}}-\frac{1}{2}z^{-\frac{3}{2}}+\frac{3}{8}z^{-\frac{5}{2}}-\frac{5}{16}z^{-\frac{7}{2}}+\frac{35}{128}z^{-\frac{9}{2}}-\cdots, & |z|>1 \end{cases} \quad (2.414)$$

이다. ◇

정리 2.12 **방데르몽드 길쌈**[125] 어떤 수 α와 β를 생각하더라도, $\gamma \in \{0, 1, \cdots\}$일 때

$$\sum_{m=0}^{\gamma} \binom{\alpha}{\gamma-m}\binom{\beta}{m} = \binom{\alpha+\beta}{\gamma} \quad (2.415)$$

이다. ■■

위 정리는 문제 2.14에서 보인다. 한편, (2.415)는 하겐-로테[126] 등식

$$\sum_{m=0}^{\gamma} \frac{\alpha-\gamma c}{\alpha-mc}\binom{\alpha-mc}{\gamma-m}\frac{\beta}{\beta+mc}\binom{\beta+mc}{m} = \frac{\alpha+\beta-\gamma c}{\alpha+\beta}\binom{\alpha+\beta}{\gamma} \quad (2.416)$$

에서 $c=0$으로 둔 것과 같고, 가우스의 초기하 정리[127]

$${}_2F_1(a,b;c;1) = \frac{\Gamma(c)\Gamma(c-a-b)}{\Gamma(c-a)\Gamma(c-b)} \quad (2.417)$$

에서 $a=\gamma$, $b=\gamma+\beta-\gamma$, $c=\alpha+\beta+1$로 둔 것과 같다. 여기서,

$${}_2F_1(a,b;c;z) = \sum_{n=0}^{\infty} \frac{(a)_n(b)_n}{(c)_n}\frac{z^n}{n!} \quad (2.418)$$

은 초기하 함수[128]인데, (2.417)은 오일러 적분식[129]

---

[125] Vandermonde convolution. 이것은 추-방데르몽드 Chu-Vandermonde 길쌈이라고 부르는 것이 더 바르다.

[126] Hagen-Rothe

[127] Gauss's hypergeometric theorem

[128] hypergeometric function. 이 함수 ${}_2F_1$은 가우스의 초기하 함수라고 부르기도 하고, $\text{Re}(\gamma) > \text{Re}(\beta) > 0$일 때

$$F(\alpha,\beta;\gamma;z) = \frac{1}{B(\beta,\gamma-\beta)}\int_0^1 t^{\beta-1}(1-t)^{\gamma-\beta-1}(1-tz)^{-\alpha}\,dt$$

이며, $\text{Re}(\gamma) > \text{Re}(\alpha+\beta)$일 때

$$F(\alpha,\beta;\gamma;1) = \frac{\Gamma(\gamma)\Gamma(\gamma-\alpha-\beta)}{\Gamma(\gamma-\alpha)\Gamma(\gamma-\beta)}$$

이고, $F\left(1,1;\frac{3}{2};\frac{1}{2}\right)=\frac{\pi}{2}$이다. 한편, 초기하 함수는 일반화된 초기하 함수

$${}_pF_q(\alpha_1,\alpha_2,\cdots,\alpha_p;\beta_1,\beta_2,\cdots,\beta_q;z) = \sum_{k=0}^{\infty}\frac{(\alpha_1)_k(\alpha_2)_k\cdots(\alpha_p)_k}{(\beta_1)_k(\beta_2)_k\cdots(\beta_q)_k}\frac{z^k}{k!}$$

의 특별한 때이다.

[129] Euler's integral formula

$$B(b, c-b)\ {}_2F_1(a,b;c;z) \;=\; \int_0^1 x^{b-1}(1-x)^{c-b-1}(1-zx)^{-a}dx \tag{2.419}$$

에서 $z = 1$로 두어 얻을 수 있다.

보기 2.130 항등식 (2.415)에서 $\alpha = 2$, $\beta = \frac{1}{2}$, $\gamma = 2$일 때를 생각해 보자. 그러면 이 항등식의 왼쪽은 $\binom{2}{2}\binom{\frac{1}{2}}{0} + \binom{2}{1}\binom{\frac{1}{2}}{1} + \binom{2}{0}\binom{\frac{1}{2}}{2} = 1 + 2\frac{(\frac{1}{2})!}{(-\frac{1}{2})!1!} + \frac{(\frac{1}{2})!}{(-\frac{3}{2})!2!} = 1 + 1 + \frac{(\frac{1}{2})(-\frac{1}{2})}{2!} = \frac{15}{8}$이고, 오른쪽은 $\binom{\frac{5}{2}}{2} = \frac{(\frac{5}{2})!}{(\frac{1}{2})!2!} = \frac{15}{8}$이다. ◇

정리 2.13 정수 γ가 0보다 작지 않을 때, 집합 $\{0, 1, \cdots, \gamma\}$ 안의 어떤 수 ζ를 생각하더라도

$$\sum_{m=0}^{\gamma} [m]_\zeta \binom{\alpha}{\gamma-m}\binom{\beta}{m} \;=\; [\beta]_\zeta \binom{\alpha+\beta-\zeta}{\gamma-\zeta} \tag{2.420}$$

이다. ■■

증명

(방법 1) 수학적 귀납법으로 보이자. 먼저, 정리 2.12에서 다룬 추-방데르몽드 길쌈을 새기면, $\gamma \in \{0, 1, \cdots\}$, α, β가 어떤 값이더라도, $\zeta = 0$일 때 (2.420)이 성립함을 알 수 있다.

다음에, $\zeta = \zeta_0$일 때 (2.420)이 성립한다고 두자: 곧, $\gamma \in \{0, 1, \cdots\}$, α, β가 어떤 값이더라도

$$\begin{aligned}\sum_{m=0}^{\gamma} [m]_{\zeta_0} \binom{\alpha}{\gamma-m}\binom{\beta}{m} \;&=\; \sum_{m=\zeta_0}^{\gamma} [m]_{\zeta_0} \binom{\alpha}{\gamma-m}\binom{\beta}{m} \\ &=\; [\beta]_{\zeta_0}\binom{\alpha+\beta-\zeta_0}{\gamma-\zeta_0}\end{aligned} \tag{2.421}$$

이라고 하자. 그러면 $(m+1)\binom{\beta}{m+1} = \beta\binom{\beta-1}{m}$이고 $[m+1]_{\zeta_0+1} = (m+1)[m]_{\zeta_0}$이라는 것을 새기고 (2.421)을 쓰면

$$\begin{aligned}\sum_{m=0}^{\gamma} [m]_{\zeta_0+1} \binom{\alpha}{\gamma-m}\binom{\beta}{m} \;&=\; \sum_{m=\zeta_0+1}^{\gamma} [m]_{\zeta_0+1} \binom{\alpha}{\gamma-m}\binom{\beta}{m} \\ &=\; \sum_{m=\zeta_0}^{\gamma-1} [m+1]_{\zeta_0+1} \binom{\alpha}{\gamma-m-1}\binom{\beta}{m+1} \\ &=\; \sum_{m=\zeta_0}^{\gamma-1} [m]_{\zeta_0} \binom{\alpha}{\gamma-1-m}(m+1)\binom{\beta}{m+1} \\ &=\; \beta \sum_{m=\zeta_0}^{\gamma-1} [m]_{\zeta_0} \binom{\alpha}{\gamma-1-m}\binom{\beta-1}{m} \\ &=\; \beta[\beta-1]_{\zeta_0}\binom{\alpha+\beta-1-\zeta_0}{\gamma-1-\zeta_0} \\ &=\; [\beta]_{\zeta_0+1}\binom{\alpha+\beta-(\zeta_0+1)}{\gamma-(\zeta_0+1)}\end{aligned} \tag{2.422}$$

를 얻는다. 이 식은, $\gamma \in \{0, 1, \cdots\}$, α, β가 어떤 값이더라도 $\zeta = \zeta_0$일 때 (2.420)이 성립하면, $\gamma \in \{0, 1, \cdots\}$, α, β가 어떤 값이더라도 $\zeta = \zeta_0 + 1$일 때 (2.420)이 성립함을 뜻한다. 따라서, (2.420)은 ζ가 0보다 크거나 같은 어떤 정수이더라도 성립한다.
(방법 2) 먼저,

$$\begin{aligned} [m]_\zeta \binom{\beta}{m} &= [m]_\zeta \frac{[\beta]_\zeta [\beta-\zeta]_{m-\zeta}}{[m]_\zeta (m-\zeta)!} \\ &= [\beta]_\zeta \binom{\beta-\zeta}{m-\zeta} \end{aligned} \tag{2.423}$$

임을 새기면 (2.420)을

$$\sum_{m=\zeta}^{\gamma} \binom{\alpha}{\gamma-m}\binom{\beta-\zeta}{m-\zeta} = \binom{\alpha+\beta-\zeta}{\gamma-\zeta} \tag{2.424}$$

처럼 바꾸어 쓸 수 있는데 이것은 추-방데르몽드 길쌈

$$\sum_{k=0}^{\gamma-\zeta} \binom{\alpha}{\gamma-\zeta-k}\binom{\beta-\zeta}{k} = \binom{\alpha+\beta-\zeta}{\gamma-\zeta} \tag{2.425}$$

와 같은 것이다. □

쉽게 알 수 있듯이 정리 2.13에서 보인 항등식 (2.420)은 $\zeta \in \{\gamma+1, \gamma+2, \cdots\}$일 때도 성립하며, 이때 항등식의 값은 0이다.

보기 2.131 항등식 (2.420)에서 $\alpha = 7$, $\beta = 3$, $\gamma = 6$, $\zeta = 2$일 때를 생각해 보자. 그러면 이 항등식의 왼쪽은

$$2\binom{7}{4}\binom{3}{2} + 6\binom{7}{3}\binom{3}{3} = 420 \tag{2.426}$$

이고, 오른쪽은

$$6\binom{8}{4} = 420 \tag{2.427}$$

이다. ◇

보기 2.132 항등식 (2.420)에서 $\alpha = -4$, $\beta = -1$, $\gamma = 3$, $\zeta = 2$일 때를 생각해 보자. 그러면 이 항등식의 왼쪽은

$$\begin{aligned} 2\binom{-4}{1}\binom{-1}{2} + 6\binom{-4}{0}\binom{-1}{3} &= 2 \cdot \frac{(-4)!}{(-5)!1!}\frac{(-1)!}{(-3)!2!} + 6 \cdot \frac{(-4)!}{(-4)!0!}\frac{(-1)!}{(-4)!3!} \\ &= (-4)(-1)(-2) + (-1)(-2)(-3) \\ &= -14 \end{aligned} \tag{2.428}$$

이고, 오른쪽은

$$(-1)(-2)\binom{-7}{1} = 2\cdot\frac{(-7)!}{(-8)!1!} = -14 \quad (2.429)$$

이다. ◇

보기 2.133 항등식 (2.420)은 α나 β가 정수가 아닐 때에도 성립한다. 보기를 들면, $\alpha=\frac{1}{2}$, $\beta=-\frac{1}{2}$, $\gamma=2$이고, $\zeta=1$이면, 왼쪽은

$$\binom{\frac{1}{2}}{1}\binom{-\frac{1}{2}}{1}+2\binom{\frac{1}{2}}{0}\binom{-\frac{1}{2}}{2} = \frac{(\frac{1}{2})!}{(-\frac{1}{2})!1!}\frac{(-\frac{1}{2})!}{(-\frac{3}{2})!1!}+2\frac{(\frac{1}{2})!}{(\frac{1}{2})!0!}\frac{(-\frac{1}{2})!}{(-\frac{5}{2})!2!} = \frac{1}{2}\left(-\frac{1}{2}\right)+\left(-\frac{1}{2}\right)\left(-\frac{3}{2}\right) = \frac{1}{2} \quad (2.430)$$

이고, 오른쪽은 $-\frac{1}{2}\cdot\binom{-1}{1}=-\frac{1}{2}\cdot\frac{\Gamma(0)}{\Gamma(-1)}=-\frac{1}{2}\cdot\frac{(-1)!}{(-2)!1!}=\frac{1}{2}$이다. ◇

보기 2.134 이제, 단위 허수를 $i=\sqrt{-1}$처럼 쓸 때, 항등식 (2.420)에서 $\alpha=e-i$, $\beta=\pi+2i$, $\gamma=4$, $\zeta=2$일 때를 생각해 보자. 그러면 이 항등식의 왼쪽은 $0+0+2\cdot\binom{\alpha}{2}\binom{\beta}{2}+6\cdot\binom{\alpha}{1}\binom{\beta}{3}+12\cdot\binom{\alpha}{0}\binom{\beta}{4}=\frac{1}{2}\alpha(\alpha-1)\beta(\beta-1)+\alpha\beta(\beta-1)(\beta-2)+\frac{1}{2}\beta(\beta-1)(\beta-2)(\beta-3)=\frac{1}{2}\beta(\beta-1)\left\{\alpha(\alpha-1)+2\alpha(\beta-2)+(\beta-2)(\beta-3)\right\}=\frac{1}{2}\beta(\beta-1)\left\{\alpha^2+\alpha(2\beta-5)+(\beta-2)(\beta-3)\right\}=\frac{1}{2}\beta(\beta-1)(\alpha+\beta-2)(\alpha+\beta-3)$이고, 오른쪽은

$$\beta(\beta-1)\binom{\alpha+\beta-2}{2} = \beta(\beta-1)\frac{(\alpha+\beta-2)!}{(\alpha+\beta-4)!2!} = \frac{1}{2}\beta(\beta-1)(\alpha+\beta-2)(\alpha+\beta-3) \quad (2.431)$$

이다. ◇

보기 2.135 항등식 (2.420)을 좀 더 구체적으로 쓰면, $\zeta=1$일 때

$$\sum_{m=0}^{\gamma} m\binom{\alpha}{\gamma-m}\binom{\beta}{m} = \beta\binom{\alpha+\beta-1}{\gamma-1} = \frac{\beta\gamma}{\alpha+\beta}\binom{\alpha+\beta}{\gamma} \quad (2.432)$$

이고, $\zeta=2$일 때

$$\sum_{m=0}^{\gamma} m(m-1)\binom{\alpha}{\gamma-m}\binom{\beta}{m} = \beta(\beta-1)\binom{\alpha+\beta-2}{\gamma-2} = \frac{\beta(\beta-1)\gamma(\gamma-1)}{(\alpha+\beta)(\alpha+\beta-1)}\binom{\alpha+\beta}{\gamma} \quad (2.433)$$

이다. 위 두 결과 (2.432)와 (2.433)은 보기 3.79와 문제 7.3에서 다룬 바와 같이 초기하 분포의 평균과 분산을 얻는 데에 쓸 수 있다. ◇

부록 2.4 합과 곱이 정수인 두 실수의 거듭제곱 합

정리 2.14 두 수 α와 β의 합 $\alpha+\beta$도 정수이고 곱 $\alpha\beta$도 정수이면, n이 자연수일 때

$$\alpha^n + \beta^n \; = \; 정수 \tag{2.434}$$

이다. ■■

증명 수학적 귀납법으로 위를 보이자. 먼저, $n=2$일 때 $\alpha^2+\beta^2=(\alpha+\beta)^2-2\alpha\beta$는 정수라는 것을 쉽게 알 수 있다. 다음에, $n=1,2,\cdots,k-1$일 때 $\alpha^n+\beta^n$이 정수라고 두면

$$\begin{aligned}(\alpha+\beta)^k \; &= \; \alpha^k+\beta^k+{}_k\mathrm{C}_1\alpha\beta\left(\alpha^{k-2}+\beta^{k-2}\right)+{}_k\mathrm{C}_2(\alpha\beta)^2\left(\alpha^{k-4}+\beta^{k-4}\right)+\cdots \\ &\quad +\begin{cases} {}_k\mathrm{C}_{\frac{k}{2}}(\alpha\beta)^{\frac{k}{2}}, & k\text{가 짝수일 때}, \\ {}_k\mathrm{C}_{\frac{k-1}{2}}(\alpha\beta)^{\frac{k-1}{2}}(\alpha+\beta), & k\text{가 홀수일 때}\end{cases}\end{aligned} \tag{2.435}$$

이다. 따라서, k가 자연수이고 $j=0,1,\cdots,k$일 때 이항 계수

$${}_k\mathrm{C}_j \; = \; \frac{k!}{(k-j)!j!} \tag{2.436}$$

이 늘 정수라는 것을 새기면, $n=k$일 때도 $\alpha^n+\beta^n$이 정수라는 것을 알 수 있다. 곧, $\alpha\beta$와 $\alpha+\beta$가 정수이면, n이 자연수일 때 $\alpha^n+\beta^n$은 늘 정수이다. □

부록 2.5 기하 수열의 차

정리 2.15 기하 수열의 차 두 기하 수열의 차

$$C_n \; = \; \alpha a^n - \beta b^n \tag{2.437}$$

을 생각하자. 여기서, $\alpha>0$이고, $a>b>0$이며, $a\neq 1$이고, $b\neq 1$이다. 이제,

$$r \; = \; \frac{\ln\frac{(1-b)\beta}{(1-a)\alpha}}{\ln\frac{a}{b}} \tag{2.438}$$

처럼 두자. 그러면 $\{C_n\}_{n=1}^{\infty}$는

(가) $0<a<1$일 때, r이 정수가 아니면 $n=\lceil r\rceil$에서, r이 정수이면 $n=r$과 $n=r+1$에서 가장 크고,

(나) $a>1$일 때, r이 정수가 아니면 $n=\lceil r\rceil$에서, r이 정수이면 $n=r$과 $n=r+1$에서 가장 작다. ■■

증명 먼저, $0<a<1$일 때를 생각하자. 그러면 $C_{n+1}-C_n=b^n(1-b)\beta-a^n(1-a)\alpha$이므로

$$\begin{cases} C_{n+1} > C_n, & n < r\text{일 때}, \\ C_{n+1} = C_n, & n = r\text{일 때}, \\ C_{n+1} < C_n, & n > r\text{일 때} \end{cases} \tag{2.439}$$

이고, 따라서 (가)라는 것을 알 수 있다. 이와 비슷하게 (나)도 보일 수 있다. □

보기 2.136 수열 $\{\alpha a^n - \beta b^n\}_{n=1}^{\infty}$는
(가) $\frac{(1-b)\beta}{(1-a)\alpha} < \frac{a}{b}$이면 $a > 1$일 때 느는 수열이고, $0 < a < 1$일 때 주는 수열이다.
(나) $\frac{(1-b)\beta}{(1-a)\alpha} > \frac{a}{b}$이면 $a > 1$일 때 줄다가 느는 수열이고, $0 < a < 1$일 때 늘다가 주는 수열이다.
(다) $\frac{(1-b)\beta}{(1-a)\alpha} = \frac{a}{b}$이면, 곧 $\alpha a - \beta b = \alpha a^2 - \beta b^2$이면, $a > 1$일 때 느는 수열이고, $0 < a < 1$일 때 주는 수열이다. ◇

보기 2.137 이제, $\alpha = \beta$일 때를 살펴보자. 그러면 $a > b$라는 것을 새겨 보기 2.136에서 얻은 바를 바탕으로 아래를 알 수 있다.
(가) $a > 1$이면 수열 $\{a^n - b^n\}_{n=1}^{\infty}$는 느는 수열이고, $a + b < 1$이면 수열 $\{a^n - b^n\}_{n=1}^{\infty}$는 주는 수열이다.
(나) $a + b = 1$이면 수열 $\{a^n - b^n\}_{n=2}^{\infty}$는 주는 수열이고 $a - b = a^2 - b^2$이다.
(다) $a + b > 1$이고 $0 < a < 1$이면 수열 $\{a^n - b^n\}_{n=1}^{\infty}$는 늘다가 주는 수열이고, r이 정수가 아니면 $n = \lceil r \rceil$에서, r이 정수이면 $n = r$과 $n = r + 1$에서 가장 크다. ◇

보기 2.138 한편, $\alpha = \beta = 1$이고, $a = 0.95$이며, $b = 0.4$이면,

$$\begin{aligned} \lceil r \rceil &= \left\lceil \frac{\ln \frac{0.6}{0.05}}{\ln \frac{0.95}{0.4}} \right\rceil \\ &\approx \lceil 2.87 \rceil \\ &= 3 \end{aligned} \tag{2.440}$$

이므로 $0.95 - 4 < 0.95^2 - 4^2 < 0.95^3 - 4^3$이고 $0.95^3 - 4^3 > 0.95^4 - 4^4 > 0.95^5 - 4^5 > \cdots$이다. ◇

부록 2.6 모든 숫자가 적어도 한 번 들어가도록 고르기

서로 다른 숫자가 n개 있을 때 그 가운데에서 r개를 뽑는 방법의 가지 수는 ${}_n\mathrm{C}_r$이다. 이때, 어느 숫자든 다른 숫자보다 더 많이 또는 더 적게 뽑힐 까닭이 없으므로 – 곧, 어느 숫자든 뽑힐 확률이 $\frac{r}{n}$이므로 – ${}_n\mathrm{C}_r$가지를 모두 볼 때 숫자 하나가 나타나는 횟수는

$${}_n\mathrm{C}_r \times \frac{r}{n} \;=\; {}_{n-1}\mathrm{C}_{r-1} \tag{2.441}$$

이다.

이제, ${}_n\mathrm{C}_r$가지 가운데

$$m_1 \;=\; \left\lceil \frac{n}{r} \right\rceil \tag{2.442}$$

가지를 알맞게 잘 고르면 모든 숫자가 적어도 한 번 들어간다는 것은 쉽게 알 수 있다. 보기를 들어, 숫자 $\{1, 2, \cdots, 7\}$을 생각하여 $r = 3$일 때를 살펴보면 $m_1 = \lceil \frac{7}{3} \rceil = 3$이고 $(1, 2, 3)$, $(4, 5, 6)$, $(1, 4, 7)$을 고르면 일곱 숫자가 적어도 한 번씩 들어 있다.

다음에, ${}_n\mathrm{C}_r$가지 가운데에서 ${}_{n-1}\mathrm{C}_r$가지 또는 그보다 적게 고르면 그 안에 어느 숫자가 들어 있지 않을 수 있으나

$$m_2 = 1 + {}_{n-1}\mathrm{C}_r \tag{2.443}$$

가지는 어떻게 고르더라도 그 안에 모든 숫자가 적어도 한 번 들어간다. 여기서,

$$\begin{aligned} {}_{n-1}\mathrm{C}_r &= \left(1 - \frac{r}{n}\right) {}_n\mathrm{C}_r \\ &= {}_n\mathrm{C}_r - \frac{r}{n}\, {}_n\mathrm{C}_r \end{aligned} \tag{2.444}$$

인데, 이 식은 n 숫자에서 r개 고를 때 어느 한 숫자가 들어 있지 않은 방법의 가지 수는 $n-1$ 숫자에서 r개 고르는 방법의 가지 수와 같고, n 숫자에서 r개 고르는 방법의 가지 수에서 n 숫자에서 r개 고를 때 한 숫자가 들어 가는 방법의 가지 수를 뺀 것과 같음을 나타내는 것이다.

연습 문제

문제 2.1 두 집합 **가**와 **나**를 생각하여 $P(\text{가}) = P(\text{나}) = P(\text{가나})$일 때, 집합 $\text{가나}^c + \text{나가}^c$의 확률을 얻으시오.

문제 2.2 제대로 만든 주사위를 한 번 굴려 나오는 수를 읽는 확률 실험을 생각하자. 이제, $\text{가} = \{1\}$, $\text{나} = \{2,4\}$, $\text{다} = \{1,3,5,6\}$일 때, $P\{\text{가} \cup \text{나}\}$, $P\{\text{가} \cup \text{다}\}$, $P\{\text{가} \cup \text{나} \cup \text{다}\}$를 얻으시오.

문제 2.3 아래와 같은 확률 실험에서 표본공간 S를 얻으시오.

(가) 건전지의 수명을 재는 실험

(나) 구간 $[0,2]$에서 마음대로 정수 n을 고른 뒤, $[0,n]$에서 마음대로 정수 m을 고르는 실험

(다) 노란 공 둘, 하얀 공 하나, 푸른 공 둘에 각각 숫자 $1, 2, \cdots, 5$가 적혀 있다. 이 공 다섯이 들어 있는 주머니에서 공 하나를 꺼내 그 공에 적혀 있는 수와 빛깔을 알아보는 실험

문제 2.4 표본공간이 실수인 확률 실험에서, 사건 $\text{가} = (-\infty, r]$과 $\text{나} = (-\infty, s]$를 생각하자. 여기서, $r \le s$이다.

(가) 사건 $\text{다} = (r, s]$를 **가**와 **나**로 나타내시오.

(나) $\text{나} = \text{가} \cup \text{다}$라는 것과 $\text{가} \cap \text{다} = \emptyset$이라는 것을 보이시오.

문제 2.5 두 마디 사이에 가지 둘을 나란히 잇는다. 두 가지 가운데 하나는 저항이 하나 있는 것이고, 나머지 가지는 저항이 둘 직렬로 달려 있는 것이다. 어느 저항이나 끊길 확률은 p이며 끊김은 독립적으로 일어난다. 이때, 두 마디 사이가 끊길 확률은 얼마인가?

문제 2.6 사건 **가**와 **나**가 독립일 때, 가^c와 **나**도 독립이고, 가^c와 나^c 또한 독립이라는 것을 보이시오.

문제 2.7 서로 다른 빨간 종이 열 장과 서로 다른 검은 종이 열 장을 아무렇게나 한 줄로 늘어놓는다.

(가) 늘어놓는 방법의 가지 수를 얻으시오.

(나) 빨간 종이와 검은 종이가 번갈아 놓일 확률을 얻으시오.

문제 2.8 만 원짜리 복권을 한 주에 백 장씩 만들어 판 뒤, 일요일에 당첨 복권을 발표하며, 당첨 복권은 하나이다. 가진 돈이 50만 원일 때 이 돈을 한꺼번에 다 쓰는 것이 당첨 확률이 더 높을지, 한 주에 한 장씩 사는 것이 당첨 확률이 더 높을지 알아보시오.

문제 2.9 제대로 만든 주사위 하나를 두 번 굴리는 실험에서 처음 나온 수가 3일 때, 두 번 던져 나온 수를 더한 것이 7일 확률을 얻으시오.

문제 2.10 제대로 만든 주사위 둘을 굴렸을 때, 작지 않은 수에서 크지 않은 수의 두 배를 뺀 것이 0보다 작을 확률을 얻으시오.

문제 2.11 집합 $\text{마} = \{1, 2, \cdots, k\}$에서 부분집합 **가**, **나**, **다**를 아무렇게나 얻었다. 이때,

다 $\cap$ (가 − 나)$^c = \emptyset$일 확률을 얻으시오.

문제 2.12 정사면체의 네 꼭짓점을 ㄱ, ㄴ, ㄷ, ㄹ이라고 하자. 한 번 움직일 때 한 꼭짓점에서 다른 세 꼭짓점으로 갈 확률이 모두 $\frac{1}{3}$이라고 두자. 꼭짓점 ㄱ에서 시작하여 10번 움직여 닿은 꼭짓점이 ㄱ일 확률 P_1과 ㄴ일 확률 P_2를 얻으시오.

문제 2.13 수 직선에서 구간 $[0,1]$을 생각하자. 이 구간에 마음대로 두 점을 찍었을 때, 그 두 점 사이의 거리가 $\frac{1}{2}$보다 작을 확률을 얻으시오.

문제 2.14 다음을[130] 보이시오.

$$ {}_{a-1}\mathrm{C}_{b-1} + {}_{a-1}\mathrm{C}_{b} = {}_{a}\mathrm{C}_{b}. \tag{2.445} $$

$$ \sum_{k=0}^{n} {}_{p}\mathrm{C}_{k}\, {}_{q}\mathrm{C}_{n-k} = {}_{p+q}\mathrm{C}_{n}. \tag{2.446} $$

$$ \sum_{k=0}^{n} {}_{k}\mathrm{C}_{j}\, {}_{n-k}\mathrm{C}_{m-j} = {}_{n+1}\mathrm{C}_{m+1}. \tag{2.447} $$

위에서, a와 b는 $\{a=0, b \neq$정수$\}$가 아닌 복소수이고, p와 q는 복소수이며, $n \in \{0,1,2,\cdots\}$이고, j와 m은 $0 \le j \le m \le n$인 정수이다. (귀띔: 식 (2.446)을 보일 때에는 $(1+x)^{a+b} = (1+x)^a(1+x)^b$이라는 것을 새겨 보시오.)

문제 2.15 다음을 보이시오.

$$ \sum_{k=0}^{n} \binom{n}{k}^2 = \binom{2n}{n}. \tag{2.448} $$

$$ \sum_{k=0}^{n} \binom{k}{m} = \sum_{k=m}^{n} \binom{k}{m} = \binom{n+1}{m+1}. \tag{2.449} $$

또, $n \ge q$인 두 정수 n과 q를 생각할 때 다음을 보이시오.

$$ \sum_{k=q}^{n} \binom{n}{k}\binom{k}{q} = 2^{n-q}\binom{n}{q}. \tag{2.450} $$

문제 2.16 다음을 보이시오.

$$ \sum_{k_1=1}^{k_0} \sum_{k_2=1}^{k_1} \cdots \sum_{k_n=1}^{k_{n-1}} 1 = \sum_{k_1=1}^{k_0} \sum_{k_2=K_1}^{k_0} \cdots \sum_{k_n=k_{n-1}}^{k_0} 1 = \binom{k_0+n-1}{n}. \tag{2.451} $$

(귀띔: 같은 숫자를 거듭 뽑을 수 있을 때, k_0 숫자에서 n개를 뽑는 조합의 가지 수를 생각해 보시오.)

문제 2.17 표본공간 $S = \{$모든 자연수의 짝 $(i,j)\}$와 확률 함수

[130] 여기서, (2.445)는 파스칼 등식 Pascal's identity 또는 파스칼 법칙이라고 Pascal's rule 부르고, (2.446)은 (2.415)에서 보았듯이 추-방데르몽드 길쌈이라고 Chu-Vandermonde convolution 부른다.

$$P(k, m) = \alpha(1-p)^{k+m-2} \tag{2.452}$$

가 이루는 확률공간을 생각하자. 여기서, α는 상수이다.
(가) 상수 α를 얻으시오. 또, 확률 $P\{(k, m) : k \geq m\}$을 얻으시오.
(나) 확률 $P\{(k, m) : k+m=r\}$을 $r \in \{2, 3, \cdots\}$의 함수로 얻으시오. 결과가 확률 함수라는 것을 보이시오.
(다) 확률 $P\{(k, m) : k$는 홀수$\}$를 얻으시오.

문제 2.18 사건 **가**와 **나**에서, $P($**가**$) = 0.7$, $P($**나**$) = 0.5$, $P([$**가** $\cup$ **나**$]^c) = 0.1$일 때, $P($**가** $\cap$ **나**$)$, $P($**가**$|$**나**$)$, $P($**나**$|$**가**$)$를 얻으시오.

문제 2.19 세 사람이 과녁에 총을 한 발씩 쏜다. 세 사람이 표적을 맞히는 사건을 $\{A_i\}_{i=1}^3$이라고 하고, 이 세 사건이 서로 독립이라고 하자. 이제, $P(A_1) = 0.7$, $P(A_2) = 0.9$, $P(A_3) = 0.8$일 때, 두 사람만 표적을 맞힐 확률을 얻으시오.

문제 2.20 회로 부품 검사에서 **가** $=$ {잘못 만든 회로}와 **나** $=$ {잘못 만들었다고 판정된 회로들}이라고 두자. 이때, $P($**나**$|$**가**$) = p$, $P($**나**$^c|$ **가**$^c) = q$, $P($**가**$) = r$, 그리고 $P($**나**$) = s$라고 하자. 검사는 완벽하지 않아, 두 가지 잘못이 일어날 수 있다. "잘못 만든 회로를 제대로 만든 회로로 판정한다."와 "제대로 만든 회로를 잘못 만든 회로로 판정한다."이다. 모르는 매개변수들인 p, q, r, s를 0 또는 1에 아주 가깝도록 제작 과정과 검사를 고안할 수 있다고 두자.
(가) 매개변수마다 0에 가까운 게 알맞은지 1에 가까운 게 알맞은지 논하시오.
(나) 조건부 확률 $P\{$**나**$^c|$ **가**$\}$와 $P\{$**나**$|$ **가**$^c\}$의 뜻을 논하시오.
(다) 조건부 확률 $P\{$**가**$^c|$ **나**$\}$와 $P\{$**가**$|$**나**$^c\}$의 뜻을 논하시오.
(라) 매개변수 p, q, r, s 값들이 주어졌을 때, (나)와 (다)에 나온 확률들을 계산하시오.
(마) 이 실험의 표본공간 S는 무엇인가?

문제 2.21 표본공간 S의 세 사건을 **가**, **나**, **다**라고 할 때, 벤 다이어그램을 쓰지 말고 다음을 보이시오.
(가) $P\{$**가** $\cup$ **나**$\} = P\{$**가**$\} + P\{$**나**$\} - P\{$**가나**$\}$.
(나) $P\{$**가**$\cup$**나**$\cup$**다**$\} = P\{$**가**$\}+P\{$**나**$\}+P\{$**다**$\}+P\{$**가나다**$\}-P\{$**가나**$\}-P\{$**가다**$\}-P\{$**나다**$\}$.
(다) 위를 일반화하여 사건 $\{A_i\}_{i=1}^n$에서 다음을[131] 보이시오.

$$P\left\{\bigcup_{i=1}^{n} A_i\right\} \leq \sum_{i=1}^{n} P\{A_i\}. \tag{2.453}$$

문제 2.22 표본공간이 S일 때 조건부 확률 $P(E|F)$가 아래와 같이 확률의 세 공리를 만족시킨다는 것을 보이시오.
(가) $0 \leq P(E|F) \leq 1$.
(나) $P(S|F) = 1$.
(다) 사건 열 $E_1, E_2, \cdots$이 서로 배반이면

[131] 이 부등식을 합집합 상한이라고 union bound 한다.

$$P\left(\bigcup_{i=1}^{\infty} E_i \middle| F\right) = \sum_{i=1}^{\infty} P(E_i|F). \qquad (2.454)$$

문제 2.23 사건 $\{A_i\}_{i=1}^n$이 표본공간 S의 분할이라고 하고, B는 S에서의 사건이라고 하자.
(가) 먼저, $i \neq j$일 때 A_i와 A_j가 독립인지 아닌지 설명하시오.
(나) 사건 $\{A_i\}_{i=1}^n$을 써서 B의 분할을 얻으시오.
(다) 다음을 보이시오.

$$P\{B\} = \sum_{i=1}^{n} P\{B|A_i\}\ P\{A_i\}. \qquad (2.455)$$

(라) 아래 베이스의 정리를 보이시오.

$$P\{A_k|B\} = \frac{P\{B|A_k\}P\{A_k\}}{\sum_{i=1}^{n} P\{B|A_i\}P\{A_i\}}. \qquad (2.456)$$

문제 2.24 정보 0 또는 1을 보내는 이진 통신 전송로를 생각해 보면, 전송로 잡음 때문에 정보를 잘못 받을 수 있다. 이것은 $p = 1 - q$, $p_0 = 1 - q_0$, $p_1 = 1 - q_1$일 때 아래와 같은 확률 모형로 나타낼 수 있다.

$$P\{\text{보낸 신호} = 0\} = q, \qquad (2.457)$$

$$P\{\text{보낸 신호} = 1\} = p, \qquad (2.458)$$

$$P\{\text{받은 신호} = 0|\text{보낸 신호} = 0\} = p_0, \qquad (2.459)$$

$$P\{\text{받은 신호} = 1|\text{보낸 신호} = 0\} = q_0, \qquad (2.460)$$

$$P\{\text{받은 신호} = 0|\text{보낸 신호} = 1\} = q_1 = 1 - p_1, \qquad (2.461)$$

$$P\{\text{받은 신호} = 1|\text{보낸 신호} = 1\} = p_1. \qquad (2.462)$$

(가) 정보 1을 받을 확률을 얻으시오.
(나) 정보 1을 보냈을 때 잘못이 일어날 확률을 얻으시오.
(다) 잘못이 일어날 확률을 얻으시오.

문제 2.25 부부가 아이를 k사람 둘 확률이 αp^k이다. 여기서, $0 < p < 1$이다.
(가) 아이의 머리가 곱슬머리임은 다른 아이들과 독립적이고, 그 확률은 b이다. 부부가 곱슬머리 아이를 r사람 둘 확률은 얼마인가?
(나) 아이가 남자 아이일 확률과 여자 아이일 확률은 같다고 하자. 부부가 남자 아이를 r사람 둘 확률을 얻으시오.
(다) 아이가 남자 아이일 확률과 여자 아이일 확률은 같다고 하자. 이제, 부부에게 남자 아이가 적어도 하나 있을 때 남자 아이가 적어도 둘일 확률을 얻으시오.

문제 2.26 튤립 알뿌리가 스물다섯 개씩 들어 있는 봉지가 커다란 상자 안에 많이 들어 있다. 전체 봉지 가운데 $\frac{3}{4}$에는 빨간 튤립 알뿌리가 다섯 개, 노란 튤립 알뿌리가 스무 개 들어 있고,

나머지 $\frac{1}{4}$에는 빨간 튤립 알뿌리가 열다섯 개, 노란 튤립 알뿌리가 열 개 들어 있다. 이제, 봉지 하나를 마음대로 고르고, 그 봉지에서 알뿌리 하나를 아무렇게나 골라 심었을 때, 다음 확률을 얻으시오.
(가) 빨간 튤립 꽃이 필 확률 P_1
(나) 노란 튤립 꽃이 필 확률 P_2
(다) 빨간 튤립 꽃이 피었을 때, 고른 봉지가 빨간 알뿌리가 열다섯 개, 노란 튤립 알뿌리가 열 개 담긴 것이었을 조건부 확률

문제 2.27 표준 정규 확률밀도함수를 $g(x)$라고 두고

$$Q(x) = \frac{1}{\sqrt{2\pi}}\int_x^{\infty} \exp\left(-\frac{t^2}{2}\right) dt \tag{2.463}$$

처럼 쓰자. 이제, $x > 0$일 때, 다음을 보이시오.

$$\frac{x}{1+x^2}\, g(x) < Q(x) < \frac{1}{2}\exp\left(-\frac{x^2}{2}\right). \tag{2.464}$$

문제 2.28 이어지는 실험 둘을 생각하자. 첫 시행에서 나올 수 있는 결과는 **가** 또는 **나**이고, 둘째 시행에서 나올 수 있는 결과는 **다** 또는 **라**이다. 이제, 일어날 수 있는 결과 조합 네 가지의 확률이 다음과 같다고 하자.

결과 조합	**가다**	**가라**	**나다**	**나라**
확률	$\frac{1}{3}$	$\frac{1}{6}$	$\frac{1}{6}$	$\frac{1}{3}$

이때, **가**와 **다**가 독립인지 아닌지 보이시오.

문제 2.29 식 (2.265)와 (2.355)에서 다룬

$$\tilde{B}(\alpha,\beta) = \frac{\Gamma(\beta)\Gamma(\alpha)}{\Gamma(\alpha+\beta)} \tag{2.465}$$

를 부록 2.2에서 보인 바 있다. 이제,

$$\begin{aligned}\Gamma(\alpha)\Gamma(\beta) &= \int_0^{\infty} t^{\alpha-1}e^{-t}dt \int_0^{\infty} t^{\beta-1}e^{-t}dt \\ &= \int_0^{\infty}\int_0^{\infty} t^{\alpha-1}s^{\beta-1}e^{-(t+s)}dsdt \end{aligned} \tag{2.466}$$

을 바탕으로 (2.465)를 보이시오.

문제 2.30 두 사람이 어떤 곳에서 10분 넘게 상대방을 기다리지 않고 10시와 11시 사이에 만나기로 했다. 이 두 사람이 10시와 11시 사이에 독립적으로 그곳에 간다고 할 때 만날 확률을 얻으시오.

문제 2.31 두 아이를 생각해 보자. 어떤 아이든 소녀일 확률이나 소년일 확률이 같다고 두자. 이제, 나이가 더 많은 아이가 소년일 때 두 아이가 다 소년일 확률 P_1과 적어도 한 아이가 소년일 때 두 아이가 모두 소년일 확률 P_2를 얻으시오.

표 2.10 마이티에서 몇 가지 확률

	(1) **차**가 "내게 조커가 없군."이라고 중얼거림	(2) **차**가 "내게 마이티도 조커도 없군."이라고 중얼거림
(가) 조커가 있을 확률	$\frac{3}{43}=\frac{78}{1118}$, 석 장 뭉치, 0 , 뭉치 **차**, $\frac{10}{43}=\frac{260}{1118}$, 나머지 뭉치.	$\frac{3}{43}=\frac{21}{301}$, 석 장 뭉치, 0 , 뭉치 **차**, $\frac{10}{43}=\frac{70}{301}$, 나머지 뭉치.
(나) 마이티가 있을 확률	$\frac{63}{1118}$, 석 장 뭉치, $\frac{5}{26}=\frac{215}{1118}$, 뭉치 **차**, $\frac{105}{559}=\frac{210}{1118}$, 나머지 뭉치.	$\frac{3}{43}=\frac{21}{301}$, 석 장 뭉치, 0, 뭉치 **차**, $\frac{10}{43}=\frac{70}{301}$, 나머지 뭉치.
(다) 마이티와 조커 가운데 하나만 있을 확률	$\frac{135}{1118}$, 석 장 뭉치, $\frac{5}{26}=\frac{215}{1118}$, 뭉치 **차**, $\frac{190}{559}=\frac{380}{1118}$, 나머지 뭉치.	$\frac{40}{301}$, 석 장 뭉치, 0, 뭉치 **차**, $\frac{110}{301}$, 나머지 뭉치.
(라) 마이티와 조커 적어도 하나가 있을 확률	$\frac{69}{559}=\frac{138}{1118}$, 석 장 뭉치, $\frac{5}{26}=\frac{215}{1118}$, 뭉치 **차**, $\frac{425}{1118}$, 나머지 뭉치.	$\frac{41}{301}$, 석 장 뭉치, 0, 뭉치 **차**, $\frac{125}{301}$, 나머지 뭉치.
(마) 마이티와 조커 둘 다 있을 확률	$\frac{3}{1118}$, 석 장 뭉치, 0, 뭉치 **차**, $\frac{45}{1118}$, 나머지 뭉치.	$\frac{1}{301}$, 석 장 뭉치, 0, 뭉치 **차**, $\frac{15}{301}$, 나머지 뭉치.

문제 2.32 항아리 1에는 빨간 공이 셋, 하얀 공이 둘 들어 있고, 항아리 2에는 빨간 공이 넷, 하얀 공이 셋 들어 있다. 항아리 1에서 공 하나를 마음대로 꺼낸 뒤 이것을 항아리 2에 넣는다. 그 뒤, 항아리 2에서 공 하나를 마음대로 꺼냈을 때, 이 공이 빨간 공일 확률을 얻으시오.

문제 2.33 마이티라는 놀이는 세 사람, 네 사람, 또는 다섯 사람이 함께 즐기는 놀이이다. 다섯 사람이 이 놀이를 즐길 때에는 포커[132]에서 쓰는 서양 딱지 한 벌에 조커[133] 한 장을 보태 딱지를 모두 쉰 세 장 쓴다. 한편, 이 놀이에서 가장 힘이 센 딱지를 마이티라 부르는데, 보통 삽[134] 에이[135]가 마이티이다[136]. 쉰 세 장을 석 장 뭉치 하나와 열 장 뭉치 다섯으로 나누어 석 장 뭉치는 덮어 두고, **차**, **자**, **아**, **사**, **바**에게 열 장 뭉치를 하나씩 나누어 준다. 여기서, **차**가 말하는 것은 늘 참이라고 하고, **차**가 (1) "내게 마이티도 조커도 없군."이라고 중얼거렸을 때와 (2) "내게 조커가 없군."이라고 중얼거렸을 때, 아래 확률을 얻어 표 2.10에 모아 적어 둔 값과 같다는 것을 보이시오.

(가) 조커가 i째 뭉치에 있을 확률

[132]poker
[133]joker
[134]spade
[135]A
[136]다만, 삽을 힘 센 무늬로 정하면 삽 에이 대신 마름모 diamond 에이를 마이티로 삼는다.

(나) 마이티가 i째 뭉치에 있을 확률
(다) 마이티와 조커 가운데 하나만 i째 뭉치에 있을 확률
(라) 마이티와 조커 가운데 적어도 하나가 i째 뭉치에 있을 확률
(마) 마이티와 조커 둘 다 i째 뭉치에 있을 확률

문제 2.34 어떤 모임에 남자 서른 사람과 여자 스무 사람이 있다. 남자의 40%와 여자의 60%가 마이티를 친다고 할 때, 마이티를 치는 사람이 남자일 확률을 얻으시오.

문제 2.35 **시**, **지**, **피** 세 사람이 동전을 던지되, 다른 면이 나온 동전을 던진 사람이 이긴다. 다른 면이 나오지 않으면 동전을 모두 다시 던진다.
(가) 경기가 공정하다는 것, 곧 어느 사람이나 이길 기능성은 같다는 것을 보이시오.
(나) 다른 면이 나오지 않은 것은 세는 횟수에 넣지 않고 동전을 열 번 던질 때, **지**가 정확하게 여덟 번 이길 확률과 적어도 여덟 번 이길 확률을 얻으시오.

참고 문헌

1. 김수택, 수리통계학, 자유 아카데미, 서울, 2010.
2. M. Abramowitz and I. A. Stegun (Ed.), *Handbook of Mathematical Functions*, Dover, New York, 1972.
3. G. E. Andrews, R. Askey, and R. Roy, *Special Functions*, Cambridge University, Cambridge, 1999.
4. E. Artin, *The Gamma Function* (Translated by M. Butler), Holt, Rinehart and Winston, New York, 1964.
5. N. Balakrishnan, *Handbook of the Logistic Distribution*, Marcel Dekker, New York, 1992.
6. D. L. Burdick, "A note on symmetric random variables," *Ann. Math. Stat.*, vol. 43, no. 6, pp. 2039-2040, Dec. 1972.
7. B. C. Carlson, *Special Functions of Applied Mathematics*, Academic, New York, 1977.
8. R. M. Gray and L. D. Davisson, *Random Processes: A Mathematical Approach for Engineers*, Prentice-Hall, Englewood Cliffs, 1986.
9. R. M. Gray and L. D. Davisson, *An introduction to Statistical Signal Processing*, Cambridge University Press, Cambridge, 2010.
10. A. Gut, *An Intermediate Course in Probability*, Springer-Verlag, New York, 1995.
11. C. W. Helstrom, *Probability and Stochastic Processes for Engineers*, Second Ed., Prentice -Hall, Englewood Cliffs, 1991.
12. K. Ito (Ed.), *Encyclopedic Dictionary of Mathematics*, Massachusetts Institute of Technology, Cambridge, 1987.
13. R. Johnsonbaugh and W. E. Pfaffenberger, *Foundations of Mathematical Analysis*, Marcel Dekker, New York, 1981.
14. A. I. Khuri, *Advanced Calculus with Applications in Statistics*, Wiley, New York, 2003.
15. M. Loeve, *Probability Theory*, Fourth Ed., Springer-Verlag, New York, 1977.
16. T. M. Mills, *Problems in Probability*, World Scientific, Singapore, 2001.
17. J. K. Patel, C. H. Kapadia, and D. B. Owen, *Handbook of Statistical Distributions*, Marcel Dekker, New York, 1976.

18. D. A. Pierce and R. L. Dykstra, "Independence and the normal distribution," *Amer. Statistician*, vol. 23, no. 4, p. 39, Oct. 1969.

19. J. Riordan, *Combinatorial Identities*, John Wily and Sons, New York, 1968.

20. F. S. Roberts and B. Tesman, *Applied Combinatorics*, Second Ed., CRC, Boca Raton, 2009.

21. V. K. Rohatgi, *An Introduction to Probability Theory and Mathematical Statistics*, John Wiley and Sons, New York, 1976.

22. V. K. Rohatgi and A. K. Md. E. Saleh, *An Introduction to Probability and Statistics*, Second Ed., John Wiley and Sons, New York, 2001.

23. J. P. Romano and A. F. Siegel, *Counterexamples in Probability and Statistics*, Chapman and Hall, New York, 1986.

24. S. M. Ross, *A First Course in Probability*, Macmillan, New York, 1976.

25. H. L. Royden, *Real Analysis*, Third Ed., Macmillan, New York, 1989.

26. A. N. Shiryaev, *Probability*, Second Ed., Springer-Verlag, New York, 1996.

27. J. Stewart, *Calculus: Early Transcendentals*, Seventh Ed., Brooks/Coles, Belmont, 2012.

28. J. M. Stoyanov, *Counterexamples in Probability*, Second Ed., Wiley, Chichester, 1997.

29. A. A. Sveshnikov (Ed.), *Problems in Probability Theory, Mathematical Statistics and Theory of Random Functions*, Dover, New York, 1968.

30. J. B. Thomas, *Introduction to Probability*, Springer-Verlag, New York, 1986.

31. A. Tucker, *Applied Combinatorics*, John Wiley and Sons, New York, 2002.

32. W. D. Wallis and J. C. George, *Introduction to Combinatorics*, CRC, New York, 2010.

33. P. Weirich, "Conditional probabilities and probabilities given knowledge of a condition," *Phil. Science*, vol. 50, no. 1, pp. 82-95, Mar. 1983.

34. R. D. Yates and D. J. Goodman, *Probability and Stochastic Processes*, John Wiley and Sons, New York, 1999.

제3장

확률변수

3.1 확률변수의 분포

3.1.1 확률변수

쉽게 말하면, 확률변수란 정의역이 표본공간인 실수 함수를 일컫는 것이다. 곧, 표본공간 Ω를 생각할 때 확률변수의 치역을 S_X라고 하면 $S_X = \{x : x = X(s),\ s \in \Omega\} \subset \mathbb{R}$이다. 사실, 확률변수는 '변수'가 아니라 '함수'이지만, 이제까지의 관례를 따라 이 책에서도 확률변수라고 부른다. 보통, 확률변수는 대문자로 X, Y, $\cdots$과 같이 쓰고, 확률변수의 값은 – 이것을 실현[1]이라고도 부른다 – x, y, $\cdots$과 같이 소문자로 나타낸다.

뜻매김 3.1 확률변수[2]

확률 실험 결과들이 이루는 표본공간 Ω를 생각하자. 이 표본공간 Ω의 원소 ω에 실수값 $x = X(\omega)$를 배정하는 함수 X를 확률변수라고 한다.

확률변수를 수학적으로 엄밀히 뜻매김하려면 아래에 다룬 '잴 수 있는 함수'라는 개념이 필요하다.

뜻매김 3.2 잴 수 있는 함수[3]

확률공간 $(\Omega,\ \mathcal{F},\ P)$의 표본공간 Ω를 실수 $\mathbb{R}$에 대응시키는 함수 f가

$$B \in \mathcal{B}(\mathbb{R})\text{이면} \quad f^{-1}(B) \in \mathcal{F} \tag{3.1}$$

을 만족시키면 이 함수를 잴 수 있는 함수라고 한다.

여기서, $f^{-1}(B) = \{\omega : f(\omega) \in B\}$는 B의 본디 그림자[4]이다. 잴 수 있는 함수를 바탕으로 하면 확률변수를 아래와 같이 다시 뜻매김할 수 있다.

[1]realization

[2]random variable

[3]measurable function. 이와 비슷하게 실수 a를 어떻게 고르더라도 $f^{-1}(-\infty, a)$가 보렐 집합인 실수 함수 f를 보렐 함수라고 한다.

[4]본디 그림자는 뜻매김 1.25에서 다룬 바 있다.

뜻매김 3.3 확률변수

확률공간 위에서 뜻매김한 잴 수 있는 함수를 확률변수라고 한다.

보기 3.1 표본공간이 $\Omega = \{1, 2, 3\}$이고 사건공간이 $\mathcal{F} = \{\Omega, \emptyset, \{1, 2\}, \{3\}\}$일 때, $f(1) = 1$, $f(2) = 2$, $f(3) = 3$인 함수 f는 $(\Omega, \mathcal{F})$에서 $(\mathbb{R}, \mathcal{B}(\mathbb{R}))$을 잇는 함수이다. 그런데, $\{1\} \in \mathcal{B}(\mathbb{R})$이지만 $f^{-1}(\{1\}) = \{1\} \notin \mathcal{F}$이므로 f는 확률변수가 아니다. ◇

어떤 함수가 확률변수인지를 판단하는 것은 그리 쉽지 않다. 다만, 1) 사건공간 $\mathcal{F}$가 거듭제곱 집합이면 함수는 모두 확률변수이고, 2) $\Omega = \mathbb{R}$이고 $\mathcal{F} = \mathcal{B}(\mathbb{R})$인 확률공간 $(\Omega, \mathcal{F}, P)$에서는 우리가 실제로 마주치는 함수를 – 연속 함수, 다항식, 계단 함수, 삼각 함수, 잴 수 있는 함수들의 극한, 잴 수 있는 함수들의 최대 최소, $\cdots$ – 모두 확률변수라고 볼 수 있다.

확률변수는 그 값이 어떠한지를 바탕으로 아래와 같이 셋으로 나눌 수 있다.

뜻매김 3.4 이산 확률변수, 연속 확률변수, 혼합 확률변수[5]

치역이 이산 공간인 – 곧, 셀 수 있는 고립 점의 집합인 – 확률변수를 이산 확률변수라고 하고, 치역이 연속 공간인 확률변수를 연속 확률변수라고 한다. 또, 치역이 연속 공간과 이산 공간의 합집합인 확률변수를 혼합 확률변수라고 한다.

이산 확률변수 가운데 치역이 유한한 것을 유한 확률변수[6]라 부르기도 한다. 연속 확률변수는 확률밀도함수로, 이산 확률변수는 확률질량함수로 확률 특성을 나타낼 수 있다. 한편, 셀 수 있는 집합을 다룬 뜻매김 1.34와 이산 확률변수를 다룬 뜻매김 3.4를 잘 새겨 보면, 이산 확률변수의 치역을 $\{0, 1, 2, \cdots\}$ 또는 $\{1, 2, 3, \cdots\}$의 부분집합으로 보아도 좋음을 알 수 있다.

보기 3.2 (연속 확률변수) 아래 확률변수 X, Y, Z는 모두 연속 확률변수이다.

(가) 중심이 원점 O이고 반지름이 1인 동그라미 안에 아무렇게나 찍은 점 Q의 좌표를 (x, y)라고 할 때, 선분 $\overline{OQ}$의 길이 $X(Q) = \sqrt{x^2 + y^2}$. 또, 선분 $\overline{OQ}$와 x 축이 이루는 각 $Y(Q) = \angle\left(\frac{y}{x}\right)$.

(나) 실수 r과 r을 반올림한 수 $\tilde{r}$의 차 $Z(r) = r - \tilde{r}$. ◇

보기 3.3 (이산 확률변수) 아래 확률변수 X, Y_1, Y_2는 모두 이산 확률변수이다.

(가) 디지털 통신에서 보낼 부호를 b라고 할 때, $X(b) = b$.

(나) 주사위 굴리기 실험에서 나온 주사위 눈을 x라고 할 때

$$Y_1(x) = \begin{cases} 1, & x = \text{짝수}, \\ 0, & x = \text{홀수} \end{cases} \tag{3.2}$$

와 $Y_2(x) = x$. ◇

보기 3.4 (혼합 확률변수) 전화를 걸었을 때 상대의 응답이 $g \in \{$받음, 통화하고 있음, 받지 않음$\}$이라고 하자. 그러면 통화 시간 t를 나타내는 확률변수를

[5] discrete random variable, continuous random variable, mixed-type random variable

[6] finite random variable

$$X(g) \;=\; t, \quad t \ge 0 \tag{3.3}$$

처럼 쓸 수 있다. 이때, $X = 0$일 때 0보다 큰 확률 $\Pr\{X = 0\}$이 존재하고 $X > 0$에서는 연속이므로 X는 혼합 확률변수이다. ◇

보기 3.5 보기 2.92에서 다룬 (2.285)도 혼합 확률변수의 확률밀도함수이다. ◇

보기 3.6 어떤 주머니 안에 하얀 공이 W개, 검은 공이 B개 들어 있다. 이 주머니에서 공을 하나씩 n번 꺼낼 때, $1 \le n \le W + B$라고 두고 꺼낸 공 가운데 하얀 공의 수를 확률변수 X라고 하자. 이제, 꺼낸 공을 다시 넣지 않을 때[7] X의 확률질량함수를 얻어 보자.

풀이 꺼낸 공을 다시 넣지 않는다는 것을 새기면 $X = k$일 확률은

$$\Pr\{X = k\} \;=\; \frac{{}_B\mathrm{C}_{n-k}\, {}_W\mathrm{C}_k}{{}_{W+B}\mathrm{C}_n} \tag{3.4}$$

임을 쉽게 알 수 있다. 이때, $\{0 \le k \le W, 0 \le n-k \le B\}$가 아니면 – 곧, $\max(0, n-B) \le k \le \min(n, W)$가 아니면 – 위 확률은 0이므로, X의 확률질량함수를

$$p_X(k) \;=\; \begin{cases} \dfrac{{}_B\mathrm{C}_{n-k}\, {}_W\mathrm{C}_k}{{}_{W+B}\mathrm{C}_n}, & \max(0, n-B) \le k \le \min(n, W), \\ 0, & \text{그 밖에는} \end{cases} \tag{3.5}$$

처럼[8] 쓸 수 있다. 여기서, $W = 0$이면

$$p_X(k) \;=\; \begin{cases} 1, & k = 0, \\ 0, & \text{그 밖에는} \end{cases} \tag{3.6}$$

처럼, 또 $B = 0$이면

$$p_X(k) \;=\; \begin{cases} 1, & k = n, \\ 0, & \text{그 밖에는} \end{cases} \tag{3.7}$$

처럼 (3.5)가 바뀜을 알 수 있다. ◇

보기 3.7 보기 3.6에서 꺼낸 공을 다시 넣는다고 할 때[9] X의 확률질량함수를 얻어 보자.

풀이 꺼낸 공을 다시 넣는다면 어느 때도 하얀 공을 고를 확률은 $\frac{W}{W+B}$이므로, 하얀 공을 k번 고를 확률은 $\left(\frac{W}{W+B}\right)^k \left(\frac{B}{W+B}\right)^{n-k}$이다. 한편, n번 가운데 하얀공을 k번 고르는 경우의 수는 ${}_n\mathrm{C}_k$이므로 X의 확률질량함수는

$$p_X(k) \;=\; \begin{cases} {}_n\mathrm{C}_k \left(\frac{B}{W+B}\right)^{n-k} \left(\frac{W}{W+B}\right)^k, & k = 0, 1, \cdots, n, \\ 0, & \text{그 밖에는} \end{cases} \tag{3.8}$$

---

[7] 이때, X의 분포는 초기하 hypergeometric 분포이다.

[8] 여기서, p와 q가 정수일 때 $q < 0$ 또는 $q > p$이면 ${}_p\mathrm{C}_q = 0$이라는 것을 새기어 $\max(0, n-B) \le k \le \min(n, W)$는 $-\infty < k < \infty$로 바꾸어 쓸 수도 있다.

[9] 이때, X의 분포는 이항 분포이다.

이다. 여기서,

$$0^m = \begin{cases} 1, & m = 0, \\ 0, & \text{그 밖에는} \end{cases} \tag{3.9}$$

를 새기어, $W = 0$일 때에는

$$p_X(k) = \begin{cases} 1, & k = 0, \\ 0, & \text{그 밖에는} \end{cases} \tag{3.10}$$

처럼, 또 $B = 0$일 때에는

$$p_X(k) = \begin{cases} 1, & k = n, \\ 0, & \text{그 밖에는} \end{cases} \tag{3.11}$$

처럼 (3.8)을 바꾸어 쓸 수 있다는 것을 눈여겨볼 만하다. $\diamondsuit$

3.1.2 누적분포함수

확률공간 $(\Omega,\ \mathcal{F},\ P)$에서 뜻매김한 확률변수 X의 치역을 A라고 하자. 이제, $B \in \mathcal{B}(A)$일 때, B의 본디 그림자를 $X^{-1}(B)$라고 쓰면

$$\Pr\{B\} = \Pr\left\{X^{-1}(B)\right\} \tag{3.12}$$

인데, 이 관계는 확률변수의 확률측도를 얻는 바탕이다.

보기 3.8 제대로 만든 주사위를 굴리는 실험을 생각하자. 그러면 $\Omega = \{1, 2, 3, 4, 5, 6\}$이고, $\omega \in \Omega$일 때 $\Pr\{\omega\} = \frac{1}{6}$이라고 둘 수 있다. 이제, 확률변수 X를 $\omega = 1$이면 $X(\omega) = -1$이고, $\omega = 2, 3, 4$이면 $X(\omega) = -2$이며, $\omega = 5, 6$이면 $X(\omega) = -3$이라고 뜻매김하면 $A = \{-3, -2, -1\}$을 얻는다. 이때, $X^{-1}(\{-3\}) = \{5, 6\}$이고, $X^{-1}(\{-2\}) = \{2, 3, 4\}$이며, $X^{-1}(\{-1\}) = \{1\}$이라는 것을 쉽게 알 수 있다. 따라서, 확률변수 X의 확률측도를 얻으면

$$\begin{aligned} P_X(\{-3\}) &= \Pr\left\{X^{-1}(\{-3\})\right\} \\ &= \Pr\{5, 6\} \\ &= \frac{1}{3} \end{aligned} \tag{3.13}$$

이고, $P_X(\{-2\}) = \Pr\{2, 3, 4\} = \frac{1}{2}$이며, $P_X(\{-1\}) = \Pr\{1\} = \frac{1}{6}$이다. $\diamondsuit$

이제, (3.12)를 바탕으로 확률변수의 분포를 좀 더 엄밀하게 뜻매김한 다음, 분포를 좀 더 쉽게 다룰 수 있도록 누적분포함수를 뜻매김하자. 그 뒤, 확률질량함수나 확률밀도함수가 누적분포함수와 어떻게 이어지는지 살펴보자.

먼저, 확률공간 $(\Omega,\ \mathcal{F},\ P)$에서 뜻매김한 확률변수 X와 그 치역 $A \subset \mathbb{R}$을 생각하자. 그러면 $B \in \mathcal{B}(A)$일 때, 집합

$$X^{-1}(B) = \{\omega : X(\omega) \in B\} \tag{3.14}$$

는 Ω의 부분집합이고, 확률변수의 뜻매김으로 말미암아 사건공간 $\mathcal{F}$의 원소이다. 이것을 바탕으로 다음과 같이 확률변수 X의 분포를 뜻매김하자.

뜻매김 3.5 분포[10]

집합 함수

$$\begin{aligned} P_X(B) &= P\left(X^{-1}(B)\right) \\ &= P\left(\{\omega : X(\omega) \in B\}\right), \quad B \in \mathcal{B}(A) \end{aligned} \tag{3.15}$$

는 확률변수 X의 확률측도인데, 이것을 X의 분포라고 한다.

식 (3.15)에서 $\mathcal{B}(A)$는 A의 보렐 시그마 대수를 나타내며 (2.29)에서 뜻매김한 바 있다. 뜻매김 3.5에서

$$(A,\ \mathcal{B}(A),\ P_X) \tag{3.16}$$

은 새로운 확률공간이다. 바꾸어 말하면, 처음에 시작한 확률공간 $(\Omega, \mathcal{F}, P)$는 이제 잊고, 이와 동등하고 표본점 x가 실수인 새 확률공간 $(A,\ \mathcal{B}(A),\ P_X)$만 생각하여도 좋다는 것이다. 식 (3.15)가 나타내는 관계를 그림 3.1에 나타내었다.

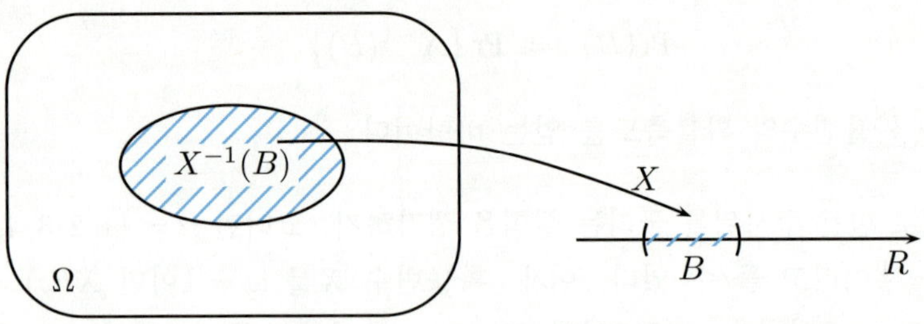

$$\begin{aligned} P_X(B) &= P(\{\omega : X(\omega) \in B\}) \\ &= P\left(X^{-1}(B)\right) \end{aligned}$$

그림 3.1 확률변수 X의 분포

분포는 확률측도와 한가지이므로, 제2장에서 본 바와 같이 확률질량함수나 확률밀도함수와 같은 확률 함수로 확률변수의 분포를 – 곧, 확률 특성을 – 나타낼 수 있다. 먼저, 치역 A가 이산 공간인 확률변수 X를 생각하면 확률질량함수 p_X와 분포 P_X를

$$p_X(x) = P_X(\{x\}), \quad x \in A \tag{3.17}$$

과

$$P_X(B) = \sum_{x \in B} p_X(x), \quad B \in \mathcal{B}(A) \tag{3.18}$$

[10] distribution

처럼 서로 나타낼 수 있다. 한편, 확률변수 X가 연속 확률변수이고, 그 치역이 A이며, 확률밀도함수가 f_X라면,

$$P_X(B) \;=\; \int_B f_X(x)dx, \quad B \in \mathcal{B}(A) \tag{3.19}$$

처럼 쓸 수 있다. 위에서 (3.19)는 (3.18)과 대응하지만, (3.17)과 대응하는 연속 확률변수에서의 식은 없고, 다음과 같이 누적분포함수를 뜻매김하면 그와 비슷한 것을 이산 확률변수와 연속 확률변수에서 쓸 수 있다.

뜻매김 3.6 누적분포함수, 분포함수[11]

표본공간 Ω와 확률변수 X를 생각하자. 이제, x가 실수일 때 $A_x = \{s : s \in \Omega, X(s) \le x\}$라고 하면, $\Pr\{A_x\} = \Pr\{X \le x\} = P_X((-\infty, x])$이다. 이때, 함수

$$F_X(x) \;=\; P_X((-\infty, x]) \tag{3.20}$$

을 확률변수 X의 누적분포함수 또는 분포함수라고 한다.

보기 3.9 제대로 만든 주사위를 굴려 나온 수를 확률변수 X라고 하자. 그러면

$$\begin{aligned} F_X(x) &= P\{X \le x\} \\ &= \begin{cases} 1, & x \ge 6 \text{일 때}, \\ \frac{i}{6}, & i \le x < i+1,\ i = 1,2,3,4,5 \text{일 때}, \\ 0, & x < 1 \text{일 때} \end{cases} \end{aligned} \tag{3.21}$$

을 얻는다. 그림 3.2에 누적분포함수 $F_X(x)$를 보였다. ◇

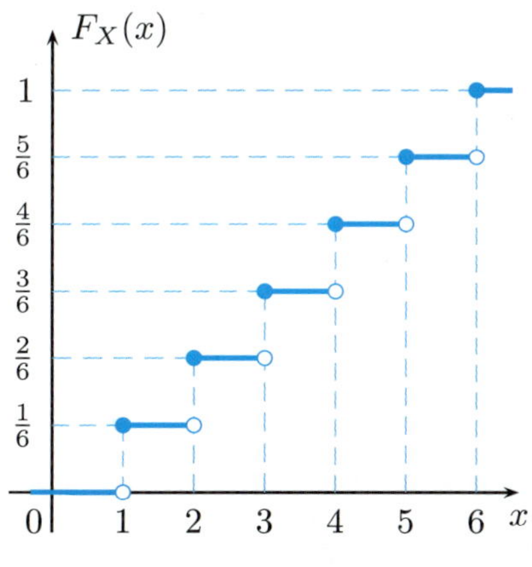

그림 3.2 제대로 만든 주사위를 굴려 나온 수 X의 누적분포함수 $F_X(x)$

[11] cumulative distribution function (cdf) 또는 distribution function (df)

보기 3.10 구간 $[0,1]$에서 점 하나를 마음대로 골라 그 좌표를 확률변수 Y라고 하자. 그러면 $x \ge 1$이면 $P\{Y \le x\} = 1$이고, $0 \le x < 1$이면 $P\{Y \le x\} = x$이며, $x < 0$이면 $P\{Y \le x\} = 0$이므로 확률변수 Y의 누적분포함수는

$$F_Y(x) = \begin{cases} 1, & x \ge 1\text{일 때}, \\ x, & 0 \le x < 1\text{일 때}, \\ 0, & x < 0\text{일 때} \end{cases} \tag{3.22}$$

이다. 그림 3.3에 누적분포함수 $F_Y(x)$를 보였다. ◇

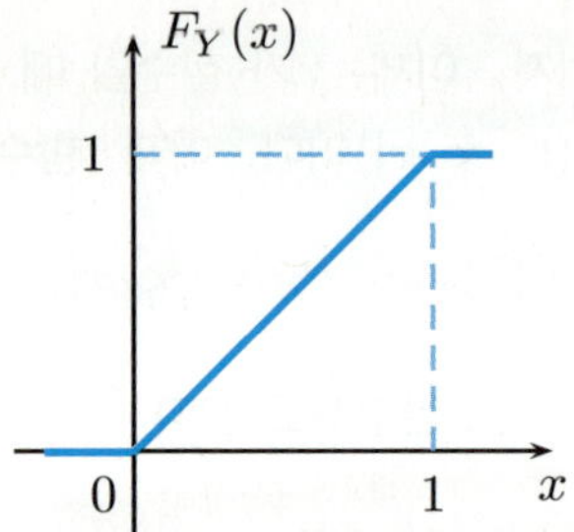

그림 3.3 구간 $[0,1]$에서 마음대로 고른 좌표 Y의 누적분포함수 $F_Y(x)$

보기 3.11 (확률 측도와 여러 가지 적분)* 확률 측도를 P라고 하고 그에 대응하는 누적분포함수를 F라고 두자. 이제, g가 적분할 수 있는 함수일 때

$$\int g\,dP \quad \text{또는} \quad \int g\,dF \tag{3.23}$$

을 르벡-스틸체즈 적분이라고 하며, 이것을

$$\int_{[a,b)} g\,dP = \int_a^b g\,dF \tag{3.24}$$

처럼 쓴다. 이때, $F(x) = x$, $x \in [0,1]$이면, 그 측도 P를 정리 1.68에서 말한 바와 같이 르벡 측도라고 부르고,

$$\int_{[a,b)} g\,dx = \int_a^b g\,dx \tag{3.25}$$

는 르벡 적분이다. 특히, g가 $[a,b]$에서 연속이면 르벡-스틸체즈 적분 $\int_a^b g\,dF$는 리만-스틸체즈 적분이 되고, 르벡 적분 $\int_a^b g\,dx$는 리만 적분이 된다. ◇

보기 3.9와 3.10에서 본 바와 같이 여러 확률변수를 생각할 때에는 F_X, F_Y, $\cdots$ 처럼 아래첨자를 써서 이것을 알아볼 수 있도록 한다. 한편, 분포 P_X가 나타내는 누적분포함수를 F_X, 확률밀도함수를 f_X라고 할 때, 확률변수 X의 분포가 P_X라는 것을 $X \sim P_X$, $X \sim F_X$, 또는 $X \sim f_X$로 쓴다. 보기를 들면, $X \sim P(\lambda)$는 확률변수 X가 매개변수가 λ인 포아송 분포를 따

른다는 것이고, $X \sim U[a,b)$는 확률변수 X가 구간 $[a,b)$에 고르게 퍼져 있는 확률변수라는 것이다.

정리 3.1 누적분포함수 F는 오른쪽에서 연속이다. 곧, $\varepsilon > 0$일 때

$$F(x) = \lim_{\varepsilon \to 0} F(x+\varepsilon) \tag{3.26}$$

이다. ■■

증명 먼저, $\alpha_i \geq \alpha_{i+1}$이고 $\lim\limits_{i\to\infty} \alpha_i = 0$인 주는 열 $\{\alpha_i\}_{i=1}^{\infty}$를 생각하자. 그러면

$$\begin{aligned}\lim_{\varepsilon\to 0} F_X(x+\varepsilon) - F_X(x) &= \lim_{i\to\infty} \{F_X(x+\alpha_i) - F_X(x)\} \\ &= \lim_{i\to\infty} P\{X \in (x, x+\alpha_i]\}\end{aligned} \tag{3.27}$$

이다. 이제, $(x, x+\alpha_i] \supset (x, x+\alpha_{i+1}]$이므로 (2.186)에서

$$\begin{aligned}\lim_{i\to\infty} P\{X \in (x, x+\alpha_i]\} &= P\left\{\lim_{i\to\infty} (X \in (x, x+\alpha_i])\right\} \\ &= P\left\{\bigcap_{i=1}^{\infty} (x, x+\alpha_i]\right\} \\ &= P\{\emptyset\} \\ &= 0\end{aligned} \tag{3.28}$$

이다. 그러므로 $\lim\limits_{\varepsilon\to 0} F_X(x+\varepsilon) = F_X(x)$이다. □

정리 3.2 누적분포함수 F는 줄지 않는 함수이고, $F(\infty) = 1$이며, $F(-\infty) = 0$이다. ■■

한편, 누적분포함수의 뜻매김에서

$$F_X(b) - F_X(a) = P\{a < X \leq b\} \tag{3.29}$$

와

$$1 - F_X(x) = P\{X > x\} \tag{3.30}$$

을 얻을 수 있다. 여기서, 이산 확률변수에서, 또 그림 3.4에서도 알 수 있는 것처럼 혼합 확률변수에서, 누적분포함수 $F_X(x)$의 불연속 점을 x_i라고 하면

$$F_X(x_i) - F_X\left(x_i^-\right) = P\{X = x_i\} \tag{3.31}$$

임을 새겨 둘 만하다. 그러나, 연속 확률변수에서 한 점의 확률은 0이다: 곧, X가 연속 확률변수이면 x가 어떤 값이더라도

$$P\{X = x\} = 0 \tag{3.32}$$

이고

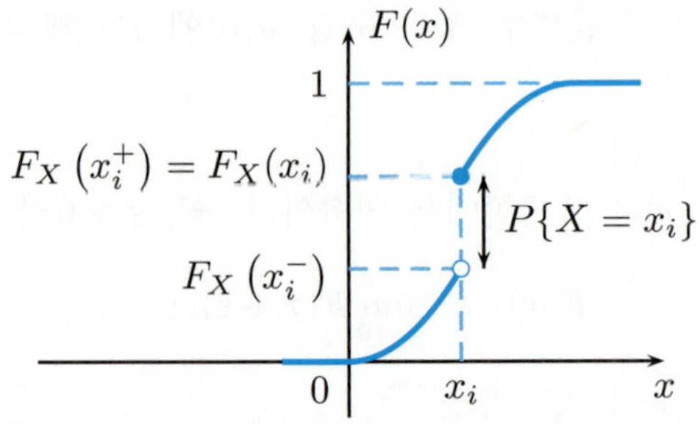

그림 3.4 혼합 확률변수의 누적분포함수 보기

$$F_X(x) - F_X(x^-) \;=\; 0 \tag{3.33}$$

이다.

이제, 앞에서 다룬 연속, 이산, 혼합 확률변수를 누적분포함수의 특성을 바탕으로 다시 뜻매김할 수 있다. 곧, 누적분포함수 $F_X(x)$가 연속인 – 바꾸어 말하면, $F_X(x^+) = F_X(x) = F_X(x^-)$인 – 확률변수는 연속 확률변수, 누적분포함수가 계단 함수인 확률변수는 이산 확률변수, 누적분포함수가 불연속이지만 계단 함수가 아닌 확률변수는 혼합 확률변수이다. 혼합 확률변수의 누적분포함수 보기 하나를 그림 3.4에 보였다.

정리 3.3 누적분포함수에는 뜀 불연속 점이 많아야 셀 수 있을 만큼 있다. ■■

증명 누적분포함수 $F(x)$가 x_0에서 불연속이라고 하자. 이제, n이 자연수일 때, 뜀이 반 열린 구간 $\left(\frac{1}{n+1}, \frac{1}{n}\right]$ 안에 있는 불연속 점들의 집합을 D_n이라고 두면, D_n에 있는 원소는 많아야 n – 그렇지 않으면, $F(\infty) - F(-\infty) > 1$일 테니 – 개이다. 곧, 뜀이 $\frac{1}{2}$과 1 사이인 불연속 점은 많아야 하나, 뜀이 $\frac{1}{3}$과 $\frac{1}{2}$ 사이인 불연속 점은 많아야 둘, $\cdots$, 뜀이 $\frac{1}{n}$과 $\frac{1}{n-1}$ 사이인 불연속 점은 많아야 $n-1$개, $\cdots$ 있다. 따라서, 불연속 점들은 셀 수 있을 만큼 있다. □

위 정리는, 모든 점에서 오른쪽 연속이거나 왼쪽 연속인 함수에는 불연속 점들이 많더라도 셀 수 있을 만큼만 있다는 좀 더 일반적인 정리나, 단조 실수 함수에는 불연속 점들이 많더라도 셀 수 있을 만큼만 있다는 좀 더 일반적인 정리에서도 알 수 있는 것이다.

3.1.3 확률밀도함수와 확률질량함수

일반적으로 누적분포함수는 언제나 – 연속 확률변수, 이산 확률변수, 혼합 확률변수에서 – 잘 뜻매김할 수 있다. 확률변수 X의 누적분포함수를 F_X라고 하고, X가 연속 확률변수일 때 그 확률밀도함수를 f_X, X가 이산 확률변수일 때 그 확률질량함수를 p_X라고 하자. 그러면 연속 확률변수는 누적분포함수와 확률밀도함수로, 이산 확률변수는 누적분포함수와 확률질량함수로

$$F_X(x) \;=\; P_X((-\infty, x])$$

$$= \begin{cases} \int_{-\infty}^{x} f_X(y)dy, & X\text{가 연속 확률변수일 때,} \\ \sum_{y=-\infty}^{x} p_X(y), & X\text{가 이산 확률변수일 때} \end{cases} \tag{3.34}$$

처럼 그 확률적 특성을 기술할 수 있다. 이와 비슷하게 확률변수 X의 누적분포함수가 F_X일 때 사건 B의 확률은

$$\begin{aligned} P_X(B) &= \int_B dF_X(x) \\ &= \begin{cases} \int_B f_X(x)dx, & X\text{가 연속 확률변수일 때,} \\ \sum_{x\in B} p_X(x), & X\text{가 이산 확률변수일 때} \end{cases} \end{aligned} \tag{3.35}$$

처럼 얻을 수 있다.

한편, 혼합 확률변수의 누적분포함수 F_X는 연속 함수와 이산 함수의 가중합으로, $0 < \alpha < 1$일 때

$$F_X(x) = \alpha \sum_{k\le x} p_X(k) + (1-\alpha)\int_{-\infty}^{x} f_X(y)dy \tag{3.36}$$

처럼 나타낼 수 있다. 식 (3.36)이 우리에게 실제로 필요할 만큼 충분히 일반적인 누적분포함수 꼴이다. 다만, 부록 3.1에서 좀 더 이야기한 것처럼 가장 일반적으로는 누적분포함수를 절대 연속 함수, 이산 함수, 특이 함수의 가중합으로 쓸 수 있다.

거꾸로, 확률변수 X가 연속 확률변수일 때에는

$$\begin{aligned} f_X(x) &= \frac{d}{dx}F_X(x) \\ &= \lim_{\varepsilon\to 0} \frac{P\{x < X \le x+\varepsilon\}}{\varepsilon} \end{aligned} \tag{3.37}$$

처럼 확률밀도함수를 누적분포함수로 나타낼 수 있고, 확률변수 X가 이산 확률변수일 때에는

$$p_X(x_i) = F_X(x_i) - F_X(x_{i-1}) \tag{3.38}$$

처럼 확률질량함수를 누적분포함수로 나타낼 수 있다는 것을 (3.34)를 바탕으로 알 수 있다.

한편, 이산 확률변수를 다룰 때에는 거의 확률질량함수만 쓰기는 하나, 계단 함수의 도함수인 충격 함수를 바탕으로 두면 이산 확률변수를 다룰 때에도 확률밀도함수를 생각할 수 있다. 곧, 이산 확률변수 X의 누적분포함수를 F_X, 확률질량함수를 p_X로 쓰면 $F_X(x) = \sum_{x_i\le x} p_X(x_i) = \sum_i p_X(x_i)u(x-x_i)$이므로,

$$\begin{aligned} f_X(x) &= \frac{d}{dx}F_X(x) \\ &= \frac{d}{dx}\sum_i p_X(x_i)u(x-x_i) \\ &= \sum_i p_X(x_i)\delta(x-x_i) \end{aligned} \tag{3.39}$$

를 이산 확률변수 X의 확률밀도함수라고 볼 수 있다.

보기 3.12 확률밀도함수 $f(x)$가 구간 $[0,1]$에서 $2x$이고, 그 밖의 구간에서는 0일 때, 그 누적분포함수 $F(x)$를 그리시오.

풀이 먼저, 누적분포함수를 얻으면

$$F(x) = \int_{-\infty}^{x} f(t)dt = \begin{cases} 0, & x < 0; \quad x^2, \quad 0 \le x < 1; \\ 1, & x \ge 1 \end{cases} \tag{3.40}$$

이다. 그림 3.5와 3.6에 확률밀도함수와 누적분포함수를 보였다. ◇

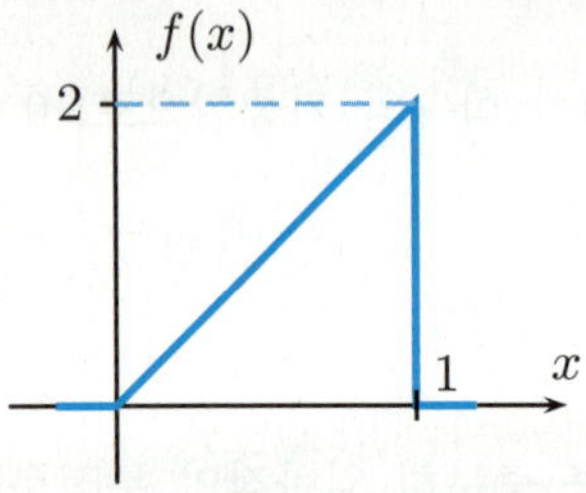

그림 3.5 확률밀도함수 $f(x) = 2xu(x)u(1-x)$

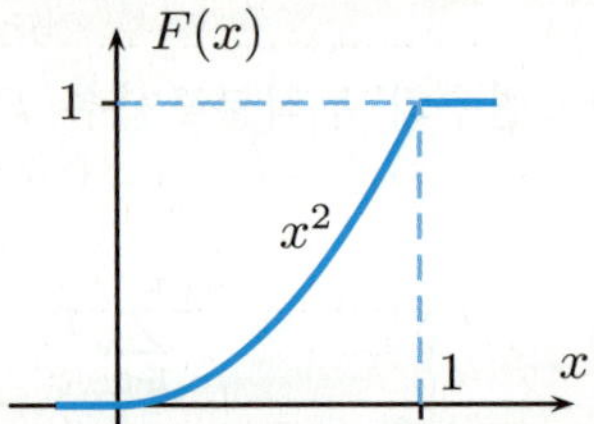

그림 3.6 확률밀도함수가 $f(x) = 2xu(x)u(1-x)$일 때 누적분포함수

보기 3.13 확률밀도함수가

$$f(x) = \frac{1}{2}\{u(x) - u(x-1)\} + \frac{1}{3}\delta(x-1) + \frac{1}{6}\delta(x-2) \tag{3.41}$$

일 때, 누적분포함수를 얻고 그 꼴을 그리시오.

풀이 먼저, 누적분포함수를 얻으면

$$F(x) = \int_{-\infty}^{x} f(t)dt = \begin{cases} 0, & x < 0; \quad \frac{1}{2}x, \quad 0 \le x < 1; \\ \frac{5}{6}, & 1 \le x < 2; \quad 1, \quad 2 \le x \end{cases} \tag{3.42}$$

이다. 그림 3.7과 3.8에 확률밀도함수와 누적분포함수를 보였다. ◇

보기 3.14 제대로 만든 주사위를 한 번 굴릴 때 나오는 수를 확률변수 X라고 하자. 그러면

$$F_X(x) = \sum_{i=1}^{6} \frac{1}{6} u(x-i) \tag{3.43}$$

이고, 이 식을 미분하면

$$f_X(x) = \sum_{i=1}^{6} \frac{1}{6} \delta(x-i) \tag{3.44}$$

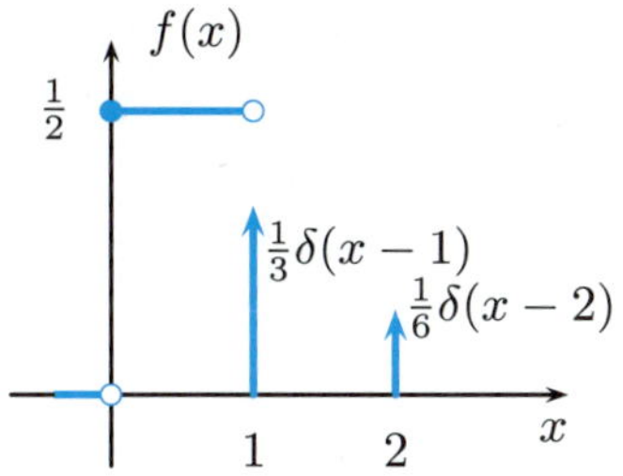

그림 3.7 확률밀도함수

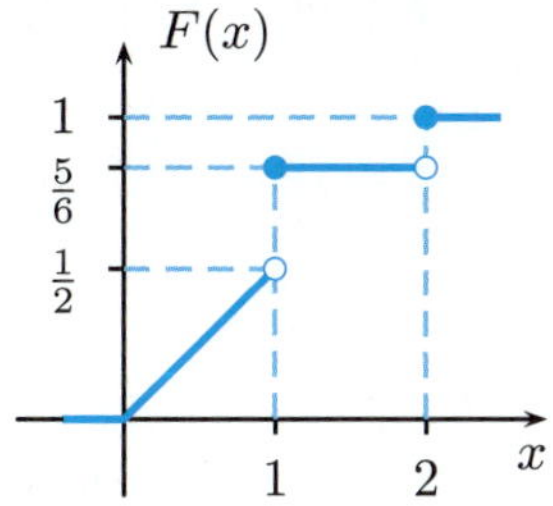

그림 3.8 누적분포함수

를 얻는다. 한편, X의 확률질량함수는

$$p_X(i) = \begin{cases} \frac{1}{6}, & i = 1, 2, \cdots, 6, \\ 0, & \text{그 밖에는} \end{cases} \tag{3.45}$$

이다. ◇

보기 3.14에서 본 바와 같이 확률밀도함수를 써서 연속 확률변수를 다루는 것은 확률질량함수를 써서 이산 확률변수를 다루는 것과 매우 비슷하다. 따라서, 읽는 이들이 연속 확률변수를 다루는 식을 이산 확률변수를 다루는 식으로 쉽게 바꿀 수 있을 것이라고 생각하여, 앞으로는 주로 확률밀도함수를 바탕으로 연속 확률변수를 다루도록 한다.

확률변수 X의 확률밀도함수를 f_X, 누적분포함수 F_X라고 하고, 누적분포함수는 오른쪽에서 연속이라는 것을 새기면, 사건 $\{x_1 < X \leq x_2\}$의 확률은

$$\begin{aligned} P\{x_1 < X \leq x_2\} &= F_X(x_2) - F_X(x_1) \\ &= \int_{x_1^+}^{x_2^+} f_X(x)dx \end{aligned} \tag{3.46}$$

처럼 얻을 수 있다. 여기서, (3.46)과 비슷하게

$$P\{x_1 \leq X < x_2\} = \int_{x_1^-}^{x_2^-} f_X(x)dx \tag{3.47}$$

이고, $P\{x_1 \leq X \leq x_2\} = \int_{x_1^-}^{x_2^+} f_X(x)dx$이며, $P\{x_1 < X < x_2\} = \int_{x_1^+}^{x_2^-} f_X(x)dx$인데, 확률밀도함수 f_X가 x_1과 x_2에서 충격 함수를 품고 있지 않으면 이 셋은 모두 (3.46)과 같다. 한편, (3.46)을 쓰면 정리 3.2에서 보인 $F(\infty) = 1$을 $\int_{-\infty}^{\infty} f(x)dx = P\{-\infty < X \leq \infty\} = F(\infty) = 1$처럼 다시 볼 수 있다.

보기 3.15 확률밀도함수가

$$f_Z(z) = \frac{1}{\sqrt{2\pi}} \exp\left(-\frac{z^2}{2}\right) \tag{3.48}$$

인 – 곧, 표준 정규 – 확률변수 Z를 생각하자. 그러면 $P\{|Z| \leq 1\} = \int_{-1}^{1} f_Z(z)dz \approx 0.6826$이고, $P\{|Z| \leq 2\} \approx 0.9544$이며, $P\{|Z| \leq 3\} \approx 0.9974$이다. ◇

정리 3.4 확률변수 X의 확률밀도함수 f_X가 짝함수이면 – 곧, $f_X(x) = f_X(-x)$이면 –

$$1 - F_X(x) \;=\; F_X(-x) \tag{3.49}$$

이다. ■■

증명 먼저, $f_X(x) = f_X(-x)$라는 것을 새기면

$$\begin{aligned} P\{X > x\} &= \int_x^{\infty} f_X(y)dy \\ &= \int_{-x}^{-\infty} f_X(-t)(-dt) \\ &= \int_{-\infty}^{-x} f_X(t)dt \\ &= F_X(-x) \end{aligned} \tag{3.50}$$

이다. 그러므로, (3.30)을 새기면 (3.49)임을 알 수 있다. □

보기 3.16 확률밀도함수가, $k > 0$일 때

$$f_L(x) \;=\; \frac{ke^{-kx}}{(1+e^{-kx})^2} \tag{3.51}$$

인 로지스틱 분포, $\alpha > 0$일 때

$$f_R(x) \;=\; \frac{x}{\alpha^2}\exp\left(-\frac{x^2}{2\alpha^2}\right)u(x) \tag{3.52}$$

인 레일리 분포, $\lambda > 0$일 때

$$f_D(x) \;=\; \frac{\lambda}{2}e^{-\lambda|x|} \tag{3.53}$$

인 겹지수 분포를 생각하자. 이들의 누적분포함수는 각각

$$F_L(x) \;=\; \frac{1}{1+e^{-kx}} \tag{3.54}$$

이고,

$$F_R(x) \;=\; \left\{1 - \exp\left(-\frac{x^2}{2\alpha^2}\right)\right\}u(x) \tag{3.55}$$

이며,

$$F_D(x) \;=\; \begin{cases} \frac{1}{2}e^{\lambda x}, & x \le 0, \\ 1 - \frac{1}{2}e^{-\lambda x}, & x > 0 \end{cases} \tag{3.56}$$

이다. 로지스틱 분포의 누적분포함수 (3.54)와 겹지수 분포의 누적분포함수 (3.56)에서 (3.49)를 확인할 수 있다. ◇

끝으로, 우리가 다루는 확률밀도함수 f에서는 늘

$$\lim_{x\to\pm\infty} f(x) \;=\; 0 \tag{3.57}$$

로 보아도 좋다는 것을 새겨 두자.

3.2 확률변수의 함수와 그 분포

3.2.1 누적분포함수

확률변수 X의 확률 특성을 알고 있을 때, 이 확률변수를 잴 수 있는 함수 g로 변환한 새로운 확률변수 $Y = g(X)$의 확률 특성을 생각해 보자. 먼저, 새 확률변수 Y의 누적분포함수는

$$\begin{aligned} F_Y(y) &= \Pr\{Y \le y\} \\ &= \Pr\{g(X) \le y\} \\ &= \Pr\{x : g(x) \le y, x \in A\} \end{aligned} \tag{3.58}$$

이다. 이 식에서 A는 확률변수 X의 표본공간이다. 이제, (3.58)을 바탕으로, 확률변수 Y가 연속 확률변수일 때 확률변수 Y의 확률밀도함수를 얻으면

$$f_Y(y) = \frac{d}{dy}F_Y(y) \tag{3.59}$$

이고, 확률변수 Y가 이산 확률변수일 때 확률변수 Y의 확률질량함수를 얻으면

$$p_Y(y) = F_Y(y) - F_Y(y-1) \tag{3.60}$$

이다. 여기서, 확률질량함수를 얻는 식 (3.60)은 확률변수의 치역을 – 뜻매김 3.4 바로 다음에 이야기한 것처럼 – 정수의 부분집합으로 보았을 때이고, 좀 더 일반적으로는

$$p_Y(y_i) = F_Y(y_i) - F_Y(y_{i-1}) \tag{3.61}$$

처럼 쓸 수 있다.

보기 3.17 (일차 함수) 상수 a가 0이 아닐 때, 확률변수 $Y = aX + b$의 누적분포함수 F_Y를 X의 누적분포함수 F_X로 나타내 보자.

풀이 집합 $\{Y \le y\}$는 집합 $\{aX + b \le y\}$와 같다는 것을 바탕으로 누적분포함수의 뜻매김을 새기면

$$\begin{aligned} F_Y(y) &= P\{Y \le y\} \\ &= P\{aX + b \le y\} \\ &= \begin{cases} P\left\{X \le \frac{y-b}{a}\right\}, & a > 0, \\ P\left\{X \ge \frac{y-b}{a}\right\}, & a < 0 \end{cases} \\ &= \begin{cases} F_X\left(\frac{y-b}{a}\right), & a > 0, \\ P\left\{X = \frac{y-b}{a}\right\} + 1 - F_X\left(\frac{y-b}{a}\right), & a < 0 \end{cases} \end{aligned} \tag{3.62}$$

를 얻을 수 있다. ◇

보기 3.18 확률변수 X의 누적분포함수가

$$F_X(x) = \begin{cases} 0, & x \le 0; \quad x, \ 0 \le x \le 1; \\ 1, & x \ge 1 \end{cases} \tag{3.63}$$

일 때, 확률변수 $Y = 2X + 1$의 누적분포함수는

$$F_Y(y) = \begin{cases} 0, & y \le 1; \quad \frac{y-1}{2}, \ 1 \le y \le 3; \\ 1, & y \ge 3 \end{cases} \tag{3.64}$$

이다. 이것을 그림 3.9에 보였다. ◇

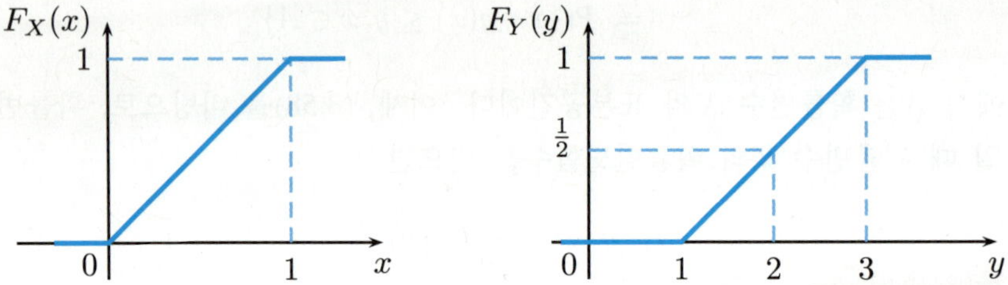

그림 3.9 확률변수 X의 누적분포함수 F_X와 $Y = 2X + 1$의 누적분포함수 F_Y

보기 3.19 (역) 확률변수 X가 연속 확률변수일 때, $Y = \frac{1}{X}$의 누적분포함수를 얻어 보자.

풀이 먼저, $\left\{\frac{1}{X} \le y\right\} = \left\{X \le yX^2\right\} = \{(yX - 1)X \ge 0\}$이라는 것을 새기면

$$\begin{aligned} F_Y(y) &= P\{X(yX-1) \ge 0\} \\ &= \begin{cases} P\left\{X \le 0 \text{ 또는 } X \ge \frac{1}{y}\right\}, & y > 0, \\ P\{X \le 0\}, & y = 0, \\ P\left\{\frac{1}{y} \le X \le 0\right\}, & y < 0 \end{cases} \\ &= \begin{cases} F_X(0) + 1 - F_X\left(\frac{1}{y}\right), & y > 0, \\ F_X(0), & y = 0, \\ F_X(0) - F_X\left(\frac{1}{y}\right), & y < 0 \end{cases} \end{aligned} \tag{3.65}$$

이다. ◇

보기 3.20 (제곱) 상수 a가 0보다 클 때, 확률변수 $Y = aX^2$의 누적분포함수를 X의 누적분포함수 F_X로 나타내 보자.

풀이 쉽게 알 수 있듯이, 집합 $\{Y \le y\}$는 집합 $\{aX^2 \le y\}$와 같으므로

$$\begin{aligned} F_Y(y) &= P\{Y \le y\} \\ &= P\left\{X^2 \le \frac{y}{a}\right\} \\ &= \begin{cases} 0, & y < 0, \\ P\left\{-\sqrt{\frac{y}{a}} \le X \le \sqrt{\frac{y}{a}}\right\}, & y \ge 0 \end{cases} \end{aligned} \tag{3.66}$$

이고, 이것을 X의 누적분포함수 F_X를 써서 나타내면

$$\begin{aligned} F_Y(y) &= \begin{cases} 0, & y < 0, \\ F_X\left(\sqrt{\frac{y}{a}}\right) - F_X\left(-\sqrt{\frac{y}{a}}\right) + \Pr\left\{X = -\sqrt{\frac{y}{a}}\right\}, & y \ge 0 \end{cases} \\ &= \left[F_X\left(\sqrt{\frac{y}{a}}\right) - F_X\left(-\sqrt{\frac{y}{a}}\right) + \Pr\left\{X = -\sqrt{\frac{y}{a}}\right\}\right] u(y) \end{aligned} \tag{3.67}$$

이다. 여기서, 단위 계단함수 $u(x)$는 $x < 0$일 때 0이고, $x \ge 0$일 때 1이라고 두었다. ◇

보기 3.21 위 보기를 바탕으로

$$F_X(x) = \begin{cases} 0, & x < 0, \\ 1 - \exp\left(-x + \ln \frac{2}{3}\right), & x \ge 0 \end{cases} \tag{3.68}$$

일 때 $Y = X^2$의 누적분포함수를 얻어 보자.

풀이 먼저, $\alpha = \ln \frac{2}{3}$이라고 두면 $e^{\alpha} = \frac{2}{3}$이다. 또, (3.67)에 $\Pr\{X = 0\} = F_X(0^+) - F_X(0^-) = \frac{1}{3} - 0 = \frac{1}{3}$이라는 것을 새기면, $x < 0$일 때 $F_Y(x) = 0$이고, $x = 0$일 때 $F_Y(0) = \{1 - \exp(\alpha)\} - \{1 - \exp(\alpha)\} + \Pr\{X = 0\} = \frac{1}{3}$이다. 끝으로, $x > 0$일 때에는,

$$\begin{aligned} F_X\left(\sqrt{x}\right) &= \left\{1 - \exp\left(-\sqrt{x} + \alpha\right)\right\} u\left(\sqrt{x}\right) \\ &= 1 - \exp\left(-\sqrt{x} + \alpha\right) \end{aligned} \tag{3.69}$$

와

$$\begin{aligned} F_X\left(-\sqrt{x}\right) &= \left\{1 - \exp\left(\sqrt{x} + \alpha\right)\right\} u\left(-\sqrt{x}\right) \\ &= 0 \end{aligned} \tag{3.70}$$

을 새기면 $F_Y(x) = F_X\left(\sqrt{x}\right) - F_X\left(-\sqrt{x}\right) = 1 - \exp\left(-\sqrt{x} + \alpha\right)$라는 것을 알 수 있다. 곧,

$$F_Y(x) = \left(1 - \frac{2}{3} e^{-\sqrt{x}}\right) u(x) \tag{3.71}$$

이다. 누적분포함수 $F_X(x)$와 $F_Y(x)$를 그림 3.10에 보였다. ◇

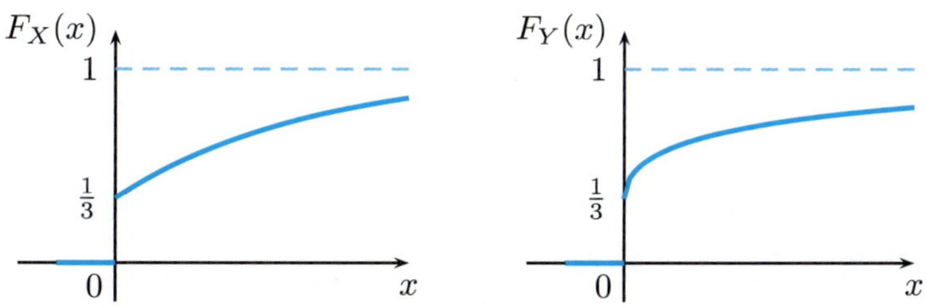

그림 3.10 누적분포함수 $F_X(x) = \left\{1 - \exp\left(-x + \ln \frac{2}{3}\right)\right\} u(x)$와 $Y = X^2$의 누적분포함수 $F_Y(x) = \left(1 - \frac{2}{3} e^{-\sqrt{x}}\right) u(x)$

보기 3.22 확률변수 X의 누적분포함수가

$$F_X(x) = \begin{cases} 0, & x < -2, \\ \frac{1}{3}(x+2), & -2 \le x < -1, \\ \frac{1}{8}(x+5), & -1 \le x < 3, \\ 1, & x \ge 3 \end{cases} \tag{3.72}$$

일 때, $Y = X^2$의 누적분포함수를 얻고, $\Pr\{Y = 1\}$과 $\Pr\{Y = 4\}$의 값이 얼마인지 알아보시오.

풀이 먼저,

$$F_X\left(\sqrt{x}\right) = \begin{cases} 0, & \sqrt{x} < -2, \\ \frac{1}{3}\left(\sqrt{x}+2\right), & -2 \le \sqrt{x} < -1, \\ \frac{1}{8}\left(\sqrt{x}+5\right), & -1 \le \sqrt{x} < 3, \\ 1, & \sqrt{x} \ge 3 \end{cases} \tag{3.73}$$

이므로 이 식을 정리하면

$$F_X\left(\sqrt{x}\right) = \begin{cases} 0, & \sqrt{x} < 0, \\ \frac{1}{8}\left(\sqrt{x}+5\right), & 0 \le \sqrt{x} < 3, \\ 1, & \sqrt{x} \ge 3 \end{cases} \tag{3.74}$$

이다. 이와 비슷하게

$$\begin{aligned} F_X\left(-\sqrt{x}\right) &= \begin{cases} 0, & -\sqrt{x} < -2, \\ \frac{1}{3}\left(-\sqrt{x}+2\right), & -2 \le -\sqrt{x} < -1, \\ \frac{1}{8}\left(-\sqrt{x}+5\right), & -1 \le -\sqrt{x} < 3, \\ 1, & -\sqrt{x} \ge 3 \end{cases} \\ &= \begin{cases} 0, & \sqrt{x} > 2, \\ \frac{1}{3}\left(-\sqrt{x}+2\right), & 1 < \sqrt{x} \le 2, \\ \frac{1}{8}\left(-\sqrt{x}+5\right), & 0 \le \sqrt{x} \le 1 \end{cases} \end{aligned} \tag{3.75}$$

이다. 그러므로, (3.67)을 쓰면

$$F_Y(x) = \begin{cases} 0, & x < 0, \\ \frac{1}{1}\sqrt{x}, & 0 \le x < 1, \\ \frac{1}{24}\left(11\sqrt{x}-1\right), & 1 \le x < 4, \\ \frac{1}{8}\left(\sqrt{x}+5\right), & 4 \le x < 9, \\ 1, & x \ge 9 \end{cases} \tag{3.76}$$

을 얻는다. 여기서, (3.74)는 $\sqrt{x} > 0$일 때의 식이므로, (3.74)의 둘째 식에서 $\sqrt{x}$를 $-\sqrt{x}$로 바꾸어 넣어도 (3.75)를 얻을 수는 없음을 새겨 둘 만하다. 이제,

$$\begin{aligned} \Pr\{Y=1\} &= F_Y\left(1^+\right) - F_Y\left(1^-\right) \\ &= \frac{10}{24} - \frac{1}{4} \\ &= \frac{1}{6} \end{aligned} \tag{3.77}$$

이고,

$$\begin{aligned}\Pr\{Y=4\} &= F_Y\left(4^+\right)-F_Y\left(4^-\right)\\ &= \frac{21}{24}-\frac{7}{8}\\ &= 0\end{aligned} \tag{3.78}$$

이다. ◇

보기 3.23 (제곱근) 확률변수 X가 나타낼 수 있는 값은 0보다 작지 않다. 이때, 확률변수 $Y=\sqrt{X}$의 누적분포함수를 X의 누적분포함수 F_X로 나타내 보자.

풀이 누적분포함수의 뜻매김을 바탕으로

$$\begin{aligned}F_Y(y) &= \Pr\left\{\sqrt{X}\le y\right\}\\ &= \begin{cases}0, & y<0,\\ \Pr\left\{X\le y^2\right\}, & y\ge 0\end{cases}\\ &= F_X\left(y^2\right)u(y)\end{aligned} \tag{3.79}$$

를 얻을 수 있다. ◇

보기 3.24 (크기, 절댓값)* 연속 확률변수 X의 누적분포함수가 F_X일 때, 한 점이 나타내는 확률은 0이라는 것을 새겨, X의 크기 $Y=|X|$의 누적분포함수를 얻으면

$$\begin{aligned}F_Y(y) &= \Pr\{Y\le y\}\\ &= \Pr\{|X|\le y\}\\ &= \begin{cases}0, & y<0,\\ \Pr\{-y\le X\le y\}, & y\ge 0\end{cases}\\ &= \begin{cases}0, & y<0,\\ F_X(y)-F_X(-y)+\Pr\{X=-y\}, & y\ge 0\end{cases}\\ &= \{F_X(y)-F_X(-y)\}u(y)\end{aligned} \tag{3.80}$$

이다. 누적분포함수 $F_X(x)$와 $F_Y(y)$의 보기 하나를 그림 3.11에 보였다. ◇

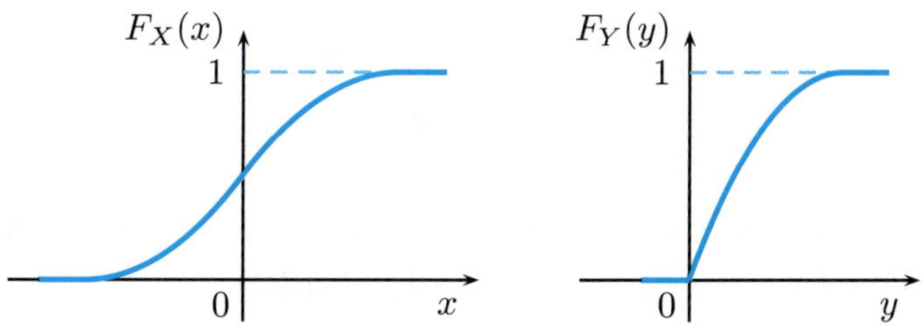

그림 3.11 확률변수 X의 누적분포함수 $F_X(x)$와 $Y=|X|$의 누적분포함수 $F_Y(y)$

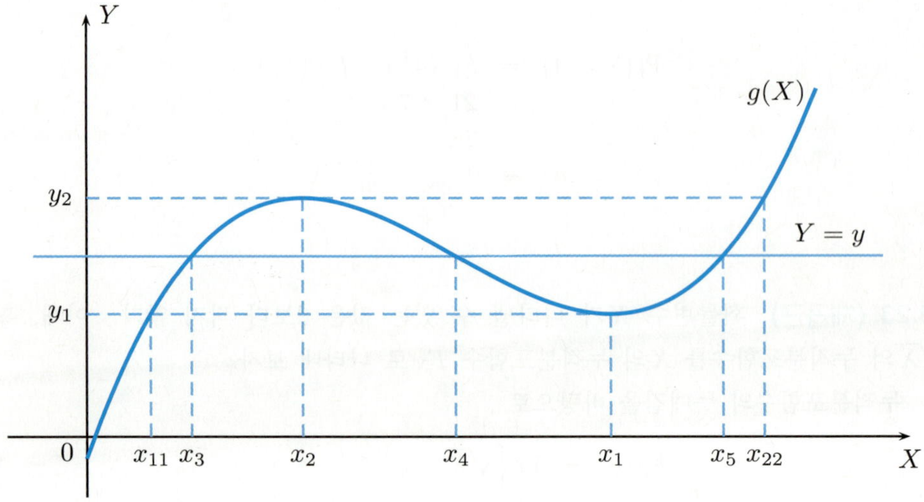

그림 3.12 새 확률변수 $Y = g(X)$의 누적분포함수 얻기

보기 3.25 ($Y = g(X)$의 누적분포함수)* 확률변수 X가 그림 3.12에 보인 함수 g를 거친다고 하자. 이 그림에서 y_1은 $y = g(x)$의 극솟값이고, x_1과 x_{11}은 $y_1 = g(x)$의 풀이 둘이며, y_2는 $y = g(x)$의 극댓값이고, x_2와 x_{22}는 $y_2 = g(x)$의 풀이 둘이다. 한편, $y_1 < y < y_2$일 때, 가로축과 나란한 곧은 선 $Y = y$가 함수 $Y = g(X)$와 만나는 세 점의 X 좌표를 작은 것부터 늘어놓은 것을 x_3, x_4, x_5라고 하자. 그러면 $x_{11} < x_3 < x_2 < x_4 < x_1 < x_5 < x_{22}$라는 것과 y가 y_1과 y_2 사이에 들어 있을 때 $y = g(x_3) = g(x_4) = g(x_5)$라는 것을 알 수 있다. 이제, 확률변수 $Y = g(X)$의 누적분포함수 F_Y를 얻어 보자.

풀이 먼저, $y > y_2$이거나 $y < y_1$이면 그림 3.12에서 알 수 있듯이 $\{Y \le y\} = \{g(X) \le y\} = \left\{X \le g^{-1}(y)\right\}$이므로

$$\begin{aligned} F_Y(y) &= \Pr\{Y \le y\} \\ &= \Pr\left\{X \le g^{-1}(y)\right\} \\ &= F_X\left(g^{-1}(y)\right) \end{aligned} \tag{3.81}$$

이다. 다음에, $y = y_1$이면 $\{Y \le y_1\} = \{g(X) \le y_1\} = \{X \le x_{11}\} + \{X = x_1\}$이므로

$$\begin{aligned} F_Y(y) &= \Pr\{X \le x_{11}\} + \Pr\{X = x_1\} \\ &= F_X(x_{11}) + \Pr\{X = x_1\} \end{aligned} \tag{3.82}$$

를 얻는다. 한편, $y_1 < y < y_2$이면 $\{g(X) \le y\} = \{X \le x_3\} + \{x_4 \le X \le x_5\} = \{X \le x_3\} + \{x_4 < X \le x_5\} + \{X = x_4\}$이므로 Y의 누적분포함수는

$$\begin{aligned} F_Y(y) &= \Pr\{Y \le y\} \\ &= F_X(x_3) + F_X(x_5) - F_X(x_4) + \Pr\{X = x_4\} \end{aligned} \tag{3.83}$$

이다. 끝으로, $y = y_2$이면 $\{g(X) \leq y_2\} = \{X \leq x_{22}\}$이므로

$$F_Y(y) = F_X(x_{22}) \tag{3.84}$$

을 얻는다. 따라서, 이제까지 얻은 (3.81)–(3.84)를 모아 쓰면 Y의 누적분포함수는

$$F_Y(y) = \begin{cases} F_X\left(g^{-1}(y)\right), & y < y_1, \\ F_X(x_{11}) + \text{Pr}\{X = x_1\}, & y = y_1, \\ F_X(x_3) + F_X(x_5) - F_X(x_4) + \text{Pr}\{X = x_4\}, & y_1 < y < y_2, \\ F_X(x_{22}), & y = y_2, \\ F_X\left(g^{-1}(y)\right), & y > y_2 \end{cases} \tag{3.85}$$

이다. 이제, 이 누적분포함수의 연속성을 조금 다루어 보자. 먼저, $y \uparrow y_1$이면 $g^{-1}(y) \to x_{11}^-$이므로

$$\begin{aligned} \lim_{y \uparrow y_1} F_Y(y) &= \lim_{y \uparrow y_1} F_X\left(g^{-1}(y)\right) \\ &= F_X\left(x_{11}^-\right) \end{aligned} \tag{3.86}$$

이다. 한편, $y \downarrow y_1$이면 $x_3 \to x_{11}^+$, $x_4 \to x_1^-$, $x_5 \to x_1^+$이고, $F_X\left(x_{11}^+\right) = F_X(x_{11})$이며, $F_X\left(x_1^+\right) - F_X\left(x_1^-\right) = \text{Pr}\{X = x_1\}$이고, 확률변수 X가 이산 확률변수이든 연속 확률변수이든 $\text{Pr}\left\{X = x_1^-\right\}$는 늘 0이므로[12]

$$\begin{aligned} \lim_{y \downarrow y_1} F_Y(y) &= \lim_{y \downarrow y_1} \{F_X(x_3) + F_X(x_5) - F_X(x_4) + \text{Pr}\{X = x_4\}\} \\ &= F_X\left(x_{11}^+\right) + F_X\left(x_1^+\right) - F_X\left(x_1^-\right) + \text{Pr}\left\{X = x_1^-\right\} \\ &= F_X(x_{11}) + \text{Pr}\{X = x_1\} \end{aligned} \tag{3.87}$$

이다. 곧, 누적분포함수 $F_Y(y)$가 $y = y_1$에서 (가) 오른쪽 연속이고 (나) $F_X(x_{11}) + \text{Pr}\{X = x_1\} - F_X\left(x_{11}^-\right) = \text{Pr}\{X = x_1\} + \text{Pr}\{X = x_{11}\}$이 0일 때만 왼쪽 연속이라는 것을 (3.85) 둘째 줄, (3.86), (3.87)에서 알 수 있다. 다음에, $y \uparrow y_2$이면 $x_3 \to x_2^-$, $x_4 \to x_2^+$, $x_5 \to x_{22}^-$이고, $F_X\left(x_2^+\right) - F_X\left(x_2^-\right) = \text{Pr}\{X = x_2\}$이며, 확률변수 X가 이산 확률변수이든 연속 확률변수이든 $\text{Pr}\left\{X = x_2^+\right\}$는 늘 0이라는 것을 새기면

$$\begin{aligned} \lim_{y \uparrow y_2} F_Y(y) &= \lim_{y \uparrow y_2} \{F_X(x_3) + F_X(x_5) - F_X(x_4) + \text{Pr}\{X = x_4\}\} \\ &= F_X\left(x_2^-\right) + F_X\left(x_{22}^-\right) - F_X\left(x_2^+\right) + \text{Pr}\left\{X = x_2^+\right\} \\ &= F_X\left(x_{22}^-\right) - \text{Pr}\{X = x_2\} \end{aligned} \tag{3.88}$$

이고, $y \downarrow y_2$이면 $g^{-1}(y) \to x_{22}^+$인데 $F_X\left(x_{22}^+\right) = F_X(x_{22})$이므로

$$\begin{aligned} \lim_{y \downarrow y_2} F_Y(y) &= \lim_{y \downarrow y_2} F_X\left(g^{-1}(y)\right) \\ &= F_X(x_{22}) \end{aligned} \tag{3.89}$$

[12] 이산 확률변수의 확률질량함수 $p_X(k) = \text{Pr}\{X = k\}$는 k가 정수가 아니면 0이라는 것을 – 곧, $\text{Pr}\{X = k^-\} = 0$이라는 것을 – 되새기자.

이다. 곧, 누적분포함수 $F_Y(y)$가 $y = y_2$에서 (가) 오른쪽 연속이고 (나) $F_X(x_{22}) - F_X\left(x_{22}^-\right) + \Pr\{X = x_2\} = \Pr\{X = x_2\} + \Pr\{X = x_{22}\}$가 0일 때만 왼쪽 연속이라는 것을 (3.85) 넷째 줄, (3.88), (3.89)에서 알 수 있다. ◇

보기 3.26 (삼차 함수)* 확률변수 $Y = X^3 - 3X$의 누적분포함수를 확률변수 X의 누적분포함수로 나타내 보자.

풀이 먼저, $y > 2$ 또는 $y < -2$일 때 3차 방정식 $x^3 - 3x + y = 0$의 유일한 실근을 α라고 하고, $-2 < y < 2$일 때 삼차 방정식 $x^3 - 3x + y = 0$의 세 실근을 작은 것부터 β_1, β_2, β_3이라고 두면 $-2 < \beta_1 < -1$, $-1 < \beta_2 < 1$, $1 < \beta_3 < 2$라는 것을 알 수 있다. 여기서, $\alpha, \beta_1, \beta_2, \beta_3$은 모두 y의 함수이다. 이제, 보기 3.25와 비슷하게 생각하면, $y < -2$ 또는 $y > 2$일 때에는

$$\begin{aligned} F_Y(y) &= \Pr\{Y \le y\} \\ &= \Pr\left\{X^3 - 3X - y \le 0\right\} \\ &= \Pr\{X \le \alpha\} \end{aligned} \tag{3.90}$$

이고, $y = -2$일 때에는

$$\begin{aligned} F_Y(y) &= \Pr\left\{X^3 - 3X + 2 \le 0\right\} \\ &= \Pr\left\{(X-1)^2(X+2) \le 0\right\} \\ &= \Pr\{X \le -2 \text{ 또는 } X = 1\} \end{aligned} \tag{3.91}$$

이며, $y = 2$일 때에는

$$\begin{aligned} F_Y(y) &= \Pr\left\{X^3 - 3X - 2 \le 0\right\} \\ &= \Pr\left\{(X+1)^2(X-2) \le 0\right\} \\ &= \Pr\{X \le 2\} \end{aligned} \tag{3.92}$$

이고, $-2 < y < 2$일 때에는

$$\begin{aligned} F_Y(y) &= \Pr\left\{X^3 - 3X - y \le 0\right\} \\ &= \Pr\{X \le \beta_1 \text{ 또는 } \beta_2 \le X \le \beta_3\} \end{aligned} \tag{3.93}$$

이다. 이 식을 바탕으로 확률변수 Y의 누적분포함수를 정리하여 다시 쓰면

$$F_Y(y) = \begin{cases} F_X(\alpha), & y < -2, \\ F_X(-2) + \Pr\{X = 1\}, & y = -2, \\ F_X(\beta_3) - F_X(\beta_2) + F_X(\beta_1) + \Pr\{X = \beta_2\}, & -2 < y < 2, \\ F_X(2), & y = 2, \\ F_X(\alpha), & y > 2 \end{cases} \tag{3.94}$$

이다. ◇

보기 3.27 (3차 함수)* 보기 3.26의 (3.94)에 보인 $Y = X^3 - 3X$의 누적분포함수 $F_Y(y)$를 X가 연속 확률변수일 때 좀 더 자세히 다루어 보자.

풀이 먼저, X가 연속 확률변수이면 $\Pr\{X = 1\} = 0$이고 $\Pr\{X = \beta_2\} = 0$이므로 (3.94)를

$$F_Y(y) = \begin{cases} F_X(\alpha), & y < -2, \\ F_X(-2), & y = -2, \\ F_X(\beta_3) - F_X(\beta_2) + F_X(\beta_1), & -2 < y < 2, \\ F_X(2), & y = 2, \\ F_X(\alpha), & y > 2 \end{cases} \tag{3.95}$$

처럼 바꾸어 쓸 수 있다. 이제, $F_Y(y)$가 $y = -2$와 $y = 2$에서 연속인지 살펴보자. 먼저, $\lim_{y \uparrow -2} \alpha = -2^-$이므로 X의 누적분포함수 $F_X(x)$가 연속 함수라는 것을 새기면 (3.95) 첫 줄에서

$$\begin{aligned} \lim_{y \uparrow -2} F_Y(y) &= F_X\left(-2^-\right) \\ &= F_X(-2) \end{aligned} \tag{3.96}$$

이다. 한편, $\lim_{y \downarrow -2} \beta_1 = -2^+$, $\lim_{y \downarrow -2} \beta_2 = 1^-$, $\lim_{y \downarrow -2} \beta_3 = 1^+$이므로 (3.95) 셋째 줄에서

$$\begin{aligned} \lim_{y \downarrow -2} F_Y(y) &= \lim_{y \downarrow -2} \{F_X(\beta_3) - F_X(\beta_2) + F_X(\beta_1)\} \\ &= F_X\left(1^+\right) - F_X\left(1^-\right) + F_X\left(-2^+\right) \\ &= F_X(-2) \end{aligned} \tag{3.97}$$

이다. 곧, $\lim_{y \uparrow -2} F_Y(y) = F_Y(-2) = \lim_{y \downarrow -2} F_Y(y)$이므로 $F_Y(y)$는 $y = -2$에서 연속이다. 다음에, $\lim_{y \downarrow 2} \alpha = 2^+$이므로 (3.95) 끝 줄에서

$$\begin{aligned} \lim_{y \downarrow 2} F_Y(y) &= F_X\left(2^+\right) \\ &= F_X(2) \end{aligned} \tag{3.98}$$

이고, $\lim_{y \uparrow 2} \beta_1 = -1^-$, $\lim_{y \uparrow 2} \beta_2 = -1^+$, $\lim_{y \uparrow 2} \beta_3 = 2^-$이므로 (3.95) 셋째 줄에서

$$\begin{aligned} \lim_{y \uparrow 2} F_Y(y) &= \lim_{y \uparrow 2} \{F_X(\beta_3) - F_X(\beta_2) + F_X(\beta_1)\} \\ &= F_X\left(2^-\right) - F_X\left(-1^+\right) + F_X\left(-1^-\right) \\ &= F_X(2) \end{aligned} \tag{3.99}$$

이다. 곧, $\lim_{y \uparrow 2} F_Y(y) = F_Y(2) = \lim_{y \downarrow 2} F_Y(y)$이므로 $F_Y(y)$는 $y = 2$에서도 연속이다. ◇

보기 3.28 (3차 함수)* 확률변수 X가 이산 확률변수이고, 그 확률질량함수가

$$p_X(k) = \Pr\{X = k\}, \quad k \in \{\cdots, -1, 0, 2, \cdots\} \tag{3.100}$$

일 때, 보기 3.26의 (3.94)에 보인 $Y = X^3 - 3X$의 누적분포함수 $F_Y(y)$를 좀 더 자세히 다루어 보자.

풀이 먼저, $1 < \beta_3 < 2$이므로 $F_X(\beta_3) = F_X(1)$이고, $-2 < \beta_1 < -1$이므로 $F_X(\beta_1) = F_X(-2)$이며, $-2 < y < 0$이면 $0 < \beta_2 < 1$이므로 $F_X(\beta_2) = F_X(0)$이고, $0 < y < 2$이면 $-1 < \beta_2 < 0$이므로 $F_X(\beta_2) = F_X(-1)$이다. 한편, $-1 < \beta_2 < 1$이므로

$$\Pr\{X = \beta_2\} = \begin{cases} p_X(0), & \beta_2 = 0, \\ 0, & -1 < \beta_2 < 0,\ 0 < \beta_2 < 1 \end{cases} \tag{3.101}$$

인데, $y = 0$일 때에만 $\beta_2 = 0$이라는 것을 새겨 두자. 이 식을 바탕으로 (3.94)를 바꾸어 쓰면

$$F_Y(y) = \begin{cases} F_X(\alpha), & y < -2 \text{ 또는 } y > 2, \\ F_X(-2) + p_X(1), & y = -2, \\ F_X(1) - F_X(0) + F_X(-2) & \\ \quad = F_X(-2) + p_X(1), & -2 < y < 0, \\ F_X(1) - F_X(0) + F_X(-2) + p_X(0) & \\ \quad = F_X(-2) + p_X(0) + p_X(1), & y = 0, \\ F_X(1) - F_X(-1) + F_X(-2) & \\ \quad = F_X(-2) + p_X(0) + p_X(1), & 0 < y < 2, \\ F_X(2), & y = 2 \end{cases} \tag{3.102}$$

이고, 이 식을 정리하면

$$F_Y(y) = \begin{cases} F_X(\alpha), & y < -2, \\ F_X(-2) + p_X(1), & -2 \le y < 0, \\ F_X(-2) + p_X(0) + p_X(1), & 0 \le y < 2, \\ F_X(2), & y = 2, \\ F_X(\alpha), & y > 2 \end{cases} \tag{3.103}$$

이다. 여기서, $F_Y(2) - F_Y(2^-) = F_X(2) - F_X(-2) - p_X(0) - p_X(1) = p_X(-1) + p_X(2)$이고, $y \downarrow 2$이면 $\alpha \to 2^+$이므로 (3.103) 끝 줄에서

$$\begin{aligned} \lim_{y \downarrow 2} F_Y(y) &= \lim_{\alpha \to 2^+} F_X(\alpha) \\ &= F_X(2) \end{aligned} \tag{3.104}$$

이다. 곧, $y = 2$에서 누적분포함수 $F_Y(y)$는 오른쪽 연속이고, $p_X(-1) + p_X(2)$가 0일 때만 왼쪽 연속이다. 한편, $y \uparrow -2$이면 $\alpha \to -2^-$이므로 $\lim_{y \uparrow -2} F_Y(y) = F_X(-2^-)$이다. 따라서, $y = -2$에서 $F_Y(y)$는 오른쪽 연속이고, $F_Y(-2) - F_Y(-2^-) = F_X(-2) + p_X(1) - F_X(-2^-) = p_X(1) + p_X(-2)$가 0일 때만 왼쪽 연속이다. 끝으로, $y = 0$에서 $F_Y(y)$는 오른쪽 연속이고, $p_X(0)$이 0일 때만 왼쪽 연속이다. ◇

보기 3.29 (불연속 누적분포함수)* 연속 확률변수 X의 누적분포함수가 F_X이고 $c > 0$일 때

$$g(X) = \begin{cases} X - c, & X > c, \\ 0, & -c \le X \le c, \\ X + c, & X < -c \end{cases} \tag{3.105}$$

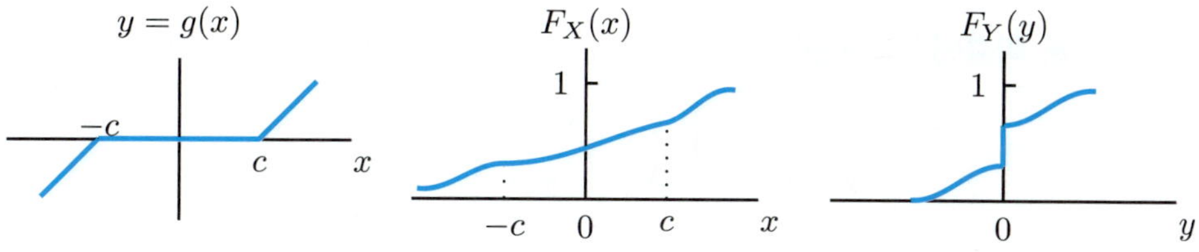

그림 3.13 상수인 구간이 있는 $Y = g(X)$의 누적분포함수

의 누적분포함수를 얻어 보자.

풀이 먼저, 함수 $g(x)$에는 그림 3.13의 가장 왼쪽에서 볼 수 있는 바와 같이 상수인 구간이 존재함을 새겨 두자. 이제, $Y = g(X)$라고 두면, $y \geq 0$이면 $P\{Y \leq y\} = P\{X \leq y + c\}$이고 $y < 0$이면 $P\{Y \leq y\} = P\{X \leq y - c\}$이므로, Y의 누적분포함수는

$$F_Y(y) = \begin{cases} F_X(y+c), & y \geq 0, \\ F_X(y-c), & y < 0 \end{cases} \tag{3.106}$$

인데, 이 누적분포함수는 $y = 0$에서 불연속이다. 한편, F_X가 그림 3.13의 가운데에 보인 것과 같다면 F_Y는 그림 3.13의 가장 오른쪽에 보인 것과 같고, 이때, $y = 0$에서 $F_Y(y)$의 뜀의 크기 $\Pr\{Y = 0\}$은 $F_X(c) - F_X(-c)$이다. ◇

보기 3.30 (제한기)* 제한기

$$g(x) = \begin{cases} b, & x \geq b, \\ x, & -b \leq x < b, \\ -b, & x < -b \end{cases} \tag{3.107}$$

을 거친 확률변수 $Y = g(X)$의 누적분포함수를 X의 누적분포함수 F_X로 나타내 보자.

풀이 먼저, 확률변수 Y는 $-b$보다 작을 수 없으므로 $y < -b$이면 $F_Y(y) = 0$이고, 확률변수 Y는 b보다 클 수 없으므로 $y \geq b$이면 $F_Y(y) = F_Y(b) = 1$이며, $-b \leq y < b$이면

$$\begin{aligned} F_Y(y) &= P\{Y \leq y\} \\ &= P\{X \leq y\} \\ &= F_X(y) \end{aligned} \tag{3.108}$$

이다. 따라서,

$$F_Y(y) = \begin{cases} 1, & y \geq b, \\ F_X(y), & -b \leq y < b, \\ 0, & y < -b \end{cases} \tag{3.109}$$

이다. 이 보기에서 다룬 제한기 출력의 누적분포함수 $F_Y(y)$는 – 마땅히 – 어느 점 y에서도 오른쪽에서 연속이고, $y = \pm b$에서 일반적으로 불연속이다. ◇

보기 3.31 (고른 확률변수와 제한기)* 확률변수 X의 분포가 $U(-1,1)$일 때

$$g(X) = \begin{cases} \frac{1}{2}, & X \geq \frac{1}{2}, \\ X, & -\frac{1}{2} \leq X < \frac{1}{2}, \\ -\frac{1}{2}, & X < -\frac{1}{2} \end{cases} \tag{3.110}$$

의 누적분포함수를 얻어 보자.

풀이 식 (3.109)를 바탕으로 확률변수 $Y = g(X)$의 누적분포함수를

$$F_Y(y) = \begin{cases} 1, & y \geq \frac{1}{2}, \\ \frac{1}{2}(y+1), & -\frac{1}{2} \leq y < \frac{1}{2}, \\ 0, & y < -\frac{1}{2} \end{cases} \tag{3.111}$$

처럼 얻을 수 있다. 그림 3.14에 이것을 보였다. ◇

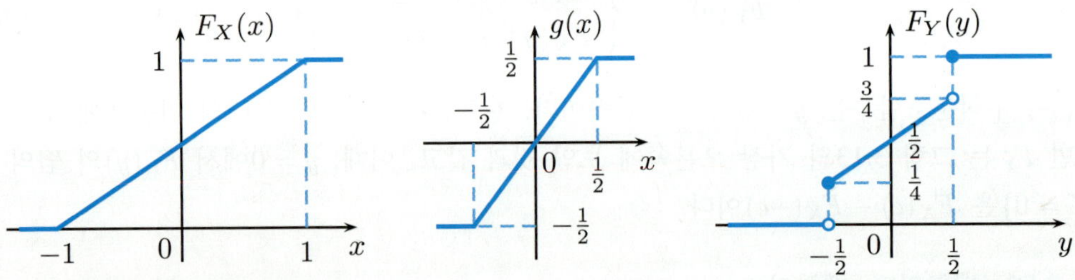

그림 3.14 확률변수 X의 분포가 $U(-1,1)$일 때 X의 누적분포함수 F_X, 제한기 $y = g(x)$, $Y = g(X)$의 누적분포함수 F_Y

보기 3.32 (불연속 함수의 누적분포함수)* 연속 확률변수 X의 누적분포함수가 F_X이고 $c > 0$일 때

$$g(X) = \begin{cases} X + c, & X \geq 0, \\ X - c, & X < 0 \end{cases} \tag{3.112}$$

의 누적분포함수를 얻어 보자

풀이 먼저, 함수 $g(x)$에는 그림 3.15의 가장 왼쪽에서 볼 수 있는 바와 같이 불연속인 점이 존재함을 새겨 두자. 이제, $Y = g(X)$라고 두면, $y \geq c$이면 $P\{Y \leq y\} = P\{X \leq y - c\}$이고, $-c \leq y < c$이면 $P\{Y \leq y\} = P\{X < 0\} = P\{X \leq 0\} - P\{X = 0\}$이며, $y < -c$이면 $P\{Y \leq y\} = P\{X \leq y + c\}$이므로, Y의 누적분포함수는

$$F_Y(y) = \begin{cases} F_X(y-c), & y \geq c, \\ F_X(0) - \Pr\{X = 0\}, & -c \leq y < c, \\ F_X(y+c), & y < -c \end{cases} \tag{3.113}$$

과 같이 $-c \leq y < c$에서 상수인 꼴이다. 이때, 누적분포함수 F_X가 그림 3.15의 가운데에 보인 것과 같다면 누적분포함수 F_Y는 그림 3.15의 가장 오른쪽에 보인 것과 같다. ◇

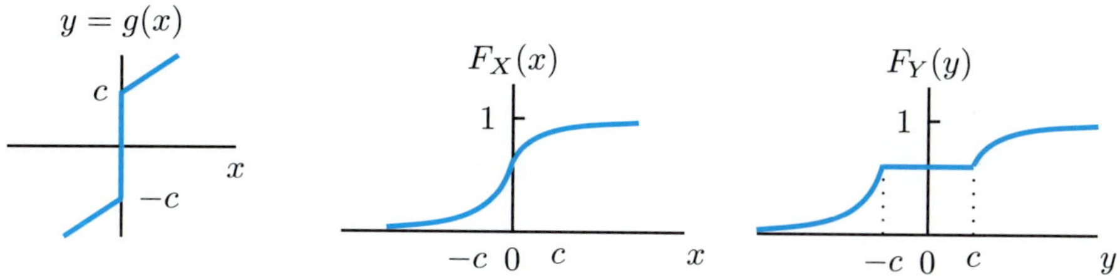

그림 3.15 불연속 점이 있는 $Y = g(X)$의 누적분포함수

3.2.2 확률밀도함수

먼저, 미분과 적분이 함께 있는 식을 다룰 때 쓸모 있는 아래 정리를 새겨 두자.

정리 3.5 라이프니츠 법칙[13] 함수 $a(x)$와 $b(x)$가 미분할 수 있는 함수이고, 두 변수 함수 $g(t, x)$와 $\frac{\partial}{\partial x} g(t, x)$가 x와 t의 연속 함수일 때

$$\frac{\partial}{\partial x} \int_{a(x)}^{b(x)} g(t, x) dt = g(b(x), x) \frac{db(x)}{dx} - g(a(x), x) \frac{da(x)}{dx} + \int_{a(x)}^{b(x)} \frac{\partial g(t, x)}{\partial x} dt \quad (3.114)$$

이다. ■■

보기 3.33 함수 $a(x) = x$, $b(x) = x^2$, $g(t, x) = 2t + x$를 생각하자. 그러면 $\int_x^{x^2} (2t + x) dt = x^4 + x^3 - 2x^2$이므로 $\frac{\partial}{\partial x} \int_{a(x)}^{b(x)} g(t, x) dt = 4x^3 + 3x^2 - 4x$이다. 한편, $\frac{\partial g(t,x)}{\partial x} = 1$이므로 $\int_{a(x)}^{b(x)} \frac{\partial g(t,x)}{\partial x} dt = x^2 - x$이다. 따라서, $g(b(x), x) = 2x^2 + x$, $g(a(x), x) = 3x$, $\frac{da(x)}{dx} = 1$, $\frac{db(x)}{dx} = 2x$라는 것을 새기면 $g(b(x), x) \frac{db(x)}{dx} - g(a(x), x) \frac{da(x)}{dx} + \int_{a(x)}^{b(x)} \frac{\partial g(t,x)}{\partial x} dt = 2x \left(2x^2 + x\right) - 3x + x^2 - x = 4x^3 + 3x^2 - 4x$이다. ◇

3.2.2.1 일대일 변환

확률변수 X의 확률밀도함수를 f_X라고 하자. 그러면 $Y = g(X)$의 누적분포함수는

$$F_Y(y) = P\{Y \leq y\} \quad (3.115)$$

이다. 이제, 변환 g가 미분할 수 있고 느는 함수라고 하자. 그러면 $\{Y \leq y\} = \left\{X \leq g^{-1}(y)\right\}$이므로

$$\begin{aligned} F_Y(y) &= P\left\{X \leq g^{-1}(y)\right\} \\ &= F_X\left(g^{-1}(y)\right) \\ &= \int_{-\infty}^{g^{-1}(y)} f_X(t) dt \end{aligned} \quad (3.116)$$

이고, 따라서 $Y = g(X)$의 확률밀도함수는

[13] Leibnitz's rule

$$\begin{aligned} f_Y(y) &= \frac{d}{dy}F_Y(y) \\ &= f_X\left(g^{-1}(y)\right)\frac{dg^{-1}(y)}{dy} \\ &= f_X(x)\frac{dx}{dy} \end{aligned} \tag{3.117}$$

처럼 얻을 수 있다. 여기서, g^{-1}는 g의 역함수이고, $y = g(x)$이며, $x = g^{-1}(y)$이다. 이와 비슷하게 g가 미분할 수 있고 주는 함수일 때에는 $Y = g(X)$의 누적분포함수

$$\begin{aligned} F_Y(y) &= P\{Y \le y\} \\ &= P\left\{X \ge g^{-1}(y)\right\} \\ &= \int_{g^{-1}(y)}^{\infty} f_X(t)dt \end{aligned} \tag{3.118}$$

과 확률밀도함수

$$\begin{aligned} f_Y(y) &= \frac{d}{dy}F_Y(y) \\ &= -f_X\left(dg^{-1}(y)\right)\frac{dg^{-1}(y)}{dy} \\ &= -f_X(x)\frac{dx}{dy} \end{aligned} \tag{3.119}$$

를 얻을 수 있다. 따라서, 위 (3.117)과 (3.119)를 모아 한꺼번에 쓰면, g가 미분할 수 있고 주는 함수일 때와 미분할 수 있고 느는 함수일 때는 $Y = g(X)$의 확률밀도함수를

$$\begin{aligned} f_Y(y) &= \frac{f_X\left(g^{-1}(y)\right)}{\left|g'\left(g^{-1}(y)\right)\right|} \\ &= \left[f_X(x)\left|\frac{dx}{dy}\right|\right]_{x=g^{-1}(y)} \end{aligned} \tag{3.120}$$

처럼 쓸 수 있다. 식 (3.120)을 '상징적으로'

$$|f_Y(y)dy| = |f_X(x)dx| \tag{3.121}$$

처럼 바꾸어 쓰면 조금 더 이해하기 쉬울 것이다. 식 (3.121)은 '확률 보존의 법칙'을 – 또는 확률 불변의 법칙을 – 나타낸다. 곧, 확률변수 X의 영역 dx가 g라는 함수를 거쳐 확률변수 $Y = g(X)$의 영역 dy와 이어진다면, 확률변수 X의 영역 dx의 확률 $f_X(x)dx$가 확률변수 Y의 영역 dy의 확률 $f_Y(y)dy$와 같다는 것이다.

보기 3.34 (일차 함수) 실수 a가 0이 아닐 때, 확률변수 $Y = aX + b$를 생각하자. 그러면 함수 $y = g(x) = ax + b$의 역함수는 $x = g^{-1}(y) = \frac{y-b}{a}$이고 $\left|g'\left(g^{-1}(y)\right)\right| = |a|$이므로, (3.120)에서

$$f_{aX+b}(y) = \frac{1}{|a|}f_X\left(\frac{y-b}{a}\right) \tag{3.122}$$

를 얻을 수 있다. 이 식은 보기 3.17에서 얻은 누적분포함수

$$F_{aX+b}(y) = \begin{cases} F_X\left(\frac{y-b}{a}\right), & a > 0, \\ P\left\{X = \frac{y-b}{a}\right\} + 1 - F_X\left(\frac{y-b}{a}\right), & a < 0 \end{cases} \tag{3.123}$$

를 미분하여 얻을 수 있는 결과 $f_{aX+b}(y) = \frac{d}{dy}F_{aX+b}(y)$와 같다. 그림 3.16에 $X \sim U[0,1)$일 때 확률밀도함수 $f_X(x)$와 $Y = 2X+1$의 확률밀도함수 $f_Y(y)$를 보였다. ◇

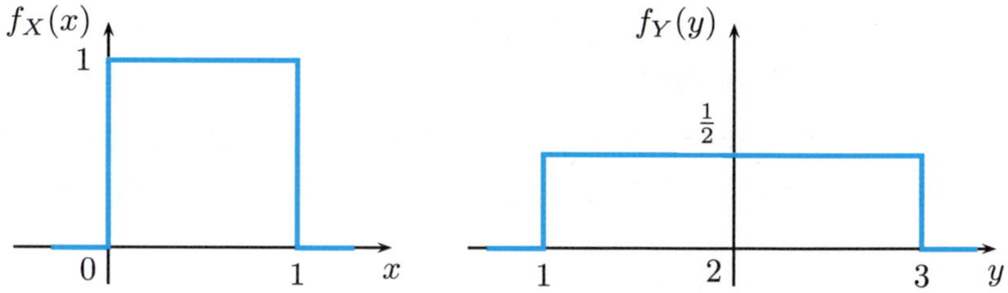

그림 3.16 확률변수 $X \sim U[0,1)$의 확률밀도함수 $f_X(x)$와 $Y = 2X+1$의 확률밀도함수 $f_Y(y)$

보기 3.35 식 (3.122)를 써서, $X \sim G(\alpha,\beta)$이고 $c > 0$일 때, $Y = cX$의 확률밀도함수를 얻어 보자.

풀이 식 (2.252)를 새기면

$$\begin{aligned} f_{cX}(y) &= \frac{1}{c}\frac{1}{\beta^\alpha\Gamma(\alpha)}\left(\frac{y}{c}\right)^{\alpha-1}\exp\left(-\frac{y}{c\beta}\right)u\left(\frac{y}{c}\right) \\ &= \frac{1}{(c\beta)^\alpha\Gamma(\alpha)}y^{\alpha-1}\exp\left(-\frac{y}{c\beta}\right)u(y) \end{aligned} \tag{3.124}$$

이다. 곧, $X \sim G(\alpha,\beta)$이고 $c > 0$이면 $cX \sim G(\alpha, c\beta)$이다. ◇

보기 3.36 (역) 확률변수 $Y = \frac{1}{X}$을 생각하자. 그러면 함수 $y = g(x) = \frac{1}{x}$의 역함수는 $x = g^{-1}(y) = \frac{1}{y}$이고 $\left|g'\left(g^{-1}(y)\right)\right| = y^2$이므로, (3.120)에서

$$f_{\frac{1}{X}}(y) = \frac{1}{y^2}f_X\left(\frac{1}{y}\right) \tag{3.125}$$

를 얻을 수 있다. 이 결과는 (3.65)를 미분하여 얻을 수도 있다. 그림 3.17에 $X \sim U[0,1)$일 때 확률밀도함수 $f_X(x)$와 $Y = \frac{1}{X}$의 확률밀도함수 $f_Y(y)$를 보였다. ◇

보기 3.37 확률변수 X가 코쉬 확률변수일 때, $Y = \frac{1}{X}$의 분포를 얻어 보자. 먼저, $f_X(x) = \frac{\alpha}{\pi}\frac{1}{x^2+\alpha^2}$이므로 (3.125)를 쓰면

$$\begin{aligned} f_Y(y) &= \frac{1}{y^2}\frac{\alpha}{\pi}\frac{1}{\frac{1}{y^2}+\alpha^2} \\ &= \frac{1}{\alpha\pi}\frac{1}{y^2+\frac{1}{\alpha^2}} \end{aligned} \tag{3.126}$$

임을 알 수 있다. 곧, 확률변수 X의 분포가 $C(\alpha)$이면 확률변수 $\frac{1}{X}$의 분포는 $C\left(\frac{1}{\alpha}\right)$이다. ◇

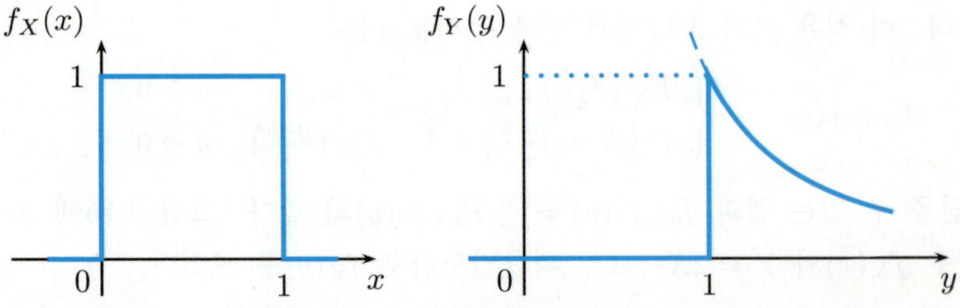

그림 3.17 확률변수 $X \sim U[0,1)$의 확률밀도함수 $f_X(x)$와 $Y = \frac{1}{X}$의 확률밀도함수 $f_Y(y)$

보기 3.38 확률변수 X의 분포가 $F(m,n)$일 때, 확률변수 $\frac{1}{X}$의 분포를 얻어 보자.
풀이 식 (2.273)과 (3.125)를 바탕으로, $u\left(\frac{1}{y}\right) = u(y)$를 새겨 $Y = \frac{1}{X}$의 확률밀도함수를 얻으면

$$\begin{aligned}
f_Y(y) &= \frac{1}{y^2}\frac{\Gamma\left(\frac{m+n}{2}\right)}{\Gamma\left(\frac{m}{2}\right)\Gamma\left(\frac{n}{2}\right)}\left(\frac{m}{n}\right)\left(\frac{m}{n}\frac{1}{y}\right)^{\frac{m}{2}-1}\left(1+\frac{m}{n}\frac{1}{y}\right)^{-\frac{m+n}{2}}u\left(\frac{1}{y}\right) \\
&= \frac{1}{y^2}\frac{\Gamma\left(\frac{m+n}{2}\right)}{\Gamma\left(\frac{m}{2}\right)\Gamma\left(\frac{n}{2}\right)}\left(\frac{m}{n}\right)\left(\frac{n}{m}y\right)^{1-\frac{m}{2}}\left(\frac{ny}{ny+m}\right)^{\frac{m+n}{2}}u(y) \\
&= \frac{\Gamma\left(\frac{m+n}{2}\right)}{\Gamma\left(\frac{m}{2}\right)\Gamma\left(\frac{n}{2}\right)}\left(\frac{m}{n}\right)^{\frac{m}{2}}y^{-\frac{m}{2}-1}(ny)^{\frac{m+n}{2}}(ny+m)^{-\frac{m+n}{2}}u(y) \\
&= \frac{\Gamma\left(\frac{m+n}{2}\right)}{\Gamma\left(\frac{m}{2}\right)\Gamma\left(\frac{n}{2}\right)}\left(\frac{m}{n}\right)^{\frac{m}{2}}y^{\frac{n}{2}-1}\left(y+\frac{m}{n}\right)^{-\frac{m+n}{2}}u(y) \\
&= \frac{\Gamma\left(\frac{m+n}{2}\right)}{\Gamma\left(\frac{m}{2}\right)\Gamma\left(\frac{n}{2}\right)}\left(\frac{n}{m}\right)\left(\frac{n}{m}y\right)^{\frac{n}{2}-1}\left(1+\frac{n}{m}y\right)^{-\frac{m+n}{2}}u(y) \qquad (3.127)
\end{aligned}$$

이다. 곧, X의 분포가 $F(m,n)$이면 $\frac{1}{X}$의 분포는 $F(n,m)$이다. ◇

보기 3.39 식 (3.127)에서 본 것처럼 $X \sim F(m,n)$이면 $\frac{1}{X} \sim F(n,m)$이고 (2.278)에서 본 것처럼 $n \to \infty$일 때 $F(m,n) \to G\left(\frac{m}{2}, \frac{2}{m}\right)$이므로, $X \sim F(m,n)$이면 $m \to \infty$일 때 $\frac{1}{X} \sim G\left(\frac{n}{2}, \frac{2}{n}\right)$이다. 이것을 새겨 두면, $X \sim F(m,n)$이면 $m \to \infty$일 때 $\frac{n}{2X} \sim G\left(\frac{n}{2}, 1\right)$이라는 것을 (3.124)를 바탕으로 알 수 있다. 이것은 (2.282)가 뜻하는 바와 같다. ◇

보기 3.40 연속 확률변수 X의 분포가 $U[0,1)$일 때, $Y = \frac{X}{1+X}$의 확률밀도함수를 얻어 보자.
풀이 먼저, $y = g(x) = \frac{x}{1+x}$를 생각하면 $x = g^{-1}(y) = \frac{y}{1-y}$이고 $\frac{dx}{dy} = \frac{1}{(1-y)^2}$이다. 그러므로, $f_Y(y)|dy| = f_X(x)|dx|$에서

$$\begin{aligned}
f_Y(y) &= f_X\left(\frac{y}{1-y}\right)\left|\frac{dx}{dy}\right| \\
&= \frac{1}{(1-y)^2}f_X\left(\frac{y}{1-y}\right) \qquad (3.128)
\end{aligned}$$

인데, $f_X(x) = u(x) - u(x-1)$이라는 것을 새기면

$$f_Y(y) = \frac{1}{(1-y)^2}\left\{u\left(\frac{y}{1-y}\right) - u\left(\frac{y}{1-y} - 1\right)\right\} \tag{3.129}$$

이다. 여기서, $u\left(\frac{y}{1-y}\right)$는 $\frac{y}{1-y} > 0$일 때 – 곧, $0 < y < 1$일 때 – 1이고, $u\left(\frac{y}{1-y} - 1\right)$는 $\frac{y}{1-y} - 1 > 0$일 때 – 곧, $\frac{1}{2} < y < 1$일 때 – 1이므로, $u\left(\frac{y}{1-y}\right) - u\left(\frac{y}{1-y} - 1\right)$는 $0 < y < \frac{1}{2}$일 때 1이다[14]. 따라서,

$$f_Y(y) = \frac{1}{(1-y)^2}\left\{u(y) - u\left(y - \frac{1}{2}\right)\right\} \tag{3.130}$$

이다. 그림 3.18에 $X \sim U[0,1)$일 때 X의 확률밀도함수 $f_X(x)$와 $Y = \frac{X}{1+X}$의 확률밀도함수 $f_Y(y)$를 보였다. ◇

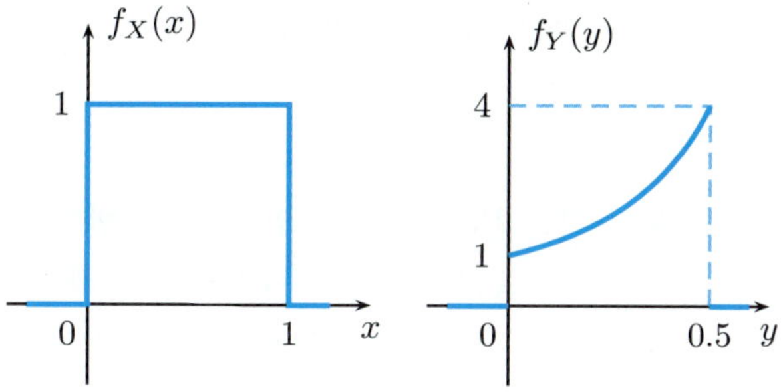

그림 3.18 연속 확률변수 X의 분포가 $U[0,1)$일 때, X의 확률밀도함수 $f_X(x)$와 $Y = \frac{X}{1+X}$의 확률밀도함수 $f_Y(y) = \frac{1}{(1-y)^2}\left\{u(y) - u\left(y - \frac{1}{2}\right)\right\}$

보기 3.41 연속 확률변수 X의 확률밀도함수가 f_X일 때, $Y = \frac{X}{1-X}$의 확률밀도함수를 얻어 보자.

풀이 보기 3.40과 비슷하게 $y = g(x) = \frac{x}{1-x}$를 생각하면 $x = g^{-1}(y) = \frac{y}{1+y}$이고 $\frac{dx}{dy} = \frac{1}{(1+y)^2}$이다. 그러므로,

$$f_Y(y) = \frac{1}{(1+y)^2} f_X\left(\frac{y}{1+y}\right) \tag{3.131}$$

이다. 이제, X의 분포가 $U[0,1)$이라면

$$f_Y(y) = \frac{1}{(1+y)^2}\left\{u\left(\frac{y}{1+y}\right) - u\left(\frac{y}{1+y} - 1\right)\right\} \tag{3.132}$$

인데, $u\left(\frac{y}{1+y}\right)$는 $y > 0$ 또는 $y < -1$일 때 1이고, $u\left(\frac{y}{1+y} - 1\right)$는 $y < -1$일 때 1이므로, $u\left(\frac{y}{1+y}\right) - u\left(\frac{y}{1+y} - 1\right)$는 $y > 0$일 때 1이다. 따라서,

$$f_Y(y) = \frac{1}{(1+y)^2} u(y) \tag{3.133}$$

[14] 여기서, $y = \frac{x}{1+x}$일 때 $\{y : 0 < x < 1\}$인 영역은 $\left\{y : 0 < \frac{y}{1-y} < 1\right\} = \{y : 0 < y(1-y) < 1-y\} = \{y : 0 < y < \frac{1}{2}\}$처럼 얻을 수도 있다.

이다. 그림 3.19에 $X \sim U[0,1)$일 때 X의 확률밀도함수 $f_X(x)$와 $Y = \frac{X}{1-X}$의 확률밀도함수 $f_Y(y)$를 보였다. ◇

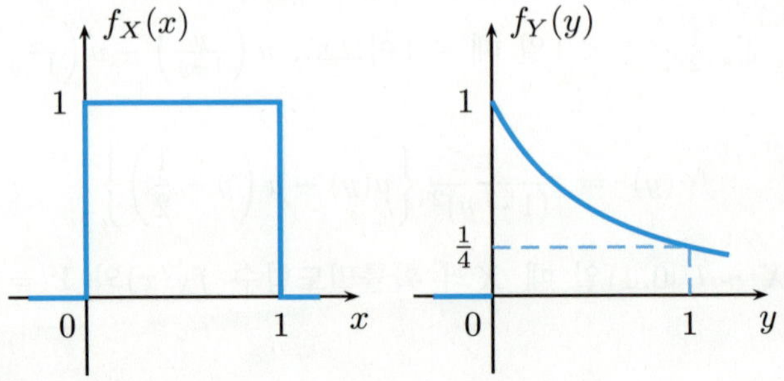

그림 3.19 연속 확률변수 X의 분포가 $U[0,1)$일 때 X의 확률밀도함수 $f_X(x)$와 $Y = \frac{X}{1-X}$의 확률밀도함수 $f_Y(y) = \frac{1}{(1+y)^2}u(y)$

보기 3.42 연속 확률변수 X의 확률밀도함수를 f_X일 때, 확률변수 $Y = \frac{X}{1+X}$와 $Z = \frac{Y}{1-Y}$를 생각하자. 그러면 $Z = \frac{Y}{1-Y} = \frac{\frac{X}{1+X}}{1-\frac{X}{1+X}} = X$이므로, 확률변수 Z의 확률밀도함수를 f_Z라고 하면 마땅히 $f_Z(z) = f_X(z)$일 것이다. 이것은 (3.128)과 (3.131)을 바탕으로 쉽게 확인할 수 있다. 곧, (3.128)에서 보인 $f_Y(y) = \frac{1}{(1-y)^2}f_X\left(\frac{y}{1-y}\right)$를 새겨 (3.131)에 보인 $f_Z(z) = \frac{1}{(1+z)^2}f_Y\left(\frac{z}{1+z}\right)$를 쓰면

$$\begin{aligned} f_Z(z) &= \frac{1}{(1+z)^2}f_Y\left(\frac{z}{1+z}\right) \\ &= \frac{1}{(1+z)^2}\frac{1}{\left(1-\frac{z}{1+z}\right)^2}f_X\left(\frac{\frac{z}{1+z}}{1-\frac{z}{1+z}}\right) \\ &= f_X(z) \end{aligned} \tag{3.134}$$

임을 알 수 있다. ◇

보기 3.43 확률변수 X의 확률밀도함수가

$$f_X(y) = \frac{1}{(1-y)^2}\left\{u(y) - u\left(y - \frac{1}{2}\right)\right\} \tag{3.135}$$

일 때, $Z = \frac{X}{1-X}$의 확률밀도함수를 얻어 보자. 위에서 얻은 (3.131)을 쓰면

$$\begin{aligned} f_Z(z) &= \frac{1}{(1+z)^2}f_X\left(\frac{z}{1+z}\right) \\ &= \frac{1}{(1+z)^2}\frac{1}{\left(1-\frac{z}{1+z}\right)^2}\left\{u\left(\frac{z}{1+z}\right) - u\left(\frac{z}{1+z} - \frac{1}{2}\right)\right\} \\ &= u(z) - u(z-1) \end{aligned} \tag{3.136}$$

이다. 여기서, $u\left(\frac{z}{1+z}\right)$는 $z > 0$ 또는 $z < -1$일 때 1이고, $u\left(\frac{z}{1+z} - \frac{1}{2}\right)$는 $z > 1$ 또는 $z < -1$일 때 1이므로, $u\left(\frac{z}{1+z}\right) - u\left(\frac{z}{1+z} - \frac{1}{2}\right)$는 $0 < z < 1$일 때 1이라는 것을 썼다. 이 결과 (3.136)이 바르다는 것은 보기 3.40–3.42에서도 알 수 있다. ◇

보기 3.44 연속 확률변수 X의 분포가 $U[0,1)$일 때

$$Y = \frac{1+X}{1-X} \tag{3.137}$$

의 확률밀도함수와

$$Z = \frac{X-1}{X+1} \tag{3.138}$$

의 확률밀도함수를 얻어 보자.

풀이 먼저, $t = g_1(x) = \frac{1+x}{1-x}$이면 $g_1'(x) = \frac{2}{(1-x)^2}$이고 $x = \frac{t-1}{t+1}$이므로

$$\begin{aligned} f_Y(t) &= \left.\frac{(1-x)^2}{2} f_X(x)\right|_{x=\frac{t-1}{t+1}} \\ &= \frac{2}{(t+1)^2}\left\{u\left(\frac{t-1}{t+1}-1\right) - u\left(\frac{t-1}{t+1}\right)\right\} \\ &= \frac{2}{(t+1)^2} u(t-1) \end{aligned} \tag{3.139}$$

이다. 다음에, $s = g_2(x) = \frac{x-1}{x+1}$이면 $g_2'(x) = \frac{2}{(x+1)^2}$이고 $x = \frac{1+s}{1-s}$이므로

$$\begin{aligned} f_Z(s) &= \left.\frac{(1+x)^2}{2} f_X(x)\right|_{x=\frac{1+s}{1-s}} \\ &= \frac{2}{(1-s)^2}\left\{u\left(\frac{1+s}{1-s}-1\right) - u\left(\frac{1+s}{1-s}\right)\right\} \\ &= \frac{2}{(1-s)^2}\{u(s+1) - u(s)\} \end{aligned} \tag{3.140}$$

이다. 그림 3.20에 $X \sim U[0,1)$일 때 확률밀도함수 $f_X(x)$, $Y = \frac{1+X}{1-X}$의 확률밀도함수 $f_Y(y)$, $Z = \frac{X-1}{X+1}$의 확률밀도함수 $f_Z(z)$를 보였다. ◇

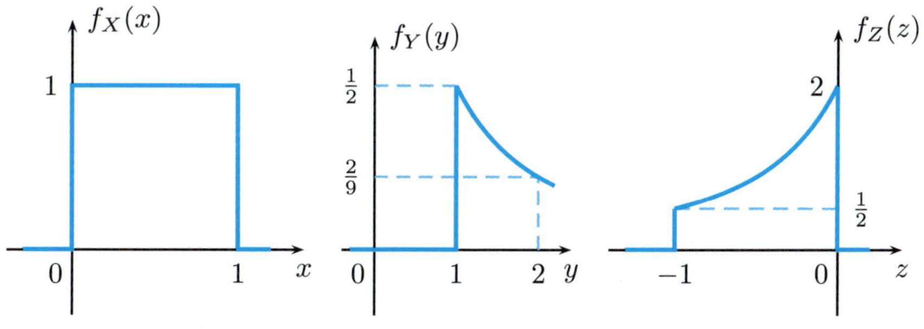

그림 3.20 연속 확률변수 X의 분포가 $U[0,1)$일 때, X의 확률밀도함수 $f_X(x)$와, $Y = \frac{1+X}{1-X}$의 확률밀도함수 $f_Y(y) = \frac{2}{(y+1)^2}u(y-1)$과, $Z = \frac{X-1}{X+1}$의 확률밀도함수 $f_Z(z) = \frac{2}{(1-z)^2}\{u(z+1) - u(z)\}$

보기 3.45 (제곱근) 확률변수 $Y = \sqrt{X}$의 확률밀도함수 f_Y를 확률변수 X의 확률밀도함수 f_X로 나타내 보자.

풀이 먼저, $y < 0$이면 $y = \sqrt{x}$의 풀이는 없고, 따라서 $f_Y(y) = 0$이다. 다음으로 $y > 0$이면 $y = \sqrt{x}$의 풀이는 $x = y^2$이고, $g'(x) = \frac{1}{2\sqrt{x}}$이다. 곧,

$$f_{\sqrt{X}}(y) = 2yf_X\left(y^2\right)u(y) \tag{3.141}$$

이다. 이 결과는 (3.79)에 보인 $F_{\sqrt{X}}(y) = F_X\left(y^2\right)u(y)$를 미분하여 얻을 수 있는 $f_{\sqrt{X}}(y) = 2yf_X\left(y^2\right)u(y) + F_X(0)\delta(y)$와 $y = 0$을 뺀 모든 점에서 같다. 여기서, $\sqrt{X}$를 뜻매김하려면 $\Pr\{X < 0\} = 0$이어야 하므로, X가 연속 확률변수일 때에는 $F_X(0) = \Pr\{X \le 0\} = \Pr\{X = 0\} = 0$이고, 따라서 $F_X(0)\delta(y) = 0$이다. 또한, $\Pr\{X < 0\} = 0$이라는 것을 새기면 $x < 0$일 때 $f_X(x) = 0$이므로, $\int_{-\infty}^{\infty} f_{\sqrt{X}}(y)dy = \int_0^{\infty} 2yf_X\left(y^2\right)dy = \int_0^{\infty} f_X(t)dt = \int_{-\infty}^{\infty} f_X(t)dt = 1$이다[15]. ◇

보기 3.46 확률변수 X의 확률밀도함수가

$$f_X(x) = \begin{cases} x, & 0 \le x < 1, \\ 2-x, & 1 \le x < 2, \\ 0, & x < 0 \text{ 또는 } x \ge 2 \end{cases} \tag{3.142}$$

일 때 $Y = \sqrt{X}$의 확률밀도함수를 얻어 보자.

풀이 먼저,

$$f_X\left(y^2\right) = \begin{cases} y^2, & 0 \le y^2 < 1, \\ 2-y^2, & 1 \le y^2 < 2, \\ 0, & y^2 < 0 \text{ 또는 } y^2 \ge 2 \end{cases} \tag{3.143}$$

임을 새겨, 위 보기에서 얻은 (3.141)을 쓰면

$$\begin{aligned} f_Y(y) &= \begin{cases} 2y^3, & 0 \le y^2 < 1, \\ 2y\left(2-y^2\right), & 1 \le y^2 < 2, \\ 0, & y^2 < 0 \text{ 또는 } y^2 \ge 2 \end{cases} \\ &= \begin{cases} 2y^3, & 0 \le y < 1, \\ 2y\left(2-y^2\right), & 1 \le y < \sqrt{2}, \\ 0, & y < 0 \text{ 또는 } y \ge \sqrt{2} \end{cases} \end{aligned} \tag{3.144}$$

를 얻을 수 있다. 이것을 그림 3.21에 보였다. ◇

보기 3.47 (지수 함수) 확률변수 $Y = e^X$의 확률밀도함수 f_Y를 X의 확률밀도함수 f_X로 나타내 보자.

풀이 먼저, $y \le 0$이면 $y = e^x$의 풀이는 없고, 따라서 $f_Y(y) = 0$이다. 다음으로, $y > 0$이면 $y = e^x$의 풀이는 $x = \ln y$이고 $g'(x) = e^x$이다. 곧, $u(0) = 0$이라고 하면

[15] 한편, $F_X(0) = \int_{-\infty}^0 f_X(t)dt$이므로 $\int_{-\infty}^{\infty} f_{\sqrt{X}}(y)dy = \int_0^{\infty} 2yf_X\left(y^2\right)dy + F_X(0) = \int_0^{\infty} f_X(t)dt + \int_{-\infty}^0 f_X(t)dt = \int_{-\infty}^{\infty} f_X(t)dt = 1$처럼 쓸 수도 있다.

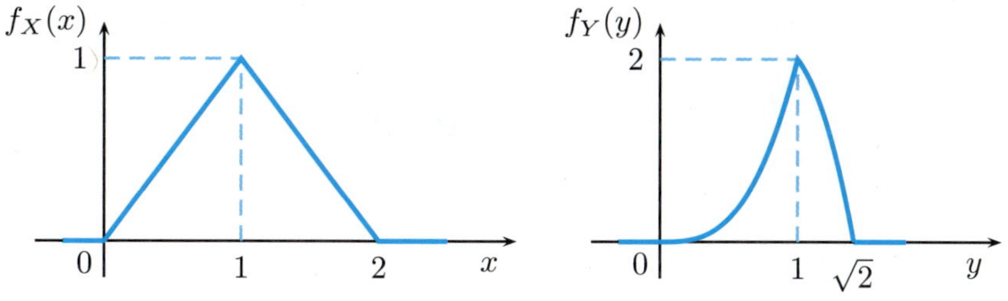

그림 3.21 확률변수 X의 확률밀도함수 $f_X(x)$와 $Y = \sqrt{X}$의 확률밀도함수 $f_Y(y)$

$$f_{e^X}(y) \;=\; \frac{1}{y} f_X(\ln y) u(y) \tag{3.145}$$

이다. ◇

보기 3.48 확률변수 X의 분포가 $N\left(m, \sigma^2\right)$일 때, $Y = e^X$의 분포를 얻어 보자.

풀이 먼저, $f_X(x) = \frac{1}{\sqrt{2\pi}\sigma} \exp\left\{-\frac{(x-m)^2}{2\sigma^2}\right\}$이므로

$$f_Y(y) \;=\; \frac{1}{\sqrt{2\pi\sigma^2}\, y} \exp\left\{-\frac{(\ln y - m)^2}{2\sigma^2}\right\} u(y) \tag{3.146}$$

인데, 이 확률밀도함수가 나타내는 분포를 대수정규[16] 분포라고 부른다. 그림 3.22에 정규 확률변수 $X \sim N(0, \sigma^2)$의 확률밀도함수 $f_X(x)$와 대수정규 확률변수 $Y = e^X$의 확률밀도함수

$$f_Y(y) \;=\; \frac{1}{\sqrt{2\pi\sigma^2}\, y} \exp\left\{-\frac{(\ln y)^2}{2\sigma^2}\right\} u(y) \tag{3.147}$$

을 보였다. ◇

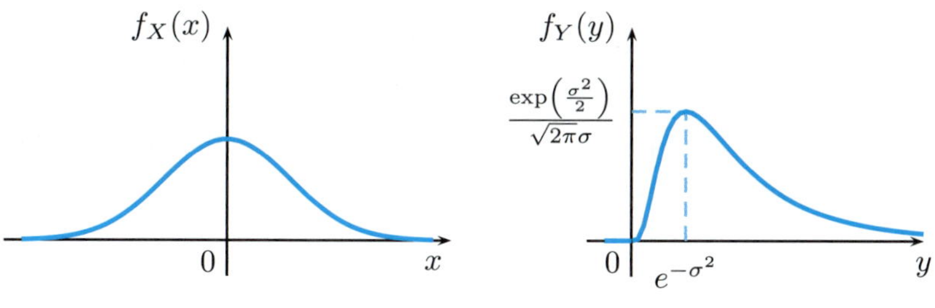

그림 3.22 정규 확률변수 $X \sim N(0, \sigma^2)$의 확률밀도함수 $f_X(x)$와 대수정규 확률변수 $Y = e^X$의 확률밀도함수 $f_Y(y)$

3.2.2.2 일반적인 변환

위 (3.120)에서는 변환 g가 일대일 함수일 때를 다루었다. 여기서는, 좀 더 일반적으로 변환 $y = g(x)$의 풀이가 여럿일 때를 생각해 보자. 이제, $y = g(x)$의 풀이가 $x_1, x_2, \cdots$ 이라면 – 곧,

[16] lognormal

$y = g(x_1) = g(x_2) = \cdots = g(x_n) = \cdots$ 이라면 – 확률변수 $Y = g(X)$의 확률밀도함수는

$$f_Y(y) = \frac{f_X(x_1)}{|g'(x_1)|} + \frac{f_X(x_2)}{|g'(x_2)|} + \cdots = \sum_i \frac{f_X(x_i)}{|g'(x_i)|} \tag{3.148}$$

처럼 얻을 수 있다.

보기 3.49 (제곱) 상수 a가 0보다 클 때 확률변수 $Y = aX^2$의 확률밀도함수 f_Y를 X의 확률밀도함수 f_X로 나타내 보자.

풀이 먼저, $y < 0$이면 $y = ax^2$의 풀이는 없고, 따라서 $f_Y(y) = 0$이다. 다음에, $y > 0$이면 $y = ax^2$의 풀이는 $x_1 = \sqrt{\frac{y}{a}}$와 $x_2 = -\sqrt{\frac{y}{a}}$이고, $g'(x) = 2ax$이므로 $|g'(x_1)| = |g'(x_2)| = 2a\sqrt{\frac{y}{a}}$이다. 곧,

$$f_{aX^2}(y) = \frac{1}{2\sqrt{ay}}\left\{f_X\left(\sqrt{\frac{y}{a}}\right) + f_X\left(-\sqrt{\frac{y}{a}}\right)\right\}u(y) \tag{3.149}$$

이다. 이 식은 보기 3.20의 (3.67)에서 얻은 누적분포함수

$$F_Y(y) = \left[F_X\left(\sqrt{\frac{y}{a}}\right) - F_X\left(-\sqrt{\frac{y}{a}}\right) + \Pr\left\{X = -\sqrt{\frac{y}{a}}\right\}\right]u(y) \tag{3.150}$$

을 y에 대해 미분하여 얻은 결과와 같다. ◇

보기 3.50 확률변수 X의 분포가 $N(0,1)$일 때, $Y = X^2$의 분포를 얻어 보자. 먼저, $f_X(x) = \frac{1}{\sqrt{2\pi}}\exp\left(-\frac{x^2}{2}\right)$이므로 $f_Y(y) = \frac{1}{\sqrt{2\pi y}}\exp\left(-\frac{y}{2}\right)u(y)$이다. 곧, $X \sim N(0,1)$이면 $Y = X^2$은 자유도가 1인 중심 카이 제곱 확률변수라는 것을 알 수 있다. ◇

보기 3.51 (크기)* 확률변수 $Y = |X|$의 확률밀도함수 f_Y를 X의 확률밀도함수 f_X로 나타내 보자.

풀이 먼저, $y < 0$이면 $y = |x|$의 풀이는 없고, 따라서 $f_Y(y) = 0$이다. 다음으로, $y > 0$이면 $y = |x|$의 풀이는 $x_1 = y$와 $x_2 = -y$이고 $|g'(x)| = 1$이므로

$$f_Y(y) = \{f_X(y) + f_X(-y)\}\, u(y) \tag{3.151}$$

이다. 이 식은 보기 3.24의 (3.80)에서 얻은 $F_Y(y)$를 y에 대해 미분하여 얻은 결과

$$\begin{aligned} f_Y(y) &= \frac{d}{dy}\left[\{F_X(y) - F_X(-y)\}u(y)\right] \\ &= \{f_X(y) + f_X(-y)\}u(y) + \{F_X(y) - F_X(-y)\}\delta(y) \\ &= \{f_X(y) + f_X(-y)\}u(y) + \{F_X(0) - F_X(0)\}\delta(y) \\ &= \{f_X(y) + f_X(-y)\}\, u(y) \end{aligned} \tag{3.152}$$

와 같다. ◇

보기 3.52 확률변수 X의 확률밀도함수가

$$f_X(x) = \begin{cases} 1+x, & -1 \le x < 0, \\ 1-x, & 0 \le x < 1, \\ 0, & x < -1 \text{ 또는 } x \ge 1 \end{cases} \tag{3.153}$$

일 때, $Y = |X|$의 확률밀도함수를 얻어 보자.

풀이 먼저, $f_X(-y) = f_X(y)$라는 것을 바탕으로 위 보기에서 얻은 (3.151)을 쓰면

$$\begin{aligned} f_Y(y) &= 2f_X(y)u(y) \\ &= \begin{cases} 2-2y, & 0 \le y < 1, \\ 0, & y < 0 \text{ 또는 } y \ge 1 \end{cases} \end{aligned} \tag{3.154}$$

를 얻을 수 있다. 이것을 그림 3.23에 보였다. ◇

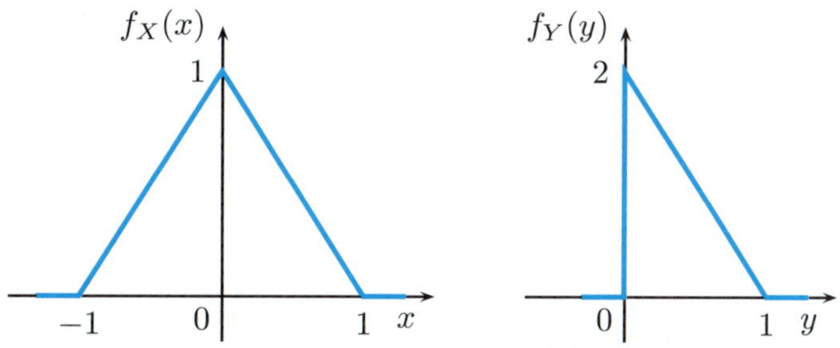

그림 3.23 확률변수 X의 확률밀도함수 $f_X(x)$와 $Y = |X|$의 확률밀도함수 $f_Y(y)$

보기 3.53 (삼각함수: 정현)* 상수 a가 0보다 클 때 확률변수 X의 정현 함수[17] $Y = a\sin(X+\theta)$를 생각하자. 이제, Y의 확률밀도함수 f_Y를 X의 확률밀도함수 f_X로 나타내 보자.

풀이 먼저,

$$\begin{aligned} F_Y(y) &= P\{Y \le y\} \\ &= P\{a\sin(X+\theta) \le y\} \end{aligned} \tag{3.155}$$

이다. 따라서, $y > a$이면 $F_Y(y) = 1$이고, $y < -a$이면 $F_Y(y) = 0$이라는 것을 쉽게 알 수 있다. 곧, $|y| > a$일 때 $f_Y(y) = 0$이다. 다음에, $|y| < a$이면 $|g'(x)| = |a\cos(x+\theta)| = \sqrt{a^2-y^2}$이므로 $y = a\sin(x+\theta)$의 풀이를 x_i라고 할 때 Y의 확률밀도함수는

$$f_Y(y) = \frac{1}{\sqrt{a^2-y^2}} \sum_i f_X(x_i) \tag{3.156}$$

이다. ◇

[17] sine function. sin

보기 3.54 (삼각함수: 정현)* 보기 3.53에서 $X \sim U[-\pi, \pi)$라고 – 곧, X가 $[-\pi, \pi)$에서 고르게 퍼져 있는 확률변수라고 – 두자. 그러면 $y = a\sin(x+\theta)$의 풀이는 둘이고, 그 둘을 x_1과 x_2라고 하면 $f_X(x_1) = f_X(x_2) = \frac{1}{2\pi}$이다. 그러므로, (3.148)을 새기면

$$f_Y(y) = \begin{cases} \frac{1}{\pi\sqrt{a^2-y^2}}, & |y| < a, \\ 0, & |y| \geq a \end{cases} \tag{3.157}$$

임을 알 수 있다. 다음으로, $F_Y(y)$를 얻어 보자. 먼저, $y \geq 0$일 때 $\alpha = \sin^{-1}\frac{y}{a}$이고 $0 \leq \alpha < \frac{\pi}{2}$라고 두면, $x_1 = \alpha - \theta$이고 $x_2 = \pi - \alpha - \theta$이므로

$$\begin{aligned} F_Y(y) &= P\{Y \leq y\} \\ &= P\{-\pi \leq X \leq x_1\} + P\{x_2 \leq X < \pi\} \end{aligned} \tag{3.158}$$

이다. 여기서, $P\{-\pi \leq X \leq x_1\} = \frac{1}{2\pi}(x_1 + \pi)$이고 $P\{x_2 \leq X < \pi\} = \frac{1}{2\pi}(\pi - x_2)$이므로

$$\begin{aligned} F_Y(y) &= \frac{1}{2\pi}(2\pi + x_1 - x_2) \\ &= \frac{1}{2\pi}(2\pi + 2\alpha - \pi) \\ &= \frac{1}{2} + \frac{1}{\pi}\sin^{-1}\frac{y}{a} \end{aligned} \tag{3.159}$$

를 얻는다. 그리고, $y < 0$일 때에는 $\beta = \sin^{-1}\frac{y}{a}$이고 $-\frac{\pi}{2} \leq \beta < 0$이라고 두면, $x_1 = \beta - \theta$이고 $x_2 = -\pi - \beta - \theta$이며 $x_1 - x_2 = \pi + 2\beta$이므로

$$\begin{aligned} F_Y(y) &= P\{Y \leq y\} \\ &= P\{x_2 \leq X \leq x_1\} \\ &= \frac{1}{2\pi}(\pi + 2\beta) \\ &= \frac{1}{2} + \frac{1}{\pi}\sin^{-1}\frac{y}{a} \end{aligned} \tag{3.160}$$

을 얻는다. 위 (3.159)와 (3.160)에서

$$F_Y(y) = \begin{cases} 0, & y \leq -a, \\ \frac{1}{2} + \frac{1}{\pi}\sin^{-1}\frac{y}{a}, & |y| \leq a, \\ 1, & y \geq a \end{cases} \tag{3.161}$$

임을 알 수 있다. 말할 것도 없이, 누적분포함수 (3.161)은 (3.157)에서 얻은 확률밀도함수를 적분하여

$$\begin{aligned} F_Y(y) &= \int_{-a}^{y} \frac{1}{\pi\sqrt{a^2-t^2}}dt \\ &= \frac{1}{\pi}\int_{-\frac{\pi}{2}}^{\sin^{-1}\frac{y}{a}} \frac{1}{a\cos\theta}a\cos\theta d\theta \\ &= \frac{1}{\pi}\left(\sin^{-1}\frac{y}{a} + \frac{\pi}{2}\right) \\ &= \frac{1}{2} + \frac{1}{\pi}\sin^{-1}\frac{y}{a}, \quad |y| < a \end{aligned} \tag{3.162}$$

처럼 얻을 수도 있다. 그림 3.24에 확률밀도함수 $f_X(x)$, 확률밀도함수 $f_Y(y)$, 누적분포함수 $F_Y(y)$를 $a=2$일 때 보였다. ◇

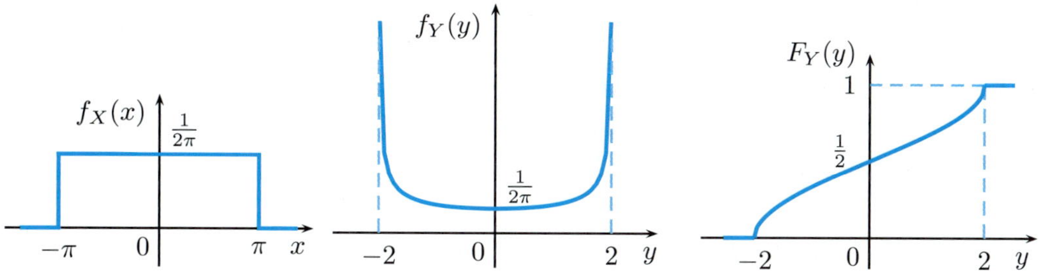

그림 3.24 고른 확률변수 $X \sim U[-\pi, \pi)$의 확률밀도함수 $f_X(x)$, $Y = 2\sin(X+\theta)$의 확률밀도함수 $f_Y(y)$, Y의 누적분포함수 $F_Y(y)$

보기 3.55 (삼각함수: 여현)* 상수 a가 0보다 크고, $X \sim U[-\pi, \pi)$일 때 확률변수 X의 여현 함수[18] $Y = a\cos(X+\theta)$의 확률밀도함수 f_Y를 얻어 보자.

풀이 먼저, $|y| > a$이면 $y = a\cos(x+\theta)$의 풀이가 없으므로 $f_Y(y) = 0$이라는 것을 쉽게 알 수 있다. 다음에, $|y| < a$이면 $y = a\cos(x+\theta)$의 풀이는 둘이다. 그 둘을 x_1과 x_2라고 하면 $f_X(x_1) = f_X(x_2) = \frac{1}{2\pi}$이고 $|g'(x)| = |-a\sin(x+\theta)| = \sqrt{a^2-y^2}$이다. 그러므로, Y의 확률밀도함수는

$$\begin{aligned} f_Y(y) &= \frac{1}{2\pi\,|g'(x_1)|} + \frac{1}{2\pi\,|g'(x_2)|} \\ &= \begin{cases} 0, & |y| > a, \\ \frac{1}{\pi\sqrt{a^2-y^2}}, & |y| < a \end{cases} \end{aligned} \tag{3.163}$$

임을[19] 알 수 있다. ◇

보기 3.56 (삼각함수: 정접)* 확률변수 X의 정접 함수[20] $Y = \tan X$를 생각하여, 확률변수 Y의 확률밀도함수 f_Y를 X의 확률밀도함수 f_X로 나타내 보자.

풀이 먼저, $y = \tan x$의 풀이를 x_i라고 하면, $|g'(x)| = \left|\frac{1}{\cos^2 x}\right| = 1+y^2$이므로, Y의 확률밀도함수는

$$f_Y(y) = \frac{1}{1+y^2}\sum_i f_X(x_i) \tag{3.164}$$

이다. ◇

---

[18] cosine function. 줄여서 cos

[19] 여기서, $\int_{-\infty}^{\infty} f_Y(y)dy = \int_{-a}^{a} \frac{dy}{\pi\sqrt{a^2-y^2}} = \frac{2}{\pi}\int_0^a \frac{dy}{\sqrt{a^2-y^2}} = \frac{2}{\pi}\int_0^{\frac{\pi}{2}} \frac{a\cos t}{a\cos t}dt = 1$이라는 것을 확인할 수 있다.

[20] tangent function. tan

보기 3.57 (삼각함수: 정접)* 보기 3.56에서 $X \sim U\left(-\frac{\pi}{2}, \frac{\pi}{2}\right)$라고 두자. 그러면 실수 y가 어떤 값이더라도 $y = \tan x$의 풀이 가운데 구간 $\left(-\frac{\pi}{2}, \frac{\pi}{2}\right)$에 들어가는 것은 하나이다. 이 풀이를 x_1이라고 하면, $f_X(x_1) = \frac{1}{\pi}$이다. 그러므로, Y의 확률밀도함수는 $f_Y(y) = \frac{1}{\pi(1+y^2)}$인데, 이 확률밀도함수는 매개변수가 1인 코쉬 확률밀도함수이다. ◇

보기 3.58 보기 3.56에서 $X \sim U(0, 2\pi)$라고 두자. 그러면 $y = \tan x$의 풀이 가운데 구간 $(0, 2\pi)$안에 있는 것은 둘이고, 그 두 풀이를 x_1과 x_2라고 하면 $f_X(x_1) = f_X(x_2) = \frac{1}{2\pi}$이다. 그러므로, Y의 확률밀도함수는 $f_Y(y) = \frac{1}{1+y^2}\left(\frac{1}{2\pi} + \frac{1}{2\pi}\right) = \frac{1}{\pi(1+y^2)}$이다. ◇

보기 3.59 (부호)* 연속 확률변수 X의 누적분포함수를 F_X라고 하고,

$$\begin{aligned} \text{sgn}(x) &= u(x) - u(-x) \\ &= 2u(x) - 1 \\ &= \begin{cases} 1, & x > 0, \\ 0, & x = 0, \\ -1, & x < 0 \end{cases} \end{aligned} \tag{3.165}$$

처럼 뜻매김할 수 있는 부호[21] 함수를 생각하자. 이제, 확률변수 X의 부호 – 또는 부호 통계량 – $Z = \text{sgn}(X)$의 분포를 생각해 보자. 먼저, 부호 Z의 누적분포함수는

$$\begin{aligned} F_Z(z) &= \Pr\{Z \le z\} \\ &= \Pr\{\text{sgn}(X) \le z\} \\ &= \begin{cases} 0, & z < -1, \\ \Pr\{X \le 0\}, & -1 \le z < 1, \\ 1, & z \ge 1 \end{cases} \\ &= F_X(0)u(z+1) + \{1 - F_X(0)\}u(z-1) \end{aligned} \tag{3.166}$$

이다. 따라서, Z의 확률밀도함수는

$$\begin{aligned} f_Z(z) &= \frac{dF_Z(z)}{dz} \\ &= F_X(0)\delta(z+1) + \{1 - F_X(0)\}\delta(z-1) \end{aligned} \tag{3.167}$$

이고, Z의 확률질량함수는

$$p_Z(z) = \begin{cases} F_X(0), & z = -1, \\ 1 - F_X(0), & z = 1, \\ 0, & \text{그 밖에는} \end{cases} \tag{3.168}$$

이다. ◇

[21] sign. 부호는 6장 6.1.1절에서 좀 더 자세히 다룬다.

보기 3.60 (난수 발생)* 이제까지 다룬 것은 확률변수 X의 누적분포함수 F_X를 알 때 확률변수 $Y = g(X)$의 누적분포함수 F_Y를 얻는 것이었다. 그러면, 거꾸로 누적분포함수 F_X와 F_Y를 알고 있을 때, g를 어떻게 찾을 수 있을까? 이것은

$$F_X(x) \;\rightarrow\; \text{고른 분포} \;\rightarrow\; F_Y(y) \tag{3.169}$$

처럼 고른 분포를 가운데 단계로 두어 얻을 수 있다. 여기서는 누적분포함수 F_Y의 역함수 F_Y^{-1}과 누적분포함수 F_X가 느는 함수일 때만 생각하자. 먼저,

$$Z \;=\; F_X(X) \tag{3.170}$$

을 생각해 보자. 이때, F_X는 느는 함수라는 것을 새기면, $X = F_X^{-1}(Z)$이므로 $F_Z(z) = P\{Z \leq z\} = P\{F_X(X) \leq z\} = P\left\{X \leq F_X^{-1}(z)\right\} = F_X\left(F_X^{-1}(z)\right) = z$, $0 \leq z \leq 1$이다. 곧,

$$F_Z(z) \;=\; z, \quad 0 \leq z \leq 1 \tag{3.171}$$

이다. 이제,

$$Y \;=\; F_Y^{-1}(Z) \tag{3.172}$$

를 생각하자. 그러면 $P\{Y \leq y\} = P\left\{F_Y^{-1}(Z) \leq y\right\} = P\{Z \leq F_Y(y)\} = F_Z(F_Y(y)) = F_Y(y)$이다. 이 결과가 뜻하는 바를, 그림 3.25에 보인 바와 같이,

$$X \sim F \;\rightarrow\; F(X) \sim U[0,1) \tag{3.173}$$

이고

$$Z \sim U[0,1) \;\rightarrow\; F^{-1}(Z) \sim F \tag{3.174}$$

처럼 쓸 수 있다. 이 결과는 난수 발생[22]에 쓰인다. ◇

$X \sim U[0,1) \;\longrightarrow\; Z = F^{-1}(X) \sim F$ $\qquad$ $X \sim F \;\longrightarrow\; V = F(X) \sim U[0,1)$

그림 3.25 누적분포함수 F를 바탕으로 난수 만들기

보기 3.61 (레일리 분포의 난수 발생)* 고른 확률변수 $X \sim U[0,1)$에서 레일리 확률변수 $Y \sim \frac{y}{\alpha^2}\exp\left(-\frac{y^2}{2\alpha^2}\right)u(y)$를 얻어 보자.

풀이 먼저, $F_Y(y) = \left\{1 - \exp\left(-\frac{y^2}{2\alpha^2}\right)\right\}u(y)$이므로 변환 함수는

$$\begin{aligned} g(x) \;&=\; F_Y^{-1}(x) \\ &=\; \sqrt{-2\alpha^2 \ln(1-x)} \end{aligned} \tag{3.175}$$

[22]random number generation

이다. 곧, $X \sim U[0,1)$이면

$$Y = \sqrt{-2\alpha^2 \ln(1-X)} \tag{3.176}$$

의 누적분포함수는 $F_Y(y) = \left\{1 - \exp\left(-\frac{y^2}{2\alpha^2}\right)\right\} u(y)$이다. ◇

보기 3.62 (지수 분포의 난수 발생)* 고른 확률변수 $X \sim U[0,1)$에서 지수 확률변수 $Y \sim \lambda e^{-\lambda y} u(y)$를 얻어 보자.

풀이 먼저,

$$F_Y(y) = \left(1 - e^{-\lambda y}\right) u(y) \tag{3.177}$$

이므로, 변환 함수는 $g(x) = F_Y^{-1}(x) = -\frac{1}{\lambda}\ln(1-x)$라는 것을 쉽게 알 수 있다. 곧, $X \sim U[0,1)$이면

$$Y = -\frac{1}{\lambda}\ln(1-X) \tag{3.178}$$

의 누적분포함수는 $F_Y(y) = \left(1 - e^{-\lambda y}\right) u(y)$이다. ◇

3.3 기댓값과 적률

확률변수의 확률적 특성을 기술할 때, 그 분포로 나타내면 가장 확실할 것이다. 한편으로는, 확률변수의 확률적 특성을 알맞게 요약해 주는 대표적인 숫자 몇 개로 확률변수를 기술할 수밖에 없는 때가 – 보기를 들면, 확률변수의 분포를 모를 때가 – 있는데, 그럴 때에 확률변수의 확률적 특성을 몇 가지 관점에서 나타내는 것들을 살펴보자.

먼저, 확률변수의 확률적 특성을 나타내는 것 가운데에서 확률변수를 '대표'하는 값으로 널리 쓰는 것을 대푯값 또는 중심값[23]이라고 부르는데, 기댓값, 중앙값, 최빈값이 바로 그것이다.

뜻매김 3.7 중앙값[24]

조건 $\Pr\{X \le \alpha\} \ge \frac{1}{2}$과 $\Pr\{X \ge \alpha\} \ge \frac{1}{2}$을 만족시키는 수 α를 확률변수 X의 중앙값이라고 한다.

거칠게 말하면, 중앙값은 누적 확률이 0.5인 점을 가리키는 것인데, 분포가 대칭이면 누적분포함수의 대칭점이 중앙값이다. 중앙값은 기댓값이 없는 분포를 다룰 때 '중심'을 나타내는 역할을 하는 매개변수로서 중요한 자리를 차지한다. 한편, 중앙값은 $0 < p < 1$일 때 $\Pr\{X \le \xi_p\} \le p$와 $\Pr\{X \ge \xi_p\} \ge 1-p$를 만족시키는 수 ξ_p로 뜻매김하는 p차 분위수[25]의 – 또는 $100p$ 백분위수[26]의 – 하나이다. 여기서, 누적분포함수가 F_X인 확률변수 X의 p차 분위수를 ξ_p라고 하면

[23] central value
[24] median
[25] quantile of order p
[26] $100p$-th percentile

$$p \ \le \ F_X(\xi_p) \ \le \ p + \Pr\{X = \xi_p\} \tag{3.179}$$

이다. 그러므로, $\Pr\{X = \xi_p\} = 0$이면 – 보기를 들어, X가 연속 확률변수이면 –

$$F_X(x) \ = \ p \tag{3.180}$$

의 풀이가 ξ_p이다. 이때, 누적분포함수 F_X가 세게 느는 함수이면 (3.180)의 풀이는 오직 하나이지만, 누적분포함수 F_X가 세게 느는 함수가 아니면 (3.180)의 풀이는 여럿 일 – 때로는 셀 수 없을 만큼 많을 – 수 있는데, 그 하나하나가 다 p차 분위수이다.

뜻매김 3.8 최빈값[27]

확률변수 X가 연속 확률변수이면 그 확률밀도함수를 f_X라고, 이산 확률변수이면 그 확률질량함수를 p_X라고 하자. 이때, 실수 x가 어떤 값이더라도

$$f_X(x_{mod}) \ge f_X(x), \quad X\text{가 연속 확률변수일 때,} \tag{3.181}$$

$$p_X(x_{mod}) \ge p_X(x), \quad X\text{가 이산 확률변수일 때} \tag{3.182}$$

이면, x_{mod}를 확률변수 X의 최빈값이라고 한다.

최빈값은 확률변수 가운데 가장 자주 일어나는 값이라는 뜻이다. 곧, (3.181)과 (3.182)에서 알 수 있듯이 일어날 확률이 가장 높은 – 또는 확률밀도함수 값이 가장 큰 – 값을 가리키는 것이다.

뜻매김 3.7과 3.8에서 중앙값과 최빈값은 여럿일 때도 있다는 것을 알 수 있다. 중앙값이 여럿일 때에는 그 한가운데를 중앙값으로 보기도 한다.

보기 3.63 확률질량함수가 $p_X(1) = \frac{1}{3}$, $p_X(2) = \frac{1}{2}$, $p_X(3) = \frac{1}{6}$이면 $\Pr\{X \le 2\} = \frac{1}{3} + \frac{1}{2} = \frac{5}{6} \ge \frac{1}{2}$이고 $\Pr\{X \ge 2\} = \frac{1}{2} + \frac{1}{6} = \frac{2}{3} \ge \frac{1}{2}$이므로 중앙값은 2이다[28]. 집합 $\{1, 2, 3, 4\}$에 고르게 퍼져 있는 이산 분포에서는 구간 $[2, 3]$ 안의 어느 실수도 중앙값이고[29], 최빈값은 $1, 2, 3$, 또는 4이다. ◇

보기 3.64 분포가 $N(1, 1)$인 확률변수의 최빈값은 1이다. 한편, 확률질량함수가 $p_X(1) = \frac{1}{3}$, $p_X(2) = \frac{1}{2}$, $p_X(3) = \frac{1}{6}$이면 확률변수 X의 최빈값은 2이다. ◇

3.3.1 기댓값

이제, 대푯값으로 가장 널리 쓰이는 기댓값을 다루어 보자.

[27] mode

[28] 여기서, $\Pr\{X \le x_{med}\} \ = \ \Pr\{X \ge x_{med}\}$을 만족시키는 실수 x_{med}를 확률변수 X의 중앙값으로 뜻매김한다면, 중앙값이 없다.

[29] 여기서, $\Pr\{X \le x_{med}\} \ = \ \Pr\{X \ge x_{med}\}$을 만족시키는 실수 x_{med}를 확률변수 X의 중앙값으로 뜻매김한다면, 구간 $(2, 3)$ 안의 어느 실수도 중앙값이다.

뜻매김 3.9 기댓값, 평균[30]

확률변수 X의 누적분포함수를 F_X라고 하자. 이때, $\int_{-\infty}^{\infty} |x|\, dF_X(x) < \infty$이면

$$E\{X\} = \int_{-\infty}^{\infty} x\, dF_X(x)$$
$$= \begin{cases} \int_{-\infty}^{\infty} x f_X(x) dx, & X\text{가 연속 확률변수일 때,} \\ \sum_{x=-\infty}^{\infty} x p_X(x), & X\text{가 이산 확률변수일 때} \end{cases} \tag{3.183}$$

을 확률변수 X의 기댓값 또는 평균이라고 한다.

기댓값은 통계학적 평균 또는 앙상블 평균[31]이라고 부르기도 한다. 또한, $E\{X\}$는 $E(X)$나 $E[X]$처럼 쓰기도 한다.

보기 3.65 (고른 확률변수) 확률변수 $X \sim U[a,b)$를 생각하자. 그러면 X의 확률밀도함수는 $f_X(x) = \frac{1}{b-a}u(b-x)u(x-a)$이므로, X의 기댓값은 $E\{X\} = \int_a^b \frac{x}{b-a} dx = \frac{b^2-a^2}{2(b-a)} = \frac{a+b}{2}$이다. 한편, X의 최빈값은 a와 b 사이의 실수 모두이고, X의 중앙값은 평균과 같은 $\frac{a+b}{2}$이다. ◇

보기 3.66 이산 확률변수 X의 확률질량함수가 $x = 1, 2, \cdots, 6$일 때 $p_X(x) = \frac{1}{6}$이라고 하자. 그러면 X의 기댓값은 $E\{X\} = \frac{1}{6}\cdot 1 + \frac{1}{6}\cdot 2 + \cdots + \frac{1}{6}\cdot 6 = 3.5$이다. 한편, X의 최빈값은 $1, 2, \cdots, 6$이고, X의 중앙값은 구간 $[3,4]$ 안에 있는 실수는 모두이다. ◇

보기 3.67 (세 대푯값)* 꼭짓점이 하나인 확률변수에서 중앙값은 보통 최빈값과 기댓값의 사이에 오지만 어떨 때에는 그렇지 않다. 보기를 들면, $c \geq 1$이고 $\frac{c^2}{2} + \frac{c}{\lambda} = 1$일 때 확률변수 X의 확률밀도함수를

$$f(x) = \begin{cases} 0, & x \leq 0, \\ x, & 0 < x \leq c, \\ ce^{-\lambda(x-c)}, & x > c \end{cases} \tag{3.184}$$

처럼 두자. 그러면 확률변수 X의 기댓값은 $\mu = \frac{c^3}{3} + \frac{c^2}{\lambda} + \frac{c}{\lambda^2}$이고 중앙값이 1이며, 최빈값은 c이다. 이때, c를 1보다 크지만 충분히 1에 가깝게 잡으면

$$\lambda \approx 2 \tag{3.185}$$

이고 $\mu \approx \frac{13}{12}$이므로, $f(x)$는 꼭짓점이 하나이지만, 그 중앙값은 기댓값보다 작고, 또 최빈값보다 작다. ◇

정리 3.6 확률변수 X의 누적분포함수를 F라고 할 때, $\lim_{x\to\infty} x\{1 - F(x)\} = 0$은 $E\{X\}$가 존재할 필요조건이다. ■■

[30] expectation, expected value, stochastic average, 또는 mean

[31] statistical average 또는 ensemble average

증명 먼저, $x\{1-F(x)\}$를 바꾸어 쓰면

$$
\begin{aligned}
x\{1-F(x)\} &= x\left\{\int_{-\infty}^{\infty} f(t)dt - \int_{-\infty}^{x} f(t)dt\right\} \\
&= x\int_{x}^{\infty} f(t)dt \qquad (3.186)
\end{aligned}
$$

이다. 한편, $E\{X\}=m$이라고 두면, x가 0보다 클 때, $\int_x^\infty tf(t)dt \geq x\int_x^\infty f(t)dt$이므로

$$
\begin{aligned}
m &= \int_{-\infty}^{x} tf(t)dt + \int_{x}^{\infty} tf(t)dt \\
&\geq \int_{-\infty}^{x} tf(t)dt + x\int_{x}^{\infty} f(t)dt \qquad (3.187)
\end{aligned}
$$

이다. 여기서, $\lim\limits_{x\to\infty}\int_{-\infty}^{x} tf(t)dt = \int_{-\infty}^{\infty} tf(t)dt = m$이므로, $x\to\infty$일 때 (3.187)이 성립하려면 $\lim\limits_{x\to\infty} x\int_x^\infty f(t)dt \to 0$이어야 함을 알 수 있다. □

정리 3.7 연속 확률변수 X의 확률밀도함수가 연속이고 그 절대 적분이 유한하면

$$
E\{X\} = \int_{0}^{\infty}\{1-F(x)\}dx - \int_{-\infty}^{0} F(x)dx \qquad (3.188)
$$

이다.

증명

(방법 1) 실수 $a>0$를 생각하여 부분 적분을 쓰고 $a=\int_0^a dx$라는 것을 새기면

$$
\begin{aligned}
E\{X\} &= \int_{-\infty}^{\infty} xf(x)dx \\
&= \lim_{a\to\infty}\left\{xF(x)\Big|_{x=-a}^{a} - \int_{-a}^{a} F(x)dx\right\} \\
&= \lim_{a\to\infty}\left\{aF(a)+aF(-a) - \int_{-a}^{a} F(x)dx\right\} \\
&= \lim_{a\to\infty}\left\{F(a)\int_{0}^{a} dx + aF(-a) - \int_{-a}^{a} F(x)dx\right\} \qquad (3.189)
\end{aligned}
$$

이다. 이제, $E\{|X|\}<\infty$이므로, $a\to\infty$일 때 $F(a)\to 1$이고 $aF(-a)\to 0$이다[32]. 따라서,

$$
\begin{aligned}
\int_{-\infty}^{\infty} xf(x)dx &= \lim_{a\to\infty}\left\{F(a)\int_{0}^{a} dx - \int_{-a}^{0} F(x)dx - \int_{0}^{a} F(x)dx\right\} \\
&= \int_{0}^{\infty} dx - \int_{-\infty}^{0} F(x)dx - \int_{0}^{\infty} F(x)dx \\
&= \int_{0}^{\infty}\{1-F(x)\}dx - \int_{-\infty}^{0} F(x)dx \qquad (3.190)
\end{aligned}
$$

[32] 여기서, $\lim\limits_{x\to\infty} xF(-x)=0$임은 문제 3.1에서 보인다.

이다.

(방법 2) 먼저, $E\{X\}$를 다시 쓰면

$$E\{X\} \;=\; \int_{-\infty}^{0} xdF(x) - \int_{0}^{\infty} xd\{1-F(x)\} \tag{3.191}$$

이다. 따라서, 부분 적분을 쓰면

$$\begin{aligned} E\{X\} \;&=\; \left\{ xF(x)\Big|_{x=-\infty}^{0} - \int_{-\infty}^{0} F(x)dx \right\} - \left\{ x\{1-F(x)\}\Big|_{x=0}^{\infty} - \int_{0}^{\infty} \{1-F(x)\}dx \right\} \\ &=\; \int_{0}^{\infty} \{1-F(x)\}dx - \int_{-\infty}^{0} F(x)dx \end{aligned} \tag{3.192}$$

이다. □

이제, 정리 3.7을 바탕으로 어떤 확률변수에서도

$$E\{X\} \;=\; \int_{0}^{\infty} \Pr\{X > x\}dx \;-\; \int_{-\infty}^{0} \Pr\{X \le x\}dx \tag{3.193}$$

임을 알 수 있다. 이 식은 $E\{|X|\} < \infty$일 필요충분조건은 $\int_0^\infty \Pr\{X > x\}dx$와 $\int_{-\infty}^0 \Pr\{X \le x\}dx$가 둘 다 수렴함이라는 뜻이다.

3.3.2 확률변수의 함수의 기댓값

이제, X의 확률 함수를 알 때, $Y = g(X)$의 기댓값을 얻어 보자. 먼저, $Y = g(X)$의 누적분포함수를 F_Y라고 쓰면 확률변수의 함수 $Y = g(X)$의 기댓값은

$$E\{Y\} \;=\; \int_{-\infty}^{\infty} y \; dF_Y(y) \tag{3.194}$$

이므로, X의 확률 함수를 바탕으로 Y의 확률 함수를 얻어 $Y = g(X)$의 기댓값을 얻을 수 있다. 한편, $Y = g(X)$이므로

$$\begin{aligned} E\{Y\} \;&=\; E\{g(X)\} \\ &=\; \int_{-\infty}^{\infty} g(x)dF_X(x) \\ &=\; \begin{cases} \int_{-\infty}^{\infty} g(x)f_X(x)dx, & \text{연속 확률변수}, \\ \sum\limits_{x=-\infty}^{\infty} g(x)p_X(x), & \text{이산 확률변수} \end{cases} \end{aligned} \tag{3.195}$$

이다. 식 (3.194)와 (3.195)는 Y의 기댓값을 얻을 때 쓸 수 있는 방법을 둘 말해 준다. 그 첫째 방법인 (3.194)는 X의 확률 함수에서 Y의 누적분포함수를 먼저 얻어 적분하는 방법이다. 둘째 방법인 (3.195)는 Y의 누적분포함수를 얻지 않고, X의 누적분포함수를 $g(x)$와 곱하여 적분하는 것이다. 확률변수 Y의 누적분포함수를 얻어야 할 다른 까닭이 없을 때에는 둘째 방법을 쓰면 더 빠르고 쉽게 확률변수 Y의 평균을 얻을 수 있다.

보기 3.68 확률변수 $X \sim U[0,1)$을 생각하여

$$Y = X^2 \tag{3.196}$$

의 기댓값을 얻어 보자.

풀이

(방법 1) 먼저, (3.149)를 바탕으로 Y의 확률밀도함수

$$\begin{aligned} f_Y(y) &= \frac{1}{2\sqrt{y}}\left\{f_X(\sqrt{y}) + f_X(-\sqrt{y})\right\}u(y) \\ &= \frac{1}{2\sqrt{y}}\{u(y) - u(y-1)\} \end{aligned} \tag{3.197}$$

을 얻어 (3.194)를 쓰면 $E\{Y\} = \int_0^1 \frac{y}{2\sqrt{y}}dy = \frac{1}{2}\int_0^1 \sqrt{y}dy = \frac{1}{3}$이다.

(방법 2) 한편, (3.195)를 쓰면 바로 $E\{Y\} = \int_0^1 x^2 dx = \frac{1}{3}$을 얻을 수 있다. ◇

기댓값의 뜻매김에서 아래를 쉽게 알 수 있다.

(가) 확률변수 X가 0보다 작지 않다면 – 곧, $\Pr\{X \geq 0\} = 1$이면 – $E(X) \geq 0$이다.

(나) 상수의 평균은 그 상수이다. 곧, $\Pr\{X = c\} = 1$이면 $E(X) = c$이다.

(다) 기댓값은 선형 연산이다. 곧, $E\left\{\sum_{i=1}^{n} a_i g_i(X)\right\} = \sum_{i=1}^{n} a_i E\{g_i(X)\}$이다.

(라) 함수 h를 어떻게 잡더라도 $|E\{h(X)\}| \leq E\{|h(X)|\}$이다.

(마) 두 함수 h_1과 h_2를 생각하자. 이때, 어느 점 x에서도 $h_1(x) \leq h_2(x)$이면 $E\{h_1(X)\} \leq E\{h_2(X)\}$이다.

(바) 함수 h를 어떻게 잡더라도 $\min(h(X)) \leq E\{h(X)\} \leq \max(h(X))$이다.

보기 3.69 위 성질 (다)를 바탕으로, a와 b는 상수이고 X는 확률변수이면

$$E\{aX + b\} = aE\{X\} + b \tag{3.198}$$

임을 알 수 있다. ◇

보기 3.70 연속 확률변수 X의 분포가 $U(1,9)$이고 $h(X) = \frac{1}{\sqrt{X}}$일 때, $h(E\{X\})$, $E\{h(X)\}$, $\min(h(X))$, $\max(h(X))$를 견주어 보자.

풀이 보기 3.65에서 얻은 결과를 쓰면 $h(E\{X\}) = h(5) = \frac{1}{\sqrt{5}}$이고, (3.195)를 쓰면

$$\begin{aligned} E\{h(X)\} &= \int_{-\infty}^{\infty} h(x) f_X(x) dx \\ &= \int_1^9 \frac{1}{8\sqrt{x}} dx \\ &= \frac{1}{2} \end{aligned} \tag{3.199}$$

를 얻을 수 있다. 또한, $\min(h(X)) = \frac{1}{\sqrt{9}} = \frac{1}{3}$이고 $\max(h(X)) = \frac{1}{\sqrt{1}} = 1$이다. 곧, $\frac{1}{\sqrt{5}} < \frac{1}{2}$이고 $\frac{1}{3} < \frac{1}{2} < 1$이므로 성질 (라)와 (바)를 확인할 수 있다. ◇

3.3.3 적률과 분산

확률변수의 거듭제곱의 기댓값을 적률이라고 한다. 그러므로, 적률은 확률변수의 함수의 기댓값 가운데 하나이다.

뜻매김 3.10 적률[33]

확률변수 X의 누적분포함수를 F_X라고 하자. 이때, $E\{|X|^n\} = \int_{-\infty}^{\infty} |x|^n dF_X(x) < \infty$이면

$$\begin{aligned} m_n &= E\{X^n\} \\ &= \int_{-\infty}^{\infty} x^n dF_X(x) \end{aligned} \tag{3.200}$$

을 확률변수 X의 n째 적률이라고 한다.

곧, 확률변수 X의 n째 적률은

$$m_n = \begin{cases} \int_{-\infty}^{\infty} x^n f_X(x)dx, & \text{연속 확률변수}, \\ \sum\limits_{x=-\infty}^{\infty} x^n p_X(x), & \text{이산 확률변수} \end{cases} \tag{3.201}$$

처럼 쓸 수 있다.

뜻매김 3.11 중심 적률[34]

확률변수 X의 n째 중심 적률은

$$\begin{aligned} \mu_n &= E\{(X - E\{X\})^n\} \\ &= \begin{cases} \int_{-\infty}^{\infty} (x - m_1)^n f_X(x)dx, & \text{연속 확률변수}, \\ \sum\limits_{x=-\infty}^{\infty} (x - m_1)^n p_X(x), & \text{이산 확률변수} \end{cases} \end{aligned} \tag{3.202}$$

를 일컫는다.

뜻매김 3.11에서 $m_0 = \mu_0 = 1$, $m_1 = E\{X\}$, $\mu_1 = 0$이라는 것을 알 수 있다. 좀 더 일반적으로 적률 $\{m_n\}_{n=0}^{\infty}$와 중심 적률 $\{\mu_n\}_{n=0}^{\infty}$가 서로 어떻게 이어져 있는지 살펴보자. 먼저,

$$\begin{aligned} \mu_n &= E\{(X - m_1)^n\} \\ &= E\left\{ \sum_{k=0}^{n} {}_n\mathrm{C}_k X^k (-m_1)^{n-k} \right\} \end{aligned} \tag{3.203}$$

이므로

[33] moment
[34] central moment

$$\mu_n = \sum_{k=0}^{n} {}_n\mathrm{C}_k m_k (-m_1)^{n-k} \tag{3.204}$$

이다. 거꾸로, $m_n = E\left[\{(X-m_1)+m_1\}^n\right] = E\left\{\sum_{k=0}^{n} {}_n\mathrm{C}_k (X-m_1)^k m_1^{n-k}\right\}$이므로

$$m_n = \sum_{k=0}^{n} {}_n\mathrm{C}_k \mu_k m_1^{n-k} \tag{3.205}$$

이다.

한편, 적률과 적률의 함수 가운데 어떤 것들은 다른 것들보다 더 자주 쓰이고 확률변수의 확률 특성을 잘 드러낸다. 그 가운데 대표적으로 중요한 것이 분산이다.

뜻매김 3.12 분산, 표준 편차[35]

확률변수의 둘째 중심 적률 μ_2를 분산이라고 하고, 분산의 제곱근 둘 가운데에서 0보다 작지 않은 것을 표준 편차라고 한다.

확률변수 X의 분산은, 자주 σ_X^2, $\mathrm{Var}\{X\}$, 또는 $V\{X\}$처럼 나타내며

$$\begin{aligned}\sigma_X^2 &= E\left\{(X-E\{X\})^2\right\}\\ &= E\left\{X^2\right\} - E^2\{X\}\\ &= m_2 - m_1^2\end{aligned} \tag{3.206}$$

과 같이 얻을 수 있다. 한편, a가 실수일 때 $\mathrm{Var}\{aX\} = a^2\mathrm{Var}\{X\}$라는 것을 새겨 두면 좋다.

보기 3.71 (코쉬 확률변수의 평균과 분산) 확률밀도함수가

$$f(r) = \frac{\alpha}{\pi}\frac{1}{r^2+\alpha^2} \tag{3.207}$$

인 코쉬 확률변수를 생각하자. 그러면 절대 적률 $E\{|X|\} = \infty$이고 $E\left\{|X|^2\right\} = \infty$이기 때문에 코쉬 확률변수의 평균과 분산은 존재하지 않는다. ◇

보기 3.72 (고른 확률변수의 평균과 분산) 확률밀도함수가 $f_X(r) = \frac{1}{b-a}\{u(r-a)-u(r-b)\}$인 고른 확률변수 X의 평균은

$$\begin{aligned}E\{X\} &= \int_a^b \frac{x}{b-a}\,dx\\ &= \frac{a+b}{2}\end{aligned} \tag{3.208}$$

이고 분산은

$$\begin{aligned}\mathrm{Var}\{X\} &= \int_a^b \frac{x^2}{b-a}\,dx - \left(\frac{a+b}{2}\right)^2\\ &= \frac{(b-a)^2}{12}\end{aligned} \tag{3.209}$$

[35] variance, standard deviation

이다. ◇

보기 3.73 (지수 확률변수의 평균과 분산) 확률밀도함수가 $f(r) = \lambda e^{-\lambda r} u(r)$인 지수 확률변수 X의 평균은

$$\begin{aligned} E\{X\} &= \lambda \int_0^\infty r e^{-\lambda r}\, dr \\ &= \frac{1}{\lambda} \end{aligned} \tag{3.210}$$

이고, 분산은

$$\begin{aligned} \text{Var}\{X\} &= \lambda \int_0^\infty r^2 e^{-\lambda r}\, dr - \left(\frac{1}{\lambda}\right)^2 \\ &= \frac{1}{\lambda^2} \end{aligned} \tag{3.211}$$

이다. ◇

보기 3.74 (겹지수 확률변수의 평균과 분산) 상수 λ가 0보다 클 때 확률밀도함수가 $f(x) = \frac{\lambda}{2} e^{-\lambda|x|}$인 겹지수 확률변수 X의 평균은

$$E\{X\} = 0 \tag{3.212}$$

이고, 분산은

$$\text{Var}\{X\} = \frac{2}{\lambda^2} \tag{3.213}$$

이다. ◇

보기 3.75 (이항 확률변수의 평균과 분산) 분포가 $b(n, p)$인 이항 확률변수 X의 평균은

$$E\{X\} = np \tag{3.214}$$

이고, 분산은

$$\sigma_X^2 = np(1-p) \tag{3.215}$$

이다. ◇

보기 3.76 (포아송 확률변수의 평균과 분산) 분포가 $P(\lambda)$인 포아송 확률변수 X를 생각하자. 그러면 X의 평균은

$$\begin{aligned} E\{X\} &= \sum_{k=1}^{\infty} k \frac{e^{-\lambda}\lambda^k}{k!} \\ &= \lambda \sum_{k=0}^{\infty} \frac{e^{-\lambda}\lambda^k}{k!} \\ &= \lambda \end{aligned} \tag{3.216}$$

이고, 둘째 적률은

$$E\left\{X^2\right\} = \lambda^2 + \lambda \tag{3.217}$$

이며, 분산은

$$\sigma_X^2 = \lambda \tag{3.218}$$

이다. ◇

보기 3.77 (베타 확률변수의 적률) 확률밀도함수가

$$f(r) = \frac{r^{\alpha-1}(1-r)^{\beta-1}}{\tilde{B}(\alpha,\beta)}u(r)u(1-r) \tag{3.219}$$

인 베타 확률변수 X의 k째 적률은

$$\begin{aligned} E\left\{X^k\right\} &= \frac{1}{\tilde{B}(\alpha,\beta)}\int_0^1 r^k \cdot r^{\alpha-1}(1-r)^{\beta-1}\,dr \\ &= \frac{\tilde{B}(\alpha+k,\beta)}{\tilde{B}(\alpha,\beta)} \\ &= \frac{\Gamma(\alpha+k)\Gamma(\alpha+\beta)}{\Gamma(\alpha+\beta+k)\Gamma(\alpha)} \end{aligned} \tag{3.220}$$

이다. 따라서, 평균은

$$\begin{aligned} E\{X\} &= \frac{\Gamma(\alpha+1)\Gamma(\alpha+\beta)}{\Gamma(\alpha+\beta+1)\Gamma(\alpha)} \\ &= \frac{\alpha}{\alpha+\beta} \end{aligned} \tag{3.221}$$

이고, 분산은

$$\begin{aligned} \text{Var}\{X\} &= \frac{\Gamma(\alpha+2)\Gamma(\alpha+\beta)}{\Gamma(\alpha+\beta+2)\Gamma(\alpha)} - \left(\frac{\alpha}{\alpha+\beta}\right)^2 \\ &= \frac{\alpha\beta}{(\alpha+\beta)^2(\alpha+\beta+1)} \end{aligned} \tag{3.222}$$

이다. ◇

보기 3.78 (정규 확률변수의 평균과 분산) 분포가 $N(m,\sigma^2)$인 정규 확률변수 X의 평균과 분산을 얻어 보자.

풀이 먼저, $\frac{x-m}{\sqrt{2\sigma^2}} = t$라고 두면

$$\begin{aligned} E\{X\} &= \int_{-\infty}^{\infty} \frac{x}{\sqrt{2\pi\sigma^2}} \exp\left\{-\frac{(x-m)^2}{2\sigma^2}\right\} dx \\ &= \int_{-\infty}^{\infty} \frac{\sqrt{2}\sigma t + m}{\sqrt{2\pi\sigma^2}} \exp\left(-t^2\right)\sqrt{2}\sigma dt \\ &= \frac{1}{\sqrt{\pi}}\left\{\int_{-\infty}^{\infty} \sqrt{2}\sigma t \exp\left(-t^2\right) dt + m\int_{-\infty}^{\infty} \exp\left(-t^2\right) dt\right\} \\ &= \frac{m}{\sqrt{\pi}}\sqrt{\pi} \\ &= m \end{aligned} \tag{3.223}$$

이고,

$$\begin{aligned} E\left\{X^2\right\} &= \int_{-\infty}^{\infty} \frac{x^2}{\sqrt{2\pi\sigma^2}} \exp\left\{-\frac{(x-m)^2}{2\sigma^2}\right\} dx \\ &= \frac{1}{\sqrt{2\pi\sigma^2}} \int_{-\infty}^{\infty} \left(2\sigma^2 t^2 + 2\sqrt{2} m\sigma t + m^2\right) \exp\left(-t^2\right) \sqrt{2}\sigma dt \\ &= \frac{1}{\sqrt{\pi}} \left\{\int_{-\infty}^{\infty} 2\sigma^2 t^2 \exp\left(-t^2\right) dt + m^2\sqrt{\pi}\right\} \\ &= \frac{1}{\sqrt{\pi}} \left(\sigma^2\sqrt{\pi} + m^2\sqrt{\pi}\right) \\ &= \sigma^2 + m^2 \end{aligned} \tag{3.224}$$

이다. 따라서, $\mathrm{Var}\{X\} = E\left\{X^2\right\} - m^2 = \sigma^2$이다. 식 (3.223)과 (3.224)에

$$\int_{-\infty}^{\infty} \exp\left(-t^2\right) dt = \sqrt{\pi}, \tag{3.225}$$

$$\int_{-\infty}^{\infty} t \cdot \exp\left(-t^2\right) dt = 0, \tag{3.226}$$

그리고

$$\int_{-\infty}^{\infty} t^2 \exp\left(-t^2\right) dt = \frac{\sqrt{\pi}}{2} \tag{3.227}$$

을 썼다. 식 (3.225)와 (3.227)은 부분 적분을 쓰고 표준 정규 확률밀도함수를 적분하면 1이라는 것을 – 곧,

$$\int_{-\infty}^{\infty} \frac{1}{\sqrt{2\pi}} \exp\left(-\frac{x^2}{2}\right) dx = 1 \tag{3.228}$$

을 – 쓰면 쉽게 보일 수 있다. 식 (3.226)은 표준 정규 확률밀도함수가 짝함수라는 것을 새기면 바로 알 수 있다. ◇

보기 3.79 (초기하 확률변수의 평균과 분산) 세 수 α, β, γ가 모두 0보다 큰 정수일 때 확률질량함수가

$$p_X(x) = \frac{1}{\binom{\alpha+\beta}{\gamma}} \binom{\alpha}{\gamma - x} \binom{\beta}{x}, \quad x = 0, 1, \cdots, \gamma. \tag{3.229}$$

인[36] 초기하 확률변수 X의 평균과 분산을 얻어 보자. 여기서, $\alpha+\beta$와 β는 집단의 크기와 그 안에 들어 있는 '성공'의 수를, 또 γ는 시도 횟수를 나타낸다.

풀이 식 (2.432)와 (2.433)을 쓰면

$$\begin{aligned} E\{X\} &= [\beta]_1 \frac{\binom{\alpha+\beta-1}{\gamma-1}}{\binom{\alpha+\beta}{\gamma}} \\ &= \frac{\beta\gamma}{\alpha+\beta} \end{aligned} \tag{3.230}$$

[36] 여기서, $x = 0, 1, \cdots, \max(0, \gamma - \alpha)$ 또는 $x = \min(\beta, \gamma), \min(\beta, \gamma) + 1, \cdots, \gamma$이면 $p_X(x) = 0$이다.

이고[37]

$$E\{X^2\} = E\{X(X-1)\} + E\{X\} = \frac{\beta\gamma(\alpha+\beta\gamma-\gamma)}{(\alpha+\beta)(\alpha+\beta-1)} \tag{3.231}$$

이므로

$$\mathrm{Var}\{X\} = \frac{\beta\gamma(\alpha+\beta\gamma-\gamma)}{(\alpha+\beta)(\alpha+\beta-1)} - \left(\frac{\beta\gamma}{\alpha+\beta}\right)^2 = \frac{\alpha\beta\gamma(\alpha+\beta-\gamma)}{(\alpha+\beta)^2(\alpha+\beta-1)} \tag{3.232}$$

이다. 좀 더 일반적으로,

$$X^\nu = \sum_{k=0}^{\nu} \left\{ \begin{matrix} \nu \\ k \end{matrix} \right\} [X]_k \tag{3.233}$$

을 새기면, X의 ν차 적률을

$$E\{X^\nu\} = \sum_{k=0}^{\nu} \left\{ \begin{matrix} \nu \\ k \end{matrix} \right\} E\{[X]_k\} = \sum_{k=0}^{\nu} \left\{ \begin{matrix} \nu \\ k \end{matrix} \right\} [\beta]_k \frac{\binom{\alpha+\beta-k}{\gamma-k}}{\binom{\alpha+\beta}{\gamma}} \tag{3.234}$$

처럼 얻을 수 있다. 여기서,

$$\left\{ \begin{matrix} \nu \\ k \end{matrix} \right\} = \frac{1}{k!} \sum_{i=0}^{k} (-1)^i \binom{k}{i} (k-i)^\nu \tag{3.235}$$

는 2종 스털링 수[38]를 나타낸다. ◇

보기 3.80 확률밀도함수가

$$f_X(x) = \begin{cases} \frac{1}{2}\sin x, & 0 \le x < \pi, \\ 0, & \text{그 밖에는} \end{cases} \tag{3.236}$$

인 확률변수 X를 생각하자. 그러면 평균은

$$E\{X\} = \frac{1}{2}\int_0^\pi x\sin x dx = -\frac{1}{2}x\cos x\Big|_{x=0}^{\pi} + \frac{1}{2}\int_0^\pi \cos x dx = \frac{\pi}{2} \tag{3.237}$$

이고, 둘째 적률은

[37] 여기서, $[\beta]_k = \beta(\beta-1)\cdots(\beta-k+1)$는 (2.300)에서 다룬 β의 k 내림 곱이다.
[38] Stirling number of the second kind

$$
\begin{aligned}
E\left\{X^2\right\} &= \frac{1}{2}\int_0^{\pi} x^2 \sin x dx \\
&= -\frac{1}{2}x^2 \cos x\Big|_{x=0}^{\pi} + \int_0^{\pi} x \cos x dx \\
&= \frac{\pi^2}{2} + x \sin x\Big|_{x=0}^{\pi} - \int_0^{\pi} \sin x dx \\
&= \frac{\pi^2}{2} - 2
\end{aligned}
\tag{3.238}
$$

이다. ◇

보기 3.81 (크기의 평균과 분산)* 연속 확률변수 X의 확률밀도함수가 f_X일 때 크기 $Y = |X|$를 생각하자. 이제, 보기 3.51에서 얻은 (3.151)을 써서 크기 $Y = |X|$의 평균과 분산을 얻으면

$$
\begin{aligned}
E\{Y\} &= \int_{-\infty}^{\infty} y f_Y(y) dy \\
&= \int_{-\infty}^{\infty} y\{f_X(y) + f_X(-y)\}u(y) dy \\
&= \int_0^{\infty} y f_X(y) dy - \int_{-\infty}^{0} y f_X(y) dy \\
&= m_X^+ - m_X^-
\end{aligned}
\tag{3.239}
$$

이고

$$
\begin{aligned}
V\{Y\} &= E\left\{Y^2\right\} - E^2\{Y\} \\
&= \int_{-\infty}^{\infty} y^2 f_Y(y) dy - \left(m_X^+ - m_X^-\right)^2 \\
&= \int_{-\infty}^{\infty} y^2\{f_X(y) + f_X(-y)\}u(y) dy - \left(m_X^+ - m_X^-\right)^2 \\
&= \int_0^{\infty} y^2\{f_X(y) + f_X(-y)\} dy - \left(m_X^+ - m_X^-\right)^2 \\
&= \int_{-\infty}^{\infty} y^2 f_X(y) dy - \left(m_X^+ - m_X^-\right)^2 \\
&= \sigma_X^2 + m_X^2 - \left(m_X^+ - m_X^-\right)^2 \\
&= \sigma_X^2 + 4 m_X^+ m_X^-
\end{aligned}
\tag{3.240}
$$

이다. 여기서,

$$
m_X^{\pm} = \int_{-\infty}^{\infty} x f(x) u(\pm x) dx \tag{3.241}
$$

은 반쪽 평균[39]이라고 부르며, 확률변수 X의 평균은

[39] half mean. 일반적으로, $m = 1, 2, \cdots$일 때 $\int_0^{\infty} x^m f_X(x) dx$를 불완전 적률이라고 incomplete moments 부르기도 한다.

$$m_X = m_X^+ + m_X^- \tag{3.242}$$

처럼 반쪽 평균으로 나타낼 수 있다. 한편, $E\{|X|\} = \int_{-\infty}^{0}(-x)f(x)dx + \int_{0}^{\infty} xf(x)dx$이므로 X의 절대 평균은

$$E\{|X|\} = m_X^+ - m_X^- \tag{3.243}$$

이다. ◇

보기 3.82 (로지스틱 분포)* 확률밀도함수가

$$f_L(x) = \frac{ke^{-kx}}{(1+e^{-kx})^2} \tag{3.244}$$

인 로지스틱 분포를 생각하자. 그러면

$$\begin{aligned} m_L^+ &= \int_0^\infty x \cdot \frac{ke^{-kx}}{(1+e^{-kx})^2} dx \\ &= \left\{ \frac{-xe^{-kx}}{1+e^{-kx}} - \frac{\ln\left(1+e^{-kx}\right)}{k} \right\} \Bigg|_{x=0}^{\infty} \\ &= \frac{\ln 2}{k} \end{aligned} \tag{3.245}$$

이고

$$\begin{aligned} m_L^- &= -m_L^+ \\ &= -\frac{\ln 2}{k} \end{aligned} \tag{3.246}$$

이므로,

$$E\{|X|\} = \frac{2\ln 2}{k} \tag{3.247}$$

이다. ◇

보기 3.83 (부호의 평균과 분산)* 연속 확률변수 X의 누적분포함수가 F_X일 때, X의 부호 $Z = \mathrm{sgn}(X)$를 생각하여 (3.167)을 쓰면 부호 Z의 평균

$$\begin{aligned} E\{Z\} &= \int_{-\infty}^{\infty} z[F_X(0)\delta(z+1) + \{1-F_X(0)\}\delta(z-1)]dz \\ &= (-1)F_X(0) + \{1-F_X(0)\} \\ &= 1-2F_X(0) \end{aligned} \tag{3.248}$$

과 분산

$$\begin{aligned} V\{Z\} &= E\{Z^2\} - E^2\{Z\} \\ &= \int_{-\infty}^{\infty} f_Z(z)dz - \{1-2F_X(0)\}^2 \\ &= 4F_X(0)\{1-F_X(0)\} \end{aligned} \tag{3.249}$$

를 얻을 수 있다. ◇

보기 3.84 (정규 확률변수의 적률과 절대 적률)* 확률밀도함수가

$$f(x) = \frac{1}{\sqrt{2\pi\sigma^2}} \exp\left(-\frac{x^2}{2\sigma^2}\right) \tag{3.250}$$

인 – 곧, 분포가 $N(0,1)$인 – 정규 확률변수 X를 생각하자. 먼저, (2.256)에 적어 둔 $\Gamma\left(\frac{1}{2}\right) = \sqrt{\pi}$를 새기면

$$\begin{aligned} \int_{-\infty}^{\infty} \exp\left(-\alpha x^2\right) dx &= 2\int_0^{\infty} e^{-t} \frac{dt}{2\sqrt{\alpha t}} \\ &= \frac{1}{\sqrt{\alpha}}\Gamma\left(\frac{1}{2}\right) \\ &= \sqrt{\frac{\pi}{\alpha}} \end{aligned} \tag{3.251}$$

인데[40] 이 식을 α로 k번 미분하면[41]

$$\int_{-\infty}^{\infty} x^{2k} \exp\left(-\alpha x^2\right) dx = \frac{1\cdot 3\cdot 5\cdots(2k-1)}{2^k\alpha^k}\sqrt{\frac{\pi}{\alpha}} \tag{3.252}$$

임을[42] 알 수 있다. 그러므로, (3.252)를 바탕으로 하고 확률밀도함수 $f(x)$가 대칭이라는 것을 쓰면

$$E\{X^n\} = \begin{cases} 0, & n\text{이 홀수일 때,} \\ 1\cdot 3\cdot 5\cdots(n-1)\sigma^n, & n\text{이 짝수일 때} \end{cases} \tag{3.253}$$

을 얻는다. 위 결과 가운데

$$E\left\{X^4\right\} = 3\sigma^4 \tag{3.254}$$

와

$$E\left\{X^6\right\} = 15\sigma^6 \tag{3.255}$$

는 눈여겨보아 둘 만하다. 한편, n이 짝수이면 $E\{|X|^n\} = E\{X^n\}$이고, n이 홀수 $2k+1$이면

$$\begin{aligned} E\{|X|^n\} &= \int_{-\infty}^{\infty} |x|^n f_X(x)dx \\ &= \frac{\sqrt{2}}{\sqrt{\pi\sigma^2}}\int_0^{\infty} x^{2k+1}\exp\left(-\frac{x^2}{2\sigma^2}\right) dx \end{aligned} \tag{3.256}$$

이므로

---

[40] 평균이 0이고 분산이 $\sigma^2 = \frac{1}{2\alpha}$인 정규 확률밀도함수 $\frac{\sqrt{\alpha}}{\sqrt{\pi}}\exp\left(-\alpha x^2\right)$을 모든 실수 x에서 적분하면 1이라는 것을 – 곧, $\int_{-\infty}^{\infty}\frac{\sqrt{\alpha}}{\sqrt{\pi}}\exp\left(-\alpha x^2\right)dx = 1$이라는 것을 – 바탕으로 얻을 수도 있다.

[41] 정리 3.5에 보인 (3.114)를 쓰면 쉽게 얻을 수 있다.

[42] 이것은 $\int_{-\infty}^{\infty} x^{2k}\exp(-\alpha x^2)dx = 2\int_0^{\infty}\left(\frac{t}{\alpha}\right)^k e^{-t}\frac{dt}{2\sqrt{\alpha t}} = \frac{1}{\alpha^k\sqrt{\alpha}}\Gamma\left(k+\frac{1}{2}\right) = \frac{(2k-1)(2k-3)\cdots 1}{2^k\alpha^k\sqrt{\alpha}}\Gamma\left(\frac{1}{2}\right)$처럼 얻을 수도 있다.

$$\begin{aligned}\int_0^\infty x^n e^{-a^2x^2}dx &= \int_0^\infty \frac{t^{\frac{n}{2}}}{a^n}e^{-t}\frac{dt}{2a\sqrt{t}} \\ &= \frac{1}{2a^{n+1}}\int_0^\infty t^{\frac{n}{2}-\frac{1}{2}}e^{-t}dt \\ &= \frac{1}{2a^{n+1}}\Gamma\left(\frac{n+1}{2}\right) \end{aligned} \quad (3.257)$$

이다. 따라서,

$$E\{|X|^n\} = \begin{cases} 2^k k!\sigma^{2k+1}\sqrt{\frac{2}{\pi}}, & n=2k+1\text{일 때,} \\ 1\cdot 3\cdot 5\cdots(n-1)\sigma^n, & n\text{이 짝수일 때} \end{cases} \quad (3.258)$$

이다. 위 결과 가운데

$$E\{|X|\} = \sqrt{\frac{2}{\pi}}\sigma \quad (3.259)$$

와

$$E\{|X^3|\} = \sqrt{\frac{8}{\pi}}\sigma^3 \quad (3.260)$$

은 눈여겨보아 둘 만하다. ◇

보기 3.85 (레일리 확률변수의 적률)* 확률밀도함수가

$$f_X(x) = \frac{x}{\alpha^2}\exp\left(-\frac{x^2}{2\alpha^2}\right)u(x) \quad (3.261)$$

인 레일리 확률변수 X를 생각하자. 그러면 (3.252) 또는 (3.257)에서

$$\int_0^\infty x^2 e^{-a^2x^2}dx = \frac{\sqrt{\pi}}{4a^3} \quad (3.262)$$

이므로 평균

$$\begin{aligned} m_R &= \frac{1}{\alpha^2}\int_0^\infty x^2 e^{-\frac{1}{2\alpha^2}\cdot x^2}dx \\ &= \sqrt{\frac{\pi}{2}}\ \alpha \end{aligned} \quad (3.263)$$

을 얻을 수 있고, 다시 (3.257)과 (3.263)을 바탕으로 분산

$$\begin{aligned} \sigma_R^2 &= \frac{1}{\alpha^2}\int_0^\infty x^3\cdot e^{-\frac{1}{2\alpha^2}\cdot x^2}dx - \frac{\pi\alpha^2}{2} \\ &= \left(2-\frac{\pi}{2}\right)\alpha^2 \end{aligned} \quad (3.264)$$

를 얻을 수 있다. 좀 더 일반적으로, X가 레일리 확률변수이면

$$E\{X^n\} = \begin{cases} 1\cdot 3\cdot 5\cdots n\alpha^n\sqrt{\frac{\pi}{2}}, & n\text{이 홀수일 때,} \\ 2^k k!\alpha^{2k}, & n=2k\text{일 때} \end{cases} \quad (3.265)$$

이다[43]. ◇

[43] 문제 3.43에서 다룬다.

보기 3.86 (적률)* 확률밀도함수가

$$f_X(x) = \frac{\sqrt{2}x^2}{\alpha^3\sqrt{\pi}}e^{-\frac{x^2}{2\alpha^2}}u(x) \tag{3.266}$$

인 확률변수 X를 생각하자. 그러면 n째 적률은

$$E\{X^n\} = \begin{cases} 1\cdot 3\cdot 5\cdots(n+1)\alpha^n, & n\text{이 짝수일 때,} \\ 2^k k!\alpha^{2k-1}\sqrt{\frac{2}{\pi}}, & n = 2k-1\text{일 때} \end{cases} \tag{3.267}$$

이다[44]. 확률밀도함수 (3.266)을 그림 3.26에 보였다. ◇

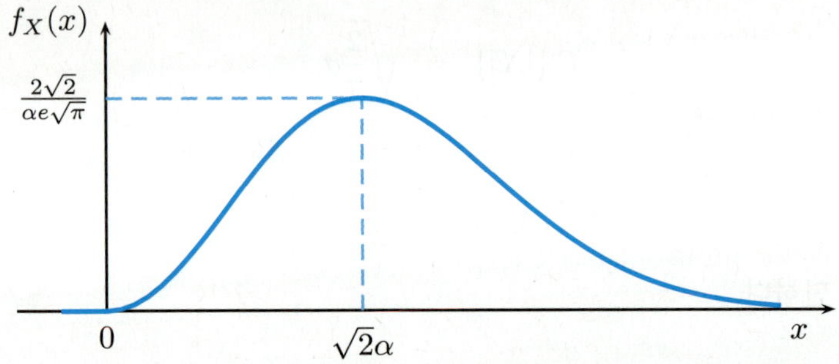

그림 3.26 확률밀도함수 $f_X(x) = \frac{\sqrt{2}x^2}{\alpha^3\sqrt{\pi}}e^{-\frac{x^2}{2\alpha^2}}u(x)$

보기 3.87 (대칭성과 적률)* 분포가 대칭이면, 곧 누적분포함수를 F라고 할 때, $F(-x) = 1 - F(x)$이면, 홀수째 적률은 모두 0이다. 그러나 홀수째 적률이 모두 0이라고 분포가 꼭 대칭인 것은 아니다. 보기를 들어, $\gamma \in [-1, 1]$일 때 확률밀도함수

$$f_\gamma(x) = \frac{1}{24}\exp\left(-x^{\frac{1}{4}}\right)\left(1 - \gamma\sin x^{\frac{1}{4}}\right)I_{(0,\infty)}(x) \tag{3.268}$$

을[45] 생각하자. 이제,

$$t = \sin^{-1}\left(-\frac{b}{\sqrt{a^2+b^2}}\right) \tag{3.269}$$

일 때

$$\int x^n e^{ax}\sin bx\,dx = e^{ax}\sum_{k=1}^{n+1}\frac{(-1)^{k+1}\; n!\; x^{n-k+1}}{(n-k+1)!(a^2+b^2)^{\frac{k}{2}}}\sin(bx+kt) \tag{3.270}$$

임을 쓰면, $k = 0, 1, \cdots$ 일 때

---

[44] 문제 3.44에서 다룬다.

[45] 여기서, $I_A(x) = \begin{cases} 0, & x \notin A, \\ 1, & x \in A \end{cases}$ 는 지시 함수라고 indicator function 부른다. 보기를 들면, $I_{[0,\infty)}(x)$나 $I_{(0,\infty)}(x)$는 단위 계단 함수 $u(x)$와 같은 것이다.

$$\int_0^\infty x^k \exp\left(-x^{\frac{1}{4}}\right) \sin x^{\frac{1}{4}} dx = 0 \tag{3.271}$$

이므로, γ가 어떤 값이더라도 k째 적률은

$$\begin{aligned}\int_0^\infty \frac{x^k}{24} \exp\left(-x^{\frac{1}{4}}\right) dx &= \frac{1}{6}\int_0^\infty v^{4k+3}e^{-v}\, dv \\ &= \frac{1}{6}\Gamma(4k+4) \\ &= \frac{1}{6}(4k+3)!\end{aligned} \tag{3.272}$$

이다. 이제, $\gamma \neq \beta$일 때

$$f(x) = \begin{cases} \frac{1}{2}f_\gamma(x), & x \geq 0, \\ \frac{1}{2}f_\beta(-x), & x < 0 \end{cases} \tag{3.273}$$

을 생각하면 $f(x)$는 짝함수가 아니지만, 차수가 같을 때 $f_\gamma(x)$의 적률과 $f_\beta(x)$의 적률이 같으므로 $f(x)$의 $2n+1$째 적률은

$$\begin{aligned}\int_{-\infty}^\infty x^{2n+1} f(x)\, dx &= \frac{1}{2}\left\{\int_0^\infty x^{2n+1} f_\gamma(x)\, dx + \int_{-\infty}^0 x^{2n+1} f_\beta(-x)\, dx\right\} \\ &= \frac{1}{2}\left\{\int_0^\infty x^{2n+1} f_\gamma(x)\, dx + \int_0^\infty (-x)^{2n+1} f_\beta(x)\, dx\right\} \\ &= \frac{1}{2}\left\{\int_0^\infty x^{2n+1} f_\gamma(x)\, dx - \int_0^\infty x^{2n+1} f_\beta(x)\, dx\right\} \\ &= 0\end{aligned} \tag{3.274}$$

이다. 좀 더 구체적으로, $\gamma = 1$이고 $\beta = -1$이면 홀수째 적률은

$$\alpha_{2n+1} = 0 \tag{3.275}$$

이고, 짝수째 적률은

$$\alpha_{2n} = \frac{1}{6}(8n+3)! \tag{3.276}$$

이다. 확률밀도함수 (3.268)을 그림 3.27에 보였다. ◇

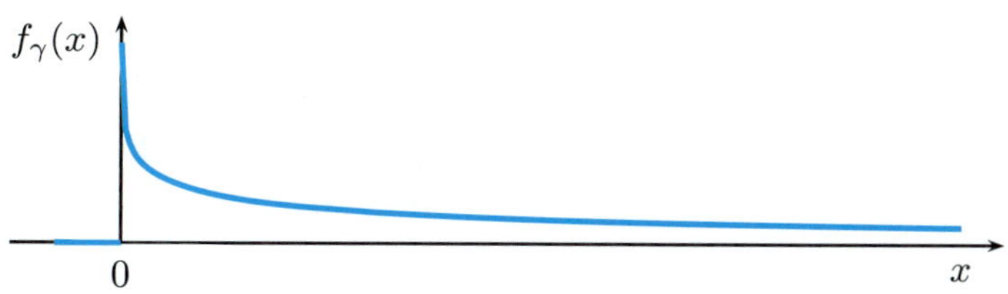

그림 3.27 확률밀도함수 $f_\gamma(x) = \frac{1}{24}\exp\left(-x^{\frac{1}{4}}\right)\left(1-\gamma\sin x^{\frac{1}{4}}\right) I_{(0,\infty)}(x)$. 이 확률밀도함수를 바탕으로 $\gamma \neq \beta$일 때 얻는 함수 $f(x) = \frac{1}{2}\{f_\gamma(x)u(x) + f_\beta(-x)u(-x)\}$는 홀수째 적률이 모두 0이지만 대칭이 아닌 확률밀도함수이다.

3.4 누적분포함수의 변환

단위 직교 바탕[46] 함수 집합 $\{e^{j\omega x}\}_{\omega\in\mathbb{R}}$은

$$
\begin{aligned}
\left\langle e^{j\omega x}, e^{j\nu x}\right\rangle &= \int_{-\infty}^{\infty} e^{j\omega x} e^{-j\nu x} dx \\
&= \int_{-\infty}^{\infty} e^{j(\omega-\nu)x} dx \\
&= \delta(\omega-\nu) \qquad (3.277)
\end{aligned}
$$

과 같은 성질을 지니고 있다. 이 단위 직교 바탕 함수 집합 $\{e^{j\omega x}\}_{\omega\in\mathbb{R}}$을 바탕으로 함수 h의 푸리에 변환 $H = \mathcal{F}\{h\}$와[47] 그 역변환을 뜻매김하면

$$
\begin{aligned}
\mathcal{F}\{h(x)\} &= H(\omega) \\
&= \int_{-\infty}^{\infty} h(x) e^{-j\omega x} dx \qquad (3.278)
\end{aligned}
$$

이고

$$
\begin{aligned}
\mathcal{F}^{-1}\{H(\omega)\} &= h(x) \\
&= \frac{1}{2\pi}\int_{-\infty}^{\infty} H(\omega) e^{j\omega x} d\omega \qquad (3.279)
\end{aligned}
$$

이다.

3.4.1 특성함수와 적률생성함수

3.4.1.1 특성함수

뜻매김 3.13 특성함수[48]

확률변수 X의 특성함수란

$$
\begin{aligned}
\varphi_X(\omega) &= E\left\{e^{j\omega X}\right\} \\
&= \int_{-\infty}^{\infty} e^{j\omega x} dF_X(x) \\
&= \begin{cases} \int_{-\infty}^{\infty} f_X(x) e^{j\omega x} dx, & \text{연속 확률변수,} \\ \sum\limits_{x=-\infty}^{\infty} p_X(x) e^{j\omega x}, & \text{이산 확률변수} \end{cases} \qquad (3.280)
\end{aligned}
$$

을 일컫는 것이다.

---

[46] orthonormal basis

[47] 이 책에서, 홀로 쓰이는 $\mathcal{F}$는 대수를, 연산자 또는 함수 꼴로 쓰이는 $\mathcal{F}$는 푸리에 변환을 나타낸다.

[48] characteristic function (cf)

한편, 3.1.1절에 다룬 뜻매김 3.4 바로 다음에 밝힌 바와 같이, k가 정수일 때 이산 확률변수에서는 $x_k = k$라고 둘 수 있으므로, $p_k = p_X(x_k) = p_X(k) = P\{X = x_k\} = P\{X = k\}$라고 하면, 뜻매김 3.13에서 다룬 이산 확률변수의 특성함수는

$$\varphi(\omega) = \sum_{k=-\infty}^{\infty} p_k e^{jk\omega} \tag{3.281}$$

처럼 쓸 수 있다.

정리 3.8 두 확률변수의 누적분포함수가 같으면 특성함수도 같고, 특성함수가 같으면 누적분포함수도 같다. ■■

곧, 특성함수는 확률변수의 확률적 특징을 나타내는 여러 방법 가운데 하나라고 말할 수 있다.

보기 3.88 평균이 m이고 분산은 σ^2인 정규 확률변수의 특성함수는

$$\begin{aligned}
\varphi(\omega) &= \int_{-\infty}^{\infty} \frac{1}{\sqrt{2\pi}\sigma} \exp\left\{-\frac{1}{2\sigma^2}\left(x^2 - 2mx + m^2\right) + j\omega x\right\} dx \\
&= \exp\left(-\frac{\sigma^2\omega^2}{2} + jm\omega\right) \frac{1}{\sqrt{2\pi}\sigma} \int_{-\infty}^{\infty} \exp\left[-\frac{1}{2\sigma^2}\left\{x - \left(m + j\omega\sigma^2\right)\right\}^2\right] dx \\
&= \exp\left(-\frac{\sigma^2\omega^2}{2} + jm\omega\right)
\end{aligned} \tag{3.282}$$

이다. ◇

3.4.1.2 특성함수의 성질*

특성함수 $\varphi(\omega)$는 아래와 같은 성질을 지니고 있다.

(가) 특성함수 $\varphi(\omega)$는 $\omega = 0$일 때 그 크기가 가장 크고 1이다. 곧, $|\varphi(\omega)| \le \varphi(0) = 1$이다.

(나) 특성함수 $\varphi(\omega)$는 어느 실수 ω에서도 고르게 연속[49]이다.

(다) 특성함수 $\varphi(\omega)$는 준양정치[50]이다. 곧, $\{\omega_k\}_{k=1}^{n}$과 $\{z_k\}_{k=1}^{n}$을 어떻게 고르더라도

$$\sum_{l=1}^{n}\sum_{k=1}^{n} z_l \overline{z}_k \varphi\left(\omega_l - \omega_k\right) \ \ge\ 0 \tag{3.283}$$

이다.

증명

(가) 먼저, $\varphi(0) = E\{1\} = 1$임은 쉽게 알 수 있다. 또, 특성함수가 $\varphi(\omega)$인 확률변수의 확률밀도함수를 f라고 하면

[49] 뜻매김 1.44에서 다룬 바 있다.
[50] positive semi-definite

$$\begin{aligned} |\varphi(\omega)| &\le \int_{-\infty}^{\infty} \left|e^{j\omega x}\right| f(x)dx \\ &= 1 \end{aligned} \tag{3.284}$$

이다.

(나) 실수 ε이 0보다 큰 수일 때, $0 < \mu_0 < \frac{\varepsilon}{2}$인 실수 μ_0을 생각하자. 또, 주기가 π이고

$$\bar{b}(y) = |y| + \mu_0, \qquad |y| \le \frac{\pi}{2} \tag{3.285}$$

인 함수 $\bar{b}(y)$를 생각하면,

$$|\sin y| \le \bar{b}(y) \tag{3.286}$$

임을 알 수 있다. 다음에, 특성함수가 $\varphi(\omega)$인 확률변수 X의 확률밀도함수를 f_X라고 할 때

$$\begin{aligned} E\left\{\bar{b}(X)\right\} &= \int_{-\infty}^{\infty} \bar{b}(x) f_X(x)dx \\ &= \mu_0 + \sum_{n=-\infty}^{\infty} \int_{n\pi-\frac{\pi}{2}}^{n\pi+\frac{\pi}{2}} |x - n\pi|\, f_X(x)dx \\ &= \bar{\mu} \end{aligned} \tag{3.287}$$

처럼 두면, $0 < \mu_0 \le \bar{\mu} \le \frac{\pi}{2} + \mu_0 < \infty$임과, ν가 상수일 때

$$\begin{aligned} E\left\{\bar{b}(\nu X)\right\} &= \mu_0 + \sum_{n=-\infty}^{\infty} \int_{n\pi-\frac{\pi}{2}}^{n\pi+\frac{\pi}{2}} |\nu(x - n\pi)|\, f_X(x)dx \\ &= |\nu|(\bar{\mu} - \mu_0) + \mu_0 \end{aligned} \tag{3.288}$$

임을 알 수 있다. 한편, (3.286)을 쓰면

$$\begin{aligned} \left|e^{j\alpha X} - e^{j\beta X}\right| &= \sqrt{\{\cos(\alpha X) - \cos(\beta X)\}^2 + \{\sin(\alpha X) - \sin(\beta X)\}^2} \\ &= \sqrt{2 - 2\cos\{(\alpha-\beta)X\}} \\ &= 2\left|\sin\frac{(\alpha-\beta)X}{2}\right| \\ &\le 2\bar{b}\left(\frac{\alpha-\beta}{2}X\right) \end{aligned} \tag{3.289}$$

이다. 이제, $\delta = \frac{\varepsilon - 2\mu_0}{\bar{\mu}}$이라고 두면, $0 < \delta < \infty$이다. 그러므로, (3.288)과 (3.289)를 쓰면, $|\alpha - \beta| < \delta$일 때

$$\begin{aligned} |\varphi(\alpha) - \varphi(\beta)| &= \left|E\left\{e^{j\alpha X} - e^{j\beta X}\right\}\right| \\ &\le E\left\{\left|e^{j\alpha X} - e^{j\beta X}\right|\right\} \\ &\le |\alpha - \beta|(\bar{\mu} - \mu_0) + 2\mu_0 \\ &< \frac{\varepsilon - 2\mu_0}{\bar{\mu}}(\bar{\mu} - \mu_0) + 2\mu_0 \\ &\le \begin{cases} \frac{\varepsilon - 2\mu_0}{\bar{\mu} - \mu_0}(\bar{\mu} - \mu_0) + 2\mu_0, & \bar{\mu} - \mu_0 \neq 0\text{일 때}, \\ 2\mu_0, & \bar{\mu} - \mu_0 = 0\text{일 때} \end{cases} \\ &\le \varepsilon \end{aligned} \tag{3.290}$$

임을 알 수 있다. 곧, $\varepsilon > 0$, $\mu_0 \in \left(0, \frac{\varepsilon}{2}\right)$, α, β를 어떻게 잡더라도, $|\alpha - \beta| < \frac{\varepsilon - 2\mu_0}{\bar{\mu}}$이면 $|\varphi(\alpha) - \varphi(\beta)| < \varepsilon$이다. 그러므로, $\varphi(\omega)$는 어느 실수 ω에서도 고르게 연속이다.
(다) 특성함수가 $\varphi(\omega)$인 확률변수의 확률밀도함수를 f라고 하면

$$\begin{aligned}\sum_{l=1}^{n}\sum_{k=1}^{n} z_l \overline{z}_k \varphi\left(\omega_l - \omega_k\right) &= \sum_{l=1}^{n}\sum_{k=1}^{n} z_l \overline{z}_k \int_{-\infty}^{\infty} e^{j(\omega_l - \omega_k)x} f(x)dx \\ &= \int_{-\infty}^{\infty} \sum_{l=1}^{n} z_l e^{j\omega_l x} \sum_{k=1}^{n} \overline{z}_k e^{-j\omega_k x} f(x)dx \\ &= E\left\{\left|\sum_{l=1}^{n} z_l e^{j\omega_l X}\right|^2\right\} \\ &\geq 0 \end{aligned} \tag{3.291}$$

이다. □

정리 3.9 확률변수 X의 특성함수를 φ_X라고 하면, $a, b \in \mathbb{R}$이고 $Y = aX + b$일 때 Y의 특성함수는

$$\varphi_Y(\omega) = e^{jb\omega}\varphi_X(a\omega) \tag{3.292}$$

이다. ■■

보기 3.89 평균은 m이고 분산은 σ^2인 정규 확률변수 X의 특성함수는

$$\varphi_X(\omega) = \exp\left(-\frac{\sigma^2\omega^2}{2} + jm\omega\right) \tag{3.293}$$

임을 보기 3.88에서 보았다. 이제, 이 식을 바탕으로 (3.292)를 써서 $Y = \frac{X-m}{\sigma}$의 특성함수를 얻으면

$$\begin{aligned}\varphi_Y(\omega) &= \exp\left\{j\omega\left(-\frac{m}{\sigma}\right)\right\}\exp\left\{-\frac{\sigma^2}{2}\left(\frac{\omega^2}{\sigma^2}\right) + jm\left(\frac{\omega}{\sigma}\right)\right\} \\ &= \exp\left(-\frac{\omega^2}{2}\right)\end{aligned} \tag{3.294}$$

이다. 곧, $X \sim N\left(m, \sigma^2\right)$이면 $\frac{X-m}{\sigma} \sim N(0,1)$이라는 것을 알 수 있다. ◇

3.4.1.3 적률생성함수

뜻매김 3.14 적률생성함수[51]

함수

$$\begin{aligned}M_X(t) &= E\left\{e^{tX}\right\} \\ &= \int_{-\infty}^{\infty} e^{tx} dF_X(x)\end{aligned} \tag{3.295}$$

를 확률변수 X의 적률생성함수라고 한다.

바꾸어 말하면, 확률변수 X의 확률밀도함수 f를 라플라스 변환[52]한 것을 $\mathcal{M}(t) = \mathcal{L}(f)$라고 할 때, $\mathcal{M}(-t)$가 확률변수 X의 적률생성함수이다.

3.4.1.4 특성함수와 적률생성함수의 관계*

적률생성함수 $M(t)$와 특성함수 $\varphi(\omega)$는

$$\varphi(\omega) = M(t)\Big|_{t=j\omega} \tag{3.296}$$

처럼 이어져 있다. 곧, 특성함수와 적률생성함수는 근본적으로 한 가지이다. 다만, 특성함수는 그 수렴성을 보장할 수 있으며, 푸리에 변환의 이론을 따라 특성함수를 역변환하여 누적분포함수를 – 적어도 이론적으로는 – 언제나 얻을 수 있다는 점이 다르다. 바꾸어 말하자면, 적률생성함수와 특성함수는 거의 같은 것이라고 볼 수 있다.

특성함수를 역변환하면 확률밀도함수를 얻을 수 있는 것과 마찬가지로 적률생성함수를 역변환하면 확률밀도함수를 얻을 수 있다. 그러나, 잘 알려진 바와 같이 역 라플라스 변환은 역 푸리에 변환보다 더 복잡하므로, 확률밀도함수를 얻으려면, 역 라플라스 변환표를 쓰거나 특성함수를 역 푸리에 변환하는 것이 좋다.

앞 3.2절에서 다룬 확률변수의 함수의 기댓값을 되새기고 뜻매김 3.13과 3.14를 바탕으로 $Y = g(X)$의 특성함수를 얻으면

$$\begin{aligned}\varphi_Y(\omega) &= E\left\{e^{j\omega Y}\right\} \\ &= \int_{-\infty}^{\infty} e^{j\omega y} dF_Y(y) \\ &= E\left\{e^{j\omega g(X)}\right\} \\ &= \int_{-\infty}^{\infty} e^{j\omega g(x)} dF_X(x)\end{aligned} \tag{3.297}$$

이고, 여기서 $j\omega$를 t로 두면 적률생성함수

$$M_Y(t) = \int_{-\infty}^{\infty} e^{tg(x)} dF_X(x) \tag{3.298}$$

을 얻는다.

3.4.1.5 특성함수와 누적분포함수*

특성함수 뜻매김에서

$$\varphi(\omega) = \mathcal{F}\left\{f(x)\right\}_{\omega=-\omega} \tag{3.299}$$

임을 쉽게 알 수 있다. 곧, 특성함수란 확률밀도함수 또는 확률질량함수를 푸리에 변환하여 그 켤레[53]를 얻은 – 또는 켤레 푸리에 변환한 – 것이다. 따라서, 푸리에 변환의 성질을 쓰면

[51] moment generating function (mgf)
[52] Laplace transform
[53] conjugate

$$\begin{aligned} f_X(x) &= \mathcal{F}^{-1}\{\varphi_X(-\omega)\} \\ &= \frac{1}{2\pi}\int_{-\infty}^{\infty}\varphi_X(\omega)e^{-j\omega x}d\omega \end{aligned} \tag{3.300}$$

처럼 특성함수에서 확률밀도함수를 얻을 수 있다.

한편, 단위 계단 함수 $u(x)$의 푸리에 변환은

$$\begin{aligned} \mathcal{F}\{u(x)\} &= \int_{-\infty}^{\infty} u(x)\exp(-j\omega x)dx \\ &= \pi\delta(\omega) + \frac{1}{j\omega} \end{aligned} \tag{3.301}$$

이다[54]. 여기서, 누적분포함수 $F(x)$를

$$\begin{aligned} F(x) &= \int_{-\infty}^{x} f(t)dt \\ &= f(x) * u(x) \end{aligned} \tag{3.302}$$

와 같이 확률밀도함수 $f(x)$와 단위 계단 함수 $u(x)$의 길쌈으로 나타낼 수 있다. 그런데, 두 함수를 길쌈한 것의 푸리에 변환은 두 함수의 푸리에 변환의 곱과 같으므로, 누적분포함수 $F(x)$의 푸리에 변환은

$$\begin{aligned} \mathcal{F}\{F(x)\} &= \int_{-\infty}^{\infty} F(x)\exp(-j\omega x)dx \\ &= \mathcal{F}\{f(x)\}\mathcal{F}\{u(x)\} \\ &= \varphi_X(-\omega)\left\{\pi\delta(\omega) + \frac{1}{j\omega}\right\} \\ &= \pi\varphi_X(0)\delta(\omega) + \frac{\varphi_X(-\omega)}{j\omega} \end{aligned} \tag{3.303}$$

이다. 위 (3.303)을 역변환하여 누적분포함수 $F(x)$를 특성함수 $\varphi_X(\omega)$로 나타내면

$$\begin{aligned} F(x) &= \frac{1}{2\pi}\int_{-\infty}^{\infty}\left\{\pi\varphi_X(0)\delta(\omega) + \frac{\varphi_X(-\omega)}{j\omega}\right\}\exp(j\omega x)\,d\omega \\ &= \frac{\varphi_X(0)}{2} + \frac{1}{2\pi j}\int_{-\infty}^{\infty}\frac{\varphi_X(-\omega)}{\omega}\exp(j\omega x)\,d\omega \\ &= \frac{\varphi_X(0)}{2} + \frac{j}{2\pi}\int_{-\infty}^{\infty}\frac{\varphi_X(\omega)}{\omega}\exp(-j\omega x)\,d\omega \end{aligned} \tag{3.304}$$

이다.

3.4.2 적률 정리

평균이나 분산과 같은 적률 또는 적률의 함수를 얻으려면 그때마다 적분을 계산해야 한다. 그런데, 여기서 다룰 적률 정리를 쓰면 조금 더 적률을 쉽게 얻을 수 있다. 곧, 적률의 뜻매김을 바

[54] 문제 3.2에서 자세히 다룬다.

로 써서 적률을 얻을 때에는 얻고자 하는 적률 수만큼 거듭 적분해야 하나, 적률 정리를 쓰면 한 번 적분하고 얻고자 하는 적률 수만큼 미분하여 적률을 얻을 수 있다. 일반적으로 미분보다 적분을 얻기가 더 어려우므로 둘째 방법이 더 편리하리라는 것을 잘 알 수 있다.

정리 3.10 적률 정리[55] 확률변수 X의 특성함수를 $\varphi_X(\omega)$, 적률생성함수를 $M_X(t)$라고 하자. 이때, $\varphi_X(\omega)$ 또는 $M_X(t)$를 0에서 k번 미분할 수 있다면 X의 k째 적률을

$$\begin{aligned} m_k &= j^{-k} \frac{\partial^k}{\partial w^k} \varphi_X(\omega)\bigg|_{\omega=0} \\ &= j^{-k} \varphi_X^{(k)}(0) \end{aligned} \tag{3.305}$$

또는

$$m_k = M_X^{(k)}(0) \tag{3.306}$$

처럼 얻을 수 있다. ■■

증명 먼저, 특성함수 $\varphi_X(\omega)$를 쓰자. 그러면 $j^{-k} \frac{\partial^k}{\partial w^k} e^{j\omega x}\Big|_{\omega=0} = x^k$를 새겨

$$\begin{aligned} E\left\{X^k\right\} &= \int_{-\infty}^{\infty} x^k f_X(x) dx \\ &= \int_{-\infty}^{\infty} f_X(x) \frac{1}{j^k} \frac{\partial^k}{\partial w^k} e^{j\omega x}\bigg|_{\omega=0} dx \\ &= j^{-k} \frac{\partial^k}{\partial w^k} \int_{-\infty}^{\infty} f_X(x) e^{j\omega x} dx\bigg|_{\omega=0} \\ &= j^{-k} \frac{\partial^k}{\partial w^k} \varphi_X(\omega)\bigg|_{\omega=0} \end{aligned} \tag{3.307}$$

을 얻을 수 있다. 이와 비슷하게 적률생성함수를 미분하면 $M_X^{(k)}(t) = E\left\{X^k e^{tX}\right\}$를 얻을 수 있으므로 바라는 결과를 얻는다. □

보기 3.90 확률변수 X의 분포가 $N(m, \sigma^2)$일 때에는 보기 3.88에서 본 바와 같이 $\varphi_X(\omega) = \exp\left(-\frac{\omega^2\sigma^2}{2} + jm\omega\right)$이므로 $E\{X\} = j^{-1}\varphi'_X(0) = m$이고, $E\left\{X^2\right\} = j^{-2}\varphi''_X(0) = m^2 + \sigma^2$이며, 따라서 $\text{Var}\{X\} = \sigma^2$이다. ◇

보기 3.91 (지수 분포) 확률변수 X의 확률밀도함수가 $f_X(x) = \lambda \exp(-\lambda x)\, u(x)$라고 하자. 그러면 $t < \lambda$일 때

$$\begin{aligned} M_X(t) &= \int_0^{\infty} \lambda \cdot (-\lambda x) \cdot tx \cdot dx \\ &= \frac{\lambda}{\lambda - t} \end{aligned} \tag{3.308}$$

[55] moment theorem

이다. 따라서,

$$\begin{aligned} M'_X(0) &= \left.\frac{\lambda}{(\lambda-t)^2}\right|_{t=0} \\ &= \frac{1}{\lambda} \end{aligned} \tag{3.309}$$

이고

$$\begin{aligned} M''_X(0) &= \left.\frac{2(\lambda-t)\lambda}{(\lambda-t)^4}\right|_{t=0} \\ &= \frac{2}{\lambda^2} \end{aligned} \tag{3.310}$$

이다. 식 (3.309)와 (3.310)을 쓰면 $E\{X\} = \frac{1}{\lambda}$과 $\text{Var}\{X\} = \frac{1}{\lambda^2}$이라는 것을 알 수 있다. 이것은 보기 3.73에서 직접 얻은 것과 같다. ◇

보기 3.92 확률변수 Y의 확률밀도함수가 $f_Y(x) = \frac{\lambda^n x^{n-1}}{(n-1)!}e^{-\lambda x}u(x)$라고 하자. 그러면

$$\begin{aligned} M_Y(t) &= \int_0^\infty \exp(tx)\, f_Y(x)dx \\ &= \frac{\lambda^n}{(\lambda-t)^n} \end{aligned} \tag{3.311}$$

이다. 따라서,

$$M'_Y(0) = \frac{n}{\lambda} \tag{3.312}$$

이고,

$$M''_Y(0) = \frac{n(n+1)}{\lambda^2} \tag{3.313}$$

이며, $E\{Y\} = \frac{n}{\lambda}$이고, $\text{Var}\{Y\} = \frac{n}{\lambda^2}$이다. ◇

이산 확률변수의 특성함수를 바탕으로 적률을 얻을 때에는 $z = e^{j\omega}$로 두면, 또 이산 확률변수의 적률생성함수에서 적률을 얻을 때에는 $s = e^t$로 두면 더 쉬울 때가 많다.

보기 3.93 (이항 분포)* 확률변수 K의 분포가 이항 분포 $b(n,p)$라고 하자. 먼저, 특성함수는

$$\begin{aligned} \varphi_K(\omega) &= \sum_{k=0}^{n} {}_n\text{C}_k p^k (1-p)^{n-k} e^{jk\omega} \\ &= \left\{pe^{jw} + (1-p)\right\}^n \end{aligned} \tag{3.314}$$

이다. 여기서, $e^{j\omega} = z$로 두면

$$\begin{aligned} \gamma_K(z) &= \left.\varphi_K(\omega)\right|_{e^{j\omega}=z} \\ &= (pz+1-p)^n \end{aligned} \tag{3.315}$$

이다. 이제,

$$\frac{\partial^i}{\partial z^i}\gamma_K(z) = E\left\{K(K-1)\cdots(K-i+1)z^{K-i}\right\} \tag{3.316}$$

이므로 $\gamma_K^{(i)}(1) = E\{K(K-1)\cdots(K-i+1)\}$이다. 따라서, $\gamma_K(1) = 1$, $\gamma_K'(1) = E\{K\} = np$, $\gamma_K''(1) = E\left\{K^2\right\} - E\{K\} = n(n-1)p^2$을 얻는다. 이것을 쓰면, $E\{K\} = np$와 $\mathrm{Var}\{K\} = np(1-p)$를 얻는다. ◇

보기 3.94 (포아송 분포)* 확률변수 K의 분포가 포아송 분포 $P(\lambda)$라고 하자. 그러면

$$P\{K=k\} = e^{-\lambda}\frac{\lambda^k}{k!}, \quad k = 0, 1, 2, \cdots \tag{3.317}$$

이므로

$$\begin{aligned}\gamma_K(z) &= e^{-\lambda}\sum_{k=0}^{\infty}\frac{\lambda^k z^k}{k!} \\ &= e^{\lambda(z-1)}\end{aligned} \tag{3.318}$$

이고

$$\varphi_K(\omega) = \exp\left\{\lambda\left(e^{j\omega}-1\right)\right\} \tag{3.319}$$

이다. 곧, $\gamma_K'(1) = E\{K\} = \lambda$이고 $\gamma_K''(1) = E\left\{K^2\right\} - E\{K\} = \lambda^2$이다. 따라서, $E\{K\} = \lambda$이고 $\mathrm{Var}\{K\} = \lambda$이다. 한편, K의 적률생성함수는

$$\begin{aligned}G_K(s) &= M_K(t)\Big|_{s=e^t} \\ &= \sum_{k=0}^{\infty} s^k \frac{\lambda^k}{k!}e^{-\lambda} \\ &= e^{\lambda(s-1)}\end{aligned} \tag{3.320}$$

이고, 이 식을 써서도 평균, 분산, ⋯을 얻을 수 있다. ◇

적률 정리에서 간접적으로 아래를 알 수 있다. 마치 한 함수의 테일러 급수[56]의 계수나 푸리에 급수[57]의 계수를 얻어 그를 바탕으로 함수를 나타낼 수 있는 것처럼, 적률이나 중심 적률은 확률밀도함수를 나타내는 계수라고 할 수 있는 것이다. 곧, 확률변수 X의 적률생성함수 $M_X(t)$를 급수 전개하면

$$M_X(t) = \sum_{n=0}^{\infty}\frac{E\left\{X^n\right\}}{n!}t^n \tag{3.321}$$

이다. 여기서, 계수 $\frac{E\{X^n\}}{n!}$이 – 곧, 적률 또는 중심 적률이 – 모두 같은 두 분포는 서로 같다는 것을 알 수 있다. 이것을 바탕으로 처음 몇 계수를 – 보기를 들면, 평균과 둘째 적률을 – 견주어 보아 두 분포가 얼마나 같은지 살펴볼 수 있다.

[56]Taylor series

[57]Fourier series

3.4.3 누적 적률*

특성함수 $\varphi(\omega)$의 자연 대수 $\psi(\omega) = \ln \varphi(\omega)$를 $\omega = 0$ 근처에서 $j\omega$의 거듭제곱 급수로 풀어 쓰면

$$\begin{aligned}
\psi(\omega) &= \ln\left\{1+\sum_{s=1}^{\infty}(j\omega)^s\frac{m_s}{s!}\right\} \\
&= \left\{\sum_{s=1}^{\infty}(j\omega)^s\frac{m_s}{s!}\right\} - \frac{1}{2}\left\{\sum_{s=1}^{\infty}(j\omega)^s\frac{m_s}{s!}\right\}^2 + \frac{1}{3}\left\{\sum_{s=1}^{\infty}(j\omega)^s\frac{m_s}{s!}\right\}^3 + \cdots \\
&= m_1\frac{j\omega}{1!} + \left(m_2 - m_1^2\right)\frac{(j\omega)^2}{2!} + \left(m_3 - 3m_1m_2 + 2m_1^3\right)\frac{(j\omega)^3}{3!} + \cdots \\
&= \sum_{n=1}^{\infty} k_n \frac{(j\omega)^n}{n!} \qquad (3.322)
\end{aligned}$$

이다. 이 식을 바탕으로 아래와 같이 누적 적률을 뜻매김하자.

뜻매김 3.15 누적 적률[58]

식 (3.322)에서 k_n은

$$k_n = \left.\frac{\partial^n}{\partial(j\omega)^n}\psi(\omega)\right|_{\omega=0} \qquad (3.323)$$

과 같으며 이것을 n째 누적 적률이라고 한다.

보기 3.95 첫째 누적 적률 $k_1 = m_1$은 평균, 둘째 누적 적률 $k_2 = m_2 - m_1^2$은 분산, 셋째 누적 적률은 $k_3 = m_3 - 3m_1m_2 + 2m_1^3$, 넷째 누적 적률은 $k_4 = m_4 - 3m_2^2 - 4m_1m_3 + 12m_1^2m_2 - 6m_1^4$, $\cdots$ 이다. ◇

이제까지 본 바와 같이 확률변수의 확률적 특성을 나타낼 때 가장 먼저 생각할 수 있는 것이 기댓값이고, 그 다음이 분산이다. 한편, 기댓값과 분산 다음으로, 아래에 보이는 퍼짐, 대칭성, 뾰족함으로 확률변수의 확률적 특성을 좀 더 자세히 나타낼 수 있다.

뜻매김 3.16 변동 계수, 비틀림, 뾰족함[59]

확률변수 X의 평균을 m, 분산을 σ^2, n째 중심 적률을 μ_n, n째 누적 적률을 k_n이라고 할 때, $v_1 = \frac{\sigma}{m}$, $v_2 = \frac{\mu_3}{\sigma^3} = \frac{k_3}{\sqrt{k_2^3}}$, $v_3 = \frac{\mu_4}{\sigma^4} = 3 + \frac{k_4}{k_2^2}$를 각각 변동 계수, 비틀림, 뾰족함이라고 한다.

변동 계수는 평균으로 정규화한 퍼짐을 가리키는 잣대이고, 비틀림은 분포가 얼마나 비대칭인지를 나타내는 잣대로 자주 쓰인다. 곧, $v_2 = 0$이면 분포가 평균에 대해 대칭이고, $v_2 > 0$이면 분포의 최빈값이 평균보다 작으며[60], $v_2 < 0$이면 분포의 최빈값이 평균보다 크다[61].

[58] cumulant
[59] coefficient of variation, skewness, kurtosis
[60] 이때, 오른쪽으로 비틀렸다고 한다.
[61] 이때, 왼쪽으로 비틀렸다고 한다.

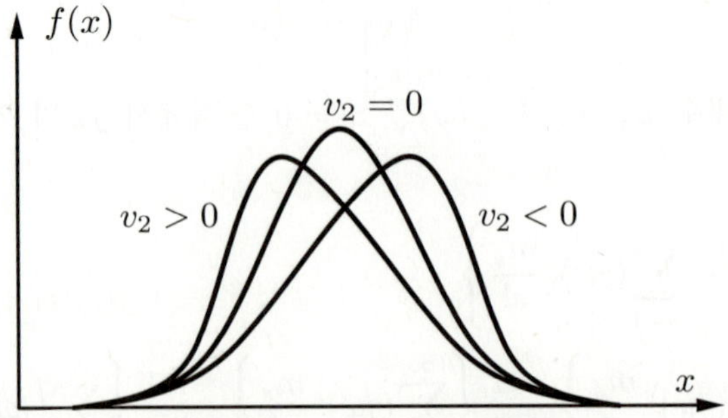

그림 3.28 비틀림 v_2와 확률밀도함수의 대칭성

보기 3.96 (포아송 분포) 분포가 $P(\lambda)$인 포아송 확률변수 X를 생각하자. 그러면 보기 3.94에서 알 수 있듯이 $E\{X\} = m_1 = \lambda$이고, $\text{Var}\{X\} = \sigma^2 = \lambda$이며, $m_2 = \lambda + \lambda^2$이다. 따라서, $m_3 = \sum_{k=0}^{\infty} k^3 \frac{\lambda^k e^{-\lambda}}{k!} = \sum_{k=1}^{\infty} k^2 \frac{\lambda^k e^{-\lambda}}{(k-1)!} = \lambda \sum_{k=0}^{\infty} (k^2+2k+1) \frac{\lambda^k e^{-\lambda}}{k!} = \lambda(m_2+2m_1+1) = \lambda^3+3\lambda^2+\lambda$이고 $\mu_3 = \sum_{k=0}^{\infty} (k-\lambda)^3 \frac{\lambda^k e^{-\lambda}}{k!} = \sum_{k=0}^{\infty} (k^3-3\lambda k^2+3\lambda^2 k-\lambda^3) \frac{\lambda^k e^{-\lambda}}{k!} = m_3-3\lambda m_2+3\lambda^2 m_1-\lambda^3 = \lambda$라는 것을 새기면 $v_1 = \frac{\sigma}{m_1} = \frac{\sqrt{\lambda}}{\lambda} = \frac{1}{\sqrt{\lambda}}$이고 $v_2 = \frac{\mu_3}{\sigma^3} = \frac{\lambda}{\sqrt{\lambda^3}} = \frac{1}{\sqrt{\lambda}}$이다. ◇

보기 3.97 (지수 분포) 확률변수 X의 확률밀도함수가 $f_X(x) = \lambda \exp(-\lambda x)\, u(x)$라고 하자. 그러면 보기 3.73 또는 3.91에서 본 것처럼 $E\{X\} = m = \frac{1}{\lambda}$이고, $\mu_2 = \text{Var}\{X\} = \sigma^2 = \frac{1}{\lambda^2}$이며, $\mu_3 = \int_0^\infty \left(x - \frac{1}{\lambda}\right)^3 \lambda e^{-\lambda x} dx = -\left[\left\{\left(x - \frac{1}{\lambda}\right)^3 + \frac{3}{\lambda}\left(x - \frac{1}{\lambda}\right)^2 + \frac{6}{\lambda^2}\left(x - \frac{1}{\lambda}\right) + \frac{6}{\lambda^3}\right\} e^{-\lambda x}\right]_0^\infty = \frac{2}{\lambda^3}$이므로, $v_1 = \frac{\sigma}{m} = \left(\frac{1}{\lambda}\right)\left(\frac{1}{\lambda}\right)^{-1} = 1$이고 $v_2 = \frac{\mu_3}{\sigma^3} = \left(\frac{2}{\lambda^3}\right)\left(\frac{1}{\lambda^3}\right)^{-1} = 2$이다. ◇

한편, 뾰족함 v_3은 분포가 정규 분포와 견주어볼 때 얼마나 뾰족한지를 나타낸다. 곧, $v_3 = 3$이면 정규 분포와 뾰족함이 같고, $v_3 < 3$이면 정규 분포보다 덜 뾰족하며, – 평탄[62]하며, – $v_3 > 3$이면 정규 분포보다 더 뾰족하다 – 초정규[63]이다.

보기 3.98 (지수 분포) 확률변수 X의 확률밀도함수가 $f_X(x) = \lambda \exp(-\lambda x)\, u(x)$라고 하자. 그러면 보기 3.97에서 본 것처럼 $\sigma = \frac{1}{\lambda}$이고

$$\begin{aligned} \mu_4 &= \int_0^\infty \left(x - \frac{1}{\lambda}\right)^4 \lambda e^{-\lambda x} dx \\ &= -\Bigg[\Bigg\{\left(x - \frac{1}{\lambda}\right)^4 + \frac{4}{\lambda}\left(x - \frac{1}{\lambda}\right)^3 + \frac{12}{\lambda^2}\left(x - \frac{1}{\lambda}\right)^2 \\ &\qquad + \frac{24}{\lambda^3}\left(x - \frac{1}{\lambda}\right) + \frac{24}{\lambda^4}\Bigg\} e^{-\lambda x}\Bigg]_0^\infty \\ &= \frac{9}{\lambda^4} \end{aligned} \tag{3.324}$$

이므로 $v_3 = \frac{\mu_4}{\sigma^4} = \left(\frac{9}{\lambda^4}\right)\left(\frac{1}{\lambda^4}\right)^{-1} = 9$이다. ◇

[62]platykurtic. mild peak
[63]leptokurtic. sharp peak

보기 3.99 (포아송 분포) 분포가 $P(\lambda)$인 포아송 확률변수 X를 생각하자. 그러면 보기 3.94와 3.96에서 본 것처럼 $\sigma = \sqrt{\lambda}$이고,

$$\begin{aligned} m_4 &= \sum_{k=0}^{\infty} k^4 \frac{\lambda^k e^{-\lambda}}{k!} \\ &= \lambda \sum_{k=0}^{\infty} (k^3 + 3k^2 + 3k + 1) \frac{\lambda^k e^{-\lambda}}{k!} \\ &= \lambda(m_3 + 3m_2 + 3m_1 + 1) \\ &= \lambda^4 + 6\lambda^3 + 7\lambda^2 + \lambda \end{aligned} \tag{3.325}$$

이며,

$$\begin{aligned} \mu_4 &= \sum_{k=0}^{\infty} (k-\lambda)^4 \frac{\lambda^k e^{-\lambda}}{k!} \\ &= \sum_{k=0}^{\infty} (k^4 - 4\lambda k^3 + 6\lambda^2 k^2 - 4\lambda^3 k + \lambda^4) \frac{\lambda^k e^{-\lambda}}{k!} \\ &= m_4 - 4\lambda m_3 + 6\lambda^2 m_2 - 4\lambda^3 m_1 + \lambda^4 \\ &= 3\lambda^2 + \lambda \end{aligned} \tag{3.326}$$

이므로 $v_3 = \frac{\mu_4}{\sigma^4} = \frac{3\lambda^2+\lambda}{\lambda^2} = 3 + \frac{1}{\lambda}$이다. ◇

3.5 조건부 분포

3.5.1 조건부 확률 함수

사건 A를 조건으로 할 때 – 곧, 사건 A가 일어났다고 할 때 –

$$\begin{aligned} F_{X|A}(x|A) &= P\{X \le x|A\} \\ &= \frac{P\{X \le x, A\}}{P\{A\}} \end{aligned} \tag{3.327}$$

을 확률변수 X의 조건부 누적분포함수라고 한다. 여기서 $F_{X|A}(x|A)$를 $F_{X|A}(x)$나 $F_X(x|A)$처럼 쓰기도 한다. 말할 것도 없이, 조건부 누적분포함수도 누적분포함수이므로 $F_{X|A}(\infty|A) = 1$이고, $F_{X|A}(-\infty|A) = 0$이며, $x_1 < x_2$일 때 $F_{X|A}(x_1|A) \le F_{X|A}(x_2|A)$이다.

한편, (2.79)에서 다룬 조건부 확률 $P\{A|B\} = \frac{P\{B|A\}P\{A\}}{P\{B\}}$에서 조건 사건 $B = \{x_1 < X \le x_2\}$를 생각하면, 사건 A의 조건부 확률은

$$\begin{aligned} P\{A|x_1 < X \le x_2\} &= \frac{P\{x_1 < X \le x_2|A\}}{P\{x_1 < X \le x_2\}} P\{A\} \\ &= \frac{F_{X|A}(x_2|A) - F_{X|A}(x_1|A)}{F_X(x_2) - F_X(x_1)} P\{A\} \end{aligned} \tag{3.328}$$

처럼 쓸 수 있다. 이제, $x_1 = x$라고 두고 $x_2 = x + \Delta x$라고 두면 (3.328)에서

$$\begin{aligned}\lim_{\Delta x\to 0} P\{A|B\} &= P\{A|X=x\} \\ &= \lim_{\Delta x\to 0} \frac{F_{X|A}(x+\Delta x|A) - F_{X|A}(x|A)}{F_X(x+\Delta x) - F_X(x)} P\{A\} \\ &= \lim_{\Delta x\to 0} \frac{F_{X|A}(x+\Delta x|A) - F_{X|A}(x|A)}{\Delta x} \cdot \frac{\Delta x}{F_X(x+\Delta x) - F_X(x)} P\{A\} \\ &= \frac{f_{X|A}(x|A)}{f_X(x)} P\{A\} \end{aligned} \tag{3.329}$$

을 얻는다. 여기서, $f_{X|A}(x|A)$는 사건 A가 일어났을 때 확률변수 X의 조건부 확률밀도함수이고, 이것을 $f_{X|A}(x)$나 $f_X(x|A)$처럼 쓰기도 한다. 끝으로, (3.329)에서

$$f_{X|A}(x|A)P\{A\} \;=\; P\{A|X=x\}f_X(x) \tag{3.330}$$

임을 알 수 있다.

정리 3.11 **전체확률 정리** 식 (3.330)을 적분하고 $\int_{-\infty}^{\infty} f_{X|A}(x|A)dx = 1$이라는 것을 생각하면

$$P\{A\} \;=\; \int_{-\infty}^{\infty} P\{A|X=x\}f_X(x)dx \tag{3.331}$$

을 얻는데, 이것을 – 연속 확률변수에서의 – 전체확률 정리라고 부른다. ■■

보기 3.100 굵기를 0으로 볼 수 있는 막대기를 아무렇게나 둘로 자른다. 그 둘 가운데 하나를 아무렇게나 골라 다시 아무렇게나 둘로 자른다. 이렇게 얻은 세 도막이 세모를 이룰 확률 P_{T2}를 얻어 보자.

풀이 먼저, 막대기의 길이를 1이라고 두자. 이제, 보기 2.31에서 다룬 것과 비슷하게 생각하여, 수 직선 위의 구간 $[0,1]$에서 처음 자르는 자리를 확률변수 X라고 두면, 확률변수 X의 확률밀도함수는

$$f_X(v) \;=\; u(v)u(1-v) \tag{3.332}$$

이다. 또, 처음 잘라 얻은 수 직선 위의 구간 $[0,X]$를 왼 도막, 구간 $[X,1]$을 오른 도막이라고 부르자. 그러면 처음 자른 자리가 t일 때 – 곧, $X=t$일 때 – (3.331)을 바탕으로

$$\begin{aligned} P_{T2} &= \int_{-\infty}^{\infty} P\{\text{세 도막으로 세모}|X=t\}\, f_X(t)\, dt \\ &= \int_0^1 P\{\text{세 도막으로 세모}|X=t\}\, dt \end{aligned} \tag{3.333}$$

임을 알 수 있다. 한편, 두 도막의 길이를 더한 것이 나머지 도막의 길이보다 커야 세 도막으로 세모를 만들 수 있다. 그러므로, $0 < t < \frac{1}{2}$이면, 오른 도막을 골라 자르는 자리가 $\left(\frac{1}{2}, t+\frac{1}{2}\right)$에 들어 있도록[64] 잘라야 세모를 이룰 수 있으며, 그 확률은

[64] 오른 도막을 골라 자른 곳을 y라고 하면, 세 도막의 길이는 t, $y-t$, $1-y$이고, 이 셋 가운데 둘을 더한 것이 나머지 하나보다 크다는 조건을 y의 식으로 나타내면 $\frac{1}{2} < y < t+\frac{1}{2}$이다.

$$\begin{aligned}
P\{\text{세 도막으로 세모}|X=t\} &= \Pr\{\text{오른 도막을 고름}\} \\
&\cdot \Pr\left\{\text{자르는 자리가 } \left(\tfrac{1}{2}, t+\tfrac{1}{2}\right)\text{에 들어 있음}\middle|\text{ 오른 도막을 고름}\right\} \\
&= \frac{1}{2}\frac{\left(\frac{1}{2}, t+\frac{1}{2}\right)\text{의 길이}}{\text{오른 도막의 길이}} \\
&= \frac{1}{2}\frac{t}{1-t}
\end{aligned} \tag{3.334}$$

이다. 마찬가지로, $\frac{1}{2} < t < 1$이면 왼 도막을 골라 자르는 자리가 $\left(t-\frac{1}{2}, \frac{1}{2}\right)$에 들어 있도록[65] 잘라야 세모를 이룰 수 있으며, 그 확률은

$$\begin{aligned}
P\{\text{세 도막으로 세모}|X=t\} &= \Pr\{\text{왼 도막을 고름}\} \\
&\cdot \Pr\left\{\text{나누는 자리가 } \left(t-\tfrac{1}{2}, \tfrac{1}{2}\right)\text{에 들어 있음}\middle|\text{ 왼 도막을 고름}\right\} \\
&= \frac{1}{2}\frac{1-t}{t}
\end{aligned} \tag{3.335}$$

이다. 따라서, (3.334)와 (3.335)를 (3.333)에 넣으면

$$\begin{aligned}
P_{T2} &= \int_0^{\frac{1}{2}} \frac{1}{2}\frac{t}{1-t}\,dt + \int_{\frac{1}{2}}^1 \frac{1}{2}\frac{1-t}{t}\,dt \\
&= \left[-\frac{1}{2}(t+\ln|1-t|)\right]_{t=0}^{\frac{1}{2}} + \left[\frac{1}{2}(-t+\ln|t|)\right]_{t=\frac{1}{2}}^{1} \\
&= \ln 2 - \frac{1}{2} \\
&\approx 0.1931
\end{aligned} \tag{3.336}$$

을 얻는다. 여기서, 처음 잘라 얻은 두 도막 가운데 하나를 고를 때, 짧은 도막을 고르면 세모를 만들 수 없다는 사실을 생각하여, 늘 긴 도막을 골라 아무렇게나 둘로 자르는 때를 생각해 보자. 그러면 세 도막이 세모를 이룰 확률이

$$\begin{aligned}
2P_{T2} &= 2\ln 2 - 1 \\
&\approx 0.3863
\end{aligned} \tag{3.337}$$

임을 쉽게 알 수 있다. 이 값은 보기 2.31에서 얻은 $\frac{1}{4}$보다 크다. 이것은 "긴 것을 골라야 세모를 만들 수 있다."는 정보를 쓴 까닭으로 확률이 높아진 것이다. ◇

이제, (2.113)에서 다룬 전체확률 정리 $P\{E\} = \sum_{i=1}^{n} P\{E|B_i\}P\{B_i\}$에서 $E = \{X \le x\}$라고 두면, (3.331)과 비슷하게

$$F_X(x) = \sum_{i=1}^{n} F_{X|B_i}(x|B_i)P\{B_i\} \tag{3.338}$$

을 얻는다.

[65] 왼 도막을 골라 자른 곳을 y라고 하면, 세 도막의 길이는 y, $t-y$, $1-t$이고, 이 셋 가운데 둘을 더한 것이 나머지 하나보다 크다는 조건을 y의 식으로 나타내면 $t-\frac{1}{2} < y < \frac{1}{2}$이다.

정리 3.12 베이스의 정리 식 (3.330)에 (3.331)을 쓰면

$$\begin{aligned} f_{X|A}(x|A) &= \frac{P\{A|X=x\}}{P\{A\}} f_X(x) \\ &= \frac{P\{A|X=x\} f_X(x)}{\int_{-\infty}^{\infty} P\{A|X=x\} f_X(x) dx} \end{aligned} \tag{3.339}$$

이다. ■

식 (3.327)에서 다룬 조건부 누적분포함수는

$$\begin{aligned} F_{X|A}(x|A) &= \int_{-\infty}^{x} f_{X|A}(t|A) dt \\ &= \frac{\int_{-\infty}^{x} P\{A|X=t\} f_X(t) dt}{P\{A\}} \end{aligned} \tag{3.340}$$

처럼 (3.339)를 바탕으로 조건부 확률밀도함수를 적분하여 얻을 수도 있다. 한편, 조건부 누적분포함수를 뜻매김하는 식 (3.327)과 (3.340)에서

$$P\{A, X \le x\} = \int_{-\infty}^{x} P\{A|X=t\} f_X(t) dt \tag{3.341}$$

을 알 수 있다.

보기 3.101 연속 확률변수 X의 확률밀도함수를 f_X, 누적분포함수를 F_X라고 하자. 이때, 조건부 누적분포함수 $F_{X|X\le a}(x|X \le a)$와 조건부 확률밀도함수 $f_{X|X\le a}(x|X \le a)$를 f_X와 F_X로 나타내 보자.

풀이 먼저, 조건부 누적분포함수는

$$\begin{aligned} F_{X|X\le a}(x|X \le a) &= P\{X \le x | X \le a\} \\ &= \frac{P\{X \le x, X \le a\}}{P\{X \le a\}} \end{aligned} \tag{3.342}$$

처럼 쓸 수 있다. 여기서, $x \le a$라면 $P\{X \le x, X \le a\} = P\{X \le x\}$이므로

$$\begin{aligned} F_{X|X\le a}(x|X \le a) &= \frac{P\{X \le x\}}{P\{X \le a\}} \\ &= \frac{F_X(x)}{F_X(a)} \end{aligned} \tag{3.343}$$

이다. 다음에, $x > a$라면 $P\{X \le x, X \le a\} = P\{X \le a\}$이므로

$$F_{X|X\le a}(x|X \le a) = 1 \tag{3.344}$$

이다. 따라서, (3.343)과 (3.344)에서

$$f_{X|X\le a}(x|X \le a) = \begin{cases} \frac{f_X(x)}{F_X(a)}, & x \le a, \\ 0, & x > a \end{cases} \tag{3.345}$$

를 얻는다. 이 결과를 그림 3.29에 보였다. ◇

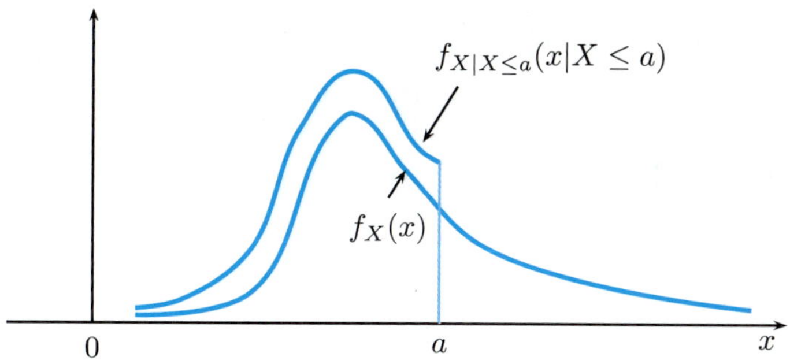

그림 3.29 확률밀도함수 f_X와 조건부 확률밀도함수 $f_{X|X\le a}(x)$

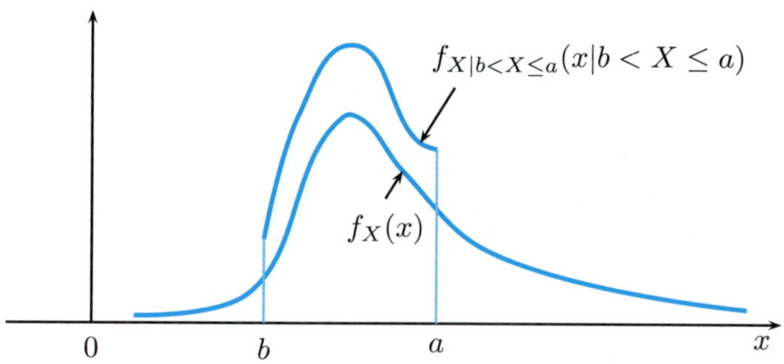

그림 3.30 확률밀도함수 f_X와 조건부 확률밀도함수 $f_{X|b<X\le a}(x)$

보기 3.102 보기 3.101에서 조건부 누적분포함수 $F_{X|b<X\le a}(x|b < X \le a)$를 얻어 보자.

풀이 먼저, $F_{X|b<X\le a}(x|b < X \le a)$를 바꾸어 쓰면

$$F_{X|b<X\le a}(x|b < X \le a) = \frac{P\{X \le x, b < X \le a\}}{P\{b < X \le a\}} \tag{3.346}$$

이다. 이제, $x \le b$이면 $P\{X \le x, b < X \le a\} = P\{\emptyset\} = 0$이므로 $F_{X|b<X\le a}\{x|b < X \le a\} = 0$이다. 다음에, $b < x \le a$이면, $P\{X \le x, b < X \le a\} = P\{b < X \le x\}$이므로

$$F_{X|b<X\le a}(x|b < X \le a) = \frac{F_X(x) - F_X(b)}{F_X(a) - F_X(b)} \tag{3.347}$$

이다. 또한, $x > a$이면 $P\{X \le x, b < X \le a\} = P\{b < X \le a\}$이므로 $F_{X|b<X\le a}(x|b < X \le a) = 1$이다. 따라서,

$$f_{X|b<X\le a}(x|b < X \le a) = \begin{cases} \frac{f_X(x)}{F_X(a)-F_X(b)}, & b < x \le a\text{일 때}, \\ 0, & \text{그 밖에는} \end{cases} \tag{3.348}$$

이다. 이 결과를 그림 3.30에 보였다. ◇

보기 3.103 (시스템의 고장)* 어떤 시스템이 고장나는 시간을 확률변수 X라고 하고, X의 누적분포함수를 F라고 두자. 곧, $F(t) = P\{X \le t\}$는 시간 t 전에 시스템이 고장날 확률이고, $1 - F(t) = P\{X > t\}$는 시간 t 전에 시스템이 고장나지 않을 확률이다. 한편, 조건부 고장률 $\beta(t)$는

$$\beta(t)dt = P\{\text{시간 } t \text{ 전에 시스템이 고장나지 않았을 때 시간 구간 } (t, t+dt)\text{에 시스템이 고장남}\} \quad (3.349)$$

을 바탕으로 뜻매김한다. 이제, (3.327)에서 $A = \{X > t\}$라고 두고 그 결과를 미분하면 X의 조건부 확률밀도함수

$$\begin{aligned} f_{X|X>t}(x|X>t) &= \frac{F'(x)}{1-F(t)} \\ &= \frac{f(x)}{\int_t^\infty f(x)dx} \end{aligned} \quad (3.350)$$

을 얻는다. 이 식을 바탕으로 조건부 고장률을

$$\begin{aligned} \beta(t) &= f_{X|X>t}(t|X>t) \\ &= \frac{F'(t)}{1-F(t)} \end{aligned} \quad (3.351)$$

처럼 쓸 수 있다. 이 미분 방정식을 풀면 $-\ln(1-F(x)) = \int_0^x \beta(t)dt$이므로

$$F(x) = 1 - \exp\left(-\int_0^x \beta(t)dt\right) \quad (3.352)$$

를 얻고, 이 식을 미분하면

$$f(x) = \beta(x)\exp\left(-\int_0^x \beta(t)dt\right) \quad (3.353)$$

을 얻을 수 있다. ◊

3.5.2 조건화하여 기댓값 얻기*

어떤 사건의 확률을 얻고자 할 때, 알맞은 조건을 생각하여 조건부 확률을 먼저 얻으면 매우 쉽게 바라는 확률을 얻을 수 있다는 것을 2.2절에서 이미 살펴보았다. 이제, 이와 비슷하게 기댓값을 얻을 때에도 직접 얻는 것보다 조건부 기댓값을 먼저 얻고 그것을 다시 평균하여 기댓값을 얻는 방법이 꽤 쓸모 있다는 것을 살펴보자. 이와 같은 방법은 4.4.3절에서 확률벡터의 조건부 기댓값을 다룰 때 조금 더 다룰 것이다.

보기 3.104 속이 보이지 않는 주머니 안에 노란 공이 a개, 파란 공이 b개 들어 있다. 이 주머니에서 아무렇게나 공을 하나 꺼낸 다음, 그 공이 노란 공이면 주머니에 다시 넣고, 파란 공이면 다른 곳에 있는 노란 공과 바꾸어 주머니 안에 넣는다. 이와 같은 실험을 n번 시행한 뒤, 주머니 안에 들어 있는 노란 공 수 X_n의 기댓값 $E\{X_n\} = M_n$은

$$M_{n+1} = \left(1 - \frac{1}{a+b}\right)M_n + 1 \quad (3.354)$$

를 만족시킨다는 것을 보이고, (3.354)를 풀어

$$M_n = a + b - b\left(1 - \frac{1}{a+b}\right)^n \tag{3.355}$$

임을 보이자. 끝으로, $(n+1)$째 시행에서 꺼낸 공이 노란 공일 확률 P_{n+1}을 얻어 보자.

풀이 먼저,

$$\begin{aligned} M_{n+1} &= E\{X_{n+1}|(n+1)\text{째 꺼낸 공이 노란 공}\}\Pr\{(n+1)\text{째 꺼낸 공이 노란 공}\} \\ &+ E\{X_{n+1}|(n+1)\text{째 꺼낸 공이 파란 공}\}\Pr\{(n+1)\text{째 꺼낸 공이 파란 공}\} \end{aligned} \tag{3.356}$$

처럼 쓸 수 있는데,

$$E\{X_{n+1}|(n+1)\text{째 꺼낸 공이 노란 공}\} = M_n, \tag{3.357}$$

$$\Pr\{(n+1)\text{째 꺼낸 공이 노란 공}\} = \frac{M_n}{a+b}, \tag{3.358}$$

$$E\{X_{n+1}|(n+1)\text{째 꺼낸 공이 파란 공}\} = M_n + 1, \tag{3.359}$$

$$\Pr\{(n+1)\text{째 꺼낸 공이 파란 공}\} = 1 - \frac{M_n}{a+b} \tag{3.360}$$

이므로

$$\begin{aligned} M_{n+1} &= M_n \cdot \frac{M_n}{a+b} + (M_n + 1)\left(1 - \frac{M_n}{a+b}\right) \\ &= M_n\left(1 - \frac{1}{a+b}\right) + 1 \end{aligned} \tag{3.361}$$

이다. 이제, $\mu = 1 - \frac{1}{a+b}$로 두면 $M_{n+1} = \mu M_n + 1 = \mu(\mu M_{n-1} + 1) + 1 = \mu^2 M_{n-1} + 1 + \mu = \cdots = \mu^{n+1} M_0 + 1 + \mu + \cdots + \mu^n$인데, $M_0 = a$이므로

$$\begin{aligned} M_{n+1} &= a\mu^{n+1} + \frac{1 - \mu^{n+1}}{1 - \mu} \\ &= a + b - b\left(1 - \frac{1}{a+b}\right)^{n+1} \end{aligned} \tag{3.362}$$

이다. 한편, 위에서 얻은 것을 바탕으로, $n = 0, 1, \cdots$일 때

$$\begin{aligned} P_{n+1} &= \frac{M_n}{a+b} \\ &= 1 - \frac{b}{a+b}\left(1 - \frac{1}{a+b}\right)^n \end{aligned} \tag{3.363}$$

임을 알 수 있다. ◇

3.6 몇 가지 확률변수

이 절에서는 널리 쓰이는 확률변수를 몇 가지 좀 더 자세히 다루어 본다. 가장 먼저 정규 확률변수를 다시 생각해 보자.

3.6.1 정규 확률변수

뜻매김 3.17 정규 확률변수[66]

확률밀도함수가

$$f(x) = \frac{1}{\sqrt{2\pi\sigma^2}} \exp\left\{-\frac{(x-m)^2}{2\sigma^2}\right\} \tag{3.364}$$

꼴인 확률변수를 정규 확률변수라고 하고, 그 분포를 $N\left(m, \sigma^2\right)$으로 쓴다.

보기 2.79에서도 말한 것처럼, 평균이 0이고 분산이 1인 정규 분포 $N(0,1)$을 표준 정규 분포라 부른다. 이제, 표준 정규 확률밀도함수

$$g(x) = \frac{1}{\sqrt{2\pi}} \exp\left(-\frac{x^2}{2}\right) \tag{3.365}$$

를 생각하고, 이 함수 $g(x)$의 적분인 표준 정규 누적분포함수를

$$\Phi(x) = \frac{1}{\sqrt{2\pi}} \int_{-\infty}^{x} \exp\left(-\frac{t^2}{2}\right) dt \tag{3.366}$$

처럼 두자. 그러면 (3.49)에서 본 것처럼 $g(x)$의 대칭성으로 말미암아

$$\Phi(-x) = 1 - \Phi(x) \tag{3.367}$$

임을 쉽게 알 수 있다. 또한, 분포가 $N\left(m, \sigma^2\right)$인 확률변수의 누적분포함수는

$$F(x) = \Phi\left(\frac{x-m}{\sigma}\right) \tag{3.368}$$

이다.

뒤에 – 정리 7.16에 – 나오는 중심 극한 정리에서 알 수 있듯이, 정규 분포는 여러 분포 가운데에서 가장 중요하고 널리 쓰이는 것이라고 해도 지나친 말이 아니다. 한편, (3.282)에서도 본 바와 같이 정규 분포 $N\left(m, \sigma^2\right)$의 특성함수는

$$\varphi(\omega) = \exp\left(jm\omega - \frac{\sigma^2\omega^2}{2}\right) \tag{3.369}$$

이고 적률생성함수는

$$M(t) = \exp\left(mt + \frac{\sigma^2 t^2}{2}\right) \tag{3.370}$$

이다.

한편, 정규 분포의 꼬리 부분은 통계, 통신, 신호 처리와 같은 여러 영역에서 매우 자주 쓰인다. 여기서는 정규 분포의 꼬리 확률을 어떻게 어림할 수 있는지 간단히 살펴보자. 먼저, 위 (3.366)에서 뜻매김한 표준 정규 누적분포함수를 바탕으로 잘못 함수[67] $\Theta(x)$를

[66] normal random variable. 가우스 확률변수라고 Gaussian random variable 부르기도 한다.
[67] error function

$$\begin{aligned}\Theta(x) &= \text{erf}(x) \\ &= \frac{2}{\sqrt{\pi}}\int_0^x \exp\left(-t^2\right) dt \\ &= 2\Phi\left(\sqrt{2}x\right) - 1\end{aligned} \tag{3.371}$$

처럼 쓸 수 있다. 이제, 표준 정규 확률밀도함수 $g(x)$와 그 꼬리 적분

$$Q(x) = \frac{1}{\sqrt{2\pi}}\int_x^\infty \exp\left(-\frac{t^2}{2}\right) dt \tag{3.372}$$

를 생각하자. 이 꼬리 적분 $Q(x)$를 표준 정규 보 누적분포함수[68]라고 부르기도 한다. 표준 정규 확률밀도함수와 꼬리 적분을 쓰면 $x > 0$일 때 부등식

$$\frac{x}{1+x^2}g(x) < Q(x) < \frac{g(x)}{x} \tag{3.373}$$

을 얻을 수 있다. 꼬리 적분 $Q(x)$를 함수

$$Q_a(x) = \frac{1}{(1-a)x + a\sqrt{x^2+b}}g(x) \tag{3.374}$$

처럼 어림한다고 하고, $Q_a(0) = Q(0) = \frac{1}{2}$이라고 두자. 그러면 a와 b는

$$\frac{1}{a\sqrt{b}} \cdot \frac{1}{\sqrt{2\pi}} = \frac{1}{2} \tag{3.375}$$

를 만족시켜야 한다. 여기서, $x > 0$일 때만 생각하면, $a \approx 0.344$이고 $b \approx 5.334$이면 $Q_a(x)$는 $Q(x)$의 최적 상한이고, $a = \frac{1}{\pi}$이고 $b = 2\pi$이면 $Q_a(x)$는 $Q(x)$의 최적 하한이며, $a \approx 0.339$이고 $b \approx 5.510$이면 $Q_a(x)$는 $Q(x)$의 최적 어림셈임이 – 곧, $\max\left|\frac{Q_a(x)-Q(x)}{Q(x)}\right|$이 가장 작음이 – 알려져 있다.

3.6.2 이항 확률변수

뜻매김 3.18 베르누이 시행[69]

나올 수 있는 결과가 둘인, 곧 표본공간의 원소가 둘인, 독립 실험을 베르누이 시행이라고 한다.

베르누이 시행의 두 결과 가운데에서 바라는 결과가 일어나는 사건의 확률을 p라고 할 때, 그 분포를 $b(1,p)$로 쓴다.

보기 3.105 제대로 만든 주사위를 굴리는 실험에서 $A = \{1,2,3,4\}$와 $A^c = \{5,6\}$을 생각하자. 그러면 우리가 바라는 집합을 A라고 하면 사건 A의 분포는 $b\left(1,\frac{2}{3}\right)$이다. ◇

뜻매김 3.19 이항 분포[70]

베르누이 시행을 거듭하여 얻은 결과가 나타내는 분포를 이항 분포라고 한다. 분포가 $b(1,p)$인 베르누이 시행을 n번 거듭한 이항 분포를 $b(n,p)$로 쓴다.

[68]complementary standard normal cdf
[69]Bernoulli trial

곧, 바라는 사건 A가 일어날 확률은 $P(A) = p$이고, A가 일어나지 아니할 – 또는 A^c가 일어날 – 확률은 $P(A^c) = 1 - P(A) = q$인 실험을 n번 독립적으로 시행하면, 그 결과는 이항 분포를 나타낸다. 이때, 바라는 사건 A가 일어날 횟수를 확률변수 K라고 하고 $K = k$일 확률을 $P_n(k)$로 쓰면, $k = 0, 1, \cdots, n$일 때

$$\begin{aligned} P_n(k) &= P\{\text{베르누이 시행 } n\text{번 가운데 바라는 사건이 } k\text{번 일어남}\} \\ &= {}_n\mathrm{C}_k p^k q^{n-k} \end{aligned} \tag{3.376}$$

이다. 한편, 이항 분포 $b(n,p)$의 누적분포함수는 $\lfloor x \rfloor \le x < \lfloor x \rfloor + 1$일 때

$$F(x) = \sum_{k=0}^{\lfloor x \rfloor} {}_n\mathrm{C}_k p^k q^{n-k} \tag{3.377}$$

임과, 확률변수 K의 분포가 $b(n,p)$일 때

$$P\{x \le K \le y\} = \sum_{k=\lceil x \rceil}^{\lfloor y \rfloor} P_n(k) \tag{3.378}$$

임을 쉽게 알 수 있다. 또한, 충격 함수를 써서 이항 분포의 확률밀도함수를 나타내면

$$f(x) = \sum_{k=0}^{n} {}_n\mathrm{C}_k p^k q^{n-k} \delta(x-k) \tag{3.379}$$

이다.

보기 3.106 제대로 만든 주사위를 다섯 번 굴려 '2'가 나오는 횟수를 확률변수 X라고 하자. 그러면 이 확률변수의 분포는 $b\left(5, \frac{1}{6}\right)$이다. 곧, $k = 0, 1, \cdots, 5$일 때

$$\begin{aligned} P_5(k) &= {}_5\mathrm{C}_k \left(\frac{1}{6}\right)^k \left(\frac{5}{6}\right)^{5-k} \\ &= \frac{3125}{7776} \frac{{}_5\mathrm{C}_k}{5^k} \end{aligned} \tag{3.380}$$

이다. ◇

보기 3.107 제대로 만든 주사위를 일곱 번 굴려 짝수가 나오는 횟수를 확률변수 Y라고 하자. 그러면 이 확률변수 Y의 분포는 $b\left(7, \frac{1}{2}\right)$이다. 곧, $k = 0, 1, \cdots, 7$일 때 $P_7(k) = {}_7\mathrm{C}_k \left(\frac{1}{2}\right)^k \cdot \left(\frac{1}{2}\right)^{7-k} = \frac{{}_7\mathrm{C}_k}{128}$이다. ◇

식 (3.376)에 보인 $\{P_n(k)\}_{k=0}^{n}$은, $(n+1)p$가 정수이면 $k = (n+1)p - 1$과 $k = (n+1)p$일 때까지, $(n+1)p$가 정수가 아니면 $k = [(n+1)p]$일 때까지 늘고, 그 다음부터는 주는 수열이다.

보기 3.108 분포 $b\left(3, \frac{1}{4}\right)$에서는 $k = (n+1)p - 1 = 0$과 $k = 1$일 때 $P_n(k)$가 가장 크다. 이것은 $P_3(0) = P_3(1) = \frac{27}{64}$, $P_3(2) = \frac{9}{64}$, $P_3(3) = \frac{1}{64}$이므로 바로 확인할 수 있다. ◇

[70] binomial distribution

보기 3.109 분포 $b\left(10, \frac{1}{3}\right)$에서는 $P_n(k)$가 $k = \left[\frac{11}{3}\right] = 3$일 때 가장 큰데, 이것은 $P_{10}(0) \approx 0.01734$, $P_{10}(1) \approx 0.08671$, $P_{10}(2) \approx 0.1951$, $P_{10}(3) \approx 0.2601$, $P_{10}(3) \approx 0.2276$, $\cdots$ 이므로 바로 확인할 수 있다. 이와 비슷하게 분포 $b\left(11, \frac{1}{2}\right)$에서는 $P_n(k)$가 $k = 5, 6$일 때 가장 크다. ◇

한편, $P_n(k)$를 얻고자 하면 $n!$을 먼저 얻어야 한다. 그런데, n이 크면 이 계산이 매우 어려워진다. 따라서, n이 클 때 $P_n(k)$를 어림할 수 있는 식이 실제로 매우 쓸모 있다. 이와 같은 바탕에서, 이항 분포의 점근 – $n \to \infty$일 때 – 특성을 살펴보자.

뜻매김 3.20 낮은 차수 함수 $o(x)$

함수 f와 g가

$$\lim_{x\to\infty} \frac{f(x)}{g(x)} = 0 \tag{3.381}$$

을 만족시키면 "$x \to \infty$일 때 f가 g보다 차수가 낮다."라고 하고, $f = o(g)$로 쓴다.

뜻매김 3.20에서, $x \to \infty$일 때 $f = o(g)$이면 $x \to \infty$일 때 f가 g보다 느리게 커진다는 것을 알 수 있다.

뜻매김 3.21 높은 차수 함수 $O(x)$

실수 x가 충분히 클 때 $f(x)$와 $g(x)$가 0보다 크다고 하자. 이제, x가 충분히 클 때

$$\frac{f(x)}{g(x)} \leq M \tag{3.382}$$

를 만족시키고 0보다 큰 정수 M이 있으면 "$x \to \infty$일 때 f의 차수는 높아야 g의 차수이다."라고 하고, 이것을 $f = O(g)$라고 쓴다.

위 두 뜻매김 3.20과 3.21에서, x가 충분히 클 때 함수 f와 g가 모두 0보다 크다면, $f = o(g)$이면 $f = O(g)$라는 것을 알 수 있다.

보기 3.110 함수 $f(x) = \ln x$와 $g(x) = x$를 생각하자. 그러면 $\lim\limits_{x\to\infty} \frac{\ln x}{x} = 0$이므로 $x \to \infty$일 때 $\ln x = o(x)$이고, $\lim\limits_{x\to\infty} \frac{x^2}{x^3+1} = 0$이므로 $x \to \infty$일 때 $x^2 = o\left(x^3+1\right)$이다. ◇

보기 3.111 실수 x가 충분히 크면

$$\frac{x + \sin x}{x} \leq 2 \tag{3.383}$$

이므로 $x \to \infty$일 때 $x + \sin x = O(x)$이다. 한편, $x \to \infty$일 때 $\frac{e^x + x^2}{e^x} \to 1$이므로 $x \to \infty$일 때 $e^x + x^2 = O(e^x)$이고, $x \to \infty$일 때 $\frac{x}{e^x} \to 0$이므로 $x \to \infty$일 때 $x = o(e^x)$이다. ◇

보기 3.112 실수 x가 어떤 값이더라도 $\cos x = O(1)$이고 $\sin x = O(|x|)$이며, x가 크면 $x = O\left(x^2\right)$이고 $x^2 + 2x = O\left(x^2\right)$이다. 한편, $x \to 0$일 때 $x^2 = o(x)$이고, $\tan x^3 = o\left(x^2\right)$이며, $\sqrt{x} = o(x)$이다. ◇

정리 3.13 드무아브르-라플라스 정리[71] 이항 분포 $b(n,p)$에서 $npq \gg 1$이면, $k = np \pm O\left(\sqrt{npq}\right)$일 때 – 곧, 상수 a가 0보다 크고 $k \in \left(np - a\sqrt{npq}, np + a\sqrt{npq}\right)$일 때 –

$$ {}_n\mathrm{C}_k p^k (1-p)^{n-k} \approx \frac{1}{\sqrt{2\pi npq}} \exp\left\{ -\frac{(k-np)^2}{2npq} \right\} \tag{3.384} $$

처럼 쓸 수 있다. 여기서, $n \to \infty$이면 이 어림식을 등식으로 바꾸어 쓸 수 있다. ■■

증명 먼저, $k - np = l$이라고 – 곧, $k = np + l$이라고 – 두고 np가 정수일 때 $P_n(k)$를

$$ \begin{aligned} {}_n\mathrm{C}_k p^k (1-p)^{n-k} &= {}_n\mathrm{C}_{np+1} p^{np+l} q^{n-np-l} \\ &= \frac{n!}{(np+l)!(nq-l)!} p^{np+l} q^{nq-l} \\ &= \frac{n!}{(np)!(nq)!} p^{np} q^{nq} \cdot \frac{(np)!(nq)!}{(np+l)!(nq-l)!} \frac{p^l}{q^l} \end{aligned} \tag{3.385} $$

처럼 다시 쓰자. 이 식 오른쪽의 앞 부분에 스털링 식[72]

$$ n! \approx \sqrt{2\pi n} \left(\frac{n}{e}\right)^n \tag{3.386} $$

을 쓰면

$$ \begin{aligned} \frac{n!}{(np)!(nq)!} p^{np} q^{nq} &\approx \frac{\sqrt{2\pi n} n^n e^{-n}}{\sqrt{2\pi np}(np)^{np} e^{-np} \sqrt{2\pi nq}(nq)^{nq} e^{-nq}} p^{np} q^{nq} \\ &= \frac{\sqrt{2\pi n}}{\sqrt{2\pi np}\sqrt{2\pi nq}} \cdot \frac{n^n p^{np} q^{nq}}{(np)^{np}(nq)^{nq}} \cdot \frac{e^{-n}}{e^{-np} e^{-nq}} \\ &= \frac{1}{\sqrt{2\pi npq}} \end{aligned} \tag{3.387} $$

을 얻는다. 다음에, (3.385) 오른쪽의 뒷부분을

$$ \frac{(np)!(nq)!}{(np+l)!(nq-l)!} \frac{p^l}{q^l} = \frac{(np)!(npq)^l}{(np+l)!q^l} \cdot \frac{(nq)!p^l}{(nq-l)!(npq)^l} \tag{3.388} $$

처럼 다시 쓰자. 여기서, $t_j = \frac{j}{npq}$라고 두고, $x \approx 0$일 때 $e^x \approx 1 + x$라는 것을 쓰면 두 식

$$ \begin{aligned} \frac{(np)!(npq)^l}{(np+l)!q^l} &= \frac{(np)^l}{(np+l)(np+l-1)\cdots(np+1)} \\ &= \left\{ \prod_{j=1}^{l} \left(1 + \frac{j}{np}\right) \right\}^{-1} \\ &= \left\{ \prod_{j=1}^{l} (1 + qt_j) \right\}^{-1} \\ &\approx \left(\prod_{j=1}^{l} e^{qt_j} \right)^{-1} \end{aligned} \tag{3.389} $$

---

[71] de Moivre-Laplace theorem. 드무아브르-라플라스 정리를 이항 확률변수의 정규 어림셈이라고 Gaussian approximation 부르기도 한다.

[72] 스털링 어림셈 $\sqrt{2\pi n}\left(\frac{n}{e}\right)^n < n! < \sqrt{2\pi n}\left(1 + \frac{1}{4n}\right)\left(\frac{n}{e}\right)^n$에서 따온 것이다.

와

$$\begin{aligned}\frac{(nq)!p^l}{(nq-l)!(npq)^l} &= \frac{(nq+1-l)\{nq+1-(l-1)\}\cdots(nq+1-1)}{(nq)^l} \\ &= \prod_{j=1}^{l}\left(\frac{nq+1}{nq}-\frac{j}{nq}\right) \\ &\approx \prod_{j=1}^{l}\left(1-\frac{j}{nq}\right) \\ &= \prod_{j=1}^{l}(1-pt_j) \\ &\approx \prod_{j=1}^{l} e^{-pt_j} \qquad (3.390)\end{aligned}$$

을 얻는데, 이 두 식을 (3.388)에 넣으면

$$\begin{aligned}\frac{(np)!(nq)!}{(np+l)!(nq-l)!}\frac{p^l}{q^l} &\approx \prod_{j=1}^{l}\frac{e^{-pt_j}}{e^{qt_j}} \\ &= \prod_{j=1}^{l} e^{-t_j} \\ &= \exp\left\{-\frac{l(l+1)}{2npq}\right\} \\ &\approx \exp\left(-\frac{l^2}{2npq}\right) \qquad (3.391)\end{aligned}$$

이다. 이제, $l = k - np$라는 것을 새기면, (3.385), (3.387), (3.391)에서 바라는 결과 (3.384)를 얻는다. □

보기 3.113 분포가 $b\left(10, \frac{1}{2}\right)$인 이항 확률변수 K를 생각하자. 이때, $P\{K=5\} = P_{10}(5) = {}_{10}\mathrm{C}_5\left(\frac{1}{2}\right)^{10} = \frac{63}{256} \approx 0.246$이고 정규 어림셈 값은

$$\begin{aligned}P\{K=5\} &\approx \frac{e^0}{\sqrt{2\pi\cdot 10\cdot\frac{1}{2}\cdot\frac{1}{2}}} \\ &\approx 0.252 \qquad (3.392)\end{aligned}$$

이다. ◇

보기 3.114 제대로 만든 주사위를 1000번 굴려 짝수가 나오는 횟수의 분포는 $b\left(1000, \frac{1}{2}\right)$이다. 곧, 짝수가 500번 나올 확률은 $P_{1000}(500) \approx \left(\sqrt{2\pi\cdot 1000\cdot\frac{1}{2}\cdot\frac{1}{2}}\right)^{-1} \approx 0.0252$이고, 510번 나올 확률은 $P_{1000}(510) \approx \left(\sqrt{500\pi}\right)^{-1} e^{-\frac{100}{500}} \approx 0.0207$이다. ◇

정리 3.13을 증명하는 방법을 새겨 확률 $P\{k_1 \le k \le k_2\} = \sum_{k=k_1}^{k_2} {}_n\mathrm{C}_k p^k(1-p)^{n-k}$를 어림해 보자. 먼저, $npq \gg 1$이면, $k_2 - k_1 = O\left(\sqrt{npq}\right)$일 때

$$\begin{aligned}\sum_{k=k_1}^{k_2} {}_n\mathrm{C}_k p^k(1-p)^{n-k} &\approx \frac{1}{\sqrt{2\pi npq}}\sum_{k=k_1}^{k_2}\exp\left\{-\frac{(k-np)^2}{2npq}\right\} \\ &\approx \frac{1}{\sqrt{2\pi npq}}\int_{k_1}^{k_2}\exp\left\{-\frac{(x-np)^2}{2npq}\right\}dx \\ &= G\left(\frac{k_2-np}{\sqrt{npq}}\right)-G\left(\frac{k_1-np}{\sqrt{npq}}\right) \qquad (3.393)\end{aligned}$$

를 얻을 수 있다. 식 (3.393)의 적분을 살펴보면, k_1과 k_2의 차가 1보다 매우 클 때는 어림셈 오차가 매우 작으나, 그렇지 않을 때에는 어림셈 오차가 커질 수도 있다는 것을 알 수 있다. 이러한 적분 오차를 줄이고자, 이항 분포의 구간 확률에 대한 어림셈을

$$\sum_{k=k_1}^{k_2} {}_n\mathrm{C}_k p^k(1-p)^{n-k} \approx G\left(\frac{k_2-np+0.5}{\sqrt{npq}}\right)-G\left(\frac{k_1-np-0.5}{\sqrt{npq}}\right) \qquad (3.394)$$

처럼 고쳐서[73] 쓰기도 한다.

보기 3.115 보기 3.114에서 짝수가 500, 501, 또는 502번 나올 확률은 $P_{1000}(500)+P_{1000}(501)+P_{1000}(502)\approx 0.0754$이다. 이 확률을 (3.393)을 써서 어림셈하면 $G\left(\frac{2}{\sqrt{250}}\right)-G\left(\frac{0}{\sqrt{250}}\right)\approx 0.0503$이고, (3.394)를 써서 어림셈하면 $G\left(\frac{2.5}{\sqrt{250}}\right)-G\left(\frac{-0.5}{\sqrt{250}}\right)\approx 0.0754$이다. ◇

정리 3.14 **포아송 극한 정리**[74] 이항 분포 $b(n,p)$에서 $n\to\infty$일 때 $p\to 0$이고 $np\to\lambda$이면, $k=O(np)$일 때

$$P_n(k) \to \frac{\lambda^k}{k!}e^{-\lambda} \qquad (3.395)$$

이다. ■■

증명 먼저, $np\to\lambda$이면 $\lim_{n\to\infty}(1-p)^n=\lim_{n\to\infty}\left(1-\frac{\lambda}{n}\right)^n=e^{-\lambda}$이므로, $k=0$일 때에는

$$\lim_{n\to\infty}P_n(0) = e^{-\lambda} \qquad (3.396)$$

이다. 한편, $k=1,2,\cdots,n$일 때에는

$$\begin{aligned}P_n(k) &= {}_n\mathrm{C}_k p^k(1-p)^{n-k} \\ &= \frac{n(n-1)\cdots(n-k+1)}{k!}p^k(1-p)^{n-k} \\ &= \frac{(np)^k}{k!}(1-p)^n\frac{\left(1-\frac{1}{n}\right)\left(1-\frac{2}{n}\right)\cdots\left(1-\frac{k-1}{n}\right)}{(1-p)^k} \qquad (3.397)\end{aligned}$$

이다. 여기서, p가 작으면 $1-p\approx e^{-p}$이고, $k=1,2,\cdots$이 정해져 있고 $n\to\infty$이면

$$\frac{\left(1-\frac{1}{n}\right)\left(1-\frac{2}{n}\right)\cdots\left(1-\frac{k-1}{n}\right)}{(1-p)^k} \to 1 \qquad (3.398)$$

[73] 이것을 연속성 고치기라고 continuity correction 부르고, (7.316)–(7.318)에서도 다룬다.

[74] Poisson limit theorem. 포아송 어림이라고 Poisson approximation 부르기도 한다.

이다. 그러므로, $np \to \lambda$라고 하면

$$\begin{aligned} P_n(k) &\to \left(e^{-p}\right)^n \frac{\lambda^k}{k!} \\ &= e^{-\lambda}\frac{\lambda^k}{k!} \end{aligned} \tag{3.399}$$

이다. 이제, (3.396)과 (3.399)에서 (3.395)를 얻을 수 있다. □

보기 3.116 어떤 사건이 분포 $b(1000, 0.001)$을 따라 일어날 때, 이 사건이 한 번도 일어나지 않을 확률은 $P_{1000}(0) = 0.999^{1000} \approx 0.3677$이고 이것의 포아송 어림 값은 $\exp(-np) = e^{-1} \approx 0.3679$이다. ◇

보기 3.117 보기 3.113에서 $K \sim b(10, 0.5)$일 때 $P\{K=5\}$가 0.246쯤이고, 이것의 정규 어림셈 값이 0.252쯤이라는 것을 본 바 있다. 이것을 포아송 어림으로 얻어 보면, $\frac{5^5}{5!}e^{-5} \approx 0.1755$이다. 한편, 보기 3.116에서 $K \sim b(1000, 10^{-3})$일 때 $P\{K=0\}$이 0.3677쯤이고, 이의 포아송 어림 값이 0.3679쯤이라는 것을 본 바 있다. 이것을 정규 어림셈으로 얻어 보면, 평균이 1이고 분산이 $1-10^{-3}$인 정규 분포에서의 확률로 0.2420쯤이다. ◇

보기 3.116과 3.117에서 드러나는 바와 같이, p가 0에 가까우면 정규 어림셈보다 포아송 어림이 낫고, 그렇지 않으면 포아송 어림보다 정규 어림셈이 낫다.

3.6.3 포아송 확률변수

뜻매김 3.22 포아송 확률변수

확률질량함수가

$$p_k = e^{-\lambda}\frac{\lambda^k}{k!}, \qquad k = 0, 1, 2, \cdots, \quad \lambda > 0 \tag{3.400}$$

인 확률변수를 포아송 확률변수라고 하고, 그 분포를 포아송 분포라고 부르며 $P(\lambda)$로 쓰고, λ를 포아송 비율이라고 한다.

포아송 확률질량함수 $\{p_k\}_{k=0}^{\infty}$는 늘다가 주는 수열이거나 주는 수열인데, $\lambda < 1$이면 $k=0$일 때, $\lambda > 1$이고 정수이면 $k = \lambda$와 $\lambda - 1$일 때, $\lambda > 1$이고 정수가 아니면 $k = [\lambda]$일 때 가장 크다. 한편, 포아송 확률변수의 누적분포함수는

$$F(x) = e^{-\lambda}\sum_{k=0}^{\lfloor x \rfloor}\frac{\lambda^k}{k!} \tag{3.401}$$

이다.

이제, 구간 $\left[-\frac{T}{2}, \frac{T}{2}\right]$안에 마음 내키는 대로 점을 n개 찍는다고 하자. 그러면 $-\frac{T}{2} \le t_1 < t_2 \le \frac{T}{2}$, $p = \frac{t_2 - t_1}{T} = \frac{t_a}{T}$, $q = 1-p$라고 할 때

$$\begin{aligned} P\{\text{구간 } (t_1, t_2)\text{에 점이 } k\text{개 있음}\} &= {}_n\mathrm{C}_k \left(\frac{t_a}{T}\right)^k \left(1-\frac{t_a}{T}\right)^{n-k} \\ &= {}_n\mathrm{C}_k p^k q^{n-k} \end{aligned} \tag{3.402}$$

이다. 한편, 길이가 t_a인 구간과 길이가 t_b인 구간이 서로 겹치지 않더라도,

$$\begin{aligned}
&P\{\text{길이가 } t_a \text{인 구간에 점이 } k_a\text{개, 길이가 } t_b \text{인 구간에 점이 } k_b\text{개}\} \\
&\quad = \frac{n!}{k_a!k_b!(n-k_a-k_b)!}\left(\frac{t_a}{T}\right)^{k_a}\left(\frac{t_b}{T}\right)^{k_b}\left(1-\frac{t_a}{T}-\frac{t_b}{T}\right)^{n-k_a-k_b} \\
&\quad \neq P\{\text{길이가 } t_a \text{인 구간에 점이 } k_a\text{개}\}P\{\text{길이가 } t_b \text{인 구간에 점이 } k_b\text{개}\} \qquad (3.403)
\end{aligned}$$

이므로 구간 $\left[-\frac{T}{2}, \frac{T}{2}\right]$이 유한할 때에는 두 사건 {길이가 t_a인 구간에 점 k_a개}와 {길이가 t_b인 구간에 점 k_b개}는 독립이 아니다. 그런데, $\lambda = \frac{n}{T}$이라고 두면, $n \to \infty$이고 $T \to \infty$일 때, $p = \frac{t_a}{T} \to 0$이고 $np = \lambda t_a$이므로, (3.395)에서 다룬 포아송 극한 정리를 새기면

$$P\{\text{길이가 } t_a \text{인 구간에 점이 } k\text{개 있음}\} \to e^{-\lambda t_a}\frac{(\lambda t_a)^k}{k!}, \qquad (3.404)$$

$$\frac{n!}{k_a!k_b!(n-k_a-k_b)!} \to \frac{n^{k_a+k_b}}{k_a!k_b!}, \qquad (3.405)$$

$$\begin{aligned}
\left(1-\frac{t_a}{T}-\frac{t_b}{T}\right)^{n-k_a-k_b} &\to e^{-n\left(\frac{t_a}{T}+\frac{t_b}{T}\right)} \\
&= e^{-\lambda(t_a+t_b)} \qquad (3.406)
\end{aligned}$$

이다. 따라서,

$$\begin{aligned}
&P\{\text{길이가 } t_a \text{인 구간에 점이 } k_a\text{개, 길이가 } t_b \text{인 구간에 점이 } k_b\text{개}\} \\
&\quad = e^{-\lambda t_a}\frac{(\lambda t_a)^{k_a}}{k_a!}e^{-\lambda t_b}\frac{(\lambda t_b)^{k_b}}{k_b!} \\
&\quad = P\{\text{길이가 } t_a \text{인 구간에 점이 } k_a\text{개}\}P\{\text{길이가 } t_b \text{인 구간에 점이 } k_b\text{개}\} \qquad (3.407)
\end{aligned}$$

이다. 곧, 두 사건 {길이가 t_a인 구간에 점 k_a개}와 {길이가 t_b인 구간에 점 k_b개}는 독립이다. 여기서 다룬 끝없이 많은 점의 집합을 아래에 뜻매김한 바와 같이 확률 포아송 점 또는 포아송 점이라고 한다.

뜻매김 3.23 **확률 포아송 점**[75]

아래 두 성질을 만족시키는 점들을 매개변수가 λ인 확률 포아송 점 또는 포아송 점이라고 부른다.

(가) $P\{\text{길이가 } t_a\text{인 구간에 점 } k_a\text{개}\} = e^{-\lambda t_a}\frac{(\lambda t_a)^{k_a}}{k_a!}$.

(나) 두 구간 D_a와 D_b가 겹치지 않으면, 사건 $\{D_a$ 안에 점 k_a개$\}$와 $\{D_b$ 안에 점 k_b개$\}$는 독립이다.

여기서, 매개변수 λ는 단위 구간 안에 들어 있는 점의 수를 나타낸다.

보기 3.118 포아송 점을 생각하자. 세 시점 $t_1 \leq t_2 \leq t_3$을 생각하여, 구간 $D_c = (t_1, t_3)$에 점이 k_c개 있다는 것을 알고 있을 때, 구간 $D_a = (t_1, t_2)$에 점이 k_a개 있을 확률을 얻어 보자.

풀이 먼저, $D_b = (t_2, t_3)$, $k_b = k_c - k_a$라고 하자. 그러면

[75] random Poisson points 또는 Poisson points

$$
\begin{aligned}
&P\{\text{구간 } D_a\text{에 점이 } k_a\text{개 있음} \mid \text{구간 } D_c\text{에 점이 } k_c\text{개 있음}\} \\
&= \frac{P\{\text{구간 } D_a\text{에 점이 } k_a\text{개 있고, 구간 } D_c\text{에 점이 } k_c\text{개 있음}\}}{P\{\text{구간 } D_c\text{에 점이 } k_c\text{개 있음}\}} \\
&= \frac{P\{\text{구간 } D_a\text{에 점이 } k_a\text{개 있고, 구간 } D_b\text{에 점이 } k_b\text{개 있음}\}}{P\{\text{구간 } D_c\text{에 점이 } k_c\text{개 있음}\}} \\
&= \left\{e^{-\lambda t_a}\frac{(\lambda t_a)^{k_a}}{k_a!}e^{-\lambda t_b}\frac{(\lambda t_b)^{k_b}}{k_b!}\right\}\left\{e^{-\lambda t_c}\frac{(\lambda t_c)^{k_c}}{k_c!}\right\}^{-1} \\
&= \frac{k_c!}{k_a!k_b!}\left(\frac{t_a}{t_c}\right)^{k_a}\left(\frac{t_b}{t_c}\right)^{k_b}
\end{aligned} \tag{3.408}
$$

를 얻는다. ◇

보기 3.119 포아송 점들의 집합 $\{t_i\}$를 생각하자. 고정점 t_0에서 오른쪽으로 첫째 점까지의 거리를 확률변수 X라고 두자. 그러면 $x \geq 0$일 때

$$
\begin{aligned}
F_X(x) &= P\{X \leq x\} \\
&= P\{t_0\text{과 } t_0 + x\text{사이에 적어도 점이 하나 있음}\} \\
&= 1 - P\{(t_0, t_0 + x)\text{에 점이 하나도 없음}\} \\
&= 1 - e^{-\lambda x}
\end{aligned} \tag{3.409}
$$

이다. 따라서, $f_X(x) = \lambda e^{-\lambda x}u(x)$이고, X는 지수 확률변수이다. ◇

보기 3.120 단위 구간에 평균 λ개 있는 포아송 점과 상수 a를 생각하자. 구간 $(0, a)$ 안에 있는 포아송 점의 수를 확률변수 N이라고 하자. 그러면

$$
P\{N = k\} = e^{-\lambda a}\frac{(\lambda a)^k}{k!} \tag{3.410}
$$

이다. 곧, 너비가 a인 구간 안에 있는 포아송 점의 수는 포아송 분포 $P(\lambda a)$를 따른다. ◇

3.6.4 지수 확률변수

뜻매김 3.24 지수 확률변수

상수 λ가 0보다 클 때 확률밀도함수가

$$
f(x) = \lambda e^{-\lambda x}u(x) \tag{3.411}
$$

인 확률변수를 매개변수 – 지수 비율 또는 비율 – λ인 지수 확률변수라고 한다.

지수 확률변수의 적률생성함수는

$$
\begin{aligned}
M(t) &= \int_0^\infty e^{tx}\lambda e^{-\lambda x}dx \\
&= \frac{\lambda}{\lambda - t}, \quad t < \lambda
\end{aligned} \tag{3.412}
$$

이므로, 기댓값 $E\{X\} = \frac{1}{\lambda}$, 2차 적률 $E\{X^2\} = \left.\frac{2\lambda}{(\lambda-t)^3}\right|_{t=0} = \frac{2}{\lambda^2}$, 그리고 분산 $\text{Var}\{X\} = \frac{2}{\lambda^2} - \frac{1}{\lambda^2} = \frac{1}{\lambda^2}$을 쉽게 얻는다. 한편, 지수 확률변수의 누적분포함수는

$$F(x) = \left(1 - e^{-\lambda x}\right) u(x) \tag{3.413}$$

이다. 따라서, $s, t \geq 0$일 때

$$\begin{aligned} P\{X > s+t \mid X > t\} &= \frac{P\{X > s+t\}}{P\{X > t\}} \\ &= \frac{1 - F(s+t)}{1 - F(t)} \\ &= e^{-\lambda s} \\ &= P\{X > s\} \end{aligned} \tag{3.414}$$

이다. 이 특성

$$P\{X > s+t \mid X > t\} = P\{X > s\} \tag{3.415}$$

를 지수 분포의 무기억[76] 성질이라고 한다.

보기 3.121 어떤 전구의 수명이 지수 분포를 따른다고 하자. 이때, 그 전구가 시간 t에 켜져 있다면 그 전구의 남은 수명의 분포는 본래 수명 분포와 같다는 것을 뜻한다. 곧, t시간 동안 켜져 있던 전구가 $t+s$시간 동안 켜져 있을 – 곧, s시간만큼 더 켜져 있을 – 확률은 단순히 이 전구가 s시간 동안 켜져 있을 확률과 같다는 것을 뜻한다. 다시 말해서, 시간 t에서 살펴본 전구의 남은 수명의 분포는 사용하지 않은 전구의 남은 수명 분포와 같다. 이것은 다음과 같이 해석할 수도 있다. 한 장소에 들어온 사람이 그 전구가 켜져 있는 것을 보았지만 그 전구가 언제부터 켜져 있었는지는 모르고 있다면, 그 전구는 앞으로 얼마나 더 켜져 있을 것이라고 생각할 수 있을까? 놀랍게도, 지수 분포에서는 이 전구의 남은 수명은 새 전구의 수명과 같다. 곧, 과거에 일어난 일이 미래의 일에 영향을 끼치지 않는다는 것이다. 결국 전구가 이제까지 얼마 동안 켜져 있었는지 알 수 없다. 이와 같은 성질을 마르코프[77] 성질이라[78] 부른다. 이 보기의 결론이 조금 이상하다고 느끼겠지만, 이렇게 느껴지는 까닭은, 우리가 평소에 보는 전구의 수명이 실제로 지수 분포가 아닐 때가 많기 때문이다. ◇

식 (3.415)를 다시 쓰면,

$$\frac{P\{X > s+t, X > t\}}{P\{X > t\}} = P\{X > s\} \tag{3.416}$$

또는

$$P\{X > s+t\} = P\{X > s\}P\{X > t\} \tag{3.417}$$

[76] memoryless

[77] Markov

[78] 마르코프 성질은 제10장에서 좀 더 자세히 다룬다.

이다. 여기서, 한 가지 알아 두어야 할 것은 연속 분포 가운데에서 지수 분포만이 (3.417)을 만족시킨다는[79] 것이다. 이것은 아래와 같이 보일 수 있다. 어떤 함수 $g(\cdot)$가

$$g(s+t) \;=\; g(s)g(t) \tag{3.418}$$

을[80] 만족시킨다고 하자. 그러면 자연수 m과 n을 어떻게 두더라도,

$$\begin{aligned} g(1) &= g\left(\frac{1}{n}+\frac{1}{n}+\cdots+\frac{1}{n}\right) \\ &= g^n\left(\frac{1}{n}\right) \end{aligned} \tag{3.419}$$

이므로 $g\left(\frac{1}{n}\right) = g^{\frac{1}{n}}(1)$이고

$$\begin{aligned} g\left(\frac{m}{n}\right) &= g\left(\frac{1}{n}+\frac{1}{n}+\cdots+\frac{1}{n}\right) \\ &= g^m\left(\frac{1}{n}\right) \end{aligned} \tag{3.420}$$

이다. 따라서, $g\left(\frac{m}{n}\right) = g^{\frac{m}{n}}(1)$이고, 함수 $g(\cdot)$가 오른쪽에서 연속이면 $x \geq 0$일 때 $g(x) = g^x(1)$로 쓸 수 있다. 여기서, $g(1) = g^2\left(\frac{1}{2}\right) \geq 0$이므로 $\lambda = -\log\{g(1)\}$이라고 하면 $g(x) = e^{-\lambda x}$이다. 이제, (3.413)과 $g(x)$를 견주어 보면 바라는 바를 알 수 있다.

보기 3.122 은행에서 일을 끝내는 데 걸리는 시간이 지수 확률변수이고, 그 평균이 10분이라고 하자. 또, 은행에 오는 손님은 일이 끝나면 바로 은행을 떠난다고 하자. 이제, 은행에 온 손님이 일을 처리하려고 15분보다 오래 기다릴 확률을 얻어 보자. 또, 10시에 도착하여 10분 기다린 손님이 10시 15분에도 은행에 있을 확률을 얻어 보자.

풀이 손님이 은행에서 기다리는 시간을 X라고 하고 그 누적분포함수를 F라고 하자. 그러면, 기다리는 시간은 일을 처리하는 데 걸리는 시간과 같으므로, X는 비율이 $\lambda = \frac{1}{10}$인 지수 확률변수이다. 따라서, 첫째 확률을 얻으면

$$\begin{aligned} P\{X > 15\} &= 1 - F(15) \\ &= e^{-15\lambda} \\ &\approx 0.2231 \end{aligned} \tag{3.421}$$

이다. 다음으로, 어떤 시간에 손님이 기다려야 할 시간이 5분보다 길 확률을 얻는 것과 같다. 지수 확률변수는 과거의 영향을 받지 않으므로 이 손님이 10시 15분에도 은행에 있을 확률은

$$\begin{aligned} P\{X > 5\} &= e^{-5\lambda} \\ &\approx 0.6065 \end{aligned} \tag{3.422}$$

이다. ◇

---

[79] 이와 비슷하게 이산 분포 가운데에서는 기하 분포만이 (3.417)을 만족시킨다.

[80] 한편, 이와 비슷한 꼴 $g(s+t) = g(s) + g(t)$를 코쉬 방정식이라고 한다.

보기 3.123 어떤 전구의 수명은 평균이 열 시간인 지수 확률변수이다. 확률과정이라는 책을 쓰고자 밤 늦게 연구실로 돌아온 한 교수가 방에 그 전구가 켜져 있는 것을 보았다. 써야 할 부분이 다섯 시간 분량이라면, 전구가 꺼지기 전에 교수가 그 일을 마칠 확률을 얻어 보자. 또 전구의 수명이 지수 확률변수가 아니라면 어떠한지 생각해 보자.

풀이 전구의 수명을 X라고 하면, $\lambda = \frac{1}{10}$이므로 $P\{X > 5\} = 1 - F(5) = e^{-5\lambda} = e^{-\frac{1}{2}} \approx 0.6065$이다. 곧, 그 교수가 불이 꺼지기 전에 책 쓰기를 마칠 수 있는 확률은 절반을 조금 넘는 61%쯤이다. 다음에, 전구의 수명이 지수 확률변수가 아닐 때를 생각해 보자. 그러면, 그 교수가 방에 돌아왔을 때까지 전구가 켜져 있었던 시간을 t라고 하고 그 누적분포함수를 F라고 하면, 얻고자 하는 확률은

$$\begin{aligned} P\{\text{전구가 꺼지기 전에 일을 마침}\} &= P\{X > t+5 | X > t\} \\ &= \frac{1 - F(t+5)}{1 - F(t)} \end{aligned} \tag{3.423}$$

이다. 따라서, 전구가 켜진 지 얼마나 되었는지 알 수 없다면, 이 확률은 얻을 수 없다. ◇

지수 확률변수가 과거를 기억하지 못한다는 특성을 좀 더 알아볼 때 고장 비율 함수[81]를 쓴다. 이 고장 비율 함수는 위험 비율 함수[82] 또는 보기 3.103에서 다룬 조건부 고장률이라고 부르기도 한다. 보기 3.103에서 본 바와 같이 확률변수 X가 0보다 크고 그 확률밀도함수가 f이며 누적분포함수가 F일 때, 고장 비율 함수 $\beta(t)$는

$$\beta(t) = \frac{f(t)}{1 - F(t)} \tag{3.424}$$

이다. 이 고장 비율 함수는 t시간 동안 작동한 물체가 그 뒤의 짧은 시간 dt 동안 더 작동하지 못할 확률, 곧 t시간 동안 작동한 뒤 고장이 날 확률이라고 볼 수 있다. 다시 말해, $\beta(t)$는 t시간 동안 작동한 물체가 고장이 날 조건부 고장률을 나타낸다. 이제, 지수 확률변수에서 이 고장 비율 함수를 알아보자. 지수 확률변수는 과거를 기억하지 않으므로 t시간 동안 작동한 물체가 고장날 확률과 새 물체가 고장날 확률이 같을 것이다. 이것은

$$\begin{aligned} \beta(t) &= \frac{\lambda e^{-\lambda t}}{e^{-\lambda t}} \\ &= \lambda \end{aligned} \tag{3.425}$$

에서 볼 수 있듯이, 고장 비율 함수는 t와 관련이 없는 상수인데, 이 λ를 지수 확률변수의 비율이라고 부른다. 이 값은 지수 확률변수 평균의 역수로 나타나며, 일정한 시간 동안 얼마나 많은 사건이 일어나는가를 나타내기에 이와 같이 불린다. 여기서 말하는 '비율'은 어떤 것이 일어나는 빈도를 뜻한다고 생각할 수 있다. 보기를 들어, 어떤 사건이 발생하는 시간이 평균 0.1인 지수 확률변수이면, 지수 비율

$$\lambda = \frac{1}{0.1} \tag{3.426}$$

은 그 사건이 단위 시간마다 평균적으로 열 번 일어난다는 것을 알려준다.

[81] failure rate function
[82] hazard rate function

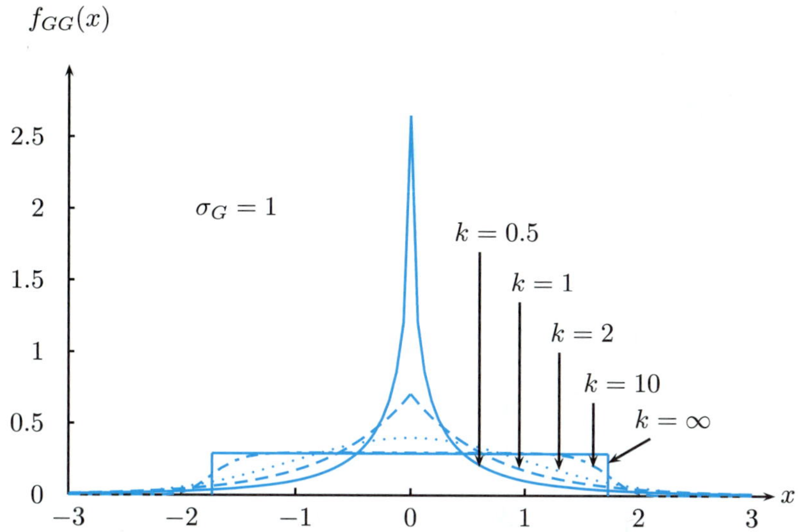

그림 3.31 일반화된 정규 확률밀도함수

3.6.5 일반화된 정규 확률변수*

뜻매김 3.25 일반화된 정규 분포[83]

확률밀도함수가

$$f_{GG}(x) = \frac{k}{2A_G(k)\Gamma\left(\frac{1}{k}\right)} \exp\left[-\left\{\frac{|x|}{A_G(k)}\right\}^k\right], \; k > 0 \tag{3.427}$$

인 분포를 일반화된 정규 분포라고 한다. 여기서,

$$A_G(k) = \sqrt{\frac{\sigma_G^2 \Gamma\left(\frac{1}{k}\right)}{\Gamma\left(\frac{3}{k}\right)}} \tag{3.428}$$

이다.

그림 3.31에서 볼 수 있는 것처럼 일반화된 정규 분포의 확률밀도함수는 짝함수이고, 꼭짓점이 하나이며[84], 두 매개변수로 뜻매김할 수 있다. 그 두 매개변수는 분산 σ_G^2과 확률밀도함수가 줄어드는 비율을 나타내고 0보다 큰 수 k이다.

일반화된 정규 확률밀도함수는 k의 값을 달리 하여 여러 확률밀도함수를 나타낼 수 있으므로 꽤 쓸모 있는 확률밀도함수이다. 보기를 들면, $k = 2$이면 일반화된 정규 확률밀도함수는 정규 확률밀도함수이고, $k = 1$이면 일반화된 정규 확률밀도함수는 겹지수 확률밀도함수

$$f_D(x) = \frac{1}{\sqrt{2}\sigma_G} \exp\left(-\frac{\sqrt{2}|x|}{\sigma_G}\right) \tag{3.429}$$

이다. 일반화된 정규 확률변수 X의 적률은 r이 짝수일 때

[83] generalized Gaussian distribution
[84] unimodal

$$E\{X^r\} = \sigma_G^r \frac{\Gamma^{\frac{r}{2}-1}\left(\frac{1}{k}\right)\Gamma\left(\frac{r+1}{k}\right)}{\Gamma^{\frac{r}{2}}\left(\frac{3}{k}\right)} \tag{3.430}$$

이다.

한편,

$$\begin{aligned}\lim_{p\to 0} p\Gamma(p) &= \lim_{p\to 0}\Gamma(p+1) \\ &= 1\end{aligned} \tag{3.431}$$

이므로 $\lim_{k\to\infty}\frac{3}{k}\Gamma\left(\frac{3}{k}\right)=1$과 $\lim_{k\to\infty}\frac{1}{k}\Gamma\left(\frac{1}{k}\right)=1$을 쓰면

$$\lim_{k\to\infty} A_G(k) = \sqrt{3}\sigma_G \tag{3.432}$$

이고, 따라서

$$\lim_{k\to\infty}\frac{k}{2A_G(k)\Gamma\left(\frac{1}{k}\right)} = \frac{1}{2\sqrt{3}\sigma_G} \tag{3.433}$$

이다. 다음에, $k\to\infty$일 때, (3.427)에 있는 지수 함수의 극한은 $|x|\le A_G(k)$이면 – 곧, $|x|\le\sqrt{3}\sigma_G$이면 – 1이고 $|x|>A_G(k)$이면 0이다. 따라서, $k\to\infty$일 때

$$f_{GG}(x) \to \frac{1}{2\sqrt{3}\sigma_G}u\left(\sqrt{3}\sigma_G - x\right) \tag{3.434}$$

이다. 바꾸어 말하면, $k\to\infty$일 때 일반화된 정규 확률변수의 극한은, 그림 3.31에서도 보였듯이, 고른 확률변수이다.

3.6.6 일반화된 코쉬 확률변수*

뜻매김 3.26 일반화된 코쉬 분포[85]

확률밀도함수가

$$f_{GC}(x) = \frac{\tilde{B}_c(k,v)}{\tilde{D}_c^{v+\frac{1}{k}}(x)}, \quad k>0, \ v>0 \tag{3.435}$$

인 분포를 일반화된 코쉬 분포라고 하고, 이것을 $G_C(k,v)$처럼 쓴다. 여기서,

$$\tilde{B}_c(k,v) = \frac{k\Gamma\left(v+\frac{1}{k}\right)}{2v^{\frac{1}{k}}A_G(k)\Gamma(v)\Gamma\left(\frac{1}{k}\right)} \tag{3.436}$$

이고

$$\tilde{D}_c(x) = 1 + \frac{1}{v}\left\{\frac{|x|}{A_G(k)}\right\}^k \tag{3.437}$$

이다.

[85] generalized Cauchy distribution

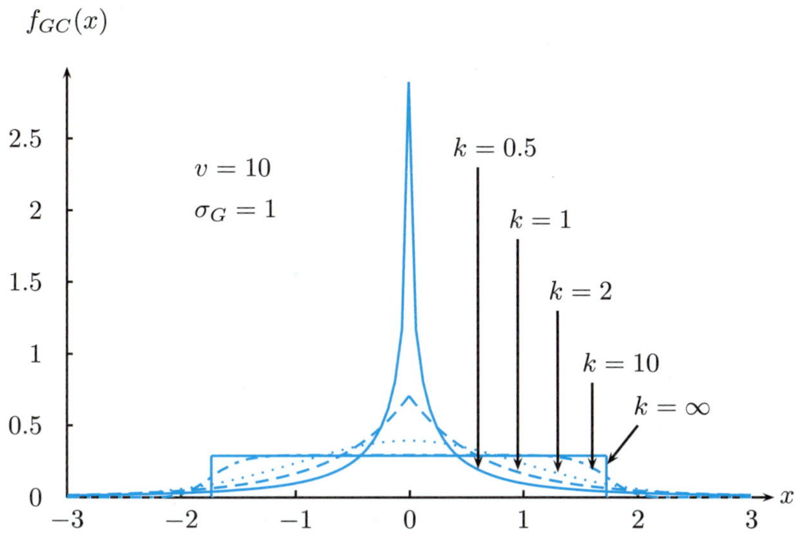

그림 3.32 일반화된 코쉬 확률밀도함수

그림 3.32에 일반화된 코쉬 확률밀도함수를 몇 개 보였다. 일반화된 코쉬 확률밀도함수의 꼬리는 지수 특성[86]이 아니라 대수 특성[87]을 나타낸다. 곧, $|x|$가 클 때 일반화된 코쉬 확률밀도함수 $f_{GC}(x)$의 꼬리는 $|x|^{-(kv+1)}$과 비례하며 줄어든다. 일반화된 정규 확률밀도함수와 마찬가지로 일반화된 코쉬 확률밀도함수도 여러 잡음 환경을 모형화하는 데 쓸모 있다.

한편, $k = 2$이고 $2v$가 정수이면 일반화된 코쉬 확률밀도함수는 t 확률밀도함수이고, $k = 2$이고 $v = \frac{1}{2}$이면 일반화된 코쉬 확률밀도함수는 코쉬 확률밀도함수

$$f_C(x) \;=\; \frac{\sigma_G}{\pi\left(x^2 + \sigma_G^2\right)} \tag{3.438}$$

이다.

매개변수 σ_G^2과 k가 정해져 있을 때, $v \to \infty$이면 일반화된 코쉬 확률밀도함수는 일반화된 정규 확률밀도함수와 가까워진다. 따라서, $k = 2$이고 $v \to \infty$이면, 일반화된 코쉬 확률밀도함수는 정규 확률밀도함수이다. 한편, (3.431)에서 본 $\lim\limits_{p\to 0} p\Gamma(p) = \lim\limits_{p\to 0}\Gamma(p+1) = 1$과 (3.432)에서 본 $\lim\limits_{k\to\infty} A_G(k) = \sqrt{3}\sigma_G$를 쓰면, v가 정해져 있을 때

$$\begin{aligned}\lim_{k\to\infty}\tilde{B}_c(k,v) \;&=\; \lim_{k\to\infty}\frac{\Gamma(v)}{2A_G(k)\Gamma(v)\frac{1}{k}\Gamma\left(\frac{1}{k}\right)} \\ &=\; \frac{1}{2\sqrt{3}\sigma_G}\end{aligned} \tag{3.439}$$

를 얻는다. 게다가, $|x| < \sqrt{3}\sigma_G$이면 $\lim\limits_{k\to\infty}\tilde{D}_c(x) = 1$이고, $|x| > \sqrt{3}\sigma_G$이면 $\lim\limits_{k\to\infty}\tilde{D}_c(x) = \infty$이다. 따라서, v가 정해져 있고 $k \to \infty$일 때

$$f_{GC}(x) \;\to\; \frac{1}{2\sqrt{3}\sigma_G}\, u\left(\sqrt{3} - |x|\right) \tag{3.440}$$

[86]exponential behavior

[87]algebraic behavior

이다. 곧, v가 정해져 있고 $k \to \infty$일 때 일반화된 코쉬 확률변수의 극한은, 그림 3.32에도 보였듯이, 고른 확률변수이다.

일반화된 코쉬 확률밀도함수의 분산은

$$\sigma_{GC}^2 = \sigma_G^2 v^{\frac{2}{k}} \frac{\Gamma\left(v - \frac{2}{k}\right)}{\Gamma(v)} \tag{3.441}$$

이고, 일반적으로, $vk > r$이고 r이 짝수일 때 일반화된 코쉬 확률밀도함수의 r째 적률은

$$E\{X^r\} = v^{\frac{r}{k}} \sigma_G^r \frac{\Gamma\left(v - \frac{r}{k}\right)\Gamma\left(\frac{r+1}{k}\right)\Gamma^{\frac{r}{2}-1}\left(\frac{1}{k}\right)}{\Gamma(v)\Gamma^{\frac{r}{2}}\left(\frac{3}{k}\right)} \tag{3.442}$$

이다.

3.6.7 안정 확률변수*

신호 처리나 통신의 여러 연구 영역뿐만 아니라 제어나 반도체와 같은 다른 연구 영역에서도 잡음을 다룰 때에는 이것을 자주 정규 확률변수라고 – 곧, 잡음을 정규 잡음이라고 – 둔다. 그 까닭은 아래와 같다. 첫째, 뒤에서 다룰 중심 극한 정리 – 정리 7.16 – 때문이다. 중심 극한 정리를 따르면, 어떤 조건을 만족시킬 때 확률변수들이 정규 확률변수로 수렴하고, 이 조건들을 완벽하게 만족시키지 않더라도 때로는 그 확률변수들을 정규 확률변수로 어림할 수 있다. 이것은 이항분포의 정규 어림셈에서도 본 바 있는 것이다. 곧, 잡음을 정규 잡음이라고 두고 실제 현상을 수학적으로 나타내더라도 참값에서 그리 크게 벗어나지 않는다는 것이다. 둘째, 잡음을 정규 잡음이라고 두면, 여러 가지 통신 또는 신호 처리 방식을 매우 간단히 얻을 수 있고, 또 그 성능을 수학적으로 쉽게 해석할 수 있기 때문이다.

그런데, 우리가 다루는 문제에서 실제 일어나는 잡음 환경을 늘 정규 환경으로 나타낼 수 있는 것은 아니고, 때로는 정규 환경이 아닌 것도 다루어야 한다. 보기를 들면, 물 속에서 음향 신호를 처리할 때의 잡음이나 저주파 대기 잡음 같은 것은 그 특성을 정규 확률변수로 모형화하기 어렵다고 알려져 있다. 이와 같이, 다루고자 하는 잡음이 정규 잡음이 아니라면, 마땅히 그에 맞는 확률 분포를 생각하여 신호 처리나 통신 방식을 얻는 것이 바를 것이다. 이때, 말할 것도 없이, 정규 환경에서 얻는 방식을 정규 환경이 아닌 때에도 쓸 수는 있지만, 정규 잡음에서 성능이 뛰어난 방식을 정규 환경이 아닌 때에 쓰면 그 성능이 매우 떨어질 수 있으며, 성능을 예측하기 또한 어렵다. 환경에 알맞은 확률 분포를 생각하여 신호 처리나 통신 방식을 얻어야 바라는 성능을 얻을 수 있고 또 그 성능을 예측할 수 있는 것이다.

정규 분포가 아닌 분포 가운데 신호 처리나 통신에서 중요하게 다룰 만한 것은 충격성[88] 분포 또는 긴꼬리[89] 분포라고 불리는 것이다. 일반적으로 충격성 분포란 꼬리가 정규 분포보다 긴 – 무거운 – 분포를 말한다. 곧, 충격성 분포는 크기가 매우 큰 값이 – 중앙값보다 매우 크거나 작은 값이 – 정규 분포보다 더 자주 일어날 수 있는 분포이다. 앞 3.6.5절과 3.6.6절에서 다룬 일반화된 정규 분포와 일반화된 코쉬 분포에서 매개변수를 알맞게 고르면 충격성 분포를 나타낼

[88] impulsive
[89] heavy-tailed

수 있다. 보기를 들면, 일반화된 코쉬 분포와 k가 2보다 작은 일반화된 정규 분포는 충격성 분포이다. 여기서는 충격성 분포 가운데에서 일반화된 중심 극한 정리를 바탕으로 얻을 수 있는 안정 분포를 간단히 다루어본다. 일반화된 중심 극한 정리는 독립이고 분포가 같으나[90] 분산이 유한하지 않아 중심 극한 정리를 쓸 수 없는 확률변수들의 수렴을 다루는 정리이다.

뜻매김 3.27 안정 분포[91]

특성함수 $\varphi(t)$가

$$\varphi(t) \;=\; \exp\left[jmt - \gamma|t|^{\alpha}\left\{1 + j\beta \mathsf{sgn}(t)\omega(t,\alpha)\right\}\right] \tag{3.443}$$

과 같은 꼴인 분포를 안정 분포라고 한다. 여기서, $0 < \alpha \leq 2$이고, $|\beta| \leq 1$이며, m은 실수이고, γ는 양수이며,

$$\omega(t,\alpha) \;=\; \begin{cases} \tan\frac{\alpha\pi}{2}, & \alpha \neq 1\text{일 때}, \\ \frac{2}{\pi}\log|t|, & \alpha = 1\text{일 때} \end{cases} \tag{3.444}$$

이다.

뜻매김 3.27에서, m은 위치 매개변수, α는 특성 지수, β는 대칭 매개변수, γ는 퍼짐 매개변수라 부른다. 위치 매개변수 m은 $1 < \alpha \leq 2$일 때에는 평균을, $0 < \alpha \leq 1$일 때에는 중앙값을 나타낸다. 특성 지수 α는 꼬리의 무게를 – 길이를 – 나타내는데 그 값이 작을수록 꼬리가 길다. 특히, $\alpha = 2$이면 안정 분포는 정규 분포이다. 퍼짐 매개변수 γ는 정규 분포에서의 분산과 비슷한 역할을 하는데, $\alpha = 2$일 때에는 – 곧, 정규 분포일 때에는 – 분산이 2γ이다. 한편, $\alpha = 1$이고 $\beta = 0$이면 안정 분포는 코쉬 분포이다.

뜻매김 3.28 대칭 알파-안정 분포[92]

대칭 매개변수 β가 0인 안정 분포를 대칭 알파-안정 분포라고 부르고, 대칭 알파-안정 분포 가운데 위치 매개변수 m이 0이고 퍼짐 매개변수 γ가 1인 분포를 표준 대칭 알파-안정 분포라고 한다.

이제, $m = 0$인 대칭 알파-안정 분포를 생각하자. 그러면 이 분포의 특성함수는

$$\varphi(t) \;=\; \exp\left(-\gamma|t|^{\alpha}\right) \tag{3.445}$$

처럼 쓸 수 있다. 이 특성함수를 역변환하면

$$f(x) \;=\; \begin{cases} \frac{1}{\pi\gamma^{\frac{1}{\alpha}}}\sum\limits_{k=1}^{\infty}\frac{(-1)^{k-1}}{k!}\Gamma(\alpha k+1)\sin\left(\frac{k\alpha\pi}{2}\right)\left(\frac{|x|}{\gamma^{\frac{1}{\alpha}}}\right)^{-\alpha k-1}, & 0 < \alpha \leq 1\text{일 때}, \\ \frac{1}{\pi\alpha\gamma^{\frac{1}{\alpha}}}\sum\limits_{k=0}^{\infty}\frac{(-1)^{k}}{(2k)!}\Gamma\left(\frac{2k+1}{\alpha}\right)\left(\frac{x}{\gamma^{\frac{1}{\alpha}}}\right)^{2k}, & 1 \leq \alpha \leq 2\text{일 때} \end{cases} \tag{3.446}$$

과 같이 $m = 0$인 대칭 알파-안정 분포의 확률밀도함수를 얻을 수 있으며, 이것을 그림 3.33에 보였다. 한편, $\alpha = 1$ 또는 2가 아니면 (3.446)을 닫힌 꼴로 나타낼 수 없음이 알려져 있다. 이

[90] 이 말이 뜻하는 바는 뜻매김 4.6에서 다룬다.

[91] stable distribution

[92] symmetric α-stable (SαS) distribution

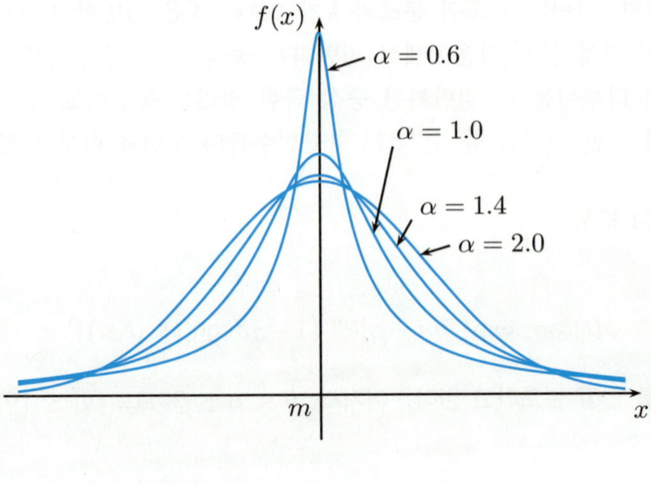

그림 3.33 대칭 알파-안정 분포의 확률밀도함수 $f(x)$

제, $\alpha = 1$일 때에는 (3.446)의 두 무한 급수가 코쉬 확률밀도함수

$$f(x) = \frac{\gamma}{\pi\left(x^2+\gamma^2\right)} \tag{3.447}$$

과 같으며, $\alpha = 2$일 때에는 (3.446)의 둘째 무한 급수가 정규 확률밀도함수

$$f(x) = \frac{1}{2\sqrt{\pi\gamma}} \exp\left(-\frac{x^2}{4\gamma}\right) \tag{3.448}$$

과 같다는 것을 보이자. 먼저, $\Gamma(k+1) = k!$이므로, $\alpha = 1$일 때 (3.446)의 첫째 무한 급수는

$$\begin{aligned}
\frac{1}{\pi\gamma}\sum_{k=1}^{\infty}\frac{(-1)^{k-1}}{k!}\Gamma(k+1)\sin\left(\frac{k\pi}{2}\right)\left(\frac{|x|}{\gamma}\right)^{-k-1}
&= \frac{1}{\pi\gamma}\left\{\left(\frac{|x|}{\gamma}\right)^{-2} - \left(\frac{|x|}{\gamma}\right)^{-4} + \left(\frac{|x|}{\gamma}\right)^{-6} - \left(\frac{|x|}{\gamma}\right)^{-8} + \cdots\right\} \\
&= \frac{1}{\pi\gamma}\sum_{k=0}^{\infty}(-1)^k\left(\frac{\gamma^2}{x^2}\right)^{k+1} \\
&= \frac{\gamma}{\pi\left(x^2+\gamma^2\right)}
\end{aligned} \tag{3.449}$$

이다. 이 식은 $\alpha = 1$일 때 (3.446)의 둘째 무한 급수에서도

$$\begin{aligned}
\frac{1}{\pi\gamma}\sum_{k=0}^{\infty}\frac{(-1)^k}{(2k)!}\Gamma(2k+1)\left(\frac{x}{\gamma}\right)^{2k} &= \frac{1}{\pi\gamma}\sum_{k=0}^{\infty}(-1)^k\left(\frac{x}{\gamma}\right)^{2k} \\
&= \frac{\gamma}{\pi\left(x^2+\gamma^2\right)}
\end{aligned} \tag{3.450}$$

처럼 얻을 수 있다. 다음에, $\sum\limits_{k=0}^{\infty}\frac{(-x)^k}{k!} = e^{-x}$와 (2.338)에서 본 $\Gamma\left(\frac{2k+1}{2}\right) = \frac{(2k)!}{2^{2k}k!}\sqrt{\pi}$를 쓰면, $\alpha = 2$일 때 (3.446)의 둘째 무한 급수는

$$\frac{1}{2\pi\sqrt{\gamma}}\sum_{k=0}^{\infty}\frac{(-1)^k}{(2k)!}\Gamma\left(\frac{2k+1}{2}\right)\left(\frac{x}{\sqrt{\gamma}}\right)^{2k} = \frac{1}{2\sqrt{\pi\gamma}}\sum_{k=0}^{\infty}\frac{(-1)^k}{2^{2k}k!}\left(\frac{x^2}{\gamma}\right)^k$$
$$= \frac{1}{2\sqrt{\pi\gamma}}\sum_{k=0}^{\infty}\frac{1}{k!}\left(-\frac{x^2}{4\gamma}\right)^k$$
$$= \frac{1}{2\sqrt{\pi\gamma}}\exp\left(-\frac{x^2}{4\gamma}\right) \tag{3.451}$$

와 같다.

한편, 구간 $\left(-\frac{\pi}{2}, \frac{\pi}{2}\right]$에 고르게 퍼져 있는 확률변수 A와 평균이 1인 지수 확률변수 B가 서로 독립이라고 하자. 그러면 확률변수

$$X = \frac{\sin(\alpha A)}{(\cos A)^{\frac{1}{\alpha}}}\left[\frac{\cos\{(1-\alpha)A\}}{B}\right]^{\frac{1-\alpha}{\alpha}} \tag{3.452}$$

는 표준 대칭 알파-안정 확률변수라는 것을 보일 수 있다. 이 결과는 대칭 알파-안정 분포를 따르는 난수들을 얻는 데 쓸모 있다.

부록

부록 3.1 누적분포함수

누적분포함수를 함수론의 관점에서 좀 더 자세히 다루어 보자.

뜻매김 3.29 누적분포함수

아래 세 가지 조건을 만족시키는 실수 x의 함수 $F(x)$를 누적분포함수라고 부른다.

(가) 함수 $F(x)$는 줄지 않는다. 곧, $h > 0$일 때 $F(x+h) \geq F(x)$이다.

(나) 함수 $F(x)$는 오른쪽에서 연속이다. 곧, $F(x^+) = F(x)$이다.

(다) 극한값 $\lim\limits_{x \to -\infty} F(x) = 0$이고 $\lim\limits_{x \to \infty} F(x) = 1$이다.

누적분포함수는 유한한 단조함수이다. 한편, 0보다 큰 수 ε을 어떻게 고르더라도 $F(x+\varepsilon) - F(x-\varepsilon) > 0$인 점 x를 $F(x)$의 느는 점이라고 부르고, $F(x) = F(x^-)$인 점 x를 $F(x)$의 연속 점이라고 부르며, $F(x^+) = F(x) \neq F(x^-)$인 점 x를 $F(x)$의 불연속 점이라고 부른다. 이때, 뜻매김 1.45에서 이미 보았듯이

$$\begin{aligned} p_x &= F\left(x^+\right) - F\left(x^-\right) \\ &= F(x) - F\left(x^-\right) \end{aligned} \tag{3.453}$$

은 점 x에서 $F(x)$의 뜀이다. 누적분포함수는 단조 함수이므로 1종 불연속 점만 – 곧, 뜀 불연속 점만 – 가지며, 불연속 점에서 누적분포함수의 뜀은 0보다 크고 연속 점에서 누적분포함수의 뜀은 0이다.

누적분포함수 $F(x)$의 불연속 점들의 집합을 $\{x_\nu\}$라고 두고 점 $x = x_\nu$에서 $F(x)$의 뜀을 $p_{x_\nu} = F\left(x_\nu^+\right) - F\left(x_\nu^-\right)$라고 쓰자. 이제, x를 넘지 않는 $F(x)$의 불연속 점들에서 $F(x)$의 뜀을 더한 것을 $\Psi(x)$라고 두자. 곧,

$$\Psi(x) = \sum_{x_\nu \leq x} p_{x_\nu} \tag{3.454}$$

이다. 이 함수 $\Psi(x)$는 $\{x_\nu\}$에서만 늘고, x_ν를 포함하지 않는 닫힌 구간에서는 늘 상수이다. 이런 함수를 계단 함수라고 부른다. 이제,

$$\psi(x) = F(x) - \Psi(x) \tag{3.455}$$

처럼 두면 $\Psi(x)$는 오른쪽에서만 연속이지만 함수 $\psi(x)$는 연속 함수이다. 함수 $\Psi(x)$와 $\psi(x)$는 모두 줄지 않으며

$$\begin{aligned} \Psi(-\infty) &= \psi(-\infty) \\ &= 0, \end{aligned} \tag{3.456}$$

$$\begin{aligned} \Psi(+\infty) &= a_1 \\ &\leq 1, \end{aligned} \tag{3.457}$$

$$\begin{aligned} \psi(+\infty) &= b \\ &\leq 1 \end{aligned} \tag{3.458}$$

를 만족시킨다. 이때, 함수 $F_d(x) = \frac{1}{a_1}\Psi(x)$와 $F_c(x) = \frac{1}{b}\psi(x)$를 생각하면, 이 둘은 모두 누적분포함수이다. 이제, (3.455)를 바꾸어 쓰면

$$F(x) = \Psi(x) + \psi(x), \tag{3.459}$$

곧

$$F(x) = a_1 F_d(x) + bF_c(x) \tag{3.460}$$

이다.

식 (3.459)에 보인 분해는 하나뿐이므로 (3.460)의 분해 또한 하나뿐이라는 것을 아래와 같이 보일 수 있다. 먼저,

$$\begin{aligned} F(x) &= \Psi(x) + \psi(x) \\ &= \Psi_1(x) + \psi_1(x) \end{aligned} \tag{3.461}$$

처럼 두 가지로 분해할 수 있다고 두고, 이 식을 바꾸어 쓰면

$$\Psi(x) - \Psi_1(x) = \psi_1(x) - \psi(x) \tag{3.462}$$

이다. 이 식 왼쪽은 계단 함수에서 계단 함수를 뺀 것이므로 계단 함수이고, 오른쪽은 연속 함수이므로, 왼쪽도 오른쪽도 0이어야 한다. 곧, $\Psi_1(x) = \Psi(x)$이고 $\psi_1(x) = \psi(x)$이다. 여기까지 말한 것으로 아래를 보인 셈이다.

정리 3.15 어떤 누적분포함수 $F(x)$도 $0 \leq a_1 \leq 1$이고 $0 \leq b \leq 1$이며 $a_1 + b = 1$일 때

$$F(x) = a_1 F_d(x) + bF_c(x) \tag{3.463}$$

처럼 계단 꼴 누적분포함수 $F_d(x)$와 연속 누적분포함수 $F_c(x)$로 나타낼 수 있다. ■■

위 정리에서, $F_d(x)$를 $F(x)$의 불연속 – 또는 이산 – 부분이라고 부르고 $F_c(x)$를 $F(x)$의 연속 부분이라고 부른다. 이제, 앞에서 다룬 정리 3.3에서 바로 $\int_D dF_d(x) = 1$을[93] 만족시키는 셀 수 있는 집합 D가 존재함을 알 수 있다. 한편, 함수 $F_c(x)$는 연속이지만 모든 점에서 늘 미분할 수 있는 것은 아니다. 다만, 어떤 누적분포함수도 거의 모든 점에서 미분할 수 있으므로 르벡 분해 정리[94]를 바탕으로 (3.463)에 보인 $F_c(x)$를

$$F_c(x) = b_1 F_{ac}(x) + b_2 F_s(x) \tag{3.464}$$

[93] 이 적분은 르벡-스틸체즈 적분이다.

[94] Lebesgue decomposition theorem

처럼 두 함수 $F_{ac}(x)$와 $F_s(x)$로 나눌 수 있다. 여기서, $b_1 \geq 0$이고 $b_2 \geq 0$이며 $b_1 + b_2 = 1$이다. 먼저, 함수 $F_{ac}(x)$는 $F_{ac}(x)$의 도함수를 적분한 것이다. 곧,

$$F_{ac}(x) = \int_{-\infty}^{x} F'_{ac}(y)dy \tag{3.465}$$

이다. 더욱이, 집합 N의 르벡 측도가 0이면 늘

$$\int_N dF_{ac}(x) = 0 \tag{3.466}$$

이다. 이 식은 $F_{ac}(x)$가 절대 연속 함수라는 것을 가리키는 것이다. 한편, 함수 $F_s(x)$는 연속 함수이지만 거의 모든 점에서 도함수가 0이다. 게다가, 르벡 측도가 0인 집합 N을 잘 고르면

$$\int_N dF_s(x) = 1 \tag{3.467}$$

이다. 이 식은 $F_s(x)$가 특이 함수라는 것을 말하는 것이다. 따라서, (3.463)과 (3.464)를 묶으면 아래를 얻을 수 있다.

정리 3.16 어느 누적분포함수 $F(x)$도, $a_1 \geq 0$, $a_2 \geq 0$, $a_3 \geq 0$, $a_1 + a_2 + a_3 = 1$일 때, 계단 함수 $F_d(x)$, 절대 연속 함수 $F_{ac}(x)$, 특이 함수 $F_s(x)$로

$$F(x) = a_1 F_d(x) + a_2 F_{ac}(x) + a_3 F_s(x) \tag{3.468}$$

처럼 나타낼 수 있다. ■■

식 (3.468)의 세 계수 a_1, a_2, a_3 가운데 하나가 1이면, 누적분포함수는 순수하다고 한다. 곧, $a_1 = 1$이면 이산 누적분포함수, $a_2 = 1$이면 절대 연속 누적분포함수, $a_3 = 1$이면 특이 누적분포함수이다. 누적분포함수는 실질적으로 거의 다 이산 누적분포함수이거나 절대 연속 누적분포함수이다. 특이 누적분포함수는 이론적으로는 뜻이 있지만, 실제로는 거의 나타나지 않기 때문에 통계학에서는 절대 연속 누적분포함수를 연속 누적분포함수라고 생각하고 특이 누적분포함수는 다루지 않는다. 이 책에서도, 누적분포함수를 다룰 때 다른 말이 없으면 연속이라고 하면 절대 연속을 가리키는 것으로 한다.

한편, 불연속 점들이 같은 간격으로 떨어진 이산 분포를 격자[95] 분포라고 하고, 그 불연속 점들을 격자점이라고 하며, 바로 이웃에 있는 두 격자점의 사이를 뼘[96]이라고 한다.

보기 3.124 (특이 누적분포함수) 특이 누적분포함수의 보기를 하나 살펴보자. 닫힌 구간 $J_c = [0, 1]$과 보기 1.81에서 다룬 칸토르 집합 $\mathbb{C}$의 점 x를 3진법으로 써서

$$\begin{aligned} x &= \sum_{i=1}^{\infty} \frac{a_i(x)}{3^i} \\ &= 0.a_1(x)a_2(x)a_3(x)\cdots \end{aligned} \tag{3.469}$$

[95]lattice
[96]span

와 같다고 하면, 보기 1.81에서 말했듯이 $a_i(x) \in \{0,1\}$이다. 이때, x를 (3.469)와 같이 3진법으로 썼을 때 처음 1이 나오는 자리를 $n(x)$라고 나타내되, 1이 끝내 나오지 않으면 $n(x) = \infty$라고 두자. 이제, 보기 1.119에서 다룬 칸토르 함수 $\phi_C(x)$를 바탕으로 누적분포함수

$$\begin{aligned} F(x) &= \begin{cases} 0, & x < 0\text{일 때}, \\ g(x), & x \in J_c - C\text{일 때}, \\ \sum\limits_j \frac{c_j}{2^j}, & x = \sum\limits_j \frac{2c_j}{3^j} \in C\text{일 때}, \\ 1, & x \geq 1\text{일 때} \end{cases} \\ &= \begin{cases} 0, & x < 0\text{일 때}, \\ \phi_C(x), & 0 \leq x \leq 1\text{일 때}, \\ 1, & x \geq 1\text{일 때} \end{cases} \\ &= \begin{cases} 0, & x \leq 0\text{일 때}, \\ \frac{1}{2^{1+n(x)}} + \sum\limits_{i=1}^{n(x)} \frac{a_i(x)}{2^{i+1}}, & 0 \leq x \leq 1\text{일 때}, \\ 1, & x \geq 1\text{일 때} \end{cases} \end{aligned} \tag{3.470}$$

을 생각하자. 여기서,

$$g(x) = \begin{cases} \frac{1}{2}, & \frac{1}{3} < x < \frac{2}{3}\text{일 때}, \\ \frac{1}{2^k} + \sum\limits_{j=1}^{k-1} \frac{c_j}{2^j}, & x \in A_{2c_1,2c_2,\cdots,2c_{k-1}}\text{일 때} \end{cases} \tag{3.471}$$

이다. 그러면 $F(x)$가 연속 누적분포함수라는 것을 쉽게 알 수 있다. 한편, 보기 1.119에서 보았듯이 $F(x)$의 도함수는 거의 모든 점에서 – 곧, $x \in (J_c - C)$일 때 – 0이므로 확률밀도함수가 아니고, 따라서 $F(x)$는 절대 연속 누적분포함수가 아니라 특이 누적분포함수이다.

누적분포함수 (3.470)의 값을 몇 개 구체적으로 얻어 보면 아래와 같다. 먼저, $\frac{1}{9} = 0.01_3$이고 $n\left(\frac{1}{9}\right) = 2$이므로

$$\begin{aligned} F\left(\frac{1}{9}\right) &= \frac{1}{2^{1+2}} + \sum_{i=1}^{2} \frac{a_i\left(\frac{1}{9}\right)}{2^{i+1}} \\ &= \frac{1}{8} + \frac{1}{8} \\ &= \frac{1}{4} \end{aligned} \tag{3.472}$$

이고, $\frac{2}{9} = 0.02_3$이고 $n\left(\frac{2}{9}\right) = \infty$이므로

$$\begin{aligned} F\left(\frac{2}{9}\right) &= \frac{1}{2^\infty} + \sum_{i=1}^{\infty} \frac{a_i\left(\frac{2}{9}\right)}{2^{i+1}} \\ &= \frac{2}{8} \\ &= \frac{1}{4} \end{aligned} \tag{3.473}$$

이며, $\frac{1}{3} = 0.1_3$이고 $n\left(\frac{1}{3}\right) = 1$이므로

$$F\left(\frac{1}{3}\right) = \frac{1}{2^{1+1}} + \sum_{i=1}^{1} \frac{a_i\left(\frac{1}{3}\right)}{2^{i+1}} = \frac{1}{4} + \frac{1}{4} = \frac{1}{2} \tag{3.474}$$

이다. 이와 비슷하게 $\frac{2}{3} = 0.2_3$이고 $n\left(\frac{2}{3}\right) = \infty$이므로

$$F\left(\frac{2}{3}\right) = 0 + \frac{2}{4} = \frac{1}{2} \tag{3.475}$$

이고, $0 = 0.0_3$이고 $n(0) = \infty$이므로

$$F(0) = 0 \tag{3.476}$$

이며, $1 = 0.22\cdots_3$이고 $n(1) = \infty$이므로

$$F(1) = 0 + \sum_{i=1}^{\infty} \frac{2}{2^{i+1}} = 1 \tag{3.477}$$

이다. ◇

부록 3.2 역 누적분포함수

누적분포함수 F의 역함수를 – 곧, 역 누적분포함수를 – F^{-1}이라고 하자. 그러면 $0 < u < 1$일 때

$$F^{-1}(u) = \inf\{x : F(x) \geq u\} \tag{3.478}$$

처럼 좀 더 명확하게 쓸 수 있다. 이제, F가 줄지 않는 함수이므로 $y_1 < y_2$일 때 $\{x : F(x) \geq y_2\} \subseteq \{x : F(x) \geq y_1\}$이므로 $\inf\{x : F(x) \geq y_1\} \leq \inf\{x : F(x) \geq y_2\}$이다. 그러므로,

$$F^{-1}(y_1) \leq F^{-1}(y_2) \tag{3.479}$$

임을 알 수 있다. 곧, 누적분포함수와 마찬가지로, 역 누적분포함수도 줄지 않는 함수이다.

보기 3.125 누적분포함수

$$F_1(x) = \begin{cases} 0, & x \leq 0; \quad \frac{x}{3}, \quad 0 \leq x < 1; \\ \frac{1}{2}, & 1 \leq x \leq 2; \quad \frac{1}{2}(x-1), \quad 2 \leq x \leq 3; \\ 1, & x \geq 3 \end{cases} \tag{3.480}$$

을 생각하자. 그러면 역 누적분포함수

$$F_1^{-1}(u) \;=\; \begin{cases} 3u, & 0 < u \le \frac{1}{3}; \quad 1, \;\; \frac{1}{3} \le u \le \frac{1}{2}; \\ 2u+1, & \frac{1}{2} < u < 1 \end{cases} \tag{3.481}$$

을 얻을 수 있다. 보기를 들면, $F_1^{-1}\left(\frac{1}{3}\right) = \inf\left\{x : F_1(x) \ge \frac{1}{3}\right\} = \inf\{x : x \ge 1\} = 1$이고, $F_1^{-1}\left(\frac{1}{2}\right) = \inf\left\{x : F_1(x) \ge \frac{1}{2}\right\} = \inf\{x : x \ge 1\} = 1$이다. 여기서, 누적분포함수와 달리, 역 누적분포함수는 왼쪽에서 연속이라는 것을 알 수 있다. 그림 3.34에 누적분포함수 F_1과 역 누적분포함수 F_1^{-1}을 그려 두었다. ◇

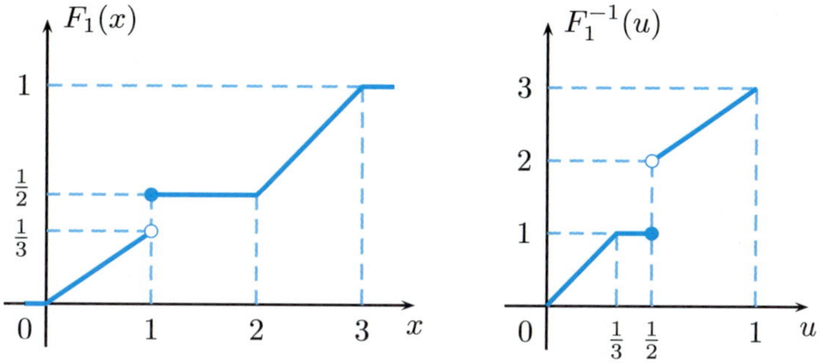

그림 3.34 누적분포함수 F_1과 역 누적분포함수 F_1^{-1}

보기 3.126 누적분포함수

$$F_2(x) \;=\; \begin{cases} 0, \;\; x < 0; & \frac{x}{4}, \qquad\quad 0 \le x < 1; \\ \frac{1}{2}, \;\; 1 \le x < 2; & \frac{1}{4}(x+1), \;\; 2 \le x < 3; \\ 1, \;\; x \ge 3 \end{cases} \tag{3.482}$$

와 역 누적분포함수

$$F_2^{-1}(u) \;=\; \begin{cases} 4u, \;\; 0 < u \le \frac{1}{4}; & 1, \qquad\quad \frac{1}{4} \le u \le \frac{1}{2}; \\ 2, \;\;\; \frac{1}{2} < u \le \frac{3}{4}; & 4u-1, \;\; \frac{3}{4} \le u < 1 \end{cases} \tag{3.483}$$

을 생각하면 $F_2\left(F_2^{-1}\left(\frac{1}{4}\right)\right) = F_2(1) = \frac{1}{2} \ge \frac{1}{4}$이고, $F_2\left(F_2^{-1}\left(\frac{1}{2}\right)\right) = F_2(1) = \frac{1}{2} \ge \frac{1}{2}$이며, $F_2^{-1}(F_2(1)) = F_2^{-1}\left(\frac{1}{2}\right) = 1 \le 1$이고, $F_2^{-1}\left(F_2\left(\frac{3}{2}\right)\right) = F_2^{-1}\left(\frac{1}{2}\right) = 1 \le \frac{3}{2}$이라는 것을 알 수 있다. 그림 3.35에 누적분포함수 F_2와 역 누적분포함수 F_2^{-1}을 그려 두었다. ◇

정리 3.17 누적분포함수 F와 그 역 누적분포함수를 F^{-1}을 생각하자. 그러면 $0 < u < 1$일 때

$$F\left(F^{-1}(u)\right) \;\ge\; u \tag{3.484}$$

이고, F가 연속 함수이면

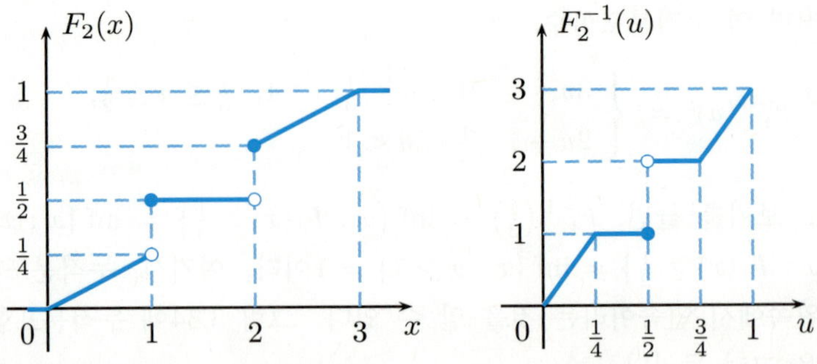

그림 3.35 누적분포함수 F_2와 역 누적분포함수 F_2^{-1}

$$F\left(F^{-1}(u)\right) \; = \; u \tag{3.485}$$

이다. ■■

증명 먼저, 역 누적분포함수의 뜻매김 (3.478)에서, $\epsilon > 0$일 때

$$F\left(F^{-1}(u) + \epsilon\right) \; \geq \; u \tag{3.486}$$

이고

$$F\left(F^{-1}(u) - \epsilon\right) \; < \; u \tag{3.487}$$

임을 알 수 있다. 그러면 누적분포함수는 오른쪽에서 연속이므로 – 곧, (3.26)에서 다룬 것처럼 $\lim_{\epsilon \to 0} F\left(F^{-1}(u) + \epsilon\right) = F\left(F^{-1}(u)\right)$이므로 – (3.486)에서 (3.484)임을 알 수 있다. 다음에, (3.486)과 (3.487)을 묶어 쓰면

$$F\left(F^{-1}(u) - \epsilon\right) \; < \; u \; \leq \; F\left(F^{-1}(u) + \epsilon\right) \tag{3.488}$$

이다. 곧, u는 $F\left(F^{-1}(u) - \epsilon\right)$과 $F\left(F^{-1}(u) + \epsilon\right)$ 사이에 있는 수이다. 그런데, F가 연속 함수이면

$$\lim_{\epsilon \to 0} F\left(F^{-1}(u) + \epsilon\right) \; = \; F\left(F^{-1}(u)\right) \tag{3.489}$$

이고 $\lim_{\epsilon \to 0} F\left(F^{-1}(u) - \epsilon\right) = F\left(F^{-1}(u)\right)$이므로 $u = F\left(F^{-1}(u)\right)$라는 것을 알 수 있다. □

한편, F가 연속 함수이더라도 $F^{-1}(F(x)) = x$가 아니고

$$F^{-1}(F(x)) \; \leq \; x \tag{3.490}$$

이지만, $X \sim F$일 때

$$\Pr\left\{F^{-1}(F(X)) \neq X\right\} \; = \; 0 \tag{3.491}$$

임을 새겨 둘 만하다.

보기 3.127 보기 3.125에서 다룬 누적분포함수 $F_1(x)$와 역 누적분포함수 $F_1^{-1}(u)$를 생각해 보자. 그러면

$$\begin{aligned} F_1\left(F_1^{-1}(u)\right) &= \begin{cases} 0, & F_1^{-1}(u) \le 0, \\ \frac{1}{3}F_1^{-1}(u), & 0 \le F_1^{-1}(u) < 1, \\ \frac{1}{2}, & 1 \le F_1^{-1}(u) \le 2, \\ \frac{1}{2}\left\{F_1^{-1}(u) - 1\right\}, & 2 \le F_1^{-1}(u) \le 3, \\ 1, & F_1^{-1}(u) \ge 3 \end{cases} \\ &= \begin{cases} u, \ \ 0 < u < \frac{1}{3}; & \frac{1}{2}, \ \ \frac{1}{3} \le u \le \frac{1}{2}; \\ u, \ \ \frac{1}{2} < u < 1 \end{cases} \end{aligned} \tag{3.492}$$

이고

$$\begin{aligned} F_1^{-1}(F_1(x)) &= \begin{cases} 3F_1(x), & 0 < F_1(x) \le \frac{1}{3}, \\ 1, & \frac{1}{3} \le F_1(x) \le \frac{1}{2}, \\ 2F_1(x) + 1, & \frac{1}{2} < F_1(x) < 1 \end{cases} \\ &= \begin{cases} x, \ \ 0 < x < 1; & 1, \ \ 1 \le x \le 2; \\ x, \ \ 2 < x < 3 \end{cases} \end{aligned} \tag{3.493}$$

이다. 식 (3.485)에서 말한 $F_1\left(F_1^{-1}(u)\right) \ge u$와 (3.490)에서 말한 $F_1^{-1}(F_1(x)) \le x$를 (3.492)와 (3.493)에서 알 수 있다. 그림 3.36에 $F_1\left(F_1^{-1}(u)\right)$와 $F_1^{-1}(F_1(x))$를 그려 두었다. ◇

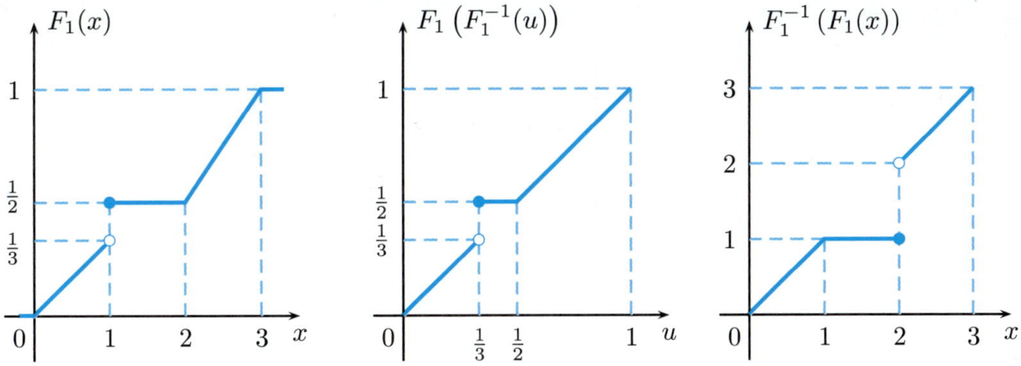

그림 3.36 누적분포함수 F_1에서 얻은 $F_1\left(F_1^{-1}(u)\right)$와 $F_1^{-1}(F_1(x))$

보기 3.128 연속인 누적분포함수

$$F_3(x) = \begin{cases} 0, \ \ x \le 0; & \frac{x}{2}, & 0 \le x \le 1; \\ \frac{1}{2}, \ \ 1 \le x \le 2; & \frac{1}{2}(x-1), & 2 \le x \le 3; \\ 1, \ \ x \ge 3 \end{cases} \tag{3.494}$$

를 생각하면

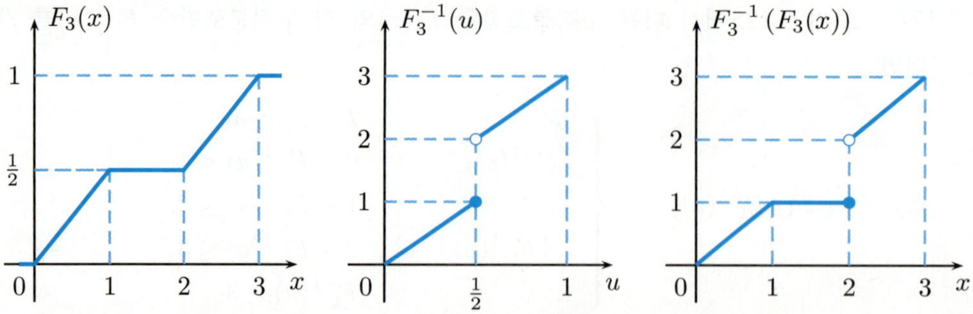

그림 3.37 누적분포함수 $F_3(x)$와 역 누적분포함수 $F_3^{-1}(u)$와 $F_3^{-1}(F_3(x))$

$$F_3^{-1}(u) = \begin{cases} 2u, & 0 < u \le \frac{1}{2}, \\ 2u+1, & \frac{1}{2} < u < 1 \end{cases} \tag{3.495}$$

이므로,

$$\begin{aligned} F_3\left(F_3^{-1}(u)\right) &= \begin{cases} 0, \ F_3^{-1}(u) \le 0; & \frac{1}{2}F_3^{-1}(u), \quad 0 \le F_3^{-1}(u) \le 1; \\ \frac{1}{2}, \ 1 \le F_3^{-1}(u) \le 2; & \frac{1}{2}\left\{F_3^{-1}(u)-1\right\}, \ 2 \le F_3^{-1}(u) \le 3; \\ 1, \ F_3^{-1}(u) \ge 3 \end{cases} \\ &= \begin{cases} u, \ 0 < u \le \frac{1}{2}; & \frac{1}{2}, \ u = \frac{1}{2}; \\ u, \ \frac{1}{2} < u < 1 \end{cases} \\ &= u \end{aligned} \tag{3.496}$$

이고

$$\begin{aligned} F_3^{-1}\left(F_3(x)\right) &= \begin{cases} 2F_3(x), & 0 < F_3(x) \le \frac{1}{2}, \\ 2F_3(x)+1, & \frac{1}{2} < F_3(x) < 1 \end{cases} \\ &= \begin{cases} x, \ 0 < x \le 1 \text{ 또는 } 2 < x \le 3, \\ 1, \ 1 \le x \le 2 \end{cases} \end{aligned} \tag{3.497}$$

이다. 여기서, F_3이 연속 함수이므로 $F_3\left(F_3^{-1}(u)\right) = u$이다. 그러나, F_3이 연속 함수이지만 $F_3^{-1}(F_3(x)) \le x$라는 것을 알 수 있다. 또한, $X \sim F_3$이라고 하면

$$\begin{aligned} \Pr\left\{F_3^{-1}\left(F_3(X)\right) \neq X\right\} &= \Pr\{1 < X \le 2\} \\ &= 0 \end{aligned} \tag{3.498}$$

임을 알 수 있다. 그림 3.37에 $F_3(x)$, $F_3^{-1}(u)$, $F_3^{-1}\left(F_3(x)\right)$를 그려 두었다. ◇

보기 3.129 연속인 누적분포함수

$$F_4(x) = \begin{cases} 0, \ x \le 0; & \frac{2x}{3}, \ 0 \le x \le 1; \\ \frac{2}{3}, \ 1 \le x \le 2; & \frac{x}{3}, \ 2 \le x \le 3; \\ 1, \ x \ge 3 \end{cases} \tag{3.499}$$

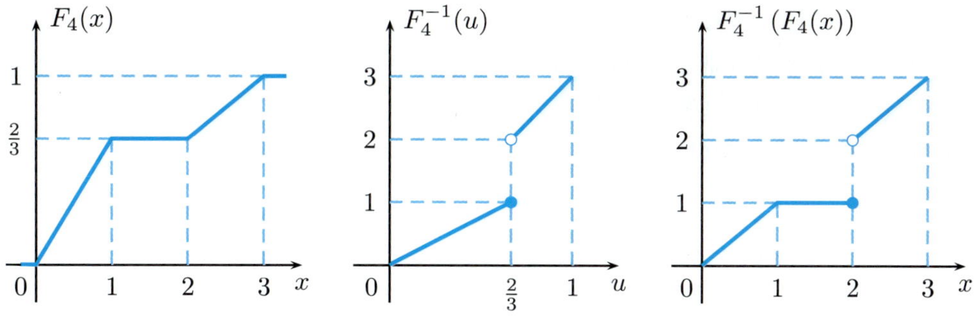

그림 3.38 누적분포함수 $F_4(x)$와 역 누적분포함수 $F_4^{-1}(u)$와 $F_4^{-1}(F_4(x))$

를 생각하면

$$F_4^{-1}(u) = \begin{cases} \frac{3u}{2}, & 0 < u \le \frac{2}{3}, \\ 3u, & \frac{2}{3} < u < 1 \end{cases} \tag{3.500}$$

이므로,

$$\begin{aligned} F_4\left(F_4^{-1}(u)\right) &= \begin{cases} 0, \ F_4^{-1}(u) \le 0; & \frac{2}{3}F_4^{-1}(u), \ 0 \le F_4^{-1}(u) \le 1; \\ \frac{2}{3}, \ 1 \le F_4^{-1}(u) \le 2; & \frac{1}{3}F_4^{-1}(u), \ 2 \le F_4^{-1}(u) \le 3; \\ 1, \ F_4^{-1}(u) \ge 3 \end{cases} \\ &= \begin{cases} u, \ 0 < u \le \frac{1}{2}; & \frac{2}{3}, \ u = \frac{2}{3}; \\ u, \ \frac{2}{3} < u < 1 \end{cases} \\ &= u \end{aligned} \tag{3.501}$$

이고

$$\begin{aligned} F_4^{-1}\left(F_4(x)\right) &= \begin{cases} \frac{3}{2}F_4(x), & 0 < F_4(x) \le \frac{2}{3}, \\ 3F_4(x), & \frac{2}{3} < F_4(x) < 1 \end{cases} \\ &= \begin{cases} x, & 0 < x \le 1, \\ 1, & 1 \le x \le 2, \\ x, & 2 < x \le 3 \end{cases} \end{aligned} \tag{3.502}$$

임을 알 수 있다. 여기서, F_4가 연속 함수이므로 $F_4\left(F_4^{-1}(u)\right) = u$이지만, F_4가 연속 함수이지만 $F_4^{-1}(F_4(x)) \le x$라는 것을 알 수 있다. 또한, $X \sim F_4$라고 하면

$$\begin{aligned} \Pr\left\{F_4^{-1}\left(F_4(X)\right) \ne X\right\} &= \Pr\{1 < X \le 2\} \\ &= 0 \end{aligned} \tag{3.503}$$

임을 알 수 있다. 그림 3.38에 $F_4(x)$, $F_4^{-1}(u)$, $F_4^{-1}(F_4(x))$를 그려 두었다. ◇

위 보기들에서 다음을 알 수 있다. 일반적으로 누적분포함수가 연속 함수이더라도 상수인 구간이 있으면 역 누적분포함수는 불연속이고, 누적분포함수가 연속 함수가 아니더라도 상수인 구

간이 없으면 역 누적분포함수는 연속이다. 좀 더 자세히 말하면, $a < b$일 때 $F(a) = F(b^-) = \alpha$이면 – 곧, $a \le x < b$일 때 늘 $F(x) = \alpha$이면 – 역 누적분포함수 $F^{-1}(u)$는 $u = \alpha$에서 불연속이고 $F^{-1}(\alpha) = a$이다. 그림 3.39에 누적분포함수는 연속 함수가 아니지만 역 누적분포함수는 연속인 보기를 하나 보였다.

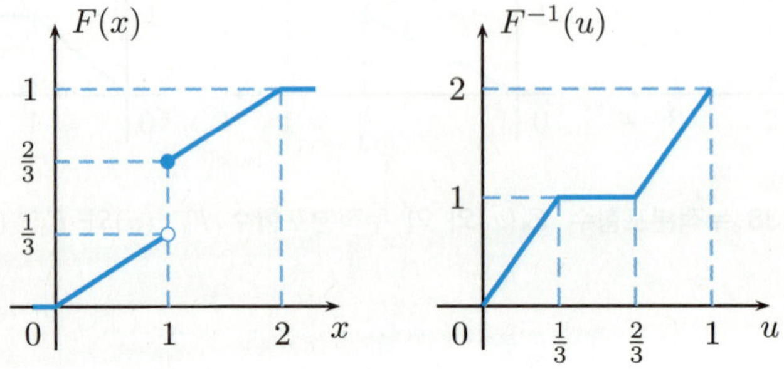

그림 3.39 누적분포함수 F는 연속 함수가 아니지만 역 누적분포함수 F^{-1}은 연속인 보기

정리 3.18 누적분포함수 F가 연속이면, 역 누적분포함수 F^{-1}은 엄격히 는다. ■

증명 먼저, 누적분포함수 F가 연속 함수이고 $y_1 < y_2$일 때, $F^{-1}(y_1) \neq F^{-1}(y_2)$라는 것을 귀류법으로 보이자. 이제, F가 연속 함수이고 $y_1 < y_2$일 때, $F^{-1}(y_1) = F^{-1}(y_2)$라고 하자. 그러면 (3.485)에서 $y_1 = F\left(F^{-1}(y_1)\right) = F\left(F^{-1}(y_2)\right) = y_2$인데, 이것은 $y_1 < y_2$와 모순이다. 곧,

$$F^{-1}(y_1) \ \neq \ F^{-1}(y_2) \tag{3.504}$$

이다. 한편, (3.479)에서 보았듯이 $y_1 < y_2$일 때

$$F^{-1}(y_1) \ \le \ F^{-1}(y_2) \tag{3.505}$$

이다. 위 (3.504)와 (3.505)에서, 누적분포함수 F가 연속 함수이면 $y_1 < y_2$일 때 $F^{-1}(y_1) < F^{-1}(y_2)$라는 것을 알 수 있다. □

정리 3.19 확률밀도함수 f가 연속이고, 그 누적분포함수를 F라고 할 때, $f\left(F^{-1}(u)\right) \neq 0$이면

$$\frac{d}{du}F^{-1}(u) \ = \ \frac{1}{f\left(F^{-1}(u)\right)} \tag{3.506}$$

이다. ■

증명 먼저, 확률밀도함수 f가 연속이므로 누적분포함수 F도 연속이다. 따라서, $F^{-1}(u) = v$라고 두면 (3.485)에서 $F(v) = F\left(F^{-1}(u)\right) = u$이고 $du = f(v)dv$이다. 그러므로,

$$\begin{aligned} \frac{d}{du}F^{-1}(u) &= \frac{1}{f(v)}\frac{dv}{dv} \\ &= \frac{1}{f\left(F^{-1}(u)\right)} \end{aligned} \tag{3.507}$$

이다. □

부록 3.3 부등식 몇 가지

정리 3.20 **꼬리 확률[97] 부등식** 잴 수 있는 함수 h가 0보다 작지 않고 $E\{h(X)\}$가 존재하면, $\varepsilon > 0$일 때

$$P\{h(X) \ge \varepsilon\} \le \frac{E\{h(X)\}}{\varepsilon} \tag{3.508}$$

이다. ■■

증명 확률변수 X가 이산 확률변수일 때를 생각하자. 먼저, $P\{X = x_k\} = p_k$라고 두면, $A = \{k : h(x_k) \ge \epsilon\}$일 때

$$\begin{aligned} E\{h(X)\} &= \left(\sum_A + \sum_{A^c}\right) h(x_k)p_k \\ &\ge \sum_A h(x_k)p_k \end{aligned} \tag{3.509}$$

이고, 따라서

$$\begin{aligned} E\{h(X)\} &\ge \epsilon \sum_A p_k \\ &= \epsilon P\{h(X) \ge \epsilon\} \end{aligned} \tag{3.510}$$

이므로, (3.508)을 얻는다. □

정리 3.21 **마르코프 부등식** 확률변수 X가 0보다 작지 않으면, α가 0보다 큰 수일 때

$$P\{X \ge \alpha\} \le \frac{E\{X\}}{\alpha} \tag{3.511}$$

이다[98]. ■■

증명 꼬리 확률 부등식 (3.508)에서 $h(X) = |X|^r$이라고 하고 $\varepsilon = K$라고 하면 바로 얻을 수 있다. 또 다른 방법으로, 확률밀도함수가 0보다 작지 않다는 것을 새기면

$$\begin{aligned} E\{X\} &= \int_0^\infty x f_X(x)dx \\ &\ge \int_\alpha^\infty x f_X(x)dx \\ &\ge \alpha \int_\alpha^\infty f_X(x)dx \\ &= \alpha P\{X \ge \alpha\} \end{aligned} \tag{3.512}$$

이므로 (3.511)을 얻는다. □

---

[97] tail probability

[98] 마르코프 부등식 (3.511)은 X를 $|X|^r$, $r > 0$으로 바꾸어도 성립한다.

정리 3.22 **리아푸노프[99] 부등식** 확률변수 X의 n째 절대 적률 $E\{|X|^n\}$이 유한하면, $1 \leq s < r \leq n$일 때

$$[E\{|X|^s\}]^{\frac{1}{s}} \leq [E\{|X|^r\}]^{\frac{1}{r}} \tag{3.513}$$

이다. ■■

증명 확률변수 X의 확률밀도함수가 f일 때 두 변수 식

$$Q(u,v) = \int_{-\infty}^{\infty} \left(u|x|^{\frac{k-1}{2}} + v|x|^{\frac{k+1}{2}} \right)^2 f(x)\, dx \tag{3.514}$$

를 생각해 보자. 이제, $\beta_n = E\{|X|^n\}$으로 두면 (3.514)를

$$Q(u,v) = [u\, v] \begin{bmatrix} \beta_{k-1} & \beta_k \\ \beta_k & \beta_{k+1} \end{bmatrix} [u\, v]^T \tag{3.515}$$

처럼 쓸 수 있다. 그런데, u와 v를 어떻게 고르더라도 $Q \geq 0$이므로

$$\begin{vmatrix} \beta_{k-1} & \beta_k \\ \beta_k & \beta_{k+1} \end{vmatrix} \geq 0 \tag{3.516}$$

을, 곧 $\beta_k^{2k} \leq \beta_{k-1}^k \beta_{k+1}^k$이라는 것을 알 수 있다. 그러므로, $\beta_0 = 1$이라고 할 때

$$\beta_1^2 \leq \beta_0^1 \beta_2^1, \quad \beta_2^4 \leq \beta_1^2 \beta_3^2, \quad \cdots, \quad \beta_{n-1}^{2(n-1)} \leq \beta_{n-2}^{n-1} \beta_n^{n-1} \tag{3.517}$$

이다. 식 (3.517)에서 이어져 있는 부등식 $k-1$개를 곱하면 $\beta_{k-1}^k \leq \beta_k^{k-1}$이므로

$$\beta_1 \leq \beta_2^{\frac{1}{2}} \leq \beta_3^{\frac{1}{3}} \leq \cdots \leq \beta_n^{\frac{1}{n}} \tag{3.518}$$

을 얻을 수 있다. □

정리 3.23 **절대 평균[100] 부등식** 확률변수 X의 절대 평균 $E\{|X|\}$는

$$\sum_{n=1}^{\infty} P\{|X| \geq n\} \leq E\{|X|\} \leq 1 + \sum_{n=1}^{\infty} P\{|X| \geq n\} \tag{3.519}$$

를 만족시킨다. ■■

증명 연속 확률변수 X의 확률밀도함수를 f_X라고 하면

$$\begin{aligned} E\{|X|\} &= \int_{-\infty}^{\infty} |x| f_X(x) dx \\ &= \sum_{k=0}^{\infty} \int_{k \leq |x| < k+1} |x| f_X(x) dx \end{aligned} \tag{3.520}$$

[99] Lyapunov
[100] absolute mean

이므로

$$\sum_{k=0}^{\infty} k\text{Pr}\{k \le |X| < k+1\} \;\le\; E\{X\} \;\le\; \sum_{k=0}^{\infty}(k+1)\text{Pr}\{k \le |X| < k+1\} \tag{3.521}$$

이다. 이제,

$$\begin{aligned}\sum_{k=0}^{\infty} k\text{Pr}\{k \le |X| < k+1\} &= \sum_{n=1}^{\infty}\sum_{k=n}^{\infty}\text{Pr}\{k \le |X| < k+1\} \\ &= \sum_{n=1}^{\infty}\text{Pr}\{|X| \ge n\}\end{aligned} \tag{3.522}$$

이고

$$\begin{aligned}\sum_{k=0}^{\infty}(k+1)\text{Pr}\{k \le |X| < k+1\} &= 1+\sum_{k=0}^{\infty} k\text{Pr}\{k \le |X| < k+1\} \\ &= 1+\sum_{n=1}^{\infty}\text{Pr}\{|X| \ge n\}\end{aligned} \tag{3.523}$$

임을 (3.521)에 넣으면 (3.519)를 얻는다. 이산 확률변수일 때에도 비슷하게 보일 수 있다. □

정리 3.24 **체비셰프[101] 부등식** 실수 ε이 0보다 크면 늘

$$P\{|Y - E\{Y\}| \ge \varepsilon\} \;\le\; \frac{\text{Var}\{Y\}}{\varepsilon^2} \tag{3.524}$$

이다. ■■

증명 먼저, $X = (Y - E\{Y\})^2$이라고 두면, 이 확률변수 X는 0보다 작지 않으므로 앞에서 보인 마르코프 부등식 (3.511)을 쓰면

$$\begin{aligned}P\left\{(Y - E\{Y\})^2 \ge \varepsilon^2\right\} &\le \frac{E\left\{(Y - E\{Y\})^2\right\}}{\varepsilon^2} \\ &= \frac{\text{Var}\{Y\}}{\varepsilon^2}\end{aligned} \tag{3.525}$$

이다. 여기서, $P\left\{(Y - E\{Y\})^2 \ge \varepsilon^2\right\}$과 $P\{|Y - E\{Y\}| \ge \varepsilon\}$은 같은 것이므로 바라는 결과를 얻는다. □

정리 3.25 **비네임-체비셰프[102] 부등식** 확률변수 X의 r째 절대 적률 $E\{|X|^r\}$이 유한하면, 0보다 큰 수 ε이 어떤 값이더라도

$$P\{|X| \ge \varepsilon\} \;\le\; \frac{E\{|X|^r\}}{\varepsilon^r} \tag{3.526}$$

이다. ■■

[101] Chebyshev
[102] Bienayme-Chebyshev

증명 아래 일반화된 비네임-체비셰프 부등식의 증명에서 $g(x) = |x|^r$ 이라고 두면 바라는 결과를 얻는다. □

정리 3.24에서 다룬 체비셰프 부등식은 정리 3.25에 보인 비네임-체비셰프 부등식의 특별한 때라는 것을 쉽게 알 수 있다.

정리 3.26 **일반화된 비네임-체비셰프 부등식** 함수 $g(x)$가 $x > 0$일 때 줄지 않고 0보다 작지 않다고 하자. 이때, $\frac{E\{g(|X|)\}}{g(\varepsilon)}$를 뜻매김할 수 있다면, 0보다 큰 수 ε이 어떤 값이더라도

$$P\{|X| \geq \varepsilon\} \;\leq\; \frac{E\{g(|X|)\}}{g(\varepsilon)} \tag{3.527}$$

이다. ■■

증명 확률변수 X의 누적분포함수를 $F(x)$라고 두면,

$$\begin{aligned} E\{g(|X|)\} &= \int_{-\infty}^{\infty} g(|x|)dF(x) \\ &= \int_{|x|<\varepsilon} g(|x|)dF(x) + \int_{|x|\geq\varepsilon} g(|x|)dF(x) \\ &\geq \int_{|x|\geq\varepsilon} g(|x|)dF(x) \\ &\geq g(\varepsilon)\int_{|x|\geq\varepsilon} dF(x) \\ &= g(\varepsilon)P\{|X| \geq \varepsilon\} \end{aligned} \tag{3.528}$$

처럼 바라는 결과를 얻을 수 있다. □

정리 3.27 **옌센[103] 부등식** 함수 f가 볼록 함수[104]이면

$$E\{f(X)\} \;\geq\; f(E\{X\}) \tag{3.529}$$

이다. ■■

증명 먼저 $m = E\{X\}$라고 두자. 그러면 중간값 정리에서

$$h(X) \;=\; h(m) + (X-m)h'(m) + \frac{(X-m)^2}{2}h''(\alpha), \quad -\infty < \alpha < \infty \tag{3.530}$$

이다. 이제, 위 식의 기댓값을 생각하면

---

[103] Jensen

[104] 두 점 x와 y를 어떻게 고르더라도, 또 $[0,1]$ 안에서 수 t를 어떻게 고르더라도, $f(tx+(1-t)y) \leq tf(x)+(1-t)f(y)$일 때, 함수 f를 볼록 convex 또는 위로 오목하다고 concave up 한다. 볼록함수는 연속이고, 셀 수 있을 만큼의 점을 빼고는 어느 점에서도 늘 미분할 수 있고, 미분할 수 있는 점에서는 도함수가 줄지 않는 함수이며, 두 번 미분할 수 있으면 2계 도함수가 0보다 작지 않다.

$$E\{h(X)\} = h(m) + h'(m)E\{X-m\} + \frac{1}{2}h''(\alpha)E\left\{(X-m)^2\right\}$$
$$= h(m) + \frac{1}{2}h''(\alpha)\sigma_X^2 \tag{3.531}$$

인데, $h''(\alpha) \geq 0$이고 $\sigma_X^2 \geq 0$이므로,

$$E\{h(X)\} \geq h(m)$$
$$= h(E\{X\}) \tag{3.532}$$

이다. □

부록 3.4 푸비니 정리

정리 3.28 푸비니[105] 정리 1 함수 $f(x,y)$가 네모꼴 $A = \{(x,y) : a \leq x \leq b,\ c \leq y \leq d\}$에서 연속이면

$$\iint_A f(x,y)dxdy = \int_c^d \int_a^b f(x,y)dxdy$$
$$= \int_a^b \int_c^d f(x,y)dydx \tag{3.533}$$

이다. ■■

정리 3.29 푸비니 정리 2 함수 $f(x,y)$가 영역 A에서 연속이라고 하자. 그러면 영역이 $A = \{(x,y) : a \leq x \leq b,\ g_1(x) \leq y \leq g_2(x)\}$이고 함수 g_1과 g_2가 $[a,b]$에서 연속일 때에는

$$\iint_A f(x,y)dxdy = \int_a^b \int_{g_1(x)}^{g_2(x)} f(x,y)dydx \tag{3.534}$$

이고, 영역이 $A = \{(x,y) : h_1(y) \leq x \leq h_2(y),\ c \leq y \leq d\}$이고 함수 h_1과 h_2가 $[c,d]$에서 연속일 때에는

$$\iint_A f(x,y)dxdy = \int_c^d \int_{h_1(y)}^{h_2(y)} f(x,y)dxdy \tag{3.535}$$

이다. ■■

부록 3.5 피셔 정보

뜻매김 3.30 세게 꼭짓점이 하나인[106] 함수

실수 a가 b보다 작을 때 열린 구간 (a,b)에서 $-\log f(x)$가 볼록 함수이고 $\int_a^b f(x)dx = 1$인 함수 $f(x)$를 세게 꼭짓점이 하나인 함수라고 한다.

[105] Fubini

보기 3.130 (세게 꼭짓점이 하나인 확률밀도함수) 정규, 겹지수, 지수, 로지스틱, 고른, 세모 확률밀도함수와

$$f(x) = \exp(x - e^x) \tag{3.536}$$

은 모두 세게 꼭짓점이 하나인 함수이다. ◇

보기 3.131 (세게 꼭짓점이 하나인 함수가 아닌 확률밀도함수) 코쉬 확률밀도함수는 세게 꼭짓점이 하나인 함수가 아니다. ◇

확률밀도함수 $f(x)$가 어떤 구간에서 세게 꼭짓점이 하나이면, $f(x)$는 그 구간에서 절대 연속이고

$$\{-\log f(x)\}' = -\frac{f'(x)}{f(x)} \tag{3.537}$$

이 줄지 않는 함수이다. 그러나, 그 역은 성립하지 않는다. 곧, 절대 연속인 함수가 모두 세게 꼭짓점이 하나인 것은 아니다.

정리 3.30 세게 꼭짓점이 하나인 확률밀도함수 둘을 길쌈하면 세게 꼭짓점이 하나인 확률밀도함수를 얻는다. ■■

뜻매김 3.31 피셔 정보[107]

함수 $f(x)$가 절대 연속이고

$$I_1(f) = \int_{-\infty}^{\infty} \left\{\frac{f'(x)}{f(x)}\right\}^2 f(x)dx \tag{3.538}$$

이 유한하면, 이 $I_1(f)$를 함수 $f(x)$의 피셔 정보라고 한다. 함수 $f(x)$가 절대 연속이 아니면 피셔 정보를 $I_1(f) = \infty$로 둔다.

보기 3.132 라플라스 확률밀도함수 $f_L(x) = \frac{\lambda}{2}e^{-\lambda|x|}$의 피셔 정보는

$$\begin{aligned} I_1(f_L) &= \int_0^{\infty} (-\lambda)^2 \frac{\lambda}{2} e^{-\lambda x} dx + \int_{-\infty}^{0} \lambda^2 \frac{\lambda}{2} e^{\lambda x} dx \\ &= \lambda^2 \end{aligned} \tag{3.539}$$

이다. 또, $\int_{-\frac{\pi}{2}}^{\frac{\pi}{2}} \frac{\tan^2\theta}{\sec^4\theta} d\theta = \int_{-\frac{\pi}{2}}^{\frac{\pi}{2}} \sin^2\theta\cos^2\theta d\theta = \int_{-\frac{\pi}{2}}^{\frac{\pi}{2}} \frac{1}{8}(1-\cos 4\theta)\, d\theta = \frac{\pi}{8}$를 새기면 코쉬 확률밀도함수 $f_C(x) = \frac{\alpha}{\pi}\frac{1}{x^2+\alpha^2}$의 피셔 정보는

$$\begin{aligned} I_1(f_C) &= \int_{-\infty}^{\infty} \left(\frac{-2x}{x^2+\alpha^2}\right)^2 \frac{\alpha}{\pi}\frac{1}{x^2+\alpha^2} dx \\ &= \int_{-\frac{\pi}{2}}^{\frac{\pi}{2}} \frac{4}{\pi\alpha^2}\frac{\tan^2\theta}{\sec^4\theta} d\theta \end{aligned}$$

[106] strongly unimodal
[107] Fisher information

$$= \frac{1}{2\alpha^2} \tag{3.540}$$

이다. ◇

정리 3.31 함수 G가 어떤 누적분포함수이더라도

$$h(x) = \int_{-\infty}^{\infty} f(x-y)dG(y) \tag{3.541}$$

의 피셔 정보는 f의 피셔 정보보다 크지 않다. 곧,

$$I_1(h) \le I_1(f) \tag{3.542}$$

이다. ■■

증명 먼저, $I_1(f) = \infty$일 때에는 자명하다. 다음에, $I_1(f) < \infty$일 때를 생각하자. 그러면,

$$E^2\left\{\frac{|f'(X)|}{f(X)}\right\} \le E\left\{\left(\frac{|f'(X)|}{f(X)}\right)^2\right\} \tag{3.543}$$

이므로

$$\begin{aligned}\int_{-\infty}^{\infty} |f'(x)|\, dx &\le \left[\int_{-\infty}^{\infty} \left\{\frac{f'(x)}{f(x)}\right\}^2 f(x)dx\right]^{\frac{1}{2}} \\ &< \infty \end{aligned} \tag{3.544}$$

이다. 따라서,

$$\int_{-\infty}^{\infty} \left\{\int_{-\infty}^{\infty} |f'(x-y)|\, dx\right\} dG(y) < \infty \tag{3.545}$$

이다. 이제, f는 절대 연속이라는 것을 새기고 부록 3.4에 보인 푸비니 정리를 쓰면

$$\begin{aligned}\int_{-\infty}^{x}\int_{-\infty}^{\infty} f'(t-y)dG(y)dt &= \int_{-\infty}^{\infty}\left\{\int_{-\infty}^{x} f'(t-y)dt\right\} dG(y) \\ &= \int_{-\infty}^{\infty} f(x-y)dG(y) \\ &= h(x) \end{aligned} \tag{3.546}$$

을 얻는다. 다시 말해, $h(x)$는 절대 연속이고

$$h'(x) = \int_{-\infty}^{\infty} f'(x-y)dG(y) \tag{3.547}$$

이다. 끝으로 슈바르츠 부등식에서

$$\frac{\{h'(x)\}^2}{h(x)} \le \int_{-\infty}^{\infty} \frac{\{f'(x-y)\}^2}{f(x-y)} dG(y) \tag{3.548}$$

임을 새기면 보이고자 하는 바를 알 수 있다. □

이제, 확률밀도함수가 f이고 누적분포함수가 F일 때

$$\tilde{\varphi}(u,f) \;=\; -\frac{f'\left(F^{-1}(u)\right)}{f\left(F^{-1}(u)\right)} \tag{3.549}$$

처럼 두면 아래 정리를 보일 수 있다. 이 함수 $\tilde{\varphi}$는 국소 최적검파[108]와 같은 여러 응용 영역에서 매우 중요한 자리를 차지한다.

정리 3.32 **절대 연속 함수의 $\tilde{\varphi}$ 함수** 함수 f가 절대 연속이고

$$\int_{-\infty}^{\infty} |f'(x)|\,dx \;<\; \infty \tag{3.550}$$

이면,

$$\int_0^1 \tilde{\varphi}(u,f)du \;=\; 0 \tag{3.551}$$

이다. ■■

증명 먼저, f가 적분할 수 있는 함수이고 $a<b$이면, (3.550)에서

$$\begin{aligned}\lim_{a,b\to\infty}|f(b)-f(a)| &= \lim_{a,b\to\infty}\int_a^b |f'(x)|\,dx \\ &= 0\end{aligned} \tag{3.552}$$

이므로, $\lim_{b\to\infty} f(b)=0$이다. 마찬가지로, $\lim_{b\to-\infty} f(b)=0$이다. 그러므로,

$$\begin{aligned}\int_{-\infty}^{\infty} f'(x)dx &= \lim_{\substack{a\to-\infty\\ b\to\infty}}\int_a^b f'(x)dx \\ &= \lim_{\substack{a\to-\infty\\ b\to\infty}}\{f(b)-f(a)\} \\ &= 0\end{aligned} \tag{3.553}$$

이다. 따라서, f의 적분 F가 연속 함수라는 것을 새기어, $F^{-1}(u) = x$로 두면 (3.485)에서 $F(x)=F\left(F^{-1}(u)\right)=u$이고 $du=f(x)dx$이므로,

$$\begin{aligned}\int_0^1 \tilde{\varphi}(u,f)du &= \int_{-\infty}^{\infty}\left\{-\frac{f'(x)}{f(x)}\right\} f(x)dx \\ &= \int_{-\infty}^{\infty}\{-f'(x)\}\,dx \\ &= -\{f(\infty)-f(-\infty)\} \\ &= 0\end{aligned} \tag{3.554}$$

이다[109]. □

---

[108] locally optimum detection

[109] 식 (3.507)에서 $dF^{-1}(u) = \frac{1}{f(F^{-1}(u))}du$라는 것을 바탕으로 $\int_0^1 \tilde{\varphi}(u,f)du = \int_0^1\left\{-\frac{f'(F^{-1}(u))}{f(F^{-1}(u))}\right\}du = -\int_0^1 f'\left(F^{-1}(u)\right)dF^{-1}(u) = -f\left(F^{-1}(1)\right)+f\left(F^{-1}(0)\right) = -f(\infty)+f(-\infty)=0$처럼 얻을 수도 있다.

정리 3.33 확률밀도함수 f의 피셔 정보 $I_1(f)$가 유한하면 – 곧, $I_1(f) < \infty$이면 –

$$I_1(f) = \int_0^1 \tilde{\varphi}^2(u, f)du \tag{3.555}$$

이다. ■■

부록 3.6 널리 쓰이는 분포

(가) 이산 분포의 확률질량함수와 적률생성함수

고른 분포 (이산)

$$p(k) = \frac{1}{n},\ k = 0, 1, 2, \cdots, n-1 \tag{3.556}$$

$$M(t) = \frac{1 - e^{nt}}{n(1 - e^t)} \tag{3.557}$$

기하 분포

$$p(k) = p(1-p)^{k-1},\ k = 1, 2, 3, \cdots \tag{3.558}$$

$$M(t) = \frac{pe^t}{1 - (1-p)e^t} \tag{3.559}$$

베르누이 분포

$$p(k) = \begin{cases} 1 - p, & k = 0, \\ p, & k = 1 \end{cases} \tag{3.560}$$

$$M(t) = 1 - p + pe^t \tag{3.561}$$

이항 분포

$$p(k) = {}_n\mathrm{C}_k p^k (1-p)^{n-k},\ k = 0, 1, 2, \cdots \tag{3.562}$$

$$M(t) = \left(1 - p + pe^t\right)^n \tag{3.563}$$

파스칼 분포

$$p(k) = {}_{k-1}\mathrm{C}_{r-1} p^r (1-p)^{k-r},\ k = r, r+1, r+2, \cdots \tag{3.564}$$

$$M(t) = \left\{\frac{pe^t}{1 - (1-p)e^t}\right\}^r \tag{3.565}$$

포아송 분포

$$p(k) = \frac{\lambda^k}{k!}e^{-\lambda},\ k = 0, 1, 2, \cdots \tag{3.566}$$

$$M(t) = \exp\left\{-\lambda(1 - e^t)\right\} \tag{3.567}$$

(나) 연속 분포의 확률밀도함수와 적률생성함수

감마 분포

$$f(x) = \frac{x^{\alpha-1}}{\Gamma(\alpha)\beta^{\alpha}} \exp\left(-\frac{x}{\beta}\right) u(x) \tag{3.568}$$

$$M(t) = \frac{1}{(1-\beta t)^{\alpha}} \tag{3.569}$$

고른 분포 (연속)

$$f(x) = \frac{1}{b-a} u(x-a)u(b-x) \tag{3.570}$$

$$M(t) = \frac{e^{bt}-e^{at}}{t(b-a)} \tag{3.571}$$

라플라스 분포

$$f(x) = \frac{\lambda}{2} e^{-\lambda|x|} \tag{3.572}$$

$$M(t) = \frac{\lambda^2}{\lambda^2-t^2} \tag{3.573}$$

레일리 분포

$$f(x) = \frac{x}{\alpha^2} \exp\left(-\frac{x^2}{2\alpha^2}\right) u(x) \tag{3.574}$$

$$M(t) = 1 + \sqrt{\frac{\pi}{2}} \alpha t \exp\left(\frac{\alpha^2 t^2}{2}\right) \tag{3.575}$$

정규 분포

$$f(x) = \frac{1}{\sqrt{2\pi\sigma^2}} \exp\left\{-\frac{(x-\mu)^2}{2\sigma^2}\right\} \tag{3.576}$$

$$M(t) = \exp\left(\mu t + \frac{\sigma^2 t^2}{2}\right) \tag{3.577}$$

중심 카이 제곱 분포

$$f(x) = \frac{x^{\frac{n}{2}-1}}{\Gamma\left(\frac{n}{2}\right) 2^{\frac{n}{2}}} \exp\left(-\frac{x}{2}\right) u(x) \tag{3.578}$$

$$M(t) = \frac{1}{(1-2t)^{\frac{n}{2}}} \tag{3.579}$$

지수 분포

$$f(x) = \lambda e^{-\lambda x} u(x) \tag{3.580}$$

$$M(t) = \frac{\lambda}{\lambda - t} \tag{3.581}$$

코쉬 분포

$$f(x) = \frac{\alpha}{\pi} \frac{1}{x^2+\alpha^2} \tag{3.582}$$

$$M(t) = e^{-|t|} \tag{3.583}$$

연습 문제

문제 3.1 누적분포함수 F가 절대 연속일 때

$$\lim_{x\to\infty} xF(-x) = 0 \tag{3.584}$$

임을 보이시오.

문제 3.2 단위 계단 함수 $u(x)$의 푸리에 변환을 아래에 보인 차례로 얻어 보시오.
(가) 먼저, $\alpha > 0$일 때 함수

$$s_\alpha(x) = \begin{cases} e^{-\alpha x}, & x > 0, \\ -e^{\alpha x}, & x < 0 \end{cases} \tag{3.585}$$

의 푸리에 변환을 $S_\alpha(\omega) = \mathcal{F}\{s_\alpha(x)\}$이라고 할 때

$$\lim_{\alpha\to 0} S_\alpha(\omega) = \frac{2}{j\omega} \tag{3.586}$$

임을 보이시오.
(나) 충격 함수 $\delta(x)$의 푸리에 변환이 $\mathcal{F}\{\delta(x)\} = 1$이라는 것을 보이고, 이것을 새기고 푸리에 변환의 성질을 바탕으로

$$\mathcal{F}\{1\} = 2\pi\,\delta(\omega) \tag{3.587}$$

임을 보이시오.
(다) 이제, $\text{sgn}(x) = 2u(x) - 1$을 바꾸어 쓰면 $u(x) = \frac{1}{2}\{1 + \text{sgn}(x)\}$인데, (3.585)에서 $\text{sgn}(x) = \lim_{\alpha\to 0} s_\alpha(x)$이므로,

$$u(x) = \frac{1}{2}\left\{1 + \lim_{\alpha\to 0} s_\alpha(x)\right\} \tag{3.588}$$

이다. 이 식을 바탕으로 (3.586)과 (3.587)을 새기어 단위 계단 함수 $u(x)$의 푸리에 변환이

$$\begin{aligned} U(\omega) &= \mathcal{F}\{u(x)\} \\ &= \pi\delta(\omega) + \frac{1}{j\omega} \end{aligned} \tag{3.589}$$

임을 보이시오.

문제 3.3 확률변수 X의 분포가 $U[-1, 2)$일 때 확률변수 $Y = X^2 + 1$의 확률밀도함수와 누적분포함수를 얻으시오.

문제 3.4 확률변수 X의 확률질량함수가

$$p_X(k) = \frac{1}{7}, \quad k \in \{\pm 3, \pm 2, \pm 1, 0\} \tag{3.590}$$

일 때 $Y = X^3 - 3X$의 누적분포함수를 얻으시오.

문제 3.5 뜻매김 3.16을 바탕으로 이항분포 $b(n,p)$의 비틀림은

$$\frac{1-2p}{\sqrt{np(1-p)}} \tag{3.591}$$

이고 뾰족함은

$$\frac{3(n-2)}{n}+\frac{1}{np(1-p)} \tag{3.592}$$

임을[110] 보이시오.

문제 3.6 확률변수 X의 분포가 보기 2.85에 보인 중심 카이 제곱 분포 $\chi^2(n)$일 때, 곧 X의 확률밀도함수가

$$f_X(r) \;=\; \frac{1}{2^{\frac{n}{2}}\Gamma\left(\frac{n}{2}\right)}r^{\frac{n}{2}-1}\exp\left(-\frac{r}{2}\right)u(r) \tag{3.593}$$

일 때, $E\left\{X^{-1}\right\}$를 얻으시오.

문제 3.7 확률변수 X의 분포가 $F(m,n)$이면, $k=1,2,\cdots$ 일 때

$$E\left\{X^k\right\} \;=\; \left(\frac{n}{m}\right)^k\frac{\Gamma\left(k+\frac{m}{2}\right)\Gamma\left(\frac{n}{2}-k\right)}{\Gamma\left(\frac{m}{2}\right)\Gamma\left(\frac{n}{2}\right)} \tag{3.594}$$

임을 보이시오.

문제 3.8 반파 정류기의[111] 출력 $Y=Xu(X)$의 확률밀도함수를 X의 확률밀도함수 f_X로 나타내시오.

문제 3.9 확률변수 X의 확률밀도함수가

$$f_X(x) \;=\; \theta e^{-\theta x}u(x) \tag{3.595}$$

일 때 $Y=\left(X-\frac{1}{\theta}\right)^2$의 확률밀도함수를 얻으시오.

문제 3.10 확률변수 X의 분포는 $U[0,1)$이다. 이제, $0<a<1$일 때 조건부 평균 $E\{X|X>a\}$와 조건부 분산 $\text{Var}\{X|X>a\}=E\left\{(X-E\{X|X>a\})^2\middle|X>a\right\}$를 얻고, $a\to 1$일 때 이 조건부 평균과 조건부 분산이 어떠한지 말해 보시오.

문제 3.11 저항 R은 그 값이 900 Ω과 1100 Ω 사이에 고르게 퍼져 있는 확률변수다. 이때, R이 950 Ω과 1050 Ω 사이일 확률을 얻으시오.

문제 3.12 연속 확률변수 X가 $(-c,c)$에서 고르게 퍼져 있을 때 X의 기댓값과 분산을 얻으시오.

문제 3.13 흰 공, 검은 공, 빨간 공이 하나씩 들어 있는 주머니에서 공 하나를 꺼내는 확률 실험을 생각하여 그 결과를 ω라고 하자. 확률변수 X가

---

[110] 여기서, $n\to\infty$이고 $p\to 0$이며 $np\to\lambda$일 때에는 비틀림이 $\frac{1}{\sqrt{\lambda}}$이고 뾰족함은 $3+\frac{1}{\lambda}$임과, $\sigma^2=np(1-p)\to\infty$일 때에는 비틀림이 $\frac{1}{\sigma}\to 0$이고 뾰족함은 $3+\frac{1}{\sigma^2}\to 3$이라는 것을 알 수 있다.

[111] half-wave rectifier

$$X(\omega) \;=\; \begin{cases} \pi, & \omega = \text{흰 공 또는 검은 공}, \\ 0, & \omega = \text{빨간 공} \end{cases} \tag{3.596}$$

일 때 $P\{X \le \alpha\}$, $P\{X \le 0\}$, $P\{2 \le X < 4\}$를 얻으시오. 여기서, α는 실수이다.

문제 3.14 구간 $[-1, 1]$에서 고르게 퍼져 있는 연속 확률변수 U를 생각하여 확률 $P\{U > 0\}$, $P\left\{|U| < \frac{1}{3}\right\}$, $P\left\{|U| \ge \frac{3}{4}\right\}$, $P\left\{\frac{1}{3} < U < \frac{1}{2}\right\}$을 얻으시오.

문제 3.15 제대로 만든 동전 하나를 이어 던지는 실험에서 **앞**이 처음 나올 때까지 던진 횟수를 확률변수 K라고 하자. 두 사건 **가** $= \{K > 5\}$와 **나** $= \{K > 10\}$을 생각할 때 사건 **가**, **나**, **나**^{c}, **가**$\cap$**나**, **가**$\cup$**나**의 확률을 얻으시오.

문제 3.16 확률변수 X의 확률밀도함수가 $f(x) = \frac{c}{x^3}u(x-1)$이다.
(가) 상수 c를 얻으시오.
(나) 확률변수 X의 평균 $E\{X\}$를 얻으시오.
(다) 확률변수 X의 분산 $\mathsf{Var}\{X\}$가 존재하지 않는다는 것을 보이시오.

문제 3.17 확률변수 X의 누적분포함수가

$$F(x) \;=\; \begin{cases} 0, & x < 0, \\ \frac{1}{4}\left(x^2+1\right), & 0 \le x < 1, \\ \frac{1}{4}(x+2), & 1 \le x < 2, \\ 1, & x \ge 2 \end{cases} \tag{3.597}$$

이다.
(가) 확률 $P\{0 < X < 1\}$과 $P\{1 \le X < 1.5\}$를 얻으시오.
(나) 확률변수 X의 평균 $\mu = E\{X\}$와 분산 $\sigma^2 = \mathsf{Var}\{X\}$를 얻으시오.

문제 3.18 확률변수 Y의 분포가 고른 분포 $U[0,1)$이고 $a < b$일 때

$$W \;=\; a + (b-a)Y \tag{3.598}$$

을 생각하자.
(가) 확률변수 W의 누적분포함수를 얻으시오. (귀띔: 확률 $P\{a + (b-a)Y \le w\}$를 얻으시오.)
(나) 확률변수 W의 분포가 무엇인지 밝히시오.

문제 3.19 확률변수 X의 분포가 $U\left(-\frac{\pi}{2}, \frac{\pi}{2}\right)$일 때 $Z = \tan X$의 확률밀도함수와 $Y = \cos X$의 확률밀도함수를 얻으시오.

문제 3.20 확률변수 X의 값은 $\{1, 2, 3, 5, 15, 25, 50\}$의 원소이고, 그 확률은 $\frac{1}{7}$씩이다. 이때, $E\{|X - c|\}$를 가장 작게 만드는 c는 5라는 것을 보이시오. 그리고, 이 c와 $E\left\{(X-b)^2\right\}$을 가장 작게 만드는 b를 견주어 보시오.

문제 3.21 어떤 확률변수의 적률생성함수가 $M(t)$일 때 함수 $R(t) = \ln M(t)$의 1차 도함수는

$$R'(t) = \frac{M'(t)}{M(t)} \tag{3.599}$$

이고, 2차 도함수는

$$R''(t) = \frac{M(t)M''(t) - \{M'(t)\}^2}{\{M(t)\}^2} \tag{3.600}$$

이다. 이제, 그 확률변수의 평균은 $\mu = R'(0)$이고 분산은 $\sigma^2 = R''(0)$이라는 것을 보이시오.

문제 3.22 확률변수 X의 확률밀도함수가 $f_X(x) = u(x) - u(x-1)$이다. 이때, $Y = X - 2$, $Z = 2Y$, $W = Z + 1$의 확률밀도함수 f_Y, f_Z, f_W를 얻으시오.

문제 3.23 확률변수 X의 확률질량함수가 $p_X(k) = \frac{1}{4}$, $k = 1, 2, 3, 4$일 때, $Y = X + 2$, $Z = X - 2$, $W = \frac{X-2}{X+2}$의 확률질량함수 p_Y, p_Z, p_W를 얻으시오.

문제 3.24 확률변수 X의 분포가 $P\{0 \le X \le a\} = 1$을 만족시킬 때 다음을 보이시오.
(가) $E\left\{X^2\right\} \le aE\{X\}$. 언제 등호인지를 밝히시오.
(나) $\mathrm{Var}\{X\} \le E\{X\}(a - E\{X\})$.
(다) $\mathrm{Var}\{X\} \le \frac{a^2}{4}$. 언제 등호인지를 밝히시오.

문제 3.25 확률변수 X는 0보다 작지 않은 값을 가진다.
(가) 확률변수 X가 $0, 1, 2, \cdots$의 값을 가질 때

$$\begin{aligned} E\{X\} &= \sum_{n=0}^{\infty} nP\{X = n\} \\ &= \sum_{n=0}^{\infty} P\{X > n\} \\ &= \sum_{n=1}^{\infty} P\{X \ge n\} \end{aligned} \tag{3.601}$$

을 보이시오.
(나) c가 상수일 때

$$\begin{aligned} X_c^- &= \min(X, c) \\ &= \begin{cases} X, & X \le c\text{일 때}, \\ c, & X > c\text{일 때} \end{cases} \end{aligned} \tag{3.602}$$

를 생각하여 $E\left\{X_c^-\right\}$를 $F_X(x) = P\{X \le x\}$를 써서 나타내시오.
(다) c가 상수일 때

$$\begin{aligned} X_c^+ &= \max(X, c) \\ &= \begin{cases} c, & X \le c\text{일 때}, \\ X, & X > c\text{일 때} \end{cases} \end{aligned} \tag{3.603}$$

을 생각하여, $E\left\{X_c^+\right\}$를 $F_X(x)$를 써서 나타내시오.

문제 3.26 확률변수 X의 특성함수가

$$\varphi_X(\omega) = \exp\left(\mu\left[\exp\left\{\lambda\left(e^{j\omega}-1\right)\right\}-1\right]\right) \tag{3.604}$$

이고, $\lambda > 0$이며, $\mu > 0$이다.
(가) $E\{X\}$와 $\text{Var}\{X\}$를 얻으시오.
(나) $P\{X=0\} = \exp\left\{-\mu\left(1-e^{-\lambda}\right)\right\}$라는 것을 보이시오.

문제 3.27 반지름이 r이고 부피가 $V = \frac{4\pi}{3}r^3$인 공 모양 영역 안에 들어 있는 수소 분자의 수를 확률변수 N이라고 하자. 이때, N이 확률질량함수가

$$p_N(n) = \frac{e^{-\rho V}(\rho V)^n}{n!}, \quad n = 0, 1, 2, \cdots \tag{3.605}$$

인 포아송 분포를 따른다고 하자. 공 중심에서 가장 가까운 수소 분자까지의 거리를 X라고 할 때, 그 확률밀도함수를 얻으시오. (귀띔: 확률 $P\{X > x\}$를 p_N으로 나타내 보시오.)

문제 3.28 포아송 확률변수 N과 자연수 k를 생각하자.
(가) 확률변수 $Y = N + k$의 확률질량함수와 확률변수 $Z = kN$의 확률질량함수를 얻으시오.
(나) 확률변수 Y는 포아송 확률변수인가? 확률변수 Z는 포아송 확률변수인가?

문제 3.29 함수

$$f(x) = \begin{cases} Ax, & 0 \le x \le 4, \\ A(8-x), & 4 \le x \le 8, \\ 0, & \text{그 밖에는} \end{cases} \tag{3.606}$$

이 확률밀도함수일 때 A를 얻고, 누적분포함수와 확률밀도함수를 그리시오. 확률 $P\{X \le 6\}$을 얻으시오.

문제 3.30 연속 확률변수 X의 중앙값 α를

$$\begin{aligned}\int_{-\infty}^{\alpha} f_X(x)dx &= \int_{\alpha}^{\infty} f_X(x)dx \\ &= \frac{1}{2}\end{aligned} \tag{3.607}$$

처럼 뜻매김할 수 있다. 이때, $E\{|X-b|\}$를 가장 작게 만드는 b는 α라는 것을 보이시오.

문제 3.31 연속 확률변수 X의 누적분포함수를 F라고 할 때 확률변수 $F(X)$의 기댓값을 얻으시오.

문제 3.32 확률밀도함수가

$$f_X(x) = e^x u(-x) \tag{3.608}$$

인 음지수 확률변수 X의 적률생성함수와 특성함수를 얻으시오. 적률생성함수를 써서 첫 네 적률을 얻으시오. 이것을 직접 얻은 것과 견주어 보시오.

문제 3.33 함수

$$f_X(x) = \frac{1}{\cosh(\pi x)} \tag{3.609}$$

가 확률밀도함수라는 것을 보이고, 그 적률생성함수를 얻으시오.

문제 3.34 확률변수 X의 분포가 이항 분포 $b(n,p)$이고 $q=1-p$일 때

$$\Pr\{X = \text{짝수}\} = \frac{1}{2}\{1+(q-p)^n\} \tag{3.610}$$

과 점화식[112]

$$\Pr\{X=k+1\} = \frac{(n-k)p}{(k+1)q}\Pr\{X=k\}, \qquad k=0,1,\ \cdots,n-1 \tag{3.611}$$

을 보이시오.

문제 3.35 확률변수 X의 분포가 포아송 분포 $P(\lambda)$일 때

$$\Pr\{X = \text{짝수}\} = \frac{1}{2}\left(1+e^{-2\lambda}\right) \tag{3.612}$$

와 점화식

$$\Pr\{X=k+1\} = \frac{\lambda}{k+1}\Pr\{X=k\}, \qquad k=0,1,2,\ \cdots \tag{3.613}$$

을 보이시오.

문제 3.36 확률변수 X의 확률밀도함수가

$$f_X(x) = \begin{cases} \frac{1}{2}, & -1<x\le 0, \\ \frac{1}{4}(2-x), & 0<x\le 2, \\ 0, & \text{그 밖에는} \end{cases} \tag{3.614}$$

일 때 $Y=|X|$의 확률밀도함수 f_Y를 얻으시오.

문제 3.37 유한 구간 (a,b)에서 뜀이 끝없이 일어나는 누적분포함수를 하나 얻어 보시오.

문제 3.38 확률변수 X의 누적분포함수가

$$F_X(x) = \begin{cases} 0, & x<-1, \\ \frac{1}{2}(x+1), & -1\le x<0, \\ \frac{1}{8}(x+4), & 0\le x<4, \\ 1, & x\ge 4 \end{cases} \tag{3.615}$$

일 때 $Y=X^2$의 누적분포함수를 얻으시오.

문제 3.39 확률변수 X의 누적분포함수가

[112] recurrence formula

$$F_X(x) = \begin{cases} 0, & x < -1, \\ -\frac{1}{2}\left(x^2 - 1\right), & -1 \le x < 0, \\ \frac{1}{2}\left(x^2 + 1\right), & 0 \le x < 1, \\ 1, & x \ge 1 \end{cases} \tag{3.616}$$

일 때 $Y = X^2$의 누적분포함수를 얻으시오.

문제 3.40 어떤 확률변수의 특성함수가

$$\varphi(\omega) = \frac{1}{2\pi}\int_0^{2\pi} \exp\left\{-\frac{\omega^2}{2}\alpha(\theta)\right\} d\theta \tag{3.617}$$

이다. 여기서, 매개변수 $\alpha(\theta)$는 확률변수의 특성에 따라 $\alpha(\theta) = \frac{1}{2}$ 또는 $\alpha(\theta) = \cos^2\theta$이다.

(가) 위 적분을 계산하여 특성함수를 얻으시오.

(나) 매개변수가 $\alpha(\theta) = \frac{1}{2}$일 때 확률밀도함수 f_1을 얻으시오.

(다) 매개변수가 $\alpha(\theta) = \cos^2\theta$일 때 확률밀도함수가

$$f_2(x) = \frac{1}{\sqrt{2\pi^3}} \exp\left(-\frac{x^2}{4}\right) K_0\left(\frac{x^2}{4}\right) \tag{3.618}$$

임을 보이시오. 여기서,

$$K_0(x) = \int_0^\infty \frac{\cos(xt)}{\sqrt{1+t^2}}\, dt\, u(x) \tag{3.619}$$

는 0차 2종 고친 베셀 함수이다.

(라) 이 확률변수의 확률밀도함수가 f_1일 때 평균과 분산, 또 f_2일 때 평균과 분산을 얻으시오.

(마) 확률밀도함수 f_2가 확률밀도함수 f_1보다 꼬리가 더 무거움을 – 곧, x가 넉넉히 클 때 $\frac{f_2(x)}{f_1(x)} > 0$이라는 것을 – 보이시오.

문제 3.41 확률변수 X의 확률밀도함수가

$$f(x) = \frac{\Gamma\left(\frac{k+1}{2}\right)}{\sqrt{k\pi}\,\Gamma\left(\frac{k}{2}\right)}\left(1 + \frac{x^2}{k}\right)^{-\frac{k+1}{2}} \tag{3.620}$$

일 때, $r < k$이고 r이 짝수이면, X의 r째 적률이

$$E\{X^r\} = \frac{k^{\frac{r}{2}}\Gamma\left(\frac{k-r}{2}\right)\Gamma\left(\frac{r+1}{2}\right)}{\Gamma\left(\frac{1}{2}\right)\Gamma\left(\frac{k}{2}\right)} \tag{3.621}$$

임을 보이시오.

문제 3.42 보기 3.84에서 얻은 (3.253)을 바탕으로, X가 표준 정규 확률변수이면

$$E\{X^n\} = \begin{cases} 0, & n\text{이 홀수일 때,} \\ 1\cdot 3\cdot 5\cdots(n-1), & n\text{이 짝수일 때} \end{cases} \tag{3.622}$$

임을 알 수 있다. 이제, 이 식을 새겨, $Y \sim N\left(m, \sigma^2\right)$이면 $p = 0, 1, \cdots$일 때

$$E\{Y^p\} = m^p \sum_{n=0}^{\lfloor \frac{p}{2} \rfloor} \frac{p!}{2^n n!(p-2n)!} \left(\frac{\sigma}{m}\right)^{2n} \tag{3.623}$$

임을 보이시오. 곧, $Y \sim N(m, \sigma^2)$이면 $E\{Y^0\} = 1$, $E\{Y^1\} = m$, $E\{Y^2\} = m^2 + \sigma^2$, $E\{Y^3\} = m^3 + 3m\sigma^2$, $E\{Y^4\} = m^4 + 6m^2\sigma^2 + 3\sigma^4$, $E\{Y^5\} = m^5 + 10m^3\sigma^2 + 15m\sigma^4$, $\cdots$ 이다. (귀띔: $Y = \sigma X + m$이라는 것을 눈여겨보시오.)

문제 3.43 보기 3.85에서 다룬

$$E\{X^n\} = \begin{cases} 1 \cdot 3 \cdot 5 \cdots n\alpha^n \sqrt{\frac{\pi}{2}}, & n = 2k+1, \\ 2^k k! \alpha^{2k}, & n = 2k \end{cases} \tag{3.624}$$

를 보이시오.

문제 3.44 보기 3.86에서 다룬

$$E\{X^n\} = \begin{cases} 1 \cdot 3 \cdot 5 \cdots (n+1)\alpha^n, & n = 2k, \\ 2^k k! \alpha^{2k-1} \sqrt{\frac{2}{\pi}}, & n = 2k-1 \end{cases} \tag{3.625}$$

를 보이시오.

문제 3.45 확률변수 X의 확률밀도함수가

$$f(x) = \frac{ke^{-kx}}{(1+e^{-kx})^2} \tag{3.626}$$

일 때 $E\{X^2\} = \frac{\pi^2}{3k^2}$이고 $E\{X^4\} = \frac{7\pi^4}{15k^4}$이라는 것을 보이시오.

문제 3.46 일반화된 정규 확률변수 X의 적률이, r이 짝수일 때,

$$E\{X^r\} = \sigma_G^r \frac{\Gamma^{\frac{r}{2}-1}\left(\frac{1}{k}\right)\Gamma\left(\frac{r+1}{k}\right)}{\Gamma^{\frac{r}{2}}\left(\frac{3}{k}\right)} \tag{3.627}$$

임을 보이시오.

문제 3.47 일반화된 코쉬 확률변수 X의 r째 적률은, $vk > r$이고 r이 짝수일 때,

$$E\{X^r\} = v^{\frac{r}{k}} \sigma_G^r \frac{\Gamma\left(v - \frac{r}{k}\right)\Gamma\left(\frac{r+1}{k}\right)\Gamma^{\frac{r}{2}-1}\left(\frac{1}{k}\right)}{\Gamma(v)\Gamma^{\frac{r}{2}}\left(\frac{3}{k}\right)} \tag{3.628}$$

임을 보이시오.

문제 3.48 포아송 확률변수 X의 비율을 λ라고 하자.
(가) $E\{X^3\} = \lambda + 3\lambda^2 + \lambda^3$이고, $E\{X^4\} = \lambda + 7\lambda^2 + 6\lambda^3 + \lambda^4$이며, $\mu_2 = \mu_3 = \lambda$이고, $\mu_4 = \lambda + 3\lambda^2$이라는 것을 보이시오.
(나) 비틀림과 뾰족함을 얻고, 그 값들을 정규분포의 값과 견주어 보시오.

문제 3.49 어떤 과학 이론을 따르면, 세포가 분열할 때 잘못이 일어나는 횟수는 매개변수가 $\lambda = 2.5$(/년)인 포아송 확률변수이고 사람은 이 잘못이 196번 일어나면 죽는다고 한다.

(가) 사람의 평균 수명을 얻으시오.
(나) 사람 수명의 분산을 얻으시오.
(다) 사람이 67.2살 전에 죽을 확률의 어림값을 얻으시오.
(라) 사람이 90살까지 살 확률의 어림값을 얻으시오.
(마) 사람이 100살까지 살 확률의 어림값을 얻으시오.

문제 3.50 앞이 나올 확률이 p인 동전이 있다. 한 번 시행에서 이 동전을 두 번 던진다고 하고 n째 시행에서 나온 결과를 바탕으로 X_n을 아래와 같이 둔다.

$$X_n = \begin{cases} 1, & \text{앞이 나온 다음 뒤가 나오면,} \\ -1, & \text{뒤가 나온 다음 앞이 나오면,} \\ 0, & \text{두 결과가 같으면} \end{cases} \tag{3.629}$$

이제, $Y = \min\{n : n \geq 1,\ X_n = 1 \text{ 또는 } -1\}$이라고 할 때, 확률변수 Y의 누적분포함수와 평균을 얻으시오.

문제 3.51 누적분포함수 F가 $x < 0$일 때 $F(x) = 0$이고, $x > 0$일 때 $F(x) < 1$이며, x와 y가 0보다 클 때

$$\frac{1 - F(x+y)}{1 - F(y)} = 1 - F(x) \tag{3.630}$$

이다. 이때,

$$1 - F(x) = \exp\left(-\frac{x}{\beta}\right) u(x) \tag{3.631}$$

인 0보다 큰 수 β가 있다는 것을 보이시오.

문제 3.52 확률변수 X의 분포가 기하 분포일 때

$$\Pr\{X > m + n | X > m\} = \Pr\{X > n\} \tag{3.632}$$

를 보이시오.

문제 3.53 감기 예방 주사를 맞은 뒤 부작용을 겪을 확률이 0.005라고 하자. 이제, 1000사람이 이 예방 주사를 맞았을 때 다음 확률과 그 어림값을 얻으시오.
(가) 많아야 한 사람이 부작용을 겪을 확률
(나) 네, 다섯, 또는 여섯 사람이 부작용을 겪을 확률

참고 문헌

1. E. F. Beckenbach and R. Bellam, *Inequalities*, Springer, Berlin, 1965.
2. P. J. Bickel and K. A. Doksum, *Mathematical Statistics*, Holden-Day, San Francisco, 1977.
3. P. O. Börjesson and C.-E. W. Sundberg, "Simple approximations of the error function $Q(x)$ for communications applications," *IEEE Trans. Comm.*, vol. 27, no. 3, pp. 639-643, Mar. 1979.
4. J. L. Challifour, *Generalized Functions and Fourier Analysis: An Introduction*, W. A. Benjamin, Reading, 1972.
5. W. Feller, *An Introduction to Probability Theory and Its Applications, Vol. 1*, Third Ed., John Wiley and Sons, New York, 1957.
6. G. J. Hahn and S. S. Shapiro, *Statistical Models in Engineering*, John Wiley and Sons, New York, 1967.
7. J. Hajek, Z. Sidak, and P. K. Sen, *Theory of Rank Tests*, Second Ed., Academic, New York, 1999.
8. N. L. Johnson and S. Kotz, *Discrete Distributions*, John Wiley and Sons, New York, 1969.
9. N. L. Johnson and S. Kotz, *Distributions in Statistics: Continuous Univariate Distributions, Vols. I, II*, John Wiley and Sons, New York, 1970.
10. S. A. Kassam, *Signal Detection in Non-Gaussian Noise*, Springer-Verlag, New York, 1988.
11. A. I. Khuri, *Advanced Calculus with Applications in Statistics*, Wiley, New York, 2003.
12. M. Loeve, *Probability Theory*, Fourth Ed., Springer-Verlag, New York, 1977.
13. R. N. McDonough and A. D. Whalen, *Detection of Signals in Noise*, Second Edition, Academic, New York, 1995.
14. D. Middleton, *An Introduction to Statistical Communication Theory*, McGraw-Hill, New York, 1960.
15. C. L. Nikias and M. Shao, *Signal Processing with Alpha-Stable distributions and Applications*, Wiley, New York, 1995.

16. A. Papoulis, *Probability, Random Variables, and Stochastic Processes*, Fourth Ed., Mc Graw-Hill, New York, 2002.

17. A. Papoulis, *The Fourier Integral and Its Applications*, McGraw-Hill, New York, 1962.

18. J. K. Patel, C. H. Kapadia, and D. B. Owen, *Handbook of Statistical Distributions*, Marcel Dekker, New York, 1976.

19. V. K. Rohatgi and A. K. Md. E. Saleh, *An Introduction to Probability and Statistics*, Second Ed., John Wiley and Sons, New York, 2001.

20. J. P. Romano and A. F. Siegel, *Counterexamples in Probability and Statistics*, Chapman and Hall, New York, 1986.

21. G. Samorodnitsky and M. S. Taqqu, *Non-Gaussian Random Processes: Stochastic Models with Infinite Variance*, Chapman and Hall, New York, 1994.

22. A. N. Shiryaev, *Probability*, Second Ed., Springer-Verlag, New York, 1996.

23. I. Song, J. Bae, and S. Y. Kim, *Advanced Theory of Signal Detection*, Springer-Verlag, Berlin, 2002.

24. J. M. Stoyanov, *Counterexamples in Probability*, Second Ed., Wiley, Chichester, 1997.

25. A. A. Sveshnikov (Ed.), *Problems in Probability Theory, Mathematical Statistics and Theory of Random Functions*, Dover, New York, 1968.

26. J. B. Thomas, *Introduction to Probability*, Springer-Verlag, New York, 1986.

27. A. D. Whalen, *Detection of Signals in Noise*, Academic, New York, 1971.

28. D. Zwillinger and S. Kokoska, *CRC Standard Probability and Statistics Tables and Formulae*, CRC, New York, 1999.

제4장

확률벡터

4.1 확률벡터의 분포

4.1.1 확률벡터

뜻매김 4.1 확률벡터[1]

확률변수를 여러 개 한꺼번에 묶은 것을 확률벡터라고 한다. 이때, 확률변수를 n개 묶은 것을 n차원 확률벡터라고 한다.

거꾸로 말하면, 확률변수는 확률벡터 가운데 1차원 확률벡터를 일컫는 것이라고 볼 수 있다. 다만, 확률벡터를 가리킬 때도 확률변수라고 할 때가 있다. 한편, 8장과 그 뒤에서 다루는 확률과정은 무한 차원 확률벡터로 볼 수 있다.

뜻매김 4.2 이산 확률벡터, 연속 확률벡터[2]

이산 확률변수들이 이루는 확률벡터를 이산 확률벡터라고 부르고, 연속 확률변수들이 이루는 확률벡터를 연속 확률벡터라고 부른다.

뜻매김 4.2를 바탕으로 이산 확률변수와 연속 확률변수가 섞여 이루는 혼합 확률벡터를 뜻매김할 수도 있다. 다만, 이 책에서는 거의 연속 확률벡터와 이산 확률벡터만 다룰 것이다. 이제, 확률벡터의 확률적 특성을 나타내는 결합 누적분포함수와 결합 확률밀도함수를 살펴보자.

뜻매김 4.3 결합 누적분포함수[3]

확률벡터 $\underline{X} = (X_1, X_2, \cdots, X_n)$을 생각할 때, 함수

$$F_{\underline{X}}(\underline{x}) = P\{X_1 \le x_1, X_2 \le x_2, \cdots, X_n \le x_n\} \tag{4.1}$$

을 $\underline{X}$의 결합 누적분포함수라고 한다. 여기서, $\underline{x} = (x_1, x_2, \cdots, x_n)$이다.

[1] random vector

[2] discrete random vector, continuous random vector

[3] joint cdf. 결합 누적분포함수는 줄여서 누적분포함수라고 부르기도 한다.

보기 4.1 제대로 만든 동전을 던져서 앞이 나오면 1, 뒤가 나오면 0이라고 하자. 이런 동전을 셋 던질 때 i째 동전의 값 X_i를 바탕으로 확률벡터 $\underline{X} = (X_1, X_2, X_3)$을 뜻매김하자. 그러면 확률벡터 $\underline{X}$의 값은 $(0,0,0)$, $(0,0,1)$, $(0,1,0)$, $(1,0,0)$, $(1,1,0)$, $(1,0,1)$, $(0,1,1)$, $(1,1,1)$ 가운데 하나이다. 이제, $\underline{x} = (x_1, x_2, x_3)$이라고 쓰면 $\underline{X}$의 결합 누적분포함수는

$$
\begin{aligned}
F_{\underline{X}}(\underline{x}) &= P\left\{\bigcap_{i=1}^{3}\{X_i \le x_i\}\right\} \\
&= \begin{cases}
0, & \{x_1 < 0\} \text{ 또는 } \{x_2 < 0\} \text{ 또는 } \{x_3 < 0\}, \\
\frac{1}{8}, & \{0 \le x_1 < 1, 0 \le x_2 < 1, 0 \le x_3 < 1\}, \\
\frac{1}{4}, & \{0 \le x_1 < 1, 0 \le x_2 < 1, x_3 \ge 1\} \text{ 또는} \\
 & \{0 \le x_1 < 1, x_2 \ge 1, 0 \le x_3 < 1\} \text{ 또는} \\
 & \{x_1 \ge 1, 0 \le x_2 < 1, 0 \le x_3 < 1\}, \\
\frac{1}{2}, & \{0 \le x_1 < 1, x_2 \ge 1, x_3 \ge 1\} \text{ 또는} \\
 & \{x_1 \ge 1, 0 \le x_2 < 1, x_3 \ge 1\} \text{ 또는} \\
 & \{x_1 \ge 1, x_2 \ge 1, 0 \le x_3 < 1\}, \\
1, & \{x_1 \ge 1, x_2 \ge 1, x_3 \ge 1\}
\end{cases}
\end{aligned}
\tag{4.2}
$$

임을 쉽게 알 수 있다. ◇

뜻매김 4.4 결합 확률밀도함수[4]

확률벡터 $\underline{X} = (X_1, X_2, \cdots, X_n)$의 결합 누적분포함수를 $F_{\underline{X}}(\underline{x})$라고 할 때,

$$
f_{\underline{X}}(\underline{x}) = \frac{\partial^n}{\partial \underline{x}} F_{\underline{X}}(\underline{x}) \tag{4.3}
$$

을 이 확률벡터의 결합 확률밀도함수라고 한다. 여기서, $\partial \underline{x} = \partial x_1 \partial x_2 \cdots \partial x_n$이다.

위 뜻매김 4.3과 4.4를 바탕으로 결합 확률밀도함수를 써서 결합 누적분포함수를 나타내면

$$
F_{\underline{X}}(\underline{x}) = \int_{-\infty}^{x_n}\int_{-\infty}^{x_{n-1}} \cdots \int_{-\infty}^{x_1} f_{\underline{X}}(\underline{t})\, d\underline{t} \tag{4.4}
$$

이다. 여기서, $\underline{t} = (t_1, t_2, \cdots, t_n)$이고, $d\underline{t} = dt_1 dt_2 \cdots dt_n$이다. 한편, 확률벡터에서 원래 차원보다 낮은 차원의 확률벡터의 특성을 나타내는 함수는 그 이름 앞에 '한계[5]'를 붙여 부르기도 한다. 보기를 들면, 확률벡터에서 한 확률변수의 누적분포함수, 확률밀도함수, 확률질량함수를 각각 그 확률변수의 한계 누적분포함수, 한계 확률밀도함수, 한계 확률질량함수라고 한다.

정리 4.1 결합 누적분포함수가 $F_{\underline{X}}(\underline{x})$인 확률벡터 $\underline{X}$에서 X_i의 누적분포함수는

$$
F_{X_i}(x_i) = \lim_{\substack{x_j \to \infty \\ j \ne i}} F_{\underline{X}}(\underline{x}) \tag{4.5}
$$

이다. ■■

[4]joint pdf. 결합 확률밀도함수는 줄여서 확률밀도함수라고 부르기도 한다.
[5]marginal. '한계'를 '주변'이라고 쓰기도 한다.

증명 다른 때도 거의 같으므로 $n = 2$일 때만 보이자. 끝없이 커지는 느는 수열 $\{y_n\}_{n=1}^{\infty}$를 생각하면 사건들 $\{X_1 \le x, X_2 \le y_n\}_{n=1}^{\infty}$는 느는 집합이므로

$$\lim_{n\to\infty}\{X_1 \le x, X_2 \le y_n\} = \bigcup_{n=1}^{\infty}\{X_1 \le x, X_2 \le y_n\} = \{X_1 \le x\} \tag{4.6}$$

이다. 이 식은 확률의 연속성에서

$$\lim_{n\to\infty} P\{X_1 \le x, X_2 \le y_n\} = P\{X_1 \le x\} \tag{4.7}$$

을 뜻한다. 곧,

$$F_{X_1}(x) = \lim_{y\to\infty} F_{X_1,X_2}(x,y) \tag{4.8}$$

이다. □

이제, (4.4)를 (4.5)에 쓴 다음, X_i의 한계 누적분포함수 $F_{X_i}(x_i)$를 미분하면

$$\begin{aligned} f_{X_i}(x_i) &= \frac{d}{dx_i}F_{X_i}(x_i) \\ &= \frac{d}{dx_i}\int_{-\infty}^{\infty}\int_{-\infty}^{\infty}\cdots\int_{-\infty}^{\infty}\int_{-\infty}^{x_i}\int_{-\infty}^{\infty}\int_{-\infty}^{\infty}\cdots\int_{-\infty}^{\infty} f_{\underline{X}}(t_1,t_2,\cdots,t_n)\,dt_1dt_2\cdots dt_n \\ &= \int_{-\infty}^{\infty}\int_{-\infty}^{\infty}\cdots\int_{-\infty}^{\infty} f_{\underline{X}}(\underline{x})\,dx_1dx_2\cdots dx_{i-1}dx_{i+1}dx_{i+2}\cdots dx_n \end{aligned} \tag{4.9}$$

처럼 X_i의 한계 확률밀도함수 $f_{X_i}(x_i)$를 얻을 수 있다.

이산 확률벡터를 다룰 때에도 마찬가지이다. 보기를 들면, n차원 이산 확률벡터 $\underline{X} = (X_1, X_2, \cdots, X_n)$의 결합 누적분포함수는 (4.1)처럼 쓸 수 있다. 또, $\underline{X}$의 결합 확률질량함수는

$$p_{\underline{X}}(\underline{x}) = \Pr\{\underline{X} = \underline{x}\} \tag{4.10}$$

이고 결합 누적분포함수는

$$F_{\underline{X}}(\underline{x}) = \sum_{\underline{t}\le\underline{x}} p_{\underline{X}}(\underline{t}) \tag{4.11}$$

처럼 나타낼 수도 있다. 여기서, $\underline{t} \le \underline{x}$는 $t_1 \le x_1, t_2 \le x_2, \cdots, t_n \le x_n$을 뜻한다.

4.1.2 2차원 확률벡터

특히, 2차원 확률벡터는 – 곧, 두 변수 확률벡터 또는 두 확률변수는 – 자주 쓰이므로 이것을 좀 더 구체적으로 살펴보자. 먼저, 2차원 확률벡터 (X,Y)의 결합 누적분포함수를 $F_{X,Y}(x,y) = P\{X \le x, Y \le y\}$라고 하고 결합 확률밀도함수를 $f_{X,Y}$라고 하자. 그러면

$$f_{X,Y}(x,y) = \frac{\partial^2}{\partial x\partial y}F_{X,Y}(x,y) \tag{4.12}$$

처럼 결합 누적분포함수 $F_{X,Y}(x,y)$에서 결합 확률밀도함수 $f_{X,Y}(x,y)$를 얻을 수 있고,

$$F_{X,Y}(x,y) \ = \ \int_{-\infty}^{y}\int_{-\infty}^{x} f_{X,Y}(u,v)dudv \tag{4.13}$$

처럼 결합 확률밀도함수 $f_{X,Y}(x,y)$에서 결합 누적분포함수 $F_{X,Y}(x,y)$를 얻을 수 있다. 또,

$$F_X(x) \ = \ \lim_{y\to\infty} F_{X,Y}(x,y) \tag{4.14}$$

처럼 결합 누적분포함수 $F_{X,Y}(x,y)$에서 X의 누적분포함수 $F_X(x) = P\{X \le x\}$를 얻을 수 있고,

$$f_X(x) \ = \ \int_{-\infty}^{\infty} f_{X,Y}(x,y)dy \tag{4.15}$$

처럼 결합 확률밀도함수 $f_{X,Y}(x,y)$에서 X의 확률밀도함수 $f_X(x) = \frac{\partial}{\partial x}F_X(x)$를 얻을 수 있다. 위 (4.14)와 (4.15)에서 두 확률변수 X와 Y를 서로 바꾸어 생각하면

$$F_Y(y) \ = \ \lim_{x\to\infty} F_{X,Y}(x,y) \tag{4.16}$$

처럼 Y의 누적분포함수 $F_Y(y) = P\{Y \le y\}$를 얻을 수 있고,

$$f_Y(y) \ = \ \int_{-\infty}^{\infty} f_{X,Y}(x,y)dx \tag{4.17}$$

처럼 Y의 확률밀도함수 $f_Y(y) = \frac{\partial}{\partial y}F_Y(y)$를 얻을 수 있다.

한편, h와 k가 0보다 작지 않은 상수일 때 2차원 누적분포함수 $F_{X,Y}(x,y)$는 아래 성질을 지닌다.

$$F_{X,Y}(x+h,y+k)+F_{X,Y}(x,y) \ \ge \ F_{X,Y}(x+h,y)+F_{X,Y}(x,y+k). \tag{4.18}$$

$$F_{X,Y}(x+h,y) \ \ge \ F_{X,Y}(x,y). \tag{4.19}$$

$$F_{X,Y}(x,y+k) \ \ge \ F_{X,Y}(x,y). \tag{4.20}$$

$$F_{X,Y}(-\infty,y) \ = \ 0. \tag{4.21}$$

$$F_{X,Y}(x,-\infty) \ = \ 0. \tag{4.22}$$

$$F_{X,Y}(\infty,\infty) \ = \ 1. \tag{4.23}$$

여기서 $b \ge a$이고 $d \ge c$일 때

$$\begin{aligned} P\{a < X \le b, c < Y \le d\} \ &= \ F_{X,Y}(b,d) - F_{X,Y}(a,d) - F_{X,Y}(b,c) + F_{X,Y}(a,c) \\ &\ge \ 0 \end{aligned} \tag{4.24}$$

임을 바탕으로 성질 (4.18)–(4.20)을 얻을 수 있다.

보기 4.2 함수

$$F(x,y) \ = \ \begin{cases} 1, & x \ge 0,\, y \ge 0,\, x+y \ge 1 \text{일 때}, \\ 0, & \text{그 밖에는} \end{cases} \tag{4.25}$$

를 생각하자. 이 함수는 줄지 않고, 오른쪽에서 연속이다. 그리고, x와 y가 $\pm\infty$일 때 그 값이 누적분포함수의 성질을 만족시킨다. 그러나, 위 첫째 성질 (4.18)을 – 곧, (4.24)를 – 만족시키지 아니하므로[6] 어떤 확률변수의 누적분포함수가 아니다. ◇

다음으로, 결합 확률밀도함수 $f(x,y)$는 말할 것도 없이

$$f(x,y) \;\geq\; 0 \tag{4.26}$$

과

$$\int_{-\infty}^{\infty}\int_{-\infty}^{\infty} f(x,y)dxdy \;=\; 1 \tag{4.27}$$

을 만족시킨다.

한편, 2차원 이산 확률벡터 (X,Y)에서도 위와 비슷한 결과를 얻을 수 있다. 먼저, 결합 확률질량함수

$$\begin{aligned} p_{X,Y}(x_i,y_j) &= \Pr\{X=x_i, Y=y_j\} \\ &= p_{ij}, \quad i,j=\cdots,-1,0,1,\ \cdots \end{aligned} \tag{4.28}$$

은

$$\sum_{j=-\infty}^{\infty}\sum_{i=-\infty}^{\infty} \Pr\{X=x_i, Y=y_j\} \;=\; 1 \tag{4.29}$$

를 만족시킨다. 또한, X의 확률질량함수 $p_X(x_i)=\Pr\{X=x_i\}$는

$$p_X(x_i) \;=\; \sum_{j=-\infty}^{\infty} \Pr\{X=x_i, Y=y_j\} \tag{4.30}$$

처럼, Y의 확률질량함수 $p_Y(y_j)=\Pr\{Y=y_j\}$는

$$p_Y(y_j) \;=\; \sum_{i=-\infty}^{\infty} \Pr\{X=x_i, Y=y_j\} \tag{4.31}$$

처럼 얻을 수 있다.

보기 4.3 확률벡터 (X,Y)의 결합 확률질량함수가

$$p_{X,Y}(u,v) \;=\; \begin{cases} \frac{1}{3}, & (u,v)=(1,1),(2,4),\ \text{또는 } (3,9)\text{일 때}, \\ 0, & \text{그 밖에는} \end{cases} \tag{4.32}$$

일 때, 확률변수 X의 확률질량함수를 얻어 보자. 위 (4.30)을 쓰면

$$p_X(x) \;=\; \sum_v p_{X,Y}(x,v)$$

---

[6] 보기를 들면, $a=c=\frac{1}{3}$, $b=d=1$일 때 $F(b,d)-F(a,d)-F(b,c)+F(a,c)=F(1,1)-F\left(\frac{1}{3},1\right)-F\left(1,\frac{1}{3}\right)+F\left(\frac{1}{3},\frac{1}{3}\right)=1-1-1+0=-1$이다.

$$
\begin{aligned}
&= p_{X,Y}(x,1)+p_{X,Y}(x,4)+p_{X,Y}(x,9)\\
&= \begin{cases} p_{X,Y}(1,1), & x=1\text{일 때},\\ p_{X,Y}(2,4), & x=2\text{일 때},\\ p_{X,Y}(3,9), & x=3\text{일 때},\\ 0, & \text{그 밖에는}\end{cases}\\
&= \begin{cases} \frac{1}{3}, & x=1,2,\ \text{또는 } 3\text{일 때},\\ 0, & \text{그 밖에는}\end{cases}
\end{aligned} \tag{4.33}
$$

처럼 확률변수 X의 확률질량함수를 얻을 수 있다. ◇

보기 4.4 (두 변수 정규 확률벡터[7]) 두 확률변수 X와 Y의 결합 확률밀도함수가

$$
\begin{aligned}
f_{X,Y}(x,y) &= \frac{1}{2\pi\sigma_1\sigma_2\sqrt{1-\rho^2}}\\
&\cdot \exp\left[-\frac{1}{2\left(1-\rho^2\right)}\left\{\frac{(x-m_1)^2}{\sigma_1^2}-2\rho\frac{(x-m_1)(y-m_2)}{\sigma_1\sigma_2}+\frac{(y-m_2)^2}{\sigma_2^2}\right\}\right]
\end{aligned} \tag{4.34}
$$

일 때 이 두 확률변수를 두 변수 결합 정규 확률벡터 또는 두 변수 정규 확률벡터라고 하고, 그 분포를 $N\left(m_1,m_2,\sigma_1^2,\sigma_2^2,\rho\right)$로 쓴다. 여기서, $|\rho|<1$이다. 이때, 결합 확률밀도함수 (4.34)를 x 또는 y만 남기고 적분하면, 확률변수 X의 분포는 $N\left(m_1,\sigma_1^2\right)$이고 Y의 분포는 $N\left(m_2,\sigma_2^2\right)$이라는 것을 알 수 있다. 곧, 결합적으로 정규인 두 확률변수는 그 하나하나 또한 정규 확률변수이다. ◇

한편, 확률벡터가 영역 $\mathcal{D}$ 안에 있을 확률은

$$
\int\!\!\int_{\mathcal{D}} dF_{X,Y}(x,y) = \begin{cases} \int\!\int_{\mathcal{D}} f_{X,Y}(x,y)dxdy, & \text{연속 확률변수},\\ \sum\sum_{\mathcal{D}} p_{X,Y}(x_i,y_j), & \text{이산 확률변수}\end{cases} \tag{4.35}
$$

처럼 얻을 수 있다.

보기 4.5 두 확률변수 X와 Y의 결합 확률밀도함수가 $f_{X,Y}(x,y)=\frac{1}{2\pi\sigma^2}\exp\left(-\frac{x^2+y^2}{2\sigma^2}\right)$일 때 중심이 원점이고 반지름이 a인 동그라미 위 또는 안에 이 두 확률변수가 들어갈 확률을 얻어 보자.

풀이 식 (4.35)를 쓰면

$$
\Pr\left\{X^2+Y^2\le a^2\right\} = \int\!\!\int_{x^2+y^2\le a^2} \frac{1}{2\pi\sigma^2}\exp\left(-\frac{x^2+y^2}{2\sigma^2}\right)dxdy \tag{4.36}
$$

이다. 이제, 직각 좌표계 (x,y)를 극 좌표계 (r,θ)로 변환하여 위 적분을 계산하면

$$
P\left\{X^2+Y^2\le a^2\right\} = \frac{1}{2\pi\sigma^2}\int_0^a\int_0^{2\pi}\exp\left(-\frac{r^2}{2\sigma^2}\right)rd\theta dr
$$

[7]bivariate normal random vector

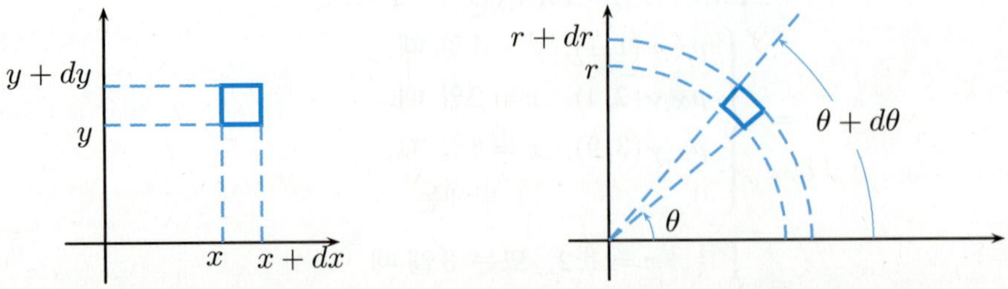

그림 4.1 직각 좌표계에서의 넓이 미분 $dx\,dy$를 극 좌표계로 변환한 다음의 넓이 미분 $dr \cdot r d\theta$

$$
\begin{aligned}
&= -\exp\left(-\frac{r^2}{2\sigma^2}\right)\bigg|_{r=0}^{a} \\
&= 1-\exp\left(-\frac{a^2}{2\sigma^2}\right)
\end{aligned}
\tag{4.37}
$$

이다. ◇

보기 4.6 (점 질량[8]) 확률변수 X와 Y가 모두 이산 확률변수일 때 그 결합 확률을 점 질량이라고 한다. 이제, 제대로 만든 주사위를 굴려 나온 수를 X, 그 두 배를 Y라고 하자. 그러면

$$
\begin{aligned}
p_{ij} &= P\{X=i, Y=j\} \\
&= \begin{cases} \frac{1}{6}, & i=1,2,\cdots,6,\ j=2i, \\ 0, & \text{그 밖에는} \end{cases}
\end{aligned}
\tag{4.38}
$$

을 얻는다. 한편, 제대로 만든 주사위를 두 번 – 또는 제대로 만든 주사위 둘을 한 번 – 굴렸을 때

$$U = |\text{첫째 수} - \text{둘째 수}|, \tag{4.39}$$

$$V = \text{첫째 수} + \text{둘째 수} \tag{4.40}$$

으로 두자. 그러면

$$\Pr\{U=0, V=i\} = \frac{1}{36}, \quad i=2,4,\cdots,12, \tag{4.41}$$

$$\Pr\{U=1, V=i\} = \frac{2}{36}, \quad i=3,5,\cdots,11, \tag{4.42}$$

$$\Pr\{U=2, V=i\} = \frac{2}{36}, \quad i=4,6,8,10, \tag{4.43}$$

$$\Pr\{U=3, V=i\} = \frac{2}{36}, \quad i=5,7,9, \tag{4.44}$$

$$\Pr\{U=4, V=i\} = \frac{2}{36}, \quad i=6,8, \tag{4.45}$$

$$\Pr\{U=5, V=7\} = \frac{2}{36} \tag{4.46}$$

임을 알 수 있다. ◇

[8] point mass

보기 4.7 (줄 질량[9]) 두 확률변수 X와 Y 가운데 하나는 이산 확률변수이고, 다른 하나는 연속 확률변수일 때 그 확률을 줄 질량이라고 한다. 보기를 들면, X는 주사위를 던져 나온 수이고, Y는 0과 10 사이의 실수일 때 $\Pr\{X = x_i,\, y_1 \le Y \le y_2\}$는 줄 질량이다. ◇

보기 4.8 제대로 만든 주사위를 짝수가 열 번 나올 때까지 거듭 굴린다. 끝날 때까지 굴린 횟수를 N이라고 하고 i가 나온 횟수를 X_i라고 할 때 X_2의 확률질량함수와 X_1의 확률질량함수를 얻어 보자.

풀이

(가) 확률변수 X_2의 확률질량함수를 두 가지 방법으로 얻어 보자.

(방법 1) 먼저, $k = 0, 1, \cdots, 10$일 때

$$\begin{aligned}
P\{X_2 = k\} &= \sum_{j=10}^{\infty} P\{X_2 = k, N = j\} \\
&= \sum_{j=10}^{\infty} [P\{\text{끝에 } 2;\ \text{나머지 } j-1\text{번 가운데 } 2\text{는 } k-1\text{번};\ 4\text{나 } 6\text{은 } 10-k\text{번}; \\
&\qquad 1,\ 3,\ \text{또는 } 5\text{는 } j-10\text{번}\} + P\{\text{끝에 } 4\text{나 } 6;\ \text{나머지 } j-1\text{번 가운데} \\
&\qquad 2\text{는 } k\text{번};\ 4\text{나 } 6\text{은 } 9-k\text{번};\ 1,\ 3,\ \text{또는 } 5\text{는 } j-10\text{번}\}] \\
&= \sum_{j=10}^{\infty} \left\{ \frac{1}{6} \frac{(j-1)!}{(k-1)!(10-k)!(j-10)!} \left(\frac{1}{6}\right)^{k-1} \left(\frac{1}{3}\right)^{10-k} \left(\frac{1}{2}\right)^{j-10} \right. \\
&\qquad \left. + \frac{1}{3} \frac{(j-1)!}{k!(9-k)!(j-10)!} \left(\frac{1}{6}\right)^{k} \left(\frac{1}{3}\right)^{9-k} \left(\frac{1}{2}\right)^{j-10} \right\} \\
&= \sum_{j=10}^{\infty} \frac{(j-1)!}{(j-10)!} \left(\frac{1}{2}\right)^{j-10} \left\{ \frac{1}{(k-1)!(10-k)!} + \frac{1}{k!(9-k)!} \right\} \left(\frac{1}{6}\right)^{k} \left(\frac{1}{3}\right)^{10-k} \qquad (4.47)
\end{aligned}$$

이다. 여기서, (2.235)에 보인 $\sum_{x=0}^{\infty} {}_{r+x-1}\mathrm{C}_x\, (1-\alpha)^x = \alpha^{-r}$을 새기면

$$\begin{aligned}
\sum_{j=10}^{\infty} \frac{(j-1)!}{(j-10)!} \left(\frac{1}{2}\right)^{j-10} &= \sum_{q=0}^{\infty} \frac{(q+9)!}{q!9!} \left(\frac{1}{2}\right)^{q} 9! \\
&= \left(\frac{1}{2}\right)^{-10} 9! \qquad (4.48)
\end{aligned}$$

이므로

$$\begin{aligned}
P\{X_2 = k\} &= 2^{10} 9! \left\{ \frac{k + 10 - k}{k!(10-k)!} \right\} \left(\frac{1}{6}\right)^{k} \left(\frac{1}{3}\right)^{10-k} \\
&= {}_{10}\mathrm{C}_k \left(\frac{1}{3}\right)^{k} \left(\frac{2}{3}\right)^{10-k} \qquad (4.49)
\end{aligned}$$

이다. 곧, 확률변수 X_2의 분포는 이항 분포 $b\left(10, \frac{1}{3}\right)$이다.

---

[9] line mass

(방법 2) 짝수가 나온 10번 가운데 2는 0, 1, $\cdots$, 10번 나올 수 있고, 짝수 $\{2,4,6\}$ 가운데 2가 나올 확률은 $\frac{1}{3}$이다. 그러므로, 2가 k번 나올 확률은, $k = 0, 1, \cdots, 10$일 때

$$P\{X_2 = k\} = {}_{10}\mathrm{C}_k \left(\frac{1}{3}\right)^k \left(\frac{2}{3}\right)^{10-k} \tag{4.50}$$

이다.

(나) 다음에, 위와 비슷하게 (2.235)에 보인 $\sum_{x=0}^{\infty} {}_{r+x-1}\mathrm{C}_x (1-\alpha)^x = \alpha^{-r}$을 새겨 확률변수 X_1의 확률질량함수를 얻어 보면, $k = 0, 1, \cdots$ 일 때

$$\begin{aligned} P\{X_1 = k\} &= \sum_{j=10+k}^{\infty} P\{X_1 = k, N = j\} \\ &= \sum_{j=10+k}^{\infty} P\{\text{끝에는 짝수; 나머지 } (j-1)\text{번 가운데 1이 } k\text{번;} \\ &\qquad \text{짝수가 9번; 3이나 5는 } j-k-10\text{번}\} \\ &= \sum_{j=10+k}^{\infty} \frac{1}{2} \frac{(j-1)!}{(j-k-10)!k!9!} \left(\frac{1}{6}\right)^k \left(\frac{1}{2}\right)^9 \left(\frac{1}{3}\right)^{j-k-10} \\ &= \sum_{i=0}^{\infty} \frac{(i+k+9)!}{i!k!9!} \left(\frac{1}{6}\right)^k \left(\frac{1}{2}\right)^{10} \left(\frac{1}{3}\right)^i \\ &= \sum_{i=0}^{\infty} \frac{(i+k+9)!}{i!(k+9)!} \left(\frac{1}{3}\right)^i \frac{(k+9)!}{k!9!} \left(\frac{1}{6}\right)^k \left(\frac{1}{2}\right)^{10} \\ &= \left(\frac{2}{3}\right)^{-k-10} \frac{(k+9)!}{k!9!} \left(\frac{1}{6}\right)^k \left(\frac{1}{2}\right)^{10} \\ &= \frac{(k+9)!}{k!9!} \left(\frac{1}{4}\right)^k \left(\frac{3}{4}\right)^{10} \\ &= {}_{k+9}\mathrm{C}_9 \left(\frac{1}{4}\right)^k \left(\frac{3}{4}\right)^{10} \end{aligned} \tag{4.51}$$

이다. 그러므로, 확률변수 X_1의 분포는 음이항 분포 $NB\left(10, \frac{3}{4}\right)$이라는 것을 알 수 있다. ◇

4.1.3 독립 확률벡터

뜻매김 4.5 독립 확률벡터[10]

확률벡터의 결합 확률 함수를 한계 확률 함수의 곱으로 나타낼 수 있을 때, 그 확률벡터를 독립 확률벡터라고 한다.

곧, 실수 벡터 $\underline{x}$를 어떻게 두더라도 확률벡터 $\underline{X}$의 결합 누적분포함수 $F_{\underline{X}}$, 확률밀도함수 $f_{\underline{X}}$, 또는 확률질량함수 $p_{\underline{X}}$가

$$F_{\underline{X}}(\underline{x}) = \prod_{i=1}^{n} F_{X_i}(x_i) \tag{4.52}$$

[10] independent random vector

또는

$$f_{\underline{X}}(\underline{x}) = \prod_{i=1}^{n} f_{X_i}(x_i), \quad (\text{연속 확률변수}), \tag{4.53}$$

$$p_{\underline{X}}(\underline{x}) = \prod_{i=1}^{n} p_{X_i}(x_i), \quad (\text{이산 확률변수}) \tag{4.54}$$

를 만족시키면, 확률벡터 $\underline{X}$를 독립 확률벡터라고 한다. 독립 확률벡터를 이루는 확률변수들은 모두 서로 독립이다.

보기 4.9 보기 4.3에서 다룬 것처럼 확률벡터 (X,Y)의 결합 확률질량함수가

$$p_{X,Y}(u,v) = \begin{cases} \frac{1}{3}, & (u,v)=(1,1),(2,4),\ \text{또는}\ (3,9)\text{일 때}, \\ 0, & \text{그 밖에는} \end{cases} \tag{4.55}$$

일 때 확률벡터 (X,Y)가 독립 확률벡터인지 살펴보자. 먼저, (4.31)을 쓰면

$$\begin{aligned} p_Y(w) &= \sum_u p_{X,Y}(u,w) \\ &= p_{X,Y}(1,w)+p_{X,Y}(2,w)+p_{X,Y}(3,w) \\ &= \begin{cases} p_{X,Y}(1,1), & w=1\text{일 때}, \\ p_{X,Y}(2,4), & w=4\text{일 때}, \\ p_{X,Y}(3,9), & w=9\text{일 때}, \\ 0, & \text{그 밖에는} \end{cases} \\ &= \begin{cases} \frac{1}{3}, & w=1,4,\ \text{또는}\ 9\text{일 때}, \\ 0, & \text{그 밖에는} \end{cases} \end{aligned} \tag{4.56}$$

이다. 이제, (4.33), (4.55), (4.56)에서 $p_{X,Y}(u,w) \neq p_X(u)p_Y(w)$라는 것을 알 수 있다. 곧, 결합 확률질량함수가 (4.55)와 같은 확률벡터 (X,Y)는 독립 확률벡터가 아니다. ◇

보기 4.10 (버펀의 바늘[11]) 사이가 $2b$인 평행선들을 끝없이 많이 그어 둔 곳에, 굵기는 0으로 볼 수 있고 길이는 $2a$인 바늘을 떨어뜨릴 때, 이 바늘이 평행선과 닿을 확률을 $a \leq b$일 때 얻어 보자.

풀이 먼저, 그림 4.2에 보인 것처럼, 바늘 중심에서 가장 가까운 평행선까지의 거리를 X, 바늘과 평행선이 이루는 각 가운데 작은 것을 Θ라고 하자. 그러면 $X \sim U[0,b)$이고, $\Theta \sim U[0,\frac{\pi}{2})$이며, X와 Θ가 서로 독립이라고 볼 수 있다. 곧, (X,Θ)의 결합 확률밀도함수는

$$\begin{aligned} f_{X,\Theta}(x,\theta) &= f_X(x)f_\Theta(\theta) \\ &= \frac{2}{\pi b}, \qquad 0 \leq x < b,\ 0 \leq \theta < \frac{\pi}{2} \end{aligned} \tag{4.57}$$

이다. 이제, $a \leq b$일 때에는 $\{(x,\theta): x \leq a\sin\theta\} = \left\{(x,\theta): 0 \leq \theta < \frac{\pi}{2},\ 0 \leq x \leq a\sin\theta\right\}$라는 것을 새기면

[11] Buffon's needle

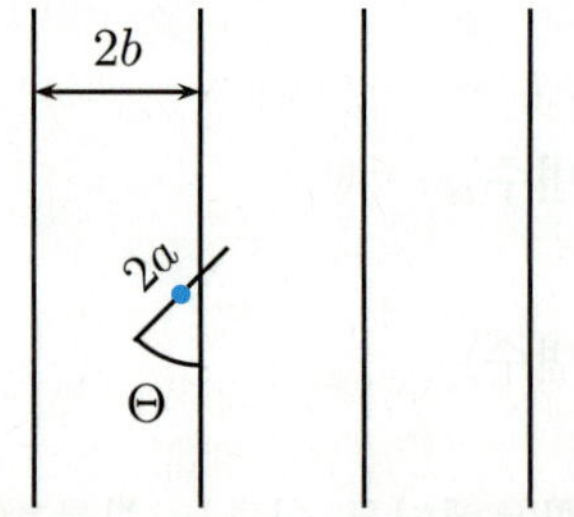

그림 4.2 버펀의 바늘: $a \le b$일 때

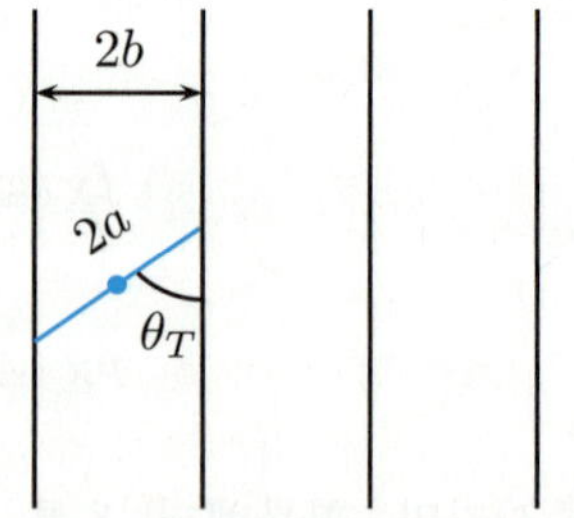

그림 4.3 버펀의 바늘: $a \ge b$일 때. $\theta_T = \sin^{-1}\frac{b}{a}$

$$\begin{aligned} P\{\text{바늘이 평행선과 만남}\} &= P\{(X,\Theta):\, X < a\sin\Theta\} \\ &= \frac{2}{\pi b}\int_0^{\frac{\pi}{2}} a\sin\theta d\theta \\ &= \frac{2a}{\pi b} \end{aligned} \tag{4.58}$$

이다. 한편, $\{(x,\theta):\, x < a\sin\theta\} = \left\{(x,\theta):\, 0 \le x \le a,\ \ \sin^{-1}\frac{x}{a} \le \theta < \frac{\pi}{2}\right\}$라고 생각하면 식 (4.58)을

$$\begin{aligned} P\{\text{바늘이 평행선과 만남}\} &= \frac{2}{\pi b}\int_0^a \int_{\sin^{-1}\frac{x}{a}}^{\frac{\pi}{2}} d\theta\ dx \\ &= \frac{2}{\pi b}\int_0^a \left(\frac{\pi}{2} - \sin^{-1}\frac{x}{a}\right)\ dx \\ &= \frac{2a}{\pi b} \end{aligned} \tag{4.59}$$

처럼[12] 얻을 수도 있다. 이 보기에서 $a \le b$를 $a \ge b$로 바꾸었을 때, 바늘이 평행선과 닿을 확률이 얼마인지는 다음 보기에서 살펴본다. ◇

보기 4.11 보기 4.10에서 다룬 버펀의 바늘이 평행선과 닿을 확률을 $a \ge b$일 때 얻어 보자.

풀이 먼저, $a \ge b$일 때 적분 구간을

$$\left\{(x,\theta):\, \sin^{-1}\frac{b}{a} \le \theta < \frac{\pi}{2},\ \ 0 \le x \le b\right\} \cup \left\{(x,\theta):\, 0 \le \theta \le \sin^{-1}\frac{b}{a},\ \ 0 \le x \le a\sin\theta\right\} \tag{4.60}$$

처럼 두면

$$\begin{aligned} P\{\text{바늘이 평행선과 만남}\} &= \frac{2}{\pi b}\left\{\int_{\sin^{-1}\frac{b}{a}}^{\frac{\pi}{2}}\int_0^b dx\ d\theta + \int_0^{\sin^{-1}\frac{b}{a}}\int_0^{a\sin\theta} dx\ d\theta\right\} \\ &= \frac{2}{\pi b}\left\{b\left(\frac{\pi}{2} - \sin^{-1}\frac{b}{a}\right) + a\int_0^{\sin^{-1}\frac{b}{a}} \sin\theta\ d\theta\right\} \\ &= \frac{2}{\pi b}\left[b\left(\frac{\pi}{2} - \sin^{-1}\frac{b}{a}\right) + a\left\{1 - \cos\left(\sin^{-1}\frac{b}{a}\right)\right\}\right] \end{aligned}$$

---

[12]좀 더 자세히 보이면 $\frac{2}{\pi b}\int_0^a \left(\frac{\pi}{2} - \sin^{-1}\frac{x}{a}\right) dx = \frac{a}{b} - \frac{2}{\pi b}\int_0^a \sin^{-1}\frac{x}{a} dx = \frac{a}{b} - \frac{2a}{\pi b}\int_0^{\frac{\pi}{2}} t\cos t dt = \frac{a}{b} - \frac{2a}{\pi b} \cdot (t\sin t + \cos t)\Big|_{t=0}^{\frac{\pi}{2}} = \frac{2a}{\pi b}$ 이다.

$$= 1 - \frac{2}{\pi}\sin^{-1}\frac{b}{a} + \frac{2a}{\pi b} - \frac{2\sqrt{a^2-b^2}}{\pi b} \tag{4.61}$$

과 같이 바라는 확률을 얻을 수 있고, 적분 구간을 $\left\{(x,\theta) : 0 \le x \le b,\ \ \sin^{-1}\frac{x}{a} \le \theta < \frac{\pi}{2}\right\}$라고 생각하면

$$\begin{aligned} P\{\text{바늘이 평행선과 만남}\} &= \frac{2}{\pi b}\int_0^b \int_{\sin^{-1}\frac{x}{a}}^{\frac{\pi}{2}} d\theta\ dx \\ &= \frac{2}{\pi b}\int_0^b \left(\frac{\pi}{2} - \sin^{-1}\frac{x}{a}\right)\ dx \\ &= 1 - \frac{2}{\pi}\sin^{-1}\frac{b}{a} + \frac{2a}{\pi b} - \frac{2\sqrt{a^2-b^2}}{\pi b} \end{aligned} \tag{4.62}$$

처럼[13] 바라는 확률을 얻을 수 있다. ◇

위 (4.59)와 (4.61)에서 $a \to b$이면

$$P\{\text{바늘이 평행선과 만남}\} \to \frac{2}{\pi} \tag{4.63}$$

임을, 또 (4.61)에서 b가 유한하고 $a \to \infty$이면

$$P\{\text{바늘이 평행선과 만남}\} \to 1 \tag{4.64}$$

임을 쉽게 알 수 있다.

뜻매김 4.6 독립이고 분포가 같은[14] 확률벡터

독립 확률벡터 가운데 한계 분포가 모두 같은 확률벡터를 독립이고 분포가 같은 확률벡터라고 부른다.

곧, 실수 벡터 $\underline{x}$를 어떻게 두더라도 확률벡터 $\underline{X} = (X_1, X_2, \cdots, X_n)$의 누적분포함수를

$$F_{\underline{X}}(\underline{x}) = \prod_{i=1}^{n} F_X(x_i) \tag{4.65}$$

처럼, 확률벡터 $\underline{X}$가 연속 확률벡터일 때 확률밀도함수를

$$f_{\underline{X}}(\underline{x}) = \prod_{i=1}^{n} f_X(x_i) \tag{4.66}$$

처럼, 또는 확률벡터 $\underline{X}$가 이산 확률벡터일 때 확률질량함수를

$$p_{\underline{X}}(\underline{x}) = \prod_{i=1}^{n} p_X(x_i) \tag{4.67}$$

처럼 쓸 수 있으면 확률벡터 $\underline{X}$를 독립이고 분포가 같은 확률벡터라고 한다.

---

[13] 좀 더 자세히 보이면 $\frac{2}{\pi b}\int_0^b \left(\frac{\pi}{2} - \sin^{-1}\frac{x}{a}\right) dx = 1 - \frac{2a}{\pi b}\int_0^{\sin^{-1}\frac{b}{a}} t\cos t dt = 1 - \frac{2a}{\pi b}(t\sin t + \cos t)\Big|_{t=0}^{\sin^{-1}\frac{b}{a}} = 1 - \frac{2}{\pi}\sin^{-1}\frac{b}{a} + \frac{2a}{\pi b} - \frac{2\sqrt{a^2-b^2}}{\pi b}$이다.

[14] independent and identically distributed (i.i.d.)

보기 4.12 제대로 만든 주사위 둘을 던져 나온 눈을 확률벡터 $\underline{X} = (X_1, X_2)$라고 하면, 이 확률벡터 $\underline{X}$는 독립이고 분포가 같은 확률벡터이다. 이때, $p_{\underline{X}}(\underline{x}) = p_X(x_1)\, p_X(x_2)$이고 x_i가 어떤 값이더라도 $p_{X_1}(x_i) = p_{X_2}(x_i) = p_X(x_i)$이며

$$p_X(x_i) = \frac{1}{6}, \quad x_i = 1, 2, \cdots, 6 \tag{4.68}$$

이다. ◇

뜻매김 4.7 서로 독립인 두 확률벡터

확률벡터 $\underline{X} = (X_1, X_2, \cdots, X_n)$과 $\underline{Y} = (Y_1, Y_2, \cdots, Y_m)$, 그리고 이들의 부벡터 $\underline{X}^d = (X_{t_1}, X_{t_2}, \cdots, X_{t_k})$와 $\underline{Y}^d = (Y_{s_1}, Y_{s_2}, \cdots, Y_{s_l})$을 생각하자. 이때, 자연수 k, l, $t_1, t_2, \cdots, t_k$, $s_1, s_2, \cdots, s_l$을 어떻게 고르더라도 $\underline{X}^d$와 $\underline{Y}^d$의 결합 누적분포함수 $F_{\underline{X}^d, \underline{Y}^d}$가

$$F_{\underline{X}^d, \underline{Y}^d}\left(\underline{x}^d, \underline{y}^d\right) = F_{\underline{X}^d}\left(\underline{x}^d\right) F_{\underline{Y}^d}\left(\underline{y}^d\right) \tag{4.69}$$

를 만족시키면 $\underline{X}$와 $\underline{Y}$를 서로 독립이라고 한다. 여기서, $\underline{x}^d = (x_{t_1}, x_{t_2}, \cdots, x_{t_k})$이고 $\underline{y}^d = (y_{s_1}, y_{s_2}, \cdots, y_{s_l})$이다.

따라서, 확률벡터 $\underline{X} = (X_1, X_2, \cdots, X_n)$과 $\underline{Y} = (Y_1, Y_2, \cdots, Y_m)$이 서로 독립이면

$$f_{\underline{X}^d, \underline{Y}^d}\left(\underline{x}^d, \underline{y}^d\right) = f_{\underline{X}^d}\left(\underline{x}^d\right) f_{\underline{Y}^d}\left(\underline{y}^d\right) \quad \text{(연속 확률벡터)}, \tag{4.70}$$

$$p_{\underline{X}^d, \underline{Y}^d}\left(\underline{x}^d, \underline{y}^d\right) = p_{\underline{X}^d}\left(\underline{x}^d\right) p_{\underline{Y}^d}\left(\underline{y}^d\right) \quad \text{(이산 확률벡터)} \tag{4.71}$$

이다. 한편, 두 확률벡터를 다룰 때에는 아래를 새겨 두면 쓸모 있다.

정리 4.2 두 확률벡터 $\underline{X}_1$과 $\underline{X}_2$가 서로 독립이고, $\underline{g}$와 $\underline{h}$가 연속 함수이면, $\underline{Y}_1 = \underline{g}(\underline{X}_1)$과 $\underline{Y}_2 = \underline{h}(\underline{X}_2)$는 서로 독립이다. ■■

증명 보기 쉽도록 확률벡터가 1차원일 때를 생각하면 확률변수 Y_1과 Y_2의 결합 누적분포함수가 Y_1의 누적분포함수와 Y_2의 누적분포함수의 곱이라는 것을 보이도록 하자. 집합 $\{Y_1 \leq y_1\}$과 $\{Y_2 \leq y_2\}$의 본디 그림자를 각각 A_{y_1}과 B_{y_2}라고 두자. 그러면

$$\begin{aligned} F_{Y_1, Y_2}(y_1, y_2) &= P\{Y_1 \leq y_1, Y_2 \leq y_2\} \\ &= P\{X_1 \in A_{y_1}, X_2 \in B_{y_2}\} \\ &= P\{X_1 \in A_{y_1}\} P\{X_2 \in B_{y_2}\} \\ &= F_{Y_1}(y_1)\, F_{Y_2}(y_2) \end{aligned} \tag{4.72}$$

이다. □

보기 4.13 (일대일 대응과 독립)* 한편, g와 h가 둘 다 일대일 대응이고 $g(X)$와 $h(Y)$가 독립이면 X와 Y도 독립이기는 하지만, 일반적으로 정리 4.2의 역은 성립하지 않는다. 곧, g나 h가

일대일 대응이 아니면, $g(X)$와 $h(Y)$가 독립이더라도 X와 Y는 독립이 아닐 때가 있다. 이산 확률변수의 보기를 들어 보자. 이제,

$$p_{X,Y}(-1,-1) = \frac{3}{32}, \quad p_{X,Y}(0,-1) = \frac{5}{32}, \quad p_{X,Y}(1,-1) = \frac{3}{32}, \tag{4.73}$$

$$p_{X,Y}(-1,0) = \frac{5}{32}, \quad p_{X,Y}(0,0) = \frac{8}{32}, \quad p_{X,Y}(1,0) = \frac{3}{32}, \tag{4.74}$$

$$p_{X,Y}(-1,1) = \frac{1}{32}, \quad p_{X,Y}(0,1) = \frac{3}{32}, \quad p_{X,Y}(1,1) = \frac{1}{32} \tag{4.75}$$

일 때를 생각하자. 그러면

$$\begin{aligned} p_X(-1) &= p_{X,Y}(-1,-1) + p_{X,Y}(-1,0) + p_{X,Y}(-1,1) \\ &= \frac{9}{32} \end{aligned} \tag{4.76}$$

이고, 이와 비슷하게 계산하면, $p_X(0) = \frac{16}{32}$이고 $p_X(1) = \frac{7}{32}$이다. 또,

$$\begin{aligned} p_Y(-1) &= p_{X,Y}(-1,-1) + p_{X,Y}(0,-1) + p_{X,Y}(1,-1) \\ &= \frac{11}{32} \end{aligned} \tag{4.77}$$

이고, $p_Y(0) = \frac{16}{32}$이며, $p_Y(1) = \frac{5}{32}$이다. 독립이 아니라는 것을 알 수 있다.

이제, $g(X) = X^2$과 $h(Y) = Y^2$을 생각해 보자. 그러면 $p_{X^2,Y^2}(0,0) = p_{X,Y}(0,0) = \frac{1}{4}$이고, $p_{X^2,Y^2}(0,1) = p_{X,Y}(0,-1) + p_{X,Y}(0,1) = \frac{1}{4}$이며, $p_{X^2,Y^2}(1,0) = p_{X,Y}(-1,0) + p_{X,Y}(1,0) = \frac{1}{4}$이고, $p_{X^2,Y^2}(1,1) = p_{X,Y}(-1,-1) + p_{X,Y}(-1,1) + p_{X,Y}(1,-1) + p_{X,Y}(1,1) = \frac{1}{4}$이다. 그러므로,

$$\begin{aligned} p_{X^2}(0) &= p_{X^2,Y^2}(0,0) + p_{X^2,Y^2}(0,1) \\ &= \frac{1}{2} \end{aligned} \tag{4.78}$$

이고, 이와 비슷하게 $p_{X^2}(0) = \frac{1}{2}$, $p_{X^2}(1) = \frac{1}{2}$, $p_{Y^2}(0) = \frac{1}{2}$, $p_{Y^2}(1) = \frac{1}{2}$을 얻을 수 있다. 곧, $i, j = 0, 1$일 때

$$p_{X^2,Y^2}(i,j) = p_{X^2}(i)p_{Y^2}(j) \tag{4.79}$$

이다. 바꾸어 말하면, X^2과 Y^2은 독립이지만 X와 Y는 독립이 아니다. ◇

4.2 확률벡터의 함수와 그 분포

4.2.1 결합 확률밀도함수: 일반식

먼저, $\underline{Y} = g(\underline{X})$라는 변환이 확률벡터 $\underline{X}$의 $d\underline{x}$라는 영역을 확률벡터 $\underline{Y}$의 $d\underline{y}$라는 영역과 이어준다면, 보존 법칙으로 말미암아 확률벡터 $\underline{X}$가 $d\underline{x}$에 있을 확률 $f_{\underline{X}}(\underline{x})\, d\underline{x}$는 확률벡터 $\underline{Y}$가 $d\underline{y}$에 있을 확률 $f_{\underline{Y}}(\underline{y})\, d\underline{y}$와 같을 것이다. 곧,

$$f_{\underline{Y}}(\underline{y})\,d\underline{y} \;=\; f_{\underline{X}}(\underline{x})\,d\underline{x} \tag{4.80}$$

이다. 이제, 이 식을 바탕으로 확률벡터 $\underline{X} = (X_1, X_2, \cdots, X_n)$의 함수 $\underline{Y} = (Y_1, Y_2, \cdots, Y_m) = \underline{g}(\underline{X})$를 생각하면, $m = n$일 때 아래 정리를 얻을 수 있다.

정리 4.3 확률벡터 $\underline{X} = (X_1, X_2, \cdots, X_n)$과 변환 $\underline{g}(\cdot) = (g_1(\cdot), g_2(\cdot), \cdots, g_n(\cdot))$, 또 $\underline{g}(\underline{x})$의 함수 행렬식[15]

$$\begin{aligned} J\left(\underline{g}(\underline{x})\right) &= \left|\frac{\partial}{\partial \underline{x}}\underline{g}(\underline{x})\right| \\ &= \begin{vmatrix} \frac{\partial g_1}{\partial x_1} & \frac{\partial g_1}{\partial x_2} & \cdots & \frac{\partial g_1}{\partial x_n} \\ \frac{\partial g_2}{\partial x_1} & \frac{\partial g_2}{\partial x_2} & \cdots & \frac{\partial g_2}{\partial x_n} \\ \vdots & \vdots & \ddots & \vdots \\ \frac{\partial g_n}{\partial x_1} & \frac{\partial g_n}{\partial x_2} & \cdots & \frac{\partial g_n}{\partial x_n} \end{vmatrix} \end{aligned} \tag{4.81}$$

을 생각하자. 그러면 연립방정식 $g_1(\underline{x}) = y_1,\ g_2(\underline{x}) = y_2,\ \cdots,\ g_n(\underline{x}) = y_n$의 풀이를 – 곧, $\{y_i\}_{i=1}^n$으로 나타낸 $\{x_i\}_{i=1}^n$을 – $\left\{\underline{x}^j(\underline{y})\right\}_{j=1}^Q = \left\{\left(x_1^j(\underline{y}), x_2^j(\underline{y}), \cdots, x_n^j(\underline{y})\right)\right\}_{j=1}^Q$ 라고 할 때, $\underline{Y} = (Y_1, Y_2, \cdots, Y_n) = \underline{g}(\underline{X}) = (g_1(\underline{X}), g_2(\underline{X}), \cdots, g_n(\underline{X}))$의 결합 확률밀도함수는

$$f_{\underline{Y}}(\underline{y}) \;=\; \sum_{j=1}^{Q} \left.\frac{f_{\underline{X}}(\underline{x})}{\left|J\left(\underline{g}(\underline{x})\right)\right|}\right|_{\underline{x}=\underline{x}^j(\underline{y})} \tag{4.82}$$

이다. ■■

한편, $m < n$일 때에는 보조 변수를 생각하여 $\underline{Y}$의 확률밀도함수를 얻을 수 있는데, 자세한 것은 4.2.3절에서 다룬다.

이제, 정리 4.3을 바탕으로 확률벡터의 함수의 결합 확률밀도함수를 얻는 보기를 몇 개 살펴보자.

보기 4.14 확률벡터 $\underline{X} = (X_1, X_2)$의 결합 확률밀도함수가

$$f_{\underline{X}}(x_1, x_2) \;=\; u(x_1)\,u(1-x_1)\,u(x_2)\,u(1-x_2) \tag{4.83}$$

이다. 이때, $\underline{Y} = (Y_1, Y_2) = (3X_1 - X_2, -X_1 + X_2)$의 결합 확률밀도함수 $f_{\underline{Y}}$를 얻어 보자. 또, $f_{\underline{Y}}$를 바탕으로 $Y_1 = 3X_1 - X_2$의 확률밀도함수 f_{Y_1}과 $Y_2 = -X_1 + X_2$의 확률밀도함수 f_{Y_2}를 얻어 보자.

풀이 먼저, 변환 $\underline{g}(x_1, x_2) = (3x_1 - x_2, -x_1 + x_2)$의 함수 행렬식은

[15] Jacobian. 함수 행렬식은 변환 함수 행렬식, 자코비 행렬식, 또는 야코비 행렬식이라고 부르기도 한다. 또, 행렬식의 성질을 따르면 $J\left(\underline{g}(\underline{x})\right) = \begin{vmatrix} \frac{\partial g_1}{\partial x_1} & \frac{\partial g_2}{\partial x_1} & \cdots & \frac{\partial g_n}{\partial x_1} \\ \frac{\partial g_1}{\partial x_2} & \frac{\partial g_2}{\partial x_2} & \cdots & \frac{\partial g_n}{\partial x_2} \\ \vdots & \vdots & \ddots & \vdots \\ \frac{\partial g_1}{\partial x_n} & \frac{\partial g_2}{\partial x_n} & \cdots & \frac{\partial g_n}{\partial x_n} \end{vmatrix}$처럼 쓸 수도 있다.

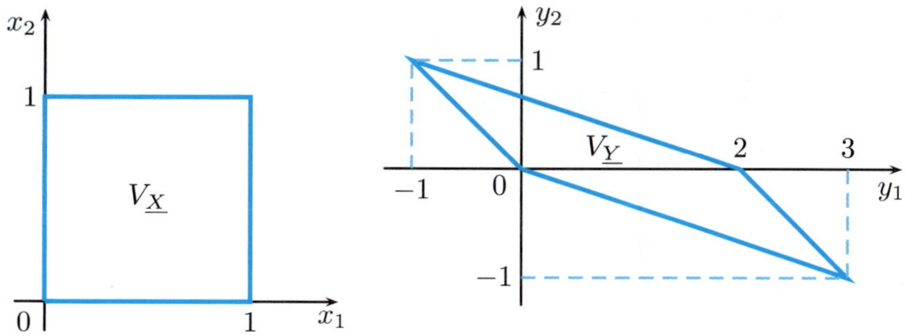

그림 4.4 변환이 $(Y_1, Y_2) = (3X_1 - X_2, -X_1 + X_2)$이고 확률밀도함수 $f_{\underline{X}}(x_1, x_2)$의 받침이 $V_{\underline{X}}$일 때 확률밀도함수 $f_{\underline{Y}}(y_1, y_2)$의 받침 $V_{\underline{Y}}$

$$
\begin{aligned}
J\left(\underline{g}(x_1, x_2)\right) &= \left|\frac{\partial}{\partial (x_1, x_2)}\underline{g}(x_1, x_2)\right| \\
&= \begin{vmatrix} 3 & -1 \\ -1 & 1 \end{vmatrix} \\
&= 2 \qquad (4.84)
\end{aligned}
$$

이다. 또, 연립 방정식 $y_1 = 3x_1 - x_2$와 $y_2 = -x_1 + x_2$를 풀면 $x_1 = \frac{1}{2}y_1 + \frac{1}{2}y_2$와 $x_2 = \frac{1}{2}y_1 + \frac{3}{2}y_2$를 얻으므로 $Q = 1$이다. 따라서,

$$
\begin{aligned}
f_{\underline{Y}}(y_1, y_2) &= \left.\frac{f_{\underline{X}}(x_1, x_2)}{|2|}\right|_{(x_1, x_2) = \left(\frac{1}{2}y_1 + \frac{1}{2}y_2, \frac{1}{2}y_1 + \frac{3}{2}y_2\right)} \\
&= \frac{1}{2}u\left(\frac{1}{2}y_1 + \frac{1}{2}y_2\right)u\left(1 - \frac{1}{2}y_1 - \frac{1}{2}y_2\right)u\left(\frac{1}{2}y_1 + \frac{3}{2}y_2\right)u\left(1 - \frac{1}{2}y_1 - \frac{3}{2}y_2\right) \\
&= \frac{1}{2}u(y_1 + y_2)\,u(2 - y_1 - y_2)\,u(y_1 + 3y_2)\,u(2 - y_1 - 3y_2) \qquad (4.85)
\end{aligned}
$$

이다. 그림 4.4에 확률밀도함수 $f_{\underline{X}}(x_1, x_2)$의 값이 1인 영역 $V_{\underline{X}}$와 $f_{\underline{Y}}(y_1, y_2)$의 값이 $\frac{1}{2}$인 영역 $V_{\underline{Y}}$를 보였다. 곧, $\underline{Y}$의 결합 확률밀도함수 $f_{\underline{Y}}(y_1, y_2)$는 (y_1, y_2)가 그림 4.4에 보인 영역

$$
V_{\underline{Y}} = \{(y_1, y_2) : 0 < y_1 + y_2 < 1,\ 0 < y_1 + 3y_2 < 1\} \qquad (4.86)
$$

에 들어 있을 때에는 $\frac{1}{2}$이고, 그 밖의 영역에 들어 있을 때에는 0이다[16]. 이제, 그림 4.4에 보인 영역 $V_{\underline{Y}}$를 새기어 결합 확률밀도함수 $f_{\underline{Y}}(y_1, y_2)$를 바탕으로 Y_1의 확률밀도함수를 얻으면

$$
\begin{aligned}
f_{Y_1}(y_1) &= \int_{-\infty}^{\infty} f_{\underline{Y}}(y_1, y_2)\,dy_2 \\
&= \begin{cases}
\frac{1}{2}\int_{-y_1}^{-\frac{1}{3}(y_1-2)} dy_2 = \frac{1}{3}(y_1 + 1), & -1 < y_1 \le 0, \\
\frac{1}{2}\int_{-\frac{y_1}{3}}^{-\frac{1}{3}(y_1-2)} dy_2 = \frac{1}{3}, & 0 < y_1 \le 2, \\
\frac{1}{2}\int_{-\frac{y_1}{3}}^{2-y_1} dy_2 = 1 - \frac{y_1}{3}, & 2 < y_1 \le 3, \\
0, & \text{그 밖에는}
\end{cases} \qquad (4.87)
\end{aligned}
$$

[16]참고로, $V_{\underline{Y}}$의 넓이는 2라는 것을 쉽게 알 수 있다.

이고, Y_2의 확률밀도함수 f_{Y_2}를 얻으면

$$\begin{aligned} f_{Y_2}(y_2) &= \int_{-\infty}^{\infty} f_{\underline{Y}}(y_1, y_2)\, dy_1 \\ &= \begin{cases} \frac{1}{2}\int_{-3y_2}^{2-y_2} dy_1 = 1 + y_2, & -1 < y_2 \le 0, \\ \frac{1}{2}\int_{-y_2}^{-3y_2+2} dy_1 = 1 - y_2, & 0 < y_2 \le 1, \\ 0, & \text{그 밖에는} \end{cases} \end{aligned} \tag{4.88}$$

이다. 그림 4.5에 확률밀도함수 $f_{Y_1}(y_1)$과 $f_{Y_2}(y_2)$를 보였다. ◇

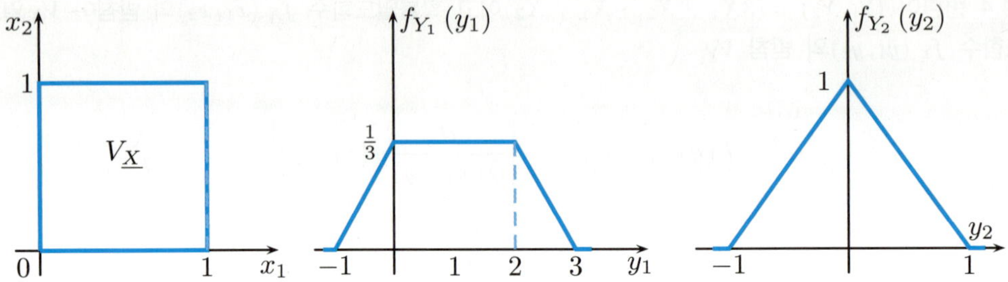

그림 4.5 변환이 $(Y_1, Y_2) = (3X_1 - X_2, -X_1 + X_2)$이고 확률밀도함수 $f_{\underline{X}}(x_1, x_2)$의 받침이 $V_{\underline{X}}$일 때 확률밀도함수 $f_{Y_1}(y_1)$과 확률밀도함수 $f_{Y_2}(y_2)$

보기 4.15 확률벡터 $\underline{X} = (X_1, X_2)$의 결합 확률밀도함수가

$$f_{\underline{X}}(x_1, x_2) = u(x_1)\, u(1 - x_1)\, u(x_2)\, u(1 - x_2) \tag{4.89}$$

이다. 이때, $\underline{Y} = (Y_1, Y_2) = \left(X_1^2, X_1 + X_2\right)$의 결합 확률밀도함수 $f_{\underline{Y}}$를 얻어 보자. 또, $f_{\underline{Y}}$를 바탕으로 $Y_1 = X_1^2$의 확률밀도함수 f_{Y_1}과 $Y_2 = X_1 + X_2$의 확률밀도함수 f_{Y_2}를 얻어 보자.

풀이 먼저, 변환 $\underline{g}(x_1, x_2) = \left(x_1^2, x_1 + x_2\right)$의 함수 행렬식은

$$\begin{aligned} J\left(\underline{g}(x_1, x_2)\right) &= \left| \frac{\partial}{\partial (x_1, x_2)} \underline{g}(x_1, x_2) \right| \\ &= \begin{vmatrix} 2x_1 & 0 \\ 1 & 1 \end{vmatrix} \\ &= 2x_1 \end{aligned} \tag{4.90}$$

이다. 또, 연립 방정식 $y_1 = x_1^2$과 $y_2 = x_1 + x_2$를 풀면 $(x_1, x_2) = \left(\sqrt{y_1}, y_2 - \sqrt{y_1}\right)$과 $(x_1, x_2) = \left(-\sqrt{y_1}, y_2 + \sqrt{y_1}\right)$을 얻고, $Q = 2$이다. 그러므로,

$$\begin{aligned} f_{\underline{Y}}(y_1, y_2) &= \left.\frac{f_{\underline{X}}(x_1, x_2)}{|2x_1|}\right|_{(x_1, x_2) = \left(\sqrt{y_1}, y_2 - \sqrt{y_1}\right)} + \left.\frac{f_{\underline{X}}(x_1, x_2)}{|2x_1|}\right|_{(x_1, x_2) = \left(-\sqrt{y_1}, y_2 + \sqrt{y_1}\right)} \\ &= \frac{1}{2\sqrt{y_1}} \left\{ u\left(\sqrt{y_1}\right) u\left(1 - \sqrt{y_1}\right) u\left(y_2 - \sqrt{y_1}\right) u\left(1 - y_2 + \sqrt{y_1}\right) \right. \\ &\quad \left. + u\left(-\sqrt{y_1}\right) u\left(1 + \sqrt{y_1}\right) u\left(y_2 + \sqrt{y_1}\right) u\left(1 - y_2 - \sqrt{y_1}\right) \right\} \end{aligned} \tag{4.91}$$

인데, $u\left(\sqrt{y_1}\right) u\left(1-\sqrt{y_1}\right) = u(y_1)\, u(1-y_1)$이고 $u\left(-\sqrt{y_1}\right) = 0$이므로

$$f_{\underline{Y}}(y_1, y_2) = \frac{1}{2\sqrt{y_1}} u(y_1)\, u(1-y_1)\, u\left(y_2-\sqrt{y_1}\right) u\left(1-y_2+\sqrt{y_1}\right) \tag{4.92}$$

이다. 곧, $\underline{Y}$의 결합 확률밀도함수 $f_{\underline{Y}}(y_1, y_2)$는 $0 < y_1 < 1$이고 $\sqrt{y_1} < y_2 < 1+\sqrt{y_1}$일 때 $\frac{1}{2\sqrt{y_1}}$이고, 그 나머지 영역에서는 0이다[17]. 그림 4.6에 확률밀도함수 $f_{\underline{Y}}(y_1, y_2)$의 받침 $V_{\underline{Y}}$를 보였다. 이제, 그림 4.6에 보인 영역 $V_{\underline{Y}}$를 새기어 결합 확률밀도함수 $f_{\underline{Y}}(y_1, y_2)$를 바탕으로 Y_1의 확률밀도함수를 얻으면

$$\begin{aligned} f_{Y_1}(y_1) &= \int_{-\infty}^{\infty} f_{\underline{Y}}(y_1, y_2)\, dy_2 \\ &= \begin{cases} \int_{\sqrt{y_1}}^{1+\sqrt{y_1}} \frac{dy_2}{2\sqrt{y_1}} = \frac{1}{2\sqrt{y_1}}, & 0 < y_1 < 1, \\ 0, & \text{그 밖에는} \end{cases} \end{aligned} \tag{4.93}$$

이고, Y_2의 확률밀도함수 f_{Y_2}를 얻으면

$$\begin{aligned} f_{Y_2}(y_2) &= \int_{-\infty}^{\infty} f_{\underline{Y}}(y_1, y_2)\, dy_1 \\ &= \begin{cases} \int_0^{y_2^2} \frac{dy_1}{2\sqrt{y_1}} = y_2, & 0 < y_2 \le 1, \\ \int_{(y_2-1)^2}^{1} \frac{dy_1}{2\sqrt{y_1}} = 2-y_2, & 1 < y_2 \le 2, \\ 0, & \text{그 밖에는} \end{cases} \end{aligned} \tag{4.94}$$

이다. 그림 4.6에 확률밀도함수 $f_{Y_1}(y_1)$과 $f_{Y_2}(y_2)$도 보였다. ◇

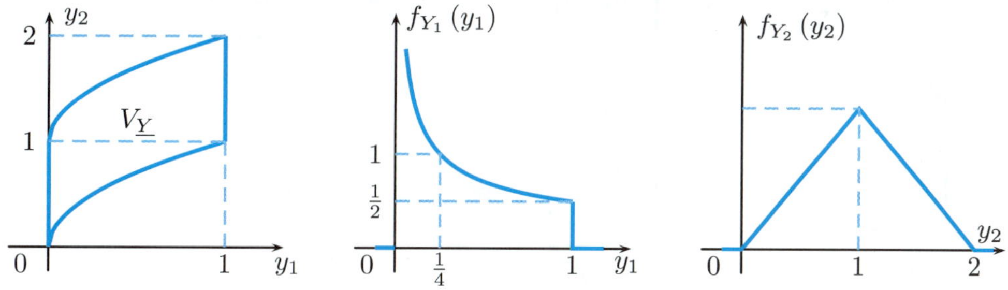

그림 4.6 변환이 $(Y_1, Y_2) = (X_1^2, X_1+X_2)$이고 (Y_1, Y_2)의 결합 확률밀도함수가 $f_{\underline{X}}(x_1, x_2) = u(x_1) \cdot u(1-x_1)\, u(x_2)\, u(1-x_2)$일 때, 확률밀도함수 $f_{\underline{Y}}(y_1, y_2)$의 받침 $V_{\underline{Y}}$, 확률밀도함수 $f_{Y_1}(y_1)$, 확률밀도함수 $f_{Y_2}(y_2)$

보기 4.16 보기 4.15에서 확률벡터 $\underline{X} = (X_1, X_2)$의 결합 확률밀도함수가

$$f_{\underline{X}}(x_1, x_2) = 2u(x_1)\, u(1-x_2)\, u(x_2-x_1) \tag{4.95}$$

처럼 바뀌었을 때 $\underline{Y} = (Y_1, Y_2) = \left(X_1^2, X_1+X_2\right)$의 결합 확률밀도함수를 얻어 보자. 또, $f_{\underline{Y}}$를 바탕으로 $Y_1 = X_1^2$의 확률밀도함수 f_{Y_1}과 $Y_2 = X_1 + X_2$의 확률밀도함수 f_{Y_2}를 얻어 보자.

[17] 참고로, $\int_{-\infty}^{\infty}\int_{-\infty}^{\infty} f_{\underline{Y}}(y_1, y_2)\, dy_2 dy_1 = \int_0^1 \int_{\sqrt{y_1}}^{1+\sqrt{y_1}} \frac{1}{2\sqrt{y_1}} dy_2 dy_1 = \int_0^1 \frac{1}{2\sqrt{y_1}} dy_1 = 1$이다.

풀이 먼저, 보기 4.15에서 얻은 (4.91)의 첫 줄을 새기면

$$\begin{aligned} f_{\underline{Y}}(y_1, y_2) &= \left.\frac{f_{\underline{X}}(x_1, x_2)}{|2x_1|}\right|_{(x_1,x_2)=(\sqrt{y_1}, y_2-\sqrt{y_1})} + \left.\frac{f_{\underline{X}}(x_1, x_2)}{|2x_1|}\right|_{(x_1,x_2)=(-\sqrt{y_1}, y_2+\sqrt{y_1})} \\ &= \frac{1}{\sqrt{y_1}} u(\sqrt{y_1})\, u(1 - y_2 + \sqrt{y_1})\, u(y_2 - 2\sqrt{y_1}) \\ &= \frac{1}{\sqrt{y_1}} u(y_1)\, u(1 - y_2 + \sqrt{y_1})\, u(y_2 - 2\sqrt{y_1}) \end{aligned} \tag{4.96}$$

이다. 그림 4.7에 확률밀도함수 $f_{\underline{X}}(x_1, x_2)$의 값이 2인 영역 $V_{\underline{X}}$와 $f_{\underline{Y}}(y_1, y_2)$의 받침 $V_{\underline{Y}}$를 보였다. 이제, 그림 4.7에 보인 영역 $V_{\underline{Y}}$를 새기어 결합 확률밀도함수 $f_{\underline{Y}}(y_1, y_2)$를 바탕으로 Y_1의 확률밀도함수를 얻으면

$$\begin{aligned} f_{Y_1}(y_1) &= \int_{-\infty}^{\infty} f_{\underline{Y}}(y_1, y_2)\, dy_2 \\ &= \begin{cases} \int_{2\sqrt{y_1}}^{1+\sqrt{y_1}} \frac{dy_2}{\sqrt{y_1}} = \frac{1}{\sqrt{y_1}} - 1, & 0 < y_1 \le 1, \\ 0, & \text{그 밖에는} \end{cases} \end{aligned} \tag{4.97}$$

이고[18], Y_2의 확률밀도함수 f_{Y_2}를 얻으면

$$\begin{aligned} f_{Y_2}(y_2) &= \int_{-\infty}^{\infty} f_{\underline{Y}}(y_1, y_2)\, dy_1 \\ &= \begin{cases} \int_0^{\frac{y_2^2}{4}} \frac{dy_1}{\sqrt{y_1}} = y_2, & 0 < y_2 \le 1, \\ \int_{(y_2-1)^2}^{\frac{y_2^2}{4}} \frac{dy_1}{\sqrt{y_1}} = 2 - y_2, & 1 < y_2 \le 2, \\ 0, & \text{그 밖에는} \end{cases} \end{aligned} \tag{4.98}$$

이다. 그림 4.7에 확률밀도함수 $f_{Y_1}(y_1)$도 보였다. ◇

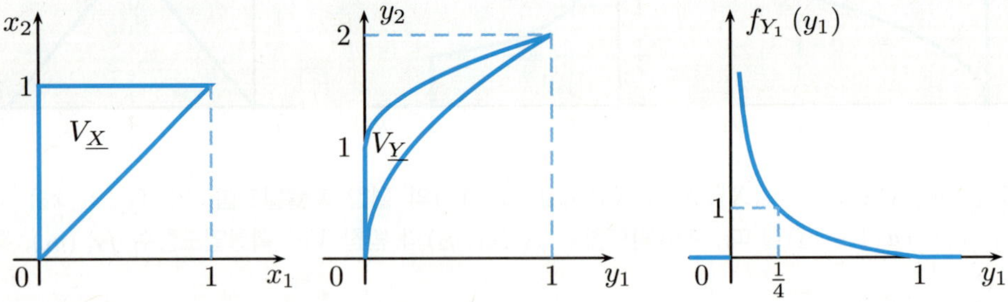

그림 4.7 변환이 $(Y_1, Y_2) = (X_1^2, X_1 + X_2)$이고 확률밀도함수 $f_{\underline{X}}(x_1, x_2)$의 받침이 $V_{\underline{X}}$일 때 확률밀도함수 $f_{\underline{Y}}(y_1, y_2)$의 받침 $V_{\underline{Y}}$와 확률밀도함수 $f_{Y_1}(y_1) = \left(\frac{1}{\sqrt{y_1}} - 1\right) u(y_1)\, u(1 - y_1)$

보기 4.17 확률벡터 $\underline{X} = (X_1, X_2)$의 결합 확률밀도함수가

$$f_{\underline{X}}(x_1, x_2) = u(x_1)\, u(1 - x_1)\, u(x_2)\, u(1 - x_2) \tag{4.99}$$

[18] 여기서, $\int_{-\infty}^{\infty} f_{Y_1}(y_1)\, dy_1 = \int_0^1 \left(\frac{1}{\sqrt{y_1}} - 1\right) dy_1 = \left[2\sqrt{y_1} - y_1\right]_0^1 = 1$이다.

이다. 이때, $\underline{Y} = (Y_1, Y_2) = \left(\frac{1}{2}\left(X_1^2 + X_2\right), \frac{1}{2}\left(X_1^2 - X_2\right)\right)$의 결합 확률밀도함수 $f_{\underline{Y}}$를 얻어 보자. 또, 결합 확률밀도함수 $f_{\underline{Y}}$를 바탕으로 Y_1의 확률밀도함수 f_{Y_1}과 Y_2의 확률밀도함수 f_{Y_2}를 얻어 보자.

풀이 먼저, 변환 $\underline{g}(x_1, x_2) = \left(\frac{1}{2}\left(x_1^2 + x_2\right), \frac{1}{2}\left(x_1^2 - x_2\right)\right)$의 함수 행렬식은

$$\begin{aligned} J\left(\underline{g}(x_1, x_2)\right) &= \left|\frac{\partial}{\partial (x_1, x_2)}\underline{g}(x_1, x_2)\right| \\ &= \begin{vmatrix} x_1 & \frac{1}{2} \\ x_1 & -\frac{1}{2} \end{vmatrix} \\ &= -x_1 \end{aligned} \tag{4.100}$$

이다. 또, 연립 방정식

$$\begin{cases} y_1 = \frac{1}{2}\left(x_1^2 + x_2\right) \\ y_2 = \frac{1}{2}\left(x_1^2 - x_2\right) \end{cases} \tag{4.101}$$

을 풀면 $(x_1, x_2) = (\sqrt{y_1 + y_2}, y_1 - y_2)$과 $(x_1, x_2) = (-\sqrt{y_1 + y_2}, y_1 - y_2)$을 얻고, $Q = 2$이다. 그러므로, $u(-\sqrt{y_1 + y_2}) = 0$이라는 것을 새기면

$$\begin{aligned} f_{\underline{Y}}(y_1, y_2) &= \left.\frac{f_{\underline{X}}(x_1, x_2)}{|x_1|}\right|_{(x_1, x_2) = \left(\sqrt{y_1+y_2}, y_1 - y_2\right)} + \left.\frac{f_{\underline{X}}(x_1, x_2)}{|x_1|}\right|_{(x_1, x_2) = \left(-\sqrt{y_1+y_2}, y_1 - y_2\right)} \\ &= \frac{1}{\sqrt{y_1 + y_2}} u\left(\sqrt{y_1 + y_2}\right) u\left(1 - \sqrt{y_1 + y_2}\right) u(y_1 - y_2)\, u(1 - y_1 + y_2) \\ &= \frac{1}{\sqrt{y_1 + y_2}} u(y_1 + y_2)\, u(1 - y_1 - y_2)\, u(y_1 - y_2)\, u(1 - y_1 + y_2) \end{aligned} \tag{4.102}$$

이다. 그림 4.8에 확률밀도함수 $f_{\underline{Y}}(y_1, y_2)$의 받침 $V_{\underline{Y}}$를 보였다. 이제, 그림 4.8에 보인 영역 $V_{\underline{Y}}$를 새겨서 Y_1의 확률밀도함수 f_{Y_1}을 얻으면

$$\begin{aligned} f_{Y_1}(y_1) &= \int_{-\infty}^{\infty} f_{\underline{Y}}(y_1, y_2)\, dy_2 \\ &= \begin{cases} \int_{-y_1}^{y_1} \frac{dy_2}{\sqrt{y_1+y_2}}, & 0 < y_1 < \frac{1}{2}, \\ \int_{y_1-1}^{1-y_1} \frac{dy_2}{\sqrt{y_1+y_2}}, & \frac{1}{2} < y_1 < 1 \end{cases} \\ &= \begin{cases} 2\sqrt{2y_1}, & 0 < y_1 < \frac{1}{2}, \\ 2\left(1 - \sqrt{2y_1 - 1}\right), & \frac{1}{2} < y_1 < 1 \end{cases} \end{aligned} \tag{4.103}$$

이고[19], Y_2의 확률밀도함수 f_{Y_2}을 얻으면

$$\begin{aligned} f_{Y_2}(y_2) &= \begin{cases} \int_{-y_2}^{y_2+1} \frac{dy_1}{\sqrt{y_1+y_2}}, & -\frac{1}{2} < y_2 < 0, \\ \int_{y_2}^{1-y_2} \frac{dy_1}{\sqrt{y_1+y_2}}, & 0 < y_2 < \frac{1}{2} \end{cases} \\ &= \begin{cases} 2\sqrt{2y_2 + 1}, & -\frac{1}{2} < y_2 < 0, \\ 2\left(1 - \sqrt{2y_2}\right), & 0 < y_2 < \frac{1}{2} \end{cases} \end{aligned} \tag{4.104}$$

[19]여기서, $\int_{-\infty}^{\infty} f_{Y_1}(y_1)\, dy_1 = \int_0^{\frac{1}{2}} 2\sqrt{2y_1} dy_1 + \int_{\frac{1}{2}}^{1} 2\left(1 - \sqrt{2y_1 - 1}\right) dy_1 = 2\sqrt{2} \cdot \frac{2}{3} y_1^{\frac{3}{2}}\Big|_0^{\frac{1}{2}} + 2\Big\{y_1 - \frac{1}{3}(2y_1 - 1)^{\frac{3}{2}}\Big\}\Big|_{\frac{1}{2}}^{1} = 2\sqrt{2} \cdot \frac{2}{3} \cdot \frac{1}{2\sqrt{2}} + 2\left\{\frac{1}{2} - \frac{1}{3}(1 - 0)\right\} = 1$이다.

이다[20]. 여기서, $f_{Y_2}(y) = f_{Y_1}\left(y+\frac{1}{2}\right)$이라는 것을 눈여겨보자. 확률밀도함수 f_{Y_1}과 f_{Y_2}도 그림 4.8에 보였다. ◇

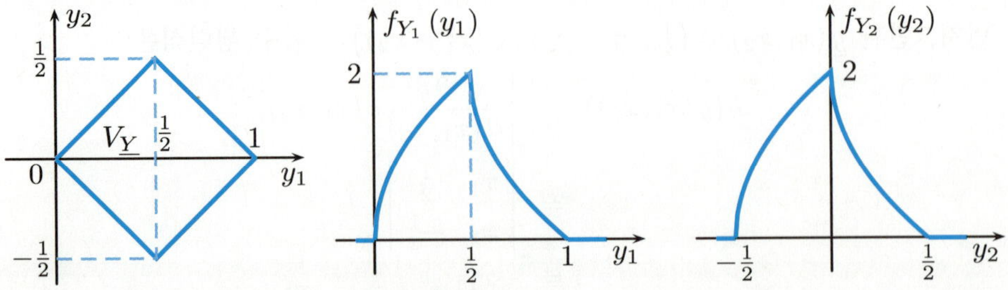

그림 4.8 확률벡터 $\underline{X} = (X_1, X_2)$의 결합 확률밀도함수가 $f_{\underline{X}}(x_1, x_2) = u(x_1)u(1-x_1)u(x_2)u(1-x_2)$이고 변환이 $(Y_1, Y_2) = \left(\frac{1}{2}\left(X_1^2 + X_2\right), \frac{1}{2}\left(X_1^2 - X_2\right)\right)$일 때 확률밀도함수 $f_{\underline{Y}}(y_1, y_2)$의 받침 $V_{\underline{Y}}$, $Y_1 = \frac{1}{2}\left(X_1^2 + X_2\right)$의 확률밀도함수 $f_{Y_1}(y_1)$, $Y_2 = \frac{1}{2}\left(X_1^2 - X_2\right)$의 확률밀도함수 $f_{Y_2}(y_2)$

함수 행렬식 $J\left(\underline{g}\left(\underline{x}\right)\right)$가 0일 때에는 정리 4.3을 쓸 수 없다. 문제 4.65에서, $J\left(\underline{g}\left(\underline{x}\right)\right) = 0$일 때 $\underline{g}\left(\underline{X}\right)$의 확률밀도함수를 어떻게 얻을 수 있는지를, 확률벡터 $\underline{X}$와 그 함수 $\underline{g}\left(\underline{X}\right)$가 모두 2차원일 때를 보기로 들어 다룬다.

4.2.2 결합 확률밀도함수: 일대일 변환

정리 4.4 이제, $\underline{g}$의 역변환 $\underline{g}^{-1} = \left(g_1^{-1}, g_2^{-1}, \cdots, g_n^{-1}\right)$이 존재하고 $\underline{g}^{-1}$을 미분할 수 있다면, $Q = 1$이고 (4.82)를

$$f_{\underline{Y}}\left(\underline{y}\right) = \left|J\left(\underline{g}^{-1}\left(\underline{y}\right)\right)\right| f_{\underline{X}}\left(\underline{g}^{-1}\left(\underline{y}\right)\right) \tag{4.105}$$

처럼 쓸 수 있다. 여기서,

$$\begin{aligned} J\left(\underline{g}^{-1}\left(\underline{y}\right)\right) &= \left|\frac{\partial}{\partial \underline{y}}\underline{g}^{-1}\left(\underline{y}\right)\right| \\ &= \frac{1}{J\left(\underline{g}\left(\underline{x}\right)\right)} \end{aligned} \tag{4.106}$$

은 $\underline{g}^{-1}\left(\underline{y}\right)$의 함수 행렬식이다. ■■

함수 행렬식 $J\left(\underline{g}\left(\underline{x}\right)\right)$를 때때로 $J\left(\underline{y}\right)$ 또는 $\left|\frac{\partial \underline{y}}{\partial \underline{x}}\right|$로, 함수 행렬식 $J\left(\underline{g}^{-1}\left(\underline{y}\right)\right)$는 때때로 $J\left(\underline{x}\right)$ 또는 $\left|\frac{\partial \underline{x}}{\partial \underline{y}}\right|$로 쓰기도 한다.

[20] 여기서, $\int_{-\infty}^{\infty} f_{Y_2}(y_2)dy_2 = 2\int_0^{\frac{1}{2}}\left(1-\sqrt{2y_2}\right)dy_2 + 2\int_{-\frac{1}{2}}^{0}\sqrt{2y_2+1}dy_2 = 2\left(\frac{1}{2} - \frac{2\sqrt{2}}{3}y_2^{\frac{3}{2}}\Big|_0^{\frac{1}{2}}\right) + \frac{2}{3}(2y_2+1)^{\frac{3}{2}}\Big|_{-\frac{1}{2}}^{0} = \frac{2}{3} + \frac{2}{6} = 1$이다.

보기 4.18 (선형 변환) 확률벡터 $\underline{X}$가 2차원일 때, 선형 변환

$$\begin{aligned}\underline{Y} &= A\underline{X} \\ &= \begin{bmatrix} a & b \\ c & d \end{bmatrix} \underline{X} \end{aligned} \tag{4.107}$$

을 생각해 보자. 이제, $ad - bc \neq 0$이면, (4.105)를 바탕으로

$$f_{\underline{Y}}(\underline{y}) = \frac{1}{|\det A|} f_{\underline{X}}(A^{-1}\underline{y}) \tag{4.108}$$

을 얻는다. 좀 더 일반적으로, A가 $n \times n$ 행렬이고, $\det A = |A| \neq 0$이며, $\underline{b}$가 $n \times 1$ 벡터이면, $\underline{Y} = A\underline{X} + \underline{b}$의 확률밀도함수는

$$f_{\underline{Y}}(\underline{y}) = \frac{f_{\underline{X}}\left(A^{-1}\left(\underline{y} - \underline{b}\right)\right)}{|\det A|} \tag{4.109}$$

이다. ◇

보기 4.19 확률변수 $X \sim G(\alpha_1, \beta)$와 $Y \sim G(\alpha_2, \beta)$가 서로 독립일 때 확률변수 $Z = X+Y$와 $S = \frac{X}{X+Y}$가 서로 독립이라는 것을 보이고 S의 확률밀도함수를 얻어 보자.

풀이 먼저, Z와 S로 X와 Y를 $X = ZS$와 $Y = Z - ZS$처럼 나타낼 수 있으며 이 역변환 $(X, Y) = \underline{g}^{-1}(Z, S) = (ZS, Z - ZS)$의 함수 행렬식은

$$\begin{aligned} J\left(\underline{g}^{-1}(z, s)\right) &= \left|\frac{\partial}{\partial(z, s)} \underline{g}^{-1}(z, s)\right| \\ &= \begin{vmatrix} s & z \\ 1 - s & -z \end{vmatrix} \\ &= -z \end{aligned} \tag{4.110}$$

이다. 이제, (4.110)을 바탕으로 확률변수 Z와 S의 결합 확률밀도함수 $f_{Z,S}(z, s)$를 얻으면

$$\begin{aligned} f_{Z,S}(z, s) &= |z| f_{X,Y}(x, y)\big|_{x=zs,\, y=z-zs} \\ &= \frac{1}{\beta^{\alpha_1+\alpha_2}\Gamma(\alpha_1)\Gamma(\alpha_2)} |z| (zs)^{\alpha_1-1}(z - zs)^{\alpha_2-1} \exp\left(-\frac{zs}{\beta}\right) \exp\left(-\frac{z - zs}{\beta}\right) \\ &\quad \cdot u(zs)u(z - zs) \\ &= \left\{\frac{z^{\alpha_1+\alpha_2-1}}{\beta^{\alpha_1+\alpha_2}\Gamma(\alpha_1 + \alpha_2)} \exp\left(-\frac{z}{\beta}\right) u(z)\right\} \\ &\quad \cdot \left\{\frac{\Gamma(\alpha_1 + \alpha_2)}{\Gamma(\alpha_1)\Gamma(\alpha_2)} s^{\alpha_1-1}(1 - s)^{\alpha_2-1} u(1 - s)u(s)\right\} \\ &= g_1(z)g_2(s) \end{aligned} \tag{4.111}$$

이다. 이 식에서, $Z = X + Y$와 $S = \frac{X}{X+Y}$는 독립이고, S의 확률밀도함수는

$$\begin{aligned} f_S(s) &= g_2(s) \\ &= \frac{\Gamma(\alpha_1 + \alpha_2)}{\Gamma(\alpha_1)\Gamma(\alpha_2)} s^{\alpha_1-1}(1 - s)^{\alpha_2-1} u(1 - s)u(s) \end{aligned} \tag{4.112}$$

이며, Z의 확률밀도함수는 $f_Z(z) = g_1(z)$라는 것을 알 수 있다. 한편, (4.112)에서 S의 분포가 $B(\alpha_1, \alpha_2)$라는 것을 알 수 있다. ◇

보기 4.20 확률변수 $X \sim G(\alpha_1, \beta)$와 $Y \sim G(\alpha_2, \beta)$가 서로 독립이다. 이때, 확률변수 $Z = X + Y$와 $W = \frac{X}{Y}$가 서로 독립이라는 것을 보이고 Z의 확률밀도함수와 W의 확률밀도함수를 얻어 보자.

풀이 먼저, X와 Y를 Z와 W로

$$X = \frac{ZW}{1+W}, \quad Y = \frac{Z}{1+W} \tag{4.113}$$

처럼 나타낼 수 있으며, 역변환 $(X, Y) = \underline{g}^{-1}(Z, W) = \left(\frac{ZW}{1+W}, \frac{Z}{1+W}\right)$의 함수 행렬식은

$$\begin{aligned} J\left(\underline{g}^{-1}(z,w)\right) &= \left| \frac{\partial}{\partial(z,w)} \underline{g}^{-1}(z,w) \right| \\ &= \begin{vmatrix} \frac{w}{1+w} & \frac{z}{(1+w)^2} \\ \frac{1}{1+w} & -\frac{z}{(1+w)^2} \end{vmatrix} \\ &= \frac{z}{(1+w)^2} \end{aligned} \tag{4.114}$$

이다. 이제, 위 두 식을 바탕으로 (Z, W)의 결합 확률밀도함수 $f_{Z,W}(z, w)$를 얻으면

$$\begin{aligned} f_{Z,W}(z,w) &= \frac{|z|}{(1+w)^2} f_{X,Y}(x,y) \Big|_{x=\frac{zw}{1+w},\, y=\frac{z}{1+w}} \\ &= \frac{1}{\beta^{\alpha_1+\alpha_2}\Gamma(\alpha_1)\Gamma(\alpha_2)} \frac{z}{(1+w)^2} \left(\frac{zw}{1+w}\right)^{\alpha_1-1} \left(\frac{z}{1+w}\right)^{\alpha_2-1} \exp\left(-\frac{z}{\beta}\right) \\ &\quad \cdot u\left(\frac{zw}{1+w}\right) u\left(\frac{z}{1+w}\right) \\ &= \frac{1}{\beta^{\alpha_1+\alpha_2}} \frac{z^{\alpha_1+\alpha_2-1}}{\Gamma(\alpha_1)\Gamma(\alpha_2)} \exp\left(-\frac{z}{\beta}\right) \frac{w^{\alpha_1-1}}{(1+w)^{\alpha_1+\alpha_2}} u(w)u(z) \\ &= \left\{ \frac{z^{\alpha_1+\alpha_2-1}}{\beta^{\alpha_1+\alpha_2}\Gamma(\alpha_1+\alpha_2)} \exp\left(-\frac{z}{\beta}\right) u(z) \right\} \left\{ \frac{\Gamma(\alpha_1+\alpha_2)}{\Gamma(\alpha_1)\Gamma(\alpha_2)} \frac{w^{\alpha_1-1}}{(1+w)^{\alpha_1+\alpha_2}} u(w) \right\} \\ &= g_1(z) g_2(w) \end{aligned} \tag{4.115}$$

이다. 위에서 $\left\{\frac{zw}{1+w} > 0, \frac{z}{1+w} > 0\right\} = \{z > 0, w > 0\}$이라는 것을 썼다. 여기서, $\frac{1}{1+w} = t$라고 두면

$$\begin{aligned} \int_0^\infty \frac{w^{\alpha_1-1}}{(1+w)^{\alpha_1+\alpha_2}} dw &= \int_1^0 \left(\frac{1}{t} - 1\right)^{\alpha_1-1} t^{\alpha_1+\alpha_2} \left(-\frac{dt}{t^2}\right) \\ &= \int_0^1 (1-t)^{\alpha_1-1} t^{\alpha_2-1} dt \\ &= B(\alpha_1, \alpha_2) \\ &= \left\{ \frac{\Gamma(\alpha_1+\alpha_2)}{\Gamma(\alpha_1)\Gamma(\alpha_2)} \right\}^{-1} \end{aligned} \tag{4.116}$$

이고, $\int_{-\infty}^{\infty} g_1(z) dz = 1$이다. 곧, g_1은 Z의 확률밀도함수이고, g_2는 W의 확률밀도함수이며, $Z = X + Y$와 $W = \frac{X}{Y}$는 독립이다. 또한, $Z \sim G(\alpha_1 + \alpha_2, \beta)$이며, $\frac{1}{1+W} \sim B(\alpha_1, \alpha_2)$라는 것을 알 수 있다. ◇

보기 4.21 독립이고 분포가 같은 확률벡터 $\underline{X} = (X_1, X_2, X_3)$의 한계 확률밀도함수가

$$f(x) = e^{-x}u(x) \tag{4.117}$$

이다. 이제,

$$\begin{aligned} Y_1 &= X_1 + X_2 + X_3, & (4.118)\\ Y_2 &= \frac{X_1 + X_2}{X_1 + X_2 + X_3}, & (4.119)\\ Y_3 &= \frac{X_1}{X_1 + X_2} & (4.120) \end{aligned}$$

처럼 둘 때 $\underline{Y} = (Y_1, Y_2, Y_3)$의 결합 확률밀도함수 $f_{\underline{Y}}(y_1, y_2, y_3)$을 얻어 보자.

풀이 먼저, X_1, X_2, X_3을 Y_1, Y_2, Y_3으로 나타내면 $X_1 = Y_1Y_2Y_3$, $X_2 = Y_1Y_2(1-Y_3)$, $X_3 = Y_1(1-Y_2)$이다. 그러므로, 역변환 $\underline{X} = \underline{g}^{-1}(\underline{Y})$의 함수 행렬식은

$$\begin{aligned} \left|\frac{\partial}{\partial \underline{y}}\underline{g}^{-1}(\underline{y})\right| &= \begin{vmatrix} \frac{\partial}{\partial y_1}y_1y_2y_3 & \frac{\partial}{\partial y_2}y_1y_2y_3 & \frac{\partial}{\partial y_3}y_1y_2y_3 \\ \frac{\partial}{\partial y_1}y_1y_2(1-y_3) & \frac{\partial}{\partial y_2}y_1y_2(1-y_3) & \frac{\partial}{\partial y_3}y_1y_2(1-y_3) \\ \frac{\partial}{\partial y_1}y_1(1-y_2) & \frac{\partial}{\partial y_2}y_1(1-y_2) & \frac{\partial}{\partial y_3}y_1(1-y_2) \end{vmatrix} \\ &= \begin{vmatrix} y_2y_3 & y_1y_3 & y_1y_2 \\ y_2(1-y_3) & y_1(1-y_3) & -y_1y_2 \\ 1-y_2 & -y_1 & 0 \end{vmatrix} \\ &= -y_1^2y_2 \end{aligned} \tag{4.121}$$

이다. 따라서,

$$\{y_1y_2y_3 > 0, y_1y_2(1-y_3) > 0, y_1(1-y_2) > 0\} = \{y_1 > 0, 0 < y_2 < 1, 0 < y_3 < 1\} \tag{4.122}$$

임을 새기면,

$$\begin{aligned} f_{Y_1,Y_2,Y_3}(y_1, y_2, y_3) &= \left|-y_1^2y_2\right| f_{X_1,X_2,X_3}(y_1y_2y_3, y_1y_2(1-y_3), y_1(1-y_2)) \\ &= y_1^2y_2e^{-y_1y_2y_3}e^{-y_1y_2(1-y_3)}e^{-y_1(1-y_2)}u(y_1y_2y_3)u(y_1y_2(1-y_3))u(y_1(1-y_2)) \\ &= \frac{1}{2}y_1^2e^{-y_1}\cdot 2y_2\,u(y_1)u(y_2)u(1-y_2)u(y_3)u(1-y_3) \end{aligned} \tag{4.123}$$

이다. 곧, Y_1, Y_2, Y_3이 독립이라는 것과 한계 확률밀도함수가 $f_{Y_1}(y) = \frac{1}{2}y^2e^{-y}u(y)$, $f_{Y_2}(y) = 2yu(y)u(1-y)$, $f_{Y_3}(y) = u(y)u(1-y)$라는 것을 (4.123)에서 알 수 있다. ◇

보기 4.22 확률변수 X_1과 X_2가 독립이고 분포가 같으며 그 한계 확률밀도함수는

$$f(x) = u(x)u(1-x) \tag{4.124}$$

이다. 이제, $Y_1 = X_1 + X_2$이고 $Y_2 = X_1 - X_2$라고 할 때 확률벡터 (Y_1, Y_2)의 결합 확률밀도함수, 확률변수 Y_1의 한계 확률밀도함수, 확률변수 Y_2의 한계 확률밀도함수를 얻어 보자.

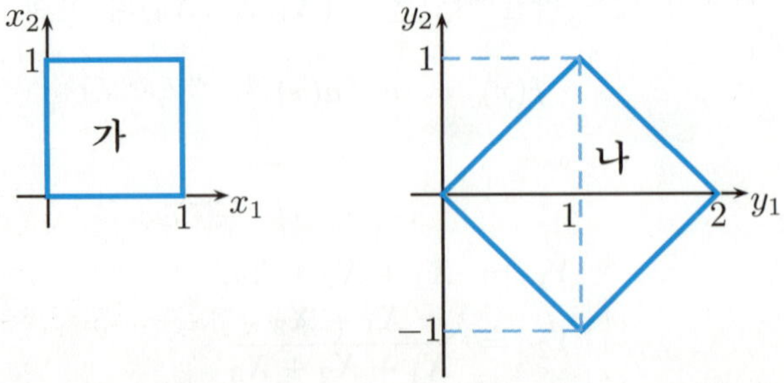

그림 4.9 영역 **가** $=\{(x_1,x_2): u(x_1)u(1-x_1)u(x_2)u(1-x_2)\neq 0\}=\{(x_1,x_2): 0<x_1<1, 0<x_2<1\}$과 **가**를 $y_1=x_1+x_2, y_2=x_1-x_2$로 변환했을 때의 영역 **나** $=\{(y_1,y_2): u(y_1+y_2)u(2-y_1-y_2)u(y_1-y_2)u(2-y_1+y_2)\neq 0\}=\{(y_1,y_2): 0<y_1+y_2<2, 0<y_1-y_2<2\}$

풀이 먼저, 확률변수 X_1과 X_2가 독립이므로 확률벡터 (X_1,X_2)의 결합 확률밀도함수는

$$f_{X_1,X_2}(x_1,x_2) = u(x_1)u(1-x_1)u(x_2)u(1-x_2) \tag{4.125}$$

이다. 한편, $X_1=\frac{1}{2}(Y_1+Y_2)$이고 $X_2=\frac{1}{2}(Y_1-Y_2)$이므로, 역변환 $(X_1,X_2)=\underline{g}^{-1}(X_1,X_2)$ $=\left(\frac{1}{2}(Y_1+Y_2), \frac{1}{2}(Y_1-Y_2)\right)$의 함수 행렬식은

$$\begin{aligned} J\left(\underline{g}^{-1}\right) &= \begin{vmatrix} \frac{1}{2} & \frac{1}{2} \\ \frac{1}{2} & -\frac{1}{2} \end{vmatrix} \\ &= -\frac{1}{2} \end{aligned} \tag{4.126}$$

이다. 따라서, 확률벡터 (Y_1,Y_2)의 결합 확률밀도함수는

$$\begin{aligned} f_{Y_1,Y_2}(y_1,y_2) &= \left|-\frac{1}{2}\right| f_{X_1,X_2}\left(\frac{y_1+y_2}{2}, \frac{y_1-y_2}{2}\right) \\ &= \frac{1}{2}u\left(\frac{y_1+y_2}{2}\right)u\left(1-\frac{y_1+y_2}{2}\right)u\left(\frac{y_1-y_2}{2}\right)u\left(1-\frac{y_1-y_2}{2}\right) \\ &= \frac{1}{2}u(y_1+y_2)u(2-y_1-y_2)u(y_1-y_2)u(2-y_1+y_2) \end{aligned} \tag{4.127}$$

이다. 이제, 그림 4.9에 그려 둔 영역 **나**를 살펴보면 알 수 있듯이, $0<y_1<1$이면 $\{y_2: -y_1<y_2<y_1\}$일 때에만 결합 확률밀도함수 $f_{Y_1,Y_2}(y_1,y_2)$가 0이 아니고, $1<y_1<2$이면 $\{y_2: y_1-2<y_2<2-y_1\}$일 때에만 결합 확률밀도함수 $f_{Y_1,Y_2}(y_1,y_2)$가 0이 아니다. 그러므로, 이것을 새겨 결합 확률밀도함수 $f_{Y_1,Y_2}(y_1,y_2)$를 적분하면 Y_1의 한계 확률밀도함수를

$$f_{Y_1}(y_1) = \begin{cases} \int_{-y_1}^{y_1} \frac{1}{2}dy_2 = y_1, & 0<y_1\leq 1, \\ \int_{y_1-2}^{2-y_1} \frac{1}{2}dy_2 = 2-y_1, & 1\leq y_1<2, \\ 0, & \text{그 밖에는} \end{cases} \tag{4.128}$$

처럼 얻을 수 있다. 이와 비슷하게 그림 4.9에 그려 둔 영역 **나**를 살펴보면, $-1<y_2<0$이면 $\{y_1: -y_2<y_1<2+y_2\}$일 때에만 결합 확률밀도함수 $f_{Y_1,Y_2}(y_1,y_2)$가 0이 아니고, $0<y_2<$

1이면 $\{y_1 : y_2 < y_1 < 2 - y_2\}$일 때에만 결합 확률밀도함수 $f_{Y_1,Y_2}(y_1, y_2)$가 0이 아니라는 것을 알 수 있다. 그러므로, 이것을 바탕으로 확률변수 Y_2의 한계 확률밀도함수를 얻으면

$$f_{Y_2}(y_2) = \begin{cases} \int_{-y_2}^{y_2+2} \frac{1}{2} dy_1 = 1 + y_2, & -1 < y_2 \leq 0, \\ \int_{y_2}^{2-y_2} \frac{1}{2} dy_1 = 1 - y_2, & 0 \leq y_2 < 1, \\ 0, & \text{그 밖에는} \end{cases} \tag{4.129}$$

이다. ◇

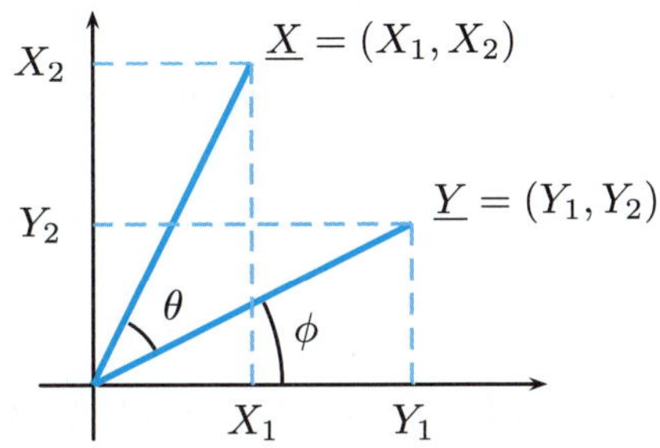

그림 4.10 확률벡터 $\underline{X} = (X_1, X_2)$와 $\underline{X}$를 시계 방향으로 θ만큼 돌려 얻은 확률벡터 $\underline{Y} = (Y_1, Y_2)$

보기 4.23 (회전[21]) 확률벡터 $\underline{X} = (X_1, X_2)$를 시계 방향으로 θ만큼 돌려 $\underline{Y} = (Y_1, Y_2)$를 얻었다고 하자. 이때, $\underline{Y}$의 확률밀도함수를 $\underline{X}$의 확률밀도함수 f_{X_1,X_2}로 나타내 보자.

풀이 먼저, 그림 4.10에 보인 것처럼 가로 축을 반 시계 방향으로 $\theta + \phi$만큼 돌릴 때 확률벡터 $\underline{X} = (X_1, X_2)$와 겹친다고 하고 $R = \sqrt{X_1^2 + X_2^2}$이라고 하면, $X_1 = R\cos(\theta + \phi) = R\cos\phi\cos\theta - R\sin\phi\sin\theta$이고 $X_2 = R\sin(\theta + \phi) = R\sin\phi\cos\theta + R\cos\phi\sin\theta$이다. 그러면 확률벡터 $\underline{X} = (X_1, X_2)$를 시계 방향으로 θ만큼 돌린 것이 $\underline{Y} = (Y_1, Y_2)$이므로, $Y_1 = R\cos\phi$이고 $Y_2 = R\sin\phi$이다. 따라서,

$$\begin{aligned} X_1 &= R\cos\phi\cos\theta - R\sin\phi\sin\theta \\ &= Y_1\cos\theta - Y_2\sin\theta \end{aligned} \tag{4.130}$$

이고

$$\begin{aligned} X_2 &= R\cos\phi\sin\theta + R\sin\phi\cos\theta \\ &= Y_1\sin\theta + Y_2\cos\theta \end{aligned} \tag{4.131}$$

이며, 또한,

$$Y_1 = X_1\cos\theta + X_2\sin\theta \tag{4.132}$$

이고

[21] rotation

$$Y_2 = -X_1 \sin\theta + X_2 \cos\theta \tag{4.133}$$

이다. 한편,

$$\begin{aligned} \begin{vmatrix} \cos\theta & \sin\theta \\ -\sin\theta & \cos\theta \end{vmatrix} &= \begin{vmatrix} \cos\theta & -\sin\theta \\ \sin\theta & \cos\theta \end{vmatrix} \\ &= \cos^2\theta + \sin^2\theta \\ &= 1 \end{aligned} \tag{4.134}$$

이므로 확률벡터 $\underline{Y} = (Y_1, Y_2)$의 확률밀도함수는

$$f_{Y_1,Y_2}(y_1, y_2) = f_{X_1,X_2}(y_1\cos\theta - y_2\sin\theta, y_1\sin\theta + y_2\cos\theta) \tag{4.135}$$

이다. ◇

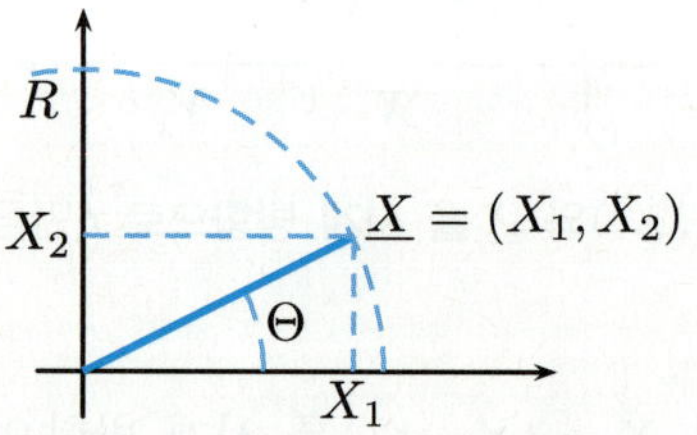

그림 4.11 확률벡터 $\underline{X} = (X_1, X_2)$가 나타내는 극 좌표 확률벡터 $\underline{Y} = (R, \Theta) = (|\underline{X}|, \angle\underline{X})$

보기 4.24 (좌표 변환) 확률벡터 $\underline{X} = (X_1, X_2)$를 2차원 평면에서 어떤 점의 좌표라고 하고, 이 좌표를 극 좌표로 나타낸 확률벡터 $\underline{Y} = (Y_1, Y_2)$를 생각해 보자. 곧, 그림 4.11에 보인 바와 같이, $Y_1 = R = \sqrt{X_1^2 + X_2^2}$은 원점에서 $\underline{X}$까지의 거리이고, $Y_2 = \angle\underline{X} = \Theta$는 세로축의 오른쪽에 있는 가로축 부분이 나타내는 반직선과 $\underline{X}$ 사이의 각을 나타낸다. 이때, $\tan^{-1} x$의 치역을 $\left(-\frac{\pi}{2}, \frac{\pi}{2}\right]$로 보고, $u(0) = 1$로 두며, $-\pi < \Theta \le \pi$라[22] 하면

$$\Theta = \begin{cases} \tan^{-1}\frac{X_2}{X_1}, & X_1 > 0, \\ \pi\, u(X_2) + \tan^{-1}\frac{X_2}{X_1}, & X_1 < 0, \\ \frac{\pi}{2}\mathrm{sgn}(X_2), & X_1 = 0 \end{cases} \tag{4.136}$$

처럼[23] 나타낼 수 있다. 한편, $X_1 = R\cos\Theta = Y_1\cos Y_2$이고 $X_2 = R\sin\Theta = Y_1\sin Y_2$이다: 곧, $\underline{X} = \underline{g}^{-1}(\underline{Y}) = (Y_1\cos Y_2, Y_1\sin Y_2)$이다. 따라서,

$$\begin{aligned} \left|\frac{\partial}{\partial \underline{y}}\underline{g}^{-1}(\underline{y})\right| &= \begin{vmatrix} \cos y_2 & -y_1\sin y_2 \\ \sin y_2 & y_1\cos y_2 \end{vmatrix} \\ &= y_1 \end{aligned} \tag{4.137}$$

[22] 이것을 $0 \le \Theta < 2\pi$로 바꾸면 (4.136)이 조금 달라지고, (4.140)과 (4.142)에 보인 y_2의 범위가 $[0, 2\pi)$로 바뀐다.
[23] 여기서, $\mathrm{sgn}(x)$는 (3.165)에서 다룬 부호 함수이다.

임을 새기면,

$$f_{\underline{Y}}(\underline{y}) = \begin{cases} 0, & y_1 < 0, \\ |y_1| f_{\underline{X}}\left(\underline{g}^{-1}(\underline{y})\right), & y_1 \geq 0 \end{cases}$$
$$= y_1 f_{X_1,X_2}(y_1 \cos y_2, y_1 \sin y_2)\, u(y_1) \tag{4.138}$$

처럼 확률벡터 $\underline{Y}$의 결합 확률밀도함수를 얻는다. 이때, X_1과 X_2가 서로 독립이고, 그 분포가 모두 정규 분포 $N\left(0, \sigma^2\right)$이면, 결합 확률밀도함수는

$$f_{X_1,X_2}(x,y) = \frac{1}{2\pi\sigma^2} \exp\left(-\frac{x^2+y^2}{2\sigma^2}\right) \tag{4.139}$$

이므로, (4.138)에서

$$f_{\underline{Y}}(\underline{y}) = \frac{y_1}{2\pi\sigma^2} \exp\left(-\frac{y_1^2}{2\sigma^2}\right) u(y_1)\, u(\pi - |y_2|) \tag{4.140}$$

을 얻는다. 이제, 이 식을 적분하면

$$f_{Y_1}(y_1) = \int_{-\pi}^{\pi} f_{\underline{Y}}(\underline{y})\, dy_2$$
$$= \frac{y_1}{\sigma^2} \exp\left(-\frac{y_1^2}{2\sigma^2}\right) u(y_1) \tag{4.141}$$

과

$$f_{Y_2}(y_2) = \int_0^{\infty} f_{\underline{Y}}(\underline{y})\, dy_1$$
$$= \frac{1}{2\pi} u(\pi - |y_2|) \tag{4.142}$$

처럼 한계 확률밀도함수를 얻을 수 있다. 여기서, Y_1의 분포는 레일리 분포라는 것을 눈여겨보자. 한편, (4.140)–(4.142)는 $f_{Y_1,Y_2}(y_1,y_2) = f_{Y_1}(y_1)\, f_{Y_2}(y_2)$라는 것을 말하므로 Y_1과 Y_2는 서로 독립이라는 것을 알 수 있다. ◇

4.2.3 결합 확률밀도함수: 보조 변수

확률벡터 $\underline{X} = (X_1, X_2, \cdots, X_n)$과 그 변환 $\underline{Y} = (Y_1, Y_2, \cdots, Y_m)$을 생각할 때, m이 n보다 작으면 보조 변수[24]를 $Y_{m+1} = X_{m+1}$, $Y_{m+2} = X_{m+2}$, $\cdots$, $Y_n = X_n$이라고 두고, 정리 4.3을 바탕으로 $\underline{Y^a} = (Y_1, Y_2, \cdots, Y_m, Y_{m+1}, Y_{m+2}, \cdots, Y_n)$의 확률밀도함수 $f_{\underline{Y^a}}$를 먼저 얻는다. 그 뒤, 보조 변수의 모든 영역에서 $f_{\underline{Y^a}}$를 적분하여

$$f_{\underline{Y}}(\underline{y}) = \int_{-\infty}^{\infty} \int_{-\infty}^{\infty} \cdots \int_{-\infty}^{\infty} f_{\underline{Y^a}}\left(\underline{y^a}\right) dy_{m+1}\, dy_{m+2} \cdots dy_n \tag{4.143}$$

처럼 $\underline{Y} = (Y_1, Y_2, \cdots, Y_m)$의 확률밀도함수를 얻을 수 있다. 여기서, $\underline{y} = (y_1, y_2, \cdots, y_m)$이고 $\underline{y^a} = (y_1, y_2, \cdots, y_n)$이다.

[24]auxiliary variable

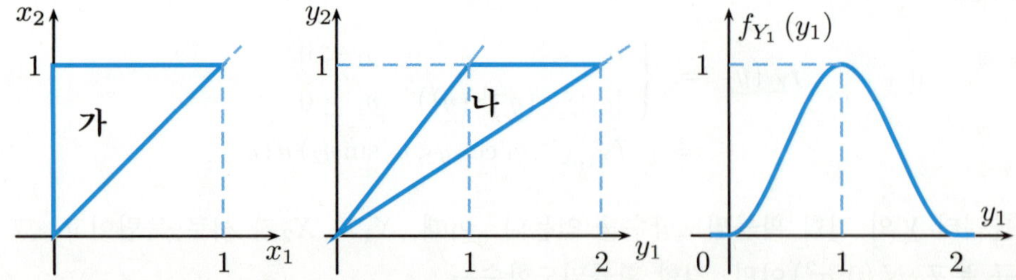

그림 4.12 영역 **가** $= \{(x_1, x_2) : u(x_1)u(x_2 - x_1)u(1 - x_2) \neq 0\} = \{(x_1, x_2) : 0 \leq x_1 \leq x_2, 0 \leq x_2 \leq 1\}$과 **가**를 $y_1 = x_1 + x_2, y_2 = x_2$로 변환했을 때의 영역 **나** $= \{(y_1, y_2) : u(y_1 - y_2)u(2y_2 - y_1)u(1 - y_2) \neq 0\} = \{(y_1, y_2) : y_2 \leq y_1 \leq 2y_2, 0 \leq y_2 \leq 1\}$. 또, X_1과 X_2의 결합 확률밀도함수가 $f_{X_1,X_2}(x_1, x_2) = 24x_1(1 - x_2)u(x_1)u(x_2 - x_1)u(1 - x_2)$일 때 $Y_1 = X_1 + X_2$의 확률밀도함수 $f_{Y_1}(y_1)$

보기 4.25 두 확률변수 X_1과 X_2의 결합 확률밀도함수가

$$f_{X_1,X_2}(x_1, x_2) = 24x_1(1 - x_2)u(x_1)u(x_2 - x_1)u(1 - x_2) \tag{4.144}$$

이다. 이때, 확률변수 X_1의 한계 확률밀도함수, X_2의 한계 확률밀도함수, $Y_1 = X_1 + X_2$의 확률밀도함수를 얻어 보자.

풀이 먼저, $f_{X_1,X_2}(x_1, x_2)$의 받침은 그림 4.12에 보인 영역 **가**라는 것을 알 수 있다. 이제, $u(x_2 - x_1)u(1 - x_2)$는 $\{(x_1, x_2) : x_1 < x_2 < 1\} = \{x_1 : x_1 < 1\} \cap \{x_2 : x_1 < x_2 < 1\}$일 때에만 0이 아니라는 것을 새기면 X_1의 한계 확률밀도함수는

$$\begin{aligned} f_{X_1}(x_1) &= \int_{-\infty}^{\infty} f_{X_1,X_2}(x_1, x_2)\, dx_2 \\ &= 12x_1(1 - x_1)^2 u(x_1)u(1 - x_1) \end{aligned} \tag{4.145}$$

이고[25], $\int_{-\infty}^{\infty} f_{X_1}(x_1)\, dx_1 = \int_0^1 12x_1(1 - x_1)^2 dx_1 = 12\left(\frac{1}{2} - \frac{2}{3} + \frac{1}{4}\right) = 1$이다. 다음에, $u(x_1) \cdot u(x_2 - x_1)$은 $\{(x_1, x_2) : 0 < x_1 < x_2\} = \{x_1 : 0 < x_1 < x_2\} \cap \{x_2 : x_2 > 0\}$일 때에만 0이 아니라는 것을 새기면 X_2의 한계 확률밀도함수는

$$\begin{aligned} f_{X_2}(x_2) &= \int_{-\infty}^{\infty} f_{X_1,X_2}(x_1, x_2)\, dx_1 \\ &= \int_{-\infty}^{\infty} 24x_1(1 - x_2)u(x_1)u(x_2 - x_1)dx_1\, u(1 - x_2) \\ &= 12x_2^2(1 - x_2)u(x_2)u(1 - x_2) \end{aligned} \tag{4.146}$$

이다[26]. 한편, $\int_{-\infty}^{\infty} f_{X_2}(x_2)\, dx_2 = \int_0^1 12\left(x_2^2 - x_2^3\right) dx_2 = 1$이다. 이제, $Y_1 = X_1 + X_2$의 확률밀도함수를 얻어 보자. 보조 변수를 $Y_2 = X_2$로 두면, $X_1 = Y_1 - Y_2$이고 $X_2 = Y_2$이며 역변환 $(X_1, X_2) = \underline{g}^{-1}(Y_1, Y_2) = (Y_1 - Y_2, Y_2)$의 함수 행렬식은

[25] 좀 더 자세히 밝히면 $\int_{-\infty}^{\infty} 24x_1(1 - x_2)u(x_2 - x_1)u(1 - x_2)\, dx_2 u(x_1) = \int_{x_1}^{1} 24x_1(1 - x_2)\, dx_2\, u(x_1) \cdot u(1 - x_1) = 12x_1(1 - x_1)^2 u(x_1)u(1 - x_1)$이다.

[26] 좀 더 자세히 밝히면 $\int_{-\infty}^{\infty} 24x_1(1 - x_2)u(x_1)u(x_2 - x_1)dx_1 u(1 - x_2) = \int_0^{x_2} 24x_1(1 - x_2)\, dx_1 u(x_2) \cdot u(1 - x_2) = 12x_2^2(1 - x_2)u(x_2)u(1 - x_2)$이다.

$$\begin{aligned} \left| \frac{\partial}{\partial(y_1, y_2)} \underline{g}^{-1}(y_1, y_2) \right| &= \begin{vmatrix} 1 & -1 \\ 0 & 1 \end{vmatrix} \\ &= 1 \end{aligned} \tag{4.147}$$

이다. 따라서, (Y_1, Y_2)의 결합 확률밀도함수는

$$\begin{aligned} f_{Y_1,Y_2}(y_1, y_2) &= f_{X_1,X_2}(x_1, x_2)\big|_{x_1=y_1-y_2,\, x_2=y_2} \\ &= 24\,(y_1 - y_2)\,(1 - y_2)\,u\,(y_1 - y_2)\,u\,(2y_2 - y_1)\,u\,(1 - y_2) \end{aligned} \tag{4.148}$$

인데, 이 함수의 받침**나**는 그림 4.12에 보인 바와 같다. 이제, 그림 4.12에 보인 영역 **나**를 새겨 (4.148)을 바탕으로 $Y_1 = X_1 + X_2$의 확률밀도함수를 얻으면

$$\begin{aligned} f_{Y_1}(y_1) &= \int_{-\infty}^{\infty} 24\,(y_1 - y_2)\,(1 - y_2)\,u\,(y_1 - y_2)\,u\,(2y_2 - y_1)\,u\,(1 - y_2)\,dy_2 \\ &= \begin{cases} \int_{\frac{1}{2}y_1}^{y_1} 24(y_1 - y_2)\,(1 - y_2)\,dy_2, & 0 \le y_1 \le 1, \\ \int_{\frac{1}{2}y_1}^{1} 24\,(y_1 - y_2)\,(1 - y_2)\,dy_2, & 1 \le y_1 \le 2, \\ 0, & \text{그 밖에는} \end{cases} \\ &= \begin{cases} -2y_1^3 + 3y_1^2, & 0 \le y_1 \le 1, \\ 2y_1^3 - 9y_1^2 + 12y_1 - 4, & 1 \le y_1 \le 2, \\ 0, & \text{그 밖에는} \end{cases} \end{aligned} \tag{4.149}$$

이다[27]. 여기서, $\int_{-\infty}^{\infty} f_{Y_1}(v)dv = \int_0^1 \left(-2v^3 + 3v^2\right) dv + \int_1^2 \left(2v^3 - 9v^2 + 12v - 4\right) dv = \left[-\frac{1}{2}v^4 + v^3\right]_0^1 + \left[2v^4 - 3v^3 + 6v^2 - 4v\right]_1^2 = 1$이라는 것을 알 수 있다. 확률밀도함수 $f_{Y_1}(y_1)$도 그림 4.12에 보였다. ◇

보기 4.26 (곱의 분포) 두 연속 확률변수 X와 Y의 곱 $Z = XY$의 확률밀도함수를 살펴보자.

풀이 먼저, $W = X$라고 두면, $X = W$이고, $Y = \frac{Z}{W}$이며, 역변환 $(X, Y) = \underline{g}^{-1}(Z, W) = \left(W, \frac{Z}{W}\right)$의 함수 행렬식은 $\left|\frac{\partial}{\partial(z,w)}\underline{g}^{-1}(z, w)\right| = \begin{vmatrix} \frac{\partial x}{\partial z} & \frac{\partial y}{\partial z} \\ \frac{\partial x}{\partial w} & \frac{\partial y}{\partial w} \end{vmatrix} = -\frac{1}{w}$이다. 따라서, $f_{Z,W}(z, w) = \frac{1}{|w|} f_{X,Y}(w, \frac{z}{w})$이다. 이 식을 적분하면

$$\begin{aligned} f_Z(z) &= \int_{-\infty}^{\infty} f_{Z,W}(z, w)dw \\ &= \int_{-\infty}^{\infty} f_{X,Y}\left(x, \frac{z}{x}\right) \frac{1}{|x|} dx \\ &= \int_{-\infty}^{\infty} f_{X,Y}\left(\frac{z}{y}, y\right) \frac{1}{|y|} dy \end{aligned} \tag{4.150}$$

을 얻는다. ◇

[27] 한편, $u\,(y_1 - y_2)\,u\,(2y_2 - y_1)$은 $\{(y_1, y_2) : y_2 < y_1 < 2y_2\} = \{y_1 : y_2 < y_1 < 2y_2\} \cap \{y_2 : y_2 > 0\}$일 때에만 0이 아니라는 것을 새기면 $f_{Y_2}(y_2) = \int_{-\infty}^{\infty} 24\,(y_1 - y_2)\,(1 - y_2)\,u\,(y_1 - y_2)\,u\,(2y_2 - y_1)\,u\,(1 - y_2)\,dy_1 = (1 - y_2) \int_{y_2}^{2y_2} 24\,(y_1 - y_2)\,dy_1 u\,(1 - y_2)\,u\,(y_2) = 24\,(1 - y_2)\left[\frac{1}{2}y_1^2 - y_2 y_1\right]_{y_2}^{2y_2} u\,(1 - y_2)\,u\,(y_2) = 12\,(1 - y_2)\,y_2^2 u\,(1 - y_2) \cdot u\,(y_2)$인데 이것은 (4.146)과 같다는 것을 확인할 수 있다.

보기 4.27 확률변수 X_1과 X_2가 독립이고 분포가 같으며 그 한계 확률밀도함수는

$$f(x) = u(x)u(1-x) \tag{4.151}$$

이다. 이때, $Z = X_1X_2$의 확률밀도함수를 얻어 보자.

풀이 먼저, 확률변수 X_1과 X_2가 독립이므로 확률벡터 (X_1, X_2)의 결합 확률밀도함수는

$$f_{X_1,X_2}(x_1,x_2) = u(x_1)\,u(1-x_1)\,u(x_2)\,u(1-x_2) \tag{4.152}$$

이다. 그러므로, (4.150)을 쓰면

$$f_Z(z) = \int_{-\infty}^{\infty} u\left(\frac{z}{y}\right) u\left(1-\frac{z}{y}\right) u(y)u(1-y)\frac{1}{|y|}dy \tag{4.153}$$

이다. 이제, $\left\{(y,z) : 0 < y < 1, 0 < \frac{z}{y} < 1\right\} = \{(y,z) : 0 < z < y < 1\} = \{(y,z) : z < y < 1, 0 < z < 1\}$일 때에만 (4.153)의 적분이 0이 아니므로

$$\begin{aligned} f_Z(z) &= \int_z^1 \frac{1}{y}\,dy\,u(z)u(1-z) \\ &= (-\ln z)\,u(z)u(1-z) \end{aligned} \tag{4.154}$$

이다. 그림 4.13에 $Z = X_1X_2$의 확률밀도함수 $f_Z(z)$를 보였다. ◇

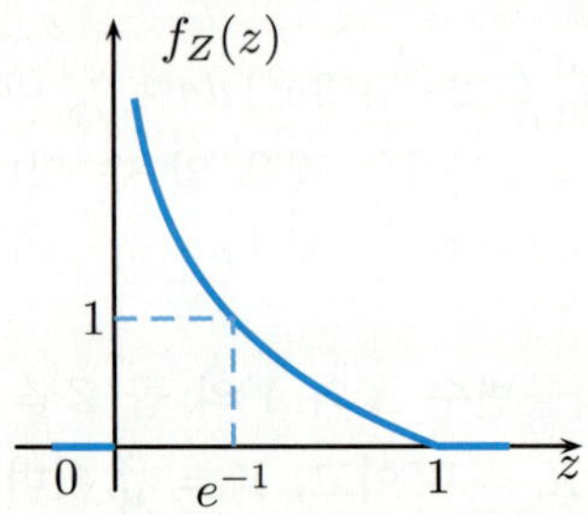

그림 4.13 확률변수 X_1과 X_2가 독립이고 분포가 같으며 그 한계 확률밀도함수가 $f(x) = u(x)u(1-x)$일 때, $Z = X_1X_2$의 확률밀도함수 $f_Z(z) = (-\ln z)\,u(z)u(1-z)$

보기 4.28 (몫의 분포) 두 연속 확률변수 X와 Y의 몫 $Z = \frac{X}{Y}$의 확률밀도함수를 살펴보자.

풀이 먼저, $V = Y$라고 두면, $X = ZV$이고 $Y = V$이다. 그러면 역변환 $(X,Y) = \underline{g}^{-1}(Z,V) = (ZV,V)$의 함수 행렬식이

$$\begin{aligned} \left|\frac{\partial(zv,v)}{\partial(z,v)}\right| &= \begin{vmatrix} v & 0 \\ z & 1 \end{vmatrix} \\ &= v \end{aligned} \tag{4.155}$$

이므로

$$f_{Z,V}(z,v) = |v| f_{X,Y}(zv,v) \tag{4.156}$$

을 얻는다. 이 식을 적분하면

$$\begin{aligned} f_Z(z) &= \int_{-\infty}^{\infty} f_{Z,V}(z,v)dv \\ &= \int_{-\infty}^{\infty} |y| f_{X,Y}(zy,y)dy \end{aligned} \tag{4.157}$$

을 얻는다. ◇

보기 4.29 두 확률변수 X와 Y가 서로 독립이고 분포가 같으며 그 한계 확률밀도함수는

$$f(x) = u(x)u(1-x) \tag{4.158}$$

이다. 이때, $Z = \frac{X}{Y}$의 확률밀도함수를 얻어 보자.

풀이 식 (4.157)을 쓰면

$$f_Z(z) = \int_{-\infty}^{\infty} |y|u(zy)u(y)u(1-zy)u(1-y)dy \tag{4.159}$$

이다. 여기서, $\{(y,z) : zy > 0,\ y > 0,\ 1-zy > 0,\ 1-y > 0\}$을 바꾸어 쓰면

$$\left\{(y,z) : z > 0,\ 0 < y < \min\left(1, \frac{1}{z}\right)\right\} \tag{4.160}$$

이므로

$$\begin{aligned} f_Z(z) &= \int_0^{\min\left(1,\frac{1}{z}\right)} y\,dy\,u(z) \\ &= \begin{cases} 0, & z < 0, \\ \frac{1}{2}, & 0 < z \le 1, \\ \frac{1}{2z^2}, & z \ge 1 \end{cases} \end{aligned} \tag{4.161}$$

이다. 그림 4.14에 $Z = \frac{X}{Y}$의 확률밀도함수 $f_Z(z)$를 보였다. ◇

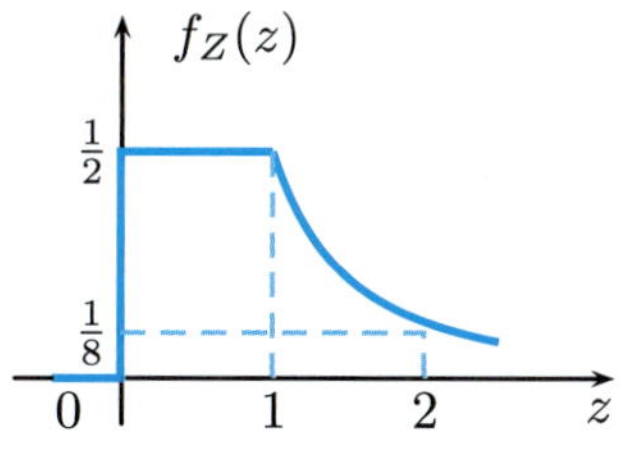

그림 4.14 확률변수 X와 Y가 독립이고 분포가 같으며 그 한계 확률밀도함수가 $f(x) = u(x)u(1-x)$일 때, $Z = \frac{X}{Y}$의 확률밀도함수 $f_Z(z)$

보기 4.30 두 표준 정규 확률변수 X와 Y가 서로 독립일 때, $Z = \frac{X}{Y}$의 확률밀도함수를 얻어 보자.

풀이 두 확률변수 X와 Y가 서로 독립이므로

$$\begin{aligned} f_Z(z) &= \int_{-\infty}^{\infty} |y| f_X(zy) f_Y(y) dy \\ &= \int_{-\infty}^{\infty} |y| \frac{1}{2\pi} e^{-\frac{1}{2}(z^2+1)y^2} dy \\ &= \frac{1}{\pi} \int_0^{\infty} y e^{-\frac{1}{2}(z^2+1)y^2} dy \end{aligned} \tag{4.162}$$

이다. 이제, $\frac{1}{2}\left(z^2+1\right)y^2 = t$라고 두면 바라는 결과

$$\begin{aligned} f_Z(z) &= \frac{1}{\pi} \frac{1}{z^2+1} \int_0^{\infty} e^{-t} dt \\ &= \frac{1}{\pi} \frac{1}{z^2+1} \end{aligned} \tag{4.163}$$

을 얻는다. 곧, Z는 코쉬 확률변수이다. ◇

보기 4.28과 4.30에서 얻은 결과를 바탕으로 아래를 보일 수 있다.

정리 4.5 평균이 0인 두 확률변수 X와 Y가 결합적으로 정규이면 – 곧, $(X,Y) \sim N\left(0,0,\sigma_1^2,\sigma_2^2,r\right)$이면 – $Z = \frac{X}{Y}$의 확률밀도함수는

$$f_Z(z) = \frac{\sigma_1\sigma_2\sqrt{1-r^2}}{\pi} \left\{ \sigma_2^2 \left(z - \frac{r\sigma_1}{\sigma_2} \right)^2 + \sigma_1^2 \left(1-r^2\right) \right\}^{-1} \tag{4.164}$$

이고, 누적분포함수는

$$F_Z(z) = \frac{1}{2} + \frac{1}{\pi} \tan^{-1} \frac{\sigma_2 z - r\sigma_1}{\sigma_1\sqrt{1-r^2}} \tag{4.165}$$

이다. ■■

증명 먼저, 쓰기 쉽도록 $\alpha = \frac{1}{2\pi\sigma_1\sigma_2\sqrt{1-r^2}}$과 $\beta = \frac{1}{2(1-r^2)}\left(\frac{z^2}{\sigma_1^2} - \frac{2r}{\sigma_1\sigma_2}z + \frac{1}{\sigma_2^2}\right)$처럼 두자. 이제, (4.156)을 쓰면

$$\begin{aligned} f_Z(z) &= \int_{-\infty}^{\infty} |v| f_{X,Y}(zv,v) dv \\ &= \alpha \int_{-\infty}^{\infty} |v| \exp\left\{ -\frac{1}{2\left(1-r^2\right)} \left(\frac{z^2v^2}{\sigma_1^2} - \frac{2rzv^2}{\sigma_1\sigma_2} + \frac{v^2}{\sigma_2^2} \right) \right\} dv \\ &= 2\alpha \int_0^{\infty} v \exp\left\{ -\frac{v^2}{2\left(1-r^2\right)} \left(\frac{z^2}{\sigma_1^2} - \frac{2rz}{\sigma_1\sigma_2} + \frac{1}{\sigma_2^2} \right) \right\} dv \\ &= 2\alpha \int_0^{\infty} v \exp\left(-\beta v^2\right) dv \end{aligned} \tag{4.166}$$

이므로, $\int_0^{\infty} v \exp\left(-\beta v^2\right) dv = -\frac{1}{2\beta} \exp\left(-\beta v^2\right)\Big|_0^{\infty} = \frac{1}{2\beta}$이라는 것을 새기면,

$$\begin{aligned} f_Z(z) &= \frac{\alpha}{\beta} \\ &= \frac{\sigma_1\sigma_2\sqrt{1-r^2}}{\pi\left\{ \sigma_2^2\left(z - \frac{r\sigma_1}{\sigma_2}\right)^2 + \sigma_1^2\left(1-r^2\right) \right\}} \end{aligned} \tag{4.167}$$

처럼 Z의 확률밀도함수를 얻는다. 다음에,

$$\tan\theta_z = \frac{\sigma_2}{\sigma_1\sqrt{1-r^2}}\left(z-\frac{r\sigma_1}{\sigma_2}\right) \tag{4.168}$$

처럼 두면

$$\begin{aligned} F_Z(z) &= \int_{-\infty}^{z} f_Z(t)dt \\ &= \frac{\sigma_1\sigma_2\sqrt{1-r^2}}{\pi\sigma_1^2(1-r^2)}\int_{-\infty}^{z}\left\{1+\frac{\sigma_2^2}{\sigma_1^2(1-r^2)}\left(t-\frac{r\sigma_1}{\sigma_2}\right)^2\right\}^{-1}dt \\ &= \frac{\sigma_1\sigma_2\sqrt{1-r^2}}{\pi\sigma_1^2(1-r^2)}\frac{\sigma_2}{\sigma_1\sqrt{1-r^2}}\int_{-\frac{\pi}{2}}^{\theta_z}d\theta \\ &= \frac{1}{\pi}\left(\theta_z+\frac{\pi}{2}\right) \\ &= \frac{1}{2}+\frac{1}{\pi}\tan^{-1}\frac{\sigma_2 z-r\sigma_1}{\sigma_1\sqrt{1-r^2}} \end{aligned} \tag{4.169}$$

처럼 Z의 누적분포함수를 얻을 수 있다. □

4.2.4 결합 누적분포함수

정리 4.3은 $\underline{Y}=\underline{g}(\underline{X})$의 결합 확률밀도함수를 바로 얻을 때 쓸모 있다. 그런데,

$$\begin{aligned} F_{\underline{Y}}(\underline{y}) &= P\{\underline{Y}\le\underline{y}\} \\ &= P\{\underline{g}(\underline{X})\le\underline{y}\} \\ &= P\left\{\underline{X}\in A_{\underline{y}}\right\} \end{aligned} \tag{4.170}$$

처럼 결합 누적분포함수를 먼저 얻고 이것을 바탕으로 결합 확률밀도함수를 얻는 것이 더 편리할 때도 있다. 여기서, $\{\underline{Y}\le\underline{y}\}$는 $\{Y_1\le y_1, Y_2\le y_2, \cdots, Y_n\le y_n\}$을 뜻하고, $A_{\underline{y}}$는 $\{\underline{Y}\le\underline{y}\}$의 본디 그림자를 – 곧, $\{\underline{Y}\le\underline{y}\}=\left\{\underline{X}\in A_{\underline{y}}\right\}$로 쓸 수 있는 $\underline{X}$의 영역을 – 나타낸다. 보기를 들어, $\underline{g}(\underline{x})$가 어느 점 $\underline{x}$에서도 줄지 않은 함수이고 $\underline{g}(\underline{x})$의 역함수가 있다면, $\left\{\underline{X}\in A_{\underline{y}}\right\} = \left\{\underline{X}\le\underline{g}^{-1}(\underline{y})\right\}$이고, 이때, $F_{\underline{Y}}(\underline{y})=F_{\underline{X}}\left(\underline{g}^{-1}(\underline{y})\right)$라고 쓸 수 있다.

보기 4.31 두 확률변수 X와 Y의 결합 확률밀도함수가

$$f_{X,Y}(x,y) = \frac{1}{2\pi\sigma^2}\exp\left(-\frac{x^2+y^2}{2\sigma^2}\right) \tag{4.171}$$

이다. 이때, $Z=\sqrt{X^2+Y^2}$와 $W=\frac{Y}{X}$의 결합 누적분포함수를 얻어 보자.

풀이 확률벡터 (Z,W)의 결합 누적분포함수는, $z\ge 0$일 때

$$\begin{aligned} F_{Z,W}(z,w) &= P\{Z\le z, W\le w\} \\ &= P\left\{\sqrt{X^2+Y^2}\le z, \frac{Y}{X}\le w\right\} \\ &= \iint_{D_{zw}}\frac{1}{2\pi\sigma^2}\exp\left(-\frac{x^2+y^2}{2\sigma^2}\right)dxdy \end{aligned} \tag{4.172}$$

이다. 여기서, D_{zw}는 부채꼴 $\{(x,y) : x^2+y^2 \le z^2,\ x>0,\ y\le wx\}$와 부채꼴 $\{(x,y) : x^2+y^2 \le z^2,\ x<0,\ y\ge wx\}$를 더한 영역이다. 이제 직각 좌표계에서의 적분을 극 좌표계에서의 적분으로 바꾸면

$$\begin{aligned} F_{Z,W}(z,w) &= 2\int_{\phi=-\frac{\pi}{2}}^{\theta}\int_{r=0}^{z}\frac{1}{2\pi\sigma^2}\exp\left(-\frac{r^2}{2\sigma^2}\right)rdrd\phi \\ &= \frac{1}{\pi\sigma^2}\left(\theta+\frac{\pi}{2}\right)\left[-\sigma^2\exp\left(-\frac{r^2}{2\sigma^2}\right)\right]_0^z \\ &= \frac{\theta+\frac{\pi}{2}}{\pi}\left\{1-\exp\left(-\frac{z^2}{2\sigma^2}\right)\right\} \end{aligned} \tag{4.173}$$

을 얻는다. 여기서, $\theta = \tan^{-1} w$이다. ◇

보기 4.32 (더한 것의 분포) 선형 변환 $Y = X_1 + X_2$의 확률밀도함수를 얻어 보자.

풀이

(방법 1) 먼저, $Y_1 = X_1 + X_2$, $Y_2 = X_2$, $\underline{Y^a} = [Y_1\ Y_2]^T$, $\underline{X} = [X_1\ X_2]^T$라고 두면,

$$\underline{Y^a} = A\underline{X} \tag{4.174}$$

이다. 여기서, $A = \begin{bmatrix} 1 & 1 \\ 0 & 1 \end{bmatrix}$이고 $A^{-1} = \begin{bmatrix} 1 & -1 \\ 0 & 1 \end{bmatrix}$이다. 따라서, 정리 4.3에서

$$\begin{aligned} f_{\underline{Y^a}}\left(\underline{y^a}\right) &= \frac{f_{\underline{X}}\left(A^{-1}\underline{y^a}\right)}{|\det(A)|} \\ &= f_{\underline{X}}\left(\begin{bmatrix} y_1 - y_2 \\ y_2 \end{bmatrix}\right) \\ &= f_{X_1,X_2}(y_1-y_2, y_2) \end{aligned} \tag{4.175}$$

를 얻는다. 이 식을 적분하면

$$f_Y(y) = \int_{-\infty}^{\infty} f_{X_1,X_2}(y-y_2, y_2)\, dy_2 \tag{4.176}$$

을 얻는다.

(방법 2) 그림 4.15에 보인 영역 **가** $= \{(X_1, X_2) : X_1 + X_2 \le y\}$를 생각하면, X_2의 값 x_2가 $-\infty$에서 ∞까지 바뀔 수 있고, X_1의 값 x_1은 $-\infty$에서 $y - x_2$까지 바뀔 수 있으므로,

$$\begin{aligned} F_Y(y) &= P\{Y \le y\} \\ &= P\{X_1 + X_2 \le y\} \\ &= \iint_{\text{가}} f_{\underline{X}}(x_1, x_2)\, dx_1 dx_2 \\ &= \int_{x_2=-\infty}^{\infty}\int_{x_1=-\infty}^{y-x_2} f_{\underline{X}}(x_1,x_2)\, dx_1 dx_2 \end{aligned} \tag{4.177}$$

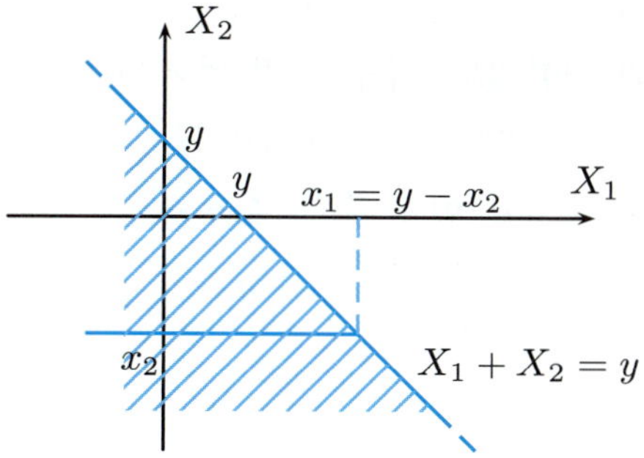

그림 4.15 영역 가 $= \{(X_1, X_2) : X_1 + X_2 \leq y\}$

이다[28]. 따라서,

$$
\begin{aligned}
f_Y(y) &= \frac{\partial}{\partial y} F_Y(y) \\
&= \int_{-\infty}^{\infty} f_{\underline{X}}(y - x_2, x_2) dx_2
\end{aligned} \tag{4.178}
$$

이다[29]. 식 (4.178)에 $\frac{\partial}{\partial y}\int_{-\infty}^{y-x_2} f_{\underline{X}}(x_1, x_2)\, dx_1 = f_{\underline{X}}(y - x_2, x_2)$를 썼는데, 이것은 (3.114)에서 다룬 라이프니츠 법칙에서 얻을 수 있는 것이다. ◇

위 결과 (4.178)에서, X_1과 X_2가 서로 독립이면, $Y = X_1 + X_2$의 확률밀도함수를

$$
\begin{aligned}
f_Y(y) &= \int_{-\infty}^{\infty} f_{X_1}(y - x) f_{X_2}(x) dx \\
&= \int_{-\infty}^{\infty} f_{X_1}(x) f_{X_2}(y - x) dx
\end{aligned} \tag{4.179}
$$

처럼 쓸 수 있다. 곧, 서로 독립인 두 확률변수를 더한 것의 확률밀도함수는 처음 두 확률밀도 함수를 길쌈한 것임을, 곧

$$
f_{X+Y} = f_X * f_Y \tag{4.180}
$$

임을 알 수 있다.

보기 4.33 두 확률변수 X와 Y가 서로 독립이고, 확률변수 X의 확률밀도함수는

$$
f_X(x) = \alpha e^{-\alpha x} u(x) \tag{4.181}
$$

이며, 확률변수 Y의 확률밀도함수는

$$
f_Y(y) = \beta e^{-\beta y} u(y) \tag{4.182}
$$

[28] 이 식에서 적분 순서를 바꾸면 $\int_{x_2=-\infty}^{\infty}\int_{x_1=-\infty}^{y-x_2} f_{\underline{X}}(x_1, x_2)\, dx_1 dx_2$는 $\int_{x_1=-\infty}^{\infty}\int_{x_2=-\infty}^{y-x_1} f_{\underline{X}}(x_1, x_2)\, dx_2 dx_1$로 바뀐다.

[29] 이 식을 바꾸면 $f_Y(y) = \int_{-\infty}^{\infty} f_{\underline{X}}(x_1, y - x_1) dx_1$처럼 쓸 수도 있다.

이다. 이때, $Z = X + Y$의 확률밀도함수를 얻어 보자.

풀이 먼저, 확률변수 Z의 확률밀도함수를 직접 얻어 보자. 확률변수 X와 Y가 독립이므로 $f_{X,Y}(x,y) = f_X(x)f_Y(y) = \alpha\beta e^{-\alpha x}e^{-\beta y}u(x)u(y)$이다. 따라서, $u(y)u(z-y)$는 $0 < y < z$일 때만 0이 아니라는 것을 새기고 (4.178)을 쓰면, $Z = X + Y$의 확률밀도함수는

$$\begin{aligned} f_Z(z) &= \int_{-\infty}^{\infty} \alpha\beta e^{-\alpha(z-y)}e^{-\beta y}dy \\ &= \alpha\beta e^{-\alpha z}\int_0^z e^{(\alpha-\beta)y}dy\, u(z) \\ &= \begin{cases} \frac{\alpha\beta}{\beta-\alpha}\left(e^{-\alpha z} - e^{-\beta z}\right)u(z), & \beta \neq \alpha, \\ \alpha^2 z e^{-\alpha z}u(z), & \beta = \alpha \end{cases} \end{aligned} \tag{4.183}$$

이다. 한편, (4.177)을 바탕으로 Z의 누적분포함수를

$$F_Z(z) = \int_{-\infty}^{\infty}\int_{-\infty}^{z-y} e^{-\alpha x}e^{-\beta y}\, u(x)u(y)\, dxdy \tag{4.184}$$

처럼 쓸 수 있다. 여기서, $u(x)u(y)$ 때문에 (4.184)의 값은 $x > 0$, $y > 0$, $z - y > 0$일 때만 0이 아니라는 것을 알 수 있다. 이것을 새기고 $\{y > 0, z-y > 0\} = \{z > y > 0\}$이라는 것을 눈여겨보아 (4.184)를 다시 쓰면

$$\begin{aligned} F_Z(z) &= \alpha\beta\int_0^z\int_0^{z-y} e^{-\alpha x}e^{-\beta y}dxdy\, u(z) \\ &= \beta\int_0^z \left\{1 - e^{-\alpha(z-y)}\right\}e^{-\beta y}dy\, u(z) \\ &= \begin{cases} \left\{1 - \frac{1}{\beta-\alpha}\left(\beta e^{-\alpha z} - \alpha e^{-\beta z}\right)\right\}u(z), & \beta \neq \alpha, \\ \left\{1 - (1+\alpha z)\, e^{-\alpha z}\right\}u(z), & \beta = \alpha \end{cases} \end{aligned} \tag{4.185}$$

이다. 이 누적분포함수를 미분하여 확률밀도함수 (4.183)을 얻을 수도 있다. ◇

보기 4.34 두 표준 정규 확률변수 X_1과 X_2가 서로 독립일 때 $Y = X_1 + X_2$의 확률밀도함수는, $v = \sqrt{2}\left(x - \frac{y}{2}\right)$라고 두면,

$$\begin{aligned} f_Y(y) &= \frac{1}{2\pi}\int_{-\infty}^{\infty}\exp\left\{-\frac{1}{2}x^2 - \frac{1}{2}(y-x)^2\right\}dx \\ &= \frac{1}{2\pi}\int_{-\infty}^{\infty}\exp\left\{-\left(x - \frac{y}{2}\right)^2 - \frac{y^2}{4}\right\}dx \\ &= \frac{1}{2\sqrt{\pi}}\exp\left(-\frac{y^2}{4}\right)\int_{-\infty}^{\infty}\frac{1}{\sqrt{2\pi}}\exp\left(-\frac{v^2}{2}\right)dv \\ &= \frac{1}{2\sqrt{\pi}}\exp\left(-\frac{y^2}{4}\right) \end{aligned} \tag{4.186}$$

처럼 얻을 수 있다. 곧, Y는 $N(0,2)$ 확률변수이다. 일반적으로, $X_1 \sim N\left(m_1, \sigma_1^2\right)$이고 $X_2 \sim N\left(m_2, \sigma_2^2\right)$이며 X_1과 X_2가 서로 독립이면, $Y = X_1 + X_2 \sim N\left(m_1 + m_2, \sigma_1^2 + \sigma_2^2\right)$이다. ◇

보기 4.35 확률변수 X와 Y는 서로 독립이다. 또, $\lambda > 0$이고 $\mu > 0$일 때, 그 확률밀도함수는 $f_X(x) = \lambda e^{-\lambda x}u(x)$이고 $f_Y(y) = \mu e^{-\mu y}u(y)$이다. 이제, $W = \min(X, Y)$이고

$$V = \begin{cases} 1, & X \le Y\text{이면}, \\ 0, & X > Y\text{이면} \end{cases} \tag{4.187}$$

일 때, (W, V)의 결합 누적분포함수를 얻어 보자.

풀이 먼저, $w \ge 0$일 때, $\Pr\{W \le w, V = 1\} = \Pr\{W \le w, X \le Y\} = \Pr\{X \le w, X \le Y\}$이므로

$$\begin{aligned} \Pr\{W \le w, V = 1\} &= \int_0^w \int_x^\infty f_{X,Y}(x, y)dydx \\ &= \frac{\lambda}{\mu + \lambda}\left\{1 - e^{-(\mu+\lambda)w}\right\} \end{aligned} \tag{4.188}$$

이고, 이와 비슷하게

$$\begin{aligned} \Pr\{W \le w, V = 0\} &= \Pr\{Y \le w, X > Y\} \\ &= \int_0^w \int_y^\infty f_{X,Y}(x, y)dxdy \\ &= \frac{\mu}{\mu + \lambda}\left\{1 - e^{-(\mu+\lambda)w}\right\} \end{aligned} \tag{4.189}$$

이다. 여기서, $w \ge 0$일 때,

$$\begin{aligned} \Pr\{W \le w\} &= \sum_{i=0}^{1} \Pr\{W \le w, V = i\} \\ &= 1 - e^{-(\mu+\lambda)w} \end{aligned} \tag{4.190}$$

을 확인할 수 있다. 이제, (4.188)과 (4.189)에서

$$\begin{aligned} F_{W,V}(w, v) &= \Pr\{W \le w, V \le v\} \\ &= \begin{cases} \Pr\{W \le w, V = 0\} + \Pr\{W \le w, V = 1\}, & w \ge 0, \quad v \ge 1\text{일 때}, \\ \Pr\{W \le w, V = 0\}, & w \ge 0, \quad 0 \le v < 1\text{일 때}, \\ 0, & \text{그 밖에는} \end{cases} \\ &= \begin{cases} 1 - e^{-(\mu+\lambda)w}, & w \ge 0, \quad v \ge 1\text{일 때}, \\ \frac{\mu}{\mu+\lambda}\left\{1 - e^{-(\mu+\lambda)w}\right\}, & w \ge 0, \quad 0 \le v < 1\text{일 때}, \\ 0, & \text{그 밖에는} \end{cases} \end{aligned} \tag{4.191}$$

임을 알 수 있다. ◇

보기 4.36 (큰 것과 작은 것의 분포) 두 확률변수 X와 Y를 생각하여, 그 가운데 큰 것을 Z, 작은 것을 W라고 하자. 곧, $Z = \max(X, Y)$이고 $W = \min(X, Y)$이다. 그러면 그림 4.16과 4.17에서 볼 수 있는 영역을 생각하여 $P\{\max(X, Y) \le z\} = P\{X \le z, Y \le z\}$라는 것을 새기면

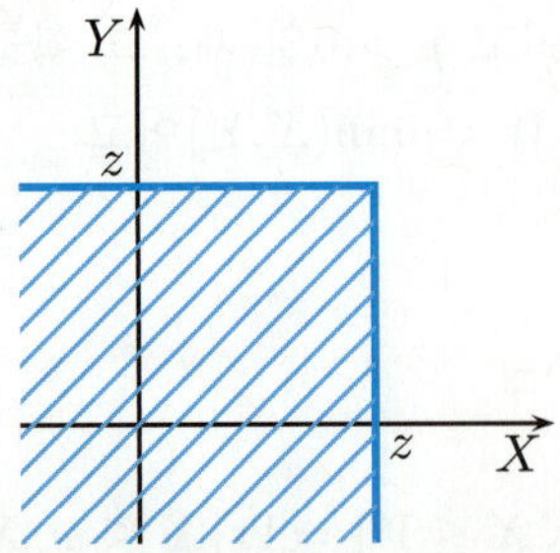

그림 4.16 영역 $\{(X,Y) : \max(X,Y) \le z\}$

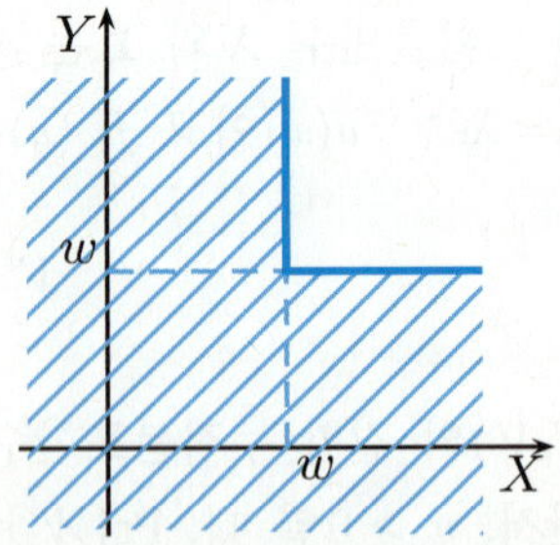

그림 4.17 영역 $\{(X,Y) : \min(X,Y) \le w\}$

$$\begin{aligned} F_Z(z) &= P\{\max(X,Y) \le z\} \\ &= F_{X,Y}(z,z) \end{aligned} \tag{4.192}$$

를 얻을 수 있고, $P\{W \le w\} = 1 - P\{W > w\} = 1 - P\{\min(X,Y) > w\} = 1 - P\{X > w, Y > w\}$를 새기면

$$\begin{aligned} F_W(w) &= P\{W \le w\} \\ &= 1 - P\{X > w, Y > w\} \\ &= F_X(w) + F_Y(w) - F_{X,Y}(w,w) \end{aligned} \tag{4.193}$$

을 얻을 수 있다. 여기서, $A = \{X \le w\}$이고 $B = \{Y \le w\}$라고 둘 때, $P(A) = P\{X \le w\} = F_X(w)$이고, $P(B) = P\{Y \le w\} = F_Y(w)$이며, $P(A \cap B) = P\{X \le w, Y \le w\} = F_{X,Y}(w,w)$이므로

$$\begin{aligned} P\{X > w, Y > w\} &= P\{A^c \cap B^c\} \\ &= P\{(A \cup B)^c\} \\ &= 1 - P(A \cup B) \\ &= 1 - P(A) - P(B) + P(A \cap B) \end{aligned} \tag{4.194}$$

임을 썼다. ◇

4.2.5 이산 확률벡터의 함수

앞에서는 주로 연속 확률벡터를 다루었다. 이제, 확률밀도함수와는 다르게 확률질량함수는 확률을 나타낸다는 점을 새겨서, 변환을 거친 이산 확률벡터의 확률적 특성을 살펴보자.

보기 4.37 이항 확률변수 X와 Y가 독립이고, $0 < p < 1$일 때

$$\begin{aligned} \Pr\{X = k\} &= \Pr\{Y = k\} \\ &= \begin{cases} {}_n\mathrm{C}_k p^k (1-p)^{n-k}, & k = 0, 1, \cdots, n, \\ 0, & \text{그 밖에는} \end{cases} \end{aligned} \tag{4.195}$$

이다. 이때, $Z = X + Y$의 확률질량함수와 $W = X - Y$의 확률질량함수를 얻어 보자.

풀이 먼저, $Z = X + Y$의 분포는, $z = 0, 1, \cdots, 2n$일 때

$$\begin{aligned}\Pr\{Z = z\} &= \sum_{k=0}^{n} \Pr\{X = k, Y = z - k\} \\ &= \sum_{k=0}^{n} {}_n\mathrm{C}_k p^k (1-p)^{n-k} \, {}_n\mathrm{C}_{z-k} p^{z-k} (1-p)^{n-z+k} \\ &= \sum_{k=0}^{n} {}_n\mathrm{C}_k \, {}_n\mathrm{C}_{z-k} p^z (1-p)^{2n-z} \\ &= {}_{2n}\mathrm{C}_z p^z (1-p)^{2n-z} \qquad (4.196)\end{aligned}$$

처럼 얻을 수 있다. 또, $W = X - Y$라고 하면, $w = -n, \cdots, -1, 0, 1, \cdots, n$일 때

$$\begin{aligned}\Pr\{W = w\} &= \sum_{k=0}^{n} \Pr\{X = k + w, Y = k\} \\ &= \sum_{k=0}^{n} {}_n\mathrm{C}_{k+w} \, {}_n\mathrm{C}_k p^{2k+w} (1-p)^{2n-2k-w} \\ &= \left(\frac{p}{1-p}\right)^w \sum_{k=0}^{n} {}_n\mathrm{C}_{k+w} \, {}_n\mathrm{C}_k p^{2k} (1-p)^{2n-2k} \qquad (4.197)\end{aligned}$$

이다. ◇

보기 4.38 확률변수 X와 Y는 서로 독립이고, 그 확률질량함수는 둘 다

$$p(x) = (1-\alpha)\alpha^{x-1}\tilde{u}(x-1) \qquad (4.198)$$

이다. 여기서,

$$\tilde{u}(x) = \begin{cases} 1, & x = 0, 1, \cdots, \\ 0, & \text{그 밖에는} \end{cases} \qquad (4.199)$$

는 (1.170)에서 다룬 이산 공간 단위 계단 함수이고 $0 < \alpha < 1$이다. 이때, $X + Y$의 한계 확률질량함수와 $X - Y$의 한계 확률질량함수를 얻어 보자.

풀이 먼저, 확률변수 X와 Y가 서로 독립이라는 것을 새겨, (X, Y)의 결합 확률질량함수를

$$\begin{aligned}p_{X,Y}(x, y) &= p_X(x)\, p_Y(y) \\ &= (1-\alpha)^2 \alpha^{x+y-2}\, \tilde{u}(x-1)\, \tilde{u}(y-1) \qquad (4.200)\end{aligned}$$

처럼 나타낼 수 있다. 이제,

$$\begin{aligned}p_{X+Y}(v) &= \sum_{y=-\infty}^{\infty} \Pr\{X + Y = v, Y = y\} \\ &= \sum_{y=-\infty}^{\infty} \Pr\{X = v - y, Y = y\} \\ &= \sum_{y=-\infty}^{\infty} (1-\alpha)^2 \alpha^{v-2}\, \tilde{u}(v-y-1)\, \tilde{u}(y-1) \qquad (4.201)\end{aligned}$$

이다. 여기서, $v-y-1 \geq 0$이고 $y-1 \geq 0$일[30] 때에는 – 곧, $v \geq 2$이고 $1 \leq y \leq v-1$일 때에는 – 단위 계단 함수의 곱 $\tilde{u}(v-y-1)\,\tilde{u}(y-1) = 1$이고, 그 밖에는 $\tilde{u}(v-y-1)\,\tilde{u}(y-1) = 0$이므로

$$\begin{aligned} p_{X+Y}(v) &= (1-\alpha)^2\alpha^{v-2}\,\tilde{u}(v-2)\sum_{y=1}^{v-1} 1 \\ &= (v-1)(1-\alpha)^2\alpha^{v-2}\,\tilde{u}(v-2) \end{aligned} \tag{4.202}$$

이다. 다음에, $p_{X-Y}(w) = \Pr\{X-Y=w\} = \sum_{y=-\infty}^{\infty} \Pr\{X-Y=w, Y=y\} = \sum_{y=-\infty}^{\infty} \Pr\{X = w+y, Y=y\}$이므로

$$\begin{aligned} p_{X-Y}(w) &= \sum_{y=-\infty}^{\infty} \Pr\{X=w+y, Y=y\} \\ &= \sum_{y=-\infty}^{\infty} (1-\alpha)^2\alpha^{w+2y-2}\,\tilde{u}(w+y-1)\,\tilde{u}(y-1) \end{aligned} \tag{4.203}$$

이다. 여기서, $w+y-1 \geq 0$이고 $y-1 \geq 0$일 때에는 $\tilde{u}(w+y-1)\,\tilde{u}(y-1) = 1$이고, 그 밖에는 $\tilde{u}(w+y-1)\,\tilde{u}(y-1) = 0$인데, $w \geq 0$이면 $\{y : w+y-1 \geq 0,\ y-1 \geq 0\} = \{y : y \geq 1\}$이고 $w \leq 0$이면 $\{y : w+y-1 \geq 0,\ y-1 \geq 0\} = \{y : y \geq 1-w\}$이므로

$$\begin{aligned} p_{X-Y}(w) &= \begin{cases} (1-\alpha)^2\alpha^{w-2}\sum\limits_{y=1}^{\infty}\alpha^{2y}, & w \geq 0, \\ (1-\alpha)^2\alpha^{w-2}\sum\limits_{y=1-w}^{\infty}\alpha^{2y}, & w \leq 0 \end{cases} \\ &= \begin{cases} \frac{1-\alpha}{1+\alpha}\alpha^{w}, & w \geq 0, \\ \frac{1-\alpha}{1+\alpha}\alpha^{-w}, & w \leq 0 \end{cases} \\ &= \frac{1-\alpha}{1+\alpha}\alpha^{|w|}\,\tilde{u}(|w|) \end{aligned} \tag{4.204}$$

이다. ◇

보기 4.39 확률변수 X와 Y는 서로 독립이고, 그 확률질량함수는 둘 다

$$p(x) = (1-\alpha)\alpha^{x-1}\tilde{u}(x-1) \tag{4.205}$$

이다. 여기서, $0 < \alpha < 1$이다. 이때, 확률벡터 $(X-Y, X)$의 결합 확률질량함수, 확률벡터 $(X-Y, Y)$의 결합 확률질량함수를 얻고, 이들을 바탕으로 X의 한계 확률질량함수, Y의 한계 확률질량함수, $X-Y$의 한계 확률질량함수를 얻어 보자.

풀이 먼저, $p_{X-Y,X}(w,x) = \Pr\{X-Y=w,\ X=x\} = \Pr\{X=x,\ Y=x-w\}$이므로

$$\begin{aligned} p_{X-Y,X}(w,x) &= \Pr\{X=x,\ Y=x-w\} \\ &= (1-\alpha)^2\alpha^{2x-w-2}\,\tilde{u}(x-1)\,\tilde{u}(x-w-1) \end{aligned} \tag{4.206}$$

[30] 여기서, 보기를 들면, $v-y-1 \geq 0$은 $v-y-1 = 0, 1, \cdots$이라고 쓰는 것이 더 명확하지만 문제가 없을 때에는 이대로 쓰기로 하자.

이다. 이제,

$$
\begin{aligned}
p_{X-Y}(w) &= \sum_{x=-\infty}^{\infty} p_{X-Y,X}(w,x) \\
&= (1-\alpha)^2\alpha^{-w-2} \sum_{x=-\infty}^{\infty} \alpha^{2x}\, \tilde{u}(x-1)\, \tilde{u}(x-w-1) \qquad (4.207)
\end{aligned}
$$

이다. 여기서, $x-1 \geq 0$이고 $x-w-1 \geq 0$일 때에는 $\tilde{u}(x-1)\,\tilde{u}(x-w-1) = 1$이고, 그 밖에는 $\tilde{u}(x-1)\,\tilde{u}(x-w-1) = 0$인데, $w \geq 0$이면 $\{x : x-1 \geq 0,\ x-w-1 \geq 0\} = \{x : x \geq 1+w\}$이고 $w \leq 0$이면 $\{x : x-1 \geq 0,\ x-w-1 \geq 0\} = \{x : x \geq 1\}$이므로

$$
\begin{aligned}
p_{X-Y}(w) &= \begin{cases} (1-\alpha)^2\alpha^{-w-2} \sum\limits_{x=1+w}^{\infty} \alpha^{2x}, & w \geq 0, \\ (1-\alpha)^2\alpha^{-w-2} \sum\limits_{x=1}^{\infty} \alpha^{2x}, & w \leq 0 \end{cases} \\
&= \begin{cases} \frac{1-\alpha}{1+\alpha}\alpha^{w}, & w \geq 0, \\ \frac{1-\alpha}{1+\alpha}\alpha^{-w}, & w \leq 0 \end{cases} \\
&= \frac{1-\alpha}{1+\alpha}\alpha^{|w|}\, \tilde{u}(|w|) \qquad (4.208)
\end{aligned}
$$

이다. 한편,

$$
\begin{aligned}
p_X(x) &= \sum_{w=-\infty}^{\infty} p_{X-Y,X}(w,x) \\
&= (1-\alpha)^2\alpha^{2x-2} \sum_{w=-\infty}^{\infty} \alpha^{-w}\, \tilde{u}(x-1)\, \tilde{u}(x-w-1) \qquad (4.209)
\end{aligned}
$$

이다. 여기서, $x-1 \geq 0$이고 $x-w-1 \geq 0$일 때에는 $\tilde{u}(x-1)\,\tilde{u}(x-w-1) = 1$이고, 그 밖에는 $\tilde{u}(x-1)\,\tilde{u}(x-w-1) = 0$인데, $\{w : x-1 \geq 0,\ x-w-1 \geq 0\} = \{w : w \leq x-1,\ x \geq 1\}$이므로

$$
\begin{aligned}
p_X(x) &= (1-\alpha)^2\alpha^{2x-2}\, \tilde{u}(x-1) \sum_{w=-\infty}^{x-1} \alpha^{-w} \\
&= (1-\alpha)^2\alpha^{2x-2}\, \tilde{u}(x-1) \sum_{w=1-x}^{\infty} \alpha^{w} \\
&= (1-\alpha)\alpha^{x-1}\, \tilde{u}(x-1) \qquad (4.210)
\end{aligned}
$$

이다. 다음에,

$$
\begin{aligned}
p_{X-Y,Y}(w,y) &= \Pr\{X-Y=w,\ Y=y\} \\
&= \Pr\{X=w+y,\ Y=y\} \\
&= (1-\alpha)^2\alpha^{w+2y-2}\, \tilde{u}(w+y-1)\, \tilde{u}(y-1) \qquad (4.211)
\end{aligned}
$$

이다. 이제,

$$
\begin{aligned}
p_{X-Y}(w) &= \sum_{y=-\infty}^{\infty} p_{X-Y,Y}(w,y) \\
&= (1-\alpha)^2 \alpha^{w-2} \sum_{x=-\infty}^{\infty} \alpha^{2y}\, \tilde{u}(w+y-1)\, \tilde{u}(y-1) \qquad (4.212)
\end{aligned}
$$

이다. 여기서, $w+y-1 \geq 0$이고 $y-1 \geq 0$일 때에는 $\tilde{u}(w+y-1)\,\tilde{u}(y-1)=1$이고, 그 밖에는 $\tilde{u}(w+y-1)\,\tilde{u}(y-1)=0$인데, $w \geq 0$이면 $\{y : w+y-1 \geq 0,\, y-1 \geq 0\} = \{y : y \geq 1\}$이고 $w \leq 0$이면 $\{y : w+y-1 \geq 0,\, y-1 \geq 0\} = \{y : y \geq 1-w\}$이므로

$$
\begin{aligned}
p_{X-Y}(w) &= \begin{cases} (1-\alpha)^2 \alpha^{w-2} \sum\limits_{y=1}^{\infty} \alpha^{2y}, & w \geq 0, \\ (1-\alpha)^2 \alpha^{w-2} \sum\limits_{y=1-w}^{\infty} \alpha^{2y}, & w \leq 0 \end{cases} \\
&= \begin{cases} \frac{1-\alpha}{1+\alpha}\alpha^{w}, & w \geq 0, \\ \frac{1-\alpha}{1+\alpha}\alpha^{-w}, & w \leq 0 \end{cases} \\
&= \frac{1-\alpha}{1+\alpha}\alpha^{|w|}\, \tilde{u}(|w|) \qquad (4.213)
\end{aligned}
$$

이다. 한편,

$$
\begin{aligned}
p_Y(y) &= \sum_{w=-\infty}^{\infty} p_{X-Y,Y}(w,y) \\
&= (1-\alpha)^2 \alpha^{2y-2} \sum_{w=-\infty}^{\infty} \alpha^{w}\, \tilde{u}(w+y-1)\, \tilde{u}(y-1) \qquad (4.214)
\end{aligned}
$$

이다. 여기서, $w+y-1 \geq 0$이고 $y-1 \geq 0$일 때에는 $\tilde{u}(w+y-1)\,\tilde{u}(y-1)=1$이고, 그 밖에는 $\tilde{u}(w+y-1)\,\tilde{u}(y-1)=0$인데, $\{w : w+y-1 \geq 0,\, y-1 \geq 0\} = \{w : w \geq 1-y,\, y \geq 1\}$이므로

$$
\begin{aligned}
p_Y(y) &= (1-\alpha)^2 \alpha^{2y-2} \sum_{w=1-y}^{\infty} \alpha^{w}\, \tilde{u}(y-1) \\
&= (1-\alpha)\alpha^{y-1}\, \tilde{u}(y-1) \qquad (4.215)
\end{aligned}
$$

이다. ◇

보기 4.40 확률변수 X와 Y는 서로 독립이고, 그 확률질량함수는 둘 다

$$
p(x) = (1-\alpha)\alpha^{x-1}\tilde{u}(x-1) \qquad (4.216)
$$

이다. 여기서, $0<\alpha<1$이다. 이때, 확률벡터 $(X+Y, X)$의 결합 확률질량함수를 얻고, 이들을 바탕으로 X의 한계 확률질량함수와 $X+Y$의 한계 확률질량함수를 얻어 보자.

풀이 먼저,

$$
\begin{aligned}
p_{X+Y,X}(v,x) &= \Pr\{X+Y=v,\, X=x\} \\
&= \Pr\{X=x,\, Y=v-x\} \\
&= (1-\alpha)^2 \alpha^{v-2}\, \tilde{u}(x-1)\, \tilde{u}(v-x-1) \qquad (4.217)
\end{aligned}
$$

이다. 이제,

$$p_{X+Y}(v) = \sum_{x=-\infty}^{\infty} p_{X+Y,X}(v,x)$$
$$= (1-\alpha)^2\alpha^{v-2} \sum_{x=-\infty}^{\infty} \tilde{u}(x-1)\,\tilde{u}(v-x-1) \tag{4.218}$$

이다. 여기서, $x-1 \geq 0$이고 $v-x-1 \geq 0$일 때에는 $\tilde{u}(x-1)\,\tilde{u}(v-x-1) = 1$이고, 그 밖에는 $\tilde{u}(x-1)\,\tilde{u}(v-x-1) = 0$인데, $\{x : x-1 \geq 0,\ v-x-1 \geq 0\} = \{x : 1 \leq x \leq v-1,\ v \geq 2\}$이므로

$$p_{X+Y}(v) = (1-\alpha)^2\alpha^{v-2} \sum_{x=1}^{v-1} \tilde{u}(v-2)$$
$$= (v-1)(1-\alpha)^2\alpha^{v-2}\,\tilde{u}(v-2) \tag{4.219}$$

이다. 한편,

$$p_X(x) = \sum_{v=-\infty}^{\infty} p_{X+Y,X}(v,x)$$
$$= (1-\alpha)^2\alpha^{-2} \sum_{v=-\infty}^{\infty} \alpha^v\,\tilde{u}(x-1)\,\tilde{u}(v-x-1) \tag{4.220}$$

이다. 여기서, $x-1 \geq 0$이고 $v-x-1 \geq 0$일 때에는 $\tilde{u}(x-1)\,\tilde{u}(v-x-1) = 1$이고, 그 밖에는 $\tilde{u}(x-1)\,\tilde{u}(v-x-1) = 0$인데, $\{v : x-1 \geq 0,\ v-x-1 \geq 0\} = \{v : v \geq x+1,\ x \geq 1\}$이므로

$$p_X(x) = (1-\alpha)^2\alpha^{-2} \sum_{v=x+1}^{\infty} \alpha^v\,\tilde{u}(x-1)$$
$$= (1-\alpha)\alpha^{x-1}\,\tilde{u}(x-1) \tag{4.221}$$

이다. ◇

보기 4.41 (큰 것과 작은 것의 분포)* 확률변수 X_1과 X_2가 서로 독립이고 분포가 같으며, $\lambda > 0$일 때 그 한계 확률질량함수가

$$p(x) = e^{-\lambda}\frac{\lambda^x}{x!}\,\tilde{u}(x) \tag{4.222}$$

이다. 먼저, $M = \max(X_1, X_2)$, $N = \min(X_1, X_2)$라고 하면

$$\Pr\{X_1 = x, M = m\} = \begin{cases} \Pr\{X_1 = x, X_2 = m\}, & x = 0, 1, \cdots, m-1, \\ \Pr\{X_1 = m, X_2 \leq m\}, & x = m, \\ 0, & x = m+1, m+2, \cdots \end{cases}$$
$$= \begin{cases} e^{-\lambda}\frac{\lambda^x}{x!}\,e^{-\lambda}\frac{\lambda^m}{m!}, & x = 0, 1, \cdots, m-1, \\ e^{-\lambda}\frac{\lambda^m}{m!} \sum_{k=0}^{m} e^{-\lambda}\frac{\lambda^k}{k!}, & x = m, \\ 0, & x = m+1, m+2, \cdots \end{cases} \tag{4.223}$$

이다. 이제, M의 한계 확률질량함수는

$$\begin{aligned}
\Pr\{M=m\} &= \sum_{x=0}^{\infty}\Pr\{X_1=x, M=m\} \\
&= \begin{cases} \Pr\{X_1=0, M=0\}, & m=0, \\ \sum\limits_{x=0}^{m-1}\Pr\{X_1=x, M=m\}+\Pr\{X_1=m, M=m\}, & m=1,2,\cdots \end{cases} \\
&= \begin{cases} \Pr\{X_1=0, X_2\le 0\}, & m=0, \\ \sum\limits_{x=0}^{m-1}\Pr\{X_1=x, X_2=m\}+\Pr\{X_1=m, X_2\le m\}, & m=1,2,\cdots \end{cases}
\end{aligned} \tag{4.224}$$

이므로, (4.223)을 바탕으로

$$\begin{aligned}
\Pr\{M=m\} &= \begin{cases} e^{-2\lambda}, & m=0, \\ e^{-2\lambda}\frac{\lambda^m}{m!}\sum\limits_{x=0}^{m-1}\frac{\lambda^x}{x!}+e^{-2\lambda}\frac{\lambda^m}{m!}\sum\limits_{k=0}^{m}\frac{\lambda^k}{k!}, & m=1,2,\cdots \end{cases} \\
&= \begin{cases} e^{-2\lambda}, & m=0, \\ 2e^{-2\lambda}\frac{\lambda^m}{m!}\sum\limits_{k=0}^{m-1}\frac{\lambda^k}{k!}+e^{-2\lambda}\frac{\lambda^{2m}}{(m!)^2}, & m=1,2,\cdots \end{cases} \qquad (4.225) \\
&= e^{-2\lambda}\frac{\lambda^m}{m!}\left(2\sum_{k=0}^{m}\frac{\lambda^k}{k!}-\frac{\lambda^m}{m!}\right)\tilde{u}(m) \qquad (4.226)
\end{aligned}$$

임을 알 수 있다. 여기서, $\sum\limits_{i=0}^{\infty}x_i^2+2\sum\limits_{i=1}^{\infty}\sum\limits_{j=0}^{i-1}x_ix_j=\left(\sum\limits_{i=0}^{\infty}x_i\right)^2$이라는 것을 새기고 (4.225)를 쓰면 $\sum\limits_{m=0}^{\infty}\Pr\{M=m\}=e^{-2\lambda}+\sum\limits_{m=1}^{\infty}\left\{\left(\frac{\lambda^m e^{-\lambda}}{m!}\right)^2+2e^{-2\lambda}\frac{\lambda^m}{m!}\sum\limits_{k=0}^{m-1}\frac{\lambda^k}{k!}\right\}=e^{-2\lambda}\left\{\sum\limits_{m=0}^{\infty}\left(\frac{\lambda^m}{m!}\right)^2+2\sum\limits_{m=1}^{\infty}\sum\limits_{k=0}^{m-1}\frac{\lambda^m}{m!}\frac{\lambda^k}{k!}\right\}=e^{-2\lambda}\left(\sum\limits_{m=0}^{\infty}\frac{\lambda^m}{m!}\right)^2=1$이라는 것을 쉽게 볼 수 있다. 마찬가지로,

$$\Pr\{X_1=x, N=n\} = \begin{cases} 0, & x=0,1,\cdots,n-1, \\ \Pr\{X_1=n, X_2\ge n\}, & x=n, \\ \Pr\{X_1=x, X_2=n\}, & x=n+1,n+2,\cdots \end{cases} \tag{4.227}$$

이고 N의 한계 확률질량함수는

$$\begin{aligned}
\Pr\{N=n\} &= \sum_{x=n}^{\infty}\Pr\{X_1=x, N=n\} \\
&= \Pr\{X_1=x, X_2\ge n\}+\sum_{x=n+1}^{\infty}\Pr\{X_1=x, X_2=n\} \\
&= e^{-2\lambda}\frac{\lambda^n}{n!}\sum_{k=n}^{\infty}\frac{\lambda^k}{k!}+e^{-2\lambda}\frac{\lambda^n}{n!}\sum_{x=n+1}^{\infty}\frac{\lambda^x}{x!} \\
&= e^{-2\lambda}\frac{\lambda^n}{n!}\left(2\sum_{k=n+1}^{\infty}\frac{\lambda^k}{k!}+\frac{\lambda^n}{n!}\right)
\end{aligned} \tag{4.228}$$

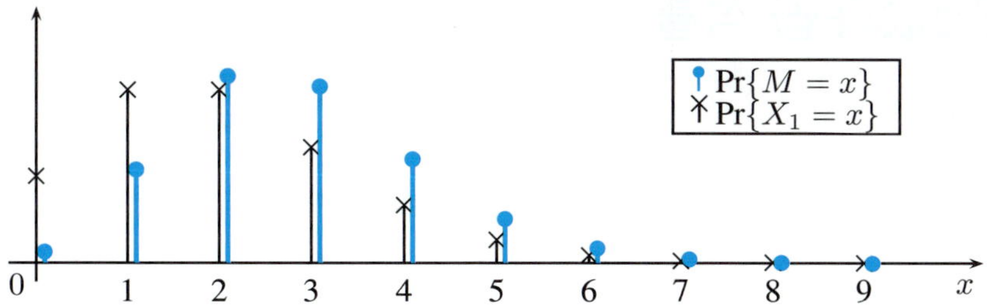

그림 4.18 확률변수 X_1과 X_2가 서로 독립이고 분포가 같으며 그 한계 확률질량함수가 Pr$\{X_1 = x\}$ = Pr$\{X_2 = x\} = e^{-2}\frac{2^x}{x!}$, $x = 0, 1, \cdots$일 때, 한계 확률질량함수 Pr$\{X_1 = x\}$와 $M = \max(X_1, X_2)$의 한계 확률질량함수 Pr$\{M = x\}$

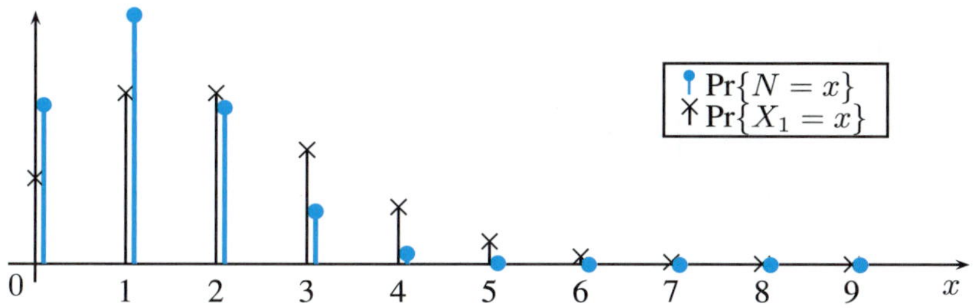

그림 4.19 확률변수 X_1과 X_2가 서로 독립이고 분포가 같으며 그 한계 확률질량함수가 Pr$\{X_1 = x\}$ = Pr$\{X_2 = x\} = e^{-2}\frac{2^x}{x!}$, $x = 0, 1, \cdots$일 때, 한계 확률질량함수 Pr$\{X_1 = x\}$와 $N = \min(X_1, X_2)$의 한계 확률질량함수 Pr$\{N = x\}$

이다. 여기서, $\sum_{i=0}^{\infty} x_i^2 + 2\sum_{i=0}^{\infty}\sum_{j=i+1}^{\infty} x_i x_j = \left(\sum_{i=0}^{\infty} x_i\right)^2$이라는 것을 새기면

$$
\begin{aligned}
\sum_{n=0}^{\infty} \Pr\{N = n\} &= e^{-2\lambda}\sum_{n=0}^{\infty}\frac{\lambda^n}{n!}\left(2\sum_{k=n+1}^{\infty}\frac{\lambda^k}{k!} + \frac{\lambda^n}{n!}\right) \\
&= e^{-2\lambda}\left\{2\sum_{n=0}^{\infty}\sum_{k=n+1}^{\infty}\frac{\lambda^n}{n!}\frac{\lambda^k}{k!} + \sum_{n=0}^{\infty}\left(\frac{\lambda^n}{n!}\right)^2\right\} \\
&= e^{-2\lambda}\left(\sum_{n=0}^{\infty}\frac{\lambda^n}{n!}\right)^2 \\
&= 1
\end{aligned}
\tag{4.229}
$$

임을 쉽게 볼 수 있다. 그림 4.18과 4.19에 $\lambda = 2$일 때 X_1과 X_2의 한계 확률질량함수, $M = \max(X_1, X_2)$의 한계 확률질량함수, $N = \min(X_1, X_2)$의 한계 확률질량함수를 보였다. ◇

보기 4.36과 4.41에서 다룬 확률변수 $Z = \max(X, Y)$와 $W = \min(X, Y)$를 일반화한 것을 순서 통계량이라고 하는데, 제5장에서 이것을 좀 더 자세히 다룬다.

4.3 기댓값과 곱 적률

4.3.1 기댓값

제3장에서 다룬 바 있는 확률변수의 기댓값을 여러 차원으로 확장하면 확률벡터에서의 기댓값

$$E\{\underline{g}(\underline{X})\} = \int \underline{g}(\underline{x})\, dF_{\underline{X}}(\underline{x}) \tag{4.230}$$

을 얻는다. 한편, n차원 확률벡터 $\underline{X}$에서

$$E\left\{\sum_{i=1}^{n} a_i g_i(X_i)\right\} = \sum_{i=1}^{n} a_i E\{g_i(X_i)\} \tag{4.231}$$

이고, 확률벡터 $\underline{X}$가 독립이면

$$E\left\{\prod_{i=1}^{n} g_i(X_i)\right\} = \prod_{i=1}^{n} E\{g_i(X_i)\} \tag{4.232}$$

이다.

보기 4.42 제대로 만든 주사위를 짝수가 열 번 나올 때까지 거듭 굴린다. 끝날 때까지 굴린 횟수를 N이라고 하고 i가 나온 횟수를 X_i라고 할 때, N의 확률질량함수, N의 기댓값, X_2의 기댓값, X_1의 기댓값을 얻어 보자.

풀이 먼저, 확률변수 N의 확률질량함수는, $k = 10, 11, \cdots$ 일 때

$$\begin{aligned} \Pr\{N = k\} &= \Pr\{k\text{째 짝수, } (k-1)\text{째까지 짝수 9번 나오고 나머지는 홀수}\} \\ &= \left(\frac{1}{2}\right) {}_{k-1}\mathrm{C}_9 \left(\frac{1}{2}\right)^9 \left(\frac{1}{2}\right)^{k-1-9} \\ &= {}_{k-1}\mathrm{C}_9 \left(\frac{1}{2}\right)^k \end{aligned} \tag{4.233}$$

이다. 이 식을 바탕으로 N의 평균을 얻으면

$$E\{N\} = \sum_{k=10}^{\infty} {}_{k-1}\mathrm{C}_9 \left(\frac{1}{2}\right)^k k \tag{4.234}$$

인데,

$$\begin{aligned} k\, {}_{k-1}\mathrm{C}_9 &= \frac{(k-1)!}{(k-10)!9!} k \\ &= 10 \frac{k!}{(k-10)!10!} \\ &= 10\, {}_k\mathrm{C}_{10} \end{aligned} \tag{4.235}$$

임을 새기고 (2.235)에 보인

$$\sum_{x=0}^{\infty} {}_{r+x-1}\mathrm{C}_x\, (1-\alpha)^x = \alpha^{-r} \tag{4.236}$$

을 쓰면

$$\begin{aligned} E\{N\} &= 10 \sum_{k=10}^{\infty} {}_k\mathrm{C}_{10} \left(\frac{1}{2}\right)^k \\ &= \frac{10}{2^{10}} \sum_{j=0}^{\infty} {}_{j+10}\mathrm{C}_{10} \left(\frac{1}{2}\right)^j \\ &= \frac{10}{2^{10}} \left(\frac{1}{2}\right)^{-11} \\ &= 20 \end{aligned} \tag{4.237}$$

이다. 이것은 음이항 분포 $NB\left(10, \frac{1}{2}\right)$의 평균이다. 다음에, 끝날 때까지는 짝수가 10번 나올 것이고 2, 4, 6이 같은 확률로 나올 것이므로

$$E\{X_2\} = \frac{10}{3} \tag{4.238}$$

이다. 한편,

$$N = \sum_{i=1}^{6} X_i \tag{4.239}$$

이므로 $E\{N\} = \sum_{i=1}^{6} E\{X_i\}$이고 $E\{X_2\} = E\{X_4\} = E\{X_6\} = \frac{10}{3}$이며 $E\{X_1\} = E\{X_3\} = E\{X_5\}$이므로, X_1의 기댓값은

$$\begin{aligned} E\{X_1\} &= \left(20 - 3 \cdot \frac{10}{3}\right) \frac{1}{3} \\ &= \frac{10}{3} \end{aligned} \tag{4.240}$$

이다[31]. ◇

4.3.2 곱 적률

4.3.2.1 2차원 확률벡터

뜻매김 4.8 곱 적률[32]

기댓값

$$m_{jk} = E\left\{X^j Y^k\right\} \tag{4.241}$$

을 확률변수 X와 Y의 (j, k)째 곱 적률이라고 한다.

[31] 말할 것도 없이, 보기 4.8에서 이미 얻은 X_1의 확률질량함수와 X_2의 확률질량함수를 바탕으로도 X_1의 기댓값과 X_2의 기댓값을 얻을 수 있다.

[32] product moment. 곱 적률을 결합 적률이라고도 joint moment 부른다.

뜻매김 4.9 곱 중심 적률[33]

확률변수 X의 평균을 m_X, Y의 평균을 m_Y라고 할 때,

$$\mu_{jk} = E\left\{(X-m_X)^j(Y-m_Y)^k\right\} \tag{4.242}$$

를 X와 Y의 (j,k)째 곱 중심 적률이라고 한다.

뜻매김 4.8과 4.9에서, $m_{10} = m_X = E\{X\}$이고, $m_{01} = m_Y = E\{Y\}$이며, $m_{20} = E\left\{X^2\right\}$이고, $m_{02} = E\left\{Y^2\right\}$이며, $\mu_{10} = \mu_{01} = 0$이고, $\mu_{20} = \sigma_X^2$은 X의 분산이며, $\mu_{02} = \sigma_Y^2$은 Y의 분산이라는 것을 알 수 있다.

보기 4.43 확률벡터 $\underline{X} = (X_1, X_2)$에서 $E\left\{X_1X_2^3\right\}$은 $\underline{X}$의 $(1,3)$째 곱 적률이다. ◇

뜻매김 4.10 상관, 공분산[34]

두 확률변수의 (1,1)째 곱 적률을 상관, (1,1)째 곱 중심 적률을 공분산, 공분산을 두 확률변수의 표준 편차의 곱으로 정규화한 – 나눈 – 것을 상관계수[35]라고 부른다.

두 확률변수 X와 Y의 상관 $m_{11} = R_{XY}$, 공분산 $\mu_{11} = K_{XY} = \text{Cov}(X,Y) = C_{XY}$, 상관계수 ρ_{XY}를[36] 식으로 나타내면

$$\begin{aligned} m_{11} &= R_{XY} \\ &= E\{XY\} \end{aligned} \tag{4.243}$$

이고,

$$\begin{aligned} \mu_{11} &= K_{XY} \\ &= \text{Cov}(X,Y) \\ &= E\{(X-m_X)(Y-m_Y)\} \\ &= E\{XY\} - E\{X\}E\{Y\} \\ &= R_{XY} - m_{10}m_{01} \end{aligned} \tag{4.244}$$

이며,

$$\rho_{XY} = \frac{K_{XY}}{\sqrt{\sigma_X^2\sigma_Y^2}} \tag{4.245}$$

이다.

---

[33] product central moment. 곱 중심 적률을 결합 중심 적률이라고도 joint central moment 부른다.

[34] correlation, covariance

[35] correlation coefficient

[36] 아래 첨자가 하나보다 많으면, 때에 따라서 – 보기를 들어, 곱 XY의 확률밀도함수 f_{XY}는 확률벡터 (X,Y)의 결합 확률밀도함수 $f_{X,Y}$와 다르므로 – 쉼표를 꼭 넣어야 한다. 다만, R_{XY}, μ_{jk}, K_{XY}, $\cdots$과 같은 것들은 둘 사이의 관계를 나타내므로 쉼표가 없어도 문제가 없고, 따라서 쉼표를 넣지 않고 쓰기도 한다.

뜻매김 4.11 직교, 상관 없음[37]

상관이 0일 때 – 곧, 곱의 평균이 0일 때 – 두 확률변수가 직교한다고 한다. 한편, 곱의 평균이 평균의 곱과 같을 때 – 곧, 공분산이나 상관계수가 0일 때 – 두 확률변수가 상관이 없다고 한다.

곧, $R_{XY} = E\{XY\} = 0$이면 X와 Y는 직교하고, $\rho_{XY} = 0$, $K_{XY} = \text{Cov}(X, Y) = 0$, 또는 $E\{XY\} = E\{X\}E\{Y\}$이면 X와 Y는 상관이 없다.

정리 4.6 두 확률변수가 독립이면, 이 두 확률변수는 상관이 없고 그 공분산은 0이다. 그러나, 그 역은 성립하지 않는다. ■■

곧, 두 확률변수가 상관이 없다고 반드시 X와 Y가 독립인 것은 아니다. 한편, 두 확률변수가 서로 독립이고, 그 평균 가운데 적어도 하나가 0이면 이 두 확률변수는 직교한다.

일반적으로,

$$\begin{aligned} \text{Var}\left\{\sum_{i=1}^{n} a_i X_i\right\} &= \sum_{i=1}^{n}\sum_{j=1}^{n} a_i a_j \text{Cov}\left(X_i, X_j\right) \\ &= \sum_{i=1}^{n} a_i^2 \,\text{Var}\{X_i\} + 2\sum_{i=1}^{n-1}\sum_{j=i+1}^{n} a_i a_j \text{Cov}\left(X_i, X_j\right) \end{aligned} \tag{4.246}$$

이다. 따라서, 상관이 없거나 서로 독립인 확률변수 $\{X_i\}_{i=1}^{n}$을 더하면

$$\text{Var}\left\{\sum_{i=1}^{n} X_i\right\} = \sum_{i=1}^{n} \text{Var}\{X_i\} \tag{4.247}$$

처럼 분산도 더해진다.

정리 4.7 상관계수의 크기는 1을 넘지 않는다. ■■

증명 부록 4.1의 (4.674)에서 보인 코쉬-슈바르츠 부등식 $E^2\{XY\} \leq E\left\{X^2\right\} E\left\{Y^2\right\}$을 쓰면

$$E^2\{(X - m_X)(Y - m_Y)\} \leq E\left\{(X - m_X)^2\right\} E\left\{(Y - m_Y)^2\right\} \tag{4.248}$$

을 얻는다. 곧, $K_{XY}^2 \leq \sigma_X^2 \sigma_Y^2$이므로 $\rho_{XY}^2 \leq 1$을 얻는다. □

보기 4.44 두 확률변수 X와 Y 사이를 $(Y - m_Y) = c(X - m_X)$ 또는 $Y = cX + d$ 꼴로 쓸 수 있으면 $|\rho| = 1$이다. ◇

보기 4.45 확률변수 X_1과 X_2는 서로 독립이고, 그 확률밀도함수는

$$f_{X_i}(x) = \frac{1}{\sqrt{2\pi\sigma_i^2}} \exp\left\{-\frac{(x - \mu_i)^2}{2\sigma_i^2}\right\}, \quad i = 1, 2 \tag{4.249}$$

[37] orthogonality, uncorrelatedness

이다. 이때, $Z = X_1 \cos\theta + X_2 \sin\theta$와 $W = X_2 \cos\theta - X_1 \sin\theta$의 상관계수 $\rho_{Z,W}$를 얻고,

$$0 \ \leq \ \rho_{Z,W}^2 \ \leq \ \left(\frac{\sigma_1^2 - \sigma_2^2}{\sigma_1^2 + \sigma_2^2}\right)^2 \tag{4.250}$$

임을 보이자.

풀이 먼저, $E\{X_i\} = \mu_i$, $E\left\{X_i^2\right\} = \sigma_i^2 + \mu_i^2$, $E\{X_1X_2\} = \mu_1\mu_2$이므로 $E\{Z\} = \mu_1 \cos\theta + \mu_2 \sin\theta$이고 $E\{W\} = \mu_2 \cos\theta - \mu_1 \sin\theta$이다. 또,

$$E\left\{Z^2\right\} \ = \ \left(\mu_1^2 + \sigma_1^2\right)\cos^2\theta + 2\mu_1\mu_2 \cos\theta\sin\theta + \left(\mu_2^2 + \sigma_2^2\right)\sin^2\theta \tag{4.251}$$

이고,

$$E\left\{W^2\right\} \ = \ \left(\mu_2^2 + \sigma_2^2\right)\cos^2\theta - 2\mu_1\mu_2 \cos\theta\sin\theta + \left(\mu_1^2 + \sigma_1^2\right)\sin^2\theta \tag{4.252}$$

이며,

$$\begin{aligned} E\{ZW\} \ &= \ E\left\{(X_1\cos\theta + X_2\sin\theta)(X_2\cos\theta - X_1\sin\theta)\right\} \\ &= \ \mu_1\mu_2\left(\cos^2\theta - \sin^2\theta\right) + \left(\mu_2^2 + \sigma_2^2 - \mu_1^2 - \sigma_1^2\right)\cos\theta\sin\theta \end{aligned} \tag{4.253}$$

이다. 따라서,

$$\begin{aligned} \sigma_Z^2 \ &= \ E\left\{Z^2\right\} - E^2\{Z\} \\ &= \ \sigma_1^2\cos^2\theta + \sigma_2^2\sin^2\theta \end{aligned} \tag{4.254}$$

이고

$$\begin{aligned} \sigma_W^2 \ &= \ E\left\{W^2\right\} - E^2\{W\} \\ &= \ \sigma_2^2\cos^2\theta + \sigma_1^2\sin^2\theta \end{aligned} \tag{4.255}$$

이며, Z와 W의 상관계수는

$$\begin{aligned} \rho_{Z,W} \ &= \ \frac{E\{ZW\} - E\{Z\}E\{W\}}{\sigma_Z\sigma_W} \\ &= \ \frac{\left(\sigma_2^2 - \sigma_1^2\right)\cos\theta\sin\theta}{\sigma_Z\sigma_W} \end{aligned} \tag{4.256}$$

이다. 이제, (4.254)와 (4.255)에서

$$\begin{aligned} \sigma_Z^2\sigma_W^2 \ &= \ \left(\sigma_1^4 + \sigma_2^4\right)\cos^2\theta\sin^2\theta + \sigma_1^2\sigma_2^2\left(\sin^4\theta + \cos^4\theta\right) \\ &= \ \left(\sigma_1^2 + \sigma_2^2\right)^2\cos^2\theta\sin^2\theta + \sigma_1^2\sigma_2^2\left(\cos^2\theta - \sin^2\theta\right)^2 \end{aligned} \tag{4.257}$$

이므로 (4.256)을 제곱하면

$$\begin{aligned} \rho_{Z,W}^2 \ &= \ \frac{\left(\sigma_1^2 - \sigma_2^2\right)^2\sin^2\theta\cos^2\theta}{\left(\sigma_1^2 + \sigma_2^2\right)^2\sin^2\theta\cos^2\theta + \sigma_1^2\sigma_2^2\left(\cos^2\theta - \sin^2\theta\right)^2} \\ &= \ \frac{\left(\sigma_1^2 - \sigma_2^2\right)^2}{\left(\sigma_1^2 + \sigma_2^2\right)^2 + \sigma_1^2\sigma_2^2\frac{(\cos^2\theta - \sin^2\theta)^2}{\sin^2\theta\cos^2\theta}} \end{aligned} \tag{4.258}$$

이다. 여기서,

$$\sigma_1^2\sigma_2^2 \frac{\left(\cos^2\theta - \sin^2\theta\right)^2}{\sin^2\theta\cos^2\theta} \;\geq\; 0 \tag{4.259}$$

와 $\rho_{Z,W}^2 \geq 0$을 새기면

$$0 \;\leq\; \rho_{Z,W}^2 \;\leq\; \left(\frac{\sigma_1^2 - \sigma_2^2}{\sigma_1^2 + \sigma_2^2}\right)^2 \tag{4.260}$$

을 알 수 있다. ◇

보기 4.46 확률변수 X와 Y는 모두 평균이 0이고 분산이 1인 확률변수이다. 이때, 확률변수 X와 Y의 상관계수를 ρ라고 하면

$$E\left\{\max\left(X^2, Y^2\right)\right\} \;\leq\; 1 + \sqrt{1-\rho^2} \tag{4.261}$$

임을 보이자.

풀이 먼저,

$$\begin{aligned}\max\left(X^2, Y^2\right) \;&=\; \frac{1}{2}\left(X^2 + Y^2 + \left|X^2 - Y^2\right|\right) \\ &=\; \frac{1}{2}\left\{X^2 + Y^2 + |(X+Y)(X-Y)|\right\}\end{aligned} \tag{4.262}$$

처럼 바꾸어 쓴 다음, $E\left\{X^2\right\} = E\left\{Y^2\right\} = 1$을 새기면

$$\begin{aligned}E\left\{\max\left(X^2, Y^2\right)\right\} \;&=\; 1 + \frac{1}{2}E\{|(X-Y)(X+Y)|\} \\ &\leq\; 1 + \frac{1}{2}\sqrt{E\left\{(X-Y)^2\right\}}\sqrt{E\left\{(X+Y)^2\right\}}\end{aligned} \tag{4.263}$$

이다. 이제,

$$\begin{aligned}E\left\{(X-Y)^2\right\} \;&=\; E\left\{X^2\right\} + E\left\{X^2\right\} - 2E\{XY\} \\ &=\; 2 - 2\rho\end{aligned} \tag{4.264}$$

이고, 이와 비슷하게

$$E\left\{(X+Y)^2\right\} \;=\; 2 + 2\rho \tag{4.265}$$

이므로

$$\frac{1}{2}\sqrt{E\left\{(X-Y)^2\right\}}\sqrt{E\left\{(X+Y)^2\right\}} \;=\; \sqrt{1-\rho^2} \tag{4.266}$$

이다. 따라서, (4.266)을 (4.263)에 넣으면

$$E\left\{\max\left(X^2, Y^2\right)\right\} \;\leq\; 1 + \sqrt{1-\rho^2} \tag{4.267}$$

이다. ◇

4.3.2.2 다차원 확률벡터

이제, 확률벡터의 차원을 2차원에서 n차원으로 확장하여, 확률벡터 $\underline{X} = (X_1, X_2, \cdots, X_n)^T$의 평균 벡터를 $E\{\underline{X}\} = m_{\underline{X}} = (m_1, m_2, \cdots, m_n)^T$라고 하자.

뜻매김 4.12 상관 행렬[38]

행렬

$$R_{\underline{X}} = E\{\underline{X}\,\underline{X}^*\} \tag{4.268}$$

을 확률벡터 $\underline{X}$의 상관 행렬이라고 한다.

위에서 *은 켤레 전치[39]를 뜻한다. 앞에서는 확률변수를 실수라고 생각하였으나, 복소수라고 생각하여도 그리 많이 다를 게 없다. 그러므로, 뜻매김 4.12부터는 실수부와 허수부로 나눌 수 있는 확률벡터도 – 곧, 복소 확률벡터도 – 함께 생각한다.

뜻매김 4.13 분산-공분산 행렬[40]

행렬

$$K_{\underline{X}} = R_{\underline{X}} - m_{\underline{X}} m_{\underline{X}}^* \tag{4.269}$$

를 확률벡터 $\underline{X}$의 분산-공분산 행렬이라고 한다.

뜻매김 4.12와 4.13에서 상관 행렬 $R_{\underline{X}} = [R_{ij}]$는 $n \times n$ 행렬이고, 그 (i, j)째 원소 $R_{ij} = R_{X_i X_j} = E\left\{X_i X_j^*\right\}$는 확률벡터 $\underline{X}$의 i째 확률변수 X_i와 j째 확률변수 X_j의 상관이다. 마찬가지로, 분산-공분산 행렬 $K_{\underline{X}} = [K_{ij}]$도 $n \times n$ 행렬이고, 그 (i, j)째 원소 $K_{ij} = K_{X_i X_j} = E\{(X_i - m_i)(X_j - m_j)^*\}$는 확률벡터 $\underline{X}$의 i째 확률변수 X_i와 j째 확률변수 X_j의 공분산이다. 분산-공분산 행렬을 공분산 행렬[41]이라고 부르기도 한다.

보기 4.47 (선형 변환의 기댓값과 상관 행렬)* 실수 확률벡터 $\underline{X} = (X_1, X_2, \cdots, X_n)^T$의 선형 변환

$$\begin{aligned} \underline{Y} &= (Y_1, Y_2, \cdots, Y_n)^T \\ &= \begin{pmatrix} L_{11} & L_{12} & \cdots & L_{1n} \\ L_{21} & L_{22} & \cdots & L_{2n} \\ \vdots & \vdots & \vdots & \vdots \\ L_{n1} & L_{n2} & \cdots & L_{nn} \end{pmatrix} \begin{pmatrix} X_1 \\ X_2 \\ \vdots \\ X_n \end{pmatrix} \\ &= \boldsymbol{L}\,\underline{X} \end{aligned} \tag{4.270}$$

[38] correlation matrix

[39] complex conjugate transpose, conjugate transpose, Hermitian transpose, Hermitian conjugate, 또는 Hermitian adjoint

[40] variance-covariance matrix

[41] covariance matrix

을 생각해 보자. 그러면 $\underline{X}$의 평균 벡터를 $m_{\underline{X}} = (m_{X_1}, m_{X_2}, \cdots, m_{X_n})^T$처럼 쓸 때, 기댓값의 선형성을 바탕으로 $\underline{Y}$의 평균 벡터 $m_{\underline{Y}} = E\{\underline{Y}\} = (m_{Y_1}, m_{Y_2}, \cdots, m_{Y_n})^T$를 얻으면,

$$\begin{aligned} m_{\underline{Y}} &= E\{\boldsymbol{L}\,\underline{X}\} \\ &= \boldsymbol{L}\,E\{\underline{X}\} \\ &= \boldsymbol{L}\,m_{\underline{X}} \end{aligned} \tag{4.271}$$

이다. 식 (4.271)은 새 확률벡터 $\underline{Y}$의 평균을 얻으려고 할 때, 매우 복잡한 과정을 거쳐야 얻을 수 있는 $\underline{Y}$의 결합 확률 분포를 얻는 대신 $\underline{X}$의 평균을 얻어 선형 변환하면 바로 $\underline{Y}$의 평균을 얻을 수 있다는 것을 뜻한다. 이 결과는 (3.195)를 확장한 것이라고 할 수 있다. 이와 비슷하게 $\underline{X}$의 상관 행렬을 $R_{\underline{X}}$, 공분산 행렬을 $K_{\underline{X}}$라고 하면, $\underline{Y}$의 상관 행렬 $R_{\underline{Y}} = E\{\underline{Y}\,\underline{Y}^*\}$은

$$\begin{aligned} R_{\underline{Y}} &= E\{\boldsymbol{L}\,\underline{X}\,(\boldsymbol{L}\,\underline{X})^*\} \\ &= \boldsymbol{L}\,E\{\underline{X}\,\underline{X}^*\}\,\boldsymbol{L}^* \\ &= \boldsymbol{L}\,R_{\underline{X}}\,\boldsymbol{L}^* \end{aligned} \tag{4.272}$$

이고, 공분산 행렬 $K_{\underline{Y}} = E\left\{(\underline{Y} - m_{\underline{Y}})(\underline{Y} - m_{\underline{Y}})^*\right\}$은

$$\begin{aligned} K_{\underline{Y}} &= R_{\underline{Y}} - m_{\underline{Y}} m_{\underline{Y}}^* \\ &= \boldsymbol{L}\left(R_{\underline{X}} - m_{\underline{X}} m_{\underline{X}}^*\right)\boldsymbol{L}^* \\ &= \boldsymbol{L}\,K_{\underline{X}}\boldsymbol{L}^* \end{aligned} \tag{4.273}$$

이다. 곧, $\underline{Y} = \boldsymbol{L}\underline{X}$의 평균을 얻을 때와 비슷하게 $\underline{Y}$의 상관 행렬이나 공분산 행렬을 얻을 때에도, $\underline{Y}$의 확률 분포를 얻지 않아도 $\underline{X}$의 상관 행렬이나 공분산 행렬에서 바로 얻을 수 있다는 것이다. 이것을 정리하여 그림 4.20에 나타내었다. 좀 더 일반적으로 $\underline{Y} = \boldsymbol{L}\underline{X} + \underline{b}$일 때에는 $m_{\underline{Y}} = \boldsymbol{L}m_{\underline{X}} + \underline{b}$이고, $R_{\underline{Y}} = \boldsymbol{L}R_{\underline{X}}\boldsymbol{L}^* + \boldsymbol{L}m_{\underline{X}}\underline{b}^* + \underline{b}\left(\boldsymbol{L}m_{\underline{X}}\right)^* + \underline{b}\underline{b}^* = \boldsymbol{L}R_{\underline{X}}\boldsymbol{L}^* + 2\mathrm{Re}\left(\boldsymbol{L}m_{\underline{X}}\underline{b}^*\right) + \underline{b}\underline{b}^*$이며, $K_{\underline{Y}} = \boldsymbol{L}\,K_{\underline{X}}\boldsymbol{L}^*$이다. ◇

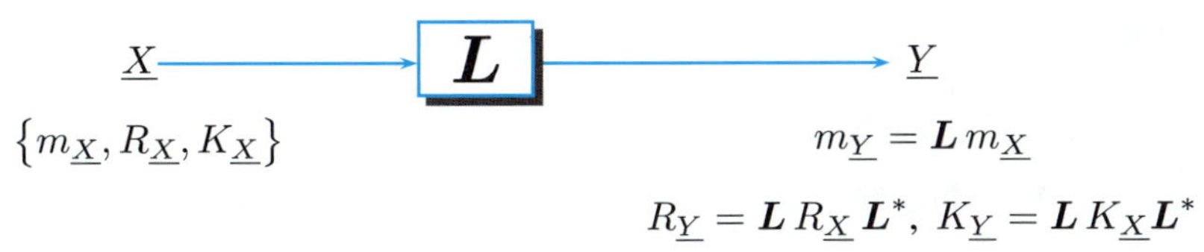

그림 4.20 선형 변환한 확률벡터의 평균 벡터, 상관 행렬, 공분산 행렬

보기 4.48 확률벡터 $\underline{X} = (X_1, X_2)^T$의 평균이 $m_{\underline{X}} = (1, 2)^T$이고 분산-공분산행렬은

$$\begin{pmatrix} 2 & -1 \\ -1 & 1 \end{pmatrix} \tag{4.274}$$

이다. 이제, $\boldsymbol{L} = \begin{pmatrix} 1 & 1 \\ -1 & 1 \end{pmatrix}$일 때, $\underline{Y} = \boldsymbol{L}\underline{X}$의 평균과 분산-공분산행렬을 얻어 보자,

풀이 먼저, $\underline{Y} = \boldsymbol{L}\underline{X}$의 평균은 $m_{\underline{Y}} = \boldsymbol{L}\, m_{\underline{X}} = (3,1)^T$이다. 다음에, $\underline{Y} = \boldsymbol{L}\underline{X}$의 분산-공분산행렬은

$$\begin{aligned} K_{\underline{Y}} &= \boldsymbol{L}\, K_{\underline{X}} \boldsymbol{L}^* \\ &= \begin{pmatrix} 1 & 1 \\ -1 & 1 \end{pmatrix}\begin{pmatrix} 2 & -1 \\ -1 & 1 \end{pmatrix}\begin{pmatrix} 1 & -1 \\ 1 & 1 \end{pmatrix} \\ &= \begin{pmatrix} 3 & -3 \\ 1 & 3 \end{pmatrix} \end{aligned} \tag{4.275}$$

이다. ◇

정리 4.8 상관 행렬과 공분산 행렬은 에르미트 행렬[42]이다. ■■

증명 두 확률변수 X_i와 X_j의 상관은 $R_{X_iX_j} = E\left\{X_iX_j^*\right\} = \left(E\left\{X_jX_i^*\right\}\right)^* = R^*_{X_jX_i}$ 이므로 상관 행렬이 에르미트 행렬이라는 것을 알 수 있다. 마찬가지로, $Y_i = X_i - m_i$라고 두면, 공분산 행렬이 에르미트 행렬이라는 것을 알 수 있다. □

정리 4.9 상관 행렬과 공분산 행렬은 준양정치이다. ■■

증명 먼저, $\underline{a} = (a_1, a_2, \cdots, a_n)$이고 $\underline{X} = (X_1, X_2, \cdots, X_n)^T$라고 두면

$$\begin{aligned} E\left\{|\underline{a}\underline{X}|^2\right\} &= E\left\{\underline{a}\underline{X}\underline{X}^*\underline{a}^*\right\} \\ &= \underline{a}E\left\{\underline{X}\underline{X}^*\right\}\underline{a}^* \\ &\geq 0 \end{aligned} \tag{4.276}$$

이므로 상관 행렬 $R_{\underline{X}} = E\left\{\underline{X}\underline{X}^*\right\}$이 준양정치라는 것을 알 수 있다. 또, $Y_i = X_i - m_i$라고 두면, 공분산 행렬이 준양정치라는 것을 알 수 있다. □

뜻매김 4.14 상관이 없는 확률벡터[43]

두 수 i와 j가 서로 다를 때 늘 $K_{X_iX_j} = 0$이면 – 곧, i와 j가 서로 다를 때 늘 $E\left\{X_iX_j^*\right\} = E\{X_i\}E\left\{X_j^*\right\}$이면 – 확률벡터 $\underline{X}$를 상관이 없는 확률벡터라고 한다.

따라서, 상관이 없는 확률벡터 $\underline{X}$의 상관 행렬 $R_{X_iX_j} = E\left\{X_iX_j^*\right\}$은

$$R_{X_iX_j} = \begin{cases} E\left\{|X_i|^2\right\}, & i = j, \\ E\{X_i\}E\left\{X_j^*\right\}, & i \neq j \end{cases} \tag{4.277}$$

[42] Hermitian matrix. 행렬 $\boldsymbol{A}$와 그 켤레 전치 행렬 $\boldsymbol{A}^*$이 같을 때 – 곧, $\boldsymbol{A}^* = \boldsymbol{A}$일 때 – 행렬 $\boldsymbol{A}$를 에르미트 행렬이라고 부른다.

[43] uncorrelated random vector

이고, 공분산 행렬은

$$K_{X_iX_j} = \begin{cases} \sigma^2_{X_i}, & i=j, \\ 0, & i \neq j \end{cases} \tag{4.278}$$

이다[44].

정리 4.10 분산-공분산 행렬이 양정치인[45] 확률벡터는 상관이 없는 확률벡터로 선형 변환할 수 있다. ■■

증명 이 정리는 $n \times n$ 행렬 $\boldsymbol{A}$가 정규 행렬[46]이면, 직교하는 단위 벡터 n개를 $\boldsymbol{A}$의 고유 벡터로 삼을 수 있고, $\boldsymbol{P}^{-1}\boldsymbol{AP} = \boldsymbol{P}^*\boldsymbol{AP}$가 맞모 행렬[47]인 일원 행렬[48] $\boldsymbol{P}$가 존재한다는 성질을 바탕으로 하는 것이다.

먼저, n차원 확률벡터 $\underline{X} = (X_1, X_2, \cdots, X_n)^T$의 분산-공분산 행렬을 $\boldsymbol{K}$라고 하고, 그 고유값을 $\{\lambda_i\}_{i=1}^n$이라고 두자. 그러면 분산-공분산 행렬은 늘 에르미트 행렬이므로 $\boldsymbol{K}$의 고유값 $\{\lambda_i\}_{i=1}^n$은 모두 실수이고, 분산-공분산 행렬 $\boldsymbol{K}$가 양정치이므로 $\boldsymbol{K}$의 고유값 $\{\lambda_i\}_{i=1}^n$은 모두 0보다 큼을 알 수 있다. 이제,

$$\left\{\underline{a}^{(i)}\right\}^* \underline{a}^{(j)} = \delta_{ij} \tag{4.279}$$

를[49] 만족시키도록 고유값 $\{\lambda_i\}$에 대응하는 고유 벡터[50]들

$$\left\{\underline{a}^{(i)}\right\}_{i=1}^n = \left\{\left(a_1^{(i)}, a_2^{(i)}, \cdots, a_n^{(i)}\right)^T\right\}_{i=1}^n \tag{4.280}$$

을 잡을 수 있으며, 그 고유 벡터들이 이루는 행렬

$$\boldsymbol{A} = \left(\underline{a}^{(1)}, \underline{a}^{(2)}, \cdots, \underline{a}^{(n)}\right)^* \tag{4.281}$$

---

[44] 상관이 없는 확률벡터를 선형 독립 확률벡터라고 부를 때도 있다. 한편, $a_1X_1 + a_2X_2 + \cdots + a_nX_n = 0$을 만족시키는 $\underline{0}$ 아닌 벡터 $\underline{a} = (a_1, a_2, \cdots, a_n)$을 찾을 수 있으면 확률벡터 $\underline{X} = (X_1, X_2, \cdots, X_n)$을 선형 종속 확률벡터라고 부르기도 한다.

[45] positive definite

[46] normal matrix. 행렬 $\boldsymbol{A}$와 그 켤레 전치 행렬 $\boldsymbol{A}^*$의 곱의 순서를 바꿀 수 있을 때 – 곧, $\boldsymbol{AA}^* = \boldsymbol{A}^*\boldsymbol{A}$일 때 – 행렬 $\boldsymbol{A}$를 정규 행렬이라고 부른다.

[47] diagonal matrix. 행렬 $\boldsymbol{A} = [a_{ij}]$에서 $i \neq j$일 때 $a_{ij} = 0$이면 행렬 $\boldsymbol{A}$를 맞모 행렬이라고 하는데, 맞모 행렬은 자주 $\text{diag}\,(a_1, a_2, \cdots, a_n)$처럼 쓴다.

[48] unitary matrix. 행렬 $\boldsymbol{A}$의 켤레 전치 행렬이 역 행렬과 같을 때 – 곧, $\boldsymbol{A}^* = \boldsymbol{A}^{-1}$ 또는 $\boldsymbol{A}^*\boldsymbol{A} = \boldsymbol{AA}^* = \boldsymbol{I}$일 때 – 행렬 $\boldsymbol{A}$를 일원 행렬이라고 부른다. 실수 공간에서는 일원 행렬을 직교 orthogonal 행렬이라고 부른다. 한편, 에르미트 행렬은 모두 정규 행렬이고, 일원 행렬도 모두 정규 행렬이지만, 그 역은 성립하지 않는다는 것을 새겨 두어야 한다. 보기를 들면, $\begin{pmatrix} 1 & -1 \\ 1 & 1 \end{pmatrix}$은 정규 행렬이지만, 에르미트 행렬도 일원 행렬도 아니다.

[49] 여기서, $\delta_{ij} = \begin{cases} 1, & i=j, \\ 0, & i \neq j \end{cases}$ 또는 $\delta_k = \begin{cases} 1, & k=0, \\ 0, & k \neq 0 \end{cases}$을 크로네커 Kronecker 충격 함수 또는 크로네커 함수라고 부른다.

[50] eigenvector

은 일원 행렬이다. 여기서, λ_i가 $\boldsymbol{K}$의 고유값이고 $\underline{a}^{(i)}$가 그에 대응하는 고유 벡터이므로 $\boldsymbol{K}\underline{a}^{(i)} = \lambda_i \underline{a}^{(i)}$라는 것을 새긴 다음, (4.279)를 써서 (4.273)을 바탕으로 확률벡터 $\underline{Y} = (Y_1, Y_2, \cdots, Y_n)^T = \boldsymbol{A}\underline{X}$의 분산-공분산 행렬을 얻으면

$$\begin{aligned} K_{\underline{Y}} &= \boldsymbol{AKA}^* \\ &= \left(\underline{a}^{(1)}, \underline{a}^{(2)}, \cdots, \underline{a}^{(n)}\right)^* \boldsymbol{K} \left(\underline{a}^{(1)}, \underline{a}^{(2)}, \cdots, \underline{a}^{(n)}\right) \\ &= \left(\underline{a}^{(1)}, \underline{a}^{(2)}, \cdots, \underline{a}^{(n)}\right)^* \left(\lambda_1 \underline{a}^{(1)}, \lambda_2 \underline{a}^{(2)}, \cdots, \lambda_n \underline{a}^{(n)}\right) \\ &= \left[\lambda_i \left\{\underline{a}^{(i)}\right\}^* \underline{a}^{(j)}\right] \\ &= \operatorname{diag}(\lambda_1, \lambda_2, \cdots, \lambda_n) \end{aligned} \tag{4.282}$$

이다. 곧, $\underline{Y} = \boldsymbol{A}\underline{X}$는 상관이 없는 확률벡터이다. □

보기 4.49 확률벡터 $\underline{U} = (U_1, U_2)^T \sim N(10, 0, 4, 1, 0.5)$와 $\underline{U}$의 선형 변환

$$\begin{aligned} \underline{V} &= (V_1, V_2)^T \\ &= \boldsymbol{L}\underline{U} \\ &= \begin{pmatrix} -2 & 5 \\ 1 & 1 \end{pmatrix} \begin{pmatrix} U_1 \\ U_2 \end{pmatrix} \\ &= \begin{pmatrix} -2U_1 + 5U_2 \\ U_1 + U_2 \end{pmatrix} \end{aligned} \tag{4.283}$$

을 생각하자. 그러면 확률벡터 $\underline{V}$의 평균 벡터는

$$\begin{aligned} E\{\underline{V}\} &= \boldsymbol{L}E\{\underline{U}\} \\ &= \begin{pmatrix} -2 & 5 \\ 1 & 1 \end{pmatrix} \begin{pmatrix} 10 \\ 0 \end{pmatrix} \\ &= \begin{pmatrix} -20 \\ 10 \end{pmatrix} \end{aligned} \tag{4.284}$$

이다. 또, $\underline{U}$의 공분산 행렬이 $\begin{pmatrix} 4 & 1 \\ 1 & 1 \end{pmatrix}$이므로 $\underline{V}$의 공분산 행렬은

$$\begin{aligned} K_{\underline{V}} &= \boldsymbol{L}K_{\underline{U}}\boldsymbol{L}^* \\ &= \begin{pmatrix} 21 & 0 \\ 0 & 7 \end{pmatrix} \end{aligned} \tag{4.285}$$

이다[51]. ◇

[51]좀 더 자세히 계산 과정을 밝히면 $\boldsymbol{L}K_{\underline{U}}\boldsymbol{L}^* = \begin{pmatrix} -2 & 5 \\ 1 & 1 \end{pmatrix}\begin{pmatrix} 4 & 1 \\ 1 & 1 \end{pmatrix}\begin{pmatrix} -2 & 1 \\ 5 & 1 \end{pmatrix} = \begin{pmatrix} -3 & 3 \\ 5 & 2 \end{pmatrix}\begin{pmatrix} -2 & 1 \\ 5 & 1 \end{pmatrix} = \begin{pmatrix} 21 & 0 \\ 0 & 7 \end{pmatrix}$이다.

이제, 정리 4.10에서 한 걸음 더 나아가보자. 먼저, n차원 확률벡터 $\underline{X}$의 분산-공분산 행렬 $\boldsymbol{K}$의 고유값 $\{\lambda_i\}_{i=1}^{n}$이 모두 0보다 큼을 새겨

$$\tilde{\boldsymbol{\lambda}} = \text{diag}\left(\frac{1}{\sqrt{\lambda_1}}, \frac{1}{\sqrt{\lambda_2}}, \cdots, \frac{1}{\sqrt{\lambda_n}}\right) \tag{4.286}$$

처럼 두고, $\underline{Y}$를

$$\underline{Z} = \tilde{\boldsymbol{\lambda}}\underline{Y} \tag{4.287}$$

처럼 선형 변환하면 $\underline{Z}$의 분산-공분산 행렬은

$$\begin{aligned} K_{\underline{Z}} &= \tilde{\boldsymbol{\lambda}} K_{\underline{Y}} \tilde{\boldsymbol{\lambda}}^* \\ &= \tilde{\boldsymbol{\lambda}}\boldsymbol{\lambda}\tilde{\boldsymbol{\lambda}}^* \\ &= \boldsymbol{I} \end{aligned} \tag{4.288}$$

이다. 곧, $\underline{Z} = \tilde{\boldsymbol{\lambda}}\underline{Y} = \tilde{\boldsymbol{\lambda}}\boldsymbol{A}\underline{X}$는 서로 상관이 없고 분산이 모두 1인 확률변수들의 벡터이다. 그림 4.21에 이것을 보기 쉽게 나타내었다.

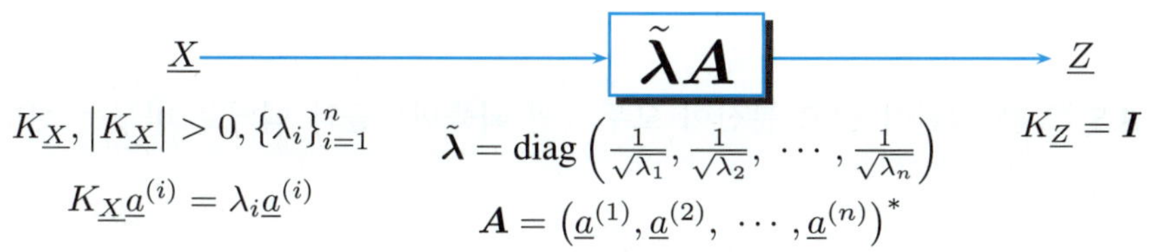

그림 4.21 서로 상관이 없고 분산이 모두 1인 확률변수들의 벡터로 만들기

보기 4.50 확률벡터 $\underline{X} = (X_1, X_2)^T$의 분산-공분산 행렬이

$$K_{\underline{X}} = \begin{pmatrix} 13 & 12 \\ 12 & 13 \end{pmatrix} \tag{4.289}$$

일 때, $\underline{X}$를 상관이 없고 분산이 모두 1인 확률변수들의 벡터로 바꾸는 선형 변환을 얻어 보자.

풀이 먼저, $|\lambda \boldsymbol{I} - K_{\underline{X}}| = 0$에서 $K_{\underline{X}}$의 고유값 $\lambda_1 = 25$와 단위 고유 벡터 $\frac{1}{\sqrt{2}}(1\ 1)^T$, 또 고유값 $\lambda_2 = 1$과 단위 고유 벡터 $\frac{1}{\sqrt{2}}(1\ \ -1)^T$를 얻을 수 있다. 이것을 바탕으로, 선형 변환을

$$\begin{aligned} \boldsymbol{B} &= \frac{1}{\sqrt{2}} \begin{pmatrix} \frac{1}{\sqrt{25}} & 0 \\ 0 & \frac{1}{\sqrt{1}} \end{pmatrix} \begin{pmatrix} 1 & 1 \\ 1 & -1 \end{pmatrix} \\ &= \frac{1}{\sqrt{50}} \begin{pmatrix} 1 & 1 \\ 5 & -5 \end{pmatrix} \end{aligned} \tag{4.290}$$

처럼 두면 $\underline{W} = \boldsymbol{B}\underline{X}$의 분산-공분산 행렬은

$$\begin{aligned} K_{\underline{W}} &= \boldsymbol{B} K_{\underline{X}} \boldsymbol{B}^* \\ &= \frac{1}{50}\begin{pmatrix} 1 & 1 \\ 5 & -5 \end{pmatrix}\begin{pmatrix} 25 & 5 \\ 25 & -5 \end{pmatrix} \\ &= \begin{pmatrix} 1 & 0 \\ 0 & 1 \end{pmatrix} \end{aligned} \tag{4.291}$$

이다. 곧, $\boldsymbol{B}$는 $\underline{X}$를 상관이 없고 분산이 모두 1인 확률변수들의 벡터로 바꾸는 선형 변환이다.

한편,

$$\boldsymbol{A} = \frac{1}{5}\begin{pmatrix} -2 & 3 \\ 3 & -2 \end{pmatrix} \tag{4.292}$$

처럼 두면, $\underline{Y} = \boldsymbol{A}\underline{X}$의 분산-공분산 행렬은

$$\begin{aligned} K_{\underline{Y}} &= \boldsymbol{A} K_{\underline{X}} \boldsymbol{A}^* \\ &= \frac{1}{25}\begin{pmatrix} -2 & 3 \\ 3 & -2 \end{pmatrix}\begin{pmatrix} 10 & 15 \\ 15 & 10 \end{pmatrix} \\ &= \begin{pmatrix} 1 & 0 \\ 0 & 1 \end{pmatrix} \end{aligned} \tag{4.293}$$

이다. 곧, $\boldsymbol{A}$도 $\underline{X}$를 상관이 없고 분산이 모두 1인 확률변수들의 벡터로 바꾸는 선형 변환이다. 여기서,

$$\begin{aligned} \boldsymbol{A}^*\boldsymbol{A} &= \boldsymbol{B}^*\boldsymbol{B} \\ &= \frac{1}{25}\begin{pmatrix} 13 & -12 \\ -12 & 13 \end{pmatrix} \\ &= K_{\underline{X}}^{-1} \end{aligned} \tag{4.294}$$

임과 $\boldsymbol{A}$는 정규 행렬이지만 $\boldsymbol{B}$는 정규 행렬이 아니라는 것을 새겨 둘 만하다. ◇

보기 4.51 확률벡터 $\underline{X} = (X_1, X_2, X_3)^T$의 분산-공분산 행렬이

$$K_{\underline{X}} = \begin{pmatrix} 2 & 1 & 1 \\ 1 & 2 & 1 \\ 1 & 1 & 2 \end{pmatrix} \tag{4.295}$$

일 때, $\underline{X}$를 상관이 없는 확률벡터로 바꾸는 선형 변환과 $\underline{X}$를 상관이 없고 분산이 모두 1인 확률변수들의 벡터로 바꾸는 선형 변환을 얻어 보자.

풀이 먼저, 분산-공분산 행렬 $K_{\underline{X}}$의 특성 다항식[52]은

$$\phi(\lambda) = |\lambda \boldsymbol{I} - K_{\underline{X}}|$$

[52]characteristic polynomial

$$= \begin{vmatrix} \lambda-2 & -1 & -1 \\ -1 & \lambda-2 & -1 \\ -1 & -1 & \lambda-2 \end{vmatrix}$$
$$= (\lambda-1)^2(\lambda-4) \quad (4.296)$$

이므로, 특성 방정식 $\phi(\lambda) = 0$을 풀면 $K_{\underline{X}}$의 고유값 $\lambda = 1, 4$를 얻는다. 이제, 고유값 $\lambda = 1$을 $\lambda(x\ y\ z)^T = K_{\underline{X}}(x\ y\ z)^T$에 넣으면 방정식 $x+y+z=0$을 얻고, 이 방정식의 풀이 가운데 서로 직교하는 독립 풀이 둘을 – 곧, 고유값 $\lambda = 1$에 대응하는 고유 벡터 둘을 – $(x\ y\ z)^T = (1\ -1\ 0)^T$와 $(1\ 1\ -2)^T$로 잡을 수 있다. 마찬가지로, 고유값 $\lambda = 4$를 $\lambda(x\ y\ z)^T = K_{\underline{X}}(x\ y\ z)^T$에 넣으면 $2x-y-z=0$, $-x+2y-z=0$, $-x-y+2z=0$을 얻고 이것을 만족시키는 풀이를 – 곧, 고유값 $\lambda = 4$에 대응하는 고유 벡터를 – $(x\ y\ z)^T = (1\ 1\ 1)^T$로 둘 수 있다. 이와 같이 얻은 고유 벡터 셋 $(1\ -1\ 0)^T$, $(1\ 1\ -2)^T, (1\ 1\ 1)^T$을 정규화하여 만든 행렬을

$$\boldsymbol{A} = \begin{pmatrix} \frac{1}{\sqrt{2}} & -\frac{1}{\sqrt{2}} & 0 \\ \frac{1}{\sqrt{6}} & \frac{1}{\sqrt{6}} & -\frac{2}{\sqrt{6}} \\ \frac{1}{\sqrt{3}} & \frac{1}{\sqrt{3}} & \frac{1}{\sqrt{3}} \end{pmatrix} \quad (4.297)$$

처럼 두면, $\underline{Y} = \boldsymbol{A}\underline{X}$의 분산-공분산 행렬은

$$\begin{aligned} K_{\underline{Y}} &= \boldsymbol{A} K_{\underline{X}} \boldsymbol{A}^* \\ &= \begin{pmatrix} \frac{1}{\sqrt{2}} & -\frac{1}{\sqrt{2}} & 0 \\ \frac{1}{\sqrt{6}} & \frac{1}{\sqrt{6}} & -\frac{2}{\sqrt{6}} \\ \frac{1}{\sqrt{3}} & \frac{1}{\sqrt{3}} & \frac{1}{\sqrt{3}} \end{pmatrix} \begin{pmatrix} \frac{1}{\sqrt{2}} & \frac{1}{\sqrt{6}} & \frac{4}{\sqrt{3}} \\ -\frac{1}{\sqrt{2}} & \frac{1}{\sqrt{6}} & \frac{4}{\sqrt{3}} \\ 0 & -\frac{2}{\sqrt{6}} & \frac{4}{\sqrt{3}} \end{pmatrix} \\ &= \text{diag}(1,1,4) \end{aligned} \quad (4.298)$$

이다. 곧, $\boldsymbol{A}$는 $\underline{X}$를 상관이 없는 확률벡터로 바꾸는 선형 변환이고 $\underline{Y} = \boldsymbol{A}\underline{X}$는 상관이 없는 확률벡터이다. 다음에,

$$\tilde{\boldsymbol{\lambda}} = \text{diag}\left(1, 1, \frac{1}{2}\right) \quad (4.299)$$

처럼 두면, $\underline{Z} = \tilde{\boldsymbol{\lambda}}\underline{Y}$의 분산-공분산 행렬은

$$\begin{aligned} K_{\underline{Z}} &= \tilde{\boldsymbol{\lambda}} K_{\underline{Y}} \tilde{\boldsymbol{\lambda}}^* \\ &= \text{diag}\left(1,1,\frac{1}{2}\right)\text{diag}(1,1,4)\text{diag}\left(1,1,\frac{1}{2}\right) \\ &= \text{diag}\,(1,1,1) \end{aligned} \quad (4.300)$$

이다. 곧,

$$\tilde{\boldsymbol{\lambda}}\boldsymbol{A} = \begin{pmatrix} \frac{1}{\sqrt{2}} & -\frac{1}{\sqrt{2}} & 0 \\ \frac{1}{\sqrt{6}} & \frac{1}{\sqrt{6}} & -\frac{2}{\sqrt{6}} \\ \frac{1}{2\sqrt{3}} & \frac{1}{2\sqrt{3}} & \frac{1}{2\sqrt{3}} \end{pmatrix} \quad (4.301)$$

은 $\underline{X}$를 서로 상관이 없고 분산이 모두 1인 확률변수들의 벡터로 바꾸는 선형 변환이고 $\underline{Z} = \tilde{\boldsymbol{\lambda}}\boldsymbol{A}\underline{X}$는 상관이 없고 분산이 모두 1인 확률변수들의 벡터이다. ◇

4.3.3 특성함수와 적률생성함수

뜻매김 4.15 결합 특성함수[53]

함수

$$\varphi_{\underline{X}}(\underline{\omega}) = E\left\{\exp\left(j\underline{\omega}^T\underline{X}\right)\right\} \tag{4.302}$$

를 확률벡터 $\underline{X} = (X_1, X_2, \cdots, X_n)^T$의 결합 특성함수라고 일컫는다. 여기서, $\underline{\omega} = (\omega_1, \omega_2, \cdots, \omega_n)^T$이다.

위 뜻매김을 바탕으로 연속 확률벡터 $\underline{X}$의 결합 특성함수를

$$\varphi_{\underline{X}}(\underline{\omega}) = \int_{-\infty}^{\infty}\int_{-\infty}^{\infty}\cdots\int_{-\infty}^{\infty} f_{\underline{X}}(\underline{x}) \exp\left(j\underline{\omega}^T\underline{x}\right) d\underline{x} \tag{4.303}$$

처럼 쓸 수 있으므로, 결합 특성함수는 결합 확률밀도함수 $f_{\underline{X}}(\underline{x})$를 다차원 푸리에 변환한 것의 켤레라는 것을 알 수 있다. 여기서, $\underline{x} = (x_1, x_2, \cdots, x_n)^T$이고 $d\underline{x} = dx_1 dx_2 \cdots dx_n$이다. 그러므로, 결합 특성함수를 역변환하면

$$f_{\underline{X}}(\underline{x}) = \frac{1}{(2\pi)^n}\int_{-\infty}^{\infty}\int_{-\infty}^{\infty}\cdots\int_{-\infty}^{\infty} \varphi_{\underline{X}}(\underline{\omega}) \exp\left(j\underline{\omega}^T\underline{x}\right) d\underline{\omega} \tag{4.304}$$

처럼 연속 확률벡터 $\underline{X}$의 결합 확률밀도함수를 얻을 수 있다.

뜻매김 4.16 결합 적률생성함수[54]

함수

$$M_{\underline{X}}(\underline{t}) = E\left\{\exp\left(\underline{t}^T\underline{X}\right)\right\} \tag{4.305}$$

를 확률벡터 $\underline{X}$의 결합 적률생성함수라고 한다. 여기서, $\underline{t} = (t_1, t_2, \cdots, t_n)^T$이다.

곧, 결합 적률생성함수는 결합 확률밀도함수를 다차원 라플라스 변환한 것이다. 또한, 결합 특성함수에서와 비슷하게 결합 적률생성함수를 역변환하면 결합 확률밀도함수를 얻을 수 있다. 말할 것도 없이, 결합 특성함수나 결합 적률생성함수에서 한계 특성함수나 한계 적률생성함수를 얻을 수 있다. 보기를 들면, 확률벡터 $\underline{X}$ 가운데 확률변수 X_i의 한계 특성함수는

$$\varphi_{X_i}(\omega_i) = \left.\varphi_{\underline{X}}(\underline{\omega})\right|_{j \neq i\text{인 모든 } \omega_j = 0} \tag{4.306}$$

이고 한계 적률생성함수는

$$M_{X_i}(t_i) = \left.M_{\underline{X}}(\underline{t})\right|_{j \neq i\text{인 모든 } t_j = 0} \tag{4.307}$$

이다. 한편, 확률벡터 $\underline{X}$가 독립이면, 그 결합 특성함수를

$$\varphi_{\underline{X}}(\underline{\omega}) = \prod_{i=1}^{n} \varphi_{X_i}(\omega_i) \tag{4.308}$$

처럼 한계 특성함수의 곱으로 쓸 수 있다.

---

[53] joint cf

[54] joint mgf

보기 4.52 확률벡터 $\underline{X}$가 독립이고 $Y = \sum_{i=1}^{n} X_i$이면 Y의 특성함수는

$$\begin{aligned}\varphi_Y(\omega) &= E\left\{e^{j\omega(X_1+X_2+\cdots+X_n)}\right\} \\ &= E\left\{e^{j\omega X_1}e^{j\omega X_2}\cdots e^{j\omega X_n}\right\} \\ &= \varphi_{X_1}(\omega)\varphi_{X_2}(\omega)\cdots\varphi_{X_n}(\omega) \\ &= \prod_{i=1}^{n}\varphi_{X_i}(\omega) \end{aligned} \tag{4.309}$$

이다. 따라서, 특성함수 (4.309)를 역변환하면 Y의 확률밀도함수 $f_Y(y)$를 얻을 수 있는데, 이 확률밀도함수 $f_Y(y)$는 X_i의 확률밀도함수 $f_{X_i}(x_i)$들을 길쌈한 것임을 쉽게 알 수 있다. 곧,

$$f_{X_1+X_2+\cdots+X_n} = f_{X_1} * f_{X_2} * \cdots * f_{X_n} \tag{4.310}$$

이다. ◇

보기 4.53 앞에서 얻은 (4.180)은 위 결과 (4.310)에서 $n=2$인 때이다. ◇

보기 4.54 식 (4.309)를 써서 매개변수가 λ_i인 포아송 확률변수들 $\{X_i\}_{i=1}^{n}$이 서로 독립이면 $Y = \sum_{i=1}^{n} X_i$는 매개변수가 $\sum_{i=1}^{n}\lambda_i$인 포아송 확률변수라는 것을 보이자.

풀이 분포가 $P(\lambda_i)$이면 특성함수는

$$\varphi_{X_i}(\omega) = \exp\left\{\lambda_i\left(e^{j\omega}-1\right)\right\} \tag{4.311}$$

이므로 (4.309)에서 $Y = \sum_{i=1}^{n} X_i$의 특성함수는

$$\begin{aligned}\varphi_Y(\omega) &= \prod_{i=1}^{n}\exp\left\{\lambda_i\left(e^{j\omega}-1\right)\right\} \\ &= \exp\left\{\sum_{i=1}^{n}\lambda_i\left(e^{j\omega}-1\right)\right\} \\ &= \exp\left\{\left(\sum_{i=1}^{n}\lambda_i\right)\left(e^{j\omega}-1\right)\right\}\end{aligned} \tag{4.312}$$

이다. 이 식은 $Y \sim P\left(\sum_{i=1}^{n}\lambda_i\right)$라는 것을 뜻한다. ◇

보기 4.55 확률변수들 $\{X_i\}_{i=1}^{n}$이 서로 독립이고, 그 분포가 $\left\{N\left(m_i, \sigma_i^2\right)\right\}_{i=1}^{n}$이면, $\sum_{i=1}^{n} X_i$도 정규 확률변수이고, 그 분포는 $N\left(\sum_{i=1}^{n} m_i, \sum_{i=1}^{n}\sigma_i^2\right)$이라는 것을 보이자.

풀이 분포가 $N\left(m_i, \sigma_i^2\right)$이면 특성함수는

$$\varphi_{X_i}(\omega) = \exp\left(jm_i\omega - \frac{1}{2}\sigma_i^2\omega^2\right) \tag{4.313}$$

이므로, (4.309)에서 $Y = \sum_{i=1}^{n} X_i$의 특성함수는

$$\begin{aligned} \varphi_Y(\omega) &= \prod_{i=1}^{n} \exp\left(jm_i\omega - \frac{1}{2}\sigma_i^2\omega^2\right) \\ &= \exp\left\{\sum_{i=1}^{n}\left(jm_i\omega - \frac{1}{2}\sigma_i^2\omega^2\right)\right\} \\ &= \exp\left\{j\left(\sum_{i=1}^{n} m_i\right)\omega - \frac{1}{2}\left(\sum_{i=1}^{n}\sigma_i^2\right)\omega^2\right\} \end{aligned} \tag{4.314}$$

이다. 이 식은 $Y \sim N\left(\sum_{i=1}^{n} m_i, \sum_{i=1}^{n}\sigma_i^2\right)$이라는 것을 뜻한다. ◇

식 (4.309)에서 본 바와 같이, X와 Y가 독립이면 $X+Y$의 특성함수는 X의 특성함수와 Y의 특성함수의 곱이다. 그러나, 그 역은 성립하지 않는다. 바꾸어 말하면, $X+Y$의 특성함수가 X의 특성함수와 Y의 특성함수의 곱이더라도 X와 Y가 독립이 아닐 때도 있다. 좀 더 자세히 말하면, 두 확률변수 X_1과 X_2가 독립이고 $X_1 \sim F_1$이며 $X_2 \sim F_2$이면, (가) $X_1 + X_2 \sim F_1 * F_2$이고 (나) X_1과 X_2가 절대 연속 확률변수이고, 그 확률밀도함수를 각각 f_1과 f_2라고 할 때 $X_1 + X_2 \sim f_1 * f_2$이다. 다만, X_1과 X_2가 독립이 아니더라도 $X_1 + X_2 \sim f_1 * f_2$일 때가 있는데, 그 보기로는 아래 보기와 함께 독립이 아닌 코쉬 확률변수를 들 수 있다.

보기 4.56 (더한 것의 적률생성함수가 적률생성함수의 곱이지만 독립이 아닌 두 확률변수)* 이산 확률변수 (X, Y)의 결합 확률질량함수 $p_{X,Y}(x, y) = \Pr\{X = x, Y = y\}$가

$$\begin{aligned} &p_{X,Y}(1,1) = \tfrac{1}{9}, \quad p_{X,Y}(1,2) = \tfrac{1}{18}, \quad p_{X,Y}(1,3) = \tfrac{1}{6}, \\ &p_{X,Y}(2,1) = \tfrac{1}{6}, \quad p_{X,Y}(2,2) = \tfrac{1}{9}, \quad p_{X,Y}(2,3) = \tfrac{1}{18}, \\ &p_{X,Y}(3,1) = \tfrac{1}{18}, \quad p_{X,Y}(3,2) = \tfrac{1}{6}, \quad p_{X,Y}(3,3) = \tfrac{1}{9} \end{aligned} \tag{4.315}$$

와 같다고 하자. 그러면 X의 확률질량함수 $p_X(x) = \Pr\{X = x\}$는

$$p_X(1) = p_X(2) = p_X(3) = \frac{1}{3} \tag{4.316}$$

이고, Y의 확률질량함수 $p_Y(y) = \Pr\{Y = y\}$는

$$p_Y(1) = p_Y(2) = p_Y(3) = \frac{1}{3} \tag{4.317}$$

이므로 X와 Y는 서로 독립이 아니다. 한편, X와 Y의 적률생성함수는 둘 다

$$\begin{aligned} M_X(t) &= M_Y(t) \\ &= \frac{1}{3}\left(e^t + e^{2t} + e^{3t}\right) \end{aligned} \tag{4.318}$$

이고, $X+Y$의 적률생성함수는

$$M_{X+Y}(t) = \frac{1}{9}\left(e^{2t} + 2e^{3t} + 3e^{4t} + 2e^{5t} + e^{6t}\right) \tag{4.319}$$

인데, 이것은 $M_X(t)M_Y(t)$와 같다. ◇

정리 4.11 분포가 $N\left(m_1, m_2, \sigma_1^2, \sigma_2^2, \rho\right)$인 결합 정규 확률벡터의 결합 특성함수는

$$\begin{aligned}\varphi(\omega_1, \omega_2) &= \exp\left\{j\left(m_1\omega_1 + m_2\omega_2\right)\right\} \\ &\quad \cdot \exp\left\{-\frac{1}{2}\left(\sigma_1^2{\omega_1}^2 + 2\rho\sigma_1\sigma_2\omega_1\omega_2 + \sigma_2^2{\omega_2}^2\right)\right\}\end{aligned} \tag{4.320}$$

이다. ■■

증명 정규 확률변수 하나일 때와 비슷하므로 자세한 것은 보이지 않는다. □

한편, 확률변수의 적률을 특성함수나 적률생성함수를 써서 쉽게 얻었던 것처럼 결합 특성함수나 결합 적률생성함수를 쓰면 곱 적률을 쉽게 얻을 수 있다. 먼저, 결합 특성함수에서 곱 적률을 얻으면

$$\begin{aligned}m_{k_1k_2\cdots k_n} &= E\left\{X_1^{k_1}X_2^{k_2}\cdots X_n^{k_n}\right\} \\ &= \int_{-\infty}^{\infty}\int_{-\infty}^{\infty}\cdots\int_{-\infty}^{\infty} x_1^{k_1}x_2^{k_2}\cdots x_n^{k_n} f_{\underline{X}}\left(\underline{x}\right)d\underline{x} \\ &= \int_{-\infty}^{\infty}\int_{-\infty}^{\infty}\cdots\int_{-\infty}^{\infty} f_{\underline{X}}\left(\underline{x}\right)\left(\frac{1}{j^K}\frac{\partial^K}{\partial w_1^{k_1}\partial\omega_2^{k_2}\cdots\partial w_n^{k_n}}e^{j\underline{\omega}^T\underline{x}}\right)\Bigg|_{\underline{\omega}=\underline{0}} d\underline{x} \\ &= j^{-K}\frac{\partial^K}{\partial\omega_1^{k_1}\partial\omega_2^{k_2}\cdots\partial\omega_n^{k_n}}\int_{-\infty}^{\infty}\int_{-\infty}^{\infty}\cdots\int_{-\infty}^{\infty} f_{\underline{X}}\left(\underline{x}\right)e^{j\underline{\omega}^T\underline{x}}d\underline{x}\Bigg|_{\underline{\omega}=\underline{0}} \\ &= j^{-K}\left.\frac{\partial^K\varphi_{\underline{X}}\left(\underline{\omega}\right)}{\partial\omega_1^{k_1}\partial\omega_2^{k_2}\cdots\partial\omega_n^{k_n}}\right|_{\underline{\omega}=\underline{0}}\end{aligned} \tag{4.321}$$

이다. 여기서, $k_1 + k_2 + \cdots + k_n = K$라고 두었다.

이와 비슷하게 결합 적률생성함수를 써서도

$$m_{k_1k_2\cdots k_n} = \left.\frac{\partial^K M_{\underline{X}}\left(\underline{t}\right)}{\partial t_1^{k_1}\partial t_2^{k_2}\cdots\partial t_n^{k_n}}\right|_{\underline{t}=\underline{0}} \tag{4.322}$$

처럼 곱 적률을 얻을 수 있다. 특히, 2차원 확률벡터 (X, Y)의 결합 적률생성함수를 $M_{X,Y}(t_1, t_2) = E\left\{\exp(t_1X + t_2Y)\right\}$라고 쓰면 적률 정리

$$m_{kr} = \frac{\partial^{k+r}}{\partial t_1^k\partial t_2^r}M_{X,Y}(0,0) \tag{4.323}$$

을 얻는다.

보기 4.57 (특성함수와 길쌈)* 두 함수 G와 H가 같으면 $F*G = F*H$이다. 그러나, 그 역이 늘 성립하는 것은 아니다: 곧, $F*G = F*H$일 때 늘 $G = H$인 것은 아니다. 보기를 살펴보자. 확률변수 X의 분포가

$$\Pr\{X = x\} = \begin{cases}\frac{1}{2}, & x = 0, \\ \frac{2}{\pi^2(2n-1)^2}, & x = \pm(2n-1)\pi, \quad n = 1, 2, \cdots, \\ 0, & \text{그 밖에는}\end{cases} \tag{4.324}$$

이면 특성함수는

$$\begin{aligned}\varphi_X(t) &= \frac{1}{2} + \sum_{n=1}^{\infty} \frac{4}{\pi^2(2n-1)^2}\cos\{(2n-1)\pi t\} \\ &= \frac{1}{2} + \frac{4}{\pi^2}\left\{\frac{\pi}{4}\left(\frac{\pi}{2} - |\pi t|\right)\right\} \\ &= 1 - |t|, \quad |t| \le 1 \end{aligned} \tag{4.325}$$

인데 이 특성함수는 주기가 2이다. 한편,

$$\Pr\{Y = x\} = \begin{cases} \frac{4}{\pi^2(2n-1)^2}, & x = \pm\frac{(2n-1)\pi}{2}, \quad n = 1, 2, \cdots, \\ 0, & \text{그 밖에는} \end{cases} \tag{4.326}$$

인 확률변수 Y의 특성함수는

$$\varphi_Y(t) = 1 - |t|, \quad |t| \le 2 \tag{4.327}$$

이고 주기가 4이다. 식 (4.325)와 (4.327)을 살펴보면, $|\varphi_X(t)| = |\varphi_Y(t)|$이고, $t \in (-1, 1)$일 때 $\varphi_X(t) = \varphi_Y(t)$이다. 이제, 확률변수 Z의 확률밀도함수가

$$f_Z(x) = \begin{cases} \frac{1-\cos x}{\pi x^2}, & x \neq 0, \\ \frac{1}{2\pi}, & x = 0 \end{cases} \tag{4.328}$$

이면, Z의 특성함수는

$$\varphi_Z(t) = \begin{cases} 1 - |t|, & |t| \le 1, \\ 0, & \text{그 밖에는} \end{cases} \tag{4.329}$$

이다. 곧, $\varphi_Z(t)\varphi_X(t) = \varphi_Z(t)\varphi_Y(t)$이지만 $\varphi_X(t) \neq \varphi_Y(t)$이므로 X, Y, Z의 누적분포함수를 F_X, F_Y, F_Z로 쓰면 $F_Z(x) * F_X(x) = F_Z(x) * F_Y(x)$이지만 $F_X(x) \neq F_Y(x)$이다. ◇

4.4 조건부 분포

4.4.1 조건부 확률 함수

먼저, 3.5절에서 다룬 조건부 분포를 좀 더 확장해 보자. 사건 A가 일어났을 때 두 확률변수 Z와 W의 조건부 결합 누적분포함수는[55]

$$\begin{aligned} F_{Z,W|A}(z, w|A) &= P\{Z \le z, W \le w \,|\, A\} \\ &= \frac{P\{Z \le z, W \le w, A\}}{P\{A\}} \end{aligned} \tag{4.330}$$

과 같다. 이 조건부 결합 누적분포함수 $F_{Z,W|A}(z, w|A)$를 z와 w로 미분하면

[55]그리 크게 문제가 없을 때에는 조건부 결합 누적분포함수를 조건부 누적분포함수라고 쓰기도 한다.

$$f_{Z,W|A}(z,w|A) = \frac{\partial^2}{\partial z \partial w} F_{Z,W|A}(z,w|A) \tag{4.331}$$

과 같이 조건부 결합 확률밀도함수[56] $f_{Z,W|A}(z,w|A)$를 얻을 수 있다.

보기 4.58 영역 $A = \{X \leq x\}$일 때, 조건부 결합 누적분포함수 $F_{X,Y|A}(x,y|A)$와 조건부 결합 확률밀도함수 $f_{X,Y|A}(x,y|A)$를 얻어 보자.

풀이 먼저, 조건부 결합 누적분포함수 $F_{X,Y|A}(x,y|A)$는 $P\{X \leq x, Y \leq y \,|\, X \leq x\} = \frac{P\{X \leq x, Y \leq y\}}{P\{X \leq x\}}$라는 것을 새기면

$$\begin{aligned} F_{X,Y|X\leq x}(x,y|X \leq x) &= \frac{P\{X \leq x, Y \leq y\}}{P\{X \leq x\}} \\ &= \frac{F_{X,Y}(x,y)}{F_X(x)} \end{aligned} \tag{4.332}$$

와 같이 얻을 수 있다. 이 조건부 결합 누적분포함수를 x와 y로 미분하면

$$\begin{aligned} f_{X,Y|X\leq x}(x,y|X \leq x) &= \frac{\partial}{\partial x}\left\{\frac{1}{F_X(x)}\frac{\partial F_{X,Y}(x,y)}{\partial y}\right\} \\ &= \frac{f_{X,Y}(x,y)}{F_X(x)} - \frac{f_X(x)}{F_X^2(x)}\frac{\partial F_{X,Y}(x,y)}{\partial y} \end{aligned} \tag{4.333}$$

처럼 조건부 결합 확률밀도함수 $f_{X,Y|A}(x,y|A)$를 얻는다. 한편,

$$\begin{aligned} F_{Y|X\leq x}(y|X \leq x) &= \frac{P\{X \leq x, Y \leq y\}}{P\{X \leq x\}} \\ &= \frac{F_{X,Y}(x,y)}{F_X(x)} \end{aligned} \tag{4.334}$$

이므로, (4.332)와 (4.334)에서

$$F_{Y|X\leq x}(y|X \leq x) = F_{X,Y|X\leq x}(x,y|X \leq x) \tag{4.335}$$

임을 알 수 있다. 또한, (4.334)를 바탕으로 조건부 누적분포함수 $F_{Y|X\leq x}(y|X \leq x)$를 y로 미분하면

$$f_{Y|X\leq x}(y|X \leq x) = \frac{1}{F_X(x)}\frac{\partial F_{X,Y}(x,y)}{\partial y} \tag{4.336}$$

과 같이 조건부 확률밀도함수 $f_{Y|X\leq x}(y|X \leq x)$를 얻을 수 있다. 한편, (4.333)과 (4.336)에서

$$f_{X,Y|X\leq x}(x,y|X \leq x) = \frac{\partial}{\partial x} f_{Y|X\leq x}(y|X \leq x) \tag{4.337}$$

임을 알 수 있다. ◇

[56]그리 크게 문제가 없을 때에는 조건부 결합 확률밀도함수를 조건부 확률밀도함수라고 쓰기도 한다.

보기 4.59 영역 $A = \{x_1 < X \le x_2\}$일 때, 조건부 결합 누적분포함수 $F_{X,Y|A}(x,y|A)$와 조건부 결합 확률밀도함수 $f_{X,Y|A}(x,y|A)$를 얻어 보자.

풀이 먼저, 조건부 결합 누적분포함수 $F_{X,Y|A}(x,y|A)$는

$$\begin{aligned} F_{X,Y|A}(x,y|A) &= \frac{P\{X \le x, Y \le y, x_1 < X \le x_2\}}{P\{x_1 < X \le x_2\}} \\ &= \begin{cases} 0, & x < x_1, \\ \frac{P\{x_1 < X \le x, Y \le y\}}{P\{x_1 < X \le x_2\}}, & x_1 \le x < x_2, \\ \frac{P\{x_1 < X \le x_2, Y \le y\}}{P\{x_1 < X \le x_2\}}, & x \ge x_2 \end{cases} \\ &= \begin{cases} 0, & x < x_1, \\ \frac{F_{X,Y}(x,y) - F_{X,Y}(x_1,y)}{F_X(x_2) - F_X(x_1)}, & x_1 \le x < x_2, \\ \frac{F_{X,Y}(x_2,y) - F_{X,Y}(x_1,y)}{F_X(x_2) - F_X(x_1)}, & x \ge x_2 \end{cases} \end{aligned} \tag{4.338}$$

처럼 얻을 수 있다. 이 식을 미분하면

$$f_{X,Y|A}(x,y|A) = \begin{cases} \frac{f_{X,Y}(x,y)}{F_X(x_2) - F_X(x_1)}, & x_1 < x < x_2, \\ 0, & \text{그 밖에는} \end{cases} \tag{4.339}$$

처럼 조건부 결합 확률밀도함수 $f_{X,Y|A}(x,y|A)$를 얻는다. ◇

이제, 조건부 확률밀도함수 $f_{Y|X}(y|x) = f_{Y|X}(y|X = x)$를 생각해 보자. 먼저, 조건부 누적분포함수 $F_{Y|X}(y|x) = F_{Y|X}(y|X = x)$는

$$\begin{aligned} F_{Y|X}(y|x) &= \lim_{dx \to 0} P\{Y \le y \,|\, x \le X \le x + dx\} \\ &= \lim_{dx \to 0} \frac{P\{Y \le y, x \le X \le x + dx\}}{P\{x \le X \le x + dx\}} \\ &= \lim_{dx \to 0} \frac{\int_{-\infty}^{y} f_{X,Y}(x,v)\, dx\, dv}{f_X(x) dx} \\ &= \int_{-\infty}^{y} \frac{f_{X,Y}(x,v)}{f_X(x)} dv \\ &= \frac{1}{f_X(x)} \frac{\partial F_{X,Y}(x,y)}{\partial x} \end{aligned} \tag{4.340}$$

처럼 쓸 수 있다. 따라서, 이 조건부 누적분포함수 $F_{Y|X}(y|x)$를 y로 미분하면

$$\begin{aligned} f_{Y|X}(y|x) &= \frac{\partial}{\partial y} F_{Y|X}(y|x) \\ &= \frac{1}{f_X(x)} \frac{\partial^2}{\partial x \partial y} F_{X,Y}(x,y) \\ &= \frac{f_{X,Y}(x,y)}{f_X(x)} \end{aligned} \tag{4.341}$$

처럼 조건부 확률밀도함수 $f_{Y|X}(y|x) = f_{Y|X}(y|X = x)$를 얻는다. 이와 비슷하게 조건부 확률밀도함수 $f_{X|Y}(x|y) = f_{X|Y}(x|Y = y)$를 얻으면

$$f_{X|Y}(x|y) = \frac{f_{X,Y}(x,y)}{f_Y(y)} \tag{4.342}$$

이다. 식 (4.342)는 (4.341)에서 X, Y, x, y를 각각 Y, X, y, x로 바꾸어도 바로 얻을 수 있다. 한편, (4.341)과 (4.342)는 2.2절에 보인 (2.79)와 같은 꼴이라는 것을 새겨 둘 만하다.

보기 4.60 두 확률변수 X와 Y의 결합 확률밀도함수가

$$f_{X,Y}(x,y) = \begin{cases} 6xy(2-x-y), & 0<x<1,\ 0<y<1, \\ 0, & \text{그 밖에는} \end{cases} \tag{4.343}$$

일 때, 조건부 확률밀도함수 $f_{X|Y}(x|y)$를 얻어 보자.

풀이 식 (4.342)를 쓰고 $f_Y(y) = \int_0^1 f_{X,Y}(x,y)dx$라는 것을 새기면, $0<x<1$이고 $0<y<1$일 때

$$\begin{aligned} f_{X|Y}(x|y) &= \frac{6xy(2-x-y)}{\int_0^1 6xy(2-x-y)dx} \\ &= \frac{6x(2-x-y)}{4-3y} \end{aligned} \tag{4.344}$$

를 얻는다. ◇

보기 4.61 두 확률변수 X와 Y의 결합 확률밀도함수가

$$f_{X,Y}(x,y) = \begin{cases} 4y(x-y)e^{-(x+y)}, & 0\le y\le x<\infty, \\ 0, & \text{그 밖에는} \end{cases} \tag{4.345}$$

일 때, 조건부 확률밀도함수 $f_{X|Y}(x|y)$를 얻어 보자.

풀이 식 (4.342)를 쓰면, $0\le y\le x<\infty$일 때

$$\begin{aligned} f_{X|Y}(x|y) &= \frac{4y(x-y)e^{-(x+y)}}{\int_y^\infty 4y(x-y)e^{-(x+y)}dx} \\ &= \frac{(x-y)e^{-(x+y)}}{\int_y^\infty (x-y)e^{-(x+y)}dx} \\ &= (x-y)e^{-(x-y)} \end{aligned} \tag{4.346}$$

을 얻는다. ◇

보기 4.62 두 확률변수 X와 Y의 분포가 결합 정규 분포 $N\left(m_1, m_2, \sigma_1^2, \sigma_2^2, \rho\right)$라고 하자. 그러면, 보기 4.4에서 보인 결합 확률밀도함수 (4.34)와 분포가 $N\left(m_1, \sigma_1^2\right)$인 정규 확률밀도함수 $f_X(x)$를 써서

$$\begin{aligned} f_{Y|X}(y|x) &= \frac{f_{X,Y}(x,y)}{f_X(x)} \\ &= \frac{1}{\sqrt{2\pi\sigma_2^2\left(1-\rho^2\right)}} \exp\left(-\frac{\left[y-\left\{m_2+\rho\frac{\sigma_2}{\sigma_1}(x-m_1)\right\}\right]^2}{2\sigma_2^2\left(1-\rho^2\right)}\right) \end{aligned} \tag{4.347}$$

을 얻을 수 있다. 이 식은, $(X,Y) \sim N\left(m_1, m_2, \sigma_1^2, \sigma_2^2, \rho\right)$일 때 $X = x$라는 것을 알면, Y가 평균이 $m_2 + \rho\frac{\sigma_2}{\sigma_1}(x - m_1)$이고 분산이 $\sigma_2^2\left(1 - \rho^2\right)$인 정규 확률변수라는 것을 나타낸다. ◇

한편,

$$F_{Y|X}(y|x) = P\{Y \leq y|X = x\} \tag{4.348}$$

이고

$$\begin{aligned} \frac{F_{X,Y}(x,y)}{F_X(x)} &= \frac{P\{X \leq x, Y \leq y\}}{P\{X \leq x\}} \\ &= P\{Y \leq y|X \leq x\} \end{aligned} \tag{4.349}$$

이므로

$$F_{Y|X}(y|x) \neq \frac{F_{X,Y}(x,y)}{F_X(x)} \tag{4.350}$$

인데, 이 결과 (4.350)은 새겨 둘 만한 것이다. 끝으로, $F_{Y|X}(y|t) = \int_{-\infty}^{y} f_{Y|X}(s|t)ds$를 새기고 (4.341)을 쓰면, (4.340)에서 아래를 알 수 있다.

$$\begin{aligned} F_{X,Y}(x,y) &= \int_{-\infty}^{x} F_{Y|X}(y|t) f_X(t)dt \\ &= \int_{-\infty}^{x}\int_{-\infty}^{y} f_{Y|X}(s|t)ds f_X(t)dt \\ &= \int_{-\infty}^{x}\int_{-\infty}^{y} f_{X,Y}(t,s)dsdt. \end{aligned} \tag{4.351}$$

이 식은, 확률밀도함수를 적분하여 누적분포함수를 얻는다는 (4.4) 또는 (4.13)과 같은 것이다.

정리 4.12 베이스[57]의 정리 앞에서 얻은 (4.15), (4.341), (4.342)를 바탕으로 정리하면, $f_X(x) > 0$인 x에서

$$\begin{aligned} f_{Y|X}(y|x) &= \frac{f_{X|Y}(x|y) f_Y(y)}{f_X(x)} \\ &= \frac{f_{X|Y}(x|y) f_Y(y)}{\int_{-\infty}^{\infty} f_{X|Y}(x|y) f_Y(y)dy} \end{aligned} \tag{4.352}$$

이다. ■■

이제까지 얻은 것과 비슷한 식들을 이산 확률변수에서도 얻을 수 있다. 보기를 들면, 베이스의 정리를 다시 쓰면

$$\begin{aligned} p_{Y|X}(y_k|x_i) &= P\{Y = y_k|X = x_i\} \\ &= \frac{P\{Y = y_k, X = x_i\}}{P\{X = x_i\}} \\ &= \frac{p_{ik}}{p_i} \\ &= \frac{p_{ik}}{\sum_k p_{ik}} \end{aligned} \tag{4.353}$$

[57] Bayes

이다. 한편, 확률변수 X와 Y가 서로 독립이면, $F_{X,Y}(x,y) = F_X(x)F_Y(y)$이고 $f_{X,Y}(x,y) = f_X(x)f_Y(y)$이므로

$$F_{X|Y}(x|y) = F_X(x) \tag{4.354}$$

이고

$$f_{X|Y}(x|y) = f_X(x) \tag{4.355}$$

이며 $F_{Y|X}(y|x) = F_Y(y)$이고 $f_{Y|X}(y|x) = f_Y(y)$이다.

보기 4.63 확률변수 X의 확률질량함수가

$$p_X(x) = \begin{cases} \frac{1}{6}, & x = 3; \quad \frac{1}{2}, \ x = 4; \\ \frac{2}{6}, & x = 5 \end{cases} \tag{4.356}$$

이다. 이때, 확률변수

$$Y = \begin{cases} 0, & X\text{가 } 4\text{일 때}, \\ 1, & X\text{가 } 3 \text{ 또는 } 5\text{일 때} \end{cases} \tag{4.357}$$

과 $Z = X - Y$를 생각하여, 조건부 확률질량함수 $p_{X|Y}$, $p_{Y|X}$, $p_{X|Z}$, $p_{Z|X}$, $p_{Y|Z}$, $p_{Z|Y}$와 결합 확률질량함수 $p_{X,Y}$, $p_{Y,Z}$, $p_{Z,X}$를 얻어 보자.

풀이 먼저,

$$\begin{aligned} p_Y(y) &= \begin{cases} \Pr\{X\text{가 } 4\}, & y = 0, \\ \Pr\{X\text{가 } 3 \text{ 또는 } 5\}, & y = 1 \end{cases} \\ &= \begin{cases} \frac{1}{2}, & y = 0, \\ \frac{1}{2}, & y = 1 \end{cases} \end{aligned} \tag{4.358}$$

임을 쉽게 알 수 있다. 한편, $X = 3$이면 $Y = 1$이고 $Z = X - Y = 2$이며, $X = 4$이면 $Y = 0$이고 $Z = X - Y = 4$이며, $X = 5$이면 $Y = 1$이고 $Z = X - Y = 4$이므로

$$\begin{aligned} p_Z(z) &= \begin{cases} \Pr\{X = 3\}, & z = 2, \\ \Pr\{X = 4 \text{ 또는 } 5\}, & z = 4 \end{cases} \\ &= \begin{cases} \frac{1}{6}, & z = 2, \\ \frac{5}{6}, & z = 4 \end{cases} \end{aligned} \tag{4.359}$$

임을 알 수 있다. 이제, (4.357)에서, $X = 3$이면 $Y = 1$이고, $X = 4$이면 $Y = 0$이며, $X = 5$이면 $Y = 1$이므로,

$$\begin{aligned} &p_{Y|X}(0|3) = 0, \ p_{Y|X}(0|4) = 1, \ p_{Y|X}(0|5) = 0, \\ &p_{Y|X}(1|3) = 1, \ p_{Y|X}(1|4) = 0, \ p_{Y|X}(1|5) = 1 \end{aligned} \tag{4.360}$$

임을 알 수 있고, (4.353)에서 $p_{X,Y}(x,y) = p_{Y|X}(y|x)p_X(x)$라는 것을 새겨 (4.356)과 (4.360)을 쓰면

$$p_{X,Y}(3,0)=0,\ \ p_{X,Y}(4,0)=\tfrac{3}{6},\ \ p_{X,Y}(5,0)=0,$$
$$p_{X,Y}(3,1)=\tfrac{1}{6},\ \ p_{X,Y}(4,1)=0,\ \ p_{X,Y}(5,1)=\tfrac{2}{6} \tag{4.361}$$

을 얻으며, (4.353)에서 $p_{X|Y}(x|y)=\frac{p_{X,Y}(x,y)}{p_Y(y)}$라는 것을 새겨 (4.358)과 (4.361)을 쓰면

$$p_{X|Y}(3|0)=0,\ \ p_{X|Y}(4|0)=1,\ \ p_{X|Y}(5|0)=0,$$
$$p_{X|Y}(3|1)=\tfrac{1}{3},\ \ p_{X|Y}(4|1)=0,\ \ p_{X|Y}(5|1)=\tfrac{2}{3} \tag{4.362}$$

를 얻는다. 한편, Z의 뜻매김과 (4.357)에서, $X=3$이면 $Y=1$이고 $Z=2$이며, $X=4$이면 $Y=0$이고 $Z=4$이며, $X=5$이면 $Y=1$이고 $Z=4$이므로,

$$p_{Z|X}(2|3)=1,\ \ p_{Z|X}(2|4)=0,\ \ p_{Z|X}(2|5)=0,$$
$$p_{Z|X}(4|3)=0,\ \ p_{Z|X}(4|4)=1,\ \ p_{Z|X}(4|5)=1 \tag{4.363}$$

을 얻을 수 있고, (4.353)에서 $p_{X,Z}(x,z)=p_{Z|X}(z|x)p_X(x)$를 새겨 (4.356)과 (4.363)을 쓰면

$$p_{X,Z}(3,2)=\tfrac{1}{6},\ \ p_{X,Z}(4,2)=0,\ \ p_{X,Z}(5,2)=0,$$
$$p_{X,Z}(3,4)=0,\ \ p_{X,Z}(4,4)=\tfrac{3}{6},\ \ p_{X,Z}(5,4)=\tfrac{2}{6} \tag{4.364}$$

를 얻으며, (4.353)에서 $p_{X|Z}(x|z)=\frac{p_{X,Z}(x,z)}{p_Z(z)}$라는 것을 새겨 (4.359)와 (4.364)를 쓰면

$$p_{X|Z}(3|2)=1,\ \ p_{X|Z}(4|2)=0,\ \ p_{X|Z}(5|2)=0,$$
$$p_{X|Z}(3|4)=0,\ \ p_{X|Z}(4|4)=\tfrac{3}{5},\ \ p_{X|Z}(5|4)=\tfrac{2}{5} \tag{4.365}$$

를 얻는다. 끝으로,

$$\begin{aligned} p_{Z|Y}(2|0) &= \Pr\{X-Y=2|Y=0\} \\ &= \Pr\{X=2|X=\text{짝수}\} \\ &= 0 \end{aligned} \tag{4.366}$$

이고,

$$\begin{aligned} p_{Z|Y}(4|0) &= \Pr\{X-Y=4|Y=0\} \\ &= \Pr\{X=4|X=4\} \\ &= 1 \end{aligned} \tag{4.367}$$

이며,

$$\begin{aligned} p_{Z|Y}(2|1) &= \Pr\{X-Y=2|Y=1\} \\ &= \Pr\{X=3|X=1\} \\ &= \frac{1}{3} \end{aligned} \tag{4.368}$$

이고[58],

[58]좀 더 자세히 밝히면 $\Pr\{X-Y=2|Y=1\}=\Pr\{X=3|X=\text{홀수}\}=\Pr\{X=3|X=3 \text{ 또는 } 5\}=\frac{\Pr\{\{X=3\}\cap\{X=3 \text{ 또는 } 5\}\}}{\Pr\{X=3 \text{ 또는 } 5\}}=\frac{\Pr\{X=3\}}{\Pr\{X=3 \text{ 또는 } 5\}}=\frac{1}{3}$이다.

$$\begin{aligned} p_{Z|Y}(4|1) &= \Pr\{X-Y=4|Y=1\} \\ &= \frac{\Pr\{X=5\}}{\Pr\{X=3 \text{ 또는 } 5\}} \\ &= \frac{2}{3} \end{aligned} \tag{4.369}$$

이므로, (4.353)에서 $p_{Y,Z}(y,z)=p_{Z|Y}(z|y)p_Y(y)$라는 것을 새겨 (4.358)과 (4.369)를 쓰면

$$\begin{aligned} &p_{Y,Z}(0,2)=0, \quad p_{Y,Z}(0,4)=\tfrac{1}{2}, \\ &p_{Y,Z}(1,2)=\tfrac{1}{6}, \quad p_{Y,Z}(1,4)=\tfrac{1}{3} \end{aligned} \tag{4.370}$$

이고, (4.353)에서 $p_{Y|Z}(y|z)=\frac{p_{Y,Z}(y,z)}{p_Z(z)}$라는 것을 새겨 (4.359)와 (4.370)을 쓰면

$$\begin{aligned} &p_{Y|Z}(0|2)=0, \quad p_{Y|Z}(0|4)=\tfrac{3}{5}, \\ &p_{Y|Z}(1|2)=1, \quad p_{Y|Z}(1|4)=\tfrac{2}{5} \end{aligned} \tag{4.371}$$

을 얻는다. ◇

보기 4.64 확률변수 X의 확률질량함수가

$$p_X(x) = \begin{cases} \frac{1}{6}, & x=3; \quad \frac{1}{2}, \ x=4; \\ \frac{2}{6}, & x=5 \end{cases} \tag{4.372}$$

이고, Y의 확률질량함수가

$$p_Y(y) = \begin{cases} \frac{1}{2}, & y=0, \\ \frac{1}{2}, & y=1 \end{cases} \tag{4.373}$$

이며, X와 Y가 서로 독립일 때, $Z=X-Y$를 생각하자. 이때, 조건부 확률질량함수 $p_{X|Z}$, $p_{Z|X}$, $p_{Y|Z}$, $p_{Z|Y}$와 결합 확률질량함수 $p_{X,Y}$, $p_{Y,Z}$, $p_{X,Z}$를 얻어 보자.

풀이 먼저, X와 Y가 서로 독립이라는 것을 새겨 $p_{X,Y}(x,y)=p_X(x)p_Y(y)$를 얻으면

$$\begin{aligned} &p_{X,Y}(3,0)=\tfrac{1}{12}, \quad p_{X,Y}(4,0)=\tfrac{3}{12}, \quad p_{X,Y}(5,0)=\tfrac{2}{12}, \\ &p_{X,Y}(3,1)=\tfrac{1}{12}, \quad p_{X,Y}(4,1)=\tfrac{3}{12}, \quad p_{X,Y}(5,1)=\tfrac{2}{12} \end{aligned} \tag{4.374}$$

임을 쉽게 알 수 있다. 다음에, X와 Y가 서로 독립이라는 것을 새기면 $p_{Z|X}(z|x)=\Pr\{Z=z|X=x\}=\Pr\{X-Y=z|X=x\}=\Pr\{Y=x-z|X=x\}=\Pr\{Y=x-z\}=p_Y(x-z)$이므로

$$p_{Z|X}(z|x) = \begin{cases} \frac{1}{2}, & x=3,4,5; \quad z=x-1,x, \\ 0, & \text{그 밖에는} \end{cases} \tag{4.375}$$

를 얻고, $p_{X,Z}(x,z)=p_{Z|X}(z|x)p_X(x)$를 새겨

$$p_{X,Z}(x,z) = \begin{cases} \frac{1}{12}, & x=3; \quad z=2,3, \\ \frac{3}{12}, & x=4; \quad z=3,4, \\ \frac{2}{12}, & x=5; \quad z=4,5, \\ 0, & \text{그 밖에는} \end{cases} \tag{4.376}$$

을 얻는다. 한편, $\Pr\{X-Y=2\}=\Pr\{X=3,Y=1\}$인데, 여기서 X와 Y가 서로 독립이라는 것을 새기면 $\Pr\{X=3,Y=1\}=\Pr\{X=3\}\Pr\{Y=1\}$이므로

$$\begin{aligned} p_Z(2) &= \Pr\{X-Y=2\} \\ &= \frac{1}{12} \end{aligned} \tag{4.377}$$

임을 알 수 있고, 이와 비슷하게

$$\begin{aligned} p_Z(3) &= \Pr\{X=3\}\Pr\{Y=0\}+\Pr\{X=4\}\Pr\{Y=1\} \\ &= \frac{4}{12}, \end{aligned} \tag{4.378}$$

$$\begin{aligned} p_Z(4) &= \Pr\{X=4\}\Pr\{Y=0\}+\Pr\{X=5\}\Pr\{Y=1\} \\ &= \frac{5}{12}, \end{aligned} \tag{4.379}$$

$$\begin{aligned} p_Z(5) &= \Pr\{X=5\}\Pr\{Y=0\} \\ &= \frac{2}{12} \end{aligned} \tag{4.380}$$

을[59] 얻는다. 이제, $p_{X|Z}(x|z)=\frac{p_{X,Z}(x,z)}{p_Z(z)}$라는 것을 새겨 (4.376)–(4.380)을 쓰면

$$\begin{aligned} &p_{X|Z}(3|2)=1,\ p_{X|Z}(3|3)=\tfrac{1}{4},\ p_{X|Z}(3|4)=0,\ p_{X|Z}(3|5)=0, \\ &p_{X|Z}(4|2)=0,\ p_{X|Z}(4|3)=\tfrac{3}{4},\ p_{X|Z}(4|4)=\tfrac{3}{5},\ p_{X|Z}(4|5)=0, \\ &p_{X|Z}(5|2)=0,\ p_{X|Z}(5|3)=0,\ p_{X|Z}(5|4)=\tfrac{2}{5},\ p_{X|Z}(5|5)=1 \end{aligned} \tag{4.381}$$

을 얻는다. 다음에, X와 Y가 서로 독립이라는 것을 다시 새기면 $p_{Z|Y}(z|y)=\Pr\{X-Y=z|Y=y\}=\Pr\{X=y+z|Y=y\}=\Pr\{X=y+z\}=p_X(y+z)$이므로

$$\begin{aligned} &p_{Z|Y}(2|0)=0,\ p_{Z|Y}(3|0)=\tfrac{1}{6},\ p_{Z|Y}(4|0)=\tfrac{3}{6},\ p_{Z|Y}(5|0)=\tfrac{2}{6}, \\ &p_{Z|Y}(2|1)=\tfrac{1}{6},\ p_{Z|Y}(3|1)=\tfrac{3}{6},\ p_{Z|Y}(4|1)=\tfrac{2}{6},\ p_{Z|Y}(5|1)=0 \end{aligned} \tag{4.382}$$

를 얻는다. 이제, $p_{Y,Z}(y,z)=p_{Z|Y}(z|y)p_Y(y)$라는 것을 새겨 (4.373)과 (4.382)를 쓰면

$$\begin{aligned} &p_{Y,Z}(0,2)=0,\quad p_{Y,Z}(0,3)=\tfrac{1}{12},\ p_{Y,Z}(0,4)=\tfrac{3}{12},\ p_{Y,Z}(0,5)=\tfrac{2}{12}, \\ &p_{Y,Z}(1,2)=\tfrac{1}{12},\ p_{Y,Z}(1,3)=\tfrac{3}{12},\ p_{Y,Z}(1,4)=\tfrac{2}{12},\ p_{Y,Z}(1,5)=0 \end{aligned} \tag{4.383}$$

을 얻고, 다시 $p_{Y|Z}(y|z)=\frac{p_{Y,Z}(y,z)}{p_Z(z)}$라는 것을 새겨 (4.377)–(4.380)과 (4.383)을 쓰면

$$\begin{aligned} &p_{Y|Z}(0|2)=0,\ p_{Y|Z}(0|3)=\tfrac{1}{4},\ p_{Y|Z}(0|4)=\tfrac{3}{5},\ p_{Y|Z}(0|5)=1, \\ &p_{Y|Z}(1|2)=1,\ p_{Y|Z}(1|3)=\tfrac{3}{4},\ p_{Y|Z}(1|4)=\tfrac{2}{5},\ p_{Y|Z}(1|5)=0 \end{aligned} \tag{4.384}$$

를 얻는다. ◇

보기 4.65 확률벡터 (X,Y)의 결합 확률밀도함수가

[59] 이 확률질량함수 $p_Z(z)$는 (4.376)을 바탕으로 $p_Z(z)=\sum_x p_{X,Z}(x,z)$에서 얻은 것이라고 볼 수도 있다.

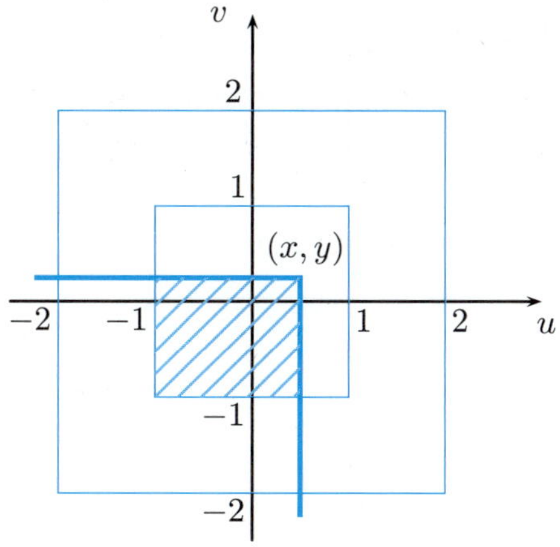

그림 4.22 조건이 $A = \{|X| \leq 1, |Y| \leq 1\}$일 때, 조건부 결합 누적분포함수 $F_{X,Y|A}$를 얻는 적분 영역: $|x| \leq 1, |y| \leq 1$일 때.

$$f_{X,Y}(x,y) = \begin{cases} \frac{1}{16}, & -2 \leq x, y \leq 2, \\ 0, & \text{그 밖에는} \end{cases} \tag{4.385}$$

일 때, $A = \{|X| \leq 1, |Y| \leq 1\}$을 생각하여, 조건부 결합 누적분포함수 $F_{X,Y|A}$와 조건부 결합 확률밀도함수 $f_{X,Y|A}$를 얻어 보자.

풀이 먼저,

$$F_{X,Y|A}(x,y|A) = \frac{\Pr\{X \leq x, Y \leq y, A\}}{\Pr\{A\}} \tag{4.386}$$

이고, 여기서 $\Pr\{A\} = \int_{-1}^{1}\int_{-1}^{1} f_{X,Y}(u,v)dudv = \frac{1}{16} \cdot 4 = \frac{1}{4}$임은 쉽게 알 수 있다. 한편,

$$\Pr\{X \leq x, Y \leq y, A\} = \iint_{\{|u|\leq 1,\ |v|\leq 1,\ u \leq x,\ v \leq y\}} f_{X,Y}(u,v)dudv \tag{4.387}$$

인데, 그림 4.22를 바탕으로 조금 생각하면, $x \geq 1$이고 $y \geq 1$이면 $\Pr\{X \leq x, Y \leq y, A\} = \Pr\{A\} = \frac{1}{4}$이고, $x \leq -1$ 또는 $y \leq -1$이면 $\Pr\{X \leq x,\ Y \leq y,\ A\} = \Pr\{\emptyset\} = 0$이라는 것을 알 수 있다. 또한, $x \geq 1$이고 $-1 \leq y \leq 1$이면 $\{|u| \leq 1,\ |v| \leq 1,\ u \leq x,\ v \leq y\} = \{|u| \leq 1,\ -1 \leq v \leq y\}$이므로

$$\begin{aligned} \Pr\{X \leq x, Y \leq y, A\} &= \iint_{\{|u|\leq 1,\ -1 \leq v \leq y\}} f_{X,Y}(u,v)dudv \\ &= \frac{1}{16} \cdot 2(y+1) \\ &= \frac{1}{8}(y+1) \end{aligned} \tag{4.388}$$

이다. 이와 비슷하게 $-1 \leq x \leq 1$이고 $y \geq 1$이면 $\Pr\{X \leq x, Y \leq y, A\} = \frac{1}{8}(x+1)$이고, $-1 \leq x \leq 1$이고 $-1 \leq y \leq 1$이면 $\Pr\{X \leq x, Y \leq y, A\} = \frac{1}{16}(x+1)(y+1)$이라는 것을 알 수 있다. 따라서, 조건부 결합 누적분포함수는

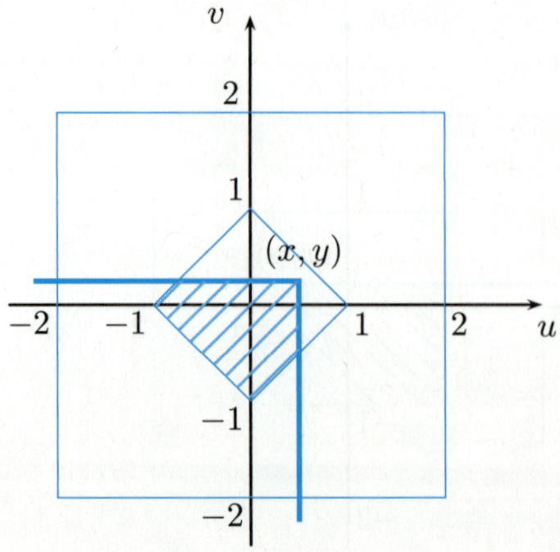

그림 4.23 조건이 $B = \{|X| + |Y| \le 1\}$일 때, 조건부 결합 누적분포함수 $F_{X,Y|B}$를 얻는 적분 영역: $0 \le x \le 1,\ 0 \le y \le 1,\ y \le -x+1$일 때.

$$F_{X,Y|A}(x,y|A) = \frac{\Pr\{X \le x, Y \le y, A\}}{\Pr\{A\}} = \begin{cases} 1, & x \ge 1,\ y \ge 1, \\ \frac{1}{2}(y+1), & x \ge 1,\ -1 \le y \le 1, \\ \frac{1}{4}(x+1)(y+1), & -1 \le x \le 1,\ -1 \le y \le 1, \\ \frac{1}{2}(x+1), & -1 \le x \le 1,\ y \ge 1, \\ 0, & x \le -1 \text{ 또는 } y \le -1 \end{cases} \tag{4.389}$$

이고, 이 식을 새겨 조건부 결합 확률밀도함수 $f_{X,Y|A}(x,y|A) = \frac{\partial^2}{\partial x \partial y} F_{X,Y|A}(x,y|A)$를 얻으면

$$f_{X,Y|A}(x,y|A) = \begin{cases} \frac{1}{4}, & -1 \le x \le 1,\ -1 \le y \le 1, \\ 0, & \text{그 밖에는} \end{cases} \tag{4.390}$$

이다. ◇

보기 4.66 확률벡터 (X,Y)의 결합 확률밀도함수가

$$f_{X,Y}(x,y) = \begin{cases} \frac{1}{16}, & -2 \le x, y \le 2, \\ 0, & \text{그 밖에는} \end{cases} \tag{4.391}$$

일 때

$$B = \{|X| + |Y| \le 1\} \tag{4.392}$$

를 생각하여 조건부 결합 누적분포함수 $F_{X,Y|B}$와 조건부 결합 확률밀도함수 $f_{X,Y|B}$를 얻어 보자.

풀이 먼저,

$$F_{X,Y|B}(x,y|B) = \frac{\Pr\{X \le x, Y \le y, B\}}{\Pr\{B\}} \tag{4.393}$$

이다. 여기서,

$$\begin{aligned}\Pr\{B\} &= \iint_{|u|+|v|\leq 1} f_{X,Y}(u,v)dudv \\ &= \frac{1}{16}\left(\sqrt{2}\right)^2 \\ &= \frac{1}{8} \end{aligned} \tag{4.394}$$

임은 쉽게 알 수 있다. 한편,

$$\Pr\{X \leq x, Y \leq y, B\} = \iint_{\{|u|+|v|\leq 1,\ u\leq x,\ v\leq y\}} f_{X,Y}(u,v)dudv \tag{4.395}$$

이고, 이것을 바탕으로 부록 4.2의 (4.699)에 보인 것처럼

$$\begin{aligned} F_{X,Y|B}(x,y|B) &= \frac{\Pr\{X\leq x, Y\leq y, B\}}{\Pr\{B\}} \\ &= \begin{cases} 1, & x\geq 1,\ y\geq 1, \\ 0, & x\leq -1,\ y\leq -1,\ \text{또는 } y\leq -x-1, \\ \frac{1}{2}(x+1)^2, & -1\leq x\leq 0,\ y\geq x+1, \\ \frac{1}{2}(y+1)^2, & -1\leq y\leq 0,\ y\leq x-1, \\ \frac{1}{2}\left\{2-(1-x)^2\right\}, & 0\leq x\leq 1,\ y\geq 1, \\ \frac{1}{2}\left\{2-(1-y)^2\right\}, & x\geq 1,\ 0\leq y\leq 1, \\ \frac{1}{2}\left\{2-(1-x)^2-(1-y)^2\right\}, & x\leq 1,\ y\leq 1,\ y\geq -x+1, \\ \frac{1}{4}(x+y+1)^2, & x\leq 0,\ y\leq 0,\ y\geq -x-1, \\ \frac{1}{4}\left\{(x+y+1)^2-2x^2\right\}, & x\geq 0,\ y\leq 0,\ y\geq x-1, \\ \frac{1}{4}\left\{(x+y+1)^2-2y^2\right\}, & x\leq 0,\ y\geq 0,\ y\leq x+1, \\ \frac{1}{4}\left\{(x+y+1)^2-2\left(x^2+y^2\right)\right\}, & x\geq 0,\ y\geq 0,\ y\leq -x+1 \end{cases} \end{aligned} \tag{4.396}$$

을 얻을 수 있다. 또, 조건부 결합 확률밀도함수 $f_{X,Y|B}(x,y|B) = \frac{\partial^2}{\partial x\partial y}F_{X,Y|B}(x,y|B)$는

$$f_{X,Y|B}(x,y|B) = \begin{cases} \frac{1}{2}, & |x|+|y|\leq 1, \\ 0, & \text{그 밖에는} \end{cases} \tag{4.397}$$

이다. ◇

보기 4.67 확률변수 X와 Y의 결합 확률밀도함수가

$$f_{X,Y}(x,y) = \begin{cases} |xy|, & -1\leq x,y\leq 1, \\ 0, & \text{그 밖에는} \end{cases} \tag{4.398}$$

일 때, $0 < a < 1$이고 $A = \left\{X^2+Y^2\leq a^2\right\}$이라고 하자. 이때, 조건부 결합 누적분포함수 $F_{X,Y|A}$와 조건부 결합 확률밀도함수 $f_{X,Y|A}$를 얻어 보자.

풀이 그림 4.24에 보인 것처럼 영역을 나누어 생각하면, 부록 4.2의 (4.710)에 보인 것처럼

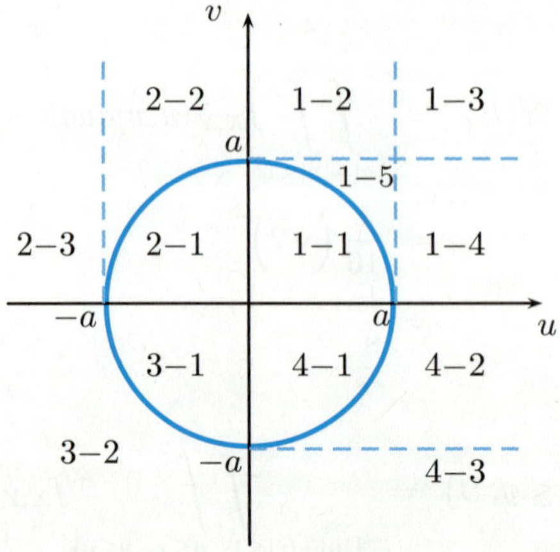

그림 4.24 조건이 $A=\{X^2+Y^2 \le a^2\}$일 때, 조건부 결합 누적분포함수 $F_{X,Y|A}$를 얻을 때의 적분 영역

$$F_{X,Y}(x,y|A) = \begin{cases} 1, & \text{영역 } 1-3, \\ 1-\frac{1}{2a^4}\left\{a^2-\min^2(x,y)\right\}^2, & \text{영역 } 1-2,\ 1-4, \\ 1-\frac{1}{2a^4}\left\{\left(a^2-x^2\right)^2+\left(a^2-y^2\right)^2\right\}, & \text{영역 } 1-5, \\ \frac{1}{4a^4}\left\{\left(a^2+x^2+y^2\right)^2-2\left(x^4+y^4\right)\right\}, & \text{영역 } 1-1, \\ \frac{1}{4a^4}\left[\left\{a^2+\max^2(x,y)-\min^2(x,y)\right\}^2\right. & \\ \quad \left.-2\max^4(x,y)\right], & \text{영역 } 2-1,\ 4-1, \\ \frac{1}{2a^4}\left\{a^2-\min^2(x,y)\right\}^2, & \text{영역 } 2-2,\ 4-2, \\ \frac{1}{4a^4}\left(a^2-x^2-y^2\right)^2, & \text{영역 } 3-1, \\ 0, & \text{그 밖에는} \end{cases} \tag{4.399}$$

이다. 이 식을 바탕으로

$$\begin{aligned} f_{X,Y}(x,y|A) &= \frac{\partial^2}{\partial x \partial y} F_{X,Y}(x,y|A) \\ &= \begin{cases} \frac{2}{a^4}xy, & \text{영역 } 1-1 \text{ 또는 } 3-1, \\ -\frac{2}{a^4}xy, & \text{영역 } 2-1 \text{ 또는 } 4-1, \\ 0, & \text{그 밖에는} \end{cases} \\ &= \begin{cases} \frac{2}{a^4}|xy|, & \text{영역 } 1-1,\ 2-1,\ 3-1, \text{ 또는 } 4-1, \\ 0, & \text{그 밖에는} \end{cases} \end{aligned} \tag{4.400}$$

을 얻을 수 있다. ◇

보기 4.68 결합 확률밀도함수가, $x \ge 0,\ y \ge 0,\ x+y \le 1$일 때

$$f_{X,Y}(x,y) = \frac{\Gamma(p_1+p_2+p_3)}{\Gamma(p_1)\Gamma(p_2)\Gamma(p_3)} x^{p_1-1} y^{p_2-1} (1-x-y)^{p_3-1} \tag{4.401}$$

인 두 변수 베타 확률변수 (X,Y)를 생각하자. 여기서, p_1, p_2, p_3은 모두 0보다 큰 수이다. 이때, X의 한계 확률밀도함수 f_X, Y의 한계 확률밀도함수 f_Y, 조건부 확률밀도함수 $f_{X|Y}$, 조건부 확

률밀도함수 $f_{Y|X}$를 얻어 보자. 그리고, X를 알 때 $\frac{Y}{1-X}$의 조건부 확률밀도함수 $f_{\frac{Y}{1-X}|X}$를 얻어 보자.

풀이 먼저, $\frac{\Gamma(p_1+p_2+p_3)}{\Gamma(p_1)\Gamma(p_2)\Gamma(p_3)} = \alpha$라고 쓰자. 이제, $\frac{y}{1-x} = t$라고 두고 $dy = (1-x)dt$라는 것을 새기면, $0 \le x \le 1$일 때

$$
\begin{aligned}
f_X(x) &= \int_0^{1-x} f(x,y)dy \\
&= \alpha x^{p_1-1} \int_0^{1-x} y^{p_2-1}(1-x-y)^{p_3-1}dy \\
&= \alpha x^{p_1-1}(1-x)^{p_3-1} \int_0^{1-x} y^{p_2-1}\left(1-\frac{y}{1-x}\right)^{p_3-1} dy \\
&= \alpha x^{p_1-1}(1-x)^{p_3-1} \int_0^{1} (1-x)^{p_2-1}t^{p_2-1}(1-t)^{p_3-1}(1-x)dt \\
&= \alpha x^{p_1-1}(1-x)^{p_2+p_3-1}\tilde{B}(p_2,p_3) \\
&= \frac{\Gamma(p_1+p_2+p_3)}{\Gamma(p_1)\Gamma(p_2)\Gamma(p_3)} \cdot \frac{\Gamma(p_2)\Gamma(p_3)}{\Gamma(p_2+p_3)} x^{p_1-1}(1-x)^{p_2+p_3-1} \\
&= \frac{\Gamma(p_1+p_2+p_3)}{\Gamma(p_1)\Gamma(p_2+p_3)} x^{p_1-1}(1-x)^{p_2+p_3-1} \qquad (4.402)
\end{aligned}
$$

처럼 X의 한계 확률밀도함수를 얻을 수 있다. 이와 비슷하게 Y의 한계 확률밀도함수를 얻으면, $0 \le y \le 1$일 때

$$
f_Y(y) = \frac{\Gamma(p_1+p_2+p_3)}{\Gamma(p_2)\Gamma(p_1+p_3)} y^{p_2-1}(1-y)^{p_3+p_1-1} \qquad (4.403)
$$

이다. 곧, $X \sim B(p_1, p_2+p_3)$이고 $Y \sim B(p_2, p_1+p_3)$이다. 이제, $f_{X,Y}(x,y)$, $f_X(x)$, $f_Y(y)$를 바탕으로, $x \ge 0$이고, $y \ge 0$이며, $x+y \le 1$일 때

$$
\begin{aligned}
f_{X|Y}(x|y) &= \frac{f_{X,Y}(x,y)}{f_Y(y)} \\
&= \frac{\Gamma(p_1+p_3)}{\Gamma(p_1)\Gamma(p_3)} y^{p_1-1}(1-x-y)^{p_3-1}(1-y)^{1-p_1-p_3} \qquad (4.404)
\end{aligned}
$$

처럼 조건부 확률밀도함수 $f_{X|Y}$를 얻을 수 있다. 이와 비슷하게 조건부 확률밀도함수 $f_{Y|X}$를 얻으면, $x \ge 0$이고, $y \ge 0$이며, $x+y \le 1$일 때

$$
\begin{aligned}
f_{Y|X}(y|x) &= \frac{f_{X,Y}(x,y)}{f_X(x)} \\
&= \frac{\Gamma(p_2+p_3)}{\Gamma(p_2)\Gamma(p_3)} y^{p_2-1}(1-x-y)^{p_3-1}(1-x)^{1-p_2-p_3} \qquad (4.405)
\end{aligned}
$$

이다. 다음에, $Z = \frac{Y}{1-X}$이고 $W = X$라고 하면 $X = W$이고 $Y = Z(1-W)$이므로

$$
\begin{aligned}
\left|\frac{\partial(x,y)}{\partial(z,w)}\right| &= \begin{vmatrix} 0 & 1 \\ 1-w & -z \end{vmatrix} \\
&= w-1 \qquad (4.406)
\end{aligned}
$$

이다. 위 두 식을 쓰면, $\{x \geq 0,\ z(1-x) \geq 0,\ x + z(1-x) \leq 1\}$일 때, 곧 $\{0 \leq x \leq 1,\ 0 \leq z \leq 1\}$일 때, $|w-1| = |x-1| = 1-x$라는 것을 새겨

$$\begin{aligned} f_{Z,X}(z,x) &= (1-x) f_{X,Y}(x, z(1-x)) \\ &= \alpha(1-x)x^{p_1-1}\{z(1-x)\}^{p_2-1}\{1-x-z(1-x)\}^{p_3-1} \\ &= \alpha z^{p_2-1}(1-z)^{p_3-1}x^{p_1-1}(1-x)^{p_2+p_3-1} \end{aligned} \tag{4.407}$$

를 얻을 수 있다. 따라서, $X = x$라는 것을 알 때 $\frac{Y}{1-X}$의 조건부 확률밀도함수는, $0 \leq x \leq 1$이고 $0 \leq z \leq 1$일 때

$$\begin{aligned} f_{\frac{Y}{1-X}|X}(z|x) &= \frac{f_{Z,X}(z,x)}{f_X(x)} \\ &= \frac{\Gamma(p_2+p_3)}{\Gamma(p_2)\Gamma(p_3)} z^{p_2-1}(1-z)^{p_3-1} \end{aligned} \tag{4.408}$$

이다. 곧, $\left.\frac{Y}{1-X}\right| X \sim B(p_2, p_3)$이다. ◇

끝으로, $\underline{Y} = \underline{g}(\underline{X})$일 때, 함수 $\underline{g}(\cdot)$의 역함수를 $\underline{g}^{-1}(\cdot)$라고 하면

$$f_{\underline{Z}|\underline{Y}}\left(\underline{z}|\underline{Y} = \underline{y}\right) = f_{\underline{Z}|\underline{X}}\left(\underline{z}|\underline{X} = \underline{g}^{-1}\left(\underline{y}\right)\right) \tag{4.409}$$

처럼 쓸 수 있는데, 이 식은 $\underline{X}$와 $\underline{Y}$ 사이가 역함수가 있는 관계라면 $\underline{X}$를 조건으로 하거나 $\underline{Y}$를 조건으로 하거나 마찬가지라는 것을 뜻한다.

보기 4.69 두 확률벡터 $\underline{X}$와 $\underline{Y}$ 사이의 관계가 $\underline{Y} = \underline{g}(\underline{X}) = (X_1 + X_2, X_1 - X_2)$라고 하자. 그러면

$$\begin{aligned} f_{\underline{Z}|\underline{Y}}\left(\underline{z}|\underline{Y} = (3,1)\right) &= f_{\underline{Z}|\underline{X}}\left(\underline{z}|\underline{X} = \underline{g}^{-1}(3,1)\right) \\ &= f_{\underline{Z}|\underline{X}}\left(\underline{z}|\underline{X} = (2,1)\right) \end{aligned} \tag{4.410}$$

이다. ◇

4.4.2 조건부 기댓값

앞에서 다룬 조건부 분포를 바탕으로 조건부 기댓값을 생각해 보자.

4.4.2.1 사건과 조건부 기댓값

뜻매김 4.17 조건부 기댓값

조건부 분포를 바탕으로

$$E\{Y|A\} = \begin{cases} \int_{-\infty}^{\infty} y f_{Y|A}(y|A)dy, & Y\text{가 연속 확률변수일 때,} \\ \sum_y y p_{Y|A}(y|A), & Y\text{가 이산 확률변수일 때} \end{cases} \tag{4.411}$$

을 얻을 수 있는데, 이것을 A가 일어났을 때 Y의 조건부 기댓값 또는 조건부 평균[60]이라고 한다.

보기 4.70 확률변수 X의 확률밀도함수를 f_X라고 하고, $A = \{X \leq a\}$일 때 X의 조건부 평균을 얻어 보자.

풀이 보기 3.101에서 얻은 조건부 확률밀도함수 (3.345)를 써서 뜻매김 4.17에 보인 (4.411)을 바탕으로 X의 조건부 평균을 얻으면

$$\begin{aligned} E\{X|A\} &= \int_{-\infty}^{\infty} x f_{X|A}(x|A)dx \\ &= \int_{-\infty}^{\infty} x f_{X|X\leq a}(x|X \leq a)dx \\ &= \int_{-\infty}^{a} \frac{x f_X(x)}{F_X(a)}dx \\ &= \frac{1}{F_X(a)} \int_{-\infty}^{a} x f_X(x)dx \end{aligned} \tag{4.412}$$

이다. 여기서, $\lim_{a\to\infty} E\{X|A\} = \frac{1}{F_X(\infty)} \int_{-\infty}^{\infty} x f_X(x)dx$인데 이것은 평균을

$$\begin{aligned} E\{X\} &= \int_{-\infty}^{\infty} x f_X(x)dx \\ &= \frac{1}{F_X(\infty)} \int_{-\infty}^{\infty} x f_X(x)dx \end{aligned} \tag{4.413}$$

처럼 쓸 수 있다는 이야기와 직관적으로 걸맞은 결과이다. ◇

뜻매김 4.17을 확장하여, 사건 A가 일어났을 때, 확률변수의 함수 $Y = g(X)$의 조건부 기댓값은

$$\begin{aligned} E\{g(X)|A\} &= \int_{-\infty}^{\infty} g(x)dF_{X|A}(x|A) \\ &= \begin{cases} \int_{-\infty}^{\infty} g(x)f_{X|A}(x|A)dx, & \text{연속 확률변수,} \\ \sum_{x=-\infty}^{\infty} g(x)p_{X|A}(x|A), & \text{이산 확률변수} \end{cases} \end{aligned} \tag{4.414}$$

처럼 얻을 수 있다.

4.4.2.2 확률변수의 조건부 기댓값

식 (4.411)에서 다룬 조건부 기댓값

$$E\{Y|B\} = \int_{-\infty}^{\infty} y f_{Y|B}(y|B)dy \tag{4.415}$$

에서 $B = \{X = x\}$라고 두고, $X = x$일 때 Y의 조건부 기댓값을 얻으면

$$\begin{aligned} m_{Y|X} &= E\{Y|X = x\} \\ &= \int_{-\infty}^{\infty} y f_{Y|X}(y|x)dy \end{aligned} \tag{4.416}$$

이다.

[60] conditional expectation, conditional expected value, 또는 conditional mean

보기 4.71 보기 4.60에서 조건부 기댓값 $E\{X|Y=y\}$를 얻어 보자.

풀이 식 (4.344)를 쓰면, $\int_0^1 \frac{6x^2(2-x-y)}{4-3y}dx = \frac{1}{4-3y}\left\{2(2-y)x^3 - \frac{3}{2}x^4\right\}\Big|_{x=0}^1$ 이므로, $0<y<1$일 때

$$E\{X|Y=y\} = \int_0^1 \frac{6x^2(2-x-y)}{4-3y}dx = \frac{5-4y}{8-6y} \tag{4.417}$$

을 얻는다. ◇

보기 4.72 보기 4.61에서 조건부 기댓값 $E\{X|Y=y\}$를 얻어 보자

풀이 식 (4.346)을 쓰면, $y \ge 0$일 때

$$E\{X|Y=y\} = \int_y^\infty x(x-y)e^{-(x-y)}dx = \int_0^\infty w(w+y)e^{-w}dw = 2+y \tag{4.418}$$

을 쉽게 얻을 수 있다. ◇

한편, 조건부 기댓값 $E\{Y|X\}$는 확률변수 X의 함수이며 $X=x$일 때 값이 $E\{Y|X=x\}$이다. 곧, $E\{Y|X\}$도 확률변수이다.

정리 4.13 **조건부 기댓값의 기댓값** 기댓값 $E\{Y\}$는 조건부 기댓값 $E\{Y|X\}$를 바탕으로

$$E\{E\{Y|X\}\} = E\{Y\} = \begin{cases} \int_{-\infty}^{\infty} E\{Y|X=x\} f_X(x)dx, & X\text{가 연속 확률변수일 때,} \\ \sum\limits_{x=-\infty}^{\infty} E\{Y|X=x\} p_X(x), & X\text{가 이산 확률변수일 때} \end{cases} \tag{4.419}$$

처럼 얻을 수 있다. ■■

증명 연속 확률변수일 때를 생각하면

$$\begin{aligned} E\{E\{Y|X\}\} &= \int_{-\infty}^{\infty} E\{Y|X=x\} f_X(x)dx \\ &= \int_{-\infty}^{\infty}\int_{-\infty}^{\infty} y f_{Y|X}(y|x) f_X(x)dxdy \\ &= \int_{-\infty}^{\infty} y \int_{-\infty}^{\infty} f_{X,Y}(x,y)dxdy \\ &= \int_{-\infty}^{\infty} y f_Y(y)dy \\ &= E\{Y\} \end{aligned} \tag{4.420}$$

이다. □

보기 4.73 (확률변수를 확률변수만큼 더한 것) 확률변수들 $\{X_i\}_{i=1}^{N}$이 서로 독립이고 분포가 같다고 하자. 그리고 확률변수 N은 $\{X_i\}_{i=1}^{N}$과 독립이고, 그 값은 0보다 작지 않은 정수라고 하자. 이때,

$$Y = \sum_{i=1}^{N} X_i \tag{4.421}$$

의[61] 평균과 분산을 얻어 보자.

풀이 먼저, X_i의 기댓값을 $E\{X\}$라고 쓰면 (4.419)에서 $E\{Y|N\} = \sum_{i=1}^{N} E\{X_i\} = NE\{X\}$이므로 Y의 기댓값은

$$\begin{aligned} E\{Y\} &= E[E\{Y|N\}] \\ &= E[NE\{X\}] \\ &= E\{N\}E\{X\} \end{aligned} \tag{4.422}$$

이다. 이와 비슷하게 Y의 2차 적률은

$$\begin{aligned} E\left\{Y^2\right\} &= E\left[E\left\{Y^2|N\right\}\right] \\ &= E\left[E\left\{\sum_{i=1}^{N} X_i^2 + \sum_{i\neq j}^{N} X_i X_j \middle| N\right\}\right] \\ &= E\left[NE\left\{X^2\right\} + N(N-1)E^2\{X\}\right] \\ &= E\{N\}\left[E\left\{X^2\right\} - E^2\{X\}\right] + E\left\{N^2\right\}E^2\{X\} \\ &= E\{N\}\operatorname{Var}\{X\} + E\left\{N^2\right\}E^2\{X\} \end{aligned} \tag{4.423}$$

이다. 따라서, (4.422)와 (4.423)에서 Y의 분산을 얻으면

$$\begin{aligned} \operatorname{Var}\{Y\} &= E\left\{Y^2\right\} - E^2\{Y\} \\ &= E\{N\}\operatorname{Var}\{X\} + E^2\{X\}\operatorname{Var}\{N\} \end{aligned} \tag{4.424}$$

이다. ♢

4.4.2.3 함수의 조건부 기댓값*

함수 $g(X,Y)$는 두 확률변수 X와 Y의 함수이고, $g(x,Y)$는 실수 x와 확률변수 Y의 함수이다. 곧, $g(x,Y)$와 $g(X,Y)$는 다른 것이다. 그러나, $X = x$일 때 조건부 평균을 살펴보면 $E\{g(X,Y)|X=x\} = \int g(x,y)f_{Y|X}(y|x)dy$이고 $E\{g(x,Y)|X=x\} = \int g(x,y)f_{Y|X}(y|x)dy$이다. 곧,

$$\begin{aligned} E\{g(X,Y)|X=x\} &= E\{g(x,Y)|X=x\} \\ &= \int g(x,y)f_{Y|X}(y|x)dy \end{aligned} \tag{4.425}$$

[61] 뜻매김 7.1에서 보는 바와 같이 이것을 가변합 variable sum 또는 확률합이라고 random sum 부르기도 한다.

이다. 여기서, $g(X,Y) = \left(Y - m_{Y|X}\right)^2$이라고 두면

$$E\{g(X,Y)|X=x\} \;=\; E\left\{\left(Y - m_{Y|X}\right)^2 \middle| X = x\right\} \tag{4.426}$$

를 얻는데, 이것을 $X = x$일 때 Y의 조건부 분산[62]이라고 한다.

또한, X의 함수인 확률변수 $E\{g(X,Y)|X\}$의 기댓값을 얻으면

$$\begin{aligned} E\{E\{g(X,Y)|X\}\} &= \int\int g(x,y) f_{Y|X}(y|x) dy f_X(x) dx \\ &= \int\int g(x,y) f_{X,Y}(x,y) dx dy \\ &= E\{g(X,Y)\} \end{aligned} \tag{4.427}$$

이다. 이 결과는 정리 4.13에서도 얻을 수 있다.

한편, 조건부 기댓값의 뜻매김을 따르면

$$\begin{aligned} E\{g_1(X)g_2(Y)|X=x\} &= E\{g_1(x)g_2(Y)|X=x\} \\ &= g_1(x)E\{g_2(Y)|X=x\} \end{aligned} \tag{4.428}$$

인데, 이 식을 쓰면

$$\begin{aligned} E\{g_1(X)g_2(Y)\} &= E\{E\{g_1(X)g_2(Y)|X\}\} \\ &= E\{g_1(X)E\{g_2(Y)|X\}\} \end{aligned} \tag{4.429}$$

를 얻는다.

보기 4.74 두 확률변수 X와 Y의 결합 확률밀도함수가

$$f_{X,Y}(x,y) \;=\; \frac{y}{2} e^{-xy} u(x) u(y) u(2-y) \tag{4.430}$$

일 때, 조건부 기댓값 $E\left\{\exp\left(\frac{X}{2}\right) \middle| Y=1\right\}$을 얻어 보자.

풀이 먼저, (4.342)를 쓰면, $0 < x < \infty$일 때 $f_{X|Y}(x|1) = \frac{f_{X,Y}(x,1)}{f_Y(1)} = \frac{\frac{1}{2}e^{-x}}{\int_0^\infty \frac{1}{2}e^{-x}dx} = e^{-x}$이므로

$$\begin{aligned} E\left\{\exp\left(\frac{X}{2}\right) \middle| Y=1\right\} &= \int_0^\infty e^{\frac{x}{2}} e^{-x} dx \\ &= 2 \end{aligned} \tag{4.431}$$

이다. ◇

보기 4.75 두 확률변수 X와 Y의 결합 분포가 $N\left(0,0,\sigma_1^2,\sigma_2^2,\rho\right)$라고 하자. 그러면 $E\left\{X^2\right\} = \sigma_1^2$이고 $E\left\{X^4\right\} = 3\sigma_1^4$이다. 이때, 보기 4.62에서 본 바와 같이 $X = x$일 때 Y의 조건부 분포는 $N\left(\rho\frac{\sigma_2 x}{\sigma_1}, \left(1-\rho^2\right)\sigma_2^2\right)$이다. 따라서,

[62] conditional variance

$$\begin{aligned} m_{Y|X} &= E\{Y|X\} \\ &= \frac{\rho\sigma_2}{\sigma_1}X \end{aligned} \tag{4.432}$$

이고,

$$\begin{aligned} E\left\{Y^2 \middle| X\right\} &= m_{Y|X}^2 + \sigma_{Y|X}^2 \\ &= \left(\rho\frac{\sigma_2}{\sigma_1}X\right)^2 + \sigma_2^2\left(1-\rho^2\right) \end{aligned} \tag{4.433}$$

이다. 이것을 바탕으로 (4.429)를 쓰면

$$\begin{aligned} E\{XY\} &= E\{XE\{Y|X\}\} \\ &= E\left\{X\rho\frac{\sigma_2}{\sigma_1}X\right\} \\ &= \rho\sigma_1\sigma_2 \end{aligned} \tag{4.434}$$

이고,

$$\begin{aligned} E\left\{X^2Y\right\} &= E\left\{X^2E\{Y|X\}\right\} \\ &= E\left\{X^2\rho\frac{\sigma_2}{\sigma_1}X\right\} \\ &= 0 \end{aligned} \tag{4.435}$$

이며,

$$\begin{aligned} E\left\{X^3Y\right\} &= E\left\{X^3E\{Y|X\}\right\} \\ &= E\left\{X^3\rho\frac{\sigma_2}{\sigma_1}X\right\} \\ &= 3\rho\sigma_1^3\sigma_2 \end{aligned} \tag{4.436}$$

이고,

$$\begin{aligned} E\left\{X^2Y^2\right\} &= E\left[X^2E\left\{Y^2 \middle| X\right\}\right] \\ &= E\left[X^2\left\{\rho^2\frac{\sigma_2^2}{\sigma_1^2}X^2 + \sigma_2^2\left(1-\rho^2\right)\right\}\right] \\ &= 3\sigma_1^4\rho^2\frac{\sigma_2^2}{\sigma_1^2} + \sigma_1^2\sigma_2^2\left(1-\rho^2\right) \\ &= \left(1+2\rho^2\right)\sigma_1^2\sigma_2^2 \end{aligned} \tag{4.437}$$

이다. ◇

보기 4.76 보기 4.75를 일반화하여, 두 확률변수 Z와 W의 결합 분포가 $N\left(m_1, m_2, \sigma_1^2, \sigma_2^2, \rho\right)$일 때 $E\left\{Z^2W^2\right\}$을 얻어 보자.

풀이 먼저, $(X, Y) \sim N\left(0, 0, \sigma_1^2, \sigma_2^2, \rho\right)$라고 하면, $Z = X + m_1$이고 $W = Y + m_2$처럼 둘 수 있다. 이제, (4.434), (4.435), (4.437), $E\left\{X^2\right\} = \sigma_1^2$, $E\left\{Y^2\right\} = \sigma_2^2$을 새기면

$$\begin{aligned} E\left\{Z^2W^2\right\} &= \left(1+2\rho^2\right)\sigma_1^2\sigma_2^2 + m_2^2\sigma_1^2 + m_1^2\sigma_2^2 + m_1^2m_2^2 + 4m_1m_2\rho\sigma_1\sigma_2 \\ &= \sigma_1^2\sigma_2^2 + m_2^2\sigma_1^2 + m_1^2\sigma_2^2 + m_1^2m_2^2 \\ &\quad +2(\rho^2\sigma_1^2\sigma_2^2 + 2m_1m_2\rho\sigma_1\sigma_2 + m_1^2m_2^2) - 2m_1^2m_2^2 \\ &= E\left\{Z^2\right\}E\left\{W^2\right\} + 2E^2\{ZW\} - 2m_1^2m_2^2 \end{aligned} \tag{4.438}$$

이다. 이것은 뒤에 나오는 결과 (4.602)에서 $X_1 = X_2 = Z$로 두고 $X_3 = X_4 = W$로 두어도 얻을 수 있다. ◇

한편, $\underline{g}(\cdot)$가 확률벡터 $\underline{Y}$만의 함수라면,

$$E\left\{\underline{X}\underline{g}\left(\underline{Y}\right)|\underline{Y}=\underline{y}\right\} = \underline{g}\left(\underline{y}\right)E\left\{\underline{X}|\underline{Y}=\underline{y}\right\} \tag{4.439}$$

를 보일 수 있다. 이것을 인수 분해 성질[63]이라고 하는데, 이것은 $\underline{Y}=\underline{y}$일 때 확률벡터 $\underline{g}\left(\underline{Y}\right)$가 – 곧, $\underline{g}\left(\underline{y}\right)$가 – 확률적이 아니라는 것을 뜻하는 것이다. 이제, $\underline{Z}=\underline{g}\left(\underline{Y}\right)$라고 두면, 문제 4.27에서 얻은 것처럼,

$$E\left\{E\left\{\underline{X}|\underline{Y}\right\}|\underline{Z}\right\} = E\left\{\underline{X}|\underline{Z}\right\} \tag{4.440}$$

이고

$$E\left\{E\left\{\underline{X}|\underline{Z}\right\}|\underline{Y}\right\} = E\left\{\underline{X}|\underline{Z}\right\} \tag{4.441}$$

이다. 이 식들이 뜻하는 바는 $\underline{g}(.)$는 정보를 더하기는 커녕 없애기만 하기 때문에 $\underline{Z}=\underline{g}\left(\underline{Y}\right)$라는 조건은 $\underline{Y}$라는 조건보다 정보를 더 적게 지니고 있다는 것이다. 한편, $\underline{g}(.)$의 역함수가 있으면, (4.409)를 써서

$$E\left\{\underline{X}|\underline{Y}\right\} = E\left\{\underline{X}|\underline{Z}\right\} \tag{4.442}$$

를 얻을 수 있다.

끝으로, 조건부 기댓값을 확률변수가 여럿일 때로 확장해 보면 아래와 같다. 먼저, 조건부 확률

$$f_{X_1|X_2,X_3,\cdots,X_n}(x_1|x_2,x_3,\cdots,x_n) = \frac{f_{\underline{X}}\left(\underline{x}\right)}{f_{X_2,X_3,\cdots,X_n}(x_2,x_3,\cdots,x_n)} \tag{4.443}$$

을 바탕으로

$$\begin{aligned} &E\{X_1|X_2=x_2,X_3=x_3,\cdots,X_n=x_n\} \\ &= \int x_1 f_{X_1|X_2,X_3,\cdots,X_n}(x_1|x_2,x_3,\cdots,x_n)dx_1 \end{aligned} \tag{4.444}$$

를 얻을 수 있으므로

$$E\{E\{X_1|X_2,X_3,\cdots,X_n\}\} = E\{X_1\} \tag{4.445}$$

이다. 이 식에서 왼쪽 첫째 기댓값은 $n-1$차원 적분, 둘째 기댓값은 1차원 적분, 오른쪽 기댓값은 1차원 적분이라는 것을 새겨 둘 만하다.

[63]factorization property

4.4.3 조건화하여 기댓값 얻기*

제2.2절과 3.5.2절에서 살펴본 것처럼, 확률이나 기댓값을 얻을 때, 얻으려는 확률이나 기댓값을 알맞게 조건화하여 조건부 확률이나 조건부 기댓값을 먼저 얻으면 매우 쉽게 바라는 확률이나 기댓값을 얻을 수 있다. 여기서는, 확률벡터에서 기댓값을 얻을 때에 알맞은 확률변수를 바탕으로 조건화하여 조건부 기댓값을 먼저 얻고 이것을 다시 평균하여 기댓값을 얻어 보자.

보기 4.77 속이 보이지 않는 주머니 안에 파란 공이 셋, 빨간 공이 여섯, 노란 공이 다섯 들어 있다. 이 주머니에서 아무렇게나 공을 하나 꺼내 그 빛깔을 적어 두고, 주머니에 다시 넣는 실험을 여섯 차례 거듭한다. 이때, 파란 공이 나온 횟수를 X라고 하고, 노란 공이 나온 횟수를 Y라고 하자. 이제, $Y=3$일 때 X의 조건부 확률질량함수 $p_{X|Y=3}$과 $Y=1$일 때 조건부 평균 $E\{X|Y=1\}$을 얻어 보자.

풀이 먼저, $Y=3$일 때 X의 조건부 확률질량함수를 얻으면

$$\begin{aligned} p_{X|Y=3}(0) &= \Pr\{X=0|Y=3\} \\ &= \frac{\Pr\{\text{파란 공 0번, 빨간 공 세 번, 노란 공 세 번}\}}{\Pr\{\text{노란 공 세 번, 나머지 세 번}\}} \\ &= \frac{\frac{6!}{0!3!3!}\left(\frac{3}{14}\right)^0\left(\frac{6}{14}\right)^3\left(\frac{5}{14}\right)^3}{\frac{6!}{3!3!}\left(\frac{5}{14}\right)^3\left(\frac{9}{14}\right)^3} \\ &= \frac{8}{27} \end{aligned} \tag{4.446}$$

이고, 이와 비슷하게

$$\begin{aligned} p_{X|Y=3}(1) &= \Pr\{X=1|Y=3\} \\ &= \frac{\Pr\{\text{파란 공 한 번, 빨간 공 두 번, 노란 공 세 번}\}}{\Pr\{\text{노란 공 세 번, 나머지 세 번}\}} \\ &= \frac{4}{9} \end{aligned} \tag{4.447}$$

이며,

$$\begin{aligned} p_{X|Y=3}(2) &= \Pr\{X=2|Y=3\} \\ &= \frac{\Pr\{\text{파란 공 두 번, 빨간 공 한 번, 노란 공 세 번}\}}{\Pr\{\text{노란 공 세 번, 나머지 세 번}\}} \\ &= \frac{2}{9} \end{aligned} \tag{4.448}$$

이고,

$$\begin{aligned} p_{X|Y=3}(3) &= \Pr\{X=3|Y=3\} \\ &= \frac{\Pr\{\text{파란 공 세 번, 빨간 공 0번, 노란 공 세 번}\}}{\Pr\{\text{노란 공 세 번, 나머지 세 번}\}} \\ &= \frac{1}{27} \end{aligned} \tag{4.449}$$

이다. 다음에,

$$\begin{aligned} E\{X|Y=1\} &= \sum_{x=0}^{5} x \Pr\{X=x|Y=1\} \\ &= \sum_{x=0}^{5} x \frac{\Pr\{X=x, Y=1\}}{\Pr\{Y=1\}} \end{aligned} \tag{4.450}$$

인데

$$\begin{aligned} \Pr\{Y=1\} &= {}_6\mathrm{C}_1 \left(\frac{5}{14}\right)^1 \left(\frac{9}{14}\right)^5 \\ &= \frac{30 \cdot 9^5}{14^6} \end{aligned} \tag{4.451}$$

이고, 빨간 공이 나온 횟수를 R이라고 쓰면

$$\begin{aligned} \sum_{x=0}^{5} x \Pr\{X=x, Y=1\} &= 1 \cdot \Pr\{X=1, R=4, Y=1\} \\ &\quad + 2 \cdot \Pr\{X=2, R=3, Y=1\} + 3 \cdot \Pr\{X=3, R=2, Y=1\} \\ &\quad + 4 \cdot \Pr\{X=4, R=1, Y=1\} + 5 \cdot \Pr\{X=5, R=0, Y=1\} \\ &= 3^5 \cdot 2430 \cdot \frac{5}{14^6} \end{aligned} \tag{4.452}$$

이므로[64] (4.450)과 (4.451)을 (4.452)에 넣으면

$$\begin{aligned} E\{X|Y=1\} &= \frac{5 \cdot 3^5 \cdot 2430}{14^6} \frac{14^6}{30 \cdot 9^5} \\ &= \frac{5}{3} \end{aligned} \tag{4.453}$$

이다. ◇

보기 4.78 둘씩 짝을 이룬 숫자 $2n$개 $\{1,1,2,2,\cdots,n,n\}$을 생각하자. 이들 가운데 m개를 아무렇게나 골라 지울 때, 남아있는 짝 수의 기댓값을 얻어 보자. 다음에, $n=50$이고 $m=20$일 때 이 기댓값을 계산하시오.

풀이 먼저, m개를 지운 다음 남아 있는 짝 수를 J_m이라고 하자. 숫자 m개를 지우면 남아 있는 숫자는 $2n-m$개이므로, 짝이 아닌 숫자는 $2n-m-2J_m$개 남아있다. 따라서, 숫자를 하나 더 지울 때, 남아있을 짝 수는 확률 $\frac{2J_m}{2n-m}$으로 J_m-1이거나 확률 $1-\frac{2J_m}{2n-m}$으로 J_m이다. 이것을 바탕으로

$$\begin{aligned} E\{J_{m+1}|J_m\} &= (J_m-1)\frac{2J_m}{2n-m} + J_m\left(1-\frac{2J_m}{2n-m}\right) \\ &= J_m\left(1-\frac{2}{2n-m}\right) \end{aligned} \tag{4.454}$$

[64] 좀 더 자세히 보이면 $1 \cdot \frac{6!}{1!4!1!}\left(\frac{3}{14}\right)^1\left(\frac{6}{14}\right)^4\left(\frac{5}{14}\right)^1 + 2 \cdot \frac{6!}{2!3!1!}\left(\frac{3}{14}\right)^2\left(\frac{6}{14}\right)^3\left(\frac{5}{14}\right)^1 + 3 \cdot \frac{6!}{3!2!1!}\left(\frac{3}{14}\right)^3\left(\frac{6}{14}\right)^2\left(\frac{5}{14}\right)^1 + 4 \cdot \frac{6!}{4!1!1!}\left(\frac{3}{14}\right)^4\left(\frac{6}{14}\right)^1\left(\frac{5}{14}\right)^1 + 5 \cdot \frac{6!}{5!0!1!}\left(\frac{3}{14}\right)^5\left(\frac{6}{14}\right)^0\left(\frac{5}{14}\right)^1 = 3^5 \cdot 2430 \cdot \frac{5}{14^6}$이다.

처럼 쓸 수 있다. 이 식을 다시 평균하고 $E[E\{J_{m+1}|J_m\}] = E\{J_{m+1}\}$과 $E\{J_0\} = n$을 새기면

$$\begin{aligned}
E\{J_{m+1}\} &= E\{J_m\}\left(1-\frac{2}{2n-m}\right) \\
&= E\{J_{m-1}\}\left(1-\frac{2}{2n-m}\right)\left(1-\frac{2}{2n-m+1}\right) \\
&\vdots \\
&= E\{J_0\}\left(1-\frac{2}{2n-m}\right)\left(1-\frac{2}{2n-m+1}\right)\cdots\left(1-\frac{2}{2n}\right) \\
&= n\,\frac{(2n-m-2)}{(2n-m)}\frac{(2n-m-1)}{(2n-m+1)}\frac{(2n-m)}{(2n-m+2)} \\
&\quad \cdots\frac{(2n-4)}{(2n-2)}\frac{(2n-3)}{(2n-1)}\frac{(2n-2)}{2n} \\
&= \frac{(2n-m-2)(2n-m-1)}{2(2n-1)}
\end{aligned} \tag{4.455}$$

를 얻는다. 곧,

$$\begin{aligned}
E\{J_m\} &= \frac{(2n-m-1)(2n-m)}{2(2n-1)} \\
&= n\,\frac{{}_{2n-2}\mathrm{C}_m}{{}_{2n}\mathrm{C}_m}
\end{aligned} \tag{4.456}$$

이다. 이제, $n = 50$이고 $m = 20$이면

$$\begin{aligned}
E\{J_{20}\} &= \frac{79\cdot 80}{2\cdot 99} \\
&\approx 31.92
\end{aligned} \tag{4.457}$$

이다. ◇

보기 4.79 시간 0에서 적혈구 하나를 배양하기 시작한다. 적혈구는 1분이 지나면

$$\begin{array}{ll}
\text{적혈구 둘}, & \text{확률} = \frac{1}{4}, \\
\text{백혈구 하나, 적혈구 하나}, & \text{확률} = \frac{2}{3}, \\
\text{백혈구 둘}, & \text{확률} = \frac{1}{12}
\end{array} \tag{4.458}$$

처럼 바뀐다. 새 적혈구는 처음 적혈구와 마찬가지로 1분이 지나면 위와 같이 바뀌고, 백혈구는 1분 뒤 사라지며, 이와 같은 바뀜은 모두 독립이라고 둔다. 이제, 배양 시작 $n+\frac{1}{2}$분 뒤까지 백혈구가 하나도 나타나지 않을 확률 β_0을 얻어 보자.

풀이 먼저, 배양 시작 $n+\frac{1}{2}$분 뒤까지 백혈구가 하나도 나타나지 않으려면, n분까지 모두 적혈구만 나타나야 한다. 그러면 k분 뒤에는 적혈구가 2^{k-1}개 있으므로 $\beta_0 = \prod_{k=1}^{n}\left(\frac{1}{4}\right)2^{k-1} = \left(\frac{1}{4}\right)^{\sum_{k=1}^{n}2^{k-1}} = \left(\frac{1}{4}\right)^{2^n-1}$이다. ◇

보기 4.80 보기 4.79에서 배양 시작 $n+\frac{1}{2}$분 뒤의 적혈구 수를 R_n이라고 할 때, $E\{R_n\}$과 R_2의 확률질량함수 $p_2(k)$를 얻고, 이 배양에서 아무것도 남지 않을 확률 η_0을 얻어 보자.

풀이 적혈구 하나가 1분 뒤에는 평균 $2\cdot\frac{1}{4}+1\cdot\frac{2}{3}=\frac{7}{6}$개로 바뀌므로, $n\geq 0$일 때 $E\{R_n\}=\frac{7}{6}E\{R_{n-1}\}=\left(\frac{7}{6}\right)^2E\{R_{n-2}\}=\left(\frac{7}{6}\right)^nE\{R_0\}$, 곧

$$E\{R_n\} = \left(\frac{7}{6}\right)^n \tag{4.459}$$

이다. 다음에, $\Pr\{R_1=0\}=\frac{1}{12}$, $\Pr\{R_1=1\}=\frac{2}{3}$, $\Pr\{R_1=2\}=\frac{1}{4}$이라는 것을 쓰면,

$$\begin{aligned}\Pr\{R_2=4\} &= \sum_{k=0}^{2}\Pr\{R_2=4|R_1=k\}\Pr\{R_1=k\}\\ &= 0\cdot\frac{1}{12}+0\cdot\frac{2}{3}+\left(\frac{1}{4}\right)^2\frac{1}{4}\\ &= \frac{1}{64}\end{aligned} \tag{4.460}$$

이고, 이와 비슷하게

$$\begin{aligned}\Pr\{R_2=3\} &= \sum_{k=0}^{2}\Pr\{R_2=3|R_1=k\}\Pr\{R_1=k\}\\ &= \frac{1}{12}\end{aligned} \tag{4.461}$$

이며,

$$\begin{aligned}\Pr\{R_2=2\} &= \sum_{k=0}^{2}\Pr\{R_2=2|R_1=k\}\Pr\{R_1=k\}\\ &= \frac{83}{288}\end{aligned} \tag{4.462}$$

이고,

$$\begin{aligned}\Pr\{R_2=1\} &= \sum_{k=0}^{2}\Pr\{R_2=1|R_1=k\}\Pr\{R_1=k\}\\ &= \frac{17}{36}\end{aligned} \tag{4.463}$$

이며,

$$\begin{aligned}\Pr\{R_2=0\} &= \sum_{k=0}^{2}\Pr\{R_2=0|R_1=k\}\Pr\{R_1=k\}\\ &= \frac{9}{64}\end{aligned} \tag{4.464}$$

임을 알 수 있다. 곧,

$$p_2(k) = \begin{cases}\frac{1}{64}, & k=4; \quad \frac{1}{12},\ k=3;\\ \frac{83}{288}, & k=2; \quad \frac{17}{36},\ k=1;\\ \frac{9}{64}, & k=0\end{cases} \tag{4.465}$$

이다[65].

이제, 아무것도 남지 않을 사건을 N이라고 하고, 적혈구 하나가 적혈구 둘로 바뀌는 사건을 T_2, 적혈구 하나가 백혈구 하나와 적혈구 하나로 바뀌는 사건을 T_1, 적혈구 하나가 백혈구 둘로 바뀌는 사건을 T_0이라고 하면,

$$\begin{aligned}\eta_0 &= \Pr\{N\} \\ &= \sum_{k=0}^{2} \Pr\{N|T_k\}\Pr\{T_k\}\end{aligned} \tag{4.466}$$

이다. 여기서, $\Pr\{N|T_2\}$는 적혈구 둘이 아무것도 남기지 않을 확률과 같으므로 $\Pr\{N|T_2\} = \eta_0^2$이고, $\Pr\{N|T_1\}$은 적혈구 하나가 아무것도 남기지 않을 확률과 같으므로 $\Pr\{N|T_1\} = \eta_0$이며, $\Pr\{N|T_0\}$은 백혈구가 아무것도 남기지 않을 확률과 같으므로 $\Pr\{N|T_0\} = 1$이라는 것을 새기면

$$\eta_0 = \eta_0^2 \cdot \frac{1}{4} + \eta_0 \cdot \frac{2}{3} + 1 \cdot \frac{1}{12} \tag{4.467}$$

이다. 이 식을 풀면 $\eta_0 = 1$ 또는 $\frac{1}{3}$인데, (4.459)에서 보았듯이 시간이 흐르면 적혈구는 평균적으로 많아지므로 $\eta_0 \neq 1$이다. 따라서,

$$\eta_0 = \frac{1}{3} \tag{4.468}$$

이다. ♢

보기 4.81 보기 2.34에서 제대로 꺼낸 수를 M라고 할 때, M의 평균과 분산을 얻어 보자.

풀이 먼저,

$$M_i = \begin{cases} 1, & i\text{째 사람이 제대로 꺼냈을 때}, \\ 0, & i\text{째 사람이 제대로 꺼내지 않았을 때} \end{cases} \tag{4.469}$$

로 두면 $M = \sum_{i=1}^{N} M_i$이다. 여기서, i째 사람이 N개 가운데 어느 것을 고를 확률도 같으므로

$$\{M_i = k\} = \begin{cases} \frac{1}{N}, & k = 1, \\ \frac{N-1}{N}, & k = 0 \end{cases} \tag{4.470}$$

이고, 따라서

$$E\{M_i\} = \frac{1}{N} \tag{4.471}$$

이고

$$\begin{aligned}\text{Var}\{M_i\} &= \frac{1}{N} - \frac{1}{N^2} \\ &= \frac{N-1}{N^2}\end{aligned} \tag{4.472}$$

[65] 여기서, $\frac{1}{64} + \frac{1}{12} + \frac{83}{288} + \frac{17}{36} + \frac{9}{64} = \frac{1}{576}(9 + 48 + 166 + 272 + 81) = 1$이다.

이다. 한편,

$$M_iM_j = \begin{cases} 1, & i\text{째 사람과 } j\text{째 사람이 둘 다 제대로 꺼냈을 때,} \\ 0, & i\text{째 사람과 } j\text{째 사람 가운데 한 사람이라도 제대로 꺼내지 않았을 때} \end{cases} \tag{4.473}$$

이므로, $i \neq j$일 때

$$\begin{aligned} E\{M_iM_j\} &= P\{M_i = 1, M_j = 1\} \\ &= P\{M_i = 1 | M_j = 1\} P\{M_j = 1\} \\ &= \frac{1}{N-1} \cdot \frac{1}{N} \end{aligned} \tag{4.474}$$

인데 이 식을 쓰면, $i \neq j$일 때

$$E\{M_iM_j\} - E\{M_i\} E\{M_j\} = \frac{1}{N^2(N-1)} \tag{4.475}$$

이다. 따라서, (4.471)에서

$$\begin{aligned} E\{M\} &= \sum_{i=1}^{N} E\{M_i\} \\ &= 1 \end{aligned} \tag{4.476}$$

이고, (4.472)와 (4.475)에서

$$\begin{aligned} \text{Var}\{M\} &= \sum_{i=1}^{N} \text{Var}\{M_i\} + \sum\sum_{i \neq j} [E\{M_iM_j\} - E\{M_i\} E\{M_j\}] \\ &= N \cdot \frac{N-1}{N^2} + N(N-1) \cdot \frac{1}{N^2(N-1)} \\ &= 1 \end{aligned} \tag{4.477}$$

이다. ◇

보기 4.82 보기 2.34에서 제대로 꺼낸 사람은 구슬을 들고 그 자리를 떠나고, 그렇지 않은 사람들은 꺼낸 구슬을 다 모아 섞은 다음 다시 고르는 실험을 시행한다고 하자. 이때, 모든 사람이 제대로 꺼낼 때까지 걸리는 평균 시행 횟수는 N이라는 것을 보이자.

풀이 조건부 평균을 바탕으로 수학적 귀납법을 써 보자. 첫 시행에서 제대로 꺼낸 수를 M이라고 하면, $M = 0, 1, \cdots, N$일 것이다. 그러면, 사람 수가 N일 때 모든 사람이 제대로 꺼낼 때까지 시행한 실험 횟수를 R_N이라고 둘 때

$$E\{R_N\} = \sum_{i=0}^{N} E\{R_N | M = i\} P\{M = i\} \tag{4.478}$$

이다. 이제, 첫 시행에서 제대로 꺼낸 수가 $M = i$일 때, 그 다음에 필요한 시행 횟수는 $1 + E\{R_{N-i}\}$이므로

$$E\{R_N | M = i\} = 1 + E\{R_{N-i}\} \tag{4.479}$$

이다. 따라서, (4.479)를 (4.478)에 넣으면

$$\begin{aligned} E\{R_N\} &= \sum_{i=0}^{N}[1+E\{R_{N-i}\}]P\{M=i\} \\ &= 1+E\{R_N\}P\{M=0\}+\sum_{i=1}^{N}E\{R_{N-i}\}P\{M=i\} \end{aligned} \tag{4.480}$$

인데, 이 식의 풀이가

$$E\{R_N\} = N \tag{4.481}$$

임은 다음과 같이 보일 수 있다. 먼저, (4.476)을 새기면 $\sum_{i=1}^{N} iP\{M=i\} = \sum_{i=0}^{N} iP\{M=i\} = E\{M\}=1$이다. 이제, 이 식과 (4.481)을 새기면 (4.480)의 왼쪽은 N이고 오른쪽도

$$\begin{aligned} 1+NP\{M=0\}+\sum_{i=1}^{N}(N-i)P\{M=i\} &= 1+NP\{M=0\}+N\left[1-P\{M=0\}\right]-1 \\ &= N \end{aligned} \tag{4.482}$$

이다. ◇

보기 4.83 입자 하나가 자리 $0,1,\cdots,n$을 오간다. 어느 자리에서든 1 초 뒤에는 확률 $1-p$로 바로 앞 자리로, 확률 p로 바로 다음 자리로 움직인다. 다만, 자리 0에서는 다음 자리 1로만, 또 자리 n에서는 앞 자리 $n-1$로만 움직인다. 이 입자가 자리 0에서 시작하여 자리 n에 갈 때까지 걸리는 시간의 기댓값을 얻어 보자.

풀이 먼저, 입자가 $i-1$에서 i로 가는 데에 걸리는 시간을 – 움직인 횟수를 – T_i라고 하자. 이제, 입자가 $i-1$에서 i로 가는 방법은 '$i-1$에서 바로 i로' 가거나 '$i-1$에서 $i-2$로 갔다가[66] i로' 가는 둘뿐인데,

$$P\{i-1\text{에서 바로 } i\text{로}\} = p \tag{4.483}$$

이므로

$$\begin{aligned} P\{i-1\text{에서 } i-2\text{로 갔다가 } i\text{로}\} &= 1-P\{i-1\text{에서 바로 } i\text{로}\} \\ &= 1-p \end{aligned} \tag{4.484}$$

이다. 한편,

$$E\{T_i|i-1\text{에서 바로 } i\text{로}\} = 1 \tag{4.485}$$

임을 쉽사리 알 수 있다. 또한, $i-1$에 있던 입자가 먼저 $i-2$로 갔다는 조건에서 i에 닿을 때까지 걸리는 시간은, 처음에 $i-1$에서 $i-2$로 가는 데에 걸린 시간 1, 그 다음에 $i-2$에서 $i-1$로

[66] 이것은 '$i-2$로 간 뒤, 어쩌면 $i-3$, $i-4$, $\cdots$도 거쳐서'까지 함께 생각한 것이다.

가는 데에 걸리는 시간 T_{i-1}, 그리고 $i-1$에서 i로 가는 데에 걸리는 시간 T_i를 더한 것이다. 곧, $i \geq 2$일 때

$$T_i\Big|_{i-1\text{에서 } i-2\text{로 갔다가 } i\text{로}} = 1 + T_{i-1} + T_i \tag{4.486}$$

이다. 따라서, $i \geq 2$일 때

$$\begin{aligned} E\{T_i\} &= E\{T_i | i-1\text{에서 바로 } i\text{로}\}P\{i-1\text{에서 바로 } i\text{로}\} \\ &\quad + E\{T_i | i-1\text{에서 } i-2\text{로 갔다가 } i\text{로}\}P\{i-1\text{에서 } i-2\text{로 갔다가 } i\text{로}\} \\ &= p + (1-p)\left[1 + E\{T_{i-1}\} + E\{T_i\}\right] \end{aligned} \tag{4.487}$$

이고, 이 식을 정리하면

$$E\{T_i\} = \frac{1}{p} + \frac{1-p}{p}E\{T_{i-1}\} \tag{4.488}$$

을 얻는다. 그러므로, $E\{T_1\} = 1$을[67] 새기면

$$\begin{aligned} E\{T_i\} &= \frac{1}{p} + \frac{1-p}{p}\left[\frac{1}{p} + \frac{1-p}{p}E\{T_{i-2}\}\right] \\ &\;\vdots \\ &= \frac{1}{p} + \frac{1-p}{p^2} + \cdots + \frac{(1-p)^{i-2}}{p^{i-1}} + \frac{(1-p)^{i-1}}{p^{i-1}}E\{T_1\} \\ &= \begin{cases} \frac{1}{p} + \frac{1-p}{p^2} + \cdots + \frac{(1-p)^{i-2}}{p^{i-1}} + \frac{(1-p)^{i-1}}{p^{i-1}}, & p \neq \frac{1}{2}, \\ 2 + 2 + \cdots + 2 + 1, & p = \frac{1}{2} \end{cases} \\ &= \begin{cases} \frac{1}{2p-1}\left\{1 - \left(\frac{1-p}{p}\right)^i\right\}, & p \neq \frac{1}{2}, \\ 2i - 1, & p = \frac{1}{2} \end{cases} \end{aligned} \tag{4.489}$$

이다. 그러므로, 0에서 떠나서 n에 닿을 때까지 걸리는 시간의 기댓값은

$$E\{T_1 + T_2 + \cdots + T_n\} = \begin{cases} \frac{1}{2p-1}\left[n - \frac{1-p}{2p-1}\left\{1 - \left(\frac{1-p}{p}\right)^n\right\}\right], & p \neq \frac{1}{2}, \\ n^2, & p = \frac{1}{2} \end{cases} \tag{4.490}$$

이다. ◇

보기 4.84 앞이 나올 확률이 p인 동전을 마지막 세 번 가운데 두 번이 앞일 때까지 던진 횟수를 N이라고 하자. 다만, 맨 처음 두 번 모두 앞이 나오면 $N = 2$라고 둔다. 이때, 던진 횟수 N의 기댓값을 얻어 보자.

풀이 먼저, 처음 앞이 나온 때를 X라고 하면

$$\begin{aligned} E\{N|X\} &= E\{N|X, \text{앞, 앞}\}\mathbf{Pr}\{\text{앞, 앞}\} + E\{N|X, \text{앞, 뒤}\}\mathbf{Pr}\{\text{앞, 뒤}\} \\ &\quad + E\{N|X, \text{뒤, 앞}\}\mathbf{Pr}\{\text{뒤, 앞}\} + E\{N|X, \text{뒤, 뒤}\}\mathbf{Pr}\{\text{뒤, 뒤}\} \end{aligned} \tag{4.491}$$

---

[67] 자리 0에서는 늘 1로 가므로 $E\{T_1\} = 1$이다.

이다. 여기서, $E\{N|X, \text{앞, 앞}\} = X+1$, $E\{N|X, \text{앞, 뒤}\} = X+1$, $E\{N|X, \text{뒤, 앞}\} = X+2$, $E\{N|X, \text{뒤, 뒤}\} = E\{N\} + X + 2$이므로 $q = 1-p$라고 쓰면 (4.491)에서

$$\begin{aligned} E\{N|X\} &= (X+1)\left(p^2+pq\right) + (X+2)pq + [E\{N\} + X + 2]q^2 \\ &= X + q + q^2 E\{N\} + 1 \end{aligned} \tag{4.492}$$

인데,

$$\begin{aligned} E\{X\} &= 1\cdot p + 2(1-p)p + 3(1-p)^2 p + \cdots \\ &= \frac{1}{p} \end{aligned} \tag{4.493}$$

임을 써서 (4.492)를 다시 평균하면,

$$\begin{aligned} E\{N\} &= E\{E\{N|X\}\} \\ &= \frac{1}{p} + q + q^2 E\{N\} + 1 \end{aligned} \tag{4.494}$$

를 얻는다. 곧, N의 기댓값은

$$\begin{aligned} E\{N\} &= \frac{\frac{1}{p}+1+q}{1-q^2} \\ &= \frac{1+2p-p^2}{p^2(2-p)} \end{aligned} \tag{4.495}$$

이다. ◇

보기 4.85 앞이 나올 확률이 p인 동전을 던지는 확률 실험을 생각하여, 앞이 이어서 r번 나올 때까지 던져야 하는 횟수의 기댓값을 얻어 보자.

풀이 먼저, 앞이 k번 이어 처음 나올 때까지 던진 횟수를 C_k라고 하면

$$C_{k+1} = \begin{cases} C_k + 1, & C_{k+1}\text{째 던져 앞이 나오면,} \\ C_{k+1} + C_k + 1, & C_{k+1}\text{째 던져 뒤가 나오면} \end{cases} \tag{4.496}$$

이다. 다음에, $\alpha_k = E\{C_k\}$라고 두고 (4.496)을

$$E\{C_{k+1}\} = E\{C_{k+1}|\text{다음에 }\textbf{앞}\}P\{\textbf{앞}\} + E\{C_{k+1}|\text{다음에 }\textbf{뒤}\}P\{\textbf{뒤}\} \tag{4.497}$$

에 넣으면,

$$\alpha_{k+1} = (\alpha_k + 1)p + (\alpha_{k+1} + \alpha_k + 1)(1-p) \tag{4.498}$$

이다. 이제, (4.493)에서 알 수 있듯이 $\alpha_1 = E\{C_1\} = \frac{1}{p}$이라는 것을 새겨 (4.498)을 풀면, $\alpha_{k+1} = \frac{1}{p}\alpha_k + \frac{1}{p} = \frac{1}{p^2}\alpha_{k-1} + \frac{1}{p} + \frac{1}{p^2} = \cdots = \frac{1}{p^k}\alpha_1 + \frac{1}{p} + \frac{1}{p^2} + \cdots + \frac{1}{p^k} = \sum_{i=1}^{k+1} \frac{1}{p^i}$이다. 곧,

$$\alpha_k = \sum_{i=1}^{k} \frac{1}{p^i} \tag{4.499}$$

이다. 이 보기를 일반적으로 생각하면, 어떤 '무늬'가 나타나는 평균 시간을 얻는 문제로 볼 수 있으며, 부록 4.3에서 이것을 좀 더 자세히 다루었다. ◇

보기 4.86 앞이 나올 확률이 p인 동전을 거듭 던진다고 하자. 앞이 이어서 세 번 처음 나올 때까지 던진 횟수를 X라고 할 때, $f(k) = P\{X = k\}$에 관한 차분 방정식을 얻고, 생성함수 $G_X(s) = E\left\{s^X\right\}$를 얻어 보자.

풀이 먼저, 앞이 이어서 세 번 처음 나온 사건을 B라고 하자. 또, 동전을 i째 던졌을 때 앞이 나오면 $C_i = 1$, 뒤가 나오면 $C_i = 0$이라고 두자. 그러면 $P\{C_n = 1\} = p$이고, $P\{C_n = 0\} = 1 - p = q$이며,

$$\begin{aligned} f(k) &= P\{X = k\} \\ &= f(k|C_1 = 0)P\{C_1 = 0\} + f(k|C_1 = 1, C_2 = 0)P\{C_1 = 1, C_2 = 0\} \\ &\quad + f(k|C_1 = C_2 = 1, C_3 = 0)P\{C_1 = C_2 = 1, C_3 = 0\} \\ &\quad + f(k|C_1 = C_2 = C_3 = 1)P\{C_1 = C_2 = C_3 = 1\} \end{aligned} \tag{4.500}$$

이다. 여기서, 처음에 뒤가 나왔을 때 – 곧, $C_1 = 0$일 때 – B가 k째에서 일어난다는 말은 $k-1$째에 B가 일어난다는 말과 같다. 곧, $f(k|C_1 = 0) = f(k-1)$이다. 이와 비슷하게 생각하여 위 식을 다시 쓰면, $k \geq 3$일 때

$$\begin{aligned} f(k) &= f(k-1)P\{C_1 = 0\} + f(k-2)P\{C_1 = 1, C_2 = 0\} \\ &\quad + f(k-3)P\{C_1 = C_2 = 1, C_3 = 0\} \\ &\quad + f(k|C_1 = C_2 = C_3 = 1)P\{C_1 = C_2 = C_3 = 1\} \end{aligned} \tag{4.501}$$

이다. 이제, $P\{C_n = 1\} = p$, $P\{C_n = 0\} = q$, $f(k|C_1 = C_2 = C_3 = 1) = \delta(k-3)$을 새기면, $k \geq 3$일 때

$$f(k) = f(k-1)q + f(k-2)pq + f(k-3)p^2q + \delta(k-3)p^3 \tag{4.502}$$

이다[68]. 다음에, (4.502)를 쓰면

$$\begin{aligned} G_X(s) &= E\left\{s^X\right\} \\ &= \sum_{i=0}^{\infty} f(i)s^i \\ &= \sum_{i=3}^{\infty} \left\{f(i-1)q + f(i-2)pq + f(i-3)p^2q + \delta(i-3)p^3\right\} s^i \\ &= qs\sum_{i=2}^{\infty} f(i)s^i + pqs^2\sum_{i=1}^{\infty} f(i)s^i + p^2qs^3\sum_{i=0}^{\infty} f(i)s^i + p^3s^3 \\ &= \left(qs + pqs^2 + p^2qs^3\right) G_X(s) + p^3s^3 \end{aligned} \tag{4.503}$$

[68] 이 식을 z-변환하면 z-transform

$$\tilde{F}(z) = \frac{p^3}{z^3 - qz^2 - pqz - p^2q}$$

이므로, $\tilde{F}(z)$를 역 z-변환하면 $f(k)$를 얻을 수 있다.

이므로

$$G_X(s) = \frac{p^3 s^3}{1 - qs - pqs^2 - p^2 qs^3} \tag{4.504}$$

이다. ◇

보기 4.87 보기 4.86에서 조건부 기댓값을 써서 $E\{X\}$를 얻어 보자.

풀이 먼저,

$$\begin{aligned} E\{X\} = \; & E\{X|C_1 = 0\}P\{C_1 = 0\} + E\{X|C_1 = 1, C_2 = 0\}P\{C_1 = 1, C_2 = 0\} \\ & + E\{X|C_1 = C_2 = 1, C_3 = 0\}P\{C_1 = C_2 = 1, C_3 = 0\} \\ & + E\{X|C_1 = C_2 = C_3 = 1\}P\{C_1 = C_2 = C_3 = 1\} \end{aligned} \tag{4.505}$$

처럼 쓸 수 있다. 이제, (4.500)에서 (4.501)을 얻을 때와 비슷하게 생각해 보자. 처음에 뒤가 나왔을 때 – 곧, $C_1 = 0$일 때 – B가 일어나날 때까지의 평균 시간 $E\{X|C_1 = 0\}$은 동전을 둘째로 던질 때부터 B가 일어나날 때까지의 평균 시간에 1을 더한 것이다. 곧, $E\{X|C_1 = 0\} = E\{X\}+1$이다. 마찬가지로 생각해 보면, $E\{X|C_1 = 1, C_2 = 0\} = E\{X\} + 2$, $E\{X|C_1 = C_2 = 1, C_3 = 0\} = E\{X\} + 3$, $E\{X|C_1 = C_2 = C_3 = 1\} = 1$이다. 이것을 새기어 위 식을 다시 쓰면,

$$E\{X\} = [E\{X\} + 1]q + [E\{X\} + 2]pq + [E\{X\} + 3]p^2 q + 3p^3 \tag{4.506}$$

이고, 이 식을 정리하면

$$\begin{aligned} \left(1 - q - pq - p^2 q\right) E\{X\} &= q + 2pq + 3p^2 q + 3p^3 \\ &= 1 + p + p^2 \end{aligned} \tag{4.507}$$

이다. 여기서, $1 - q - pq - p^2 q = p - pq - p^2 q = p(1 - q - pq) = p(p - pq) = p^3$이므로

$$E\{X\} = \frac{1 + p + p^2}{p^3} \tag{4.508}$$

을 얻는다. ◇

보기 4.88 과녁을 맞힐 확률이 p_1인 사람 **가**와 p_2인 사람 **나**가 과녁을 두 번 이어 맞힐 때까지 번갈아 활을 쏜다고 하자. 이제, 과녁을 맞힐 확률이 p_i인 사람이 시작하여 끝날 때까지의 평균 발사 수를 μ_i라고 할 때 μ_1과 μ_2를 얻어 보자.

풀이 먼저,

N_1 : **가**가 시작했을 때, 끝날 때까지의 발사 수,

N_2 : **나**가 시작했을 때, 끝날 때까지의 발사 수

처럼 두자. 이제, **가**가 시작할 때를 생각하자. 그러면

C_1 : **가**가 맨 처음 쏘아 과녁을 맞히고, 그 다음 쏜 **나**도 과녁을 맞힘,

C_2 : **가**가 맨 처음 쏘아 과녁을 맞히고, 그 다음 쏜 **나**는 맞히지 못함,

C_3 : **가**가 맨 처음 쏘아 과녁을 맞히지 못함

이라고 두면, C_1일 때에는 시합이 끝나므로 $E\{N_1|C_1\} = 2$이고, C_2일 때에는 **가**가 시작하여 새로 시합하는 셈이므로 $E\{N_1|C_2\} = 2 + E\{N_1\}$이며, C_3일 때에는 **나**가 시작하여 새로 시합하는 셈이므로 $E\{N_1|C_3\} = 1 + E\{N_2\}$이다. 따라서,

$$\begin{aligned} E\{N_1\} &= E\{N_1|C_1\}P\{C_1\} + E\{N_1|C_2\}P\{C_2\} + E\{N_1|C_3\}P\{C_3\} \\ &= 2p_1p_2 + (2 + E\{N_1\})p_1(1-p_2) + (1 + E\{N_2\})(1-p_1) \end{aligned} \tag{4.509}$$

이다. 여기서, $E\{N_1\} = \mu_1$, $E\{N_2\} = \mu_2$라는 것을 새기면

$$\mu_1 = 2p_1p_2 + (2 + \mu_1)p_1(1-p_2) + (1 + \mu_2)(1-p_1) \tag{4.510}$$

이다.

한편, 식 (4.510)에 μ_1과 μ_2를, p_1과 p_2를 바꾸어 넣으면 **나**가 시작할 때의 식을

$$\mu_2 = 2p_2p_1 + (2 + \mu_2)p_2(1-p_1) + (1 + \mu_1)(1-p_2) \tag{4.511}$$

처럼 얻을 수 있다. 그러므로, (4.510)과 (4.511)을 묶어 풀어 μ_1과 μ_2를 얻으면

$$\mu_1 = \frac{2 - p_1p_2 + p_1^2p_2}{2p_1p_2 - p_1^2p_2 - p_1p_2^2 + p_1^2p_2^2} \tag{4.512}$$

이고

$$\mu_2 = \frac{2 - p_1p_2 + p_1p_2^2}{2p_1p_2 - p_1^2p_2 - p_1p_2^2 + p_1^2p_2^2} \tag{4.513}$$

이다. ◇

보기 4.89 보기 4.88에서 끝날 때까지 과녁를 맞히는 평균 횟수를 h_i라고 할 때 h_1과 h_2를 얻어 보자.

풀이 먼저,

H_1 : **가**가 시작했을 때, 끝날 때까지의 과녁을 맞힌 발사 수,

H_2 : **나**가 시작했을 때, 끝날 때까지의 과녁을 맞힌 발사 수

처럼 두고 **가**가 시작한다고 하자. 그러면 보기 4.88에서 생각한 것을 바탕으로 비슷하게 생각해 보면 $E\{H_1|C_1\} = 2$, $E\{H_1|C_2\} = 1 + E\{H_1\}$, $E\{H_1|C_3\} = E\{H_2\}$라는 것을 알 수 있다. 그러므로,

$$\begin{aligned} E\{H_1\} &= E\{H_1|C_1\}P\{C_1\} + E\{H_1|C_2\}P\{C_2\} + E\{H_1|C_3\}P\{C_3\} \\ &= 2p_1p_2 + (1 + E\{H_1\})p_1(1-p_2) + E\{H_2\}(1-p_1) \end{aligned} \tag{4.514}$$

인데, $E\{H_1\} = h_1$이고 $E\{H_2\} = h_2$이므로

$$h_1 = 2p_1p_2 + (1 + h_1)p_1(1-p_2) + h_2(1-p_1) \tag{4.515}$$

이다. 이제, (4.510)에서 (4.511)을 얻을 때와 비슷하게, 대칭성을 바탕으로 (4.515)에서

$$h_2 = 2p_2p_1 + (1+h_2)p_2(1-p_1) + h_1(1-p_2) \tag{4.516}$$

을 얻어, (4.515)와 (4.516)을 풀면

$$h_1 = \frac{p_1 + p_2 - p_1^2p_2 + p_1^2p_2^2}{2p_1p_2 - p_1^2p_2 - p_1p_2^2 + p_1^2p_2^2} \tag{4.517}$$

과

$$h_2 = \frac{p_1 + p_2 - p_1p_2^2 + p_1^2p_2^2}{2p_1p_2 - p_1^2p_2 - p_1p_2^2 + p_1^2p_2^2} \tag{4.518}$$

을 얻는다. ◇

보기 4.90 보기 4.88에서 마지막으로 과녁을 맞힌 사람이 첫째 사람일 확률 α_1과 마지막 두 번 과녁을 맞힌 사람이 첫째 사람일 확률 α_2를 얻어 보자.

풀이 **가**가 시작했다고 두면

$$\begin{aligned} P\{\text{마지막 맞힌 사람이 }\textbf{가}\} &= P\{\text{마지막 맞힌 사람이 }\textbf{가} \cap \text{처음 맞힌 사람이 }\textbf{가}\} \\ &\quad + P\{\text{마지막 맞힌 사람이 }\textbf{가} \cap \text{처음 맞힌 사람이 }\textbf{나}\} \end{aligned} \tag{4.519}$$

이다. 여기서, $P\{$마지막 맞힌 사람이 **가** $\cap$ 처음 맞힌 사람이 **가**$\}$를 먼저 얻어 보자. 그러면 **가**는 $2n+1$번째에 활을 쏘므로

$$\begin{aligned} &P\{\text{마지막 맞힌 사람이 }\textbf{가} \cap \text{처음 맞힌 사람이 }\textbf{가}\} \\ &= \sum_{n=1}^{\infty} P\{2n+1\text{번째에서 끝남} \cap \text{처음 맞힌 사람이 }\textbf{가}\} \end{aligned} \tag{4.520}$$

인데

$$\begin{aligned} &P\{2n+1\text{번째에서 끝남} \cap \text{처음 맞힌 사람이 }\textbf{가}\} \\ &= \sum_{k=0}^{n-1} P\{2n+1\text{번째에서 끝남} \cap (2k+1)\text{번째에서 처음 맞힘}\} \\ &= \sum_{k=0}^{n-1} \{(1-p_1)(1-p_2)\}^k p_1(1-p_2)\{(1-p_1)(1-p_2)\}^{n-k-1} \cdot p_1 \\ &= \sum_{k=0}^{n-1} \{(1-p_1)(1-p_2)\}^{n-1} p_1^2(1-p_2) \\ &= n \cdot (1-p_1)^{n-1}(1-p_2)^n p_1^2 \end{aligned} \tag{4.521}$$

이므로

$$\begin{aligned} &P\{\text{마지막 맞힌 사람이 }\textbf{가} \cap \text{처음 맞힌 사람이 }\textbf{가}\} \\ &= \sum_{n=1}^{\infty} P\{2n+1\text{번째에서 끝남} \cap \text{처음 맞힌 사람이 }\textbf{가}\} \\ &= \sum_{n=1}^{\infty} n(1-p_1)^{n-1}(1-p_2)^n p_1^2 \\ &= \frac{p_1^2(1-p_2)}{\{1-(1-p_1)(1-p_2)\}^2} \end{aligned} \tag{4.522}$$

이다. 이제, 위와 비슷한 방법으로 $P\{$마지막 맞힌 사람이 **가** $\cap$ 처음 맞힌 사람이 **나**$\}$를 얻으면,

$$
\begin{aligned}
& P\{\text{마지막 맞힌 사람이 가} \cap \text{처음 맞힌 사람이 나}\} \\
&= \sum_{n=1}^{\infty} P\{2n+1\text{번째에서 끝남} \cap \text{처음 맞힌 사람이 나}\} \\
&= \sum_{n=1}^{\infty}\sum_{k=1}^{n} P\{2n+1\text{번째에서 끝남} \cap 2k\text{번째에서 처음 맞힘}\} \\
&= \sum_{n=1}^{\infty}\sum_{k=1}^{n} \{(1-p_1)(1-p_2)\}^{k-1}\{(1-p_1)p_2\}\{(1-p_1)(1-p_2)\}^{n-k} p_1 \\
&= \sum_{n=1}^{\infty}\sum_{k=1}^{n} \{(1-p_1)(1-p_2)\}^{n-1} p_1(1-p_1)p_2 \\
&= \sum_{n=1}^{\infty} n(1-p_1)^n(1-p_2)^{n-1} p_1p_2 \\
&= \frac{p_1(1-p_1)p_2}{\{1-(1-p_1)(1-p_2)\}^2}
\end{aligned}
\tag{4.523}
$$

이다. 따라서, (4.522)와 (4.523)에서

$$
\begin{aligned}
\alpha_1 &= P\{\text{마지막 맞힌 사람이 첫째 사람}\} \\
&= \frac{p_1^2(1-p_2)}{\{1-(1-p_1)(1-p_2)\}^2} + \frac{p_1(1-p_1)p_2}{\{1-(1-p_1)(1-p_2)\}^2} \\
&= \frac{p_1^2 - 2p_1^2p_2 + p_1p_2}{\{1-(1-p_1)(1-p_2)\}^2}
\end{aligned}
\tag{4.524}
$$

이다. 끝으로 (4.522)에서

$$
\begin{aligned}
\alpha_2 &= P\{\text{마지막 맞힌 사람이 가} \cap \text{처음 맞힌 사람이 가}\} \\
&= \frac{p_1^2(1-p_2)}{\{1-(1-p_1)(1-p_2)\}^2}
\end{aligned}
\tag{4.525}
$$

임을 알 수 있다. ◇

보기 4.91 서로 독립이고 분포가 같은 확률변수들 $X_1, X_2, \cdots$의 한계 분포가 $U[0,1)$이다. 이제, $X_0 = x$라고 하고 $N = \min\{n : X_n < X_{n-1}\}$로 둘 때, $g(x) = E\{N\}$이라고 하자[69]. 이제, 확률변수 X_1을 조건으로 두었을 때 $g(x)$의 적분 방정식을 얻고, 그 적분 방정식을 푸시오.

풀이 먼저, $y < x$이면 $E\{N|X_1 = y\} = 1$이라는 것을 쉽게 알 수 있다. 한편, $y \ge x$이면 $E\{N|X_1 = y\}$는 $\{X_2, X_3, \cdots\}$을 새로 $\{X_1, X_2, \cdots\}$으로 보고 $\{X_0 = y\}$로 두었을 때 N의 기댓값과 같다는 것을 알 수 있다. 곧,

$$
E\{N|X_1 = y\} = \begin{cases} 1, & y < x, \\ 1 + g(y), & y \ge x \end{cases}
\tag{4.526}
$$

[69] 이 보기는 보기 5.5에서 다시 다룰 것이다.

이다. 이 식을 쓰면, X_k의 확률밀도함수를 f_{X_k}라고 할 때,

$$\begin{aligned} E\{N\} &= E\{E\{N|X_1\}\} \\ &= \int_0^1 E\{N|X_1 = y\} f_{X_1}(y) dy \\ &= \int_0^x dy + \int_x^1 \{1 + g(y)\} dy \\ &= 1 + \int_x^1 g(y) dy \end{aligned} \tag{4.527}$$

처럼 적분 방정식을 얻을 수 있다. 식 (4.527)을 미분하면 $g'(y) = -g(y)$를 얻으므로 $g(x) = ce^{-x}$라는 것을 알 수 있다. 이제, $g(1) = E\{N\}\Big|_{X_0=1} = 1$이라는 것을 새기면

$$g(x) = e^{1-x} \tag{4.528}$$

을 얻는다. ◇

4.5 몇 가지 확률벡터

4.5.1 다항 확률변수

뜻매김 4.18 다항 분포[70]

겹치지 않고 나올 수 있는 결과가 $\{A_i\}_{i=1}^r$이고, 그 확률이 $\{P\{A_i\} = p_i\}_{i=1}^r$인 독립 실험을 n번 거듭했을 때 사건 A_i가 일어나는 횟수를 X_i라고 하자. 여기서, $\sum_{i=1}^r p_i = 1$이다. 이때, $\underline{X} = (X_1, X_2, \cdots, X_r)$의 결합 분포를 다항 분포라고 한다. 확률벡터 $\underline{X}$의 결합 확률질량함수는, $\sum_{i=1}^r k_i = n$일 때

$$p_{\underline{X}}(k_1, k_2, \cdots, k_r) = \frac{n!}{k_1! k_2! \cdots k_r!} p_1^{k_1} p_2^{k_2} \cdots p_r^{k_r} \tag{4.529}$$

이다.

식 (4.529)의 오른쪽은 $(t_1 p_1 + t_2 p_2 + \cdots + t_r p_r)^n$을 다항 전개했을 때 $\prod_{j=1}^r t_j^{k_j}$의 계수라는 것을 눈여겨볼 만하다.

보기 4.92 제대로 만든 주사위를 열 번 굴렸을 때 $A_1 = \{1\}$, $A_2 = \{\text{짝수}\}$, $A_3 = \{3, 5\}$가 나오는 횟수 $\underline{X} = (X_1, X_2, X_3)$은

$$p_{\underline{X}}(k_1, k_2, k_3) = \frac{10!}{k_1! k_2! k_3!} \left(\frac{1}{6}\right)^{k_1} \left(\frac{1}{2}\right)^{k_2} \left(\frac{1}{3}\right)^{k_3} \tag{4.530}$$

[70] multinomial distribution

이다. 이 식을 바탕으로 집합 $\{A_1$이 세 번 일어나고, A_2가 여섯 번 일어남$\} = \{X_1 = 3, X_2 = 6, X_3 = 1\}$의 확률을 얻으면

$$\begin{aligned} p_{\underline{X}}(k_1 = 3, k_2 = 6, k_3 = 1) &= \frac{10!}{3!6!1!}\left(\frac{1}{6}\right)^3\left(\frac{1}{2}\right)^6\left(\frac{1}{3}\right)^1 \\ &= \frac{35}{1728} \\ &\approx 2.025 \times 10^{-2} \end{aligned} \tag{4.531}$$

이다. ◇

보기 4.93 (다항 분포의 포아송 어림)* 이항 분포와 비슷하게 다항 분포를 포아송 어림해 보자. 다항 분포에서 $n \to \infty$일 때, $p_i \to 0$이고 $np_i \to \lambda_i$이면,

$$\begin{aligned} p_{\underline{X}}(k_1, k_2, \cdots, k_r) &= \frac{n!}{k_1!k_2!\cdots k_r!}p_1^{k_1}p_2^{k_2}\cdots p_r^{k_r} \\ &\to e^{-\lambda_1}\frac{\lambda_1^{k_1}}{k_1!}e^{-\lambda_2}\frac{\lambda_2^{k_2}}{k_2!}\cdots e^{-\lambda_{r-1}}\frac{\lambda_{r-1}^{k_{r-1}}}{k_{r-1}!} \end{aligned} \tag{4.532}$$

이다. 이것은

$$\begin{aligned} \frac{n!}{k_r!} &= \frac{n!}{\left(n - \sum\limits_{i=1}^{r-1} k_i\right)!} \\ &= n(n-1)\cdots\left(n - \sum_{i=1}^{r-1} k_i + 1\right) \\ &\approx n^{\sum\limits_{i=1}^{r-1} k_i} \end{aligned} \tag{4.533}$$

이고,

$$\begin{aligned} p_r &= 1 - \sum_{i=1}^{r-1} p_i \\ &\approx \exp\left(-\sum_{i=1}^{r-1} p_i\right) \end{aligned} \tag{4.534}$$

이며,

$$\begin{aligned} p_r^{k_r} &= p_r^{\,n-\sum\limits_{i=1}^{r-1} k_i} \\ &\approx \exp\left\{-\left(n - \sum_{i=1}^{r-1} k_i\right)\sum_{i=1}^{r-1} p_i\right\} \\ &\approx \exp\left(-n\sum_{i=1}^{r-1} p_i\right) \\ &= \exp\left(-\sum_{i=1}^{r-1} \lambda_i\right) \end{aligned} \tag{4.535}$$

임을 바탕으로 이항 분포의 포아송 어림에서와 비슷한 과정으로 보일 수 있다. 말할 것도 없이, 위 결과 (4.532)에서 $r = 2$로 둔 것은 이항 분포에서 얻은 정리 3.14의 (3.395)와 같다는 것을 쉽게 알 수 있다. ◇

보기 4.94 (다항 분포의 정규 어림)* 한편, 이항 확률 분포의 정규 어림과 비슷하게, 다항 확률 분포도 $k_i = np_i + O(\sqrt{n})$이고 $n \to \infty$일 때

$$\begin{aligned} p_{\underline{X}}(k_1, k_2, \cdots, k_r) &= \frac{n!}{k_1!k_2!\cdots k_r!} p_1^{k_1} p_2^{k_2} \cdots p_r^{k_r} \\ &\approx \frac{1}{\sqrt{(2\pi n)^{r-1} p_1 \cdots p_r}} \exp\left\{ -\frac{1}{2} \sum_{i=1}^{r} \frac{(k_i - np_i)^2}{np_i} \right\} \end{aligned} \tag{4.536}$$

과 같이 둘 수 있다. 위 식 (4.536)에서 $r = 2$일 때를 살펴보자. 이때, $k_1 = k$이고, $k_2 = n-k$이며, $p_1 = p$이고, $p_2 = 1 - p_1 = q$라고 두면

$$\begin{aligned} p_{\underline{X}}(k_1, k_2) &= p_{\underline{X}}(k, n-k) \\ &\approx \frac{1}{\sqrt{2\pi npq}} \exp\left[-\frac{1}{2} \left\{ \frac{(k-np)^2}{np} + \frac{(n-k-nq)^2}{nq} \right\} \right] \\ &= \frac{1}{\sqrt{2\pi npq}} \exp\left\{ -\frac{1}{2} \frac{q(k-np)^2 + p(np-k)^2}{npq} \right\} \\ &= \frac{1}{\sqrt{2\pi npq}} \exp\left\{ -\frac{(k-np)^2}{2npq} \right\} \end{aligned} \tag{4.537}$$

이다. 이것은 이항 분포에서 얻은 정리 3.13의 (3.384)와 같은 것이다. ◇

다항 분포는 이항 분포를 일반화한 것이며 다항 분포 가운데 $r = 2$인 것이 바로 이항 분포이다. 다항 확률벡터 $\underline{X} = (X_1, X_2, \cdots, X_r)$에서 X_i의 한계 분포는 이항 분포이다. 또, $n - \sum_{i=1}^{s} k_{a_i}$를 $s+1$째 확률변수로 생각하면 $\underline{X}$의 부벡터 $\underline{X}_s = (X_{a_1}, X_{a_2}, \cdots, X_{a_s})$의 분포도 다항 분포인데, 그 결합 확률질량함수는

$$p_{\underline{X}_s}(k_{a_1}, k_{a_2}, \cdots, k_{a_s}) = n! \frac{\left(1 - \sum_{i=1}^{s} p_{a_i}\right)^{n - \sum_{i=1}^{s} k_{a_i}}}{\left(n - \sum_{i=1}^{s} k_{a_i}\right)!} \prod_{i=1}^{s} \frac{p_{a_i}^{k_{a_i}}}{k_{a_i}!} \tag{4.538}$$

이다. 이 식에서 $s = 1$이라고 하면 이항 확률질량함수를 얻는다.

한편, $\underline{X}$의 부벡터가 주어졌을 때 나머지 확률변수가 이루는 확률벡터의 조건부 결합 분포도 다항 분포인데, 이때, 그 분포는 나머지 확률변수의 값에 따로따로 의존하는 것이 아니라 그 합에만 의존한다. 보기를 들어, $\underline{X} = (X_1, X_2, X_3, X_4)$라고 하자. 그러면 (X_1, X_3)이 주어졌을 때 (X_2, X_4)의 분포는 다항 분포이며, 이 분포는 X_1과 X_3에 따로따로 의존하지 않고 $X_1 + X_3$에만 의존한다.

끝으로, 확률벡터 $\underline{X} = (X_1, X_2, \cdots, X_r)$의 확률질량함수가 (4.529)와 같다고 하고 $q_i = 1 - p_i$라고 하자. 그러면 $i \neq j$일 때

$$E\{X_i|X_j\} = \frac{(n - X_j)\, p_i}{1 - p_j} \tag{4.539}$$

이고, i가 $\{b_j\}_{j=1}^{r-1}$ 가운데 어느 것과도 같지 않을 때

$$E\left\{X_i|X_{b_1}, X_{b_2}, \cdots, X_{b_{r-1}}\right\} = \frac{\left(n - \sum_{j=1}^{r-1} X_{b_j}\right) p_i}{1 - \sum_{j=1}^{r-1} p_{b_j}} \tag{4.540}$$

이며,

$$\mathrm{Cov}\,(X_i, X_j) = -np_ip_j \tag{4.541}$$

이고,

$$\rho_{X_i,X_j} = -\sqrt{\frac{p_ip_j}{q_iq_j}} \tag{4.542}$$

임을 보일 수 있다.

4.5.2 정규 확률벡터

4.5.2.1 정규 확률벡터의 확률밀도함수와 곱 적률

뜻매김 4.19 정규 확률벡터[71]

크기가 $n \times n$인 행렬 $\boldsymbol{K}$의 행렬식 $|\boldsymbol{K}|$이 0보다 크고 $\underline{m} = (m_1, m_2, \cdots, m_n)^T$일 때 확률밀도함수가

$$f_{\underline{X}}(\underline{x}) = \frac{1}{\sqrt{(2\pi)^n|\boldsymbol{K}|}} \exp\left\{-\frac{1}{2}\,(\underline{x} - \underline{m})^T \boldsymbol{K}^{-1}\,(\underline{x} - \underline{m})\right\} \tag{4.543}$$

인 확률벡터 $\underline{X} = (X_1, X_2, \cdots, X_n)^T$를 n차원 – 또는 n변수 – 결합 정규 확률벡터라고 하고, 그 분포를 $N\,(\underline{m}, \boldsymbol{K})$로 쓴다. 결합 정규 확률벡터는 정규 확률벡터라고 부르기도 한다.

보기 4.95 뜻매김 4.19에 보인 정규 확률벡터의 평균 벡터는 n차원 열 벡터

$$\underline{m} = (m_1, m_2, \cdots, m_n)^T \tag{4.544}$$

이고, 분산-공분산 행렬은 $n \times n$차원 행렬

$$\begin{aligned} \boldsymbol{K} &= [\mathrm{Cov}\{X_i, X_j\}] \\ &= [E\{(X_i - m_i)(X_j - m_j)\}] \\ &= [E\{X_iX_j\} - m_im_j] \end{aligned} \tag{4.545}$$

[71] normal random vector, Gaussian random vector

이며, 상관 행렬은 $n \times n$차원 행렬

$$\boldsymbol{R} = \boldsymbol{K} + \underline{m}\,\underline{m}^T \tag{4.546}$$

이다. ♢

보기 4.96 분포가 $N(\underline{m}, \boldsymbol{K})$인 n차원 확률벡터 $\underline{X} = (X_1, X_2, \cdots, X_n)^T$의 결합 특성함수가, $\underline{\omega} = (\omega_1, \omega_2, \cdots, \omega_n)^T$일 때

$$\varphi_{\underline{X}}(\underline{\omega}) = \exp\left(j\underline{\omega}^T\underline{m} - \frac{1}{2}\underline{\omega}^T\boldsymbol{K}\underline{\omega}\right) \tag{4.547}$$

임을 보이자.

풀이 먼저, $\alpha = \frac{1}{\sqrt{(2\pi)^n|\boldsymbol{K}|}}$이라고 두면 확률벡터 $\underline{X}$의 특성함수는

$$\begin{aligned}
\varphi_{\underline{X}}(\underline{\omega}) &= E\left\{\exp\left(j\underline{\omega}^T\underline{X}\right)\right\} \\
&= \int_{\text{모든 } \underline{x}} \alpha \exp\left\{-\frac{1}{2}(\underline{x}-\underline{m})^T\boldsymbol{K}^{-1}(\underline{x}-\underline{m})\right\}\exp\left(j\underline{\omega}^T\underline{x}\right)d\underline{x} \\
&= \alpha\exp\left(j\underline{\omega}^T\underline{m}\right)\int_{\text{모든 } \underline{y}} \exp\left\{-\frac{1}{2}\left(\underline{y}^T\boldsymbol{K}^{-1}\underline{y} - 2j\underline{\omega}^T\underline{y}\right)\right\}d\underline{y}
\end{aligned} \tag{4.548}$$

이다. 여기서, $\underline{x} = (x_1, x_2, \cdots, x_n)$이고 $\underline{y} = (y_1, y_2, \cdots, y_n)$이다. 이제, $\underline{\omega}^T\underline{y}$는 스칼라이므로 $\underline{\omega}^T\underline{y} = \left(\underline{\omega}^T\underline{y}\right)^T = \underline{y}^T\underline{\omega}$이고, $\boldsymbol{K} = \boldsymbol{K}^T$라는 것을 새기면

$$\begin{aligned}
\left(\underline{y} - j\boldsymbol{K}^T\underline{\omega}\right)^T\boldsymbol{K}^{-1}\left(\underline{y} - j\boldsymbol{K}^T\underline{\omega}\right) &= \left(\underline{y}^T\boldsymbol{K}^{-1} - j\underline{\omega}^T\boldsymbol{K}\boldsymbol{K}^{-1}\right)\left(\underline{y} - j\boldsymbol{K}^T\underline{\omega}\right) \\
&= \underline{y}^T\boldsymbol{K}^{-1}\underline{y} - j\underline{y}^T\boldsymbol{K}^{-1}\boldsymbol{K}^T\underline{\omega} - j\underline{\omega}^T\underline{y} - \underline{\omega}^T\boldsymbol{K}^T\underline{\omega} \\
&= \underline{y}^T\boldsymbol{K}^{-1}\underline{y} - 2j\underline{\omega}^T\underline{y} - \underline{\omega}^T\boldsymbol{K}\underline{\omega}
\end{aligned} \tag{4.549}$$

이다. 따라서, $\underline{\omega}^T\underline{m}$이 스칼라이므로 $\underline{\omega}^T\underline{m} = \left(\underline{\omega}^T\underline{m}\right)^T = \underline{m}^T\underline{\omega}$라는 것을 새기면

$$\begin{aligned}
\varphi_{\underline{X}}(\underline{\omega}) &= \alpha\exp\left(j\underline{\omega}^T\underline{m}\right) \\
&\quad \cdot \int_{\text{모든 } \underline{y}} \exp\left[-\frac{1}{2}\left\{\left(\underline{y} - j\boldsymbol{K}^T\underline{\omega}\right)^T\boldsymbol{K}^{-1}\left(\underline{y} - j\boldsymbol{K}^T\underline{\omega}\right) + \underline{\omega}^T\boldsymbol{K}\underline{\omega}\right\}\right]d\underline{y} \\
&= \alpha\exp\left(j\underline{\omega}^T\underline{m}\right)\exp\left(-\frac{1}{2}\underline{\omega}^T\boldsymbol{K}\underline{\omega}\right)\int_{\text{모든 } \underline{z}} \exp\left\{-\frac{1}{2}\underline{z}^T\boldsymbol{K}^{-1}\underline{z}\right\}d\underline{z} \\
&= \exp\left(j\underline{m}^T\underline{\omega} - \frac{1}{2}\underline{\omega}^T\boldsymbol{K}\underline{\omega}\right)
\end{aligned} \tag{4.550}$$

이다. 여기서, $\underline{z} = (z_1, z_2, \cdots, z_n)$이다. ♢

보기 4.97 보기 4.4에서 이미 다루었듯이, 결합 확률밀도함수가

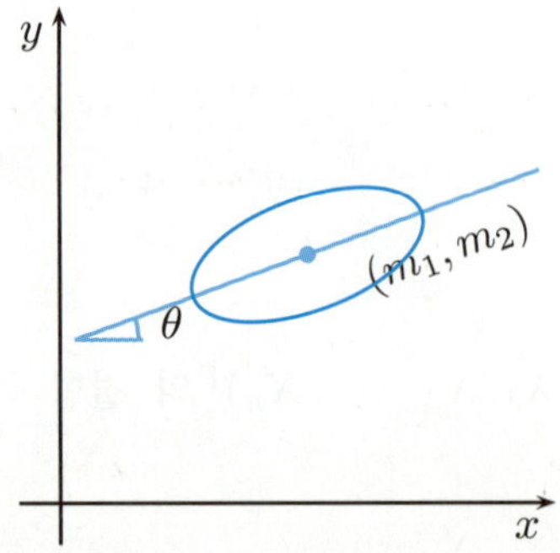

그림 4.25 두 변수 정규 확률밀도함수의 등고선: $\sigma_1 > \sigma_2$일 때 (이때, $0 < \theta < \frac{\pi}{4}$임)

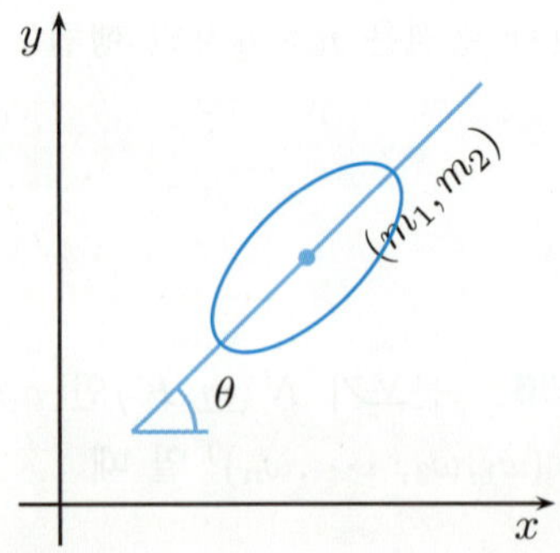

그림 4.26 두 변수 정규 확률밀도함수의 등고선: $\sigma_1 = \sigma_2$일 때 (이때, $\theta = \frac{\pi}{4}$임)

$$
\begin{aligned}
f_{X,Y}(x,y) &= \frac{1}{2\pi\sigma_1\sigma_2\sqrt{1-\rho^2}} \exp\left[-\frac{1}{2(1-\rho^2)}\left\{\frac{(x-m_1)^2}{\sigma_1^2}\right.\right. \\
&\qquad \left.\left. -2\rho\frac{(x-m_1)(y-m_2)}{\sigma_1\sigma_2} + \frac{(y-m_2)^2}{\sigma_2^2}\right\}\right] \qquad (4.551)
\end{aligned}
$$

이면 확률벡터 (X, Y)를 두 변수 정규 확률벡터라고 하고, 그 분포를 $N\left(m_1, m_2, \sigma_1^2, \sigma_2^2, \rho\right)$로 쓴다. 여기서, $|\rho| < 1$이다. 위 2차원 결합 정규 확률벡터 (X, Y)의 결합 특성함수는

$$
\varphi_{X,Y}(u,v) = \exp\left\{j(m_1u + m_2v) - \frac{1}{2}\left(\sigma_1^2u^2 + 2\rho\sigma_1\sigma_2uv + \sigma_2^2v^2\right)\right\} \qquad (4.552)
$$

임을 (4.320)에서 다룬 바 있으며, 이것은 (4.550)에서 얻을 수도 있다. 한편, (4.551)에 보인 두 변수 정규 확률밀도함수 $f_{X,Y}(x,y)$의 등고선은 타원[72]인데, 그 타원의 긴 축과 x축이 이루는 각은

$$
\theta = \frac{1}{2}\tan^{-1}\frac{2\rho\sigma_1\sigma_2}{\sigma_1^2 - \sigma_2^2} \qquad (4.553)
$$

이다. 따라서, $\sigma_1 > \sigma_2$이면 $0 < \theta < \frac{\pi}{4}$이고, $\sigma_1 = \sigma_2$이면 $\theta = \frac{\pi}{4}$이며, $\sigma_1 < \sigma_2$이면 $\frac{\pi}{4} < \theta < \frac{\pi}{2}$인데, 이것을 그림 4.25–4.27에 보였다. ◇

보기 4.98 분포가 $N\left(0, 0, \sigma_1^2, \sigma_2^2, \rho\right)$인 두 변수 정규 확률벡터 (X, Y)에서 곱 중심 적률을 $\mu_{ij} = E\{X^iY^j\}$처럼 쓸 때, $\mu_{00} = 1$, $\mu_{01} = \mu_{10} = 0$, $\mu_{20} = \sigma_1^2$, $\mu_{02} = \sigma_2^2$, $\mu_{11} = \rho$라는 것을 이미 보았다. 또한, (3.253)에서 $\mu_{30} = \mu_{03} = 0$이고 $\mu_{40} = 3\sigma_1^4$이라는 것을, (4.435)에서 $\mu_{21} = \mu_{12} = 0$이라는 것을, (4.436)에서 $\mu_{31} = 3\rho\sigma_1^3\sigma_2$라는 것을, (4.437)에서 $\mu_{22} = \left(1 + 2\rho^2\right)\sigma_1^2\sigma_2^2$이라는 것을 본 바 있다. 이제, 적률 정리를 써서

$$
\mu_{31} = 3\rho\sigma_1^3\sigma_2 \qquad (4.554)
$$

[72] 이때, $0 \le \alpha < 1$이면, 분포를 $100\alpha\%$ 품는 타원은 $x^2 - 2\rho xy + y^2 = -2\left(1-\rho^2\right)\ln(1-\alpha)$이다.

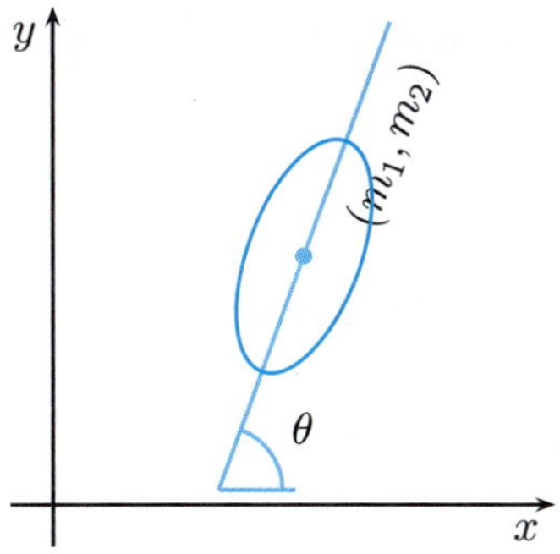

그림 4.27 두 변수 정규 확률밀도함수의 등고선: $\sigma_1 < \sigma_2$일 때 (이때, $\frac{\pi}{4} < \theta < \frac{\pi}{2}$임)

이고

$$\mu_{22} = \left(1 + 2\rho^2\right) \sigma_1^2 \sigma_2^2 \tag{4.555}$$

임을 다시 보이고,

$$\mu_{41} = \mu_{32} = 0 \tag{4.556}$$

임을 보이자.

풀이 먼저, $C = E\{XY\} = \rho\sigma_1\sigma_2$와

$$A = \frac{1}{2}\left(\sigma_1^2 s_1^2 + 2Cs_1s_2 + \sigma_2^2 s_2^2\right) \tag{4.557}$$

처럼 두고

$$A^{(ij)} = \frac{\partial^{i+j}}{\partial s_1^i \partial s_2^j} A \tag{4.558}$$

처럼 쓰자. 그러면

$$\begin{aligned} A^{(10)}\Big|_{s_1=0, s_2=0} &= \left[\sigma_1^2 s_1 + Cs_2\right]_{s_1=0, s_2=0} \\ &= 0 \end{aligned} \tag{4.559}$$

이고

$$\begin{aligned} A^{(01)}\Big|_{s_1=0, s_2=0} &= \left[\sigma_2^2 s_2 + Cs_2\right]_{s_1=0, s_2=0} \\ &= 0 \end{aligned} \tag{4.560}$$

이다. 또한, $A^{(20)} = \sigma_1^2$이고, $A^{(11)} = C$이며, $A^{(02)} = \sigma_2^2$이고, $i + j \geq 3$일 때 $A^{(ij)} = 0$이다. 이제, 결합 적률생성함수는 $M = M(s_1, s_2) = \exp\{A\}$이므로, $M^{(ij)} = \frac{\partial^{i+j} M}{\partial s_1^i \partial s_2^j}$처럼 쓰고 위에서 얻은 $\{A^{(ij)}\}$를 새기면

$$M^{(10)} = MA^{(10)}, \tag{4.561}$$

$$M^{(20)} = M\left\{A^{(20)} + \left(A^{(10)}\right)^2\right\}, \tag{4.562}$$

$$\begin{aligned} M^{(21)} &= M\left\{A^{(21)}+A^{(20)}A^{(01)}+2A^{(11)}A^{(10)}+\left(A^{(10)}\right)^2 A^{(01)}\right\} \\ &= M\left\{A^{(20)}A^{(01)}+2A^{(11)}A^{(10)}+\left(A^{(10)}\right)^2 A^{(01)}\right\}, \end{aligned} \tag{4.563}$$

$$\begin{aligned} M^{(31)} &= M\left\{3A^{(20)}A^{(11)}+3A^{(20)}A^{(10)}A^{(01)}+3A^{(11)}\left(A^{(10)}\right)^2\right. \\ &\qquad \left. +\left(A^{(10)}\right)^3 A^{(01)}\right\}, \end{aligned} \tag{4.564}$$

과

$$\begin{aligned} M^{(22)} &= M\left\{A^{(20)}A^{(02)}+2\left(A^{(11)}\right)^2+4A^{(11)}A^{(10)}A^{(01)}+A^{(20)}\left(A^{(01)}\right)^2\right. \\ &\qquad \left. +\left(A^{(10)}\right)^2 A^{(02)}+\left(A^{(10)}\right)^2\left(A^{(01)}\right)^2\right\} \end{aligned} \tag{4.565}$$

를, 또

$$M^{(41)} = B_{41}M \tag{4.566}$$

과

$$M^{(32)} = B_{32}M \tag{4.567}$$

을 얻는다. 여기서,

$$\begin{aligned} B_{41} &= 3\left(A^{(20)}\right)^2 A^{(01)}+12A^{(20)}A^{(11)}A^{(10)}+6A^{(20)}\left(A^{(10)}\right)^2 A^{(01)} \\ &\qquad +4A^{(11)}\left(A^{(10)}\right)^3+\left(A^{(10)}\right)^3 A^{(01)} \end{aligned} \tag{4.568}$$

이고

$$\begin{aligned} B_{32} &= 6A^{(20)}A^{(11)}A^{(01)}+3A^{(20)}A^{(02)}A^{(10)}+6A^{(11)}\left(A^{(10)}\right)^2 A^{(01)}+6\left(A^{(11)}\right)^2 A^{(10)} \\ &\qquad +A^{(02)}\left(A^{(10)}\right)^3+3A^{(20)}A^{(10)}\left(A^{(01)}\right)^2+\left(A^{(10)}\right)^3\left(A^{(01)}\right)^2 \end{aligned} \tag{4.569}$$

이다. 따라서, $M(0,0)=1$과 위에서 얻은 $\left\{A^{(ij)}\right\}$를 새기면 (4.564)에서

$$\begin{aligned} \mu_{31} &= \left. M^{(31)}\right|_{s_1=0,s_2=0} \\ &= 3\rho\sigma_1^3\sigma_2 \end{aligned} \tag{4.570}$$

을[73], (4.565)에서

$$\begin{aligned} \mu_{22} &= \left. M^{(22)}\right|_{s_1=0,s_2=0} \\ &= \left(1+2\rho^2\right)\sigma_1^2\sigma_2^2 \end{aligned} \tag{4.571}$$

[73]좀 더 자세히 보이면 $\left. M^{(31)}\right|_{s_1=0,s_2=0} = \left.\left\{3MA^{(20)}A^{(11)}\right\}\right|_{s_1=0,s_2=0} = 3\sigma_1^2 C = 3\rho\sigma_1^3\sigma_2$ 이다.

을[74], (4.566)과 (4.568)에서

$$\begin{aligned}\mu_{41} &= M^{(41)}\Big|_{s_1=0,s_2=0} \\ &= 0 \end{aligned} \tag{4.572}$$

를, (4.567)과 (4.569)에서

$$\begin{aligned}\mu_{32} &= M^{(32)}\Big|_{s_1=0,s_2=0} \\ &= 0 \end{aligned} \tag{4.573}$$

을 얻는다. ◇

보기 4.99 분포가 $N\left(0,0,\sigma_1^2,\sigma_2^2,\rho\right)$인 두 변수 정규 확률벡터 (X,Y)에서 곱 중심 적률을 $\mu_{ij}=E\left\{X^iY^j\right\}$처럼 둘 때, 적률 정리를 써서 μ_{51}, μ_{42}, μ_{33}을[75] 얻어 보자.

풀이 먼저, 보기 4.98에서 얻은 (4.566)과 (4.568)을 바탕으로 (4.559)와 (4.560)을 새기면

$$\begin{aligned}\mu_{51} &= M^{(51)}\Big|_{s_1=0,s_2=0} \\ &= \frac{\partial}{\partial s_1}M^{(41)}\Big|_{s_1=0,s_2=0} \\ &= 15\rho\sigma_1^5\sigma_2 \end{aligned} \tag{4.574}$$

와[76]

---

[74]좀 더 자세히 보이면 $M^{(22)}\big|_{s_1=0,s_2=0} = \left\{MA^{(20)}A^{(02)}+2M\left(A^{(11)}\right)^2\right\}\Big|_{s_1=0,s_2=0} = \sigma_1^2\sigma_2^2+2C^2 = \left(1+2\rho^2\right)\sigma_1^2\sigma_2^2$이다.

[75]일반적으로 중심 적률 μ_{rs}는, $t=\min(r,s)$라고 둘 때

$$\mu_{2r,2s} = \frac{(2r)!(2s)!}{2^{r+s}}\sum_{j=0}^{t}\frac{(2\rho)^{2j}}{(r-j)!(s-j)!(2j)!}$$

와

$$\mu_{2r+1,2s+1} = \frac{(2r+1)!(2s+1)!}{2^{r+s}}\rho\sum_{j=0}^{t}\frac{(2\rho)^{2j}}{(r-j)!(s-j)!(2j+1)!}$$

처럼 쓸 수 있으며, $r+s$가 홀수일 때

$$\mu_{rs} = 0$$

이다. 또, 순환식

$$\mu_{rs} = (r+s-1)\rho\mu_{r-1,s-1}+(r-1)(s-1)\left(1-\rho^2\right)\mu_{r-2,s-2}$$

를 만족시킨다.

[76]좀 더 자세히 보이면 $\frac{\partial}{\partial s_1}M^{(41)}\Big|_{s_1=0,s_2=0} = \left\{MB_{41}A^{(10)}+M\frac{\partial B_{41}}{\partial s_1}\right\}\Big|_{s_1=0,s_2=0} = \left\{3\left(A^{(20)}\right)^2A^{(11)} +12\left(A^{(20)}\right)^2A^{(11)}\right\}\Big|_{s_1=0,s_2=0} = 15\sigma_1^4C = 15\rho\sigma_1^5\sigma_2$이다.

$$\begin{aligned}\mu_{42} &= M^{(42)}\Big|_{s_1=0,s_2=0} \\ &= \frac{\partial}{\partial s_2} M^{(41)}\Big|_{s_1=0,s_2=0} \\ &= 3\rho\left(1+4\rho^2\right)\sigma_1^4\sigma_2^2 \end{aligned} \tag{4.575}$$

를[77] 얻을 수 있다. 이와 비슷하게 (4.567)과 (4.569)를 바탕으로

$$\begin{aligned}\mu_{33} &= M^{(33)}\Big|_{s_1=0,s_2=0} \\ &= \frac{\partial}{\partial s_2} M^{(32)}\Big|_{s_1=0,s_2=0} \\ &= 3\left(3+2\rho^2\right)\rho\sigma_1^3\sigma_2^3 \end{aligned} \tag{4.576}$$

임을[78] 알 수 있다. 이 보기에서 얻은 적률들은 문제 4.63에 적어 둔 (4.815) 또는 제8장에서 다룬 프라이스[79]의 정리에 보인 (8.325)를 바탕으로 얻을 수도 있다. ◇

보기 4.100 세 변수 정규 확률벡터 (X_1, X_2, X_3)에서

$$E\{X_1X_2X_3\} = m_1E\{X_2X_3\} + m_2E\{X_3X_1\} + m_3E\{X_1X_2\} - 2m_1m_2m_3 \tag{4.577}$$

임을 보이자.

풀이 정규 확률벡터 (X_1, X_2, X_3)의 결합 특성함수는 (4.547)에서 알 수 있듯이

$$\varphi(\omega_1,\omega_2,\omega_3) = \exp\left(-\frac{1}{2}A + jB\right) \tag{4.578}$$

이다. 여기서,

$$A = K_{11}\omega_1^2 + K_{22}\omega_2^2 + K_{33}\omega_3^2 + 2K_{12}\omega_1\omega_2 + 2K_{13}\omega_1\omega_3 + 2K_{23}\omega_2\omega_3 \tag{4.579}$$

이고

$$B = m_1\omega_1 + m_2\omega_2 + m_3\omega_3 \tag{4.580}$$

이다. 한편, $Q_i = \frac{\partial}{\partial\omega_i}\left(-\frac{1}{2}A + B\right)$라고 하면 $\frac{\partial\varphi}{\partial\omega_i} = \varphi Q_i$이고 $\frac{\partial Q_i}{\partial\omega_j} = -K_{ij}$이므로,

$$\frac{\partial\varphi}{\partial\omega_1} = \varphi Q_1 \tag{4.581}$$

이고,

---

[77] 좀 더 자세히 보이면, $\frac{\partial}{\partial s_2}M^{(41)}\Big|_{s_1=0,s_2=0} = \left\{3\left(A^{(20)}\right)^2A^{(02)} + 12A^{(20)}\left(A^{(11)}\right)^2\right\}\Big|_{s_1=0,s_2=0} = 3\sigma_1^4\sigma_2^2 + 12\sigma_1^2C^2 = 3\rho\left(1+4\rho^2\right)\sigma_1^4\sigma_2^2$이다. 또한, $\mu_{42} = \frac{\partial}{\partial s_1}M^{(32)}\Big|_{s_1=0,s_2=0} = \left\{MB_{32}A^{(10)} + M\frac{\partial B_{32}}{\partial s_1}\right\}\Big|_{s_1=0,s_2=0} = 3\rho\left(1+4\rho^2\right)\sigma_1^4\sigma_2^2$처럼 $M^{(41)}$ 대신 $M^{(32)}$를 바탕으로 μ_{42}를 얻을 수도 있다.

[78] 자세히 보이면 $\frac{\partial}{\partial s_2}M^{(32)}\Big|_{s_1=0,s_2=0} = \left\{6A^{(20)}A^{(11)}A^{(02)} + 3A^{(20)}A^{(11)}A^{(02)} + 6\left(A^{(11)}\right)^3\right\}\Big|_{s_1=0,s_2=0} = 9\sigma_1^2\sigma_2^2C + 6C^3 = 3\sigma_1^3\sigma_2^3\rho\left(3+2\rho^2\right)$이다.

[79] Price

$$\frac{\partial^2 \varphi}{\partial \omega_1 \partial \omega_2} = \varphi Q_1 Q_2 - K_{12}\varphi \tag{4.582}$$

이며,

$$\frac{\partial^3 \varphi}{\partial \omega_1 \partial \omega_2 \partial \omega_3} = \varphi Q_1 Q_2 Q_3 - K_{23}\varphi Q_1 - K_{13}\varphi Q_2 - K_{12}\varphi Q_3 \tag{4.583}$$

이다. 이제, $\omega_1 = \omega_2 = \omega_3 = 0$이면 $\varphi = 1$이고 $Q_i = km_i$이므로

$$\begin{aligned} E\{X_1X_2X_3\} &= \frac{1}{j^3} \left.\frac{\partial^3 \varphi}{\partial \omega_1 \partial \omega_2 \partial \omega_3}\right|_{\omega_i=0} \\ &= \frac{1}{j^3}\left(j^3 m_1 m_2 m_3 - jK_{23}m_1 - jK_{13}m_2 - jK_{12}m_3\right) \\ &= m_1m_2m_3 + K_{23}m_1 + K_{13}m_2 + K_{12}m_3 \\ &= m_1m_2m_3 + \left[E\{X_2X_3\} - m_2m_3\right]m_1 \\ &\quad + \left[E\{X_1X_3\} - m_1m_3\right]m_2 + \left[E\{X_1X_2\} - m_1m_2\right]m_3 \\ &= m_1E\{X_2X_3\} + m_2E\{X_1X_3\} + m_3E\{X_1X_2\} - 2m_1m_2m_3 \end{aligned} \tag{4.584}$$

이다. ◇

보기 4.101 한계 분포가 표준 정규 분포인 정규 확률벡터 (X_1, X_2, X_3)의 공분산을 $E\{X_iX_j\} = \rho_{ij}$라고 할 때,

$$E\left\{X_1^2X_2^2X_3^2\right\} = 1 + 2\left(\rho_{12}^2 + \rho_{23}^2 + \rho_{31}^2\right) + 8\rho_{12}\rho_{23}\rho_{31} \tag{4.585}$$

임을[80] 보이자.

풀이

(방법 1) 적률 정리를 써서 $E\left\{X_1^2X_2^2X_3^2\right\}$을 얻어 보자. 먼저,

$$\alpha(\underline{t}) = \frac{1}{2}\left(t_1^2 + t_2^2 + t_3^2 + 2\rho_{12}t_1t_2 + 2\rho_{23}t_2t_3 + 2\rho_{31}t_3t_1\right) \tag{4.586}$$

처럼 두면 적률생성함수는 $M = M(\underline{t}) = \exp\{\alpha(\underline{t})\}$이고,

$$\begin{aligned} E\left\{X_1^2X_2^2X_3^2\right\} &= m_{222} \\ &= \frac{\partial^6}{\partial t_1^2 \partial t_2^2 \partial t_3^2} M_{X_1,X_2,X_3}(t_1,t_2,t_3)\Big|_{(t_1,t_2,t_3)=(0,0,0)} \end{aligned} \tag{4.587}$$

이다. 이제, $\frac{\partial}{\partial t_i} = D_i$라고 쓰면, $K_1 = D_1\alpha(\underline{t}) = t_1 + \rho_{12}t_2 + \rho_{31}t_3$이라고 할 때 $D_1M = K_1M$이고, $D_1^2M = (D_1K_1)M + K_1(D_1M) = M + K_1^2M = \left(1 + K_1^2\right)M$이며, $D_1K_1 = 1$이고, $D_2K_1 = \rho_{12}$이며, $D_3K_1 = \rho_{31}$이고, $D_2\left(1 + K_1^2\right) = 2\rho_{12}K_1$이라는 것을 새기면

$$\begin{aligned} D_2\left(D_1^2M\right) &= D_2\left\{\left(1 + K_1^2\right)M\right\} \\ &= \left\{D_2\left(1 + K_1^2\right)\right\}M + \left(1 + K_1^2\right)(D_2M) \\ &= 2\rho_{12}K_1M + \left(1 + K_1^2\right)K_2M \end{aligned} \tag{4.588}$$

[80] 식 (8.381)에서도 다룬다.

이고

$$D_2^2\left(D_1^2 M\right) = 2\rho_{12}\left\{(D_2K_1)M + K_1(D_2M)\right\} + \left\{D_2\left(1+K_1^2\right)\right\}K_2M + \left(1+K_1^2\right)(D_2K_2)M + \left(1+K_1^2\right)K_2(D_2M) = 2\rho_{12}^2M + 4\rho_{12}K_1K_2M + \left(1+K_1^2\right)\left(1+K_2^2\right)M \quad (4.589)$$

이다. 그러므로,

$$D_3^2\left(2\rho_{12}^2M\right)\Big|_{\underline{t}=\underline{0}} = 2\rho_{12}^2\left(1+K_3^2\right)M\Big|_{\underline{t}=\underline{0}} = 2\rho_{12}^2 \quad (4.590)$$

이고,

$$D_3^2\left(4\rho_{12}K_1K_2M\right)\Big|_{\underline{t}=\underline{0}} = 4\rho_{12}\left\{0+\rho_{31}\rho_{23}M+\rho_{31}K_2K_3M+\rho_{31}\rho_{23}M+0 +\rho_{23}K_1K_3M + \rho_{31}K_2K_3M+\rho_{23}K_1K_3M + K_1K_2\left(1+K_3^2\right)M\right\}\Big|_{\underline{t}=\underline{0}} = 8\rho_{12}\rho_{23}\rho_{31} \quad (4.591)$$

이며,

$$D_3^2\left\{\left(1+K_1^2\right)\left(1+K_2^2\right)M\right\}\Big|_{\underline{t}=\underline{0}} = \left\{2\rho_{31}^2\left(1+K_2^2\right)M + 2\rho_{31}K_12\rho_{23}K_2M + 2\rho_{31}K_1\left(1+K_2^2\right)K_3M +2\rho_{31}K_12\rho_{23}K_2M + \left(1+K_1^2\right)2\rho_{23}^2M + \left(1+K_1^2\right)2\rho_{23}K_2K_3M +2\rho_{31}K_1\left(1+K_2^2\right)K_3M + \left(1+K_1^2\right)2\rho_{23}K_2K_3M + \left(1+K_1^2\right)\left(1+K_2^2\right)\left(1+K_1^2\right)M\right\}\Big|_{\underline{t}=\underline{0}} = 1+2\rho_{31}^2+2\rho_{23}^2 \quad (4.592)$$

임을 알 수 있고, 따라서

$$E\left\{X_1^2X_2^2X_3^2\right\} = D_3^2D_2^2D_1^2M\,\Big|_{\underline{t}=\underline{0}} = D_3^2\left\{2\rho_{12}^2M+4\rho_{12}K_1K_2M+\left(1+K_1^2\right)\left(1+K_2^2\right)M\right\}\Big|_{\underline{t}=\underline{0}} = 1+2\left(\rho_{12}^2+\rho_{23}^2+\rho_{31}^2\right)+8\rho_{12}\rho_{23}\rho_{31} \quad (4.593)$$

이다.

(방법 2) 먼저, $\rho_{11}=\rho_{22}=\rho_{33}=1$과

$$\beta(\underline{\omega}) = \sum_{i=1}^{3}\sum_{j=1}^{3}\rho_{ij}\omega_i\omega_j \quad (4.594)$$

를 생각하여, 특성함수를 테일러 급수로 나타내면

$$\varphi(\underline{\omega}) = \exp\left\{-\frac{1}{2}\beta(\underline{\omega})\right\} = 1-\frac{1}{2}\beta(\underline{\omega})+\frac{1}{8}\beta^2(\underline{\omega})-\frac{1}{48}\beta^3(\underline{\omega})+\cdots \quad (4.595)$$

이다. 여기서,

$$\frac{\partial^6}{\partial\omega_1^2\partial\omega_2^2\partial\omega_3^2}\varphi(\underline{\omega}) \tag{4.596}$$

을 얻은 다음, $\underline{\omega}=\underline{0}$이라고 두면 $\beta^3(\underline{\omega})$ 항을 뺀 나머지는 모두 0일 것이므로 $\beta^3(\underline{\omega})$ 항만 생각하자. 이제,

$$\beta^3(\underline{\omega}) = \sum_{i=1}^{3}\sum_{j=1}^{3}\sum_{k=1}^{3}\sum_{l=1}^{3}\sum_{m=1}^{3}\sum_{n=1}^{3}\rho_{ij}\rho_{kl}\rho_{mn}\omega_i\omega_j\omega_k\omega_l\omega_m\omega_n \tag{4.597}$$

에는 $3^6=729$ 항이 있는데, 그 가운데에서 연산 $\frac{\partial^6}{\partial\omega_1^2\partial\omega_2^2\partial\omega_3^2}$을 거친 다음, $\underline{\omega}=\underline{0}$이라고 둘 때 0이 아닌 것은 $\omega_1^2\omega_2^2\omega_3^2$ 꼴인 – 곧, $\{i,j,k,l,m,n\}$ 가운데 둘이 1, 둘이 2, 둘이 3인 – 것뿐이다. 이런 것의 수는

$$\begin{aligned}\#\{\{i,j,k,l,m,n\} \text{ 가운데 1이 둘, 2가 둘, 3이 둘}\} &= \frac{6!}{2!2!2!} \\ &= 90 \end{aligned}\tag{4.598}$$

이다. 이 아흔 개 가운데에서 $\rho_{11}\rho_{22}\rho_{33}$ 꼴인 $\{i,j,k,l,m,n\}$은 $3!=6$개이고, $\rho_{11}\rho_{23}\rho_{23}$ 꼴인 $\{i,j,k,l,m,n\}$은 $3\cdot2\cdot2=12$개이며, $\rho_{22}\rho_{31}\rho_{31}$ 꼴인 $\{i,j,k,l,m,n\}$은 $3\cdot2\cdot2=12$개이고, $\rho_{33}\rho_{12}\rho_{12}$ 꼴인 $\{i,j,k,l,m,n\}$은 $3\cdot2\cdot2=12$개이며, $\rho_{12}\rho_{23}\rho_{31}$ 꼴인 $\{i,j,k,l,m,n\}$은 $3!\cdot2^3=48$개이다. 곧, $\underline{\omega}=\underline{0}$이라고 둘 때 0인 것을 모아 $N(\omega_1,\omega_2,\omega_3)$이라고 쓰면

$$\begin{aligned}\beta^3(\underline{\omega}) &= 6\rho_{11}\rho_{22}\rho_{33}\omega_1^2\omega_2^2\omega_3^2+12\left(\rho_{12}^2+\rho_{23}^2+\rho_{31}^2\right)\omega_1^2\omega_2^2\omega_3^2+48\rho_{12}\rho_{23}\rho_{31}\omega_1^2\omega_2^2\omega_3^2 \\ &\quad +N(\omega_1,\omega_2,\omega_3)\end{aligned}\tag{4.599}$$

이고

$$\left.\frac{\partial^6\beta^3(\underline{\omega})}{\partial\omega_1^2\partial\omega_2^2\partial\omega_3^2}\right|_{\underline{\omega}=\underline{0}} = 48+96\left(\rho_{12}^2+\rho_{23}^2+\rho_{31}^2\right)+48\cdot8\rho_{12}\rho_{23}\rho_{31} \tag{4.600}$$

이다. 따라서,

$$\begin{aligned}E\left\{X_1^2X_2^2X_3^2\right\} &= \frac{1}{(-j)^6}\left.\frac{\partial^6\varphi(\underline{\omega})}{\partial\omega_1^2\partial\omega_2^2\partial\omega_3^2}\right|_{\underline{\omega}=\underline{0}} \\ &= (-1)\left(-\frac{1}{48}\right)\left.\frac{\partial^6\beta^3(\underline{\omega})}{\partial\omega_1^2\partial\omega_2^2\partial\omega_3^2}\right|_{\underline{\omega}=\underline{0}} \\ &= 1+2\left(\rho_{12}^2+\rho_{23}^2+\rho_{31}^2\right)+8\rho_{12}\rho_{23}\rho_{31}\end{aligned}\tag{4.601}$$

이다. ◇

한편, $\underline{X}$가 네 변수 정규 확률벡터일 때에는

$$\begin{aligned}E\{X_1X_2X_3X_4\} &= E\{X_1X_2\}E\{X_3X_4\}+E\{X_1X_3\}E\{X_2X_4\} \\ &\quad + E\{X_1X_4\}E\{X_2X_3\}-2m_1m_2m_3m_4\end{aligned}\tag{4.602}$$

임을[81] 새겨 두면 좋다. 정규 확률벡터의 곱 적률은 부록 8.2에서 조금 더 다룬다.

[81] 문제 4.54에서 다룬다.

4.5.2.2 정규 확률벡터의 성질

정규 확률벡터에는 여러 가지 흥미 있는 성질이 있다. 먼저, 보기 4.4에서 본 바를 바탕으로 아래를 알 수 있다.

정리 4.14 결합 정규 확률벡터의 원소는 그 하나하나가 모두 정규 확률변수이다. ■■

보기를 들면, 확률벡터 (X, Y)가 결합 정규 확률벡터이고, 그 결합 확률밀도함수가 (4.551)에 보인 바와 같을 때, X의 분포는 $N\left(m_1, \sigma_1^2\right)$이고, Y의 분포는 $N\left(m_2, \sigma_2^2\right)$이며, X와 Y 사이의 상관계수는 ρ이다. 그러나, 아래 보기에서 볼 수 있듯이 정리 4.14의 역은 성립하지 않는다는 것을 새겨 두어야 한다.

보기 4.102 (하나씩은 정규 확률변수이지만 결합 정규 확률벡터는 아닌 두 확률변수)* 함수

$$g(x, y) = \frac{1}{2\pi} \exp\left(-\frac{x^2 + y^2}{2}\right) \tag{4.603}$$

을 생각하여, 확률벡터 (X, Y)의 결합 확률밀도함수를

$$f_{X,Y}(x, y) = \begin{cases} 2g(x, y), & xy \geq 0, \\ 0, & xy < 0 \end{cases} \tag{4.604}$$

처럼 두자. 그러면 X의 한계 확률밀도함수는

$$\begin{aligned} f_X(x) &= \begin{cases} \int_{-\infty}^{0} 2g(x, y)dy, & x < 0, \\ \int_{0}^{\infty} 2g(x, y)dy, & x \geq 0 \end{cases} \\ &= \begin{cases} \frac{1}{\pi} \exp\left(-\frac{x^2}{2}\right) \int_{-\infty}^{0} \exp\left(-\frac{y^2}{2}\right) dy, & x < 0, \\ \frac{1}{\pi} \exp\left(-\frac{x^2}{2}\right) \int_{0}^{\infty} \exp\left(-\frac{y^2}{2}\right) dy, & x \geq 0 \end{cases} \\ &= \frac{1}{\sqrt{2\pi}} \exp\left(-\frac{x^2}{2}\right) \end{aligned} \tag{4.605}$$

이고, 이와 비슷하게 Y도 정규 확률변수라는 것을 알 수 있다. 곧, X와 Y가 둘 다 정규 확률변수이지만 (X, Y)는 결합 정규 확률벡터가 아니다. ◇

한편, 상관이 없는 두 확률변수가 꼭 서로 독립인 것은 아니다. 그런데, 결합 정규 확률벡터에서는 상관 없음이 곧 독립이라는 것을 뜻한다. 이것은, 보기를 들면, 2차원 정규 확률밀도함수 (4.34) 또는 (4.551)에서 $\rho = 0$이라고 두면 쉽게 $f_{X,Y}(x, y) = f_X(x) f_Y(y)$를 얻어 보일 수 있다. 일반적으로 아래를 알 수 있다.

정리 4.15 상관이 없는 정규 확률벡터는 독립 확률벡터이다. ■■

다만, 결합 정규 확률벡터가 아닌 정규 확률변수들은 상관이 없더라도 독립이 아닐 수 있다. 곧, 두 정규 확률변수에서 상관 없음과 독립임이 같은 것을 나타내려면, 그 두 정규 확률변수가 하나씩 정규 확률변수인 것만으로는 충분하지 않고 두 변수 정규 확률분포를 따라야 – 곧, 결합 정규 확률벡터이어야 – 한다.

보기 4.103 (상관이 없지만 독립이 아닌 두 정규 확률변수)* 상관도 없고 독립도 아닌 두 정규 확률변수의 보기를 살펴보자. 먼저, $\varphi_1(x,y)$와 $\varphi_2(x,y)$가 각각 상관계수가 ρ_1이고 ρ_2인 두 변수 표준 정규 확률밀도함수라고 하자. 이제, $c_1 > 0$이고, $c_2 > 0$이며, $c_1 + c_2 = 1$일 때 (X,Y)의 결합 확률밀도함수를

$$f_{X,Y}(x,y) \;=\; c_1\varphi_1(x,y) + c_2\varphi_2(x,y) \tag{4.606}$$

처럼 두자. 그러면 $\rho_1 \neq \rho_2$일 때 $f_{X,Y}$는 정규 확률밀도함수가 아니므로 (X,Y)는 두 변수 정규 확률벡터가 아니고, $X \sim N(0,1)$이고, $Y \sim N(0,1)$이며, $\rho_{XY} = c_1\rho_1 + c_2\rho_2$이다. 따라서, $c_1\rho_1 + c_2\rho_2 = 0$인 c_1, c_2, ρ_1, ρ_2를 고르면 두 정규 확률변수 X와 Y는 상관이 없지만 독립이 아니다. ◇

보기 4.104 (상관이 없지만 독립이 아닌 두 정규 확률변수)* 확률밀도함수가

$$\begin{aligned}
f_{X,Y}(x,y) &= \frac{1}{2\pi\sqrt{3}}\left[\exp\left\{-\frac{2}{3}\left(x^2+xy+y^2\right)\right\}+\exp\left\{-\frac{2}{3}\left(x^2-xy+y^2\right)\right\}\right] \\
&= \frac{1}{\pi\sqrt{3}}\exp\left\{-\frac{2}{3}\left(x^2+y^2\right)\right\}\cosh\left(\frac{2}{3}xy\right)
\end{aligned} \tag{4.607}$$

이면 (X,Y)는 두 변수 정규 확률벡터가 아니다. 그러나,

$$\begin{aligned}
&\int_{-\infty}^{\infty}\exp\left(-\frac{2}{3}y^2\right)\frac{1}{2}\left\{\exp\left(\frac{2}{3}xy\right)+\exp\left(-\frac{2}{3}xy\right)\right\}dy \\
&= \frac{1}{2}\int_{-\infty}^{\infty}\left[\exp\left\{-\frac{2}{3}\left(y-\frac{x}{2}\right)^2+\frac{x^2}{6}\right\}+\exp\left\{-\frac{2}{3}\left(y+\frac{x}{2}\right)^2+\frac{x^2}{6}\right\}\right]dy \\
&= \frac{1}{2}\sqrt{\frac{3\pi}{2}}\,2\exp\left(\frac{x^2}{6}\right) \\
&= \sqrt{\frac{3\pi}{2}}\exp\left(\frac{x^2}{6}\right)
\end{aligned} \tag{4.608}$$

이고, 따라서

$$\begin{aligned}
\int_{-\infty}^{\infty} f_{X,Y}(x,y)dy &= \frac{1}{\pi\sqrt{3}}\exp\left(-\frac{2}{3}x^2\right)\sqrt{\frac{3\pi}{2}}\exp\left(\frac{x^2}{6}\right) \\
&= \frac{1}{\sqrt{2\pi}}\exp\left(-\frac{x^2}{2}\right)
\end{aligned} \tag{4.609}$$

이므로 $X \sim N(0,1)$이다. 마찬가지로, $Y \sim N(0,1)$이고 $E\{XY\} = 0$이라는 것을 쉽게 알 수 있다. 곧, X와 Y는 상관이 없지만 독립이 아니다. ◇

아래 정리는 정규 확률벡터를 선형 변환하면 다시 정규 확률벡터라는 것을 말해준다.

정리 4.16 분포가 $N(\underline{m}, \boldsymbol{K})$인 n차원 확률벡터 $\underline{X} = (X_1, X_2, \cdots, X_n)^T$를 $|\boldsymbol{L}| \neq 0$인 $n \times n$ 행렬 $\boldsymbol{L}$로 선형 변환하여 확률벡터 $\underline{Y} = (Y_1, Y_2, \cdots, Y_n)^T = \boldsymbol{L}\underline{X}$를 얻는다고 하자. 그러면 $\underline{Y} \sim N\left(\boldsymbol{L}\underline{m}, \boldsymbol{L}\boldsymbol{K}\boldsymbol{L}^T\right)$이다. ■■

증명 먼저, $|\boldsymbol{L}| = D$라 쓰면, $D \neq 0$이므로

$$\underline{X} = \boldsymbol{L}^{-1}\underline{Y} \tag{4.610}$$

이고, 이 역변환 $\underline{x} = g^{-1}(\underline{y}) = \boldsymbol{L}^{-1}\underline{y}$의 함수 행렬식은

$$\begin{aligned}\left|\frac{\partial}{\partial \underline{y}} g^{-1}(\underline{y})\right| &= \left|\boldsymbol{L}^{-1}\right| \\ &= \frac{1}{D}\end{aligned} \tag{4.611}$$

이다. 따라서, 정리 4.3을 바탕으로

$$\begin{aligned} f_{\underline{Y}}(\underline{y}) &= \left.\frac{1}{|D|} f_{\underline{X}}(\underline{x})\right|_{\underline{x}=\boldsymbol{L}^{-1}\underline{y}} \\ &= \frac{1}{|D|\sqrt{(2\pi)^n|\boldsymbol{K}|}} \exp\left\{-\frac{1}{2}\left(\boldsymbol{L}^{-1}\underline{y}-\underline{m}\right)^T \boldsymbol{K}^{-1}\left(\boldsymbol{L}^{-1}\underline{y}-\underline{m}\right)\right\} \\ &= \frac{1}{\sqrt{(2\pi)^n|D|^2|\boldsymbol{K}|}} \exp\left\{-\frac{1}{2}\left(\underline{y}-\boldsymbol{L}\underline{m}\right)^T \left(\boldsymbol{L}^{-1}\right)^T \boldsymbol{K}^{-1}\boldsymbol{L}^{-1}\left(\underline{y}-\boldsymbol{L}\underline{m}\right)\right\} \end{aligned} \tag{4.612}$$

를 얻을 수 있다. 이제, $\boldsymbol{H} = \boldsymbol{L}\boldsymbol{K}\boldsymbol{L}^T$라고 둔 뒤, $\left(\boldsymbol{L}^T\right)^{-1} = \left(\boldsymbol{L}^{-1}\right)^T$라는 것을 새기면

$$\begin{aligned}\boldsymbol{H}^{-1} &= \left(\boldsymbol{L}^T\right)^{-1}\boldsymbol{K}^{-1}\boldsymbol{L}^{-1} \\ &= \left(\boldsymbol{L}^{-1}\right)^T\boldsymbol{K}^{-1}\boldsymbol{L}^{-1}\end{aligned} \tag{4.613}$$

이고

$$\begin{aligned}|\boldsymbol{H}| &= \left|\boldsymbol{L}\boldsymbol{K}\boldsymbol{L}^T\right| \\ &= |D|^2|\boldsymbol{K}|\end{aligned} \tag{4.614}$$

이므로

$$f_{\underline{Y}}(\underline{y}) = \frac{1}{\sqrt{(2\pi)^n|\boldsymbol{H}|}} \exp\left\{-\frac{1}{2}\left(\underline{y}-\boldsymbol{L}\underline{m}\right)^T \boldsymbol{H}^{-1}\left(\underline{y}-\boldsymbol{L}\underline{m}\right)\right\} \tag{4.615}$$

임을 알 수 있다. 곧, $\underline{X} \sim N(\underline{m}, \boldsymbol{K})$이면 $\boldsymbol{L}\underline{X} \sim N(\boldsymbol{L}\underline{m}, \boldsymbol{H}) = N\left(\boldsymbol{L}\underline{m}, \boldsymbol{L}\boldsymbol{K}\boldsymbol{L}^T\right)$이다. □

정리 4.16은 보기 4.34에서 보인 '두 정규 확률변수를 더한 것은 정규 확률변수임'과 보기 4.55에서 보인 '서로 독립인 여러 정규 확률변수를 더한 것은 정규 확률변수임'을 일반화한 것이라고 할 수 있다. 여기서, 정리 4.16이 말하는 것은 결합 분포가 정규 분포인 확률변수들을 선형 변환하면 정규 확률변수들을 얻는다는 것이지, 한계 분포가 정규 분포인 확률변수들을 선형 변환하면 정규 확률변수들을 얻을 수 있다는 것은 아니다.

보기 4.105 두 확률변수 X와 Y가 결합 정규 확률벡터 $N(10, 0, 4, 1, 0.5)$라고 하자. 이때, $Z = X + Y$와 $W = X - Y$의 결합 분포를 얻어 보자.

풀이 먼저, 정리 4.16에서 Z와 W가 결합 정규 확률벡터라는 것을 알 수 있다. 따라서, $E\{Z\}$, $E\{W\}$, $\text{Var}\{Z\}$, $\text{Var}\{W\}$, ρ_{ZW}를 얻도록 하자. 이제,

$$E\{X \pm Y\} = E\{X\} \pm E\{Y\} \tag{4.616}$$

이므로 Z의 평균은 $E\{Z\} = 10$이고 W의 평균은 $E\{W\} = 10$이다. 다음에, $E\{XY\} - E\{X\}E\{Y\} = \rho\sigma_X\sigma_Y = 0.5 \cdot 2 \cdot 1 = 1$이고, $E\left\{X^2\right\} = m_X^2 + \sigma_X^2 = 104$이며, $E\left\{Y^2\right\} = m_Y^2 + \sigma_Y^2 = 1$이므로 Z의 분산은

$$\begin{aligned}\sigma_Z^2 &= E\left\{(X+Y-10)^2\right\} = E\left[\{(X-10)+Y\}^2\right] \\ &= E\left\{(X-10)^2\right\} + E\left\{Y^2\right\} + 2E\{XY - 10Y\} \\ &= 7\end{aligned} \tag{4.617}$$

이고, W의 분산은 $\sigma_W^2 = 3$이며, Z와 W의 상관은 $E\{ZW\} = E\left\{X^2 - Y^2\right\} = 103$이고, Z와 W 사이의 상관계수는 $\rho_{ZW} = \frac{103-100}{\sqrt{7}\sqrt{3}} = \sqrt{\frac{3}{7}}$이다. 그러므로,

$$(Z, W) \sim N\left(10, 10, 7, 3, \sqrt{\frac{3}{7}}\right) \tag{4.618}$$

이다. 이때, (Z, W)의 결합 확률밀도함수는

$$\begin{aligned}f_{Z,W}(x,y) &= \frac{1}{2\pi\sqrt{7}\sqrt{3}\sqrt{1-\frac{3}{7}}} \exp\left[-\frac{1}{2\left(1-\frac{3}{7}\right)}\left\{\frac{1}{7}(x-10)^2\right.\right. \\ &\qquad \left.\left. -2\sqrt{\frac{3}{7}}\frac{(x-10)(y-10)}{\sqrt{7\cdot 3}} + \frac{1}{3}(y-10)^2\right\}\right] \\ &= \frac{\sqrt{3}}{12\pi}\exp\left(-\frac{x^2}{8} + \frac{xy}{4} - \frac{7}{24}y^2 + \frac{10}{3}y - \frac{50}{3}\right) \\ &= \frac{\sqrt{3}}{12\pi}\exp\left\{-\frac{1}{24}\left(3x^2 - 6xy + 7y^2 - 80y + 400\right)\right\}\end{aligned} \tag{4.619}$$

이다.

한편, (4.618)은 정리 4.16에서 보인 결과를 직접 써서 다음과 같이 얻을 수도 있다. 먼저,

$$\begin{aligned}\underline{V} &= (Z, W)^T \\ &= \begin{pmatrix} 1 & 1 \\ 1 & -1 \end{pmatrix}\begin{pmatrix} X \\ Y \end{pmatrix} \\ &= \boldsymbol{L}\begin{pmatrix} X \\ Y \end{pmatrix}\end{aligned} \tag{4.620}$$

이므로, 확률벡터 $\underline{V}$의 평균 벡터는

$$\begin{aligned}E\left\{\underline{V}\right\} &= \boldsymbol{L}E\left\{(X,Y)^T\right\} \\ &= \begin{pmatrix} 1 & 1 \\ 1 & -1 \end{pmatrix}\begin{pmatrix} 10 \\ 0 \end{pmatrix}\end{aligned}$$

$$= \begin{pmatrix} 10 \\ 10 \end{pmatrix} \tag{4.621}$$

이고, 공분산 행렬은

$$\begin{aligned} K_{\underline{V}} &= \boldsymbol{L} K_{(X,Y)^T} \boldsymbol{L}^T \\ &= \begin{pmatrix} 1 & 1 \\ 1 & -1 \end{pmatrix} \begin{pmatrix} 4 & 1 \\ 1 & 1 \end{pmatrix} \begin{pmatrix} 1 & 1 \\ 1 & -1 \end{pmatrix} \\ &= \begin{pmatrix} 7 & 3 \\ 3 & 3 \end{pmatrix} \end{aligned} \tag{4.622}$$

이다. 따라서, $(Z,W) \sim N\left((10,10)^T, \begin{pmatrix} 7 & 3 \\ 3 & 3 \end{pmatrix}\right) = N\left(10, 10, 7, 3, \sqrt{\frac{3}{7}}\right)$이다. ◇

보기 4.106 두 확률변수 X와 Y가 결합 정규 확률벡터 $N(10,0,4,1,0.5)$라고 할 때 $Z = aX + bY$와 $W = X + Y$가 상관이 없도록 a와 b를 얻어 보자.

풀이 먼저, $E\{Z\} = 10a$이고 $E\{W\} = 10$이다. 따라서,

$$\begin{aligned} E\{ZW\} - E\{Z\}E\{W\} &= E\left\{aX^2 + bY^2 + (a+b)XY\right\} - 100a \\ &= 5a + 2b \end{aligned} \tag{4.623}$$

이다. 그러므로, $5a+2b = 0$인 두 수 a와 b를 고르면 두 확률변수 $Z = aX+bY$와 $W = X+Y$는 상관이 없다. ◇

정리 4.16에서 확률벡터 $\underline{X} = (X_1, X_2, \cdots, X_n)$이 결합 정규 확률벡터이면 X_i의 선형 조합 $\sum_{i=1}^{n} a_i X_i$는 정규 확률변수라는 것을 쉽게 알 수 있다. 그러나, 아래 보기에서 볼 수 있듯이, X_i들이 모두 정규 확률변수이더라도, $\underline{X}$가 결합 정규 확률벡터가 아니면, X_i의 선형 조합은 정규 확률변수가 아닐 수 있다. 곧, 여러 정규 확률변수의 합이 정규 확률변수이려면, 그 두 정규 확률변수가 하나씩 정규 확률변수인 것만으로는 충분하지 않고 그 여러 변수 정규 확률분포를 따라야 – 곧, 결합 정규 확률벡터이어야 – 한다.

보기 4.107 표준 정규 확률변수 X를 생각하고 동전 던지기 확률 실험의 결과를 H라고 할 때, 확률변수

$$Y = \begin{cases} X, & H = \text{앞}, \\ -X, & H = \text{뒤} \end{cases} \tag{4.624}$$

를 생각하면 $Y \sim N(0,1)$이다. 한편, $E\{X\} = 0$이고, $E\{Y\} = 0$이며,

$$\begin{aligned} E\{XY\} &= E\{E\{XY|H\}\} \\ &= \frac{1}{2}\left[E\left\{X^2\right\} + E\left\{-X^2\right\}\right] \\ &= 0 \end{aligned} \tag{4.625}$$

이므로, X와 Y는 상관이 없다. 그런데, 보기를 들면, $P\{|X| > 1, |Y| < 1\} = 0$이지만 $P\{|X| > 1\}P\{|Y| < 1\} > 0$이므로 X와 Y는 독립이 아니다. 게다가, $X + Y$의 분포는 정규 분포가 아니라는 것을 쉽게 알 수 있다. 곧, X와 Y가 둘 다 정규 확률변수이더라도, (X, Y)가 결합 정규 확률벡터가 아니면, $X + Y$는 정규 확률변수가 아닐 수도 있다. ◇

보기 4.108 (정규 확률변수의 합)* 표준 정규 확률변수 X와 0보다 큰 수 α를 생각하여 확률변수 Y를

$$Y = \begin{cases} X, & |X| \le \alpha, \\ -X, & |X| > \alpha \end{cases} \tag{4.626}$$

과 같이 두자. 그러면 X와 Y는 서로 독립이 아니라는 것을 바로 알 수 있고, $B \in \mathcal{B}(\mathbb{R})$인 집합 B를 어떻게 고르더라도

$$\begin{aligned} \Pr\{Y \in B\} &= \Pr\{Y \in B \,|\, |X| \le \alpha\}\Pr\{|X| \le \alpha\} + \Pr\{Y \in B \,|\, |X| > \alpha\}\Pr\{|X| > \alpha\} \\ &= \Pr\{X \in B \,|\, |X| \le \alpha\}\Pr\{|X| \le \alpha\} + \Pr\{-X \in B \,|\, |X| > \alpha\}\Pr\{|X| > \alpha\} \\ &= \Pr\{X \in B \,|\, |X| \le \alpha\}\Pr\{|X| \le \alpha\} + \Pr\{X \in B \,|\, |X| > \alpha\}\Pr\{|X| > \alpha\} \\ &= \Pr\{X \in B\} \end{aligned} \tag{4.627}$$

이므로 Y 또한 표준 정규 확률변수라는 것을 알 수 있다. 이제, 표준 정규 확률밀도함수를 ϕ라고 쓰면, X와 Y의 상관계수는

$$\begin{aligned} \rho_{X,Y} &= E\{XY\} \\ &= 2\int_0^{\alpha} x^2\phi(x)\ dx - 2\int_{\alpha}^{\infty} x^2\phi(x)\ dx \\ &= 4\int_0^{\alpha} x^2\phi(x)\ dx - 1 \end{aligned} \tag{4.628}$$

이다. 여기서,

$$g(\alpha) = \int_0^{\alpha} x^2\phi(x)\,dx \tag{4.629}$$

처럼 두면, $g(0) = 0$이고 $g(\infty) \to \frac{1}{2}$이며 g는 연속 함수이므로, $g(\alpha_0) = \frac{1}{4}$인 α_0을 – 곧, $\alpha_0 \approx 1.54$를 – 얻을 수 있다. 따라서, (4.628)에서 $\alpha = \alpha_0$일 때 X와 Y는 상관이 없음을 알 수 있다. 이와 더불어,

$$X + Y = \begin{cases} 2X, & |X| \le \alpha, \\ 0, & |X| > \alpha \end{cases} \tag{4.630}$$

을 생각하면 $X + Y$의 분포는 정규 분포가 아니다. ◇

보기 4.109 (정규 확률벡터와 정규 확률변수)* 확률벡터 (X, Y)가 두 변수 정규 확률벡터이면 X, Y, $X + Y$ 셋 모두 정규 확률변수이지만, 그 역은 성립하지 않는다. 보기를 살펴보자. 확률벡터 (X, Y)의 결합 확률밀도함수가

$$f(x,y) = \frac{1}{2\pi}\exp\left\{-\frac{1}{2}\left(x^2+y^2\right)\right\} \cdot \left[1+xy\left(x^2-y^2\right)\exp\left\{-\frac{1}{2}\left(x^2+y^2+2\epsilon\right)\right\}\right] \tag{4.631}$$

와 같고, 여기서 ϵ은 0보다 큰 수라고 하자. 이때,

$$\left|xy\left(x^2-y^2\right)\exp\left\{-\frac{1}{2}\left(x^2+y^2+2\epsilon\right)\right\}\right| \le 1 \tag{4.632}$$

임을[82] 눈여겨볼 만하다. 그러면 (X,Y)의 결합 특성함수는

$$\varphi(s,t) = \exp\left\{-\frac{1}{2}\left(s^2+t^2\right)\right\} + \frac{1}{32}st\left(s^2-t^2\right)\exp\left\{-\epsilon-\frac{1}{4}\left(s^2+t^2\right)\right\} \tag{4.633}$$

이므로 다음을 알 수 있다.

(가) $\varphi(0,0)=1$이므로 $f(x,y)$는 (X,Y)의 결합 확률밀도함수이다.

(나) $\varphi(t,0)=\varphi(0,t)=\exp\left(-\frac{1}{2}t^2\right)$이므로 $X\sim N(0,1)$이고 $Y\sim N(0,1)$이다.

(다) $\varphi(t,t)=\exp\left(-t^2\right)$이므로 $X+Y\sim N(0,2)$이다[83].

(라) $\varphi(t,-t)=\exp\left(-t^2\right)$이므로 $X-Y\sim N(0,2)$이다.

(마) $\left.\frac{\partial^2}{\partial t\partial s}\varphi(s,t)\right|_{(s,t)=(0,0)} = E\{XY\}=0$이고 $E\{X\}=E\{Y\}=0$이므로 X와 Y는 서로 상관이 없다.

그러나, (4.631) 또는 (4.633)에서 알 수 있듯이 (X,Y)는 두 변수 정규 확률벡터가 아니다. 곧, X, Y, $X+Y$ 셋 모두 정규 확률변수이지만, (X,Y)가 결합 정규 확률벡터인 것은 아니다. ◇

정리 4.17 분산-공분산 행렬이 양정치인 결합 정규 확률벡터는 서로 독립인 표준 정규 확률변수들로 선형 변환할 수 있다. ■■

정리 4.17은 정리 4.10, 4.15, 4.16을 바탕으로, 또는 (4.287)과 (4.288)에서 바로 알 수 있는 것이다. 곧, $N(\underline{m},\boldsymbol{K})$이고, $|\boldsymbol{K}|>0$이며, $\boldsymbol{K}$의 고유값이 $\{\lambda_i\}$이고, λ_i에 해당하는 고유 벡터가 $\boldsymbol{a}^{(i)}$일 때, (4.281)과 (4.286)에서 다룬 행렬 $\boldsymbol{A}$와 $\tilde{\boldsymbol{\lambda}}=\left(\frac{1}{\sqrt{\lambda_1}},\frac{1}{\sqrt{\lambda_2}},\cdots,\frac{1}{\sqrt{\lambda_n}}\right)$을 생각하자. 그러면

$$\underline{Y} = \tilde{\boldsymbol{\lambda}}\boldsymbol{A}\left(\underline{X}-\underline{m}\right) \tag{4.634}$$

의 평균 벡터는 $E\{\underline{Y}\}=\tilde{\boldsymbol{\lambda}}\boldsymbol{A}E\{(\underline{X}-\underline{m})\}=\underline{0}$이다. 또한, $\underline{Y}$의 분산-공분산 행렬은

$$K_{\underline{Y}} = \boldsymbol{I} \tag{4.635}$$

[82] 좀 더 자세히 말하자면, $-4e^{-2}\le xy\left(x^2-y^2\right)\exp\left\{-\frac{1}{2}\left(x^2+y^2\right)\right\}\le 4e^{-2}$이므로, $\epsilon\ge -2+\ln 4\approx -0.6137$이면 (4.632)가 성립한다.

[83] 문제 4.58에서 보이듯이 (X,Y)의 특성함수가 $\varphi_{X,Y}(t,s)$이면 $Z=aX+bY$의 특성함수는 $\varphi_Z(t)=\varphi_{X,Y}(at, bt)$이다.

임을 (4.288)에서 알 수 있으므로 정리 4.16을 바탕으로 $\underline{Y} \sim N(\underline{0}, \boldsymbol{I})$라는 것을 알 수 있다. 곧, $\underline{Y} = \tilde{\boldsymbol{\lambda}}\boldsymbol{A}(\underline{X} - \underline{m})$는 서로 독립인 표준 정규 확률변수들의 벡터이다.

보기 4.110 정규 확률벡터 $\underline{U} = (U_1, U_2)^T \sim N\left((10\ 0)^T, \begin{pmatrix} 2 & -1 \\ -1 & 2 \end{pmatrix}\right)$를 서로 독립인 표준 정규 확률변수들의 벡터로 바꾸는 변환을 얻어 보자.

풀이 먼저, 공분산 행렬 $\begin{pmatrix} 2 & -1 \\ -1 & 2 \end{pmatrix}$의 고유값과 고유 벡터를 얻으면 $\lambda_1 = 3$과 $\frac{1}{\sqrt{2}}(1\ -1)^T$, 또 $\lambda_2 = 1$과 $\frac{1}{\sqrt{2}}(1\ 1)^T$를 얻는다. 따라서, 선형 변환

$$\begin{aligned} \boldsymbol{L} &= \frac{1}{\sqrt{2}} \begin{pmatrix} \frac{1}{\sqrt{3}} & 0 \\ 0 & 1 \end{pmatrix} \begin{pmatrix} 1 & -1 \\ 1 & 1 \end{pmatrix} \\ &= \begin{pmatrix} \frac{1}{\sqrt{6}} & -\frac{1}{\sqrt{6}} \\ \frac{1}{\sqrt{2}} & \frac{1}{\sqrt{2}} \end{pmatrix} \end{aligned} \tag{4.636}$$

을 생각하면 확률벡터 $\underline{V} = \boldsymbol{L}\left(\underline{U} - (10\ 0)^T\right)$는 서로 독립인 표준 정규 확률변수들의 벡터이다. 이제, $\underline{V}$의 공분산 행렬을 얻어 보면

$$\begin{aligned} K_{\underline{V}} &= \boldsymbol{L} K_{\underline{U}} \boldsymbol{L}^* \\ &= \begin{pmatrix} \frac{1}{\sqrt{6}} & -\frac{1}{\sqrt{6}} \\ \frac{1}{\sqrt{2}} & \frac{1}{\sqrt{2}} \end{pmatrix} \begin{pmatrix} 2 & -1 \\ -1 & 2 \end{pmatrix} \begin{pmatrix} \frac{1}{\sqrt{6}} & \frac{1}{\sqrt{2}} \\ -\frac{1}{\sqrt{6}} & \frac{1}{\sqrt{2}} \end{pmatrix} \\ &= \begin{pmatrix} 1 & 0 \\ 0 & 1 \end{pmatrix} \end{aligned} \tag{4.637}$$

이다. ◇

보기 4.111 정규 확률벡터 $(X, Y) \sim N\left(m_X, m_Y, \sigma_X^2, \sigma_Y^2, \rho\right)$를 선형 변환한 $(Z, W) = (aX + bY, cX + dY)$를 생각하자. 이제 $ad - bc \neq 0$일 때, Z와 W가 독립일 조건을 얻어 보자.

풀이 먼저, (Z, W)가 정규 확률벡터라는 것은 정리 4.16에서 쉽게 알 수 있다. 이제, 정규 확률벡터에서는 상관이 없다는 것과 독립이라는 것이 같은 것이므로 Z와 W가 독립일 조건을 얻는 것은 Z와 W가 상관이 없을 조건을 얻는 것과 같다. 곧,

$$C_{Z,W} = 0 \tag{4.638}$$

이면 Z와 W가 독립이다. 여기서, $E\left\{X^2\right\} = m_X^2 + \sigma_X^2$이고, $E\left\{Y^2\right\} = m_Y^2 + \sigma_Y^2$이며, $E\{XY\} = \rho\sigma_X\sigma_Y$라는 것을 새기면

$$\begin{aligned} C_{Z,W} &= E\{ZW\} - E\{Z\}E\{W\} \\ &= acE\left\{X^2\right\} + (bc + ad)E\{XY\} + bdE\left\{Y^2\right\} - (am_X + bm_Y)(cm_X + dm_Y) \\ &= ac\sigma_X^2 + (bc + ad)\rho\sigma_X\sigma_Y + bd\sigma_Y^2 \end{aligned} \tag{4.639}$$

이므로 Z와 W가 독립일 조건은

$$ac\sigma_X^2 \ + \ (bc+ad)\rho\sigma_X\sigma_X \ + \ bd\sigma_Y^2 \ = \ 0 \tag{4.640}$$

이다. 여기서, X와 Y의 평균 m_X와 m_Y는 Z와 W가 독립일 조건에 아무 영향를 미치지 않는다는 것을 알 수 있다. 한편, 보기를 들어, $(X,Y) \sim N(0,0,1,1,0)$이면 $ad-bc \neq 0$이고 $ac+bd=0$일 때 $(X,Y) \sim N\left(0,0,a^2+b^2, \frac{c^2}{b^2}\left(a^2+b^2\right), 0\right)$이라는 것을 (4.640)을 바탕으로 쉽게 보일 수 있다. ◇

끝으로, 아래를 적어 두자.

정리 4.18 벡터 $\underline{A} = (a_1, a_2, \cdots, a_n)^T$를 어떻게 고르더라도 선형 조합 $\underline{A}^T\underline{X}$가 정규 확률변수이면 확률벡터 $\underline{X}$는 정규 확률벡터이고, 그 역도 성립한다. ■■

4.5.3 두 변수 t 확률벡터*

뜻매김 4.20 두 변수 t 분포[84]

확률벡터 (X,Y)의 확률밀도함수가

$$\begin{aligned} f_{X,Y}(x,y) \ &= \ \frac{1}{2\pi\sigma_1\sigma_2\sqrt{1-\rho^2}} \\ &\cdot\left[1+\frac{1}{k\left(1-\rho^2\right)}\left\{\left(\frac{x-\mu_1}{\sigma_1}\right)^2 - 2\rho\frac{(x-\mu_1)(y-\mu_2)}{\sigma_1\sigma_2} + \left(\frac{y-\mu_2}{\sigma_2}\right)^2\right\}\right]^{-\frac{k+2}{2}} \end{aligned} \tag{4.641}$$

이면, 확률벡터 (X,Y)를 두 변수 t 확률벡터 또는 두 변수 결합 t 확률벡터라고 하고, 그 분포를 두 변수 t 분포라고 부르며 $t(\mu_1,\ \mu_2,\ \sigma_1^2,\ \sigma_2^2,\ \rho,\ k)$로 쓴다.

위 두 변수 t 확률벡터 (X,Y)에서, $E\{X\}=\mu_1$, $E\{Y\}=\mu_2$, $\text{Var}\{X\} = \frac{\sigma_1^2 k}{k-2}$, $\text{Var}\{Y\} = \frac{\sigma_2^2 k}{k-2}$, ρ는 X와 Y 사이의 상관계수, k는 확률밀도함수가 줄어드는 빠르기를 나타내는 매개변수이다. 확률벡터 (X,Y)가 두 변수 t 확률벡터일 때 분산 $\text{Var}\{X\}$와 $\text{Var}\{Y\}$는 $k>2$일 때만 뜻매김할 수 있다. 한편, $k=2$이면 뜻매김 4.20에서 다룬 두 변수 t 확률밀도함수는 두 변수 코쉬 확률밀도함수이고, k가 커지면 두 변수 t 확률밀도함수는 두 변수 정규 확률밀도함수와 가까워진다. 한편, 확률벡터 (X,Y)의 분포가 $t(0,0,s^2,1,\rho,k)$일 때

$$E\{X|Y\} \ = \ \rho s Y \tag{4.642}$$

이고,

$$E\left\{X^2\middle|Y\right\} \ = \ \frac{s^2}{(k-1)^2}\left[\left(1-\rho^2\right)k + \left\{1+(k-2)\rho^2\right\}Y^2\right] \tag{4.643}$$

이며,

$$E\{XY\} \ = \ \frac{\rho s k}{k-2} \tag{4.644}$$

[84]bivariate t distribution

이고,

$$E\{Y^4\} = \frac{3k^2}{(k-2)(k-4)} \tag{4.645}$$

이다.

4.5.4 두 변수 균질 대칭 알파-안정 분포*

제3장에서 말한 바와 같이 대칭 알파-안정 분포는 충격 환경을 모형화하는 데에 쓸모 있는 모형이고, 이미 여러 실제 환경에 잘 들어맞는다는 것이 알려졌다. 여기서는 제3장에서 다룬 대칭 알파-안정 분포를 2차원으로 확장하여 두 변수 균질 대칭 알파-안정 분포를 살펴본다.

뜻매김 4.21 두 변수 균질 대칭 알파-안정 분포[85]

두 확률변수 X와 Y의 결합 확률밀도함수가

$$f_{X,Y}(x,y) = \frac{1}{4\pi^2}\int_{-\infty}^{\infty}\int_{-\infty}^{\infty}\exp\left\{-\gamma\left(\omega_1^2+\omega_2^2\right)^{\frac{\alpha}{2}} - j\left(x\omega_1 + y\omega_2\right)\right\} d\omega_1 d\omega_2 \tag{4.646}$$

인 분포를 두 변수 균질 대칭 알파-안정 분포라고 한다. 여기서, $j=\sqrt{-1}$이고, γ는 0보다 큰 수로 퍼짐 매개변수라 부르며, α는 구간 $(0,2]$ 안의 수로 특성 지수라 부른다.

뜻매김 4.21에서, 퍼짐 매개변수 γ는 두 변수 균질 대칭 알파-안정 분포가 얼마나 퍼져 있는지를 나타내는 잣대이다. 한편, 특성 지수 α는 두 변수 균질 대칭 알파-안정 분포의 꼬리가 얼마나 무거운지를 – 곧, 충격성이 얼마나 센지를 – 나타내는 매개변수인데 그 값이 작을수록 더 충격적인 분포를 나타낸다.

식 (4.646)에서 볼 수 있는 두 변수 균질 대칭 알파-안정 분포의 확률밀도함수는 무한 급수로 다시 쓸 수 있다. 이것을 구체적으로 보이면

$$f_{X,Y}(x,y) = \begin{cases} \frac{1}{\pi^2\gamma^{\frac{2}{\alpha}}}\sum_{k=1}^{\infty}\frac{1}{k!}2^{\alpha k}(-1)^{k-1}\Gamma^2\left(1+\frac{\alpha k}{2}\right) \\ \qquad \cdot\sin\left(\frac{k\alpha\pi}{2}\right)\left(\frac{\sqrt{x^2+y^2}}{\gamma^{\frac{1}{\alpha}}}\right)^{-\alpha k-2}, & 0<\alpha\le 1\text{일 때}, \\ \frac{1}{2\pi\alpha\gamma^{\frac{2}{\alpha}}}\sum_{k=0}^{\infty}\frac{1}{(k!)^2}\Gamma\left(\frac{2k+2}{\alpha}\right)\left(-\frac{x^2+y^2}{4\gamma^{\frac{2}{\alpha}}}\right)^k, & 1\le\alpha\le 2\text{일 때} \end{cases} \tag{4.647}$$

이다.

한편, 식 (4.647)은 $\alpha=1$이면 두 변수 코쉬 분포를, $\alpha=2$이면 두 변수 정규 분포를 나타낸다. 곧, 부록 4.2에 자세히 보인 바와 같이 $\alpha=1$이면 (4.647)의 두 무한 급수는

$$f_{X,Y}(x,y) = \frac{\gamma}{2\pi\left(x^2+y^2+\gamma^2\right)^{\frac{3}{2}}} \tag{4.648}$$

과 같고, $\alpha=2$이면 (4.647)의 둘째 무한 급수는

$$f_{X,Y}(x,y) = \frac{1}{4\pi\gamma}\exp\left(-\frac{x^2+y^2}{4\gamma}\right) \tag{4.649}$$

와 같다.

[85] bivariate isotropic symmetric α-stable (BISαS) distribution

4.6 충격 함수와 확률벡터

보기 2.92와 (3.39)에서 말한 바와 같이, 계단 함수와 충격 함수는 이산 확률변수나 혼합 확률변수의 누적분포함수와 확률밀도함수를 나타내는 데에 꽤 쓸모 있다. 그뿐만 아니라, 계단 함수와 충격 함수를 쓰면, 조건에 따라 여러 식으로 나타나는 결합 누적분포함수와 결합 확률밀도함수를 정확하고 쉽게 얻을 수 있다. 이것을 몇 가지 보기로 살펴보도록 하자.

보기 4.112 (확률변수 X와 $Y = X + a$의 결합 누적분포함수와 결합 확률밀도함수) 연속 확률변수 X의 확률밀도함수를 f_X, 누적분포함수를 F_X라고 할 때, 상수 a를 생각하여 확률변수 X와 $Y = X + a$의 결합 누적분포함수와 결합 확률밀도함수를 얻어 보자.

풀이 먼저, $u(0) = \frac{1}{2}$이라고 두고, X와 $Y = X + a$의 결합 누적분포함수를 얻으면

$$\begin{aligned} F_{X,X+a}(x,y) &= \Pr\{X \le x, X \le y-a\} \\ &= \begin{cases} \Pr\{X \le x\}, & x \le y-a, \\ \Pr\{X \le y-a\}, & x \ge y-a \end{cases} \\ &= F_X(\min(x, y-a)) \\ &= F_X(x)u(y-x-a) + F_X(y-a)u(x-y+a) \end{aligned} \quad (4.650)$$

이다. 이제, (4.650)을 미분하되, (1.237)에서 본 것처럼 $\delta(t) = \delta(-t)$이고 (1.254)에서 본 것처럼 $F_X(t)\delta(t-a) = F_X(a)\delta(t-a)$이므로 $F_X(x)\delta(y-x-a) = F_X(y-a)\delta(x-y+a)$라는 것을 새기면,

$$\begin{aligned} f_{X,X+a}(x,y) &= \frac{\partial^2}{\partial x \partial y} F_{X,Y}(x,y) \\ &= \frac{\partial}{\partial y}\{f_X(x)u(y-x-a) - F_X(x)\delta(y-x-a) + F_X(y-a)\delta(x-y+a)\} \\ &= f_X(x)\delta(y-x-a) \end{aligned} \quad (4.651)$$

처럼[86] 확률변수 X와 $Y = X + a$의 결합 확률밀도함수를 얻을 수 있다. 이때, $f_{X,X+a}(x,y) = f_X(y-a)\delta(y-x-a)$처럼 쓸 수도 있다. ◇

보기 4.113 (확률변수 X와 $Y = cX$의 결합 누적분포함수와 결합 확률밀도함수) 연속 확률변수 X의 확률밀도함수를 f_X라고 하고, 누적분포함수를 F_X라고 할 때, 상수 c를 생각하여 확률변수 X와 $Y = cX$의 결합 누적분포함수와 결합 확률밀도함수를 얻어 보자.

풀이 먼저, $c > 0$이면, X와 $Y = cX$의 결합 누적분포함수는

$$\begin{aligned} F_{X,cX}(x,y) &= \Pr\left\{X \le x, X \le \frac{y}{c}\right\} \\ &= \begin{cases} \Pr\{X \le x\}, & x \le \frac{y}{c}, \\ \Pr\left\{X \le \frac{y}{c}\right\}, & x \ge \frac{y}{c} \end{cases} \\ &= F_X(x)u\left(\frac{y}{c} - x\right) + F_X\left(\frac{y}{c}\right)u\left(x - \frac{y}{c}\right) \end{aligned} \quad (4.652)$$

[86] 여기서, $\int_{-\infty}^{\infty}\int_{-\infty}^{\infty} f_X(x)\delta(y-x-a)dydx = \int_{-\infty}^{\infty} f_X(x)dx = 1$이라는 것을 쉽게 알 수 있다.

처럼 얻을 수 있다. 다음에, $c<0$이면, X와 $Y=cX$의 결합 누적분포함수는

$$\begin{aligned} F_{X,cX}(x,y) &= \Pr\left\{X \le x, X \ge \frac{y}{c}\right\} \\ &= \begin{cases} 0, & x \le \frac{y}{c}, \\ \Pr\left\{\frac{y}{c} \le X \le x\right\}, & x > \frac{y}{c} \end{cases} \\ &= \left\{F_X(x) - F_X\left(\frac{y}{c}\right)\right\} u\left(x - \frac{y}{c}\right) \end{aligned} \tag{4.653}$$

이다. 또, $c=0$이면

$$\begin{aligned} F_{X,Y}(x,y) &= \Pr\{X \le x, Y \le y\} \\ &= \begin{cases} 0, & y < 0, \\ \Pr\{X \le x\}, & y \ge 0 \end{cases} \\ &= F_X(x)u(y) \end{aligned} \tag{4.654}$$

이다[87]. 이제, (4.652)–(4.654)를 미분하여 X와 $Y = cX$의 결합 확률밀도함수를 얻자. 먼저, $F_X(t)\delta(t-a) = F_X(a)\delta(t-a)$이고 $\delta(t) = \delta(-t)$이므로

$$F_X(x)\delta\left(x - \frac{y}{c}\right) = F_X\left(\frac{y}{c}\right)\delta\left(x - \frac{y}{c}\right) \tag{4.655}$$

임을 새기면, $c>0$일 때

$$\begin{aligned} f_{X,cX}(x,y) &= \frac{\partial^2}{\partial x \partial y} F_{X,cX}(x,y) \\ &= \frac{\partial}{\partial y}\left\{f_X(x)u\left(\frac{y}{c} - x\right) - F_X(x)\delta\left(\frac{y}{c} - x\right) + F_X\left(\frac{y}{c}\right)\delta\left(x - \frac{y}{c}\right)\right\} \\ &= \frac{1}{c} f_X(x)\delta\left(\frac{y}{c} - x\right) \end{aligned} \tag{4.656}$$

이다. 이와 비슷하게 $c<0$일 때

$$\begin{aligned} f_{X,cX}(x,y) &= \frac{\partial}{\partial y}\left\{f_X(x)u\left(x - \frac{y}{c}\right) + \left\{F_X(x) - F_X\left(\frac{y}{c}\right)\right\}\delta\left(x - \frac{y}{c}\right)\right\} \\ &= -\frac{1}{c} f_X(x)\delta\left(x - \frac{y}{c}\right) \end{aligned} \tag{4.657}$$

이고, $c=0$일 때

$$\begin{aligned} f_{X,cX}(x,y) &= \frac{\partial^2}{\partial x \partial y} F_X(x)u(y) \\ &= f_X(x)\delta(y) \end{aligned} \tag{4.658}$$

이다. 따라서,

$$f_{X,cX}(x,y) = \begin{cases} f_X(x)\delta(y), & c = 0, \\ \frac{1}{|c|} f_X(x)\delta\left(x - \frac{y}{c}\right), & c \ne 0 \end{cases} \tag{4.659}$$

[87] 식 (4.654)에서는 $u(0)=1$로 둔 셈이다.

이다[88]. ◇

보기 4.114 보기 4.112와 보기 4.113에서 얻은 결과를 잘 새기면, 확률변수 X와 $Y = cX + a$의 결합 누적분포함수는

$$F_{X,cX+a}(x,y) = \begin{cases} F_X(x)u\left(\frac{y-a}{c} - x\right) + F_X\left(\frac{y-a}{c}\right)u\left(x - \frac{y-a}{c}\right), & c > 0, \\ F_X(x)u(y-a), & c = 0, \\ \left\{F_X(x) - F_X\left(\frac{y-a}{c}\right)\right\}u\left(x - \frac{y-a}{c}\right), & c < 0 \end{cases} \tag{4.660}$$

이다. 따라서, 확률변수 X와 $Y = cX + a$의 결합 확률밀도함수는

$$f_{X,cX+a}(x,y) = \begin{cases} \frac{1}{|c|} f_X(x)\delta\left(\frac{y-a}{c} - x\right), & c \neq 0, \\ f_X(x)\delta(y-a), & c = 0 \end{cases} \tag{4.661}$$

임을 알 수 있다. ◇

보기 4.112에서 $a = 0$으로 두거나, 보기 4.113에서 $c = 1$로 두거나, 또는 보기 4.114에서 $a = 0$, $c = 1$로 두면

$$\begin{aligned} f_{X,X}(x,y) &= f_X(x)\delta(x-y) \\ &= f_X(x)\delta(y-x) \\ &= f_X(y)\delta(x-y) \\ &= f_X(y)\delta(y-x) \end{aligned} \tag{4.662}$$

처럼 쓸 수 있다.

보기 4.115 확률변수 X의 확률밀도함수가 $f_X(x) = u(x) - u(x-1)$일 때, 식 (4.661)을 바탕으로 확률변수 X와 $Y = 2X + 1$의 결합 확률밀도함수를 얻으면

$$\begin{aligned} f_{X,2X+1}(x,y) &= \frac{1}{2} f_X(x)\delta\left(\frac{y-1}{2} - x\right) \\ &= \frac{1}{2}\{u(x) - u(x-1)\}\delta\left(\frac{y-1}{2} - x\right) \end{aligned} \tag{4.663}$$

이다. ◇

다음에, 확률변수와 그 크기의 결합 분포를 생각해 보자.

보기 4.116 (확률변수 X와 $Y = |X|$의 결합 누적분포함수와 결합 확률밀도함수) 연속 확률변수 X의 확률밀도함수를 f_X, 누적분포함수를 F_X라고 하자. 그러면 확률변수 X와 그 크기 $Y = |X|$의 결합 누적분포함수는

[88] 여기서, $c = 0$이면 $\int_{-\infty}^{\infty}\int_{-\infty}^{\infty} f_{X,cX}(x,y)dydx = \int_{-\infty}^{\infty} f_X(x)dx \int_{-\infty}^{\infty}\delta(y)dy = 1$이다. 한편, $c \neq 0$이면 $\int_{-\infty}^{\infty}\int_{-\infty}^{\infty} f_{X,cX}(x,y)dydx = \frac{1}{|c|}\int_{-\infty}^{\infty} f_X(x)\left\{\int_{-\infty}^{\infty}\delta\left(x - \frac{y}{c}\right)dy\right\}dx$이다. 그런데, $c < 0$이면 $\int_{-\infty}^{\infty}\delta\left(x - \frac{y}{c}\right)dy = c\int_{\infty}^{-\infty}\delta(x-t)dt = -c$이고 $c > 0$이면 $\int_{-\infty}^{\infty}\delta\left(x - \frac{y}{c}\right)dy = c\int_{-\infty}^{\infty}\delta(x-t)dt = c$이므로, $\int_{-\infty}^{\infty}\delta\left(x - \frac{y}{c}\right)dy = |c|$이고 따라서 $\int_{-\infty}^{\infty}\int_{-\infty}^{\infty} f_{X,cX}(x,y)dydx = 1$이라는 것을 알 수 있다.

$$
\begin{aligned}
F_{X,Y}(x,y) &= \Pr\{X \le x, -y \le X \le y\} \\
&= \begin{cases} \Pr\{-y \le X \le x\}, & -y < x < y,\ y > 0, \\ \Pr\{-y \le X \le y\}, & x > y,\ y > 0 \end{cases} \\
&= u(y+x)u(y-x)G_1(x,y) + u(y)u(x-y)G_1(y,y) \qquad (4.664)
\end{aligned}
$$

처럼 얻을 수 있다. 여기서,

$$
G_1(x,y) = F_X(x) - F_X(-y) \qquad (4.665)
$$

인데, $G_1(x,-x) = 0$이라는 것을 눈여겨볼 만하다. 이제, $y < 0$일 때에는, $(x+y)(y-x) = y^2 - x^2 < 0$이므로 $u(x+y)u(y-x) = 0$이고, 따라서 (4.664)에서 $F_{X,Y}(x,y) = 0$이라는 것을 알 수 있다. 위 (4.664)를 얻을 때에

$$
u(y+x)u(y-x)u(y) = u(y-x)u(y+x) \qquad (4.666)
$$

을 썼다.

다음에, 식 (4.664)를 x로 미분하여,

$$
\delta(y-a)f_X(y) = \delta(y-a)f_X(a), \qquad (4.667)
$$

$G_1(x,-x) = 0$, $\delta(x-y) = \delta(y-x)$, 그리고 $\alpha > 0$일 때 $u(\alpha x) = u(x)$라는 것을 쓰면

$$
\begin{aligned}
\frac{\partial}{\partial x}F_{X,Y}(x,y) &= \delta(x+y)u(y-x)G_1(x,y) - u(y+x)\delta(y-x)G_1(x,y) \\
&\quad + u(x+y)u(y-x)f_X(x) + u(y)\delta(x-y)G_1(y,y) \\
&= \delta(x+y)u(-2x)G_1(x,-x) - u(2x)\delta(y-x)G_1(x,x) \\
&\quad + u(x+y)u(y-x)f_X(x) + u(x)\delta(x-y)G_1(x,x) \\
&= u(x+y)u(y-x)f_X(x) \qquad (4.668)
\end{aligned}
$$

을[89] 얻는다. 그러므로, 확률변수 X와 그 크기 $Y = |X|$의 결합 확률밀도함수는

$$
\begin{aligned}
f_{X,Y}(x,y) &= \frac{\partial^2}{\partial x \partial y}F_{X,Y}(x,y) \\
&= \{\delta(x+y)u(y-x) + u(x+y)\delta(y-x)\}f_X(x) \\
&= \{\delta(x+y)u(-x) + \delta(x-y)u(x)\}f_X(x) \\
&= \{\delta(x+y)f_X(-y) + \delta(x-y)f_X(y)\}u(y) \qquad (4.669)
\end{aligned}
$$

이다. 이 결과 (4.669)에서 Y의 확률밀도함수를 얻으면

$$
\begin{aligned}
f_Y(y) &= \int_{-\infty}^{\infty} f_{X,Y}(x,y)dx \\
&= \int_{-\infty}^{\infty} \{\delta(x+y)f_X(-y) + \delta(x-y)f_X(y)\}u(y)dx \\
&= \{f_X(-y) + f_X(y)\}u(y) \qquad (4.670)
\end{aligned}
$$

[89] 식 (1.227)에서 본 것처럼 $\delta(0) < 0$일 때도 있으나, 여기서는 $\delta(0) > 0$으로 두었다.

인데 이 식은 보기 3.24에서 얻은 것과 같음을 쉽게 알 수 있다. 한편, $u(x)+u(-x)=1$이므로

$$\begin{aligned}\int_{-\infty}^{\infty} f_{X,Y}(x,y)dy &= f_X(x)u(-x)+f_X(x)u(x)\\ &= f_X(x) \qquad (4.671)\end{aligned}$$

을 얻는다. ◇

보기 4.117 확률변수 X의 분포가 $U(-1,1)$, $U(-1,0)$, 또는 $U[0,1)$일 때 $Y=|X|$의 분포는 모두 $U(0,1)$이다. ◇

한편, 확률밀도함수 $f_X(x)$가 짝함수이면 $E\{X\}=0$이고 $E\{X|X|\}=0$이므로 $E\{X|X|\}-E\{X\}E\{|X|\}=0$이다. 그러므로, $\rho_{X|X|}=0$이라는 것을 알 수 있다. 한편, $x<0$일 때 $f_X(x)=0$이면 $\rho_{X|X|}=1$이고, $x>0$일 때 $f_X(x)=0$이면 $\rho_{X|X|}=-1$이다[90].

보기 4.118 (확률변수 X와 크기 $Y=|X|$ 사이의 조건부 분포) 이제, 보기 4.116에서 얻은 결과 (4.669)를 바탕으로 확률변수 X와 그 크기 $Y=|X|$ 사이의 조건부 확률밀도함수를 얻어 보자. 먼저, $y\in\{y\,|\,\{f_X(y)+f_X(-y)\}u(y)>0\}$일 때

$$\begin{aligned}f_{X|Y}(x|y) &= \frac{f_{X,Y}(x,y)}{f_Y(y)}\\ &= \frac{\{\delta(x+y)f_X(-y)+\delta(x-y)f_X(y)\}u(y)}{\{f_X(y)+f_X(-y)\}u(y)}\\ &= \frac{f_X(-y)\delta(x+y)}{f_X(y)+f_X(-y)}u(y)+\frac{f_X(y)\delta(x-y)}{f_X(y)+f_X(-y)}u(y)\\ &= \frac{f_X(x)\delta(x+y)}{f_X(x)+f_X(-x)}u(-x)+\frac{f_X(x)\delta(x-y)}{f_X(x)+f_X(-x)}u(x) \qquad (4.672)\end{aligned}$$

를 얻고, $x\in\{x\,|\,f_X(x)>0\}$일 때

$$\begin{aligned}f_{Y|X}(y|x) &= \frac{f_{X,Y}(x,y)}{f_X(x)}\\ &= \delta(x+y)u(-x)+\delta(x-y)u(x)\\ &= \{\delta(x+y)+\delta(x-y)\}u(y) \qquad (4.673)\end{aligned}$$

을 얻는다. 여기서, (4.672)를 얻을 때 $\frac{u(y)}{u(y)}=u(y)$를 썼는데 이것은 (4.672)가 $y>0$일 때에만 뜻이 있다는 것을 나타내는 것이다. ◇

위 보기에서 알 수 있는 바와 같이 계단 함수와 충격 함수를 쓰면, 조건에 따라 여러 식으로 나타나는 결합 누적분포함수와 결합 확률밀도함수를 정확하고 쉽게 얻을 수 있다. 이와 같은 방법을 앞으로도 – 특히, 제5장과 제6장에서 – 자주 쓸 것이다.

[90]문제 4.55에서 좀 더 자세히 다룬다.

부록

부록 4.1 부등식 몇 가지

정리 4.19 코쉬-슈바르츠[91] 부등식 확률변수 X와 Y를 생각할 때

$$E^2\{XY\} \;\le\; E\left\{X^2\right\} E\left\{Y^2\right\} \tag{4.674}$$

이다. ■■

증명 먼저, 실수 a와 b를 어떻게 고르더라도 $|ab| \le \frac{a^2+b^2}{2}$이므로, $E\left\{X^2\right\} < \infty$이고 $E\left\{Y^2\right\} < \infty$이면 $E\{|XY|\}$가 존재함을 알 수 있다. 이제, $E\left\{X^2\right\} = 0$이면 (4.674)가 참이라는 것을 쉽게 알 수 있다. 다음으로, $E\left\{X^2\right\} > 0$일 때에는, 실수 α를 어떻게 고르더라도

$$\begin{aligned} E\left\{(\alpha X + Y)^2\right\} &= \alpha^2 E\left\{X^2\right\} + 2\alpha E\{XY\} + E\left\{Y^2\right\} \\ &\ge 0 \end{aligned} \tag{4.675}$$

임을 새겨 $\alpha = -\frac{E\{XY\}}{E\{X^2\}}$이라고 하면

$$\frac{E^2\{XY\}}{E\left\{X^2\right\}} - 2\frac{E^2\{XY\}}{E\left\{X^2\right\}} + E\left\{Y^2\right\} \;\ge\; 0 \tag{4.676}$$

이므로 (4.674)를 얻을 수 있다. □

정리 4.20 홀더[92] 부등식 두 수 p와 q가 모두 1보다 크고 $\frac{1}{p} + \frac{1}{q} = 1$이면

$$E\{|XY|\} \;\le\; E^{\frac{1}{p}}\left\{|X^p|\right\} E^{\frac{1}{q}}\left\{|Y^q|\right\} \tag{4.677}$$

이다. ■■

정리 4.21 민코프스키[93] 부등식 실수 p가 1보다 크면

$$E^{\frac{1}{p}}\left\{|X+Y|^p\right\} \;\le\; E^{\frac{1}{p}}\left\{|X^p|\right\} + E^{\frac{1}{p}}\left\{|Y^p|\right\} \tag{4.678}$$

이다. ■■

위에서 쉽게 알 수 있듯이 민코프스키 부등식은 세모 부등식

$$|a-b| \;\le\; |a-c| + |c-b| \tag{4.679}$$

를 일반화한 것이라고 할 수 있다.

[91] Cauchy-Schwarz
[92] Holder
[93] Minkovski

정리 4.22 **콜모고로프 부등식** 서로 독립인 확률변수 $\{X_i\}_{i=1}^n$의 평균은 모두 0이며, 분산이 $\{\sigma_i^2\}_{i=1}^n$일 때 $S_k = \sum_{j=1}^k X_j$라고 하자. 그러면 0보다 큰 수 ε을 어떻게 고르더라도

$$\Pr\left\{\max_{1\le k\le n}|S_k| > \varepsilon\right\} \le \sum_{i=1}^n \frac{\sigma_i^2}{\varepsilon^2} \tag{4.680}$$

이다.

증명 먼저, $A_0 = \Omega$라고 두고, $k = 1, 2, \cdots, n$일 때 $A_k = \left\{\max_{1\le j\le k}|S_j| \le \varepsilon\right\}$이라고 놓으며,

$$\begin{aligned} B_k &= A_{k-1} \cap A_k^c \\ &= \{|S_1| \le \varepsilon, |S_2| \le \varepsilon, \cdots, |S_{k-1}| \le \varepsilon\} \\ &\qquad \cap \{|S_1|, |S_2|, \cdots, |S_k| \text{ 가운데 적어도 하나가 } \varepsilon\text{보다 큼}\} \\ &= \{|S_1| \le \varepsilon, |S_2| \le \varepsilon, \cdots, |S_{k-1}| \le \varepsilon, |S_k| > \varepsilon\} \end{aligned} \tag{4.681}$$

로 두자. 그러면

$$A_n^c = \sum_{k=1}^n B_k \tag{4.682}$$

이고

$$B_k \subset \{|S_{k-1}| \le \varepsilon, |S_k| > \varepsilon\} \tag{4.683}$$

이다. 이제, I_A를 사건 A의 지시 함수[94]라고 하면

$$\begin{aligned} E\left\{(S_n I_{B_k})^2\right\} &= E\left[\left\{(S_n - S_k)I_{B_k} + S_k I_{B_k}\right\}^2\right] \\ &= E\left\{(S_n - S_k)^2 I_{B_k}\right\} + E\left\{(S_k I_{B_k})^2\right\} \\ &\quad + E\left\{2S_k(S_n - S_k)I_{B_k}\right\} \end{aligned} \tag{4.684}$$

이다. 여기서, $S_n - S_k = X_{k+1} + \cdots + X_n$과 $S_k I_{B_k}$는 독립이고 $E\{X_k\} = 0$이라는 것과 B_k에서는 $|S_k| \ge \varepsilon$이라는 것을 쓰면

$$\begin{aligned} E\left\{(S_n I_{B_k})^2\right\} &= E\left\{(S_n - S_k)^2 I_{B_k}\right\} + E\left\{(S_k I_{B_k})^2\right\} \\ &\ge E\left\{(S_k I_{B_k})^2\right\} \\ &\ge \varepsilon^2 \Pr\{B_k\} \end{aligned} \tag{4.685}$$

이다. 끝으로,

$$\begin{aligned} \sum_{k=1}^n E\left\{(S_n I_{B_k})^2\right\} &= E\left\{S_n^2 I_{A_n^c}\right\} \\ &\le E\left\{S_n^2\right\} \end{aligned}$$

[94] 식 (3.268)에서 다룬 바 있다.

$$= \sum_{k=1}^{n} \sigma_k^2 \tag{4.686}$$

이므로, (4.685)를 쓰면

$$\begin{aligned} \sum_{k=1}^{n} \sigma_k^2 &\geq \varepsilon^2 \sum_{k=1}^{n} \Pr\{B_k\} \\ &= \varepsilon^2 \Pr\{A_n^c\} \end{aligned} \tag{4.687}$$

인데, 이 식은 보이려는 결과 (4.680)과 같은 것이다. □

정리 4.23 **체비셰프[95] 부등식** 콜모고로프 부등식에서 $n = 1$이라고 하면 체비셰프 부등식

$$P\{|X_1| > \varepsilon\} \leq \frac{\sigma_1^2}{\varepsilon^2} \tag{4.688}$$

을 얻는다. ■■

정리 4.24 **체르노프 한도[96]** 독립이고 분포가 같은 확률변수들 $\{X_i\}_{i=1}^n$을 생각하여 이들을 모두 더한 것을 $Y_n = \sum_{i=1}^{n} X_i$라고 하자. 확률변수 X_i의 적률생성함수를 $M(t) = E\{\exp\{tX_i\}\}$라고 하고, $g(t) = \ln M(t)$로 두며, α를 실수라고 하자. 그리고, $\alpha = ng'(t)$의 풀이를 t_r이라고 하자. 그러면

$$P\{Y_n \geq \alpha\} \leq \exp[-n\{t_r g'(t_r) - g(t_r)\}], \quad t_r \geq 0 \tag{4.689}$$

이고

$$P\{Y_n \leq \alpha\} \leq \exp[-n\{t_r g'(t_r) - g(t_r)\}], \quad t_r \leq 0 \tag{4.690}$$

이다. ■■

여기서, $t_r = 0$이면 $g(t_r) = \ln M(t_r) = \ln M(0) = 0$이므로, 이 두 부등식의 오른쪽은 모두 1이다. 곧, $t_r = 0$이면 체르노프 한도가 알려주는 바는 "어떤 확률이 1보다 크지 않다."는 것인 셈이다. 따라서, 체르노프 한도는 $t_r \neq 0$일 때 쓸모 있다.

보기 4.119 표준 정규 확률변수 X를 생각하자. 그러면 $n = 1$이고 $Y_n = X$이다. 한편, 적률생성함수는 $M(t) = \exp\left(\frac{t^2}{2}\right)$이므로 $g(t) = \ln M(t) = \frac{t^2}{2}$과 $g'(t) = t$를 얻는다. 따라서, $\alpha = ng'(t) = t$의 풀이는 $t_r = \alpha$이다. 곧, 체르노프 한도를

$$P\{X \geq \alpha\} \leq \exp\left(-\frac{\alpha^2}{2}\right), \quad \alpha \geq 0 \tag{4.691}$$

과

[95] Chebyshev

[96] Chernoff bounds

$$P\{X \leq \alpha\} \ \leq \ \exp\left(-\frac{\alpha^2}{2}\right), \quad \alpha \leq 0 \tag{4.692}$$

처럼 쓸 수 있다. ♢

보기 4.120 확률변수 X의 분포가 포아송 분포 $P(\lambda)$일 때 $n = 1$과 $Y_1 = X$를 생각하면, 적률생성함수는 $M(t) = \exp\{\lambda(e^t - 1)\}$이므로 $g(t) = \ln M(t) = \lambda(e^t - 1)$이고 $g'(t) = \lambda e^t$이다. 한편, $\alpha = ng'(t) = 1 \cdot \lambda e^t$를 풀면 $t_r = \ln\left(\frac{\alpha}{\lambda}\right)$를 얻는다. 곧, $\alpha > \lambda$이면 $t_r > 0$이고, $\alpha = \lambda$이면 $t_r = 0$이며, $\alpha < \lambda$이면 $t_r < 0$이다. 따라서, $g(t_r) = \lambda\left(\frac{\alpha}{\lambda} - 1\right) = \alpha - \lambda$, $t_r g'(t_r) = \lambda \cdot \frac{\alpha}{\lambda} \cdot \ln\left(\frac{\alpha}{\lambda}\right) = \alpha \ln\left(\frac{\alpha}{\lambda}\right)$이고 $n\left(t_r g'(t_r) - g(t_r)\right) = \ln\left(\frac{\alpha}{\lambda}\right)^{\alpha} - \alpha + \lambda$이므로

$$P(X \geq \alpha) \ \leq \ e^{-\lambda}\left(\frac{e\lambda}{\alpha}\right)^{\alpha}, \quad \alpha \geq \lambda \tag{4.693}$$

이고

$$P(X \leq \alpha) \ \leq \ e^{-\lambda}\left(\frac{e\lambda}{\alpha}\right)^{\alpha}, \quad \alpha \leq \lambda \tag{4.694}$$

이다. ♢

부록 4.2 식 몇 개 얻기

(가) 조건부 결합 누적분포함수

식 (4.396)을 얻는 과정: 그림 4.23을 잘 살펴보면, $x \geq 1$이고 $y \geq 1$이면 $\Pr\{X \leq x, Y \leq y, B\} = \Pr\{B\} = \frac{1}{8}$이고, $x \leq -1$, $y \leq -1$, 또는 $y \leq -x - 1$이면 $\Pr\{X \leq x,\ Y \leq y,\ B\} = \Pr\{\emptyset\} = 0$이라는 것을 알 수 있다. 다음에, $x \geq 1$이고 $0 \leq y \leq 1$이면 $\{|u| + |v| \leq 1,\ u \leq x,\ v \leq y\} = \{|u| + |v| \leq 1,\ v \leq y\}$이므로

$$\begin{aligned} \Pr\{X \leq x, Y \leq y, B\} &= \iint_{\{|u|+|v| \leq 1,\ v \leq y\}} f_{X,Y}(u,v)dudv \\ &= \frac{1}{16}\left\{2 - (1-y)^2\right\} \end{aligned} \tag{4.695}$$

이다. 이와 비슷하게 $0 \leq x \leq 1$이고 $y \geq 1$이면 $\Pr\{X \leq x, Y \leq y, B\} = \frac{1}{16}\{2 - (1-x)^2\}$이고, $-1 \leq y \leq 0$이고 $y \leq x - 1$이면 $\Pr\{X \leq x, Y \leq y, B\} = \frac{1}{16}(y+1)^2$이며, $-1 \leq x \leq 0$이고 $y \geq x + 1$이면 $\Pr\{X \leq x, Y \leq y, B\} = \frac{1}{16}(x+1)^2$이고, $x \leq 1$이고 $y \leq 1$이며 $y \geq -x + 1$이면 $\Pr\{X \leq x, Y \leq y, B\} = \frac{1}{16}\left\{2 - (1-x)^2 - (1-y)^2\right\}$이다. 한편, $x \leq 0$이고 $y \geq 0$이며 $y \leq x + 1$이면

$$\begin{aligned} \Pr\{X \leq x, Y \leq y, B\} &= \frac{1}{16}\left[\frac{1}{2}(x+1)^2 + \frac{1}{2}y\left\{(x+1) + (x-y+1)\right\}\right] \\ &= \frac{1}{32}\left\{(x+y+1)^2 - 2y^2\right\} \end{aligned} \tag{4.696}$$

이고, 이와 비슷하게 $x \geq 0$이고 $y \leq 0$이며 $y \geq x - 1$이면

$$\Pr\{X \le x, Y \le y, B\} = \frac{1}{32}\left\{(x+y+1)^2 - 2x^2\right\} \tag{4.697}$$

이며, $x \ge 0$이고 $y \ge 0$이며 $y \le -x+1$이면

$$\Pr\{X \le x, Y \le y, B\} = \frac{1}{32}\left\{(x+y+1)^2 - 2\left(x^2+y^2\right)\right\} \tag{4.698}$$

이고, $x \le 0$이고 $y \le 0$이며 $y \ge -x-1$이면 $\Pr\{X \le x, Y \le y, B\} = \frac{1}{32}(x+y+1)^2$이다. 위에서 얻은 것을 바탕으로 모아 쓰면, 조건부 결합 누적분포함수는

$$\begin{aligned} F_{X,Y|B}(x,y|B) &= \frac{\Pr\{X \le x, Y \le y, B\}}{\Pr\{B\}} \\ &= \begin{cases} 1, & x \ge 1,\ y \ge 1, \\ 0, & x \le -1,\ y \le -1,\ \text{또는 } y \le -x-1, \\ \frac{1}{2}(x+1)^2, & -1 \le x \le 0,\ y \ge x+1, \\ \frac{1}{2}(y+1)^2, & -1 \le y \le 0,\ y \le x-1, \\ \frac{1}{2}\left\{2-(1-x)^2\right\}, & 0 \le x \le 1,\ y \ge 1, \\ \frac{1}{2}\left\{2-(1-y)^2\right\}, & x \ge 1,\ 0 \le y \le 1, \\ \frac{1}{2}\left\{2-(1-x)^2-(1-y)^2\right\}, & x \le 1,\ y \le 1,\ y \ge -x+1, \\ \frac{1}{4}(x+y+1)^2, & x \le 0,\ y \le 0,\ y \ge -x-1, \\ \frac{1}{4}\left\{(x+y+1)^2-2x^2\right\}, & x \ge 0,\ y \le 0,\ y \ge x-1, \\ \frac{1}{4}\left\{(x+y+1)^2-2y^2\right\}, & x \le 0,\ y \ge 0,\ y \le x+1, \\ \frac{1}{4}\left\{(x+y+1)^2-2\left(x^2+y^2\right)\right\}, & x \ge 0,\ y \ge 0,\ y \le -x+1 \end{cases} \end{aligned} \tag{4.699}$$

이다.

식 (4.399)를 얻는 과정: 먼저, (x,y)가 그림 4.24에 보인 영역 1–1 안에 있는 점일 때

$$\begin{aligned} \beta &= \int_{u=-a}^{-\sqrt{a^2-y^2}} \int_{v=-\sqrt{a^2-u^2}}^{\sqrt{a^2-u^2}} f_{X,Y}(u,v)\,dvdu + \int_{u=-\sqrt{a^2-y^2}}^{x} \int_{v=-\sqrt{a^2-u^2}}^{y} f_{X,Y}(u,v)\,dvdu \\ &= \int_{u=-a}^{-\sqrt{a^2-y^2}} \left\{ \int_{v=-\sqrt{a^2-u^2}}^{0} (-v)\,dv + \int_{v=0}^{\sqrt{a^2-u^2}} v\,dv \right\} (-u)\,du \\ &\quad + \int_{u=-\sqrt{a^2-y^2}}^{x} \left\{ \int_{v=-\sqrt{a^2-u^2}}^{0} (-v)\,dv + \int_{v=0}^{y} v\,dv \right\} |u|\,du \\ &= \int_{u=-a}^{-\sqrt{a^2-y^2}} \left(a^2-u^2\right)(-u)\,du + \frac{1}{2}\int_{u=-\sqrt{a^2-y^2}}^{x} \left(y^2+a^2-u^2\right)|u|\,du \\ &= \int_{u=-a}^{-\sqrt{a^2-y^2}} \left(u^3-a^2u\right)du \\ &\quad + \frac{1}{2}\left[\int_{u=-\sqrt{a^2-y^2}}^{0} \left\{-\left(y^2+a^2-u^2\right)u\right\}du + \int_{u=0}^{x} \left(y^2+a^2-u^2\right)u\,du\right] \\ &= \frac{1}{8}\left\{\left(a^2+x^2+y^2\right)^2 - 2\left(x^4+y^4\right)\right\} \end{aligned} \tag{4.700}$$

이고, (x,y)가 영역 2–1 안에 있는 점일 때

$$
\begin{aligned}
\beta &= \int_{v=-\sqrt{a^2-x^2}}^{y} \int_{u=-\sqrt{a^2-v^2}}^{x} f_{X,Y}(u,v)\, du dv \\
&= \int_{v=-\sqrt{a^2-x^2}}^{y} \left\{ \int_{u=-\sqrt{a^2-v^2}}^{x} (-u)\, du \right\} |v|\, dv \\
&= \frac{1}{2} \int_{v=-\sqrt{a^2-x^2}}^{y} \left(a^2 - v^2 - x^2\right) |v|\, dv \\
&= \frac{1}{2} \left[\int_{v=-\sqrt{a^2-x^2}}^{0} \left\{ -\left(a^2 - v^2 - x^2\right) v \right\} dv + \int_{v=0}^{y} \left(a^2 - v^2 - x^2\right) v\, dv \right] \\
&= \frac{1}{8} \left\{ \left(a^2 - x^2 + y^2\right)^2 - 2y^4 \right\}
\end{aligned} \tag{4.701}
$$

이며, (4.701)에서 u와 v를 서로 바꾸고 x와 y를 서로 바꾸어 계산하면 (x, y)가 영역 4−1 안에 있는 점일 때

$$
\begin{aligned}
\beta &= \int_{u=-\sqrt{a^2-y^2}}^{x} \int_{v=-\sqrt{a^2-u^2}}^{y} f_{X,Y}(u,v)\, dv du \\
&= \frac{1}{8} \left\{ \left(a^2 + x^2 - y^2\right)^2 - 2x^4 \right\}
\end{aligned} \tag{4.702}
$$

임을 알 수 있다. 또한, (x, y)가 영역 3−1 안에 있는 점일 때

$$
\begin{aligned}
\beta &= \int_{u=-\sqrt{a^2-y^2}}^{x} \int_{v=-\sqrt{a^2-u^2}}^{y} uv\, dv du \\
&= \frac{1}{2} \int_{u=-\sqrt{a^2-y^2}}^{x} \left(y^2 - a^2 + u^2\right) u\, du \\
&= \frac{1}{8} \left(a^2 - x^2 - y^2\right)^2
\end{aligned} \tag{4.703}
$$

이고, (x, y)가 영역 2−2 안에 있는 점일 때

$$
\begin{aligned}
\beta &= \int_{u=-a}^{x} \left\{ \int_{v=-\sqrt{a^2-u^2}}^{0} (-v)\, dv + \int_{v=0}^{\sqrt{a^2-u^2}} v\, dv \right\} |u|\, du \\
&= \int_{u=-a}^{x} \left(a^2 - u^2\right)(-u)\, du \\
&= \frac{1}{4} \left(a^2 - x^2\right)^2
\end{aligned} \tag{4.704}
$$

이며, (4.704)에서 u와 v를 서로 바꾸고 x와 y를 서로 바꾸어 계산하면, (x, y)가 영역 4−2 안에 있는 점일 때

$$
\begin{aligned}
\beta &= \int_{v=-a}^{y} \int_{u=-\sqrt{a^2-v^2}}^{\sqrt{a^2-v^2}} f_{X,Y}(u,v)\, du dv \\
&= \frac{1}{4} \left(a^2 - y^2\right)^2
\end{aligned} \tag{4.705}
$$

임을 알 수 있다. 또, 위와 비슷하게 (x, y)가 영역 1−2 안에 있는 점일 때

$$
\begin{aligned}
\beta &= \alpha - \int_{u=x}^{a} \int_{v=-\sqrt{a^2-u^2}}^{\sqrt{a^2-u^2}} f_{X,Y}(u,v)\, dv du \\
&= \alpha - \int_{u=x}^{a} \left(a^2 u - u^3\right) du
\end{aligned}
$$

$$= \alpha - \frac{1}{4}\left(a^2 - x^2\right)^2 \tag{4.706}$$

이고, (4.706)에서 u와 v를 서로 바꾸고 x와 y를 서로 바꾸어 계산하면, (x, y)가 영역 1–4 안에 있는 점일 때

$$\begin{aligned}\beta &= \alpha - \int_{v=y}^{a}\int_{u=-\sqrt{a^2-v^2}}^{\sqrt{a^2-v^2}} f_{X,Y}(u,v)\,dudv \\ &= \alpha - \frac{1}{4}\left(a^2 - y^2\right)^2 \end{aligned}\tag{4.707}$$

이며, (4.706)과 (4.707)을 바탕으로, (x, y)가 영역 1–5 안에 있는 점일 때

$$\begin{aligned}\beta &= \alpha - \left(\int_{v=y}^{a}\int_{u=-\sqrt{a^2-v^2}}^{\sqrt{a^2-v^2}} f_{X,Y}(u,v)\,dudv + \int_{u=x}^{a}\int_{v=-\sqrt{a^2-u^2}}^{\sqrt{a^2-u^2}} f_{X,Y}(u,v)\,dvdu\right) \\ &= \alpha - \frac{1}{4}\left\{\left(a^2 - x^2\right)^2 + \left(a^2 - y^2\right)^2\right\}\end{aligned}\tag{4.708}$$

임을 알 수 있다. 한편,

$$\begin{aligned}\alpha &= \iint_{u^2+v^2\le a^2} f_{X,Y}(u,v)\,dudv \\ &= \int_{v=-a}^{a}\int_{u=-\sqrt{a^2-v^2}}^{\sqrt{a^2-v^2}} |uv|\,dudv \\ &= \int_{v=-a}^{a}\left\{\int_{u=-\sqrt{a^2-v^2}}^{0}(-u)|v|\,du + \int_{u=0}^{\sqrt{a^2-v^2}} u|v|\,du\right\}dv \\ &= \int_{v=-a}^{a}\left\{\frac{1}{2}\left(a^2-v^2\right) + \frac{1}{2}\left(a^2-v^2\right)\right\}|v|\,dv \\ &= \frac{a^4}{2}\end{aligned}\tag{4.709}$$

이다. 따라서,

$$\begin{aligned}F_{X,Y}(x, y|A) &= \frac{\beta}{\alpha} \\ &= \begin{cases} 1, & \text{영역 } 1\text{–}3, \\ 1 - \frac{1}{2a^4}\left(a^2-x^2\right)^2, & \text{영역 } 1\text{–}2, \\ 1 - \frac{1}{2a^4}\left(a^2-y^2\right)^2, & \text{영역 } 1\text{–}4, \\ 1 - \frac{1}{2a^4}\left\{\left(a^2-x^2\right)^2 + \left(a^2-y^2\right)^2\right\}, & \text{영역 } 1\text{–}5, \\ \frac{1}{4a^4}\left\{\left(a^2+x^2+y^2\right)^2 - 2\left(x^4+y^4\right)\right\}, & \text{영역 } 1\text{–}1, \\ \frac{1}{4a^4}\left\{\left(a^2-x^2+y^2\right)^2 - 2y^4\right\}, & \text{영역 } 2\text{–}1, \\ \frac{1}{2a^4}\left(a^2-x^2\right)^2, & \text{영역 } 2\text{–}2, \\ \frac{1}{4a^4}\left\{\left(a^2+x^2-y^2\right)^2 - 2x^4\right\}, & \text{영역 } 4\text{–}1, \\ \frac{1}{2a^4}\left(a^2-y^2\right)^2, & \text{영역 } 4\text{–}2, \\ \frac{1}{4a^4}\left(a^2-x^2-y^2\right)^2, & \text{영역 } 3\text{–}1, \\ 0, & \text{그 밖에는} \end{cases}\end{aligned}\tag{4.710}$$

을 얻을 수 있다.

(나) 두 변수 균질 대칭 알파-안정 분포

식 (4.648)과 (4.649)를 자세히 얻어본다. 먼저, (2.338)과 비슷하게

$$\begin{aligned}\Gamma\left(\frac{2k+3}{2}\right) &= \left(k+\frac{1}{2}\right)\cdot\left(k-\frac{1}{2}\right)\cdots\frac{3}{2}\cdot\frac{1}{2}\cdot\Gamma\left(\frac{1}{2}\right)\\ &= \frac{(2k+1)!}{2^{2k+1}k!}\sqrt{\pi}\end{aligned} \tag{4.711}$$

과

$$\begin{aligned}(1+x)^{-\frac{3}{2}} &= \sum_{k=0}^{\infty}{}_{-\frac{3}{2}}\mathrm{C}_k x^k\\ &= \sum_{k=0}^{\infty}\frac{(-1)^k(2k+1)!}{2^{2k}(k!)^2}x^k\end{aligned} \tag{4.712}$$

를 쓰면 $\alpha=1$일 때 (4.647)의 첫 무한 급수에서

$$\begin{aligned}&\frac{1}{\pi^2\gamma^2}\sum_{k=1}^{\infty}\frac{2^k(-1)^{k-1}}{k!}\Gamma^2\left(\frac{k}{2}+1\right)\sin\left(\frac{k\pi}{2}\right)\left(\frac{\sqrt{x^2+y^2}}{\gamma}\right)^{-k-2}\\ &= \frac{1}{\pi^2\left(x^2+y^2\right)}\left\{\frac{2^1\Gamma^2\left(\frac{3}{2}\right)}{1!}\left(\frac{\sqrt{x^2+y^2}}{\gamma}\right)^{-1}-\frac{2^3\Gamma^2\left(\frac{5}{2}\right)}{3!}\left(\frac{\sqrt{x^2+y^2}}{\gamma}\right)^{-3}\right.\\ &\qquad\left.+\frac{2^5\Gamma^2\left(\frac{7}{2}\right)}{5!}\left(\frac{\sqrt{x^2+y^2}}{\gamma}\right)^{-5}-\frac{2^7\Gamma^2\left(\frac{9}{2}\right)}{7!}\left(\frac{\sqrt{x^2+y^2}}{\gamma}\right)^{-7}+\cdots\right\}\\ &= \frac{1}{\pi^2\left(x^2+y^2\right)}\sum_{k=0}^{\infty}\frac{(-1)^k2^{2k+1}}{(2k+1)!}\Gamma^2\left(\frac{2k+3}{2}\right)\left(\frac{\sqrt{x^2+y^2}}{\gamma}\right)^{-2k-1}\\ &= \frac{1}{\pi\left(x^2+y^2\right)}\sum_{k=0}^{\infty}\frac{(-1)^k(2k+1)!}{2^{2k+1}(k!)^2}\left(\frac{\sqrt{x^2+y^2}}{\gamma}\right)^{-2k-1}\\ &= \frac{1}{2\pi\left(x^2+y^2\right)}\cdot\frac{\gamma}{\sqrt{x^2+y^2}}\sum_{k=0}^{\infty}\frac{(-1)^k(2k+1)!}{2^{2k}(k!)^2}\left(\frac{\gamma^2}{x^2+y^2}\right)^k\\ &= \frac{\gamma}{2\pi\left(x^2+y^2\right)^{\frac{3}{2}}}\left(1+\frac{\gamma^2}{x^2+y^2}\right)^{-\frac{3}{2}}\\ &= \frac{\gamma}{2\pi\left(x^2+y^2+\gamma^2\right)^{\frac{3}{2}}}\end{aligned} \tag{4.713}$$

을 얻는다. 식 (4.648)은

$$\begin{aligned}\frac{1}{2\pi\gamma^2}\sum_{k=0}^{\infty}\frac{\Gamma(2k+2)}{(k!)^2}\left(-\frac{x^2+y^2}{4\gamma^2}\right)^k &= \frac{1}{2\pi\gamma^2}\sum_{k=0}^{\infty}\frac{(2k+1)!(-1)^k}{(k!)^2 2^{2k}}\left(\frac{x^2+y^2}{\gamma^2}\right)^k\\ &= \frac{1}{2\pi\gamma^2}\left(1+\frac{x^2+y^2}{\gamma^2}\right)^{-\frac{3}{2}}\end{aligned}$$

$$= \frac{\gamma}{2\pi\left(x^2+y^2+\gamma^2\right)^{\frac{3}{2}}} \tag{4.714}$$

처럼 (4.712)를 써서 (4.647)의 둘째 무한 급수에서도 얻을 수 있다.

한편, $\alpha = 2$일 때에는 (4.647)의 둘째 무한 급수에서

$$\frac{1}{4\pi\gamma}\sum_{k=0}^{\infty}\frac{\Gamma(k+1)}{(k!)^2}\left(-\frac{x^2+y^2}{4\gamma}\right)^k = \frac{1}{4\pi\gamma}\sum_{k=0}^{\infty}\frac{1}{k!}\left(-\frac{x^2+y^2}{4\gamma}\right)^k \tag{4.715}$$

를 얻는데

$$\sum_{k=0}^{\infty}\frac{(-x)^k}{k!} = e^{-x} \tag{4.716}$$

이므로 (4.715)는 (4.649)와 같은 것이다.

부록 4.3 무늬가 나타나는 평균 시간

확률변수 X_k가 k째 실험 결과를 나타낸다고 할 때, 확률질량함수가

$$p_{X_k}(j) = p_j \tag{4.717}$$

인 실험을 생각하자. 이 실험을 거듭 시행하여 그 값을 관찰해 나간다고 하자. 이제, 무늬 $M = (i_1, i_2, \cdots, i_n)$이 처음 나타날 때까지 거듭해야 하는 실험 횟수를 이 무늬가 처음 나타나는 시간이라고 하고 이것을 $T = T(M) = T(i_1, i_2, \cdots, i_n)$이라고 쓰자. 보기를 들면, 바라는 무늬가 $(9,5,7)$이고, 확률변수를 관찰하였더니 $(6,4,9,5,5,\mathbf{9},\mathbf{5},\mathbf{7},3,2,\cdots)$이었다면 $T(9,5,7) = 8$이다. 이제, 무늬가 처음 나올 때까지 거듭해야 하는 평균 실험 횟수[97] $E\{T\}$를 얻어 보자.

먼저, $n = 2,3,\cdots$이고 $k = 1,2,\cdots,n-1$일 때 무늬 M이

$$(i_1, i_2, \cdots, i_k) = (i_{n-k+1}, i_{n-k+2}, \cdots, i_n) \tag{4.718}$$

을 만족시키면 무늬 M은 겹친다[98]고 하고, $L_k = (i_1, i_2, \cdots, i_k)$를 겹치는 조각[99]이라고 부르자. 이를테면, (ㄱ, ㄴ, ㄷ), (ㅎ, ㅋ, ㅌ, ㅍ), (ㅌ, ㅅ, ㅊ), $(4,4,5)$, $(4,1,3,3,2)$는 모두 겹치지 않는 무늬이고, (ㄹ, ㅁ, ㅈ, ㅁ, ㄹ), (ㅂ, ㅂ, ㅊ, ㅇ, ㅂ, ㅂ), $(3,4,3)$, $(5,4,5,4,5)$, $(5,4,5,4,5,4)$는 모두 겹치는 무늬들이다. 이때, (ㅂ, ㅂ, ㅊ, ㅇ, ㅂ, ㅂ), $(5,4,5,4,5)$, $(5,4,5,4,5,4)$에서 볼 수 있듯이 한 무늬에서 겹치는 조각의 길이 k는 $\frac{n}{2}$보다 길 수도 있다는 것과 겹치는 조각이 하나보다 많을 때도 있다는 것을 새겨 두자. 또한, 겹치는 조각의 길이가 k이면 무늬의 원소는 $n-k-1$개 걸러 값이 같다는 것도 알 수 있다. 따라서, $k = n-1$이면 $M = (i_1, i_1, \cdots, i_1)$이다. 끝으로, 겹치지 않는 무늬에서는 $k = n$이라고 볼 수 있다.

[97] 이것을 무늬가 나타나는 평균 시간이라고 mean time for patterns 한다.
[98] overlap
[99] overlapping piece. 앞뒷가지라고 bifix 부르기도 한다.

(가) 거듭 방법

먼저, 길이가 1인 무늬 i_1이 나타나는 $T(i_1)$의 평균 $E\{T(i_1)\}$을 얻으면

$$\begin{aligned} E\{T(i_1)\} &= \sum_{k=1}^{\infty} k \ \Pr\{T(i_1) = k\} \\ &= \sum_{k=1}^{\infty} k \ \left(1 - p_{i_1}\right)^{k-1} p_{i_1} \\ &= \frac{1}{p_{i_1}} \end{aligned} \tag{4.719}$$

이다.

다음에, M에 겹치는 조각이 J개 있을 때 겹치는 조각의 길이를 $K_1 < K_2 < \cdots < K_J$라고 하고, $K_0 = 0$으로 두며, $K_{J+1} = n$이라고 두자. 그러면 $K_0 < K_1$이고 $K_J < K_{J+1} = n$이며 $M = (i_1, i_2, \cdots, i_{K_1}, i_{K_1+1}, \cdots, i_{K_2}, i_{K_2+1}, \cdots, i_{K_J}, i_{K_J+1}, \cdots, i_{n-1}, i_n)$이라는 것을 바로 알 수 있다. 이때, 겹치는 조각 $\left\{L_{K_j} = \left(i_1, i_2, \cdots, i_{K_j}\right)\right\}_{j=1}^{J}$를

$$\begin{array}{ccccccccc} & & & & & & i_1 & \cdots & i_{K_1} \\ & & & i_1 & \cdots & i_{K_2-K_1} & i_{K_2-K_1+1} & \cdots & i_{K_2} \\ & & & \vdots & & \vdots & \vdots & & \vdots \\ i_1 & i_2 & \cdots & i_{K_J-K_2} & i_{K_J-K_2+1} \cdots & i_{K_J-K_1} & i_{K_J-K_1+1} & \cdots & i_{K_J} \end{array} \tag{4.720}$$

처럼 쓰면, 같은 세로 줄에 있는 것들은 다 같으므로, $1 \le a \le b \le J$이고 $m = 1, 2, \cdots, K_a - K_{a-1}$일 때

$$i_m = i_{K_b - K_a + m} \tag{4.721}$$

임을 알 수 있다.

이제, M이 나타난 다음, $M_{+1} = (i_1, i_2, \cdots, i_n, i_{n+1})$이 나타날 때까지 기다려야 하는 시간을 $T(A_1)$로 쓰면 $T(M_{+1}) = T(M) + T(A_1)$이므로

$$E\{T(M_{+1})\} = E\{T(M)\} + E\{T(A_1)\} \tag{4.722}$$

이다. 여기서,

$$E\{T(A_1)\} = \sum_{x} E\{T(A_1) | X_{n+1} = x\} \Pr\{X_{n+1} = x\} \tag{4.723}$$

으로 쓸 수 있다. 이제, 위 식에 나온 $E\{T(A_1) | X_{n+1} = x\}$를 살펴보자. 먼저, 보기를 들어 $x = i_{K_j+1}$일 때, j째 겹치는 조각과 그 바로 다음 원소까지 생각한 것을 $\tilde{L}_{K_j+1} = (i_1, i_2, \cdots, i_{K_j}, i_{K_j+1})$이라고 쓰고 (4.718)을 새기면

$$\begin{aligned} M_{+1} &= \left(i_1, i_2, \cdots, i_{n-K_j}, i_{n-K_j+1}, i_{n-K_j+2}, \cdots, i_n, i_{K_j+1}\right) \\ &= \left(i_1, i_2, \cdots, i_{n-K_j}, i_1, i_2, \cdots, i_{K_j}, i_{K_j+1}\right) \end{aligned} \tag{4.724}$$

이다. 이 식을 잘 새겨 보면 $E\left\{T(A_1)\left|X_{n+1}=i_{K_j+1}\right.\right\}=1+E\left\{T(M_{+1})\left|\tilde{L}_{K_j+1}\right.\right\}$이라는 것을 알 수 있다. 이와 마찬가지로 생각하면, $i_1=i_{K_0+1},\ i_{K_1+1},\ \cdots,\ i_{K_J+1},\ i_{K_{J+1}+1}=i_{n+1}$이 모두 다를 때에는

$$E\{T(A_1)|X_{n+1}=x\} = \begin{cases} 1+E\left\{T(M_{+1})\left|\tilde{L}_{K_0+1}\right.\right\}, & x=i_{K_0+1}, \\ 1+E\left\{T(M_{+1})\left|\tilde{L}_{K_1+1}\right.\right\}, & x=i_{K_1+1}, \\ \quad\vdots & \quad\vdots \\ 1+E\left\{T(M_{+1})\left|\tilde{L}_{K_J+1}\right.\right\}, & x=i_{K_J+1}, \\ 1, & x=i_{n+1}, \\ 1+E\{T(M_{+1})\}, & \text{그 밖에는} \end{cases} \tag{4.725}$$

이다. 그런데, $E\{T(M_{+1})\}=E\left\{T(M_{+1})\left|\tilde{L}_{K_j+1}\right.\right\}+E\left\{T\left(\tilde{L}_{K_j+1}\right)\right\}$이므로

$$E\left\{T(M_{+1})\left|\tilde{L}_{K_j+1}\right.\right\} = E\{T(M_{+1})\}-E\left\{T\left(\tilde{L}_{K_j+1}\right)\right\} \tag{4.726}$$

임을 새기면, (4.722), (4.723), (4.725)에서

$$\begin{aligned} E\{T(M_{+1})\} &= E\{T(M)\}+\sum_{j=0}^{J}p_{i_{K_j+1}}\left[1+E\{T(M_{+1})\}-E\left\{T\left(\tilde{L}_{K_j+1}\right)\right\}\right] \\ &\quad + p_{i_{n+1}}\cdot 1+\left(1-p_{i_{n+1}}-\sum_{j=0}^{J}p_{i_{K_j+1}}\right)\left[1+E\{T(M_{+1})\}\right] \end{aligned} \tag{4.727}$$

인데, 이 식을 정리하면

$$p_{i_{n+1}}E\{T(M_{+1})\} = E\{T(M)\}+1-\sum_{j=0}^{J}p_{i_{K_j+1}}E\left\{T\left(\tilde{L}_{K_j+1}\right)\right\} \tag{4.728}$$

을 얻는다.

다음에, $i_{K_0+1},\ i_{K_1+1},\ \cdots,\ i_{K_J+1},\ i_{n+1}$ 가운데 같은 것이 있을 때를 생각해 보자. 보기를 들어, $a<b$이고 $i_{K_a+1}=i_{K_b+1}$이라고 하자. 그러면 (4.723)과 (4.725)에서 $x=i_{K_a+1}=i_{K_b+1}$일 때 M_{+1}의 뒷부분에 생기는 가장 긴 겹치는 조각이 $\tilde{L}_{K_a+1}$이 아니라 $\tilde{L}_{K_b+1}$이기 때문에 (4.725)의 여러 줄 가운데 K_a째 조각에 해당하는 '$1+E\left\{T(M_{+1})\left|\tilde{L}_{K_a+1}\right.\right\}, x=i_{K_a+1}$'이 사라진다는 것을 쉽게 알 수 있다. 따라서, 이것을 바탕으로 (4.727)과 (4.728)을 비슷하게 따라가면

$$p_{i_{n+1}}E\{T(M_{+1})\} = E\{T(M)\}+1-\sum_{j}p_{i_{K_j+1}}E\left\{T\left(\tilde{L}_{K_j+1}\right)\right\} \tag{4.729}$$

임을 알 수 있다. 식 (4.729)에서 $\sum_j$는, $0\le a<b\le J+1$일 때 $i_{K_a+1}=i_{K_b+1}$인 모든 $E\left\{T\left(\tilde{L}_{K_a+1}\right)\right\}$을 0으로 두고, $j=0$부터 $j=J$까지 더한다는 뜻이다. 여기서, $\{K_j\}_{j=1}^{J}$는 M_{+1}이 아니라 M의 겹치는 조각의 길이라는 것을 다시 새겨 두어야 한다. 한편, (4.728)은 (4.729)의 특별한 때라는 것을 알 수 있다. 곧, (4.729)는 어느 때나 쓸 수 있는 올바른 식이다.

정리하자면, (4.719)에 보인 $E\{T(M_1)\}=E\{T(i_1)\}=\frac{1}{p_{i_1}}$에서 시작하여 (4.729)를 바탕으로 $E\{T(i_1,i_2)\},\ E\{T(i_1,i_2,i_3)\},\ \cdots,\ E\{T(M)\}$을 차례대로 얻을 수 있다.

보기 4.121 무늬 $M = (5,4,5,3)$이 처음 나올 때까지 걸리는 시간의 기댓값을 얻어 보자.

풀이 먼저,

$$E\{T(5)\} = \frac{1}{p_5} \tag{4.730}$$

이다. 무늬 $(5,4)$가 M_{+1}일 때에는 $J=0$이고 $i_{K_0+1}=5$이며 $i_{n+1}=4$이므로

$$\sum_j p_{i_{K_j+1}} E\left\{T\left(\tilde{L}_{K_j+1}\right)\right\} = p_{i_1} E\left\{T\left(\tilde{L}_1\right)\right\} \tag{4.731}$$

이다. 따라서,

$$\begin{aligned} E\{T(5,4)\} &= \frac{1}{p_4}\left[E\{T(5)\}+1-p_5E\{T(5)\}\right] \\ &= \frac{1}{p_4p_5} \end{aligned} \tag{4.732}$$

이다. 다음에, 무늬 $(5,4,5)$가 M_{+1}일 때에는 $J=0$이고 $i_{K_0+1}=5=i_{n+1}$이므로 $\sum_j p_{i_{K_j+1}}$ $E\left\{T\left(\tilde{L}_{K_j+1}\right)\right\}=0$이다. 따라서,

$$\begin{aligned} E\{T(5,4,5)\} &= \frac{1}{p_5}\left[E\{T(5,4)\}+1\right] \\ &= \frac{1}{p_4p_5^2}+\frac{1}{p_5} \end{aligned} \tag{4.733}$$

이다. 끝으로, 무늬 $(5,4,5,3)$이 M_{+1}일 때에는 $J=1$이고 $K_1=1$이므로 $i_{K_0+1}=i_1=5$, $i_{K_1+1}=i_2=4$, $i_{K_{J+1}+1}=i_4=3$이고

$$\sum_j p_{i_{K_j+1}} E\left\{T\left(\tilde{L}_{K_j+1}\right)\right\} = p_5E\{T(5)\}+p_4E\{T(5,4)\} \tag{4.734}$$

이다. 따라서,

$$\begin{aligned} E\{T(5,4,5,3)\} &= \frac{1}{p_3}\left[E\{T(5,4,5)\}+1-p_5E\{T(5)\}-p_4E\{T(5,4)\}\right] \\ &= \frac{1}{p_3p_4p_5^2} \end{aligned} \tag{4.735}$$

이다. ◇

위에서 얻은 (4.729)는 어느 때나 쓸 수 있는 올바른 식이기는 하지만, $E\{(i_1,i_2,\cdots,i_n)\}$을 얻고자 하면 언제나 $E\{(i_1)\}$, $E\{(i_1,i_2)\}$, $\cdots$, $E\{(i_1,i_2,\cdots,i_{n-1})\}$을 먼저 얻어야 하는데, 이것은 보기 4.121에서 본 바와 같이 비효율적인 점이 없지 않다. 이제, 좀 더 효율적인 방법을 생각해 보자.

(나) 겹치지 않는 무늬

무늬 M이 겹치지 않으면 $k \in \{1,2,\cdots,n-1\}$을 어떻게 골라도

$$(i_1, i_2, \cdots, i_k) \neq (i_{n-k+1}, i_{n-k+2}, \cdots, i_n) \tag{4.736}$$

이다. 이 식을 바탕으로,

$$\{T = j+n\} \rightleftarrows \{T > j, (X_{j+1}, X_{j+2}, \cdots, X_{j+n}) = M\} \tag{4.737}$$

을 보이자. 먼저, $T = j+n$이면 확률변수의 값이 바라는 무늬 M을 처음 이룬 것이 $(X_{j+1}, X_{j+2}, \cdots, X_{j+n})$이므로 쉽게 $T > j$이고 $(X_{j+1}, X_{j+2}, \cdots, X_{j+n}) = M$이라는 것을 알 수 있다. 다음에, $T > j$이고

$$(X_{j+1}, X_{j+2}, \cdots, X_{j+n}) = M \tag{4.738}$$

일 때 $T = j+n$이라는 것을 보이자. 만약, $k \in \{1, 2, \cdots, n-1\}$이고 $T = j+k$라면, $X_{j+k} = i_n, X_{j+k-1} = i_{n-1}, \cdots, X_{j+1} = i_{n-k+1}$인데, 이것은 (4.736)과 (4.738)이 뜻하는 $(X_{j+1}, X_{j+2}, \cdots, X_{j+n}) = (i_1, i_2, \cdots, i_k) \neq (i_{n-k+1}, i_{n-k+2}, \cdots, i_n)$과 모순이다. 그러므로, k가 $\{1, 2, \cdots, n-1\}$ 안의 어떤 값이더라도 $T \neq j+k$이고, 따라서 $T \geq j+n$이다. 한편, (4.738)은 $T \leq j+n$을 뜻한다. 곧, $T \leq j+n$이고 $T \geq j+n$이므로, $T = j+n$이다.

이제, (4.737)에서

$$P\{T = j+n\} = P\{T > j, (X_{j+1}, X_{j+2}, \cdots, X_{j+n}) = M\} \tag{4.739}$$

인데, $T > j$인지는 $X_1, X_2, \cdots, X_j$로만 정해지고 $X_{j+1}, X_{j+2}, \cdots, X_{j+n}$과는 독립이므로, $\hat{p} = p_{i_1} p_{i_2} \cdots p_{i_n}$이라고 두면,

$$\begin{aligned} P\{T = j+n\} &= P\{T > j\} P\{(X_{j+1}, X_{j+2}, \cdots, X_{j+n}) = M\} \\ &= P\{T > j\} \hat{p} \end{aligned} \tag{4.740}$$

이다. 한편,

$$\sum_{j=0}^{\infty} P\{T = j+n\} = 1 \tag{4.741}$$

이고

$$\begin{aligned} \sum_{j=0}^{\infty} P\{T > j\} &= P\{T > 0\} + P\{T > 1\} + \cdots \\ &= [P\{T = 1\} + P\{T = 2\} + \cdots] \\ &\qquad + [P\{T = 2\} + P\{T = 3\} + \cdots] + \cdots \\ &= P\{T = 1\} + 2P\{T = 2\} + 3P\{T = 3\} + \cdots \\ &= \sum_{j=0}^{\infty} j P\{T = j\} \\ &= E\{T\} \end{aligned} \tag{4.742}$$

임을 새기면, (4.740)에서

$$\hat{p}\sum_{j=0}^{\infty} P\{T>j\} = \hat{p}E\{T\} = 1 \tag{4.743}$$

을 얻는다. 곧,

$$E\{T(M)\} = \frac{1}{\hat{p}} = \frac{1}{p_{i_1}p_{i_2}\cdots p_{i_n}} \tag{4.744}$$

이다.

보기 4.122 무늬 $M=(9,5,7)$이 처음 나올 때까지는 평균 $E\{T(9,5,7)\}=\frac{1}{p_5p_7p_9}$째 확률변수까지 기다려야 한다. 한편, 제대로 만든 주사위를 굴려서 나온 값을 적어 나갈 때, 평균 $E\{T(3,5)\}=\frac{1}{p_3p_5}=36$번을 굴려야 $(3,5)$라는 무늬를 처음 볼 수 있다. ◇

(다) 겹치는 무늬

이제, 겹치는 무늬를 다루어 보자. 먼저, 무늬 M이 겹치는 무늬일 때, x를 알맞게 골라[100] 길이가 $n+1$이고 겹치지 않는 새 무늬

$$M_x = (i_1, i_2, \cdots, i_n, x) \tag{4.745}$$

를 생각하자. 그러면 (4.744)에서

$$E\{T(M_x)\} = \frac{1}{p_x\hat{p}} \tag{4.746}$$

이다. 이제, $x=i_{n+1}$일 때 (4.745)에 보인 M_x와 (4.729)에 나온 M_{+1}이 같다는 것을 새겨 (4.746)을 (4.729)에 쓰면

$$E\{T(M)\} = \frac{1}{\hat{p}} - 1 + \sum_j p_{i_{K_j+1}} E\left\{T\left(\tilde{L}_{K_j+1}\right)\right\} \tag{4.747}$$

을 얻는다. 그런데, M이 겹치는 무늬가 아닐 때를 생각해 보면 (4.747)의 마지막 항이

$$\sum_j p_{i_{K_j+1}} E\left\{T\left(\tilde{L}_{K_j+1}\right)\right\} = p_{i_{K_0+1}} E\left\{T\left(\tilde{L}_{K_0+1}\right)\right\} = p_{i_1}E\{T(i_1)\} = 1 \tag{4.748}$$

이므로 (4.747)은 (4.744)와 같다. 따라서, M이 겹치는 무늬이든 아니든 (4.747)을 쓰면 언제나 $E\{T(M)\}$을 얻을 수 있다.

[100] 보기를 들면, $x \notin \{i_1, i_2, \cdots, i_n\}$ 또는 $x \notin \{i_{K_0+1}, i_{K_1+1}, \cdots, i_{K_J+1}\}$인 x를 고른다는 이야기이다. 그뿐만 아니라, 이것을 좀 더 넓혀 '$(i_1, i_2, \cdots, i_n, x)$를 겹치지 않게 만드는 x'라고 말할 수도 있는데, 이때, x를 일어나지 않는 값으로 두어도 좋다. 보기를 들면, $p_1+p_2+p_3=1$일 때, $x=7$로 둘 수도 있다는 말이다.

보기 4.123 무늬 $(9,5,1,9,5)$에서는 $J=1$이고 $K_1=2$이므로 $\tilde{L}_{K_1+1}=(9,5,1)$이고, 따라서 (4.744)와 (4.747)에서

$$\begin{aligned} E\{T(9,5,1,9,5)\} &= \frac{1}{p_1p_5^2p_9^2} - 1 + [p_9E\{T(9)\}+p_1E\{T(9,5,1)\}] \\ &= \frac{1}{p_1p_5^2p_9^2} + \frac{1}{p_5p_9} \end{aligned} \tag{4.749}$$

이다. 이와 비슷하게 무늬 $(9,5,9,1,9,5,9)$에서는 $J=2$, $K_1=1$, $K_2=3$이므로 $\tilde{L}_{K_1+1}=(9,5)$이고 $\tilde{L}_{K_2+1}=(9,5,9,1)$이다. 따라서, (4.744)와 (4.747)에서

$$\begin{aligned} E\{T(9,5,9,1,9,5,9)\} &= \frac{1}{p_1p_5^2p_9^4} - 1 + [p_9E\{T(9)\}+p_5E\{T(9,5)\} \\ &\quad + p_1E\{T(9,5,9,1)\}] \\ &= \frac{1}{p_1p_5^2p_9^4} + \frac{1}{p_5p_9^2} + \frac{1}{p_9} \end{aligned} \tag{4.750}$$

이다. ◇

식 (4.744)와 (4.747)을 쓰면 (4.729)를 쓰는 것보다 $E\{T(M)\}$을 훨씬 빠르게 얻을 수 있다는 것을, 보기 4.121과 보기 4.123을 견주어 보면, 쉽게 알 수 있다.

정리 4.25 무늬 $M=(i_1,i_2,\cdots,i_n)$의 겹치는 조각이 J개일 때, 겹치는 조각들의 길이를 $K_1<K_2<\cdots<K_J$라고 하고 $K_{J+1}=n$이라고 두자. 그러면

$$E\{T(M)\} = \frac{1}{p_{i_1}p_{i_2}\cdots p_{i_{K_1}}} + \frac{1}{p_{i_1}p_{i_2}\cdots p_{i_{K_2}}} + \cdots + \frac{1}{p_{i_1}p_{i_2}\cdots p_{i_n}} \tag{4.751}$$

이다. ■■

증명 먼저, 쓰기 쉽도록 $\alpha_j=p_{i_{K_j+1}}E\left\{T\left(\tilde{L}_{K_j+1}\right)\right\}$이고 $\beta_j=E\left\{T\left(L_{K_j}\right)\right\}$라고 두자. 다음에, (4.747)의 오른쪽에 있는 더하기에서 $j=J$인 항은 언제나 더해진다는 것을 새겨, $\epsilon_J=1$이라고 하고 $j=0,1,\cdots,J-1$일 때

$$\epsilon_j = \begin{cases} 1, & m\in\{j+1,j+2,\cdots,J\}\text{가 어떤 값이더라도} \\ & \quad i_{K_j+1}\neq i_{K_m+1}\text{일 때}, \\ 0, & \text{그 밖에는} \end{cases} \tag{4.752}$$

로 두자. 그러면 (4.747)을 바꾸어

$$E\{T(M)\} = \frac{1}{p_{i_1}p_{i_2}\cdots p_{i_n}} - 1 + \sum_{j=0}^{J}\alpha_j\epsilon_j \tag{4.753}$$

처럼 쓸 수 있다. 이제,

$$\begin{aligned} \alpha_0 &= p_{i_1}E\{T(i_1)\} \\ &= 1 \end{aligned} \tag{4.754}$$

이고, $j=1,2,\cdots,J$일 때 (4.729)에서

$$\alpha_j = \beta_j + 1 - \sum_{l=0}^{j-1} \alpha_l \epsilon_l \tag{4.755}$$

이다. 여기서, (4.754)를 바탕으로 $\{\alpha_j\}_{j=1}^{J}$를 얻으면

$$\alpha_1 = \beta_1 + 1 - \epsilon_0, \tag{4.756}$$

$$\begin{aligned}\alpha_2 &= \beta_2 + 1 - (\epsilon_1\alpha_1 + \epsilon_0\alpha_0)\\ &= \beta_2 - \epsilon_1\beta_1 + (1-\epsilon_0)(1-\epsilon_1),\end{aligned} \tag{4.757}$$

$$\begin{aligned}\alpha_3 &= \beta_3 + 1 - (\epsilon_2\alpha_2 + \epsilon_1\alpha_1 + \epsilon_0\alpha_0)\\ &= \beta_3 - \epsilon_2\beta_2 - \epsilon_1(1-\epsilon_2)\beta_1 + (1-\epsilon_0)(1-\epsilon_1)(1-\epsilon_2),\end{aligned} \tag{4.758}$$

$$\vdots$$

$$\begin{aligned}\alpha_J &= \beta_J - \epsilon_{J-1}\beta_{J-1} - \epsilon_{J-2}(1-\epsilon_{J-1})\beta_{J-2} - \cdots\\ &\quad - \epsilon_1(1-\epsilon_2)(1-\epsilon_3)\cdots(1-\epsilon_{J-1})\beta_1\\ &\quad + (1-\epsilon_0)(1-\epsilon_1)\cdots(1-\epsilon_{J-1})\end{aligned} \tag{4.759}$$

이다. 따라서,

$$\begin{aligned}\sum_{j=0}^{J}\alpha_j\epsilon_j &= \beta_J + (\epsilon_{J-1}-\epsilon_{J-1})\beta_{J-1} + \{\epsilon_{J-2} - \epsilon_{J-2}\epsilon_{J-1} - \epsilon_{J-2}(1-\epsilon_{J-1})\}\beta_{J-2}\\ &\quad + \cdots + \{\epsilon_1 - \epsilon_1\epsilon_2 - \epsilon_1(1-\epsilon_2)\epsilon_3 - \cdots - \epsilon_1(1-\epsilon_2)(1-\epsilon_3)\cdots(1-\epsilon_{J-1})\}\beta_1\\ &\quad + \{\epsilon_0 + (1-\epsilon_0)\epsilon_1 + (1-\epsilon_0)(1-\epsilon_1)\epsilon_2 + \cdots\\ &\qquad + (1-\epsilon_0)(1-\epsilon_1)\cdots(1-\epsilon_{J-1})\}\end{aligned} \tag{4.760}$$

인데, 이 식의 오른쪽에 있는 항들 가운데에서 둘째, 셋째, $\cdots$, 끝에서 둘째 항은 모두 0이고, 마지막 항은

$$\begin{aligned}&\epsilon_0 + (1-\epsilon_0)\epsilon_1 + (1-\epsilon_0)(1-\epsilon_1)\epsilon_2 + \cdots + (1-\epsilon_0)(1-\epsilon_1)\cdots(1-\epsilon_{J-3})\epsilon_{J-2}\\ &\qquad + (1-\epsilon_0)(1-\epsilon_1)\cdots(1-\epsilon_{J-2})\epsilon_{J-1} + (1-\epsilon_0)(1-\epsilon_1)\cdots(1-\epsilon_{J-1})\\ &= \epsilon_0 + (1-\epsilon_0)\epsilon_1 + (1-\epsilon_0)(1-\epsilon_1)\epsilon_2 + \cdots\\ &\qquad + (1-\epsilon_0)(1-\epsilon_1)\cdots(1-\epsilon_{J-3})\epsilon_{J-2} + (1-\epsilon_0)(1-\epsilon_1)\cdots(1-\epsilon_{J-2})\\ &\ \vdots\\ &= \epsilon_0 + (1-\epsilon_0)\epsilon_1 + (1-\epsilon_0)(1-\epsilon_1)\\ &= 1\end{aligned} \tag{4.761}$$

이다. 그러므로, (4.761)을 새겨 (4.760)을 (4.753)에 넣으면

$$\begin{aligned}E\{T(M)\} &= \frac{1}{p_{i_1}p_{i_2}\cdots p_{i_n}} - 1 + \beta_J + 1\\ &= \frac{1}{p_{i_1}p_{i_2}\cdots p_{i_n}} + E\{T(L_{K_J})\}\end{aligned} \tag{4.762}$$

이다. 이제, L_{K_J}의 겹치는 조각은 $L_{K_1}, L_{K_2}, \cdots, L_{K_{J-1}}$이라는 것을 새겨, (4.762)를 얻은 것과 비슷하게 $E\{T(L_{K_J})\}$를 얻으면

$$E\{T(L_{K_J})\} = \frac{1}{p_{i_1}p_{i_2}\cdots p_{i_{K_J}}} + E\left\{T\left(L_{K_{J-1}}\right)\right\} \tag{4.763}$$

이고, 이것을 거듭한 다음, L_1은 겹치는 무늬가 아니라는 것을 새겨 (4.744)를 쓰면

$$\begin{aligned} E\{T(M)\} &= \frac{1}{p_{i_1}p_{i_2}\cdots p_{i_n}} + \frac{1}{p_{i_1}p_{i_2}\cdots p_{i_{K_J}}} + \frac{1}{p_{i_1}p_{i_2}\cdots p_{i_{K_{J-1}}}} \\ &\quad + \cdots + \frac{1}{p_{i_1}p_{i_2}\cdots p_{i_{K_1}}} \end{aligned} \tag{4.764}$$

를 얻는다. □

보기 4.124 식 (4.751)을 써서

$$E\{T(5,4,4,5)\} = \frac{1}{p_4^2p_5^2} + \frac{1}{p_5}, \tag{4.765}$$

$$E\{T(5,4,5,4)\} = \frac{1}{p_4^2p_5^2} + \frac{1}{p_4p_5}, \tag{4.766}$$

$$E\{T(5,4,5,4,5)\} = \frac{1}{p_4^2p_5^3} + \frac{1}{p_4p_5^2} + \frac{1}{p_5}, \tag{4.767}$$

$$E\{T(5,4,4,5,4,4,5)\} = \frac{1}{p_4^4p_5^3} + \frac{1}{p_4^2p_5^2} + \frac{1}{p_5} \tag{4.768}$$

을 쉽게 얻을 수 있다. ◇

보기 4.125 앞이 나올 확률이 p인 주사위를 이어 던진다. 이때, **앞**, **뒤앞뒤**, **앞뒤앞뒤**, **앞뒤앞앞**, **앞뒤앞앞뒤앞앞**이 처음 나올 때까지 굴려야 하는 횟수의 기댓값은, $q = 1 - p$라고 둘 때,

$$E\left\{T\left(\textbf{앞}\right)\right\} = \frac{1}{p}, \tag{4.769}$$

$$E\left\{T\left(\textbf{뒤앞뒤}\right)\right\} = \frac{1}{pq^2} + \frac{1}{q}, \tag{4.770}$$

$$E\left\{T\left(\textbf{앞뒤앞뒤}\right)\right\} = \frac{1}{p^2q^2} + \frac{1}{pq}, \tag{4.771}$$

$$E\left\{T\left(\textbf{앞뒤앞앞}\right)\right\} = \frac{1}{p^3q} + \frac{1}{p}, \tag{4.772}$$

$$E\left\{T\left(\textbf{앞뒤앞앞뒤앞앞}\right)\right\} = \frac{1}{p^5q^2} + \frac{1}{p^3q} + \frac{1}{p} \tag{4.773}$$

임을 쉽게 알 수 있다. ◇

연습 문제

문제 4.1 비율이 모두 μ이고 서로 독립인 지수 확률변수 n개를 생각하자. 이 n 확률변수를 더하여 얻은 확률변수의 확률밀도함수는

$$f(x) = \frac{\mu e^{-\mu x}(\mu x)^{n-1}}{(n-1)!}u(x) \tag{4.774}$$

임을 보이시오.

문제 4.2 확률변수 X와 Y는 서로 독립이고, 그 확률질량함수는 둘 다

$$p(x) = (1-\alpha)\alpha^{x-1}\,\tilde{u}(x-1) \tag{4.775}$$

이다. 여기서, $0 < \alpha < 1$이다. 이때, 확률벡터 $(X+Y, X-Y)$의 결합 확률질량함수를 얻고, 이것을 바탕으로 $X-Y$의 한계 확률질량함수와 $X+Y$의 한계 확률질량함수를 얻어, 보기 4.38, 4.39, 4.40에서 얻은 것과 견주어 보시오.

문제 4.3 어떤 주머니에 노란 공이 셋, 파란 공이 둘 들어 있다. 이 주머니에서 공을 하나 꺼낸 다음, 그 공은 다른 곳으로 치우고 다시 공을 하나 꺼내는 확률실험을 생각하자. 이제, 처음 공이 노란 공이면 $X=1$, 파란 공이면 $X=2$로 두고, 둘째 공이 노란 공이면 $Y=4$, 파란 공이면 $Y=3$으로 두자. 이때, X의 확률질량함수 p_X, Y의 확률질량함수 p_Y, X와 Y의 결합 확률질량함수 $p_{X,Y}$, X를 알 때 Y의 조건부 확률질량함수 $p_{Y|X}$, Y를 알 때 X의 조건부 확률질량함수 $p_{X|Y}$를 얻으시오. 끝으로, $X+Y$의 확률질량함수 p_{X+Y}를 얻으시오.

문제 4.4 독립이고 분포가 같은 확률변수 X_1과 X_2의 확률질량함수가 $p(1)=p(-1)=0.5$일 때 $X_3 = X_1X_2$라고 하자. 이때, X_1, X_2, X_3는 둘씩 독립인가? 이 세 확률변수는 독립인가?

문제 4.5 표준 정규 확률변수 X_1과 X_2가 서로 독립이라고 하자. 이제, $X_1^2+X_2^2 < a^2$일 때, X_1과 X_2의 조건부 결합 확률밀도함수를 얻으시오.

문제 4.6 확률벡터 (X,Y)의 결합 확률밀도함수가

$$f_{X,Y}(x,y) = \begin{cases} a\left\{1+xy\left(x^2-y^2\right)\right\}, & |x| \le 1\text{이고 } |y| \le 1\text{일 때,} \\ 0, & \text{그 밖에는} \end{cases} \tag{4.776}$$

이다. 상수 a의 값은 얼마인가? 확률변수 X와 Y는 독립인가? 독립이 아니라면 확률변수 X와 Y 사이의 상관계수는 얼마인가?

문제 4.7 확률변수 $\{X_i\}_{i=1}^k$가 서로 독립이고 $X_i \sim b(n_i,p)$일 때 확률변수 $S_k = \sum_{i=1}^k X_i$의 분포는 이항 분포 $b\left(\sum_{i=1}^k n_i, p\right)$라는 것을 보이시오.

문제 4.8 확률변수 $\{X_i\}_{i=1}^k$가 서로 독립이고 $X_i \sim NB(r_i,p)$일 때 확률변수 $S_k = \sum_{i=1}^k X_i$의 분포는 음이항 분포 $NB\left(\sum_{i=1}^k r_i, p\right)$라는 것을 보이시오.

문제 4.9 확률변수 $\{X_i\}_{i=1}^{k}$가 서로 독립이고 $X_i \sim P(\lambda_i)$일 때 확률변수 $S_k = \sum_{i=1}^{k} X_i$의 분포는 포아송 분포 $P\left(\sum_{i=1}^{k} \lambda_i\right)$라는 것을 보이시오.

문제 4.10 확률변수 $\{X_i\}_{i=1}^{k}$가 서로 독립일 때 이들을 모두 더한 $S_k = \sum_{i=1}^{k} X_i$를 생각하자. 먼저, $X_i \sim G(\alpha_i, \beta)$일 때 S_k의 분포는 감마 분포 $G\left(\sum_{i=1}^{k} \alpha_i, \beta\right)$라는 것을 보이시오. 이것을 써서, $\{X_i\}_{i=1}^{k}$가 서로 독립이고 그 분포가 모두 매개변수가 β인 지수 분포일 때 S_k의 분포는 감마 분포 $G(k, \beta)$라는 것을 보이시오. 또, $X_i \sim \chi^2(\gamma_i)$일 때 S_k의 분포는 중심 카이 제곱 분포 $\chi^2\left(\sum_{i=1}^{k} \gamma_i\right)$라는 것을 보이시오.

문제 4.11 확률변수 $\{X_i\}_{i=1}^{k}$가 서로 독립이고 $X_i \sim C(\mu_i, \theta_i)$일 때 $\sum_{i=1}^{k} X_i$의 분포는 코쉬 분포 $C\left(\sum_{i=1}^{k} \mu_i, \sum_{i=1}^{k} \theta_i\right)$라는 것을 보이시오.

문제 4.12 확률변수 $\left\{X_i \sim N\left(\mu_i, \sigma^2\right)\right\}_{i=1}^{n}$이 서로 독립일 때 $Y = \sum_{i=1}^{n} \frac{X_i^2}{\sigma^2}$의 분포를 비중심 카이 제곱 분포라고 하고 $\chi^2(n, \delta)$로 적는다. 여기서, $\delta = \sum_{i=1}^{n} \frac{\mu_i^2}{\sigma^2}$을 비중심 매개변수[101]라고 한다. 이때, Y의 평균은 $E\{Y\} = n+\delta$이고, 분산은 $\sigma_Y^2 = 2n+4\delta$이며, 적률생성함수는, $2t < 1$일 때

$$M_Y(t) \;=\; (1-2t)^{-\frac{n}{2}} \exp\left(\frac{\delta t}{1-2t}\right) \tag{4.777}$$

임을 보이시오. (귀띔: 비중심 카이 제곱 분포 $\chi^2(n, \delta)$의 확률밀도함수[102]를 바탕으로 평균과 분산을 얻는 것은 매우 복잡하다.)

문제 4.13 확률변수 $\{X_i\}_{i=1}^{k}$가 서로 독립이고, 그 한계 분포가 모두 비중심 카이 제곱 분포 $\chi^2(n_i, \delta_i)$일 때, 확률변수 $W = \sum_{i=1}^{k} X_i$의 분포는 비중심 카이 제곱 분포 $\chi^2\left(\sum_{i=1}^{k} n_i, \sum_{i=1}^{k} \delta_i\right)$라는 것을 보이시오

문제 4.14 확률변수 X의 분포는 표준 정규 분포 $N(0,1)$이고, Y의 분포는 카이 제곱 분포 $\chi^2(n)$이며, X와 Y는 서로 독립일 때,

$$T \;=\; \frac{\sqrt{n}\,X}{\sqrt{Y}} \tag{4.778}$$

[101] noncentrality parameter

[102] 비중심 카이 제곱 분포 $\chi^2(n, \delta)$의 확률밀도함수는

$$f(x) \;=\; \frac{1}{\sqrt{2^n \pi}}\, x^{\frac{n-2}{2}} \exp\left(-\frac{x+\delta}{2}\right) \sum_{j=0}^{\infty} \frac{(\delta x)^j\, \Gamma\left(j+\frac{1}{2}\right)}{(2j)!\, \Gamma\left(j+\frac{n}{2}\right)}\, u(x)$$

이다.

의 분포는 보기 2.88에서 다룬 t 분포 $t(n)$이다. 이제, T의 확률밀도함수가

$$f(t) = \frac{\Gamma\left(\frac{n+1}{2}\right)}{\Gamma\left(\frac{n}{2}\right)\sqrt{n\pi}}\left(1+\frac{t^2}{n}\right)^{-\frac{n+1}{2}} \tag{4.779}$$

임을 보이시오.

문제 4.15 두 확률변수 X와 Y가 서로 독립이고, 확률변수 X의 분포는 정규 분포 $N(\mu, \sigma^2)$이며, $\frac{Y}{\sigma^2}$의 분포는 카이 제곱 분포 $\chi^2(n)$일 때,

$$Z = \frac{\sqrt{n}\,X}{\sqrt{Y}} \tag{4.780}$$

의 분포를 자유도 n이고 비중심 매개변수 $\delta = \frac{\mu}{\sigma}$인 비중심 t 분포라고 하고 $t(n, \delta)$로 쓴다. 이때, Z의 평균은 $n > 1$일 때

$$E\{Z\} = \delta\frac{\Gamma\left(\frac{n-1}{2}\right)}{\Gamma\left(\frac{n}{2}\right)}\sqrt{\frac{n}{2}} \tag{4.781}$$

이고, 분산은 $n > 2$일 때

$$\text{Var}\{Z\} = \frac{n(1+\delta^2)}{n-2} - \frac{n\delta^2}{2}\left\{\frac{\Gamma\left(\frac{n-1}{2}\right)}{\Gamma\left(\frac{n}{2}\right)}\right\}^2 \tag{4.782}$$

임을 보이시오. (귀띔: 비중심 t 분포의 확률밀도함수[103]를 바탕으로 평균과 분산을 얻는 것은 매우 복잡하다.)

문제 4.16 확률변수 X의 분포는 카이 제곱 분포 $\chi^2(m)$이고, Y의 분포는 카이 제곱 분포 $\chi^2(n)$이며, X와 Y는 서로 독립일 때,

$$H = \frac{nX}{mY} \tag{4.783}$$

의 분포는 보기 2.90에서 다룬 중심 F 분포 $F(m, n)$이다. 이때, H의 확률밀도함수가

$$f(r) = \frac{\Gamma\left(\frac{m+n}{2}\right)}{\Gamma\left(\frac{m}{2}\right)\Gamma\left(\frac{n}{2}\right)}\frac{m}{n}\left(\frac{m}{n}r\right)^{\frac{m}{2}-1}\left(1+\frac{m}{n}r\right)^{-\frac{m+n}{2}}u(r) \tag{4.784}$$

이고, H의 적률이

$$E\left\{H^k\right\} = \left(\frac{n}{m}\right)^k\frac{\Gamma\left(\frac{m}{2}+k\right)\Gamma\left(\frac{n}{2}-k\right)}{\Gamma\left(\frac{m}{2}\right)\Gamma\left(\frac{n}{2}\right)} \tag{4.785}$$

임을 보이시오.

---

[103] 비중심 t 분포 $t(n, \delta)$의 확률밀도함수는

$$f(x) = \frac{n^{\frac{n}{2}}\exp\left(-\frac{\delta^2}{2}\right)}{\Gamma\left(\frac{n}{2}\right)\left\{\pi(n+x^2)^{n+1}\right\}^{\frac{1}{2}}}\sum_{j=0}^{\infty}\Gamma\left(\frac{n+j+1}{2}\right)\left(\frac{\delta^j}{j!}\right)\left(\frac{2x^2}{n+x^2}\right)^{\frac{j}{2}}$$

이다.

문제 4.17 분포가 비중심 카이 제곱 분포 $\chi^2(m,\delta)$인 확률변수 X와 분포가 카이 제곱 분포 $\chi^2(n)$인 확률변수 Y가 서로 독립이다. 이때,

$$H = \frac{nX}{mY} \tag{4.786}$$

의 분포를 자유도 (m,n)이고 비중심 매개변수 δ인 비중심 F 분포라고 하고 $F(m,n,\delta)$로 쓴다. 이제, H의 평균은 $n>2$일 때

$$E\{H\} = \frac{n(m+\delta)}{m(n-2)} \tag{4.787}$$

이고, 분산은 $n>4$일 때

$$\text{Var}\{H\} = \frac{2n^2\left\{(m+\delta)^2+(n-2)(m+2\delta)\right\}}{m^2(n-4)(n-2)^2} \tag{4.788}$$

임을 보이시오. (귀띔: 비중심 F 분포의 확률밀도함수[104]를 바탕으로 평균과 분산을 얻는 것은 매우 복잡하다.)

문제 4.18 독립이고 분포가 같은 확률변수 X_1, X_2, X_3, X_4의 한계 분포가 표준 정규 분포 $N(0,1)$이다. 확률변수 $Y = X_1X_2 + X_3X_4$의 확률밀도함수가

$$f_Y(y) = \frac{1}{2}e^{-|y|} \tag{4.789}$$

임을 보이시오.

문제 4.19 이항 확률변수 $X_1 \sim b(n_1,p)$와 $X_2 \sim b(n_2,p)$가 서로 독립이다. 이제, $X_1+X_2 = x$일 때 X_1의 조건부 분포가 초기하 분포라는 것을 보이시오.

문제 4.20 지수 확률변수 X와 Y가 서로 독립이고 분포가 같을 때 $Z = \frac{X}{X+Y}$의 분포는 $U(0,1)$이라는 것을 보이시오.

문제 4.21 확률벡터 $\underline{X} = (X_1,X_2)$의 결합 확률밀도함수가

$$f_{\underline{X}}(x_1,x_2) = u\left(x_1+\frac{1}{2}\right)u\left(\frac{1}{2}-x_1\right)u\left(x_2+\frac{1}{2}\right)u\left(\frac{1}{2}-x_2\right) \tag{4.790}$$

일 때 $\underline{Y} = (Y_1,Y_2) = \left(X_1^2, X_1+X_2\right)$의 결합 확률밀도함수 $f_{\underline{Y}}$를 얻으시오. 또, 이 결합 확률밀도함수 $f_{\underline{Y}}$를 바탕으로 $Y_1 = X_1^2$의 확률밀도함수 f_{Y_1}과 $Y_2 = X_1+X_2$의 확률밀도함수 f_{Y_2}를 얻으시오.

문제 4.22 세 확률변수 X, Y, Z의 결합 확률밀도함수가

[104] 비중심 F 분포 $F(m,n,\delta)$의 확률밀도함수는

$$f(x) = \frac{m^{\frac{m}{2}}n^{\frac{n}{2}}x^{\frac{m-2}{2}}}{\Gamma\left(\frac{n}{2}\right)\exp\left(\frac{\delta}{2}\right)}\sum_{j=0}^{\infty}\frac{\left(\frac{\delta mx}{2}\right)^j\Gamma\left(\frac{m+n+2j}{2}\right)}{j!\,\Gamma\left(\frac{m+2j}{2}\right)(mx+n)^{\frac{m+n+2j}{2}}}u(x)$$

이다.

$$f_{X,Y,Z}(x,y,z) = \frac{6}{(1+x+y+z)^4}u(x)u(y)u(z) \quad (4.791)$$

일 때, $U = X+Y+Z$의 확률밀도함수를 얻으시오.

문제 4.23 확률벡터 $\underline{X} = (X_1, X_2)$의 결합 확률밀도함수가

$$f_{\underline{X}}(x_1, x_2) = 2u(x_1)u(1-x_2)u(x_2-x_1) \quad (4.792)$$

일 때 $\underline{Y} = (Y_1, Y_2) = \left(\frac{1}{2}\left(X_1^2 + X_2\right), \frac{1}{2}\left(X_1^2 - X_2\right)\right)$의 결합 확률밀도함수 $f_{\underline{Y}}$를 얻으시오. 또, 결합 확률밀도함수 $f_{\underline{Y}}$를 바탕으로 Y_1의 확률밀도함수 f_{Y_1}과 Y_2의 확률밀도함수 f_{Y_2}를 얻으시오.

문제 4.24 표준 정규 확률변수 X와 Y가 서로 독립일 때,
(가) $U = \sqrt{X^2+Y^2}$과 $V = \tan^{-1}\frac{Y}{X}$의 결합 확률밀도함수를 얻으시오.
(나) $U = \frac{1}{2}(X+Y)$와 $V = \frac{1}{2}(X-Y)^2$의 결합 확률밀도함수를 얻으시오.

문제 4.25 확률변수 X와 Y의 결합 확률밀도함수 $f_{X,Y}(x,y)$의 값이 $x^2+y^2 < a^2$을 품는 영역에서 0보다 크다고 하자. 이제, $a > 0$이고 $A = \left\{X^2+Y^2 \le a^2\right\}$이라고 할 때, 조건부 결합 누적분포함수 $F_{X,Y|A}$와 조건부 결합 확률밀도함수 $f_{X,Y|A}$를 $f_{X,Y}$로 나타내는 방법을 설명해 보시오.

문제 4.26 두 확률변수 X와 Y의 결합 확률밀도함수가

$$f_{X,Y}(x,y) = \begin{cases} \frac{1}{4}, & -1 \le x, y \le 1, \\ 0, & \text{그 밖에는} \end{cases} \quad (4.793)$$

이다. 이제, $0 < a < 1$이고 $A = \left\{X^2+Y^2 \le a^2\right\}$일 때 조건부 결합 누적분포함수 $F_{X,Y|A}$와 조건부 결합 확률밀도함수 $f_{X,Y|A}$를 얻으시오.

문제 4.27 식 (4.440)과 (4.441)에 나온 $E\{E\{\underline{X}|\underline{Y}\}|\underline{Z}\} = E\{\underline{X}|\underline{Z}\}$와 $E\{E\{\underline{X}|\underline{Z}\}|\underline{Y}\} = E\{\underline{X}|\underline{Z}\}$를 보이시오. (귀띔: $Z = g(Y)$이므로 (3.195)에서 $f_{X|Y} = f_{X|Y,Z}$라는 것과 $f_{Z|Y}(z|y) = \delta(z - g(y))$라는 것을 써 보시오.)

문제 4.28 확률변수 X와 Y가 결합 정규 분포 $N(3,4,1,2,0.5)$를 따를 때 조건부 확률밀도함수 $f_{Y|X}(y|x)$와 조건부 확률밀도함수 $f_{X|Y}(x|y)$를 얻으시오.

문제 4.29
(가) 두 확률변수 X와 Z가 직교하지 않으면, Z와 $X - aZ$를 직교하게 하는 상수 a가 있다는 것을 보이시오.
(나) 위 결과에서 X와 Z가 상관이 있고 Y와 Z가 상관이 있더라도, X와 Y는 상관이 없을 수 있다는 것을 보이시오.

문제 4.30
(가) 두 확률변수 X와 Y가 서로 독립이면 X와 Y는 상관이 없음을 보이시오.

(나) 이제, 확률변수 X의 확률밀도함수 f_X가 짝함수일 때, X와 X^2은 상관이 없지만 서로 독립은 아니라는 것을 보이시오.

문제 4.31 확률변수 X와 Y의 결합 확률밀도함수가

$$f_{X,Y}(x,y) = \frac{1}{y}\exp\left(-y-\frac{x}{y}\right)u(x)u(y) \tag{4.794}$$

이다. 이때, Y의 한계 확률밀도함수를 얻으시오.

문제 4.32 두 확률변수 X와 Y의 결합 확률질량함수가

$$p_{X,Y}(x,y) = \begin{cases} \frac{1}{2}, & (x,y)=(1,1), \\ \frac{1}{8}, & (x,y)=(1,2) \text{ 또는 } (2,2), \\ \frac{1}{4}, & (x,y)=(2,1), \\ 0, & \text{그 밖에는} \end{cases} \tag{4.795}$$

일 때, X의 확률질량함수와 Y의 확률질량함수를 얻으시오.

문제 4.33 독립이고 분포가 같은 두 확률변수 X와 Y의 한계 확률밀도함수가 $f(z)=u(z)-u(z-1)$일 때 확률변수 $W=2X$, $U=-Y$, $Z=W+U$의 확률밀도함수 f_W, f_U, f_Z를 얻으시오.

문제 4.34 세 확률변수 X_1, X_2, X_3이 서로 독립이고, 모두 구간 $[-\frac{1}{2},\frac{1}{2}]$에서 고르게 퍼져 있을 때, 확률변수 $Y=X_1+X_2+X_3$의 확률밀도함수와 $E\{Y^4\}$을 얻으시오.

문제 4.35 독립인 확률변수들 $\{X_i\}_{i=1}^n$의 확률밀도함수가 $\{f_i(x_i)\}_{i=1}^n$이다. 이때,

$$Y_k = X_1+X_2+\cdots+X_k \tag{4.796}$$

인 확률변수들 $\{Y_k\}_{k=1}^n$의 결합 확률밀도함수를 얻으시오.

문제 4.36 확률변수 X_1과 X_2는 서로 독립이고, X_1의 확률밀도함수는

$$f_{X_1}(x) = u(x)u(1-x) \tag{4.797}$$

이며, X_2의 확률밀도함수는

$$f_{X_2}(x) = e^{-x}u(x) \tag{4.798}$$

이다. 이때, $Y=X_1+X_2$의 확률밀도함수를 얻으시오.

문제 4.37 확률변수 X와 Y의 결합 확률질량함수가

$$p_{X,Y}(x,y) = \begin{cases} \frac{x+y}{32}, & x=1,2,\ y=1,2,3,4, \\ 0, & \text{그 밖에는} \end{cases} \tag{4.799}$$

이다.

(가) 확률변수 X의 한계 확률질량함수와 확률변수 Y의 한계 확률질량함수를 얻으시오.

(나) 네 확률 $P\{X > Y\}$, $P\{Y = 2X\}$, $P\{X + Y = 3\}$, $P\{X \leq 3 - Y\}$를 얻으시오.

(다) 확률변수 X와 Y가 서로 독립인지 아닌지 밝히시오.

문제 4.38 세 포아송 확률변수 X_1, X_2, X_3이 서로 독립이고 평균이 각각 2, 1, 4이다.

(가) 확률변수 $Y = X_1 + X_2 + X_3$의 적률생성함수를 얻으시오.

(나) 확률변수 Y의 분포를 얻으시오.

문제 4.39 세 확률변수 X, Y, Z의 결합 확률밀도함수가

$$f_{X,Y,Z}(x,y,z) = \begin{cases} k(x+y+z), & 0 \leq x,y,z \leq 1, \\ 0, & \text{그 밖에는} \end{cases} \tag{4.800}$$

이다. 상수 k와 조건부 확률밀도함수 $f_{Z|X,Y}(z|x,y)$를 얻으시오.

문제 4.40 확률 특성이

$$P\{X = x\} = \begin{cases} \frac{\lambda^x e^{-\lambda}}{x!}, & x = 0,1,2,\cdots, \\ 0, & \text{그 밖에는} \end{cases} \tag{4.801}$$

인 확률변수 X를 생각하자. 여기서, λ는 확률밀도함수가 $f_\Lambda(v) = e^{-v}u(v)$인 확률변수 Λ의 실현이라고 하자. 이때, $E\left\{e^{-\Lambda}\middle| X = 1\right\}$을 얻으시오.

문제 4.41 세 확률변수 U_1, U_2, U_3이 서로 독립일 때, $X = U_1$, $Y = U_1 + U_2$, $Z = U_1 + U_2 + U_3$의 결합 확률밀도함수 $f_{X,Y,Z}(x,y,z)$를 얻으시오.

문제 4.42 반지름이 1인 공 안에서 아무렇게나 점을 잡는다고 할 때, 그 자리의 3차원 좌표를 (X,Y,Z)로 쓰자.

(가) 결합 확률밀도함수 $f_{X,Y}(x,y)$와 한계 확률밀도함수 $f_X(x)$를 얻으시오.

(나) 조건부 결합 확률밀도함수 $f_{X,Y|Z}(x,y|z)$를 얻으시오. 세 확률변수 X, Y, Z는 서로 독립인가?

문제 4.43 두 확률변수 X와 Y의 결합 확률밀도함수가

$$f_{X,Y}(x,y) = \begin{cases} c, & |x| + |y| \leq r \text{일 때}, \\ 0, & \text{그 밖에는} \end{cases} \tag{4.802}$$

이다. 여기서, c는 상수이고 r은 0보다 큰 실수이다.

(가) 상수 c를 r로 나타내고, 확률밀도함수 $f_X(x)$를 얻으시오.

(나) 확률변수 X와 Y가 서로 독립인지 아닌지 보이시오.

(다) 확률변수 $Z = |X| + |Y|$의 확률밀도함수를 얻으시오.

문제 4.44 확률변수 X와 Y는 서로 독립이고 누적분포함수가 각각 F_X와 F_Y이다. 이때, x가 어떤 값이더라도 $F_X(x) \leq F_Y(x)$이면, $P\{X \geq Y\} \geq \frac{1}{2}$이라는 것을 보이시오.

문제 4.45 2차원 확률벡터 (X,Y)의 결합 확률밀도함수가

$$f_{X,Y}(x,y) = \begin{cases} c\left(x^2+y^2\right), & x^2+y^2 \le 1,\ x \ge 0,\ y \ge 0\text{일 때}, \\ 0, & \text{그 밖에는} \end{cases} \tag{4.803}$$

이다.
(가) 상수 c 값과 확률변수 X와 Y의 한계 확률밀도함수를 얻으시오. 확률변수 X와 Y는 서로 독립인가?
(나) 두 확률변수 $R = \sqrt{X^2+Y^2}$과 $\Theta = \tan^{-1}\frac{Y}{X}$의 결합 확률밀도함수 $f_{R,\Theta}$를 얻으시오.
(다) 이제, 확률벡터 (R,Θ)에

$$q(r,\theta) = \begin{cases} k, & 0 \le r \le \left(\frac{1}{2}\right)^{\frac{1}{4}}, \quad \frac{\pi(k-1)}{8} \le \theta \le \frac{\pi k}{8}\text{일 때}, \\ k+4, & \left(\frac{1}{2}\right)^{\frac{1}{4}} \le r \le 1, \quad \frac{\pi(k-1)}{8} \le \theta \le \frac{\pi k}{8}\text{일 때} \end{cases} \tag{4.804}$$

와 같은 극 양자화기[105]를 써서 확률변수 $Q = q(R,\Theta)$를 얻을 때, Q의 확률질량함수를 얻으시오. 여기서, $k = 1,2,3,4$이다.

문제 4.46 두 회사에서 각각 만든 축전지 두 종류를 생각하자. 이 두 종류의 축전지 수명의 확률밀도함수는

$$f(x) = 3\lambda x^2 \exp(-\lambda x^3)u(x) \tag{4.805}$$

와

$$g(y) = 3\mu y^2 \exp(-\mu y^3)u(y) \tag{4.806}$$

이다. 축전지 수명이 서로 독립일 때, 수명의 확률밀도함수가 f인 축전지가 수명의 확률밀도함수가 g인 축전지보다 오래갈 확률을 얻으시오. 그리고, $\lambda = \mu$일 때 그 확률을 얻으시오.

문제 4.47 확률변수 X와 Y는 서로 독립이고 분포가 같으며, 그 한계 확률밀도함수는 둘 다 $f(x) = e^{-x}u(x)$이다.
(가) 확률변수 $U = X+Y$, $V = X-Y$, XY, $\frac{X}{Y}$, $Z = \frac{X}{X+Y}$, $\min(X,Y)$, $\max(X,Y)$, $\frac{\min(X,Y)}{\max(X,Y)}$의 확률밀도함수를 얻으시오.
(나) 다음에, $U = u$일 때 V의 조건부 확률밀도함수를 얻으시오.
(다) 두 확률변수 U와 Z가 서로 독립이라는 것을 보이시오.

문제 4.48 포아송 확률변수 X_1과 X_2가 서로 독립이고, 그 평균은 각각 λ_1과 λ_2이다.
(가) 확률변수 X_1+X_2의 분포는 포아송 분포 $P(\lambda_1+\lambda_2)$라는 것을 보이시오.
(나) 다음에, $X_1+X_2 = n$일 때 확률변수 X_1의 조건부 분포는 이항 분포 $b\left(n, \frac{\lambda_1}{\lambda_1+\lambda_2}\right)$이라는 것을 보이시오.

문제 4.49 정규 확률변수 X와 Y는 서로 독립이다. 이때, $X+Y$와 $X-Y$가 서로 독립이라는 것을 보이시오.

---
[105]polar quantizer

문제 4.50 정규 확률벡터 $\underline{X} = (X_1, X_2, X_3)$의 평균 벡터가 $\underline{0}$이고 분산-공분산 행렬이

$$C_{\underline{X}} = \begin{pmatrix} 1 & \frac{1}{6} & \frac{1}{36} \\ \frac{1}{6} & 1 & \frac{1}{6} \\ \frac{1}{36} & \frac{1}{6} & 1 \end{pmatrix} \tag{4.807}$$

일 때, $\underline{X}$를 상관이 없는 확률벡터로 바꾸는 선형 변환을 얻으시오.

문제 4.51 이진 확률변수 Z의 확률질량함수는 $p_Z(1) = p_Z(-1) = 0.5$이고, 확률변수 Y는 표준 정규 확률변수일 때

$$X = \begin{cases} Y, & Z = +1\text{일 때}, \\ -Y, & Z = -1\text{일 때} \end{cases} \tag{4.808}$$

로 두자.
(가) 조건부 누적분포함수 $F_{X|Y}(x|y)$를 얻으시오.
(나) 확률변수 X의 누적분포함수 $F_X(x)$를 얻어, 확률변수 X가 정규 확률변수인지 밝히시오.
(다) 확률벡터 (X, Y)의 분포가 결합 정규 분포일 수 있는지 말해 보시오.
(라) 조건부 확률밀도함수 $f_{X|Y}(x|y)$와 결합 확률밀도함수 $f_{X,Y}(x, y)$를 얻으시오.

문제 4.52 확률변수 T_1과 T_2는 각각 비율 λ_1과 λ_2인 지수 확률변수이고 서로 독립이다. 이제, $U = \min(T_1, T_2)$, $V = \max(T_1, T_2)$로 뜻매김하고 I는 더 작은 시간 가리킴, 곧 $T_I = U$로 뜻매김할 수 있는 시간 가리킴이라고 하자.
(가) 기댓값 $E\{U\}$, $E\{V-U\}$, $E\{V\}$를 얻으시오.
(나) 다음에, $V = T_1 + T_2 - U$라는 것을 써서 $E\{V\}$를 얻으시오.
(다) 확률벡터 $(U, V-U, I)$의 결합 확률밀도함수 $f_{U,V-U,I}$를 얻으시오.
(라) 두 확률변수 U와 $V-U$가 서로 독립인지 말해 보시오.

문제 4.53 식 (4.648)에 보인 결합 확률밀도함수 $f_{X,Y}(x, y) = \frac{\gamma}{2\pi(x^2+y^2+\gamma^2)^{\frac{3}{2}}}$에서 X의 확률밀도함수 $f_X(x)$를 얻어 그 확률밀도함수가 (2.248)에 보인 $f(r) = \frac{\alpha}{\pi(r^2+\alpha^2)}$와 같은 꼴이라는 것을 보이시오.

문제 4.54 네 변수 정규 확률벡터 (X_1, X_2, X_3, X_4)에서

$$\begin{aligned} E\{X_1X_2X_3X_4\} &= E\{X_1X_2\}E\{X_3X_4\} + E\{X_1X_3\}E\{X_2X_4\} \\ &\quad + E\{X_1X_4\}E\{X_2X_3\} - 2m_1m_2m_3m_4 \end{aligned} \tag{4.809}$$

를 보이시오.

문제 4.55 확률변수 X와 그 크기 $|X|$ 사이의 상관계수가

$$\rho_{X|X|} = \frac{\int_{-\infty}^{\infty} |x|(x - m_X)f(x)dx}{\sqrt{\sigma_X^2}\sqrt{\sigma_X^2 + 4m_X^+ m_X^-}} \tag{4.810}$$

임을 보이시오.

문제 4.56 정규 확률벡터 (X_1, X_2, X_3)의 평균 벡터가 $\underline{0}$이고 분산-공분산 행렬이

$$R = \begin{pmatrix} 1 & 1 & 1 \\ 1 & 2 & 1 \\ 1 & 1 & 3 \end{pmatrix} \tag{4.811}$$

이다. 이제, $X_1 = X_2 = 1$일 때 X_3의 조건부 분포를 얻으시오.

문제 4.57 확률벡터 $\underline{X} = (X_1, X_2, \cdots, X_n)$의 상관 행렬을 R이라고 하고, R의 역행렬을 R^{-1}이라고 할 때,

$$E\left\{\underline{X}R^{-1}\underline{X}^T\right\} = n \tag{4.812}$$

를 보이시오.

문제 4.58 확률벡터 (X, Y)의 특성함수가 $\varphi_{X,Y}(t, s)$일 때, $Z = aX + bY$의 특성함수는 $\varphi_{X,Y}(at, bt)$라는 것을 보이시오.

문제 4.59 두 확률변수 X와 Y의 결합 확률밀도함수가

$$\begin{aligned} f_{X,Y}(x, y) = & \frac{n!}{(i-1)!(k-i-1)!(n-k)!} F^{i-1}(x)\{F(y) - F(x)\}^{k-i-1} \\ & \cdot\{1 - F(y)\}^{n-k} f(x) f(y) u(y - x) \end{aligned} \tag{4.813}$$

이다. 여기서, i, k, n은 $1 \le i < k \le n$을 만족시키는 자연수이고, F는 어떤 분포의 누적분포함수이며, $f(t) = \frac{d}{dt}F(t)$이다. 이때, X의 한계 확률밀도함수와 Y의 한계 확률밀도함수를 얻으시오.

문제 4.60 어떤 책에서 잘못 쓴 글자 수 N은 평균이 λ인 포아송 확률변수이다. 교정인 두 사람이 잘못 쓴 글자를 찾을 사건은 서로 독립이고, 그 확률은 각각 p_1과 p_2이다. 교정인 1은 찾았지만 교정인 2는 찾지 못한 잘못 쓴 글자 수를 X_1, 교정인 1은 찾지 못했지만 교정인 2는 찾은 잘못 쓴 글자 수를 X_2, 두 교정인 모두 찾은 잘못 쓴 글자 수를 X_3, 두 교정인 모두 찾지 못한 잘못 쓴 글자 수를 X_4라고 하자.

(가) 네 확률변수 X_1, X_2, X_3, X_4의 결합 확률질량함수를 얻으시오.

(나) 다음을 보이시오.

$$\frac{E\{X_1\}}{E\{X_3\}} = \frac{1-p_2}{p_2}, \quad \frac{E\{X_2\}}{E\{X_3\}} = \frac{1-p_1}{p_1}. \tag{4.814}$$

이제, λ, p_1, p_2를 모두 모른다고 두자.

(다) 먼저, X_i를 $E\{X_i\}$, $i = 1, 2, 3$의 추정값으로 써서 p_1, p_2, λ의 추정값을 얻으시오.

(라) 두 교정인 모두 발견하지 못한 잘못 쓴 글자 수인 X_4의 추정값을 얻으시오.

문제 4.61 분포가 $N(0, 0, 1, 1, \rho)$인 두 변수 정규 확률벡터 (X, Y)에서 곱 절대 중심 적률을 $\nu_{ij} = E\left\{|X|^i|Y|^j\right\}$처럼 쓸 때, 직접 적분하여 $\nu_{11} = \frac{2}{\pi}\left(\sqrt{1-\rho^2} + \rho\sin^{-1}\rho\right)$이고 $\nu_{21} = \sqrt{\frac{2}{\pi}}\left(1+\rho^2\right)$이라는 것을[106] 보이시오.

---

[106] 이 적률들은 문제 4.63에 적어 둔 (4.815)를 바탕으로 얻을 수도 있다.

문제 4.62 분포가 $N\left(0,0,\pi^2,2,\frac{1}{\sqrt{2}}\right)$인 두 변수 정규 확률벡터 (X,Y)에서 적률 $E\{|XY|\}$를 얻으시오.

문제 4.63 표준 정규 확률변수들 $\{X_i\}_{i=1}^n$을 생각하여 그 공분산을 $E\{X_iX_j\}=\rho_{ij}$라고 쓰자.

(가) 분포 $N(0,0,1,1,\rho)$의 확률밀도함수를 $g_\rho(x,y)$라고 쓰면, 쉽게 $g_\rho(-x,y)=g_\rho(x,-y)=g_{-\rho}(x,y)$와 $g_\rho(-x,-y)=g_\rho(x,y)$라는 것을 알 수 있을 뿐더러,

$$\begin{aligned}[r,s] &= \int_0^\infty\int_0^\infty x^r y^s g_\rho(x,y)dxdy \\ &= \begin{cases} \frac{1}{4}\sqrt{\frac{2}{\pi}}(1+\rho), & r=1,s=0, \\ \frac{1}{2\pi}\left\{\rho\left(\frac{\pi}{2}+\sin^{-1}\rho\right)+\sqrt{1-\rho^2}\right\}, & r=1,s=1, \\ \frac{1}{2\pi}\left\{3\rho\left(\frac{\pi}{2}+\sin^{-1}\rho\right)+\left(2+\rho^2\right)\sqrt{1-\rho^2}\right\}, & r=3,s=1 \end{cases}\end{aligned} \tag{4.815}$$

임이[107] 알려져 있다. 이 식을 바탕으로 하면 $\rho_{12}=\rho$라고 둘 때

$$\begin{aligned}E\{|X_1|\} &= E\{|X_2|\} \\ &= \int_{-\infty}^\infty\int_{-\infty}^\infty |x|g_\rho(x,y)dxdy \\ &= \int_0^\infty\int_0^\infty xg_\rho(x,y)dxdy-\int_0^\infty\int_{-\infty}^0 xg_\rho(x,y)dxdy \\ &\quad +\int_{-\infty}^0\int_0^\infty xg_\rho(x,y)dxdy-\int_{-\infty}^0\int_{-\infty}^0 xg_\rho(x,y)dxdy \\ &= \int_0^\infty\int_0^\infty xg_\rho(x,y)dxdy+\int_0^\infty\int_0^\infty tg_{-\rho}(t,y)dtdy \\ &\quad +\int_0^\infty\int_0^\infty xg_{-\rho}(x,u)dxdu+\int_0^\infty\int_0^\infty tg_\rho(t,u)dtdu \\ &= 2\left\{\frac{1}{4}\sqrt{\frac{2}{\pi}}(1+\rho)+\frac{1}{4}\sqrt{\frac{2}{\pi}}(1-\rho)\right\} \\ &= \sqrt{\frac{2}{\pi}}\end{aligned} \tag{4.816}$$

을 얻을 수 있다. 이와 비슷하게

$$E\{|X_1X_2|\} = \frac{2}{\pi}\left(\sqrt{1-\rho_{12}^2}+\rho_{12}\sin^{-1}\rho_{12}\right) \tag{4.817}$$

을[108] 보이고, 위 결과를 바탕으로 확률변수 $|X_1|$과 $|X_2|$ 사이의 상관계수가

$$\rho_{|X_1||X_2|} = \frac{2}{\pi-2}\left(\sqrt{1-\rho_{12}^2}+\rho_{12}\sin^{-1}\rho_{12}-1\right) \tag{4.818}$$

임을 보이시오. 끝으로,

---

[107] 이 식을 쓰면 보기 4.99와 문제 4.61에서 얻은 적률들을 다시 얻을 수 있다.

[108] 문제 4.61에서 다른 방법으로 얻은 바 있으며, 문제 8.34에서 또 다른 방법으로도 다룬다.

$$E\{|X_1X_2^3|\} = \frac{2}{\pi}\left\{\left(2+\rho_{12}^2\right)\sqrt{1-\rho_{12}^2}+3\rho_{12}\sin^{-1}\rho_{12}\right\} \tag{4.819}$$

임을 보이시오.

(나) 분산-공분산 행렬이

$$R = \begin{pmatrix} 1 & \rho_{12} & \rho_{13} \\ \rho_{21} & 1 & \rho_{23} \\ \rho_{31} & \rho_{32} & 1 \end{pmatrix} \tag{4.820}$$

인 3차원 정규 확률밀도함수를 $g_{\rho_{12},\rho_{23},\rho_{31}}(x,y,z)$라고 쓰면 쉽게

$$g_{\rho_{12},\rho_{23},\rho_{31}}(-x,y,z) = g_{-\rho_{12},\rho_{23},-\rho_{31}}(x,y,z) \tag{4.821}$$

임을 알 수 있다. 또, $\Delta = 1-\rho_{12}^2-\rho_{23}^2-\rho_{31}^2+2\rho_{12}\rho_{23}\rho_{31}$이라고 두면

$$\begin{aligned}\int_0^\infty\int_0^\infty\int_0^\infty & x^2y^0z^0 g_{\rho_{12},\rho_{23},\rho_{31}}(x,y,z)dxdydz \\ &= \frac{1}{4\pi}\left\{\frac{\pi}{2}+\sin^{-1}\rho_{12}+\sin^{-1}\rho_{23}+\sin^{-1}\rho_{31}+\Delta\rho_{23}\sqrt{1-\rho_{23}^2}\right. \\ &\quad \left. +(2\rho_{31}\rho_{12}-\rho_{23})\sqrt{1-\rho_{23}^2}+\rho_{12}\sqrt{1-\rho_{12}^2}+\rho_{31}\sqrt{1-\rho_{31}^2}\right\}\end{aligned} \tag{4.822}$$

임이 알려져 있다. 이 식을 바탕으로

$$E\left\{X_1^2\text{sgn}(X_2)\text{sgn}(X_3)\right\} = \frac{2}{\pi}\left[\sin^{-1}\rho_{23}+\{(\Delta-1)\rho_{23}+2\rho_{31}\rho_{12}\}\sqrt{1-\rho_{23}^2}\right] \tag{4.823}$$

임을 보이시오.

문제 4.64 연속 확률변수 X의 확률밀도함수를 f, 누적분포함수를 F라고 할 때, $Y=X^2$을 생각하자.

(가) 결합 누적분포함수 $F_{X,Y}$를 얻으시오.

(나) 결합 확률밀도함수 $f_{X,Y}$를 얻은 다음, $f_{X,Y}$를 적분하여

$$\int_{-\infty}^{\infty} f_{X,Y}(x,y)dy = f(x) \tag{4.824}$$

이고

$$\int_{-\infty}^{\infty} f_{X,Y}(x,y)dx = \frac{1}{2\sqrt{y}}\left\{f\left(\sqrt{y}\right)+f\left(-\sqrt{y}\right)\right\}u(y) \tag{4.825}$$

인지 확인해 보시오.

(다) 조건부 확률밀도함수 $f_{X|Y}$를 얻으시오.

문제 4.65 이미 4.2.1절에서 말한 바와 같이, 함수 행렬식 $J\left(\underline{g}\left(\underline{x}\right)\right)$가 0일 때에는 – 함수 $\underline{g}$가 n차원이면, 보기를 들어 $\{a_j\}_{j=2}^n$과 $\{c_j\}_{j=2}^n$이 모두 상수이고, $j=2,3,\cdots,n$일 때

$$g_j(\underline{x}) = c_jg_1(\underline{x})+a_j \tag{4.826}$$

꼴이면 – 정리 4.3을 쓸 수 없다. 이제, 확률벡터 $\underline{X}$와 그 함수 $\underline{g}(\underline{X}) = (g_1(\underline{X}), g_2(\underline{X}))$가 모두 2차원이고 a와 c가 상수이며

$$g_2(\underline{x}) = cg_1(\underline{x}) + a \tag{4.827}$$

꼴일 때 $\underline{g}(\underline{X})$의 확률밀도함수를 어떻게 얻을 수 있는지 알아보자. 먼저, 알맞은 보조 변수 Z를 – 보기를 들면, $g_1(\underline{X})$가 $bX_2 + d$ 꼴이 아닐 때에는 $Z = X_2$를 – 생각하여 정리 4.3을 써서 $(g_1(\underline{X}), Z)$의 결합 확률밀도함수 $f_{g_1(\underline{X}),Z}$를 얻는다. 그 다음, $f_{g_1(\underline{X}),Z}$를 바탕으로 $g_1(\underline{X})$의 확률밀도함수

$$f_{g_1(\underline{X})}(x) = \int_{-\infty}^{\infty} f_{g_1(\underline{X}),Z}(x,v)dv \tag{4.828}$$

을 얻는다. 그 뒤, 보기 4.114에서 얻은 (4.661)을 바탕으로

$$f_{g_1(\underline{X}),cg_1(\underline{X})+a}(x,y) = \begin{cases} f_{g_1(\underline{X})}(x)\delta(y-a), & c=0, \\ \frac{1}{|c|} f_{g_1(\underline{X})}(x)\delta\left(x - \frac{y-a}{c}\right), & c \neq 0 \end{cases} \tag{4.829}$$

처럼

$$\begin{aligned} \underline{g}(\underline{X}) &= (g_1(\underline{X}), g_2(\underline{X})) \\ &= (g_1(\underline{X}), cg_1(\underline{X}) + a) \end{aligned} \tag{4.830}$$

의 결합 확률밀도함수를 얻을 수 있다. 이제, 이와 같은 과정을 밟아 확률벡터 $\underline{X} = (X_1, X_2)$의 결합 확률밀도함수가

$$f_{\underline{X}}(x_1, x_2) = u(x_1)u(1-x_1)u(x_2)u(1-x_2) \tag{4.831}$$

일 때, $(X_1 - X_2, X_1 - X_2 + 2)$의 결합 확률밀도함수와 $(X_1 - X_2, 2X_1 - 2X_2)$의 결합 확률밀도함수를 얻으시오.

참고 문헌

1. M. Abramowitz and I. A. Stegun (Ed.), *Handbook of Mathematical Functions*, Dover, New York, 1972.

2. N. Balakrishnan, *Handbook of the Logistic Distribution*, Marcel Dekker, New York, 1992.

3. E. F. Beckenbach and R. Bellam, *Inequalities*, Springer, Berlin, 1965.

4. A. P. Dawid, "Some misleading arguments involving conditional independence," *Journ. Royal Stat. Soc., Series B (Methodological)*, vol. 41, no. 2, pp. 249-252, 1979.

5. S. Geisser and N. Mantel, "Pairwise independence of jointly dependent variables," *Ann. Math. Stat.*, vol. 33, no. 1, pp. 290-291, Mar. 1962.

6. I. S. Gradshteyn and I. M. Ryzhik, *Table of Integrals, Series, and Products*, Academic, New York, 1980.

7. G. G. Hamedani, "Nonnormality of linear combinations of normal random variables," *Amer. Stat.*, vol. 38, no. 4, pp. 295-296, Nov. 1984.

8. R. A. Horn and C. R. Johnson, *Matrix Analysis*, Cambridge University Press, Cambridge, 1985.

9. R. F. Hoskins, *Generalised Functions*, Ellis Horwood, Chichester, 1979.

10. R. F. Hoskins and J. S. Pinto, *Theories of Generalised Functions*, Horwood, Chichester, 2005.

11. N. L. Johnson and S. Kotz, *Distributions in Statistics: Continuous Multivariate Distributions*, John Wiley and Sons, New York, 1972.

12. N. L. Johnson and S. Kotz, *Distributions in Statistics: Discrete Distributions*, John Wiley and Sons, New York, 1969.

13. R. P. Kanwal, *Generalized Functions: Theory and Technique*, Academic, New York, 1983.

14. S. A. Kassam, *Signal Detection in Non-Gaussian Noise*, Springer-Verlag, New York, 1988.

15. S. M. Kendall and A. Stuart, *Advanced Theory of Statistics, Vol. II*, Oxford University, New York, 1979.

16. A. I. Khuri, *Advanced Calculus with Applications in Statistics*, Wiley, New York, 2003.

17. K. V. Mardia, *Families of Bivariate Distributions*, Charles Griffin and Company, London, 1970.

18. E. L. Melnick and A. Tenenbein, "Misspecification of the normal distribution," *Amer. Stat.*, vol. 36, no. 4, pp. 372-373, Nov. 1982.

19. M. Loeve, *Probability Theory*, Fourth Ed., Springer-Verlag, New York, 1977.

20. P. T. Nielsen, "On the expected duration of a search for a fixed pattern in random data," *IEEE Trans. Inform. Theory*, vol. 19, no. 5, pp. 702-704, Sep. 1973.

21. C. L. Nikias and M. Shao, *Signal Processing with Alpha-Stable Distributions and Applications*, Wiley, 1995.

22. J. K. Patel, C. H. Kapadia, and D. B. Owen, *Handbook of Statistical Distributions*, Marcel Dekker, New York, 1976.

23. V. K. Rohatgi, *An Introduction to Probability Theory and Mathematical Statistics*, John Wiley and Sons, New York, 1976.

24. J. P. Romano and A. F. Siegel, *Counterexamples in Probability and Statistics*, Chapman and Hall, New York, 1986.

25. S. M. Ross, *Introduction to Probability Models*, Ninth Ed., Academic, Boston, 2007.

26. S. M. Ross, *Stochastic Processes*, Second Ed., John Wiley and Sons, New York, 1996.

27. G. Samorodnitsky and M. S. Taqqu, *Non-Gaussian Random Processes: Stochastic Models with Infinite Variance*, Chapman and Hall, 1994.

28. A. N. Shiryaev, *Probability*, Second Ed., Springer-Verlag, New York, 1996.

29. I. Song, J. Bae, and S. Y. Kim, *Advanced Theory of Signal Detection*, Springer-Verlag, Berlin, 2002.

30. J. M. Stoyanov, *Counterexamples in Probability*, Second Ed., Wiley, Chichester, 1997.

31. A. Stuart and J. K. Ord, *Advanced Theory of Statistics: Vol. 1. Distribution Theory*, Fifth Ed., Oxford University, New York, 1987.

32. J. B. Thomas, *Introduction to Probability*, Springer-Verlag, New York, 1986.

33. G. A. Tsihrintzis and C. L. Nikias, "Incoherent receiver in alpha-stable impulsive noise," *IEEE Trans. Signal Process.*, vol. 43, no. 9, pp. 2225-2229, Sep. 1995.

34. Y. H. Wang, "Dependent random variables with independent subsets," *Amer. Math. Monthly*, vol. 86, no. 4, pp. 290-292, Apr. 1979.

35. C. K. Wong, "A note on mutually independent events," *Amer. Stat.*, vol. 26, no. 2, pp. 27-28, Apr. 1972.

제5장

순서 통계량

5.1 확률변수와 통계량

통계학에서는 독립이고 분포가 같은 확률벡터를 표본[1]이라고 부르고, 확률벡터를 이루는 원소를 – 곧, 확률변수를 – 관측[2]이라고 부르며, 확률벡터의 함수를 통계량[3]이라고 부르기도 한다. 여러 가지 통계량 가운데에서 확률변수의 확률밀도함수를 꽤 일반적인 성질만으로 뜻매김하여도 확률적 특성이 바뀌지 않는 통계량을 비모수 통계량[4]이라고 한다. 보기를 들면, (3.165)로 뜻매김할 수 있는 부호 또는 부호 통계량[5]은 대표적인 비모수 통계량인데, 확률변수의 부호는 – 곧, 부호 통계량은 – 확률변수의 확률밀도함수가 짝함수이면 그것이 어떤 확률밀도함수이더라도 그 확률적 특성이 같다. 제5장과 제6장에서는 별다른 말이 없으면 확률벡터 $\underline{X}$의 크기는 n이라고 둔 것으로 본다. 곧, $\underline{X} = (X_1, X_2, \cdots, X_n)$처럼 본다.

5.1.1 순서와 순위

뜻매김 5.1 순서 통계량[6]

확률벡터 $\underline{X} = (X_1, X_2, \cdots, X_n)$의 원소 가운데 i째로 작은 것을 $\underline{X}$의 i째 순서 통계량이라고 부르고, 자주 $X_{[i]}$, $X[i]$, 또는 $X_{(i)}$로 쓴다.

보기 5.1 둘째 순서 통계량 $X_{[2]}$는 $\{X_i\}_{i=1}^{n}$ 가운데에서 둘째로 작은 확률변수를 나타내고, $X_{[n]}$은 $\underline{X}$의 원소 가운데 가장 큰 확률변수를 가리킨다. ◇

한편, 순서 통계량의 뜻매김에서

$$X_{[1]} \leq X_{[2]} \leq \cdots \leq X_{[n]} \tag{5.1}$$

---

[1] sample
[2] observation
[3] statistic
[4] nonparametric statistic
[5] sign 또는 sign statistic
[6] order statistic

임을 쉽게 알 수 있다. 순서 통계량 $X_{[i]}$들이 이루는 확률벡터

$$\underline{X_{[\cdot]}} = \left(X_{[1]}, X_{[2]}, \cdots, X_{[n]}\right) \tag{5.2}$$

를 확률벡터 $\underline{X}$의 순서 통계량 벡터[7]라고 부르기도 한다.

보기 5.2 확률벡터 $\underline{X} = (-0.3, 5.1, 2, -7.9)$를 생각하면 $X_{[1]} = -7.9$, $X_{[2]} = -0.3$, $X_{[3]} = 2$, $X_{[4]} = 5.1$이고, 순서 통계량 벡터는 $\underline{X_{[\cdot]}} = (-7.9, -0.3, 2, 5.1)$이다. ◇

보기 5.3 확률벡터 $\underline{X} = (3, 4, 5)$를 생각하면 $X_{[1]} = 3$, $X_{[2]} = 4$, $X_{[3]} = 5$이고, 순서 통계량 벡터는 $\underline{X_{[\cdot]}} = (3, 4, 5)$이다. ◇

보기 5.4 서로 독립이고 분포가 같은 연속 확률변수들 $X_1, X_2, \cdots, X_n$을 생각하자. 이제, 확률변수 n개를 순서대로 늘어 놓는 방법은 $n!$가지인데, 확률변수들이 서로 독립이고 분포가 같으므로 그 $n!$가지의 확률은 모두 같을 것이다. 따라서,

$$\Pr\{X_1 < X_2 < \cdots < X_n\} = \frac{1}{n!} \tag{5.3}$$

이다[8]. 이것을 좀 더 확장하여 생각해 보면 $(1, 2, \cdots, n)$의 어떤 순열 $(j_1, j_2, \cdots, j_n)$을 생각하더라도

$$\Pr\{X_{j_1} < X_{j_2} < \cdots < X_{j_n}\} = \frac{1}{n!} \tag{5.4}$$

임을 알 수 있다. 이와 비슷하게 보기를 들면

$$\begin{aligned}\Pr\{X_2 < X_3,\ X_8 < X_{12}\} &= \Pr\{X_2 < X_3\}\Pr\{X_8 < X_{12}\} \\ &= \frac{1}{2!}\cdot\frac{1}{2!} \\ &= \frac{1}{4}\end{aligned} \tag{5.5}$$

이고

$$\begin{aligned}\Pr\{X_2 < X_5 < X_9,\ X_3 > X_7\} &= \Pr\{X_2 < X_5 < X_9\}\Pr\{X_3 > X_7\} \\ &= \frac{1}{3!}\cdot\frac{1}{2!} \\ &= \frac{1}{12}\end{aligned} \tag{5.6}$$

임을 쉽게 알 수 있다. ◇

보기 5.5 서로 독립이고 분포가 같은 확률변수들 $X_1, X_2, \cdots$의 한계 분포가 $U(0,1)$이다. 이제, $X_0 = x$라고 하고 $N = \min\{n : X_n < X_{n-1}\}$로 둘 때 $g(x) = E\{N\}$이라고 하자[9].

---

[7] order statistics vector

[8] 이 식에서 부등호 $<$을 모두 $\leq$, $>$, 또는 $\geq$으로 바꾸어도 마찬가지이다.

[9] 이 보기는 보기 4.91에서 다룬 바 있다.

(가) 다음을 보이자.

$$\Pr\{N \geq k\} = \frac{(1-x)^{k-1}}{(k-1)!}. \tag{5.7}$$

(나) 식 (5.7)을 써서 $g(x) = E\{N\}$을 얻어 보자.

풀이

(가) 먼저,

$$\Pr\{N \geq k\} = \Pr\{x < X_1 < X_2 < \cdots < X_{k-1}\} \tag{5.8}$$

임을 알 수 있다. 이제, $X_k \sim U(0,1)$이라는 것을 새겨 이 식을 다시 쓰면

$$\begin{aligned}\Pr\{x < X_1 < X_2 < \cdots < X_{k-1}\} &= \Pr\left\{\{x < X_j < 1\}_{j=1}^{k-1}, X_1 < X_2 < \cdots < X_{k-1}\right\} \\ &= \Pr\left\{X_1 < X_2 < \cdots < X_{k-1} \,\middle|\, \{x < X_j < 1\}_{j=1}^{k-1}\right\} \Pr\left\{\{x < X_j < 1\}_{j=1}^{k-1}\right\} \\ &= (1-x)^{k-1} \Pr\left\{X_1 < X_2 < \cdots < X_{k-1} \,\middle|\, \{x < X_j < 1\}_{j=1}^{k-1}\right\} \end{aligned} \tag{5.9}$$

이다. 다음에, $\{X_j\}_{j=1}^{k-1}$를 순서대로 놓을 때 생기는 경우의 수는 $(k-1)!$인데, $\{X_j\}_{j=1}^{k-1}$이 서로 독립이고 분포가 같은 확률변수들이라는 것을 새기면 그 $(k-1)!$ 경우의 확률은 다 같다. 곧,

$$\Pr\left\{X_1 < X_2 < \cdots < X_{k-1} \,\middle|\, \{x < X_j < 1\}_{j=1}^{k-1}\right\} = \frac{1}{(k-1)!} \tag{5.10}$$

이다. 따라서, (5.8)–(5.10)에서

$$\Pr\{x < X_1 < X_2 < \cdots < X_{k-1}\} = \frac{(1-x)^{k-1}}{(k-1)!} \tag{5.11}$$

이다.

(나) 다음에, (3.601)에서 보인 $E\{N\} = \sum\limits_{n=0}^{\infty} n\Pr\{N=n\} = \sum\limits_{n=0}^{\infty} \Pr\{N > n\} = \sum\limits_{n=1}^{\infty} \Pr\{X \geq n\}$을 새기면

$$\begin{aligned} E\{N\} &= \sum_{k=1}^{\infty} \Pr\{N \geq k\} \\ &= \sum_{k=1}^{\infty} \frac{(1-x)^{k-1}}{(k-1)!} \\ &= e^{1-x} \end{aligned} \tag{5.12}$$

처럼 $g(x) = E\{N\}$을 얻을 수 있다. ◇

뜻매김 5.2 순위, 순위 통계량[10]

확률벡터 $\underline{X}$의 원소 $X_1, X_2, \cdots, X_n$ 가운데 X_i보다 크지 않은 것의 개수를 X_i의 순위 또는 순위 통계량이라고 부르고, 자주 R_i로 쓴다.

[10] rank, rank statistic

순위를 생각할 때에는 $i \neq j$일 때 확률변수 X_i의 값과 확률변수 X_j의 값이 다르다고[11] 둔다. 이것은 $\{(i,j) : X_i = X_j, i \neq j\} = \emptyset$이어야 순위를 제대로 겹치지 않게 뜻매김할 수 있기 때문이다. 그러므로, 이 책에서 순위를 다룰 때에는 확률벡터 $\underline{X}$를 연속 확률벡터라고 둔다.

순위 통계량 R_i들이 이루는 벡터를 순위 벡터라고 부르고,

$$\underline{R} = (R_1, R_2, \cdots, R_n) \tag{5.13}$$

과 같이 쓴다. 또한, 순위 벡터 $\underline{R}$도 확률벡터라는 것을 쉽게 알 수 있다. 여기서, 순위 벡터 $\underline{R}$의 값 $\underline{r} = (r_1, r_2, \cdots, r_n)$은 $\{1, 2, \cdots, n\}$의 순열이 이루는 공간 – 곧, 순열 공간 –

$$\mathcal{R}^n = \{(r_1, r_2, \cdots, r_n) : (r_1, r_2, \cdots, r_n)\text{은 } (1, 2, \cdots, n)\text{의 순열}\} \tag{5.14}$$

의 원소라는 것을 쉽게 알 수 있다. 한편, 순열 공간 $\mathcal{R}^n$은 이산공간이며 그 안에는 원소가 $n!$개 들어 있다.

보기 5.6 확률벡터 $\underline{X} = (-0.3, 5.1, 2, -7.9)$를 생각하자. 그러면 -0.3보다 크지 않은 것은 -0.3과 -7.9 둘이므로 $R_1 = 2$이고, 5.1보다 크지 않은 것은 -0.3, 5.1, 2, -7.9 넷이므로 $R_2 = 4$이다. 또, 2보다 크지 않은 것은 -0.3, 2, -7.9 셋이므로 $R_3 = 3$이고, -7.9보다 크지 않은 것은 -7.9 하나이므로 $R_4 = 1$이다. 곧, $\underline{R} = (2, 4, 3, 1)$이다. ◇

뜻매김 5.1과 5.2에서 $i = 1, 2, \cdots, n$일 때

$$X_i = X_{[R_i]} \tag{5.15}$$

임을 알 수 있다. 이 식은 $\underline{X}$에서 얻을 수 있는 정보와 $\left(\underline{X_{[\cdot]}}, \underline{R}\right)$에서 얻을 수 있는 정보가 같다는 것을 – 곧, $\left(\underline{X_{[\cdot]}}, \underline{R}\right)$이 충분 통계량[12]이라는 것을 – 뜻한다. 좀 더 자세히 말하면, $\underline{X_{[\cdot]}} = \underline{x_{[\cdot]}} = \left(x_{[1]}, x_{[2]}, \cdots, x_{[n]}\right)$이고 $\underline{R} = \underline{r} = (r_1, r_2, \cdots, r_n)$이면 (5.15)를 써서

$$\begin{aligned} \underline{X} &= \underline{x} \\ &= \left(x_{[r_1]}, x_{[r_2]}, \cdots, x_{[r_n]}\right) \end{aligned} \tag{5.16}$$

을 얻을 수 있다.

보기 5.7 순서 통계량 벡터가 $\underline{X_{[\cdot]}} = (-1.1, 2.3, 4, 100)$이고 순위 벡터가 $\underline{R} = (3, 2, 1, 4)$라면 $\underline{X} = \left(x_{[3]}, x_{[2]}, x_{[1]}, x_{[4]}\right) = (4, 2.3, -1.1, 100)$이다. ◇

5.1.2 크기 순서와 크기 순위*

이제, 확률벡터 $\underline{X} = (X_1, X_2, \cdots, X_n)$을 이루는 확률변수의 크기들이 이루는 크기 벡터

$$\underline{|X|} = (|X_1|, |X_2|, \cdots, |X_n|) \tag{5.17}$$

[11] 좀 더 넓게는, $i \neq j$일 때 $\Pr\{X_i = X_j\} = 0$이라고 둘 수 있다.

[12] sufficient statistic

을 생각하자.

뜻매김 5.3 크기 순서 통계량[13]

확률벡터 $\underline{|X|}$의 원소 $|X_1|, |X_2|, \cdots, |X_n|$ 가운데 i째로 작은 것을 – 곧, $\underline{|X|}$의 i째 순서 통계량을 – $\underline{X}$의 i째 크기 순서 통계량이라고 부르고, $|X|_{[i]}$ 또는 $|X|_{(i)}$로 쓴다.

크기 순서 통계량의 뜻매김에서 $0 \leq |X|_{[1]} \leq |X|_{[2]} \leq \cdots \leq |X|_{[n]}$이라는 것을 쉽게 알 수 있다. 크기 순서 통계량 $|X|_{[i]}$들이 이루는 확률벡터

$$\underline{|X|_{[\cdot]}} = \left(|X|_{[1]}, |X|_{[2]}, \cdots, |X|_{[n]}\right) \tag{5.18}$$

을 확률벡터 $\underline{X}$의 크기 순서 통계량 벡터라고 부르기도 한다.

보기 5.8 4차원 확률벡터 $\underline{X}$의 값이 $(-0.3, 5.1, 2, -7.9)$이면 크기 순서 통계량 벡터 $\underline{|X|_{[\cdot]}}$의 값은 $(0.3, 2, 5.1, 7.9)$이다. ◇

뜻매김 5.4 크기 순위, 크기 순위 통계량[14]

확률벡터 $\underline{|X|}$의 원소 $|X_1|, |X_2|, \cdots, |X_n|$ 가운데 $|X_i|$보다 크지 않은 것의 개수를 X_i의 크기 순위 또는 크기 순위 통계량이라고 부르고, 자주 Q_i 또는 R_i^+로 쓴다.

크기 순위 통계량 Q_i들이 이루는 확률벡터

$$\underline{Q} = (Q_1, Q_2, \cdots, Q_n) \tag{5.19}$$

를 확률벡터 $\underline{X}$의 크기 순위 벡터라고 부르기도 한다. 순위 벡터 $\underline{R}$의 값과 마찬가지로, 크기 순위 벡터 $\underline{Q}$의 값 $\underline{q} = (q_1, q_2, \cdots, q_n)$도 (5.14)에서 뜻매김한 순열 공간 $\mathcal{R}^n$의 원소라는 것을 쉽게 알 수 있다.

보기 5.9 확률벡터 $\underline{X} = (-0.3, 5.1, 2, -7.9)$를 생각하자. 그러면 $\underline{Z} = (-1, 1, 1, -1)$이라는 것을 쉽게 알 수 있고, $\underline{|X|} = (0.3, 5.1, 2, 7.9)$이므로 $\underline{|X|_{[\cdot]}} = (0.3, 2, 5.1, 7.9)$라는 것을 쉽게 알 수 있다. 한편, $\underline{X}$의 원소의 크기를 모은 $\{0.3, 5.1, 2, 7.9\}$에서 0.3보다 크지 않은 것은 0.3 하나이므로 $Q_1 = 1$이고, 5.1보다 크지 않은 것은 0.3, 5.1, 2 셋이므로 $Q_2 = 3$이며, 2보다 크지 않은 것은 0.3과 2 둘이므로 $Q_3 = 2$이고, 7.9보다 크지 않은 것은 넷 모두이므로 $Q_4 = 4$이다. 곧, $\underline{Q} = (1, 3, 2, 4)$이다. ◇

보기 5.10 확률벡터 $\underline{X} = (1, 4, 2, 10)$을 생각하자. 그러면 $\underline{Z} = (1, 1, 1, 1)$, $\underline{X_{[\cdot]}} = (1, 2, 4, 10)$, $\underline{R} = (1, 3, 2, 4)$이다. 한편, $\underline{|X|} = \underline{X} = (1, 4, 2, 10)$이므로 $\underline{|X|_{[\cdot]}} = \underline{X_{[\cdot]}} = (1, 2, 4, 10)$이고 $\underline{Q} = \underline{R} = (1, 3, 2, 4)$라는 것을 쉽게 알 수 있다. ◇

뜻매김 5.1–5.4에서 확률변수를 순서 통계량과 순위로, 또는 부호, 크기 순서 통계량과 크기 순위를 써서 (5.15)와 비슷하게 나타낼 수 있다는 것을 알 수 있다. 곧, X_i의 부호를 $Z_i =$

[13] magnitude order statistic

[14] magnitude rank, magnitude rank statistic

sgn(X_i)라고 할 때

$$
\begin{aligned}
X_i &= X_{[R_i]} \\
&= Z_i|X|_{[Q_i]}, \quad i = 1, 2, \cdots, n
\end{aligned} \tag{5.20}
$$

이다.

보기 5.11 보기 5.9에서 다룬 확률벡터 $\underline{X} = (-0.3, 5.1, 2, -7.9)$를 생각해 보자. 그러면

$$X_1 = X_{[R_1]} = X_{[2]} = Z_1|X|_{[Q_1]} = (-1)|X|_{[1]}, \tag{5.21}$$

$$X_2 = X_{[R_2]} = X_{[4]} = Z_2|X|_{[Q_2]} = (+1)|X|_{[3]}, \tag{5.22}$$

$$X_3 = X_{[R_3]} = X_{[3]} = Z_3|X|_{[Q_3]} = (+1)|X|_{[2]}, \tag{5.23}$$

$$X_4 = X_{[R_4]} = X_{[1]} = Z_4|X|_{[Q_4]} = (-1)|X|_{[4]} \tag{5.24}$$

임을 알 수 있다. ◇

보기 5.12 부호 벡터가 $(-1, 1, -1, 1)$, 크기 순위 벡터가 $(3, 2, 4, 1)$, 크기 순서 통계량 벡터가 $(1, 2, 3, 4)$일 때 확률벡터 $\underline{X}$를 얻어 보자.

풀이 위 (5.20)을 쓰면 쉽게 $X_1 = Z_1|X|_{[Q_1]} = -|X|_{[3]} = -3$, $X_2 = Z_2|X|_{[Q_2]} = |X|_{[2]} = 2$, $X_3 = Z_3|X|_{[Q_3]} = -|X|_{[4]} = -4$, $X_4 = Z_4|X|_{[Q_4]} = |X|_{[1]} = 1$을 얻는다. 곧, $\underline{X} = (-3, 2, -4, 1)$이라는 것을 알 수 있다. ◇

5.2 순서 통계량 벡터의 분포

이제, 이 장의 나머지 부분에서는 순서 통계량과 크기 순서 통계량의 확률 특성을 살펴보고, 이어서 제6장에서는 부호 통계량과 또 다른 비모수 통계량인 순위 통계량의 확률 특성을 살펴보며, 나아가 이들과 관련이 있는 크기 순위의 확률 특성도 다루어 보자.

5.2.1 결합 확률밀도함수와 한계 확률밀도함수

먼저, 확률벡터가 연속 확률벡터일 때의 순서 통계량을 생각해 보자.

정리 5.1 **순서 통계량 벡터의 결합 확률밀도함수** 연속 확률벡터 $\underline{X} = (X_1, X_2, \cdots, X_n)$의 결합 확률밀도함수를 $f_{\underline{X}}$라고 하면, $\underline{X}$의 순서 통계량 벡터 $\underline{X_{[\cdot]}}$의 결합 확률밀도함수는 $x_{[n+1]} = \infty$라고 둘 때

$$
\begin{aligned}
f_{\underline{X_{[\cdot]}}}\left(\underline{x_{[\cdot]}}\right) &= \left\{\prod_{i=1}^{n} u\left(x_{[i+1]} - x_{[i]}\right)\right\} \sum_{\underline{r}\in\mathcal{R}^n} f_{\underline{X}}\left(x_{[r_1]}, x_{[r_2]}, \cdots, x_{[r_n]}\right) \\
&= \begin{cases} \sum_{\underline{r}\in\mathcal{R}^n} f_{\underline{X}}\left(x_{[r_1]}, x_{[r_2]}, \cdots, x_{[r_n]}\right), & \underline{x_{[\cdot]}} \in \mathbb{R}^n_{[\cdot]}, \\ 0, & \text{그 밖에는} \end{cases}
\end{aligned} \tag{5.25}
$$

이다. 여기서,

$$\mathbb{R}^n_{[\cdot]} = \{(x_1, x_2, \cdots, x_n) : x_1 \le x_2 \le \cdots \le x_n,\ x_i \in \mathbb{R}\} \tag{5.26}$$

은 n차원 순서 공간이고, $\underline{x_{[\cdot]}} = \left(x_{[1]}, x_{[2]}, \cdots, x_{[n]}\right)$이다. ■■

증명 먼저, n차원 순서 공간 $\mathbb{R}^n_{[\cdot]}$에서의 시그마 대수를 $\mathcal{F}_{[\cdot]}$라고 하자. 그러면 확률밀도함수의 성질을 새겨서 연속 확률벡터 $\underline{X_{[\cdot]}}$의 확률밀도함수 $f_{\underline{X_{[\cdot]}}}$를 바탕으로 $\mathcal{A} \in \mathcal{F}_{[\cdot]}$일 때 확률 $\Pr\left\{\underline{X_{[\cdot]}} \in \mathcal{A}\right\}$를

$$\Pr\left\{\underline{X_{[\cdot]}} \in \mathcal{A}\right\} = \int_{\mathcal{A}} f_{\underline{X_{[\cdot]}}}\left(\underline{x_{[\cdot]}}\right) d\underline{x_{[\cdot]}} \tag{5.27}$$

처럼 나타낼 수 있다. 한편, 연속 확률벡터 $\underline{X}$의 확률밀도함수 $f_{\underline{X}}$를 바탕으로 $\Pr\left\{\underline{X_{[\cdot]}} \in \mathcal{A}\right\}$를 나타내면

$$\begin{aligned}\Pr\left\{\underline{X_{[\cdot]}} \in \mathcal{A}\right\} &= \int_{\underline{X_{[\cdot]}} \in \mathcal{A}} f_{\underline{X}}(\underline{x}) d\underline{x} \\ &= \sum_{\underline{r} \in \mathcal{R}^n} \int_{\underline{R}=\underline{r},\, \underline{X_{[\cdot]}} \in \mathcal{A}} f_{\underline{X}}(\underline{x}) d\underline{x} \end{aligned} \tag{5.28}$$

이다. 그런데, $\underline{R} = \underline{r}$을 어떻게 고르더라도 $\underline{x}$와 $\underline{x_{[\cdot]}}$ 사이는 선형 일대일 대응이고, 그 함수 행렬식 값이 1이라는 것과, (5.15)에서 본 것처럼 $\underline{R} = \underline{r}$이고 $\underline{X_{[\cdot]}} = \underline{x_{[\cdot]}}$이면

$$\underline{X} = \left(x_{[r_1]}, x_{[r_2]}, \cdots, x_{[r_n]}\right) \tag{5.29}$$

임을 새기면 (5.28)은

$$\begin{aligned}\Pr\left\{\underline{X_{[\cdot]}} \in \mathcal{A}\right\} &= \sum_{\underline{r} \in \mathcal{R}^n} \int_{\mathcal{A}} f_{\underline{X}}\left(x_{[r_1]}, x_{[r_2]}, \cdots, x_{[r_n]}\right) d\underline{x_{[\cdot]}} \\ &= \int_{\mathcal{A}} \sum_{\underline{r} \in \mathcal{R}^n} f_{\underline{X}}\left(x_{[r_1]}, x_{[r_2]}, \cdots, x_{[r_n]}\right) d\underline{x_{[\cdot]}} \end{aligned} \tag{5.30}$$

처럼 다시 쓸 수 있다. 이제, 두 식 (5.27)과 (5.30)을 견주어 보면 (5.25)를 얻을 수 있다. □

보기 5.13 정리 5.1을 좀 더 쉽게 이해할 수 있도록 2차원 연속 확률벡터 $\underline{X} = (X_1, X_2)$의 결합 확률밀도함수 $f_{\underline{X}}$가 네모꼴 영역 $\{(x_1, x_2) : 0 \le x_1 \le 1,\ 0 \le x_2 \le 1\}$에서만 0보다 클 때를 살펴보자.

풀이 먼저, $n = 2$이면 $\mathcal{R}^2 = \{(1,2), (2,1)\}$이다. 이제, 그림 5.1에 보인 세모꼴 영역 $\mathcal{A} = \left\{\left(x_{[1]}, x_{[2]}\right) : 0 \le x_{[1]} \le x_{[2]} \le 1\right\}$을 생각해 보자. 연속 확률벡터 $\underline{X_{[\cdot]}} = \left(X_{[1]}, X_{[2]}\right)$의 결합 확률밀도함수를 $f_{\underline{X_{[\cdot]}}}$이라고 두면 연속 확률벡터 $\underline{X_{[\cdot]}}$이 영역 $\mathcal{A}$에 놓일 확률은

$$\begin{aligned}\Pr\left\{\left(X_{[1]}, X_{[2]}\right) \in \mathcal{A}\right\} &= \int_{\mathcal{A}} f_{\underline{X_{[\cdot]}}}\left(x_{[1]}, x_{[2]}\right) dx_{[1]} dx_{[2]} \\ &= \int_0^1 \int_0^{x_{[2]}} f_{\underline{X_{[\cdot]}}}\left(x_{[1]}, x_{[2]}\right) dx_{[1]} dx_{[2]} \end{aligned} \tag{5.31}$$

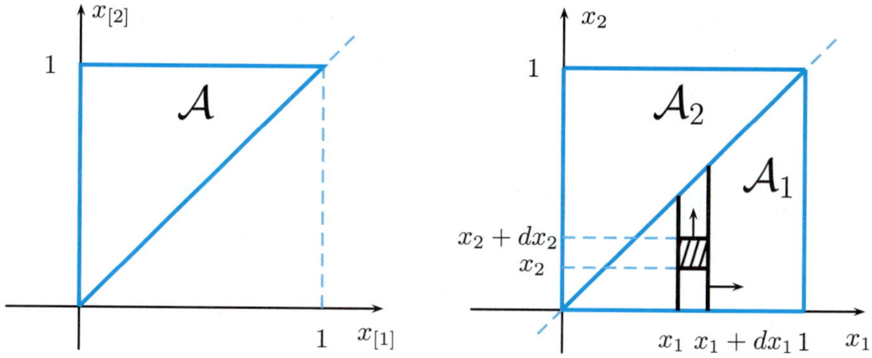

그림 5.1 순서 통계량 공간에서의 영역 $\mathcal{A}$. 처음 공간에서의 영역 $\mathcal{A}_1$과 $\mathcal{A}_2$. 또, 영역 $\mathcal{A}_1$에서의 적분 (먼저, x_1은 0에서 1까지. 그 다음, x_2는 x_1이 정해진 뒤, 0에서 x_1까지)

이다.

한편, 그림 5.1의 오른쪽에 보인 두 영역 $\mathcal{A}_1 = \{(x_1, x_2) : 0 \leq x_2 \leq x_1 \leq 1\}$과 $\mathcal{A}_2 = \{(x_1, x_2) : 0 \leq x_1 \leq x_2 \leq 1\}$을 생각하면 $\mathcal{A}_1 \cup \mathcal{A}_2$가 가리키는 $\underline{X}$의 영역이 그림 5.1의 왼쪽에 보인 $\underline{X_{[\cdot]}}$의 영역 $\mathcal{A}$에 대응한다. 따라서, 확률 $\Pr\left\{\left(X_{[1]}, X_{[2]}\right) \in \mathcal{A}\right\}$를 $\underline{X} = (X_1, X_2)$의 확률밀도함수 $f_{\underline{X}}$로 나타낸 뒤, $\mathcal{A}_1$과 $\mathcal{A}_2$가 겹치지 않는다는 것을 새기어 (2.32)를 쓰면

$$
\begin{aligned}
\Pr\left\{\left(X_{[1]}, X_{[2]}\right) \in \mathcal{A}\right\} &= \Pr\left\{\underline{X} \in (\mathcal{A}_1 \cup \mathcal{A}_2)\right\} \\
&= \Pr\left\{\underline{X} \in \mathcal{A}_1\right\} + \Pr\left\{\underline{X} \in \mathcal{A}_2\right\} \\
&= \int_{\mathcal{A}_1} f_{\underline{X}}(x_1, x_2)\, dx_1 dx_2 + \int_{\mathcal{A}_2} f_{\underline{X}}(x_1, x_2)\, dx_1 dx_2 \\
&= \int_0^1 \int_0^{x_1} f_{\underline{X}}(x_1, x_2)\, dx_2 dx_1 + \int_0^1 \int_0^{x_2} f_{\underline{X}}(x_1, x_2)\, dx_1 dx_2 \qquad (5.32)
\end{aligned}
$$

이다. 이제, 영역 $\mathcal{A}_1$에서는 $(r_1, r_2) = (2, 1)$이므로 (5.15)를 쓰면 $(x_1, x_2) = \left(x_{[r_1]}, x_{[r_2]}\right) = \left(x_{[2]}, x_{[1]}\right)$이라는 것을 알 수 있고, 영역 $\mathcal{A}_2$에서는 $(r_1, r_2) = (1, 2)$이므로 (5.15)를 쓰면 $(x_1, x_2) = \left(x_{[r_1]}, x_{[r_2]}\right) = \left(x_{[1]}, x_{[2]}\right)$라는 것을 알 수 있다. 따라서, (5.32)는

$$
\begin{aligned}
&\Pr\left\{\left(X_{[1]}, X_{[2]}\right) \in \mathcal{A}\right\} \\
&\quad = \int_0^1 \int_0^{x_{[2]}} f_{\underline{X}}\left(x_{[2]}, x_{[1]}\right) dx_{[1]} dx_{[2]} + \int_0^1 \int_0^{x_{[2]}} f_{\underline{X}}\left(x_{[1]}, x_{[2]}\right) dx_{[1]} dx_{[2]} \\
&\quad = \int_0^1 \int_0^{x_{[2]}} \sum_{(r_1, r_2) \in \mathcal{R}^2} f_{\underline{X}}\left(x_{[r_1]}, x_{[r_2]}\right) dx_{[1]} dx_{[2]} \qquad (5.33)
\end{aligned}
$$

처럼 쓸 수 있고, $0 \leq x_{[1]} \leq x_{[2]} \leq 1$일 때

$$
f_{\underline{X_{[\cdot]}}}\left(x_{[1]}, x_{[2]}\right) = f_{\underline{X}}\left(x_{[1]}, x_{[2]}\right) + f_{\underline{X}}\left(x_{[2]}, x_{[1]}\right) \qquad (5.34)
$$

임을 (5.31)과 (5.33)에서 알 수 있다. 한편, 말할 것도 없이 $x_{[1]} > x_{[2]}$이면 $f_{\underline{X_{[\cdot]}}}\left(x_{[1]}, x_{[2]}\right) = 0$일 것이다. 이것을 (5.34)에 새기면

$$f_{\underline{X_{[\cdot]}}}(x,y) \;=\; \left\{f_{\underline{X}}(x,y)+f_{\underline{X}}(y,x)\right\}u(y-x) \tag{5.35}$$

이다. ◇

한편, (5.25)에 보인 순서 통계량 벡터 $\underline{X_{[\cdot]}}$의 결합 확률밀도함수 $f_{\underline{X_{[\cdot]}}}(\underline{x})$를 알맞게 적분하면 순서 통계량 하나의 한계 확률밀도함수와 순서 통계량 여럿의 결합 확률밀도함수를 얻을 수 있다. 좀 더 구체적으로, k째 순서 통계량 $X_{[k]}$의 확률밀도함수 $f_{X_{[k]}}(x_k)$를 얻어 보자. 이제, $d\underline{x}^k = dx_1dx_2\cdots\ dx_{k-1}dx_{k+1}dx_{k+2}\cdots dx_n$이라고 쓰면

$$f_{X_{[k]}}(x_k) \;=\; \int\!\!\int\cdots\int f_{\underline{X_{[\cdot]}}}(\underline{x})\,d\underline{x}^k \tag{5.36}$$

이다. 여기서, $x_1 \le x_2 \le \cdots \le x_{k-1} \le x_k \le x_{k+1} \le \cdots \le x_n$이 아니면 $f_{\underline{X_{[\cdot]}}}(\underline{x}) = 0$이므로

$$f_{X_{[k]}}(x_k) \;=\; \underset{x_1\le x_2\le\cdots\le x_{k-1}\le x_k\le x_{k+1}\le\cdots\le x_n}{\int\!\!\int\cdots\int} f_{\underline{X_{[\cdot]}}}(\underline{x})\,d\underline{x}^k \tag{5.37}$$

이다. 먼저, 결합 확률밀도함수 $f_{\underline{X_{[\cdot]}}}(\underline{x})$를 x_1, x_2, $\cdots$, x_{k-1}, x_{k+1}, x_{k+2}, $\cdots$, x_n의 차례로 적분할 때를 생각하자. 식 (5.37)에서 적분 영역 – 또는 제한 조건 – $x_1 \le x_2 \le \cdots \le x_{k-1} \le x_k \le x_{k+1} \le \cdots \le x_n$을 눈여겨보면 $f_{\underline{X_{[\cdot]}}}(\underline{x})$를 x_1에 대해 $-\infty$에서 x_2까지 적분하고, x_1에 대해 적분한 뒤 x_2에 대해 $-\infty$에서 x_3까지 적분하며, $\cdots$, x_{k-3}에 대해 적분한 뒤 x_{k-2}에 대해 $-\infty$에서 x_{k-1}까지 적분하고, x_{k-2}에 대해 적분한 뒤 x_{k-1}에 대해 $-\infty$에서 x_k까지 적분하며, x_{k-1}에 대해 적분한 뒤 x_{k+1}에 대해 x_k에서 x_{k+2}까지 적분하고, x_{k+1}에 대해 적분한 뒤 x_{k+2}에 대해 x_k에서 x_{k+3}까지 적분하며, $\cdots$, x_{n-2}에 대해 적분한 뒤 x_{n-1}에 대해 x_k에서 x_n까지 적분하고, x_{n-1}에 대해 적분한 뒤 x_n에 대해 x_k에서 ∞까지 적분한다는 것을 알 수 있다. 곧,

$$\begin{aligned} f_{X_{[k]}}(x_k) \;&=\; \underset{x_1\le x_2\le\cdots\le x_{k-1}\le x_k\le x_{k+1}\le\cdots\le x_n}{\int\!\!\int\cdots\int} f_{\underline{X_{[\cdot]}}}(\underline{x})\,d\underline{x}^k \\ &=\; \int_{x_k}^{\infty}\int_{x_k}^{x_n}\cdots\int_{x_k}^{x_{k+3}}\int_{x_k}^{x_{k+2}}\int_{-\infty}^{x_k}\int_{-\infty}^{x_{k-1}}\cdots\int_{-\infty}^{x_3}\int_{-\infty}^{x_2} f_{\underline{X_{[\cdot]}}}(\underline{x}) \\ &\qquad \cdot dx_1dx_2\cdots dx_{k-2}dx_{k-1}dx_{k+1}dx_{k+2}\cdots dx_{n-1}dx_n \end{aligned} \tag{5.38}$$

이다. 한편, 결합 확률밀도함수 $f_{\underline{X_{[\cdot]}}}(\underline{x})$를 x_n, x_{n-1}, $\cdots$, x_{k+1}, x_{k-1}, x_{k-2}, $\cdots$, x_1의 차례로 적분할 때를 생각하자. 이때, 제한 조건 $x_1 \le x_2 \le \cdots \le x_{k-1} \le x_k \le x_{k+1} \le \cdots \le x_n$을 다시 눈여겨보면, (5.37)은 $f_{\underline{X_{[\cdot]}}}(\underline{x})$를 x_n에 대해 x_{n-1}에서 ∞까지 적분하고, x_n에 대해 적분한 뒤 x_{n-1}에 대해 x_{n-2}에서 ∞까지 적분하며, $\cdots$, x_{k+3}에 대해 적분한 뒤 x_{k+2}에 대해 x_{k+1}에서 ∞까지 적분하고, x_{k+2}에 대해 적분한 뒤 x_{k+1}에 대해 x_k에서 ∞까지 적분하며, x_{k+1}에 대해 적분한 뒤 x_{k-1}에 대해 x_{k-2}에서 x_k까지 적분하고, x_{k-1}에 대해 적분한 뒤 x_{k-2}에 대해 x_{k-3}에서 x_k까지 적분하며, $\cdots$, x_3에 대해 적분한 뒤 x_2에 대해 x_1에서 x_k까지 적분하고, x_2에 대해 적분한 뒤 x_1에 대해 $-\infty$에서 x_k까지 적분한 것과 같다는 것을 알 수 있다. 곧, k째 순서 통계량 $X_{[k]}$의 확률밀도함수 $f_{X_{[k]}}(x_k)$는

$$
\begin{aligned}
f_{X_{[k]}}(x_k) &= \underset{x_1 \le x_2 \le \cdots \le x_{k-1} \le x_k \le x_{k+1} \le \cdots \le x_n}{\int\int\cdots\int} f_{\underline{X_{[\cdot]}}}(\underline{x})\, d\underline{x}^k \\
&= \int_{-\infty}^{x_k}\int_{x_1}^{x_k}\cdots\int_{x_{k-3}}^{x_k}\int_{x_{k-2}}^{x_k}\int_{x_k}^{\infty}\int_{x_{k+1}}^{\infty}\cdots\int_{x_{n-2}}^{\infty}\int_{x_{n-1}}^{\infty} f_{\underline{X_{[\cdot]}}}(\underline{x}) \\
&\qquad \cdot dx_n dx_{n-1}\cdots dx_{k+2}dx_{k+1}dx_{k-1}dx_{k-2}\cdots dx_2 dx_1
\end{aligned} \tag{5.39}
$$

처럼 얻을 수도 있다.

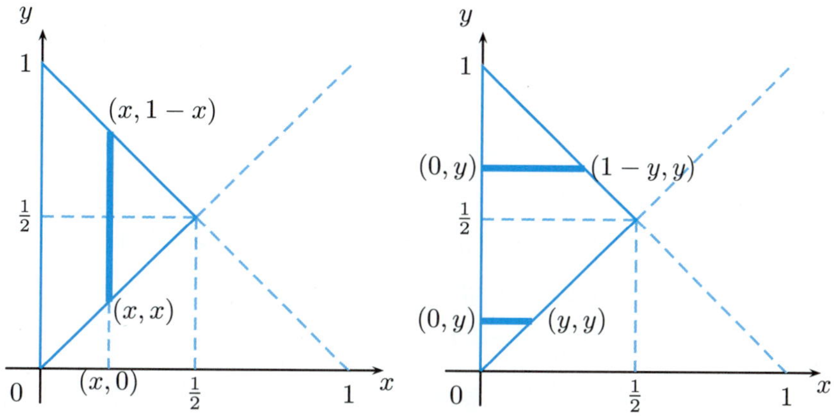

그림 5.2 순서 통계량 벡터 $\underline{X_{[\cdot]}} = \left(X_{[1]}, X_{[2]}\right)$의 결합 확률밀도함수 $f_{X_{[1]},X_{[2]}}(x,y)$의 받침이 영역 $\{(x,y) : 0 < x \le y \le 1-x\}$일 때 $f_{X_{[1]},X_{[2]}}(x,y)$를 바탕으로 순서 통계량의 한계 확률밀도함수를 얻는 적분 구간. (왼쪽 그림) 첫째 순서 통계량 $X_{[1]}$의 확률밀도함수를 얻고자 결합 확률밀도함수 $f_{X_{[1]},X_{[2]}}(x,y)$를 y로 적분할 때의 적분 구간: $y = x$부터 $y = 1-x$까지. (오른쪽 그림) 둘째 순서 통계량 $X_{[2]}$의 확률밀도함수를 얻고자 결합 확률밀도함수 $f_{X_{[1]},X_{[2]}}(x,y)$를 x로 적분할 때의 적분 구간: $0 < y \le \frac{1}{2}$일 때에는 $x = 0$부터 $x = y$까지, 또 $\frac{1}{2} \le y < 1$일 때에는 $x = 0$부터 $x = 1-y$까지.

보기 5.14 확률벡터 $\underline{X} = (X_1, X_2)$의 결합 확률밀도함수가

$$
f_{\underline{X}}(x,y) = 2u(x)u(y)u(1-x-y) \tag{5.40}
$$

일 때 $\underline{X}$의 순서 통계량 벡터 $\underline{X_{[\cdot]}} = \left(X_{[1]}, X_{[2]}\right)$의 결합 확률밀도함수, 첫째 순서 통계량 $X_{[1]}$의 확률밀도함수, 둘째 순서 통계량 $X_{[2]}$의 확률밀도함수를 얻어 보자.

풀이 먼저, $\underline{X}$의 순서 통계량 벡터 $\underline{X_{[\cdot]}} = \left(X_{[1]}, X_{[2]}\right)$의 결합 확률밀도함수는

$$
\begin{aligned}
f_{X_{[1]},X_{[2]}}(x,y) &= 2u(x)u(y)u(1-x-y)u(y-x) + 2u(y)u(x)u(1-y-x)u(y-x) \\
&= 4u(x)u(1-x-y)u(y-x)
\end{aligned} \tag{5.41}
$$

임을 (5.35)에서 알 수 있다. 그러므로, 그림 5.2에 보인 적분 구간을 새겨서 순서 통계량 벡터 $\underline{X_{[\cdot]}} = \left(X_{[1]}, X_{[2]}\right)$의 결합 확률밀도함수 $f_{X_{[1]},X_{[2]}}(x,y)$를 (5.38) 또는 (5.39)에 보인 바와 같이 적분하면 첫째 순서 통계량 $X_{[1]}$의 확률밀도함수는

$$\begin{aligned} f_{X_{[1]}}(x) &= \int_{-\infty}^{\infty} f_{X_{[1]},X_{[2]}}(x,y)dy \\ &= \begin{cases} \int_x^{1-x} 4dy, & 0 < x < \frac{1}{2}, \\ 0, & \text{그 밖에는} \end{cases} \\ &= 4(1-2x)\,u(x)u\left(\frac{1}{2}-x\right) \end{aligned} \tag{5.42}$$

이고, 둘째 순서 통계량 $X_{[2]}$의 확률밀도함수는

$$\begin{aligned} f_{X_{[2]}}(y) &= \int_{-\infty}^{y} f_{X_{[1]},X_{[2]}}(x,y)dx \\ &= \begin{cases} \int_0^y 4dx, & 0 < y \le \frac{1}{2}, \\ \int_0^{1-y} 4dx, & \frac{1}{2} \le y < 1, \\ 0, & \text{그 밖에는} \end{cases} \\ &= \begin{cases} 4y, \ 0 < y \le \frac{1}{2}; & 4(1-y), \ \frac{1}{2} \le y < 1; \\ 0, \ \text{그 밖에는} \end{cases} \\ &= 2\left(1-|1-2y|\right)u(y)u(1-y) \end{aligned} \tag{5.43}$$

임을[15] 알 수 있다. 그림 5.3에 첫째 순서 통계량 $X_{[1]}$의 한계 확률밀도함수 $f_{X_{[1]}}(x)$와 둘째 순서 통계량 $X_{[2]}$의 한계 확률밀도함수 $f_{X_{[2]}}(x)$를 보였다. ◇

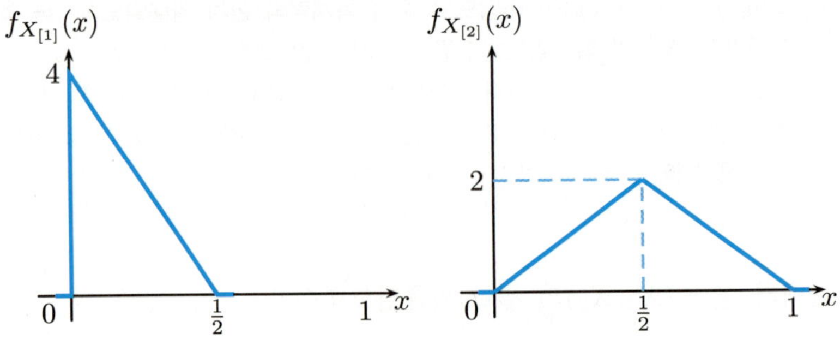

그림 5.3 확률벡터 $\underline{X} = (X_1, X_2)$의 결합 확률밀도함수가 $f_{\underline{X}}(x,y) = 2u(x)u(y)u(1-x-y)$일 때, 첫째 순서 통계량 $X_{[1]}$의 확률밀도함수 $f_{X_{[1]}}(x)$와 둘째 순서 통계량 $X_{[2]}$의 확률밀도함수 $f_{X_{[2]}}(x)$

보기 5.15 연속 확률벡터 $\underline{X} = (X_1, X_2)$의 결합 확률밀도함수가

$$f_{\underline{X}}(x,y) = (x+y)u(x)u(1-x)u(y)u(1-y) \tag{5.44}$$

일 때 $\underline{X}$의 순서 통계량 벡터 $\underline{X_{[\cdot]}} = \left(X_{[1]}, X_{[2]}\right)$의 결합 확률밀도함수, 첫째 순서 통계량 $X_{[1]}$의 확률밀도함수, 둘째 순서 통계량 $X_{[2]}$의 확률밀도함수를 얻어 보자.

---

[15] 여기서, $f_{X_{[2]}}(y) = \int_{-\infty}^{\infty} f_{X_{[1]},X_{[2]}}(x,y)dx = \int_{-\infty}^{y} f_{X_{[1]},X_{[2]}}(x,y)dx$이다. 또, $\int_{-\infty}^{\infty} f_{X_{[1]}}(x)dx = \int_0^{\frac{1}{2}} 4(1-2x)dx = \left[4x-4x^2\right]_{x=0}^{\frac{1}{2}} = 1$이고, $\int_{-\infty}^{\infty} f_{X_{[2]}}(y)dy = \int_0^{\frac{1}{2}} 4ydy + \int_{\frac{1}{2}}^{1} 4(1-y)dy = \left[2y^2\right]_{y=0}^{\frac{1}{2}} + \left[4y-2y^2\right]_{y=\frac{1}{2}}^{1} = 1$이라는 것을 확인할 수 있다.

풀이 먼저, (5.35)를 바탕으로 $\underline{X}$의 순서 통계량 벡터 $\underline{X_{[\cdot]}} = \left(X_{[1]}, X_{[2]}\right)$의 결합 확률밀도함수를 얻으면

$$\begin{aligned} f_{X_{[1]},X_{[2]}}(x,y) &= (x+y)u(x)u(1-x)u(y)u(1-y)u(y-x) \\ &\quad +(y+x)u(y)u(1-y)u(x)u(1-x)u(y-x) \\ &= 2(x+y)u(x)u(y-x)u(1-y) \end{aligned} \tag{5.45}$$

이다. 다음으로, (5.38) 또는 (5.39)를 바탕으로 첫째 순서 통계량 $X_{[1]}$의 확률밀도함수를 얻으면

$$\begin{aligned} f_{X_{[1]}}(x) &= \int_x^\infty f_{X_{[1]},X_{[2]}}(x,y)dy \\ &= \begin{cases} \int_x^1 2(x+y)dy, & 0<x<1, \\ 0, & \text{그 밖에는} \end{cases} \\ &= \left(1+2x-3x^2\right) u(x)u\left(1-x\right) \end{aligned} \tag{5.46}$$

이고[16], 둘째 순서 통계량 $X_{[2]}$의 확률밀도함수를 얻으면

$$\begin{aligned} f_{X_{[2]}}(y) &= \begin{cases} \int_0^y 2(x+y)dx, & 0<y<1, \\ 0, & \text{그 밖에는} \end{cases} \\ &= 3y^2\, u(y)u\left(1-y\right) \end{aligned} \tag{5.47}$$

이다[17]. 그림 5.4에 첫째 순서 통계량 $X_{[1]}$의 한계 확률밀도함수 $f_{X_{[1]}}(x)$와 둘째 순서 통계량 $X_{[2]}$의 한계 확률밀도함수 $f_{X_{[2]}}(x)$를 보였다. ◇

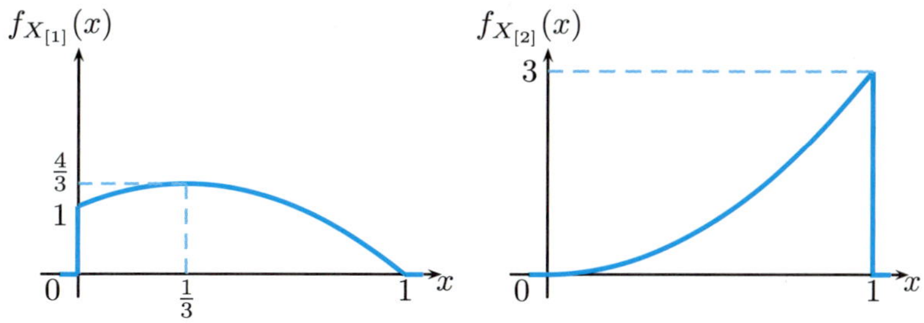

그림 5.4 확률벡터 $\underline{X} = (X_1, X_2)$의 결합 확률밀도함수가 $f_{\underline{X}}(x,y) = (x+y)u(x)u(1-x)u(y)u(1-y)$일 때, 첫째 순서 통계량 $X_{[1]}$의 확률밀도함수 $f_{X_{[1]}}(x)$와 둘째 순서 통계량 $X_{[2]}$의 확률밀도함수 $f_{X_{[2]}}(x)$

그림 5.3과 5.4를 잘 살펴보면 작은 순서 통계량의 확률밀도함수는 왼쪽으로, 또 큰 순서 통계량의 확률밀도함수는 오른쪽으로 치우친다는 것을 알 수 있다. 이것을 5.8절에서 좀 더 자세히 살펴본다.

[16] 앞에서도 말했듯이, $f_{X_{[1]}}(x) = \int_{-\infty}^\infty f_{X_{[1]},X_{[2]}}(x,y)dy = \int_x^\infty f_{X_{[1]},X_{[2]}}(x,y)dy$이다.
[17] 여기서, $\int_0^1 3y^2dy = 1$이고 $\int_0^1 \left(1+2x-3x^2\right)dx = 1$이라는 것을 확인할 수 있다.

보기 5.16 연속 확률벡터 $\underline{X} = (X_1, X_2)$의 결합 확률밀도함수가

$$f_{\underline{X}}(x, y) = \frac{2}{3}(2x + y)u(x)u(1 - x)u(y)u(1 - y) \tag{5.48}$$

이면 $\underline{X}$의 순서 통계량 벡터 $\underline{X_{[\cdot]}} = \left(X_{[1]}, X_{[2]}\right)$의 결합 확률밀도함수가

$$\begin{aligned} f_{X_{[1]},X_{[2]}}(x, y) &= \frac{2}{3}(2x + y)u(x)u(1 - x)u(y)u(1 - y)u(y - x) \\ &\quad + \frac{2}{3}(2y + x)u(y)u(1 - y)u(x)u(1 - x)u(y - x) \\ &= 2(x + y)u(x)u(y - x)u(1 - y) \end{aligned} \tag{5.49}$$

임을 (5.35)에서 알 수 있다. 여기서, (5.45)와 (5.49)가 같다. 따라서, 보기 5.15에서 얻은 결과를 바탕으로 첫째 순서 통계량 $X_{[1]}$의 확률밀도함수는

$$f_{X_{[1]}}(x) = \left(1 + 2x - 3x^2\right) u(x)u(1 - x) \tag{5.50}$$

이고, 둘째 순서 통계량 $X_{[2]}$의 확률밀도함수는

$$f_{X_{[2]}}(y) = 3y^2 u(y)u(1 - y) \tag{5.51}$$

임을 바로 알 수 있다. ♢

보기 5.17 연속 확률벡터 $\underline{X} = (X_1, X_2)$의 결합 확률밀도함수가

$$f_{\underline{X}}(x, y) = 2x\, u(x)u(1 - x)u(y)u(1 - y) \tag{5.52}$$

이면 (5.35)에서 $\underline{X}$의 순서 통계량 벡터 $\underline{X_{[\cdot]}} = \left(X_{[1]}, X_{[2]}\right)$의 결합 확률밀도함수는

$$f_{X_{[1]},X_{[2]}}(x, y) = 2(x + y)u(x)u(y - x)u(1 - y) \tag{5.53}$$

이다. 그러므로, 첫째 순서 통계량 $X_{[1]}$의 확률밀도함수와 둘째 순서 통계량 $X_{[2]}$의 확률밀도함수도 보기 5.16에서 얻은 바와 같다. ♢

보기 5.18 실수 a와 b가 어느 것도 0보다 작지 않고 $a + b$가 0보다 크다고 하자. 그러면 연속 확률벡터 $\underline{X} = (X_1, X_2)$의 결합 확률밀도함수가

$$f_{\underline{X}}(x, y) = \frac{2}{a + b}(ax + by)\, u(x)u(1 - x)u(y)u(1 - y) \tag{5.54}$$

일 때 $\underline{X}$의 순서 통계량 벡터 $\underline{X_{[\cdot]}} = \left(X_{[1]}, X_{[2]}\right)$의 결합 확률밀도함수는

$$f_{X_{[1]},X_{[2]}}(x, y) = 2(x + y)u(x)u(y - x)u(1 - y) \tag{5.55}$$

이고, 첫째 순서 통계량 $X_{[1]}$의 확률밀도함수와 둘째 순서 통계량 $X_{[2]}$의 확률밀도함수는 보기 5.16에서 얻은 바와 같다. ♢

보기 5.15–5.18을 잘 살펴보면 확률벡터의 결합 분포가 다르더라도 순서 통계량 벡터의 결합 분포가 같을 때가 있다는 것을 알 수 있다. 부록 5.1에서 이것을 좀 더 다루었다.

5.2.2 결합 확률질량함수와 한계 확률질량함수

정리 5.1에서 말한 바와 비슷하게 이산 확률벡터에서 순서 통계량 벡터의 결합 확률질량함수는 아래와 같다는 것을 보일 수 있다.

정리 5.2 **순서 통계량 벡터의 결합 확률질량함수** 이산 확률벡터 $\underline{X} = (X_1, X_2, \cdots, X_n)$의 결합 확률질량함수를 $p_{\underline{X}}$라고 하면 $\underline{X}$의 순서 통계량 벡터 $\underline{X_{[\cdot]}}$의 결합 확률질량함수는

$$p_{\underline{X_{[\cdot]}}}\left(\underline{x_{[\cdot]}}\right) = \begin{cases} \frac{1}{k_1!k_2!\cdots k_m!} \sum\limits_{\underline{r}\in\mathcal{R}^n} p_{\underline{X}}\left(x_{[r_1]}, x_{[r_2]}, \cdots, x_{[r_n]}\right), & x_{[1]} \le x_{[2]} \le \cdots \le x_{[n]}, \\ 0, & \text{그 밖에는} \end{cases} \tag{5.56}$$

이다. 여기서, $\{k_j\}_{j=1}^m$은 $\left\{x_{[i]}\right\}_{i=1}^n$ 가운데에서 서로 같은 것들의 개수를 나타내고 $\sum\limits_{j=1}^m k_j = n$을 만족시킨다. ■■

보기 5.19 이산 확률벡터 $\underline{X} = (X_1, X_2)$의 결합 확률질량함수가

$$p_{\underline{X}}(x, y) = \begin{cases} \frac{1}{3}, & (x,y) = (1,1); \quad \frac{1}{4}, \ (x,y) = (1,2) \text{ 또는 } (2,1); \\ \frac{1}{6}, & (x,y) = (2,2); \quad 0, \ \text{그 밖에는} \end{cases} \tag{5.57}$$

일 때 $\underline{X}$의 순서 통계량 벡터 $\underline{X_{[\cdot]}} = \left(X_{[1]}, X_{[2]}\right)$의 결합 확률질량함수 $p_{\underline{X_{[\cdot]}}}$를 얻어 보자.

풀이 식 (5.56)을 쓰면

$$\begin{aligned} p_{\underline{X_{[\cdot]}}}(1,1) &= \frac{1}{2!}\left\{p_{\underline{X}}(1,1) + p_{\underline{X}}(1,1)\right\} \\ &= \frac{1}{3}, \end{aligned} \tag{5.58}$$

$$\begin{aligned} p_{\underline{X_{[\cdot]}}}(1,2) &= \frac{1}{1!1!}\left\{p_{\underline{X}}(1,2) + p_{\underline{X}}(2,1)\right\} \\ &= \frac{1}{2}, \end{aligned} \tag{5.59}$$

$$\begin{aligned} p_{\underline{X_{[\cdot]}}}(2,2) &= \frac{1}{2!}\left\{p_{\underline{X}}(2,2) + p_{\underline{X}}(2,2)\right\} \\ &= \frac{1}{6} \end{aligned} \tag{5.60}$$

을 얻는다. ◇

한편, (5.38) 또는 (5.39)를 얻을 때와 마찬가지로 (5.56)에 보인 순서 통계량 벡터 $\underline{X_{[\cdot]}}$의 결합 확률질량함수 $p_{\underline{X_{[\cdot]}}}(\underline{x})$를 알맞게 더하면 순서 통계량 하나의 한계 확률질량함수나 순서 통계량 벡터 $\underline{X_{[\cdot]}}$의 부벡터의 결합 확률질량함수를 얻을 수 있다. 보기를 들어, k째 순서 통계량 $X_{[k]}$의 확률질량함수 $p_{X_{[k]}}(x_k)$를 얻어 보자. 먼저,

$$\begin{aligned} p_{X_{[k]}}(x_k) &= \sum_{x_n=-\infty}^{\infty} \sum_{x_{n-1}=-\infty}^{\infty} \cdots \sum_{x_{k+2}=-\infty}^{\infty} \sum_{x_{k+1}=-\infty}^{\infty} \\ &\cdot \sum_{x_{k-1}=-\infty}^{\infty} \sum_{x_{k-2}=-\infty}^{\infty} \cdots \sum_{x_2=-\infty}^{\infty} \sum_{x_1=-\infty}^{\infty} p_{\underline{X_{[\cdot]}}}(\underline{x}) \end{aligned} \tag{5.61}$$

이다.

이제, 결합 확률질량함수 $p_{\underline{X_{[\cdot]}}}(\underline{x})$를 x_1, x_2, $\cdots$, x_{k-1}, x_{k+1}, x_{k+2}, $\cdots$, x_n의 차례로 더할 때를 생각하자. 그러면 $x_1 \le x_2 \le \cdots \le x_{k-1} \le x_k \le x_{k+1} \le \cdots \le x_n$이 아닌 점 $\underline{x}$에서는 $p_{\underline{X_{[\cdot]}}}(\underline{x}) = 0$이므로, (5.61)은 $p_{\underline{X_{[\cdot]}}}(\underline{x})$를 x_1에 대해 $-\infty$에서 x_2까지 더하고, x_1에 대해 더한 뒤 x_2에 대해 $-\infty$에서 x_3까지 더하며, $\cdots$, x_{k-3}에 대해 더한 뒤 x_{k-2}에 대해 $-\infty$에서 x_{k-1}까지 더하고, x_{k-2}에 대해 더한 뒤 x_{k-1}에 대해 $-\infty$에서 x_k까지 더하며, x_{k-1}에 대해 더한 뒤 x_{k+1}에 대해 x_k에서 x_{k+2}까지 더하고, x_{k+1}에 대해 더한 뒤 x_{k+2}에 대해 x_k에서 x_{k+3}까지 더하며, $\cdots$, x_{n-2}에 대해 더한 뒤 x_{n-1}에 대해 x_k에서 x_n까지 더하고, x_{n-1}에 대해 더한 뒤 x_n에 대해 x_k에서 ∞까지 더한 것과 같다는 것을 알 수 있다. 곧,

$$\begin{aligned} p_{X_{[k]}}(x_k) &= \sum_{x_n=x_k}^{\infty} \sum_{x_{n-1}=x_k}^{x_n} \cdots \sum_{x_{k+2}=x_k}^{x_{k+3}} \sum_{x_{k+1}=x_k}^{x_{k+2}} \\ &\quad \cdot \sum_{x_{k-1}=-\infty}^{x_k} \sum_{x_{k-2}=-\infty}^{x_{k-1}} \cdots \sum_{x_2=-\infty}^{x_3} \sum_{x_1=-\infty}^{x_2} p_{\underline{X_{[\cdot]}}}(\underline{x}) \end{aligned} \tag{5.62}$$

이다. 다음에, 결합 확률질량함수 $p_{\underline{X_{[\cdot]}}}(\underline{x})$를 x_n, x_{n-1}, $\cdots$, x_{k+1}, x_{k-1}, x_{k-2}, $\cdots$, x_1의 차례로 더할 때를 생각하자. 이때에도, $x_1 \le x_2 \le \cdots \le x_{k-1} \le x_k \le x_{k+1} \le \cdots \le x_n$이 아닌 점 $\underline{x}$에서는 $p_{\underline{X_{[\cdot]}}}(\underline{x}) = 0$이므로, (5.61)은 $p_{\underline{X_{[\cdot]}}}(\underline{x})$를 x_n에 대해 x_{n-1}에서 ∞까지 더하고, x_n에 대해 더한 뒤 x_{n-1}에 대해 x_{n-2}에서 ∞까지 더하며, $\cdots$, x_{k+3}에 대해 더한 뒤 x_{k+2}에 대해 x_{k+1}에서 ∞까지 더하고, x_{k+2}에 대해 더한 뒤 x_{k+1}에 대해 x_k에서 ∞까지 더하며, x_{k+1}에 대해 더한 뒤 x_{k-1}에 대해 x_{k-2}에서 x_k까지 더하고, x_{k-1}로에 대해 더한 뒤 x_{k-2}에 대해 x_{k-3}에서 x_k까지 더하며, $\cdots$, x_3에 대해 더한 뒤 x_2에 대해 x_1에서 x_k까지 더하고, x_2에 대해 더한 뒤 x_1에 대해 $-\infty$에서 x_k까지 더한 것과 같다는 것을 알 수 있다. 곧, k째 순서 통계량 $X_{[k]}$의 확률질량함수를

$$\begin{aligned} p_{X_{[k]}}(x_k) &= \sum_{x_1=-\infty}^{x_k} \sum_{x_2=x_1}^{x_k} \cdots \sum_{x_{k-2}=x_{k-3}}^{x_k} \sum_{x_{k-1}=x_{k-2}}^{x_k} \\ &\quad \cdot \sum_{x_{k+1}=x_k}^{\infty} \sum_{x_{k+2}=x_{k+1}}^{\infty} \cdots \sum_{x_{n-1}=x_{n-2}}^{\infty} \sum_{x_n=x_{n-1}}^{\infty} p_{\underline{X_{[\cdot]}}}(\underline{x}) \end{aligned} \tag{5.63}$$

처럼 얻을 수도 있다.

보기 5.20 보기 5.19에서 이산 확률벡터 $\underline{X} = (X_1, X_2)$의 결합 확률질량함수가

$$p_{\underline{X}}(x,y) = \begin{cases} \frac{1}{3}, & (x,y)=(1,1); \quad \frac{1}{4}, \ (x,y)=(1,2) \text{ 또는 } (2,1); \\ \frac{1}{6}, & (x,y)=(2,2); \quad 0, \ \text{그 밖에는} \end{cases} \tag{5.64}$$

일 때 $\underline{X}$의 순서 통계량 벡터 $\underline{X_{[\cdot]}} = (X_{[1]}, X_{[2]})$의 결합 확률질량함수는

$$p_{\underline{X_{[\cdot]}}}(x,y) = \begin{cases} \frac{1}{3}, & (x,y)=(1,1); \quad \frac{1}{2}, \ (x,y)=(1,2); \\ \frac{1}{6}, & (x,y)=(2,2); \quad 0, \ \text{그 밖에는} \end{cases} \tag{5.65}$$

임을 보았다. 이때, 순서 통계량 $X_{[1]}$의 확률질량함수 $p_{X_{[1]}}$과 순서 통계량 $X_{[2]}$의 확률질량함수 $p_{X_{[2]}}$를 얻어 보자.

풀이 앞에서 생각한 (5.61), (5.62), 또는 (5.63)을 새겨 (5.65)를 쓰면 $p_{X_{[1]}}(1) = \sum_{y=-\infty}^{\infty} p_{\underline{X_{[\cdot]}}}(1, y) = \sum_{y=1}^{\infty} p_{\underline{X_{[\cdot]}}}(1,y)$이므로 $p_{X_{[1]}}(1) = \frac{5}{6}$이고, $p_{X_{[1]}}(2) = \sum_{y=-\infty}^{\infty} p_{\underline{X_{[\cdot]}}}(2,y) = \sum_{y=2}^{\infty} p_{\underline{X_{[\cdot]}}}(2,y)$이므로 $p_{X_{[1]}}(2) = \frac{1}{6}$이며, $p_{X_{[2]}}(1) = \sum_{x=-\infty}^{\infty} p_{\underline{X_{[\cdot]}}}(x,1) = \sum_{x=-\infty}^{1} p_{\underline{X_{[\cdot]}}}(x,1)$이므로 $p_{X_{[2]}}(1) = \frac{1}{3}$이고, $p_{X_{[2]}}(2) = \sum_{x=-\infty}^{\infty} p_{\underline{X_{[\cdot]}}}(x,2) = \sum_{x=-\infty}^{2} p_{\underline{X_{[\cdot]}}}(x,2)$이므로 $p_{X_{[2]}}(2) = \frac{2}{3}$라는 것을 알 수 있다. 곧,

$$p_{X_{[1]}}(x) = \begin{cases} \frac{5}{6}, \quad x=1; \qquad \frac{1}{6}, \quad x=2; \\ 0, \quad \text{그 밖에는} \end{cases} \tag{5.66}$$

이고

$$p_{X_{[2]}}(x) = \begin{cases} \frac{1}{3}, \quad x=1; \qquad \frac{2}{3}, \quad x=2; \\ 0, \quad \text{그 밖에는} \end{cases} \tag{5.67}$$

이다. ◇

보기 5.21 이산 확률벡터 $\underline{X} = (X_1, X_2)$의 결합 확률질량함수가

$$p_{\underline{X}}(x,y) = \begin{cases} \frac{1}{4}, \quad (x,y)=(0,2) \text{ 또는 } (1,0); \qquad \frac{1}{6}, \quad (x,y)=(2,0) \text{ 또는 } (1,2); \\ \frac{1}{12}, \quad (x,y)=(0,1) \text{ 또는 } (2,1); \qquad 0, \quad \text{그 밖에는} \end{cases} \tag{5.68}$$

일 때 $\underline{X}$의 순서 통계량 벡터 $\underline{X_{[\cdot]}} = \left(X_{[1]}, X_{[2]}\right)$의 결합 확률질량함수, 첫째 순서 통계량 $X_{[1]}$의 확률질량함수, 둘째 순서 통계량 $X_{[2]}$의 확률질량함수를 얻어 보자.

풀이 먼저, (5.56)을 바탕으로 $\underline{X}$의 순서 통계량 벡터 $\underline{X_{[\cdot]}} = \left(X_{[1]}, X_{[2]}\right)$의 결합 확률질량함수를 얻으면

$$p_{X_{[1]},X_{[2]}}(x,y) = \begin{cases} p_{X_1,X_2}(x,y) + p_{X_1,X_2}(y,x), & x<y, \\ \frac{1}{2!}\left\{p_{X_1,X_2}(x,y) + p_{X_1,X_2}(y,x)\right\}, & x=y, \\ 0, & \text{그 밖에는} \end{cases} \tag{5.69}$$

이다. 따라서,

$$\begin{aligned} p_{X_{[1]},X_{[2]}}(0,1) &= p_{X_1,X_2}(0,1) + p_{X_1,X_2}(1,0) \\ &= \frac{1}{3} \end{aligned} \tag{5.70}$$

이고, $p_{X_{[1]},X_{[2]}}(0,2) = p_{X_1,X_2}(0,2) + p_{X_1,X_2}(2,0) = \frac{5}{12}$이며, $p_{X_{[1]},X_{[2]}}(1,2) = p_{X_1,X_2}(1,2) + p_{X_1,X_2}(2,1) = \frac{1}{4}$이다. 곧, 순서 통계량 벡터 $\underline{X_{[\cdot]}} = \left(X_{[1]}, X_{[2]}\right)$의 결합 확률질량함수는

$$p_{X_{[1]},X_{[2]}}(x,y) = \begin{cases} \frac{1}{3}, \quad (x,y)=(0,1); \qquad \frac{5}{12}, \quad (x,y)=(0,2); \\ \frac{1}{4}, \quad (x,y)=(1,2); \qquad 0, \quad \text{그 밖에는} \end{cases} \tag{5.71}$$

이다. 이제, (5.61), (5.62), 또는 (5.63)을 새겨 (5.71)을 바탕으로 첫째 순서 통계량 $X_{[1]}$의 확률질량함수 $p_{X_{[1]}}(x) = \sum_{y=-\infty}^{\infty} p_{X_{[1]},X_{[2]}}(x,y) = \sum_{y=x}^{\infty} p_{X_{[1]},X_{[2]}}(x,y)$를 얻으면

$$
\begin{aligned}
p_{X_{[1]}}(x) &= \begin{cases} \sum_{y=0}^{2} p_{X_{[1]},X_{[2]}}(0,y), \ x=0; & \sum_{y=1}^{2} p_{X_{[1]},X_{[2]}}(1,y), \ x=1; \\ 0, & \text{그 밖에는} \end{cases} \\
&= \begin{cases} \frac{3}{4}, \ x=0; & \frac{1}{4}, \ x=1; \\ 0, \ \text{그 밖에는} \end{cases}
\end{aligned} \tag{5.72}
$$

이고, 둘째 순서 통계량 $X_{[2]}$의 확률질량함수 $p_{X_{[2]}}(y) = \sum_{x=-\infty}^{y} p_{X_{[1]},X_{[2]}}(x,y)$를 얻으면

$$
\begin{aligned}
p_{X_{[2]}}(y) &= \begin{cases} \sum_{x=0}^{1} p_{X_{[1]},X_{[2]}}(x,1), \ y=1; & \sum_{x=0}^{2} p_{X_{[1]},X_{[2]}}(x,2), \ y=2; \\ 0, & \text{그 밖에는} \end{cases} \\
&= \begin{cases} \frac{1}{3}, \ y=1; & \frac{2}{3}, \ y=2; \\ 0, \ \text{그 밖에는} \end{cases}
\end{aligned} \tag{5.73}
$$

이다. ◇

보기 5.22 이산 확률벡터 $\underline{X} = (X_1, X_2, X_3)$의 결합 확률질량함수가

$$
p_{\underline{X}}(x,y,z) = \begin{cases} \frac{3}{14}, \ (x,y,z) = (0,0,0) \text{ 또는 } (2,2,2), \\ \frac{1}{14}, \ (x,y,z) = (0,1,1), (0,1,2), (0,2,0), (1,0,0), \\ \qquad (1,0,1), (1,1,2), (1,2,0), \text{ 또는 } (2,1,2), \\ 0, \ \text{그 밖에는} \end{cases} \tag{5.74}
$$

일 때 $\underline{X}$의 순서 통계량 벡터 $\underline{X_{[\cdot]}} = \left(X_{[1]}, X_{[2]}, X_{[3]}\right)$의 결합 확률질량함수, 첫째 순서 통계량 $X_{[1]}$의 확률질량함수, 둘째 순서 통계량 $X_{[2]}$의 확률질량함수, 셋째 순서 통계량 $X_{[3]}$의 확률질량함수를 얻어 보자.

풀이 먼저, (5.56)을 바탕으로 쉽게

$$
p_{\underline{X_{[\cdot]}}}(x,y,z) = \begin{cases} \frac{3}{14}, \ (x,y,z) = (0,0,0) \text{ 또는 } (2,2,2), \\ \frac{2}{14}, \ (x,y,z) = (0,1,1) \text{ 또는 } (0,1,2), \\ \frac{1}{14}, \ (x,y,z) = (0,0,1), (0,0,2), (1,1,2), \text{ 또는 } (1,2,2), \\ 0, \ \text{그 밖에는} \end{cases} \tag{5.75}
$$

를 얻을 수 있다. 그 다음, 이 식을 바탕으로

$$
p_{X_{[1]}}(x) = \begin{cases} \frac{9}{14}, \ x=0; & \frac{2}{14}, \ x=1; \\ \frac{3}{14}, \ x=2; & 0, \ \text{그 밖에는} \end{cases} \tag{5.76}
$$

이고,

$$p_{X_{[2]}}(x) = \begin{cases} \frac{5}{14}, & x=0; \quad \frac{5}{14}, \quad x=1; \\ \frac{4}{14}, & x=2; \quad 0, \quad \text{그 밖에는} \end{cases} \tag{5.77}$$

이며,

$$p_{X_{[3]}}(x) = \begin{cases} \frac{3}{14}, & x=0; \quad \frac{3}{14}, \quad x=1; \\ \frac{8}{14}, & x=2; \quad 0, \quad \text{그 밖에는} \end{cases} \tag{5.78}$$

임을 알 수 있다. ◇

보기 5.20–5.22를 잘 살펴보면 연속 확률벡터에서도 본 것처럼 $i<j$일 때 i째 순서 통계량 $X_{[i]}$의 확률질량함수 $p_{X_{[i]}}(x)$는 j째 순서 통계량 $X_{[j]}$의 확률질량함수 $p_{X_{[j]}}(x)$보다 왼쪽으로 치우친다는 것을 알 수 있다. 이것을 5.8절에서 좀 더 자세히 살펴본다.

5.2.3 결합 누적분포함수와 한계 누적분포함수

한편, 정리 5.1과 정리 5.2를 바탕으로 확률벡터 $\underline{X} = (X_1, X_2, \cdots, X_n)$의 순서 통계량 벡터 $\underline{X_{[\cdot]}}$의 결합 누적분포함수는

$$\begin{aligned} F_{\underline{X_{[\cdot]}}}\left(\underline{x_{[\cdot]}}\right) &= \Pr\left\{\underline{X_{[\cdot]}} \le \underline{x_{[\cdot]}}\right\} \\ &= \Pr\left\{X_{[1]} \le x_{[1]}, X_{[2]} \le x_{[2]}, \cdots, X_{[n]} \le x_{[n]}\right\} \\ &= \begin{cases} \int_{-\infty}^{x_{[n]}} \int_{-\infty}^{x_{[n-1]}} \cdots \int_{-\infty}^{x_{[1]}} f_{\underline{X_{[\cdot]}}}(\underline{t})\, d\underline{t}, & \underline{X}\text{가 연속 확률벡터일 때}, \\ \sum_{t_n=-\infty}^{x_{[n]}} \sum_{t_{n-1}=-\infty}^{x_{[n-1]}} \cdots \sum_{t_1=-\infty}^{x_{[1]}} p_{\underline{X_{[\cdot]}}}(\underline{t}), & \underline{X}\text{가 이산 확률벡터일 때} \end{cases} \end{aligned} \tag{5.79}$$

처럼 나타낼 수 있다. 여기서, $\underline{t} = (t_1, t_2, \cdots, t_n)$이고, $d\underline{t} = dt_1 dt_2 \cdots dt_n$이다. 확률벡터 $\underline{X}$의 순서 통계량 벡터 $\underline{X_{[\cdot]}}$의 결합 누적분포함수를 얻은 뒤에는 (4.8)과 비슷하게 순서 통계량 하나의 한계 누적분포함수와 순서 통계량 여럿의 결합 누적분포함수를 얻을 수 있다.

보기 5.23 이산 확률벡터 $\underline{X} = (X_1, X_2)$의 결합 확률질량함수가

$$p_{\underline{X}}(x,y) = \begin{cases} \frac{1}{4}, & (x,y)=(0,2) \text{ 또는 } (1,0); \quad \frac{1}{6}, \quad (x,y)=(2,0) \text{ 또는 } (1,2); \\ \frac{1}{12}, & (x,y)=(0,1) \text{ 또는 } (2,1); \quad 0, \quad \text{그 밖에는} \end{cases} \tag{5.80}$$

일 때 $\underline{X}$의 순서 통계량 벡터 $\underline{X_{[\cdot]}} = \left(X_{[1]}, X_{[2]}\right)$의 결합 누적분포함수, 첫째 순서 통계량 $X_{[1]}$의 누적분포함수, 둘째 순서 통계량 $X_{[2]}$의 누적분포함수를 얻어 보자.

풀이 먼저, (5.71)에서 순서 통계량 벡터 $\underline{X_{[\cdot]}} = \left(X_{[1]}, X_{[2]}\right)$의 결합 확률질량함수

$$p_{X_{[1]},X_{[2]}}(x,y) = \begin{cases} \frac{1}{3}, & (x,y)=(0,1),; \quad \frac{5}{12}, \quad (x,y)=(0,2); \\ \frac{1}{4}, & (x,y)=(1,2); \quad 0, \quad \text{그 밖에는} \end{cases} \tag{5.81}$$

을 얻은 바 있다. 식 (5.81)을 바탕으로 (5.79)를 계산하면 $\underline{X_{[\cdot]}} = \left(X_{[1]}, X_{[2]}\right)$의 결합 누적분포함수

$$
\begin{aligned}
F_{X_{[1]},X_{[2]}}(x,y) &= \sum_{t_2=-\infty}^{y} \sum_{t_1=-\infty}^{x} p_{\underline{X_{[\cdot]}}}(t_1,t_2) \\
&= \begin{cases} 1, & x \ge 1,\ y \ge 2, \\ p_{\underline{X_{[\cdot]}}}(0,1) + p_{\underline{X_{[\cdot]}}}(0,2), & 0 \le x < 1,\ y \ge 2, \\ p_{\underline{X_{[\cdot]}}}(0,1), & x \ge 0,\ 1 \le y < 2, \\ 0, & x < 0 \text{ 또는 } y < 1 \end{cases} \\
&= \begin{cases} 1, \ \ x \ge 1,\ y \ge 2; & \frac{3}{4}, \ \ 0 \le x < 1,\ y \ge 2; \\ \frac{1}{3}, \ \ x \ge 0,\ 1 \le y < 2; & 0, \ \ x < 0 \text{ 또는 } y < 1 \end{cases}
\end{aligned} \tag{5.82}
$$

을 얻는다. 이제, 이 식에서 첫째 순서 통계량 $X_{[1]}$의 누적분포함수를 얻으면

$$
\begin{aligned}
F_{X_{[1]}}(x) &= F_{X_{[1]},X_{[2]}}(x,\infty) \\
&= \begin{cases} 1, \ \ x \ge 1; \ \ \frac{3}{4}, \ \ 0 \le x < 1; \\ 0, \ \ x < 0 \end{cases}
\end{aligned} \tag{5.83}
$$

이고, 둘째 순서 통계량 $X_{[2]}$의 누적분포함수를 얻으면

$$
\begin{aligned}
F_{X_{[2]}}(y) &= F_{X_{[1]},X_{[2]}}(\infty,y) \\
&= \begin{cases} 1, \ \ y \ge 2; \ \ \frac{1}{3}, \ \ 1 \le y < 2; \\ 0, \ \ y < 1 \end{cases}
\end{aligned} \tag{5.84}
$$

이다. 그림 5.5에 첫째 순서 통계량 $X_{[1]}$의 누적분포함수 $F_{X_{[1]}}$와 둘째 순서 통계량 $X_{[2]}$의 누적분포함수 $F_{X_{[2]}}$를 보였다. ◇

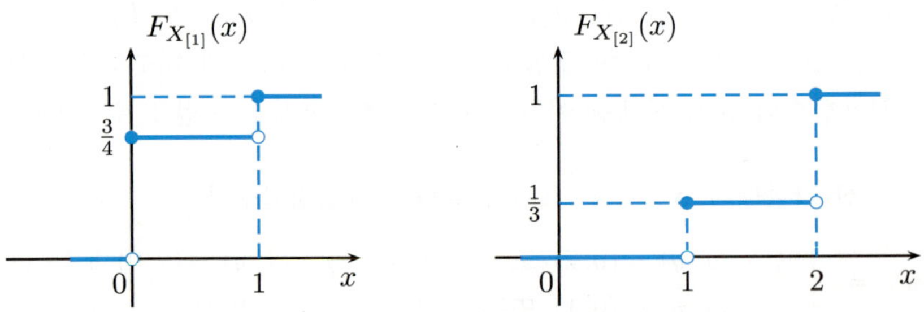

그림 5.5 이산 확률벡터 $\underline{X} = (X_1, X_2)$의 결합 확률질량함수가, $(x,y) = (0,2)$ 또는 $(1,0)$이면 $p_{\underline{X}}(x,y) = \frac{1}{4}$이고, $(x,y) = (2,0)$ 또는 $(1,2)$이면 $p_{\underline{X}}(x,y) = \frac{1}{6}$이며, $(x,y) = (0,1)$ 또는 $(2,1)$이면 $p_{\underline{X}}(x,y) = \frac{1}{12}$이고, 그 밖에는 $p_{\underline{X}}(x,y) = 0$일 때, $\underline{X}$의 첫째 순서 통계량 $X_{[1]}$의 누적분포함수 $F_{X_{[1]}}$과 둘째 순서 통계량 $X_{[2]}$의 누적분포함수 $F_{X_{[2]}}$

보기 5.24 확률변수들 $\{X_j\}_{j=1}^{n}$이 서로 독립이다. 또, 어느 확률변수도 그 누적분포함수가 F_0일 확률이 p이고 F_1일 확률이 $1-p$이다. 곧, $\{X_j\}_{j=1}^{n}$ 가운데에서 평균적으로 np개는 그 누적분포함수가 F_0이고 나머지 $n(1-p)$개는 그 누적분포함수가 F_1이다. 이제, 분포가 F_0인 확

률변수 가운데 하나가 $\{X_j\}_{j=1}^n$의 첫째 순서 통계량 $X_{[1]}$일 확률을 $\mathsf{S}_0 = \Pr\{X_{[1]} \leftarrow F_0\}$이라고 하고, 분포가 F_1인 확률변수 가운데 하나가 $X_{[1]}$일 확률을 $\mathsf{S}_1 = \Pr\{X_{[1]} \leftarrow F_1\}$이라고 하자.

(가) 확률변수 $\{X_j\}_{j=1}^n$ 가운데에서 k개는 그 누적분포함수가 F_0이고 나머지 $n-k$개는 그 누적분포함수가 F_1일 사건을 E_k라고 할 때, E_k의 확률 $\Pr\{E_k\}$를 얻어 보자.

(나) 사건 E_k가 일어났을 때, 분포가 F_0인 확률변수 가운데 하나가 $X_{[1]}$일 확률 $\Pr\{X_{[1]} \leftarrow F_0 | E_k\}$를 얻어 보자.

(다) 위 (가)와 (나)를 바탕으로 $\mathsf{S}_0 = \sum_{k=0}^{n} \Pr\{X_{[1]} \leftarrow F_0 | E_k\} \Pr\{E_k\}$라는 것을 새겨 $i=0,1$일 때 $f_i(x) = \frac{d}{dx}F_i(x)$처럼 쓰면

$$\mathsf{S}_0 = np\int_{-\infty}^{\infty} \{1 - pF_0(x) - (1-p)F_1(x)\}^{n-1} f_0(x)dx \tag{5.85}$$

이고

$$\mathsf{S}_1 = n(1-p)\int_{-\infty}^{\infty} \{1 - pF_0(x) - (1-p)F_1(x)\}^{n-1} f_1(x)dx \tag{5.86}$$

임을 보이자.

풀이

(가) 확률변수들 $\{X_j\}_{j=1}^n$이 서로 독립이므로

$$\Pr\{E_k\} = {}_n\mathrm{C}_k p^k (1-p)^{n-k} \tag{5.87}$$

임을 쉽게 알 수 있다.

(나) 먼저, E_k일 때 $\{X_j \sim F_0\}_{j=1}^k$이고 $\{X_j \sim F_1\}_{j=k+1}^n$이라고 둘 수 있다. 그러므로,

$$\begin{aligned}\Pr\{X_{[1]} \leftarrow F_0 | E_k\} &= \sum_{j=1}^{k} \Pr\{X_j \text{ is } X_{[1]}, X_j \sim F_0 | E_k\} \\ &= k\Pr\{X_1 \text{ is } X_{[1]}, X_1 \sim F_0 | E_k\} \end{aligned} \tag{5.88}$$

이다. 이제, E_k일 때 확률변수 X_j의 확률밀도함수를 $f_{X_j}(x_j|E_k)$라고 하면 $j = 1, 2, \cdots, k$일 때 $f_{X_j}(x_j|E_k) = f_0(x_j)$이고, $j = k+1, k+2, \cdots, n$일 때 $f_{X_j}(x_j|E_k) = f_1(x_j)$이므로 확률벡터 $\underline{X} = (X_1, X_2, \cdots, X_n)$의 결합 확률밀도함수는 $f_{\underline{X}}(\underline{x}|E_k) = \prod_{j=1}^{n} f_{X_j}(x_j|E_k) = \left\{\prod_{j=1}^{k} f_0(x_j)\right\}\left\{\prod_{j=k+1}^{n} f_1(x_j)\right\}$이다. 따라서,

$$\begin{aligned}\Pr\{X_1 \text{ is } X_{[1]}, X_1 \sim F_0 | E_k\} &= \Pr\{X_1 < X_2, X_1 < X_3, \cdots, X_1 < X_n | E_k\} \\ &= \int_{-\infty}^{\infty}\int_{x_2=x_1}^{\infty}\int_{x_3=x_1}^{\infty}\cdots\int_{x_n=x_1}^{\infty} f_{\underline{X}}(\underline{x}|E_k)\,dx_n dx_{n-1}\cdots dx_1 \\ &= \int_{-\infty}^{\infty}\int_{x_2=x_1}^{\infty}\int_{x_3=x_1}^{\infty}\cdots\int_{x_n=x_1}^{\infty} \left\{\prod_{i=1}^{k} f_0(x_i) \prod_{i=k+1}^{n} f_1(x_i)\right\} dx_n dx_{n-1}\cdots dx_1 \\ &= \int_{-\infty}^{\infty} \{1 - F_0(x)\}^{k-1} \{1 - F_1(x)\}^{n-k} f_0(x)dx \end{aligned} \tag{5.89}$$

이고, (5.88)과 (5.89)에서

$$\Pr\left\{X_{[1]} \leftarrow F_0 \middle| E_k\right\} = k\int_{-\infty}^{\infty}\{1-F_0(x)\}^{k-1}\{1-F_1(x)\}^{n-k} f_0(x)dx \tag{5.90}$$

이다.

(다) 위 (5.87)과 (5.90)을 바탕으로, $\sum_{k=0}^{n} k\,{}_n\mathrm{C}_k x^{k-1} = n(1+x)^{n-1}$이라는 것을 새기면

$$\begin{aligned}\mathsf{S}_0 &= \sum_{k=0}^{n}\Pr\left\{X_{[1]} \leftarrow F_0 \middle| E_k\right\}\Pr\{E_k\}\\ &= p\int_{-\infty}^{\infty}\left(\sum_{k=0}^{n} k\,{}_n\mathrm{C}_k\,[p\{1-F_0(x)\}]^{k-1}\,[(1-p)\{1-F_1(x)\}]^{n-k}\right) f_0(x)dx\\ &= np\int_{-\infty}^{\infty}[p\{1-F_0(x)\}+(1-p)\{1-F_1(x)\}]^{n-1} f_0(x)dx\\ &= np\int_{-\infty}^{\infty}\{1-pF_0(x)-(1-p)F_1(x)\}^{n-1} f_0(x)dx \end{aligned} \tag{5.91}$$

이다. 한편, (5.88)과 비슷하게

$$\Pr\left\{X_{[1]} \leftarrow F_1 \middle| E_k\right\} = (n-k)\Pr\left\{X_n = X_{[1]}, X_n \sim F_1 \middle| E_k\right\} \tag{5.92}$$

이고, (5.89)와 비슷하게

$$\begin{aligned}\Pr\left\{X_n = X_{[1]}, X_n \sim F_1 \middle| E_k\right\} &= \Pr\{X_n < X_1, X_n < X_2, \cdots, X_n < X_{n-1} | E_k\}\\ &= \int_{-\infty}^{\infty}\{1-F_0(x)\}^{k}\{1-F_1(x)\}^{n-k-1} f_1(x)dx \end{aligned} \tag{5.93}$$

이므로

$$\begin{aligned}\mathsf{S}_1 &= (1-p)\int_{-\infty}^{\infty}\left(\sum_{k=0}^{n}(n-k)\,{}_n\mathrm{C}_k\,[p\{1-F_0(x)\}]^{k}\,[(1-p)\{1-F_1(x)\}]^{n-k-1}\right) f_1(x)dx\\ &= n(1-p)\int_{-\infty}^{\infty}[p\{1-F_0(x)\}+(1-p)\{1-F_1(x)\}]^{n-1} f_1(x)dx\\ &= n(1-p)\int_{-\infty}^{\infty}\{1-pF_0(x)-(1-p)F_1(x)\}^{n-1} f_1(x)dx \end{aligned} \tag{5.94}$$

를 얻을 수 있다. ◇

정리 5.3 두 자연수 i와 j를 생각하여 $j > i$라고 하자. 그러면 r째 순서 통계량 $X_{[r]}$의 누적분포함수를 $F_{X_{[r]}}$이라고 쓸 때, x가 어떤 값이더라도

$$F_{X_{[j]}}(x) \le F_{X_{[i]}}(x) \tag{5.95}$$

이다. ■■

증명 먼저, $X_{[i]} \leq X_{[j]}$이므로 $X_{[j]} \leq x$이면 $X_{[i]} \leq x$이다. 곧,

$$\left\{X_{[j]} \leq x\right\} \subset \left\{X_{[i]} \leq x\right\} \tag{5.96}$$

이다. 그러므로, $\Pr\left\{X_{[j]} \leq x\right\} \leq \Pr\left\{X_{[i]} \leq x\right\}$이다. 이것을 바탕으로

$$\begin{aligned} F_{X_{[j]}}(x) &= \Pr\left\{X_{[j]} \leq x\right\} \\ &\leq \Pr\left\{X_{[i]} \leq x\right\} \\ &= F_{X_{[i]}}(x) \end{aligned} \tag{5.97}$$

을 알 수 있다. □

5.3 독립이고 분포가 같은 확률벡터

순서 통계량은 확률벡터에서 '줄 세우기'라는 비선형 과정을 거쳐 얻은 것이므로 그 분포를 일반적으로 다루기는 매우 힘들다. 그러므로, 이제부터는 확률벡터 $\underline{X} = (X_1, X_2, \cdots, X_n)$이 독립이고 분포가 같은 확률벡터일 때[18] 순서 통계량과 크기 순서 통계량을 생각해 보자.

이 절에서는 독립이고 분포가 같은 확률벡터에서 순서 통계량의 한계 누적분포함수와 순서 통계량 둘의 결합 누적분포함수를 다루고, 5.4절과 5.5절에서는 독립이고 분포가 같은 연속 확률벡터의 순서 통계량과 크기 순서 통계량을 다루며, 5.6절에서는 독립이고 분포가 같은 이산 확률벡터의 순서 통계량을 다룬다. 독립이고 분포가 같은 확률벡터를 다룰 때에는 보기 쉽도록 X_j의 한계 확률밀도함수 f_X를 f로, X_j의 한계 확률질량함수 p_X를 p로, X_j의 한계 누적분포함수 F_X를 F로 쓰기로 하자.

5.3.1 순서 통계량의 한계 누적분포함수

연속 확률벡터이든 이산 확률벡터이든 확률벡터의 순서 통계량의 누적분포함수는 아래와 같이 쓸 수 있다.

정리 5.4 **순서 통계량의 한계 누적분포함수** 확률벡터 $\underline{X} = (X_1, X_2, \cdots, X_n)$이 독립이고 분포가 같으며, 그 한계 누적분포함수가 F일 때, 확률벡터 $\underline{X}$의 r째 순서 통계량 $X_{[r]}$의 누적분포함수는

$$F_{X_{[r]}}(x) = \sum_{j=r}^{n} {}_n\mathrm{C}_j F^j(x)\{1 - F(x)\}^{n-j} \tag{5.98}$$

이다. ■■

[18] 독립이지만 분포가 같지는 않은 확률변수들의 순서 통계량은 부록 5.2에서 간단히 다루었다.

증명 먼저, $X_{[r]}$, $X_{[r+1]}$, $\cdots$, $X_{[n]}$을 나타낸 수직선 위 어느 곳에 x가 있는지를 생각하면

$$\begin{aligned}\left\{X_{[r]} \le x\right\} &= \left\{X_{[r]} \le x < X_{[r+1]}\right\} + \left\{X_{[r+1]} \le x < X_{[r+2]}\right\} \\ &\quad + \cdots + \left\{X_{[n-1]} \le x < X_{[n]}\right\} + \left\{X_{[n]} \le x\right\} \\ &= \{\{X_l\}_{l=1}^n \text{ 가운데 } r\text{개는 } x\text{보다 크지 않고 나머지 } (n-r)\text{개는 } x\text{보다 크다.}\} \\ &\quad + \{\{X_l\}_{l=1}^n \text{ 가운데 } (r+1)\text{개는 } x\text{보다 크지 않고} \\ &\qquad \text{나머지 } (n-r-1)\text{개는 } x\text{보다 크다.}\} \\ &\quad + \cdots + \{\{X_l\}_{l=1}^n \text{ 가운데 } (n-1)\text{개는 } x\text{보다 크지 않고} \\ &\qquad \text{나머지 하나는 } x\text{보다 크다.}\} \\ &\quad + \{\{X_l\}_{l=1}^n \text{ 모두 } x\text{보다 크지 않다.}\}\end{aligned} \tag{5.99}$$

처럼 쓸 수 있다. 이 식을 새기면 $X_{[r]}$의 누적분포함수

$$\begin{aligned}F_{X_{[r]}}(x) &= \Pr\left\{X_{[r]} \le x\right\} \\ &= {}_n\mathrm{C}_r F^r(x)\{1-F(x)\}^{n-r} + {}_n\mathrm{C}_{r+1} F^{r+1}(x)\{1-F(x)\}^{n-r-1} \\ &\quad + \cdots + {}_n\mathrm{C}_{n-1} F^{n-1}(x)\{1-F(x)\} + {}_n\mathrm{C}_n F^n(x) \\ &= \sum_{j=r}^{n} {}_n\mathrm{C}_j F^j(x)\{1-F(x)\}^{n-j}\end{aligned} \tag{5.100}$$

을[19] 얻는다. □

위 (5.98)에서 r째 순서 통계량 $X_{[r]}$의 누적분포함수 $F_{X_{[r]}}(x)$는 이항 분포 $b(n, F(x))$의 꼬리 확률이라는 것을 알 수 있다. 한편, ${}_n\mathrm{C}_r = \binom{n}{r} = \frac{n!}{(n-r)!r!}$는 (2.228)과 (2.303)에서 다루었던 이항 계수이다. 이제부터 그리 크게 문제가 없으면 r째 순서 통계량 $X_{[r]}$의 누적분포함수 $F_{X_{[r]}}$을 F_r처럼 쓰기도 할 것이고, 마찬가지로, $X_{[r]}$의 확률밀도함수 $f_{X_{[r]}}$을 f_r처럼 쓸 때도 있을 것이다.

순서 통계량 가운데에서 특히 가장 작은 순서 통계량과 가장 큰 순서 통계량은 여러 영역에서 널리 쓰인다. 보기를 들면, 어느 강의 물 높이가 철마다 어떻게 바뀌는지는 농사에 매우 요긴하게 쓰일 것이며, 물 높이가 가장 낮을 때와 가장 높을 때에 대한 정보는 가뭄과 홍수에 대비하는 데에 매우 중요할 것이다. 이제, (5.98)에서 $r=1$이라고 두면 가장 작은 순서 통계량의 누적분포함수는

$$F_{X_{[1]}}(x) = 1 - \{1-F(x)\}^n \tag{5.101}$$

이고, $r=n$이라고 두면 가장 큰 순서 통계량의 누적분포함수는

[19] 여기서,

$$\begin{aligned}\left\{X_{[r]} \le x\right\} &= \{\{X_l\}_{l=1}^n \text{ 가운데 적어도 } r\text{개가 } x\text{보다 크지 않다.}\} \\ &= \{\{X_l\}_{l=1}^n \text{ 가운데 } r\text{개가 } x\text{보다 크지 않다.}\} \cup \{\{X_l\}_{l=1}^n \text{ 가운데 } (r+1)\text{개가 } x\text{보다 크지 않다.}\} \\ &\quad \cup \cdots \cup \{\{X_l\}_{l=1}^n \text{ 가운데 } n\text{개가 } x\text{보다 크지 않다.}\}\end{aligned}$$

임을 새겨 (5.98)을 바로 얻을 수도 있다.

$$F_{X_{[n]}}(x) = F^n(x) \quad (5.102)$$

임을 알 수 있다.

보기 5.25 독립이고 분포가 같은 확률벡터 $\underline{X} = (X_1, X_2)$의 한계 분포가 $U(0,1)$이라고 하자. 그러면 한계 누적분포함수가

$$F(x) = \begin{cases} 1, & x \geq 1; \quad x, \quad 0 \leq x \leq 1; \\ 0, & x \leq 0 \end{cases} \quad (5.103)$$

이므로, 첫째 순서 통계량 $X_{[1]}$의 누적분포함수는

$$\begin{aligned} F_{X_{[1]}}(x) &= \sum_{j=1}^{2} {}_2\mathrm{C}_j F^j(x)\{1-F(x)\}^{2-j} \\ &= \begin{cases} 1, & x \geq 1; \quad \sum_{j=1}^{2} {}_2\mathrm{C}_j x^j (1-x)^{2-j}, \quad 0 \leq x \leq 1; \\ 0, & x \leq 0 \end{cases} \\ &= \begin{cases} 1, & x \geq 1; \quad x(2-x), \quad 0 \leq x \leq 1; \\ 0, & x \leq 0 \end{cases} \end{aligned} \quad (5.104)$$

이고 둘째 순서 통계량 $X_{[2]}$의 누적분포함수는

$$\begin{aligned} F_{X_{[2]}}(x) &= \begin{cases} 1, & x \geq 1; \quad \sum_{j=2}^{2} {}_2\mathrm{C}_j x^j (1-x)^{2-j}, \quad 0 \leq x \leq 1; \\ 0, & x \leq 0 \end{cases} \\ &= \begin{cases} 1, & x \geq 1; \quad x^2, \quad 0 \leq x \leq 1; \\ 0, & x \leq 0 \end{cases} \end{aligned} \quad (5.105)$$

이다. 그림 5.6에 누적분포함수 $F(x)$, 첫째 순서 통계량 $X_{[1]}$의 누적분포함수 $F_{X_{[1]}}(x)$, 둘째 순서 통계량 $X_{[2]}$의 누적분포함수 $F_{X_{[2]}}(x)$를 보였다. ◇

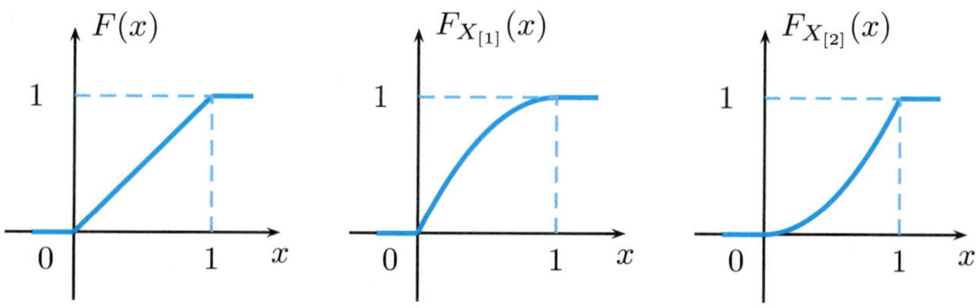

그림 5.6 독립이고 분포가 같은 확률벡터 $\underline{X} = (X_1, X_2)$의 한계 분포가 $U(0,1)$일 때, 누적분포함수 $F(x)$, 첫째 순서 통계량 $X_{[1]}$의 누적분포함수 $F_{X_{[1]}}(x)$, 둘째 순서 통계량 $X_{[2]}$의 누적분포함수 $F_{X_{[2]}}(x)$

보기 5.26 독립이고 분포가 같은 확률벡터 $\underline{X} = (X_1, X_2, X_3)$의 한계 분포가 $U(0,1)$이라고 하자. 그러면 첫째 순서 통계량 $X_{[1]}$의 누적분포함수는

$$F_{X_{[1]}}(x) = \sum_{j=1}^{3} {}_3\mathrm{C}_j F^j(x)\{1-F(x)\}^{3-j} = \begin{cases} 1, & x \ge 1; \quad x\left(3-3x+x^2\right), \quad 0 \le x \le 1; \\ 0, & x \le 0 \end{cases} \tag{5.106}$$

이고, 둘째 순서 통계량 $X_{[2]}$의 누적분포함수는

$$F_{X_{[2]}}(x) = \begin{cases} 1, & x \ge 1; \quad \sum_{j=2}^{3} {}_3\mathrm{C}_j x^j (1-x)^{3-j}, \quad 0 \le x \le 1; \\ 0, & x \le 0 \end{cases} = \begin{cases} 1, & x \ge 1; \quad x^2\left(3-2x\right), \quad 0 \le x \le 1; \\ 0, & x \le 0 \end{cases} \tag{5.107}$$

이며, 셋째 순서 통계량 $X_{[3]}$의 누적분포함수는

$$F_{X_{[3]}}(x) = \begin{cases} 1, & x \ge 1; \quad \sum_{j=3}^{3} {}_3\mathrm{C}_j x^j (1-x)^{3-j}, \quad 0 \le x \le 1; \\ 0, & x \le 0 \end{cases} = \begin{cases} 1, & x \ge 1; \quad x^3, \quad 0 \le x \le 1; \\ 0, & x \le 0 \end{cases} \tag{5.108}$$

이다. 그림 5.7에 누적분포함수 $F(x)$, 첫째 순서 통계량 $X_{[1]}$의 누적분포함수 $F_{X_{[1]}}(x)$, 둘째 순서 통계량 $X_{[2]}$의 누적분포함수 $F_{X_{[2]}}(x)$, 셋째 순서 통계량 $X_{[3]}$의 누적분포함수 $F_{X_{[3]}}(x)$를 보였다. ◇

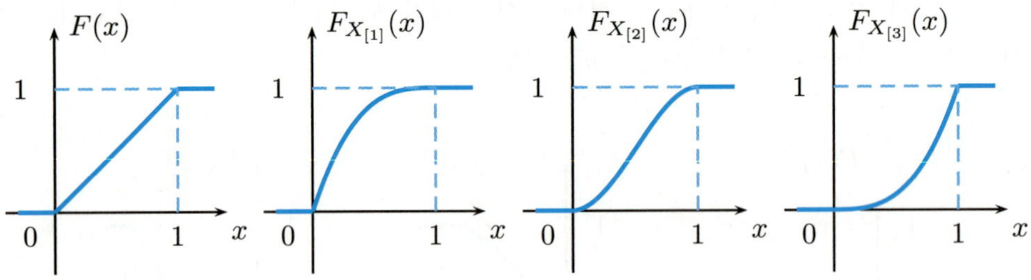

그림 5.7 독립이고 분포가 같은 확률벡터 $\underline{X} = (X_1, X_2, X_3)$의 한계 분포가 $U(0,1)$일 때, 누적분포함수 $F(x)$, 첫째 순서 통계량 $X_{[1]}$의 누적분포함수 $F_{X_{[1]}}(x)$, 둘째 순서 통계량 $X_{[2]}$의 누적분포함수 $F_{X_{[2]}}(x)$, 셋째 순서 통계량 $X_{[3]}$의 누적분포함수 $F_{X_{[3]}}(x)$

보기 5.27 독립이고 분포가 같은 확률벡터 $\underline{X} = (X_1, X_2)$의 한계 분포가 $U(-1,1)$이라고 하자. 그러면 한계 누적분포함수가

$$F(x) = \begin{cases} 1, & x \geq 1; \qquad \frac{1}{2}(1+x), \quad -1 \leq x \leq 1; \\ 0, & x \leq -1 \end{cases} \tag{5.109}$$

이므로, 첫째 순서 통계량 $X_{[1]}$의 누적분포함수는

$$\begin{aligned} F_{X_{[1]}}(x) &= \sum_{j=1}^{2} {}_2\mathrm{C}_j F^j(x)\{1-F(x)\}^{2-j} \\ &= \begin{cases} 1, & x \geq 1, \\ 2\cdot\frac{1}{2}(1+x)\left\{1-\frac{1}{2}(1+x)\right\} + \left\{\frac{1}{2}(1+x)\right\}^2, & -1 \leq x \leq 1, \\ 0, & x \leq -1 \end{cases} \\ &= \begin{cases} 1, & x \geq 1; \qquad \frac{1}{4}(1+x)(3-x), \quad -1 \leq x \leq 1; \\ 0, & x \leq -1 \end{cases} \end{aligned} \tag{5.110}$$

이고 둘째 순서 통계량 $X_{[2]}$의 누적분포함수 $F_{X_{[2]}}(x) = \sum_{j=2}^{2} {}_2\mathrm{C}_j F^j(x)\{1-F(x)\}^{2-j}$는

$$F_{X_{[2]}}(x) = \begin{cases} 1, & x \geq 1; \qquad \frac{1}{4}(1+x)^2, \quad -1 \leq x \leq 1; \\ 0, & x \leq -1 \end{cases} \tag{5.111}$$

이다. 그림 5.8에 누적분포함수 $F(x)$, 첫째 순서 통계량 $X_{[1]}$의 누적분포함수 $F_{X_{[1]}}(x)$, 둘째 순서 통계량 $X_{[2]}$의 누적분포함수 $F_{X_{[2]}}(x)$를 보였다. ◇

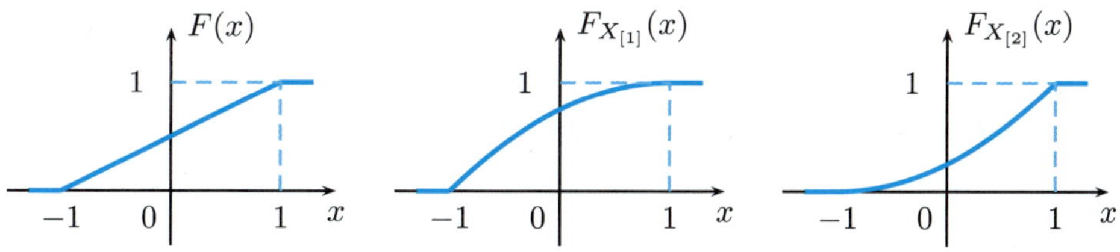

그림 5.8 독립이고 분포가 같은 확률벡터 $\underline{X} = (X_1, X_2)$의 한계 분포가 $U(-1,1)$일 때, 누적분포함수 $F(x)$, 첫째 순서 통계량 $X_{[1]}$의 누적분포함수 $F_{X_{[1]}}(x)$, 둘째 순서 통계량 $X_{[2]}$의 누적분포함수 $F_{X_{[2]}}(x)$

보기 5.28 독립이고 분포가 같은 이산 확률벡터 $\underline{X} = (X_1, X_2, X_3)$의 한계 확률질량함수가

$$p_X(i) = \begin{cases} \frac{1}{2}, & i=1; \qquad \frac{1}{3}, \quad i=2; \\ \frac{1}{6}, & i=3; \qquad 0, \quad \text{그 밖에는} \end{cases} \tag{5.112}$$

일 때 순서 통계량의 한계 누적분포함수를 얻어 보자.

풀이 확률벡터 $\underline{X}$의 한계 누적분포함수는

$$F(x) = \begin{cases} 0, & x < 1; \qquad \frac{1}{2}, \quad 1 \leq x < 2; \\ \frac{5}{6}, & 2 \leq x < 3; \qquad 1, \quad x \geq 3 \end{cases} \tag{5.113}$$

이다. 따라서, (5.98)에서

$$F_1(x) = \sum_{j=1}^{3} {}_3\mathrm{C}_j F^j(x)\{1-F(x)\}^{3-j} = 1-\{1-F(x)\}^3 \quad (5.114)$$

이므로

$$F_1(x) = \begin{cases} 0, & x<1; \quad \frac{7}{8}, \ 1\le x<2; \\ \frac{215}{216}, & 2\le x<3; \quad 1, \ x\ge 3 \end{cases} \quad (5.115)$$

이고,

$$F_2(x) = 3F^2(x)\{1-F(x)\}+F^3(x) = 3F^2(x)-2F^3(x) \quad (5.116)$$

이므로

$$F_2(x) = \begin{cases} 0, & x<1; \quad \frac{1}{2}, \ 1\le x<2; \\ \frac{25}{27}, & 2\le x<3; \quad 1, \ x\ge 3 \end{cases} \quad (5.117)$$

이며,

$$F_3(x) = F^3(x) \quad (5.118)$$

이므로

$$F_3(x) = \begin{cases} 0, & x<1; \quad \frac{1}{8}, \ 1\le x<2; \\ \frac{125}{216}, & 2\le x<3; \quad 1, \ x\ge 3 \end{cases} \quad (5.119)$$

이다. 그림 5.9에 누적분포함수 $F_{X_{[1]}}$, $F_{X_{[2]}}$, $F_{X_{[3]}}$을 보였다. ◇

보기 5.29 서로 독립이고 분포가 같은 확률변수 $\{X_k\}_{k=1}^{n}$에서 X_i의 누적분포함수를 F라고 하자. 이제, r째 순서 통계량을 $X_{[r,n]}$처럼 쓰고, 그 누적분포함수를 $F_{r,n}$처럼 쓸 때

$$F_{r,n}(x) = F(x)F_{r-1,n-1}(x)+\{1-F(x)\}F_{r,n-1}(x) \quad (5.120)$$

임을 보이자.

풀이 먼저, 쓰기 쉽도록 x를 빼고 – 보기를 들면, $F(x)$를 F로 – 쓰기로 하자. 그러면

$$\begin{aligned} FF_{r-1,n-1}+(1-F)F_{r,n-1} &= \sum_{j=r-1}^{n-1} {}_{n-1}\mathrm{C}_j F^{j+1}\{1-F\}^{n-1-j} + \sum_{j=r}^{n-1} {}_{n-1}\mathrm{C}_j F^j\{1-F\}^{n-j} \\ &= \sum_{k=r}^{n} {}_{n-1}\mathrm{C}_{k-1} F^k\{1-F\}^{n-k} + \sum_{j=r}^{n-1} {}_{n-1}\mathrm{C}_j F^j\{1-F\}^{n-j} \\ &= \sum_{k=r}^{n-1} \left({}_{n-1}\mathrm{C}_{k-1} + {}_{n-1}\mathrm{C}_k\right) F^k\{1-F\}^{n-k} + {}_{n-1}\mathrm{C}_{n-1}F^n\{1-F\}^{n-n} \end{aligned} \quad (5.121)$$

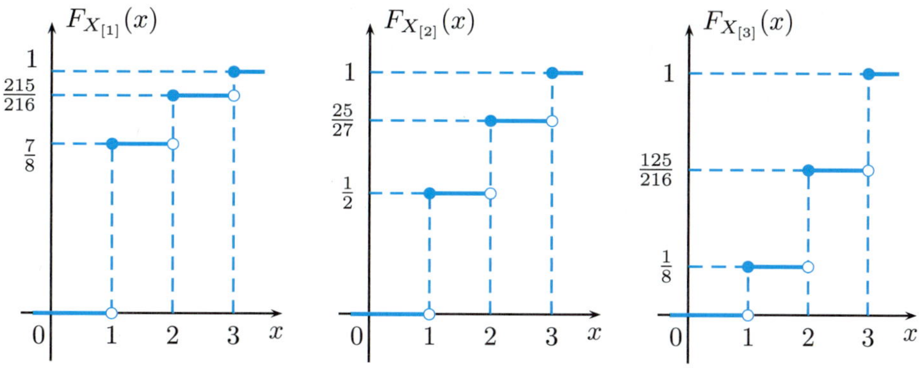

그림 5.9 독립이고 분포가 같은 3차원 이산 확률벡터 $\underline{X} = (X_1, X_2, X_3)$의 한계 확률질량함수가 $i = 1$이면 $p_X(i) = \frac{1}{2}$이고, $i = 2$이면 $p_X(i) = \frac{1}{3}$이며, $i = 3$이면 $p_X(i) = \frac{1}{6}$이고, 그 밖에는 $p_X(i) = 0$일 때, $\underline{X}$의 첫째 순서 통계량의 누적분포함수 $F_{X_{[1]}}$, 둘째 순서 통계량의 누적분포함수 $F_{X_{[2]}}$, 셋째 순서 통계량의 누적분포함수 $F_{X_{[3]}}$

인데

$$ {}_{n-1}\mathrm{C}_{k-1} + {}_{n-1}\mathrm{C}_k \;=\; {}_n\mathrm{C}_k \tag{5.122}$$

임을 새기면

$$\begin{aligned} FF_{r-1,n-1} + (1-F)F_{r,n-1} &= \sum_{k=r}^{n-1} {}_n\mathrm{C}_k F^k\{1-F\}^{n-k} + F^n \\ &= \sum_{k=r}^{n} {}_n\mathrm{C}_k F^k\{1-F\}^{n-k} \\ &= F_{r,n} \end{aligned} \tag{5.123}$$

을 얻을 수 있다. 곧, n 확률변수 $\{X_k\}_{k=1}^{n}$에서 얻은 r째 순서량의 누적분포함수 $F_{r,n}(x)$는 $n-1$ 확률변수 $\{X_k\}_{k=1}^{n-1}$에서 얻은 $r-1$째 순서량의 누적분포함수 $F_{r-1,n-1}(x)$에 $X_j \le x$일 확률 $F(x)$를 곱한 것과 $n-1$ 확률변수 $\{X_k\}_{k=1}^{n-1}$에서 얻은 r째 순서량의 누적분포함수 $F_{r,n-1}(x)$에 $X_j > x$일 확률을 곱한 것을 더하여 얻을 수 있다는 것을 (5.120)에서 알 수 있다. ◇

보기 5.30 서로 독립이고 분포가 같은 확률변수 $\{X_k\}_{k=1}^{n}$에서 X_i의 누적분포함수를 F라고 하자. 이제, r째 순서 통계량을 $X_{[r,n]}$처럼 쓰고, 그 누적분포함수를 $F_{r,n}$처럼 쓸 때

$$F_{r,n-1}(x) \;=\; \frac{r}{n}F_{r+1,n}(x) + \frac{n-r}{n}F_{r,n}(x) \tag{5.124}$$

임을 보이자.

풀이 보기 5.29에서 그리하였던 것과 마찬가지로, 쓰기 쉽도록 x를 빼고 – 보기를 들면, $F(x)$를 F로 – 쓰도록 하자.

(방법 1) 확률변수 $\{X_i\}_{i=1}^{n}$ 가운데에서 아무것이나 하나를 뺐다고 하고, 뺀 것을 $X_{[i:n]}$이라고 두자. 이제, 나머지 $n-1$개 가운데에서 r째 순서 통계량 $X_{[r:n-1]}$은

$$X_{[r:n-1]} = \begin{cases} X_{[r+1:n]}, & i=1,2, \cdots, r\text{일 때}, \\ X_{[r:n]}, & i=r+1, r+2, \cdots, n\text{일 때} \end{cases} \tag{5.125}$$

임을 알 수 있다. 이때, $i = 1,2, \cdots, r$일 확률은 $\frac{r}{n}$이고, $i = r+1, r+2, \cdots, n$일 확률은 $\frac{n-r}{n}$이므로

$$\begin{aligned} \Pr\left\{X_{[r:n-1]} \le x\right\} &= \frac{r}{n}\Pr\left\{X_{[r:n-1]} \le x | i=1,2, \cdots, r\right\} \\ &\quad + \frac{n-r}{n}\Pr\left\{X_{[r:n-1]} \le x | i=r+1, r+2, \cdots, n\right\} \\ &= \frac{r}{n}\Pr\left\{X_{[r+1:n]} \le x\right\} + \frac{n-r}{n}\Pr\left\{X_{[r:n]} \le x\right\} \end{aligned} \tag{5.126}$$

이다. 곧, $nF_{r,n-1} = rF_{r+1,n} + (n-r)F_{r,n}$이다.

(방법 2) 먼저,

$$\begin{aligned} nF_{r,n-1} &= n\sum_{j=r}^{n-1} {}_{n-1}\mathrm{C}_j F^j\{1-F\}^{n-1-j}[F+\{1-F\}] \\ &= n\sum_{j=r}^{n-1} {}_{n-1}\mathrm{C}_j F^{j+1}\{1-F\}^{n-1-j} + n\sum_{j=r}^{n-1} {}_{n-1}\mathrm{C}_j F^j\{1-F\}^{n-j} \\ &= n\sum_{k=r+1}^{n} {}_{n-1}\mathrm{C}_{k-1} F^k\{1-F\}^{n-k} + n\sum_{j=r}^{n-1} {}_{n-1}\mathrm{C}_j F^j\{1-F\}^{n-j} \end{aligned} \tag{5.127}$$

이다. 이제,

$$n\,{}_{n-1}\mathrm{C}_{k-1} = k\,{}_{n}\mathrm{C}_k \tag{5.128}$$

이고

$$n\,{}_{n-1}\mathrm{C}_j = (n-j)\,{}_{n}\mathrm{C}_j \tag{5.129}$$

임을 새겨 (5.127)을 다시 쓰고 정리하면

$$\begin{aligned} nF_{r,n-1} &= \sum_{k=r+1}^{n} k\,{}_{n}\mathrm{C}_k F^k\{1-F\}^{n-k} + \sum_{j=r}^{n-1}(n-j)\,{}_{n}\mathrm{C}_j F^j\{1-F\}^{n-j} \\ &= \left[\sum_{k=r+1}^{n} n\,{}_{n}\mathrm{C}_k F^k\{1-F\}^{n-k}\right] + (n-r)\,{}_{n}\mathrm{C}_r F^r\{1-F\}^{n-r} \\ &= \left[\sum_{k=r+1}^{n} \{r+(n-r)\}\,{}_{n}\mathrm{C}_k F^k\{1-F\}^{n-k}\right] + (n-r)\,{}_{n}\mathrm{C}_r F^r\{1-F\}^{n-r} \\ &= r\sum_{k=r+1}^{n} {}_{n}\mathrm{C}_k F^k\{1-F\}^{n-k} + (n-r)\sum_{k=r}^{n} {}_{n}\mathrm{C}_k F^k\{1-F\}^{n-k} \\ &= rF_{r+1,n} + (n-r)F_{r,n} \end{aligned} \tag{5.130}$$

을[20] 얻는다. ◇

[20] 문제 5.17에 이와 비슷한 것을 더 다루었다.

정리 5.5 **순서 통계량의 누적분포함수의 합** 독립이고 분포가 같은 확률벡터 $\underline{X} = (X_1, X_2, \cdots, X_n)$에서 X_i의 누적분포함수가 F일 때 확률벡터 $\underline{X}$에서 얻은 순서 통계량의 누적분포함수 $\{F_{X_{[r]}}\}_{r=1}^{n}$은

$$\sum_{r=1}^{n} F_{X_{[r]}}(x) \;=\; nF(x) \tag{5.131}$$

을 만족시킨다. ■■

증명 먼저,

$$\begin{aligned}\sum_{r=1}^{n} F_{X_{[r]}}(x) &= \sum_{r=1}^{n}\sum_{j=r}^{n} {}_n\mathrm{C}_j F^j(x)\{1-F(x)\}^{n-j} \\ &= \big[{}_n\mathrm{C}_1 F^1(x)\{1-F(x)\}^{n-1} + {}_n\mathrm{C}_2 F^2(x)\{1-F(x)\}^{n-2} + \cdots \\ &\qquad + {}_n\mathrm{C}_n F^n(x)\{1-F(x)\}^{n-n}\big] \\ &\qquad + \big[{}_n\mathrm{C}_2 F^2(x)\{1-F(x)\}^{n-2} + \cdots + {}_n\mathrm{C}_n F^n(x)\{1-F(x)\}^{n-n}\big] \\ &\quad + \cdots + {}_n\mathrm{C}_n F^n(x)\{1-F(x)\}^{n-n} \\ &= \sum_{t=1}^{n} t\, {}_n\mathrm{C}_t F^t(x)\{1-F(x)\}^{n-t}\end{aligned} \tag{5.132}$$

이다. 이제, 이항정리에서

$$(1+x)^n \;=\; \sum_{i=0}^{n} {}_n\mathrm{C}_i\; x^i \tag{5.133}$$

이고, 이 식을 미분하면

$$n(1+x)^{n-1} \;=\; \sum_{i=1}^{n} i\, {}_n\mathrm{C}_i\; x^{i-1} \tag{5.134}$$

이므로

$$\begin{aligned}\sum_{r=1}^{n} F_{X_{[r]}}(x) &= F(x)\{1-F(x)\}^{n-1}\sum_{t=1}^{n} t\, {}_n\mathrm{C}_t \left\{\frac{F(x)}{1-F(x)}\right\}^{t-1} \\ &= F(x)\{1-F(x)\}^{n-1}\cdot n\left\{1+\frac{F(x)}{1-F(x)}\right\}^{n-1} \\ &= nF(x)\end{aligned} \tag{5.135}$$

이다. □

보기 5.31 독립이고 분포가 같은 이산 확률벡터 $\underline{X} = (X_1, X_2, X_3)$의 한계 확률질량함수가

$$p_X(i) \;=\; \begin{cases} \frac{1}{2}, \; i=1; & \frac{1}{3}, \; i=2; \\ \frac{1}{6}, \; i=3; & 0, \;\; \text{그 밖에는} \end{cases} \tag{5.136}$$

일 때를 생각해 보자. 그러면 보기 5.28에서 얻은 순서 통계량의 한계 누적분포함수 (5.115), (5.117), (5.119)에서 쉽게

$$\begin{aligned} F_1(x) + F_2(x) + F_3(x) &= \begin{cases} 0, & x < 1; \quad \frac{3}{2}, \quad 1 \le x < 2; \\ \frac{5}{2}, & 2 \le x < 3; \quad 3, \quad x \ge 3 \end{cases} \\ &= 3F(x) \end{aligned} \tag{5.137}$$

임을 볼 수 있다. ◇

식 (5.131)을 다시 쓰면

$$\sum_{r=1}^{n} \Pr\left\{X_{[r]} \le \alpha\right\} = n\Pr\left\{X \le \alpha\right\} \tag{5.138}$$

이다. 이 식은 독립이고 분포가 같은 확률벡터에서 얻은 순서 통계량이 어떤 값보다 작을 확률을 모든 순서 통계량에 대해 더한 것은 확률변수 하나가 그 값보다 작을 확률에 확률벡터의 크기를 곱한 것과 같다는 것을 뜻한다.

5.3.2 순서 통계량 둘의 결합 누적분포함수*

순서 통계량 $X_{(r)}$과 $X_{(s)}$의 결합 누적분포함수 $F_{r,s}(x, y)$를 생각해 보자. 결합 누적분포함수 $F_{r,s}(x, y)$는 (5.79)처럼 얻은 결합 누적분포함수 $F_{\underline{X_{[\cdot]}}}\left(\underline{x_{[\cdot]}}\right)$에 들어 있는 $\underline{x_{[\cdot]}}$의 n 원소 가운데 $x_{[r]}$과 $x_{[s]}$를 뺀 나머지 모든 $x_{[j]}$를 ∞로 바꾸어 넣거나, $\underline{X_{[\cdot]}}$의 결합 확률밀도함수를 알맞게 적분하여 – 또는 $\underline{X_{[\cdot]}}$의 결합 확률질량함수를 알맞게 더하여 – 얻을 수 있으나, 여기서는 다른 방법으로 얻어 보자.

먼저, $r < s$이고 $x \le y$일 때에는

$$\begin{aligned} F_{r,s}(x, y) &= \Pr\left\{X_{(r)} \le x,\, X_{(s)} \le y\right\} \\ &= \Pr\left\{\{X_l\}_{l=1}^{n} \text{ 가운데 적어도 } r\text{개는 } x\text{보다 크지 않고} \right. \\ &\qquad \left. \text{적어도 } s\text{개는 } y\text{보다 크지 않다.}\right\} \end{aligned} \tag{5.139}$$

이다. 여기서, y보다 크지 않은 X_l의 개수를 j라고 하고 x보다 크지 않은 X_l의 개수를 i라고 하면, "$\{X_l\}_{l=1}^{n}$ 가운데 적어도 r개는 x보다 크지 않고, 적어도 s개는 y보다 크지 않다."는 "$\{X_l\}_{l=1}^{n}$ 가운데 i개는 x보다 크지 않고, j개는 y보다 크지 않다."를 j는 s부터 n까지, i는 r부터 j까지[21] 더한 것이다. 곧,

$$\begin{aligned} F_{r,s}(x, y) &= \sum_{j=s}^{n}\sum_{i=r}^{j} \Pr\left\{\{X_l\}_{l=1}^{n} \text{ 가운데 } i\text{개는 } x\text{보다 크지 않고, } j\text{개는 } y\text{보다 크지 않다.}\right\} \\ &= \sum_{j=s}^{n}\sum_{i=r}^{j} \Pr\left\{\{X_l\}_{l=1}^{n} \text{ 가운데 } i\text{개는 } x\text{보다 크지 않고, } j-i\text{개는 } x\text{와 } y \text{ 사이에 있으며,}\right. \end{aligned}$$

[21] 이때, $x \le y$이므로 y보다 크지 않은 것이 j개이면 x보다 크지 않은 것은 j개보다 많지 않다. 곧, i는 j보다 클 수 없다.

$$\begin{aligned} & n-j\text{개는 } y\text{보다 작지 않다.}\} \\ =& \sum_{j=s}^{n}\sum_{i=r}^{j} \frac{n!}{i!\ (j-i)!(n-j)!} F^i(x)\{F(y)-F(x)\}^{j-i}\{1-F(y)\}^{n-j} \end{aligned} \tag{5.140}$$

이다. 여기서,

$$\frac{n!}{i!\ (j-i)!(n-j)!} = {}_n\mathrm{C}_j\, {}_j\mathrm{C}_i \tag{5.141}$$

임을 새겨 두자. 한편, $r<s$이고 $x \geq y$일 때에는 $\left\{X_{(r)} \leq x, X_{(s)} \leq y\right\} = \left\{X_{(s)} \leq y\right\}$이므로

$$\begin{aligned} F_{r,s}(x,y) &= \Pr\left\{X_{(r)} \leq x, X_{(s)} \leq y\right\} \\ &= \Pr\left\{X_{(s)} \leq y\right\} \\ &= F_{X_{[s]}}(y) \\ &= \sum_{j=s}^{n} {}_n\mathrm{C}_j F^j(y)\{1-F(y)\}^{n-j} \end{aligned} \tag{5.142}$$

임을 쉽게 알 수 있다. 위 (5.140)과 (5.142)를 얻은 방법은 이산 분포에서도 꽤 쓸모 있다. 이제, (5.140)과 (5.142)를 바탕으로 아래 정리를 얻는다.

정리 5.6 **순서 통계량 둘의 결합 누적분포함수** 독립이고 분포가 같은 확률벡터 $\underline{X} = (X_1, X_2, \cdots, X_n)$의 순서 통계량을 $\underline{X_{[\cdot]}}$이라고 하자. 이제, X_i의 누적분포함수를 F라고 하면 $1 \leq r < s \leq n$일 때 순서 통계량 $X_{(r)}$과 $X_{(s)}$의 결합 누적분포함수 $F_{r,s}(x,y)$는

$$F_{r,s}(x,y) = \begin{cases} \sum\limits_{j=s}^{n}\sum\limits_{i=r}^{j} {}_n\mathrm{C}_j\, {}_j\mathrm{C}_i F^i(x)\{F(y)-F(x)\}^{j-i}\{1-F(y)\}^{n-j}, & x \leq y, \\ F_{X_{[s]}}(y) = \sum\limits_{j=s}^{n} {}_n\mathrm{C}_j F^j(y)\{1-F(y)\}^{n-j}, & x \geq y \end{cases} \tag{5.143}$$

이다. ■■

식 (5.143)에서 $x=y$이면 $F(x)=F(y)$이므로, $0^0=1$이라는 것을 새기면 오른쪽 첫 줄에서 $i=j$일 때만 남는다는 것을 알 수 있는데, 그 결과는 둘째 줄과 같다. 한편, $r<s$이고 $x=y$이면 (5.140)과 비슷한 방법으로

$$\begin{aligned} F_{r,s}(x,x) &= \Pr\left\{X_{(r)} \leq x, X_{(s)} \leq x\right\} \\ &= \Pr\left\{X_{(s)} \leq x\right\} \\ &= F_{X_{[s]}}(x) \\ &= F_{X_{[s]}}(y) \end{aligned} \tag{5.144}$$

처럼 (5.142)를 얻을 수도 있다.

보기 5.32 독립이고 분포가 같은 확률벡터 $\underline{X} = (X_1, X_2)$의 한계 분포가 $U(0,1)$일 때 $\underline{X}$의 순서 통계량 벡터 $\underline{X_{[\cdot]}} = \left(X_{[1]}, X_{[2]}\right)$의 결합 누적분포함수를 얻어 보자.

풀이 위 (5.143)에서

$$F_{1,2}(x,y) = \begin{cases} \sum_{j=2}^{2}\sum_{i=1}^{j} {}_2\mathrm{C}_j\, {}_j\mathrm{C}_i F^i(x)\{F(y)-F(x)\}^{j-i}\{1-F(y)\}^{2-j}, & x \le y, \\ \sum_{j=2}^{2} {}_2\mathrm{C}_j F^j(y)\{1-F(y)\}^{2-j}, & x \ge y \end{cases}$$

$$= \begin{cases} 2F(x)F(y) - F^2(x), & x \le y, \\ F^2(y), & x \ge y \end{cases} \tag{5.145}$$

이다. 이제,

$$F(x) = \begin{cases} 1, \ x \ge 1; & x, \ 0 \le x \le 1; \\ 0, \ x \le 0 \end{cases} \tag{5.146}$$

을 새겨 (5.145)를 정리해 보자. 먼저, $x \le y$이면 $F_{1,2}(x,y) = 2F(x)F(y) - F^2(x)$이므로

$$F_{1,2}(x,y) = \begin{cases} 1, & x \le y, x \ge 1, \\ 2x(1-x)+x^2, & x \le y, 0 \le x \le 1, y \ge 1, \\ 0, & x \le y, x \le 0, y \ge 1, \\ 2x(y-x)+x^2, & x \le y, 0 \le x \le 1, 0 \le y \le 1, \\ 0, & x \le y, x \le 0, 0 \le y \le 1, \\ 0, & x \le y, x \le 0, y \le 0 \end{cases} \tag{5.147}$$

임을 알 수 있다. 다음에, $x \ge y$이면 $F_{1,2}(x,y) = F^2(y)$이므로

$$F_{1,2}(x,y) = \begin{cases} 1, & x \ge y, y \ge 1, \\ y^2, & x \ge y, 0 \le y \le 1, \\ 0, & x \ge y, y \le 0 \end{cases} \tag{5.148}$$

이다. 따라서, (5.147)과 (5.148)을 정리하여 묶어 쓰면

$$F_{1,2}(x,y) = \begin{cases} 1, & x \ge 1, y \ge 1, \\ x(2-x), & 0 \le x \le 1, y \ge 1, \\ x(2y-x), & 0 \le x \le y \le 1, \\ y^2, & x \ge y, 0 \le y \le 1, \\ 0, & x \le 0 \text{ 또는 } y \le 0 \end{cases} \tag{5.149}$$

이다. 식 (5.149)가 나타내는 다섯 영역과 영역마다 결합 누적분포함수 $F_{1,2}(x,y)$를 그림 5.10에 보였다. 한편, 순서 통계량 $X_{[1]}$의 누적분포함수를 얻으면

$$F_1(x) = F_{1,2}(x,\infty)$$
$$= \begin{cases} 1, \ x \ge 1; & x(2-x), \ 0 \le x \le 1; \\ 0, \ x \le 0 \end{cases} \tag{5.150}$$

인데 이 식은 보기 5.25에서 얻은 (5.104)와 같고, 순서 통계량 $X_{[2]}$의 누적분포함수를 얻으면

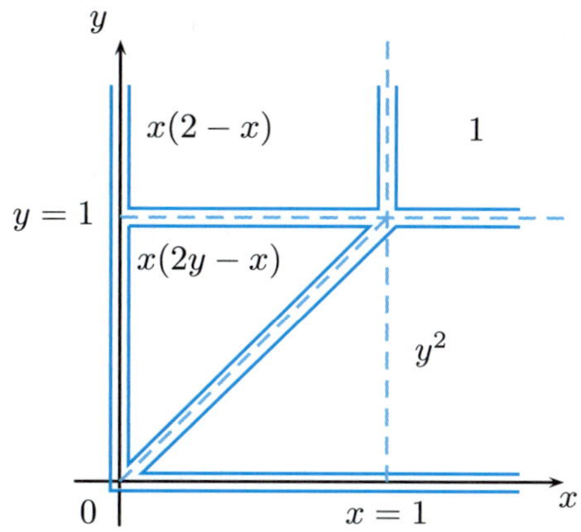

그림 5.10 독립이고 분포가 같은 확률벡터 $\underline{X} = (X_1, X_2)$의 한계 분포가 $U(0,1)$일 때, 다섯 영역에서 $\underline{X}$의 순서 통계량 벡터 $\underline{X_{[\cdot]}} = \left(X_{[1]}, X_{[2]}\right)$의 결합 누적분포함수 $F_{1,2}(x,y)$

$$\begin{aligned} F_2(y) &= F_{1,2}(\infty, y) \\ &= \begin{cases} 1, \ \ y \geq 1; \qquad y^2, \ \ 0 \leq y \leq 1; \\ 0, \ \ y \leq 0 \end{cases} \end{aligned} \tag{5.151}$$

인데 이 식은 보기 5.25에서 얻은 (5.105)와 같다. ◇

보기 5.33 확률벡터 $\underline{X} = (X_1, X_2, X_3)$이 독립이고 분포가 같으며, 그 한계 분포가 $U(0,1)$일 때, 순서 통계량 벡터 $\underline{X_{[\cdot]}} = \left(X_{[1]}, X_{[2]}, X_{[3]}\right)$을 생각하자. 이때, $\left(X_{[1]}, X_{[2]}\right)$의 결합 누적분포함수 $F_{1,2}$, $\left(X_{[1]}, X_{[3]}\right)$의 결합 누적분포함수 $F_{1,3}$, $\left(X_{[2]}, X_{[3]}\right)$의 결합 누적분포함수 $F_{2,3}$, $X_{[1]}$의 누적분포함수 F_1, $X_{[2]}$의 누적분포함수 F_2, $X_{[3]}$의 누적분포함수 F_3을 얻어 보자.

풀이 먼저, (5.143)에서

$$\begin{aligned} F_{1,2}(x,y) &= \begin{cases} \sum_{j=2}^{3} \sum_{i=1}^{j} {}_3\mathrm{C}_j \, {}_j\mathrm{C}_i F^i(x)\{F(y)-F(x)\}^{j-i}\{1-F(y)\}^{3-j}, & x \leq y, \\ \sum_{j=2}^{3} {}_3\mathrm{C}_j F^j(y)\{1-F(y)\}^{3-j}, & x \geq y \end{cases} \\ &= \begin{cases} 6F(x)\{F(y)-F(x)\}\{1-F(y)\} + 3F^2(x)\{1-F(y)\} \\ \quad +3F(x)\{F(y)-F(x)\}^2 + 3F^2(x)\{F(y)-F(x)\} + F^3(x), & x \leq y, \\ 3F^2(y) - 2F^3(y), & x \geq y \end{cases} \\ &= \begin{cases} F^3(x) - 3F^2(x) - 3F(x)F^2(y) + 6F(x)F(y), & x \leq y, \\ 3F^2(y) - 2F^3(y), & x \geq y \end{cases} \end{aligned} \tag{5.152}$$

이고,

$$F_{1,3}(x,y) = \begin{cases} \sum_{j=3}^{3} \sum_{i=1}^{j} {}_3\mathrm{C}_j \, {}_j\mathrm{C}_i F^i(x)\{F(y)-F(x)\}^{j-i}\{1-F(y)\}^{3-j}, & x \leq y, \\ \sum_{j=3}^{3} {}_3\mathrm{C}_j F^j(y)\{1-F(y)\}^{3-j}, & x \geq y \end{cases}$$

$$= \begin{cases} F^3(x) - 3F^2(x)F(y) + 3F(x)F^2(y), & x \le y, \\ F^3(y), & x \ge y \end{cases} \quad (5.153)$$

이며,

$$\begin{aligned} F_{2,3}(x,y) &= \begin{cases} \sum_{j=3}^{3}\sum_{i=2}^{j} {}_3\mathrm{C}_j\,{}_j\mathrm{C}_i F^i(x)\{F(y)-F(x)\}^{j-i}\{1-F(y)\}^{3-j}, & x \le y, \\ \sum_{j=3}^{3} {}_3\mathrm{C}_j F^j(y)\{1-F(y)\}^{3-j}, & x \ge y \end{cases} \\ &= \begin{cases} 3F^2(x)F(y) - 2F^3(x), & x \le y, \\ F^3(y), & x \ge y \end{cases} \end{aligned} \quad (5.154)$$

임을 알 수 있다. 이제,

$$F(x) = \begin{cases} 1, \ \ x \ge 1; & x, \ \ 0 \le x \le 1; \\ 0, \ \ x \le 0 \end{cases} \quad (5.155)$$

를 새겨 (5.152)–(5.154)를 정리하면

$$F_{1,2}(x,y) = \begin{cases} 1, & x \ge 1,\, y \ge 1, \\ x^3 - 3x^2 + 3x, & 0 \le x \le 1,\, y \ge 1, \\ x^3 - 3xy^2 - 3x^2 + 6xy, & 0 \le x \le y \le 1, \\ 3y^2 - 2y^3, & x \ge y,\, 0 \le y \le 1, \\ 0, & x \le 0 \text{ 또는 } y \le 0 \end{cases} \quad (5.156)$$

이고,

$$F_{1,3}(x,y) = \begin{cases} 1, & x \ge 1,\, y \ge 1, \\ x^3 - 3x^2 + 3x, & 0 \le x \le 1,\, y \ge 1, \\ x^3 - 3x^2y + 3xy^2, & 0 \le x \le y \le 1, \\ y^3, & x \ge y,\, 0 \le y \le 1, \\ 0, & x \le 0 \text{ 또는 } y \le 0 \end{cases} \quad (5.157)$$

이며,

$$F_{2,3}(x,y) = \begin{cases} 1, & x \ge 1,\, y \ge 1, \\ -2x^3 + 3x^2, & 0 \le x \le 1,\, y \ge 1, \\ -2x^3 + 3x^2y, & 0 \le x \le y \le 1, \\ y^3, & x \ge y,\, 0 \le y \le 1, \\ 0, & x \le 0 \text{ 또는 } y \le 0 \end{cases} \quad (5.158)$$

이다. 또, (5.156)과 (5.157)을 바탕으로 $X_{[1]}$의 누적분포함수를 얻으면

$$\begin{aligned} F_1(x) &= F_{1,2}(x,\infty) \\ &= F_{1,3}(x,\infty) \\ &= \begin{cases} 1, \ \ x \ge 1; & x^3 - 3x^2 + 3x, \ \ 0 \le x \le 1; \\ 0, \ \ x \le 0 \end{cases} \end{aligned} \quad (5.159)$$

이고, (5.156)과 (5.158)을 바탕으로 $X_{[2]}$의 누적분포함수를 얻으면

$$\begin{aligned} F_2(y) &= F_{1,2}(\infty, y) \\ &= F_{2,3}(y, \infty) \\ &= \begin{cases} 1, \ y \geq 1; & 3y^2 - 2y^3, \ 0 \leq y \leq 1; \\ 0, \ y \leq 0 \end{cases} \end{aligned} \tag{5.160}$$

이며, (5.157)과 (5.158)을 바탕으로 $X_{[3]}$의 누적분포함수를 얻으면

$$\begin{aligned} F_3(y) &= F_{1,3}(\infty, y) \\ &= F_{2,3}(\infty, y) \\ &= \begin{cases} 1, \ y \geq 1; & y^3, \ 0 \leq y \leq 1; \\ 0, \ y \leq 0 \end{cases} \end{aligned} \tag{5.161}$$

이다. 그림 5.11에 첫째 순서 통계량의 누적분포함수 $F_{X_{[1]}}$, 둘째 순서 통계량의 누적분포함수 $F_{X_{[2]}}$, 셋째 순서 통계량의 누적분포함수 $F_{X_{[3]}}$을 보였다. ◇

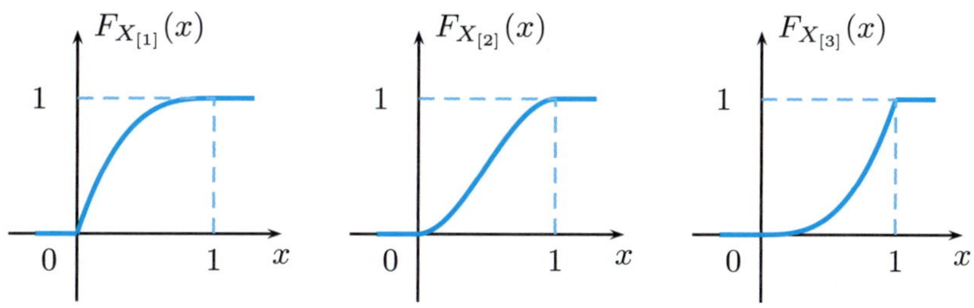

그림 5.11 독립이고 분포가 같은 확률벡터 $\underline{X} = (X_1, X_2, X_3)$의 한계 분포가 $U(0,1)$일 때, 첫째 순서 통계량의 누적분포함수 $F_{X_{[1]}}$, 둘째 순서 통계량의 누적분포함수 $F_{X_{[2]}}$, 셋째 순서 통계량의 누적분포함수 $F_{X_{[3]}}$

보기 5.34 독립이고 분포가 같은 이산 확률벡터 $\underline{X} = (X_1, X_2, X_3)$의 한계 확률질량함수가

$$p_X(i) = \begin{cases} \frac{1}{2}, \ i = 1; & \frac{1}{3}, \ i = 2; \\ \frac{1}{6}, \ i = 3; & 0, \ \text{그 밖에는} \end{cases} \tag{5.162}$$

일 때 순서 통계량 둘의 결합 누적분포함수 셋을 모두 얻고, 이것을 바탕으로 순서 통계량의 한계 누적분포함수를 얻어 보자.

풀이 먼저, 보기 5.28의 (5.113)에서 본 것처럼 $\underline{X}$의 한계 누적분포함수는

$$F(x) = \begin{cases} 0, \ x < 1; & \frac{1}{2}, \ 1 \leq x < 2; \\ \frac{5}{6}, \ 2 \leq x < 3; & 1, \ x \geq 3 \end{cases} \tag{5.163}$$

임을 새겨 두자. 그러면 (5.152)에서

$$F_{1,2}(x, y) = \begin{cases} F^3(x) - 3F^2(x) - 3F(x)F^2(y) + 6F(x)F(y), & x \leq y, \\ 3F^2(y) - 2F^3(y), & x \geq y \end{cases} \tag{5.164}$$

이므로

$$
F_{1,2}(x,y) = \begin{cases} 0, & x<1 \text{ 또는 } y<1, \\ \left(\frac{1}{2}\right)^3 - 3\left(\frac{1}{2}\right)^2 - 3\left(\frac{1}{2}\right)^3 + 6\left(\frac{1}{2}\right)^2, & 1 \le x \le y < 2, \\ 3\left(\frac{1}{2}\right)^2 - 2\left(\frac{1}{2}\right)^3, & 1 \le y \le x < 2, \\ 3\left(\frac{1}{2}\right)^2 - 2\left(\frac{1}{2}\right)^3, & 2 \le x < 3, 1 \le y < 2, \\ 3\left(\frac{1}{2}\right)^2 - 2\left(\frac{1}{2}\right)^3, & x \ge 3, 1 \le y < 2, \\ \left(\frac{1}{2}\right)^3 - 3\left(\frac{1}{2}\right)^2 - 3\cdot\frac{1}{2}\left(\frac{5}{6}\right)^2 + 6\cdot\frac{1}{2}\cdot\frac{5}{6}, & 1 \le x < 2, 2 \le y < 3, \\ \left(\frac{5}{6}\right)^3 - 3\left(\frac{5}{6}\right)^2 - 3\left(\frac{5}{6}\right)^3 + 6\left(\frac{5}{6}\right)^2, & 2 \le x \le y < 3, \\ 3\left(\frac{5}{6}\right)^2 - 2\left(\frac{5}{6}\right)^3, & 2 \le y \le x < 3, \\ 3\left(\frac{5}{6}\right)^2 - 2\left(\frac{5}{6}\right)^3, & x \ge 3, 2 \le y < 3, \\ \left(\frac{1}{2}\right)^3 - 3\left(\frac{1}{2}\right)^2 - 3\cdot\frac{1}{2} + 6\cdot\frac{1}{2}, & 1 \le x < 2, y \ge 3, \\ \left(\frac{5}{6}\right)^3 - 3\left(\frac{5}{6}\right)^2 - 3\cdot\frac{5}{6} + 6\cdot\frac{5}{6}, & 2 \le x < 3, y \ge 3, \\ 1, & x \ge 3, y \ge 3 \end{cases}
$$

$$
= \begin{cases} 0, \ x<1 \text{ 또는 } y<1; & \frac{1}{2}, \ x \ge 1, 1 \le y < 2; \\ \frac{5}{6}, \ 1 \le x < 2, 2 \le y < 3; & \frac{25}{27}, \ x \ge 2, 2 \le y < 3; \\ \frac{7}{8}, \ 1 \le x < 2, y \ge 3; & \frac{215}{216}, \ 2 \le x < 3, y \ge 3; \\ 1, \ x \ge 3, y \ge 3 \end{cases} \tag{5.165}
$$

를, (5.153)에서

$$
F_{1,3}(x,y) = \begin{cases} F^3(x) - 3F^2(x)F(y) + 3F(x)F^2(y), & x \le y, \\ F^3(y), & x \ge y \end{cases} \tag{5.166}
$$

이므로

$$
F_{1,3}(x,y) = \begin{cases} 0, \ x<1 \text{ 또는 } y<1; & \frac{1}{8}, \ x \ge 1, 1 \le y < 2; \\ \frac{13}{24}, \ 1 \le x < 2, 2 \le y < 3; & \frac{125}{216}, \ x \ge 2, 2 \le y < 3; \\ \frac{7}{8}, \ 1 \le x < 2, y \ge 3; & \frac{215}{216}, \ 2 \le x < 3, y \ge 3; \\ 1, \ x \ge 3, y \ge 3 \end{cases} \tag{5.167}
$$

을, (5.154)에서

$$
F_{2,3}(x,y) = \begin{cases} 3F^2(x)F(y) - 2F^3(x), & x \le y, \\ F^3(y), & x \ge y \end{cases} \tag{5.168}
$$

이므로

$$
F_{2,3}(x,y) = \begin{cases} 0, \ x<1 \text{ 또는 } y<1; & \frac{1}{8}, \ x \ge 1, 1 \le y < 2; \\ \frac{3}{8}, \ 1 \le x < 2, 2 \le y < 3; & \frac{125}{216}, \ x \ge 2, 2 \le y < 3; \\ \frac{1}{2}, \ 1 \le x < 2, y \ge 3; & \frac{25}{27}, \ 2 \le x < 3, y \ge 3; \\ 1, \ x \ge 3, y \ge 3 \end{cases} \tag{5.169}
$$

를 얻는다. 이제, 이 결과들을 써서 한계 누적분포함수를 얻을 수 있다. 구체적으로는 (5.165) 또는 (5.167)을 바탕으로 첫째 순서 통계량의 한계 누적분포함수

$$F_{X_{[1]}}(x) = \begin{cases} 0, & x < 1; \quad \frac{7}{8}, \ 1 \le x < 2; \\ \frac{215}{216}, & 2 \le x < 3; \quad 1, \ x \ge 3 \end{cases} \tag{5.170}$$

을, (5.165) 또는 (5.169)를 바탕으로 둘째 순서 통계량의 한계 누적분포함수

$$F_{X_{[2]}}(x) = \begin{cases} 0, & x < 1; \quad \frac{1}{2}, \ 1 \le x < 2; \\ \frac{25}{27}, & 2 \le x < 3; \quad 1, \ x \ge 3 \end{cases} \tag{5.171}$$

을, (5.167) 또는 (5.169)를 바탕으로 셋째 순서 통계량의 한계 누적분포함수

$$F_{X_{[3]}}(x) = \begin{cases} 0, & x < 1; \quad \frac{1}{8}, \ 1 \le x < 2; \\ \frac{215}{216}, & 2 \le x < 3; \quad 1, \ x \ge 3 \end{cases} \tag{5.172}$$

를 얻을 수 있다. 마땅히 한계 누적분포함수 (5.170)은 (5.115)와, (5.171)은 (5.117)과, (5.172)는 (5.119)와 같다. ◇

정리 5.7 순서 통계량 둘의 결합 누적분포함수의 합 1 독립이고 분포가 같은 확률벡터 $\underline{X} = (X_1, X_2, \cdots, X_n)$의 한계 누적분포함수를 F라고 하고, $\underline{X}$의 순서 통계량 벡터를 $\underline{X_{[\cdot]}}$이라고 하며, $1 \le r < s \le n$일 때 순서 통계량 $X_{(r)}$과 $X_{(s)}$의 결합 누적분포함수를 $F_{r,s}$라고 하자. 그러면

$$\begin{aligned} \frac{2}{n(n-1)} \sum_{s=2}^{n} \sum_{r=1}^{s-1} F_{r,s}(x,y) &= \begin{cases} 2F(x)F(y) - F^2(x), & x \le y, \\ F^2(y), & x \ge y \end{cases} \\ &= 2F(x)F(y) - F^2(x) + \{F(x) - F(y)\}^2 u(x-y) \end{aligned} \tag{5.173}$$

이다. ■■

증명 먼저, (5.134)에 보인

$$n(1+x)^{n-1} = \sum_{i=1}^{n} i \, {}_n\mathrm{C}_i \ x^{i-1} \tag{5.174}$$

와 이 식을 미분하여 얻을 수 있는

$$n(n-1)(1+x)^{n-2} = \sum_{i=2}^{n} i(i-1) \, {}_n\mathrm{C}_i \ x^{i-2} \tag{5.175}$$

를 새겨 두자. 이제, $x \ge y$일 때에는 $F_{r,s}(x,y) = F_s(y)$이므로 (5.132)와 비슷하게

$$\begin{aligned} \sum_{s=2}^{n} \sum_{r=1}^{s-1} F_{r,s}(x,y) &= \sum_{s=2}^{n} (s-1) F_s(y) \\ &= \sum_{s=2}^{n} (s-1) \sum_{j=s}^{n} {}_n\mathrm{C}_j F^j(y) \{1 - F(y)\}^{n-j} \end{aligned}$$

$$= 1\cdot\sum_{j=2}^{n} {}_n\mathrm{C}_j F^j(y)\{1-F(y)\}^{n-j} + 2\cdot\sum_{j=3}^{n} {}_n\mathrm{C}_j F^j(y)\{1-F(y)\}^{n-j}$$
$$+\cdots+(n-1)\cdot\sum_{j=n}^{n} {}_n\mathrm{C}_j F^j(y)\{1-F(y)\}^{n-j} \tag{5.176}$$

처럼 쓸 수 있다. 이 식을 잘 살펴보면, $k = 2, 3, \cdots, n$일 때 ${}_n\mathrm{C}_k F^k(y)\{1-F(y)\}^{n-k}$가 $1+2+\cdots+(k-1) = \frac{k(k-1)}{2}$번 더해짐을 알 수 있다. 이것을 새기고 (5.175)를 쓰면

$$\begin{aligned}\sum_{s=2}^{n}\sum_{r=1}^{s-1} F_{r,s}(x,y) &= \sum_{k=2}^{n}\frac{k(k-1)}{2}\,{}_n\mathrm{C}_k F^k(y)\{1-F(y)\}^{n-k}\\ &= \frac{1}{2}F^2(y)\{1-F(y)\}^{n-2}\sum_{k=2}^{n}k(k-1)\,{}_n\mathrm{C}_k\left\{\frac{F(y)}{1-F(y)}\right\}^{k-2}\\ &= \frac{1}{2}F^2(y)\{1-F(y)\}^{n-2}n(n-1)\left\{1+\frac{F(y)}{1-F(y)}\right\}^{n-2}\\ &= \frac{1}{2}n(n-1)F^2(y), \quad x \ge y \end{aligned}\tag{5.177}$$

이다. 다음에, $x \le y$일 때를 살펴보자. 보기 쉽도록 $F(y)$를 β라고, 또 $F(x)$를 α라고 쓴 뒤, 부록 5.3에 보인 (5.716)을 새기면

$$\begin{aligned}\sum_{s=2}^{n}\sum_{r=1}^{s-1} F_{r,s}(x,y) &= \sum_{s=2}^{n}\sum_{r=1}^{s-1}\sum_{j=s}^{n}\sum_{i=r}^{j} {}_n\mathrm{C}_j\,{}_j\mathrm{C}_i\alpha^i(\beta-\alpha)^{j-i}(1-\beta)^{n-j}\\ &= \sum_{j=2}^{n}\sum_{i=1}^{j}\left\{(j-1)i-\frac{i(i-1)}{2}\right\}{}_n\mathrm{C}_j\,{}_j\mathrm{C}_i\alpha^i(\beta-\alpha)^{j-i}(1-\beta)^{n-j}\end{aligned}\tag{5.178}$$

이다. 이제, (5.174)를 쓰면

$$\begin{aligned}\sum_{i=1}^{j}(j-1)i\,{}_j\mathrm{C}_i\alpha^i(\beta-\alpha)^{j-i} &= (j-1)\alpha(\beta-\alpha)^{j-1}j\left(1+\frac{\alpha}{\beta-\alpha}\right)^{j-1}\\ &= j(j-1)\alpha\beta^{j-1}\end{aligned}\tag{5.179}$$

이고, 이와 비슷하게 (5.175)를 쓰면

$$\begin{aligned}-\frac{1}{2}\sum_{i=1}^{j}i(i-1)\,{}_j\mathrm{C}_i\alpha^i(\beta-\alpha)^{j-i} &= -\frac{1}{2}\alpha^2(\beta-\alpha)^{j-2}\sum_{i=2}^{j}i(i-1)\,{}_j\mathrm{C}_i\left(\frac{\alpha}{\beta-\alpha}\right)^{i-2}\\ &= -\frac{1}{2}\alpha^2(\beta-\alpha)^{j-2}j(j-1)\left(1+\frac{\alpha}{\beta-\alpha}\right)^{j-2}\\ &= -\frac{1}{2}j(j-1)\alpha^2\beta^{j-2}\end{aligned}\tag{5.180}$$

이므로, (5.179)와 (5.180)을 (5.178)에 넣으면

$$\sum_{s=2}^{n}\sum_{r=1}^{s-1} F_{r,s}(x,y) = \sum_{j=2}^{n}\left\{j(j-1)\alpha\beta^{j-1}-\frac{1}{2}j(j-1)\alpha^2\beta^{j-2}\right\}{}_n\mathrm{C}_j\,(1-\beta)^{n-j} \tag{5.181}$$

이다. 그러므로,

$$\alpha \sum_{j=2}^{n} j(j-1)\,{}_n\mathrm{C}_j\,\beta^{j-1}(1-\beta)^{n-j} = \alpha\beta(1-\beta)^{n-2}\sum_{j=2}^{n} j(j-1)\,{}_n\mathrm{C}_j \left(\frac{\beta}{1-\beta}\right)^{j-2}$$
$$= \alpha\beta(1-\beta)^{n-2} n(n-1)\left(1+\frac{\beta}{1-\beta}\right)^{n-2}$$
$$= n(n-1)\alpha\beta \tag{5.182}$$

이고, 따라서

$$-\frac{1}{2}\alpha^2 \sum_{j=2}^{n} j(j-1)\,{}_n\mathrm{C}_j\,\beta^{j-2}(1-\beta)^{n-j} = -\frac{1}{2}n(n-1)\alpha^2 \tag{5.183}$$

임을 새기면 (5.181)에서

$$\sum_{s=2}^{n}\sum_{r=1}^{s-1} F_{r,s}(x,y) = n(n-1)\left(\alpha\beta - \frac{1}{2}\alpha^2\right)$$
$$= n(n-1)\left\{F(x)F(y) - \frac{1}{2}F^2(x)\right\}, \quad x \le y \tag{5.184}$$

를 얻는다. 식 (5.177)과 (5.184)를 묶어 쓰면 (5.173)과 같다. □

보기 5.35 보기 5.32의 (5.145)에서 보았듯이 독립이고 분포가 같은 확률벡터 $\underline{X} = (X_1, X_2)$의 한계 분포가 $U(0,1)$일 때 $\underline{X}$의 순서 통계량 벡터 $\underline{X_{[\cdot]}} = \left(X_{[1]}, X_{[2]}\right)$의 결합 누적분포함수는

$$F_{1,2}(x,y) = \begin{cases} 2F(x)F(y) - F^2(x), & x \le y, \\ F^2(y), & x \ge y \end{cases} \tag{5.185}$$

이다. 그러므로,

$$\sum_{s=2}^{n}\sum_{r=1}^{s-1} F_{r,s}(x,y) = F_{1,2}(x,y)$$
$$= \begin{cases} n(n-1)F(x)F(y) - \frac{1}{2}n(n-1)F^2(x), & x \le y, \\ \frac{1}{2}n(n-1)F^2(y), & x \ge y \end{cases} \tag{5.186}$$

임을 바로 확인할 수 있다. ◇

보기 5.36 확률벡터 $\underline{X} = (X_1, X_2, X_3)$이 독립이고 분포가 같으며, 그 한계 분포가 $U(0,1)$일 때 순서 통계량 벡터 $\underline{X_{[\cdot]}} = \left(X_{[1]}, X_{[2]}, X_{[3]}\right)$을 생각하자. 그러면 보기 5.33에서 얻은 순서 통계량 둘 $\left(X_{[1]}, X_{[2]}\right)$의 결합 누적분포함수 (5.152), $\left(X_{[1]}, X_{[3]}\right)$의 결합 누적분포함수 (5.153), $\left(X_{[2]}, X_{[3]}\right)$의 결합 누적분포함수 (5.154)에서

$$\sum_{s=2}^{n}\sum_{r=1}^{s-1} F_{r,s}(x,y) = F_{1,2}(x,y) + F_{1,3}(x,y) + F_{2,3}(x,y)$$
$$= \begin{cases} 6F(x)F(y) - 3F^2(x), & x \le y, \\ 3F^2(y), & x \ge y \end{cases} \tag{5.187}$$

임을 바로 확인할 수 있다. ◇

보기 5.37 독립이고 분포가 같은 연속 확률벡터 $\underline{X} = (X_1, X_2, \cdots, X_n)$에서 얻은 순서 통계량 $X_{[r]}$과 $X_{[s]}$ 둘의 결합 누적분포함수를 $F_{r,s}$라고 하자. 이제, $0 < x \leq y$인 영역에서

$$\sum_{s=2}^{n}\sum_{r=1}^{s-1} F_{r,s}(x,y) = 3\left\{1 - e^{-2x} + 2e^{-(x+y)} - 2e^{-y}\right\} \tag{5.188}$$

임을 알 수 있다고 하자. 이때, 확률벡터 $\underline{X}$의 차원, 순서 통계량 $X_{[2]}$과 $X_{[3]}$ 둘의 결합 누적분포함수 $F_{2,3}$, $x \geq y$일 때 $\sum\limits_{s=2}^{n}\sum\limits_{r=1}^{s-1} F_{r,s}(x,y)$을 얻어 보자.

풀이 먼저, (5.188)을 바꾸어 쓰면

$$\begin{aligned}\sum_{s=2}^{n}\sum_{r=1}^{s-1} F_{r,s}(x,y) &= 3\left\{-1 + 2e^{-x} - e^{-2x} + 2 - 2e^{-x} + 2e^{-(x+y)} - 2e^{-y}\right\}, \quad 0 < x \leq y \\ &= 6\left(1 - e^{-x}\right)u(x)\left(1 - e^{-y}\right)u(y) - 3\left(1 - e^{-x}\right)^2 u(x), \quad x \leq y \end{aligned} \tag{5.189}$$

이다. 이 식을 (5.184)와 견주어 보면 $n(n-1) = 6$에서 $n = 3$이고,

$$F(x) = \left(1 - e^{-x}\right)u(x) \tag{5.190}$$

임을 쉽게 알 수 있다. 따라서, $x \geq y$인 영역에서는

$$\begin{aligned}\sum_{s=2}^{n}\sum_{r=1}^{s-1} F_{r,s}(x,y) &= \frac{1}{2}\cdot 3 \cdot 2F^2(y) \\ &= 3\left(1 - e^{-y}\right)^2 u(y), \quad x \geq y \end{aligned} \tag{5.191}$$

이고

$$\begin{aligned} F_{2,3}(x,y) &= \begin{cases} 3F^2(x)F(y) - 2F^3(x), & x \leq y, \\ F^3(y), & x \geq y \end{cases} \\ &= \begin{cases} 3\left(1 - e^{-x}\right)^2\left(1 - e^{-y}\right) - 2\left(1 - e^{-x}\right)^3, & 0 < x \leq y, \\ \left(1 - e^{-y}\right)^3, & x \geq y > 0, \\ 0, & x < 0 \text{ 또는 } y < 0 \end{cases} \end{aligned} \tag{5.192}$$

이다. ◇

정리 5.8 순서 통계량 둘의 결합 누적분포함수의 합 2 독립이고 분포가 같은 확률벡터 $\underline{X} = (X_1, X_2, \cdots, X_n)$의 한계 누적분포함수를 F라고 하고, $\underline{X}$의 순서 통계량 벡터를 $\underline{X_{[\cdot]}}$이라고 하며, 순서 통계량 $X_{(r)}$과 $X_{(s)}$의 결합 누적분포함수를 $F_{r,s}$라고 하자. 그러면

$$\sum_{s=1}^{n}\sum_{r=1}^{n} F_{r,s}(x,y) = n(n-1)F(x)F(y) + nF\left(\min(x,y)\right) \tag{5.193}$$

이다. ■■

증명 먼저, $F_{r,s}(x,y) = F_{s,r}(y,x)$임과 $F_{r,r}(x,y) = F_r(\min(x,y))$라는 것을 새기면

$$\begin{aligned}\sum_{s=1}^{n}\sum_{r=1}^{n} F_{r,s}(x,y) &= \sum_{s=2}^{n}\sum_{r=1}^{s-1} F_{r,s}(x,y) + \sum_{r=2}^{n}\sum_{s=1}^{r-1} F_{r,s}(x,y) + \sum_{r=1}^{n} F_{r,r}(x,y) \\ &= \sum_{s=2}^{n}\sum_{r=1}^{s-1} \{F_{r,s}(x,y) + F_{r,s}(y,x)\} + \sum_{r=1}^{n} F_r\left(\min(x,y)\right) \qquad (5.194)\end{aligned}$$

이다. 따라서, 정리 5.5에서 보인 (5.131)과 정리 5.7에서 보인 (5.173)을 (5.194)에 쓰면

$$\begin{aligned}\sum_{s=1}^{n}\sum_{r=1}^{n} F_{r,s}(x,y) &= \begin{cases} n(n-1)F(x)F(y) - \frac{1}{2}n(n-1)F^2(x) + \frac{1}{2}n(n-1)F^2(x) + nF(x), \\ \qquad x \le y, \\ \frac{1}{2}n(n-1)F^2(y) + n(n-1)F(y)F(x) - \frac{1}{2}n(n-1)F^2(y) + nF(y), \\ \qquad x \ge y \end{cases} \\ &= n(n-1)F(x)F(y) + nF\left(\min(x,y)\right) \qquad (5.195)\end{aligned}$$

를 얻는다. □

5.3.3 크기 순서 통계량의 한계 누적분포함수와 결합 누적분포함수*

이산 분포에서는 표본공간을 $\mathbb{J}_0 = \{0, 1, \cdots\}$ 또는 $\mathbb{J}_+ = \{1, 2, \cdots\}$이라고 생각할 수 있으므로 크기 순서 통계량이 순서 통계량과 같다. 그러므로, 크기 순서 통계량을 다룰 때에는 연속 분포만을 생각하기로 한다.

확률밀도함수 $f(x)$의 짝부분[22]을

$$f_e(x) = \frac{1}{2}\{f(x) + f(-x)\} \qquad (5.196)$$

으로, 홀부분[23]을

$$f_o(x) = \frac{1}{2}\{f(x) - f(-x)\} \qquad (5.197)$$

로 두자. 그러면 $f_e(x)$는 짝함수이고, $f_o(x)$는 홀함수이며, $f_e(x) \ge 0$이고,

$$f(x) = f_o(x) + f_e(x) \qquad (5.198)$$

이다. 확률밀도함수 $f(x)$가 짝함수이면 – 곧, $f(x) = f(-x)$이면 – $f_e(x) = f(x)$이고 $f_o(x) = 0$이다. 확률밀도함수의 홀부분과 비슷하게

$$F_o(x) = \frac{1}{2}\{F(x) - F(-x)\} \qquad (5.199)$$

를 누적분포함수 $F(x)$의 홀부분이라고 하고,

[22] even component 또는 even part
[23] odd component 또는 odd part

$$\begin{aligned} G(x) &= F(x) - F(-x) \\ &= 2F_o(x) \end{aligned} \tag{5.200}$$

처럼 두며,

$$\begin{aligned} g(x) &= \frac{dG(x)}{dx} \\ &= f(x) + f(-x) \\ &= 2f_e(x) \end{aligned} \tag{5.201}$$

로 두자. 그러면 $G(x)$는 홀함수이고, x의 줄지 않는 함수이며,

$$\begin{cases} 0 \le G(x) \le 1, & x \ge 0\text{일 때}, \\ G(x) = 0, & x = 0\text{일 때}, \\ -1 \le G(x) \le 0, & x \le 0\text{일 때} \end{cases} \tag{5.202}$$

이다.

보기 5.38 고른 확률밀도함수

$$f(x) = \frac{1}{3}u(1+x)u(2-x) \tag{5.203}$$

을 생각하자. 그러면

$$\begin{aligned} g(x) &= 2f_e(x) \\ &= \begin{cases} \frac{2}{3}, & |x| < 1; \quad \frac{1}{3}, \quad 1 < |x| < 2; \\ 0, & |x| > 2 \end{cases} \end{aligned} \tag{5.204}$$

이고,

$$f_o(x) = \begin{cases} \frac{1}{6}, & 1 < x < 2; \qquad\qquad -\frac{1}{6}, \quad -2 < x < 1; \\ 0, & |x| < 1 \text{ 또는 } |x| > 2 \end{cases} \tag{5.205}$$

이며,

$$G(x) = \begin{cases} -1, & x < -2; \qquad\quad \frac{1}{3}(x-1), \quad -2 \le x < -1; \\ \frac{2x}{3}, & -1 \le x < 1; \quad \frac{1}{3}(x+1), \quad 1 \le x < 2; \\ 1, & x \ge 2 \end{cases} \tag{5.206}$$

이다. 그림 5.12에 $f(x)$, $g(x)$, $G(x)$를 그려 두었다. ◇

보기 5.39 고른 분포 $U(0,1)$을 생각하자. 그러면 $g(x) = 2f_e(x) = u(1-|x|)$이고, $f_o(x) = \{u(x) - u(-x)\}u(1-|x|)$이며,

$$G(x) = \begin{cases} -1, & x < -1, \\ x, & -1 \le x < 1, \\ 1, & x \ge 1 \end{cases} \tag{5.207}$$

이다. ◇

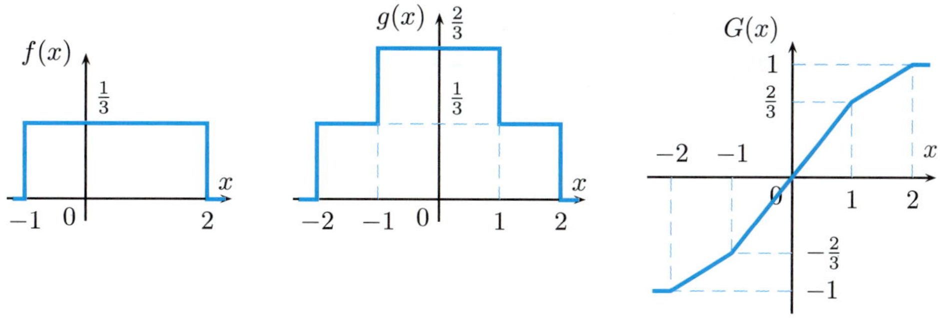

그림 5.12 확률밀도함수가 $f(x) = \frac{1}{3}u(x+1)u(2-x)$일 때 $g(x) = 2f_e(x)$와 $G(x) = F(x) - F(-x)$

보기 5.40 고른 분포 $U(-1,1)$을 생각하자. 그러면 $g(x) = 2f_e(x) = u(1-|x|)$이고, $f_o(x) = 0$이며,

$$G(x) = \begin{cases} -1, & x < -1, \\ x, & -1 \le x < 1, \\ 1, & x \ge 1 \end{cases} \tag{5.208}$$

이다. ◇

한편, 확률밀도함수 f_1과 f_2에 대응하는 누적분포함수를 각각 F_1과 F_2라고 하고, $G_1(x) = F_1(x) - F_1(-x)$처럼 두고 $G_2(x) = F_2(x) - F_2(-x)$처럼 둘 때, $f_1(x) = f_2(-x)$이면 $G_1(x) = G_2(x)$라는 것을 바로 알 수 있다.

보기 5.41 고른 확률밀도함수

$$f_B(x) = \frac{1}{3}u(1-x)u(2+x) \tag{5.209}$$

를 생각하자. 그러면 이 확률밀도함수는 보기 5.38에서 다룬 확률밀도함수 $f(x)$의 x 자리에 $-x$를 넣은 것이다. 따라서, f_B에 해당하는 누적분포함수를 F_B라고 쓰고 $G_B(x) = F_B(x) - F_B(-x)$라고 하면 $G_B(x)$는 (5.206)에 보인 $G(x)$와 같다는 것을 바로 알 수 있다. ◇

이산 분포나 혼합 분포에서는 단위 계단함수를 써서 누적분포함수를 나타낼 수 있다는 것과 충격 함수를 써서 확률밀도함수를 나타낼 수 있다는 것을 새기면 (5.200)과 마찬가지로 $G(x)$를 생각할 수 있다. 그러한 때에도, $G(x)$는 $-1 \le G(x) \le 1$을 만족시키고 줄지 않는 함수이며 연속 점에서 늘 홀함수이다.

이제, 정리 5.4에서 다룬 (5.98)에서 $F(x)$를 $G(x)u(x)$로 바꾸어 넣은 뒤, $x > 0$일 때 $1 - G(x)u(x) = 1 - G(x)$라는 것과 $i = 1, 2, \cdots$이고 $x \neq 0$일 때 $u^i(x) = u(x)$라는 것을 새기면 아래와 같이 크기 순서 통계량의 한계 누적분포함수를 얻을 수 있다.

정리 5.9 **크기 순서 통계량의 한계 누적분포함수** 독립이고 분포가 같으며 한계 누적분포함수가 F인 확률벡터 $\underline{X} = (X_1, X_2, \cdots, X_n)$에서 r째 크기 순서 통계량 $|X|_{[r]}$의 누적분포함수

는 $G(x) = F(x) - F(-x)$처럼 둘 때

$$F_{|X|_{[r]}}(x) = \sum_{j=r}^{n} {}_n\mathrm{C}_j G^j(x)\{1-G(x)\}^{n-j}\, u(x) \tag{5.210}$$

이다[24]. ■■

보기 5.42 독립이고 분포가 같은 확률벡터 $\underline{X} = (X_1, X_2)$의 한계 분포가 $U(0,1)$이라고 하자. 그러면 (5.207)에서 본 것처럼

$$G(x) = \begin{cases} -1, & x < -1; \quad x, \ -1 \le x < 1; \\ 1, & x \ge 1 \end{cases} \tag{5.211}$$

이므로, 첫째 크기 순서 통계량 $|X|_{[1]}$의 누적분포함수는

$$\begin{aligned} F_{|X|_{[1]}}(x) &= \sum_{j=1}^{2} {}_2\mathrm{C}_j G^j(x)\{1-G(x)\}^{2-j} u(x) \\ &= \begin{cases} 1, \ x \ge 1; & \sum\limits_{j=1}^{2} {}_2\mathrm{C}_j x^j (1-x)^{2-j}, \ 0 \le x \le 1; \\ 0, \ x \le 0 \end{cases} \\ &= \begin{cases} 1, \ x \ge 1; & x(2-x), \ 0 \le x \le 1; \\ 0, \ x \le 0 \end{cases} \end{aligned} \tag{5.212}$$

이고 둘째 크기 순서 통계량 $|X|_{[2]}$의 누적분포함수는

$$\begin{aligned} F_{|X|_{[2]}}(x) &= \begin{cases} 1, \ x \ge 1; & \sum\limits_{j=2}^{2} {}_2\mathrm{C}_j x^j (1-x)^{2-j}, \ 0 \le x \le 1; \\ 0, \ x \le 0 \end{cases} \\ &= \begin{cases} 1, \ x \ge 1; & x^2, \ 0 \le x \le 1; \\ 0, \ x \le 0 \end{cases} \end{aligned} \tag{5.213}$$

이다. 이 둘은 각각 보기 5.25의 (5.104)와 (5.105)에서 보인 첫째, 둘째 순서 통계량의 누적분포함수와 같다. ◇

정리 5.10 **크기 순서 통계량의 누적분포함수의 합** 독립이고 분포가 같으며 한계 누적분포함수가 F인 확률벡터 $\underline{X} = (X_1, X_2, \cdots, X_n)$에서 얻은 r째 크기 순서 통계량의 누적분포함수를 $F_{|X|_{[r]}}(x)$라고 하면

$$\sum_{r=1}^{n} F_{|X|_{[r]}}(x) = n\{F(x) - F(-x)\}\, u(x) \tag{5.214}$$

이다. ■■

[24] 여기서, $G(0) = 0$이므로, $u(0)$의 값을 어떻게 뜻매김하더라도, $F_{|X|_{[r]}}(x) = 0$인 셈이다.

증명 정리 5.5를 보인 것과 비슷하게 보일 수 있다. □

정리 5.11 **크기 순서 통계량 둘의 결합 누적분포함수** 독립이고 분포가 같은 확률벡터 $\underline{X} = (X_1, X_2, \cdots, X_n)$의 크기 순서 통계량을 $\underline{|X|_{[\cdot]}}$이라고 하자. 이제, X_i의 누적분포함수를 F라고 하고 $G(x) = F(x) - F(-x)$처럼 두면 $1 \le r < s \le n$일 때 크기 순서 통계량 $|X|_{(r)}$과 $|X|_{(s)}$의 결합 누적분포함수는

$$F_{|X|_{(r)},|X|_{(s)}}(x,y) = \begin{cases} \sum_{j=s}^{n}\sum_{i=r}^{j} {}_n\mathrm{C}_j\, {}_j\mathrm{C}_i G^i(x)\{G(y)-G(x)\}^{j-i} \\ \quad \cdot\{1-G(y)\}^{n-j}u(x), & x \le y, \\ F_{|X|_{[s]}}(y) = \sum_{j=s}^{n} {}_n\mathrm{C}_j G^j(y)\{1-G(y)\}^{n-j}u(y), & x \ge y \end{cases} \tag{5.215}$$

이다. ■■

증명 먼저, $x > 0$일 때 $1 - G(x)u(x) = 1 - G(x)$라는 것, $i = 1, 2, \cdots$이고 $x \ne 0$일 때 $u^i(x) = u(x)$라는 것, $0 < x < y$일 때 $G(y)u(y) - G(x)u(x) = G(y) - G(x)$라는 것을 새겨 두면, $F(x)$를 $G(x)u(x)$로 바꾸어 넣은 뒤, 정리 5.6을 보인 것과 비슷하게 보일 수 있다. □

정리 5.12 **크기 순서 통계량 둘의 결합 누적분포함수의 합** 독립이고 분포가 같은 확률벡터 $\underline{X} = (X_1, X_2, \cdots, X_n)$의 한계 누적분포함수를 F라고 하고 $G(x) = F(x) - F(-x)$처럼 두자. 또, $\underline{X}$의 크기 순서 통계량 벡터를 $\underline{|X|_{[\cdot]}}$이라고 하며, $1 \le r < s \le n$일 때 크기 순서 통계량 $|X|_{(r)}$과 $|X|_{(s)}$의 결합 누적분포함수를 $F_{|X|_{(r)},|X|_{(s)}}(x,y)$라고 하자. 그러면

$$\frac{2}{n(n-1)}\sum_{s=2}^{n}\sum_{r=1}^{s-1} F_{|X|_{(r)},|X|_{(s)}}(x,y) = \begin{cases} 2G(x)G(y) - G^2(x), & x \le y, \\ G^2(y), & x \ge y \end{cases} \tag{5.216}$$

이고

$$\sum_{s=1}^{n}\sum_{r=1}^{n} F_{|X|_{(r)},|X|_{(s)}}(x,y) = n(n-1)G(x)G(y) + nG(\min(x,y)) \tag{5.217}$$

이다. ■■

증명 정리 5.7과 5.8을 보인 것과 같다. □

5.4 연속 확률벡터의 순서 통계량

확률벡터 $\underline{X} = (X_1, X_2, \cdots, X_n)$이 독립이고 분포가 같은 연속 확률벡터일 때 순서 통계량과 크기 순서 통계량의 분포를 5.4절과 5.5절에서 살펴보자. 이산 확률벡터의 순서 통계량은 5.6절에서 다룬다.

5.4.1 순서 통계량 벡터의 결합 확률밀도함수

정리 5.13 순서 통계량 벡터의 결합 확률밀도함수 (독립이고 분포가 같은 연속 확률벡터) 연속 확률벡터 $\underline{X} = (X_1, X_2, \cdots, X_n)$이 독립이고 분포가 같을 때, X_i의 한계 확률밀도함수를 f라고 하고 $x_{n+1} = \infty$이라고 두면, 순서 통계량 벡터 $\underline{X_{[\cdot]}}$의 결합 확률밀도함수는

$$f_{\underline{X_{[\cdot]}}}(\underline{x}) = n! \prod_{i=1}^{n} f(x_i)\, u(x_{i+1} - x_i) \tag{5.218}$$

이다. ■■

증명 연속 확률벡터 $\underline{X}$가 독립이고 분포가 같으면 $f_{\underline{X}}(\underline{x}) = \prod_{i=1}^{n} f(x_i)$이다. 그러므로, 이것을 써서 (5.25)에서 쉽게

$$\begin{aligned} f_{\underline{X_{[\cdot]}}}(\underline{x}) &= \begin{cases} \sum\limits_{\underline{r} \in \mathcal{R}^n} \prod\limits_{i=1}^{n} f(x_{r_i}), & x_1 \le x_2 \le \cdots \le x_n, \\ 0, & \text{그 밖에는} \end{cases} \\ &= \begin{cases} n! \prod\limits_{i=1}^{n} f(x_i), & x_1 \le x_2 \le \cdots \le x_n, \\ 0, & \text{그 밖에는} \end{cases} \\ &= n! \left\{ \prod_{i=1}^{n} f(x_i) \right\} u(x_2 - x_1)\, u(x_3 - x_2) \cdots u(x_n - x_{n-1}) \end{aligned} \tag{5.219}$$

를 얻을 수 있다. □

순서 통계량을 다룰 때에는 위 (5.219)에 보인 제한 조건 $x_1 \le x_2 \le \cdots \le x_n$을 – 곧, $u(x_2 - x_1)\, u(x_3 - x_2) \cdots u(x_n - x_{n-1})$이 곱해져 있다는 것을 – 늘 새겨 두어야 한다.

보기 5.43 확률변수 $\{X_i\}_{i=1}^{n}$이 독립이고 모두 $(0, a)$에 고르게 퍼져 있다면

$$f_X(x) = \frac{1}{a} u(a - x) u(x) \tag{5.220}$$

이다. 그러므로,

$$u(x_{k-1})\, u(x_k - x_{k-1})\, u(x_k) = u(x_{k-1})\, u(x_k - x_{k-1}) \tag{5.221}$$

임을 새기면 순서 통계량 벡터 $\underline{X_{[\cdot]}} = \left(X_{[1]}, X_{[2]}, \cdots, X_{[n]}\right)$의 결합 확률밀도함수는 $x_0 = 0$이고 $x_{n+1} = a$라고 할 때

$$\begin{aligned} f_{\underline{X_{[\cdot]}}}(\underline{x}) &= n! \frac{1}{a} u(x_1)\, u(a - x_1)\, u(x_2 - x_1)\, \frac{1}{a} u(x_2)\, u(a - x_2)\, u(x_3 - x_2) \cdots \\ &\quad \cdot \frac{1}{a} u(x_n)\, u(a - x_n)\, u(\infty - x_n) \\ &= \frac{n!}{a^n} u(x_1)\, u(x_2 - x_1)\, u(x_3 - x_2) \cdots u(x_n - x_{n-1})\, u(a - x_n) \\ &= \frac{n!}{a^n} \prod_{i=1}^{n+1} u(x_i - x_{i-1}) \end{aligned} \tag{5.222}$$

이다. ◇

보기 5.44 독립이고 분포가 같으며 한계 확률밀도함수가 $f(x) = \exp(-x)u(x)$인 확률변수 $\{X_i\}_{i=1}^{n}$을 생각하자. 그러면 $u(\infty - x_n) = 1$이라는 것을 새기면, 순서 통계량 벡터 $\underline{X_{[\cdot]}}$의 결합 확률밀도함수는 $x_0 = 0$이라고 둘 때

$$\begin{aligned} f_{\underline{X_{[\cdot]}}}(\underline{x}) &= n! \exp(-x_1) u(x_1) u(x_2 - x_1) \exp(-x_2) u(x_2) u(x_3 - x_2) \cdots \\ &\quad \cdot \exp(-x_n) u(x_n) u(\infty - x_n) \\ &= n! \exp\left(-\sum_{i=1}^{n} x_i\right) \prod_{i=1}^{n} u(x_i - x_{i-1}) \end{aligned} \tag{5.223}$$

이다. ◇

5.4.2 순서 통계량의 한계 확률밀도함수

한편, 아래 정리에서 볼 수 있는 바와 같이 확률벡터 $\underline{X}$가 독립이고 분포가 같더라도 순서 통계량들은 일반적으로 서로 독립도 아니고 분포도 같지 않다.

정리 5.14 **순서 통계량의 한계 확률밀도함수** 독립이고 분포가 같으며, 한계 확률밀도함수가 f이고, 한계 누적분포함수가 F인 연속 확률벡터 $\underline{X} = (X_1, X_2, \cdots, X_n)$에서 r째 순서 통계량 $X_{[r]}$의 확률밀도함수는

$$f_{X_{[r]}}(x) = \frac{n!}{(r-1)!(n-r)!} F^{r-1}(x)\{1-F(x)\}^{n-r} f(x) \tag{5.224}$$

이다. ■■

증명

(방법 1) 매우 작은 구간 $(x, x+dx]$를 생각하자. 그러면, $\left\{x < X_{[r]} \le x + dx\right\} = \left\{ \{X_l\}_{l=1}^{n} \right.$ 가운데 $r-1$개는 구간 $(-\infty, x]$에, 하나는 구간 $(x, x+dx]$에, 나머지 $n-r$개는 구간 $(x+dx, \infty)$에 있다.$\left.\right\}$이다. 그러므로, 구간 $(x, x+dx]$에 $X_{[r]}$이 들어갈 확률은

$$\begin{aligned} \Pr\left\{x < X_{[r]} \le x + dx\right\} &= \frac{n!}{(r-1)!1!(n-r)!} F^{r-1}(x)\{F(x+dx) - F(x)\} \\ &\quad \cdot \{1 - F(x+dx)\}^{n-r} + O\left\{(dx)^2\right\} \end{aligned} \tag{5.225}$$

이다. 여기서, $O\left\{(dx)^2\right\}$은 구간 $(x, x+dx]$에 확률변수가 하나보다 많이 들어갈 확률을 나타낸다. 따라서, (3.37)을 쓰면 $X_{[r]}$의 확률밀도함수는

$$\begin{aligned} f_{X_{[r]}}(x) &= \lim_{dx \to 0} \frac{\Pr\left\{x < X_{[r]} \le x + dx\right\}}{dx} \\ &= \frac{n!}{(r-1)!1!(n-r)!} F^{r-1}(x) \lim_{dx \to 0} \{1 - F(x+dx)\}^{n-r} \lim_{dx \to 0} \frac{F(x+dx) - F(x)}{dx} \\ &= \frac{n!}{(r-1)!(n-r)!} F^{r-1}(x)\{1 - F(x)\}^{n-r} f(x) \end{aligned} \tag{5.226}$$

이다.

(방법 2) 정리 5.4에서 보인 누적분포함수 (5.98)을 미분하면 확률밀도함수 (5.224)를 얻을 수 있다. 곧, (5.98)을 미분한 다음, 불완전 베타 함수[25]

$$B_x(a,b) = \int_0^x t^{a-1}(1-t)^{b-1}dt, \quad a,b>0,\ 0<x<1 \tag{5.227}$$

과 이항 계수 사이의 관계식

$$B_p(r,n-r+1) = B(r,n-r+1)\sum_{j=r}^{n} {}_n\mathrm{C}_j p^j (1-p)^{n-j} \tag{5.228}$$

을[26] 쓰면 바라는 결과를 얻는다. 좀 더 구체적으로는

$$\begin{aligned} F_{X_{[r]}}(x) &= \sum_{j=r}^{n} {}_n\mathrm{C}_j F^j(x)\{1-F(x)\}^{n-j} \\ &= \frac{B_{F(x)}(r,n-r+1)}{B(r,n-r+1)} \\ &= \frac{1}{B(r,n-r+1)}\int_0^{F(x)} t^{r-1}(1-t)^{n-r}dt \end{aligned} \tag{5.229}$$

이고, (2.265)에서 알 수 있듯이 $B(r,n-r+1)=\frac{\Gamma(r)\Gamma(n-r+1)}{\Gamma(n+1)}=\frac{(r-1)!(n-r)!}{n!}$ 이므로

$$\begin{aligned} f_{X_{[r]}}(x) &= \frac{d}{dx}F_{X_{[r]}}(x) \\ &= \frac{1}{B(r,n-r+1)}F(x)^{r-1}\{1-F(x)\}^{n-r}f(x) \\ &= \frac{n!}{(r-1)!(n-r)!}F(x)^{r-1}\{1-F(x)\}^{n-r}f(x) \end{aligned} \tag{5.230}$$

이다.

(방법 3) 순서 통계량 $X_{[r]}$의 확률밀도함수는 문제 5.14에 나와 있듯이 (5.218)을 적분하여 얻을 수도 있다. □

식 (5.224)에서

$$\begin{aligned} \frac{n!}{(r-1)!(n-r)!} &= n\,{}_{n-1}\mathrm{C}_{r-1} \\ &= \frac{1}{B(r,n-r+1)} \end{aligned} \tag{5.231}$$

임을 새겨 두자.

앞 5.3절에서도 이미 말한 것처럼, 순서 통계량 가운데에서 특히 가장 작은 순서 통계량과 가장 큰 순서 통계량은 여러 영역에서 널리 쓰이는데, 그 누적분포함수는 각각

---

[25] incomplete beta function. 때로는, (5.227)에 나오는 $B_x(a,b)$가 아니라, $I_x(a,b)=\frac{B_x(a,b)}{B(a,b)}$를 불완전 베타 함수라고 하기도 한다.

[26] 이 관계식은 문제 5.13에서 보인다.

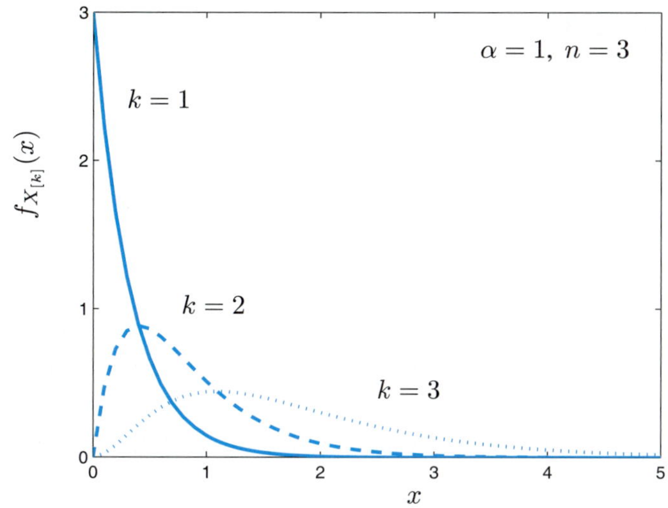

그림 5.13 독립이고 분포가 같은 3차원 연속 확률벡터에서 한계 확률밀도함수가 $f(x) = \alpha e^{-\alpha x} u(x)$일 때 순서 통계량 $X_{[k]}$의 확률밀도함수 $f_{X_{[k]}}(x)$

$$F_{X_{[1]}}(x) = 1 - \{1 - F(x)\}^n \tag{5.232}$$

이고

$$F_{X_{[n]}}(x) = F^n(x) \tag{5.233}$$

임을 (5.101)과 (5.102)에서 보았다. 이와 비슷하게 (5.224)에서 $r = 1$이라고 두면 가장 작은 순서 통계량의 확률밀도함수는

$$f_{X_{[1]}}(x) = n\{1 - F(x)\}^{n-1} f(x) \tag{5.234}$$

이고, $r = n$이라고 두면 가장 큰 순서 통계량의 확률밀도함수는

$$f_{X_{[n]}}(x) = n F^{n-1}(x) f(x) \tag{5.235}$$

임을[27] 알 수 있다.

보기 5.45 독립이고 분포가 같으며 한계 확률밀도함수가 $f(x) = \alpha e^{-\alpha x} u(x)$인 연속 확률벡터 $\underline{X}$를 생각하자. 그러면 $F(x) = (1 - e^{-\alpha x})\, u(x)$이다. 따라서, (5.224)에서

$$f_{X_{[k]}}(x) = \frac{n!}{(k-1)!(n-k)!} \alpha e^{-\alpha(n-k+1)x} \left(1 - e^{-\alpha x}\right)^{k-1} u(x) \tag{5.236}$$

을 얻는다. 이때, $k = 1$이면 $f_{X_{[k]}}(x) = n\alpha e^{-\alpha n x} u(x)$인데, 이것은 $X_{[1]}$이 – 곧, $\{X_i\}_{i=1}^n$ 가운데 가장 작은 것이 – 지수 확률변수라는 것을[28] 뜻한다. 그러나, $k \neq 1$이면 $X_{[k]}$는 지수 확률변

[27] 여기서, $\frac{d}{dx} F_{X_{[1]}}(x) = f_{X_{[1]}}(x)$이고 $\frac{d}{dx} F_{X_{[n]}}(x) = f_{X_{[n]}}(x)$임과 $\int_{-\infty}^{x} f_{X_{[1]}}(t)dt = -\{1 - F(t)\}^n \Big|_{t=-\infty}^{x} = -\{1 - F(x)\}^n + \{1 - F(-\infty)\}^n = 1 - \{1 - F(x)\}^n$이고 $\int_{-\infty}^{x} f_{X_{[n]}}(t)dt = F^n(t)\Big|_{t=-\infty}^{x} = F^n(x) - F^n(-\infty) = F^n(x)$이라는 것을 알 수 있다.

[28] 보기 5.73에서 좀 더 자세히 다룬다.

수가 아니다. 그림 5.13에 $n=3$이고 $\alpha=1$일 때 세 순서 통계량 $X_{[1]}$, $X_{[2]}$, $X_{[3]}$의 한계 확률밀도함수를 보였다. 한편, $k=2,3,\cdots,n$일 때

$$\left\{x : \frac{d}{dx} f_{X_{[k-1]}}(x)=0\right\} = \left\{x : f_{X_{[k-1]}}(x)=f_{X_{[k]}}(x)\right\} \tag{5.237}$$

임을 쉽게 보일 수 있는데, 이 식은 두 곡선 $y=f_{X_{[k-1]}}(x)$와 $y=f_{X_{[k]}}(x)$가 $y=f_{X_{[k]}}(x)$의 최댓값인 꼭짓점

$$\left(\frac{1}{\alpha}\ln\frac{n}{n-k+1},\ \alpha\frac{n!}{n^n}\frac{(k-1)^{k-1}}{(k-1)!}\frac{(n-k+1)^{n-k+1}}{(n-k+1)!}(n-k+1)\right) \tag{5.238}$$

에서 만난다는 것을 뜻한다. 보기를 들면, $n=3$이고 $\alpha=1$일 때 $y=f_{X_{[1]}}(x)$와 $y=f_{X_{[2]}}(x)$는 $y=f_{X_{[2]}}(x)$의 꼭짓점인 $\left(\ln\frac{3}{2}, \frac{8}{9}\right)$에서, $y=f_{X_{[2]}}(x)$와 $y=f_{X_{[3]}}(x)$는 $y=f_{X_{[3]}}(x)$의 꼭짓점인 $\left(\ln 3, \frac{4}{9}\right)$에서 만난다는 것이다. 이것은 그림 5.13에서도 바로 알아 볼 수 있다. ◇

보기 5.46 독립이고 분포가 같은 연속 확률벡터 $\underline{X}$에서 X_i의 분포가 $U(0,1)$이라고 하자. 그러면

$$F(x) = \begin{cases} 1, & x \ge 1; \quad x, \ 0 \le x \le 1; \\ 0, & x \le 0 \end{cases} \tag{5.239}$$

임을 새겨 r째 순서 통계량의 누적분포함수 $F_{X_{[r]}}$을 (5.98)에서 얻으면

$$\begin{aligned} F_{X_{[r]}}(x) &= \sum_{j=r}^{n} {}_n\mathrm{C}_j F^j(x)\{1-F(x)\}^{n-j} \\ &= \begin{cases} 1, & x \ge 1, \\ \sum_{j=r}^{n} {}_n\mathrm{C}_j x^j (1-x)^{n-j}, & 0 \le x \le 1, \\ 0, & x \le 0 \end{cases} \end{aligned} \tag{5.240}$$

이다[29]. 또, (5.239)와 $f(x)=u(x)u(1-x)$를 새겨 확률밀도함수 $f_{X_{[r]}}$을 (5.224)에서 얻으면

$$\begin{aligned} f_{X_{[r]}}(x) &= \frac{n!}{(r-1)!(n-r)!}F^{r-1}(x)\{1-F(x)\}^{n-r}f(x) \\ &= n\,{}_{n-1}\mathrm{C}_{r-1}x^{r-1}(1-x)^{n-r}u(x)u(1-x) \end{aligned} \tag{5.241}$$

이다[30]. 곧, 독립이고 분포가 같은 연속 확률벡터 $\underline{X}$에서 $X_i \sim U(0,1)$이면 $X_{[r]} \sim B(r, n-r+1)$이다. 확률벡터 $\underline{X}$가 4차원일 때 그림 5.14에 순서 통계량 $\left\{X_{[r]}\right\}_{r=1}^{4}$의 확률밀도함수 $\left\{f_{X_{[r]}}\right\}_{r=1}^{4}$를 보였다. ◇

[29] 여기서, $x=1$일 때 $\sum_{j=r}^{n} {}_n\mathrm{C}_j x^j(1-x)^{n-j} = {}_n\mathrm{C}_n 1^n (1-1)^{n-n} = 1$이다.

[30] 식 (5.229)에서 (5.230)을 얻을 때와 마찬가지 과정을 거치면 (5.240)을 미분하여 (5.241)을 얻을 수 있다.

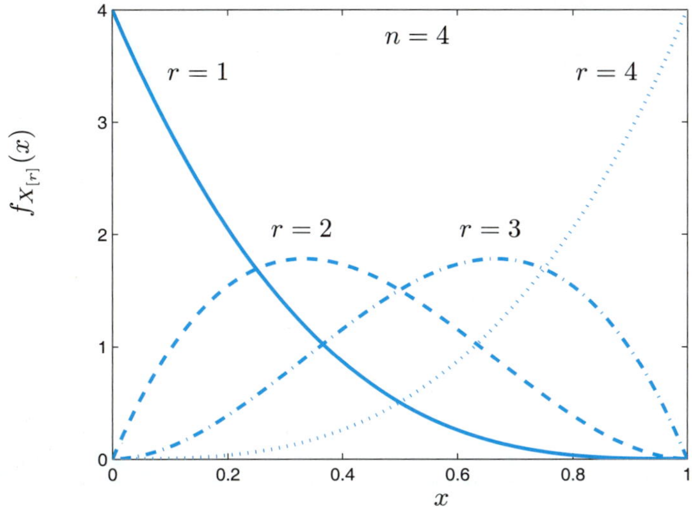

그림 5.14 독립이고 분포가 같은 4차원 연속 확률벡터에서 한계 분포가 고른 분포 $U(0,1)$일 때 순서 통계량 $X_{[r]}$의 확률밀도함수 $f_{X_{[r]}}(x)$

보기 5.47 독립이고 분포가 같은 3차원 확률벡터의 한계 분포가 $U(0,1)$이라고 하자. 그러면 (5.241)에서 첫째 순서 통계량 $X_{[1]}$의 확률밀도함수

$$\begin{aligned} f_{X_{[1]}}(x) &= \begin{cases} 3\,{}_{3-1}\mathrm{C}_{1-1}x^{1-1}(1-x)^{3-1}, & 0<x<1, \\ 0, & \text{그 밖에는} \end{cases} \\ &= 3(1-x)^2\,u(x)u(1-x), \end{aligned} \tag{5.242}$$

둘째 순서 통계량 $X_{[2]}$의 확률밀도함수

$$\begin{aligned} f_{X_{[2]}}(x) &= \begin{cases} 3\,{}_{3-1}\mathrm{C}_{2-1}x^{2-1}(1-x)^{3-2}, & 0<x<1, \\ 0, & \text{그 밖에는} \end{cases} \\ &= 6x(1-x)\,u(x)u(1-x), \end{aligned} \tag{5.243}$$

셋째 순서 통계량 $X_{[3]}$의 확률밀도함수

$$\begin{aligned} f_{X_{[3]}}(x) &= \begin{cases} 3\,{}_{3-1}\mathrm{C}_{3-1}x^{3-1}(1-x)^{3-3}, & 0<x<1, \\ 0, & \text{그 밖에는} \end{cases} \\ &= 3x^2\,u(x)u(1-x) \end{aligned} \tag{5.244}$$

를 얻을 수 있다. ◇

보기 5.48 독립이고 분포가 같은 3차원 확률벡터 $\underline{X}$의 한계 분포가 $U(-1,1)$일 때 순서 통계량 $X_{[1]}$, $X_{[2]}$, $X_{[3]}$의 한계 확률밀도함수는

$$f_{X_{[1]}}(x) = \frac{3}{8}(1-x)^2 u(1-|x|), \tag{5.245}$$
$$f_{X_{[2]}}(x) = \frac{3}{4}\left(1-x^2\right) u(1-|x|), \tag{5.246}$$
$$f_{X_{[3]}}(x) = \frac{3}{8}(1+x)^2 u(1-|x|) \tag{5.247}$$

이다. 그림 5.15에 확률밀도함수 $f_{X_{[1]}}(x)$, $f_{X_{[2]}}(x)$, $f_{X_{[3]}}(x)$를 그려 두었다. ◇

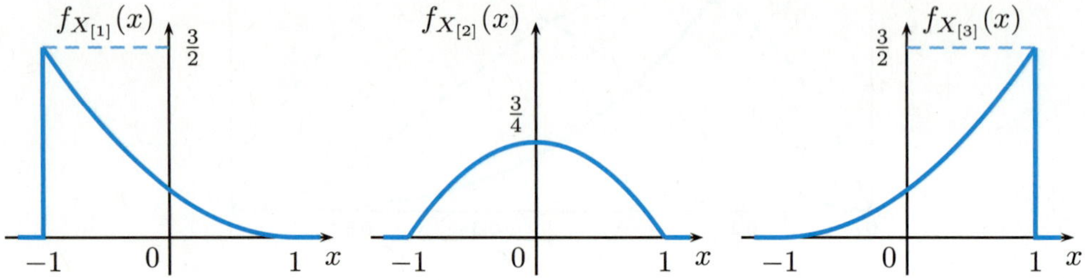

그림 5.15 독립이고 분포가 같은 3차원 확률벡터 $\underline{X}$의 한계 분포가 $U(-1,1)$일 때 순서 통계량 $X_{[1]}$, $X_{[2]}$, $X_{[3]}$의 한계 확률밀도함수 $f_{X_{[1]}}(x)$, $f_{X_{[2]}}(x)$, $f_{X_{[3]}}(x)$

정리 5.15 **대칭성** 독립이고 분포가 같으며, 한계 확률밀도함수가 f인 연속 확률벡터 $\underline{X} = (X_1, X_2, \cdots, X_n)$에서 얻은 순서 통계량의 확률밀도함수를 $\left\{f_{X_{[r]}}\right\}_{r=1}^{n}$이라고 하자. 이때, 확률밀도함수 f가 $f(x) = f(s-x)$를 만족시키면 – 곧, $f(x)$의 대칭축이 $x = s$이면 –

$$f_{X_{[n-r+1]}}(s-x) = f_{X_{[r]}}(x) \tag{5.248}$$

이다. ■■

증명 먼저, 누적분포함수를 F라고 쓰면 $F(s-x) = 1 - F(x)$이다[31]. 그러므로,

$$\begin{aligned} f_{X_{[n-r+1]}}(s-x) &= n\,{}_{n-1}\mathrm{C}_{n-r+1-1}F^{n-r+1-1}(s-x)\{1-F(s-x)\}^{n-(n-r+1)}f(s-x) \\ &= n\,{}_{n-1}\mathrm{C}_{r-1}\{1-F(x)\}^{n-r}F^{r-1}(x)f(x) \\ &= f_{X_{[r]}}(x) \end{aligned} \tag{5.249}$$

이다. □

보기 5.49 독립이고 분포가 같으며, 한계 누적분포함수가 F이고, 한계 확률밀도함수 f가 짝함수인 연속 확률벡터 $\underline{X}$에서 얻은 순서 통계량의 확률밀도함수를 $\{f_r\}_{r=1}^{n}$이라고 하자. 이제, n이 홀수일 때 $r = \frac{n+1}{2}$을 생각하면 $f_{n-\frac{n+1}{2}+1}(-x) = f_{\frac{n+1}{2}}(-x) = f_{\frac{n+1}{2}}(x)$이다. 곧, n이 홀수일 때, $\frac{n+1}{2}$째 순서 통계량 $X_{[\frac{n+1}{2}]}$의 분포는 대칭이다. ◇

---

[31] 여기서, $F(s-x) = \int_{-\infty}^{s-x} f(t)dt = \int_{\infty}^{x} f(s-v)(-dv) = \int_{x}^{\infty} f(v)dv = 1 - F(x)$이다.

정리 5.16 **순서 통계량의 확률밀도함수의 합** 독립이고 분포가 같으며, 한계 누적분포함수가 F이고, 한계 확률밀도함수가 f인 연속 확률벡터 $\underline{X} = (X_1, X_2, \cdots, X_n)$에서 얻은 순서 통계량의 확률밀도함수 $\{f_{X_{[r]}}\}_{r=1}^{n}$은

$$\sum_{r=1}^{n} f_{X_{[r]}}(x) = nf(x) \tag{5.250}$$

과

$$\sum_{r=1}^{n} rf_{X_{[r]}}(x) = n\{1+(n-1)F(x)\}f(x) \tag{5.251}$$

을 만족시킨다. ■■

증명 먼저, 이항정리에서

$$(1+x)^{n-1} = \sum_{i=0}^{n-1} {}_{n-1}\mathrm{C}_i\, x^i \tag{5.252}$$

이고, 이 식을 미분하면

$$(n-1)(1+x)^{n-2} = \sum_{i=1}^{n-1} i\, {}_{n-1}\mathrm{C}_i\, x^{i-1} \tag{5.253}$$

이므로,

$$\begin{aligned}\sum_{k=1}^{n} {}_{n-1}\mathrm{C}_{k-1} w^{k-1}(1-w)^{n-k} &= \sum_{i=0}^{n-1} {}_{n-1}\mathrm{C}_i\, w^i (1-w)^{n-1-i} \\ &= 1 \end{aligned} \tag{5.254}$$

와

$$\begin{aligned}\sum_{k=1}^{n} k\, {}_{n-1}\mathrm{C}_{k-1} w^{k-1}(1-w)^{n-k} &= \sum_{t=0}^{n-1} (t+1)\, {}_{n-1}\mathrm{C}_t w^t (1-w)^{-t}(1-w)^{n-1} \\ &= (1-w)^{n-1}\left\{\sum_{t=1}^{n-1} t\ {}_{n-1}\mathrm{C}_t \left(\frac{w}{1-w}\right)^{t-1} \frac{w}{1-w} + \sum_{t=0}^{n-1} {}_{n-1}\mathrm{C}_t \left(\frac{w}{1-w}\right)^{t}\right\} \\ &= (1-w)^{n-1}\left\{(n-1)\left(1+\frac{w}{1-w}\right)^{n-2} \frac{w}{1-w} + \left(1+\frac{w}{1-w}\right)^{n-1}\right\} \\ &= 1+(n-1)w \end{aligned} \tag{5.255}$$

를 얻을 수 있다. 이제, (5.254)를 쓰면

$$\begin{aligned}\sum_{r=1}^{n} f_{X_{[r]}}(x) &= \sum_{r=1}^{n} n\ {}_{n-1}\mathrm{C}_{r-1} F^{r-1}(x)\{1-F(x)\}^{n-r} f(x) \\ &= n\, f(x) \end{aligned} \tag{5.256}$$

과[32] 같이 (5.250)을 얻을 수 있다. 이와 비슷하게 (5.255)를 바탕으로 쉽게 (5.251)을 얻을 수 있다. □

[32] 정리 5.5에서 보인 (5.131)을 미분하여 바로 보일 수도 있다.

보기 5.50 독립이고 분포가 같은 3차원 확률벡터 $\underline{X}$의 한계 분포가 $U(-1,1)$이라고 하자. 그러면 한계 누적분포함수는

$$F(x) = \begin{cases} 0, & x \le -1; \quad \frac{1+x}{2}, \ |x| \le 1; \\ 1, & x \ge 1 \end{cases} \tag{5.257}$$

이다. 따라서, 보기 5.48에서 얻은 (5.245)–(5.247)을 바탕으로

$$\begin{aligned} \sum_{r=1}^{3} f_{X_{[r]}}(x) &= \frac{3}{8}\left\{(1-x)^2 + 2\left(1-x^2\right) + (1+x)^2\right\} u(1-|x|) \\ &= \frac{3}{2} u(1-|x|) \\ &= 3 f(x) \end{aligned} \tag{5.258}$$

과

$$\begin{aligned} \sum_{r=1}^{3} r f_{X_{[r]}}(x) &= \frac{3}{8}\left\{(1-x)^2 + 4\left(1-x^2\right) + 3(1+x)^2\right\} u(1-|x|) \\ &= \frac{3}{2}(2+x) u(1-|x|) \\ &= 3\{1+(3-1)F(x)\} f(x) \end{aligned} \tag{5.259}$$

를 알 수 있다. ◇

한편, 서로 독립이고 분포가 같은 확률벡터 $\underline{X}$에서 얻은 순서 통계량의 한계 분포를 모두 알고 있다면, (5.250)을 써서 확률벡터 $\underline{X}$의 공통 한계 분포를 얻을 수 있다.

보기 5.51 독립이고 분포가 같은 3차원 확률벡터 $\underline{X}$의 순서 통계량 $X_{[1]}$, $X_{[2]}$, $X_{[3]}$의 한계 확률밀도함수가

$$f_{X_{[1]}}(x) = \frac{3}{8}(1-x)^2 u(1-|x|), \tag{5.260}$$

$$f_{X_{[2]}}(x) = \frac{3}{4}\left(1-x^2\right) u(1-|x|), \tag{5.261}$$

$$f_{X_{[3]}}(x) = \frac{3}{8}(1+x)^2 u(1-|x|) \tag{5.262}$$

일 때 확률벡터 $\underline{X}$의 한계 분포를 얻어 보자.

풀이 식 (5.250)을 쓰면

$$\begin{aligned} f(x) &= \frac{1}{3}\sum_{r=1}^{3} f_{X_{[r]}}(x) \\ &= \frac{1}{3}\left\{\frac{3}{8}(1-x)^2 + \frac{3}{4}\left(1-x^2\right) + \frac{3}{8}(1+x)^2\right\} u(1-|x|) \\ &= \frac{1}{2} u(1-|x|) \end{aligned} \tag{5.263}$$

이므로 확률벡터 $\underline{X}$의 한계 분포는 $U(-1,1)$이다. ◇

보기 5.52 독립이고 분포가 같은 2차원 확률벡터 $\underline{X} = (X_1, X_2)$의 한계 확률밀도함수가

$$\begin{aligned} f(x) &= \frac{1}{3}\{u(x)+u(x-1)\}u(2-x) \\ &= \begin{cases} \frac{1}{3}, & 0<x\le 1; \quad \frac{2}{3}, \quad 1<x\le 2; \\ 0, & \text{그 밖에는} \end{cases} \end{aligned} \tag{5.264}$$

일 때 첫째 순서 통계량 $X_{[1]}$의 한계 확률밀도함수 $f_{X_{[1]}}(x)$과 둘째 순서 통계량 $X_{[2]}$의 한계 확률밀도함수 $f_{X_{[2]}}(x)$를 얻고 (5.250)을 확인해 보자.

풀이 먼저, (5.224)를 쓰면 $r = 1, 2$일 때

$$\begin{aligned} f_{X_{[r]}}(x) &= \frac{2}{(r-1)!(2-r)!}F^{r-1}(x)\{1-F(x)\}^{2-r}f(x) \\ &= 2F^{r-1}(x)\{1-F(x)\}^{2-r}f(x) \end{aligned} \tag{5.265}$$

이다. 그런데, $\underline{X}$의 한계 누적분포함수 $F(x)$는

$$\begin{aligned} F(x) &= \frac{1}{3}\{xu(x)+(x-1)u(x-1)-2(x-2)u(x-2)\} \\ &= \begin{cases} 0, & x\le 0; \qquad \frac{x}{3}, \quad 0<x\le 1; \\ \frac{2x-1}{3}, & 1<x\le 2; \qquad 1, \quad x\ge 2 \end{cases} \end{aligned} \tag{5.266}$$

이므로

$$\begin{aligned} f_{X_{[r]}}(x) &= \begin{cases} 2\left(\frac{x}{3}\right)^{r-1}\left(1-\frac{x}{3}\right)^{2-r}\frac{1}{3}, & 0<x\le 1, \\ 2\left(\frac{2x-1}{3}\right)^{r-1}\left(1-\frac{2x-1}{3}\right)^{2-r}\frac{2}{3}, & 1<x\le 2, \\ 0, & \text{그 밖에는} \end{cases} \\ &= \begin{cases} \frac{2}{9}x^{r-1}(3-x)^{2-r}, & 0<x\le 1, \\ \frac{4}{9}(2x-1)^{r-1}(2-x)^{2-r}, & 1<x\le 2, \\ 0, & \text{그 밖에는} \end{cases} \end{aligned} \tag{5.267}$$

이다. 곧, 첫째 순서 통계량 $X_{[1]}$의 한계 확률밀도함수는

$$f_{X_{[1]}}(x) = \begin{cases} \frac{2}{9}(3-x), & 0<x\le 1; \quad \frac{8}{9}(2-x), \quad 1<x\le 2; \\ 0, & \text{그 밖에는} \end{cases} \tag{5.268}$$

이고, 둘째 순서 통계량 $X_{[2]}$의 한계 확률밀도함수는

$$f_{X_{[2]}}(x) = \begin{cases} \frac{2}{9}x, & 0<x\le 1; \quad \frac{4}{9}(2x-1), \quad 1<x\le 2; \\ 0, & \text{그 밖에는} \end{cases} \tag{5.269}$$

이다. 그림 5.16에 확률밀도함수 f, $f_{X_{[1]}}$, $f_{X_{[2]}}$를 보였다. 한편,

$$\begin{aligned} f_{X_{[1]}}(x)+f_{X_{[2]}}(x) &= \begin{cases} \frac{2}{9}(3-x)+\frac{2}{9}x, & 0<x\le 1, \\ \frac{8}{9}(2-x)+\frac{4}{9}(2x-1), & 1<x\le 2, \\ 0, & \text{그 밖에는} \end{cases} \\ &= \begin{cases} \frac{2}{3}, & 0<x\le 1; \quad \frac{4}{3}, \quad 1<x\le 2; \\ 0, & \text{그 밖에는} \end{cases} \\ &= 2f(x) \end{aligned} \tag{5.270}$$

임을 확인할 수 있다. ◇

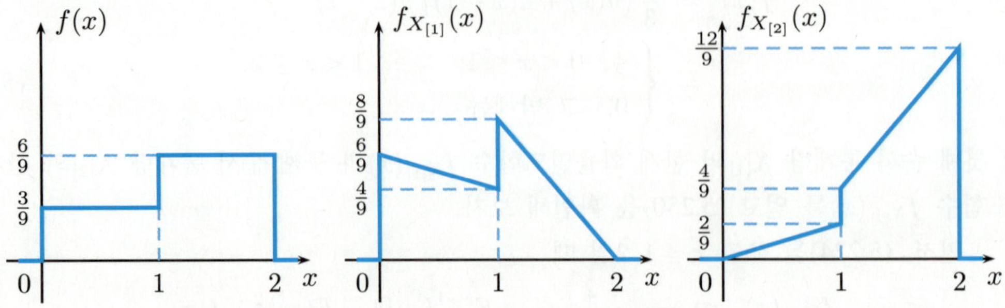

그림 5.16 독립이고 분포가 같은 2차원 확률벡터 $\underline{X}$의 한계 확률밀도함수가 $f(x)$일 때 첫째 순서 통계량 $X_{[1]}$의 확률밀도함수 $f_{X_{[1]}}(x)$과 둘째 순서 통계량 $X_{[2]}$의 확률밀도함수 $f_{X_{[2]}}(x)$

보기 5.53 독립이고 분포가 같은 2차원 확률벡터 $\underline{X} = (X_1, X_2)$의 한계 확률밀도함수가

$$f(x) \;=\; 2(1-x)u(x)u(1-x) \tag{5.271}$$

일 때 첫째 순서 통계량 $X_{[1]}$의 확률밀도함수 $f_{X_{[1]}}(x)$과 둘째 순서 통계량 $X_{[2]}$의 확률밀도함수 $f_{X_{[2]}}(x)$를 얻고 (5.250)을 확인해 보자.

풀이 먼저, $\underline{X}$의 한계 누적분포함수는

$$\begin{aligned} F(x) &= \int_{-\infty}^{x} f(t)dt \\ &= \begin{cases} 0, \;\; x \le 0; \qquad 2x - x^2, \;\; 0 \le x \le 1; \\ 1, \;\; x \ge 1 \end{cases} \end{aligned} \tag{5.272}$$

이다. 따라서, (5.224)를 쓰면 첫째 순서 통계량 $X_{[1]}$의 확률밀도함수는

$$\begin{aligned} f_{X_{[1]}}(x) &= 2\left(2x - x^2\right)^{1-1}\left(1 - 2x + x^2\right)^{2-1} 2(1-x)u(x)u(1-x) \\ &= 4\,(1-x)^3\, u(x)u(1-x) \end{aligned} \tag{5.273}$$

이고, 둘째 순서 통계량 $X_{[2]}$의 한계 확률밀도함수는

$$\begin{aligned} f_{X_{[2]}}(x) &= 2\left(2x - x^2\right)^{2-1}\left(1 - 2x + x^2\right)^{2-2} 2(1-x)u(x)u(1-x) \\ &= 4x\,(1-x)\,(2-x)\,u(x)u(1-x) \end{aligned} \tag{5.274}$$

이다. 그림 5.17에 확률밀도함수 f, $f_{X_{[1]}}$, $f_{X_{[2]}}$를 보였다. 한편,

$$\begin{aligned} f_{X_{[1]}}(x) + f_{X_{[2]}}(x) &= 4\left\{\left(1 - 3x + 3x^2 - x^3\right) + \left(x^3 - 3x^2 + 2x\right)\right\} u(x)u(1-x) \\ &= 4\,(1-x)\,u(x)u(1-x) \\ &= 2f(x) \end{aligned} \tag{5.275}$$

임을 확인할 수 있다. ◇

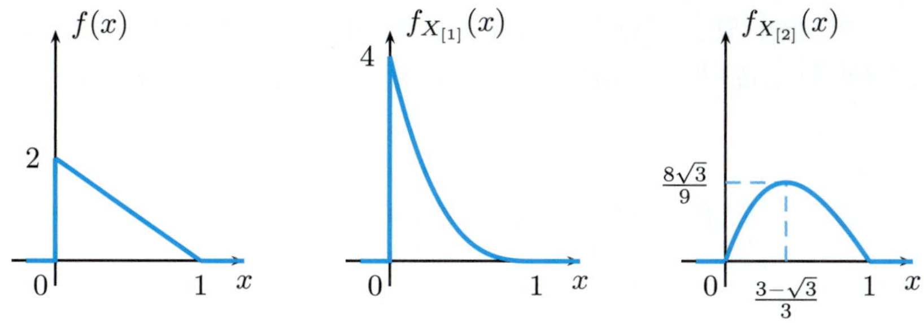

그림 5.17 독립이고 분포가 같은 2차원 확률벡터 $\underline{X}$의 한계 확률밀도함수가 $f(x)$일 때 첫째 순서 통계량 $X_{[1]}$의 확률밀도함수 $f_{X_{[1]}}(x)$와 둘째 순서 통계량 $X_{[2]}$의 확률밀도함수 $f_{X_{[2]}}(x)$

5.4.3 순서 통계량 둘의 결합 확률밀도함수

앞 (5.224)에서는 순서 통계량의 한계 확률밀도함수를 다루었다. 이제 좀 더 일반적으로 순서 통계량 둘의 결합 확률밀도함수와 순서 통계량 여럿의 결합 확률밀도함수를 얻어 보자. 먼저, 순서 통계량 둘의 결합 확률밀도함수는 아래 정리에서 다룬다.

정리 5.17 **순서 통계량 둘의 결합 확률밀도함수** 독립이고 분포가 같으며, 한계 누적분포함수가 F이고, 한계 확률밀도함수가 f인 연속 확률벡터 $\underline{X} = (X_1, X_2, \cdots, X_n)$의 i째 순서 통계량 $X_{[i]}$와 k째 순서 통계량 $X_{[k]}$의 결합 확률밀도함수는 $1 \le i < k \le n$일[33] 때

$$f_{X_{[i]},X_{[k]}}(x,y) = \frac{L(n,k,i)}{2^{n-i+1}} F^{i-1}(x)\{F(y)-F(x)\}^{k-i-1}\{1-F(y)\}^{n-k} \cdot f(x)f(y)u(y-x) \quad (5.276)$$

이다[34]. 여기서,

$$\begin{aligned} L(n,k,i) &= \frac{2^{n-i+1}n!}{(i-1)!(k-i-1)!(n-k)!} \\ &= 2^{n-i+1}n(n-1)\,{}_{n-2}\mathrm{C}_{k-2}\,{}_{k-2}\mathrm{C}_{i-1} \\ &= \frac{2^{n-i+1}}{B(i,k-i,n-k+1)} \end{aligned} \quad (5.277)$$

이고

$$B(a,b,c) = \frac{\Gamma(a)\Gamma(b)\Gamma(c)}{\Gamma(a+b+c)} \quad (5.278)$$

은 세 변수 베타 함수[35]이다. ■■

[33] 여기서, '$1 \le i < k \le n$'은 '$i = 1, 2, \cdots, n-1$; $k = 2, 3, \cdots, n$; $i < k$'를 뜻한다.

[34] 이 식에서, $f_{X_{[i]},X_{[k]}}(x,x)$의 값은 $k \ge i+2$이면 0이다. 한편, $k = i+1$이면 그 값은 $u(0)$이 얼마냐에 따라 다를 수 있다. 다만, 2차원 확률밀도함수 $f_{X_{[i]},X_{[k]}}(x,y)$가 어느 줄에서 – 곧, 2차원 평면 위의 줄 $x = y$에서 – 값이 얼마인지는 그리 큰 뜻이 있는 것은 아니다. 이것은 1차원 확률밀도함수가 한 점에서 값이 얼마인지가 그리 큰 뜻이 없는 것과 마찬가지이다.

[35] three-parameter beta function 또는 three-parameter complete beta function

증명 식 (5.36)이 들어 있는 문단에서 설명한 것을 새겨서 (5.218)에 보인 결합 확률밀도함수 $f_{\underline{X}_{[\cdot]}}(\underline{x})$를 적분하면, $d\underline{x}^{i,k} = dx_1 dx_2 \cdots dx_{i-1} dx_{i+1} dx_{i+2} \cdots dx_{k-1} dx_{k+1} dx_{k+2} \cdots dx_n$이라고 쓸 때

$$\begin{aligned} f_{X_{[i]},X_{[k]}}(x_i, x_k) &= \underset{x_1 \le x_2 \le \cdots \le x_n}{\int\int \cdots \int} \left\{ n! \prod_{j=1}^{n} f(x_j) \right\} d\underline{x}^{i,k} \\ &= n! f(x_i) f(x_k) \int_{-\infty}^{x_i} \int_{-\infty}^{x_{i-1}} \cdots \int_{-\infty}^{x_3} \int_{-\infty}^{x_2} \left\{ \prod_{j=1}^{i-1} f(x_j) \right\} dx_1 dx_2 \cdots dx_{i-2} dx_{i-1} \\ &\quad \cdot \int_{x_i}^{x_k} \int_{x_i}^{x_{k-1}} \cdots \int_{x_i}^{x_{i+3}} \int_{x_i}^{x_{i+2}} \left\{ \prod_{j=i+1}^{k-1} f(x_j) \right\} dx_{i+1} dx_{i+2} \cdots dx_{k-2} dx_{k-1} \\ &\quad \cdot \int_{x_k}^{\infty} \int_{x_k}^{x_n} \cdots \int_{x_k}^{x_{k+3}} \int_{x_k}^{x_{k+2}} \left\{ \prod_{j=k+1}^{n} f(x_j) \right\} dx_{k+1} dx_{k+2} \cdots dx_{n-1} dx_n \end{aligned} \tag{5.279}$$

이다. 이제, 위 식의 오른쪽에 있는 적분 뭉치 셋 가운데에서 먼저 첫째 적분 뭉치를 계산하면

$$\begin{aligned} &\int_{-\infty}^{x_i} \int_{-\infty}^{x_{i-1}} \cdots \int_{-\infty}^{x_3} \int_{-\infty}^{x_2} f(x_1) f(x_2) \cdots f(x_{i-1}) dx_1 dx_2 \cdots dx_{i-2} dx_{i-1} \\ &\quad = \int_{-\infty}^{x_i} \int_{-\infty}^{x_{i-1}} \cdots \int_{-\infty}^{x_4} \int_{-\infty}^{x_3} F(x_2) f(x_2) f(x_3) \cdots f(x_{i-1}) dx_2 dx_3 \cdots dx_{i-2} dx_{i-1} \\ &\quad = \int_{-\infty}^{x_i} \int_{-\infty}^{x_{i-1}} \cdots \int_{-\infty}^{x_5} \int_{-\infty}^{x_4} \frac{F^2(x_3)}{2} f(x_3) f(x_4) \cdots f(x_{i-1}) dx_3 dx_4 \cdots dx_{i-2} dx_{i-1} \\ &\quad \vdots \\ &\quad = \int_{-\infty}^{x_i} \frac{F^{i-2}(x_{i-1})}{(i-2)!} f(x_{i-1}) dx_{i-1} \\ &\quad = \frac{F^{i-1}(x_i)}{(i-1)!} \end{aligned} \tag{5.280}$$

이다. 이와 비슷하게 둘째 적분 뭉치를 계산하면

$$\begin{aligned} &\int_{x_i}^{x_k} \int_{x_i}^{x_{k-1}} \cdots \int_{x_i}^{x_{i+3}} \int_{x_i}^{x_{i+2}} f(x_{i+1}) f(x_{i+2}) \cdots f(x_{k-1}) dx_{i+1} dx_{i+2} \cdots dx_{k-2} dx_{k-1} \\ &\quad = \int_{x_i}^{x_k} \int_{x_i}^{x_{k-1}} \cdots \int_{x_i}^{x_{i+4}} \int_{x_i}^{x_{i+3}} \{F(x_{i+2}) - F(x_i)\} f(x_{i+2}) f(x_{i+3}) \cdots f(x_{k-1}) \\ &\qquad \cdot dx_{i+2} dx_{i+3} \cdots dx_{k-2} dx_{k-1} \\ &\quad \vdots \\ &\quad = \int_{x_i}^{x_k} \frac{\{F(x_{k-1}) - F(x_i)\}^{k-1-i-1}}{(k-1-i-1)!} f(x_{k-1}) dx_{k-1} \\ &\quad = \frac{\{F(x_k) - F(x_i)\}^{k-i-1}}{(k-i-1)!} \end{aligned} \tag{5.281}$$

이고, 셋째 적분 뭉치를 계산하면

$$\begin{aligned}
&\int_{x_k}^{\infty}\int_{x_k}^{x_n}\cdots\int_{x_k}^{x_{k+3}}\int_{x_k}^{x_{k+2}} f(x_{k+1})f(x_{k+2})\cdots f(x_n)dx_{k+1}dx_{k+2}\cdots dx_{n-1}dx_n \\
&= \int_{x_k}^{\infty}\int_{x_k}^{x_n}\cdots\int_{x_k}^{x_{k+4}}\int_{x_k}^{x_{k+3}} \{F(x_{k+2})-F(x_k)\}\,f(x_{k+2})f(x_{k+3})\cdots f(x_n) \\
&\quad \cdot dx_{k+2}dx_{k+3}\cdots dx_{n-1}dx_n \\
&\ \vdots \\
&= \int_{x_k}^{\infty} \frac{\{F(x_n)-F(x_k)\}^{n-k-1}}{(n-k-1)!} f(x_n)dx_n \\
&= \frac{\{1-F(x_k)\}^{n-k}}{(n-k)!} \qquad (5.282)
\end{aligned}$$

이다. 그러므로,

$$f_{X_{[i]},X_{[k]}}(x_i,x_k) = n!f(x_i)f(x_k)\frac{F^{i-1}(x_i)}{(i-1)!}\frac{\{F(x_k)-F(x_i)\}^{k-i-1}}{(k-i-1)!}\frac{\{1-F(x_k)\}^{n-k}}{(n-k)!} \qquad (5.283)$$

처럼[36] (5.276)을 얻는다. □

보기 5.54 확률벡터 $\underline{X}=(X_1,X_2)$가 독립이고 분포가 같으며, 그 한계 분포가 $U(-1,1)$이라면

$$f(y) = \frac{1}{2}u(1-|y|) \qquad (5.284)$$

이고, $|y|<1$일 때 $F(y)=\frac{1}{2}(1+y)$이므로, (5.276)에서

$$\begin{aligned}
f_{X_{[1]},X_{[2]}}(x,y) &= \frac{2!}{0!0!0!}\left(\frac{1-x}{2}\right)^0\left(\frac{y-x}{2}\right)^0\left(\frac{1-y}{2}\right)^0\frac{1}{2}\frac{1}{2}u(1-|x|)u(1-|y|)u(y-x) \\
&= \frac{1}{2}u(x+1)u(y-x)u(1-y) \qquad (5.285)
\end{aligned}$$

를 얻을 수 있다. ◇

보기 5.55 독립이고 분포가 같은 확률벡터 $\underline{X}=(X_1,X_2,\cdots,X_n)$의 한계 분포가 $U(0,1)$이면 $f(x)=u(x)u(1-x)$이고, $0<x<1$일 때 $F(x)=x$이다. 그러므로, $1\le i<k\le n$일 때

$$\begin{aligned}
f_{X_{[i]},X_{[k]}}(x,y) &= \frac{n!\ u(x)u(1-x)u(y)u(1-y)u(y-x)}{(i-1)!(k-i-1)!(n-k)!}x^{i-1}(y-x)^{k-i-1}(1-y)^{n-k} \\
&= \frac{n!\ x^{i-1}(y-x)^{k-i-1}(1-y)^{n-k}}{(i-1)!(k-i-1)!(n-k)!}u(x)u(y-x)u(1-y) \qquad (5.286)
\end{aligned}$$

이다. ◇

보기 5.56 확률벡터 (X_1,X_2,X_3)이 독립이고 분포가 같으며, 그 한계 분포가 $U(0,1)$이라고 하자. 그러면 $f(y)=u(1-y)u(y)$이고, $0<y<1$일 때 $F(y)=y$이므로 (5.276)에서

[36]문제 5.15에서는 정리 5.17을 보이는 다른 방법을 다룬다.

$$\begin{aligned} f_{X_{[1]},X_{[2]}}(x,y) &= \frac{3!x^{1-1}(y-x)^{2-1-1}(1-y)^{3-2}}{(1-1)!(2-1-1)!(3-2)!}u(1-x)u(x)u(1-y)u(y)u(y-x) \\ &= 6(1-y)\,u(x)u(y-x)u(1-x) \end{aligned} \tag{5.287}$$

이고,

$$\begin{aligned} f_{X_{[1]},X_{[3]}}(x,y) &= \frac{3!x^{1-1}(y-x)^{3-1-1}(1-y)^{3-3}}{(1-1)!(3-1-1)!(3-3)!}u(1-x)u(x)u(1-y)u(y)u(y-x) \\ &= 6(y-x)\,u(x)u(y-x)u(1-x) \end{aligned} \tag{5.288}$$

이며,

$$\begin{aligned} f_{X_{[2]},X_{[3]}}(x,y) &= \frac{3!x^{2-1}(y-x)^{3-2-1}(1-y)^{3-3}}{(2-1)!(3-2-1)!(3-3)!}u(1-x)u(x)u(1-y)u(y)u(y-x) \\ &= 6x\,u(x)u(y-x)u(1-x) \end{aligned} \tag{5.289}$$

이다. ◇

보기 5.57 독립이고 분포가 같은 확률벡터 $\underline{X} = (X_1, X_2, \cdots, X_n)$의 한계 확률밀도함수가 $f(x) = e^{-x}u(x)$이면 $F(x) = (1-e^{-x})u(x)$이다. 그러므로, $1 \le i < k \le n$일 때

$$\begin{aligned} f_{X_{[i]},X_{[k]}}(x,y) &= \frac{n!}{(i-1)!(k-i-1)!(n-k)!}(1-e^{-x})^{i-1}u^{i-1}(x) \\ &\quad \cdot\{(1-e^{-y})u(y)-(1-e^{-x})u(x)\}^{k-i-1} \\ &\quad \cdot\{1-(1-e^{-y})u(y)\}^{n-k}e^{-x}u(x)e^{-y}u(y)u(y-x) \\ &= \frac{n!\;e^{-x}(1-e^{-x})^{i-1}\;(e^{-x}-e^{-y})^{k-i-1}\;e^{-(n-k+1)y}}{(i-1)!(k-i-1)!(n-k)!}u(x)u(y)u(y-x) \end{aligned} \tag{5.290}$$

이다. ◇

보기 5.58 독립이고 분포가 같은 2차원 확률벡터 $\underline{X} = (X_1, X_2)$의 한계 확률밀도함수가

$$f(x) = 2(1-x)u(x)u(1-x) \tag{5.291}$$

일 때 순서 통계량 벡터 $\underline{X_{[\cdot]}} = \left(X_{[1]}, X_{[2]}\right)$의 결합 확률밀도함수 $f_{X_{[1]},X_{[2]}}(x,y)$를 얻어 보자.

풀이 보기 5.53에서 본 바와 같이 $\underline{X}$의 한계 누적분포함수는

$$F(x) = \begin{cases} 0, & x \le 0; \quad 2x - x^2, \ 0 \le x \le 1; \\ 1, & x \ge 1 \end{cases} \tag{5.292}$$

이다. 그러므로, 이 식을 바탕으로 (5.276)을 쓰면 $f_{X_{[1]},X_{[2]}}(x,y)$를

$$\begin{aligned} f_{X_{[1]},X_{[2]}}(x,y) &= \frac{2^{2-1+1}2!}{2^{2-1+1}(1-1)!(2-1-1)!(2-2)!}\left(2x-x^2\right)^{1-1}\left(2y-y^2-2x+x^2\right)^{2-1-1} \\ &\quad \cdot\left(1-2y+y^2\right)^{2-2}2(1-x)u(x)u(1-x)2(1-y)u(y)u(1-y)u(y-x) \\ &= 8\,(1-x)\,(1-y)\,u(x)u(y-x)u(1-y) \end{aligned} \tag{5.293}$$

처럼 얻을 수 있다. 이때, (5.293)을 바탕으로 첫째 순서 통계량 $X_{[1]}$의 확률밀도함수 $f_{X_{[1]}}(x)$을 얻으면

$$
\begin{aligned}
f_{X_{[1]}}(x) &= \int_{-\infty}^{\infty} f_{X_{[1]},X_{[2]}}(x,y)dy \\
&= \int_{x}^{1} 8(1-x)(1-y)\,dy\,u(x)u(1-x) \\
&= 4(1-x)^3\,u(x)u(1-x) \qquad (5.294)
\end{aligned}
$$

인데 이 식은 (5.273)에서 얻은 것과 같다. 또, (5.293)을 바탕으로 둘째 순서 통계량 $X_{[2]}$의 확률밀도함수 $f_{X_{[2]}}(y)$을 얻으면

$$
\begin{aligned}
f_{X_{[1]}}(y) &= \int_{-\infty}^{\infty} f_{X_{[1]},X_{[2]}}(x,y)dx \\
&= \int_{0}^{y} 8(1-x)(1-y)\,dx\,u(y)u(1-y) \\
&= 4y(1-y)(2-y)\,u(y)u(1-y) \qquad (5.295)
\end{aligned}
$$

인데 이 식은 (5.274)에서 얻은 것과 같다. ◇

보기 5.59 확률벡터 $\underline{X} = (X_1, X_2)$가 독립이고 분포가 같으며, 그 한계 분포가 $U(-1,1)$일 때 순서 통계량 $X_{[1]}$과 $X_{[2]}$의 결합 누적분포함수, 순서 통계량 $X_{[1]}$의 한계 누적분포함수, 순서 통계량 $X_{[2]}$의 한계 누적분포함수를 얻어 보자.

풀이 보기 5.54의 (5.285)에서 본 것처럼

$$
f_{X_{[1]},X_{[2]}}(x,y) = \frac{1}{2}u(x+1)u(y-x)u(1-y) \qquad (5.296)
$$

이므로

$$
\begin{aligned}
F_{X_{[1]},X_{[2]}}(x,y) &= \int_{-\infty}^{x}\int_{-\infty}^{y} f_{X_{[1]},X_{[2]}}(w,v)dvdw \\
&= \frac{1}{2}\int_{-\infty}^{x}\int_{-\infty}^{y} u(w+1)u(v-w)u(1-v)dvdw \qquad (5.297)
\end{aligned}
$$

이다. 따라서, 그림 5.18을 새겨서 적분 영역을 생각하면

$$
\begin{aligned}
F_{X_{[1]},X_{[2]}}(x,y) &= \begin{cases} 0, & x<-1 \text{ 또는 } y<-1, \\ \frac{1}{2}\int_{-1}^{y}\int_{w}^{y} dvdw, & -1\le x,\ y<x,\ -1\le y<1, \\ \frac{1}{2}\int_{-1}^{x}\int_{w}^{y} dvdw, & -1\le x\le y<1, \\ \frac{1}{2}\int_{-1}^{x}\int_{w}^{1} dvdw, & -1\le x<1,\ y\ge 1, \\ 1, & x\ge 1,\ y\ge 1 \end{cases} \\
&= \begin{cases} 0, & x<-1 \text{ 또는 } y<-1, \\ \frac{1}{4}(y+1)^2, & -1\le x,\ y<x,\ -1\le y<1, \\ \frac{1}{4}(2y+1-x)(x+1), & -1\le x\le y<1, \\ \frac{1}{4}(3-x)(x+1), & -1\le x<1,\ y\ge 1, \\ 1, & x\ge 1,\ y\ge 1 \end{cases} \qquad (5.298)
\end{aligned}
$$

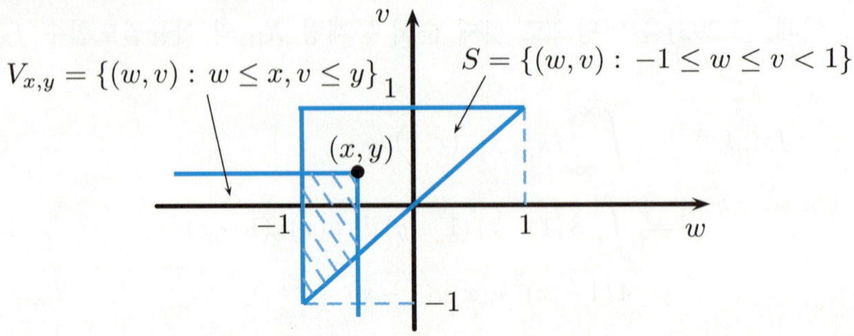

그림 5.18 두 영역 S와 $V_{x,y}$, 그리고 적분 영역: $-1 \leq x \leq y < 1$일 때

을[37] 얻는다. 위 결과 (5.298)은 두 영역 $S = \{(w,v) : -1 \leq w \leq v < 1\}$과 $V_{x,y} = \{(w,v) : w \leq x, v \leq y\}$가 겹치는 영역의 – 보기를 들어, $-1 \leq x \leq y < 1$일 때에는 그림 5.18에서 빗금 친 곳의 – 넓이에 $f_{X_{[1]},X_{[2]}}(w,v) = \frac{1}{2}$를 곱하면 더욱 쉽게 얻을 수 있다. 한편, (5.298)에서

$$\begin{aligned} F_1(x) &= F_{X_{[1]},X_{[2]}}(x,1) \\ &= \begin{cases} 1, & x \geq 1; \qquad \frac{1}{4}\,(3-x)(x+1), \quad -1 \leq x < 1; \\ 0, & x < -1 \end{cases} \end{aligned} \tag{5.299}$$

를 얻을 수 있고, 이와 비슷하게 $F_2(y) = F_{X_{[1]},X_{[2]}}(1,y)$를

$$F_2(y) = \begin{cases} 1, & y \geq 1; \qquad \frac{1}{4}\,(y+1)^2, \quad -1 \leq y \leq 1; \\ 0, & y \leq -1 \end{cases} \tag{5.300}$$

처럼 얻을 수 있다. 마땅히, (5.299)는 (5.110)과 같은 누적분포함수이고, (5.300)은 (5.111)과 같은 누적분포함수이다. ◇

보기 5.60 순서 통계량 둘의 결합 확률밀도함수 (5.276)을 바탕으로 $s > r$일 때 확률변수 $W_{s,r} = X_{[s]} - X_{[r]}$의 확률밀도함수 $f_{W_{s,r}}$, 확률변수 $W_{n,1} = X_{[n]} - X_{[1]}$의[38] 확률밀도함수 $f_{W_{n,1}}$, 확률변수 $W_{n,1}$의 누적분포함수 $F_{W_{n,1}}$을 얻어 보자.

풀이 먼저, $Y = X_{[r]}$, $W_{s,r} = X_{[s]} - X_{[r]}$이라고 하면 $X_{[r]} = Y$이고 $X_{[s]} = Y + W_{s,r}$이므로 (5.276)을 쓰면

$$\begin{aligned} f_{Y,W_{s,r}}(z,w) &= f_{X_{[r]},X_{[s]}}(x,y)\Big|_{x=z,\, y=z+w} \\ &= \frac{L(n,s,r)}{2^{n-r+1}} F^{r-1}(z)\ \{F(z+w)-F(z)\}^{s-r-1}\{1-F(z+w)\}^{n-s} \\ &\quad \cdot f(z)f(z+w)u(w) \end{aligned} \tag{5.301}$$

이고, 따라서

---

[37] 위 식에서 $\int_{-1}^{y}\int_{w}^{y} dvdw$, $\int_{-1}^{x}\int_{w}^{y} dvdw$, $\int_{-1}^{x}\int_{w}^{1} dvdw$를 각각 $\int_{-1}^{y}\int_{-1}^{v} dwdv$, $\left(\int_{-1}^{x}\int_{-1}^{v}+\int_{x}^{y}\int_{-1}^{x}\right) dwdv$, $\left(\int_{-1}^{x}\int_{-1}^{v}+\int_{x}^{1}\int_{-1}^{x}\right) dwdv$로 바꾸어 계산하여도 같은 결과를 얻을 수 있다.

[38] 확률변수 $W_{n,1} = X_{[n]} - X_{[1]}$을 범위라고 range 부른다.

$$
\begin{aligned}
f_{W_{s,r}}(w) &= \int_{-\infty}^{\infty} f_{Y,W_{s,r}}(z,w)\,dz \\
&= \frac{L(n,s,r)}{2^{n-r+1}} \int_{-\infty}^{\infty} F^{r-1}(z)\{F(z+w)-F(z)\}^{s-r-1}\{1-F(z+w)\}^{n-s} \\
&\quad \cdot f(z)f(z+w)\,dz\,u(w) \qquad (5.302)
\end{aligned}
$$

이다. 이제, $s=n$이고 $r=1$이라고 두면 확률변수 $W_{n,1}=X_{[n]}-X_{[1]}$의 확률밀도함수는

$$
f_{W_{n,1}}(w) = n(n-1)\int_{-\infty}^{\infty}\{F(z+w)-F(z)\}^{n-2}f(z)f(z+w)\,dz\,u(w) \qquad (5.303)
$$

임을 알 수 있다. 끝으로, 확률변수 $W_{n,1}$의 누적분포함수 $F_{W_{n,1}}(w)=\Pr\{W_{n,1}\le w\}=\int_{-\infty}^{w} f_{W_{n,1}}(v)dv$는

$$
F_{W_{n,1}}(w) = n(n-1)\int_{-\infty}^{w}\int_{-\infty}^{\infty}\{F(z+v)-F(z)\}^{n-2}f(z)f(z+v)dzu(v)dv \qquad (5.304)
$$

이다. 여기서,

$$
\begin{aligned}
&(n-1)\int_{-\infty}^{w}\{F(z+v)-F(z)\}^{n-2}f(z+v)u(v)dv \\
&\quad = \begin{cases} \{F(z+v)-F(z)\}^{n-1}\Big|_{v=0}^{w}, & w>0, \\ 0, & w<0 \end{cases} \\
&\quad = \{F(z+w)-F(z)\}^{n-1}u(w) \qquad (5.305)
\end{aligned}
$$

를 새기고, 부록 3.4에서 다룬 푸비니 정리를 쓴 뒤, 적분 순서를 바꾸면

$$
\begin{aligned}
F_{W_{n,1}}(w) &= n\int_{-\infty}^{\infty} f(z)\left\{(n-1)\int_{-\infty}^{w}\{F(z+v)-F(z)\}^{n-2}f(z+v)u(v)dv\right\}dz \\
&= n\int_{-\infty}^{\infty}\{F(z+w)-F(z)\}^{n-1}f(z)dz\,u(w) \qquad (5.306)
\end{aligned}
$$

을 얻을 수 있다. ◇

정리 5.18 **순서 통계량 둘의 결합 확률밀도함수의 합** 독립이고 분포가 같으며, 한계 누적분포함수가 F이고, 한계 확률밀도함수가 f인 연속 확률벡터 $\underline{X}=(X_1,X_2,\cdots,X_n)$의 r째 순서 통계량 $X_{[r]}$과 s째 순서 통계량 $X_{[s]}$의 결합 확률밀도함수를 $f_{r,s}$라고 하자. 그러면

$$
\sum_{s=2}^{n}\sum_{r=1}^{s-1} f_{r,s}(x,y) = n(n-1)f(x)f(y)u(y-x) \qquad (5.307)
$$

이다[39]. ■■

[39] 여기서, $u(0)$을 얼마로 뜻매김하느냐에 따라 $\sum_{s=2}^{n}\sum_{r=1}^{s-1} f_{r,s}(x,x)$의 값이 다르기는 하다. 그렇지만, 2차원 확률밀도함수라고 할 수 있는 $\frac{1}{n(n-1)}\sum_{s=2}^{n}\sum_{r=1}^{s-1} f_{r,s}(x,y)$가 어느 줄에서 – 곧, 2차원 평면 위의 줄 $x=y$에서 – 값이 얼마인지는 그리 큰 뜻이 있는 것은 아니다.

증명

(방법 1) 식 (5.276)에서

$$\sum_{s=2}^{n}\sum_{r=1}^{s-1} f_{r,s}(x,y) = n(n-1)f(x)f(y)u(y-x)\sum_{s=2}^{n} {}_{n-2}\mathrm{C}_{s-2}\{1-F(y)\}^{n-s} \cdot\sum_{r=1}^{s-1} {}_{s-2}\mathrm{C}_{r-1}F^{r-1}(x)\{F(y)-F(x)\}^{s-r-1} \tag{5.308}$$

이다. 여기서,

$$\begin{aligned}\sum_{r=1}^{s-1} {}_{s-2}\mathrm{C}_{r-1}F^{r-1}(x)\{F(y)-F(x)\}^{s-r-1} &= \{F(y)-F(x)\}^{s-2}\sum_{t=0}^{s-2} {}_{s-2}\mathrm{C}_{t}\left\{\frac{F(x)}{F(y)-F(x)}\right\}^{t} \\ &= \{F(y)-F(x)\}^{s-2}\left\{1+\frac{F(x)}{F(y)-F(x)}\right\}^{s-2} \\ &= F^{s-2}(y)\end{aligned} \tag{5.309}$$

이므로

$$\sum_{s=2}^{n}\sum_{r=1}^{s-1} f_{r,s}(x,y) = n(n-1)f(x)f(y)u(y-x)\sum_{s=2}^{n} {}_{n-2}\mathrm{C}_{s-2}F^{s-2}(y)\{1-F(y)\}^{n-s} \tag{5.310}$$

이다. 이제,

$$\begin{aligned}\sum_{s=2}^{n} {}_{n-2}\mathrm{C}_{s-2}F^{s-2}(y)\{1-F(y)\}^{n-s} &= \{1-F(y)\}^{n-2}\sum_{t=0}^{n-2} {}_{n-2}\mathrm{C}_{t}\left\{\frac{F(y)}{1-F(y)}\right\}^{n-2} \\ &= 1\end{aligned} \tag{5.311}$$

이므로

$$\sum_{s=2}^{n}\sum_{r=1}^{s-1} f_{r,s}(x,y) = n(n-1)f(x)f(y)u(y-x) \tag{5.312}$$

이다.

(방법 2) 한편,

$$\left\{F(x)F(y)-\frac{1}{2}F^2(x)-\frac{1}{2}F^2(y)\right\}\delta(y-x) = 0 \tag{5.313}$$

과

$$\{F(x)f(y)-F(y)f(y)\}\delta(y-x) = 0 \tag{5.314}$$

를 새겨 두고, (5.173)을 $\frac{1}{n(n-1)}\sum_{s=2}^{n}\sum_{r=1}^{s-1}F_{r,s}(x,y) = \left\{F(x)F(y)-\frac{1}{2}F^2(x)\right\}u(y-x)+\frac{1}{2}F^2(y)$ $u(x-y) = \left\{F(x)F(y)-\frac{1}{2}F^2(x)-\frac{1}{2}F^2(y)\right\}u(y-x)+\frac{1}{2}F^2(y)$처럼 쓴 뒤, 이 식을 y와 x로 미분하여 (5.307)을 보일 수도 있다. □

보기 5.61 확률벡터 (X_1, X_2, X_3)이 독립이고 분포가 같으며, 그 한계 분포가 $U(0,1)$일 때 보기 5.56에서 얻은 결합 확률밀도함수 (5.287)–(5.289)에서

$$\begin{aligned}\sum_{s=2}^{n}\sum_{r=1}^{s-1} f_{r,s}(x,y) &= 6\,u(x)u(y-x)u(1-y)\\ &= 6\,u(x)u(1-x)\,u(y)u(1-y)\,u(y-x)\\ &= n(n-1)f(x)f(y)u(y-x) \qquad (5.315)\end{aligned}$$

임을 쉽게 볼 수 있다. ◇

5.4.4 순서 통계량 여럿의 결합 확률밀도함수*

이제, (5.276)에서 보인 순서 통계량 둘의 결합 확률밀도함수를 좀 더 일반적으로 넓혀보자.

정리 5.19 **순서 통계량 여럿의 결합 확률밀도함수** 자연수 $\{n_i\}_{i=1}^{k}$가 $1 \le n_1 < n_2 < \cdots < n_k \le n$을 만족시킬 때, 독립이고 분포가 같으며, 한계 누적분포함수가 F이고, 한계 확률밀도함수가 f인 연속 확률벡터 $\underline{X} = (X_1, X_2, \cdots, X_n)$의 k 순서 통계량 $X_{[n_1]}$, $X_{[n_2]}$, $\cdots$, $X_{[n_k]}$의 결합 확률밀도함수는

$$\begin{aligned}f_{\underline{n}_k}(\underline{x}_k) &= \frac{n!}{(n_1-1)!}F^{n_1-1}(x_1)\left\{\prod_{i=1}^{k}\frac{\{F(x_{j+1})-F(x_j)\}^{n_{j+1}-n_j-1}}{(n_{j+1}-n_j-1)!}f(x_i)u(x_{i+1}-x_i)\right\}\\ &= n!\left\{\prod_{i=1}^{k}f(x_i)u(x_{i+1}-x_i)\right\}\prod_{j=0}^{k}\frac{\{F(x_{j+1})-F(x_j)\}^{n_{j+1}-n_j-1}}{(n_{j+1}-n_j-1)!} \qquad (5.316)\end{aligned}$$

이다. 여기서, $\underline{n}_k = (n_1, n_2, \cdots, n_k)$이고, $\underline{x}_k = (x_1, x_2, \cdots, x_k)$이며, $n_0 = 0$이고, $n_{k+1} = n+1$이며, $x_0 = -\infty$이고, $x_{k+1} = \infty$이다. ■■

증명 정리 5.17을 증명한 방법과 비슷하게 보일 수 있다. 곧, (5.218)에 보인 결합 확률밀도함수 $f_{\underline{X_{[\cdot]}}}\left(\underline{x_{[\cdot]}}\right)$을 $x_1 \le x_2 \le \cdots \le x_n$이 가리키는 영역에서 x_{n_1}, x_{n_2}, $\cdots$, x_{n_k}를 뺀 나머지 모든 변수로 적분하되, $n_0 = 0$, $n_{k+1} = n+1$, $x_0 = -\infty$, $x_{n+1} = \infty$라고 두면,

$$\begin{aligned}f_{\underline{n}_k}(x_{n_1}, x_{n_2}, \cdots, x_{n_k}) &= n!\left\{\prod_{i=1}^{k}f(x_{n_i})\right\}\prod_{j=0}^{k}\int_{x_{n_j}}^{x_{n_{j+1}}}\int_{x_{n_j}}^{x_{n_{j+1}-1}}\cdots\int_{x_{n_j}}^{x_{n_j+3}}\int_{x_{n_j}}^{x_{n_j+2}}\\ &\quad \cdot f(x_{n_j+1})f(x_{n_j+2})\cdots f(x_{n_{j+1}-1})dx_{n_j+1}dx_{n_j+2}\cdots dx_{n_{j+1}-2}dx_{n_{j+1}-1} \qquad (5.317)\end{aligned}$$

이다. 여기서, 적분 뭉치를[40] 계산하면

$$\int_{x_{n_j}}^{x_{n_{j+1}}}\int_{x_{n_j}}^{x_{n_{j+1}-1}}\cdots\int_{x_{n_j}}^{x_{n_j+3}}\int_{x_{n_j}}^{x_{n_j+2}} f(x_{n_j+1})f(x_{n_j+2})\cdots f(x_{n_{j+1}-1})$$

[40]여기서, j째 적분 뭉치에 있는 적분 수는, $n_0 = 0$이고 $n_{k+1} = n+1$이라는 것을 새기면, $j = 0$일 때에는 1에서 $n_1 - 1$까지 $n_1 - 1 = n_1 - n_0 - 1$개, $j = 1$일 때에는 $n_1 + 1$에서 $n_2 - 1$까지 $n_2 - n_1 - 1$개, $\cdots$, $j = k$일 때에는 $n_k + 1$에서 n까지 $n - n_k = n_{k+1} - n_k - 1$개이다. 곧, 적분 수를 모두 더하면 $(n_1 - 1) + (n_2 - n_1 - 1) + \cdots + (n - n_k) = n - k$이다.

$$
\begin{aligned}
&\cdot dx_{n_j+1}dx_{n_j+2}\cdots dx_{n_{j+1}-2}dx_{n_{j+1}-1}\\
&= \int_{x_{n_j}}^{x_{n_{j+1}}}\int_{x_{n_j}}^{x_{n_{j+1}-1}}\cdots\int_{x_{n_j}}^{x_{n_j+4}}\int_{x_{n_j}}^{x_{n_j+3}} \left\{F(x_{n_j+2})-F(x_{n_j})\right\} f(x_{n_j+2})\\
&\quad \cdot f(x_{n_j+3})\cdots f(x_{n_{j+1}-1})dx_{n_j+2}dx_{n_j+3}\cdots dx_{n_{j+1}-2}dx_{n_{j+1}-1}\\
&\ \vdots\\
&= \int_{x_{n_j}}^{x_{n_{j+1}}} \frac{\left\{F(x_{n_{j+1}-1})-F(x_{n_j})\right\}^{n_{j+1}-1-n_j-1}}{(n_{j+1}-1-n_j-1)!} f(x_{n_{j+1}-1})dx_{n_{j+1}-1}\\
&= \frac{\left\{F(x_{n_{j+1}})-F(x_{n_j})\right\}^{n_{j+1}-n_j-1}}{(n_{j+1}-n_j-1)!} \qquad (5.318)
\end{aligned}
$$

이므로

$$
\begin{aligned}
&f_{\underline{n}_k}(x_{n_1}, x_{n_2}, \cdots, x_{n_k})\\
&\quad = n!\left\{\prod_{i=1}^{k} f(x_i)u(x_{i+1}-x_i)\right\}\prod_{j=0}^{k}\frac{\left\{F(x_{n_{j+1}})-F(x_{n_j})\right\}^{n_{j+1}-n_j-1}}{(n_{j+1}-n_j-1)!} \qquad (5.319)
\end{aligned}
$$

이다. 끝으로, 보기 쉽도록 변수를 x_{n_j}에서 x_j로 바꾸면[41] (5.316)을 얻을 수 있다. □

식 (5.316)에 들어 있는 $\prod_{i=1}^{k} u(x_{i+1}-x_i)$는 결합 확률밀도함수 $f_{\underline{n}_k}(\underline{x}_k)$의 값이 $x_1 \leq x_2 \leq \cdots \leq x_k$가 아닐 때에는 0이라는 것을 나타내는 것이다.

보기 5.62 먼저, $1 \leq r < s \leq n$이라고 하고 순서 통계량 벡터 $\left(X_{[1]}, X_{[2]}, \cdots, X_{[r]}\right)$을 생각하자. 그러면 (5.316)에서 $k = r$이라고 생각하고, $n_0 = 0$, $n_1 = 1$, $\cdots$, $n_k = n_r = r$, $n_{k+1} = n_{r+1} = n+1$, $x_0 = -\infty$, $x_{k+1} = x_{r+1} = \infty$라고 두면, r 순서 통계량 $X_{[1]}$, $X_{[2]}$, $\cdots$, $X_{[r]}$의 결합 확률밀도함수

$$
\begin{aligned}
f_{X_{[1]},X_{[2]},\cdots,X_{[r]}}(\underline{x}_r) &= n!\left\{\prod_{i=1}^{r} f(x_i)u(x_{i+1}-x_i)\right\}\frac{\{1-F(x_r)\}^{n+1-r-1}}{(n+1-r-1)!}\\
&\quad \cdot\prod_{j=0}^{r-1}\frac{\{F(x_{j+1})-F(x_j)\}^0}{0!}\\
&= \frac{n!}{(n-r)!}\{1-F(x_r)\}^{n-r}\prod_{i=1}^{r} f(x_i)u(x_{i+1}-x_i) \qquad (5.320)
\end{aligned}
$$

을 얻는다. 이와 비슷하게 순서 통계량 벡터 $\left(X_{[1]}, X_{[2]}, \cdots, X_{[r]}, X_{[s]}\right)$를 생각하면, $k = r+1$이고, $n_0 = 0$, $n_1 = 1$, $\cdots$, $n_{k-1} = n_r = r$, $n_k = n_{r+1} = s$, $n_{k+1} = n_{r+2} = n+1$, $x_0 = -\infty$, $x_{k+1} = x_{r+2} = \infty$라는 것을 새겨, (5.316)에서 $x_{r+1} = x_s$라고 두면, $r+1$ 순서 통계량 $X_{[1]}$, $X_{[2]}$, $\cdots$, $X_{[r]}$, $X_{[s]}$의 결합 확률밀도함수

[41] 이때, '$x_{n+1} = \infty$'를 '$x_{k+1} = \infty$'로 바꾸어야 함을 눈여겨보아야 한다.

$$
\begin{aligned}
f_{X_{[1]},X_{[2]},\cdots,X_{[r]},X_{[s]}}(\underline{x}_r, x_s) &= n!\left\{\prod_{i=1}^{r} f(x_i)u(x_{i+1}-x_i)\right\} f(x_s) \\
&\quad \cdot \frac{\{F(x_{r+2})-F(x_s)\}^{n+1-s-1}}{(n+1-s-1)!}\frac{\{F(x_s)-F(x_r)\}^{s-r-1}}{(s-r-1)!}\prod_{j=0}^{r-1}\frac{\{F(x_{j+1})-F(x_j)\}^0}{0!} \\
&= \frac{n!}{(s-r-1)!(n-s)!}\{F(x_s)-F(x_r)\}^{s-r-1}\{1-F(x_s)\}^{n-s} \\
&\quad \cdot \left\{\prod_{i=1}^{r} f(x_i)u(x_{i+1}-x_i)\right\} f(x_s)
\end{aligned}
\tag{5.321}
$$

을 얻을 수 있다. ◇

5.4.5 순서 통계량의 조건부 확률밀도함수*

이제, 정리 5.19에 보인 결합 확률밀도함수 (5.316)을 바탕으로 순서 통계량의 조건부 확률밀도함수를 다루어 보자. 먼저, 자연수 $\{n_i\}_{i=1}^k$가 $1 \le n_1 < n_2 < \cdots < n_k \le n$을 만족시키고, $\{m_j\}_{j=1}^l$이 $1 \le m_1 < m_2 < \cdots < m_l \le n$을 만족시킬 때, $\underline{n_k} = (n_1, n_2, \cdots, n_k)$와 $\underline{m_l} = (m_1, m_2, \cdots, m_l)$처럼 쓰자. 이때, 연속 확률벡터 $\underline{X} = (X_1, X_2, \cdots, X_n)$의 k 순서 통계량 $X_{[n_1]}$, $X_{[n_2]}$, $\cdots$, $X_{[n_k]}$의 결합 확률밀도함수를 $f_{\underline{n_k}}(\underline{x_k})$라고 하고, l 순서 통계량 $X_{[m_1]}$, $X_{[m_2]}$, $\cdots$, $X_{[m_l]}$의 결합 확률밀도함수를 $f_{\underline{m_l}}(\underline{x_l})$이라고 하며, $X_{[n_1]}$, $X_{[n_2]}$, $\cdots$, $X_{[n_k]}$, $X_{[m_1]}$, $X_{[m_2]}$, $\cdots$, $X_{[m_l]}$의 결합 확률밀도함수를 $f_{\underline{n_k},\underline{m_l}}(\underline{x_{k+l}})$이라고 하자. 이제, 순서 통계량 $X_{[m_1]}$, $X_{[m_2]}$, $\cdots$, $X_{[m_l]}$이 주어졌을 때 순서 통계량 $X_{[n_1]}$, $X_{[n_2]}$, $\cdots$, $X_{[n_k]}$의 조건부 확률밀도함수를 $f_{\underline{n_k}|\underline{m_l}}(\underline{x_k}|\underline{x_l})$이라고 하면 $f_{\underline{m_l}}(\underline{x_l}) > 0$일 때

$$
f_{\underline{n_k}|\underline{m_l}}(\underline{x_k}|\underline{x_l}) = \frac{f_{\underline{n_k},\underline{m_l}}(\underline{x_{k+l}})}{f_{\underline{m_l}}(\underline{x_l})}
\tag{5.322}
$$

이다. 보기를 들면,

$$
f_{(4,7)|(1,3,11)}(x_4, x_7|x_1, x_3, x_{11}) = \frac{f_{(1,3,4,7,11)}(x_1, x_3, x_4, x_7, x_{11})}{f_{(1,3,11)}(x_1, x_3, x_{11})}
\tag{5.323}
$$

인데, (5.316)을 새겨서 (5.323)의 분모와 분자를 좀 더 구체적으로 쓸 수 있다.

보기 5.63 이제, $1 \le r < s \le n$이고, $\left\{X_{(i)}\right\}_{i=1}^{r}$과 $\left\{X_{(i)}\right\}_{i=s}^{n}$이 – 곧,

$$
A_{r,s,n} = \left\{X_{(i)}\right\}_{i=1}^{r} \cup \left\{X_{(i)}\right\}_{i=s}^{n}
\tag{5.324}
$$

가 – 주어졌을 때 $\left\{X_{(i)}\right\}_{i=r+1}^{s-1}$의 조건부 확률밀도함수를 얻어 보자.

풀이 먼저,

$$
\begin{aligned}
&f_{\left\{X_{(i)}\right\}_{i=r+1}^{s-1}\middle|A_{r,s,n}}(x_{r+1}, x_{r+2}, \cdots, x_{s-1}|x_1, x_2, \cdots, x_r, x_s, x_{s+1}, \cdots, x_n) \\
&\quad = \frac{f_{\left\{X_{(i)}\right\}_{i=1}^{n}}(\underline{x})}{f_{A_{r,s,n}}(x_1, x_2, \cdots, x_r, x_s, x_{s+1}, \cdots, x_n)}
\end{aligned}
\tag{5.325}
$$

이다[42]. 여기서, $x_{n+1} = \infty$라고 두면 (5.316)에서

$$f_{\{X_{(i)}\}_{i=1}^{n}}(\underline{x}) = n! \prod_{i=1}^{n} f(x_i) u(x_{i+1} - x_i) \tag{5.326}$$

이고

$$\begin{aligned} & f_{A_{r,s,n}}(x_1, x_2, \cdots, x_r, x_s, x_{s+1}, \cdots, x_n) \\ &= n! \left\{ \prod_{i=1}^{r-1} f(x_i) u(x_{i+1} - x_i) \right\} f(x_r) u(x_s - x_r) \left\{ \prod_{i=s}^{n} f(x_i) u(x_{i+1} - x_i) \right\} \\ &\quad \cdot \frac{\{F(x_1) - F(x_0)\}^{1-0-1}}{(1-0-1)!} \frac{\{F(x_2) - F(x_1)\}^{2-1-1}}{(2-1-1)!} \cdots \\ &\quad \cdot \frac{\{F(x_r) - F(x_{r-1})\}^{r-r+1-1}}{(r-r+1-1)!} \frac{\{F(x_s) - F(x_r)\}^{s-r-1}}{(s-r-1)!} \\ &\quad \cdot \frac{\{F(x_{s+1}) - F(x_s)\}^{s+1-s-1}}{(s+1-s-1)!} \cdots \frac{\{F(x_{n+1}) - F(x_n)\}^{n+1-n-1}}{(n+1-n-1)!} \\ &= \frac{n!}{(s-r-1)!} \left\{ \prod_{i=1}^{r-1} f(x_i) u(x_{i+1} - x_i) \right\} f(x_r) \left\{ \prod_{i=s}^{n} f(x_i) u(x_{i+1} - x_i) \right\} \\ &\quad \cdot \{F(x_s) - F(x_r)\}^{s-r-1} u(x_s - x_r) \end{aligned} \tag{5.327}$$

이므로

$$\begin{aligned} & f_{\{X_{(i)}\}_{i=r+1}^{s-1} | A_{r,s,n}}(x_{r+1}, x_{r+2}, \cdots, x_{s-1} | x_1, x_2, \cdots, x_r, x_s, x_{s+1}, \cdots, x_n) \\ &= (s-r-1)! \left\{ \prod_{i=r+1}^{s-1} \frac{f(x_i)}{F(x_s) - F(x_r)} \right\} \left\{ \prod_{i=1}^{n} u(x_{i+1} - x_i) \right\} \\ &= \begin{cases} (s-r-1)! \prod_{i=r+1}^{s-1} \frac{f(x_i)}{F(x_s) - F(x_r)}, & x_1 < x_2 < \cdots < x_n, \\ 0, & \text{그 밖에는} \end{cases} \end{aligned} \tag{5.328}$$

이다[43]. 곧, (5.218)과 (5.328)을 견주어 보면, $\{X_{(i)} = x_{(i)}\}_{i=1}^{r}$과 $\{X_{(i)} = x_{(i)}\}_{i=s}^{n}$이 주어졌을 때 $\{X_{(i)}\}_{i=r+1}^{s-1}$의 조건부 확률밀도함수는 독립이고 분포가 같으며 한계 확률밀도함수가 $\tilde{f}(x) = \frac{f(x)}{F(x_s) - F(x_r)} u(x - x_r) u(x_s - x)$이고 크기가 $(s-r-1)$인 확률벡터의 순서 통계량의 결합 확률밀도함수와 같다고 볼 수 있다는 것을[44] 알 수 있다. 한편, (5.328)은 $\{x_i\}_{i=1}^{r-1}$이나 $\{x_i\}_{i=s+1}^{n}$을 품고 있지 않다. 이것은 $X_{(r)}$과 $X_{(s)}$가 주어지면 $\{X_{(i)}\}_{i=r+1}^{s-1}$이 $\{X_{(i)}\}_{i=1}^{r-1}$과 독립일 뿐 아니라 $\{X_{(i)}\}_{i=s+1}^{n}$과도 독립이라는 것을 뜻한다. 이것을 바탕으로, $x_1 < x_2 < \cdots < x_n$일 때

[42] 조건부 확률밀도함수의 뜻매김에서, 이 식도 분모가 0보다 클 때에만 뜻이 있는 것이다.

[43] 식 (5.326)과 (5.327)에서 (5.328)을 얻을 때 $\frac{u(x_{i+1} - x_i)}{u(x_{i+1} - x_i)} = u(x_{i+1} - x_i)$라는 것을 새겨 두자. 또한, $\frac{u(x_{r+1} - x_r)}{u(x_s - x_r)}$은 $x_s > x_r$일 때에만 뜻이 있고, $x_s \geq x_{r+1}$이므로 $u(x_{r+1} - x_r)$과 같은 것이라고 할 수 있다.

[44] 식 (5.328)은 $x_1 < x_2 < \cdots < x_n$일 때만 뜻이 있고, 독립이고 분포가 같으며 한계 확률밀도함수가 $\tilde{f}(x) = \frac{f(x)}{F(x_s) - F(x_r)} u(x - x_r) u(x_s - x)$이고 크기가 $s-r-1$인 확률벡터의 순서 통계량의 결합 확률밀도함수는 $x_r < x_{r+1} < \cdots < x_s$일 때만 뜻이 있다.

$$
\begin{aligned}
& f_{\{X_{(i)}\}_{i=r+1}^{n} \big| \{X_{(i)}=x_{(i)}\}_{i=1}^{r}}(x_{r+1}, x_{r+2}, \cdots, x_n) \\
&\quad = f_{\{X_{(i)}\}_{i=r+1}^{n} \big| X_{(r)}=x_{(r)}}(x_{r+1}, x_{r+2}, \cdots, x_n)
\end{aligned} \tag{5.329}
$$

이라는 것을 알 수 있다.

곧, 연속 확률벡터의 순서 통계량들은 순서 공간에서 마르코프 성질을[45] 지닌다. 여기서, 마르코프 성질이란 가장 최근 - 또는 현재 - 값을 알면, 그 전 값들은 다음에 무엇이 일어날지의 확률에 영향을 주지 않는다는 성질을 뜻한다. 바꾸어 말하면, 현재를 알면 미래는 과거와 독립이라는, 또는 과거는 현재를 거쳐서만 미래에 영향을 미친다는 말이다. ◇

보기 5.64 독립이고 분포가 같은 확률벡터 $\underline{X}$를 생각하고, $s > r$이라고 하자. 이제, (5.224)와 (5.276)을 써서 $X_{[r]} = x$일 때 $X_{[s]}$의 조건부 확률밀도함수를 얻으면

$$
\begin{aligned}
f_{X_{[s]}|X_{[r]}=x}(y) &= f_{X_{[s]}|X_{[r]}}(y|x) \\
&= \frac{f_{X_{[r]},X_{[s]}}(x,y)}{f_{X_{[r]}}(x)} \\
&= \frac{(n-r)!}{(n-s)!(s-r-1)!} \left\{ \frac{F(y)-F(x)}{1-F(x)} \right\}^{s-r-1} \\
&\quad \cdot \left\{ 1 - \frac{F(y)-F(x)}{1-F(x)} \right\}^{n-s} \frac{f(y)}{1-F(x)} u(y-x)
\end{aligned} \tag{5.330}
$$

이고, $X_{[s]} = y$일 때 $X_{[r]}$의 조건부 확률밀도함수를 얻으면

$$
\begin{aligned}
f_{X_{[r]}|X_{[s]}=y}(x) &= f_{X_{[r]}|X_{[s]}}(x|y) \\
&= \frac{f_{X_{[r]},X_{[s]}}(x,y)}{f_{X_{[s]}}(y)} \\
&= \frac{f_{X_{[s]}|X_{[r]}}(y|x) f_{X_{[r]}}(x)}{f_{X_{[s]}}(y)} \\
&= \frac{(s-1)!}{(r-1)!(s-r-1)!} \left\{ \frac{F(x)}{F(y)} \right\}^{r-1} \left\{ 1 - \frac{F(x)}{F(y)} \right\}^{s-r-1} \frac{f(x)}{F(y)} u(y-x)
\end{aligned} \tag{5.331}
$$

이다.

위 두 식 (5.330)과 (5.331)에서 $s > r$일 때 다음을 알 수 있다. 먼저, r째 순서 통계량의 값이 a일 때 s째 순서 통계량의 조건부 분포는 독립이고 분포가 같으며 한계 누적분포함수가 $\tilde{F}(x) = \frac{F(x)-F(a)}{1-F(a)} u(x-a)$이고 - 곧, $F(x)$에서 $x = a$ 왼쪽을 버리고 만든 누적분포함수가[46] 한계 누적분포함수이고 - 크기가 $n-r$인 확률벡터의 $s-r$째 순서 통계량의 분포와 같다. 다음에, s째 순서 통계량의 값이 b일 때 r째 순서 통계량의 조건부 분포는 독립이고 분포가 같으며 한계 누적분포함수가 $u(x-b) + \frac{F(x)}{F(b)} u(b-x)$이고 - 곧, $F(x)$에서 $x = b$ 오른쪽을 버리고 만든 누적분포함수가 한계 누적분포함수이고 - 크기가 $s-1$인 확률벡터의 r째 순서 통계량의 분포와 같다. ◇

[45] 마르코프 성질은 보기 3.121에서도 다룬 바 있으며, 제10장에서 좀 더 자세히 다룬다.

[46] 식 (3.343)에서 다룬 것을 새겨 보자.

보기 5.65 한편, (5.320)과 (5.321)을 새겨서, $r < s$이고 $\underline{X}_{[r]} = (X_{[1]}, X_{[2]}, \cdots, X_{[r]}) = (x_1, x_2, \cdots, x_r)$일 때 $X_{[s]}$의 조건부 확률밀도함수를 얻으면

$$\begin{aligned} f_{X_{[s]}|\underline{X}_{[r]}}(x_s|\underline{x}_r) &= \frac{f_{\underline{X}_{[r]},X_{[s]}}(\underline{x}_r, x_s)}{f_{\underline{X}_{[r]}}(\underline{x}_r)} \\ &= \frac{(n-r)!}{(n-s)!(s-r-1)!}\left\{\frac{F(x_s)-F(x_r)}{1-F(x_r)}\right\}^{s-r-1}\left\{1-\frac{F(x_s)-F(x_r)}{1-F(x_r)}\right\}^{n-s} \\ &\quad \cdot \frac{f(x_s)}{1-F(x_r)} u(x_s - x_r)\prod_{i=1}^{r-1} u(x_{i+1}-x_i) \end{aligned} \tag{5.332}$$

이다. 이 식과 (5.330)에서 알 수 있듯이, $\underline{X}_{[r]} = (X_{[1]}, X_{[2]}, \cdots, X_{[r]}) = (x_1, x_2, \cdots, x_r)$일 때 $X_{[s]}$의 조건부 확률밀도함수 $f_{X_{[s]}|\underline{X}_{[r]}}(x_s|\underline{x}_r)$은 $X_{[r]} = x_r$일 때 $X_{[s]}$의 조건부 확률밀도함수 $f_{X_{[s]}|X_{[r]}}(x_s|x_r)$과 같다고[47] 볼 수 있다. ◇

5.4.6 보기 몇 가지

독립이고 분포가 같은 연속 확률벡터 $\underline{X}$의 한계 분포가 고른 분포, 지수 분포, 정규 분포일 때 순서 통계량의 성질을 조금 더 구체적으로 살펴보자.

5.4.6.1 고른 분포의 순서 통계량

보기 5.66 독립이고 분포가 같은 연속 확률벡터 $\underline{X}$에서 X_i의 분포가 $U(0,1)$이라고 하자. 그러면 (5.241)에서 얻은 바와 같이 r째 순서 통계량 $X_{[r]}$의 확률밀도함수는

$$f_{X_{[r]}}(x) = n\,{}_{n-1}\mathrm{C}_{r-1} x^{r-1}(1-x)^{n-r}u(x)u(1-x) \tag{5.333}$$

이다. 그러므로, (2.264)에 보인 베타 함수의 뜻매김 $\tilde{B}(\alpha,\beta) = \int_{0^+}^{1^-} x^{\alpha-1}(1-x)^{\beta-1}dx$와 (2.265)에 적어 둔 관계식 $\tilde{B}(\alpha,\beta) = \frac{\Gamma(\alpha)\Gamma(\beta)}{\Gamma(\alpha+\beta)}$를 쓰면 r째 순서 통계량 $X_{[r]}$의 평균은

$$\begin{aligned} E\{X_{[r]}\} &= n\,{}_{n-1}\mathrm{C}_{r-1}\int_0^1 x \cdot x^{r-1}(1-x)^{n-r}\,dx \\ &= n\,{}_{n-1}\mathrm{C}_{r-1}\,B(r+1, n-r+1) \\ &= \frac{r}{n+1} \end{aligned} \tag{5.334}$$

이고, k째 적률은

$$\begin{aligned} E\left\{X_{[r]}^k\right\} &= n\,{}_{n-1}\mathrm{C}_{r-1}\int_0^1 x^k \cdot x^{r-1}(1-x)^{n-r}\,dx \\ &= \frac{n!}{(n-r)!(r-1)!}\frac{(r+k-1)!(n-r)!}{(n+k)!} \\ &= \frac{r(r+1)\cdots(r+k-1)}{(n+1)(n+2)\cdots(n+k)} \end{aligned} \tag{5.335}$$

---

[47] 좀 더 명확히 말하자면, $f_{X_{[s]}|\underline{X}_{[r]}}(x_s|\underline{x}_r)$에는 $\prod_{i=1}^{r-1} u(x_{i+1}-x_i)$이 더 들어 있다. 곧, $f_{X_{[s]}|\underline{X}_{[r]}}(x_s|\underline{x}_r)$은 $x_1 < x_2 < \cdots < x_r < x_s$일 때 0이 아닌 값을 가질 수 있고, $f_{X_{[s]}|X_{[r]}}(x_s|x_r)$은 $x_r < x_s$일 때 0이 아닌 값을 가질 수 있다.

이며, 분산은

$$\begin{aligned} \text{Var}\left\{X_{[r]}\right\} &= n\,{}_{n-1}\text{C}_{r-1}\int_0^1 x^{r+1}(1-x)^{n-r}\,dx \;-\; \left(\frac{r}{n+1}\right)^2 \\ &= n\,{}_{n-1}\text{C}_{r-1}\,B(r+2,n-r+1) \;-\; \left(\frac{r}{n+1}\right)^2 \\ &= \frac{n!}{(n-r)!(r-1)!}\frac{(r+1)!(n-r)!}{(n+2)!} \;-\; \left(\frac{r}{n+1}\right)^2 \\ &= \frac{r(n-r+1)}{(n+1)^2(n+2)} \end{aligned} \tag{5.336}$$

이라는 것을 알 수 있다. 한편, ${}_{n-1}\text{C}_{n-r} = {}_{n-1}\text{C}_{r-1}$ 이므로 (5.333)에서

$$\begin{aligned} f_{X_{[n-r+1]}}(1-x) &= n\,{}_{n-1}\text{C}_{n-r}\;(1-x)^{n-r+1-1}x^{n-(n-r+1)} \\ &= n\,{}_{n-1}\text{C}_{r-1}\;x^{r-1}(1-x)^{n-r} \\ &= f_{X_{[r]}}(x) \end{aligned} \tag{5.337}$$

이다. 이 식은 (5.248)에서 알 수 있는 바와 같다. 따라서, $E\left\{X_{[r]}\right\} = 1 - E\left\{X_{[n-r+1]}\right\}$ 이고 $\text{Var}\left\{X_{[r]}\right\} = \text{Var}\left\{X_{[n-r+1]}\right\}$ 이다[48]. 보기를 들면,

$$\begin{aligned} E\left\{X_{[n]}\right\} &= \frac{n}{n+1} \\ &= 1 - E\left\{X_{[1]}\right\}, \end{aligned} \tag{5.338}$$

$$\begin{aligned} E\left\{X_{[n-1]}\right\} &= \frac{n-1}{n+1} \\ &= 1 - E\left\{X_{[2]}\right\}, \end{aligned} \tag{5.339}$$

$$\vdots$$

$$\begin{aligned} \text{Var}\left\{X_{[n]}\right\} &= \frac{n}{(n+1)^2(n+2)} \\ &= \text{Var}\left\{X_{[1]}\right\}, \end{aligned} \tag{5.340}$$

$$\begin{aligned} \text{Var}\left\{X_{[n-1]}\right\} &= \frac{2(n-1)}{(n+1)^2(n+2)} \\ &= \text{Var}\left\{X_{[2]}\right\}, \end{aligned} \tag{5.341}$$

$$\vdots$$

[48] 먼저, r째 순서 통계량 $X_{[r]}$의 평균은

$$\begin{aligned} E\left\{X_{[r]}\right\} &= \textstyle\int_0^1 x f_{X_{[r]}}(x)dx = \int_0^1 x f_{X_{[n-r+1]}}(1-x)dx = 1 - \int_0^1 (1-x) f_{X_{[n-r+1]}}(1-x)dx \\ &= 1 - \textstyle\int_0^1 y f_{X_{[n-r+1]}}(y)dy = 1 - E\left\{X_{[n-r+1]}\right\} \end{aligned}$$

이다. 다음에,

$$\begin{aligned} E\left\{X_{[r]}^2\right\} &= \textstyle\int_0^1 x^2 f_{X_{[r]}}(x)dx = \int_0^1 x^2 f_{X_{[n-r+1]}}(1-x)dx = 1 - 2\int_0^1 (1-x) f_{X_{[n-r+1]}}(1-x)dx \\ &\quad + \textstyle\int_0^1 (1-x)^2 f_{X_{[n-r+1]}}(1-x)dx = 1 - 2\int_0^1 y f_{X_{[n-r+1]}}(y)dy + \int_0^1 y^2 f_{X_{[n-r+1]}}(y)dy \\ &= 1 - 2E\left\{X_{[n-r+1]}\right\} + E\left\{X_{[n-r+1]}^2\right\} \end{aligned}$$

이므로 r째 순서 통계량 $X_{[r]}$의 분산은

$$\begin{aligned} \text{Var}\left\{X_{[r]}\right\} &= E\left\{X_{[r]}^2\right\} - E^2\left\{X_{[r]}\right\} = \left[1 - 2E\left\{X_{[n-r+1]}\right\} + E\left\{X_{[n-r+1]}^2\right\}\right] - \left[1 - E\left\{X_{[n-r+1]}\right\}\right]^2 \\ &= E\left\{X_{[n-r+1]}^2\right\} - E^2\left\{X_{[n-r+1]}\right\} = \text{Var}\left\{X_{[n-r+1]}\right\} \end{aligned}$$

이다.

인데, 이 식들을 (5.334)–(5.336)에서 확인할 수 있다. ◇

정리 5.20 독립이고 분포가 같은 연속 확률벡터 $\underline{X} = (X_1, X_2, \cdots, X_n)$의 한계 분포가 $U(0,1)$이면, $1 \leq i < j \leq n$일 때 $Y_1 = \frac{X_{[i]}}{X_{[j]}}$와 $Y_2 = X_{[j]}$는 서로 독립이고, $Y_1 \sim B(i, j-i)$이며, $Y_2 \sim B(j, n-j+1)$이다. ■■

증명 순서 통계량 $X_{[i]}$와 $X_{[j]}$의 결합 확률밀도함수는 (5.286)에서 본 것처럼

$$f_{X_{[i]},X_{[j]}}(x,y) = \frac{n!\, x^{i-1}(y-x)^{j-i-1}(1-y)^{n-j}}{(i-1)!(j-i-1)!(n-j)!}u(x)u(y-x)u(1-y) \tag{5.342}$$

이다. 또, $X_{[i]} = Y_1Y_2$이고, $X_{[j]} = Y_2$이며, 역변환 $\left(X_{[i]}, X_{[j]}\right) = (Y_1Y_2, Y_2)$의 함수 행렬식은

$$\begin{aligned} \left|\frac{\partial(y_1y_2\ y_2)}{\partial(y_1\ y_2)}\right| &= \begin{vmatrix} y_2 & y_1 \\ 0 & 1 \end{vmatrix} \\ &= y_2 \end{aligned} \tag{5.343}$$

이다. 이 식을 새기고

$$\begin{aligned} u(y_1y_2)\,u(y_2 - y_1y_2) &= \begin{cases} 1, & y_1y_2 > 0,\, y_2 - y_1y_2 > 0, \\ 0, & \text{그 밖에는} \end{cases} \\ &= \begin{cases} 1, & \{y_1 > 0,\, y_2 > 0,\, y_1 < 1\} \text{ 또는 } \{y_1 < 0,\, y_2 < 0,\, y_1 > 1\}, \\ 0, & \text{그 밖에는} \end{cases} \\ &= u(y_1)\,u(y_2)\,u(1-y_1) \end{aligned} \tag{5.344}$$

이라는 것을 눈여겨보아 (5.342)를 바탕으로 Y_1과 Y_2의 결합 확률밀도함수를 얻으면

$$\begin{aligned} f_{Y_1,Y_2}(y_1,y_2) &= f_{X_{[i]},X_{[j]}}(x,y)\Big|_{x=y_1y_2,\, y=y_2} |y_2| \\ &= \frac{n!(y_1y_2)^{i-1}(y_2-y_1y_2)^{j-i-1}(1-y_2)^{n-j}\, y_2}{(i-1)!(j-i-1)!(n-j)!}u(y_1y_2)u(y_2-y_1y_2)u(1-y_2) \\ &= \frac{(j-1)!\, y_1^{i-1}(1-y_1)^{j-i-1}}{(i-1)!(j-i-1)!}u(y_1)\,u(1-y_1) \\ &\quad \cdot \frac{n!\, y_2^{j-1}(1-y_2)^{n-j}}{(j-1)!(n-j)!}u(y_2)\,u(1-y_2) \end{aligned} \tag{5.345}$$

이다. 곧, Y_1과 Y_2는 서로 독립이고, $Y_1 \sim B(i, j-i)$이며, $Y_2 \sim B(j, n-j+1)$이다. □

정리 5.20은 고른 분포에서 순서 통계량 둘의 곱 적률을 얻을 때에 꽤 쓸모 있다. 구체적으로는 (3.220)에서 본 것처럼 $Y \sim B(\alpha, \beta)$일 때 $E\left\{Y^k\right\} = \frac{\Gamma(\alpha+k)\Gamma(\alpha+\beta)}{\Gamma(\alpha+\beta+k)\Gamma(\alpha)}$이라는 것을 새기면, 독립이고 분포가 같은 연속 확률벡터 $\underline{X}$의 한계 분포가 $U(0,1)$일 때 곱 적률 $E\left\{X_{[i]}^{k_1}X_{[j]}^{k_2}\right\}$는[49]

$$\begin{aligned} E\left\{X_{[i]}^{k_1}X_{[j]}^{k_2}\right\} &= E\left\{Y_1^{k_1}Y_2^{k_1+k_2}\right\} \\ &= E\left\{Y_1^{k_1}\right\}E\left\{Y_2^{k_1+k_2}\right\} \end{aligned}$$

[49] 적률을 다룰 때에는 k_1과 k_2를 정수라고 본다.

$$
\begin{aligned}
&= \frac{(j-1)!(k_1+i-1)!}{(i-1)!(k_1+j-1)!} \frac{n!(k_1+k_2+j-1)!}{(j-1)!(n+k_1+k_2)!} \\
&= \frac{n!}{(i-1)!} \frac{(i-1+k_1)!}{(j-1+k_1)!} \frac{(j-1+k_1+k_2)!}{(n+k_1+k_2)!} \qquad (5.346)
\end{aligned}
$$

처럼 얻을 수 있다.

보기 5.67 독립이고 분포가 같으며 크기가 6인 연속 확률벡터 $\underline{X}$의 한계 분포가 $U(0,1)$일 때 $E\left\{X_{[1]}^2 X_{[5]}^3\right\}$을 얻어 보자.

풀이 식 (5.346)에 $n=6,\ l=2,\ i=1,\ j=5,\ k_1=2,\ k_2=3$을 넣으면

$$
\begin{aligned}
E\left\{X_{[1]}^2 X_{[5]}^3\right\} &= \frac{6!}{0!} \frac{(1-1+2)!}{(5-1+2)!} \frac{(5-1+2+3)!}{(6+2+3)!} \\
&= \frac{1}{55} \qquad (5.347)
\end{aligned}
$$

을 얻는다. ◇

이제, 정리 5.20을 확장하면 아래 정리를 얻는다

정리 5.21 독립이고 분포가 같은 연속 확률벡터 $\underline{X} = (X_1, X_2, \cdots, X_n)$의 한계 분포가 $U(0,1)$이면, $1 \le i_1 < i_2 < \cdots < i_l \le n$일 때 l 확률변수

$$
Y_1 = \frac{X_{[i_1]}}{X_{[i_2]}},\ Y_2 = \frac{X_{[i_2]}}{X_{[i_3]}},\ \cdots,\ Y_{l-1} = \frac{X_{[i_{l-1}]}}{X_{[i_l]}},\ Y_l = X_{[i_l]} \qquad (5.348)
$$

은 서로 독립이고, $Y_1 \sim B(i_1, i_2 - i_1)$, $Y_2 \sim B(i_2, i_3 - i_2)$, $\cdots$, $Y_{l-1} \sim B(i_{l-1}, i_l - i_{l-1})$, $Y_l \sim B(i_l, n - i_l + 1)$이다. ■■

증명 먼저, $x_0 = 0,\ x_{l+1} = 1,\ y_0 = 0,\ y_{l+1} = 1,\ i_0 = 0,\ i_{l+1} = n+1$이라고 두자. 그러면 $\underline{x} = (x_1, x_2, \cdots, x_l)$처럼 쓸 때 $\underline{X}_{[l]} = \left(X_{[i_1]}, X_{[i_2]}, \cdots, X_{[i_l]}\right)$의 결합 확률밀도함수는 (5.316)을 바탕으로

$$
f_{\underline{X}_{[l]}}(\underline{x}) = n! \prod_{j=0}^{l} \frac{(x_{j+1} - x_j)^{i_{j+1} - i_j - 1}}{(i_{j+1} - i_j - 1)!} u(x_{j+1} - x_j) \qquad (5.349)
$$

임을 알 수 있다. 한편, $X_{[i_1]} = Y_1 Y_2 \cdots Y_l$, $X_{[i_2]} = Y_2 Y_3 \cdots Y_l$, $\cdots$, $X_{[i_l]} = Y_l$이므로 $\underline{Y}_l = (Y_1, Y_2, \cdots, Y_l)$이라고 둘 때 역변환 $\underline{X}_{[l]} = \underline{g}^{-1}(\underline{Y}_l)$의 함수 행렬식은

$$
\left| \frac{\partial (y_1 y_2 \cdots y_l \quad y_2 y_3 \cdots y_l \quad \cdots \quad y_l)}{\partial (y_1 \quad y_2 \quad \cdots \quad y_l)} \right| = y_2 y_3^2 y_4^3 \cdots y_l^{l-1} \qquad (5.350)
$$

이다. 이 식을 새기어, $\underline{y} = (y_1, y_2, \cdots, y_l)$처럼 두고 (5.349)를 바탕으로 $\underline{Y}_l$의 결합 확률밀도함수를 얻으면

$$
\begin{aligned}
f_{\underline{Y}_l}(\underline{y}) &= f_{\underline{X}_{[l]}}(\underline{x}) \Big|_{x_j = y_j y_{j+1} \cdots y_l,\ j=1,2,\cdots,l;\ x_{l+1} = y_{l+1}} \left| y_2 y_3^2 y_4^3 \cdots y_l^{l-1} \right| \\
&= n! y_2 y_3^2 y_4^3 \cdots y_l^{l-1} \frac{(y_{l+1} - y_l)^{i_{l+1} - i_l - 1}}{(i_{l+1} - i_l - 1)!} u(y_{l+1} - y_l)
\end{aligned}
$$

$$\cdot \prod_{j=0}^{l-1} \frac{(y_{j+1}y_{j+2}\cdots y_l - y_j y_{j+1}\cdots y_l)^{i_{j+1}-i_j-1}}{(i_{j+1}-i_j-1)!} u\left(y_{j+1}y_{j+2}\cdots y_l - y_j y_{j+1}\cdots y_l\right)$$

$$= n!\left(\prod_{j=1}^{l-1} y_{j+1}^{j}\right)\left\{\prod_{j=0}^{l-1}(y_{j+1}y_{j+2}\cdots y_l)^{i_{j+1}-i_j-1}\right\}\left\{\prod_{j=0}^{l}\frac{(1-y_j)^{i_{j+1}-i_j-1}}{(i_{j+1}-i_j-1)!}\right\}$$

$$\cdot u\left(1-y_l\right)\prod_{j=0}^{l-1} u\left(y_{j+1}y_{j+2}\cdots y_l - y_j y_{j+1}\cdots y_l\right) \tag{5.351}$$

이다. 여기서, $u(1-y_l)\prod_{j=0}^{l-1} u(y_{j+1}y_{j+2}\cdots y_l - y_j y_{j+1}\cdots y_l)$은

$$y_1 y_2\cdots y_l > 0, \tag{5.352}$$

$$y_2 y_3\cdots y_l - y_1 y_2\cdots y_l > 0, \tag{5.353}$$

$$y_3 y_4\cdots y_l - y_2 y_3\cdots y_l > 0, \tag{5.354}$$

$$\vdots$$

$$y_l - y_{l-1}y_l > 0, \tag{5.355}$$

$$1 - y_l > 0 \tag{5.356}$$

일 때만 1이다. 그런데, (5.352)와 (5.353)에서

$$0 < y_1 < 1 \tag{5.357}$$

과

$$y_2 y_3\cdots y_l > 0 \tag{5.358}$$

을 얻을 수 있고, (5.354)와 (5.358)에서

$$0 < y_2 < 2 \tag{5.359}$$

와

$$y_3 y_4\cdots y_l > 0 \tag{5.360}$$

을 얻을 수 있으며, 비슷하게 이어 나가면 $j = 3, 4, \cdots, l$일 때

$$0 < y_j < 1 \tag{5.361}$$

을 얻을 수 있다. 한편, $i_0 = 0$이므로

$$\left(\prod_{j=1}^{l-1} y_{j+1}^{j}\right)\left\{\prod_{j=0}^{l-1}(y_{j+1}y_{j+2}\cdots y_l)^{i_{j+1}-i_j-1}\right\}$$

$$= y_1^{0+i_1-i_0-1} y_2^{1+i_1-i_0-1+i_2-i_1-1}\cdots y_l^{l-1+i_1-i_0-1+i_2-i_1-1+\cdots+i_l-i_{l-1}-1}$$

$$= \prod_{j=1}^{l} y_j^{i_j-1} \tag{5.362}$$

이고, $1-y_0=1$이므로

$$\prod_{j=0}^{l}(1-y_j)^{i_{j+1}-i_j-1} = \prod_{j=1}^{l}(1-y_j)^{i_{j+1}-i_j-1} \tag{5.363}$$

이다. 또, $i_1-i_0-1=i_1-1$이고 $i_{l+1}-1=n$이므로

$$\begin{aligned} n!\prod_{j=0}^{l}\frac{1}{(i_{j+1}-i_j-1)!} &= \frac{1}{(i_1-1)!}\frac{(i_2-1)!}{(i_2-i_1-1)!\cdot(i_2-1)!}\frac{(i_3-1)!}{(i_3-i_2-1)!\cdot(i_3-1)!} \\ &\quad \cdots\frac{(i_l-1)!}{(i_l-i_{l-1}-1)!\cdot(i_l-1)!}\frac{(i_{l+1}-1)!}{(i_{l+1}-i_l-1)!\cdot(i_{l+1}-1)!}(i_{l+1}-1)! \end{aligned} \tag{5.364}$$

처럼 쓴 다음, 분모에서 이어 곱하기를 처음부터 둘씩 묶어 다시 쓰면

$$n!\prod_{j=0}^{l}\frac{1}{(i_{j+1}-i_j-1)!} = \prod_{j=1}^{l}\frac{(i_{j+1}-1)!}{(i_j-1)!\,(i_{j+1}-i_j-1)!} \tag{5.365}$$

임을 알 수 있다. 곧, (5.352)–(5.356)을 모은 것은 (5.357), (5.359), (5.361)을 모은 것과 같으므로

$$u(1-y_l)\prod_{j=0}^{l-1}u(y_{j+1}y_{j+2}\cdots y_l-y_jy_{j+1}\cdots y_l) = \prod_{j=1}^{l}u(y_j)\,u(1-y_j) \tag{5.366}$$

임을 알 수 있다. 따라서, (5.362), (5.363), (5.365), (5.366)을 새겨 (5.351)을 바꾸어 쓰면

$$f_{\underline{Y}_l}(\underline{y}) = \prod_{j=1}^{l}\frac{(i_{j+1}-1)!}{(i_j-1)!\,(i_{j+1}-i_j-1)!}y_j^{i_j-1}(1-y_j)^{i_{j+1}-i_j-1}u(y_j)\,u(1-y_j) \tag{5.367}$$

을 얻는다. 그러므로, Y_1, Y_2, $\cdots$, Y_l은 서로 독립이고, $j=1,2,\cdots,l$일 때 Y_j의 분포는 $B(i_j, i_{j+1}-i_j)$이다. □

정리 5.20과 비슷하게 정리 5.21도 고른 분포에서 순서 통계량의 곱 적률을 쉽게 얻을 때 꽤 쓸모 있다. 보기를 들어, 정리 5.21을 바탕으로 곱 적률 $E\left\{\prod_{j=1}^{l}X_{[i_j]}^{k_j}\right\}$를 얻으면, $k_0=0$이고 $i_{l+1}=n+1$이라고 둘 때

$$\begin{aligned} E\left\{\prod_{j=1}^{l}X_{[i_j]}^{k_j}\right\} &= E\left\{\frac{X_{[i_1]}^{k_1}}{X_{[i_2]}^{k_1}}\frac{X_{[i_2]}^{k_1+k_2}}{X_{[i_3]}^{k_1+k_2}}\cdots\frac{X_{[i_{l-1}]}^{k_1+k_2+\cdots+k_{l-1}}}{X_{[i_l]}^{k_1+k_2+\cdots+k_{l-1}}}X_{[i_l]}^{k_1+k_2+\cdots+k_l}\right\} \\ &= E\left\{\prod_{j=1}^{l}Y_j^{k_1+k_2+\cdots+k_j}\right\} \\ &= \prod_{j=1}^{l}E\left\{Y_j^{k_1+k_2+\cdots+k_j}\right\} \end{aligned} \tag{5.368}$$

이므로

$$E\left\{\prod_{j=1}^{l} X_{[i_j]}^{k_j}\right\} = \frac{n!}{\left(n+\sum_{j=1}^{l} k_j\right)!}\prod_{j=1}^{l}\frac{\left(i_j-1+\sum_{m=1}^{j} k_m\right)!}{\left(i_j-1+\sum_{m=0}^{j-1} k_m\right)!}$$

$$= \frac{n!}{(i_1-1)!}\prod_{j=1}^{l}\frac{\left(i_j-1+\sum_{m=1}^{j} k_m\right)!}{\left(i_{j+1}-1+\sum_{m=1}^{j} k_m\right)!} \tag{5.369}$$

이다.

보기 5.68 독립이고 분포가 같으며 크기가 5인 연속 확률벡터 $\underline{X}$의 한계 분포가 $U(0,1)$일 때 $E\left\{X_{[1]}X_{[3]}^2X_{[5]}^4\right\}$을 얻어 보자.

풀이 식 (5.369)에 $n=5$, $l=3$, $i_1=1$, $i_2=3$, $i_3=5$, $i_4=6$, $k_1=1$, $k_2=2$, $k_3=4$를 넣으면

$$\begin{aligned} E\left\{X_{[1]}X_{[3]}^2X_{[5]}^4\right\} &= \frac{n!}{(i_1-1)!}\,\frac{(i_1-1+k_1)!}{(i_2-1+k_1)!}\,\frac{(i_2-1+k_1+k_2)!}{(i_3-1+k_1+k_2)!} \\ &\quad\cdot\frac{(i_3-1+k_1+k_2+k_3)!}{(i_4-1+k_1+k_2+k_3)!} \\ &= 5!\,\frac{1!\ 5!\ 11!}{3!\ 7!\ 12!} \\ &= \frac{5}{126} \end{aligned} \tag{5.370}$$

처럼 $E\left\{X_{[1]}X_{[3]}^2X_{[5]}^4\right\}$을 얻을 수 있다. ◇

정리 5.22 독립이고 분포가 같으며 한계 분포가 $U(0,1)$인 확률벡터 $\underline{X}=(X_1,X_2,\cdots,X_n)$의 순서 통계량을 $\{X_{[r]}\}_{r=1}^{n}$이라고 하고, $X_{[n+1]}=1$이라고 두자. 그러면,

$$Y_r = \left(\frac{X_{[r]}}{X_{[r+1]}}\right)^r, \quad r=1,2,\cdots,n \tag{5.371}$$

은 서로 독립이고, 그 분포는 모두 $U(0,1)$이다. ■■

증명 먼저, 보기 3.60에서 보았듯이 $X\sim U(0,1)$이면 $Y=F^{-1}(X)\sim F$이다[50]. 그러므로,

[50] 다시 살펴보면, $W\sim U(0,1)$일 때 $Y=F^{-1}(W)$라고 하면 $F_Y(y)=\Pr\{Y\le y\}=\Pr\left\{F^{-1}(W)\le y\right\}=\Pr\{W\le F(y)\}=F(y)$이므로 $Y\sim F$이다. 곧,

$$W\sim U(0,1) \ \rightarrow\ F^{-1}(W)\sim F$$

이다. 한편, $X\sim F$일 때 $V=F(X)$라고 하면 $F_V(v)=\Pr\{V\le v\}=\Pr\{F(X)\le v\}=\Pr\left\{X\le F^{-1}(v)\right\}=F\left(F^{-1}(v)\right)=v$이므로 $V\sim U(0,1)$이다. 곧,

$$X\sim F \ \rightarrow\ F(X)\sim U(0,1)$$

이다.

$W_k = -\ln X_k$는[51] 지수 확률변수이고 $(W_1, W_2, \cdots, W_n) = (-\ln X_1, -\ln X_2, \cdots, -\ln X_n)$은 독립이고 한계 확률밀도함수가 $f_W(x) = e^{-x}u(x)$인 지수 확률벡터이다. 그러므로, $-\ln x$는 x의 주는 함수라는 것을 새기고 $(W_1, W_2, \cdots, W_n)$의 r째 순서 통계량을 $W_{[r]}$이라고 하면, $r = 1, 2, \cdots, n$일 때

$$W_{[r]} = -\ln X_{[n-r+1]} \tag{5.372}$$

임을 알 수 있다. 이제, (5.380)에서 뜻매김한 $\{Y_r\}_{r=1}^n$을 새기면

$$\begin{aligned}\frac{X_{[r]}}{X_{[r+1]}} &= \frac{\exp\left(-W_{[n-r+1]}\right)}{\exp\left(-W_{[n-r]}\right)} \\ &= \exp\left\{-\left(W_{[n-r+1]} - W_{[n-r]}\right)\right\} \\ &= \exp\left(-\frac{Y_{n-r+1}}{r}\right)\end{aligned} \tag{5.373}$$

이므로 $\left\{\frac{X_{[r]}}{X_{[r+1]}}\right\}_{r=1}^n$은 서로 독립인 확률변수들이라는 것을 알 수 있다. 여기서, 한 걸음 더 나아가면

$$\begin{aligned}Y_r &= \left(\frac{X_{[r]}}{X_{[r+1]}}\right)^r \\ &= \exp\left(-Y_{n-r+1}\right)\end{aligned} \tag{5.374}$$

이다. 그런데, 정리 5.23에서 보았듯이 $\{Y_r\}_{r=1}^n$은 서로 독립인 지수 확률변수들이다. 그러므로, $X \sim F_X$일 때 $F_X(X) \sim U(0,1)$이라는 것을 새기면, $\{Y_r\}_{r=1}^n$은 서로 독립이고 한계 분포는 모두 $U(0,1)$이라는 것을 알 수 있다. □

보기 5.69 확률벡터 $\underline{X}$가 독립이고 분포가 같으며 그 한계 분포가 $U(0,1)$일 때 순서 통계량 $X_{[1]} < X_{[2]} < \cdots < X_{[n]}$을 생각하자. 이제, $s > r$일 때 확률변수 $W_{s,r} = X_{[s]} - X_{[r]}$의 확률밀도함수 $f_{W_{s,r}}$과 확률변수 $W_{n,1} = X_{[n]} - X_{[1]}$의 분산을 얻어 보자.

풀이 먼저, 그림 5.19에서 알 수 있듯이 $\{x : 0 < x < 1, 0 < x + w < 1, w > 0\} = \{x : 0 < x < 1 - w < 1\}$이다. 곧, x에 대해서 적분할 때에는 w를 정한 뒤 x를 0에서 $1-w$까지 적분하는 것이다. 이것을 새기면,

$$\begin{aligned}&\int_{-\infty}^{\infty} x^{r-1}(w+x-x)^{s-r-1}(1-w-x)^{n-s}u(x)u(1-x)u(x+w)u(1-x-w)dx\,u(w) \\ &\quad = \int_0^{1-w} x^{r-1}(w+x-x)^{s-r-1}(1-w-x)^{n-s}dx\,u(w)u(1-w)\end{aligned} \tag{5.375}$$

이다. 따라서, (5.302)에서

$$\begin{aligned}f_{W_{s,r}}(w) &= \frac{L(n,s,r)}{2^{n-r+1}}\int_0^{1-w} x^{r-1}(w+x-x)^{s-r-1}(1-w-x)^{n-s}dx\ u(w)u(1-w) \\ &= \frac{L(n,s,r)}{2^{n-r+1}}w^{s-r-1}\int_0^1 (1-w)^{r-1}v^{r-1}\{1-w-(1-w)v\}^{n-s}dv\ u(w)u(1-w) \\ &= \frac{L(n,s,r)}{2^{n-r+1}}w^{s-r-1}(1-w)^{n-s+r}\int_0^1 v^{r-1}(1-v)^{n-s}dv\ u(w)u(1-w)\end{aligned}$$

[51] 이때, X_k와 $1-X_k$의 분포가 같으므로 $-\ln X_k$와 $-\ln(1-X_k)$의 분포가 같다는 것을 새겨 두자.

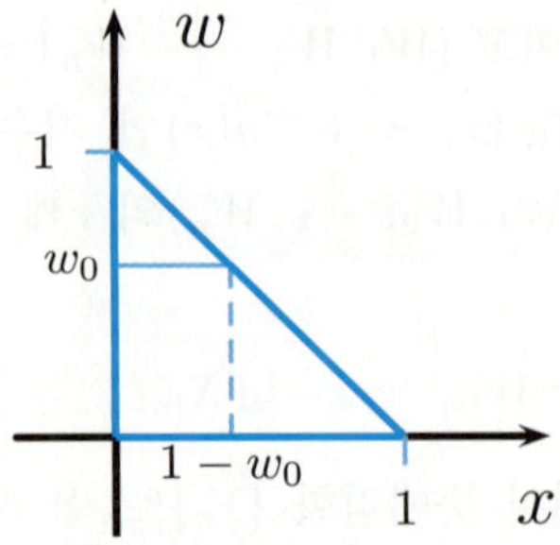

그림 5.19 영역 $\{x : 0 < x < 1, 0 < x + w < 1, w > 0\} = \{x : 0 < x < 1 - w < 1\}$

$$
\begin{aligned}
&= \frac{L(n,s,r)}{2^{n-r+1}} B(r, n-s+1) w^{s-r-1}(1-w)^{n-s+r} u(w)u(1-w) \\
&= \frac{1}{B(s-r, n-s+r+1)} w^{s-r-1}(1-w)^{n-s+r} u(w)u(1-w) \qquad (5.376)
\end{aligned}
$$

처럼[52] 확률밀도함수 $f_{W_{s,r}}(w)$를 얻을 수 있다. 다음에, $f_{X_{[n]}-X_{[1]}}(w)$는 (5.376)에서 $s = n$, $r = 1$로 두어 바로 얻을 수 있다. 또, (5.303)에서

$$
\begin{aligned}
f_{X_{[n]}-X_{[1]}}(w) &= n(n-1) \int_0^{1-w} (x + w - x)^{n-2}\, dx \ u(w)u(1-w) \\
&= n(n-1) w^{n-2}(1-w) u(w)u(1-w) \qquad (5.377)
\end{aligned}
$$

처럼 $f_{X_{[n]}-X_{[1]}}(w)$를 얻을 수도 있다. 이제, $f_{X_{[n]}-X_{[1]}}(w)$를 바탕으로 $W_{n,1} = X_{[n]} - X_{[1]}$의 분산을 얻으면

$$
\begin{aligned}
\text{Var}\left\{X_{[n]} - X_{[1]}\right\} &= \int_{-\infty}^{\infty} w^2 f_{X_{[n]}-X_{[1]}}(w) dw - \left(\int_{-\infty}^{\infty} w f_{X_{[n]}-X_{[1]}}(w) dw\right)^2 \\
&= n(n-1) \int_0^1 w^n (1-w) dw - \left\{ n(n-1) \int_0^1 w^{n-1}(1-w) dw \right\}^2 \\
&= \frac{n(n-1)}{(n+1)(n+2)} - \left(\frac{n-1}{n+1}\right)^2 \\
&= \frac{2(n-1)}{(n+1)^2(n+2)} \qquad (5.378)
\end{aligned}
$$

이다. ◇

5.4.6.2 지수 분포의 순서 통계량

정리 5.23 독립이고 분포가 같으며 한계 확률밀도함수가

$$
f(x) = \beta e^{-\beta x} u(x) \qquad (5.379)
$$

[52] 이 식에서, $x = (1-w)v$로 치환하였으며, $\frac{L(n,s,r)}{2^{n-r+1}} B(r, n-s+1) = \frac{n!}{(r-1)!(s-r-1)!(n-s)!} \frac{(r-1)!(n-s)!}{(n-s+r)!} = \frac{n!}{(s-r-1)!(n-s+r)!} = \frac{1}{B(s-r,n-s+r+1)}$이다.

인 연속 확률벡터 $\underline{X}$의 순서 통계량을 $\left\{X_{[r]}\right\}_{r=1}^{n}$이라고 하자. 이제, $X_{[0]}=0$이라고 하고

$$Y_i \;=\; (n-i+1)\left(X_{[i]}-X_{[i-1]}\right), \quad i=1,2,\,\cdots,n \tag{5.380}$$

처럼 두면 $\underline{Y}=(Y_1,Y_2,\,\cdots,Y_n)$과 $\underline{X}=(X_1,X_2,\,\cdots,X_n)$의 분포가 같다. 곧, $\underline{Y}$는 독립이고 분포가 같은 확률벡터이며, $f_{Y_i}(y)=\beta e^{-\beta y}u(y)$이다. ■■

증명 먼저,

$$X_{[i]}-X_{[i-1]} \;=\; \frac{Y_i}{n-i+1} \tag{5.381}$$

이므로

$$X_{[1]} \;=\; \frac{1}{n}Y_1, \tag{5.382}$$

$$\begin{aligned} X_{[2]} &= \frac{1}{n-1}Y_2+X_{[1]} \\ &= \frac{1}{n}Y_1+\frac{1}{n-1}Y_2, \end{aligned} \tag{5.383}$$

$$\vdots$$

$$X_{[i]} \;=\; \sum_{j=1}^{i}\frac{1}{n-j+1}Y_j, \tag{5.384}$$

$$\vdots$$

$$X_{[n]} \;=\; \frac{1}{n}Y_1+\frac{1}{n-1}Y_2+\cdots+\frac{1}{1}Y_n \tag{5.385}$$

이다. 이제, $x_{[0]}=0$이라고 두면 (5.218)을 바탕으로 순서 통계량 벡터 $\underline{X_{[\cdot]}}=\left(X_{[1]},X_{[2]},\,\cdots,X_{[n]}\right)$의 결합 확률밀도함수를

$$\begin{aligned} f_{\underline{X_{[\cdot]}}}\left(\underline{x_{[\cdot]}}\right) &= n!\prod_{i=1}^{n} f\left(x_{[i]}\right)u\left(x_{[i]}-x_{[i-1]}\right) \\ &= n!\beta^n \exp\left\{-\beta\sum_{i=1}^{n}x_{[i]}\right\}\prod_{i=1}^{n}u\left(x_{[i]}-x_{[i-1]}\right) \end{aligned} \tag{5.386}$$

처럼 쓸 수 있다. 또한, 변환 $\underline{X_{[\cdot]}}\rightarrow\underline{Y}$의 함수 행렬식은

$$\begin{aligned} \left|\frac{\partial \underline{y}}{\partial \underline{x_{[\cdot]}}}\right| &= \begin{vmatrix} n & 0 & 0 & \cdots & \cdots & 0 \\ -(n-1) & n-1 & 0 & 0 & \cdots & 0 \\ 0 & -(n-2) & n-2 & 0 & \cdots & 0 \\ 0 & \cdots & \ddots & \ddots & \ddots & \vdots \\ \vdots & \cdots & 0 & -2 & 2 & 0 \\ 0 & 0 & \cdots & 0 & -1 & 1 \end{vmatrix} \\ &= n! \end{aligned} \tag{5.387}$$

이므로 (5.381)과 (5.384)를 새기면 $\underline{Y} = (Y_1,\ Y_2,\ \cdots,\ Y_n)$의 결합 확률밀도함수를

$$\begin{aligned} f_{\underline{Y}}\left(\underline{y}\right) &= \frac{1}{n!} f_{\underline{X_{[\cdot]}}}\left(\underline{x_{[\cdot]}}\right)\Big|_{x_{[i]}=\sum_{j=1}^{i}\frac{y_j}{n-j+1}} \\ &= \beta^n \exp\left(-\beta\sum_{i=1}^{n}\sum_{j=1}^{i}\frac{y_j}{n-j+1}\right)\prod_{i=1}^{n} u\left(\frac{y_i}{n-i+1}\right) \end{aligned} \tag{5.388}$$

처럼 쓸 수 있다. 그런데, $i = 1, 2, \cdots, n$일 때

$$u\left(\frac{y_i}{n-i+1}\right) = u(y_i) \tag{5.389}$$

이고

$$\begin{aligned} \sum_{i=1}^{n}\sum_{j=1}^{i}\frac{y_j}{n-j+1} &= \frac{1}{n}y_1 \\ &\quad + \frac{1}{n}y_1 + \frac{1}{n-1}y_2 \\ &\quad \vdots \\ &\quad + \frac{1}{n}y_1 + \frac{1}{n-1}y_2 + \frac{1}{n-2}y_3 + \cdots + \frac{1}{1}y_n \\ &= y_1 + y_2 + \cdots + y_n \end{aligned} \tag{5.390}$$

이므로 (5.389)와 (5.390)을 (5.388)에 넣으면

$$f_{\underline{Y}}\left(\underline{y}\right) = \beta^n \exp\left(-\beta\sum_{i=1}^{n} y_i\right)\prod_{i=1}^{n} u(y_i) \tag{5.391}$$

임을 알 수 있는데, 이 식은 $f_{\underline{X}}\left(\underline{y}\right) = \prod_{i=1}^{n} f(y)$와 같다. 곧, $\underline{Y} = (Y_1,\ Y_2,\ \cdots,\ Y_n)$은 $\underline{X} = (X_1,\ X_2,\ \cdots,\ X_n)$과 분포가 같다. 또한, $\underline{Y}$는 독립이고 분포가 같은 확률벡터이고, 그 한계 확률밀도함수는 $f_{Y_i}(y) = \beta e^{-\beta y}u(y)$이다[53]. □

보기 5.70 독립이고 분포가 같으며 한계 확률밀도함수가 $f(x) = \exp(-x)u(x)$인 연속 확률벡터 $\underline{X}$를 생각하자. 그러면 $r = 1, 2, \cdots, n$일 때 (5.384)를 써서 지수 확률벡터에서 순서 통계량의 평균

$$\begin{aligned} E\left\{X_{[r]}\right\} &= \sum_{j=1}^{r}\frac{E\{Y_j\}}{n-j+1} \\ &= \sum_{j=1}^{r}\frac{1}{n-j+1} \end{aligned} \tag{5.392}$$

와 분산

[53] 보기 5.72에서 다룬 것과 비슷한 것이다.

$$\begin{aligned}\text{Var}\left\{X_{[r]}\right\} &= \sum_{j=1}^{r} \frac{\text{Var}\{Y_j\}}{(n-j+1)^2} \\ &= \sum_{j=1}^{r} \frac{1}{(n-j+1)^2} \end{aligned} \tag{5.393}$$

을 쉽게 얻을 수 있다. ◇

보기 5.71 한계 확률밀도함수가 $f(x) = \beta e^{-\beta x}u(x)$이고 서로 독립인 확률변수들 $\{X_i\}_{i=1}^{n}$의 순서 통계량 $\left\{X_{(i)}\right\}_{i=1}^{n}$을 생각하자. 이제, $s > r$일 때 $X_{(r)}$과 $X_{(s)} - X_{(r)}$이 서로 독립이라는 것을 보이자.

풀이 먼저, (5.224)에서 $X_{(r)}$의 확률밀도함수를 얻으면

$$\begin{aligned} f_{X_{(r)}}(z) &= \frac{n!}{(r-1)!(n-r)!}\left(1-e^{-\beta z}\right)^{r-1}\left(e^{-\beta z}\right)^{n-r}\beta e^{-\beta z}u(z) \\ &= \frac{n!}{(r-1)!(n-r)!}\left(1-e^{-\beta z}\right)^{r-1}\beta e^{-\beta(n-r+1)z}u(z) \end{aligned} \tag{5.394}$$

이고, (5.301)을 새겨 $(Y, W_{s,r}) = \left(X_{(r)}, X_{(s)} - X_{(r)}\right)$의 결합 확률밀도함수를 얻으면

$$\begin{aligned} f_{Y,W_{s,r}}(z,w) &= f_{X_{(r)},X_{(s)}}(x,y)\Big|_{x=z,\, y=z+w} \\ &= \frac{n!}{(n-s)!(s-r-1)!(r-1)!}\left(1-e^{-\beta z}\right)^{r-1}\left\{e^{-\beta z}-e^{-\beta(z+w)}\right\}^{s-r-1} \\ &\quad \cdot\left\{e^{-\beta(z+w)}\right\}^{n-s}\beta^2 e^{-\beta z}e^{-\beta(z+w)}u(z)u(w) \\ &= \frac{n!}{(r-1)!(n-r)!}\left(1-e^{-\beta z}\right)^{r-1}\beta e^{-\beta(n-r+1)z}u(z) \\ &\quad \cdot\frac{(n-r)!}{(n-s)!(s-r-1)!}\left(1-e^{-\beta w}\right)^{s-r-1}\beta e^{-\beta(n-s+1)w}u(w) \end{aligned} \tag{5.395}$$

이다. 식 (5.394)와 (5.395)를 잘 살펴보면

$$f_{W_{s,r}}(w) = \frac{(n-r)!}{(n-s)!(s-r-1)!}\left(1-e^{-\beta w}\right)^{s-r-1}\beta e^{-\beta(n-s+1)w}u(w) \tag{5.396}$$

임과 $Y = X_{(r)}$과 $W_{s,r} = X_{(s)} - X_{(r)}$이 서로 독립이라는 것을 알 수 있다. 말할 것도 없이, $f(x) = \beta e^{-\beta x}u(x)$이고 $F(x) = \left(1-e^{-\beta x}\right)u(x)$라는 것을 새기면, (5.396)을 (5.302)에서도 바로 얻을 수도 있다. 곧,

$$\begin{aligned} f_{W_{s,r}}(w) &= \frac{L(n,s,r)}{2^{n-r+1}}\int_0^{\infty}\left(1-e^{-\beta z}\right)^{r-1}\left\{e^{-\beta z}-e^{-\beta(z+w)}\right\}^{s-r-1}e^{-\beta(n-s)(z+w)} \\ &\quad \cdot\beta e^{-\beta z}\beta e^{-\beta(z+w)}dz\, u(w) \\ &= \frac{L(n,s,r)}{2^{n-r+1}}\int_1^{0}(1-t)^{r-1}(t-te^{-\beta w})^{s-r-1}t^{n-s}e^{-\beta(n-s)w} \\ &\quad \cdot(\beta t)(\beta t e^{-\beta w})\left(-\frac{dt}{\beta t}\right)u(w) \\ &= \frac{L(n,s,r)}{2^{n-r+1}}\left(1-e^{-\beta w}\right)^{s-r-1}e^{-\beta(n-s)w}\beta e^{-\beta w}\int_0^1(1-t)^{r-1}t^{n-r}dt\, u(w) \end{aligned}$$

$$\begin{aligned} &= \frac{L(n,s,r)}{2^{n-r+1}} B(r, n-r+1) \left(1-e^{-\beta w}\right)^{s-r-1} \beta e^{-\beta(n-s+1)w} u(w) \\ &= \frac{(n-r)!}{(s-r-1)!(n-s)!} \left(1-e^{-\beta w}\right)^{s-r-1} \beta e^{-\beta(n-s+1)w} u(w) \end{aligned} \tag{5.397}$$

이다. ◇

보기 5.72 보기 5.71에서 $s > r$일 때 $X_{(r+1)} - X_{(r)}$의 확률밀도함수를 얻어 보자.

풀이 식 (5.396)에서 $W_{r+1,r} = X_{(r+1)} - X_{(r)}$의 확률밀도함수

$$f_{X_{(r+1)}-X_{(r)}}(w) = \beta(n-r)e^{-\beta(n-r)w}u(w) \tag{5.398}$$

을 바로 얻을 수 있다. 이 식은 $X_{(r+1)} - X_{(r)}$이 지수 확률변수라는 것을[54] 알려주는 것이다. ◇

보기 5.73 확률변수 $\{X_i\}_{i=1}^{n}$가 서로 독립이고 분포가 같을 때 $X_i \sim G(1, n\beta)$와 $X_{[1]} \sim G(1,\beta)$는 서로 필요충분조건이라는 것을 보이자.

풀이 먼저, 분포 $G(1, n\beta)$의 확률밀도함수는

$$f(x) = \frac{1}{n\beta} \exp\left(-\frac{x}{n\beta}\right) u(x) \tag{5.399}$$

이고 누적분포함수는

$$F(x) = \left\{1 - \exp\left(-\frac{x}{n\beta}\right)\right\} u(x) \tag{5.400}$$

임을 새겨 두자. 이제, (5.224)를 쓰면 $X_i \sim G(1, n\beta)$일 때

$$\begin{aligned} f_{X_{[1]}}(x) &= \frac{n!}{(1-1)!(n-1)!} \left[\left\{1 - \exp\left(-\frac{x}{n\beta}\right)\right\} u(x)\right]^{1-1} \\ &\quad \cdot \left[1 - \left\{1 - \exp\left(-\frac{x}{n\beta}\right)\right\} u(x)\right]^{n-1} \frac{1}{n\beta} \exp\left(-\frac{x}{n\beta}\right) u(x) \\ &= \frac{1}{\beta} \exp\left(-\frac{x}{\beta}\right) u(x) \end{aligned} \tag{5.401}$$

이므로 $X_{[1]} \sim G(1,\beta)$이다. 거꾸로, $X_{[1]} \sim G(1,\beta)$이면 (5.400)에서

$$F_{X_{[1]}}(x) = \left\{1 - \exp\left(-\frac{x}{\beta}\right)\right\} u(x) \tag{5.402}$$

이고, 이 식을 (5.101)과 견주면 $1 - \{1 - F(x)\}^n = \left\{1 - \exp\left(-\frac{x}{\beta}\right)\right\} u(x)$이다. 이 식을 풀면

$$F(x) = \left\{1 - \exp\left(-\frac{x}{n\beta}\right)\right\} u(x) \tag{5.403}$$

을[55] 얻는다. 곧, $X_i \sim G(1, n\beta)$이다. ◇

---

[54] 앞에 나온 정리 5.23에서 다루는 것과 비슷하다.

[55] 좀 더 자세히 밝히면 다음과 같다. 먼저, $x < 0$이면 $1 - \{1 - F(x)\}^n = 0$에서 $F(x) = 0$을 얻는다. 다음에, $x > 0$이면 $1 - \{1 - F(x)\}^n = 1 - \exp\left(-\frac{x}{\beta}\right)$에서 $F(x) = 1 - \exp\left(-\frac{x}{n\beta}\right)$를 얻는다.

5.4.6.3 정규 분포의 순서 통계량

표준 정규 확률밀도함수

$$\phi(x) = \frac{1}{\sqrt{2\pi}} \exp\left(-\frac{x^2}{2}\right) \tag{5.404}$$

와 표준 정규 누적분포함수

$$\Phi(x) = \int_{-\infty}^{x} \phi(t)\, dt \tag{5.405}$$

를 바탕으로 정규 분포에서의 순서 통계량을 생각해 보자. 먼저, (3.252)를 쓰면

$$\begin{aligned}\int_{-\infty}^{\infty} \phi^m(x)\, dx &= \frac{1}{(2\pi)^{\frac{m}{2}}} \int_{-\infty}^{\infty} \exp\left(-\frac{mx^2}{2}\right) dx \\ &= (2\pi)^{-\frac{m-1}{2}} m^{-\frac{1}{2}}\end{aligned} \tag{5.406}$$

임을 새겨 두자.

(가) 적률 이제, $n = 0, 1, \cdots$ 일 때

$$\begin{aligned}I_n(a) &= 2\pi \int_{-\infty}^{\infty} \Phi^n(ax)\ \phi^2(x)\, dx \\ &= \int_{-\infty}^{\infty} \Phi^n(ax)\ \exp\left(-x^2\right) dx\end{aligned} \tag{5.407}$$

을 생각하자. 이 식에서 $n = 0$이라고 두면

$$I_0(a) = \sqrt{\pi} \tag{5.408}$$

이다. 한편, $m = 0, 1, \cdots$ 일 때 $2m+1$은 홀수이므로

$$\int_{-\infty}^{\infty} \left\{\Phi(ax) - \frac{1}{2}\right\}^{2m+1} \exp\left(-x^2\right) dx = 0 \tag{5.409}$$

이다. 이 식에서 $\left\{\Phi(ax) - \frac{1}{2}\right\}^{2m+1}$을 이항 전개하여 (5.407)을 새기면

$$\begin{aligned}&\int_{-\infty}^{\infty} \sum_{i=0}^{2m+1} \left(-\frac{1}{2}\right)^i {}_{2m+1}\mathrm{C}_i \Phi^{2m+1-i}(ax) \exp\left(-x^2\right) dx \\ &= \sum_{i=0}^{2m+1} \left(-\frac{1}{2}\right)^i {}_{2m+1}\mathrm{C}_i I_{2m+1-i}(a) \\ &= 0\end{aligned} \tag{5.410}$$

을 얻는다. 이 식을 정리하면 $m = 0, 1, \cdots$ 일 때

$$I_{2m+1}(a) = \sum_{i=1}^{2m+1} 2^{-i}(-1)^{i+1}\, {}_{2m+1}\mathrm{C}_i\ I_{2m+1-i}(a) \tag{5.411}$$

을 얻는다. 이제, $m = 0$일 때 (5.408)과 (5.411)에서

$$\begin{aligned} I_1(a) &= \frac{1}{2} I_0(a) \\ &= \frac{\sqrt{\pi}}{2} \end{aligned} \tag{5.412}$$

를 얻을 수 있다. 또, $m = 1$일 때 (5.408), (5.411), (5.412)에서

$$\begin{aligned} I_3(a) &= \frac{3}{2} I_2(a) - \frac{3}{4} I_1(a) + \frac{1}{8} I_0(a) \\ &= \frac{3}{2} I_2(a) - \frac{1}{4} I_0(a) \end{aligned} \tag{5.413}$$

을 얻을 수 있다.

다음에, $\frac{d}{da}\Phi(ax) = x\phi(ax)$이고 $\frac{d}{da}\Phi^2(ax) = 2x\Phi(ax)\phi(ax)$라는 것을 새겨 두고, 라이프니츠 공식 (3.114)를 써서 $I_2(a)$를 a로 미분한 뒤, 부분 적분하고, 그 다음에 (3.252)를 쓰면

$$\begin{aligned} \frac{d}{da} I_2(a) &= 2\pi \int_{-\infty}^{\infty} 2x\, \Phi(ax)\phi(ax)\, \phi^2(x)\, dx \\ &= \frac{2}{\sqrt{2\pi}} \int_{-\infty}^{\infty} \Phi(ax) \cdot x \exp\left(-\frac{2+a^2}{2} x^2\right) dx \\ &= \sqrt{\frac{2}{\pi}} \left[-\frac{\Phi(ax)}{2+a^2} \exp\left(-\frac{2+a^2}{2} x^2\right) \right]_{x=-\infty}^{\infty} \\ &\quad + \sqrt{\frac{2}{\pi}} \frac{a}{2+a^2} \int_{-\infty}^{\infty} \phi(ax) \exp\left(-\frac{2+a^2}{2} x^2\right) dx \\ &= \frac{a}{\pi\,(2+a^2)} \int_{-\infty}^{\infty} \exp\left\{-\left(1+a^2\right) x^2\right\} dx \\ &= \frac{a}{\pi\,(2+a^2)} \sqrt{\frac{\pi}{1+a^2}} \end{aligned} \tag{5.414}$$

이다. 그러므로, $\frac{d}{dx}\tan^{-1} x = \frac{1}{1+x^2}$에서 $\frac{d}{da}\tan^{-1}\sqrt{1+a^2} = \frac{1}{1+1+a^2}\frac{2a}{2\sqrt{1+a^2}} = \frac{a}{(2+a^2)\sqrt{1+a^2}}$라는 것을 새기면

$$I_2(a) = \frac{1}{\sqrt{\pi}} \tan^{-1}\sqrt{1+a^2} \tag{5.415}$$

를 얻고, 이 식과 (5.413)에서

$$I_3(a) = \frac{3}{2\sqrt{\pi}} \tan^{-1}\sqrt{1+a^2} - \frac{\sqrt{\pi}}{4} \tag{5.416}$$

을 얻는다.

이제까지 얻은 $\{I_k(a)\}_{k=0}^{3}$과 $\phi'(x) = -x\phi(x)$를 바탕으로 표준 정규 분포에서 순서 통계량의 적률을 n이 작을 때 계산할 수 있다. 먼저, 독립이고 크기가 n인 표준 정규 확률벡터에서 r째 순서 통계량을 $X_{[r:n]}$이라고 쓰자. 그러면

$$E\left\{X_{[r:n]}\right\} = \frac{n!}{(r-1)!(n-r)!} \int_{-\infty}^{\infty} x\Phi^{r-1}(x)\{1-\Phi(x)\}^{n-r}\phi(x)dx$$

$$= \frac{n!}{(r-1)!(n-r)!}\left[(r-1)\int_{-\infty}^{\infty}\Phi^{r-2}(x)\{1-\Phi(x)\}^{n-r}\phi^2(x)dx\right.$$
$$\left.-(n-r)\int_{-\infty}^{\infty}\Phi^{r-1}(x)\{1-\Phi(x)\}^{n-r-1}\phi^2(x)dx\right] \qquad (5.417)$$

인데 이 식은 $\{I_k(a)\}_{k=0}^{n}$의 선형 조합이다. 한편, 정리 5.15에서 다룬 (5.248)에서 알 수 있는 바와 같이 $E\left\{X_{[r:n]}\right\} = -E\left\{X_{[n-r+1:n]}\right\}$이고, 보기 5.49에서 알 수 있듯이 n이 홀수이면 $E\left\{X_{\left[\frac{n+1}{2}:n\right]}\right\} = 0$이다. 구체적으로 보기를 들면, $n=2$일 때에는 $E\left\{X_{[1:2]}\right\} = -E\left\{X_{[2:2]}\right\} = -2\int_{-\infty}^{\infty}\phi^2(x)dx$ 인데

$$\begin{aligned} E\left\{X_{[2:2]}\right\} &= \frac{2}{2\pi}I_0(1) \\ &= \frac{1}{\sqrt{\pi}} \end{aligned} \qquad (5.418)$$

이다[56]. 다음에, $n=3$일 때에는 $E\left\{X_{[2:3]}\right\} = 0$이고 $E\left\{X_{[1:3]}\right\} = -E\left\{X_{[3:3]}\right\} = -6\int_{-\infty}^{\infty}\Phi(x)\phi^2(x)dx$ 인데

$$\begin{aligned} E\left\{X_{[3:3]}\right\} &= \frac{6}{2\pi}I_1(1) \\ &= \frac{3}{2\sqrt{\pi}} \end{aligned} \qquad (5.419)$$

이다[57]. 한편, $n=4$일 때에는 $E\left\{X_{[1:4]}\right\} = -E\left\{X_{[4:4]}\right\} = -12\int_{-\infty}^{\infty}\Phi^2(x)\phi^2(x)dx$ 인데

$$\begin{aligned} E\left\{X_{[4:4]}\right\} &= \frac{12}{2\pi}I_2(1) \\ &= \frac{6}{\pi\sqrt{\pi}}\tan^{-1}\sqrt{2} \end{aligned} \qquad (5.420)$$

이고[58], $E\left\{X_{[3:4]}\right\} = 12\left[2\int_{-\infty}^{\infty}\Phi(x)\{1-\Phi(x)\}\phi^2(x)dx - \int_{-\infty}^{\infty}\Phi^2(x)\phi^2(x)dx\right]$ 이며[59],

$$E\left\{X_{[2:4]}\right\} = -E\left\{X_{[3:4]}\right\} \qquad (5.421)$$

이다. 독립이고 크기가 n인 표준 정규 확률벡터에서 r째 순서 통계량 $X_{[r:n]}$의 적률 $E\left\{X_{[r:n]}\right\}$ 가운데 몇개를 모아 표 5.1에[60] 보였다.

(나) 곱 적률 위와 비슷하게 독립이고 크기가 n인 표준 정규 확률벡터에서 순서 통계량의 곱 적률을 몇 개 얻어 보자. 먼저, $n=2$일 때

---

[56] 여기서, $\frac{1}{\sqrt{\pi}} \approx 0.5642$이다.

[57] 여기서, $\frac{3}{2\sqrt{\pi}} \approx 0.8463$이다.

[58] 여기서, $\frac{6}{\pi\sqrt{\pi}}\tan^{-1}\sqrt{2} \approx 1.0294$이다.

[59] 적률 $E\left\{X_{[3:4]}\right\}$의 값은 문제 5.21에서 얻는다.

[60] 적률 $E\left\{X_{[4:5]}\right\}$와 $E\left\{X_{[5:5]}\right\}$는 문제 5.21에서 다룬다. 한편, 부록 5.4에 보인 (5.721)을 쓰면 $\sin^{-1}\frac{1}{3} = 2\tan^{-1}\sqrt{2} - \frac{\pi}{2}$이다.

표 5.1 독립이고 크기가 n인 표준 정규 확률벡터에서 r째 순서 통계량 $X_{[r:n]}$의 적률 $E\left\{X_{[r:n]}\right\}$

	$E\left\{X_{[1:n]}\right\}$	$E\left\{X_{[2:n]}\right\}$	$E\left\{X_{[3:n]}\right\}$	$E\left\{X_{[4:n]}\right\}$	$E\left\{X_{[5:n]}\right\}$
$n=1$	0				
$n=2$	$-\frac{1}{\sqrt{\pi}}$	$\frac{1}{\sqrt{\pi}}$			
$n=3$	$-\frac{3}{2\sqrt{\pi}}$	0	$\frac{3}{2\sqrt{\pi}}$		
$n=4$	$-E\left\{X_{[4:4]}\right\}$	$-E\left\{X_{[3:4]}\right\}$	$\frac{6\left(\pi-3\tan^{-1}\sqrt{2}\right)}{\pi\sqrt{\pi}}$	$\frac{6\tan^{-1}\sqrt{2}}{\pi\sqrt{\pi}}$	
$n=5$	$-E\left\{X_{[5:5]}\right\}$	$-E\left\{X_{[4:5]}\right\}$	0	$\frac{5\left(\pi-6\sin^{-1}\frac{1}{3}\right)}{2\pi\sqrt{\pi}}$	$\frac{5\left(6\tan^{-1}\sqrt{2}-\pi\right)}{2\pi\sqrt{\pi}}$

$$\begin{aligned} E\left\{X_{[1:2]}X_{[2:2]}\right\} &= 2\int_{-\infty}^{\infty}\int_{-\infty}^{y} xy\phi(x)\phi(y)\,dxdy \\ &= -2\int_{-\infty}^{\infty} y\phi^2(y)\,dy \\ &= 0 \end{aligned} \tag{5.422}$$

인데, 이 결과는 $E\left\{X_{[1:2]}X_{[2:2]}\right\} = E\{X_1X_2\} = E\{X_1\}E\{X_2\} = 0$처럼 얻을 수도 있다. 다음에, $n=3$일 때를 생각하자. 먼저,

$$\begin{aligned} E\left\{X_{[1:3]}X_{[2:3]}\right\} &= 6\int_{-\infty}^{\infty}\int_{-\infty}^{y} xy\{1-\Phi(y)\}\phi(x)\phi(y)\,dxdy \\ &= -6\int_{-\infty}^{\infty} y\{1-\Phi(y)\}\phi^2(y)\,dy \\ &= -6\int_{-\infty}^{\infty} y\phi(y)\ \{1-\Phi(y)\}\phi(y)\,dy \\ &= 6\int_{-\infty}^{\infty}\phi^3(y)\,dy + 6\int_{-\infty}^{\infty} y\{1-\Phi(y)\}\phi^2(y)\,dy \\ &= 6\int_{-\infty}^{\infty}\phi^3(y)\,dy - E\left\{X_{[1:3]}X_{[2:3]}\right\} \end{aligned} \tag{5.423}$$

이므로 $E\left\{X_{[1:3]}X_{[2:3]}\right\} = 3\int_{-\infty}^{\infty}\phi^3(y)\,dy$이고, 따라서 (5.406)을 새기면

$$E\left\{X_{[1:3]}X_{[2:3]}\right\} = \frac{\sqrt{3}}{2\pi} \tag{5.424}$$

이다[61]. 끝으로, $n=4$일 때를 생각하자. 먼저,

$$\begin{aligned} \int_{-\infty}^{\infty}\{1-\Phi(y)\}\phi^3(y)\,dy &= \int_{\infty}^{-\infty}\{1-\Phi(-y)\}\phi^3(-y)\,(-dy) \\ &= \int_{-\infty}^{\infty}\Phi(y)\phi^3(y)\,dy \end{aligned} \tag{5.425}$$

이므로 (5.406)을 쓰면

[61] 여기서, $\frac{\sqrt{3}}{2\pi} \approx 0.2757$이다. 한편, $n=3$일 때 나머지 곱 적률 $E\left\{X_{[1:3]}X_{[3:3]}\right\}$과 $E\left\{X_{[2:3]}X_{[3:3]}\right\}$은 문제 5.22에서 다룬다.

$$\begin{aligned}\int_{-\infty}^{\infty} \Phi(y)\phi^3(y)\,dy &= \int_{-\infty}^{\infty} \{1-\Phi(y)\}\,\phi^3(y)\,dy \\ &= \frac{1}{2}\int_{-\infty}^{\infty} \phi^3(y)\,dy \\ &= \frac{\sqrt{3}}{12\pi} \end{aligned} \tag{5.426}$$

임을 새겨 두자. 그러면

$$\begin{aligned} E\left\{X_{[1:4]}X_{[2:4]}\right\} &= 12\int_{-\infty}^{\infty}\int_{-\infty}^{y} xy\,\{1-\Phi(y)\}^2\,\phi(x)\phi(y)\,dxdy \\ &= -12\int_{-\infty}^{\infty} y\,\{1-\Phi(y)\}^2\,\phi^2(y)\,dy \\ &= 24\int_{-\infty}^{\infty}\{1-\Phi(y)\}\,\phi^3(y)\,dy + 12\int_{-\infty}^{\infty} y\,\{1-\Phi(y)\}^2\,\phi^2(y)\,dy \\ &= 24\int_{-\infty}^{\infty}\{1-\Phi(y)\}\,\phi^3(y)\,dy - E\left\{X_{[1:4]}X_{[2:4]}\right\} \end{aligned} \tag{5.427}$$

이므로

$$\begin{aligned} E\left\{X_{[1:4]}X_{[2:4]}\right\} &= 12\int_{-\infty}^{\infty}\{1-\Phi(y)\}\,\phi^3(y)\,dy \\ &= \frac{\sqrt{3}}{\pi} \end{aligned} \tag{5.428}$$

이다[62]. 이와 마찬가지로

$$\begin{aligned} K_2 &= \int_{-\infty}^{\infty} y\,\{1-\Phi(y)\}\,\Phi\left(\sqrt{2}y\right)\phi(y)\,dy \\ &= \int_{-\infty}^{\infty}\sqrt{2}\phi(y)\phi\left(\sqrt{2}y\right)dy - \int_{-\infty}^{\infty}\left\{\phi^2(y)\Phi\left(\sqrt{2}y\right)+\sqrt{2}\Phi(y)\phi\left(\sqrt{2}y\right)\phi(y)\right\}dy \\ &= \frac{\sqrt{2}}{2\pi}\int_{-\infty}^{\infty}\exp\left(-\frac{3}{2}y^2\right)dy - \frac{1}{2\pi}I_1\left(\sqrt{2}\right) - \frac{\sqrt{2}}{2\pi}\int_{-\infty}^{\infty}\Phi(y)\exp\left(-\frac{3}{2}y^2\right)dy \\ &= \frac{1}{\sqrt{3\pi}} - \frac{1}{4\sqrt{\pi}} - \frac{\sqrt{2}}{2\pi}\sqrt{\frac{2}{3}}I_1\left(\sqrt{\frac{3}{2}}\right) \\ &= \frac{2\sqrt{3}-3}{12\sqrt{\pi}} \end{aligned} \tag{5.429}$$

임을 새기면

$$\begin{aligned} E\left\{X_{[1:4]}X_{[3:4]}\right\} &= 24\int_{-\infty}^{\infty} y\,\{1-\Phi(y)\}\left[\int_{-\infty}^{y} x\,\{\Phi(y)-\Phi(x)\}\,\phi(x)\,dx\right]\phi(y)\,dy \\ &= 24\int_{-\infty}^{\infty} y\,\{1-\Phi(y)\}\left[-\phi(x)\,\{\Phi(y)-\Phi(x)\}|_{x=-\infty}^{y} - \int_{-\infty}^{y}\phi^2(x)\,dx\right]\phi(y)\,dy \\ &= -\frac{12}{\sqrt{\pi}}\int_{-\infty}^{\infty} y\,\{1-\Phi(y)\}\,\Phi\left(\sqrt{2}y\right)\phi(y)\,dy \\ &= \frac{3-2\sqrt{3}}{\pi} \end{aligned} \tag{5.430}$$

[62] 여기서, $\frac{\sqrt{3}}{\pi} \approx 0.5513$이다.

을[63] 얻는다.

5.5 연속 확률벡터의 크기 순서 통계량*

5.5.1 크기 순서 통계량 벡터의 결합 확률밀도함수

독립이고 분포가 같은 연속 확률벡터 $\underline{X} = (X_1, X_2, \cdots, X_n)$을 생각하자. 먼저, 보기 3.24에서 얻은 결과를 되새겨 보면, X의 확률밀도함수가 f일 때 $|X|$의 확률밀도함수는 $f_{|X|}(x) = \{f(x) + f(-x)\}u(x) = g(x)u(x)$이다. 이것을 (5.218)에 쓰면, $x_{n+1} = \infty$라고 둘 때, 크기 순서 통계량 벡터 $\underline{|X|_{[\cdot]}}$의 결합 확률밀도함수

$$\begin{aligned} f_{\underline{|X|_{[\cdot]}}}(\underline{x}) &= n! \prod_{i=1}^{n} g(x_i)u(x_i)\, u(x_{i+1} - x_i) \\ &= n! \left\{ \prod_{i=1}^{n} g(x_i)u(x_{i+1} - x_i) \right\} u(x_1) \\ &= \begin{cases} n! \prod\limits_{i=1}^{n} g(x_i), & \underline{x} \in \mathbb{R}^n_{[|\cdot|]}, \\ 0, & \text{그 밖에는} \end{cases} \end{aligned} \tag{5.431}$$

을 쉽게 얻을 수 있다. 여기서,

$$\mathbb{R}^n_{[|\cdot|]} = \{(x_1, x_2, \cdots, x_n) : 0 \le x_1 \le x_2 \le \cdots \le x_n,\ x_i \in \mathbb{R}\} \tag{5.432}$$

는 (5.26)에서 뜻매김한 n차원 순서 공간 $\mathbb{R}^n_{[\cdot]}$의 부분집합이다. 한편, 확률밀도함수 f가 짝함수이면 $g(x) = 2f(x)$이므로 (5.431)을

$$f_{\underline{|X|_{[\cdot]}}}(\underline{x}) = 2^n\, n! \left\{ \prod_{i=1}^{n} f(x_i)u(x_{i+1} - x_i) \right\} u(x_1) \tag{5.433}$$

처럼 쓸 수 있다.

보기 5.74 독립이고 분포가 같은 확률벡터 $\underline{X} = (X_1, X_2)$의 한계 분포가 $U(0, a)$이면 $f(x) = \frac{1}{a}u(x)u(a-x)$이므로 $\underline{|X|_{[\cdot]}} = \left(|X|_{[1]}, |X|_{[2]}\right)$의 결합 확률밀도함수는

$$\begin{aligned} f_{|X|_{[1]},|X|_{[2]}}(x_1, x_2) &= 2! \left\{ \frac{1}{a} u(x_1)\, u(a - x_1) \right\} \left\{ \frac{1}{a} u(x_2)\, u(a - x_2) \right\} u(x_2 - x_1) \\ &= \frac{2}{a^2}\, u(x_1)\, u(x_2 - x_1) u(a - x_2) \end{aligned} \tag{5.434}$$

이다. 한편, $\underline{X}$의 한계 분포가 $U(-a, a)$이면 $f(x) = \frac{1}{2a}u(a - |x|)$이므로 $\underline{|X|_{[\cdot]}}$의 결합 확률밀도함수는

[63] 여기서, $\frac{3-2\sqrt{3}}{\pi} \approx 0.1477$이다. 한편, $n = 4$일 때 나머지 곱 적률 $E\{X_{[1:4]}X_{[4:4]}\}$, $E\{X_{[2:4]}X_{[3:4]}\}$, $E\{X_{[2:4]}X_{[4:4]}\}$, $E\{X_{[3:4]}X_{[4:4]}\}$는 문제 5.22에서 다룬다.

$$f_{|X|_{[1]},|X|_{[2]}}(x_1,x_2) = 2^2\,2\left[\frac{1}{2a}\{u(a-|x_1|)+u(a-|x_1|)\}u(x_1)\right] \cdot \left[\frac{1}{2a}\{u(a-|x_2|)+u(a-|x_2|)\}u(x_2)\right]u(x_2-x_1) = \frac{2}{a^2}u(x_1)\,u(x_2-x_1)u(a-x_2) \tag{5.435}$$

이다. ◇

5.5.2 크기 순서 통계량의 한계 확률밀도함수

이제, 순서 통계량의 한계 확률밀도함수 (5.224)를 바탕으로 크기 순서 통계량의 한계 확률밀도함수를 얻어 보자.

정리 5.24 **크기 순서 통계량의 한계 확률밀도함수** 독립이고 분포가 같은 연속 확률벡터 $\underline{X} = (X_1, X_2, \cdots, X_n)$의 한계 확률밀도함수가 f이고 한계 누적분포함수가 F일 때 $G(x) = F(x) - F(-x)$이고 $g(x) = \frac{d}{dx}G(x)$라고 하자. 그러면 $\underline{X}$의 q째 크기 순서 통계량 $|X|_{[q]}$의 확률밀도함수는

$$f_{|X|_{[q]}}(y) = n\,{}_{n-1}\mathrm{C}_{q-1}G^{q-1}(y)\{1-G(y)\}^{n-q}g(y)u(y) \tag{5.436}$$

이다[64]. ■■

증명 먼저, (3.151)에서 보인 것처럼 $|X_i|$의 확률밀도함수는

$$f_{|X_i|}(y) = \{f(y)+f(-y)\}u(y) = g(y)u(y) \tag{5.437}$$

이고, $|X_i|$의 누적분포함수는

$$F_{|X_i|}(y) = \{F(y)-F(-y)\}u(y) = G(y)u(y) \tag{5.438}$$

이다. 그러므로, $i \geq 1$이면 $u^i(y) = u(y)$임과 $y > 0$이면 $1 - G(y)u(y) = 1 - G(y)$라는 것을 새기어 (5.437)과 (5.438)을 (5.224)에 넣으면 $|X|_{[q]}$의 확률밀도함수는

$$f_{|X|_{[q]}}(y) = n\,{}_{n-1}\mathrm{C}_{q-1}F^{q-1}_{|X_q|}(y)\left\{1-F_{|X_q|}(y)\right\}^{n-q}f_{|X_q|}(y) = n\,{}_{n-1}\mathrm{C}_{q-1}G^{q-1}(y)u^{q-1}(y)\left\{1-G(y)u(y)\right\}^{n-q}g(y)u(y) = n\,{}_{n-1}\mathrm{C}_{q-1}G^{q-1}(y)\{1-G(y)\}^{n-q}g(y)u(y) \tag{5.439}$$

임을 알 수 있다. □

[64] 여기서, $G(0) = 0$이므로 $q = 2, 3, \cdots, n$일 때 $f_{|X|_{[q]}}(0) = 0$이다. 또, $q = 1$이면 $u(0)$을 얼마로 뜻매김하느냐에 따라 $f_{|X|_{[1]}}(0) = ng(0)u(0)$의 값이 다르기는 하지만, 그 값이 다르더라도 그리 큰 뜻이 있는 것은 아니다. 다만, $u(0) = 0$이라고 하면 $q = 1$일 때에도 $f_{|X|_{[q]}}(0) = 0$이라는 점에서 한결같음을 지니기는 한다.

보기 5.75 독립이고 분포가 같은 3차원 확률벡터의 한계 분포가 $U(0,1)$이라고 하자. 그러면 $g(y) = u(1-|y|)$이고, $|y| < 1$일 때 $G(y) = y$이므로, 첫째 크기 순서 통계량 $|X|_{[1]}$의 확률밀도함수는

$$
\begin{aligned}
f_{|X|_{[1]}}(y) &= 3\,{}_{3-1}\mathrm{C}_{1-1}G^{1-1}(y)\{1-G(y)\}^{3-1}g(y)u(y) \\
&= 3(1-y)^2\,u(y)u(1-y) \qquad (5.440)
\end{aligned}
$$

이고, 둘째 크기 순서 통계량 $|X|_{[2]}$의 확률밀도함수는

$$
\begin{aligned}
f_{|X|_{[2]}}(y) &= 3\,{}_{3-1}\mathrm{C}_{2-1}G^{2-1}(y)\{1-G(y)\}^{3-2}g(y)u(y) \\
&= 6y(1-y)\,u(y)u(1-y) \qquad (5.441)
\end{aligned}
$$

이며, 셋째 크기 순서 통계량 $|X|_{[3]}$의 확률밀도함수는

$$
\begin{aligned}
f_{|X|_{[3]}}(y) &= 3\,{}_{3-1}\mathrm{C}_{3-1}G^{q-1}(y)\{1-G(y)\}^{3-3}g(y)u(y) \\
&= 3y^2\,u(y)u(1-y) \qquad (5.442)
\end{aligned}
$$

이다. 마땅히, 위에서 얻은 크기 순서 통계량의 한계 확률밀도함수 $f_{|X|_{[1]}}$, $f_{|X|_{[2]}}$, $f_{|X|_{[3]}}$은 보기 5.47에서 얻은 순서 통계량의 한계 확률밀도함수 $f_{X_{[1]}}$, $f_{X_{[2]}}$, $f_{X_{[3]}}$과 각각 같다. ◇

보기 5.76 독립이고 분포가 같으며 한계 분포가 $U(-1,1)$인 확률벡터 $\underline{X} = (X_1, X_2, X_3)$을 생각하자. 그러면 $g(y) = u(1-|y|)$이고, $|y| < 1$일 때 $G(y) = y$이다. 따라서, 크기 순서 통계량 $|X|_{[1]}$, $|X|_{[2]}$, $|X|_{[3]}$의 확률밀도함수는 보기 5.75에서 얻은 것과 같을 것이다. 곧,

$$
f_{|X|_{[1]}}(y) = 3(1-y)^2\,u(y)u(1-y) \qquad (5.443)
$$

이고,

$$
f_{|X|_{[2]}}(y) = 6y(1-y)\,u(y)u(1-y) \qquad (5.444)
$$

이며,

$$
f_{|X|_{[3]}}(y) = 3y^2\,u(y)u(1-y) \qquad (5.445)
$$

이다. 그림 5.20에 이 확률밀도함수들을 그려 두었다. ◇

정리 5.25 **크기 순서 통계량의 확률밀도함수의 합** 독립이고 분포가 같은 연속 확률벡터 $\underline{X} = (X_1, X_2, \cdots, X_n)$의 한계 누적분포함수를 F라고 하고, $G(x) = F(x) - F(-x)$라고 두며, $g(x) = \frac{d}{dx}G(x)$라고 하자. 그러면 $\underline{X}$의 q째 크기 순서 통계량의 확률밀도함수를 $f_{|X|_{[q]}}$라고 할 때

$$
\sum_{q=1}^{n} f_{|X|_{[q]}}(y) = ng(y)u(y) \qquad (5.446)
$$

이고

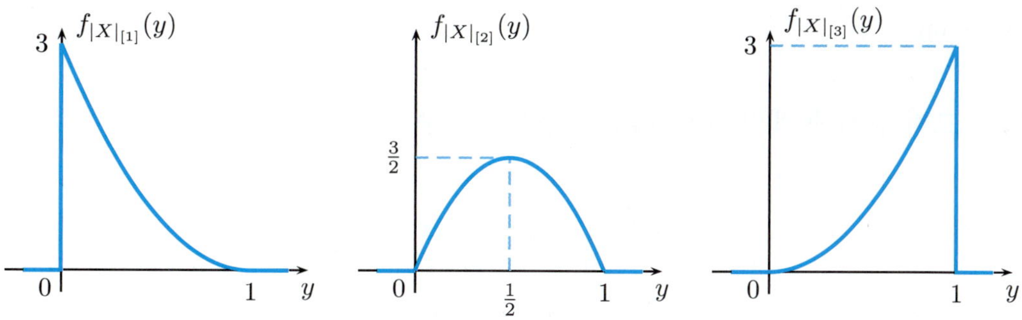

그림 5.20 독립이고 분포가 같은 3차원 확률벡터의 한계 분포가 $U(0,1)$ 또는 $U(-1,1)$일 때, 크기 순서 통계량 $|X|_{[1]}$, $|X|_{[2]}$, $|X|_{[3]}$의 한계 확률밀도함수 $f_{|X|_{[1]}}(y)$, $f_{|X|_{[2]}}(y)$, $f_{|X|_{[3]}}(y)$

$$\sum_{q=1}^{n} q f_{|X|_{[q]}}(y) \;=\; n\{1+(n-1)G(y)\}g(y)u(y) \tag{5.447}$$

이다[65]. ■■

증명 앞에서 얻은 (5.254)를 쓰면 $\sum_{q=1}^{n} f_{|X|_{[q]}}(y) = \sum_{q=1}^{n} n\ {}_{n-1}\mathrm{C}_{q-1} G^{q-1}(y)\{1-G(y)\}^{n-q} g(y) \cdot u(y) = n\ g(y)u(y)$처럼 (5.446)을 얻을 수 있다. 이와 비슷하게 (5.255)를 쓰면 (5.447)을 얻을 수 있다. □

보기 5.77 독립이고 분포가 같은 3차원 확률벡터 $\underline{X}$의 한계 분포가 $U(-1,1)$이라고 하자. 그러면

$$g(y) \;=\; u(1-|y|) \tag{5.448}$$

이고, $|y|<1$일 때 $G(y)=y$이다. 따라서, 보기 5.76에서 얻은 것을 바탕으로

$$\begin{aligned}\sum_{q=1}^{3} f_{|X|_{[q]}}(x) &= \begin{cases} 3\left\{(1-x)^2+2x(1-x)+x^2\right\}, & 0<x<1,\\ 0, & \text{그 밖에는}\end{cases}\\ &= \begin{cases} 3, & 0<x<1,\\ 0, & \text{그 밖에는}\end{cases}\\ &= 3g(x)u(x)\end{aligned} \tag{5.449}$$

와

$$\begin{aligned}\sum_{q=1}^{3} q f_{|X|_{[q]}}(x) &= \begin{cases} 3\left\{(1-x)^2+4x(1-x)+3x^2\right\}, & 0<x<1,\\ 0, & \text{그 밖에는}\end{cases}\\ &= \begin{cases} 3(1+2x), & 0<x<1,\\ 0, & \text{그 밖에는}\end{cases}\\ &= 3\{1+(3-1)G(x)\}g(x)u(x)\end{aligned} \tag{5.450}$$

[65] 정리 5.18에서 말한 바와 비슷하게 $y=0$일 때의 값 $\sum_{q=1}^{n} f_{|X|_{[q]}}(0) = ng(0)u(0)$과 $\sum_{q=1}^{n} q f_{|X|_{[q]}}(0) = ng(0)u(0)$은 $u(0)$을 얼마로 뜻매김하느냐에 따라 다르지만, 그 값이 다르더라도 그리 큰 뜻이 있는 것은 아니다.

을 알 수 있다. ◇

5.5.3 크기 순서 통계량 둘의 결합 확률밀도함수

이제, 크기 순서 통계량 둘의 결합 확률밀도함수를 얻어 보자. 식 (5.276)에 보인 $X_{[r]}$와 $X_{[s]}$의 결합 확률밀도함수 $f_{X_{[r]},X_{[s]}}(x,y)$에서 $F(x)$ 자리에 $G(x)u(x)$를 넣고, $f(x)$ 자리에 $g(x)u(x)$를 넣은 다음, $u^{r-1}(y) = u(y)$이고, $y > 0$일 때 $1 - G(y)u(y) = 1 - G(y)$이며, $y \geq x > 0$일 때 $G(y)u(y) - G(x)u(x) = G(y) - G(x)$라는 것을 쓰면 아래 정리를 얻는다.

정리 5.26 **크기 순서 통계량 둘의 결합 확률밀도함수** 독립이고 분포가 같으며 한계 누적분포함수가 F인 연속 확률벡터 $\underline{X} = (X_1, X_2, \cdots, X_n)$을 생각하여 $G(x) = F(x) - F(-x)$이고 $g(x) = \frac{d}{dx}G(x)$라고 하자. 그러면 $1 \leq r < s \leq n$일 때, $\underline{X}$의 r째 크기 순서 통계량 $|X|_{[r]}$와 s째 크기 순서 통계량 $|X|_{[s]}$의 결합 확률밀도함수는

$$\begin{aligned} f_{|X|_{[r]},|X|_{[s]}}(x,y) &= \frac{L(n,s,r)}{2^{n-r+1}} G^{r-1}(x)\{G(y)-G(x)\}^{s-r-1}\{1-G(y)\}^{n-s} \\ &\quad \cdot g(x)g(y)u(x)u(y-x) \end{aligned} \tag{5.451}$$

이다[66]. ■■

보기 5.78 확률벡터 $\underline{X} = (X_1, X_2, X_3)$이 독립이고 분포가 같으며, 그 한계 분포가 $U(0,1)$이라고 하자. 그러면 $g(y) = 2f_e(y) = u(1-|y|)$이라는 것과 $|y| < 1$일 때 $G(y) = y$라는 것을 바탕으로 (5.451)에서 $f_{|X|_{[r]},|X|_{[j]}}(x,y)$를 얻으면

$$\begin{aligned} f_{|X|_{[1]},|X|_{[2]}}(x,y) &= \frac{3!x^{1-1}(y-x)^{2-1-1}(1-y)^{3-2}}{(1-1)!(2-1-1)!(3-2)!} u(1-|x|)u(1-|y|)u(x)u(y-x) \\ &= 6(1-y)\,u(x)u(y-x)u(1-y) \end{aligned} \tag{5.452}$$

이고,

$$\begin{aligned} f_{|X|_{[1]},|X|_{[3]}}(x,y) &= \frac{3!x^{1-1}(y-x)^{3-1-1}(1-y)^{3-3}}{(1-1)!(3-1-1)!(3-3)!} u(1-|x|)u(1-|y|)u(x)u(y-x) \\ &= 6(y-x)\,u(x)u(y-x)u(1-y) \end{aligned} \tag{5.453}$$

이며,

$$\begin{aligned} f_{|X|_{[2]},|X|_{[3]}}(x,y) &= \frac{3!x^{2-1}(y-x)^{3-2-1}(1-y)^{3-3}}{(2-1)!(3-2-1)!(3-3)!} u(1-|x|)u(1-|y|)u(x)u(y-x) \\ &= 6x\,u(x)u(y-x)u(1-y) \end{aligned} \tag{5.454}$$

이다. 보기 5.56에서 얻은 결과 $f_{X_{[i]},X_{[j]}}(x,y)$와 위 (5.452)–(5.454)를 견주어 보면

---

[66] 정리 5.18에서 말한 바와 같이, $u(0)$을 얼마로 뜻매김하느냐에 따라 $\{r=1, y>x=0\}$일 때와 $\{s=r+1, y=x>0\}$일 때 $f_{|X|_{[r]},|X|_{[s]}}(x,y)$의 값이 다르기는 하지만, 2차원 확률밀도함수 $f_{|X|_{[r]},|X|_{[s]}}(x,y)$가 어느 줄에서 – 곧, 2차원 평면 위의 줄 $x=y$에서 – 값이 얼마인지는 그리 큰 뜻이 있는 것은 아니다.

$$f_{|X|_{[i]},|X|_{[j]}}(x,y) = f_{X_{[i]},X_{[j]}}(x,y) \tag{5.455}$$

임을 쉽게 알 수 있다. 이것은, 이 보기에서는 확률변수들의 값이 0보다 작지 않으므로 $|X_i| = X_i$이고 $|X|_{[i]} = X_{[i]}$이기 때문이다. ◇

확률밀도함수 f가 짝함수이면 $g(x) = 2f(x)$이고 $G(x) = 2F(x) - 1$이므로 $1 \le r < s \le n$일 때 (5.451)을

$$\begin{aligned} f_{|X|_{[r]},|X|_{[s]}}(x,y) &= \frac{L(n,s,r)}{2^{n-r+1}}\{2F(x)-1\}^{r-1}\{2F(y)-2F(x)\}^{s-r-1} \\ &\quad \cdot\{1-2F(y)+1\}^{n-s}2f(x)2f(y)u(x)u(y-x) \\ &= L(n,s,r)\{2F(x)-1\}^{r-1}\{F(y)-F(x)\}^{s-r-1}\{1-F(y)\}^{n-s} \\ &\quad \cdot f(x)f(y)u(x)u(y-x) \end{aligned} \tag{5.456}$$

처럼 바꾸어 쓸 수 있다.

보기 5.79 확률벡터 $\underline{X} = (X_1, X_2)$가 독립이고 분포가 같으며, 그 한계 분포가 $U(-1,1)$이면,

$$f(y) = \frac{1}{2}u(1-|y|) \tag{5.457}$$

이고, $|y| < 1$일 때 $F(y) = \frac{1}{2}(1+y)$이므로, (5.456)에서

$$\begin{aligned} f_{|X|_{[1]},|X|_{[2]}}(x,y) &= \frac{2^2 2!}{0!0!0!}x^{1-1}\left(\frac{y-x}{2}\right)^{2-1-1}\left(\frac{1-y}{2}\right)^{2-2}\frac{1}{2}\frac{1}{2} \\ &\quad \cdot u(1-|x|)u(1-|y|)u(x)u(y-x) \\ &= 2\,u(x)u(y-x)u(1-y) \end{aligned} \tag{5.458}$$

을 얻을 수 있다. ◇

끝으로, 부분 적분을 쓰면

$$\begin{aligned} &\int_0^y G^{r-1}(x)\{G(y)-G(x)\}^{s-r-1}g(x)dx \\ &= -\frac{r-1}{s-r}G^{r-2}(x)\{G(y)-G(x)\}^{s-r}\Big|_{x=0}^{y} \\ &\quad +\frac{r-1}{s-r}\int_0^y G^{r-2}(x)\{G(y)-G(x)\}^{s-r}g(x)dx \\ &\ \vdots \\ &= \frac{(r-1)\cdot(r-2)\cdots 2\cdot 1}{(s-r)(s-r+1)\cdots(s-2)}\int_0^y \{G(y)-G(x)\}^{s-2}g(x)dx \\ &= \frac{(r-1)!(s-r-1)!}{(s-1)!}G^{s-1}(y) \end{aligned} \tag{5.459}$$

이고[67]

$$\int_x^\infty \{F(y)-F(x)\}^{s-r-1}\{1-F(y)\}^{n-s}f(y)dy$$
$$= \frac{s-r-1}{n-s+1}\int_x^\infty \{F(y)-F(x)\}^{s-r-2}\{1-F(y)\}^{n-s+1}f(y)dy$$
$$\vdots$$
$$= \frac{(s-r-1)(s-r-2)\cdots 1}{(n-s+1)(n-s+2)\cdots(n-r-1)}\int_x^\infty \{1-F(y)\}^{n-r-1}f(y)dy$$
$$= \frac{(s-r-1)!(n-s)!}{(n-r)!}\{1-F(x)\}^{n-r} \tag{5.460}$$

이므로[68]

$$\int_0^y f_{|X|_{[r]},|X|_{[s]}}(x,y)dx = f_{|X|_{[s]}}(y) \tag{5.461}$$

과

$$\int_x^\infty f_{|X|_{[r]},|X|_{[s]}}(x,y)dy = f_{|X|_{[r]}}(x) \tag{5.462}$$

를 확인할 수 있다.

이제, 순서 통계량 둘의 결합 확률밀도함수의 합을 다룬 정리 5.18에서 $f(x)$를 $g(x)u(x)$로, $F(x)$를 $G(x)u(x)$로 바꾸어 넣으면 아래 정리를 얻을 수 있다.

정리 5.27 **크기 순서 통계량 둘의 결합 확률밀도함수의 합** 독립이고 분포가 같으며, 한계 누적분포함수가 F이고, 한계 확률밀도함수가 f인 연속 확률벡터 $\underline{X} = (X_1, X_2, \cdots, X_n)$의 r째 크기 순서 통계량 $|X|_{[r]}$과 s째 크기 순서 통계량 $|X|_{[s]}$의 결합 확률밀도함수를 $f_{|X|_{[r]},|X|_{[s]}}$라고 하자. 이때, $G(x) = F(x) - F(-x)$이고 $g(x) = \frac{d}{dx}G(x)$라고 두면

$$\sum_{s=2}^{n}\sum_{r=1}^{s-1} f_{|X|_{[r]},|X|_{[s]}}(x,y) = n(n-1)g(x)g(y)\,u(x)u(y-x) \tag{5.463}$$

이다. ■■

보기 5.80 확률벡터 $\underline{X} = (X_1, X_2, X_3)$이 독립이고 분포가 같으며, 그 한계 분포가 $U(0,1)$이라고 할 때 보기 5.78의 (5.452)–(5.454)에서 얻은 결합 확률밀도함수

$$f_{|X|_{[1]},|X|_{[2]}}(x,y) = 6(1-y)\,u(x)u(y-x)u(1-y) \tag{5.464}$$

와,

---

[67] 여기서, G 자리에 F를 넣고, g 자리에 f을 넣은 뒤, 적분의 아래끝을 $-\infty$도 바꾸어도 같은 결과를 얻는다. 또, $\frac{G(x)}{G(y)} = v$로 두면 $g(x)dx = G(y)dv$이고, $x = 0$일 때 $v = 0$이며, $x = y$일 때 $v = 1$이라는 것을 새겨 $\int_0^y G^{r-1}(x)\{G(y)-G(x)\}^{s-r-1}g(x)dx = G^{s-r-1}(y)G^r(y)\int_0^1 v^{r-1}(1-v)^{s-r-1}dv = G^{s-1}(y)B(r,s-r)$처럼 (5.459)를 보일 수도 있다.

[68] 여기서, F 자리에 G를 넣고 f 자리에 g를 넣어도 결과는 마찬가지이다.

$$f_{|X|_{[1]},|X|_{[3]}}(x,y) \;=\; 6(y-x)\,u(x)u(y-x)u(1-y) \tag{5.465}$$

와,

$$f_{|X|_{[2]},|X|_{[3]}}(x,y) \;=\; 6x\,u(x)u(y-x)u(1-y) \tag{5.466}$$

을 생각해 보자. 그러면 $g(x) = u(1-|x|)$라는 것을 새겨

$$\begin{aligned}\sum_{s=2}^{n}\sum_{r=1}^{s-1} f_{|X|_{[r]},|X|_{[s]}}(x,y) &= f_{|X|_{[1]},|X|_{[2]}}(x,y) + f_{|X|_{[1]},|X|_{[3]}}(x,y) + f_{|X|_{[2]},|X|_{[3]}}(x,y) \\ &= \begin{cases} 6, & 0 < x \le y < 1, \\ 0, & \text{그 밖에는} \end{cases} \\ &= 6\,u(1-|x|)\,u(1-|y|)\,u(x)\,u(y-x) \\ &= 6\,g(x)g(y)u(x)u(y-x) \end{aligned} \tag{5.467}$$

임을 알 수 있다. ◇

5.5.4 크기 순서 통계량 여럿의 결합 확률밀도함수

이제, $1 \le n_1 < n_2 < \cdots < n_k \le n$일 때

$$\prod_{i=1}^{k} u(x_i)u(x_{i+1}-x_i) \;=\; u\,(x_1)\prod_{i=1}^{k} u(x_{i+1}-x_i) \tag{5.468}$$

임을 새겨 (5.316)을 바탕으로 크기 순서 통계량 여럿의 결합 확률밀도함수를 얻으면 아래와 같다.

정리 5.28 **여러 크기 순서 통계량의 결합 확률밀도함수** 독립이고 분포가 같은 연속 확률벡터 $\underline{X} = (X_1, X_2, \cdots, X_n)$의 한계 누적분포함수가 F일 때 $G(x) = F(x) - F(-x)$이고 $g(x) = \frac{d}{dx}G(x)$라고 하자. 또, $1 \le n_1 < n_2 < \cdots < n_k \le n$을 만족시키는 정수 $\{n_i\}_{i=1}^{k}$를 생각하자. 그러면 $\underline{X}$의 k 크기 순서 통계량 $|X|_{[n_1]}$, $|X|_{[n_2]}$, $\cdots$, $|X|_{[n_k]}$의 결합 확률밀도함수는

$$\begin{aligned}\tilde{f}_{\underline{n}_k}(\underline{x}_k) &= n!\left\{\prod_{i=1}^{k} g(x_i)u(x_i)u(x_{i+1}-x_i)\right\} \\ &\quad\cdot\left[\prod_{j=0}^{k}\frac{\{G(x_{j+1})u(x_{j+1}) - G(x_j)u(x_j)\}^{n_{j+1}-n_j-1}}{(n_{j+1}-n_j-1)!}\right] \\ &= n!\left\{\prod_{i=1}^{k} g(x_i)u(x_{i+1}-x_i)\right\}\left[\prod_{j=0}^{k}\frac{\{G(x_{j+1}) - G(x_j)\}^{n_{j+1}-n_j-1}}{(n_{j+1}-n_j-1)!}\right]u\,(x_1) \end{aligned} \tag{5.469}$$

이다. 여기서, $\underline{x}_k = (x_1, x_2, \cdots, x_k)$, $\underline{n}_k = (n_1, n_2, \cdots, n_k)$, $x_0 = 0$, $x_{k+1} = \infty$, $n_0 = 0$이고, $n_{k+1} = n+1$이다. ■■

식 (5.469)에 들어 있는 $u(x_1)\prod_{i=1}^{k} u(x_{i+1}-x_i)$은 $0 \le x_1 \le x_2 \le \cdots \le x_k$일 때가 아니면 결합 확률밀도함수 $\tilde{f}_{\underline{n}_k}(\underline{x}_k)$의 값이 0이라는 것을 나타내는 것이다. 또한, (5.316)에서는 $x_0 = -\infty$이나, (5.469)에서는 $x_0 = 0$이라는 것을 잘 새겨 두어야 한다.

보기 5.81 독립이고 분포가 같은 5차원 확률벡터 $\underline{X} = (X_1, X_2, X_3, X_4, X_5)$의 한계 분포가 $U(0,1)$일 때 크기 순서 통계량 벡터 $\left(|X|_{[1]}, |X|_{[2]}, |X|_{[4]}\right)$의 결합 확률밀도함수를 얻어 보자.

풀이 먼저, $g(x) = u(1-|x|)$이고, $|x| < 1$일 때 $G(x) = x$이므로, $n=5$, $k=3$, $n_0=0$, $n_1=1$, $n_2=2$, $n_3=4$, $n_{k+1}=n_4=n+1=6$, $x_0=0$, $x_{k+1}=x_4=\infty$, $G(x_4)=G(\infty)=1$, $G(x_0)=G(0)=0$, $u(x_4-x)=u(\infty)=1$을 (5.469)에 넣으면

$$
\begin{aligned}
f_{|X|_{[1]},|X|_{[2]},|X|_{[4]}}(x_1,x_2,x_3) &= 5!u(1-|x_1|)u(x_2-x_1)\,u(1-|x_2|)\,u(x_3-x_2) \\
&\quad \cdot u(1-|x_3|)\,u(x_4-x_3)\frac{\{G(x_1)-G(x_0)\}^{n_1-n_0-1}}{(n_1-n_0-1)!}\frac{\{G(x_2)-G(x_1)\}^{n_2-n_1-1}}{(n_2-n_1-1)!} \\
&\quad \cdot \frac{\{G(x_3)-G(x_2)\}^{n_3-n_2-1}}{(n_3-n_2-1)!}\frac{\{G(x_4)-G(x_3)\}^{n_4-n_3-1}}{(n_4-n_3-1)!} \\
&= 120\{G(x_3)-G(x_2)\}\{G(x_4)-G(x_3)\}\,u(x_1)\,u(x_2-x_1)\,u(x_3-x_2)\,u(1-x_3) \\
&= 120(x_3-x_2)(1-x_3)\,u(x_1)\,u(x_2-x_1)u(x_3-x_2)u(1-x_3)
\end{aligned} \tag{5.470}
$$

을[69] 얻는다. 한편, 세 크기 순서 통계량의 결합 확률밀도함수 (5.470)을 알맞게 적분하면 크기 순서 통계량 둘의 결합 확률밀도함수

$$
\begin{aligned}
f_{|X|_{[1]},|X|_{[2]}}(x_1,x_2) &= \int_{x_2}^{1} f_{|X|_{[1]},|X|_{[2]},|X|_{[4]}}(x_1,x_2,x_3)\,dx_3 \\
&= \begin{cases} 60(1+x_2)\left(1-x_2^2\right)-120x_2(1-x_2)-40\left(1-x_2^3\right), & 0 \le x_1 \le x_2 \le 1, \\ 0, & \text{그 밖에는} \end{cases} \\
&= 60(1-x_2)^3\,u(x_1)\,u(x_2-x_1)u(1-x_2)
\end{aligned} \tag{5.471}
$$

과,

$$
\begin{aligned}
f_{|X|_{[1]},|X|_{[4]}}(x_1,x_3) &= \int_{x_1}^{x_3} f_{|X|_{[1]},|X|_{[2]},|X|_{[4]}}(x_1,x_2,x_3)\,dx_2 \\
&= \begin{cases} 60(1-x_3)\left\{2x_3(x_3-x_1)-\left(x_3^2-x_1^2\right)\right\}, & 0 \le x_1 \le x_3 \le 1, \\ 0, & \text{그 밖에는} \end{cases} \\
&= 20(1-x_3)(x_3-x_1)^2\,u(x_1)\,u(x_3-x_1)u(1-x_3)
\end{aligned} \tag{5.472}
$$

와,

$$
\begin{aligned}
f_{|X|_{[2]},|X|_{[4]}}(x_2,x_3) &= \int_{0}^{x_2} f_{|X|_{[1]},|X|_{[2]},|X|_{[4]}}(x_1,x_2,x_3)\,dx_1 \\
&= 120x_2(x_3-x_2)(1-x_3)\,u(x_2)\,u(x_3-x_2)u(1-x_3)
\end{aligned} \tag{5.473}
$$

[69] 여기서, 한계 분포가 $U(0,1)$이 아니고 $U(-1,1)$이더라도 결과는 같을 것임을 쉽게 알 수 있다.

을 얻을 수 있다. 위 (5.471)–(5.473)은 마땅히 (5.469)에서 얻은 것과 같다. 이제, 한 걸음 더 나아가면 (5.471)에서

$$\begin{aligned} f_{|X|_{[1]}}(x_1) &= \int_{x_1}^{1} f_{|X|_{[1]},|X|_{[2]}}(x_1, x_2)\, dx_2 \\ &= 5(1-x_1)^4\, u(x_1)\, u(1-x_1) \end{aligned} \tag{5.474}$$

과

$$\begin{aligned} f_{|X|_{[2]}}(x_2) &= \int_{0}^{x_2} f_{|X|_{[1]},|X|_{[2]}}(x_1, x_2)\, dx_1 \\ &= 20x_2(1-x_2)^3\, u(x_2)\, u(1-x_2) \end{aligned} \tag{5.475}$$

를, (5.472)에서

$$\begin{aligned} f_{|X|_{[1]}}(x_1) &= \int_{x_1}^{1} f_{|X|_{[1]},|X|_{[4]}}(x_1, x_3)\, dx_3 \\ &= 5(1-x_1)^4\, u(x_1)\, u(1-x_1) \end{aligned} \tag{5.476}$$

과

$$\begin{aligned} f_{|X|_{[4]}}(x_3) &= \int_{0}^{x_3} f_{|X|_{[1]},|X|_{[4]}}(x_1, x_3)\, dx_1 \\ &= 20(1-x_3)x_3^3\, u(x_3)u(1-x_3) \end{aligned} \tag{5.477}$$

을, (5.473)에서

$$\begin{aligned} f_{|X|_{[2]}}(x_2) &= \int_{x_2}^{1} f_{|X|_{[2]},|X|_{[4]}}(x_2, x_3)\, dx_3 \\ &= 20x_2(1-x_2)^3\, u(x_2)\, u(1-x_2) \end{aligned} \tag{5.478}$$

과

$$\begin{aligned} f_{|X|_{[4]}}(x_3) &= \int_{0}^{x_3} f_{|X|_{[2]},|X|_{[4]}}(x_2, x_3)\, dx_2 \\ &= 20(1-x_3)x_3^3\, u(x_3)u(1-x_3) \end{aligned} \tag{5.479}$$

를 얻을 수 있다. 위 (5.474)–(5.479)은 마땅히 (5.436)에서 얻은 것과 같다. ◇

5.6 이산 확률벡터의 순서 통계량*

이제, 서로 독립이고 분포가 같은 이산 확률벡터의 순서 통계량을 생각하기로 하자. 먼저, 이산 확률벡터 $\underline{X} = (X_1, X_2, \cdots, X_n)$의 값이 n차원 이산 공간 $\mathbb{J}_0^n = \{0, 1, \cdots\}^n$ 또는 $\mathbb{J}_+^n = \{1, 2, \cdots\}^n$의 점이라고[70] 하자.

[70] 집합 $\mathbb{J}_0 = \{0, 1, \cdots\}$과 $\mathbb{J}_+ = \{1, 2, \cdots\}$은 (1.66)과 (1.51)에서 뜻매김한 바 있다. 곧, $|X_i| = X_i$이므로 이산 확률벡터에서는 굳이 크기 순서 통계량을 다룰 까닭이 없다.

5.6.1 순서 통계량의 결합 확률질량함수와 한계 확률질량함수

정리 5.13과 비슷하게 아래를 얻을 수 있다.

정리 5.29 순서 통계량 벡터의 결합 확률질량함수 (독립이고 분포가 같은 이산 확률벡터) 이산 확률벡터 $\underline{X} = (X_1, X_2, \cdots, X_n)$이 독립이고 분포가 같을 때 X_i의 확률질량함수를 p라고 하면 순서 통계량 벡터 $\underline{X_{[\cdot]}}$의 결합 확률질량함수는

$$p_{\underline{X_{[\cdot]}}}\left(\underline{x_{[\cdot]}}\right) = \begin{cases} \frac{n!}{k_1!k_2!\cdots k_m!}\prod_{i=1}^{n} p\left(x_{[i]}\right), & \underline{x_{[\cdot]}} \in \mathbb{J}^n_{[|\cdot|]}, \\ 0, & \text{그 밖에는} \end{cases} \tag{5.480}$$

이다. 여기서,

$$\mathbb{J}^n_{[|\cdot|]} = \{(x_1, x_2, \cdots, x_n) : 0 \le x_1 \le x_2 \le \cdots \le x_n,\ x_i \in \mathbb{J}_0\} \tag{5.481}$$

은 (5.432)에서 뜻매김한 공간 $\mathbb{R}^n_{[|\cdot|]}$의 부분집합이고, $\{k_j\}_{j=1}^m$은 $\left\{x_{[i]}\right\}_{i=1}^n$ 가운데에서 서로 같은 것들의 개수를 뜻하는데 $\sum_{j=1}^{m} k_j = n$을 만족시킨다. ■■

보기 5.82 보기를 들면, $n = 7$일 때 $\underline{x} = (3,4,4,5,6,6,6)$이면 $k_1 = 1$, $k_2 = 2$, $k_3 = 1$, $k_4 = 3$이고,

$$p_{\underline{X_{[\cdot]}}}(\underline{x}) = \frac{7!}{1!2!1!3!}p(3)p^2(4)p(5)p^3(6) \tag{5.482}$$

이다. ◇

보기 5.83 확률벡터 $\underline{X} = (X_1, X_2, X_3)$이 독립이고 분포가 같으며, X_i의 확률질량함수가

$$p(x) = \begin{cases} \frac{1}{2}, & x = 1; \quad \frac{1}{3}, \quad x = 2; \\ \frac{1}{6}, & x = 3; \quad 0, \quad \text{그 밖에는} \end{cases} \tag{5.483}$$

이다. 이때, $\underline{X}$의 순서 통계량 벡터 $\underline{X_{[\cdot]}}$의 결합 확률질량함수를 얻어 보자

풀이 식 (5.480)을 쓰면

$$\begin{aligned} p_{\underline{X_{[\cdot]}}}(1,1,1) &= \frac{3!}{3!}\left(\frac{1}{2}\right)^3 \\ &= \frac{1}{8} \end{aligned} \tag{5.484}$$

와

$$\begin{aligned} p_{\underline{X_{[\cdot]}}}(1,1,2) &= \frac{3!}{2!1!}\left(\frac{1}{2}\right)^2\left(\frac{1}{3}\right) \\ &= \frac{1}{4} \end{aligned} \tag{5.485}$$

를 얻을 수 있다. 이와 비슷하게 $p_{\underline{X}_{[\cdot]}}(1,1,3) = \frac{3!}{2!1!}\left(\frac{1}{2}\right)^2\left(\frac{1}{6}\right) = \frac{1}{8}$, $p_{\underline{X}_{[\cdot]}}(1,2,2) = \frac{3!}{1!2!}\left(\frac{1}{2}\right)\left(\frac{1}{3}\right)^2 = \frac{1}{6}$, $p_{\underline{X}_{[\cdot]}}(1,2,3) = \frac{3!}{1!1!1!}\left(\frac{1}{2}\right)\left(\frac{1}{3}\right)\left(\frac{1}{6}\right) = \frac{1}{6}$, $p_{\underline{X}_{[\cdot]}}(1,3,3) = \frac{3!}{1!2!}\left(\frac{1}{2}\right)\left(\frac{1}{6}\right)^2 = \frac{1}{24}$, $p_{\underline{X}_{[\cdot]}}(2,2,2) = \frac{3!}{3!}\left(\frac{1}{3}\right)^3 = \frac{1}{27}$, $p_{\underline{X}_{[\cdot]}}(2,2,3) = \frac{3!}{2!1!}\left(\frac{1}{3}\right)^2\left(\frac{1}{6}\right) = \frac{1}{18}$, $p_{\underline{X}_{[\cdot]}}(2,3,3) = \frac{3!}{1!2!}\left(\frac{1}{3}\right)\left(\frac{1}{6}\right)^2 = \frac{1}{36}$, $p_{\underline{X}_{[\cdot]}}(3,3,3) = \frac{3!}{3!}\left(\frac{1}{6}\right)^3 = \frac{1}{216}$을 얻을 수 있다. ◇

확률벡터 $\underline{X} = (X_1, X_2, \cdots, X_n)$이 이산 확률벡터일 때 $X_{[r]}$의 누적분포함수 $F_{X_{[r]}}(x)$를 안다면 $X_{[r]}$의 확률질량함수를

$$\begin{aligned} p_{X_{[r]}}(x) &= \Pr\left\{X_{(r)} = x\right\} \\ &= F_{X_{[r]}}(x) - F_{X_{[r]}}(x-1) \end{aligned} \tag{5.486}$$

처럼 얻을 수 있다. 다음에, 누적분포함수 $F_{X_{[r]}}$을 거치지 않고 확률질량함수 $p_{X_{[r]}}$을 얻어 보자.

정리 5.30 순서 통계량의 확률질량함수 독립이고 분포가 같은 이산 확률벡터 $\underline{X} = (X_1, X_2, \cdots, X_n)$에서 X_i의 누적분포함수를 F라고 하자. 그러면 $\underline{X}$의 r째 순서 통계량 $X_{(r)}$의 확률질량함수는

$$p_{X_{(r)}}(x) = \frac{n!}{(r-1)!(n-r)!}\int_{F(x-1)}^{F(x)} v^{r-1}(1-v)^{n-r}dv \tag{5.487}$$

이다. ■■

증명

(방법 1) 먼저, $\left\{X_{(1)}, X_{(2)}, \cdots, X_{(r-1)}, X_{(r)}, X_{(r+1)}, \cdots, X_{(n)}\right\}$을 생각하고, $X_{(r)}$의 '왼쪽'에 있는 순서 통계량 가운데에서 $X_{(r)}$과 값이 같은 것의 개수를 i, $X_{(r)}$의 '오른쪽'에 있는 순서 통계량 가운데에서 $X_{(r)}$과 값이 같은 것의 개수를 t라고 하면,

$$\begin{aligned} p_{X_{(r)}}(x) &= \Pr\left\{X_{(r)} = x\right\} \\ &= \sum_{i,t}\Pr\left\{X_{(r-i-1)} < X_{(r-i)} = X_{(r-i+1)} = \cdots = X_{(r-1)} = X_{(r)}\right. \\ &\qquad\qquad \left. = X_{(r+1)} = \cdots = X_{(r+t)} = x < X_{(r+t+1)}\right\} \end{aligned} \tag{5.488}$$

이다. 여기서, i의 범위는 $0 \le i \le r-1$이고 t의 범위는 $0 \le t \le n-r$이라는 것을 쉽게 알 수 있다. 이제, $X_{(1)}$부터 $X_{(r-i-1)}$까지는 확률변수가 $r-i-1$개, $X_{(r-i)}$부터 $X_{(r+t)}$까지는 확률변수가 $i+t+1$개, $X_{(r+t+1)}$부터 $X_{(n)}$까지는 확률변수가 $n-r-t$개 있으므로 (5.488)은

$$\begin{aligned} p_{X_{(r)}}(x) &= \sum_{i=0}^{r-1}\sum_{t=0}^{n-r}\Pr\{\{X_l\}_{l=1}^{n} \text{ 가운데 } r-i-1\text{개는 } x-1\text{보다 크지 않고,} \\ &\qquad i+t+1\text{개는 } x\text{이며, } n-r-t\text{개는 } x+1\text{보다 작지 않다.}\} \\ &= \sum_{i=0}^{r-1}\sum_{t=0}^{n-r}\frac{n!}{(r-i-1)!(i+t+1)!(n-r-t)!} \\ &\qquad \cdot F^{r-1-i}(x-1)p^{i+t+1}(x)\{1-F(x)\}^{n-r-t} \end{aligned} \tag{5.489}$$

로[71] 바꾸어 쓸 수 있다. 이제,

$$\begin{aligned}\frac{i!\,t!}{(i+t+1)!} &= B(i+1,t+1)\\ &= \int_0^1 \alpha^i(1-\alpha)^t d\alpha \qquad (5.490)\end{aligned}$$

이므로

$$\begin{aligned}\tilde{C}_{n,r} &= \frac{n!}{(r-1)!(n-r)!}\\ &= n\,{}_{n-1}\mathrm{C}_{r-1} \qquad (5.491)\end{aligned}$$

처럼 두면

$$\frac{n!}{(r-1-i)!(i+t+1)!(n-r-t)!} = \tilde{C}_{n,r}\,{}_{r-1}\mathrm{C}_i\,{}_{n-r}\mathrm{C}_t \int_0^1 \alpha^i(1-\alpha)^t d\alpha \qquad (5.492)$$

이다. 따라서, (5.492)를 써서 (5.489)를 바꾸어 쓴 뒤, 안쪽 합부터 계산하면

$$\begin{aligned}p_{X_{(r)}}(x) &= \tilde{C}_{n,r}\int_0^1 \sum_{i=0}^{r-1}\sum_{t=0}^{n-r} {}_{r-1}\mathrm{C}_i\,{}_{n-r}\mathrm{C}_t F^{r-1-i}(x-1)p^{i+t+1}(x)\\ &\quad \cdot\{1-F(x)\}^{n-r-t}\alpha^i(1-\alpha)^t d\alpha\\ &= \tilde{C}_{n,r}\int_0^1 \sum_{t=0}^{n-r}(1-\alpha)^t\,{}_{n-r}\mathrm{C}_t p^{t+1}(x)\{1-F(x)\}^{n-r-t}\\ &\quad \cdot\left[F^{r-1}(x-1)\sum_{i=0}^{r-1}{}_{r-1}\mathrm{C}_i\left\{\frac{\alpha p(x)}{F(x-1)}\right\}^i\right]d\alpha\\ &= \tilde{C}_{n,r}\int_0^1 \sum_{t=0}^{n-r}(1-\alpha)^t\,{}_{n-r}\mathrm{C}_t p^{t+1}(x)\{1-F(x)\}^{n-r-t}\{F(x-1)+\alpha p(x)\}^{r-1}d\alpha\\ &= \tilde{C}_{n,r}\int_0^1 p(x)\{F(x-1)+\alpha p(x)\}^{r-1}\\ &\quad \cdot\left[\{1-F(x)\}^{n-r}\sum_{t=0}^{n-r}{}_{n-r}\mathrm{C}_t\left\{\frac{(1-\alpha)p(x)}{1-F(x)}\right\}^t\right]d\alpha\\ &= \tilde{C}_{n,r}\int_0^1 \{F(x-1)+\alpha p(x)\}^{r-1}\{1-F(x)+(1-\alpha)p(x)\}^{n-r}p(x)d\alpha \qquad (5.493)\end{aligned}$$

이다. 식 (5.493)에서 $v = F(x-1)+\alpha p(x)$라고 두면 $1-F(x)+(1-\alpha)p(x) = 1-v$이고 $p(x)d\alpha = dv$이므로 $F(x-1)+p(x) = F(x)$라는 것을 새기면 (5.487)을 얻는다.

(방법 2) 식 (5.229)에 보인 $F_{X_{(r)}}(x) = \frac{1}{B(r,n-r+1)}\int_0^{F(x)} t^{r-1}(1-t)^{n-r}dt$을 쓰면 (5.486)을 바탕으로

$$\begin{aligned}p_{X_{(r)}}(x) &= \Pr\{X_{(r)} = x\}\\ &= F_{X_{(r)}}(x) - F_{X_{(r)}}(x-1)\\ &= I_{F(x)}(r,n-r+1) - I_{F(x-1)}(r,n-r+1)\end{aligned}$$

[71] 여기서, X가 이산 확률변수일 때에는 $\Pr\{X \geq x+1\} = 1-\Pr\{X < x+1\} = 1-\Pr\{X \leq x\}$라는 것을 새기자.

$$= \frac{1}{B(r,n-r+1)} \int_{F(x-1)}^{F(x)} t^{r-1}(1-t)^{n-r}dt \tag{5.494}$$

을[72] 얻는다. □

보기 5.84 독립이고 분포가 같은 이산 확률벡터 $\underline{X} = (X_1, X_2, X_3)$의 한계 확률질량함수가

$$p_X(i) = \begin{cases} \frac{1}{2}, & i=1; \quad \frac{1}{3}, \quad i=2; \\ \frac{1}{6}, & i=3; \quad 0, \quad \text{그 밖에는} \end{cases} \tag{5.495}$$

일 때 순서 통계량의 한계 확률질량함수를 얻어 보자.

풀이 먼저, r째 순서 통계량의 한계 확률질량함수를 $p_{X_{(r)}} = p_r$이라고 하자. 그러면 $x \notin \{1,2,3\}$이면 $p_{X_{(r)}}(x) = 0$임은 쉽게 알 수 있다.

(방법 1) 다음에, 보기 5.28에서 얻은 (5.115), (5.117), (5.119)를 쓰면 (5.486)을 바탕으로 $p_1(x) = F_1(x) - F_1(x-1)$에서

$$p_1(1) = \frac{189}{216}, \quad p_1(2) = \frac{26}{216}, \quad p_3(3) = \frac{1}{216} \tag{5.496}$$

을, $p_2(x) = F_2(x) - F_2(x-1)$에서

$$p_2(1) = \frac{108}{216}, \quad p_2(2) = \frac{92}{216}, \quad p_2(3) = \frac{16}{216} \tag{5.497}$$

을, $p_3(x) = F_3(x) - F_3(x-1)$에서

$$p_3(1) = \frac{27}{216}, \quad p_3(2) = \frac{98}{216}, \quad p_3(3) = \frac{91}{216} \tag{5.498}$$

을 얻을 수 있다.

(방법 2) 보기 5.83에서 얻은 $p_{\underline{X_{[\cdot]}}}$를 쓰면 $p_1(x) = \sum_y \sum_z p_{\underline{X_{[\cdot]}}}(x,y,z)$에서 $p_1(1) = \frac{1}{8} + \frac{1}{4} + \frac{1}{8} + \frac{1}{6} + \frac{1}{6} + \frac{1}{24} = \frac{7}{8}$, $p_1(2) = \frac{1}{27} + \frac{1}{18} + \frac{1}{36} = \frac{13}{108}$, $p_1(3) = \frac{1}{216}$을, $p_2(y) = \sum_x \sum_z p_{\underline{X_{[\cdot]}}}(x,y,z)$에서 $p_2(1) = \frac{1}{8} + \frac{1}{4} + \frac{1}{8} = \frac{1}{2}$, $p_2(2) = \frac{1}{6} + \frac{1}{6} + \frac{1}{27} + \frac{1}{18} = \frac{23}{54}$, $p_2(3) = \frac{1}{24} + \frac{1}{36} + \frac{1}{216} = \frac{2}{27}$를, $p_3(z) = \sum_x \sum_y p_{\underline{X_{[\cdot]}}}(x,y,z)$에서 $p_3(1) = \frac{1}{8}$, $p_3(2) = \frac{1}{4} + \frac{1}{6} + \frac{1}{27} = \frac{49}{108}$, $p_3(3) = \frac{1}{8} + \frac{1}{6} + \frac{1}{24} + \frac{1}{18} + \frac{1}{36} + \frac{1}{216} = \frac{91}{216}$을 얻을 수 있다.

(방법 3) 한편, (5.496)–(5.498)은 (5.487)을 바탕으로

$$\begin{aligned} p_1(x) &= 3\int_{F(x-1)}^{F(x)} (1-v)^2 dv \\ &= \{1-F(x-1)\}^3 - \{1-F(x)\}^3, \end{aligned} \tag{5.499}$$

$$\begin{aligned} p_2(x) &= 6\int_{F(x-1)}^{F(x)} v(1-v)dv \\ &= \left\{3F^2(x) - 2F^3(x)\right\} - \left\{3F^2(x-1) - 2F^3(x-1)\right\}, \end{aligned} \tag{5.500}$$

$$\begin{aligned} p_3(x) &= 3\int_{F(x-1)}^{F(x)} v^2 dv \\ &= F^3(x) - F^3(x-1) \end{aligned} \tag{5.501}$$

[72] 부록 5.5에 (5.487)을 얻는 셋째 방법을 보였다. 또, 불완전 베타 함수 $I_x(\alpha,\beta) = \frac{B_x(\alpha,\beta)}{B(\alpha,\beta)}$는 정리 5.14를 증명할 때 다룬 바 있다.

을 써서도 얻을 수 있다. ◇

끝으로, $0 \le v \le 1$일 때

$$g_r(v) = v^{r-1}(1-v)^{n-r} \tag{5.502}$$

를 생각하면 보기 2.86에서 본 것처럼 $r=1$이면 $g_r(0)=1$이고, $g_r(1)=0$이며, $g_r(v)$는 $(0,1)$에서 주는 함수이다. 또, $r=n$이면 $g_r(0)=0$이고, $g_r(1)=1$이며, $g_r(v)$는 $(0,1)$에서 느는 함수이다. 그리고, $r=2,3,\cdots,n-1$이면 $g_r(0)=g_r(1)=0$이고, $g_r(v)$는 $\left(0,\frac{r-1}{n-1}\right)$에서는 느는 함수, $\left(\frac{r-1}{n-1},1\right)$에서는 주는 함수이다. 곧, $g_r(v)$는 꼭짓점이 하나인 함수로서, r이 작을수록 0에 더 가까운 곳에서, r이 클수록 1에 더 가까운 곳에서 가장 크다. 한편, $\tilde{C}_{n,r}g_r(v)$는 (2.263)에서 다룬 바 있는 베타 분포 $B(r,n-r+1)$의 확률밀도함수이고, (5.487)을

$$p_{X_{(r)}}(x) = \tilde{C}_{n,r}\int_{F(x-1)}^{F(x)} g_r(v)dv \tag{5.503}$$

과 같이 쓸 수 있다.

정리 5.31 **순서 통계량의 확률질량함수의 합** 독립이고 분포가 같은 이산 확률벡터 $\underline{X}=(X_1, X_2,\cdots,X_n)$에서 X_i의 확률질량함수를 p라고 하고, 누적분포함수를 F라고 하며, $\underline{X}$의 r째 순서 통계량 $X_{(r)}$의 확률질량함수를 $p_{X_{(r)}}$이라고 하면

$$\sum_{r=1}^{n} p_{X_{(r)}}(x) = n\,p(x) \tag{5.504}$$

이다. ■■

증명 이산 확률변수에서

$$F(x)-F(x-1) = p(x) \tag{5.505}$$

임과 (5.254)에서 본

$$\sum_{k=1}^{n} {}_{n-1}\mathrm{C}_{k-1}w^{k-1}(1-w)^{n-k} = 1 \tag{5.506}$$

을 새기면

$$\begin{aligned}\sum_{r=1}^{n} p_{X_{(r)}}(x) &= \int_{F(x-1)}^{F(x)}\left\{\sum_{r=1}^{n} n\,{}_{n-1}\mathrm{C}_{r-1}v^{r-1}(1-v)^{n-r}\right\}dv \\ &= n\int_{F(x-1)}^{F(x)} dv \\ &= n\{F(x)-F(x-1)\} \\ &= n\,p(x) \end{aligned} \tag{5.507}$$

임을 알 수 있다. □

보기 5.85 독립이고 분포가 같은 이산 확률벡터 $\underline{X} = (X_1, X_2, X_3)$의 한계 확률질량함수가

$$p_X(i) = \begin{cases} \frac{1}{2}, & i = 1; \quad \frac{1}{3}, \ i = 2; \\ \frac{1}{6}, & i = 3; \quad 0, \ \text{그 밖에는} \end{cases} \tag{5.508}$$

일 때 r째 순서 통계량의 한계 확률질량함수를 p_r이라고 하면

$$p_1(1) = \frac{189}{216}, \quad p_1(2) = \frac{26}{216}, \quad p_3(3) = \frac{1}{216} \tag{5.509}$$

이고,

$$p_2(1) = \frac{108}{216}, \quad p_2(2) = \frac{92}{216}, \quad p_2(3) = \frac{16}{216} \tag{5.510}$$

이며,

$$p_3(1) = \frac{27}{216}, \quad p_3(2) = \frac{98}{216}, \quad p_3(3) = \frac{91}{216} \tag{5.511}$$

임을 보기 5.84의 (5.496)–(5.498)에서 보았다. 이제, 이것을 바탕으로 (5.504)를 확인해 보자.

풀이 식 (5.496)–(5.498)을 바탕으로

$$\begin{aligned}
\sum_{r=1}^{n} p_{X_{(r)}}(x) &= \begin{cases} \frac{189}{216} + \frac{108}{216} + \frac{27}{216}, & x = 1; \quad \frac{26}{216} + \frac{92}{216} + \frac{98}{216}, \ x = 2; \\ \frac{1}{216} + \frac{16}{216} + \frac{91}{216}, & x = 3; \quad 0, \qquad \text{그 밖에는} \end{cases} \\
&= \begin{cases} \frac{3}{2}, & x = 1; \quad 1, \ x = 2; \\ \frac{1}{2}, & x = 3; \quad 0, \ \text{그 밖에는} \end{cases} \\
&= 3p(x)
\end{aligned} \tag{5.512}$$

임을 쉽게 알 수 있다. ◇

5.6.2 순서 통계량 둘의 결합 확률질량함수 1

이산 확률벡터 $\underline{X} = (X_1, X_2, \cdots, X_n)$을 생각하여 $1 \le r < s \le n$이고 $x, y \in \{0, 1, \cdots\}$일 때 순서 통계량의 결합 확률질량함수 $p_{r,s}(x, y) = \Pr\{X_{(r)} = x, X_{(s)} = y\}$를 살펴보자. 먼저, $x < y$이면

$$p_{r,s}(x, y) = F_{r,s}(x, y) - F_{r,s}(x-1, y) - F_{r,s}(x, y-1) + F_{r,s}(x-1, y-1) \tag{5.513}$$

임을 알 수 있다. 한편, (5.142)를 얻을 때 생각한 바와 비슷하게, $\{X_{(r)} \le x, X_{(s)} \le x-1\} = \left\{X_{(s)} \le x-1\right\}$이므로

$$\begin{aligned}
F_{r,s}(x, x-1) &= \Pr\{X_{(r)} \le x, X_{(s)} \le x-1\} \\
&= \Pr\left\{X_{(s)} \le x-1\right\} \\
&= F_s(x-1)
\end{aligned} \tag{5.514}$$

임을 새기면, $x = y$일 때에는

$$\begin{aligned} p_{r,s}(x,x) &= F_{r,s}(x,x) - F_{r,s}(x-1,x) - F_{r,s}(x,x-1) + F_{r,s}(x-1,x-1) \\ &= F_{r,s}(x,x) - F_{r,s}(x-1,x) - F_s(x-1) + F_{r,s}(x-1,x-1) \end{aligned} \tag{5.515}$$

임을 알 수 있다. 끝으로, $x > y$이면

$$p_{r,s}(x,y) = 0 \tag{5.516}$$

임을[73] 쉽게 알 수 있다. 그러므로, (5.513)–(5.516)을 바탕으로 $r < s$일 때

$$\begin{aligned} p_{r,s}(x,y) &= \begin{cases} F_{r,s}(x,y) - F_{r,s}(x-1,y) - F_{r,s}(x,y-1) + F_{r,s}(x-1,y-1), & x < y, \\ F_{r,s}(x,x) - F_{r,s}(x-1,x) - F_s(x-1) + F_{r,s}(x-1,x-1), & x = y, \\ 0, & x > y \end{cases} \\ &= \begin{cases} F_{r,s}(x,y) - F_{r,s}(x-1,y) - F_{r,s}(x,y-1) + F_{r,s}(x-1,y-1), & x \le y, \\ 0, & x > y \end{cases} \\ &= \{F_{r,s}(x,y) - F_{r,s}(x-1,y) - F_{r,s}(x,y-1) + F_{r,s}(x-1,y-1)\}\, \tilde{u}(y-x) \end{aligned} \tag{5.517}$$

처럼[74] 쓸 수 있다. 곧, 결합 누적분포함수 (5.143)을 써서 (5.517)을 바탕으로 순서 통계량의 결합 확률질량함수를 얻을 수 있다. 이산 확률벡터에서 순서 통계량의 결합 확률질량함수 $p_{r,s}$를 얻을 때 (5.517)이 어떤 뜻에서는 가장 쓰기 쉬운 식이다. 다만, (5.517)을 써서 순서 통계량의 결합 확률질량함수를 얻으려면 순서 통계량의 결합 누적분포함수 $F_{r,s}$를 먼저 얻어야 한다.

보기 5.86 보기 5.84에서 다룬 분포를 생각해 보자. 곧, 독립이고 분포가 같은 이산 확률벡터 $\underline{X} = (X_1, X_2, X_3)$의 한계 확률질량함수가

$$p_X(i) = \begin{cases} \frac{1}{2}, & i = 1; \quad \frac{1}{3}, \quad i = 2; \\ \frac{1}{6}, & i = 3; \quad 0, \quad \text{그 밖에는} \end{cases} \tag{5.518}$$

일 때 (5.517)을 써서 결합 확률질량함수 $p_{1,2}$, $p_{1,3}$, $p_{2,3}$을 얻어 보자.

풀이 먼저, $r < s$라고 두고, r째 순서 통계량과 s째 순서 통계량의 결합 확률질량함수를 $p_{r,s}$라고 하자. 그러면 $x \notin \{1,2,3\}$, $y \notin \{1,2,3\}$, 또는 $x > y$이면

$$p_{r,s}(x,y) = 0 \tag{5.519}$$

임은 쉽게 알 수 있다. 다음에, (5.165)에 보인 $F_{X_{[1]},X_{[2]}}$를 (5.517)에 쓰면

$$p_{1,2}(x,y) = F_{1,2}(x,y) - F_{1,2}(x-1,y) - F_{1,2}(x,y-1) + F_{1,2}(x-1,y-1)$$

---

[73] 여기서, $r < s$이고 $x > y$일 때, 결합 확률질량함수 $p_{r,s}(x,y)$는 0이지만, 결합 누적분포함수 $F_{r,s}(x,y)$는 $F_s(y)$와 같으므로 0이 아닐 때도 있다는 것을 새겨 두자.

[74] 함수

$$\tilde{u}(x) = \begin{cases} 1, & x = 0, 1, \cdots, \\ 0, & \text{그 밖에는} \end{cases}$$

는 (1.170)에서 뜻매김한 이산 공간 단위 계단 함수이다.

$$= \begin{cases} F_{1,2}(1,1) - F_{1,2}(0,1) - F_{1,2}(1,0) + F_{1,2}(0,0), & (x,y) = (1,1), \\ F_{1,2}(1,2) - F_{1,2}(0,2) - F_{1,2}(1,1) + F_{1,2}(0,1), & (x,y) = (1,2), \\ F_{1,2}(1,3) - F_{1,2}(0,3) - F_{1,2}(1,2) + F_{1,2}(0,2), & (x,y) = (1,3), \\ F_{1,2}(2,2) - F_{1,2}(1,2) - F_{1,2}(2,1) + F_{1,2}(1,1), & (x,y) = (2,2), \\ F_{1,2}(2,3) - F_{1,2}(1,3) - F_{1,2}(2,2) + F_{1,2}(1,2), & (x,y) = (2,3), \\ F_{1,2}(3,3) - F_{1,2}(2,3) - F_{1,2}(3,2) + F_{1,2}(2,2), & (x,y) = (3,3) \end{cases}$$

$$= \begin{cases} \frac{1}{2} - 0 - 0 + 0, & (x,y) = (1,1), \\ \frac{5}{6} - 0 - \frac{1}{2} + 0, & (x,y) = (1,2), \\ \frac{7}{8} - 0 - \frac{5}{6} + 0, & (x,y) = (1,3), \\ \frac{25}{27} - \frac{5}{6} - F_2(1) + \frac{1}{2}, & (x,y) = (2,2), \\ \frac{215}{216} - \frac{7}{8} - \frac{25}{27} + \frac{5}{6}, & (x,y) = (2,3), \\ 1 - \frac{215}{216} - F_2(2) + \frac{25}{27}, & (x,y) = (3,3) \end{cases} \tag{5.520}$$

이므로, $F_2(1) = \frac{1}{2}$과 $F_2(2) = \frac{25}{27}$를 새기면

$$\begin{array}{lll} p_{1,2}(1,1) = \frac{1}{2}, & p_{1,2}(1,2) = \frac{1}{3}, & p_{1,2}(1,3) = \frac{1}{24}, \\ p_{1,2}(2,2) = \frac{5}{54}, & p_{1,2}(2,3) = \frac{1}{36}, & p_{1,2}(3,3) = \frac{1}{216} \end{array} \tag{5.521}$$

이다. 이와 비슷하게[75]

$$\begin{array}{lll} p_{1,3}(1,1) = \frac{1}{8}, & p_{1,3}(1,2) = \frac{5}{12}, & p_{1,3}(1,3) = \frac{1}{3}, \\ p_{1,3}(2,2) = \frac{1}{27}, & p_{1,3}(2,3) = \frac{1}{12}, & p_{1,3}(3,3) = \frac{1}{216} \end{array} \tag{5.522}$$

와

$$\begin{array}{lll} p_{2,3}(1,1) = \frac{1}{8}, & p_{2,3}(1,2) = \frac{1}{4}, & p_{2,3}(1,3) = \frac{1}{8}, \\ p_{2,3}(2,2) = \frac{11}{54}, & p_{2,3}(2,3) = \frac{2}{9}, & p_{2,3}(3,3) = \frac{2}{27} \end{array} \tag{5.523}$$

을 얻는다. ◇

보기 5.87 확률변수 X_1과 X_2는 서로 독립이고, 그 확률질량함수는 둘 다

$$\begin{aligned} p(x) &= \mathbf{Pr}\{X = x\} \\ &= (1-\alpha)\alpha^{x-1}, \quad x = 1, 2, \cdots, \quad 0 < \alpha < 1 \end{aligned} \tag{5.524}$$

이다. 이때, 순서 통계량 $X_{[1]}$의 누적분포함수 $F_1 = F_{X_{[1]}}$과 확률질량함수 $p_1 = p_{X_{[1]}}$, 순서 통계량 $X_{[2]}$의 누적분포함수 $F_2 = F_{X_{[2]}}$와 확률질량함수 $p_2 = p_{X_{[2]}}$, 순서 통계량 벡터 $\left(X_{[1]}, X_{[2]}\right)$의 결합 누적분포함수 $F_{1,2} = F_{X_{[1]},X_{[2]}}$를 얻어 보자.

풀이 먼저, $p(x) = (1-\alpha)\alpha^{x-1}\,\tilde{u}(x-1)$이므로

$$F(x) = \sum_{z=-\infty}^{x} p(z)$$

[75] 문제 5.25에서 다룬다.

$$
\begin{aligned}
&= \sum_{z=-\infty}^{x} (1-\alpha)\alpha^{z-1}\,\tilde{u}(z-1) \\
&= \sum_{z=1}^{x} (1-\alpha)\alpha^{z-1} \\
&= (1-\alpha^{x})\,\tilde{u}(x-1) \qquad (5.525)
\end{aligned}
$$

이고, X_1과 X_2가 서로 독립이므로

$$
\begin{aligned}
p_{X_1,X_2}(x,y) &= p_{X_1}(x)p_{X_2}(y) \\
&= (1-\alpha)^2\alpha^{x+y-2}\,\tilde{u}(x-1)\,\tilde{u}(y-1) \qquad (5.526)
\end{aligned}
$$

이다. 이 식을 바탕으로 (5.102)를 쓰면 순서 통계량 $X_{[1]}$의 누적분포함수를

$$
\begin{aligned}
F_1(x) &= 1-\{1-F(x)\}^2 \\
&= \left(1-\alpha^{2x}\right)\tilde{u}(x-1) \qquad (5.527)
\end{aligned}
$$

처럼 얻을 수 있으므로 순서 통계량 $X_{[1]}$의 확률질량함수는

$$
\begin{aligned}
p_1(x) &= F_1(x)-F_1(x-1) \\
&= \left(1-\alpha^2\right)\alpha^{2x-2}\,\tilde{u}(x-1) \qquad (5.528)
\end{aligned}
$$

이다. 다시 (5.102)를 쓰면 순서 통계량 $X_{[2]}$의 누적분포함수는 $F_2(x) = F^2(x)$이므로

$$
F_2(x) = (1-\alpha^{x})^2\,\tilde{u}(x-1) \qquad (5.529)
$$

이고, 따라서 $X_{[2]}$의 확률질량함수는

$$
\begin{aligned}
p_2(x) &= F_2(x)-F_2(x-1) \\
&= (1-\alpha^{x})^2\,\tilde{u}(x-1)-\left(1-\alpha^{x-1}\right)^2\tilde{u}(x-2) \\
&= (1-\alpha)\alpha^{x-1}\left\{2-(1+\alpha)\alpha^{x-1}\right\}\tilde{u}(x-1) \qquad (5.530)
\end{aligned}
$$

이다. 다음에, 순서 통계량 벡터 $\left(X_{[1]},X_{[2]}\right)$의 결합 누적분포함수는 $x \le y$일 때

$$
\begin{aligned}
F_{1,2}(x,y) &= \sum_{j=2}^{2}\sum_{i=1}^{j} {}_2\mathrm{C}_j\,{}_j\mathrm{C}_i F^i(x)\{F(y)-F(x)\}^{j-i}\{1-F(y)\}^{2-j} \\
&= \sum_{i=1}^{2} {}_2\mathrm{C}_i F^i(x)\{F(y)-F(x)\}^{2-i} \\
&= 2F(x)F(y)-F^2(x) \qquad (5.531)
\end{aligned}
$$

이고, $x \ge y$일 때

$$
\begin{aligned}
F_{1,2}(x,y) &= F_2(y) \\
&= F^2(y) \qquad (5.532)
\end{aligned}
$$

이므로

$$F_{1,2}(x,y) \;=\; \begin{cases} \{2(1-\alpha^y)\,\tilde{u}(y-1)-(1-\alpha^x)\}(1-\alpha^x)\,\tilde{u}(x-1), & x \le y, \\ (1-\alpha^y)^2\,\tilde{u}(y-1), & x \ge y \end{cases} \tag{5.533}$$

임을 (5.143)에서 알 수 있다. ◇

5.6.3 순서 통계량 둘의 결합 확률질량함수 2

이산 공간에서 확률벡터 $\underline{X} = (X_1, X_2, \cdots, X_n)$의 순서 통계량을 생각하자. 먼저, $\underline{X}$의 r째 순서 통계량 $X_{(r)}$의 한계 확률질량함수 $p_{X_{(r)}}(x)$를 (5.487)과 같이 쓸 수 있다는 것을 정리 5.30에서 본 바 있다. 이제, 이와 비슷하게 (5.517)보다 이론적으로 좀 더 쓸모 있는 꼴로, 또 순서 통계량의 결합 누적분포함수를 먼저 얻지 않아도 쓸 수 있도록 r째 순서 통계량과 s째 순서 통계량의 결합 확률질량함수 $p_{r,s}(x,y)$를 바꾸어 나타내 보자. 이때, $\underline{X}$가 이산 확률벡터일 때에는, 연속 확률변수일 때와는 달리, 여러 확률변수가 같은 값을 가질 확률이 0이 아니라는 것을 새겨두어야 한다.

먼저, $r < s$이고 $x < y$일 때

$$\left\{X_{(1)}, X_{(2)}, \cdots, X_{(r)}, \cdots, X_{(s)}, \cdots, X_{(n)}\right\} \tag{5.534}$$

를 생각하여 $X_{(r)}$의 '왼쪽'에 있는 순서 통계량 가운데에서 i개가 $X_{(r)}$과 값이 같고, $X_{(r)}$의 '오른쪽'에 있는 순서 통계량 가운데에서 t개가 $X_{(r)}$과 값이 같으며, $X_{(s)}$의 '왼쪽'에 있는 순서 통계량 가운데에서 u개가 $X_{(s)}$와 값이 같고, $X_{(s)}$의 '오른쪽'에 있는 순서 통계량 가운데에서 j개가 $X_{(s)}$와 값이 같다고 하자. 그러면

$$\begin{aligned} p_{r,s}(x,y) &= \Pr\left\{X_{(r)} = x, X_{(s)} = y\right\} \\ &= \sum_{i,t,u,j} \Pr\left\{X_{(r-i-1)} < X_{(r-i)} = X_{(r-i+1)} = \cdots = X_{(r)} = \cdots = X_{(r+t)}\right. \\ &\qquad = x < X_{(r+t+1)}, X_{(s-u-1)} < X_{(s-u)} = X_{(s-u+1)} = \cdots \\ &\qquad \left. = X_{(s)} = \cdots = X_{(s+j)} = y < X_{(s+j+1)}\right\} \end{aligned} \tag{5.535}$$

임을 알 수 있다. 여기서, i의 범위는 $0 \le i \le r-1$이고 j의 범위는 $0 \le j \le n-s$라는 것을 쉽게 알 수 있다. 한편, t와 u는 0보다 작지 않고, 값이 y인 것 가운데 가장 왼쪽에 있는 순서 통계량과 값이 x인 것 가운데 가장 오른쪽에 있는 순서 통계량은 다른 것이어야 하므로, 곧 $(s-u)-(r+t) \ge 1$이어야 하므로

$$t+u \;\le\; s-r-1 \tag{5.536}$$

임을 알 수 있다.

이제, $X_{(1)}$부터 $X_{(r-i-1)}$까지는 확률변수가 $r-i-1$개, $X_{(r-i)}$부터 $X_{(r+t)}$까지는 확률변수가 $i+t+1$개, $X_{(r+t+1)}$부터 $X_{(s-u-1)}$까지는 확률변수가 $s-r-t-u-1$개, $X_{(s-u)}$부터

$X_{(s+j)}$까지는 확률변수가 $j+u+1$개, $X_{(s+j+1)}$부터 $X_{(n)}$까지는 확률변수가 $n-s-j$개 있으므로

$$\begin{aligned} p_{r,s}(x,y) &= \sum_{i=0}^{r-1}\sum_{j=0}^{n-s}\sum_{u,t} \Pr\{\{X_l\}_{l=1}^{n} \text{ 가운데 } r-i-1\text{개는 } x-1\text{보다 크지 않고,} \\ &\quad i+t+1\text{개는 } x\text{이며, } s-r-t-u-1\text{개는 } x+1, x+2, \cdots, \text{ 또는} \\ &\quad y-1\text{이고, } j+u+1\text{개는 } y\text{이며, } n-s-j\text{개는 } y+1\text{보다 작지 않다.}\} \\ &= \sum_{i=0}^{r-1}\sum_{j=0}^{n-s}\sum_{u,t} \frac{n!}{(r-i-1)!(i+t+1)!(s-r-t-u-1)!} \\ &\quad \cdot\frac{1}{(j+u+1)!(n-s-j)!} F^{r-1-i}(x-1)p^{i+t+1}(x) \\ &\quad \cdot\{F(y-1)-F(x)\}^{s-r-t-u-1}p^{j+u+1}(y)\{1-F(y)\}^{n-s-j} \end{aligned} \tag{5.537}$$

과 같이 쓸 수 있다. 이 식에서 $\sum\limits_{u,t}$는 (5.536)에서 알 수 있듯이 $u+t \le s-r-1$을 만족시키고 0보다 작지 않은 모든 정수 u와 t에서 더하는 것을 뜻하며, 구체적으로는 $\sum\limits_{u=0}^{s-r-1}\ \sum\limits_{t=0}^{s-r-u-1}$ 처럼 쓸 수 있다. 이제,

$$\begin{aligned} \tilde{C}_{n,s,r} &= \frac{n!}{(r-1)!(s-r-1)!(n-s)!} \\ &= \frac{1}{B(r, s-r, n-s+1)} \end{aligned} \tag{5.538}$$

처럼[76] 두자. 그러면 (5.490)에서 본 바와 같이

$$\frac{i!\ t!}{(i+t+1)!} = \int_0^1 \alpha^i(1-\alpha)^t d\alpha \tag{5.539}$$

이고, 이와 마찬가지로

$$\frac{j!\ u!}{(j+u+1)!} = \int_0^1 \beta^j(1-\beta)^u d\beta \tag{5.540}$$

이므로,

$$\begin{aligned} &\frac{n!}{(r-1-i)!(i+t+1)!(s-r-t-u-1)!(j+u+1)!(n-s-j)!} \\ &= \tilde{C}_{n,s,r}\frac{(s-r-1)!\,{}_{r-1}\mathrm{C}_i\,{}_{n-s}\mathrm{C}_j}{(s-r-1-t-u)!u!t!}\int_0^1\int_0^1 \alpha^i\beta^j(1-\alpha)^t(1-\beta)^u d\alpha d\beta \end{aligned} \tag{5.541}$$

이다. 위 (5.538)에서 $B(r, s-r, n-s+1)$은 (5.278)에서 다룬 바 있는 세 변수 베타 함수이다. 따라서, (5.541)을 써서 (5.537)을 바꾸어 쓰면

$$p_{r,s}(x,y) = \tilde{C}_{n,s,r}\int_0^1\int_0^1 \sum_{i=0}^{r-1}\sum_{j=0}^{n-s}\sum_{u=0}^{s-r-1}\sum_{t=0}^{s-r-u-1} {}_{r-1}\mathrm{C}_i\,{}_{n-s}\mathrm{C}_j\alpha^i\beta^j(1-\alpha)^t(1-\beta)^u$$

---

[76] 한편, $\tilde{C}_{n,s,r} = n(n-1)\,{}_{n-2}\mathrm{C}_{s-2}\,{}_{s-2}\mathrm{C}_{r-1} = \frac{L(n,s,r)}{2^{n-r+1}}$ 이다.

$$
\begin{aligned}
&\cdot\frac{(s-r-1)!}{(s-r-1-u-t)!u!t!}F^{r-1-i}(x-1)p^{i+t+1}(x)\\
&\cdot\{F(y-1)-F(x)\}^{s-r-t-u-1}p^{j+u+1}(y)\{1-F(y)\}^{n-s-j}d\alpha d\beta\\
=\ & \tilde{C}_{n,s,r}\int_0^1\int_0^1\sum_{i=0}^{r-1}{}_{r-1}\mathrm{C}_i\sum_{j=0}^{n-s}{}_{n-s}\mathrm{C}_j\sum_{u=0}^{s-r-1}\sum_{t=0}^{s-r-u-1}\\
&\cdot\left\{\frac{(s-r-1)!}{(s-r-1-u-t)!u!t!}\{F(y-1)-F(x)\}^{s-r-1-u-t}p^{1+i+t}(x)(1-\alpha)^t\right\}\\
&\cdot p^{1+j+u}(y)(1-\beta)^u\{1-F(y)\}^{n-s-j}\beta^jF^{r-1-i}(x-1)\alpha^i d\alpha d\beta \qquad (5.542)
\end{aligned}
$$

이고, 이 식을 안쪽 합부터 계산하면

$$
\begin{aligned}
p_{r,s}(x,y)\ =\ & \tilde{C}_{n,s,r}\int_0^1\int_0^1\sum_{i=0}^{r-1}{}_{r-1}\mathrm{C}_ip^{1+i}(x)\sum_{j=0}^{n-s}{}_{n-s}\mathrm{C}_j\sum_{u=0}^{s-r-1}\\
&\cdot\left[\frac{(s-r-1)!}{(s-r-1-u)!u!}\{F(y-1)-F(x)+(1-\alpha)p(x)\}^{s-r-1-u}p^{1+j+u}(y)(1-\beta)^u\right]\\
&\cdot\{1-F(y)\}^{n-s-j}\beta^jF^{r-1-i}(x-1)\alpha^i d\alpha d\beta\\
=\ & \tilde{C}_{n,s,r}\int_0^1\int_0^1\sum_{i=0}^{r-1}{}_{r-1}\mathrm{C}_ip^{1+i}(x)\\
&\cdot\left[\sum_{j=0}^{n-s}{}_{n-s}\mathrm{C}_jp^{1+j}(y)\{F(y-1)-F(x)+(1-\alpha)p(x)+(1-\beta)p(y)\}^{s-r-1}\right]\\
&\cdot\{1-F(y)\}^{n-s-j}\beta^jF^{r-1-i}(x-1)\alpha^i d\alpha d\beta\\
=\ & \tilde{C}_{n,s,r}\int_0^1\int_0^1 p(x)\{F(x-1)+\alpha p(x)\}^{r-1}p(y)\{1-F(y)+\beta p(y)\}^{n-s}\\
&\cdot\{F(y-1)-F(x)+(1-\alpha)p(x)+(1-\beta)p(y)\}^{s-r-1}d\alpha d\beta \qquad (5.543)
\end{aligned}
$$

이다. 이 식에서 $w=F(y)-\beta p(y)$와 $v=F(x-1)+\alpha p(x)$라고 두면 $p(x)d\alpha=dv$이고 $-p(y)d\beta=dw$이다. 또, $F(x-1)+p(x)=F(x)$, $F(y)-p(y)=F(y-1)$, 그리고

$$
\begin{aligned}
&F(y-1)-F(x)+(1-\alpha)p(x)+(1-\beta)p(y)\\
&=\ F(y)-F(x-1)-\alpha p(x)-\beta p(y)\\
&=\ F(y)-\beta p(y)-\{F(x-1)+\alpha p(x)\}\\
&=\ w-v \qquad (5.544)
\end{aligned}
$$

임을 새기면

$$
\begin{aligned}
p_{r,s}(x,y)\ &=\ \tilde{C}_{n,s,r}\int_{F(y)}^{F(y-1)}\int_{F(x-1)}^{F(x)}v^{r-1}(w-v)^{s-r-1}(1-w)^{n-s}(-dv\,dw)\\
&=\ \tilde{C}_{n,s,r}\int_{F(y-1)}^{F(y)}\int_{F(x-1)}^{F(x)}v^{r-1}(w-v)^{s-r-1}(1-w)^{n-s}dv\,dw \qquad (5.545)
\end{aligned}
$$

를 얻는다.

이와 비슷하게 $r < s$이고 $x = y$일 때

$$\{X_{(1)}, X_{(2)}, \cdots, X_{(r-1)}, X_{(r)} = X_{(r+1)} = \cdots = X_{(s)}, X_{(s+1)}, \cdots, X_{(n)}\} \tag{5.546}$$

을 생각하고, $X_{(r)}$의 '왼쪽'에 있는 순서 통계량 가운데에서 $X_{(r)}$과 값이 같은 것의 개수를 i, 그리고, $X_{(s)}$의 '오른쪽'에 있는 순서 통계량 가운데에서 $X_{(s)}$와 값이 같은 것의 개수를 j라고 하면

$$\begin{aligned} p_{r,s}(x,y) &= \sum_{i=0}^{r-1}\sum_{j=0}^{n-s} \text{Pr}\{\{X_l\}_{l=1}^{n} \text{ 가운데 } r-i-1\text{개는 } x-1\text{보다 크지 않고,} \\ &\qquad s-r+i+j+1\text{개는 } x\text{이며, } n-s-j\text{개는 } x+1\text{보다 작지 않다.}\} \\ &= \sum_{i=0}^{r-1}\sum_{j=0}^{n-s} \frac{n!}{(r-i-1)!(s-r+i+j+1)!(n-s-j)!} \\ &\qquad \cdot F^{r-1-i}(x-1)p^{s-r+i+j+1}(x)\{1-F(x)\}^{n-s-j} \end{aligned} \tag{5.547}$$

이다. 여기서,

$$\begin{aligned} \frac{(s-r-1)!\ i!\ j!}{(s-r+i+j+1)!} &= \frac{\Gamma(s-r)\Gamma(i+1)}{\Gamma(s-r+i+1)} \frac{\Gamma(s-r+i+1)\Gamma(j+1)}{\Gamma(s-r+i+j+2)} \\ &= B(i+1, s-r)B(j+1, s-r+i+1) \\ &= \int_0^1\int_0^1 \alpha^i(1-\alpha)^{s-r-1}\beta^{s-r+i}(1-\beta)^j d\alpha\, d\beta \end{aligned} \tag{5.548}$$

이므로 (5.547)을

$$\begin{aligned} p_{r,s}(x,y) &= \tilde{C}_{n,s,r}\int_0^1\int_0^1 \sum_{i=0}^{r-1}\sum_{j=0}^{n-s} {}_{r-1}\mathrm{C}_i\, {}_{n-s}\mathrm{C}_j F^{r-1-i}(x-1)p^{s-r+i+j+1}(x) \\ &\qquad \cdot\{1-F(x)\}^{n-s-j}\alpha^i(1-\alpha)^{s-r-1}\beta^{s-r+i}(1-\beta)^j d\alpha d\beta \end{aligned} \tag{5.549}$$

처럼 쓸 수 있다. 이제, (5.549) 안에 있는 두 합을 계산하면

$$\begin{aligned} p_{r,s}(x,y) &= \tilde{C}_{n,s,r}\int_0^1\int_0^1 (1-\alpha)^{s-r-1}\beta^{s-r}p^{s-r+1}(x) \\ &\qquad \cdot\left\{\sum_{i=0}^{r-1} {}_{r-1}\mathrm{C}_i F^{r-1-i}(x-1)p^i(x)\alpha^i\beta^i\right\} \\ &\qquad \cdot\left\{\sum_{j=0}^{n-s} {}_{n-s}\mathrm{C}_j p^j(x)\{1-F(x)\}^{n-s-j}(1-\beta)^j\right\} d\alpha d\beta \\ &= \tilde{C}_{n,s,r}\int_0^1\left[\int_0^1 \{F(x-1)+\alpha\beta p(x)\}^{r-1}\{(1-\alpha)\beta p(x)\}^{s-r-1}\beta p(x)d\alpha\right] \\ &\qquad \cdot\{1-F(x)+(1-\beta)p(x)\}^{n-s}p(x)d\beta \end{aligned} \tag{5.550}$$

을 얻는다. 이 식의 안쪽 적분에서 $v = F(x-1) + \alpha\beta p(x)$라고 두면, $\beta p(x)d\alpha = dv$이고, $(1-\alpha)\beta p(x) = \beta p(x) - v + F(x-1)$이며, $\alpha = 0$이면 $v = F(x-1)$이고, $\alpha = 1$이면 $v = F(x-1) + \beta p(x)$이므로

$$\begin{aligned} p_{r,s}(x,y) &= \tilde{C}_{n,s,r} \int_0^1 \int_{F(x-1)}^{F(x-1)+\beta p(x)} v^{r-1}\{\beta p(x) - v + F(x-1)\}^{s-r-1} dv \\ &\quad \cdot \{1 - F(x) + (1-\beta)p(x)\}^{n-s} p(x) d\beta \end{aligned} \tag{5.551}$$

처럼 쓸 수 있다. 이제, $w = F(x-1) + \beta p(x)$라고 두면, $p(x)d\beta = dw$이고, $1 - F(x) + (1 - \beta)p(x) = 1 - w$이며, $\beta = 0$이면 $w = F(x-1)$이고, $\beta = 1$이면 $w = F(x-1) + p(x) = F(x)$이므로 (5.551)에서 $r < s$이고 $x = y$일 때

$$p_{r,s}(x,y) = \tilde{C}_{n,s,r} \int_{F(x-1)}^{F(x)} \int_{F(x-1)}^{w} v^{r-1}(w-v)^{s-r-1}(1-w)^{n-s} dv dw \tag{5.552}$$

를 얻는다.

따라서, 이산 영역에서는 $\{x < y\}$와 $\{x \le y-1\}$이 같다는 것을 새기고 적분 영역을

$$D_0 = \{(v,w) : F(x-1) \le v \le F(x),\ F(y-1) \le w \le F(y),\ v \le w\} \tag{5.553}$$

처럼 두면, (5.545)와 (5.552)를 바탕으로 $r < s$일 때

$$p_{r,s}(x,y) = \left\{ \tilde{C}_{n,s,r} \int\int_{D_0} v^{r-1}(w-v)^{s-r-1}(1-w)^{n-s} dv dw \right\} \tilde{u}(y-x) \tag{5.554}$$

임을[77] 알 수 있다.

보기 5.88 독립이고 분포가 같은 이산 확률벡터의 한계 확률 분포가 $p(i) = \Pr\{X = i\} = \frac{1}{4}$, $i = 1,2,3,4$일 때 적분 영역 (5.553)과 확률질량함수 (5.554)를 살펴보자.

풀이 먼저, $F(1) = \frac{1}{4}$이고, $F(2) = \frac{1}{2}$이며, $F(3) = \frac{3}{4}$이다. 이제, $(x,y) = (2,3)$이면 적분 영역은 네모인

$$D_0 = \left\{(v,w) : \frac{1}{4} \le v \le \frac{1}{2}, \frac{1}{2} \le w \le \frac{3}{4}\right\} \tag{5.555}$$

임을 알 수 있다. 따라서,

$$\begin{aligned} p_{r,s}(2,3) &= \Pr\{X_{(r)} = 2, X_{(s)} = 3\} \\ &= \tilde{C}_{n,s,r} \int_{\frac{1}{2}}^{\frac{3}{4}} \int_{\frac{1}{4}}^{\frac{1}{2}} v^{r-1}(w-v)^{s-r-1}(1-w)^{n-s} dv\, dw \end{aligned} \tag{5.556}$$

이다. 한편, $(x,y) = (3,3)$이면 적분 영역은

$$\left\{(v,w) : \frac{1}{2} \le v \le \frac{3}{4}, \frac{1}{2} \le w \le \frac{3}{4}, v \le w\right\} \tag{5.557}$$

이 나타내는 세모이고

$$p_{r,s}(3,3) = \Pr\{X_{(r)} = 3, X_{(s)} = 3\}$$

[77]말할 것도 없이, $r < s$일 때 $x > y$이면 $p_{r,s}(x,y) = 0$이다. 한편, 부록 5.5에 (5.554)를 얻는 다른 방법을 적어 두었다.

$$= \tilde{C}_{n,s,r} \int_{\frac{1}{2}}^{\frac{3}{4}} \int_{\frac{1}{2}}^{w} v^{r-1}(w-v)^{s-r-1}(1-w)^{n-s} dv\, dw \tag{5.558}$$

이다. 이제, $n=5$, $s=4$, $r=2$이면 $\tilde{C}_{5,4,2} = \frac{5!}{(4-2-1)!1!1!} = 120$이므로

$$\begin{aligned} p_{2,4}(2,3) &= \Pr\{X_{(2)}=2, X_{(4)}=3\} \\ &= 120 \int_{\frac{1}{2}}^{\frac{3}{4}} \int_{\frac{1}{4}}^{\frac{1}{2}} v(w-v)(1-w) dv\, dw \\ &= \frac{15}{32} \end{aligned} \tag{5.559}$$

이고,

$$\begin{aligned} p_{2,4}(3,3) &= \Pr\{X_{(2)}=3, X_{(4)}=3\} \\ &= 120 \int_{\frac{1}{2}}^{\frac{3}{4}} \int_{\frac{1}{2}}^{w} v(w-v)(1-w) dv\, dw \\ &= \frac{7}{128} \end{aligned} \tag{5.560}$$

이다. ◇

보기 5.89 보기 5.86에서 다룬 확률분포를 다시 생각하자. 곧, 독립이고 분포가 같은 이산 확률벡터 $\underline{X} = (X_1, X_2, X_3)$의 한계 확률질량함수가

$$p_X(i) = \begin{cases} \frac{1}{2}, & i=1; \quad \frac{1}{3}, \ i=2; \\ \frac{1}{6}, & i=3; \quad 0, \ \text{그 밖에는} \end{cases} \tag{5.561}$$

일 때를 생각하자. 그러면 $F(1) = \frac{3}{6}$, $F(2) = \frac{5}{6}$, $F(3) = 1$이다. 이제, $1 \le r < s \le n = 3$인 (r,s)를 생각하면 $(r,s) = (1,2)$, $(1,3)$, 또는 $(2,3)$이다. 이때, $\tilde{C}_{n,s,r} = \frac{3!}{0!0!1!} = 6$이므로 (5.554)를 바탕으로 결합 확률질량함수를 얻으면 아래와 같다. 먼저,

$$\begin{aligned} p_{1,2}(x,y) &= \begin{cases} 6\int_{F(y-1)}^{F(y)} \int_{F(x-1)}^{F(x)} (1-w) dv\, dw, & x<y, \\ 6\int_{F(y-1)}^{F(y)} \int_{F(x-1)}^{w} (1-w) dv\, dw, & x=y, \\ 0, & x>y \end{cases} \\ &= \begin{cases} 6p(x)\int_{F(y-1)}^{F(y)} (1-w) dw, & x<y, \\ 6\int_{F(y-1)}^{F(y)} \left[-w^2 + \{1+F(y-1)\}w - F(y-1)\right] dw, & x=y, \\ 0, & x>y \end{cases} \\ &= \begin{cases} 3p(x)p(y)\{2-F(y)-F(y-1)\}, & x<y, \\ p^2(y)\{3-2F(y)-F(y-1)\}, & x=y, \\ 0, & x>y \end{cases} \end{aligned} \tag{5.562}$$

에서 $p_{1,2}(1,1) = \frac{1}{2}\left(\frac{3}{2} - 2\cdot\frac{1}{4}\right) = \frac{1}{2}$, $p_{1,2}(1,2) = 3\cdot\frac{1}{2}\cdot\frac{1}{3}\left(2-\frac{5}{6}-\frac{1}{2}\right) = \frac{1}{3}$, $p_{1,2}(1,3) = 3\cdot\frac{1}{2}\cdot\frac{1}{6}\left(2-1-\frac{5}{6}\right) = \frac{1}{24}$, $p_{1,2}(2,2) = \frac{1}{9}\left(3-2\cdot\frac{5}{6}-\frac{1}{2}\right) = \frac{5}{54}$, $p_{1,2}(2,3) = 3\cdot\frac{1}{3}\cdot\frac{1}{6}\cdot\frac{1}{6} = \frac{1}{36}$, $p_{1,2}(3,3) = \frac{1}{36}\left(3-2-\frac{5}{6}\right) = \frac{1}{216}$을 얻는다. 이 값들을 바탕으로

$$\sum_y p_{1,2}(1,y) = \frac{1}{2} + \frac{1}{3} + \frac{1}{24} = \frac{189}{216} = p_1(1) \tag{5.563}$$

이고,

$$\sum_y p_{1,2}(2,y) = \frac{20}{216} + \frac{1}{36} = \frac{26}{216} = p_1(2) \tag{5.564}$$

이며,

$$\sum_y p_{1,2}(3,y) = p_{1,2}(3,3) = \frac{1}{216} = p_1(3) \tag{5.565}$$

임을 알 수 있다. 마찬가지로,

$$p_{1,2}(x,y) \;=\; \begin{cases} 6\int_{F(y-1)}^{F(y)}\int_{F(x-1)}^{F(x)}(w-v)dv\,dw, & x<y, \\ 6\int_{F(y-1)}^{F(y)}\int_{F(x-1)}^{w}(w-v)dv\,dw, & x=y, \\ 0, & x>y \end{cases} \tag{5.566}$$

에서 $p_{1,3}(1,1)=\frac{1}{8}$, $p_{1,3}(1,2)=\frac{5}{12}$, $p_{1,3}(1,3)=\frac{1}{3}$, $p_{1,3}(2,2)=\frac{1}{27}$, $p_{1,3}(2,3)=\frac{1}{12}$, $p_{1,3}(3,3)=\frac{1}{216}$을 얻어

$$\sum_y p_{1,3}(1,y) = \frac{27}{216} + \frac{30}{72} + \frac{24}{72} = \frac{189}{216} = p_1(1) \tag{5.567}$$

이고,

$$\sum_y p_{1,3}(2,y) = \frac{8}{216} + \frac{1}{12} = \frac{26}{216} = p_1(2) \tag{5.568}$$

이며,

$$\sum_y p_{1,3}(3,y) = p_{1,3}(3,3) = \frac{1}{216} = p_1(3) \tag{5.569}$$

임을 알 수 있다. 또,

$$p_{1,2}(x,y) \;=\; \begin{cases} 6\int_{F(y-1)}^{F(y)}\int_{F(x-1)}^{F(x)} v dv dw, & x<y, \\ 6\int_{F(y-1)}^{F(y)}\int_{F(x-1)}^{w} v dv dw, & x=y, \\ 0, & x>y \end{cases} \tag{5.570}$$

에서 $p_{2,3}(1,1)=\frac{1}{8}$, $p_{2,3}(1,2)=\frac{1}{4}$, $p_{2,3}(1,3)=\frac{1}{8}$, $p_{2,3}(2,2)=\frac{11}{54}$, $p_{2,3}(2,3)=\frac{2}{9}$, $p_{2,3}(3,3)=\frac{2}{27}$를 얻어

$$\sum_y p_{2,3}(1,y) = \frac{1}{8} + \frac{1}{4} + \frac{1}{8} = \frac{1}{2} = p_2(1) \tag{5.571}$$

이고,

$$\sum_y p_{2,3}(2,y) = \frac{44}{216} + \frac{2}{9} = \frac{92}{216} = p_2(2) \tag{5.572}$$

이며,

$$\sum_{y} p_{2,3}(3,y) = p_{2,3}(3,3) = \frac{16}{216} = p_2(3) \tag{5.573}$$

임을[78] 쉽게 알 수 있다. ◇

정리 5.32 **순서 통계량 둘의 결합 확률질량함수의 합** 독립이고 분포가 같으며 한계 확률질량함수가 p인 이산 확률벡터 $\underline{X} = (X_1, X_2, \cdots, X_n)$을 생각하자. 이제, $\underline{X}$의 r째 순서 통계량과 s째 순서 통계량의 결합 확률질량함수를 $p_{r,s}$라고 하면

$$\frac{2}{n(n-1)} \sum_{s=2}^{n} \sum_{r=1}^{s-1} p_{r,s}(x,y) = \begin{cases} 2p(x)p(y), & x < y, \\ p^2(x), & x = y, \\ 0, & x > y \end{cases} \tag{5.574}$$

이다. ■■

증명 먼저, (5.307)에서 알 수 있는 바와 같이 $\sum_{s=2}^{n} \sum_{r=1}^{s-1} \tilde{C}_{n,s,r} v^{r-1}(w-v)^{s-r-1}(1-w)^{n-s} = n(n-1)$이다. 다음에, $\underline{X}$의 한계 누적분포함수를 F라고 하면 $x < y$일 때

$$\begin{aligned} \int_{F(y-1)}^{F(y)} \int_{F(x-1)}^{F(x)} dvdw &= \{F(x) - F(x-1)\}\{F(y) - F(y-1)\} \\ &= p(x)p(y) \end{aligned} \tag{5.575}$$

이고, $x = y$일 때

$$\begin{aligned} \int_{F(x-1)}^{F(x)} \int_{F(x-1)}^{w} dvdw &= \int_{F(x-1)}^{F(x)} \{w - F(x-1)\}\, dw \\ &= \frac{1}{2}\left\{F^2(x) - F^2(x-1)\right\} - F(x-1)\{F(x) - F(x-1)\} \\ &= \frac{1}{2}p^2(x) \end{aligned} \tag{5.576}$$

이다. 따라서, (5.574)임을 알 수 있다. □

식 (5.574)를 바꾸어

$$\frac{2}{n(n-1)} \sum_{s=2}^{n} \sum_{r=1}^{s-1} p_{r,s}(x,y) = p(x)p(y)\{\tilde{u}(y-x-1) + \tilde{u}(y-x)\} \tag{5.577}$$

처럼 나타낼 수도 있다. 또한, (5.517)에 보인

$$\begin{aligned} p_{r,s}(x,y) = \{&F_{r,s}(x,y) - F_{r,s}(x-1,y) - F_{r,s}(x,y-1) \\ &+ F_{r,s}(x-1,y-1)\}\, \tilde{u}(y-x) \end{aligned} \tag{5.578}$$

---

[78] 문제 5.26에서는 $\sum_{x} p_{1,2}(x,y) = p_2(y)$, $\sum_{x} p_{1,3}(x,y) = p_3(y)$, $\sum_{x} p_{2,3}(x,y) = p_3(y)$인지 살펴본다.

을 써서 정리 5.7에서 얻은 (5.173)을 바탕으로

$$\sum_{s=2}^{n}\sum_{r=1}^{s-1} p_{r,s}(x,y) = \begin{cases} n(n-1)\left\{F(x)F(y) - \frac{1}{2}F^2(x) - F(x-1)F(y) \right. \\ \quad +\frac{1}{2}F^2(x-1) - F(x)F(y-1) + \frac{1}{2}F^2(x) \\ \quad \left. +F(x-1)F(y-1) - \frac{1}{2}F^2(x-1)\right\}, & x \le y-1, \\ n(n-1)\left\{\frac{1}{2}F^2(y) - F(x-1)F(y) + \frac{1}{2}F^2(x-1) \right. \\ \quad \left. -\frac{1}{2}F^2(y-1) + \frac{1}{2}F^2(y-1)\right\}, & x = y, \\ \frac{1}{2}n(n-1)\left\{F^2(y) - F^2(y) - F^2(y-1) \right. \\ \quad \left. +F^2(y-1)\right\}, & x = y+1, \\ 0, & x \ge y+2 \end{cases}$$

$$= \begin{cases} n(n-1)p(x)p(y), & x \le y-1, \\ \frac{1}{2}n(n-1)p^2(y), & x = y, \\ 0, & x \ge y+1 \end{cases} \tag{5.579}$$

처럼 정리 5.32를 보일 수도 있다.

보기 5.90 독립이고 분포가 같은 이산 확률벡터 $\underline{X} = (X_1, X_2, X_3)$의 한계 확률질량함수가

$$p_X(i) = \begin{cases} \frac{1}{2}, \ i = 1; & \frac{1}{3}, \ i = 2; \\ \frac{1}{6}, \ i = 3; & 0, \ \text{그 밖에는} \end{cases} \tag{5.580}$$

이면,

$$\begin{array}{lll} p_{1,2}(1,1) = \frac{1}{2}, & p_{1,2}(1,2) = \frac{1}{3}, & p_{1,2}(1,3) = \frac{1}{24}, \\ p_{1,2}(2,2) = \frac{5}{54}, & p_{1,2}(2,3) = \frac{1}{36}, & p_{1,2}(3,3) = \frac{1}{216} \end{array} \tag{5.581}$$

이고,

$$\begin{array}{lll} p_{1,3}(1,1) = \frac{1}{8}, & p_{1,3}(1,2) = \frac{5}{12}, & p_{1,3}(1,3) = \frac{1}{3}, \\ p_{1,3}(2,2) = \frac{1}{27}, & p_{1,3}(2,3) = \frac{1}{12}, & p_{1,3}(3,3) = \frac{1}{216} \end{array} \tag{5.582}$$

이며,

$$\begin{array}{lll} p_{2,3}(1,1) = \frac{1}{8}, & p_{2,3}(1,2) = \frac{1}{4}, & p_{2,3}(1,3) = \frac{1}{8}, \\ p_{2,3}(2,2) = \frac{11}{54}, & p_{2,3}(2,3) = \frac{2}{9}, & p_{2,3}(3,3) = \frac{2}{27} \end{array} \tag{5.583}$$

임을 보기 5.89에서 보았다. 이 식을 바탕으로 (5.574)를 확인해 보자.

풀이 식 (5.581)–(5.583)을 바탕으로 쉽게

$$\sum_{s=2}^{n}\sum_{r=1}^{s-1} p_{r,s}(x,y) = p_{1,2}(x,y) + p_{1,3}(x,y) + p_{2,3}(x,y)$$

$$= \begin{cases} \frac{3}{4}, \ (x,y) = (1,1); & 1, \ (x,y) = (1,2); & \frac{1}{2}, \ (x,y) = (1,3); \\ \frac{1}{3}, \ (x,y) = (2,2); & \frac{1}{3}, \ (x,y) = (2,3); & \frac{1}{12}, \ (x,y) = (3,3); \\ 0, \ \text{그 밖에는} \end{cases}$$

$$= \begin{cases} 6p(x)p(y), \ x < y; \ 3p^2(x), \ x = y; \\ 0, \quad x > y \end{cases} \tag{5.584}$$

임을 알 수 있다. ◇

5.7 순서 통계량 분포에서 처음 분포 얻기*

이제까지 독립이고 분포가 같은 확률벡터 $\underline{X} = (X_1, X_2, \cdots, X_n)$의 한계 분포를 알 때 $\underline{X}$의 순서 통계량의 분포를 어떻게 얻는지 다루었다. 이제는 거꾸로 생각하여, 독립이고 분포가 같은 확률벡터 $\underline{X}$에서 얻은 순서 통계량 벡터 $\underline{X_{[\cdot]}}$의 – 또는 그 부벡터의 – 분포를 알 때 $\underline{X}$의 분포를 얻는 문제를 다루어 보자. 누적분포함수와 확률밀도함수 – 또는 누적분포함수와 확률질량함수 – 가운데 어느 것을 알고 있더라도 다른 것을 쉽게 얻을 수 있으므로 여기서는 누적분포함수를 바탕으로 생각해 보자.

먼저, 독립이고 분포가 같은 확률벡터 $\underline{X} = (X_1, X_2, \cdots, X_n)$에서 얻은 순서 통계량 $\underline{X_{[\cdot]}}$의 한계 누적분포함수 $\left\{F_{X_{[r]}}\right\}_{r=1}^{n}$을 안다면 (5.131)을 바탕으로

$$F(x) \;=\; \frac{1}{n}\sum_{r=1}^{n} F_{X_{[r]}}(x) \tag{5.585}$$

처럼 $\underline{X}$의 한계 누적분포함수 F를 얻을 수 있으며, 이것을 바탕으로 한계 확률밀도함수나 한계 확률질량함수를 얻을 수 있다. 이와 비슷하게 독립이고 분포가 같은 확률벡터 $\underline{X}$에서 얻은 순서 통계량 $\underline{X_{[\cdot]}}$의 한계 확률밀도함수 $\left\{f_{X_{[r]}}\right\}_{r=1}^{n}$을 안다면 (5.250)을 써서

$$f(x) \;=\; \frac{1}{n}\sum_{r=1}^{n} f_{X_{[r]}}(x) \tag{5.586}$$

처럼 $\underline{X}$의 한계 확률밀도함수 f를, 또 독립이고 분포가 같은 확률벡터 $\underline{X}$에서 얻은 순서 통계량 $\underline{X_{[\cdot]}}$의 한계 확률질량함수 $\left\{p_{X_{[r]}}\right\}_{r=1}^{n}$을 안다면 (5.504)를 바탕으로

$$p(x) \;=\; \frac{1}{n}\sum_{r=1}^{n} p_{X_{[r]}}(x) \tag{5.587}$$

처럼 $\underline{X}$의 한계 확률질량함수 p를 얻을 수 있다. 한편, 독립이고 분포가 같은 확률벡터 $\underline{X}$에서 얻은 순서 통계량 둘의 결합 분포를 모두 알 때에는 결합 분포에서 순서 통계량의 한계 분포를 모두 얻어 위와 비슷하게 $\underline{X}$의 한계 누적분포함수 F, 한계 확률밀도함수 f, 또는 한계 확률질량함수 p를 얻을 수 있다.

보기 5.91 독립이고 분포가 같은 연속 확률벡터 $\underline{X} = (X_1, X_2, X_3, X_4)$에서 얻은 r째 순서 통계량의 한계 확률밀도함수가 $r = 1, 2, 3, 4$일 때

$$f_r(x) \;=\; \frac{24\alpha}{(r-1)!(4-r)!}\, e^{-\alpha(5-r)x}\left(1-e^{-\alpha x}\right)^{r-1} u(x) \tag{5.588}$$

이다. 이때, $\underline{X}$의 한계 확률밀도함수를 얻어 보자.

풀이 식 (5.586)을 쓰면, $\underline{X}$의 한계 확률밀도함수

$$\begin{aligned} f(x) &= \alpha e^{-\alpha x}\left\{e^{-3\alpha x}+3e^{-2\alpha x}\left(1-e^{-\alpha x}\right)+3e^{-\alpha x}\left(1-e^{-\alpha x}\right)^2+\left(1-e^{-\alpha x}\right)^3\right\}u(x) \\ &= \alpha e^{-\alpha x}u(x) \end{aligned} \tag{5.589}$$

를 얻는다. ◇

보기 5.92 독립이고 분포가 같은 연속 확률벡터 $\underline{X}=(X_1,X_2)$에서 얻은 r째 순서 통계량의 한계 누적분포함수를 F_r이라고 할 때,

$$F_1(x) = \begin{cases} 1, & x\geq 1; \quad \frac{1}{4}(1+x)(3-x), \quad -1\leq x\leq 1; \\ 0, & x\leq -1 \end{cases} \tag{5.590}$$

이고

$$F_2(x) = \begin{cases} 1, & x\geq 1; \quad \frac{1}{4}(1+x)^2, \quad -1\leq x\leq 1; \\ 0, & x\leq -1 \end{cases} \tag{5.591}$$

이다. 이때, $\underline{X}$의 한계 누적분포함수를 얻어 보자.

풀이 식 (5.585)를 쓰면, $\underline{X}$의 한계 누적분포함수

$$\begin{aligned} F(x) &= \frac{1}{2}\sum_{r=1}^{2}F_r(x) \\ &= \begin{cases} \frac{1}{2}(1+1), & x\geq 1 \\ \frac{1}{2}\left\{\frac{1}{4}(1+x)(3-x)+\frac{1}{4}(1+x)^2\right\}, & -1\leq x\leq 1, \\ \frac{1}{2}(0+0), & x\leq -1 \end{cases} \\ &= \begin{cases} 1, & x\geq 1; \quad \frac{1}{2}(1+x), \quad -1\leq x\leq 1; \\ 0, & x\leq -1 \end{cases} \end{aligned} \tag{5.592}$$

를 얻는다. ◇

보기 5.93 보기 5.85에서 보았듯이, 독립이고 분포가 같은 이산 확률벡터 $\underline{X}=(X_1,X_2,X_3)$에서 얻은 r째 순서 통계량의 한계 확률질량함수를 p_r이라고 할 때

$$p_1(1)=\frac{189}{216}, \quad p_1(2)=\frac{26}{216}, \quad p_3(3)=\frac{1}{216} \tag{5.593}$$

이고,

$$p_2(1)=\frac{108}{216}, \quad p_2(2)=\frac{92}{216}, \quad p_2(3)=\frac{16}{216} \tag{5.594}$$

이며,

$$p_3(1)=\frac{27}{216}, \quad p_3(2)=\frac{98}{216}, \quad p_3(3)=\frac{91}{216} \tag{5.595}$$

이면, $\underline{X}$의 한계 확률질량함수 p_X는

$$
\begin{aligned}
p_X(i) &= \frac{1}{3}\sum_{r=1}^{3} p_r(i) \\
&= \begin{cases} \frac{1}{3}\left(\frac{189}{216}+\frac{108}{216}+\frac{27}{216}\right), & i=1, \\ \frac{1}{3}\left(\frac{26}{216}+\frac{92}{216}+\frac{98}{216}\right), & i=2, \\ \frac{1}{3}\left(\frac{1}{216}+\frac{16}{216}+\frac{91}{216}\right), & i=3, \\ 0, & \text{그 밖에는} \end{cases} \\
&= \begin{cases} \frac{1}{2}, \ i=1; & \frac{1}{3}, \ i=2; \\ \frac{1}{6}, \ i=3; & 0, \ \text{그 밖에는} \end{cases}
\end{aligned}
\tag{5.596}
$$

이다. ◇

다음에, r째 순서 통계량의 누적분포함수 $F_{X_{[r]}}(x)$를 안다면 이론적으로는 $F(x)$의 n차 방정식

$$
\sum_{j=r}^{n} {}_n\mathrm{C}_j F^j(x)\{1-F(x)\}^{n-j} = F_{X_{[r]}}(x) \tag{5.597}
$$

을 풀어서 $F(x)$를 얻을 수 있다. 그러나, 잘 알려진 것처럼 $n = 4, 5, \cdots$이면 이 방정식들을 풀기 쉽지 않다. 다만, $F_{X_{[n]}}(x) = F^n(x)$이고 $F_{X_{[1]}}(x) = 1 - \{1-F(x)\}^n$이므로 $F_{X_{[n]}}(x)$나 $F_{X_{[1]}}(x)$를 안다면

$$
F(x) = \left\{F_{X_{[n]}}(x)\right\}^{\frac{1}{n}} \tag{5.598}
$$

과

$$
F(x) = 1 - \left\{1 - F_{X_{[1]}}(x)\right\}^{\frac{1}{n}} \tag{5.599}
$$

처럼 $F(x)$를 얻을 수 있다.

보기 5.94 독립이고 분포가 같은 4차원 이산 확률벡터에서 가장 큰 순서 통계량의 누적분포함수가

$$
F_{X_{[4]}}(x) = \begin{cases} 0, \quad x<1; & \frac{1}{81}, \quad 1 \le x < 2; \\ \frac{1}{16}, \quad 2 \le x < 3; & 1, \quad x \ge 3 \end{cases} \tag{5.600}
$$

이다. 이때, 가장 작은 순서 통계량의 누적분포함수 $F_{X_{[1]}}$을 얻어 보자.

풀이 먼저, (5.598)을 쓰면 쉽게 $F(1) = \left(\frac{1}{81}\right)^{\frac{1}{4}} = \frac{1}{3}$, $F(2) = \left(\frac{1}{16}\right)^{\frac{1}{4}} = \frac{1}{2}$, $F(3) = 1^{\frac{1}{4}} = 1$을 얻는다. 이것을 바탕으로 나머지 세 순서 통계량의 누적분포함수 $F_{X_{[1]}}$, $F_{X_{[2]}}$, $F_{X_{[3]}}$과 확률질량함수 $p_{X_{[1]}}$, $p_{X_{[2]}}$, $p_{X_{[3]}}$을 얻을 수 있다. 보기를 들어, $F_{X_{[1]}}(1) = 1 - \left(1-\frac{1}{3}\right)^4 = \frac{65}{81}$, $F_{X_{[1]}}(2) = 1 - \left(1-\frac{1}{2}\right)^4 = \frac{15}{16}$, $F_{X_{[1]}}(3) = 1-(1-1)^4 = 1$이므로 가장 작은 순서 통계량의 누적분포함수는

$$
F_{X_{[1]}}(x) = \begin{cases} 0, \quad x<1; & \frac{65}{81}, \quad 1 \le x < 2; \\ \frac{15}{16}, \quad 2 \le x < 3; & 1, \quad x \ge 3 \end{cases} \tag{5.601}
$$

이다. 그림 5.21에 $F_{X_{[4]}}(x)$와 $F_{X_{[1]}}(x)$를 그려 두었다. ◇

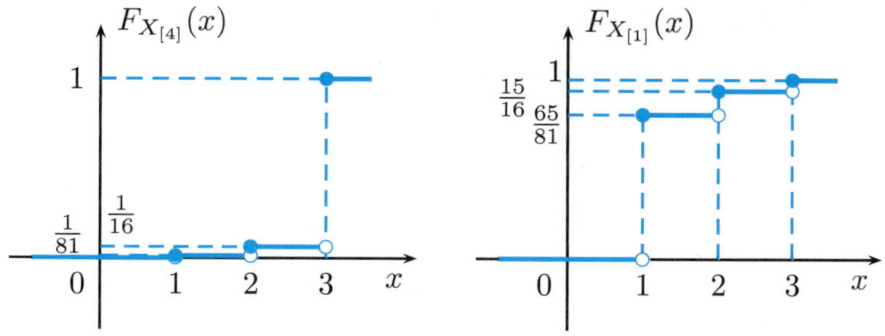

그림 5.21 독립이고 분포가 같은 4차원 이산 확률벡터에서 얻은 가장 큰 순서 통계량의 누적분포함수가 $F_{X_{[4]}}(x)$일 때 가장 작은 순서 통계량의 누적분포함수 $F_{X_{[1]}}(x)$

보기 5.95 독립이고 분포가 같은 2차원 이산 확률벡터에서 가장 작은 순서 통계량의 누적분포함수가

$$F_{X_{[1]}}(x) = \begin{cases} 0, & x < 1; \quad \frac{5}{9}, \ 1 \le x < 2; \\ \frac{3}{4}, & 2 \le x < 3; \quad 1, \ x \ge 3 \end{cases} \tag{5.602}$$

이다. 이때, 둘째 순서 통계량의 확률질량함수 $p_{X_{[2]}}$을 얻어 보자.

풀이 먼저, $F_{X_{[1]}}(x) = 2F(x)\{1 - F(x)\} + F^2(x) = 2F(x) - F^2(x)$이므로

$$2F(1) - F^2(1) = \frac{5}{9}, \quad 2F(2) - F^2(2) = \frac{3}{4}, \quad 2F(3) - F^2(3) = 1 \tag{5.603}$$

을 풀면 $F(1) = \frac{1}{3}$, $F(2) = \frac{1}{2}$, $F(3) = 1$을 얻는다. 그러면 둘째 순서 통계량의 누적분포함수를 $F_{X_{[2]}}$라고 할 때 쉽게 $F_{X_{[2]}}(1) = \frac{1}{9}$, $F_{X_{[2]}}(2) = \frac{1}{4}$, $F_{X_{[2]}}(3) = 1$을 얻고, 이것을 바탕으로 $p_{X_{[2]}}(1) = F_{X_{[2]}}(1) = \frac{1}{9}$, $p_{X_{[2]}}(2) = F_{X_{[2]}}(2) - F_{X_{[2]}}(1) = \frac{5}{36}$, $p_{X_{[2]}}(3) = F_{X_{[2]}}(3) - F_{X_{[2]}}(2) = \frac{3}{4}$을 얻을 수 있다. 곧,

$$p_{X_{[2]}}(x) = \begin{cases} \frac{1}{9}, & x = 1; \quad \frac{5}{36}, \ x = 2; \\ \frac{3}{4}, & x = 3; \quad 0, \ x \notin \{1,2,3\} \end{cases} \tag{5.604}$$

이다. 그림 5.22에 $F_{X_{[1]}}(x)$와 $F_{X_{[2]}}(x)$를 그려 두었다. ◇

보기 5.96 독립이고 분포가 같은 2차원 이산 확률벡터 $\underline{X}$에서 얻은 첫째 순서 통계량의 확률질량함수를 $p_{X_{[1]}}$이라고 할 때

$$p_{X_{[1]}}(1) = \frac{5}{9}, \ p_{X_{[1]}}(2) = \frac{3}{9}, \ p_{X_{[1]}}(3) = \frac{1}{9} \tag{5.605}$$

이다. 이때, 둘째 순서 통계량의 확률질량함수 $p_{X_{[2]}}$를 얻어 보자.

풀이 먼저, 첫째 순서 통계량의 누적분포함수를 $F_{X_{[1]}}$이라고 하면 $F_{X_{[1]}}(1) = p_{X_{[1]}}(1) = \frac{5}{9}$, $F_{X_{[1]}}(2) = F_{X_{[1]}}(1) + p_{X_{[1]}}(2) = \frac{8}{9}$, $F_{X_{[1]}}(3) = F_{X_{[1]}}(2) + p_{X_{[1]}}(3) = 1$을 얻는다. 이제, 확률벡터 $\underline{X}$의 한계 누적분포함수를 F라고 하면 $F_{X_{[1]}}(x) = 2F(x) - F^2(x)$이므로 (5.603)과 비슷한

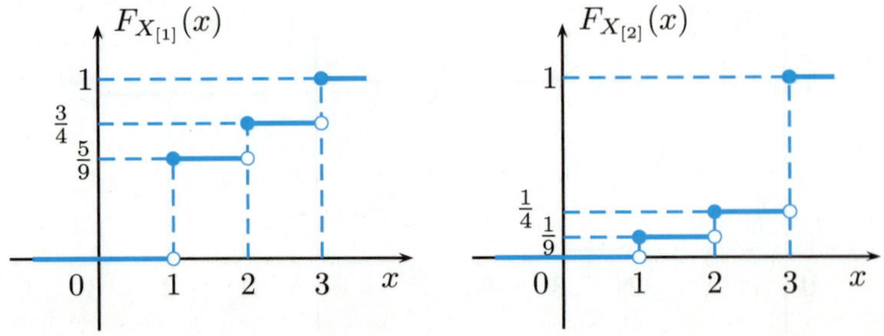

그림 5.22 독립이고 분포가 같은 2차원 이산 확률벡터에서 얻은 가장 작은 순서 통계량의 누적분포함수가 $F_{X_{[1]}}(x)$일 때 가장 큰 순서 통계량의 누적분포함수 $F_{X_{[2]}}(x)$

방정식을 풀면, $F(1) = \frac{1}{3}$, $F(2) = \frac{2}{3}$, $F(3) = 1$을 얻는다. 그러면 둘째 순서 통계량의 누적분포 함수를 $F_{X_{[2]}}$라고 하면 $F_{X_{[2]}}(1) = F^2(1) = \frac{1}{9}$, $F_{X_{[2]}}(2) = F^2(2) = \frac{4}{9}$, $F_{X_{[2]}}(3) = F^2(3) = 1$을 얻는다. 이것을 바탕으로 $p_{X_{[2]}}(1) = \frac{1}{9}$, $p_{X_{[2]}}(2) = \frac{3}{9}$, $p_{X_{[2]}}(3) = \frac{5}{9}$을 얻을 수 있다. 따라서,

$$p_{X_{[2]}}(x) = \begin{cases} \frac{1}{9}, & x = 1; \quad \frac{3}{9}, \ x = 2; \\ \frac{5}{9}, & x = 3; \quad 0, \ \text{그 밖에는} \end{cases} \tag{5.606}$$

이다. 이 보기에서 순서 통계량의 확률질량함수의 대칭성은 – 곧, $x = 1, 2, 3$일 때 $p_{X_{[1]}}(x) = p_{X_{[2]}}(4 - x)$라는 것을 – 눈여겨볼 만하다. ◇

이제까지 다룬 것을 좀 더 넓게 생각해 보자. 먼저, 이미 배운 바와 같이 확률밀도함수나 확률질량함수에서 누적분포함수를 얻을 수 있고, 또 누적분포함수에서 확률밀도함수나 확률질량함수를 얻을 수 있다. 좀 더 구체적으로 살펴보면, (3.34)를 써서 확률밀도함수 f나 확률질량함수 p에서 누적분포함수 F를 얻을 수 있고, 확률밀도함수 $f_{X_{[r]}}$이나 확률질량함수 $p_{X_{[r]}}$에서 누적분포함수 $F_{X_{[r]}}$을 얻을 수 있다. 한편, (3.37) 또는 (3.38)을 써서 누적분포함수 F에서 확률밀도함수 f나 확률질량함수 p를 얻을 수 있고, 누적분포함수 $F_{X_{[r]}}$에서 확률밀도함수 $f_{X_{[r]}}$이나 확률질량함수 $p_{X_{[r]}}$을 얻을 수 있다. 다음에, (5.98), (5.487), (5.554)를 바탕으로 F에서 각각 $F_{X_{[r]}}$, $p_{X_{[r]}}$, $p_{r,s}$를 얻을 수 있으며, (5.143)을 바탕으로 F에서 $F_{r,s}$를 얻을 수 있다. 한편, (4.30)과 (4.31)을 써서 $p_{r,s}$에서 $p_{X_{[r]}}$과 $p_{X_{[s]}}$를 얻을 수 있고, (4.14)와 (4.16)을 써서 $F_{r,s}$에서 $F_{X_{[r]}}$과 $F_{X_{[s]}}$를 얻을 수 있으며, (5.597), (5.598), 또는 (5.599)와 비슷한 방법으로 $F_{X_{[r]}}$에서 F를 얻을 수 있다.

좀 더 일반적으로, 독립이고 분포가 같은 확률벡터 $\underline{X}$가 n차원일 때 알맞은 m차원 순서 통계량 벡터 $\lceil \frac{n}{m} \rceil$개의 결합 분포를 알면 모든 순서 통계량의 한계 분포를 얻어, 위에서 말한 방법으로 $\underline{X}$의 한계 분포를 얻을 수 있다. 이때, m차원 순서 통계량 벡터 ${}_n\mathrm{C}_m$개 가운데 어느 것이든 $1 + {}_{n-1}\mathrm{C}_m$개의 결합 분포를 알면 모든 순서 통계량의 한계 분포를 언제나 얻을 수 있으므로[79] 위에서 말한 방법으로 $\underline{X}$의 한계 분포를 얻을 수 있다.

[79]부록 2.6에 이것을 자세히 다루었다.

보기 5.97 독립이고 분포가 같은 확률벡터 $\underline{X}$가 5차원일 때 그 순서 통계량을 $\left\{X_{[r]}\right\}_{r=1}^{5}$라고 하자. 그러면 알맞은 3차원 순서 통계량 벡터

$$\left\lceil \frac{5}{3} \right\rceil = 2 \tag{5.607}$$

개의 결합 분포를 – 보기들 들어, $\left(X_{[1]}, X_{[2]}, X_{[4]}\right)$의 결합 분포와 $\left(X_{[2]}, X_{[3]}, X_{[5]}\right)$의 결합 분포를 – 알면 다섯 순서 통계량 $\left\{X_{[r]}\right\}_{r=1}^{5}$의 한계 분포를 모두 얻을 수 있고 따라서 (5.585), (5.586), 또는 (5.587)을 써서 $\underline{X}$의 한계 분포를 얻을 수 있다. 한편, 3차원 순서 통계량 벡터 ${}_5\mathrm{C}_3 = 10$개 가운데

$$1 + {}_4\mathrm{C}_3 = 5 \tag{5.608}$$

개의 결합 분포를 알면 그 다섯 개가 어떤 것이더라도 다섯 순서 통계량 $\left\{X_{[r]}\right\}_{r=1}^{5}$의 한계 분포를 모두 얻을 수 있고, 이것을 바탕으로 (5.585), (5.586), 또는 (5.587)을 써서 $\underline{X}$의 한계 분포를 얻을 수 있다. ◇

5.8 순서 통계량의 상대 분포*

5.8.1 상대 분포

순서 통계량의 뜻매김에서 $r < s$이면 $X_{[r]} \le X_{[s]}$이다. 곧, $r < s$이면 $\Pr\left\{X_{[r]} \le X_{[s]}\right\} = 1$이다. 이제, 확률벡터 $\underline{X} = (X_1, X_2, \cdots, X_n)$이 이산 확률벡터일 때 어떤 점 x를 생각하여 사건 $\left\{X_{[r]} = x\right\}$와 $\left\{X_{[s]} = x\right\}$ 가운데 어느 것이 더 자주 일어날지 – 곧, 이 두 사건 가운데 어느 사건의 확률이 더 큰지 – 생각해 보자.

먼저, 얼핏 생각하여, "$\left\{X_{[r]} = x\right\}$가 $\left\{X_{[s]} = x\right\}$보다 늘 – x가 어떤 값이더라도 – 더 자주 일어날 것이다." 또는 "$\left\{X_{[s]} = x\right\}$가 $\left\{X_{[r]} = x\right\}$보다 늘 더 자주 일어날 것이다."라고 답할 수 있겠으나, 이 둘은 어느 것도 바른 답이 아니다. 왜냐하면

$$\begin{aligned}\sum_x \Pr\left\{X_{[r]} = x\right\} &= \sum_x \Pr\left\{X_{[s]} = x\right\} \\ &= 1\end{aligned} \tag{5.609}$$

이기 때문이다. 바꾸어 말하면, 제한 조건 (5.609)로 말미암아 사건 $\left\{X_{[r]} = x\right\}$와 $\left\{X_{[s]} = x\right\}$ 가운데 어느 것도 '늘' 더 자주 일어날 수는 없고, x가 어떤 값일 때에는 $\left\{X_{[r]} = x\right\}$가, 또 x가 어떤 값일 때에는 $\left\{X_{[s]} = x\right\}$가 더 자주 일어날 것이다.

제한 조건 (5.609)와 순서 통계량의 뜻매김를 바탕으로 조금 더 나아가 생각해 보면 거칠게 말하여 "x가 '크면' $\left\{X_{[s]} = x\right\}$가 $\left\{X_{[r]} = x\right\}$보다, x가 '작으면' $\left\{X_{[r]} = x\right\}$가 $\left\{X_{[s]} = x\right\}$보다 더 자주 일어날 것이다."라고 할 수 있다. 그런데, 이때, 궁금한 것이 두 가지 자연스럽게 떠오른다. 첫째, x가 '큰지' 아니면 '작은지' 어떻게 알 수 있을까? 둘째, 어떤 점 x_0에서 $\left\{X_{[s]} = x_0\right\}$이 $\left\{X_{[r]} = x_0\right\}$보다 더 자주 일어나고 $x_0 < x_1$인 점 x_1에서 $\left\{X_{[r]} = x_1\right\}$이

$\{X_{[s]} = x_1\}$보다 더 자주 일어날 수 – 바꾸어 말하면, $\Pr\{X_{[s]} = x_0\} > \Pr\{X_{[r]} = x_0\}$일 때 $\Pr\{X_{[s]} = x_1\} < \Pr\{X_{[r]} = x_1\}$이고 $x_0 < x_1$인 점 x_1이 – 있을까? 이 절에서 이 두 물음에 답해 보자. 먼저, 이산 확률벡터에서 이 두 물음의 답을 알아보자.

정리 5.33 **순서 통계량의 확률질량함수의 상대 크기** 독립이고 분포가 같은 이산 확률벡터 $\underline{X}$의 r째 순서 통계량의 확률질량함수를 $p_{X_{[r]}}$이라고 하자. 한편, $1 \le r < s \le n$일 때

$$\kappa_{r,s} = \left\{ \frac{(n-s)!(s-1)!}{(n-r)!(r-1)!} \right\}^{\frac{1}{s-r}}, \tag{5.610}$$

$$\overline{\kappa}_{r,s} = \frac{\kappa_{r,s}}{1+\kappa_{r,s}}, \tag{5.611}$$

$$h_{r,s}(v) = v^{r-1}(1-v)^{n-s}[v^{s-r} - \{\kappa_{r,s}(1-v)\}^{s-r}], \quad 0 < v < 1 \tag{5.612}$$

로 두고,

$$\emptyset_p = \{x : p(x) = 0\} \tag{5.613}$$

처럼 쓰며,

$$\overline{x}_L = \{x : F(x) \le \overline{\kappa}_{r,s},\ x\text{는 정수}\} \tag{5.614}$$

처럼 쓰자. 그러면 $x \in \emptyset_p$이면

$$p_{X_{[r]}}(x) = p_{X_{[s]}}(x) = 0\text{이고,} \tag{5.615}$$

$x \notin \emptyset_p$이면

$$x \in \{0, 1, \cdots, \overline{x}_L - 1, \overline{x}_L\}\text{일 때} \qquad p_{X_{[r]}}(x) > p_{X_{[s]}}(x)\text{이고,} \tag{5.616}$$

$$x \in \{\overline{x}_L + 2, \overline{x}_L + 3, \cdots\}\text{일 때} \qquad p_{X_{[r]}}(x) < p_{X_{[s]}}(x)\text{이며,} \tag{5.617}$$

$$x = \overline{x}_L + 1\text{일 때} \quad F(\overline{x}_L) = \overline{\kappa}_{r,s}\text{이면} \quad p_{X_{[r]}}(\overline{x}_L + 1) < p_{X_{[s]}}(\overline{x}_L + 1)\text{이고,} \tag{5.618}$$

$$x = \overline{x}_L + 1\text{일 때} \quad F(\overline{x}_L) \ne \overline{\kappa}_{r,s}\text{이면}$$
$$\int_{F(\overline{x}_L)}^{F(\overline{x}_L+1)} h_{r,s}(v)dv \gtreqless 0\text{일 때} \qquad p_{X_{[r]}}(\overline{x}_L + 1) \lesseqgtr p_{X_{[s]}}(\overline{x}_L + 1) \tag{5.619}$$

이다. ■■

증명 먼저, $v \in (0,1)$이면 $v^{r-1}(1-v)^{n-s} > 0$이므로 (5.612)에서 $v^{s-r} - \{\kappa_{r,s}(1-v)\}^{s-r} \gtreqless 0$일 때 $h_{r,s}(v) \gtreqless 0$이다. 바꾸어 말하면

$$v \gtreqless \overline{\kappa}_{r,s}\text{일 때} \quad h_{r,s}(v) \gtreqless 0\text{이다.} \tag{5.620}$$

따라서, (5.487)과 (5.612)에서

$$p_{X_{[s]}}(x) - p_{X_{[r]}}(x) = \frac{n!}{(n-s)!(s-1)!} \int_{F(x-1)}^{F(x)} h_{r,s}(v)dv \tag{5.621}$$

이므로, $p(x)>0$일 때 $F(x)>F(x-1)$이라는 것을 새기면

$$F(x) \le \overline{\kappa}_{r,s} \text{일 때} \qquad p_{X_{[s]}}(x) - p_{X_{[r]}}(x) < 0, \tag{5.622}$$

$$F(x-1) \ge \overline{\kappa}_{r,s} \text{일 때} \qquad p_{X_{[s]}}(x) - p_{X_{[r]}}(x) > 0 \tag{5.623}$$

임을 알 수 있다. 이제, $F(x-1) \ge \overline{\kappa}_{r,s}$인 가장 작은 정수 x를 $\overline{x}_U$라고 하자. 그러면 $F(\overline{x}_L) = \overline{\kappa}_{r,s}$이면 $\overline{x}_U = \overline{x}_L + 1$이라는 것을 바로 알 수 있다. 또한, x가 어떤 값이더라도 늘 $p(x)>0$이므로 $F(x)$가 느는 함수라는 것을 새기면, (5.622)에서 (5.616)을 얻을 수 있으며, (5.623)에서 (5.617)과 (5.618)을 얻을 수 있다. 다음에, $F(\overline{x}_L) \ne \overline{\kappa}_{r,s}$라고 하자. 그러면 $\overline{x}_U = \overline{x}_L + 2$이고, (5.622)와 (5.623)에서 각각 (5.616)과 (5.617)을 얻을 수 있다. 한편, $x = \overline{x}_L + 1$일 때는 (5.621)에서 (5.619)를 얻을 수 있다. □

정리 5.33은 $r<s$일 때 r째 순서 통계량보다 s째 순서 통계량이 확률적으로 더 클 것이라는 직관적인 느낌을 수학적으로 좀 더 명확히 밝히는 것이다. 이 정리가 뜻하는 바는 아래와 같다. 첫째, $r<s$일 때 어떤 점 x_0에서 $p_{X_{[r]}}(x_0) < p_{X_{[s]}}(x_0)$이면 $x \ge x_0$인 점 x를 어떻게 고르더라도 $p_{X_{[r]}}(x) \le p_{X_{[s]}}(x)$이지 $p_{X_{[r]}}(x) > p_{X_{[s]}}(x)$일 수는 없다는 것이다. 둘째, $r<s$일 때 $p_{X_{[r]}}(x_0) > p_{X_{[s]}}(x_0)$이면 $x \le x_0$인 점 x를 어떻게 고르더라도 $p_{X_{[r]}}(x) \ge p_{X_{[s]}}(x)$이지 $p_{X_{[r]}}(x) < p_{X_{[s]}}(x)$일 수는 없다는 것이다. 이 결과는, 보기를 들면 어떤 점에서 순서 통계량의 확률질량함수 여럿 가운데 어느 것이 더 큰지를 확률 함수를 얻지 않고 미리 알아보는 데 쓸모 있을 것이다.

먼저, $F(x_0) = \overline{\kappa}_{r,s}$인 정수 x_0이 있는 보기를 다루어 보자.

보기 5.98 독립이고 분포가 같은 3차원 확률벡터 $\underline{X}$에서 $s=2$이고 $r=1$일 때를 생각하자. 그러면

$$\begin{aligned}\kappa_{1,2} &= \left\{\frac{(3-2)!(2-1)!}{(3-1)!(1-1)!}\right\}^{\frac{1}{2-1}} \\ &= \frac{1}{2}\end{aligned} \tag{5.624}$$

이고

$$\overline{\kappa}_{1,2} = \frac{1}{3} \tag{5.625}$$

이다. 이제, 확률벡터 $\underline{X}$가 이산 확률벡터이고 $p(1)=\frac{1}{6}$, $p(2)=\frac{1}{6}$, $p(3)=\frac{2}{3}$라고 하면, $F(1)=\frac{1}{6}$, $F(2)=\frac{1}{3}$, $F(3)=1$이다. 따라서, $\overline{x}_L = \overline{x}_U - 1 = 2$라는 것을 알 수 있다. 곧, $x=1,2$이면 $p_1(x) > p_2(x)$이고 $x=3$이면 $p_1(x) < p_2(x)$일 것이다. 이것은

$$\begin{aligned}p_1(x) &= \{1-F(x-1)\}^3 - \{1-F(x)\}^3 \\ &= \begin{cases} \frac{91}{216}, & x=1; \quad \frac{61}{216}, \ x=2; \\ \frac{64}{216} = \frac{8}{27}, & x=3 \end{cases}\end{aligned} \tag{5.626}$$

과

$$
\begin{aligned}
p_2(x) &= \{3F^2(x) - 2F^3(x)\} - \{3F^2(x-1) - 2F^3(x-1)\} \\
&= \begin{cases} \frac{16}{216} = \frac{2}{27}, \ x = 1; \qquad \frac{40}{216} = \frac{5}{27}, \ x = 2; \\ \frac{160}{216} = \frac{20}{27}, \ x = 3 \end{cases}
\end{aligned} \tag{5.627}
$$

을 얻어서 바로 확인할 수 있다. ◇

보기 5.99 독립이고 분포가 같은 이산 확률벡터에서 $F(1) = 0.1$, $F(2) = F(3) = F(4) = 0.3$, $F(5) = F(6) = F(7) = F(8) = 0.5$, $F(9) = 0.6$, $F(10) = 0.8$, $F(11) = 1$이라고 하고, $\overline{\kappa}_{r,s} = 0.3$이라고 – 보기를 들어, $n = 10$, $s = 4$, $r = 3$이라고 – 하자. 그러면

$$
\{3,4,6,7,8\} \subset \varnothing_p \tag{5.628}
$$

임을 쉽게 알 수 있고, $\overline{x}_L = 4$이고 $\overline{x}_U = 5$이다. 따라서,

$$
x = 1,2\text{이면} \quad p_{X_{[3]}}(x) > p_{X_{[4]}}(x), \tag{5.629}
$$

$$
x = 5,9,10,11\text{이면} \quad p_{X_{[3]}}(x) < p_{X_{[4]}}(x), \tag{5.630}
$$

$$
x = 3,4,6,7,8\text{이면} \quad p_{X_{[3]}}(x) = p_{X_{[4]}}(x) = 0 \tag{5.631}
$$

을 얻는다. ◇

보기 5.98과 5.99에서 알 수 있듯이, 어떤 정수 x_0에서 $F(x_0) = \overline{\kappa}_{r,s}$이면, $x_0 = \overline{x}_L = \overline{x}_U - 1$이고, 정리 5.33에 보인 (5.615)–(5.618)을 쓰면 순서 통계량 둘의 확률질량함수 가운데 어느 것이 더 큰지 어느 점에서도 알 수 있다. 한편, $F(x) = \overline{\kappa}_{r,s}$인 정수 x가 없으면 $\overline{x}_U = \overline{x}_L + 2$이고, 이때에는 점 $x = \overline{x}_L + 1 = \overline{x}_U - 1$에서 어느 순서 통계량의 확률질량함수가 더 큰지 알려면 (5.618)이 아니라 (5.619)를 써야 한다. 아래 보기를 살펴보자.

보기 5.100 보기 5.99에서 $n = 5$, $s = 3$, $r = 2$로 바뀌어 $\overline{\kappa}_{r,s}$의 값이 0.3에서 0.4로 바뀌었다고 하자. 그러면 $\overline{x}_L = 4$와 $\overline{x}_U = 6$을 얻을 수 있다. 따라서,

$$
x = 1,2\text{이면} \quad p_{X_{[2]}}(x) > p_{X_{[3]}}(x)\text{이고}, \tag{5.632}
$$

$$
x = 9,10,11\text{이면} \quad p_{X_{[2]}} < p_{X_{[3]}}(x)\text{이며}, \tag{5.633}
$$

$$
x = 3,4,6,7,8\text{이면} \quad p_{X_{[2]}}(x) = p_{X_{[3]}}(x) = 0\text{이다}. \tag{5.634}
$$

한편, $x = 5$일 때에는 (5.619)를 쓰면

$$
\begin{aligned}
\int_{F(4)}^{F(5)} h_{2,3}(v)dv &= \frac{1}{3}\int_{0.3}^{0.5} v(1-v)^2(5v-2)dv \\
&= -\frac{19}{150000} \\
&< 0
\end{aligned} \tag{5.635}
$$

이므로 $p_2(5) > p_3(5)$이다. ◇

이산 확률벡터에서 $F(x) = \overline{\kappa}_{r,s}$인 정수 x가 없으므로, $\overline{x}_U = \overline{x}_L + 2$일 때에는 점 $x = \overline{x}_L + 1 = \overline{x}_U - 1$에서 $p_{X_{[r]}}(\overline{x}_L+1) < p_{X_{[s]}}(\overline{x}_L+1)$일 수도, $p_{X_{[r]}}(\overline{x}_L+1) > p_{X_{[s]}}(\overline{x}_L+1)$일 수도, 또 $p(\overline{x}_L+1) > 0$이더라도 $p_{X_{[r]}}(\overline{x}_L+1) = p_{X_{[s]}}(\overline{x}_L+1)$일 수도 있다. 아래 세 보기에서 이것을 보인다.

보기 5.101 (첫 갈래: $\overline{x}_L = \overline{x}_U - 2$이고 $p_{X_{[r]}}(\overline{x}_L+1) > p_{X_{[s]}}(\overline{x}_L+1)$인 보기) 보기 5.98에서 $p(1) = \frac{1}{10}$, $p(2) = \frac{3}{10}$, $p(3) = \frac{3}{5}$이라고 두자. 그러면 $F(1) = \frac{1}{10}$, $F(2) = \frac{2}{5}$, $F(3) = 1$이다. 따라서, $\overline{x}_L = 1$이고 $\overline{x}_U = 3$이므로 $p_1(1) > p_2(1)$이고 $p_1(3) < p_2(3)$일 것이다. 한편, $\int_{F(1)}^{F(2)} h_{1,2}(v)dv = \frac{1}{2}\int_{0.1}^{0.4}(1-v)(3v-1)dv = -\frac{63}{2000} < 0$이므로

$$p_1(2) \;>\; p_2(2) \tag{5.636}$$

이다. 이것은

$$\begin{aligned} p_1(x) &= \{1-F(x-1)\}^3 - \{1-F(x)\}^3 \\ &= \begin{cases} \frac{271}{1000}, & x=1; \quad \frac{513}{1000},\ x=2; \\ \frac{216}{1000} = \frac{27}{125}, & x=3 \end{cases} \end{aligned} \tag{5.637}$$

과

$$\begin{aligned} p_2(x) &= \left\{3F^2(x) - 2F^3(x)\right\} - \left\{3F^2(x-1) - 2F^3(x-1)\right\} \\ &= \begin{cases} \frac{28}{1000} = \frac{7}{250}, & x=1; \quad \frac{324}{1000} = \frac{81}{250},\ x=2; \\ \frac{648}{1000} = \frac{81}{125}, & x=3 \end{cases} \end{aligned} \tag{5.638}$$

을 얻어 바로 확인할 수 있다. ◇

보기 5.102 (둘째 갈래: $\overline{x}_L = \overline{x}_U - 2$이고 $p_{X_{[r]}}(\overline{x}_L+1) < p_{X_{[s]}}(\overline{x}_L+1)$인 보기) 이제, 보기 5.98에서 $p(1) = \frac{3}{10}$, $p(2) = \frac{1}{10}$, $p(3) = \frac{3}{5}$이라고 두자. 그러면 $F(1) = \frac{3}{10}$, $F(2) = \frac{2}{5}$, $F(3) = 1$이다. 따라서, $\overline{x}_L = 1$이고 $\overline{x}_U = 3$이므로 보기 5.101에서와 같이 $p_1(1) > p_2(1)$이고 $p_1(3) < p_2(3)$일 것이다. 한편, $\int_{F(1)}^{F(2)} h_{1,2}(v)dv = \frac{1}{2}\int_{0.3}^{0.4}(1-v)(3v-1)dv = \frac{3}{2000} > 0$이므로 보기 5.101에서와는 다르게 이 보기에서는

$$p_1(2) \;<\; p_2(2) \tag{5.639}$$

이다. 이것은

$$\begin{aligned} p_1(x) &= \{1-F(x-1)\}^3 - \{1-F(x)\}^3 \\ &= \begin{cases} \frac{657}{1000}, & x=1; \quad \frac{127}{1000},\ x=2; \\ \frac{216}{1000} = \frac{27}{125}, & x=3 \end{cases} \end{aligned} \tag{5.640}$$

과

$$\begin{aligned} p_2(x) &= \left\{3F^2(x) - 2F^3(x)\right\} - \left\{3F^2(x-1) - 2F^3(x-1)\right\} \\ &= \begin{cases} \frac{216}{1000} = \frac{27}{125}, & x=1; \quad \frac{136}{1000} = \frac{17}{125},\ x=2; \\ \frac{648}{1000} = \frac{81}{125}, & x=3 \end{cases} \end{aligned} \tag{5.641}$$

을 얻어 바로 확인할 수 있다. ◇

보기 5.103 (셋째 갈래: $\overline{x}_L = \overline{x}_U - 2$이고 $p_{X_{[r]}}(\overline{x}_L + 1) = p_{X_{[s]}}(\overline{x}_L + 1)$인 보기) 이제, 보기 5.98에서 $p(1) = \frac{1}{6} \approx 0.167$, $p(2) = \frac{1}{12}\left(9 - \sqrt{21}\right) \approx 0.368$, $p(3) = \frac{1}{12}\left(1 + \sqrt{21}\right) \approx 0.465$라고 두자. 그러면 $F(1) = \frac{1}{6}$, $F(2) = \frac{1}{12}\left(11 - \sqrt{21}\right) \approx 0.535$, $F(3) = 1$이다. 따라서, $\overline{x}_L = 1$이고 $\overline{x}_U = 3$이므로 보기 5.101에서와 같이 $p_1(1) > p_2(1)$이고 $p_1(3) < p_2(3)$일 것이다. 한편,

$$\begin{aligned} \int_{F(1)}^{F(2)} h_{1,2}(v)dv &= \frac{1}{2}\int_{\frac{1}{6}}^{\frac{1}{12}(11-\sqrt{21})} (1-v)(3v-1)dv \\ &= 0 \end{aligned} \tag{5.642}$$

이므로

$$p_1(2) = p_2(2) \tag{5.643}$$

이다. 이것은

$$\begin{aligned} p_1(x) &= \{1 - F(x-1)\}^3 - \{1 - F(x)\}^3 \\ &= \begin{cases} \frac{91}{216} \approx 0.421, & x = 1;\ \ \frac{1}{72}\left(39 - \sqrt{21}\right) \approx 0.478, \ \ x = 2; \\ \frac{1}{216}\left(8 + 3\sqrt{21}\right) \approx 0.101, & x = 3 \end{cases} \end{aligned} \tag{5.644}$$

와

$$\begin{aligned} p_2(x) &= \left\{3F^2(x) - 2F^3(x)\right\} - \left\{3F^2(x-1) - 2F^3(x-1)\right\} \\ &= \begin{cases} \frac{16}{216} = \frac{2}{27} \approx 0.074, & x = 1;\ \ \frac{1}{72}\left(39 - \sqrt{21}\right) \approx 0.478, \ \ x = 2; \\ \frac{1}{216}\left(83 + 3\sqrt{21}\right) \approx 0.448, & x = 3 \end{cases} \end{aligned} \tag{5.645}$$

를 얻어 바로 확인할 수 있다. ◇

한편, 연속 확률벡터에서는 정리 5.33과 비슷하게 아래를 얻는다.

정리 5.34 **순서 통계량의 확률밀도함수의 상대 크기** 독립이고 분포가 같은 연속 확률벡터 $\underline{X} = (X_1, X_2, \cdots, X_n)$에서 X_i의 누적분포함수를 F, X_i의 확률밀도함수를 f, $\underline{X}$의 r째 순서 통계량의 확률밀도함수 $f_{X_{[r]}}$이라고 하자. 그러면 $1 \le r < s \le n$일 때

$$x \notin \emptyset_f \text{이고 } x \lesseqgtr x_{r,s} \text{이면} \quad f_{X_{[s]}}(x) \lesseqgtr f_{X_{[r]}}(x), \tag{5.646}$$

$$x \in \emptyset_f \text{이면} \quad f_{X_{[s]}}(x) = f_{X_{[r]}}(x) = 0 \tag{5.647}$$

이다. 여기서, $\emptyset_f = \{x : f(x) = 0\}$이고, $x_{r,s}$는 $F(x) = \overline{\kappa}_{r,s}$인 실수 x 가운데 하나이다. ■■

증명 먼저, $f(x) = 0$인 점 x에서는 – 곧, $x \in \emptyset_f$이면 – 늘 $f_{X_{[r]}}(x) = f_{X_{[s]}}(x) = 0$임은 (5.224)에서 바로 알 수 있다. 따라서, $f(x) > 0$이라고 하면 $0 < F(x) < 1$일 때 $\frac{F(x)}{1-F(x)}$는 $F(x)$의 느는 함수이고 0보다 작지 않다는 것을 새겨서

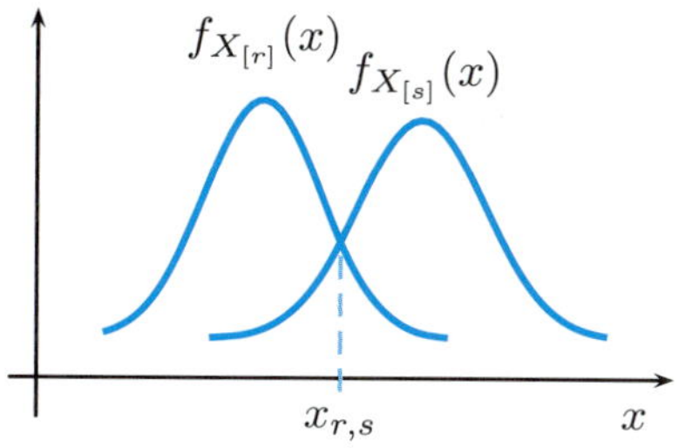

그림 5.23 일어날 수 있는 보기, $r < s$

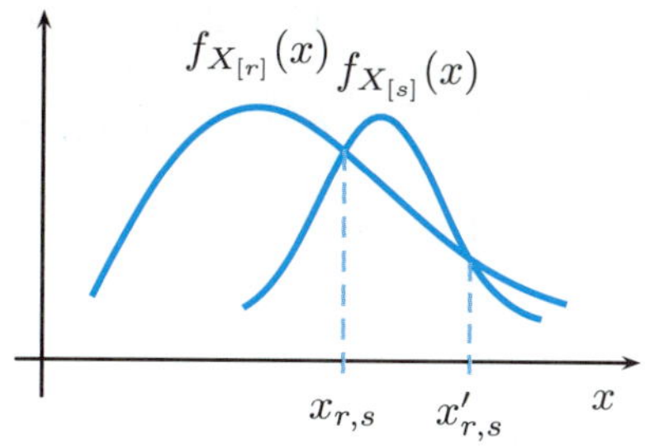

그림 5.24 일어날 수 없는 보기, $r < s$

$$\begin{aligned}\frac{f_{X_{[s]}}(x)}{f_{X_{[r]}}(x)} &= \frac{(n-r)!(r-1)!}{(n-s)!(s-1)!}\left\{\frac{F(x)}{1-F(x)}\right\}^{s-r} \\ &\gtreqless 1 \end{aligned} \tag{5.648}$$

을 풀면

$$F(x) \gtreqless \overline{\kappa}_{r,s} \tag{5.649}$$

이다. 이제, $F(x)$가 줄지 않는 함수라는 것과 (5.610)에서 알 수 있듯이 $\kappa_{r,s} > 0$이므로 $0 < \overline{\kappa}_{r,s} < 1$이라는 것을 새겨서, $F(x) = \overline{\kappa}_{r,s}$인 가장 작은 실수 x와 가장 큰 실수 x를 각각 x_L과 x_U라고 하자. 먼저, $x_L \neq x_U$일 때에는 x가 (x_L, x_U)에서 어느 값이더라도 $F(x)$의 값은 바뀌지 않으므로 $f(x) = 0$이다. 곧, $(x_L, x_U) \subset \emptyset_f$이므로, $x \in (x_L, x_U)$이면 $f_{X_{[s]}}(x) = f_{X_{[r]}}(x) = 0$이다. 다음에, $x_L = x_U$일 때에는 $x_L = x_U = F^{-1}(\overline{\kappa}_{r,s}) = x_{r,s}$라고 두면, (5.648)과 (5.649)에서 (5.646)을 얻을 수 있다. □

정리 5.33과 비슷하게, 정리 5.34가 뜻하는 바는 $r < s$일 때 어떤 점 x_0에서 $f_{X_{[r]}}(x_0) < f_{X_{[s]}}(x_0)$이면 $x \geq x_0$일 때 늘 $f_{X_{[r]}}(x) \leq f_{X_{[s]}}(x)$이고, $f_{X_{[r]}}(x_0) > f_{X_{[s]}}(x_0)$이면 $x \leq x_0$일 때 늘 $f_{X_{[r]}}(x) \geq f_{X_{[s]}}(x)$라는 것이다. 보기를 들면, $r < s$일 때 그림 5.23과 같이 만나는 점이 하나인 때는 있으나, 그림 5.24와 같이 만나는 점이 하나보다 많은 때는 없다는 것이다. 이것은 앞에서 본 바 있는 그림 5.13과 5.14에서도 이것을 간접적으로 확인할 수 있다.

5.8.2 몇 가지 특성

정리 5.33과 5.34에서 매개변수 $\kappa_{r,s}$가 매우 중요한 역할을 한다는 것을 알았다. 여기서는 이 매개변수의 성질을 몇 가지 얻고 그것을 바탕으로 순서 통계량 둘의 확률밀도함수가 – 또는 확률질량함수가 – 어떤 특성을 보이는지 좀 더 살펴보자.

정리 5.35 매개변수 $\kappa_{r,s}$는 아래와 같은 성질을 지닌다.

(가) $1 \leq r < s \leq n$일 때 $r + s \lesseqgtr n + 1$이면 $\kappa_{r,s} \lesseqgtr 1$.

(나) $1 \leq r < s \leq n$일 때 $\kappa_{r,s}\kappa_{n-s+1,n-r+1} = 1$.

(다) $1 \le r < s \le n-1$일 때 $\kappa_{r,s+1} > \kappa_{r,s}$.

(라) $2 \le r+1 < s \le n$일 때 $\kappa_{r+1,s} > \kappa_{r,s}$.

(마) $3 \le r+2 < s \le n$일 때 $r+s \lesseqgtr n+1$이면 $\kappa_{r,s} \lesseqgtr \kappa_{r+1,s-1}$. ■■

증명

(가) 식 (5.610)에서

$$\begin{aligned}\kappa_{r,s}^{s-r} &= \frac{(n-s)!(s-1)!}{(n-r)!(r-1)!} \\ &= \frac{(s-1)(s-2)\cdots r}{(n-r)(n-r-1)\cdots(n-s+1)}\end{aligned} \tag{5.650}$$

이다. 이 식의 분자와 분모는 둘 다 이어지는 자연수를 $s-r$개 곱한 것이므로 같은 자리에 있는 수를 견주어 보면 $s-i \lesseqgtr n-r-i+1$일 때 – 곧, $r+s \lesseqgtr n+1$일 때 – $\kappa_{r,s} \lesseqgtr 1$이라는 것을 쉽게 알 수 있다.

(나) 식 (5.610)에서

$$\begin{aligned}\kappa_{r,s}\kappa_{n-s+1,n-r+1} &= \left\{\frac{(n-s)!(s-1)!}{(n-r)!(r-1)!}\right\}^{\frac{1}{s-r}} \left\{\frac{(r-1)!(n-r)!}{(s-1)!(n-s)!}\right\}^{\frac{1}{s-r}} \\ &= 1\end{aligned} \tag{5.651}$$

이다.

(다) 식 (5.610)에서

$$\begin{aligned}\left\{\frac{\kappa_{r,s+1}}{\kappa_{r,s}}\right\}^{(s-r+1)(s-r)} &= \left\{\frac{\kappa_{r,s+1}^{s-r+1}}{\kappa_{r,s}^{s-r}}\frac{1}{\kappa_{r,s}}\right\}^{s-r} \\ &= \left\{\frac{s}{n-s}\right\}^{s-r}\frac{1}{\kappa_{r,s}^{s-r}} \\ &= \left\{\frac{s}{n-s}\right\}^{s-r}\frac{(n-r)(n-r-1)\cdots(n-s+1)}{(s-1)(s-2)\cdots r} \\ &= \frac{s(n-r)}{(n-s)(s-1)}\frac{s(n-r-1)}{(n-s)(s-2)}\cdots\frac{s(n-s+1)}{(n-s)r}\end{aligned} \tag{5.652}$$

인데, 이 식에서 곱하는 분수는 모두 $\frac{ab}{cd}$인 꼴이고 $a>d, b>c$이므로 이 분수들을 모두 곱하면 1보다 크다는 것을 쉽게 알 수 있다.

(라) 위 (다)와 비슷하게

$$\begin{aligned}\left\{\frac{\kappa_{r+1,s}}{\kappa_{r,s}}\right\}^{(s-r-1)(s-r)} &= \left\{\frac{\kappa_{r+1,s}^{s-r-1}}{\kappa_{r,s}^{s-r}}\right\}^{s-r}\kappa_{r,s}^{s-r} \\ &= \left\{\frac{n-r}{r}\right\}^{s-r}\frac{(s-1)(s-2)\cdots r}{(n-r)(n-r-1)\cdots(n-s+1)} \\ &= \frac{(n-r)(s-1)}{r(n-r)}\frac{(n-r)(s-2)}{r(n-r-1)}\cdots\frac{(n-r)r}{r(n-s+1)}\end{aligned} \tag{5.653}$$

이다. 이 식에서 곱하는 항은 모두 $\frac{ab}{cd}$인 꼴이고, $s > r+1$이므로 $\{a \geq d, b > c\}$ 또는 $\{a > d, b \geq c\}$이다. 따라서, 이 항들을 모두 곱하면 1보다 크다는 것을 쉽게 알 수 있다.
(마) 먼저, 성질 (가)에서

$$r+s=n+1\text{이면} \quad \kappa_{r+1,s-1}=\kappa_{r,s}=1 \tag{5.654}$$

를 바로 알 수 있다. 다음에, $r+s<n+1$이면, $n-s+1>r$이고, $n-r>s-1$이며, 성질 (가)에서 $\frac{1}{\kappa_{r,s}}>1$이므로

$$\begin{aligned}\left\{\frac{\kappa_{r+1,s-1}}{\kappa_{r,s}}\right\}^{s-r-2} &= \frac{\kappa_{r+1,s-1}^{s-r-2}}{\kappa_{r,s}^{s-r}}\frac{1}{\kappa_{r,s}^2}\\ &= \left\{\frac{(n-r)(n-s+1)}{(s-1)r}\right\}^{s-r}\frac{1}{\kappa_{r,s}^2}\\ &> 1\end{aligned} \tag{5.655}$$

이다. 다음에 (5.655)와 성질 (가)와 (나)에서

$$r+s>n+1\text{이면} \quad \kappa_{r,s}>\kappa_{r+1,s-1} \tag{5.656}$$

임을 바로 알 수 있다. □

성질 (나)로 말미암아 $r+s<n+1$일 때 $\kappa_{r,s}$를 살펴보면 $r+s>n+1$일 때 $\kappa_{r,s}$의 특성을 알 수 있다. 그러므로, 앞으로는 다른 말이 없으면 $r+s<n+1$이라고 두기로 하자. 이제, 좀 더 일반적으로 κ_{r_i,s_i}와 κ_{r_j,s_j}를 견주어 보자. 성질 (가)–(마)에서 $\{r_i \geq r_j, s_i \geq s_j\}$이면 $\kappa_{r_i,s_i} \geq \kappa_{r_j,s_j}$이다. 한편, $\{r_j > r_i, s_j < s_i, r_j+s_j \geq r_i+s_i\}$일 때에는, $\Delta=(r_j+s_j)-(r_i+s_i)$라고 두면 $\Delta \geq 0$이고 $r_j-r_i-\Delta=s_i-s_j>0$이므로 성질 (라)와 (마)에서

$$\begin{aligned}\kappa_{r_i,s_i} &\leq \kappa_{r_i+\Delta,s_i}\\ &< \kappa_{r_j,s_i-(r_j-r_i-\Delta)}\\ &= \kappa_{r_j,s_j}\end{aligned} \tag{5.657}$$

이다. 곧, $\{r_j > r_i, s_j < s_i, r_j+s_j < r_i+s_i\}$일 때를 빼고는 κ_{r_i,s_i}과 κ_{r_j,s_j} 가운데 어느 것이 더 큰지 알 수 있다.

이것을 좀 더 쉽게 보고자, 여러 행에 걸쳐 $\kappa_{r,s}$를 늘어 놓되, n째 행에 $\{\kappa_{r,s}\}_{r=1}^{n}$을 늘어 놓았을 때 $r+s=t$인 $\kappa_{r,s}$들을 잇는 줄을 – 곧, 오른쪽 위로 올라가는 줄을 – '맞모줄 t'라고 하자.

$$\begin{array}{lllll}\kappa_{1,2} & & & & \\ \kappa_{1,3} & \kappa_{2,3} & & & \\ \kappa_{1,4} & \kappa_{2,4} & \kappa_{3,4} & & \\ \kappa_{1,5} & \kappa_{2,5} & \kappa_{3,5} & \kappa_{4,5} & \\ \kappa_{1,6} & \kappa_{2,6} & \kappa_{3,6} & \kappa_{4,6} & \kappa_{5,6}\\ \vdots & & & & \end{array}$$

보기를 들면, 위에서 맞모줄 6은 $\kappa_{1,5}$와 $\kappa_{2,4}$를 잇는 줄이고 맞모줄 7은 $\kappa_{1,6}, \kappa_{2,5}, \kappa_{3,4}$를 곧게 이을 때 얻는 줄이다. 그러면 맞모줄 $n+1$과 그 위쪽만 생각할 때 κ_{r_i,s_i}는 열 r_i와 그 왼쪽 그러면서 맞모줄 r_i+s_i와 그 위쪽에 있는 것들보다 크고, 열 r_i와 그 오른쪽 그러면서 맞모줄 r_i+s_i와 그 아래쪽에 있는 것들보다 작으며, 나머지 영역인 열 r_i의 왼쪽 그러면서 맞모줄 r_i+s_i 아래쪽 또는 열 r_i의 오른쪽 그러면서 맞모줄 r_i+s_i 위쪽에서는 n을 알아야 어느 것이 큰지 말할 수 있다.

이제, $\{r_j > r_i, s_j < s_i, r_j+s_j < r_i+s_i\}$라는 조건은 조건 $\{r_j > r_i, r_j+s_j < r_i+s_i\}$와 같으므로, $\{r_j > r_i, r_j+s_j < r_i+s_i\}$일 때 – 곧, κ_{r_j,s_j}가 κ_{r_i,s_i}의 오른쪽 위쪽에 있을 때 – κ_{r_i,s_i}와 κ_{r_j,s_j} 가운데 어느 것이 더 큰지 살펴보자. 먼저, 식 (5.610)에서

$$\kappa_{r_i,s_i} = \left\{\frac{(s_i-1)!}{(r_i-1)!}\frac{1}{(n-r_i)(n-r_i-1)\cdots(n-s_i+1)}\right\}^{\frac{1}{s_i-r_i}} \tag{5.658}$$

이고

$$\kappa_{r_j,s_j} = \left\{\frac{(s_j-1)!}{(r_j-1)!}\frac{1}{(n-r_j)(n-r_j-1)\cdots(n-s_j+1)}\right\}^{\frac{1}{s_j-r_j}} \tag{5.659}$$

이다. 여기서, $r_j > r_i$이고 $r_j+s_j < r_i+s_i$이면 $s_j < s_i - r_j + r_i < s_i$이고, $s_i - r_i > s_j - r_j$이며, $r_i < r_j < s_j < s_i$이고, $n-r_i > n-r_j > n-s_j > n-s_i$이며, $(s_i-r_i)-(s_j-r_j) = s_i - s_j + r_j - r_i > 0$이라는 것을 생각하면

$$\left\{\frac{\kappa_{r_i,s_i}}{\kappa_{r_j,s_j}}\right\}^{(s_i-r_i)(s_j-r_j)} = M_{r_i,s_i,r_j,s_j}\frac{N_{r_i,s_i,r_j,s_j}(n)}{D_{r_i,s_i,r_j,s_j}(n)} \tag{5.660}$$

을 얻는다. 이 식에서

$$M_{a,b,c,d} = \left\{\frac{(b-1)!}{(a-1)!}\right\}^{d-c}\left\{\frac{(c-1)!}{(d-1)!}\right\}^{b-a} \tag{5.661}$$

이고,

$$N_{a,b,c,d}(n) = \{(n-c)(n-c-1)\cdots(n-d+1)\}^{b-d+c-a} \tag{5.662}$$

이며,

$$\begin{aligned} D_{a,b,c,d}(n) &= \{(n-a)(n-a-1)\cdots(n-c+1)\}^{d-c} \\ &\quad \cdot\{(n-d)(n-d-1)\cdots(n-b+1)\}^{d-c} \end{aligned} \tag{5.663}$$

이다. 그런데, $N_{r_i,s_i,r_j,s_j}(n)$와 $D_{r_i,s_i,r_j,s_j}(n)$는 둘 다 n의 $(s_i-s_j+r_j-r_i)(s_j-r_j)$차 함수이고, $N_{r_i,s_i,r_j,s_j}(n)$의 가장 큰 영 s_j-1은 $D_{r_i,s_i,r_j,s_j}(n)$의 가장 큰 영 s_i-1보다 작으므로 $n > s_i - 1$일 때 $\frac{N_{r_i,s_i,r_j,s_j}(n)}{D_{r_i,s_i,r_j,s_j}(n)}$은 1보다 작지 않고 주는 함수이며

$$\lim_{n\to\infty}\frac{N_{r_i,s_i,r_j,s_j}(n)}{D_{r_i,s_i,r_j,s_j}(n)} = 1 \tag{5.664}$$

표 5.2 맞모줄 $n+1$ 위쪽에서 매개변수 κ_{r_i,s_i}와 κ_{r_j,s_j}의 상대 크기

	$r_i+s_i > r_j+s_j$	$r_i+s_i = r_j+s_j$
$r_i > r_j$	$\kappa_{r_i,s_i} > \kappa_{r_j,s_j}$	$\kappa_{r_i,s_i} > \kappa_{r_j,s_j}$
$r_i = r_j$	$\kappa_{r_i,s_i} > \kappa_{r_j,s_j}$	$\kappa_{r_i,s_i} = \kappa_{r_j,s_j}$
$r_i < r_j$	식 (5.665), (5.666)	$\kappa_{r_i,s_i} < \kappa_{r_j,s_j}$

이다. 따라서, $M_{r_i,s_i,r_j,s_j} > 1$이면 $\kappa_{r_i,s_i} > \kappa_{r_j,s_j}$이고, $M_{r_i,s_i,r_j,s_j} < 1$이면 n이 작을 때에는 $\kappa_{r_i,s_i} > \kappa_{r_j,s_j}$이고, n이 클 때에는 $\kappa_{r_i,s_i} < \kappa_{r_j,s_j}$일 것이다. 이것을 자연 대수를 써서 나타내면 아래와 같다.

$$\frac{1}{s_i-r_i}\ln\left\{\frac{(s_i-1)!}{(r_i-1)!}\right\} > \frac{1}{s_j-r_j}\ln\left\{\frac{(s_j-1)!}{(r_j-1)!}\right\} \text{ 일 때에는 늘 } \kappa_{r_i,s_i} > \kappa_{r_j,s_j} \text{ 이고,} \tag{5.665}$$

$$\frac{1}{s_i-r_i}\ln\left\{\frac{(s_i-1)!}{(r_i-1)!}\right\} < \frac{1}{s_j-r_j}\ln\left\{\frac{(s_j-1)!}{(r_j-1)!}\right\} \text{ 일 때에는 } n\text{이 작으면 } \kappa_{r_i,s_i} > \kappa_{r_j,s_j} \text{ 이고, } n\text{이 크면 } \kappa_{r_i,s_i} < \kappa_{r_j,s_j} \text{ 이다.} \tag{5.666}$$

표 5.2에 이제까지 얻은 것을 모아 적어 두었다.

보기 5.104 식 (5.665)에서 $\kappa_{1,5} > \kappa_{2,3}$, $\kappa_{1,6} > \kappa_{2,4}$, $\kappa_{1,8} > \kappa_{2,6}$, $\kappa_{1,10} > \kappa_{3,7}$, $\kappa_{2,6} > \kappa_{3,4}$, $\kappa_{2,7} > \kappa_{3,5}$, $\kappa_{2,8} > \kappa_{4,5}$, $\kappa_{2,9} > \kappa_{4,6}$, $\kappa_{2,10} > \kappa_{4,7}$을 쉽게 알 수 있다. ◇

성질 (가)–(마)와 보기 5.104에서

$$\begin{aligned}\kappa_{1,2} &< \kappa_{1,3} < \kappa_{1,4} < \kappa_{2,3} < \kappa_{1,5} < \kappa_{2,4} < \kappa_{1,6} < \kappa_{2,5} < \{\kappa_{1,7},\kappa_{3,4}\}_{247} < \kappa_{2,6} \\ &< \{\kappa_{1,8},\kappa_{3,5}\}_{27} < \kappa_{2,7} < \kappa_{3,6} < \{\kappa_{1,9},\kappa_{4,5}\}_{16} < \kappa_{2,8} \\ &< \{\kappa_{1,10},\kappa_{3,7},\kappa_{4,6}\}_{15,20} < \cdots \end{aligned} \tag{5.667}$$

처럼 쓸 수 있다. 식 (5.667)에서 $\{\kappa_{r_1,s_1},\kappa_{r_2,s_2}\}_{n_1}$은 $n \le n_1$이면 $\kappa_{r_2,s_2} < \kappa_{r_1,s_1}$이고 $n \ge n_1+1$이면 $\kappa_{r_1,s_1} < \kappa_{r_2,s_2}$라는 뜻이고, $\{\kappa_{r_1,s_1},\kappa_{r_2,s_2},\kappa_{r_3,s_3}\}_{n_1,n_2}$는 $n \le n_1$이면 $\kappa_{r_2,s_2} < \kappa_{r_3,s_3} < \kappa_{r_1,s_1}$이고, $n_1+1 \le n \le n_2-1$이면 $\kappa_{r_2,s_2} < \kappa_{r_1,s_1} < \kappa_{r_3,s_3}$이며, $n \ge n_2$이면 $\kappa_{r_1,s_1} < \kappa_{r_2,s_2} < \kappa_{r_3,s_3}$이라는 뜻이다.

이제, $\frac{x}{1+x}$가 x의 느는 함수라는 것을 새기면 정리 5.33과 5.34에서 보았듯이 $\kappa_{r,s}$는 순서 통계량 둘의 확률밀도함수를 그릴 때 – 또는 확률질량함수에 '덮개'를 씌워 그릴 때 – 만나는 점의 상대적인 위치를 나타낸다는 것을 알 수 있다. 보기를 들면, 그림 5.25와 같이 $f_{X_{[2]}}(x)$와 $f_{X_{[3]}}(x)$가 만나는 점 $x_{2,3}$이 $f_{X_{[1]}}(x)$와 $f_{X_{[4]}}(x)$가 만나는 점 $x_{1,4}$보다 큰 때는 있으나 그림 5.26과 같이 $x_{2,3}$이 $x_{1,4}$보다 작은 때는 없다는 것을 (5.667)에서 알 수 있다.

보기 5.105 식 (5.667)에 보인 $\{n_1,n_2\}$에서 κ_{r_i,s_i}와 κ_{r_j,s_j}를 구체적으로 얻어 견주어본 것을 표 5.3에 적어 두었다. ◇

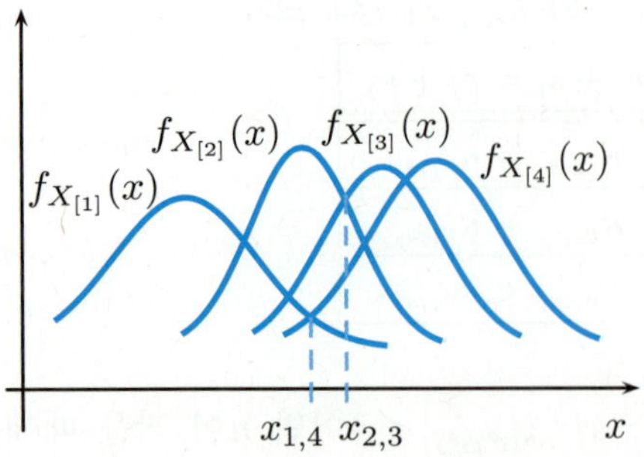

그림 5.25 일어날 수 있는 보기

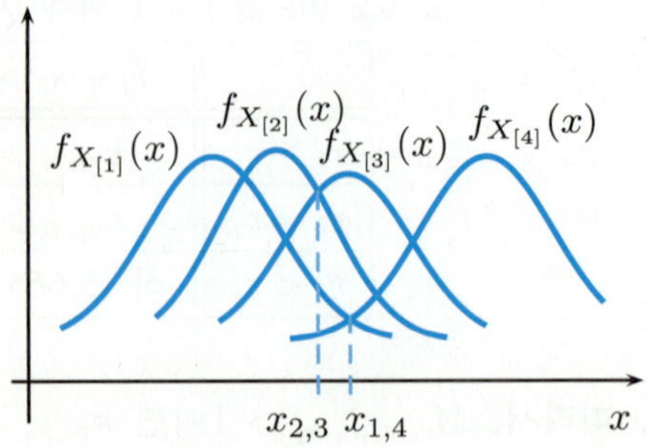

그림 5.26 일어날 수 없는 보기

표 5.3 매개변수 κ의 값 몇 개

$n=247$	$\kappa_{1,7} \approx 0.01229515 > \kappa_{3,4} \approx 0.01229508$
$n=248$	$\kappa_{1,7} \approx 0.01224486 < \kappa_{3,4} \approx 0.01224490$
$n=27$	$\kappa_{1,8} \approx 0.1475 > \kappa_{3,5} \approx 0.1474$
$n=28$	$\kappa_{1,8} \approx 0.1413 < \kappa_{3,5} \approx 0.1414$
$n=16$	$\kappa_{1,9} \approx 0.334 > \kappa_{4,5} \approx 0.333$
$n=17$	$\kappa_{1,9} \approx 0.306 < \kappa_{4,5} \approx 0.307$
$n=19$	$\kappa_{1,10} \approx 0.302 > \kappa_{3,7} \approx 0.301$
$n=20$	$\kappa_{1,10} \approx 0.281 < \kappa_{3,7} \approx 0.282$
$n=15$	$\kappa_{1,10} \approx 0.430 > \kappa_{4,6} \approx 0.426$
$n=16$	$\kappa_{1,10} \approx 0.388 < \kappa_{4,6} \approx 0.389$

정리 5.36 식 (5.610)에서 뜻매김한 매개변수 $\kappa_{r,s}\left\{\frac{(n-s)!(s-1)!}{(n-r)!(r-1)!}\right\}^{\frac{1}{s-r}}$은 아래를 만족시킨다.

(가) $a \geq 1$, $r+s<n+1$, $r<s-a-2$, $a+1<s<\frac{n+a+3}{2}$이면

$$\kappa_{r+1,s-a-1} \;>\; \kappa_{r,s}. \tag{5.668}$$

(나) $r+s \gtreqless n+1$이면

$$\frac{\kappa_{r,s}}{1+\kappa_{r,s}} \;\gtreqless\; \frac{1}{2}. \tag{5.669}$$

(다) s가 짝수이면 $m=\frac{s}{2}-1$이라고 두고, s가 홀수이면 $m=\frac{s-1}{2}$이라고 둘 때

$$\kappa_{m,s-m} \;=\; \begin{cases} \sqrt{\frac{s(s-2)}{(2n-s+2)(2n-s)}}, & s\text{가 짝수일 때,} \\ \frac{s-1}{2n-s+1}, & s\text{가 홀수일 때.} \end{cases} \tag{5.670}$$

■■

증명

(가) 먼저,

$$\left\{\frac{\kappa_{r+1,s-a-1}}{\kappa_{r,s}}\right\}^{s-r-a-2} = \frac{(n-r)\cdot(n-s+a+1)(n-s+a)\cdots(n-s+1)}{(s-1)(s-2)\cdots(s-a-1)\cdot r} \cdot\kappa_{r,s}^{a+2} \tag{5.671}$$

인데 $\kappa_{r,s} > 1$이고, $n-r > s-1$이며, $n-s+a+1 > s-2$이고, $\cdots$, $n-s+a+1 > n-s+2$이며, $n-s+1 > r$이므로 $\kappa_{r+1,s-a-1} > \kappa_{r,s}$이다.

(나) 다음에,

$$\begin{aligned}\frac{(n-s)!(s-1)!}{(n-r)!(r-1)!} &= \frac{B(n-s+1,s)}{B(n-r+1,r)} \\ &= \frac{(s-1)(s-2)\cdots r}{(n-r)(n-r-1)\cdots(n-s+1)}\end{aligned} \tag{5.672}$$

인데, 이 식에 있는 분자와 분모는 둘 다 이어지는 자연수를 $s-r$개 곱한 것이므로 분자와 분모에서 곱하는 수 가운데 같은 자리에 있는 것을 – 보기를 들어, 가장 앞에 있는 $s-1$과 $n-r$을 – 견주어 봄으로써 $\kappa_{r,s}$가 1보다 큰지 작은지 알 수 있다. 곧,

$$r+s \gtreqless n+1\text{이면} \quad \kappa_{r,s} \gtreqless 1\text{이고} \quad \frac{\kappa_{r,s}}{1+\kappa_{r,s}} \gtreqless \frac{1}{2}\text{이라는 것을} \tag{5.673}$$

알 수 있다.

(다) 끝으로,

$$s-2m = \begin{cases} 2, & s\text{가 짝수일 때,} \\ 1, & s\text{가 홀수일 때} \end{cases} \tag{5.674}$$

이므로

$$\begin{aligned}\kappa_{m,s-m}^{s-2m} &= \frac{(s-m-1)(s-m-2)\cdots m}{(n-m)(n-m-1)\cdots(n-s+m+1)} \\ &= \begin{cases} \frac{\frac{s}{2}\left(\frac{s}{2}-1\right)}{\left(n-\frac{s}{2}+1\right)\left(n-\frac{s}{2}\right)}, & s\text{가 짝수일 때,} \\ \frac{\frac{s-1}{2}}{\frac{2n-s+1}{2}}, & s\text{가 홀수일 때} \end{cases} \\ &= \begin{cases} \frac{s(s-2)}{(2n-s+2)(2n-s)}, & s\text{가 짝수일 때,} \\ \frac{s-1}{2n-s+1}, & s\text{가 홀수일 때} \end{cases}\end{aligned} \tag{5.675}$$

이다. □

부록

부록 5.1 결합 분포는 다르고 순서 통계량 벡터의 결합 분포는 같은 확률벡터

보기 5.15–5.18에서 이미 본 것처럼 확률벡터 $\underline{X} = (X_1, X_2, \cdots, X_n)$의 결합 확률밀도함수와 확률벡터 $\underline{Y}$의 결합 확률밀도함수가 다르더라도 $\underline{X}$의 순서 통계량 벡터 $\underline{X_{[\cdot]}}$의 결합 확률밀도함수와 $\underline{Y}$의 순서 통계량 벡터 $\underline{Y_{[\cdot]}}$의 결합 확률밀도함수는 같을 때도 있다. 먼저, 2차원 확률벡터 $\underline{X} = (X_1, X_2)$의 결합 확률밀도함수 $f_{\underline{X}}(x, y)$의 받침이 $\{(x, y) : 0 < x < 1, 0 < y < 1\}$일 때 이 것을 좀 더 다루어 보도록 하자.

정리 5.37 상수 $\{a_j\}_{j=0}^{m}$이 어느 것도 0보다 작지 않고 그 가운데 적어도 하나가 0보다 클 때

$$\tilde{a} = \sum_{j=0}^{m} \frac{a_j}{(j+1)(m-j+1)} \tag{5.676}$$

처럼 쓰자. 이때, 확률벡터 $\underline{X}$의 결합 확률밀도함수가

$$f_{\underline{X}}(x, y) = u(x)u(1-x)u(y)u(1-y)\,\frac{1}{\tilde{a}} \sum_{j=0}^{m} a_j x^j y^{m-j} \tag{5.677}$$

이면 $\underline{X}$의 순서 통계량 벡터 $\underline{X_{[\cdot]}}$의 결합 확률밀도함수는

$$f_{\underline{X_{[\cdot]}}}(x, y) = u(x)u(y-x)u(1-y)\,\frac{1}{\tilde{a}} \sum_{j=0}^{m} (a_j + a_{m-j})\, x^j y^{m-j} \tag{5.678}$$

이다. ■■

증명 식 (5.35)에서

$$\begin{aligned} f_{\underline{X_{[\cdot]}}}(x, y) &= u(x)u(y-x)u(1-y)\,\frac{1}{\tilde{a}} \left(\sum_{j=0}^{m} a_j x^j y^{m-j} + \sum_{j=0}^{m} a_j y^j x^{m-j} \right) \\ &= u(x)u(y-x)u(1-y)\,\frac{1}{\tilde{a}} \sum_{j=0}^{m} (a_j + a_{m-j})\, x^j y^{m-j} \end{aligned} \tag{5.679}$$

이다. □

위에서

$$\begin{aligned} \sum_{j=0}^{m} \frac{a_j + a_{m-j}}{j+1} &= \sum_{j=0}^{m} \frac{a_j}{j+1} + \sum_{t=0}^{m} \frac{a_t}{m-t+1} \\ &= \sum_{j=0}^{m} \frac{(m+1)a_j}{(j+1)(m-j+1)} \\ &= (m+1)\tilde{a} \end{aligned} \tag{5.680}$$

임을 눈여겨보아 두자.

보기 5.106 먼저, $m=1$일 때를 생각해 보자. 두 수 a_0과 a_1이 어느 것도 0보다 작지 않고 그 가운데 적어도 하나가 0보다 클 때 확률벡터 $\underline{X}=(X_1, X_2)$의 결합 확률밀도함수를

$$f_{\underline{X}}(x,y) = \frac{2}{a_1+a_0}(a_1x+a_0y)\,u(x)u(1-x)u(y)u(1-y) \quad (5.681)$$

처럼 두자. 그러면 $\underline{X}$의 순서 통계량 벡터 $\underline{X_{[\cdot]}}=\left(X_{[1]}, X_{[2]}\right)$의 결합 확률밀도함수는

$$f_{\underline{X_{[\cdot]}}}(x,y) = 2(x+y)u(x)u(y-x)u(1-y) \quad (5.682)$$

이다. ◇

보기 5.107 확률벡터 $\underline{X}=(X_1, X_2)$의 결합 확률밀도함수가 $f_{\underline{X}}(x,y)=\frac{2}{9}(4x+5y)\,u(x)u(1-x)u(y)u(1-y)$일 때도, $f_{\underline{X}}(x,y)=\frac{2}{7}(3x+4y)\,u(x)u(1-x)u(y)u(1-y)$일 때도, 또 $f_{\underline{X}}(x,y)=\frac{1}{7}(9x+5y)\,u(x)u(1-x)u(y)u(1-y)$일 때도 $\underline{X}$의 순서 통계량 벡터 $\underline{X_{[\cdot]}}$의 결합 확률밀도함수는 $f_{\underline{X_{[\cdot]}}}(x,y)=2(x+y)u(x)u(y-x)u(1-y)$이다. ◇

보기 5.108 다음에 $m=2$일 때를 생각해 보자. 세 수 $\{a_j\}_{j=0}^{2}$가 어느 것도 0보다 작지 않고 그 가운데 적어도 하나가 0보다 클 때 확률벡터 $\underline{X}=(X_1, X_2)$의 결합 확률밀도함수를

$$f_{\underline{X}}(x,y) = \frac{12}{4(a_0+a_2)+3a_1}\left(a_2x^2+a_1xy+a_0y^2\right)u(x)u(1-x)u(y)u(1-y) \quad (5.683)$$

처럼 두자. 그러면 $\underline{X}$의 순서 통계량 벡터 $\underline{X_{[\cdot]}}$의 결합 확률밀도함수는

$$f_{\underline{X_{[\cdot]}}}(x,y) = \begin{cases} 8xy\,u(x)u(y-x)u(1-y), & a_0=a_2=0\text{일 때}, \\ \frac{24}{4+3k}\left(x^2+y^2+kxy\right)u(x)u(y-x)u(1-y), & \frac{a_1}{a_0+a_2}=k\text{일 때} \end{cases} \quad (5.684)$$

이다. ◇

보기 5.109 확률벡터 $\underline{X}=(X_1, X_2)$의 결합 확률밀도함수가

$$f_{\underline{X}}(x,y) = \frac{1}{4}\left(4x^2+4xy+5y^2\right)u(x)u(1-x)u(y)u(1-y) \quad (5.685)$$

일 때도,

$$f_{\underline{X}}(x,y) = \frac{1}{4}\left(x^2+4xy+8y^2\right)u(x)u(1-x)u(y)u(1-y) \quad (5.686)$$

일 때도, 또

$$f_{\underline{X}}(x,y) = \frac{1}{4}\left(9x^2+4xy\right)u(x)u(1-x)u(y)u(1-y) \quad (5.687)$$

일 때도 $\underline{X}$의 순서 통계량 벡터 $\underline{X_{[\cdot]}}$의 결합 확률밀도함수는

$$f_{\underline{X_{[\cdot]}}}(x,y) = \frac{1}{2}\left(9x^2+9y^2+4xy\right)u(x)u(y-x)u(1-y) \quad (5.688)$$

이다. 이 식은 (5.684)에서 $\frac{a_1}{a_0+a_2}=\frac{4}{9}$일 때를 나타내는 것이다. ◇

보기 5.110 위와 비슷하게 $m = 3$일 때 네 수 $\{a_j\}_{j=0}^{3}$이 어느 것도 0보다 작지 않고 그 가운데 적어도 하나가 0보다 크다고 하자. 이제, $\underline{X} = (X_1, X_2)$의 결합 확률밀도함수가

$$\begin{aligned} f_{\underline{X}}(x, y) &= \frac{12}{3(a_0 + a_3) + 2(a_1 + a_2)} \left(a_3 x^3 + a_2 x^2 y + a_1 x y^2 + a_0 y^3\right) \\ &\quad \cdot u(x)u(1-x)u(y)u(1-y) \end{aligned} \tag{5.689}$$

일 때를 생각하자. 그러면 $\underline{X}$의 순서 통계량 벡터 $\underline{X_{[\cdot]}}$의 결합 확률밀도함수는

$$f_{\underline{X_{[\cdot]}}}(x, y) = \begin{cases} 6\left(x^2 y + x y^2\right) u(x)u(y-x)u(1-y), \\ \qquad a_0 = a_3 = 0 \text{일 때}, \\ \frac{12}{3+2k}\left\{x^3 + y^3 + k\left(x^2 y + x y^2\right)\right\} u(x)u(y-x)u(1-y), \\ \qquad \frac{a_1 + a_2}{a_0 + a_3} = k \text{일 때} \end{cases} \tag{5.690}$$

이다. ◇

보기 5.111 확률벡터 $\underline{X} = (X_1, X_2)$의 결합 확률밀도함수가

$$f_{\underline{X}}(x, y) = \frac{3}{10}\left(3x^3 + 4x^2 y + 4x y^2 + 5y^3\right) u(x)u(1-x)u(y)u(1-y) \tag{5.691}$$

일 때도,

$$f_{\underline{X}}(x, y) = \frac{3}{5}\left(4x^3 + x^2 y + 3x y^2\right) u(x)u(1-x)u(y)u(1-y) \tag{5.692}$$

일 때도, 또

$$f_{\underline{X}}(x, y) = \frac{3}{5}\left(3x^3 + 2x^2 y + 2x y^2 + y^3\right) u(x)u(1-x)u(y)u(1-y) \tag{5.693}$$

일 때도 $\underline{X}$의 순서 통계량 벡터 $\underline{X_{[\cdot]}}$의 결합 확률밀도함수는

$$f_{\underline{X_{[\cdot]}}}(x, y) = \frac{12}{5}\left(x^3 + y^3 + x^2 y + x y^2\right) u(x)u(y-x)u(1-y) \tag{5.694}$$

이다. 이 식은 (5.690)에서 $\frac{a_1 + a_2}{a_0 + a_3} = 1$일 때를 나타내는 것이다. ◇

보기 5.112 마찬가지로, $m = 4$일 때 다섯 수 $\{a_j\}_{j=0}^{4}$가 어느 것도 0보다 작지 않고 그 가운데 적어도 하나가 0보다 크다고 하자. 이제, $\underline{X} = (X_1, X_2)$의 결합 확률밀도함수가

$$\begin{aligned} f_{\underline{X}}(x, y) &= \frac{360}{72(a_0 + a_4) + 45(a_1 + a_3) + 40a_2} \left(a_4 x^4 + a_3 x^3 y + a_2 x^2 y^2 + a_1 x y^3 + a_0 y^4\right) \\ &\quad \cdot u(x)u(1-x)u(y)u(1-y) \end{aligned} \tag{5.695}$$

일 때를 생각하자. 그러면 $\underline{X}$의 순서 통계량 벡터 $\underline{X_{[\cdot]}}$의 결합 확률밀도함수는

$$f_{\underline{X_{[\cdot]}}}(x, y) = \begin{cases} 18x^2 y^2\, u(x)u(y-x)u(1-y), \\ \qquad a_0 = a_1 = a_3 = a_4 = 0 \text{일 때}, \\ \frac{72}{9+4k}\left(x^3 y + x y^3 + k x^2 y^2\right) u(x)u(y-x)u(1-y), \\ \qquad a_0 = a_4 = 0 \text{이고 } \frac{a_2}{a_1 + a_3} = k \text{일 때}, \\ \frac{360}{72 + 45k_1 + 20k_2}\left\{x^4 + y^4 + k_1\left(x^3 y + x y^3\right) + k_2 x^2 y^2\right\} \\ \quad \cdot u(x)u(y-x)u(1-y), \\ \qquad \frac{a_1 + a_3}{a_0 + a_4} = k_1 \text{이고 } \frac{a_2}{a_0 + a_4} = k_2 \text{일 때} \end{cases} \tag{5.696}$$

이다. ◇

보기 5.113 확률벡터 $\underline{X} = (X_1, X_2)$의 결합 확률밀도함수가 $f_{\underline{X}}(x,y) = \frac{24}{17}\left(3x^3y + 3x^2y^2\right) u(x)u(1-x)u(y)u(1-y)$일 때도, 또 $f_{\underline{X}}(x,y) = \frac{24}{17}\left(x^3y + 3x^2y^2 + 2xy^3\right) u(x)u(1-x)u(y)u(1-y)$일 때도 $\underline{X}$의 순서 통계량 벡터 $\underline{X_{[\cdot]}}$의 결합 확률밀도함수는

$$f_{\underline{X_{[\cdot]}}}(x,y) = \frac{72}{13}\left(x^3y + xy^3 + x^2y^2\right) u(x)u(y-x)u(1-y) \tag{5.697}$$

이다. 이 식은 (5.696)에서 $a_0 = a_4 = 0$이고 $\frac{a_2}{a_1+a_3} = 1$일 때를 나타내는 것이다. ◇

보기 5.114 확률벡터 $\underline{X} = (X_1, X_2)$의 결합 확률밀도함수가 $f_{\underline{X}}(x,y) = \frac{5}{16}\left(6x^4 + 8x^3y + 9x^2y^2\right) u(x)u(1-x)u(y)u(1-y)$일 때도, 또 $f_{\underline{X}}(x,y) = \frac{5}{16}\left(5x^4 + y^4 + 7x^3y + xy^3 + 9x^2y^2\right) u(x)u(1-x)u(y)u(1-y)$일 때도 $\underline{X}$의 순서 통계량 벡터 $\underline{X_{[\cdot]}}$의 결합 확률밀도함수는

$$f_{\underline{X_{[\cdot]}}}(x,y) = \frac{10}{27}\left(6x^4 + 6y^4 + 8x^3y + 8xy^3 + 9x^2y^2\right) u(x)u(y-x)u(1-y) \tag{5.698}$$

이다. 이 식은 (5.696)에서 $\frac{a_1+a_3}{a_0+a_4} = \frac{4}{3}$이고 $\frac{a_2}{a_0+a_4} = \frac{3}{2}$일 때를 나타내는 것이다. ◇

정리 5.37과 비슷하게 3차원 확률벡터 $\underline{X} = (X_1, X_2, X_3)$의 결합 확률밀도함수 $f_{\underline{X}}(x,y,z)$의 받침이 $\{(x,y,z) : 0 < x < 1,\ 0 < y < 1,\ 0 < z < 1\}$이고 차수가 3을 넘지 않을 때를 좀 더 다루어 보도록 하자. 그러면 확률벡터 $\underline{X}$의 순서 통계량 벡터 $\underline{X_{[\cdot]}}$의 결합 확률밀도함수는

$$f_{\underline{X_{[\cdot]}}}(x,y,z) = 4(x+y+z)u(x)u(y-x)u(z-y)u(1-z), \tag{5.699}$$

$$f_{\underline{X_{[\cdot]}}}(x,y,z) = \left\{k_1\left(x^2+y^2+z^2\right) + k_2(xy+yz+zx)\right\} \cdot u(x)u(y-x)u(z-y)u(1-z), \tag{5.700}$$

또는

$$f_{\underline{X_{[\cdot]}}}(x,y,z) = \left\{k_1\left(x^3+y^3+z^3\right) + k_2\left(x^2y+y^2z+z^2x+xy^2+yz^2+zx^2\right) + k_3xyz\right\} \cdot u(x)u(y-x)u(z-y)u(1-z) \tag{5.701}$$

과 같은 꼴이다.

보기 5.115 확률벡터 $\underline{X} = (X_1, X_2, X_3)$의 결합 확률밀도함수가

$$f_{\underline{X}}(x,y,z) = 2x\,u(x)u(1-x)u(y)u(1-y)u(z)u(1-z) \tag{5.702}$$

이면 $\underline{X}$의 순서 통계량 벡터 $\underline{X_{[\cdot]}}$의 결합 확률밀도함수는

$$\begin{aligned} f_{\underline{X_{[\cdot]}}}(x,y,z) &= (2x+2x+2y+2y+2z+2z)\,u(x)u(y-x)u(z-y)u(1-z) \\ &= 4(x+y+z)\,u(x)u(y-x)u(z-y)u(1-z) \end{aligned} \tag{5.703}$$

이다. ◇

보기 5.116 확률벡터 $\underline{X} = (X_1, X_2, X_3)$의 결합 확률밀도함수가 $f_{\underline{X}}(x,y,z) = \frac{1}{5}(x + 2y + 7z)u(x)u(1-x)u(y)u(1-y)u(z)u(1-z)$이면 $\underline{X}$의 순서 통계량 벡터 $\underline{X_{[\cdot]}}$의 결합 확률밀도함수는 $f_{\underline{X_{[\cdot]}}}(x,y,z) = \frac{1}{5}(x + 2y + 7z + x + 2z + 7y + y + 2x + 7z + y + 2z + 7x + z + 2x + 7y + z + 2y + 7x)\, u(x)u(y-x)u(z-y)u(1-z) = 4(x+y+z)\, u(x)u(y-x)u(z-y)u(1-z)$이다. ◇

부록 5.2 독립이지만 분포가 다른 확률벡터의 순서 통계량

앞 5.3절에서는 독립이고 분포가 같은 확률벡터를 다루었다. 여기서는 독립이지만 분포가 다른 확률벡터를 조금 생각해 보자. 독립인 확률변수 n개가 이루는 확률벡터 $\underline{X} = (X_1, X_2, \cdots, X_n)$에서 X_i의 누적분포함수를 F_i라고 하고 확률밀도함수를 f_i라고 하자. 그러면 $\underline{X}$의 r째 순서 통계량 $X_{[r]}$의 누적분포함수는

$$F_{X_{[r]}}(x; \boldsymbol{F}) = \sum_{i=r}^{n} \sum_{S_i} \left\{ \prod_{l=1}^{i} F_{j_l}(x) \right\} \left[\prod_{l=i+1}^{n} \{1 - F_{j_l}(x)\} \right] \tag{5.704}$$

이다. 여기서,

$$\boldsymbol{F} = (F_1, F_2, \cdots, F_n) \tag{5.705}$$

이고, $\sum\limits_{S_i}$는 $(1, 2, \cdots, n)$의 순열 $(j_1, j_2, \cdots, j_n)$ 가운데 $j_1 < j_2 < \cdots < j_i$이고 $j_{i+1} < j_{i+2} < \cdots < j_n$인 것 모두에 대한 덧셈을 뜻하며, $\prod\limits_{l=n+1}^{n} \{1 - F_{j_l}(x)\} = 1$로 둔다.

보기 5.117 독립인 확률변수 셋을 생각하여 둘째 순서 통계량 $X_{[2]}$의 누적분포함수를 얻어 보자. 먼저, (5.704)에서

$$F_{X_{[2]}}(x; F_1, F_2, F_3) = \sum_{S_2} \left\{ \prod_{l=1}^{2} F_{j_l}(x) \right\} \left[\prod_{l=3}^{3} \{1 - F_{j_l}(x)\} \right] + \sum_{S_3} \left\{ \prod_{l=1}^{3} F_{j_l}(x) \right\} \tag{5.706}$$

이다. 이제, $\sum\limits_{S_2}$에서는 $(j_1, j_2, j_3) = (1,2,3)$, $(1,3,2)$, $(2,3,1)$이고, $\sum\limits_{S_3}$에서는 $(j_1, j_2, j_3) = (1,2,3)$이라는 것을 쉽게 알 수 있다. 이것을 새겨 (5.706)을 다시 쓰면

$$\begin{aligned} F_{X_{[2]}}(x; F_1, F_2, F_3) &= F_1(x)F_2(x)\{1 - F_3(x)\} + F_1(x)F_3(x)\{1 - F_2(x)\} \\ &\quad + F_2(x)F_3(x)\{1 - F_1(x)\} + F_1(x)F_2(x)F_3(x) \end{aligned} \tag{5.707}$$

이다. 이때, $F_1 = F_2 = F_3 = F$이면 $F_{X_{[2]}}(x; F_1, F_2, F_3) = 3F^2(x)\{1 - F(x)\} + F^3(x)$이다. 이 식은 (5.98)에서 $n = 3$, $r = 2$로 둔 것과 같은 것이다. ◇

보기 5.118 식 (5.704)에서 $\sum\limits_{S_n}$은 $(j_1, j_2, \cdots, j_n) = (1, 2, \cdots, n)$일 때라는 것을 새기면 독립인 확률변수 n개 가운데 가장 큰 순서 통계량 $X_{[n]}$의 누적분포함수는

$$\begin{aligned} F_{X_{[n]}}(x; \boldsymbol{F}) &= \sum_{S_n} \prod_{l=1}^{n} F_{j_l}(x) \\ &= \prod_{l=1}^{n} F_l(x) \end{aligned} \tag{5.708}$$

임을 알 수 있다. 이 식을 바탕으로 가장 큰 순서 통계량 $X_{[n]}$의 확률밀도함수를 얻으면

$$f_{X_{[n]}}(x) = \left\{\prod_{i=1}^{n} F_i(x)\right\} \sum_{i=1}^{n} \frac{f_i(x)}{F_i(x)} \tag{5.709}$$

이다. ◇

보기 5.119 독립이고 분포가 같은 n차원 확률벡터 $\underline{X}$를 생각하여, 그 한계 누적분포함수를 F, 한계 확률밀도함수를 f라고 하자. 그러면 $\prod_{l=1}^{i} F_{j_l}(x) = F^i(x)$이고 $\prod_{l=i+1}^{n} \{1 - F_{j_l}(x)\} = \{1 - F(x)\}^{n-i}$이다. 또, 숫자 n개 $\{1, 2, \cdots, n\}$을 i개와 $n-i$개로 나눈 $\{j_1, j_2, \cdots, j_i\}$와 $\{j_{i+1}, j_{i+2}, \cdots, j_n\}$마다 정확히 하나씩 $j_1 < j_2 < \cdots < j_i$이고 $j_{i+1} < j_{i+2} < \cdots < j_n$이므로 $\{1, 2, \cdots, n\}$의 모든 순열 $n!$개 가운데에서 이 조건을 만족시키는 것은 $\frac{n!}{i!(n-i)!}$개이다. 곧, $\sum_{S_i} 1 = \frac{n!}{i!(n-i)!}$이다. 그러므로

$$F_{X_{[r]}}(x; \boldsymbol{F}) = \sum_{i=r}^{n} \frac{n!}{i!(n-i)!} F^i(x) \{1 - F(x)\}^{n-i} \tag{5.710}$$

이다. 이 식은 마땅히 (5.98)과 같은 것이다. ◇

다음에, $r < s$일 때 $\underline{X}$의 r째 순서 통계량 $X_{[r]}$과 s째 순서 통계량 $X_{[s]}$의 결합 누적분포함수는

$$\begin{aligned} F_{X_{[r]}, X_{[s]}}(x, y; \boldsymbol{F}) &= \sum_{i_1 \geq r,\, i_1+i_2 \geq s,\, i_1+i_2+i_3=n} \frac{1}{i_1! i_2! i_3!} \\ &\cdot \text{per} \begin{bmatrix} {}_{\{i_1\}}\{F_1(x) & F_2(x) & \cdots & F_n(x)\} \\ {}_{\{i_2\}}\{F_1(y) - F_1(x) & F_2(y) - F_2(x) & \cdots & F_n(y) - F_n(x)\} \\ {}_{\{i_3\}}\{1 - F_1(y) & 1 - F_2(y) & \cdots & 1 - F_n(y)\} \end{bmatrix} \end{aligned} \tag{5.711}$$

이다. 위 식에서 ${}_{\{k\}}\{A\}$는 행 k개가 A라는 – 곧, A라는 행이 k열을 이룬다는 – 뜻이고, per$[A]$는 행렬 A의 적화식을[80] 뜻한다. 끝으로, $\underline{X}$의 r째 순서 통계량 $X_{[r]}$과 s째 순서 통계량 $X_{[s]}$의 결합 확률밀도함수는

$$\begin{aligned} f_{X_{[r]}, X_{[s]}}(x, y; \boldsymbol{F}) &= \frac{1}{(r-1)!(s-r-1)!(n-s)!} u(y-x) \\ &\cdot \text{per} \begin{bmatrix} {}_{\{r-1\}}\{F_1(x) & F_2(x) & \cdots & F_n(x)\} \\ {}_{\{1\}}\{f_1(x) & f_2(x) & \cdots & f_n(x)\} \\ {}_{\{s-r-1\}}\{F_1(y) - F_1(x) & F_2(y) - F_2(x) & \cdots & F_n(y) - F_n(x)\} \\ {}_{\{1\}}\{f_1(y) & f_2(y) & \cdots & f_n(y)\} \\ {}_{\{n-s\}}\{1 - F_1(y) & 1 - F_2(y) & \cdots & 1 - F_n(y)\} \end{bmatrix} \end{aligned} \tag{5.712}$$

이다.

[80] permanent. 정방 행렬의 행렬식의 전개식에서 부호를 모두 +로 둔 것을 적화식이라고 부른다. 보통, 행렬 A의 적화식은 $^+|A|^+$ 또는 per$[A]$처럼 쓴다.

보기 5.120 독립이고 분포가 같은 n차원 확률벡터 $\underline{X} = (X_1, X_2, \cdots, X_n)$을 생각하고, 그 한계 누적분포함수를 F, 한계 확률밀도함수를 f라고 하자. 또, (5.711)에 나온 행렬을 B라고 하고 B에서 첫 행부터 k행, 첫 열부터 m열을 지운 것을 $B_{k,m}$처럼 쓰자. 그러면

$$\begin{aligned}
\operatorname{per}(B) &= F(x)B_{1,1} + F(x)B_{1,1} + \cdots + F(x)B_{1,1} \\
&= nF(x)B_{1,1} \\
&= n(n-1)F^2(x)B_{2,2} \\
&\vdots \\
&= n(n-1)\cdots(n-i_1+1)\,F^{i_1}(x)B_{i_1,i_1} \\
&= n(n-1)\cdots(n-i_1+1)\,(n-i_1)\,F^{i_1}(x)\,\{F(y)-F(x)\}\,B_{i_1+1,i_1+1} \\
&= n(n-1)\cdots(n-i_1+1)\,(n-i_1)\,(n-i_1-1)\,F^{i_1}(x)\,\{F(y)-F(x)\}^2\,B_{i_1+2,i_1+2} \\
&\vdots \\
&= n(n-1)\cdots(n-i_2+1)\,F^{i_1}(x)\,\{F(y)-F(x)\}^{i_2}\,B_{i_1+i_2,i_1+i_2} \\
&\vdots \\
&= n!F^{i_1}(x)\,\{F(y)-F(x)\}^{i_2}\,\{1-F(y)\}^{i_3}
\end{aligned} \tag{5.713}$$

이다. 이제, $\{i_1 \geq r,\, i_1+i_2 \geq s,\, i_1+i_2+i_3 = n\}$일 때, $i_1 + i_2 = k$라고 두면 $i_2 = k - i_1$이고, $i_3 = n - k$이며, 또 $i_2 \geq 0$이므로 $i_1 \leq k$이다. 이것을 새기면 $\sum\limits_{i_1 \geq r, i_1+i_2 \geq s, i_1+i_2+i_3=n}$을 $\sum\limits_{k=s}^{n}\sum\limits_{i_1=r}^{k}$로 바꾸어 쓸 수 있다. 곧, $r < s$일 때 독립이고 분포가 같은 n차원 확률벡터 $\underline{X} = (X_1, X_2, \cdots, X_n)$의 r째 순서 통계량 $X_{[r]}$과 s째 순서 통계량 $X_{[s]}$의 결합 누적분포함수는

$$\begin{aligned}
F_{X_{[r]},X_{[s]}}(x, y; \boldsymbol{F}) &= \sum_{i_1 \geq r, i_1+i_2 \geq s, i_1+i_2+i_3=n} \frac{n!}{i_1!i_2!i_3!} F^{i_1}(x)\,\{F(y)-F(x)\}^{i_2} \\
&\quad \cdot \{1-F(y)\}^{i_3} \\
&= \sum_{k=s}^{n}\sum_{i_1=r}^{k} \frac{n!}{i_1!\,(k-i_1)!(n-k)!} F^{i_1}(x)\,\{F(y)-F(x)\}^{k-i_1}\,\{1-F(y)\}^{n-k}
\end{aligned} \tag{5.714}$$

이다. 위와 비슷하게 따라가면, $r < s$일 때 독립이고 분포가 같은 n차원 확률벡터 $\underline{X} = (X_1, X_2, \cdots, X_n)$의 r째 순서 통계량 $X_{[r]}$과 s째 순서 통계량 $X_{[s]}$의 결합 확률밀도함수는

$$\begin{aligned}
f_{X_{[r]},X_{[s]}}(x, y; \boldsymbol{F}) &= \frac{n!}{(r-1)!(s-r-1)!(n-s)!} F^{r-1}(x)\,\{F(y)-F(x)\}^{s-r-1} \\
&\quad \cdot \{1-F(y)\}^{n-s}\,f(x)f(y)u(y-x)
\end{aligned} \tag{5.715}$$

임을 알 수 있다. 마땅히 (5.714)는 (5.143)과, 또 (5.715)는 (5.276)과 같은 것이다. ◇

부록 5.3 네 겹 덧셈 바꾸기

여기서는

표 5.4 식 $\sum_{s=2}^{n}\sum_{r=1}^{s-1}\sum_{j=s}^{n}\sum_{i=r}^{j}\Delta_{j,i}$을 $\sum_{k=2}^{n}\sum_{l=1}^{k}N_{k,l}\Delta_{k,l}$로 바꾸었을 때 $\Delta_{k,l}$의 계수 $N_{k,l}=(k-1)l-\frac{l(l-1)}{2}$

	$l=1$	2	3	4	5	6
$k=2$	1	1	0	0	0	0
3	2	3	3	0	0	0
4	3	5	6	6	0	0
5	4	7	9	10	10	0
6	5	9	12	14	15	15

$$\sum_{s=2}^{n}\sum_{r=1}^{s-1}\sum_{j=s}^{n}\sum_{i=r}^{j}\Delta_{j,i} = \sum_{k=2}^{n}\sum_{l=1}^{k}\left\{(k-1)l-\frac{l(l-1)}{2}\right\}\Delta_{k,l} \tag{5.716}$$

을[81] 보인다. 먼저, (5.716)의 왼쪽에서 s에 대한 덧셈을 풀어서

$$\begin{aligned}\sum_{s=2}^{n}\sum_{r=1}^{s-1}\sum_{j=s}^{n}\sum_{i=r}^{j}\Delta_{j,i} &= \sum_{r=1}^{1}\sum_{j=2}^{n}\sum_{i=r}^{j}\Delta_{j,i}+\sum_{r=1}^{2}\sum_{j=3}^{n}\sum_{i=r}^{j}\Delta_{j,i}\\ &\quad+\sum_{r=1}^{3}\sum_{j=4}^{n}\sum_{i=r}^{j}\Delta_{j,i}+\cdots+\sum_{r=1}^{n-1}\sum_{j=n}^{n}\sum_{i=r}^{j}\Delta_{j,i}\end{aligned} \tag{5.717}$$

처럼 쓴 뒤, r에 대한 덧셈을 눈여겨보아 r의 값이 같은 것끼리 묶어 쓰면

$$\begin{aligned}\sum_{s=2}^{n}\sum_{r=1}^{s-1}\sum_{j=s}^{n}\sum_{i=r}^{j}\Delta_{j,i} &= \left(\sum_{j=2}^{n}+\sum_{j=3}^{n}+\sum_{j=4}^{n}+\sum_{j=5}^{n}+\cdots+\sum_{j=n}^{n}\right)\sum_{i=1}^{j}\Delta_{j,i}\\ &\quad+\left(\sum_{j=3}^{n}+\sum_{j=4}^{n}+\sum_{j=5}^{n}+\cdots+\sum_{j=n}^{n}\right)\sum_{i=2}^{j}\Delta_{j,i}\\ &\quad+\left(\sum_{j=4}^{n}+\sum_{j=5}^{n}+\cdots+\sum_{j=n}^{n}\right)\sum_{i=3}^{j}\Delta_{j,i}\\ &\quad+\quad\cdots\\ &\quad\vdots\\ &\quad+\left(\sum_{j=n}^{n}\right)\sum_{i=n-1}^{j}\Delta_{j,i}\end{aligned} \tag{5.718}$$

이다. 이제, 위 식의 오른쪽에서 $2 \le k \le n$이고 $1 \le l \le k$일 때 $\Delta_{k,l}$이 몇 번 더해지는지 알아보자. 먼저, j가 k이고 i가 l인 것은 첫 줄부터 l째 줄까지 나타난다는 것과 첫 줄에서는 $k-1$개, 둘째 줄에서는 $k-2$개, $\cdots$, l째 줄에서는 $k-l$개 나타난다는 것을 알 수 있다. 곧, $1 \le l \le k$일 때 $\Delta_{k,l}$은

[81] 이 식은 정리 5.7을 보일 때 (5.178)에서 쓰인다. 한편, 직접 계산해 보면 $\sum_{s=2}^{n}\sum_{r=1}^{s-1}\sum_{j=s}^{n}\sum_{i=r}^{j}1=\frac{1}{12}(n-1)n(n+1)(n+2)$와 $\sum_{j=2}^{n}\sum_{i=1}^{j}\left\{(j-1)i-\frac{i(i-1)}{2}\right\}=\frac{1}{12}(n-1)n(n+1)(n+2)$을 얻는다.

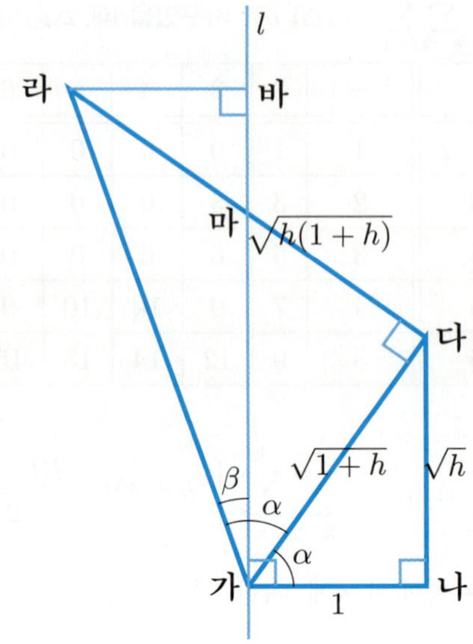

그림 5.27 $h \geq 1$이고, $\alpha = \tan^{-1}\sqrt{h}$이며, $\beta = \sin^{-1}\frac{h-1}{h+1}$일 때 등식 $2\alpha - \beta = \frac{\pi}{2}$를 기하학적으로 보여 주는 그림

$$
\begin{aligned}
(k-1)+(k-1)+\cdots+(k-2) &= kl - \frac{l(l+1)}{2} \\
&= (k-1)l - \frac{l(l-1)}{2}
\end{aligned}
\tag{5.719}
$$

번 더해짐을 알 수 있다. 따라서, (5.718)의 오른쪽을

$$
\sum_{k=2}^{n}\sum_{l=1}^{k}\left\{(k-1)l - \frac{l(l-1)}{2}\right\}\Delta_{k,l} \tag{5.720}
$$

처럼 쓸 수 있다. 식 (5.719)가 나타내는 수를 몇 개 표 5.4에 적어 두었다.

부록 5.4 역 정접함수와 역 정현함수

표 5.1에 나온 $\tan^{-1}\sqrt{2}$와 $\sin^{-1}\frac{1}{3}$ 사이의 관계식은 일반적으로

$$
2\tan^{-1}\sqrt{h} + \sin^{-1}\frac{1-h}{1+h} = \frac{\pi}{2} \tag{5.721}
$$

처럼 쓸 수 있다. 이것을 보이자.

먼저, $h \geq 1$일 때를 기하학적으로 보이자. 그림 5.27에 보인 바와 같이 밑변 **가나**의 길이가 1이고, 높이 **나다**의 길이가 $\sqrt{h}$인 직각 삼각형 **나가다**를 그린 다음, 밑변이 **가다**이고 높이 **다라**의 길이가 $\sqrt{h(1+h)}$인 직각 삼각형 **다가라**를 그린다. 그러면 $\overline{\textbf{가다}} = \sqrt{\overline{\textbf{가나}}^2 + \overline{\textbf{나다}}^2} = \sqrt{1+h}$이므로 $\overline{\textbf{가라}} = \sqrt{\overline{\textbf{가다}}^2 + \overline{\textbf{다라}}^2} = 1+h$이고, $\angle$**나가다** $= \angle$**다가라** $= \tan^{-1}\sqrt{h}$이다. 이제, 점 **가**를 지나고 선분 **나다**와 평행인 직선 l이 선분 **다라**와 만나는 점을 **마**, 점 **라**에서 직선 l에

내린 수선의 발을 **바**라고 하자. 그러면 $\angle$**다마가** $= \tan^{-1}\sqrt{h}$이므로 $\overline{\text{다마}} = \frac{\overline{\text{가다}}}{\sqrt{h}} = \sqrt{\frac{1+h}{h}}$이고, 따라서 $\overline{\text{가마}} = \sqrt{\overline{\text{가다}}^2 + \overline{\text{다마}}^2} = \frac{1+h}{\sqrt{h}}$이고, $\overline{\text{마라}} = \overline{\text{다라}} - \overline{\text{다마}} = (h-1)\sqrt{\frac{1+h}{h}}$이다. 그러므로, $\overline{\text{바라}} = \overline{\text{마라}} \cdot \frac{\overline{\text{가다}}}{\overline{\text{가마}}} = (h-1)\sqrt{\frac{1+h}{h}}\frac{\sqrt{1+h}}{\frac{1+h}{\sqrt{h}}} = h-1$이다. 곧, $\angle$**마가라** $= \sin^{-1}\frac{\overline{\text{바라}}}{\overline{\text{가라}}} = \sin^{-1}\frac{h-1}{h+1}$이다. 이제, $\sin^{-1}(-\theta) = -\sin^{-1}\theta$라는 것을 새기면

$$\begin{aligned}
\angle\text{나가라} - \angle\text{바가라} &= \frac{\pi}{2} \\
&= 2\tan^{-1}\sqrt{h} - \sin^{-1}\frac{h-1}{h+1} \\
&= 2\tan^{-1}\sqrt{h} + \sin^{-1}\frac{1-h}{1+h}
\end{aligned} \tag{5.722}$$

이다. 위와 비슷한 과정을 거치면 $0 \le h \le 1$일 때에도 같은 결과를 얻을 수 있다.

다음으로, 해석적으로 (5.721)을 보이자. 먼저, (5.721)은 $\sin\left(2\tan^{-1}\sqrt{h} + \sin^{-1}\frac{h-1}{h+1}\right) = 1$과 같다. 이제,

$$\begin{aligned}
&\sin\left(2\tan^{-1}\sqrt{h} + \sin^{-1}\frac{h-1}{h+1}\right) \\
&= \sin\left(2\tan^{-1}\sqrt{h}\right)\cos\left(\sin^{-1}\frac{h-1}{h+1}\right) + \cos\left(2\tan^{-1}\sqrt{h}\right)\sin\left(\sin^{-1}\frac{h-1}{h+1}\right) \\
&= 2\sin\left(\tan^{-1}\sqrt{h}\right)\cos\left(\tan^{-1}\sqrt{h}\right)\frac{2\sqrt{h}}{h+1} + \left\{2\cos^2\left(\tan^{-1}\sqrt{h}\right) - 1\right\}\frac{h-1}{h+1} \\
&= 2\sqrt{\frac{h}{h+1}}\frac{1}{\sqrt{h+1}}\frac{2\sqrt{h}}{h+1} + \left(\frac{2}{h+1} - 1\right)\frac{h-1}{h+1} \\
&= 1
\end{aligned} \tag{5.723}$$

이다.

부록 5.5 고른 분포에서 얻은 순서 통계량의 응용

누적분포함수 F를 생각하여 (3.478)에서 다룬 것처럼 $0 < u < 1$일 때 F의 역함수를

$$F^{-1}(u) = \inf\{x : F(x) \ge u\} \tag{5.724}$$

로 두자. 그러면 (3.484)에서 본 것처럼 F는 오른쪽에서 연속이므로

$$F\left(F^{-1}(u)\right) \ge u \tag{5.725}$$

이고, (3.490)에서 말한 것처럼

$$F^{-1}(F(x)) \le x \tag{5.726}$$

이다. 한편, 역 누적분포함수 F^{-1}이 줄지 않는 함수라는 것과 (5.726)을 새기면 $u \le F(x)$일 때 $F^{-1}(u) \le F^{-1}(F(x)) \le x$이다. 마찬가지로, 역 누적분포함수 F^{-1}이 줄지 않는 함수라는 것과 (5.725)를 새기면 $F^{-1}(u) \le x$일 때 $u \le F\left(F^{-1}(u)\right) \le F(x)$이다. 곧,

$$u \le F(x) \quad \rightleftarrows \quad F^{-1}(u) \le x \tag{5.727}$$

이다.

이제, (5.727)을 새겨 두고, 독립이고 한계 누적분포함수가 모두 F인 확률벡터 $\underline{X} = (X_1, X_2, \cdots, X_n)$과, 독립이고 한계 분포가 모두 $U(0,1)$인 확률벡터 $\underline{U} = (U_1, U_2, \cdots, U_n)$을 생각하여, U_j의 누적분포함수를 F_U라고 쓰자. 그러면 $0 \le x \le 1$일 때 $F_U(x) = x$이고

$$\begin{aligned} \Pr\{U_j \le F(x)\} &= F_U(F(x)) \\ &= F(x) \end{aligned} \tag{5.728}$$

이므로

$$\begin{aligned} \Pr\{X_i \le x\} &= F(x) \\ &= \Pr\{U_j \le F(x)\} \\ &= \Pr\left\{F^{-1}(U_j) \le x\right\} \end{aligned} \tag{5.729}$$

이다. 곧, $X_i \stackrel{d}{=} F^{-1}(U_j)$이다[82]. 이와 비슷하게 $\underline{X}$의 순서 통계량을 $\left(X_{[1]}, X_{[2]}, \cdots, X_{[n]}\right)$이라고 하고 $\underline{U}$의 순서 통계량을 $\left(U_{[1]}, U_{[2]}, \cdots, U_{[n]}\right)$이라고 두면

$$\left(X_{[1]}, X_{[2]}, \cdots, X_{[n]}\right) \stackrel{d}{=} \left(F^{-1}\left(U_{[1]}\right), F^{-1}\left(U_{[2]}\right), \cdots, F^{-1}\left(U_{[n]}\right)\right) \tag{5.730}$$

임도 쉽게 알 수 있다. 순서 통계량을 얻을 때에는 누적분포함수가 F인 관측들을 n개 얻은 다음, 순서대로 늘어 놓는다. 이때, (5.730)을 써서 먼저 $\left\{U_{[i]}\right\}_{i=1}^{n}$을 얻고 $X_{[i]} = F^{-1}\left(U_{[i]}\right)$로 두면 $\left\{X_{[i]}\right\}_{i=1}^{n}$을 더 빠르게 얻을 수 있다.

한편, (5.730)의 뜻을 새겨 잘 생각하면

$$\begin{aligned} p_{X_{[r]}}(x) &= \Pr\left\{F(x-1) < U_{[r]} \le F(x)\right\} \\ &= \frac{n!}{(r-1)!(n-r)!} \int_{F(x-1)}^{F(x)} v^{r-1}(1-v)^{n-r} dv \end{aligned} \tag{5.731}$$

과 같이 고른 분포에서의 순서 통계량의 확률밀도함수 (5.241)을 써서 (5.487)에서 얻은 확률질량함수 $p_{X_{[r]}}(x) = \Pr\left\{F^{-1}\left(U_{[r]}\right) = x\right\}$를 바로 얻을 수도 있고,

$$\begin{aligned} p_{r,s}(x,y) &= \Pr\left\{F^{-1}\left(U_{[r]}\right) = x, F^{-1}\left(U_{[s]}\right) = y\right\} \\ &= \Pr\left\{F(x-1) < U_{[r]} \le F(x),\ F(y-1) < U_{[s]} \le F(y)\right\} \\ &= \begin{cases} \tilde{C}_{n,s,r} \int\!\!\int_{D_0} v^{r-1}(w-v)^{s-r-1}(1-w)^{n-s} dv dw, & x \le y, \\ 0, & x > y \end{cases} \end{aligned} \tag{5.732}$$

와 같이 고른 분포에서의 순서 통계량의 결합 확률밀도함수 (5.286)을 써서 (5.554)에서 얻은 결합 확률질량함수 $p_{r,s}(x,y)$를 바로 얻을 수도 있다. 여기서, D_0은 (5.553)에서 뜻매김한 영역이다.

[82] 여기서, $\stackrel{d}{=}$는 분포가 같다는 뜻이다.

연습 문제

문제 5.1 네 확률변수 X_1, X_2, X_3, X_4가 독립이고 분포가 같은 연속 확률변수이며, 한계 누적분포함수는 F이고 한계 확률밀도함수는 f이다. 이때, $p = P\{X_1 < X_2 < X_3 < X_4\}$를 생각하자.

(가) 누적분포함수 F가 어떻더라도 p가 같은 값인지 밝히시오.

(나) 결합 확률밀도함수를 알맞은 범위에서 적분하여 p를 나타내시오.

(다) 네 확률변수 X_1, X_2, X_3, X_4를 순서대로 늘어놓는 방법은 $4! = 24$가지이고 이들의 확률이 같다는 것을 써서 p를 얻으시오.

문제 5.2 이산 확률벡터 $\underline{X} = (X_1, X_2, X_3)$의 결합 확률질량함수가

$$p_{\underline{X}}(x,y,z) = \begin{cases} \frac{1}{12}, & (x,y,z)=(3,3,3); \quad \frac{2}{12}, \ (x,y,z)=(3,4,5); \\ \frac{3}{12}, & (x,y,z)=(3,4,4); \quad \frac{4}{12}, \ (x,y,z)=(4,3,4); \\ \frac{1}{12}, & (x,y,z)=(5,4,4); \quad \frac{1}{12}, \ (x,y,z)=(5,5,5); \\ 0, & \text{그 밖에는} \end{cases} \tag{5.733}$$

일 때 $\underline{X}$의 순서 통계량 벡터 $\underline{X_{[\cdot]}} = \left(X_{[1]}, X_{[2]}, X_{[3]}\right)$의 결합 확률질량함수 $p_{\underline{X_{[\cdot]}}}$를 얻으시오.

문제 5.3 이산 확률벡터 $\underline{X} = (X_1, X_2, X_3, X_4)$의 결합 확률질량함수가

$$p_{\underline{X}}(x,y,z,w) = \begin{cases} \frac{3}{36}, & (x,y,z,w)=(3,3,3,3); \quad \frac{9}{36}, \ (x,y,z,w)=(3,4,4,5); \\ \frac{1}{36}, & (x,y,z,w)=(3,4,5,4); \quad \frac{2}{36}, \ (x,y,z,w)=(4,3,4,5); \\ \frac{5}{36}, & (x,y,z,w)=(5,4,4,3); \quad \frac{3}{36}, \ (x,y,z,w)=(5,3,4,4); \\ \frac{7}{36}, & (x,y,z,w)=(5,4,4,5); \quad \frac{1}{36}, \ (x,y,z,w)=(4,5,4,5); \\ \frac{2}{36}, & (x,y,z,w)=(4,5,5,4); \quad \frac{3}{36}, \ (x,y,z,w)=(5,5,5,5); \\ 0, & \text{그 밖에는} \end{cases} \tag{5.734}$$

일 때 $\underline{X}$의 순서 통계량 벡터 $\underline{X_{[\cdot]}} = \left(X_{[1]}, X_{[2]}, X_{[3]}, X_{[4]}\right)$의 결합 확률질량함수 $p_{\underline{X_{[\cdot]}}}$, 첫째 순서 통계량 $X_{[1]}$의 확률질량함수 $p_{X_{[1]}}$, 둘째 순서 통계량 $X_{[2]}$의 확률질량함수 $p_{X_{[2]}}$ 셋째 순서 통계량 $X_{[3]}$의 확률질량함수 $p_{X_{[3]}}$, 넷째 순서 통계량 $X_{[4]}$의 확률질량함수 $p_{X_{[4]}}$를 얻으시오.

문제 5.4 이산 확률벡터 $\underline{X} = (X_1, X_2)$의 결합 확률질량함수가

$$p_{\underline{X}}(x,y) = \begin{cases} \frac{1}{12}, & (x,y)=(1,1) \text{ 또는 } (3,1); \quad \frac{2}{12}, \ (x,y)=(2,3) \text{ 또는 } (3,3); \\ \frac{3}{12}, & (x,y)=(2,1) \text{ 또는 } (1,3); \quad 0, \ \text{그 밖에는} \end{cases} \tag{5.735}$$

일 때 $\underline{X}$의 순서 통계량 벡터 $\underline{X_{[\cdot]}} = \left(X_{[1]}, X_{[2]}\right)$의 결합 확률질량함수 $p_{\underline{X_{[\cdot]}}}$, 첫째 순서 통계량 $X_{[1]}$의 확률질량함수 $p_{X_{[1]}}$, 둘째 순서 통계량 $X_{[2]}$의 확률질량함수 $p_{X_{[2]}}$를 얻으시오.

문제 5.5 확률변수 X_1과 X_2는 서로 독립이고, 그 확률질량함수는 둘 다

$$p(x) = (1-\alpha)\alpha^{x-1}\,\tilde{u}(x-1) \tag{5.736}$$

이다. 여기서, $0 < \alpha < 1$이다.

(가) 확률벡터 $\left(X_{[2]}, X_1\right)$의 결합 확률질량함수 $p_{X_{[2]},X_1}$을 얻으시오. 이것을 바탕으로 순서 통계량 $X_{[2]}$의 확률질량함수 $p_{X_{[2]}}$를 얻은 다음, $X_{[2]}$가 주어졌을 때 X_1의 조건부 확률질량함수 $p_{X_1|X_{[2]}}$를 얻으시오.

(나) 확률변수 $V = X_{[2]} - X_{[1]}$과 $W = X_{[1]}$을 생각할 때, 확률벡터 (V, W)의 결합 확률질량함수 $p_{V,W}$를 얻고, $v = 1, 2, \cdots$이고 $w = 1, 2, \cdots$일 때 $p_{V,W}(v, w) = 2p(v+w)p(w)$인지 살펴보시오.

(다) 위 (나)에서 얻은 결합 확률질량함수 $p_{V,W}$를 바탕으로 V의 확률질량함수 p_V와 W의 확률질량함수 p_W를 얻고, V와 W가 서로 독립인지 살펴보시오.

문제 5.6 확률변수 X_1과 X_2는 서로 독립이고, 그 분포는, λ가 0보다 큰 상수일 때,

$$P\{X_i = x\} \;=\; e^{-\lambda}\frac{\lambda^x}{x!}, \quad x = 0, 1, 2, \cdots, \quad i = 1, 2 \tag{5.737}$$

이다. 이제, $X_{[1]}$의 한계 확률질량함수는

$$p_{X_{[1]}}(k) \;=\; e^{-\lambda}\frac{\lambda^k}{k!}\left(2 - 2\sum_{x=0}^{k} e^{-\lambda}\frac{\lambda^x}{x!} + e^{-\lambda}\frac{\lambda^k}{k!}\right) \tag{5.738}$$

이고, $X_{[2]}$의 한계 확률질량함수는

$$p_{X_{[2]}}(k) \;=\; e^{-\lambda}\frac{\lambda^k}{k!}\left(2\sum_{x=0}^{k} e^{-\lambda}\frac{\lambda^x}{x!} - e^{-\lambda}\frac{\lambda^k}{k!}\right) \tag{5.739}$$

임을 보이시오.

문제 5.7 확률변수들 $\{X_j\}_{j=1}^n$이 서로 독립이다. 또, 어느 확률변수도 그 누적분포함수가 F_0일 확률이 p이고 F_1일 확률이 $1-p$이다. 이제, 보기 5.24에서 다룬 것처럼, 분포가 F_0인 확률변수 가운데 하나가 $\{X_j\}_{j=1}^n$의 첫째 순서 통계량 $X_{(1)}$일 확률을 $\mathsf{S}_0 = \Pr\left\{X_{(1)} \leftarrow F_0\right\}$이라고 하고, 분포가 F_1인 확률변수 가운데 하나가 $X_{(1)}$일 확률을 $\mathsf{S}_1 = \Pr\left\{X_{(1)} \leftarrow F_1\right\}$이라고 하자. 그러면

$$\mathsf{S}_0 \;=\; np\int_{-\infty}^{\infty}\{1 - pF_0(x) - (1-p)F_1(x)\}^{n-1} f_0(x)dx \tag{5.740}$$

이고

$$\mathsf{S}_1 \;=\; n(1-p)\int_{-\infty}^{\infty}\{1 - pF_0(x) - (1-p)F_1(x)\}^{n-1} f_1(x)dx \tag{5.741}$$

이다.

(가) 먼저, $\mathsf{S}_0 + \mathsf{S}_1 = 1$이라는 것을 보이시오.

(나) 다음에, $\mathsf{S}_0 \le 1 - (1-p)^n$이라는 것을 보이시오. 또, 어느 점 x에서도 $F_0(x) \ge F_1(x)$이면 $\mathsf{S}_0 \ge p$라는 것을 보이시오.

(다) 이제, $f_0(x) = u\left(x + \frac{1}{2}\right)u\left(\frac{1}{2} - x\right)$이고, $f_1(x) = f_0(x - m)$이며, $m > 0$일 때 S_0과 $\lim\limits_{n\to\infty} \mathsf{S}_0$을 얻으시오.

(라) 다음으로, $f_0(x) = e^{-x}u(x)$이고, $f_1(x) = f_0(x-m)$이며, $m > 0$일 때 S_0과 $\lim_{n\to\infty} \mathsf{S}_0$을 얻으시오.

(마) 먼저, $i = 0, 1$일 때 누적분포함수 $F_i(x)$의 받침을 $[x_i, \infty)$라고 하고, $\bar{x} = \max(x_0, x_1)$이라고 두자. 그러면 $\xi = \lim_{x\to\bar{x}} \frac{F_1(x)}{F_0(x)}$처럼 쓸 때

$$\lim_{n\to\infty} \mathsf{S}_0 \;=\; \frac{p}{p + (1-p)\xi} \tag{5.742}$$

임을 보이시오.

(바) 이제, $f_0(x) = \frac{1}{2}e^{-|x|}$이고, $f_1(x) = f_0(x-m)$이며, $m > 0$일 때, (5.740)으로 S_0을 얻고 이것을 바탕으로 $\lim_{n\to\infty} \mathsf{S}_0$을 직접 얻어 (5.742)를 바탕으로 얻은 것과 같은지 확인해 보시오.

문제 5.8 확률변수 $\{X_i\}_{i=1}^{n}$은 서로 독립이고, 모두 구간 $(-1, 1)$에서 고르게 퍼져 있다. 이 때, 확률변수 $Y = X_{[1]}$의 확률밀도함수는

$$f_Y(x) \;=\; \frac{n}{2^n}(1-x)^{n-1}u(1-x)u(1+x) \tag{5.743}$$

이고, 확률변수 $W = X_{[n]}$의 확률밀도함수는

$$f_W(x) \;=\; \frac{n}{2^n}(1+x)^{n-1}u(1-x)u(1+x) \tag{5.744}$$

임을 보이시오.

문제 5.9 확률벡터 $\underline{X} = (X_1, X_2, \cdots, X_n)$가 독립이고 분포가 같으며 그 한계 확률밀도함수가 $f(x) = e^{-x}u(x)$일 때 순서 통계량 $X_{[1]} < X_{[2]} < \cdots < X_{[n]}$을 생각하자.

(가) 첫째 순서 통계량 $X_{[1]}$의 확률밀도함수는

$$f_{X_{[1]}}(x) \;=\; ne^{-nx}u(x) \tag{5.745}$$

이고, $i+1$째 순서 통계량 $X_{[i+1]}$과 i째 순서 통계량 $X_{[i]}$의 차이 $X_{[i+1]} - X_{[i]}$의 확률밀도함수는

$$f_{X_{[i+1]}-X_{[i]}}(x) \;=\; (n-i)e^{-(n-i)x}u(x) \tag{5.746}$$

임을 보이시오.

(나) 확률변수 $X_{[i]}$의 – 곧, i째 순서 통계량의 – 평균 $E\left\{X_{[i]}\right\}$를 얻으시오.

(다) 이제, $s > r$일 때 s째 순서 통계량 $X_{[s]}$와 r째 순서 통계량 $X_{[r]}$의 차이 $W_{s,r} = X_{[s]} - X_{[r]}$과 r째 순서 통계량 $X_{[r]}$ 사이의 상관계수 $\rho_{sr,r}$을 얻으시오.

(라) 확률벡터 $\left(X_{[1]}, X_{[2]} - X_{[1]}, \cdots, X_{[n]} - X_{[n-1]}\right)$이 독립인지 아닌지 밝히시오.

문제 5.10 확률벡터 $(U_1, U_2, \cdots, U_n)$이 독립이고 분포가 같으며 그 한계 분포가 $U(0,1)$일 때 순서 통계량 $U_{[1]} < U_{[2]} < \cdots < U_{[n]}$을 생각하자.

(가) 먼저, $s > r$일 때 확률변수 $W_{s,r} = U_{[s]} - U_{[r]}$의 확률밀도함수는

$$f_{W_{s,r}}(x) \;=\; \frac{1}{B(s-r, n-s+r+1)}x^{s-r-1}(1-x)^{n-s+r}u(x)u(1-x) \tag{5.747}$$

이고, $W_{n,1} = U_{[n]} - U_{[1]}$의 분산은

$$\text{Var}\{W_{n,1}\} = \frac{2(n-1)}{(n+1)^2(n+2)} \tag{5.748}$$

임을 보이시오.

(나) 확률벡터의 크기 $n = 19$일 때 둘째 순서 통계량 $U_{[2]}$의 분산 $\text{Var}\{U_{[2]}\}$를 얻으시오.

(다) 확률벡터의 크기 $n = 7$일 때 $E\left\{U_{[5]}^5 U_{[6]}^6 U_{[7]}^7\right\}$을 얻으시오.

(라) 이제, $U_{[n+1]} = 1$이라고 둘 때 아래 확률변수들 $\{Y_r\}$이 독립이라는 것을 보이시오.

$$Y_r = \frac{U_{[r]}}{U_{[r+1]}}, \quad r = 1, 2, \cdots, n. \tag{5.749}$$

(마) 평균 $E\{-\ln U_{[r]}\}$과 $E\{-\ln(1 - U_{[r]})\}$을 얻으시오.

문제 5.11 서로 독립인 k 확률벡터 $\underline{W}_1 = (W_{11}, W_{12}, \cdots, W_{1n})$, $\underline{W}_2 = (W_{21}, W_{22}, \cdots, W_{2n})$, $\cdots$, $\underline{W}_k = (W_{k1}, W_{k2}, \cdots, W_{kn})$이 모두 독립이고 분포가 같은 연속 확률벡터이고, 그 한계 분포는 $U(0,1)$이라고 하자. 이제, $\underline{W}_i$의 가장 큰 순서 통계량을 X_i라고 할 때 $V = \prod_{i=1}^{k} X_i$의 확률밀도함수가

$$f_V(v) = \frac{n^k}{(k-1)!} v^{n-1} (-\ln v)^{k-1} u(v) u(1-v) \tag{5.750}$$

임을 보이시오.

문제 5.12 식 (5.98)에 보인 누적분포함수

$$F_{X_{[r]}}(x) = \sum_{j=r}^{n} {}_n\mathrm{C}_j F^j(x) \{1 - F(x)\}^{n-j} \tag{5.751}$$

을

$$F_{X_{[r]}}(x) = \int_0^{F(x)} \frac{n!}{(n-r)!(r-1)!} t^{r-1} (1-t)^{n-r} \, dt \tag{5.752}$$

와 같이 쓸 수도 있다는 것을 보이시오.

문제 5.13 식 (5.228)에 나온

$$B_p(r, n-r+1) = B(r, n-r+1) \sum_{j=r}^{n} {}_n\mathrm{C}_j p^j (1-p)^{n-j} \tag{5.753}$$

을 보이시오.

문제 5.14 결합 확률밀도함수가 $f_{\underline{X_{[\cdot]}}}(\underline{y}) = n! \left\{\prod_{i=1}^{n} f(y_i)\right\} \left\{\prod_{i=2}^{n} u(y_i - y_{i-1})\right\} u(y_1)$일 때 적분

$$\int\int_{y_1<y_2<\cdots<y_{r-1}<x<y_{r+1}<y_{r+2}<\cdots<y_n} \cdots \int f_{\underline{X_{[\cdot]}}}(y_1, y_2, \cdots, y_{r-1}, x, y_{r+1}, y_{r+2}, \cdots y_n) \cdot dy_1 dy_2 \cdots dy_{r-1} dy_{r+1} dy_{r+2} \cdots dy_n \tag{5.754}$$

를[83] 계산하여 그 결과가 (5.224)와 같다는 것을 보이시오.

[83] 식 (5.38)과 같은 것이다.

문제 5.15 식 (5.276)에 보인

$$f_{X_{[i]},X_{[k]}}(x,y) = \frac{L(n,k,i)}{2^{n-i+1}} F^{i-1}(x)\{F(y)-F(x)\}^{k-i-1}\{1-F(y)\}^{n-k} \cdot f(x)f(y)u(y-x), \quad 1 \le i < k \le n \tag{5.755}$$

를 정리 5.14를 보인 둘째 방법과 비슷하게 얻어 보시오.

문제 5.16 독립이고 분포가 같으며 크기가 n인 연속 확률벡터 $\underline{X} = (X_1, X_2, \cdots, X_n)$에서 X_i의 누적분포함수를 F라고 하고 r째 순서 통계량을 $X_{[r]}$이라고 할 때,

$$\begin{aligned} E\left\{F^k\left(X_{[1]}\right)\right\} &= nB(k+1,n) \\ &= \frac{n!k!}{(n+k)!} \\ &= \frac{1}{{}_{n+k}\mathrm{C}_k} \end{aligned} \tag{5.756}$$

임을 보이시오.

문제 5.17 서로 독립이고 분포가 같은 연속 확률변수 $\{X_k\}_{k=1}^{n}$에서 X_i의 누적분포함수를 F라고 하고, r째 순서 통계량 $X_{r,n}$의 누적분포함수를 $F_{r,n}$처럼 쓰자.

(가) 먼저, $F_{r,n}(x) = F_{r,n-1}(x) + {}_{n-1}\mathrm{C}_{r-1} F^r(x)\{1-F(x)\}^{n-r}$이라는 것을 보이시오.

(나) 위 (가)에서 보인 바를 거듭 써서

$$F_{r,n}(x) = F^r(x)\sum_{j=0}^{n-r} {}_{j+r-1}\mathrm{C}_{r-1}\{1-F(x)\}^j \tag{5.757}$$

임을 보이시오.

문제 5.18 독립이고 분포가 같으며 크기가 n이고 한계 분포가 표준 지수 분포인 확률벡터 $\underline{X} = (X_1, X_2, \cdots, X_n)$에서 r째 순서 통계량 $X_{[r:n]}$의 k째 적률을 $\alpha_{r:n}^{(k)} = E\left\{X_{[r:n]}^k\right\}$라고 할 때, $\alpha_{r:n}^{(0)} = 1, \alpha_{0:n}^{(k)} = 0$이라고 두고

$$\alpha_{1:n}^{(k)} = \frac{k}{n}\alpha_{1:n}^{(k-1)}, \qquad n \ge 1,\ k \ge 1 \tag{5.758}$$

과

$$\alpha_{r:n}^{(k)} = \alpha_{r-1:n-1}^{(k)} + \frac{k}{n}\alpha_{r:n}^{(k-1)}, \qquad r = 1, 2, \cdots, n,\ k \ge 1 \tag{5.759}$$

를 보이시오.

문제 5.19 독립이고 분포가 같으며 크기가 n이고 한계 분포가 표준 지수 분포인 확률벡터 $\underline{X} = (X_1, X_2, \cdots, X_n)$에서 r째 순서 통계량 $X_{[r:n]}$의 k째 적률을 $\alpha_{r:n}^{(k)} = E\left\{X_{[r:n]}^k\right\}$이라고 하고, r째 순서 통계량 $X_{[r:n]}$과 s째 순서 통계량 $X_{[s:n]}$의 곱 적률을 $\alpha_{r,s:n} = E\left\{X_{[r:n]}X_{[s:n]}\right\}$이라고 할 때

$$\alpha_{r,r+1:n} = \alpha_{r:n}^{(2)} + \frac{1}{n-r}\alpha_{r:n}^{(1)}, \qquad r = 1, 2, \cdots, n-1 \tag{5.760}$$

과

$$\alpha_{r,s:n} = \alpha_{r,s-1:n} + \frac{1}{n-s+1}\alpha_{r:n}^{(1)}, \qquad 1 \le r < s \le n,\ s-r \ge 2 \tag{5.761}$$

을 보이시오.

문제 5.20 확률변수 $\{X_i\}_{i=1}^{k}$가 서로 독립이고 분포가 같을 때 $X_i \sim B(\alpha, 1)$의 필요충분조건이 $X_{(k)} \sim B(\alpha k, 1)$이라는 것을 보이시오.

문제 5.21 독립이고 크기가 n인 표준 정규 확률벡터 $\underline{X} = (X_1, X_2, \cdots, X_n)$에서 r째 순서 통계량을 $X_{[r:n]}$이라고 할 때, (5.417)을 바탕으로

$$\begin{aligned} E\left\{X_{[3:4]}\right\} &= -E\left\{X_{[2:4]}\right\} \\ &= \frac{6}{\pi\sqrt{\pi}}\left(\pi - 3\tan^{-1}\sqrt{2}\right) \end{aligned} \tag{5.762}$$

이고[84],

$$\begin{aligned} E\left\{X_{[4:5]}\right\} &= -E\left\{X_{[2:5]}\right\} \\ &= \frac{5}{2\sqrt{\pi}} - \frac{15}{\pi\sqrt{\pi}}\sin^{-1}\frac{1}{3} \end{aligned} \tag{5.763}$$

이며[85],

$$\begin{aligned} E\left\{X_{[5:5]}\right\} &= -E\left\{X_{[1:5]}\right\} \\ &= \frac{15}{\pi\sqrt{\pi}}\tan^{-1}\sqrt{2} - \frac{5}{2\sqrt{\pi}} \end{aligned} \tag{5.764}$$

임을[86] 보이시오.

문제 5.22 독립이고 크기가 n인 표준 정규 확률벡터 $\underline{X} = (X_1, X_2, \cdots, X_n)$에서 r째 순서 통계량을 $X_{[r:n]}$이라고 할 때 (5.424), (5.428), (5.430)을 얻은 것과 비슷하게

$$\begin{aligned} 2E\left\{X_{[2:3]}X_{[3:3]}\right\} &= -E\left\{X_{[1:3]}X_{[3:3]}\right\} \\ &= \frac{\sqrt{3}}{\pi} \end{aligned} \tag{5.765}$$

이고,

$$\begin{aligned} E\left\{X_{[2:4]}X_{[3:4]}\right\} &= -\,E\left\{X_{[2:4]}X_{[4:4]}\right\} \\ &= \frac{\sqrt{3}\left(2-\sqrt{3}\right)}{\pi} \end{aligned} \tag{5.766}$$

이며,

---

[84] 여기서, $\frac{6}{\pi\sqrt{\pi}}\left(\pi - 3\tan^{-1}\sqrt{2}\right) \approx 0.2970$이다.
[85] 여기서, $\frac{5}{2\sqrt{\pi}} - \frac{15}{\pi\sqrt{\pi}}\sin^{-1}\frac{1}{3} \approx 0.4950$이다.
[86] 여기서, $\frac{15}{\pi\sqrt{\pi}}\tan^{-1}\sqrt{2} - \frac{5}{2\sqrt{\pi}} \approx 1.1630$이다.

$$-\sqrt{3}E\left\{X_{[3:4]}X_{[4:4]}\right\} = E\left\{X_{[1:4]}X_{[4:4]}\right\} = -\frac{3}{\pi} \quad (5.767)$$

임을[87] 보이시오.

문제 5.23 함수

$$Q(\underline{x}) = \sum_{j=1}^{n}\sum_{i=1}^{n} a_{ij}x_i x_j \quad (5.768)$$

이 $\underline{x}$의 제곱[88] 꼴일 때

$$J_n = \int_0^\infty \int_0^\infty \cdots \int_0^\infty \exp\{-Q(\underline{x})\}\, d\underline{x} \quad (5.769)$$

를 생각하자. 그러면 $n=1$일 때 $Q(\underline{x}) = a_{11}x_1^2$이면

$$J_1 = \frac{\sqrt{\pi}}{2\sqrt{a_{11}}} \quad (5.770)$$

이고, $n=2$일 때 $Q(\underline{x}) = a_{11}x_1^2 + a_{22}x_1^2 + 2a_{12}x_1x_2$라고 하고 $\Delta_2 = a_{11}a_{22} - a_{12}^2$라고 두면

$$J_2 = \frac{1}{\sqrt{\Delta_2}}\left(\frac{\pi}{2} - \tan^{-1}\frac{a_{12}}{\sqrt{\Delta_2}}\right) \quad (5.771)$$

이다. 또, $n=3$일 때 $Q(\underline{x}) = a_{11}x_1^2 + a_{22}x_1^2 + a_{33}x_3^2 + 2a_{12}x_1x_2 + 2a_{23}x_2x_3 + 2a_{31}x_3x_1$이라고 하고 $\Delta_3 = a_{11}a_{22}a_{33} - a_{11}a_{23}^2 - a_{22}a_{31}^2 - a_{33}a_{12}^2 + 2a_{12}a_{23}a_{31}$이라고 두면

$$J_3 = \frac{\sqrt{\pi}}{4\sqrt{\Delta_3}}\left(\frac{\pi}{2} + \tan^{-1}\frac{a_{12}a_{31} - a_{11}a_{23}}{\sqrt{a_{11}\Delta_3}} + \tan^{-1}\frac{a_{23}a_{12} - a_{22}a_{31}}{\sqrt{a_{22}\Delta_3}} + \tan^{-1}\frac{a_{31}a_{23} - a_{33}a_{12}}{\sqrt{a_{33}\Delta_3}}\right) \quad (5.772)$$

임이 알려져 있다. 이제, 독립이고 분포가 같으며 크기가 n이고 한계 분포가 표준 정규 분포인 확률벡터 $\underline{X} = (X_1, X_2, \cdots, X_n)$에서 r째 순서 통계량을 $X_{[r:n]}$이라고 할 때 (5.769)–(5.772)를 써서

$$E\left\{X_{[3:5]}X_{[5:5]}\right\} = \frac{5}{2\pi^2}\left(3\pi - 4\sqrt{3}\tan^{-1}\sqrt{\frac{5}{3}} - 6\tan^{-1}\sqrt{\frac{1}{5}}\right) \quad (5.773)$$

임을[89] 보이시오.

문제 5.24 식 (5.459)에 보인

$$\int_0^y G^{r-1}(x)\{G(y) - G(x)\}^{s-r-1}g(x)dx = \frac{(r-1)!(s-r-1)!}{(s-1)!}G^{s-1}(y) \quad (5.774)$$

[87] 여기서, $\frac{\sqrt{3}}{\pi} \approx 0.5513$, $\frac{\sqrt{3}(2-\sqrt{3})}{\pi} \approx 0.1477$, $-\frac{3}{\pi} \approx -0.9549$이다.

[88] quadratic

[89] 이것의 어림값은 0.1481이다.

와 (5.460)에 보인

$$\int_x^\infty \{F(y)-F(x)\}^{s-r-1}\{1-F(y)\}^{n-s}f(y)dy = \frac{(s-r-1)!(n-s)!}{(n-r)!}\{1-F(x)\}^{n-r} \tag{5.775}$$

를 새겨 두고, (5.276)에 보인 결합 확률밀도함수

$$f_{X_{[i]},X_{[k]}}(x,y) = \frac{L(n,k,i)}{2^{n-i+1}}F^{i-1}(x)\{F(y)-F(x)\}^{k-i-1}\{1-F(y)\}^{n-k} \cdot f(x)f(y)u(y-x) \tag{5.776}$$

을 적분하여

$$\int_{-\infty}^y f_{X_{[i]},X_{[k]}}(x,y)dx = f_{X_{[k]}}(y) \tag{5.777}$$

과

$$\int_x^\infty f_{X_{[i]},X_{[k]}}(x,y)dy = f_{X_{[i]}}(x) \tag{5.778}$$

을[90] 보이시오.

문제 5.25 보기 5.86에 보인 (5.522)와 (5.523)을 얻어 보시오.

문제 5.26 보기 5.89에서는 $\sum_y p_{1,2}(x,y) = p_1(x)$, $\sum_y p_{1,3}(x,y) = p_1(x)$, $\sum_y p_{2,3}(x,y) = p_2(x)$라는 것을 보았다. 이제, $\sum_x p_{1,2}(x,y) = p_2(y)$, $\sum_x p_{1,3}(x,y) = p_3(y)$, $\sum_x p_{2,3}(x,y) = p_3(y)$인지 살펴보시오

문제 5.27 독립이고 분포가 같으며 크기가 2인 확률벡터 $\underline{X}$에서 첫째 순서 통계량과 둘째 순서 통계량의 결합 확률밀도함수가

$$f_{X_{[1]},X_{[2]}}(x,y) = 8(1-x)(1-y)u(x)u(y-x)u(1-y) \tag{5.779}$$

이다. 이때, 첫째 순서 통계량의 확률밀도함수 $f_1(x)$, 둘째 순서 통계량의 확률밀도함수 $f_2(x)$, $\underline{X}$의 결합 확률밀도함수 $f_{\underline{X}}$를 얻으시오.

문제 5.28 식 (5.610)에서 뜻매김한

$$\kappa_{r,s} = \left\{\frac{(n-s)!(s-1)!}{(n-r)!(r-1)!}\right\}^{\frac{1}{s-r}} \tag{5.780}$$

에서

$$5 \le s \le 10\text{일 때} \quad \kappa_{1,s} > \kappa_{2,s-2}, \tag{5.781}$$

$$r \ge 3\text{이고 } n\text{이 작을 때} \quad \kappa_{1,2r+1} > \kappa_{r,r+1}, \tag{5.782}$$

$$r \ge 3\text{이고 } n\text{이 클 때} \quad \kappa_{1,2r+1} < \kappa_{r,r+1}, \tag{5.783}$$

$$r \ge 3\text{이고 } n\text{이 작을 때} \quad \kappa_{1,2r+2} > \kappa_{r,r+2}, \tag{5.784}$$

$$r \ge 3\text{이고 } n\text{이 클 때} \quad \kappa_{1,2r+2} < \kappa_{r,r+2} \tag{5.785}$$

[90] 문제 4.59에서 이미 다룬 바 있다.

임을 보이시오.

문제 5.29 보기 5.103에서 다룬 것처럼, $\overline{x}_L = \overline{x}_U - 2$이고 $p_{X_{[r]}}(\overline{x}_L + 1) = p_{X_{[s]}}(\overline{x}_L + 1)$일 때를 생각하자.

(가) 먼저, $(n, s, r) = (3, 2, 1)$이라고 하자. 이때, 두 수 a와 b가

$$a^2 + b^2 - ab + a - b \;=\; 0, \quad 0 < a \leq \frac{1}{3}, \; 0 < b \leq \frac{2}{3} \tag{5.786}$$

을 만족시키면, $F(x) = \frac{1}{3} + b$이고 $F(x-1) = \frac{1}{3} - a$일 때 $p_1(x) = p_2(x)$라는 것을[91] 보이시오.

(나) 다음에, $(n, s, r) = (5, 4, 2)$라고 하자. 그러면 $0 < a \leq \frac{1}{2}$인 수 a를 어떻게 골라도, $F(x) = \frac{1}{2} + a$이고 $F(x-1) = \frac{1}{2} - a$일 때 $p_2(x) = p_4(x)$라는 것을 보이시오.

[91] 보기 5.103에서는 $a = \frac{1}{6}$이고 $b = \frac{1}{12}\left(7 - \sqrt{21}\right) \approx 0.2015$인 셈이다.

참고 문헌

1. 박소령, 권형문, 김선용, 송익호, "Relative frequency of order statistics in independent and identically distributed random vectors," 한국통계학회 논문집, 13권, 2호, 243-254쪽, 2006년 8월.
2. M. Abramowitz and I. A. Stegun (Ed.), *Handbook of Mathematical Functions*, Dover, New York, 1972.
3. N. Balakrishnan and A. C. Cohen, *Order Statistics and Inference: Estimation Methods*, Academic, San Diego, 1991.
4. H. A. David, *Order Statistics*, Second Ed., John Wiley and Sons, New York, 1980.
5. H. A. David and H. N. Nagaraja, *Order Statistics*, Third Ed., John Wiley and Sons, New York, 2003.
6. I. S. Gradshteyn and I. M. Ryzhik, *Table of Integrals, Series, and Products*, Academic, New York, 1980.
7. J. Hajek, Z. Sidak, and P. K. Sen, *Theory of Rank Tests*, Second Ed., Academic, New York, 1999.
8. T. P. Hettmansperger, *Statistical Inference Based on Ranks*, John Wiley and Sons, New York, 1984.
9. H. V. Poor and J. B. Thomas, *Advances in Statistical Signal Processing: Vol. 2. Signal Detection*, JAI Press, Greenwich, 1993.
10. S. Kotz, N. Balakrishnan, and N. L. Johnson, *Continuous Multivariate Distributions*, Second Ed., Wiley, New York, 2000.
11. S. R. Park, I. Song, S. Yoon, T. An, and H.-K. Min, "On the sums of the probability functions of order statistics," *Journ. Korean Stat. Soc.*, vol. 42, no. 2, pp. 257-265, June 2013.
12. I. Song, J. Bae, and S. Y. Kim, *Advanced Theory of Signal Detection*, Springer-Verlag, Berlin, 2002.
13. I. Song, S. Lee, S. R. Park, and S. Yoon, "Asymptotic value of the probability that the first order statistic is from null hypothesis," *Applied Math.*, vol. 4, no. 12, pp. 1702-1705, Dec. 2013.

14. A. Stuart and J. K. Ord, *Advanced Theory of Statistics: Vol. 1. Distribution Theory*, Fifth Ed., Oxford University, New York, 1987.

15. G. B. Thomas, Jr. and R. L. Finney, *Calculus and Analytic Geometry*, Ninth Ed., Addison-Wesley, Reading, 1996.

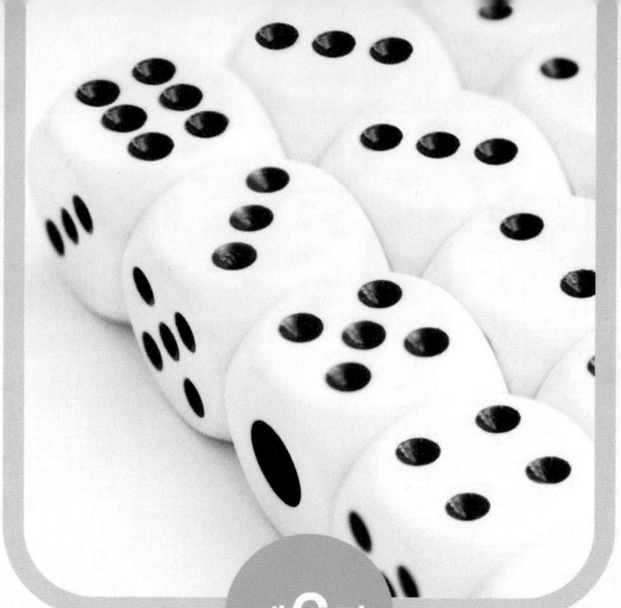

제6장

순위 통계량

순위 통계량은 제5장에서 다룬 순서 통계량이나 크기 순서 통계량과 관련이 깊다. 특히, 크기 순서 통계량과 크기 순위는 부호와 짝을 이루어 쓰이는데, 이것은 크기를 얻을 때 잃게 되는 정보를 부호로 보완하는 것인 셈이다.

6.1 부호와 순열

이 절에서는 먼저 부호의 분포와 부호와 확률변수의 결합 분포를 살펴본다. 그 다음, 순열에 대해 간략히 다루어 본다.

6.1.1 부호의 분포

부호는 보기 3.59에서 이미 간단히 다룬 바 있다.

뜻매김 6.1 부호

함수

$$\text{sgn}(x) = \begin{cases} 1, & x > 0, \\ 0, & x = 0, \\ -1, & x < 0 \end{cases} \tag{6.1}$$

을 부호 함수 또는 부호라고 한다.

위 뜻매김을 잘 살펴보면 x의 부호 $\text{sgn}(x)$는

$$\text{sgn}(x) = u(x) - u(-x) \tag{6.2}$$

처럼, 또 $u(0) = \frac{1}{2}$로 생각한다면

$$\text{sgn}(x) = 2u(x) - 1 \tag{6.3}$$

처럼 나타낼 수도 있다는 것을 알 수 있다. 한편, 확률벡터 $\underline{X} = (X_1, X_2, \cdots, X_n)$에서 원소 X_i의 부호 $Z_i = \text{sgn}(X_i)$들이 이루는 벡터를 $\underline{X}$의 부호 벡터라고 부르고

$$\underline{Z} \;=\; (Z_1, Z_2, \cdots, Z_n) \tag{6.4}$$

와 같이 쓴다.

보기 6.1 확률벡터 $\underline{X} = (1, -5, -2.7)$을[1] 생각하면 부호 벡터는 $\underline{Z} = (1, -1, -1)$이고, 확률벡터 $\underline{Y} = (\pi, -9, 3)$을 생각하면 부호 벡터는 $\underline{Z} = (1, -1, 1)$이다. ◇

정리 6.1 **부호의 확률질량함수** 확률변수 X_i의 누적분포함수를 F_{X_i}라고 하면 X_i의 부호 $Z_i = \text{sgn}(X_i)$의 확률질량함수는

$$\begin{aligned}\Pr\{Z_i = z\} \;&=\; \begin{cases} F_{X_i}(0), & z = -1, \\ \Pr\{X_i = 0\}, & z = 0, \\ 1 - F_{X_i}(0), & z = 1, \\ 0, & \text{그 밖에는} \end{cases} \\ &=\; \begin{cases} \Pr\{X_i = 0\}, & z = 0, \\ \{F_{X_i}(0)\}^{\frac{1-z}{2}}\{1 - F_{X_i}(0)\}^{\frac{1+z}{2}}, & z \in \{-1, +1\}, \\ 0, & \text{그 밖에는} \end{cases}\end{aligned} \tag{6.5}$$

처럼 쓸 수 있다. ■■

위에서, $0^0 = 1$이라고 두었다. 위 정리에서, X_i의 분포가 대칭이면 $\Pr\{Z_i = -1\} = \Pr\{Z_i = 1\} = \frac{1}{2}$이라는 것을 알 수 있다. 그러나, $\Pr\{Z_i = -1\} = \Pr\{Z_i = 1\} = \frac{1}{2}$이더라도 X_i의 분포가 반드시 대칭인 것은 아니다.

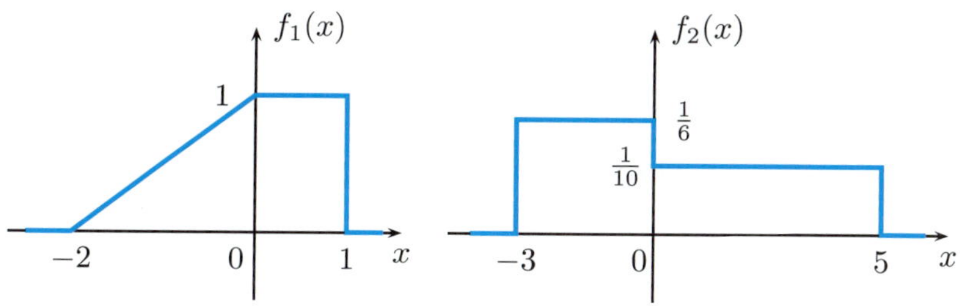

그림 6.1 확률변수 X_i의 부호 Z_i의 확률이 $\Pr\{Z_i = -1\} = \Pr\{Z_i = 1\} = \frac{1}{2}$이지만 대칭이 아닌 X_i의 확률밀도함수 보기 둘

보기 6.2 그림 6.1에 보인 것처럼 X_i의 확률밀도함수가

$$f_1(x) \;=\; \begin{cases} 0, & x < -2 \text{ 또는 } x \geq 1, \\ \frac{x+2}{4}, & -2 \leq x < 0, \\ \frac{1}{2}, & 0 \leq x < 1 \end{cases} \tag{6.6}$$

[1]이 표현은 '확률벡터 $\underline{X}$의 값이 $(1, -5, -2.7)$일 때에는'이라고 쓰는 것이 더 바른 것이라고 할 수 있지만, 그리 큰 문제가 없을 때에는 이 표현처럼 쓰기로 한다.

이거나

$$f_2(x) = \begin{cases} 0, & x \le -3 \text{ 또는 } x \ge 5, \\ \frac{1}{6}, & -3 < x < 0, \\ \frac{1}{10}, & 0 \le x < 5 \end{cases} \tag{6.7}$$

이면 $\Pr\{Z_i = -1\} = \Pr\{Z_i = 1\} = \frac{1}{2}$이지만 X_i의 분포는 대칭이 아니다. ◇

이제, $\underline{z} = (z_1, z_2, \cdots, z_n)$이라고 쓰고, 원소를 2^n개 품고 있는 이산 벡터 공간

$$\mathbb{Z}^n = \{(z_1, z_2, \cdots, z_n) : z_i \in \{-1, +1\}\} \tag{6.8}$$

을 생각하자.

정리 6.2 **부호 벡터의 결합 확률질량함수** 연속 확률벡터 $\underline{X} = (X_1, X_2, \cdots, X_n)$이 독립 확률벡터이면 부호 벡터 $\underline{Z} = (Z_1, Z_2, \cdots, Z_n) = (\text{sgn}(X_1), \text{sgn}(X_2), \cdots, \text{sgn}(X_n))$의 결합 확률질량함수는

$$\Pr\{\underline{Z} = \underline{z}\} = \begin{cases} \prod_{i=1}^{n} \{F_{X_i}(0)\}^{\frac{1-z_i}{2}} \{1 - F_{X_i}(0)\}^{\frac{1+z_i}{2}}, & \underline{z} \in \mathbb{Z}^n, \\ 0, & \text{그 밖에는} \end{cases} \tag{6.9}$$

이다. ■■

증명 식 (6.5)를 바탕으로 쉽게 알 수 있다. □

보기 6.3 이제, $F_{X_i}(0) = F(0)$이면 – 보기를 들어 확률벡터 $\underline{X}$가 독립이고 분포가 같은 확률벡터이면 – 부호 벡터 $\underline{Z}$의 결합 확률질량함수는

$$\begin{aligned} \Pr\{\underline{Z} = \underline{z}\} &= \begin{cases} \{F(0)\}^{\sum_{i=1}^{n} \frac{1-z_i}{2}} \{1 - F(0)\}^{\sum_{i=1}^{n} \frac{1+z_i}{2}}, & \underline{z} \in \mathbb{Z}^n, \\ 0, & \text{그 밖에는} \end{cases} \\ &= \begin{cases} [F(0)\{1 - F(0)\}]^{\frac{n}{2}} \left\{\frac{1-F(0)}{F(0)}\right\}^{\frac{1}{2}\sum_{i=1}^{n} z_i}, & \underline{z} \in \mathbb{Z}^n, \\ 0, & \text{그 밖에는} \end{cases} \end{aligned} \tag{6.10}$$

이다. 여기서, $1 - F(0) = F(0)$이면 $\underline{z} \in \mathbb{Z}^n$일 때 $\sum_{i=1}^{n} z_i$이 어떤 값이더라도 늘

$$\Pr\{\underline{Z} = \underline{z}\} = \frac{1}{2^n} \tag{6.11}$$

일 것이다. ◇

위 보기에서 확률벡터 $\underline{X} = (X_1, X_2, \cdots, X_n)$이 독립이고 $\{F_{X_i}(0)\}_{i=1}^{n}$이 모두 $\frac{1}{2}$이면, $\underline{X}$가 독립이고 분포가 같은 확률벡터가 아니더라도, 부호 벡터 $\underline{Z}$는 독립이고 분포가 같은 확률벡터라는 것을 알 수 있다.

보기 6.4 확률벡터 $\underline{X} = (X_1, X_2, X_3)$이 독립이고, $X_1 \sim U(-1,1)$, $X_2 \sim N(0,1)$, $X_3 \sim C(0,1)$이라고 하자. 그러면 $F_{X_1}(0) = F_{X_2}(0) = F_{X_3}(0) = \frac{1}{2}$이고, $\Pr\{Z_1 = z\} = \Pr\{Z_2 = z\} = \Pr\{Z_3 = z\} = \frac{1}{2}$, $z \in \mathbb{Z}^1$이며,

$$\Pr\{\underline{Z} = \underline{z}\} = \begin{cases} \frac{1}{8}, & \underline{z} \in \mathbb{Z}^3, \\ 0, & \text{그 밖에는} \end{cases} \tag{6.12}$$

이다. 따라서, $\underline{Z} = (Z_1, Z_2, Z_3)$은 독립이고 분포가 같은 확률벡터이다. ◇

6.1.2 부호와 확률변수의 결합 분포

부록 4.4에서 본 것과 비슷하게 계단 함수와 충격 함수를 써서 확률변수와 그 부호의 결합 분포를 생각해 보자.

보기 6.5 (확률변수 X와 그 부호 $Z = \mathrm{sgn}(X)$의 결합 누적분포함수) 연속 확률변수 X의 확률밀도함수를 f, 누적분포함수를 F라고 하자. 그러면 확률변수 X와 그 부호 $Z = \mathrm{sgn}(X)$의 결합 누적분포함수는

$$\begin{aligned} F_{X,Z}(x,z) &= \Pr\{X \le x, Z \le z\} \\ &= \begin{cases} \Pr\{Z = -1, X \le x\}, & -1 \le z < 1, \\ \Pr\{Z = \pm 1, X \le x\}, & z \ge 1 \end{cases} \\ &= \begin{cases} \Pr\{X \le 0, X \le x\}, & -1 \le z < 1, \\ F(x), & z \ge 1 \end{cases} \end{aligned} \tag{6.13}$$

이고, 이 식을 좀 더 계산하면

$$\begin{aligned} F_{X,Z}(x,z) &= \begin{cases} F(x), & -1 \le z < 1,\ x < 0, \\ F(0), & -1 \le z < 1,\ x > 0, \\ F(x), & z \ge 1 \end{cases} \\ &= F(x)\{u(z+1) - u(z-1)\}u(-x) \\ &\quad + F(0)\{u(z+1) - u(z-1)\}u(x) + F(x)u(z-1) \end{aligned} \tag{6.14}$$

이다. ◇

보기 6.6 (확률변수 X와 그 부호 $Z = \mathrm{sgn}(X)$의 결합 확률밀도함수) 이제, (6.14)를 미분하여, $1 - u(-x) = u(x)$라는 것을 쓰면

$$\begin{aligned} f_{X,Z}(x,z) &= \frac{\partial^2}{\partial x \partial z} F_{X,Z}(x,z) \\ &= \{f(x)u(-x) - F(x)\delta(x)\}\{\delta(z+1) - \delta(z-1)\} \\ &\quad + F(0)\delta(x)\{\delta(z+1) - \delta(z-1)\} + f(x)\delta(z-1) \\ &= f(x)u(-x)\{\delta(z+1) - \delta(z-1)\} + f(x)\delta(z-1) \\ &= f(x)u(-x)\delta(z+1) + f(x)\{1 - u(-x)\}\delta(z-1) \end{aligned}$$

$$= \{u(-x)\delta(z+1) + u(x)\delta(z-1)\} f(x) \tag{6.15}$$

처럼 확률변수 X와 그 부호 Z의 결합 확률밀도함수를 얻는다. 말할 것도 없이, (6.15)를 적분하면 X의 확률밀도함수 $f(x) = \int_{-\infty}^{\infty} f_{X,Z}(x,z)dz$를

$$f(x) = f(x)u(-x) + f(x)u(x) \tag{6.16}$$

처럼, Z의 확률밀도함수 $f_Z(z) = \int_{-\infty}^{\infty} f_{X,Z}(x,z)dx$를

$$\begin{aligned} f_Z(z) &= \delta(z+1)\int_{-\infty}^{\infty} f(x)u(-x)dx + \delta(z-1)\int_{-\infty}^{\infty} f(x)u(x)dx \\ &= \delta(z+1)\int_{-\infty}^{0} f(x)dx + \delta(z-1)\int_{0}^{\infty} f(x)dx \\ &= F(0)\delta(z+1) + \{1-F(0)\}\delta(z-1) \end{aligned} \tag{6.17}$$

처럼 얻을 수 있다. ◇

보기 6.7 확률변수 X와 그 부호 $Z = \text{sgn}(X)$의 곱 적률 $E\{XZ\}$를 얻어 보자.

풀이 결합 확률밀도함수 (6.15)를 쓰면

$$\begin{aligned} E\{XZ\} &= \int_{-\infty}^{\infty}\int_{-\infty}^{\infty} xzf_{X,Z}(x,z)dzdx \\ &= \int_{-\infty}^{\infty} xf_X(x)\left\{\int_{-\infty}^{\infty} z\{u(-x)\delta(z+1) + u(x)\delta(z-1)\}\,dz\right\}dx \\ &= \int_{-\infty}^{\infty} \{-xu(-x)f_X(x) + xu(x)f_X(x)\}\,dx \\ &= -\int_{-\infty}^{0} xf_X(x)dx + \int_{0}^{\infty} xf_X(x)dx \\ &= m_X^+ - m_X^- \end{aligned} \tag{6.18}$$

이다. 이 식은 (3.239)에서 얻은 것과 같다. ◇

보기 6.8 확률변수 X와 그 부호 $Z = \text{sgn}(X)$사이의 상관계수가, $F(0) \neq 0, 1$일 때

$$\rho_{XZ} = \frac{F(0)m_X^+ - \{1-F(0)\}m_X^-}{\sqrt{\sigma_X^2\{1-F(0)\}F(0)}} \tag{6.19}$$

임을 보이자.

풀이 먼저,

$$\begin{aligned} E\{Z\} &= \int_{0}^{\infty} f_X(x)dx - \int_{-\infty}^{0} f_X(x)dx \\ &= 1 - 2F_X(0) \end{aligned} \tag{6.20}$$

이고 $E\{Z^2\} = \int_0^{\infty} 1 \cdot f_X(x)dx + \int_{-\infty}^{0} 1 \cdot f_X(x)dx = 1$이므로

$$\sigma_Z^2 = E\{Z^2\} - E^2\{Z\}$$

$$= 1 - \{1 - 2F_X(0)\}^2$$
$$= 4F_X(0)\{1 - F_X(0)\} \tag{6.21}$$

이다. 또한, $E\{X\} = m_X^+ + m_X^-$ 이고, (6.18)에서 본 것처럼

$$E\{XZ\} = m_X^+ - m_X^- \tag{6.22}$$

이므로

$$\begin{aligned}\rho_{XZ} &= \frac{E\{XZ\} - E\{X\}E\{Z\}}{\sqrt{\sigma_X^2 \sigma_Z^2}} \\ &= \frac{m_X^+ - m_X^- - \left(m_X^+ + m_X^-\right)\{1 - 2F_X(0)\}}{\sqrt{4\sigma_X^2\{1 - F_X(0)\}F_X(0)}} \\ &= \frac{F_X(0)m_X^+ - \{1 - F_X(0)\}m_X^-}{\sqrt{\sigma_X^2\{1 - F_X(0)\}F_X(0)}}\end{aligned} \tag{6.23}$$

을 얻는다. ◇

정리 6.3 확률변수 X의 누적분포함수를 F, 부호를 Z라고 하면

$$F(0) = 0 \text{ 또는 } 1 \quad \rightleftarrows \quad \text{Cov}(X, Z) = 0 \tag{6.24}$$

이다. ■■

증명 먼저, $F(0) = 1$이면 $m_X^+ = 0$이므로 $\text{Cov}(X, Z) = 2\left[F(0)m_X^+ - \{1 - F(0)\}m_X^-\right] = 0$이고, $F(0) = 0$이면 $m_X^- = 0$이므로 $\text{Cov}(X, Z) = 0$이다. 곧, $F(0) = 0, 1$이면 확률변수와 그 부호는 상관이 없다. 한편, $0 \le F(0) \le 1$이고, $m_X^+ \ge 0$이며, $m_X^- \le 0$이므로 $\text{Cov}(X, Z)$는 $F(0) = 0, 1$일 때에만 0이다. □

정리 6.4 확률변수와 그 부호 사이의 상관계수는 0보다 작지 않다. 곧,

$$0 \le \rho_{XZ} \le 1 \tag{6.25}$$

이다. ■■

증명 보기 6.8에서 얻은 상관계수 ρ_{XZ}의 분자 $F(0)m_X^+ - \{1 - F(0)\}m_X^-$를 살펴보자. 그러면 $0 \le F(0) \le 1$이고, $m_X^+ \ge 0$이며, $m_X^- \le 0$이므로 쉽게 $F(0)m_X^+ - \{1 - F(0)\}m_X^- \ge 0$이라는 것을 알 수 있다. 따라서, $\rho_{XZ} \ge 0$이다. □

보기 6.9 (확률변수 X와 부호 $Z = \text{sgn}(X)$ 사이의 조건부 분포) 이제, (6.15)를 쓰면 확률변수 X와 그 부호 $Z = \text{sgn}(X)$ 사이의 조건부 확률밀도함수를 얻을 수 있다. 먼저,

$$\begin{aligned}f_{X|Z}(x|z) &= \frac{f_{X,Z}(x, z)}{f_Z(z)} \\ &= \frac{\{u(-x)\delta(z+1) + u(x)\delta(z-1)\}f(x)}{F(0)\delta(z+1) + \{1 - F(0)\}\delta(z-1)}\end{aligned} \tag{6.26}$$

을 얻고, $x \in \{t \,|\, f(t) > 0\}$일 때

$$
\begin{aligned}
f_{Z|X}(z|x) &= \frac{f_{X,Z}(x,z)}{f_X(x)} \\
&= u(-x)\delta(z+1) + u(x)\delta(z-1)
\end{aligned} \tag{6.27}
$$

을 얻는다. 여기서, (6.26)에서 볼 수 있는 조건부 확률밀도함수 $f_{X|Z}(x|z)$는 조건 확률밀도함수 $f_Z(z)$가 0이 아닐 때, 곧 $f_Z(z) = F(0)\delta(z+1) + \{1 - F(0)\}\delta(z-1) \neq 0$일 때에만 뜻이 있다. 이 조건 $F(0)\delta(z+1) + \{1 - F(0)\}\delta(z-1) \neq 0$을 바꾸어 쓰면 $\{0 \le F(0) < 1, z = 1\} \cup \{0 < F(0) \le 1, z = -1\}$이므로 (6.26)을

$$
f_{X|Z}(x|z) = \begin{cases} \frac{f(x)u(x)\delta(z-1)}{\{1-F(0)\}\delta(z-1)} = \frac{1}{1-F(0)} f(x)u(x), \\ \qquad 0 \le F(0) < 1 \text{이고 } z = 1 \text{일 때}, \\ \frac{f(x)u(-x)\delta(z+1)}{F(0)\delta(z+1)} = \frac{1}{F(0)} f(x)u(-x), \\ \qquad 0 < F(0) \le 1 \text{이고 } z = -1 \text{일 때} \end{cases} \tag{6.28}
$$

처럼 다시 쓸 수 있다. ◇

끝으로, 확률변수의 크기와 부호의 결합 분포를 생각해 보자.

보기 6.10 (확률변수의 크기 $Y = |X|$와 부호 $Z = \text{sgn}(X)$의 결합 누적분포함수) 연속 확률변수 X의 확률밀도함수를 f, 누적분포함수를 F라고 하자. 그러면 확률변수의 크기 $Y = |X|$와 부호 $Z = \text{sgn}(X)$의 결합 누적분포함수 $F_{Y,Z}(y,z) = \Pr\{|X| \le y, Z \le z\}$는

$$
\begin{aligned}
F_{Y,Z}(y,z) &= \begin{cases} \Pr\{-y \le X \le y, X \le 0\}, & -1 \le z < 1, \\ \Pr\{-y \le X \le y\}, & z \ge 1 \end{cases} \\
&= \begin{cases} F(0) - F(-y), & -1 \le z < 1,\ y \ge 0, \\ F(y) - F(-y), & z \ge 1,\ y \ge 0 \end{cases} \\
&= \{F(0) - F(-y)\}u(y)\{u(z+1) - u(z-1)\} \\
&\quad + \{F(y) - F(-y)\}u(y)u(z-1)
\end{aligned} \tag{6.29}
$$

처럼 얻을 수 있다. ◇

보기 6.11 (확률변수의 크기 $Y = |X|$와 부호 $Z = \text{sgn}(X)$의 결합 확률밀도함수) 이제, (6.29)를 미분하면, 확률변수의 크기 Y와 부호 Z의 결합 확률밀도함수를

$$
\begin{aligned}
f_{Y,Z}(y,z) &= \frac{\partial^2}{\partial y \partial z} F_{Y,Z}(y,z) \\
&= \frac{\partial}{\partial y}[\{F(0) - F(-y)\}\{\delta(z+1) - \delta(z-1)\}u(y) \\
&\qquad + \{F(y) - F(-y)\}u(y)\delta(z-1)] \\
&= f(-y)\{\delta(z+1) - \delta(z-1)\}u(y) \\
&\quad + \{F(0) - F(-y)\}\{\delta(z+1) - \delta(z-1)\}\delta(y)
\end{aligned}
$$

$$\begin{aligned}
&+\{f(y)+f(-y)\}u(y)\delta(z-1)+\{F(y)-F(-y)\}\delta(y)\delta(z-1) \\
=\ & \{f(-y)\delta(z+1)-f(-y)\delta(z-1)+f(y)\delta(z-1) \\
&+f(-y)\delta(z-1)\}u(y) \\
=\ & \{f(-y)\delta(z+1)+f(y)\delta(z-1)\}u(y) \qquad (6.30)
\end{aligned}$$

처럼 얻는다. 또, (6.30)에서 부호 Z의 한계 확률밀도함수 $f_Z(z)=\int_0^\infty f_{Y,Z}(y,z)dy$를 얻으면

$$\begin{aligned}
f_Z(z) &= \int_0^\infty f(-y)dy\delta(z+1)+\int_0^\infty f(y)dy\delta(z-1) \\
&= F(0)\delta(z+1)+\{1-F(0)\}\delta(z-1) \qquad (6.31)
\end{aligned}$$

이고, Y의 한계 확률밀도함수 $f_Y(y)=\int_{-\infty}^\infty f_{Y,Z}(y,z)dz$를 얻으면

$$f_Y(y) = \{f(-y)+f(y)\}u(y) \qquad (6.32)$$

이다. 위 (6.31)은 보기 3.59에서 얻은 (3.167)과 같고, (6.32)는 보기 3.51에서 얻은 (3.151)과 같다. ◇

보기 6.12 한편, 곱 적률 $E\{|X_i|\,Z_i\}=E\{X_i\}=m_X$인데, 이것은

$$\begin{aligned}
E\{|X_i|\,Z_i\} &= \int_{-\infty}^\infty yu(y)\left[\int_{-\infty}^\infty z\{f(-y)\delta(z+1)+f(y)\delta(z-1)\}dz\right]dy \\
&= \int_{-\infty}^\infty (-y)f(-y)u(y)dy+\int_{-\infty}^\infty yf(y)u(y)dy \\
&= \int_{-\infty}^\infty yf(y)dy \\
&= m_X \qquad (6.33)
\end{aligned}$$

처럼 (6.30)을 써서도 얻을 수 있다. ◇

보기 6.13 (확률변수의 크기 $Y=|X|$와 부호 $Z=\mathrm{sgn}(X)$ 사이의 조건부 분포) 식 (6.30)을 써서 $Y=|X|$와 $Z=\mathrm{sgn}(X)$ 사이의 조건부 확률밀도함수를 얻어 보자.

풀이 먼저, $y\in\{y\,|\,\{f(-y)+f(y)\}u(y)>0\}$일 때

$$\begin{aligned}
f_{Z|Y}(z|y) &= \frac{f_{Y,Z}(y,z)}{f_Y(y)} \\
&= \frac{f(-y)}{f(-y)+f(y)}\delta(z+1)+\frac{f(y)}{f(-y)+f(y)}\delta(z-1) \qquad (6.34)
\end{aligned}$$

이고,

$$\begin{aligned}
f_{Y|Z}(y|z) &= \frac{f_{Y,Z}(y,z)}{f_Z(z)} \\
&= \frac{\{f(-y)\delta(z+1)+f(y)\delta(z-1)\}u(y)}{F(0)\delta(z+1)+\{1-F(0)\}\delta(z-1)} \qquad (6.35)
\end{aligned}$$

이다. 식 (6.26)에서 다룬 조건부 확률밀도함수 $f_{X|Z}$와 마찬가지로 (6.35)에서 보인 조건부 확률밀도함수 $f_{Y|Z}$는 $F(0)\delta(z+1)+\{1-F(0)\}\delta(z-1) \neq 0$일 때에만 뜻이 있다. 이 조건 $F(0)\delta(z+1)+\{1-F(0)\}\delta(z-1) \neq 0$는 집합 $\{0 \leq F(0) < 1, z=1\} \cup \{0 < F(0) \leq 1, z=-1\}$와 같으므로, (6.35)를

$$f_{Y|Z}(y|z) = \begin{cases} \frac{1}{1-F(0)} f(y)u(y), & 0 \leq F(0) < 1\text{이고 } z=1\text{일 때}, \\ \frac{1}{F(0)} f(-y)u(y), & 0 < F(0) \leq 1\text{이고 } z=-1\text{일 때} \end{cases} \tag{6.36}$$

으로 바꾸어 쓸 수 있다. ◊

보기 6.14 한편, X의 확률밀도함수가 f일 때 $|X|$의 확률밀도함수는

$$f_{|X|}(y) = \{f(y)+f(-y)\}u(y) \tag{6.37}$$

이므로, $y \neq 0$일 때 $u(y)u(-y)=0$이고 $u(y)u(y)=u(y)$라는 것을 새겨 두면, (6.36)에서 다룬 두 식은

$$\begin{aligned} f_{Y|Z}(y|1) &= \left\{f_{X|Z}(y|1)+f_{X|Z}(-y|1)\right\}u(y) \\ &= \left\{\frac{f(y)u(y)}{1-F(0)}+\frac{f(-y)u(-y)}{1-F(0)}\right\}u(y) \\ &= \frac{f(y)u(y)}{1-F(0)} \end{aligned} \tag{6.38}$$

과

$$\begin{aligned} f_{Y|Z}(y|-1) &= \left\{\frac{f(y)u(-y)}{F(0)}+\frac{f(-y)u(y)}{F(0)}\right\}u(y) \\ &= \frac{f(-y)u(y)}{F(0)} \end{aligned} \tag{6.39}$$

처럼 (6.28)에서도 얻을 수 있다. ◊

정리 6.5 크기 $|X|$와 부호 Z 사이의 상관계수는

$$\rho_{|X|Z} = \frac{F(0)m_X^+ + \{1-F(0)\}m_X^-}{\sqrt{\left(\sigma_X^2+4m_X^+m_X^-\right)\{1-F(0)\}F(0)}} \tag{6.40}$$

이다. ■■

증명 문제 6.1에서 다룬다. □

보기 6.8에서 얻은 ρ_{XZ}와 비슷하게 여기서도 $F(0)=1$이면 $m_X^+=0$이므로 $\rho_{|X|Z}=0$이고, $F(0)=0$이면 $m_X^-=0$이므로 $\rho_{|X|Z}=0$이다. 곧, $F(0)=0,1$이면 확률변수의 크기와 부호는 상관이 없으므로 $\rho_{|X|Z}=0$이다.

한편, 확률밀도함수 f가 짝함수이면 $F(0)=\frac{1}{2}$이고 $m_X^-=-m_X^+$이므로

$$\rho_{|X|Z} = 0 \tag{6.41}$$

이다.

보기 6.15 상관계수 $\rho_{|X|Z}$의 값은 일반적으로 -1과 1 사이에 있다. 보기를 들면,

$$f(x) = \begin{cases} \frac{1}{4}, & -2 \le x < 0; \quad \frac{1}{2}, \ 0 \le x < 1; \\ 0, & \text{그 밖에는} \end{cases} \tag{6.42}$$

이면 $\rho_{|X|Z} = -\frac{\sqrt{3}}{\sqrt{13}} < 0$이고,

$$f(x) = \begin{cases} \frac{1}{2}, & -1 \le x < 0; \quad \frac{1}{4}, \ 0 \le x < 2; \\ 0, & \text{그 밖에는} \end{cases} \tag{6.43}$$

이면 $\rho_{|X|Z} = \frac{\sqrt{3}}{\sqrt{13}} > 0$이다. ◇

6.1.3 순열

뜻매김 6.2 순열

수 집합 $\{1, 2, \cdots, n\}$을 아무렇게나 늘어 놓은 $(r_1, r_2, \cdots, r_n)$을 $\{1, 2, \cdots, n\}$의 순열[2]이라고 한다.

보기 6.16 쉽게 알 수 있듯이 $3! = 6$이므로 $\mathcal{R}^3$에는[3]

$$\mathcal{R}^3 = \{(1,2,3), (1,3,2), (2,1,3), (2,3,1), (3,1,2), (3,2,1)\} \tag{6.44}$$

처럼 원소인 순열이 여섯 개 들어 있다. ◇

어느 순열도 다른 순열들을 조합하여 나타낼 수 있다. 보기를 들어, $i = 1, 2, \cdots, n$일 때

$$v_i = r_{s_i} \tag{6.45}$$

이면 순열 $v = (v_1, v_2, \cdots, v_n)$을 두 순열 $r = (r_1, r_2, \cdots, r_n)$과 $s = (s_1, s_2, \cdots, s_n)$으로 나타낼 수 있는데, 이것을

$$v = r \cdot s \tag{6.46}$$

처럼 쓴다. 이때

$$r \cdot s \neq s \cdot r \tag{6.47}$$

임을 눈여겨보아야 한다. 또한, 세 순열 r, s, t를 생각하면

$$r \cdot (s \cdot t) = (r \cdot s) \cdot t \tag{6.48}$$

임을 새겨 둘 만하다.

[2]permutation
[3]여기서, $\mathcal{R}^n$은 (5.14)에서 뜻매김한 순열 공간이다.

보기 6.17 수 집합 $\{1,2,3,4,5\}$를 생각하자. 그러면 $r = (2,5,3,1,4)$, $s = (3,2,1,4,5)$, $t=(5,3,4,1,2)$는 모두 순열이다. 이때, $v = r \cdot s$와 $u = s \cdot r$을 얻어 보자.

풀이 먼저, $v_1 = r_{s_1} = r_3 = 3$이고, $v_2 = r_{s_2} = r_2 = 5$이며, $v_3 = r_{s_3} = r_1 = 2$이고, $v_4 = r_{s_4} = r_4 = 1$이며, $v_5 = r_{s_5} = r_5 = 4$이므로 $v = (3,5,2,1,4)$이고, 이와 비슷하게 $u=(2,5,1,3,4)$이다. 한편, $s \cdot t = (5,1,4,3,2)$이고, $r \cdot (s \cdot t) = (4,2,1,3,5)$이며, $(r \cdot s) \cdot t = v \cdot t = (v_5, v_3, v_4, v_1, v_2) = (4,2,1,3,5)$이다. ◇

뜻매김 6.3 역 순열

순열 $e = (1,2, \cdots, n)$이라고 둘 때, $d \cdot r = e$이면 – 곧, $i = 1,2, \cdots, n$일 때

$$d_{r_i} = i \tag{6.49}$$

이면 – 순열 d를 순열 r의 역 순열이라고 한다.

순열마다 역 순열은 하나뿐이다. 순열 r의 역 순열을 r^{-1}로 쓰며

$$\begin{aligned} r \cdot r^{-1} &= r^{-1} \cdot r \\ &= (1,2, \cdots, n) \end{aligned} \tag{6.50}$$

이다. 한편, d가 r의 역 순열이면 r은 d의 역 순열이라는 것을 쉽게 알 수 있다.

보기 6.18 순열 $r = (2,5,3,1,4)$의 역 순열을 얻어 보자.

풀이 먼저, r의 역 순열을 $d = (d_1, d_2, \cdots, d_5)$라고 하면, $r_1 = 2$이므로 $d_2 = 1$이고, $r_2 = 5$이므로 $d_5 = 2$이며, $r_3 = 3$이므로 $d_3 = 3$이고, $r_4 = 1$이므로 $d_1 = 4$이며, $r_5 = 4$이므로 $d_4 = 5$이다. 따라서,

$$\begin{aligned} r^{-1} &= d \\ &= (4,1,3,5,2) \end{aligned} \tag{6.51}$$

이다. ◇

정리 6.6 순열 r의 역 순열을 d라고 하고 수열 $\{a_1, a_2, \cdots, a_n\}$과 $\{c_1, c_2, \cdots, c_n\}$을 생각하자. 이때,

$$\sum_{i=1}^{n} c_i \, a_{r_i} = \sum_{i=1}^{n} a_i \, c_{d_i} \tag{6.52}$$

이다. ■■

증명 유한 개를 더할 때 더하는 순서를 바꿀 수 있다는 것을 바탕으로 윗 식의 왼쪽에서 $i = 1$에서 $i = n$까지 i에 대해 더하는 것을 $j = 1$에서 $j = n$까지 d_j에 대해 더하는 것으로 바꾸자. 그 뒤, (6.49)에서 알 수 있듯이 $r_{d_j} = j$라는 것을 새기면

$$\begin{aligned}\sum_{i=1}^{n} c_i\, a_{r_i} &= \sum_{j=1}^{n} c_{d_j}\, a_{r_{d_j}} \\ &= \sum_{j=1}^{n} c_{d_j}\, a_j \end{aligned} \tag{6.53}$$

임을 쉽게 알 수 있다. □

보기 6.19 보기 6.18에서 다룬 순열 $r = (2,5,3,1,4)$와 그 역 순열 $d = r^{-1} = (4,1,3,5,2)$를 생각하고, 두 수열 $\{a_i\} = \{1,10,4,-1,0\}$과, $\{c_i\} = \{-5,0,3,1,2\}$를 살펴보자. 그러면 $\sum\limits_{i=1}^{5} c_i a_{r_i} = (-5)\cdot 10+0+3\cdot 4+1\cdot 1+2\cdot(-1) = -39$이고 $\sum\limits_{i=1}^{5} a_i c_{d_i} = 1\cdot 1+10\cdot(-5)+4\cdot 3+(-1)\cdot 2+0 = -39$이다. ◇

보기 6.20 두 수열

$$a_i = \begin{cases} 0, & i = 1,2, \cdots, l, \\ 1, & i = l+1, l+2, \cdots, n \end{cases} \tag{6.54}$$

와

$$c_i = \begin{cases} 1, & i = 1,2, \cdots, m, \\ 0, & i = m+1, m+2, \cdots, n \end{cases} \tag{6.55}$$

를 생각하면, $\sum\limits_{i=1}^{n} c_i a_{r_i} = \sum\limits_{i=1}^{m} a_{r_i}$이고 $\sum\limits_{i=1}^{n} a_i c_{d_i} = \sum\limits_{l+1}^{n} c_{d_i}$이므로 r과 d가 서로 역 순열이면

$$\sum_{i=1}^{m} a_{r_i} = \sum_{i=l+1}^{n} c_{d_i} \tag{6.56}$$

이다. ◇

이제, 확률벡터 $\underline{X} = (X_1, X_2, \cdots, X_n)$의 순위를 다시 생각해 보면, 순위 벡터 $\underline{R}$의 값은 (5.14)에서 뜻매김한 순열 공간 $\mathcal{R}^n$의 원소라는 것을 알 수 있다. 곧, 순위 벡터 $\underline{R}$의 실현 $\underline{r}$은 공간 $\mathcal{R}^n$ 안의 점이다.

6.2 순위와 크기 순위

6.2.1 순위와 크기 순위의 확률질량함수

확률벡터 $\underline{X} = (X_1, X_2, \cdots, X_n)$이 독립이고 분포가 같을 때 뜻매김 5.2에서 다룬 순위와 뜻매김 5.4에서 다룬 크기 순위의 확률 특성을 살펴보자.

정리 6.7 **순위 벡터의 결합 확률질량함수** 확률벡터 $\underline{X} = (X_1, X_2, \cdots, X_n)$이 독립이고 분포가 같으면 순위 벡터 $\underline{R} = (R_1, R_2, \cdots, R_n)$의 결합 확률질량함수는

$$p_{\underline{R}}(\underline{r}) = \begin{cases} \frac{1}{n!}, & \underline{r} = (r_1, r_2, \cdots, r_n) \in \mathcal{R}^n, \\ 0, & \text{그 밖에는} \end{cases} \tag{6.57}$$

이다. ■■

증명 식 (5.14) 바로 아래에서 말한 것처럼 순열 공간 $\mathcal{R}^n$에는 원소가 $n!$개 있다. 확률벡터 $\underline{X} = (X_1, X_2, \cdots, X_n)$이 독립이고 분포가 같으면, $\underline{r}$이 $\mathcal{R}^n$에 있는 원소 $n!$개 가운데 어느 것이더라도 $p_{\underline{R}}(\underline{r}) = \Pr\{\underline{R} = \underline{r}\}$이 같을 것이다. 그러므로 $p_{\underline{R}}(\underline{r}) = \frac{1}{n!}$이다. □

확률벡터 $\underline{X}$가 독립이고 분포가 같으면 순위 벡터의 확률 특성은 확률변수의 확률 특성의 영향을 받지 않는다는 것을 (6.57)에서 알 수 있다. 한편, 확률벡터 $\underline{X}$가 독립이고 분포가 같으면 (5.218)과 (6.57)을 바탕으로 $\left(\underline{R}, \underline{X_{[\cdot]}}\right)$의 결합 분포가 $\underline{R}$의 분포와 $\underline{X_{[\cdot]}}$의 분포의 곱이라는 것을 알 수 있다. 따라서, 순위 벡터 $\underline{R}$은 순서 통계량 벡터 $\underline{X_{[\cdot]}}$과 독립이다.

보기 6.21 (순위의 한계 확률질량함수) 이제, (6.57)을 써서 순위 R_i의 한계 확률질량함수를 얻으면 $i, r \in \{1, 2, \cdots, n\}$일 때

$$\begin{aligned} p_{R_i}(r) &= \Pr\{R_i = r\} \\ &= \sum_{r_1}\sum_{r_2}\cdots\sum_{r_{i-1}}\sum_{r_{i+1}}\sum_{r_{i+2}}\cdots\sum_{r_n} p_{\underline{R}}(r_1, r_2, \cdots, r_{i-1}, r, r_{i+1}, r_{i+2}, \cdots, r_n) \\ &= (n-1)!\frac{1}{n!} \\ &= \frac{1}{n} \end{aligned} \tag{6.58}$$

이다[4]. 식 (6.58)이 말하는 바는 순위 $\{R_i\}_{i=1}^{n}$은 분포가 모두 같다는 – 좀 더 구체적으로는 모두 고른 확률변수라는 – 것이다. ◇

한편, (6.57)과 (6.58)에서

$$p_{\underline{R}}(\underline{r}) \neq \prod_{i=1}^{n} p_{R_i}(r_i) \tag{6.59}$$

임을 알 수 있다. 곧, 확률벡터 $\underline{X}$가 독립이고 분포가 같더라도, 순위 벡터 $\underline{R}$은 분포가 같은 확률벡터이기는 하지만 독립 확률벡터는 아니다.

보기 6.22 (순위 둘의 결합 확률질량함수) 식 (6.57)과 (6.58)을 바탕으로 $i, j \in \{1, 2, \cdots, n\}$일 때 두 순위 R_i와 R_j의 결합 확률질량함수를 얻어 보자.

풀이 먼저, $i = j$이면 (6.58)에서

[4] 확률질량함수 (6.58)을 확률밀도함수로 나타내면 $f_{R_i}(r) = \frac{1}{n}\sum_{j=1}^{n}\delta(r-j)$이다.

$$p_{R_i,R_i}(r,s) = \Pr\{R_i = r, R_i = s\} = \begin{cases} 0, & r \neq s\text{일 때}, \\ \frac{1}{n}, & r = s\text{일 때} \end{cases} \qquad (6.60)$$

을 얻는다. 다음에, 연속 확률벡터만 생각하면, $i \neq j$이고 $r = s$일 때

$$p_{R_i,R_j}(r,s) = 0 \qquad (6.61)$$

임을 알 수 있다. 한편, $i \neq j$이고 $r_i \neq r_j$이면 (6.57)에서 R_i와 R_j의 결합 확률질량함수 $p_{R_i,R_j}(r_i,r_j) = \Pr\{R_i = r_i, R_j = r_j\}$를

$$\begin{aligned} p_{R_i,R_j}(r_i,r_j) &= \sum_{r_1}\sum_{r_2}\cdots\sum_{r_{i-1}}\sum_{r_{i+1}}\sum_{r_{i+2}}\cdots\sum_{r_{j-1}}\sum_{r_{j+1}}\sum_{r_{j+2}}\cdots\sum_{r_n} p_{\underline{R}}(\underline{r}) \\ &= (n-2)!\frac{1}{n!} \\ &= \frac{1}{n(n-1)} \end{aligned} \qquad (6.62)$$

처럼 얻을 수 있다. 이제, (6.60)–(6.62)를 묶어 쓰면 바라는 결과, $i, j \in \{1, 2, \cdots, n\}$일 때

$$p_{R_i,R_j}(k,l) = \Pr\{R_i = k, R_j = l\} = \begin{cases} \frac{1}{n(n-1)}, & k,l \in \{1,2, \cdots, n\},\ i \neq j,\ k \neq l\text{일 때}, \\ \frac{1}{n}, & k,l \in \{1,2, \cdots, n\},\ i = j,\ k = l\text{일 때}, \\ 0, & \text{그 밖에는} \end{cases} \qquad (6.63)$$

을 얻는다. 식 (6.57), (6.58), (6.59), (6.63)은 순위 벡터 $\underline{R}$에서 얻은 것이지만 크기 순위 벡터 $\underline{Q}$를 생각하여도 마찬가지라는 것을 쉽게 알 수 있다. ◇

보기 6.23 확률벡터 $\underline{X} = (X_1, X_2, X_3)$이 독립이고 분포가 같다고 하자. 이제, $\underline{X}$의 순위 벡터 $\underline{R} = (R_1, R_2, R_3)$과 크기 순위 벡터 $\underline{Q} = (Q_1, Q_2, Q_3)$을 생각하자. 그러면

$$p_{\underline{R}}(\underline{r}) = \begin{cases} \frac{1}{6}, & \underline{r} = (r_1, r_2, r_3) \in \mathcal{R}^3, \\ 0, & \text{그 밖에는} \end{cases} \qquad (6.64)$$

이고, $i = 1, 2, 3$일 때

$$p_{R_i}(r) = \begin{cases} \frac{1}{3}, & r = 1, 2, 3, \\ 0, & \text{그 밖에는} \end{cases} \qquad (6.65)$$

이며, $i = 1, 2, 3$이고 $j = 1, 2, 3$일 때

$$p_{R_i,R_j}(r,s) = \begin{cases} \frac{1}{6}, & i \neq j\text{이고 } r \neq s\text{이면 } r,s = 1,2,3\text{일 때}, \\ \frac{1}{3}, & i = j\text{이고 } r = s\text{이면 } r,s = 1,2,3\text{일 때}, \\ 0, & \text{그 밖에는} \end{cases} \qquad (6.66)$$

이다. 위 식들에서 아래 첨자 R을 Q로 바꾸면 크기 순위의 분포를 바로 얻을 수 있다. ◇

보기 6.24 (순위의 평균, 분산, 곱 적률) 확률질량함수 (6.57), (6.58), (6.63)을 바탕으로 순위와 크기 순위의 평균, 분산, 그리고 곱 적률을 얻어 보자.

풀이 먼저, 순위 R_i의 평균 $E\{R_i\} = \sum_{r=1}^{n} r\text{Pr}\{R_i = r\}$은

$$\begin{aligned} E\{R_i\} &= \frac{1}{n}\sum_{r=1}^{n} r \\ &= \frac{1}{2}(n+1) \end{aligned} \tag{6.67}$$

처럼 얻을 수 있다. 또, 순위 R_i의 제곱 평균 $E\left\{R_i^2\right\} = \sum_{r=1}^{n} r^2\text{Pr}\{R_i = r\}$을 얻으면

$$E\left\{R_i^2\right\} = \frac{1}{6}(n+1)(2n+1) \tag{6.68}$$

이므로 순위 R_i의 분산 $\text{Var}\{R_i\} = E\left\{R_i^2\right\} - E^2\{R_i\}$는

$$\begin{aligned} \text{Var}\{R_i\} &= \frac{(n+1)(2n+1)}{6} - \frac{(n+1)^2}{4} \\ &= \frac{1}{12}\left(n^2-1\right) \end{aligned} \tag{6.69}$$

이다. 다음에, $i \neq j$일 때, 곱 적률 $E\{R_iR_j\} = \sum_{r_i=1}^{n}\sum_{r_j=1}^{n} r_ir_j\text{Pr}\{R_i = r_i, R_j = r_j\}$는

$$\begin{aligned} E\{R_iR_j\} &= \sum_{\substack{i=1 \\ i\neq j}}^{n}\sum_{j=1}^{n} \frac{ij}{n(n-1)} \\ &= \frac{1}{n(n-1)}\left(\sum_{i=1}^{n}\sum_{j=1}^{n} ij - \sum_{i=1}^{n} i^2\right) \\ &= \frac{1}{12}(n+1)(3n+2) \end{aligned} \tag{6.70}$$

이고, 이와 비슷하게 곱 적률 $E\left\{R_iR_j^2\right\} = \sum_{r_i=1}^{n}\sum_{r_j=1}^{n} r_ir_j^2\text{Pr}\{R_i = r_i, R_j = r_j\}$는

$$\begin{aligned} E\left\{R_iR_j^2\right\} &= \sum_{\substack{i=1 \\ i\neq j}}^{n}\sum_{j=1}^{n} \frac{ij^2}{n(n-1)} \\ &= \frac{1}{n(n-1)}\left(\sum_{i=1}^{n}\sum_{j=1}^{n} ij^2 - \sum_{i=1}^{n} i^3\right) \\ &= \frac{1}{6}n(n+1)^2 \end{aligned} \tag{6.71}$$

이며, 곱 적률 $E\left\{R_i^2R_j^2\right\} = \sum_{r_i=1}^{n}\sum_{r_j=1}^{n} r_i^2r_j^2\text{Pr}\{R_i = r_i, R_j = r_j\}$는

$$E\left\{R_i^2R_j^2\right\} = \sum_{\substack{i=1 \\ i\neq j}}^{n}\sum_{j=1}^{n} \frac{i^2j^2}{n(n-1)}$$

$$= \frac{1}{n(n-1)}\left[\left\{\frac{n(n+1)(2n+1)}{6}\right\}^2 - \frac{n(n+1)(2n+1)(3n^2+3n-1)}{30}\right]$$
$$= \frac{1}{180}(n+1)(2n+1)(5n+6)(2n-1) \qquad (6.72)$$

이다. 한편, 크기 순위의 평균, 분산, 그리고 곱 적률은 각각 위에서 얻은 순위의 평균, 분산, 그리고 곱 적률과 같다. ◇

보기 6.25 독립이고 분포가 같은 확률벡터에서 얻은 순위 벡터 $\underline{R} = (R_1, R_2, \cdots, R_n)$을 바탕으로 두 확률변수 X와 Y를

$$X = \frac{12}{n(n^2-1)}\sum_{i=1}^{n}\left(i - \frac{n+1}{2}\right)\left(R_i - \frac{n+1}{2}\right) \qquad (6.73)$$

과

$$Y = \frac{8}{n^2(n-1)}\sum_{i=1}^{n}\left(i - \frac{n+1}{2}\right)\left(R_i - \frac{n+1}{2}\right) \qquad (6.74)$$

처럼 둘 때 X의 분산 $\mathrm{Var}\{X\}$를 얻고 이것을 써서 Y의 분산 $\mathrm{Var}\{Y\}$를 얻어 보자.

풀이 먼저, (6.67)에서 $E\{R_i\} = \frac{n+1}{2}$이므로, X의 평균은

$$E\{X\} = \frac{12}{n(n^2-1)}\sum_{i=1}^{n}\left(i - \frac{n+1}{2}\right)\left(E\{R_i\} - \frac{n+1}{2}\right)$$
$$= 0 \qquad (6.75)$$

이다. 이제, X의 분산은

$$\mathrm{Var}\{X\} = \left\{\frac{12}{n(n^2-1)}\right\}^2\left[\sum_{i=1}^{n}\sum_{k=1,k\neq i}^{n}\left(i - \frac{n+1}{2}\right)\left(k - \frac{n+1}{2}\right)E\left\{\left(R_i - \frac{n+1}{2}\right)\right.\right.$$
$$\left.\cdot\left(R_k - \frac{n+1}{2}\right)\right\}$$
$$\left.+\sum_{i=1}^{n}\left(i - \frac{n+1}{2}\right)^2 E\left\{\left(R_i - \frac{n+1}{2}\right)^2\right\}\right] \qquad (6.76)$$

이다. 그런데,

$$\sum_{i=1}^{n}\left(i - \frac{n+1}{2}\right) = 0 \qquad (6.77)$$

이고,

$$\sum_{i=1}^{n}\left(i - \frac{n+1}{2}\right)^2 = \frac{1}{6}n(n+1)(2n+1) - \frac{1}{2}n(n+1)^2 + \frac{1}{4}n(n+1)^2$$
$$= \frac{1}{12}n(n+1)(n-1) \qquad (6.78)$$

이며, (6.68)–(6.70)에서

$$
\begin{aligned}
E\left\{\left(R_i-\frac{n+1}{2}\right)\left(R_k-\frac{n+1}{2}\right)\right\} &= E\{R_iR_k\}-\left(\frac{n+1}{2}\right)^2 \\
&= \begin{cases} \frac{1}{12}(n+1)(3n+2)-\left(\frac{n+1}{2}\right)^2, & i\neq k, \\ \frac{1}{6}(n+1)(2n+1)-\left(\frac{n+1}{2}\right)^2, & i=k \end{cases} \\
&= \begin{cases} -\frac{n+1}{12}, & i\neq k, \\ \frac{n^2-1}{12}, & i=k \end{cases} \qquad (6.79)
\end{aligned}
$$

이므로,

$$
\begin{aligned}
\mathrm{Var}\{X\} &= \left\{\frac{12}{n(n^2-1)}\right\}^2\left[\left(-\frac{n+1}{12}\right)\left\{\sum_{i=1}^{n}\sum_{k=1}^{n}\left(i-\frac{n+1}{2}\right)\left(k-\frac{n+1}{2}\right)\right.\right. \\
&\qquad \left.\left.-\sum_{i=1}^{n}\left(i-\frac{n+1}{2}\right)^2\right\}+\frac{n^2-1}{12}\frac{n(n+1)}{12}(n-1)\right] \\
&= \left\{\frac{12}{n(n^2-1)}\right\}^2\left\{\frac{n+1}{12}\frac{n(n+1)}{12}(n-1)+\frac{n^2-1}{12}\frac{n(n+1)}{12}(n-1)\right\} \\
&= \frac{1}{n-1} \qquad (6.80)
\end{aligned}
$$

이다. 따라서, Y의 분산은

$$
\begin{aligned}
\mathrm{Var}\{Y\} &= \frac{1}{n-1}\left\{\frac{12}{n(n^2-1)}\right\}^{-2}\left\{\frac{8}{n^2(n-1)}\right\}^2 \\
&= \frac{4(n+1)^2}{9n^2(n-1)} \qquad (6.81)
\end{aligned}
$$

이다. ◇

6.2.2 점수 함수*

여기서는, 통계학과 그 응용분야에서 널리 쓰이는 점수 함수[5]를 살펴본다. 점수 함수는 순위를 쓰는 신호 검파에서 검정 통계량을 얻는 바탕을 이룬다. 누적분포함수가 F이고 확률밀도함수가 f일 때

$$
\begin{aligned}
g_{LO}(x) &= \frac{d}{dx}\{-\ln f(x)\} \\
&= -\frac{f'(x)}{f(x)} \qquad (6.82)
\end{aligned}
$$

와

$$
h_{LO}(x) = \frac{f''(x)}{f(x)} \qquad (6.83)
$$

을[6] 생각하자.

[5] score 또는 score function

[6] 신호 검파에서는 함수 g_{LO}와 h_{LO}를 국소 최적 비선형성이라고 locally optimum nonlinearity 부른다.

보기 6.26 확률밀도함수 f가 표준 정규 확률밀도함수이면

$$g_{LO}(x) = x \tag{6.84}$$

이고

$$h_{LO}(x) = x^2 - 1 \tag{6.85}$$

이며, 확률밀도함수 f가 로지스틱 확률밀도함수

$$f_L(x) = \frac{e^{-x}}{(1+e^{-x})^2} \tag{6.86}$$

이면

$$g_{LO}(x) = \frac{1-e^{-x}}{1+e^{-x}} \tag{6.87}$$

이고

$$h_{LO}(x) = \frac{1-4e^{-x}+e^{-2x}}{(1+e^{-x})^2} \tag{6.88}$$

이다. 확률밀도함수가 $f_L(x)$일 때 $g_{LO}(x)$와 $h_{LO}(x)$를 그림 6.2에 보였다. ◇

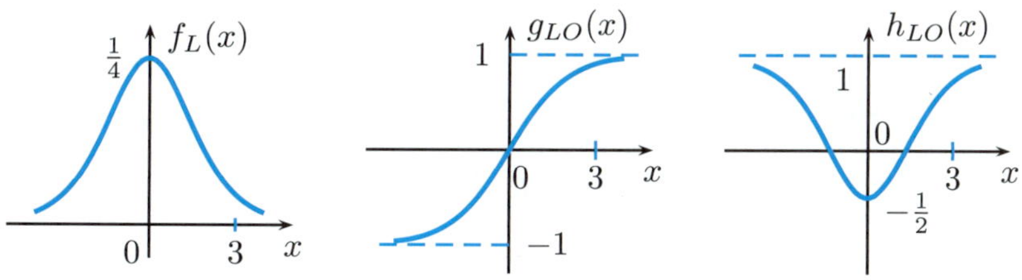

그림 6.2 확률밀도함수가 로지스틱 확률밀도함수 $f_L(x) = \frac{e^{-x}}{(1+e^{-x})^2}$일 때 $f_L(x)$, $g_{LO}(x) = \frac{1-e^{-x}}{1+e^{-x}}$, $h_{LO}(x) = \frac{1-4e^{-x}+e^{-2x}}{(1+e^{-x})^2}$

보기 6.27 확률변수 X의 확률밀도함수가 f일 때 X의 부호 통계량을 Z라고 하면

$$\begin{aligned} E\{Z\,g_{LO}(X)\} &= -\int_{-\infty}^{\infty} \text{sgn}(x)\frac{f'(x)}{f(x)} f(x)\,dx \\ &= \int_{-\infty}^{0} f'(x)dx - \int_{0}^{\infty} f'(x)\,dx \\ &= 2f(0) \end{aligned} \tag{6.89}$$

이고

$$\begin{aligned} E\{Z\,h_{LO}(X)\} &= \int_{-\infty}^{\infty} \text{sgn}(x)\frac{f''(x)}{f(x)} f(x)\,dx \\ &= -2f'(0) \end{aligned} \tag{6.90}$$

이다[7]. ◇

[7] 여기서, (3.57)에서 말한 것처럼 $\lim_{x\to\pm\infty} f(x) = 0$이고 $\lim_{x\to\pm\infty} f'(x) = 0$이라고 두었다.

다음에, (5.200)에서 다룬 함수 $G(x) = F(x) - F(-x)$를 새기고 $0 \le v \le 1$일 때

$$J_{11}(v) = g_{LO}\left\{F^{-1}(v)\right\}, \tag{6.91}$$

$$J_{12}(v) = g_{LO}\left\{G^{-1}(v)\right\}, \tag{6.92}$$

$$J_{21}(v) = h_{LO}\left\{F^{-1}(v)\right\}, \tag{6.93}$$

$$J_{22}(v) = h_{LO}\left\{G^{-1}(v)\right\} \tag{6.94}$$

로[8] 두자. 이때, 확률밀도함수 f가 짝함수이면 $f'(x)$는 홀함수이고, $f''(x)$는 짝함수이며, $1 - F(x) = F(-x)$이다. 그러므로, $0 \le w \le 1$일 때 $F^{-1}(1-w) = -F^{-1}(w)$이고,

$$J_{11}(w) = -J_{11}(1-w) \tag{6.95}$$

이며,

$$J_{21}(w) = J_{21}(1-w) \tag{6.96}$$

이다. 따라서, 확률밀도함수 f가 짝함수이면, $G(x) = 2F(x) - 1$이고

$$G^{-1}(v) = F^{-1}\left(\frac{1+v}{2}\right) \tag{6.97}$$

이므로, $0 \le v \le 1$일 때

$$J_{12}(v) = J_{11}\left(\frac{1+v}{2}\right) \tag{6.98}$$

이고

$$J_{22}(v) = J_{21}\left(\frac{1+v}{2}\right) \tag{6.99}$$

이다.

보기 6.28 표준 정규 누적분포함수를 $\Phi(x)$라고 쓰자. 그러면 표준 정규 분포에서는 $J_{11}(v) = \Phi^{-1}(v)$이고, $J_{12}(v) = \Phi^{-1}\left(\frac{1+v}{2}\right)$이며, $J_{21}(v) = \left\{\Phi^{-1}(v)\right\}^2 - 1$이고, $J_{22}(v) = \left\{\Phi^{-1}\left(\frac{1+v}{2}\right)\right\}^2 - 1$이다. 한편, 확률밀도함수가 f가 (6.86)에 보인 로지스틱 확률밀도함수이면 $0 \le v \le 1$일 때

$$J_{11}(v) = 2v - 1, \tag{6.100}$$

$$J_{12}(v) = v, \tag{6.101}$$

$$J_{21}(v) = 6v^2 - 6v + 1, \tag{6.102}$$

$$J_{22}(v) = \frac{1}{2}\left(3v^2 - 1\right) \tag{6.103}$$

이다. 로지스틱 분포에서의 J_{11}, J_{12}, J_{21}, J_{22}를 그림 6.3에 그려 두었다. ◇

[8] 여기서, $J_{11}(v)$는 (3.549)에서 다룬 $\tilde{\varphi}(v, f)$과 같은 것이다.

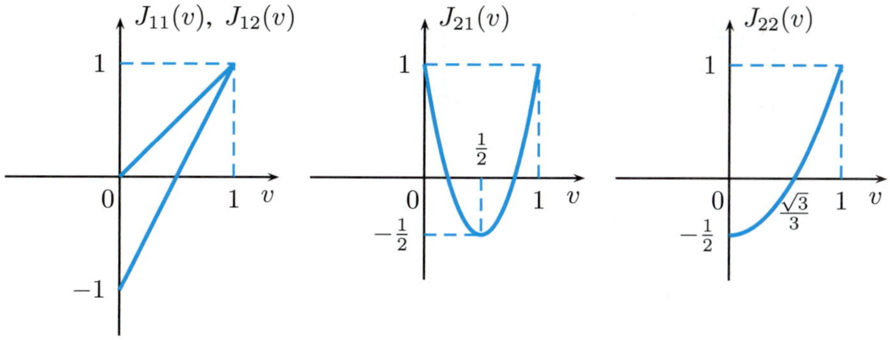

그림 6.3 로지스틱 분포에서 함수 J_{11}, J_{12}, J_{21}, J_{22}

6.2.2.1 순위와 순서 통계량을 바탕으로 하는 점수 함수

먼저, $i, k = 1, 2, \cdots, n$일 때 순위와 순서 통계량을 바탕으로 점수 함수

$$
\begin{aligned}
a_1(i) &= E\left\{g_{LO}(X_j) \middle| R_j = i\right\} \\
&= E\left\{g_{LO}\left(X_{[i]}\right)\right\} \\
&= n\,{}_{n-1}\mathrm{C}_{i-1} \int_0^1 J_{11}(v)\, v^{i-1}(1-v)^{n-i} dv
\end{aligned} \tag{6.104}
$$

과[9],

$$
\begin{aligned}
b_1(i) &= E\left\{h_{LO}\left(X_{[i]}\right)\right\} \\
&= n\,{}_{n-1}\mathrm{C}_{i-1} \int_0^1 J_{21}(v)\, v^{i-1}(1-v)^{n-i} dv
\end{aligned} \tag{6.105}
$$

와[10],

$$
\begin{aligned}
a_0(k,i) &= E\{g_{LO}(X_l) g_{LO}(X_j) | R_j = i, R_l = k\} \\
&= E\left\{g_{LO}\left(X_{[k]}\right) g_{LO}\left(X_{[i]}\right)\right\} \\
&= \begin{cases} \frac{L(n,k,i)}{2^{n-i+1}} \int\int J_{11}(w) J_{11}(v)\, w^{i-1} & \\ \qquad \cdot (v-w)^{k-i-1}(1-v)^{n-k} d\Delta_R, & k > i \text{일 때}, \\ n\,{}_{n-1}\mathrm{C}_{i-1} \int_0^1 J_{11}^2(w)\, w^{i-1}(1-w)^{n-i} dw, & k = i \text{일 때}, \\ a_0(i,k), & k < i \text{일 때} \end{cases}
\end{aligned} \tag{6.106}
$$

을[11] 생각하자. 여기서, $\int\int d\Omega_R$은 $\int_{-\infty}^{\infty}\int_{-\infty}^{y} dxdy$ 또는 $\int_{-\infty}^{\infty}\int_{x}^{\infty} dydx$를, 또 $\int\int d\Delta_R$은 $\int_0^1 \cdot \int_0^v dwdv$ 또는 $\int_0^1\int_w^1 dvdw$를 뜻하고, $a_0(k,i)$는

[9] 여기서, $a_1(i) = -n\,{}_{n-1}\mathrm{C}_{i-1}\int_{-\infty}^{\infty} f'(x)F^{i-1}(x)\{1-F(x)\}^{n-i}dx$처럼 쓸 수도 있다.

[10] 여기서, $b_1(i) = n\,{}_{n-1}\mathrm{C}_{i-1}\int_{-\infty}^{\infty} f''(x)F^{i-1}(x)\{1-F(x)\}^{n-i}dx$처럼 쓸 수도 있다.

[11] 점수 함수는, $a_1(i; n, f)$처럼 차원 n과 확률밀도함수 f를 i와 함께 뚜렷이 나타나도록, 좀 더 명확하게 쓸 수 있겠으나, 줄여서 쓰더라도 그리 큰 문제가 없을 때에는 $a_1(i)$처럼 쓰기로 한다.

$$a_0(k,i) = \begin{cases} \frac{L(n,k,i)}{2^{n-i+1}} \int\int f'(x)f'(y)F^{i-1}(x) \\ \quad \cdot\{F(y)-F(x)\}^{k-i-1}\{1-F(y)\}^{n-k}d\Omega_R, & k>i\text{일 때}, \\ n\,{}_{n-1}\mathrm{C}_{i-1}\int_{-\infty}^{\infty} g_{LO}^2(x)f(x) \\ \quad \cdot F^{i-1}(x)\{1-F(x)\}^{n-i}dx, & k=i\text{일 때}, \\ a_0(i,k), & k<i\text{일 때} \end{cases} \tag{6.107}$$

처럼 쓸 수도 있다.

확률밀도함수 f가 짝함수일 때, (6.95)와 (6.96)을 새기면

$$a_1(n-i+1) = -a_1(i) \tag{6.108}$$

이고,

$$b_1(n-i+1) = b_1(i) \tag{6.109}$$

이며,

$$a_0(n-k+1, n-i+1) = a_0(k,i) \tag{6.110}$$

임을 알 수 있다. 한편, (6.108)에서

$$\sum_{i=1}^{n} a_1(i) = 0 \tag{6.111}$$

이고[12], n이 홀수이면

$$a_1\left(\frac{n+1}{2}\right) = 0 \tag{6.112}$$

임을 알 수 있다.

6.2.2.2 크기 순위와 크기 순서 통계량을 바탕으로 하는 점수 함수

앞과 비슷하게 $i,k=1,2,\cdots,n$일 때 크기 순위와 크기 순서 통계량을 바탕으로 점수 함수

$$\begin{aligned} c_1(i) &= E\{g_{LO}(X_j)|\,Q_j=i\} \\ &= E\left\{g_{LO}\left(|X|_{[i]}\right)\right\} \\ &= n\,{}_{n-1}\mathrm{C}_{i-1}\int_0^1 J_{12}(w)\,w^{i-1}(1-w)^{n-i}dw \end{aligned} \tag{6.113}$$

과,

$$\begin{aligned} d_1(i) &= E\left\{h_{LO}\left(|X|_{[i]}\right)\right\} \\ &= n\,{}_{n-1}\mathrm{C}_{i-1}\int_0^1 J_{22}(w)\,w^{i-1}(1-w)^{n-i}dw \end{aligned} \tag{6.114}$$

[12] 식 (6.111)은 f가 짝함수가 아니더라도 성립함을 뒤에 나오는 (6.116)에서 볼 수 있다.

와,

$$c_0(k,i) = E\left\{g_{LO}\left(|X|_{[k]}\right) g_{LO}\left(|X|_{[i]}\right)\right\}$$
$$= \begin{cases} \frac{L(n,k,i)}{2^{n-i+1}} \int\int J_{12}(w)J_{12}(v) \\ \qquad \cdot w^{i-1}(v-w)^{k-i-1}(1-v)^{n-k} d\Delta_R, & k > i \text{일 때}, \\ n\,{}_{n-1}\mathrm{C}_{i-1} \int_0^1 J_{12}^2(w)\, w^{i-1}(1-w)^{n-i}dw, & k = i \text{일 때}, \\ c_0(i,k), & k < i \text{일 때} \end{cases} \tag{6.115}$$

을[13] 생각할 수 있다.

위에서, 확률밀도함수 f가 세게 꼭짓점이 하나이면[14] g_{LO}가 줄지 않는 함수이므로, k가 일정할 때 $c_0(k,i)$는 i의 줄지 않는 함수이다.

6.2.2.3 점수 함수의 합

이제, (5.254)에서 보인 $\sum_{k=1}^{n} {}_{n-1}\mathrm{C}_{k-1}w^{k-1}(1-w)^{n-k} = 1$를 쓰면 부록 6.2에 보인 (6.310)을 바탕으로

$$\sum_{i=1}^{n} a_1(i) = \int_0^1 J_{11}(w) \sum_{i=1}^{n} n\,{}_{n-1}\mathrm{C}_{i-1}w^{i-1}(1-w)^{n-i}dw$$
$$= n\int_0^1 J_{11}(w)dw$$
$$= 0 \tag{6.116}$$

과

$$\sum_{i=1}^{n} a_0(i,i) = nI_1(f) \tag{6.117}$$

을 얻을 수 있고, 부록 6.2에 보인 (6.311)을 바탕으로

$$\sum_{i=1}^{n} b_1(i) = n\int_0^1 J_{21}(w)dw$$
$$= 0 \tag{6.118}$$

을 얻을 수 있다. 식 (6.117)에서,

$$I_1(f) = E\left\{g_{LO}^2(X)\right\}$$
$$= \int_{-\infty}^{\infty} \left\{\frac{f'(x)}{f(x)}\right\}^2 f(x)dx \tag{6.119}$$

는 피셔 정보[15]이다.

[13] 점수 함수 a_1, b_1, a_0은 두 표본 신호 검파 문제에 쓰이고, c_1, d_1, c_0은 한 표본 신호 검파 문제에 쓰인다.
[14] 세게 꼭짓점이 하나인 함수는 부록 3.2에서 다루었다.
[15] 피셔 정보는 부록 3.2의 (3.538)에서 다룬 바 있다.

한편, f가 짝함수이면 (5.254)와 부록 6.2에 보인 (6.312)를 바탕으로

$$\begin{aligned}\sum_{i=1}^{n} c_1(i) &= \int_0^1 J_{12}(w) \sum_{i=1}^{n} n\, {}_{n-1}\mathrm{C}_{i-1} w^{i-1}(1-w)^{n-i} dw \\ &= n \int_0^1 J_{12}(w) dw \\ &= 2nf(0) \end{aligned} \tag{6.120}$$

와

$$\sum_{i=1}^{n} c_0(i,i) = nI_1(f) \tag{6.121}$$

을, (5.254)와 부록 6.2에 보인 (6.313)을 바탕으로

$$\begin{aligned}\sum_{i=1}^{n} d_1(i) &= n \int_0^1 J_{22}(w) dw \\ &= 0 \end{aligned} \tag{6.122}$$

를 얻을 수 있다. 끝으로, (5.277)에 보인 것처럼

$$\frac{L(n,k,i)}{2^{n-i+1}} = n(n-1)\, {}_{n-2}\mathrm{C}_{k-2}\, {}_{k-2}\mathrm{C}_{i-1} \tag{6.123}$$

이고 (5.309)와 (5.311)에 보인 것처럼

$$\sum_{k=2}^{n} \binom{n-2}{k-2} (1-v)^{n-k}(v-w)^{k-1} \sum_{i=1}^{k-1} \binom{k-2}{i-1} w^{i-1}(v-w)^{-i} = 1 \tag{6.124}$$

임을 새기면, (6.117)과 부록 6.2에 있는 (6.315)를 바탕으로 점수 함수 $a_0(k,i)$의 합을

$$\begin{aligned}\sum_{k=1}^{n}\sum_{i=1}^{n} a_0(k,i) &= 2\sum_{k=2}^{n}\sum_{i=1}^{k-1} a_0(k,i) + \sum_{i=1}^{n} a_0(i,i) \\ &= 2\int_0^1 \int_0^v J_{11}(w)J_{11}(v) \sum_{k=2}^{n}\sum_{i=1}^{k-1} \frac{L(n,k,i)}{2^{n-i+1}} \\ &\qquad \cdot w^{i-1}(v-w)^{k-i-1}(1-v)^{n-k} dw dv + nI_1(f) \\ &= 2n(n-1)\int_0^1 \int_0^v J_{11}(w)J_{11}(v) dw dv + nI_1(f) \\ &= nI_1(f) \end{aligned} \tag{6.125}$$

처럼, f가 짝함수일 때 (6.121)과 부록 6.2에 보인 (6.317)을 바탕으로 점수 함수 $c_0(k,i)$의 합을

$$\sum_{k=1}^{n}\sum_{i=1}^{n} c_0(k,i) = 4n(n-1)f^2(0) + nI_1(f) \tag{6.126}$$

처럼 얻을 수 있다. 널리 쓰이는 세 분포에서 얻은 몇 가지 함수를 모아 표 6.1에 적어 두었다.

표 6.1 널리 쓰이는 세 가지 분포에서 몇 가지 함수 (확률밀도함수가 짝함수이므로 $G(x) = 2F(x) - 1$, $G^{-1}(v) = F^{-1}\left(\frac{1+v}{2}\right)$, $J_{12}(v) = J_{11}\left(\frac{1+v}{2}\right)$, $J_{22}(v) = J_{21}\left(\frac{1+v}{2}\right)$이다.)

$f(x)$	$\frac{\alpha}{\sqrt{2\pi}} \exp\left(-\frac{\alpha^2}{2}x^2\right)$	$\frac{\alpha e^{-\alpha x}}{(1+e^{-\alpha x})^2}$	$\frac{\alpha}{2} e^{-\alpha\lvert x\rvert}$
$F(x)$	$\Phi(\alpha x)$	$\frac{1}{1+e^{-\alpha x}}$	$\frac{1}{2}e^{\alpha x}, \quad x \le 0$ $1 - \frac{1}{2}e^{-\alpha x}, \quad x \ge 0$
$G(x)$	$2\Phi(\alpha x) - 1$	$\frac{1-e^{-\alpha x}}{1+e^{-\alpha x}}$	$-1 + e^{\alpha x}, \quad x \le 0$ $1 - e^{-\alpha x}, \quad x \ge 0$
$F^{-1}(v)$	$\frac{1}{\alpha}\Phi^{-1}(v)$	$\frac{1}{\alpha} \ln \frac{v}{1-v}$	$\frac{1}{\alpha} \ln 2v, \quad 0 < v \le \frac{1}{2}$ $-\frac{1}{\alpha} \ln(2-2v), \quad \frac{1}{2} \le v < 1$
$G^{-1}(v)$	$\frac{1}{\alpha}\Phi^{-1}\left(\frac{1+v}{2}\right)$	$\frac{1}{\alpha} \ln \frac{1+v}{1-v}$	$-\frac{1}{\alpha} \ln(1-v)$
$J_{11}(v)$	$\alpha\Phi^{-1}(v)$	$\alpha(2v-1)$	$\alpha \operatorname{sgn}(2v-1)$
$J_{12}(v)$	$\alpha\Phi^{-1}\left(\frac{1+v}{2}\right)$	αv	$\alpha \operatorname{sgn}(v)$
$J_{21}(v)$	$\alpha^2 \left[\left\{\Phi^{-1}(v)\right\}^2 - 1\right]$	$\alpha^2(6v^2 - 6v + 1)$	$\alpha^2 \left\{1 - \delta\left(v - \frac{1}{2}\right)\right\}$
$J_{22}(v)$	$\alpha^2 \left[\left\{\Phi^{-1}\left(\frac{1+v}{2}\right)\right\}^2 - 1\right]$	$\frac{\alpha^2}{2}(3v^2 - 1)$	$\alpha^2 \left\{1 - \delta\left(\frac{v}{2}\right)\right\}$
$I_1(f)$	α^2	$\frac{1}{3}\alpha^2$	α^2
$g_{LO}(x)$	$\alpha^2 x$	$\alpha \frac{1-e^{-\alpha x}}{1+e^{-\alpha x}}$	$\alpha \operatorname{sgn}(x)$
$h_{LO}(x)$	$\alpha^2\left(\alpha^2 x^2 - 1\right)$	$\alpha^2 \frac{1-4e^{-\alpha x}+e^{-2\alpha x}}{(1+e^{-\alpha x})^2}$	$\alpha^2 - 2\alpha\delta(x)$

보기 6.29 점수 함수 $a_1(i)$와 $b_1(i)$를 생각하여 가중합 $\sum_{i=1}^{n} i a_1(i)$와 $\sum_{i=1}^{n} i b_1(i)$를 얻어 보자.

풀이 먼저, (5.255)에 보인 바와 같이 $\frac{1}{n}\sum_{i=1}^{n} n\, {}_{n-1}\mathrm{C}_{i-1}\, i w^{i-1}(1-w)^{n-i} = (n-1)w + 1$이다. 이제,

$$\begin{aligned} \int_0^1 w^k J_{11}(w) dw &= -\int_{-\infty}^{\infty} f'(x) F^k(x) dx \\ &= \begin{cases} E\{f(X)\}, & k = 1\text{일 때}, \\ 2E\{f(X)F(X)\}, & k = 2\text{일 때} \end{cases} \end{aligned} \tag{6.127}$$

을 바탕으로

$$\begin{aligned} \sum_{i=1}^{n} i a_1(i) &= \int_0^1 J_{11}(w) \sum_{i=1}^{n} n\, {}_{n-1}\mathrm{C}_{i-1}\, i w^{i-1}(1-w)^{n-i} dw \\ &= n(n-1)\int_0^1 w J_{11}(w) dw + n\int_0^1 J_{11}(w) dw \\ &= n(n-1)E\{f(X)\} \\ &= n(n-1)\int_{-\infty}^{\infty} f^2(x) dx \end{aligned} \tag{6.128}$$

을 얻을 수 있다. 한편,

$$\begin{aligned}\int_0^1 w^k J_{21}(w)dw &= \int_{-\infty}^{\infty} f''(x)F^k(x)dx \\ &= \begin{cases} -E\{f'(X)\}, & k=1\text{일 때}, \\ -2E\{f'(X)F(X)\}, & k=2\text{일 때} \end{cases}\end{aligned} \tag{6.129}$$

과 부록 6.2에 보인 (6.311)에서

$$\begin{aligned}\sum_{i=1}^{n} ib_1(i) &= -n(n-1)E\{f'(X)\} \\ &= 0\end{aligned} \tag{6.130}$$

을 얻을 수 있다. ◇

부록 6.1에 몇 가지 분포에서 점수 함수를 조금 더 구체적으로 다루었다.

6.3 상관계수

신호 처리와 통신 분야에서 널리 쓰이는 여러 통계량 가운데에서 부호, 순위, 크기 순위는 비모수 신호 검파 기법에서 널리 쓰인다.

보기 6.30 보기를 하나 생각해 보자. 순위 검파기를 쓰고 있을 때, 순위와 부호 통계량, 그리고 순위와 크기 순위 통계량 사이의 상관계수가 각각 0.8과 0.3이라고 하자. 이때, 순위와 크기 순위 통계량 사이의 상관계수가 상대적으로 작으므로, 원래 쓰고 있던 순위 통계량에 크기 순위 통계량을 함께 잘 아울러 쓴다면 성능이 좀 더 좋은 검파 방법을 찾을 수 있을 것이다. 왜냐하면, 두 통계량 사이의 상관계수가 작다는 것은 두 통계량이 공통으로 지니고 있는 정보가 거의 없다는 것을 뜻한다고 볼 수 있기 때문이다. 한편, 순위 통계량과 부호 통계량 사이의 상관계수는 상대적으로 크므로 두 통계량은 거의 같은 정보를 지닌다는 것을 알 수 있다. 따라서, 순위 통계량을 부호 통계량으로 알맞게 바꾸어 써도 성능이 크게 떨어지지 않을 것이라고 기대할 수 있다. ◇

6.3.1 독립이고 분포가 거의 같은 확률벡터

뜻매김 6.4 독립이고 분포가 거의 같은 확률벡터

서로 독립인 확률변수 $\{X_i\}_{i=1}^n$을 생각하자. 이들 가운데 한 확률변수의 확률밀도함수는 h이고 나머지 확률변수의 확률밀도함수는 모두 f이면 이 확률변수들을 독립이고 분포가 거의 같으며[16] 확률밀도함수 짝이 (h, f)인 확률벡터라고 부른다.

[16]independent and semi-identically distributed (i.s.i.d.)

따라서, $h = f$이면, 독립이고 분포가 거의 같은 확률벡터는 독립이고 분포가 같은 확률벡터이다. 독립이고 분포가 거의 같은 확률벡터에서 확률밀도함수가 h인 확률변수를 어느 것으로 두어도 마찬가지이므로, 이 뒤로는 첫 확률변수 X_1을 확률밀도함수가 h인 확률변수라고 둔다.

정리 6.8 확률벡터 $\underline{X} = (X_1, X_2, \cdots, X_n)$이 독립이고 분포가 거의 같으며 그 확률밀도함수 짝이 (h, f)일 때, 확률변수 X_i의 순위를 R_i라고 하고 $\Pr\{R_i = r\} = \beta_i(r)$이라고 두자. 그러면 $r = 1, 2, \cdots, n$일 때

$$\begin{aligned}\beta_1(r) &= {}_{n-1}\mathrm{C}_{r-1} \int_{-\infty}^{\infty} F^{r-1}(x)\{1 - F(x)\}^{n-r} h(x) dx \\ &= {}_{n-1}\mathrm{C}_{r-1} \int_0^1 w^{r-1}(1-w)^{n-r} \frac{h\left(F^{-1}(w)\right)}{f\left(F^{-1}(w)\right)} dw \end{aligned} \tag{6.131}$$

이고

$$\beta_i(r) = \frac{1 - \beta_1(r)}{n-1}, \quad i = 2, 3, \cdots, n \tag{6.132}$$

이다. 여기서, $F(x) = \int_{-\infty}^{x} f(t)dt$는 확률밀도함수 f에 대응하는 누적분포함수이다. ■■

증명 먼저, $i = 1$일 때에는

$$\begin{aligned}\Pr\{R_1 = r\} &= \Pr\{\text{확률변수 } X_1 \text{이 확률벡터 } \underline{X}\text{의 } r\text{째 순서 통계량이다.}\} \\ &= \Pr\{\{X_j\}_{j=1}^{n} \text{ 가운데 } r-1\text{개는 } X_1\text{보다 크지 않고} \\ &\qquad \text{나머지 } n-r\text{개는 } X_1\text{보다 크다.}\} \\ &= \int_{-\infty}^{\infty} \Pr\{\{X_j\}_{j=2}^{n} \text{ 가운데 } r-1\text{개는 } x\text{보다 크지 않고,} \\ &\qquad \text{나머지 } n-r\text{개는 } x\text{보다 크며, } X_1 = x\text{이다.}\} h(x)dx \\ &= {}_{n-1}\mathrm{C}_{r-1} \int_{-\infty}^{\infty} F^{r-1}(x)\{1 - F(x)\}^{n-r} h(x) dx \\ &= {}_{n-1}\mathrm{C}_{r-1} \int_0^1 w^{r-1}(1-w)^{n-r} \frac{h\left(F^{-1}(w)\right)}{f\left(F^{-1}(w)\right)} dw \end{aligned} \tag{6.133}$$

을 알 수 있다. 다음에, $r = 1, 2, \cdots, n$일 때 n 사건 $\{R_1 = r\}$, $\{R_2 = r\}$, $\cdots$, $\{R_n = r\}$은 서로 배반이고

$$\sum_{i=1}^{n} \Pr\{R_i = r\} = 1 \tag{6.134}$$

를 만족시킨다. 게다가, $\{X_i\}_{i=2}^{n}$은 독립이고 분포가 같으므로 $r = 1, 2, \cdots, n$이 어떤 값이더라도 $\Pr\{R_2 = r\} = \Pr\{R_3 = r\} = \cdots = \Pr\{R_n = r\}$이다. 그러므로, (6.134)에서

$$\begin{aligned} 1 &= \Pr\{R_1 = r\} + \sum_{i=2}^{n} \Pr\{R_i = r\} \\ &= \beta_1(r) + (n-1)\beta_i(r) \end{aligned} \tag{6.135}$$

를 얻는데, 이것은 $i=2,3,\cdots,n$일 때

$$\beta_i(r) = \frac{1-\beta_1(r)}{n-1} \tag{6.136}$$

임과 같은 것이다. □

이제, (5.254)와

$$\begin{aligned}\sum_{r=1}^{n}\beta_1(r) &= \int_0^1 \sum_{r=1}^{n} {}_{n-1}\mathrm{C}_{r-1} w^{r-1}(1-w)^{n-r}\frac{h\left(F^{-1}(w)\right)}{f\left(F^{-1}(w)\right)}dw \\ &= \int_0^1 \frac{h\left(F^{-1}(w)\right)}{f\left(F^{-1}(w)\right)}dw \\ &= \int_{-\infty}^{\infty} h(x)dx \\ &= 1\end{aligned} \tag{6.137}$$

을 쓰면 (6.132)에서 쉽게

$$\begin{aligned}\sum_{r=1}^{n}\beta_i(r) &= \frac{1}{n-1}\left\{\sum_{r=1}^{n}1-\sum_{r=1}^{n}\beta_1(r)\right\} \\ &= 1\end{aligned} \tag{6.138}$$

을 알 수 있다. 한편, $h(x)=f(x)$이면 (6.131)에 (2.264)를 써서

$$\begin{aligned}\beta_1(r) &= {}_{n-1}\mathrm{C}_{r-1}\int_0^1 w^{r-1}(1-w)^{n-r}dw \\ &= {}_{n-1}\mathrm{C}_{r-1}B(r,n-r+1) \\ &= \frac{1}{n}\end{aligned} \tag{6.139}$$

를 얻고, 이 식을 (6.132)에 쓰면 $i=2,3,\cdots,n$일 때

$$\begin{aligned}\beta_i(r) &= \frac{1-\frac{1}{n}}{n-1} \\ &= \frac{1}{n}\end{aligned} \tag{6.140}$$

을 얻는다. 식 (6.140)은 마땅히 독립이고 분포가 같을 때 얻을 수 있는 것과 같다.

보기 6.31 세 확률변수가 독립이고 분포가 거의 같으며 확률밀도함수 짝이 (h,f)이다. 이때, $h(x)=\frac{1}{2}\{\delta(x+1)+\delta(x-1)\}$이고, f에 대응하는 누적분포함수를 F라고 할 때 $F(-1)=\frac{1}{4}$이고 $F(1)=\frac{3}{4}$이라고 하자. 그러면

$$\begin{aligned}\beta_1(r) &= {}_{n-1}\mathrm{C}_{r-1}\int_{-\infty}^{\infty} F^{r-1}(x)\{1-F(x)\}^{n-r}h(x)dx \\ &= {}_{2}\mathrm{C}_{r-1}\cdot\frac{1}{2}\left\{\left(\frac{3}{4}\right)^{r-1}\left(\frac{1}{4}\right)^{3-r}+\left(\frac{1}{4}\right)^{r-1}\left(\frac{3}{4}\right)^{3-r}\right\}\end{aligned} \tag{6.141}$$

이므로

$$\begin{aligned}\beta_1(1) &= {}_2\mathrm{C}_0 \cdot \frac{1}{2}\left\{\left(\frac{3}{4}\right)^0\left(\frac{1}{4}\right)^2 + \left(\frac{1}{4}\right)^0\left(\frac{3}{4}\right)^2\right\} \\ &= \frac{5}{16}, \end{aligned} \tag{6.142}$$

$\beta_1(2) = \frac{6}{16}$, $\beta_1(3) = \frac{5}{16}$이다. 또한, $\beta_2(1) = \beta_2(3) = \beta_3(1) = \beta_3(3) = \frac{1-\frac{5}{16}}{3-1} = \frac{11}{32}$이고, $\beta_2(2) = \beta_3(2) = \frac{1-\frac{6}{16}}{3-1} = \frac{5}{16}$이다. 한편, 세 확률변수가 독립이고 분포가 같으면 $\beta_i(r) = \frac{1}{3}$일 것이다. 여기서, $\beta_1(1) = \beta_1(3) = \frac{5}{16} < \frac{1}{3}$이고 $\beta_1(2) = \frac{6}{16} > \frac{1}{3}$이다. 이것은, $h(x)$가 $f(x)$보다 0 근처에서의 무게가 더 크므로, X_1이 – 독립이고 분포가 같은 때보다 – 더 자주 $\{X_1, X_2, X_3\}$의 둘째 순서 통계량이리라는 – 곧, 더 자주 순위가 2일 것이라는 – 뜻이다. ◇

정리 6.9 연속 확률벡터 $\underline{X}$가 독립이고 분포가 거의 같으며 확률밀도함수 짝이 (h, f)일 때, $h(x)$의 짝부분을 $h_e(x) = \frac{1}{2}\{h(x) + h(-x)\}$, $f(x)$의 짝부분을 $f_e(x) = \frac{1}{2}\{f(x) + f(-x)\}$, f에 대응하는 누적분포함수를 F, (5.200)에서 뜻매김한 함수 $G(x) = F(x) - F(-x)$의 역함수를 $G^{-1}(w) = \inf\{y : G(y) \ge w\}$라고 하자. 이제, $\Pr\{Q_i = q\} = \tilde{\beta}_i(q)$라고 두면 $q = 1, 2, \cdots, n$일 때

$$\tilde{\beta}_1(q) = {}_{n-1}\mathrm{C}_{q-1} \int_{-\infty}^{\infty} G^{q-1}(x)\{1 - G(x)\}^{n-q} 2h_e(x)u(x)dx \tag{6.143}$$

이고[17], $i = 2, 3, \cdots, n$일 때

$$\tilde{\beta}_i(q) = \frac{1 - \tilde{\beta}_1(q)}{n-1} \tag{6.144}$$

이다. ■■

증명 먼저, (5.200)과 (5.202)에서 $G(0) = 0$이고, $G(\infty) = 1$이며, $G'(y) = 2f_e(y)$라는 것을 알 수 있다. 한편, $|X_1|$의 확률밀도함수는 (3.151)에서 보였듯이 $f_{|X_1|}(y) = \{h(y) + h(-y)\}u(y) = 2h_e(y)u(y)$이고, (3.80)에 보였듯이 $i = 2, 3, \cdots, n$일 때 $|X_i|$의 누적분포함수는 $F_{|X_i|}(y) = \{F(y) - F(-y)\}u(y) = G(y)u(y)$이다. 따라서, 정리 6.8에서

$$\begin{aligned}\Pr\{Q_1 = q\} &= {}_{n-1}\mathrm{C}_{q-1} \int_{-\infty}^{\infty} \{G(y)u(y)\}^{q-1}\{1 - G(y)u(y)\}^{n-q} 2h_e(y)u(y)dy \\ &= {}_{n-1}\mathrm{C}_{q-1} \int_{0}^{\infty} G^{q-1}(y)\{1 - G(y)\}^{n-q} 2h_e(y)dy \\ &= {}_{n-1}\mathrm{C}_{q-1} \int_{0}^{1} w^{q-1}(1-w)^{n-q} \frac{2h_e\left(G^{-1}(w)\right)}{2f_e\left(G^{-1}(w)\right)}dw \end{aligned} \tag{6.145}$$

---

[17] 이 식은

$$\tilde{\beta}_1(q) = {}_{n-1}\mathrm{C}_{q-1} \int_{0}^{1} w^{q-1}(1-w)^{n-q} \frac{h_e\left(G^{-1}(w)\right)}{f_e\left(G^{-1}(w)\right)}dw$$

처럼 바꾸어 쓸 수 있다는 것을 눈여겨보자.

이다. 이제, (6.145)를 새겨 두고, 정리 6.8을 증명한 과정을 따라가면 정리 6.9를 쉽게 보일 수 있다. □

보기 6.32 보기 6.31에서 다룬 세 확률변수를 다시 생각해 보자. 그러면 $G(1) = F(1) - F(-1) = \frac{1}{2}$이므로

$$\begin{aligned}\tilde{\beta}_1(q) &= {}_2\mathrm{C}_{q-1} G^{q-1}(1)\{1-G(1)\}^{3-q} \\ &= \frac{{}_2\mathrm{C}_{q-1}}{4} \end{aligned} \tag{6.146}$$

서이다. 따라서, $\tilde{\beta}_1(1) = \tilde{\beta}_1(3) = \frac{1}{4}$이고 $\tilde{\beta}_1(2) = \frac{1}{2}$이다. 한편, $\tilde{\beta}_2(1) = \tilde{\beta}_2(3) = \tilde{\beta}_3(1) = \tilde{\beta}_3(3) = \frac{1-\frac{1}{4}}{3-1} = \frac{3}{8}$이고 $\tilde{\beta}_2(2) = \tilde{\beta}_3(2) = \frac{1-\frac{1}{2}}{3-1} = \frac{1}{4}$이다. 한편, 세 확률변수가 독립이고 분포가 같으면 $\tilde{\beta}_i(q) = \frac{1}{3}$일 것이다. 이것은, $h(x)$가 $f(x)$보다 $x = \pm 1$ 근처에서의 무게가 더 크므로, $|X_1|$이 – 독립이고 분포가 같은 때보다 – 더 자주 $\{|X_1|, |X_2|, |X_3|\}$의 둘째 순서 통계량이리라는 – 곧, 더 자주 순위가 2이리라는 – 뜻이다. ◇

6.3.2 확률밀도질량함수

뜻매김 6.5 확률밀도질량함수[18]

확률변수 X는 연속 확률변수이고 확률변수 Y는 이산 확률변수일 때

$$\tilde{f}_{X,Y}(x,y) = \frac{\partial}{\partial x}\mathsf{Pr}\{X \le x, Y = y\} \tag{6.147}$$

을 확률밀도질량함수라고 한다.

확률밀도질량함수 $\tilde{f}$는, 확률변수 X_i와 순위 R_i, 확률변수 X_i와 크기 순위 Q_i, 확률변수의 크기 $|X_i|$와 순위 R_i, 그리고 확률변수의 크기 $|X_i|$와 크기 순위 Q_i를 다룰 때처럼, 연속 확률변수와 이산 확률변수의 결합 분포를 나타내는 확률 함수를 가리키는 것이다. 이때, $\tilde{f}$은 확률밀도함수도 확률질량함수도 아니다. 보기를 들면, $\tilde{f}_{X_i,R_i}(x,r)$은 X_i와 R_i의 결합 확률밀도함수나 결합 확률질량함수가 아니라, 보기 4.7에서 다룬 바 있는 줄 질량 $\mathsf{Pr}\{X_i \le x, R_i = r\}$을 x로 편미분한 도함수 $\frac{\partial}{\partial x}\mathsf{Pr}\{X_i \le x, R_i = r\}$을 가리킨다.

확률밀도질량함수의 뜻매김 6.5에서

$$\begin{aligned}\tilde{f}_{X,Y}(x,y) &= \lim_{\Delta x \to 0}\frac{1}{\Delta x}\left[\mathsf{Pr}\{X \le x+\Delta x, Y=y\} - \mathsf{Pr}\{X \le x, Y = y\}\right] \\ &= \lim_{\Delta x \to 0}\frac{1}{\Delta x}\left[\mathsf{Pr}\{X \le x+\Delta x|Y=y\} - \mathsf{Pr}\{X \le x|Y = y\}\right]\ \mathsf{Pr}\{Y=y\} \\ &= \lim_{\Delta x \to 0}\frac{1}{\Delta x}\left\{F_{X|Y}(x+\Delta x|y) - F_{X|Y}(x|y)\right\}\ \mathsf{Pr}\{Y=y\} \\ &= f_{X|Y}(x|y)\ \mathsf{Pr}\{Y=y\} \end{aligned} \tag{6.148}$$

이므로, (3.330)을 쓰면

[18] probability density–mass function

$$\begin{aligned}\tilde{f}_{X,Y}(x,y) &= f_{X|Y}(x|y)\ \Pr\{Y=y\} \\ &= \Pr\{Y=y|X=x\}\ f_X(x) \end{aligned} \tag{6.149}$$

임을 알 수 있다. 한편, 확률밀도질량함수의 뜻매김에서

$$\begin{aligned}\int_{-\infty}^{\infty} \tilde{f}_{X,Y}(x,y)\,dx &= \int_{-\infty}^{\infty} \frac{\partial}{\partial x}\Pr\{X\le x, Y=y\}\,dx \\ &= \Pr\{X\le\infty, Y=y\} - \Pr\{X\le -\infty, Y=y\} \\ &= \Pr\{Y=y\} \end{aligned} \tag{6.150}$$

과,

$$\begin{aligned}\sum_y \tilde{f}_{X,Y}(x,y) &= \sum_y \frac{\partial}{\partial x}\Pr\{X\le x, Y=y\} \\ &= \frac{\partial}{\partial x}\Pr\{X\le x\} \\ &= f_X(x) \end{aligned} \tag{6.151}$$

과,

$$\begin{aligned}\int_{-\infty}^{\infty}\sum_y \tilde{f}_{X,Y}(x,y)dx &= \sum_y\int_{-\infty}^{\infty} \tilde{f}_{X,Y}(x,y)dx \\ &= 1 \end{aligned} \tag{6.152}$$

를 확인할 수 있다. 이때, (6.150)은 (6.148)에서

$$\begin{aligned}\int_{-\infty}^{\infty} \tilde{f}_{X,Y}(x,y)\,dx &= \int_{-\infty}^{\infty} f_{X|Y}(x|y)\,dx\ \Pr\{Y=y\} \\ &= \Pr\{Y=y\} \end{aligned} \tag{6.153}$$

처럼, 또 (6.151)은 (6.149)에서

$$\begin{aligned}\sum_y \tilde{f}_{X,Y}(x,y) &= \sum_y \Pr\{Y=y|X=x\}\ f_X(x) \\ &= f_X(x) \end{aligned} \tag{6.154}$$

처럼 얻을 수도 있다.

확률벡터 $\underline{X}$가 독립이고 분포가 같으면 $\underline{R}$과 $\underline{X_{[\cdot]}}$은 서로 독립이라는 것과, 확률벡터 $\underline{X}$가 독립이고 분포가 같으며 한계 확률밀도함수가 짝함수이면 $\underline{Q}$, $\underline{|X|_{[\cdot]}}$, $\underline{Z}$는 서로 독립이라는 것은 잘 알려져 있다. 이제, 이 절에서는 좀 더 일반적으로 확률변수, 크기, 부호, 순위, 크기 순위 사이의 결합 분포를 알아보고 이들 사이의 상관이 얼마인지 살펴본다. 좀 더 구체적으로는 독립이고 분포가 같은 확률벡터에서 얻은 다섯 통계량 $\{X_i, |X_i|, R_i, Q_i, Z_i\}$를 바탕으로 생각할 수 있는 열 가지 짝 가운데 일곱 짝[19] $(X_i,\ R_i)$, $(X_i,\ Q_i)$, $(|X_i|,\ R_i)$, $(|X_i|,\ Q_i)$, $(Z_i,\ R_i)$, $(Z_i,\ Q_i)$,

[19] 나머지 세 짝 $(X_i,\ Z_i)$, $(X_i,\ |X_i|)$, $(|X_i|,\ Z_i)$는 각각 문제 4.55, 보기 6.8, 문제 6.1에서 다루었다.

$(R_i,\ Q_i)$의 결합 분포와 상관계수를 얻는다. 아울러, 이들 상관계수의 상한과 하한을 얻고, 상관계수들 사이의 눈여겨볼 만한 관계를 살펴보다. 뜻매김 6.5에서 다룬 확률밀도질량함수는 이 절에서 몇 가지 통계량 사이의 – 부호, 순위, 크기 순위 사이의 – 상관계수를 얻고자 그 결합 분포를 생각할 때 쓸모 있게 자주 쓰일 것이다.

6.3.3 확률변수의 표준화 상관계수*

먼저, 독립이고 분포가 같은 확률벡터 $\underline{X} = (X_1, X_2, \cdots, X_n)$에서 $n \geq 2$라고 하고 상관계수 ρ의 표준화 상관계수[20]를

$$\tilde{\rho} \;=\; \sqrt{\frac{n+1}{n-1}}\,\rho \tag{6.155}$$

와 같이 뜻매김하자. 보기를 들면

$$\tilde{\rho}_{X_iR_i} \;=\; \sqrt{\frac{n+1}{n-1}}\rho_{X_iR_i} \tag{6.156}$$

은 독립이고 분포가 같으며 크기가 n인 확률벡터 $\underline{X}$에서 확률신호 X_i와 순위 R_i 사이의 표준화 상관계수를 뜻한다.

6.3.3.1 확률변수와 순위 사이의 표준화 상관계수

먼저, $R_i = r$이면 (5.20)에서 $X_i = X_{[R_i]} = X_{[r]}$이므로 $R_i = r$일 때 X_i의 조건부 확률밀도함수는 $f_{X_{[r]}}$이다. 곧, $f_{X_i|R_i}(x|r) = f_{X_{[r]}}(x)$이다. 따라서, (6.148)을 바탕으로 확률변수 X_i와 순위 R_i의 확률밀도질량함수 $\tilde{f}_{X_i,R_i}$를 얻으면

$$\begin{aligned}\tilde{f}_{X_i,R_i}(x,r) \;&=\; f_{X_i|R_i}(x|r)\,\Pr\{R_i = r\}\\ &=\; \begin{cases} \frac{1}{n}f_{X_{[r]}}(x), & r = 1, 2,\ \cdots, n,\\ 0, & \text{그 밖에는}\end{cases}\end{aligned} \tag{6.157}$$

이다. 식 (6.157)을 쓰면, 문제 6.10에서 다룬 바와 같이, 확률변수 X_i와 순위 R_i의 표준화 상관계수

$$\tilde{\rho}_{X_iR_i} \;=\; \frac{\sqrt{3}}{\sigma_X}\int_{-\infty}^{\infty} x\{2F(x)-1\}f(x)dx \tag{6.158}$$

을 얻을 수 있다. 여기서, σ_X는 확률변수 X_i의 표준 편차이다. 한편, f가 짝함수일 때는 $\int_{-\infty}^{\infty} xf(x)dx = 0$이므로 (6.158)을

$$\tilde{\rho}_{X_iR_i} \;=\; \frac{2\sqrt{3}}{\sigma_X}\int_{-\infty}^{\infty} xF(x)f(x)dx \tag{6.159}$$

처럼 바꾸어 쓸 수 있다.

[20]scaled correlation coefficient

그림 6.4 확률밀도함수 $f_a(x)$

그림 6.5 누적분포함수 $F_a(x)$

보기 6.33 확률변수 X_i의 확률밀도함수가 $f(x) = \frac{1}{b-a}\{u(x-a) - u(x-b)\}$이고 $b > a$라고 하자. 그러면

$$F(x) = \frac{x-a}{b-a}\{u(x-a) - u(x-b)\} \tag{6.160}$$

이고, 보기 3.72에서 다룬 바와 같이 $\sigma_X = \frac{b-a}{\sqrt{12}}$이며, 부록 6.2에 있는 (6.320)에 적어 둔 것처럼

$$\int_{-\infty}^{\infty} x\{2F(x)-1\}f(x)dx = \frac{b-a}{6} \tag{6.161}$$

이므로

$$\tilde{\rho}_{X_i R_i} = 1 \tag{6.162}$$

이다. ◇

보기 6.34 그림 6.4에 보인 확률밀도함수

$$f_a(x) = \begin{cases} \frac{a}{a+1}, & -1 \le x < 0; \qquad \frac{1}{a(a+1)}, \quad 0 \le x < a; \\ 0, & x < -1 \text{ 또는 } x \ge a \end{cases} \tag{6.163}$$

을 생각하자. 여기서, $a > 0$이다. 이 확률밀도함수 f_a는 평균은 0이지만 $a \neq 1$이면 대칭이 아니다. 한편, 누적분포함수는

$$F_a(x) = \begin{cases} 0, & x < -1; \qquad \frac{a}{a+1}(x+1), \quad -1 \le x < 0; \\ \frac{x}{a(a+1)} + \frac{a}{a+1}, & 0 \le x < a; \qquad 1, \quad x \ge a \end{cases} \tag{6.164}$$

이고, 이것은 그림 6.5에 그려 둔 바와 같다. 식 (6.163)과 (6.164)를 쓰면 $E\{X\} = 0$, $\text{Var}\{X\} = \frac{a}{3}$, 그리고 부록 6.2의 (6.330)에 보인 바와 같이

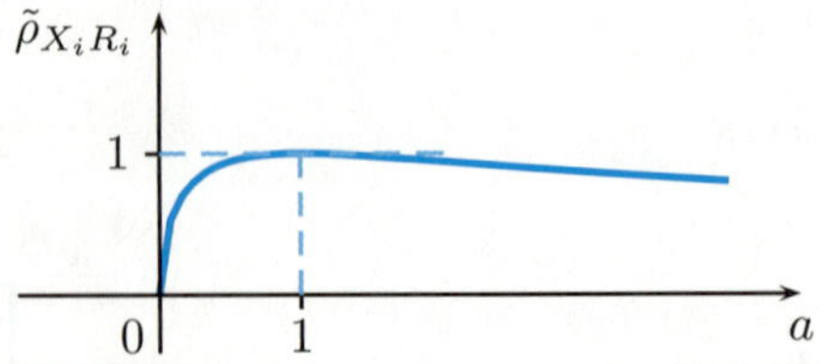

그림 6.6 확률밀도함수가 f_a일 때 표준화 상관계수 $\tilde{\rho}_{X_iR_i}$

$$\int_{-\infty}^{\infty} x\{2F_a(x)-1\}f_a(x)\,dx \;=\; \frac{2a}{3(a+1)} \tag{6.165}$$

를 얻을 수 있으므로

$$\tilde{\rho}_{X_iR_i} \;=\; \frac{2\sqrt{a}}{a+1} \tag{6.166}$$

이다. 표준화 상관계수 (6.166)은 a를 $\frac{1}{a}$로 바꾸어도 그대로이고, $a=1$일 때 1로 가장 크며, $a\to 0$ 또는 $a\to\infty$일 때 0이라는 것을 알 수 있다. 그림 6.6에 표준화 상관계수 (6.166)을 그려 두었다. ◇

보기 6.35 독립이고 분포가 같은 n차원 확률벡터의 한계 확률밀도함수가

$$f(x) \;=\; \frac{x}{\alpha^2}\exp\left(-\frac{x^2}{2\alpha^2}\right)u(x) \tag{6.167}$$

일 때 표준화 상관계수 $\tilde{\rho}_{X_iR_i}$를 얻어 보자.

풀이 먼저, 누적분포함수는

$$\begin{aligned} F(x) \;&=\; \int_{-\infty}^{x}\frac{t}{\alpha^2}\exp\left(-\frac{t^2}{2\alpha^2}\right)u(t)\,dt \\ &=\; \left\{1 \;-\; \exp\left(-\frac{x^2}{2\alpha^2}\right)\right\}u(x) \end{aligned} \tag{6.168}$$

이므로, 보기 3.85의 (3.264)에서 얻은 $\sigma_R^2=\left(2-\frac{\pi}{2}\right)\alpha^2$을 새기고 (3.257)을 쓰면

$$\begin{aligned} \tilde{\rho}_{X_iR_i} \;&=\; \frac{\sqrt{3}}{\sigma_R}\int_0^{\infty} x\left\{1-2\exp\left(-\frac{x^2}{2\alpha^2}\right)\right\}\frac{x}{\alpha^2}\exp\left(-\frac{x^2}{2\alpha^2}\right)dx \\ &=\; \frac{\sqrt{3}}{\alpha^2\sigma_R}\left\{\frac{\sqrt{\pi}}{4\cdot\left(\frac{1}{\sqrt{2}\alpha}\right)^3}-\frac{2\sqrt{\pi}}{4\cdot\left(\frac{1}{\alpha}\right)^3}\right\} \\ &=\; \frac{\left(\sqrt{2}-1\right)\sqrt{3\pi}}{\sqrt{8-2\pi}} \end{aligned} \tag{6.169}$$

를[21] 얻을 수 있다. ◇

[21] 여기서, $\frac{(\sqrt{2}-1)\sqrt{3\pi}}{\sqrt{8-2\pi}}\approx 0.9705$이다.

6.3.3.2 확률변수와 크기 순위 사이의 표준화 상관계수

먼저, $G(|x|)u(|x|) = G(|x|)$를 쓰면

$$\begin{aligned}\Pr\{Q_i = q | X_i = x\} &= \Pr\Big\{X_i = x\text{일 때 } |X_i|\text{가 } \{|X_j|\}_{j=1}^n\text{의 } q\text{째 순서 통계량이다.}\Big\} \\ &= \Pr\Big\{\{|X_j|\}_{j=1}^n \text{ 가운데 } q-1\text{개는 } |x|\text{보다 크지 않고} \\ &\qquad \text{나머지 } n-q\text{개는 } |x|\text{보다 크다.}\Big\} \\ &= \begin{cases} {}_{n-1}\mathrm{C}_{q-1} G^{q-1}(|x|)\{1-G(|x|)\}^{n-q}, & q = 1, 2, \cdots, n, \\ 0, & \text{그 밖에는}\end{cases}\end{aligned} \tag{6.170}$$

이므로, (6.149)를 바탕으로 (X_i, Q_i)의 확률밀도질량함수를

$$\begin{aligned}\tilde{f}_{X_i,Q_i}(x,q) &= \Pr\{Q_i = q | X_i = x\} f_{X_i}(x) \\ &= {}_{n-1}\mathrm{C}_{q-1} G^{q-1}(|x|)\{1-G(|x|)\}^{n-q} f(x) \\ &= \begin{cases} \frac{1}{n}\, f_{|X|_{[q]}}(|x|)\, \frac{f(x)}{g(|x|)}, & q = 1, 2, \cdots, n, \\ 0, & \text{그 밖에는}\end{cases}\end{aligned} \tag{6.171}$$

처럼 얻을 수 있다.

이제, (6.171)을 바탕으로, 정리 5.25의 (5.447)에 보인

$$\frac{1}{n}\sum_{q=1}^{n} q f_{|X|_{[q]}}(y) = \{1+(n-1)G(y)\}g(y)u(y) \tag{6.172}$$

를 쓰면, 확률변수 X_i와 크기 순위 Q_i의 곱 적률은

$$\begin{aligned}E\{X_i Q_i\} &= \int_{-\infty}^{\infty} x \sum_{q=1}^{n} q\, \frac{1}{n}\, f_{|X|_{[q]}}(|x|)\, \frac{f(x)}{g(|x|)} dx \\ &= \int_{-\infty}^{\infty} x\{1+(n-1)G(|x|)\} f(x) dx\end{aligned} \tag{6.173}$$

이고, 확률변수 X_i와 크기 순위 Q_i의 공분산은

$$\begin{aligned}\mathrm{Cov}(X_i, Q_i) &= E\{X_i Q_i\} - E\{X_i\}E\{Q_i\} \\ &= \int_{-\infty}^{\infty} x\{1+(n-1)G(|x|)\} f(x) dx - \frac{n+1}{2}\int_{-\infty}^{\infty} x f(x) dx \\ &= \frac{n-1}{2}\int_{-\infty}^{\infty} x\{2G(|x|)-1\} f(x) dx\end{aligned} \tag{6.174}$$

이다. 따라서, (6.68)을 쓰면 확률변수 X_i와 크기 순위 Q_i의 표준화 상관계수

$$\tilde{\rho}_{X_i Q_i} = \frac{\sqrt{3}}{\sigma_X}\int_{-\infty}^{\infty} x\{2G(|x|)-1\} f(x) dx \tag{6.175}$$

를 얻는다. 여기서, $2G(|x|)-1$은 늘 x의 짝함수이므로, f가 짝함수이면

$$\tilde{\rho}_{X_i Q_i} = 0 \tag{6.176}$$

임을 알 수 있다.

정리 6.10 표준화 상관계수 $\tilde{\rho}_{X_iR_i}$와 $\tilde{\rho}_{X_iQ_i}$는

$$0 \ \le \ \tilde{\rho}_{X_iR_i} \ \le \ 1 \tag{6.177}$$

과

$$\tilde{\rho}_{X_iR_i} \ \ge \ \tilde{\rho}_{X_iQ_i} \tag{6.178}$$

을 만족시킨다. ■■

증명 먼저, 확률변수 X_i의 중앙값을 a라고 – 곧, $F(a) = \frac{1}{2}$이라고 – 하고,

$$\begin{aligned}\int_{-\infty}^{\infty} \{2F(t+a)-1\}f(t+a)dt \ &= \ \int_0^1 (2u-1)du \\ &= \ 0\end{aligned} \tag{6.179}$$

임을 새기자. 그러면

$$\begin{aligned}\int_{-\infty}^{\infty} x\{2F(x)-1\}f(x)dx \ &= \ \int_{-\infty}^{\infty} (t+a)\{2F(t+a)-1\}f(t+a)dt \\ &= \ a\int_{-\infty}^{\infty} \{2F(t+a)-1\}f(t+a)dt + \int_{-\infty}^{0} t\{2F(t+a)-1\}f(t+a)dt \\ &\quad + \int_0^{\infty} t\{2F(t+a)-1\}f(t+a)dt \\ &= \ \int_{-\infty}^{0} t\{2F(t+a)-1\}f(t+a)dt + \int_0^{\infty} t\{2F(t+a)-1\}f(t+a)dt\end{aligned} \tag{6.180}$$

이다. 그런데, $f(t+a)$는 0보다 작지 않고, $t \le 0$이면 $2F(t+a)-1 \le 0$이므로 (6.180)의 마지막 줄 첫째 항은 0보다 작지 않고, $t \ge 0$이면 $2F(t+a)-1 \ge 0$이므로 (6.180)의 마지막 줄 둘째 항도 0보다 작지 않다. 곧,

$$\int_{-\infty}^{\infty} x\{2F(x)-1\}f(x)dx \ \ge \ 0 \tag{6.181}$$

이므로 $\rho_{X_iR_i} \ge 0$이다.

다음에, $\lim_{x\to\infty} xF(-x) = 0$이고[22],

$$-[F(-x)\{F(x)-F(-x)\}]' \ = \ f(-x)F(x) - f(x)F(-x) - 2f(-x)F(-x) \tag{6.182}$$

이며, $x \ge 0$일 때 $F(x) - F(-x) \ge 0$이라는 것을 새겨 부분 적분을 쓰면 (6.178)은

$$\begin{aligned}\tilde{\rho}_{X_iR_i} - \tilde{\rho}_{X_iQ_i} \ &= \ \frac{2\sqrt{3}}{\sigma_X}\int_{-\infty}^{\infty} xf(x)\{F(x)-G(|x|)\}dx \\ &= \ \frac{2\sqrt{3}}{\sigma_X}\left[\int_{-\infty}^{0} xf(x)\{2F(x)-F(-x)\}dx + \int_0^{\infty} xf(x)F(-x)dx\right]\end{aligned}$$

[22] 문제 3.1에서 보인 바 있다.

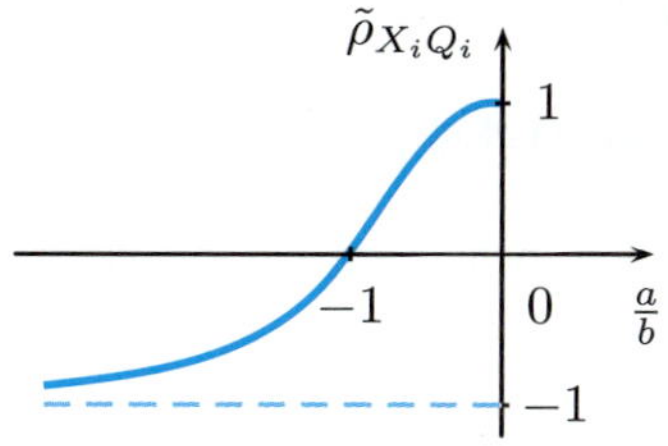

그림 6.7 확률밀도함수가 $f(x) = \frac{1}{b-a}\{u(x-a) - u(x-b)\}$이고 $a < 0 < b$일 때 표준화 상관계수 $\tilde{\rho}_{X_iQ_i}$

$$\begin{aligned} &\geq \frac{2\sqrt{3}}{\sigma_X}\int_0^\infty x\{f(-x)F(x) - f(x)F(-x) - 2f(-x)F(-x)\}dx \\ &= \frac{2\sqrt{3}}{\sigma_X}\left[\int_0^\infty F(-x)\{F(x) - F(-x)\}dx - \lim_{x\to\infty} xF(-x)\right] \\ &\geq 0 \end{aligned} \tag{6.183}$$

처럼 보일 수 있다. □

직관적으로도 확률변수 X_i가 클수록 순위 R_i가 클 것이라는 것을 알 수 있는데, (6.177)은 이런 직관적인 느낌을 식으로 보여주는 것이라고 말할 수 있다. 한편, $|X_i|$의 순위인 Q_i보다 X_i의 순위인 R_i가 X_i에 더 '가까울' 것임은 마땅한 것이고 이것을 (6.178)에서 볼 수 있다.

보기 6.36 확률변수 X_i의 확률밀도함수가

$$f(x) = \frac{1}{b-a}\{u(x-a) - u(x-b)\} \tag{6.184}$$

이고 $b > a$라고 하자. 그러면

$$F(x) = \frac{x-a}{b-a}\{u(x-a) - u(x-b)\} \tag{6.185}$$

이고, 보기 3.72에서 얻은 것처럼 $\sigma_X = \frac{b-a}{\sqrt{12}}$이며, 부록 6.2의 (6.321)에 적어 둔 것처럼

$$\int_{-\infty}^\infty x\{2G(|x|) - 1\}f(x)dx = \begin{cases} \frac{b-a}{6}\text{sgn}(a+b), & ab \geq 0, \\ -\frac{b-a}{6}\left\{1 - \frac{8b^3}{(b-a)^3}\right\}, & a \leq -b < 0, \\ \frac{b-a}{6}\left\{1 + \frac{8a^3}{(b-a)^3}\right\}, & -b < a \leq 0 \end{cases} \tag{6.186}$$

이므로

$$\begin{aligned} \tilde{\rho}_{X_iQ_i} &= \begin{cases} -1, & a < b \leq 0; \quad -1 + \frac{8b^3}{(b-a)^3}, \quad a \leq -b < 0; \\ 1 + \frac{8a^3}{(b-a)^3}, & -b < a < 0; \quad 1, \quad 0 \leq a < b \end{cases} \\ &= \text{sgn}(a+b)\left(1 + \left[\frac{\{\text{sgn}(b) - \text{sgn}(a)\}\max(a, -b)}{b-a}\right]^3\right) \end{aligned} \tag{6.187}$$

을 얻을 수 있다. 표준화 상관계수 (6.187)은 $t = \frac{a}{b}$라고 할 때 $\tilde{\rho}_{X_iQ_i}\left(\frac{1}{t}\right) = -\tilde{\rho}_{X_iQ_i}(t)$를 만족시킨다. 그림 6.7에 $a < 0 < b$일 때 이 표준화 상관계수를 보였다. ◇

6.3.4 크기의 표준화 상관계수*

6.3.4.1 크기와 순위 사이의 표준화 상관계수

앞에 나온 6.3.3.1절을 시작할 때 말한 것처럼 $R_i = r$일 때 X_i의 조건부 확률밀도함수는 $f_{X_{[r]}}$이므로 보기 3.24에서 얻은 식 (3.151)을 – X의 확률밀도함수가 f일 때 $|X|$의 확률밀도함수는 $f_{|X|}(x) = \{f(x) + f(-x)\}u(x)$라는 것을 – 쓰면 $R_i = r$일 때 $|X_i|$의 조건부 확률밀도함수는

$$f_{|X_i||R_i}(y|r) = \begin{cases} \left\{f_{X_{[r]}}(y) + f_{X_{[r]}}(-y)\right\} u(y), & r = 1, 2, \cdots, n, \\ 0, & \text{그 밖에는} \end{cases} \tag{6.188}$$

이다. 따라서, (6.148)을 바탕으로 $(|X_i|, R_i)$의 확률밀도질량함수를 얻으면

$$\begin{aligned} \tilde{f}_{|X_i|,R_i}(y, r) &= f_{|X_i||R_i}(y|r) \Pr\{R_i = r\} \\ &= \begin{cases} \frac{1}{n}\left\{f_{X_{[r]}}(y) + f_{X_{[r]}}(-y)\right\} u(y), & r = 1, 2, \cdots, n, \\ 0, & \text{그 밖에는} \end{cases} \end{aligned} \tag{6.189}$$

이다. 이 결과 (6.189)는 X의 확률밀도함수가 f일 때 $|X|$의 확률밀도함수는 $f_{|X|}(x) = \{f(x) + f(-x)\}u(x)$라는 것을 바탕으로 (6.157)에서 얻을 수도 있다.

식 (6.189)를 쓰면, 문제 6.13에서 보인 바와 같이, 표준화 상관계수

$$\tilde{\rho}_{|X_i|R_i} = \frac{\sqrt{3}}{\sqrt{\sigma_X^2 + 4m_X^+ m_X^-}} \int_{-\infty}^{\infty} |x|\{2F(x) - 1\} f(x) dx \tag{6.190}$$

을 얻을 수 있다. 여기서, $m_X^{\pm}$은 (3.241)에서 뜻매김한 바 있는 반쪽 평균인데, $m_X^- \leq 0$이고 $m_X^+ \geq 0$이므로 $m_X^+ m_X^- \leq 0$이고, 따라서

$$\sigma_X^2 + 4m_X^+ m_X^- \leq \sigma_X^2 \tag{6.191}$$

임을 새겨 둘 만하다. 한편, 확률밀도함수 f가 짝함수이면 $2F(x) - 1$이 홀함수이므로 표준화 상관계수 $\tilde{\rho}_{|X_i|R_i}$는 0이다.

6.3.4.2 크기와 크기 순위 사이의 표준화 상관계수

먼저, (5.20)에서 본 바와 같이 $X_i = Z_i |X|_{[Q_i]}$이므로, $Q_i = q$이면 $|X_i| = \left|Z_i |X|_{[q]}\right| = |X|_{[q]}$이다. 따라서, $Q_i = q$일 때 $|X_i|$의 조건부 확률밀도함수 $f_{|X_i||Q_i}$는

$$f_{|X_i||Q_i}(y|q) = f_{|X|_{[q]}}(y) \tag{6.192}$$

임을 쉽게 알 수 있다. 이 식을 써서 (6.148)을 바탕으로 $(|X_i|, Q_i)$의 확률밀도질량함수 $\tilde{f}_{|X_i|,Q_i}(y, q) = f_{|X_i||Q_i}(y|q) \Pr\{Q_i = q\}$를 얻으면

$$\tilde{f}_{|X_i|,Q_i}(y, q) = \begin{cases} \frac{1}{n} f_{|X|_{[q]}}(y), & q = 1, 2, \cdots, n, \\ 0, & \text{그 밖에는} \end{cases} \tag{6.193}$$

이다. 식 (6.193)을 쓰면, 문제 6.14에서 보인 바와 같이, $|X_1|$와 Q_i의 표준화 상관계수

$$\tilde{\rho}_{|X_i|Q_i} = \frac{\sqrt{3}}{\sqrt{\sigma_X^2 + 4m_X^+ m_X^-}} \int_{-\infty}^{\infty} |y|\{2G(|y|) - 1\} f(y) dy \tag{6.194}$$

를 얻을 수 있다. 식 (6.194)에서, $|y|$와 $2G(|y|) - 1$은 y의 짝함수이므로, 이 식에 있는 $f(y)$를 $f_e(y) = \frac{1}{2}g(y)$로 바꿀 수 있다는 것을 새겨 둘 만하다.

정리 6.11 표준화 상관계수 $\tilde{\rho}_{|X_i|R_i}$와 $\tilde{\rho}_{|X_i|Q_i}$는

$$0 \le \tilde{\rho}_{|X_i|Q_i} \le 1 \tag{6.195}$$

와

$$\tilde{\rho}_{|X_i|Q_i} \ge \tilde{\rho}_{|X_i|R_i} \tag{6.196}$$

을 만족시킨다. ■■

증명 두 가지 방법으로 보이자.
(방법 1) 먼저, $G(b) = \frac{1}{2}$인 수 b를 생각하면, $G(0) = 0$이고 $G(x)$가 줄지 않는 함수이므로 $b > 0$이다. 그러므로 $G(0) = 0$이고 $G(\infty) = 1$이며 G는 줄지 않는 함수라는 것을 새기면

$$\begin{aligned}\int_{-b}^{\infty} \{2G(t+b) - 1\} g(t+b) dt &= \int_0^1 (2u-1) du \\ &= 0 \end{aligned} \tag{6.197}$$

이다. 이제, $g(y)$가 짝함수임과 (6.197)을 새기면

$$\begin{aligned}\frac{1}{2}\int_{-\infty}^{\infty} |y|\{2G(|y|) - 1\} g(y) dy &= \int_0^{\infty} y\{2G(y) - 1\} g(y) dy \\ &= \int_{-b}^{\infty} (t+b)\{2G(t+b) - 1\} g(t+b) dt \\ &= b\int_{-b}^{\infty} \{2G(t+b) - 1\} g(t+b) dt + \int_{-b}^{0} t\{2G(t+b) - 1\} g(t+b) dt \\ &\quad + \int_0^{\infty} t\{2G(t+b) - 1\} g(t+b) dt \\ &= \int_{-b}^{0} t\{2G(t+b) - 1\} g(t+b) dt + \int_0^{\infty} t\{2G(t+b) - 1\} g(t+b) dt \end{aligned} \tag{6.198}$$

이다. 여기서, 늘 $g(t+b) \ge 0$이고, $t \le 0$이면 $2G(t+b) - 1 \le 0$이므로 (6.198)의 마지막 줄 첫째 항은 0보다 작지 않고, $t \ge 0$이면 $2G(t+b) - 1 \ge 0$이므로 (6.198)의 마지막 줄 둘째 항도 0보다 작지 않다. 곧, $\int_{-\infty}^{\infty} x\{2G(x) - 1\} g(x) dx \ge 0$이므로 $\rho_{X_i Q_i} \ge 0$이다.
(방법 2) 본질적으로, 정리 6.10에 나온 (6.177)을 증명할 때 보인 것은, 어떤 함수 H가 줄지 않는 함수이고, $0 \le H(x) \le 1$, $H(a) = 0$, $H(b) = 1$이며, 그 도함수가 h일 때

$$\int_a^b x\{2H(x)-1\}h(x)dx = \int_0^1 (2u-1)H^{-1}(u)du \geq 0 \tag{6.199}$$

임이다. 따라서, $a=0$이고 $b=\infty$라고 두면

$$\begin{aligned}\int_{-\infty}^{\infty} |y|\{2G(|y|)-1\}f(y)dy &= \int_0^{\infty} y\{2G(y)-1\}g(y)dy \\ &= \int_0^1 (2u-1)G^{-1}(u)du \\ &\geq 0\end{aligned} \tag{6.200}$$

을 바로 얻는다.

한편, (6.196)은

$$\begin{aligned}\tilde{\rho}_{|X_i|Q_i} - \tilde{\rho}_{|X_i|R_i} &= \frac{2\sqrt{3}}{\sqrt{\sigma_X^2 + 4m_X^+ m_X^-}} \int_{-\infty}^{\infty} |x|f(x)\{G(|x|)-F(x)\}dx \\ &= \frac{2\sqrt{3}}{\sqrt{\sigma_X^2 + 4m_X^+ m_X^-}} \int_0^{\infty} x\left\{f(-x)F(x) - f(x)F(-x) \; -2f(-x)F(-x)\right\}dx \\ &= \frac{2\sqrt{3}}{\sqrt{\sigma_X^2 + 4m_X^+ m_X^-}} \int_0^{\infty} F(-x)\{F(x)-F(-x)\}dx \\ &\geq 0\end{aligned} \tag{6.201}$$

에서 바로 알 수 있다. □

직관적으로도 확률변수의 크기 $|X_i|$가 클수록 크기 순위 Q_i가 클 것이라는 것을 알 수 있는데, (6.195)는 이런 직관적인 느낌을 식으로 보여주는 것이라고 말할 수 있다. 한편, Q_i는 $|X_i|$의 순위이고 R_i는 X_i의 순위이므로 R_i보다 Q_i가 $|X_i|$에 더 '가까울' 것임을 알 수 있는데, (6.196)은 이것을 알려주는 것이라고 할 수 있다

한편, $F(0)=1$이면 $|X_i|=-X_i$이고 $Q_i=n+1-R_i$이므로 $\tilde{\rho}_{X_iR_i} = -\tilde{\rho}_{X_iQ_i} = -\tilde{\rho}_{|X_i|R_i} = \tilde{\rho}_{|X_i|Q_i}$일 것이다. 이것은, $F(0)=1$이면, $m_X^+=0$이고, $x\geq 0$일 때 $f(x)=0$이며, $x\leq 0$일 때 $F(-x)=1$, 곧

$$\begin{aligned}G(|x|) &= F(-x)-F(x) \\ &= 1-F(x)\end{aligned} \tag{6.202}$$

임을 바탕으로, (6.158), (6.175), (6.190), (6.194)에서 확인할 수 있다.

이와 비슷하게 $F(0)=0$이면 $|X_i|=X_i$이고 $Q_i=R_i$이므로 $\tilde{\rho}_{X_iR_i} = \tilde{\rho}_{X_iQ_i} = \tilde{\rho}_{|X_i|R_i} = \tilde{\rho}_{|X_i|Q_i}$일 것이다. 이것은, $F(0)=0$이면, $m_X^-=0$이고, $x\leq 0$일 때 $f(x)=0$이며, $x\geq 0$일 때 $F(-x)=0$, 곧

$$\begin{aligned}G(|x|) &= F(x)-F(-x) \\ &= F(x)\end{aligned} \tag{6.203}$$

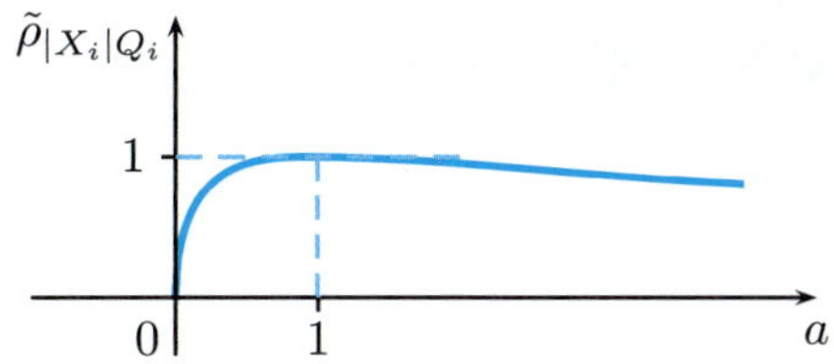

그림 6.8 확률밀도함수가 f_a일 때 표준화 상관계수 $\tilde{\rho}_{|X_i|Q_i}$

임을 바탕으로, (6.158), (6.175), (6.190), (6.194)에서 확인할 수 있다.

보기 6.37 보기 6.34에서 다룬 확률밀도함수 f_a와 그 누적분포함수 (6.164)를 쓰면 부록 6.2의 (6.333)에서 얻은 것처럼

$$G_a(|y|) = \begin{cases} \frac{1+a^2}{a(a+1)}|y|, & 0 \le |y| \le \min(a,1), \\ \frac{\min^2(a,1)}{a(a+1)}|y| + \frac{\max(a,1)}{a+1}, & \min(a,1) \le |y| \le \max(a,1), \\ 1, & |y| \ge \max(a,1) \end{cases} \tag{6.204}$$

이다. 이제, 부록 6.2의 (6.329)와 (6.337)에서 얻은

$$\sigma_X^2 + 4m_X^- m_X^+ = \frac{a(a^2-a+1)}{3(a+1)^2} \tag{6.205}$$

와

$$\int_{-\infty}^{\infty} |y|\{2G_a(|y|)-1\}f_a(y)\,dy = \begin{cases} \frac{a\left(a^2-a+2\right)}{3(a+1)^2}, & 0 < a \le 1, \\ \frac{2a^2-a+1}{3(a+1)^2}, & a \ge 1 \end{cases} \tag{6.206}$$

을 (6.194)에 쓰면 $v = \min(a, a^{-1})$라고 둘 때

$$\tilde{\rho}_{|X_i|Q_i} = \frac{2\sqrt{v}}{v+1}\frac{1-\frac{v}{2}+\frac{v^2}{2}}{\sqrt{1-v+v^2}} \tag{6.207}$$

을 얻는다. 그림 6.8에 표준화 상관계수 (6.207)을 보였는데, 표준화 상관계수 (6.207)이 $a=1$일 때 1로 가장 크며, $a \to 0$ 또는 $a \to \infty$일 때 $\tilde{\rho}_{|X_i|Q_i} \to 0$이라는 것을 이 그림에서 알 수 있다. 한편, $0 \le a \le 1$일 때 $\frac{1-\frac{a}{2}+\frac{a^2}{2}}{\sqrt{1-a+a^2}}$은 $a=0.5$이면 $\frac{1-\frac{1}{4}+\frac{1}{8}}{\sqrt{1-\frac{1}{2}+\frac{1}{4}}} = \frac{7\sqrt{3}}{12} \approx 1.0103$으로 가장 크고, $a=0$과 $a=1$이면 1로 가장 작다. 또한, $a \ge 1$일 때 $\frac{1-\frac{1}{2a}+\frac{1}{2a^2}}{\sqrt{1-\frac{1}{a}+\frac{1}{a^2}}}$은 $a=2$이면 $\frac{7\sqrt{3}}{12} \approx 1.0103$으로 가장 크고, $a=1$과 $a \to \infty$이면 1로 가장 작다. 그러므로, (6.166)과 (6.207)에서 $\tilde{\rho}_{|X_i|Q_i} \approx \frac{2\sqrt{a}}{a+1} = \tilde{\rho}_{X_i R_i}$라는 것은 눈여겨볼 만하다. ◇

보기 6.38 독립이고 분포가 같은 n차원 확률벡터의 한계 확률밀도함수가 로지스틱 확률밀도함수

$$f_L(x) = \frac{ke^{-kx}}{(1+e^{-kx})^2} \tag{6.208}$$

일 때 표준화 상관계수 $\tilde{\rho}_{X_iR_i}$와 $\tilde{\rho}_{|X_i|Q_i}$를 얻어 보자. 여기서, $k>0$이다.

풀이 먼저, 보기 3.16에서 얻은 누적분포함수 $F_L(x)=\frac{1}{1+e^{-kx}}$과 문제 3.45에서 얻은 $E\{X^2\}=\frac{\pi^2}{3k^2}$을 새기면

$$
\begin{aligned}
\tilde{\rho}_{X_iR_i} &= \frac{3k^2}{\pi}\int_{-\infty}^{\infty} x\cdot\frac{e^{-kx}-e^{-2kx}}{(1+e^{-kx})^3}dx \\
&= \frac{3}{2\pi}\cdot\left.\frac{1-e^{-2kx}-2kxe^{-kx}}{(1+e^{-kx})^2}\right|_{x=-\infty}^{\infty} \\
&= \frac{3}{\pi} \qquad (6.209)
\end{aligned}
$$

를[23] 얻는다. 다음에, 보기 3.82에서 얻은 $E\{|X|\}=\frac{2\ln 2}{k}$를 새기면

$$
\begin{aligned}
\tilde{\rho}_{|X_i|Q_i} &= \frac{\sqrt{3}}{\sqrt{\frac{\pi^2}{3k^2}-4\left(\frac{\ln 2}{k}\right)^2}}\int_{-\infty}^{\infty}|x|\left\{2F_L(|x|)-2F_L(-|x|)-1\right\}f_L(x)dx \\
&= \frac{3k}{\sqrt{\pi^2-12(\ln 2)^2}}\left(\frac{2}{k}-\frac{2\ln 2}{k}\right) \\
&= \frac{6(1-\ln 2)}{\sqrt{\pi^2-12(\ln 2)^2}} \qquad (6.210)
\end{aligned}
$$

을[24] 얻을 수 있다. ◇

보기 6.39 독립이고 분포가 같은 n차원 확률벡터의 한계 확률밀도함수가 겹지수 확률밀도함수

$$
f(x) = \frac{\lambda}{2}\exp(-\lambda|x|) \qquad (6.211)
$$

일 때 $\tilde{\rho}_{X_iR_i}$와 $\tilde{\rho}_{|X_i|Q_i}$를 얻어 보자. 여기서, $\lambda>0$이다.

풀이 보기 3.16에서 얻은 누적분포함수

$$
F_D(x) = \begin{cases} \frac{1}{2}e^{\lambda x}, & x\le 0, \\ 1-\frac{1}{2}e^{-\lambda x}, & x>0 \end{cases} \qquad (6.212)
$$

와 보기 3.74에서 얻은 $\mathrm{Var}\{X\}=\frac{2}{\lambda^2}$를 새기면

$$
\begin{aligned}
\tilde{\rho}_{X_iR_i} &= \frac{\sqrt{3}}{\sigma_D}\int_{-\infty}^{\infty}x\left\{2F_D(x)-1\right\}f_D(x)dx \\
&= \frac{2\sqrt{3}}{\sigma_D}\int_0^{\infty}x\left(1-e^{-\lambda x}\right)\frac{\lambda}{2}e^{-\lambda x}dx \\
&= \frac{3\sqrt{6}}{8} \qquad (6.213)
\end{aligned}
$$

---

[23] 여기서, $\frac{3}{\pi}\approx 0.9549$이다.

[24] 여기서, $\frac{6(1-\ln 2)}{\sqrt{\pi^2-12(\ln 2)^2}}\approx 0.9088$이다.

이고[25]

$$\tilde{\rho}_{|X_i|Q_i} = \frac{\sqrt{3}}{2} \tag{6.214}$$

임을[26] 알 수 있다. ◇

보기 6.40 독립이고 분포가 같은 표준 정규 확률벡터 $\underline{X}$를 생각하자. 이제, 표준 정규 확률밀도함수를 f_N이라고 하면 $f_N'(y) = -yf_N(y)$라는 것을 새겨 표준화 상관계수 $\tilde{\rho}_{X_iR_i}$와 $\tilde{\rho}_{|X_i|Q_i}$를 얻어 보자.

풀이 먼저,

$$\begin{aligned}\int_{-\infty}^{\infty} yF(y)f(y)dy &= -f(y)F(y)\Big|_{y=-\infty}^{\infty} + \int_{-\infty}^{\infty} f^2(y)dy \\ &= \frac{1}{2\sqrt{\pi}} \int_{-\infty}^{\infty} \frac{1}{\sqrt{\pi}} e^{-y^2} dy \\ &= \frac{1}{2\sqrt{\pi}} \end{aligned} \tag{6.215}$$

이고,

$$\begin{aligned}\int_{-\infty}^{\infty} |y|G(|y|)f(y)dy &= 2\int_{0}^{\infty} yG(y)f(y)dy \\ &= 2\int_{0}^{\infty} yF(y)f(y)dy - 2\int_{0}^{\infty} yF(-y)f(y)dy \\ &= 2\int_{-\infty}^{\infty} yF(y)f(y)dy \\ &= \frac{1}{\sqrt{\pi}} \end{aligned} \tag{6.216}$$

이며,

$$\begin{aligned} m_X^+ &= \int_{0}^{\infty} xf(x)dx \\ &= -f(x)\Big|_{x=0}^{\infty} \\ &= \frac{1}{\sqrt{2\pi}} \end{aligned} \tag{6.217}$$

이고,

$$\begin{aligned} m_X^- &= \int_{-\infty}^{0} xf(x)dx \\ &= -f(x)\Big|_{x=-\infty}^{0} \\ &= -\frac{1}{\sqrt{2\pi}} \end{aligned} \tag{6.218}$$

---

[25] 좀 더 자세히 쓰면, $\frac{2\sqrt{3}}{\sigma_D}\int_0^\infty x\left(1-e^{-\lambda x}\right)\frac{\lambda}{2}e^{-\lambda x}dx = \frac{\sqrt{3}\lambda}{\sigma_D}\left(\int_0^\infty xe^{-\lambda x}dx - \int_0^\infty xe^{-2\lambda x}dx\right) = \frac{\sqrt{3}\lambda}{\sigma_D}\left(\frac{1}{\lambda^2}\int_0^\infty ye^{-y}dy - \frac{1}{4\lambda^2}\int_0^\infty ye^{-y}dy\right) = \frac{\sqrt{3}\lambda}{\sigma_D}\left\{\frac{\Gamma(2)}{\lambda^2} - \frac{\Gamma(2)}{4\lambda^2}\right\} = \frac{\sqrt{3}\lambda}{\sigma_D}\left\{\frac{\Gamma(2)}{\lambda^2} - \frac{\Gamma(2)}{4\lambda^2}\right\}$이다. 여기서, $\frac{3\sqrt{6}}{8} \approx 0.9186$이다.

[26] 여기서, $\frac{\sqrt{3}}{2} \approx 0.8660$이다.

이다[27]. 이제, (6.215)–(6.218)을 쓰면

$$\begin{aligned}\tilde{\rho}_{X_iR_i} &= \sqrt{3}\left(2\int_{-\infty}^{\infty} xF(x)f(x)dx - \int_{-\infty}^{\infty} xf(x)dx\right)\\ &= \sqrt{\frac{3}{\pi}}\end{aligned} \tag{6.219}$$

이고

$$\begin{aligned}\tilde{\rho}_{|X_i|Q_i} &= \frac{\sqrt{3}}{\sqrt{1-4\cdot\frac{1}{2\pi}}}\left(2\int_{-\infty}^{\infty} |x|G(|x|)f(x)dx - \int_{-\infty}^{\infty} |x|f(x)dx\right)\\ &= \frac{\left(2-\sqrt{2}\right)\sqrt{3}}{\sqrt{\pi-2}}\end{aligned} \tag{6.220}$$

임을[28] 알 수 있다. ◇

6.3.5 부호의 표준화 상관계수*

보기 6.8과 문제 6.1에서 보았듯이, $F(0) \neq 0, 1$일 때 확률변수 X_i와 부호 Z_i 사이의 상관계수는

$$\rho_{X_iZ_i} = \frac{F(0)m_X^+ - \{1-F(0)\}m_X^-}{\sqrt{\sigma_X^2\{1-F(0)\}F(0)}} \tag{6.221}$$

이고 확률변수 X_i와 부호 Z_i 사이의 상관계수는

$$\rho_{|X_i|Z_i} = \frac{F(0)m_X^+ + \{1-F(0)\}m_X^-}{\sqrt{\left(\sigma_X^2 + 4m_X^+m_X^-\right)\{1-F(0)\}F(0)}} \tag{6.222}$$

이다. 이제, 부호와 순위 사이의 상관계수와 부호와 크기 순위 사이의 상관계수를 살펴보자.

6.3.5.1 부호와 순위 사이의 표준화 상관계수

확률변수의 부호 Z_i와 순위 R_i의 결합 확률질량함수 $p_{Z_i,R_i}(z,r)$을 두 가지 방법으로 얻을 수 있다. 두 방법 모두 조건부 확률질량함수를 쓰되, 첫째 방법은 $p_{Z_i,R_i}(z,r) = p_{Z_i|R_i}(z|r)\,p_{R_i}(r)$을 바탕으로 하는 것이고, 둘째 방법은 $p_{Z_i,R_i}(z,r) = p_{R_i|Z_i}(r|z)\,p_{Z_i}(z)$를 바탕으로 하는 것이다. 여기에는 첫째 방법을 적어 두었고 둘째 방법은 부록 6.3에 넣어 두었다.

앞 6.3.3.1절에서 보았듯이 $R_i = r$일 때 X_i의 조건부 확률밀도함수는 $f_{X_{[r]}}$이므로

$$\begin{aligned}\Pr\{Z_i = \pm 1|R_i = r\} &= \Pr\left\{X_i\text{의 확률밀도함수가 } f_{X_{[r]}} \text{ 일 때 } X_i \gtrless 0\text{이다.}\right\}\\ &= \begin{cases}\int_{\pm} f_{X_{[r]}}(x)dx, & r = 1, 2, \cdots, n,\\ 0, & \text{그 밖에는}\end{cases}\end{aligned} \tag{6.223}$$

[27] 여기서, $\frac{1}{2\sqrt{\pi}} \approx 0.2821$, $\frac{1}{\sqrt{\pi}} \approx 0.5642$, $\frac{1}{\sqrt{2\pi}} \approx 0.3989$이다.

[28] 여기서, $\sqrt{\frac{3}{\pi}} \approx 0.9772$이고 $\frac{(2-\sqrt{2})\sqrt{3}}{\sqrt{\pi-2}} \approx 0.9496$이다.

을 쉽게 알 수 있다. 여기서, $\int_\pm$는 $X_i > 0$일 때의 $\int_0^\infty$와 $X_i < 0$일 때의 $\int_{-\infty}^0$을 한꺼번에 나타내고자 쓴 것이다. 따라서,

$$\begin{aligned} \Pr\{Z_i = \pm 1, R_i = r\} &= \int_\pm f_{X_{[r]}}(x)dx \Pr\{R_i = r\} \\ &= \begin{cases} \frac{1}{n}\int_\pm f_{X_{[r]}}(x)dx, & r = 1, 2, \cdots, n, \\ 0, & \text{그 밖에는} \end{cases} \end{aligned} \tag{6.224}$$

이다. 위 (6.224)에서, $z_i = -1, 1$일 때

$$\Pr\{Z_i = z_i\}\Pr\{R_i = r\} \neq \Pr\{Z_i = z_i, R_i = r\} \tag{6.225}$$

이므로 R_i와 Z_i가 일반적으로 독립이 아니라는 것을 새겨 둘 만하다. 다만, 문제 6.16에 보인 바와 같이 f가 짝함수일 때에는 R_i와 Z_i가 독립이다.

이제, (5.251)에서 보인 $\frac{1}{n}\sum_{r=1}^{n} r f_{X_{[r]}}(x) = \{1 + (n-1)F(x)\}f(x)$를 새겨서 (6.224)를 바탕으로 Z_i와 R_i의 곱 적률을 얻으면

$$\begin{aligned} E\{Z_i R_i\} &= \sum_{r=1}^{n} r \int_{-\infty}^{\infty} \text{sgn}(x) f_{X_{[r]}}(x)dx \\ &= \int_{-\infty}^{\infty} \text{sgn}(x)\{1 + (n-1)F(x)\}f(x)dx \end{aligned} \tag{6.226}$$

과 같다. 끝으로, (6.226)을 새겨서 (3.248)에서 보인 $E\{Z_i\} = 1 - 2F(0)$, (3.249)에서 보인 $\text{Var}\{Z\} = 4F(0)\{1-F(0)\}$, (6.67)에서 보인 $E\{R_i\} = \frac{n+1}{2}$, (6.69)에서 보인 $\text{Var}\{R_i\} = \frac{n^2-1}{12}$를 쓰면 아래 정리를 얻는다.

정리 6.12 독립이고 분포가 같은 확률벡터 $\underline{X} = (X_1, X_2, \cdots, X_n)$의 한계 누적분포함수가 F일 때 부호 Z_i와 순위 R_i 사이의 표준화 상관계수는

$$\tilde{\rho}_{Z_i R_i} = \sqrt{3}\sqrt{F(0)\{1 - F(0)\}} \tag{6.227}$$

이다. ■■

보기 6.41 확률변수 X_i의 확률밀도함수가 $f(x) = \frac{1}{b-a}\{u(x-a) - u(x-b)\}$이고 $b > a$라고 하자. 그러면

$$F(0) = \begin{cases} 1, \ a < b \le 0; & \frac{-a}{b-a}, \ a < 0 < b; \\ 0, \ 0 \le a < b \end{cases} \tag{6.228}$$

이므로

$$\begin{aligned} \tilde{\rho}_{Z_i R_i} &= \begin{cases} 0, & ab \ge 0, \\ \sqrt{3}\frac{\sqrt{-ab}}{b-a}, & ab < 0, \end{cases} \\ &= \frac{\sqrt{3}}{2}\frac{\sqrt{-ab}}{b-a}\{\text{sgn}(b) - \text{sgn}(a)\} \end{aligned} \tag{6.229}$$

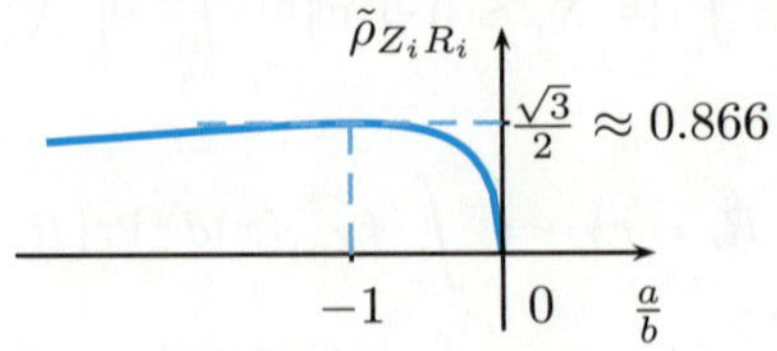

그림 6.9 확률밀도함수가 $f(x) = \frac{1}{b-a}\{u(x-a) - u(x-b)\}$이고 $a < 0 < b$일 때 표준화 상관계수 $\tilde{\rho}_{Z_iR_i}$

를 얻는다. 그림 6.9에 $a < 0 < b$일 때 표준화 상관계수 (6.229)를 보였는데, 이 그림에서 쉽게 알 수 있는 바와 같이 표준화 상관계수 (6.229)는 $a = -b < 0$일 때 가장 크고 그때의 값은 $\frac{\sqrt{3}}{2} \approx 0.8660$이다. ◇

한편, 분포가 대칭이면

$$\tilde{\rho}_{Z_iR_i} = \frac{\sqrt{3}}{2} \tag{6.230}$$

임을 정리 6.12에서 쉽게 알 수 있다.

6.3.5.2 부호와 크기 순위 사이의 표준화 상관계수

부록 6.3에 있는 (6.352)에서 확률변수의 부호 Z_i와 크기 순위 Q_i의 결합 확률질량함수가

$$p_{Z_i,Q_i}(z,q) = \begin{cases} \frac{1}{n}\int_0^\infty f_{|X|_{[q]}}(x)\ \frac{f(zx)}{g(x)}dx, & z \in \{-1,1\},\ q = 1,2,\ \cdots,n, \\ 0, & \text{그 밖에는} \end{cases} \tag{6.231}$$

과 같다는 것을 보였다. 확률벡터 $\underline{X} = (X_1, X_2, \cdots, X_n)$이 독립이고 분포가 같더라도 부호 Z_i와 순위 R_i는 일반적으로 독립이 아니라는 것을 이미 (6.225)에서 보았다. 이와 마찬가지로 (6.231)에서 $z_i = -1, 1$일 때

$$\Pr\{Z_i = z_i\}\Pr\{Q_i = q\} \neq \Pr\{Z_i = z_i, Q_i = q\} \tag{6.232}$$

이므로 확률변수의 부호 Z_i와 크기 순위 Q_i도 일반적으로 독립이 아니다. 그런데, $f(x)$가 짝함수이면 문제 6.17에서 보인 바와 같이 Z_i와 Q_i는 독립이다.

이제, 문제 6.17에서 다룬 바와 같이 (6.231)을 쓰면 아래 정리를 얻을 수 있다.

정리 6.13 독립이고 분포가 같은 확률벡터 $\underline{X} = (X_1, X_2, \cdots, X_n)$의 한계 누적분포함수가 F이고 $\frac{d}{dx}F(x) = f(x)$일 때 부호 Z_i와 크기 순위 Q_i 사이의 표준화 상관계수는

$$\tilde{\rho}_{Z_iQ_i} = \frac{\sqrt{3}}{\sqrt{F(0)\{1-F(0)\}}}\left\{F(0) - \int_{-\infty}^{\infty} F(-x)f(x)dx\right\} \tag{6.233}$$

이다. ■■

한편, f가 짝함수이면, $F(0) = \frac{1}{2}$이고 문제 6.9에서 보인 것처럼

$$\int_{-\infty}^{\infty} F(-x)f(x)dx = \frac{1}{2} \tag{6.234}$$

이므로, $\tilde{\rho}_{Z_iQ_i} = 0$이라는 것을 위 정리에서 알 수 있다. 또한, 문제 6.8에서 다룬 것처럼, $F(0) = 0$이면

$$\int_{-\infty}^{\infty} F(-x)f(x)dx = 0 \tag{6.235}$$

이고, $F(0) = 1$이면

$$\int_{-\infty}^{\infty} F(-x)f(x)dx = 1 \tag{6.236}$$

이다. 이것은 $F(0) = 0$ 또는 1일 때 $\text{Cov}(Z_i, R_i) = \text{Cov}(Z_i, Q_i) = 0$이고 $\tilde{\rho}_{Z_iR_i} = \tilde{\rho}_{Z_iQ_i} = 0$이라는 것을 뜻한다.

정리 6.14 **부호의 표준화 상관계수** 부호와 순위 사이의 표준화 상관계수 $\tilde{\rho}_{Z_iR_i}$와 부호와 크기 순위 사이의 표준화 상관계수 $\rho_{Z_iQ_i}$는

$$0 \leq \tilde{\rho}_{Z_iR_i} \leq \frac{\sqrt{3}}{2}, \tag{6.237}$$

$$-\frac{\sqrt{3}}{2} \leq \tilde{\rho}_{Z_iQ_i} \leq \frac{\sqrt{3}}{2}, \tag{6.238}$$

$$\tilde{\rho}_{Z_iQ_i} \leq \tilde{\rho}_{Z_iR_i} \tag{6.239}$$

를 만족시킨다. ■■

증명 먼저, (6.237)은 (6.227)에서 바로 알 수 있다. 다음에, $x \geq 0$이면

$$0 \leq F(-x) \leq F(0) \leq F(x) \leq 1 \tag{6.240}$$

이므로

$$0 \leq \int_{0}^{\infty} F(-x)f(x)dx \leq F(0)\int_{0}^{\infty} f(x)dx \tag{6.241}$$

과

$$F(0)\int_{0}^{\infty} f(-x)dx \leq \int_{0}^{\infty} F(x)f(-x)dx \leq \int_{0}^{\infty} f(-x)dx \tag{6.242}$$

이고, 이 두 식에서

$$\int_{-\infty}^{\infty} F(-x)f(x)dx = \int_{0}^{\infty} \{F(-x)f(x) + F(x)f(-x)\}dx \tag{6.243}$$

을 얻는다. 따라서,

$$-F(0)\{1 - F(0)\} \leq F(0) - \int_{-\infty}^{\infty} F(-x)f(x)dx \leq F(0)\{1 - F(0)\} \tag{6.244}$$

이다. 이제 (6.244)를 (6.233)에 쓰면 (6.238)을 얻을 수 있다. 끝으로, (6.227)과 (6.233)을 새기면 (6.244)의 뒷 부등식에서 (6.239)를 얻을 수 있다. □

표준화 상관계수 $\tilde{\rho}_{Z_iR_i}$가 (6.237)에 보인 상한 $\frac{\sqrt{3}}{2}$에 이를 필요충분조건은 $F(0)=\frac{1}{2}$이고, 하한 $-\frac{\sqrt{3}}{2}$에 이를 필요충분조건은 $F(0)=0$ 또는 1이라는 것을 (6.227)에서 쉽게 알 수 있다. 한편, (6.238)의 상한과 하한에 이를 충분조건 하나를 아래 정리에 얻어 두었다.

정리 6.15 확률밀도함수가 f일 때, $a<b\le 0\le c<d$이고

$$\begin{aligned}\int_a^b f(x)dx &= \int_c^d f(x)dx\\ &= \frac{1}{2}\end{aligned}\tag{6.245}$$

을 만족시키는 네 점 $\{a,b,c,d\}$를 생각하자. 이때, $-b\ge d$이면 $\tilde{\rho}_{Z_iQ_i}=-\frac{\sqrt{3}}{2}$이고, $-a\le c$이면 $\tilde{\rho}_{Z_iQ_i}=\frac{\sqrt{3}}{2}$이다. ■■

증명 먼저, $x\ge -a$이면 $F(-x)=0$이고, $-c\le x\le -b$이면 $F(-x)=\frac{1}{2}$이며, $x\le -d$이면 $F(-x)=1$이다. 한편, 구간 $(-\infty,a)$, (b,c), 그리고 (d,∞)에서 $f(x)=0$이다. 따라서, $-b\ge d$이면 $a<b\le -d<-c\le 0\le c<d\le -b<-a$이므로

$$\begin{aligned}\int_{-\infty}^{\infty} F(-x)f(x)dx &= \int_{-\infty}^{-d} 1\,f(x)dx+\int_{-d}^{-c} F(-x)f(x)dx+\int_{-c}^{-b}\frac{1}{2}f(x)dx\\ &\quad +\int_{-b}^{\infty} F(-x)f(x)dx\\ &= \int_a^b f(x)dx+\int_c^d \frac{1}{2}f(x)dx\\ &= \frac{3}{4}\end{aligned}\tag{6.246}$$

이고, $-a\le c$이면 $-d<-c\le a<b\le 0\le -b<-a\le c<d$이므로

$$\begin{aligned}\int_{-\infty}^{\infty} F(-x)f(x)dx &= \int_{-\infty}^{-c} F(-x)f(x)dx+\int_{-c}^{-b}\frac{1}{2}f(x)dx\\ &\quad +\int_{-b}^{-a} F(-x)f(x)dx+\int_{-a}^{\infty} F(-x)f(x)dx\\ &= \int_a^b \frac{1}{2}f(x)dx\\ &= \frac{1}{4}\end{aligned}\tag{6.247}$$

이다. 이제, $F(0)=\frac{1}{2}$을 새기고, (6.246)과 (6.247)을 (6.233)에 쓰면 바라는 결과를 얻을 수 있다. □

보기 6.42 확률변수 X_i의 확률밀도함수가 $f(x)=\frac{1}{2}\{u(x+2)-u(x+1)+u(x-3)-u(x-4)\}$라고 하자. 그러면 $(a,b,c,d)=(-2,-1,3,4)$일 때

$$\begin{aligned}\int_a^b f(x)dx &= \int_c^d f(x)dx\\ &= \frac{1}{2}\end{aligned}\tag{6.248}$$

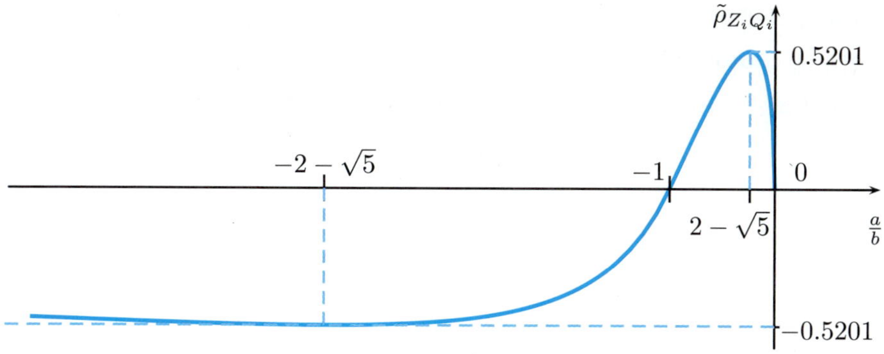

그림 6.10 확률밀도함수가 $f(x) = \frac{1}{b-a}\{u(x-a) - u(x-b)\}$이고 $a < 0 < b$일 때 표준화 상관계수 $\tilde{\rho}_{Z_iQ_i}$

이고 $-a \le c$이므로 $\tilde{\rho}_{Z_iQ_i} = \frac{\sqrt{3}}{2}$이다. 한편, $f(x) = \frac{1}{2}\{u(x+4) - u(x+3) + u(x-1) - u(x-2)\}$라면, $(a, b, c, d) = (-4, -3, 1, 2)$일 때

$$\begin{aligned} \int_a^b f(x)dx &= \int_c^d f(x)dx \\ &= \frac{1}{2} \end{aligned} \tag{6.249}$$

이고 $-b \ge d$이므로 $\tilde{\rho}_{Z_iQ_i} = -\frac{\sqrt{3}}{2}$이다. ◇

보기 6.43 확률변수 X_i의 확률밀도함수가 $f(x) = \frac{1}{b-a}\{u(x-a) - u(x-b)\}$이고 $b > a$라고 하자. 식 (6.228)과 부록 6.2에 보인 (6.318)을 쓰면 표준화 상관계수

$$\begin{aligned} \tilde{\rho}_{Z_iQ_i} &= \begin{cases} 0, & ab \ge 0, \\ \sqrt{3}\frac{b+a}{b-a}\sqrt{-\frac{b}{a}}, & a \le -b < 0, \\ \sqrt{3}\frac{b+a}{b-a}\sqrt{-\frac{a}{b}}, & -b \le a < 0 \end{cases} \\ &= \frac{\sqrt{3}}{2}\frac{b+a}{b-a}\sqrt{\frac{\max(a,-b)}{\min(a,-b)}}\{\operatorname{sgn}(b) - \operatorname{sgn}(a)\} \end{aligned} \tag{6.250}$$

을 얻는다. 여기서, $a < b$이므로 $\min(a, -b) < 0$이라는 것, $a < 0 < b$이면 $\max(a, -b)$도 0보다 작다는 것, $\min(a, -b)$의 부호와 $\max(a, -b)$의 부호가 다를 때에는 $\operatorname{sgn}(b) - \operatorname{sgn}(a) = 0$이라는 것을 새겨 둘 만하다. 그림 6.10에 $a < 0 < b$일 때 표준화 상관계수 (6.250)을 보였다. 표준화 상관계수 (6.250)은 $\frac{a}{b} = 2 - \sqrt{5} \approx -0.236$일 때 가장 크고 그때의 값은

$$\frac{\sqrt{3}}{2}\sqrt{\sqrt{5}-2}\left(\sqrt{5}-1\right) \approx 0.5201 \tag{6.251}$$

이고, $\frac{a}{b} = -2 - \sqrt{5} \approx -4.236$일 때 가장 작고 그때의 값은 $-\frac{\sqrt{3}}{2}\sqrt{\sqrt{5}-2}(\sqrt{5}-1) \approx -0.5201$이라는 것을 이 그림에서 쉽게 알 수 있다. ◇

6.3.6 순위와 크기 순위 사이의 상관계수*

확률변수의 순위 R_i와 크기 순위 Q_i 사이의 상관을 얻을 수 있도록 이 둘 사이의 결합 확률질

량함수를 먼저 생각해 보자. 이때, 확률변수의 순위 R_i와 크기 순위 Q_i가 선형 종속인지 아닌지를 먼저 염두에 두어야한다.

(가) $F(0) = 1$**일 때:** $F(0) = 1$이면 $X_i \leq 0$이므로 $|X_i| = -X_i$이다. 따라서, $Q_i = n+1-R_i$이다. 그러므로,

$$\Pr\{R_i = r, Q_i = q\} = \begin{cases} \frac{1}{n}, & 1 \leq q = n+1-r \leq n, \\ 0, & \text{그 밖에는} \end{cases} \tag{6.252}$$

이고,

$$\begin{aligned} E\{R_iQ_i\} &= \sum_{r=1}^{n}\sum_{q=1}^{n} \Pr\{R_i = r, Q_i = q\} \cdot q \cdot r \\ &= \frac{1}{n}\sum_{r=1}^{n}(n+1-r)r \\ &= \frac{(n+1)(n+2)}{6} \end{aligned} \tag{6.253}$$

이다. 따라서, (6.67), (6.69), (6.253)에서

$$\begin{aligned} \rho_{R_iQ_i} &= \frac{12}{n^2-1}\left\{\frac{(n+1)(n+2)}{6} - \left(\frac{n+1}{2}\right)^2\right\} \\ &= -1 \end{aligned} \tag{6.254}$$

를 얻는다.

(나) $F(0) = 0$**일 때:** $F(0) = 0$일 때에는 $X_i \geq 0$이므로 $|X_i| = X_i$이고 $Q_i = R_i$이다. 곧,

$$\Pr\{R_i = r, Q_i = q\} = \begin{cases} \frac{1}{n}, & 1 \leq q = r \leq n, \\ 0, & \text{그 밖에는} \end{cases} \tag{6.255}$$

인데, 이 식을 쓰면

$$\begin{aligned} E\{R_iQ_i\} &= \frac{1}{n}\sum_{r=1}^{n} r^2 \\ &= \frac{(n+1)(2n+1)}{6} \end{aligned} \tag{6.256}$$

이다. 따라서, (6.67), (6.69)와 (6.256)에서

$$\begin{aligned} \rho_{R_iQ_i} &= \frac{12}{n^2-1}\left\{\frac{(n+1)(2n+1)}{6} - \left(\frac{n+1}{2}\right)^2\right\} \\ &= 1 \end{aligned} \tag{6.257}$$

을 쉽게 얻을 수 있다.

(다) $0 < F(0) < 1$**일 때:** 앞에서 여러 차례 – 보기를 들면, 6.3.3.1절을 시작할 때 – 말했듯이 $\{R_i = r\}$은 $\{X_i$가 $X_{[r]}$이다.$\}$라는 이야기이고, 이것은 $\{X_i$의 확률밀도함수가 $f_{X_{[r]}}$이다.$\}$와

같은 것이다. 따라서, $R_i = r$일 때에는 $\{X_j\}_{j=1}^{n}$이 독립이고 분포가 거의 같으며 확률밀도함수 짝이 $(f_{X_{[r]}}, f)$인 확률변수들이다. 그러므로, (6.143)과 (6.144)를 새기면

$$\begin{aligned}
\Pr\{R_i = r, Q_i = q\} &= \Pr\{Q_i = q | R_i = r\}\Pr\{R_i = r\} \\
&= \frac{1}{n}\Pr\Big\{\{X_j\}_{j=1}^{n}\text{이 독립이고 분포가 거의 같으며} \\
&\qquad \text{확률밀도함수 짝이 } \big(f_{X_{[r]}}, f\big)\text{인 확률변수들일 때, } Q_1 = q\text{이다.}\Big\} \\
&= \frac{1}{n}\, {}_{n-1}\mathrm{C}_{q-1} \int_{-\infty}^{\infty} G^{q-1}(x)\{1 - G(x)\}^{n-q} \left\{ f_{X_{[r]}}(x) + f_{X_{[r]}}(-x) \right\} u(x) dx \\
&= \frac{1}{n^2} \int_{-\infty}^{\infty} \frac{f_{|X|_{[q]}}(x)}{g(x)} \left\{ f_{X_{[r]}}(x) + f_{X_{[r]}}(-x) \right\} dx \qquad (6.258)
\end{aligned}$$

과 같이 확률변수의 순위 R_i와 크기 순위 Q_i의 결합 확률질량함수를 얻을 수 있다. 식 (6.258)을 쓰면

$$\rho_{R_iQ_i} = \frac{12(n-1)}{n+1} \left\{ \int_{-\infty}^{\infty} G(|x|)F(x)f(x)dx - \frac{1}{4} \right\} \qquad (6.259)$$

임을 문제 6.18에 보였다. 이제, 위 (가)–(다)에서 얻은 (6.254), (6.257), (6.259)를 모아 쓰면 아래 정리를 얻는다.

정리 6.16 독립이고 분포가 같은 확률벡터 $\underline{X} = (X_1, X_2, \cdots, X_n)$의 한계 누적분포함수가 F이고 $\frac{d}{dx}F(x) = f(x)$이며 $G(x) = F(x) - F(-x)$일 때 순위 R_i와 크기 순위 Q_i 사이의 표준화 상관계수는

$$\rho_{R_iQ_i} = \begin{cases} 1 - 2F(0), & F(0) = 0 \text{ 또는 } 1, \\ \frac{12(n-1)}{n+1} \left\{ \int_{-\infty}^{\infty} G(|x|)F(x)f(x)dx - \frac{1}{4} \right\}, & 0 < F(0) < 1 \end{cases} \qquad (6.260)$$

이다. ■■

한편, 문제 6.9에서 보인 바와 같이 확률밀도함수 f가 짝함수일 때에는

$$\int_{-\infty}^{\infty} G(|x|)F(x)f(x)dx = \frac{1}{4} \qquad (6.261)$$

이다. 그러므로 확률밀도함수 f가 짝함수일 때에는

$$\rho_{R_iQ_i} = 0 \qquad (6.262)$$

임을 위 정리에서 알 수 있다.

보기 6.44 확률변수 X_i의 확률밀도함수가 $f(x) = \frac{1}{b-a}\{u(x-a) - u(x-b)\}$이고 $b > a$라고 하자. 그러면

$$\rho_{R_iQ_i} = \begin{cases} -1, & a < b \le 0\text{일 때}, \\ 1, & 0 \le a < b\text{일 때} \end{cases} \qquad (6.263)$$

임을 (6.254)와 (6.257)에서 알 수 있다. 또, $a < 0 < b$이면 부록 6.2에 보인 (6.319)를 써서

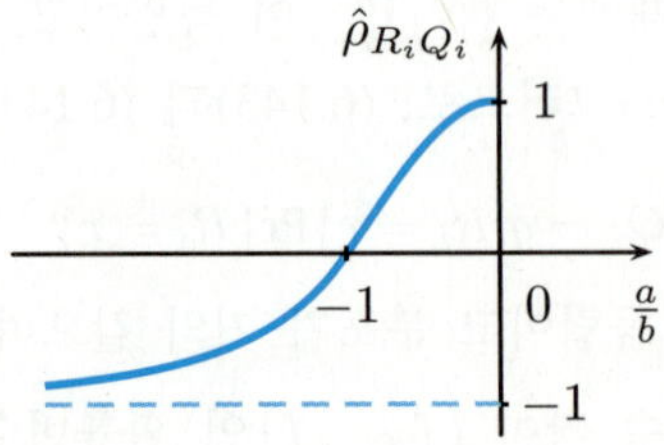

그림 6.11 확률밀도함수가 $f(x) = \frac{1}{b-a}\{u(x-a) - u(x-b)\}$이고 $a < 0 < b$일 때 표준화 상관계수 $\hat{\rho}_{R_iQ_i}$

표 6.2 표준화 상관계수와 몇 가지 성질

	식	성질
$\tilde{\rho}_{X_iR_i}$	$\frac{\sqrt{3}}{\sigma_X}\int_{-\infty}^{\infty} x\{2F(x)-1\}f(x)dx$	$0 \le \tilde{\rho}_{X_iR_i} \le 1$
$\tilde{\rho}_{X_iQ_i}$	$\frac{\sqrt{3}}{\sigma_X}\int_{-\infty}^{\infty} x\{2G(\|x\|)-1\}f(x)dx$	$\tilde{\rho}_{X_iQ_i} \le \tilde{\rho}_{X_iR_i}$
$\tilde{\rho}_{\|X_i\|R_i}$	$\frac{\sqrt{3}}{\sqrt{\sigma_X^2+4m_X^+m_X^-}}\int_{-\infty}^{\infty} \|x\|\{2F(x)-1\}f(x)dx$	$\tilde{\rho}_{\|X_i\|R_i} \le \tilde{\rho}_{\|X_i\|Q_i}$
$\tilde{\rho}_{\|X_i\|Q_i}$	$\frac{\sqrt{3}}{\sqrt{\sigma_X^2+4m_X^+m_X^-}}\int_{-\infty}^{\infty} \|x\|\{2G(\|x\|)-1\}f(x)dx$	$0 \le \tilde{\rho}_{\|X_i\|Q_i} \le 1$
$\tilde{\rho}_{Z_iR_i}$	$\sqrt{3}\sqrt{F(0)\{1-F(0)\}}$	$0 \le \tilde{\rho}_{Z_iR_i} \le \frac{\sqrt{3}}{2}$
$\tilde{\rho}_{Z_iQ_i}$	$\frac{\sqrt{3}}{\sqrt{F(0)\{1-F(0)\}}}\left\{F(0) - \int_{-\infty}^{\infty} F(-x)f(x)dx\right\}$	$\|\tilde{\rho}_{Z_iQ_i}\| \le \frac{\sqrt{3}}{2}$, $\tilde{\rho}_{Z_iQ_i} \le \tilde{\rho}_{Z_iR_i}$
$\rho_{R_iQ_i}$	(가) $F(0) = 0$ 또는 1이면 $1 - 2F(0)$ (나) $0 < F(0) < 1$이면 $\frac{12(n-1)}{n+1}\left\{\int_{-\infty}^{\infty} G(\|x\|)F(x)f(x)dx - \frac{1}{4}\right\}$	$\|\rho_{R_iQ_i}\| \le 1$

$$\begin{aligned}\hat{\rho}_{R_iQ_i} &= \frac{n+1}{n-1}\rho_{R_iQ_i} \\ &= \begin{cases} -1 + \frac{8b^3}{(b-a)^3}, & a < -b < 0, \\ 1 + \frac{8a^3}{(b-a)^3}, & -b < a < 0 \end{cases} \\ &= \operatorname{sgn}(a+b)\left[1 + \left\{\frac{2\max(a,-b)}{b-a}\right\}^3\right] \end{aligned} \tag{6.264}$$

을 얻을 수 있다. 또, (6.187)과 (6.264)에서 알 수 있듯이

$$\rho_{R_iQ_i} = \begin{cases} \sqrt{\frac{n-1}{n+1}}\rho_{X_iQ_i}, & a < 0 < b\text{이면}, \\ \rho_{X_iQ_i}, & ab \ge 0\text{이면} \end{cases} \tag{6.265}$$

이다. 그림 6.11에 표준화 상관계수 (6.264)를 그려 두었다. ◇

6.3.7 표준화 상관계수 보기*

이제까지 6.3.3–6.3.6절에서 얻은 것을 표 6.2에 정리해 두었다. 이제, 확률밀도함수가 짝함수일 때에는 $\tilde{\rho}_{X_iQ_i} = \tilde{\rho}_{|X_i|R_i} = \tilde{\rho}_{Z_iQ_i} = \rho_{R_iQ_i} = 0$이고 $\tilde{\rho}_{Z_iR_i} = \frac{\sqrt{3}}{2}$이라는 것을 앞에서 보았으므로

표 6.3 중심 $t(n)$ 분포의 표준화 상관계수 $\tilde{\rho}_{X_iR_i}$와 $\tilde{\rho}_{|X_i|Q_i}$

	$n=3$	$n=4$	$n=5$	$n=6$	$n=7$	$n\to\infty$
$\tilde{\rho}_{X_iR_i}$	0.8270	0.9018	0.9284	0.9416	0.9493	$\sqrt{\frac{3}{\pi}}\approx 0.9772$
$\tilde{\rho}_{\lvert X_i\rvert Q_i}$	0.7149	0.8186	0.8608	0.8830	0.8966	$\frac{\sqrt{3}(2-\sqrt{2})}{\sqrt{\pi-2}}\approx 0.9496$

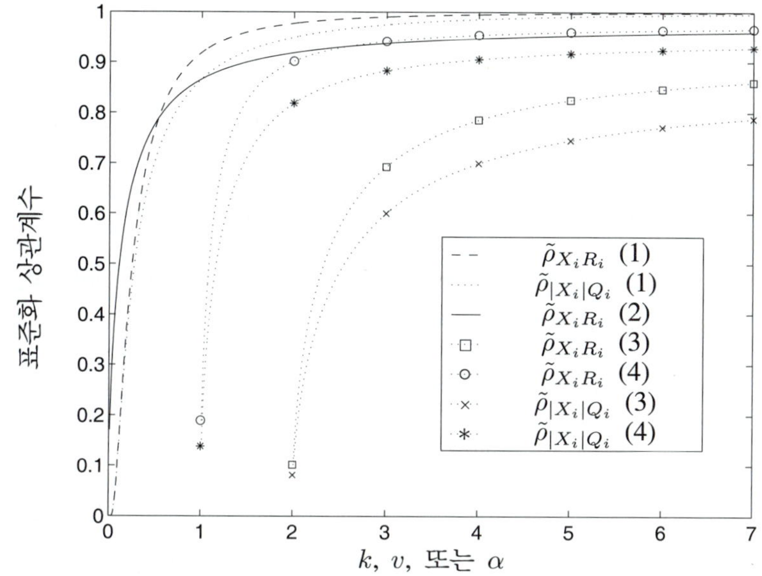

그림 6.12 여러 분포의 표준화 상관계수 $\tilde{\rho}_{X_iR_i}$와 $\tilde{\rho}_{|X_i|Q_i}$: (1)은 일반화된 정규 분포, (2)는 감마 분포, (3)은 $k=1$인 일반화된 코쉬 분포, (4)는 $k=2$인 일반화된 코쉬 분포

여기서는 $\tilde{\rho}_{X_iR_i}$와 $\tilde{\rho}_{|X_i|Q_i}$만 살펴보도록 하자.

확률밀도함수가

$$f(r) = \frac{\Gamma\left(\frac{n+1}{2}\right)}{\Gamma\left(\frac{n}{2}\right)\sqrt{n\pi}}\left(1+\frac{r^2}{n}\right)^{-\frac{n+1}{2}} \tag{6.266}$$

인 중심 t 분포[29]의 표준화 상관계수를 표 6.3에 보였다. 표 6.3에 보인 중심 t 분포에서의 표준화 상관계수 $\tilde{\rho}_{X_iR_i}$와 $\tilde{\rho}_{|X_i|Q_i}$의 값은, $n\to\infty$일 때, 각각 $\sqrt{\frac{3}{\pi}}\approx 0.9772$이고 $\frac{\sqrt{3}(2-\sqrt{2})}{\sqrt{\pi-2}}\approx 0.9496$인데 이 값들은 보기 6.40에서 얻은 정규 분포의 표준화 상관계수 값들이다. 이것은 보기 2.88에서 보았듯이 $n\to\infty$이면 $f_T\to f_N$이기 때문이다.

다음에, (3.427)에 보인 일반화된 정규 확률밀도함수

$$f_{GG}(x) = \frac{k}{2A_G(k)\Gamma\left(\frac{1}{k}\right)}\exp\left\{-\left(\frac{|x|}{A_G(k)}\right)^k\right\} \tag{6.267}$$

과 (3.435)에 보인 일반화된 코쉬 확률밀도함수

$$f_{GC}(x) = \frac{\tilde{B}_c(k,v)}{\tilde{D}_c^{v+\frac{1}{k}}(x)} \tag{6.268}$$

[29]중심 t 분포는 보기 2.88에서 다룬 바 있다.

표 6.4 중심 $F(m,n)$ 분포의 표준화 상관계수 $\tilde{\rho}_{X_iR_i}$ (중심 F 분포에서는 $\tilde{\rho}_{X_iR_i} = \tilde{\rho}_{X_iQ_i} = \tilde{\rho}_{|X_i|R_i} = \tilde{\rho}_{|X_i|Q_i}$이고, $\tilde{\rho}_{Z_iR_i} = \tilde{\rho}_{Z_iQ_i} = 0$이며, $\rho_{R_iQ_i} = 1$이다.)

(m,n)	$(4,5)$	$(4,6)$	$(4,7)$	$(4,8)$	$(4,9)$	$(4,11)$	$(4,14)$
$\tilde{\rho}_{X_iR_i}$	0.5063	0.6299	0.6961	0.7377	0.7664	0.8032	0.8342
(m,n)	$(1,6)$	$(2,6)$	$(3,6)$	$(4,6)$	$(5,6)$	$(7,6)$	$(10,6)$
$\tilde{\rho}_{X_iR_i}$	0.5446	0.6000	0.6201	0.6299	0.6354	0.6412	0.6449
(m,n)	$(\infty,5)$	$(\infty,6)$	$(\infty,7)$	$(\infty,8)$	$(\infty,9)$	$(\infty,11)$	$(\infty,14)$
$\tilde{\rho}_{X_iR_i}$	0.5198	0.6495	0.7203	0.7655	0.7970	0.8383	0.8737
(m,n)	$(1,\infty)$	$(2,\infty)$	$(3,\infty)$	$(4,\infty)$	$(5,\infty)$	$(7,\infty)$	$(10,\infty)$
$\tilde{\rho}_{X_iR_i}$	0.7797	0.8660	0.9003	0.9186	0.9298	0.9430	0.9531

표 6.5 고른 확률밀도함수 f_U와 평균은 0이고 대칭이 아닌 확률밀도함수 f_a의 표준화 상관계수: $B_{ab} = \max(a,-b)$, $S_{ab} = \min(a,-b)$, $D_{ab} = \mathsf{sgn}(b) - \mathsf{sgn}(a)$, $v = \min(a, a^{-1})$

	$f_U(x)$	$f_a(x)$
$\tilde{\rho}_{X_iR_i}$	1	$\frac{2\sqrt{v}}{v+1}$
$\tilde{\rho}_{X_iQ_i}$	$\left\{1+\left(\frac{B_{ab}D_{ab}}{b-a}\right)^3\right\}\mathsf{sgn}(a+b)$	$\frac{(v-1)(3v+1)\sqrt{v}}{(v+1)^2}$
$\tilde{\rho}_{\lvert X_i\rvert R_i}$	$\frac{(b-a)^3+(3S_{ab}+B_{ab})B_{ab}^2D_{ab}}{(b-a)\sqrt{(b-a)^4-6a^2b^2D_{ab}}}\mathsf{sgn}(a+b)$	$\frac{(a-1)\sqrt{a}}{(a+1)\sqrt{a^2-a+1}}$
$\tilde{\rho}_{\lvert X_i\rvert Q_i}$	$\frac{(b-a)^3+(3S_{ab}-B_{ab})B_{ab}^2D_{ab}}{(b-a)\sqrt{(b-a)^4-6a^2b^2D_{ab}}}$	$\frac{2\sqrt{v}}{v+1}\frac{1-\frac{v}{2}+\frac{v^2}{2}}{\sqrt{1-v+v^2}}$
$\tilde{\rho}_{Z_iR_i}$	$\frac{\sqrt{3}}{2}\frac{\sqrt{-ab}}{b-a}D_{ab}$	$\frac{\sqrt{3a}}{a+1}$
$\tilde{\rho}_{Z_iQ_i}$	$\frac{\sqrt{3}}{2}\frac{b+a}{b-a}\sqrt{\frac{B_{ab}}{S_{ab}}}D_{ab}$	$\frac{(v-1)\sqrt{3v}}{v+1}$
$\hat{\rho}_{R_iQ_i}$	$a<0<b$이면 $\left\{1+\left(\frac{2B_{ab}}{b-a}\right)^3\right\}\mathsf{sgn}(a+b)$	$\frac{(v-1)\left(2v^3+v^2+2v-1\right)}{(v+1)^3}$

의 표준화 상관계수 $\tilde{\rho}_{X_iR_i}$와 $\tilde{\rho}_{|X_i|Q_i}$를 그림 6.12에 보였다. 이 그림에서, 감마 분포의 표준화 상관계수 $\tilde{\rho}_{X_iR_i}$는 문제 6.11에 보인 (6.390)을 바탕으로 얻은 것이다. 이미 3.6.6절에서 말한 바와 같이 k와 σ_G^2가 일정하고 $v \to \infty$일 때 일반화된 코쉬 분포는 일반화된 정규 분포에 수렴한다. 따라서, $k = 2$이고 $v \to \infty$일 때 일반화된 코쉬 분포의 표준화 상관계수 $\tilde{\rho}_{X_iR_i}$는 $\sqrt{\frac{3}{\pi}} \approx 0.9772$로 수렴하고 표준화 상관계수 $\tilde{\rho}_{|X_i|Q_i}$는 $\frac{\sqrt{3}(2-\sqrt{2})}{\sqrt{\pi-2}} \approx 0.9496$으로 수렴한다. 한편, $k=1$이고 $v \to \infty$일 때 일반화된 코쉬 분포의 표준화 상관계수 $\tilde{\rho}_{X_iR_i}$는 $\frac{3\sqrt{6}}{8} \approx 0.9186$으로 수렴하고 표준화 상관계수 $\tilde{\rho}_{|X_i|Q_i}$는 $\frac{\sqrt{3}}{2} \approx 0.8660$으로 수렴한다.

한편, $F(0)=0$인 분포에서는 $\tilde{\rho}_{X_iR_i} = \tilde{\rho}_{X_iQ_i} = \tilde{\rho}_{|X_i|R_i} = \tilde{\rho}_{|X_i|Q_i}$이고, $\tilde{\rho}_{Z_iR_i} = \tilde{\rho}_{Z_iQ_i} = 0$이며, $\rho_{R_iQ_i} = 1$이므로, $\tilde{\rho}_{X_iR_i}$만 살펴보자. 먼저, 확률밀도함수가

$$f_F(x) \;=\; \frac{\Gamma\left(\frac{m+n}{2}\right)}{\Gamma\left(\frac{m}{2}\right)\Gamma\left(\frac{n}{2}\right)}\frac{m}{n}\left(\frac{m}{n}x\right)^{\frac{m}{2}-1}\left(1+\frac{m}{n}x\right)^{-\frac{m+n}{2}}u(x) \tag{6.269}$$

인 중심 $F(m,n)$ 분포[30]의 표준화 상관계수 $\tilde{\rho}_{X_iR_i}$를 표 6.4에 보여두었다. 또, 6.3.3–6.3.6절,

[30]중심 $F(m,n)$ 분포는 보기 2.90에서 다룬 바 있다.

문제 6.15, 문제 6.19에서 얻은 고른 확률밀도함수 f_U와 평균은 0이지만 대칭이 아닌 확률밀도함수 f_a의 여러 표준화 상관계수를 표 6.5에 정리해 두었다.

부록

부록 6.1 점수 함수의 보기

점수 함수는 적분이나 합을 거쳐 얻는데, 확률밀도함수에 따라 점수 함수를 닫힌 꼴로 얻을 수 있을 때도 있다. 점수 함수를 닫힌 꼴로 얻을 수 없을 때에는 어림식을 대신 쓰기도 한다.

보기 6.45 표준 정규 누적분포함수를 $\Phi(x)$라고 하고, f가 표준 정규 확률밀도함수일 때 점수 함수를 얻어 보자.

풀이 먼저, $i = 1, 2, \cdots, n$일 때

$$\begin{aligned} a_1(i) &= n\,{}_{n-1}\mathrm{C}_{i-1} \int_0^1 \Phi^{-1}(w) w^{i-1}(1-w)^{n-i} dw \\ &\approx \Phi^{-1}\left(\frac{i}{n+1}\right) \end{aligned} \tag{6.270}$$

을 얻을 수 있고, 이어서 $i, k = 1, 2, \cdots, n$일 때

$$\begin{aligned} a_0(k,i) &\approx a_1(k)a_1(i) \\ &\approx \Phi^{-1}\left(\frac{k}{n+1}\right)\Phi^{-1}\left(\frac{i}{n+1}\right) \end{aligned} \tag{6.271}$$

과

$$\begin{aligned} b_1(i) &\approx a_1^2(i) - 1 \\ &\approx \left\{\Phi^{-1}\left(\frac{i}{n+1}\right)\right\}^2 - 1 \end{aligned} \tag{6.272}$$

를 얻을 수 있다. 마찬가지로, $i, k = 1, 2, \cdots, n$일 때

$$\begin{aligned} c_1(i) &= n\,{}_{n-1}\mathrm{C}_{i-1} \int_0^1 \Phi^{-1}\left(\frac{w+1}{2}\right) w^{i-1}(1-w)^{n-i} dw \\ &\approx \Phi^{-1}\left(\frac{n+i+1}{2n+2}\right) \end{aligned} \tag{6.273}$$

이고,

$$\begin{aligned} c_0(k,i) &\approx c_1(k)c_1(i) \\ &\approx \Phi^{-1}\left(\frac{n+k+1}{2n+2}\right)\Phi^{-1}\left(\frac{n+i+1}{2n+2}\right) \end{aligned} \tag{6.274}$$

이며,

$$\begin{aligned} d_1(i) &\approx c_1^2(i) - 1 \\ &\approx \left\{\Phi^{-1}\left(\frac{n+i+1}{2n+2}\right)\right\}^2 - 1 \end{aligned} \tag{6.275}$$

이다. ◇

표 6.6 로지스틱 확률밀도함수의 점수 함수 $a_0(k,i)$: $n=7$일 때

$k\downarrow i\rightarrow$	1	2	3	4	5	6	7
1	0.611 0.563	0.417 0.375	0.222 0.188	0.028 0	−0.167 −0.188	−0.361 −0.375	−0.556 −0.563
2	0.417 0.375	0.333 0.250	0.194 0.125	0.056 0	−0.083 −0.125	−0.222 −0.250	−0.361 −0.375
3	0.222 0.188	0.194 0.125	0.167 0.063	0.083 0	0 −0.063	−0.083 −0.125	−0.167 −0.188
4	0.028 0	0.056 0	0.083 0	0.111 0	0.083 0	0.056 0	0.028 0
5	−0.167 −0.188	−0.083 −0.125	0 −0.063	0.083 0	0.167 0.063	0.194 0.125	0.222 0.188
6	−0.361 −0.375	−0.222 −0.25	−0.083 −0.125	0.056 0	0.194 0.125	0.333 0.25	0.417 0.375
7	−0.556 −0.563	−0.361 −0.375	−0.167 −0.188	0.028 0	0.222 0.188	0.417 0.375	0.611 0.563

보기 6.46 확률밀도함수 f가 로지스틱 확률밀도함수

$$f_L(x) = \frac{e^{-x}}{(1+e^{-x})^2} \tag{6.276}$$

일 때를 생각하자. 그러면 표 6.1에서 알 수 있는 것처럼 $0 \le w \le 1$일 때

$$F^{-1}(w) = \ln\frac{w}{1-w} \tag{6.277}$$

이고, $J_{11}(w) = 2w-1$이며, $J_{21}(w) = 6w^2-6w+1$이라는 것을 새기면 $i=1,2,\cdots,n$일 때

$$\begin{aligned} a_1(i) &= n\,{}_{n-1}\mathrm{C}_{i-1}\int_0^1 (2w-1)w^{i-1}(1-w)^{n-i}dw \\ &= n\,{}_{n-1}\mathrm{C}_{i-1}\{2B(i+1,n-i+1)-B(i,n-i+1)\} \\ &= \frac{2i}{n+1}-1 \end{aligned} \tag{6.278}$$

과

$$\begin{aligned} c_1(i) &= n\,{}_{n-1}\mathrm{C}_{i-1}\int_0^1 w\cdot w^{i-1}(1-w)^{n-i}dw \\ &= n\,{}_{n-1}\mathrm{C}_{i-1}B(i+1,n-i+1) \\ &= \frac{i}{n+1} \end{aligned} \tag{6.279}$$

를 얻을 수 있다. 또한,

$$\begin{aligned} b_1(i) &= n\,{}_{n-1}\mathrm{C}_{i-1}\int_0^1 (6w^2-6w+1)w^{i-1}(1-w)^{n-i}dw \\ &= \frac{6i(i+1)}{(n+1)(n+2)}-\frac{6i}{n+1}+1 \end{aligned} \tag{6.280}$$

이고

$$\begin{aligned} d_1(i) &= n\,{}_{n-1}\mathrm{C}_{i-1} \int_0^1 \frac{3w^2-1}{2} w^{i-1}(1-w)^{n-i}dw \\ &= n\,{}_{n-1}\mathrm{C}_{i-1} \frac{1}{2}\{3B(i+2, n-i+1) - B(i, n-i+1)\} \\ &= \frac{3i(i+1)}{2(n+1)(n+2)} - \frac{1}{2} \end{aligned} \tag{6.281}$$

이므로

$$\begin{aligned} b_1(i) &\approx \frac{3}{2}\left(\frac{2i}{n+1}-1\right)\left(\frac{2i}{n+1}-1\right) - \frac{1}{2} \\ &= \frac{3}{2}a_1^2(i) - \frac{1}{2} \end{aligned} \tag{6.282}$$

이고

$$\begin{aligned} d_1(i) &\approx \frac{3}{2}\frac{i}{n+1}\frac{i}{n+1} - \frac{1}{2} \\ &= \frac{3}{2}c_1^2(i) - \frac{1}{2} \end{aligned} \tag{6.283}$$

임을 알 수 있다. 다음에, $k=i$일 때에는

$$\begin{aligned} a_0(i,i) &= n\,{}_{n-1}\mathrm{C}_{i-1} \int_0^1 (2w-1)^2 w^{i-1}(1-w)^{n-i}dw \\ &= n\,{}_{n-1}\mathrm{C}_{i-1}\{4B(i+2, n-i+1) - 4B(i+1, n-i+1)\} + 1 \\ &= \frac{4i(i+1)}{(n+1)(n+2)} - \frac{4i}{n+1} + 1 \end{aligned} \tag{6.284}$$

이고

$$\begin{aligned} c_0(i,i) &= n\,{}_{n-1}\mathrm{C}_{i-1} \int_0^1 w^{i+1}(1-w)^{n-i}dw \\ &= \frac{n!}{(n-i)!(i-1)!}\frac{(i+1)!(n-i)!}{(n+2)!} \\ &= \frac{i(i+1)}{(n+1)(n+2)} \end{aligned} \tag{6.285}$$

이다. 한편, $k>i$일 때, $t=\frac{w}{v}$로 치환하면

$$\begin{aligned} a_0(k,i) &= \frac{L(n,k,i)}{2^{n-i+1}} \int_0^1 \int_0^v (2w-1)(2v-1)w^{i-1}(v-w)^{k-i-1}(1-v)^{n-k}dwdv \\ &= \frac{L(n,k,i)}{2^{n-i+1}} \left\{ 2B(i+1, k-i) \int_0^1 (2v-1)v^k(1-v)^{n-k}dv \right. \\ &\qquad \left. -B(i, k-i) \int_0^1 (2v-1)v^{k-1}(1-v)^{n-k}dv \right\} \\ &= \frac{L(n,k,i)}{2^{n-i+1}} \{4B(i+1, k-i)B(k+2, n-k+1) + B(i, k-i)B(k, n-k+1) \\ &\qquad -2B(i, k-i)B(k+1, n-k+1) - 2B(i+1, k-i)B(k+1, n-k+1)\} \\ &= \frac{4i(k+1)}{(n+1)(n+2)} - \frac{2(i+k)}{n+1} + 1 \end{aligned} \tag{6.286}$$

표 6.7 로지스틱 확률밀도함수의 점수 함수 $c_0(k,i)$: $n=7$일 때

$k\downarrow i\rightarrow$	1	2	3	4	5	6	7
1	0.028	0.042	0.056	0.069	0.083	0.097	0.111
	0.016	0.031	0.047	0.063	0.078	0.094	0.109
2	0.042	0.083	0.111	0.139	0.167	0.194	0.222
	0.031	0.063	0.094	0.125	0.156	0.188	0.219
3	0.056	0.111	0.167	0.208	0.25	0.292	0.333
	0.047	0.094	0.141	0.188	0.234	0.281	0.328
4	0.069	0.139	0.208	0.278	0.333	0.389	0.444
	0.063	0.125	0.188	0.25	0.313	0.375	0.438
5	0.083	0.167	0.25	0.333	0.417	0.486	0.556
	0.078	0.156	0.234	0.313	0.391	0.469	0.547
6	0.097	0.194	0.292	0.389	0.486	0.583	0.667
	0.094	0.188	0.281	0.375	0.469	0.563	0.656
7	0.111	0.222	0.333	0.444	0.556	0.667	0.778
	0.109	0.219	0.328	0.438	0.547	0.656	0.767

과

$$\begin{aligned} c_0(k,i) &= \frac{L(n,k,i)}{2^{n-i+1}} \int_0^1 \int_0^v wv \cdot w^{i-1}(v-w)^{k-i-1}(1-v)^{n-k} dw dv \\ &= \frac{L(n,k,i)}{2^{n-i+1}} B(i+1,k-i) \int_0^1 v^{k+1}(1-v)^{n-k} dv \\ &= \frac{L(n,k,i)}{2^{n-i+1}} B(i+1,k-i) B(k+2,n-k+1) \\ &= \frac{i(k+1)}{(n+1)(n+2)} \end{aligned} \tag{6.287}$$

를 얻는다. 그러므로, (6.284)–(6.287)에서

$$a_0(k,i) = \begin{cases} \frac{4i(k+1)}{(n+1)(n+2)} - \frac{2(i+k)}{n+1} + 1, & k \geq i\text{일 때}, \\ a_0(i,k), & k < i\text{일 때} \end{cases} \tag{6.288}$$

$$\approx a_1(k)a_1(i) \tag{6.289}$$

와

$$c_0(k,i) = \begin{cases} \frac{i(k+1)}{(n+1)(n+2)}, & k \geq i\text{일 때}, \\ c_0(i,k), & k < i\text{일 때} \end{cases} \tag{6.290}$$

$$\approx c_1(k)c_1(i) \tag{6.291}$$

을 얻는다. 표 6.6과 6.7에 로지스틱 확률밀도함수의 점수 함수 a_0과 c_0을 보였다. 표 6.6에서 칸마다 위쪽에 있는 값은 (6.288)로 얻은 값이고, 아래쪽에 있는 값은 (6.289)로 얻은 어림값

이다. 또, 표 6.7에서 칸마다 위쪽에 있는 값은 (6.290)으로 얻은 값이고, 아래쪽에 있는 값은 (6.291)로 얻은 어림값이다. ◇

보기 6.47 이제, f가 겹지수 확률밀도함수라고 하자. 먼저,

$$F^{-1}(w) = \begin{cases} \ln(2w), & 0 \le w \le \frac{1}{2}, \\ -\ln(2-2w), & \frac{1}{2} \le w \le 1 \end{cases} \tag{6.292}$$

이므로 $0 \le w \le 1$일 때

$$J_{11}(w) = \operatorname{sgn}(2w-1) \tag{6.293}$$

이다. 다음에, 함수 $\phi(t)$가 $\phi(c)=0$이고 $\phi'(c) \neq 0$인 단조[31] 함수이면 (1.258)에서 본 것처럼 $\delta(\phi(t)) = \frac{\delta(t-c)}{|\phi'(c)|}$이므로 $0 \le w \le 1$일 때

$$\begin{aligned} J_{21}(w) &= 1 - 2\delta\left(F^{-1}(w)\right) \\ &= 1 - \delta\left(w - \frac{1}{2}\right) \end{aligned} \tag{6.294}$$

이다. 따라서, (5.228)에서 다룬 $B_p(r, n-r+1) = B(r, n-r+1)\sum_{j=r}^{n} {}_n\mathrm{C}_j p^j (1-p)^{n-j}$를 쓰면 $i = 1, 2, \cdots, n$일 때

$$\begin{aligned} a_1(i) &= n\,{}_{n-1}\mathrm{C}_{i-1}\int_0^1 \operatorname{sgn}(2w-1)\, w^{i-1}(1-w)^{n-i}dw \\ &= n\,{}_{n-1}\mathrm{C}_{i-1}\left\{B_{\frac{1}{2}}(n-i+1, i) - B_{\frac{1}{2}}(i, n-i+1)\right\} \\ &= 1 - \frac{1}{2^{n-1}}\sum_{j=i}^{n} {}_n\mathrm{C}_j \\ &\approx \begin{cases} -1, & i\text{가 작을 때}, \\ 1, & i\text{가 클 때} \end{cases} \end{aligned} \tag{6.295}$$

이다. 한편,

$$B_{\frac{1}{2v}}(i, k-i) = B(i, k-i)\sum_{j=i}^{k-1} {}_{k-1}\mathrm{C}_j \left(\frac{1}{2v}\right)^j \left(1 - \frac{1}{2v}\right)^{k-j-1} \tag{6.296}$$

을 새기고 $t = 2v-1$로 치환하면 $i, k = 1, 2, \cdots, n$일 때

$$\begin{aligned} & 2\frac{L(n,k,i)}{2^{n-i+1}}\int_{\frac{1}{2}}^1 v^{k-1}(1-v)^{n-k} B_{\frac{1}{2v}}(i, k-i)dv \\ &= 2B(i, k-i)\frac{L(n,k,i)}{2^{n-i+1}}\frac{1}{2^{k-1}}\frac{1}{2^{n-k+1}}\sum_{j=i}^{k-1} {}_{k-1}\mathrm{C}_j \int_0^1 t^{k-j-1}(1-t)^{n-k}dt \\ &= \frac{1}{2^{n-1}}\sum_{j=i}^{k-1} {}_n\mathrm{C}_j \end{aligned} \tag{6.297}$$

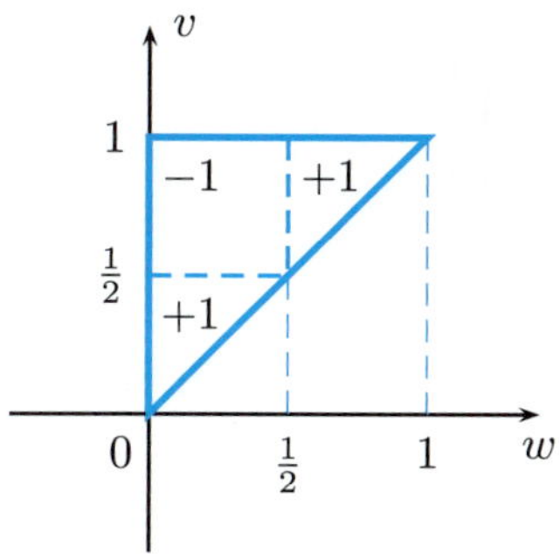

그림 6.13 곁지수 분포에서 점수 함수 $a_0(k,i)$를 얻을 때, $\int_0^1\int_0^v$ sgn$(2w-1)$sgn$(2v-1)w^{i-1}(v-w)^{k-i-1}(1-v)^{n-k}dwdv$의 적분 영역과 영역마다 sgn$(2w-1)sgn(2v-1)$의 값

을 얻을 수 있다. 그러므로,

$$\text{sgn}(2w-1)\text{sgn}(2v-1) = \begin{cases} +1, & w>\frac{1}{2}, v>\frac{1}{2} \text{ 또는 } w<\frac{1}{2}, v<\frac{1}{2}, \\ -1, & w>\frac{1}{2}, v<\frac{1}{2} \text{ 또는 } w<\frac{1}{2}, v>\frac{1}{2} \end{cases} \tag{6.298}$$

임을 눈여겨보면 $k>i$일 때

$$\begin{aligned} a_0(k,i) &= \frac{L(n,k,i)}{2^{n-i+1}}\int_0^1\int_0^v \text{sgn}(2w-1)\text{sgn}(2v-1)\, w^{i-1}(v-w)^{k-i-1} \\ &\quad\cdot(1-v)^{n-k}\ dwdv \\ &= \frac{L(n,k,i)}{2^{n-i+1}}\left\{\int_0^1\int_0^v w^{i-1}(v-w)^{k-i-1}(1-v)^{n-k}\ dwdv \right.\\ &\quad\left. -2\int_{\frac{1}{2}}^1\int_0^{\frac{1}{2}} w^{i-1}(v-w)^{k-i-1}(1-v)^{n-k}\ dwdv\right\} \\ &= 1-2\frac{L(n,k,i)}{2^{n-i+1}}\int_{\frac{1}{2}}^1\int_0^{\frac{1}{2}} w^{i-1}(v-w)^{k-i-1}(1-v)^{n-k}\ dwdv \\ &= 1-2\frac{L(n,k,i)}{2^{n-i+1}}\int_{\frac{1}{2}}^1 v^{k-1}(1-v)^{n-k}B_{\frac{1}{2v}}(i,k-i)\ dv \\ &= 1-\frac{1}{2^{n-1}}\sum_{j=i}^{k-1} {}_n\text{C}_j \end{aligned} \tag{6.299}$$

임을[32] 알 수 있다. 또한,

$$\begin{aligned} a_0(i,i) &= n\,{}_{n-1}\text{C}_{i-1}\int_0^1 \text{sgn}^2(2w-1)\, w^{i-1}(1-w)^{n-i}\ dw \\ &= 1 \end{aligned} \tag{6.300}$$

이므로

[31] monotone

[32] 그림 6.13을 잘 살펴보면 $\int_0^1\int_0^v \text{sgn}(2w-1)\text{sgn}(2v-1)B(w,v)\,dwdv = \int_0^{\frac{1}{2}}\int_0^v B(w,v)\,dwdv + \int_{\frac{1}{2}}^1\int_{\frac{1}{2}}^v B(w,v)\,dwdv - \int_{\frac{1}{2}}^1\int_0^{\frac{1}{2}} B(w,v)\,dwdv = \int_0^1\int_0^v B(w,v)\,dwdv - 2\int_{\frac{1}{2}}^1\int_0^{\frac{1}{2}} B(w,v)\,dwdv$라는 것을 알 수 있다.

$$a_0(k,i) = \begin{cases} 1 - \frac{1}{2^{n-1}} \sum_{j=i}^{k-1} {}_n\mathrm{C}_j, & k > i\text{일 때}, \\ 1, & k = i\text{일 때}, \\ a_0(i,k), & k < i\text{일 때} \end{cases}$$

$$\approx \begin{cases} 1, & |k-i|\text{가 작을 때}, \\ -1, & |k-i|\text{가 클 때} \end{cases}$$

$$\approx \begin{cases} 1, & k = i\text{일 때}, \\ a_1(k)a_1(i), & k \neq i\text{일 때} \end{cases} \qquad (6.301)$$

을 얻을 수 있다. 다음에, $J_{12}(w) = \mathrm{sgn}(w)$이므로 바로

$$c_1(i) = 1 \qquad (6.302)$$

와

$$c_0(k,i) = 1 \qquad (6.303)$$

을[33] 얻을 수 있다. 한편, $h_{LO}(x) = 1 - 2\delta(x)$이고, $f(0) = \frac{1}{2}$이며, $F(0) = \frac{1}{2}$이므로

$$\begin{aligned} b_1(i) &= n\,{}_{n-1}\mathrm{C}_{i-1} \int_{-\infty}^{\infty} \{1 - 2\delta(x)\} f(x) F^{i-1}(x) \{1 - F(x)\}^{n-i} dx \\ &= 1 - \frac{n!}{(n-i)!(i-1)!} 2f(0)F^{i-1}(0)\{1 - F(0)\}^{n-i} \\ &= 1 - \frac{n!}{2^{n-1}(n-i)!(i-1)!} \end{aligned} \qquad (6.304)$$

이다. 이제,

$$\begin{aligned} d_1(i) &= K(n,i) \int_0^{\infty} \{1 - 2\delta(x)\} f(x) \{2F(x) - 1\}^{i-1} \{1 - F(x)\}^{n-i} dx \\ &= 1 - 2K(n,i) \int_0^{\infty} \delta(x) f(x) \{2F(x) - 1\}^{i-1} \{1 - F(x)\}^{n-i} dx \end{aligned} \qquad (6.305)$$

이므로 $i \neq 1$이면 $d_1(i) = 1$이다[34]. 그러나, $i = 1$이면

$$d_1(1) = 1 - 2^{n+1} n \int_0^{\infty} \delta(x) f(x) \{1 - F(x)\}^{n-1} dx \qquad (6.306)$$

이므로 이 식에서 적분의 아래 끝 0이 0^-라면

$$\begin{aligned} d_1(1) &= 1 - 2^{n+1} n \frac{1}{2} \frac{1}{2^{n-1}} \\ &= 1 - 2n \end{aligned} \qquad (6.307)$$

---

[33] 이와 같이 점수 함수가 상수이면 그리 크게 쓸모가 없다. 보기를 들면, 신호 검파에 상수인 점수 함수만 쓰면 검정 통계량의 값이 일정하므로 신호를 검파할 수 없다.

[34] 여기서, $\int_0^{\infty}$를 $\int_{0-}^{\infty}$로 보아도 $\int_{0-}^{\infty} \delta(x) f(x) \{2F(x) - 1\}^{i-1} \{1 - F(x)\}^{n-i} dx = \frac{1}{2} \cdot 0 \cdot \frac{1}{2^{n-i}} = 0$이므로 $d_1(i) = 1$을 얻고, $\int_0^{\infty}$를 $\int_{0+}^{\infty}$로 보아도 $\int_{0+}^{\infty} \delta(x) f(x) \{2F(x) - 1\}^{i-1} \{1 - F(x)\}^{n-i} dx = 0$이므로 $d_1(i) = 1$을 얻는다.

일 것이고, 적분의 아래 끝 0이 0^+라면 $d_1(1) = 1 - 0 = 1$일[35] 것이다. 다만,

$$\begin{aligned} f'(0) &= \frac{1}{2}\left\{f'\left(0^-\right) + f'\left(0^+\right)\right\} \\ &= 0 \end{aligned} \tag{6.308}$$

처럼 생각하는 것과 비슷하게 $d_1(1) = \frac{1}{2}\{(1-2n)+1\} = 1-n$으로[36] 두면

$$\begin{aligned} d_1(i) &= 1 - n\delta_{i1} \\ &= \begin{cases} 1-n, & i = 1\text{일 때}, \\ 1, & i = 2, 3, \cdots, n\text{일 때} \end{cases} \end{aligned} \tag{6.309}$$

를[37] 얻을 수 있다. ◇

부록 6.2 계산 몇 가지

(가) 점수 함수에서의 몇 가지 계산

먼저,

$$\begin{aligned} \int_0^1 J_{11}^k(u)du &= \int_{-\infty}^{\infty} g_{LO}^k(x)f(x)dx \\ &= \begin{cases} -\int_{-\infty}^{\infty} f'(x)dx, & k = 1\text{일 때}, \\ I_1(f), & k = 2\text{일 때} \end{cases} \\ &= \begin{cases} 0, & k = 1\text{일 때}, \\ I_1(f), & k = 2\text{일 때} \end{cases} \end{aligned} \tag{6.310}$$

과

$$\begin{aligned} \int_0^1 J_{21}(u)du &= \int_{-\infty}^{\infty} f''(x)dx \\ &= 0 \end{aligned} \tag{6.311}$$

을 쉽게 얻을 수 있다. 한편, 확률밀도함수 f가 짝함수이면

$$\int_0^1 J_{12}^k(u)du = \begin{cases} 2f(0), & k = 1\text{일 때}, \\ I_1(f), & k = 2\text{일 때} \end{cases} \tag{6.312}$$

이고

---

[35] 이와 같이 $d_1(1)$의 값이 하나로 정해지지 않는 현상은 겹지수 확률밀도함수가 $x = 0$에서 미분할 수 없기 때문에 나타나는 것이다.

[36] 이것은 $\int_0^{\infty} \delta(x)g(x)dx = \frac{1}{2}g(0)$으로 생각하는 것과 같다.

[37] 여기서, δ_{ij}는 (4.279)에서 다룬 바 있는 크로네커 충격 함수이다.

$$\int_0^1 J_{22}^k(u)du = 0 \tag{6.313}$$

이다[38].

한편, $B_1(v) = \int_0^v J_{11}(u)du$라고 두고 $B_1(0) = B_1(1) = 0$이라는 것을 새겨 부분 적분하면

$$\begin{aligned}\int_0^1 \int_0^v J_{11}(u)J_{11}(v)dudv &= B_1(v)B_1(v)\Big|_{v=0}^1 - \int_0^1 \int_0^v J_{11}(v)J_{11}(u)dudv \\ &= -\int_0^1 \int_0^v J_{11}(v)J_{11}(u)dudv \end{aligned} \tag{6.314}$$

이다. 이 식은

$$\int_0^1 \int_0^v J_{11}(u)J_{11}(v)dudv = 0 \tag{6.315}$$

를 뜻한다. 이와 비슷하게 확률밀도함수 f가 짝함수이면, $B_2(v) = \int_0^v J_{12}(u)du$라고 둔 다음, $B_2(0) = 0$이고 $B_2(1) = 2f(0)$이라는 것을 새겨 부분 적분하면

$$\int_0^1 \int_0^v J_{12}(u)J_{12}(v)dudv = 4f^2(0) - \int_0^1 \int_0^v J_{12}(v)J_{12}(u)dudv \tag{6.316}$$

이므로

$$\int_0^1 \int_0^v J_{12}(u)J_{12}(v)dudv = 2f^2(0) \tag{6.317}$$

이다.

(나) 고른 분포에서의 몇 가지 계산

확률변수 X_i의 확률밀도함수가 $f(x) = \frac{1}{b-a}\{u(x-a) - u(x-b)\}$이고 $b > a$일 때

$$\int_{-\infty}^{\infty} F(-x)f(x)dx = \begin{cases} 1, & a < b \le 0, \\ 1 - \frac{2b^2}{(b-a)^2}, & a \le -b < 0, \\ \frac{2a^2}{(b-a)^2}, & -b < a \le 0, \\ 0, & 0 \le a < b \end{cases} \tag{6.318}$$

이고,

$$\int_{-\infty}^{\infty} G(|x|)F(x)f(x)dx = \begin{cases} \frac{1}{6}\left\{1 + \frac{4b^3}{(b-a)^3}\right\}, & a \le -b < 0, \\ \frac{1}{3}\left\{1 + \frac{2a^3}{(b-a)^3}\right\}, & -b < a \le 0 \end{cases} \tag{6.319}$$

이며,

---

[38] 여기서, $\int_0^1 J_{22}^k(u)du = 0$이라고 한 것은 확률밀도함수 f가 짝함수이고 $x = 0$에서 미분할 수 있으면 $f'(0) = 0$이라는 것을 바탕으로 한 것이다. 따라서, 겹지수 확률밀도함수처럼 짝함수이더라도 $x = 0$에서 미분할 수 없을 때에는, $f'(0^+) + f'(0^-) = 0$을 바탕으로, $f'(0) = f'(0^+) + f'(0^-) = 0$으로 둔 것이다.

$$\int_{-\infty}^{\infty} x\{2F(x)-1\}f(x)dx = \frac{1}{(b-a)^2}\int_a^b x(2x-a-b)dx = \frac{b-a}{6} \tag{6.320}$$

이고,

$$\int_{-\infty}^{\infty} x\{2G(|x|)-1\}f(x)dx = \begin{cases} \frac{b-a}{6}\mathrm{sgn}(a+b), & ab\ge 0,\\ -\frac{b-a}{6}\left\{1-\frac{8b^3}{(b-a)^3}\right\}, & a\le -b<0,\\ \frac{b-a}{6}\left\{1+\frac{8a^3}{(b-a)^3}\right\}, & -b<a\le 0 \end{cases} \tag{6.321}$$

이며,

$$\int_{-\infty}^{\infty} |x|\{2F(x)-1\}f(x)dx = \begin{cases} \frac{b-a}{6}\mathrm{sgn}(a+b), & ab\ge 0,\\ -\frac{b-a}{6}\left\{1+\frac{2b^2(3a-b)}{(b-a)^3}\right\}, & a<-b\le 0,\\ \frac{b-a}{6}\left\{1+\frac{2a^2(a-3b)}{(b-a)^3}\right\}, & -b<a\le 0 \end{cases} \tag{6.322}$$

이고,

$$\int_{-\infty}^{\infty} |x|\{2G(|x|)-1\}f(x)dx = \begin{cases} \frac{b-a}{6}, & ab\ge 0,\\ \frac{b-a}{6}\left\{1+\frac{2b^2(b+3a)}{(b-a)^3}\right\}, & a\le -b<0,\\ \frac{b-a}{6}\left\{1-\frac{2a^2(a+3b)}{(b-a)^3}\right\}, & -b<a\le 0 \end{cases} \tag{6.323}$$

이며,

$$\sqrt{\sigma_X^2+4m_X^+m_X^-} = \begin{cases} \frac{b-a}{\sqrt{12}}, & ab\ge 0,\\ \frac{b-a}{\sqrt{12}}\sqrt{1-\frac{12a^2b^2}{(b-a)^4}}, & a<0<b \end{cases} \tag{6.324}$$

임을 알 수 있다.

(다) 확률밀도함수 f_a에서의 몇 가지 계산

확률변수 X_i의 확률밀도함수가 (6.163)에 보인

$$f_a(x) = \begin{cases} \frac{a}{a+1}, & -1\le x<0; \qquad \frac{1}{a(a+1)}, \quad 0\le x<a;\\ 0, & x<-1 \text{ 또는 } x\ge a \end{cases} \tag{6.325}$$

일 때를 생각하자. 먼저, 기댓값

$$E\{X\} = \frac{a}{a+1}\int_{-1}^{0} x\,dx + \frac{1}{a(a+1)}\int_0^a x\,dx = 0 \tag{6.326}$$

과 분산

$$\sigma_X^2 = \frac{a}{a+1}\int_{-1}^{0} x^2\,dx + \frac{1}{a(a+1)}\int_0^a x^2\,dx = \frac{a}{3} \tag{6.327}$$

을 얻을 수 있다. 또, 반쪽 평균은

$$\begin{aligned} m_X^- &= -m_X^+ \\ &= -\frac{a}{2(a+1)} \end{aligned} \tag{6.328}$$

이므로

$$\begin{aligned} \sigma_X^2 + 4m_X^- m_X^+ &= \frac{a}{3} - \frac{a^2}{(a+1)^2} \\ &= \frac{a\left(a^2 - a + 1\right)}{3(a+1)^2} \end{aligned} \tag{6.329}$$

를 얻을 수 있다. 한편, (6.163)과 (6.164)를 쓰고 $E\{X\} = \int_{-\infty}^{\infty} x f_a(x) dx = 0$이라는 것을 새기면

$$\begin{aligned} \int_{-\infty}^{\infty} x\{2F_a(x) - 1\} f_a(x)\, dx &= 2\int_{-1}^{0} x \,\frac{a}{a+1}(x+1)\, \frac{a}{a+1}\, dx \\ &\quad +2\int_0^a x \left\{\frac{x}{a(a+1)} + \frac{a}{a+1}\right\} \frac{1}{a(a+1)}\, dx \\ &= 2\left[-\frac{1}{6}\frac{a^2}{(a+1)^2} + \left\{\frac{a^3}{3a(a+1)} + \frac{a^3}{2(a+1)}\right\}\frac{1}{a(a+1)}\right] \\ &= \frac{2a}{3(a+1)} \end{aligned} \tag{6.330}$$

을 얻는다. 이제, (6.164)에서, $0 < a \le 1$이면

$$G_a(|y|) = \begin{cases} \frac{1+a^2}{a(a+1)}|y|, & 0 \le |y| \le a; \quad \frac{a|y|}{a+1} + \frac{1}{a+1}, \quad a \le |y| \le 1; \\ 1, & |y| \ge 1 \end{cases} \tag{6.331}$$

을 얻고, $a \ge 1$이면

$$G_a(|y|) = \begin{cases} \frac{1+a^2}{a(a+1)}|y|, & 0 \le |y| \le 1; \quad \frac{|y|}{a(a+1)} + \frac{a}{a+1}, \quad 1 \le |y| \le a; \\ 1, & |y| \ge a \end{cases} \tag{6.332}$$

를 얻는데, (6.331)과 (6.332)를 함께 쓰면

$$G_a(|y|) = \begin{cases} \frac{1+a^2}{a(a+1)}|y|, & 0 \le |y| \le \min(a,1), \\ \frac{\min^2(a,1)}{a(a+1)}|y| + \frac{\max(a,1)}{a+1}, & \min(a,1) \le |y| \le \max(a,1), \\ 1, & |y| \ge \max(a,1) \end{cases} \tag{6.333}$$

이다. 이 $G_a(|y|)$를 그림 6.14에 보였다. 또한,

$$\begin{aligned} &\int_{-\infty}^{\infty} |y|\{2G_a(|y|) - 1\} f_a(y)\, dy \\ &\quad = \int_{-\infty}^{0} (-y)\{2G_a(-y) - 1\} f_a(y)\, dy + \int_0^{\infty} y\{2G_a(y) - 1\} f_a(y)\, dy \\ &\quad = \frac{a}{a+1}\int_0^1 y\{2G_a(y) - 1\}\, dy + \frac{1}{a(a+1)}\int_0^a y\{2G_a(y) - 1\}\, dy \end{aligned} \tag{6.334}$$

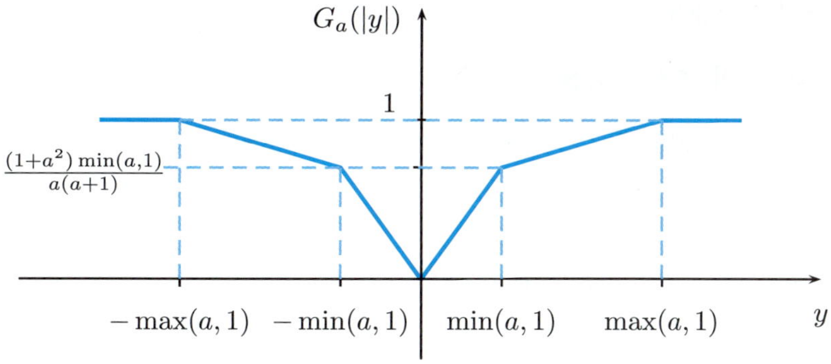

그림 6.14 확률밀도함수가 f_a일 때 함수 $G_a(|y|)$

이다. 여기서, $0 < a \leq 1$일 때 (6.334)를 얻으면

$$\begin{aligned}
&\frac{a}{a+1}\int_a^1 y\{2G_a(y)-1\}\,dy + \frac{1+a^2}{a(a+1)}\int_0^a y\{2G_a(y)-1\}\,dy \\
&= \frac{a}{a+1}\int_a^1 \left\{\frac{2a}{a+1}y^2 + \left(\frac{2}{a+1}-1\right)y\right\}dy \\
&\quad + \frac{1+a^2}{a(a+1)}\int_0^a \left\{\frac{2\left(1+a^2\right)}{a(a+1)}y^2 - y\right\}dy \\
&= \frac{a}{6(a+1)^2}\left\{-4a^4+3a^3-3a^2+a+3+\left(1+a^2\right)\left(4a^2+4-3a-3\right)\right\} \\
&= \frac{a\left(a^2-a+2\right)}{3(a+1)^2} \qquad (6.335)
\end{aligned}$$

이고, $a \geq 1$이면 (6.334)는

$$\begin{aligned}
&\frac{a}{a+1}\int_0^1 y\{2G_a(y)-1\}\,dy + \frac{1}{a(a+1)}\int_0^a y\{2G_a(y)-1\}\,dy \\
&= \left\{\frac{a}{a+1}+\frac{1}{a(a+1)}\right\}\int_0^1 y\left\{\frac{2\left(1+a^2\right)}{a(a+1)}y-1\right\}dy \\
&\quad + \frac{1}{a(a+1)}\int_1^a y\left\{\frac{2y}{a(a+1)}+\frac{a-1}{a+1}\right\}dy \\
&= \frac{1}{6a^2(a+1)^2}\left\{\left(1+a^2\right)\left(a^2-3a+4\right)+3a^4+a^3-3a^2+3a-4\right\} \\
&= \frac{2a^2-a+1}{3(a+1)^2} \qquad (6.336)
\end{aligned}$$

이다. 따라서, (6.335)와 (6.336)을 묶어 쓰면

$$\int_{-\infty}^{\infty} |y|\{2G_a(|y|)-1\}f_a(y)\,dy = \begin{cases} \frac{a\left(a^2-a+2\right)}{3(a+1)^2}, & 0<a\leq 1, \\ \frac{2a^2-a+1}{3(a+1)^2}, & a\geq 1 \end{cases} \qquad (6.337)$$

이다.

부록 6.3 확률 함수 유도

(가) $X_i = x$일 때 R_i의 조건부 확률질량함수

식 (6.157)을 써서 $X_i = x$일 때 R_i의 조건부 확률질량함수 $\Pr\{R_i = r | X_i = x\}$를 얻으면

$$\begin{aligned} \Pr\{R_i = r | X_i = x\} &= \frac{\tilde{f}_{X_i,R_i}(x,r)}{f_{X_i}(x)} \\ &= \begin{cases} {}_{n-1}\mathrm{C}_{r-1} F^{r-1}(x)\{1-F(x)\}^{n-r}, & r = 1,2,\cdots,n, \\ 0, & \text{그 밖에는} \end{cases} \end{aligned} \tag{6.338}$$

과 같다. 한편, (6.338)은 (6.131)과 (6.132)를 써서

$$\begin{aligned} \Pr\{R_i = r | X_i = x\} &= \Pr\Big\{ \{X_j\}_{j=1}^n \text{이 독립이고 분포가 거의 같으며} \\ &\qquad \text{확률밀도함수 짝이 } (\delta(t-x), f(t)) \text{일 때 } R_1 = r\text{이다.}\Big\} \\ &= \begin{cases} {}_{n-1}\mathrm{C}_{r-1} \int_{-\infty}^{\infty} F^{r-1}(t)\{1-F(t)\}^{n-r}\delta(t-x)dt, & r = 1,2,\cdots,n, \\ 0, & \text{그 밖에는} \end{cases} \\ &= \begin{cases} {}_{n-1}\mathrm{C}_{r-1} F^{r-1}(x)\{1-F(x)\}^{n-r}, & r = 1,2,\cdots,n, \\ 0, & \text{그 밖에는} \end{cases} \end{aligned} \tag{6.339}$$

처럼 얻을 수도 있다.

(나) $X_i = x$일 때 Q_i의 조건부 확률질량함수를 얻는 둘째 방법

식 (6.170)은 (6.143)과 (6.144)를 써서 $q = 1,2,\cdots,n$일 때

$$\begin{aligned} \Pr\{Q_i = q | X_i = x\} &= \Pr\Big\{ \{X_j\}_{j=1}^n \text{이 독립이고 분포가 거의 같으며} \\ &\qquad \text{확률밀도함수 짝이 } (\delta(t-x), f(t)) \text{일 때 } Q_1 = q\text{이다.}\Big\} \\ &= {}_{n-1}\mathrm{C}_{q-1} \int_{-\infty}^{\infty} G^{q-1}(t)\{1-G(t)\}^{n-q}\{\delta(t-x)+\delta(-t-x)\}u(t)dt \\ &= {}_{n-1}\mathrm{C}_{q-1} \left\{G^{q-1}(x)\{1-G(x)\}^{n-q}u(x) + G^{q-1}(-x)\{1-G(-x)\}^{n-q}u(-x)\right\} \\ &= {}_{n-1}\mathrm{C}_{q-1} G^{q-1}(|x|)\{1-G(|x|)\}^{n-q} \end{aligned} \tag{6.340}$$

처럼 얻을 수도 있다.

(다) $|X_i| = y$일 때 R_i의 조건부 확률질량함수

식 (6.189)와 $f_{|X_i|}(y) = \{f(y)+f(-y)\}u(y)$를 쓰면 $r = 1,2,\cdots,n$일 때

$$\begin{aligned} \Pr\{R_i = r \big| |X_i| = y\} &= \frac{\tilde{f}_{|X_i|,R_i}(y,r)}{f_{|X_i|}(y)} \\ &= \frac{\frac{1}{n}\left\{f_{X_{[r]}}(y) + f_{X_{[r]}}(-y)\right\}u(y)}{\{f(y)+f(-y)\}u(y)} \\ &= \frac{\left\{f_{X_{[r]}}(y) + f_{X_{[r]}}(-y)\right\}u(y)}{n\,g(y)} \end{aligned} \tag{6.341}$$

을 얻을 수 있다. 여기서, $|X_i| = y$라는 조건 아래에서 X_i의 확률밀도함수는 (4.672)에서 본 바와 같이

$$f_{X\big||X|}(x|y) = \frac{f(x)u(-x)\delta(x+y)}{f(x)+f(-x)} + \frac{f(x)u(x)\delta(x-y)}{f(x)+f(-x)} \tag{6.342}$$

이므로, (6.131)과 (6.132)를 쓰면 (6.341)을 $r = 1, 2, \cdots, n$일 때

$$\begin{aligned}
\Pr\left\{R_i = r\big|\,|X_i| = y\right\} &= \Pr\Big\{ \{X_j\}_{j=1}^n \text{이 독립이고 분포가 거의 같으며} \\
&\qquad \text{확률밀도함수 짝이 } \left(f_{X||X|}(t|y), f(t)\right) \text{일 때 } R_1 = r\text{이다.}\Big\} \\
&= {}_{n-1}\mathrm{C}_{r-1} \int_{-\infty}^{\infty} F^{r-1}(t)\{1-F(t)\}^{n-r} \left\{ \frac{f(t)u(-t)\delta(t+y)}{f(t)+f(-t)} \right. \\
&\qquad \left. + \frac{f(t)u(t)\delta(t-y)}{f(t)+f(-t)} \right\} dt \\
&= {}_{n-1}\mathrm{C}_{r-1} \left\{ F^{r-1}(y)\{1-F(y)\}^{n-r} \frac{f(y)u(y)}{f(y)+f(-y)} \right. \\
&\qquad \left. + F^{r-1}(-y)\{1-F(-y)\}^{n-r} \frac{f(-y)u(y)}{f(y)+f(-y)} \right\} \\
&= \frac{\left\{f_{X_{[r]}}(y) + f_{X_{[r]}}(-y)\right\}}{n\ g(y)} u(y)
\end{aligned} \tag{6.343}$$

처럼 얻을 수도 있다.

(라) $|X_i| = y$일 때 Q_i의 조건부 확률질량함수

먼저, $y \neq 0$이면 $u(y)u(-y) = 0$이고, $y = 0$이면 $G(-y) = 0$이므로

$$G^{q-1}(-y)\{1-G(-y)\}^{n-q} \frac{f(\pm y)}{f(y)+f(-y)} u(y)u(-y) = 0 \tag{6.344}$$

이다. 이 식을 새기어 (6.143)과 (6.144)에서 $\Pr\left\{Q_i = q\big|\,|X_i| = y\right\}$를 얻으면 $q = 1, 2, \cdots, n$일 때

$$\begin{aligned}
\Pr\left\{Q_i = q\big|\,|X_i| = y\right\} &= \Pr\Big\{ \{X_j\}_{j=1}^n \text{이 독립이고 분포가 거의 같으며} \\
&\qquad \text{확률밀도함수 짝이 } \left(f_{X||X|}(t|y), f(t)\right) \text{일 때 } Q_1 = q\text{이다.}\Big\} \\
&= {}_{n-1}\mathrm{C}_{q-1} \int_{-\infty}^{\infty} G^{q-1}(t)\{1-G(t)\}^{n-q} \left\{ \frac{f(t)u(-t)\delta(t+y)}{f(t)+f(-t)} \right. \\
&\qquad + \frac{f(t)u(t)\delta(t-y)}{f(t)+f(-t)} + \frac{f(-t)u(t)\delta(-t+y)}{f(t)+f(-t)} \\
&\qquad \left. + \frac{f(-t)u(-t)\delta(-t-y)}{f(t)+f(-t)} \right\} u(t)dt \\
&= {}_{n-1}\mathrm{C}_{q-1} G^{q-1}(y)\{1-G(y)\}^{n-q} \left\{ \frac{f(y)u(y)}{f(y)+f(-y)} + \frac{f(-y)u(y)}{f(y)+f(-y)} \right\} \\
&= {}_{n-1}\mathrm{C}_{q-1} G^{q-1}(y)\{1-G(y)\}^{n-q} u(y)
\end{aligned} \tag{6.345}$$

이다.

(마) 부호와 순위의 결합 확률질량함수를 얻는 둘째 방법

부호와 순위의 결합 확률질량함수 $p_{Z_i,R_i}(z,r)$은 $p_{Z_i,R_i}(z,r) = p_{R_i|Z_i}(r|z)p_{Z_i}(z)$를 바탕으로 얻을 수도 있으며, 그 방법은 다음과 같다. 먼저, $\{Z_i = 1\}$이면 X_i의 분포는 $\frac{f(x)u(x)}{1-F(0)}$이므로 $\{X_j\}_{j=1}^n$은 독립이고 분포가 거의 같으며 확률밀도함수 짝이 $\left(\frac{f(x)u(x)}{1-F(0)}, f(x)\right)$인 확률변수들이다. 따라서, (6.131)과 (6.132)를 쓰면 $r = 1, 2, \cdots, n$일 때

$$\begin{aligned}\Pr\left\{R_i = r \middle| Z_i = 1\right\} &= \Pr\Big\{\{X_j\}_{j=1}^n\text{이 독립이고 분포가 거의 같으며 확률밀도함수 짝이}\\ &\qquad \left(\tfrac{f(x)u(x)}{1-F(0)}, f(x)\right)\text{인 확률변수들일 때, } R_1 = r\text{이다.}\Big\}\\ &= \int_{-\infty}^{\infty} {}_{n-1}\mathrm{C}_{r-1} F^{r-1}(x)\{1-F(x)\}^{n-r}\frac{f(x)u(x)}{1-F(0)}dx\\ &= \frac{1}{n\{1-F(0)\}}\int_0^{\infty} f_{X_{[r]}}(x)dx \end{aligned} \quad (6.346)$$

이므로 $\Pr\{Z_i = 1, R_i = r\} = \Pr\{R_i = r|Z_i = 1\}\Pr\{Z_i = 1\}$과 $\Pr\{Z_i = 1\} = 1 - F(0)$을 새기면 $r = 1, 2, \cdots, n$일 때

$$\Pr\{Z_i = 1, R_i = r\} = \frac{1}{n}\int_0^{\infty} f_{X_{[r]}}(x)dx \quad (6.347)$$

이다. 이와 비슷하게 $\{Z_i = -1\}$이면 X_i의 분포는 $\frac{f(x)u(-x)}{F(0)}$이므로 $\{X_j\}$는 독립이고 분포가 거의 같으며 확률밀도함수 짝이 $\left(\frac{f(x)u(-x)}{F(0)}, f(x)\right)$인 확률변수들이다. 따라서, 다시 (6.131)과 (6.132)를 쓰면 $r = 1, 2, \cdots, n$일 때

$$\begin{aligned}\Pr\left\{R_i = r \middle| Z_i = -1\right\} &= \Pr\Big\{\{X_j\}_{j=1}^n\text{이 독립이고 분포가 거의 같으며 확률밀도함수 짝이}\\ &\qquad \left(\tfrac{f(x)u(-x)}{F(0)}, f(x)\right)\text{인 확률변수들일 때 } R_1 = r\text{이다.}\Big\}\\ &= \frac{1}{nF(0)}\int_{-\infty}^{0} f_{X_{[r]}}(x)dx \end{aligned} \quad (6.348)$$

인데, $\Pr\{Z_i = -1\} = F(0)$이라는 것을 새기면 (6.348)에서 $r = 1, 2, \cdots, n$일 때

$$\Pr\{Z_i = -1, R_i = r\} = \frac{1}{n}\int_{-\infty}^{0} f_{X_{[r]}}(x)dx \quad (6.349)$$

를 얻는다.

(바) 확률변수의 부호와 크기 순위의 결합 확률질량함수

앞 '(마) 부호와 순위의 결합 확률질량함수를 얻는 둘째 방법'에서 말한 것처럼 $Z_i = 1$일 때 X_i의 조건부 확률밀도함수는 $\frac{f(x)u(x)}{1-F(0)}$이므로 $\{X_j\}_{j=1}^n$은 독립이고 분포가 거의 같으며 확률밀도함수 짝이 $\left(\frac{f(x)u(x)}{1-F(0)}, f(x)\right)$인 확률변수들이다. 그러므로, (6.143)과 (6.144)에서 $q = 1, 2, \cdots, n$일 때

$$\Pr\{Z_i = 1, Q_i = q\} = \Pr\left\{Q_i = q \middle| Z_i = 1\right\}\Pr\{Z_i = 1\}$$

$$
\begin{aligned}
&= \{1-F(0)\}\ \mathrm{Pr}\Big\{\ \{X_j\}_{j=1}^{n}\text{은 독립이고 분포가 거의 같으며}\\
&\qquad \text{확률밀도함수 짝이 } \left(\tfrac{f(x)u(x)}{1-F(0)}, f(x)\right)\text{인 확률변수들일 때 } Q_1=q\text{이다.}\Big\}\\
&= \{1-F(0)\}\,{}_{n-1}\mathrm{C}_{q-1}\int_{-\infty}^{\infty} G^{q-1}(x)\{1-G(x)\}^{n-q}\\
&\qquad \cdot\frac{\{f(x)u(x)+f(-x)u(-x)\}u(x)}{1-F(0)}dx\\
&= {}_{n-1}\mathrm{C}_{q-1}\int_{0}^{\infty} G^{q-1}(x)\{1-G(x)\}^{n-q} f(x)dx\\
&= \frac{1}{n}\int_0^{\infty} f_{|X|_{[q]}}(x)\ \frac{f(x)}{g(x)}dx
\end{aligned}
\tag{6.350}
$$

을 얻는다. 식 (6.350)을 얻을 때에 $x \neq 0$이면 $\{f(x)u(x)+f(-x)u(-x)\}u(x) = f(x)u(x)$라는 것을 썼다. 이와 비슷하게 $Z_i=-1$일 때에는 $\{X_j\}_{j=1}^{n}$이 독립이고 분포가 거의 같으며 확률밀도함수 짝이 $\left(\frac{f(x)u(-x)}{F(0)}, f(x)\right)$이므로, (6.143)과 (6.144)에서 $q=1,2,\cdots,n$일 때

$$
\begin{aligned}
\mathrm{Pr}\{Z_i=-1, Q_i=q\} &= F(0)\ \mathrm{Pr}\Big\{\ \{X_j\}_{j=1}^{n}\text{은 독립이고 분포가 거의 같으며}\\
&\qquad \text{확률밀도함수 짝이 } \left(\tfrac{f(x)}{F(0)}u(-x), f(x)\right)\text{인 확률변수들일 때 } Q_1=q\text{이다.}\Big\}\\
&= {}_{n-1}\mathrm{C}_{q-1}\int_{0}^{\infty} G^{q-1}(x)\{1-G(x)\}^{n-q} f(-x)dx\\
&= \frac{1}{n}\int_0^{\infty} f_{|X|_{[q]}}(x)\ \frac{f(-x)}{g(x)}dx
\end{aligned}
\tag{6.351}
$$

을 얻는다. 이제, (6.350)과 (6.351)을 묶어 쓰면 부호와 크기 순위의 결합 확률질량함수는

$$
p_{Z_i,Q_i}(z,q) = \begin{cases} \frac{1}{n}\int_0^{\infty} f_{|X|_{[q]}}(x)\ \frac{f(zx)}{g(x)}dx, & z\in\{-1,1\},\ q=1,2,\cdots,n,\\ 0, & \text{그 밖에는} \end{cases}
\tag{6.352}
$$

이다.

연습 문제

문제 6.1 연속 확률변수 X의 분산이 σ_X^2이고 누적분포함수가 F이며 $F(0) \neq 0, 1$이다. 이제, 확률변수 X의 반쪽 평균을 m_X^+와 m_X^-라고 쓰고, $Y = |X|$, $Z = \text{sgn}(X)$라고 두자.
(가) 먼저,

$$\sigma_X^2 + 4m_X^+ m_X^- \ \geq \ 0 \tag{6.353}$$

임을 보이시오.
(나) 식 (6.30)에 보인 Y와 Z의 결합 확률밀도함수 $f_{Y,Z}(y,z) = \{f(-y)\delta(z+1) + f(y)\delta(z-1)\}u(y)$를 새겨 Y와 Z의 상관계수가

$$\rho_{|X|Z} \ = \ \frac{F(0)m_X^+ + \{1-F(0)\}m_X^-}{\sqrt{\left(\sigma_X^2 + 4m_X^+ m_X^-\right)\{1-F(0)\}F(0)}} \tag{6.354}$$

임을 보이시오.

문제 6.2 서로 다른 n 숫자의 집합 $a_1 < a_2 < \cdots < a_n$으로 만들 수 있는 순열들

$$\{(a_{k_1}, a_{k_2}, \cdots, a_{k_n})\}_{k=1}^{n!} \tag{6.355}$$

를 생각하여 이들 가운데 하나를 마음대로 고른다고 하자. 이때, $a_i < a_j$이고 a_i가 a_j의 오른쪽에 있으면 a_i와 a_j가 "자리를 바꾸었다."라고 한다. 이제, 순열 $(a_{j_1}, a_{j_2}, \cdots, a_{j_n})$에서 a_i보다 작은데 a_i 오른쪽에 있는 것의 수를 N_i라고 하고, 한 순열에서 자리바꿈 수를 N이라고 하면, $N_1 = 0$이고 $N = \sum\limits_{i=1}^{n} N_i$이다. 보기를 들어, 순열 $(4,2,1,5,3)$에서는 $\{a_j = j\}_{j=1}^{5}$이고 $N_1 = 0$, $N_2 = 1$, $N_3 = 0$, $N_4 = 3$, $N_5 = 1$이며 $N = 1+3+1 = 5$이다. 이것은 순열 $(4,2,1,5,3)$에서 모두 다섯 번 – 곧, $(4,2)$, $(4,1)$, $(4,3)$, $(2,1)$, $(5,3)$에서 – 자리를 바꾸었음을 뜻한다.
(가) 확률변수 $N_1, N_2, \cdots, N_n$은 서로 독립이라는 것을 보이시오.
(나) 확률변수 N_i의 분포를 얻으시오.
(다) $E\{N\}$과 $\text{Var}\{N\}$을 얻으시오.

문제 6.3 확률밀도함수 f가 짝함수이고 2차원 공간

$$B \ = \ \{\underline{x}|\underline{Q} = \underline{q}, \underline{Z} = \underline{z}\} \tag{6.356}$$

을 생각할 때

$$\int_B f(x_1) f(x_2)\, dx_1 dx_2 \ = \ \frac{1}{8} \tag{6.357}$$

을 보이시오. (귀띔: 대칭성을 새겨 적분해 보시오.)

문제 6.4 분포 $t(k)$의 누적분포함수는

$$F_T(t) \ = \ \int_{-\infty}^{t} \frac{\Gamma\left(\frac{k+1}{2}\right)}{\sqrt{k\pi}\,\Gamma\left(\frac{k}{2}\right)} \left(1 + \frac{x^2}{k}\right)^{-\frac{k+1}{2}} dx$$

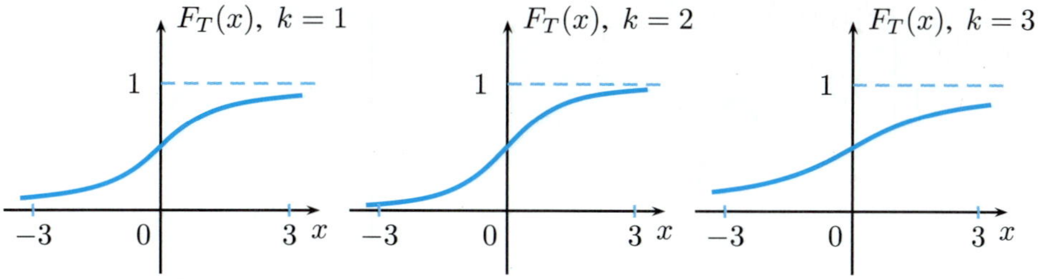

그림 6.15 누적분포함수 $F_T(x)$

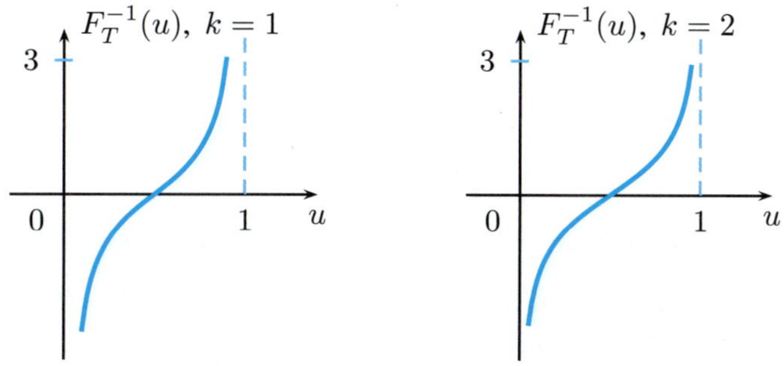

그림 6.16 역 누적분포함수 $F_T^{-1}(u)$

$$= \frac{\Gamma\left(\frac{k+1}{2}\right)}{\sqrt{\pi}\Gamma\left(\frac{k}{2}\right)} \int_{-\frac{\pi}{2}}^{\tan^{-1}\frac{t}{\sqrt{k}}} \cos^{k-1} y \; dy \tag{6.358}$$

이므로

$$F_T(x) = \begin{cases} \frac{1}{\pi}\left(\frac{\pi}{2} + \tan^{-1} x\right), & k = 1\text{일 때}, \\ \frac{1}{2}\left(\frac{x}{\sqrt{x^2+2}} + 1\right), & k = 2\text{일 때}, \\ \frac{1}{\pi}\left(\frac{\pi}{2} + \frac{\sqrt{3}x}{x^2+3} + \tan^{-1}\frac{x}{\sqrt{3}}\right), & k = 3\text{일 때} \end{cases} \tag{6.359}$$

를 얻을 수 있다. 그림 6.15에 $k = 1, 2, 3$일 때 누적분포함수 $F_T(x)$를 보였다. 따라서,

$$F_T^{-1}(u) = \begin{cases} \tan\left\{\frac{1}{2}(2u-1)\pi\right\}, & k = 1\text{일 때}, \\ \frac{2u-1}{\sqrt{2u(1-u)}}, & k = 2\text{일 때} \end{cases} \tag{6.360}$$

이고,

$$J_{11}(u) = \begin{cases} \sin\{(2u-1)\pi\}, & k = 1\text{일 때}, \\ 3(2u-1)\sqrt{2u(1-u)}, & k = 2\text{일 때} \end{cases} \tag{6.361}$$

이며[39],

[39] 이 함수 $J_{11}(u)$는, $k = 1$이면 $u = \frac{3}{4}$일 때 가장 크고 그 값이 1이며, $u = \frac{1}{4}$일 때 가장 작고 그 값이 −1이다. 또, $k = 2$이면, $\frac{d}{du}\left\{3(2u-1)\sqrt{2u(1-u)}\right\} = 0$에서 얻을 수 있는 식 $8u^2 - 8u + 1 = 0$의 풀이 가운데 하나인 $u = \frac{1}{4}\left(2+\sqrt{2}\right) \approx 0.8536$일 때 가장 크고 그 값이 $\frac{3\sqrt{2}}{4} \approx 1.0607$이며, 나머지 풀이인 $u = \frac{1}{4}\left(2-\sqrt{2}\right) \approx 0.1464$일 때 가장 작고 그 값이 $-\frac{3\sqrt{2}}{4} \approx 1.0607$이다.

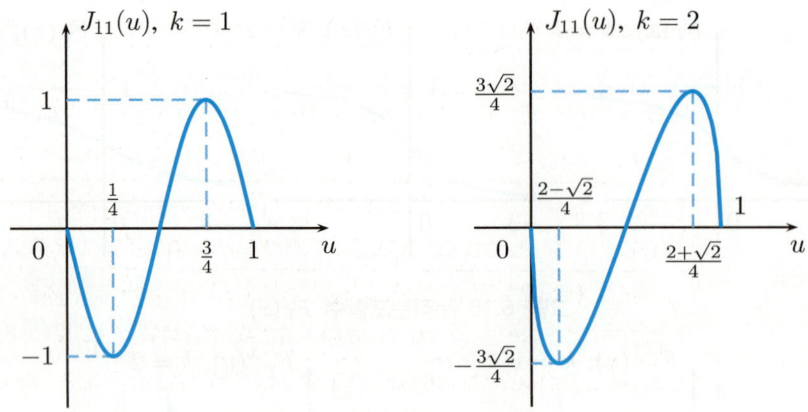

그림 6.17 중심 t 분포에서 함수 $J_{11}(u)$

$$J_{21}(u) = \begin{cases} -\cos\{(2u-1)\pi\} - \cos\{2(2u-1)\pi\}, & k=1\text{일 때}, \\ 24u(1-u)\left(5u^2-5u+1\right), & k=2\text{일 때} \end{cases} \tag{6.362}$$

이다[40]. 그림 6.16, 6.17, 6.18에 각각 역 누적분포함수 $F_T^{-1}(u)$, 함수 $J_{11}(u)$, 함수 $J_{21}(u)$를 $k=1,2$일 때 보였다.

(가) 이제,

$$(2i-1)!! = (2i-1)(2i-3)\cdots 3\cdot 1 \tag{6.363}$$

으로 쓸 때, (6.359)–(6.362)를 바탕으로, $k=2$일 때 점수 함수 $a_1(i)$, $b_1(i)$, $d_1(i)$를 얻으시오.

(나) 그 다음, 0과 1 사이의 넓이

$$\int_0^1 \sqrt{1+u}\,du = \frac{2}{3}\left(2\sqrt{2}-1\right) \tag{6.364}$$

가 바뀌지 않도록 $\sqrt{1+u}$을 1차 함수로

$$\sqrt{1+u} \approx \left(\sqrt{2}-1\right)u + \frac{5\sqrt{2}-1}{6} \tag{6.365}$$

처럼 어림했을 때 점수 함수 $c_1(i)$를 얻으시오.

문제 6.5 아래를 보이시오.

$$\sum_{i=1}^{n}\left(i-\frac{n+1}{2}\right)^4 = \frac{1}{240}n(n-1)(n+1)\left(3n^2-7\right). \tag{6.366}$$

---

[40] 이 함수 $J_{21}(u)$는, $k=1$이면 $u=\frac{1}{2}\pm\frac{1}{\pi}\cos^{-1}\frac{\sqrt{6}}{4}\approx 0.7902$ 또는 0.2098일 때 가장 크고 그 값이 $\frac{9}{8}=1.125$이며, $u=\frac{1}{2}$일 때 가장 작고 그 값이 -2이다. 이것은, $x=\frac{1}{2}(2u-1)\pi$라고 두고 $\cos 3x = 4\cos^3 x - 3\cos x$와 $\sin 3x = -4\sin^3 x + 3\sin x$를 쓰면 $\frac{d}{du}J_{21}(u)=0$에서 $\left(5-8\sin^2 x\right)\cos x \sin x = 0$을 얻음을 새겨, 보일 수 있다. 한편, $k=2$이면, $\frac{d}{du}\left\{24u(1-u)\left(5u^2-5u+1\right)\right\}=0$에서 얻을 수 있는 식 $(2u-1)\left(10u^2-10u+1\right)=0$의 풀이 셋 가운데 $u=\frac{1}{10}\left(5+\sqrt{15}\right)\approx 0.8873$ 또는 $\frac{1}{10}\left(5-\sqrt{15}\right)\approx 0.1127$일 때 가장 크고 그 값이 $\frac{6}{5}=1.2$이며, 나머지 풀이인 $u=\frac{1}{2}$일 때 가장 작고 그 값이 $-\frac{3}{2}=-1.5$이다.

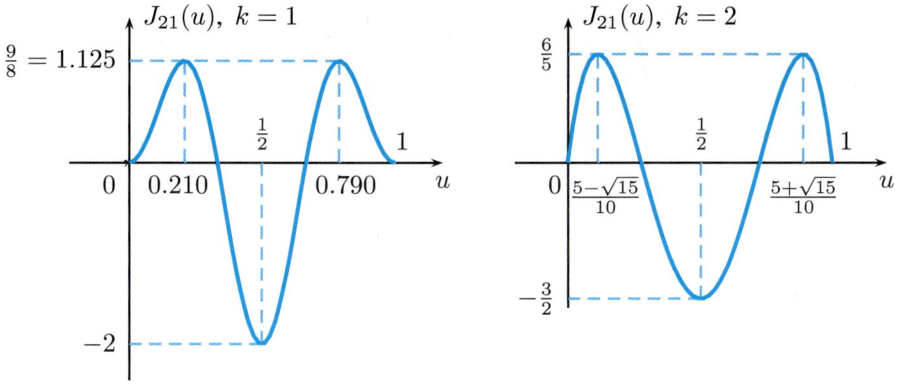

그림 6.18 중심 t 분포에서 함수 $J_{21}(u)$

문제 6.6 독립이고 분포가 같은 n차원 확률벡터의 순위 벡터 $\underline{R}=(R_1, R_2, \cdots, R_n)$을 바탕으로 확률변수 T를

$$T \;=\; \frac{1}{n(n-1)}\sum_{\substack{i=1\\ i\neq h}}^{n}\sum_{h=1}^{n}\operatorname{sgn}(i-h)\ \operatorname{sgn}(R_i-R_h) \tag{6.367}$$

처럼 두자. 이때, 평균 $E\{T\}$를 얻으시오. 또,

$$E\{\operatorname{sgn}(R_i-R_h)|R_k=j\} \;=\; \begin{cases} 0, & k\neq i, k\neq h,\\ \frac{2j-n-1}{n-1}, & k=i, j=1,2,\cdots,n,\\ \frac{n+1-2j}{n-1}, & k=h, j=1,2,\cdots,n \end{cases} \tag{6.368}$$

을 새겨서 조건부 평균 $E\left\{T\middle|R_k=j\right\}$를 얻으시오.

문제 6.7 누적분포함수 F의 성질 $F(-\infty)=0$과 $F(\infty)=1$, 그리고 (5.200)에서 뜻매김한 함수 $G(x)=F(x)-F(-x)$의 성질 $G(0)=F(0)-F(-0)=0$과 $G(\infty)=F(\infty)-F(-\infty)=1$을 바탕으로

$$\int_{-\infty}^{\infty} F^{r-1}(x)\{1-F(x)\}^{n-r}f(x)dx \;=\; \frac{1}{n\,{}_{n-1}\mathrm{C}_{r-1}} \tag{6.369}$$

와

$$\int_{-\infty}^{\infty} G^{q-1}(y)\{1-G(y)\}^{n-q}g(y)u(y)dy \;=\; \frac{1}{n\,{}_{n-1}\mathrm{C}_{q-1}} \tag{6.370}$$

을 보이시오.

문제 6.8 확률밀도함수 f, 누적분포함수 F, 그리고 (5.200)에서 뜻매김한 함수 $G(x)=F(x)-F(-x)$에서 아래를 보이시오.

$$\int_{-\infty}^{\infty} F(x)f(x)dx \;=\; \frac{1}{2}. \tag{6.371}$$

$$\int_{-\infty}^{\infty} F(-x)f(x)dx = \begin{cases} 0, & F(0)=0\text{일 때}, \\ 1, & F(0)=1\text{일 때}. \end{cases} \tag{6.372}$$

$$\int_{0}^{\infty} \{F(x)f(-x) - F(-x)f(x)\}dx = F^2(0), \tag{6.373}$$

$$\int_{0}^{\infty} F(x)F(-x)\{f(x) - f(-x)\}dx \le \frac{1}{3}\left\{1 - 2F^3(0)\right\}. \tag{6.374}$$

$$\int_{-\infty}^{\infty} G(|x|)f(x)dx = \frac{1}{2}. \tag{6.375}$$

$$\int_{-\infty}^{\infty} G(|x|)F(x)f(x)dx = \begin{cases} \frac{1}{3}, & F(0)=0\text{일 때}, \\ \frac{1}{6}, & F(0)=1\text{일 때}. \end{cases} \tag{6.376}$$

문제 6.9 확률밀도함수 f가 짝함수일 때 $F(-x) = 1 - F(x)$와 $G(x) = F(x) - F(-x) = 2F(x) - 1$이라는 것을 바탕으로

$$\int_{-\infty}^{\infty} F(-x)f(x)dx = \frac{1}{2}, \tag{6.377}$$

$$\int_{0}^{\infty} G(x)f(x)dx = \frac{1}{4}, \tag{6.378}$$

$$\int_{-\infty}^{\infty} G(|x|)F(x)f(x)dx = \frac{1}{4} \tag{6.379}$$

를 보이시오.

문제 6.10 식 (6.157)에 보인 (X_i, R_i)의 확률밀도질량함수

$$\tilde{f}_{X_i,R_i}(x,r) = \begin{cases} \frac{1}{n} f_{X_{[r]}}(x), & r = 1, 2, \cdots, n, \\ 0, & \text{그 밖에는} \end{cases} \tag{6.380}$$

을 생각하자.

(가) 한계 확률밀도함수 f_{X_i}와 한계 확률질량함수 p_{R_i}가 아래와 같다는 것을 보이시오

$$f_{X_i}(x) = f(x). \tag{6.381}$$

$$p_{R_i}(r) = \frac{1}{n}, \quad r = 1, 2, \cdots, n. \tag{6.382}$$

(나) 확률변수 X_i와 순위 R_i 사이의 상관이

$$E\{XR\} = \int_{-\infty}^{\infty} x\{1 + (n-1)F(x)\}f(x)dx \tag{6.383}$$

이고 표준화 상관계수가

$$\tilde{\rho}_{X_iR_i} = \frac{\sqrt{3}}{\sigma_X}\int_{-\infty}^{\infty} x\{2F(x) - 1\}f(x)dx \tag{6.384}$$

임을 보이시오.

문제 6.11 불완전 감마 함수[41]

$$\gamma(\alpha, x) = \int_0^x e^{-t} t^{\alpha-1} dt \tag{6.385}$$

와 초기하 함수

$$\begin{aligned} {}_2F_1(\alpha, \beta; \gamma; z) &= F(\alpha, \beta; \gamma; z) \\ &= \sum_{k=0}^{\infty} \frac{(\alpha)_k (\beta)_k}{(\gamma)_k} \frac{z^k}{k!} \\ &= 1 + \frac{\alpha\beta}{\gamma} \frac{z}{1!} + \frac{\alpha(\alpha+1)\beta(\beta+1)}{\gamma(\gamma+1)} \frac{z^2}{2!} \\ &\quad + \frac{\alpha(\alpha+1)(\alpha+2)\beta(\beta+1)(\beta+2)}{\gamma(\gamma+1)(\gamma+2)} \frac{z^3}{3!} + \cdots \end{aligned} \tag{6.386}$$

은, $\text{Re}(\alpha+\beta) > 0$, $\text{Re}(\beta) > 0$, $\text{Re}(\mu+\nu) > 0$일 때,

$$\int_0^{\infty} x^{\mu-1} e^{-\beta x} \gamma(\nu, \alpha x) dx = \frac{\alpha^{\nu} \Gamma(\mu+\nu)}{(\alpha+\beta)^{\mu+\nu} \nu} \, {}_2F_1\left(1, \mu+\nu; \nu+1; \frac{\alpha}{\alpha+\beta}\right) \tag{6.387}$$

로 이어져 있다. 여기서,

$$(a)_n = \frac{\Gamma(a+n)}{\Gamma(a)} \tag{6.388}$$

은 (2.322)에서 뜻매김한 오름 곱이다. 식 (6.387)을 바탕으로 감마 확률밀도함수

$$f_G(x) = \frac{1}{\beta\Gamma(\alpha)} \left(\frac{x}{\beta}\right)^{\alpha-1} \exp\left(-\frac{x}{\beta}\right) u(x) \tag{6.389}$$

에서 표준화 상관계수 $\tilde{\rho}_{X_i R_i}$가

$$\tilde{\rho}_{X_i R_i} = \sqrt{\frac{3}{\alpha}} \left\{ \frac{\Gamma(2\alpha) \, {}_2F_1\left(1, 2\alpha+1; \alpha+1; \frac{1}{2}\right)}{2^{2\alpha-1} \Gamma^2(\alpha)} - \alpha \right\} \tag{6.390}$$

과[42] 같다는 것을 보이시오. 여기서, $\alpha > 0$이고 $\beta > 0$이다.

문제 6.12 식 (6.171)에 나온 (X_i, Q_i)의 확률밀도질량함수

$$\tilde{f}_{X_i, Q_i}(x, q) = \begin{cases} \frac{1}{n} f_{|X|_{[q]}}(|x|) \frac{f(x)}{g(|x|)}, & q = 1, 2, \cdots, n, \\ 0, & \text{그 밖에는} \end{cases} \tag{6.391}$$

을 생각하자.

(가) 한계 확률밀도함수 f_{X_i}와 한계 확률질량함수 p_{Q_i}가 아래와 같다는 것을 보이시오.

$$f_{X_i}(x) = f(x). \tag{6.392}$$

$$p_{Q_i}(q) = \frac{1}{n}, \quad q = 1, 2, \cdots, n. \tag{6.393}$$

[41] incomplete gamma function. 좀 더 자세히 말하자면, 함수 $\gamma_L(\alpha, x) = \int_0^x e^{-t} t^{\alpha-1} dt$는 아래쪽 lower 불완전 감마 함수라고 부르고, 함수 $\gamma_U(\alpha, x) = \int_x^{\infty} e^{-t} t^{\alpha-1} dt$는 위쪽 upper 불완전 감마 함수라고 부른다.

[42] 이 표준화 상관계수 $\tilde{\rho}_{X_i R_i}$는 α의 느는 함수이고 $\alpha = 0.1, 0.3, 0.7, 1, 2, 4$일 때 어림값이 각각 0.4837, 0.6942, 0.8261, 0.8660, 0.9186, 0.9472이다.

(나) 이제, $Q_i = q$일 때 X_i의 조건부 확률밀도함수 $f_{X_i|Q_i}(x|q)$를 얻으시오.

문제 6.13 식 (6.189)에 나온 $(|X_i|, R_i)$의 확률밀도질량함수

$$\tilde{f}_{|X_i|,R_i}(y,r) = \begin{cases} \frac{1}{n}\left\{f_{X_{[r]}}(y) + f_{X_{[r]}}(-y)\right\}u(y), & r = 1,2, \cdots, n, \\ 0, & \text{그 밖에는} \end{cases} \tag{6.394}$$

을 바탕으로 아래 물음에 답하시오.

(가) 한계 확률밀도함수 $f_{|X_i|}$와 한계 확률질량함수 p_{R_i}가 아래와 같다는 것을 보이시오.

$$f_{|X_i|}(y) = \{f(y) + f(-y)\}u(y). \tag{6.395}$$

$$p_{R_i}(r) = \frac{1}{n}, \quad r = 1,2, \cdots, n. \tag{6.396}$$

(나) 확률변수의 크기 $|X_i|$와 순위 R_i 사이의 상관 $E\{|X_i|R_i\}$와 표준화 상관계수 $\tilde{\rho}_{|X_i|R_i}$가 아래와 같다는 것을 보이시오.

$$E\{|X_i|R_i\} = \int_{-\infty}^{\infty} |y|\{1 + (n-1)F(y)\}f(y)dy. \tag{6.397}$$

$$\tilde{\rho}_{|X_i|R_i} = \frac{\sqrt{3}}{\sqrt{\sigma_X^2 + 4m_X^+ m_X^-}} \int_{-\infty}^{\infty} |x|\{2F(x) - 1\}f(x)dx. \tag{6.398}$$

문제 6.14 식 (6.193)에 보인 $(|X_i|, Q_i)$의 확률밀도질량함수

$$\tilde{f}_{|X_i|,Q_i}(y,q) = \begin{cases} \frac{1}{n} f_{|X|_{[q]}}(y), & q = 1,2, \cdots, n, \\ 0, & \text{그 밖에는} \end{cases} \tag{6.399}$$

를 바탕으로 아래 물음에 답하시오.

(가) 한계 확률밀도함수 $f_{|X_i|}$와 한계 확률질량함수 p_{Q_i}가 아래와 같다는 것을 보이시오.

$$f_{|X_i|}(y) = \{f(y) + f(-y)\}u(y). \tag{6.400}$$

$$p_{Q_i}(q) = \frac{1}{n}, \quad q = 1,2, \cdots, n. \tag{6.401}$$

(나) 크기 $|X_i|$와 크기 순위 Q_i 사이의 상관이

$$E\{|X_i|Q_i\} = \int_{-\infty}^{\infty} |y|\{1 + (n-1)G(|y|)\}f(y)dy \tag{6.402}$$

이고 표준화 상관계수가

$$\tilde{\rho}_{|X_i|Q_i} = \frac{\sqrt{3}}{\sqrt{\sigma_X^2 + 4m_X^+ m_X^-}} \int_{-\infty}^{\infty} |y|\{2G(|y|) - 1\}f(y)dy \tag{6.403}$$

임을 보이시오.

문제 6.15 확률변수 X_i의 확률밀도함수가 $f(x) = \frac{1}{b-a}\{u(x-a) - u(x-b)\}$이고 $b > a$라고 하자. 이때, 표준화 상관계수는

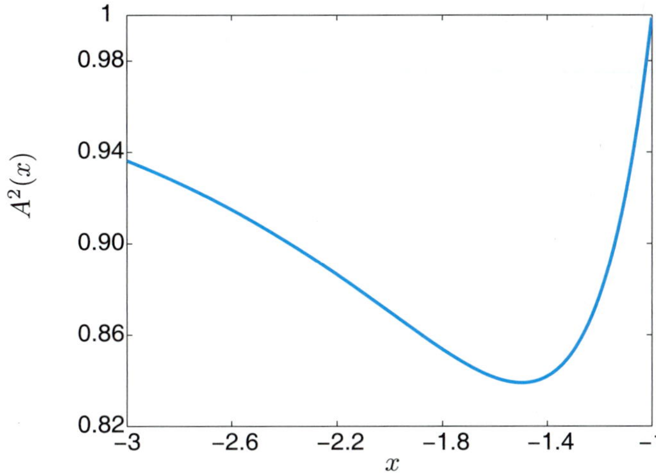

그림 6.19 고른 분포에서 비율 $A(x) = \frac{\tilde{\rho}_{X_iQ_i}}{\tilde{\rho}_{|X_i|R_i}}$의 제곱

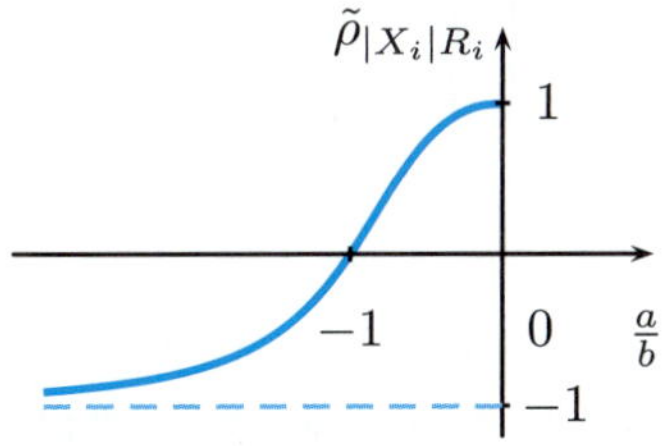

그림 6.20 확률밀도함수가 $f(x) = \frac{1}{b-a}\{u(x-a)-u(x-b)\}$이고 $a < 0 < b$일 때 표준화 상관계수 $\tilde{\rho}_{|X_i|R_i}$

$$\tilde{\rho}_{|X_i|R_i} = \begin{cases} -1, & a < b \leq 0, \\ \frac{b+a}{b-a}\frac{b^2-4ab+a^2}{\sqrt{b^4-4b^3a-6b^2a^2-4ba^3+a^4}}, & a < 0 < b, \\ 1, & 0 \leq a < b \end{cases} \tag{6.404}$$

이고

$$\tilde{\rho}_{|X_i|Q_i} = \begin{cases} 1, & ab \geq 0, \\ \frac{1}{b-a}\frac{3b^3+3b^2a+3ba^2-a^3}{\sqrt{(b-a)^4-12b^2a^2}}, & a < -b \leq 0, \\ \frac{1}{b-a}\frac{b^3-3b^2a-3ba^2-3a^3}{\sqrt{(b-a)^4-12b^2a^2}}, & -b < a \leq 0 \end{cases} \tag{6.405}$$

임을[43] 보이시오.

[43] 여기서, $x = \frac{a}{b}$라고 하면,

$$\frac{\tilde{\rho}_{X_iQ_i}}{\tilde{\rho}_{|X_i|R_i}} = \begin{cases} \left(1+\frac{6}{x^2-4x+1}\right)\sqrt{1-\frac{12x^2}{(1-x)^4}}, & x \leq -1, \\ \left(1+\frac{6x^2}{x^2-4x+1}\right)\sqrt{1-\frac{12x^2}{(1-x)^4}}, & -1 \leq x \leq 0, \\ 1, & x > 0 \end{cases}$$

임을 (6.187)과 (6.404)에서 알 수 있다. 이 식을 바탕으로 $x \approx -0.66771$ 또는 $x \approx \frac{1}{-0.66771} \approx -1.49765$일 때 $A(x) = \frac{\tilde{\rho}_{X_iQ_i}}{\tilde{\rho}_{|X_i|R_i}}$의 값이 가장 작고 그 값이 $0.91615\cdots$이라는 것을 알 수 있다. 곧, $\tilde{\rho}_{X_iQ_i}$와 $\tilde{\rho}_{|X_i|R_i}$는 거의 같

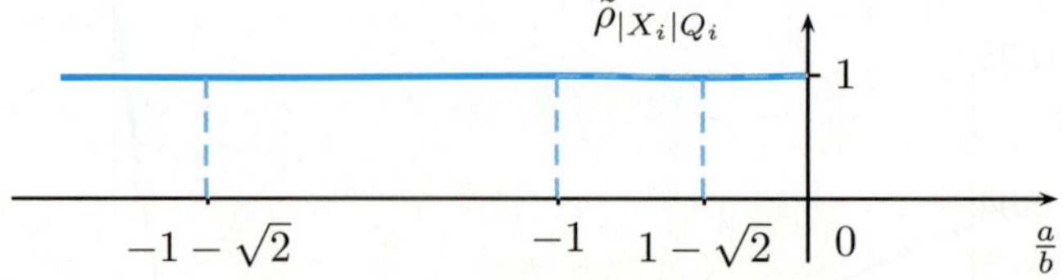

그림 6.21 확률밀도함수가 $f(x) = \frac{1}{b-a}\{u(x-a)-u(x-b)\}$이고 $a<0<b$일 때 표준화 상관계수 $\tilde{\rho}_{|X_i|Q_i}$

문제 6.16 식 (6.224)에 보인 (Z_i, R_i)의 결합 확률질량함수

$$\Pr\{Z_i = \pm 1, R_i = r\} = \begin{cases} \frac{1}{n}\int_{\pm} f_{X_{[r]}}(x)dx, & r = 1, 2, \cdots, n, \\ 0, & \text{그 밖에는} \end{cases} \tag{6.406}$$

을 생각하자.

(가) 한계 확률질량함수 p_{Z_i}와 한계 확률질량함수 p_{R_i}가 아래와 같다는 것을 보이시오.

$$p_{Z_i}(z) = \begin{cases} \int_0^{\infty} f(x)dx, & z = +1, \\ \int_{-\infty}^{0} f(x)dx, & z = -1. \end{cases} \tag{6.407}$$

$$p_{R_i}(r) = \frac{1}{n}, \quad r = 1, 2, \cdots, n. \tag{6.408}$$

(나) 이미 (6.225)에서 보았듯이, $\underline{X} = (X_1, X_2, \cdots, X_n)$이 독립이고 분포가 같은 확률벡터이더라도, 일반적으로 R_i와 Z_i는 독립이 아니다. 이제, 확률밀도함수 f가 짝함수일 때에는 R_i와 Z_i가 독립이라는 것을 보이시오.

(다) 식 (6.224)에 보인 결합 확률질량함수 p_{Z_i,R_i}를 써서 부호와 순위 사이의 공분산이

$$\text{Cov}(Z_i, R_i) = (n-1)F(0)\{1-F(0)\} \tag{6.409}$$

와 같다는 것을 보이시오.

문제 6.17 식 (6.352)에 나온 (Z_i, Q_i)의 결합 확률질량함수

$$p_{Z_i,Q_i}(z,q) = \begin{cases} \frac{1}{n}\int_0^{\infty} f_{|X|_{[q]}}(x)\ \frac{f(zx)}{g(x)}dx, & z \in \{-1, 1\},\ q = 1, 2, \cdots, n, \\ 0, & \text{그 밖에는} \end{cases} \tag{6.410}$$

을 바탕으로 아래 물음에 답하시오.

(가) 조건부 확률 $\Pr\{Q_i = q \,|Z_i = 1\}$과 $\Pr\{Q_i = q \,|Z_i = -1\}$을 얻으시오.

(나) 조건부 확률 $\Pr\{Z_i = 1 \,|Q_i = q\}$와 $\Pr\{Z_i = -1 \,|Q_i = q\}$를 얻으시오.

다. 그림 6.19에 $A^2(x)$를 $-3 \le x \le -1$일 때 그려 두었으며, 그림 6.20과 6.21에 $a<0<b$일 때 표준화 상관계수 (6.404)와 (6.405)를 보였다. 한편, 표준화 상관계수 (6.404)를 살펴보면 $\tilde{\rho}_{|X_i|R_i}\left(\frac{b}{a}\right) = \tilde{\rho}_{|X_i|R_i}\left(\frac{a}{b}\right)$라는 것을 쉽게 알 수 있다. 또, 표준화 상관계수 (6.405)는 $\tilde{\rho}_{|X_i|Q_i}\left(\frac{b}{a}\right) = \tilde{\rho}_{|X_i|Q_i}\left(\frac{a}{b}\right)$를 만족시키며 – 그림 6.21에서 알 수 있듯이 – 1에 매우 가깝다는 것을 알 수 있다. 좀 더 자세히 말하자면, $ab \ge 0$이면 $\tilde{\rho}_{|X_i|Q_i} = 1$이고, $a<0<b$일 때 $\tilde{\rho}_{|X_i|Q_i}$의 최솟값은 $\frac{a}{b} = \pm 1 - \sqrt{2} \approx -0.414, -2.414$일 때 $2\sqrt{3\sqrt{2}-4} = 2\sqrt{\sqrt{2}}\sqrt{3-2\sqrt{2}} = 2\sqrt{\sqrt{2}}\left(\sqrt{2}-1\right) = 2^{\frac{7}{4}} - 2^{\frac{5}{4}} \approx 0.9852$이며, $a<0<b$일 때 $\tilde{\rho}_{|X_i|Q_i}$의 최댓값은 $\frac{a}{b} = 0, -1$, 또는 $-\infty$일 때 1이다.

(다) 다음에, 결합 확률질량함수 p_{Z_i,Q_i}를 바탕으로 한계 확률질량함수 p_{Z_i}와 한계 확률질량함수 p_{Q_i}가 아래와 같다는 것을 보이시오.

$$p_{Z_i}(z) = \begin{cases} \int_0^{\infty} f(x)dx, & z=+1, \\ \int_{-\infty}^{0} f(x)dx, & z=-1. \end{cases} \tag{6.411}$$

$$p_{Q_i}(q) = \frac{1}{n}, \quad q=1,2,\cdots,n. \tag{6.412}$$

(라) 이미 (6.232)에서 보았듯이, $\underline{X} = (X_1, X_2, \cdots, X_n)$이 독립이고 분포가 같은 확률벡터이더라도, 일반적으로 Q_i와 Z_i는 독립이 아니다. 이제, 확률밀도함수 f가 짝함수일 때에는 Q_i와 Z_i가 독립이라는 것을 보이시오.

(마) 확률변수의 부호 Z_i와 크기 순위 Q_i 사이의 상관 $E\{Z_iQ_i\}$와 표준화 상관계수 $\tilde{\rho}_{Z_iQ_i}$가 아래와 같다는 것을 보이시오.

$$E\{Z_iQ_i\} = \int_{-\infty}^{\infty} \text{sgn}(x)\{1+(n-1)G(|x|)\}f(x)dx. \tag{6.413}$$

$$\tilde{\rho}_{Z_iQ_i} = \sqrt{3}\,\frac{F(0) - \int_{-\infty}^{\infty} F(-x)f(x)dx}{\sqrt{F(0)\{1-F(0)\}}}. \tag{6.414}$$

문제 6.18 식 (6.258)에 보인 (R_i, Q_i)의 결합 확률질량함수

$$\Pr\{R_i=r, Q_i=q\} = \frac{1}{n^2}\int_{-\infty}^{\infty} \frac{f_{|X|_{[q]}}(x)}{g(x)}\left\{f_{X_{[r]}}(x) + f_{X_{[r]}}(-x)\right\}dx \tag{6.415}$$

를 바탕으로 아래 물음에 답하시오.

(가) 한계 확률질량함수 p_{R_i}와 한계 확률질량함수 p_{Q_i}가 아래와 같다는 것을 보이시오.

$$p_{R_i}(r) = \frac{1}{n}, \quad r=1,2,\cdots,n. \tag{6.416}$$

$$p_{Q_i}(q) = \frac{1}{n}, \quad q=1,2,\cdots,n. \tag{6.417}$$

(나) 다음에, $R_i = r$일 때 Q_i의 조건부 확률질량함수와 $Q_i = q$일 때 R_i의 조건부 확률질량함수가 아래와 같다는 것을 보이시오.

$$\begin{aligned} \Pr\left\{Q_i = q \middle| R_i = r\right\} &= \Pr\left\{R_i = r \middle| Q_i = q\right\} \\ &= \frac{1}{n}\int_{-\infty}^{\infty} \frac{f_{|X|_{[q]}}(x)}{g(x)}\left\{f_{X_{[r]}}(x) + f_{X_{[r]}}(-x)\right\}dx. \end{aligned} \tag{6.418}$$

(다) 확률변수의 순위 R_i와 크기 순위 Q_i 사이의 곱 적률 $E\{R_iQ_i\}$와 상관계수 $\rho_{R_iQ_i}$가 $0 < F(0) < 1$일 때

$$E\{R_iQ_i\} = \int_{-\infty}^{\infty} \{1+(n-1)G(|x|)\}\{1+(n-1)F(x)\}f(x)dx \tag{6.419}$$

이고

그림 6.22 확률밀도함수가 f_a일 때 표준화 상관계수 $\tilde{\rho}_{X_iQ_i}$와 $\tilde{\rho}_{|X_i|R_i}$

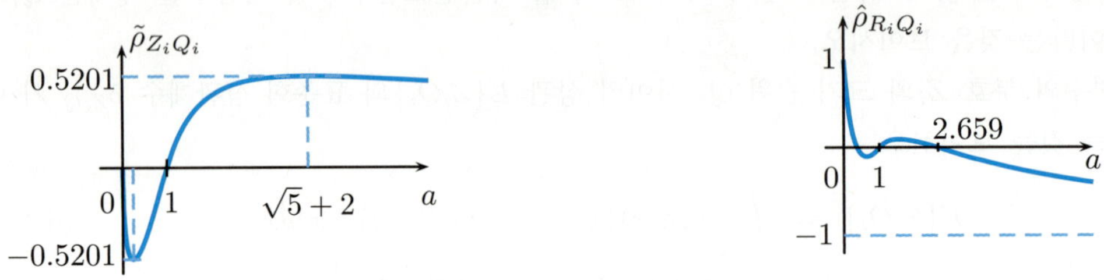

그림 6.23 확률밀도함수가 f_a일 때 표준화 상관계수 $\tilde{\rho}_{Z_iQ_i}$와 $\hat{\rho}_{R_iQ_i}$

$$\rho_{R_iQ_i} = \frac{12(n-1)}{n+1}\left\{\int_{-\infty}^{\infty} G(|x|)F(x)f(x)dx - \frac{1}{4}\right\} \tag{6.420}$$

임을 보이시오.

문제 6.19 식 (6.163)에서 다룬 확률밀도함수

$$f_a(x) = \begin{cases} \frac{a}{a+1}, & -1 \le x < 0; \qquad \frac{1}{a(a+1)}, \quad 0 \le x < a; \\ 0, & x < -1 \text{ 또는 } x \ge a \end{cases} \tag{6.421}$$

에서 $v = \min\left(a, a^{-1}\right)$라고 둘 때 아래를[44] 보이시오.

(가)

$$\tilde{\rho}_{X_iQ_i} = \frac{(v-1)(3v+1)\sqrt{v}}{(v+1)^2}. \tag{6.422}$$

(나)

$$\tilde{\rho}_{|X_i|R_i} = \frac{(a-1)\sqrt{a}}{(a+1)\sqrt{a^2-a+1}}. \tag{6.423}$$

(다)

$$\tilde{\rho}_{Z_iR_i} = \frac{\sqrt{3a}}{a+1}. \tag{6.424}$$

$$\tilde{\rho}_{Z_iQ_i} = \frac{(v-1)\sqrt{3v}}{v+1}. \tag{6.425}$$

(라)

$$\begin{aligned}\hat{\rho}_{R_iQ_i} &= \frac{n+1}{n-1}\,\rho_{R_iQ_i}\\ &= \operatorname{sgn}(1-a)\,\frac{(v-1)\left(2v^3+v^2+2v-1\right)}{(v+1)^3}.\end{aligned} \tag{6.426}$$

[44]그림 6.22와 6.23에 이 표준화 상관계수들을 보였다. 표준화 상관계수 $\tilde{\rho}_{X_iQ_i}$는 $a=3$일 때 $\frac{\sqrt{3}}{4}\approx 0.433$으로 가장 크고, $a=\frac{1}{3}$일 때 $-\frac{\sqrt{3}}{4}\approx -0.433$으로 가장 작다. 표준화 상관계수 $\tilde{\rho}_{|X_i|R_i}$는 $a=2+\sqrt{3}\approx 3.732$일 때 $\frac{1}{3}$으로 가장 크고, $a=2-\sqrt{3}=\frac{1}{2+\sqrt{3}}\approx 0.268$일 때 $-\frac{1}{3}$으로 가장 작으며, 표준화 상관계수 $\tilde{\rho}_{Z_iQ_i}$는 $a=\sqrt{5}+2\approx 4.236$일 때 $\frac{\sqrt{3}}{2}\left(\sqrt{5}-1\right)\sqrt{\sqrt{5}-2}\approx 0.5201$로 가장 크고, $a=\sqrt{5}-2=\frac{1}{\sqrt{5}+2}\approx 0.236$일 때 $-\frac{\sqrt{3}}{2}\left(\sqrt{5}-1\right)\sqrt{\sqrt{5}-2}\approx -0.5201$로 가장 작다. 한편, 표준화 상관계수 $\hat{\rho}_{R_iQ_i}$는 $a=\sqrt{7}-2\approx 0.646$에서 극솟값 $\hat{\rho}_{R_iQ_i}=\frac{1}{27}\left(112\sqrt{7}-299\right)\approx -0.0991$과 $a=\frac{\sqrt{7}+2}{3}=\frac{1}{\sqrt{7}-2}\approx 1.5486$에서 극댓값 $\hat{\rho}_{R_iQ_i}\approx 0.0991$을 가지고, $a\approx 0.3761$, $a=1$, $a\approx 2.659$에서 0이다. 여기서, $a=\sqrt{7}-2$는 $0<a<1$일 때 $\frac{d}{dv}\hat{\rho}_{R_iQ_i}=0$의 풀이이다. 곧, $a^4+4a^3-2a^2+4a-3=0$의 풀이 가운데 0과 1 사이에 있는 것이다. 또, $a=0.3761\cdots=\frac{1}{2.659\cdots}$은 $2a^3+a^2+2a-1=0$의 풀이 가운데 0과 1 사이에 있는 값이고, 정확한 꼴로 쓰면 $a=\frac{1}{6}\left(\sqrt[3]{71+6\sqrt{177}}+\sqrt[3]{71-6\sqrt{177}}-1\right)$이다.

참고 문헌

1. 송익호, 김광순, 박소령, 박철훈, 확률과정의 원리, 교보, 서울, 2009.
2. M. Abramowitz and I. A. Stegun (Ed.), *Handbook of Mathematical Functions*, Dover, New York, 1972.
3. J. Bae, H. Kwon, S. R. Park, J. Lee, and I. Song, "Explicit correlation coefficients among random variables, ranks, and magnitude ranks," *IEEE Trans. Inform. Theory*, vol. 52, no. 5, pp. 2233-2240, May 2006.
4. I. S. Gradshteyn and I. M. Ryzhik, *Table of Integrals, Series, and Products*, Academic, New York, 1980.
5. J. Hajek, *Nonparametric Statistics*, Holden-Day, San Francisco, 1969.
6. J. Hajek, Z. Sidak, and P. K. Sen, *Theory of Rank Tests*, Second Ed., Academic, New York, 1999.
7. T. P. Hettmansperger, *Statistical Inference Based on Ranks*, John Wiley and Sons, New York, 1984.
8. R. P. Kanwal, *Generalized Functions: Theory and Technique*, Academic, New York, 1983.
9. S. A. Kassam, *Signal Detection in Non-Gaussian Noise*, Springer-Verlag, New York, 1988.
10. S. Y. Kim and I. Song, "On the score functions of the two-sample locally optimum rank test statistic for random signals in additive noise," *IEEE Trans. Inform. Theory*, vol. 41, no. 3, pp. 842-846, May 1995.
11. M. J. Lighthill, *An Introduction to Fourier Analysis and Generalised Functions*, Cambridge University, Cambridge, 1980.
12. H. V. Poor and J. B. Thomas (Ed.), *Advances in Statistical Signal Processing: Vol. 2. Signal Detection*, JAI, Greenwich, 1993.
13. I. Song, J. Bae, and S. Y. Kim, *Advanced Theory of Signal Detection*, Springer-Verlag, Berlin, 2002.
14. I. Song and S. A. Kassam, "Locally optimum rank detection of correlated random signals in additive noise," *IEEE Trans. Inform. Theory*, vol. 38, no. 4, pp. 1311-1322, July 1992.
15. A. Stuart and J. K. Ord, *Advanced Theory of Statistics: Vol. 1. Distribution Theory*, Fifth Ed., Oxford University Press, New York, 1987.

제7장

확률변수의 수렴

7.1 확률변수의 합

확률변수의 합이 나타내는 확률적 성질 몇 가지는 제4장에서 이미 다룬 바 있다. 구체적으로는 두 확률변수를 더한 것의 분포는 보기 4.32와 보기 4.33과 같은 곳에서 다루었고, 확률벡터의 원소들이 서로 독립일 때 합의 특성함수와 분포는 보기 4.52에서 간단히 살펴보았다. 확률변수의 합은 확률변수의 수렴과 극한의 성질을 이해하는 데에 매우 중요한 바탕이므로 이 장에서 좀 더 깊이있게 다루어본다.

정리 7.1 확률변수 $\{X_i\}_{i=1}^n$의 합

$$S_n = \sum_{i=1}^n X_i \tag{7.1}$$

을 생각하자. 그러면 확률변수 S_n의 기댓값은

$$E\{S_n\} = \sum_{i=1}^n E\{X_i\} \tag{7.2}$$

이고, 확률변수 S_n의 분산은

$$\text{Var}\{S_n\} = \sum_{i=1}^n \text{Var}\{X_i\} + 2\sum_{i=1}^{n-1}\sum_{j=i+1}^{n} \text{Cov}(X_i, X_j) \tag{7.3}$$

이다. ■■

증명 먼저,

$$\begin{aligned} E\{S_n\} &= E\left\{\sum_{i=1}^n X_i\right\} \\ &= \sum_{i=1}^n E\{X_i\} \end{aligned} \tag{7.4}$$

임은 쉽게 알 수 있다. 다음에,

$$\begin{aligned}\text{Var}\{S_n\} &= E\left\{\left(\sum_{i=1}^{n} X_i - \sum_{i=1}^{n} E\{X_i\}\right)^2\right\}\\ &= E\left\{\left[\sum_{i=1}^{n}(X_i - E\{X_i\})\right]^2\right\}\\ &= E\left\{\sum_{i=1}^{n}\sum_{j=1}^{n}(X_i - E\{X_i\})(X_j - E\{X_j\})\right\}\\ &= \sum_{i=1}^{n}\sum_{j=1}^{n}\text{Cov}(X_i, X_j)\\ &= \sum_{i=1}^{n}\text{Var}\{X_i\} + 2\sum_{i=1}^{n-1}\sum_{j=i+1}^{n}\text{Cov}(X_i, X_j) \qquad (7.5)\end{aligned}$$

임을 알 수 있다. □

정리 7.1은 합의 기댓값은 언제나 기댓값의 합이고, 합의 분산은 분산의 합에 서로 다른 확률변수 사이의 공분산을 더해 얻는다는 것을 알려 준다. 마땅히, 아래 정리에서 말한 바와 같이 확률변수들이 서로 상관이 없을 때에는 공분산이 0이므로 합의 분산이 분산의 합과 같다.

정리 7.2 확률변수 $\{X_i\}_{i=1}^{n}$이 서로 상관이 없을 때 합 $S_n = \sum_{i=1}^{n} X_i$의 분산은

$$\text{Var}\{S_n\} = \sum_{i=1}^{n}\text{Var}\{X_i\} \qquad (7.6)$$

이다. ■■

보기 7.1 평균이 모두 0이고, 곱 적률이 $E\{X_iX_j\} = \rho^{|i-j|}$인 확률변수 $\{X_i\}_{i=1}^{n}$을 생각하자. 이제, $i = 3, 4, \cdots, n$일 때, 세 확률변수의 합 $Y_i = X_{i-2} + X_{i-1} + X_i$의 기댓값과 분산을 얻어 보자.

풀이 정리 7.1에 보인 (7.2)를 쓰면

$$\begin{aligned}E\{Y_i\} &= E\{X_{i-2}\} + E\{X_{i-1}\} + E\{X_i\}\\ &= 0 \qquad (7.7)\end{aligned}$$

이다. 또, $\text{Var}\{X_i\} = \rho^0 = 1$이므로 (7.3)을 바탕으로

$$\begin{aligned}\text{Var}\{Y_i\} &= \text{Var}\{X_{i-2}\} + \text{Var}\{X_{i-1}\} + \text{Var}\{X_i\}\\ &\quad + 2\{\text{Cov}(X_{i-2}, X_{i-1}) + \text{Cov}(X_{i-1}, X_i) + \text{Cov}(X_{i-2}, X_i)\}\\ &= 3\rho^0 + 2\rho^1 + 2\rho^1 + 2\rho^2\\ &= 3 + 4\rho + 2\rho^2 \qquad (7.8)\end{aligned}$$

을 얻을 수 있다. ◇

보기 7.2 어떤 모임에 n 사람이 선물을 하나씩 들고 참석하였다. 참석자의 이름이 하나씩 적힌 딱지 n장을 상자에 넣은 다음, 참석자마다 딱지를 하나씩 뽑아서 딱지에 적힌 사람에게 가져온 선물을 주기로 한다. 자신이 가져온 선물을 그대로 받는 사람 수를 K_n이라고 할 때 K_n의 기댓값과 분산을 얻어 보자.

풀이 먼저,

$$X_i = \begin{cases} 1, & \text{참석자 } i\text{가 자신의 딱지를 뽑을 때,} \\ 0, & \text{그 밖} \end{cases} \tag{7.9}$$

와 같은 확률변수를 뜻매김하자. 그러면

$$K_n = \sum_{i=1}^{n} X_i \tag{7.10}$$

처럼 쓸 수 있다. 이제, 누구라도 자기 이름이 적힌 딱지를 뽑을 확률은 $\frac{1}{n}$이므로

$$\begin{aligned} E\{X_i\} &= 1 \times \frac{1}{n} + 0 \times \frac{n-1}{n} \\ &= \frac{1}{n} \end{aligned} \tag{7.11}$$

이고,

$$\begin{aligned} \mathrm{Var}\{X_i\} &= E\left\{X_i^2\right\} - E^2\{X_i\} \\ &= \frac{1}{n} - \frac{1}{n^2} \end{aligned} \tag{7.12}$$

이다. 또한, $\Pr\{X_iX_j = 1\} = \frac{1}{n(n-1)}$이고 $\Pr\{X_iX_j = 0\} = 1 - \frac{1}{n(n-1)}$이므로

$$\begin{aligned} \mathrm{Cov}(X_i, X_j) &= E\{X_iX_j\} - E\{X_i\}E\{X_j\} \\ &= \frac{1}{n(n-1)} - \frac{1}{n^2} \end{aligned} \tag{7.13}$$

이다. 따라서

$$\begin{aligned} E\{K_n\} &= \sum_{i=1}^{n} \frac{1}{n} \\ &= 1 \end{aligned} \tag{7.14}$$

이고

$$\begin{aligned} \mathrm{Var}\{K_n\} &= n\mathrm{Var}\{X_i\} + n(n-1)\mathrm{Cov}(X_i, X_j) \\ &= 1 \end{aligned} \tag{7.15}$$

임을 알 수 있다. 곧, 몇 사람이 오더라도 평균적으로 한 사람만 자신이 가져온 선물을 그대로 받는다. ◇

정리 7.3 서로 독립인 확률변수 $\{X_i\}_{i=1}^n$에서 X_i의 특성함수를 $\varphi_{X_i}(\omega)$라고 하고, 적률생성함수를 $M_{X_i}(t)$라고 하자. 그러면 $S_n = \sum_{i=1}^n X_i$의 특성함수는

$$\varphi_{S_n}(\omega) = \prod_{i=1}^n \varphi_{X_i}(\omega) \tag{7.16}$$

이고, 적률생성함수는

$$M_{S_n}(t) = \prod_{i=1}^n M_{X_i}(t) \tag{7.17}$$

이다. ■■

증명 보기 4.52의 (4.309)에서 보인 바와 같이, 확률변수 $\{X_i\}_{i=1}^n$이 독립이라는 것을 새기면 특성함수와 적률생성함수의 뜻매김에서

$$\begin{aligned}\varphi_{S_n}(\omega) &= E\left\{e^{j\omega S_n}\right\} \\ &= E\left\{e^{j\omega X_1}\right\} E\left\{e^{j\omega X_2}\right\} \cdots E\left\{e^{j\omega X_n}\right\} \\ &= \prod_{i=1}^n \varphi_{X_i}(\omega)\end{aligned} \tag{7.18}$$

을 얻고, 이와 비슷하게

$$\begin{aligned}M_{S_n}(t) &= E\left\{e^{tS_n}\right\} \\ &= E\left\{e^{tX_1}\right\} E\left\{e^{tX_2}\right\} \cdots E\left\{e^{tX_n}\right\} \\ &= \prod_{i=1}^n M_{X_i}(t)\end{aligned} \tag{7.19}$$

를 얻는다. □

정리 7.4 확률변수 $\{X_i\}_{i=1}^n$이 서로 독립이고 분포가 같을 때 X_i의 특성함수를 $\varphi_X(\omega)$라고 하고 적률생성함수를 $M_X(t)$라고 하자. 그러면 합

$$S_n = \sum_{i=1}^n X_i \tag{7.20}$$

의 특성함수는

$$\varphi_{S_n}(\omega) = \varphi_X^n(\omega) \tag{7.21}$$

이고, 적률생성함수는

$$M_{S_n}(t) = M_X^n(t) \tag{7.22}$$

이다. ■■

증명 분포가 모두 같다는 사실을 새기면 정리 7.4는 정리 7.3에서 바로 알 수 있다. □

보기 7.3 확률변수 $\{X_i\}_{i=1}^n$이 서로 독립이고 그 분포가 모두 베르누이 분포 $b(1,p)$일 때 $\{X_i\}_{i=1}^n$을 모두 더한 합

$$S_n = \sum_{i=1}^n X_i \tag{7.23}$$

의 분포를 얻어 보자.

풀이 먼저, 확률변수 X_i의 적률생성함수는

$$M_X(t) = 1 - p - pe^t \tag{7.24}$$

이다. 그러므로, 합 S_n의 적률생성함수는

$$M_{S_n}(t) = \left(1 - p - pe^t\right)^n \tag{7.25}$$

이다. 이 식은 S_n의 분포가 이항 분포 $b(n,p)$라는 것을 뜻한다. ◇

보기 7.4 확률변수 $\{X_i\}_{i=1}^n$이 서로 독립이고 $X_i \sim b(k_i,p)$일 때 합 $S_n = \sum\limits_{i=1}^n X_i$의 분포를 얻어 보자.

풀이 먼저, 확률변수 X_i의 적률생성함수는

$$M_{X_i}(t) = \left(1 - p - pe^t\right)^{k_i} \tag{7.26}$$

이다. 그러므로, 합 S_n의 적률생성함수는

$$\begin{aligned} M_{S_n}(t) &= \prod_{i=1}^n \left(1 - p - pe^t\right)^{k_i} \\ &= \left(1 - p - pe^t\right)^{\sum\limits_{i=1}^n k_i} \end{aligned} \tag{7.27}$$

이다. 이 식은 S_n의 분포가 이항 분포 $b\left(\sum\limits_{i=1}^n k_i, p\right)$라는 것을 뜻한다. ◇

보기 7.5 확률변수 $\{X_i\}_{i=1}^n$이 서로 독립이고 그 분포가 모두 매개변수가 p인 기하 분포일 때 $S_n = \sum\limits_{i=1}^n X_i$의 분포는 음이항 분포 $NB(n,p)$라는 것을 보이자.

풀이 먼저, 확률변수 X_i의 적률생성함수는

$$M_X(t) = \frac{pe^t}{1-(1-p)e^t} \tag{7.28}$$

이다. 그러므로, 합 S_n의 적률생성함수는

$$M_{S_n}(t) = \left\{\frac{pe^t}{1-(1-p)e^t}\right\}^n \tag{7.29}$$

이다. 이 식은 $S_n \sim NB(n,p)$라는 것을 뜻할 뿐 아니라, (2.235) 아래에서 말한 바와 같이 기하 분포가 음이항 분포의 특별한 때라는 것을 뜻하는 것이다. ◇

보기 7.6 확률변수 $\{X_i\}_{i=1}^n$이 서로 독립이고 $X_i \sim NB(r_i, p)$일 때 $S_n = \sum_{i=1}^n X_i$의 분포는 음이항 분포 $NB\left(\sum_{i=1}^n r_i, p\right)$라는 것을 보이자.

풀이 먼저, 확률변수 X_i의 적률생성함수는

$$M_{X_i}(t) = \left\{\frac{pe^t}{1-(1-p)e^t}\right\}^{r_i} \tag{7.30}$$

이다. 그러므로, 합 S_n의 적률생성함수는

$$\begin{aligned} M_{S_n}(t) &= \prod_{i=1}^n \left\{\frac{pe^t}{1-(1-p)e^t}\right\}^{r_i} \\ &= \left\{\frac{pe^t}{1-(1-p)e^t}\right\}^{\sum_{i=1}^n r_i} \end{aligned} \tag{7.31}$$

이다. 이 식은 $S_n \sim NB\left(\sum_{i=1}^n r_i, p\right)$라는 것을 뜻한다. ◇

보기 7.7 확률변수 $\{X_i\}_{i=1}^n$이 서로 독립이고 $X_i \sim P(\lambda_i)$일 때 $S_n = \sum_{i=1}^n X_i$의 분포는 포아송 분포 $P\left(\sum_{i=1}^n \lambda_i\right)$라는 것을 보이자.

풀이 먼저, 확률변수 X_i의 적률생성함수는

$$M_{X_i}(t) = \exp\left\{-\lambda_i\left(1-e^t\right)\right\} \tag{7.32}$$

이다. 그러므로, 합 S_n의 적률생성함수는

$$\begin{aligned} M_{S_n}(t) &= \prod_{i=1}^n \exp\left\{-\lambda_i\left(1-e^t\right)\right\} \\ &= \exp\left\{-\sum_{i=1}^n \lambda_i\left(1-e^t\right)\right\} \end{aligned} \tag{7.33}$$

이다. 이 식은 $S_n \sim P\left(\sum_{i=1}^n \lambda_i\right)$라는 것을 뜻한다. ◇

보기 7.8 확률변수 $\{X_i\}_{i=1}^n$이 서로 독립이고 $X_i \sim N(m_i, \sigma_i^2)$일 때 $S_n = \sum_{i=1}^n X_i$의 분포는 정규 분포 $N\left(\sum_{i=1}^n m_i, \sum_{i=1}^n \sigma_i^2\right)$이라는 것을 보기 4.55에서 보인 바 있다. ◇

보기 7.9 확률변수 $\{X_i\}_{i=1}^n$이 서로 독립이고 그 분포가 모두 매개변수가 λ인 지수 분포일 때 $S_n = \sum_{i=1}^n X_i$의 분포는 감마 분포 $G\left(n, \frac{1}{\lambda}\right)$이라는 것을 보이자.

풀이 먼저, 확률변수 X_i의 적률생성함수는

$$M_X(t) = \frac{\lambda}{\lambda - t} \tag{7.34}$$

이다. 그러므로, 합 S_n의 적률생성함수는

$$M_{S_n}(t) = \left(\frac{\lambda}{\lambda - t}\right)^n \tag{7.35}$$

이다. 이 식은 $S_n \sim G\left(n, \frac{1}{\lambda}\right)$이라는 것을 뜻한다. ◇

보기 7.10 확률변수 $\{X_i\}_{i=1}^n$이 서로 독립이고 $X_i \sim G(\alpha_i, \beta)$일 때 $S_n = \sum_{i=1}^n X_i$의 분포는 감마 분포 $G\left(\sum_{i=1}^n \alpha_i, \beta\right)$라는 것을 보이자.

풀이 먼저, 확률변수 X_i의 적률생성함수는

$$M_{X_i}(t) = \left(\frac{1}{1 - \beta t}\right)^{\alpha_i} \tag{7.36}$$

이다. 그러므로, 합 S_n의 적률생성함수는

$$\begin{aligned} M_{S_n}(t) &= \prod_{i=1}^n \left(\frac{1}{1 - \beta t}\right)^{\alpha_i} \\ &= \left(\frac{1}{1 - \beta t}\right)^{\sum_{i=1}^n \alpha_i} \end{aligned} \tag{7.37}$$

이다. 이 식은 $S_n \sim G\left(\sum_{i=1}^n \alpha_i, \beta\right)$라는 것을 뜻한다. ◇

보기 7.11 확률변수 $\{X_i\}_{i=1}^n$이 서로 독립이고 $X_i \sim \chi^2(k_i)$일 때, $S_n = \sum_{i=1}^n X_i$의 분포는 중심 카이 제곱 분포 $\chi^2\left(\sum_{i=1}^n k_i\right)$라는 것을 보이자.

풀이 먼저, 확률변수 X_i의 적률생성함수는

$$M_{X_i}(t) = \left(\frac{1}{1 - 2t}\right)^{\frac{k_i}{2}} \tag{7.38}$$

이다. 그러므로, 합 S_n의 적률생성함수는

$$\begin{aligned} M_{S_n}(t) &= \prod_{i=1}^n \left(\frac{1}{1 - 2t}\right)^{\frac{k_i}{2}} \\ &= \left(\frac{1}{1 - 2t}\right)^{\frac{1}{2}\sum_{i=1}^n k_i} \end{aligned} \tag{7.39}$$

이다. 이 식은 $S_n \sim \chi^2\left(\sum_{i=1}^n k_i\right)$라는 것을 뜻한다. ◇

보기 7.12 확률변수 $\{X_i\}_{i=1}^n$이 서로 독립이고 $X_i \sim C(\mu_i, \theta_i)$일 때 $S_n = \sum_{i=1}^n X_i$의 분포는 코쉬 분포 $C\left(\sum_{i=1}^n \mu_i, \sum_{i=1}^n \theta_i\right)$라는 것을 보이자.

풀이 먼저, 확률변수 X_i의 적률생성함수는

$$M_{X_i}(t) = \exp(t\mu_i - |t|\,\theta_i) \tag{7.40}$$

이다. 그러므로, 합 S_n의 적률생성함수는

$$\begin{aligned} M_{S_n}(t) &= \prod_{i=1}^{n} \exp(t\mu_i - |t|\,\theta_i) \\ &= \exp\left(t\sum_{i=1}^{n}\mu_i - |t|\sum_{i=1}^{n}\theta_i\right) \end{aligned} \tag{7.41}$$

이다. 이 식은 $S_n \sim C\left(\sum_{i=1}^{n}\mu_i, \sum_{i=1}^{n}\theta_i\right)$라는 것을 뜻한다. ◇

보기 7.13 확률변수 $\{X_i\}_{i=1}^{n}$이 서로 독립이고 $X_i \sim \chi^2(k_i, \delta_i)$일 때 $S_n = \sum_{i=1}^{n} X_i$의 분포는 비중심 카이 제곱 분포 $\chi^2\left(\sum_{i=1}^{n}k_i, \sum_{i=1}^{n}\delta_i\right)$라는 것을 보이자.

풀이 먼저, 확률변수 X_i의 적률생성함수는

$$M_{X_i}(t) = (1-2t)^{-\frac{k_i}{2}}\exp\left(\frac{t\delta_i}{1-2t}\right) \tag{7.42}$$

이다. 그러므로, 합 S_n의 적률생성함수는

$$\begin{aligned} M_{S_n}(t) &= \prod_{i=1}^{n}(1-2t)^{-\frac{k_i}{2}}\exp\left(\frac{t\delta_i}{1-2t}\right) \\ &= (1-2t)^{-\frac{1}{2}\sum_{i=1}^{n}k_i}\exp\left(\frac{t}{1-2t}\sum_{i=1}^{n}\delta_i\right) \end{aligned} \tag{7.43}$$

이다. 이 식은 $S_n \sim \chi^2\left(\sum_{i=1}^{n}k_i, \sum_{i=1}^{n}\delta_i\right)$라는 것을 뜻한다. ◇

뜻매김 7.1 확률변수의 가변합[1]

확률질량함수의 받침이 $\{0, 1, \cdots\}$의 부분집합인 확률변수 N이 확률변수 $\{X_1, X_2, \cdots, X_N\}$과 서로 독립일 때, 확률변수

$$S_N = \sum_{i=1}^{N} X_i \tag{7.44}$$

를 가변합이라고 부른다. 여기서, $S_0 = 0$으로 둔다.

확률변수 N의 확률질량함수가 $p_N(n)$일 때 합 $S_n = \sum_{i=1}^{n} X_i$의 적률생성함수를 $M_{S_n}(t)$라고 두면 가변합 S_N의 적률생성함수는

[1] variable sum. 확률합이라고 random sum 부르기도 한다.

$$\begin{aligned} M_{S_N}(t) &= E\left\{e^{tS_N}\right\} \\ &= E\left[E\left\{e^{tS_N} \middle| N=n\right\}\right] \\ &= \sum_{n=0}^{\infty} E\left\{e^{tS_N} \middle| N=n\right\} p_N(n) \\ &= \sum_{n=0}^{\infty} E\left\{e^{tS_n}\right\} p_N(n) \\ &= \sum_{n=0}^{\infty} M_{S_n}(t) p_N(n) \end{aligned} \tag{7.45}$$

처럼 쓸 수 있다.

정리 7.5 가변합 $S_N = \sum_{i=1}^{N} X_i$에서 확률변수 $\{X_1, X_2, \cdots, X_N\}$이 서로 독립이고 분포가 같으며, X_i의 적률생성함수가 $M_X(t)$이고, N의 적률생성함수가 $M_N(t)$라고 하자. 그러면 S_N의 적률생성함수는

$$M_{S_N}(t) = M_N(\ln M_X(t)) \tag{7.46}$$

이다. ■■

증명 적률생성함수의 뜻매김과 정리 4.13에서 다룬 조건부 기댓값의 기댓값 얻기를 써 보자. 확률변수 N의 확률질량함수를 $p_N(n)$이라고 할 때 (7.45)에 정리 7.4를 적용하면

$$\begin{aligned} M_{S_N}(t) &= \sum_{n=0}^{\infty} M_X^n(t) p_N(n) \\ &= \sum_{n=0}^{\infty} e^{n \ln M_X(t)} p_N(n) \\ &= E\left\{e^{N \ln M_X(t)}\right\} \\ &= M_N(\ln M_X(t)) \end{aligned} \tag{7.47}$$

처럼 (7.46)을 보일 수 있다. □

보기 7.14 서로 독립이고 평균이 $\frac{1}{\lambda}$인 지수 확률변수 열 $\{X_1, X_2, \cdots\}$과, X_i와 독립이고 평균이 $\frac{1}{p}$인 기하 확률변수 N을 생각하자. 이때, 가변합 $S_N = \sum_{i=1}^{N} X_i$의 분포를 얻어 보자.

풀이 먼저, N의 적률생성함수는

$$M_N(t) = \frac{pe^t}{1-(1-p)e^t} \tag{7.48}$$

이고, X_i의 적률생성함수는

$$M_X(t) = \frac{\lambda}{\lambda - t} \tag{7.49}$$

이므로 S_N의 적률생성함수는

$$\begin{aligned} M_{S_N}(t) &= \frac{p\exp\left(\ln\frac{\lambda}{\lambda-t}\right)}{1-(1-p)\exp\left(\ln\frac{\lambda}{\lambda-t}\right)} \\ &= \frac{\frac{p\lambda}{\lambda-t}}{1-\frac{(1-p)\lambda}{\lambda-t}} \\ &= \frac{p\lambda}{p\lambda-t} \end{aligned} \tag{7.50}$$

이다. 곧, S_N은 평균 $\frac{1}{p\lambda}$인 지수 확률변수이다. 이것은 평균이 $\frac{1}{\lambda}$인 것을 평균 $\frac{1}{p}$개 더한 것이 S_N이라는 것을 새기면 직관적으로도 걸맞은 것이다. ◇

보기 7.15 축구 경기에서 어떤 선수의 슈팅 횟수 N은 평균이 $\mu = 12$인 포아송 확률변수이고, 슈팅한 공이 득점일 확률 p는 슈팅 횟수에 관계없이 $\frac{1}{8}$이라고 할 때 한 경기에서 이 선수의 득점의 분포, 평균 득점, 또 득점의 분산을 얻어 보자.

풀이 먼저,

$$X_i = \begin{cases} 1, & i\text{째 슈팅이 득점일 때,} \\ 0, & \text{그 밖의 때} \end{cases} \tag{7.51}$$

과 같은 확률변수를 뜻매김하자. 그러면 한 경기에서 이 선수의 득점은 가변합 $S_N = \sum_{i=1}^{N} X_i$라는 것을 알 수 있다. 따라서, $M_X(t) = 1-p+pe^t$이고 $M_N(t) = \exp\{-\mu(1-e^t)\}$이므로

$$\begin{aligned} M_{S_N}(t) &= \exp\left\{-\mu\left(1-e^{\ln M_X(t)}\right)\right\} \\ &= \exp\left\{-\mu\left(1-1+p-pe^t\right)\right\} \\ &= \exp\left\{-\mu p\left(1-e^t\right)\right\} \end{aligned} \tag{7.52}$$

이다. 이 식은 한 경기에서 이 선수의 득점이 매개변수가 μp인 포아송 확률변수라는 것을 뜻한다. 그러므로, 평균 득점은 $\mu p = 1.5$이고, 득점의 분산도 $\mu p = 1.5$이다. ◇

보기 7.16 어느 모사 전송기[2]에서 보낸 쪽 수 W는 기댓값이 $\frac{1}{q} = 4$인 기하 확률변수이고, i째 쪽에 담긴 정보량 B_i는 기댓값이 $\frac{1}{p} = 10^5$인 기하 확률변수라고 한다. 이제, $\{B_i\}$가 서로 독립이고 W와 $\{B_i\}$도 서로 독립일 때 모사 전송기에서 보낸 전체 정보량의 분포를 얻어 보자.

풀이 모사 전송기에서 보낸 전체 정보량은

$$T = \sum_{i=1}^{W} B_i \tag{7.53}$$

이므로 T의 적률생성함수는

$$M_T(t) = M_W\left(\ln M_B(t)\right) \tag{7.54}$$

[2] facsimile 또는 줄여서 fax

처럼 쓸 수 있다. 그런데, W의 적률생성함수는

$$M_W(t) = \frac{qe^t}{1-(1-q)e^t} \tag{7.55}$$

이고, 이와 비슷하게 B_i의 적률생성함수는

$$M_B(t) = \frac{pe^t}{1-(1-p)e^t} \tag{7.56}$$

이므로

$$\begin{aligned} M_T(t) &= \frac{q\frac{pe^t}{1-(1-p)e^t}}{1-(1-q)\frac{pe^t}{1-(1-p)e^t}} \\ &= \frac{pqe^t}{1-(1-pq)e^t} \end{aligned} \tag{7.57}$$

이다. 이 식은 T가 기댓값이 $\frac{1}{pq} = 4 \times 10^5$인 기하 확률변수라는 것을 뜻한다. ◇

정리 7.6 가변합 $S_N = \sum_{i=1}^{N} X_i$에서 $\{X_i\}$가 서로 독립이고 분포가 같을 때를 생각하자. 이제, X_i의 평균을 $E\{X\}$, 분산을 $\text{Var}\{X\}$, N의 평균을 $E\{N\}$, 분산을 $\text{Var}\{N\}$이라고 하면 S_N의 기댓값은

$$E\{S_N\} = E\{N\}E\{X\} \tag{7.58}$$

이고, S_N의 분산은

$$\text{Var}\{S_N\} = E\{N\}\text{Var}\{X\} + \text{Var}\{N\}E^2\{X\} \tag{7.59}$$

이다. ■■

증명 식 (7.58)과 (7.59)는 보기 4.73에서 이미 보인 바 있다. 여기서는 적률생성함수를 바탕으로 이것을 보이자. 먼저, (7.46)에서

$$M'_{S_N}(t) = M'_N(\ln M_X(t))\frac{M'_X(t)}{M_X(t)} \tag{7.60}$$

이고

$$M''_{S_N}(t) = M''_N(\ln M_X(t))\left\{\frac{M'_X(t)}{M_X(t)}\right\}^2 + M'_N(\ln M_X(t))\frac{M_X(t)M''_X(t) - \{M'_X(t)\}^2}{M_X^2(t)} \tag{7.61}$$

이다. 이제, $M_X(0) = 1$이라는 것을 새기면

$$\begin{aligned} E\{S_N\} &= M'_{S_N}(0) \\ &= M'_N(0)M'_X(0) \\ &= E\{N\}E\{X\} \end{aligned} \tag{7.62}$$

와

$$\begin{aligned} E\left\{S_N^2\right\} &= M''_{S_N}(0) \\ &= M''_N(0)\left\{M'_X(0)\right\}^2 + M'_N(0)\left[M''_X(0) - \left\{M'_X(0)\right\}^2\right] \\ &= E\left\{N^2\right\}E^2\{X\} + E\{N\}\mathrm{Var}\{X\} \end{aligned} \tag{7.63}$$

을 얻을 수 있다. 끝으로, (7.62)와 (7.63)을 바탕으로

$$\begin{aligned} \mathrm{Var}\left\{S_N\right\} &= M''_{S_N}(0) - \left\{M'_{S_N}(0)\right\}^2 \\ &= E\{N\}\mathrm{Var}\{X\} + \mathrm{Var}\{N\}E^2\{X\} \end{aligned} \tag{7.64}$$

임을 알 수 있다. □

보기 7.17 서로 독립이고 분포가 모두 $N\left(m, \sigma^2\right)$인 확률변수 열 $\{X_1, X_2, \cdots\}$과, 분포가 $P(\lambda)$이고 $\{X_1, X_2, \cdots\}$과 독립인 확률변수 N을 생각하자. 그러면 가변합 S_N의 기댓값은 $E\left\{S_N\right\} = \lambda m$이고, 분산은 $\mathrm{Var}\left\{S_N\right\} = \lambda\left(\sigma^2 + m^2\right)$이다. ◇

보기 7.18 서로 독립이고 평균이 모두 $\frac{1}{\lambda}$인 지수 확률변수 열 $\{X_1, X_2, \cdots\}$과, 평균이 $\frac{1}{p}$이고 $\{X_1, X_2, \cdots\}$과 독립인 기하 확률변수 N을 생각하자. 그러면 가변합 S_N의 기댓값은 $E\left\{S_N\right\} = \frac{1}{p\lambda}$이고 분산은

$$\mathrm{Var}\left\{S_N\right\} = \frac{1}{p^2\lambda^2} \tag{7.65}$$

이다. ◇

보기 7.19 기온이 섭씨 0 도보다 낮은 날이 닷새 이어질 때 맺히는 고드름 수 N의 확률질량함수는 $n = 1, 2, \cdots, 5$일 때

$$p_N(n) = \frac{1}{10} \cdot 2^{2-|3-n|} \tag{7.66}$$

이고, 고드름의 길이는 서로 독립이고 분포가 같으며 그 한계 확률밀도함수는

$$f_L(v) = \lambda e^{-\lambda v} u(v) \tag{7.67}$$

이다. 또, 고드름 수와 길이는 서로 독립이라고 두자. 이제, 기온이 $0^o C$보다 낮은 날이 닷새 이어질 때 고드름 길이의 합 T의 기댓값을 얻어 보자.

풀이 먼저, i째 고드름의 길이를 L_i라고 하면 고드름 길이의 합 T의 기댓값은

$$E\{T\} = E\left\{\sum_{i=1}^{N} L_i\right\} \tag{7.68}$$

이다. 따라서, $E\{N\} = 3$이고 $E\left\{L_i\right\} = \frac{1}{\lambda}$이라는 것을 새겨 (7.58)을 쓰면

$$\begin{aligned} E\{T\} &= E\{N\}E\left\{L_i\right\} \\ &= \frac{3}{\lambda} \end{aligned} \tag{7.69}$$

이다. ◇

끝으로, 가변합의 기댓값과 분산에서 다음을 생각해 보자.

(가) 확률변수 N이 상수 n일 때: $E\{N\} = n$이고, $\text{Var}\{N\} = 0$이므로 정리 7.1에서 $E\{S_n\} = nE\{x\}$와 $\text{Var}\{S_n\} = n\text{Var}\{X\}$인데, 이것은 (7.2)와 (7.6)이 나타내는 바와 같은 것이다.

(나) 확률변수 X_i가 상수 x일 때: $E\{X\} = x$이고, $\text{Var}\{X\} = 0$이며, $S_N = Nx$이므로 $E\{S_N\} = xE\{N\}$이고 $\text{Var}\{S_N\} = x^2\text{Var}\{N\}$이다.

7.2 표본평균과 표본분산

이제, 확률벡터의 표본평균과 표본분산이라는 개념을 다룬 다음, 이것을 바탕으로 확률변수가 이루는 수열의 – 곧, 확률변수 열의 – 수렴과 극한을 다루어 보자.

뜻매김 7.2 표본평균, 표본분산[3]

확률벡터 $\underline{X} = (X_1, X_2, \cdots, X_n)$에서

$$\overline{X}_n = \frac{1}{n}\sum_{i=1}^{n} X_i \tag{7.70}$$

을 $\underline{X}$의 표본평균,

$$W_n = \frac{1}{n-1}\sum_{i=1}^{n}\left(X_i - \overline{X}_n\right)^2 \tag{7.71}$$

을 $\underline{X}$의 표본분산이라고 부른다.

표본 또는 확률 표본[4]이라는 낱말은 주로 통계학에서 널리 쓰이는 것인바, 이 책에서 이제까지 다루어 온 '서로 독립이고 분포가 같은 확률벡터'와 같은 것이다. 이제, $\underline{X}$가 n차원 표본일 때, 그 i째 원소인 확률변수 X_i의 평균은 $E\{X_i\} = m$이고 분산은 $\text{Var}\{X_i\} = \sigma^2$이라고 하자. 그러면 $i \neq j$일 때

$$\begin{aligned} E\{X_iX_j\} &= E\{X_i\}E\{X_j\} \\ &= m^2 \end{aligned} \tag{7.72}$$

이고, $i = j$일 때

$$\begin{aligned} E\{X_iX_j\} &= E\left\{X_i^2\right\} \\ &= \sigma^2 + m^2 \end{aligned} \tag{7.73}$$

임을 바탕으로 표본평균과 표본분산의 기댓값과 분산을 얻어 보자.

---

[3] sample mean, sample variance

[4] sample 또는 random sample

정리 7.7 **표본평균의 기댓값과 분산** 표본평균 $\overline{X}_n$의 기댓값은

$$E\left\{\overline{X}_n\right\} = m \tag{7.74}$$

이고, $\overline{X}_n$의 분산은

$$\text{Var}\left\{\overline{X}_n\right\} = \frac{\sigma^2}{n} \tag{7.75}$$

이다. ■■

증명 먼저,

$$\begin{aligned} E\left\{\overline{X}_n\right\} &= \frac{1}{n}\sum_{i=1}^{n} E\{X_i\} \\ &= m \end{aligned} \tag{7.76}$$

을 쉽게 보일 수 있고, 이것을 바탕으로

$$\begin{aligned} \text{Var}\left\{\overline{X}_n\right\} &= E\left\{\overline{X}_n^2\right\} - E^2\left\{\overline{X}_n\right\} \\ &= E\left\{\frac{1}{n^2}\sum_{i=1}^{n} X_i \sum_{j=1}^{n} X_j\right\} - m^2 \\ &= \frac{1}{n^2}\left[\sum_{i=1}^{n} E\left\{X_i^2\right\} + \sum\sum_{i\neq j} E\{X_i X_j\}\right] - m^2 \\ &= \frac{1}{n^2}\left\{n\left(\sigma^2+m^2\right) + n(n-1)m^2\right\} - m^2 \\ &= \frac{\sigma^2}{n} \end{aligned} \tag{7.77}$$

을 보일 수 있다. □

보기 7.20 표본 $\underline{X}$가 n차원이다. 이제, $k = 0, 1, \cdots$ 일 때 X_i의 k차 중심 적률을

$$E\left\{(X_i - m)^k\right\} = \mu_k \tag{7.78}$$

처럼 쓰자. 이때, 표본평균 $\overline{X}_n$의 3차 중심 적률 $\mu_3\left(\overline{X}_n\right)$과 4차 중심 적률 $\mu_4\left(\overline{X}_n\right)$을 얻어 보자.

풀이 먼저, 표본평균 $\overline{X}_n$의 3차 중심 적률은

$$\begin{aligned} \mu_3\left(\overline{X}_n\right) &= E\left\{\left(\overline{X}_n - \mu\right)^3\right\} \\ &= \frac{1}{n^3}E\left[\left\{\sum_{i=1}^{n}(X_i-\mu)\right\}^3\right] \\ &= \frac{1}{n^3}\sum_{i=1}^{n} E\left\{(X_i-\mu)^3\right\} \\ &= \frac{\mu_3}{n^2} \end{aligned} \tag{7.79}$$

처럼 얻을 수 있고, 표본평균 $\overline{X}_n$의 4차 중심 적률은

$$\begin{aligned}\mu_4\left(\overline{X}_n\right) &= E\left\{\left(\overline{X}_n-\mu\right)^4\right\}\\ &= \frac{1}{n^4}E\left[\left\{\sum_{i=1}^{n}(X_i-\mu)\right\}^4\right]\\ &= \frac{1}{n^4}\sum_{i=1}^{n}E\left\{(X_i-\mu)^4\right\} + {}_4\mathrm{C}_2\frac{1}{n^4}\sum\sum_{i<j}E\left\{(X_i-\mu)^2(X_j-\mu)^2\right\}\\ &= \frac{\mu_4}{n^3}+\frac{3(n-1)\mu_2^2}{n^3} \qquad (7.80)\end{aligned}$$

처럼 얻을 수 있다. ◇

다음에, 표본분산의 기댓값 $E\{W_n\}$을 얻을 때에는, X_i들이 서로 독립이므로 $i \neq j$이면 $E\{(X_i-m)(X_j-m)\}=0$이라는 것을 새겨

$$\begin{aligned}E\left\{\left(X_i-\overline{X}_n\right)^2\right\} &= E\left\{\left\{(X_i-m)-\left(\overline{X}_n-m\right)\right\}^2\right\}\\ &= E\left\{(X_i-m)^2\right\}-2E\left\{(X_i-m)\left(\overline{X}_n-m\right)\right\}+E\left\{\left(\overline{X}_n-m\right)^2\right\}\\ &= \mathrm{Var}\{X_i\}-\frac{2}{n}E\{(X_i-m)(X_1-m)+(X_i-m)(X_2-m)\\ &\qquad +\cdots+(X_i-m)(X_n-m)\}+\mathrm{Var}\left\{\overline{X}_n\right\}\\ &= \sigma^2-\frac{2}{n}E\left\{(X_i-m)^2\right\}+\frac{\sigma^2}{n}\\ &= \left(1-\frac{1}{n}\right)\sigma^2\\ &= \frac{n-1}{n}\sigma^2 \qquad (7.81)\end{aligned}$$

을 먼저 얻어 두자. 이제, (7.81)을 쓰면 표본분산의 기댓값은

$$\begin{aligned}E\{W_n\} &= \frac{n}{n-1}E\left\{\left(X_i-\overline{X}_n\right)^2\right\}\\ &= \sigma^2 \qquad (7.82)\end{aligned}$$

임을 쉽게 알 수 있다. 여기서, (7.71)의 분모에 $n-1$이 아니라 n을 넣은 것을 표본분산으로 뜻매김한다면 표본분산의 기댓값은 원래 확률변수들의 분산과 – 곧, 모분산[5]과 – 다를 것임을 (7.82)에서 알 수 있다.

보기 7.21 표본 $\underline{X}$가 n차원일 때, X_i의 k차 중심 적률을 $E\left\{(X_i-m)^k\right\}=\mu_k$라고 쓰자. 이때, 표본분산 W_n의 분산은

$$\mathrm{Var}\{W_n\} = \frac{\mu_4}{n}-\frac{(n-3)\mu_2^2}{n(n-1)} \qquad (7.83)$$

[5] population variance

임을 보이자.

풀이 먼저, $Y_i = X_i - \mu$라고 두면, $E\{Y_i\} = 0$, $E\left\{Y_i^2\right\} = \sigma^2 = \mu_2$,

$$E\left\{Y_i^4\right\} = \mu_4 \tag{7.84}$$

임을 알 수 있다. 다음에,

$$\begin{aligned}\sum_{i=1}^{n}\left(X_i - \overline{X}\right)^2 &= \sum_{i=1}^{n}\left\{X_i - \mu - \left(\overline{X} - \mu\right)\right\}^2 \\ &= \sum_{i=1}^{n}\left\{Y_i - \frac{1}{n}\sum_{k=1}^{n}(X_k - \mu)\right\}^2 \\ &= \sum_{i=1}^{n}\left(Y_i - \overline{Y}\right)^2\end{aligned} \tag{7.85}$$

이다. 여기서

$$\begin{aligned}\sum_{i=1}^{n}\left(Y_i - \overline{Y}\right)^2 &= \sum_{i=1}^{n}\left(Y_i^2 - 2\overline{Y}Y_i + \overline{Y}^2\right) \\ &= \sum_{i=1}^{n}Y_i^2 - 2\overline{Y}\sum_{i=1}^{n}Y_i + n\overline{Y}^2 \\ &= \sum_{i=1}^{n}Y_i^2 - n\overline{Y}^2\end{aligned} \tag{7.86}$$

이므로 (7.85)와 (7.86)에서

$$\sum_{i=1}^{n}\left(X_i - \overline{X}\right)^2 = \sum_{i=1}^{n}Y_i^2 - n\overline{Y}^2 \tag{7.87}$$

이다. 따라서,

$$\begin{aligned}E\left\{\sum_{i=1}^{n}\left(X_i - \overline{X}\right)^2\right\} &= \sum_{i=1}^{n}E\left\{Y_i^2\right\} - nE\left\{\overline{Y}^2\right\} \\ &= n\sigma^2 - \frac{n}{n^2}E\left\{\sum_{i=1}^{n}\sum_{j=1}^{n}Y_iY_j\right\} \\ &= n\sigma^2 - \frac{1}{n}\left[nE\left\{Y_i^2\right\} + 0\right] \\ &= (n-1)\sigma^2\end{aligned} \tag{7.88}$$

이고

$$\begin{aligned}E\{W_n\} &= E\left\{\frac{1}{n-1}\sum_{i=1}^{n}\left(X_i - \overline{X}\right)^2\right\} \\ &= \sigma^2\end{aligned} \tag{7.89}$$

이다. 한편,

$$\begin{aligned} E\left\{\left(\sum_{i=1}^{n} Y_i^2 - n\overline{Y}^2\right)^2\right\} &= E\left\{\sum_{i=1}^{n}\sum_{j=1}^{n} Y_i^2 Y_j^2 - 2n\overline{Y}^2 \sum_{i=1}^{n} Y_i^2 + n^2\overline{Y}^4\right\} \\ &= n\mu_4 + n(n-1)\mu_2^2 - 2nE\left\{\overline{Y}^2 \sum_{i=1}^{n} Y_i^2\right\} + n^2 E\left\{\overline{Y}^4\right\} \end{aligned} \tag{7.90}$$

이다. 그런데

$$\begin{aligned} E\left\{\overline{Y}^2 \sum_{i=1}^{n} Y_i^2\right\} &= \frac{1}{n^2} E\left\{\sum_{i=1}^{n}\sum_{j=1}^{n}\sum_{k=1}^{n} Y_i^2 Y_j Y_k\right\} \\ &= \frac{1}{n^2}\left[E\left\{\sum_{i=1}^{n} Y_i^4 + \sum_{\substack{i=1 \\ i\neq j}}^{n}\sum_{j=1}^{n} Y_i^2 Y_j^2\right\} + 0\right] \\ &= \frac{1}{n}\left\{\mu_4 + (n-1)\mu_2^2\right\} \end{aligned} \tag{7.91}$$

이고[6]

$$\begin{aligned} E\left\{\overline{Y}^4\right\} &= \frac{1}{n^4} E\left\{\sum_{i=1}^{n}\sum_{j=1}^{n}\sum_{k=1}^{n}\sum_{l=1}^{n} Y_i Y_j Y_k Y_l\right\} \\ &= \frac{1}{n^4}\left[E\left\{\sum_{i=1}^{n} Y_i^4 + 3\sum_{\substack{i=1 \\ i\neq j}}^{n}\sum_{j=1}^{n} Y_i^2 Y_j^2\right\} + 0\right] \\ &= \frac{1}{n^3}\left\{\mu_4 + 3(n-1)\mu_2^2\right\} \end{aligned} \tag{7.92}$$

이므로[7] (7.91)과 (7.92)를 새겨 (7.90)을 다시 쓰면

$$\begin{aligned} E\left[\left\{\sum_{i=1}^{n} (X_i - \overline{X})^2\right\}^2\right] &= E\left\{\left(\sum_{i=1}^{n} Y_i^2 - n\overline{Y}^2\right)^2\right\} \\ &= n\mu_4 + n(n-1)\mu_2^2 - 2n\frac{1}{n}\left\{\mu_4 + (n-1)\mu_2^2\right\} + n^2\frac{1}{n^3}\left\{\mu_4 + 3(n-1)\mu_2^2\right\} \\ &= \left(n - 2 + \frac{1}{n}\right)\mu_4 + (n-1)\left(n - 2 + \frac{3}{n}\right)\mu_2^2 \end{aligned} \tag{7.93}$$

이다. 따라서, (7.89)와 (7.93)에서

$$\begin{aligned} \mathrm{Var}\{W_n\} &= \frac{1}{(n-1)^2}\left\{\left(n - 2 + \frac{1}{n}\right)\mu_4 + (n-1)\left(n - 2 + \frac{3}{n}\right)\mu_2^2\right\} - \mu_2^2 \\ &= \frac{n^2 - 2n + 1}{n(n-1)^2}\mu_4 + \frac{1}{n-1}\left(n - 2 + \frac{3}{n} - n + 1\right)\mu_2^2 \\ &= \frac{\mu_4}{n} - \frac{(n-3)\sigma^4}{n(n-1)} \end{aligned} \tag{7.94}$$

이다. ◇

[6] 이 식에서 +0은 $E\{Y_i\} = 0$이기 때문이다.

[7] 이 식에서 3은 $i = j \neq k = l$, $i = k \neq j = l$, $i = l \neq k = j$ 세 가지를 가리킨다.

한편, n차원 표본에서 X_i의 적률생성함수를 $M(t)$라고 할 때 표본평균의 적률생성함수를 얻으면

$$\begin{aligned} M_{\overline{X}_n}(t) &= E\left\{\exp\left(t\overline{X}_n\right)\right\} \\ &= E\left\{\prod_{i=1}^{n}\exp\left(\frac{t}{n}X_i\right)\right\} \\ &= \prod_{i=1}^{n} M\left(\frac{t}{n}\right) \\ &= \left\{M\left(\frac{t}{n}\right)\right\}^n \end{aligned} \tag{7.95}$$

이다.

보기 7.22 정규 확률변수들 $\{X_i\}_{i=1}^{n}$이 서로 독립이고 분포가 같으며, 그 평균은 μ이고 분산은 σ^2일 때 표본평균 $\overline{X}_n$의 분포를 얻어 보자.

풀이 식 (3.370)과 (7.95)를 쓰면 표본평균 $\overline{X}_n$의 적률생성함수가

$$\begin{aligned} M_{\overline{X}_n}(t) &= \left\{M\left(\frac{t}{n}\right)\right\}^n \\ &= \left[\exp\left\{\frac{\mu t}{n} + \frac{\sigma^2}{2}\left(\frac{t}{n}\right)^2\right\}\right]^n \\ &= \exp\left\{\mu t + \frac{1}{2}\left(\frac{\sigma}{\sqrt{n}}\right)^2 t^2\right\} \end{aligned} \tag{7.96}$$

임을 알 수 있다. 식 (7.96)을 (3.370)에 보인 정규 분포 $N\left(m, \sigma^2\right)$의 적률생성함수

$$M(t) = \exp\left(mt + \frac{1}{2}\sigma^2 t^2\right) \tag{7.97}$$

과 견주어 보면 표본평균 $\overline{X}_n$는 기댓값이 μ이고 분산은 $\frac{\sigma^2}{n}$인 정규 확률변수라는 것을 알 수 있다. 곧, 정규 확률변수들 $\{X_i\}_{i=1}^{n}$이 서로 독립이고 분포가 같으며, 그 평균은 μ이고 분산은 σ^2이면

$$\overline{X}_n \sim N\left(\mu, \frac{\sigma^2}{n}\right) \tag{7.98}$$

이다. ◊

7.3 여러 가지 수렴*

7.3.1 확률 함수의 수렴

확률변수 열 $\{X_n\}_{n=1}^{\infty}$를 생각하고 X_i의 누적분포함수를 F_i라고 하자. 먼저, $n \to \infty$일 때 누적분포함수 열은 수렴하지 않을 때도 있거니와, 수렴하더라도 누적분포함수가 아닌 것에 수렴할 때도 있다.

보기 7.23 누적분포함수 열

$$F_n(x) = \begin{cases} 0, & x < n, \\ 1, & x \geq n \end{cases}$$
$$= u(x-n) \tag{7.99}$$

를 생각하자. 그러면 이 누적분포함수 열의 극한은

$$\lim_{n\to\infty} F_n(x) = 0 \tag{7.100}$$

인데, 이 극한은 누적분포함수가 아니다. ◇

보기 7.24 누적분포함수 열

$$F_n(x) = \begin{cases} 0, & x < -n, \\ \frac{1}{2n}(x+n), & -n \leq x < n, \\ 1, & x \geq n \end{cases} \tag{7.101}$$

을 생각하자. 그러면 이 누적분포함수 열은 수렴하기는 하지만,

$$\lim_{n\to\infty} F_n(x) = \frac{1}{2} \tag{7.102}$$

이므로 그 극한은 누적분포함수가 아니다. ◇

보기 7.25 누적분포함수 $F(x)$가 연속일 때

$$F_n(x) = F(x+n) \tag{7.103}$$

과

$$G_n(x) = F\left(x+(-1)^n n\right) \tag{7.104}$$

를 바탕으로 얻은 두 누적분포함수 열 $\{F_n(x)\}_{n=1}^{\infty}$와 $\{G_n(x)\}_{n=1}^{\infty}$를 생각하자. 그러면 $n \to \infty$이면

$$F_n(x) \to 1 \tag{7.105}$$

인데, 모든 점에서 1인 함수는 누적분포함수가 아니므로, $\{F_n(x)\}_{n=1}^{\infty}$는 수렴하지만 누적분포함수에 수렴하지는 않는다. 한편, $n \to \infty$일 때

$$G_{2n}(x) \to 1 \tag{7.106}$$

이고

$$G_{2n+1}(x) \to 0 \tag{7.107}$$

이므로 $\{G_n(x)\}_{n=1}^{\infty}$는 수렴하지도 않는다. ◇

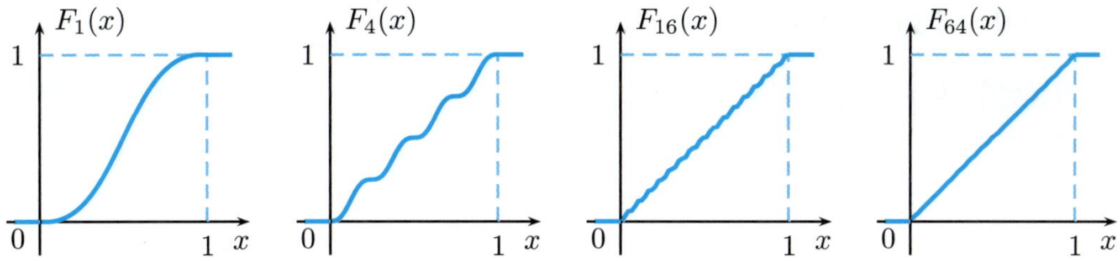

그림 7.1 누적분포함수 몇 개: $x \in [0,1]$일 때 $F_n(x) = x\left\{1 - \frac{\sin(2n\pi x)}{2n\pi x}\right\}$

보기 7.26 (누적분포함수의 수렴과 확률밀도함수의 수렴) 누적분포함수 열

$$F_n(x) = \begin{cases} 0, & x \le 0, \\ x\left\{1 - \frac{\sin(2n\pi x)}{2n\pi x}\right\}, & 0 < x \le 1, \\ 1, & x \ge 1 \end{cases} \tag{7.108}$$

을 생각하자. 그림 7.1에 이 누적분포함수 열 가운데 몇 개를 보였다. 누적분포함수 $F_n(x)$는 절대 연속이고, 그 확률밀도함수는

$$f_n(x) = \begin{cases} 1 - \cos(2n\pi x), & x \in [0,1], \\ 0, & \text{그 밖에는} \end{cases} \tag{7.109}$$

이다. 이제,

$$f(x) = u(x)u(1-x) \tag{7.110}$$

과

$$F(x) = \begin{cases} 0, & x \le 0, \\ x, & 0 < x \le 1, \\ 1, & x \ge 1 \end{cases} \tag{7.111}$$

을 생각하면

$$\lim_{n\to\infty} F_n(x) = F(x) \tag{7.112}$$

이지만

$$\lim_{n\to\infty} f_n(x) \neq f(x) \tag{7.113}$$

이다. 이 식은

$$\frac{d}{dx}\left\{\lim_{n\to\infty} F_n(x)\right\} \neq \lim_{n\to\infty}\left\{\frac{d}{dx}F_n(x)\right\} \tag{7.114}$$

를 뜻한다. 곧, 때로는 미분과 극한의 순서를 바꿀 수 없다는 것을 알 수 있다. ◇

7.3.2 확률변수의 수렴

이제, 확률변수 열의 수렴을 다루어 보자. 확률변수 열의 수렴을 이야기할 때에는 “모든, 또는 거의 모든 수열이 수렴하는가? 수렴한다면, 수열들이 같은 값에 수렴하는가, 아니면, 다른 값에 수렴하는가?”와 같은 문제를 생각한다.

보기 7.27 확률변수 열 $\{Y_n\}_{n=1}^{\infty}$를

$$Y_n(\omega) \;=\; nI_{(0,\frac{1}{n})}(\omega) \tag{7.115}$$

처럼 두고, $\omega \sim U(0,1)$이라고 하자. 이제, $n = 1, 2, \cdots$ 일 때

$$X_n \;=\; Y_{n+1} - Y_n \tag{7.116}$$

을 생각하자. 이때, $E\{X_n\} = E\{Y_{n+1}\} - E\{Y_n\} = (n+1)\cdot\frac{1}{n+1} - n\cdot\frac{1}{n} = 0$이므로

$$\sum_{n=1}^{\infty} E\{X_n\} \;=\; 0 \tag{7.117}$$

이다. 다음에, $\sum\limits_{n=1}^{\infty} X_n = (Y_2 - Y_1) + (Y_3 - Y_2) + \cdots = -Y_1$이므로

$$\begin{aligned} E\left\{\sum_{n=1}^{\infty} X_n\right\} &= -E(Y_1) \\ &= -1 \end{aligned} \tag{7.118}$$

이다. 곧,

$$E\left\{\sum_{n=1}^{\infty} X_n\right\} \;\neq\; \sum_{n=1}^{\infty} E\{X_n\} \tag{7.119}$$

이다. 이 보기는 더한 것의 평균이 평균을 더한 것이 아닌 – 곧, 적분과 덧셈의 순서를 바꿀 수 없는 – 보기이기도 하다. ◇

7.3.2.1 거의 틀림 없는 수렴

뜻매김 7.3 틀림 없는 수렴[8]

확률변수 X_n을 뜻매김하는 표본공간 안의 어떤 점 ω를 잡아도

$$\lim_{n\to\infty} X_n(\omega) \;=\; X(\omega) \tag{7.120}$$

이면, 확률변수 열 $\{X_n\}$은 X로 틀림 없이 수렴한다고 한다.

[8] sure convergence

틀림 없는 수렴은 언제나, 어디서나, 또는 확실한[9] 수렴이라고 부르기도 한다. 확률변수 열 $\{X_n\}$이 X로 틀림 없이 수렴하면 이것을 $X_n \xrightarrow{c} X$, $X_n \xrightarrow{e} X$, 또는 $X_n \xrightarrow{s} X$처럼 쓴다. 틀림 없는 수렴은 ω에 따라 정해지는 수열이 모두 다 수렴해야 한다는 것을 이야기한다. 다만, ω가 다르면 수열은 다른 값에 수렴할 수도 있다.

뜻매김 7.4 거의 틀림 없는 수렴[10]

확률변수 열 $\{X_n\}$에서

$$\Pr\left\{\omega : \lim_{n\to\infty} X_n(\omega) = X(\omega)\right\} = 1 \tag{7.121}$$

이면 이 확률변수 열은 X로 거의 틀림 없이 수렴한다고 한다.

거의 틀림 없는 수렴은 확률 1로, 거의 언제나, 거의 어디서나, 또는 거의 확실한[11] 수렴이라고 부르기도 한다. 확률변수 열 $\{X_n\}$이 X로 거의 틀림 없이 수렴하면 이것을 $X_n \xrightarrow{a.c.} X$, $X_n \xrightarrow{a.e.} X$, $X_n \xrightarrow{a.s.} X$, 또는 $X_n \xrightarrow{\text{확률 }1} X$처럼 쓴다.

한편, $\Pr\left(\tilde{\Omega}\right) = 1$이고 $\tilde{\Omega} \subseteq \Omega$일 때 $\omega \in \tilde{\Omega}$를 어떻게 고르더라도 거의 틀림 없이 수렴하는 확률변수 $\{X_n(\omega)\}$에서는

$$\lim_{n\to\infty} X_n(\omega) = X(\omega) \tag{7.122}$$

이다. 다만, $\omega \notin \tilde{\Omega}$인 수열 $\{X_n(\omega)\}$는 수렴하지 않을 수는 있지만, 그와 같은 ω의 확률은

$$\Pr\left\{\omega : \omega \notin \tilde{\Omega}, \omega \in \Omega\right\} = 0 \tag{7.123}$$

이다.

보기 7.28 식 (1.101)에서 뜻매김한 것을 되새겨 보면

$$X_n \xrightarrow{a.s.} 0 \tag{7.124}$$

와

$$0\text{보다 큰 수 } \varepsilon\text{을 어떻게 잡더라도 } \Pr\{|X_n| > \varepsilon \text{ 끝없이 자주}\} = 0 \tag{7.125}$$

는 서로 필요충분조건이라는 것을 알 수 있다. ◇

확률변수 열 $\{X_n\}$이 거의 틀림 없이 수렴한다는 말은 0보다 큰 수 ε이 아무리 작아도 그 열의 거의 모든 확률변수가 궁극적으로는 2ε이라는 범위의 안에 들어간다는 뜻이다. 다만, 그 가운데에 수렴하지 않는 수열이 있을 수 있지만, 그에 해당하는 ω의 확률은 0일 것이다. 뒤에 다루는 큰 수의 센 법칙은 거의 틀림 없는 수렴의 보기 가운데 하나이다.

---
[9]always, everywhere, 또는 certain
[10]almost sure (a.s.) convergence
[11]with probability 1, almost always, almost everywhere (a.e.), 또는 almost certain (a.c.)

보기 7.29 구간 $[0,1]$에서 아무렇게나 한 점을 골라 ω라고 둘 때 점 ω가 $[0,1]$의 어느 부분 구간에 들어 갈 확률은 그 부분 구간의 길이와 같다고 두자. 이제, $n=1,2,\cdots$일 때 다섯 확률변수 열

$$A_n(\omega) = \frac{\omega}{n}, \tag{7.126}$$

$$B_n(\omega) = \left(1-\frac{1}{n}\right)\omega, \tag{7.127}$$

$$C_n(\omega) = e^n\omega, \tag{7.128}$$

$$D_n(\omega) = \cos(2\pi n\omega), \tag{7.129}$$

$$H_n(\omega) = \exp\{-(n\omega-1)n\} \tag{7.130}$$

을 생각하자. 그러면 확률변수 열 $A_n(\omega)$는 ω가 어떤 값이더라도 – 곧, $\omega \in [0,1]$일 때 – 0에 수렴하므로 틀림 없이 0에 수렴한다. 다음에, 확률변수 열 $B_n(\omega)$는 ω가 어떤 값이더라도 ω에 수렴하므로 틀림 없이 ω에 수렴하며, 그 극한 분포는 $U[0,1]$이다. 한편, 확률변수 열 $C_n(\omega)$는 $\omega=0$이면 0에 수렴하고, $\omega \in (0,1]$이면 발산한다. 곧, 확률변수 열 $C_n(\omega)$는 수렴하지 않는다. 확률변수 열 $D_n(\omega)$는 $\omega \in \{0,1\}$이면 1에 수렴하고, $\omega \in (0,1)$이면 -1과 1 사이에서 진동한다. 곧, 확률변수 열 $D_n(\omega)$도 수렴하지 않는다. 끝으로, $n \to \infty$일 때, $\omega=0$이면 $H_n(0)=e^n \to \infty$이고 $\omega \in (0,1]$이면 $H_n(\omega) \to 0$이다. 곧, $H_n(\omega)$는 틀림 없이 수렴하지 않는다. 그렇지만, $\Pr\{\omega>0\}=1$이므로 $H_n(\omega)$는 거의 틀림 없이 0으로 수렴한다. ♢

보기 7.30 표본공간이 구간 $[0,1]$일 때 확률변수 열

$$X_n(\omega) = \begin{cases} 1, & \omega \le \frac{1}{n}, \\ 0, & \omega > \frac{1}{n} \end{cases} \tag{7.131}$$

을 생각하고 확률변수 $X(\omega)$를

$$X(\omega) = 0, \quad \omega \in [0,1] \tag{7.132}$$

와 같이 두자. 이제, $0 \le a \le b \le 1$일 때 확률측도

$$\Pr\{a \le \omega \le b\} = b-a \tag{7.133}$$

을 생각하자. 이 확률측도는 (2.244) 바로 다음에 말한 르벡 길이이다. 그러면

$$\Pr\{X_n(\omega)=x\} = \begin{cases} \frac{1}{n}, & x=1, \\ 1-\frac{1}{n}, & x=0 \end{cases} \tag{7.134}$$

를 얻는다. 여기서, $\lim_{n\to\infty} X_n(0)=1$이고, $\omega \ne 0$일 때 $\lim_{n\to\infty} X_n(\omega)=X(\omega)$이므로 $\{X_n(\omega)\}$는 틀림 없이 $X(\omega)$로 수렴하지는 않는다. 한편,

$$\begin{aligned} \Pr\left\{\omega : \lim_{n\to\infty} X_n(\omega)=X(\omega)\right\} &= \Pr\{[0,1]-\{0\}\} \\ &= \Pr\{(0,1]\} \\ &= 1 \end{aligned} \tag{7.135}$$

이므로 $\{X_n(\omega)\}$는 거의 틀림 없이 $X(\omega)$로 수렴한다. ◇

보기 7.31 표본공간이 구간 $[0,1]$일 때, 확률변수 열

$$X_n(\omega) = \begin{cases} 3, & 0 \le \omega < \frac{1}{2n}, \\ 4, & 1-\frac{1}{2n} < \omega \le 1, \\ 5, & \frac{1}{2n} < \omega < 1-\frac{1}{2n} \end{cases} \tag{7.136}$$

을 생각하고 확률변수 $X(\omega)$를

$$X(\omega) = 5, \quad \omega \in [0,1] \tag{7.137}$$

과 같이 두자. 이제, $0 \le a \le b \le 1$일 때 확률측도

$$\Pr\{a \le \omega \le b\} = b - a \tag{7.138}$$

을 생각하면

$$\Pr\{X_n(\omega) = x\} = \begin{cases} \frac{1}{2n}, & x = 3, \\ \frac{1}{2n}, & x = 4, \\ 1 - \frac{1}{n}, & x = 5 \end{cases} \tag{7.139}$$

를 얻는다. 식 (7.136)에서 $\lim_{n\to\infty} X_n(0) = 3$이고, $\lim_{n\to\infty} X_n(1) = 4$이며, $\omega \ne 0, 1$이면

$$\begin{aligned} \lim_{n\to\infty} X_n(\omega) &= X(\omega) \\ &= 5 \end{aligned} \tag{7.140}$$

임을 알 수 있으므로 $\{X_n(\omega)\}$는 틀림 없이 $X(\omega)$로 수렴하지는 않는다. 한편,

$$\begin{aligned} \Pr\left\{\omega : \lim_{n\to\infty} X_n(\omega) = X(\omega)\right\} &= \Pr\{[0,1] - \{0\} - \{1\}\} \\ &= \Pr\{(0,1)\} \\ &= 1 \end{aligned} \tag{7.141}$$

이므로 $\{X_n(\omega)\}$는 거의 틀림 없이 $X(\omega)$로 수렴한다. ◇

보기 7.32 (보렐-캔텔리 정리와 거의 어디서나 수렴) 확률변수 열 $\{X_n\}_{n=1}^{\infty}$에서 $\varepsilon > 0$일 때

$$\sum_{n=1}^{\infty} \Pr\{|X_n| > \varepsilon\} < \infty \tag{7.142}$$

이면 보렐-캔텔리 정리를 써서 $n \to \infty$일 때 $X_n \xrightarrow{a.s.} 0$이라는 것을 바로 알 수 있다. 특히, 위 조건 (7.142)를 $\varepsilon_n \downarrow 0$인 수열 $\{\varepsilon_n\}$에서

$$\sum_{n=1}^{\infty} \Pr\{|X_n| > \varepsilon_n\} < \infty \tag{7.143}$$

으로 바꾸어도 $X_n \xrightarrow{a.s.} 0$이라는 것을 알 수 있다. 이제, ω의 분포가 $[0,1]$에서 고르다면

$$X_n(\omega) = \begin{cases} 0, & 0 \le \omega \le 1 - \frac{1}{n}, \\ 1, & 1 - \frac{1}{n} < \omega \le 1 \end{cases} \tag{7.144}$$

인 확률변수 열 $\{X_n\}_{n=1}^{\infty}$은 $n \to \infty$일 때

$$X_n \xrightarrow{a.s.} 0 \tag{7.145}$$

이다. 그런데, $\varepsilon_n \downarrow 0$인 ε_n을 어떻게 잡더라도 n이 충분히 크면

$$\begin{aligned} \mathbf{Pr}\{|X_n| > \varepsilon_n\} &= \mathbf{Pr}\{X_n = 1\} \\ &= \frac{1}{n} \end{aligned} \tag{7.146}$$

이므로

$$\sum_{n=1}^{\infty} \mathbf{Pr}\{|X_n| > \varepsilon_n\} \to \infty \tag{7.147}$$

이다. 그러므로, (7.143)은 X_n이 0으로 거의 틀림 없이 수렴하는 충분조건이지만 필요조건은 아니다. ◇

정리 7.8 확률변수 열 $\{X_n\}_{n=1}^{\infty}$를 생각하자. 이때, $X_n \xrightarrow{a.s.} X$이면 0보다 큰 수 ε을 어떻게 고르더라도

$$\lim_{n\to\infty} \mathbf{Pr}\left\{\sup_{m\ge n} |X_m - X| > \varepsilon\right\} = 0 \tag{7.148}$$

이고, 그 역도 성립한다. ■■

증명 먼저, $X_n \xrightarrow{a.s.} X$이면 $X_n - X \xrightarrow{a.s.} 0$이므로

$$(\text{가}) \quad X_n \xrightarrow{a.s.} 0 \tag{7.149}$$

와

$$(\text{나}) \quad \lim_{n\to\infty} \mathbf{Pr}\left\{\sup_{m\ge n} |X_m| > \varepsilon\right\} = 0 \tag{7.150}$$

이 서로 필요충분조건이라는 것을 보이도록 하자.

먼저, (가)라고 하자. 그러면, $A_n(\varepsilon) = \left\{\sup_{m\ge n} |X_n| > \varepsilon\right\}$, $C = \left\{\lim_{n\to\infty} X_n = 0\right\}$, $B_n(\varepsilon) = C \cap A_n(\varepsilon)$이라고 둘 때 $B_{n+1}(\varepsilon) \subset B_n(\varepsilon)$이고 $\bigcap_{n=1}^{\infty} B_n(\varepsilon) = \emptyset$이다. 그러므로

$$\begin{aligned} \lim_{n\to\infty} \mathbf{Pr}\{B_n(\varepsilon)\} &= \mathbf{Pr}\left\{\bigcap_{n=1}^{\infty} B_n(\varepsilon)\right\} \\ &= 0 \end{aligned} \tag{7.151}$$

이다. 이 식을 바탕으로 두고 $\Pr\{C\} = 1$과 $\Pr\{C^c\} = 0$을 새기면

$$\begin{aligned} \Pr\{B_n(\varepsilon)\} &= \Pr\{C \cap A_n(\varepsilon)\} \\ &= 1 - \lim_{n\to\infty} \Pr\{C^c \cup A_n^c(\varepsilon)\} \\ &= 1 - \Pr\{C^c\} - \Pr\{A_n^c(\varepsilon)\} + \Pr\{C^c \cap A_n^c(\varepsilon)\} \\ &= \Pr\{A_n(\varepsilon)\} + \Pr\{C^c \cap A_n^c(\varepsilon)\} \\ &= \Pr\{A_n(\varepsilon)\} \end{aligned} \tag{7.152}$$

이다. 따라서, (나)를 얻는다. 위에서는,

$$C^c \cap A_n^c(\varepsilon) \subset C^c \tag{7.153}$$

이므로

$$\Pr\{C^c \cap A_n^c(\varepsilon)\} \le \Pr\{C^c\} \tag{7.154}$$

이고, 따라서 $\Pr\{C^c\} = 0$이라는 것을 새기면, $\Pr\{C^c \cap A_n^c(\varepsilon)\} = 0$이라는 것을 썼다.

다음에, (나)라고 하자. 이제,

$$D(\varepsilon) = \left\{\limsup_{n\to\infty} |X_n| > \varepsilon > 0\right\} \tag{7.155}$$

로 쓰면 $n = 1, 2, \cdots$ 일 때 $D(\varepsilon) \subset A_n(\varepsilon)$이므로

$$\Pr\{D(\varepsilon)\} = 0 \tag{7.156}$$

이다. 게다가

$$\begin{aligned} C^c &= \left\{\lim_{n\to\infty} X_n \neq 0\right\} \\ &\subset \bigcup_{k=1}^{\infty} \left\{\limsup_{n\to\infty} |X_n| > \frac{1}{k}\right\} \end{aligned} \tag{7.157}$$

이므로

$$\begin{aligned} 1 - \Pr\{C\} &\le \sum_{k=1}^{\infty} \Pr\left\{D\left(\frac{1}{k}\right)\right\} \\ &= 0 \end{aligned} \tag{7.158}$$

이고, 따라서 (가)이다. □

확률변수 열이 거의 틀림 없이 수렴하는지를 보이려면, ω의 분포와 ω와 확률변수 사이의 관계를 알든지, 아니면, 수렴을 손쉽게 보일 수 있을 만큼 확률변수가 간단해야 한다. 이것은 거의 틀림 없는 수렴이 매우 엄격한 조건이기 때문이다.이제, 거의 틀림 없는 수렴보다 조금 더 느슨한 수렴을 다루어 보자. 보기를 들면, 어떤 시간 t_0에 $E\left\{(X_{t_0} - X)^2\right\}$이 작다는 관점에서 대부분의 수열 X_{t_0}이 X에 가깝기만 바랄 수도 있을 것이다. 이와 같은 수렴은 시간에 중점을 두는 것인데, 거의 틀림 없는 수렴과 달리 수열 모두의 수렴을 생각하는 것이 아니며, 수렴하는지 아닌지 보이기도 더 쉽다.

7.3.2.2 평균에서 수렴

뜻매김 7.5 r째 평균에서[12] 수렴

확률변수 열 $\{X_n\}$의 r째 절대 적률 $E\{|X_n|^r\}$과 확률변수 X의 r째 절대 적률 $E\{|X|^r\}$이 모두 유한하다고 하자. 이때,

$$\lim_{n\to\infty} E\{|X_n - X|^r\} = 0 \tag{7.159}$$

이면 $\{X_n\}$은 X로 r째 평균에서 수렴한다고 하고, 이것을 $X_n \xrightarrow{r} X$ 또는 $X_n \xrightarrow{L^r} X$와 같이 쓴다.

한편, $r=2$일 때에는 r째 평균에서 수렴을 제곱 평균 수렴[13]이라고 부르고,

$$\lim_{n\to\infty} E\left\{(X_n - X)^2\right\} = 0 \tag{7.160}$$

을

$$\underset{n\to\infty}{\text{l.i.m.}}\ X_n = X \tag{7.161}$$

처럼[14] 쓴다.

보기 7.33 확률변수 열 $\{X_n\}$의 분포가

$$\Pr\{X_n = x\} = \begin{cases} 1-\frac{1}{n}, & x=0, \\ \frac{1}{n}, & x=1 \end{cases} \tag{7.162}$$

와 같다고 하자. 그러면

$$\begin{aligned} \lim_{n\to\infty} E\left\{|X_n|^2\right\} &= \lim_{n\to\infty} \frac{1}{n} \\ &= 0 \end{aligned} \tag{7.163}$$

이므로 확률변수 열 $\{X_n\}$은 $\Pr\{X=0\}=1$인 확률변수 X에 제곱 평균 수렴한다. ◇

보기 7.34 보기 7.29에서 다룬 확률변수 열 가운데에서 $B_n(\omega) = \left(1-\frac{1}{n}\right)\omega$는 틀림 없이 ω에 수렴함을 보았다. 한편,

$$\begin{aligned} \lim_{n\to\infty} E\left[\{B_n(\omega)-\omega\}^2\right] &= \lim_{n\to\infty} E\left\{\left(\frac{\omega}{n}\right)^2\right\} \\ &= \lim_{n\to\infty} \frac{1}{3n^2} \\ &= 0 \end{aligned} \tag{7.164}$$

이므로 $\{B_n(\omega)\}$는 ω에 제곱 평균 수렴한다. ◇

---

[12] in the r-th mean
[13] convergence in mean square
[14] 여기서, l.i.m.은 limit in the mean을 줄인 것이다.

제곱 평균 수렴은 해석하기도 손쉽고 $E\left\{(X_n - X)^2\right\}$을 오차 전력이라고 생각할 수도 있기 때문에 공학적인 응용에서도 꽤 쓸모 있다. 이제, 아래 코쉬 기준을 알아두면 극한 확률변수 X를 모를 때에도 확률변수 열이 제곱 평균 수렴하는지 알아 볼 수 있다.

정리 7.9 **코쉬 기준** 확률변수 열 $\{X_n\}$이 제곱 평균 수렴할 필요충분조건은

$$\lim_{n,m\to\infty} E\left\{(X_n - X_m)^2\right\} = 0 \tag{7.165}$$

이다. ■■

보기 7.35 보기 7.33에서 다룬 확률변수 열 $\{X_n\}$을 생각해 보면

$$\begin{aligned} E\left\{(X_n - X_m)^2\right\} &= 1\cdot \Pr\{X_n = 0, X_m = 1\} + 1\cdot \Pr\{X_n = 1, X_m = 0\} + 0 \\ &= \frac{1}{n}\Pr\{X_m = 0 | X_n = 1\} + \frac{1}{m}\Pr\{X_n = 0 | X_m = 1\} \end{aligned} \tag{7.166}$$

이므로 $\lim_{n,m\to\infty} E\left\{(X_n - X_m)^2\right\} = 0$이고 $\{X_n\}$은 제곱 평균 수렴한다. ◇

보기 7.36 보기 7.34에서 다룬 확률변수 열 $\{B_n\}$을 생각해 보면

$$\begin{aligned} \lim_{n,m\to\infty} E\left\{(B_n - B_m)^2\right\} &= \lim_{n,m\to\infty} E\left\{\left(\frac{1}{n} - \frac{1}{m}\right)^2 \omega^2\right\} \\ &= E\left\{\omega^2\right\} \lim_{n,m\to\infty} \left(\frac{1}{n} - \frac{1}{m}\right)^2 \\ &= 0 \end{aligned} \tag{7.167}$$

임을 알 수 있다. ◇

제곱 평균 수렴은 n이 커질 때 점점 더 많은 수열들이 X에 가까이 간다는 것을 뜻하기는 하지만, 거의 틀림 없는 수렴과 달리, 한 번 X에 가까이 간 수열이 그 뒤로도 늘 X 가까이에 머물러 있는 것은 아니다.

보기 7.37 보기 7.29에서 다룬 확률변수 열 가운데에서

$$H_n(\omega) = \exp\{-n(n\omega - 1)\} \tag{7.168}$$

은 거의 틀림 없이 0으로 수렴함을 보았다. 이제,

$$\begin{aligned} \lim_{n\to\infty} E\left[\{H_n(\omega) - 0\}^2\right] &= \lim_{n\to\infty} e^{2n} \int_0^1 \exp\left(-2n^2\omega\right) d\omega \\ &= \lim_{n\to\infty} \frac{e^{2n}}{2n^2} \left\{1 - \exp\left(-2n^2\right)\right\} \\ &\to \infty \end{aligned} \tag{7.169}$$

이므로 $\{H_n(\omega)\}$는 0으로 제곱 평균 수렴하지는 않는다. ◇

7.3.2.3 확률 수렴

뜻매김 7.6 확률에서 수렴

확률변수 열 $\{X_n\}$을 생각할 때, 0보다 큰 수 ε을 어떻게 두더라도

$$\lim_{n\to\infty} \mathsf{Pr}\{|X_n - X| > \varepsilon\} = 0 \tag{7.170}$$

이면, 이 확률변수 열은 X로 확률에서 수렴 또는 확률 수렴[15]한다고 한다. 또, 이것을 $X_n \xrightarrow{p} X$로 쓴다.

식 (7.170)은 어떤 순간에는 거의 모든 수열이 2ε이라는 범위 안에 들어가 있지만 그 수열들이 그 안에 꼭 머물러 있는 것은 아니라는 것을 뜻한다는 점에서, 한 번 2ε이라는 범위 안에 들어가면 그 안에 꼭 머문다는 것을 뜻하는 (7.148)과 다르다. 이것은 $\{|X_n - X| > \varepsilon\}$과 $\left\{\sup_{m\ge n} |X_m - X| > \varepsilon\right\}$의 뜻을 잘 새겨 보면 알 수 있다.

보기 7.38 확률변수 열 $\{X_n\}$의 확률질량함수가

$$\mathsf{Pr}\{X_n = x\} = \begin{cases} 1-\frac{1}{n}, & x=0, \\ \frac{1}{n}, & x=1 \end{cases} \tag{7.171}$$

이면

$$\mathsf{Pr}\{|X_n| > \varepsilon\} = \begin{cases} 0, & \varepsilon \ge 1, \\ \frac{1}{n}, & 0<\varepsilon<1 \end{cases} \tag{7.172}$$

이므로 $\lim_{n\to\infty} \mathsf{Pr}\{|X_n| > \varepsilon\} = 0$이다. 따라서, $X_n \xrightarrow{p} 0$이다. ◇

보기 7.39 확률변수 열 $\{X_n\}$의 확률질량함수가

$$\mathsf{Pr}\{X_n = x\} = \begin{cases} \frac{1}{2n}, & x=3, \\ \frac{1}{2n}, & x=4, \\ 1-\frac{1}{n}, & x=5 \end{cases} \tag{7.173}$$

과 같다고 하면

$$\mathsf{Pr}\{|X_n - 5| > \varepsilon\} = \begin{cases} 0, & \varepsilon \ge 2, \\ \frac{1}{2n}, & 1 \le \varepsilon < 2, \\ \frac{1}{n}, & 0<\varepsilon<1 \end{cases} \tag{7.174}$$

이므로

$$\lim_{n\to\infty} \mathsf{Pr}\{|X_n - 5| > \varepsilon\} = 0 \tag{7.175}$$

이다. 따라서, $X_n \xrightarrow{p} 5$이다. ◇

---

[15] convergence in probability 또는 stochastic convergence

보기 7.40 확률변수 X_n의 확률밀도함수가

$$f_n(x) = \frac{n}{\pi}\frac{1}{1+n^2x^2} \tag{7.176}$$

이면 그 누적분포함수는

$$F_n(x) = \frac{n}{\pi}\int_{-\infty}^{x}\frac{dt}{1+n^2t^2} \tag{7.177}$$

이다. 이제, X_n의 확률밀도함수의 극한은

$$\lim_{n\to\infty} f_n(x) = \delta(x) \tag{7.178}$$

이고 누적분포함수의 극한은

$$\lim_{n\to\infty} F_n(x) = u(x) \tag{7.179}$$

이다. 곧,

$$\begin{aligned}\lim_{n\to\infty} \mathbf{Pr}\{|X_n - 0| > \varepsilon\} &= \int_{-\infty}^{-\varepsilon}\delta(x)dx + \int_{\varepsilon}^{\infty}\delta(x)dx \\ &= 0\end{aligned} \tag{7.180}$$

이므로 $\{X_n\}$은 0으로 확률 수렴함을 알 수 있다. ♢

정리 7.10 확률변수 열 $\{X_n\}$이 X로 확률 수렴하고 g가 연속 함수이면 $g(X_n)$은 $g(X)$로 확률 수렴한다. ■■

보기 7.41 정리 7.10에서 눈여겨보아야 할 것은 g가 연속 함수라는 것이다. 여기서, g가 연속 함수가 아니면 이야기가 다르다. 보기를 들어,

$$g(x) = \begin{cases} 0, & x \le 0, \\ 1, & x > 0 \end{cases}$$

이고

$$X_n \sim N\left(0, \frac{\sigma^2}{n}\right) \tag{7.181}$$

이면 X_n은 거의 틀림 없이 0인 확률변수 X에 확률 수렴하고, 따라서 $g(X)$도 거의 틀림 없이 0인 확률변수이다. 그러나,

$$g(X_n) = \begin{cases} 0, & \text{확률 } \frac{1}{2}, \\ 1, & \text{확률 } \frac{1}{2} \end{cases}$$

이므로

$$g(X_n) \overset{p}{\nrightarrow} g(X) \tag{7.182}$$

이다. ♢

7.3.2.4 분포에서 수렴

다시, 확률변수 X_n의 누적분포함수를 F_n이라고 하고, 확률변수 X의 누적분포함수를 F라고 하자.

뜻매김 7.7 분포에서 수렴

누적분포함수 F가 연속인 점에서 늘

$$\lim_{n\to\infty} F_n(x) = F(x) \tag{7.183}$$

이면, 확률변수 열 $\{X_n\}$은 확률변수 X로 분포에서, 약하게, 또는 법칙에서[16] 수렴한다고 하고, 이것을 $X_n \xrightarrow{d} X$ 또는 $X_n \xrightarrow{l} X$로 쓴다.

보기 7.42 확률변수 X_n의 누적분포함수를

$$F_n(x) = \int_{-\infty}^{x} \frac{\sqrt{n}}{\sigma\sqrt{2\pi}} e^{-\frac{nt^2}{2\sigma^2}} dt \tag{7.184}$$

로 두면

$$\lim_{n\to\infty} F_n(x) = \begin{cases} 0, & x < 0, \\ \frac{1}{2}, & x = 0, \\ 1, & x > 0 \end{cases} \tag{7.185}$$

이다. 따라서, $\{X_n\}$은 누적분포함수가

$$F(x) = \begin{cases} 0, & x < 0, \\ 1, & x \geq 0 \end{cases}$$

인 확률변수 X로 분포에서 수렴한다. 여기서, $\lim\limits_{n\to\infty} F_n(0) \neq F(0)$이지만, 분포에서의 수렴은 누적분포함수의 불연속 점에서 수렴함은 조건으로 삼지 않는다는 것을 새기면, $F(x)$의 불연속 점인 $x = 0$에서 $F_n(x)$가 수렴하는지는 따질 까닭이 없다. ◇

7.3.2.5 여러 수렴의 관계

이제, 뜻매김 7.3–7.7에서 다룬 여러 가지 수렴들 사이의 관계를 살펴보자. 먼저, $t > s > 0$이라고 하고

가 = {거의 틀림 없이 수렴하는 확률변수 열의 집합},

바 = {분포에서 수렴하는 확률변수 열의 집합},

아 = {s째 평균에서 수렴하는 확률변수 열의 집합},

타 = {t째 평균에서 수렴하는 확률변수 열의 집합},

하 = {확률 수렴하는 확률변수 열의 집합}

[16] in distribution, weakly, 또는 in law

처럼 두자. 그러면

$$\textbf{바} \supset \textbf{하} \supset \textbf{아} \supset \textbf{타} \tag{7.186}$$

이고,

$$\textbf{하} \supset \textbf{가} \tag{7.187}$$

이다. 한편, **가**와 **아**는 서로 품지 않고, **가**와 **타**도 서로 품지 않는다.

보기 7.43 (분포에서 수렴하지만 확률에서 수렴하지 않는 확률변수) 확률변수 X의 확률밀도함수가 대칭이라고 하고 $X_n = -X$라고 두자. 그러면

$$X_n \stackrel{d}{=} X \tag{7.188}$$

이므로[17]

$$X_n \stackrel{d}{\to} X \tag{7.189}$$

이다. 그러나, $n \to \infty$일 때

$$\begin{aligned} \Pr\{|X_n - X| > \varepsilon\} &= \Pr\left\{|X| > \frac{\varepsilon}{2}\right\} \\ &\nrightarrow 0 \end{aligned} \tag{7.190}$$

이므로 $X_n \stackrel{p}{\nrightarrow} X$이다. ◇

보기 7.44 (분포에서 수렴하지만 확률에서 수렴하지 않는 확률변수) 표본공간 $S = \{\omega_1, \omega_2, \omega_3, \omega_4\}$, S의 모든 부분집합이 이루는 사건공간, 고른 확률측도를 생각하자. 이때, $\{X_n\}_{n=1}^{\infty}$를

$$X_n(\omega) = \begin{cases} 0, & \omega = \omega_3 \text{ 또는 } \omega_4, \\ 1, & \omega = \omega_1 \text{ 또는 } \omega_2 \end{cases} \tag{7.191}$$

처럼 두자. 한편, 확률변수 X를

$$X(\omega) = \begin{cases} 0, & \omega = \omega_1 \text{ 또는 } \omega_2, \\ 1, & \omega = \omega_3 \text{ 또는 } \omega_4 \end{cases} \tag{7.192}$$

처럼 두자. 그러면 X_n의 누적분포함수와 X의 누적분포함수는 둘 다

$$F(x) = \begin{cases} 0, & x < 0, \\ \frac{1}{2}, & 0 \le x < 1, \\ 1, & x \ge 1 \end{cases}$$

이다. 바꾸어 말하면 $X_n \stackrel{d}{\to} X$이다. 한편, $\omega \in S$이고 $n \ge 1$일 때 $|X_n(\omega) - X(\omega)| = 1$이므로, $n \to \infty$일 때

$$\Pr\{|X_n - X| > \varepsilon\} \nrightarrow 0 \tag{7.193}$$

이다. 곧, X_n은 X로 확률에서 수렴하지 않는다. ◇

[17] 여기서, (5.729) 바로 아래에서 이미 다루었듯이, $\stackrel{d}{=}$는 분포가 같다는 뜻이다.

보기 7.45 (확률에서 수렴하지만 거의 어디서나 수렴하지는 않는 확률변수) 독립인 확률변수 열 $\{X_n\}_{n=1}^{\infty}$에서 $\Pr\{X_n = 1\} = \frac{1}{n}$이고 $\Pr\{X_n = 0\} = 1 - \frac{1}{n}$이라고 두자. 그러면 $\varepsilon \in (0,1)$을 어떻게 고르더라도 $n \to \infty$일 때

$$\begin{aligned} \Pr\{|X_n - 0| > \varepsilon\} &= \Pr\{X_n = 1\} \\ &= \frac{1}{n} \\ &\to 0 \end{aligned} \tag{7.194}$$

이므로

$$X_n \overset{p}{\to} 0 \tag{7.195}$$

이다. 그러나, $A_n(\varepsilon) = \{|X_n - X| > \varepsilon\}$이라고 하고 $B_m(\varepsilon) = \bigcup_{n=m}^{\infty} A_n(\varepsilon)$이라고 두면

$$\Pr\{B_m(\varepsilon)\} = 1 - \lim_{M \to \infty} \Pr\{X_n = 0,\ m \le n \le M \text{인 모든 } n\} \tag{7.196}$$

이다. 이제, X_n이 독립이므로 m이 어떤 자연수일 때에도 $\prod_{k=m}^{\infty}\left(1 - \frac{1}{k}\right) = 0$이라는 것을 쓰면

$$\begin{aligned} \Pr\{B_m(\varepsilon)\} &= 1 - \lim_{M \to \infty}\left(1 - \frac{1}{m}\right)\left(1 - \frac{1}{m+1}\right)\cdots\left(1 - \frac{1}{M}\right) \\ &= 1 \end{aligned} \tag{7.197}$$

이다. 따라서, $\lim_{m \to \infty} \Pr\{B_m(\varepsilon)\} \neq 0$이고 정리 7.8에서

$$X_n \overset{a.s.}{\nrightarrow} X \tag{7.198}$$

임을 알 수 있다. ◇

보기 7.46 (평균에서 수렴) 부등식

$$|x|^s \le 1 + |x|^r, \quad 0 < s < r \tag{7.199}$$

또는 리아푸노프 부등식

$$\left[E\{|X|^s\}\right]^{\frac{1}{s}} \le \left[E\{|X|^r\}\right]^{\frac{1}{r}}, \quad 0 < s < r \tag{7.200}$$

을 쓰면 바로, $0 < s < r$일 때

$$X_n \xrightarrow{L^r} X \Rightarrow X_n \xrightarrow{L^s} X \tag{7.201}$$

임을 보일 수 있다. 한편, $0 < s < r$일 때 확률변수 열 $\{X_n\}_{n=1}^{\infty}$의 분포가

$$\Pr\{X_n = x\} = \begin{cases} n^{-\frac{r+s}{2}}, & x = n, \\ 1 - n^{-\frac{r+s}{2}}, & x = 0 \end{cases} \tag{7.202}$$

이면 $n \to \infty$일 때 $E\{X_n^s\} = n^{\frac{s-r}{2}} \to 0$이므로, $X_n \xrightarrow{L^r} 0$이지만 $E\{X_n^r\} = n^{\frac{r-s}{2}} \to \infty$이므로 $X_n \overset{L^s}{\nrightarrow} 0$이다. 곧, $r > s$일 때

$$X_n \xrightarrow{L^s} 0 \ \nRightarrow \ X_n \xrightarrow{L^r} 0 \tag{7.203}$$

이다. ◇

보기 7.47 (평균에서 수렴과 확률에서 수렴) 확률변수 열 $\{X_n\}_{n=1}^{\infty}$에서

$$\Pr\{X_n = x\} = \begin{cases} \frac{1}{n}, & x = e^n, \\ 1 - \frac{1}{n}, & x = 0 \end{cases} \tag{7.204}$$

이면, $\varepsilon > 0$이고 $n \to \infty$일 때

$$\begin{aligned} \Pr\{|X_n| < \varepsilon\} &= \Pr\{X_n = 0\} \\ &= 1 - \frac{1}{n} \\ &\to 1 \end{aligned} \tag{7.205}$$

이므로

$$X_n \xrightarrow{p} 0 \tag{7.206}$$

이다. 그러나,

$$\begin{aligned} E\{X_n^r\} &= \frac{e^{rn}}{n} \\ &\to \infty \end{aligned} \tag{7.207}$$

이므로

$$X_n \overset{L^r}{\nrightarrow} 0 \tag{7.208}$$

이다. ◇

보기 7.48 (확률 수렴과 거의 틀림 없는 수렴) 먼저, 정수 $m \in \{0, 1, \cdots, 2^k - 1\}$과 정수 $k \in \{0, 1, \cdots\}$으로 자연수 n을

$$n = 2^k + m \tag{7.209}$$

와 같이 유일하게 나타낼 수 있다는 것을 새겨 두자. 이제, $n = 1, 2, \cdots$일 때 $\Omega = [0, 1]$에서 확률변수 열 $\{X_n\}$을

$$X_n(\omega) = \begin{cases} 2^k, & \frac{m}{2^k} \le \omega < \frac{m+1}{2^k}, \\ 0, & \text{그 밖에는} \end{cases} \tag{7.210}$$

으로 뜻매김하고, 그 확률질량함수가

$$\Pr\{X_n = x\} = \begin{cases} \frac{1}{2^k}, & x = \frac{1}{2^k}, \\ 1 - \frac{1}{2^k}, & x = 0 \end{cases} \tag{7.211}$$

과 같다고 하자. 그러면 $\omega \in \Omega$를 어떻게 고르더라도 $\lim_{n\to\infty} X_n(\omega)$가 존재하지 않으므로 X_n은 거의 틀림 없이 수렴하지는 않는다. 그러나,

$$\begin{aligned} \Pr\{|X_n| > \varepsilon\} &= \Pr\{X_n > \varepsilon\} \\ &= \begin{cases} 0, & \varepsilon \geq \frac{1}{2^k}, \\ \frac{1}{2^k}, & 0 < \varepsilon < \frac{1}{2^k} \end{cases} \end{aligned} \tag{7.212}$$

이므로 $\lim_{n\to\infty} \Pr\{|X_n| > \varepsilon\} = 0$이고, 따라서

$$X_n \xrightarrow{p} 0 \tag{7.213}$$

이다. ◇

보기 7.49 (적률 수렴과 거의 틀림 없는 수렴) 분포가 아래와 같은 확률변수 열 $\{X_n\}_{n=1}^{\infty}$를 생각하자.

$$\Pr\{X_n = x\} = \begin{cases} 1 - \frac{1}{n^\alpha}, & x = 0, \\ \frac{1}{2n^\alpha}, & x = \pm n. \end{cases} \tag{7.214}$$

여기서, $\alpha > 0$이다. 그러면 $E\left\{|X_n|^{\frac{1}{2}}\right\} = n^{-\alpha+\frac{1}{2}}$이므로 $\alpha > \frac{3}{2}$일 때

$$\sum_{n=1}^{\infty} E\left\{|X_n|^{\frac{1}{2}}\right\} < \infty \tag{7.215}$$

이다. 따라서, (3.511)에 다룬 마르코프 부등식 $\Pr\{X \geq \alpha\} \leq \frac{E\{X\}}{\alpha}$에 $\alpha = \varepsilon$이고 $X = \sqrt{\alpha}\sqrt{|X_n|}$이라고 두면

$$\Pr\{|X_n| > \varepsilon\} \leq \varepsilon^{-\frac{1}{2}} E\left\{|X|^{\frac{1}{2}}\right\} \tag{7.216}$$

이므로 $\varepsilon > 0$일 때

$$\sum_{n=1}^{\infty} \Pr\{|X_n| > \varepsilon\} < \infty \tag{7.217}$$

이다. 이제, 보기 7.32에서와 같이 보렐-캔텔리 정리를 쓰면 $X_n \xrightarrow{a.s.} 0$이다. 한편, $E\left\{|X_n|^2\right\} = \frac{1}{n^{\alpha-2}}$이므로 $\alpha \leq 2$이면 $X_n \overset{L^2}{\nrightarrow} 0$이다. 바꾸어 말하면, $\alpha \in \left(\frac{3}{2}, 2\right]$이면

$$X_n \xrightarrow{a.s.} 0 \tag{7.218}$$

이지만

$$X_n \overset{L^2}{\nrightarrow} 0 \tag{7.219}$$

이다. ◇

보기 7.50 (더한 것의 수렴) 확률변수 열 $\{X_n\}_{n=1}^{\infty}$와 확률변수 열 $\{Y_n\}_{n=1}^{\infty}$가 독립이면 $X_n \xrightarrow{d} X$이고 $Y_n \xrightarrow{d} Y$일 때

$$X_n + Y_n \ \xrightarrow{d}\ X + Y \tag{7.220}$$

이다. 그러나, 확률변수 열 $\{X_n\}_{n=1}^{\infty}$와 확률변수 열 $\{Y_n\}_{n=1}^{\infty}$가 독립이 아니면 이야기가 다르다. 보기를 들어, $X_n \xrightarrow{d} X \sim N(0,1)$이라고 하고

$$Y_n \ = \ \alpha X_n \tag{7.221}$$

처럼 두면

$$Y_n \ \xrightarrow{d}\ Y \sim N\left(0, \alpha^2\right) \tag{7.222}$$

이다. 이제, 쉽게 알 수 있듯이 $X_n + Y_n = (1+\alpha)X_n$의 분포는 $N\left(0, (1+\alpha)^2\right)$으로 수렴하지만, $X \sim N(0,1)$이고 $Y \sim N\left(0, \alpha^2\right)$이므로 $X+Y$의 분포는 일반적으로 $N\left(0, (1+\alpha)^2\right)$과 다르다. 곧, 확률변수 열 $\{X_n\}_{n=1}^{\infty}$와 확률변수 열 $\{Y_n\}_{n=1}^{\infty}$가 독립이 아니면 $X_n \xrightarrow{d} X$이고 $Y_n \xrightarrow{d} Y$이더라도 $X_n + Y_n \overset{d}{\nrightarrow} X + Y$이다. ◇

7.4 큰 수의 법칙*

이제, 확률변수 열 $\{X_i\}_{i=1}^{n}$과 그 표본평균

$$\overline{X}_n \ = \ \frac{1}{n}\sum_{i=1}^{n} X_i \tag{7.223}$$

을 생각하여, $n \to \infty$일 때 이 확률변수 열의 특성을 살펴보자.

7.4.1 큰 수의 약한 법칙

뜻매김 7.8 큰 수의 약한 법칙[18]

실수 열 $\{A_n\}$과 $B_n > 0$이고 $B_n \uparrow \infty$인 상수 열 $\{B_n\}$에 대해

$$\frac{n\overline{X}_n - A_n}{B_n} \ \xrightarrow{p}\ 0 \tag{7.224}$$

이면 $\{X_i\}_{i=1}^{\infty}$가 큰 수의 약한 법칙을 따른다고 한다.

여기서, $\{A_n\}$을 중심 상수, $\{B_n\}$을 정규화 상수라고 한다. 한편, (7.224)를 바꾸어 쓰면 0보다 큰 수 ε을 어떻게 잡더라도

$$\lim_{n\to\infty} \Pr\left\{\left|\frac{n\overline{X}_n - A_n}{B_n}\right| \geq \varepsilon\right\} \ = \ 0 \tag{7.225}$$

[18] weak law of large numbers

임을 새겨 두자.

정리 7.11 **큰 수의 약한 법칙** 평균이 $E\{X_i\} = m_i$이고 분산이 $\text{Var}\{X_i\} = \sigma_i^2$이며 어느 짝도 상관이 없는[19] 확률변수 열 $\{X_i\}_{i=1}^{\infty}$를 생각하자. 이제,

$$\sum_{i=1}^{\infty} \sigma_i^2 \ \to \ \infty \tag{7.226}$$

이면 $A_n = \sum_{i=1}^{n} m_i$, $B_n = \sum_{i=1}^{n} \sigma_i^2$으로 둘 때 큰 수의 약한 법칙이 성립한다. 곧,

$$\frac{1}{\sum_{i=1}^{n} \sigma_i^2} \left(n\overline{X}_n - \sum_{i=1}^{n} m_i \right) \ \xrightarrow{p} \ 0 \tag{7.227}$$

이다. ■■

증명 체비셰프 부등식을 쓰면 $n \to \infty$일 때

$$\begin{aligned}
\Pr\left\{ \left| n\overline{X}_n - \sum_{i=1}^{n} m_i \right| > \varepsilon \sum_{i=1}^{n} \sigma_i^2 \right\} \ &\le \ \frac{1}{\varepsilon^2 \left(\sum_{i=1}^{n} \sigma_i^2 \right)^2} E\left[\left\{ \sum_{i=1}^{n} (X_i - m_i) \right\}^2 \right] \\
&= \ \frac{1}{\varepsilon^2 \sum_{i=1}^{n} \sigma_i^2} \\
&\to \ 0
\end{aligned} \tag{7.228}$$

임을 쉽게 알 수 있다. □

보기 7.51 평균이 $E\{X_i\} = m_i$이고 분산이 $\text{Var}\{X_i\} = \sigma_i^2$이며 어느 짝도 상관이 없는 확률변수 열 $\{X_i\}_{i=1}^{\infty}$가

$$\lim_{n\to\infty} \frac{1}{n^2} \sum_{i=1}^{n} \sigma_i^2 \ = \ 0 \tag{7.229}$$

를[20] 만족시키면

$$\begin{aligned}
\frac{1}{n}\left(n\overline{X}_n - \sum_{i=1}^{n} m_i \right) \ &= \ \overline{X}_n - \frac{1}{n} \sum_{i=1}^{n} m_i \\
&\xrightarrow{p} \ 0
\end{aligned} \tag{7.230}$$

임을[21] 정리 7.11의 증명을 잘 살펴보면 쉽게 알 수 있다. ◇

---

[19] pair-wise uncorrelated. 사실상 '상관이 없는'과 같은 뜻이다.

[20] 식 (7.229)를 마르코프 조건이라고 부르기도 한다.

[21] 이것을 마르코프 정리라고 부르기도 한다.

보기 7.52 분포가 같고 어느 짝도 상관이 없는 확률변수 열 $\{X_i\}_{i=1}^{\infty}$의 평균을 $E\{X_i\} = m$, 분산을 $\text{Var}\{X_i\} = \sigma^2$이라고 하자. 그러면 $\sum_{i=1}^{\infty} \sigma^2 \to \infty$이므로

$$\frac{\overline{X}_n - m}{\sigma^2} \xrightarrow{p} 0 \tag{7.231}$$

임을 정리 7.11에서 알 수 있다. 이때, $A_n = nm$이고 $B_n = n\sigma^2$이다. ◇

보기 7.53 보기 7.52에서 $A_n = nm$이고 $B_n = n$으로 두어도 $\overline{X}_n \xrightarrow{p} m$이다. ◇

앞으로는, 큰 수의 법칙을 생각할 때 다른 까닭이 없으면 $B_n = n$이라고 생각하자.

보기 7.54 독립이고 한계 분포가 모두 $b(1,p)$인 확률벡터를 생각하면 평균은 p이고 분산은 $(1-p)p$이므로

$$\overline{X}_n \xrightarrow{p} p \tag{7.232}$$

임을 보기 7.53에서 알 수 있다. ◇

보기 7.55 독립이고 한계 분포가 모두 $C(1,0)$인 확률벡터를 생각하면, 문제 4.11에서 보았듯이, $\overline{X}_n \sim C(1,0)$이다. 곧, $\overline{X}_n$는 0에 확률 수렴하지 않으므로 독립이고 분포가 같은 코쉬 확률변수 열에서는 큰 수의 약한 법칙이 성립하지 않는다. ◇

보기 7.56 (킨친[22]의 정리) 서로 독립이고 분포가 같으며 절대 평균 $E\{|X_i|\}$이 유한한 확률변수 열 $\{X_i\}$에서는 $n \to \infty$일 때

$$\overline{X}_n \xrightarrow{p} E\{X_1\} \tag{7.233}$$

임을 정리 7.11에서 알 수 있다. ◇

보기 7.57 서로 독립이고 분포가 같으며 $\delta > 0$일 때 한계 확률밀도함수가

$$f(x) = \begin{cases} \frac{1+\delta}{x^{2+\delta}}, & x \geq 1, \\ 0, & x < 1 \end{cases} \tag{7.234}$$

인 확률변수 열을 생각하자. 그러면

$$\begin{aligned} E\{|X|\} &= (1+\delta)\int_1^{\infty} \frac{1}{x^{1+\delta}} dx \\ &= \frac{1+\delta}{\delta} \end{aligned} \tag{7.235}$$

이므로 큰 수의 약한 법칙이 성립함을 보기 7.56에서 알 수 있다. 곧,

$$\overline{X}_n \xrightarrow{p} \frac{1+\delta}{\delta} \tag{7.236}$$

이다. ◇

[22] Khintchine

7.4.2 큰 수의 센 법칙

뜻매김 7.9 큰 수의 센 법칙[23]

실수 열 $\{A_n\}$과 $B_n > 0$이고 $B_n \uparrow \infty$인 상수 열 $\{B_n\}$에 대해

$$\frac{n\overline{X}_n - A_n}{B_n} \xrightarrow{a.s.} 0 \tag{7.237}$$

이면 $\{X_i\}_{i=1}^{\infty}$가 큰 수의 센 법칙을 따른다고 한다.

식 (7.237)은

$$\Pr\left\{\lim_{n\to\infty} \frac{n\overline{X}_n - A_n}{B_n} = 0\right\} = 1 \tag{7.238}$$

을 뜻함을 새겨 두자. 거의 틀림 없이 수렴하는 수열은 확률 수렴하므로 큰 수의 센 법칙을 따르는 확률변수 열은 큰 수의 약한 법칙도 따른다. 큰 수의 약한 법칙을 생각할 때처럼, 큰 수의 센 법칙을 생각할 때에도 정규화 상수 B_n을 n으로 둘 때가 많다. 이제, $B_n = n$일 때 확률변수 열 $\{X_i\}_{i=1}^{\infty}$가 큰 수의 센 법칙을 따르도록 하는 충분조건을 살펴보자. 먼저, 정리 2.8과 2.9에서 다룬 보렐-캔텔리 정리를 써서 아래를 얻을 수 있다.

정리 7.12 **큰 수의 센 법칙 1** 서로 독립이고 분포가 같으며 평균이 $E\{X_i\} = \mu$인 확률변수 열 $\{X_i\}$의 4차 적률이 유한하면

$$\Pr\left\{\lim_{n\to\infty} \overline{X}_n = \mu\right\} = 1 \tag{7.239}$$

이다. 곧, 표본평균 $\overline{X}_n$은 거의 틀림 없이 μ에 수렴한다. ■■

증명 먼저, X_i의 분산을 σ^2이라고 하면

$$\begin{aligned} E\left[\left\{\sum_{i=1}^{n}(X_i-\mu)\right\}^4\right] &= E\left\{\sum_{i=1}^{n}(X_i-\mu)^4\right\} + 3E\left\{\sum_{i=1}^{n}(X_i-\mu)^2 \sum_{j=1,j\neq i}^{n}(X_j-\mu)^2\right\} \\ &= nE\left\{(X_1-\mu)^4\right\} + 3n(n-1)\sigma^4 \\ &\leq Cn^2 \end{aligned} \tag{7.240}$$

이다. 이 식을 바탕으로 (3.526)에 보인 비네임-체비셰프 부등식을 쓰면

$$\begin{aligned} \Pr\left\{\left|\sum_{i=1}^{n}(X_i-\mu)\right| > n\varepsilon\right\} &\leq \frac{1}{(n\varepsilon)^4} E\left[\left\{\sum_{i=1}^{n}(X_i-\mu)\right\}^4\right] \\ &\leq \frac{Cn^2}{(n\varepsilon)^4} \\ &= \frac{C'}{n^2} \end{aligned} \tag{7.241}$$

[23] strong law of large numbers

이다. 여기서, C와 C'은 상수이다. 따라서,

$$\sum_{n=1}^{\infty} \Pr\{|\overline{X}_n - \mu| > \varepsilon\} \;<\; \infty \tag{7.242}$$

이므로

$$A_\varepsilon \;=\; \limsup_{n\to\infty} \; \{|\overline{X}_n - \mu| > \varepsilon\} \tag{7.243}$$

처럼 두면 정리 2.8에 보인 보렐-캔텔리 정리에서

$$\Pr\{A_\varepsilon\} \;=\; 0 \tag{7.244}$$

이다. 여기서, $\{A_\varepsilon\}$은 $\varepsilon \to 0$일 때 ε을 따라 느는 수열이며, $\left\{\omega : \lim_{n\to\infty} |\overline{X}_n - \mu| > 0\right\}$으로 – 곧, $\left\{\omega : \lim_{n\to\infty} \overline{X}_n \neq \mu\right\}$로 – 수렴하므로 (7.244)를 다시 쓰면

$$\begin{aligned}\Pr\left\{\lim_{n\to\infty} \overline{X}_n \neq \mu\right\} &= \Pr\left\{\lim_{\varepsilon\to 0} A_\varepsilon\right\} \\ &= \lim_{\varepsilon\to 0} \Pr\{A_\varepsilon\} \\ &= 0\end{aligned} \tag{7.245}$$

이다. 따라서, (7.239)를 얻는다. □

보기 7.58 서로 독립이고 분포가 같은 확률변수 열 $\{X_i\}$와 0보다 큰 수 K를 생각하자. 이 때, i가 어떤 값이더라도 늘

$$\Pr\{|X_i| < K\} \;=\; 1 \tag{7.246}$$

이면 $\overline{X}_n$은 거의 틀림 없이 – 곧, 확률 1로 – X_i의 평균 $E\{X_i\}$로 수렴한다. 이것은, $\Pr\{|X_i| < K\} = 1$이면 4차 적률이 유한하다는 것을 생각하면 정리 7.12에서 바로 알 수 있는 것이다. ◇

정리 7.13 **큰 수의 센 법칙 2** 확률변수 열 $\{X_i\}_{i=1}^{n}$의 평균이 μ_i, 분산이 σ_i^2일 때

$$\sum_{i=1}^{\infty} \sigma_i^2 \;<\; \infty \tag{7.247}$$

이면 $\sum_{i=1}^{\infty} (X_i - \mu_i)$는 거의 틀림 없이 수렴한다. ■■

정리 7.14 **크로네커 정리** 급수 $\sum_{i=1}^{n} x_i$가 수렴하고 $b_n \uparrow \infty$이면

$$\lim_{n\to\infty} \frac{1}{b_n} \sum_{i=1}^{n} b_i x_i \;=\; 0 \tag{7.248}$$

이다. ■■

보기 7.59 독립인 확률변수 $\{X_i\}_{i=1}^{\infty}$의 평균을 μ_i, 분산을 σ_i^2이라고 하자. 이때,

$$\sum_{i=1}^{\infty} \frac{\sigma_i^2}{B_i^2} < \infty, \qquad B_i \uparrow \infty \tag{7.249}$$

이면

$$\frac{1}{B_n}\left[n\overline{X}_n - E\left\{n\overline{X}_n\right\}\right] \xrightarrow{a.s.} 0 \tag{7.250}$$

임을 정리 7.13과 정리 7.14를 바탕으로 바로 보일 수 있다. 한편, $B_n = n$이면 (7.249)를

$$\sum_{n=1}^{\infty} \frac{\sigma_n^2}{n^2} < \infty \tag{7.251}$$

과 같이 쓸 수 있다. 식 (7.251)을 콜모고로프 조건이라고 한다. ◇

보기 7.60 독립인 확률변수들의 분산이 고르게 제한되면[24]

$$\begin{aligned}\sum_{n=1}^{\infty} \frac{\sigma_n^2}{n^2} &\le A\sum_{n=1}^{\infty}\frac{1}{n^2} \\ &< \infty\end{aligned} \tag{7.252}$$

이므로

$$\overline{X}_n - E\left\{\overline{X}_n\right\} \xrightarrow{a.s.} 0 \tag{7.253}$$

임을 콜모고로프 조건에서 알 수 있다. ◇

보기 7.61 (보렐의 큰 수의 센 법칙) 성공 확률이 p인 베르누이 시행은 분산 $(1-p)p$가 $\frac{1}{4}$보다 크지 않으므로 큰 수의 센 법칙을 만족시킨다는 것을 보기 7.60을 바탕으로 알 수 있다. ◇

한편, 마르코프 조건 (7.229)와 콜모고로프 조건 (7.249)는 충분조건이지 필요조건은 아니라는 것을 새겨 두자.

정리 7.15 **콜모고로프의 큰 수의 센 법칙** 독립이고 분포가 같으며 평균이 μ인 확률변수열 $\{X_i\}_{i=1}^{\infty}$를 생각하자. 이때,

$$E\{|X_i|\} < \infty \tag{7.254}$$

이면

$$\overline{X}_n \xrightarrow{a.s.} \mu \tag{7.255}$$

이고, 그 역도 성립한다. ■■

정리 7.12와 7.15는 각각 4차 적률과 절대 평균을 조건으로 삼고 있다는 것을 새겨 두자.

---

[24]uniformly bounded. 수열 $\{a_i\}_{i=1}^{\infty}$에서 M이 유한한 상수일 때 $|a_i| \le M$이면 이 수열을 고르게 제한된 수열이라고 한다.

보기 7.62 (큰 수의 약한 법칙과 큰 수의 센 법칙) 아래와 같은 독립 확률변수 열 $\{X_n\}_{n=2}^{\infty}$를 생각하자.

$$\Pr\{X_n = x\} = \begin{cases} 1 - \frac{1}{n\log n}, & x = 0, \\ \frac{1}{2n\log n}, & x = \pm n. \end{cases} \tag{7.256}$$

이제, $n \geq 2$일 때 $A_n = \{|X_n| \geq n\}$이라고 하면

$$\Pr\{A_n\} = \frac{1}{n\log n} \tag{7.257}$$

이므로

$$\sum_{n=2}^{\infty} \Pr\{A_n\} = \infty \tag{7.258}$$

이다. 바꾸어 말하면, $\sum\limits_{n=2}^{\infty} \Pr\{A_n\}$이 발산하고 X_n이 서로 독립이므로, 보렐-캔텔리 정리에서 $\{A_n$이 끝없이 자주 일어남$\}$의 확률은 1이라는 것을 알 수 있다. 곧,

$$\begin{aligned} \Pr\{|X_n| \geq n\text{이 끝없이 자주 일어남}\} &= \Pr\left\{\left|\frac{X_n}{n}\right| \geq 1\text{이 끝없이 자주 일어남}\right\} \\ &= \Pr\left\{\lim_{n\to\infty} \overline{X}_n \neq 0\right\} \\ &= 1 \end{aligned} \tag{7.259}$$

이다. 그러므로, $\{X_n\}_{n=2}^{\infty}$는 큰 수의 센 법칙을 만족시키지 않는다. 이제, $\text{Var}\{X_k\} = \frac{k}{\log k}$이므로

$$\begin{aligned} \frac{1}{n^2}\sum_{k=2}^{n} \text{Var}\{X_k\} &\leq \frac{1}{n^2}\left(\frac{2}{\log 2} + \int_3^{n+1} \frac{x}{\log x}dx\right) \\ &\leq \frac{2}{n^2\log 2} + \frac{(n-2)(n+1)}{n^2\log n} \\ &\to 0 \end{aligned} \tag{7.260}$$

이고 마르코프 조건을 생각해 보면 $\{X_n\}_{n=2}^{\infty}$은 큰 수의 약한 법칙을 만족시킨다. ◊

7.5 중심 극한 정리

이제, 확률과 통계학뿐만 아니라 다른 여러 학문 영역에서도 널리 쓰이는 중심 극한 정리를 살펴보자.

7.5.1 적률생성함수의 수렴*

확률변수 열 $\{X_i\}_{i=1}^{n}$의 누적분포함수 열을 $\{F_i\}$, 적률생성함수 열을 $\{M_i\}$라고 하자.

보기 7.63 분포가 $P(\lambda)$인 포아송 확률변수 X를 생각하자. 이 확률변수의 적률생성함수는

$$M_X(t) = \exp\left\{\lambda\left(e^t - 1\right)\right\} \tag{7.261}$$

이다. 이제,

$$Y = \frac{X-\lambda}{\sqrt{\lambda}} \tag{7.262}$$

처럼 두면 Y의 적률생성함수는

$$M_Y(t) = e^{-t\sqrt{\lambda}} M_X\left(\frac{t}{\sqrt{\lambda}}\right) \tag{7.263}$$

이므로

$$\begin{aligned}
\lim_{\lambda\to\infty} \ln M_Y(t) &= \lim_{\lambda\to\infty}\left\{-t\sqrt{\lambda}+\lambda\left(e^{\frac{t}{\sqrt{\lambda}}}-1\right)\right\} \\
&= \lim_{\lambda\to\infty}\left\{-t\sqrt{\lambda}+\lambda\left(\frac{t}{\sqrt{\lambda}}+\frac{t^2}{2\lambda}+\frac{t^3}{3!\lambda\sqrt{\lambda}}+\cdots\right)\right\} \\
&= \lim_{\lambda\to\infty}\left(\frac{t^2}{2}+\frac{t^3}{3!\sqrt{\lambda}}+\cdots\right) \\
&= \frac{t^2}{2}
\end{aligned} \tag{7.264}$$

이다. 곧, $\lambda \to \infty$이면 $M_Y(t) \to \frac{t^2}{2}$이므로 Y는 표준 정규 확률변수에 수렴한다. ◇

보기 7.64 확률변수 열 $\{X_n\}$의 확률질량함수가

$$\Pr\{X_n = x\} = \begin{cases} \frac{1}{n}, & x = 1, \\ 1-\frac{1}{n}, & x = 0 \end{cases} \tag{7.265}$$

이면 적률생성함수는 $M_n(t) = \frac{1}{n}e^t + 1 - \frac{1}{n}$이고

$$\lim_{n\to\infty} M_n(t) = 1 \tag{7.266}$$

인데 이 식은 누적분포함수 F_n의 극한이

$$F(x) = \begin{cases} 0, & x < 0, \\ 1, & x \geq 0 \end{cases} \tag{7.267}$$

임을 뜻한다. 따라서, X를 $\Pr\{X = 0\} = 1$인 확률변수라고 할 때 $X_n \xrightarrow{l} X$이다. ◇

보기 7.65 서로 독립이고 분포가 모두 $b(1,p)$인 확률변수 열 $\{X_n\}$에서 $n\overline{X}_n = \sum_{k=1}^{n} X_k$를 생각하면 $n\overline{X}_n$의 적률생성함수는

$$M_n(t) = \left(1-p+pe^t\right)^n \tag{7.268}$$

이다. 이제, $np = \lambda$일 때

$$\begin{aligned}\lim_{n\to\infty} M_n(t) &= \lim_{n\to\infty}\left(1-\frac{\lambda}{n}+\frac{\lambda}{n}e^t\right)^n \\ &= \lim_{n\to\infty}\left\{1+\frac{\lambda}{n}\left(e^t-1\right)\right\}^n \\ &= \exp\left\{\lambda\left(e^t-1\right)\right\}\end{aligned} \tag{7.269}$$

인데, 이 식은 분포 $P(\lambda)$의 적률생성함수이다. 곧, $n\to\infty$이고 $np=\lambda$일 때 이항 확률변수의 합은 포아송 확률변수에 수렴한다. ◇

보기 7.66 확률변수 열 $\{X_n\}$의 확률질량함수를

$$\Pr\{X_n=-n\} = 1 \tag{7.270}$$

으로 두면, 적률생성함수는 $M_n(t)=e^{-nt}$이고 $M_n(t)$의 극한은

$$M(t) = \begin{cases} 0, & t>0, \\ 1, & t=0, \\ \infty, & t<0 \end{cases} \tag{7.271}$$

인데, 이 함수 $M(t)$는 적률생성함수가 아니다. 곧, 적률생성함수의 극한이 반드시 적률생성함수인 것은 아니다. ◇

7.5.2 중심 극한 정리

확률변수 열 $\{X_n\}_{n=1}^{\infty}$에서

$$n\overline{X}_n = \sum_{k=1}^{n} X_k \tag{7.272}$$

를 생각하자. 상수 열 $\{A_n\}$과 0보다 큰 상수 열 $\{B_n\}$을 알맞게 골라

$$\frac{1}{B_n}\left(n\overline{X}_n - A_n\right) \xrightarrow{l} Y \tag{7.273}$$

일 때를 생각하자. 이 극한 확률변수 Y는 어떤 성질을 지닐까? 이때, 극한 확률변수 Y의 분포는 늘 안정 분포[25]라는 것이 알려져 있다. 보기를 들면, $\{X_n\}_{n=1}^{\infty}$가 독립일 때 그 한계 분포가 모두 $N(0,1)$이면 $\sqrt{n}\overline{X}_n$의 분포는 $N(0,1)$이고, 한계 분포가 모두 $C(1,0)$이면 $\overline{X}_n$의 분포는 $C(1,0)$인데, 정규 분포와 코쉬 분포는 안정 분포의 대표적인 보기이다. 여기서는, 어떤 조건에서 극한 확률변수 Y가 정규 확률변수인지를 살펴본다.

보기 7.67 확률변수 $\{X_i\}_{i=1}^{\infty}$는 서로 독립이고, 그 한계 분포가 모두 $b(1,p)$라고 하자. 이때, $A_n=E\left\{n\overline{X}_n\right\}=np$라고 두고 $B_n=\sqrt{\operatorname{Var}\left\{n\overline{X}_n\right\}}=\sqrt{np(1-p)}$이라고 두면, $\frac{n\overline{X}_n-A_n}{B_n}$의 적률생성함수는

[25] 안정 분포는 3장 3.6.7절에서 다루었다.

$$
\begin{aligned}
M_n(t) &= E\left\{\exp\left(\frac{n\overline{X}_n - np}{\sqrt{np(1-p)}}t\right)\right\} \\
&= \prod_{i=1}^{n} E\left\{\exp\left(\frac{X_i - p}{\sqrt{np(1-p)}}t\right)\right\} \\
&= \exp\left\{-\frac{npt}{\sqrt{np(1-p)}}\right\}\left\{(1-p) + p\ \exp\left(\frac{t}{\sqrt{np(1-p)}}\right)\right\}^n \\
&= \left\{(1-p)\ \exp\left(-\frac{pt}{\sqrt{np(1-p)}}\right) + p\ \exp\left(\frac{(1-p)t}{\sqrt{np(1-p)}}\right)\right\}^n \\
&= \left\{1 + \frac{t^2}{2n} + o\left(\frac{1}{n}\right)\right\}^n
\end{aligned}
\tag{7.274}
$$

이므로 $n \to \infty$일 때

$$
M_n(t) \ \to \ \exp\left(\frac{t^2}{2}\right) \tag{7.275}
$$

를 얻는다. 여기서, $\exp\left(\frac{t^2}{2}\right)$은 분포가 $N(0,1)$인 확률변수의 적률생성함수와 같으므로

$$
P\left\{\frac{n\overline{X}_n - np}{\sqrt{np(1-p)}} \leq x\right\} \ \to \ \frac{1}{\sqrt{2\pi}}\int_{-\infty}^{x} e^{-\frac{t^2}{2}}\,dt \tag{7.276}
$$

을 얻는다. ♢

보기 7.68 서로 독립이고, 그 한계 분포가 모두 $\chi^2(1)$인 확률변수 $\{X_i\}_{i=1}^{\infty}$를 생각하자. 그러면 $n\overline{X}_n \sim \chi^2(n)$이고 $E\left\{n\overline{X}_n\right\} = n$이며 $\mathsf{Var}\left\{n\overline{X}_n\right\} = 2n$이다. 따라서,

$$
\begin{aligned}
Z_n &= \frac{1}{\sqrt{2n}}\left(n\overline{X}_n - n\right) \\
&= \sqrt{\frac{n}{2}}\left(\overline{X}_n - 1\right)
\end{aligned}
\tag{7.277}
$$

처럼 두면 Z_n의 적률생성함수는

$$
\begin{aligned}
M_n(t) &= E\left\{e^{tZ_n}\right\} \\
&= \exp\left(-t\sqrt{\frac{n}{2}}\right)\left(1 - \frac{2t}{\sqrt{2n}}\right)^{-\frac{n}{2}} \\
&= \left\{\exp\left(t\sqrt{\frac{2}{n}}\right) - t\sqrt{\frac{2}{n}}\exp\left(t\sqrt{\frac{2}{n}}\right)\right\}^{-\frac{n}{2}}, \quad t < \sqrt{\frac{n}{2}}
\end{aligned}
\tag{7.278}
$$

이다. 한편, 테일러 어림셈[26]을 쓰면 $0 < \theta_n < t\sqrt{\frac{2}{n}}$일 때

$$
\exp\left(t\sqrt{\frac{2}{n}}\right) = 1 + t\sqrt{\frac{2}{n}} + \frac{t^2}{2}\left(\sqrt{\frac{2}{n}}\right)^2 + \frac{1}{6}\left(t\sqrt{\frac{2}{n}}\right)^3 \exp\left(\theta_n\right) \tag{7.279}
$$

[26] Taylor approximation

를 얻는다. 이 식을 바탕으로 $M_n(t)$를 다시 쓰면

$$M_n(t) = \left\{1 - \frac{t^2}{n} + \frac{\zeta(n)}{n}\right\}^{-\frac{n}{2}} \tag{7.280}$$

이다. 여기서, t가 정해져 있으면, $n \to \infty$일 때

$$\begin{aligned} \zeta(n) &= -\sqrt{\frac{2}{n}}t^3 + \left(\frac{t^3}{3}\sqrt{\frac{2}{n}} - \frac{2t^4}{3n}\right)\exp(\theta_n) \\ &\to 0 \end{aligned} \tag{7.281}$$

이므로, $n \to \infty$일 때 $M_n(t) \to \exp\left(\frac{t^2}{2}\right)$이다. 다시 말해, $Z_n \xrightarrow{l} Z \sim N(0,1)$이다. ◇

정리 7.16 **중심 극한 정리**[27] 서로 독립이고 분포가 같은 확률변수들 $\{X_i\}_{i=1}^n$을 생각하자. 이들의 평균을 m, 분산을 σ^2이라고 하면, 표준 정규 확률변수를 Z라고 할 때

$$\frac{n\overline{X}_n - nm}{\sqrt{n\sigma^2}} \xrightarrow{l} Z \tag{7.282}$$

이다. ■■

증명 먼저, $U_i = X_i - m$이라고 두면, $E\{U_i\} = 0$이고, $E\{U_i^2\} = \sigma^2$이며,

$$\begin{aligned} Z_n &= \frac{1}{\sigma\sqrt{n}}\sum_{i=1}^{n}(X_i - m) \\ &= \frac{1}{\sqrt{n}\sigma}\sum_{i=1}^{n}U_i \end{aligned} \tag{7.283}$$

을 얻는다. 이제,

$$V_i = \frac{U_i}{\sqrt{n\sigma^2}} \tag{7.284}$$

처럼 두면 U_i의 특성함수가 $\varphi_U(\omega)$일 때 V_i의 특성함수 $\varphi_V(\omega)$는 $\varphi_U\left(\frac{\omega}{\sqrt{n\sigma^2}}\right)$와 같으므로

$$\begin{aligned} \varphi_V(\omega) &= E\left\{\exp\left(\frac{j\omega U}{\sigma\sqrt{n}}\right)\right\} \\ &= \int_{-\infty}^{\infty}\exp\left(\frac{j\omega u}{\sigma\sqrt{n}}\right)f_U(u)du \\ &= \int_{-\infty}^{\infty}\left\{1 + \frac{j\omega}{\sigma\sqrt{n}}u + \frac{1}{2}\left(\frac{j\omega}{\sigma\sqrt{n}}\right)^2 u^2 + \frac{1}{6}\left(\frac{j\omega}{\sigma\sqrt{n}}\right)^3 u^3 + \cdots\right\}f_U(u)du \\ &= 1 + \frac{j\omega}{\sigma\sqrt{n}}E\{U\} + \frac{1}{2}\left(\frac{j\omega}{\sigma\sqrt{n}}\right)^2 E\{U^2\} + \cdots \\ &= 1 - \frac{\omega^2}{2n} + o\left(\frac{\omega^2}{n^{\frac{3}{2}}}\right) \end{aligned} \tag{7.285}$$

[27] central limit theorem

이다. 한편, $\{U_i\}$는 독립이므로

$$Z_n = \frac{n\overline{X}_n - mn}{\sqrt{n\sigma^2}} = \sqrt{\frac{n}{\sigma^2}}\left(\overline{X}_n - m\right) \tag{7.286}$$

처럼 쓸 때 (7.285)에서

$$\begin{aligned}\lim_{n\to\infty}\varphi_{Z_n}(\omega) &= \lim_{n\to\infty}\left\{\varphi_U\left(\frac{\omega}{\sqrt{n}\sigma}\right)\right\}^n \\ &= \lim_{n\to\infty}\left\{1 - \frac{\omega^2}{2n} + O\left(\frac{\omega^2}{n^{\frac{3}{2}}}\right)\right\}^n \\ &= \exp\left(-\frac{\omega^2}{2}\right)\end{aligned} \tag{7.287}$$

을 얻는다. 곧, 확률변수 Z_n의 분포는 표준 정규 분포에 가까이 간다. □

정리 7.16은 부록 7.1에서 다룬 린드버그[28]의 중심 극한 정리에서도 얻을 수 있다.

보기 7.69 서로 독립이고 분포가 같은 확률변수 열 $\{X_i\}_{i=1}^{\infty}$의 확률질량함수가 $0 < p < 1$일 때

$$\Pr\{X_i = k\} = (1-p)^k p\,\tilde{u}(k) \tag{7.288}$$

과 같다고 하자. 여기서, $q = 1 - p$라고 두자. 그러면 $E\{X_i\} = \frac{q}{p}$이고 $\mathrm{Var}\{X_i\} = \frac{q}{p^2}$이다. 따라서, 정리 7.16에서 $n \to \infty$일 때

$$\Pr\left\{\frac{\sqrt{n}\left(p\overline{X}_n - q\right)}{\sqrt{q}} \le x\right\} \to \Phi(x), \qquad x \in \mathbb{R} \tag{7.289}$$

임을 알 수 있다. ◇

보기 7.70 확률변수 열 $\{X_i\}_{i=1}^{\infty}$가 서로 독립이고, 그 한계 분포가 모두 $B(\alpha,\beta)$라면

$$E\{X_i\} = \frac{\alpha}{\alpha+\beta} \tag{7.290}$$

이고

$$\mathrm{Var}\{X_i\} = \frac{\alpha\beta}{(\alpha+\beta)^2(\alpha+\beta+1)} \tag{7.291}$$

임을 (3.221)과 (3.222)에서 본 바 있다. 이제, 정리 7.16에서

$$\frac{\sqrt{n(\alpha+\beta+1)}\left\{(\alpha+\beta)\overline{X}_n - \alpha\right\}}{\sqrt{\alpha\beta}} \xrightarrow{l} Z \tag{7.292}$$

를 얻는다. 여기서, $Z \sim N(0,1)$이다. ◇

[28]Lindeberg

중심 극한 정리는 꽤 쓸모 있는 것이고, 여러 상황에서 이것을 쓸 수 있다. 그러나, 아래 보기에서 알 수 있듯이 중심 극한 정리를 쓸 수 없는 때도 있다는 것을 새겨 두어야 할 것이다.

보기 7.71 독립인 확률변수 열 $\{Y_k\}_{k=1}^{\infty}$에서 $\Pr\{Y_k = \pm 1\} = \frac{1}{2}$이라고 하고,

$$X_k = \frac{\sqrt{15}}{4^k} Y_k \tag{7.293}$$

처럼 두자. 그러면 $E\left\{n\overline{X}_n\right\} = 0$이고

$$\operatorname{Var}\left\{n\overline{X}_n\right\} = 1 - 16^{-n} \tag{7.294}$$

임을 쉽게 알 수 있다. 곧, n이 충분히 크면 $\operatorname{Var}\left\{n\overline{X}_n\right\} \approx 1$이다. 그런데,

$$\begin{aligned} \left|n\overline{X}_n\right| &= |X_1 + X_2 + \cdots + X_n| \\ &\geq |X_1| - (|X_2| + |X_3| + \cdots + |X_n|) \\ &= \frac{\sqrt{15}}{4} - \frac{\sqrt{15}}{12}\left(1 - \frac{1}{4^{n-1}}\right) \\ &\geq \frac{\sqrt{15}}{6} \\ &> \frac{1}{2} \end{aligned} \tag{7.295}$$

이므로 $\Pr\left\{\left|n\overline{X}_n\right| \leq \frac{1}{2}\right\} = 0$이다. 따라서, 어떤 점 x에서는 $\Pr\left\{n\overline{X}_n\right\}$는 표준 정규 누적분포 함수 $\Phi(x)$에 수렴할 수 없다. 이것은 $\{X_i\}_{i=1}^{\infty}$가 중심 극한 정리를 만족시키지 않는다는 것을 말해주는 것이다. 이 보기의 확률변수 열 $\{X_i\}_{i=1}^{\infty}$가 중심 극한 정리를 만족시키지 않는 까닭은 X_1이 $\{X_i\}_{i=2}^{\infty}$보다 매우 커서 사실상 $n\overline{X}_n$의 분포를 좌우하기 때문이다. ◇

중심 극한 정리와 큰 수의 법칙은 꽤 넓은 범위의 확률변수 열에서 성립한다. 정리 7.11과 보기 7.60에서 알 수 있는 바와 같이 고르게 제한된 독립 확률변수 열에서는 큰 수의 법칙이 성립하고, 부록 7.1에 나온 보기 7.77에서 볼 수 있는 바와 같이 분산의 합이 끝없이 커지는 독립 확률변수 열에서는 중심 극한 정리가 성립한다. 한편, 서로 독립이고 분포가 같은 확률변수 열 $\{X_i\}_{i=1}^{\infty}$에서는, Z를 표준 정규 확률변수라고 할 때,

$$\begin{aligned} \Pr\left\{\left|\overline{X}_n - m\right| > \varepsilon\right\} &= \Pr\left\{\frac{\left|n\overline{X}_n - nm\right|}{\sigma\sqrt{n}} > \frac{\varepsilon}{\sigma}\sqrt{n}\right\} \\ &\approx 1 - \Pr\left\{|Z| \leq \frac{\varepsilon}{\sigma}\sqrt{n}\right\} \end{aligned} \tag{7.296}$$

이므로 중심 극한 정리에서 바로 큰 수의 법칙을 얻을 수 있다. 곧, 중심 극한 정리가 큰 수의 법칙보다 더 센 것이라고 할 수 있기는 하다. 다만, 큰 수의 법칙에서는 2차 적률의 존재를 걱정하지 않아도 된다. 그러나, 서로 독립인 확률변수 $\{X_i\}_{i=1}^{\infty}$에서 중심 극한 정리는 성립하는데 큰 수의 약한 법칙은 성립하지 않을 때도 있다. 아래 보기를 살펴보자.

보기 7.72 서로 독립인 확률변수들 $\{X_k\}_{k=1}^{\infty}$의 확률질량함수가 $\lambda > 0$일 때

$$\begin{aligned} \Pr\{X_k = k^\lambda\} &= \Pr\{X_k = -k^\lambda\} \\ &= \frac{1}{2} \end{aligned} \tag{7.297}$$

이다. 그러면, X_k의 평균은 $E\{X_k\} = 0$이고 분산은 $\text{Var}\{X_k\} = k^{2\lambda}$이다. 이제,

$$\begin{aligned} s_n^2 &= \sum_{k=1}^{n} \text{Var}\{X_k\} \\ &= \sum_{k=1}^{n} k^{2\lambda} \end{aligned} \tag{7.298}$$

처럼 두면

$$\sum_{k=1}^{n} k^{2\lambda} \geq \int_1^n x^{2\lambda} dx \tag{7.299}$$

이므로

$$s_n^2 \geq \frac{n^{2\lambda+1} - 1}{2\lambda + 1} \tag{7.300}$$

이다. 여기서, $n > 1$이라고 볼 수 있으므로

$$n > \frac{2\lambda + 1}{\varepsilon^2} + 1 \tag{7.301}$$

일 때

$$\varepsilon^2 > \frac{2\lambda + 1}{n - 1} \tag{7.302}$$

이고

$$\begin{aligned} \varepsilon^2 s_n^2 &> \frac{2\lambda + 1}{n - 1} s_n^2 \\ &\geq \frac{2\lambda + 1}{n - 1} \frac{n^{2\lambda+1} - 1}{2\lambda + 1} \\ &= n^{2\lambda} + n^{2\lambda - 1} + \cdots + 1 \\ &> n^{2\lambda} \end{aligned} \tag{7.303}$$

이다. 따라서, $n > \frac{2\lambda+1}{\varepsilon^2} + 1$일 때에는 $|x_{kl}| > \varepsilon s_n$이면 $|x_{kl}| > n^\lambda$인데, $\Pr\{X_k = x\}$는 $|x| \leq n^\lambda$일 때만 0이 아니므로

$$\frac{1}{s_n^2} \sum_{k=1}^{n} \sum_{|x_{kl}| > \varepsilon s_n} x_{kl}^2 p_{kl} = 0 \tag{7.304}$$

이다. 곧, $\lambda > 0$일 때 린드버그 조건[29]을 만족시키고 중심 극한 정리는 성립한다. 이때,

$$s_n^2 = \sum_{k=1}^{n} k^{2\lambda}$$

[29] 부록 7.1에 나온 (7.320)과 (7.321)을 일컫는다.

$$\leq \int_0^n x^{2\lambda} dx$$
$$= \frac{n^{2\lambda+1}}{2\lambda+1} \tag{7.305}$$

와 (7.300)을 함께 생각하면 $s_n \approx \sqrt{\frac{n^{2\lambda+1}}{2\lambda+1}}$이라고 쓸 수 있으며, 이것을 바탕으로 부록 7.1에 나온 (7.322)에서

$$\Pr\left\{a < \sqrt{\frac{2\lambda+1}{n^{2\lambda+1}}} n\overline{X}_n < b\right\} \rightarrow \frac{1}{\sqrt{2\pi}} \int_a^b \exp\left(-\frac{t^2}{2}\right) dt \tag{7.306}$$

처럼 쓸 수 있다. 다음에, 큰 수의 약한 법칙이 성립하는지 살펴보자. 먼저, $0 < \lambda < \frac{1}{2}$이면 (7.305)에서

$$\frac{s_n^2}{n^2} \leq \frac{n^{2\lambda-1}}{2\lambda+1}$$
$$\rightarrow 0 \tag{7.307}$$

이므로, 보기 7.51을 바탕으로 큰 수의 약한 법칙이 성립함을 알 수 있다. 그러나, $\lambda \geq \frac{1}{2}$일 때에는 (7.306)을 바꾸어 쓰면

$$\Pr\left\{\frac{an^{\lambda-\frac{1}{2}}}{\sqrt{2\lambda+1}} < \overline{X}_n < \frac{bn^{\lambda-\frac{1}{2}}}{\sqrt{2\lambda+1}}\right\} \rightarrow \frac{1}{\sqrt{2\pi}} \int_a^b \exp\left(-\frac{t^2}{2}\right) dt \tag{7.308}$$

이고, 이 식은 $\varepsilon > 0$일 때 늘

$$\Pr\left\{-\varepsilon < \overline{X}_n < \varepsilon\right\} \rightarrow 1 \tag{7.309}$$

일 수는 없다는 것을 뜻하므로 큰 수의 약한 법칙이 성립하지 않는다. ◇

중심 극한 정리의 응용을 하나 생각해 보자. 먼저, 정리 7.16에서 아래를 알 수 있다.

정리 7.17 독립이고 분포가 같은 확률변수 열 $\{X_i\}_{i=1}^{\infty}$에서 X_i의 평균이 m이고 분산이 σ^2이면 $\sum_{k=1}^{n} X_k$의 분포는 점근적으로 $N\left(nm, n\sigma^2\right)$이다. ■■

보기 7.73 확률변수 $\{X_i\}_{i=1}^{n}$이 서로 독립이고, 그 분포가 모두 $U(0,1)$일 때, $S_n = \sum_{i=1}^{n} X_i$의 확률밀도함수와 정리 7.17에서 말한 점근 분포의 확률밀도함수를 견주어 보자.

풀이 먼저, X_i의 확률밀도함수는

$$f_{X_i}(x) = \begin{cases} 1, & x \in (0,1), \\ 0, & \text{그 밖에는} \end{cases} \tag{7.310}$$

이므로, S_n의 확률밀도함수는

$$f_{S_n}(x) = f_{X_1}(x) * f_{X_2}(x) * \cdots * f_{X_n}(x) \tag{7.311}$$

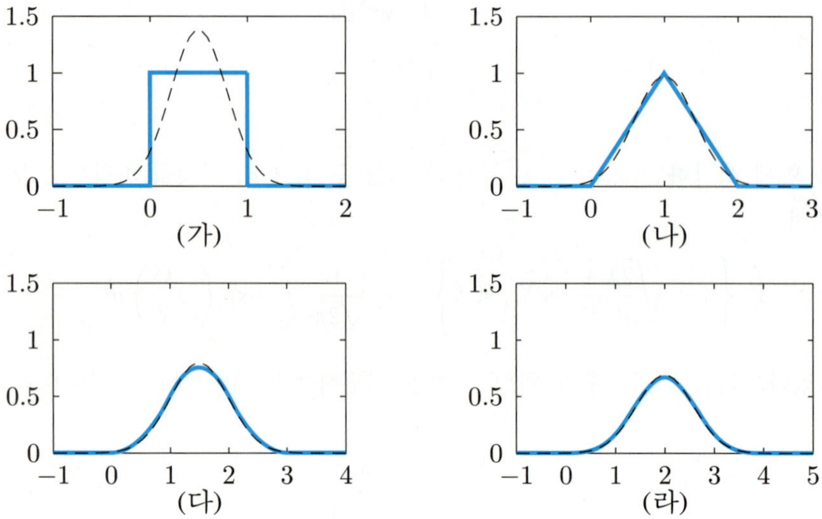

그림 7.2 합 S_n의 확률밀도함수와 (파란 실선) 점근 확률밀도함수 (검은 끊음선). (가) $n=1$일 때, (나) $n=2$일 때, (다) $n=3$일 때, (라) $n=4$일 때.

이다. 또, X_i의 평균이 $\frac{1}{2}$이고 분산이 $\frac{1}{12}$이므로 S_n의 점근 분포는 $N\left(\frac{n}{2}, \frac{n}{12}\right)$이다. 그림 7.2에 $n=1,2,3,4$일 때 S_n의 확률밀도함수와 점근 확률밀도함수를 함께 그렸다. 이 그림에서도, n이 클수록 실제 확률밀도함수와 점근 확률밀도함수가 더 가깝다는 것을 알 수 있다. ◇

보기 7.74 확률변수 $\{X_i\}_{i=1}^{n}$이 서로 독립이고, 그 분포가 모두 $b\left(1, \frac{1}{2}\right)$일 때 $S_n = \sum_{i=1}^{n} X_i$의 누적분포함수와 정리 7.17에서 말한 점근 분포의 누적분포함수를 견주어 보자.

풀이 보기 7.3에서 S_n의 분포는 $b\left(n, \frac{1}{2}\right)$이라는 것을 알 수 있다. 한편, X_i의 평균이 $\frac{1}{2}$이고 분산이 $\frac{1}{4}$이므로, S_n의 점근 분포는 $N\left(\frac{n}{2}, \frac{n}{4}\right)$이다. 그림 7.3에 $n=4,8,16,32$일 때 S_n의 누적분포함수와 점근 누적분포함수를 함께 보였다. 이 그림에서, n이 클수록 실제 누적분포함수와 점근 누적분포함수가 더 가깝다는 것을 알 수 있다. ◇

한편, n이 충분히 클 때 확률변수 $\overline{X}_n$의 분포는

$$N\left(m, \frac{\sigma^2}{n}\right) \tag{7.312}$$

처럼 어림할 수 있으며, $n\overline{X}_n$의 누적분포함수 $F_{n\overline{X}_n}$은

$$F_{n\overline{X}_n}(x) \approx \Phi\left(\frac{x-nm}{\sqrt{n\sigma^2}}\right) \tag{7.313}$$

과 같이 어림할 수 있다는 것을 정리 7.17에서 알 수 있다.

보기 7.75 확률변수 $\{X_i\}_{i=1}^{\infty}$는 서로 독립이고, 그 한계 분포가 모두 $b(1,p)$라고 하자. 그러면 $n\overline{X}_n$의 분포는 점근적으로 $N(np, n(1-p)p)$이다. 따라서,

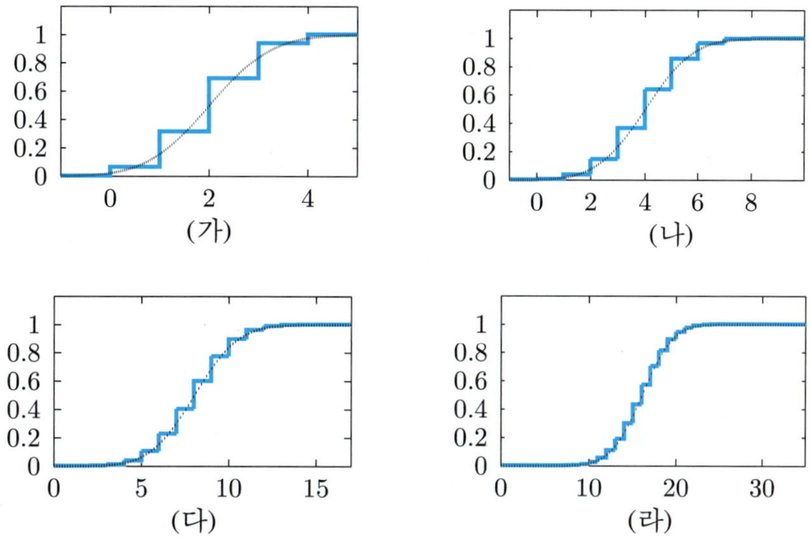

그림 7.3 합 S_n의 누적분포함수와 (파란 실선) 점근 누적분포함수 (검은 점선). (가) $n = 4$일 때; (나) $n = 8$일 때; (다) $n = 16$일 때; (라) $n = 32$일 때.

$$\Pr\left\{\frac{n\overline{X}_n - np}{\sqrt{n(1-p)p}} \le \frac{x - np}{\sqrt{n(1-p)p}}\right\} \approx \Phi\left(\frac{x - np}{\sqrt{n(1-p)p}}\right) \tag{7.314}$$

를 바탕으로, n이 넉넉히 크면 $\Pr\left\{n\overline{X}_n \le x\right\}$를 추정할 수 있다. 실제로, $n \ge 20$이면 모자람이 없다. 보기를 들어, $n = 25$이고 $p = \frac{1}{2}$이면, $Z \sim N(0,1)$일 때

$$\begin{aligned} \Pr\left\{n\overline{X}_n \le 12\right\} &= \Pr\left\{\frac{n\overline{X}_n - 12.5}{2.5} \le \frac{-0.5}{2.5}\right\} \\ &\approx \Pr\{Z \le -0.2\} \\ &= 0.421 \end{aligned} \tag{7.315}$$

이다. ◇

여기서, 연속성 고치기[30]를 덧붙이면 더욱 나은 어림값을 얻을 수 있다. 구체적으로는 확률변수 X의 값이 정수이고 x_1과 x_2가 정수일 때

$$\Pr\{x_1 \le X \le x_2\} = \Pr\left\{x_1 - \frac{1}{2} < X < x_2 + \frac{1}{2}\right\} \tag{7.316}$$

임을 새기면 나은 어림값을 얻을 수 있다. 곧, 보기 7.75에서

$$\begin{aligned} \Pr\left\{n\overline{X}_n \le 12\right\} &= \Pr\left\{n\overline{X}_n < 12.5\right\} \\ &\approx \Pr\{Z < 0\} \\ &= 0.5 \end{aligned} \tag{7.317}$$

[30]continuity correction. 이것은 (3.394)에서도 다룬 바 있다.

인데, 이것은 동전을 스물다섯 번 던질 때 앞이 많아야 열 두 번 나올 확률의 정확한 값이다.

보기 7.76 서로 독립이고 분포가 모두 $P(\lambda)$인 확률변수 $\{X_i\}_{i=1}^{\infty}$를 생각하자. 그러면 n이 클 때 $n\overline{X}_n$의 분포는 $N(n\lambda, n\lambda)$로 어림할 수 있다. 따라서, $\lambda = 1$이고 $n = 64$이면

$$\begin{aligned}\Pr\left\{50 < n\overline{X}_n \leq 80\right\} &= \Pr\left\{51 \leq n\overline{X}_n \leq 80\right\} \\ &= \Pr\left\{50.5 < n\overline{X}_n < 80.5\right\} \\ &\approx \Pr\left\{\frac{50.5 - 64}{\sqrt{64}} < \frac{n\overline{X}_n - n\lambda}{\sqrt{n\lambda}} < \frac{80.5 - 64}{\sqrt{64}}\right\} \\ &= \Pr\{-1.6875 < Z < 2.0625\} \\ &\approx 0.9348 \end{aligned} \tag{7.318}$$

이다. ◇

부록

부록 7.1 린드버그의 중심 극한 정리

중심 극한 정리는 여러 가지로 나타낼 수 있는데, 그 가운데에서 린드버그의 중심 극한 정리는 가장 일반적인 것인데 확률변수들의 분포가 같다는 것을 조건으로 삼지 않는다.

정리 7.18 중심 극한 정리 독립인 확률변수 열 $\{X_i\}_{i=1}^{\infty}$에서 X_i의 평균을 m_i, 분산을 σ_i^2, 누적분포함수를 F_i라고 하고,

$$s_n^2 = \sum_{i=1}^{n} \sigma_i^2 \tag{7.319}$$

로 두자. 이때, $\varepsilon > 0$이 어떤 값이더라도, 누적분포함수 F_i가 절대 연속이면 그 확률밀도함수 $f_k(x) = \frac{d}{dx}F_k(x)$가

$$\lim_{n\to\infty} \frac{1}{s_n^2} \sum_{k=1}^{n} \int_{|x-m_k|>\varepsilon s_n} (x-m_k)^2 f_k(x)dx = 0 \tag{7.320}$$

을 만족시키고, X_i가 이산 확률변수이면 뜀 점을 x_{kl}, 뜀을 p_{kl}이라고 둘 때

$$\lim_{n\to\infty} \frac{1}{s_n^2} \sum_{k=1}^{n} \sum_{|x_{kl}-m_k|>\varepsilon s_n} (x_{kl}-m_k)^2 p_{kl} = 0 \tag{7.321}$$

을[31] 만족시킨다고 하자. 그러면

$$\frac{1}{s_n}\left(n\overline{X}_n - \sum_{k=1}^{n} m_k\right) \tag{7.322}$$

의 분포는 표준 정규 분포에 수렴한다. ■■

보기 7.77 독립인 확률변수 열 $\{X_k\}_{k=1}^{\infty}$의 분포가 $U(-a_k, a_k)$이라고 하자. 그러면 $E\{X_k\} = 0$이고 $\text{Var}\{X_k\} = \frac{1}{3}a_k^2$이다. 이제, $|a_k| < A$이고 $n \to \infty$일 때

$$\begin{aligned} s_n^2 &= \sum_{k=1}^{n} \text{Var}\{X_k\} \\ &= \frac{1}{3}\sum_{k=1}^{n} a_k^2 \\ &\to \infty \end{aligned} \tag{7.323}$$

과 같다고 하자. 그러면 $n \to \infty$일 때 (3.524)에 나온 체비셰프 부등식

$$\Pr\{|Y - E\{Y\}| \geq \varepsilon\} \leq \frac{\text{Var}\{Y\}}{\varepsilon^2} \tag{7.324}$$

[31] 이미 보기 7.72에서 말한 것처럼 (7.320)과 (7.321)을 린드버그 조건이라고 부른다.

를 쓰면

$$\begin{aligned}\frac{1}{s_n^2}\sum_{k=1}^{n}\int_{|x|>\varepsilon s_n} x^2F_k'(x)dx &\le \frac{1}{s_n^2}\sum_{k=1}^{n}\int_{|x|>\varepsilon s_n} A^2\frac{1}{2a_k}dx \\ &= \frac{A^2}{s_n^2}\sum_{k=1}^{n}\Pr\{|X_k|>\varepsilon s_n\} \\ &\le \frac{A^2}{s_n^2}\sum_{k=1}^{n}\frac{\text{Var}\{X_k\}}{\varepsilon^2 s_n^2} \\ &= \frac{A^2}{\varepsilon^2 s_n^2} \\ &\to 0 \end{aligned} \tag{7.325}$$

이다. 한편, $\sum\limits_{k=1}^{\infty} a_k^2 < \infty$라면 $n\to\infty$일 때 $s_n^2 \uparrow B^2$이라고 두자. 그러면 k가 주어지면 $\varepsilon_k B < a_k$를 만족시키는 ε_k를 찾을 수 있고, 이때 $\varepsilon_k s_n < \varepsilon_k B$이므로

$$\begin{aligned}\Pr\{|X_k|>\varepsilon_k s_n\} &\ge \Pr\{|X_k|>\varepsilon_k B\} \\ &> 0\end{aligned} \tag{7.326}$$

이다. 이 식을 바탕으로 $n \ge k$일 때를 생각하면

$$\begin{aligned}\frac{1}{s_n^2}\sum_{j=1}^{n}\int_{|x|>\varepsilon_k s_n} x^2F_j'(x)dx &\ge \frac{s_n^2\varepsilon_k^2}{s_n^2}\sum_{j=1}^{n}\int_{|x|>\varepsilon_k s_n} F_j'(x)dx \\ &= \frac{s_n^2\varepsilon_k^2}{s_n^2}\sum_{j=1}^{n}\Pr\{|X_j|>\varepsilon_k s_n\} \\ &\ge \varepsilon_k^2\Pr\{|X_k|>\varepsilon_k s_n\} \\ &> 0\end{aligned} \tag{7.327}$$

이므로 린드버그 조건을 만족시키지 않는다. 이것은 고르게 제한된[32] 독립 확률변수 열에서 중심 극한 정리가 성립하는 필요충분조건은 $n\to\infty$일 때 $s_n^2\to\infty$라는 것을 뜻한다. ◇

보기 7.78 독립 확률변수 열 $\{X_k\}_{k=1}^{\infty}$를 생각하자. 이제, δ가 0보다 클 때

$$\begin{aligned}\alpha_k &= E\left\{|X_k|^{2+\delta}\right\} \\ &< \infty\end{aligned} \tag{7.328}$$

이고

$$\sum_{j=1}^{n}\alpha_j = o\left(s_n^{2+\delta}\right) \tag{7.329}$$

[32] 보기 7.60에서 그 뜻을 말한 바 있다.

이라고 하자. 그러면 린드버그 조건을 만족시키고 중심 극한 정리가 성립한다. 이것은, $n \to \infty$일 때 $|x| > \varepsilon s_n$이면 $|x|^\delta x^2 > |\varepsilon s_n|^\delta x^2$이므로, 곧 $x^2 < \frac{|x|^{2+\delta}}{\varepsilon^\delta s_n^\delta}$이므로

$$\begin{aligned} \frac{1}{s_n^2}\sum_{k=1}^{n}\int_{|x|>\varepsilon s_n} x^2 F_k'(x)dx &\leq \frac{1}{s_n^2}\sum_{k=1}^{n}\int_{|x|>\varepsilon s_n} \frac{|x|^{2+\delta}}{\varepsilon^\delta s_n^\delta} F_k'(x)dx \\ &\leq \frac{1}{\varepsilon^\delta s_n^{2+\delta}}\sum_{k=1}^{n}\int_{-\infty}^{\infty}|x|^{2+\delta}F_k'(x)dx \\ &= \frac{1}{\varepsilon^\delta s_n^{2+\delta}}\sum_{k=1}^{n}\alpha_k \\ &\to 0 \end{aligned} \tag{7.330}$$

이기 때문이다. 이산 확률변수일 때도 비슷한 방법으로 설명할 수 있다. ◇

한편, 조건 (7.320)과 (7.321)은 다음과 같은 뜻에서 필요조건이기도 하다는 것이 알려져 있다. 독립인 확률변수 열 $\{X_i\}_{i=1}^{\infty}$에서 X_i의 분산 σ_i^2이 유한하다고 하자. 그러면 $\varepsilon > 0$이 어떤 값이더라도 확률밀도함수가 (7.320)을 – 또는 확률질량함수가 (7.321)을 – 만족시키면

$$\lim_{n\to\infty} \Pr\left\{\frac{\overline{X}_n - E\left\{\overline{X}_n\right\}}{\sqrt{\operatorname{Var}\left\{\overline{X}_n\right\}}} \leq x\right\} = \Phi(x) \tag{7.331}$$

이고

$$\lim_{n\to\infty} \Pr\left\{\max_{1\leq k\leq n}|X_k - E\left\{X_k\right\}| > n\varepsilon\sqrt{\operatorname{Var}\left\{\overline{X}_n\right\}}\right\} = 0 \tag{7.332}$$

이며, 그 역도 성립한다.

부록 7.2 기댓값의 연속성

확률변수 열 $\{X_n\}$이 X에 수렴하면 기댓값 열 $\{E\{X_n\}\}$도 기댓값 $E\{X\}$에 가까이 갈 것이다. 이와 같이 수렴하는 확률변수의 기댓값이 수렴하는 것을 기댓값의 연속성이라고 한다. 말할 것도 없이 기댓값의 연속성은 (2.186)과 (2.197)에서 다룬 확률의 연속성을 따라 오는 것이다.

(가) 단조 수렴[33]: 정수 n이 어떤 값이더라도 $0 \leq X_n \leq X_{n+1}$이면 $E\{X_n\} \to E\{X\}$이다. 곧, $E\left\{\lim_{n\to\infty} X_n\right\} = \lim_{n\to\infty} E\{X_n\}$이다.

(나) 지배 수렴[34]: 정수 n을 어떻게 고르더라도 $|X_n| < Y$이고 $E\{Y\} < \infty$이면 $E\{X_n\} \to E\{X\}$이다.

(다) 유한 수렴[35]: 정수 n이 어떤 값이더라도 $|X_n| \leq c$인 상수 c가 있으면 $E\{X_n\} \to E\{X\}$이다.

[33]monotonic convergence
[34]dominated convergence
[35]bounded convergence

부록 7.3 수렴의 성질

여러 가지 수렴 사이의 성질 몇 가지를 적어 둔다. 여기서, a와 b는 상수이다.

(가) $X_n \xrightarrow{p} X$이면 $X_n - X \xrightarrow{p} 0$이고, $aX_n \xrightarrow{p} aX$이며, $n, m \to \infty$일 때 $X_n - X_m \xrightarrow{p} 0$이다.

(나) $X_n \xrightarrow{p} X$이고 $X_n \xrightarrow{p} Y$이면, $\Pr\{X = Y\} = 1$이다.

(다) $X_n \xrightarrow{p} a$이면, $X_n^2 \xrightarrow{p} a^2$이다.

(라) $X_n \xrightarrow{p} 1$이면, $\frac{1}{X_n} \xrightarrow{p} 1$이다.

(마) $X_n \xrightarrow{p} X$이고 Y가 확률변수이면, $X_n Y \xrightarrow{p} XY$이다.

(바) $X_n \xrightarrow{p} X$이고 $Y_n \xrightarrow{p} Y$이면, $X_n \pm Y_n \xrightarrow{p} X \pm Y$이고 $X_n Y_n \xrightarrow{p} XY$이다.

(사) $X_n \xrightarrow{p} a$이고 $Y_n \xrightarrow{p} b \neq 0$이면, $\frac{X_n}{Y_n} \xrightarrow{p} \frac{a}{b}$이다.

(아) $X_n \xrightarrow{d} X$이면, $X_n + a \xrightarrow{d} X + a$이고, $b \neq 0$일 때 $bX_n \xrightarrow{d} bX$이다.

(자) $X_n \xrightarrow{d} a$이면, $X_n \xrightarrow{p} a$이다. 따라서, $X_n \xrightarrow{d} a \rightleftarrows X_n \xrightarrow{p} a$이다.

(차) $|X_n - Y_n| \xrightarrow{p} 0$이고 $Y_n \xrightarrow{d} Y$이면, $X_n \xrightarrow{d} Y$이다. 이것을 바탕으로, $X_n \xrightarrow{p} X$이면 $X_n \xrightarrow{d} X$라는 것을 보일 수 있다.

(카) $X_n \xrightarrow{d} X$이고 $Y_n \xrightarrow{p} a$이면, $X_n \pm Y_n \xrightarrow{d} X \pm a$이고, $a \neq 0$일 때 $X_n Y_n \xrightarrow{d} aX$이며, $a = 0$일 때 $X_n Y_n \xrightarrow{p} 0$이고, $a \neq 0$일 때 $\frac{X_n}{Y_n} \xrightarrow{d} \frac{X}{a}$이다.

(타) $X_n \xrightarrow{r=2} X$이면, $\lim_{n\to\infty} E\{X_n\} = E\{X\}$이고 $\lim_{n\to\infty} E\left\{X_n^2\right\} = E\left\{X^2\right\}$이다.

(파) $X_n \xrightarrow{L^r} X$이면, $\lim_{n\to\infty} E\{|X_n|^r\} = E\{|X|^r\}$이다.

(하) $X_1 > X_2 > \cdots > 0$이고 $X_n \xrightarrow{p} 0$이면, $X_n \xrightarrow{a.s.} 0$이다.

부록 7.4 곱의 수렴과 극한

곱

$$A_n = \prod_{k=1}^{n} a_k \tag{7.333}$$

을 생각하자. 먼저, $n \to \infty$일 때 $A_n \to A$이고 $A \neq 0$이면 무한 곱 $\prod_{k=1}^{\infty} a_k$가 극한값 A로 수렴한다고 하고, A_n이 0 아닌 유한값으로 수렴하지 않으면 발산한다고 하며, $A_n \to 0$이면 A_n이 0으로 발산한다고 한다. 한편, $\{a_k\}_{k=1}^{\infty}$ 가운데에서 0인 것들을 뺀 나머지의 곱이 수렴하면 A_n은 수렴하고 그 극한 값은 0이다.

곱의 수렴은 합의 수렴과 관련이 있을 때가 많다. 특히, 아래는 그 가운데에서 기본적인 것들이다.

(가) 실수 $\{a_k\}$가 모두 0보다 클 때, $\prod_{k=1}^{\infty} a_k$가 수렴하는 것과 $\sum_{k=1}^{\infty} \ln a_k$가 수렴하는 것은 서로 필요충분조건이다.

(나) 실수 $\{a_k\}$가 모두 0보다 클 때, $\prod_{k=1}^{\infty} (1+a_k)$가 수렴하는 것과 $\sum_{k=1}^{\infty} a_k$가 수렴하는 것은 서로 필요충분조건이다.

(다) 실수 $\{a_k\}$가 어느 것도 0보다 작지 않을 때, $\prod_{k=1}^{\infty} (1-a_k)$가 수렴하는 것과 $\sum_{k=1}^{\infty} a_k$가 수렴하는 것은 서로 필요충분조건이다.

연습 문제

문제 7.1 표준 정규 확률변수 $\{X_i\}_{i=1}^n$이 서로 독립일 때 $Y=\sum_{i=1}^n X_i^2$의 분포가 보기 2.85에서 다룬 중심 카이 제곱 분포 $\chi^2(n)$이라는 것을 – 곧, 감마 분포 $G\left(\frac{n}{2},2\right)$라는 것을 – 보이시오. 또, Y의 평균은 $E\{Y\}=n$, 분산은 $\sigma_Y^2=2n$, 적률생성함수는

$$M_Y(t) \;=\; (1-2t)^{-\frac{n}{2}}, \quad 2t<1 \tag{7.334}$$

임을 보이시오.

문제 7.2 확률변수 X의 분포가 $U(0,1)$이면 $Y=-2\ln X$의 분포는 $\chi^2(2)$라는 것을 보이시오. 또, $\{X_i\}_{i=1}^k$가 서로 독립이고 $X_i\sim U(0,1)$이면

$$-2\sum_{i=1}^k \ln X_i \;\sim\; \chi^2(2k) \tag{7.335}$$

임을 보이시오.

문제 7.3 서로 독립이고 1일 확률이 p인 베르누이 확률변수 열 $\{X_i\}_{i=1}^\infty$, $\{X_i\}_{i=1}^\infty$와 독립이고 분포가 $b(n,p)$인 이항 확률변수 M, 또 X_i들을 더한

$$K \;=\; \sum_{i=1}^n X_i \tag{7.336}$$

을 생각하자. 이때, 확률변수

$$U \;=\; \sum_{i=1}^K X_i \tag{7.337}$$

과

$$V \;=\; \sum_{i=1}^M X_i \tag{7.338}$$

의 기댓값을 얻으시오. 여기서, K는 서로 독립이고 분포가 같은 베르누이 시행 n번 가운데의 성공 횟수를 가리킨다.

문제 7.4 결과가 모두 서로 독립이고, 이기거나 질 확률은 같으며, 비기는 때가 없는 경기를 생각하자. 한 선수가 이기면 2점을 얻고 다음 경기에 또 참가할 수 있지만, 지면 0점을 얻고 다음 경기에 또 참가할 수 없다. 이 선수가 이런 경기에서 얻을 수 있는 점수 Y의 적률생성함수, 기댓값, 분산을 얻으시오.

문제 7.5 표본평균

$$\overline{X}_n \;=\; \frac{1}{n}\sum_{i=1}^n X_i \tag{7.339}$$

를 생각하여, $\overline{X}_0 = 0$으로 두자. 이제,

$$\overline{X}_n = \overline{X}_{n-1} + \frac{1}{n}\left(X_n - \overline{X}_{n-1}\right) \tag{7.340}$$

임을 보이시오.

문제 7.6 제대로 만든 동전 n개를 던질 때 앞이 뒤보다 더 많이 나올 확률을 P_n이라고 하자.
(가) P_3, P_4, P_5를 얻으시오.
(나) $\lim_{n\to\infty} P_n$을 얻으시오.

문제 7.7 확률벡터 $\underline{X} = (X_1, X_2, \cdots, X_n)$에서 M_n과 V_n을

$$M_n = \frac{1}{n}\sum_{i=1}^{n} X_i \tag{7.341}$$

과

$$V_n = \frac{1}{n}\sum_{i=1}^{n}(X_i - M_n)^2 \tag{7.342}$$

처럼 두자.
(가) 확률변수 M_2와 V_2의 결합 확률밀도함수를 X_1과 X_2의 결합 확률밀도함수로 나타내시오.
(나) 확률변수 M_n과 V_n의 결합 확률밀도함수를 $\underline{X}$의 결합 확률밀도함수 $f_{\underline{X}}(\underline{x})$로 나타내시오.
(다) 확률벡터 $\underline{X}$가 독립이고 한계 분포가 모두 $\lambda = 1$인 포아송 분포 $P(1)$일 때 M_n의 분포는 포아송 분포 $P(n)$이라는 것을 보이시오.
(라) 확률벡터 $\underline{X}$가 독립이고 한계 분포가 모두 정규 분포 $N\left(m, \sigma^2\right)$일 때 M_n의 분포는 정규 분포 $N\left(m, \frac{\sigma^2}{n}\right)$이라는 것을 보이시오.
(마) 독립이고 한계 분포가 모두 감마 분포 $G(\alpha, 1)$인 n차원 확률벡터 $\underline{X}$에서 M_n의 분포는 감마 분포 $G\left(\alpha n, \frac{1}{n}\right)$이라는 것을 보이시오.

문제 7.8 확률변수 $\{X_i\}_{i=1}^{n}$은 서로 독립이고, 그 한계 분포가 모두 $N(0,1)$이다. 이제,

$$\overline{X}_n = \frac{1}{n}\sum_{i=1}^{n} X_i \tag{7.343}$$

의 누적분포함수를 F_n이라고 할 때

$$\lim_{n\to\infty} F_n(x) = u(x) \tag{7.344}$$

임을 보이시오. 이 극한은 누적분포함수인가?

문제 7.9 확률변수 $\{X_i\}_{i=1}^{n}$은 서로 독립이고 분포가 모두 $U(0,\theta)$이다. 이제,

$$X_{[1]} = \min(X_1, X_2, \cdots, X_n) \tag{7.345}$$

일 때 $Y_n = nX_{[1]}$은 분포에서 수렴하는가? 수렴한다면 그 극한 누적분포함수를 얻으시오.

문제 7.10 확률변수 $\{X_i\}_{i=1}^n$은 서로 독립이고 한계 누적분포함수는 절대 연속 함수인 F이다. 이제,

$$M_n = \max(X_1, X_2, \cdots, X_n) \tag{7.346}$$

처럼 두고 확률변수 열

$$\{Y_n = n\{1 - F(M_n)\}\}_{n=1}^{\infty} \tag{7.347}$$

을 생각할 때 Y_n의 극한 누적분포함수가

$$\lim_{n\to\infty} F_{Y_n}(y) = u(y) \tag{7.348}$$

임을 보이시오.

문제 7.11 누적분포함수 열

$$F_n(x) = \begin{cases} 0, & x < 0, \\ 1 - \frac{1}{n}, & 0 \le x < n, \\ 1, & x \ge n \end{cases} \tag{7.349}$$

는 수렴하는가? 수렴한다면 그 극한은 무엇인가?

문제 7.12 확률변수 열 $\{Y_i = X + W_i\}_{i=0}^{n-1}$에서 X와 $\{W_i\}_{i=0}^{n-1}$은 서로 독립이고, $\{W_i\}_{i=0}^{n-1}$은 평균이 0이고 분산이 σ_i^2인 독립 정규 확률변수 열이고 $\sigma_i^2 \le \sigma_{\max}^2 < \infty$라고 하자. 이제, 확률변수 X를

$$\hat{X}_n = \frac{1}{n}\sum_{i=0}^{n-1} Y_i \tag{7.350}$$

으로 추정한다고 하고, 오차를

$$\varepsilon_n = \hat{X}_n - X \tag{7.351}$$

처럼 두자.
(가) 확률변수 $\hat{X}_n$의 특성함수, 평균, 분산을 X와 $\{W_i\}$의 항으로 나타내시오.
(나) 공분산 $\mathrm{Cov}(Y_i, Y_j)$를 얻으시오.
(다) 확률밀도함수 $f_{\varepsilon_n}(\alpha)$와 $f_{\hat{X}|X}(\alpha|\beta)$를 얻으시오.
(라) 확률변수 $\hat{X}_n$은 X로 수렴하는가? 수렴한다면 어떤 뜻에서 수렴하는가? 수렴하지 않는다면 그 까닭은 무엇인가?

문제 7.13 확률변수 $\{X_i\}_{i=1}^{\infty}$는 서로 독립이고 분포가 같으며 한계 확률밀도함수는

$$f(x) = e^{-x+\theta}u(x-\theta) \tag{7.352}$$

이다. 이제,

$$Y = \frac{1}{n}\sum_{i=1}^{n} X_i \xrightarrow{p} 1+\theta \tag{7.353}$$

임과

$$\min\{X_1, X_2, \cdots, X_n\} \xrightarrow{p} \theta \tag{7.354}$$

임을 보이시오.

문제 7.14 확률변수 $\{X_i\}_{i=1}^{\infty}$가 서로 독립이고, 그 한계 분포가 모두 $U(0,\theta)$일 때

$$\max\{X_1, X_2, \cdots, X_n\} \xrightarrow{p} \theta \tag{7.355}$$

임을 보이시오.

문제 7.15 독립이고 분포가 같은 확률변수 열 $\{X_n\}$의 한계 누적분포함수 F가

$$F(x) = \begin{cases} 0, & x \le 0, \\ x, & 0 < x \le 1, \\ 1, & x > 1 \end{cases} \tag{7.356}$$

이다. 두 수열 $\{Y_n\}$과 $\{Z_n\}$을

$$Y_n = \max(X_1, X_2, \cdots, X_n) \tag{7.357}$$

과

$$Z_n = n(1 - Y_n) \tag{7.358}$$

처럼 뜻매김하자. 이때, 확률변수 열 $\{Z_n\}$은 누적분포함수가

$$F(z) = \left(1 - e^{-z}\right) u(z) \tag{7.359}$$

인 확률변수 Z로 분포에서 수렴함을 보이시오.

문제 7.16 표본공간 $\{s\} = \{1, 2, \cdots\}$과 확률측도

$$\Pr\{s = n\} = \frac{\alpha}{n^2} \tag{7.360}$$

을 생각하자. 확률변수 열 $\{X_n : n = 1, 2, \cdots\}$을

$$X_n(s) = \begin{cases} n, & s = n, \\ 0, & s \ne n \end{cases} \tag{7.361}$$

과 같이 두자. 이때, $n \to \infty$이면 $\{X_n\}$은 거의 틀림 없이 $X = 0$으로 수렴하지만, 제곱 평균에서는 수렴하지 않는다는 것을 – 곧, $E\left\{(X_n - 0)^2\right\} \nrightarrow 0$이라는 것을 – 보이시오.

문제 7.17 확률변수 $\{X_i\}_{i=1}^{\infty}$는 독립이고 분포가 같으며, 그 2차 적률은 유한하다. 이제,

$$Y_n = \frac{2}{n(n+1)} \sum_{i=1}^{n} i X_i \tag{7.362}$$

일 때

$$Y_n \xrightarrow{p} E\{X_1\} \tag{7.363}$$

임을 보이시오.

문제 7.18 확률변수 열 $\{X_n\}_{n=1}^{\infty}$에서

$$\Pr\{X_n = x\} = \begin{cases} 1 - \frac{1}{n}, & x = 0, \\ \frac{1}{n}, & x = 1 \end{cases}$$

일 때

$$\begin{aligned} \lim_{n\to\infty} E\left\{X_n^2\right\} &= \lim_{n\to\infty} \frac{1}{n} \\ &= 0 \end{aligned} \tag{7.364}$$

이므로 $X_n \xrightarrow{r=2} 0$이다. 이 확률변수 열 $\{X_n\}_{n=1}^{\infty}$는 거의 틀림 없이 수렴하지는 않는다는 것을 보이시오.

문제 7.19 확률변수 열 $\{X_n\}_{i=1}^{n}$은 분산이 모두 σ^2으로 유한한 확률변수들의 수열이다. 이제, i와 j가 서로 다를 때 X_i와 X_j 사이의 상관계수가 늘 0보다 작으면 수열 $\{X_n\}_{i=1}^{n}$이 큰 수의 약한 법칙을 따름을 보이시오. (귀띔: 평균이 $E\{X_i\} = m_i$인 확률변수 열 $\{X_i\}_{i=1}^{\infty}$에서 $Y_n = \frac{1}{n}\sum_{k=1}^{n}(X_k - m_k)$라고 하자. 그러면 $\{X_i\}_{i=1}^{\infty}$가 큰 수의 약한 법칙을 만족시킬 필요충분조건은 $n \to \infty$일 때

$$E\left\{\frac{Y_n^2}{1+Y_n^2}\right\} \to 0 \tag{7.365}$$

임이 알려져 있다.)

문제 7.20 서로 독립이고 분포가 같은 확률변수 열 $\{X_i\}_{i=1}^{\infty}$에서 X_i의 평균이 μ, 분산이 σ^2이고, $E\left\{X_i^4\right\} < \infty$라고 하자. 이제,

$$V_n = \sum_{k=1}^{n} (X_k - \mu)^2 \tag{7.366}$$

을 생각할 때

$$\frac{V_n - A_n}{B_n} \xrightarrow{l} Z \tag{7.367}$$

을 만족시키는 상수 A_n과 B_n을 찾으시오. 여기서, Z는 표준 정규 확률변수이다.

문제 7.21 수열 $\Pr\{X_k = \pm k^\alpha\} = \frac{1}{2}$이 큰 수의 센 법칙을 만족시키려면 α는 어떤 값을 가져야 하는가?

문제 7.22 확률변수 X_n의 분포가 $\chi^2(n)$일 때 $Y_n = \frac{X_n}{n^2}$의 극한 분포[36]를 얻으시오.

문제 7.23 분포가 $G(n, \beta)$인 확률변수 열 $\{X_n\}_{n=1}^{\infty}$에서 $Y_n = \frac{X_n}{n^2}$의 극한 분포를 얻으시오.

문제 7.24 확률밀도함수가

$$f_X(x) = \frac{a}{\pi(x^2 + a^2)} \tag{7.368}$$

인 코쉬 확률변수 X를 생각하자.
(가) 특성함수가

$$\varphi_X(w) = e^{-a|w|} \tag{7.369}$$

임을 보이시오.
(나) 독립이고 분포가 같은 n 코쉬 확률변수의 표본평균은 코쉬 확률변수라는 것을 보이시오.
(다) 위 결과를 중심 극한 정리와 견주어 설명하시오.

문제 7.25 확률변수 $\{X_i\}_{i=1}^{100}$은 서로 독립이고 한계 분포가 모두 $P(0.02)$이다. 이제,

$$S = \sum_{i=1}^{100} X_i \tag{7.370}$$

처럼 둘 때 중심 극한 정리를 써서 $\Pr\{S \geq 3\}$을 얻고, 이것을 정확한 값과 견주어 보시오.

[36] limiting distribution

참고 문헌

1. W. A. Gardner, *Introduction to Random Processes With Applications to Signals and Systems*, Second Ed., McGraw-Hill, New York, 1990.

2. R. M. Gray and L. D. Davisson, *Random Processes: A Mathematical Approach for Engineers*, Prentice-Hall, Englewood Cliffs, 1986.

3. R. M. Gray and L. D. Davisson, *An introduction to Statistical Signal Processing*, Cambridge University Press, Cambridge, 2010.

4. G. Grimmett and D. Stirzaker, *Probability and Random Processes*, Oxford University, London, 1982.

5. A. Leon-Garcia, *Probability, Statistics, and Random Processes for Electrical Engineering*, Third Ed., Prentice Hall, New York, 2008.

6. G. A. Mihram, "A cautionary note regarding invocation of the central limit theorem," *American Statistician*, vol. 23, no. 5, p. 38, Dec. 1969.

7. J. P. Romano and A. F. Siegel, *Counterexamples in Probability and Statistics*, Chapman and Hall, New York, 1986.

8. V. K. Rohatgi, *An Introduction to Probability Theory and Mathematical Statistics*, John Wiley and Sons, New York, 1976.

9. J. M. Stoyanov, *Counterexamples in Probability*, Second Ed., Wiley, Chichester, 1997.

10. J. B. Thomas, *Introduction to Probability*, Springer-Verlag, New York, 1986.

11. R. D. Yates and D. J. Goodman, *Probability and Stochastic Processes*, John Wiley and Sons, New York, 1999.

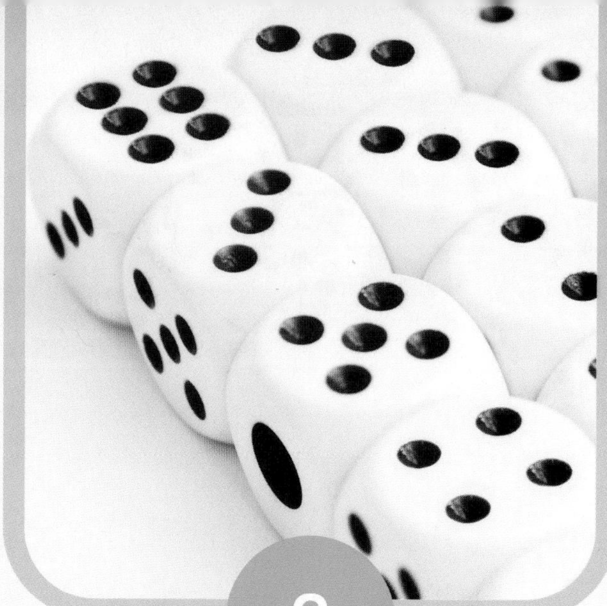

제8장

확률과정

8.1 확률과정과 상관함수

제4장에서 다룬 확률벡터는 제3장에서 다룬 확률변수를 여럿 모아 생각하는 것이라고 말한 바 있다. 곧, 확률벡터는 확률변수를 유한 개 모아 생각하는 것이라고 할 수 있다. 이것을 더욱 확장하여 끝없이 많은 확률변수를 한꺼번에 생각하는 것을 확률과정이라고 부른다. 다만, 때에 따라서는, 확률과정, 확률벡터, 확률변수라는 말을 서로 바꾸어 쓰기도 한다.

8.1.1 확률과정

확률과정이란 관찰하는 쪽에서 보았을 때 미리 알 수 없는 방식으로 바뀌는 – 곧, 확률성을 띠는 – 현상을 수학의 힘을 빌어 다룰 수 있도록 모형화한 것이라고 할 수 있다. 확률과정의 보기로는, 통신 시스템의 수신기 또는 변복조기에서 받는 변조된 이진 수열[1]이나 동전 던지기를 거듭할 때의 결과 같은 것을 들 수 있다. 그 밖에도, 통신, 신호 처리, 제어 시스템에서 잡음을 다룰 때와 같이 확률성이 일어나는 모든 분야에 확률과정을 응용할 수 있다. 그러한 응용 보기로는 광통신, 게임이론, 신경망, 반도체 제작, 영상처리, 신호 여파/추정/검파/예측, 통신망에서의 줄 서기[2] 이론과 같은 것을 들 수 있다.

이와 같이, 미리 알 수 없는 방식으로 일어나는 현상을 '다룰 수 있게' 또 한편으로는 '뜻 있게' 수학적으로 모형화하고 그 모형을 해석하는 것이 확률과정론이다. 여기서, '다룰 수 있음'은 확률과정을 모형화한 뒤 수학적으로 풀 수 있어야 한다는 것이고, '뜻 있음'은 현상을 어림잡되 지나치게 단순하지는 않아 실제로 쓰일 수 있도록 알맞게 모형화해야 한다는 것이다.

확률과정은 시간 영역에서 서로 이어진 확률변수들이 끝없이 많이 모인 것으로 볼 수도 있고, 이산 시간 수열이나 연속 시간 파형 위에서 뜻매김되는 확률측도로 볼 수도 있다. 확률과정을 다룰 때에는 개념을 추상화하는 일이 매우 많은데, 이것은 수학적으로 정확하면서도 일반성을 지니도록 확률과정을 나타내고 기술하려고 할 때 꼭 필요한 것이다.

---

[1] 이때, 보내는 쪽에서 보면 정보를 지닌 신호는 확정적이지만, 받는 쪽에서 볼 때에는 어떤 신호를 보냈는지 알 수 없다.

[2] queueing

뜻매김 8.1 확률과정[3]

가리킴 수 집합 $\mathbb{T}$가 무한 집합일 때, 확률변수들의 모음 $\{X_t,\ t \in \mathbb{T}\}$를 확률과정이라고 일컫는다.

우리가 다루는 거의 모든 상황에서 가리킴 수 집합은 시간 집합이고, 따라서 시간에 따라 끝없이 일어나는 확률 현상을 수학적으로 모형화한 것을 확률과정이라고 할 수 있다. 한편, 뜻매김 8.1에서 가리킴 수 집합 $\mathbb{T}$를 무한 집합에서 홑원소 집합으로 바꾸면 확률과정이 확률변수를 가리키고, 유한 집합으로 바꾸면 확률벡터를 가리킨다는 것을 알 수 있다. 바꾸어 말하면, 원소가 끝없이 많은 확률벡터를 확률과정이라고 부른다는 것이다. 한편, 가리킴 수 집합 $\mathbb{T}$를 굳이 밝혀 쓸 까닭이 없을 때에는

$$\{X_t,\ t \in \mathbb{T}\} \tag{8.1}$$

을 줄여

$$\{X_t\} \tag{8.2}$$

처럼 쓰기로 한다.

확률변수 $X(\cdot)$는 표본공간의 원소 ω와 실수 $X(\omega)$를 이어 주는 것이다. 이와 비슷하게 확률과정 $\{X(\cdot)\}$는 표본공간의 원소 ω와 시간 함수 $X(t,\omega)$를 이어 주는 것이다. 여기서, 확률변수를 나타낼 때 $X(\omega)$를 줄여 X로 쓰는 것처럼, 표본공간의 원소 ω를 꼭 나타내야 할 까닭이 없을 때에는 확률과정을 나타낼 때에도 보통 $\{X(t,\omega)\}$를 줄여서 $\{X(t)\}$로 쓰는 것이다.

한편, 확률과정 $\{X(t)\}$는 그림 8.1에 보인 표본함수라 부르는 시간 함수 $X(t)$의 뭉치를 일컫는 것이라고 볼 수도 있는데, 이때 이 뭉치를 앙상블[4]이라고 한다. 곧, 그림 8.1에서는 표본함수 $X(t,\omega_i)$들을 묶은 뭉치 $\{X(t,\omega_0), X(t,\omega_1),\ \cdots\}$이 앙상블, 곧 확률과정이다. 이때, 시간 t_0에서 시간 함수 $X(t)$의 값 $X(t_0)$은 확률변수이다.

뜻매김 8.2 이산 시간 과정, 연속 시간 과정[5]

가리킴 수 집합이 셀 수 있는 무한 집합인 확률과정을 이산 시간 확률과정 또는 이산 시간 과정이라고 하고, 가리킴 수 집합이 셀 수 없는 집합인 확률과정을 연속 시간 확률과정 또는 연속 시간 과정이라고 한다.

뜻매김 8.2에서 본 바와 같이 확률과정은 – 특히, 앞에 꾸밈말이 붙을 때에는 – 그냥 '과정'이라고도 부른다. 이산 시간 과정을 때로는 시간 수열[6]이라 부르기도 한다. 한편, 반드시 그렇게 해야 하는 것은 아니지만, $\{X_n,\ n \in \mathbb{T}\}$와 $\{X_n\}$은 이산 시간 과정을 나타낼 때 좀 더 많이 쓰이고, $\{X(t),\, t \in \mathbb{T}\}$, $\{X(t)\}$, $\{X_t\}$는 연속 시간 확률과정을 나타낼 때 좀 더 널리 쓰인다. 또, 때로는 $\{\ \}$를 쓰지 않고도 확률과정을 뜻하기도 한다. 곧, $X(t)$가 확률과정 $\{X(t)\}$를 가리킬 때도 있고 t라는 시간의 확률변수를 가리킬 때도 있다.

[3]random process 또는 stochastic process
[4]ensemble
[5]discrete-time process, continuous-time process
[6]time series 또는 time sequence

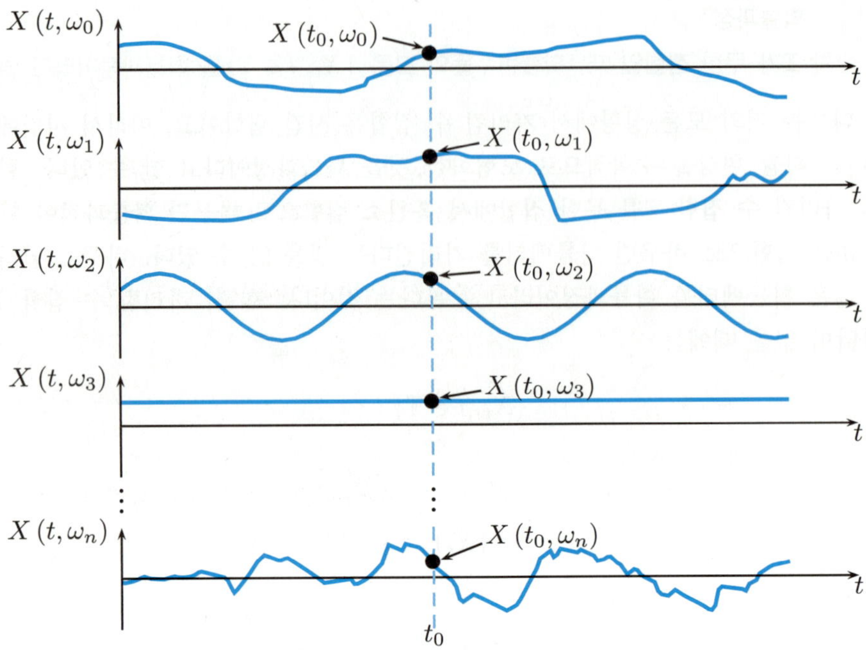

그림 8.1 확률과정과 표본함수

뜻매김 8.3 이산 값 과정, 연속 값 과정

확률과정에서 유한 확률벡터를 어떻게 뽑아도 그 확률벡터가 이산 확률벡터이면, 이 확률과정을 이산 값 과정, 이산 크기 과정, 또는 이산상태 과정[7]이라고 부른다. 한편, 확률과정에서 유한 확률벡터를 어떻게 뽑아도 그 확률벡터가 연속 확률벡터이면, 이 확률과정을 연속 값 과정, 연속 크기 과정, 또는 연속상태 과정[8]이라고 한다.

뜻매김 8.2와 8.3을 바탕으로 – 곧, 가리킴 수 집합과 확률과정이 나타낼 수 있는 값을 바탕으로 – 확률과정을 연속 시간 연속 크기 과정, 연속 시간 이산 크기 과정, 이산 시간 연속 크기 과정, 이산 시간 이산 크기 과정으로 나눌 수 있다. 이때, 확률과정에서 뽑은 유한 확률벡터가 어떨 때에는 이산 확률벡터이고 어떨 때에는 연속 확률벡터인 것도 굳이 생각할 수는 있겠으나, 이와 같은 '혼합' 과정은 거의 다루지 않는다.

보기 8.1 저항에서 두 끝 사이의 열잡음 전압을 나타내는 $V(t)$는 연속 시간 연속 값 확률과정이다. 이제, $V(t)$에서 시간 T마다 표본을 얻은

$$\{W_n\} = \{V(nT)\} \tag{8.3}$$

은 이산 시간 연속 값 확률과정이다. 한편, 열잡음 전압 $V(t)$를

$$X(t) = \begin{cases} +1, & V(t) \geq 0, \\ -1, & V(t) < 0 \end{cases} \tag{8.4}$$

[7] discrete value, discrete alphabet, 또는 discrete state process
[8] continuous value, continuous alphabet, 또는 continuous state process

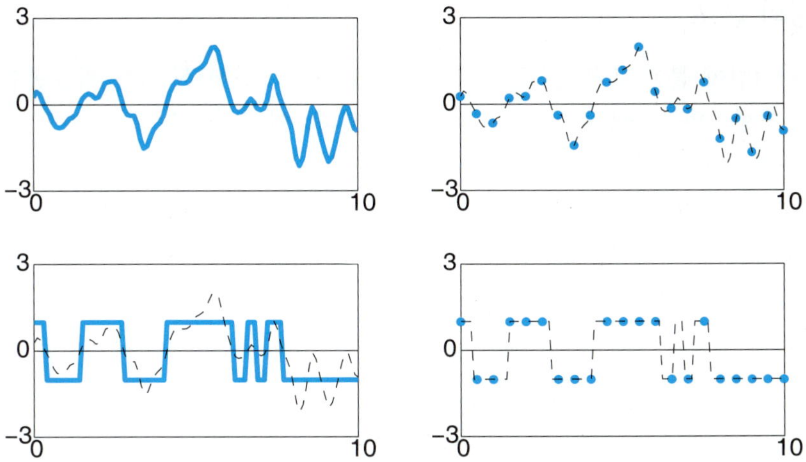

그림 8.2 열잡음 전압에서 얻은 네 가지 확률과정의 표본함수: 왼쪽 위부터 시계 방향으로 연속 시간 연속 값 확률과정, 이산 시간 연속 값 확률과정, 이산 시간 이산 값 확률과정, 연속 시간 이산 값 확률과정.

처럼 두 값 파형으로 나타내면 $\{X(t)\}$는 연속 시간 이산 값 확률과정이다. 끝으로, $\{X(t)\}$에서 시간 T마다 표본을 얻은

$$\{Y_n\} = \{X(nT)\} \tag{8.5}$$

는 이산 시간 이산 값 확률과정이다. 그림 8.2에 이 네 확률과정의 표본함수를 보였다. ◇

보기 8.2 (점 과정과 셈 과정[9]) 시간 또는 공간에서 차례대로 줄 세운 확률 점들

$$T_1 \leq T_2 \leq T_3 \leq \cdots \tag{8.6}$$

을 점 과정이라고 부른다. 보기를 들어, 뜻매김 3.23에 나온 포아송 점이 가리키는 시간 집합은 점 과정이다. 점 과정은 방사성 물질에서의 입자 방출, 약한 빛 신호 수신기를 쓴 광자 검파, 신경계의 방전, 번개의 방전, 지진파 도착 시간, 그리고, 기다리는 줄에 손님이 오는 시간과 같은 현상을 설명할 때 쓸모 있다.

한편, 점 과정을 바탕으로 셈 과정 $\{Y(t)\}$를 뜻매김할 수 있는데, 이때 시간 t에서 셈 과정 $Y(t)$ 값은 시작 시간 $T_0 = 0$에서 t까지 사건이 일어난 횟수를 나타낸다. 곧,

$$T_0 = 0 \tag{8.7}$$

이라고 두면

$$Y(t) = i, \quad T_i \leq t < T_{i+1}, \quad i = 0, 1, \cdots \tag{8.8}$$

이다. ◇

[9]point process, counting process

8.1.2 확률과정의 분포

확률과정은 시간 가리킴이 붙은 확률변수들의 모임이므로 시간 t에서 $X(t)$는 확률변수라는 것을 바탕으로 확률밀도함수와 누적분포함수를 생각할 수 있다. 이 장에서는 주로 연속 시간 연속 값 확률과정을 염두에 두고 이야기를 풀어 나갈 것이다. 따라서, 이 장에 나오는 뜻매김이나 설명을 이산 시간 또는 이산 값 확률과정에도 들어맞는 이야기로 맞추려면 조금 바꾸어야 하는 것도 있을 것이다. 보기를 들면, 이산 값 확률과정을 다룰 때에는 이곳에 적은 낱말 '확률밀도함수'를 '확률질량함수'로 바꾸어 생각해야 한다.

조금 구체적으로는

$$F_{X(t)}(x) \ = \ \Pr\{X(t) \leq x\} \tag{8.9}$$

를 1차 누적분포함수,

$$f_{X(t)}(x) \ = \ \frac{\partial}{\partial x} F_{X(t)}(x) \tag{8.10}$$

을 1차 확률밀도함수,

$$F_{X(t_1),X(t_2)}(x_1, x_2) \ = \ \Pr\{X(t_1) \leq x_1, X(t_2) \leq x_2\} \tag{8.11}$$

을 2차 누적분포함수,

$$f_{X(t_1),X(t_2)}(x_1, x_2) \ = \ \frac{\partial^2}{\partial x_1 \partial x_2} F_{X(t_1),X(t_2)}(x_1, x_2) \tag{8.12}$$

를 2차 확률밀도함수,

$$\begin{aligned} & F_{X(t_1),X(t_2),\cdots,X(t_n)}(x_1, x_2, \cdots, x_n) \\ & \quad = \ \Pr\{X(t_1) \leq x_1, X(t_2) \leq x_2, \cdots, X(t_n) \leq x_n\} \end{aligned} \tag{8.13}$$

을 n차 누적분포함수라고 부른다. 곧, $n = 2, 3, \cdots$ 일 때, n차 확률 함수는 결합 확률 함수이다. 보기를 들면, (8.12)에 보인 2차 확률밀도함수 $f_{X(t_1),X(t_2)}(x_1, x_2)$는 $X(t_1)$과 $X(t_2)$의 결합 확률밀도함수이다. 앞뒤 문맥으로 보아 뜻이 어긋나지 않으면, (8.9)를 $X(t)$의 누적분포함수, (8.10)을 $X(t)$의 확률밀도함수라고 부르기도 한다.

보기 8.3 누적분포함수가 $\Phi(y)$이고 확률밀도함수가 $\phi(y)$인 표준 정규 확률변수 Y를 생각하여

$$X(t) \ = \ Y + \frac{1}{t}, \quad t = 1, 2, \cdots \tag{8.14}$$

처럼 이산 시간 확률과정 $\{X(t)\}$를 얻는다고 두자. 그러면 $t = 1, 2, \cdots$ 일 때 $X(t)$의 누적분포함수는

$$\begin{aligned} F_{X(t)}(x) \ &= \ \Pr\{X(t) \leq x\} \\ &= \ \Pr\left\{Y + \frac{1}{t} \leq x\right\} \end{aligned}$$

$$
\begin{aligned}
&= \Pr\left\{Y \le x - \frac{1}{t}\right\} \\
&= \Phi\left(x - \frac{1}{t}\right) \qquad (8.15)
\end{aligned}
$$

이고 $X(t)$의 확률밀도함수는

$$
f_{X(t)}(x) = \phi\left(x - \frac{1}{t}\right) \qquad (8.16)
$$

이다. ◇

보기 8.4 매개변수가 λ인 지수 확률변수 A로 나타낼 수 있는 확률과정 $X(t) = A|\cos\omega_0 t|$를 생각하자. 그러면 $\cos\omega_0 t \neq 0$일 때 $X(t)$의 누적분포함수는

$$
\begin{aligned}
F_{X(t)}(x) &= \Pr\{X(t) \le x\} \\
&= \Pr\{A|\cos\omega_0 t| \le x\} \\
&= \Pr\left\{A \le \frac{x}{|\cos\omega_0 t|}\right\} \\
&= \left\{1 - \exp\left(-\frac{\lambda x}{|\cos\omega_0 t|}\right)\right\} u(x) \qquad (8.17)
\end{aligned}
$$

이고 확률밀도함수는

$$
f_{X(t)}(x) = \frac{\lambda}{|\cos\omega_0 t|} \exp\left(-\frac{\lambda x}{|\cos\omega_0 t|}\right) u(x) \qquad (8.18)
$$

이다. ◇

뜻매김 8.4 평균함수[10]

시간 함수

$$
\begin{aligned}
m_X(t) &= E\{X(t)\} \\
&= \int_{-\infty}^{\infty} x f_{X(t)}(x) dx \qquad (8.19)
\end{aligned}
$$

를 확률과정 $\{X(t)\}$의 평균 또는 평균함수라고 부른다.

여기서, $f_{X(t)}(x)$는 (8.10)에서 말한 바와 같이 $X(t)$의 확률밀도함수이다. 바꾸어 말하자면, 시간 함수 $m_X(t)$는 $\{X(t)\}$의 평균 파형이라는 것을 (8.19)에서 알 수 있다. 곧, (8.19)가 뜻하는 바는 $m_X(t)$가 시간에 따라 어떻게 바뀌는지를 보면 확률과정 $\{X(t)\}$의 평균 움직임이 드러난다는 것이다.

보기 8.5 보기 8.3에서 다룬 이산 시간 확률과정 $\{X(t)\}$를 다시 생각해 보자. 그러면 $X(t)$의 평균함수는

[10] mean function

$$\begin{aligned} m_X(t) &= E\{X(t)\} \\ &= \int_{-\infty}^{\infty} x\phi\left(x-\frac{1}{t}\right)dx \\ &= \int_{-\infty}^{\infty}\left(v+\frac{1}{t}\right)\phi(v)\,dv \\ &= \frac{1}{t}, \quad t=1,2,\cdots \end{aligned} \tag{8.20}$$

이다. 보기를 들면, $t=3$일 때 확률변수 $X(t)$의 평균은 – 곧, $X(3)$의 평균은 –

$$m_X(3) = \frac{1}{3} \tag{8.21}$$

이고, $t=41$일 때 확률변수 $X(t)$의 평균은 – 곧, $X(41)$의 평균은 –

$$m_X(41) = \frac{1}{41} \tag{8.22}$$

이다. ◇

보기 8.6 확률변수 Ψ가 $(-\pi,\pi]$에서 고르게 퍼져 있을 때 확률과정 $X(t)=\cos(\omega_0 t+\Psi)$의 평균함수는

$$\begin{aligned} m_X(t) &= E\{\cos(\omega_0 t+\Psi)\} \\ &= \frac{1}{2\pi}\int_{-\pi}^{\pi}\cos(\omega_0 t+\psi)\,d\psi \\ &= 0 \end{aligned} \tag{8.23}$$

임을 쉽게 알 수 있다. ◇

8.1.3 자기상관함수

뜻매김 8.5 자기상관함수[11]

확률과정 $\{X(t)\}$에서 두 확률변수 $X(t_1)$과 $X(t_2)$ 사이의 상관을 나타내는 함수

$$R_X(t_1,t_2) = E\{X(t_1)X^*(t_2)\} \tag{8.24}$$

를 확률과정 $\{X(t)\}$의 자기상관함수라고 한다.

곧, 시간 t_1과 t_2에서 확률과정 $\{X(t)\}$의 자기상관함수는 두 확률변수 $X(t_1)$과 $X(t_2)$ 사이의 상관이다. 보통, 자기상관함수는 t_1과 t_2 모두의 함수이고 – 곧, 두 변수 함수이고 – 복소 확률과정까지 다루려면 뜻매김 8.5에서 보인 것처럼 확률과정의 켤레를 생각해야 한다. 다만, 이 책에서는 거의 실수 확률과정만 다룰 것이다.

위 자기상관함수의 뜻매김에서

$$R_X(t_1,t_2) = R_X^*(t_2,t_1) \tag{8.25}$$

[11] autocorrelation function

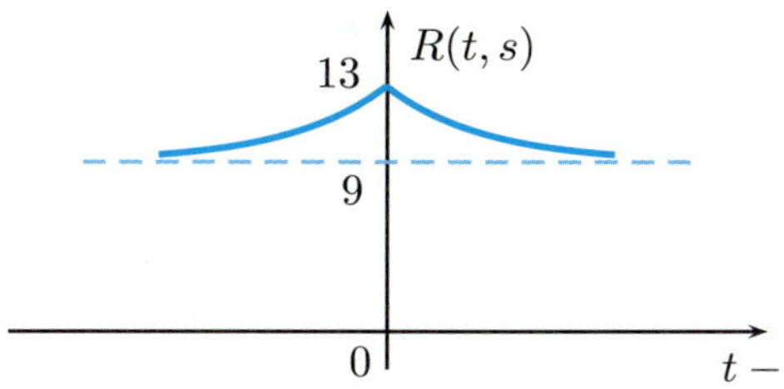

그림 8.3 자기상관함수 $R_X(t,s) = 9 + 4\exp(-0.2|t-s|)$

이고

$$\begin{aligned} R_X(t,t) &= E\left\{|X(t)|^2\right\} \\ &= \sigma_X^2(t) + |m_X(t)|^2 \\ &\geq 0 \end{aligned} \tag{8.26}$$

임을 알 수 있다. 일반적으로 시간 함수 $x(t)$의 평균 전력은 $\lim_{T\to\infty} \frac{1}{2T}\int_{-T}^{T} |x(t)|^2 dt$와 같이 절대 제곱의 시간 평균으로 뜻매김하고, 이와 비슷하게 – 평균이 0인 – 확률과정 $\{X(t)\}$의 평균 전력은 절대 제곱의 확률 평균으로 $E\left\{|X(t)|^2\right\} = \int_{-\infty}^{\infty} x^2 f_{X(t)}(x)dx$와 같이 뜻매김한다. 그러므로, (8.26)의 첫 줄은 $t_1 = t_2 = t$일 때 자기상관함수 $R_X(t_1,t_2)$의 값 $R_X(t_1,t_2)|_{t_1=t_2=t} = R_X(t,t)$가 확률과정 $\{X(t)\}$의 평균 전력을 나타낸다는 것을 뜻한다.

보기 8.7 (알려진 신호) 확률과정의 극단적인 보기는 알려진 신호, 곧 확률성이 없는 신호이다. 알려진 신호를 $X(t) = s(t)$라고 하면 평균함수는

$$E\{s(t)\} = s(t) \tag{8.27}$$

이고, 자기상관함수는

$$\begin{aligned} R_X(t_1,t_2) &= E\{s(t_1)\,s(t_2)\} \\ &= s(t_1)\,s(t_2) \end{aligned} \tag{8.28}$$

이다. ◇

보기 8.8 확률과정 $\{X(t)\}$의 평균함수는 $E\{X(t)\} = 3$, 자기상관함수는 그림 8.3에 보인 바와 같이

$$R_X(t_1,t_2) = 9 + 4\exp(-0.2|t_1 - t_2|) \tag{8.29}$$

이다. 이제, $Z = X(5)$, $W = X(8)$이라고 하면, 쉽게 $E\{Z\} = E\{X(5)\} = 3$, $E\{W\} = 3$, $E\left\{Z^2\right\} = R_X(5,5) = 13$, $E\left\{W^2\right\} = R_X(8,8) = 13$,

$$\begin{aligned} \text{Var}\{Z\} &= \text{Var}\{W\} \\ &= 13 - 3^2 \\ &= 4, \end{aligned} \tag{8.30}$$

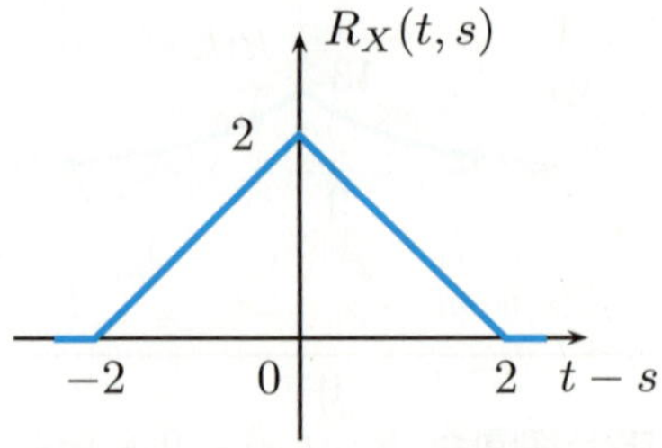

그림 8.4 자기상관함수 $R_X(t,s) = (2 - |t-s|)u(2-|t-s|)$

과

$$\begin{aligned} E\{ZW\} &= R_X(5,8) \\ &= 9 + 4e^{-0.6} \\ &\approx 11.195 \end{aligned} \tag{8.31}$$

을 얻을 수 있다. 곧, 확률변수 Z와 W의 분산은 둘 다 4이고, Z와 W의 공분산은

$$\begin{aligned} \text{Cov}\{X(5), X(8)\} &= E\{X(5)X(8)\} - E\{X(5)\}E\{X(8)\} \\ &= R_X(5,8) - 9 \\ &= 4e^{-0.6} \\ &\approx 2.195 \end{aligned} \tag{8.32}$$

이다. ◇

보기 8.9 실수 확률과정 $\{X_t\}$의 평균함수는 0이고 자기상관함수는 그림 8.4에 보인 바와 같이

$$\begin{aligned} R_X(t,s) &= \begin{cases} 2 - |t-s|, & |t-s| \le 2, \\ 0, & \text{그 밖에는} \end{cases} \\ &= (2 - |t-s|)u(2-|t-s|) \end{aligned} \tag{8.33}$$

이다. 이때, $E\left\{X_5^2\right\}$, $E\left\{X_7X_6\right\}$, $E\left\{X_2X_8\right\}$을 얻어 보자.

풀이 자기상관함수의 뜻매김에서 $E\left\{X_5^2\right\} = R_X(5,5) = 2 - |5-5| = 2$, $E\left\{X_7X_6\right\} = R_X(7,6) = 2 - |7-6| = 1$, $E\left\{X_2X_8\right\} = R_X(2,8) = 0$을 바로 얻을 수 있다. ◇

보기 8.10 확률변수 A로 나타낼 수 있는 확률과정 $X(t) = Ae^{j\omega_0 t}$의 자기상관함수를 얻으면

$$\begin{aligned} R_X(t_1,t_2) &= E\left\{Ae^{j\omega_0 t_1}A^* e^{-j\omega_0 t_2}\right\} \\ &= e^{j\omega_0(t_1-t_2)}E\left\{|A|^2\right\} \end{aligned} \tag{8.34}$$

이다. ◇

보기 8.11 확률변수 A로 얻은 확률과정 $X(t) = A\cos(\omega t + \theta)$를 생각하여 이 확률과정의 평균함수 $m_X(t)$와 자기상관함수 $R_X(t_1, t_2)$를 얻어 보자.

풀이 먼저, $E\{A\} = m_A$이라고 하면, $m_X(t) = m_A \cos(\omega t + \theta)$를 쉽게 얻을 수 있다. 다음에, 자기상관함수를 얻으면

$$\begin{aligned} R_X(t_1, t_2) &= E\{X(t_1) X(t_2)\} \\ &= E\left\{A^2\right\} \cos(\omega t_1 + \theta) \cos(\omega t_2 + \theta) \\ &= \frac{1}{2} E\left\{A^2\right\} [\cos\{\omega(t_1 - t_2)\} + \cos\{\omega(t_1 + t_2) + 2\theta\}] \end{aligned} \tag{8.35}$$

이다. ◇

보기 8.12 확률변수 A와 $(-\pi, \pi]$에서 고르게 퍼져 있는 확률변수 Ψ가 서로 독립일 때 확률과정 $X(t) = A\cos(\omega_0 t + \Psi)$를 생각하여 이 확률과정의 자기상관함수 $R_X(t_1, t_2)$를 얻어 보자.

풀이 먼저, 쉽게 $m_X(t) = 0$을 얻고,

$$\begin{aligned} E[\cos\{\omega_0(t_1 + t_2) + 2\Psi\}] &= \frac{1}{2\pi} \int_{-\pi}^{\pi} \cos\{\omega_0(t_1 + t_2) + 2\psi\}\, d\psi \\ &= 0 \end{aligned} \tag{8.36}$$

임을 새기면

$$\begin{aligned} R_X(t_1, t_2) &= E\{X(t_1) X(t_2)\} \\ &= E\left\{A^2 \cos(\omega_0 t_1 + \Psi) \cos(\omega_0 t_2 + \Psi)\right\} \\ &= \frac{1}{2} E\left\{A^2\right\} E[\cos\{\omega_0(t_1 - t_2)\} + \cos\{\omega_0(t_1 + t_2) + 2\Psi\}] \\ &= \frac{1}{2} E\left\{A^2\right\} \cos\{\omega_0(t_1 - t_2)\} \end{aligned} \tag{8.37}$$

을 얻는다. ◇

보기 8.13 보기 8.12에서 확률변수 A의 분포가 매개변수가 λ인 지수 분포라고 하자. 그러면 확률과정 $X(t)$의 자기상관함수는

$$R_X(t_1, t_2) = \frac{1}{\lambda^2} \cos\{\omega_0(t_1 - t_2)\} \tag{8.38}$$

이다. ◇

보기 8.14 확률과정 $Y(t)$와 $(-\pi, \pi]$에서 고르게 퍼져 있는 확률변수 Ψ가 서로 독립일 때 확률과정 $X(t) = Y(t)\cos(\omega_0 t + \Psi)$를 생각하자. 그러면 보기 8.12에서 얻은 결과를 써서 쉽게 $m_X(t) = 0$과

$$R_X(t_1, t_2) = \frac{1}{2} R_Y(t_1, t_2) \cos\{\omega_0(t_1 - t_2)\} \tag{8.39}$$

를 얻을 수 있다. ◇

뜻매김 8.6 자기공분산함수[12]

확률과정 $\{X(t)\}$에서 두 확률변수 $X(t_1)$과 $X(t_2)$의 공분산을 나타내는 함수

$$K_X(t_1, t_2) = E[\{X(t_1) - m_X(t_1)\}\{X^*(t_2) - m_X^*(t_2)\}] \tag{8.40}$$

을 확률과정 $\{X(t)\}$의 자기공분산함수라고 한다.

위 자기공분산함수의 뜻매김에서

$$K_X(t,t) = \sigma_X^2(t) \tag{8.41}$$

이고

$$K_X(t_1, t_2) = K_X^*(t_2, t_1) \tag{8.42}$$

임을 알 수 있다. 또, 자기상관함수와 자기공분산함수의 뜻매김에서

$$K_X(t_1, t_2) = R_X(t_1, t_2) - m_X(t_1)\, m_X^*(t_2) \tag{8.43}$$

임을 알 수 있다. 자기상관함수와 마찬가지로 자기공분산함수도 일반적으로 t_1과 t_2 모두의 함수, 곧 두 변수 함수이다.

뜻매김 8.7 상관이 없는[13] 확률과정

서로 다른 두 수 t와 s를 어떻게 고르더라도 $R_X(t,s) = E\{X_t\}E\{X_s^*\}$ 또는 $K_X(t,s) = 0$이면 확률과정 $\{X_t\}$를 상관이 없는 확률과정이라고 한다.

곧, 상관이 없는 확률과정 $\{X(t)\}$의 자기상관함수는

$$\begin{aligned} R_X(t,s) &= E\{X_t X_s^*\} \\ &= \begin{cases} E\left\{|X_t|^2\right\}, & t = s, \\ E\{X_t\}E\{X_s^*\}, & t \neq s \end{cases} \end{aligned} \tag{8.44}$$

와 같이 쓸 수 있고, 자기공분산함수는

$$K_X(t,s) = \begin{cases} \sigma_{X_t}^2, & t = s, \\ 0, & t \neq s \end{cases} \tag{8.45}$$

와 같이 쓸 수 있다.

보기 8.15 보기 8.10에서 다룬 확률과정 $X(t) = Ae^{j\omega_0 t}$를 조금 일반화하자. 평균이 0이고 분산은 σ_i^2이며 상관이 없는 확률변수 열 $\{A_i\}$를 바탕으로 확률과정

$$X(t) = \sum_i A_i e^{j\omega_i t} \tag{8.46}$$

[12] autocovariance function
[13] uncorrelated

의 자기상관함수를 얻어 보자.

풀이 먼저,

$$\begin{aligned} E\{X(t)\} &= \sum_i E\{A_i\} e^{j\omega_i t} \\ &= 0 \end{aligned} \tag{8.47}$$

임을 쉽게 알 수 있다. 또, $i \neq k$이면 $E\{A_i A_k^*\} = E\{A_i\} E\{A_k^*\} = 0$이고, $i = k$이면 $E\{A_i A_k^*\} = E\{A_i A_i^*\} = E\left\{|A_i|^2\right\} = \sigma_i^2$이라는 것을 새기면

$$\begin{aligned} R_X(t_1, t_2) &= E\left\{\sum_i A_i e^{j\omega_i t_1} \sum_k A_k^* e^{-j\omega_k t_2}\right\} \\ &= \sum_i \sum_k E\{A_i A_k^*\} \exp\{j(\omega_i t_1 - \omega_k t_2)\} \\ &= \sum_i \sigma_i^2 \exp\{j\omega_i (t_1 - t_2)\} \end{aligned} \tag{8.48}$$

이고

$$\begin{aligned} E\left\{|X(t)|^2\right\} &= E\left\{\left|\sum_i A_i e^{j\omega_i t}\right|^2\right\} \\ &= E\left\{\sum_i A_i e^{j\omega_i t} \sum_k A_k^* e^{-j\omega_k t}\right\} \\ &= \sum_i \sigma_i^2 \end{aligned} \tag{8.49}$$

이다. 곧, $R_X(t,t) = E\left\{|X(t)|^2\right\}$이지만 $t \neq s$일 때

$$R_X(t,s) \neq E\{X(t)\}E\{X^*(s)\} \tag{8.50}$$

이므로 $X(t)$는 상관이 없는 확률과정이 아니다. ◇

뜻매김 8.8 상관계수함수[14]

확률과정 $\{X(t)\}$에서 $X(t_i)$의 표준 편차를 $\sigma(t_i)$라고 할 때

$$\begin{aligned} \rho_X(t_1, t_2) &= \frac{K_X(t_1, t_2)}{\sqrt{K_X(t_1, t_1)}\sqrt{K_X(t_2, t_2)}} \\ &= \frac{K_X(t_1, t_2)}{\sigma(t_1)\sigma(t_2)} \end{aligned} \tag{8.51}$$

을 확률과정 $\{X(t)\}$의 상관계수함수라고 한다.

상관계수함수 $\rho_X(t_1, t_2)$는 두 확률변수 $X(t_1)$과 $X(t_2)$ 사이의 상관계수를 나타내는 함수인데,

[14] correlation coefficient function

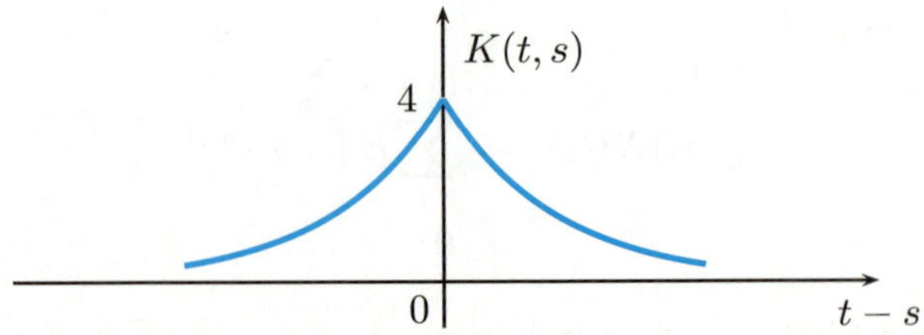

그림 8.5 자기공분산함수 $K(t,s) = 4\exp\left(-\frac{|t-s|}{5}\right)$

$$|\rho_X(t_1,t_2)| \ \le \ 1 \tag{8.52}$$

와

$$\rho_X(t,t) \ = \ 1 \tag{8.53}$$

을 만족시킨다는 것을 쉽게 보일 수 있다.

뜻매김 8.9 정규 확률과정[15]

자연수 k와 실수[16] $t_1, t_2, \cdots, t_k$를 어떻게 고르더라도 $(X_{t_1}, X_{t_2}, \cdots, X_{t_k})$가 k차원 정규 확률벡터이면 $\{X_t\}$를 정규 확률과정이라고 한다.

정규 확률과정은 평균함수와 자기공분산함수로 완전히 기술할 수 있다는 것을 쉽게 알 수 있다. 한편, 한계 분포가 표준 정규 분포 $N(0,1)$인 정규 확률과정을 표준 정규 확률과정이라고 부른다.

보기 8.16 자기공분산함수가 그림 8.5에 보인 바와 같이

$$K(t_1,t_2) \ = \ 4\exp\left(-\frac{|t_1-t_2|}{5}\right) \tag{8.54}$$

이고 평균함수가 $m(t) = 3$인 정규 확률과정 $X(t)$를 생각하여 $P\{X(5) \le 2\}$와 $P\{|X(8) - X(5)| \le 1\}$을 얻어 보자.

풀이 먼저,

$$\Phi(x) \ = \ \int_{-\infty}^{x} \frac{1}{\sqrt{2\pi}} \exp\left(-\frac{t^2}{2}\right) dt \tag{8.55}$$

처럼 두자. 이제, $X(5)$는 평균이 3이고 분산이 $K(5,5) = 4$인 확률변수이므로

$$\begin{aligned} P\{X(5) \le 2\} \ &= \ \Phi\left(\frac{2-3}{\sqrt{4}}\right) \\ &= \ \Phi\left(-\frac{1}{2}\right) \\ &\approx \ 0.3085 \end{aligned} \tag{8.56}$$

[15] normal process 또는 Gaussian process

[16] 이 낱말 '실수'를 '정수'로 바꾸면 이산 시간 정규 확률과정을 뜻매김할 수 있다.

이다. 한편, 확률변수 $X(8) - X(5)$는 평균이

$$m(8) - m(5) = 0 \tag{8.57}$$

이고 분산이

$$\begin{aligned} E\left[\{X(8) - X(5)\}^2\right] &= E\left\{X^2(8) + X^2(5) - 2X(8)X(5)\right\} \\ &= 13 + 13 - 2 \cdot \left\{9 + 4 \cdot \exp\left(-\frac{3}{5}\right)\right\} \\ &= 8\left\{1 - \exp\left(-\frac{3}{5}\right)\right\} \\ &\approx 3.610 \end{aligned} \tag{8.58}$$

인 정규 확률변수이다. 따라서,

$$\begin{aligned} P\{|X(8) - X(5)| \le 1\} &= \Phi\left(\frac{1-0}{\sqrt{3.610}}\right) - \Phi\left(\frac{-1-0}{\sqrt{3.610}}\right) \\ &\approx 0.4038 \end{aligned} \tag{8.59}$$

이다. ◇

8.1.4 교차상관함수

교차상관함수는 두 확률과정 사이의 상관을 나타내는 함수이다.

뜻매김 8.10 교차상관함수[17]

두 확률과정 $\{X(t)\}$와 $\{Y(t)\}$에서

$$R_{X,Y}(t_1, t_2) = E\{X(t_1) Y^*(t_2)\} \tag{8.60}$$

을 $\{X(t)\}$와 $\{Y(t)\}$의 교차상관함수라고 부른다.

위 뜻매김에서 알 수 있듯이 교차상관함수 $R_{X,Y}(t_1, t_2)$는 시간 t_1에서 확률과정 $X(t)$의 값인 확률변수 $X(t_1)$과 시간 t_2에서 확률과정 $Y(t)$의 값인 확률변수 $Y(t_2)$ 사이의 상관을 나타내는 함수이다. 이제, 이것을 바탕으로 두 확률과정이 직교함을 아래와 같이 뜻매김할 수 있다.

뜻매김 8.11 직교[18]

두 수 t_1과 t_2가 어떤 값이라도

$$R_{X,Y}(t_1, t_2) = 0 \tag{8.61}$$

이면 확률과정 $\{X(t)\}$와 $\{Y(t)\}$는 직교한다고 한다.

[17] crosscorrelation function
[18] orthogonality

곧, 교차상관함수가 늘 0인 두 확률과정이 서로 직교하는 확률과정이다.

뜻매김 8.12 교차공분산함수[19]

두 확률과정 $\{X(t)\}$와 $\{Y(t)\}$에서

$$\begin{aligned} K_{X,Y}(t_1,t_2) &= E\left[\{X(t_1)-m_X(t_1)\}\{Y^*(t_2)-m_Y^*(t_2)\}\right] \\ &= R_{X,Y}(t_1,t_2)-m_X(t_1)\,m_Y^*(t_2) \end{aligned} \tag{8.62}$$

를 $\{X(t)\}$과 $\{Y(t)\}$의 교차공분산함수라고 한다.

두 확률과정의 교차상관함수와 교차공분산함수는 한 확률과정의 자기상관함수와 자기공분산함수와 비슷하게 뜻매김한다는 것을 쉽게 알 수 있다. 뜻매김 8.12에서 다룬 교차공분산함수 $K_{X,Y}(t_1,t_2)$는 확률변수 $X(t_1)$과 확률변수 $Y(t_2)$ 사이의 공분산을 나타낸다. 이제, 교차상관함수와 교차공분산함수를 바탕으로 서로 상관이 없는 두 확률과정을 뜻매김하면 아래와 같다.

뜻매김 8.13 서로 상관이 없는 두 확률과정

실수 t_1과 t_2를 어떻게 고르더라도 $R_{X,Y}(t_1,t_2)=E\{X(t_1)\}E\{Y^*(t_2)\}$이면 – 곧, 실수 t_1과 t_2를 어떻게 고르더라도 늘 $K_{X,Y}(t_1,t_2)=0$이면 – 확률과정 $\{X(t)\}$와 $\{Y(t)\}$는 서로 상관이 없다고 한다.

뜻매김 8.11과 8.13에서 알 수 있듯이 두 확률과정이 직교함과 서로 상관이 없음은 다른 것이다. 다만, 두 확률과정의 평균함수 가운데 적어도 하나가 0일 때에는 직교함과 서로 상관이 없음이 같은 것이다.

한편, 자기상관함수나 자기공분산함수와 마찬가지로 교차상관함수와 교차공분산함수도 일반적으로 t_1과 t_2 모두의 함수, 곧 두 변수 함수이다. 또한, 교차상관함수에서는

$$E\{Y(t_1)X^*(t_2)\} = E^*\{X(t_2)Y^*(t_1)\} \tag{8.63}$$

이므로

$$R_{Y,X}(t_1,t_2) = R^*_{X,Y}(t_2,t_1) \tag{8.64}$$

임을 알 수 있다.

보기 8.17 (베르누이 과정[20]) 독립이고 분포가 같은 이산 시간 과정 가운데, 나올 수 있는 값이 둘인 과정을 베르누이 과정이라고 한다. 보기로, 동전 하나를 끝없이 던지는 실험을 생각하여 확률과정 $\{X_n\}$을

$$X_n = \begin{cases} 1, & n\text{째 시행 결과가 }\textbf{앞}\text{일 때,} \\ 0, & n\text{째 시행 결과가 }\textbf{뒤}\text{일 때} \end{cases} \tag{8.65}$$

[19] crosscovariance function
[20] Bernoulli process

와 같이 뜻매김하자. 이 확률과정 $\{X_n\}$은 이산 시간 이산 크기 확률과정이다. 이제,

$$P\{X_n = x\} = \begin{cases} p, & x=1, \\ 1-p, & x=0 \end{cases} \tag{8.66}$$

로 두면, 평균함수

$$\begin{aligned} m_X(n) &= E\{X_n\} \\ &= p \end{aligned} \tag{8.67}$$

과 자기공분산함수

$$\begin{aligned} K_X(n_1, n_2) &= E\{X_{n_1} X_{n_2}\} - m_X(n_1) m_X(n_2) \\ &= \begin{cases} (1-p)p, & n_1 = n_2, \\ 0, & n_1 \neq n_2 \end{cases} \end{aligned} \tag{8.68}$$

을 얻을 수 있다. 여기서, 베르누이 과정의 평균함수 $m_X(n) = p$는 시간 n의 함수가 아니라 상수라는 것과 – 곧, 시간이 흘러도 일정하다는 것과 – 자기공분산함수 $K_X(n_1, n_2)$는 n_1과 n_2에 따로따로 의존하지 않고 그 차이 $n_1 - n_2$에만 의존한다는 것을 눈여겨보아 두자. ◇

8.2 확률과정의 성질

여기서는 확률과정이 띨 수 있는 여러 성질 가운데 가장 중요한 두 가지인 독립과 정상성을 다룬다.

8.2.1 독립 과정

뜻매김 8.14 독립 확률과정

확률과정 $\{X(t)\}$에서 자연수 n, 실수 $t_1, t_2, \cdots, t_n$, 실수 $x_1, x_2, \cdots, x_n$을 어떻게 두더라도 확률벡터 $\underline{X} = (X(t_1), X(t_2), \cdots, X(t_n))$의 결합 누적분포함수를

$$F_{\underline{X}}(\underline{x}) = \prod_{i=1}^{n} F_{X(t_i)}(x_i) \tag{8.69}$$

처럼 쓸 수 있을 때 $\{X(t)\}$를 독립 확률과정이라고 한다. 여기서, $F_{X(t_i)}$는 $X(t_i)$의 누적분포함수이다.

곧, $\{X(t)\}$가 독립 확률과정일 때에는 자연수 n과 실수 $t_1, t_2, \cdots, t_n$을 어떻게 고르더라도 $(X(t_1), X(t_2), \cdots, X(t_n))$은 독립 확률벡터이다. 따라서, 뜻매김 4.5에서 보인 것처럼, (8.69)에 나온 누적분포함수를 확률밀도함수나 확률질량함수로 바꾸어서 비슷하게 독립 확률과정을 뜻매김할 수도 있다. 한편, (8.69)는 독립 확률과정의 분포를 한계 확률 분포만으로 완전히 기술할 수 있다는 것을 뜻하는 것이기도 하다.

뜻매김 8.15 독립이고 분포가 같은[21] 확률과정

독립 확률과정 가운데에서 한계 누적분포함수가 모두 같은 확률과정을 독립이고 분포가 같은 확률과정이라고 한다.

그러므로, 독립이고 분포가 같은 확률과정 X_t에서는 자연수 n, 실수 $t_1, t_2, \cdots, t_n$, 실수 $x_1, x_2, \cdots, x_n$을 어떻게 두더라도 결합 누적분포함수를

$$F_{\underline{X}}(\underline{x}) = \prod_{i=1}^{n} F_X(x_i) \tag{8.70}$$

처럼 쓸 수 있다. 독립이고 분포가 같은 확률과정은 1차원 누적분포함수, 1차원 확률밀도함수, 또는 1차원 확률질량함수만으로 그 확률 분포를 완전히 알 수 있는 확률과정인데, 한편으로는 가장 간단하면서도, 또 다른 한편으로는 과거 출력이 미래에 대해 전혀 정보를 지니고 있지 않다는 점에서 가장 '확률적인' 과정이기도 하다. 때로는, 독립이고 분포가 같은 확률과정을 무기억 과정[22]이라고 부르며, 흰빛 과정 또는 흰빛 잡음[23]이라고 부르기도 한다.

독립이고 분포가 같은 확률과정의 확률질량함수 또는 확률밀도함수는 (8.70)을 바탕으로 바로 얻을 수 있다. 보기를 들면, 연속 시간 확률과정이 독립이고 분포가 같으면 자연수 n과 실수 $t_1, t_2, \cdots, t_n$, $x_1, x_2, \cdots, x_n$을 어떻게 두더라도 결합 확률밀도함수를

$$f_{X_{t_1}, X_{t_2}, \cdots, X_{t_n}}(\underline{x}) = \prod_{i=1}^{n} f_X(x_i) \tag{8.71}$$

과 같이 쓸 수 있다.

보기 8.18 (베르누이 과정) 보기 8.17에서 살펴본 베르누이 과정의 1차원 확률질량함수는 $x \in \{0, 1\}$일 때

$$p_X(x) = p^x (1-p)^{1-x} \tag{8.72}$$

이다. 베르누이 과정은 독립이고 분포가 같은 확률과정이므로 n차원 결합 확률질량함수는 $i = 1, 2, \cdots, n$이고 $x_i \in \{0, 1\}$일 때

$$\begin{aligned} p_{\underline{X}}(\underline{x}) &= \prod_{i=1}^{n} p_X(x_i) \\ &= p^{x_1+x_2+\cdots+x_n}(1-p)^{n-(x_1+x_2+\cdots+x_n)} \end{aligned} \tag{8.73}$$

이다. ◇

보기 8.19 확률과정 $\{X_n\}$이 베르누이 과정일 때

$$Y_i = 2X_i - 1$$

[21] independent and identically distributed (i.i.d.)

[22] memoryless process

[23] white process 또는 white noise. 좀 더 자세히 말하면, 자기공분산함수가 $\delta(t)$인 확률과정을 흰빛 과정이라고 한다. 보통, 흰빛 잡음의 평균은 0이라고 생각한다.

$$= \begin{cases} +1, & X_i = 1, \\ -1, & X_i = 0 \end{cases} \tag{8.74}$$

처럼 얻은 $\{Y_n\}$도 독립이고 분포가 같은 확률과정이다. 확률과정 $\{Y_n\}$의 1차원 확률질량함수는 $y \in \{-1, +1\}$일 때

$$p_Y(y) \;=\; p^{\frac{1+y}{2}}(1-p)^{\frac{1-y}{2}} \tag{8.75}$$

이다. 이 식을 바탕으로, 확률과정 $\{Y_n\}$의 n차원 결합 확률질량함수가 $i = 1, 2, \cdots, n$이고 $y_i \in \{-1, +1\}$일 때

$$\begin{aligned} p_{\underline{Y}}(\underline{y}) &= \prod_{i=1}^{n} p_Y(y_i) \\ &= p^{\frac{n}{2}+\frac{1}{2}\sum\limits_{i=1}^{n} y_i}(1-p)^{\frac{n}{2}-\frac{1}{2}\sum\limits_{i=1}^{n} y_i} \end{aligned} \tag{8.76}$$

임을 알 수 있다. ◇

한편, 두 확률과정이 서로 독립임은 아래와 같이 뜻매김한다.

뜻매김 8.16 서로 독립인 두 확률과정

자연수 k와 l, 실수 $t_1, t_2, \cdots, t_k, s_1, s_2, \cdots, s_l$을 어떻게 고르더라도 확률벡터 $(X_{t_1}, X_{t_2}, \cdots, X_{t_k})$와 확률벡터 $(Y_{s_1}, Y_{s_2}, \cdots, Y_{s_l})$이 서로 독립이면 확률과정 $\{X_t\}$와 $\{Y_t\}$를 서로 독립이라고 한다.

보기 8.20 (포아송 과정[24]) 시간 구간 $(0, t]$에서 어떤 사건이 일어나는 횟수를 $N(t)$라고 하자. 이때, $N(t)$의 분포가 평균 λt인 포아송 분포이고, 시간 구간 $(t_0, t_1]$과 $(t_2, t_3]$이 겹치지 않을 때 $N(t_1) - N(t_0)$과 $N(t_3) - N(t_2)$가 서로 독립이면, $N(t)$를 비율이 λ인 포아송 과정이라고 한다. 확률과정 $N(t)$가 비율이 λ인 포아송 과정이면 $(t_0, t_1]$에서 일어나는 사건의 수 $N(t_1) - N(t_0)$의 분포는 평균 $\lambda(t_1 - t_0)$인 포아송 분포라는 것을 쉽게 보일 수 있다. 이제, 시간 구간 $(0, t]$에서 사건 A가 일어나는 횟수 $N_A(t)$는 비율이 λ_A인 포아송 과정이고, 사건 B가 일어나는 횟수 $N_B(t)$는 비율이 λ_B인 포아송 과정이며, 이 두 과정 $N_A(t)$와 $N_B(t)$가 서로 독립이라고 하자. 이때, 시간 구간 $(0, t]$에서 사건 A 또는 B가 일어나는 횟수 $N(t)$는 비율이 $\lambda_A + \lambda_B$인 포아송 과정이라는 것을 보이자.

풀이 먼저, 시점 t에서 $N_A(t)$의 분포는 평균이 $\lambda_A t$인 포아송 분포이고, $N_B(t)$의 분포는 평균이 $\lambda_B t$인 포아송 분포이며, $N_A(t)$와 $N_B(t)$가 서로 독립이다. 그러므로, 보기 4.54에서 얻은 결과를 새기면 시점 t에서 $N(t) = N_A(t) + N_B(t)$의 분포는 평균이 $(\lambda_A + \lambda_B)t$인 포아송 분포이다. 다음에, 시간 구간 $(t_0, t_1]$과 $(t_2, t_3]$이 겹치지 않으면 $N_A(t_1) - N_A(t_0)$과 $N_A(t_3) - N_A(t_2)$가 서로 독립이고 $N_B(t_1) - N_B(t_0)$과 $N_B(t_3) - N_B(t_2)$가 서로 독립이다. 그러므로, $N_A(t)$와 $N_B(t)$가 서로 독립이라는 것을 바탕으로 정리 4.2를 새기면, $N(t_1) - N(t_0) =$

[24] Poisson process

$\{N_A(t_1) - N_A(t_0)\} + \{N_B(t_1) - N_B(t_0)\}$과 $N(t_3) - N(t_2) = \{N_A(t_3) - N_A(t_2)\} + \{N_B(t_3) - N_B(t_2)\}$은 서로 독립이다. 따라서, $N(t)$는 비율이 $\lambda_A + \lambda_B$인 포아송 과정이다. ◇

8.2.2 정상 과정

열 잡음을 생각해 보자. 온도, 저항의 화학 구성, 저항의 전자기장 환경같은 물리적 매개변수가 시간이 흐를 때 바뀌지 않는다면 열 잡음을 기술하는 확률적 모형의 매개변수들을 시간이 흘러도 바뀌지 않는다고 둘 수 있다. 이것은 u를 아무렇게나 골라 기준 시간을 움직인 확률과정

$$\{Y(t)\} = \{X(t-u)\} \tag{8.77}$$

또한 확률과정 $\{X(t)\}$와 똑같은 확률 분포를 나타낸다는 것을 뜻한다. 이럴 때에는, 보기를 들어 t_1, t_2, u를 어떻게 고르더라도

$$\begin{aligned} m_Y(t_1) &= m_X(t_1-u) \\ &= m_X(t_1) \end{aligned} \tag{8.78}$$

이고

$$\begin{aligned} R_Y(t_1,t_2) &= R_X(t_1-u,t_2-u) \\ &= R_X(t_1,t_2) \end{aligned} \tag{8.79}$$

일 것이다. 이와 같이, 시간이 흘러도 확률적 특성이 바뀌지 않는 확률과정을 나타낼 때 정상성이라는 개념을 쓴다.

뜻매김 8.17 정상 과정[25]

자연수 n과 실수 $\tau, t_1, t_2, \cdots, t_n$을 어떻게 고르더라도 n차원 확률벡터 $\{X(t_1), X(t_2), \cdots, X(t_n)\}$의 결합 확률 분포가 $\{X(t_1+\tau), X(t_2+\tau), \cdots, X(t_n+\tau)\}$의 결합 확률 분포와 같으면 확률과정 $\{X(t)\}$를 정상, 좁은 뜻에서 정상, 또는 강정상[26]이라고 한다.

정상인지 아닌지를 쉽게 알 수 있는 확률과정은 그리 많지 않은데, 독립이고 분포가 같은 확률과정은 정상이라는 것을 쉽게 알 수 있는 확률과정 가운데 하나이다. 독립이고 분포가 같은 확률과정처럼 몇몇 특별한 때를 빼고는 어떤 확률과정이 정상인지 아닌지를 보이는 것은 그리 쉬운 일이 아니다. 이에 견주어, 어떤 확률과정이 정상이 아니라는 것을 보이는 것은 그나마 쉬운 편이다. 보기를 들어, 어떤 적률이 – 평균함수, 자기상관함수, $\cdots$이 – 시간 원점에 의존한다면 그 확률과정은 정상이 아니다.

확률과정 $\{X(t)\}$가 정상 과정이면, 보기를 들면, 그 평균함수는 $m_X(t) = m_X$와 같이 상수이고, 2차 특성을 나타내는 자기상관함수는 $R_X(t_1,t_2) = R_X(t_1-t_2)$와 같이 시간 차 $t_1 - t_2$에만 의존하며, 결합 확률밀도함수는, u를 어떻게 고르더라도

[25] stationary process

[26] stationary, strict-sense stationary (s.s.s.), 또는 strongly-stationary

$$f_{X(t_1),X(t_2)}(x_1,x_2) = f_{X(t_1-u),X(t_2-u)}(x_1,x_2) \tag{8.80}$$

과 같은 꼴로 쓸 수 있으므로 수학적으로 다루기가 여러 모로 쉬울 것이다. 다만, 확률과정이 정상 과정이면 다루기 쉬우나, 정상 과정만 다룬다면 다룰 수 있는 확률과정의 범위와 확률과정의 응용 범위가 매우 줄어든다. 따라서, 정상성을 완전히 지니지는 않았지만 수학적으로 어느 정도 다룰 만한 과정들을 살펴보는 것은 중요한 일이다. 그와 같은 확률과정 가운데 한 부류가 넓은 뜻에서 정상인 확률과정이다.

8.2.3 넓은 뜻에서 정상인 과정

뜻매김 8.18 넓은 뜻에서 정상인 과정[27]

평균함수 $m_X(t)$가 상수이고, 자기상관함수 $R_X(t,s)$가 시간 차 $t-s$만의 함수이면 확률과정 $\{X(t)\}$를 넓은 뜻에서 정상, 약정상, 또는 2차 정상[28]이라고 한다.

바꾸어 말하면, 넓은 뜻에서 정상인 확률과정 $\{X(t)\}$의 평균함수는

$$m_X(t) = m_X \tag{8.81}$$

과 같이 쓸 수 있으며 자기상관함수는

$$R_X(t_1,t_2) = R_X(t_1-t_2) \tag{8.82}$$

처럼[29] 쓸 수 있다.

곧, 확률과정 $\{X(t)\}$가 넓은 뜻에서 정상이면 자기상관함수 $R_X(t_1,t_2)$는 한 변수 $\tau=t_1-t_2$만의 함수이며, t와 τ가 어떤 값이더라도

$$R_X(\tau) = E\{X(t+\tau)X^*(t)\} \tag{8.83}$$

과 같이 쓸 수 있다. 여기서, $\tau=0$이라고 두면

$$R_X(0) = E\left\{|X(t)|^2\right\} \tag{8.84}$$

를 얻는다. 마찬가지로, 확률과정 $\{X(t)\}$가 넓은 뜻에서 정상이면 자기공분산함수도 시간 차만의 함수이다. 또, 넓은 뜻에서 정상인 확률과정 $\{X(t)\}$의 평균함수가 0이면

$$\begin{aligned} R_X(0) &= E\left\{|X(t)|^2\right\} \\ &= \sigma_X^2 \end{aligned} \tag{8.85}$$

는 상수이고, 상관계수함수는

---

[27] wide-sense stationary (w.s.s.) process

[28] weakly-stationary 또는 second-order stationary

[29] 식 (8.82)의 왼쪽은 두 변수 함수이고 오른쪽은 한 변수 함수이므로, 이 두 함수를 다 R_X로 나타내면 엄밀히 말할 때 바른 것이 아니나, 그리 큰 문제가 없을 때에는 그대로 쓰기도 한다.

$$\rho_X(\tau) = \frac{R_X(\tau)}{R_X(0)} \tag{8.86}$$

처럼 쓸 수 있다. 넓은 뜻에서 정상인 확률과정은 실제 관심 있게 살펴보는 정상성을 지닌 확률과정 가운데 가장 일반적인 꼴이다. 한편, 뜻매김 8.17과 8.18에서 강정상 과정은 늘 약정상 과정이지만 약정상 과정이 늘 강정상 과정인 것은 아니라는 것을 쉽게 알 수 있다.

보기 8.21 확률변수 A로 나타낼 수 있는 확률과정 $X(t) = Ae^{j\omega_0 t}$의 평균함수는 $E\{X(t)\} = E\{A\}e^{j\omega_0 t}$이고, 자기상관함수는 $R_X(t_1, t_2) = e^{j\omega_0(t_1-t_2)}E\left\{|A|^2\right\}$이라는 것을 보기 8.10에서 보았다. 평균함수가 시간의 함수이므로 이 확률과정은 넓은 뜻에서 정상이 아니다. ◇

보기 8.22 확률변수 A로 얻은 확률과정 $X(t) = A\cos(\omega t + \theta)$를 생각하자. 보기 8.11에서 본 바와 같이 이 확률과정의 평균함수는 $m_X(t) = m_A\cos(\omega t+\theta)$이고 자기상관함수는 $R_X(t_1, t_2) = \frac{1}{2}E\left\{A^2\right\}[\cos\omega(t_1 - t_2) + \cos\{\omega(t_1 + t_2) + 2\theta\}]$이므로 이 확률과정은 넓은 뜻에서 정상이 아니다. ◇

보기 8.23 확률변수 A와 $(-\pi, \pi]$에서 고르게 퍼져 있는 확률변수 Ψ가 서로 독립일 때 확률과정 $X(t) = A\cos(\omega_0 t + \Psi)$를 생각하자. 보기 8.12에서 본 바와 같이 이 확률과정의 평균함수는 $m_X(t) = 0$이고 자기상관함수는 $R_X(t_1, t_2) = \frac{1}{2}E\left\{A^2\right\}\cos\omega_0(t_1 - t_2)$이다. 따라서, 이 확률과정은 넓은 뜻에서 정상이다. ◇

보기 8.24 확률과정 $Y(t)$와 $(-\pi, \pi]$에서 고르게 퍼져 있는 확률변수 Ψ가 서로 독립일 때 확률과정 $X(t) = Y(t)\cos(\omega_0 t + \Psi)$를 생각하자. 그러면 보기 8.14에서 본 바와 같이 이 확률과정의 평균함수는 $m_X(t) = 0$이고 자기상관함수는 $R_X(t_1, t_2) = \frac{1}{2}R_Y(t_1, t_2)\cos\omega_0(t_1 - t_2)$이다. 따라서, 확률과정 $Y(t)$의 자기상관함수 $R_Y(t_1, t_2)$가 $t_1 - t_2$만의 함수이면 확률과정 $X(t)$는 넓은 뜻에서 정상이다. 이때, 확률과정 $Y(t)$가 넓은 뜻에서 정상이 아니더라도 – 보기를 들면, 확률과정 $Y(t)$의 평균함수는 시간의 함수이고, 그 자기상관함수 $R_Y(t_1, t_2)$는 $t_1 - t_2$만의 함수이면 – 확률과정 $X(t)$는 넓은 뜻에서 정상일 때가 있다는 것을 새겨 둘 만하다. ◇

보기 8.25 보기 8.15에서 다룬 확률과정 $X(t) = \sum_i A_i e^{j\omega_i t}$는 평균함수가 상수이고, 자기상관함수 $R_X(t_1, t_2)$가 시간 차 $t_1 - t_2$만의 함수이므로 넓은 뜻에서 정상인 과정이다. ◇

보기 8.26 보기 8.17에서 다룬 베르누이 과정 $\{X_n\}$은 평균함수 $E\{X_n\}$이 시간 n의 함수가 아니라 상수이고, 자기상관함수 $R_X(n_1, n_2)$가 시간 차 $n_1 - n_2$만의 함수이므로 넓은 뜻에서 정상인 과정이다. ◇

보기 8.27 독립이고 분포가 같은 확률과정과 평균함수와 분산이 시간에 따라 바뀌지 않고 상관이 없는 확률과정은 둘 다 넓은 뜻에서 정상이다. 이것은 이들 확률과정의 평균함수가 상수이고 자기상관함수가

$$R_X(k) = E\left\{X_t X^*_{t+k}\right\}$$

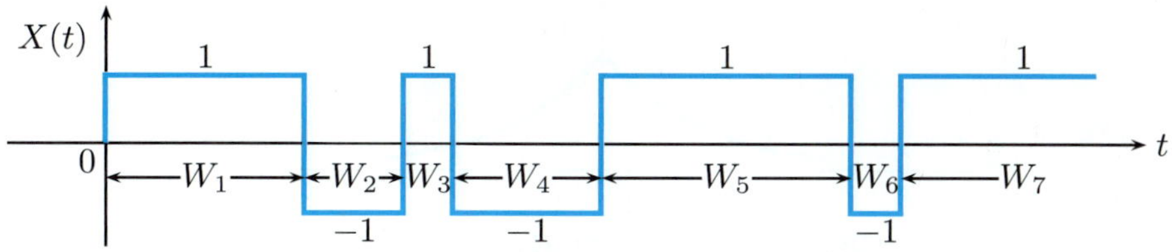

그림 8.6 포아송 전보 신호

$$
\begin{aligned}
&= \begin{cases} E\left\{|X_t|^2\right\}, & k=0, \\ E\left\{X_t\right\} E\left\{X_{t+k}^*\right\}, & k \neq 0 \end{cases} \\
&= E\left\{|X|^2\right\}\delta_k + E^2\{X\}(1-\delta_k) \qquad (8.87)
\end{aligned}
$$

이기 때문이다. 여기서,

$$
\delta_k = \begin{cases} 1, & k=0, \\ 0, & k \neq 0 \end{cases} \qquad (8.88)
$$

은 (4.279)에서 다룬 바 있는 크로네커 충격 함수이다. ◇

보기 8.28 보기 8.21의 바로 위에서도 말했듯이 정상 과정은 늘 약정상 과정이나, 약정상 과정이 늘 정상 과정인 것은 아니다. 그런데, 넓은 뜻에서 정상인 – 곧, 약정상인 – 정규 확률과정은 강정상이다. 이것은 결합 정규 확률벡터의 확률밀도함수

$$
f_{\underline{X}}(\underline{x}) = \frac{1}{(2\pi)^{\frac{n}{2}}\left|\underline{K}_X\right|^{\frac{1}{2}}} \exp\left\{-\frac{1}{2}\left(\underline{x}-\underline{m}_X\right)^T \underline{K}_X^{-1}\left(\underline{x}-\underline{m}_X\right)\right\} \qquad (8.89)
$$

에서 바로 알아 볼 수 있다. 곧, 정규 확률과정의 확률밀도함수는 평균 벡터

$$
\underline{m}_X = \left[m_X(t_1), m_X(t_2), \cdots, m_X(t_n)\right]^T \qquad (8.90)
$$

과 공분산 행렬

$$
\underline{K}_X = \left[K_X(t_i, t_j)\right] \qquad (8.91)
$$

만으로 완전히 결정된다. 따라서, 시간 원점을 바꿀 때 평균 벡터와 공분산 행렬이 바뀌지 않는다면, 확률밀도함수 또한 바뀌지 않을 것이다. 이것은 넓은 뜻에서 정상인 정규 확률과정은 강정상 확률과정이라는 것을 뜻한다. ◇

보기 8.29 (전보 신호)* 매개변수가 λ인 포아송 점을 생각하여, 구간 $(0, t]$에 있는 이 포아송 점의 개수를 $N(t)$라고 하자. 이때, 그림 8.6에서 볼 수 있는 것처럼 $X(0) = 1$인 연속 시간 확률과정

$$
X(t) = (-1)^{N(t)} \qquad (8.92)
$$

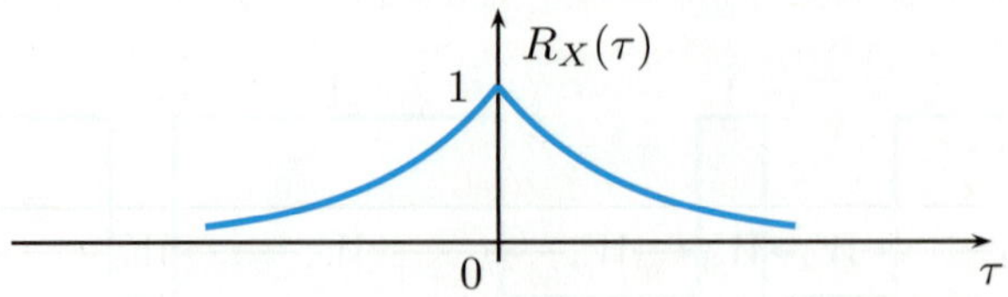

그림 8.7 자기상관함수 $R_X(\tau) = e^{-2\lambda|\tau|}$

를 생각해 보자. 그림 8.6에서 $\{W_i\}$는 이웃하는 포아송 점 사이의 시간을 가리킨다. 확률과정 $X(t)$는 전보 신호[30]를 모형화한 것이라고 생각할 수 있다. 이때, 확률과정 $X(t)$의 평균함수와 자기상관함수를 얻어 보자.

풀이 먼저, $t \geq 0$일 때, 평균함수는

$$\begin{aligned} m_X(t) &= E\left\{(-1)^{N(t)}\right\} \\ &= 1 \cdot \mathbf{Pr}\{X(t)=1\} + (-1) \cdot \mathbf{Pr}\{X(t)=-1\} \\ &= \mathbf{Pr}\{N(t)=0,2,\ \cdots\} - \mathbf{Pr}\{N(t)=1,3,\ \cdots\} \\ &= e^{-\lambda t}\left\{1+\frac{(\lambda t)^2}{2!}+\cdots\right\} - e^{-\lambda t}\left\{\lambda t+\frac{(\lambda t)^3}{3!}+\cdots\right\} \end{aligned} \tag{8.93}$$

인데 $1+\frac{(\lambda t)^2}{2!}+\cdots = \cosh\lambda t$이고 $\lambda t+\frac{(\lambda t)^3}{3!}+\cdots = \sinh\lambda t$이므로

$$\begin{aligned} m_X(t) &= e^{-\lambda t}\cosh\lambda t - e^{-\lambda t}\sinh\lambda t \\ &= e^{-2\lambda t} \end{aligned} \tag{8.94}$$

이다. 이제, τ가 0보다 크다고 하자. 그러면

$$\begin{aligned} R_X(\tau) &= E\{X(t+\tau)X(t)\} \\ &= 1 \cdot \mathbf{Pr}\{(t,t+\tau]\text{에 포아송 점이 짝수 개 있음}\} \\ &\quad + (-1) \cdot \mathbf{Pr}\{(t,t+\tau]\text{에 포아송 점이 홀수 개 있음}\} \\ &= e^{-\lambda\tau}\left\{1+\frac{(\lambda\tau)^2}{2!}+\cdots\right\} - e^{-\lambda\tau}\left\{\lambda\tau+\frac{(\lambda\tau)^3}{3!}+\cdots\right\} \\ &= e^{-2\lambda\tau} \end{aligned} \tag{8.95}$$

이다. 다음에, τ가 0보다 작을 때 (8.95)와 비슷하게 결과를 얻어 (8.95)와 함께 쓰면

$$R_X(\tau) = e^{-2\lambda|\tau|} \tag{8.96}$$

을 얻는다. 이 자기상관함수를 그림 8.7에 보였다. 곧, $X(t)$는 넓은 뜻에서 정상은 아니지만, 점근적으로[31] 넓은 뜻에서 정상이다. ◇

[30] telegraph signal

[31] asymptotically. $t \to \infty$일 때를 일컫는다.

보기 8.30 보기 8.29에서 다룬 확률과정 $X(t)$를 다시 생각하여 $X(t)$와 독립이고 1과 -1이 나타나는 확률이 똑같은 확률변수를 A라고 하고, $Y(t) = AX(t)$라고 두자. 그러면 $E\{A\} = 0$이고 $E\left\{A^2\right\} = 1$이므로

$$\begin{aligned} E\{Y(t)\} &= E\{A\}E\{X(t)\} \\ &= 0 \end{aligned} \tag{8.97}$$

과

$$\begin{aligned} E\{Y(t_1)Y(t_2)\} &= E\left\{A^2\right\}E\{X(t_1)X(t_2)\} \\ &= E\left\{A^2\right\}R_X(t_1 - t_2) \\ &= \exp(-2\lambda|t_1 - t_2|) \end{aligned} \tag{8.98}$$

을 얻는다. 따라서, $\{Y(t)\}$는 넓은 뜻에서 정상인 과정이다. ◇

보기 8.31 확률과정 $\{X(t)\}$의 평균함수가 0이고 자기상관함수가

$$R_X(t,s) = \frac{1}{2}(|t| + |s| - |t - s|) \tag{8.99}$$

이다. 이제, p가 0보다 큰 상수이고 $Y(t) = \frac{1}{p}\{X(t+p) - X(t)\}$라고 둘 때 확률과정 $\{Y(t)\}$가 넓은 뜻에서 정상인지 살펴보자.

풀이 먼저,

$$\begin{aligned} E\{Y(t)\} &= \frac{1}{p}E\{X(t+p) - X(t)\} \\ &= \frac{1}{p}[E\{X(t+p)\} - E\{X(t)\}] \\ &= 0 \end{aligned} \tag{8.100}$$

이다. 또,

$$\begin{aligned} E\{Y(t)Y(s)\} &= \frac{1}{p^2}E[\{X(t+p) - X(t)\}\{X(s+p) - X(s)\}] \\ &= \frac{1}{p^2}\{R_X(t+p, s+p) - R_X(t+p, s) - R_X(t, s+p) + R_X(t,s)\} \\ &= \frac{1}{2p^2}\{|p + t - s| + |p - (t-s)| - 2|t - s|\} \\ &= \frac{1}{p^2}(p - |t-s|)\,u(p - |t-s|) \end{aligned} \tag{8.101}$$

이다. 따라서, $\{Y(t)\}$는 넓은 뜻에서 정상이다. ◇

보기 8.32 (자기상관함수의 연속성과 상한)* 실수 확률과정 $\{X(t)\}$가 넓은 뜻에서 정상일 때 자기상관함수를 $R_X(\tau)$라고 하자. 이때, $R_X(\tau)$가 $\tau = 0$일 때 연속이면 언제나 – 곧, τ가 어떤 값이더라도 – 연속이고

$$|R_X(\tau)| \;\le\; R_X(0) \tag{8.102}$$

임을 보이자.

풀이 먼저, 코쉬-슈바르츠 부등식을 써서

$$\begin{aligned}&|E\left[X(t)\left\{X(t+\tau+\varepsilon)-X(t+\tau)\right\}\right]|\\ &\quad\le \sqrt{E\left\{X^2(t)\right\}E\left[\left\{X(t+\tau+\varepsilon)-X(t+\tau)\right\}^2\right]}\end{aligned} \tag{8.103}$$

을 얻을 수 있다. 곧,

$$|R_X(\tau+\varepsilon)-R_X(\tau)| \;\le\; \sqrt{2R_X(0)\left\{R_X(0)-R_X(\varepsilon)\right\}} \tag{8.104}$$

이다. 이제, $\lim\limits_{\varepsilon\to 0} R_X(\varepsilon) = R_X(0)$이면 (8.104)의 오른쪽이 0이므로

$$\lim_{\varepsilon\to 0} R_X(\tau+\varepsilon) \;=\; R_X(\tau) \tag{8.105}$$

임을 알 수 있다. 따라서, 자기상관함수 $R_X(\tau)$는 $\tau=0$일 때 연속이면 언제나 연속이다. 다음에, 다시 코쉬-슈바르츠 부등식을 쓰면

$$\begin{aligned}|R_X(\tau)| &= |E\{X(t+\tau)X(t)\}|\\ &\le \sqrt{E\left\{X^2(t+\tau)\right\}E\left\{X^2(t)\right\}}\\ &= R_X(0)\end{aligned} \tag{8.106}$$

이다. ◊

보기 8.33 (이진 신호의 분포)* 분포가 $P\{X(t)=+1\}=P\{X(t)=-1\}=0.5$인 연속 시간 정상 확률과정 $\{X(t)\}$를 생각하자. 한편, 구간 $[0,t)$에서 확률과정 $\{X(t)\}$의 값이 바뀌는 횟수 $\{N(t)\}$의 확률 분포는 $k=0,1,\cdots$일 때

$$P\{N(t)=k\} \;=\; \frac{1}{1+\lambda t}\left(\frac{\lambda t}{1+\lambda t}\right)^k \tag{8.107}$$

이라[32] 두자. 여기서, λ는 0보다 큰 상수이다. 이제, 확률과정 $\{X(t)\}$의 평균함수 $E\{X(t)\}$, 분산 $\mathrm{Var}\{X(t)\}$, 자기상관함수 $R_X(t,s)=E\{X(t)X(s)\}$를 얻어 보자. 다음에, 시간 t에서 $\{X(t)\}$의 값이 바뀔 확률을 얻어 보자.

풀이 먼저, $\{X(t)\}$의 평균함수는

$$\begin{aligned}E\{X(t)\} &= 1\cdot P\{X(t)=1\} \;+\; (-1)\cdot P\{X(t)=-1\}\\ &= \frac{1}{2}-\frac{1}{2}\\ &= 0\end{aligned} \tag{8.108}$$

이고, $\{X(t)\}$의 분산은

[32] 이 분포를 보우즈-아인슈타인 Bose-Einstein 분포라고 한다.

$$\begin{aligned}\mathrm{Var}\{X(t)\} &= E\left\{X^2(t)\right\} - E^2\{X(t)\} \\ &= 1^2 \cdot P\{X(t)=1\} \ + \ (-1)^2 \cdot P\{X(t)=-1\} \ - \ 0 \\ &= 1 \end{aligned} \tag{8.109}$$

이다. 한편, $\{X(t)\}$의 자기상관함수는

$$\begin{aligned} R_X(t,s) &= E\{X(t)X(s)\} \\ &= P\{X(t)=1, X(s)=1\} + P\{X(t)=-1, X(s)=-1\} \\ &\quad -P\{X(t)=1, X(s)=-1\} - P\{X(t)=-1, X(s)=1\} \end{aligned} \tag{8.110}$$

이다. 여기서, $t > s$일 때에는

$$\begin{aligned} P\{X(t)=1, X(s)=1\} &= P\{X(s)=1\}P\{X(t)=1|X(s)=1\} \\ &= \frac{1}{2}\ \mathrm{Pr}\{\text{구간 } [s,t)\text{에서 } \{X(t)\}\text{의 값이 짝수 번 바뀜}\} \end{aligned} \tag{8.111}$$

인데, $\{X(t)\}$가 정상 확률과정이므로 구간 $[s,t)$에서 $\{X(t)\}$의 확률 특성은 구간 $[0, t-s)$에서 $\{X(t)\}$의 확률 특성과 같다. 그러므로,

$$\begin{aligned} &\mathrm{Pr}\{\text{구간 } [s,t)\text{에서 } \{X(t)\}\text{의 값이 } k\text{번 바뀜}\} \\ &= \mathrm{Pr}\{\text{구간 } [0,t-s)\text{에서 } \{X(t)\}\text{의 값이 } k\text{번 바뀜}\} \\ &= \frac{1}{1+\lambda(t-s)}\left\{\frac{\lambda(t-s)}{1+\lambda(t-s)}\right\}^k \end{aligned} \tag{8.112}$$

이다. 따라서, (8.112)를 (8.111)에 넣으면

$$\begin{aligned} P\{X(t)=1, X(s)=1\} &= \frac{1}{2}\sum_{k=0,2,\ \cdots}^{\infty} \frac{1}{1+\lambda(t-s)}\left\{\frac{\lambda(t-s)}{1+\lambda(t-s)}\right\}^k \\ &= \frac{1}{2}\frac{1}{1+\lambda(t-s)}\frac{1}{1-\left\{\frac{\lambda(t-s)}{1+\lambda(t-s)}\right\}^2} \\ &= \frac{1+\lambda(t-s)}{2\{1+2\lambda(t-s)\}} \end{aligned} \tag{8.113}$$

이다. 이와 비슷하게

$$\begin{aligned} P\{X(t)=1, X(s)=-1\} &= P\{X(s)=-1\}P\{X(t)=1|X(s)=-1\} \\ &= \frac{1}{2}\ \mathrm{Pr}\{\text{구간 } [s,t)\text{에서 } \{X(t)\}\text{의 값이 홀수 번 바뀜}\} \\ &= \frac{1}{2}\sum_{k=1,3,\ \cdots}^{\infty} \frac{1}{1+\lambda(t-s)}\left\{\frac{\lambda(t-s)}{1+\lambda(t-s)}\right\}^k \\ &= \frac{\lambda(t-s)}{2\{1+2\lambda(t-s)\}} \end{aligned} \tag{8.114}$$

이고,

$$P\{X(t)=-1,X(s)=-1\} \;=\; \frac{1+\lambda(t-s)}{2\{1+2\lambda(t-s)\}} \tag{8.115}$$

이며,

$$P\{X(t)=1,X(s)=-1\} \;=\; \frac{\lambda(t-s)}{2\{1+2\lambda(t-s)\}} \tag{8.116}$$

이다. 이제, (8.113)–(8.116)을 (8.110)에 넣으면

$$\begin{aligned} R_X(t,s) &= \frac{1+\lambda(t-s)}{1+2\lambda(t-s)} - \frac{\lambda(t-s)}{1+2\lambda(t-s)} \\ &= \frac{1}{1+2\lambda(t-s)} \end{aligned} \tag{8.117}$$

이다. 마찬가지로 생각하면, $t<s$일 때에는

$$R_X(t,s) \;=\; \frac{1}{1+2\lambda(s-t)} \tag{8.118}$$

이고, (8.109)를 쓰면 $t=s$일 때에는

$$\begin{aligned} R_X(t,s) &= E\left\{X^2(t)\right\} \\ &= 1 \end{aligned} \tag{8.119}$$

이다. 그러므로, (8.117)–(8.119)를 모아 쓰면 $\{X(t)\}$의 자기상관함수는

$$R_X(t,s) \;=\; \frac{1}{1+2\lambda|t-s|} \tag{8.120}$$

이다. 이 자기상관함수를 그림 8.8에 보였다. 다음에, Δt가 작을 때 구간 $[t,t+\Delta t)$를 생각하자. 그러면

$$\begin{aligned} &\Pr\{\text{시간 } t\text{에서 } \{X(t)\}\text{의 값이 바뀔 확률}\} \\ &= \lim_{\Delta t\to 0}\Pr\{\text{구간 } [t,t+\Delta t)\text{에서 } \{X(t)\}\text{의 값이 바뀔 확률}\} \\ &= \lim_{\Delta t\to 0}[P\{X(t+\Delta t)=1,X(t)=-1\}+P\{X(t+\Delta t)=-1,X(t)=1\}] \end{aligned} \tag{8.121}$$

이므로 (8.114)와 (8.116)을 새기면

$$\begin{aligned} &\Pr\{\text{시간 } t\text{에서 } \{X(t)\}\text{의 값이 바뀔 확률}\} \\ &= \lim_{\Delta t\to 0}\left\{\frac{\lambda\Delta t}{2(1+2\lambda\Delta t)} + \frac{\lambda\Delta t}{2(1+2\lambda\Delta t)}\right\} \\ &= \lim_{\Delta t\to 0}\frac{\lambda\Delta t}{1+2\lambda\Delta t} \\ &= 0 \end{aligned} \tag{8.122}$$

이다. 한편, 구간 $[t,t+\Delta t)$에서 $\{X(t)\}$의 값이 바뀌지 않을 확률을 달리 나타내면 $P\{N(\Delta t)=0\}$이므로 (8.107)에서 $P\{N(\Delta t)=0\}=\frac{1}{1+\lambda\Delta t}$이라는 것을 새기면 (8.122)를

$$\Pr\{\text{시간 } t\text{에서 } \{X(t)\}\text{의 값이 바뀔 확률}\}$$

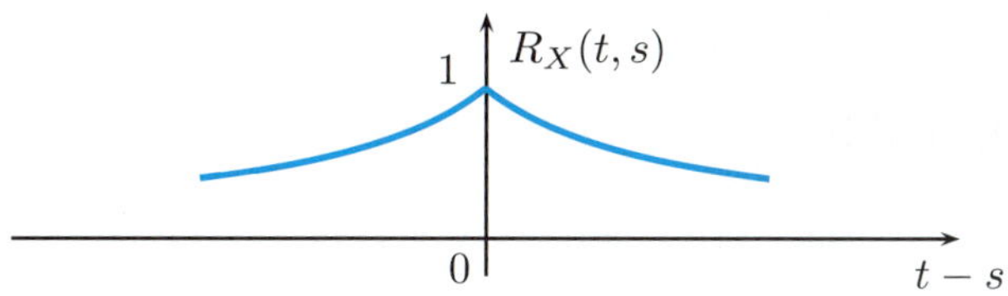

그림 8.8 자기상관함수 $R_X(t,s) = \frac{1}{1+2\lambda|t-s|}$

$$
\begin{aligned}
&= 1 - \lim_{\Delta t \to 0} \Pr\{\text{구간 } [t, t+\Delta t)\text{에서 } \{X(t)\}\text{의 값이 바뀌지 않을 확률}\} \\
&= 1 - \lim_{\Delta t \to 0} P\{N(\Delta t) = 0\} \\
&= 0 \qquad (8.123)
\end{aligned}
$$

처럼 얻을 수도 있다. ◇

보기 8.34 (이진 신호에서 값이 바뀌는 횟수의 특성)* 보기 8.33에서 서로 겹치지 않는 구간에서 확률과정 $\{X(t)\}$의 값이 바뀌는 횟수들이 서로 상관이 없다고 할 때 확률과정 $\{N(t)\}$의 평균함수 $E\{N(t)\}$, 분산 $\text{Var}\{N(t)\}$, 자기상관함수 $R_N(t,s)$를 얻어 보자.

풀이 먼저,

$$\sum_{k=0}^{\infty} kr^k = \frac{r}{(1-r)^2} \qquad (8.124)$$

임을 새기면 $\{N(t)\}$의 평균함수는

$$
\begin{aligned}
E\{N(t)\} &= \sum_{k=0}^{\infty} k \cdot P\{N(t)=k\} \\
&= \frac{1}{1+\lambda t} \sum_{k=0}^{\infty} k \cdot \left(\frac{\lambda t}{1+\lambda t}\right)^k \\
&= \lambda t \qquad (8.125)
\end{aligned}
$$

이다. 또한,

$$\sum_{k=0}^{\infty} k^2 r^k = \frac{r^2+r}{(1-r)^3} \qquad (8.126)$$

임을[33] 새기면 $\{N(t)\}$의 2차 적률은

$$
\begin{aligned}
E\left\{N^2(t)\right\} &= \sum_{k=0}^{\infty} k^2 P\{N(t)=k\} \\
&= \frac{1}{1+\lambda t} \cdot \frac{\left(\frac{\lambda t}{1+\lambda t}\right)^2 + \left(\frac{\lambda t}{1+\lambda t}\right)}{\left(1-\frac{\lambda t}{1+\lambda t}\right)^3}
\end{aligned}
$$

---

[33] 이것은 $S_2 = \sum_{k=0}^{\infty} k^2 r^k$이라고 둘 때, $S_2 = \sum_{k=0}^{\infty} (k+1)^2 r^{k+1} = r \sum_{k=0}^{\infty} \left(k^2+2k+1\right) r^k = r \sum_{k=0}^{\infty} k^2 r^k + 2r \sum_{k=0}^{\infty} kr^k + r \sum_{k=0}^{\infty} r^k = rS_2 + 2r \cdot \frac{r}{(1-r)^2} + \frac{r}{1-r}$에서 얻을 수 있다.

$$= (1+2\lambda t)\lambda t \tag{8.127}$$

이다. 따라서, $\{N(t)\}$의 분산은

$$\begin{aligned} \text{Var}\{N(t)\} &= E\left\{N^2(t)\right\} - E^2\{N(t)\} \\ &= \lambda t(1+2\lambda t) - (\lambda t)^2 \\ &= (1+\lambda t)\lambda t \end{aligned} \tag{8.128}$$

이다. 이제, 자기상관함수 $R_N(t,s)$를 얻어 보자. 먼저, $t > s > 0$일 때

$$\begin{aligned} R_N(t,s) &= E\{N(t)N(s)\} \\ &= E[N(s)\{N(t) - N(s) + N(s)\}] \\ &= E[N(s)\{N(t) - N(s)\}] + E\left\{N^2(s)\right\} \end{aligned} \tag{8.129}$$

이다. 여기서, $N(t) - N(s)$는 구간 $[s,t)$에서 $\{X(t)\}$가 바뀐 횟수이고, $N(s)$는 구간 $[0,s)$에서 $\{X(t)\}$가 바뀐 횟수이며, $[s,t)$와 $[0,s)$는 겹치지 않으므로 $N(t) - N(s)$와 $N(s)$는 상관이 없다. 곧,

$$\begin{aligned} E[N(s)\{N(t) - N(s)\}] &= E\{N(s)\}E\{N(t) - N(s)\} \\ &= E\{N(s)\}[E\{N(t)\} - E\{N(s)\}] \end{aligned} \tag{8.130}$$

이다. 따라서, (8.125)와 (8.127)을 새기면

$$\begin{aligned} R_N(t,s) &= E\{N(s)\}[E\{N(t)\} - E\{N(s)\}] + E\left\{N^2(s)\right\} \\ &= \lambda s(\lambda t - \lambda s) + (1+2\lambda s)\lambda s \\ &= \{1+\lambda(t+s)\}\lambda s \end{aligned} \tag{8.131}$$

임을 알 수 있다. 한편, $s > t > 0$일 때에는 (8.131)을 얻은 것과 비슷하게

$$R_N(t,s) = \{1+\lambda(t+s)\}\lambda t \tag{8.132}$$

를 얻을 수 있고, $t = s$일 때에는 (8.127)에서

$$\begin{aligned} R_N(t,s) &= E\left\{N^2(t)\right\} \\ &= (1+2\lambda t)\lambda t \end{aligned} \tag{8.133}$$

임을 알 수 있다. 그러므로, (8.131)–(8.133)에서 얻은 것을 모아 쓰면 $\{N(t)\}$의 자기상관함수는

$$R_N(t,s) = \{1+\lambda(t+s)\}\lambda \min(t,s) \tag{8.134}$$

이다. ◇

보기 8.35 (이진 신호에서 값이 바뀌는 횟수의 상관함수)* 보기 8.33에서, 서로 겹치지 않는 구간에서 확률과정 $\{X(t)\}$의 값이 바뀌는 횟수들이 서로 독립일 때 결합 확률 $p_{N(t),N(s)}(k,m) = P\{N(t)=k, N(s)=m\}$을 얻고, 확률과정 $\{N(t)\}$의 자기상관함수 $R_N(t,s)$를 얻어 보자.

풀이 먼저, $t > s > 0$이라 하자. 그러면 구간 $[0,s)$와 $[s,t)$가 겹치지 않는다는 것을 새기면

$$\begin{aligned} p_{N(t),N(s)}(k,m) &= P\{N(t)=k, N(s)=m\} \\ &= \Pr\{\text{구간 } [0,t)\text{에서 } \{X(t)\}\text{의 값이 } k\text{번 바뀜}, \\ &\qquad \text{구간 } [0,s)\text{에서 } \{X(t)\}\text{의 값이 } m\text{번 바뀜}\} \\ &= \Pr\{\text{구간 } [s,t)\text{에서 } \{X(t)\}\text{의 값이 } k-m\text{번 바뀜}, \\ &\qquad \text{구간 } [0,s)\text{에서 } \{X(t)\}\text{의 값이 } m\text{번 바뀜}\} \\ &= \Pr\{\text{구간 } [s,t)\text{에서 } \{X(t)\}\text{의 값이 } k-m\text{번 바뀜}\} \\ &\quad \cdot \Pr\{\text{구간 } [0,s)\text{에서 } \{X(t)\}\text{의 값이 } m\text{번 바뀜}\} \end{aligned} \tag{8.135}$$

이다. 여기서, $\{X(t)\}$가 정상 확률과정이기 때문에 구간 $[s,t)$에서 $\{X(t)\}$의 확률 특성은 구간 $[0,t-s)$에서 $\{X(t)\}$의 확률 특성과 같다. 그러므로,

$$\begin{aligned} &\Pr\{\text{구간 } [s,t)\text{에서 } \{X(t)\}\text{의 값이 } k-m\text{번 바뀜}\} \\ &\quad = \Pr\{\text{구간 } [0,t-s)\text{에서 } \{X(t)\}\text{의 값이 } k-m\text{번 바뀜}\} \\ &\quad = P\{N(t-s)=k-m\} \end{aligned} \tag{8.136}$$

이고, 이 식을 쓰면 (8.135)에서

$$\begin{aligned} p_{N(t),N(s)}(k,m) &= P\{N(t-s)=k-m\}P\{N(s)=m\} \\ &= \frac{1}{1+\lambda(t-s)}\left\{\frac{\lambda(t-s)}{1+\lambda(t-s)}\right\}^{k-m}\frac{1}{1+\lambda s}\left(\frac{\lambda s}{1+\lambda s}\right)^m, \quad k \ge m \ge 0 \end{aligned} \tag{8.137}$$

임을 알 수 있다. 이제, (8.137)과 비슷하게 $s > t > 0$일 때와 $t = s > 0$일 때 결합 확률 $p_{N(t),N(s)}(k,m) = P\{N(t)=k, N(s)=m\}$를 얻은 다음, 이들을 다 묶어 쓰면

$$p_{N(t),N(s)}(k,m) = \begin{cases} \frac{1}{1+\lambda(t-s)}\left\{\frac{\lambda(t-s)}{1+\lambda(t-s)}\right\}^{k-m}\frac{1}{1+\lambda s}\left(\frac{\lambda s}{1+\lambda s}\right)^m, \\ \qquad t > s > 0\text{이고, } m=0,1,\cdots\text{이며, } k=m,m+1,\cdots\text{일 때,} \\ \frac{1}{1+\lambda(s-t)}\left\{\frac{\lambda(s-t)}{1+\lambda(s-t)}\right\}^{m-k}\frac{1}{1+\lambda t}\left(\frac{\lambda t}{1+\lambda t}\right)^k, \\ \qquad s > t > 0\text{이고, } k=0,1,\cdots\text{이며, } m=k,k+1,\cdots\text{일 때,} \\ \frac{1}{1+\lambda t}\left(\frac{\lambda t}{1+\lambda t}\right)^m, \quad t=s>0\text{이고 } k=m=0,1,\cdots\text{일 때,} \\ 0, \quad \text{그 밖에는} \end{cases} \tag{8.138}$$

이다. 한편, (8.126)과

$$\begin{aligned} \sum_{k=m}^{\infty} k\beta^{k-m} &= \sum_{q=0}^{\infty}(m+q)\beta^q \\ &= \frac{m}{1-\beta}+\frac{\beta}{(1-\beta)^2} \end{aligned} \tag{8.139}$$

를 새겨, $\alpha = \frac{\lambda s}{1+\lambda s}$ 라고 두고 $\beta = \frac{\lambda(t-s)}{1+\lambda(t-s)}$ 라고 둔 뒤 (8.137)을 바탕으로 $t > s > 0$일 때 상관함수를 직접 계산하되, $1-\alpha = \frac{1}{1+\lambda s}$ 이고 $1-\beta = \frac{1}{1+\lambda(t-s)}$ 이라는 것을 눈여겨보면

$$
\begin{aligned}
R_N(t,s) &= E\{N(t)N(s)\} \\
&= \sum_{m=0}^{\infty}\sum_{k=0}^{\infty} k\,m\,P\{N(t)=k, N(s)=m\} \\
&= \sum_{m=0}^{\infty}\sum_{k=m}^{\infty} k\,m \frac{1}{1+\lambda(t-s)}\left\{\frac{\lambda(t-s)}{1+\lambda(t-s)}\right\}^{k-m}\frac{1}{1+\lambda s}\left(\frac{\lambda s}{1+\lambda s}\right)^{m} \\
&= (1-\alpha)(1-\beta)\sum_{m=0}^{\infty} m\,\alpha^m\left\{\frac{m}{1-\beta}+\frac{\beta}{(1-\beta)^2}\right\} \\
&= (1-\alpha)(1-\beta)\left\{\frac{\alpha^2+\alpha}{(1-\alpha)^3}\frac{1}{1-\beta}+\frac{\alpha}{(1-\alpha)^2}\frac{\beta}{(1-\beta)^2}\right\} \\
&= \frac{\alpha^2+\alpha}{(1-\alpha)^2}+\frac{\alpha\beta}{(1-\alpha)(1-\beta)} \\
&= \{1+\lambda(t+s)\}\lambda s
\end{aligned} \tag{8.140}
$$

이다. 마찬가지로 $t > s > 0$일 때는

$$R_N(t,s) = \{1+\lambda(t+s)\}\lambda t \tag{8.141}$$

을 얻고, $t = s$일 때에는 (8.127)에서 보았듯이

$$R_N(t,t) = (1+2\lambda t)\lambda t \tag{8.142}$$

이므로 $\{N(t)\}$의 자기상관함수는

$$R_N(t,s) = \{1+\lambda(t+s)\}\lambda \min(t,s) \tag{8.143}$$

이다. 말할 것도 없이, 서로 겹치지 않는 구간에서 확률과정 $\{X(t)\}$의 값이 바뀌는 횟수들이 서로 독립이면 서로 겹치지 않는 구간에서 확률과정 $\{X(t)\}$의 값이 바뀌는 횟수들이 서로 상관 없으므로, (8.143)은 (8.129)를 바탕으로 얻을 수도 있다. ◇

뜻매김 8.19 마르코프 과정

확률과정 $\{X(t)\}$의 조건부 확률밀도함수가

$$f_{X(t_n)|X(t_{n-1}),X(t_{n-2}),\cdots,X(t_1)} = f_{X(t_n)|X(t_{n-1})} \tag{8.144}$$

와 같은 성질을 지니고 있으면, 이 확률과정을 마르코프 과정이라고 한다.

위 (8.144)를 마르코프 성질이라고 부른다. 이제, (8.144)를 쓰면

$$
\begin{aligned}
& f_{X(t_1),X(t_2),\cdots,X(t_n)}(x_1,x_2,\cdots,x_n) \\
&= f_{X(t_n)|X(t_{n-1}),X(t_{n-2}),\cdots,X(t_1)}(x_n|x_{n-1},x_{n-2},\cdots,x_1) \\
&\quad \cdot f_{X(t_{n-1})|X(t_{n-2}),X(t_{n-3}),\cdots,X(t_1)}(x_{n-1}|x_{n-2},x_{n-3},\cdots,x_1)\cdots \\
&\quad \cdot f_{X(t_2)|X(t_1)}(x_2|x_1)\,f_{X(t_1)}(x_1)
\end{aligned}
$$

$$= f_{X(t_n)|X(t_{n-1})}(x_n|x_{n-1})\, f_{X(t_{n-1})|X(t_{n-2})}(x_{n-1}|x_{n-2})\cdots$$
$$\cdot f_{X(t_2)|X(t_1)}(x_2|x_1)\, f_{X(t_1)}(x_1) \tag{8.145}$$

을 얻는데, 이 식은 확률밀도함수 $f_{X(t_0)}$과 1차 조건부 확률밀도함수들

$$f_{X(t)|X(u)}, \quad t > u \geq t_0 \tag{8.146}$$

을 알면 $t \geq t_0$일 때 마르코프 과정 $\{X(t)\}$를 완전히 기술할 수 있다는 것을 뜻한다. 조건부 확률밀도함수 (8.146)을 천이 확률밀도함수[34]라고 부르는데, 이들은 $t_1 < t_2 < t_3$일 때 채프먼-콜모고로프[35] 식이라고 부르는

$$f_{X(t_3)|X(t_1)}(x_3|x_1) = \int_{-\infty}^{\infty} f_{X(t_3)|X(t_2)}(x_3|x_2)\, f_{X(t_2)|X(t_1)}(x_2|x_1)\, dx_2 \tag{8.147}$$

을 만족시켜야 함이 알려져 있다. 마르코프 과정은 제10장에서 좀 더 자세히 다룬다.

보기 8.36 (가우스-마르코프 과정)* 정규 확률과정 가운데에서, $t_1 \leq t_2 \leq t_3$일 때 자기공분산함수가

$$K_X(t_3, t_1) = \frac{K_X(t_3, t_2)\, K_X(t_2, t_1)}{K_X(t_2, t_2)} \tag{8.148}$$

인 확률과정을 가우스-마르코프 과정이라고 부른다. ◇

보기 8.37 (오른스타인-울렌벡 과정)* 한쪽 확률과정[36] $\{X(t), t \geq 0\}$가 정규 확률과정이고, 평균함수는 0, 자기공분산함수는

$$K_X(t_1, t_2) = \sigma^2 \exp(-\alpha |t_1 - t_2|) \tag{8.149}$$

이다. 그러면 $t_1 \leq t_2 \leq t_3$일 때

$$\begin{aligned}\frac{K_X(t_3, t_2)\, K_X(t_2, t_1)}{K_X(t_2, t_2)} &= \sigma^2 \exp\{-\alpha(t_3 - t_2 + t_2 - t_1)\} \\ &= \sigma^2 \exp(-\alpha |t_3 - t_1|) \\ &= K_X(t_3, t_1) \end{aligned} \tag{8.150}$$

이므로 (8.148)을 만족시킨다. 곧, 이 확률과정 $X(t)$는 가우스-마르코프 과정인데, 이 확률과정을 오른스타인-울렌벡[37] 과정이라고 부른다. 한편, 가우스-마르코프 과정의 자기공분산함수가 $t_1 - t_2$에만 의존하면, 반드시 (8.149)와 같은 꼴임이 알려져 있다. 곧, 가우스-마르코프 과정 가운데에서 오른스타인-울렌벡 과정만 넓은 뜻에서 정상이다. ◇

---

[34] transition pdf

[35] Chapman-Kolmogorov

[36] one-sided random process. 이 보기에서 다룬 확률과정처럼 $t \geq t_0$일 때에만 뜻매김하거나 $\{X(t), t \leq t_0\}$처럼 $t \leq t_0$일 때에만 뜻매김한 확률과정을 한쪽 확률과정 또는 한쪽 과정이라고 부른다. 한편, $\{X(t), -\infty < t < \infty\}$처럼 모든 시간에서 뜻매김한 확률과정을 두쪽 확률과정 또는 두쪽 과정이라고 부른다.

[37] Ornstein-Uhlenbeck

보기 8.38 (위너 과정) 정규 확률과정 $\{X(t),\ t \geq 0\}$의 평균함수가 0이고 자기상관함수가

$$K_X(t_1, t_2) = \alpha^2 \min(t_1, t_2), \quad t_1, t_2 \geq 0 \tag{8.151}$$

과 같은 꼴이면 이 확률과정을 위너[38] 과정이라고 한다. 위너 과정은 가우스-마르코프 과정이며, 넓은 뜻에서도 정상이 아니라는 것을 쉽게 알 수 있다. 위너 과정은 제10장에서 좀 더 자세히 다룬다. ◇

보기 8.39 확률과정 $\{X_n\}$의 절대 평균은 유한하다: 곧, $E\{|X_n|\} < \infty$이다. 이제,

$$Y_n = \begin{cases} X_0, & n = 0, \\ X_n - E\{X_n | X_{n-1}, X_{n-2}, \cdots, X_0\}, & n = 1, 2, \cdots \end{cases} \tag{8.152}$$

처럼 뜻매김한 수열 $\{Y_n\}_{n=0}^{\infty}$를 생각할 때 조건부 평균 $E\{Y_n | X_{n-1}, X_{n-2}, \cdots, X_0\}$, 조건부 평균 $E\{Y_n | Y_{n-1}, Y_{n-2}, \cdots, Y_0\}$, 평균 $E\{Y_n\}$을 얻어 보자.

풀이 먼저, 조건부 평균을 거듭 쓰면

$$\begin{aligned} & E\{Y_n | X_{n-1}, X_{n-2}, \cdots, X_0\} \\ &= E[X_n - E\{X_n | X_{n-1}, X_{n-2}, \cdots, X_0\} \, | X_{n-1}, X_{n-2}, \cdots, X_0] \\ &= E\{X_n | X_{n-1}, X_{n-2}, \cdots, X_0\} - E\{X_n | X_{n-1}, X_{n-2}, \cdots, X_0\} \\ &= 0 \end{aligned} \tag{8.153}$$

이다. 다음에, $Y_{n-1} = y_{n-1}$, $Y_{n-2} = y_{n-2}$, $\cdots$, $Y_0 = y_0$일 때

$$\begin{aligned} X_0 &= Y_0 \\ &= y_0, \end{aligned} \tag{8.154}$$

$$\begin{aligned} X_1 &= Y_1 - E\{X_1 | X_0\} \\ &= y_1 - E\{X_1 | y_0\} \\ &= g_1(y_1, y_0), \end{aligned} \tag{8.155}$$

$$\begin{aligned} X_2 &= Y_2 - E\{X_2 | X_1, X_0\} \\ &= y_2 - E\{X_2 | g_1(y_1, y_0), y_0\} \\ &= g_2(y_2, y_1, y_0), \end{aligned} \tag{8.156}$$

$$\vdots$$

$$X_{n-1} = g_{n-1}(y_{n-1}, y_{n-2}, \cdots, y_0) \tag{8.157}$$

이다. 곧, $\{Y_{n-1}, Y_{n-2}, \cdots, Y_0\}$이 정해진 것은 $\{X_{n-1}, X_{n-2}, \cdots, X_0\}$이 정해진 것과 같은 것이다. 따라서, (8.153)을 쓰면

[38] Wiener. 위너 과정은 위너-레비 Wiener-Levy 과정 또는 위너-아이슈타인 Wiener-Einstein 과정이라고도 부른다.

$$E\{Y_n|Y_{n-1}, Y_{n-2}, \cdots, Y_0\} = E\{Y_n|X_{n-1}, X_{n-2}, \cdots, X_0\} = 0 \quad (8.158)$$

이다. 끝으로, (8.158)을 쓰면

$$E\{Y_n\} = E[E\{Y_n|X_{n-1}, X_{n-2}, \cdots, X_0\}] = 0 \quad (8.159)$$

임을 쉽게 알 수 있다. ◇

보기 8.40 (제곱 검파기[39]) 평균함수가 0인 정규 확률과정 $\{X(t)\}$의 자기상관함수가 $R_X(\tau)$일 때 확률과정 $Y(t) = X^2(t)$을 생각하자. 그러면 $Y(t)$의 평균함수는 $E\{Y(t)\} = E\{X^2(t)\} = R_X(0)$이다. 한편, $X(t+\tau)$와 $X(t)$는 둘 다 평균함수가 0이고, $(X(t+\tau), X(t))$는 결합 정규 확률벡터이므로 보기 4.97에서 얻은 결과 (4.555)를 쓰면 $Y(t)$의 자기상관함수는

$$\begin{aligned} R_Y(t, t+\tau) &= E\{X^2(t)X^2(t+\tau)\} \\ &= E\{X^2(t+\tau)\}E\{X^2(t)\} + 2E^2\{X(t+\tau)X(t)\} \\ &= R_X^2(0) + 2R_X^2(\tau) \end{aligned} \quad (8.160)$$

이다. 곧, $\{Y(t)\}$는 넓은 뜻에서 정상이다. 또한,

$$\begin{aligned} E\{Y^2(t)\} &= R_Y(0) \\ &= R_X^2(0) + 2R_X^2(0) \\ &= 3R_X^2(0) \end{aligned} \quad (8.161)$$

이고

$$\begin{aligned} \sigma_Y^2 &= 3R_X^2(0) - R_X^2(0) \\ &= 2R_X^2(0) \end{aligned} \quad (8.162)$$

이다. ◇

보기 8.41 (이동평균 과정)* 평균이 $E\{W_n\} = m$이고 분산은 $\mathrm{Var}\{W_n\} = \sigma^2$이며 상관이 없는 확률변수 열 $\{W_n\}_{n=-\infty}^{\infty}$와 실수 열 $\{a_n\}_{n=1}^{l}$을 생각하자. 이때,

$$\begin{aligned} X_n &= a_1W_n + a_2W_{n-1} + \cdots + a_lW_{n-l+1} \\ &= \sum_{i=1}^{l} a_iW_{n-i+1} \end{aligned} \quad (8.163)$$

으로 두면 확률과정 $\{X_n\}$을 이동평균 과정[40]이라 한다. 먼저, X_n의 평균은

[39] square-law detector

[40] moving average (MA) process

$$E\{X_n\} = (a_1 + a_2 + \cdots + a_l)\, m = m \sum_{i=1}^{l} a_i \tag{8.164}$$

이고 분산은

$$\operatorname{Var}\{X_n\} = \left(a_1^2 + a_2^2 + \cdots + a_l^2\right) \sigma^2 = \sigma^2 \sum_{i=1}^{l} a_i^2 \tag{8.165}$$

임을 쉽게 알 수 있다. 이제, $\hat{W}_n = W_n - m$이라고 두면 $E\left\{\hat{W}_n\right\} = E\{W_n\} - m = 0$이고

$$E\left\{\hat{W}_n \hat{W}_m\right\} = \sigma^2 \delta_{mn} \tag{8.166}$$

이며, 이 식을 바탕으로 $\{X_n\}$의 자기공분산함수를 얻으면 $k \geq 0$일 때

$$\begin{aligned} K_X(n, n+k) &= \operatorname{Cov}(X_n, X_{n+k}) \\ &= E\left\{\left(X_n - m\sum_{i=1}^{l} a_i\right)\left(X_{n+k} - m\sum_{j=1}^{l} a_j\right)\right\} \\ &= E\left\{\left(\sum_{i=1}^{l} a_i \hat{W}_{n-i+1}\right)\left(\sum_{j=1}^{l} a_j \hat{W}_{n+k-j+1}\right)\right\} \\ &= \sum_{i=1}^{l-k} a_i a_{i+k} E\left\{\hat{W}_{n-i+1}^2\right\} \\ &= \begin{cases} \sigma^2 \sum_{i=1}^{l-k} a_i a_{k+i}, & k \leq l-1, \\ 0, & k \geq l \end{cases} \end{aligned} \tag{8.167}$$

이다. 식 (8.164)와 (8.167)에서 $\{X_n\}$은 넓은 뜻에서 정상이라는 것을 알 수 있다. ◇

보기 8.42 (자기회귀 과정)* 평균이 0이고 상관이 없는 확률변수 열 $\{Z_n\}_{n=0}^{\infty}$의 분산이

$$\operatorname{Var}\{Z_n\} = \begin{cases} \frac{\sigma^2}{1-\lambda^2}, & n = 0, \\ \sigma^2, & n \geq 1 \end{cases} \tag{8.168}$$

이고, $\lambda^2 < 1$이라고 하자. 이때,

$$X_n = \begin{cases} Z_0, & n = 0, \\ \lambda X_{n-1} + Z_n, & n = 1, 2, \cdots \end{cases} \tag{8.169}$$

와 같은 확률과정 $\{X_n\}$을 1차 자기회귀 과정[41]이라 한다. 그러면

[41] autoregressive (AR) process

$$\begin{aligned} X_n &= \lambda(\lambda X_{n-2} + Z_{n-1}) + Z_n \\ &= \lambda^2 X_{n-2} + \lambda Z_{n-1} + Z_n \\ &\vdots \\ &= \sum_{i=0}^{n} \lambda^{n-i} Z_i \end{aligned} \tag{8.170}$$

이므로 $\{X_n\}$의 자기공분산함수는 $m \geq 0$일 때

$$\begin{aligned} K_X(n, n+m) &= \text{Cov}(X_n, X_{n+m}) \\ &= \text{Cov}\left(\sum_{i=0}^{n} \lambda^{n-i} Z_i, \sum_{j=0}^{n+m} \lambda^{n+m-j} Z_j\right) \\ &= \sum_{i=0}^{n} \lambda^{n-i} \lambda^{n+m-i} \text{Cov}(Z_i, Z_i) \\ &= \sigma^2 \lambda^{2n+m} \left(\frac{1}{1-\lambda^2} + \sum_{i=1}^{n} \lambda^{-2i}\right) \\ &= \frac{\sigma^2 \lambda^m}{1-\lambda^2} \end{aligned} \tag{8.171}$$

이다. 이 식과 $\{X_n\}$의 평균함수는 $E\{X_n\} = 0$이라는 것에서, $\{X_n\}$은 넓은 뜻에서 정상이라는 것을 알 수 있다. ◇

보기 8.43 (제한기)* 확률과정 $\{X(t)\}$가 제한기[42]

$$g(x) = \begin{cases} 1, & x > 0, \\ -1, & x < 0 \end{cases} \tag{8.172}$$

를 거쳐 나온 과정을 $\{Y(t)\}$라고 하자. 그러면 $P\{Y(t) = 1\} = P\{X(t) > 0\} = 1 - F_X(0)$이고 $P\{Y(t) = -1\} = P\{X(t) < 0\} = F_X(0)$라는 것을 쉽게 알 수 있다. 따라서, $\{Y(t)\}$의 평균함수는

$$\begin{aligned} E\{Y(t)\} &= 1 \cdot P\{Y(t) = 1\} + (-1) \cdot P\{Y(t) = -1\} \\ &= 1 - 2F_X(0) \end{aligned} \tag{8.173}$$

이고 자기상관함수는

$$\begin{aligned} R_Y(\tau) &= E\{Y(t)Y(t+\tau)\} \\ &= P\{Y(t)Y(t+\tau) = 1\} - P\{Y(t)Y(t+\tau) = -1\} \\ &= P\{X(t)X(t+\tau) > 0\} - P\{X(t)X(t+\tau) < 0\} \end{aligned} \tag{8.174}$$

이다. 이제, $\{X(t)\}$가 평균함수가 0인 정상 정규 확률과정이라면, $X(t+\tau)$와 $X(t)$는 평균이 0이고, 분산이 $R_X(0)$이며, 상관계수가 $\frac{R_X(\tau)}{R_X(0)}$인 결합 정규 확률벡터이고, $F_X(0) = \frac{1}{2}$이다. 따라서, (4.165)를 새기면 $Z = \frac{X(t)}{X(t+\tau)}$의 누적분포함수는

[42] limiter

$$
\begin{aligned}
F_Z(z) &= \frac{1}{2}+\frac{1}{\pi}\tan^{-1}\frac{\sigma_2 z - r\sigma_1}{\sigma_1\sqrt{1-r^2}}\Bigg|_{\sigma_1=\sigma_2=\sqrt{R_X(0)},\, r=\frac{R_X(\tau)}{R_X(0)}} \\
&= \frac{1}{2}+\frac{1}{\pi}\tan^{-1}\frac{z-\frac{R_X(\tau)}{R_X(0)}}{\sqrt{1-\left\{\frac{R_X(\tau)}{R_X(0)}\right\}^2}} \qquad (8.175)
\end{aligned}
$$

임을 알 수 있다. 이제, 이 식을 바탕으로

$$
\begin{aligned}
P\{X(t)X(t+\tau)<0\} &= P\left\{\frac{X(t)}{X(t+\tau)}<0\right\} \\
&= F_Z(0) \\
&= \frac{1}{2}-\frac{1}{\pi}\sin^{-1}\frac{R_X(\tau)}{R_X(0)} \qquad (8.176)
\end{aligned}
$$

을[43] 얻을 수 있고, 다시 이것을 바탕으로

$$
\begin{aligned}
P\{X(t)X(t+\tau)>0\} &= 1-P\{X(t)X(t+\tau)<0\} \\
&= \frac{1}{2}+\frac{1}{\pi}\sin^{-1}\frac{R_X(\tau)}{R_X(0)} \qquad (8.177)
\end{aligned}
$$

을 얻는다. 따라서, (8.174)–(8.177)에서 제한기 출력의 자기상관함수는

$$
R_Y(\tau) = \frac{2}{\pi}\sin^{-1}\frac{R_X(\tau)}{R_X(0)} \qquad (8.178)
$$

임을 알 수 있다. 이 식을 쓰면, $E\left\{Y^2(t)\right\}=R_Y(0)=1$이므로 (8.173)을 새기면

$$
\begin{aligned}
\sigma_Y^2 &= 1-\{1-2F_X(0)\}^2 \\
&= 1 \qquad (8.179)
\end{aligned}
$$

를 얻는다. ◇

실수 확률과정 $\{X(t)\}$가 넓은 뜻에서 정상이면 자기상관함수 $R_X(\tau)$는 아래 성질을 지닌다.

(가) 실수 확률과정의 자기상관함수는 실수 함수이고 짝함수이다. 곧,

$$
\begin{aligned}
R_X(-\tau) &= R_X^*(\tau) \\
&= R_X(\tau) \qquad (8.180)
\end{aligned}
$$

이다. 이 성질은 실수 확률과정의 자기상관함수가 실수 함수라는 것을 새기면

$$
\begin{aligned}
R_X^*(-\tau) &= \left[E\left\{X_{t-\tau}X_t^*\right\}\right]^* \\
&= E\left\{X_t X_{t-\tau}^*\right\} \\
&= E\left\{X_{u+\tau}X_u^*\right\} \\
&= R_X(\tau) \qquad (8.181)
\end{aligned}
$$

에서 바로 알 수 있다.

[43] 여기서, $-\frac{\pi}{2}\le\sin^{-1}x\le\frac{\pi}{2}$이고 $-\frac{\pi}{2}\le\tan^{-1}x\le\frac{\pi}{2}$이라고 둔다.

(나) 자기상관함수는 원점에서 가장 크다. 곧,

$$|R_X(\tau)| \ \le \ R_X(0) \tag{8.182}$$

이다. 여기서, $R_X(0) = \sigma_X^2$은 확률과정의 분산이다.

(다) 자기상관함수 $R_X(\tau)$는 $\tau = 0$에서 연속이면 어느 τ에서도 연속이다.

(라) 끝으로, $R_X(0) = R_X(T)$를 만족시키는 상수 $T > 0$가 있으면 $R_X(\tau)$는 주기함수이다.

위 (나)와 (다)는 보기 8.32에서 이미 보인 바 있다. 한편, 짝함수가 원점에서 불연속인 때는 두 가지가 있다. 그 하나는 짝함수가 원점에서 충격 함수와 같은 특이점을 갖는 때이고, 나머지 하나는 짝함수가 원점에서 영 함수를 품고 있는 때이다. 원점에서 영 함수를 품고 있는 때에는, 원점에서 연속인 함수를 $a(\tau)$라고 하고

$$b(\tau) \ = \ \begin{cases} b_0 > 0, & \tau = 0, \\ 0, & \tau \neq 0 \end{cases} \tag{8.183}$$

처럼 둘 때, 자기상관함수 $R_X(\tau)$를

$$R_X(\tau) \ = \ a(\tau) + b(\tau) \tag{8.184}$$

와 같이 쓸 수 있다.

8.2.4 넓은 뜻에서 주기 정상인 과정

뜻매김 8.20 넓은 뜻에서 주기 정상[44]인 과정

평균함수 $m_X(t)$와 자기상관함수 $R_X(t, s)$가 주기 함수이면 확률과정 $\{X(t)\}$를 넓은 뜻에서 주기 정상이라고 한다.

곧, 확률과정 $\{X(t)\}$가 넓은 뜻에서 주기 정상이면 평균함수는 $m_X(t) = m_X(t+T)$처럼, 또 자기상관함수는

$$R_X(t, s) \ = \ R_X(t+T, s+T) \tag{8.185}$$

처럼 쓸 수 있다. 한편, 상수 함수는 주기 함수로 볼 수 있으므로 넓은 뜻에서 정상인 확률과정은 넓은 뜻에서 주기 정상이라는 것을 쉽게 알 수 있다.

보기 8.44 확률변수 A와 B는 서로 상관이 없고, 분포가 같으며, 그 평균은 0이고 분산은 σ^2이다. 이때,

$$X_n \ = \ A\cos(n\omega) + B\sin(n\omega) \tag{8.186}$$

[44] cyclostationary in the wide-sense

을 생각하자. 각 주파수 $\omega \in [0, \pi)$가 정해져 있을 때 확률과정 $\{X_n\}$의 평균함수를 얻으면

$$E\{X_n\} = 0 \tag{8.187}$$

이고 자기상관함수는

$$\begin{aligned} E\{X_n X_{n+m}\} &= E(\{A\cos(n\omega) + B\sin(n\omega)\}[A\cos\{(n+m)\omega\} + B\sin\{(n+m)\omega\}]) \\ &= E\left[A^2\cos(n\omega)\cos\{(n+m)\omega\} + B^2\sin(n\omega)\sin\{(n+m)\omega\}\right] \\ &= \sigma^2\cos\{(n+m)\omega - n\omega\} \\ &= \sigma^2\cos(m\omega) \end{aligned} \tag{8.188}$$

이다. 따라서, $\{X_n\}$은 넓은 뜻에서 정상이고, 또 넓은 뜻에서 주기 정상이다. ◇

보기 8.45 평균이 0이고 상관이 없는 두 확률변수 열 $\{A_n\}_{n=0}^m$과 $\{B_n\}_{n=0}^m$을 생각하자. 이 두 수열은 서로 상관이 없고, A_i와 B_i의 분산은 σ_i^2이라고 두자. 이제, $[0, 2\pi)$에서 서로 다른 주파수 $\{\omega_n\}_{n=0}^m$을 고르고 $n = 0, \pm1, \pm2, \cdots$ 일 때

$$X_n = \sum_{k=0}^{m}\{A_k\cos(n\omega_k) + B_k\sin(n\omega_k)\} \tag{8.189}$$

처럼 두자. 그러면 보기 8.44와 비슷하게 확률과정 $\{X_n\}$의 평균함수

$$E\{X_n\} = 0 \tag{8.190}$$

과 자기상관함수

$$E\{X_n X_{n+l}\} = \sum_{k=0}^{m}\sigma_k^2\cos(l\omega_k) \tag{8.191}$$

을 얻을 수 있다. 따라서, $\{X_n\}$은 넓은 뜻에서 정상이라는 것을 알 수 있다. ◇

8.2.5 결합 정상 과정

뜻매김 8.21 넓은 뜻에서 결합 정상인[45] 과정

두 확률과정의 평균함수가 둘 다 상수이고, 자기상관함수와 교차상관함수가 시간 차만의 함수이면 두 확률과정을 넓은 뜻에서 결합 정상이라고 한다.

따라서, $\{X(t)\}$와 $\{Y(t)\}$가 넓은 뜻에서 결합 정상이면 $\{X(t)\}$와 $\{Y(t)\}$는 둘 다 넓은 뜻에서 정상이며, $\{X(t)\}$와 $\{Y(t)\}$의 교차상관함수를

$$\begin{aligned} R_{X,Y}(t+\tau, t) &= R_{X,Y}(\tau) \\ &= E\{X(t+\tau)Y^*(t)\} \\ &= E^*\{Y(t)X^*(t+\tau)\} \\ &= R_{Y,X}^*(-\tau) \end{aligned} \tag{8.192}$$

[45] jointly w.s.s.

처럼 쓸 수 있다. 한편, 넓은 뜻에서 결합 정상인 두 확률과정 $\{X(t)\}$와 $\{Y(t)\}$를 생각하여 $\{X(t)\}$의 자기상관함수를 R_X라고 하고, $\{Y(t)\}$의 자기상관함수를 R_Y라고 하며, $\{X(t)\}$와 $\{Y(t)\}$의 교차상관함수를 $R_{X,Y}$라고 하면

$$|R_{X,Y}(\tau)| \;\leq\; \sqrt{R_X(0)R_Y(0)} \;\leq\; \frac{1}{2}\{R_X(0)+R_Y(0)\} \tag{8.193}$$

을 만족시킨다.

보기 8.46 평균이 0, 분산이 1인 정규 확률변수 U와 V가 서로 독립일 때 가리킴 수 집합을 $\mathbb{T}=[0,2\pi)$라고 두고, $t\in\mathbb{T}$에서 두 확률과정 $\{Y(t)\}$와 $\{Z(t)\}$를

$$Y(t) \;=\; U\sin t + V\cos t \tag{8.194}$$

와

$$Z(t) \;=\; -U\cos t + V\sin t \tag{8.195}$$

로 뜻매김하자. 그러면 보기 8.44에 보인 (8.187)과 (8.188)을 잘 새겨 보면 $\{Y(t)\}$도 넓은 뜻에서 정상이고 $\{Z(t)\}$도 넓은 뜻에서 정상이라는 것을 알 수 있다. 게다가, $E\{Y(t)\}=E\{Z(t)\}=0$이고 $E\left\{Y^2(t)\right\}=E\left\{Z^2(t)\right\}=1$이므로 $\{Y(t)\}$와 $\{Z(t)\}$는 모두 표준 정규 확률과정이다. 이제, 2차원 확률벡터 $(Y(t),Z(t))$의 분포는 결합 정규 분포이고, $\{Y(t)\}$와 $\{Z(t)\}$ 사이의 교차상관함수는

$$\begin{aligned}
R_{Y,Z}(t,\tau) \;&=\; E\{Y(t)Z^*(\tau)\}\\
&=\; E\{(U\sin t+V\cos t)(-U\cos\tau+V\sin\tau)\}\\
&=\; -E\left\{U^2\right\}\sin t\cos\tau + E\left\{V^2\right\}\cos t\sin\tau\\
&=\; \sin(\tau-t)
\end{aligned} \tag{8.196}$$

이다. 그러므로, $\{Y(t)\}$와 $\{Z(t)\}$는 넓은 뜻에서 결합 정상이다. 또한, (8.196)에서 알 수 있듯이 두 확률과정 $\{Y(t)\}$와 $\{Z(t)\}$가 서로 상관이 없는 확률과정은 아니지만, n이 정수일 때 $E\{Y(t)Z(t+n\pi)\}=R_{Y,Z}(t,t+n\pi)=\sin(n\pi)=0$이므로 이 두 확률과정을 π의 정수 배만큼 시간 사이를 띄워 본 두 확률변수 $Y(t)$와 $Z(t+n\pi)$는 서로 상관이 없다. 끝으로,

$$\begin{aligned}
E\left\{Y^2(t)+Z^2(t)\right\} \;&=\; E\left\{U^2+V^2\right\}\\
&=\; 2
\end{aligned} \tag{8.197}$$

이므로 어느 시점 t에서 보더라도 좌표 $(Y(t),Z(t))$가 나타내는 점의 평균 자취는 중심이 원점이고 반지름이 $\sqrt{2}$인 동그라미이다. ◇

정리 8.1 상수 a와 b를 어떻게 고르더라도 선형 조합 $aX(t)+bY(t)$가 넓은 뜻에서 정상이면, 두 과정 $X(t)$와 $Y(t)$는 넓은 뜻에서 결합 정상이고, 그 역도 성립한다. ■■

증명 먼저, $X(t)$와 $Y(t)$가 넓은 뜻에서 결합 정상이면 $E\{X(t)\} = m_X$, $E\{Y(t)\} = m_Y$, $E\{X(t)X^*(s)\} = R_X(t-s)$, $E\{Y(t)Y^*(s)\} = R_Y(t-s)$, $E\{X(t)Y^*(s)\} = R_{X,Y}(t-s) = E\{Y(t)X^*(s)\} = R_{Y,X}(t-s)$처럼 쓸 수 있다. 그러면 $Z(t) = aX(t) + bY(t)$라고 할 때 a와 b를 어떻게 고르더라도

$$\begin{aligned} E\{Z(t)\} &= E\{aX(t)+bY(t)\} \\ &= am_X + bm_Y \end{aligned} \tag{8.198}$$

은 상수이고,

$$\begin{aligned} R_Z(t,s) &= E\left[\{aX(t)+bY(t)\}\{aX(s)+bY(s)\}^*\right] \\ &= |a|^2E\{X(t)X^*(s)\} + ab^*E\{X(t)Y^*(s)\} + a^*bE\{X^*(s)Y(t)\} \\ &\quad + |b|^2E\{Y(t)Y^*(s)\} \\ &= |a|^2R_X(t-s) + ab^*R_{X,Y}(t-s) + a^*bR_{Y,X}(t-s) \\ &\quad + |b|^2R_Y(t-s) \end{aligned} \tag{8.199}$$

는 시간 차 $t-s$만의 함수이므로 $Z(t) = aX(t)+bY(t)$는 넓은 뜻에서 정상이다.

다음에, a와 b를 어떻게 고르더라도 $aX(t)+bY(t)$가 넓은 뜻에서 정상이라고 하자. 그러면 a와 b를 어떻게 고르더라도

$$E\{aX(t)+bY(t)\} = aE\{X(t)\} + bE\{Y(t)\} \tag{8.200}$$

이 상수이고

$$\begin{aligned} &E\left[\{aX(t)+bY(t)\}\{aX(s)+bY(s)\}^*\right] \\ &\quad = |a|^2E\{X(t)X^*(s)\} + ab^*E\{X(t)Y^*(s)\} + a^*bE\{X^*(s)Y(t)\} + |b|^2E\{Y(t)Y^*(s)\} \\ &\quad = |a|^2R_X(t,s) + ab^*R_{X,Y}(t,s) + a^*bR_{Y,X}(t,s) + |b|^2R_Y(t,s) \end{aligned} \tag{8.201}$$

이 시간 차 $t-s$만의 함수이다. 이제, (8.200)에서 $a=0$이고 $b \neq 0$이라고 두면 $E\{Y(t)\}$는 상수라는 것을 알 수 있고, $a \neq 0$이고 $b=0$이라고 두면 $E\{X(t)\}$는 상수라는 것을 알 수 있다. 한편, (8.201)에서 $a=0$이고 $b \neq 0$이라고 두면 $R_Y(t,s)$는 $t-s$만의 함수라는 것을 알 수 있고, $a \neq 0$이고 $b=0$이라고 두면 $R_X(t,s)$는 $t-s$만의 함수라는 것을 알 수 있다. 이것을 새겨두고, 다시 (8.201)에서 $a=1$이고 $b=1$이라고 두면

$$R_{X,Y}(t,s) + R_{Y,X}(t,s) \tag{8.202}$$

가 $t-s$만의 함수이고, $a=\sqrt{-1}$이고 $b=1$이라고 두면

$$R_{X,Y}(t,s) - R_{Y,X}(t,s) \tag{8.203}$$

이 $t-s$만의 함수이다. 식 (8.202)와 (8.203)을 더하면 $R_{X,Y}(t,s)$가 $t-s$만의 함수라는 것을, 빼면 $R_{Y,X}(t,s)$가 $t-s$만의 함수라는 것을 알 수 있다. 따라서, a와 b를 어떻게 고르더라도 $aX(t)+bY(t)$가 넓은 뜻에서 정상이면 $X(t)$와 $Y(t)$가 넓은 뜻에서 결합 정상이다. □

8.3 확률 미적분*

통신이나 신호 처리에서는 입력 신호를 여러 가지로 연산하기 마련이다. 보기를 들어, 연속 시간 신호 처리에서는 입력 파형을 미분, 적분, 곱셈, 또는 길쌈할 때가 많고, 이와 비슷하게 이산 시간 신호 처리에서는 입력 수열을 차분하거나 더할 일이 자주 일어난다. 따라서, 신호와 시스템을 다룰 때에는 확률 신호가 이런 여러 가지 연산을 거친 다음, 어떤 특성을 지닐 것인지를 살펴보아야 한다. 그러므로, 여기서는 확률 미적분의 – 곧, 확률과정에서 쓸 수 있는 미적분의 – 개념을 간단히 알아본다.

8.3.1 확률과정의 미적분

신호 처리나 통신 시스템에서는 신호를 – 확률과정을 – 미분 또는 적분하는 일이 자주 일어난다. 이때, 자연스럽게 "확률과정은 확률적이 아닌 함수의 – 곧, '보통' 함수의 – 모음이므로 확률과정의 도함수나 적분을 보통 함수의 도함수이나 적분의 모음으로 간단히 뜻매김할 수 있지 않을까?"라고 생각할 수 있다.

그런데, 함수 $X(\cdot,\omega)$의 도함수는

$$\frac{d}{dt}X(t,\omega) \;=\; \lim_{\varepsilon\to 0}\frac{1}{\varepsilon}\left\{X(t,\omega)-X(t-\varepsilon,\omega)\right\} \tag{8.204}$$

처럼 뜻매김하고, 리만 적분은 $\frac{t}{\varepsilon}$가 정수일 때 네모 넓이의 극한으로

$$\int_0^t X(u,\omega)du \;=\; \lim_{\varepsilon\to 0}\varepsilon\sum_{i=1}^{\frac{t}{\varepsilon}}X(i\varepsilon,\omega) \tag{8.205}$$

처럼 뜻매김한다. 이때, (8.204)와 (8.205)에서 보듯, 확률과정 $X(t)$의 도함수와 적분을 각각 표본함수 $X(t,\omega)$의 도함수와 적분으로 뜻매김한다면, 표본공간의 표본점 ω마다 확률변수의 표본들이 극한값으로 수렴해야 한다. 그러나, 이런 조건은 너무 엄격하여 쓸모 있는 확률과정 가운데 어느 표본점에서도 늘 이렇게 수렴하는 것은, 이미 7.3절에서 수렴을 다룰 때에도 보았듯이, 거의 없다. 보기를 들면, 보기 8.38에서 다룬 위너 과정과 같은 확률과정은 거의 모든 표본점에서 극한 (8.204)가 없다. 그러므로, 확률과정의 도함수와 적분을 그런대로 쓸 만하게 뜻매김하려면, 확률변수의 수렴을 좀 더 약한 꼴로 생각해야만 한다.

한편, 어떨 때에는 거의 틀림 없는 수렴을 바탕으로 하는 확률 미적분을 반드시 생각해야 하지만, 거의 틀림 없는 수렴을 바탕으로 하는 확률 미적분은 매우 복잡하고 어려운 주제이므로 이 책에서는 좀 더 간편하게 제곱 평균 수렴[46]을 바탕으로 하는 확률 미적분을 생각해 본다. 제곱 평균 수렴을 바탕으로 하는 확률 미적분은 그런대로 다루기 쉽고, 확률과정의 2차 특성까지 연구할 때에도 알맞다. 이 확률 미적분은, 보기를 들면, 여파기를 거쳐야 하는 확률신호와 잡음 또는 입력이 확률과정인 선형 동적[47] 계통과 같이 신호 처리와 통신에서 자주 나오는 선형 변환을 다루는 영역에 알맞다.

[46] 뜻매김 7.5의 (7.159)-(7.161)에서 다루었음.
[47] linear dynamic

8.3.2 제곱 평균 연속

뜻매김 8.22 제곱 평균 연속[48]

확률과정 $X(t)$가

$$\lim_{\varepsilon\to 0} E\left[\{X(t)-X(t-\varepsilon)\}^2\right] = 0 \tag{8.206}$$

을 만족시키면 확률과정 $X(t)$는 t에서 제곱 평균 연속이라고 한다.

일반적으로 확률과정 $X(t)$가 (8.206)을 만족시킬 필요충분조건은 $t=s$일 때 $X(t)$의 자기상관함수 $R_X(t,s)$가 연속임이 – 곧, $t=s$일 때

$$\lim_{\varepsilon_1,\varepsilon_2\to 0} \{R_X(t-\varepsilon_1, t-\varepsilon_2) - R_X(t,t)\} = 0 \tag{8.207}$$

임이 – 알려져 있다. 한편, 확률과정 $X(t)$가 넓은 뜻에서 정상이라면 이 확률과정 $X(t)$의 자기상관함수 $R_X(\tau)$가 $\tau=0$에서 연속일 때, 곧

$$\lim_{\varepsilon\to 0} \{R_X(\varepsilon) - R_X(0)\} = 0 \tag{8.208}$$

일 때 확률과정 $X(t)$는 (8.207)을 만족시키므로 (8.206)을 만족시킨다. 바꾸어 말하면, 넓은 뜻에서 정상인 과정이 한 시간 t에서 제곱 평균 연속이면 다른 어떤 시간에서도 제곱 평균 연속이다.

보기 8.47 보기 8.29에서 다룬 바와 같이, 비동기 전보 신호 $Y(t)$의 자기상관함수는 $t>0$이고 $t+\tau>0$일 때

$$R_Y(\tau) = e^{-2\lambda|\tau|} \tag{8.209}$$

이다. 이 자기상관함수에서는

$$\begin{aligned}\lim_{\varepsilon\to 0} \{R_X(\varepsilon) - R_X(0)\} &= \lim_{\varepsilon\to 0}\left(e^{-2\lambda|\varepsilon|}-1\right)\\ &= 0\end{aligned} \tag{8.210}$$

이므로 (8.208)을 만족시킨다는 것을 알 수 있다. 그러므로, $Y(t)$는 어느 시간 $t>0$에서도 제곱 평균 연속이다. 그런데, $Y(t)$의 표본함수에는 뜀 불연속 점이 많이 있다. 곧, 이 보기에서 제곱 평균 연속은 연속보다 약한 꼴이라는 것을 알 수 있다. ◇

보기 8.48 보기 8.38에서 다룬 위너 과정 $W(t)$의 자기상관함수는 t와 s가 0보다 클 때

$$R_W(t,s) = \alpha^2 \min(t,s) \tag{8.211}$$

이다. 그런데,

[48]mean square continuity

$$\begin{aligned}\lim_{\varepsilon_1,\varepsilon_2\to 0}\{R_W(t-\varepsilon_1,t-\varepsilon_2)-R_W(t,t)\} &= \lim_{\varepsilon_1,\varepsilon_2\to 0}\left\{\alpha^2\min(t-\varepsilon_1,t-\varepsilon_2)-\alpha^2 t\right\}\\ &= -\lim_{\varepsilon_1,\varepsilon_2\to 0}\alpha^2\max(\varepsilon_1,\varepsilon_2)\\ &= 0 \end{aligned} \tag{8.212}$$

이므로 어느 시간 $t>0$에서도 (8.207)을 만족시킨다는 것을 알 수 있다. 그러므로, 위너 과정 $W(t)$는 어느 시간 $t>0$에서도 제곱 평균 연속이다. 이것은 위너 과정을 끝없이 작은 뜀을 끝없이 많이 모은 것으로 볼 수 있다[49]는 해석과 걸맞은 것이다. ◇

한편, $X(t)$가 t에서 제곱 평균 연속이면 평균함수 $m_X(t)$는 t에서 연속이다. 이것을 바탕으로 하면

$$\begin{aligned}\lim_{\varepsilon\to 0}E\{X(t+\varepsilon)\} &= \lim_{\varepsilon\to 0}m_X(t+\varepsilon)\\ &= m_X(t)\\ &= E\{X(t)\}\\ &= E\left\{\underset{\varepsilon\to 0}{\text{l.i.m.}}\ X(t+\varepsilon)\right\}\end{aligned} \tag{8.213}$$

을[50] 얻을 수 있는데, 이것은 제곱 평균 연속 확률과정을 다룰 때 기댓값과 극한의 연산 순서를 바꿀 수 있다는 것을 뜻한다.

8.3.3 제곱 평균 미분

뜻매김 8.23 제곱 평균 미분

확률과정 $X(t)$를 생각할 때

$$\lim_{\varepsilon\to 0}E\left\{\left[\frac{1}{\varepsilon}\{X(t)-X(t-\varepsilon)\}-X^{(1)}(t)\right]^2\right\} = 0 \tag{8.214}$$

인 확률변수 $X^{(1)}(t)$가 있으면 확률과정 $X(t)$를 t에서 제곱 평균 미분할 수 있다고 하고, $X^{(1)}(t)$를 $X(t)$의 도함수 또는 미분이라고 한다.

확률과정 $X(t)$의 도함수 $X^{(1)}(t)$를 $\frac{d}{dt}X(t)$처럼 쓰기도 한다. 확률과정 $X(t)$의 자기상관함수 $R_X(t,s)$가 $t=s$일 때 t와 s에서 결합 미분할 수 있으면 – 곧,

$$\begin{aligned}\left.\frac{\partial^2}{\partial t\partial s}R_X(t,s)\right|_{t=s} &= \lim_{\varepsilon_1\to 0}\frac{1}{\varepsilon_1}\left[\lim_{\varepsilon_2\to 0}\frac{1}{\varepsilon_2}\{R_X(t,s)-R_X(t,s-\varepsilon_2)\}\right.\\ &\qquad \left.\left.-\lim_{\varepsilon_2\to 0}\frac{1}{\varepsilon_2}\{R_X(t-\varepsilon_1,s)-R_X(t-\varepsilon_1,s-\varepsilon_2)\}\right]\right|_{t=s}\\ &= \lim_{\varepsilon_1,\varepsilon_2\to 0}\left[\frac{1}{\varepsilon_1\varepsilon_2}\{R_X(t,t)+R_X(t-\varepsilon_1,t-\varepsilon_2)\}\right.\\ &\qquad \left.-\frac{1}{\varepsilon_1\varepsilon_2}\{R_X(t,t-\varepsilon_2)+R_X(t-\varepsilon_1,t)\}\right]\end{aligned} \tag{8.215}$$

[49] 뒤에 나오는 (10.90)과 (10.92)에서 좀 더 자세히 살펴본다.
[50] 여기서, l.i.m.은 (7.161)에서 다룬 바 있다.

가 있으면 – 확률과정 $X(t)$가 (8.214)를 만족시키고, 또 그 역도 성립함이 알려져 있다. 확률과정 $X(t)$가 넓은 뜻에서 정상일 때 $R_X(\tau)$를 $\tau = 0$에서 두 번 미분할 수 있으면 – 곧, (8.215)에서 $\varepsilon_1 = \varepsilon_2 = \varepsilon$이라고 두고 $t - s = \tau$라고 두면, $dt = d\tau$이고 $ds = -d\tau$이므로

$$
\begin{aligned}
\left.\frac{d^2}{d\tau^2} R_X(\tau)\right|_{\tau=0} &\triangleq -\lim_{\varepsilon_1=\varepsilon_2\to 0} \frac{1}{\varepsilon_1\varepsilon_2} \{R_X(t-s) - R_X(t-s+\varepsilon_2) \\
&\qquad -R_X(t-\varepsilon_1-s) + R_X(t-\varepsilon_1-s+\varepsilon_2)\}|_{t-s=0} \\
&= -\lim_{\varepsilon\to 0} \frac{1}{\varepsilon^2} \{R_X(\tau) - R_X(\tau+\varepsilon) - R_X(\tau-\varepsilon) + R_X(\tau-\varepsilon+\varepsilon)\}\Big|_{\tau=0} \\
&= \lim_{\varepsilon\to 0} \frac{1}{\varepsilon^2} \{R_X(\varepsilon) - 2R_X(0) + R_X(-\varepsilon)\} \qquad (8.216)
\end{aligned}
$$

이 있으면 – (8.215)가 성립한다. 그러므로, 넓은 뜻에서 정상인 과정이 어떤 시간 t에서 제곱 평균 미분할 수 있으면 다른 어떤 시간에서도 미분할 수 있다.

한편, 확률과정 $X(t)$를 시간 t와 s에서 제곱 평균 미분할 수 있다면 제곱 평균 미분한 확률과정 $X^{(1)}(t)$의 평균함수는

$$m_{X^{(1)}}(t) = \frac{d}{dt} m_X(t) \qquad (8.217)$$

이고 자기상관함수는

$$R_{X^{(1)}}(t,s) = \frac{\partial^2}{\partial t \partial s} R_X(t,s) \qquad (8.218)$$

이다. 이와 더불어, $X(t)$가 넓은 뜻에서 정상이면 제곱 평균 미분한 확률과정 $X^{(1)}(t)$의 평균함수는

$$m_{X^{(1)}} = 0 \qquad (8.219)$$

이고 자기상관함수는

$$R_{X^{(1)}}(\tau) = -\frac{d^2}{d\tau^2} R_X(\tau) \qquad (8.220)$$

이다. 이때, (8.217)–(8.220)은 미분과 기댓값의 순서를 바꾸어 얻은 것들과 같은데, 보기를 들면,

$$
\begin{aligned}
m_{X^{(1)}}(t) &= E\left\{X^{(1)}(t)\right\} \\
&= E\left\{\frac{d}{dt} X(t)\right\} \\
&= \frac{d}{dt} E\{X(t)\} \\
&= \frac{d}{dt} m_X(t) \qquad (8.221)
\end{aligned}
$$

이다.

보기 8.49 식 (8.209)에 보인 비동기 전보 신호의 자기상관함수에서는

$$\begin{aligned}\lim_{\varepsilon\to 0}\frac{1}{\varepsilon^2}\{R_Y(\varepsilon)-2R_Y(0)+R_Y(-\varepsilon)\} &= \lim_{\varepsilon\to 0}\frac{2}{\varepsilon^2}\left(e^{-2\lambda|\varepsilon|}-1\right)\\ &= \lim_{\varepsilon\to 0}\frac{2}{2\varepsilon}\left\{-2\lambda e^{-2\lambda|\varepsilon|}\mathrm{sgn}(\varepsilon)\right\}\\ &\neq 0 \end{aligned} \tag{8.222}$$

이므로, $\left.\frac{d^2}{d\tau^2}R_Y(\tau)\right|_{\tau=0}$이 존재하지 않는다. 곧, 비동기 전보 신호는 제곱 평균 연속이지만, 제곱 평균 미분할 수 없다. ◇

보기 8.50 식 (8.211)에 보인 위너 과정 $W(t)$의 자기상관함수는

$$R_W(t,s) = \alpha^2\min(t,s) \tag{8.223}$$

이다. 이제, $\varepsilon_1,\varepsilon_2>0$일 때

$$\begin{aligned}&\lim_{\varepsilon_1,\varepsilon_2\to 0}\frac{1}{\varepsilon_1\varepsilon_2}\{R_W(t,t)-R_W(t,t-\varepsilon_2)-R_W(t-\varepsilon_1,t)+R_W(t-\varepsilon_1,t-\varepsilon_2)\}\\ &= \lim_{\varepsilon_1,\varepsilon_2\to 0}\frac{1}{\varepsilon_1\varepsilon_2}\{t-(t-\varepsilon_2)-(t-\varepsilon_1)+\min(t-\varepsilon_1,t-\varepsilon_2)\}\\ &= \begin{cases}\lim\limits_{\varepsilon_1,\varepsilon_2\to 0}\frac{1}{\varepsilon_1\varepsilon_2}\varepsilon_2, & \varepsilon_1\ge\varepsilon_2,\\ \lim\limits_{\varepsilon_1,\varepsilon_2\to 0}\frac{1}{\varepsilon_1\varepsilon_2}\varepsilon_1, & \varepsilon_1<\varepsilon_2\end{cases}\\ &\neq 0\end{aligned} \tag{8.224}$$

이므로 $\left.\frac{d^2}{d\tau^2}R_W(\tau)\right|_{\tau=0}$이 존재하지 않는다. 따라서, 위너 과정은 제곱 평균 연속이지만, 제곱 평균 미분할 수 없다. ◇

보기 8.49와 보기 8.50에서 다룬 확률과정들은 제곱 평균 미분할 수 없기 때문에 자기상관함수를 두 번 미분할 수 없다. 이것을 거꾸로 생각해 보면, 자기상관함수를 두 번 미분할 수 없기 때문에 이 확률과정들은 제곱 평균 미분할 수 없다고 말할 수 있다. 그 자기상관함수들을 미분하면 뜀 불연속 점이 생긴다. 따라서, 한 번 더 미분할 수 없다는 것을 알 수 있다.

여기서, 좀 더 생각을 넓혀 충격 함수를 바탕으로 뜀 불연속 점에서의 도함수를 생각하면, 자기상관함수들은 두 번 미분할 수 있으므로 확률과정을 제곱 평균 미분할 수 있다고 둘 수 있다. 이와 같이 넓힌 개념을 바탕으로, 자기상관함수의 도함수에 뜀 불연속 점이 많아야 유한 개라면, 미분과 기댓값의 연산 순서를 바꿀 수 있다고 하고, (8.218)과 (8.220)을 유효한 것이라고 보자[51]. 이렇게 생각한 확률과정을 상징적 과정[52]이라고 부른다. 다만, 여러 가지 신호 처리 연산에서 연속 시간 확률과정 모형 대신 이산 시간 모형을 써서 확률과정을 미분 또는 적분해야 할 때 일어나는 이와 같은 복잡성을 비켜 나가는 것이 가장 좋은 길이기는 하다.

보기 8.51 (위너 과정의 상징적 도함수) 평균함수가 0이고 자기공분산함수가

[51]마치 함수라는 개념에 일반화된 함수라는 개념을 넣어 함께 생각하는 것과 같은 것이다.
[52]symbolic process

$$K_W(t,s) = \alpha^2 \min(t,s), \quad t \geq 0, \ s \geq 0 \tag{8.225}$$

인 위너 과정 $W(t)$를 생각하자. 이 위너 과정 $W(t)$는 서로 끝없이 가까이 있는 끝없이 작은 뜀 불연속 점들이 이루는 것이므로 좁은 뜻에서도, 또 보기 8.50에서 본 것처럼 제곱 평균에서도 미분할 수 없다. 여기서, 상징적 과정

$$Z(t) = \frac{d}{dt}W(t) \tag{8.226}$$

을 생각해 보자. 상징적 과정 $Z(t)$는 열잡음 같은 넓은 대역 연속 파형 잡음을 모형화하는 데 매우 쓸모 있다. 이제, 기댓값과 미분이라는 두 선형 연산의 순서를 바꾸면 상징적 과정 $Z(t)$의 평균함수

$$\begin{aligned} E\{Z(t)\} &= E\left\{\frac{d}{dt}W(t)\right\} \\ &= \frac{d}{dt}E\{W(t)\} \\ &= 0, \quad t \geq 0 \end{aligned} \tag{8.227}$$

과 자기상관함수

$$\begin{aligned} R_Z(t,s) &= E\{Z(t)Z(s)\} \\ &= E\left[\left\{\frac{dW(t)}{dt}\right\}\left\{\frac{dW(s)}{ds}\right\}\right] \\ &= \frac{d}{dt}\frac{d}{ds}E\{W(t)W(s)\} \\ &= \frac{\partial^2}{\partial t \partial s}R_W(t,s) \end{aligned} \tag{8.228}$$

을 얻을 수 있다. 다음에, (8.225)를 (8.228)에 넣고 (1.240)을 새기면 t와 s가 0보다 작지 않을 때

$$\begin{aligned} R_Z(t,s) &= \alpha^2 \frac{\partial^2}{\partial t \partial s}\min(t,s) \\ &= \alpha^2 \delta(t-s) \end{aligned} \tag{8.229}$$

임을 알 수 있다. 이 충격성 자기상관함수는 $Z(t)$를 끝없이 작은 충격이 끝없이 빽빽하게 모인 것으로 볼 수 있다는 것을 뜻한다. 한편, $t \geq 0$이고 $s \geq 0$일 때 자기상관함수 $R_Z(t,s)$가 $t-s$의 함수이므로 $Z(t)$는 $t>0$일 때 넓은 뜻에서 정상이다. 확률과정 $Z(t)$를 이루는 끝없이 작은 충격을 이온 또는 자유전자 하나가 일으키는 전압 펄스로 볼 때 여기서 다룬 $Z(t)$는 열잡음 전압을 이상화한 모형이라고 할 수 있다. ◇

보기 8.52 위너 과정 $W(t)$의 도함수인 상징적 넓은 대역 정규 잡음과정 $Z(t)$의 자기상관함수는

$$R_Z(\tau) = \alpha^2 \delta(\tau) \tag{8.230}$$

이다. 그런데, 이 자기상관함수에서는 $R_Z(0)$이 존재하지 않으므로

$$\lim_{\varepsilon \to 0} \{R_X(\varepsilon) - R_X(0)\} \neq 0 \tag{8.231}$$

이다. 따라서, (8.208)을 만족시키지 않는다는 것을 알 수 있다. 곧, $Z(t)$는 제곱 평균 연속이 아니다. 이것은 $Z(t)$를 끝없이 작은 충격 함수를 끝없이 많이 모은 것으로 볼 때 자연스러운 것이다. ◇

보기 8.53 (포아송 셈 과정[53]의 상징적 도함수) 보기 8.51과 비슷하게 평균함수가

$$m_X(t) = \beta_Y \lambda t, \quad t \geq 0 \tag{8.232}$$

이고 자기공분산함수가

$$K_X(t,s) = \lambda \left(\sigma_Y^2 + \beta_Y^2\right) \min(t,s), \quad t \geq 0, \; s \geq 0 \tag{8.233}$$

인 포아송 셈 과정 $X(t)$를 생각하여

$$V(t) = \frac{d}{dt} X(t) \tag{8.234}$$

처럼 두자. 그러면

$$V(t) = \sum_{i=1}^{\infty} Y_i \delta(t - T_i), \quad t \geq 0 \tag{8.235}$$

로 쓸 수 있는데, 이때, 확률변수 Y_i의 평균은 β_Y이고, 확률변수 Y_i의 분산은 σ_Y^2이며, $\{T_i\}$는 포아송 점 과정이다. 포아송 셈 과정을 미분한 상징적 과정 $V(t)$의 표본함수 하나를 그림 8.9에 그려 두었다. 이제, 기댓값과 미분이라는 두 선형 연산의 순서를 바꾸면 보기 8.51과 비슷하게 상징적 과정 $V(t)$의 평균함수

$$\begin{aligned} m_V(t) &= \frac{d}{dt} m_X(t) \\ &= m_Y \lambda, \quad t \geq 0 \end{aligned} \tag{8.236}$$

과 자기공분산함수

$$\begin{aligned} K_V(t,s) &= \frac{\partial^2}{\partial t \partial s} K_X(t,s) \\ &= \lambda \left(\sigma_Y^2 + \beta_Y^2\right) \delta(t-s), \quad t, s \geq 0 \end{aligned} \tag{8.237}$$

을 얻을 수 있다. 곧, 위너 과정의 도함수 $Z(t)$와 마찬가지로 포아송 셈 과정의 도함수 $V(t)$도 $t > 0$일 때 넓은 뜻에서 정상이라는 것을 알 수 있다. ◇

[53] 포아송 셈 과정은 10.3.3절에서 좀 더 자세히 다룬다.

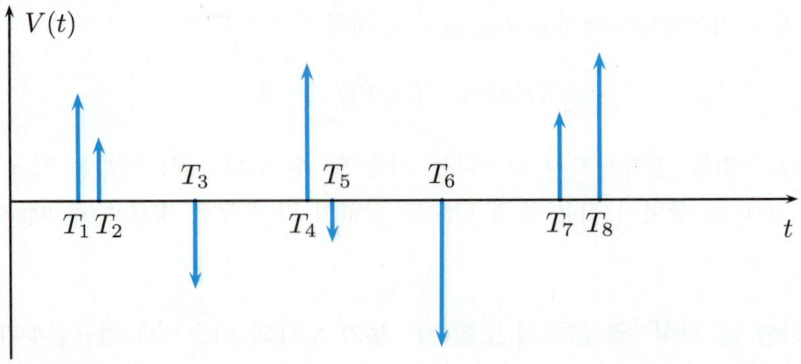

그림 8.9 포아송 셈 과정을 미분한 상징적 과정 $V(t)$의 통계학적 표본함수

보기 8.54 확률과정 $X(t)$가 제곱 평균 미분할 수 있고 넓은 뜻에서 정상일 때

$$E\left\{X(t)\,\frac{d}{dt}X(t)\right\} \;=\; 0 \tag{8.238}$$

임을 보이자.

풀이

(방법 1) 확률과정 $X(t)$가 넓은 뜻에서 정상이므로

$$\frac{1}{\tau}E\{X(t)X(t+\tau)\} \;=\; \frac{1}{\tau}E\{X(t-\tau)X(t)\} \tag{8.239}$$

임을 쓰면

$$E\left\{X(t)\frac{X(t+\tau)-X(t-\tau)}{\tau}\right\} \;=\; 0 \tag{8.240}$$

이다. 그러므로,

$$\lim_{\tau\to 0} E\left\{X(t)\frac{X(t+\tau)-X(t-\tau)}{\tau}\right\} \;=\; 0 \tag{8.241}$$

이고, 따라서

$$2E\left\{X(t)\frac{d}{dt}X(t)\right\} \;=\; 0 \tag{8.242}$$

이다.

(방법 2) 확률과정 $X(t)$가 넓은 뜻에서 정상이므로 $R_X(\tau) = E\{X(t)X(t+\tau)\}$이고 $R_X(0) = E\left\{X^2(t)\right\}$이다. 그러므로,

$$\begin{aligned}\frac{d}{dt}R_X(0) \;&=\; 0\\ &=\; \frac{d}{dt}E\left\{X^2(t)\right\}\end{aligned} \tag{8.243}$$

인데 이 식은

$$
\begin{aligned}
0 &= E\left\{\frac{d}{dt}X^2(t)\right\} \\
&= E\left\{X(t)\frac{d}{dt}X(t)\right\}
\end{aligned}
\tag{8.244}
$$

를 뜻한다.

(방법 3) 먼저,

$$
\begin{aligned}
\left.\frac{d}{d\tau}X(t+\tau)\right|_{\tau=0} &= \left.\frac{d}{du}X(u)\right|_{u=t} \\
&= \frac{d}{dt}X(t)
\end{aligned}
\tag{8.245}
$$

임과 $X(t)$가 넓은 뜻에서 정상이라는 것을 새겨 두면 $\frac{d}{d\tau}R_X(\tau) = \frac{d}{d\tau}R_X(-\tau)$이고 $\left.\frac{d}{d\tau}R_X(\tau)\right|_{\tau=0} = 0$이므로

$$
\begin{aligned}
\left.E\left\{X(t)\frac{d}{d\tau}X(t+\tau)\right\}\right|_{\tau=0} &= E\left\{X(t)\frac{d}{dt}X(t)\right\} \\
&= 0
\end{aligned}
\tag{8.246}
$$

이다. ◇

8.3.4 제곱 평균 적분

뜻매김 8.24 제곱 평균 적분

확률과정 $X(t)$를 생각하여 $\frac{t}{\varepsilon}$가 정수이도록 ε을 골랐을 때

$$
\lim_{\varepsilon\to 0} E\left[\left\{\varepsilon\sum_{i=1}^{\frac{t}{\varepsilon}} X(i\varepsilon) - X^{(-1)}(t)\right\}^2\right] = 0 \tag{8.247}
$$

인 확률과정 $X^{(-1)}(t)$가 있으면 확률과정 $X(t)$를 구간 $(0,t)$에서 제곱 평균 적분할 수 있다[54]고 하고, $X^{(-1)}(t)$를 $X(t)$의 적분이라고 한다.

위에서 $X(t)$를 적분한 확률과정 $X^{(-1)}(t)$를

$$
\int_0^t X(u)du \tag{8.248}
$$

처럼 쓰기도 한다. 확률과정 $X(t)$의 자기상관함수 $R_X(t,s)$가 네모꼴 $(0,t)\times(0,t)$에서 리만 적분할 수 있으면 – 곧, 극한

$$
\int_0^t\int_0^t R_X(u,v)dudv \triangleq \lim_{\varepsilon\to 0} E\left\{\varepsilon^2\sum_{i,j=1}^{\frac{t}{\varepsilon}} R_X(i\varepsilon, j\varepsilon)\right\} \tag{8.249}
$$

[54] mean square integrable

가 있으면 – 확률과정 $X(t)$가 (8.247)을 만족시키고, 또 그 역도 성립함이 알려져 있다. 확률과정 $X(t)$가 넓은 뜻에서 정상일 때에는 $R_X(\tau)$를 $(0,t)$에서 리만 적분할 수 있으면 – 곧,

$$\int_0^t R_X(u)du \triangleq \lim_{\varepsilon\to 0} E\left\{\varepsilon \sum_{i=1}^{\frac{t}{\varepsilon}} R_X(i\varepsilon)\right\} \tag{8.250}$$

이 있으면 – (8.249)가 성립한다.

확률과정 $X(t)$를 $(0,t)$와 $(0,s)$에서 제곱 평균 적분할 수 있으면 확률과정 $X(t)$의 적분 $X^{(-1)}(t)$의 평균함수와 자기상관함수는 각각

$$m_{X^{(-1)}}(t) = \int_0^t m_X(u)du, \quad t>0 \tag{8.251}$$

과

$$R_{X^{(-1)}}(t,s) = \int_0^t \int_0^s R_X(u,v)dvdu, \quad t,s>0 \tag{8.252}$$

임이 알려져 있다. 식 (8.251)과 (8.252)는 적분과 기댓값의 순서를 바꾸어 계산하여 얻을 수 있는 것과 같은 것이다.

일반적으로 어떤 함수에 뜀 불연속 점이 많아야 유한 개이어야 리만 적분할 수 있다. 그런데, 위너 과정의 상징적 도함수인 상징적 정규 넓은 대역 잡음과정, 포아송 과정의 상징적 도함수인 포아송 넓은 대역 잡음과정, 그리고 비동기 전보 신호의 상징적 도함수는 자기상관함수가 충격 함수이며, 이로 말미암아, 리만 적분할 수 없다. 그러나, 제곱 평균 미분할 수 있는 확률과정을 말할 때와 비슷하게 충격 함수의 적분을 계단 함수로 두고, 이 확률과정들도 모두 제곱 평균 적분할 수 있다고 보기로 하자. 이를 테면, 그와 같이 적분한 과정을 상징적 적분 또는 상징적 원시 함수[55]라고 부를 수 있을 것이다.

보기 8.55 (상징적 과정의 상징적 적분으로 본 위너 과정) 보기 8.51에서 위너 과정 $W(t)$의 상징적 도함수를 확률과정 $Z(t)$라고 두었다. 이것을 거꾸로 말하면, 끝없이 작은 충격을 끝없이 빽빽하게 모은 상징적 과정 $Z(t)$의 적분을 위너 과정 $W(t)$라고 말할 수 있다. 마찬가지로, 보기 8.53에서 포아송 셈 과정 $X(t)$의 상징적 도함수를 확률과정 $Y(t)$라고 두었다. 이것을 바꾸어 말하면, 유한한 충격을 유한히 빽빽하게 모은 상징적 과정 $Y(t)$의 적분을 포아송 셈 과정 $X(t)$라고 할 수 있다. ◇

한편, 미분은 확률과정의 정상성을 보존해주지만, 적분은 반드시 그렇지는 않다는 것을 새겨둘 만하다.

보기 8.56 위너 과정 $W(t)$를 미분하면 넓은 뜻에서 정상인 상징적 넓은 대역 정규 잡음과정 $Z(t)$를 얻는다. 이 확률과정 $Z(t)$는 넓은 뜻에서 정상이라는 것을 보기 8.51에서 본 바 있다. 이제, 이 확률과정 $Z(t)$를 적분하면 마땅히 위너 과정 $W(t)$를 얻을 수 있고 (8.252)를 써서 위너

[55] symbolic integral 또는 symbolic primitive function

과정 $W(t)$의 자기상관함수를 얻을 수 있다. 곧, $t, s \geq 0$이라고 두면 $t > y > 0$일 때 $-y < 0$이므로 $u(-y) = 0$이다. 이것을 새기면

$$\begin{aligned} R_W(t,s) &= \int_0^t \int_0^s \alpha^2 \delta(x-y) dx dy \\ &= \int_0^t \alpha^2 \ u(x-y) \Big|_{x=0}^{s} dy \\ &= \alpha^2 \int_0^t \{u(s-y) - u(-y)\} dy \\ &= \alpha^2 \int_0^t \ u(s-y) dy \\ &= \begin{cases} \alpha^2 t, & s \geq t, \\ \alpha^2 s, & s \leq t \end{cases} \\ &= \alpha^2 \min(t,s) \end{aligned} \tag{8.253}$$

이다. 이 식은 (8.151)과 같다. 식 (8.253)을 보면 넓은 뜻에서 정상인 과정 $Z(t)$를 적분한 과정인 $W(t)$는 넓은 뜻에서 정상이 아니라는 것을 알 수 있다. ◇

보기 8.57 보기 8.29에서 다룬 전보 신호 $X(t)$를 생각하여, 그 상징적 도함수를 $V(t) = \frac{d}{dt}X(t)$라고 두자. 그러면 확률과정 $V(t)$의 평균함수

$$E\{V(t)\} = -te^{-2\lambda t} \tag{8.254}$$

는 점근적으로 0이다. 한편, (8.220)에

$$\frac{d}{d\tau}|\tau| = \mathrm{sgn}(\tau) \tag{8.255}$$

이고

$$\frac{d}{d\tau}\mathrm{sgn}(\tau) = 2\delta(\tau) \tag{8.256}$$

임을 새기면, $t > 0$이고 $t + \tau > 0$일 때 확률과정 $V(t)$의 자기상관함수는

$$\begin{aligned} R_V(\tau) &= -\frac{d^2}{d\tau^2} e^{-2\lambda|\tau|} \\ &= 2\lambda \frac{d}{d\tau} \left\{ e^{-2\lambda|\tau|} \mathrm{sgn}(\tau) \right\} \\ &= 2\lambda \left\{ -2\lambda e^{-2\lambda|\tau|} \mathrm{sgn}^2(\tau) + 2e^{-2\lambda|\tau|}\delta(\tau) \right\} \\ &= 4\lambda\delta(\tau) - 4\lambda^2 e^{-2\lambda|\tau|} \end{aligned} \tag{8.257}$$

처럼[56] 얻을 수 있다. 그러므로, 확률과정 $V(t)$는 점근적으로 넓은 뜻에서 정상이다. 한편, 확

[56]여기서, $\tau \neq 0$이면 $\delta(\tau) = 0$이므로 $e^{-2\lambda|\tau|}\delta(\tau) = 0$이고, $\tau = 0$이면 $e^{-2\lambda|\tau|}\delta(\tau) = \delta(\tau)$이다. 곧, $e^{-2\lambda|\tau|}\delta(\tau)$는 $\delta(\tau)$로 바꾸어 쓸 수 있다. 한편, $\tau \neq 0$이면 $\mathrm{sgn}^2(\tau) = 1$이고, $\tau = 0$이면 $\mathrm{sgn}^2(\tau) = 0$이다. 그런데, $\delta(\tau)$로 말미암아 $\mathrm{sgn}^2(0)$은 어떤 값이라고 하더라도 여기서는 사실 뜻이 없다. 따라서, (8.257)의 가장 끝 줄과 같이 쓸 수 있다.

률과정 $V(t)$의 적분 $X(t)$는 평균함수가 점근적으로 0이고 자기상관함수는 (8.209)와 같으며, 따라서 점근적으로 넓은 뜻에서 정상이다[57]. ◇

이제까지 간단히 다룬 확률 미적분은 유클리드 거리 잣대를 바탕으로 한 실수함수의 미적분과 비슷한 것이다. 좁은 뜻에서 실수 함수를 다룰 때 계단 함수를 미분할 수 없고 충격 함수를 적분할 수 없듯이, 어떤 때에는 여기서 다룬 미분과 적분의 뜻매김조차 너무 엄격한 것이다. 그럴 때에는 위너 과정의 도함수나 포아송 셈 과정의 도함수 같은 상징적 과정을 생각하여 제곱 평균 미분과 제곱 평균 적분의 뜻과 적용 범위를 넓힐 수 있다. 다만, 충격 함수와 같은 일반화된 함수를 쓸 때 제한이 없지 아니 하듯이 상징적 과정을 쓸 때에도 가끔 몇 가지 제한이 생길 수 있다는 것을 새겨 두어야 한다.

보기 8.58 보기 8.51과 8.53에서 다룬 상징적 과정을 – 곧, $Z(t)$ 또는 $V(t)$를 – $U(t)$라고 두자. 이제,

$$h(t-\tau) \;=\; \begin{cases} 1, & t>\tau, \\ 0, & t<\tau \end{cases} \tag{8.258}$$

일 때

$$\begin{aligned} W(t) &= \int_{-\infty}^{\infty} h(t-\tau)U(\tau)d\tau \\ &= \int_{-\infty}^{t} h(t-\tau)U(\tau)d\tau, \quad t \geq 0 \end{aligned} \tag{8.259}$$

처럼 두자. 다음에, $t \geq 0$이고 $s \geq 0$일 때 $R_U(t,s) = \alpha^2\delta(t-s)$라는 것을 새기면

$$\begin{aligned} E\left\{W(t)\frac{dW(t)}{dt}\right\} &= \int_{-\infty}^{t}\int_{-\infty}^{t} h(t-\tau)\frac{d}{dt}\{h(t-v)\}E\{U(\tau)U(v)\}\,dv\,d\tau \\ &= \alpha^2\int_0^t\int_0^t h(t-\tau)\delta(t-v)\delta(\tau-v)\,dv\,d\tau \\ &= \alpha^2\int_0^t\left\{\int_0^t h(t-\tau)\delta(\tau-v)\,d\tau\right\}\delta(t-v)\,dv \end{aligned} \tag{8.260}$$

이다. 그런데, $t > v > 0$일 때 $-v < 0$이고 $t-v > 0$이며, $t > \tau > 0$일 때 $h(t-\tau) = 1$이므로, 위 식의 안쪽 적분은

$$\begin{aligned} \int_0^t h(t-\tau)\delta(\tau-v)\,d\tau &= \int_0^t \delta(\tau-v)\,d\tau \\ &= \int_{-v}^{t-v}\delta(u)\,du \\ &= 1 \end{aligned} \tag{8.261}$$

이다. 따라서,

[57] 한편, 보기 8.29에서 다룬 비동기 전보 신호 $Y(t)$를 생각하여도 같은 이야기를 할 수 있다. 다만, $X(t)$는 점근적으로 넓은 뜻에서 정상이지만, $Y(t)$는 넓은 뜻에서 정상이다

$$E\left\{W(t)\frac{d}{dt}W(t)\right\} = \alpha^2\int_0^t \delta(t-v)\,dv \tag{8.262}$$

이다. 여기서, (8.262)에 나온 적분 값은 0인지, 1인지, 아니면 다른 값인지 명확하지 않다. 이것은 좁은 뜻에서 미분할 수 없는 함수를 미분하였고, 좁은 뜻에서 적분할 수 없는 함수를 적분하였으며, $h(t-\tau)$가 연속이 아니기 때문이다. 확률과정 $W(t)$가 위너 과정일 때에는 이 적분 값이 $\frac{1}{2}$이라는[58] 것이 알려져 있다. ◇

보기 8.59 넓은 뜻에서 정상이고 적분할 수 있는 확률과정 $X(t)$의 평균함수가 m_X이고 자기공분산함수가 K_X일 때 $X(t)$를 적분한 $Y(t) = X^{(-1)}(t)$의 평균함수는

$$E\{Y(t)\} = m_X t, \quad t > 0 \tag{8.263}$$

이고 분산은

$$\sigma_Y^2(t) = t\int_{-t}^{t}\left(1-\frac{|\tau|}{t}\right)K_X(\tau)d\tau, \quad t > 0 \tag{8.264}$$

임을 보이자.

풀이 확률과정 $X(t)$는 넓은 뜻에서 정상이고 적분할 수 있는 과정이므로 확률과정 $X(t)$의 평균함수를

$$E\{X(t)\} = m_X, \quad t > 0 \tag{8.265}$$

처럼 쓰고, 자기공분산함수를

$$E\left[\{X(t)-m_X\}\{X(s)-m_X\}\right] = K_X(t-s) \tag{8.266}$$

처럼 쓰자. 그러면 확률과정 $X(t)$를 적분한 과정

$$Y(t) = \int_0^t X(u)du, \ t > 0 \tag{8.267}$$

의 평균함수는

$$\begin{aligned} m_Y(t) &= E\{Y(t)\} \\ &= \int_0^t E\{X(u)\}du \\ &= \int_0^t m_X du \\ &= m_X t, \ t > 0 \end{aligned} \tag{8.268}$$

[58] 사실, (6.306)에서 겹지수 확률밀도함수의 점수 함수 $d_1(1)$을 다룰 때에도 비슷한 현상이 일어났다. 그때와 비슷하게 적분 $\int_0^t \delta(t-v)dv$를

$$\frac{1}{2}\left\{\int_0^{t^-}\delta(t-v)dv + \int_0^{t^+}\delta(t-v)dv\right\}$$

처럼 볼 수 있을 것이다.

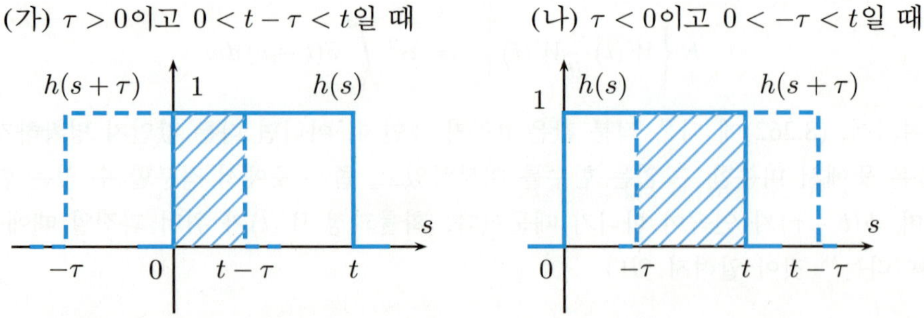

그림 8.10 한 좌표 평면에 나타낸 $h(s)$와 $h(s+\tau)$의 곱 $h(s)h(s+\tau)$: 빗금친 곳의 넓이가 $\int_{-\infty}^{\infty} h(s)h(s+\tau)ds$의 값이다.

이고 분산은

$$\begin{aligned}\sigma_Y^2(t) &= E\left[\{Y(t)-m_Y(t)\}^2\right] \\ &= \int_0^t \int_0^t E\left[\{X(u)-m_X\}\{X(v)-m_X\}\right] dudv \\ &= \int_0^t \int_0^t K_X(u-v)dudv \end{aligned} \tag{8.269}$$

이다. 이제, $\tau = t-s$라고 두고 창문 함수

$$h(v) = \begin{cases} 1, & 0 \le v < t, \\ 0, & \text{그 밖에는} \end{cases} \tag{8.270}$$

을 쓰고 그림 8.10을 새기면

$$\begin{aligned}\int_{-\infty}^{\infty} h(s)h(s+\tau)ds &= \begin{cases} (t-\tau)-0, & \tau>0\text{이고 } 0<t-\tau<t\text{일 때}, \\ t-(-\tau), & \tau<0\text{이고 } 0<-\tau<t\text{일 때}, \\ 0, & \text{그 밖에는} \end{cases} \\ &= \begin{cases} t-|\tau|, & |\tau|<t\text{일 때}, \\ 0, & \text{그 밖에는} \end{cases} \\ &= (t-|\tau|)\, u\, (t-|\tau|) \end{aligned} \tag{8.271}$$

임을 알 수 있다. 이 식을 바탕으로, (8.269)에 보인 $Y(t)$의 분산 $\sigma_Y^2(t)$를 $t>0$일 때

$$\begin{aligned}\sigma_Y^2(t) &= \int_{-\infty}^{\infty}\int_{-\infty}^{\infty} h(t)h(s)K_X(t-s)dtds \\ &= \int_{-\infty}^{\infty} K_X(\tau)\left\{\int_{-\infty}^{\infty} h(s+\tau)h(s)ds\right\}d\tau \\ &= t\int_{-t}^{t}\left(1-\frac{|\tau|}{t}\right)K_X(\tau)d\tau \end{aligned} \tag{8.272}$$

처럼 다시 쓸 수 있다. ◇

8.4 에르고딕 정리

에르고딕 정리[59] 또는 큰 수의 법칙[60]은 확률과정의 시간 평균이 – 곧, 표본평균

$$\begin{aligned}\overline{X}_n &= \frac{1}{n}(X_1 + X_2 + \cdots + X_n) \\ &= \frac{1}{n}\sum_{i=1}^{n} X_i \end{aligned} \tag{8.273}$$

이 – 관측 기간 n이 커질 때 수렴할 조건을 알려준다. 확률과정 $\{X_t, t \in \mathbb{T}\}$를 생각할 때

$$\frac{1}{n}\sum_{i=0}^{n-1} X_i \underset{n\to\infty}{\longrightarrow} \hat{X}, \qquad \text{이산 시간 확률과정} \tag{8.274}$$

또는

$$\frac{1}{T}\int_0^T X(t)dt \underset{T\to\infty}{\longrightarrow} \hat{X}, \qquad \text{연속 시간 확률과정} \tag{8.275}$$

를 만족시키는 확률변수 $\hat{X}$가 있으면 확률과정 $\{X_t, t \in \mathbb{T}\}$는 에르고딕 정리를 만족시킨다고 한다. 이때, 위 수렴 (8.274) 또는 (8.275)에서 수렴 종류가 바뀌면 만족시키는 에르고딕 정리도 달라진다. 보기를 들어, 위 수렴이 제곱 평균 수렴이면 이것을 만족시키는 확률과정은 평균 에르고딕 정리를 만족시킨다고 한다. 그뿐만 아니라, 확률과정의 적분은 극한으로 뜻매김해야 하므로 (8.275)에 나온 확률과정의 적분도, 8.3절에서 다루듯이, 확률과정의 수렴 종류가 바뀌면 뜻매김이 달라진다.

8.4.1 에르고딕 정리

에르고딕 정리는 확률과정 응용의 핵심 가운데 하나인데 이것은 에르고딕 정리가 – 물리적으로 잴 수 있는 양들을 모형화해주는 – 시간 평균이 수렴하는지를 알려주기 때문이다. 특히, 독립이고 분포가 같다든지 정상이라든지 하는 것이 아닌, 매우 일반적인 가정만으로도 시간 평균이 수렴할 수 있다는 사실이 중요하다.

먼저, (7.160)에서 다루었듯이

$$\lim_{n\to\infty} E\left\{(Y_n - Y)^2\right\} = 0 \tag{8.276}$$

이면 $\{Y_n\}_{n=1}^{\infty}$은 Y에 제곱 평균으로 수렴한다고 하고, 이것을

$$\underset{n\to\infty}{\text{l.i.m.}}\, Y_n = Y \tag{8.277}$$

과 같이 쓴다는 것을 되새겨 두고 에르고딕 정리를 몇 개 살펴보자.

---

[59]ergodic theorem

[60]law of large numbers. 제7장에서 다루었다.

정리 8.2 **평균 에르고딕 정리**[61] 평균함수 $E\{X_n\} = m$과 분산 $\sigma^2_{X_n} = \sigma^2_X$이 유한하고 상관이 없는 이산 시간 확률과정 $\{X_n\}$의 표본평균

$$\overline{X}_n = \frac{1}{n}\sum_{i=0}^{n-1} X_i \tag{8.278}$$

은 기댓값

$$E\{X_n\} = m \tag{8.279}$$

로 제곱 평균 수렴한다. 곧,

$$\underset{n\to\infty}{\text{l.i.m.}} \frac{1}{n}\sum_{i=0}^{n-1} X_i = m \tag{8.280}$$

이다. ■■

증명 먼저, $E\{\overline{X}_n\} = E\{X_i\} = m$이다. 따라서, (7.75)를 새기면

$$\begin{aligned} \lim_{n\to\infty} E\left\{\left(\overline{X}_n - m\right)^2\right\} &= \lim_{n\to\infty} \frac{\sigma^2_X}{n} \\ &= 0 \end{aligned} \tag{8.281}$$

이다. □

정리 8.3 넓은 뜻에서 정상인 이산 시간 확률과정 $\{X_n\}$의 자기공분산함수를 K_X라고 할 때

$$K_X(0) < \infty \tag{8.282}$$

이고

$$\lim_{n\to\infty} K_X(n) = 0 \tag{8.283}$$

이면 $\{X_n\}$은 평균 에르고딕 정리를 만족시킨다. ■■

증명 확률과정 $\{X_n\}$이 넓은 뜻에서 정상이므로 $\overline{X}_n$의 분산을

$$\begin{aligned} \sigma^2_{\overline{X}_n} &= E\left(\left[\overline{X}_n - E\{\overline{X}_n\}\right]^2\right) \\ &= E\left(\frac{1}{n^2}\sum_{i=0}^{n-1}\sum_{j=0}^{n-1}\left[X_i - E\{X_i\}\right]\left[X_j - E\{X_j\}\right]\right) \\ &= \frac{1}{n^2}\sum_{i=0}^{n-1}\sum_{j=0}^{n-1} K_X(i-j) \\ &= \frac{1}{n}K_X(0) + \frac{2}{n}\sum_{k=1}^{n-1}\left(1 - \frac{k}{n}\right)K_X(k) \end{aligned} \tag{8.284}$$

[61] mean ergodic theorem

처럼 다시 쓸 수 있다. 이제, $k \to \infty$일 때 $K_X(k) \to 0$이므로 $\varepsilon > 0$이 어떤 값이더라도 $k > N$일 때 $K_X(k) < \frac{\varepsilon}{2}$인 수 N을 찾을 수 있다. 한편, $|K_X(k)|$는 $k = 0$일 때 가장 크다. 곧, $|K_X(k)| \le K_X(0)$이다. 이 둘을 바탕으로 $n > N$일 때 (8.284)를 바꾸어 쓰면

$$\begin{aligned}
\sigma^2_{\overline{X}_n} &\le \frac{1}{n}K_X(0) + \frac{2}{n}\sum_{k=1}^{n-1}\left(1-\frac{k}{n}\right)|K_X(k)| \\
&\le \frac{1}{n}K_X(0) + \frac{2}{n}\sum_{k=1}^{N}\left(1-\frac{k}{n}\right)K_X(0) + \frac{1}{n}\sum_{k=N+1}^{n-1}\left(1-\frac{k}{n}\right)\varepsilon \\
&\le \frac{(1+2N)}{n}K_X(0) + \frac{\varepsilon}{2} \qquad (8.285)
\end{aligned}$$

이다. 식 (8.285)의 셋째 부등식을 얻을 때

$$\begin{aligned}
\sum_{k=1}^{N}\left(1-\frac{k}{n}\right) &\le \sum_{k=1}^{N} 1 \\
&= N \qquad (8.286)
\end{aligned}$$

과

$$\begin{aligned}
\sum_{k=N+1}^{n-1}\left(1-\frac{k}{n}\right) &= (n-N-1) - \frac{(n+N)(n-N-1)}{2n} \\
&= \frac{(n-N-1)(n-N)}{2n} \\
&\le \frac{n}{2} \qquad (8.287)
\end{aligned}$$

을 썼다. 이제, $\varepsilon > 0$이 어떤 값이더라도 n을 충분히 크게 하면 $\sigma^2_{\overline{X}_n}$을 ε보다 작게 만들 수 있다는 것을 (8.285)에서 알 수 있다. 따라서, $n \to \infty$일 때

$$\sigma^2_{\overline{X}_n} \to 0 \qquad (8.288)$$

이다. □

정리 8.3에 나온 조건

$$\lim_{n\to\infty} K_X(n) = 0 \qquad (8.289)$$

는 '점근적으로 상관이 없는 확률과정'을 뜻매김하는 것으로 – 곧, '상관 없음의 점근 꼴'을 뜻매김하는 것으로 – 쓸 수 있다. 보기를 들어, 이 조건은 시간 차가 넉넉히 크면 공분산이 0일 때를 가리킨다. 자기공분산함수가 이 조건을 만족시키는 또 다른 보기로 $|\rho| < 1$인 기하 공분산 함수 $K_X(k) = \rho^{|k|}$를 들 수 있다. 한편, 연속 시간 확률과정에서도 정리 8.3에 보인 덧셈꼴을 적분꼴로만 바꾸면 비슷한 결과를 얻을 수 있다.

확률과정이 제곱 평균으로 수렴할 더 느슨한 조건을 다음 에르고딕 정리에서 살펴보자.

정리 8.4 이산 시간 확률과정 $\{X_n\}_{n=0}^{\infty}$의 평균함수를 $E\{X_n\}$이라고 하고, 자기공분산함수를 $K_X(i,j)$라고 하자. 이 확률과정이 넓은 뜻에서조차 정상이 아니더라도 좋다. 이때,

$$\lim_{n\to\infty} \frac{1}{n} \sum_{i=0}^{n-1} E\{X_i\} = m \tag{8.290}$$

이고

$$\lim_{n\to\infty} \frac{1}{n^2} \sum_{i=0}^{n-1} \sum_{k=0}^{n-1} K_X(i,k) = 0 \tag{8.291}$$

이면,

$$\underset{n\to\infty}{\text{l.i.m.}} \frac{1}{n} \sum_{i=0}^{n-1} X_i = m \tag{8.292}$$

이며, 그 역도 성립한다. 곧, 점근적으로 상관이 없고 기댓값들의 산술 평균이 수렴하는 확률과정의 표본평균은 제곱 평균으로 기댓값에 수렴하며, 그 역도 성립한다. ■■

증명 먼저, (8.292)이면 (8.290)이고 (8.291)임을 보이자. 코쉬-슈바르츠 부등식에서

$$|E\{X,Y\}| \le \sqrt{E\{X^2\}}\sqrt{E\{Y^2\}} \tag{8.293}$$

인데, 이 식을 쓰고 (8.292)를 새기면

$$\begin{aligned} \left| \frac{1}{n} \sum_{i=0}^{n-1} E\{X_i\} - m \right| &= \left| E\left\{ \frac{1}{n} \sum_{i=0}^{n-1} X_i - m \right\} \right| \\ &\le \sqrt{E\left\{ \left| \frac{1}{n} \sum_{i=0}^{n-1} X_i - m \right|^2 \right\}} \\ &\underset{n\to\infty}{\longrightarrow} 0 \end{aligned} \tag{8.294}$$

이다. 곧,

$$\lim_{n\to\infty} \left| \frac{1}{n} \sum_{i=0}^{n-1} E\{X_i\} - m \right| = 0 \tag{8.295}$$

인데 이 식은 (8.290)과 같은 것이다. 한편, 세모 부등식 $|a-b| \le |a-c| + |c-b|$에서

$$\begin{aligned} \frac{1}{n^2} \sum_{i=0}^{n-1} \sum_{k=0}^{n-1} K_X(i,k) &= E\left\{ \left| \frac{1}{n} \sum_{k=0}^{n-1} (X_k - E[X_k]) \right|^2 \right\} \\ &\le E\left\{ \left(\left| \frac{1}{n} \sum_{k=0}^{n-1} X_k - m \right| + \left| m - \frac{1}{n} \sum_{k=0}^{n-1} E[X_k] \right| \right)^2 \right\} \\ &= E\left\{ \left| \frac{1}{n} \sum_{k=0}^{n-1} X_k - m \right|^2 \right\} \\ &\quad + 2E\left\{ \left| \frac{1}{n} \sum_{k=0}^{n-1} X_k - m \right| \cdot \left| m - \frac{1}{n} \sum_{k=0}^{n-1} E(X_k) \right| \right\} \\ &\quad + E\left\{ \left| m - \frac{1}{n} \sum_{k=0}^{n-1} E(X_k) \right|^2 \right\} \end{aligned} \tag{8.296}$$

을 얻을 수 있다. 이 식의 마지막 세 항을 $n \to \infty$일 때 살펴보자. 첫 항은 (8.292)에서, 셋째 항은 앞에서 얻은 (8.290)에서 0이라는 것을 알 수 있다. 그리고, 코쉬-슈바르츠 부등식을 쓰면 둘째 항도 0이라는 것을 알 수 있다. 따라서, (8.291)을 얻는다.

이제, (8.290)이고 (8.291)일 때를 생각하자. 그러면 다시 세모 부등식을 쓰면

$$\begin{aligned} E\left\{\left|\frac{1}{n}\sum_{k=0}^{n-1}X_k - m\right|^2\right\} &\le E\left\{\left(\left|\frac{1}{n}\sum_{k=0}^{n-1}[X_k - E\{X_k\}]\right| + \left|\frac{1}{n}\sum_{k=0}^{n-1}E\{X_k\} - m\right|\right)^2\right\} \\ &= E\left\{\left|\frac{1}{n}\sum_{k=0}^{n-1}(X_k - E[X_k])\right|^2\right\} \\ &\quad + 2E\left\{\left|\frac{1}{n}\sum_{k=0}^{n-1}(X_k - E[X_k])\right| \cdot \left|\frac{1}{n}\sum_{k=0}^{n-1}E(X_k) - m\right|\right\} \\ &\quad + E\left\{\left|\frac{1}{n}\sum_{k=0}^{n-1}E(X_k) - m\right|^2\right\} \end{aligned} \tag{8.297}$$

을 얻을 수 있다. 위 첫 항은 (8.291)에서, 셋째 항은 (8.290)에서, 둘째 항은 코쉬-슈바르츠 부등식을 쓰면 0이라는 것을 쉽게 알 수 있다. 곧 (8.292)를 얻는다. □

바꾸어 말하면, 표본평균이 어떤 상수에 제곱 평균 수렴하면 기댓값들의 산술 평균은 수렴하고 (8.291)의 관점에서 시간 차가 커질수록 공분산은 줄어 들며, 그 역도 성립한다. 이제, 정리 8.4에서 $\{X_n\}$이 2차 정상이라고 두면 다음 정리를 얻는다.

정리 8.5 **제곱 평균 에르고딕 정리**[62] 2차 정상 과정 $\{X_n\}_{n=1}^{\infty}$의 평균함수가 m이고 자기공분산함수가

$$K(i) = \text{Cov}(X_n, X_{n+i}) \tag{8.298}$$

일 때

$$\overline{X}_n = \frac{1}{n}\sum_{i=1}^{n}X_i \tag{8.299}$$

처럼 두자. 그러면

$$\lim_{n\to\infty}\frac{1}{n}\sum_{i=0}^{n-1}K(i) = 0 \tag{8.300}$$

일 때

$$\lim_{n\to\infty}E\left\{\left(\overline{X}_n - m\right)^2\right\} = 0 \tag{8.301}$$

이고, 그 역도 성립한다. ■■

[62] mean square ergodic theorem

증명 먼저,

$$\lim_{n\to\infty}\frac{1}{n}\sum_{i=0}^{n-1}K(i) = 0 \tag{8.302}$$

일 때 $Y_i = X_i - m$처럼, 또

$$\overline{Y}_n = \frac{1}{n}\sum_{i=1}^{n}Y_i \tag{8.303}$$

처럼 두자. 그러면

$$\begin{aligned} E\left\{\overline{Y}^2_n\right\} &= \frac{1}{n^2}E\left\{\sum_{i=1}^{n}Y_i^2 + 2\sum_{j=2}^{n}\sum_{i=1}^{j-1}Y_iY_j\right\} \\ &= \frac{K(0)}{n} + \frac{2}{n^2}\sum_{j=2}^{n}\sum_{i=1}^{j-1}K(j-i) \end{aligned} \tag{8.304}$$

인데 이 식의 오른쪽 둘째 항을 다시 쓰면

$$\begin{aligned} \frac{2}{n^2}\sum_{j=2}^{n}\sum_{i=1}^{j-1}K(j-i) &= \frac{2}{n^2}\sum_{j=2}^{n}\sum_{i=1}^{j-1}K(i) \\ &= \frac{2}{n^2}\left\{\sum_{j=2}^{m}\sum_{i=1}^{j-1}K(i) + \sum_{j=m+1}^{n}\sum_{i=1}^{j-1}K(i)\right\} \end{aligned} \tag{8.305}$$

이다. 여기서, $\lim\limits_{n\to\infty}\frac{1}{n}\sum\limits_{i=0}^{n-1}K(i) = 0$이므로 $j \geq m$일 때

$$\left|\frac{1}{j}\sum_{i=1}^{j-1}K(i)\right| < \varepsilon \tag{8.306}$$

과 같이 쓸 수 있고, j가 커질수록 ε을 더욱 작게 둘 수 있다. 따라서, (8.305)의 마지막 줄 둘째 항을 살펴보면

$$\begin{aligned} \left|\frac{2}{n^2}\sum_{j=m+1}^{n}j\cdot\frac{1}{j}\sum_{i=1}^{j-1}K(i)\right| &\leq \frac{2}{n^2}\sum_{j=m+1}^{n}j\varepsilon \\ &\leq 2\varepsilon \end{aligned} \tag{8.307}$$

이다. 이제 (8.307)을 (8.305)에 넣으면 $n\to\infty$일 때

$$\begin{aligned} \left|\frac{2}{n^2}\sum_{j=2}^{n}\sum_{i=1}^{j-1}K(i)\right| &\leq \frac{2}{n^2}\left|\sum_{j=2}^{m}\sum_{i=1}^{j-1}K(i)\right| + 2\varepsilon \\ &\to 0 \end{aligned} \tag{8.308}$$

이다. 곧,

$$\lim_{n\to\infty}E\left\{\overline{Y}^2_n\right\} = 0 \tag{8.309}$$

이다.

다음에, $\lim_{n\to\infty} E\left\{\overline{Y}_n^2\right\} = 0$이면

$$\begin{aligned}\left(\sum_{i=0}^{n-1}\frac{K(i)}{n}\right)^2 &= \left[\frac{1}{n}\sum_{i=1}^{n}E\{(X_1-m)(X_i-m)\}\right]^2\\ &= \left[E\left\{(X_1-m)\frac{1}{n}\sum_{i=1}^{n}(X_i-m)\right\}\right]^2\\ &= \left[E\left\{Y_1\overline{Y}_n\right\}\right]^2\\ &\le E\left\{Y_1^2\right\}E\left\{\overline{Y}_n^2\right\}\end{aligned} \tag{8.310}$$

이므로 $n\to 0$일 때

$$\sum_{i=0}^{n-1}\frac{K(i)}{n} \to 0 \tag{8.311}$$

을 얻는다. □

이제까지는 표본평균의 수렴을 생각해 보았다. 이와 비슷하게 표본 자기상관함수나 표본 자기공분산함수의 수렴을 생각할 수 있다. 아래에 자기공분산함수의 수렴을 다룬 정리를 하나 적어 둔다.

정리 8.6 평균함수가 0인 2차 정상 정규 확률과정 $\{X_n\}$의 자기공분산함수를 $K(i)$라고 하고, 표본 자기공분산함수를

$$\hat{K}_T(i) = \frac{1}{T}\sum_{l=1}^{T}X_lX_{l+i} \tag{8.312}$$

처럼 두자. 이때,

$$\lim_{T\to\infty}\frac{1}{T}\sum_{i=1}^{T}K^2(i) = 0 \tag{8.313}$$

이면 i가 어떤 자연수이더라도

$$\lim_{T\to\infty}E\left\{\left|\hat{K}_T(i)-K(i)\right|^2\right\} = 0 \tag{8.314}$$

이다. ■■

8.4.2 정상성과 에르고드 성질*

에르고딕 정리를 만족시킨다는 것은 확률과정의 표본평균이 '무언가'에 수렴한다는 것이다. 그렇지만, 확률과정이 에르고딕 정리를 만족시킨다고 하여도, 그 확률과정의 표본평균이 꼭 '기댓값'에 수렴하는 것은 아니다. 그뿐만 아니라 평균함수가 시간의 함수인 – 곧, 정상이 아닌 – 확

률과정에서도 에르고딕 정리가 자주 성립한다. 보기를 들어, 어떤 확률과정이 순간적인 변화 또는 주기성을 가지고 있고 이것 때문에 정상성을 만족시키지 않는다고 하자. 그렇더라도, 오랜 시간 동안 관찰해서 얻은 표본평균은 여전히 기댓값은 아니더라도 어떤 값에 수렴할 수 있다. 곧, 정상성을 시간 평균이 수렴할 필요조건이라고 생각하기 쉬운데, 사실은 그렇지 않다는 것이다. 그뿐만 아니라, 확률과정이 정상이라고 하더라도 표본평균들은 기댓값이 아닌 값에 수렴할 수 있다. 아래 보기를 살펴보자.

보기 8.60 동전 하나는 **앞**이 나올 확률이 α_1이고 다른 하나는 **앞**이 나올 확률이 α_2라고 하자. 이 두 동전 가운데 하나를 아무렇게나 골라 그 동전을 끝없이 던질 때 **앞**이 나오면 1, 아니면 0이라는 확률과정 $\{X_n\}$을 생각하자. 그러면 $\{X_n\}$의 시간 평균은 고른 동전이 첫째 동전이면 α_1에, 둘째 동전이면 α_2에 수렴한다. 곧, $\{X_n\}$의 시간 평균은 확률질량함수가

$$p_M(x) = \begin{cases} \frac{1}{2}, & x = \alpha_1, \\ \frac{1}{2}, & x = \alpha_2 \end{cases} \tag{8.315}$$

인 두 점 확률변수 M에 수렴한다. 말할 것도 없이, $\{X_n\}$의 극한 시간 평균인 M은 $\{X_n\}$의 기댓값인

$$\frac{\alpha_1 + \alpha_2}{2} \tag{8.316}$$

과 다르다. ◇

이와 더불어 에르고딕 정리를 만족시키는 과정은 에르고딕 과정과는 다르다는 것을 새겨 두어야 한다. 어떤 확률과정의 표본평균이 수렴한다는 것은 그 확률과정이 에르고딕 정리를 만족시킨다는 것이지 반드시 에르고드 성질[63]을 가진다는 – 곧, 에르고딕 과정이라는 – 것을 뜻하지는 않는다. 보기 8.60에서 다룬 확률과정은 시간 평균이 확률변수로 수렴하므로 에르고딕 정리를 만족시키지만 $p \neq q$이면 에르고딕 과정은 아니다.

특히, 어떤 확률과정의 표본평균이 기댓값, 곧 평균으로 수렴하면 그 확률과정이 에르고딕하다고들 말하지만 이것은 바르지 않은 것일 뿐만 아니라 표본평균이 수렴하려면 에르고드 성질이 필요하다는 그릇된 인상을 준다. 표본평균이 수렴하는 것은 에르고딕 정리를 만족시키는 것과 같지만 더욱더 제한적인 성질인 에르고드 성질을 꼭 지녀야만 하는 것은 아니다. 다만, 표본평균이 확률변수가 아니라 상수로 수렴하기 위한 필요조건이 에르고드 성질을 가지는 것이다. 따라서, 확률과정을 다룰 때 에르고딕 정리와 에르고드 성질을 제대로 구별해야 한다.

정리하자면,

가. '확률과정이 에르고딕 정리를 만족시킨다는 것',

나. '확률과정이 정상 과정이라는 것',

다. '확률과정이 에르고딕 과정이라는 것',

이 셋 가운데에서 **나**가 **가**의 충분조건이라는 것 말고는, 이 셋의 어느 것도 다른 것의 필요조건도 아니고 충분조건도 아니다. 한편, 확률과정에서 얻은 표본평균이 수렴할 조건은 **나**가 아니

[63] ergodicity. 부록 8.1에서 조금 더 자세히 다룬다.

라 **가**이다. 이와 더불어, 확률과정에서 얻은 표본평균이 확률변수가 아니라 상수로 수렴할 필요조건은 **나**가 아니라 **다**이다. 따라서, **나**가 **가**의 충분조건이라는 것을 새기면, **나**이고 **다**일 때 – 곧, 정상 에르고딕 과정에서 – **가**, **나**, **다**이므로 표본평균은 상수로 수렴하고 그 상수는 기댓값과 같다.

부록

부록 8.1 에르고드 성질

다시 한 번 더, 어떤 확률과정에서 표본평균이 수렴한다는 것은 그 확률과정이 에르고딕 정리를 만족시킨다는 것이지 에르고드 성질을 가진다는 것을 뜻하지는 않는다는 것을 새겨 두자. 이 부록에서는 에르고드 성질을 조금 더 자세히 살펴본다.

뜻매김 8.25 옮김 연산자[64]

확률공간 $(\mathbb{R}^I, \mathcal{B}(\mathbb{R})^I, P)$에서의 무한 수열 $\omega = \{x_t, t \in I\}$를

$$T\omega \;=\; \{x_{t+1}, t \in I\} \tag{8.317}$$

로 만드는 연산자 T를 옮김 연산자라고 한다.

보기 8.61 한쪽 수열 $\omega = (x_0, x_1, \cdots)$을 옮김 연산하면

$$T\omega \;=\; (x_1, x_2, \cdots) \tag{8.318}$$

이고, 두쪽 수열 $\omega = (\cdots, x_{-1}, x_0, x_1, \cdots)$을 옮김 연산하면

$$T\omega \;=\; (\cdots, x_0, x_1, x_2, \cdots) \tag{8.319}$$

를 얻는다. ◇

옮김 연산자를 써서 정상 과정을 다시 뜻매김하면 아래와 같다.

뜻매김 8.26 정상 과정

분포가 P인 이산 시간 확률과정은 $\mathcal{B}(\mathbb{R})^I$의 어느 원소 F를 골라도

$$P\left(T^{-1}F\right) \;=\; P(F) \tag{8.320}$$

이면 정상 확률과정이다.

뜻매김 8.27 불변 사건[65]

사건 F가

$$T^{-1}F \;=\; F \tag{8.321}$$

을 만족시키면, 또 그럴 때에만, 이 사건 F를 옮김 연산자 T의 불변 사건이라고 한다.

[64] shift operator
[65] invariant event

뜻매김 8.28 에르고드 성질, 에르고딕 확률과정

불변 사건 F를 어떻게 고르더라도

$$P(F) = 0 \text{ 또는 } 1 \tag{8.322}$$

이면 그 확률과정을 에르고딕 확률과정이라고 한다.

보기 8.62 분포 P가 아래와 같은 두쪽 확률과정을 생각해 보자.

$$P(\cdots, x_{-1}=1, x_0=0, x_1=1, x_2=0, \cdots) = p,$$
$$P(\cdots, x_{-1}=0, x_0=1, x_1=0, x_2=1, \cdots) = 1-p.$$

이때, $F = \{0$과 1이 번갈아 나오는 수열$\}$은 불변 사건이고, 그 확률 $P(F)$는 1이다. 한편, F를 품지 않는 다른 불변 사건의 – 보기를 들면, 사건 $\{1$만 나오는 수열$\}$의 – 확률은 모두 0이다. 따라서, 이 확률과정은 에르고딕 확률과정이다. ◇

부록 8.2 비선형 함수를 거친 정규 확률과정의 상관함수

여기서는 비선형 함수를 거친 정규 확률과정의 기댓값을 얻을 때 매우 쓸모 있는 정리를 하나 살펴본다.

정리 8.7 (프라이스의 정리) 평균함수가 $m_V(t)$이고 자기상관함수가 $R_V(t,s) = E\{V(t) \cdot V(s)\}$인 정규 확률과정 $\{V(t)\}$에서 $V_r = V(t_r)$과 $V_s = V(t_s)$의 공분산을

$$\begin{aligned}\tilde{\rho}_{rs} &= R_V(t_r, t_s) - m_V(t_r)\, m_V(t_s) \\ &= E\{V_r V_s\} - E\{V_r\}\, E\{V_s\}\end{aligned} \tag{8.323}$$

처럼 쓰자. 이때, $\{g_i(\cdot)\}_{i=1}^{n}$이 모두 기억 없는[66] 함수이면

$$\tilde{\Upsilon} = E\left\{\prod_{i=1}^{n} g_i(V_i)\right\} \tag{8.324}$$

처럼 둘 때

$$\frac{\partial^{k_1+k_2+\cdots+k_N}}{\partial\tilde{\rho}_{r_1 s_1}^{k_1}\partial\tilde{\rho}_{r_2 s_2}^{k_2}\cdots\partial\tilde{\rho}_{r_N s_N}^{k_N}}\tilde{\Upsilon} = \left(\frac{1}{2}\right)^{\sum_{m=1}^{N} k_m \delta_{r_m s_m}} E\left\{\prod_{i=1}^{n} g_i^{\left(\sum_{m=1}^{N}\epsilon_{im}k_m\right)}(V_i)\right\} \tag{8.325}$$

이다. 여기서,

$$\delta_{ij} = \begin{cases} 1, & i=j, \\ 0, & i \neq j \end{cases} \tag{8.326}$$

[66] memoryless

은 (4.279)에서 다룬 바 있는 크로네커 충격 함수이고, $N \in \left\{1,2, \cdots, \frac{n(n+1)}{2}\right\}$이며, $m = 1,2, \cdots, N$일 때 $r_m \in \{1,2, \cdots, n\}$이고 $s_m \in \{1,2, \cdots, n\}$이다. 또, $i = 1,2, \cdots, n$이고 $m = 1,2, \cdots, N$일 때 $\epsilon_{im} = \delta_{ir_m} + \delta_{is_m} \in \{0,1,2\}$는 r_m과 s_m 둘 가운데 몇 개가 i와 같은지를 나타내는 수로써 $\sum_{i=1}^{n} \epsilon_{im} = n$을 만족시키고,

$$g_i^{(k)}(x) = \frac{d^k}{dx^k} g_i(x) \tag{8.327}$$

은 $g_i(x)$의 k계 도함수를 나타낸다. ■■

확률과정의 평균함수가 0이 아닐 때에는 평균함수만큼 빼면 평균함수가 0인 확률과정을 얻을 수 있으므로 이제부터는 확률과정의 평균함수가 0이라고 두자. 평균함수가 0인 실수 정규 확률과정을 얻을 수 있는데, 이것을 $\{X(t)\} = \{V(t) - m_V(t)\}$라고 하자. 이제, $\{X(t)\}$의 자기상관함수를 $R_X(t_1, t_2) = E\{X(t_1) X(t_2)\}$라고 하면 $X_r = X(t_r)$의 분산은

$$\sigma_r^2 = R_X(t_r, t_r) \tag{8.328}$$

이고, 표준 편차는 σ_r이다. 또, $X_r = X(t_r)$과 $X_s = X(t_s)$의 상관계수는 – 곧, $u = t_r$이고 $v = t_s$일 때 확률과정 $\{X(t)\}$의 상관계수함수 $\rho_X(u,v) = \frac{R_X(u,v)}{\sqrt{R_X(u,u)R_X(v,v)}}$의 값은 –

$$\rho_{rs} = \frac{R_X(t_r, t_s)}{\sigma_r \sigma_s} \tag{8.329}$$

이다. 그러므로,

$$\begin{aligned} \tilde{\rho}_{rs} &= R_X(t_r, t_s) \\ &= \rho_{rs}\sigma_r\sigma_s \end{aligned} \tag{8.330}$$

이고

$$\begin{aligned} \tilde{\rho}_{rr} &= R_X(t_r, t_r) \\ &= \sigma_r^2 \end{aligned} \tag{8.331}$$

임을 알 수 있다. 이제, 정리 8.7을 어떻게 잘 쓸 수 있는지 $n = 1$일 때와 $n = 2$일 때를 좀 더 자세히 살펴본 뒤, $n = 3$일 때도 간단히 다루어 보자.

(가) $n = 1$일 때

먼저, $n = 1$일 때 평균함수가 0이고 자기상관함수가 $R_X(t_1, t_2) = E\{X(t_1) X(t_2)\}$인 실수 정규 확률과정 $\{X(t)\}$를 생각하자. 이제, 정리 8.7에서 $n = 1$이라고 두면 $N = 1$이고, $r_1 = 1$이며, $s_1 = 1$이고, $\epsilon_{11} = 2$이다. 그러므로, (8.325)를

$$\frac{\partial^{k_1}}{\partial \tilde{\rho}_{11}^{k_1}} E\{g_1(X_1)\} = \left(\frac{1}{2}\right)^{k_1 \delta_{11}} E\left\{g_1^{(2k_1)}(X_1)\right\} \tag{8.332}$$

처럼 쓸 수 있다. 여기서, $X = X(t_1)$의 분산 $\sigma_1^2 = \tilde{\rho}_{11}$을 $\tilde{\rho}$라고 쓰면 (8.332)를 좀 더 보기 쉽도록

$$\frac{\partial^k}{\partial \tilde{\rho}^k} E\{g(X)\} = \left(\frac{1}{2}\right)^k E\left\{g^{(2k)}(X)\right\} \tag{8.333}$$

처럼 바꾸어 쓸 수 있다. 식 (8.333)을 바탕으로 비선형 함수 g를 거친 정규확률과정의 기댓값을 얻어 보자.

보기 8.63 평균함수가 0이고 자기상관함수가 $R_X(t_1, t_2) = E\{X(t_1) X(t_2)\}$인 실수 정규 확률과정 $X(t)$에서

$$\tilde{\Upsilon} = E\left\{X^4(t)\right\} \tag{8.334}$$

를 얻어 보자.

풀이 먼저, $g(x) = x^4$이라고 둘 때 $g^{(2)}(x) = 12x^2$이라는 것을 새기어 (8.333)에서 $k = 1$일 때를 생각하면

$$\begin{aligned} \frac{d\tilde{\Upsilon}}{d\tilde{\rho}} &= \frac{1}{2} E\left\{g^{(2)}(X(t))\right\} \\ &= 6E\left\{X^2(t)\right\} \\ &= 6\tilde{\rho} \end{aligned} \tag{8.335}$$

를 얻을 수 있다. 따라서, $\tilde{\Upsilon} = 3\tilde{\rho}^2 + C$인데, $X(t)$의 확률밀도함수를 $f_X(x)$라고 하면 $\tilde{\rho} \to 0$일 때 $f_X(x) \to \delta(x)$이므로 $\tilde{\Upsilon} \to \int_{-\infty}^{\infty} x^4 \delta(x) dx = 0$이라는 것을 생각하면 $C = 0$이다. 곧,

$$E\left\{X^4(t)\right\} = 3R_X^2(t, t) \tag{8.336}$$

이다. 이 식을 바탕으로, 확률변수 X의 분포가 $N\left(0, \sigma^2\right)$이면 $E\left\{X^4\right\} = 3\sigma^4$이라는 것을 알 수 있는데, 이것은 (3.254)에서 얻은 것과 같다. ◇

위와 비슷하게 평균함수가 0이고 자기상관함수가 $R_X(t_1, t_2) = E\{X(t_1) X(t_2)\}$인 실수 정규 확률과정 $X(t)$에서

$$E\left\{X^6(t)\right\} = 15R_X^3(t, t) \tag{8.337}$$

이고

$$E\{|X(t)|\} = \sqrt{\frac{2}{\pi} R_X(t, t)} \tag{8.338}$$

임을 각각 문제 8.27과 8.28에서 보인다. 확률변수 X의 분포가 $N\left(0, \sigma^2\right)$이면 (8.337)을 바탕으로 $E\left\{X^6\right\} = 15\sigma^6$이라는 것을, (8.338)을 바탕으로 $E\{|X|\} = \sqrt{\frac{2}{\pi}}\sigma$라는 것을 알 수 있는데, 이것은 각각 (3.255)와 (3.259)에서 얻은 것과 같다.

(나) $n = 2$일 때

정규 확률과정 $\{X(t)\}$의 평균함수가 0이고 자기상관함수가 $R_X(t_1, t_2) = E\{X(t_1)X(t_2)\}$이다. 이때, $\{Y_1(t)\} = \{g_1(X(t))\}$와 $\{Y_2(t)\} = \{g_2(X(t))\}$를 생각하여 $Y_1(t)$와 $Y_2(t)$의 곱의 평균, 곧 교차상관함수

$$\begin{aligned} R_{Y_1,Y_2}(t_1, t_2) &= E\{Y_1(t_1)Y_2(t_2)\} \\ &= E\{g_1(X(t_1))\, g_2(X(t_2))\} \end{aligned} \tag{8.339}$$

를 얻으려고 한다고 하자. 이제, 보기 쉽도록 $X(t_r)$을 X_r이라고 쓰고 X_1과 X_2의 상관계수 $\tilde{\rho}_{12} = \tilde{\rho}_{21} = R_X(t_1, t_2)$를 $\tilde{\rho}$라고 쓰고, 정리 8.7에서 $n = 2$, $N = 1$, $r_1 = 1$, $s_1 = 2$일 때를 생각하자. 그러면 $\epsilon_{11} = 1$이고 $\epsilon_{21} = 1$이므로, (8.325)를

$$\frac{\partial^k}{\partial \tilde{\rho}^k} R_{Y_1,Y_2}(t_1, t_2) = E\left\{g_1^{(k)}(X_1)\, g_2^{(k)}(X_2)\right\} \tag{8.340}$$

처럼 쓸 수 있다. 이제, (8.340)의 오른쪽에 있는 $E\left\{g_1^{(k)}(X_1)\, g_2^{(k)}(X_2)\right\}$를 – 또는 $m < k$일 때 $E\left\{g_1^{(m)}(X_1)\, g_2^{(m)}(X_2)\right\}$를 – 쉽게 계산할 수 있을 만한 k를 – 또는 m을 – 찾아 g_1과 g_2를 그만큼 미분한 뒤, 이 기댓값을 얻고 그 결과를 $\tilde{\rho}$에 대해 적분하면 $E\{g_1(X_1)\, g_2(X_2)\}$를 얻을 수 있다. 이때, 보기를 들어, 함수 g_1과 g_2를 알맞게 미분한 것이 상수 또는 충격 함수일 때처럼 g_1과 g_2를 알맞게 미분한 것을 곱한 것의 기댓값을 쉽게 계산할 수 있으면, $E\{g_1(X_1)\, g_2(X_2)\}$를 얻을 때 정리 8.7이 매우 쓸모 있다. 한편, $n = 2$일 때 일어날 수 있는 (n, N)마다 (8.325)를 좀 더 알기 쉽게 바꾸어 쓴 것을 모아 표 8.1에 적어 두었다.

이제, 평균함수가 0인 정규 확률과정 $X(t)$에서 $X(t_1) = X_1$과 $X(t_2) = X_2$ 사이의 상관계수 $\tilde{\rho}_{12} = E\{X(t_1)X(t_2)\} = R_X(t_1, t_2)$를 $\tilde{\rho}$라고 쓰고 보기를 몇 개 살펴보자.

보기 8.64 평균함수가 $m_Y(t) = E\{Y(t)\}$이고 자기상관함수가 $R_Y(t, s) = E\{Y(t)Y(s)\}$인 실수 정규 확률과정 $Y(t)$에서 $\tilde{\Upsilon} = E\left\{Y(t_1)Y^2(t_2)\right\}$을 얻어 보자.

풀이 먼저, $g_1(x) = x$이고 $g_2(x) = x^2$이라고 하고, (8.340)에서 $k = 1$일 때를 생각하면

$$\begin{aligned} \frac{d\tilde{\Upsilon}}{d\tilde{\rho}} &= E\left\{g_1^{(1)}(Y(t_1))g_2^{(1)}(Y(t_2))\right\} \\ &= E\{2Y(t_2)\} \\ &= 2m_Y(t_2) \end{aligned} \tag{8.341}$$

이다. 그러므로, $\tilde{\Upsilon} = 2m_Y(t_2)\tilde{\rho} + C$라는 것을 알 수 있다. 그런데, $C = \tilde{\Upsilon}\big|_{\tilde{\rho}=0} = E\{Y(t_1)\} \cdot E\left\{Y^2(t_2)\right\} = m_Y(t_1)E\left\{Y^2(t_2)\right\}$이므로

$$E\left\{Y(t_1)Y^2(t_2)\right\} = 2m_Y(t_2)\tilde{\rho} + m_Y(t_1)E\left\{Y^2(t_2)\right\} \tag{8.342}$$

이다. 이것은 확률벡터 (X, Y)의 분포가 $N(0, 0, 1, 1, \rho)$일 때 $E\left\{XY^2\right\} = 0$이라는 것을 바탕으로 확률벡터 $(W, Z) = (\sigma_1 X + m_1, \sigma_2 Y + m_2)$를 생각하여 얻을 수 있는 $E\left\{WZ^2\right\} = 2m_2\sigma_1\sigma_2\rho + m_1\left(\sigma_2^2 + m_2^2\right)$와 같은 것이다. ◇

표 8.1 프라이스의 정리를 $n=2$일 때 일어날 수 있는 (n,N)마다 구체적으로 나타낸 식

(n,N)	$\{(r_m,s_m)\}_{m=1}^N$, $\{\delta_{r_m s_m}\}_{m=1}^N$, $\{\{\epsilon_{im}\}_{i=1}^n\}_{m=1}^N$: (8.325)를 구체적으로 쓴 식 (여기서, $\tilde{\rho}_{rs}=E\{V_rV_s\}-E\{V_r\}E\{V_s\}$)
$(2,1)$	$(r_1,s_1)=(1,1)$, $\delta_{r_1s_1}=1$, $\epsilon_{11}=2,\epsilon_{21}=0$: $\frac{\partial^k}{\partial\tilde{\rho}_{11}^k}E\{g_1(V_1)g_2(V_2)\}=\left(\frac{1}{2}\right)^k E\left\{g_1^{(2k)}(V_1)g_2(V_2)\right\}$
$(2,1)$	$(r_1,s_1)=(1,2)$, $\delta_{r_1s_1}=0$, $\epsilon_{11}=1,\epsilon_{21}=1$: $\frac{\partial^k}{\partial\tilde{\rho}_{12}^k}E\{g_1(V_1)g_2(V_2)\}=E\left\{g_1^{(k)}(V_1)g_2^{(k)}(V_2)\right\}$
$(2,2)$	$(r_1,s_1)=(1,1)$, $(r_2,s_2)=(1,2)$, $\delta_{r_1s_1}=1$, $\delta_{r_2s_2}=0$, $\epsilon_{11}=2,\epsilon_{21}=0$, $\epsilon_{12}=1,\epsilon_{22}=1$: $\frac{\partial^{k_1+k_2}}{\partial\tilde{\rho}_{11}^{k_1}\partial\tilde{\rho}_{12}^{k_2}}E\{g_1(V_1)g_2(V_2)\}=\left(\frac{1}{2}\right)^{k_1} E\left\{g_1^{(2k_1+k_2)}(V_1)g_2^{(k_2)}(V_2)\right\}$
$(2,2)$	$(r_1,s_1)=(1,1)$, $(r_2,s_2)=(2,2)$, $\delta_{r_1s_1}=1$, $\delta_{r_2s_2}=1$, $\epsilon_{11}=2,\epsilon_{21}=0$, $\epsilon_{12}=0,\epsilon_{22}=2$: $\frac{\partial^{k_1+k_2}}{\partial\tilde{\rho}_{11}^{k_1}\partial\tilde{\rho}_{22}^{k_2}}E\{g_1(V_1)g_2(V_2)\}=\left(\frac{1}{2}\right)^{k_1+k_2} E\left\{g_1^{(2k_1)}(V_1)g_2^{(2k_2)}(V_2)\right\}$
$(2,3)$	$(r_1,s_1)=(1,1)$, $(r_2,s_2)=(1,2)$, $(r_3,s_3)=(2,2)$, $\delta_{r_1s_1}=1$, $\delta_{r_2s_2}=0$, $\delta_{r_3s_3}=1$, $\epsilon_{11}=2,\epsilon_{21}=0$, $\epsilon_{12}=1,\epsilon_{22}=1$, $\epsilon_{13}=0,\epsilon_{23}=2$: $\frac{\partial^{k_1+k_2+k_3}}{\partial\tilde{\rho}_{11}^{k_1}\partial\tilde{\rho}_{12}^{k_2}\partial\tilde{\rho}_{22}^{k_3}}E\{g_1(V_1)g_2(V_2)\}=\left(\frac{1}{2}\right)^{k_1+k_3} E\left\{g_1^{(2k_1+k_2)}(V_1)g_2^{(k_2+2k_3)}(V_2)\right\}$

보기 8.65 평균함수가 0이고 자기상관함수가 $R_X(t_1,t_2)=E\{X(t_1)X(t_2)\}$인 실수 정규 확률과정 $X(t)$에서 $\tilde{\Upsilon}=E\left\{X^2(t_1)X^2(t_2)\right\}$을 얻어 보자.

풀이 먼저, $g_1(x)=g_2(x)=x^2$이라고 하면 $g_1^{(1)}(x)=g_2^{(1)}(x)=2x$이므로 (8.340)에서 $k=1$일 때를 생각하면

$$\begin{aligned}\frac{d\tilde{\Upsilon}}{d\tilde{\rho}} &= E\left\{g_1^{(1)}(X(t_1))g_2^{(1)}(X(t_2))\right\}\\ &= E\{4X(t_1)X(t_2)\}\\ &= 4\tilde{\rho}\end{aligned} \tag{8.343}$$

이다. 이제, (8.343)에서 $\tilde{\Upsilon}=2\tilde{\rho}^2+C_1$이라는 것을 알 수 있다. 여기서, $C_1=\tilde{\Upsilon}\big|_{\tilde{\rho}=0}=E\left\{X^2(t_1)\right\}E\left\{X^2(t_2)\right\}=R_X(t_1,t_1)R_X(t_2,t_2)$이다. 따라서,

$$E\left\{X^2(t_1)X^2(t_2)\right\} = R_X(t_1,t_1)R_X(t_2,t_2)+2R_X^2(t_1,t_2) \tag{8.344}$$

이다. 식 (8.344)는 확률벡터 (W,Y)의 분포가 $N\left(0,0,\sigma_W^2,\sigma_Y^2,\rho\right)$이면 $E\left\{W^2Y^2\right\}=\left(1+2\rho^2\right)\sigma_W^2\sigma_Y^2$이라는 것을 뜻하는 것으로, (4.571)과 같은 것이다. 또, $t_1=t_2=t$이면 (8.344)에서 $E\left\{X^4(t)\right\}=3R_X^2(t,t)$을 얻을 수 있는데, 이것은 (8.336)과 같은 것이다. ◇

위와 비슷하게 평균함수가 0이고 자기상관함수가 $R_X(t_1,t_2)=E\{X(t_1)X(t_2)\}$인 실수 정규 확률과정 $X(t)$에서

$$E\left\{X^4(t_1)X^2(t_2)\right\} = 3\left\{R_X(t_1,t_1)R_X(t_2,t_2)+4R_X^2(t_1,t_2)\right\}R_X(t_1,t_1) \quad (8.345)$$

임을 문제 8.30에서,

$$E\left\{X^3(t_1)X^3(t_2)\right\} = 3\left\{3R_X(t_1,t_1)R_X(t_2,t_2)+2R_X^2(t_1,t_2)\right\}R_X(t_1,t_2) \quad (8.346)$$

임을 문제 8.31에서,

$$E\left\{\left|X^2(t_1)X(t_2)\right|\right\} = \sqrt{\frac{2}{\pi}}\frac{R_X(t_1,t_1)R_X(t_2,t_2)+R_X^2(t_1,t_2)}{\sqrt{R_X(t_2,t_2)}} \quad (8.347)$$

임을 문제 8.32에서 보였다. 식 (8.345)는 확률벡터 (W,Y)의 분포가 $N\left(0,0,\sigma_W^2,\sigma_Y^2,\rho\right)$이면 $E\left\{W^4Y^2\right\}=3\cdot\left(1+4\rho^2\right)\sigma_W^4\sigma_Y^2$을 뜻하고 이것은 (4.575)와 같은 것이다. 또, $t_1=t_2=t$이면 (8.345)에서 $E\left\{X^6(t)\right\}=15R_X^3(t,t)$을 얻을 수 있는데, 이것은 (8.337)과 같은 것이다. 또한, (8.346)은 확률벡터 (W,Y)의 분포가 $N\left(0,0,\sigma_W^2,\sigma_Y^2,\rho\right)$이면 $E\left\{W^3Y^3\right\}=3\left(3+2\rho^2\right)\rho\cdot\sigma_W^3\sigma_Y^3$이라는 것을 뜻하는 것으로 (4.576)과 같은 것이다. 또, $t_1=t_2=t$이면 (8.346)에서 $E\left\{X^6(t)\right\}=15R_X^3(t,t)$을 얻을 수 있는데, 이것은 (8.337)과 같은 것이다. 한편, (8.347)은 (W,Y)의 분포가 $N\left(0,0,\sigma_W^2,\sigma_Y^2,\rho\right)$이면

$$E\left\{\left|W^2Y\right|\right\} = \sqrt{\frac{2}{\pi}}\left(1+\rho^2\right)\sigma_W^2\sigma_Y \quad (8.348)$$

임을 뜻하는 것이다. 또, $t_1=t_2=t$이면 (8.347)에서 $E\left\{\left|X^3(t)\right|\right\}=\sqrt{\frac{8}{\pi}}R_X^{\frac{3}{2}}(t,t)$을 얻을 수 있는데, 이것은 확률변수 X의 분포가 $N\left(0,\sigma^2\right)$이면 $E\left\{\left|X^3\right|\right\}=\sqrt{\frac{8}{\pi}}\sigma^3$이라는 것을 뜻하는 것으로서 (3.260)과 같은 것이다.

보기 8.66 평균함수가 0이고 자기상관함수가 $R_X(t_1,t_2)=E\{X(t_1)X(t_2)\}$인 실수 정규 확률과정 $X(t)$에서

$$\tilde{\Upsilon} = E\{\text{sgn}(X(t_1))\,\text{sgn}(X(t_2))\} \quad (8.349)$$

를 얻어 보자.

풀이 먼저, $\frac{d}{dx}g(x)=\frac{d}{dx}\text{sgn}(x)=2\delta(x)$이므로 (8.340)에서 $k=1$이라고 두면

$$\begin{aligned}\frac{d\tilde{\Upsilon}}{d\tilde{\rho}} &= E\left\{g_1^{(1)}(X(t_1))\,g_2^{(1)}(X(t_2))\right\}\\ &= 4E\{\delta(X(t_1))\,\delta(X(t_2))\}\\ &= 4f(0,0)\\ &= \frac{2}{\pi\sqrt{R_X(t_1,t_1)R_X(t_2,t_2)}}\frac{1}{\sqrt{1-\rho^2}}\end{aligned} \quad (8.350)$$

을 얻을 수 있다. 여기서, $f(\cdot,\cdot)$는 분포 $N(0,0,R_X(t_1,t_1),R_X(t_2,t_2),\rho)$의 확률밀도함수이고 $\rho=\frac{\tilde{\rho}}{\sqrt{R_X(t_1,t_1)R_X(t_2,t_2)}}$이다. 이제, $\tilde{\rho}=R_X(t_1,t_2)=\rho\sqrt{R_X(t_1,t_1)R_X(t_2,t_2)}$라는 것을 새겨 (8.350)을 적분하면

$$\begin{aligned} E\{\text{sgn}(X(t_1))\,\text{sgn}(X(t_2))\} &= \int \frac{2}{\pi\sqrt{R_X(t_1,t_1)\,R_X(t_2,t_2)}} \frac{d\tilde{\rho}}{\sqrt{1-\rho^2}} \\ &= \frac{2}{\pi}\sin^{-1}\rho + C \end{aligned} \tag{8.351}$$

인데[67] $E\{\text{sgn}(X(t_1))\,\text{sgn}(X(t_2))\}|_{\rho=0} = E\{\text{sgn}(X(t_1))\}\,E\{\text{sgn}(X(t_2))\} = 0$이므로

$$E\{\text{sgn}(X(t_1))\,\text{sgn}(X(t_2))\} = \frac{2}{\pi}\sin^{-1}\frac{R_X(t_1,t_2)}{\sqrt{R_X(t_1,t_1)\,R_X(t_2,t_2)}} \tag{8.352}$$

임을 알 수 있다. 식 (8.352)는 확률벡터 (W,Y)의 분포가 $N\left(0,0,\sigma_W^2,\sigma_Y^2,\rho\right)$이면

$$E\{\text{sgn}(W)\text{sgn}(Y)\} = \frac{2}{\pi}\sin^{-1}\rho \tag{8.353}$$

임을 뜻하는 것이다. 또, $t_1 = t_2 = t$이면, 마땅히, $E\{\text{sgn}(X(t))\,\text{sgn}(X(t))\} = E\{1\} = 1$이라는 것을 (8.352)에서도 알 수 있다. ◇

위와 비슷하게 평균함수가 0이고 자기상관함수가 $R_X(t,s) = E\{X(t)X(s)\}$인 실수 정규 확률과정 $X(t)$에서 $\sigma_i = \sqrt{R_X(t_i,t_i)}$라고 쓰면 문제 8.34에서 얻은 바를 바탕으로

$$E\{|X(t_1)\,X(t_2)|\} = \frac{2\sigma_1\sigma_2}{\pi}\left(\rho\sin^{-1}\rho + \sqrt{1-\rho^2}\right) \tag{8.354}$$

이고

$$\begin{aligned} E\{X(t_1)\,u(X(t_1))\,X(t_2)\,u(X(t_2))\} &= \frac{\sigma_1\sigma_2}{2\pi}\left(\rho\sin^{-1}\rho + \frac{\pi}{2}\rho + \sqrt{1-\rho^2}\right) \\ &= \frac{\sigma_1\sigma_2}{2\pi}\left\{\rho\cos^{-1}(-\rho) + \sqrt{1-\rho^2}\right\} \end{aligned} \tag{8.355}$$

임을[68] 알 수 있다.

식 (8.354)는 확률벡터 (W,Y)의 분포가 $N\left(0,0,\sigma_W^2,\sigma_Y^2,\rho\right)$이면 $E\{|WY|\} = \frac{2}{\pi}\left(\rho\sin^{-1}\rho + \sqrt{1-\rho^2}\right)\sigma_W\sigma_Y$라는 것을 뜻한다. 한편, $t_1 = t_2 = t$이면 $E\left\{X^2(t)\right\} = \frac{2}{\pi}\left(\rho\sin^{-1}\rho + \sqrt{1-\rho^2}\right)\sigma_1\sigma_2\Big|_{\rho=1,\sigma_2=\sigma_1} = \rho\sigma_1^2 = R_X(t,t)$을 얻을 수 있는데, 이것은 확률변수 X의 분포가 $N\left(0,\sigma^2\right)$이면 X의 분산이 $E\left\{X^2\right\} = \sigma^2$이라는 것을 뜻한다.

한편, (8.355)는 확률벡터 (W,Y)의 분포가 $N\left(0,0,\sigma_W^2,\sigma_Y^2,\rho\right)$이면 $E\{WY\,u(W)u(Y)\} = \frac{\sigma_W\sigma_Y}{2\pi}\left\{\rho\cos^{-1}(-\rho) + \sqrt{1-\rho^2}\right\}$이라는 것을 뜻한다. 또, $t_1 = t_2 = t$이면, (8.355)에서 $\rho = 1$이고 $\sigma_2 = \sigma_1$일 때를 생각하여 $E\left\{X^2(t)u(X(t))\right\} = \frac{\sigma_1^2}{2}$을 얻을 수 있는데, 이것은 직접 적분하여 $E\left\{X^2(t)u(X(t))\right\} = \int_0^\infty \frac{x^2}{\sqrt{2\pi\sigma_1^2}}\exp\left(-\frac{x^2}{2\sigma_1^2}\right)dx = \frac{1}{2}\int_{-\infty}^\infty \frac{x^2}{\sqrt{2\pi\sigma_1^2}}\exp\left(-\frac{x^2}{2\sigma_1^2}\right)dx = \frac{\sigma_1^2}{2}$처럼 얻은 것과 같다.

표 8.2에 $\underline{X}$가 2차원 표준 정규 확률벡터일 때 몇 가지 비선형 함수의 곱 적률을 보였다. 여기서, g_i의 꼴이 네 가지이므로 거듭 고를 수 있을 때 넷에서 둘을 고르는 방법의 수[69] $\binom{4+2-1}{2} = 10$가지만 생각하면 모자람이 없다.

---

[67] 여기서, 함수 $\sin^{-1}x$를 다룰 때 그 치역은 $\left[-\frac{\pi}{2},\frac{\pi}{2}\right]$로 둠을 새겨 두자.

[68] 여기서, 함수 $\cos^{-1}x$를 다룰 때 그 치역은 $[0,\pi]$로 둠을 새겨 두자. 또, $\sin^{-1}\rho + \frac{\pi}{2} = \theta$라고 하면 $\cos\theta = \cos\left(\sin^{-1}\rho\frac{\pi}{2}\right) = -\sin\left(\sin^{-1}\rho\right) = -\rho$이므로 $\theta = \cos^{-1}(-\rho)$이다. 따라서, $\rho\sin^{-1}\rho + \frac{\pi}{2}\rho = \rho\cos(-\rho)$이다.

[69] 식 (2.451)에서 다루었다.

표 8.2 확률벡터 (X_1, X_2)의 분포가 $N(0,0,1,1,\rho)$일 때 곱 적률 $E\{g_1(X_1)\, g_2(X_2)\}$ 몇 가지. 여기서, $\frac{d}{d\rho}\left(\rho\sin^{-1}\rho + \sqrt{1-\rho^2}\right) = \sin^{-1}\rho$이고, $\frac{d}{d\rho}\sin^{-1}\rho = \frac{1}{\sqrt{1-\rho^2}}$이며, $E\{|X_i|\} = \sqrt{\frac{2}{\pi}}$이고, $E\{\delta(X_i)\} = \frac{1}{\sqrt{2\pi}}$이다.

$g_2(X_2) \downarrow g_1(X_1) \rightarrow$	X_1	$\|X_1\|$	$\operatorname{sgn}(X_1)$	$\delta(X_1)$
X_2	ρ	0	$\sqrt{\frac{2}{\pi}}\rho$	0
$\|X_2\|$	0	$\frac{2}{\pi}\left(\rho\sin^{-1}\rho + \sqrt{1-\rho^2}\right)$	0	$\frac{1}{\pi}\sqrt{1-\rho^2}$
$\operatorname{sgn}(X_2)$	$\sqrt{\frac{2}{\pi}}\rho$	0	$\frac{2}{\pi}\sin^{-1}\rho$	0
$\delta(X_2)$	0	$\frac{1}{\pi}\sqrt{1-\rho^2}$	0	$\frac{1}{2\pi\sqrt{1-\rho^2}}$

보기 8.67 표준 정규 확률밀도함수

$$\phi(x) = \frac{1}{\sqrt{2\pi}}\exp\left(-\frac{x^2}{2}\right) \tag{8.356}$$

을 생각하자. 또, $\alpha > 0$이고 $\beta > 0$일 때

$$\begin{aligned} g(x) &= \beta\left(\frac{2}{\pi\alpha^2}\right)^{\frac{1}{2}}\int_0^x \exp\left(-\frac{z^2}{2\alpha^2}\right)dz \\ &= 2\beta\int_0^{\frac{x}{\alpha}}\phi(z)dz \end{aligned} \tag{8.357}$$

처럼 두자. 한편, 평균함수가 0이고 분산이 1인 정규 – 곧, 표준 정규 – 확률과정 $\{X(t)\}$의 자기상관함수를 $R_X(t_1,t_2) = E\{X(t_1)\,X(t_2)\}$라고 하면 $R_X(t,t) = E\{X^2(t)\} = \sigma_X^2 = 1$이고 상관계수함수는 $\rho_X(t_1,t_2) = R_X(t_1,t_2)$이다. 이제, 확률과정 $\{Y(t)\} = \{g(X(t))\}$를 생각하자. 그러면 확률과정 $\{Y(t)\}$의 평균함수는 0이라는 것을 쉽게 알 수 있다. 이때, 확률과정 $\{Y(t)\}$의 자기상관함수

$$R_Y(t_1,t_2) = E\{Y(t_1)\,Y(t_2)\} \tag{8.358}$$

과 상관계수함수

$$\rho_Y(t_1,t_2) = \frac{R_Y(t_1,t_2)}{\sqrt{R_Y(t_1,t_1)\,R_Y(t_2,t_2)}} \tag{8.359}$$

를 얻어 보자.

풀이 먼저, $X_1 = X(t_1)$과 $X_2 = X(t_2)$의 상관계수 $\rho_X(t_1,t_2)$를 ρ라고 쓰면, (X_1,X_2)는 분포가 $N(0,0,1,1,\rho)$인 두 변수 정규 확률벡터이고, 그 결합 확률밀도함수는

$$\bar{f}(x,y) = \frac{1}{2\pi\sqrt{1-\rho^2}}\exp\left\{-\frac{x^2-2\rho xy+y^2}{2(1-\rho^2)}\right\} \tag{8.360}$$

이다. 다음에, 표준 정규 누적분포함수를

$$\Phi(x) = \int_{-\infty}^{x}\phi(t)\,dt \tag{8.361}$$

처럼 쓰고, $Y_1 = Y(t_1) = g(X(t_1))$이라고 두며, $Y_2 = Y(t_2) = g(X(t_2))$라고 두자. 그러면, (8.357)에서

$$Y_i = \beta\left\{2\Phi\left(\frac{X_i}{\alpha}\right) - 1\right\} \tag{8.362}$$

임을 알 수 있다. 이제, $g^{(1)}(x) = \beta\left(\frac{2}{\pi\alpha^2}\right)^{\frac{1}{2}} \exp\left(-\frac{x^2}{2\alpha^2}\right)$이고, (8.340)에서

$$\begin{aligned}\frac{d}{d\rho}R_Y(t_1,t_2) &= \frac{2\beta^2}{\pi\alpha^2}E\left\{\exp\left(-\frac{X_1^2}{2\alpha^2}\right)\exp\left(-\frac{X_2^2}{2\alpha^2}\right)\right\} \\ &= \frac{2\beta^2}{\pi\alpha^2}\int_{-\infty}^{\infty}\int_{-\infty}^{\infty}\exp\left(-\frac{x^2+y^2}{2\alpha^2}\right)\bar{f}(x,y)dxdy \end{aligned}\tag{8.363}$$

을 얻는다. 여기서, (5.408)에서 보인 $\int_{-\infty}^{\infty}\Phi^0(ax)\exp\left(-x^2\right)dx = \sqrt{\pi}$ 또는 (3.252)에서 알 수 있는 바와 같이 $\int_{-\infty}^{\infty}\exp\left(-\alpha t^2\right)dt = \sqrt{\frac{\pi}{\alpha}}$이라는 것을 새기면

$$\begin{aligned}&\int_{-\infty}^{\infty}\int_{-\infty}^{\infty}\exp\left(-\frac{x^2+y^2}{2\alpha^2}\right)\bar{f}(x,y)dxdy \\ &= \frac{1}{2\pi\sqrt{1-\rho^2}}\int_{-\infty}^{\infty}\int_{-\infty}^{\infty}\exp\left\{-\frac{1-\rho^2+\alpha^2}{2\alpha^2(1-\rho^2)}x^2 + \frac{\rho}{(1-\rho^2)}yx\right. \\ &\qquad\left. -\frac{1-\rho^2+\alpha^2}{2\alpha^2(1-\rho^2)}y^2\right\}dxdy \\ &= \frac{1}{2\pi\sqrt{1-\rho^2}}\int_{-\infty}^{\infty}\exp\left\{-\frac{1-\rho^2+\alpha^2}{2\alpha^2(1-\rho^2)}\left(x-\frac{\alpha^2\rho y}{1-\rho^2+\alpha^2}\right)^2\right\}dx \\ &\qquad\cdot\int_{-\infty}^{\infty}\exp\left[-\frac{1}{2\alpha^2(1-\rho^2)}\left\{\left(1-\rho^2+\alpha^2-\frac{\alpha^4\rho^2}{1-\rho^2+\alpha^2}\right)y^2\right\}\right]dy \\ &= \frac{1}{2\pi\sqrt{1-\rho^2}}\sqrt{\frac{2\alpha^2(1-\rho^2)}{1-\rho^2+\alpha^2}}\sqrt{\pi}\sqrt{\frac{2\alpha^2(1-\rho^2)(1-\rho^2+\alpha^2)}{(1-\rho^2+\alpha^2)^2-\alpha^4\rho^2}}\sqrt{\pi} \\ &= \alpha^2\sqrt{\frac{1}{(1+\alpha^2)^2-\rho^2}}\end{aligned}\tag{8.364}$$

이므로

$$\frac{d}{d\rho}R_Y(t_1,t_2) = \frac{2\beta^2}{\pi}\sqrt{\frac{1}{(1+\alpha^2)^2-\rho^2}} \tag{8.365}$$

이다. 이제, $E\{Y(t)\} = 0$이므로 $R_Y(t_1,t_2)|_{\rho=0} = E\{Y_1Y_2\}|_{\rho=0} = E\{Y_1\}E\{Y_2\} = 0$이라는 것을 새겨 (8.365)를 적분하면

$$R_Y(t_1,t_2) = \frac{2\beta^2}{\pi}\sin^{-1}\frac{R_X(t_1,t_2)}{1+\alpha^2} \tag{8.366}$$

을 얻는다. 곧, $R_Y(t_1,t_1) = \frac{2\beta^2}{\pi}\sin^{-1}\frac{1}{1+\alpha^2}$이고

$$\rho_Y(t_1,t_2) = \frac{\sin^{-1}\frac{R_X(t_1,t_2)}{1+\alpha^2}}{\sin^{-1}\frac{1}{1+\alpha^2}} \tag{8.367}$$

임을 알 수 있다. 한편, $R_X(t,t)=1$이라는 것을 새기면 Y_i의 분산 $\sigma_Y^2 = R_Y(t,t)$는

$$\begin{aligned}
\sigma_Y^2 &= \beta^2 \int_{-\infty}^{\infty} \left\{2\Phi\left(\frac{x}{\alpha}\right)-1\right\}^2 \phi(x)dx \\
&= \frac{\beta^2}{\sqrt{\pi}} \int_{-\infty}^{\infty} \left\{2\Phi\left(\frac{\sqrt{2}}{\alpha}x\right)-1\right\}^2 \exp\left(-x^2\right)dx \\
&= \frac{\beta^2}{\sqrt{\pi}} \int_{-\infty}^{\infty} \left\{4\Phi^2\left(\frac{\sqrt{2}}{\alpha}x\right)-4\Phi\left(\frac{\sqrt{2}}{\alpha}x\right)+1\right\} \exp\left(-x^2\right)dx \qquad (8.368)
\end{aligned}$$

처럼 얻을 수 있다. 여기서 (5.408)에서 보인 $\int_{-\infty}^{\infty}\Phi^0(ax)\exp\left(-x^2\right)dx=\sqrt{\pi}$, (5.412)에서 보인 $\int_{-\infty}^{\infty}\Phi(ax)\exp\left(-x^2\right)dx=\frac{\sqrt{\pi}}{2}$, (5.415)에서 보인 $\int_{-\infty}^{\infty}\Phi^2(ax)\exp\left(-x^2\right)dx=\frac{1}{\sqrt{\pi}}\tan^{-1}\sqrt{1+a^2}$을 쓰면

$$\begin{aligned}
\sigma_Y^2 &= \frac{\beta^2}{\sqrt{\pi}}\left(\frac{4}{\sqrt{\pi}}\tan^{-1}\sqrt{1+\frac{2}{\alpha^2}}-2\sqrt{\pi}+\sqrt{\pi}\right) \\
&= \frac{2\beta^2}{\pi}\left(2\tan^{-1}\sqrt{1+\frac{2}{\alpha^2}}-\frac{\pi}{2}\right) \qquad (8.369)
\end{aligned}$$

이다. 여기서,

$$\begin{aligned}
\tan\left(2\tan^{-1}\sqrt{1+\frac{2}{\alpha^2}}\right) &= \frac{\sin\left(2\tan^{-1}\sqrt{1+\frac{2}{\alpha^2}}\right)}{\cos\left(2\tan^{-1}\sqrt{1+\frac{2}{\alpha^2}}\right)} \\
&= \frac{2\sin\left(\tan^{-1}\sqrt{1+\frac{2}{\alpha^2}}\right)\cos\left(\tan^{-1}\sqrt{1+\frac{2}{\alpha^2}}\right)}{\cos^2\left(\tan^{-1}\sqrt{1+\frac{2}{\alpha^2}}\right)-\sin^2\left(\tan^{-1}\sqrt{1+\frac{2}{\alpha^2}}\right)} \\
&= \frac{2\frac{\sqrt{2+\alpha^2}}{\sqrt{2(1+\alpha^2)}}\cdot\frac{\sqrt{\alpha^2}}{\sqrt{2(1+\alpha^2)}}}{\frac{\alpha^2}{2(1+\alpha^2)}-\frac{2+\alpha^2}{2(1+\alpha^2)}} \\
&= -\alpha\sqrt{2+\alpha^2} \qquad (8.370)
\end{aligned}$$

이고 $\tan\left(\frac{\pi}{2}+\sin^{-1}\frac{1}{1+\alpha^2}\right) = -\cot\left(\sin^{-1}\frac{1}{1+\alpha^2}\right) = -\alpha\sqrt{2+\alpha^2}$이므로 $2\tan^{-1}\sqrt{1+\frac{2}{\alpha^2}} = \frac{\pi}{2}+\sin^{-1}\frac{1}{1+\alpha^2}$이다. 따라서, $\sin^{-1}\frac{1}{1+\alpha^2}=2\tan^{-1}\sqrt{1+\frac{2}{\alpha^2}}-\frac{\pi}{2}$이다. 곧, $t_1=t_2=t$일 때 (8.366)과 (8.369)는 같은 것이다.

한편, (8.362)에서 $g(.)$은 $-\beta$부터 β까지 부드럽게 커지는 함수이고, $Y=g(X)$가 $(-\beta,\beta)$에서 고르게 퍼져 있다는 것을 – 곧, $g(X)\sim U(-\beta,\beta)$라는 것을 – 알 수 있다[70]. 또한, $\alpha^2\to 0$이면 (8.366)과 (8.367)에서

$$\begin{aligned}
\lim_{\alpha^2\to 0}\rho_Y(t_1,t_2) &= \frac{1}{\beta^2}\lim_{\alpha^2\to 0}R_Y(t_1,t_2) \\
&= \frac{2}{\pi}\sin^{-1}R_X(t_1,t_2) \qquad (8.371)
\end{aligned}$$

[70] 곧, 보기 3.60의 (3.173)에서 본 바와 같이, $X\sim\Phi(x)$이면 $\Phi(X)\sim U(0,1)$이다. 따라서, $X\sim\Phi(x)$이면 $Y=\beta\{2\Phi(X)-1\}$의 분포는 $U(-\beta,\beta)$라는 것을 알 수 있다.

임을 알 수 있고, $\alpha^2 = 1$이면 (8.367)에서

$$\rho_Y(t_1, t_2)|_{\alpha^2=1} = \frac{6}{\pi}\sin^{-1}\left\{\frac{1}{2}R_X(t_1, t_2)\right\} \tag{8.372}$$

임을 알 수 있으며, $\alpha^2 = 1$이고 $\beta = 1$이면 (8.366)에서

$$R_Y(t_1, t_2)|_{\alpha^2=1,\beta=1} = \frac{2}{\pi}\sin^{-1}\left\{\frac{1}{2}R_X(t_1, t_2)\right\} \tag{8.373}$$

을 얻을 수 있다. ◇

(다) $n = 3$일 때

보기 8.68 자기상관함수가 $R_X(t_1, t_2) = E\{X(t_1)X(t_2)\}$인 실수 정규 확률과정 $\{X(t)\}$를 생각하자. 정리 8.7에서 $n = 3$일 때, $N = 3$이고 $r_1 = 1, s_1 = 2$, $r_2 = 2, s_2 = 3$, $r_3 = 3, s_3 = 1$이라고 두면, $\epsilon_{11} = 1, \epsilon_{12} = 0, \epsilon_{13} = 1$, $\epsilon_{21} = 1, \epsilon_{22} = 1, \epsilon_{23} = 0$, $\epsilon_{31} = 0, \epsilon_{32} = 1, \epsilon_{33} = 1$이다. 그러므로, $\tilde{\Upsilon} = E\{g_1(X_1)g_2(X_2)g_3(X_3)\}$처럼 둘 때 (8.325)를

$$\begin{aligned}\frac{\partial^{k_1+k_2+k_3}}{\partial\tilde{\rho}_{12}^{k_1}\partial\tilde{\rho}_{23}^{k_2}\partial\tilde{\rho}_{31}^{k_3}}\tilde{\Upsilon} &= \left(\frac{1}{2}\right)^{\sum\limits_{m=1}^{3}k_m\delta_{r_m s_m}} E\left\{g_1^{(\epsilon_{11}k_1+\epsilon_{12}k_2+\epsilon_{13}k_3)}(X_1)\, g_2^{(\epsilon_{21}k_1+\epsilon_{22}k_2+\epsilon_{23}k_3)}(X_2)\right.\\ &\qquad \left.\cdot\, g_3^{(\epsilon_{31}k_1+\epsilon_{32}k_2+\epsilon_{33}k_3)}(X_3)\right\}\\ &= E\left\{g_1^{(k_1+k_3)}(X_1)\, g_2^{(k_1+k_2)}(X_2)\, g_3^{(k_2+k_3)}(X_3)\right\}\end{aligned} \tag{8.374}$$

처럼 쓸 수 있다. ◇

보기 8.69 실수 정규 확률과정 $\{X(t)\}$의 평균함수가 $m_X(t) = E\{X(t)\}$이고 자기상관함수가 $R_X(t_1, t_2) = E\{X(t_1)X(t_2)\}$일 때 $X(t_i) = X_i$처럼, 또 $m_X(t_i) = m_i$처럼 쓰자. 이때 $\tilde{\Upsilon} = E\{X_1X_2X_3\}$을 얻어 보자.

풀이 먼저 (8.374)에서 $\frac{\partial}{\partial\tilde{\rho}_{12}}\tilde{\Upsilon} = E\{X_3\} = m_3$, $\frac{\partial}{\partial\tilde{\rho}_{23}}\tilde{\Upsilon} = m_1$, $\frac{\partial}{\partial\tilde{\rho}_{31}}\tilde{\Upsilon} = m_2$라는 것을 알 수 있다. 따라서, $\tilde{\Upsilon} = m_3\tilde{\rho}_{12} + m_1\tilde{\rho}_{23} + m_2\tilde{\rho}_{31} + C$처럼 쓸 수 있다. 그런데, $\tilde{\rho}_{12} = \tilde{\rho}_{23} = \tilde{\rho}_{31} = 0$일 때 $\tilde{\Upsilon} = C = E\{X_1\}E\{X_2\}E\{X_3\} = m_1m_2m_3$이므로

$$E\{X_1X_2X_3\} = m_1\tilde{\rho}_{23} + m_2\tilde{\rho}_{31} + m_3\tilde{\rho}_{12} + m_1m_2m_3 \tag{8.375}$$

이다. 여기서, $\tilde{\rho}_{ij} = E\{X_iX_j\} - m_im_j$라는 것을 새기면 (8.375)는 (4.577)과 같다는 것을 알 수 있다. ◇

위 보기에서 얻은 (8.375)를 바탕으로, 3차원 표준 정규 확률벡터 $\underline{X} = (X_1, X_2, X_3)$에서는 – 마땅히 – $E\{X_1X_2X_3\} = 0$이라는 것을 알 수 있다.

보기 8.70 실수 정규 확률과정 $\{X(t)\}$의 평균함수가 $m_X(t) = E\{X(t)\}$이고 자기상관함수가 $R_X(t_1, t_2) = E\{X(t_1)X(t_2)\}$일 때 $X(t_i) = X_i$처럼, 또 $m_X(t_i) = m_i$처럼 쓰자. 이때 $\tilde{\Upsilon} = E\left\{X_1X_2X_3^2\right\}$을 얻어 보자.

풀이 먼저, (8.374)에서 $\frac{\partial}{\partial\tilde{\rho}_{12}}\tilde{\Upsilon} = E\left\{X_3^2\right\}$이고, $\frac{\partial}{\partial\tilde{\rho}_{23}}\tilde{\Upsilon} = 2E\left\{X_1X_3\right\} = 2\left\{\tilde{\rho}_{31}+m_3m_1\right\}$이며, $\frac{\partial}{\partial\tilde{\rho}_{31}}\tilde{\Upsilon} = 2\left\{\tilde{\rho}_{23}+m_2m_3\right\}$이라는 것을 알 수 있다. 따라서, $\tilde{\Upsilon} = E\left\{X_3^2\right\}\tilde{\rho}_{12}+2\tilde{\rho}_{23}\tilde{\rho}_{31}+2m_3m_1\tilde{\rho}_{23}+2m_2m_3\tilde{\rho}_{31}+C$처럼 쓸 수 있다. 그런데, $\tilde{\rho}_{12}=\tilde{\rho}_{23}=\tilde{\rho}_{31}=0$일 때 $\tilde{\Upsilon} = C = E\left\{X_1\right\}E\left\{X_2\right\}E\left\{X_3^2\right\} = m_1m_2E\left\{X_3^2\right\}$이므로

$$E\left\{X_1X_2X_3^2\right\} = \left(\tilde{\rho}_{12}+m_1m_2\right)E\left\{X_3^2\right\}+2\left(\tilde{\rho}_{23}\tilde{\rho}_{31}+m_3m_1\tilde{\rho}_{23}+m_2m_3\tilde{\rho}_{31}\right) \quad (8.376)$$

이다. ◇

위 (8.376)을 바탕으로 3차원 표준 정규 확률벡터 $\underline{X} = (X_1, X_2, X_3)$에서는

$$E\left\{X_1X_2X_3^2\right\} = \rho_{12}+2\rho_{23}\rho_{31} \quad (8.377)$$

임을 알 수 있다.

보기 8.71 실수 정규 확률과정 $\{Y(t)\}$의 평균함수가 $m_Y(t) = E\{Y(t)\}$이고 자기상관함수가 $R_Y(t_1,t_2) = E\{Y(t_1)Y(t_2)\}$일 때 $Y(t_i) = Y_i$처럼, 또 $m_Y(t_i) = m_i$처럼 쓰자. 이때 $\tilde{\Upsilon} = E\left\{Y_1Y_2^2Y_3^2\right\}$을 얻어 보자.

풀이 먼저, (8.374)와 (8.342)에서 $\frac{\partial}{\partial\tilde{\rho}_{12}}\tilde{\Upsilon} = E\left\{2Y_2Y_3^2\right\} = 4m_3\tilde{\rho}_{23}+2m_2E\left\{Y_3^2\right\}$이고 $\frac{\partial}{\partial\tilde{\rho}_{31}}\tilde{\Upsilon} = E\left\{2Y_2^3Y_3\right\} = 4m_2\tilde{\rho}_{23}+2m_3E\left\{Y_2^2\right\}$이다. 또, (8.375)를 새기면 $\frac{\partial}{\partial\tilde{\rho}_{23}}\tilde{\Upsilon} = 4E\left\{Y_1Y_2Y_3\right\} = 4m_1\tilde{\rho}_{23}+4m_2\tilde{\rho}_{31}+4m_3\tilde{\rho}_{12}+4m_1m_2m_3$이다. 따라서,

$$\begin{aligned} E\left\{Y_1Y_2^2Y_3^2\right\} &= 2m_1\tilde{\rho}_{23}^2+4m_2\tilde{\rho}_{23}\tilde{\rho}_{31}+4m_3\tilde{\rho}_{12}\tilde{\rho}_{23}+4m_1m_2m_3\tilde{\rho}_{23} \\ &\quad +2m_2E\left\{Y_3^2\right\}\tilde{\rho}_{12}+2m_3E\left\{Y_2^2\right\}\tilde{\rho}_{31}+C \end{aligned} \quad (8.378)$$

인데, $\tilde{\rho}_{12}=\tilde{\rho}_{23}=\tilde{\rho}_{31}=0$일 때 $\tilde{\Upsilon} = C = E\left\{X_1\right\}E\left\{X_2^2\right\}E\left\{X_3^2\right\} = m_1\left\{X_2^2\right\}E\left\{X_3^2\right\}$이므로

$$\begin{aligned} E\left\{Y_1Y_2^2Y_3^2\right\} &= 2m_1\tilde{\rho}_{23}^2+4m_2\tilde{\rho}_{23}\tilde{\rho}_{31}+4m_3\tilde{\rho}_{12}\tilde{\rho}_{23}+4m_1m_2m_3\tilde{\rho}_{23} \\ &\quad +2m_2E\left\{Y_3^2\right\}\tilde{\rho}_{12}+2m_3E\left\{Y_2^2\right\}\tilde{\rho}_{31}+m_1E\left\{Y_2^2\right\}E\left\{Y_3^2\right\} \end{aligned} \quad (8.379)$$

이다. ◇

한편, 문제 8.35에서

$$\begin{aligned} E\left\{X_1^2X_2^2X_3^2\right\} &= E\left\{X_1^2\right\}E\left\{X_2^2\right\}E\left\{X_3^2\right\}+2\left[\tilde{\rho}_{12}^2E\left\{X_3^2\right\}+\tilde{\rho}_{23}^2E\left\{X_1^2\right\}+\tilde{\rho}_{31}^2E\left\{X_2^2\right\}\right] \\ &\quad +4\left[m_1m_2\tilde{\rho}_{12}E\left\{X_3^2\right\}+m_2m_3\tilde{\rho}_{23}E\left\{X_1^2\right\}+m_3m_1\tilde{\rho}_{31}E\left\{X_2^2\right\}\right] \\ &\quad +8\left(\tilde{\rho}_{12}\tilde{\rho}_{23}\tilde{\rho}_{31}+m_1m_2\tilde{\rho}_{23}\tilde{\rho}_{31}+m_2m_3\tilde{\rho}_{31}\tilde{\rho}_{12}+m_3m_1\tilde{\rho}_{12}\tilde{\rho}_{23}\right) \end{aligned} \quad (8.380)$$

임을 보인다. 식 (8.380)을 바탕으로 3차원 표준 정규 확률벡터 $\underline{X} = (X_1, X_2, X_3)$에서는

$$E\left\{X_1^2X_2^2X_3^2\right\} = 1+2\left(\rho_{12}^2+\rho_{23}^2+\rho_{31}^2\right)+8\rho_{12}\rho_{23}\rho_{31} \quad (8.381)$$

임을 알 수 있다. 이 결과는 (4.585)에서 본 것과 같다.

표 8.3 확률벡터 $\underline{X}$가 n차원이고 g_i가 나타낼 수 있는 함수 꼴이 p개일 때 생각할 수 있는 적률 $E\left\{\prod_{i=1}^{n} g_i\left(X_i\right)\right\}$의 수 $\binom{p+n-1}{n}$

$n \downarrow p \rightarrow$	2	3	4	5
2	3	6	10	12
3	4	10	20	35
4	5	15	35	70

끝으로, g_i의 꼴을 두 가지, 세 가지, 네 가지 생각한다면 표 8.3에 보인 바와 같이 $E\left\{g_1\left(X_1\right) g_2\left(X_2\right) g_3\left(X_3\right)\right\}$을 각각 $\binom{2+3-1}{3} = 4$가지, $\binom{3+3-1}{3} = 10$가지, $\binom{4+3-1}{3} = 20$가지 생각할 수 있다: 시간을 내어 g_i의 꼴을 몇 개 알맞게 정해두고 $E\left\{g_1\left(X_1\right) g_2\left(X_2\right) g_3\left(X_3\right)\right\}$을 모두[71] 얻어 보면 프라이스의 정리를 더욱 잘 익힐 수 있을 것이다.

[71] 보기를 들어, $g_i(x) \in \{x, |x|, \text{sgn}(x), \delta(x)\}$일 때에는 $E\left\{g_j\left(X_1\right) g_k\left(X_2\right) g_l\left(X_3\right)\right\}$을 $\binom{4+3-1}{3} = 20$가지 생각할 수 있다. 이 20가지 가운데에서 $E\{$홀함수·홀함수·홀함수$\}$ 꼴인 넷 $E\left\{\text{sgn}\left(X_1\right) \text{sgn}\left(X_2\right) \text{sgn}\left(X_3\right)\right\}$, $E\left\{X_1 X_2 \text{sgn}\left(X_3\right)\right\}$, $E\left\{X_1 \text{sgn}\left(X_2\right) \text{sgn}\left(X_3\right)\right\}$, $E\left\{X_1 X_2 X_3\right\}$과, $E\{$홀함수·짝함수·짝함수$\}$ 꼴인 여섯 $E\left\{X_1\left|X_2\right|\left|X_3\right|\right\}$, $E\left\{X_1\left|X_2\right| \delta\left(X_3\right)\right\}$, $E\left\{X_1 \delta\left(X_2\right) \delta\left(X_3\right)\right\}$, $E\left\{\text{sgn}\left(X_1\right)\left|X_2\right|\left|X_3\right|\right\}$, $E\left\{\text{sgn}\left(X_1\right)\left|X_2\right| \delta\left(X_3\right)\right\}$, $E\left\{\text{sgn}\left(X_1\right) \delta\left(X_2\right) \delta\left(X_3\right)\right\}$은 대칭성으로 말미암아 0이다. 그러므로, 나머지는 $E\left\{\delta\left(X_1\right) \delta\left(X_2\right) \delta\left(X_3\right)\right\}$, $E\left\{\delta\left(X_1\right) \text{sgn}\left(X_2\right) \text{sgn}\left(X_3\right)\right\}$, $E\left\{\delta\left(X_1\right)\left|X_2 X_3\right|\right\}$, $E\left\{\delta\left(X_1\right) \delta\left(X_2\right)\left|X_3\right|\right\}$, $E\left\{\text{sgn}\left(X_1\right) \text{sgn}\left(X_2\right)\left|X_3\right|\right\}$, $E\left\{\left|X_1 X_2 X_3\right|\right\}$, $E\left\{X_1\left|X_2\right| \text{sgn}\left(X_3\right)\right\}$, $E\left\{X_1 X_2 \delta\left(X_3\right)\right\}$, $E\left\{X_1 X_2\left|X_3\right|\right\}$ $E\left\{X_1 \text{sgn}\left(X_2\right) \delta\left(X_3\right)\right\}$ 열 가지이다.

연습 문제

문제 8.1 확률변수 A가 $+1$일 확률과 -1일 확률이 같을 때 확률과정

$$X(t) = Au(t) \tag{8.382}$$

의 확률질량함수와 평균을 얻으시오. 여기서, $u(t)$는 단위 계단 함수이다.

문제 8.2 이산 시간 이산 크기 확률과정 $\{X_n,\ n = 0, 1, \cdots\}$의 치역 A에는 원소가 a개 있고 자연수 k가 어떤 값이더라도 그 확률질량함수는

$$p_{X_0, X_1, \cdots, X_{k-1}}(x_0, x_1, \cdots, x_{k-1}) = c^k \tag{8.383}$$

과 같다. 여기서, $i = 0, 1, \cdots, k-1$일 때 $x_i \in A$이고, c는 상수이며, $a < \infty$이다. 이 확률과정은 독립이고 분포가 같은 확률과정인가? 상수 c를 정하시오.

문제 8.3 확률과정 $\{X_n, n \in \mathbb{J}_0\}$이[72] 베르누이 과정일 때 확률변수 Y_n을

$$Y_n = \sum_{i=0}^{n-1} X_i \tag{8.384}$$

처럼 두자. 이때, Y_n의 확률질량함수는 $y = 0, 1, \cdots, n$일 때

$$p_{Y_n}(y) = {}_n\mathrm{C}_y p^y (1-p)^{n-y} \tag{8.385}$$

임을 보이시오. 또, $\{Y_1, Y_2, \cdots, Y_n\}$의 결합 확률질량함수는 $\{y_i \in \{0, 1, \cdots, n\}\}_{i=1}^{n}$이고 $y_1 \le y_2 \le \cdots \le y_n$일 때

$$p_{Y_1, Y_2, \cdots, Y_n}(y_1, y_2, \cdots, y_n) = p^{y_n}(1-p)^{n-y_n} \tag{8.386}$$

임을 보이시오. 확률과정 $\{Y_n,\ n = 1, 2, \cdots\}$은 독립이고 분포가 같은 확률과정인가?

문제 8.4 독립이고 분포가 같은 확률과정 $\{X_n, n = 0, 1, \cdots\}$의 치역은 $A = \{1, 2, 3, 4, 5, 6\}$이고, 한계 확률질량함수는 $p_X(k) = \frac{1}{6},\ k \in \{1, 2, 3, 4, 5, 6\}$이다.
(가) 확률변수 $Y = X_1 + X_2$의 확률질량함수와 확률변수 $V = \min(X_{10}, X_{30})$의 확률질량함수를 얻으시오.
(나) 확률변수 $U = \max(X_0, X_1, \cdots, X_{k-1})$의 누적분포함수가

$$F_U(u) = \begin{cases} 0, & u < 1, \\ \left(\frac{j}{6}\right)^k, & j \le u < j+1,\ j = 1, 2, \cdots, 5, \\ 1, & u \ge 6 \end{cases} \tag{8.387}$$

임을 보이시오.
(다) 확률변수

[72] 여기서, (1.66)에서 뜻매김한 바와 같이 $\mathbb{J}_0 = \{0, 1, \cdots\}$이다.

$$W = \begin{cases} 1, & X_0\text{이 짝수일 때}, \\ 0, & X_0\text{이 홀수일 때} \end{cases} \tag{8.388}$$

의 확률질량함수를 얻으시오.

문제 8.5 독립이고 분포가 같은 확률과정 $\{X_n\}_{n=0}^{\infty}$의 한계 확률질량함수는

$$p_X(k) = c2^{-k}, \quad k = 0, 1, \cdots \tag{8.389}$$

이다. 상수 c를 얻고, $\Pr\{X_n > m\}$과 $\Pr\{X_n = k | X_n > m\}$을 m으로 나타내시오.

문제 8.6 확률과정

$$X(t) = A\cos(\Omega t) + B\sin(\Omega t) \tag{8.390}$$

을 생각하자. 여기서, A, B, Ω가 서로 독립이고, A와 B는 평균이 둘 다 0이고 분산이 서로 같다. 이때, $X(t)$의 자기공분산함수를 얻으시오.

문제 8.7 직교 진폭 변조신호

$$Y(t) = X(t)\cos(\omega_o t) - Z(t)\sin(\omega_o t) \tag{8.391}$$

을 생각하자. 여기서, 확률과정 $X(t)$와 $Z(t)$는 서로 독립이고, 평균함수가 0이며,

$$R_X(t,s) = R_Z(t,s) \tag{8.392}$$

이다. 이때, 자기상관함수 $R_Y(t,s)$를 얻고, $R_X(t,s) = R(t-s)$이면 $R_Y(t,s)$는 시간 차 $t-s$만의 함수라는 것을 보이시오.

문제 8.8 서로 독립인 확률과정 $W(t)$와 $X(t)$를 생각하자. 이때,

$$Y(t) = W(t) + X(t) \tag{8.393}$$

의 자기상관함수,

$$Z(t) = W(t) - X(t) \tag{8.394}$$

의 자기상관함수, $Y(t)$와 $Z(t)$의 교차상관함수를 얻으시오.

문제 8.9 확률과정 $X(t)$의 자기상관함수가 $R_X(t,s) = R_X(t-s)$일 때 확률과정

$$Y(t) = X(t) - X(t-T) \tag{8.395}$$

의 자기상관함수를 얻으시오.

문제 8.10 확률과정 $\{X(t)\}$가 정규 확률과정일 때 조건부 기댓값 $E\{X(s)|X(t)\}$를 $X(t)$, $m_X(t)$, $m_X(s)$, $\sigma_X^2(t)$, $K_X(t,s)$로 나타내면

$$E\{X(t_2)|X(t_1)\} = m_X(t_2) + \frac{K_X(t_1,t_2)}{\sigma_X^2(t_1)}\{X(t_1) - m_X(t_1)\} \tag{8.396}$$

임을 보이시오.

문제 8.11 넓은 뜻에서 정상인 실수 확률과정 $\{X(t)\}$의 자기상관함수가 $R_X(\tau)$이다. 이제, $\tau_0 \neq 0$일 때 $R_X(\tau_0) = R_X(0)$이면

$$E\left[\{X(t) - X(t-\tau_0)\}^2\right] = 0 \tag{8.397}$$

임을 보이시오

문제 8.12 베르누이 확률과정 $\{X_n\}$, $\{Y_n\}$, $\{V_n\}$은 서로 독립이고, 매개변수가 – 곧, 어느 때에 그 값이 1일 확률이 – 각각 p_1, p_2, α이다. 이때, 확률과정

$$W_n = \begin{cases} X_n, & V_n = 1\text{일 때}, \\ Y_n, & V_n = 0\text{일 때} \end{cases} \tag{8.398}$$

을 생각하자. 이 과정 $\{W_n\}$은 두 과정 $\{X_n\}$과 $\{Y_n\}$ 가운데 하나를 마음대로 골라 잇는 스위치 또는 발신기 출력으로 생각할 수 있으므로 스위치 과정 또는 합성 과정이라고 부른다.

(가) 확률질량함수 $p_{W_n}(w)$를 얻으시오.

(나) 확률벡터 $(W_1, W_2, \cdots, W_n)$의 결합 확률질량함수 $p_{W_1,W_2,\cdots,W_n}(w_1, w_2, \cdots, w_n)$을 얻으시오. 확률과정 $\{W_n\}$은 베르누이 과정인가?

(다) 확률과정 $\{W_n\}$의 평균 $E\{W_n\}$을 얻으시오.

(라) 확률과정 $\{W_n\}$의 자기공분산함수 $K_W(n,k)$를 얻으시오.

(마) 끝으로, 교차상관함수 $R_{X,W}(t,s) = E\{X_t W_s\}$, $R_{W,V}(t,s) = E\{W_t V_s\}$, $R_{W,Y}(t,s) = E\{W_t Y_s\}$가

$$R_{X,W}(t,s) = \begin{cases} p_1^2\alpha + p_1p_2(1-\alpha), & t \neq s, \\ p_1\alpha + p_1p_2(1-\alpha), & t = s, \end{cases} \tag{8.399}$$

$$R_{W,V}(t,s) = p_1\alpha, \tag{8.400}$$

$$R_{W,Y}(t,s) = p_1p_2\alpha + p_2(1-\alpha) \tag{8.401}$$

과 같다는 것을 보이시오.

문제 8.13 서로 독립인 2진수 0과 1의 수열 $\{Z_n\}$을 생각하자. 그러면 $\{Z_n\}$은 두쪽 베르누이[73] 과정이다. 곧, $n \in \{\cdots, -1, 0, 1, \cdots\}$이고, $P\{Z_n = 1\} = P\{Z_n = 0\}$이다. 이제, 세 확률과정을

$$X_n = (-1)^{Z_n}, \tag{8.402}$$

$$Y_n = \sum_{i=0}^{n} 2^{-i} X_i, \quad n = 0, 1, \cdots, \tag{8.403}$$

$$V_n = \sum_{i=0}^{\infty} 2^{-i} X_{n-i}, \quad n \in \{\cdots, -1, 0, 1, \cdots\} \tag{8.404}$$

[73] two-sided Bernoulli

와 같이 두자.

(가) 확률과정 $\{X_n\}$의 평균함수과 자기상관함수, 또 $\{V_n\}$의 평균함수과 자기상관함수를 얻으시오.

(나) 확률과정 $\{Y_n\}$의 특성함수와 $\{V_n\}$의 특성함수를 얻으시오.

(다) 확률과정 $\{Y_n\}$은 자기회귀 과정인가? 이동평균 과정인가? 넓은 뜻에서 정상인가? 확률과정 $\{V_n\}$은 자기회귀 과정인가? 이동평균 과정인가? 넓은 뜻에서 정상인가?

(라) 조건부 확률질량함수 $p_{V_n|V_{n-1},V_{n-2},\cdots,V_0}(v_n|v_{n-1},v_{n-1},\cdots,v_0)$을 얻으시오. 이것을 바탕으로 $\{V_n\}$이 마르코프 과정인지 밝히시오.

문제 8.14 두 확률과정 $\{X_n, n \in \mathbb{J}\}$와 $\{Y_n, n \in \mathbb{J}\}$의 교차상관함수를

$$R_{X,Y}(t,s) = E\{X_t Y_s\} \tag{8.405}$$

처럼 두자.

(가) 교차상관함수 $R_{X,Y}(t,s)$는 변수 대칭성이 없음을 – 곧, $R_{X,Y}(t,s) \neq R_{X,Y}(s,t)$라는 것을 – 보이시오.

(나) 코쉬-슈바르츠 부등식을 써서 자기상관함수 R_X와 R_Y의 항으로 $|R_{X,Y}(t,s)|$의 상한을 나타내시오.

문제 8.15 무한 수열 함수인 연속 시간 확률과정

$$\{X(t)\} = \left\{ \sum_{k=-\infty}^{\infty} B_k r(t-k) \right\} \tag{8.406}$$

을 생각하자. 여기서, $r(t)$는 $0 \leq t < 1$에서는 1이고, 그 밖에는 0인 네모 함수이고, $\{B_k\}$는 독립이고 분포가 같으며 $\mathbf{Pr}\{B_k = +1\} = \mathbf{Pr}\{B_k = -1\} = 0.5$인 확률과정이라고 하자. 이때, 확률과정 $\{X(t)\}$의 자기상관함수를 얻으시오.

문제 8.16 연속 확률변수 Θ가 구간 $(-\pi, \pi]$에서 고르게 퍼져 있을 때 확률과정 $\{X(t), t \in \mathbb{R}\}$을

$$X(t) = \cos(t + \Theta) \tag{8.407}$$

처럼 두자.

(가) 누적분포함수 $F_{X(0)}(x)$를 얻으시오.

(나) 자기공분산함수 $K_X(t,s)$를 얻으시오.

문제 8.17 넓은 뜻에서 정상인 확률과정 $\{X(t), t \in \mathbb{R}\}$의 자기상관함수가

$$R_X(\tau) = A\exp(-\alpha|\tau|) \tag{8.408}$$

이다. 여기서, A와 α는 0보다 큰 수이다. 확률변수 $X(123) - X(119)$의 2차 적률을 얻으시오.

문제 8.18 두 확률과정

$$X(t) = A\cos(\omega_0 t + \Theta) + N(t) \tag{8.409}$$

와

$$Y(t) = A\sin(\omega_0 t + \Theta) + N(t) \tag{8.410}$$

를 생각하자. 여기서, A와 ω_0는 상수이고, Θ는 구간 $(-\pi, \pi]$에서 고르게 퍼져 있는 확률변수이며, $N(t)$는 Θ와 상관이 없고 자기상관함수가

$$R_N(\tau) = B\Lambda\left(\frac{\tau}{\tau_0}\right) \tag{8.411}$$

이며 넓은 뜻에서 정상인 확률과정이다. 한편, B와 τ_0은 0보다 큰 상수이고, $\Lambda(\cdot)$은

$$\Lambda\left(\frac{\tau}{\tau_0}\right) = \begin{cases} 1 - \frac{|\tau|}{\tau_0}, & |\tau| < \tau_0 \text{ 일 때}, \\ 0, & \text{그 밖에는} \end{cases} \tag{8.412}$$

와 같은 세모함수이다. 이때, 확률과정 $\{X(t), t \in \mathbb{R}\}$와 $\{Y(t), t \in \mathbb{R}\}$의 교차상관함수를 얻으시오.

문제 8.19 확률과정 $\{X(t), t \in \mathbb{R}\}$는 평균함수가 0이고, 분산이 σ_X^2이며, 넓은 뜻에서 정상인 확률과정이다. 이제, ω_0이 상수일 때 확률과정

$$Z(t) = X(t)\cos(\omega_0 t + \Theta) \tag{8.413}$$

을 생각하자.
(가) 먼저, $\Theta = 0$일 때 $E\{Z(t)\}$와 $E\left\{Z^2(t)\right\}$을 얻으시오. 확률과정 $\{Z(t), t \in \mathbb{R}\}$는 넓은 뜻에서 정상인가?
(나) 다음에, Θ가 $(-\pi, \pi]$에서 고르게 퍼져 있는 확률변수이고 $X(t)$와 독립일 때, $E\{Z(t)\}$와 $E\left\{Z^2(t)\right\}$을 얻으시오. 확률과정 $\{Z(t), t \in \mathbb{R}\}$는 넓은 뜻에서 정상인가?

문제 8.20 식 (8.218)에 보인 바와 같이 제곱 평균 미분한 확률과정 $X^{(1)}(t)$의 자기상관함수는

$$R_{X^{(1)}}(t, s) = \frac{\partial^2}{\partial t \partial s} R_X(t, s) \tag{8.414}$$

이고, (8.220)에 보인 바와 같이 $X(t)$가 넓은 뜻에서 정상일 때 제곱 평균 미분한 확률과정 $X^{(1)}(t)$의 자기상관함수는

$$R_{X^{(1)}}(\tau) = -\frac{d^2}{d\tau^2} R_X(\tau) \tag{8.415}$$

임을 (8.221)과 비슷한 과정을 거쳐 확인해 보시오.

문제 8.21 보기 8.51에서 다룬 바 있는 위너 과정 $W(t)$의 상징적 도함수 $Z(t)$를 생각하자. 이 상징적 넓은 대역 잡음과정 $Z(t)$의 세기가 $\alpha^2 = 1$이고,

$$Y_1 = \int_0^T \phi_1(t) Z(t) dt \tag{8.416}$$

이며,

$$Y_2 \;=\; \int_0^T \phi_2(t)Z(t)dt \tag{8.417}$$

일 때

$$E\{Y_1Y_2^*\} \;=\; \int_0^T \phi_1(t)\phi_2^*(t)dt \tag{8.418}$$

임을 보이시오. 곧, (8.418)의 적분 값이 0이라는 뜻에서 $\phi_1(t)$와 $\phi_2(t)$가 직교하면 Y_1과 Y_2는 직교 확률변수이다.

문제 8.22 기댓값과 적분의 연산 순서를 바꾸어 (8.251)에 보인

$$m_{X^{(-1)}}(t) \;=\; \int_0^t m_X(u)du, \qquad t > 0 \tag{8.419}$$

와 (8.252)에 보인

$$R_{X^{(-1)}}(t,s) \;=\; \int_0^t \int_0^s R_X(u,v)dvdu, \qquad t,s > 0 \tag{8.420}$$

을 확인해 보시오.

문제 8.23

(가) 제곱 평균 미분할 수 있는 확률과정 $X(t)$가

$$\frac{d}{dt}X(t) \;=\; aX(t) + Z(t), \qquad t \geq 0 \tag{8.421}$$

을 만족시킨다. 여기서, $Z(t)$는 넓은 뜻에서 정상인 확률과정이다. 확률과정 $X(t)$의 평균함수를 $m_X(t)$라고 할 때 $m_X(0) = 1$이다. 이제, $t \geq 0$일 때 평균함수 $m_X(t)$를 $Z(t)$의 평균함수 m_Z로 나타내시오.

(나) 제곱 평균 적분할 수 있는 확률과정 $X(t)$가

$$\int_0^t X(u)du \;=\; bX(t) + W(t), \qquad t \geq 0 \tag{8.422}$$

를 만족시킨다. 여기서, $W(t)$는 평균함수가 0인 확률과정이다. 이제, $t \geq 0$일 때 평균함수 $m_X(t)$를 얻으시오.

문제 8.24 확률과정 $\{X(t)\}$가 t에서 제곱 평균 연속이면 평균함수 $m_X(t)$가 t에서 연속이라는 것을 보이시오.

문제 8.25 확률과정 $\{X(t)\}$가 넓은 뜻에서 정상일 때, $\{X(t)\}$의 자기상관함수를 $R_X(\tau)$라고 하고,

$$Y(t) \;=\; \int_{-\infty}^t X(u)\,du \tag{8.423}$$

을 생각하자. 이때, 확률과정 $\{Y(t)\}$의 자기상관함수는

$$R_Y(\tau) = \int_{-\infty}^{\tau}\int_{\sigma}^{\infty} R_X(\mu)\,d\mu d\sigma \tag{8.424}$$

임을 보이시오. 이제,

$$R_X(\tau) = \delta(\tau) \tag{8.425}$$

이거나

$$R_X(\tau) = e^{-|\tau|} \tag{8.426}$$

이면 $R_Y(\tau)$가 없지만 – 따라서, $Y(t)$가 없지만 –

$$R_X(\tau) = 2\delta(\tau) - e^{-|\tau|} \tag{8.427}$$

이면 $R_Y(\tau)$가 있다는 것을 보이시오.

문제 8.26 확률과정

$$X(t) = A\cos(\omega_0 t + \Theta) \tag{8.428}$$

을 생각하자. 여기서, A는 분산이 σ^2인 정규 확률변수이고, ω_0은 상수이며, Θ는 A와 독립이고 $[0, 2\pi)$에서 고르게 퍼져 있는 확률변수이다.

(가) 확률과정 $\{X(t)\}$의 평균함수를 얻으시오.

(나) 확률과정 $\{X(t)\}$의 자기상관함수를 얻으시오.

(다) 확률과정 $\{X(t)\}$는 넓은 뜻에서 정상인가?

(라) 확률과정 $\{X(t)\}$의 시간 평균 $\overline{X}(T) = \frac{1}{T}\int_0^T X(t)dt$의 기댓값과 분산을 얻으시오.

(마) 확률과정 $\{X(t)\}$는 에르고딕 정리를 만족시키는가? 만족시킨다면, 어떤 뜻으로 만족시키는가?

문제 8.27 평균함수가 0이고 자기상관함수가 $R_X(t_1, t_2) = E\{X(t_1)X(t_2)\}$인 실수 정규 확률과정 $X(t)$에서

$$E\left\{X^6(t)\right\} = 15R_X^3(t,t) \tag{8.429}$$

임을 보이시오. (귀띔: 프라이스의 정리를 써 보시오.)

문제 8.28 평균함수가 0이고 자기상관함수가 $R_X(t_1, t_2) = E\{X(t_1)X(t_2)\}$인 실수 정규 확률과정 $X(t)$에서

$$E\{|X(t)|\} = \sqrt{\frac{2}{\pi}R_X(t,t)} \tag{8.430}$$

임을 보이시오. (귀띔: 프라이스의 정리를 써 보시오.)

문제 8.29 실수 정규 확률과정 $\{Y(t)\}$의 평균함수가 $m_Y(t) = E\{Y(t)\}$이고 자기상관함수가 $R_Y(t_1, t_2) = E\{Y(t_1)Y(t_2)\}$일 때 $Y(t_i) = Y_i$처럼, 또 $m_Y(t_i) = m_i$처럼 쓰자. 이때

$$E\left\{Y_1^2 Y_2^3\right\} = 6m_2\tilde{\rho}^2 + 6m_1 E\left\{Y_2^2\right\}\tilde{\rho} + m_2\left(3a_2^2 + m_2^2\right)E\left\{Y_1^2\right\} \tag{8.431}$$

임을 보이시오.

문제 8.30 평균함수가 0이고 자기상관함수가 $R_X(t_1, t_2) = E\{X(t_1)X(t_2)\}$인 실수 정규 확률과정 $X(t)$에서

$$E\left\{X^4(t_1)X^2(t_2)\right\} = 3\left\{R_X(t_1,t_1)R_X(t_2,t_2) + 4R_X^2(t_1,t_2)\right\}R_X(t_1,t_1) \tag{8.432}$$

임을 보이시오. (귀띔: 프라이스의 정리를 써 보시오.)

문제 8.31 평균함수가 0이고 자기상관함수가 $R_X(t_1, t_2) = E\{X(t_1)X(t_2)\}$인 실수 정규 확률과정 $X(t)$에서

$$E\left\{X^3(t_1)X^3(t_2)\right\} = 3\left\{3R_X(t_1,t_1)R_X(t_2,t_2) + 2R_X^2(t_1,t_2)\right\}R_X(t_1,t_2) \tag{8.433}$$

임을 보이시오. (귀띔: 프라이스의 정리를 써 보시오.)

문제 8.32 평균함수가 0이고 자기상관함수가 $R_X(t_1, t_2) = E\{X(t_1)X(t_2)\}$인 실수 정규 확률과정 $X(t)$에서

$$E\left\{\left|X^2(t_1)X(t_2)\right|\right\} = \sqrt{\frac{2}{\pi}}\frac{R_X(t_1,t_1)R_X(t_2,t_2) + R_X^2(t_1,t_2)}{\sqrt{R_X(t_2,t_2)}} \tag{8.434}$$

임을 보이시오. (귀띔: 프라이스의 정리를 써 보시오.)

문제 8.33 식 (8.377)에 보인

$$E\left\{X_1X_2X_3^2\right\} = \rho_{12} + 2\rho_{23}\rho_{31} \tag{8.435}$$

는 (8.376)에 보인

$$E\left\{X_1X_2X_3^2\right\} = \left(\tilde{\rho}_{12} + m_1m_2\right)E\left\{X_3^2\right\} + 2\left(\tilde{\rho}_{23}\tilde{\rho}_{31} + m_3m_1\tilde{\rho}_{23} + m_2m_3\tilde{\rho}_{31}\right) \tag{8.436}$$

을 바탕으로, (8.381)에 보인

$$E\left\{X_1^2X_2^2X_3^2\right\} = 1 + 2\left(\rho_{12}^2 + \rho_{23}^2 + \rho_{31}^2\right) + 8\rho_{12}\rho_{23}\rho_{31} \tag{8.437}$$

은 (8.380)에 보인

$$\begin{aligned} E\left\{X_1^2X_2^2X_3^2\right\} = {} & E\left\{X_1^2\right\}E\left\{X_2^2\right\}E\left\{X_3^2\right\} + 2\left[\tilde{\rho}_{12}^2E\left\{X_3^2\right\} + \tilde{\rho}_{23}^2E\left\{X_1^2\right\} + \tilde{\rho}_{31}^2E\left\{X_2^2\right\}\right] \\ & +4\left[m_1m_2\tilde{\rho}_{12}E\left\{X_3^2\right\} + m_2m_3\tilde{\rho}_{23}E\left\{X_1^2\right\} + m_3m_1\tilde{\rho}_{31}E\left\{X_2^2\right\}\right] \\ & +8\left(\tilde{\rho}_{12}\tilde{\rho}_{23}\tilde{\rho}_{31} + m_1m_2\tilde{\rho}_{23}\tilde{\rho}_{31} + m_2m_3\tilde{\rho}_{31}\tilde{\rho}_{12} + m_3m_1\tilde{\rho}_{12}\tilde{\rho}_{23}\right) \end{aligned} \tag{8.438}$$

을 바탕으로 얻은 것이다. 이제, 거꾸로 (8.435)를 바탕으로 (8.436)을, 또 (8.437)을 바탕으로 (8.438)을 얻어 보시오.

문제 8.34 일반적으로 분포가 $N(0,0,1,1,\rho)$인 두 변수 확률벡터 (X,Y)에서 절대 중심 적률 $\nu_{rs} = E\{|X^r Y^s|\}$는

$$\nu_{rs} = \frac{2^{\frac{r+s}{2}}}{\pi}\Gamma\left(\frac{r+1}{2}\right)\Gamma\left(\frac{s+1}{2}\right){}_2F_1\left(-\frac{1}{2}r, -\frac{1}{2}s; \frac{1}{2}; \rho^2\right) \tag{8.439}$$

처럼 쓸 수 있다. 여기서, ${}_2F_1(\alpha,\beta;\gamma;z)$는 (6.386)에서 다룬 초기하 함수이다. 이 식을 바탕으로 r과 s가 작을 때 $\nu_{11} = \frac{2}{\pi}\left(\sqrt{1-\rho^2}+\rho\sin^{-1}\rho\right)$, $\nu_{12} = \nu_{21} = \sqrt{\frac{2}{\pi}}\left(1+\rho^2\right)$, $\nu_{13} = \nu_{31} = \frac{2}{\pi}\left\{\left(2+\rho^2\right)\sqrt{1-\rho^2}+3\rho\sin^{-1}\rho\right\}$, $\nu_{22} = 1+2\rho^2$, $\nu_{14} = \nu_{41} = \sqrt{\frac{2}{\pi}}\left(3+6\rho^2-\rho^4\right)$, $\nu_{15} = \nu_{51} = \frac{2}{\pi}\left\{\left(8+9\rho^2-2\rho^4\right)\sqrt{1-\rho^2}+15\rho\sin^{-1}\rho\right\}$, $\nu_{42} = \nu_{24} = 3\left(1+4\rho^2\right)$, $\nu_{33} = \frac{2}{\pi}\left\{\left(4+11\rho^2\right)\sqrt{1-\rho^2}+3\left(3+2\rho^2\right)\rho\sin^{-1}\rho\right\}$를 얻을 수 있다. 이제, 프라이스의 정리를 써서 표준 정규 확률벡터 (X_1,X_2)에서

$$E\{|X_1X_2|\} = \frac{2}{\pi}\left(\rho\sin^{-1}\rho+\sqrt{1-\rho^2}\right) \tag{8.440}$$

이고

$$E\{X_1u(X_1)X_2u(X_2)\} = \frac{1}{2\pi}\left\{\left(\frac{\pi}{2}+\sin^{-1}\rho\right)\rho+\sqrt{1-\rho^2}\right\} \tag{8.441}$$

임을 확인해 보시오. 위 (8.440)은 문제 4.61과 문제 4.63에서 이미 다른 방법으로도 얻은 바 있다.

문제 8.35 실수 정규 확률과정 $\{X(t)\}$의 평균함수가 $m_X(t) = E\{X(t)\}$이고 자기상관함수가 $R_X(t_1,t_2) = E\{X(t_1)X(t_2)\}$일 때 $X(t_i) = X_i$처럼, 또 $m_X(t_i) = m_i$처럼 쓰자. 이때

$$\tilde{\Upsilon} = E\left\{X_1^2X_2^2X_3^2\right\} \tag{8.442}$$

를 얻어 보시오.

문제 8.36 실수 표준 정규 확률과정 $\{X(t)\}$에서 $X(t_i) = X_i$처럼 쓰고 $E\{X_iX_j\} = \rho_{ij}$처럼 두자. 이때,

$$E\{X_1X_2|X_3|\} = \sqrt{\frac{2}{\pi}}\left(\rho_{12}+\rho_{23}\rho_{31}\right) \tag{8.443}$$

임을 보이시오.

문제 8.37 실수 표준 정규 확률과정 $\{X(t)\}$에서 $X(t_i) = X_i$처럼 쓰고 $E\{X_iX_j\} = \rho_{ij}$처럼 두자. 이때,

$$E\{\delta(X_1)\,\mathrm{sgn}(X_2)\,\mathrm{sgn}(X_3)\} = \sqrt{\frac{2}{\pi^3}}\sin^{-1}\frac{\rho_{23}-\rho_{31}\rho_{12}}{\sqrt{\left(1-\rho_{31}^2\right)\left(1-\rho_{12}^2\right)}} \tag{8.444}$$

임을 보이시오.

참고 문헌

1. R. F. Baum, "The correlation function of smoothly limited Gaussian noise," *IRE Trans. Inform. Theory*, vol. 3, no. 3, pp. 193-197, Sep. 1957.

2. J. L. Brown, Jr., "On a cross-correlation property of stationary processes," *IRE Trans. Inform. Theory*, vol. 3, no. 1, pp. 28-31, Mar. 1957.

3. E. Cinlar, *Introduction to Stochastic Processes*, Prentice-Hall, Englewood Cliffs, 1975.

4. W. B. Davenport, Jr., *Probability and Random Processes*, McGraw-Hill, New York, 1970.

5. J. L. Doob, *Stochastic Processes*, John Wiley and Sons, New York, 1953.

6. W. A. Gardner, *Introduction to Random Processes With Applications to Signals and Systems*, Second Ed., McGraw-Hill, New York, 1990.

7. R. M. Gray and L. D. Davisson, *Random Processes: A Mathematical Approach for Engineers*, Prentice-Hall, Englewood Cliffs, 1986.

8. R. M. Gray and L. D. Davisson, *An introduction to Statistical Signal Processing*, Cambridge University Press, Cambridge, 2010.

9. G. Grimmett and D. Stirzaker, *Probability and Random Processes*, Oxford University, London, 1982.

10. C. W. Helstrom, *Elements of Signal Detection and Estimation*, Prentice-Hall, Englewood Cliffs, 1995.

11. C. W. Helstrom, *Probability and Stochastic Processes for Engineers*, Second Ed., Prentice -Hall, Englewood Cliffs, 1991.

12. A. Leon-Garcia, *Probability, Statistics, and Random Processes for Electrical Engineering*, Third Ed., Prentice Hall, New York, 2008.

13. R. N. McDonough and A. D. Whalen, *Detection of Signals in Noise*, Second Edition, Academic, New York, 1995.

14. D. Middleton, *An Introduction to Statistical Communication Theory*, McGraw-Hill, New York, 1960.

15. A. Papoulis and S. U. Pillai, *Probability, Random Variables, and Stochastic Processes*, Fourth Ed., McGraw-Hill, New York, 2002.

16. E. Parzen, *Stochastic Processes*, Holden-Day, San Francisco, 1962.

17. R. Price, "A useful theorem for nonlinear devices having Gaussian inputs," *IRE Trans. Inform. Theory*, vol. 4, no. 2, pp. 69-72, June 1958.

18. J. B. Thomas, *An Introduction to Statistical Communication Theory*, John Wiley and Sons, New York, 1969.

19. A. D. Whalen, *Detection of Signals in Noise*, Academic, New York, 1971.

20. R. D. Yates and D. J. Goodman, *Probability and Stochastic Processes*, John Wiley and Sons, New York, 1999.

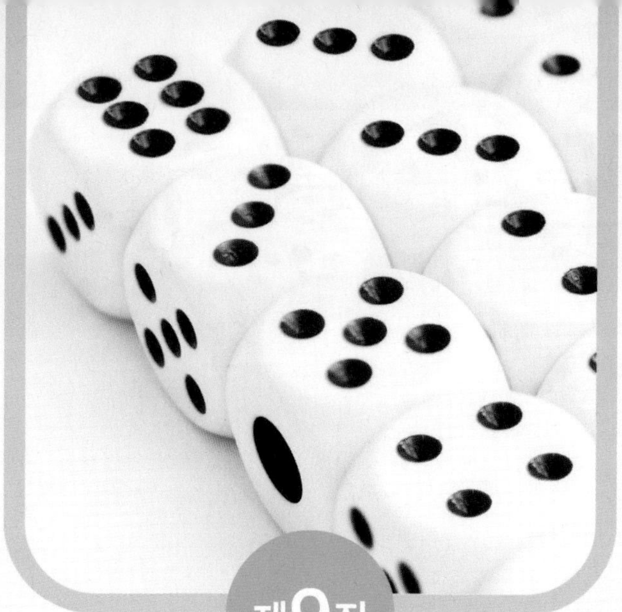

제9장

전력 밀도와 선형 시스템

9.1 확률과정의 전력

일반적으로 시간 함수 $x(t)$의 평균 전력은 $\lim_{T\to\infty}\frac{1}{2T}\int_{-T}^{T}|x(t)|^2dt$와 같이 절대 제곱의 시간 평균으로 뜻매김함을 새겨 두자. 이와 비슷하게 – 평균이 0인 – 확률과정 $\{X(t)\}$의 평균 전력은 절대 제곱의 확률 평균으로 $E\left\{|X(t)|^2\right\}$과 같이 뜻매김한다.

뜻매김 9.1

시간 함수 $x(t)$가

$$0 \; < \; \lim_{T\to\infty}\frac{1}{2T}\int_{-T}^{T}|x(t)|^2dt \; < \; \infty \tag{9.1}$$

을 만족시키면 $x(t)$를 전력 신호[1]라고 하고,

$$0 \; < \; \int_{-\infty}^{\infty}|x(t)|^2dt \; < \; \infty \tag{9.2}$$

를 만족시키면 $x(t)$를 에너지 신호[2]라고 한다.

보기 9.1 시간 함수

$$x(t) \;=\; u(t)u(1-t) \tag{9.3}$$

을 생각하자. 그러면

$$\begin{aligned}\int_{-\infty}^{\infty}|x(t)|^2dt \;&=\; \int_{0}^{1}1dt\\ &=\; 1\end{aligned} \tag{9.4}$$

이므로, $x(t)=u(t)u(1-t)$는 에너지 신호이다. 이때,

[1] power signal
[2] energy signal

$$\begin{aligned}\lim_{T\to\infty}\frac{1}{2T}\int_{-T}^{T}|x(t)|^2dt &= \lim_{T\to\infty}\frac{1}{2T}\int_0^1 1dt\\ &= \lim_{T\to\infty}\frac{1}{2T}\\ &= 0\end{aligned} \tag{9.5}$$

이다. ◇

보기 9.2 함수

$$x(t) = \sin\omega t \tag{9.6}$$

을 생각하자. 그러면

$$\begin{aligned}\lim_{T\to\infty}\frac{1}{2T}\int_{-T}^{T}|\sin\omega t|^2dt &= \lim_{T\to\infty}\frac{1}{2T}\left(T-\frac{\cos 2\omega t}{4\omega}\bigg|_{t=-T}^{T}\right)\\ &= \frac{1}{2}\end{aligned} \tag{9.7}$$

이므로 $x(t)=\sin\omega t$는 전력 신호이다. 한편, $\int_{-\infty}^{\infty}|\sin\omega t|^2dt \to \infty$이다. ◇

보기 9.3 함수

$$x(t) = e^t \tag{9.8}$$

을 생각하자. 그러면 $\lim\limits_{T\to\infty}\frac{1}{2T}\int_{-T}^{T}e^{2t}dt\to\infty$이고 $\int_{-\infty}^{\infty}e^{2t}dt\to\infty$이므로 $x(t)=e^t$는 전력 신호도 아니고 에너지 신호도 아니다. ◇

이제, $x(t)$가 전력 신호일 때에는

$$R_x(t) = \lim_{T\to\infty}\frac{1}{2T}\int_{-T}^{T}x(s+t)x^*(s)ds \tag{9.9}$$

를 $x(t)$의 자기상관함수라고 하고, 자기상관함수 $R_x(t)$의 푸리에 변환

$$\begin{aligned}S_x(\omega) &= \mathcal{F}\{R_x(t)\}\\ &= \int_{-\infty}^{\infty}R_x(t)e^{-j\omega t}dt\end{aligned} \tag{9.10}$$

을 $x(t)$의 전력 밀도[3]라고 한다. 한편, $x(t)$가 에너지 신호일 때에는

$$R_x(t) = \int_{-\infty}^{\infty}x(s+t)x^*(s)ds \tag{9.11}$$

을 $x(t)$의 자기상관함수라고 하고, 이 자기상관함수 $R_x(t)$의 푸리에 변환

[3]power density. 전력 밀도는 전력 스펙트럼 밀도 power spectral density 또는 전력 스펙트럼이라고도 power spectrum 한다.

$$\begin{aligned} S_x(\omega) &= \mathcal{F}\{R_x(t)\} \\ &= \int_{-\infty}^{\infty} R_x(t)e^{-j\omega t}dt \end{aligned} \tag{9.12}$$

를 $x(t)$의 에너지 밀도[4]라고 한다. 에너지 밀도를 구간 길이로 나누면 그 구간의 전력 밀도를 얻을 수 있다. 전력 밀도를 어떤 주파수 영역에서 적분하면 함수 $x(t)$가 그 주파수 영역에 품고 있는 전력을 얻을 수 있고, 에너지 밀도를 어떤 주파수 영역에서 적분하면 함수 $x(t)$가 그 주파수 영역에 품고 있는 에너지를 얻을 수 있다.

한편, 에너지 신호 $x(t)$의 푸리에 변환을 $X(\omega)$라고 하면

$$\begin{aligned} |X(\omega)|^2 &= |\mathcal{F}\{x(t)\}|^2 \\ &= \left|\int_{-\infty}^{\infty} x(t)e^{-j\omega t}dt\right|^2 \\ &= \left(\int_{-\infty}^{\infty} x(t)e^{-j\omega t}dt\right)\left(\int_{-\infty}^{\infty} x(t)e^{-j\omega t}dt\right)^* \\ &= \int_{-\infty}^{\infty}\int_{-\infty}^{\infty} x(t)x^*(u)e^{-j\omega(t-u)}dudt \\ &= \int_{-\infty}^{\infty}\left\{\int_{-\infty}^{\infty} x(u+v)x^*(u)du\right\}e^{-j\omega v}dv \\ &= \int_{-\infty}^{\infty} R_x(v)e^{-j\omega v}dv \\ &= \mathcal{F}\{R_x(t)\} \\ &= S_X(\omega) \end{aligned} \tag{9.13}$$

이다. 바꾸어 말하면, 에너지 신호의 푸리에 변환의 크기의 제곱이 바로 자기상관함수의 푸리에 변환, 곧 에너지 밀도이다.

보기 9.4 보기 9.1에서 다룬 에너지 함수

$$x(t) = u(t)u(1-t) \tag{9.14}$$

를 생각하자. 그러면 이 함수의 에너지 밀도는

$$\begin{aligned} |X(\omega)|^2 &= |\mathcal{F}\{u(t)u(1-t)\}|^2 \\ &= \left|\int_0^1 e^{-j\omega t}dt\right|^2 \\ &= \left|\frac{1}{j\omega}\left(1-e^{-j\omega}\right)\right|^2 \\ &= \frac{2}{\omega^2}(1-\cos\omega) \\ &= \operatorname{sinc}^2\frac{\omega}{2} \end{aligned} \tag{9.15}$$

[4]energy density. 에너지 밀도는 에너지 스펙트럼 밀도 energy spectral density 또는 에너지 스펙트럼이라고도 energy spectrum 한다.

이다. 이 에너지 밀도는

$$x(t) = u(t)u(1-t) \tag{9.16}$$

의 자기상관함수

$$\begin{aligned} R_X(\tau) &= \int_{-\infty}^{\infty} s(t)s(t-\tau)dt \\ &= (1-|\tau|)u(1-|\tau|) \end{aligned} \tag{9.17}$$

을 푸리에 변환하여

$$\begin{aligned} S_X(\omega) &= \int_{-\infty}^{\infty} R_X(\tau)e^{-j\omega\tau}d\tau \\ &= \text{sinc}^2\frac{\omega}{2} \end{aligned} \tag{9.18}$$

처럼 얻은 것과 같다. 여기서,

$$\text{sinc}(x) = \frac{\sin x}{x} \tag{9.19}$$

이다. ◇

한편, 이산 시간 수열 $\{b_k\}$의 z-변환을 $B(z)$처럼 쓰면

$$B(z) = \sum_{k=-\infty}^{\infty} b_k z^{-k} \tag{9.20}$$

인데

$$B\left(e^{j\omega}\right) = \sum_{k=-\infty}^{\infty} b_k e^{-jk\omega} \tag{9.21}$$

은 $\{b_k\}$의 이산 시간 푸리에 변환이다. 식 (9.21)의 $B\left(e^{j\omega}\right)$을 $B(\omega)$ 또는 $B(j\omega)$처럼 쓰기도 한다. 또한

$$\begin{aligned} \frac{1}{2\pi}\int_{-\pi}^{\pi} B(\omega)e^{jq\omega}d\omega &= \frac{1}{2\pi}\int_{-\pi}^{\pi}\sum_{k=-\infty}^{\infty} b_k e^{-jk\omega}e^{jq\omega}d\omega \\ &= \sum_{k=-\infty}^{\infty} b_k\left(\frac{1}{2\pi}\int_{-\pi}^{\pi} e^{-j(k-q)\omega}d\omega\right) \\ &= \sum_{k=-\infty}^{\infty} b_k\delta_{k-q} \\ &= h_q \end{aligned} \tag{9.22}$$

처럼 이산 시간 푸리에 변환 또는 z-변환에서 이산 시간 수열을 얻을 수 있다. 연속 시간 푸리에 변환과 이산 시간 푸리에 변환을 얻는 것이 그리 크게 다르지 않으므로, 이 책에서 '푸리에 변환'은 문맥에 따라 '연속 시간 푸리에 변환' 또는 '이산 시간 푸리에 변환'을 가리키는 것으로 하자.

9.1.1 전력 밀도

이제, 위에서 살펴본 내용을 바탕으로 확률과정의 전력을 생각해 보자. 확률과정이 아닌 시간 함수에서는 주파수 영역이 정해지면 전력도 정해진다. 그렇지만 확률과정에서는 주파수 영역과 전력이 표본함수마다 다를 수 있을 뿐만 아니라 주파수 영역이 같더라도 전력은 표본함수마다 다를 수 있다. 따라서, 확률과정이 아닌 때와 똑같이 확률과정의 전력 밀도를 뜻매김하면 이 전력 밀도 또한 확률과정일 것이므로 뜻 있는 정보를 얻기 어렵다. 이때, 전력은 2차 특성의 하나이므로, 확률과정이 적어도 넓은 뜻에서 정상이라고 하고 표본함수마다 얻은 전력 밀도를 통계적으로 평균하면, 그 통계적 기댓값은 확률과정이 주파수 영역에서 품고 있는 특성을 알려줄 것이다.

뜻매김 9.2 확률과정의 전력 밀도

넓은 뜻에서 정상인 확률과정의 표본함수마다 얻은 전력 밀도를 통계적으로 평균한 것을 그 확률과정의 전력 밀도라고 한다.

확률과정의 푸리에 변환을 생각해 보자. 확률과정의 표본함수마다 그 푸리에 변환이 다르므로 확률과정의 푸리에 변환 또한 확률과정이다. 이때, 확률과정은 가리킴 수가 시간이지만 그 푸리에 변환은 가리킴 수가 주파수라는 것을 쉽게 알 수 있다.

보기 9.5 넓은 뜻에서 정상인 확률과정 $X(t)$에서 시간 구간 $(-\infty, -T)$와 (T, ∞)에 해당하는 부분을 버리고 남은 확률과정 $X_T(t)$를 살펴보자. 실험 결과가 ξ일 때 확률과정 $X_T(t)$의 표본함수 $X_T(t, \xi)$를 생각하면, 그 푸리에 변환은

$$\begin{aligned} \tilde{X}_T(\omega, \xi) &= \int_{-\infty}^{\infty} X_T(t, \xi) e^{-j\omega t} dt \\ &= \int_{-T}^{T} X(t, \xi) e^{-j\omega t} dt \end{aligned} \quad (9.23)$$

이다. 한편, 표본함수 $X_T(t, \xi)$는 에너지 신호이므로 (9.13)에서 본 바와 같이 $X_T(t, \xi)$의 푸리에 변환의 크기의 제곱

$$\left|\tilde{X}_T(\omega, \xi)\right|^2 \quad (9.24)$$

가 $X_T(t, \xi)$의 에너지 밀도이다. 따라서, 이것을 구간 길이로 나누어 $X_T(t, \xi)$의 전력 밀도를 얻으면

$$\begin{aligned} P_T(\omega, \xi) &= \frac{\left|\tilde{X}_T(\omega, \xi)\right|^2}{2T} \\ &= \frac{1}{2T} \left| \int_{-T}^{T} X(t, \xi) e^{-j\omega t} dt \right|^2 \end{aligned} \quad (9.25)$$

이다. 이제, 표본함수 $X_T(t, \xi)$의 전력 밀도 (9.25)를 통계적으로 평균한 것이 확률과정 $X_T(t)$의 전력 밀도

$$
\begin{aligned}
P_T(\omega) &= E\{P_T(\omega,\xi)\} \\
&= E\left\{\frac{1}{2T}\left|\int_{-T}^{T} X(t,\xi)e^{-j\omega t}dt\right|^2\right\} \\
&= \frac{1}{2T}\int_{-T}^{T}\int_{-T}^{T} E\{X(t,\xi)X^*(s,\xi)\}e^{-j\omega(t-s)}dtds \\
&= \frac{1}{2T}\int_{-T}^{T}\int_{-T}^{T} R_X(t-s)e^{-j\omega(t-s)}dtds \\
&= \frac{1}{2T}\iint_{(u,v)\in\mathcal{A}} R_X(v)e^{-j\omega v}dudv
\end{aligned}
\tag{9.26}
$$

이다. 여기서, 적분 영역 $\mathcal{A}$는 그림 9.1에 보인 바와 같이

$$
\begin{aligned}
\mathcal{A} &= \{(u,v):\ s=u,\ t-s=v,\ -T\le s\le T,\ -T\le t\le T\} \\
&= \{(u,v):\ -T\le u\le T,\ -u-T\le v\le -u+T\}
\end{aligned}
\tag{9.27}
$$

처럼 쓸 수 있다. 이제, v를 바깥 적분, u를 안쪽 적분으로 생각하면, v를 $-2T$에서 $2T$까지, v가 0보다 작을 때에는 u를 $-v-T$에서 T까지, v가 0보다 클 때에는 u를 $-T$에서 $-v+T$까지 적분해야 한다는 것을 새기면

$$
\begin{aligned}
P_T(\omega) &= \frac{1}{2T}\int_{-2T}^{0} R_X(v)\left(\int_{-v-T}^{T} du\right)e^{-j\omega v}dv + \frac{1}{2T}\int_{0}^{2T} R_X(v)\left(\int_{-T}^{-v+T} du\right)e^{-j\omega v}dv \\
&= \int_{-2T}^{0} R_X(v)\left(1+\frac{v}{2T}\right)e^{-j\omega v}dv + \int_{0}^{2T} R_X(v)\left(1-\frac{v}{2T}\right)e^{-j\omega v}dv \\
&= \int_{-2T}^{2T} R_X(v)\left(1-\frac{|v|}{2T}\right)e^{-j\omega v}dv
\end{aligned}
\tag{9.28}
$$

임을 알 수 있다. ◇

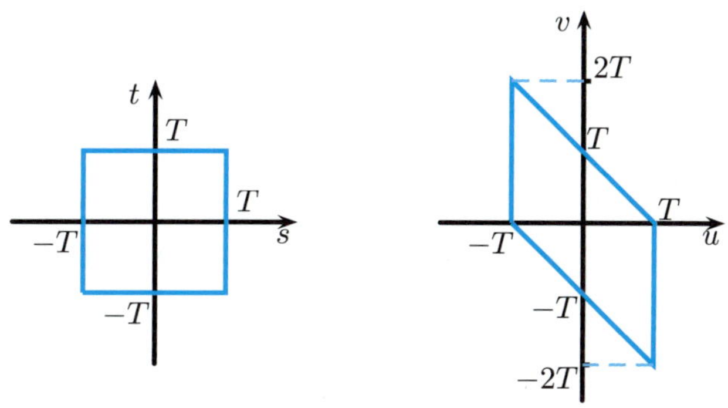

그림 9.1 적분 영역: (s,t) 공간에서의 영역 $\mathcal{A}_0=\{(s,t): |s|<T, |t|<T\}$와 $\{s=u, t-s=v\}$처럼 변환한 (u,v) 공간에서 $\mathcal{A}_0$에 해당하는 적분 영역 $\mathcal{A}=\{(u,v): -u-T\le v\le -u+T,\ -T\le u\le T\}$

정리 9.1 위너-킨친[5] 정리 넓은 뜻에서 정상인 확률과정의 자기상관함수와 전력 밀도는 푸리에 변환 짝[6]이다. ■■

증명 뜻매김 9.2와 (9.28)에서 $X(t)$의 전력 밀도 $S_X(\omega)$는

$$\begin{aligned} S_X(\omega) &= \lim_{T\to\infty} P_T(\omega) \\ &= \lim_{T\to\infty} \int_{-2T}^{2T} R_X(\tau)e^{-j\omega\tau}\left(1-\frac{|\tau|}{2T}\right)d\tau \\ &= \int_{-\infty}^{\infty} R_X(\tau)e^{-j\omega\tau}d\tau \\ &= \mathcal{F}\{R_X(\tau)\} \end{aligned} \tag{9.29}$$

임을 알 수 있다. 이산 시간일 때에도 비슷한 방법으로 보일 수 있다. □

곧, 확률과정 $X(t)$의 자기상관함수가 $R_X(\tau)$일 때, 이 확률과정의 전력 밀도는

$$\begin{aligned} S_X(\omega) &= \mathcal{F}\{R_X(\tau)\} \\ &= \begin{cases} \sum_{k=-\infty}^{\infty} R_X(k)e^{-j\omega k}, & X(t)\text{가 이산 시간 과정일 때,} \\ \int_{-\infty}^{\infty} R_X(\tau)e^{-j\omega\tau}d\tau, & X(t)\text{가 연속 시간 과정일 때} \end{cases} \end{aligned} \tag{9.30}$$

이다[7]. 또한, 전력 밀도를 역 푸리에 변환하여

$$\begin{aligned} R_X(\tau) &= \mathcal{F}^{-1}\{S_X(\omega)\} \\ &= \begin{cases} \frac{1}{2\pi}\int_{-\pi}^{\pi} S_X(\omega)e^{j\omega\tau}d\omega, & X(t)\text{가 이산 시간 과정일 때,} \\ \frac{1}{2\pi}\int_{-\infty}^{\infty} S_X(\omega)e^{j\omega\tau}d\omega, & X(t)\text{가 연속 시간 과정일 때} \end{cases} \end{aligned} \tag{9.31}$$

처럼 자기상관함수를 얻을 수 있다. 이 식에서, 주파수[8] ω는 언제나 연속변수이므로 연속 시간에서나 이산 시간에서나 역 푸리에 변환은 모두 적분꼴이다. 그러나, 적분 구간은 연속 시간일 때와 이산 시간일 때가 다르다는 것을 눈여겨보아 두는 것이 좋다.

전력 밀도를 얻는 식 (9.30)에서 이산 시간 전력 밀도는 주파수 사이가 1인 것을 눈여겨보아야 한다. 따라서, (9.31)에서와 같이 한 주기 – 곧, $-\pi$에서 π까지 – 동안만 전력 밀도를 적분해야 자기상관함수를 얻을 수 있다. 이것은 시간을 '단위'로 잰 것을 뜻한다. 보기를 들어, 바로 이어지는 출력들은 한 단위씩 – 1 초, 1 분, 또는 1 년씩 – 떨어져 있는 것이다. 이산 시간 과정의 주기가 1이 아니고 T일 때에는 전력 밀도를 얻는 식 (9.30)에서는 k를 kT로 바꾸어야 한다.

---

[5] Wiener-Khintchine

[6] pair

[7] 보통, 전력 밀도를 생각할 때, 확률과정의 평균은 0이라고 둔다. 평균이 0이 아닌 확률과정의 전력 밀도는 자기상관함수 R_X 대신 자기공분산함수 K_X의 푸리에 변환으로 뜻매김한다. 이 책에서 전력 밀도를 다룰 때에 다른 말이 없으면 확률과정의 평균은 0이라고 하자.

[8] 좀 더 엄밀하게는 '각 주파수'이다.

보기 9.6 자기상관함수가

$$R(\tau) = \begin{cases} 1 - \frac{|\tau|}{T}, & |\tau| < T, \\ 0, & |\tau| > T \end{cases} \tag{9.32}$$

일 때 전력 밀도를 얻어 보자.

풀이 자기상관함수 (9.32)를 푸리에 변환하면

$$\begin{aligned} S(\omega) &= \int_{-\infty}^{\infty} R(\tau) e^{-j\omega\tau} d\tau \\ &= \int_{-T}^{T} \left(1 - \frac{|\tau|}{T}\right)(\cos\omega\tau - j\sin\omega\tau) d\tau \\ &= 2\left\{ \frac{1}{\omega}\sin\omega\tau\bigg|_{\tau=0}^{T} - \frac{1}{T}\left(\frac{\tau}{\omega}\sin\omega\tau + \frac{1}{\omega^2}\cos\omega\tau\right)\bigg|_{\tau=0}^{T} \right\} \\ &= 2\left(\frac{\sin\omega T}{\omega} - \frac{\sin\omega T}{\omega} - \frac{1}{\omega^2 T}\cos\omega T + \frac{1}{\omega^2 T}\right) \\ &= \frac{2}{\omega^2 T}(1 - \cos\omega T) \\ &= \frac{2}{\omega^2 T} \cdot 2\sin^2\left(\frac{\omega T}{2}\right) \\ &= T\mathrm{sinc}^2 \frac{\omega T}{2} \end{aligned} \tag{9.33}$$

처럼 전력 밀도를 얻는다. ◇

보기 9.7 (흰빛 잡음 또는 흰빛 확률과정[9]) 상관이 없는 이산 시간 확률과정 $\{X_n\}$을 생각하자. 그러면

$$R_X(k) = \sigma^2 \delta_k \tag{9.34}$$

이다. 따라서,

$$\begin{aligned} S_X(\omega) &= \sum_{k=-\infty}^{\infty} \sigma^2 \delta_k e^{-j\omega k} \\ &= \sigma^2 \end{aligned} \tag{9.35}$$

이다. 이 전력 밀도는 흰빛 전자기 스펙트럼처럼 고르다. 이와 같은 까닭에, 상관이 없는 확률과정을 흰빛 잡음 또는 흰빛 확률과정이라고 부른다. 이때, 이 확률과정 $\{X_n\}$이 정규 확률과정이라면 $\{X_n\}$은 흰빛 정규 잡음이라고도 한다. 보통, 아무 말이 없어도 흰빛 잡음의 평균은 0이라고 생각한다. 흰빛 잡음 전력 밀도 (9.35)를 (9.31)에서 말한 바와 같이 역 푸리에 변환하면

$$R_X(k) = \sigma^2 \delta_k \tag{9.36}$$

을 다시 얻는다. ◇

[9] white noise 또는 white process

보기 9.8 (제한 대역 잡음, 빛깔 잡음, 빛깔 과정, 색 있는 잡음[10]) 실수 B가 0보다 클 때 확률과정 $X(t)$의 전력 밀도가

$$S_X(\omega) = u(B-|\omega|) = \begin{cases} 1, & \omega \in [-B, B], \\ 0, & \omega \notin [-B, B] \end{cases} \tag{9.37}$$

이다. 이 확률과정 $X(t)$는 흰빛 과정과 달리 전력 밀도의 값이 일정하지 않으므로 – 주파수가 다르면 전력 밀도의 값이 다르거나 어떤 주파수에서만 전력 밀도가 0이 아니므로 – 마치 빛깔이 있는 전자기파와 같다. 이와 같은 까닭에 이런 과정을 빛깔 잡음이라고 부른다. 전력 밀도 (9.37)을 역변환하여 $X(t)$의 자기상관함수를 얻으면

$$R_X(\tau) = \mathcal{F}^{-1}\{S_X(\omega)\} = \frac{\sin(B\tau)}{\pi\tau} \tag{9.38}$$

이다. 그림 9.2에 빛깔 잡음 9.37의 전력 밀도와 자기상관함수를 보였다. ◇

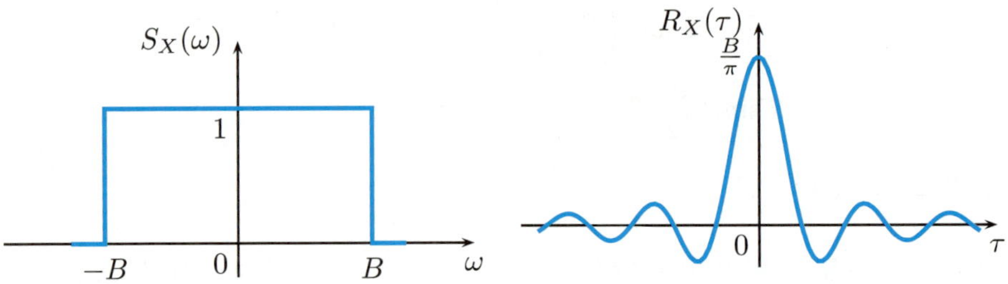

그림 9.2 전력 밀도가 $S_X(\omega) = u(B-|\omega|)$인 빛깔 잡음의 자기상관함수 $R_X(\tau)$

보기 9.9 정규 확률변수 A의 평균이 0이고 확률변수 Φ가 구간 $[-\pi, \pi)$에서 고르게 퍼져 있을 때, 확률과정

$$X(t) = A\cos(\omega_0 t + \Phi) \tag{9.39}$$

를 생각하자. 여기서, A와 Φ는 상관이 없다고 두자. 이제, 보기 8.44와 비슷하게 자기상관함수를 얻으면

$$R_X(\tau) = \frac{\sigma_A^2}{2}\cos\omega_0\tau \tag{9.40}$$

이다. 이 자기상관함수를 푸리에 변환하면 전력 밀도

$$S_X(\omega) = \mathcal{F}\left\{\frac{\sigma_A^2}{2}\cos\omega_0\tau\right\} = \frac{\pi\sigma_A^2}{2}\{\delta(\omega-\omega_0)+\delta(\omega+\omega_0)\} \tag{9.41}$$

[10]colored noise, colored process

을 얻는다. ◇

보기 9.10 (전보 신호) 보기 8.29에서 전보 신호의 자기상관함수 (8.96)을 얻은 바 있다. 식 (8.96)을 쓰면 $X(t)$와 $Y(t)$의 전력 밀도 $S(\omega) = \mathcal{F}\left\{e^{-2\lambda|\tau|}\right\}$는 모두

$$S(\omega) = \frac{4\lambda}{\omega^2 + 4\lambda^2} \tag{9.42}$$

임을 알 수 있다. 그림 9.3에 전보 신호의 자기상관함수와 전력 밀도를 보였다. ◇

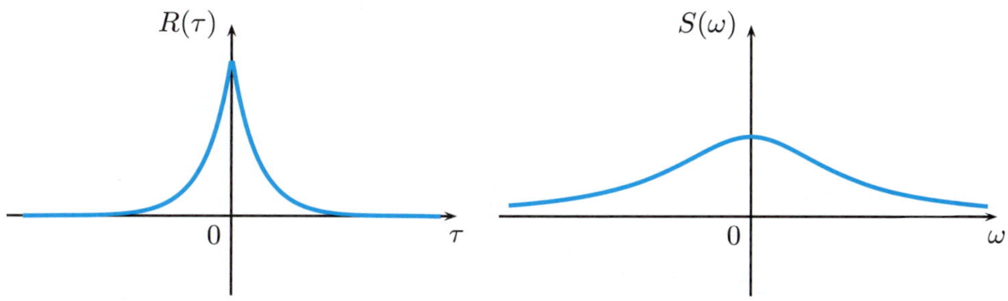

그림 9.3 전보 신호의 자기상관함수 $R(\tau)$와 전력 밀도 $S(\omega)$

전력 밀도는 자기상관함수의 대칭 성질을 이어 받는다. 곧, (8.24)에서 쉽게 알 수 있듯이 넓은 뜻에서 정상인 실수 과정의 자기상관함수는 대칭이고 – 곧, $R_X(t,s) = R_X(s,t)$이고 – $R_X(\tau)$는 짝함수이다. 따라서, 실수 과정의 전력 밀도 또한

$$\begin{aligned} S_X(-\omega) &= S_X(\omega) \\ &= S_X^*(\omega) \end{aligned} \tag{9.43}$$

처럼 대칭이라는 것을 알 수 있다.

한편, 전력 밀도를 역 푸리에 변환하여 자기상관함수를 얻는 식 (9.31)에서

$$\begin{aligned} E\left\{|X(t)|^2\right\} &= R_X(0) \\ &= \frac{1}{2\pi}\int_{-\infty}^{\infty} S_X(\omega)d\omega \end{aligned} \tag{9.44}$$

임을 새겨 둘 만하다. 자세히 말하면, 확률과정 $X(t)$의 전력 $E\left\{|X(t)|^2\right\}$은 (8.26)의 첫 줄에서 본 바와 같이 $R_X(t_1,t_2)$에 $t_1 = t_2 = t$로 두어 얻을 수도 있고 (9.44)에서 본 것처럼 $\frac{1}{2\pi}\int_{-\infty}^{\infty} S_X(\omega)d\omega$를 계산하여 얻을 수도 있다.

정리 9.2 전력 밀도는 0보다 작지 않다. 곧,

$$S_X(\omega) \geq 0 \tag{9.45}$$

이다. ■■

증명 이산 시간일 때 이것을 보이자. 자기상관함수는 준양정치이므로, $\{a_k\}_{k=1}^n$을 어떻게 고르더라도

$$\begin{aligned}
\sum_{k=1}^{n}\sum_{m=1}^{n} a_k a_m R_X(k-m) &= \frac{1}{2\pi}\sum_{k=1}^{n}\sum_{m=1}^{n} a_k a_m \int_{-\pi}^{\pi} S_X(\omega) e^{j\omega(k-m)} d\omega \\
&= \frac{1}{2\pi}\int_{-\pi}^{\pi} S_X(\omega) \sum_{k=1}^{n}\sum_{m=1}^{n} a_k a_m e^{j\omega k} e^{-j\omega m} d\omega \\
&= \frac{1}{2\pi}\int_{-\pi}^{\pi} S_X(\omega) \left|\sum_{k=1}^{n} a_k e^{j\omega k}\right|^2 d\omega \\
&\geq 0
\end{aligned} \tag{9.46}$$

이어야 한다. 따라서, $S_X(\omega) \geq 0$이다. 연속 시간인 때에도 비슷하게 보일 수 있다. □

9.1.2 교차 전력 밀도

뜻매김 9.3 교차 전력 밀도[11]

넓은 뜻에서 결합 정상인 두 확률과정 $\{X(t)\}$와 $\{Y(t)\}$에서

$$\begin{aligned}
S_{X,Y}(\omega) &= \mathcal{F}\{R_{X,Y}(\tau)\} \\
&= \begin{cases} \sum\limits_{k=-\infty}^{\infty} R_{X,Y}(k) e^{-j\omega k}, & \text{이산 시간 과정일 때,} \\ \int_{-\infty}^{\infty} R_{X,Y}(\tau) e^{-j\omega\tau} d\tau, & \text{연속 시간 과정일 때} \end{cases}
\end{aligned} \tag{9.47}$$

을 $\{X(t)\}$와 $\{Y(t)\}$의 교차 전력 밀도라고 한다.

뜻매김 9.3에서

$$S_{X,Y}(\omega) = S^*_{Y,X}(\omega) \tag{9.48}$$

임을 알 수 있고, (9.47)을 역변환하면

$$\begin{aligned}
R_{X,Y}(\tau) &= \mathcal{F}^{-1}\{S_{X,Y}(\omega)\} \\
&= \begin{cases} \frac{1}{2\pi}\int_{-\pi}^{\pi} S_{X,Y}(\omega) e^{j\omega\tau} d\omega, & \text{이산 시간 과정일 때,} \\ \frac{1}{2\pi}\int_{-\infty}^{\infty} S_{X,Y}(\omega) e^{j\omega\tau} d\omega, & \text{연속 시간 과정일 때} \end{cases}
\end{aligned} \tag{9.49}$$

처럼 교차상관함수 $R_{X,Y}(\tau)$를 얻을 수 있다.

보기 9.11 (시간 지연 확률과정[12]) 확률과정 $\{X(t)\}$가 넓은 뜻에서 정상이고, 그 전력 밀도가 $S_X(\omega)$일 때

$$Y(t) = X(t-d) \tag{9.50}$$

[11] cross power density. 교차 전력 밀도는 교차 전력 스펙트럼 밀도 cross power spectral density 또는 교차 전력 스펙트럼 cross power spectrum 이라고도 한다.

처럼 두자. 그러면

$$\begin{aligned} R_Y(t,s) &= E\{Y(t)Y^*(s)\} \\ &= E\{X(t-d)X^*(s-d)\} \\ &= R_X(t-s) \end{aligned} \tag{9.51}$$

을 얻는다. 따라서, 확률과정 $\{Y(t)\}$는 넓은 뜻에서 정상이고 전력 밀도 $S_Y(\omega)$는 $S_X(\omega)$와 같다. 한편, $\tau = t-s$라고 쓸 때 $\{X(t)\}$와 $\{Y(t)\}$의 교차상관함수는

$$\begin{aligned} R_{X,Y}(t,s) &= E\{X(t)Y^*(s)\} \\ &= E\{X(t)X^*(s-d)\} \\ &= R_X(\tau+d) \end{aligned} \tag{9.52}$$

이고 교차 전력 밀도는

$$\begin{aligned} S_{X,Y}(\omega) &= \mathcal{F}\{R_X(\tau+d)\} \\ &= \int_{-\infty}^{\infty} R_X(\tau+d)e^{-j\omega\tau}d\tau \\ &= S_X(\omega)e^{j\omega d} \end{aligned} \tag{9.53}$$

이다. 곧, $\{X(t)\}$와 $\{Y(t)\}$는 넓은 뜻에서 결합 정상이다. ◇

9.2 선형 시스템과 확률과정

신호 처리나 통신과 같은 영역에서는 신호를 여러 가지 꼴로 바꾼다. 보기를 들면, 신호 여파나 변조를 들 수 있다. 이때, 그러한 신호 처리 과정이 신호의 상관함수에 어떠한 영향을 미치는지 알아보자.

확률과정 $X(t)$가 어떤 시스템 $\mathcal{T}$의 입력일 때를 생각해 보자. 이때, 시스템의 출력 $Y(t)$는

$$Y(t) = \mathcal{T}[X(t)] \tag{9.54}$$

처럼 쓸 수 있으며 $\mathcal{T}[\cdot]$는 확률과정 $X(t)$의 표본함수마다 $Y(t)$를 정해 주는 연산자이다. 따라서, 시스템의 입력이 확률과정이라면 그 출력도 확률과정이라는 것을 쉽게 알 수 있다. 통신이나 신호 처리와 같은 영역에서 신호정보를 전달하거나 수신한 신호에서 쓸모 있는 정보를 얻고자 할 때에는 신호를 변조, 여파, 복조한다. 이때, 그런 연산이 선형 시스템이면 성능이 최적이 아니더라도 다루기 쉬우면서 최적에 가까운 성능을 얻을 수 있다. 따라서, 확률과정이 선형 시스템에 입력으로 주어질 때 출력 확률과정의 통계적 특성을 아는 것은 매우 중요하다.

[12]time delay process

확률과정의 통계적 특성을 모두 알고자 한다면 그 확률과정에서 얻을 수 있는 확률벡터의 결합 확률밀도함수를 모두 알아야 하지만, 입력 확률과정의 통계적 특성을 모두 알더라도 출력 확률벡터의 결합 확률밀도함수를 모두 아는 것은 일반적으로 쉽지 않다. 그러나, 확률과정이 넓은 뜻에서 정상이면 확률과정의 1차 특성과 2차 특성에서 – 곧, 평균과 상관함수에서 – 많은 정보를 얻을 수 있다. 또한, 가장 널리 쓰이는 정규 확률과정은 평균과 상관함수를 알면 통계적 특성을 모두 알 수 있다. 이제, 선형 시스템의 입력이 넓은 뜻에서 정상인 확률과정일 때 출력 확률과정의 특성을 생각해 보자.

9.2.1 확률과정의 선형 여파

9.2.1.1 선형 여파기의 출력

연속 시간 선형 여파기[13]의 충격 응답[14]을 $h(t,\tau)$라고 두면 – 또는 여파기가 이산 시간 여파기일 때에는 $\{h_{n,k}\}$라고 두면 – 입력 확률과정이 $X(t)$일 때 – 또는 X_n일 때 – 출력 확률과정은

$$Y(t) = \begin{cases} \sum_{k=-\infty}^{\infty} X_{t-k}h_{t,k}, & \text{이산 시간 과정일 때,} \\ \int_{-\infty}^{\infty} X(t-s)h(t,s)ds, & \text{연속 시간 과정일 때} \end{cases} \tag{9.55}$$

이다. 선형 여파기의 충격 응답이 시간에 따라 바뀌지 않으면 이것을 선형 시불변[15] 여파기라고 하고 그 충격 응답을 $h(t)$라고 – 또는 여파기가 이산 시간 여파기일 때에는 $\{h_k\}$라고 – 둘 수 있으며, 이때, 출력 확률과정은

$$\begin{aligned} Y(t) &= \int_{-\infty}^{\infty} X(t-s)h(s)ds \\ &= h(t) * X(t) \end{aligned} \tag{9.56}$$

또는

$$\begin{aligned} Y_n &= \sum_{k=-\infty}^{\infty} X_{n-k}h_k \\ &= h_n * X_n \end{aligned} \tag{9.57}$$

처럼 입력 확률과정과 충격 응답의 길쌈으로 얻을 수 있다. 이 책에서는 선형 시불변 여파기만 다루기로 한다. 그림 9.4는 입력 확률과정이 한쪽 과정일 때 선형 여파를 나타내는 그림이고, 그림 9.5는 입력 확률과정이 두쪽 과정일 때 선형 여파를 나타내는 그림이다.

9.2.1.2 출력의 자기상관함수

이제, 출력 확률과정 $Y(t)$의 1차 특성인 평균함수와 2차 특성인 자기상관함수를 얻어 보자. 먼저, 이산 시간일 때에는 출력 확률과정 $Y(t)$의 평균함수를

[13]linear filter

[14]impulse response

[15]linear time-invariant

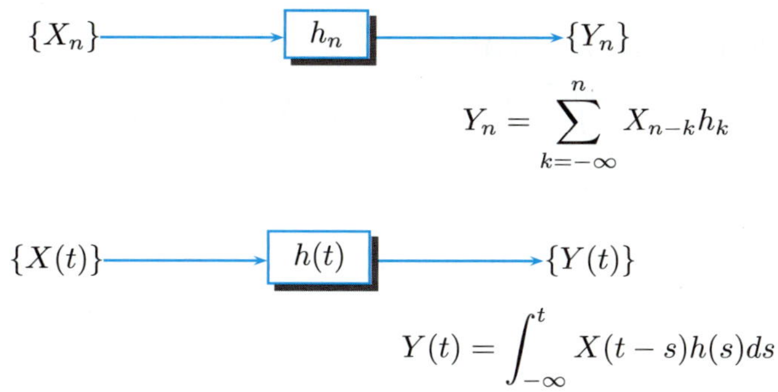

그림 9.4 입력 확률과정이 한쪽 과정일 때의 선형 여파

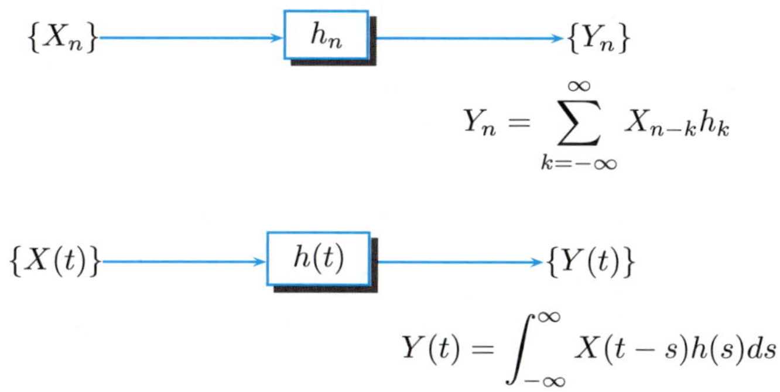

그림 9.5 입력 확률과정이 두쪽 과정일 때의 선형 여파

$$\begin{aligned} E\{Y_n\} &= \sum_{k=-\infty}^{\infty} m_{n-k}h_k \\ &= h_n * E\{X_n\} \end{aligned} \tag{9.58}$$

처럼 나타낼 수 있고, 출력 확률과정 $Y(t)$의 자기상관함수를

$$\begin{aligned} R_Y(i,j) &= E\{Y_iY_j\} \\ &= \sum_{k=-\infty}^{\infty}\sum_{m=-\infty}^{\infty} h_kh_mE\{X_{i-k}X_{j-m}\} \\ &= \sum_{k=-\infty}^{\infty}\sum_{m=-\infty}^{\infty} h_kh_mR_X(i-k,j-m) \\ &= h_i * R_X(i,j) * h_j \end{aligned} \tag{9.59}$$

처럼 나타낼 수 있다. 이와 비슷하게 연속 시간일 때에는 출력 확률과정 $Y(t)$의 평균함수를

$$\begin{aligned} E\{Y(t)\} &= \int_{-\infty}^{\infty} m(t-s)h(s)ds \\ &= h(t) * m_X(t) \end{aligned} \tag{9.60}$$

처럼, 출력 확률과정 $Y(t)$의 자기상관함수를

$$\begin{aligned} R_Y(t,s) &= E\{Y(t)Y(s)\} \\ &= \int_{-\infty}^{\infty}\int_{-\infty}^{\infty} h(u)h(v)E\{X(t-u)X(s-v)\}dudv \\ &= \int_{-\infty}^{\infty}\int_{-\infty}^{\infty} h(u)h(v)R_X(t-u,s-v)dudv \\ &= h(t)*R_X(t,s)*h(s) \end{aligned} \tag{9.61}$$

처럼 나타낼 수 있다.

9.2.1.3 출력의 정상성

다음에, 입력 확률과정이 넓은 뜻에서 정상일 때 선형 여파기 출력의 정상성을 살펴보자. 먼저, 선형 여파기 출력의 평균함수는 출력이 연속 시간 과정일 때

$$\begin{aligned} E\{Y(t)\} &= \int_{-\infty}^{\infty} m(t-s)h(s)ds \\ &= \begin{cases} m\int_{-\infty}^{\infty} h(s)ds, & X(t)\text{가 두쪽 과정일 때,} \\ m\int_{-\infty}^{\infty} u(t-s)h(s)ds, & X(t)\text{가 한쪽 과정일 때} \end{cases} \\ &= \begin{cases} m\int_{-\infty}^{\infty} h(s)ds, & X(t)\text{가 두쪽 과정일 때,} \\ m\int_{-\infty}^{t} h(s)ds, & X(t)\text{가 한쪽 과정일 때} \end{cases} \end{aligned} \tag{9.62}$$

이고, 출력이 이산 시간 과정일 때

$$\begin{aligned} E\{Y_n\} &= \sum_{k=-\infty}^{\infty} h_k m_{n-k} \\ &= \begin{cases} m\sum\limits_{k=-\infty}^{\infty} h_k, & X_n\text{이 두쪽 과정일 때,} \\ m\sum\limits_{k=-\infty}^{\infty} u(n-k)h_k, & X_n\text{이 한쪽 과정일 때} \end{cases} \\ &= \begin{cases} m\sum\limits_{k=-\infty}^{\infty} h_k, & X_n\text{이 두쪽 과정일 때,} \\ m\sum\limits_{k=-\infty}^{n} h_k, & X_n\text{이 한쪽 과정일 때} \end{cases} \end{aligned} \tag{9.63}$$

이다. 식 (9.62)와 (9.63)의 적분이나 덧셈의 위 끝을 살펴보면 입력 확률과정이 두쪽 과정일 때에는 출력 확률과정의 평균함수가 시간에 따라 바뀌지 않으나 입력 확률과정이 한쪽 과정일 때에는 출력 확률과정의 평균함수가 시간에 따라 바뀐다는 것을 알 수 있다.

이어서, 출력의 자기상관함수를 살펴보자. 연속 시간일 때 $X(t)$가 넓은 뜻에서 정상이면 $R_X(t,s) = R_X(t-s)$이며 $Y(t)$의 자기상관함수는

$$R_Y(t,s) = \begin{cases} \int_{-\infty}^{\infty}\int_{-\infty}^{\infty} h(u)h(v)R_X(t-u-s+v)dudv, & X(t)\text{가 두쪽 과정일 때,} \\ \int_{-\infty}^{s}\int_{-\infty}^{t} h(u)h(v)R_X(t-u-s+v)dudv, & X(t)\text{가 한쪽 과정일 때} \end{cases} \tag{9.64}$$

이다. 먼저, $X(t)$가 두쪽 과정일 때에는 적분을 마치고 나면 변수 u와 v는 없어지므로 $R_Y(t, s)$는 $t-s$만의 함수라는 것을 알 수 있다. 곧,

$$R_Y(t,s) \ = \ R_Y(t-s) \tag{9.65}$$

이다. 하지만, $X(t)$가 한쪽 과정일 때에는 그렇지 않다는 것을 쉽게 알 수 있다.

또한, 이산 시간일 때에도 X_n이 넓은 뜻에서 정상이면 $R_X(i,j)=R_X(i-j)$이며 Y_n의 자기상관함수는

$$R_Y(i,j) \ = \ \begin{cases} \displaystyle\sum_{k=-\infty}^{\infty}\sum_{m=-\infty}^{\infty} h_k h_m R_X(i-k, j-m), & X_n\text{이 두쪽 과정일 때,} \\ \displaystyle\sum_{k=-\infty}^{i}\sum_{m=-\infty}^{j} h_k h_m R_X(i-k, j-m), & X_n\text{이 한쪽 과정일 때} \end{cases} \tag{9.66}$$

이다. 먼저, X_n이 두쪽 과정일 때에는 덧셈이 끝나고 나면 변수 k와 m은 없어지므로 $R_Y(i,j)$는 $i-j$만의 함수라는 것을 알 수 있다. 곧,

$$R_Y(i,j) \ = \ R_Y(i-j) \tag{9.67}$$

이다. 그러나, X_n이 한쪽 과정일 때에는 그렇지 않다는 것을 쉽게 알 수 있다.

간추리면, 넓은 뜻에서 정상인 두쪽 확률과정은 선형 시불변 여파기를 거치더라도 그 출력은 넓은 뜻에서 정상이다. 그러나, 넓은 뜻에서 정상인 한쪽 확률과정은 선형 시불변 여파기를 거치면 그 출력이 넓은 뜻에서 정상이 아니다. 다만, 선형 시불변 여파기의 충격 응답이 시간이 흐를 때 0에 수렴하면 오래 전의 입력이 출력에 미치는 영향이 거의 없을 것이므로, 입력 확률과정이 한쪽 과정이더라도, t와 s가 – 또는 i와 j가 – 커져서 원점에서 멀어지면 오래 전의 입력은 무시할 수 있으므로 두쪽 과정과 비슷한 결과를 얻을 수 있는 때가 있다. 이때에는 입력 확률과정이 한쪽 과정이더라도 출력 확률과정이 점근적으로 넓은 뜻에서 정상이라고 할 수 있다. 한편, 여파기가 인과적[16]이면 입력이 넓은 뜻에서 정상일 때 그 출력도 넓은 뜻에서 정상이다.

9.2.1.4 입력과 출력의 교차상관함수

이제, 선형 시불변 여파기의 충격 응답을 $h(t)$라 하고 전달 함수[17]를

$$H(\omega) \ = \ \mathcal{F}\{h(t)\} \tag{9.68}$$

처럼 쓰자. 그러면 입력 확률과정을 $\{X(t)\}$, 출력 확률과정을 $\{Y(t)\}$라고 할 때 입력과 출력의 교차상관함수는

[16]causal. 여파기의 충격 응답이 $\{h_k\}_{k=-\infty}^{\infty}$일 때, $\{h_k\}_{k=-\infty}^{-1}$이 모두 0인 여파기를 인과적 여파기라고 한다.

[17]transfer function. 굳이 자세히 나누면, 충격 응답 $h(t)$의 라플라스 변환 $H(s)$를 전달 함수, 푸리에 변환 $H(\omega)$ 또는 $H(f)$나 z-변환 $H(z)$를 주파수 응답 함수라고 frequency response function – 또는 줄여서 주파수 응답이라고 – 부르고, 전달 함수와 주파수 응답 함수를 시스템 함수라고 system function 부르기도 한다. 다만, $H(s)$는 복소 주파수 s 영역에서 다루는 함수이고, $H(\omega)$는 각 주파수 ω 영역에서 다루는 함수이며, $H(f)$는 주파수 f 영역에서 다루는 함수이고, $H(z)$는 이산 복소 주파수 z 영역에서 다루는 함수이다.

$$\begin{aligned} R_{X,Y}(t_1,t_2) &= E\{X(t_1)Y^*(t_2)\} \\ &= E\left\{X(t_1)\int_{-\infty}^{\infty} X^*(t_2-\alpha)h^*(\alpha)d\alpha\right\} \\ &= \int_{-\infty}^{\infty} E\{X(t_1)X^*(t_2-\alpha)\}h^*(\alpha)d\alpha \\ &= \int_{-\infty}^{\infty} R_X(t_1,t_2-\alpha)h^*(\alpha)d\alpha \end{aligned} \tag{9.69}$$

과

$$\begin{aligned} R_{Y,X}(t_1,t_2) &= E\{Y(t_1)X^*(t_2)\} \\ &= E\left\{X^*(t_2)\int_{-\infty}^{\infty} X(t_1-\alpha)h(\alpha)d\alpha\right\} \\ &= \int_{-\infty}^{\infty} E\{X(t_1-\alpha)X^*(t_2)\}h(\alpha)d\alpha \\ &= \int_{-\infty}^{\infty} R_X(t_1-\alpha,t_2)h(\alpha)d\alpha \end{aligned} \tag{9.70}$$

이고, 출력의 자기상관함수는

$$\begin{aligned} R_Y(t_1,t_2) &= E\{Y(t_1)Y^*(t_2)\} \\ &= E\left\{\int_{-\infty}^{\infty} X(t_1-\alpha)h(\alpha)d\alpha \int_{-\infty}^{\infty} X^*(t_2-\beta)h^*(\beta)d\beta\right\} \\ &= \int_{-\infty}^{\infty}\int_{-\infty}^{\infty} E\{X(t_1-\alpha)X^*(t_2-\beta)\}h(\alpha)h^*(\beta)d\alpha d\beta \\ &= \int_{-\infty}^{\infty}\int_{-\infty}^{\infty} R_X(t_1-\alpha,t_2-\beta)h(\alpha)h^*(\beta)d\alpha d\beta \\ &= \int_{-\infty}^{\infty} R_{X,Y}(t_1-\alpha,t_2)h(\alpha)d\alpha \end{aligned} \tag{9.71}$$

이다. 여기서, 입력과 출력이 넓은 뜻에서 결합 정상이라면 $R_X(t_1,t_2-\alpha) = R_X(t_1-t_2+\alpha) = R_X(\tau+\alpha)$, $R_X(t_1-\alpha,t_2) = R_X(t_1-t_2-\alpha) = R_X(\tau-\alpha)$이고 $R_{X,Y}(t_1-\alpha,t_2) = R_{X,Y}(t_1-t_2-\alpha) = R_{X,Y}(\tau-\alpha)$이므로, (9.69)에서

$$\begin{aligned} R_{X,Y}(\tau) &= \int_{-\infty}^{\infty} R_X(\tau+\alpha)h^*(\alpha)d\alpha \\ &= R_X(\tau)*h^*(-\tau) \end{aligned} \tag{9.72}$$

를, (9.70)에서

$$\begin{aligned} R_{Y,X}(\tau) &= \int_{-\infty}^{\infty} R_X(\tau-\alpha)h(\alpha)d\alpha \\ &= R_X(\tau)*h(\tau) \end{aligned} \tag{9.73}$$

을, (9.71)에서

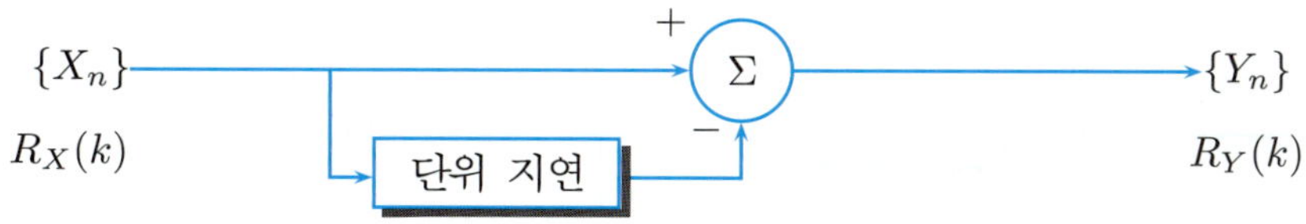

그림 9.6 이산 시간 선형 시스템 $Y_n = X_n - X_{n-1}$. 입력의 자기상관함수가 $R_X(k)$일 때 출력의 자기상관 함수는 $R_Y(k) = 2R_X(k) - R_X(k-1) - R_X(k+1)$이다.

$$\begin{aligned} R_Y(\tau) &= R_{X,Y}(\tau) * h(\tau) \\ &= R_X(\tau) * \rho_h(\tau) \end{aligned} \tag{9.74}$$

를 얻을 수 있다. 식 (9.74)에서 $\rho_h(t)$는 $h(t)$의 결정 자기상관함수[18]라 부르며

$$\begin{aligned} \rho_h(t) &= h(t) * h^*(-t) \\ &= \int_{-\infty}^{\infty} h(t+\tau)h^*(\tau)d\tau \end{aligned} \tag{9.75}$$

처럼 뜻매김한다.

보기 9.12 (이산 시간 선형 시스템 $Y_n = X_n - X_{n-1}$) 그림 9.6에 보인 이산 시간 선형 시스템에서 입력 $\{X_n\}$은 넓은 뜻에서 정상이고 출력은

$$Y_n = X_n - X_{n-1} \tag{9.76}$$

이다. 이제, $\{Y_n\}$의 평균과 자기상관을 얻으려면 시스템의 단위 펄스 응답[19] $\{h_i\}$를 먼저 얻어야 하는데,

$$h_i = \delta_i - \delta_{i-1} \tag{9.77}$$

임을 쉽게 보일 수 있다. 여기서, δ_i는 (4.279)에서 다룬 바 있는 크로네커 충격 함수이다. 따라서,

$$\sum_{i=-\infty}^{\infty} h_i = 0 \tag{9.78}$$

이고, $\{h_i\}$의 유한 자기상관은

$$\begin{aligned} r_h(k) &= \sum_{i=-\infty}^{\infty} (\delta_{k+i} - \delta_{k+i-1})(\delta_i - \delta_{i-1}) \\ &= (\delta_k - \delta_{k-1}) + (\delta_{k+1} - \delta_k)(-1) \\ &= 2\delta_k - \delta_{k-1} - \delta_{k+1} \end{aligned} \tag{9.79}$$

[18] deterministic autocorrelation. 이와 비슷하게 이산 시간일 때에는

$$\rho_h(k) = h(k) * h^*(-k) = \sum_{i=-\infty}^{\infty} h(i+k)h^*(i) = \sum_{j=-\infty}^{\infty} h(k-j)h^*(-j)$$

처럼 뜻매김할 수 있는데 이것을 $\{h(k)\}$의 유한 finite 자기상관함수라고 부르기도 한다.

[19] 이산 시간 시스템에서는 충격 응답을 단위 펄스 응답이라고 부르기도 한다.

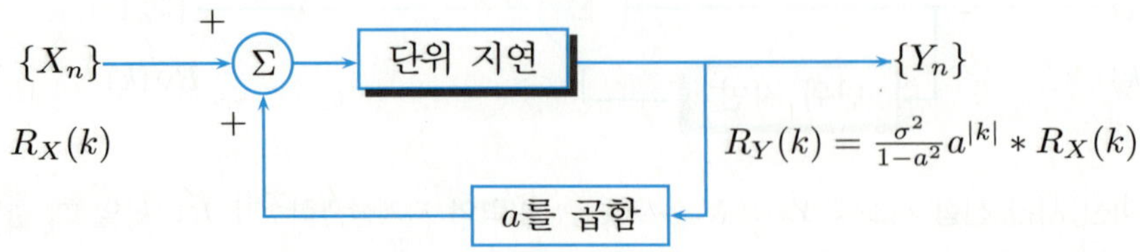

그림 9.7 이산 시간 선형 시스템 $Y_{n+1} = aY_n + X_n$, $|a| < 1$

이다. 이제, (9.63), (9.75), (9.78), (9.79)에서, $m_Y = 0$과

$$R_Y(k) = 2R_X(k) - R_X(k-1) - R_X(k+1) \tag{9.80}$$

을 얻는다. 여기서, (9.76)을 바탕으로 바로 계산하여도

$$\begin{aligned} m_Y &= E\{X_n - X_{n-1}\} \\ &= m_X - m_X \\ &= 0 \end{aligned} \tag{9.81}$$

처럼 평균함수를 얻을 수 있고

$$\begin{aligned} R_Y(k) &= E\{Y_{n+k}Y_n\} \\ &= E\{(X_{n+k} - X_{n+k-1})(X_n - X_{n-1})\} \\ &= E\{X_{n+k}X_n\} - E\{X_{n+k}X_{n-1}\} - E\{X_{n+k-1}X_n\} + E\{X_{n+k-1}X_{n-1}\} \\ &= 2R_X(k) - R_X(k-1) - R_X(k+1) \end{aligned} \tag{9.82}$$

처럼 자기상관함수를 얻을 수 있다. ◇

보기 9.13 (이산 시간 선형 시스템 $Y_{n+1} = aY_n + X_n$)* 그림 9.7에 보인 이산 시간 선형 시스템에서 입력이 X_i일 때 출력은

$$Y_{i+1} = aY_i + X_i \tag{9.83}$$

이다. 이 시스템의 충격 응답은

$$h_i = \begin{cases} a^{i-1}, & i \geq 1, \\ 0, & i \leq 0 \end{cases} \tag{9.84}$$

이다. 이제, $|a| < 1$이라면

$$\sum_{i=0}^{\infty} a^i = \frac{1}{1-a} \tag{9.85}$$

이므로

$$\sum_{i=-\infty}^{\infty} h_i = \frac{1}{1-a} \tag{9.86}$$

이고, $\{h_i\}$의 유한 자기상관은

$$r_h(k) = \sum_{\{i:\, i-1\geq 0,\, i+k-1\geq 0\}} a^{i+k-1}a^{i-1} \tag{9.87}$$

이다. 여기서, $k \geq 0$이면 $\{i : i-1 \geq 0,\, i+k-1 \geq 0\} = \{i : i-1 \geq 0\}$이므로

$$\begin{aligned}\sum_{\{i:\, i-1\geq 0,\, i+k-1\geq 0\}} a^{i+k-1}a^{i-1} &= a^{k-2}\sum_{i=1}^{\infty} a^{2i} \\ &= \frac{a^k}{1-a^2}\end{aligned} \tag{9.88}$$

이고, $k < 0$이면 $\{i : i-1 \geq 0,\, i+k-1 \geq 0\} = \{i : i \geq 1-k\}$이므로

$$\begin{aligned}\sum_{\{i:\, i-1\geq 0,\, i+k-1\geq 0\}} a^{i+k-1}a^{i-1} &= a^{k-2}\sum_{i=1-k}^{\infty} a^{2i} \\ &= \frac{a^{-k}}{1-a^2}\end{aligned} \tag{9.89}$$

이다. 곧,

$$r_h(k) = \frac{1}{1-a^2}a^{|k|} \tag{9.90}$$

이다. 이제, 넓은 뜻에서 정상인 입력 과정의 평균은 0이고 – 곧, $m_X = 0$이고 – 공분산은

$$R_X(k) = \begin{cases} \sigma^2, & k = 0, \\ 0, & k \neq 0 \end{cases} \tag{9.91}$$

과 같다고 두자. 그러면 (9.63), (9.75), (9.86), (9.90), (9.91)에서 출력 $Y(i)$의 평균은 $m_Y = 0$이고, 자기공분산은

$$R_Y(k) = \frac{\sigma^2}{1-a^2}a^{|k|} \tag{9.92}$$

임을 알 수 있다. ◇

보기 9.14 (매끄럽게 움직인 창문 연산)* 그림 9.8에 보인 출력 확률과정 $Y(t)$는 입력 확률과정 $X(t)$로

$$Y(t) = \frac{1}{T}\int_{t-T}^{t} X(u)du \tag{9.93}$$

과 같이 나타낼 수 있다. 식 (9.93)은 네모 충격 응답

$$h(t) = \begin{cases} \frac{1}{T}, & 0 \leq t \leq T, \\ 0, & \text{그 밖에는} \end{cases} \tag{9.94}$$

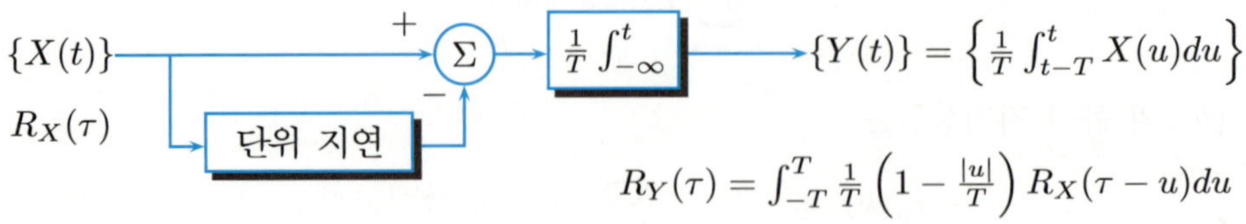

그림 9.8 매끄럽게 움직인 창문 연산을 쓴 블럭 모형도

의 입력이 $X(t)$일 때 출력이 $Y(t)$라고 말하는 것과 같다. 이때, $h(t)$의 유한 자기상관은 세모 함수

$$r_h(\tau) = \begin{cases} \frac{1}{T}\left(1-\frac{|\tau|}{T}\right), & |\tau| \le T, \\ 0, & |\tau| > T \end{cases} \tag{9.95}$$

이고 $h(t)$의 넓이는

$$\int_{-\infty}^{\infty} h(t)dt = 1 \tag{9.96}$$

이다. 따라서, (9.63)과 (9.75)를 써서

$$m_Y = m_X \tag{9.97}$$

과

$$R_Y(\tau) = \int_{-T}^{T} \frac{1}{T}\left(1-\frac{|u|}{T}\right) R_X(\tau-u)du \tag{9.98}$$

을 얻을 수 있다. 곧, R_Y는 R_X를 세모 창문함수로 매끄럽게 움직인 창문 연산한 것이라고 볼 수 있다. 이제, 입력 확률과정 $X(t)$가 시작 시간이 $t_o \to -\infty$인 위너 과정의 상징적 도함수라면, 보기 8.51의 (8.227)과 (8.229)에서 알 수 있듯이 $E\{X(t)\} = 0$이고 $R_X(t,s) = \alpha^2\delta(t-s)$이므로 $m_Y = 0$과 세모 자기상관

$$R_Y(\tau) = \begin{cases} \frac{\alpha^2}{T}\left(1-\frac{|\tau|}{T}\right), & |\tau| \le T, \\ 0, & |\tau| > T \end{cases} \tag{9.99}$$

를 얻는다. 게다가, 위너 과정은 정규 확률과정이므로, 매끄러워진 확률과정 $Y(t)$ 또한 정규 확률과정이다. 따라서, $Y(t)$는 평균이 0이고 자기상관함수는 (9.99)인 정규 확률과정이다. ◇

9.2.2 출력의 전력 밀도

선형 시불변 여파기에서 입력 $X(t)$와 충격 응답 $h(t)$를 절대 적분할 수 있다면[20] – 곧,

[20]absolutely integrable

$$\int_{-\infty}^{\infty} |X(t)| dt \ < \ \infty \tag{9.100}$$

이고

$$\int_{-\infty}^{\infty} |h(t)| dt \ < \ \infty \tag{9.101}$$

이면 – $Y(t)$도 절대 적분할 수 있고, $X(t)$의 푸리에 변환

$$X(\omega) \ = \ \int_{-\infty}^{\infty} X(t) e^{-j\omega t} dt \tag{9.102}$$

와, $h(t)$의 푸리에 변환

$$H(\omega) \ = \ \int_{-\infty}^{\infty} h(t) e^{-j\omega t} dt \tag{9.103}$$

과, $Y(t)$의 푸리에 변환

$$Y(\omega) \ = \ \int_{-\infty}^{\infty} Y(t) e^{-j\omega t} dt \tag{9.104}$$

가 모두 존재하며

$$Y(\omega) \ = \ X(\omega) H(\omega) \tag{9.105}$$

이다. 이와 마찬가지로, 이산 시간일 때에는 입력 X_n과 단위 펄스 응답 h_n을 절대로 더할 수 있으면[21] Y_n도 절대로 더할 수 있으며, X_n의 이산 시간 푸리에 변환

$$X(\omega) \ = \ \sum_{n=-\infty}^{\infty} X_n e^{-jn\omega} \tag{9.106}$$

과, h_n의 이산 시간 푸리에 변환

$$H(\omega) \ = \ \sum_{n=-\infty}^{\infty} h_n e^{-jn\omega} \tag{9.107}$$

과, Y_n의 이산 시간 푸리에 변환

$$Y(\omega) \ = \ \sum_{n=-\infty}^{\infty} Y_n e^{-jn\omega} \tag{9.108}$$

이 모두 존재하며

$$Y(\omega) \ = \ X(\omega) H(\omega) \tag{9.109}$$

이다. 다만, 확률과정이 절대 적분할 – 또는 절대로 더할 – 수 없을 때에도 푸리에 변환은 존재하는 때가 많으나, 여기서는 푸리에 변환이 어쨌거나 존재하는 확률과정을 다루기로 한다.

[21]absolutely summable. 수열 $\{X_n\}$이 $\sum_n |X_n| < \infty$를 만족시키면 이 수열을 절대로 더할 수 있다고 한다.

9.2.2.1 출력의 전력 밀도

이제, 선형 시불변 여파기의 충격 응답을 $h(t)$라고 하고, 주파수 응답을

$$H(\omega) = \mathcal{F}\{h(t)\} \tag{9.110}$$

처럼 둘 때 (9.72)–(9.74)에서 얻은 입력 확률과정 $\{X(t)\}$와 출력 확률과정 $\{Y(t)\}$의 교차상관함수 $R_{X,Y}(t_1,t_2)$와 $R_{Y,X}(t_1,t_2)$, 그리고, 출력의 자기상관함수 $R_Y(t_1,t_2)$를 푸리에 변환하면 교차 전력 밀도

$$S_{X,Y}(\omega) = S_X(\omega)H^*(\omega) \tag{9.111}$$

과

$$S_{Y,X}(\omega) = S_X(\omega)H(\omega), \tag{9.112}$$

또, 출력의 전력 밀도

$$\begin{aligned} S_Y(\omega) &= S_{X,Y}(\omega)H(\omega) \\ &= S_X(\omega)|H(\omega)|^2 \end{aligned} \tag{9.113}$$

을 얻는다. 그림 9.9에 선형 여파에서 입력과 출력의 자기상관함수와 전력 밀도가 어떻게 이어지는지 보였다.

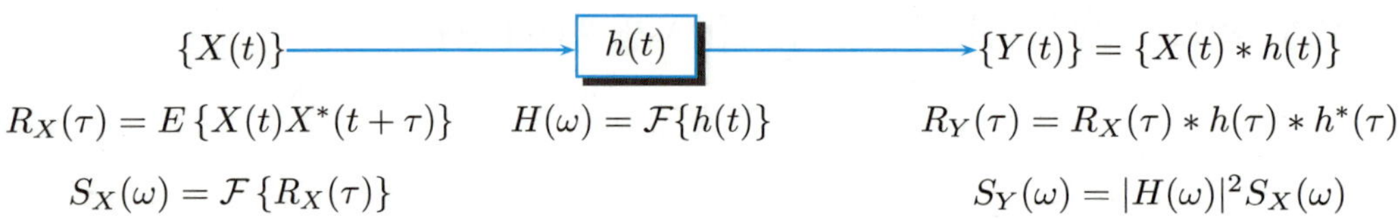

그림 9.9 선형 여파에서의 입력과 출력의 자기상관함수와 전력 밀도

9.2.2.2 출력의 자기상관함수

이제, 입력과 출력 사이를 나타내는 식들을 다시 써 보자. 먼저, (9.74)에서 보았듯이 출력의 자기상관함수를 입력의 자기상관함수로 나타내면

$$R_Y(\tau) = R_X(\tau) * \rho_h(\tau) \tag{9.114}$$

이고, (9.113)에서 보았듯이 출력의 전력 밀도를 입력의 전력 밀도를 써서 나타내면

$$S_Y(\omega) = S_X(\omega)|H(\omega)|^2 \tag{9.115}$$

이다. 식 (9.75), (9.114), (9.115)에서 충격 응답 $h(t)$의 결정 자기상관함수 $\rho_h(t)$를 주파수 응답 함수 $H(\omega)$로

$$\rho_h(t) = \mathcal{F}^{-1}\left\{|H(\omega)|^2\right\} \tag{9.116}$$

처럼 나타낼 수도 있다는 것을 눈여겨볼 만하다. 주파수 영역에서 입력과 출력의 사이를 나타내는 (9.115)는 선형 시불변 여파기로 처리한 신호들의 평균 성질을 해석하는 데에 매우 중요한 역할을 한다. 특히, (9.115)에 보인 $S_Y(\omega)$는 출력 확률과정 $\{Y(t)\}$의 전력 밀도이므로

$$\begin{aligned} R_Y(\tau) &= \mathcal{F}^{-1}\{S_Y(\omega)\} \\ &= \mathcal{F}^{-1}\left\{|H(\omega)|^2 S_X(\omega)\right\} \end{aligned} \tag{9.117}$$

을 알 수 있다. 이 결과는 이산 시간, 연속 시간 어느 때나 입력과 출력이 넓은 뜻에서 결합 정상일 때에는 선형 여파기의 주파수 응답 함수의 크기의 제곱과 입력 전력 밀도를 곱한 뒤, 그 결과를 역변환하면 출력 자기상관함수를 얻을 수 있다는 것이다.

보기 9.15 (주파수 대역의 전력)* 이제, 어떤 주파수 대역 B에서 확률과정 $\{X(t)\}$의 전력을 알아내려고 한다고 해 보자. 그러면 물리적으로 자연스런 방법 가운데 하나는 확률과정을 주파수 응답 함수가

$$H(\omega) = \begin{cases} 1, & \omega \in B, \\ 0, & \omega \notin B \end{cases} \tag{9.118}$$

인 여파기를 지나게 하여, 그 출력 전력을 재는 것이다. 이제, 출력 확률과정을 $\{Y(t)\}$라고 하면 출력 전력은

$$\begin{aligned} R_Y(0) &= \int S_Y(\omega)d\omega \\ &= \int |H(\omega)|^2 S_X(\omega)d\omega \\ &= \int_B S_X(\omega)d\omega \end{aligned} \tag{9.119}$$

이다. 식 (9.119)에서 볼 수 있듯이 확률과정 $X(t)$에서 주파수 대역 B에 있는 전력을 얻으려면 전력 밀도를 대역 B에 대해 적분해 주면 된다. 이 성질과 정리 9.2에 보인 (9.45)에서 왜 $S_X(\omega)$를 전력 밀도라고 부르는지 알 수 있다. ◇

보기 9.16 (동조 함수)* 넓은 뜻에서 정상인 두 확률과정 $\{X(t)\}$와 $\{Y(t)\}$를 선형 시불변 여파기로 얼마나 잘 어림할 수 있는지를 나타내는 잣대인 동조 함수[22]는

$$\tilde{\rho}_{X,Y}(\omega) = \frac{S_{X,Y}(\omega)}{\{S_X(\omega)S_Y(\omega)\}^{\frac{1}{2}}} \tag{9.120}$$

처럼 뜻매김할 수 있다. 여기서,

$$|\tilde{\rho}_{X,Y}(\omega)| = 1 \tag{9.121}$$

[22]coherence function

이면 $\{X(t)\}$와 $\{Y(t)\}$는 정확히 선형 여파기 입출력 관계이고 – 곧, $Y(t) = X(t) * h(t)$이고 – 그 역도 성립한다. 동조 함수는 두 확률변수 사이의 상관도를 나타내는 상관계수와 비슷하다는 것을 눈여겨볼 만한데, 보기를 들면 상관계수와 비슷하게

$$|\tilde{\rho}_{X,Y}(\omega)| \le 1 \tag{9.122}$$

를 만족시킨다. ◇

보기 9.17 (두 선형 여파기)* 시간에 따라 통계 특성이 바뀌지 않는 두 선형 여파기의 주파수 응답 함수를 각각 $H_1(\omega)$와 $H_2(\omega)$라고 하고, 그 충격 응답을

$$h_1(t) = \mathcal{F}^{-1}\{H_1(\omega)\} \tag{9.123}$$

과

$$h_2(t) = \mathcal{F}^{-1}\{H_2(\omega)\} \tag{9.124}$$

처럼 두자. 또, 확률과정 $\{X_1(t)\}$가 여파기 $H_1(\omega)$를 거쳐 나온 출력을 $\{Y_1(t)\}$라고 하고, 확률과정 $\{X_2(t)\}$가 여파기 $H_2(\omega)$를 거쳐 나온 출력을 $\{Y_2(t)\}$라고 하자. 그러면 $X_1(t)$와 $Y_2(t)$의 교차상관함수

$$\begin{aligned} R_{X_1,Y_2}(\tau) &= E\{X_1(t+\tau)Y_2^*(t)\} \\ &= E\left\{X_1(t+\tau)\int_{-\infty}^{\infty} X_2^*(t-\alpha)h_2^*(\alpha)d\alpha\right\} \\ &= \int_{-\infty}^{\infty} R_{X_1,X_2}(\tau+\alpha)h_2^*(\alpha)d\alpha \\ &= R_{X_1,X_2}(\tau) * h_2^*(-\tau) \end{aligned} \tag{9.125}$$

와 $Y_1(t)$와 $Y_2(t)$의 교차상관함수

$$\begin{aligned} R_{Y_1,Y_2}(\tau) &= E\{Y_1(t+\tau)Y_2^*(t)\} \\ &= E\left\{\int_{-\infty}^{\infty} X_1(t+\tau-\alpha)h_1(\alpha)d\alpha Y_2^*(t)\right\} \\ &= \int_{-\infty}^{\infty} R_{X_1,Y_2}(\tau-\alpha)h_1(\alpha)d\alpha \\ &= R_{X_1,Y_2}(\tau) * h_1(\tau) \\ &= R_{X_1,X_2}(\tau) * h_2^*(-\tau) * h_1(\tau) \end{aligned} \tag{9.126}$$

을 얻는다. 이 두 식에서 얻은 교차상관함수 $R_{X_1,Y_2}(\tau)$와 $R_{Y_1,Y_2}(\tau)$를 변환하면 $X_1(t)$와 $Y_2(t)$의 교차 전력 밀도 함수

$$\begin{aligned} S_{X_1,Y_2}(\omega) &= \mathcal{F}\{R_{X_1,Y_2}(\tau)\} \\ &= S_{X_1,X_2}(\omega)H_2^*(\omega) \end{aligned} \tag{9.127}$$

과 $Y_1(t)$와 $Y_2(t)$의 교차 전력 밀도 함수

$$\begin{aligned} S_{Y_1,Y_2}(\omega) &= \mathcal{F}\{R_{Y_1,Y_2}(\tau)\} \\ &= S_{X_1,Y_2}(\omega)H_1(\omega) \\ &= S_{X_1,X_2}(\omega)H_1(\omega)H_2^*(\omega) \end{aligned} \tag{9.128}$$

를 얻을 수 있다. ◇

9.3 스펙트럼 분해와 정합 여파기

보기 9.7에서 본 것처럼 흰빛 확률과정의 전력 밀도는 그 꼴이 평평하다. 이 전력 밀도를 모든 영역에서 적분하면 흰빛 확률과정의 전력을 얻을 수 있는데, 그 값이 무한하다는 것을 알 수 있다. 따라서, 엄밀하게 말하면 흰빛 확률과정은 현실적인 것이 아니다. 하지만, 흰빛 확률과정은 간단하고 다루기 쉽기 때문에 여러 가지 상황에서 실제 확률과정을 어림할 때 또는 실제 확률과정을 쉽게 좀 더 잘 이해하고자 할 때 자주 쓴다. 보기를 하나 들면, 열잡음은 그 전력 밀도가 매우 넓은 주파수 대역에 퍼져 있기는 하지만 엄밀하게는 흰빛 확률과정은 아니다. 다만, 보통 우리가 관심을 두는 시스템의 대역폭과 견주어 볼 때 열잡음의 대역폭이 충분히 크므로, 시스템 대역폭에 맞춘 저대역 여파기를 지나온 열잡음은 똑같은 저대역 여파기를 지나온 흰빛 확률과정과 마찬가지라고 어림할 수 있다. 이와 같이, 많은 경우에 열잡음을 흰빛 확률과정으로 모형화하여 쓸 수 있다.

한편, 신호 검파, 추정, 제어의 여러 문제에서 잡음이 흰빛 확률과정인 때에는 문제를 쉽게 풀 수 있는 때가 많이 있다. 그런데, 우리가 다루는 문제에서 잡음이 흰빛 확률과정이 아니어서 잡음의 전력 밀도가 바뀔 때마다 다른 방법으로 답을 얻어야 한다면 불편하기 짝이 없을 것이다. 이때, 빛깔 잡음을 먼저 선형 처리하여 흰빛 잡음으로 바꾼다면, 처음 문제를 흰빛 확률과정에서의 문제로 바꾸어 생각할 수 있을 것이므로 흰빛 잡음일 때 알고 있는 풀이를 바탕으로 빛깔 잡음에서의 문제를 풀어 나갈 수 있을 것이다. 이것은 빛깔 잡음을 흰빛 확률과정이 선형 시스템을 지나온 출력 확률과정이라고 모형화할 수 있다는 것과 그 선형 시스템의 주파수 응답 함수의 역함수가 주파수 응답 함수인 선형 시스템을 얻을 수 있다는 것을 바탕으로 하는 것이다. 이제, 이와 같은 내용을 좀 더 자세히 다루어 보자.

9.3.1 스펙트럼 분해

9.3.1.1 이산 시간 확률과정의 스펙트럼 분해

넓은 뜻에서 정상인 확률과정 $\{X_n\}$의 전력 밀도가 연속일 때, 이 확률과정의 자기상관함수 $R_X(k)$의 z-변환

$$S_X(z) = \sum_{k=-\infty}^{\infty} R_X(k)z^{-k} \tag{9.129}$$

를 생각하자. 또한, $\ln S_X(z)$가 z-평면에서 반지름이 1인 동그라미를 품는 $\rho < |z| < \frac{1}{\rho}$인 구간에서 해석적[23]이어서 로랑 급수[24]로

$$\ln S_X(z) = \sum_{k=-\infty}^{\infty} s_k z^{-k} \tag{9.130}$$

처럼 나타낼 수 있다고 두자. 이제, 반지름이 1인 동그라미를 생각하면 $z = e^{j\omega}$의 꼴이고,

$$\begin{aligned} \ln S_X\left(e^{j\omega}\right) &= \ln S_X(z)\big|_{z=e^{j\omega}} \\ &= \sum_{k=-\infty}^{\infty} s_k e^{-jk\omega} \end{aligned} \tag{9.131}$$

에서 볼 수 있듯이 s_k는 $\ln S_X\left(e^{j\omega}\right)$의 푸리에 급수의 계수로 볼 수 있다. 따라서,

$$s_k = \frac{1}{2\pi}\int_{-\pi}^{\pi} e^{jk\omega} \ln S_X\left(e^{j\omega}\right) d\omega \tag{9.132}$$

이다. 여기서, $S_X\left(e^{j\omega}\right)$는 이산 시간 확률과정의 전력 밀도이므로 실수 함수이다. 따라서, 푸리에 급수 (9.131)에서 계수 s_k는

$$s_{-k} = s_k^* \tag{9.133}$$

과 같은 특성을 띤다. 또한,

$$s_0 = \frac{1}{2\pi}\int_{-\pi}^{\pi} \ln S_X\left(e^{j\omega}\right) d\omega \tag{9.134}$$

이다. 이제,

$$\ln S_X(z) = \sum_{k=-\infty}^{\infty} s_k z^{-k} \tag{9.135}$$

이므로 $S_X(z)$를 다시 쓰면

$$\begin{aligned} S_X(z) &= \exp\left(\sum_{k=-\infty}^{\infty} s_k z^{-k}\right) \\ &= e^{s_0} \exp\left(\sum_{k=1}^{\infty} s_k z^{-k}\right) \exp\left(\sum_{k=-\infty}^{-1} s_k z^{-k}\right) \\ &= e^{s_0} \exp\left(\sum_{k=1}^{\infty} s_k z^{-k}\right) \exp\left(\sum_{k=1}^{\infty} s_k^* z^{k}\right) \end{aligned} \tag{9.136}$$

이다. 여기서, 수렴 구간 $|z| > \rho$에서

$$\begin{aligned} Q(z) &= \sum_{k=0}^{\infty} q_k z^{-k} \\ &= \exp\left(\sum_{k=1}^{\infty} s_k z^{-k}\right) \end{aligned} \tag{9.137}$$

---

[23]analytic

[24]Laurent series

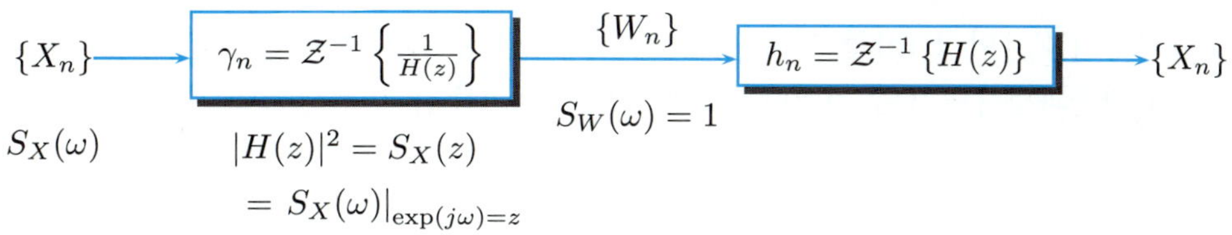

그림 9.10 이산 시간 확률과정 $\{X_n\}$의 표백 여파기 γ_n과 혁신 여파기 h_n

로 두자. 그러면 $Q(z)$와 $\ln Q(z)$가 $|z| > \rho$에서 해석적이므로 $Q(z)$는 최소 위상 시스템[25]이다. 이것은 $Q(z)$가 z의 유리 함수라면 z-평면에서 극[26]과 영[27]이 모두 반지름이 1인 동그라미 안에 있다는 뜻이다. 또한,

$$\begin{aligned}\exp\left(\sum_{k=-\infty}^{-1} s_k z^{-k}\right) &= \exp\left\{\sum_{k=1}^{\infty} s_k \left(\frac{1}{z^*}\right)^{-k}\right\}^* \\ &= Q^*\left(\frac{1}{z^*}\right) \qquad (9.138)\end{aligned}$$

이므로

$$S_X(z) = q_0 Q(z) Q^*\left(\frac{1}{z^*}\right) \qquad (9.139)$$

와 같은 꼴로 쓸 수 있는데, 여기서,

$$\begin{aligned}q_0 &= e^{s_0} \\ &= \exp\left(\frac{1}{2\pi}\int_{-\pi}^{\pi} \ln S_X\left(e^{j\omega}\right) d\omega\right) \qquad (9.140)\end{aligned}$$

은 0보다 큰 실수이다.

이제, 그림 9.10의 오른쪽에 보인 것처럼, 입력이 흰빛 확률과정 $\{W_n\}$일 때 최소 위상 시스템 $H(z)$의 출력을 넓은 뜻에서 정상인 이산 시간 확률과정 $\{X_n\}$이라고 두자. 여기서,

$$\begin{aligned}H(z) &= \sum_{k=-\infty}^{\infty} h_k z^{-k} \\ &= \mathcal{Z}\{h_n\} \qquad (9.141)\end{aligned}$$

은 충격 응답 h_n의 z-변환이다. 한편, 역여파기

$$\begin{aligned}\Gamma(z) &= \frac{1}{H(z)} \\ &= \mathcal{Z}\{\gamma_n\} \qquad (9.142)\end{aligned}$$

---

[25]minimum phase system. 이산 시간 시스템에서 함수 $Q(z)$가 최소 위상 시스템이라는 것은 충격 응답 $\{q_n\}$이 $n < 0$일 때 $q_n = 0$이고 $\{q_n\}$의 에너지가 유한함을 뜻한다. 마찬가지로, 연속 시간 시스템에서 함수 $H(s)$가 최소 위상 시스템이라는 것은 충격 응답 $h(t)$가 $t < 0$일 때 $h(t) = 0$이고 $h(t)$의 에너지가 유한함을 뜻한다.

[26]pole. 극은 극점이라고 부르기도 한다.

[27]zero. 영은 영점이라고 부르기도 한다.

의 충격 응답 γ_n도 $n < 0$일 때 0이고 에너지가 유한하다. 곧, $\Gamma(z)$도 구현할 수 있는 여파기이며, 확률과정 $\{W_n\}$이 $H(z)$를 거쳐 나온 것이 확률과정 $\{X_n\}$이라면, 확률과정 $\{X_n\}$이 $\Gamma(z)$를 거치면 확률과정 $\{W_n\}$일 것이다. 이때, 확률과정 $\{W_n\}$의 전력 밀도가 $S_W(\omega) = 1$이므로

$$S_X(\omega) = \left|H\left(e^{j\omega}\right)\right|^2 \tag{9.143}$$

이다. 따라서, 확률과정 $\{X_n\}$의 전력 밀도가 페일리-위너 조건[28]

$$\frac{1}{2\pi}\int_{-\pi}^{\pi} |\log S_X(\omega)| d\omega < \infty \tag{9.144}$$

를 만족시킨다면 $\{X_n\}$의 전력 밀도에서 최소 위상 시스템 $H(z)$를 얻을 수 있다. 이때, $H(z)$를 혁신 여파기[29]라고 하고, $\Gamma(z)$를 – 또는, $\gamma_n = \mathcal{Z}^{-1}\left\{\frac{1}{H(z)}\right\}$을 – 표백 여파기[30]라고 한다. 이와 같이, 혁신 여파기 또는 표백 여파기를 얻는 과정을 스펙트럼 분해[31]라고 하고, 스펙트럼을 분해할 수 있는 확률과정을 정칙[32] 확률과정이라고 한다.

정리 9.3 넓은 뜻에서 정상인 이산 시간 확률과정 $\{X_n\}$의 전력 밀도 $S_X(\omega)$가

$$\frac{1}{2\pi}\int_{-\pi}^{\pi} |\log S_X(\omega)| d\omega < \infty \tag{9.145}$$

를 만족시키면 확률과정 $\{X_n\}$은 정칙 확률과정이고

$$S_X(z) = q_0 Q(z) Q^*\left(\frac{1}{z^*}\right) \tag{9.146}$$

인 최소 위상 시스템 $Q(z)$를 얻을 수 있다. ■■

일반적으로 페일리-위너 조건을 만족시킨다고 해도 스펙트럼을 분해하는 것은 쉽지 않다. 하지만 빛깔 잡음의 전력 밀도가 유리[33] 스펙트럼인 때에는 그나마 쉽게 스펙트럼을 분해할 수 있다. 이제, 확률과정 $\{X_n\}$이 넓은 뜻에서 정상이고, 그 전력 밀도 $S_X(z)$가

$$S_X(z) = \frac{Q(z)}{P(z)} \tag{9.147}$$

처럼 나타낼 수 있는 z의 유리 함수라고 하자. 여기서, $Q(z)$와 $P(z)$는 계수가 실수인 z의 다항식이다. 그러면 (9.146)을 바탕으로 $S_X(z)$를

$$S_X(z) = \frac{N(z)N^*\left(\frac{1}{z^*}\right)}{D(z)D^*\left(\frac{1}{z^*}\right)} \tag{9.148}$$

---

[28] Paley-Wiener condition
[29] innovation filter
[30] whitening filter
[31] spectral factorization
[32] regular
[33] rational

과 같은 꼴로 분해할 수 있다. 여기서, $N(z)$는 $S_X(z)$의 영 가운데 반지름이 1인 동그라미 안에 있는 모든 영을 그 풀이로 하는 다항식이고, $D(z)$는 $S_X(z)$의 극 가운데 반지름이 1인 동그라미 안에 있는 모든 극을 그 풀이로 하는 다항식이다. 따라서,

$$H(z) = \frac{N(z)}{D(z)} \tag{9.149}$$

을 생각하면, $H(z)$의 극과 영이 모두 z-평면에서 반지름이 1인 동그라미 안에 있기 때문에 $H(z)$는 최소 위상 시스템이 된다.

보기 9.18 넓은 뜻에서 정상인 확률과정 $\{X_n\}$의 전력 밀도가

$$S_X(\omega) = \frac{51 - 24\cos(\omega)}{40 - 24\cos(\omega)} \tag{9.150}$$

일 때 이것을 스펙트럼 분해하면

$$\begin{aligned} S_X(z) &= \frac{\frac{17}{4} - \left(z + z^{-1}\right)}{\frac{10}{3} - \left(z + z^{-1}\right)} \\ &= \frac{(z-4)\left(z - \frac{1}{4}\right)}{(z-3)\left(z - \frac{1}{3}\right)} \end{aligned} \tag{9.151}$$

이므로

$$H(z) = \frac{12 - 3z^{-1}}{12 - 4z^{-1}} \tag{9.152}$$

이다. ◇

확률과정 $\{X(t)\}$의 전력 밀도가 줄 스펙트럼[34]을 포함하거나 대역이 제한되어 있는 때에는 페일리-위너 조건을 만족시키지 않는다는 것을 쉽게 알 수 있다. 그러한 때에 쓸 수 있는 좀 더 일반적인 분해를 다루어 보자.

뜻매김 9.4 예측할 수 있는[35] 확률과정

이산 시간 확률과정 $\{Y_n\}$이 넓은 뜻에서 정상일 때

$$E\left\{\left|Y_n - \sum_{k=1}^{\infty} a_k Y_{n-k}\right|^2\right\} = 0 \tag{9.153}$$

인 $\{a_k\}$가 있으면 확률과정 $\{Y_n\}$을 예측할 수 있는 확률과정이라고 한다.

보기 9.19 확률과정

$$\{Y_n\} = \left\{A\cos\left(\frac{\pi n}{4} + \phi\right)\right\} \tag{9.154}$$

를 생각하자. 그러면

[34] line spectrum
[35] predictable

$$Y_n = \sqrt{2}Y_{n-1} - Y_{n-2} \tag{9.155}$$

이므로 확률과정 $\{Y_n\}$은 (9.153)을 만족시키고, 따라서 예측할 수 있는 확률과정이다. ◇

보기 9.20 넓은 뜻에서 정상인 확률과정 $\{Y_n\}$의 전력 밀도가

$$S_Y(\omega) = \sum_{k=1}^{K} \alpha_k \delta(\omega - \omega_k) \tag{9.156}$$

인 꼴이면 확률과정 $\{Y_n\}$은 예측할 수 있는 확률과정이다. ◇

정리 9.4 올드 분해 정리[36] 어느 확률과정 $\{X_n\}$도 $E\left\{X_n^r\left(X_m^p\right)^*\right\} = 0$인 예측할 수 있는 확률과정 $\{X_n^p\}$와 정칙 확률과정 $\{X_n^r\}$을 더한 꼴로

$$X_n = X_n^r + X_n^p \tag{9.157}$$

처럼 나타낼 수 있다. ■■

넓은 뜻에서 정상인 이산 시간 확률과정 $\{X_n\}$의 전력 밀도는 일반적으로

$$S_X(\omega) = S_{X^r}(\omega) + \sum_{k=1}^{K} \alpha_k \delta(\omega - \omega_k) \tag{9.158}$$

과 같은 꼴로 쓸 수 있으며 $S_{X^r}(\omega)$는 스펙트럼 분해할 수 있다는 것을 위 정리에서 쉽게 알 수 있다.

9.3.1.2 연속 시간 확률과정의 스펙트럼 분해

그림 9.10과 비슷한 그림인 그림 9.11에 보인 바와 같이 흰빛 확률과정 $\{W(t)\}$가 최소 위상 시스템 $H(s)$를 지나온 것을 넓은 뜻에서 정상인 연속 시간 확률과정 $\{X(t)\}$라고 하자. 여기서,

$$H(s) = \int_{-\infty}^{\infty} h(t)e^{-st}dt \tag{9.159}$$

는 충격 응답 $h(t)$의 라플라스 변환이다. 한편, 역여파기

$$\Gamma(s) = \frac{1}{H(s)} \tag{9.160}$$

도 최소 위상 시스템이므로 구현할 수 있는 여파기이며, $H(s)$를 지나온 $\{W(t)\}$를 $\{X(t)\}$라고 두면 $\{X(t)\}$가 $\Gamma(s)$를 거친 것은 $\{W(t)\}$일 것이다. 이때, $\{W(t)\}$의 전력 밀도를 $S_W(\omega) = 1$이라고 두면

$$S_X(\omega) = |H(\omega)|^2 \tag{9.161}$$

이다. 이제, $\{X(t)\}$의 전력 밀도가 페일리-위너 조건

[36] Wold decomposition theorem

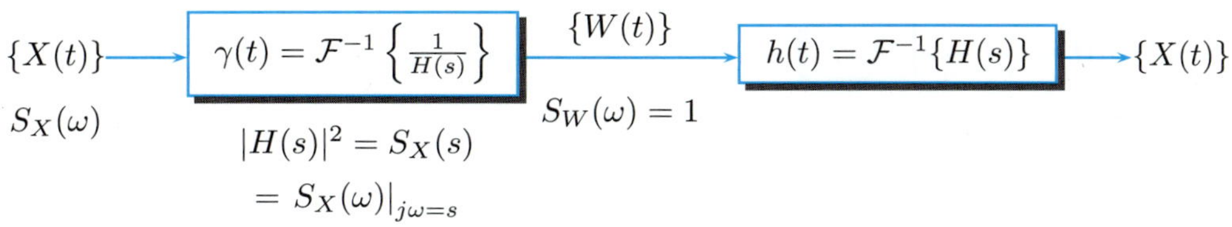

그림 9.11 연속 시간 확률과정 $\{X(t)\}$의 표백 여파기 $\gamma(t)$와 혁신 여파기 $h(t)$

$$\frac{1}{2\pi}\int_{-\infty}^{\infty}\frac{|\log S_X(\omega)|}{1+\omega^2}d\omega \ < \ \infty \tag{9.162}$$

를 만족시킨다면, $\{X(t)\}$의 전력 밀도에서 최소 위상 시스템 $H(s)$를 얻을 수 있으며, 이때, $H(s)$를 혁신 여파기라고 하고 $\Gamma(s)$를 – 또는 $\gamma(t) = \mathcal{L}^{-1}\left\{\frac{1}{H(s)}\right\}$를 – 표백 여파기라고 한다.

이산 시간일 때와 마찬가지로 연속 시간일 때에도 일반적으로 페일리-위너 조건을 만족시킨다고 해도 스펙트럼을 분해하는 것은 그리 쉽지 않다. 하지만, 빛깔 잡음의 전력 밀도가 유리 스펙트럼인 때에는 그나마 쉽게 스펙트럼을 분해할 수 있다. 이제, $\{X(t)\}$가 넓은 뜻에서 정상이고, 그 전력 밀도의 분자와 분모가 모두 주파수의 다항식이라고 하자. 그러면 $S_X(\omega) = S_X(-\omega)$이므로 이 전력 밀도는

$$S_X(\omega) \ = \ \frac{Q\left(\omega^2\right)}{P\left(\omega^2\right)} \tag{9.163}$$

과 같은 꼴로 나타낼 수 있다. 여기서, $P(\cdot)$과 $Q(\cdot)$은 계수가 실수인 다항식이다. 이것을 라플라스 변환 꼴로 나타내면

$$S_X(s) \ = \ \frac{Q\left(-s^2\right)}{P\left(-s^2\right)} \tag{9.164}$$

처럼 쓸 수 있다. 이때, s_i가 $S_X(s)$의 극 또는 영이라면 $-s_i$도 $S_X(s)$의 극 또는 영이라는 것을 쉽게 알 수 있으며, s_i가 복소수일 때에는 그 켤레 복소수도 극 또는 영이다.

이제, 복소 s-평면 위에서 $\text{Re}(s) < 0$인 $S_X(s)$의 모든 극을 풀이로 하는 다항식을 $D(s)$라고 하고 $\text{Re}(s) < 0$인 $S_X(s)$의 모든 영을 풀이로 하는 다항식을 $N(s)$라고 하자. 그리고,

$$S_X(0) \ = \ \frac{N^2(0)}{D^2(0)} \tag{9.165}$$

처럼 맞추었다고 하자. 그러면 $S_X(s)$를

$$S_X(s) \ = \ \frac{N(s)N(-s)}{D(s)D(-s)} \tag{9.166}$$

처럼 나타낼 수 있다. 여기서,

$$H(s) \ = \ \frac{N(s)}{D(s)} \tag{9.167}$$

을 생각하면 $H(s)$의 극과 영이 모두 s-평면 위에서 $\text{Re}(s) = 0$의 왼쪽에 있기 때문에 $H(s)$는 최소 위상 시스템이다.

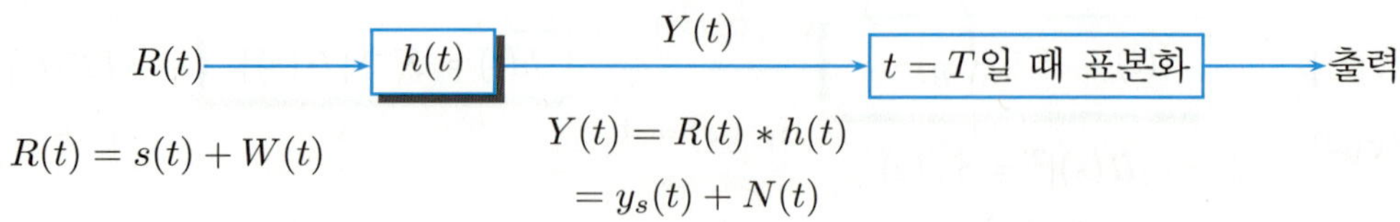

그림 9.12 받은 신호 $s(t)$와 여파기 $h(t)$를 거친 신호 $Y(t)$

보기 9.21 넓은 뜻에서 정상인 확률과정 $X(t)$의 전력 밀도가

$$S_X(\omega) = \frac{4}{1+\omega^2} \tag{9.168}$$

일 때 이것을 스펙트럼 분해하면

$$\begin{aligned} S_X(s) &= \frac{4}{1-s^2} \\ &= \frac{2}{1-s}\frac{2}{1+s} \end{aligned} \tag{9.169}$$

이므로

$$H(s) = \frac{2}{1+s} \tag{9.170}$$

을 얻는다. ◇

보기 9.22 넓은 뜻에서 정상인 확률과정 $X(t)$의 전력 밀도가

$$S_X(\omega) = \frac{16\omega^2+1}{\omega^4+1} \tag{9.171}$$

일 때 이것을 스펙트럼 분해하면

$$\begin{aligned} S_X(s) &= \frac{1-16s^2}{1+s^4} \\ &= \frac{1+4s}{s^2+\sqrt{2}s+1}\frac{1-4s}{s^2-\sqrt{2}s+1} \end{aligned} \tag{9.172}$$

이므로

$$H(s) = \frac{1+4s}{s^2+\sqrt{2}s+1} \tag{9.173}$$

이다. ◇

9.3.2 정합 여파기

그림 9.12에 보인 바와 같이, 알려진 신호 $s(t)$에 평균이 0인 잡음 $W(t)$가 더해진 꼴

$$R(t) = s(t)+W(t) \tag{9.174}$$

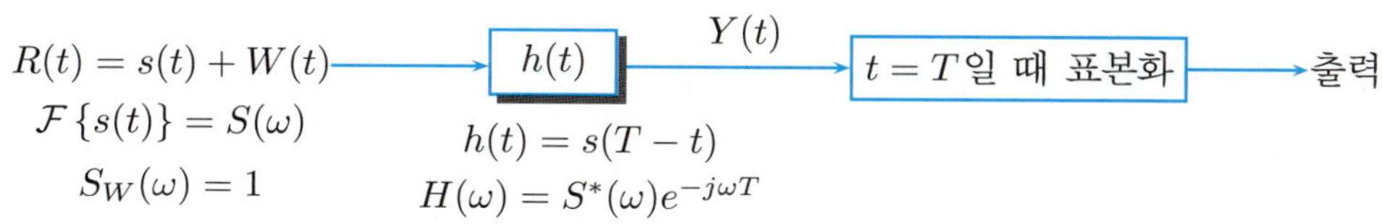

그림 9.13 흰빛 잡음에서 신호 $s(t)$의 정합 여파기 $h(t)$

로 구간 $[0, T]$에서 신호를 받는다고 하자. 또, 그림 9.12에 보인 것처럼 받은 신호 $R(t)$는 충격 응답이 $h(t)$인 여파기를 거친 다음, $t = T$에서 표본화된다. 이때, 여파기 $h(t)$를 지난 신호 $Y(t)$는

$$Y(t) \;=\; y_s(t) + N(t) \tag{9.175}$$

처럼 쓸 수 있다. 여기서,

$$y_s(t) \;=\; s(t) * h(t) \tag{9.176}$$

이고

$$N(t) \;=\; W(t) * h(t) \tag{9.177}$$

이다. 이제, 수신 쪽에서 여파기 $h(t)$를 어떻게 설계하면 가장 좋을지 생각해 보자. 기준에 따라 다를 수 있지만 가장 많이 쓰이는 기준 가운데 하나가 $t = T$에서 표본화한 표본의 신호대 잡음비를 가장 크게 하는 것이다. 이것을 식으로 나타내면

$$\begin{aligned} SNR_o &= \frac{t = T\text{에서의 신호 전력}}{\text{평균 출력 잡음 전력}} \\ &= \frac{|y_s(T)|^2}{E\{|N(t)|^2\}} \\ &= \frac{\left|\frac{1}{2\pi}\int_{-\infty}^{\infty} S(\omega)H(\omega)e^{j\omega T}d\omega\right|^2}{\frac{1}{2\pi}\int_{-\infty}^{\infty} S_W(\omega)|H(\omega)|^2 d\omega} \end{aligned} \tag{9.178}$$

이다. 여기서,

$$S(\omega) \;=\; \mathcal{F}\{s(t)\} \tag{9.179}$$

는 신호 $s(t)$의 푸리에 변환이고,

$$S_W(\omega) \;=\; \mathcal{F}\{R_W(\tau)\} \tag{9.180}$$

은 잡음 $W(t)$의 전력 밀도이며, $R_W(\tau)$는 잡음 $W(t)$의 자기상관함수이다. 이제, 여파기의 주파수 응답 함수 $H(\omega)$를 어떻게 잡으면 신호대 잡음비 (9.178)이 가장 큰지 살펴보자.

9.3.2.1 정합 여파기: 흰빛 잡음

먼저, $W(t)$가 전력 밀도가 σ^2인 흰빛 잡음일 때에는 (9.178)을

$$\begin{aligned} SNR_o &= \frac{1}{2\pi\sigma^2}\frac{\left|\int_{-\infty}^{\infty} S(\omega)H(\omega)e^{j\omega T}d\omega\right|^2}{\int_{-\infty}^{\infty}|H(\omega)|^2 d\omega} \\ &\leq \frac{1}{2\pi\sigma^2}\frac{\int_{-\infty}^{\infty}|S(\omega)|^2 d\omega \int_{-\infty}^{\infty}|H(\omega)|^2 d\omega}{\int_{-\infty}^{\infty}|H(\omega)|^2 d\omega} \\ &= \frac{1}{2\pi\sigma^2}\int_{-\infty}^{\infty}|S(\omega)|^2 d\omega \\ &= \frac{E_s}{\sigma^2} \end{aligned} \quad (9.181)$$

처럼 쓸 수 있다. 식 (9.181)에서 둘째 줄을 얻을 때 코쉬-슈바르츠 부등식을 썼고,

$$\begin{aligned} E_s &= \frac{1}{2\pi}\int_{-\infty}^{\infty}|S(\omega)|^2 d\omega \\ &= \frac{1}{2\pi}\int_{-\infty}^{\infty}\int_{-\infty}^{\infty}\int_{-\infty}^{\infty} s(t)e^{-j\omega t}s^*(v)e^{j\omega v}dvdtd\omega \\ &= \frac{1}{2\pi}\int_{-\infty}^{\infty}\int_{-\infty}^{\infty} s(t)s^*(v)\left(\int_{-\infty}^{\infty} e^{-j\omega(t-v)}d\omega\right)dvdt \\ &= \int_{-\infty}^{\infty} s(t)\left(\int_{-\infty}^{\infty} s^*(v)\delta(t-v)dv\right)dt \\ &= \int_{-\infty}^{\infty}|s(t)|^2 dt \end{aligned} \quad (9.182)$$

는 신호 $s(t)$의 에너지이다. 이제, 코쉬-슈바르츠 부등식에서 등호가 성립하는 때에 여파기 출력 표본의 신호대 잡음비가 가장 크다는 것을 쉽게 알 수 있다. 그런데, (9.181)에서 등호가 성립하려면

$$H(\omega) = S^*(\omega)e^{-j\omega T} \quad (9.183)$$

또는

$$h(t) = s(T-t) \quad (9.184)$$

이어야 함을 쉽게 알 수 있다. 식 (9.184)에 보인 바와 같이, 여파기 출력의 신호대 잡음비를 가장 크게 하는 여파기를 정합 여파기[37]라고 한다. 흰빛 잡음에서의 정합 여파기를 그림 9.13에 보였다.

보기 9.23 두 수 α와 β가 모두 0보다 클 때, 신호

$$s(t) = \alpha e^{\beta t}u(-t) \quad (9.185)$$

[37] matched filter

를 생각해 보자. 이 신호의 푸리에 변환은

$$\begin{aligned} S(\omega) &= \mathcal{F}\{s(t)\} \\ &= \int_{-\infty}^{0} \alpha e^{\beta t} e^{-j\omega t} dt \\ &= \frac{\alpha}{\beta - j\omega} \end{aligned} \tag{9.186}$$

이므로 정합 여파기의 주파수 응답 함수는

$$\begin{aligned} H(\omega) &= S^*(\omega) e^{-j\omega T} \\ &= \frac{\alpha}{\beta + j\omega} e^{-j\omega T} \end{aligned} \tag{9.187}$$

이다. 따라서, 정합 여파기의 충격 응답은

$$\begin{aligned} h(t) &= s(T-t) \\ &= \alpha e^{-\beta(t-T)} u(t-T) \end{aligned} \tag{9.188}$$

이다. ◇

9.3.2.2 정합 여파기: 빛깔 잡음

이제, 좀 더 일반적으로 잡음이 빛깔 잡음인 때를 생각하자. 이때, 입력 잡음의 전력 밀도를 바탕으로 (9.178)에 보인 여파기 출력의 신호대 잡음비를 가장 크게 하는 $H(\omega)$를 직접 찾을 수도 있다. 하지만, 좀 더 조직적으로 정합 여파기를 찾으려면 그림 9.14에 보인 것처럼 두 단계로 나누어 다룬다. 먼저, 수신 잡음의 전력 밀도를 스펙트럼 분해하여 잡음을 흰빛 잡음으로 바꾸어 주는 표백 여파기를 얻는다. 그 다음에, 표백 여파기를 거친 신호의 정합 여파기를 얻는다. 쉽게 알 수 있듯이 이 두 여파기를 뭉친 것이 곧 빛깔 잡음에서 신호의 정합 여파기이다.

이것을 좀 더 자세히 살펴보자. 먼저, 수신 잡음 $W(t)$의 전력 밀도를 $S_W(\omega)$라고 하고 이것을 스펙트럼 분해하여

$$|\mathcal{F}\{\gamma(t)\}|^2 = \frac{1}{S_W(\omega)} \tag{9.189}$$

인 표백 여파기 $\gamma(t)$를 얻는다. 여기서,

$$\Gamma(\omega) = \mathcal{F}\{\gamma(t)\} \tag{9.190}$$

처럼 두자. 다음에, 표백 여파기를 거친 신호 성분

$$s_\gamma(t) = s(t) * \gamma(t) \tag{9.191}$$

의 푸리에 변환은

$$\begin{aligned} S_\gamma(\omega) &= \mathcal{F}\{s_\gamma(t)\} \\ &= \Gamma(\omega) S(\omega) \end{aligned} \tag{9.192}$$

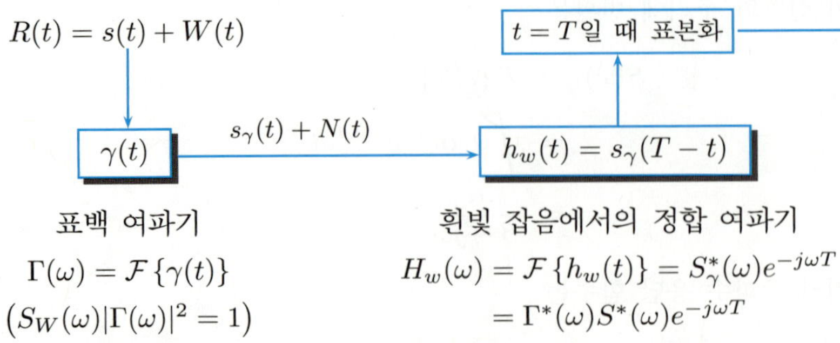

그림 9.14 빛깔 잡음에서 신호 $s(t)$의 정합 여파기 $h_w(t) * \gamma(t)$

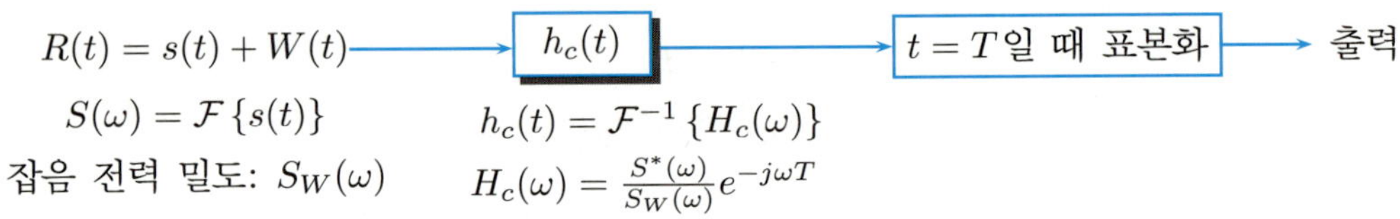

그림 9.15 빛깔 잡음에서 신호 $s(t)$의 정합 여파기 $h_c(t)$

이므로, (9.183)을 새기면 흰빛 잡음에서 $s_\gamma(t)$의 정합 여파기는

$$h_w(t) = \mathcal{F}^{-1}\left\{S_\gamma^*(\omega)e^{-j\omega T}\right\} \tag{9.193}$$

이다. 따라서, (9.189)를 새기면, 빛깔 잡음에서 신호 $s(t)$의 정합 여파기를 $h_c(t)$라고 하고 그 푸리에 변환을 $H_c(\omega)$라고 할 때

$$\begin{aligned} h_c(t) &= h_w(t) * \gamma(t) \\ &= \mathcal{F}^{-1}\{H_c(\omega)\} \\ &= \mathcal{F}^{-1}\{\Gamma(\omega)H_w(\omega)\} \\ &= \mathcal{F}^{-1}\left\{\Gamma(\omega)S_\gamma^*(\omega)e^{-j\omega T}\right\} \\ &= \mathcal{F}^{-1}\left\{\frac{S^*(\omega)}{S_W(\omega)}e^{-j\omega T}\right\} \end{aligned} \tag{9.194}$$

임을 쉽게 알 수 있다. 그림 9.14와 9.15에 빛깔 잡음에서의 정합 여파기를 보였다.

보기 9.24 자기상관함수가

$$R_W(\tau) = \exp\left(-\frac{|\tau|}{2}\right) \tag{9.195}$$

인 잡음이 신호

$$s(t) = \left\{\exp\left(\frac{t}{2}\right) - \exp\left(\frac{3t}{2}\right)\right\}u(-t) \tag{9.196}$$

에 더해질 때 정합 여파기를 얻어 보자.

풀이 먼저, 신호의 푸리에 변환은

$$\begin{aligned} S(\omega) &= \mathcal{F}\{s(t)\} \\ &= \int_{-\infty}^{0} \left(e^{\frac{t}{2}} - e^{\frac{3t}{2}}\right) e^{-j\omega t} dt \\ &= \frac{4}{(1-j2\omega)(3-j2\omega)} \end{aligned} \tag{9.197}$$

이고 잡음의 전력 밀도는

$$S_W(\omega) = \frac{4}{1+4\omega^2} \tag{9.198}$$

이다. 따라서, 정합 여파기의 주파수 응답 함수는

$$\begin{aligned} H(\omega) &= \frac{S^*(\omega)}{S_W(\omega)} e^{-j\omega T} \\ &= \frac{1+4\omega^2}{4} \frac{4}{(1+j2\omega)(3+j2\omega)} e^{-j\omega T} \\ &= \frac{1-j2\omega}{3+j2\omega} e^{-j\omega T} \\ &= \left(-1 + \frac{2}{\frac{3}{2}+j\omega}\right) e^{-j\omega T} \end{aligned} \tag{9.199}$$

이고, 이 식을 바탕으로 정합 여파기의 충격 응답을

$$h(t) = -\delta(t-T) + 2\exp\left\{-\frac{3}{2}(t-T)\right\} u(t-T) \tag{9.200}$$

처럼 얻을수 있다. ◇

9.4 이진 신호 검파*

신호 검파[38]란 잡음이 섞여 있는 관측값을 바탕으로 보낸 신호에 대한 가설[39] 가운데 가장 알맞은 가설을 고르는 것이고, 이진 신호 검파[40]는 그 가운데 가설이 둘인 때를 일컫는다. 가설을 고를 때 쓰는 가설 검정[41] 방식에는 베이스 가설 검정[42], 최대최소 가설 검정[43], 네이만-피어슨 가설 검정[44]과 같은 것이 있다. 이 가운데에서 네이만-피어슨 가설 검정을 바탕으로 하는 이진 신호 검파는 신호가 있는지 또는 없는지를 판단하는 레이더와 같은 응용에서 많이 쓰인다. 또, 베이스 가설 검정 기준을 바탕으로 하는 이진 신호 검파는 보낸 이진 신호가 0인지 1인지를 판단하는 디지털 통신 시스템과 같은 응용에서 널리 쓰인다.

[38] signal detection
[39] hypothesis
[40] binary signal detection
[41] hypothesis testing
[42] Bayesian hypothesis testing
[43] Minimax hypothesis testing
[44] Neyman-Pearson hypothesis testing

9.4.1 네이만-피어슨 이진 검파

구간 $[0, nT]$에서 알려진 신호 $s(t)$가 있는지 없는지를 해당 구간에서 받은 신호 $r(t)$를 바탕으로 결정하는 문제를 생각하자. 여기서, $s(t)$는 주기 신호라고 하고 그 주기는 T라고 두자. 받은 신호 $r(t)$가 보낸 신호에 전력 밀도가 σ^2인 흰빛 정규 잡음 $w(t)$가 더해진 꼴이라고 하면 두 가설 $\mathcal{H}_0$과 $\mathcal{H}_1$을

$$\mathcal{H}_0: \quad r(t) = w(t), \tag{9.201}$$

$$\mathcal{H}_1: \quad r(t) = s(t) + w(t) \tag{9.202}$$

처럼 쓸 수 있다.

이제, 받은 신호 $r(t)$를 충격 응답이 $t \in [0, T]$에서 $h(t) = s(T-t)$인 여파기를 – 곧, 신호 $s(t)$에 대한 정합 여파기를 – 통과시킨 뒤 $t = kT$에서 표본화한 관측값을 r_k라고 하면 위 두 가설을

$$\mathcal{H}_0: \quad r_k = w_k, \quad k = 1, 2, \cdots, n, \tag{9.203}$$

$$\mathcal{H}_1: \quad r_k = E_s + w_k, \quad k = 1, 2, \cdots, n \tag{9.204}$$

처럼 쓸 수 있다. 여기서,

$$E_s = \int_0^T s^2(t)dt \tag{9.205}$$

는 신호의 세기를 나타내고,

$$w_k = \int_0^T w\{(k-1)T + t\}\, s(t)dt \tag{9.206}$$

은 평균이 0이고 분산이 $\sigma^2 E_s$인 정규 확률변수이다. 이와 같은 이진 가설 검정 문제에서 $\mathcal{H}_0$가 참이지만 $\mathcal{H}_1$이라고 잘못 판단할 확률을 오경보 확률[45]이라고 부르고 자주 P_{FA}라고 쓰고, $\mathcal{H}_1$이 참이지만 $\mathcal{H}_0$이라고 잘못 판단할 확률을 놓침 확률[46]이라고 하고 자주 P_{MD}라고 쓴다. 이때, 주어진 상수 α에 대해 $P_{FA} \le \alpha$를 만족시키면서 P_{MD}를 가장 작게 만드는 것이 네이만-피어슨 검정 기준이다.

관측 벡터를 $\underline{r} = [r_1\, r_2 \ \cdots\, r_n]^T$라고, 또 가설 $\mathcal{H}_i$가 참일 때 $\underline{r}$의 확률밀도함수를 $f(\underline{r}|\mathcal{H}_i)$라고 하면

$$f(\underline{r}|\mathcal{H}_0) = \frac{1}{(2\pi\sigma^2 E_s)^{\frac{n}{2}}} \exp\left(-\frac{1}{2\sigma^2 E_s}\sum_{k=1}^{n} r_k^2\right), \tag{9.207}$$

$$f(\underline{r}|\mathcal{H}_1) = \frac{1}{(2\pi\sigma^2 E_s)^{\frac{n}{2}}} \exp\left\{-\frac{1}{2\sigma^2 E_s}\sum_{k=1}^{n} (r_k - E_s)^2\right\} \tag{9.208}$$

임을 알 수 있다. 이제, 비슷함 함수

[45]false-alarm probability

[46]miss detection probability

$$L(\underline{r}) = \frac{f(\underline{r}|\mathcal{H}_1)}{f(\underline{r}|\mathcal{H}_0)} \tag{9.209}$$

를 바탕으로 결정 함수 $\delta(\underline{r})$을

$$\delta(\underline{r}) = \begin{cases} 1, & L(\underline{r}) \geq \eta, \\ 0, & L(\underline{r}) < \eta \end{cases} \tag{9.210}$$

과 같이 뜻매김하자. 여기서, 0보다 큰 수 η는 결정 함수 $\delta(\underline{r})$을 사용할 때 오경보 확률이 α와 같도록 – 곧, $P_{FA}(\delta) = \alpha$이도록 – 정한 것이다. 이제, 또 다른 결정 함수 $0 \leq \tilde{\delta}(\underline{r}) \leq 1$이 $P_{FA}(\tilde{\delta}) = \alpha$를 만족시킨다고 하자. 이때, $f(\underline{r}|\mathcal{H}_1) - \eta f(\underline{r}|\mathcal{H}_0) \geq 0$이면 $\delta(\underline{r}) = 1$이므로 $\tilde{\delta}(\underline{r})$가 어떤 값이더라도 $\{\delta(\underline{r}) - \tilde{\delta}(\underline{r})\}\{f(\underline{r}|\mathcal{H}_1) - \eta f(\underline{r}|\mathcal{H}_0)\} \geq 0$이다. 또, $f(\underline{r}|\mathcal{H}_1) - \eta f(\underline{r}|\mathcal{H}_0) < 0$일 때에도 $\delta(\underline{r}) = 0$이므로 $\tilde{\delta}(\underline{r})$가 어떤 값이더라도 $\{\delta(\underline{r}) - \tilde{\delta}(\underline{r})\}\{f(\underline{r}|\mathcal{H}_1) - \eta f(\underline{r}|\mathcal{H}_0)\} \geq 0$이다. 곧, 언제나

$$\{\delta(\underline{r}) - \tilde{\delta}(\underline{r})\}\{f(\underline{r}|\mathcal{H}_1) - \eta f(\underline{r}|\mathcal{H}_0)\} \geq 0 \tag{9.211}$$

이다. 그러므로,

$$\begin{aligned} &\int_{\underline{r}\in R^n} \{\delta(\underline{r}) - \tilde{\delta}(\underline{r})\}\{f(\underline{r}|\mathcal{H}_1) - \eta f(\underline{r}|\mathcal{H}_0)\}\, d\underline{r} \\ &= \int_{\underline{r}\in R^n} \delta(\underline{r}) f(\underline{r}|\mathcal{H}_1)\, d\underline{r} - \int_{\underline{r}\in R^n} \tilde{\delta}(\underline{r}) f(\underline{r}|\mathcal{H}_1)\, d\underline{r} \\ &\quad + \eta\left\{\int_{\underline{r}\in R^n} \delta(\underline{r}) f(\underline{r}|\mathcal{H}_0)\, d\underline{r} - \int_{\underline{r}\in R^n} \tilde{\delta}(\underline{r}) f(\underline{r}|\mathcal{H}_0)\, d\underline{r}\right\} \\ &= P_{MD}(\tilde{\delta}) - P_{MD}(\delta) + \eta\{P_{FA}(\delta) - P_{FA}(\tilde{\delta})\} \\ &= P_{MD}(\tilde{\delta}) - P_{MD}(\delta) \\ &\geq 0 \end{aligned} \tag{9.212}$$

이다. 따라서, $\delta(\underline{r})$이 네이만-피어슨 가설 검정 기준을 만족시키는 검파기라는 것을 – 곧, 네이만-피어슨 이진 검파기라는 것을 – 알 수 있다.

한편, 대수 함수가 단조 증가 함수라는 것을 새기고 $l(\underline{r}) = \ln L(\underline{r})$이라고 하면

$$l(\underline{r}) = \frac{1}{\sigma^2}\sum_{k=1}^{n} r_k - \frac{nE_s}{2\sigma^2} \tag{9.213}$$

이고, 네이만-피어슨 이진 검파기는 이것을 문턱값과 견주는 꼴로, 또는 좀 더 간단히 $\{r_k\}_{k=1}^{n}$를 모두 더한 $\sum_{k=1}^{n} r_k$를 문턱값과 견주는 꼴로

$$\delta(\underline{r}) = \begin{cases} 1, & \sum_{k=1}^{n} r_k \geq \eta', \\ 0, & \sum_{k=1}^{n} r_k < \eta' \end{cases} \tag{9.214}$$

와 같이 나타낼 수 있다. 여기서, $\mathcal{H}_0$가 참일 때에 $\sum_{k=1}^{n} r_k$는 평균이 0이고 분산이 $n\sigma^2 E_s$인 정규 확률변수이므로

$$\eta' = \sigma\sqrt{nE_s}Q^{-1}(\alpha) \tag{9.215}$$

이다.

보기 9.25 (검파 확률) 흰빛 정규 잡음 채널에서 오경보 확률이 $\alpha = 0.001$ 이하인 네이만-피어슨 이진 검파기를 생각하자. 이 검파기의 검파 확률[47] $P_D = 1 - P_{MD}$를 얻어 보자.

풀이 먼저, $Q^{-1}(0.001) = 3.09$이므로 $\eta' = 3.09\sigma\sqrt{nE_s}$이다. 이제, $\mathcal{H}_1$이 참이라면 $\sum_{k=1}^{n} r_k$는 평균이 nE_s이고 분산이 $n\sigma^2 E_s$인 정규 확률변수이므로

$$\begin{aligned} P_D &= Q\left(\frac{\eta' - nE_s}{\sigma\sqrt{nE_s}}\right) \\ &= 1 - Q\left(\frac{\sqrt{nE_s}}{\sigma} - 3.09\right) \end{aligned} \tag{9.216}$$

이다. 식 (9.216)에서 볼 수 있듯이 표본 크기 n이 커질수록, 또 신호대 잡음비 $\frac{E_s}{\sigma^2}$가 커질수록 검파 확률은 커진다. 이제, 오경보 확률을 0.0001로 낮추고 싶다고 하자. 그러면 $Q^{-1}(0.0001) = 3.719$이므로 식 (9.216)에 3.09 자리에 3.719를 넣으면 검파 확률을 얻을 수 있다. 곧, 오경보 확률이 0.0001이면 오경보 확률이 0.001일 때보다 검파 확률이 낮음을 알 수 있다. 여기서, 신호대 잡음비가 같을 때 검파 확률을 유지하려면 표본 크기를 늘려야 함을 알 수 있다. ◇

9.4.2 베이스 이진 검파

구간 $[0, T]$에서 알려진 신호 $s_0(t)$와 $s_1(t)$ 가운데 어떤 신호를 보낸 것인지를 해당 구간에서 받은 신호 $r(t)$를 바탕으로 결정하는 문제를 생각하자. 받은 신호 $r(t)$가 보낸 신호에 전력 밀도가 σ^2인 흰빛 정규 잡음 $w(t)$가 더해진 꼴이라고 하면 두 가설 $\mathcal{H}_0$와 $\mathcal{H}_1$을

$$\mathcal{H}_0: \quad r(t) = s_0(t) + w(t), \tag{9.217}$$

$$\mathcal{H}_1: \quad r(t) = s_1(t) + w(t) \tag{9.218}$$

처럼 쓸 수 있다. 이제, 받은 신호 $r(t)$를 충격 응답이

$$h(t) = s_1(T-t) - s_0(T-t), \quad t \in [0, T] \tag{9.219}$$

인 정합 여파기를 – 곧, 신호 $s_1(t) - s_0(t)$에 대한 정합 여파기를 – 통과시킨 뒤 $t = T$에서 표본화한 관측값을 r이라고 하면

$$\mathcal{H}_0: \quad r = -E_{00} + E_{01} + w, \tag{9.220}$$

$$\mathcal{H}_1: \quad r = E_{11} - E_{10} + w \tag{9.221}$$

처럼 쓸 수 있다. 여기서,

$$E_{ij} = \int_0^T s_i(t)s_j(t)dt \tag{9.222}$$

[47]detection probability

는 $s_i(t)$와 $s_j(t)$가 얼마나 다른지 나타내고,

$$w = \int_0^T w(t)\{s_0(t) - s_1(t)\}\,dt \tag{9.223}$$

은 평균이 0이고 분산이 $(E_{00}+E_{11})\sigma^2$인 정규 확률변수이다.

이제, $\mathcal{H}_i$가 참이지만 $\mathcal{H}_j$라고 판단할 확률을 $p_{ji} = P(\mathcal{H}_j|\mathcal{H}_i)$라고 쓰자. 곧, p_{ii}는 한 비트를 성공적으로 수신할 확률이고, $i \neq j$인 p_{ij}는 한 비트를 제대로 받지 못할 확률이다. 그러면 송신기에서 $s_0(t)$를 보낼 확률을 p_0, $s_1(t)$를 보낼 확률을 $p_1 = 1 - p_0$이라고 할 때 비트 잘못 확률은

$$p_b = p_0 p_{10} + p_1 p_{01} \tag{9.224}$$

이다. 위 비트 잘못 확률 p_b는 사전 확률[48]이 p_0과 p_1이고, 각 가설에서의 조건부 위험[49]이 p_{10}과 p_{01}일 때의 베이스 위험[50]으로 볼 수 있다. 이때, 베이스 위험을 가장 작게 만드는 검정 기준을 베이스 검정 기준이라고 한다.

한 가지 보기로, $E_{00} = E_{11} = E_s$이고 $E_{01} = E_{10} = \rho E_s$인 때를 생각하자. 가설 $\mathcal{H}_i$가 참일 때 관측값 r의 분포를 $f(r|\mathcal{H}_i)$라고 하면 이것을

$$f(r|\mathcal{H}_0) = \frac{1}{\sqrt{2\pi\sigma^2 E_s(1-\rho)}} \exp\left[-\frac{\{r + E_s(1-\rho)\}^2}{2\sigma^2 E_s(1-\rho)}\right], \tag{9.225}$$

$$f(r|\mathcal{H}_1) = \frac{1}{\sqrt{2\pi\sigma^2 E_s(1-\rho)}} \exp\left[-\frac{\{r - E_s(1-\rho)\}^2}{2\sigma^2 E_s(1-\rho)}\right] \tag{9.226}$$

처럼 쓸 수 있고, 대수 비슷함 비 $l(r)$은

$$l(r) = \frac{2}{\sigma^2} r \tag{9.227}$$

이다. 그러므로, 베이스 이진 검파기는 정합 여파기의 출력값을 문턱값과 비교하는 꼴로

$$\delta(r) = \begin{cases} 1, & r \geq \eta, \\ 0, & r < \eta \end{cases} \tag{9.228}$$

처럼 쓸 수 있다. 이때, 문턱값이 η일 때 비트 잘못 확률은

$$\begin{aligned} p_b &= p_0 P(\mathcal{H}_1|\mathcal{H}_0) + p_1 P(\mathcal{H}_0|\mathcal{H}_1) \\ &= p_0 \int_{-\infty}^{\eta} f(r|\mathcal{H}_0)\,dr + p_1 \int_{\eta}^{\infty} f(r|\mathcal{H}_1)\,dr \\ &= p_0 \int_{-\infty}^{\eta} f(r|\mathcal{H}_0)\,dr + p_1 \left\{1 - \int_{-\infty}^{\eta} f(r|\mathcal{H}_1)\right\} dr \\ &= p_1 + \int_{-\infty}^{\eta} \{p_0 f(r|\mathcal{H}_0) - p_1 f(r|\mathcal{H}_1)\}\,dr \end{aligned} \tag{9.229}$$

[48] prior probability
[49] conditional risk
[50] Bayesian risk

이다. 이제, 문턱값 η를 잘 골라 비트 잘못 확률을 가장 낮게 만들고자 한다면, $p_0 f(r|\mathcal{H}_0) - p_1 f(r|\mathcal{H}_1)$이 0보다 작은 r값의 집합과 적분 구간 $(-\infty, \eta)$를 같게 두어야 한다. 곧, $L(\eta) = \frac{p_0}{p_1}$일 때, 바꾸어 말하면

$$\eta = \frac{\sigma^2}{2} \ln \frac{p_0}{p_1} \tag{9.230}$$

일 때 비트 잘못 확률이 가장 낮다.

보기 9.26 흰빛 정규 잡음 채널에서 $p_0 = p_1 = 0.5$인 베이스 이진 검파기의 비트 잘못 확률 p_b를 얻어 보자.

풀이 먼저, $p_0 = p_1$이므로 $\eta = 0$이고, 비트 잘못 확률은

$$\begin{aligned} p_b &= 0.5 \int_{-\infty}^{0} f(r|\mathcal{H}_0)\,dr + 0.5 \int_{0}^{\infty} f(r|\mathcal{H}_1)\,dr \\ &= Q\left(\sqrt{\frac{E_s(1-\rho)}{\sigma^2}}\right) \end{aligned} \tag{9.231}$$

이다. 이제, $s_0(t) = -s_1(t)$인 때를 – 곧, 정반대 이진 신호[51]를 – 생각하면 $\rho = -1$이므로 $p_b = Q\left(\sqrt{\frac{2E_s}{\sigma^2}}\right)$이다. 또한, $s_0(t)$와 $s_1(t)$가 직교할 – 곧, 직교 이진 신호일 – 때에는 $\rho = 0$이므로 $p_b = Q\left(\sqrt{\frac{E_s}{\sigma^2}}\right)$이다. ◇

보기 9.27 (문턱값) 흰빛 정규 잡음 채널에서 $p_0 = 0.1$, $p_1 = 0.9$인 베이스 이진 검파기의 문턱값은 $\eta = -\frac{\sigma^2}{2} \ln 9$이다. 보기 9.26에서 다룬 $p_0 = p_1 = 0.5$인 때와 견주어 보면 문턱값이 작아진 것을 알 수 있다. 이것은 $s_1(t)$를 보낼 사전 확률이 더 크기 때문에 정합 여파기 출력이 작은 음수가 되더라도 $s_1(t)$라고 판단하는 것이 비트 잘못 확률을 더 작게 만들기 때문이다. ◇

9.5 최소 제곱 평균 오차 추정과 위너 여파기*

추정[52]이란 우리가 관심 있는 정보를 모를 때 이것을 관측값에서 얻어내는 것이다. 크게 나누어 관심 있는 정보가 값 하나인 때에는 매개변수[53] 추정이라고 하고 시간에 따라 바뀌는 값인 때에는 – 곧, 함수일 때에는 - 신호 추정이라고 한다. 또한, 매개변수 추정 가운데 매개변수를 확률변수로 모형화하여 추정하는 것을 베이스 매개변수 추정이라 한다. 이 밖에도 매개변수가 확률변수가 아닐 때 추정값의 평균이 실제 값과 같으며 추정 오차를 가장 작게 하는 최소 분산 공정 추정[54], 비슷함[55] 함수를 가장 크게 하는 값으로 추정값을 정하는 최대 비슷함 추정, 관측값에서

[51] antipodal binary signal
[52] estimation
[53] parameter
[54] minimum variance unbiased estimator (MVUE)
[55] likelihood

적률을 계산하여 적률값에서 매개변수를 추정하는 적률 방법[56]과 같은 것이 있다. 이 절에서는 베이스 매개변수 추정 가운데 가장 널리 쓰이는 최소 제곱 평균 오차[57] 추정을 다루어 본다.

9.5.1 최소 제곱 평균 오차 추정

관측값 수열이 확률벡터 $\underline{Y} = \{Y_i\}_{i=1}^n$이고 우리가 관심을 두는 정보가 확률변수 X라고 하자. 이제, 관측값 수열 $\underline{Y} = \{Y_i\}_{i=1}^n$을 바탕으로 X를

$$\hat{X} = \varphi(\underline{Y}) \tag{9.232}$$

처럼 추정한다고 하자. 그러면 추정 오차는

$$\epsilon(\underline{Y}) = X - \varphi(\underline{Y}) \tag{9.233}$$

이고 제곱 평균 오차는

$$\sigma_\epsilon^2 = E\left\{|\epsilon(\underline{Y})|^2\right\} \tag{9.234}$$

이다.

정리 9.5 관측값 $\underline{Y} = \{Y_i\}_{i=1}^n$에서 얻는 X의 추정값 가운데 제곱 평균 오차를 가장 작게 하는 추정은

$$\hat{X} = E\{X|\underline{Y}\} \tag{9.235}$$

이고, 이때, 제곱 평균 오차는

$$\sigma_{\min}^2 = E[\mathrm{Var}\{X|\underline{Y}\}] \tag{9.236}$$

이다. ■■

증명 먼저, $\hat{X} = \varphi(\underline{Y})$라고 하고 A에 대한 평균을 아래 첨자로 $E_A\{\cdot\}$처럼 쓰면 제곱 평균 오차는

$$\begin{aligned}
\sigma_\epsilon^2 &= E\left\{|X - \varphi(\underline{Y})|^2\right\} \\
&= E_{\underline{Y}}\left[E_X\left\{|X - \varphi(\underline{Y})|^2 \middle| \underline{Y}\right\}\right] \\
&= \int_{\mathcal{R}^n} E_X\left\{|X - \varphi(\underline{Y})|^2 \middle| \underline{Y}\right\} f_{\underline{Y}}(\underline{Y})\, d\underline{Y}
\end{aligned} \tag{9.237}$$

처럼 쓸 수 있다. 여기서, 확률밀도함수 $f_{\underline{Y}}(\underline{Y})$는 0보다 작지 않고 $E_X\left\{|X - \varphi(\underline{Y})|^2 \middle| \underline{Y}\right\}$도 크기의 제곱의 기댓값이므로 0보다 작지 않다. 또한, 조건부 기댓값 $E_X\left\{|X - \varphi(\underline{Y})|^2 \middle| \underline{Y}\right\}$ 안

[56] method of moment
[57] minimum mean square error (MMSE)

에 들어 있는 $\varphi(\underline{Y})$는 확률변수가 아니다. 따라서, $E_X\left\{|X-\varphi(\underline{Y})|^2\middle|\underline{Y}\right\}$를 가장 작게 하는 $\varphi(\underline{Y})$를 찾아야 (9.237)을 가장 작게 만들 수 있다. 이때,

$$E_X\{\varphi(\underline{Y})|\underline{Y}\} = \varphi(\underline{Y}) \tag{9.238}$$

이므로

$$\begin{aligned}\frac{\partial}{\partial\varphi}E_X\left\{|X-\varphi(\underline{Y})|^2\middle|\underline{Y}\right\} &= 2E_X\{\varphi(\underline{Y})-X|\underline{Y}\} \\ &= 0 \end{aligned} \tag{9.239}$$

이다. 따라서,

$$\varphi(\underline{Y}) = E\{X|\underline{Y}\} \tag{9.240}$$

일 때 제곱 평균 오차를 가장 작게 만들 수 있다. 이제, $\varphi(\underline{Y}) = E\{X|\underline{Y}\}$라는 것을 (9.237)에 넣으면

$$\begin{aligned}\sigma^2_{\min} &= E\left\{|X-E\{X|\underline{Y}\}|^2\right\} \\ &= E_{\underline{Y}}\left(E_X\left[|X-E\{X|\underline{Y}\}|^2\right]\middle|\underline{Y}\right) \\ &= E\left[\text{Var}\{X|\underline{Y}\}\right] \end{aligned} \tag{9.241}$$

이다. □

보기 9.28 매개변수 X의 값이 x일 때 관측값 Y의 확률밀도함수가

$$f_{Y|X}(y|x) = xe^{-xy}u(y) \tag{9.242}$$

와 같다고 하자. 한편, 매개변수 X도 확률밀도함수가

$$f_X(x) = \alpha e^{-\alpha x}u(x) \tag{9.243}$$

인 지수 확률변수라고 하자. 여기서, 0보다 큰 수 α는 알고 있다고 둔다. 이제, 베이스의 정리에서

$$\begin{aligned}f_{X|Y}(x|y) &= \frac{f_{Y|X}(y|x)f_X(x)}{f_Y(y)} \\ &= \frac{f_{Y|X}(y|x)f_X(x)}{\int_0^\infty f_{Y|X}(y|x)f_X(x)dx} \\ &= \frac{\alpha xe^{-x(y+\alpha)}u(x)u(y)}{\int_0^\infty \alpha xe^{-x(y+\alpha)}dx} \\ &= \alpha xe^{-x(y+\alpha)}u(x)u(y)\left\{\frac{\alpha}{(\alpha+y)^2}\right\}^{-1} \\ &= (\alpha+y)^2xe^{-x(y+\alpha)}u(x)u(y) \end{aligned} \tag{9.244}$$

이다. 따라서, 최소 제곱 평균 오차 추정은

$$\begin{aligned}\hat{X} &= E\{X|Y\} \\ &= (\alpha+Y)^2\int_0^\infty x^2 e^{-x(Y+\alpha)}dx \\ &= \frac{2}{\alpha+Y}\end{aligned} \tag{9.245}$$

이다. 이때,

$$\begin{aligned}\text{Var}\{X|Y\} &= E\left\{X^2\middle|Y\right\} - [E\{X|Y\}]^2 \\ &= (\alpha+Y)^2\int_0^\infty x^3 e^{-x(Y+\alpha)}dx - \left(\frac{2}{\alpha+Y}\right)^2 \\ &= \frac{2}{(\alpha+Y)^2}\end{aligned} \tag{9.246}$$

이므로 제곱 평균 오차의 가장 작은 값은

$$\begin{aligned}\sigma^2_{\min} &= E[\text{Var}\{X|Y\}] \\ &= \int_0^\infty \frac{2}{(\alpha+y)^2}f_Y(y)dy \\ &= \int_0^\infty \frac{2\alpha}{(\alpha+y)^4}dy \\ &= \frac{2}{3\alpha^2}\end{aligned} \tag{9.247}$$

이다. ◇

보기 9.28에서 최소 제곱 평균 오차 추정은 일반적으로 비선형 추정이라는 것을 알 수 있다. 한편, 최소 제곱 평균 오차 추정에서는 $f_{X|\underline{Y}}(x|\underline{y})$가 필요하다는 것도 알 수 있는데, 이것은 그리 만만하지 않은 조건이다. 따라서, 모든 추정 가운데 제곱 평균 오차를 가장 작게 하기보다 모든 선형 추정 가운데 제곱 평균 오차를 가장 작게 하는 선형 최소 제곱 평균 오차[58] 추정이 널리 쓰인다.

정리 9.6 관측값 $\underline{Y} = \{Y_i\}_{i=1}^n$을 선형 조합하여

$$\hat{X} = \sum_{i=1}^n a_i Y_i \tag{9.248}$$

처럼 X를 추정할 때 제곱 평균 오차 $E\left\{|\epsilon(\underline{Y})|^2\right\} = E\left\{\left|X - \sum_{i=1}^n a_i Y_i\right|^2\right\}$을 가장 작게 하려면 $i = 1, 2, \cdots, n$일 때

$$E\{\epsilon(\underline{Y})Y_i^*\} = 0 \tag{9.249}$$

이어야 한다. ■■

[58] linear minimum mean square error (LMMSE)

증명 먼저,

$$\begin{aligned}\frac{\partial\epsilon\left(\underline{Y}\right)}{\partial a_i} &= \frac{\partial\left(X-\sum_{i=1}^{n}a_iY_i\right)}{\partial a_i}\\ &= -Y_i \end{aligned} \tag{9.250}$$

이고, 이와 마찬가지로

$$\frac{\partial\epsilon^*\left(\underline{Y}\right)}{\partial a_i} = -Y_i^* \tag{9.251}$$

이다. 그러므로,

$$\begin{aligned}\frac{\partial}{\partial a_i}E\left\{\left|\epsilon\left(\underline{Y}\right)\right|^2\right\} &= E\left[\frac{\partial}{\partial a_i}\left\{\epsilon\left(\underline{Y}\right)\epsilon^*\left(\underline{Y}\right)\right\}\right]\\ &= E\left\{\epsilon\left(\underline{Y}\right)\frac{\partial}{\partial a_i}\epsilon^*\left(\underline{Y}\right)\right\}+E\left\{\epsilon^*\left(\underline{Y}\right)\frac{\partial}{\partial a_i}\epsilon\left(\underline{Y}\right)\right\}\\ &= -E\left\{\epsilon\left(\underline{Y}\right)Y_i^*+\epsilon^*(\underline{Y})Y_i\right\}\\ &= -2\mathrm{Re}\left[E\left\{\epsilon\left(\underline{Y}\right)Y_i^*\right\}\right]\end{aligned} \tag{9.252}$$

이다. 따라서, 제곱 평균 오차를 가장 작게 하려면, $\frac{\partial}{\partial a_i}E\left\{\left|\epsilon\left(\underline{Y}\right)\right|^2\right\}=0$이어야 하므로, $i=1,2,\cdots,n$일 때 $E\left\{\epsilon\left(\underline{Y}\right)Y_i^*\right\}=0$이어야 한다. □

정리 9.6이 말하는 바는 제곱 평균 오차를 가장 작게 하려면 추정 오차 $\epsilon\left(\underline{Y}\right)$가 관측값 Y_i와 직교해야 한다는 것인데 이것을 직교 원리[59]라고 한다. 직교 원리는 벡터 공간에서의 투영 정리[60]로 쉽게 이해할 수 있다. 확률변수들을 모두 모은 공간을 생각해 보자. 확률변수의 덧셈과 확률변수와 상수의 곱이라는 연산을 새겨 보면 모든 확률변수들의 모음이 벡터 공간이라는 것을 쉽게 알 수 있다. 또한, 이 벡터 공간의 내적을 두 확률변수의 상관으로 뜻매김해 주면 확률변수의 상관이 내적의 성질을 모두 만족시키고 확률변수의 모임은 내적을 뜻매김할 수 있는 벡터 공간이라는 것을 쉽게 알 수 있다. 이제, $\underline{Y}=\{Y_i\}_{i=1}^n$을 바탕[61]으로 하여 만들 수 있는 부공간을 생각하면 이 부공간이 관측값에서 얻을 수 있는 추정값이 이루는 공간일 것이다. 이때, 제곱 평균 오차는 추정 오차 $\epsilon\left(\underline{Y}\right)$와 자기 자신과의 상관이므로 추정 오차 벡터의 크기[62]의 제곱이 된다. 따라서, 투영 정리를 따르면 추정 오차가 $\underline{Y}=\{Y_i\}_{i=1}^n$을 바탕으로 만들 수 있는 부공간의 모든 벡터와 직교할 때 제곱 평균 오차가 가장 작게 된다는 것을 쉽게 알 수 있다. 이제까지 선형 추정에 대해서 직교 원리가 성립한다는 것을 보였지만, 실제로는 비선형일 때에도 다음과 같이 직교 원리가 성립한다.

정리 9.7 관측값 $\underline{Y}=\{Y_i\}_{i=1}^n$의 함수 $h\left(\underline{Y}\right)$는 X의 최소 제곱 평균 오차 추정 $\hat{X}=E\{X|\underline{Y}\}$의 추정 오차 $\epsilon\left(\underline{Y}\right)=X-\hat{X}$와 늘 직교한다. 곧,

[59] orthogonality principle
[60] projection theorem
[61] basis
[62] norm

$$E\{\epsilon(\underline{Y})h^*(\underline{Y})\} = 0 \tag{9.253}$$

이다. ■■

증명 조건부 기댓값의 성질을 쓰면

$$\begin{aligned} E\{\epsilon(\underline{Y})h^*(\underline{Y})\} &= E([X - E\{X|\underline{Y}\}]h^*(\underline{Y})) \\ &= E\{Xh^*(\underline{Y})\} - E[E\{X|\underline{Y}\}h^*(\underline{Y})] \\ &= E\{Xh^*(\underline{Y})\} - E[E\{Xh^*(\underline{Y})|\underline{Y}\}] \\ &= E\{Xh^*(\underline{Y})\} - E\{Xh^*(\underline{Y})\} \\ &= 0 \end{aligned} \tag{9.254}$$

처럼 이 정리를 보일 수 있다. □

선형 최소 제곱 평균 오차 추정은 추정 방법을 관측값의 선형 조합으로 제한하였기 때문에 제한을 두지 않은 최소 제곱 평균 오차 추정보다 일반적으로 성능이 떨어진다. 하지만, 관측값 $\underline{Y} = \{Y_i\}_{i=1}^n$과 X의 결합 분포가 평균이 0인 결합 정규 분포이면 최소 제곱 평균 오차 추정은 늘 관측값의 선형 결합이고 선형 최소 제곱 평균 오차 추정이 최소 제곱 평균 오차 추정이다.

정리 9.8 관측값 $\underline{Y} = \{Y_i\}_{i=1}^n$과 X의 결합 분포가 평균이 0인 결합 정규 분포이면 최소 제곱 평균 오차 추정 $\hat{X} = E\{X|\underline{Y}\}$는 $\underline{Y} = \{Y_i\}_{i=1}^n$의 선형 결합으로 나타낼 수 있다. ■■

증명 먼저, $\hat{X}_l = \sum_{i=1}^n a_i Y_i$를 선형 최소 제곱 평균 오차 추정이라고 하고 $\epsilon_l = X - \hat{X}_l$이라고 두자. 그러면 $E\{\epsilon_l\} = E\{X\} - \sum_{i=1}^n a_i E\{Y_i\} = 0$이고 ϵ_l이 정규 확률변수들의 선형 결합이므로 – 곧, $\epsilon_l = X - \sum_{i=1}^n a_i Y_i$이므로 – 평균이 0인 정규 확률변수라는 것을 쉽게 알 수 있다. 한편, $i = 1, 2, \cdots, n$일 때 $E\{\epsilon_l Y_i^*\} = 0$이므로

$$\begin{aligned} \mathrm{Cov}(\epsilon_l, Y_i) &= E\{\epsilon_l Y_i^*\} - E\{\epsilon_l\}E\{Y_i^*\} \\ &= 0 \end{aligned} \tag{9.255}$$

이다. 따라서, ϵ_l과 Y_i는 상관이 없는 정규 확률변수들이므로 서로 독립인 정규 확률변수들이다. 곧, ϵ_l과 $\underline{Y}$가 서로 독립이므로

$$\begin{aligned} E\{\epsilon_l|\underline{Y}\} &= E\{\epsilon_l\} \\ &= 0 \end{aligned} \tag{9.256}$$

이다. 이 식을 바꾸어 쓰면 $E\left\{X - \hat{X}_l \middle| \underline{Y}\right\} = 0$이므로

$$E\{X|\underline{Y}\} = E\left\{\sum_{i=1}^n a_i Y_i \middle| \underline{Y}\right\}$$

$$= \sum_{i=1}^{n} a_i Y_i$$
$$= \hat{X}_l \qquad (9.257)$$

임을 알 수 있다. □

보기 9.29 송신 쪽에서 안테나를 M개 써서 신호 M개 $\underline{X} = (X_1, X_2, \cdots, X_M)^T$를 동시에 보내고 이것을 수신 쪽에서 안테나를 N개 써서 얻은 관측값 벡터가 $\underline{Y} = (Y_1, Y_2, \cdots, Y_N)^T$라고 하자. 여기서, $N \geq M$이고 보내는 신호 $\underline{X}$는 평균이 0이고 공분산 행렬이 I인 정규 확률벡터라고 하자. 이제, i째 송신 안테나와 j째 수신 안테나의 채널 이득을 h_{ij}라고 둘 때, ij째 요소가 h_{ij}인 $N \times M$ 행렬을 H라고 하자. 또한, i째 수신 안테나에서의 잡음 W_i는 평균이 0이고 분산이 σ^2인 정규 확률변수이고 $\underline{W} = (W_1, W_2, \cdots, W_N)^T$는 독립 확률벡터라고 하자. 그러면 수신 신호 벡터 $\underline{Y}$는

$$\underline{Y} = H\underline{X} + \underline{W} \qquad (9.258)$$

이다. 한편, $\underline{Z} = \left(\underline{Y}^T \ \underline{X}^T\right)^T$라고 하면 $\underline{Z}$는 평균이 0이고 공분산 행렬이

$$C_{\underline{Z}} = \begin{pmatrix} H^T H + \sigma^2 I & H \\ H^T & I \end{pmatrix} \qquad (9.259)$$

인 정규 확률벡터이다. 따라서, 정리 9.5를 새기면 수신 신호 벡터 $\underline{Y}$를 바탕으로 $\underline{X}$를 얻는 최소 제곱 평균 오차 추정은

$$\hat{\underline{X}} = E\{\underline{X}|\underline{Y}\}$$
$$= H^T \left(H^T H + \sigma^2 I\right)^{-1} \underline{Y} \qquad (9.260)$$

임을 알 수 있다. 또한, 정리 9.8을 바탕으로 $\hat{\underline{X}} = G\underline{Y}$꼴로 놓을 수 있는데,

$$G = H^T \left(H^T H + \sigma^2 I\right)^{-1} \qquad (9.261)$$

일 때 제곱 평균 오차 $E\left\{(\underline{X} - G\underline{Y})^T (\underline{X} - G\underline{Y})\right\}$가 가장 작다. 이것을 새기어 $\hat{\underline{X}} = H^T \left(H^T H + \sigma^2 I\right)^{-1} \underline{Y}$를 얻을 수도 있다. ◇

9.5.2 위너 여파기

이제, X_n과 Y_n이 넓은 뜻에서 결합 정상일 때 그림 9.16에서 보인 것처럼 관측 확률과정 Y_n을 바탕으로 확률과정 X_n을 추정하는 선형 여파기 h_i를 생각해 보자. 먼저, 추정을

$$\hat{X}_n = \sum_{i=-\infty}^{\infty} h_i Y_{n-i} \qquad (9.262)$$

처럼 쓰자. 이제, 직교 원리에서 추정 오차

그림 9.16 선형 여파기

$$\epsilon_n \;=\; X_n - \hat{X}_n \tag{9.263}$$

이 관측값과 직교해야 제곱 평균 오차가 가장 작으므로, $k = 0, \pm 1, \pm 2, \cdots$ 일 때

$$E\{\epsilon_n Y_k^*\} \;=\; 0 \tag{9.264}$$

이면 제곱 평균 오차가 가장 작을 것이다. 여기서, (9.264)는

$$\begin{aligned} E\{X_n Y_{n-k}^*\} &= E\left\{\hat{X}_n Y_{n-k}^*\right\} \\ &= \sum_{i=-\infty}^{\infty} h_i E\{Y_{n-i} Y_{n-k}^*\} \end{aligned} \tag{9.265}$$

처럼 바꾸어 쓸 수 있다. 그러므로, 제곱 평균 오차가 가장 작을 때에는

$$R_{X,Y}(k) \;=\; \sum_{i=-\infty}^{\infty} h_i R_Y(k-i) \tag{9.266}$$

이고, 그때의 제곱 평균 오차는

$$\begin{aligned} E\left\{|\epsilon_n|^2\right\} &= E\left\{|X_n|^2\right\} - \sum_{i=-\infty}^{\infty} h_i^* E\{X_n Y_{n-i}^*\} - \sum_{i=-\infty}^{\infty} h_i E\{Y_{n-i} X_n^*\} \\ &\quad + \sum_{i=-\infty}^{\infty} \sum_{j=-\infty}^{\infty} h_i h_j^* E\{Y_{n-i} Y_{n-j}^*\} \\ &= R_X(0) - \sum_{i=-\infty}^{\infty} h_i^* R_{X,Y}(i) - \sum_{i=-\infty}^{\infty} h_i R_{X,Y}^*(i) + \sum_{i=-\infty}^{\infty} h_i \sum_{j=-\infty}^{\infty} h_j^* R_Y(j-i) \\ &= R_X(0) - \sum_{i=-\infty}^{\infty} h_i^* R_{X,Y}(i) - \sum_{i=-\infty}^{\infty} h_i R_{X,Y}^*(i) + \sum_{i=-\infty}^{\infty} h_i R_{X,Y}^*(i) \\ &= R_X(0) - \sum_{i=-\infty}^{\infty} h_i^* R_{X,Y}(i) \end{aligned} \tag{9.267}$$

이다. 이 식을 위너-호프[63] 방정식이라고 한다.

9.5.2.1 위너 여파기: 비인과적 위너 여파기

이제, $\{Y_n,\ n = \cdots, -1, 0, 1, \cdots\}$이 두쪽 확률과정이고 X_n과 Y_n의 교차상관함수 $R_{X,Y}(k)$와 Y_n의 자기상관함수 $R_Y(k)$를 알고 있다고 두자. 그러면 (9.266)에서 보인

[63] Wiener-Hopf

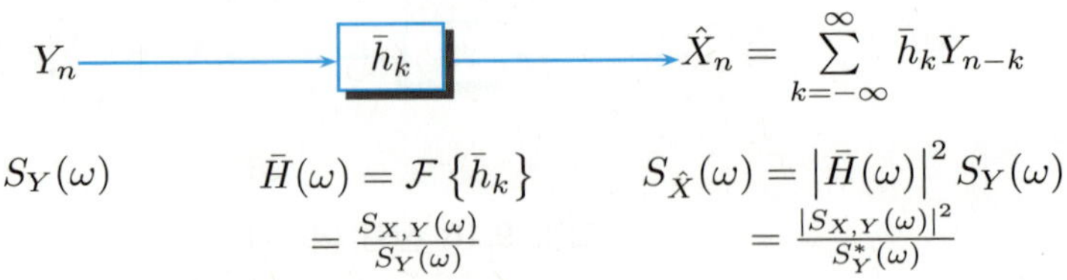

그림 9.17 비인과적 위너 여파기

$$R_{X,Y}(k) = \sum_{i=-\infty}^{\infty} \bar{h}_i R_Y(k-i) \tag{9.268}$$

을 푸리에 변환하여

$$S_{X,Y}(\omega) = \bar{H}(\omega) S_Y(\omega) \tag{9.269}$$

를 얻을 수 있으므로

$$\begin{aligned} \bar{h}_k &= \mathcal{F}^{-1}\left\{\frac{S_{X,Y}(\omega)}{S_Y(\omega)}\right\} \\ &= \frac{1}{2\pi}\int_{-\pi}^{\pi} \frac{S_{X,Y}(\omega)}{S_Y(\omega)} e^{jk\omega} d\omega \end{aligned} \tag{9.270}$$

이다. 따라서, X_n의 추정은

$$\hat{X}_n = \sum_{k=-\infty}^{\infty} \bar{h}_k Y_{n-k} \tag{9.271}$$

이다. 식 (9.270)에 보인 여파기 $\bar{h}_k$를 비인과적[64] 위너 여파기라고 부른다. 여기서 비인과적이란 어느 순간의 여파기 출력을 얻으려고 할 때 그 뒤의 – 미래의 – 관측값이 필요하다는 뜻이다. 비인과적 여파기는 실제로 구현할 수 없으나, 실제로 구현할 수 있는 여파기의 성능을 살펴볼 때 그 기준으로 삼아 요긴하게 쓴다. 그림 9.17에 비인과적 위너 여파기를 보였다.

보기 9.30 확률과정 Y_n이 흰빛 과정이고, 그 자기상관함수가

$$R_Y(k) = \sigma^2 \delta_k \tag{9.272}$$

일 때를 생각하자. 그러면 Y_n의 전력 밀도는 $S_Y(\omega) = \mathcal{F}\{R_Y(k)\} = \sigma^2$이므로 (9.270)에서

$$\begin{aligned} \bar{h}_k &= \frac{1}{2\pi}\int_{-\pi}^{\pi} \frac{S_{X,Y}(\omega)}{\sigma^2} e^{jk\omega} d\omega \\ &= \frac{1}{\sigma^2} R_{X,Y}(k) \end{aligned} \tag{9.273}$$

을 얻을 수 있다. ◇

[64] noncausal. 여파기의 충격 응답이 h_k일 때, $\{h_k\}_{k=-\infty}^{-1}$ 가운데 적어도 하나가 0이 아닌 여파기를 비인과적 여파기라고 한다.

9.5.2.2 위너 여파기: 인과적 위너 여파기

다음으로, 인과적 여파기를 생각해 보자. 인과적 여파기를 다룰 때에는 a_k의 푸리에 변환이

$$\begin{aligned} A(\omega) &= \mathcal{F}\{a_k\} \\ &= \sum_{k=-\infty}^{\infty} a_k e^{-jk\omega} \end{aligned} \tag{9.274}$$

일 때 연산 $[\cdot]^+$를

$$\begin{aligned} [A(\omega)]^+ &= \sum_{k=0}^{\infty} a_k e^{-jk\omega} \\ &= \mathcal{F}\{a_k u(k)\} \end{aligned} \tag{9.275}$$

처럼 뜻매김해 두면 편리하다. 여기서, $\mathcal{F}\{a_k\} = A(\omega)$이고 $\mathcal{F}\{b_k\} = B(\omega)$이면

$$\begin{aligned} A^*(\omega) &= \left(\sum_{k=-\infty}^{\infty} a_k e^{-jk\omega} \right)^* \\ &= \sum_{k=-\infty}^{\infty} a_{-k}^* e^{-jk\omega} \\ &= \mathcal{F}\left\{a_{-k}^*\right\} \end{aligned} \tag{9.276}$$

이고

$$\begin{aligned} [A(\omega)B(\omega)]^+ &= \mathcal{F}\{(a_k * b_k)\, u(k)\} \\ &= \mathcal{F}\left\{ u(k) \sum_{l=-\infty}^{\infty} a_l b_{k-l} \right\} \\ &= \sum_{k=-\infty}^{\infty} u(k) \sum_{l=-\infty}^{\infty} a_l b_{k-l} e^{-jk\omega} \end{aligned} \tag{9.277}$$

임을 새겨 두자. 여기서, $\mathcal{F}\{a_k^*\} = \sum_{k=-\infty}^{\infty} a_k^* e^{-jk\omega} = A^*(-\omega)$이고, $\mathcal{F}\{a_{-k}\} = \sum_{k=-\infty}^{\infty} a_{-k} e^{-jk\omega}$ $= \sum_{k=-\infty}^{\infty} a_k e^{jk\omega} = A(-\omega)$이며, $\mathcal{F}\left\{a_{-k}^*\right\} = \sum_{k=-\infty}^{\infty} a_{-k}^* e^{-jk\omega} = \sum_{k=-\infty}^{\infty} a_k^* e^{jk\omega} = A^*(\omega)$라는 것도 눈여겨볼 만하다. 한편, $[A(\omega)]^+ = A(\omega)$이면 $-k > 0$일 때 $a_{-k} = 0$이므로 (9.276)에서

$$\begin{aligned} [A^*(\omega)]^+ &= \sum_{k=0}^{\infty} a_{-k}^* e^{-jk\omega} \\ &= a_0^* \end{aligned} \tag{9.278}$$

임을 알 수 있다.

(가) 인과적 위너 여파기: 흰빛 과정 먼저, 관측 확률과정이 흰빛 과정일 때를 살펴보자. 흰빛 과정 Y_n의 자기상관함수가

$$R_Y(k) = \sigma^2\delta_k \qquad \bar{h}_k = \frac{1}{\sigma^2}R_{X,Y}(k)u(k) \qquad \hat{X}_n = \frac{1}{\sigma^2}\sum_{k=0}^{\infty} R_{X,Y}(k)Y_{n-k}$$

$$S_Y(\omega) = \sigma^2 \qquad \bar{H}(\omega) = \frac{1}{\sigma^2}\left[S_{X,Y}(\omega)\right]^+$$

그림 9.18 인과적 위너 여파기: 흰빛 과정

$$R_Y(k) \;=\; \sigma^2\delta_k \tag{9.279}$$

이면, (9.266)에서

$$\begin{aligned} R_{X,Y}(k) &= \sum_{i=-\infty}^{\infty} h_i R_Y(k-i) \\ &= \sigma^2 \sum_{i=-\infty}^{\infty} h_i \delta_{k-i} \\ &= h_k\sigma^2 \end{aligned} \tag{9.280}$$

를 얻는다. 따라서, 흰빛 과정 Y_n의 인과적 위너 여파기를 $\bar{h}_k$라고 쓰면, $k<0$일 때 $\bar{h}_k=0$이므로

$$\bar{h}_k \;=\; \frac{1}{\sigma^2}R_{X,Y}(k)u(k) \tag{9.281}$$

이고, 이 식을 주파수 영역에서 나타내면

$$\begin{aligned} \bar{H}(\omega) &= \mathcal{F}\left\{\bar{h}_k\right\} \\ &= \frac{1}{\sigma^2}\sum_{k=-\infty}^{\infty} R_{X,Y}(k)u(k)e^{-jk\omega} \\ &= \frac{1}{\sigma^2}\sum_{k=0}^{\infty} R_{X,Y}(k)e^{-jk\omega} \\ &= \frac{1}{\sigma^2}\left[S_{X,Y}(\omega)\right]^+ \end{aligned} \tag{9.282}$$

이다. 한편, 인과적 위너 여파기 $\bar{h}_k$를 거친 출력은

$$\begin{aligned} \hat{X}_n &= \frac{1}{\sigma^2}\sum_{k=-\infty}^{\infty} R_{X,Y}(k)u(k)Y_{n-k} \\ &= \frac{1}{\sigma^2}\sum_{k=0}^{\infty} R_{X,Y}(k)Y_{n-k} \end{aligned} \tag{9.283}$$

처럼 쓸 수 있다. 그림 9.18에 흰빛 과정의 인과적 위너 여파기를 보였다.

(나) 인과적 위너 여파기: 빛깔 과정 좀 더 일반적으로, 관측 확률과정 Y_n의 전력 밀도가 $S_Y(\omega)$일 때 인과적 위너 여파기를 얻어 보자. 먼저, 전력 밀도 $S_Y(\omega)$를 스펙트럼 분해하여

$$|\Gamma(\omega)|^2 = \frac{1}{S_Y(\omega)} \tag{9.284}$$

인 인과적이고 안정적인 $\Gamma(\omega)$를 찾으면

$$\gamma_k = \mathcal{F}^{-1}\{\Gamma(\omega)\} \tag{9.285}$$

는 인과적이고 안정적인 표백 여파기일 것이다. 곧,

$$\gamma_k = 0, \quad k < 0\text{일 때} \tag{9.286}$$

이므로

$$[\Gamma(\omega)]^+ = \Gamma(\omega) \tag{9.287}$$

이다. 이제, (9.284)를 새기면 확률과정 Y_n이 표백 여파기 γ_k의 입력일 때 그 출력 확률과정을 W_n이라고 하면, W_n의 전력 밀도는

$$\begin{aligned} S_W(\omega) &= S_Y(\omega)|\Gamma(\omega)|^2 \\ &= 1 \end{aligned} \tag{9.288}$$

이므로 W_n의 자기상관함수는

$$R_W(k) = \delta_k \tag{9.289}$$

이다. 다음에, W_n과 X_n의 교차상관함수를 $R_{X,W}(k) = E\{X_{n+k}W_n^*\}$이라고 하자. 그러면, W_n을 바탕으로 X_n을 추정하는 인과적 위너 여파기는 (9.281)에서

$$\tilde{h}_k = R_{X,W}(k)u(k) \tag{9.290}$$

임을 알 수 있다. 따라서, Y_n을 바탕으로 X_n을 추정하는 인과적 위너 여파기는

$$\begin{aligned} \bar{h}_k &= \gamma_k * \tilde{h}_k \\ &= \sum_{i=-\infty}^{\infty} \gamma_i R_{X,W}(k-i)u(k-i) \end{aligned} \tag{9.291}$$

이고, 그 출력은

$$\hat{X}_n = \sum_{k=-\infty}^{\infty} R_{X,W}(k)W_{n-k}u(k) \tag{9.292}$$

이다. 이제, (9.291)과 (9.292)를 W_n이 아니라 Y_n의 함수로 나타내도록 하자. 먼저,

$$W_n = \sum_{m=-\infty}^{\infty} \gamma_m Y_{n-m} \tag{9.293}$$

이고

$$\begin{aligned} R_{X,W}(k) &= E\{X_{n+k}W_n^*\} \\ &= \sum_{m=-\infty}^{\infty} \gamma_m^* E\{X_{n+k}Y_{n-m}^*\} \\ &= \sum_{m=-\infty}^{\infty} \gamma_m^* R_{X,Y}(k+m) \end{aligned} \tag{9.294}$$

이다. 따라서, (9.293)과 (9.294)를 새겨 Y_n을 바탕으로 X_n을 추정하는 인과적 위너 여파기 (9.291)을 다시 쓰면

$$\begin{aligned} \bar{h}_k &= \sum_{i=-\infty}^{\infty} \gamma_i \sum_{m=-\infty}^{\infty} \gamma_m^* R_{X,Y}(k-i+m)u(k-i) \\ &= \sum_{i=-\infty}^{\infty} \sum_{m=-\infty}^{\infty} \gamma_i \gamma_m^* R_{X,Y}(k-i+m)u(k-i) \end{aligned} \tag{9.295}$$

이고, 그 출력 (9.292)를 다시 쓰면

$$\hat{X}_n = \sum_{k=-\infty}^{\infty} \sum_{m=-\infty}^{\infty} \sum_{i=-\infty}^{\infty} \gamma_i \gamma_m^* R_{X,Y}(k+m) Y_{n-k-i} \tag{9.296}$$

이다. 끝으로, (9.295)에서 얻은 인과적 위너 여파기를 주파수 영역에서 다루어 보자. 먼저,

$$\begin{aligned} \bar{H}(\omega) &= \sum_{k=-\infty}^{\infty} \sum_{i=-\infty}^{\infty} \sum_{m=-\infty}^{\infty} \gamma_i \gamma_m^* R_{X,Y}(k-i+m) e^{-jk\omega} u(k-i) \\ &= \sum_{i=-\infty}^{\infty} \sum_{k=i}^{\infty} \sum_{m=-\infty}^{\infty} \gamma_i \gamma_m^* R_{X,Y}(k-i+m) e^{-jk\omega} \\ &= \sum_{i=-\infty}^{\infty} \gamma_i e^{-ji\omega} \sum_{l=0}^{\infty} \sum_{m=-\infty}^{\infty} \gamma_m^* R_{X,Y}(l+m) e^{-jl\omega} \\ &= \Gamma(\omega) \sum_{l=0}^{\infty} \sum_{m=-\infty}^{\infty} \gamma_m^* R_{X,Y}(l+m) e^{-jl\omega} \\ &= \Gamma(\omega) \sum_{l=-\infty}^{\infty} \left\{ u(l) \sum_{m=-\infty}^{\infty} \gamma_{-m}^* R_{X,Y}(l-m) \right\} e^{-jl\omega} \\ &= \Gamma(\omega) \mathcal{F}\left[\left\{ \gamma_{-l}^* * R_{X,Y}(l) \right\} u(l) \right] \end{aligned} \tag{9.297}$$

이다. 여기서, (9.276)과 (9.277)을 새기면

$$\bar{H}(\omega) = \Gamma(\omega) \left[\Gamma^*(\omega) S_{X,Y}(\omega) \right]^+ \tag{9.298}$$

임을 알 수 있다. 그림 9.19에 빛깔 과정 인과적 위너 여파기를 보였다.

식 (9.298)에 보인 인과적 위너 여파기와 (9.270)과 (9.271)이 나타내는 비인과적 위너 여파기는 서로 견주어 볼 만한데, 이것을 모아 그림 9.20에 정리해 두었다.

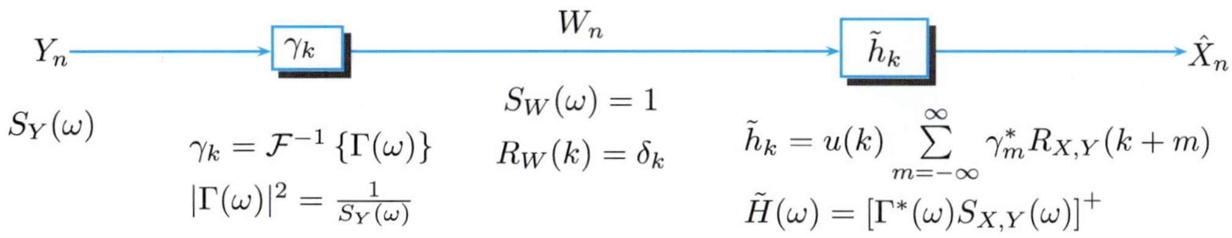

그림 9.19 인과적 위너 여파기: 빛깔 과정

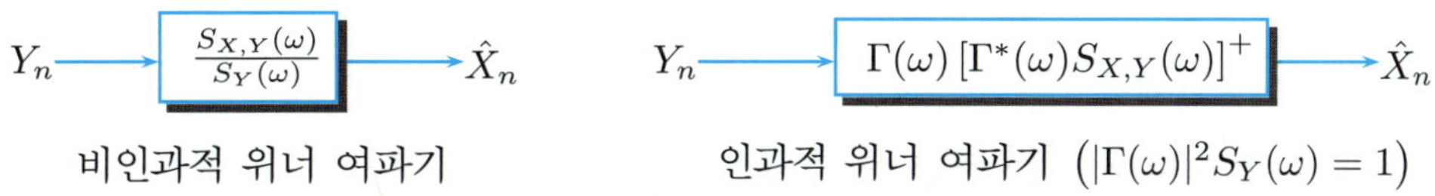

그림 9.20 비인과적 위너 여파기와 인과적 위너 여파기

보기 9.31 (인과적 선형 예측기) 두 확률과정 X_n과 Y_n 사이가 $X_n = Y_{n+1}$일 때 X_n의 인과적 위너 여파기를 얻어 보자. 먼저,

$$\begin{aligned} R_{X,Y}(k) &= E\left\{Y_{n+1} Y_{n-k}^*\right\} \\ &= R_Y(k+1) \end{aligned} \tag{9.299}$$

이므로

$$S_{X,Y}(\omega) = S_Y(\omega) e^{j\omega} \tag{9.300}$$

이다. 이제,

$$S_Y(\omega) = |H_Y(\omega)|^2 \tag{9.301}$$

처럼 두면 인과적 위너 여파기는

$$\begin{aligned} Q(\omega) &= \frac{1}{H_Y(\omega)} \left[\frac{S_{X,Y}(\omega)}{H_Y^*(\omega)}\right]^+ \\ &= \frac{\left[H_Y(\omega) e^{j\omega}\right]^+}{H_Y(\omega)} \end{aligned} \tag{9.302}$$

이다. 이때,

$$H_Y(\omega) = \sum_{k=0}^{\infty} g_k e^{-jk\omega} \tag{9.303}$$

처럼 두면

$$\begin{aligned} H_Y(\omega) e^{j\omega} &= \sum_{k=0}^{\infty} g_k e^{-j(k-1)\omega} \\ &= g_0 e^{j\omega} + e^{j\omega}\left(g_1 e^{-j\omega} + g_2 e^{-j2\omega} + \cdots\right) \end{aligned}$$

$$= g_0 e^{j\omega} + e^{j\omega}\left\{H_Y(\omega) - g_0\right\} \tag{9.304}$$

이므로

$$\left[H_Y(\omega)e^{j\omega}\right]^+ = e^{j\omega}\left\{H_Y(\omega) - g_0\right\} \tag{9.305}$$

이다. 따라서,

$$Q(\omega) = e^{j\omega}\left\{1 - \frac{1}{2\pi H_Y(\omega)}\int_{-\pi}^{\pi} H_Y(\omega)d\omega\right\} \tag{9.306}$$

이다. ◇

보기 9.32 보기 9.31에서

$$S_Y(\omega) = \frac{\sigma^2}{|A(\omega)|^2} \tag{9.307}$$

이고

$$A(z) = 1 + \sum_{k=1}^{P} a_k z^{-k} \tag{9.308}$$

의 근은 모두 반지름이 1인 동그라미 안에 있다고 두자. 이러한 확률과정을 자기회귀 과정이라고 한다. 이제, $S_Y(\omega)$를 스펙트럼 분해하면

$$H_Y(\omega) = \frac{\sigma}{A(\omega)} \tag{9.309}$$

이고

$$\frac{1}{2\pi}\int_{-\pi}^{\pi} H_Y(\omega)d\omega = \sigma \tag{9.310}$$

임을 쉽게 알 수 있다. 따라서,

$$\begin{aligned} Q(\omega) &= e^{j\omega}\{1 - A(\omega)\} \\ &= -e^{j\omega}\sum_{k=1}^{P} a_k e^{-jk\omega} \\ &= -a_1 - a_2 e^{-j\omega} - a_3 e^{-j2\omega} - \cdots - a_P e^{-j(P-1)\omega} \end{aligned} \tag{9.311}$$

이므로

$$\begin{aligned} \hat{X}_n &= \hat{Y}_{n+1} \\ &= -\sum_{k=1}^{P} a_k Y_{n-k+1} \end{aligned} \tag{9.312}$$

와 같이 $\hat{X}_n$을 유한 충격 응답[65] 여파기로 얻을 수 있다. ◇

[65] finite impulse response (FIR)

연습 문제

문제 9.1 흰빛 정규 잡음 과정 $X(t)$를 생각하자.
(가) 먼저,

$$\lim_{T\to\infty} \frac{\sin(\pi u T)}{\pi u} = \delta(u) \tag{9.313}$$

임을 보이시오.
(나) 이제, $K_X(\tau) = \delta(\tau)$일 때

$$\lim_{T\to\infty} \frac{1}{2T}\int_{-T}^{T} K_X^2(u)du = \frac{1}{2} \tag{9.314}$$

임을 보이시오. (귀띔: 파시발[66]의 정리 또는 $\int_{-\infty}^{\infty}\left(\frac{\sin x}{x}\right)^2 dx = \pi$를 써 보시오.)

문제 9.2 다음을 보이시오.
(가) 넓은 뜻에서 정상인 실수 확률과정의 전력 밀도는 실수이고 짝함수이며 0보다 작지 않다.
(나) 넓은 뜻에서 정상인 이산 시간 확률과정 $X(t)$의 자기상관함수 $R_X(k)$는

$$\sum_{l=-\infty}^{\infty} R_X(l)\frac{\sin\pi(k-l)}{\pi(k-l)} = R_X(k) \tag{9.315}$$

를[67] 만족시킨다.

문제 9.3 독립이고 분포가 같은 정규 확률과정 $\{X_n\}$의 평균은 0이고 분산은 $\sigma^2 = R_X(0)$이며, 서로 독립인 이진 확률과정 $\{U_n\}$의 분포는 $P\{U_n = 1\} = P\{U_n = -1\} = \frac{1}{2}$로 쓸 수 있다. 확률과정 $\{Y_n\}$을

$$Y_n = U_n + X_n \tag{9.316}$$

처럼 두면, 이 식은 이진 신호에 정규 잡음을 더한 꼴을 나타내는 것이다. 이제, 수신 쪽에서 $\{Y_n\}$을 바탕으로 잡음을 없애고 원래 이진 신호의 추정값 $\hat{U}_n = q(Y_n)$을 얻는 한 가지 방법은

$$q(r) = \begin{cases} +1, & r \geq 0\text{일 때}, \\ -1, & r < 0\text{일 때} \end{cases} \tag{9.317}$$

처럼 받은 $\{Y_n\}$을 양자화하는 것이다.
(가) 확률과정 Y_n의 평균, 공분산, 전력 밀도를 얻으시오.
(나) 오차 확률 $P_e = P\left\{\hat{U}_n \neq U_n\right\}$을 적분 식으로 나타내시오.
(다) 추정값 $\hat{U}_n$의 평균, 공분산, 전력 밀도를 얻으시오.
(라) 두 과정 $\{U_n\}$과 $\left\{\hat{U}_n\right\}$의 분포는 같은가? 그 까닭은 무엇인가?

[66] Parseval
[67] 이것을 표본화 정리라고 한다.

(마) 이제, $\hat{U}_n = U_n$이면 $\varepsilon_n = 0$이고 $\hat{U}_n \neq U_n$이면 $\varepsilon_n = 1$이라고 둘 때, 이 오차 과정 ε_n의 한계 확률질량함수, 평균, 공분산, 전력 밀도를 얻으시오.

문제 9.4 충격 응답이

$$h(t) \;=\; 2e^{-2t}u(t)u(5-t) \tag{9.318}$$

인 선형 여파기를 생각하자. 여기서, $u(t)$는 단위 계단 함수이다. 입력 확률과정의 평균이 0이고 자기상관함수가 $\frac{1}{4}\delta(t)$일 때 출력의 전력 밀도 함수를 얻으시오.

문제 9.5 확률과정 $X(t)$가 미분할 수 있고 넓은 뜻에서 정상일 때

$$Y(t) \;=\; \frac{d}{dt}X(t) \tag{9.319}$$

를 생각하자. 확률과정 $Y(t)$의 자기상관함수 $R_Y(\tau)$와 전력 밀도 $S_Y(\omega)$를 얻으시오. (귀띔: 미분이라는 연산의 주파수 응답 함수는 $H(\omega) = j\omega$라고 볼 수 있다.)

문제 9.6 확률과정 $X(t)$의 자기상관함수가

$$R_X(k) \;=\; 4\left(\frac{1}{2}\right)^{|k|} + 16\left(\frac{1}{4}\right)^{|k|} \tag{9.320}$$

일 때 $X(t)$의 전력 밀도 $S_X(\omega)$를 얻으시오.

문제 9.7 평균이 0이고 전력 밀도가 $\frac{N_0}{2}$인 흰빛 정규 확률과정 $X(t)$를 생각하여 주파수 응답 함수가

$$H(\omega) \;=\; \frac{1}{1+j\omega} \tag{9.321}$$

인 여파기의 입력이 $X(t)$일 때 출력을 $Y(t)$라고 하자.
(가) 교차 전력 밀도 $S_{Y,X}(\omega)$와 교차상관함수 $R_{Y,X}(\tau)$를 얻으시오.
(나) 전력 밀도 $S_Y(\omega)$와 자기상관함수 $R_Y(\tau)$를 얻으시오.
(다) 출력의 평균 전력을 얻으시오.

문제 9.8 자기회귀 과정 Y_n은 평균이 0인 흰빛 확률과정 W_n으로

$$Y_n \;=\; \alpha_1 Y_{n-1} + \alpha_2 Y_{n-2} + \cdots + \alpha_q Y_{n-q} + W_n \tag{9.322}$$

처럼 나타낼 수 있다. 이때, Y_n의 자기상관함수 $R_Y(k)$가

$$R_Y(0) \;=\; \sum_{i=1}^{q} \alpha_i R_Y(i) + R_W(0) \tag{9.323}$$

과

$$R_Y(k) \;=\; \sum_{i=1}^{q} \alpha_i R_Y(k-i) \tag{9.324}$$

를 만족시킨다는 것을 보이시오.

문제 9.9 확률과정 $\{Y_n\}$은 전력 스펙트럼 밀도가

$$S_Y(\omega) = \frac{5 - 4\cos\omega}{10 - 6\cos\omega} \tag{9.325}$$

인 독립 두쪽 정규 확률과정이다.

(가) 확률과정 $\{Y_n\}$의 표백 여파기를 얻으시오.

(나) $X_n = Y_{n+1}$일 때, X_n의 추정값 $\hat{X}_n$을 얻을 수 있는 인과적 여파기의 주파수 응답을 얻으시오.

문제 9.10 보낸 신호 $s_1(t)$와 $s_2(t)$를 감지할 수 있는 수신기를 고려하자. 받은 신호는 보낸 신호와 잡음이 더해진

$$Y(t) = s_1(t) + n(t), \; t_0 \le t \le t_0 + T \tag{9.326}$$

이거나

$$Y(t) = s_2(t) + n(t), \; t_0 \le t \le t_0 + T \tag{9.327}$$

이다. 여기서 $s_1(t)$와 $s_2(t)$는 사전 확률이 같고, 잡음 $n(t)$는 평균이 0이고 분산은 $\frac{N_0}{2}$인 정규 확률변수라고 두자.

(가) 입력이 $Y(t)$일 때 여파기의 출력을 $v(t)$라고 하고, $v(t)$ 가운데에서 $s_1(t)$의 성분을 $s_{01}(t)$, $s_2(t)$의 성분을 $s_{02}(t)$, 잡음 성분을 $n_0(t)$라고 하자. 이제, 문턱값이 k일 때, $v(T) > k$이면 $s_2(t)$를 받았다고 결정하고, $v(T) < k$이면 $s_1(t)$를 받았다고 결정하는 검파기를 생각하자. 그러면 $s_1(t)$를 보냈을 때에는 $v(T) = s_{01}(T) + n_0(t) > k$이면, $s_2(t)$를 보냈을 때에는 $v(T) = s_{02}(T) + n_0(t) < k$이면 잘못이 일어난다. 이때, 잘못 확률 P_E를 얻고 이것을 가장 낮게 하는 문턱값 k_0을 찾으시오.

(나) 여파기를 거친 잡음의 분산을 σ_0이라고 하고, $s_1(t)$와 $s_2(t)$가 정해져 있을 때

$$\zeta = \frac{s_{02}(T) - s_{01}(T)}{\sigma_0} \tag{9.328}$$

을 가장 크게 하는 정합 여파기를 얻으시오.

문제 9.11 두 확률변수 X와 Y의 결합 확률밀도함수

$$f_{X,Y}(x,y) = \begin{cases} kxy, & 0 < x < y < 1 \text{일 때,} \\ 0, & \text{그 밖에는} \end{cases} \tag{9.329}$$

를 생각하여, $X = x$일 때 제곱 평균 오차를 가장 작게 하는 Y의 추정을 얻으시오.

문제 9.12 평균이 0이고 넓은 뜻에서 정상인 확률과정 X_n과 정수 d를 바탕으로

$$D_n = X_n - X_{n-d} \tag{9.330}$$

을 생각하자.

(가) 확률과정 D_n의 자기상관함수 $R_D(k)$와 전력 밀도 $S_D(\omega)$를 확률과정 X_n의 자기상관함수 $R_X(k)$와 전력 밀도 $S_X(\omega)$로 나타내시오.
(나) 확률과정 D_n의 적률 $E\left\{D_n^2\right\}$을 얻으시오.

문제 9.13 확률과정 N_n은 분산이 1인 흰빛 확률과정이고, 확률과정 Z_n은 자기상관함수가

$$R_Z(k) = 4\left(\frac{1}{2}\right)^{|k|} \tag{9.331}$$

인 1차 자기회귀 과정이며, $\{Z_n\}$과 $\{N_n\}$이 서로 독립일 때,

$$X_n = Z_n + N_n \tag{9.332}$$

처럼 두자. 이제, $X_n, X_{n-1}, \cdots$ 에서 Z_n을 얻는 최적 선형 여파기를 얻으시오.

문제 9.14 기댓값인 0인 흰빛 잡음 과정 $N(t)$의 전력 밀도는 1이고, 추정하려는 신호 $Z(t)$의 전력 밀도는

$$S_Z(\omega) = \frac{2}{1+\omega^2} \tag{9.333}$$

이며, $N(t)$와 $Z(t)$는 서로 독립이다. 이때, 관측 신호

$$X(t) = Z(t) + N(t) \tag{9.334}$$

에서 $Z(t)$를 추정하는 인과적 위너 여파기를 얻으시오.

문제 9.15 초기 확률변수 X_0, 평균이 0이고 분산은 $E\left\{U_n^2\right\} = \Gamma_n$이며 상관이 없는 과정 U_n, 그리고 알려진 수열 $\{\Phi_n\}$을 바탕으로 나타나는 확률과정

$$X_{n+1} = \Phi_n X_n + U_n, \quad n > 0 \tag{9.335}$$

를 생각해 보자. 또, 관찰 과정

$$Y_n = H_n X_n + V_n \tag{9.336}$$

을 생각해 보자. 여기서 $\{H_n\}$은 알려진 수열이고, V_n은 평균이 0이고 상관이 없는 확률과정이며, $E\left\{V_n^2\right\} = \Psi_n$이고, n과 k를 어떻게 고르더라도 $E\{U_n V_k\} = 0$이다. 이제, $\{Y_0, Y_1, \cdots, Y_{n-1}\}$을 알고 있다고 하자.
(가) 확률변수 X_n의 추정값을 $\hat{X}_n$이라고 하고 관찰값 Y_n을 새로 얻었다고 하자. 그러면 확률변수 X_{n+1}의 추정값 $\hat{X}_{n+1}$을

$$\hat{X}_{n+1} = a_n \hat{X}_n + b_n Y_n \tag{9.337}$$

처럼 쓸 수 있다. 이제, 직교 원리를 쓰고 시간 n을 고정하면

$$\hat{X}_n = \sum_{i=1}^{n} h_i^{(n-1)} Y_{n-i} \tag{9.338}$$

처럼 쓸 수 있고,

$$R_{X,Y}(n,l) = \sum_{i=1}^{n} h_i^{(n-1)} R_Y(n-i,l), \; l=0,1, \cdots, n-1 \tag{9.339}$$

가 성립함을 쉽게 알 수 있다. 이들을 바탕으로, $l=0,1, \cdots, n-1$일 때

$$\Phi_n R_{X,Y}(n,l) = h_1^{(n)} R_Y(n,l) + \sum_{i=1}^{n} h_{i+1}^{(n)} R_Y(n-i,l) \tag{9.340}$$

임을 보이시오.

(나) 한편, $l<n$일 때

$$R_{X,Y}(n,l) = \frac{1}{H_n} R_Y(n,l) \tag{9.341}$$

임을 보이고, 이 식을 앞에서 얻은 결과와 함께 써서

$$\hat{X}_{n+1} = h_1^{(n)} \left(Y_n - H_n \hat{X}_n \right) + \Phi_n \hat{X}_n \tag{9.342}$$

임을 보이시오.

(다) 다음에, $v_n = Y_n - H_n\hat{X}_n = H_n\epsilon_n + V_n$이라고 하면, $H_n\hat{X}_n$는 $Y_0, Y_1, \cdots, Y_{n-1}$을 바탕으로 하는 Y_n의 선형 최소 제곱 평균 오차 추정이므로 오차 v_n은 $Y_0, Y_1, \cdots, Y_{n-1}$과, 또 $v_0, v_1, \cdots, v_{n-1}$과 직교한다. 이제, $\kappa_n = h_1^{(n)}$라고 둘 때

$$\varepsilon_0 = X_0 \tag{9.343}$$

과

$$\begin{aligned} \varepsilon_{n+1} &= X_{n+1} - \hat{X}_{n+1} \\ &= \Phi_n X_n + U_n - \kappa_n v_n - \Phi_n \hat{X}_n \\ &= (\Phi_n - \kappa_n H_n)\, \varepsilon_n + U_n - \kappa_n V_n \end{aligned} \tag{9.344}$$

를 써서

$$\kappa_n = \frac{\Phi_n H_n E\left\{\varepsilon_n^2\right\}}{H_n^2 E\left\{\varepsilon_n^2\right\} + E\left\{V_n^2\right\}} \tag{9.345}$$

임과

$$E\left\{\varepsilon_{n+1}^2\right\} = \Phi_n^2 E\left\{\varepsilon_n^2\right\} + \Gamma_n - \frac{\left[\Phi_n H_n E\left\{\varepsilon_n^2\right\}\right]^2}{H_n^2 E\left\{\varepsilon_n^2\right\} + \Psi_n} \tag{9.346}$$

임을 보이시오.

참고 문헌

1. E. Cinlar, *Introduction to Stochastic Processes*, Prentice-Hall, Englewood Cliffs, 1975.
2. W. B. Davenport, Jr., *Probability and Random Processes*, McGraw-Hill, New York, 1970.
3. W. A. Gardner, *Introduction to Random Processes With Applications to Signals and Systems*, Second Ed., McGraw-Hill, New York, 1990.
4. R. M. Gray and L. D. Davisson, *Random Processes: A Mathematical Approach for Engineers*, Prentice-Hall, Englewood Cliffs, 1986.
5. R. M. Gray and L. D. Davisson, *An introduction to Statistical Signal Processing*, Cambridge University Press, Cambridge, 2010.
6. G. Grimmett and D. Stirzaker, *Probability and Random Processes*, Oxford University, London, 1982.
7. M. H. Hayes, *Statistical Digital Signal Processing and Modeling*, John Wiley and Sons, New York, 1996.
8. A. Leon-Garcia, *Probability, Statistics, and Random Processes for Electrical Engineering*, Third Ed., Prentice Hall, New York, 2008.
9. A. Papoulis and S. U. Pillai, *Probability, Random Variables and Stochastic Processes*, Fourth Ed., McGraw-Hill, New York, 2002.
10. E. Parzen, *Stochastic Processes*, Holden-Day, San Francisco, 1962.
11. H. V. Poor, *An Introduction to Signal Detection and Estimation*, Second Ed., Springer, New York, 1994.
12. S. M. Ross, *Introduction to Probability Models*, Tenth Ed., Academic, Boston, 2009.
13. J. B. Thomas, *An Introduction to Communication Theory and Systems*, Springer-Verlag, New York, 1988.
14. R. D. Yates and D. J. Goodman, *Probability and Stochastic Processes*, John Wiley and Sons, New York, 1999.

제10장

몇 가지 확률과정

10.1 독립정상증분 과정

서로 다른 두 시점에서 본 어떤 확률과정의 값의 차이를 그 확률과정의 증분이라고 한다. 보기를 들어 확률과정 $\{Y_t\}$를 생각하면, $t > s$일 때 $Y_t - Y_s$는 $\{Y_t\}$의 증분이다. 여기서, 증분의 모임 $\{Y_t - Y_s\}$ 또한 확률과정이라는 것을 쉽게 알 수 있다. 이제, 증분의 특성을 바탕으로 확률과정을 생각하여 몇 가지 쓸모 있는 모형을 다루어 보자.

뜻매김 10.1 독립증분 과정[1]

실수 $t_0 < t_1 < \cdots < t_k$를 어떻게 두더라도 $(Y_{t_1} - Y_{t_0}, Y_{t_2} - Y_{t_1}, \cdots, Y_{t_k} - Y_{t_{k-1}})$이 독립 확률벡터이면 "확률과정 $\{Y_t\}$의 증분은 독립이다."라고 하거나 "확률과정 $\{Y_t\}$는 독립증분 확률과정이다."라고 말한다.

뜻매김 10.2 정상증분 과정[2]

증분이 이루는 확률과정 $\{Y_t - Y_s\}$가 정상 과정이면 확률과정 $\{Y_t\}$를 정상증분 확률과정이라고 부른다.

증분이 독립이고 또 정상이면 이것을 독립정상 증분[3]이라고 함께 묶어 부른다.

뜻매김 10.3 독립정상증분 과정[4]

증분이 독립이고 또 정상인 확률과정을 독립정상증분 과정이라고 부른다.

보통, 독립정상증분 과정은 시간 0에서 0이라는 값으로 시작한다고 둔다.

정리 10.1 독립이고 분포가 같은 확률변수들을 더한 이산 시간 확률과정은 독립정상증분 과정이고, 그 역도 성립한다. ■■

[1] random process with independent increment 또는 independent increment process
[2] random process with stationary increment 또는 stationary increment process
[3] independent and stationary increment (i.s.i.)
[4] process with i.s.i. 또는 i.s.i. process

증명 이산 시간 확률과정 $\{Y_n\}$이 독립정상증분 과정이라고 하고, $n = 1, 2, \cdots$일 때

$$X_n = Y_n - Y_{n-1} \tag{10.1}$$

처럼 두자. 그러면 $\{X_n\}$은 독립증분 과정인 $\{Y_n\}$의 증분이므로 독립이고, 정상증분 과정인 $\{Y_n\}$의 증분이므로 분포가 같다. 이제,

$$\begin{aligned} Y_n &= \sum_{k=1}^{n} (Y_k - Y_{k-1}) \\ &= \sum_{k=1}^{n} X_k \end{aligned} \tag{10.2}$$

이므로, 독립정상증분 과정인 이산 시간 확률과정 $\{Y_n\}$은 독립이고 분포가 같은 확률변수들을 더한 것임을 알 수 있다. 거꾸로, $\{X_n\}$이 독립이고 분포가 같은 확률변수들일 때 이들을 더하여 얻은 이산 시간 확률과정 $Y_n = \sum\limits_{k=1}^{n} X_k$를 생각해 보자. 먼저, $t > s$일 때 $\{Y_n\}$의 증분은

$$Y_t - Y_s = \sum_{i=s+1}^{t} X_i \tag{10.3}$$

이다. 여기서, $Y_t - Y_s$는 X_i들을 $t-s$개 더한 것임을 알 수 있는데, $\{X_n\}$이 독립이고 분포가 같다는 것을 새기면, s나 t가 바뀌더라도 $t-s$가 같으면 $Y_t - Y_s$의 분포는 같을 것이다. 그러므로, 증분 $\{Y_t - Y_s\}$는 정상 과정이다. 한편, $t_1 < t_2 < t_3 < t_4$일 때 $Y_{t_2} - Y_{t_1}$는 $\underline{X}_1 = (X_{t_1+1}, X_{t_1+2}, \cdots, X_{t_2})$에만 의존하고 $Y_{t_4} - Y_{t_3}$는 $\underline{X}_2 = (X_{t_3+1}, X_{t_3+2}, \cdots, X_{t_4})$에만 의존하는데, $\underline{X}_1$과 $\underline{X}_2$는 독립이므로 $Y_{t_2} - Y_{t_1}$과 $Y_{t_4} - Y_{t_3}$은 서로 독립이다. 곧, 증분 $\{Y_t - Y_s\}$는 독립 과정이다. 따라서, 독립이고 분포가 같은 확률변수들을 더하여 얻은 이산 시간 확률과정 $\{Y_n\}$은 독립정상증분 과정이다. □

정리 10.1은 독립이고 분포가 같은 확률변수들을 더한 꼴로 이산 시간 독립정상증분 과정을 모형화할 수 있다는 것을 뜻한다. 그러나, 연속 시간 독립증분 과정은 무기억 과정을 적분할 꼴로 모형화하기에는 어려움이 따른다. 바꾸어 말하자면, 연속 시간 독립증분 과정 $\{Y_t\}$는 선형 시스템을 거친 연속 시간 무기억 과정으로 모형화할 수는 없지만, 자연수 n과 실수 $t_0 = 0 < t_1 < t_2 < \cdots < t_n$을 어떻게 고르더라도

$$Y_{t_n} = \sum_{i=1}^{n} \left(Y_{t_i} - Y_{t_{i-1}} \right) \tag{10.4}$$

처럼 쓸 수 있는 확률과정이다. 이때, 증분 $\left\{ Y_{t_i} - Y_{t_{i-1}} \right\}_{i=1}^{n}$은 서로 독립인 확률과정이고 시간 사이가 같으면 분포도 같은 확률변수들이다.

정리 10.2 **독립정상증분 과정의 평균함수와 자기공분산함수** 확률과정 $\{Y_t\}$가 이산 시간 독립정상증분 과정이면 평균함수는 $t \geq 0$일 때

$$E\{Y_t\} = tE\{Y_1\} \tag{10.5}$$

이고 자기공분산함수는 $t, s \geq 0$일 때

$$K_Y(t,s) = \sigma^2_{Y_1} \min(t,s) \tag{10.6}$$

이다. ■■

증명 독립정상증분 과정은 독립이고 분포가 같은 확률변수들을 더한 것으로 늘 나타낼 수 있다는 것을 쓴다. 먼저, $E\{X_i\} = m$, $\text{Var}\{X_i\} = \sigma^2_X$이라고 두면, $Y_1 = \sum_{i=1}^{1} X_i = X_1$이므로 $E\{Y_1\} = m = E\{X_i\}$이고 $\text{Var}\{Y_1\} = \sigma^2_{Y_1} = \sigma^2_X$이다. 따라서, $t \geq 0$일 때

$$\begin{aligned} E\{Y_t\} &= \sum_{i=1}^{t} E\{X_i\} \\ &= tE\{Y_1\} \end{aligned} \tag{10.7}$$

을 얻는다. 한편, 자기공분산함수는 $t, s \geq 0$일 때

$$\begin{aligned} K_Y(t,s) &= E\{(Y_t - E\{Y_t\})(Y_s - E\{Y_s\})\} \\ &= E\left\{\left(\sum_{i=1}^{t} X_i - tm\right)\left(\sum_{i=1}^{s} X_i - sm\right)\right\} \\ &= E\left\{\sum_{i=1}^{t}\sum_{j=1}^{s} X_i X_j\right\} - tsm^2 - tsm^2 + tsm^2 \\ &= \sum_{i=1}^{\min(t,s)} E\left\{X_i^2\right\} + \sum_{i=1}^{t}\sum_{\substack{j=1 \\ i\neq j}}^{s} E\{X_i X_j\} - tsm^2 \\ &= E\left\{X_i^2\right\}\min(t,s) + \{ts - \min(t,s)\}m^2 - tsm^2 \\ &= \left[E\left\{X_i^2\right\} - m^2\right]\min(t,s) \\ &= \sigma^2_X \min(t,s) \\ &= \sigma^2_{Y_1} \min(t,s) \end{aligned} \tag{10.8}$$

처럼 얻을 수 있다. □

정리 10.2는 연속 시간 독립정상증분 과정에서도 성립한다. 한편, 정리 10.2에서 독립정상증분 과정은 정상 과정이 아니라는 것을 쉽게 알 수 있다. 바꾸어 말하면, 독립증분 과정의 증분은 정상일 수 있지만 독립증분 과정 그 자체는 정상일 수 없다. 한편, 독립증분 과정의 평균과 분산은 시간에 따라 그 크기가 커지기 때문에, 독립증분 과정은 오직 한쪽 과정을 다룰 때에만 뜻이 있다.

정리 10.3 독립정상증분 과정 $\{X_t\}$를 생각하여, $\alpha_0 = E\{X_0\}$, $\beta_0^2 = E\left\{(X_0 - \alpha_0)^2\right\}$,

$$\begin{aligned} \alpha_1 &= E\{X_1 - X_0\} \\ &= E\{X_1\} - \alpha_0, \end{aligned} \tag{10.9}$$

그리고

$$\begin{aligned}\beta_1^2 &= E\left\{(X_1-\alpha_1)^2-(X_0-\alpha_0)^2\right\}\\ &= E\left\{(X_1-\alpha_1)^2\right\}-\beta_0^2 \end{aligned} \tag{10.10}$$

처럼 쓰자. 그러면 X_t의 평균은

$$E\{X_t\} = \alpha_0+\alpha_1 t \tag{10.11}$$

이고, 분산은

$$\text{Var}\{X_t\} = \beta_0^2+\beta_1^2 t \tag{10.12}$$

이다. ■■

증명 먼저, $\zeta(t)=E\{X_t\}-E\{X_0\}$이라고 하자. 확률과정 $\{X_t, t\in\mathbb{T}\}$가 독립정상증분 과정이므로 t와 s를 어떻게 고르더라도

$$\begin{aligned}\zeta(t+s) &= E\{X_{t+s}-X_0\}\\ &= E\{X_{t+s}-X_s+X_s-X_0\}\\ &= E\{X_{t+s}-X_s\}+E\{X_s-X_0\}\\ &= E\{X_t-X_0\}+E\{X_s-X_0\}\\ &= \zeta(t)+\zeta(s)\end{aligned} \tag{10.13}$$

을 얻는다. 이 식을 풀면 $\zeta(t)=\zeta(1)\cdot t$라는 것을 알 수 있다. 따라서,

$$E\{X_t\}-\alpha_0 = [E\{X_1\}-\alpha_0]\,t \tag{10.14}$$

에서 $E\{X_t\}=\alpha_0+\alpha_1 t$를 얻는다. 이와 비슷하게 $\text{Var}\{X_t\}$도 얻을 수 있다. □

10.2 이산 시간 독립정상증분 과정

독립이고 분포가 같은 확률변수들 $\{X_i\}$를 더한 것으로 뜻매김할 수 있는 이산 시간 이산 크기 독립정상증분 과정 $\{Y_n\}$을 생각하여 그 확률적 특성을 얻어 보자. 구체적으로는 조건부 확률질량함수

$$\begin{aligned}p_{Y_n|Y^{n-1}}\left(y_n\left|y^{n-1}\right.\right) &= p_{Y_n|Y^{n-1}}\left(y_n|\,y_{n-1},y_{n-2},\cdots,y_1\right)\\ &= \Pr\left(Y_n=y_n\left|Y^{n-1}=y^{n-1}\right.\right)\end{aligned} \tag{10.15}$$

를 살펴보자. 여기서, $Y^n=(Y_n,Y_{n-1},\cdots,Y_1)$이고 $y^n=(y_n,y_{n-1},\cdots,y_1)$이다. 이제, 이 식에 있는 조건 사건 $\{Y_i=y_i,\ i=1,2,\cdots,n-1\}$은 사건 $\{X_1=y_1, X_i=y_i-y_{i-1},\ i=2,3,$

$\cdots, n-1\}$과 같다. 더욱이, 이 조건 사건 아래에서는 $Y_n = y_n$이면 $X_n = y_n - y_{n-1}$이고, 그 역 또한 성립한다. 따라서, 조건부 확률 (10.15)를

$$\begin{aligned} p_{Y_n|Y^{n-1}}\left(y_n \left| y^{n-1}\right.\right) &= \Pr\left(Y_n = y_n \right| X_1 = y_1, X_i = y_i - y_{i-1},\ i = 2, 3, \cdots, n-1) \\ &= \Pr\left(X_n = y_n - y_{n-1} \right| X_i = y_i - y_{i-1},\ i = 1, 2, \cdots, n-1) \end{aligned} \tag{10.16}$$

처럼 쓸 수 있다. 여기서, $y_0 = 0$이라고 두었다. 이제 이 조건부 확률은 X_i들의 확률로

$$p_{Y_n|Y^{n-1}}\left(y_n \left| y^{n-1}\right.\right) = p_{X_n|X^{n-1}}\left(y_n - y_{n-1} \right| y_{n-1} - y_{n-2}, y_{n-2} - y_{n-3}, \cdots, y_1) \tag{10.17}$$

과 같이 나타낼 수 있다. 여기서, $X^{n-1} = (X_{n-1}, X_{n-2}, \cdots, X_1)$이다. 이제까지는 $\{X_n\}$이 독립이고 분포가 같다는 것을 쓰지 않았다. 따라서, (10.17)까지의 전개과정은 어떤 확률과정에서도 성립한다.

이제, 확률과정 $\{X_n\}$이 독립이고 분포가 같은 확률과정이라면 X_n은 $k < n$인 X_k와 독립이므로 (10.17)에서

$$p_{Y_n|Y^{n-1}}\left(y_n \left| y^{n-1}\right.\right) = p_X\left(y_n - y_{n-1}\right) \tag{10.18}$$

을 얻는다. 한편, Y^n의 결합 확률질량함수는 조건부 확률질량함수로

$$\begin{aligned} p_{Y^n}\left(y^n\right) &= p_{Y_n|Y^{n-1}}\left(y_n \left| y^{n-1}\right.\right) p_{Y^{n-1}}\left(y^{n-1}\right) \\ &= p_{Y_n|Y^{n-1}}\left(y_n \left| y^{n-1}\right.\right) p_{Y_{n-1}|Y^{n-2}}\left(y_{n-1} \left| y^{n-2}\right.\right) p_{Y^{n-2}}\left(y^{n-2}\right) \\ &\ \ \vdots \\ &= p_{Y_1}\left(y_1\right) \prod_{i=2}^{n} p_{Y_i|Y_{i-1}, Y_{i-2}, \cdots, Y_1}\left(y_i \right| y_{i-1}, y_{i-2}, \cdots, y_1) \end{aligned} \tag{10.19}$$

처럼 나타낼 수 있다. 곧, Y^n의 결합 확률질량함수는

$$p_{Y^n}\left(y^n\right) = \prod_{i=1}^{n} p_X\left(y_i - y_{i-1}\right) \tag{10.20}$$

이다.

10.2.1 이항 셈 과정

이산 시간 독립정상증분 과정의 보기로 베르누이 과정의 출력을 더한 것들이 이루는 확률과정을 생각하자. 먼저, $\{X_n,\ n = 1, 2, \cdots\}$이 매개변수가 p인 베르누이 과정이라고 하자. 바꾸어 말하면, $\{X_n\}$은 값이 0 또는 1이고, 독립이며 분포가 같은 과정이며, 한계 확률질량함수는

$$p_X(x) = \begin{cases} p, & x = 1, \\ 1-p, & x = 0 \end{cases} \tag{10.21}$$

이다. 이제, 확률과정 $\{Y_n,\ n = 1, 2, \cdots\}$을

$$Y_0 = 0 \tag{10.22}$$

와 $n=1,2,\cdots$ 일 때

$$\begin{aligned} Y_n &= \sum_{i=1}^{n} X_i \\ &= Y_{n-1}+X_n \end{aligned} \tag{10.23}$$

처럼 두자. 곧, 확률변수 Y_n은 $\{X_1, X_2, \cdots, X_n\}$에 숫자 1이 몇 개나 있는지를 나타낸다. 식 (10.23)은 $n=1,2,\cdots$ 일 때

$$Y_n = Y_{n-1} \quad \text{또는} \quad Y_n = Y_{n-1}+1 \tag{10.24}$$

처럼 바꾸어 쓸 수 있다. 일반적으로, (10.24)를 만족시키는 이산 시간 과정은 줄지 않고 뛰의 크기가 1이기 때문에 이산 시간 이산 크기 셈 과정이라고 부른다. 이와 비슷하게 이산 시간 연속 크기 셈 과정과 연속 시간 셈 과정도 뜻매김할 수 있다. 다만, 연속 시간 과정에서는 뛰과 뛰 사이가 매우 가까울 수 있다.

이제, 이 확률과정 $\{Y_n\}$의 확률 특성을 알아보자. 앞에서 얻은 결과 (10.6)을 쓰면, 먼저

$$E\{Y_n\} = np, \tag{10.25}$$

$$\text{Var}\{Y_n\} = np(1-p), \tag{10.26}$$

$$K_Y(k,j) = (1-p)p\min(k,j) \tag{10.27}$$

을 얻을 수 있다. 다음에, Y_n의 1차 확률질량함수 $p_{Y_n}(y)=\text{Pr}\{Y_n=y\}$는 $y=0,1,\cdots,n$일 때

$$\begin{aligned} p_{Y_n}(y) &= \text{Pr}\{\ \{X_l\}_{l=1}^{n} \text{ 가운데 '1'이 정확하게 } y\text{개 있다.}\} \\ &= {}_n\text{C}_y p^y(1-p)^{n-y} \end{aligned} \tag{10.28}$$

임을 쉽게 알 수 있다. 이 확률질량함수는 이항 확률질량함수이다. 따라서, 확률과정 $\{Y_n\}$을 이항 셈 과정이라고 부른다. 말할 것도 없이, 1차 확률질량함수가 n에 따라 바뀌므로 확률과정 $\{Y_n\}$은 정상 과정이 아니다. 그림 10.1에 이항 셈 과정의 표본함수 하나를 그려 두었다.

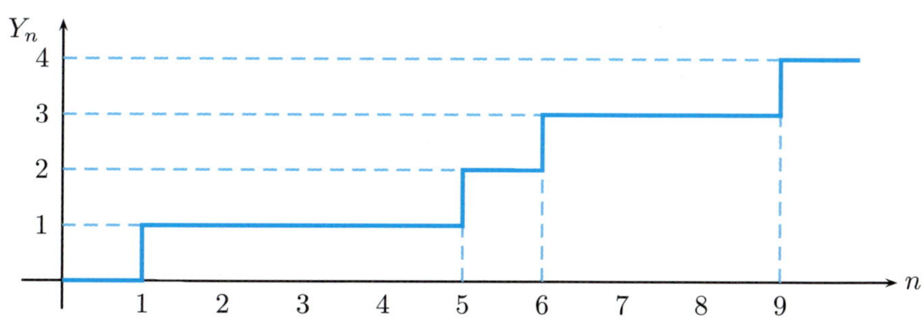

그림 10.1 이항 셈 과정 $\{Y_n\}$의 표본함수 하나

보기 10.1 이항 셈 과정에서 (10.20)을 쓰면

$$p_{Y^n}(y^n) = \prod_{i=1}^{n} p^{(y_i - y_{i-1})}(1-p)^{1-(y_i - y_{i-1})} \tag{10.29}$$

을 얻는다. 여기서, $y_0 = 0$이고, $i = 1, 2, \cdots, n$일 때 $y_i - y_{i-1} = 0$ 또는 1이다. ◇

이항 셈 과정에서, 독립이고 분포가 같은 과정 $\{X_n\}$의 값이 0 또는 1이 아니라 -1 또는 $+1$이라고 두면 확률과정 $\{Y_n\}$의 값은 0보다 작을 수도 있으므로 $\{Y_n\}$은 더 이상 셈 과정이 아니다. 이 과정을 이산 멋대로 걷기 과정 또는 이산 멋대로 걷기라고 부른다.

10.2.2 멋대로 걷기

보기 8.17에서 다룬 베르누이 과정 $\{X_n\}$에서 0을 -1로 바꾸어 성공일 때는 $+1$을, 실패일 때는 -1을 나타내는 과정 $\{Z_n\}$을 생각하자. 곧,

$$Z_n = \begin{cases} +1, & n\text{째 시행이 성공일 때,} \\ -1, & n\text{째 시행이 실패일 때} \end{cases} \tag{10.30}$$

이다. 그 다음, $p = \Pr\{Z_n = 1\}$이라고 두고, 이항 셈 과정에서와 비슷하게 이항 확률변수 Z_i들을 더한

$$W_n = \sum_{i=1}^{n} Z_i \tag{10.31}$$

을 생각해 보자. 이 확률과정 $\{W_n\}$을 1차원 멋대로 걷기 과정 또는 멋대로 걷기라고 부른다. 한편, $\{W_n\}$의 바탕 확률과정인 $\{Z_n\}$은 베르누이 과정 $\{X_n\}$으로

$$Z_i = 2X_i - 1 \tag{10.32}$$

처럼 나타낼 수 있으므로 멋대로 걷기 $\{W_n\}$과 이항 셈 과정 $\{Y_n\}$ 사이에는

$$W_n = 2Y_n - n \tag{10.33}$$

과 같은 관계가 있다. 이제, 이 결과와 10.2.1절에서 얻은 이항 셈 과정의 기댓값과 자기상관함수를 바탕으로 기댓값의 선형성을 쓰면

$$m_W(n) = (2p-1)n, \tag{10.34}$$

$$K_W(n_1, n_2) = 4p(1-p)\min(n_1, n_2), \tag{10.35}$$

$$\sigma^2_{W_n} = 4p(1-p)n \tag{10.36}$$

을 얻는다.

다음으로 특성함수를 생각해 보자. 먼저, $\{Z_n\}$의 특성함수는

$$\varphi_Z(ju) = E\left\{e^{juZ}\right\}$$

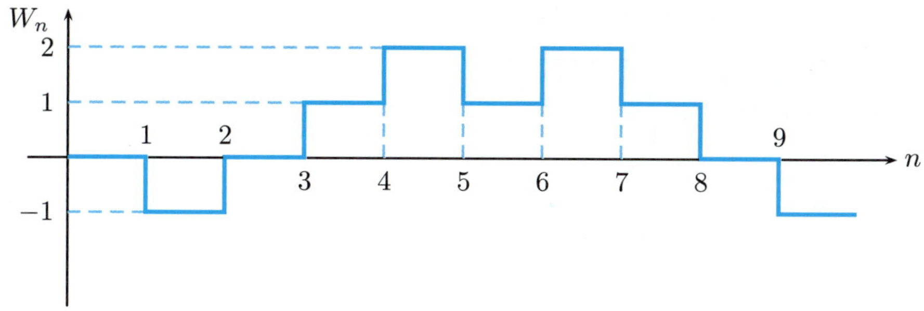

그림 10.2 멋대로 걷기 $\{W_n\}$의 표본함수 하나

$$\begin{aligned} &= \sum_x e^{jux} p_Z(x) \\ &= e^{ju}\mathbf{Pr}\{Z=1\} + e^{-ju}\mathbf{Pr}\{Z=-1\} \\ &= pe^{ju} + (1-p)e^{-ju} \end{aligned} \tag{10.37}$$

이다. 따라서, 이 결과와 이항정리를 쓰면

$$\begin{aligned} \varphi_{W_n}(ju) &= \left\{pe^{ju} + (1-p)e^{-ju}\right\}^n \\ &= \sum_{k=0}^{n} \left\{ {}_n\mathrm{C}_k p^{n-k}(1-p)^k \right\} e^{ju(n-2k)} \\ &= \sum_{k=-n,-n+2,\,\cdots,n-2,n} \left\{ {}_n\mathrm{C}_{\frac{n-k}{2}} p^{\frac{n+k}{2}} (1-p)^{\frac{n-k}{2}} \right\} e^{juk} \end{aligned} \tag{10.38}$$

을 얻는다. 이제, 이 식을 특성함수의 뜻매김과 잘 견주어 보면 $\{W_n\}$의 1차 확률질량함수는 $k=-n,-n+2,\ \cdots,n-2,n$일 때

$$p_{W_n}(k) = {}_n\mathrm{C}_{\frac{n-k}{2}} p^{\frac{n+k}{2}} (1-p)^{\frac{n-k}{2}} \tag{10.39}$$

임을 알 수 있다. 그림 10.2에 멋대로 걷기의 표본함수 하나를 그려 두었다.

보기 10.2 어느 입자의 자리는 정수이고, 처음 자리는 0이다. 이 입자는 i에 있을 때 바로 다음에는 확률 p로 $i+1$로 움직이거나 확률 $1-p$로 $i-1$로 움직인다. 이 입자가 언젠가는[5] 1로 움직일 확률을 α라고 하고, 이 입자가 m번 움직인 다음, 자리 l에 있을 확률을 $\beta_{m,l}$이라고 하자.

(가) 확률 $\beta_{m,l}$을 얻어 보자.

(나) 이 입자가 언젠가는 1로 움직일 확률이 $\alpha = p + (1-p)\alpha^2$이라는 것을 보이자.

(다) 다음을 보이자.

[5] '언젠가는'은 '처음으로', 곧 $\bigcup_{j=1}^{\infty}$ {j번 움직여 처음으로}를 뜻한다. 여기서는, $j=0,2,\cdots$일 때 {j번 움직여 처음으로 1로 움직임} $=\emptyset$이므로, {언젠가는 1로 움직임} $= \bigcup_{j=1,3,\,\cdots}$ {j번 움직여 처음으로}라는 것을 알 수 있다.

표 10.1 처음 자리 0에서 m번 움직인 다음, 입자가 자리 l에 있을 확률 $\beta_{m,l}$

l	$\cdots$	-3	-2	-1	0	1	2	3	$\cdots$
$\beta_{0,l}$	$\cdots$	0	0	0	1	0	0	0	$\cdots$
$\beta_{1,l}$	$\cdots$	0	0	$1-p$	0	p	0	0	$\cdots$
$\beta_{2,l}$	$\cdots$	0	$(1-p)^2$	0	$2p(1-p)$	0	p^2	0	$\cdots$
$\beta_{3,l}$	$\cdots$	$(1-p)^3$	0	$3(1-p)^2p$	0	$3(1-p)p^2$	0	p^3	$\cdots$
$\vdots$	$\vdots$	$\vdots$	$\vdots$	$\vdots$	$\vdots$	$\vdots$	$\vdots$	$\vdots$	$\vdots$

$$\alpha = \begin{cases} 1, & p \geq \frac{1}{2}\text{일 때,} \\ \frac{p}{1-p}, & p < \frac{1}{2}\text{일 때.} \end{cases} \tag{10.40}$$

(라) 다음에, $n = 1, 2, \cdots$일 때 입자의 자리가 n일 확률을 얻어 보자.

(마) 이제, $p < \frac{1}{2}$이라고 하자. 입자가 i에 있고, $i < n$이며, 아직 n에 이르지 않았다면, 다음에 이 입자가 $i+1$로 갈 확률이 $1-p$이고 $i-1$로 갈 확률이 p라는 것을 – 곧, Pr{다음 자리 $=$ $i+1$|현재 자리는 i이고 언젠가는 n에 감} $= 1-p$라는 것을 – 보이자. 곧, 입자의 마지막 자리가 n이라면 p와 $1-p$의 역할이 바뀐다는 것을 눈여겨보시오.

풀이

(가) 표 10.1를 바탕으로 조금 생각해 보면

$$\beta_{m,l} = \begin{cases} {}_m\mathrm{C}_{\frac{m+l}{2}}\ (1-p)^{\frac{m-l}{2}} p^{\frac{m+l}{2}}, & l = -m, -m+2, \cdots, m, \\ 0, & \text{그 밖에는} \end{cases} \tag{10.41}$$

을 얻을 수 있다.

(나) 이 입자가 0에서 1로 바로 갈 확률은 p이고, -1에서 언젠가는 0으로 갈 확률은 0에서 언젠가는 1로 갈 확률과 같기 때문에 0에서 -1을 거쳐 언젠가는 1로 갈 확률은 $(1-p)\alpha^2$이다. 따라서,

$$\Pr\{\text{언젠가는 1로 움직임}|\text{처음에 1로 움직임}\} = 1 \tag{10.42}$$

와

$$\Pr\{\text{언젠가는 1로 움직임}|\text{처음에 } -1\text{로 움직임}\} = \alpha^2 \tag{10.43}$$

을 새기면

$$\begin{aligned} \alpha &= \Pr\{\text{언젠가는 1로 움직임, 처음에 1로 움직임}\} \\ &\quad + \Pr\{\text{언젠가는 1로 움직임, 처음에 } -1\text{로 움직임}\} \\ &= \Pr\{\text{언젠가는 1로 움직임}|\text{처음에 1로 움직임}\}\Pr\{\text{처음에 1로 움직임}\} \\ &\quad + \Pr\{\text{언젠가는 1로 움직임}|\text{처음에 } -1\text{로 움직임}\}\Pr\{\text{처음에 } -1\text{로 움직임}\} \\ &= p + (1-p)\alpha^2 \end{aligned} \tag{10.44}$$

이다.

(다) 이제,

$$(1-p)\alpha^2 - \alpha + p = (\alpha - 1)\{(1-p)\alpha - p\} = 0 \tag{10.45}$$

에서

$$\alpha = 1, \ \frac{p}{1-p} \tag{10.46}$$

이다. 따라서, $p > \frac{1}{2}$이면 $\frac{p}{1-p} > 1$이므로 $\alpha = 1$이고, $p = \frac{1}{2}$이면 $\alpha = 1$이며, $p < \frac{1}{2}$이면 $\alpha < 1$이어야 하므로 $\alpha = \frac{p}{1-p}$이다.

(라) 입자가 1에서 시작하여 2에 이를 확률은 0에서 시작하여 1에 이를 확률과 같고, 이와 마찬가지로, i에서 시작하여 $i+1$에 이를 확률은 α이다. 이제, i에서 시작하여 $i+1$에 이를 사건들은 모두 독립이므로 0에서 시작하여 n에 이를 확률은 α^n이다. 따라서, $n = 1, 2, \cdots$일 때 입자가 n에 이를 확률을 P_n이라고 하면

$$P_n = \begin{cases} 1, & p \geq \frac{1}{2}\text{일 때}, \\ \left(\frac{p}{1-p}\right)^n, & p < \frac{1}{2}\text{일 때} \end{cases} \tag{10.47}$$

이다.

(마) 끝으로,

$$P\{\text{현재 } i, \text{ 다음에 } i+1, \text{ 언젠가는 } n\} = p\alpha^{n-i-1} \tag{10.48}$$

이고 $P\{\text{현재 } i, \text{ 언젠가는 } n\} = \alpha^{n-i}$이므로

$$\begin{aligned} P\{\text{다음에 } i+1 | \text{현재 } i, \text{ 언젠가는 } n\} &= \frac{P\{\text{현재 } i, \text{ 다음에 } i+1, \text{ 언젠가는 } n\}}{P\{\text{현재 } i, \text{ 언젠가는 } n\}} \\ &= \frac{p}{\alpha} \\ &= 1-p \end{aligned} \tag{10.49}$$

이다. ◇

10.2.3 이산 시간 위너 과정

뜻매김 10.4 이산 시간 위너 과정[6]

독립이고 분포가 같은 정규 확률과정 $\{X_n\}$의 평균이 0이고 분산이 σ^2이라고 하자. 이때, $Y_0 = 0$과 $n = 1, 2, \cdots$일 때

$$\begin{aligned} Y_n &= \sum_{i=1}^{n} X_i \\ &= Y_{n-1} + X_n \end{aligned} \tag{10.50}$$

이 나타내는 확률과정 $\{Y_n\}$을 이산 시간 위너 과정이라고 한다.

이산 시간 위너 과정은 이산 시간 확산[7] 과정 또는 이산 시간 브라운 운동[8]이라고도 부른다. 이산 시간 위너 과정은 분포가 같고 독립인 과정을 더한 것이므로 그 증분은 독립이고 정상이다. 따라서, 이산 시간 위너 과정에서도

$$E\{Y_n\} = 0 \tag{10.51}$$

이고

$$K_Y(k,j) = \sigma^2 \min(k,j) \tag{10.52}$$

임을 알 수 있다. 다른 독립증분 확률과정들처럼 위너 과정은 1차 자기회귀 과정이다.

한편, 이산 시간 위너 과정 $\{Y_n\}$의 조건부 누적분포함수는

$$\begin{aligned} F_{Y_n|Y^{n-1}}\left(y_n \left| y^{n-1}\right.\right) &= P\left\{Y_n \le y_n \left| y^{n-1}\right.\right\} \\ &= P\left\{X_n \le y_n - y_{n-1}\right\} \\ &= F_X\left(y_n - y_{n-1}\right) \end{aligned} \tag{10.53}$$

임을 알 수 있다. 여기서, $P\left\{Y_n \le y_n \left| y^{n-1}\right.\right\}$은 조건부 확률 $P\left\{Y_n \le y_n \left| Y^{n-1} = y^{n-1}\right.\right\}$을 줄여 쓴 것이다. 이 식의 두 변을 y_n으로 미분하면, 조건부 확률밀도함수는

$$f_{Y_n|Y^{n-1}}\left(y_n \left| y^{n-1}\right.\right) = f_X\left(y_n - y_{n-1}\right) \tag{10.54}$$

를 만족시킨다는 것을 알 수 있다. 이제, (10.54)를 새기면

$$\begin{aligned} f_{Y^n}\left(y^n\right) &= f_{Y^{n-1}}\left(y^{n-1}\right) f_{Y_n|Y^{n-1}}\left(y_n \left| y^{n-1}\right.\right) \\ &= f_X\left(y_n - y_{n-1}\right) f_{Y^{n-1}}\left(y^{n-1}\right) \end{aligned} \tag{10.55}$$

이므로

$$f_{Y^n}\left(y^n\right) = \prod_{i=1}^{n} f_X\left(y_i - y_{i-1}\right) \tag{10.56}$$

을 얻는다. 끝으로, f_X가 정규 확률밀도함수이므로, $y_0 = 0$이라고 두면

$$\begin{aligned} f_{Y^n}\left(y^n\right) &= \frac{1}{\sqrt{2\pi\sigma^2}} \exp\left(-\frac{y_1^2}{2\sigma^2}\right) \prod_{i=2}^{n} \left[\frac{1}{\sqrt{2\pi\sigma^2}} \exp\left\{-\frac{(y_i - y_{i-1})^2}{2\sigma^2}\right\}\right] \\ &= \frac{1}{\sqrt{(2\pi\sigma^2)^n}} \exp\left[-\frac{1}{2\sigma^2}\left\{y_1^2 + \sum_{i=2}^{n}(y_i - y_{i-1})^2\right\}\right] \\ &= \frac{1}{\sqrt{(2\pi\sigma^2)^n}} \exp\left\{-\frac{1}{2\sigma^2}\sum_{i=1}^{n}(y_i - y_{i-1})^2\right\} \end{aligned} \tag{10.57}$$

을 얻는다. 다시 말해, 이산 시간 위너 과정은 평균함수는 $m(t) = 0$이고 자기공분산함수는 $K_Y(t,s) = \sigma^2 \min(t,s)$인 정규 확률과정이다.

---

[6]discrete-time Wiener process
[7]diffusion
[8]Brownian motion

10.2.4 마르코프 과정

이제, 이항 셈 과정과 같은 독립정상증분 과정에서 눈여겨볼 만한 성질 하나를 살펴보자. 먼저, 바로 앞 확률변수를 조건으로 하는 조건부 확률질량함수를

$$\begin{aligned} p_{Y_n|Y_{n-1}}(y_n|\,y_{n-1}) &= \Pr\{Y_n = y_n|\,Y_{n-1} = y_{n-1}\} \\ &= \Pr\{X_n = y_n - y_{n-1}|\,Y_{n-1} = y_{n-1}\} \end{aligned} \tag{10.58}$$

처럼 쓸 수 있다. 여기서, 조건 사건

$$\{Y_{n-1} = y_{n-1}\} \tag{10.59}$$

는 $k < n$인 X_k에만 – 곧, X_0, X_1, $\cdots$, X_{n-1}에만 – 의존하는데, X_n은 $k < n$인 X_k와 독립이므로 조건 사건 (10.59)는 X_n에 아무 영향을 주지 않는다. 이것을 바탕으로, (10.58)을 다시 쓰면

$$p_{Y_n|Y_{n-1}}(y_n|\,y_{n-1}) = p_X(y_n - y_{n-1}) \tag{10.60}$$

이다. 이 결과와 앞에서 얻은 결과 (10.18)에서 이항 셈 과정이나 이산 멋대로 걷기와 같은 이산 시간 독립정상증분 과정은

$$p_{Y_n|Y^{n-1}}\left(y_n\left|y^{n-1}\right.\right) = p_{Y_n|Y_{n-1}}(y_n|\,y_{n-1}) \tag{10.61}$$

과

$$\Pr\left\{Y_n = y_n\left|Y^{n-1} = y^{n-1}\right.\right\} = \Pr\{Y_n = y_n|\,Y_{n-1} = y_{n-1}\} \tag{10.62}$$

를 만족시킨다는 것을 알 수 있다. 곧, 가장 최근 – 또는 현재 – 값을 알면 그 전 값들은 다음에 무엇이 일어날지의 확률에 영향을 주지 않는다는 것이다. 바꾸어 말하면, 현재를 알면 미래는 과거와 독립이라는 말이다. 이런 특징을 갖는 이산 시간 이산 크기 확률과정을 마르코프 과정 또는 마르코프 사슬이라고 한다. 곧, 이산 크기 독립정상증분 과정은 마르코프 과정이다[9].

한편, 이산 시간 위너 과정도 독립정상증분 과정이므로

$$f_{Y_n|Y_{n-1}}(y_n|\,y_{n-1}) = f_X(y_n - y_{n-1}) \tag{10.63}$$

이고

$$\begin{aligned} f_{Y_n|Y^{n-1}}\left(y_n\left|y^{n-1}\right.\right) &= f_{Y_n|Y_{n-1}}(y_n|\,y_{n-1}) \\ &= f_X(y_n - y_{n-1}) \end{aligned} \tag{10.64}$$

[9]문제 10.1에서 다룬 것처럼 처음값이 알려진 독립증분 과정은 모두 마르코프 과정이다. 그렇지만, 마르코프 과정 가운데에는 독립증분 과정이 아닌 것들도 있다.

를 보일 수 있다. 이산 크기 확률과정에서와 마찬가지로, (10.63) 또는 (10.64)와 같은 특징을 보이는 과정을 마르코프 과정이라고 한다. 이제, 이산 크기 확률과정과 연속 크기 확률과정을 함께 생각하면 아래와 같이 마르코프 과정을 뜻매김할 수 있다.

뜻매김 10.5 마르코프 과정

자연수 n과 실수 $y_n, y_{n-1}, \cdots$을 어떻게 두더라도

$$\Pr\{Y_n \leq y_n | y_{n-1}, y_{n-2}, \cdots\} = \Pr\{Y_n \leq y_n | y_{n-1}\} \tag{10.65}$$

인 이산 시간 확률과정 $\{Y_n\}$을 1차 마르코프 과정이라고 한다.

보기 10.3 자연수 n을 어떻게 고르더라도 늘 $f_{X_n|X_{n-1},X_{n-2},\cdots,X_1} = f_{X_n|X_{n-1}}$이면 $n_m \geq n_{m-1} \geq \cdots \geq n_1$일 때

$$f_{X_{n_m}|X_{n_{m-1}},X_{n_{m-2}},\cdots,X_{n_1}} = f_{X_{n_m}|X_{n_{m-1}}} \tag{10.66}$$

임을 보이자.

풀이 먼저, 조건부 확률밀도함수

$$f(x_n|x_{n-2}, x_{n-3}, \cdots, x_1) = f_{X_n|X_{n-2},X_{n-3},\cdots,X_1}(x_n|x_{n-2}, x_{n-3}, \cdots, x_1) \tag{10.67}$$

을 생각하자. 그러면 조건부 확률밀도함수 뜻매김에서

$$\begin{aligned} f(x_n|x_{n-2}, x_{n-3}, \cdots, x_1) = & \int_{-\infty}^{\infty} f_{X_n|X_{n-1},X_{n-2},\cdots,X_1}(x_n|x_{n-1}, x_{n-2}, \cdots, x_1) \\ & \cdot f_{X_{n-1}|X_{n-2},X_{n-3},\cdots,X_1}(x_{n-1}|x_{n-2}, x_{n-3}, \cdots, x_1)\, dx_{n-1} \end{aligned} \tag{10.68}$$

이다. 이제, n이 어떤 값이더라도

$$f_{X_n|X_{n-1},X_{n-2},\cdots,X_1}(x_n|x_{n-1}, x_{n-2}, \cdots, x_1) = f_{X_n|X_{n-1}}(x_n|x_{n-1}) \tag{10.69}$$

이면

$$\begin{aligned} f(x_n|x_{n-2}, x_{n-3}, \cdots, x_1) &= \int_{-\infty}^{\infty} f_{X_n|X_{n-1}}(x_n|x_{n-1}) f_{X_{n-1}|X_{n-2}}(x_{n-1}|x_{n-2})\, dx_{n-1} \\ &= f_{X_n|X_{n-2}}(x_n|x_{n-2}) \end{aligned} \tag{10.70}$$

이다. 곧,

$$f_{X_n|X_{n-2},X_{n-3},\cdots,X_1}(x_n|x_{n-2}, x_{n-3}, \cdots, x_1) = f_{X_n|X_{n-2}}(x_n|x_{n-2}) \tag{10.71}$$

이다. 같은 방법으로, $m = 0, 1, \cdots$일 때

$$f_{X_n|X_{n-m},X_{n-m-1},\cdots,X_1}(x_n|x_{n-m}, x_{n-m-1}, \cdots, x_1) = f_{X_n|X_{n-m}}(x_n|x_{n-m}) \tag{10.72}$$

임을 보일 수 있다. 그뿐만 아니라, $X_n| X_{n-m}$이 X_{n-m_1-1}, X_{n-m_1-2}, $\cdots$, X_1과 독립이면 $X_n| X_{n-m}$은 $\{X_{n-m_1-1}, X_{n-m_1-2}, \cdots, X_n\}$의 어느 부분집합과도 독립이므로, $m_1 \leq m_2 \leq \cdots$이 어떤 값이더라도

$$f_{X_n|X_{n-m_1},X_{n-m_2}}\left(x_n|\, x_{n-m_1}, x_{n-m_2}\right) = f_{X_n|X_{n-m_1}}\left(x_n|\, x_{n-m_1}\right) \tag{10.73}$$

이다. 다시 말해, $n_m \geq n_{m-1} \geq \cdots \geq n_1$이 어떤 값이더라도

$$\begin{aligned} & f_{X_{n_m}|X_{n_{m-1}},X_{n_{m-2}},\cdots,X_{n_1}}\left(x_{n_m}|\, x_{n_{m-1}}, x_{n_{m-2}}, \cdots, x_{n_1}\right) \\ & \quad = f_{X_{n_m}|X_{n_{m-1}}}\left(x_n|\, x_{n_{m-1}}\right) \end{aligned} \tag{10.74}$$

이다. ◇

10.3 연속 시간 독립정상증분 과정

연속 시간 독립정상증분 과정은 표본 시간들을 좀 더 일반적으로 생각해야 한다는 점을 빼고는 이산 시간 독립정상증분 과정과 같다. 이산 시간에서는 독립이고 분포가 같은 확률변수들을 더한 것이라는 사실을 바탕으로 증분의 확률질량함수로 독립정상증분 과정을 설명할 수 있었다. 그러나, 연속 시간에서는 $t > s$일 때 증분의 누적분포함수

$$\begin{aligned} F_{Y_t-Y_s}(y) &= F_{Y_{|t-s|}-Y_0}(y) \\ &= F_{Y_{|t-s|}}(y) \end{aligned} \tag{10.75}$$

를 알고 있다고 둔다. 한편, 이산 크기 과정일 때는 확률질량함수 $p_{Y_t-Y_s}(y)$를, 연속 크기 과정일 때는 확률밀도함수 $f_{Y_t-Y_s}(y)$를 알고 있다고 둔다.

연속 시간 과정의 결합 확률 함수를 얻어 보자. 이산 시간에서 다루었던 것처럼 조건부 확률 함수를 고려하자. 먼저, 확률변수 $\{X_n\}$을

$$X_n = Y_{t_n} - Y_{t_{n-1}} \tag{10.76}$$

과 같이 두자. 그러면 $\{X_n\}$은 독립이고[10],

$$Y_{t_n} = \sum_{i=1}^{n} X_i \tag{10.77}$$

이며,

$$\begin{aligned} P\left\{Y_{t_n} \leq y_n|\, Y_{t_{n-1}} = y_{n-1}, Y_{t_{n-2}} = y_{n-2}, \cdots\right\} &= F_{X_n}\left(y_n - y_{n-1}\right) \\ &= F_{Y_{t_n}-Y_{t_{n-1}}}\left(y_n - y_{n-1}\right) \end{aligned} \tag{10.78}$$

임을 알 수 있다. 이 조건부 누적분포함수를 바탕으로 조건부 확률질량함수

$$\begin{aligned} p_{Y_{t_n}|Y_{t_{n-1}},Y_{t_{n-2}},\cdots,Y_{t_1}}\left(y_n|\, y_{n-1}, y_{n-2}, \cdots, y_1\right) &= p_{X_n}\left(y_n - y_{n-1}\right) \\ &= p_{Y_{t_n}-Y_{t_{n-1}}}\left(y_n - y_{n-1}\right) \end{aligned} \tag{10.79}$$

[10] 이때, 바로 옆 표본들 사이의 시간이 모두 같지 않다면 분포가 같지는 않다.

또는 조건부 확률밀도함수

$$f_{Y_{t_n}|Y_{t_{n-1}},Y_{t_{n-2}},\cdots,Y_{t_1}}(y_n|y_{n-1},y_{n-2},\cdots,y_1) = f_{X_n}(y_n-y_{n-1}) = f_{Y_{t_n}-Y_{t_{n-1}}}(y_n-y_{n-1}) \quad (10.80)$$

를 얻을 수 있다. 그러면 이산 시간에서와 마찬가지로 이 두 조건부 확률 함수를 써서 결합 확률질량함수

$$p_{Y_{t_1},Y_{t_2},\cdots,Y_{t_n}}(y_1,y_2,\cdots,y_n) = \prod_{i=1}^{n} p_{Y_{t_i}-Y_{t_{i-1}}}(y_i-y_{i-1}) \quad (10.81)$$

또는 결합 확률밀도함수

$$f_{Y_{t_1},Y_{t_2},\cdots,Y_{t_n}}(y_1,y_2,\cdots,y_n) = \prod_{i=1}^{n} f_{Y_{t_i}-Y_{t_{i-1}}}(y_i-y_{i-1}) \quad (10.82)$$

를 얻을 수 있다. 곧, 유한 표본 시간들이 어떠하더라도 결합 확률 함수를 증분의 확률 함수로 나타낼 수 있으므로 연속 시간 독립정상증분 과정을 완벽하게 설명할 수 있다. 바꾸어 말하면, 어떤 확률과정이 독립정상증분 과정이고 $Y_t = Y_t - Y_0$의 누적분포함수나 확률질량함수 또는 확률밀도함수를 알면 이 확률과정을 (10.76)–(10.82)에서 말한 방법으로 완벽하게 설명할 수 있다는 것이다.

이산 시간에서 그랬듯이 자연수 n과 실수 $t_1, t_2, \cdots, t_n, y_n, y_{n-1}, \cdots$을 어떻게 두더라도

$$P\{Y_{t_n} \le y_n | Y_{t_{n-1}} = y_{n-1}, Y_{t_{n-2}} = y_{n-2}, \cdots\} = P\{Y_{t_n} \le y_n | Y_{t_{n-1}} = y_{n-1}\}, \quad (10.83)$$

$$f_{Y_{t_n}|Y_{t_{n-1}},Y_{t_{n-2}},\cdots,Y_{t_1}}(y_n|y_{n-1},y_{n-2},\cdots,y_1) = f_{Y_{t_n}|Y_{t_{n-1}}}(y_n|y_{n-1}), \quad (10.84)$$

$$p_{Y_{t_n}|Y_{t_{n-1}},Y_{t_{n-2}},\cdots,Y_{t_1}}(y_n|y_{n-1},y_{n-2},\cdots,y_1) = p_{Y_{t_n}|Y_{t_{n-1}}}(y_n|y_{n-1}) \quad (10.85)$$

가운데 하나를 만족시키면 이 연속 시간 확률과정 $\{Y_t\}$를 마르코프 과정이라고 한다. 곧, 연속 시간 독립정상증분 과정은 마르코프 확률과정이다. 이제, 연속 시간 독립정상증분 과정으로 잘 알려진 보기 둘을 살펴보자.

10.3.1 연속 시간 위너 과정

연속 시간 위너 과정 $\{W_t\}$는 연속 시간 독립정상증분 과정의 하나이다. 연속 시간 위너 과정의 증분은 평균이 0인 정규 확률변수이다. 곧, 연속 시간 위너 과정의 1차 확률밀도함수는

$$f_{W_t}(x) = \frac{1}{\sqrt{2\pi t\sigma^2}} \exp\left(-\frac{x^2}{2t\sigma^2}\right) \quad (10.86)$$

이다. 위너 과정은 여러 가지 물리 현상을 알맞게 모형화하는 데에 쓰인다. 보기를 들어, 위너 과정은 액체나 기체 분자의 브라운 운동을 모형화할 때 쓰인다.

시간 t에서 1차원 브라운 운동을 하는 입자의 위치를 $W(t)$라고 하고,

$$W(0) = 0 \quad (10.87)$$

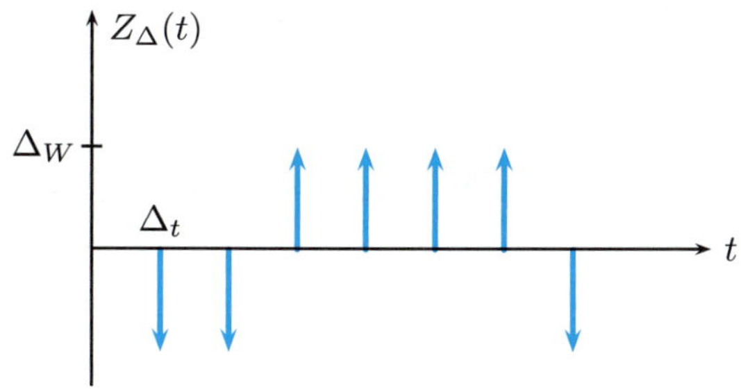

그림 10.3 연속 시간 베르누이 과정 $Z_\Delta(t)$의 표본함수

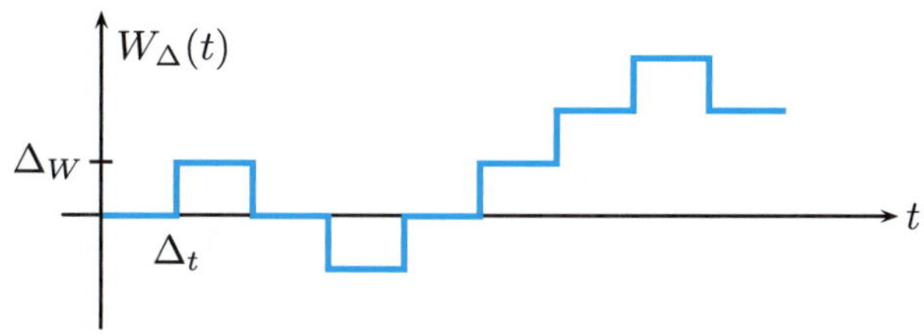

그림 10.4 연속 시간 멋대로 걷기 $W_\Delta(t)$의 표본함수

처럼 두자. 먼저, 분자 운동은 방향성 없이 제멋대로 움직이므로

$$E\{W(t)\} \;=\; 0 \tag{10.88}$$

이다. 다음에, 입자는 끊임없이 움직이므로 시간 구간 (s,t)에서 입자의 위치는 아주 짧은 시간 구간에서 멋대로 움직인 것을 수없이 더한 것으로 나타낼 수 있다. 따라서, 중심 극한 정리를 쓰면 $W(t)-W(s)$는 정규 확률변수라고 할 수 있다. 한편, 서로 겹치지 않는 시간 구간 (s_1,t_1)과 (s_2,t_2)에 대응하는 증분 $W(t_1)-W(s_1)$과 $W(t_2)-W(s_2)$는 서로 독립이라고 둘 수 있다. 이와 같은 세 가지 특성을 지니는 확률과정을 아래와 같이 위너 과정이라고 뜻매김한다.

뜻매김 10.6 위너 과정

다음 세 성질을 만족시키는 확률과정 $\{W(t),\ t \geq 0\}$을 위너 과정이라고 한다.

(가) 처음 위치는 0이다. 곧, $W(0)=0$이다.

(나) 평균은 0이다. 곧, $E\{W(t)\}=0$이다.

(다) 증분은 독립이고, 정상이며, 정규 분포를 따른다.

한편, 위너 과정을 멋대로 걷기의 극한 꼴에서도 얻을 수 있다. 이산 시간 베르누이 과정 $\{Z_n\}$에서 $P\{Z_n=+1\}=P\{Z_n=-1\}=0.5$라고 두고, $t \geq 0$일 때

$$Z_\Delta(t) \;=\; \sum_{n=1}^{\infty} Z_n \Delta_W \delta\left(t-n\Delta_t\right) \tag{10.89}$$

인 연속 시간 꼴 이산 시간 베르누이 과정을 생각해 보자. 여기서, Δ_t는 시간의 너비, Δ_W는 크기의 너비를 나타내며, $\delta(\cdot)$는 충격 함수이다. 이산 시간 멋대로 걷기 $\{W_n\}$과 비슷하게 연속

시간 멋대로 걷기를 $t \geq 0$일 때

$$\begin{aligned} W_\Delta(t) &= \int_0^t Z_\Delta(v)dv \\ &= \sum_{n=1}^{\infty} Z_n \Delta_W u(t - n\Delta_t) \end{aligned} \tag{10.90}$$

과 같이 뜻매김하자. 그림 10.3과 10.4에 연속 시간 베르누이 과정 $Z_\Delta(t)$와 연속 시간 멋대로 걷기 $W_\Delta(t)$의 표본함수를 하나씩 보였다. 이제,

$$\Delta_W = \alpha\sqrt{\Delta_t} \tag{10.91}$$

로 두고 $\Delta_t \to 0$이라고 하면, $\{W_\Delta(t)\}$의 극한

$$W(t) = \lim_{\Delta_t \to 0} W_\Delta(t) \tag{10.92}$$

는 위너 과정이다. 위너 과정 $\{W(t)\}$의 평균과 자기공분산함수는 $W_\Delta(t)$의 평균과 자기공분산함수의 극한에서도 얻을 수 있다. 먼저, 시간 구간 $[0, t_i]$에서 베르누이 시행 횟수를

$$n_i = \frac{[t_i]}{\Delta_t} \tag{10.93}$$

처럼 두자. 여기서, $[t_i]$는 t_i보다 크지 않은 수 가운데 가장 큰 Δ_t의 배수이다. 그러면 $W_\Delta(t)$의 평균은

$$m_{W_\Delta}(t) = 0 \tag{10.94}$$

이고 자기공분산함수는

$$\begin{aligned} K_{W_\Delta}(t_1, t_2) &= \alpha^2 \Delta_t \min(n_1, n_2) \\ &= \alpha^2 \min([t_1], [t_2]) \end{aligned} \tag{10.95}$$

이다. 따라서, $\lim\limits_{\Delta_t \to 0} [t_i] = t_i$를 쓰면 $\{W(t)\}$의 평균은 $t \geq 0$일 때

$$\begin{aligned} m_W(t) &= \lim_{\Delta_t \to 0} m_{W_\Delta}(t) \\ &= 0 \end{aligned} \tag{10.96}$$

이고, 자기공분산함수는 $t_1, t_2 \geq 0$일 때

$$\begin{aligned} K_W(t_1, t_2) &= \lim_{\Delta_t \to 0} K_{W_\Delta}(t_1, t_2) \\ &= \alpha^2 \min(t_1, t_2) \end{aligned} \tag{10.97}$$

이다. 위너 과정은 정규 확률과정이므로 평균과 자기공분산함수만으로 위너 과정을 완벽히 나타낼 수 있다. 또한, (10.97)에서 $\{W(t)\}$는 독립정상증분 과정이라는 것을 다시 알 수 있다. 이 것을 다시 정리하여 다음과 같이 쓸 수 있다.

뜻매김 10.7 위너 과정, 브라운 운동

제한이 없는 정규 멋대로 걷기의 극한 – 연속 시간 – 꼴을 위너 과정이라고 한다.

위너 과정 $\{W(t)\}$의 성질을 좀 더 살펴보면 아래와 같다.

(가) $t_0 < t_1 < \cdots < t_n$ 일 때 증분 $W_{t_1} - W_{t_0}, W_{t_2} - W_{t_1}, \cdots, W_{t_n} - W_{t_{n-1}}$ 은 서로 독립인 확률변수이다. 곧, 위너 과정은 독립증분 과정이다.

(나) $t_2 > t_1$ 일 때 증분 $W_{t_2} - W_{t_1}$ 의 확률 분포는 $t_2 - t_1$ 의 영향만 받고 t_1 이나 t_2 의 영향을 따로 받지는 않는다.

(다) 표류[11]가 μ 이고 확산계수[12]가 σ^2 일 때 $W_{t+s} - W_t$ 는 평균이 $s\mu$ 이고 분산이 $s\sigma^2$ 인 정규 확률변수이다. 곧,

$$P\{W_{t+s} - W_t \le x\} = \frac{1}{\sqrt{2\pi\sigma^2 s}} \int_{-\infty}^{x} \exp\left\{-\frac{(v-s\mu)^2}{2s\sigma^2}\right\} dv \tag{10.98}$$

이다.

보기 10.4 위너 과정이 정규 확률과정이라는 것을 보이자. 먼저, 위너 과정 $\{W(t)\}$ 에서 얻은 확률변수 $W(t_1)$, $W(t_2) - W(t_1)$, $W(t_3) - W(t_2)$, $\cdots$, $W(t_k) - W(t_{k-1})$ 은 독립 정규 확률변수이다. 확률변수 $W(t_1)$, $W(t_2)$, $W(t_3)$, $\cdots$, $W(t_k)$ 는 $W(t_1)$ 과 증분의 선형 변환으로

$$W(t_1) = W(t_1), \tag{10.99}$$

$$W(t_2) = W(t_1) + \{W(t_2) - W(t_1)\}, \tag{10.100}$$

$$W(t_3) = W(t_1) + \{W(t_2) - W(t_1)\} + \{W(t_3) - W(t_2)\}, \tag{10.101}$$

$$\vdots$$

$$W(t_k) = W(t_1) + \{W(t_2) - W(t_1)\} + \cdots + \{W(t_k) - W(t_{k-1})\} \tag{10.102}$$

처럼 얻을 수 있다. 곧, $(W(t_1), W(t_2), \cdots, W(t_k))$ 는 결합 정규 확률벡터이므로 $\{W(t)\}$ 는 정규 확률과정이다. ◇

보기 10.5 위너 과정 $\{W(t)\}$ 를 생각하자. 이때, $(W(t_1), W(t_2) - W(t_1), W(t_3) - W(t_2), \cdots, W(t_k) - W(t_{k-1}))$ 의 결합 확률밀도함수는 분포가 $N(t_1\mu, t_1\sigma^2)$ 인 확률밀도함수, 분포가 $N((t_2 - t_1)\mu, (t_2 - t_1)\sigma^2)$ 인 확률밀도함수, 분포가 $N((t_3 - t_2)\mu, (t_3 - t_2)\sigma^2)$ 인 확률밀도함수, $\cdots$, 분포가 $N((t_k - t_{k-1})\mu, (t_k - t_{k-1})\sigma^2)$ 인 확률밀도함수를 모두 곱한 것이다. ◇

보기 10.6 평균이 0인 정규 확률과정 $\{X(t), t \in \mathbb{T}\}$ 의 자기공분산함수를 K_X 라고 하자. 이때, 어느 $t_1 \in \mathbb{T}$ 와 $t_2 \in \mathbb{T}$ 에서도 $K_X(t_1, t_2) > 0$ 이면 자기공분산함수 K_X 는 반드시

$$K_X(t_1, t_2) = g(\max(t_1, t_2))\, h(\min(t_1, t_2)) \tag{10.103}$$

과 같은 꼴이라는 것을 보기 8.36의 (8.148)에 보인 정규-마르코프 과정의 자기공분산함수

$$K_X(t_3, t_1) = \frac{K_X(t_3, t_2)\, K_X(t_2, t_1)}{K_X(t_2, t_2)} \tag{10.104}$$

를 바탕으로 보일 수 있다. ◇

[11] drift

[12] diffusion coefficient

보기 10.7 함수

$$\frac{h(t)}{g(t)} \tag{10.105}$$

가 줄지 않는 함수이고, 정규-마르코프 확률과정 $W(t)$의 자기공분산함수가

$$K_W(t_1, t_2) = \alpha^2 \min(t_1, t_2) \tag{10.106}$$

일 때,

$$X(t) = g(t)\, W\left(\frac{h(t)}{g(t)}\right) \tag{10.107}$$

의 자기공분산함수는

$$K_X(t_1, t_2) = g(\max(t_1, t_2))\, h(\min(t_1, t_2)) \tag{10.108}$$

과 같은 꼴이라는 것을 보이자.

풀이 먼저, (10.108)의 오른쪽을 다시 쓰면

$$g(\max(t_1, t_2))\, h(\min(t_1, t_2)) = \begin{cases} g(t_1)\, h(t_2), & t_1 \geq t_2, \\ g(t_2)\, h(t_1), & t_1 < t_2 \end{cases} \tag{10.109}$$

이다. 한편,

$$\begin{aligned} E\{X(t_1)\, X(t_2)\} &= E\left\{g(t_1)\, W\left(\frac{h(t_1)}{g(t_1)}\right) g(t_2)\, W\left(\frac{h(t_2)}{g(t_2)}\right)\right\} \\ &= g(t_1)\, g(t_2)\, E\left\{W\left(\frac{h(t_1)}{g(t_1)}\right) W\left(\frac{h(t_2)}{g(t_2)}\right)\right\} \\ &= \alpha^2 g(t_1)\, g(t_2) \min\left\{\frac{h(t_1)}{g(t_1)}, \frac{h(t_2)}{g(t_2)}\right\} \\ &= \begin{cases} \alpha^2 g(t_1)\, h(t_2), & \frac{h(t_1)}{g(t_1)} \geq \frac{h(t_2)}{g(t_2)}, \\ \alpha^2 g(t_2)\, h(t_1), & \frac{h(t_1)}{g(t_1)} < \frac{h(t_2)}{g(t_2)} \end{cases} \\ &= \begin{cases} \alpha^2 g(t_1)\, h(t_2), & t_1 \geq t_2, \\ \alpha^2 g(t_2)\, h(t_1), & t_1 < t_2 \end{cases} \end{aligned} \tag{10.110}$$

이므로

$$K_X(t_1, t_2) = g(\max(t_1, t_2))\, h(\min(t_1, t_2)) \tag{10.111}$$

처럼 쓸 수 있다. ◇

보기 10.8 보기 10.7에서, $W(t)$는 위너 과정이므로 (10.107)에 보인 확률과정 $X(t)$는 단순히 크기가 바뀌고 시간이 왜곡된 위너 과정이다. 보기를 들어, $g(t) = e^{-t}$이고 $h(t) = e^{t}$일 때 $X(t)$는 오른스타인-울렌벡 과정[13]이고

[13] 보기 8.37에서 다룬 바 있다.

$$X(t) = e^{-t}W\left(e^{2t}\right) \tag{10.112}$$

이다. ◇

보기 10.9 어떤 시스템의 입력이 위너 과정 $W(t)$이고 출력은

$$V(t) = \int_{t-T}^{t} W(s)ds \tag{10.113}$$

일 때 확률과정 $V(t)$의 평균과 자기상관을 얻어 보자.

풀이 먼저, $V(t)$의 평균은

$$\begin{aligned} E\{V(t)\} &= \int_{t-T}^{t} E\{W(s)\}ds \\ &= 0 \end{aligned} \tag{10.114}$$

이다. 다음에, $V(t)$의 자기상관함수는

$$\begin{aligned} K_V(t_1, t_2) &= \int_{t_2-T}^{t_2}\int_{t_1-T}^{t_1} E\{W(s_1)W(s_2)\}\, ds_1 ds_2 \\ &= \int_{t_2-T}^{t_2}\int_{t_1-T}^{t_1} \alpha^2 \min(s_1, s_2)\, ds_1 ds_2 \end{aligned} \tag{10.115}$$

이다. 위 적분을 부록 10.1에 보인 것처럼 자세히 풀어 $V(t)$의 자기상관함수를 얻으면

$$K_V(t_1,t_2) = \begin{cases} \frac{\alpha^2}{2}\left\{2T^2 \max(t_1,t_2) - T^3\right\}, \\ \qquad t_1 > T,\ t_2 > T,\ |t_1-t_2| > T \text{일 때}, \\ \frac{\alpha^2}{6}\left\{(T-|t_1-t_2|)^3 + 6T^2\max(t_1,t_2) - 3T^3\right\}, \\ \qquad t_1 > T,\ t_2 > T,\ |t_1-t_2| < T \text{일 때}, \\ \frac{\alpha^2}{2}\left\{2Tt_1t_2 - T^2\min(t_1,t_2)\right\}, \\ \qquad t_1t_2 < T,\ |t_1-t_2| > T \text{일 때}, \\ \frac{\alpha^2}{6}\left\{|t_1-t_2|^3 + 3T\left(t_1^2+t_2^2\right) - 3T^2\min(t_1,t_2) + T^3\right\}, \\ \qquad t_1t_2 < T,\ |t_1-t_2| < T \text{일 때}, \\ \frac{\alpha^2}{6}\left\{\max^3(t_1,t_2) + 3t_1t_2\min(t_1,t_2)\right\}, \\ \qquad t_1 < T,\ t_2 < T,\ |t_1-t_2| < T \text{일 때}, \\ 0, \quad \text{그 밖에는} \end{cases} \tag{10.116}$$

과 같다. ◇

10.3.2 연속 시간 셈 과정

뜻매김 10.8 셈 과정[14]

시간 t까지 일어난 사건의 수를 나타내는 확률과정 $\{N(t),\ t \geq 0\}$을 셈 과정이라고 부른다.

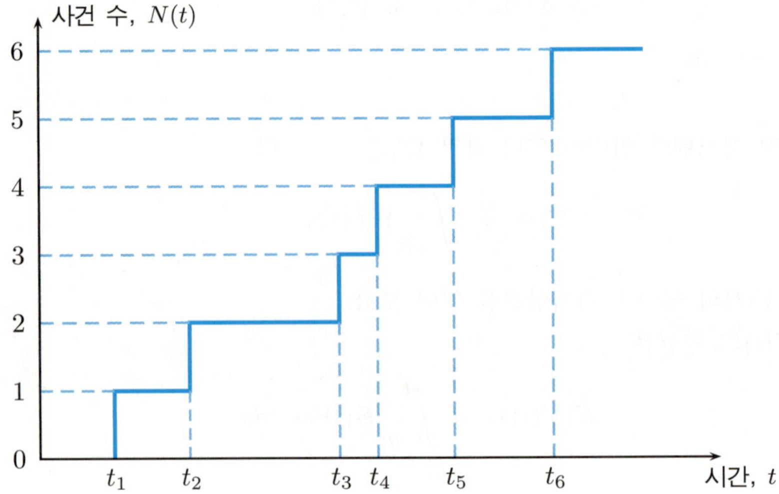

그림 10.5 셈 과정의 보기

셈 과정의 보기를 그림 10.5에 보였다. 셈 과정 $\{N(t),\ t \geq 0\}$은 다음 성질들을 만족시킨다는 것을 쉽게 알 수 있다.

(가) 셈 과정 $N(t)$의 값은 0보다 작지 않은 정수이다.

(나) $s < t$일 때, $N(s) \leq N(t)$이다.

(다) $s < t$일 때, $N(t) - N(s)$는 시간 구간 $(s, t]$ 동안에 일어난 사건의 수이다.

보기를 몇 개 들어 보자.

(1) 시간 t까지 어떤 곳에 들어온 사람 수를 $N(t)$라고 할 때 $\{N(t),\ t \geq 0\}$는 셈 과정이다. 이때, 그곳에 있는 사람 수를 나타내는 확률과정은 셈 과정이 아니다. 들어온 사람 수와는 달리, 한곳에 있는 사람 수는 많아지거나 적어지므로 셈 과정의 성질을 만족시키지 않는다.

(2) 시간 t까지 태어난 사람 수를 $N(t)$라고 하면 이 확률과정 $\{N(t),\ t \geq 0\}$ 또한 셈 과정이다. 이때도 시간 t에 살아 있는 사람 수를 나타내는 확률과정은 셈 과정이 아니다.

(3) 농구 경기를 할 때 시간 t까지 한 편이 넣은 골의 수를 $N(t)$라고 하면 $\{N(t), t \geq 0\}$는 셈 과정이다.

이 세 보기에서 볼 수 있듯이, 셈 과정은 늘어나는 성질이 있고, 겹치지 않는 시간 구간에서 일어나는 사건의 수는 서로 독립일 때도, 또 그렇지 아니할 때도 있다. 곧, 셈 과정은 독립

[14] counting process

증분 과정일 때도 있고, 독립증분 과정이 아닐 때도 있다. 위 세 보기에서 살펴보면 (1)처럼 어떤 곳에 오는 수는 겹치지 않는 시간 구간에서 일반적으로 독립이라는 것을 알 수 있다. 따라서, (1)은 독립증분 과정이다. 하지만 (2)는 그렇지 않다는 것을 알 수 있는데, 어떤 시간 구간에 많은 사람들이 태어났다면, 그 뒤에는 이 사람들이 낳는 사람들의 수가 늘어나는 경향이 있으므로 독립이 아니다. 끝으로, (3)도 일반적으로 독립증분 과정이라고 볼 수 있지만, 이것은 상황에 따라서 다르기도 하다. 보기를 들어, 어떤 시간 구간에 골을 많이 넣었다면, 그 영향을 받아 – '분위기를 타서' – 다음 시간 구간에 더 많은 골을 넣을 수도 있으며, 한동안 계속 골이 적게 나온다면 – '사기가 떨어져서' – 다음 시간 구간에는 더 적은 골을 넣을 수도 있기 때문이다.

이제, 셈 과정의 증분의 정상성을 위 세 보기에서 살펴보면 다음과 같다.

(가) 먼저, (1)은 사람들이 하루 동안 들어오는 분포가 일정할 때는 정상증분의 성질을 띠겠지만, 식당과 같이 점심 때에 사람들이 많이 오는 곳을 생각하면, 정상증분 과정이 아닐 것이다.

(나) 다음에, (2)도 보통은 정상증분 과정이 아닐 것이다. 하지만, 어떤 곳의 인구가 오랫동안 일정하다면 정상증분 과정이다.

(다) 끝으로, (3)도 일반적으로 정상증분 과정이 아니다. 이것은 보기를 들어 전반전에는 계속해서 골이 많이 나오다가 후반전에 들어서서 선수들이 지치면 골이 나오지 않을 수도 있기 때문이다. 이것은 시간에 따라 과정의 매개변수가 바뀐 것으로 생각할 수 있기에 (3)은 정상증분 과정이 아니라고 할 수 있다.

10.3.3 포아송 셈 과정

셈 과정에서 매우 중요한 보기는 포아송 셈 과정이다. 위너 과정을 이산 시간 이산 크기 멋대로 걷기의 극한에서 얻을 수 있는 것과 비슷하게 포아송 어림을 바탕으로 10.2.1절에서 다룬 이항 셈 과정의 극한꼴로 포아송 셈 과정을 얻을 수 있다.

10.3.3.1 포아송 셈 과정

뜻매김 10.9 포아송 셈 과정[15]

아래와 같은 성질을 지닌 연속 시간 셈 과정 $\{N_t, t \geq 0\}$을 포아송 셈 과정 또는 포아송 과정이라고 한다.

(가) $N_0 = 0$.

(나) 겹치지 않는 시간 동안에 일어나는 변화나 뜀은 독립 확률변수이다. 곧, N_t는 독립정상증분 과정이다.

(다) 매우 짧은 시간에 N_t의 값이 1 늘어날 확률은 그 시간에 비례하고, 1보다 많이 늘어날 확률은 0으로 볼 수 있다.

위 (다)에서 비례 상수를 λ라고 하면

[15]Poisson counting process, Poisson process

$$\Pr\{N_{t+\Delta t} - N_t = 1\} = \lambda\Delta t + o(\Delta t), \tag{10.117}$$

$$\Pr\{N_{t+\Delta t} - N_t \geq 2\} = o(\Delta t), \tag{10.118}$$

$$\Pr\{N_{t+\Delta t} - N_t = 0\} = 1 - \lambda\Delta t + o(\Delta t) \tag{10.119}$$

처럼 쓸 수 있는데, 이 비례 상수를 포아송 비율 또는 포아송 매개변수라고 한다. 뜻매김 10.9에 적은 성질들은 빛을 쏘인 물체에서 전자와 같은 입자의 방출, 상점에서 손님들의 도착, 교환기에서의 전화 통화, 그리고 그 밖에도 시간에 따라 확률적으로 일어나는 도착과 같은 현상들을 잘 나타낸다. 그와 같은 사건들은 과거에 의존하지 않는다는 것과 매우 짧은 시간 동안 사건의 확률은 시간에 비례한다는 것을 직관적으로 알 수 있다. 보기를 들어, 전화를 기다리고 있을 때 τ초 동안에 전화가 올 확률은 τ에 비례한다. 그리고, τ가 매우 작으면 전화가 한 번보다 많이 걸려올 확률은 0으로 보아도 좋을 것이다.

포아송 셈 과정은 증분이 포아송 확률변수인 연속 시간 이산 크기 독립정상증분 과정이다. 위너 과정과 마찬가지로 포아송 과정도 전자 제품의 충격 잡음같은 물리 현상을 모형화할 때 쓰일 뿐만 아니라, 특히 고급 점 과정 이론을 전개할 때에도 중요하게 쓰인다.

10.3.3.2 포아송 셈 과정의 분포

이제, 뜻매김 10.9에 나온 성질을 써서 $t > 0$까지의 증분 $N_t - N_0$의 확률질량함수

$$p_{N_t - N_0}(k) = p_{N_t}(k) \tag{10.120}$$

을 얻어 보자. 먼저, $t > 0$일 때

$$p(k, t) = p_{N_t - N_0}(k) \tag{10.121}$$

처럼 쓰기로 하자. 이제, 매우 짧은 구간 Δt를 생각하면

$$p(k, t + \Delta t) = \sum_{n=0}^{k} \Pr\{N_t = n\} \Pr\{N_{t+\Delta t} - N_t = k - n | N_t = n\} \tag{10.122}$$

를 얻는다. 다음에, 증분들이 독립이라는 것을 새기고 뜻매김 10.9에 적혀 있는 셋째 성질을 쓰면 (10.122)를

$$\begin{aligned} p(k, t + \Delta t) &= \sum_{n=0}^{k} \Pr(N_t = n) \Pr(N_{t+\Delta t} - N_t = k - n) \\ &\approx p(k, t)(1 - \lambda\Delta t) + p(k-1, t)\lambda\Delta t \end{aligned} \tag{10.123}$$

과 같이 다시 쓸 수 있다. 이 식을 정리하면

$$\frac{p(k, t + \Delta t) - p(k, t)}{\Delta t} = p(k-1, t)\lambda - p(k, t)\lambda \tag{10.124}$$

를 얻는다. 여기서, $\Delta t \to 0$라고 하면, $t > 0$일 때 미분방정식

$$\frac{d}{dt} p(k, t) + \lambda p(k, t) = \lambda p(k-1, t) \tag{10.125}$$

를 얻는다. 한편,

$$\Pr\{N_0 = 0\} = 1 \tag{10.126}$$

이므로, 초기 조건은

$$p(k,0) = \begin{cases} 0, & k \neq 0, \\ 1, & k = 0 \end{cases} \tag{10.127}$$

이다. 이 초기 조건을 써서 미분방정식 (10.125)를 풀면

$$\begin{aligned} p_{N_t}(k) &= p(k,t) \\ &= \frac{(\lambda t)^k e^{-\lambda t}}{k!}, \quad k = 0,1,2, \cdots, \quad t \geq 0 \end{aligned} \tag{10.128}$$

을 얻는다. 이 풀이가 바르다는 것은 이 풀이를 미분방정식 (10.125)에 넣어 보면 쉽게 알 수 있다. 특히, 이 식에서 $t \to 0$이면 $p(1,t) \to \lambda t$와 $e^{-\lambda t} \approx 1 - \lambda t$에서 $p(0,t) \to 1 - \lambda t$라는 것을 다시 볼 수 있다.

포아송 셈 과정의 평균함수는

$$E\{N(t)\} = \lambda t \tag{10.129}$$

임을 (10.128)에서 쉽게 알 수 있으며, $t \geq s$인 어떤 구간 (s,t)를 생각하더라도 뛰엄이 k번 일어날 확률은

$$p_{N_t - N_s}(k) = \frac{1}{k!}\{\lambda(t-s)\}^k e^{-\lambda(t-s)}, \quad k = 0,1, \cdots \tag{10.130}$$

임을 쉽게 알 수 있다.

보기 10.10 포아송 셈 과정 $\{N(t)\}$의 평균함수와 자기공분산함수를 얻어 보자. 먼저, 포아송 셈 과정의 증분은 평균과 분산이 둘 다 λ인 포아송 확률변수이므로, 정리 10.2에 보인 (10.5)와 (10.6)을 써서 $t \geq 0$일 때

$$E\{N(t)\} = \lambda t \tag{10.131}$$

을 얻을 수 있는데 이 식은 (10.129)와 같은 것이다. 한편, 다시 (10.5)와 (10.6)을 써서 자기공분산함수를 얻으면 $t, s \geq 0$일 때

$$K_N(t,s) = \lambda \min(t,s) \tag{10.132}$$

이다. ◊

10.3.3.3 포아송 셈 과정의 다른 해석

포아송 셈 과정을 아래와 같이 살펴보자. 시간 흐름을 따라 어떤 사건이 확률 발생한다고 생각해 보자. 시작 시간 $t = 0$에서 0으로 시작하여 시간 t까지 사건이 일어난 횟수를 – 바꾸어 말

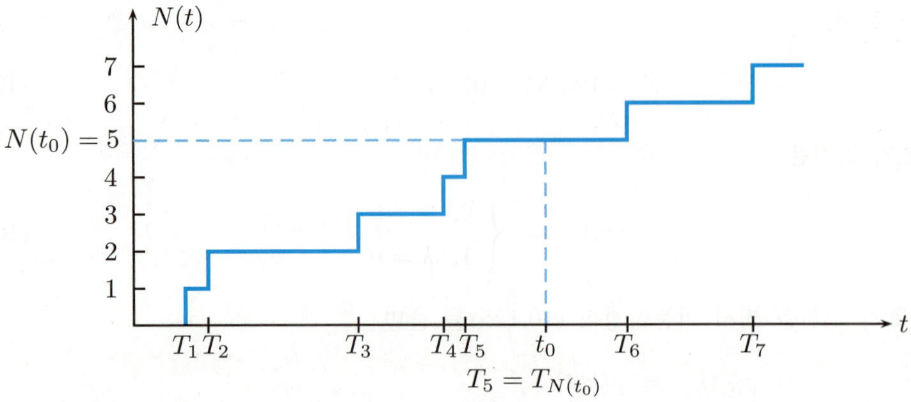

그림 10.6 포아송 셈 과정 $\{N(t)\}$의 표본함수와 포아송 점 과정 $\{T_i\}$

해, 셈을 – N_t 라고 두자. 시간을 잘게 쪼개어 똑같은 시간 구간이 지날 때만 셈을 하는 이항 셈 과정과는 달리 여기서 생각하는 셈 과정은 어느 때이든 셈이 일어날 수 있다. 그러면 셈 과정 $\{N_t\}$를 $t \geq 0$일 때

$$\begin{aligned} N_t &= \sum_{i=1}^{\infty} u(t-T_i) \\ &= \sum_{i=1}^{N_t} u(t-T_i) \\ &= \sum_{i=1}^{N_t} 1 \end{aligned} \tag{10.133}$$

처럼 나타낼 수 있다. 이제, 뜻매김 10.9에서 말한 성질을 보태면 이 과정 $\{N_t\}$는 포아송 셈 과정이고, 이때 i째 사건이 일어나는 확률 시간의 수열 $\{T_i\}$를 포아송 점 과정이라고[16] 한다. 그림 10.6에 이것을 보였다. 식 (10.133)에서 $u(\cdot)$는 오른쪽에서 연속인 단위 계단 함수

$$u(t) = \begin{cases} 1, & t \geq 0, \\ 0, & t < 0 \end{cases} \tag{10.134}$$

이다. 여기서, $\{i \leq N_t\} = \{T_i \leq t\}$이고, $\{i > N_t\} = \{T_i > t\}$이므로

$$u(t-T_i) = \begin{cases} 1, & i \leq N_t, \\ 0, & i > N_t \end{cases} \tag{10.135}$$

를 얻는다.

[16] 점 과정은 그 분포에 따라 마팅게일 과정, 마르코프 과정, 또는 독립증분 과정이 될 수 있다.

10.3.3.4 도착 사이 시간과 기다림 시간

뜻매김 10.10 도착 사이 시간[17]

셈 과정에서 첫 사건이 일어난 때를 $A_1 = T_1$이라고 하고, $n \geq 2$일 때 $n-1$째 사건과 n째 사건 사이의 시간을

$$A_n = T_n - T_{n-1} \tag{10.136}$$

처럼 둘 때, $\{A_n,\ n \geq 1\}$을 도착 사이 시간이라고 한다.

보기를 들어, 첫 사건이 일어난 때가 3이고, 둘째 사건이 일어난 때가 8이면, $A_1 = 3$이고 $A_2 = 5$이다. 도착 사이 시간의 분포를 도착 사이 시간 분포, 또는 도착 사이 분포라고 한다. 이제, 포아송 과정에서 도착 사이 시간 A_n의 분포를 얻어 보자. 먼저, 사건 $\{A_1 > t\}$는 시간 구간 $[0,t]$에 사건이 일어나지 않은 것을 뜻한다. 따라서,

$$\begin{aligned} P\{A_1 > t\} &= P\{N(t)=0\} \\ &= e^{-\lambda t} \end{aligned} \tag{10.137}$$

이고, A_1은 평균이 $\frac{1}{\lambda}$인 지수 확률변수이다. 다음으로, $P\{A_2 > t\}$를 얻어 보면

$$P\{A_2 > t\} = E\{P\{A_2 > t| A_1 = s\}\} \tag{10.138}$$

인데, 포아송 과정은 독립정상증분 과정이므로

$$\begin{aligned} P\{A_2 > t| A_1 = s\} &= P\{\text{시간 구간 } (s, s+t]\text{에 일어난 사건 수가 } 0|A_1 = s\} \\ &= P\{\text{시간 구간 } (s, s+t]\text{에 일어난 사건 수가 } 0\} \\ &= e^{-\lambda t} \end{aligned} \tag{10.139}$$

이다. 이제, A_2는 평균이 $\frac{1}{\lambda}$인 지수 분포이고 A_1과 독립이므로 다음 정리를 얻는다.

정리 10.4 포아송 과정의 도착 사이 시간 $\{A_n,\ n \geq 1\}$은 독립이고 분포가

$$P\{A_n > t\} = e^{-\lambda t}, \quad n = 1, 2, \cdots \tag{10.140}$$

인 확률과정이다. ■■

포아송 셈 과정에서 도착 사이 시간이 지수 분포를 띤다는 것은 개념적으로도 마땅하다. 포아송 과정은 독립증분 과정이므로 도착 사이 시간이 과거의 영향을 받지 않을 것이고, 또 한편으로는, 포아송 과정은 정상증분 과정이므로 도착 사이 시간이 처음과 같은 분포를 나타낼 것이다. 곧, 포아송 과정에서 일어나는 사건들 사이의 시간 간격은 과거와는 상관없는 – 또는 과거를 기억하지 않는 – 분포를 보이는데, 이것을 만족시키는 분포는 지수 분포이기 때문이다.

[17] interarrival times

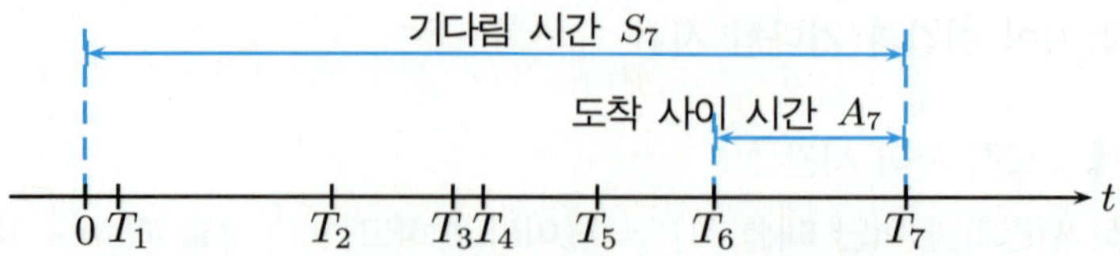

그림 10.7 기다림 시간과 도착 사이 시간

뜻매김 10.11 기다림 시간[18]

기다림 시간 $\{S_n\}$은 n째 사건이 일어난 시간을 일컬으며, 도착 사이 시간 $\{A_n\}$을 더하여

$$S_n = \sum_{i=1}^{n} A_i, \quad n \geq 1 \tag{10.141}$$

처럼 나타낼 수 있다.

기다림 시간 S_n의 분포는 다음과 같다.

정리 10.5 기다림 시간 S_n의 확률밀도함수는

$$f_{S_n}(t) = \lambda e^{-\lambda t}\frac{(\lambda t)^{n-1}}{(n-1)!}u(t) \tag{10.142}$$

이다. ■■

증명 기다림 시간 S_n이 t보다 크지 않다는 것은 시간 구간 $(0,t]$ 안에 포아송 사건이 n보다 적지 않게 일어났다는 말이다. 곧,

$$\{S_n \leq t\} = \{N(t) \geq n\} \tag{10.143}$$

이다. 따라서,

$$\begin{aligned} F_{S_n}(t) &= P\{S_n \leq t\} \\ &= P\{N(t) \geq n\} \\ &= \sum_{j=n}^{\infty} e^{-\lambda t}\frac{(\lambda t)^j}{j!} \end{aligned} \tag{10.144}$$

이고, 이 식을 미분하면

$$\begin{aligned} f_{S_n}(t) &= -\sum_{j=n}^{\infty}\lambda e^{-\lambda t}\frac{(\lambda t)^j}{j!} + \sum_{j=n}^{\infty}\lambda e^{-\lambda t}\frac{(\lambda t)^{j-1}}{(j-1)!} \\ &= \lambda e^{-\lambda t}\frac{(\lambda t)^{n-1}}{(n-1)!} \end{aligned} \tag{10.145}$$

를 얻는다. □

[18]waiting time. 기다림 시간은 도착 arrival 시간이라고 부를 수도 있다.

보기 10.11 위 정리를 바탕으로 기다림 시간 S_n의 기댓값은

$$E\{S_n\} = \frac{n}{\lambda} \tag{10.146}$$

이고 분산은

$$\text{Var}\{S_n\} = \frac{n}{\lambda^2} \tag{10.147}$$

임을 알 수 있다. ◇

보기 10.12 손님이 은행에 들어오는 사건을 1분에 두 사람이라는 비율의 포아송 과정으로 모형화할 수 있다고 하자. 이때,
(가) 여덟째 손님이 온 뒤, 아홉째 손님이 오는 데 3분보다 오래 걸릴 확률을 얻어 보자.
(나) 여덟째 손님이 오는 것은 은행이 문을 열고 평균 몇 분 뒤인지 알아보자.
(다) 여덟째 손님이 올 때까지 걸리는 시간의 표준 편차는 몇 분인지 알아보자.
풀이
(가) 여덟째 손님이 온 뒤, 아홉째 손님이 오는 데 3분보다 오래 걸릴 확률은 $P\{A_9 > 3\} = e^{-3\lambda} = e^{-6} \approx 0.0025$라는 것을 (10.140)에서 알 수 있다.
(나) 여덟째 손님이 오는 것은 은행이 문을 열고 평균 $E\{S_8\} = \frac{8}{\lambda} = 4$분 뒤라는 것을 (10.146)을 쓰면 알 수 있다.
(다) 여덟째 손님이 올 때까지 걸리는 시간의 표준 편차는 $\sqrt{\text{Var}\{S_8\}} = \sqrt{\frac{8}{\lambda^2}} = \sqrt{2}$분이라는 것을 (10.147)을 쓰면 알 수 있다. ◇

보기 10.13 시간 t에서 포아송 과정의 값이 $N(t) = n$일 때 n 도착 – 또는 기다림 – 시간 $S_1, S_2, \cdots, S_n$은 $[0, t]$에서 고르게 퍼져 있다는 것을 – 다시 말해서, 결합 확률밀도함수가

$$f_{S_1,S_2,\cdots,S_n|N(t)}(s_1, s_2, \cdots, s_n|n) = \frac{n!}{t^n} \tag{10.148}$$

임을 – 보이자.
풀이 먼저, 기다림 시간을 $\{S_i\}_{i=1}^{\infty}$, 도착 사이 시간을 $\{A_i\}_{i=1}^{\infty}$라고 쓰자. 그러면 (10.140)에서 보았듯이 A_i는 평균이 $\frac{1}{\lambda}$인 지수 확률변수이므로 $0 \le s_1 \le s_2 \le \cdots \le s_n \le t$일 때

$$\begin{aligned}
&P\{S_1 \le s_1, S_2 \le s_2, \cdots, S_n \le s_n, \ N(t) = n\} \\
&= P\{A_1 \le s_1, A_1 + A_2 \le s_2, \cdots, A_1 + A_1 + \cdots + A_n \le s_n, \\
&\qquad A_1 + A_2 + \cdots + A_{n+1} > t\} \\
&= \int_0^{s_1}\int_0^{s_2-t_1}\cdots\int_0^{s_n-(t_1+\cdots+t_{n-1})}\int_{t-(t_1+\cdots+t_n)}^{\infty} \lambda e^{-\lambda t_1}\lambda e^{-\lambda t_2}\cdots\lambda e^{-\lambda t_{n+1}} \\
&\qquad dt_{n+1}dt_n\cdots dt_2dt_1 \\
&= \lambda^{n+1}\int_0^{s_1}\int_0^{s_2-t_1}\cdots\int_0^{s_n-(t_1+\cdots+t_{n-1})} e^{-\lambda(t_1+\cdots+t_n)} \\
&\qquad \left[-\frac{1}{\lambda}e^{-\lambda t_{n+1}}\right]_{t_{n+1}=t-(t_1+\cdots+t_n)}^{\infty} dt_n\cdots dt_2dt_1
\end{aligned} \tag{10.149}$$

이다. 따라서,

$$\begin{aligned} & P\{S_1 \le s_1, S_2 \le s_2, \cdots, S_n \le s_n,\ N(t) = n\} \\ & = \lambda^n e^{-\lambda t} \int_0^{s_1} \int_0^{s_2 - t_1} \cdots \int_0^{s_n - (t_1 + \cdots + t_{n-1})} dt_n \cdots dt_2 dt_1 \end{aligned} \tag{10.150}$$

이다. 이제, 변수를

$$\begin{aligned} v_n &= t_1 + t_2 + \cdots + t_n, \\ v_{n-1} &= t_1 + t_2 + \cdots + t_{n-1}, \\ &\vdots \\ v_1 &= t_1 \end{aligned}$$

처럼 바꾸면 (10.150)은

$$\begin{aligned} & P\{S_1 \le s_1, S_2 \le s_2, \cdots, S_n \le s_n,\ N(t) = n\} \\ & = \lambda^n e^{-\lambda t} \int_0^{s_1} \int_{v_1}^{s_2} \int_{v_2}^{s_3} \cdots \int_{v_{n-1}}^{s_n} dv_n \cdots dv_3 dv_2 dv_1 \end{aligned} \tag{10.151}$$

처럼 쓸 수 있다. 다음에, $N(t)$의 분포가

$$P\{N(t) = n\} = e^{-\lambda t} \frac{(\lambda t)^n}{n!} \tag{10.152}$$

임을 새기고 (10.151)을 쓰면

$$\begin{aligned} & P\{S_1 \le s_1, S_2 \le s_2, \cdots, S_n \le s_n | N(t) = n\} \\ & = \frac{P\{S_1 \le s_1, \cdots, S_n \le s_n, N(t) = n\}}{P\{N(t) = n\}} \\ & = \frac{n!}{t^n} \int_0^{s_1} \int_{v_1}^{s_2} \cdots \int_{v_{n-1}}^{s_n} dv_n \cdots dv_2 dv_1 \end{aligned} \tag{10.153}$$

이다. 따라서,

$$\begin{aligned} & f_{S_1, S_2, \cdots, S_n | N(t)} (s_1, s_2, \cdots, s_n | n) \\ & = \frac{\partial^n}{\partial s_1 \partial s_2 \cdots \partial s_n} P\{S_1 \le s_1, S_2 \le s_2, \cdots, S_n \le s_n | N(t) = n\} \\ & = \frac{n!}{t^n} \end{aligned} \tag{10.154}$$

이다. 이 식은 $N(t) = n$일 때 n 기다림 시간은 $[0, t]$에 고르게 퍼져 있다는 것을 뜻한다. ◇

10.4 복합 과정*

10.4.1 이산 시간 복합 과정

이산 시간 셈 과정을 - 보기를 들면, 이항 셈 과정을 - $\{N_k, k = 0, 1, 2, \cdots\}$이라고 두고, 이산 크기이거나 연속 크기이며, 독립이고 분포가 같은 확률과정을 $\{X_k, k = 0, 1, 2, \cdots\}$이라고 두자.

한편, 이 두 과정은 서로 독립이라고 하자. 이제, 확률과정 $\{Y_k, k = 0, 1, 2, \cdots\}$을

$$Y_0 = 0, \tag{10.155}$$

$$Y_k = \sum_{i=1}^{N_k} X_i, \quad k = 1, 2, \cdots \tag{10.156}$$

처럼 뜻매김하자. 여기서, $N_k = 0$이면 $Y_k = 0$으로 둔다. 이와 같은 과정 $\{Y_k\}$를 이산 시간 복합 과정[19]이라고 부른다. 이런 과정은 확률성이 두 군데에서 나오기 때문에[20] 이중 확률과정[21]이라고 부르기도 한다. 또, 이 확률과정은 뜻매김 7.1에서 다룬 확률합과 같은 것이다.

식 (10.155)와 (10.156)이 나타내는 확률과정 $\{Y_k\}$는, 보기를 들면, 전화 통화를 모형화하는 데 쓸 수 있다. 시간 k에서 통화 수를 N_k라고 하고, i째 통화의 지속 시간을 X_i라고 하자. 이제, 시간 k에서 새로 시작하는 통화가 많아야 하나라고 하자. 곧, $N_k - N_{k-1} = 0$ 또는 1이다. 그러면 Y_k는 시간 k까지 걸려온 통화에 쓰인 시간을 모두 더한 것과 같다.

한편, N_k를 안다면 – 보기를 들어, $N_k = n$이라면 – Y_k는 독립이고 분포가 같은 확률변수를 더한 것이므로 그 조건부 평균을 쉽게 얻을 수 있다. 이것을 바탕으로 이 조건부 평균을 써서 Y_k의 평균을 얻으면

$$\begin{aligned} E\{Y_k\} &= E\left\{\sum_{i=1}^{N_k} X_i\right\} \\ &= E\{E\{Y_k | N_k\}\} \\ &= \sum_n p_{N_k}(n) E\{Y_k | N_k = n\} \\ &= \sum_n p_{N_k}(n) n E\{X\} \\ &= E\{N_k\} E\{X\} \end{aligned} \tag{10.157}$$

이다.

정리 10.6 확률변수들 $\{X_n\}$이 독립이고 분포가 같을 때 그 공통 적률생성함수를 M_X라고 하고, 확률변수 N은 X_i들과 독립이고, 그 적률생성함수가 $\tilde{M}_N(z) = E\left\{z^N\right\}$이라고 하자. 그러면

$$S = \sum_{i=1}^{N} X_i \tag{10.158}$$

의 적률생성함수는

$$M_S(t) = \tilde{M}_N(M_X(t)) \tag{10.159}$$

[19] discrete-time compound process
[20] 한 확률변수를 다른 확률변수만큼 더하므로 확률성이 두 군데에서 일어난다.
[21] doubly stochastic process

이다[22]. ■■

증명 조건부 확률을 쓰면

$$\begin{aligned} M_S(t) &= E\left\{e^{tS}\right\} \\ &= E\left\{E\left\{e^{tS}\middle| N\right\}\right\} \\ &= \sum_n E\left\{e^{tS}\middle| N=n\right\} P\{N=n\} \\ &= \sum_n E\left\{e^{tX_1+tX_2+\cdots+tX_n}\right\} P\{N=n\} \\ &= \sum_n E\left\{e^{tX_1}\right\} E\left\{e^{tX_2}\right\} \cdots E\left\{e^{tX_n}\right\} P\{N=n\} \\ &= \sum_n M_X^n(t) P\{N=n\} \\ &= \tilde{M}_N\left(M_X(t)\right) \end{aligned} \tag{10.160}$$

이다. 이 식을 얻을 때에

$$\begin{aligned} M_N(z) &= E\left\{z^N\right\} \\ &= \sum_n z^n P\{N=n\} \end{aligned} \tag{10.161}$$

임을 썼다. □

10.4.2 연속 시간 복합 과정

독립이고 분포가 같은 과정 $\{X_i, i=1,2,\cdots\}$이 연속 시간 셈 과정 $\{N_t, t\geq 0\}$과 독립일 때 확률과정

$$Y(t) = \sum_{i=1}^{N_t} X_i \tag{10.162}$$

를 연속 시간 복합 과정[23]이라고 한다. 여기서, $N_t=0$이면 $Y(t)=0$으로 둔다. 이산 시간 복합 과정과 마찬가지로 연속 시간 복합 과정은 독립이고 분포가 같은 과정 $\{X_n\}$이 나타낼 수 있는 크기를 따라 연속 크기이거나 이산 크기일 수 있다.

복합 과정 $\{Y(t)\}$의 값은 셈 과정 $\{N_t\}$의 셈 사이에는 일정하다가 셈 과정 $\{N_t\}$가 1씩 늘어날 때마다 바뀔 것이다. 곧, 복합 과정은 새로운 확률변수가 더해지는 '뜀 점'을 빼고는 늘 연속이고 미분할 수 있다. 한편, 이산 시간에서와 마찬가지로 평균은

$$E\{Y_t\} = E\{N_t\} E\{X\} \tag{10.163}$$

[22] 여기서, (7.46)은 N의 적률생성함수를 $M_N(t) = E\left\{e^{tN}\right\}$처럼 두고 나타내 것인데, $\tilde{M}_N\left(e^t\right) = M_N(t)$이므로 – 곧, $\tilde{M}_N(A)$에서 A를 $\ln A$로 바꾸어 넣으면 M_N을 얻으므로 – $\tilde{M}_N\left(M_X(t)\right) = M_N\left(\ln M_X(t)\right)$이다. 곧, (10.159)와 (7.46)은 같은 것이다.

[23] continuous-time compound process

이고, 적률생성함수는

$$M_{Y_t}(u) \;=\; E\left\{M_X^{N_t}(u)\right\} \tag{10.164}$$

이다. 특히, 셈 과정 $\{N_t\}$가 포아송 과정이면 평균은

$$E\{Y_t\} \;=\; \lambda t E\{X\} \tag{10.165}$$

이고, 적률생성함수는

$$\begin{aligned} M_{Y_t}(u) &= \sum_{k=0}^{\infty} \frac{(\lambda t)^k e^{-\lambda t}}{k!} M_X^k(u) \\ &= e^{-\lambda t} \sum_{k=0}^{\infty} \frac{\{\lambda t M_X(u)\}^k}{k!} \\ &= e^{-\lambda t\{1-M_X(u)\}} \end{aligned} \tag{10.166}$$

이다.

보기 10.14 일어나는 시간 비율이 λ인 포아송 확률과정으로 볼 수 있는 독립 사건 열 $\{E_i\}$를 생각하자. 이 사건을 계수기로 세는데, 계수기는 한 사건을 센 뒤 b 단위 시간 동안 일어나는 사건은 세지 못한다.
(가) 계수기가 처음 일어난 – 또는 이어서 일어난 – k 사건을 모두 셀 확률 $P_{k,k}$를 얻어 보자.
(나) 시간 t까지 계수기가 센 사건 수를 $L(t)$라고 하자. 이제, $t \geq (n-1)b$일 때, 확률 $\Pr\{L(t) \geq n\}$을 얻어 보자.

풀이
(가) 먼저, i째 사건 E_i가 일어난 때를 X_i라고 하면 $\{X_i - X_{i-1}\}_{i=2}^{k}$는 서로 독립이므로

$$\begin{aligned} P_{k,k} &= \Pr\left\{\{X_i - X_{i-1} > b\}_{i=2}^{k}\right\} \\ &= \prod_{i=2}^{k} \Pr\{X_i - X_{i-1} > b\} \end{aligned} \tag{10.167}$$

이다. 그런데, (10.137)에서 보았듯이 $\Pr\{X_i - X_{i-1} > b\} = e^{-b\lambda}$이므로

$$P_{k,k} \;=\; e^{-(k-1)b\lambda} \tag{10.168}$$

이다.
(나) 이제, i째로 센 사건이 일어난 때를 T_i라고 하고, $T_0 = 0$이라고 두며, $Y_i = T_i - T_{i-1}$이라고 하자. 그러면 Y_i의 확률밀도함수는

$$f_{Y_i}(y) \;=\; \begin{cases} \lambda e^{-\lambda y} u(y), & i = 1, \\ \lambda e^{-\lambda(y-b)} u(y-b), & i = 2, 3, \cdots \end{cases} \tag{10.169}$$

이고, Y_i의 특성함수는

$$\varphi_{Y_i}(\omega) = \begin{cases} \frac{\lambda}{\lambda - j\omega}, & i = 1, \\ \frac{\lambda}{\lambda - j\omega} e^{jb\omega}, & i = 2, 3, \cdots \end{cases} \tag{10.170}$$

이다. 그런데,

$$T_n = \sum_{i=1}^{n} Y_i \tag{10.171}$$

이고 $\{Y_i > b\}_{i=1}^{n}$은 서로 독립이므로, T_n의 특성함수는

$$\begin{aligned} \varphi_{T_n}(\omega) &= \prod_{i=1}^{n} \varphi_{Y_i}(\omega) \\ &= \left(\frac{\lambda}{\lambda - j\omega}\right)^n e^{j(n-1)b\omega} \end{aligned} \tag{10.172}$$

이고, 이 식을 역변환하면 T_n의 확률밀도함수

$$f_{T_n}(t) = \lambda \frac{[\lambda\{t-(n-1)b\}]^{n-1}}{(n-1)!} \exp[-\lambda\{t-(n-1)b\}]\, u\{t-(n-1)b\} \tag{10.173}$$

을[24] 얻을 수 있다. 따라서, $\int \frac{y^{n-1}}{(n-1)!} e^{-y} dy = -\sum\limits_{k=0}^{n-1} \frac{y^k}{k!} e^{-y} + c$라는 것을 새기면

$$\begin{aligned} \Pr\{L(t) \ge n\} &= \Pr\{T_n \le t\} \\ &= \int_0^t f_{T_n}(\tau) d\tau \\ &= \int_0^{\lambda\{t-(n-1)b\}} \frac{v^{n-1}}{(n-1)!} e^{-v} dv \\ &= 1 - \exp[-\lambda\{t-(n-1)b\}] \sum_{k=0}^{n-1} \frac{[\lambda\{t-(n-1)b\}]^k}{k!} \end{aligned} \tag{10.174}$$

이다. ◇

---

[24] 여기서, $\int \frac{y^{n-1}}{(n-1)!} e^{-y} dy = -\sum\limits_{k=0}^{n-1} \frac{y^k}{k!} e^{-y} + c$이므로 $\int_0^\infty \frac{y^{n-1}}{(n-1)!} e^{-y} dy = 1$이라는 것을 새기면

$$\begin{aligned} \varphi_{T_n}(\omega) &= \int_{-\infty}^{\infty} f_{T_n}(t) e^{j\omega t} dt \\ &= \int_0^\infty \lambda \frac{x^{n-1}}{(n-1)!} e^{-x} \exp\left[j\omega\left\{\frac{x}{\lambda} + (n-1)b\right\}\right] \frac{dx}{\lambda} \\ &= \exp\{j(n-1)b\omega\} \int_0^\infty \frac{x^{n-1}}{(n-1)!} \exp\left\{-x\left(1 - \frac{j\omega}{\lambda}\right)\right\} dx \\ &= \exp\{j(n-1)b\omega\} \left(1 - \frac{j\omega}{\lambda}\right)^{1-n} \int_0^\infty \frac{y^{n-1}}{(n-1)!} e^{-y} \frac{dy}{1 - \frac{j\omega}{\lambda}} \\ &= \left(\frac{\lambda}{\lambda - j\omega}\right)^n \exp\{j(n-1)b\omega\} \end{aligned}$$

이다.

뜻매김 10.12 복합 포아송 과정[25]

확률변수 $Y_1, Y_2, \cdots$이 독립이고 분포가 같은 확률변수라고 하자. 그러면 $\{N(t),\ t \geq 0\}$가 포아송 과정이고 $\{Y_k\}$와 $\{N(t)\}$가 독립일 때

$$X(t) \;=\; \sum_{k=1}^{N(t)} Y_k,\ \ t \geq 0 \tag{10.175}$$

를 복합 포아송 과정이라고 한다.

복합 포아송 과정은 셈 과정인 포아송 과정이 하나씩 값을 세어가던 것을 확장한 것이다. 곧, 복합 포아송 과정에서는 사건이 일어날 때 값이 하나씩 늘어나는 것이 아니라 Y_k만큼 늘어난다. 몇 가지 보기를 살펴보자.

보기 10.15 뜻매김 10.12에서 다룬 복합 포아송 과정 $\{X(t)\}$를 생각하자. 이때, 어느 k에서도 $Y_k = 1$이면 $X(t) = N(t)$이므로 $\{X(t)\}$는 포아송 과정이다. ◇

보기 10.16 시간 t에 어떤 곳에 오는 자동차의 수 $N(t)$가 포아송 과정이고, k째 자동차에 타고 있는 사람 수 Y_k는 독립이고 분포가 같은 확률변수이며, $\{N(t)\}$와 $\{Y_k\}$는 독립이라고 하자. 이때, 시간 t에 그곳에 모인 사람 수 $\{X(t)\}$는 복합 포아송 과정이다. ◇

보기 10.17 손님들이 포아송 비율 λ로 가게에 들어온다고 할 때, k째 들어온 손님이 쓴 돈 Y_k는 독립이며 분포가 같은 확률변수이고, 들어온 손님의 수와 독립이다. 이때, 시간 t에 손님들이 쓴 돈의 합 $\{X(t)\}$는 복합 포아송 과정이다. ◇

복합 포아송 과정은 독립정상증분 과정이고, 또 마르코프 과정이라는 것을 쉽게 알 수 있다. 좀 더 구체적으로는 복합 포아송 과정에서 더해지는 것들이 이산적인 값을 가질 때, 복합 포아송 과정은 마르코프 사슬이고, 그 역도 성립한다. 한편, 복합 포아송 과정에서 더해지는 것들이 연속적인 값이면 복합 포아송 과정은 일반적인 마르코프 과정이다.

위 복합 포아송 과정을 (10.133)과 비슷한 꼴로 써 보자. 사건 점 A_i마다 확률 무게 Y_i를 생각하면, 이 무게를 포함한 셈은 $t \geq 0$일 때

$$\begin{aligned} W(t) \;&=\; \sum_{i=1}^{\infty} Y_i\ u(t - A_i) \\ &=\; \sum_{i=1}^{N(t)} Y_i\ u(t - A_i) \\ &=\; \sum_{i=1}^{N(t)} Y_i \end{aligned} \tag{10.176}$$

과 같다. 이제, 무게 Y_i들이 독립이고 분포가 같다고 두고, 무게 수열 $\{Y_i\}$가 발생 시간 수열 $\{A_i\}$와 독립이라고 두자. 그러면 $\{Y_i\}$의 평균이 m_Y이고 분산이 σ_Y^2이면 $W(t)$의 평균함수는

[25] compound Poisson process

$t \geq 0$일 때

$$\begin{aligned} E\{W(t)\} &= E\{E\{W(t)|N(t)\}\} \\ &= \sum_{n=1}^{\infty} E\{W(t)|N(t)=n\}\Pr\{N(t)=n\} \\ &= \sum_{n=1}^{\infty} E\left\{\sum_{i=1}^{n} Y_i\right\}\Pr\{N(t)=n\} \\ &= m_Y \sum_{n=1}^{\infty} n\Pr\{N(t)=n\} \\ &= m_Y \sum_{n=1}^{\infty} \frac{(\lambda t)^n e^{-\lambda t}}{(n-1)!} \\ &= m_Y \lambda t \left\{\sum_{m=0}^{\infty} \frac{(\lambda t)^m}{m!}\right\} e^{-\lambda t} \\ &= m_Y \lambda t \end{aligned} \tag{10.177}$$

이고, $t_1,\ t_2 \geq 0$일 때 자기공분산함수는

$$K_W(t_1, t_2) = \lambda\left(\sigma_Y^2 + m_Y^2\right)\min(t_1, t_2) \tag{10.178}$$

이다.

보기 10.18 포아송 점 과정을 $\{T_i\}$라고 하고 $\{T_i\}$와 독립인 확률 무게 $\{Y_i\}$를 생각하자. 이제, $\{N(t)\}$를 포아송 셈 과정이라고 할 때 (10.176)에서 보인 확률과정

$$W(t) = \sum_{i=1}^{N(t)} Y_i, \quad t \geq 0 \tag{10.179}$$

를 생각하자. 이때, (10.177)에서 평균함수를 얻을 때 거친 과정을 잘 살펴보고 이와 비슷한 과정을 거쳐

$$K_W(t_1, t_2) = \lambda\left(\sigma_Y^2 + m_Y^2\right)\min(t_1, t_2), \quad t_1,\ t_2 \geq 0 \tag{10.180}$$

을 보이자.

풀이 먼저, $E\{N(t)\} = \lambda t$이고,

$$\begin{aligned} E\left\{N^2(t)\right\} &= \sum_{n=1}^{\infty} n^2 P_t(n) \\ &= \sum_{n=1}^{\infty} n^2 \frac{(\lambda t)^n e^{-\lambda t}}{n!} \\ &= e^{-\lambda t} \sum_{n=1}^{\infty} \frac{\{n(n-1)+n\}(\lambda t)^n}{n!} \\ &= e^{-\lambda t}\left\{(\lambda t)^2 \sum_{m=0}^{\infty} \frac{(\lambda t)^m}{m!} + \lambda t \sum_{q=0}^{\infty} \frac{(\lambda t)^q}{q!}\right\} \\ &= (\lambda t)^2 + \lambda t \end{aligned} \tag{10.181}$$

이다. 이제, $t_1 < t_2$이고 $N(t_1) = n_1 \le N(t_2) = n_2$라고 두자. 그러면

$$\begin{aligned}
R_W(t_1,t_2) &= E\{W(t_1)W(t_2)\} \\
&= E\{E\{W(t_1)W(t_2)|\,N(t_1),N(t_2)\}\} \\
&= E\left[E\left\{\sum_{i=1}^{N(t_1)} Y_i \sum_{j=1}^{N(t_2)} Y_j \middle| N(t_1),N(t_2)\right\}\right] \\
&= E\left[E\left\{\sum_{i=1}^{N(t_1)} Y_i \sum_{j=1}^{N(t_1)} Y_j + \sum_{i=1}^{N(t_1)} Y_i \sum_{j=N(t_1)+1}^{N(t_2)} Y_j \middle| N(t_1),N(t_2)\right\}\right] \\
&= E\left[\sum_{i=1}^{N(t_1)} E\left\{Y_i^2\right\} + \sum_{\substack{i,j=1\\ i\neq j}}^{N(t_1)} E\{Y_iY_j\}\right. \\
&\quad \left. + E\left\{\sum_{i=1}^{N(t_1)} Y_i\right\} E\left\{\sum_{j=N(t_1)+1}^{N(t_2)} Y_j\right\} \middle| N(t_1),N(t_2)\right] \\
&= E\left[\left(\sigma_Y^2+m_Y^2\right)N(t_1)+m_Y^2N(t_1)\{N(t_1)-1\}\right. \\
&\quad \left. +m_Y^2N(t_1)\{N(t_2)-N(t_1)\}\right] \\
&= \left(\sigma_Y^2+m_Y^2\right)E\{N(t_1)\}+m_Y^2E\left\{N^2(t_1)-N(t_1)\right\} \\
&\quad + m_Y^2E\{N(t_1)\}E\{N(t_2)-N(t_1)\}
\end{aligned} \tag{10.182}$$

이다. 여기서, $i \neq j$일 때 Y_i와 Y_j는 독립이고, $N(t_1)$와 $N(t_2) - N(t_1)$은 독립이다. 이제, (10.182)에 (10.181)에서 보인 $E\left\{N^2(t_1)\right\} = \lambda t_1 + (\lambda t_1)^2$을 넣어 정리하면

$$\begin{aligned}
R_W(t_1,t_2) &= \left(\sigma_Y^2+m_Y^2\right)\lambda t_1 + m_Y^2(\lambda t_1)^2 + m_Y^2\lambda t_1(\lambda t_2-\lambda t_1) \\
&= \left(\sigma_Y^2+m_Y^2\right)\lambda t_1 + m_Y^2(\lambda t_1)(\lambda t_2)
\end{aligned} \tag{10.183}$$

을 얻는다. 그러므로, (10.177)을 써서 $t_1 < t_2$일 때

$$\begin{aligned}
K_W(t_1,t_2) &= R_W(t_1,t_2) - m_W(t_1)m_W(t_2) \\
&= \lambda\left(\sigma_Y^2+m_Y^2\right)t_1
\end{aligned} \tag{10.184}$$

를 얻을 수 있다. 이와 비슷하게 $t_2 < t_1$일 때

$$K_W(t_1,t_2) = \lambda\left(\sigma_Y^2+m_Y^2\right)t_2 \tag{10.185}$$

임을 보일 수 있다. 따라서, (10.184)와 (10.185)에서

$$K_W(t_1,t_2) = \lambda\left(\sigma_Y^2+m_Y^2\right)\min(t_1,t_2) \tag{10.186}$$

임을 알 수 있다. ◇

10.5 줄 서기 모형*

10.5.1 줄 서기 모형의 기초

사람들이 줄[26]을 서서 기다리다가 순서가 되면 할 일을 마치고 떠나는 모형을 줄 서기 모형[27]이라 부르고, 줄 서기 모형을 다루는 이론을 줄 서기 이론이라 한다. 줄 서기 모형과 줄 서기 이론은 확률론, 관리 과학, 산업 공학과 같은 곳에서 매우 쓸모 있게 쓰인다. 구체적으로 보기를 들면, 교통량이나 정보 소통[28] 관리, 병원의 환자 관리, 산업 기계의 작업 할당, 컴퓨터의 작업 관리[29]에서 활용되며, 은행이나 우체국, 놀이 공원, 할인 매장의 설비를 계획할 때에도 쓰인다.

시간 t에 줄 서 있는 사람 수를 $N(t)$라고 두자. 또, 시간 t에 줄 서 있는 사람이 n 사람일 확률을

$$P_n(t) = P\{N(t) = n\} \tag{10.187}$$

처럼 쓰자. 이때, 정상 상태[30] 확률을

$$P_n = \lim_{t\to\infty} P\{N(t) = n\} \tag{10.188}$$

처럼 두면 줄 서 있는 사람 수의 평균은

$$L = \sum_{n=0}^{\infty} nP_n \tag{10.189}$$

이다.

정리 10.7 **리틀[31]의 공식** 사람이 줄에 오는 평균 비율을 λ, 줄 서 있는 사람 수의 평균을 L, 사람이 줄 서 있는 시간의 평균을 W라고 하면

$$L = \lambda W \tag{10.190}$$

이다. ■■

이제, 여러 가지 줄 서기 모형 가운데 하나를 좀 더 자세히 다루어 보자.

10.5.2 지수 분포 줄 서기 모형

비율이 λ인 포아송 과정으로 손님이 오고, 손님이 일을 마치는 데 걸리는 시간은 평균이 $\frac{1}{\mu}$인 지수 분포를 따르며, N 사람까지만 줄 서 있을 수 있다고[32] 하자. 곧, 손님과 그 다음 손님이 오

[26] queue
[27] queueing model
[28] data traffic
[29] scheduling
[30] steady state. 정상 상태란 시간이 넉넉히 흐른 다음을 일컫는다.
[31] Little
[32] 이와 같은 모형을 $M/M/1/N$ 모형이라고 하고, $M/M/1/N$ 모형에서 $N \to \infty$일 때를 $M/M/1$ 모형이라고 한다.

는 사이는 평균 $\frac{1}{\lambda}$인 독립 지수 변수이고, 새로운 손님이 왔을 때 N 사람이 이미 줄 서 있다면 그 사람은 그냥 돌아간다.

이제, 줄 서 있는 사람의 수를 '상태'라고 하고, 정상 상태일 때를 생각하자. 그러면, $n \geq 0$일 때 상태 n으로 들어가는 비율과 상태 n을 벗어나는 비율은 같을 것이다. 따라서,

$$\lambda P_0 = \mu P_1, \tag{10.191}$$

$$(\lambda + \mu) P_n = \lambda P_{n-1} + \mu P_{n+1}, \quad 1 \leq n \leq N-1, \tag{10.192}$$

$$\mu P_N = \lambda P_{N-1} \tag{10.193}$$

임을 알 수 있다. 위에서, 상태 0을 벗어나려면 상태 0에서 새로운 손님이 와야 하고 상태 0으로 들어가려면 상태 1에서 손님이 일을 마치고 떠나야 하며, 상태 N을 벗어나려면 상태 N에서 손님이 일을 마치고 떠나야 하고 상태 N으로 들어가려면 상태 $N-1$에서 새로운 손님이 와야 한다. 다시 말해, 상태 0과 상태 N은 대칭인 셈이다. 이제, (10.191)–(10.193)을 써서 P_n을 얻어 보자. 먼저,

$$\xi = \frac{\lambda}{\mu} \tag{10.194}$$

로 두면,

$$P_1 = \xi P_0, \tag{10.195}$$

$$\begin{aligned} P_2 &= \xi P_1 + (P_1 - \xi P_0) \\ &= \xi^2 P_0, \end{aligned} \tag{10.196}$$

$$\vdots$$

$$P_N = \xi^N P_0 \tag{10.197}$$

인데

$$\sum_{n=0}^{N} P_n = 1 \tag{10.198}$$

이므로

$$P_0 = \frac{1-\xi}{1-\xi^{N+1}} \tag{10.199}$$

를 얻는다. 따라서, 정상 상태에서 n사람이 줄 서 있을 확률은 $n = 0, 1, \cdots, N$일 때

$$P_n = \frac{\xi^n (1-\xi)}{1-\xi^{N+1}} \tag{10.200}$$

이다. 다음에, 줄 서 있는 사람 수의 평균은

$$\begin{aligned} L &= \sum_{n=0}^{N} n P_n \\ &= \frac{(1-\xi)}{1-\xi^{N+1}} \sum_{n=0}^{N} n \xi^n \\ &= \frac{\lambda \left\{ 1 + N\xi^{N+1} - (N+1)\xi^N \right\}}{(\mu - \lambda)\left(1 - \xi^{N+1}\right)} \end{aligned} \tag{10.201}$$

이다.

한편, 줄 설 수 있는 사람 수를 제한하였으므로 줄 서려고 왔다가 그냥 돌아가는 사람이 있을 것이다. 따라서, 평균 줄 서는 시간 W를 얻을 때에는 줄 서려고 오는 모든 사람들이 아니라 그 가운데에서 실제로 줄 서는 사람만 고려하여야 할 것이다. 곧, λ는 줄 설 수 있는 사람 수와 관계없이 줄 서려고 오는 모든 사람의 비율을 뜻하므로, 실제로 줄 서는 사람이 오는 비율을 나타내는 유효 도착 비율[33] λ_{eff}를 얻어 이것을 바탕으로 평균 줄 서는 시간 W를 얻어야 할 것이다. 이제, 사람이 줄 서지 않고 그냥 떠날 확률은 N 사람이 줄 서 있을 확률 P_N과 같으므로 실제로 줄 서는 손님이 올 확률은 $1-P_N$이다. 따라서,

$$\lambda_{eff} = \lambda(1-P_N) \tag{10.202}$$

이고, 평균 줄 서는 시간은 $W = \frac{L}{\lambda_{eff}}$이다.

보기 10.19 손님의 일을 처리하는 비율을 μ로 하는 데 드는 비용이 $c\mu$ 원/시간, 줄 설 수 있는 자리가 N, 일을 마친 사람이 내는 요금이 A원이라고 하자. 이때, μ를 얼마로 하면 시간당 이익이 가장 큰지 알아보자.

풀이 시간당 이익을 가장 크게 하는 것은 시간마다 들어오는 수입에서 시간마다 드는 비용을 뺀 값이 가장 크도록 μ를 고르는 것과 같다. 이제, 손님이 도착하는 비율이 λ라면, 그냥 돌아가는 손님의 비율은 λP_N이고 일을 마치고 가는 손님의 비율은 $\lambda(1-P_N)$이므로, 수입은

$$\lambda(1-P_N)\,A\text{원/시간} \tag{10.203}$$

이다. 한편, 지출은 $c\mu$ 원/시간이므로 시간당 이익은

$$\begin{aligned} I &= \lambda(1-P_N)\,A - c\mu \\ &= \lambda A\left\{1-\frac{\xi^N(1-\xi)}{1-\xi^{N+1}}\right\} - c\mu \\ &= \frac{\lambda A\left(1-\xi^N\right)}{1-\xi^{N+1}} - c\mu \end{aligned} \tag{10.204}$$

이다. 보기를 들어 $N=2, \lambda=1, A=10, c=1$이라고 할 때 시간당 이익은

$$\begin{aligned} I &= \frac{10\left\{1-\left(\frac{1}{\mu}\right)^2\right\}}{1-\left(\frac{1}{\mu}\right)^3} - \mu \\ &= \frac{10\left(\mu^3-\mu\right)}{\mu^3-1} - \mu \end{aligned} \tag{10.205}$$

이다. 그러므로, 시간당 이익을 가장 크게 하려면 $\frac{d}{d\mu}I = \frac{10\left(2\mu^3-3\mu^2+1\right)}{\left(\mu^3-1\right)^2} - 1 = 0$인 μ를 고르면[34] 된다. ◇

[33] effective arrival rate

[34] 이 방정식의 실수 풀이는 $\mu = 2.020$과 -0.4718이므로, 바라는 값은 $\mu = 2.020$이다.

10.6 그 밖의 보기*

10.6.1 마팅게일

평균이 0인 독립증분 과정 $\{X(t)\}$를 생각하자. 그러면, n이 1보다 큰 자연수일 때 실수 $t_1 < t_2 < \cdots < t_n$을 어떻게 고르더라도 $\{X(t)\}$는

$$E\{X(t_n) - X(t_{n-1}) | X(t_1), X(t_2), \cdots, X(t_{n-1})\} = 0 \tag{10.206}$$

을 만족시킨다. 이 식은 문제 10.3에 보인 것처럼

$$E\{X(t_n) | X(t_1), X(t_2), \cdots, X(t_{n-1})\} = X(t_{n-1}) \tag{10.207}$$

로 바꾸어 쓸 수 있다. 이 성질 (10.207)을 마팅게일 성질이라고 한다.

뜻매김 10.13 마팅게일[35]

확률공간 $(S, \mathcal{F}, P)$와 가리킴수 집합 $\mathbb{T}$를 생각하자. 그러면 $t_1 < t_2 < \cdots < t_n$, $t_i \in \mathbb{T}$일 때 아래를 만족시키는 확률과정 $\{X(t), t \in \mathbb{T}\}$를 마팅게일 또는 마팅게일 과정이라고 한다.

(가) $E\{|X(t)|\} < \infty$.

(나) $E\{X(t_{n+1}) | X(t_1), X(t_2), \cdots, X(t_n)\} = X(t_n)$.

보기 10.20 보기 2.46에서 다룬 내기꾼 파산 문제에서 $p = \frac{1}{2}$라고 하고, n째 내기가 끝난 뒤 내기꾼의 재산을 X_n이라고 하자. 그러면 $n+1$째 내기가 끝난 뒤 내기꾼의 기대 재산은 그 전에 무슨 일이 일어났더라도 n째 내기 뒤의 재산 X_n과 같다. 곧, n이 어떤 값이어도

$$E\{X_{n+1} | X_1, X_2, \cdots, X_n\} = X_n \tag{10.208}$$

이다. ◇

보기 10.21 보기 10.20에서 $Y_n = X_n^2 - n$이라고 하면 $\{Y_n\}$은 마팅게일이다. ◇

보기 10.22 어떤 주머니에 노란 공이 a개, 검은 공이 b개 들어 있다. 이 주머니에서 아무렇게나 공을 하나 꺼낸 뒤, 그 공을 빛깔이 같은 공 하나와 함께 주머니에 다시 넣는다. 이제, 이런 실험을 n번 시행한 다음, 주머니 안에 있는 노란 공 수를 X_n이라고 할 때

$$Y_n = \frac{X_n}{n+a+b} \tag{10.209}$$

를 생각하자. 그러면 $\{Y_n, n = 1, 2, \cdots\}$은 마팅게일이다. ◇

[35] martingale. 여기서, $X(t)$가 연속 시간 확률과정일 때에는 뜻매김 10.13에 보인 (나)를 's가 t보다 크지 않을 때는 $E\{X(t)|\{X(\tau), \tau \leq s\}\} = X(s)$'로 바꾼다.

보기 10.23 평균이 0인 독립증분 과정과 마팅게일 성질을 지닌 확률과정은 모두 마팅게일이지만, 마팅게일 과정이 반드시 평균이 0인 확률과정이거나 독립증분 과정인 것은 아니다. 다만, 마팅게일 과정이 정규 확률과정이면 독립증분 과정이라는 것을 보일 수 있다. 덧붙여,

$$X(0) = 0 \tag{10.210}$$

인 마팅게일 과정 $\{X(t)\}$의 마팅게일 성질은 문제 10.3에 다루었듯이

$$E\{X(t_n)|X(t_{n-1})\} = X(t_{n-1}) \tag{10.211}$$

로 바꾸어 쓸 수 있다. ◇

뜻매김 10.14

한편, $t_1 < t_2 < \cdots < t_n$, $t_i \in \mathbb{T}$일 때 $E\{|Y(t)|\} < \infty$이고

$$E\{Y(t_{n+1})|X(t_1), X(t_2), \cdots, X(t_n)\} = Y(t_n) \tag{10.212}$$

이면 확률과정 $\{Y(t), t \in \mathbb{T}\}$를 $\{X(t), t \in \mathbb{T}\}$에 대한 마팅게일이라고 한다.

보기 10.24 (드무아브르 마팅게일) 처음에 $X_0 = 0$이라고 두고, 앞이 나올 확률 p가 $\frac{1}{2}$이 아닌 동전을 던져, 앞이 나오면 1을 더하고 뒤가 나오면 1을 뺀다. 이제, 동전을 n번 던진 다음의 값을 X_n이라고 할 때

$$Y_n = \left(\frac{1-p}{p}\right)^{X_n} \tag{10.213}$$

을 생각하면 $\{Y_n, n = 1, 2, \cdots\}$은 $\{X_n, n = 1, 2, \cdots\}$에 대한 마팅게일이다. ◇

보기 10.25 뜻매김 10.13의 (나)에 있는 등호를 $\geq$로 바꾸면 부 마팅게일[36]을, $\leq$로 바꾸면 초 마팅게일[37]을 뜻매김할 수 있다. 한편, 뜻매김 10.13의 (나)를

$$E\{X(t_1)|X(t_2), X(t_3), \cdots, X(t_{n+1})\} = X(t_{n+1}) \tag{10.214}$$

처럼 바꾸면 역[38] 마팅게일을 얻고, 다시 등호를 $\geq$로 바꾸면 역 부 마팅게일을, $\leq$로 바꾸면 역 초 마팅게일을 뜻매김할 수 있다. ◇

보기 10.26 마팅게일은 늘 부 마팅게일이고 초 마팅게일이며, 거꾸로 부 마팅게일이고 초 마팅게일인 확률과정은 마팅게일이라는 것을 알 수 있다. ◇

보기 10.27 앞이 나올 확률이 p인 동전을 던져 앞이 나오면 1을 더하고 뒤가 나오면 1을 뺀다. 이제, 동전을 n번 던진 다음의 값을 X_n이라고 하자. 이때, $p = \frac{1}{2}$이면 $\{X_n\}$은 마팅게일이고, $p < \frac{1}{2}$이면 $\{X_n\}$은 초 마팅게일이며, $p > \frac{1}{2}$이면 $\{X_n\}$은 부 마팅게일이다[39]. ◇

[36] sub martingale

[37] super martingale

[38] reversed, backward

[39] 곧, 오랜 시간에 걸쳐 평균적으로 생각하면, 이런 동전을 던져 앞이 나오면 따는 내기를 할 때 내기꾼은 $p = \frac{1}{2}$이면 따지도 잃지도 않을 것이고, $p < \frac{1}{2}$이면 잃을 것이며, $p > \frac{1}{2}$이면 딸 것이다.

10.6.2 브라운 다리

뜻매김 10.15 브라운 다리[40]

기댓값이

$$E\{Z(t)\} = 0 \tag{10.215}$$

이고, 공분산이 $0 \le t \le s \le 1$일 때

$$\text{Cov}\{Z(t), Z(s)\} = t(1-s) \tag{10.216}$$

인 정규과정 $\{Z(t)\}$를 브라운 다리라고 한다.

보기 10.28 기댓값이 0인 정규 분포에서는 $E\{X^4\} = 3E^2\{X^2\}$이라는 것을 바탕으로, 브라운 다리 $\{Z(t)\}$에서

$$\begin{aligned} E\left[\{Z(t)-Z(s)\}^4\right] &= 3(t-s)^2(1-|t-s|)^2 \\ &\le 3(t-s)^2 \end{aligned} \tag{10.217}$$

임을 알 수 있다. ◇

정리 10.8 브라운 다리 $Z(t)$에서 $\alpha > 0$이고 $\beta > 0$이면, $0 \le t \le 1$일 때

$$\Pr\{Z(t) < \alpha(1-t) + \beta t\} = 1 - e^{-2\alpha\beta} \tag{10.218}$$

이고

$$\begin{aligned} &\Pr\{-\alpha(1-t) - \beta t < Z(t) < \alpha(1-t) + \beta t\} \\ &\quad = 1 - 2\sum_{m=1}^{\infty}(-1)^{m+1}e^{-2m^2\alpha\beta} \end{aligned} \tag{10.219}$$

이다. ■■

정리 10.9 표준 정규 확률변수들 $X_1, X_2, \cdots$이 서로 독립이고 $Z(t)$가 브라운 다리이면

$$\Pr\left\{\int_0^1 Z^2(t)dt < \lambda\right\} = P\left\{\sum_{j=1}^{\infty}\frac{X_j^2}{j^2\pi^2} < \lambda\right\} \tag{10.220}$$

이다. ■■

증명 먼저,

[40] Brownian bridge

$$Z_N(t) \;=\; \sqrt{2}\sum_{j=1}^{N} X_j \frac{\sin(j\pi t)}{j\pi} \tag{10.221}$$

로 두면 $\{Z_N(t)\}$는 기댓값이 0이고 공분산은

$$\text{Cov}\{Z_N(t), Z_N(s)\} \;=\; 2\sum_{j=1}^{N} \frac{\sin(j\pi t)\sin(j\pi s)}{(j\pi)^2} \tag{10.222}$$

이다. 여기서, $0 \le t \le s \le 1$일 때

$$2\sum_{j=1}^{\infty} \frac{\sin(j\pi t)\sin(j\pi s)}{(j\pi)^2} \;=\; t(1-s) \tag{10.223}$$

이므로

$$\text{Cov}\{Z_N(t), Z_N(s)\} \;\to\; \text{Cov}\{Z(t), Z(s)\} \tag{10.224}$$

임을 새겨 두자. 이제,

$$\begin{aligned} E\left[\{Z_N(t)-Z_N(s)\}^4\right] &= 3\left[\text{Var}\{Z_N(t)-Z_N(s)\}\right]^2 \\ &\le 3\left[2\sum_{j=1}^{N}\left\{\frac{\sin(j\pi t)-\sin(j\pi s)}{j\pi}\right\}^2\right]^2 \\ &\le 3\left[2\sum_{j=1}^{\infty}\left\{\frac{\sin(j\pi t)-\sin(j\pi s)}{j\pi}\right\}^2\right]^2 \\ &= 3(t-s)^2(1-|t-s|)^2 \\ &\le 3(t-s)^2 \end{aligned} \tag{10.225}$$

이므로 $\{Z_N(t)\}$가 $\{Z(t)\}$로 분포에서 수렴한다. 따라서,

$$\begin{aligned} \int_0^1 Z_N^2(t)dt &= 2\sum_{j=1}^{N}\sum_{k=1}^{N}\frac{X_i X_k}{j\pi k\pi}\int_0^1 \sin(j\pi t)\sin(k\pi t)dt \\ &= \sum_{j=1}^{N}\frac{X_j^2}{j^2\pi^2} \end{aligned} \tag{10.226}$$

은

$$\int_0^1 Z^2(t)dt \tag{10.227}$$

로 분포에서 수렴한다. 끝으로, b가 0보다 작지 않으면

$$P\left\{\int_0^1 Z^2(t)dt = b\right\} \;=\; 0 \tag{10.228}$$

이므로, (10.220)을 쉽게 알 수 있다. □

보기 10.29 고른 분포 $U(0,1)$에서 얻은 순서 통계량 $U_{[1]} < U_{[2]} < \cdots < U_{[n]}$에서

$$Z\left(\frac{i}{n+1}\right) = \sqrt{n}\left(U_{[i]} - \frac{i}{n+1}\right) \tag{10.229}$$

처럼 두자. 이제, $Z(0) = Z(1) = 0$이라고 하고 구간 $\left(\frac{i-1}{n+1}, \frac{i}{n+1}\right)$에서 $Z\left(\frac{i-1}{n+1}\right)$과 $Z\left(\frac{i}{n+1}\right)$를 곧게 이어 $0 < t < 1$일 때 $Z(t)$를 뜻매김할 수 있다. 다음에, $U_{[0]} = 0$과 $U_{[n+1]} = 1$이라고 두고 $V_i = U_{[i]} - U_{[i-1]}$로 뜻매김하여 그 순서 통계량 벡터 $V_{[\cdot]} = \left(V_{[1]}, V_{[2]}, \cdots, V_{[n+1]}\right)$을 생각하자. 그러면 아래를 보일 수 있다.

(가) 먼저, $0 \le t_1 < t_2 < \cdots < t_k \le 1$일 때, 확률벡터 $(Z(t_1), Z(t_2), \cdots, Z(t_k))$는 점근적으로 평균이 0이고 분산-공분산은 $1 \le i \le j \le k$일 때

$$\sigma_{ij} = t_i(1-t_j) \tag{10.230}$$

인 결합 정규 확률벡터이다.

(나) 다음에, $i = 1, 2, \cdots, n$일 때

$$\Pr\left\{U_{[i]} = \sum_{j=1}^{i} v_{[r_j]} \middle| V_{[\cdot]} = v_{[\cdot]}\right\} = \frac{1}{n!} \tag{10.231}$$

이다.

(다) 또한,

$$\frac{\max\limits_{1\le i\le n+1}\left(V_{[i]} - \frac{1}{n+1}\right)^2}{\sum\limits_{j=1}^{n}\left(V_{[j]} - \frac{1}{n+1}\right)^2} \xrightarrow{p} 0 \tag{10.232}$$

를 보일 수 있다.

(라) 확률과정 $\{Z(t), t \in (0,1)\}$은 브라운 다리로 분포에서 수렴한다. ◇

보기 10.30 브라운 다리 $Z(t)$와 $0 < t < 1$에서 적분할 수 있는 함수 $g(t)$를 생각하자. 그러면

$$G(t) = \int_0^t g(s)ds \tag{10.233}$$

으로 둘 때,

$$\int_0^1 g(t)Z(t)dt \tag{10.234}$$

는 평균이 0이고 분산이

$$\sigma^2 = \int_0^1 G^2(t)dt - \left\{\int_0^1 G(t)dt\right\}^2 \tag{10.235}$$

인 정규 확률변수라는 것을 보일 수 있다. ◇

부록

부록 10.1 식 계산

여기서는 (10.115)를 계산하여 (10.116)을 얻는 과정을 자세히 살펴본다. 먼저,

$$\begin{aligned} K_V(t_1,t_2) &= \int_{t_2-T}^{t_2}\int_{t_1-T}^{t_1} E\{W(s_1)W(s_2)\}\,ds_1ds_2 \\ &= \int_{t_2-T}^{t_2}\int_{t_1-T}^{t_1} \alpha^2 \min(s_1,s_2)\,ds_1ds_2 \end{aligned} \quad (10.236)$$

이다. 이제 위 적분을 자세히 풀어 보면 다음과 같다.

(가) $t_1 > T$이고 $t_2 > T$일 때

가. $t_1 - t_2 < -T$이면

$$\alpha^2\int_{t_2-T}^{t_2}\int_{t_1-T}^{t_1} s_2ds_1ds_2 = \frac{\alpha^2}{2}\left(2t_2T^2 - T^3\right). \quad (10.237)$$

나. $-T < t_1 - t_2 < 0$이면

$$\begin{aligned} &\alpha^2\left\{\int_{t_2-T}^{t_1}\int_{s_2}^{t_1} s_1ds_1ds_2 + \int_{t_2-T}^{t_1}\int_{t_1-T}^{s_2} s_2ds_1ds_2 + \int_{t_1}^{t_2}\int_{t_1-T}^{t_1} s_2ds_1ds_2\right\} \\ &= \frac{\alpha^2}{6}\left\{(t_1-t_2+T)^3 + 6t_2T^2 - 3T^3\right\}. \end{aligned} \quad (10.238)$$

다. $0 < t_1 - t_2 < T$이면

$$\begin{aligned} &\alpha^2\left\{\int_{t_1-T}^{t_2}\int_{t_1-T}^{s_2} s_2ds_1ds_2 + \int_{t_1-T}^{t_2}\int_{s_2}^{t_1} s_1ds_1ds_2 + \int_{t_2-T}^{t_1-T}\int_{t_1-T}^{t_1} s_1ds_1ds_2\right\} \\ &= \frac{\alpha^2}{6}\left\{(t_2-t_1+T)^3 + 6t_1T^2 - 3T^3\right\}. \end{aligned} \quad (10.239)$$

라. $t_1 - t_2 > T$이면

$$\alpha^2\int_{t_2-T}^{t_2}\int_{t_1-T}^{t_1} s_1ds_1ds_2 = \frac{\alpha^2}{2}\left(2t_1T^2 - T^3\right). \quad (10.240)$$

(나) $t_1 < T$이고 $t_2 > T$일 때

가. $t_1 - t_2 < -T$이면

$$\alpha^2\int_{t_2-T}^{t_2}\int_{0}^{t_1} s_2ds_1ds_2 = \frac{\alpha^2}{2}\left(2t_1t_2T - t_1T^2\right). \quad (10.241)$$

나. $-T < t_1 - t_2 < 0$이면

$$\begin{aligned} &\alpha^2\left\{\int_{t_2-T}^{t_1}\int_{s_2}^{t_1} s_1ds_1ds_2 + \int_{t_2-T}^{t_1}\int_{0}^{s_2} s_2ds_1ds_2 + \int_{t_1}^{t_2}\int_{0}^{t_1} s_2ds_1ds_2\right\} \\ &= \frac{\alpha^2}{6}\left\{(t_1-t_2)^3 + 3\left(t_1^2+t_2^2\right)T - 3t_2T^2 + T^3\right\}. \end{aligned} \quad (10.242)$$

(다) $t_1 > T$이고 $t_2 < T$일 때

가. $0 < t_1 - t_2 < T$이면

$$\alpha^2 \left\{ \int_{t_1-T}^{t_2} \int_{t_1-T}^{s_2} s_2 ds_1 ds_2 + \int_{t_1-T}^{t_2} \int_{s_2}^{t_1} s_1 ds_1 ds_2 + \int_0^{t_1-T} \int_{t_1-T}^{t_1} s_1 ds_1 ds_2 \right\}$$
$$= \frac{\alpha^2}{6} \left\{ (t_2 - t_1)^3 + 3\left(t_1^2 + t_2^2\right) T - 3t_1 T^2 + T^3 \right\}. \quad (10.243)$$

나. $t_1 - t_2 > T$이면

$$\alpha^2 \int_0^{t_2} \int_{t_1-T}^{t_1} s_1 ds_1 ds_2 = \frac{\alpha^2}{2} \left(2t_1 t_2 T - t_2 T^2\right). \quad (10.244)$$

(라) $t_1 < T$이고 $t_2 < T$일 때

가. $-T < t_1 - t_2 < 0$이면

$$\alpha^2 \left\{ \int_0^{t_1} \int_{s_2}^{t_1} s_1 ds_1 ds_2 + \int_0^{t_1} \int_{s_1}^{t_2} s_2 ds_2 ds_1 \right\} = \frac{\alpha^2}{6} \left(t_2^3 + 3t_2 t_1^2\right). \quad (10.245)$$

나. $0 < t_1 - t_2 < T$이면

$$\alpha^2 \int_0^{t_2} \int_0^{s_2} s_2 ds_1 ds_2 = \frac{\alpha^2}{6} \left(t_1^3 + 3t_1 t_2^2\right). \quad (10.246)$$

(마) 그 밖에는 $K_V(t_1, t_2) = 0$.

위 (가)–(마)에서 얻은 것을 하나로 묶어 쓰면 (10.116)과 같다.

연습 문제

문제 10.1 다음 물음에 답하시오.

(가) 처음값 $X(0) = X_0$이 알려진 독립증분 과정에서 n차 확률밀도함수를 1차 확률밀도함수와 2차 확률밀도함수로 나타내시오.

(나) 처음값 $X(0) = X_0$이 알려진 독립증분 과정은 마르코프 과정이라는 것을 보이시오.

문제 10.2 식 (10.41)에 보인

$$\beta_{m,l} = \begin{cases} {}_m\mathrm{C}_{\frac{m+l}{2}} \, (1-p)^{\frac{m-l}{2}} p^{\frac{m+l}{2}}, & l = -m, -m+2, \cdots, m, \\ 0, & \text{그 밖에는} \end{cases} \tag{10.247}$$

이

$$\sum_{l=-m,-m+2,\cdots,m} \beta_{m,l} = 1 \tag{10.248}$$

을 만족시킨다는 것을 보이시오.

문제 10.3 확률과정 $\{X(t)\}$가 평균이 0인 독립증분 과정이면 $n \geq 2$이고 $t_1 < t_2 < \cdots < t_n$일 때

$$E\{X(t_n) - X(t_{n-1}) | X(t_1), X(t_2), \cdots, X(t_{n-1})\} = 0 \tag{10.249}$$

를 만족시킨다. 먼저, (10.249)는

$$E\{X(t_n) | X(t_1), X(t_2), \cdots, X(t_{n-1})\} = X(t_{n-1}) \tag{10.250}$$

과 같다는 것을 보이고, 처음값이 알려진 독립증분 과정에서는 이 식을 다시

$$E\{X(t_n) | X(t_{n-1})\} = X(t_{n-1}) \tag{10.251}$$

과 같이 쓸 수 있다는 것을 보이시오.

문제 10.4 독립 확률과정 열 $\{Z_n\}$을 생각하자. 이제, Z_n이 $X_{n-1}, X_{n-2}, \cdots$과 독립이면

$$X_n = aX_{n-1} + bX_{n-2} + Z_n \tag{10.252}$$

인 2차 자기회귀 과정 $\{X_n\}$이 2차 마르코프 과정이라는 것을 보이시오. 다음에, $\{Z_n\}$의 분포가 같고, n_0을 어떻게 골라도 $n \leq n_0$인 n에서 늘 $\{X_n\}$이 넓은 뜻에서 정상이면, $\{X_n\}$이 $n > n_0$일 때에도 넓은 뜻에서 정상이라는 것을 보이시오.

문제 10.5 확률과정 $X(t)$가 독립증분 과정이고, 그 처음 값이 알려져 있다면

$$Y(t) = X(t) - m_X(t) \tag{10.253}$$

이 마팅게일이라는 것을 보이시오.

문제 10.6 한 대학 전화교환기에 걸려 오는 전화 수는 1분에 평균 $\frac{2}{3}$통인 포아송 과정이다. 열째 전화가 올 때까지 기다리는 시간을 확률변수 X라고 하자. 이때, 확률변수 X의 확률밀도 함수가

$$f_X(x) = \left(\frac{2}{3}\right)^{10} \frac{x^9}{9!} \exp\left(-\frac{2}{3}x\right) u(x) \tag{10.254}$$

임을 보이시오. 그리고, 확률변수 X의 적률생성함수, 평균, 표준 편차를 얻으시오.

문제 10.7 독립이고 분포가 같은 확률과정 $\{X_n, n \geq 1\}$이

$$E\{X_n^2\} < \infty \tag{10.255}$$

를 만족시킬 때 x에서 시작하는 일반적인 멋대로 걷기[41] $\{S_n^x\}$를

$$S_0^x = 0 \tag{10.256}$$

과

$$S_n^x = x + X_1 + \cdots + X_n \tag{10.257}$$

처럼 두자. 이때, 평균 $E\{S_n^x\}$, 분산 $\mathrm{Var}\{S_n^x\}$, 공분산 $\mathrm{Cov}(S_n^x, S_m^x)$를 얻으시오.

문제 10.8 어떤 병원에서 **하**와 **파** 두 사람은 모두 새 콩팥을 받아야 한다. 새 콩팥을 받지 못하면 **하**와 **파**는 각각 비율이 μ_1과 μ_2인 지수 시간 뒤에 죽는다. 새 콩팥은 매개변수가 λ인 포아송 과정에 따라 이 병원에 온다. 처음 온 콩팥은 **하**가 살아 있으면 **하**에게, 그렇지 않으면 **파**에게 주고, 다음 콩팥은 **파**가 살아 있으면 **파**에게 준다.
(가) **하**가 새 콩팥을 받을 확률은 얼마인가?
(나) **파**가 새 콩팥을 받을 확률을 얼마인가?

문제 10.9 날씨가 좋은 해와 좋지 않은 해에는 단위 시간 비율이 각각 3과 5인 포아송 과정으로 폭풍이 일어난다. 날씨가 좋은 해일 확률은 0.3이라고 두자. 이제, $N(t)$를 처음 t 단위 시간 동안 폭풍이 일어난 횟수라고 두자.
(가) 확률 $\Pr\{N(t) = n\}$을 얻으시오.
(나) 확률과정 $\{N(t)\}$는 포아송 과정인가?
(다) 확률과정 $\{N(t)\}$는 정상증분 과정인가?
(라) 확률과정 $\{N(t)\}$는 독립증분 과정인가?
(마) 시간 $t = 1$에서 폭풍이 세 번 일어났을 때, 그 해가 날씨가 좋은 해일 조건부 확률을 얻으시오.

문제 10.10 확률과정 $\{S_n\}$이 0에서 시작하는 멋대로 걷기일 때 두 확률변수

$$M_N = \max\{S_n, n = 0, 1, 2, \cdots, N\} \tag{10.258}$$

[41] generalized random walk

과

$$m_N = \min\{S_n, n=0,1,2,\cdots,N\} \tag{10.259}$$

를 생각하자.

(가) 확률변수 M_N의 누적분포함수가

$$F_{M_N}(k) = \begin{cases} 0, & k \le -1, \\ 1 - \sum_{r=k+1}^{N} \frac{k+1}{r} {}_r\mathrm{C}_{\frac{r+k+1}{2}} p^{\frac{r+k+1}{2}} q^{\frac{r-k-1}{2}}, & 0 \le k < N, \\ 1, & k \ge N \end{cases} \tag{10.260}$$

임을 보이시오.

(나) 확률변수 m_N의 누적분포함수가

$$F_{m_N}(k) = \begin{cases} 0, & k \le -N-1, \\ \sum_{r=-k}^{N} \frac{-k}{r} {}_r\mathrm{C}_{\frac{r-k}{2}} q^{\frac{r-k}{2}} p^{\frac{r+k}{2}}, & -N \le k < 0, \\ 1, & k \ge 0 \end{cases} \tag{10.261}$$

임을 보이시오.

(다) 확률변수 M_N과 S_N의 결합 확률 $P(M_N \ge a, S_N \ge b)$를

$$\begin{aligned} P\{M_N \ge a, S_N \ge b\} &= \sum_{n=a}^{N} \frac{a}{N} {}_n\mathrm{C}_{\frac{n+a}{2}} p^{\frac{n+a}{2}} q^{\frac{n-a}{2}} \\ &\quad \cdot \sum_{k=b-a}^{0} {}_{N-n}\mathrm{C}_{\frac{N-n-k}{2}} q^{\frac{N-n-k}{2}} p^{\frac{N-n+k}{2}} \end{aligned} \tag{10.262}$$

처럼 쓸 수 있다는 것을 보이시오.

문제 10.11 독립이고 분포가 같은 포아송 확률과정 $\{X_n, n=1,2,\cdots\}$을 생각하자. 이때, 확률과정 $\{\min(X_n, X_{n-1})\}$의 한계 누적분포함수는

$$F_{\min(X_n,X_{n-1})}(u) = 1 - \sum_{k=u+1}^{\infty} \frac{\lambda^k e^{-\lambda}}{k!} \sum_{l=u+1}^{\infty} \frac{\lambda^l e^{-\lambda}}{l!} \tag{10.263}$$

이고, 확률과정 $\{\max(X_n, X_{n-1})\}$의 한계 누적분포함수는

$$F_{\max(X_n,X_{n-1})}(w) = \sum_{k=0}^{w} \frac{\lambda^k e^{-\lambda}}{k!} \sum_{l=0}^{w} \frac{\lambda^l e^{-\lambda}}{l!} \tag{10.264}$$

임을 보이시오. 이 두 확률과정은 독립이고 분포가 같은 확률과정인가?

문제 10.12 비율이 λ인 포아송 확률과정 $\{N(t), t \ge 0\}$과 $P\{T_0 = \pm 1\} = \frac{1}{2}$을 만족시키는 독립 확률변수 T_0을 바탕으로

$$T(t) = (-1)^{N(t)} T_0 \tag{10.265}$$

로 두자.
(가) 확률과정 $\{T(t), t \geq 0\}$은 넓은 뜻에서 정상인 확률과정이라는 것을 보이시오.
(나) 확률변수 $T(s)$와 $T(s+t)$ 사이의 상관계수를 얻으시오.
(다) 확률변수 $X(t) = \int_0^t T(s)ds$의 평균은

$$E\{X(t)\} \;=\; 0 \tag{10.266}$$

이고, 분산은

$$\text{Var}\{X(t)\} \;=\; \frac{e^{-2\lambda t} - 1 + 2\lambda t}{2\lambda^2} \tag{10.267}$$

임을 보이시오.

문제 10.13 어느 전화선에 생기는 잡음 신호는 비율이 λ인 포아송 확률과정이다.
(가) 길이가 t 초인 내용을 전달하는 동안 잡음이 생기지 않을 확률을 얻으시오.
(나) 잡음 하나로 말미암은 잘못은 고칠 수 있도록 내용을 부호화하였다고 하자. 이때, 길이가 t 초인 내용을 잘못이 없거나 고칠 수 있게 보낼 확률을 얻으시오.

문제 10.14 두 전화선으로 컴퓨터에 정보가 온다. 정보가 오는 것은 독립이며 비율이 각각 λ_1과 λ_2인 포아송 확률과정이다.
(가) 첫째 정보가 1번 전화선으로 올 확률을 얻으시오.
(나) 첫째 정보가 올 때까지 걸리는 시간의 확률밀도함수가

$$f(t) \;=\; \frac{\lambda_1^2 e^{-\lambda_1 t} + \lambda_2^2 e^{-\lambda_2 t}}{\lambda_1 + \lambda_2} \tag{10.268}$$

임을 보이시오.
(다) 시간 t 동안 온 정보의 총 수 $N(t)$의 확률질량함수가

$$\Pr\{N(t) = n\} \;=\; \frac{(\lambda_1 t + \lambda_2 t)^n}{n!} e^{-(\lambda_1+\lambda_2)t} \tag{10.269}$$

임을 보이시오.
(라) 이제, 비율이 $\{\lambda_i\}_{i=1}^k$인 독립 포아송 분포를 따라 k 전화선으로 정보가 들어올 때 (다)에서 얻은 결과를 일반화하시오.

문제 10.15 정보 센터에 포아송 확률과정인 정보가 1 초마다 λ의 비율로 닿는다. 한 시간 동안 온 정보들은 시간마다 한꺼번에 목적지로 보낸다. 한 시간 동안 온 정보를 모두 보내기까지 늦어진 시간 총합의 평균을 얻으시오. (귀띔: 온 정보의 수를 조건으로 써 보시오.)

문제 10.16 포아송 확률과정 $\{N(t)\}$를 바탕으로 하여 T가 0보다 큰 상수일 때 새로운 확률과정 $\{Y(t)\}$를

$$Y(t) \;=\; \frac{N(t+T) - N(t)}{T} \tag{10.270}$$

처럼 뜻매김하자.

(가) 확률과정 $\{Y(t)\}$의 자기공분산을 얻으시오.

(나) 앞 결과를 써서 포아송 확률과정의 미분이 존재하는지 설명해 보시오.

문제 10.17 비율이 λ인 포아송 확률과정 $\{N(t), t \geq 0\}$을 생각하여 n째 사건이 일어난 시간을 S_n이라고 할 때, $E\{S_4\}$, $E\{S_4 | N(1) = 2\}$, $E\{N(4) - N(2) | N(1) = 3\}$을 얻으시오.

문제 10.18 어떤 사건이 시간마다 비율이 $\lambda = 2$인 포아송 확률과정으로 일어난다.

(가) 오후 8시와 그 다음 날 오전 9시 사이에 아무 사건도 일어나지 않을 확률을 얻으시오.

(나) 정오에 시작하여 넷째 사건이 일어날 때까지 시간의 기댓값을 얻으시오.

(다) 오후 6시와 8시 사이에 사건이 둘 이상 일어날 확률을 얻으시오.

문제 10.19 확률변수 X는 비율이 λ인 포아송 확률변수이고 λ도 평균이 $\frac{1}{c}$인 지수 변수일 때 확률변수 X의 확률질량함수를 얻으시오.

문제 10.20 비율이 시간마다 네 번인 포아송 분포로 전화가 걸려온다고 하자.

(가) 처음 한 시간 동안 전화가 두 통보다 적게 걸려올 확률은 얼마인가?

(나) 처음 한 시간 동안 전화가 여섯 통 걸려왔다고 하자. 이때, 그 다음 한 시간 동안 전화가 두 통보다 적게 걸려올 확률은 얼마인가?

(다) 처음 두 시간 동안 전화가 정확히 여섯 통 걸려왔다고 할 때, 처음 한 시간 동안 두 통, 그리고 다음 한 시간 동안 네 통 걸려왔을 조건부 확률을 얻으시오.

(라) 열째 전화가 올 때까지 걸리는 시간의 평균은 얼마인가?

이제, 걸려오는 전화의 $\frac{3}{4}$은 남자가, $\frac{1}{4}$은 여자가 건다고 하고, 전화를 거는 사람의 성별은 전화가 걸려오는 시간과는 독립이라고 하자.

(마) 한 시간 동안 정확히 남자 둘과 여자 셋이 전화 걸 확률을 얻으시오.

(바) 여자 셋이 전화 걸기 전에 남자 셋이 전화 걸 확률을 얻으시오.

문제 10.21 2차원 포아송 과정은 평면 위에서 일어나는 확률과정인데, (1) 어떤 영역 안에서 일어나는 사건의 수는 평균이 λ인 포아송 확률 분포를 따르며, (2) 서로 겹치지 않는 영역에서 일어나는 사건의 수는 서로 독립이다. 이제, 평면 위의 한 점에서 가장 가까운 사건이 일어난 곳까지의 유클리드 거리[42]를 X라고 하고 다음을 보이시오.

(가) $\Pr\{X > t\} = e^{-\lambda\pi t^2}$.

(나) $E\{X\} = \frac{1}{2\sqrt{\lambda}}$.

(다) 끝으로, 아무렇게나 고른 점에서 i째 가까운 사건까지의 거리를 R_i로 쓰고 $R_0 = 0$이라고 두자. 이제, $i = 1, 2, \cdots$ 일 때

$$\pi\left(R_i^2 - R_{i-1}^2\right) \tag{10.271}$$

이 서로 독립이고 비율이 λ인 지수 확률변수라는 것을 보이시오.

문제 10.22 식 (10.97)에 보인 위너 과정의 자기 상관함수

[42]Euclidean distance

$$K_W(t_1, t_2) = \alpha^2 \min(t_1, t_2) \tag{10.272}$$

를 써서 위너 과정의 증분들이 상관이 없다는 것을 – 곧, 구간 $[t_1, t_2)$와 $[t_3, t_4)$가 서로 겹치지 않을 때

$$E[\{W(t_1) - W(t_2)\}\{W(t_3) - W(t_4)\}] = 0 \tag{10.273}$$

임을 – 보이시오.

문제 10.23 위너 과정 $W(t)$를 미분하여 얻은 상징 확률과정 $Z(t)$가 $X(t)$와 독립일 때

$$Y(t) = X(t)Z(t) \tag{10.274}$$

처럼 두자. 이때, $Y(t)$의 자기상관함수가

$$R_Y(t_1, t_2) = \alpha^2 \left\{m_X^2(t_1) + \sigma_X^2(t_1)\right\} \delta(t_1 - t_2) \tag{10.275}$$

임을 보이시오.

문제 10.24 대칭성

$$\begin{aligned} \Pr\{W(t) \le w | W(s) = w, s \le t\} &= \Pr\{W(t) \ge w | W(s) = w, s \le t\} \\ &= \frac{1}{2}, \quad w > 0 \end{aligned} \tag{10.276}$$

을 써서, 구간 $[0, t]$에서 위너 과정이 크기 w를 가로지를[43] 확률이

$$P_C(t) = 2 - 2F_{W(t)}(w) \tag{10.277}$$

임을 보이시오. 그 다음, 위너 과정이 평균이 0이고 자기공분산함수는

$$K_W(t_1, t_2) = \alpha^2 \min(t_1, t_2) \tag{10.278}$$

인 정규 확률과정이라는 것을 새기고, (3.371)에 보인 잘못 함수

$$\Theta(x) = \frac{2}{\sqrt{\pi}} \int_0^x \exp\left(-t^2\right) dt \tag{10.279}$$

를 써서 $P_C(t)$를 자세히 나타내시오. 끝으로, $t \to \infty$일 때, w와 상관없이 $P_C(t) \to 1$이라는 것을 보이시오. (귀띔: 조건부 확률의 뜻매김과 수준 가로지름 사건 A의 확률이

$$P(A) = P(A, W(t) \le w) + P(A, W(t) \ge w) \tag{10.280}$$

임을 써서

$$P_C(t) = 2 - 2F_{W(t)}(w) \tag{10.281}$$

임을 얻어 보시오.)

[43] 이것을 위너 과정의 수준 가로지르기라고 level crossings of Wiener process 한다.

문제 10.25 식 (10.31)에 보인 것처럼 이항 확률변수 Z_i들을 더한

$$W_n = \sum_{i=1}^{n} Z_i \tag{10.282}$$

를 생각하자. 이제, 뜀 크기 Z_i를 독립이고 분포가 같은 연속 확률변수로 일반화했을 때 멋대로 걷기의 평균

$$m_W(n) = n(2p-1) \tag{10.283}$$

과 자기공분산

$$K_W(n_1,n_2) = 4p(1-p)\min(n_1,n_2) \tag{10.284}$$

가 어떻게 바뀌는지 알아보시오.

문제 10.26 멋대로 걷기 W_n에서 m이 자연수일 때

$$U_n = W_n - W_{n-m} \tag{10.285}$$

처럼 두자. 이제, U_n의 평균을 얻고, U_n의 자기공분산함수가

$$K_U(n_1,n_2) = \begin{cases} 4p(1-p)(m-|n_1-n_2|), & |n_1-n_2| \le m, \\ 0, & |n_1-n_2| > m \end{cases} \tag{10.286}$$

임을 보이시오. (귀띔:

$$h(j) = \begin{cases} 1, & 0 \le j \le m, \\ 0, & \text{그 밖에는} \end{cases} \tag{10.287}$$

일 때

$$U_n = \sum_{i=-\infty}^{\infty} h(n-i)Z_i \tag{10.288}$$

처럼 나타내 보시오.)

문제 10.27 시간 구간 $[0,t]$에 포아송 사건이 딱 한 번 일어난다고 하면, 그 사건이 일어나는 시간은 고르게 퍼져 있다는 것을 보이시오.

문제 10.28 켜짐과 꺼짐을 거듭하는 부품 m개로 어떤 시스템을 만들었다. 부품들의 동작은 서로 독립이고, 켜짐과 꺼짐은 각각 비율이 λ와 μ인 독립 포아송 확률과정이다. 이때, 정확히 k 부품이 켜짐 상태일 확률이

$$P_k = \frac{\left(\frac{\lambda}{\mu}\right)^k \left(1-\frac{\lambda}{\mu}\right)}{1-\left(\frac{\lambda}{\mu}\right)^{m+1}}, \quad k=0,1,\cdots,m \tag{10.289}$$

임을 보이시오. (귀띔: 확률 P_k는

$$\lambda P_0 = \mu P_1, \tag{10.290}$$
$$(\lambda + \mu) P_k = \lambda P_{k-1} + \mu P_{k+1}, \quad k = 1, 2, \cdots, m-1, \tag{10.291}$$
$$\mu P_m = \lambda P_{m-1} \tag{10.292}$$

처럼 쓸 수 있다.)

문제 10.29 이발사가 한 사람인 이발소에 두 사람까지 손님을 받을 수 있다고 하자. 손님이 꽉 차면 새로운 손님은 이발소에 들어오지 않고 떠난다. 시간마다 세 사람이라는 포아송 비율로 손님이 오며, 손님이 머리를 깎는 데 걸리는 시간은 독립이며 평균이 $\frac{1}{4}$ 시간인 지수 확률변수라고 하자.
(가) 이발소에 있는 손님 수의 평균은 얼마인가?
(나) 오는 손님이 가게에 들어가는 비율은 얼마인가?
(다) 이발사가 두 배로 빨리 일할 수 있다면 얼마나 많은 손님이 머리를 깎을 수 있는가?

참고 문헌

1 박철훈, 송익호, 남동경, 확률과정, 생능, 서울, 2004.

2 E. Cinlar, *Introduction to Stochastic Processes*, Prentice-Hall, Englewood Cliffs, 1975.

3 W. B. Davenport, Jr., *Probability and Random Processes*, McGraw-Hill, New York, 1970.

4 J. L. Doob, "Heuristic approach to the Kolmogorov-Smirnov theorems," *Ann. Math. Stat.*, vol. 20, no. 3, pp. 393-403, Sep. 1949.

5 J. L. Doob, *Stochastic Processes*, John Wiley and Sons, New York, 1953.

6 W. Feller. *An Introduction to Probability Theory and its Applications*, Third Ed., revised printing, John Wiley and Sons, New York, 1970.

7 W. A. Gardner, *Introduction to Random Processes With Applications to Signals and Systems*, Second Ed., McGraw-Hill, New York, 1990.

8 R. M. Gray and L. D. Davisson, *Random Processes: A Mathematical Approach for Engineers*, Prentice-Hall, Englewood Cliffs, 1986.

9 R. M. Gray and L. D. Davisson, *An introduction to Statistical Signal Processing*, Cambridge University Press, Cambridge, 2010.

10 G. Grimmett and D. Stirzaker, *Probability and Random Processes*, Oxford University, London, 1982.

11 J. Hajek, Z. Sidak, and P. K. Sen, *Theory of Rank Tests*, Second Ed., Academic, New York, 1999.

12 A. Leon-Garcia, *Probability, Statistics, and Random Processes for Electrical Engineering*, Third Ed., Prentice Hall, New York, 2008.

13 A. Papoulis and S. U. Pillai, *Probability, Random Variables, and Stochastic Processes*, Fourth Ed., McGraw-Hill, New York, 2002.

14 E. Parzen, *Stochastic Processes*, Holden-Day, San Francisco, 1962.

15 S. M. Ross, *Introduction to Probability Models*, Tenth Ed., Academic, Boston, 2009.

16 S. M. Ross, *Stochastic Processes*, Second Ed., John Wiley and Sons, New York, 1996.

17 R. D. Yates and D. J. Goodman, *Probability and Stochastic Processes*, John Wiley and Sons, New York, 1999.

연습 문제 답

연습 문제 답: 제1장 집합

문제 1.3 $A-B=A\triangle(A\cap B)$. $A\cup B=A\triangle B\triangle(A\cap B)$.

문제 1.6 계수가 정수인 다항식들의 집합은 셀 수 있는 집합이다.

문제 1.7 대수적 수들의 집합은 셀 수 있다.

문제 1.9 끝점이 둘 다 실수이고 서로 겹치지 않는 열린 구간들을 모두 모은 집합은 셀 수 있는 집합이다.

문제 1.10 (가) $f(n,m)=2^n3^m$. (나) $f(x)=\frac{1}{2}+\frac{1}{\pi}\arctan(x)$.
(다) $\frac{1}{2}+\frac{1}{\pi}\arctan(x)\mapsto(\alpha_1,\alpha_2,\ \cdots)$, $\alpha_i\in\{0,1\}$.
(라) 0과 1이 이루는 무한 수열 $(\epsilon_0,\epsilon_1,\ \cdots)$을 3진수 $0.(2\epsilon_0)(2\epsilon_1)\cdots$과 잇는다.
(마) 자연수 열 $(n_0,n_1,\ \cdots)$을 수열 (0이 n_0+1개, 1이 하나, 0이 n_1+1개, 1이 하나, $\cdots$)과 잇는다.
(바) 실수 열 $S=(x_0,x_1,\ \cdots)$을 생각하여 x_j를 이진법으로 $x_j=\pm\cdots\alpha_{-2}^{(j)}\alpha_{-1}^{(j)}\alpha_1^{(j)}\alpha_2^{(j)}\cdots$처럼 쓴다고 할 때 x_j가 0보다 크면 $\alpha_0^{(j)}=1$, x_j가 0보다 작으면 $\alpha_0^{(j)}=0$이라고 두고, 수열 S를 수열 $\alpha_0^{(0)},\alpha_{-1}^{(0)},\alpha_0^{(1)},\alpha_1^{(0)},\alpha_{-2}^{(0)},\alpha_{-1}^{(1)},\alpha_0^{(2)},\alpha_1^{(1)},\alpha_2^{(0)},\alpha_{-3}^{(0)},\alpha_{-2}^{(1)},\alpha_{-1}^{(2)},\alpha_0^{(3)},\alpha_1^{(2)},\alpha_2^{(1)},\alpha_3^{(0)},\ \cdots$과 잇는다.

문제 1.11 (가) n을 소인수 분해한 것이 $n=2^k\cdot3^l\cdots$일 때 $f(n)=(k,l)$로 둔다.
(나) n을 소인수 분해한 것이 $n=2^k\cdot3^l\cdot5^m\cdots$일 때 $f(n)=\frac{(-1)^kl}{m+1}$로 둔다.
(다) 칸토르 집합의 원소가 $x=0.\alpha_1\alpha_2\cdots$일 때 $f(x)=0.\frac{\alpha_1}{2}\frac{\alpha_2}{2}\cdots$이라고 둔다.
(라) 0과 1이 이루는 수열 $(\alpha_1,\alpha_2,\ \cdots)$과 수 $0.\alpha_1\alpha_2\cdots$을 잇는다.

문제 1.12 (가) 구간 (a,b)와 (c,d)가 둘 다 유한하다면, $f(x)=c+(d-c)\frac{x-a}{b-a}$.
a가 유한하고, $b=\infty$이며, (c,d)가 유한하면, $f(x)=c+\frac{2}{\pi}(d-c)\arctan(x-a)$.
다른 때에도 이와 비슷한 방법으로.
(나) 괴델 짝잇기 함수. 또는 정리 1.5를 보일 때 쓴 방법 1.
(다) $0,1,2$가 이루는 무한 수열 $S_1=(a_0,a_1,\ \cdots)$에서 1은 $1,0$으로, 2는 $1,1$로 바꾸어 써서 0과 1이 이루는 무한 수열 S_2를 얻을 때 S_1과 S_2를 잇는다.
(라) $[0,1)$ 안에 있는 수 x를 십진법으로 썼을 때 $x=0.a_1a_2\cdots$이라고 하자. 이제, 이어 나오는 9들과 바로 다음에 오는 9가 아닌 숫자를 하나로 묶고, 나머지 숫자들은 하나씩 묶자. 보기를 들어, $x=0.12979996659999793\cdots$이면, $x=0.(1)(2)(97)(9996)(6)(5)(99997)(93)\cdots$이다 이제, 이렇게 묶은 수를 보기 쉽도록 $x=0.(x_1)(x_2)(x_3)\cdots$처럼 쓰자. 여기서, 괄호는 다만 묶음을 나타내고자 쓴 것일 뿐 다른 뜻은 없다. 그러면 $y=0.(x_1)(x_3)(x_5)\cdots$, $z=0.(x_2)(x_4)(x_6)\cdots$이라고 할 때 $f(x)=(y,z)$가 바라는 일대일 대응이다.

문제 1.14 유리수이다. 유리수이다. 유리수가 아닐 수 있다.

문제 1.15 두 유리수 사이에는 늘 유리수가 있다.

문제 1.16 두 무리수 사이에는 늘 무리수가 있다.

문제 1.21 (가) $u(ax+b) = u\left(x+\frac{b}{a}\right)u(a) + u\left(-x-\frac{b}{a}\right)u(-a)$.

$$u(\sin x) = \sum_{n=-\infty}^{\infty} \{u(x-2n\pi) - u(x-(2n+1)\pi)\}.$$

$$u(e^x - \pi) = u(x - \ln\pi) = \begin{cases} 0, & x < \ln\pi, \\ 1, & x > \ln\pi. \end{cases}$$

(나) $\int_{-\infty}^{x} u(t-y)dt = (x-y)u(x-y)$.

문제 1.22 $\delta'(x)\cos x = \delta'(x)$.

문제 1.23 $\int_{-2\pi}^{2\pi} e^{\pi x}\delta\left(x^2-\pi^2\right)dx = \frac{\cosh\pi^2}{\pi}$. $\delta(\sin x) = \delta(x) + \delta(x-\pi)$.

문제 1.24 $\int_{-\infty}^{\infty}(\cos x + \sin x)\delta'\left(x^3+x^2+x\right)dx = 1$.

연습 문제 답: 제2장 확률

문제 2.1 $P\left(\textbf{가나}^c + \textbf{나가}^c\right) = 0$.

문제 2.2 $P\{\textbf{가} \cup \textbf{나}\} = \frac{1}{2}$. $P\{\textbf{가} \cup \textbf{다}\} = \frac{2}{3}$. $P\{\textbf{가} \cup \textbf{나} \cup \textbf{다}\} = 1$.

문제 2.3 (가) 건전지의 수명을 t라고 할 때 $S = \{t : 0 \le t < \infty\}$.

(나) $S = \{(n,m) : (0,0),(1,0),(1,1),(2,0),(2,1),(2,2)\}$.

(다) $S = \{(1,$ 노란 빛깔$),(2,$ 노란 빛깔$),(3,$ 하얀 빛깔$),(4,$ 푸른 빛깔$),$

$(5,$ 푸른빛깔$)\}$.

문제 2.4 (가) $\textbf{다} = \textbf{가}^c \cap \textbf{나}$.

문제 2.5 $P\{$두 마디 사이가 끊김$\} = p^2(2-p)$.

문제 2.7 (가) 스무 장을 한 줄로 늘어놓는 가지 수 $= 20! \approx 2.43 \times 10^{18}$.

(나) 빨간 종이와 검은 종이가 번갈아 나올 확률 $= \frac{2\times 10!\times 10!}{20!} \approx 1.08 \times 10^{-5}$.

문제 2.8 한 번에 쉰 장을 사는 것이 한 주에 한 장씩 사는 것보다 당첨 확률이 높다.

문제 2.9 처음 나온 수가 3일 때 두 번 던져 나온 수를 더한 것이 7일 확률 $= \frac{1}{6}$.

문제 2.10 큰 수에서 작은 수의 두 배를 뺀 것이 0보다 작을 확률 $= \frac{1}{2}$.

문제 2.11 $\Pr\left\{\textbf{다} \cap (\textbf{가} - \textbf{나})^c = \emptyset\right\} = \left(\frac{5}{8}\right)^k$.

문제 2.12 $P_1 = \frac{1}{4}\left(1+\frac{3}{9^5}\right) \approx 0.2510$. $P_2 = \frac{1}{4}\left(1-\frac{1}{9^5}\right) \approx 0.2497$.

문제 2.13 두 점 사이가 0.5보다 작을 확률 $= \frac{3}{4}$.

문제 2.17 (가) $\alpha = p^2$. $P\{(k,m) : k \geq m\} = \frac{1}{2-p}$.

(나) $P\{(k,m) : k+m=r\} = p^2(1-p)^{r-2}(r-1)$.

(다) $P\{(k,m) : k$는 홀수$\} = \frac{1}{2-p}$.

문제 2.18 $P(\text{가} \cap \text{나}) = \frac{3}{10}$. $P(\text{가}|\text{나}) = \frac{3}{5}$. $P(\text{나}|\text{가}) = \frac{3}{7}$.

문제 2.19 두 사람만 표적을 맞힐 확률 $= \frac{398}{1000}$.

문제 2.20 (라) $P\left\{\text{나}^c \middle| \text{가}\right\} = 1-p$ 또는 $\frac{1-s-q+qr}{r}$. $P\left\{\text{나} \middle| \text{가}^c\right\} = 1-q$ 또는 $\frac{s-rp}{1-r}$. $P\left\{\text{가}^c \middle| \text{나}\right\} = \frac{(1-q)(1-r)}{s}$ 또는 $\frac{s-rp}{s}$. $P\left\{\text{가} \middle| \text{나}^c\right\} = \frac{(1-p)r}{1-s}$ 또는 $\frac{1-s-q+qr}{1-s}$.

(마) $S =$ {회로를 잘못 만들었고 검사에서도 잘못 만들었다고 판정함, 회로를 잘못 만들었으나 검사에서는 제대로 만들었다고 판정함, 회로를 제대로 만들었으나 검사에서는 잘못 만들었다고 판정함, 회로를 제대로 만들었고 검사에서도 제대로 만들었다고 판정함}.

문제 2.23 (나) B의 분할 $= \{BA_1, BA_2, \cdots, BA_n\}$.

문제 2.24 (가) $P\{$정보 1을 받음$\} = q_0 q + p_1 p$.

(나) $P\{$잘못$|$정보 1을 보냄$\} = q_1$.

(다) $P\{$잘못$\} = q_0 q + q_1 p$.

문제 2.25 (가) $P\{$곱슬머리 아이 r사람$\} = \frac{(1-p)(pb)^r}{(1-p+pb)^{r+1}}$.

(나) $P\{$남자 아이 r사람$\} = \frac{2(1-p)p^r}{(2-p)^{r+1}}$.

(다) $P\{$남자 아이가 적어도 둘$|$남자 아이가 적어도 하나$\} = \frac{p}{2-p}$.

문제 2.26 (가) $P_1 = \frac{3}{10}$. (나) $P_2 = \frac{7}{10}$. (다) $P\{$빨강 15개, 노랑 10개$|$빨간 꽃$\} = \frac{1}{2}$.

문제 2.28 **가**와 **다**는 서로 독립이 아니다.

문제 2.30 만날 확률 $= \frac{60\times60-50\times\frac{50}{2}\times2}{60\times60} \approx 0.3056$.

문제 2.31 $P_1 = \frac{1}{2}$. $P_2 = \frac{1}{3}$.

문제 2.32 $P\{$빨간 공$|$주어진 조건$\} = \frac{23}{40} = 0.575$.

문제 2.34 마이티를 치는 사람이 남자일 확률 $= \frac{1}{2}$.

문제 2.35 (나) $P\{$한 사람이 여덟 번 이김$\} = {}_{10}\mathrm{C}_8 \left(\frac{1}{4}\right)^8 \left(1-\frac{1}{4}\right)^{10-8} \approx 3.8624 \times 10^{-4}$.

$P\{$한 사람이 적어도 여덟 번 이김$\} = \sum_{k=8}^{10} {}_{10}\mathrm{C}_k \left(\frac{1}{4}\right)^k \left(1-\frac{1}{4}\right)^{10-k}$

$\approx 4.1580 \times 10^{-4}$.

연습 문제 답: 제3장 확률변수

문제 3.3 확률밀도함수:

$$f_Y(y) = \begin{cases} \frac{1}{3\sqrt{y-1}}, \ 1 < y \le 2; & \frac{1}{6\sqrt{y-1}}, \ 2 < y \le 5; \\ 0, \qquad \text{그 밖에는.} \end{cases}$$

(다만, 확률밀도함수를 나타낼 때, 조건 짝 $\{1 < y \le 2,\ 2 < y \le 5\}$는 $\{1 < y \le 2,\ 2 < y < 5\}$, $\{1 < y < 2,\ 2 \le y \le 5\}$, $\{1 < y < 2,\ 2 \le y < 5\}$, $\{1 < y < 2,\ 2 < y \le 5\}$, 또는 $\{1 < y < 2,\ 2 < y < 5\}$로 바꾸어 쓸 수 있음.)

누적분포함수:

$$F_Y(y) = \begin{cases} 0, \qquad y \le 1; & \frac{2}{3}\sqrt{y-1}, \ 1 \le y \le 2; \\ \frac{1}{3} + \frac{1}{3}\sqrt{y-1}, \ 2 \le y \le 5; & 1, \qquad y \ge 5. \end{cases}$$

문제 3.4 누적분포함수 $F_Y(y) = \begin{cases} 0, \ y < -18; & \frac{1}{7}, \ -18 \le y < -2; \\ \frac{3}{7}, \ -2 \le y < 0; & \frac{4}{7}, \ 0 \le y < 2; \\ \frac{6}{7}, \ 2 \le y < 18; & 1, \ y \ge 18. \end{cases}$

문제 3.6 $E\left\{X^{-1}\right\} = \frac{1}{n-2}$, $n = 3, 4, \cdots$.

문제 3.8 $f_Y(y) = \left\{\int_{-\infty}^{0} f_X(x)dx\right\}\delta(y) + f_X(y)u(y)$.

문제 3.9 $f_Y(y) = \begin{cases} 0, \qquad y \le 0; & \frac{\theta}{e\sqrt{y}}\cosh\left(\theta\sqrt{y}\right), \ 0 < y \le \frac{1}{\theta^2}; \\ \frac{\theta}{2e\sqrt{y}}\exp\left(-\theta\sqrt{y}\right), \ y > \frac{1}{\theta^2}. \end{cases}$

문제 3.10 $E\{X|X > a\} = \frac{1+a}{2}$. $\text{Var}\{X|X > a\} = \frac{(1-a)^2}{12}$.

문제 3.11 $P(950 \le R \le 1050) = \frac{1}{2}$.

문제 3.12 $E\{X\} = 0$. $\text{Var}\{X\} = \frac{c^2}{3}$.

문제 3.13 $P\{X \le \alpha\} = \frac{1}{3}u(\alpha) + \frac{2}{3}u(\alpha - \pi)$. $P\{X \le 0\} = \frac{1}{3}$. $P\{2 \le X < 4\} = \frac{2}{3}$.

문제 3.14 $P\{U > 0\} = \frac{1}{2}$. $P\left\{|U| < \frac{1}{3}\right\} = \frac{1}{3}$. $P\left\{|U| \ge \frac{3}{4}\right\} = \frac{1}{4}$. $P\left\{\frac{1}{3} < U < \frac{1}{2}\right\} = \frac{1}{12}$.

문제 3.15 $P(\text{가}) = P(\text{가} \cup \text{나}) = \frac{1}{32}$. $P(\text{나}) = P(\text{가} \cap \text{나}) = \frac{1}{1024}$. $P\left(\text{나}^c\right) = \frac{1023}{1024}$.

문제 3.16 $c = 2$. $E\{X\} = 2$.

문제 3.17 (가) $P\{0 < X < 1\} = \frac{1}{4}$. $P\{1 \le X < 1.5\} = \frac{3}{8}$. (나) $\mu = \frac{19}{24}$. $\sigma^2 = \frac{191}{576}$.

문제 3.18 (가) $F_W(w) = \begin{cases} 0, \ w < a; & \frac{w-a}{b-a}, \ a \le w < b; \\ 1, \ w \ge b. \end{cases}$ (나) $W \sim U[a, b)$.

문제 3.19 $f_Y(y) = \frac{2}{\pi\sqrt{1-y^2}}u(y)u(1-y)$.

문제 3.20 $c = 5 < \frac{101}{7} = b$.

문제 3.22 $f_Y(y) = u(y+2) - u(y+1)$. $f_Z(z) = \frac{1}{2}\{u(z+4) - u(z+2)\}$.
$f_W(w) = \frac{1}{2}\{u(w+3) - u(w+1)\}$.

문제 3.23 $p_Y(k) = \frac{1}{4},\ k = 3, 4, 5, 6$. $p_Z(k) = \frac{1}{4},\ k = -1, 0, 1, 2$.
$p_W(r) = \frac{1}{4},\ r = \pm\frac{1}{3}, 0, \frac{1}{5}$.

문제 3.25 (나) $E\{X_c^-\} = \begin{cases} c - \int_0^c F_X(x)dx, & c \geq 0, \\ c, & c < 0. \end{cases}$

(다) $E\{X_c^+\} = \begin{cases} \int_0^\infty \{1 - F_X(x)\}dx + \int_0^c F_X(x)dx, & c \geq 0, \\ \int_0^\infty \{1 - F_X(x)\}dx, & c < 0. \end{cases}$

문제 3.26 (가) $E\{X\} = \lambda\mu$. $\text{Var}\{X\} = \lambda(1+\lambda)\mu$.

문제 3.27 $f_X(x) = 4\pi\rho x^2 \exp\left(-\frac{4}{3}\pi\rho x^3\right) u(x)$.

문제 3.28 (가) $p_Y(n) = \frac{\lambda^{n-k} e^{-\lambda}}{(n-k)!}\,\tilde{u}(n-k)$.
$p_Z(n) = \frac{1}{k}\left\{\left(\frac{n}{k}\right)!\right\}^{-1}\left(\frac{\lambda}{k}\right)^{n-k} e^{-\lambda}\,\tilde{u}\left(\frac{n}{k}\right)$.
(나) 확률변수 Y와 Z는 분포가 포아송이 아니므로 포아송 확률변수가 아니다.

문제 3.29 $A = \frac{1}{16}$. $P\{X \leq 6\} = \frac{7}{8}$.

문제 3.31 $E\{F(X)\} = \frac{1}{2}$.

문제 3.32 $M(t) = \frac{1}{t+1}$. $\varphi(\omega) = \frac{1}{1+j\omega}$. $m_1 = -1$. $m_2 = 2$. $m_3 = -6$. $m_4 = 24$.

문제 3.33 적률생성함수 $M(t) = \frac{2}{\pi}\int_0^{\frac{\pi}{2}} (\tan x)^{\frac{t}{\pi}}\, dx$.

문제 3.36 $f_Y(y) = \begin{cases} 1 - \frac{y}{4}, \ 0 \leq y < 1; & \frac{1}{2} - \frac{y}{4}, \ 1 \leq y < 2; \\ 0, \quad \text{그 밖에는}. \end{cases}$

문제 3.38 $F_Y(x) = \begin{cases} 0, & x < 0; & \frac{5}{8}\sqrt{x}, & 0 \leq x < 1; \\ \frac{1}{8}\left(\sqrt{x} + 4\right), & 1 \leq x < 16; & 1, & x \geq 16. \end{cases}$

문제 3.39 $F_Y(x) = 0, \quad x < 0; \qquad x, \quad 0 \leq x < 1; \qquad 1, \quad x \geq 1$.

문제 3.40 (가) $\alpha(\theta) = \frac{1}{2}$일 때, $\varphi(\omega) = \exp\left(-\frac{\omega^2}{4}\right)$.
$\alpha(\theta) = \cos^2\theta$일 때, $\varphi(\omega) = \exp\left(-\frac{\omega^2}{4}\right) I_0\left(\frac{\omega^2}{4}\right)$.
(나) 평균 0, 분산 $\frac{1}{2}$인 정규 확률밀도함수.
(라) $E\{X_1\} = 0$. $\text{Var}\{X_1\} = \frac{1}{2}$. $E\{X_2\} = 0$. $\text{Var}\{X_2\} = \frac{1}{2}$.

문제 3.48 (나) 비틀림 $= \frac{1}{\sqrt{\lambda}}$. 뾰족함 $= 3 + \frac{1}{\lambda}$.

문제 3.49 (가) $E\{S_{196}\} = 78.4$년. (나) $\text{Var}\{S_{196}\} = 31.36$년^2.

(다) $P\{S_{196} < 67.2\} \approx 0.0228$. (라) $P\{S_{196} > 90\} \approx 0.0192$.

(마) $P\{S_{196} > 100\} \approx 5.67 \times 10^{-5}$.

문제 3.50 $F_Y(y) = \begin{cases} 1 - \left(2p^2 - 2p + 1\right)^{\lfloor y \rfloor}, & y \ge 1, \\ 0, & y < 1. \end{cases}$ $E\{Y\} = \frac{1}{2p(1-p)}$.

문제 3.53 (가) $P\{$많아야 한 사람 부작용$\} = (0.995)^{1000} + {}_{1000}\text{C}_1 (0.005)^1 (0.995)^{999}$ ≈ 0.0401.

식 (3.393)을 쓸 때의 어림값: $\Phi(2.2417) - \Phi(1.7933) \approx 0.0242$.

식 (3.394)를 쓸 때의 어림값: $\Phi(2.4658) - \Phi(1.5692) \approx 0.0515$.

식 (3.395)를 쓸 때의 어림값: $\left(\frac{5^0}{0!} + \frac{5^1}{1!}\right) e^{-5} \approx 0.0404$.

(나) $P\{4 \sim 6$사람 부작용$\} = {}_{1000}\text{C}_4 (0.005)^4 (0.995)^{996} + {}_{1000}\text{C}_5 (0.005)^5$ $\cdot (0.995)^{995} + {}_{1000}\text{C}_6 (0.005)^6 (0.995)^{994} \approx 0.4982$.

식 (3.393)을 쓸 때의 어림값: $2\{\Phi(0.4483) - 0.5\} \approx 0.3472$.

식 (3.394)를 쓸 때의 어림값: $2\{\Phi(0.6725) - 0.5\} \approx 0.4988$.

식 (3.395)를 쓸 때의 어림값: $\left(\frac{5^4}{4!} + \frac{5^5}{5!} + \frac{5^6}{6!}\right) e^{-5} \approx 0.4972$.

연습 문제 답: 제4장 확률벡터

문제 4.2 $p_{X+Y,X-Y}(v,w) = (1-\alpha)^2 \alpha^{v-2}\, \tilde{u}\left(\frac{v+w}{2} - 1\right) \tilde{u}\left(\frac{v-w}{2} - 1\right)$.

$p_{X+Y}(v) = (v-1)(1-\alpha)^2 \alpha^{v-2}\, \tilde{u}(v-2)$.

$p_{X-Y}(w) = \frac{1-\alpha}{1+\alpha} \alpha^{|w|}\, \tilde{u}(|w|)$.

보기 4.38, 4.39, 4.40에서 얻은 것과 같다.

문제 4.3 $p_X(1) = \frac{3}{5}$, $p_X(2) = \frac{2}{5}$.
$p_Y(4) = \frac{3}{5}$, $p_Y(3) = \frac{2}{5}$.
$p_{X,Y}(1,4) = \frac{3}{10}$, $p_{X,Y}(1,3) = \frac{3}{10}$, $p_{X,Y}(2,4) = \frac{3}{10}$, $p_{X,Y}(2,3) = \frac{1}{10}$.
$p_{Y|X}(4|1) = \frac{1}{2}$, $p_{Y|X}(3|1) = \frac{1}{2}$, $p_{Y|X}(4|2) = \frac{3}{4}$, $p_{Y|X}(3|2) = \frac{1}{4}$.
$p_{X|Y}(1|4) = \frac{1}{2}$, $p_{X|Y}(2|4) = \frac{1}{2}$, $p_{X|Y}(1|3) = \frac{3}{4}$, $p_{X|Y}(2|3) = \frac{1}{4}$.
$p_{X+Y}(4) = \frac{3}{10}$, $p_{X+Y}(5) = \frac{2}{5}$, $p_{X+Y}(6) = \frac{3}{10}$.

문제 4.4 둘씩 독립이다. 세 확률변수는 독립이 아니다.

문제 4.5 $f_{X_1,X_2|X_1^2+X_2^2<a^2}(x,y) = \frac{\exp\left\{-\frac{1}{2}\left(x^2+y^2\right)\right\}}{2\pi\left\{1-\exp\left(-\frac{a^2}{2}\right)\right\}} u\left(a^2 - x^2 - y^2\right)$

문제 4.6 $a = \frac{1}{4}$. 확률변수 X와 Y는 독립이 아니다. $\rho_{X,Y} = 0$.

문제 4.21 $f_{\underline{Y}}(y_1,y_2)=\begin{cases}\frac{1}{2\sqrt{y_1}}, & 0<y_1<\frac{1}{4}, -\sqrt{y_1}+\frac{1}{2}<y_2<\sqrt{y_1}+\frac{1}{2},\\ \frac{1}{\sqrt{y_1}}, & 0<y_1<\frac{1}{4}, \sqrt{y_1}-\frac{1}{2}<y_2<-\sqrt{y_1}+\frac{1}{2},\\ \frac{1}{2\sqrt{y_1}}, & 0<y_1<\frac{1}{4}, -\sqrt{y_1}-\frac{1}{2}<y_2<\sqrt{y_1}-\frac{1}{2},\\ 0, & \text{그 밖에는.}\end{cases}$

$f_{Y_1}(y)=\frac{1}{\sqrt{y}}u(y)u\left(\frac{1}{4}-y\right)$. $f_{Y_2}(y)=(1-|y|)\,u(1-|y|)$.

문제 4.22 $f_U(v)=\frac{3v^2}{(1+v)^4}u(v)$.

문제 4.23 $f_{\underline{Y}}(y_1,y_2)=\frac{2}{\sqrt{y_1+y_2}}u(y_1+y_2)\,u(1-y_1+y_2)\,u\left(y_1-y_2-\sqrt{y_1+y_2}\right)$.

$$f_{Y_1}(y_1)=\begin{cases}2\left(\sqrt{8y_1+1}-1\right), & 0<y_1\le\frac{1}{2},\\ 2\left(\sqrt{8y_1+1}-1\right)-4\sqrt{2y_1-1}, & \frac{1}{2}<y_1\le 1,\\ 0, & \text{그 밖에는.}\end{cases}$$

$$f_{Y_2}(y_2)=\begin{cases}4\sqrt{2y_2+1}, & -\frac{1}{2}<y_2\le-\frac{1}{8},\\ 4\left(\sqrt{2y_2+1}-\sqrt{8y_2+1}\right), & -\frac{1}{8}<y_2\le 0,\\ 0, & \text{그 밖에는.}\end{cases}$$

문제 4.24 (가) $f_{U,V}(t,v)=\frac{t}{\pi}\exp\left(-\frac{t^2}{2}\right)u(t)\left\{u\left(v+\frac{\pi}{2}\right)-u\left(v-\frac{\pi}{2}\right)\right\}$.

(나) $f_{U,V}(t,v)=\frac{1}{\pi\sqrt{2v}}\exp\left(-\frac{2t^2+v}{2}\right)u(v)$.

문제 4.26 $F_{X,Y}(x,y|A)$

$$=\begin{cases}1, & \text{영역 1–3},\\ 1-\frac{1}{\pi a^2}\left(-x\sqrt{a^2-x^2}+a^2\theta_x-\frac{\pi}{2}a^2\right), & \text{영역 1–2},\\ 1-\frac{1}{\pi a^2}\left(-y\sqrt{a^2-y^2}+a^2\theta_y-\frac{\pi}{2}a^2\right), & \text{영역 1–4},\\ 1-\frac{1}{\pi a^2}\Big(a^2\cos^{-1}\frac{y}{a}-y\sqrt{a^2-y^2} & \\ \qquad -x\sqrt{a^2-x^2}+a^2\theta_x-\frac{\pi}{2}a^2\Big), & \text{영역 1–5},\\ \frac{1}{\pi a^2}\Big(xy-\frac{a^2}{2}\theta_y+\frac{y}{2}\sqrt{a^2-y^2} & \\ \qquad +\frac{x}{2}\sqrt{a^2-x^2}-\frac{a^2}{2}\cos^{-1}\frac{x}{a}+\pi a^2\Big), & \text{영역 1–1 또는 2–1},\\ \frac{1}{\pi a^2}\Big(xy-\frac{a^2}{2}\theta_x+\frac{x}{2}\sqrt{a^2-x^2} & \\ \qquad +\frac{y}{2}\sqrt{a^2-y^2}-\frac{a^2}{2}\cos^{-1}\frac{y}{a}+\pi a^2\Big), & \text{영역 4–1 또는 1–1},\\ \frac{1}{\pi a^2}\Big(xy-\frac{a^2}{2}\cos^{-1}\frac{y}{a}+\frac{y}{2}\sqrt{a^2-y^2} & \\ \qquad +\frac{x}{2}\sqrt{a^2-x^2}+\frac{a^2}{2}\theta_x\Big), & \text{영역 2–1 또는 3–1},\\ \frac{1}{\pi a^2}\Big(xy-\frac{a^2}{2}\cos^{-1}\frac{x}{a}+\frac{x}{2}\sqrt{a^2-x^2} & \\ \qquad +\frac{y}{2}\sqrt{a^2-y^2}+\frac{a^2}{2}\theta_y\Big), & \text{영역 3–1 또는 4–1},\\ \frac{1}{\pi a^2}\left(x\sqrt{a^2-x^2}+a^2\theta_x-\frac{\pi}{2}a^2\right), & \text{영역 2–2},\\ \frac{1}{\pi a^2}\left(y\sqrt{a^2-y^2}+a^2\theta_y-\frac{\pi}{2}a^2\right), & \text{영역 4–2},\\ 0, & \text{그 밖에는.}\end{cases}$$

여기서, $\theta_w = \cos^{-1} \frac{-\sqrt{a^2-w^2}}{a}$ 이고, '영역'은 그림 4.24에 나타낸 영역을 가리킨다.

$f_{X,Y}(x,y|A) = \frac{1}{\pi a^2} u\left(a^2 - x^2 - y^2\right)$

문제 4.28 $f_{Y|X}(y|x) = \sqrt{\frac{2}{3\pi}} \exp\left\{-\frac{2}{3}\left(\frac{y-4}{\sqrt{2}} - \frac{x-3}{2}\right)^2\right\}$.
$f_{X|Y}(x|y) = \sqrt{\frac{2}{3\pi}} \exp\left\{-\frac{2}{3}\left(x - 3 + \frac{y-4}{2\sqrt{2}}\right)^2\right\}$.

문제 4.31 $f_Y(y) = \exp(-y)u(y)$.

문제 4.32 $p_X(1) = \frac{5}{8}$, $p_X(2) = \frac{3}{8}$. $p_Y(1) = \frac{3}{4}$, $p_Y(2) = \frac{1}{4}$.

문제 4.33 $f_W(w) = \frac{1}{2}\{u(w) - u(w-2)\}$. $f_U(v) = u(v+1) - u(v)$.
$f_Z(z) = \begin{cases} 0, & z \le -1 \text{ 또는 } z > 2; \quad \frac{z+1}{2}, \quad -1 < z \le 0; \\ \frac{1}{2}, & 0 < z \le 1; \quad\quad\quad \frac{2-z}{2}, \quad 1 < z \le 2. \end{cases}$

문제 4.34 $f_Y(t) = \begin{cases} \frac{1}{2}\left(t + \frac{3}{2}\right)^2, & -\frac{3}{2} \le t < -\frac{1}{2}; \quad \frac{3}{4} - t^2, \quad -\frac{1}{2} \le t < \frac{1}{2}; \\ \frac{1}{2}\left(t - \frac{3}{2}\right)^2, & \frac{1}{2} \le t < \frac{3}{2}; \quad\quad 0, \quad t > \frac{3}{2} \text{ 또는 } t < -\frac{3}{2}. \end{cases}$
$E\left\{Y^4\right\} = \frac{13}{80}$.

문제 4.35 $f_{Y_1,Y_2,\cdots,Y_n}(y_1, y_2, \cdots, y_n) = f_{X_1}(y_1) f_{X_2}(y_2 - y_1) \cdots f_{X_n}(y_n - y_{n-1})$.

문제 4.36 $f_Y(y) = \begin{cases} 0, & y \le 0; \quad 1 - e^{-y}, \quad 0 < y < 1; \\ (e-1)e^{-y}, & y \ge 1. \end{cases}$

문제 4.37 (가) $p_X(x) = \frac{2x+5}{16}$, $x = 1, 2$. $p_Y(y) = \frac{3+2y}{32}$, $y = 1, 2, 3, 4$.
(나) $P\{X > Y\} = \frac{3}{32}$. $P\{Y = 2X\} = \frac{9}{32}$. $P\{X + Y = 3\} = \frac{3}{16}$.
$P\{X \le 3 - Y\} = \frac{1}{4}$. (다) 독립이 아니다.

문제 4.38 (가) $M_Y(t) = \exp\{7(e^t - 1)\}$. (나) 포아송 분포 $P(7)$.

문제 4.39 $k = \frac{2}{3}$. $f_{Z|X,Y}(z|x,y) = \frac{x+y+z}{x+y+\frac{1}{2}}$, $0 \le x, y, z \le 1$.

문제 4.40 $E\{\exp(-\Lambda)|X = 1\} = \frac{4}{9}$.

문제 4.41 $f_{X,Y,Z}(x,y,z) = f_{U_1}(x) f_{U_2}(y - x) f_{U_3}(z - y)$.

문제 4.42 (가) $f_{X,Y}(x,y) = \frac{3}{2\pi}\sqrt{1 - x^2 - y^2}\, u\left(1 - x^2 - y^2\right)$.
$f_X(x) = \frac{3}{4}\left(1 - x^2\right) u(1 - |x|)$.
(나) $f_{X,Y|Z}(x,y|z) = \frac{1}{\pi(1-z^2)} u\left(1 - x^2 - y^2 - z^2\right)$. 서로 독립이 아니다.

문제 4.43 (가) $c = \frac{1}{2r^2}$. $f_X(x) = \begin{cases} \frac{x+r}{r^2}, & -r \le x \le 0, \\ \frac{r-x}{r^2}, & 0 \le x \le r. \end{cases}$
(나) 서로 독립이 아니다. (다) $f_Z(z) = \frac{2z}{r^2} u(z) u(r - z)$.

문제 4.45 (가) $c=\frac{8}{\pi}$. $f_X(x)=\left\{\frac{8}{3\pi}\sqrt{1-x^2}+\frac{16}{3\pi}x^2\sqrt{1-x^2}\right\}u(x)u(1-x)$.
$f_Y(y)=\left\{\frac{8}{3\pi}\sqrt{1-y^2}+\frac{16}{3\pi}y^2\sqrt{1-y^2}\right\}u(y)u(1-y)$.
확률변수 X와 Y는 서로 독립이 아니다.

(나) $f_{R,\theta}(r,\theta)=\frac{8}{\pi}r^3,\ 0\le r<1, 0\le\theta<\frac{\pi}{2}$. (다) $p_Q(q)=\frac{1}{8},\ q=1,2,\cdots,8$.

문제 4.46 수명의 확률밀도함수가 f인 축전지가 수명의 확률밀도함수가 g인 축전지보다 오래갈 확률$=\frac{\mu}{\lambda+\mu}$. $\lambda=\mu$일 때 그 확률$=\frac{1}{2}$.

문제 4.47 (가) $f_U(x)=xe^{-x}u(x)$. $f_V(x)=\frac{1}{2}e^{-|x|}$. $f_{XY}(g)=\int_0^\infty e^{-x}e^{-\frac{g}{x}}\frac{1}{x}dx$.
$f_{\frac{X}{Y}}(w)=\frac{u(w)}{(1+w)^2}$. $Z=\frac{X}{X+Y}=\frac{W}{1+W}$일 때 $f_Z(z)=u(z)u(1-z)$.
$f_{\min(X,Y)}(z)=2e^{-2z}u(z)$. $f_{\max(X,Y)}(z)=2\left(1-e^{-z}\right)e^{-z}u(z)$.
$f_{\frac{\min(X,Y)}{\max(X,Y)}}(x)=\frac{2}{(1+x)^2}u(x)u(1-x)$. (나) $f_{V|U}(x|y)=\frac{1}{2y}u(y)u(|x|<y)$.

문제 4.50 $\begin{pmatrix}1&3&2\\0&4&-3\\-1&3&2\end{pmatrix}$.

문제 4.51 (가) $F_X(x|Y=y)=\begin{cases}0, & x<-|y|;\quad \frac{1}{2},\quad -|y|\le x<|y|;\\ 1, & x>|y|.\end{cases}$
(나) $F_X(x)=\frac{1}{\sqrt{2\pi}}\int_{-\infty}^x \exp\left(-\frac{v^2}{2}\right)dv$. X는 정규 확률변수이다.
(다) 결합 정규 분포일 수 없다. (라) $f_{X|Y}(x|y)=\frac{1}{2}\delta(x+y)+\frac{1}{2}\delta(x-y)$.
$f_{X,Y}(x,y)=\frac{1}{2}\{\delta(x+y)+\delta(x-y)\}\frac{1}{\sqrt{2\pi}}\exp\left(-\frac{y^2}{2}\right)$.

문제 4.52 (가) $E\{U\}=\frac{1}{\lambda_1+\lambda_2}$. $E\{V-U\}=\frac{1}{\lambda_1}-\frac{1}{\lambda_2}+\frac{2\lambda_1}{\lambda_2}\frac{1}{\lambda_1+\lambda_2}$. $E\{V\}=\frac{1}{\lambda_1}+\frac{\lambda_1}{\lambda_2(\lambda_1+\lambda_2)}$.
(나) $E\{V\}=\frac{1}{\lambda_1}+\frac{\lambda_1}{\lambda_2(\lambda_1+\lambda_2)}$.
(다) $f_{U,V-U,I}(x,y,i)=\lambda_1\lambda_2 e^{-(\lambda_1+\lambda_2)x}\left\{\delta(i-1)e^{-\lambda_2 y}+\delta(i-2)e^{-\lambda_1 y}\right\}u(x)\cdot u(y)$. (라) 독립이다.

문제 4.56 $X_1=X_2=1$일 때 X_3의 조건부 분포: $N(1,2)$.

문제 4.59 $f_X(x)=\frac{n!}{(n-i)!(i-1)!}F^{i-1}(x)\{1-F(x)\}^{n-i}f(x)$.
$f_Y(y)=\frac{n!}{(n-k)!(k-1)!}F^{k-1}(y)\{1-F(y)\}^{n-k}f(y)$.

문제 4.60 (가) $p_{X_1,X_2,X_3,X_4}(x_1,x_2,x_3,x_4)$

$$=\begin{cases}\binom{N}{x_1,x_2,x_3,x_4}\{p_1(1-p_2)\}^{x_1}\{(1-p_1)p_2\}^{x_2} & \\ \quad\cdot(p_1p_2)^{x_3}\{(1-p_1)(1-p_2)\}^{x_4}, & \sum_{i=1}^4 x_i=N\text{일 때},\\ 0, & \text{그 밖에는}.\end{cases}$$

(다) $\hat{p}_1=\frac{X_3}{X_2+X_3}$. $\hat{p}_2=\frac{X_3}{X_1+X_3}$. $\hat{\lambda}=\frac{(X_2+X_3)(X_1+X_3)}{X_3}$. (라) $\hat{X}_4=\frac{X_1X_2}{X_3}$.

문제 4.62 $E\{|XY|\}=2+\frac{\sqrt{2}}{6}\pi$.

문제 4.64 (가) $F_{X,X^2}(x,y) = \left[\left\{F(x) - F\left(-\sqrt{y}\right)\right\} u\left(x + \sqrt{y}\right) - \left\{F(x) - F\left(\sqrt{y}\right)\right\} u\left(x - \sqrt{y}\right)\right] u(y).$

(나) $f_{X,X^2}(x,y) = \frac{f(x)}{2\sqrt{y}} \left\{\delta\left(x + \sqrt{y}\right) + \delta\left(x - \sqrt{y}\right)\right\} u(y).$

(다) $f_{X|X^2}(x|y) = \frac{f(x)}{f(\sqrt{y})+f(-\sqrt{y})} \left\{\delta\left(x + \sqrt{y}\right) + \delta\left(x - \sqrt{y}\right)\right\} u(y).$

문제 4.65 $f_{X_1-X_2,X_1-X_2+2}(x,y) = (1-|x|)u(1-|x|)\delta(y-x-2).$

$f_{X_1-X_2,2X_1-2X_2}(x,y) = \frac{1}{2}(1-|x|)u(1-|x|)\delta\left(x - \frac{y}{2}\right).$

연습 문제 답: 제5장 순서 통계량

문제 5.1 (가) 늘 같은 값이다. (나) $p = \frac{1}{24}$. (다) $p = \frac{1}{24}$.

문제 5.2 $p_{\underline{X_{[\cdot]}}}(3,3,3) = \frac{1}{12}$, $p_{\underline{X_{[\cdot]}}}(3,4,4) = \frac{7}{12}$, $p_{\underline{X_{[\cdot]}}}(3,4,5) = \frac{2}{12}$, $p_{\underline{X_{[\cdot]}}}(4,4,5) = \frac{1}{12}$, $p_{\underline{X_{[\cdot]}}}(5,5,5) = \frac{1}{12}$.

문제 5.3 $p_{\underline{X_{[\cdot]}}}(3,3,3,3) = \frac{3}{36}$, $p_{\underline{X_{[\cdot]}}}(3,4,4,5) = \frac{20}{36}$, $p_{\underline{X_{[\cdot]}}}(4,4,5,5) = \frac{10}{36}$, $p_{\underline{X_{[\cdot]}}}(5,5,5,5) = \frac{3}{36}$.

$p_{X_{[1]}}(3) = \frac{23}{36}$, $p_{X_{[1]}}(4) = \frac{10}{36}$, $p_{X_{[1]}}(5) = \frac{3}{36}$.

$p_{X_{[2]}}(3) = \frac{3}{36}$, $p_{X_{[2]}}(4) = \frac{30}{36}$, $p_{X_{[2]}}(5) = \frac{3}{36}$.

$p_{X_{[3]}}(3) = \frac{3}{36}$, $p_{X_{[3]}}(4) = \frac{20}{36}$, $p_{X_{[3]}}(5) = \frac{13}{36}$.

$p_{X_{[4]}}(3) = \frac{3}{36}$, $p_{X_{[4]}}(4) = 0$, $p_{X_{[4]}}(5) = \frac{33}{36}$.

문제 5.4 $\underline{X}$의 순서 통계량 벡터 $\underline{X_{[\cdot]}} = \left(X_{[1]}, X_{[2]}\right)$의 결합 확률질량함수

$$p_{\underline{X_{[\cdot]}}}(x,y) = \begin{cases} \frac{1}{12}, & (x,y) = (1,1); \quad \frac{3}{12}, \ (x,y) = (1,2); \\ \frac{4}{12}, & (x,y) = (1,3); \quad \frac{2}{12}, \ (x,y) = (2,3) \text{ 또는 } (3,3); \\ 0, & \text{그 밖에는}. \end{cases}$$

첫째 순서 통계량 $X_{[1]}$의 확률질량함수

$p_{X_{[1]}}(x) = \frac{8}{12}, \quad x = 1; \qquad \frac{2}{12}, \quad x = 2$ 또는 $3; \qquad 0,$ 그 밖에는.

둘째 순서 통계량 $X_{[2]}$의 확률질량함수

$$p_{X_{[2]}}(x) = \begin{cases} \frac{1}{12}, & x = 1; \quad \frac{3}{12}, \ x = 2; \\ \frac{3}{12}, & x = 3; \quad 0, \ \text{그 밖에는}. \end{cases}$$

문제 5.5 (가) $$p_{X_{[2]},X_1}(m,x) = \begin{cases} (1-\alpha)^2\alpha^{m+x-2}, & m > x,\ m = 2,3,\cdots, \\ & x = 1,2,\cdots,m-1, \\ (1-\alpha)(1-\alpha^m)\alpha^{m-1}, & m = x = 1,2,\cdots, \\ 0, & \text{그 밖에는}. \end{cases}$$

$p_{X_{[2]}}(m) = (1-\alpha)\alpha^{m-1}\left\{2 - (1+\alpha)\alpha^{m-1}\right\} \tilde{u}(m-1).$

$$p_{X_1|X_{[2]}}(x|m) = \begin{cases} \frac{(1-\alpha)\alpha^{x-1}}{2-(1+\alpha)\alpha^{m-1}}, & m > x,\ m = 2, 3, \cdots, \\ & x = 1, 2, \cdots, m-1, \\ \frac{1-\alpha^m}{2-(1+\alpha)\alpha^{m-1}}, & x = m = 1, 2, \cdots, \\ 0, & \text{그 밖에는}. \end{cases}$$

(나) $p_{V,W}(v,w) = \begin{cases} 2(1-\alpha)^2\alpha^{v+2w-2}, & v = 1, 2, \cdots, w = 1, 2, \cdots, \\ (1-\alpha)^2\alpha^{2w-2}, & v = 0,\ w = 1, 2, \cdots, \\ 0, & \text{그 밖에는}. \end{cases}$

$v = 1, 2, \cdots$이고 $w = 1, 2, \cdots$일 때 $p_{V,W}(v,w) = 2p(v+w)p(w)$이다.

(다) $p_V(v) = \begin{cases} 2\frac{1-\alpha}{1+\alpha}\alpha^v, \ v = 1, 2, \cdots; & \frac{1-\alpha}{1+\alpha},\ v = 0; \\ 0, & \text{그 밖에는}. \end{cases}$

$p_W(w) = \left(1-\alpha^2\right)\alpha^{2w-2}\,\tilde{u}(w-1)$.

확률변수 $V = X_{[2]} - X_{[1]}$과 $W = X_{[1]}$은 서로 독립이다.

문제 5.7 (다) $m_1 = \min(m, 1)$이라고 둘 때

$\mathsf{S}_0 = 1 - (1-m_1p)^n + p(1-m_1p)^n - pm_1^n(1-p)^n$. $\lim_{n\to\infty} \mathsf{S}_0 = \begin{cases} 0, & p = 0, \\ 1, & p \neq 0. \end{cases}$

(라) $\mathsf{S}_0 = 1 - (1-p)\left(1-p+pe^{-m}\right)^{n-1}$. $\lim_{n\to\infty} \mathsf{S}_0 = \begin{cases} 0, & p = 0, \\ 1, & p \neq 0. \end{cases}$

(바) $e^{-m} = \alpha$라고 둘 때 $\mathsf{S}_0 = \frac{p}{p+(1-p)\alpha}\left[1 - \left\{1 - \frac{p}{2} - \frac{(1-p)\alpha}{2}\right\}^n\right] + o\left(n^{-1}\right)$.

$\lim_{n\to\infty} \mathsf{S}_0 = \frac{p}{p+(1-p)\alpha}$.

문제 5.9 (나) $E\left\{X_{[i]}\right\} = \sum_{k=0}^{i-1} \frac{1}{n-k}$. (다) $\rho_{sr,r} = 0$.

(라) 확률벡터 $\left(X_{[1]}, X_{[2]} - X_{[1]}, \cdots, X_{[n]} - X_{[n-1]}\right)$는 독립 확률벡터이다.

문제 5.10 (나) $\mathrm{Var}\left\{U_{[2]}\right\} = \frac{3}{700}$. (다) $E\left\{U_{[5]}^5 U_{[6]}^6 U_{[7]}^7\right\} = \frac{21}{425}$.

(마) $E\left\{-\ln U_{[i]}\right\} = \sum_{j=0}^{n-i} \frac{1}{n-j}$. $E\left\{-\ln\left(1-U_{[i]}\right)\right\} = \sum_{j=0}^{i-1} \frac{1}{n-j}$.

문제 5.27 $f_1(x) = 4(1-x)^3 u(x)u(1-x)$.

$f_2(x) = 4x(1-x)(2-x)u(x)u(1-x)$.

$f_{\underline{X}}(x,y) = 4(1-x)(1-y)u(x)u(1-x)u(y)u(1-y)$.

연습 문제 답: 제6장 순위 통계량

문제 6.2 (나) $P\{N_i = j\} = \frac{1}{i}$, $0 \le j \le i-1$.

(다) $E\{N\} = \frac{1}{4}n(n-1)$. $\mathrm{Var}\{N\} = \frac{1}{72}\left(2n^3 + 3n^2 - 5n\right)$.

문제 6.4 (가) $a_1(i) = \frac{3\sqrt{2}\pi(2n-2i+1)!!(2i-1)!!}{2^{n+1}(n+2)(n-i)!(i-1)!}\left(\frac{2i}{n+1}-1\right)$.

$b_1(i) = \frac{24i}{n+2}\left(1-\frac{i}{n+1}\right)\left\{\frac{5(i+1)(i+2)}{(n+3)(n+4)} - \frac{5(i+1)}{n+3}+1\right\}$.

$d_1(i) = \frac{3i(i+1)}{2(n+1)(n+2)}\left\{6-\frac{5(i+2)(i+3)}{(n+3)(n+4)}\right\} - \frac{3}{2}$.

(나) $c_1(i) \approx \frac{\sqrt{2}-1}{\sqrt{2}}\frac{3n!(2n-2i+1)!!2^{i+2}i}{(n-i)!(2n+5)!!}\left(i+\frac{5n}{6}+\frac{37}{12}\right)$.

문제 6.6 $E\{T\}=0$. $E\{T|R_k=j\} = \frac{8}{n(n-1)^2}\left(k-\frac{n+1}{2}\right)\left(j-\frac{n+1}{2}\right)$.

문제 6.12 (나) $f_{X_i|Q_i}(x|q) = f_{|X|_{[q]}}(|x|)\ \frac{f(x)}{g(|x|)}$.

문제 6.17 (가) $\Pr\{Q_i=q|Z_i=1\} = \frac{1}{n\{1-F(0)\}}\int_0^\infty f_{|X|_{[q]}}(x)\ \frac{f(x)}{g(x)}dx$.
$\Pr\{Q_i=q|Z_i=-1\} = \frac{1}{nF(0)}\int_0^\infty f_{|X|_{[q]}}(x)\ \frac{f(-x)}{g(x)}dx$.

(나) $\Pr\{Z_i=1|Q_i=q\} = \int_0^\infty f_{|X|_{[q]}}(x)\ \frac{f(x)}{g(x)}dx$.
$\Pr\{Z_i=-1|Q_i=q\} = \int_0^\infty f_{|X|_{[q]}}(x)\ \frac{f(-x)}{g(x)}dx$.

연습 문제 답: 제7장 확률변수의 수렴

문제 7.3 $E\left\{\sum_{i=1}^{K}X_i\right\} = p(1-p)+np^2$. $E\left\{\sum_{i=1}^{M}X_i\right\} = E\{M\}E\{X\} = np^2$.

문제 7.4 점수 Y의 적률생성함수 $M_Y(t) = \frac{1}{2-e^{2t}}$. 기댓값$=2$. 분산$=8$.

문제 7.6 $P_3=P_5=\frac{1}{2}$. $P_4=\frac{5}{16}$. $\lim_{n\to\infty}P_n = \frac{1}{2}$.

문제 7.7 (가) $f_{M_2,V_2}(m,v) = \frac{f_{X_1,X_2}\left(m+\sqrt{v},m-\sqrt{v}\right)+f_{X_1,X_2}\left(m-\sqrt{v},m+\sqrt{v}\right)}{\sqrt{v}}$.

(나) $f_{M_n,V_n}(m,v) = \int\int\cdots\int \frac{n^2}{2|x_2-x_1|}\left\{f\left(x_1^+,x_2^+,x_3,x_4,\ \cdots,x_n\right)\right.$
$\left.+ f\left(x_1^-,x_2^-,x_3,x_4,\ \cdots,x_n\right)\right\}dx_3dx_4\cdots dx_n$. 여기서,
$x_1^\pm = \frac{1}{2}\left\{(nm-k_1)\pm\sqrt{2(nm^2+nv-k_2)-(nm-k_1)^2}\right\}$,
$x_2^\pm = \frac{1}{2}\left\{(nm-k_1)\mp\sqrt{2(nm^2+nv-k_2)-(nm-k_1)^2}\right\}$,
$|x_2-x_1| = \sqrt{2\left(nm^2+nv-k_2\right)-(nm-k_1)^2}$, $k_1=\sum_{j=3}^{n}x_j$, $k_2=\sum_{j=3}^{n}x_j^2$.

문제 7.8 누적분포함수이다.

문제 7.9 수렴한다. $F_{Y_n}(y) \to \left\{1-\exp\left(-\frac{y}{\theta}\right)\right\}u(y)$.

문제 7.11 수렴한다. $F_n(x)\to u(x)$.

문제 7.12 (가) $\varphi_{\hat{X}_n}(w) = \varphi_X(w)\prod_{i=0}^{n-1}\varphi_{W_i}\left(\frac{w}{n}\right)$. $E\left\{\hat{X}_n\right\} = E\{X\}$.

$\mathrm{Var}\left\{\hat{X}_n\right\} = \mathrm{Var}\{X\} + \frac{1}{n^2}\sum_{i=0}^{n-1}\mathrm{Var}\{W_i\}$.

(나) $\mathrm{Cov}\left(Y_i,Y_j\right) = E\{W_iW_j\} + E\left\{X^2\right\} - E\{W_i\}E\{W_j\} - E^2\{X\}$.

(다) $\sigma^2 = \frac{1}{n^2}\sum_{i=0}^{n-1}\sigma_i^2$이라고 할 때, $f_{\varepsilon_n}(\alpha) = \frac{1}{\sqrt{2\pi\sigma^2}}\exp\left(-\frac{\alpha^2}{2\sigma^2}\right)$.

$f_{\hat{X}_n|X}(\alpha|\beta) = \frac{1}{\sqrt{2\pi\sigma^2}}\exp\left\{-\frac{(\alpha-\beta)^2}{2\sigma^2}\right\}$. (라) $\hat{X}_n$은 X로 제곱 평균 수렴한다.

문제 7.20 $A_n = n\sigma^2$. $B_n = n\mu_4$.

문제 7.21 $\alpha \le 0$.

문제 7.22 $\Pr\{Y_n = 0\} \to 1$.

문제 7.23 $F_{Y_n}(y) \to u(y-\beta)$.

문제 7.25 정확한 값: $\Pr\{S \ge 3\} = 1 - 5e^{-2} \approx 0.3233$.
어림값: $\Pr\{S \ge 3\} = \Pr\left\{\frac{S-2}{\sqrt{2}} \ge \frac{1}{\sqrt{2}}\right\} = \Pr\left\{Z \ge \frac{1}{\sqrt{2}}\right\} \approx 0.2398$.
$\left(\text{또는 } \Pr\{S \ge 3\} = \Pr\{S > 2.5\} = \Pr\left\{Z > \frac{1}{2\sqrt{2}}\right\} \approx 0.3618\right)$.

연습 문제 답: 제8장 확률과정

문제 8.1 $t<0$이면 $\Pr\{X(t)=0\}=1$, $t>0$이면 $\Pr\{X(t)=1\}=\Pr\{X(t)=-1\}=\frac{1}{2}$.
$E\{X(t)\}=0$.

문제 8.2 확률과정 $\{X_n,\ n=1,2,\cdots\}$은 서로 독립이고 분포가 같은 확률과정이다.
$c=\frac{1}{a}$.

문제 8.3 확률과정 $\{Y_n,\ n=1,2,\cdots\}$은 독립이고 분포가 같은 확률과정이 아니다.

문제 8.4 (가) $\begin{cases} k = & 2 & 3 & 4 & 5 & 6 & 7 & 8 & 9 & 10 & 11 & 12 \\ p_Y(k) = & \frac{1}{36} & \frac{2}{36} & \frac{3}{36} & \frac{4}{36} & \frac{5}{36} & \frac{6}{36} & \frac{5}{36} & \frac{4}{36} & \frac{3}{36} & \frac{2}{36} & \frac{1}{36} \end{cases}$.
$p_V(1)=\frac{11}{36}$, $p_V(2)=\frac{9}{36}$, $p_V(3)=\frac{7}{36}$, $p_V(4)=\frac{5}{36}$, $p_V(5)=\frac{3}{36}$, $p_V(6)=\frac{1}{36}$.
(다) $p_W(0)=\frac{1}{2}$. $p_W(1)=\frac{1}{2}$.

문제 8.5 $c=\frac{1}{2}$.

$$P\{X_n > m\} = \begin{cases} 2^{-m-1}, & m=0,1,\cdots, \\ 1, & m=-1,-2,\cdots. \end{cases}$$

$$P\{X_n = k | X_n > m\} = \begin{cases} 0, & k \le m, m \ge 0, \\ 2^{m-k}, & k > m, m \ge 0, \\ 2^{-k-1}, & m < 0. \end{cases}$$

문제 8.6 $K_X(t,s) = \sigma^2 E\{\cos\Omega(t-s)\}$.

문제 8.7 $R_Y(t,s) = R_X(t,s)\cos\omega_o(t-s)$.

문제 8.8 $R_Y(t,s) = R_W(t,s) + R_X(t,s) + m_X(t)m_W(s) + m_X(s)m_W(t)$.

$R_Z(t,s) = R_W(t,s) + R_X(t,s) - m_X(t)m_W(s) - m_X(s)m_W(t)$.

$R_{Y,Z}(t,s) = R_W(t,s) - R_X(t,s) + m_X(t)m_W(s) - m_X(s)m_W(t)$.

문제 8.9 $R_Y(t,s) = 2R_X(t-s) - R_X(t-s-T) - R_X(t-s+T)$.

문제 8.12 $\beta = p_1\alpha + p_2(1-\alpha)$이라고 둘 때 (가) $p_{W_n}(w) = \delta_{w,0}(1-\beta) + \delta_{w,1}\beta$.

(나) $p_{W_1,W_2,\cdots,W_n}(w_1,w_2,\cdots,w_n) = \prod_{i=1}^{n}\{\delta_{w_i,0}(1-\beta)+\delta_{w_i,1}\beta\}$.

$\{W_n\}$은 베르누이 과정이다.

(다) $E\{W_n\} = \beta$. (라) $K_W(n,k) = \begin{cases} 0, & n \neq k\text{일 때}, \\ \beta(1-\beta), & n = k\text{일 때}. \end{cases}$

문제 8.13 (가) $E\{X_n\} = 0$. $R_X(t_1,t_2) = \begin{cases} 1, & t_1 = t_2\text{일 때}, \\ 0, & t_1 \neq t_2\text{일 때}. \end{cases}$

$E\{V_n\} = 0$. $R_V(t_1,t_2) = \frac{2^{2-|t_1-t_2|}}{3}$.

(나) $\varphi_{Y_n}(\omega) = \prod_{i=0}^{n}\cos\left(\omega 2^{-i}\right)$. $\varphi_{V_n}(\omega) = \prod_{i=0}^{\infty}\cos\left(\omega 2^{-i}\right)$.

(다) $\{Y_n\}$은 자기회귀 과정이고, 이동평균 과정이 아니며, 넓은 뜻에서 정상이 아니다. $\{V_n\}$은 자기회귀 과정이고, 넓은 뜻에서 정상이며, 이동평균 과정이 아니다.

(라) 조건부 확률질량함수: $v_n = \frac{1}{2}v_{n-1} \pm 1$일 때

$p_{V_n|V_{n-1},V_{n-2},\cdots,V_0}(v_n|v_{n-1},v_{n-1},\cdots,v_0) = \frac{1}{2}$. $\{V_n\}$은 마르코프 과정이다.

문제 8.14 (나) $|R_{XY}(t,s)| \leq \sqrt{R_X(t,t)}\sqrt{R_Y(s,s)}$.

문제 8.15 $R_X(\tau) = (1-|\tau|)\,u(1-|\tau|)$

문제 8.16 (가) $F_{X(0)}(x) = \begin{cases} 1, & x > 1; \qquad 1-\frac{1}{\pi}\cos^{-1}x, \quad -1 \leq x \leq 1; \\ 0, & x < -1. \end{cases}$

(나) $K_X(t,s) = \frac{1}{2}\cos(t-s)$.

문제 8.17 $E\left[\{X(123)-X(119)\}^2\right] = 2A\left(1-e^{-4\alpha}\right)$.

문제 8.18 $R_{X,Y}(\tau) = B\Lambda\left(\frac{\tau}{\tau_0}\right) - \frac{A^2}{2}\sin\omega_0(\tau)$.

문제 8.19 (가) $E\{Z(t)\} = 0$. $E\left\{Z^2(t)\right\} = \sigma_X^2\cos^2\omega_0 t$. $\{Z(t)\}$는 넓은 뜻에서 정상이 아니다.

(나) $E\{Z(t)\} = 0$. $E\left\{Z^2(t)\right\} = \frac{1}{2}\sigma_X^2$. $\{Z(t)\}$는 넓은 뜻에서 정상이다.

문제 8.23 (가) $m_X(t) = \left(1+\frac{m_Z}{a}\right)e^{at} - \frac{m_Z}{a}$. (나) $m_X(t) = 0$.

문제 8.26 (가) 확률과정 $\{X(t)\}$의 평균함수$= 0$.

(나) 확률과정 $\{X(t)\}$의 자기상관함수 $R_X(t,s) = \frac{\sigma^2}{2}\cos\{\omega_0(t-s)\}$.

(다) 확률과정 $\{X(t)\}$는 넓은 뜻에서 정상이다.

(라) $E\{\overline{X}(T)\} = 0$. $\text{Var}\{\overline{X}(T)\} = \left(\frac{\sigma}{\omega T}\right)^2\{1-\cos(\omega_0 T)\}$.

(마) 제곱 평균 에르고딕 정리를 만족시킨다.

문제 8.35 $E\{X_1^2X_2^2X_3^2\} = E\{X_1^2\}E\{X_2^2\}E\{X_3^2\} + 2\left[\tilde{\rho}_{12}^2E\{X_3^2\} + \tilde{\rho}_{23}^2E\{X_1^2\} + \tilde{\rho}_{31}^2E\{X_2^2\}\right] + 4\left[m_1m_2\tilde{\rho}_{12}E\{X_3^2\} + m_2m_3\tilde{\rho}_{23}E\{X_1^2\} + m_3m_1\tilde{\rho}_{31}E\{X_2^2\}\right] + 8\left(\tilde{\rho}_{12}\tilde{\rho}_{23}\tilde{\rho}_{31} + m_1m_2\tilde{\rho}_{23}\tilde{\rho}_{31} + m_2m_3\tilde{\rho}_{31}\tilde{\rho}_{12} + m_3m_1\tilde{\rho}_{12}\tilde{\rho}_{23}\right)$.

연습 문제 답: 제9장 전력 밀도와 선형 시스템

문제 9.3 (가) $E\{Y_n\} = 0$. $K_Y(n,k) = \left(1+\sigma^2\right)\delta(n-k)$. $S_Y(\omega) = 1+\sigma^2$.

(나) $P_e = \frac{1}{\sqrt{2\pi}\sigma}\int_{-\infty}^{0}\exp\left\{-\frac{(x-1)^2}{2\sigma^2}\right\}dx$.

(다) $E\left\{\hat{U}_n\right\} = 0$. $K_{\hat{U}}(n,k) = \delta(n-k)$. $S_{\hat{U}}(\omega) = 1$.

(라) 같다. $P\{U_n = 1\} = P\{U_n = -1\} = \frac{1}{2}$이기 때문이다.

(마) $f_{\epsilon_n}(\epsilon) = (1-P_e)\delta(\epsilon) + P_e\delta(\epsilon-1)$. $E\{\epsilon_n\} = P_e$.

$K_\epsilon(n,k) = P_e(1-P_e)\delta(n-k)$. $S_\epsilon(\omega) = P_e + 2P_e^2\sum_{m=1}^{\infty}\cos(m\omega)$.

문제 9.4 출력의 전력 밀도 함수$= \frac{1}{4+\omega^2}\left(1-2e^{-10}\cos 5\omega + e^{-20}\right)$.

문제 9.5 $S_Y(\omega) = \omega^2 S_X(\omega)$. $R_Y(\tau) = -\frac{d^2}{d\tau^2}R_X(\tau)$.

문제 9.6 $S_X(\omega) = \frac{12}{5-4\cos\omega} + \frac{240}{17-8\cos\omega}$.

문제 9.7 (가) $S_{Y,X}(\omega) = \frac{N_0}{2(1+j\omega)}$. $R_{Y,X}(\tau) = \frac{N_0}{2}e^{-\tau}u(\tau)$.

(나) $S_Y(\omega) = \frac{N_0}{2(1+\omega^2)}$. $R_Y(\tau) = \frac{N_0}{4}e^{-|\tau|}$. (다) 출력의 평균 전력$= \frac{N_0}{4}$.

문제 9.9 (가) 확률과정 $\{Y_n\}$의 표백 여파기$= \frac{3z-1}{2z-1}$.

(나) 인과적 여파기의 주파수 응답$= -\frac{1}{6} - \frac{1}{12}e^{-j\omega} - \frac{1}{24}e^{-j2\omega}\cdots$.

문제 9.10 (가) 잘못 확률 $P_E = Q\left\{\frac{s_{02}(T)-s_{01}(T)}{2\sigma_0}\right\}$.

잘못 확률을 가장 낮게 하는 문턱값 $k_0 = \frac{1}{2}\{s_{01}(T)+s_{02}(T)\}$.

(나) 정합 여파기의 충격 응답 $h_0(t) = s_2(T-t) - s_1(T-t)$.

문제 9.11 $X = x$일 때 제곱 평균 오차를 가장 작게 하는 Y의 추정$= \frac{2\left(1+x+x^2\right)}{3(1+x)}$.

문제 9.12 (가) $R_D(n,n+k) = 2R_X(k) - R_X(d+k) - R_X(k-d)$.

$S_D(\omega) = 2S_X(\omega)\{1-\cos(\omega d)\}$.

(나) $E\left\{D_n^2\right\} = 2R_X(0) - 2R_X(d)$.

문제 9.13 $H(\omega)=\frac{8}{Z_2-\frac{1}{2}}\frac{1}{1-Z_1e^{-j\omega}}$.

문제 9.14 $H(\omega)=\frac{1}{G(\omega)}H_2(\omega)=\frac{c}{\sqrt{3}+j\omega}$ 또는 $h(t)=ce^{-\sqrt{3}t}u(t)$.

연습 문제 답: 제10장 몇 가지 확률과정

문제 10.1 (가) $\frac{f_{X(t_n),X(t_{n-1})}(x_n,x_{n-1})f_{X(t_{n-1}),X(t_{n-2})}(x_{n-1},x_{n-2})\cdots f_{X(t_2),X(t_1)}(x_2,x_1)}{f_{X(t_{n-1})}(x_{n-1})f_{X(t_{n-2})}(x_{n-2})\cdots f_{X(t_2)}(x_2)}$.

문제 10.6 $M(t)=\frac{2^{10}}{(2-3t)^{10}}$. $E\{X\}=\frac{n}{\lambda}=15$. $\sqrt{\mathrm{Var}\{X\}}=\sqrt{\frac{n}{\lambda^2}}=\sqrt{\frac{45}{2}}$.

문제 10.7 $E\{S_n^x\}=x+nE\{X\}$. $\mathrm{Var}\{S_n^x\}=n\mathrm{Var}\{X\}$.
$\mathrm{Cov}(S_n^x,S_m^x)=\min(m,n)\mathrm{Var}\{X\}$.

문제 10.8 (가) $P\{\text{하}\}=\frac{\lambda}{\mu_1+\lambda}$. (나) $P\{\text{파}\}=\frac{\lambda(\mu_1+\lambda)}{(\mu_1+\mu_2+\lambda)(\mu_2+\lambda)}$.

문제 10.9 (가) $P\{N(t)=n\}=0.3e^{-3t}\frac{(3t)^n}{n!}+0.7e^{-5t}\frac{(5t)^n}{n!}$.

(나) $\{N(t)\}$는 포아송 과정이 아니다.

(다) $\{N(t)\}$는 정상증분 과정이다.

(라) $\{N(t)\}$는 독립증분 과정이 아니다.

(마) $P\{\text{날씨 좋은 해}|t=1\text{에서 폭풍 세 번}\}=\frac{e^{-3}\frac{3^3}{3!}\times 0.3}{0.3e^{-3}\frac{3^3}{3!}+0.7e^{-5}\frac{5^3}{3!}}$
≈ 0.4062.

문제 10.11 $\{\min(X_n,X_{n-1})\}$은 분포는 같으나 독립은 아니다.

$\{\max(X_n,X_{n-1})\}$은 분포는 같으나 독립은 아니다.

문제 10.12 (나) 상관계수 $\rho(t)=e^{-2\lambda|t|}$.

문제 10.13 (가) 잡음이 생기지 않을 확률 $=e^{-\lambda t}$.

(나) 잘못이 없거나 고칠 수 있게 보낼 확률 $=(1+\lambda t)e^{-\lambda t}$.

문제 10.14 (가) $P\{1\text{번 전화선}\}=\frac{\lambda_1}{\lambda_1+\lambda_2}$.

(라) $P[N(t)=n]=\frac{\left(t\sum_{j=1}^{k}\lambda_j\right)^n}{n!}\exp\left(-t\sum_{j=1}^{k}\lambda_j\right)$

문제 10.15 $E\{\text{늦어진 시간 총합}\}=\frac{3600^2}{2}\lambda-3600$ 초.

문제 10.16 (가) $K_Y(t,s)=\frac{\lambda}{T^2}(T-|t-s|)u(T-|t-s|)$.

(나) 포아송 확률과정의 미분은 존재한다.

문제 10.17 $E\{S_4\}=\frac{4}{\lambda}$. $E\{S_4|N(1)=2\}=1+\frac{2}{\lambda}$.

$E\{N(4)-N(2)|N(1)=3\}=2\lambda$.

문제 10.18 (가) 오후 8시와 오전 9시 사이에 아무 사건도 일어나지 않을 확률$= e^{-2\times 13}$

$\approx 5.109 \times 10^{-12}$.

(나) 정오에 시작하여 넷째 사건이 일어날 때까지 시간의 기댓값 $= 2$ 시간.

(다) 오후 6시와 8시 사이에 사건이 둘 이상 일어날 확률$= 1 - e^{-4} - 4e^{-4}$

≈ 0.9084.

문제 10.19 $p_X(k) = \frac{c}{(1+c)^{k+1}}\,\tilde{u}(k)$.

문제 10.20 (가) $P\{$처음 한 시간에 두 통보다 적게$\} = 5e^{-4} \approx 0.0916$.

(나) $P\{$다음 한 시간에 두 통보다 적게$|$처음 한 시간에 여섯 통$\} = 5e^{-4}$.

≈ 0.0916.

(다) $P\{$처음 한 시간에 두 통, 다음 한 시간에 네 통$|$처음 한 시간에 여섯 통$\}$

$= \frac{15}{64} \approx 0.2344$.

(라) 열째 전화가 올 때까지 걸리는 시간의 평균$= 2.5$ 시간.

(마) $P\{$남자 둘과 여자 셋$\} = \frac{3e^{-4}}{4} \approx 0.0137$.

(바) $P\{$세 여자가 전화 걸기 전, 세 남자$\} = \frac{459}{512} \approx 0.8965$.

문제 10.24 $P_C(t) = 1 - \Theta\left(\frac{w}{\alpha\sqrt{2t}}\right)$.

문제 10.25 $E\{W_n\} = nm_Z$. $K_W(n_1, n_2) = \sigma_Z^2 \min(n_1, n_2)$.

문제 10.26 $E\{U_n\} = (2p-1)m$.

문제 10.29 (가) $E\{$손님 수$\} = \frac{30}{37} \approx 0.8108$.

(나) 손님이 가게에 들어가는 비율$= \frac{84}{37} \approx 2.2703$.

(다) 손님이 가게에 들어가는 비율이 $\frac{264}{97} \approx 2.7216$으로 높아진다.

찾아보기

한글 찾아보기

【ㄲ】

【ㄴ】

【ㄷ】

【 ㅃ 】

【ㅇ】

【ㅈ】

【ㅉ】

【ㅊ】

【ㅋ】

【ㅎ】

영어 찾아보기

【C】

[D]

[E]

【F】

【G】

【J】

【T】

【U】

책 쓴 사람

송익호 (i.song@ieee.org)
고려대학교 사범대학 부속고등학교 8회 졸업 1978.
서울대학교 (전자공학) 공학사 1982, 공학석사 1984.
펜실베이니아 대학교 (전자공학) 공학석사 1985, 공학박사 1987.
벨 통신연구소 연구원 1987. 한국과학기술원 조교수 1988, 부교수 1991, 교수 1998.
한국과학기술한림원 회원.
대한전자공학회, 한국음향학회, 한국정보전자통신기술학회, 한국통신학회 회원.
미국 전기전자공학회 석학회원. 영국 공학기술학회 석학회원. 일본 전자정보통신학회 회원.
지은 책: *Advanced Theory of Signal Detection* (Springer) 2002. 확률과정 (생능) 2004. *Signals and Systems with MATLAB* (홍릉과학) 2008, (Springer) 2009. 확률과정의 원리 (교보) 2009.
쓴 논문: 통신과 신호 처리에 대해 130편 남짓.

박철훈 (chpark4u@gmail.com)
휘문고등학교 72회 졸업 1980.
서울대학교 (전자공학) 공학사 1984.
캘리포니아 공과대학교 (전자공학) 공학석사 1985, 공학박사 1990.
한국과학기술원 박사후 연구원 1990, 조교수 1992, 부교수 1996, 교수 2003-2010.
대한전자공학회, 한국통신학회 회원. 미국 전기전자공학회 준석학회원.
지은 책: 전자공학 기초실험 (대영사) 2001. 확률과정 (생능) 2004. 확률과정의 원리 (교보) 2009.
쓴 논문: 신경 회로망에 대해 50편 남짓.

김광순 (ks.kim@yonsei.ac.kr)
경기과학고등학교 6회 졸업 1990.
한국과학기술원 (전기 및 전자공학) 공학사 1994, 공학석사 1996, 공학박사 1999.
캘리포니아 대학교 (샌디에이고) 박사후 연구원 1999. 한국전자통신연구원 선임연구원 2000-2004.
연세대학교 조교수 2004, 부교수 2009.
대한전자공학회, 한국통신학회 회원. 미국 전기전자공학회 준석학회원.
지은 책: 확률과정의 원리 (교보) 2009. 디지털 통신 (북두) 2011.
쓴 논문: 통신 이론과 통신 시스템에 대해 100편 남짓.

박소령 (srpark@catholic.ac.kr)
신명여자고등학교 79회 졸업 1993.
연세대학교 (전자공학) 공학사 1997.
한국과학기술원 (전기 및 전자공학) 공학석사 1999, 공학박사 2002.
한국과학기술원 박사후 연구원 2002. 가톨릭대학교 전임강사 2003, 조교수 2005, 부교수 2009.
대한전자공학회, 한국통신학회 회원. 미국 전기전자공학회 준석학회원.
지은 책: 확률과정의 원리 (교보) 2009.
쓴 논문: 통신 이론과 신호 처리에 대해 60편 남짓.

확률변수와 확률과정

|지 은 이 송익호 · 박철훈 · 김광순 · 박소령
|펴 낸 이 주정희
|펴 낸 곳 자유아카데미
|주 소 경기도 파주시 회동길 37-42
파주출판도시
|전 화 031-955-1321
|전 송 031-955-1322
|전자우편 main@freeaca.com (대표)
editor@freeaca.com (편집)
|누 리 집 www.freeaca.com
|등 록 제406-2003-017호 1980년 7월 12일
|제1판 1쇄 2014년 4월 2일 발행
|정 가 42,000원

ISBN 978-89-7338-237-8 93410

■ 잘못 만들어진 책은 바꾸어 드립니다.